Zielsetzung

Das Unterrichtswerk DORN•BADER PHYSIK existiert in Einzelbänden für alle Jahrgangsstufen. Die vorliegende „Physik in einem Band" umfasst eine Themenauswahl, welche den Schulstoff der Physik in seiner ganzen Breite darstellt. Damit bereitet dieses Buch nicht nur in fachlicher Hinsicht auf einschlägige Studien vor, es vermittelt auch ein zeitgemäßes Weltbild, das Physik als Teil unserer Kultur darstellt, zu der auch die Technik gehört.
In diesem Sinn gilt es zu zeigen, dass physikalische Erkenntnis auf der Verzahnung von Erfahrung, geplantem Experiment und logischer Entwicklung beruht und zu nachprüfbaren Zusammenhängen führt. Bei aller Umgestaltung des Unterrichts darf dieser Erkenntnisweg nicht durch formales Wortwissen ersetzt werden.

Layout und Gliederung

Der Unterricht vor allem in den weiterführenden Klassen kann deshalb nicht auf eine in sich geschlossene, logische Entwicklung des Stoffs verzichten, die auf Erfahrung und geplanten Experimenten aufbaut. Dies geschieht in diesem Buch im Text einer breiten Basisspalte, unterteilt in überschaubare Abschnitte. Diese werden abgeschlossen durch einprägsame Merksätze, Aufgaben und Zusammenfassungen. Jedes Kapitel ist in sich abgeschlossen. Deshalb ist ein Abweichen von der Themenabfolge im Buch jederzeit möglich.

Pfeile → verweisen auf Versuchsbeschreibungen, Bilder und Tabellen in der Außenspalte. Dort sind aussagekräftige Abbildungen parallel zum Basistext platziert, für das Auge leicht erreichbar. Dies gibt den Seiten eine einheitliche, ansprechende und übersichtliche Struktur. Lernende können je nach Wunsch von Experimenten und Bildern oder von einer Problemstellung ausgehen, um sich die Inhalte des Buchs zu erschließen.

Der Haupttext des Buches wird durch Interessantes, Vertiefungen und Beispiele ergänzt und differenziert. Dazu zählen motivierende und anwendungsbezogene Inhalte aus der Lebenswelt der Schülerinnen und Schüler, Anregungen zu Projektarbeiten und Referaten, historische Themen, ansprechende Phänomene aus Natur, Technik und Medizin sowie Einblicke in die moderne Forschung. Diese Gliederung eröffnet Spielräume, die physikalischen Inhalte variabel zu erarbeiten.

Die Titelseiten enthalten jeweils eine Übersicht über das, was in dem entsprechenden Kapitel erreicht werden kann, und geben somit einen Überblick über die Inhalte des Kapitels. In der Mitte des Buches wechselt die Anrede vom *Du* zum *Sie*; dieser Übergang markiert ungefähr die Trennung zwischen Mittelstufen- und Oberstufenthemen.

Aufgabenkultur

Die Aufgabenhierarchie innerhalb eines Kapitels beginnt mit einfachen Aufgaben zum Erfassen der jeweiligen Doppelseite bis hin zu Aufgaben, welche die ganze Lerneinheit umfassen. Bei Rechenaufgaben werden die Schüler aufgefordert, ihre Lösungsstrategie und die benutzten Formeln zu begründen. In vielen Aufgaben werden argumentative, mit Skizzen erläuterte Darlegungen verlangt.

Zeitgemäße Inhalte und Didaktik

Die grundlegenden Gebiete der Physik sind zeitgemäß aufbereitet und folgen heutigen physikdidaktischen Einsichten. Sie werden ergänzt und angereichert durch Naturphänomene, Umweltthemen, Verkehrs- und Alltagsphysik, Sport, Medizin, Musik, Technik und historische Betrachtungen. Vieles davon lädt zu selbsttätiger Vertiefung ein.

Die Bedeutung der Energie und der Thermodynamik wächst in der Welt. Dem wird dieses Buch gerecht, indem die Erzeugung, der Transport und der Verbrauch von Energie (z. B. beim Energiesparhaus) breit dargestellt werden, ergänzt um die Bedeutung dieser Aspekte für Mensch, Umwelt und Volkswirtschaft. Bei der Thermodynamik wird im Zusammenhang mit der Entropie das Begriffspaar „reversibel-irreversibel" hervorgehoben, und die Strahlungsphysik wurde breit angelegt, um den Treibhauseffekt sachgerecht darzustellen. Dazu passt das Kapitel über Radioaktivität und Kernenergie, wo neben den physikalischen Grundlagen und den vielseitigen Anwendungen auch die Risiken und die Verantwortung von Wissenschaft und Gesellschaft thematisiert werden.

In der Speziellen Relativitätstheorie stehen neben der Relativität von Raum und Zeit die Begriffe Masse und Energie im Mittelpunkt. In der Quantenphysik nimmt die historische Entwicklung des Quantenbegriffs breiten Raum ein. Es wird ausführlich die Zeigerdarstellung der Ψ-Funktion benutzt, um Nichtlokalität und die ‚Welcher-Weg-Frage' angemessen darzulegen.

Breiten Raum unter den weiterführenden Themen nimmt die Nanotechnologie ein: Lotuseffekt, Kletterkünste von Geckos und Eigenschaften von neuartigen Stoffen bilden eine Brücke zur Bionik. Sonnen- und Astrophysik sind aufgenommen, da sie wie die Kosmologie ihren Platz im modernen Physikunterricht haben.
Ein Überblick über die geistesgeschichtliche, erkenntnistheoretisch-philosophische Entwicklung der Physik sowie ihren Bezug zum jeweiligen Zeitgeist und den herrschenden Gesellschaftsformen schließt das Buch ab.

AUTOREN UND REDAKTION

Inhaltsverzeichnis

Optik 8

Linsen erzeugen Bilder 10
Das Auge 16
Physik und Medizin: Die Brille 18
Lupe, Fernrohr und Mikroskop 19
Physik und andere Wissenschaften 32
Reflexion 24
Lichtbrechung 26
Physik und Medizin: Blick in den Körper 31
Totalreflexion 32
Die Welt der Farben 34
Sehen in Farbe 36
Interessantes: Physik und Astronomie 40
Interessantes: Der Regenbogen 41
Zusammenfassung 42

Akustik 44

Schallschwingungen 46
Aufzeichnung von Schwingungen 48
Töne und Klänge 50
Interessantes: Saiteninstrumente 52
Interessantes: Lärm und Lärmschutz 53
Ausbreitung des Schalls 54
Zusammenfassung 56

Geradlinige Bewegungen und Kräfte 58

Das Trägheitsgesetz 60
Kräftegleichgewicht 62
Körper erfahren Gewichtskräfte und haben Masse 64
Kraftmessung – Kraftvektoren 68
Interessantes: Elektrische Kraftmessung 71
Gleichförmige Bewegungen 72
Bewegungen im Schaubild 74
Die Momentangeschwindigkeit 78
Interessantes: Verkehrsphysik I 80
Beschleunigte Bewegungen 82
Die Grundgleichung der Mechanik 88
Actio und reactio 92
Reibung 94
Interessantes: Verkehrsphysik II 96
Interessantes: Crash 98
Zusammenfassung 100

Fall- und Wurfbewegungen 102

Der freie Fall 104
Fall mit Luftwiderstand 106
Geschichte der Bewegungslehre 108
Rechenmodelle für Bewegungen mit Luftwiderstand 112
Bewegungen in verschiedenen Bezugssystemen 114
Waagerechter Wurf 116
Interessantes: Bahnkurven beim Kugelstoß 118
Zusammenfassung 119

Erhaltungssätze 120

Energieerhaltung; Energieumwandlung 122
Messen und Berechnen von Energie 124
Arbeit: Energie überschreitet die Systemgrenzen 130
Leistung 134
Impulserhaltung 136
Stöße werden berechenbar 138
Der Schwerpunkt ist Zentrum des Geschehens 140
Kräfte ändern den Impuls 142
Interessantes: Die Schubkraft bei Raketen 145
Zusammenfassung 147

Kreisbewegungen 150

Beschreibung der Kreisbewegung; Zentripetalkraft 152
Physik im Verkehr und auf dem Volksfest 156
Zusammenfassung 159

Gravitation und Planetenbewegung 160

In drei Schritten zum Gravitationsgesetz 162
Vertiefung: Der Versuch von Cavendish 165
Die Kepler-Gesetze 166
Interessantes: Beobachtung am Himmel 170
Interessantes: Völlig losgelöst 171
Interessantes: Historischer Überblick 172
Zusammenfassung 175

Druck ... 176

Kolbendruck ... 178
Hydraulische Maschinen ... 182
Maschinen jeder Art ... 184
Der hydrostatische Druck ... 186
Physik und Technik: Staudamm ... 189
Der Auftrieb ... 190
Interessantes: Vom Schwimmen und Schweben ... 193
Methode: Lernen an Stationen ... 194
Forscherwerkstatt: Aräometer ... 195
Druck gibt es auch in der Luft ... 196
Das Gesetz von Boyle und Mariotte ... 198
Interessantes: Atmen ... 199
Tauchsport ... 200
Zusammenfassung ... 202

Temperatur und Energie ... 204

Temperaturmessung ... 206
Die thermische Ausdehnung ... 208
Interessantes: Anomalie des Wassers ... 211
Das thermische Verhalten der Gase ... 212
Teilchenbewegung und innere Energie ... 216
Wärme erhöht die innere Energie ... 218
Energieerhaltung bei Reibung ... 222
Schmelzen – Erstarren; Verdampfen – Kondensieren ... 224
Methoden: Praktikum und Kugellager ... 226
Interessantes: Das Wetter ... 228
Interessantes: Zustandsänderungen im Alltag ... 230
Zusammenfassung ... 231

Energiesparhaus ... 232

Wege der Energie – von der Sonne in die Umgebung ... 234
Häuser heizen ohne Heizöl oder Erdgas ... 238
Energie sparen – Energiekosten verkleinern ... 240
Vertiefung: Häuser brauchen Fenster ... 242
Vertiefung: Eisblockwette ... 242
Zusammenfassung ... 243

Wärmekraftmaschinen ... 244

Wärmekraftmaschinen ... 246
Interessantes: Stirlingmotor, Verbrennungsmotor und Wärmepumpe ... 250
Interessantes: Wärmekraftwerke ... 252
Entropie bestimmt die Richtung ... 254
Entropie im Naturgeschehen ... 258
Entropie bei reversiblen Maschinen ... 260
Energieentwertung und Entropie ... 262
Interessantes: Das Gummiband als Kältemaschine ... 263
Energie- und Entropiesatz ... 264
Zusammenfassung ... 265

Ladung – Strom – Spannung ... 268

Stromkreis – Leiter – Isolatoren ... 270
Elektrische Ladung ... 272
Positive und negative Ladung ... 274
Elektronen als Ladungsträger ... 276
Elektronenströme ... 278
Elektronen und Atombau ... 280
Elektrostatische Aufladung ... 282
Methoden: Planarbeit ... 283
Magnetische Stromwirkungen ... 284
Das Magnetfeld von Spulen ... 286
Der Elektromotor ... 288
Messung von Stromstärke und Ladung ... 290
Potenzial und Spannung ... 294
Schaltung von Spannungsquellen ... 299
Ohmsches Gesetz, Widerstand ... 300
Interessantes: Technische Widerstände, Dehnungsmessstreifen ... 304
Der unverzweigte Stromkreis ... 306
Der verzweigte Stromkreis ... 308
Elektrische Energie und Leistung ... 310
Wechselspannung ... 312
Interessantes: Gefahren durch elektrischen Strom; Schutzmaßnahmen ... 314
Interessantes: Physik im Haushalt ... 316
Zusammenfassung ... 317

Elektrisches Feld ... 320

Ladung und Strom ... 322
Faradays Feldidee ... 324
Die elektrische Feldstärke ... 326
Vertiefung: Messungen zur elektrischen Feldstärke ... 327
Spannung und Energie ... 332
Elektrisches Potenzial ... 334
Die braunsche Röhre ... 336
Kondensatoren ... 338
Energie elektrischer Felder ... 341
Bestimmung der Elementarladung ... 342
Physik und Technik: Elektrostatische Staubfilter ... 344
Physik und Natur: Blitz und Donner ... 345
Ionen als Ladungsträger ... 346
Zusammenfassung ... 347

Magnetfeld ... 348

Magnetische Kräfte – Elementarmagnete ... 350
Das magnetische Feld ... 352
Ein Maß für das Magnetfeld ... 354
Lorentzkraft und Halleffekt ... 356
Magnetfeld und Materie ... 360
Vertiefung: Spulen mit Materie, ferromagnetische Stoffe und Hysteresis ... 360
Interessantes: Festplatten ... 361
Das Magnetfeld der Erde ... 362
Interessantes: Orientierung mit Magnetfeldern ... 363
Elektronen im Magnetfeld ... 364
Vertiefung: Magnetische Flasche, Polarlicht, Elektronenmikroskop ... 366
E- und B-Feld im Verbund ... 352
Interessantes: Ringbeschleuniger ... 369
Zusammenfassung ... 370

Induktion ... 372

Ändern des magnetischen Flusses ... 374
Energieerhaltung und lenzsches Gesetz ... 378
Wirbelströme ... 364
Interessantes: Wirbelströme in Anwendungen ... 380
Wechselspannung ... 382
Vertiefung: Generator und Windenergieanlagen ... 385
Transformator ... 386
Exkurs: Drehstrom ... 389
Zusammenfassung ... 390

Schwingungen ... 392

Das Federpendel ... 394
Vertiefung: Energiebilanz ... 398
Das Fadenpendel ... 400
Elektromagnetische Schwingungen ... 402
Schwingungen und ihre Differenzialgleichung ... 404
Zusammenfassung ... 405

Wellen ... 406

Fortschreitende Wellen ... 408
Zeitliche und räumliche Darstellung einer Welle ... 410
Physik in der Natur: Längs- und Querwellen in Materie; Erdbebenwellen ... 413
Wellen in Gleichungen ... 414
Vertiefung: Mathematischer Durchblick ... 415
Zwei Schwingungen am selben Ort ... 416
Überlagerung gleichlaufender Wellen ... 418
Physik in der Natur: Tsunami ... 420
Reflexion mechanischer Wellen ... 422
Vertiefung: Schnelle und Dichte bei Längswellen ... 423
Stehende Wellen ... 424
Interessantes: Fortschreitende und stehende Welle ... 426
Eigenschwingung, Resonanz ... 428
Interessantes: Resonanzkatastrophe ... 429
Schall in verschiedenen Medien ... 432
Interessantes: Mittelohr ... 433
Musikinstrumente ... 434
Interessantes: Saiteninstrumente, Klangspektrum, Blasinstrumente ... 434
Musik – ein Klang in der Physik ... 436
Vertiefung: Fouriersynthese und -analyse ... 436
Projekt: Klangspektrum zu Hause ermitteln ... 437
Dopplereffekt ... 438
Interessantes: Dopplereffekt in der Astronomie ... 439
Physik und Medizin: Schallwellen in der Medizin ... 440
Vom Schwingkreis zum strahlenden Dipol ... 442
Elektromagnetische Wellen erobern den Raum ... 444
Elektromagnetisches Spektrum ... 447
Vertiefung: Mikrowelle ... 448
Zusammenfassung ... 449

Interferenzphänomene ... 452

Interferenz mit zwei Sendern ... 454
Methode: Zeiger ... 457
Interferenz beim Doppelspalt ... 458
Doppelspalt mit Licht ... 460
Historisches: Interferenz mit zwei Sendern ... 463
Gitter ... 464
Physik und Technik: CD als Reflexionsgitter ... 468
Lichtgeschwindigkeit und Brechung ... 469
Zusammenfassung ... 471

Strahlungsphysik und Klima ... 472

Strahlung ... 474
Vertiefung: Fließgleichgewicht ... 477
Vertiefung: Absorptionsgrad und Emission ... 478
Physik im Alltag: Berührungsfreie Temperaturmessung ... 478
Treibhauseffekt ... 472
Vertiefung: Was sind Treibhausgase ... 481
Interessantes: Vom Menschen verursachter Treibhauseffekt ... 483
Klimawandel durch den Menschen ... 484
Vertiefung: Klimawandel, Ursachen und Folgen ... 484
Zusammenfassung ... 485

Spezielle Relativitätstheorie . . . 486

Warum ist die Relativitätstheorie nötig? . . . 488
Historisches: Einstein, Galilei. . . . 488
Interessantes: Hängt c von der Lichtquelle ab? . . . 491
Zeit und Länge sind relativ . . . 492
Vertiefung: Querstrecken bleiben unverkürzt . . . 495
Masse und Energie in der SRT . . . 496
Vertiefung: Querstrecken bleiben unverkürzt . . . 495
Was hat $\Delta m \cdot c^2$ *mit* $\frac{1}{2}mv^2$ *zu tun?* . . . 497
Vertiefung: $W = mc^2$ *in der Hochenergie-Physik* . . . 498
Zusammenfassung . . . 499

Quanten, Atome, Festkörper . . . 500

Fotoeffekt (lichtelektrischer Effekt) . . . 502
Photonen sind quantisiert . . . 504
Das Photon als Quantenobjekt . . . 506
Elektronenbeugung und de Broglie-Wellenlänge . . . 510
Vertiefung: Elektronenabstände im Elektronenstrahl . . . 511
Die Unbestimmtheitsrelation . . . 512
Die Planckkonstante bestimmt das Geschehen . . . 514
Philosophisches: Was heißt unbestimmt? . . . 514
Interessantes: Die Erforschung des Atoms, bohrsches Atommodell . . . 516
Die Energie im Atom ist quantisiert, Franck-Hertz-Experiment . . . 518
Der hohe, lineare Potenzialtopf . . . 520
Vertiefung: Quantenzahlen und Pauliprinzip . . . 521
Tunneleffekt und Supraleitung . . . 522
Vertiefung: Supraleitung bei tiefen Temperaturen . . . 523
Einführung in die Festkörperphysik . . . 524
Interessantes: Geschwindigkeit einzelner Elektronen 525
Zusammenfassung . . . 532

Radioaktivität und Kernphysik . . . 534

Grundlagen . . . 536
α-Strahlung . . . 538
β-Strahlung . . . 540
γ-Strahlung . . . 542
Paarbildung und Zerstrahlung . . . 546
Halbwertszeit . . . 548
Vertiefung: Radioaktiver Zerfall und Wahrscheinlichkeit . . . 549
Interessantes: Aktivität verrät das Alter . . . 550
Biologische Wirkung ionisierender Strahlung . . . 552
Natürliche und zivilisatorische Strahlenexposition . . . 554
Strahlenschäden – Strahlenschutz . . . 556
Weitere Strahlenexpositionen . . . 558
Physik und Medizin: Anwendung radioaktiver Nuklide . . . 560
Der Atomkern . . . 562
α-Zerfall . . . 568
β-Zerfall, Zerfallsreihen . . . 570
Kernreaktionen, Neutronen . . . 572
Kernenergie . . . 574
Zusammenfassung . . . 579

Weiterführende Themen . . . 580

Teilchenphysik . . . 582
Nanotechnologie . . . 588
Neue Materialien und Effekte . . . 592
Anwendungen in Natur, Technik und Medizin . . . 594
Physik und Medizin . . . 596
Sonnenphysik . . . 600
Physik der Fixsterne . . . 606
Interessantes: Sternentwicklung . . . 610
Interessantes: Entfernungsmessung im Weltraum . . 612
Kosmologie . . . 614
Wie entstehen Naturgesetze? . . . 618

Anhang . . . 623

Tabellarium . . . 624
Periodensystem . . . 631
Stichwortverzeichnis . . . 632
Nuklidkarte . . .

Das Inhaltsverzeichnis enthält nicht alle Sonderelemente wie *Interessantes, Vertiefung* usw.

Optik

Das kannst du in diesem Kapitel erreichen:

Du kannst erläutern, welche Aspekte zum „Sehen können“ gehören.

Du lernst, dass sich Licht und Schatten gut mit der Vorstellung der geradlinigen Lichtausbreitung beschreiben lassen.

Du verstehst, warum du den Mond im Laufe des Monats unterschiedlich siehst.

Du lernst in Experimenten, wie Spiegel und Linsen den Lichtweg verändern und wie Bilder entstehen.

Du lernst, wie du bei optischen Geräten Bilder geometrisch konstruieren kannst.

Du kennst die Gesetze der Brechung und Reflexion.

Du erlebst die Faszination der Zerlegung des Sonnenlichts in Farben und kannst die Farbvielfalt unserer Lebenswelt erklären.

V1 Fünf farbige Lämpchen sind auf einer schwarzen Pappe montiert. Zusammen bilden sie den Buchstaben „L". Im abgedunkelten Raum stellen wir eine Lochblende etwa im Abstand 10 cm davor. Dahinter erkennen wir auf diesem Schirm ein höhen- und seitenverkehrtes Bild.

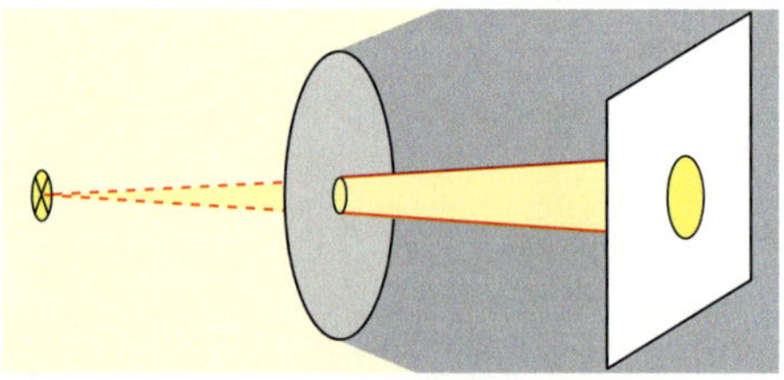

B1 Hinter der Lochblende erkennen wir ein Lichtbündel. Begrenzt wird es durch die Randstrahlen. Auf dem Schirm entsteht ein Lichtfleck.

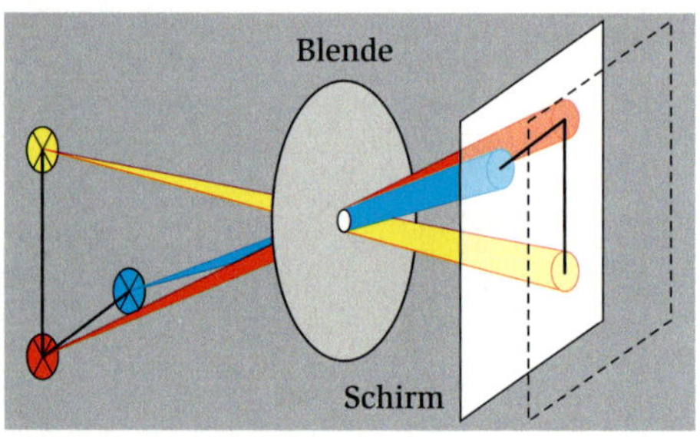

B2 Die Lochblende erzeugt bei drei Lämpchen drei Lichtflecke, die ein Bild zeigen. Je kleiner der Abstand Blende-Schirm, desto kleiner das Bild.

a)

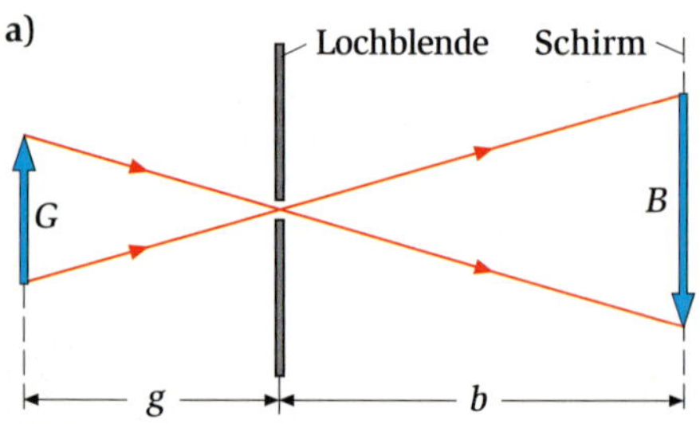

B3 Je nachdem wie weit der Gegenstand und der Schirm voneinander entfernt sind, ergibt sich eine andere Bildgröße.

1. Eine Lochblende erzeugt Bilder

Um Einzelheiten eines Gegenstands zu erkennen, genügt es nicht, dem Gehirn zu melden, ob der Gegenstand hell oder dunkel ist. Vielmehr benötigt das Gehirn Informationen von jedem einzelnen Punkt des Gegenstands. Aus den Positionen und der Farbe der Gegenstandspunkte erkennt das Gehirn dann Muster: So bilden in **→ V1** links fünf farbige Lämpchen den Buchstaben „L" als sehr einfaches Muster. Im Auge entsteht ein Bild dieses Musters.

→ V1 zeigt ein Experiment zu dieser Bildentstehung: Das aus den farbigen Lämpchen gebildete „L" (der Gegenstand) steht vor einer Lochblende. Auf einer milchigen Glasplatte (auch Schirm genannt) erkennen wir ein Bild dieses „L". Im Vergleich zum Gegenstand ist sein Bild höhen- und seitenverkehrt. Wir können die Größe des Bildes dadurch verändern, dass wir die Abstände zwischen Schirm und Lochblende oder zwischen Gegenstand und Lochblende variieren.

Nehmen wir die Lochblende weg, so verschwindet das höhen- und seitenverkehrte Bild. Also erzeugt erst die Lochblende das Bild. Man nennt den Aufbau aus Lochblende und Schirm Lochkamera. Die Bildentstehung in der **Lochkamera** erläutert **→ B1** mit der geradlinigen Ausbreitung des Lichts.

Betrachten wir zunächst die Verhältnisse für einen einzigen leuchtenden Punkt, auch Punktlichtquelle genannt. Die Lochblende erzeugt ein Lichtbündel. Seine Randlinien sind wie beim Schatten geradlinig begrenzt. Wir verwenden für diese Linien den Begriff (Rand-)Strahl, den du bereits aus der Mathematik kennst. Das von diesen Randstrahlen begrenzte Lichtbündel trifft auf den Schirm auf und erzeugt dort einen Lichtfleck. Der Lichtfleck hat die Farbe der Lichtquelle.

Drei Punktlichtquellen erzeugen drei Lichtbündel hinter der Lochblende und damit drei Lichtflecke auf dem Schirm, die sich zu einem Bild anordnen **→ B2**. Verschieben wir in Gedanken den Schirm **→ B3** oder den Gegenstand, so können wir uns die Änderung der Bildgröße sofort vorstellen. Je kleiner der Abstand zwischen Lochblende und Schirm, desto kleiner ist das Bild. Je kleiner der Abstand zwischen Gegenstand und Lochblende, desto größer ist das Bild.

Merksatz

Lochblenden erzeugen höhen- und seitenverkehrte Bilder.
Das Bild wird größer, wenn

- wir den Schirm weiter von der Lochblende wegschieben,
- wir den Gegenstand näher zur Lochblende schieben.

Der Abstand des Gegenstandes von der Lochblende wird **Gegenstandsweite** *g* genannt, der Abstand des Bildes von der Lochblende **Bildweite** *b*. Mit Nachmessen oder aus dem 2. Strahlensatz **→ B3** ergibt sich

$$\frac{G}{g} = \frac{B}{b}$$

Multipliziert man diese Gleichung mit *b* und dividiert sie durch *G*, erhält man

$$\frac{b}{g} = \frac{B}{G} = A.$$

Der Quotient aus der Gegenstands- und der Bildgröße ist der Abbildungsmaßstab A („Vergrößerung").

Merksatz

Der **Abbildungsmaßstab** A ist das Verhältnis von Bild- zu Gegenstandsgröße. Bei der Lochkamera entspricht der Abbildungsmaßstab dem Verhältnis der Bildweite und der Gegenstandsweite $A = \frac{B}{G} = \frac{b}{g}$.

2. Der Nachteil der Lochkamera

In → V2a verwenden wir als Gegenstand eine Kerze. Auch hier entsteht in unserer Lochkamera ein Bild – diesmal das der Kerze. Wir erklären uns die Bildentstehung mithilfe vieler gedachter Punktlichtquellen in der Kerze. Jeder Lichtpunkt wird von der Lochkamera auf einen kleinen Lichtfleck in Form des Loches abgebildet. Diese Lichtflecke ordnen sich zum höhen- und seitenverkehrten Bild an.

Jeder der beteiligten Lichtflecke erhält in jeder Sekunde eine bestimmte Energiemenge von „seinem" Gegenstandspunkt. Vergrößern wir in → V2b die Blendenöffnung, so werden die einzelnen Lichtflecke größer. Das Bild wird heller, da von jedem Gegenstandspunkt mehr Energie in die Lochkamera kommt. Allerdings überlappen sich alle Lichtflecke auf dem Schirm jetzt stärker als vorher, wie uns → B4 zeigt. Dadurch wird das Bild unschärfer, wie → V2b bestätigt.

Merksatz

Eine Lochkamera ordnet jedem Gegenstandspunkt einen Lichtfleck zu. Kleine Öffnungen in der Blende erzeugen scharfe, aber dunkle Bilder. Große Öffnungen erzeugen helle, aber unscharfe Bilder.

Auch im Alltag beobachten wir übriges Abbildungen an kleinen Öffnungen, bei denen sich das Prinzip der Lochkamera zeigt. So erzeugt ein lichtdurchschienener Strohhut ein Lichtmuster aus kleinen runden Scheibchen, die Abbilder der Sonne darstellen. Im Wald lassen sich Sonnenkringel auf dem Boden beobachten – hier dienen die Öffnungen im Blattwerk als Lochblenden.

3. Linsenbilder sind scharf

Das Lochkamerabild ist also entweder dunkel oder unscharf. Zum Fotografieren verwenden wir heute daher keine Lochkamera.

→ B5 zeigt einen aufgeschnittenen Fotoapparat. Im Unterschied zur Lochkamera ist die Lochblende nicht leer, sondern durch einen Glaskörper gefüllt. Wegen seiner Form (innen dick und außen dünn) wird er nach einer Hülsenfrucht **Linse** genannt.
Wir bauen in → V3 einen Modellfotoapparat und verwenden wieder als Gegenstand eine Kerze. Statt der Lochblende der Lochkamera verwenden wir diesmal eine Linse. Das Bild der Kerze wird auf einem Schirm sichtbar.
Das Versuchsergebnis ist erstaunlich. Das so erzeugte Bild ist selbst bei Tageslicht deutlich zu erkennen. Wie bei der Lochkamera ist das Bild höhen- und seitenverkehrt. Aber es ist diesmal gleichzeitig hell und scharf. Wie ist das möglich?

V2 **a)** Wir stellen eine Kerze vor eine Lochblende. Im verdunkelten Physiksaal sehen wir auf dem Schirm das Bild der Flamme. Das Bild ist ziemlich dunkel.
b) Wir benutzen eine größere Blendenöffnung. Das Bild der Kerze wird jetzt heller, aber auch unschärfer.

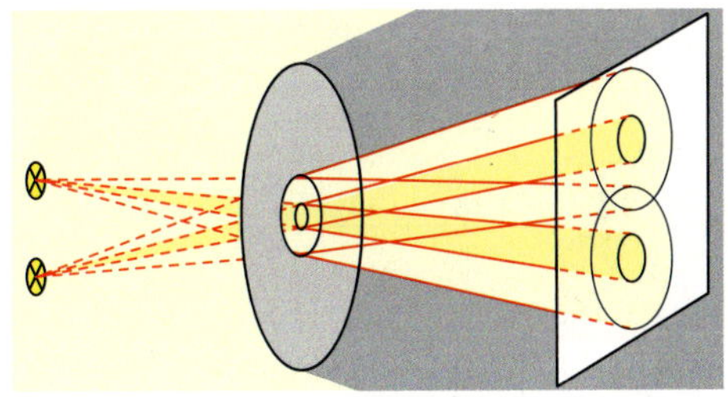

B4 Größere Blendenöffnungen erzeugen größere Lichtflecke.

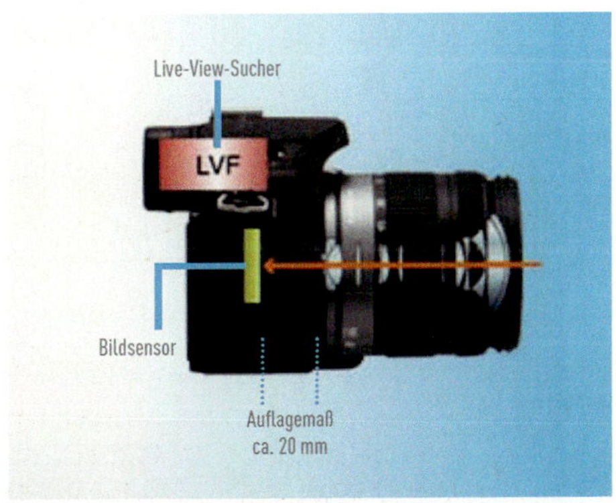

B5 Querschnitt eines Fotoapparats

V3 Wir bauen einen Modellfotoapparat: Kerze (Gegenstand) – Linse – Schirm (Film).

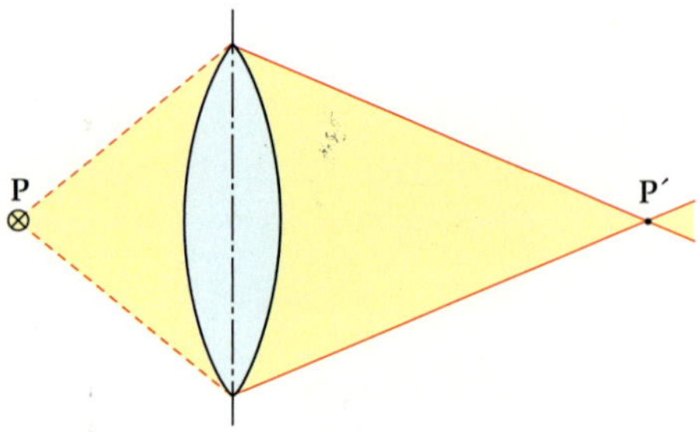

V1 Ein Lämpchen (P) erzeugt Licht. Hinter der Linse hat das Lichtbündel einen besonderen Verlauf: Die Randstrahlen schneiden sich in einem Punkt P′, das Lichtbündel verengt sich also, um dann wieder auseinander zu laufen.

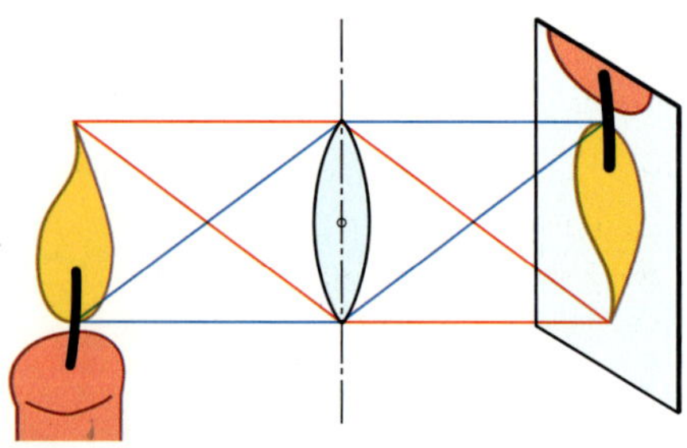

B1 Entstehung eines Linsenbildes

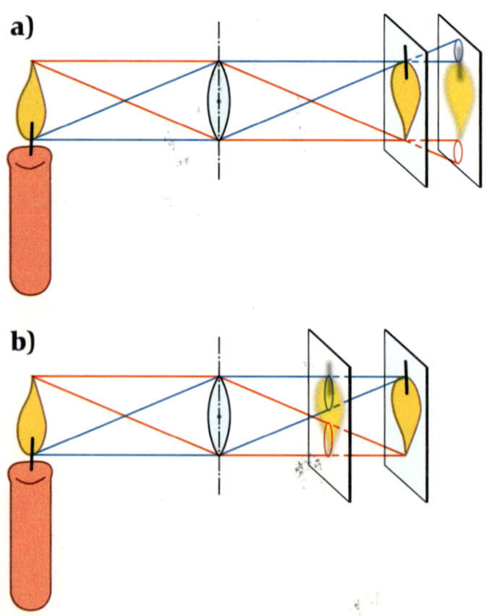

V2 Wir verschieben den Schirm aus der richtigen Position. Bei **a)** zu großem bzw. **b)** bei zu kleinem Abstand zwischen Linse und Schirm entstehen Lichtflecke.

Im Unterschied zur Lochkamera, in der nur ein kleines Loch Licht hindurch lässt, ist die Linsenöffnung viel größer. Von jedem Gegenstandspunkt gelangt also mehr Lichtenergie auf den Schirm. Das kennen wir schon von der Lochkamera. Wie kann es sein, dass das Bild trotzdem scharf bleibt?

In der Lochkamera wurde das Bild durch die Überlappung von Lichtflecken unscharf. Bei Linsenbildern ist dies offenbar nicht der Fall. Woran das liegt, müssen wir klären.

Wie bei der Lochkamera untersuchen wir wieder zunächst das Bild einer einzigen punktförmigen Lichtquelle → **V1**. Das Lichtbündel, das von P ausgehend durch die Linse geht, wird in einem Punkt P′ gesammelt. Hier schneiden sich die Randstrahlen. Stellt man also den Schirm hinter der Linse genau an die Stelle P′, so entsteht auf dem Schirm kein Lichtfleck, sondern ein heller Punkt. Ein zweites Lichtbündel eines zweiten Punktes würde einen anderen hellen Punkt auf dem Schirm erzeugen.

Damit verstehen wir die Entstehung von Linsenbildern → **B1**: Von jedem Punkt des Gegenstandes gelangt ein Lichtbündel durch die Linse. (In → **B1** sind nur die beiden von den Enden der Kerzenflamme gezeichnet). Auf dem Schirm erzeugt jedes dieser Lichtbündel jeweils einen hellen Punkt. Alle diese Punkte setzen sich zum Bild zusammen. Punkte können sich nicht überlappen – das Bild ist scharf. Die Linsenöffnung ist relativ groß – also gelangt von jedem Gegenstandspunkt viel Lichtenergie in den jeweiligen Bildpunkt. Das Linsenbild ist also gleichzeitig hell und scharf.

Merksatz

Linsen erzeugen helle und scharfe Bilder. Jedem Gegenstandspunkt wird durch die Linse ein Bildpunkt zugeordnet.

4. Abstand von Linse zum Schirm muss passen

Wir haben beim Linsenbild den Schirm an genau die Stelle geschoben, an der die Linse die Lichtbündel jeweils in einem Punkt sammelt. Schieben wir in → **V2** den Schirm etwas weiter von der Linse weg, oder etwas näher an die Linse heran, so wird das Bild unscharf: Ist der Schirmabstand zu groß, so trifft das wieder auseinander laufende Lichtbündel als Fleck auf den Schirm. Steht der Schirm zu nah an der Linse, so trifft das noch nicht vollständig gebündelte Licht als Lichtfleck auf den Schirm.

Die meisten modernen Fotoapparate übernehmen diese Scharfstellung automatisch, bevor das Bild aufgenommen wird. Dazu wird mit einem eingebauten Motor der Linsenabstand vom Film bzw. Speicherchip verändert. Bei älteren Modellen muss man die Scharfstellung mit der Hand erledigen.

Im Auge entstehen auch Bilder. Lochkamerabilder sind entweder dunkel oder unscharf. Linsenbilder dagegen sind scharf und hell. Allerdings muss der Abstand zwischen Linse und Auffangschirm genau passen. Wie die Natur diese Probleme gelöst hat, werden wir später sehen.

5. Die Wölbung bestimmt die Brennweite

Wie bei der Lochkamera liegt der Bildpunkt auch bei der Linsenabbildung auf dem Mittelpunktsstrahl. Bei der Lochkamera spielt die Entfernung des Schirmes zur Lochblende keine Rolle. Die Linse dagegen gibt hier eine Einschränkung vor.

In → V3 verwenden wir unterschiedliche Linsen und ein achsenparalleles Lichtbündel. Das Lichtbündel wird stets auf der optischen Achse in einem Punkt F gesammelt. F heißt auch **Brennpunkt** der Linse. Die beiden ersten Linsen haben eine gleich starke Wölbung aber unterschiedlichen Durchmesser. Die untere Linse ist stärker gewölbt. Der Versuch zeigt: Die Brennweite einer Linse hängt nicht vom Durchmesser der Linse ab, wohl aber von der Stärke ihrer Wölbung. Je stärker eine Linse gewölbt ist, desto kleiner ist ihre Brennweite. Eine solche Linse kann das Licht also in kürzerer Entfernung hinter der Linse bündeln.

Merksatz

Stark gewölbte Linsen haben eine kürzere Brennweite als schwach gewölbte.

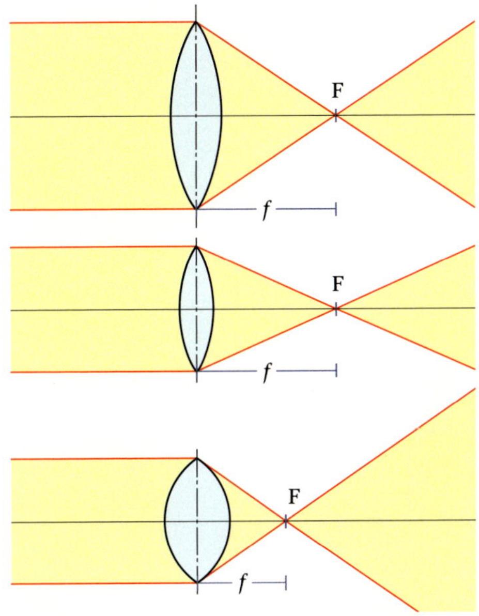

V3 Wir schicken ein achsenparalleles Lichtbündel durch unterschiedliche Linsen. Jeweils im Abstand der Brennweite f wird es hinter der Linse gebündelt.

6. Größere und kleinere Bilder

Lage und Größe des Bildes hängen von der Gegenstandsweite g ab (→ T1). Steht der Gegenstand G sehr weit links von der Linse, so treffen die von jedem Gegenstandspunkt ausgehenden Lichtstrahlen praktisch parallel bei ihr ein. Das optische Bild liegt dann in der rechten Brennebene. Nähern wir den Gegenstand der Linse, so entfernt sich das Bild B von der Linse und wird dabei immer größer (→ B2). Ist der Gegenstand schließlich bis zur linken Brennebene vorgerückt, so sind die von seinen Punkten ausgehenden Lichtstrahlen nach der Brechung parallel. Rückt der Gegenstand noch weiter vor, dann sind die Lichtstrahlen divergent. In den beiden letzten Fällen kommt kein Bild auf dem Schirm zustande.

Gegenstandsweite g	Bildweite b	Bild
sehr groß	$b \approx f$	stark verkleinert
$g > 2f$	$f < b < 2f$	verkleinert
$g = 2f$	$b = 2f$	gleich groß
$f < g < 2f$	$b > 2f$	vergrößert
$g \approx f$	sehr groß	stark vergrößert

T1 Größenverhältnisse

7. Konstruktion optischer Abbildungen mit Linsen

Oft ist es sinnvoll, ein optisches Experiment vor der Durchführung zu planen und zu klären: Wie muss man die Brennweite wählen? Wo muss man den Gegenstand oder den Schirm aufstellen?

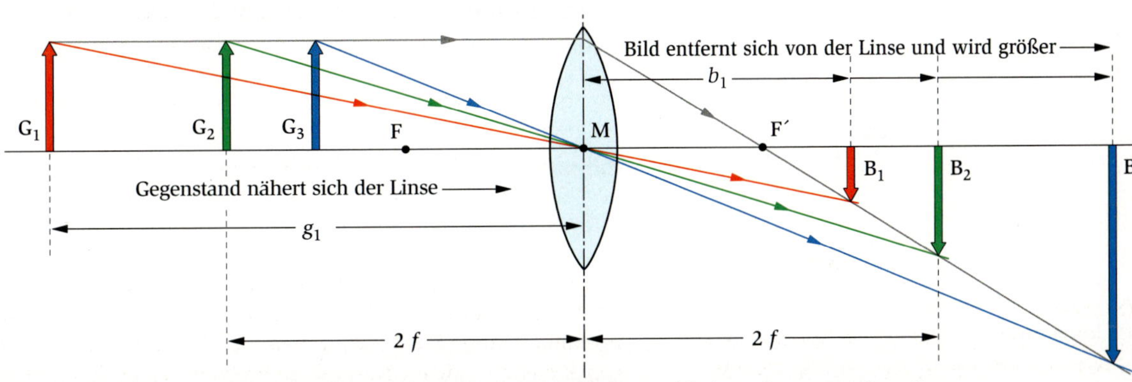

B2 Konstruktion des optischen Bildes an der Sammellinse für verschiedene Gegenstandsweiten

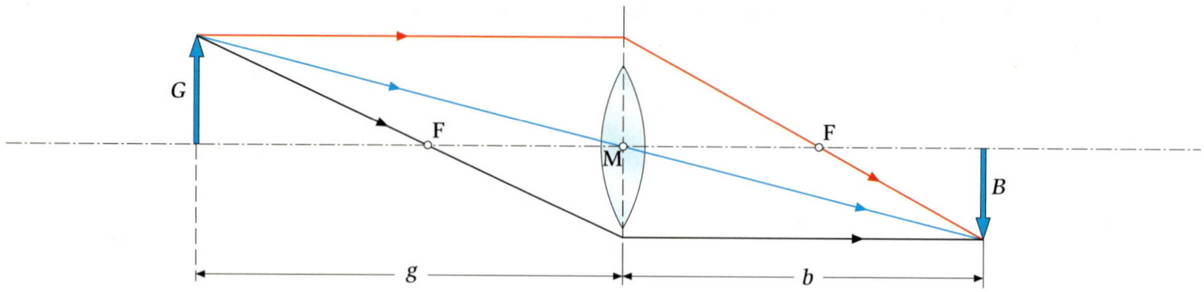

B1 So werden die optischen Bilder konstruiert.

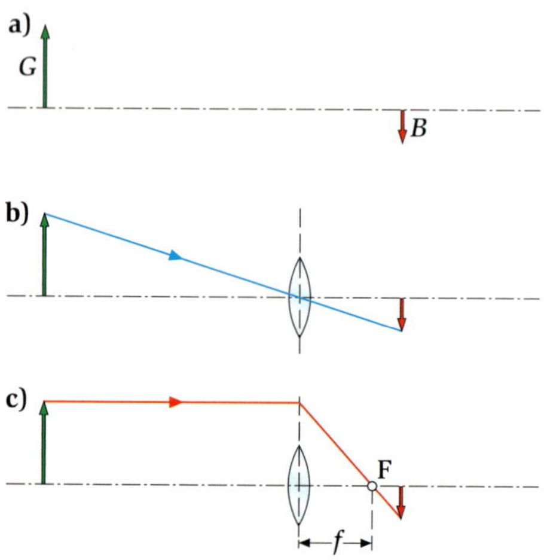

B2 Wenn der Abstand von Gegenstand und Bild sowie die Gegenstands- und die Bildgröße bekannt sind, dann kann man auf die dargestellte Weise die Position der Linse und deren Brennweite konstruieren.

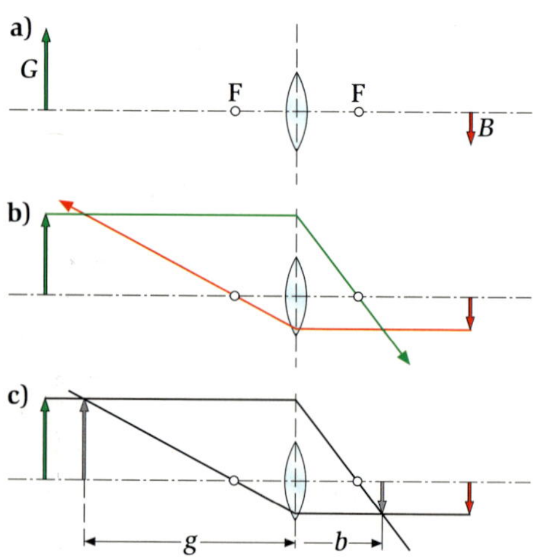

B3 Konstruktion von Bildweite und Gegenstandsweite, wenn Gegenstands- und Bildgröße und Brennweite der Linse bekannt sind.

Zum Beispiel:

a) Der Abstand des Gegenstands vom Schirm sei 20 cm. Die Gegenstandshöhe sei 8 cm, die Bildhöhe soll 3 cm sein. Wo muss ich den Standort der Sammellinse wählen und wie groß muss deren Brennweite sein?

- In einer maßstäblichen Abbildung zeichnen wir die optische Achse, den Gegenstandspfeil und den Bildpfeil ein (→ **B2a**).
- Der Mittelpunktstrahl durch die Pfeilspitzen liefert die gesuchte Position der Linse (→ **B2b**).
- Der achsenparallele Strahl der Gegenstandsspitze wird zum Brennpunktstrahl und liefert nicht nur den Brennpunkt F, sondern auch die gesuchte Brennweite *f* (→ **B2c**).

b) Die Gegenstandshöhe sei 8 cm. Der Gegenstand soll mit einer Sammellinse so abgebildet werden, dass das Bild 3 cm hoch wird. Die verfügbare Linse habe eine Brennweite von 5 cm.Wo müssen Gegenstand und Schirm aufgestellt werden?

- Wir zeichnen die optische Achse und die Mittelebene der Linse. In beliebigem Abstand dazu zeichnen wir den Gegenstandspfeil (grün) und den Bildpfeil (rot) ein (→ **B3a**).
- Der von der Spitze des Gegenstandspfeils ausgehende achsenparallele Strahl wird nach der Mittelebene zum Brennpunktstrahl (grün). Ebenso können wir von der Spitze des Bildpfeils einen achsenparallelen Strahl zeichnen, der nach der Mittelebene ebenfalls zum Brennpunktstrahl wird (rot) (→ **B3b**).
- Die Schnittpunkte von rotem und grünem Strahl rechts und links der Linse zeigen uns, wo die Pfeilspitzen von Gegenstand und Bild liegen. Nun verschieben wir den Gegenstandspfeil und den Bildpfeil an die beiden entstandenen Schnittpunkte. Dann lesen wir die Gegenstandsweite *g* und die Bildweite *b* einfach ab (→ **B3c**).

8. Abbildungsmaßstab und Linsengleichung

Zeichnen wir eine Linse und dazu die Gegenstandshöhe *G*, Gegenstandsweite *g*, Bildhöhe *B* und die Bildweite *b* ein, dann sieht die Zeichnung ähnlich wie bei der Lochkamera aus (→ **B4**).

Die Bildweite (Entfernung des Schirms von der Linse) kann im Gegensatz zur Lochkamera nicht beliebig gewählt werden.

In der Figur ➜ B4 bilden die Gegenstandshöhe G, die Bildhöhe B, die Gegenstandsweite g und Bildweite b eine Strahlensatzfigur. Mit dem 2. Strahlensatz erhalten wir:

$$A = \frac{B}{G} = \frac{b}{g}.$$

Merksatz

Auch bei der **Abbildung mit Linsen** gilt die von der Lochkamera bekannte Beziehung:

$$A = \frac{B}{G} = \frac{b}{g}.$$

Für den Abbildungsmaßstab von Linsen gilt:

$$\frac{B}{G} = \frac{b}{g}.$$

Außerdem liefert der 2. Strahlensatz für die gelb hervorgehobene X-Figur ➜ B5 :

$$\frac{B}{G} = \frac{b-f}{f}.$$

Führt man die beiden Gleichungen zusammen, dann erhält man eine Gleichung, die nur noch die Größen Gegenstandsweite g, Bildweite b und Brennweite f enthält:

$$\frac{b}{g} = \frac{b-f}{f}.$$

Da diese Gleichung sich schlecht merken lässt, zerlegt man den rechten Bruch in zwei Teilbrüche und dividiert die Gleichung durch b. Damit erhält man

$$\frac{1}{g} = \frac{1}{f} - \frac{1}{b} \quad \text{oder} \quad \frac{1}{g} + \frac{1}{b} = \frac{1}{f}.$$

Dies ist die sogenannte Linsengleichung. Sind zwei Größen gegeben, dann lässt sich damit die dritte Größe ausrechnen.

Merksatz

Die **Linsengleichung** lautet:

$$\frac{1}{g} + \frac{1}{b} = \frac{1}{f}.$$

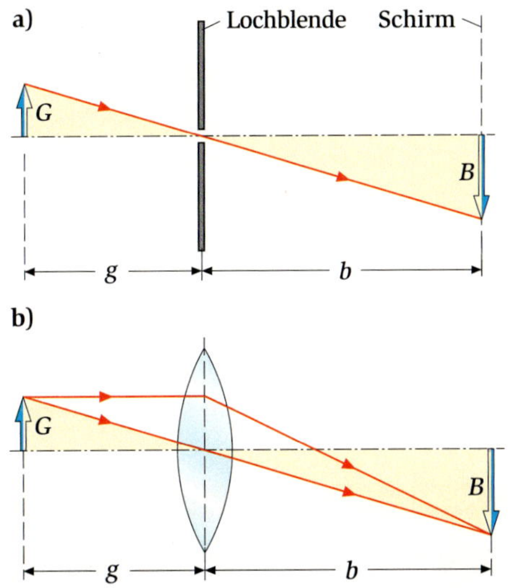

B4 **a)** Abbildung bei der Lochkamera **b)** Abbildung mit einer Linse: Beziehung zwischen B, G, b und g.

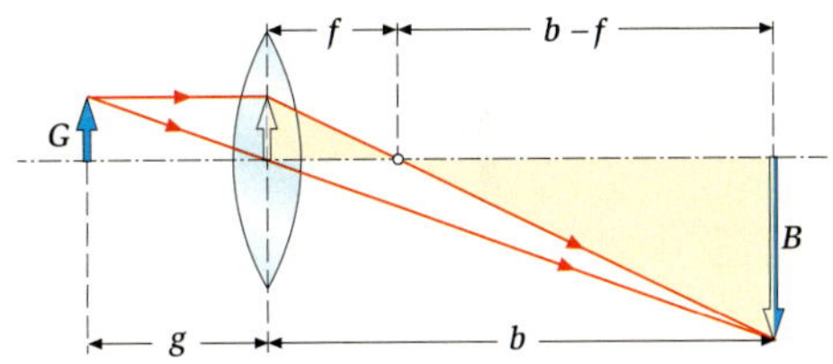

B5 Zur Herleitung der Linsengleichung

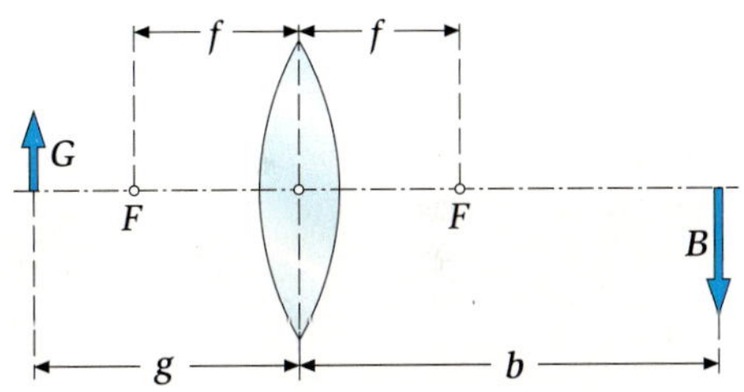

B6 Mit der Linsengleichung wird der Zusammenhang von der Gegenstands- und der Bildweite zur Brennweite der Linse beschrieben.

A1 **a)** Erläutere anhand einer Skizze die Überlegungen, die zum Modell „Lichtstrahl" führten.

b) Diskutiere, ob es Vorteile hat, Lichtstrahlen statt Lichtbündel zu verwenden. Betrachte dabei die Konstruktion von Strahlengängen bei Abbildungen.

A2 Ein 4 cm hoher Gegenstand soll mit Linsen unterschiedlicher Brennweite f = 2 cm, 5 cm, 8 cm, 10 cm, oder 12 cm abgebildet werden. Die Gegenstandsweite beträgt jeweils 10 cm.

a) Konstruiere, wenn möglich, den Aufstellungsort des Schirms und die Bildgröße.

b) Berechne die Bildweite und vergleiche sie mit den konstruktiven Ergebnissen von a). Welche Werte ergeben sich, wenn keine Konstruktion möglich war?.

c) Bestimme die Bildgrösse und den Abbildungsmaßstab! Wie erreicht man einen besonders großen Abbildungsmaßstab?

A3 Ein 5 cm hoher Gegenstand soll auf einem 18 cm entfernten Schirm ein 7 cm großes Bild erzeugen.

a) Konstruiere zunächst die Position der Linse. Lies dann die Gegenstandsweite, die Bildweite und die Brennweite ab.

b) Berechne die in a) konstruierten Längen und vergleiche die Ergebnisse.

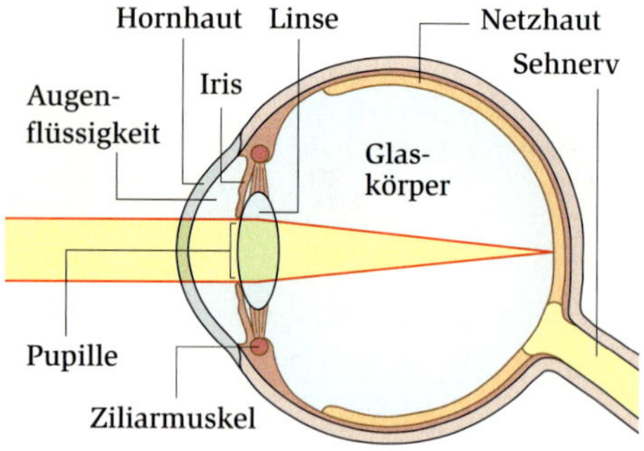

B1 Schnitt durch das menschliche Auge

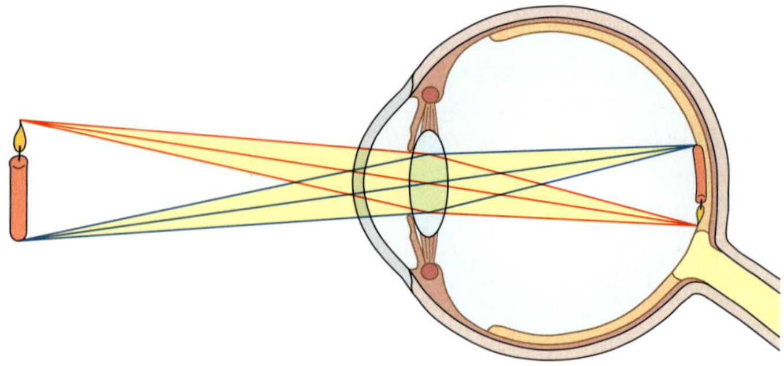

B2 Bildentstehung im Auge

Anstoß

A1 Unter der „Augenfarbe" eines Menschen versteht man die Farbe der Iris. Notiere die Augenfarbe deiner Familienmitglieder und deiner Freunde.

A2 Von außen betrachtet sieht man vom Auge: Augenbraue, Augenlid (mit Wimpern), Lederhaut, Iris und Pupille. Informiere dich über den biologischen Sinn dieser Bestandteile.

A3 Das Auge wird oft als das wichtigste Sinnesorgan des Menschen bezeichnet. Nimm zu dieser Aussage Stellung.

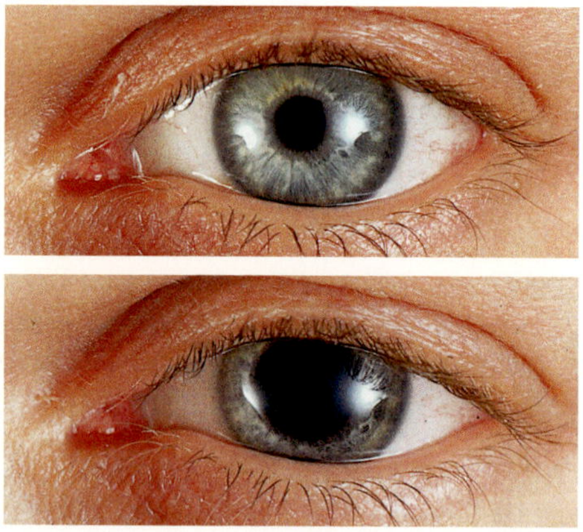

V1 Betrachte die Pupille eines Mitschülers. Sie ist zunächst nur wenig geöffnet. Bitte nun deinen Mitschüler ein Auge mit der hohlen Hand etwa eine Minute lang zuzuhalten. Nachdem er die Hand entfernt hat, betrachtest du wieder seine Pupille – sie ist jetzt weit geöffnet. Über einen Muskel wurde die Pupillenöffnung gesteuert. Das Gehirn versucht so, mehr Licht auf die Netzhaut zu lassen, damit die Netzhautbilder möglichst hell werden.

1. Die Optik des menschlichen Auges

Du kennst den Aufbau des menschlichen Auges vielleicht schon aus dem Biologieunterricht. **➜ B1** zeigt die wichtigsten Bestandteile in vereinfachter Form. Das Auge des Menschen ist nicht so aufgebaut wie die einfachere Lochkamera, sondern verwendet Linsenbilder. Unser Auge ähnelt aus physikalischer Sicht eher einem Fotoapparat.

Das Licht durchdringt beim Eintritt ins Auge die Hornhaut, die Augenflüssigkeit, die Linse und den Glaskörper. Diese vier einzelnen, durchsichtigen Bestandteile wirken zusammen wie *eine einzige* Linse. Diese bündelt Licht eines weit entfernten Gegenstandes im Abstand von etwa 23 mm hinter der Hornhaut, wo sich die Netzhaut befindet. Auf ihr entsteht das optische Bild des Gegenstandes **➜ B2**.

Die **Netzhaut** oder **Retina** besteht aus einer Vielzahl lichtempfindlicher Elemente, den Stäbchen und Zäpfchen. Die Stäbchen reagieren schon auf sehr schwache Lichtsignale und ermöglichen das Sehen in der Dämmerung. Allerdings können sie keine Farbinformationen verarbeiten. Dafür sind die Zäpfchen zuständig. Sie reagieren unterschiedlich stark auf verschiedenfarbiges Licht. Stäbchen und Zäpfchen empfangen das Licht und leiten die Information über viele Verästelungen zum **Sehnerv,** der sie zum Gehirn weiterleitet.

Je nachdem, ob wir bei Sonnenschein oder in der Dämmerung unsere Umwelt betrachten, gelangt viel oder wenig Licht ins Auge. Die Bilder sind also unterschiedlich hell. Diese verschiedenen Helligkeiten kann das Auge mithilfe der Pupillenöffnung etwas ausgleichen **➜ V1**.

Die Pupille ist eine kreisförmige Öffnung, gebildet von einer farbigen Haut, der Iris. Mit einem Muskel kann die Pupille verkleinert werden. Das Gehirn steuert mit ihr also die Lichtmenge, die pro Sekunde auf die Netzhaut fällt.

Bei Kameras ist dies ähnlich: Vor die Linse ist hier eine Lochblende eingebaut, dessen Durchmesser verändert werden kann.

Merksatz

Im menschlichen Auge werden Linsenbilder auf der Netzhaut erzeugt. Über die Iris steuert das Gehirn die Lichtmenge, die pro Sekunde ins Auge fällt.

2. Das Scharfstellen beim Auge

→ **V2** zeigt: Das Auge kann nahe und ferne Gegenstände nicht gleichzeitig scharf erkennen. Das wissen wir eigentlich schon von der Linsenabbildung. In Versuchen hatten wir festgestellt: Rückt ein Gegenstand näher an die Linse, müssen wir den Schirm weiter wegschieben, um scharfe Bilder zu erhalten. Das Auge kann dies nicht tun, weil die Netzhaut fest im Augapfel sitzt und damit der Abstand zwischen Hornhaut und Netzhaut unveränderbar ist.

Das Auge muss das Scharfstellen also auf anderem Wege erreichen. Wir wissen bereits, dass der Abstand des Bildes von der Linse auch von der Brennweite der Linse abhängt. In → **V3** wechseln wir die Linsen aus. Steht der Gegenstand in großer Entfernung, so erzeugt eine Linse mit großer Brennweite ein scharfes Bild auf dem Schirm. Bei gleichem Schirmabstand gelingt dies der Linse bei einem nahen Gegenstand nicht. Eine Linse mit kleinerer Brennweite kann dies allerdings leisten.

In unserem Auge wird beim Scharfstellen aber nicht wirklich die Linse ausgetauscht. Wie hat die Natur dieses Problem bewältigt?

Eine Linse mit *veränderlicher* Brennweite ist die geniale Lösung. Dazu muss die Augenlinse aus einem elastischen Stoff bestehen. Diese elastische Linse will sich stets von selbst wie ein Gummiband zusammenziehen. Dem wirken die Aufhängebänder entgegen, die sie flach ziehen, gesteuert von einem Ziliarmuskel. Ist dieser Muskel entspannt, so ziehen die Aufhängebänder die Augenlinse flach → **B3a**. Sie ist wenig gewölbt, hat also eine große Brennweite. Das Auge kann weit entfernte Gegenstände scharf sehen.

Ist der Ziliarmuskel dagegen angespannt, so sind die Aufhängebänder gelockert, die Linse wölbt sich, die Brennweite ist klein → **B3b**. Das Auge kann nahe Gegenstände scharf sehen. Dieser Anpassungsvorgang heißt **Akkommodation.** Wechselt das Auge von Fern- auf Naheinstellung, spricht man von Nahakkommodation, der umgekehrte Fall von Nah auf Fern wird als Fernakkommodation bezeichnet. Die Akkommodation läuft, vom Gehirn gesteuert, aber unbewusst ab. Mit zunehmendem Alter geht die Fähigkeit zur Akkommodation verloren, es kommt zur Alterssichtigkeit.

Das Auge kann nicht in jede beliebige Nähe scharf stellen. Bei einem Abstand zum Gegenstand von ca. 10 cm, dem so genannten **Nahpunkt,** ist die Grenze erreicht. So nahe Gegenstände zu betrachten ist sehr anstrengend, man ermüdet dabei rasch. Ohne merkliche Anstrengung kann man Gegenstände ab einer Entfernung von etwa 25 cm betrachten.

Merksatz

Die Augenlinse ist elastisch und kann ihre Brennweite mithilfe von Muskeln verändern und damit das Bild auf der Netzhaut scharf stellen. Das Auge kann Gegenstände ab einer Entfernung von 25 cm ohne Anspannung scharf betrachten.

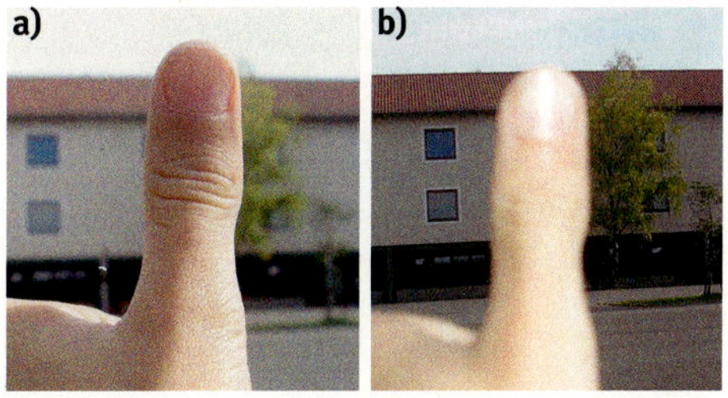

V2 Schließe ein Auge. Halte einen Daumen mit angewinkeltem Arm etwa 30 cm vor dein anderes, geöffnetes Auge.
a) Betrachte deinen Daumen. Du siehst den Hintergrund unscharf. **b)** Betrachte nun den Hintergrund. Dabei stellst du fest, dass nun der Daumen unscharf erscheint.

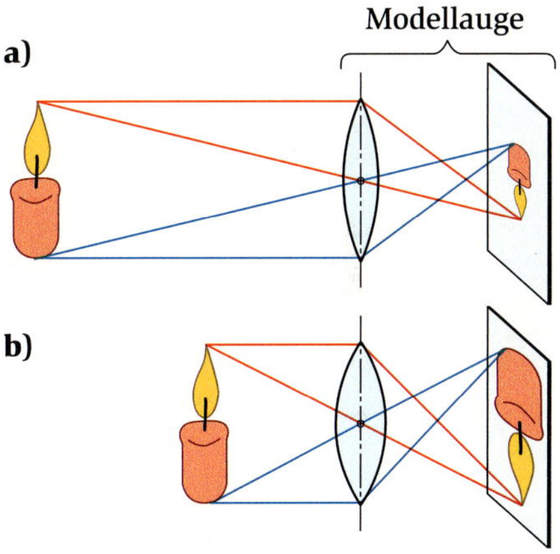

V3 **a)** Eine Linse der Brennweite 15 cm und ein Schirm ersetzen unser Auge. Eine Kerze wird in großer Entfernung (etwa 4 m) vor das „Modellauge" gestellt. Auf dem Schirm entsteht ein scharfes Bild der Flamme. „Unser Modellauge blickt entspannt in die Ferne."
b) Wir schieben nun die Kerze bis auf 30 cm an die Linse heran, das Bild wird unscharf. Ersetzen wir die Linse durch eine andere mit der Brennweite 10 cm, so erhalten wir wieder ein scharfes Bild, ohne den Schirm zu verschieben.

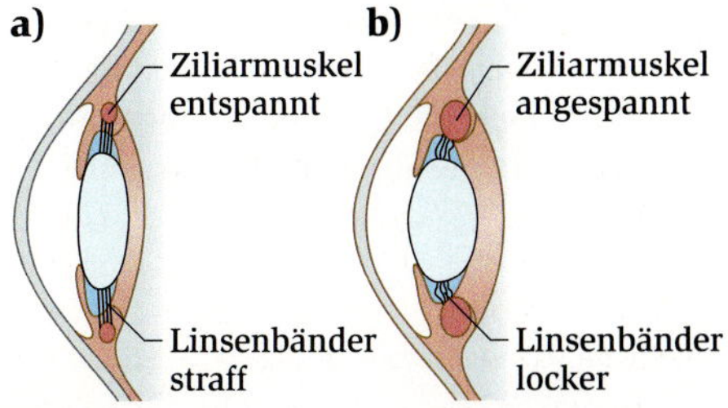

B3 **a)** Der Ziliarmuskel ist entspannt.
b) Der Ziliarmuskel zieht sich zusammen.

Die Brille

Viele Menschen haben Augenfehler. Sie tragen eine Brille, weil diese die Augenfehler ausgleicht. Die häufigsten Augenfehler sind **Kurzsichtigkeit** und **Übersichtigkeit.**

Beim *übersichtigen* Auge ist die Netzhaut zu nah an der Linse. Das scharfe Bild würde selbst bei sehr weit entfernten Gegenständen noch hinter der Netzhaut entstehen. Also muss der Ziliarmuskel schon jetzt die Linse etwas wölben. Bei nahen Gegenständen entsteht selbst bei der stärksten Linsenwölbung noch kein scharfes Bild auf der Netzhaut. Das Bild bleibt verschwommen. Eine zusätzliche Sammellinse vor dem Auge korrigiert diese Fehlsichtigkeit.

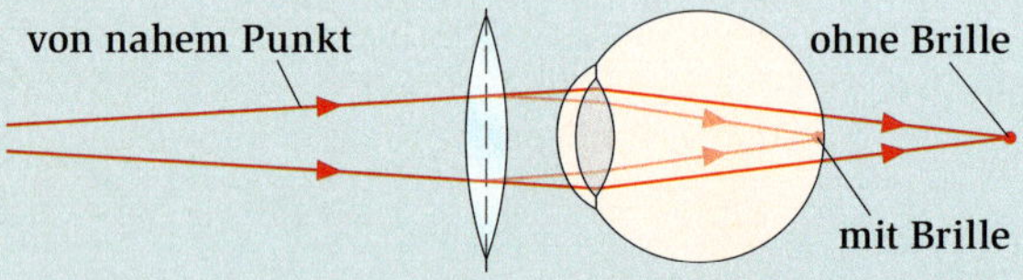

Die Linse der Brille und die Augenlinse zusammen haben eine kürzere Brennweite als die Augenlinse allein. So gelingt die Lichtbündelung besser. Auch nahe Gegenstände werden damit im übersichtigen Auge scharf abgebildet.

Beim *kurzsichtigen* Auge ist die Netzhaut zu weit von der Hornhaut entfernt. Nahe Gegenstände können mit einer geringeren Wölbung der Linse als beim normalen Auge scharf gesehen werden. Aber die Linse bündelt Licht ferner Gegenstände etwas vor der Netzhaut. D. h., die Bilder sind wie bei einem zu weit entfernten Schirm unscharf.

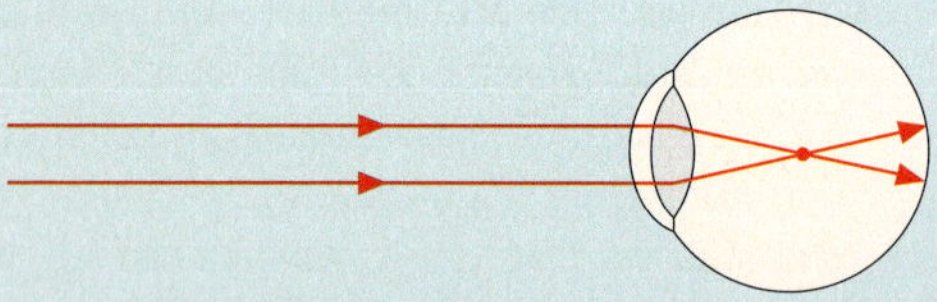

Eine zusätzliche Linse müsste also die Brennweite insgesamt verlängern. Unsere bisher besprochenen Linsen verengen jedes Lichtbündel und bewirken das Gegenteil. Linsen, deren Wölbung nach innen gerichtet ist, weiten das Lichtbündel auf – wie gewünscht.

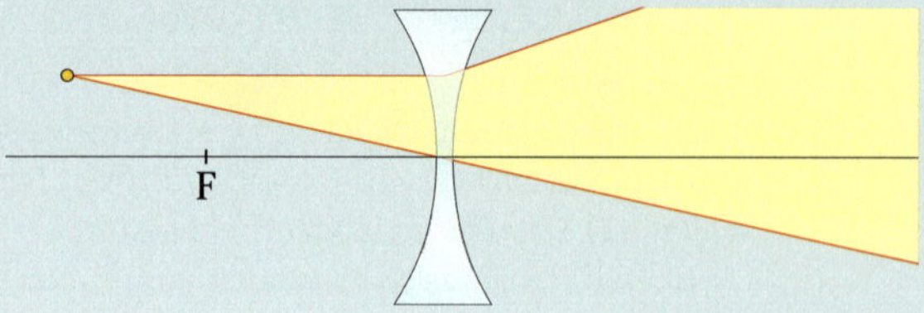

Benutzt man eine solche **Zerstreuungslinse** mit der entsprechenden Wölbung in der Brille, so kann der Augenfehler behoben werden.

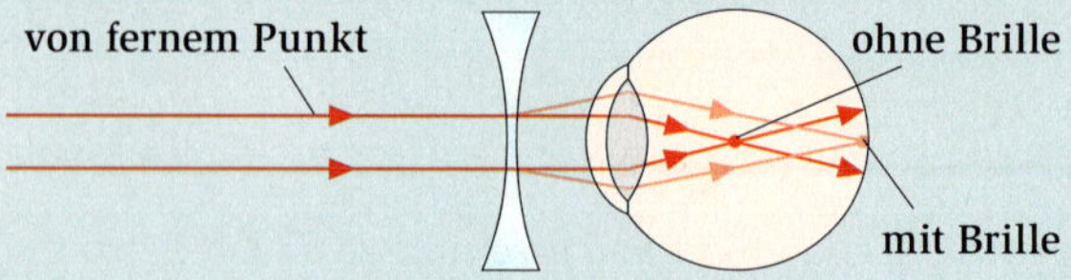

Das schmale Lichtbündel eines weit entfernten Gegenstandes wird von der Zerstreuungslinse etwas aufgeweitet, dadurch bündelt das Auge das Licht jetzt genau auf der Netzhaut.

Die Aufgabe einer Brille kann auch durch Kontaktlinsen erfüllt werden. Diese Linsen sitzen dicht vor der Pupille und sind deshalb für Außenstehende kaum sichtbar.

Mit steigendem Alter verringert sich die Elastizität der Augenlinse. Der Nahpunkt des Auges entfernt sich, die Anpassungsfähigkeit des Auges mithilfe der Akkommodation lässt nach. Insbesondere beim Lesen macht sich diese **„Altersweitsichtigkeit“** bemerkbar. (Der Prozess der nachlassenden Anpassungsfähigkeit beginnt übrigens schon in jungen Jahren, macht sich zu diesem Zeitpunkt aber in der Regel noch nicht bemerkbar.) Um scharfe Bilder zu erhalten, muss man den Abstand zum Buch vergrößern. Dadurch werden die Linsenbilder kleiner und damit Texte unlesbar. Eine Lesebrille mit Sammellinse wie beim übersichtigen Auge hilft. Die Brennweite wird kürzer, auch ohne dass die Augenlinse sich selbst sehr stark wölben muss.

Brillengläser unterscheiden sich also. Es gibt Sammellinsen, die das Licht stärker bündeln, und Zerstreuungslinsen, die das Lichtbündel aufweiten – jeweils mit unterschiedlicher Wölbung. Optiker beschreiben die Eigenschaft einer Linse meist nicht durch ihre Brennweite, sondern durch die Angabe **Dioptrie *D*.** Berechnet wird D aus der Brennweite f durch Kehrwertbildung, dabei wird f in m angegeben. $D = 1/f$ bekommt die Einheit 1 dpt = 1/m.

Beispiel einer Linse mit der Brennweite $f = 0{,}5$ m:

$$D = \frac{1}{0{,}5\ \text{m}} = 2\ \text{dpt}.$$

Bei Zerstreuungslinsen ergänzt man die Angabe durch ein Minuszeichen.

Lupe, Fernrohr und Mikroskop

B1 Lupe und Mikroskop erzeugen größere Netzhautbilder.

Willst du eine kleine Schrift etwa auf einer Briefmarke entziffern, so hältst du die Briefmarke möglichst nahe vor dein Auge. Wie du weißt, wird dadurch das Netzhautbild ziemlich groß. Es überdeckt jetzt mehr Sehzellen, sodass man mehr Einzelheiten der Briefmarke erkennt. Oft reicht diese Methode aber nicht aus.

1. Die Lupe

25 cm ist die kürzeste Entfernung, in der wir ohne Anstrengung einen Gegenstand über längere Zeit betrachten können. (Bei diesem Abstand muss das Auge nur schwach akkommodieren.) → **V1a** zeigt ein „Netzhautbild" des Lineals für unser Modellauge. Ein größeres Bild als bei einer Gegenstandsweite von 25 cm gelingt ohne Hilfe nicht.

Mit einer **Lupe** aber können wir die Gegenstandweite weiter verringern und so ein größeres Netzhautbild erhalten (→ **V1b**). Dazu stellen wir jetzt den Gegenstand in die Brennebene der Lupe. Alle Lichtstrahlen, die dann vom Gegenstand ausgehen, verlaufen hinter der Lupe parallel. Ein solches paralleles Bündel trifft sonst nur von weit entfernten Objekten ins Auge. Dieses kann jetzt entspannt, ganz ohne Akkommmodation das Lineal betrachten.

Haben wir ohne Lupe in → **V1a** auf dem Bildschirm eine Bildhöhe $B_o = 2$ mm gemessen, so finden wir in → **V1b** mit Lupe $B_m = 12$ mm. Die **Vergrößerung** durch die Lupe ist also $V = B_m/B_o = 6$. Das Lineal erscheint also dem entspannten Modellauge mit Lupe 6-mal so hoch und 6-mal so breit wie ohne Lupe. Wir erkennen also 36-mal so viele Einzelheiten.

Merksatz

Liegt das Objekt in der Brennebene der Lupe mit $f_L < 25$ cm, so wird das Netzhautbild größer. Unter der **Vergrößerung *V*** durch ein optisches Instrument versteht man den Quotienten

$$V = \frac{\text{Höhe des Netzhautbildes mit Instrument}}{\text{Höhe des Netzhautbildes ohne Instrument}} = \frac{B_m}{B_o}.$$

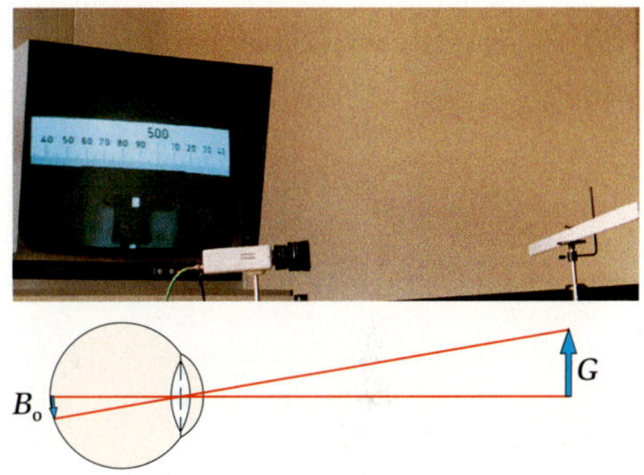

V1 **a)** Eine Videokamera dient als Modellauge. Wir nähern die Kamera dem Gegenstand (Lineal) bis auf 60 cm und stellen am Kameraobjektiv das Fernsehbild scharf. Auf dem Bildschirm erkennen wir das „Netzhautbild" des Lineals.

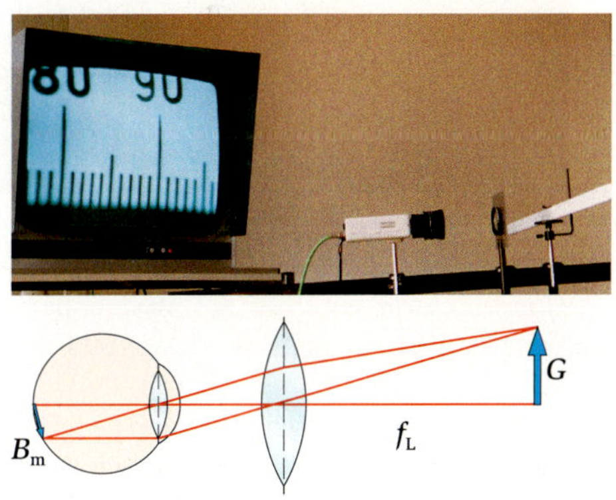

V1 **b)** Als Lupe stellen wir eine Sammellinse der Brennweite $f_L = 10$ cm direkt vor das Modellauge. Wir schieben nun das Lineal in die Brennebene der Lupe. Damit ein scharfes Bild entsteht, müssen wir an der Kamera das Objektiv auf „∞" stellen. Auf dem Bildschirm entsteht jetzt ein viel größeres „Netzhautbild" des Lineals als ohne Lupe.

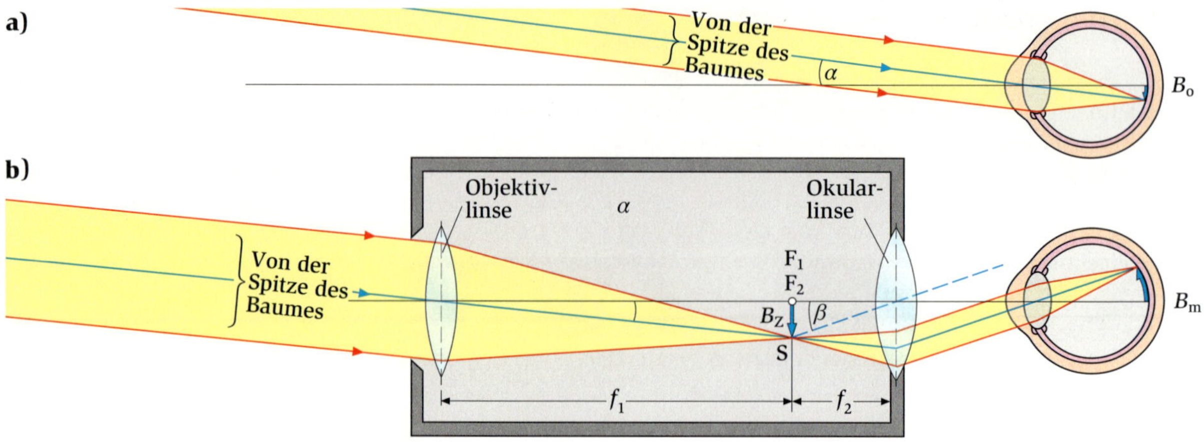

B1 Das von einer Baumspitze ausgehenden Lichtbündel fällt **a)** unmittelbar, **b)** durch ein Fernrohr ins Auge.

V1 **a)** Eine Linse mit der Brennweite 30 cm erzeugt etwa im Abstand der Brennweite auf einem Schirm ein Bild des weit entfernten Baumes. Wir betrachten dieses Bild hinter dem durchscheinenden Schirm durch eine Lupe mit der Brennweite 10 cm. Die optimale Vergrößerung erzielen wir, wenn wir dazu die Linse 10 cm weit hinter den Schirm stellen – also im Abstand ihrer Brennweite.
b) Uns stört beim Beobachten der milchige Schirm. Wir entfernen ihn. Das Bild wird dadurch klarer. Wir sehen den Baum jetzt ungetrübt. Unser Fernrohr besteht jetzt nur aus zwei Linsen. Wir erhalten ein scharfes Bild, wenn ihr Abstand etwa so groß ist wie die Summe ihrer Brennweiten.

2. Das Fernrohr

Du willst dir den Mond genauer anschauen. Weil er zu weit weg ist, kannst du mit bloßem Auge keine Einzelheiten erkennen. Betrachtest du ihn dagegen mit einem Fernrohr oder einem Fernglas, so erkennst du viele Krater, Berge und Täler. Das ist möglich, weil du beim Blick durchs Fernrohr den Eindruck hast, dass der Mond näher herangerückt sei. Er erzeugt nun ein größeres Netzhautbild. Dadurch werden mehr Sehzellen überdeckt, wir erkennen mehr Einzelheiten.

Wie ist das möglich? Ein Fernrohr besteht im Prinzip aus zwei Bestandteilen: einem **Fotoapparat** und einer **Lupe.** In **→ V1a** bauen wir das nach. In **→ B1b** ist gezeigt, wie die Sammellinse mit der Brennweite f_1 das Bild (der Spitze des Baumes) erzeugt. Dieser Teil des Fernrohrs ist physikalisch gesehen der entscheidende Teil eines Fotoapparats. Das Bild des Baumes B_Z ist umso größer, je größer die Brennweite f_1 ist.

Wir schauen uns das Bild („Zwischenbild") B_Z nun mit einer Lupe an (Brennweite f_2). Jetzt ist der Sehwinkel β im Vergleich zum ursprünglichen Sehwinkel α größer. Statt B_o entsteht mit Fernrohr also ein größeres Netzhautbild B_m.

Das Bild ist in **→ V1a** durch den milchigen Schirm gestört. In **→ V1b** lassen wir ihn einfach weg. Die Bildgröße bleibt unverändert, das Bild ist jetzt aber klar. In **→ B1b** erkennen wir: Das Lichtbündel in *S* des Bildes B_Z läuft hinter dem Sammelpunkt wieder auseinander, als wenn es von einem selbst leuchtenden Punkt käme. Das Bild verhält sich also wie ein leuchtender Gegenstand, der Schirm ist nicht nötig.

Merksatz

Das Fernrohr besteht aus zwei Linsen. Eine Linse mit großer Brennweite erzeugt ein Zwischenbild. Dieses wird durch eine Linse mit kleiner Brennweite wie mit einer Lupe betrachtet. Die Fernrohrvergrößerung beträgt $V = f_1/f_2$.

3. Das Mikroskop (Diaprojektor plus Lupe)

Der Vergrößerungsfaktor durch Lupen ist höchstens 20. Um kleine Gegenstände noch stärker zu vergrößern, verwendet man Mikroskope. Sehr kleine Gegenstände können mit einem Mikroskop bis zu 800-mal vergrößert werden.

Mit einem **Mikroskop** betrachtet man meist durchsichtige Objekte auf einer Glasplatte. Diese Objektträger erinnern an Dias. Wir wissen bereits, dass ein Diaprojektor vergrößert. Das optische Bild an der Leinwand ist viel größer als das Original. Betrachtet man dieses vergrößerte Bild zusätzlich durch eine Lupe, so erscheint es im Auge nochmals vergrößert. Nach diesem Prinzip der zweimaligen Vergrößerung arbeitet das Mikroskop.

In **→ V2a** setzen wir diese Überlegung um. Das vergrößerte Bild auf dem Schirm kennen wir bereits vom Diaprojektor. Entfernen wir den Schirm, so bleibt das Bild trotzdem erhalten. Es schwebt frei im Raum. Wie ist das möglich?
Die Sammellinse konzentriert die von den Objektpunkten ausgehenden Lichtbündel in Punkten eines *Zwischenbildes*. Ohne Schirm laufen diese Bündel geradlinig und ungeschwächt auseinander. Es ist so, als stünde in der Ebene des Zwischenbildes ein Gegenstand, von dem Licht ausgeht und in unser Auge (in die Kamera) trifft. Man kann dann das helle, *im Raum schwebende Zwischenbild* mit einer Lupe nochmals vergrößert betrachten (**→ V2b**). Auf den Schirm in der Bildebene können wir verzichten. Dies bringt den Vorteil, dass das Lupenbild deutlicher und heller erscheint.

→ B3 zeigt die uns bereits bekannten Bauteile des Diaprojektors: Lampe, Kondensor, Dia (Objekt auf Glas), *Objektivlinse* und das Bild (Zwischenbild). Die Lupe heißt beim Mikroskop *Okularlinse*. Das Gehäuse *(Tubus)* dient als Halter der Linsen und verhindert einen seitlichen Lichteinfall.
Um beim Mikroskop ein möglichst großes Zwischenbild zu erzeugen, wird das Objekt nur wenig außerhalb der Brennebene der Objektivlinse gebracht. Die Bildweite für das Zwischenbild ist dadurch recht groß.

Von der Lupe wissen wir: Stellen wir die Okularlinse so, dass das Zwischenbild in ihrer Brennebene liegt, dann wird die optimale Vergrößerung der Lupe erreicht. Außerdem erzeugt sie so parallele Lichtbündel, sodass der Betrachter mit entspanntem Auge beobachten kann. Ein Scharfstellen des Mikroskops ist erforderlich, damit das Zwischenbild immer am gleichen Platz im Tubus liegt. Dazu wird der Abstand zwischen Objekt und Objektivlinse mit Tubus verändert.

Merksatz

Beim Mikroskop befindet sich das Objekt ein wenig außerhalb der Brennebene des Objektivs. Dieses erzeugt durch optische Abbildung ein vergrößertes Zwischenbild, das durch eine Lupe (Okular) betrachtet wird. Dabei wird es nochmals vergrößert.

V2 **a)** Das Objekt (ein leuchtendes „F“) wird 5,5 cm vor eine große Sammellinse mit $f = 5$ cm gestellt. 55 cm hinter der Linse befindet sich ein durchscheinender Schirm. Dort entsteht ein rund 10-fach vergrößertes Bild. Entfernen wir den Schirm und setzen an seine Stelle einen Ring, so erkennen wir, dass das Bild frei im Ring schwebt.
b) Hinter dem Ring wird eine Lupe im Abstand ihrer Brennweite aufgestellt. Schauen wir durch die Lupe, so sehen wir ein nochmals vergrößertes Bild.

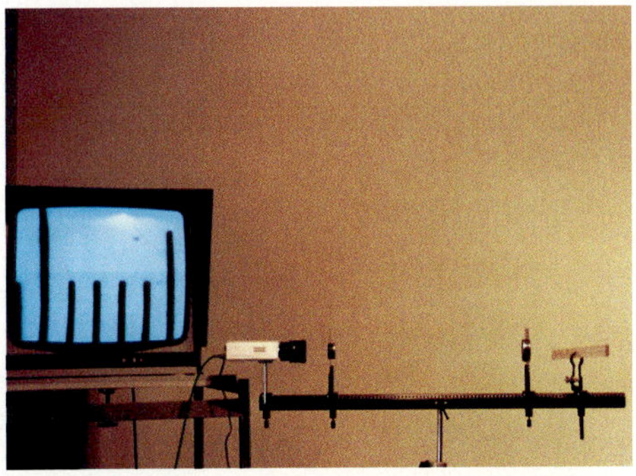

B2 Mikroskopmodell mit Kamera

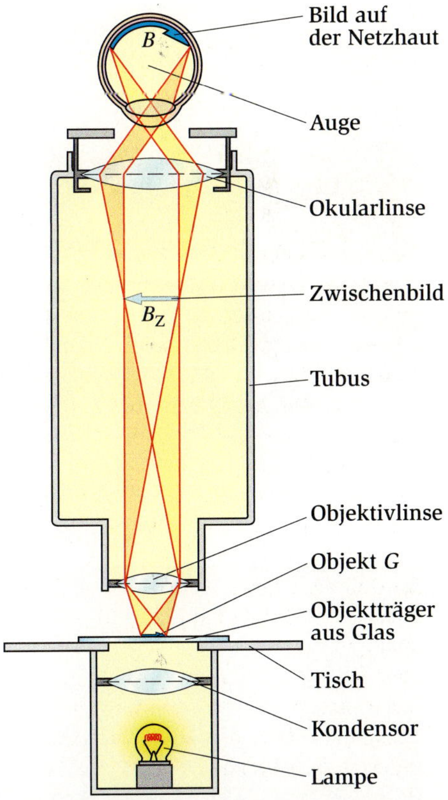

B3 Strahlengang in einem Mikroskop

Fernrohre erweitern unsere Vorstellung von der Welt

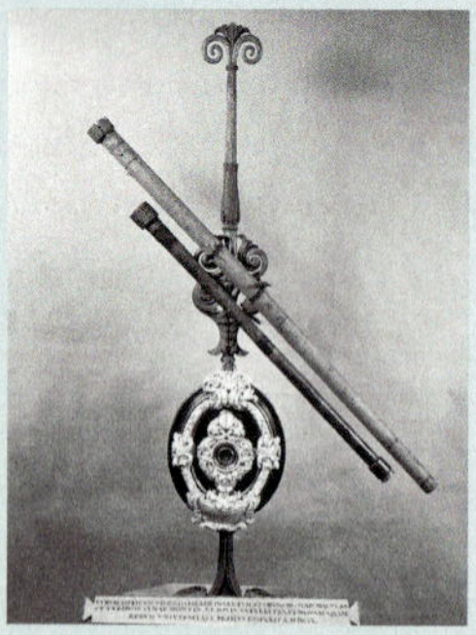

Etwa um das Jahr 1600 hat man in den Niederlanden das Fernrohr erfunden. Ein Optiker hat mit zwei Linsen experimentiert und die Vergrößerung des Sehwinkels bemerkt. Der italienische Forscher Galileo GALILEI hat von diesem Instrument gehört und ein verbessertes Modell nachgebaut.

Im Jahre 1609 hat er damit einige Entdeckungen am Himmel gemacht, die mit bloßem Auge nicht zu erkennen waren:

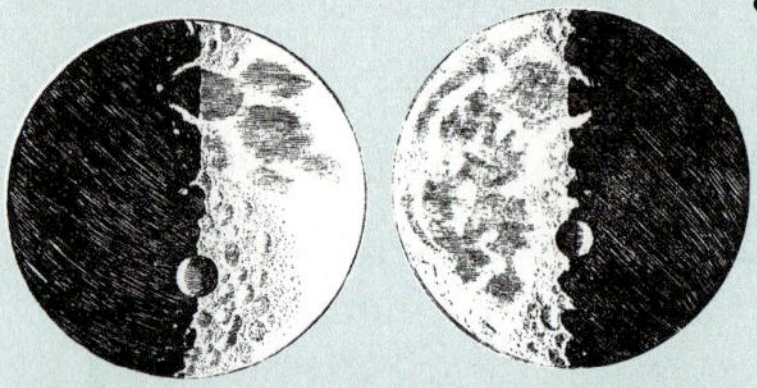

- Der Mond hat keine glatte Oberfläche, sondern er hat Berge und Täler wie die Erde,

- die Venus ist keine selbst leuchtende Kugel, vielmehr wird sie von der Sonne beleuchtet,

- Jupiter hat Monde, die ihn im Weltall umrunden,

- die Milchstraße besteht aus sehr vielen einzelnen Sternen.

Diese Beobachtungen und weitere Überlegungen von vielen Wissenschaftlern führten damals zu einer neuen Vorstellung der Welt:

- Himmelskörper wie der Mond und die Planeten sind der Erde ähnlich und keine völlig anderen Körper.
- Planeten umrunden wie die Erde die Sonne, nur der Mond umrundet die Erde.
- Die Milchstraße zeigt, dass es enorm viele Sterne gibt.

Mithilfe von Fernrohren hat man später weitere Planeten und Planetenmonde unseres Sonnensystems entdeckt.

Bis heute werden immer leistungsfähigere Fernrohre gebaut. Mit ihnen macht man immer wieder neue Entdeckungen. So hat man in den letzten Jahren herausgefunden, dass es außer unserem Sonnensystem viele weitere Systeme gibt, die ähnlich aufgebaut sind – mit einem hellen Stern als Sonne und Planeten, die ihn umrunden. Man weiß schon lange, dass diese Sterne wie unsere Sonne selbst leuchten, also ständig riesige Mengen an Energie abstrahlen. Die Planeten eines Sterns erkennt man dann, wenn der Stern in regelmäßigen Abständen durch sie verdunkelt wird.

Weil die Erdatmosphäre durch Wolken, Verunreinigungen und unregelmäßige Luftbewegungen die Beobachtungen erschweren, hat man Teleskope im Weltraum stationiert. Sie umrunden die Erde oberhalb der Atmosphäre und funken ihre gestochen scharfen Bilder zur Erdstation.

Milliarden von Sternen bilden unsere Milchstraße. Im Jahre 1923 hat der amerikanische Astronom Edwin HUBBLE eine zweite Milchstraße (Galaxie) entdeckt, die 2,5 Millionen Lichtjahre entfernte Andromedagalaxie (Foto). Sie ist im Sternbild Andromeda, nach dem sie benannt ist, zu finden. Heute weiß man, dass jede Galaxie aus vielen Milliarden Sternen besteht und dass es viele Milliarden Galaxien gibt.

Mit Lupe und Mikroskop die Welt im Kleinen entdecken

Mit der Lupe oder noch besser mit dem Mikroskop kann man sich vergrößerte Bilder von der Mikrowelt erzeugen. Dadurch konnten mehr Einzelheiten bei größeren Gegenständen sichtbar gemacht werden. Aber man hat auch ganz neue Dinge entdeckt. So wurden zum Beispiel sehr kleine Tiere wie das Pantoffeltierchen überhaupt sichtbar.

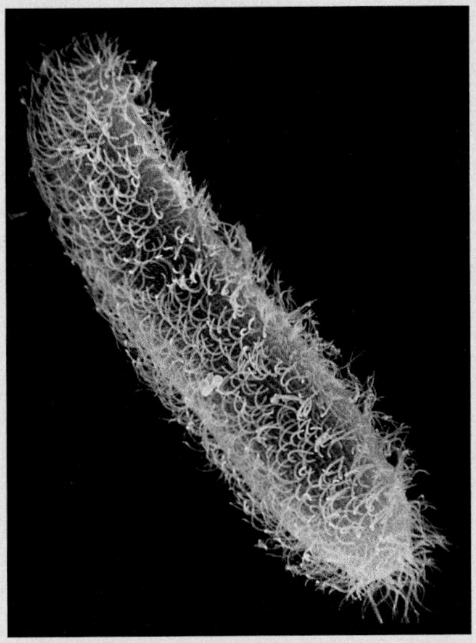

Großen Nutzen konnte die Medizin aus den Erkenntnissen gewinnen. So wurde deutlich, dass der menschliche Körper aus Zellen aufgebaut ist. Die Unterschiede und Gemeinsamkeiten der verschiedenen Zellen konnten erforscht werden. Dadurch hat man gelernt, wie körperliche Vorgänge ablaufen. Medikamente konnte entwickelt werden, die bei Erkrankungen helfen.

Aber auch Krankheitserreger wie Bakterien und Viren wurden mithilfe von Mikroskopen entdeckt. Auch Impfstoffe konnten entwickelt werden. Zusammen mit Hygienemaßnahmen wie Händewaschen und Zähneputzen führte dies zu einer besseren Gesundheitsvorsorge und damit zu einer höheren Lebenserwartung der Menschen.

Kompetenz – Lichtbündel erklären den Sehvorgang

Durch einfache Versuche mit Lichtquellen haben wir die geradlinige Lichtausbreitung entdeckt. Verdeutlicht wurde dies in der Lochkamera. Die Bildentstehung und die Eigenschaften der Bilder konnten wir damit erklären.

Die Entdeckung der Linse mit ihrer Wirkung auf ein Lichtbündel hat zunächst zur Verbesserung des Lochkamerabildes geführt. Das menschliche Auge haben wir als optisches Instrument verstanden. Insbesondere die Scharfstellung des Bildes durch Akkommodation, d. h. durch Veränderung der Brennweite der Augenlinse, konnten wir nachvollziehen. Zusammen mit Kenntnissen aus der Biologie haben wir also den Sehvorgang verstanden. Das Auge zusammen mit dem Gehirn kann als das System des Sehens verstanden werden. Das Auge liefert die optischen Bilder und das Gehirn verarbeitet diese Informationen.

Augenfehler wie die Kurz- oder Übersichtigkeit können durch Erweiterung des Systems durch eine Brille behoben werden. Physikalisch betrachtet besteht die Brille aus einer Linse, die in bekannter Weise das Lichtbündel verändert.

Als erstes technisches Gerät haben wir die Lupe kennengelernt. Gegenstände in Brennweite der Lupe können so aus nächster Nähe mit dem entspannten Auge betrachtet werden. Dadurch vergrößert sich der Sehwinkel, was zu einem größeren Netzhautbild führt.

Auch wenn das Fernrohr eher zufällig erfunden wurde, so können wir heute seine Funktion als Kombination aus zwei Linsen leicht verstehen.
Die erste Linse wirkt wie ein Fotoapparat. Sie erzeugt ein Zwischenbild. Wir können mit unserem Wissen über Linsenbilder Größe und Position dieses Bildes vorherbestimmen. Mit der zweiten Linse als Lupe wird dann der Sehwinkel vergrößert. Diese Vergrößerung wird durch die Brennweiten der beiden Linsen bestimmt.

Auch beim Mikroskop benutzt man diese Kombination zweier Linsen. Allerdings verwendet man als erste Linse eine mit kleiner Brennweite. Sie erzeugt bei kleiner Entfernung zwischen Objekt und Linse ein vergrößertes Zwischenbild. Wie beim Fernrohr betrachtet man dieses Zwischenbild wieder mit einer Lupe, um auf diese Weise den Sehwinkel nochmals zu vergrößern.

Fernrohr und Mikroskop erweitern also den sichtbaren Bereich für die Menschen. Eine beliebige Vergrößerung ist mit diesen Geräten allerdings nicht möglich. Zum Beispiel werden durch größere Brennweiten der ersten Linse Fernrohre sehr lang. Damit das größere Zwischenbild nicht zu dunkel wird, muss der Linsendurchmesser größer werden. Linsen mit größerem Durchmesser werden aber wegen ihrer Form immer dicker und damit immer schwerer. Insgesamt werden solche Fernrohre sehr unhandlich. So kannst du auch die technischen Grenzen der Geräte physikalisch verstehen.

B1 Marc hält den Finger in die Flamme!

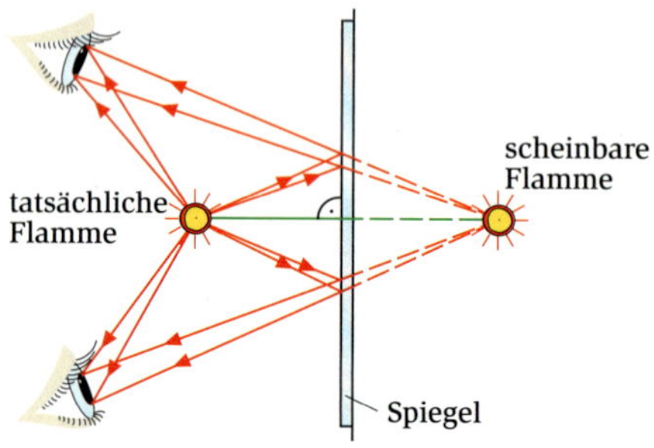

B2 Lichtbündel der Kerze vor der Glasscheibe erreichen auf direktem Weg die Beobachter, die an der Scheibe *reflektierten* Lichtbündel aus der Richtung der Kerze hinter der Scheibe.

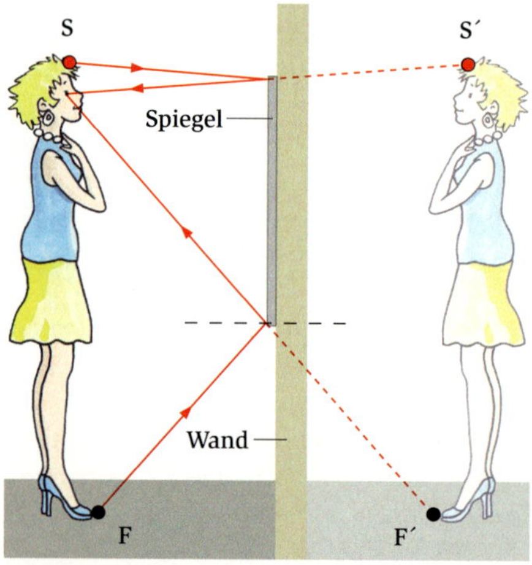

B3 Konstruktion des Spiegelbildes

V1 Lisas Hand weist zum rechten Spiegelrand, die ihres Spiegelbildes auch. Wir sehen Lisa von hinten, ihr Spiegelbild von vorne.

1. Täuschung durch eine Glasscheibe

Marc meldet sich, als der Lehrer nach einem mutigen Schüler fragt. Er darf sich hinter eine große Glasscheibe stellen. Auf dem Tisch stehen zwei Kerzen. Eine vor der Glasscheibe und eine gleich große dahinter. Der Lehrer stellt sich mit dem Rücken zur Klasse und verdeckt so mit seinem Körper die beiden Kerzen. Als er sich wegdreht, brennen beide Kerzen.
Er bittet Marc nun, seinen Finger in die Flamme der Kerze hinter der Glasscheibe zu halten → B1. Mit schmerzverzerrtem Gesicht hält Marc den Finger über eine Minute lang knapp über die Flamme. Als er dann lächelnd zurück zu seinem Platz geht, wird es jedem klar: Das Schauspiel war fauler Zauber, die zweite Kerze brennt nicht.

→ B2 zeigt uns solche Umwege. Ein Lichtbündel wird an der Grenzfläche Luft → Glas nicht nur gebrochen, sondern auch teilweise reflektiert. Das reflektierte Lichtbündel trifft in unser Auge. Wie bei den optischen Täuschungen durch die Brechung, gilt auch für die Reflexion: Wir sehen den Gegenstand (hier die Flamme) in der Richtung, aus der das Lichtbündel in unser Auge trifft. Offenbar liegt in dieser Richtung genau der Standort der zweiten Kerze. So sieht es jeder Beobachter, egal wo er sich im Klassenraum befindet.

Die in → B2 gezeichneten Lichtbündel zeigen die von uns durch Nachdenken gefundenen Lichtwege. Damit können wir den Verlauf des Lichtbündels beim Spiegel konstruieren. Im Versuch haben wir den Ort gefunden, an dem wir das Spiegelbild sehen.

2. Eigenschaften der Spiegelbilder

In → B3 „konstruieren“ wir das Spiegelbild der dargestellten Person. Sie sieht ihren höchsten Scheitelpunkt S ihres Kopfes als S' in der Senkrechten zum Spiegel mit gleichem Abstand zum Spiegel. Gleiches gilt für ihre Fußspitze F und F'. Wir können diese Spiegelpunkte also leicht mit dem Geodreieck einzeichnen. Wir machen das wie im Mathematikunterricht bei der Achsenspiegelung.

Entsprechendes können wir für jeden weiteren Punkt der zum Spiegel zugewandten Körperseite tun. Hinter dem Spiegel also erscheint uns das Spiegelbild – als optische Täuschung in der gedachten „Spiegelwelt“. An der Konstruktion erkennen wir unmittelbar, dass Spiegelbilder genauso groß sind wie der Gegenstand selbst.
Stelle dich selbst vor einen Spiegel, wie Lisa das in → V1 tut, und zeige zum rechten Spiegelrand. Du siehst, dass auch dein Spiegelbild zu diesem Spiegelrand zeigt. Das Spiegelbild ist also nicht seitenverkehrt. Allerdings erkennen wir in → V1 auch, dass vorne und hinten vertauscht sind.

Merksatz

Das Spiegelbild einer punktförmigen Lichtquelle erscheint senkrecht gegenüber der Spiegelfläche und im gleichen Abstand vom Spiegel wie der Punkt selbst.
Spiegelbilder sind genauso groß wie der Gegenstand.
Die Bilder sind aufrecht und seitenrichtig. Vertauscht sind allerdings vorne und hinten.

3. Die Reflexionsrichtung ist vorhersagbar

Du hast sicher schon einmal versucht, mit einem Geodreieck oder einer Armbanduhr Licht der Sonne zu reflektieren, um damit Mitschüler zu blenden. Nicht zufällig nach dem Prinzip „Versuch und Irrtum", sondern mit einem gezielten Versuch wollen wir die Richtung des reflektierten Lichtbündels herausfinden.

In → V2 trifft ein schmales Lichtbündel auf den Spiegel. Wie bei der Lichtbrechung messen wir die beiden Winkel α (Einfallswinkel) und β (Reflexionswinkel) zum Lot hin. Das Ergebnis ist viel einfacher als bei der Lichtbrechung. Das gefundene **Naturgesetz** lautet: Einfallswinkel und Reflexionswinkel sind stets gleich groß.

Merksatz

Für schmale Lichtbündel gilt das **Reflexionsgesetz:**

1. Einfallendes und reflektiertes Licht liegen stets in einer Ebene senkrecht zum Spiegel.
2. Einfallswinkel und Reflexionswinkel sind immer gleich groß.

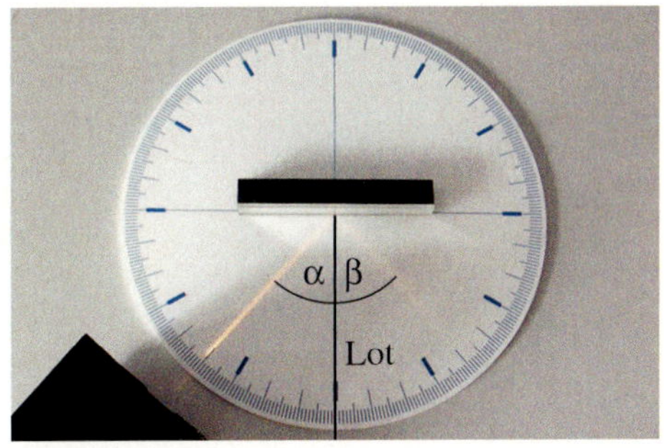

V2 Ein schmales Lichtbündel trifft auf einen Spiegel. Der Winkel zwischen einfallendem Lichtbündel und Lot am Auftreffpunkt des Lichtbündels ist der Einfallswinkel α. Zwischen reflektiertem Bündel und Lot liegt der Reflexionswinkel β. In der Abbildung beträgt $\alpha = 40°$ und $\beta = 40°$.
Wir drehen die Winkelscheibe mit dem Spiegel. Nacheinander stellen wir so für den Winkel α in 10°-Schritten alle Winkel von 0° bis 90° ein. Wir messen jeweils den zugehörigen Reflexionswinkel β.

Vertiefung

Der Reflektor

Ein Reflektor am Fahrrad ist kein gewöhnlicher Spiegel. Vielmehr besteht er aus vielen kleinen gleichen Einheiten.
Jede dieser Einheiten selbst besteht aus drei immer gleich angeordneten Flächen.

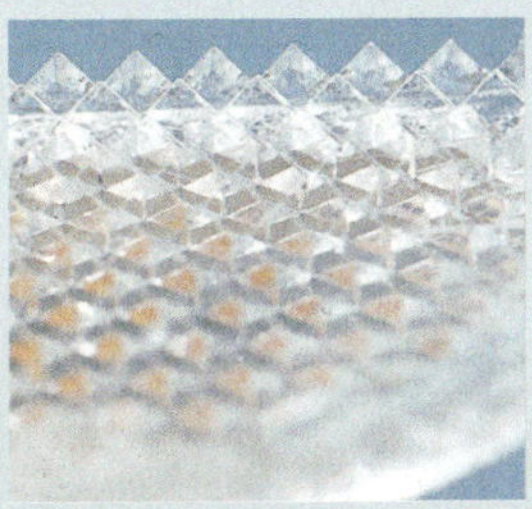

Um den Sinn zu verstehen, betrachten wir zunächst einen **Winkelspiegel.** Er besteht aus zwei Spiegeln, die im rechten Winkel zueinander aufgestellt sind.

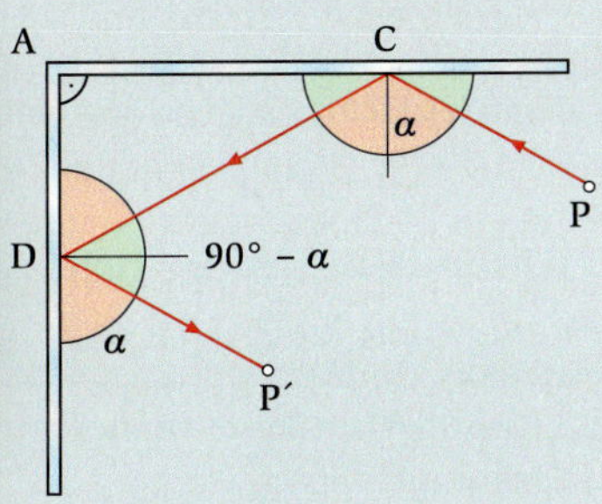

Ein schmales Lichtbündel trifft schräg hinein. Im Kreidestaub wird der Lichtweg sichtbar: Das Lichtbündel wird zweimal reflektiert und verlässt den Winkelspiegel wieder. Das Foto zeigt, dass das reflektierte Lichtbündel zum einfallenden parallel verläuft.

Die Zeichnung verrät, dass es sich hierbei um eine Folge des Reflexionsgesetzes handelt: Das von P ankommende Licht trifft auf den ersten Spiegel. Einfallswinkel und Reflexionswinkel müssen dabei gleich groß sein (rot gefärbt).

Bei der Reflexion am zweiten Spiegel gilt das Gleiche (diesmal sind die Winkel grün gefärbt). Winkelgesetze der Mathematik fordern, dass auch hier die rot gefärbten Winkel so groß sind wie α (mit dem Geodreieck nachmessen). Damit ist nachgewiesen, dass das reflektierte Lichtbündel unabhängig von der Größe des Einfallswinkels immer parallel zum einfallenden Lichtbündel ist.

Wir haben das Lichtbündel in einer Ebene senkrecht zum Winkelspiegel betrachtet. Trifft ein Lichtbündel jedoch schräg zu dieser Ebene den ersten Spiegel, muss evtl. ein dritter Spiegel das Lichtbündel überhaupt auf den zweiten werfen. Dieser dritte Spiegel liegt senkrecht zum Winkelspiegel.

Diese **Tripelspiegel,** die man auch als Retroreflektoren bezeichnet, bilden die Einheiten des Reflektors und sorgen dafür, dass das reflektierte Licht immer in die Richtung zurückgeworfen wird, aus der es kam. Also zum Beispiel vom Fahrradreflektor zurück ins Auge des Autofahrers. Vor allem nachts erhöhen solche Reflektoren ungemein die Verkehrssicherheit.

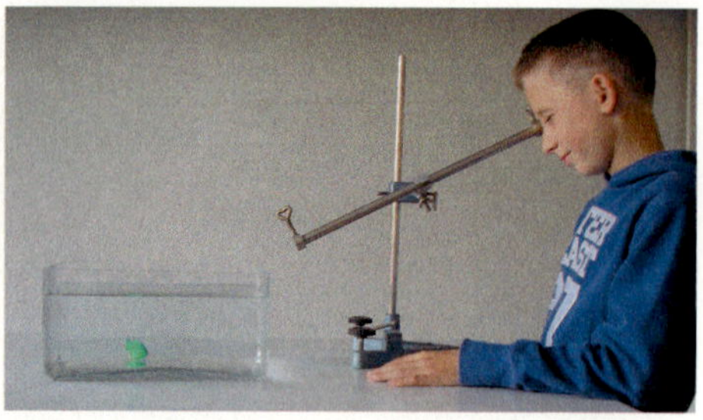

B1 Gut gezielt …

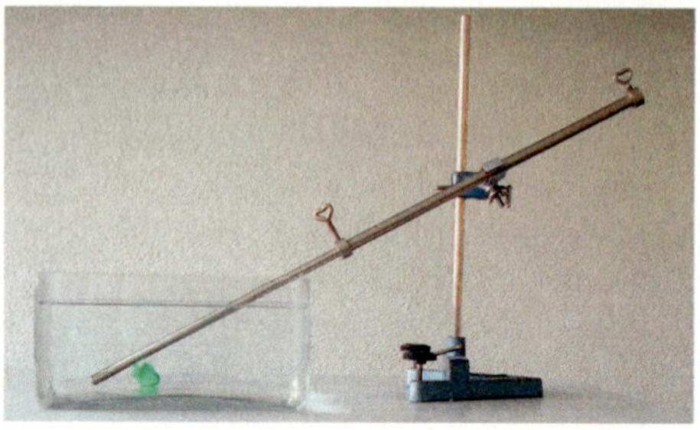

B2 … aber nicht getroffen.

V1 Mit einer Lampe wird ein Lichtbündel in einem Aquarium erzeugt. Es verläuft streifend entlang einer weißen Fläche, sodass man Form und Weg des Lichtbündels sehen kann.

V2 Wir erzeugen gleichzeitig viele Lichtbündel. Sie treffen unterschiedlich schräg auf die Grenzfläche zwischen Wasser und Luft.

1. Richtig gezielt – aber nicht getroffen

In einigen Südseeländern gehen Eingeborene mit dem Speer auf Fischjagd. Wir wollen dies im Klassenraum nachspielen. Henning versucht durch Verschieben des Rohrs in → B1 genau auf den Fisch zu zielen. Die übrigen Schüler bezweifeln, dass der Speer trifft. Henning schiebt nun in → B2 einen Stab durch das Rohr. Und tatsächlich, obwohl er den Fisch zuvor im Rohr gesehen hatte, trifft der Stab den Fisch nicht. Wie ist dies möglich?
„Das Licht vom Fisch gelangt in unser Auge", sagt Lena, „sonst hätte Henning ihn nicht sehen können." „Das Licht kommt durch das Rohr, das ist auch klar", so Mike. „Bleibt die Frage, auf welchem Weg das Lichtbündel vom Fisch ins Rohr gelangt." In Luft breitet sich Licht geradlinig aus, das wissen wir schon.

Ein Versuch soll weiterhelfen. Wir wollen den Weg eines Lichtbündels aus dem Wasser heraus verfolgen. Mithilfe einer Unterwasserlampe wird in → V1 ein Lichtbündel erzeugt. Wir erkennen die überraschende Lösung unseres Problems: Auch im Wasser breitet sich Licht geradlinig aus. Aber beim Übergang von Wasser nach Luft ändert es seine Richtung. Die Randstrahlen werden geknickt. Man sagt: Das Lichtbündel wird an der **Grenzfläche** zwischen Wasser und Luft *gebrochen*.

„Dann hat Henning tatsächlich richtig gezielt", sagt Lena. „Das Lichtbündel kam aus der Richtung des Rohres in sein Auge. Dass es unterwegs seine Richtung geändert hat, davon hat sein Auge nichts mitgekriegt – es wurde getäuscht." Henning hatte also den Eindruck, der Fisch befände sich in der Richtung, aus der das Lichtbündel sein Auge traf.

Täuscht uns die Lichtbrechung immer so deutlich wie im obigen Versuch? In → V2 finden wir die Lösung. Die Lichtbrechung ist nicht immer gleich stark. Ein Lichtbündel, das senkrecht die Grenzfläche trifft, wird nicht gebrochen. Von oben gezielt hätte Henning also den Fisch getroffen. Die Brechung ist umso stärker, je schräger das Lichtbündel auf die Grenzfläche trifft. Außerdem erkennen wir, dass ein Teil des Lichtbündels auch an der Grenzfläche wie an einem Spiegel reflektiert wird.

Merksatz

Trifft ein schmales Lichtbündel schräg von Wasser auf Luft, so wird es an der Grenzfläche gebrochen und teilweise reflektiert.

2. Bei der Lichtbrechung ist der Lichtweg umkehrbar

Wir haben entdeckt, dass Lichtbündel beim Übergang von Wasser nach Luft gebrochen werden. Gilt dies auch beim Übergang in umgekehrter Richtung?

In → V3 erkennen wir, dass auch Lichtbündel beim Übergang von Luft nach Wasser gebrochen werden. Auch hier gilt: Je schräger das Lichtbündel auf die Grenzfläche trifft, desto stärker wird es gebrochen. Um die Stärke der Brechung beschreiben zu können, vergleichen wir Winkel. In der Optik ist es üblich, die Winkel zu einer Senkrechten zur Grenzfläche zu messen. Wir zeichnen also das **Lot** am Auftreffpunkt des schmalen Lichtbündels. Wir erkennen: Der Winkel α in Luft ist immer größer als der Winkel β in Wasser. Das fanden wir auch bei der Lichtbrechung beim Übergang von Wasser in Luft im vorherigen Versuch. Gibt es einen Zusammenhang?

In → V4 führen wir die beiden Lichtwege Luft → Wasser und Wasser → Luft zusammen. Die Lampe unter Wasser erzeugt ein Lichtbündel, das beim Übergang Wasser → Luft gebrochen wird. Eine zweite Lampe erzeugt ein rotes Lichtbündel, das beim Übergang Luft → Wasser gebrochen wird. Wir erkennen, dass beide Lichtbündel übereinander liegen. Bei der Umkehrung des Lichtwegs ersetzt also das einfallende Lichtbündel das vorher gebrochene und umgekehrt. Das Paar aus Winkel in Luft und Winkel in Wasser ist von der Lichtrichtung unabhängig.

3. Lichtbrechung bei Glas

Wasser und Luft sind durchsichtig. Daher erwarten wir auch Lichtbrechung an der Grenzfläche zu anderen durchsichtigen Körpern. Eine Untersuchung mit einem Glaskörper zeigt → B3. Beim schrägen Eintritt des Lichtbündels von Luft in Glas wird das Lichtbündel gebrochen. An der Winkelscheibe erkennen wir, dass der Winkel α in Luft größer ist als der Winkel β in Glas. Das fanden wir bereits bei Lichtbrechung an der Grenzfläche Luft → Wasser. Bei der Umkehrung des Lichtweges bleibt auch hier das Winkelpaar gleich.
Auch bei Versuchen mit anderen durchsichtigen Körpern findet man entsprechende Ergebnisse.

Merksatz

Trifft ein Lichtbündel schräg auf eine Grenzfläche zweier durchsichtiger Körper, so wird es gebrochen. Die Brechung ist umso stärker, je schräger das Lichtbündel auf die Grenzfläche trifft.

An der Grenzfläche Luft zu einem festen oder flüssigen Körper gilt stets: Der Winkel zum Lot in Luft ist größer als der im anderen Körper.

4. Lichtbrechung mathematisch erfasst

Bisher haben wir erkannt, dass die Lichtbrechung stärker wird, wenn das Lichtbündel schräger auf die Grenzfläche auftrifft. Durch Winkelmessung belegen wir dies mit Zahlen. Am Beispiel der Lichtbrechung beim Übergang Luft → Glas lässt sich dies leicht durchführen. Wie in → B4 dargestellt, messen wir den Winkel α zwischen dem einfallenden Lichtbündel und dem Lot in Luft (hier $\alpha = 40°$), sowie β, den Winkel zwischen dem gebrochenen Lichtbündel und dem Lot in Glas (hier etwa $\beta = 25°$).
Wir beginnen beim Winkel $\alpha = 0°$. Das Lichtbündel geht ungebrochen hindurch, es gilt also $\beta = 0°$. Nun drehen wir die Winkelscheibe in 10°-Schritten weiter – bis $\alpha = 90°$. Den zugehörigen Winkel β lesen wir jeweils ab. Die Messwerte sammeln wir in einer Tabelle und übertragen sie anschließend in ein Koordinatensystem. Auf der Rechtsachse trägt man meistens die Größe ab, die man vorgegeben hat – hier den Einfallswinkel. Auf der Hochachse die davon abhängige Größe – hier den Brechungswinkel. Unser Ergebnis zeigt → B5.

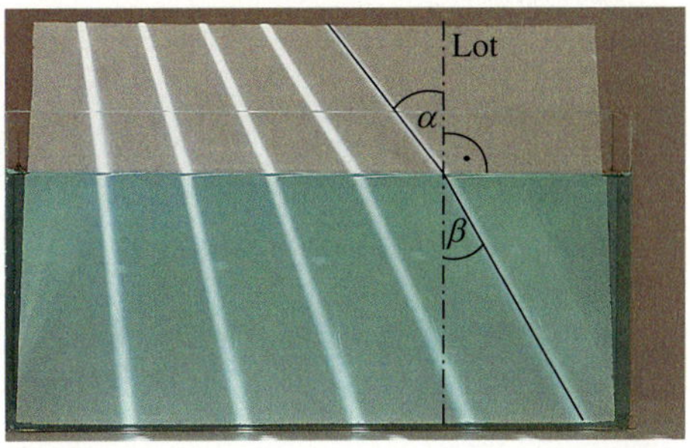

V3 Mehrere schmale Lichtbündel, die unterschiedlich schräg auf ein mit Wasser gefülltes Aquarium treffen.

V4 Der Lichtweg ist umkehrbar.

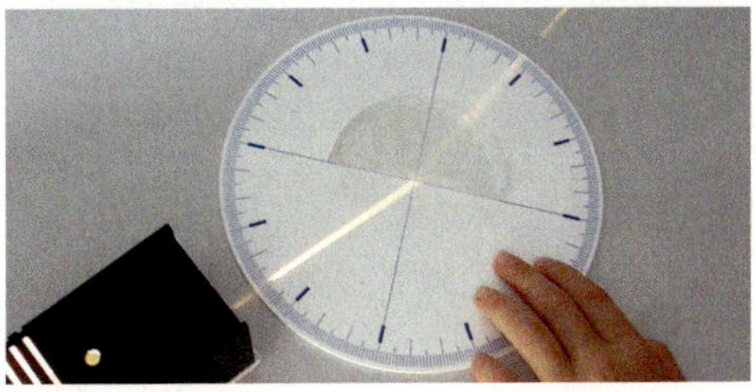
B3 Lichtbrechung an der Grenzfläche Luft → Glas

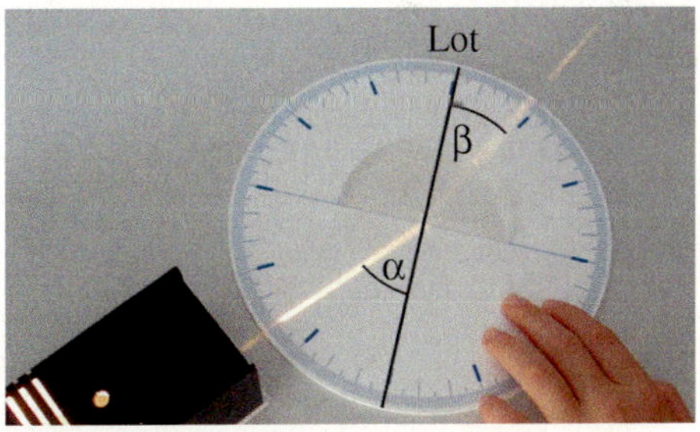

B4 Einfalls- und Brechungswinkel

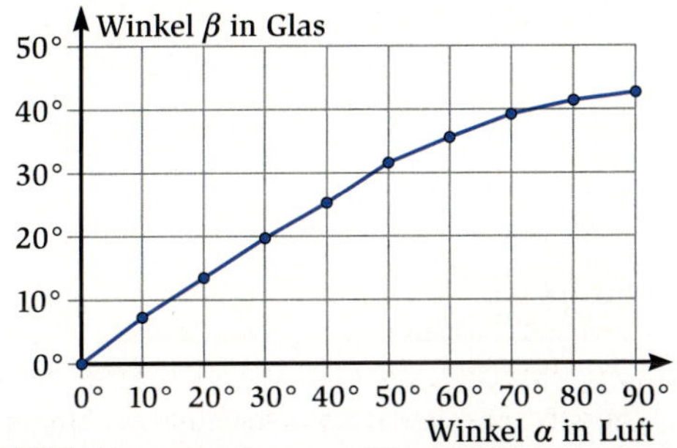

B5 Diagramm unserer Messwerte

Praktikum

Lichtbrechung selbst messen

Im folgenden Praktikum soll die Lichtbrechung für den Übergang Luft → Wasser gemessen werden. Verwendet dazu die Winkelscheibe aus → B4 (S. 27). Der Halbzylinder aus Glas wird durch einen hohlen Halbzylinder mit Kunststoffwänden ersetzt. Das Innere füllt ihr mit Wasser.

Arbeitsaufträge

1 Baut den Versuch nach → B4 auf.

2 Dreht die Winkelscheibe so, dass der Winkel α in Luft zum Lot 0° beträgt und lest den zugehörigen Winkel β in Wasser ab. Vergrößert den Winkel α in 10°-Schritten bis (fast) 90° und messt jeweils den zugehörigen Winkel β.

3 Tragt die Winkelpaare in eine Tabelle ein und übertragt sie anschließend in ein Koordinatensystem.

4 Vergleicht eure Messwerte mit den Werten aus dem Diagramm in der Basisspalte.

5 Diskutiert Gründe für mögliche Abweichungen.

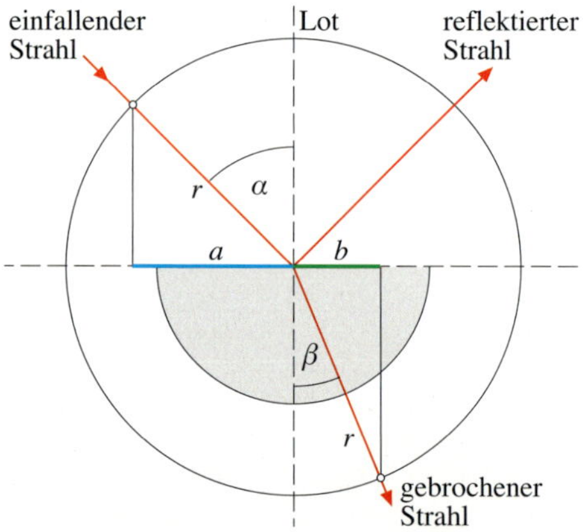

B1 Aus den geometrischen Verhältnissen bei der Brechung lässt sich das Brechungsgesetz von SNELLIUS ableiten.

Materialien	Brechzahl n
Luft-Wasser	1,33
Luft-Eis	1,31
Luft-Quarzglas	1,46
Luft-Plexiglas	1,49
Luft-Diamant	2,42

T1 Brechzahlen für verschiedene Materialien

Wiederholt man den Versuch mit anderen durchsichtigen Körpern, so erhält man jeweils andere Kurven:

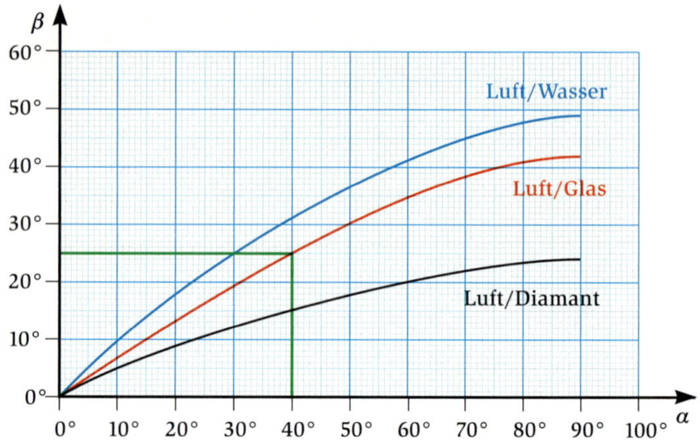

Wir erkennen:

- Die Lichtbrechung hängt von den verwendeten Stoffen ab. Beim Übergang Luft → Diamant unterscheiden sich α und β viel deutlicher als beim Übergang Luft → Wasser. Die Brechung bei Diamant → Luft ist also deutlich stärker als bei Wasser → Luft.
- Für alle durchsichtigen Körper gilt: Je größer der Winkel α in Luft, desto größer ist der Winkel β im Körper.
- Die Zuordnung: $\alpha \rightarrow \beta$ ist nicht proportional (der Graph ist keine Ursprungsgerade).
- Für jedes Material gibt es für die Lichtbrechung einen größten Winkel β. Für Luft → Glas beträgt er etwa 42°, für Luft → Wasser etwa 49°.

5. Das Brechungsgesetz von SNELLIUS

Je größer der Einfallswinkel α ist, desto stärker weicht der Brechungswinkel β von α ab (vgl. dazu den Graph → B3 auf Seite 27). Zieht man einen Kreis mit Radius r um den Auftreffpunkt des Lichtstrahles auf die Grenzfläche, findet man einen erstaunlich einfachen Zusammenhang. Die Projektionen des Lichtstrahls innerhalb des Kreises auf die Grenzfläche bezeichnen wir mit a und b → B1. Misst man die Strecken a und b für verschiedene Einfallswinkel, so stellt man fest, dass das Verhältnis $a : b$ immer denselben Wert hat. Dieser Quotient wird Brechzahl n genannt. Mit Hilfe der trigonometrischen Funktionen erhält man:

$$\frac{a}{b} = \frac{\left(\frac{a}{r}\right)}{\left(\frac{b}{r}\right)} = \frac{\sin\alpha}{\sin\beta} = n$$

Merksatz

Ein Lichtstrahl wird an der Grenze zweier transparenter Materialien gebrochen. Für den Winkel α des einfallenden Lichtbündels mit dem Lot und dem Winkel β zwischen dem gebrochenen Strahl und dem Lot gilt das **Brechungsgesetz von SNELLIUS**

$$\frac{\sin\alpha}{\sin\beta} = n.$$

Die Brechzahl n ist von der Materialkombination abhängig.

B2 Das Paddel scheint abgeknickt.

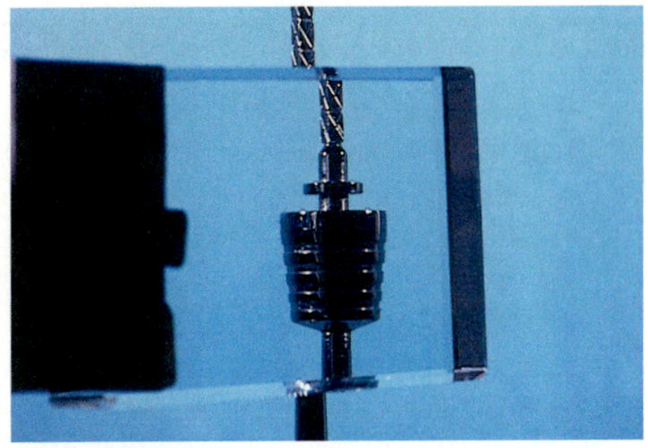

B3 Das Modell des Stuttgarter Fernsehturms scheint verschoben.

6. Geknickt – eine optische Täuschung

Das Paddel in → B2 erscheint uns geknickt. Ähnlich wie beim Zielen auf den Fisch, hat uns die Lichtbrechung getäuscht. Wie in → B4 dargestellt, scheint das Lichtbündel der Paddelspitze aus einer etwas anderen Richtung zu kommen. Unser Auge sieht die Paddelspitze also etwas angehoben und näher an der Wasseroberfläche.

Gleiches gilt für jeden Punkt des Holzstabes unter Wasser – für den Teil über der Wasseroberfläche gilt der Effekt nicht. Der Stab erscheint also an der Grenzfläche geknickt.

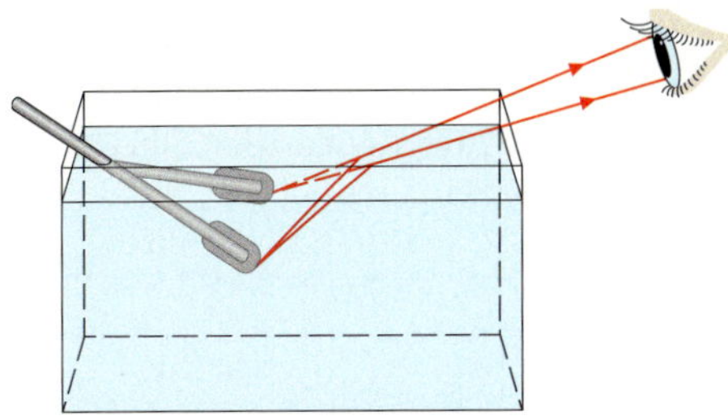

B4 Der Lichtweg beim Paddel

7. Brechung an zwei Grenzflächen

Das Modell des Stuttgarter Fernsehturms in → B3 scheint durch die Glasplatte verschoben zu sein. Mit unserem bisherigen Wissen können wir diese Täuschung erklären. Von einem Punkt des Modells ausgehend durchquert das Lichtbündel die Glasplatte, bevor es in unser Auge trifft. Weil es schräg auf die Platte trifft, wird es beim Eintritt in die Glasplatte und beim Austritt aus der Glasplatte jeweils gebrochen.

In → B5 ist der Weg eines schmalen Lichtbündels gezeichnet. Gegenüber der ursprünglichen Richtung wurde das Lichtbündel beim Durchgang durch die Glasplatte parallel verschoben. Wir erkennen an der Zeichnung: Je dicker die Glasplatte ist, desto weiter läuft das Lichtbündel im Glas in die „falsche" Richtung. Also: Je dicker die Glasplatte, desto größer ist die Parallelverschiebung. Den oberen und unteren Teil des Modells sehen wir nicht verschoben, weil deren Lichtbündel auf dem Weg zum Auge die Glasplatte nicht durchqueren.

Ist der Glaskörper kein Quader, sondern keilförmig, wie beim **Prisma** → B6, so wird das Lichtbündel durch die Brechung an zwei Grenzflächen nicht parallel verschoben. Vielmehr wird es zweimal zur gleichen Seite hin abgelenkt. Der Effekt ist umso stärker, je größer der Prismenwinkel ist. Betrachtet man einen Körper also durch ein solches Prisma, so scheint er sich in einer ganz anderen Richtung zu befinden.

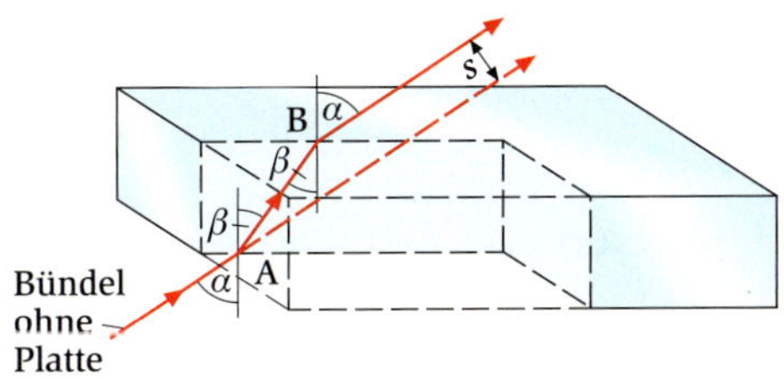

B5 Der Lichtweg durch eine Glasplatte: Im Punkt A wird das Lichtbündel an der Grenzfläche Luft → Glas zum ersten Mal gebrochen. Es gilt $\alpha > \beta$. Im Punkt B wird es wieder gebrochen. Diesmal an der Grenzfläche Glas → Luft. Weil die Glasplatte parallele Flächen hat, sind die beiden mit β bezeichneten Winkel gleich groß. Wegen der Umkehrbarkeit des Lichtweges, ist der Winkel α bei B dann auch wieder so groß wie α bei A.

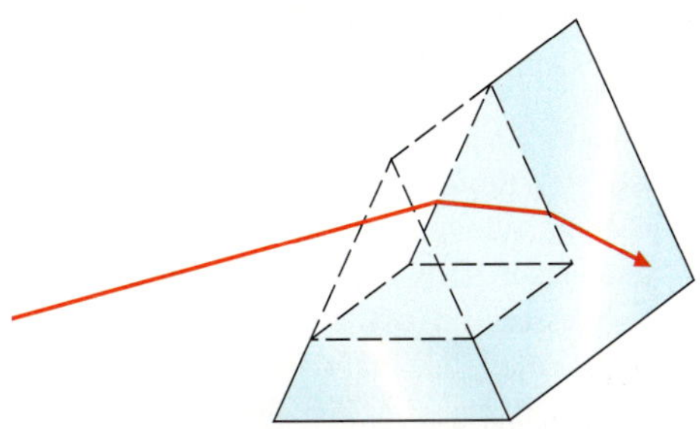

B6 Zweifachbrechung am Prisma

Vertiefung

Lichtbrechung erklärt die Linsenwirkung

Auch bei einer Linse wird Licht an zwei Grenzflächen gebrochen. Dabei schafft es die Linse, ein breites Lichtbündel in einem Punkt zu sammeln. Wie ist dies möglich?

Denken wir uns ein breites Lichtbündel in viele schmale parallele Lichtbündel aufgeteilt. Licht, das die Linse am Rand durchläuft, muss also viel stärker abgelenkt werden als Licht in der Nähe der Linsenmitte. Im Bild ist die Erklärung angedeutet: Wir können uns die Linse näherungsweise aus mehreren Prismenstücken zusammengesetzt denken. Die Prismen am Rand der Linse sind Prismen mit großen Winkeln, damit sie das Lichtbündel stark ablenken können.

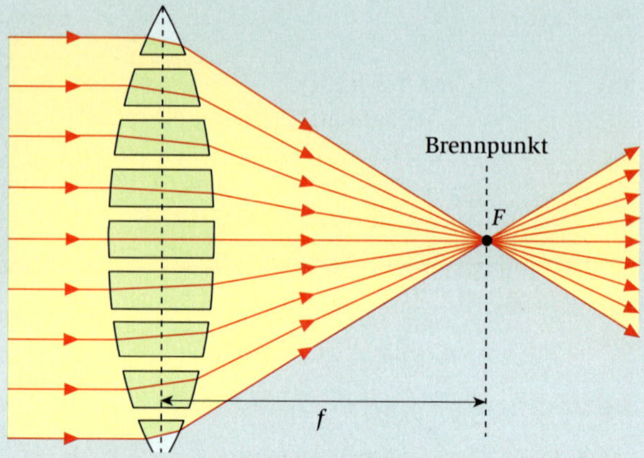

Das Prisma in der Linsenmitte ist eine Glasplatte mit nur sehr geringer Parallelverschiebung des Lichtbündels. Alle anderen Prismen haben geeignete Winkel.

A1 Auf welchen Gegenstand musst du zielen, um den Fisch zu treffen?

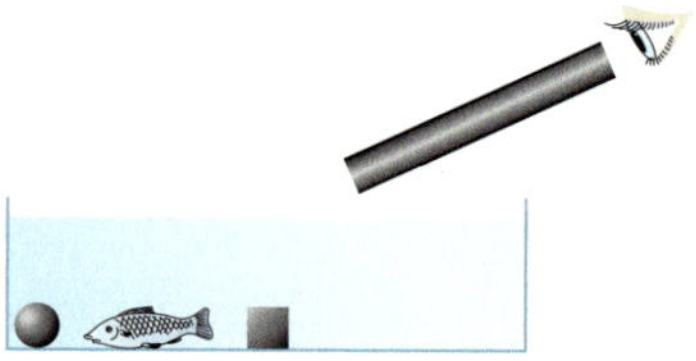

A2 Erkläre die optische Täuschung.

A3 Nutze zur Lösung das Diagramm zur Lichtbrechung:

a) Der Einfallswinkel sei 60°. Gib die Winkelpaare für die Übergänge von Luft nach → Diamant, → Wasser und → Glas an.

b) Der Einfallswinkel sei 40°. Gib die Winkelpaare für die Übergänge Wasser → Luft und Diamant → Luft an.

c) Ein schmales Lichtbündel trifft mit einem Einfallswinkel von 40° auf die Grenzfläche Luft → Glas. Berechne den Ablenkwinkel des Lichtbündels.

A4 **a)** Übertrage folgende Skizze in dein Heft.

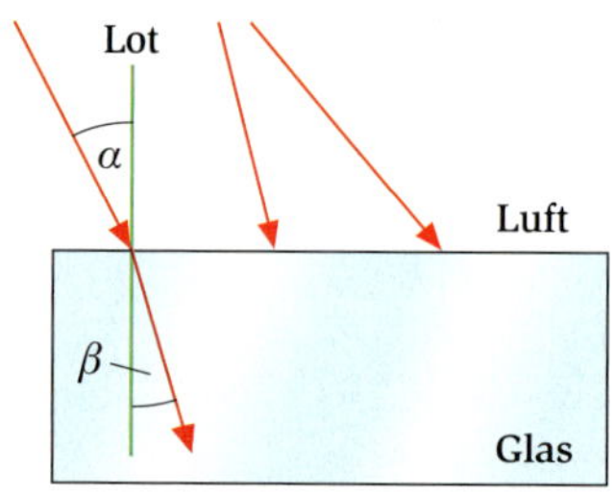

Vervollständige den Verlauf der Lichtbündel. Zeichne dazu an der Grenzfläche das Lot. Miss nun den Winkel α und lies im Diagramm zur Lichtbrechung den zugehörigen Winkel β ab und trage ihn auf der anderen Seite ans Lot an.

b) Übertrage das Bild noch einmal ins Heft und ersetze das Glas durch Wasser. Zeichne wiederum das gebrochene Lichtbündel.

A5 Das Bild zeigt den Lichtweg eines schmalen Lichtbündels durch zwei unterschiedliche Prismen.

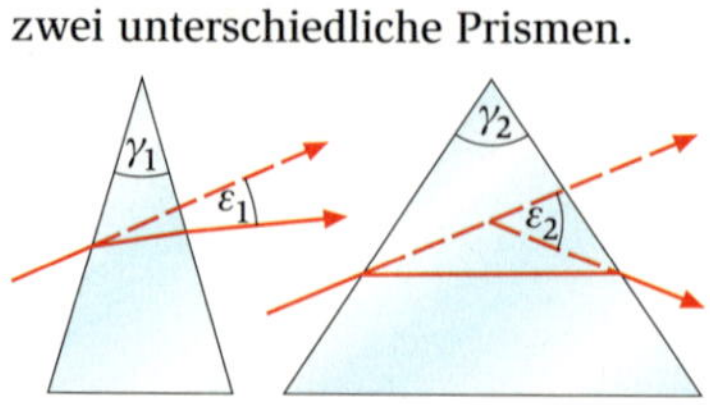

a) Kontrolliere grob, ob der Lichtweg richtig gezeichnet ist.

b) Begründe, warum der Ablenkwinkel im zweiten Prisma größer ist als im ersten.

A6 Auf dem Foto sehen wir die Sonne noch knapp über dem Horizont, tatsächlich ist sie bereits unter dem Horizont.
Recherchiere im Internet nach einer Erklärung und schreibe sie mit eigenen Worten auf.

A7 In der Skizze von → A4 sei $\beta = 17°$. Berechne mit Hilfe der Brechzahlen in → T1, S. 28, den Einfallswinkel des Lichtstrahls in das Quarzglas.

A8 Bei einem gleichseitigen Prisma verlaufe der Lichtstrahl im Plexiglas parallel zur Basisfläche. Berechne den Ablenkwinkel ε zwischen dem zweifach gebrochenen und dem einfallenden Strahl.

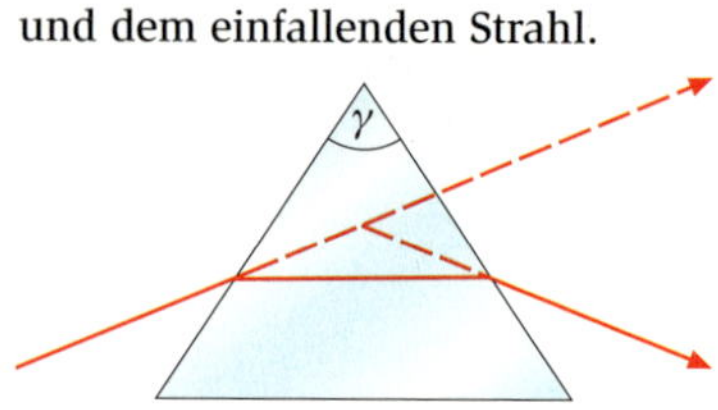

Interessantes

Physik und Medizin

Blick in den Körper mit Licht …

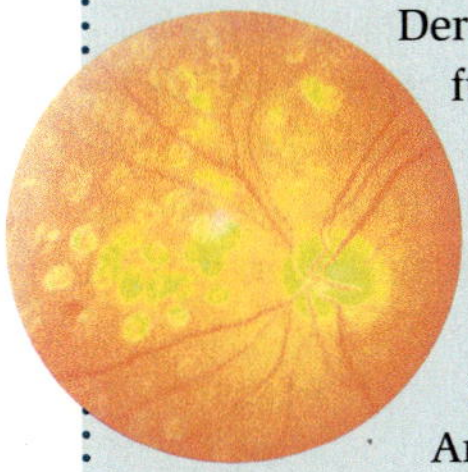

Der Augenhintergrund mit der Netzhaut ist für das Sehen von großer Bedeutung. Er verrät aber auch manche verborgene Krankheit, z. B. eine länger andauernde Diabetes. Die Netzhaut selbst kann ebenfalls in seltenen Fällen bedroht sein. Es ist also sehr wichtig, dass ein Arzt diese betrachten kann.

Schon 1850 entwickelte Hermann v. HELMHOLTZ den **Augenspiegel,** mit dem er den Augenhintergrund beleuchten und das von dort gestreute Licht in sein eigenes Auge lenken konnte. Dieses einfache Instrument gibt es auch heute noch mit einigen Veränderungen in jeder augenärztlichen Praxis.

Der wesentliche Bestandteil des Augenspiegels ist eine Glasscheibe als halbdurchlässiger Spiegel. Sie wird zwischen das Auge des Patienten und das Auge des Arztes gehalten. Trifft ein Lichtstrahl auf diese Scheibe, so wird ein Teil des Lichts reflektiert und durch die Augenlinse des Patienten in sein Auge gelenkt. Der durchgehende Rest des Lichts ist ohne Bedeutung. Vom beleuchteten Netzhautpunkt *N* (→ B1) geht gestreutes Licht in alle Richtungen. Strahlen, die durch die Linse gehen, laufen nach der Brechung parallel auf den Spiegel zu. Ein Teil des Lichts wird gespiegelt und ist für die Untersuchung verloren. Der Rest aber läuft zur Augenlinse des Arztes und wird dort gebrochen. Auf seiner Netzhaut entsteht der Bildpunkt *N′*, den der Arzt jetzt wahrnimmt. Für andere Netzhautstellen passiert das Gleiche: Der Arzt sieht die Netzhaut des Patienten.

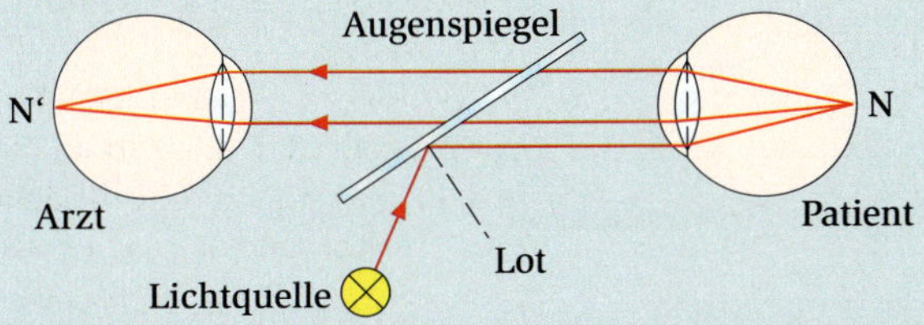

B1 Strahlengang bei der Untersuchung mit einem Augenspiegel. *N* und *N′* liegen jeweils in der Brennebene.

… mit Ultraschall

In ein Auge „hineinschauen" können wir, weil Licht aus dem anderen Auge in unser Auge gelangen kann. Um Informationen aus lichtundurchlässigen Teilen des Körpers zu bekommen, hat die Medizintechnik Delfine und Fledermäuse nachgeahmt. Beide orientieren sich mithilfe von Ultraschallsignalen, die sie in die Umgebung aussenden.

In der Medizin nimmt man einen Ultraschallkopf, der kurze Pulse mit z. B. 5 MHz direkt auf der Haut ausstrahlt. Der Schall wird an Muskelfasern, Sehnen und Knochen reflektiert und gelangt wieder in den Schallkopf. Dieser dient in den Sendepausen als Mikrofon. Je später nun ein Echo eintrifft, desto tiefer muss die reflektierende Stelle unter der Haut liegen (→ B2, 3). Ein Computer zeichnet daraus ein Bild.

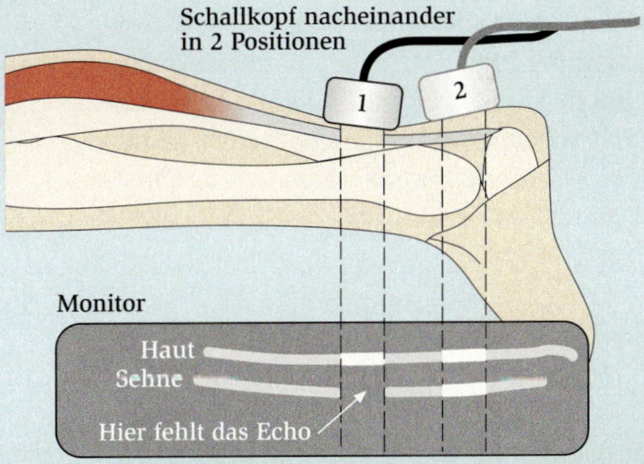

B2 Die nahe Haut liefert das Echo schnell, am oberen Bildschirmrand wird ein heller Fleck gezeichnet. Die Sehne liegt weiter weg, ihr Echo kommt später, der zugehörige helle Fleck wird weiter unten gezeichnet.

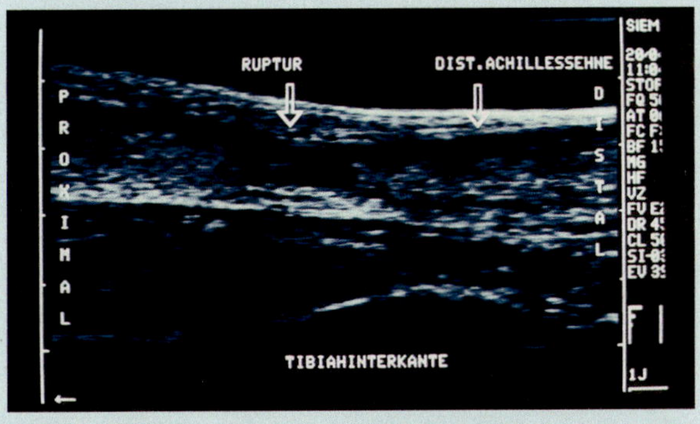

B3 Mithilfe von Ultraschall erkennt der Arzt, dass die Achillessehne gerissen ist (Ruptur = Riss).

B1 Verschiedene Lichtbündel treffen unterschiedlich schräg auf die Grenzfläche.

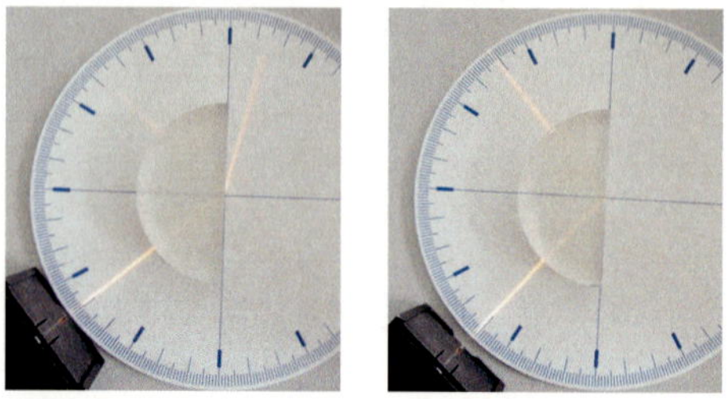

V1 Wir zielen mit einem schmalen Lichtbündel auf die runde Seite eines Glashalbzylinders. Das Lichtbündel verlässt dann den Halbzylinder in der Mitte der Winkelscheibe. Bei einem kleinen Einfallswinkel sehen wir ein gebrochenes und ein reflektiertes Lichtbündel. Wir vergrößern langsam den Einfallswinkel – bis etwa 42°. Jetzt wird kein Licht mehr gebrochen.

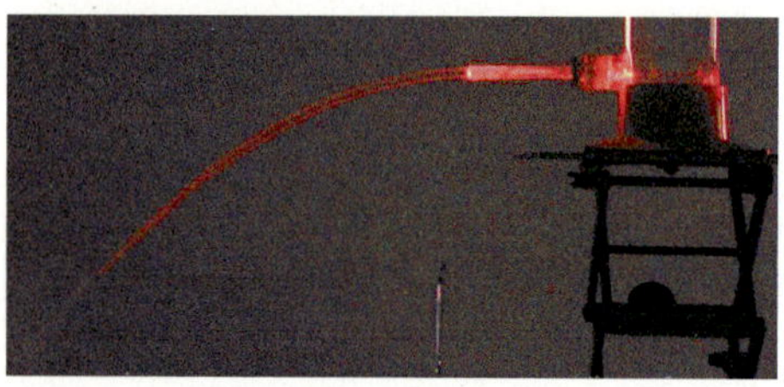

B2 Das Lichtbündel folgt dem Wasserstrahl.

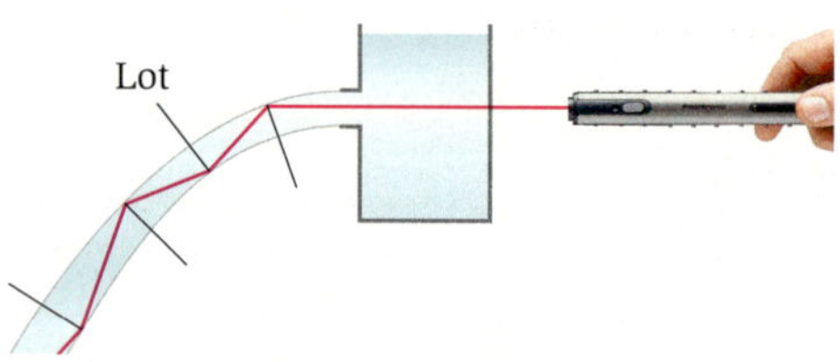

B3 Totalreflexion an den Grenzflächen

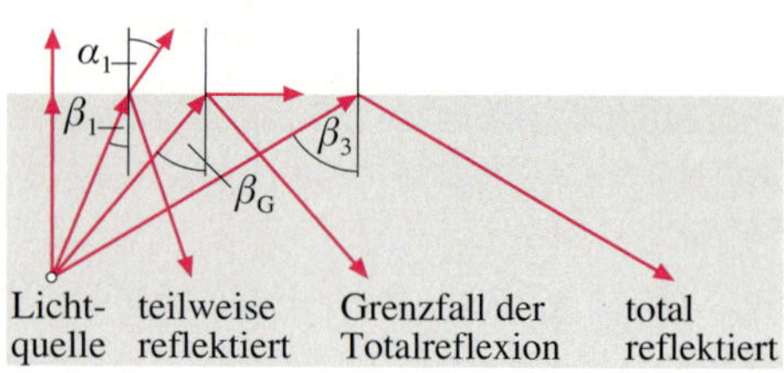

B4 Zur Berechnung der Totalreflexion

1. Nicht jedes Lichtbündel wird gebrochen

In → B1 wird das rechte Lichtbündel an der Grenzfläche Wasser → Luft nicht gebrochen. Vielmehr wird es vollständig wie an einem Spiegel reflektiert.
Wir messen im Foto den Einfallswinkel nach. Er beträgt etwa 60°. Aus unserem Diagramm zur Lichtbrechung bei dieser Grenzfläche lesen wir ab, dass der Winkel β maximal 49° groß sein kann. Also kann es bei einem Einfallswinkel von 60° keine Brechung geben, das Lichtbündel wird vollständig reflektiert. Man spricht in diesem Fall von **Totalreflexion.**

Wir überprüfen, ob es dieses Phänomen auch bei anderen Grenzflächen gibt. In → V1 verwenden wir unseren Halbzylinder aus Glas auf der Winkelscheibe. Auch hier gibt es einen größten Winkel für die Lichtbrechung. Ab einem Einfallswinkel von etwa 42° verlässt keine Lichtbündel mehr das Glas an der Grenzfläche, das Licht wird vollständig reflektiert. Diesen Winkel von 42° können wir auch aus dem Diagramm für die Lichtbrechung für den Übergang Glas → Luft ablesen.

Merksatz

Übersteigt der Einfallswinkel eines Lichtbündels an den Grenzflächen von Glas oder Wasser → Luft jeweils einen bestimmten Wert, so wird das Lichtbündel an der Grenzfläche nicht mehr gebrochen, sondern vollständig reflektiert.

2. Licht lässt sich um Kurven leiten

Wir haben gesehen, dass ein Lichtbündel im Wasser oder im Glas bleibt, wenn es total reflektiert wird. Trifft das reflektierte Lichtbündel wiederholt unter einem großen Einfallswinkel auf die Grenzfläche, so bleibt es weiterhin im Wasser bzw. im Glas.
In → B2 ist ein solcher Fall offenbar eingetreten. Mit einem Laser wird ein rotes Lichtbündel so durch ein Wasserglas geschickt, dass es von hinten das Ausgussrohr trifft (Lehrerversuch). Wir beobachten, dass das Lichtbündel dem gekrümmten Wasserstrahl bis ins Ausgussbecken folgt.

Die Erklärung zeigt uns → B3. Der Einfallswinkel im Wasser ist an jedem Auftreffpunkt der Grenzfläche größer als 49°. Folglich findet jedes Mal Totalreflexion statt und keine Brechung, d.h. das Lichtbündel verlässt den Wasserstrahl nicht. Ist der Wasserstrahl jedoch stark gekrümmt, dann wird der Einfallswinkel kleiner, es findet Brechung statt, die jedes Mal einen Teil des Lichts aus dem Lichtleiter heraus führt.

3. Berechnung der Totalreflexion

Lassen wir den Lichtstrahl unter dem Winkel β auf die Grenzfläche treffen (→ B4), können wir mit dem Brechungsgesetz von SNELLIUS den Winkel α des gebrochenen Strahls bestimmen (gegenüber dem Brechungsgesetz auf S. 28 verläuft der Lichtweg umgekehrt!):

$$\frac{\sin\alpha}{\sin\beta} = n \Rightarrow \sin\alpha = n\sin\beta.$$

Mit zunehmendem Eintrittswinkel β wird der Brechungswinkel α größer. Er wird bereits 90°, wenn der Eintrittwinkel β erst einen Wert $\beta_G < 90°$ erreicht hat. Ab diesem Winkel lässt sich kein Brechungswinkel α mehr bestimmen und Licht kann nicht mehr austreten. Wir erhalten somit den Grenzwinkel β_G, wenn wir im Brechungsgesetz $\sin\alpha = \sin 90° = 1$ setzen:

$$\frac{\sin 90°}{\sin\beta_G} = \frac{1}{\sin\beta_G} = n \Rightarrow \sin\beta_G = \frac{1}{n}.$$

Merksatz

Übersteigt der Winkel β eines Lichtstrahls zum Lot in einem Medium den Grenzwinkel $\beta_G = \frac{1}{n}$, so tritt **Totalreflexion** auf. Der Lichtstrahl wird an der Grenzfläche vollständig reflektiert und kann das Medium nicht verlassen.

Beispiel **Wasser**

Die Brechzahl des Übergangs Luft–Wasser beträgt $n = 1{,}33$. Für den Grenzwinkel der Totalreflexion ergibt sich also:

$$\sin\beta_G = \frac{1}{1{,}33} = 0{,}75,\ \beta_G = 49°.$$

Dieser Grenzwinkel stimmt mit dem früher gemessenen Winkel überein.

A1 In einem durchsichtigen Material tritt Licht bis zu einem Winkel von 24,4° aus dem Material aus. Wie groß ist die Brechzahl und um welches Material könnte es sich handeln?

A2 In der Wüste ist ein Phänomen bekannt, welches mit der Totalreflexion stark verwandt ist. Um welches Phänomen handelt es sich?

Interessantes

Glasfaserkabel

Wie im Wasserstrahl kann Licht auch in einem Leiter aus Glas bzw. Plexiglas um Kurven geführt werden. In der Technik nutzt man dies im so genannten Glasfaserkabel aus. Es besteht aus einem Bündel aus sehr dünnen, ummantelten Plexiglasfäden. Jeder dieser Plexiglasfäden ist ein Lichtleiter. Damit werden Daten übertragen, z.B. im Internet. Dazu müssen die Informationen beim Sender in Lichtimpulse verwandelt und beim Empfänger wieder in elektrische Impulse umgewandelt werden.

Mit Lichtleitern kann man aber auch direkt Gegenstände betrachten. Jeder Punkt des Gegenstandes sendet ein Lichtbündel aus. Treffen diese auf einen Lichtleiter, so leitet er alle diese Lichtbündel bis zu seinem Ende. Allerdings überkreuzen sie sich unterwegs. Der Gegenstand wäre nicht zu erkennen. Verwendet man jedoch ein Glasfaserkabel mit sehr vielen eng beieinander liegenden Plexiglasfäden, so überträgt jedes dieser Fäden nur das Lichtbündel eines einzigen Gegenstandspunktes. Die Fäden überkreuzen sich nicht. Auf diese Weise können Gegenstände Punkt für Punkt übertragen werden.

Endoskop

In der Medizin wird das Endoskop eingesetzt, um sich innere Organe anzuschauen oder auch mit speziellen Geräten kleine Operationen im Körperinnern durchzuführen. Das Endoskop besteht im Wesentlichen aus einem Schlauch. In ihm befinden sich u.a. zwei Glasfaserkabel. So lässt sich durch das eine Glasfaserkabel Licht z.B. in das Mageninnere leiten. Durch das zweite Glasfaserkabel gelangt Licht wieder nach außen. Mit ihm kann der Arzt sich das Innere des Magens anschauen.

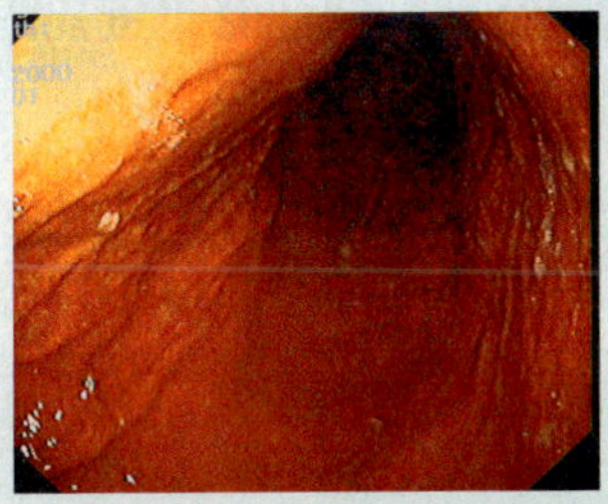

Lichtleiter in der Modelleisenbahn

Das Foto zeigt eine Spielzeuglokomotive. Sie hat vorne drei Lampen. Öffnen wir das Gehäuse, so erkennen wir, dass sie tatsächlich im Innern nur eine kleine Glühlampe besitzt. Ein Lichtleiter aus Plexiglas leitet das Licht zu drei Austrittsstellen, die drei Lampen an unterschiedlichen Stellen darstellen.

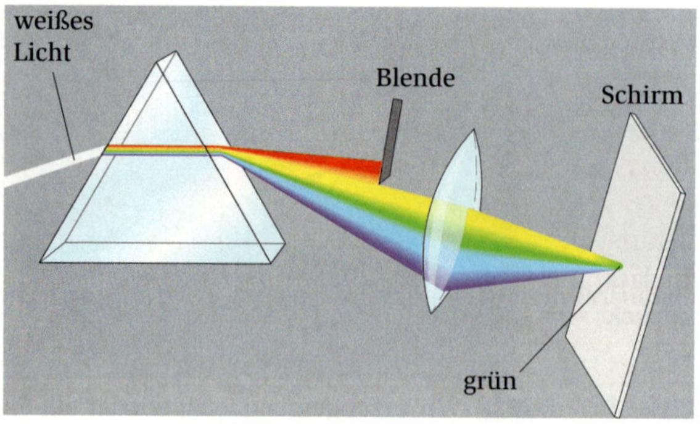

V1 Die Spektralfarben ohne Rot ergeben vereint den Farbeindruck Grün.

B1 Gegenüberliegende Farben bilden Paare von Komplementärfarben.

Anstoß

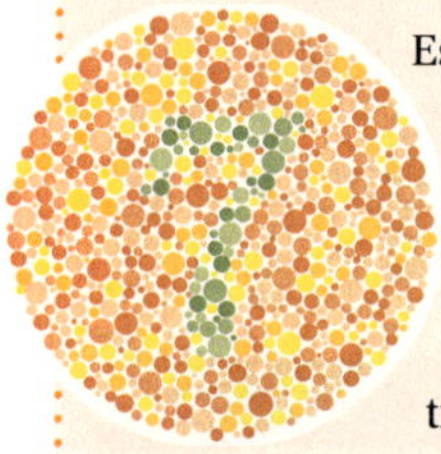

Es gibt Menschen mit einer sogenannten Rot-Grün-Sehschwäche. (Männer sind etwa 10-mal häufiger von diesem angeborenen Sehfehler betroffen als Frauen.)

A1 Teste, ob du die abgebildete Ziffer lesen kannst.

A2 Nenne Situationen, in denen diese Sehschwäche zu Problemen führen kann.

V2 Wir stellen zwei Diaprojektoren mit vorgesetzten Farbfiltern auf und projizieren beide Lichtflecke auf einen weißen Schirm. Wenn wir rote und gelbe Filter benutzen, erkennen wir im Bereich, in dem sich die Lichter addieren, den Eindruck Orange.

B2 Der Farbenkreis

1. Farbige Lichter werden addiert

Treffen alle farbigen Lichter des Spektrums an einer Stelle vereint auf einen Schirm, so empfinden wir dies als Weiß. Welchen Farbeindruck erhalten wir, wenn wir nur einen Teil der farbigen Lichter vereinen?

In → **V1** wiederholen wir den Versuch zum Spektrum von Glühlicht. Eine Blende verhindert, dass das rote Licht von der Linse mit gebündelt wird. Das Restlicht vereint sich zu einem grünen Streifen. Blenden wir umgekehrt das grüne Licht aus, so sehen wir Rot. Auch Orange und Blau bilden ein solches Farbenpaar. Man nennt die auf diese Weise zugeordneten Farben **Komplementärfarben.** In → **B1** haben wir drei solcher Paare so angeordnet, dass jeweils die Komplementärfarben einander gegenüber liegen. Addieren wir zwei Komplementärfarben, so ergänzen sie sich zum Farbeindruck Weiß.

In → **V2** addieren wir nun zwei beliebige Lichter, z.B. rotes und gelbes Licht. Wir erhalten auf dem Schirm Orange. Addieren wir in gleicher Weise Orange und Hellgrün, so erhalten wir Gelb. Der in → **B2** dargestellte **Farbenkreis** zeigt die Ergebnisse unserer Versuchsreihe. Addiert man zwei Lichter aus dem Farbenkreis, so empfindet man als Mischfarbe die dazwischen liegende Farbe. Beispiel: Rot + Gelb = Orange.

Es fällt auf, dass die Farben im Farbenkreis in der gleichen Reihenfolge angeordnet sind wie im Spektrum. Neu sind allerdings die Purpurtöne zwischen dem roten und dem violetten Licht. Sie entstehen, wenn man rotes und violettes Licht addiert. Die Komplementärfarbe zu Purpur ist ein Grünton.

Merksatz

Addiert man Lichter, deren Farben
- sich im Farbenkreis gegenüberliegen (es sind Komplementärfarben), so erhält man Weiß,
- im Farbenkreis nahe beieinander liegen, so empfindet man eine dazwischen liegende Farbe.

Mit zunehmendem Eintrittswinkel β wird der Brechungswinkel α größer. Er wird bereits 90°, wenn der Eintrittwinkel β erst einen Wert $\beta_G < 90°$ erreicht hat. Ab diesem Winkel lässt sich kein Brechungswinkel α mehr bestimmen und Licht kann nicht mehr austreten. Wir erhalten somit den Grenzwinkel β_G, wenn wir im Brechungsgesetz $\sin\alpha = \sin 90° = 1$ setzen:

$$\frac{\sin 90°}{\sin\beta_G} = \frac{1}{\sin\beta_G} = n \Rightarrow \sin\beta_G = \frac{1}{n}.$$

Merksatz

Übersteigt der Winkel β eines Lichtstrahls zum Lot in einem Medium den Grenzwinkel $\beta_G = \frac{1}{n}$, so tritt **Totalreflexion** auf. Der Lichtstrahl wird an der Grenzfläche vollständig reflektiert und kann das Medium nicht verlassen.

Beispiel **Wasser**

Die Brechzahl des Übergangs Luft–Wasser beträgt $n = 1{,}33$. Für den Grenzwinkel der Totalreflexion ergibt sich also:

$$\sin\beta_G = \frac{1}{1{,}33} = 0{,}75,\ \beta_G = 49°.$$

Dieser Grenzwinkel stimmt mit dem früher gemessenen Winkel überein.

A1 In einem durchsichtigen Material tritt Licht bis zu einem Winkel von 24,4° aus dem Material aus. Wie groß ist die Brechzahl und um welches Material könnte es sich handeln?

A2 In der Wüste ist ein Phänomen bekannt, welches mit der Totalreflexion stark verwandt ist. Um welches Phänomen handelt es sich?

Interessantes

Glasfaserkabel

Wie im Wasserstrahl kann Licht auch in einem Leiter aus Glas bzw. Plexiglas um Kurven geführt werden. In der Technik nutzt man dies im so genannten Glasfaserkabel aus. Es besteht aus einem Bündel aus sehr dünnen, ummantelten Plexiglasfäden. Jeder dieser Plexiglasfäden ist ein Lichtleiter. Damit werden Daten übertragen, z.B. im Internet. Dazu müssen die Informationen beim Sender in Lichtimpulse verwandelt und beim Empfänger wieder in elektrische Impulse umgewandelt werden.

Mit Lichtleitern kann man aber auch direkt Gegenstände betrachten. Jeder Punkt des Gegenstandes sendet ein Lichtbündel aus. Treffen diese auf einen Lichtleiter, so leitet er alle diese Lichtbündel bis zu seinem Ende. Allerdings überkreuzen sie sich unterwegs. Der Gegenstand wäre nicht zu erkennen. Verwendet man jedoch ein Glasfaserkabel mit sehr vielen eng beieinander liegenden Plexiglasfäden, so überträgt jedes dieser Fäden nur das Lichtbündel eines einzigen Gegenstandspunktes. Die Fäden überkreuzen sich nicht. Auf diese Weise können Gegenstände Punkt für Punkt übertragen werden.

Endoskop

In der Medizin wird das Endoskop eingesetzt, um sich innere Organe anzuschauen oder auch mit speziellen Geräten kleine Operationen im Körperinnern durchzuführen. Das Endoskop besteht im Wesentlichen aus einem Schlauch. In ihm befinden sich u.a. zwei Glasfaserkabel. So lässt sich durch das eine Glasfaserkabel Licht z.B. in das Mageninnere leiten. Durch das zweite Glasfaserkabel gelangt Licht wieder nach außen. Mit ihm kann der Arzt sich das Innere des Magens anschauen.

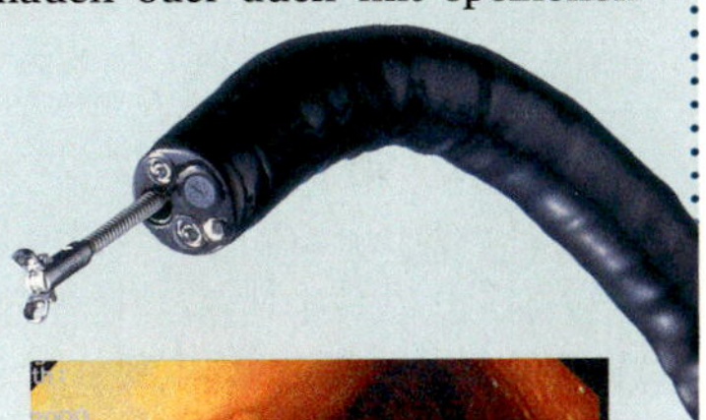

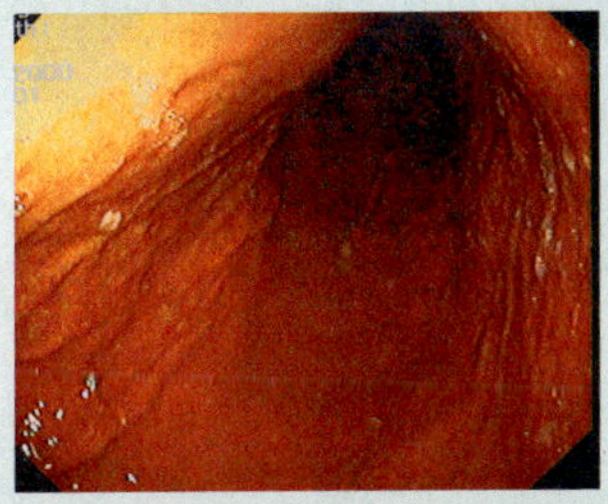

Lichtleiter in der Modelleisenbahn

Das Foto zeigt eine Spielzeuglokomotive. Sie hat vorne drei Lampen. Öffnen wir das Gehäuse, so erkennen wir, dass sie tatsächlich im Innern nur eine kleine Glühlampe besitzt. Ein Lichtleiter aus Plexiglas leitet das Licht zu drei Austrittsstellen, die drei Lampen an unterschiedlichen Stellen darstellen.

B1 Bei der Brechung von Glühlicht an einem Prisma entsteht ein farbig leuchtendes Band.

1. Das Spektrum

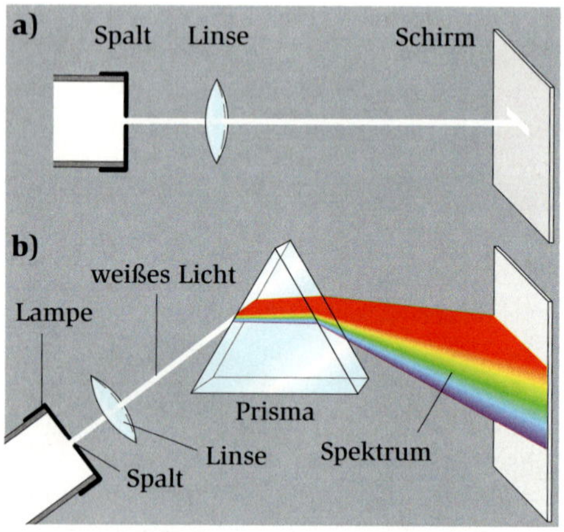

V1 **a)** Das Spaltbild wird auf einem Schirm scharf abgebildet.
b) Ein Prisma zwischen Linse und Schirm verändert nicht nur die Richtung des Lichtbündels, es entsteht ein Spektrum.

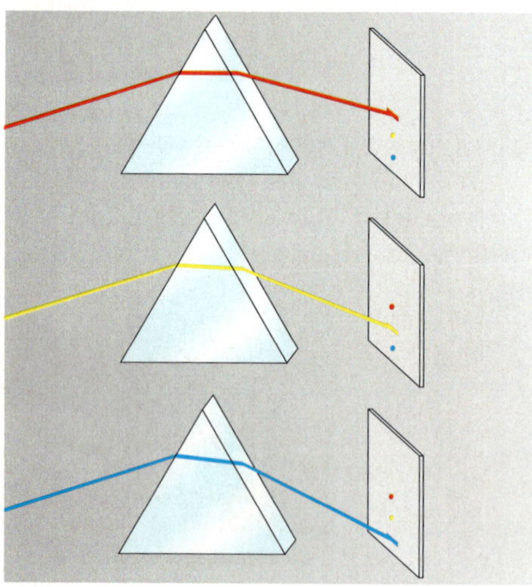

V2 Wir wiederholen → V1. Allerdings setzen wir zwischen Lampe und Spalt nacheinander rote, gelbe und blaue Glasscheiben.

Bei festlicher Glühlampenbeleuchtung funkeln Kristallleuchter in allen Farben, obwohl sie aus durchsichtigem Glas bestehen. Woher kommen die farbigen Lichter?

Kristallleuchter bestehen aus geschliffenen Glasstücken. Licht, das hindurch geht, wird also zweimal gebrochen. Das kennen wir schon von Glasplatten und von Prismen.
In → V1 experimentieren wir noch einmal mit einem Prisma. Zunächst bilden wir ohne Prisma in → V1a einen Spalt mit einer Linse auf einem weißen Schirm ab. Anschließend stellen wir zwischen Linse und Schirm ein Prisma → V1b und drehen den Schirm in die neue Lichtrichtung. Auf dem Schirm ist das Spaltbild verschwunden, stattdessen ist ein breites, farbiges, leuchtendes Band entstanden. Wir erkennen z. B. die Farben Rot, Orange, Gelb, Grün, Blau und Violett → B1, sie fließen ineinander. Man nennt dieses Farbband **Spektrum.**

Wie entsteht das Spektrum?
Das Glas des Prismas hat das Licht wohl nicht gefärbt. Wie wir allerdings wissen, bricht das Prisma Lichtbündel sehr stark. Wir sehen am Schirm, dass rotes Licht offenbar in eine andere Richtung gebrochen wird als blaues. Wir überprüfen dies mit einfarbigen Lichtern.

In → V2 lassen wir nacheinander rotes, gelbes und blaues Licht auf ein Prisma fallen. Tatsächlich, wir stellen fest, sie werden unterschiedlich stark gebrochen: Das rote Licht wird weniger stark gebrochen als das gelbe. Das blaue wird am stärksten gebrochen. Somit kommen die verschiedenen Lichter an unterschiedlichen Stellen auf dem Schirm an.

Merksatz

Trifft das schmale Lichtbündel einer Glühlampe auf ein Prisma, so entsteht bei geeigneter Versuchsanordnung ein Spektrum auf einem weißen Schirm. Ursache ist die unterschiedlich starke Lichtbrechung farbiger Lichter. Blaues Licht wird stärker gebrochen als rotes. □

Die Glasstücke des Kristallleuchters sind so geschliffen, dass sie wie Prismen wirken und das Licht zerlegen. Sie funkeln daher farbig.

2. Im Glühlicht sind farbige Lichter

Das Prisma hat durch Brechung aus Glühlicht das Spektrum erzeugt. Wir kommen auf unsere Frage zurück: Woher kommen die farbigen Lichter?
Als Quelle der farbigen Lichter bleibt eigentlich nur das Glühlicht selbst. Aber wenn dieses Licht ohne Prisma auf einen weißen Schirm trifft, erscheint uns dieser weiß und nicht farbig. Ist es möglich, dass ein Gemisch aus farbigen Lichtern in unserem Gehirn den Eindruck Weiß erweckt?

Es liegt nahe, dies in einem Versuch zu überprüfen. Wir vereinen in **→ V3** mithilfe einer Sammellinse alle farbigen Lichter des Spektrums wieder in einem Punkt. Und tatsächlich, das auf dem Schirm gebündelte Licht erscheint wieder weiß.

Licht der Glühlampe und auch z. B. das Sonnenlicht, mit dem die gleichen Versuche gelingen, besteht demnach aus einem Gemisch aller Farben, die im Spektrum zu sehen sind. Bringt man alle diese Spektralfarben auf einer Stelle zusammen, so erkennen wir die einzelnen Farben nicht mehr. Der Fleck erscheint uns weiß.

Merksatz
Das weiße Licht der Sonne oder einer Glühlampe besteht aus den Spektralfarben. Darunter sind Rot, Orange, Gelb, Grün, Blau und Violett.

3. Unsichtbares Licht – für unser Auge

Das sichtbare Spektrum des Sonnenlichts beginnt bei Rot und endet bei Violett. So sieht es auf dem Schirm aus. **→ V4** zeigt uns, dass in einen engen Bereich links und rechts des Spektrums ebenfalls Energie gelangt. Unsere Augen können dort nichts erkennen, wohl aber unsere Messgeräte.

Die unsichtbare Strahlung, welche die Leuchtziffern anregt, liegt im Spektrum jenseits des Violetts. Sie wird deshalb **ultraviolettes Licht (UV)** genannt. Die Strahlung auf der anderen Seite des Spektrums, auf die das Thermometer reagiert, wird **infrarotes Licht (IR)** genannt.
Für das menschliche Auge sind diese Lichter unsichtbar, für manche Tiere aber nicht. In der Biologie hat man herausgefunden, dass z. B. Bienen ultraviolettes und Grubenottern infrarotes Licht wahrnehmen können.

Über die Gefahren der UV-Strahlung hast du bereits einiges gelernt. IR-Licht dagegen wird als wärmende Strahlung eher als nützlich empfunden. Alle warmen Objekte senden IR-Licht aus. Spezielle Kameras können diese Strahlung registrieren. Ein Computer stellt die Aufnahme farbig dar **→ B2**. Jedem Temperaturwert wird dabei eine andere Farbe zugeordnet.

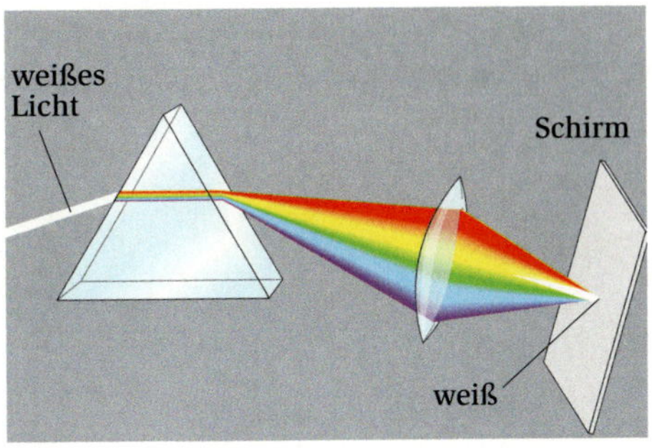

V3 Wir erzeugen zunächst wieder ein Spektrum. Zwischen Prisma und Schirm stellen wir eine Linse. Die Linse sammelt alle farbigen Lichter des Spektrums auf dem Schirm.

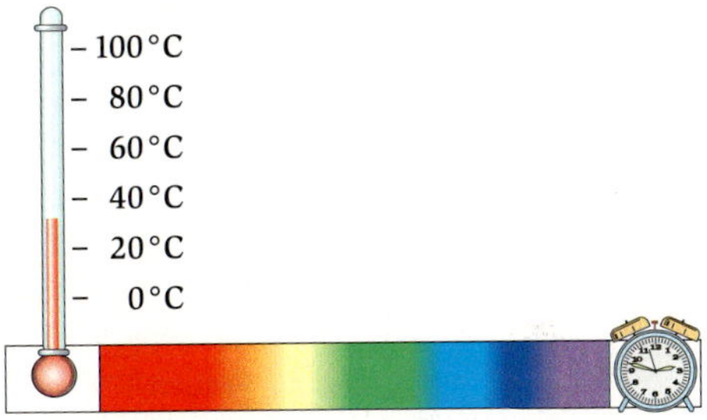

V4 **a)** Wir halten neben das violette Ende des Spektrums eine Uhr mit Leuchtziffern. Im verdunkelten Raum leuchten die Ziffern neben dem violetten Rand des Spektrums hell auf.
b) Wir bringen neben das rote Ende des Spektrums ein Thermometer mit schwarz gefärbtem Fühler. Die angezeigte Temperatur steigt sofort.

B2 Ein mit einer Infrarotkamera erzeugtes Foto eines Menschen. Rote Farbe bedeutet eine hohe Temperatur, blaue Farbe bedeutet eine niedrige Temperatur.

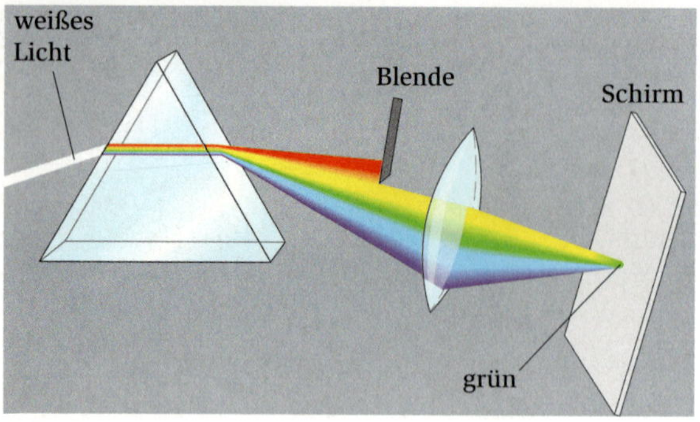

V1 Die Spektralfarben ohne Rot ergeben vereint den Farbeindruck Grün.

B1 Gegenüberliegende Farben bilden Paare von Komplementärfarben.

Anstoß

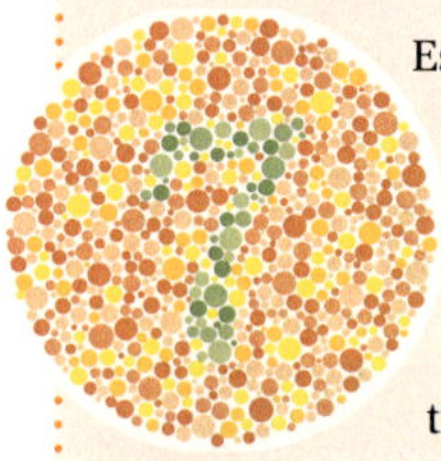

Es gibt Menschen mit einer sogenannten Rot-Grün-Sehschwäche. (Männer sind etwa 10-mal häufiger von diesem angeborenen Sehfehler betroffen als Frauen.)

A1 Teste, ob du die abgebildete Ziffer lesen kannst.

A2 Nenne Situationen, in denen diese Sehschwäche zu Problemen führen kann.

V2 Wir stellen zwei Diaprojektoren mit vorgesetzten Farbfiltern auf und projizieren beide Lichtflecke auf einen weißen Schirm. Wenn wir rote und gelbe Filter benutzen, erkennen wir im Bereich, in dem sich die Lichter addieren, den Eindruck Orange.

B2 Der Farbenkreis

1. Farbige Lichter werden addiert

Treffen alle farbigen Lichter des Spektrums an einer Stelle vereint auf einen Schirm, so empfinden wir dies als Weiß. Welchen Farbeindruck erhalten wir, wenn wir nur einen Teil der farbigen Lichter vereinen?

In → V1 wiederholen wir den Versuch zum Spektrum von Glühlicht. Eine Blende verhindert, dass das rote Licht von der Linse mit gebündelt wird. Das Restlicht vereint sich zu einem grünen Streifen. Blenden wir umgekehrt das grüne Licht aus, so sehen wir Rot. Auch Orange und Blau bilden ein solches Farbenpaar. Man nennt die auf diese Weise zugeordneten Farben **Komplementärfarben.** In → B1 haben wir drei solcher Paare so angeordnet, dass jeweils die Komplementärfarben einander gegenüber liegen. Addieren wir zwei Komplementärfarben, so ergänzen sie sich zum Farbeindruck Weiß.

In → V2 addieren wir nun zwei beliebige Lichter, z. B. rotes und gelbes Licht. Wir erhalten auf dem Schirm Orange. Addieren wir in gleicher Weise Orange und Hellgrün, so erhalten wir Gelb. Der in → B2 dargestellte **Farbenkreis** zeigt die Ergebnisse unserer Versuchsreihe. Addiert man zwei Lichter aus dem Farbenkreis, so empfindet man als Mischfarbe die dazwischen liegende Farbe. Beispiel: Rot + Gelb = Orange.

Es fällt auf, dass die Farben im Farbenkreis in der gleichen Reihenfolge angeordnet sind wie im Spektrum. Neu sind allerdings die Purpurtöne zwischen dem roten und dem violetten Licht. Sie entstehen, wenn man rotes und violettes Licht addiert. Die Komplementärfarbe zu Purpur ist ein Grünton.

Merksatz

Addiert man Lichter, deren Farben
- sich im Farbenkreis gegenüberliegen (es sind Komplementärfarben), so erhält man Weiß,
- im Farbenkreis nahe beieinander liegen, so empfindet man eine dazwischen liegende Farbe.

2. Drei Farben reichen aus

Durch Addition zweier farbiger Lichter entsteht ein neuer Farbeindruck. Er entspricht einer Farbe zwischen den beiden Lichtern im Farbkreis. Damit reichen also zwei Farben nicht aus, um *alle* Farben des Farbkreises zu erzeugen. Wie viele verschiedene farbige Lichter sind mindestens erforderlich, um auch noch die übrigen des Farbenkreises zu erzeugen?

Dass drei genügen, zeigen uns die folgenden Beobachtungen: In **→ V3** addieren wir Rot, Grün und Blau. Durch Addition von jeweils zweien entstehen jeweils die Mischfarben zwischen den beiden. Zusätzlich ergibt die Summe aller drei Farben den Farbeindruck Weiß.

Eine Anwendung unseres Versuches finden wir in jedem Bildschirm eines Fernsehers oder eines Computers. Mit einer Lupe mit starker Vergrößerung erkennen wir, dass der Bildschirm aus lauter kleinen Farbscheibchen besteht **→ B3**. Stets sind drei Scheibchen in den Farben Rot, Grün und Blau eng beieinander angeordnet. Der gesamte Bildschirm ist mit diesen Dreierpacks bedeckt. Vom Fernseher gesteuert, leuchten die drei Scheibchen unterschiedlich intensiv.

Leuchten in einem Feld des Bildschirms nur Scheibchen einer Farbsorte hell auf, so erscheint das Feld einfarbig in dieser Farbe **→ B4**. Leuchten jedoch zwei Sorten z. B. die roten und die grünen Scheibchen in einem Bildschirmfleck hell auf, so gewinnen wir von diesem Fleck in größerem Abstand den Farbeindruck Gelb. Das rote und das grüne Licht der Scheibchen treffen auf denselben Netzhautbereich in unserem Auge und addieren sich zur Mischfarbe.
Erstrahlen die roten und grünen Scheibchen mit unterschiedlicher Intensität, so erscheint die Mischfarbe mehr rötlich oder mehr grünlich.

Der Farbbildschirm am Fernseher oder am Computer kann auf diese Weise Millionen von Farbeindrücken darstellen. Die Farben Rot, Grün und Blau nennt man **Grundfarben.**

Merksatz

Durch Addieren der drei Grundfarben Rot, Grün und Blau lassen sich alle Lichter des Farbenkreises herstellen.

Die Farbeindrücke entstehen in unserem Gehirn. Dazu genügt es, dass das Auge ihm meldet, wie intensiv die Rot-, Grün- und Blauanteile des entsprechenden Lichts sind.

Die Netzhaut besitzt zur Farberkennung drei verschiedene Sensoren, die so genannten **Zapfen.** Die erste Art (R) spricht nach **→ B5** bevorzugt auf den roten Bereich an und meldet diesen Reiz ans Gehirn. Die zweite Art (G) reagiert bevorzugt auf Grün, die dritte Art (B) auf den blauen Berech des Spektrums. Die Summe aus rotem und grünem Licht reizt zusammen R und G etwa so stark wie reines gelbes Licht. Es entsteht der Farbeindruck Gelb.

V3 Wir stellen drei Diaprojektoren mit vorgesetzten Farbfiltern (rot, blau und grün) auf und projizieren die drei Lichtflecke auf einen Schirm. Auf den Flächen, auf denen zwei oder drei Lichter gleichzeitig auftreffen, addieren sie sich. Wir erkennen die uns bekannten Mischfarben bei zwei Additionen. Addieren sich alle drei Farben, so entsteht der Eindruck Weiß.

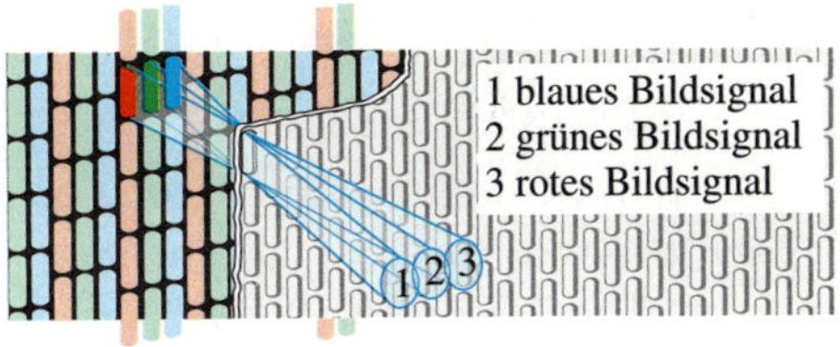

B3 Farbscheibchen auf dem Bildschirm

B4 Farbscheibchen und Farbeindruck

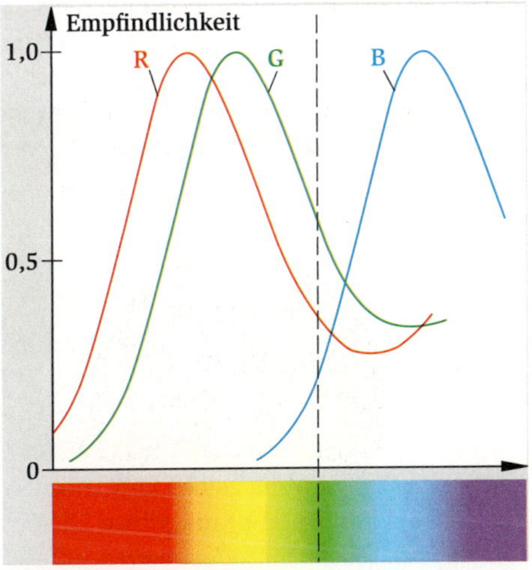

B5 Farbempfindlichkeit der drei Zapfenarten

V1 Wir legen drei Farbfolien, die sich jeweils teilweise überdecken, auf einen Overheadprojektor.

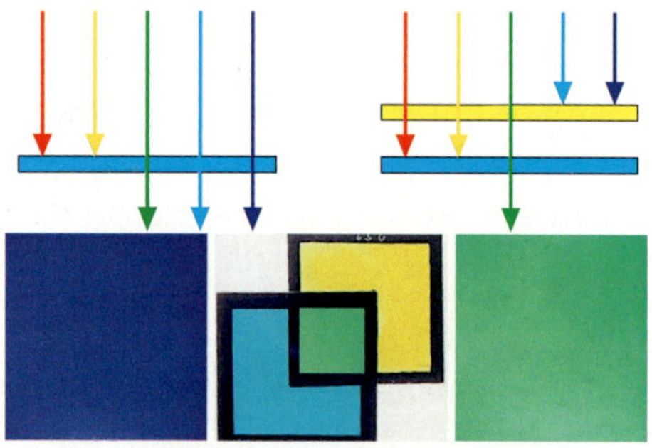

B1 Weißes Licht durchdringt Farbfilter.

B2 Zwei Pappbären im Licht der Glühlampe fotografiert

B3 Pappbären **a)** im gelben Licht einer Natriumdampflampe und **b)** im grünen Licht einer Lampe mit Farbfilter fotografiert

3. Filter subtrahieren Farben

Bei der Fußgängerampel leuchten abwechselnd das rote und das grüne Ampelmännchen. Eine geöffnete Ampel zeigt, dass sich in jedem Feld eine normale Glühlampe befindet. Eine vorgesetzte Farbscheibe aus Glas sorgt für das farbige Licht.

In **→ V1** untersuchen wir die Wirkung von farbigen Folien (bzw. Glasscheiben). An der Stelle, an der sich die gelbe Folie und die blaue Folie überlagern, erscheint auf der Leinwand die Farbe Grün. Wir suchen nach einer Erklärung.

Das Licht kommt aus der Glühlampe und enthält alle farbigen Lichter des Spektrums. Jede Folie lässt einen Teil des Lichts durch und verschluckt einen Teil.

In **→ B1** haben wir vereinfacht nur die Spektralfarben Rot, Gelb, Grün, Blau und Violett angedeutet. Wir nehmen an, die blau erscheinende Folie lässt das blaue Licht und vielleicht benachbarte Spektralfarben durch, Rot und Gelb werden verschluckt, also abgezogen (subtrahiert). Die gelbe Folie lässt Gelb und die benachbarten farbigen Lichter Rot und Grün hindurch – sie erscheint in der Mischfarbe Gelb.

Liegen nun die gelbe und die blaue Folie übereinander, so kommt durch beide nur noch das grüne Licht hindurch. Die zusätzliche rote Folie in **→ V1** verschluckt auch noch diese Farbe – es entsteht der Eindruck Schwarz. Unsere Annahmen über die Wirkung der Farbfolie erklären also die Beobachtungen. Das Verfahren, aus dem weißen Licht einen Teil der Spektralfarben herauszunehmen, bezeichnet man als **subtraktive Farbmischung.**

Merksatz

Durchsichtige farbige Scheiben lassen nur bestimmte Spektralfarben durch, während die übrigen geschluckt werden. Die Scheibe erscheint in der Mischfarbe der durchgelassenen Farben.

4. Die Farbe kommt immer vom Licht

Wir sehen einen Gegenstand, weil Licht von ihm in unser Auge gestreut wird. Beim oberen Pappbär in **→ B2** erscheint der größte Teil seines Fells weiß, weil alle Farben des Spektrums von ihm in unser Auge gestreut werden. Auge und Gehirn addieren sie zu Weiß. Die Beine und Arme erscheinen schwarz, weil offenbar kein Licht in unser Auge gestreut wird. Die Hintergrundpappe erscheint gelb, weil diesmal solche Spektralfarben in unser Auge gestreut werden, dass wir das Mischlicht zu Gelb addieren.

→ B3a zeigt das gleiche Poster, diesmal mit dem gelben Licht einer Natriumdampflampe beleuchtet. Das Fell erscheint auch gelb, weil es das gelbe Licht streut. Im grünen Licht beleuchtet **→ B3b** entsprechend in Grün.

Ein beleuchteter Körper verschluckt also stets einen Teil des ankommenden Lichts. Das Mischlicht der gestreuten Spektralfarben erzeugt dann den Farbeindruck in unserem Auge.

Physik und Technik

In Farbe drucken

Bilder deines Fotoapparats kannst du dir am Bildschirm anschauen oder mit dem Drucker auf Papier drucken. Obwohl du viele verschiedene Farbtöne auf deinen Fotos hast, kommt der Drucker mit vier verschiedenen Patronen aus – mit schwarzer Tinte und mit den drei Farbpatronen Magenta (Purpurrot), Cyan (Blaugrün) und Gelb. Diese drei Farben decken alle Farben ab: Ein Farbstoff, der alle Rottöne verschluckt, erscheint in Cyan, ein Farbstoff der alle Blau- und Violettfarben verschluckt, streut in Gelb. Verschluckt ein Farbstoff alle Farben des mittleren Spektrums, so erscheint er in Magenta. Eine Mischung aus diesen drei Farbstoffen verschluckt alle Spektralfarben – sie erscheint schwarz.

Um einen schwarzen Punkt zu erzeugen, könnte man also die drei Farben übereinander drucken. Sparsamer und damit kostengünstiger ist allerdings der Einsatz schwarzer Tinte.

Beim Vierfarbendruck wird das Bild im Prinzip viermal, jeweils mit der entsprechenden Tinte gedruckt. Für jeden Bildpunkt muss ein entsprechender Farbton erzielt werden. Dazu werden Farbpunkte manchmal übereinander gedruckt. Dann entsteht der Farbeindruck durch subtraktive Farbmischung. Manchmal werden aber die einzelnen Farbpunkte dicht nebeneinander gedruckt, dann entsteht durch additive Farbmischung im Gehirn der Farbeindruck.

Farbmischung im Malkasten

Beim Kauf eines Malkastens für den Kunstunterricht kannst du zwischen verschiedenen Herstellern und zwischen unterschiedlich vielen Farbtöpfen wählen.

Malkästen werden meist mit 12 oder 24 Farbtöpfen angeboten. Aus dem Kunstunterricht weißt du, dass 12 verschiedene Farben auf jeden Fall ausreichen. Denn auch beim Farbkasten kannst du Farben mischen. Wenn du gelben mit blauem Farbstoff verrührst, entsteht ein Farbstoff in der Farbe Grün – also das gleiche Ergebnis wie bei den Farbfiltern. Das können wir jetzt leicht verstehen.

Im Farbstoff befinden sich Teilchen, die bestimmte Spektralfarben verschlucken und andere streuen. Mischen wir nun einen zweiten Farbstoff hinzu, so werden weitere Spektralfarben verschluckt. Es handelt sich also um subtraktive Farbmischung.

A1 Lies die entstehende Mischfarbe folgender farbiger Lichter im Farbenkreis ab:
a) Blau mit Gelb,
b) Hellgrün mit Orange,
c) Violett, Rot und Grün.

A2 Es gibt Farbfilter, die lassen nur die Spektralfarbe Grün durch. Andere Filter lassen dagegen mehrere Spektralfarben hindurch, die zusammen das Mischlicht Grün ergeben. Entwickle einen Versuch, mit dem du die beiden Filter unterscheiden kannst.

A3 Im täglichen Sprachgebrauch sagen wir oft: „Der Gegenstand hat die Farbe Grün".
a) Nimm zu dieser Aussage kritisch Stellung.
b) Manchmal bevorzugt man diese unpräzise Formulierung im Alltag. Gib dafür Gründe an.

A4 Begründe: **a)** Je mehr Farben additiv gemischt werden, desto heller wird die Mischfarbe.
b) Je mehr Farben subtraktiv gemischt werden, desto dunkler wird die Mischfarbe.

A5 Eine Rose erscheint rot, wenn sie z.B. nur die roten Anteile des weißen Lichts reflektiert. Nenne eine weitere Erklärungsmöglichkeit, warum manche Rosen rot erscheinen.

A6 An einem Farbfernseher tritt plötzlich ein Fehler auf: Das weiße Hemd des Moderators erscheint türkis und das gelbe Mikrophon wird grün.
a) Begründe: Eine bestimmte der drei Farbsteuerungen ist ausgefallen.
b) Konstruiere selbst ein Beispiel für den Ausfall einer anderen Farbsteuerung.

A7 Im Internet findet man mithilfe einer Suchmaschine einige Animationen zur additiven Farbmischung. Erstelle mithilfe einer solchen Animation eine Präsentation zur Farbmischung.

A8 Sonnenbrillen filtern wie andere Filter auch Licht heraus. Aber selbst wenn sie stark verdunkeln und alle UV-Strahlen (UV = Ultraviolett) zu 100 % absorbieren, verändern sich die Farben bei guten Brillen nicht unbedingt. Warum nicht?

Interessantes

Physik und Astronomie

A. Himmelsblau und Abendrot

Nachts erscheint der Himmel schwarz, außer an den Stellen, an denen sich leuchtende Sterne befinden. Doch tagsüber sehen wir bei klarem Wetter ein schönes himmelsblau, obwohl auch unsere Sonne nur an einer Stelle steht. Müsste der Himmel nicht auch tagsüber schwarz erscheinen? Der folgende Versuch verschafft uns eine Erklärung:

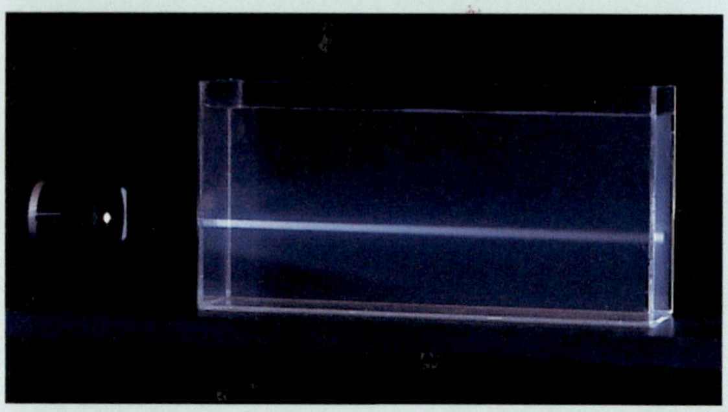

Wir füllen ein Aquarium mit Wasser und rühren einen Teelöffel Milch dazu. Mit einer Lampe durchstrahlen wir das Aquarium. Von der Seite erscheint das Lichtbündel bläulich. Die kleinen Schwebstoffe der Milch bilden Hindernisse für das Licht. Es wird an ihnen nach allen möglichen Richtungen gestreut. Offenbar werden Blauanteile des weißen Lichts stärker gestreut als Rotanteile.

Übertragen auf den Taghimmel bedeutet dies, dass das Sonnenlicht an den kleinsten Teilchen der Erdatmosphäre gestreut wird und hier verstärkt der blaue Anteil. Blaues Licht gelangt also aus allen möglichen Richtungen der Atmosphäre in unser Auge – der Himmel erscheint blau.

Unser obiger Versuch zeigt noch mehr: Schauen wir längsseits durch die Flüssigkeit in die Lampe hinein, so erscheint das auf uns zu kommende Licht rötlich. Die blauen Anteile werden verstärkt zur Seite gestreut, deshalb bleibt als Mischlicht Rot übrig.

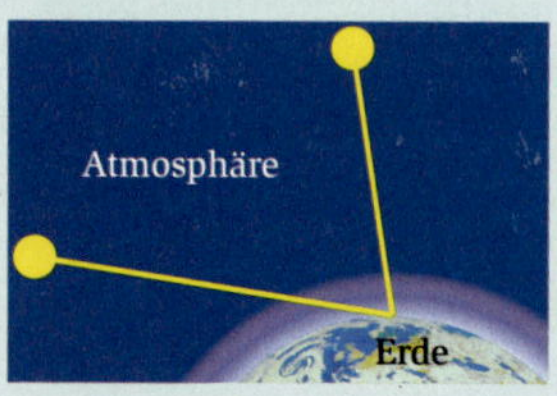

Beim Sonnenauf- bzw. Sonnenuntergang legt das Licht einen viel längeren Weg durch die Atmosphäre zurück als bei Tag. Die Sonne erscheint in der Mischfarbe Rot. Tagsüber erscheint sie Weiß. Auf dem jetzt kurzen Weg ist der fehlende Blauanteil noch gering.

B. Licht der Sonne und der Fixsterne

Woraus besteht eigentlich die Sonne? Niemand konnte bisher hinfliegen und die Sonne auf ihre Bestandteile untersuchen. In Büchern liest man aber, dass es auf der Sonne die gleichen Stoffe gibt wie auf der Erde. Wasserstoff und Helium sollen die Hauptbestandteile sein. Erkenntnisse hierüber lieferte nur das Sonnenlicht.

Schaut man sich das Spektrum des Sonnenlichts genau an, so erkennt man leichte Unterschiede zum Spektrum von weißem Glühlicht. Es ist von feinen schwarzen Linien durchsetzt. Nach ihrem Entdecker J. v. FRAUNHOFER nennt man sie Fraunhoferlinien.

Das Licht kommt von der Sonnenoberfläche. Es muss erst die Atmosphäre der Sonne durchscheinen, bevor es nach langem Weg durchs Weltall die Erde erreicht. Die Gasteilchen der Sonnenatmosphäre schlucken einen Teil des Lichts – jede Gassorte bestimmte Spektralfarben. Andere Spektralfarben gehen ungehindert hindurch. Es fehlen dann im Spektrum des Sonnenlichts einzelne Spektralfarben. Welche Gase sich auf diese Weise verraten, weiß man aus Versuchen mit Gasen auf der Erde.

Auch in den Spektren der Fixsterne findet man dunkle Linien. So konnte man nachweisen, dass sich auf allen Sternen ebenfalls Wasserstoff und Helium befinden – wie auf der Sonne.

Schaust du dir Sterne genauer an, so stellst du fest, dass einige leicht rötlich, andere dagegen mehr bläulich leuchten. Mithilfe von Fernrohren lässt sich das Licht eines einzelnen Sterns sammeln und anschließend mit einem Prisma ein Spektrum erzeugen.

Im Spektrum des bläulich erscheinenden Sterns (1) befinden sich kaum Rotanteile, im Spektrum (2) des zweiten kaum Blauanteile, er erscheint rötlich. Vom leuchtenden Draht einer Glühlampe wissen wir, dass er je nach Temperatur rötlich, bläulich oder weiß erscheint. Stern (1) hat also offenbar eine höhere Oberflächentemperatur als Stern (2).

Interessantes

Der Regenbogen

Die Farben des Spektrums hast du sicher schon öfter außerhalb des Physiksaals gesehen. Im Regenbogen kannst du sie in freier Natur auch ohne Auffangschirm bewundern. Ähnlich wie heim Spektrum im Schulversuch wird auch hier weißes Licht durch unterschiedliche Brechung zerlegt. Das Sonnenlicht wird in vielen Regentropfen gebrochen und reflektiert und trifft erst dann in dein Auge. Rotes Licht aus einer anderen Richtung als blaues. Deshalb sehen wir die Farben an unterschiedlichen Stellen. Diese sehr grobe Erklärung wollen wir uns nun etwas genauer ansehen.

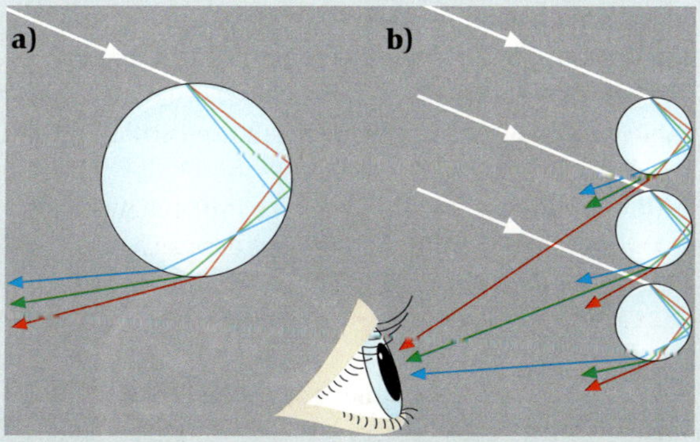

Im Bild a) verfolgen wir ein schmales Lichtbündel. An der Grenzfläche Luft → Wasser(-tropfen) wird es gebrochen. Blaues Licht etwas stärker als grünes und noch stärker als rotes. An der Rückseite des Tropfens wird das Licht teilweise reflektiert. Das reflektierte Licht trifft nun auf die Grenzfläche Wasser → Luft und wird wieder unterschiedlich stark gebrochen. Durch diese zweifache Brechung verlassen die farbigen Lichter den Regentropfen in deutlich verschiedenen Richtungen.

Wir sehen, dass rotes Licht den Tropfen nach unten laufend verlässt, blaues etwas oberhalb. Beim Regenbogen ist aber immer der rote Bogen oben und der blaue unten. Ist unsere Überlegung also falsch?

Von *einem einzigen* Regentropfen gelangt jeweils *ein* Lichtbündel in unser Auge, in dem *eine* Farbe überwiegt. Der oben beschriebene Vorgang findet aber in sehr vielen Tropfen statt. In Bild b) erkennen wir, wie die richtige Farbenfolge bei vielen Tropfen entsteht: Vom oberen Tropfen gelangt rotes Licht in unser Auge, von einem tieferen Tropfen grünes und von einem noch tieferen blaues Licht.

Warum aber ist der Regenbogen rund?

Die Lichtbündel, die von der Sonne kommend die verschiedenen Tropfen treffen, verlaufen parallel zueinander. Verlängert man sie nach hinten, so ergibt sich für das rote Licht ein Winkel von 42,3°, für das violette ein Winkel von 40,7°.

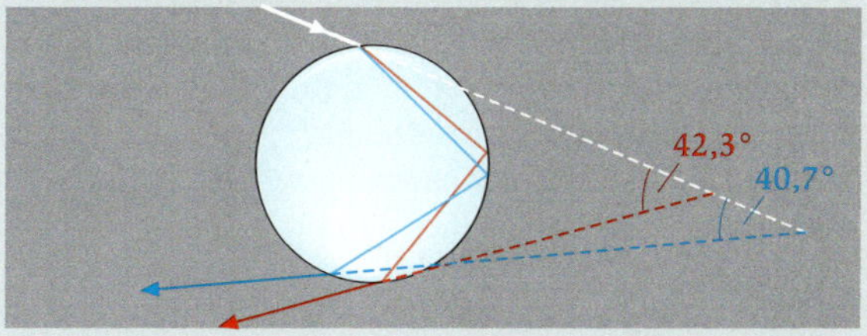

Betrachten wir nur den „roten" Regenbogen: Das oben gezeichnete von der Sonne kommende Lichtbündel verlässt den Wassertropfen im höchsten Punkt des Bogens im Winkel von 42,3° zum Auge.

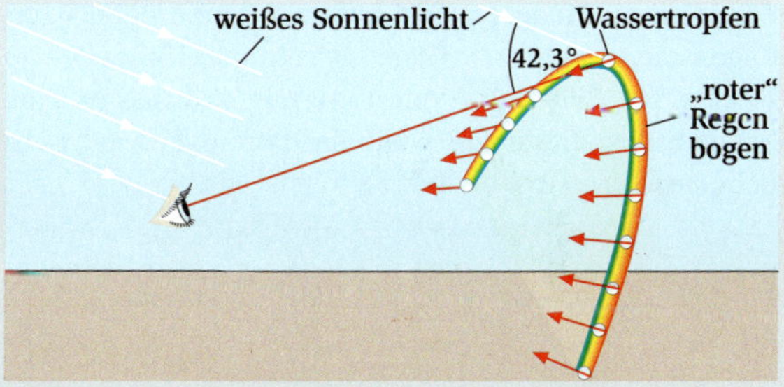

Vom Betrachter aus gesehen gilt das für jeden Tropfen, der sich auf einem Kreis befindet. Wir sehen nur den Teil über der Erdoberfläche. Die anderen Farben bilden Bögen mit etwas kleinerem Radius.

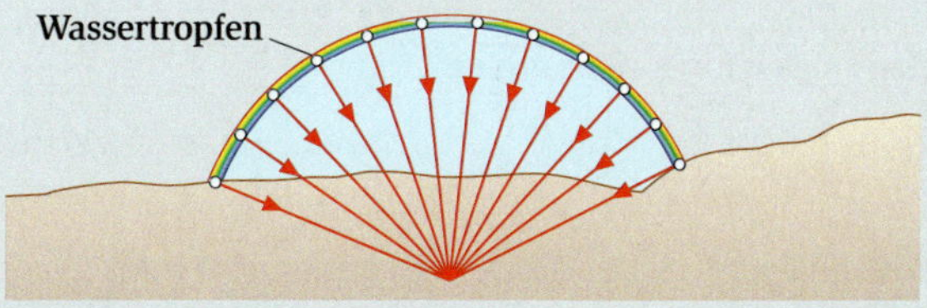

Wir sehen nicht immer bei Regen einen Regenbogen. Voraussetzung ist nämlich, dass die Sonne kräftig gegen eine Regenwand scheint. Mit der Sonne im Rücken beobachten wir dann den Regenbogen.

Das ist wichtig

1 Lichtstrahl, geradlinige Ausbreitung

Lichtbündel breiten sich geradlinig aus und durchdringen sich ungestört. Lichtstrahlen sind *Denkmodelle* für sehr feine Lichtbündel.

Reflexionsgesetz: Trifft ein Lichtstrahl auf eine spiegelnde Oberfläche, so wird der Lichtstrahl reflektiert. Dabei liegen einfallender Lichtstrahl, Lot und reflektierter Strahl in einer Ebene. Einfallswinkel und Reflexionswinkel sind gleich groß.

2 Die Brechung des Lichts

Trifft ein Lichtstrahl auf ein Medium mit anderer optischer Dichte, dann wird der Lichtstrahl gebrochen. Einfallender, gebrochener Strahl und Lot liegen in einer Ebene. Der Lichtstrahl wird beim Übergang vom optisch dünneren ins dichtere Medium zum Lot hin gebrochen. Zusätzlich kann Reflexion auftreten.
Für den Einfalls- (und den Brechungswinkel zum Lot gilt das Brechungsgesetz von SNELLIUS):

$$\frac{\sin(\alpha)}{\sin(\beta)} = n.$$

n ist die Brechzahl für die entsprechende Materialkombination.

3 Optische Abbildung

Eine **Sammellinse** erzeugt aus dem Lichtbündel jedes Gegenstandspunktes in ganz bestimmter Bildweite jeweils einen Bildpunkt. Voraussetzung ist, dass sich die Gegenstandspunkte außerhalb der Brennweite der Linse befinden.

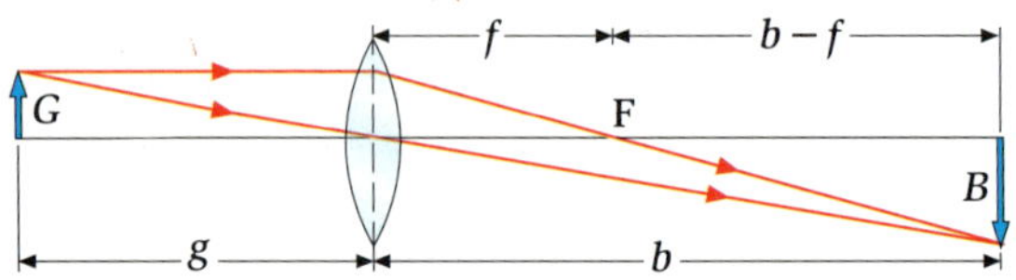

Zur Bildkonstruktion benutzt man den **Mittelpunktstrahl** (er geht ungebrochen durch die Linsenmitte) und den **achsenparallelen** Strahl (er geht nach der Brechung durch den Brennpunkt der Linse).
Für Gegenstandsweite g und die Bildweite b gilt die Linsengleichung (Linse mit Brennweite f):

$$\frac{1}{g} + \frac{1}{b} = \frac{1}{f}.$$

Die Bilder der Sammellinse weit entfernter Gegenstände liegen in der Brennebene; rückt der Gegenstand zum Brennpunkt der Linse hin, so rückt das Bild von der Brennebene weg und wird größer. Für den **Abbildungsmaßstab *A*** bei Lochkamera und Linse gilt:

$$A = \frac{B}{G} = \frac{b}{g}.$$

Dabei ist B **die Bildhöhe** und G die Gegenstandshöhe.

Im technischen **Fotoapparat** wird das optische Bild unter Verwendung einer Sammellinse erzeugt. Es wird elektronisch oder chemisch gespeichert.

Das menschliche **Auge** ist physikalisch gesehen ähnlich aufgebaut wie ein Fotoapparat. Das optische Bild wird hier auf der Netzhaut von Sinneszellen aufgefangen. Nerven leiten die Informationen dann zum Gehirn.

4 Optische Instrumente

Unter der **Vergrößerung *V*** durch ein optisches Instrument versteht man den Quotienten

$$V = \frac{\text{Höhe des Netzhautbildes mit Instrument}}{\text{Höhe des Netzhautbildes ohne Instrument}}.$$

Eine Sammellinse, deren Brennweite kleiner als die deutliche **Sehweite** von 25 cm ist, wirkt als **Lupe.** Bringt man einen Gegenstand in ihre Brennebene, so erhält man mit entspanntem Auge ein vergrößertes Netzhautbild.

Die Objektivlinse des **Mikroskops** erzeugt ein vergrößertes Zwischenbild eines Gegenstandes, der sich etwa in der Brennweite des Objektivs befindet. Mit einer Lupe (Okularlinse) betrachtet man dieses Zwischenbild.
Beim **astronomischen Fernrohr** erzeugt die Objektivlinse (Brennweite f_1) von einem fernen Gegenstand ein Zwischenbild. Dieses wird durch die Okularlinse (Brennweite f_2) wie mit einer Lupe betrachtet. Die Vergrößerung ist

$$V = \frac{f_1}{f_2}.$$

5 Farbwahrnehmung

Weißes Glühlicht oder Sonnenlicht wird bei der Brechung an einem Prisma in verschieden farbige Lichter des **Spektrums** zerlegt. Alle diese farbigen Lichter ergeben zusammengeführt wieder den Eindruck Weiß.
Treffen gleichzeitig einige verschieden farbige Lichter auf den gleichen Bereich unserer Netzhaut, so entsteht im Gehirn durch **Farbaddition** ein neuer Farbeindruck. Es genügen die drei Grundfarben Rot, Grün und Blau, um durch Addition alle Lichter des Farbenkreises herzustellen.

Nimmt man aus dem weißen Licht einen Teil der Spektralfarben heraus, so erhält man als Rest eine Mischfarbe. Dieses Verfahren heißt subtraktive Farbmischung. Die Oberflächen von Körpern verschlucken manche farbigen Lichter. Wir sehen sie im Licht der Farbe, die der Körper streut.

A1 Leuchttürme senden ein Lichtbündel aus. Unter welchen Wetterbedingungen sieht man das Lichtbündel um das Laternenhaus kreisen, unter welchen sieht man nur ein Aufblinken des Lichtbündels?

A2 In der Nacht läuft eine Katze unter einer Straßenlaterne lang, die eine Leuchtstoffröhre enthält. Erkläre, warum die Katze keinen scharen Schatten wirft.

A3 Steht man am Abend vor einer Schaufensterscheibe, dann sieht man in der Regel die Auslagen nur, wenn das Schaufenster beleuchtet ist. Ist es dagegen hinter dem Fenster dunkler als außen, dann sieht man nichts. Wie ist das zu erklären?

A4 Diamanten bringt man durch entsprechendes Schleifen dazu, in allen Farben zu funkeln. Erkläre dies. Erläutere, warum dies mit gewöhnlichem Glas nicht so gut gelingen kann.

A5 Schaut ein Taucher von unten an die (ruhige) Wasseroberfläche, dann sieht er einen hellen Kreis, und bei günstigen Bedingungen in diesem hellen Kreis die ganze Oberwasserwelt. Erkläre dies (Skizze!).

A6 Warum kann Totalreflexion nur beim Übergang vom optisch dichteren zum optisch dünneren Medium auftreten? Steht das nicht im Widerspruch zur Umkehrbarkeit des Lichtweges?

A7 Eine Linse bildet einen 50 cm entfernten Gegenstand so ab, dass er auf einem 25 cm entfernten Schirm scharf ist. In welcher Entfernung von der Mittelebene muss man ein Papier halten, sodass es von der Sonne entzündet werden kann?

A8 Wie ist es zu erklären, dass man mit einer großen Lupe sehr viel schneller ein Blatt Papier mit der Sonne entzünden kann, als mit einer kleinen? (*Hilfe:* Die Brennweite spielt dabei keine Rolle.)

A9 Wenn ein stark kurzsichtiger Mensch eine kleine Schrift lesen möchte, nimmt er seine Brille ab und hält das Buch dicht vor die Augen. Erkläre, warum er sich dadurch eine Lupe erspart.

A10 (zur Linsengleichung): Das Objektiv eines Diaprojektors für das Wohnzimmer (Bildweite 3 m) hat eine Brennweite von 90 mm. Verwendet man den Projektor in einem Klassenzimmer (Bildweite 9 m), dann wird das Bild viel größer. **a)** Berechne die Größe des projizierten Bildes (Dia 24 mm × 36 mm) in beiden Fällen. **b)** Welche Brennweite wäre für den Klassenzimmerprojektor angebracht, wenn das projizierte Bild so groß wie im Wohnzimmer sein soll? **c)** Was bedeutet dies für die Bildhelligkeit?

A11 Konstruiere in einer einzigen Zeichnung die optischen Bilder von 2 cm hohen Pfeilen, die in 9 cm, 8 cm und 4 cm Abstand vor einer Sammellinse der Brennweite 3 cm stehen. Bestimme jeweils die Bildhöhe und die Bildweite. Überprüfe jeweils den Abbildungsmaßstab.

A12 Henning will mit seiner Kamera einen Schmetterling (Flügelspannweite 3 cm) fotografieren. **a)** Wie groß ist das optische Bild auf dem Film höchstens, wenn bei seiner Kamera ($f = 25$ mm) die Mindestentfernung für scharfe Fotos bei 10 cm liegt? **b)** Der Schmetterling liegt in einem Schaukasten, sodass Henning die Kamera höchstens so nahe heranführen kann, dass zwischen Film und Schmetterling mindestens eine Entfernung von 16 cm bleibt. Welche Brennweite sollte die Objektivlinse haben, damit das Bild auf dem Film 1 cm groß ist? (*Hinweis:* Bestimme zunächst durch Konstruktion die Lage der Linse.)

A13 Wie weit muss das Objektiv ($f = 10$ cm) einer Kamera verschoben werden, wenn es zunächst auf „∞“, dann auf 0,25 m eingestellt wird? (Fertige eine Zeichnung im Maßstab 1 : 2 an.)

A14 Florian betrachtet mit dem rechten Auge durch ein Mikroskop einen dünnen Draht. Gleichzeitig schaut er mit dem linken Auge auf einen Maßstab, der in 25 cm Entfernung quer zum Draht daneben liegt. Dabei stellt er fest, dass das Bild des Drahtes, das er im Mikroskop sieht, 30 mm des Maßstabes überdeckt. Wie stark vergrößert das Mikroskop, wenn die Dicke des Drahtes 0,05 mm beträgt?

A15 Ein Amateurastronom hat ein Fernrohr mit der Objektivbrennweite $f_1 = 2$ m. **a)** Das Zwischenbild der Vollmondscheibe hat einen Durchmesser von etwa 1,8 cm. Wie groß ist der Mond, wenn seine Entfernung von der Erde 380 000 km beträgt? **b)** Wie stark ist die Vergrößerung des Fernrohres, wenn die Okularlinse die Brennweite 12 = 30 mm hat?

A16 Amelie hat ein neues Fernrohr. Sie betrachtet damit den Vollmond. Ihr Bruder will sie ärgern und klebt in die Mitte der Objektivlinse einen kleinen runden Papieraufkleber. Wie macht sich der Aufkleber bei der Mondbeobachtung bemerkbar?

A17 Bei einer Sammelllinse ergibt sich bei rotem Licht eine andere Lage des Brennpunktes als bei blauem Licht. **a)** Begründe, warum dies so ist. **b)** Zu welchem Licht gehört die kleinere Brennweite?

A18 Erläutere Möglichkeiten, wie du ermitteln kannst, ob grünes Licht spektralrein ist oder nicht.

A19 Eine Sängerin auf der Bühne wird gleichzeitig mit einem grünen und einem roten Scheinwerfer angestrahlt. **a)** In welcher Farbe erscheint ihr weißes Kleid? **b)** Welche Farben haben ihre beiden Schatten auf dem hellen Bühnenboden?

A20 In welche Himmelsrichtung muss man blicken, wenn abends ein Regenbogen zu sehen ist?

Akustik

Das kannst du in diesem Kapitel erreichen:

Du weißt, was Schall ist, und kannst ihn als Schwingung beschreiben.

Du verstehst, wie man Schall erzeugt und wie er sich ausbreitet.

Du kannst die subjektiven Empfindungen Lautstärke und Tonhöhe von den physikalischen Begriffen Amplitude und Frequenz unterscheiden.
Du kennst auch Schall, den wir nicht hören.

Du weißt, was eine Schwingung ist und wie man sie aufzeichnen kann.

Du verstehst das Grundprinzip eines Mikrofons und eines Oszilloskops.

Du kannst Töne und Klänge aus der Musik von anderen Geräuschen unterscheiden.
Du kennst den Zusammenhang der Töne in einer Tonleiter.

Du weißt, wie die Lautstärke gemessen wird.

Du kannst dich mit deinem Wissen über Schall vor Lärm schützen.

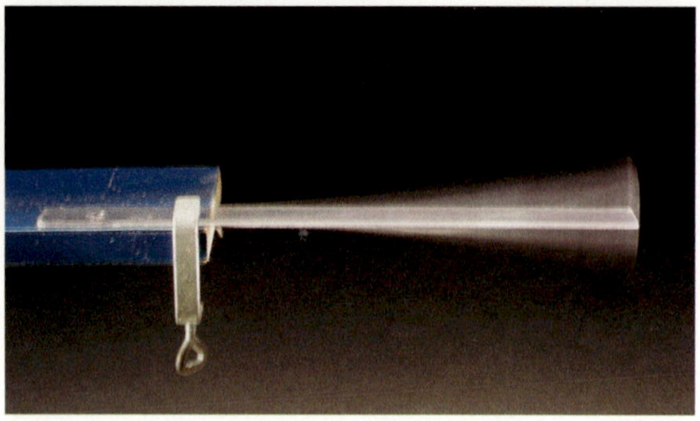

B1 Wann erzeugt ein Lineal einen Ton?

B2 Schwebfliege

V1 **a)** Wir spannen ein Lineal in einen Schraubstock (→ **B1**) und biegen das freie Ende zur Seite. Lassen wir es los, so vibriert es – das Lineal bewegt sich also schnell hin und her.

b) Spannen wir das Lineal kürzer ein, so wird die Bewegung seines freien Endes schneller. Schwingt es schnell genug hin und her, so hören wir einen Ton.

c) Wir können mit dem Lineal einen Brummton, aber auch einen hohen Ton erzeugen. Es führt in allen Fällen Schwingungen aus. Ein hoher Ton entsteht, wenn das Lineal sehr schnelle Vibrationen ausführt. Wenn der Ton gut hörbar ist, haben wir Mühe die Bewegung des Lineals zu verfolgen.

V2 **a)** Unsere Stimmbänder vibrieren beim Sprechen. Das spüren wir, wenn wir zum Beispiel den Vokal i singen und dabei den Kehlkopf mit den Fingern berühren.

b) Wir schlagen eine Stimmgabel an und nähern sie einem Kügelchen, das an einem Faden aufgehängt ist. Das Kügelchen wird heftig weggestoßen.

c) Mit einem elektrischen Generator (einem so genannten *Tongenerator*) versetzen wir die Membran eines Lautsprechers in sehr langsame Schwingungen. Zunächst sehen wir, wie sich die Membran hin und her bewegt. Wir hören aber erst einen Ton, wenn wir sie etwas schneller schwingen lassen. Werden die Schwingungen noch schneller, so können wir sie nicht mehr mit dem Auge verfolgen. Wir spüren aber das Vibrieren der Membran, wenn wir sie mit dem Finger leicht berühren. Dafür hören wir den Ton jetzt sehr deutlich. Erhöhen wir weiter, wird der Ton höher und später recht unangenehm. Wenn wir die Schwingungen noch schneller machen, dann hören wir schließlich auch keinen Ton mehr.

1. Wie entsteht Schall?

Schmetterlinge fliegen geräuschlos, Bienen summen. Sind Bienen vielleicht musikalisch? Warum erzeugen sie einen Ton, Schmetterlinge aber nicht? Wir können eine Erklärung dafür finden, wenn wir ein Lineal oder einen Stahlstreifen festklemmen und sein Ende zur Seite auslenken (→ **V1**). Wie die Flügel eines Insekts führt das Lineal **Schwingungen** aus. Schwingt das Lineal langsam, führt es also nur wenige Hin- und Herbewegungen in einer Sekunde aus, so ist kein Ton zu hören. Erst wenn es schnell genug schwingt, hören wir einen Ton. Der Schmetterling schwingt seine großen Flügel wohl langsamer als die Biene. Wir schauen diesen Sachverhalt unten noch genauer an.

Bei *Saiteninstrumenten* (Violine, Gitarre) werden die Saiten von einem mit Rosshaaren bespannten Bogen oder durch Anzupfen mit den Fingern zu Schwingungen angeregt. Die Violine hat kurze Saiten. Sie schwingen schnell – wir hören sehr hohe Töne. Dagegen sind die Saiten beim *Kontrabass* lang und dick. Sie schwingen langsam – wir hören einen sehr tiefen Ton.
Gelegentlich summen wir eine Melodie. Auch hier, beim *Singen* und *Sprechen*, sind es Schwingungen, die wir als Ton wahrnehmen (→ **V2a**).
Nicht immer erzeugen die Schwingungen einer Membran hörbaren Schall (→ **V2c**). Führt eine Membran sehr langsame Schwingungen aus, so sehen wir, wie sie schwingt, empfinden aber keinen Ton. Regen wir sie aber zu immer schnelleren Schwingungen an, so hören wir einen immer höher werdenden Ton. Schließlich verschwindet die Tonempfindung, obwohl die Membran weiter schwingt.

Der Ton, den wir hören, und die Schwingungen eines Schallerregers sind verschiedene Dinge. Schall besteht unabhängig davon, ob wir ihn als Ton wahrnehmen. Wir müssen unsere **subjektive Tonempfindung** von den sie auslösenden Schwingungen unterscheiden. Diese können auch Gehörlose beobachten und untersuchen. Man sagt, sie seien **objektiv.** Ihnen wenden wir uns im Folgenden zu.

Merksatz

Schall entsteht durch Schwingungen eines Schallerregers. Sind diese nicht zu langsam und nicht zu schnell, so können wir sie als Ton wahrnehmen.

2. Wie kann man Schwingungen beschreiben?

Der Bewegungsablauf eines **Fadenpendels** lässt sich bequem beobachten (→ V3). Mit ihm wollen wir deshalb die Größen aufzeigen, mit denen man eine Schwingbewegung beschreibt. Wir wählen eine große Fadenlänge, weil dann die Schwingung sehr langsam ist. Vielleicht kannst du sogar ein Pendel in der Eingangshalle aufhängen. Es schwingt dann erstaunlich langsam.

Lenken wir die Kugel des Pendels aus und lassen sie los, dann führt sie eine sich ständig wiederholende Hin- und Herbewegung aus.

- Eine solche Bewegung heißt **periodische Bewegung.**
- Eine vollständige Hin- und Herbewegung der Pendelkugel nennen wir eine **Periode.**
- Die Zeit, in der das Pendel eine Periode ausführt, heißt **Periodendauer *T*.**
- Oft macht man den Fehler, dass man für eine Periode nur die Schwingung vom einen zum anderen Endpunkt nimmt. Das wäre aber nicht sinnvoll, weil sich der Vorgang dann noch nicht wiederholt hat.
- Während jeder Hin- und Herbewegung schwingt die Pendelkugel zum selben Umkehrpunkt und hat dort ihre größte Auslenkung. Die Auslenkung von der Mittellage zum Umkehrpunkt nennen wir die **Amplitude** der Schwingung.

Wie schwingen die Flügel einer Biene im Vergleich zu denen eines Schmetterlings?

- Die Biene schwingt ihre Flügel schneller. Die *Periodendauer T* ist deshalb kleiner.
- Vor allem wegen der größeren Flügel ist die *Amplitude* beim Schmetterling größer.
- Die *Perioden* und die *Periodendauer* sind beim Schmetterling noch knapp mit dem bloßen Auge erkennbar; die Schwingungen verlaufen langsam.

Bei schnellen Schwingungen wie bei einer Stimmgabel ist die Periodendauer T schwer zu messen. Wir zählen stattdessen die Anzahl n der Perioden in einer bestimmten Zeit t. Dividieren wir die Anzahl durch die Zeit, so erhalten wir die Frequenz f der Schwingung: $f = n/t$.

Führt z. B. eine Stimmgabel 512 Perioden in 2 Sekunden aus, dann ist ihre Frequenz $f = 512/2\ \text{s} = 256 \cdot 1/\text{s}$. Man schreibt dafür auch 256 Hz (Hertz).

Und die Periodendauer? Das ist einfach: 256 Perioden in 1 s ($f = 256\ 1/\text{s}$), also 1 Periode in 1/256 s ($T = 1/256\ \text{s}$). Wir erkennen, dass die Periodendauer T der Kehrwert der Frequenz f ist: $T = 1/f$.

Merksatz

Die Schwingung ist eine periodisch hin- und hergehende Bewegung. Eine **Periode** umfasst einen Hin- und einen Hergang. Die **Periodendauer *T*** ist die Zeit für eine Periode.

Die **Frequenz *f*** einer Schwingung ist der Quotient aus Zahl der Perioden und benötigter Zeit: $f = n/t$. Ihre Einheit ist 1 Hz = 1/s.

Für Periodendauer T und Frequenz f gilt: $\mathbf{T = 1/f;\ f = 1/T}$.

Die **Amplitude** ist die Auslenkung von der Mittellage bis zum Umkehrpunkt. □

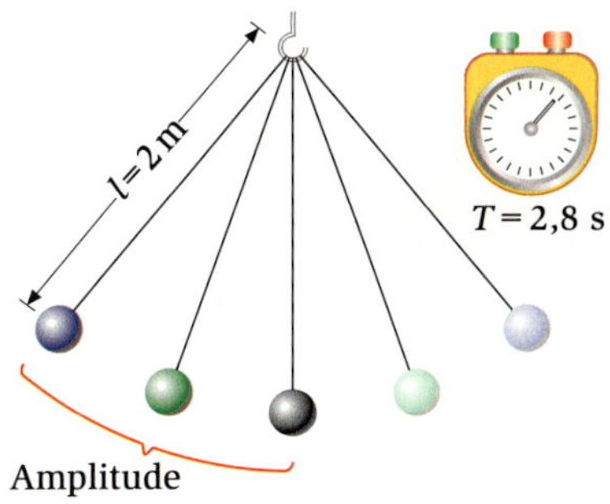

V3 **a)** Wir lenken ein Fadenpendel mit der Pendellänge $l = 2$ m um 40 cm aus und messen mit mehreren Stoppuhren die Zeit T für eine Periode. Die Messwerte liegen bei 2,8 s.
b) Wir wiederholen den Versuch bei der halben Amplitude 20 cm. Die Periodendauer beträgt wieder $T = 2,8$ s.
c) Wir wiederholen den Versuch bei kürzeren Pendellängen. Die Ergebnisse schreiben wir in eine Tabelle (→ T1 , 2. Zeile).
d) Zur Bestimmung der Frequenz eines Fadenpendels messen wir die Zeit t in der es $n = 10$ Perioden ausführt. Dann berechnen wir mit dem **Quotienten** $\frac{n}{t}$ die Zahl der Perioden je Sekunde und tragen die Werte in die → T1 (4. Zeile) ein.

Pendellänge *l* in m	2	1	0,5	0,25
Periodendauer *T* in s	2,8	2,0	1,4	1,0
Zeit *t* in s	28	20	14	10
Frequenz *f* = *n*/*t* in Hz	0,36	0,5	0,7	1,0

T1 Pendellänge und Frequenz

A1 Ein Fadenpendel braucht für 9 Perioden 12 Sekunden. Berechne die Periodendauer T. Bestimme die Zahl der Perioden in einer Sekunde. Berechne die Frequenz des Pendels.

A2 Der Kammerton a′ hat die Frequenz $f =$ 440 Hz. Heute stimmt man Instrumente häufig $f =$ 443 Hz. Berechne jeweils die Periodendauer T und vergleiche.

A3 Beschreibe, was man tun muss, wenn eine Pendeluhr zu schnell geht. Ändert sich ihr Zeittakt, wenn die Amplituden ihres Pendels immer kleiner werden? Beschreibe wie man nach → V3 verfahren muss, damit das Pendel mit doppelter Frequenz schwingt.

A4 Im Versuch → V3 haben wir gesehen, dass die Periode des Fadenpendels nicht von der Amplitude abhängt. Wie ist das möglich, wenn doch die Kugel wegen der größeren Amplitude einen weiteren Weg machen muss und damit für eine Hin- und Herbewegung länger brauchen müsste?

Aufzeichnung von Schwingungen

B1 Der Verlauf einer Schwingbewegung

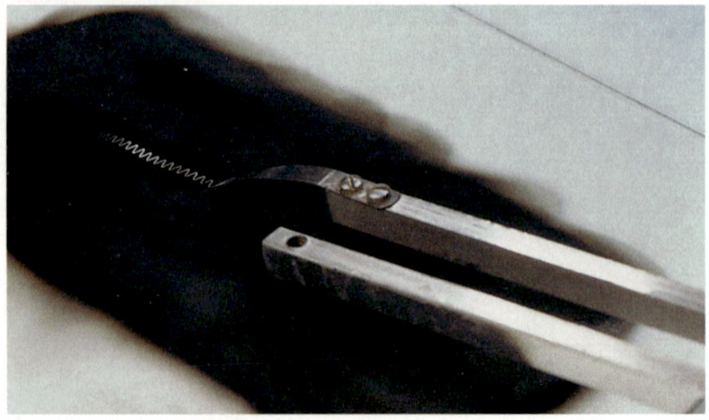

B2 Spuren einer Stimmgabel

V1 Wir hängen ein schweres Metallstück an zwei Fäden auf und befestigen an ihm eine Schreibvorrichtung (→ B1). Diese besteht aus einem Folienschreiber und einem Rohr, in dem sich der Stift leicht bewegen lässt. Wir müssen darauf achten, dass der Stift nicht verkantet und während einer Schwingung den Kontakt mit der Folie nicht verliert.

a) Wir lenken das Pendel aus der Ruhelage aus und lassen es schwingen. Der Stift schreibt eine geradlinige Spur auf die Folie („*y*-Richtung").

b) Nun ziehen wir die Folie unter dem Stift gleichmäßig weg. Ruht das Pendel, so beschreibt der Stift eine geradlinige Spur in „*x*-Richtung". Schwingt das Pendel, so beschreibt der Stift eine Schlangenlinie.

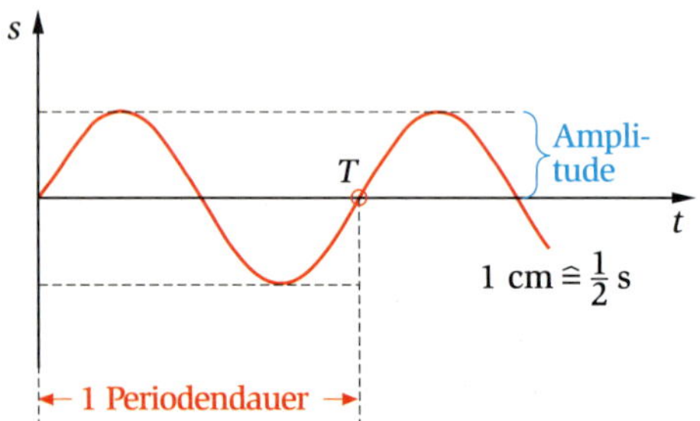

B3 Diagramm einer Schwingung

V2 An einer Stimmgabel ist eine Metallspitze befestigt. Wir schlagen die Gabel an und ziehen die Spitze leicht über eine berußte Platte. Wir achten darauf, dass die Spitze nicht zu stark auf die Platte gedrückt wird. Sie schreibt eine Schlangenlinie (→ B2). Diese entsteht dadurch, dass die Spitze nach beiden Seiten ausschwingt und sich gleichzeitig in Längsrichtung über die Glasplatte bewegt. So können wir ihre Schwingung aufzeichnen.

1. Das Diagramm einer Schwingung

Wenn ein kleines Kind eine Gießkanne trägt und beim Gehen hin und her wackelt, dann hinterlässt der Wasserstrahl eine Schlangenlinie als Spur (→ B1). Sie verrät die Schwingbewegung der Gießkanne.

Befestigen wir an einem Pendelkörper einen Schreibstift (→ V1), so schreibt er während der Bewegung eine geradlinige Spur auf eine Folie. Ihre Enden liegen an den Umkehrpunkten der Schwingung, ihre Mitte in der Ruhelage des Pendels. Wir erhalten die **Amplitude** der Schwingung, wenn wir die Entfernung der Umkehrpunkte von der Mitte messen. Ziehen wir die Folie gleichförmig unter dem schwingenden Pendel weg, so schreibt der Stift eine Schlangenlinie.

Die Schwingungen eines *Schallerregers* verlaufen ebenso wie die eines Pendels. Ziehen wir nämlich eine mit einem Schreibstift versehene Stimmgabel über eine berußte Glasplatte (→ V2), so schreibt dieser ebenfalls eine solche Schlangenlinie. Wir können somit die Größen, die wir zur Beschreibung einer Pendelschwingung verwendet haben, auf Schallerreger übertragen.

Wir sehen in → B2, dass die Amplitude der Schwingung einer Stimmgabel abnimmt. Der von uns empfundene Ton wird dabei leiser, die Tonhöhe aber bleibt. Das heißt nun, dass die Amplitude ein Maß für die Lautstärke ist. Tatsächlich ist der Zusammenhang noch komplexer, aber darum müssen wir uns hier nicht kümmern.

Um die **Periodendauer *T*** zu bestimmen, müssen wir wissen, wie schnell sich die Folie unter dem schwingenden Pendel bewegt. Wir lassen das Pendel schwingen und bewegen die Folie gleichförmig unter ihm weg. Mit einem zweiten, ruhenden Stift markieren wir im Sekundentakt an der Seitenlinie der vorbeilaufenden Folie eine Folge von Punkten. Ihr Abstand entspricht der Strecke, den die Folie in einer Sekunde zurücklegt („Sekundenstrecke"). Die Periodendauer T erhalten wir, indem wir den Abstand zweier Punkte mit größter Auslenkung (z.B. nach rechts) messen und durch die „Sekundenstrecke" teilen.

Den Verlauf einer Schwingung zeigt das **Diagramm** (→ B3). Wir können ihm die Periodendauer T und die Amplitude entnehmen. Während die Periodendauer T angibt, wie viel Zeit verstreicht, bis einer Schwingung gemacht ist, gibt die Frequenz f an, wie viele Schwingungen in einer Sekunde auftreten. Die Frequenz kann deshalb nicht direkt abgelesen, sondern nur berechnet werden: $f = 1/T$.

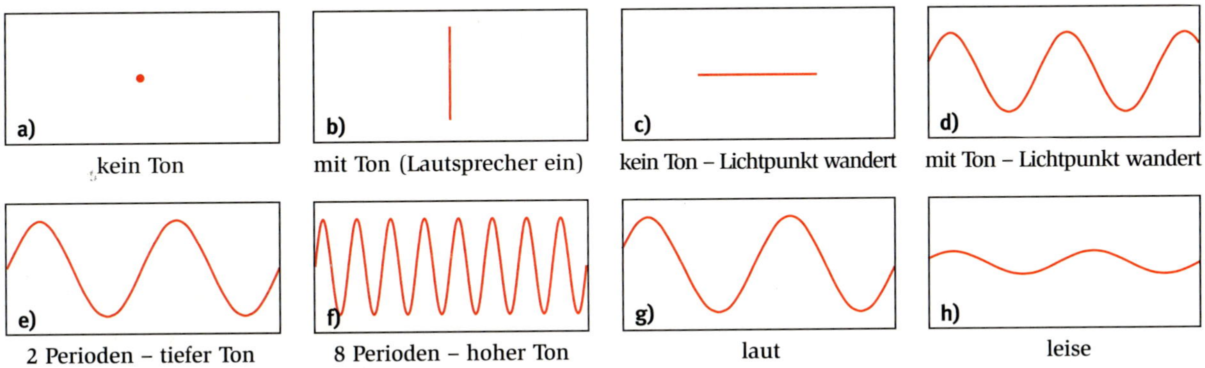

B4 Schwingungen werden sichtbar

2. Wir zeichnen Schwingungen mit dem Oszilloskop auf

Die Schwingung eines Fadenpendels konnten wir im letzten Abschnitt mit einem Pendel, einem Stift und einem Blatt Papier relativ einfach aufzeichnen. Um *Schallschwingungen* genauer zu untersuchen, benutzen wir ein raffiniertes elektronisches Gerät. Mit einem so genannten **Oszilloskop** („Schwingungsseher") lassen sich Schallschwingungen bequem sichtbar machen. Als „Ohr" schließen wir ein Mikrofon an. Den Schall erzeugt ein Lautsprecher, der von einem *Tongenerator* elektrisch zum Schwingen angeregt wird:

- Solange kein Schall empfangen wird, schwingt die Mikrofonmembran nicht und wir sehen in der Mitte des Bildschirms des Oszilloskops einen Lichtpunkt (→ **B4a**).
- Erreicht Schall das Mikrofon, so sehen wir auf dem Bildschirm eine senkrechte Linie, deren Endpunkte symmetrisch zum Mittelpunkt liegen (→ **B4b**). Der Schall regt die Membran des Mikrofons zum Mitschwingen an. Je nach Stellung der Membran wird der Lichtpunkt auf dem Bildschirm nach oben bzw. unten abgelenkt. Dafür sorgt die *Elektronik* des Oszilloskops. Diese Situation entspricht dem schwingenden Pendel, das wir mit dem Schreiber auf dem noch ruhenden Papier aufzeichnen.
- Die Elektronik kann den Lichtpunkt auch von links nach rechts führen. Sobald er den rechten Bildschirmrand erreicht, springt er an den linken Bildrand zurück und beginnt erneut seinen Lauf. Erfolgt dies sehr schnell, können wir nur noch eine waagerechte Linie erkennen (→ **B4c**; der Lautsprecher ist ausgeschaltet). Wie lange der Lichtpunkt für ein Häuschen braucht, können wir am Einstellknopf ablesen.
- Schalten wir den Lautsprecher wieder ein, so sehen wir auf dem Bildschirm eine Schlangenlinie (→ **B4d**). Sie rührt von der Bewegung der Membran her, die im Mikrofon vom Schall zu Schwingungen angeregt wird.
- Bei einem **tiefen Ton** erhalten wir in der Ablenkzeit weniger Perioden (→ **B4e**) als bei einem **hohen Ton** (→ **B4f**).
- Ein **lauter** Ton bewirkt, dass die Membran weit ausschwingt; bei einem **leisen** Ton ist die Amplitude klein (→ **B4g** und → **B4h**).

Merksatz

Mit zunehmender Frequenz der Schwingung steigt die **Tonhöhe**. Mit wachsender Amplitude nimmt die **Lautstärke** zu.

A1 **a)** Bestimme die Periodendauer, die ein Ton mit der Frequenz 50 Hz hat.
b) Zeichne in ein Diagramm zwei Perioden dieser Schwingung mit der Amplitude 2 cm. Wähle den Zeit-Maßstab so, dass der Periodendauer *T* auf der Zeitachse 4 cm entsprechen.
c) Füge in das Diagramm b) vier Perioden eines Tons mit der Frequenz 100 Hz hinzu.
d) Zeichne wie in b) das Bild für einen leisen Ton mit der Amplitude 0,5 cm und einen lauten Ton mit der Amplitude 1,5 cm.

A2 Ein Oszilloskopschirm zeigt folgendes Schwingungsbild:

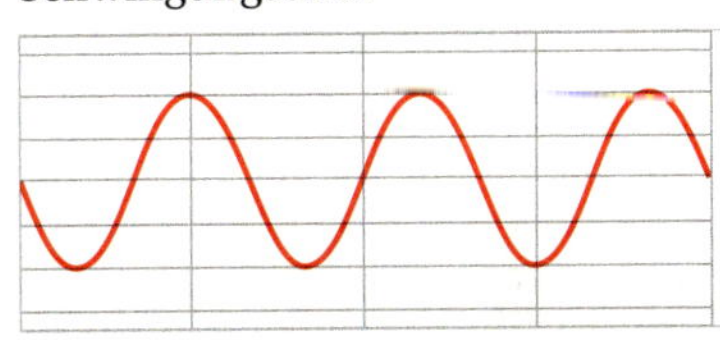

Der Elektronenstrahl im Oszilloskop überstreicht in 2 ms den Schirm.
a) Ermittle aus dem Bild Periodendauer und Frequenz der Schwingung.
b) Gib die Frequenz an, bei der man genau eine Periode sehen würde.

A3 Du kennst den Zusammenhang zwischen Periodendauer und Frequenz.
a) Ein Mitschüler hat in einer Tabelle für einige Periodendauern die zugehörige Frequenz angegeben. Stimmen die Werte? Gib in der 3. Zeile die richtigen Werte f_r an.

***T* in s**	1,0	1,1	1,2	0,9	0,8
***f* in Hz**	1,0	0,9	0,8	1,1	1,2
f_r in Hz					

b) Überlege, worin sein Fehler liegen könnte. Erläutere deinem Mitschüler seinen Fehler in einem kleinen „Brief".

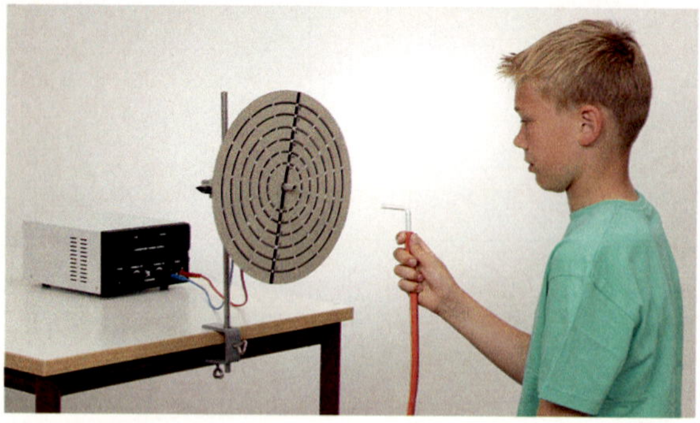

B1 Mit der Lochscheibe können wir auch Töne erzeugen. Wir lassen die Scheibe drehen und halten das Rohr, aus dem Luft strömt, nahe über den Löchern. Wechseln wir von einem Lochkreis zum anderen, ändert sich der Ton. Welche Tonleiter sollen wir spielen?

B2 Wir spielen eine C-Dur Tonleiter.

V1 **a)** Wir blasen die acht Lochreihen einer rotierenden Lochscheibe von innen nach außen an. Wir hören eine *Dur-Tonleiter.* Die innerste Lochreihe erzeugt den Grundton.
b) Wir lassen die Lochscheibe schneller rotieren. Der Grundton wird höher. Wieder hören wir eine Dur-Tonleiter, also die gleichen *musikalischen Intervalle,* wie sie auch in der **→ T1** angegeben sind.

n	**Umdrehungen je Sekunde**		**Intervall**	**Frequenzverhältnis**
	10	**15**		
24	240 Hz	360 Hz	Prime	1 : 1
27	270 Hz	405 Hz	Sekunde	9 : 8
30	300 Hz	450 Hz	Terz	5 : 4
32	320 Hz	480 Hz	Quarte	4 : 3
36	360 Hz	540 Hz	Quinte	3 : 2
40	400 Hz	600 Hz	Sexte	5 : 3
45	450 Hz	675 Hz	Septime	15 : 8
48	480 Hz	720 Hz	Oktave	2 : 1

T1 Die erste Spalte enthält die Anzahl n der Löcher einer Reihe. Die innerste Reihe hat 24, die zweite 27, … , die äußerste 48 Löcher. Die zweite Spalte enthält die Frequenzen der Töne bei 10, die dritte bei 15 Umdrehungen je Sekunde. Die letzte Spalte enthält das Frequenzverhältnis aus Frequenz und Grundfrequenz. In der vierten Spalte stehen die Bezeichnungen für das entsprechende musikalische Intervall.

1. Die Tonleiter – immer die gleiche Melodie

Kannst du eine Tonleiter singen? Sie beginnt mit einem **Grundton** und klettert dann von Ton zu Ton in charakteristischen Stufen höher. Der Grundton kann hoch oder tief gewählt werden, die Melodie der Tonleiter ist immer dieselbe. Offensichtlich ist es bei einem Lied nicht so wichtig, welche absolute Tonhöhe es hat. Vielmehr kommt es darauf an, wie die Töne sich zueinander verhalten. Warum ist das so?

Um diese Frage zu beantworten, experimentieren wir mit einer **Lochscheibe** (**→ V1**). Bei konstanter Drehfrequenz der Scheibe blasen wir einen Luftstrom durch eine der Lochreihen. Wir hören einen Ton gleichbleibender Höhe. Der Luftstrom der Düse wird abwechselnd von den Löchern durchgelassen und von der Scheibe unterbrochen. Dadurch bekommt die Luft hinter der Scheibe rasch aufeinanderfolgende, regelmäßige Stöße. Es ist, als ob ein Schallerreger durch seine Schwingungen auf die Luft periodisch einwirken würde.
Rotiert die Lochscheibe mit 10 Umdrehungen je Sekunde dann wird der Luftstrom in der innersten Lochreihe $(10 \cdot 24)$-mal, also 240-mal, in einer Sekunde unterbrochen. Wir hören einen Ton mit der Frequenz 240 Hz. In der zweiten Lochreihe wird er $(10 \cdot 27)$-mal, also 270-mal, je Sekunde unterbrochen. Wir hören einen Ton mit der Frequenz 270 Hz. Die Frequenzen der weiteren Töne der Tonleiter können wir entsprechend berechnen (**→ T1**).
Rotiert die Scheibe mit 15 Umdrehungen je Sekunde, so erhöhen sich alle Frequenzen um denselben Faktor (**→ T1**). Der Grundton hat jetzt die Grundfrequenz
$15 \cdot 24 \text{ Hz} = 360 \text{ Hz}$.

Was ändert sich, wenn wir den Luftstrom verstärken oder die Düse näher an die Scheibe halten? Ändert sich die Tonhöhe? Die Berechnungen, die wir weiter oben gemacht haben, bleiben unverändert. Pro Sekunde sind es noch immer gleich viele Löcher, die vor der Düse vorbei drehen. Damit ergibt sich noch immer die gleich Frequenz und damit die gleiche Tonhöhe. Lediglich die Lautstärke oder die Art des Tones hat sich verändert.

2. Musikalische Intervalle sind durch Zahlen gekennzeichnet

An der Lochscheibe haben verschieden hohe Tonleitern etwas gemeinsam. Sie werden mit denselben Lochreihen erzeugt. Daher ist für jeden Ton einer Tonleiter sein *Frequenzverhältnis* zum **Grundton** gleich, z. B.:
270 : 240 = 405 : 360 = 27 : 24 (**→ T1**).

Jeder Ton bildet mit dem Grundton ein **musikalisches Intervall.** Es ist objektiv durch ein bestimmtes *Frequenzverhältnis* gekennzeichnet. Die Namen der Intervalle sind von den lateinischen Ordnungszahlen abgeleitet und lauten der Reihe nach *Prime, Sekunde, Terz, Quarte, Quinte, Sexte, Septime und Oktave.* Die **Oktave** nimmt eine besondere Stellung ein. Sie bildet mit dem Grundton das besonders einfache Frequenzverhältnis 2 : 1 und hat somit die doppelte Frequenz.
In unserem Kulturkreis gelten Intervalle, bei denen die Frequenzverhältnisse durch kleine Zahlen beschrieben werden können, als Wohlklang. Die Quinte (3 : 2) und die Quarte (4 : 3) gehören zu diesen **konsonanten** Zusammenklängen. Besonders harmonisch klingt der **Dreiklang** aus Prime, Terz und Quinte. Dagegen gelten Sekunde (9 : 8) und Septime (15 : 8) als **Dissonanzen**.

Merksatz

Ein **musikalisches Intervall** ist durch das Frequenzverhältnis der Töne gekennzeichnet. Ein um eine Oktave höherer Ton ergibt sich, wenn man die Frequenz des Grundtons verdoppelt. □

3. Der Klang bringt Farbe in das Instrument

Flöten und Violinen sind Schallerreger. Sie klingen aber unterschiedlich; jedes Instrument hat seine eigene **Klangfarbe.** Woran liegt das? Am *Oszilloskop* können wir den Grund dafür erkennen. Betrachten wir zunächst das Schwingungsbild einer Stimmgabel. Es besteht aus einer einfachen Wellenlinie; sie klingt ja auch *eintönig.* Der Ton einer *Blockflöte* führt zu einem ähnlichen Schwingungsbild. Im Gegensatz dazu sehen wir beim Ton einer *Violine* eine Vielzahl kleiner Zacken (**→ V2**). Wir vermuten, dass durch das Streichen mit dem Bogen auf der Saite viele weitere Schwingungen entstehen, die wir als kleine Zacken auf dem Bildschirm sehen. Sie haben eine wesentlich kleinere Amplitude und eine sehr viel kleinere Periodendauer, also hohe Frequenz. Diese **Obertöne** nehmen wir – wenn überhaupt – nur sehr leise wahr. Ihre Tonhöhe ist sehr viel höher als die des Grundtones einer Saite. Sie begleiten die Grundtöne eines Instrumentes und bestimmen dessen charakteristischen Klang.

4. Schall, den wir nicht hören können – Ultraschall

Mit einem Tongenerator bringen wir die Membran eines Lautsprechers zum Schwingen und beobachten das Schwingungsbild mit einem Oszilloskop. Erhöhen wir die Frequenz, so sehen wir, wie die Perioden „zusammenrücken"; die Periodendauer nimmt ab. Wir nehmen einen höheren Ton wahr. Oberhalb einer bestimmten Frequenz hören wir den Ton nicht mehr, sehen aber immer noch ein Schwingungsbild (**→ V3**). Schall, der oberhalb der Hörgrenze von 20 kHz liegt, heißt **Ultraschall.**

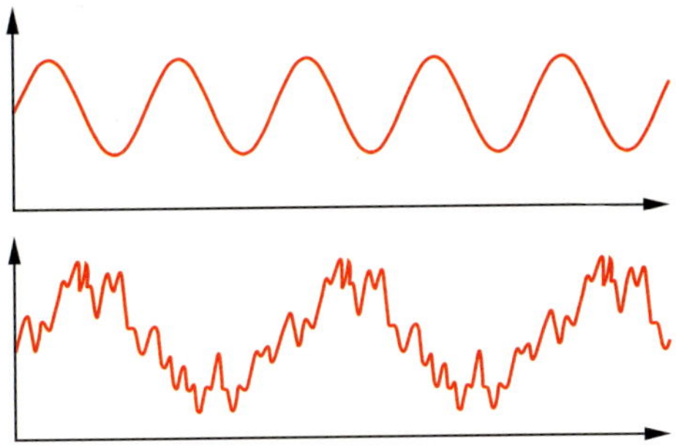

V2 Wir schließen ein Mikrofon an ein Oszilloskop an und beobachten das uns schon bekannte Schwingungsbild einer Stimmgabel. Dann bringen wir die Saite einer Violine zum Schwingen. Ihr Schwingungsbild zeigt viele kleine Zacken.

V3 Ein Tongenerator bringt die Membran eines Lautsprechers in so schnelle Schwingungen, dass wir keinen Ton mehr wahrnehmen. Am Oszilloskop beobachten wir das Schwingungsbild. Wir erniedrigen die Frequenz so lange, bis wir einen Ton hören. Auf diese Weise bestimmen wir unsere *obere Hörgrenze.*

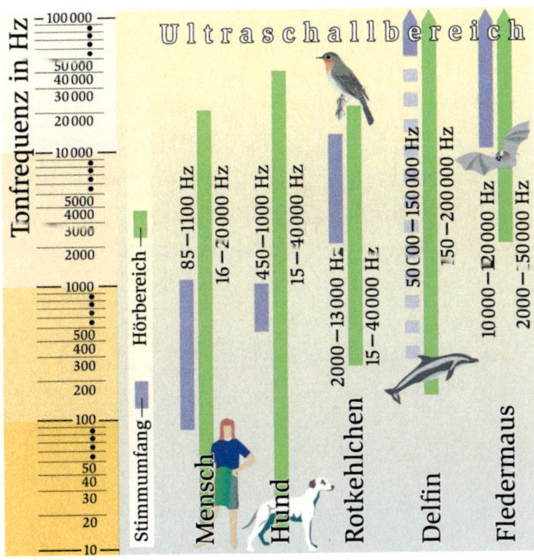

B3 Hörbereiche und Stimmbereiche

A1 Schall ist physikalisch objektiv vorhanden oder nicht vorhanden. Seine Wahrnehmung als Ton hängt von uns ab, sie ist subjektiv. Mit welchen physikalischen Größen beschreiben und messen wir die Tonhöhe, die Lautstärke, konsonante und dissonante Klänge?

Interessantes

Saiteninstrumente

B1 Geigenvirtuosin

Eigenschwingungen und Resonanz

Wird die Saite einer Violine oder einer Gitarre mit einem Bogen oder mit dem Finger seitlich ausgelenkt, so schwingt sie in ihrer **Grundfrequenz.** Diese *Grundschwingung* verläuft so schnell, dass wir sie weder mit dem Auge nicht verfolgen noch mit einer normalen Kamera filmden können. Wir könnten sie wiederum mit einem Mikrofon und einen Oszilloskop sichtbar machen.

Statt einer Saite spannen wir einen Gummischlauch zwischen die Decke und den Boden des Zimmers. Lenken wir ihn zur Seite aus, so schwingt auch er wie eine Saite in seiner *Grundschwingung* mit seiner Grundfrequenz. Weil die Schwingung aber langsammer ist, also eine kleinere Frequenz hat, können wir sie in der Regel nicht als Ton hören. Allerdings nehmen wir vielleicht Windgeräusche war, welche aber in der Frequenz nicht der Grundschwingung entsprechen.

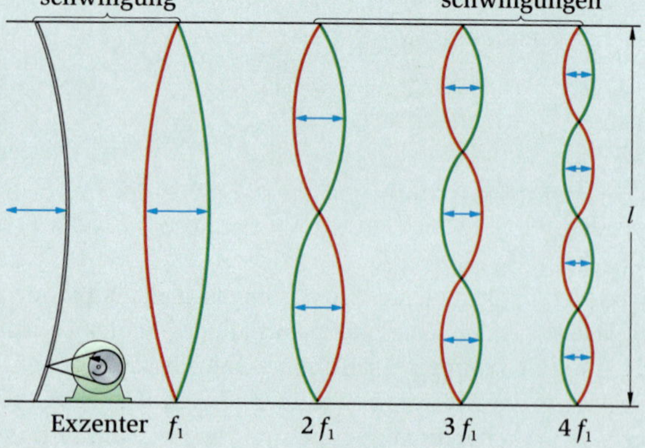

B2 Grund- und Oberschwingungen beim Schlauch

Was macht der Schlauch, wenn man ihn zu Schwingungen mit beliebiger Frequenz zwingt? Wir befestigen an seinem unteren Ende einen Exzenter, den wir mit einem Motor betreiben. Mit ihm bringen wir den Schlauch zum Schwingen. Bei sehr kleiner Drehfrequenz des Motors wackelt der Schlauch uneinheitlich hin und her. Erhöhen wir die Drehfrequenz bis zu der Grundfrequenz f_1 des Schlauchs, so beginnt er – wie eine Saite – mit großer Amplitude auf der vollen Länge zu schwingen (→ B2a), am stärksten in der Mitte. Zwischen seinen Enden sehen wir einen **Schwingungsbauch.** Der Schlauch schwingt jetzt in seiner Grundschwingung.
Nun erhöhen wir die Drehfrequenz weiter. Zunächst entsteht nur ein allgemeines Bewegungs-Wirrwarr. Bei der doppelten Frequenz $2f_1$ bildet sich auf dem Schlauch wieder ein stabiles Schwingungsbild. Wir erkennen in der Mitte der Saite einen festen Punkt in dem sich der Schlauch nicht bewegt. Zwischen diesem **Knoten** und den Enden des Schlauchs liegt jeweils ein Schwingungsbauch. Der Schlauch schwingt jetzt in seiner ersten **Oberschwingung** (→ B2b). Weitere *Eigenschwingungen* erhalten wir, wenn wir den Schlauch mit den passenden Eigenfrequenzen anregen (→ B2c). Dann liegt immer eine ganze Zahl von Schwingungsbäuchen auf dem Schlauch.
Führt ein Schlauch – von einem Exzenter angeregt – **erzwungene Schwingungen** aus, so tritt bei bestimmten Frequenzen, den **Eigenfrequenzen, Resonanz** ein. Bei diesen Eigenschwingungen sind die Amplituden besonders groß.

Eigenschwingungen bei Saiten

Gibt es auch bei einer Gitarre neben der Grundschwingung weitere Eigenschwingungen? Diese Frage beantworten wir mit einem **Monochord.** Es besteht nur aus einer Saite, die – wie bei einer Gitarre – durch zwei Stege begrenzt ist (→ B3). Zupfen wir sie an, so hören wir den Grundton der Saite. Berühren wir die Saite mit dem Finger leicht in ihrer Mitte, so wird die Grundschwingung abgedämpft. Die Saite schwingt aber weiter, denn wir hören nun deutlich die Oktave zum vorigen Grundton. Da die erste Oberschwingung in der Mitte der Saite einen Knoten hat, wird sie vom Finger nicht gedämpft und schwingt ungehindert weiter. Die erste Oberschwingung hat somit die doppelte Frequenz wie die Grundschwingung.

B3 Monochord

Interessantes

Lärm und Lärmschutz

B4 Lärmquellen

Wenn Schall zu Lärm wird

Musik begleitet uns durch den Tag: beim Wecken, unterwegs im Auto, in der Disco, beim Träumen und Einschlafen. Gefällt sie uns nicht mehr, so können wir sie abschalten.

Aber eine Lebensweisheit besagt:

Musik wird störend oft empfunden, da sie mit Geräusch verbunden (Wilhelm Busch).

Mit „laut" und „leise" beschreiben wir die subjektiv empfundene Lautstärke einer Schallwahrnehmung. Als solche ist sie nicht messbar, wohl aber die je Sekunde auf eine bestimmte Fläche übertragene Energie (Schallintensität).

Ihre Messwerte bei der Hörschwelle (hier wird Schall gerade noch wahrgenommen) und bei der Schmerzschwelle (hier löst Schall Schmerz aus), liegen weit auseinander. Sie unterscheiden sich um mehrere Zehnerpotenzen. Die Dezibelskala macht diese Messwerte mit einem mathematischen Kunstgriff überschaubarer (→ **T1**). Ihre Werte liegen zwischen 0 dB (A) und 150 dB (A).

Lautstärke	Auswirkungen
0 dB (A)	Hörschwelle menschliches Ohr
60 dB (A)	Stressreaktionen im Schlaf
90 dB (A)	Hörschäden bei längerem Einwirken
130 dB (A)	Schmerzgrenze menschliches Ohr
150 dB (A)	Irreparable Schäden am Innenohr in ca. 1 Sekunde

T1 Schallpegel in dB (A)

Die Hörschwelle bekommt den Wert 0 dB (A). Der Schmerzschwelle wird der Wert 130 dB (A) zugeordnet. Erreicht der Schallpegel diesen Wert, so führt dies zu Schmerzen im Innenohr. Bei einer Überschreitung besteht die Gefahr bleibender Gehörschäden.

Gefahr für das Ohr

Viele junge Menschen hören Musik über einen Kopfhörer. Das Musikerlebnis ist dabei besonders intensiv. Wie stark werden dabei die Ohren belastet? Vorsicht ist geboten: Es können Werte bis zu 110 dB (A) auftreten. Eine Statistik zeigt, dass ein nicht geringer Teil der Jugendlichen (etwa 25 %) seinen Ohren zuviel zumutet und Hörschäden davonträgt.

Lärmschutz durch Schalldämpfung

Der **Straßenverkehr** ist die **Hauptursache** für Lärmbelästigung. Um den Verkehrslärm zu mindern, baut man Schallschutzwände entlang verkehrsreicher Straßen. Im Gegensatz zu Licht kann man sich vor Schall nicht durch eine Abschirmung schützen. Er umläuft die Wand an ihren Rändern, er geht sozusagen „um die Ecke herum". Um Lärmminderung an der Quelle zu erreichen, wurden in Europa Geräuschgrenzwerte für Pkw von 77 dB (A) auf 74 dB (A) gesenkt. Wie wir wissen, bedeutet die Abnahme um 3 dB (A), dass zwei Pkw der neuen Generation zusammen nur noch so laut sind wie ein alter Pkw allein. Leider wird durch die Zunahme der Anzahl und der Fahrleistung der Pkw die Lärmminderung wieder aufgehoben.

Auch bei Flugzeugen führten neue Grenzwerte zu einer wirksamen Lärmminderung. Leider heben andere Faktoren wie die Zunahme der Flugbewegungen diesen Fortschritt wieder auf.

Beim Umgang mit Maschinen werden Höchstwerte von etwa 80 dB (A) empfohlen. Das Tragen eines Gehörschutzes wird vorgeschrieben. Bei Büroarbeit liegen die empfohlenen Höchstwerte bei 50 dB (A) und bei überwiegend geistiger Tätigkeit bei 40 dB (A).

Lärmschutz durch Schalldämmung

Schallabsorbierende Wände mindern beim Hausbau die Schallausbreitung. Trittschall kann man durch schalldämmende Maßnahmen unterdrücken: Der Bodenestrich wird in eine Wanne aus schallschluckendem Material gelegt (schwimmender Estrich). Ein durchgehender elastischer Dämmstoff verhindert eine Schallübertragung an die angrenzenden Räume. Er darf an keiner Stelle unterbrochen werden, sonst entstehen Schallbrücken und der gesamte Trittschallschutz geht verloren. Die Fundamente einer Maschine setzt man auf eine Korkschicht, die an keiner Stelle überbrückt werden darf.

B1 a) Stampfende Elefanten b) Singende Wale c) Klopfendes Herz wird abgehört

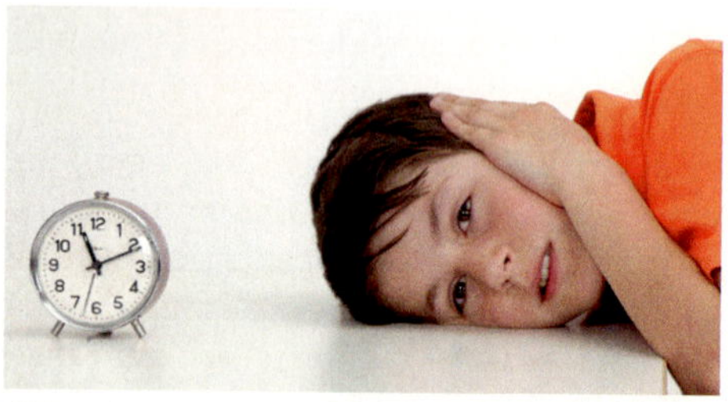

V1 Mit dem Ohr auf der Platte ist das leise Ticken der Uhr deutlich zu vernehmen. Auch mit einer Stativstange anstelle der Platte wird der Schall gut weitergeleitet.

V2 Das Ticken der Uhr wird durch das Wasser hindurch auf das Ohr übertragen. Mit anderen Flüssigkeiten gelingt es auch.

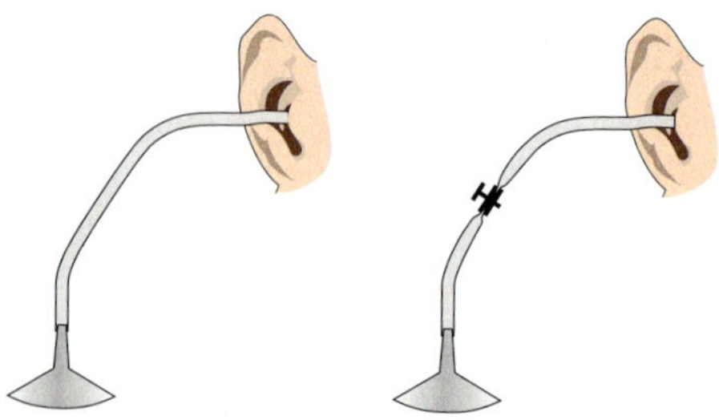

V3 Beim Stethoskop wird der Schall über eine große Trichterfläche aufgenommen und durch die Luft im Schlauch weitergeleitet. Klemmt man den Schlauch ab, hört man nichts mehr.

1. Wo breitet sich Schall aus?

Bei Gefahr stampfen Elefanten (→ B1a) kräftig auf den Boden. Die dadurch entstehenden Erschütterungen können Artgenossen noch bis zu 30 km weit über ihre Füße spüren und als Warnung richtig deuten. Wir selbst spüren Bodenschwingungen auch mit unseren Füßen, etwa wenn eine Rüttelmaschine das neu verlegte Pflaster in der Nähe feststampft. In beiden Fällen breiten sich die Schwingungen durch das feste Erdreich aus. Auch andere feste Stoffe leiten den Schall gut, dies zeigt → V1.

Wäre zur Schallübertragung immer ein fester Stoff nötig, könnten Wale (→ B1b) und Delphine über größere Entfernungen keinen Kontakt aufnehmen. Sie tun dies aber mit Lauten, die an Gesang erinnern, und geben so Informationen durch das Wasser an ihre Artgenossen weiter. Mit Mikrofonen unter Wasser hat man solche Laute nachgewiesen. Auch Wasser überträgt Schall. Du kannst dich im → V2 selbst davon überzeugen, ohne tauchen zu müssen. Oder du erinnerst dich daran, dass man unter Wasser im Schwimmbad durchaus miteinander reden kann, wenn auch die Verständigung nicht gerade leicht ist.

Dass es einen Stoff zwischen Schallquelle und unserem Ohr geben muss, fällt uns im täglichen Leben gar nicht auf. Wir hören ja auch nicht mithilfe einer Tischplatte und selten auch unter Wasser. Zwischen unserem sprechenden Nachbarn und uns ist nur die Luft. Überträgt auch diese Schall? → V3 bestätigt es. Wenn die Schallübertragung schon über die „dünne" Luft gelingt, könnte man auf sie sogar ganz verzichten? Um dies zu klären, nehmen wir in → V4 die Luft zwischen Schallquelle und Empfänger einfach weg. Das Ergebnis ist eindeutig: Im leeren Raum kann sich Schall nicht ausbreiten!

2. Wie breitet sich der Schall aus?

Schlagen wir die Membran eines Tamburins kräftig an, so breitet sich ein Knall in der Luft aus. Trifft er auf eine zweite Membran, so wird diese ausgelenkt und stößt ein Kügelchen weg (→ V5). Was geht bei dieser Schallausbreitung vor sich?
Wir können es uns denken: Wird die Membran eines Tamburins durch einen Schlag ausgelenkt, so stößt sie die angrenzende Luft-

schicht ein wenig von sich weg. Diese gibt etwas später den Stoß an die nächste Luftschicht weiter – am Ende wird die zweite Membran von der sie berührenden Luftschicht ausgelenkt. Sie stößt das kleine Kügelchen weg. Die erste und alle weiteren Luftschichten kehren zurück, sie werden nicht dauerhaft weggeblasen.
Wenn die Membran eines Lautsprechers *Schwingungen* ausführt, bewegt sie sich abwechselnd vor und zurück. Bewegt sie sich vor, so wird die angrenzende Luft wie beim Tamburin weggestoßen. Bewegt sie sich zurück, so füllt die angrenzende Luft den frei werdenden Raum. Bei dem ständigen Vor und Zurück der Membran schwingt auch die Luft mit und leitet so den Schall an unser Ohr weiter.
Ähnliches finden wir sichtbar in → B2. Bewegen wir ein Ende des *Drahtwurms* in Längsrichtung periodisch vor und zurück, so laufen abwechselnd Verdichtungen und Verdünnungen der Windungen durch den Drahtwurm.

V4 Eine Klingel auf einem Schwamm unter eine Glasglocke: Nach dem Abpumpen der Luft ist der Ton nicht mehr zu hören.

3. La Ola – die Welle

Wenn die Fußballfans in Hochstimmung sind, lassen sie eine Begeisterungswelle durch die Ränge laufen. Irgendwo reißen Zuschauer die Arme hoch und stehen auf, ihre Nachbarn folgen ihrem Beispiel und schon beginnt eine **Welle** um das Stadion zu laufen. Bei diesem Auf und Ab der Arme bleibt jeder an seinem Platz, doch die *Welle läuft.*
Beim Schall ist es ähnlich: Die Luftteilchen werden vor und zurück bewegt. Sie geben ihre Vor- und Zurückbewegung an ihre benachbarten Teilchen weiter. Alle Teilchen schwingen dabei an ihrem Ort vor und zurück, aber die **Schallwelle** läuft davon.
Es gibt aber einen kleinen Unterschied zur La-Ola-Welle. Während dort die Hin- und Herbewegung quer zu Ausbreitungsrichtung verläuft, ist sie beim Schall in Richtung der Ausbreitung. Die La-Ola-Welle ließe sich aber auch so organisieren, dass man sich mit und gegen die Ausbreitungsrichtung bewegt.

V5 Ein Schlag – und das Pendel wird ausgelenkt.

Merksatz

Die Schallquelle erzeugt Schwingungen. Sie bewirken in Luft und in anderen elastischen Körpern eine Schallwelle. Alle von der Welle erfassten Teilchen führen dieselbe Schwingung aus. Je weiter ein Teilchen von der Schallquelle entfernt ist, desto später beginnt es mit dieser Schwingung.

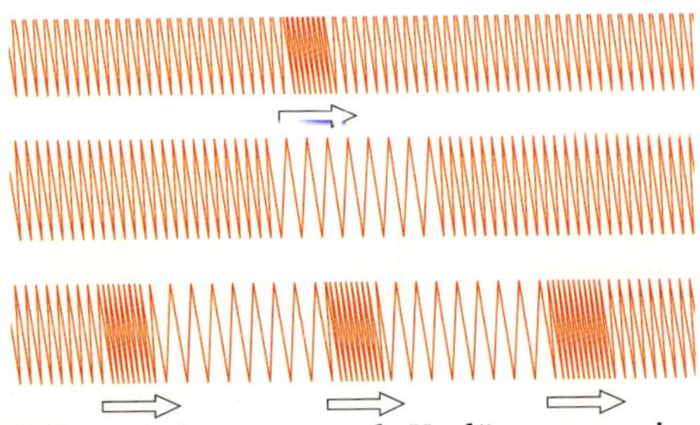

B2 Verdichtungen und Verdünnungen im Drahtwurm.

Interessantes

Das Echolot

Trifft Schall auf einen Körper, so wird er an diesem reflektiert. Kommt der Schall wieder an seinen Ausgangspunkt zurück, so sprechen wir von einem Echo. In Wasser braucht der Schall für 1500 m (750 m hin und 750 m zurück) eine Sekunde (in Luft schafft er in jeder Sekunde insgesamt nur 340 m). Aus der Laufzeit des Schalls vom Aussenden bis zum Eintreffen des Echos können wir so die mittlere Entfernung des reflektierenden Körpers bestimmen.
In der Schifffahrt wird das Echolot eingesetzt, um Meerestiefen zu bestimmen oder Fischschwärme zu orten. Man sendet Ultraschallsignale aus und misst deren Laufzeit – z. B. 1 s bei 750 m Tiefe.
Bei nicht zu großen Tiefen werden etwa zehn Signale pro Sekunde ausgesendet und entsprechend die Tiefe gemessen. Es werden zu große Werte gemessen, wenn das Schiff starke Krängung (seitliche Neigung) hat. Dies tritt vor allem bei Segelschiffen auf.

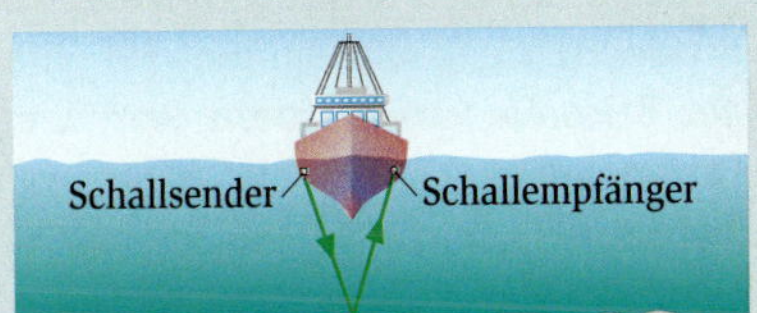

Das ist wichtig

1 Schallerreger

Musikinstrumente sind die geläufigsten Schallerreger. Sie erzeugen periodische Schwingungen, die wir als **Ton** oder **Klang** empfinden. Wir hören aber auch allerlei *Geräusche,* deren Ursprung nicht immer erkennbar ist; das *Knacken* eines Astes, das Knistern eines Papiers, das *Knirschen* der Zähne, das *Rascheln* des Laubes und das Rauschen des Meeres. Sie werden von den verschiedensten Schallerregern verursacht, die regelmäßige oder auch unregelmäßige Schwingungen mit wenigen Perioden ausführen. Bei einem Knall werden wenige Schwingungen mit sehr großer Amplitude erzeugt.

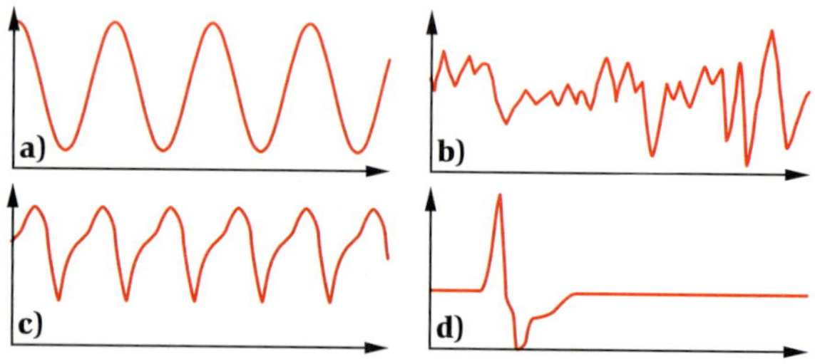

a) Ton **b)** Geräusch **c)** Klang und **d)** Knall

2 Schallempfänger

Unser *Ohr* ist ein natürlicher Schallempfänger. Es ermöglicht dem *Gehör,* eine Vielzahl von Klangmustern zu unterscheiden. Es hat aber auch eine Schwäche: nicht jede Schwingung wird als Ton aufgenommen. Dagegen registriert ein künstlicher Schallempfänger, ein *Mikrofon,* sowohl die langsamen als auch schnellen Schwingbewegungen. Im Gegensatz zum Ohr registriert ein Mikrofon Druckschwankungen unabhängig von deren Frequenz und Amplitude.

Schall sehr hoher Frequenz nennen wir **Ultraschall.** Er unterscheidet sich von Schall nur dadurch, dass ihn unser Ohr nicht hört, weil die Frequenz zu hoch ist.

Schall ist in der Luft, solange er sich dort als regelmäßige oder unregelmäßige Druckschwankung ausbreitet.
Schall kann sich nicht nur in der Luft sondern auch in Flüssigkeiten und Festkörpern ausbreiten. Dort ist die Geschwindigkeit sogar größer.

3 Beschreibung von Schwingungen

Schwingungen sind **periodische** Bewegungen. Sie unterscheiden sich durch ihre **Amplitude** und ihre **Periodendauer** T. In der Akustik wird die **Tonhöhe** durch die **Frequenz** f gekennzeichnet. Sie gibt die Zahl der in einer Sekunde ausgeführten Perioden an. Zwischen der Periodendauer T und der Frequenz f besteht die Beziehung

$f = \frac{1}{T}$; in Einheiten: $1\ \mathrm{Hz} = \frac{1}{\mathrm{s}}$.

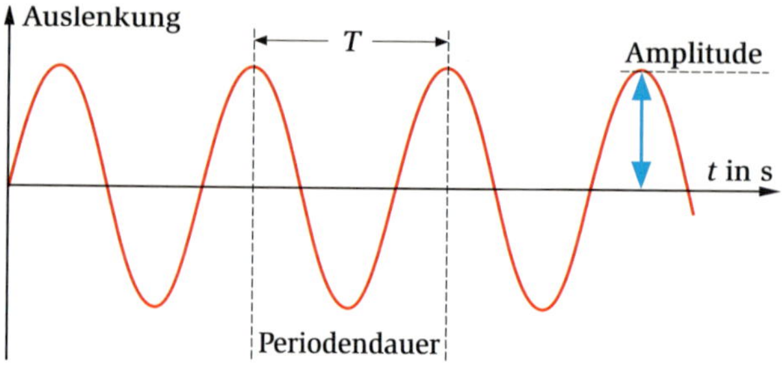

4 Töne und Klänge

Bei einer Tonleiter haben alle Töne ein festes **Frequenzverhältnis** zum Grundton. Nehmen wir mehrere Töne gleichzeitig wahr, so hören wir einen **Klang.** Musikinstrumente erzeugen niemals einen einzigen Ton, sondern immer einen Klang.

5 Eigenschwingungen und Resonanz

Eigenschwingungen sind Schwingungen, zu denen ein Körper besonders gut angeregt werden kann. Schlagen wir eine Stimmgabel an, so schwingt sie mit der ihr eigenen Frequenz, z. B. 440 Hz. Schlagen wir in ihrer Nähe eine zweite Stimmgabel mit derselben Frequenz 440 Hz an, so schwingt die erste Stimmgabel in ihrer **Eigenfrequenz** 440 Hz von selbst mit. Sie gerät in **Resonanz.**

6 Die Schallwelle

Eine Schallquelle erzeugt Schwingungen. Sie führen in Luft und elastischen Körpern zu einer Schallwelle. Dabei führen die von der Schallwelle erfassten Teilchen Schwingungen aus. Je weiter ein Teilchen von der Schallwelle entfernt ist, desto später beginnt es mit dieser Schwingung. Im materielosen Raum gibt es keine Schallwelle.

7 Schall verursacht Lärm

Lärm macht krank. Zur Lärmverminderung werden Schallquellen durch Materialien wie Gummi, Schaumstoff, ... abgeschirmt. Diese Materialien absorbieren den Schall *(Schalldämpfung)*. Ein *Gehörschutz* wirkt in derselben Weise, vermindert die Schallintensität direkt am Ohr und schützt das Gehör so vor zu starkem Lärm.
Die subjektive Lautstärke wird objektiv mit der Dezibelskala gemessen. Töne die wir gerade noch hören können, haben eine Lautstärke von 0 dB (A). Im Büro sollte die Lautstärke unter 50 dB (A) liegen. Bei 130 dB (A) kommt unser Ohr an seine Schmerzgrenze. Ab 80 dB (A) Dauerbeschallung ist mit bleibenden Schäden zu rechnen.

8 Wahrnehmung und Messung

Man unterscheidet die subjektive Tonempfindungen, Lautstärke und Tonhöhe von der objektiven Beschreibung von Schwingungen mit Amplitude und Frequenz.

A1 **a)** Erläutere, was du beim unten dargestellten Schwingungsbild eines Tones hören würdest (subjektiv).
b) Beschreibe das Schwingungsbild mit geeigneten physikalischen Größen (objektiv).
c) Überlege und beschreibe einen zum Schwingungsbild passenden Versuch.
d) Könntest du einen Ton doppelter Frequenz hören? Könnte ein Hund ihn hören? (→ B3 im Abschnitt „Töne und Klänge")

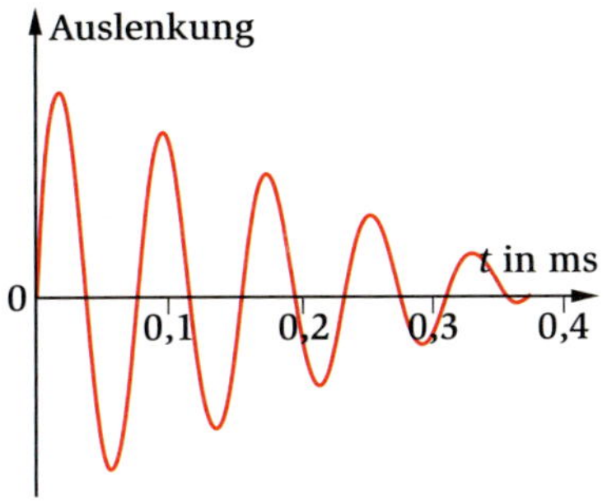

A2 Nenne jeweils ein Beispiel für einen Knall, ein Geräusch, einen Klang und einen Ton. Skizziere jeweils das Schwingungsbild, welches ein Oszilloskop anzeigt.

A3 Kann ein Astronaut auf dem Mond etwas hören?
Begründe deine Antwort und beschreibe einen Versuch, mit dem man deine Antwort belegen könnte.

A4 Staubsauger kann man auf unterschiedlichen Stufen einstellen. Der Staubsaugermotor hört sich dann unterschiedlich an.
Beschreibe und erkläre deine Beobachtungen.

A5 In den folgenden vier Abbildungen sind die Schwingungsbilder von vier verschiedenen Tönen gegeben. Diese Töne werden miteinander verglichen.
Ordne den Schwingungsbildern jeweils die passende, physikalisch objektive Aussage zu.
1. tiefer, leiser Ton
2. tiefer, lauter Ton
3. hoher, leiser Ton
4. hoher, lauter Ton

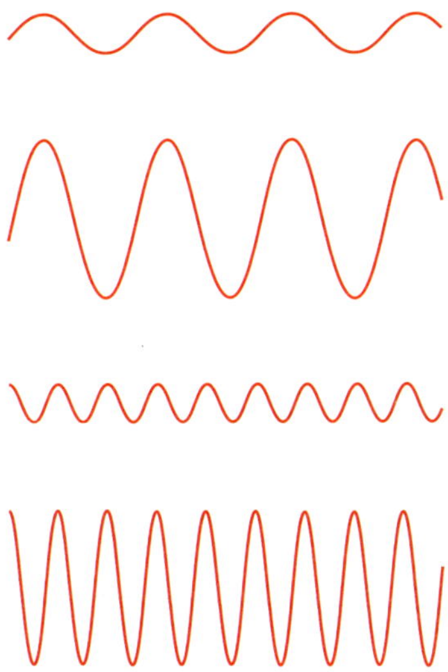

A6 Du kannst Schwingungslinien auch selbst zeichnen. Nimm ein Blatt Papier und einen Bleistift. Zeichne mit dem Bleistift immer rauf und runter und ziehe dabei das Papier gleichmäßig zur Seite hin weg.
a) Zeichne auf diese Weise Schwingungslinien zu einem leisen und einem lauten Ton.
b) Zeichne die Schwingungslinien zu einem hohen und einem tiefen Ton.

A7 Lärm kann krank machen. Menschen sollen deshalb vor Verkehrslärm geschützt werden.
a) Nenne Maßnahmen, mit denen die Ursachen des Verkehrslärms reduziert werden können.
b) Manchmal kann man nicht verhindern, dass Häuser direkt an einer vielbefahrenen Autobahn stehen. Nenne Maßnahmen, mit denen man die Bewohner vor dem Verkehrslärm schützen kann.

A8 Bau dir ein Fadentelefon aus zwei Joghurtbechern, einem Faden oder einem dünnen Draht. Stoße mit einem Nagel vorsichtig ein kleines Loch in den Boden jedes Joghurtbechers. Dann fädele den Faden durch die Löcher und mache an die Enden des Fadens je einen Knoten, so dass sich der Faden nicht mehr herausziehen lässt. Jetzt kannst du mit jemandem telefonieren. Du musst dazu einen Becher vor den Mund halten und hineinsprechen. Dein Partner hält den anderen Becher an das Ohr.

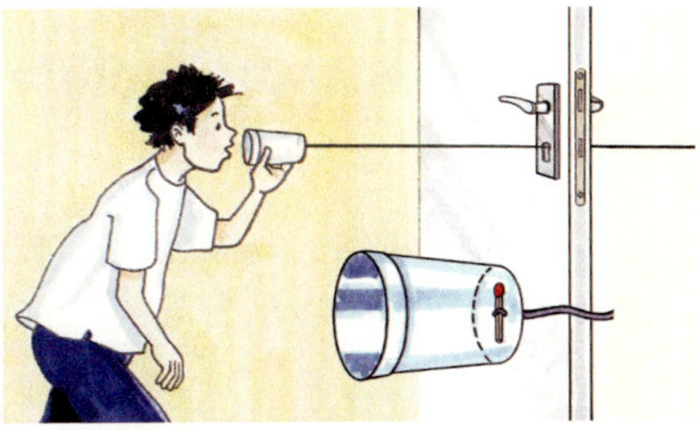

Begründe, warum der Faden straff gespannt sein muss, damit das „Telefon" gut funktioniert.

A9 Mit einer App von deinem Smartphone kannst du dein Cello stimmen. Beim Kammerton a[1] zeigt das Gerät eine Frequenz von 440 Hz an. Wie lange braucht die Saite, um von links nach rechts zu schwingen?

A10 Die Kamera deines Handys ist in der Lage, Videos mit 25 Bildern pro Sekunde aufzuzeichnen. Du möchtest die Bewegung deiner Tieftonbox filmen. Von einer vollständigen Schwingung sollen mindestens zwei Bilder aufgezeichnet werden, z. B. die vordere und die hintere Lage. Welche Frequenz darf der Ton maximal haben? Gelingt das Vorhaben?

Geradlinige Bewegung und Kräfte

Das kannst du in diesem Kapitel erreichen:

Du lernst die Gewichtskraft kennen und weißt, was die Masse und die Dichte eines Stoffes sind. Du kannst Masse und Gewichtskraft unterscheiden.

Du kannst die verschiedene Arten von Reibungskräften unterscheiden.

Du kannst die Stärke von Kräften messen und kennst die Maßeinheit der Kraft.

Du kannst die Kräfte mit Vektoren beschreiben und damit Kräfte addieren und zerlegen.

Du unterscheidest zwischen Momentan- und Durchschnittsgeschwindigkeit.

Du kannst Bewegungen mit konstanter Geschwindigkeit in Diagrammen erkennen, beschreiben und mit Formeln berechnen.

Du weißt, was die Beschleunigung bei einer Bewegung ist, und verstehst auch, was mit einer negativen Beschleunigung gemeint ist.

Du kannst Bewegungen mit veränderlicher Geschwindigkeit in Diagrammen erkennen, beschreiben und mit Formeln berechnen.

Du lernst den Zusammenhang zwischen Kräften und Bewegungen kennen (Grundgesetz der Mechanik).

Du lernst, dass Bewegungen auch ohne Kräfte möglich sind (Trägheitsgesetz). Du weißt, was Trägheit ist, und erkennst die Bedeutung dieser Größe für den Alltag.

V1 Wir wollen einen Wagen an einem Faden abschleppen, der die Gewichtskraft des Wagens gut aushält (links). Der Faden reißt, wenn wir an ihm ruckartig zur Seite ziehen (rechts).

B3 Das Auto drückt mit seiner „Schwere" auf die Straße. Mit seiner „Trägheit" widersetzt es sich dem Versuch, es schneller zu machen.

Interessantes

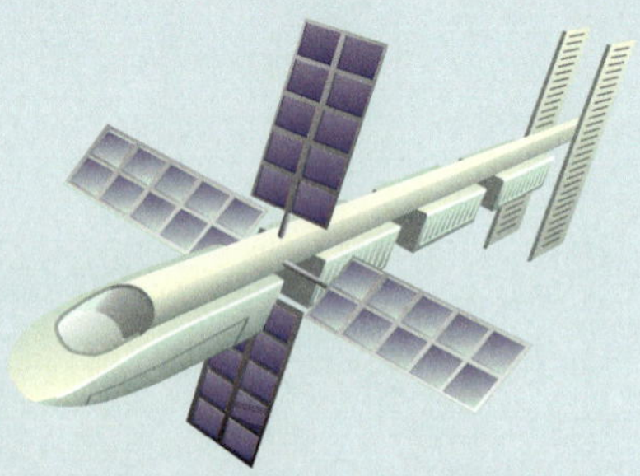

B1 Im Raumschiff kräftefrei unterwegs

Lautlos im Weltall

Lautlos gleitet ein Raumschiff durchs Weltall. Weit entfernt von jeglichen Himmelskörpern schwebt es kräftefrei im intergalaktischen Raum → **B1**. Auch ohne Raketenmotor bleibt das Raumschiff gleich schnell und zieht lichtgerade seine Bahn.
Im Labor lässt sich ein kräftefreier Zustand nur annähernd erzeugen. So legt man z. B. eine zylindrische Scheibe – einen „Puck" – auf eine Metallplatte → **B2**. Zwischen Platte und Puck wird nun ein Luftkissen erzeugt. Ein kleiner Stoß und der Puck bewegt sich ungebremst zur Seite.

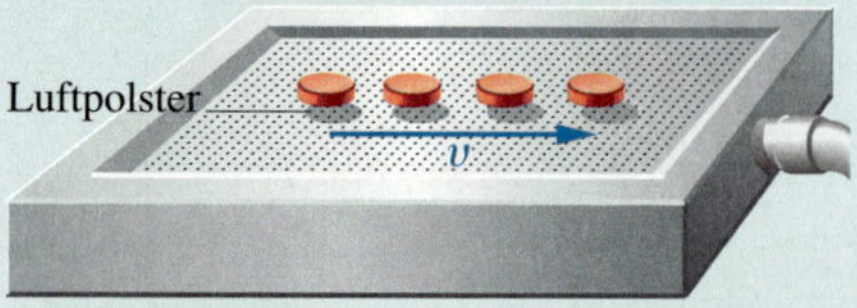

B2 Ein Puck auf dem Luftkissentisch

1. Das Automobil – wirklich ein „Selbstbeweger"?

Einige Schüler schieben ein Auto aus dem Stand an → **B3**. Der Fahrer lenkt nur geradeaus, der Motor läuft nicht, gebremst wird auch nicht. Alle schieben mit großer Kraft, das Auto wird allmählich schneller.

Nach kurzer Zeit sind die „Antreiber" erschöpft, sie lassen das Auto los. Dieses fährt unbeeindruckt weiter – natürlich wird es jetzt nicht mehr schneller, aber es wird auch praktisch nicht langsamer. Ohne äußere Kräfte bleibt das Auto gleich schnell!

An der Heckabschleppöse ist ein Seil befestigt. Die Schüler greifen es und versuchen durch Ziehen nach hinten, also gegen die Fahrtrichtung, das Auto abzubremsen → **B4**. Das Staunen darüber, wie stark sich das Auto diesem Vorhaben widersetzt, ist nicht gering! Wie träge doch das Auto ist!

2. Trägheit ist nicht Schwere

Die Kraft, die zum Schneller- oder Langsamermachen eines Körpers nötig ist, kann sogar viel größer als dessen Gewichtskraft sein. Ein Faden, der einen Laborwagen trägt, kann reißen, wenn der Wagen mit ihm ruckartig beschleunigt werden soll → **V1**. Diese Kraft hängt mit dem Trägsein des Körpers zusammen. Sie ist nicht an die stets nach unten gerichtete Gewichtskraft gebunden. Das *Trägsein* ist vom *Schwersein* wohl zu unterscheiden!

Trägsein wirkt sich immer aus, gleichgültig nach welcher Richtung man den Körper beschleunigen will. Es tritt selbst im Weltraum auf, wo die Körper keine Gewichtskräfte erfahren. Auch dort brauchen Raketen zum Schnellerwerden wie zum Abbremsen die Kraft ihrer Triebwerke.

Ohne Raketenmotor und weitab von anderen Himmelskörpern bewegt sich ein Raumschiff geradeaus wie an einem Lichtstrahl entlang und wird dabei auch in aller Zukunft nicht langsamer.

B4 Fährt das Auto erst, „will“ es nicht mehr zur Ruhe kommen. Nur mit großer Kraft *von außen* hält es in kurzer Zeit an.

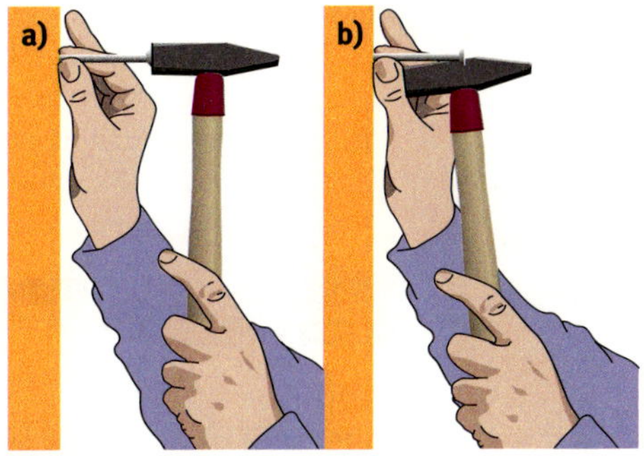

B5 **a)** Ein Hammer treibt den Nagel in die Wand (gewünschte Trägheit). **b)** Der Hammer trifft den Daumen (nicht gewünschte Trägheit des Hammers).

Auch auf der Erde gilt: Ohne äußere Kraft ändert ein Körper seinen *Bewegungszustand* nicht, er bleibt in Ruhe oder er bewegt sich. Dabei wird er weder schneller noch langsamer. Ja, er weicht bei seiner Bewegung nicht einmal von der geraden Linie ab – genauso wenig wie das Raumschiff im Weltall.

Für ein Auto ist dies in vielen Fällen nicht gut. Nicht nur für das Schneller- oder Langsamerwerden, auch für die Kurvenfahrt braucht es die Haftkraft zwischen Reifen und Straße. Diese zwingt das Auto in die gewünschte neue Richtung. Bei Glatteis fehlt diese äußere Kraft. Das Auto beharrt wegen seiner Trägheit auf Geradeausfahrt: Es fährt in den Graben!

3. Trägheit schmerzt oft mehr als Schwere

Der Stein, der auf den Fuß fällt, hinterlässt einen blauen Fleck. Der vom Hammer getroffene Daumen → B5b wird blau und schwillt an. Bei einem Frontalunfall bremst erst der Sicherheitsgurt den weiterfliegenden Körper so stark ab, dass Rippen brechen können. Aber was wäre ohne Sicherheitsgurt passiert?

4. Trägheit ist auch nützlich

Wäre die Welt vielleicht schöner, wenn wir die Trägheit abschalten könnten? Wohl nicht. Keine Gitarrensaite würde mehr schwingen, denn, nach dem Anzupfen in der Gleichgewichtslage angelangt, bliebe sie stehen. Kein Hammer könnte einen Nagel in die Wand treiben → B5a. Bocciaspielen wäre „out“, die Kugel würde wegen geringster Reibungskräfte sofort liegen bleiben. Und noch viel schlimmer: Unsere Erde gäbe es gar nicht, sie wäre nach dem Abschalten der Trägheit schlagartig in die Sonne gefallen!

Merksatz

Körper, auf die keine äußere Kraft wirkt, verharren in ihrem Bewegungszustand: **Körper sind träge.**
Werden sie schneller oder langsamer oder ändern sie ihre Bewegungsrichtung, so müssen äußere Kräfte wirken.

A1 Stell dir eine Welt ohne Trägheit der Körper vor. Was wäre anders? Nenne fünf Beispiele!

Interessantes

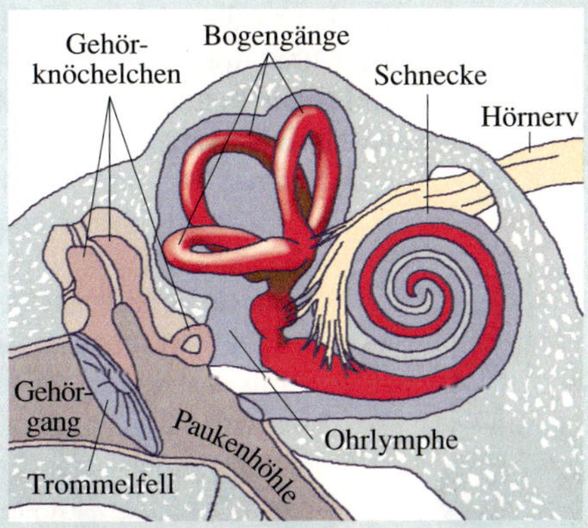

B6 Die „Bogengänge“ des Innenohres

Trägheit – auch biologisch wichtig

Die Bogengänge des Innenohres sind in den drei Ebenen des Raumes einander zugeordnet. Sie dienen dem Gleichgewichtssinn. Wird der Kopf schnell gedreht oder aus der Drehung abgestoppt, so verschieben sich die Bogengänge gegenüber der träge zurückbleibenden Endolymphe (einer Flüssigkeit in den Bogengängen). Dabei werden Sinneszellen des Vorhofnervs gereizt und signalisieren so die Lageveränderung. Ist diese sehr ungewohnt, so wird einem sogar schlecht: Dies macht sich bei vielen Menschen in der sogenannten Seekrankheit bemerkbar.

Körper erfahren Gewichtskräfte und haben Masse

B1 Die Gewichtskraft zieht immer nach unten.

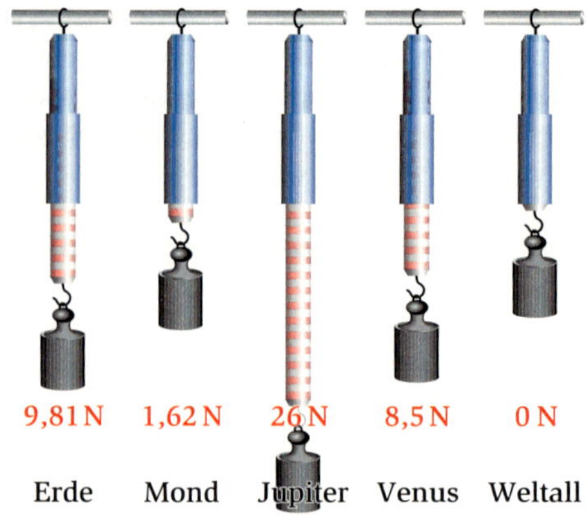

B2 Der Betrag der Gewichtskraft ein und desselben Körpers hängt vom Ort ab.

Gewichtskraft eines Normalbriefs	0,2 N
Gewichtskraft einer Schokoladentafel	1 N
Gewichtskraft von 1 l Wasser	10 N
Gewichtskraft eines Menschen	700 N
Zugkraft eines Pkw	5000 N
Zugkraft einer Lokomotive	15000 N
Kraft der Erde auf den Mond	$2 \cdot 10^{20}$ N

T1 Verschiedene Kräfte

A1 Ein Laborant misst mit einem Kraftmesser täglich die Gewichtskraft von weißen Mäusen. Eines Tages gibt er sie in cm statt in N an. Führe mit deinem Nachbarn über diese Idee eine Pro-und-Kontra-Diskussion. Protokolliere die verschiedenen Argumente.

A2 Ein zwischen zwei Kraftmessern gespannter Draht überträgt die Kraft 1 N von einem Kraftmesser zum anderen. Was ändert sich, wenn man den Draht durch eine Fadenschlinge aus zwei bzw. vier parallelen Fadenstücken ersetzt?

A3 Du möchtest mit einem Kraftmesser horizontal bzw. vertikal gerichtete Kräfte messen. Was musst du dabei beachten?

A4 Mit welchem Gerät wiegen wir Erbsen mit einer Gewichtskraft von 10 N ab? Bekäme man damit bei uns, an den Polen, am Äquator, auf dem Mond immer die gleiche Anzahl Erbsen? (Denke an die Gewichtskraft, die eine Erbse erfährt.)

1. Was sind Gewichtskräfte?

Lassen wir einen Gegenstand los, so fällt er nach unten. Dabei wird er immer schneller. Der Gegenstand erfährt also eine nach unten wirkende Kraft, die man **Gewichtskraft** oder **Schwerkraft** nennt. An allen Orten der Erde fallen die Gegenstände zu Boden, deshalb zeigen in ➜ B1 die Pfeile für die Gewichtskräfte zur Erdmitte.

Aber nicht nur die Erde kann solche Kräfte ausüben. Astronauten erfuhren nämlich auch auf dem Mond eine Gewichtskraft, die allerdings viel kleiner war als auf der Erde.

2. Ist die Gewichtskraft überall gleich?

Die Gewichtskraft zeigt nach ➜ B1 zur Erdmitte; sie hat also am Äquator eine ganz *andere Richtung* als an den Polen. Sind dann wenigstens die Beträge überall gleich? Wir wissen, dass die Erde keine exakte Kugel ist; die Pole liegen etwas näher am Erdmittelpunkt als der Äquator. Sehr genaue Kraftmesser zeigen, dass ein und derselbe Körper an den Polen eine etwas größere Gewichtskraft erfährt als bei uns. Unabhängig vom Material sind alle Körper an den Polen um 0,5 % schwerer als am Äquator und um 0,25 % schwerer als in Mitteleuropa.

Wenn ein Körper sich von der Erde entfernt, nimmt die Anziehungskraft auf ihn ab. Im doppelten Abstand vom Erdmittelpunkt, also in 6370 km Höhe über dem Boden, ist sie auf den vierten Teil gesunken.

Der Mond hat einen kleineren Radius und eine geringere Masse als die Erde. Er zieht alle Körper auf seiner Oberfläche nur mit dem 6. Teil der Gewichtskraft an, die sie auf der Erde erfahren würden (➜ B2). Zieht also die Erde einen Körper mit $F = 6$ N an, so würde er an der Oberfläche des Mondes von diesem nur die Gewichtskraft 1 N erfahren. Deshalb konnten Raumfahrer auf dem Mond mit der gleichen Muskelkraft viel höher springen als bei uns. Dagegen ist auf dem größten Planeten des Sonnensystems, dem Jupiter, die Gewichtskraft, die ein Körper erfährt, 2,6-mal so groß wie bei uns.

B4 Fährt das Auto erst, „will" es nicht mehr zur Ruhe kommen. Nur mit großer Kraft *von außen* hält es in kurzer Zeit an.

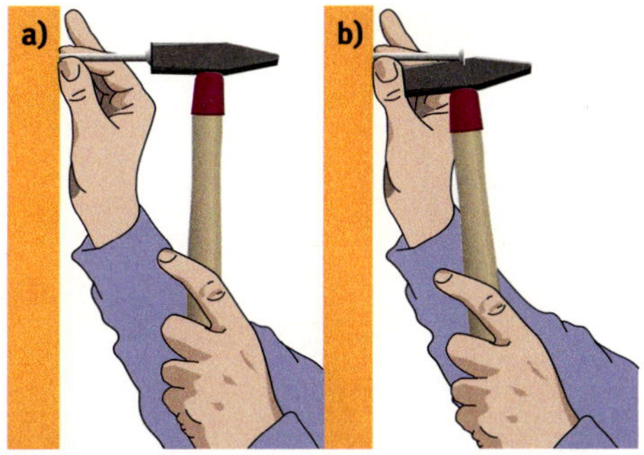

B5 **a)** Ein Hammer treibt den Nagel in die Wand (gewünschte Trägheit). **b)** Der Hammer trifft den Daumen (nicht gewünschte Trägheit des Hammers).

Auch auf der Erde gilt: Ohne äußere Kraft ändert ein Körper seinen *Bewegungszustand* nicht, er bleibt in Ruhe oder er bewegt sich. Dabei wird er weder schneller noch langsamer. Ja, er weicht bei seiner Bewegung nicht einmal von der geraden Linie ab – genauso wenig wie das Raumschiff im Weltall.

Für ein Auto ist dies in vielen Fällen nicht gut. Nicht nur für das Schneller- oder Langsamerwerden, auch für die Kurvenfahrt braucht es die Haftkraft zwischen Reifen und Straße. Diese zwingt das Auto in die gewünschte neue Richtung. Bei Glatteis fehlt diese äußere Kraft. Das Auto beharrt wegen seiner Trägheit auf Geradeausfahrt: Es fährt in den Graben!

3. Trägheit schmerzt oft mehr als Schwere

Der Stein, der auf den Fuß fällt, hinterlässt einen blauen Fleck. Der vom Hammer getroffene Daumen → B5b wird blau und schwillt an. Bei einem Frontalunfall bremst erst der Sicherheitsgurt den weiterfliegenden Körper so stark ab, dass Rippen brechen können. Aber was wäre ohne Sicherheitsgurt passiert?

4. Trägheit ist auch nützlich

Wäre die Welt vielleicht schöner, wenn wir die Trägheit abschalten könnten? Wohl nicht. Keine Gitarrensaite würde mehr schwingen, denn, nach dem Anzupfen in der Gleichgewichtslage angelangt, bliebe sie stehen. Kein Hammer könnte einen Nagel in die Wand treiben → B5a. Bocciaspielen wäre „out", die Kugel würde wegen geringster Reibungskräfte sofort liegen bleiben. Und noch viel schlimmer: Unsere Erde gäbe es gar nicht, sie wäre nach dem Abschalten der Trägheit schlagartig in die Sonne gefallen!

Merksatz

Körper, auf die keine äußere Kraft wirkt, verharren in ihrem Bewegungszustand: **Körper sind träge.**
Werden sie schneller oder langsamer oder ändern sie ihre Bewegungsrichtung, so müssen äußere Kräfte wirken.

A1 Stell dir eine Welt ohne Trägheit der Körper vor. Was wäre anders? Nenne fünf Beispiele!

Interessantes

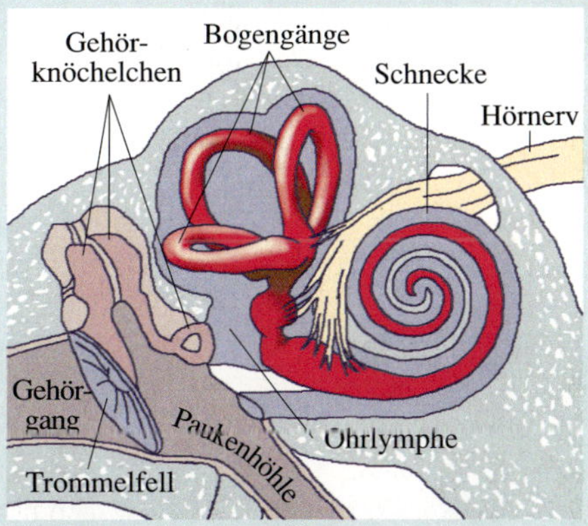

B6 Die „Bogengänge" des Innenohres

Trägheit – auch biologisch wichtig
Die Bogengänge des Innenohres sind in den drei Ebenen des Raumes einander zugeordnet. Sie dienen dem Gleichgewichtssinn. Wird der Kopf schnell gedreht oder aus der Drehung abgestoppt, so verschieben sich die Bogengänge gegenüber der träge zurückbleibenden Endolymphe (einer Flüssigkeit in den Bogengängen). Dabei werden Sinneszellen des Vorhofnervs gereizt und signalisieren so die Lageveränderung. Ist diese sehr ungewohnt, so wird einem sogar schlecht: Dies macht sich bei vielen Menschen in der sogenannten Seekrankheit bemerkbar.

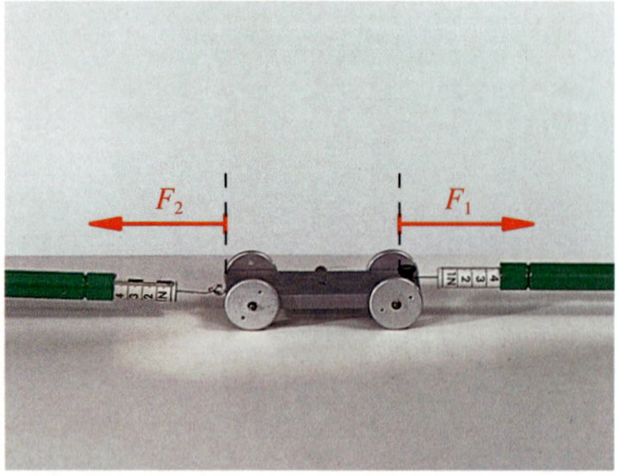

B1 Kräftegleichgewicht am Wagen

V1 Wir ziehen an einem ruhenden Wagen in entgegengesetzte Richtungen und lesen die Kraftbeträge F_1 und F_2 an den Kraftmessern ab. Es sind jeweils 4 N. Der Wagen bleibt in Ruhe.

V2 Ein „Apfel" wird an einen Kraftmesser gehängt. Die Feder wird verlängert und übt auf den Apfel eine Kraft nach oben aus. Diese hält der Gewichtskraft des Apfels schließlich das Gleichgewicht. Der Apfel ruht. Auf einer gleichmäßig laufenden Rolltreppe zeigt der Kraftmesser denselben Ausschlag.

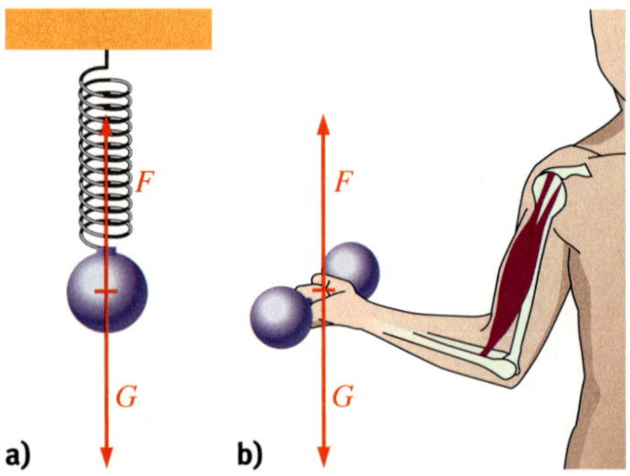

B2 **a)** Die Feder erzeugt durch Verlängerung die zum Gleichgewicht nötige Kraft.
b) Muskeln können ohne Verlängerung eine gewünschte Kraft erzeugen.

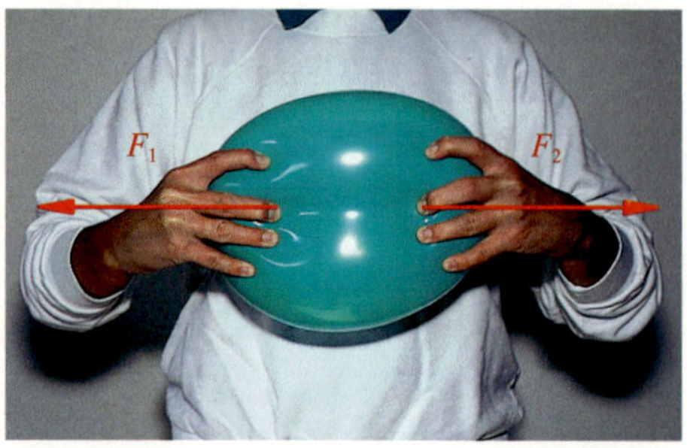

B3 Verformung bei Kräftegleichgewicht

1. Kräfte wirken und nichts bewegt sich!

Greift *eine* Kraft an einem ruhenden Körper an, so setzt er sich in Bewegung. Greifen zwei Kräfte an diesem Körper an, so kann das Ergebnis noch heftiger sein – aber es kann auch ganz anders aussehen. Ziehen die beiden Kräfte nämlich in entgegengesetzte Richtungen, so schwächen sie sich in ihrer Wirkung gegenseitig.

→ V1 zeigt: Ein ruhender Körper bleibt in Ruhe, wenn an ihm zwei gleich große, aber entgegengesetzt gerichtete Kräfte angreifen. Es herrscht dann *Kräftegleichgewicht*. Der Wagen bleibt unbeeindruckt, er setzt sich nicht in Bewegung.

2. Oft stellt sich Kräftegleichgewicht von selbst ein

Im täglichen Leben beobachten wir ein solches Kräftegleichgewicht häufig. So hängt im Spätsommer ein schwerer Apfel am Zweig und fällt nicht hinunter. Wir wundern uns kaum darüber, aber was steckt eigentlich physikalisch dahinter?

Um dies zu erkennen, hängen wir einen „Apfel" an einen Kraftmesser **→ B2a**. Beim Absenken der Hand spüren wir, wie uns die Feder mit zunehmender Verlängerung zu Hilfe kommt. Mehr und mehr wird die Hand entlastet, bis die Feder schließlich den „Apfel" allein trägt. Sie zieht jetzt mit einer Kraft nach oben, die der Gewichtskraft das Gleichgewicht hält. Die beiden gleich großen, aber entgegengesetzt gerichteten Kräfte wirken auf den Bewegungszustand insgesamt wie keine Kraft. Die **resultierende Kraft** ist null. Der ruhende „Apfel" bleibt in Ruhe.

In der Natur ist es genauso. Halten wir den Zweig nach dem Pflücken des Apfels in seiner Lage fest, so spüren wir die Kraft, mit der er den Apfel gegen dessen Gewichtskraft getragen hat. Führen wir den Zweig langsam nach oben, so nimmt diese Kraft ab. Also hat sich auch bei dem Zweig die zum Gleichgewicht nötige Kraft von selbst durch die Verformung eingeregelt.

Dieses Einregeln erfolgt in der Natur nicht immer durch Verformen. Muskeln können willkürlich – bei gleich bleibender Länge – so angespannt werden, dass sie die gewünschte Kraft erzeugen. Wird ein Gegenstand bei angewinkeltem Arm in die geöffnete Hand gelegt **→ B2b**, so schwingt der Unterarm kurz auf und ab, bis die zum Kräftegleichgewicht nötige Muskelspannung aufgebaut ist. Dazu laufen einzelne Moleküle über andere hinweg („Molekülmotoren").

3. Keine Bewegungsänderung, aber doch eine Wirkung

Kräftegleichgewicht zwischen F_1 und F_2 heißt, die Resultierende dieser Kräfte F_1 und F_2 ist null. Dennoch sind diese beiden Kräfte nicht verschwunden. Ein Luftballon, der an zwei gegenüberliegenden Seiten gezogen wird, belegt es **→ B3**. Er wird durch die beiden Kräfte etwas in die Länge gestreckt. Da sie im Gleichgewicht sind, bewegt er sich nicht.

Merksatz

Ist die Resultierende aller an einem Körper angreifenden Kräfte gleich null, so herrscht am Körper Kräftegleichgewicht. Ist der Körper in Ruhe, so bleibt er in Ruhe. Er kann höchstens verformt oder gedreht werden.

4. Der Aufzug – auch in der Bewegung im Gleichgewicht

Dass an einem ruhenden Körper Kräftegleichgewicht herrscht, sieht man leicht ein. Was aber, wenn ein Gegenstand gehoben wird? Hast du nicht auch das Gefühl, nach oben müsste dann auf den Körper eine etwas größere Kraft wirken als die Gewichtskraft, die den Körper nach unten zieht?

Durch Nachdenken allein können wir die Antwort nicht finden. Wir prüfen deshalb in → **V3**, welche Kraft in den verschiedenen Phasen (1 bis 5) am Aufzug nach oben zieht. Wenn der Zeiger in der Mitte der Skala steht, ist der Aufzug im Kräftegleichgewicht. Muss der Motor stärker ziehen, so verlängert sich die Haltefeder, und der Zeiger wandert etwas nach unten. Umgekehrt ist es, wenn die Zugkraft kleiner ist als die Gewichtskraft.

Der Versuch zeigt (das Diagramm spiegelt es wider):

- In bestimmten Zeitabschnitten darf kein Kräftegleichgewicht vorliegen. Beim *Start* des Aufzugs muss die Zugkraft des Motors größer sein als die Gewichtskraft. Die nach oben weisende resultierende Kraft macht den Aufzug dann schneller. Beim *Stopp* des Aufzugs muss die Zugkraft dagegen kleiner als die Gewichtskraft sein. So entsteht eine bremsende Kraft nach unten.
- Beim *Halt* und überraschenderweise auch bei der *Fahrt* mit gleich bleibender Geschwindigkeit v_0 ist der Aufzug dagegen im Kräftegleichgewicht, die resultierende Kraft F_{Res} ist null!

Merksatz

Ist ein Körper in Bewegung, so bleibt er dann und nur dann gleich schnell in geradliniger Bewegung, wenn an ihm Kräftegleichgewicht besteht.
Ist die resultierende Kraft an einem Körper ungleich null, so wird sein Bewegungszustand geändert.

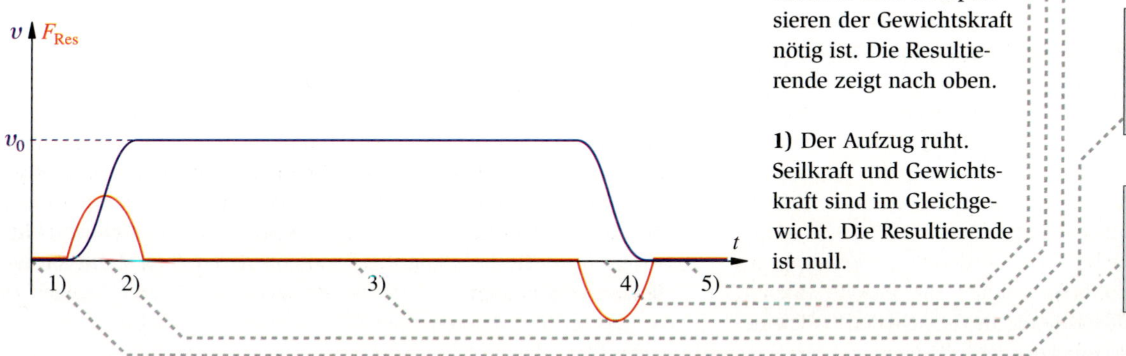

V3 Solange die Federkraft der Gewichtskraft des „Aufzugs“ das Gleichgewicht hält, steht der Zeiger in der Mitte der Messlatte. Im ersten Augenblick des Anziehens wandert der Zeiger nach unten.

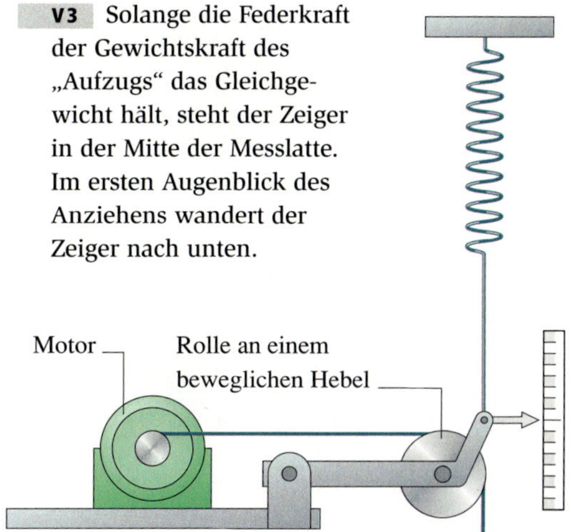

5) Angekommen! Der Aufzug steht wieder. Die resultierende Kraft ist wieder null: Kräftegleichgewicht!

4) Der Aufzug wird gebremst. Der Motor zieht jetzt etwas weniger stark. Kein Gleichgewicht! Es bleibt eine resultierende Kraft nach unten.

3) Der Aufzug gleitet nach oben. Das Seil zieht mit einer Kraft F nach oben, die den gleichen Betrag hat wie die Gewichtskraft G – mehr ist nicht nötig! Kräftegleichgewicht, die Resultierende ist null!

2) Der Aufzug wird in Bewegung gesetzt. Das Seil zieht stärker nach oben als zum Kompensieren der Gewichtskraft nötig ist. Die Resultierende zeigt nach oben.

1) Der Aufzug ruht. Seilkraft und Gewichtskraft sind im Gleichgewicht. Die Resultierende ist null.

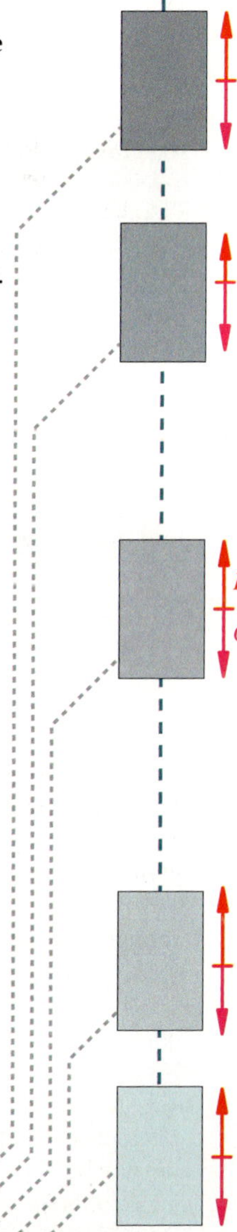

B1 Die Gewichtskraft zieht immer nach unten.

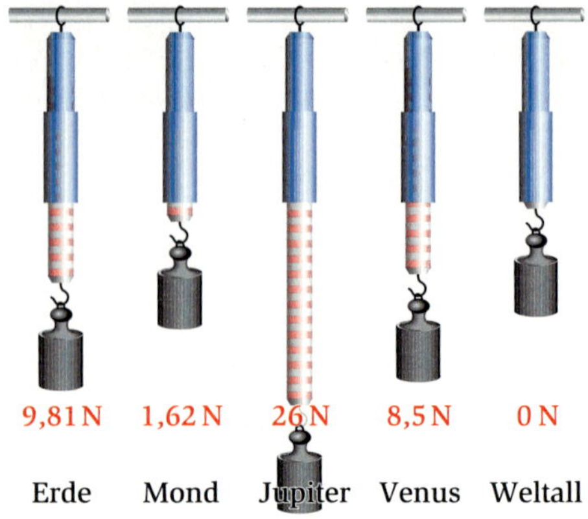

B2 Der Betrag der Gewichtskraft ein und desselben Körpers hängt vom Ort ab.

Gewichtskraft eines Normalbriefs	0,2 N
Gewichtskraft einer Schokoladentafel	1 N
Gewichtskraft von 1 l Wasser	10 N
Gewichtskraft eines Menschen	700 N
Zugkraft eines Pkw	5000 N
Zugkraft einer Lokomotive	15000 N
Kraft der Erde auf den Mond	$2 \cdot 10^{20}$ N

T1 Verschiedene Kräfte

1. Was sind Gewichtskräfte?

Lassen wir einen Gegenstand los, so fällt er nach unten. Dabei wird er immer schneller. Der Gegenstand erfährt also eine nach unten wirkende Kraft, die man **Gewichtskraft** oder **Schwerkraft** nennt. An allen Orten der Erde fallen die Gegenstände zu Boden, deshalb zeigen in → B1 die Pfeile für die Gewichtskräfte zur Erdmitte.

Aber nicht nur die Erde kann solche Kräfte ausüben. Astronauten erfuhren nämlich auch auf dem Mond eine Gewichtskraft, die allerdings viel kleiner war als auf der Erde.

2. Ist die Gewichtskraft überall gleich?

Die Gewichtskraft zeigt nach → B1 zur Erdmitte; sie hat also am Äquator eine ganz *andere Richtung* als an den Polen. Sind dann wenigstens die Beträge überall gleich? Wir wissen, dass die Erde keine exakte Kugel ist; die Pole liegen etwas näher am Erdmittelpunkt als der Äquator. Sehr genaue Kraftmesser zeigen, dass ein und derselbe Körper an den Polen eine etwas größere Gewichtskraft erfährt als bei uns. Unabhängig vom Material sind alle Körper an den Polen um 0,5 % schwerer als am Äquator und um 0,25 % schwerer als in Mitteleuropa.

Wenn ein Körper sich von der Erde entfernt, nimmt die Anziehungskraft auf ihn ab. Im doppelten Abstand vom Erdmittelpunkt, also in 6370 km Höhe über dem Boden, ist sie auf den vierten Teil gesunken.

Der Mond hat einen kleineren Radius und eine geringere Masse als die Erde. Er zieht alle Körper auf seiner Oberfläche nur mit dem 6. Teil der Gewichtskraft an, die sie auf der Erde erfahren würden (→ B2). Zieht also die Erde einen Körper mit $F = 6$ N an, so würde er an der Oberfläche des Mondes von diesem nur die Gewichtskraft 1 N erfahren. Deshalb konnten Raumfahrer auf dem Mond mit der gleichen Muskelkraft viel höher springen als bei uns. Dagegen ist auf dem größten Planeten des Sonnensystems, dem Jupiter, die Gewichtskraft, die ein Körper erfährt, 2,6-mal so groß wie bei uns.

A1 Ein Laborant misst mit einem Kraftmesser täglich die Gewichtskraft von weißen Mäusen. Eines Tages gibt er sie in cm statt in N an. Führe mit deinem Nachbarn über diese Idee eine Pro-und-Kontra-Diskussion. Protokolliere die verschiedenen Argumente.

A2 Ein zwischen zwei Kraftmessern gespannter Draht überträgt die Kraft 1 N von einem Kraftmesser zum anderen. Was ändert sich, wenn man den Draht durch eine Fadenschlinge aus zwei bzw. vier parallelen Fadenstücken ersetzt?

A3 Du möchtest mit einem Kraftmesser horizontal bzw. vertikal gerichtete Kräfte messen. Was musst du dabei beachten?

A4 Mit welchem Gerät wiegen wir Erbsen mit einer Gewichtskraft von 10 N ab? Bekäme man damit bei uns, an den Polen, am Äquator, auf dem Mond immer die gleiche Anzahl Erbsen? (Denke an die Gewichtskraft, die eine Erbse erfährt.)

B3 Astronaut J. Irvin trägt auf dem Mond einen Tornister mit 84 kg Masse.

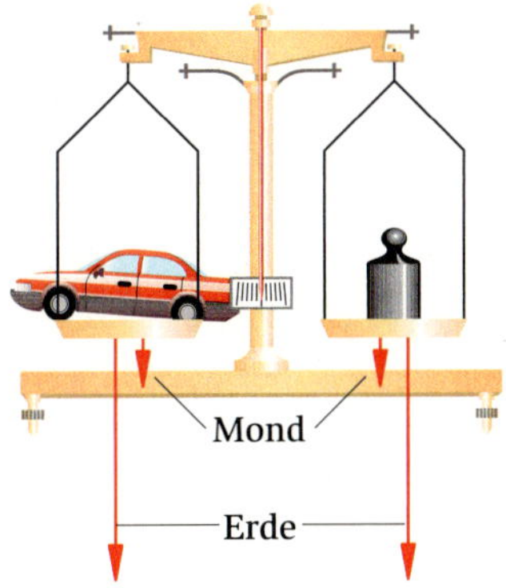

B4 Die Balkenwaage zeigt auf Erde und Mond an, ob zwei Massen gleich sind.

3. Die Masse als „Besitz" eines Körpers

Kaufleute benutzen keine Federkraftmesser, um ihre Warenmengen zu ermitteln, sondern Balken- oder Tafelwaagen, die ohne Federn auskommen (→ B4).

Wir schreiben zwei Körpern, die eine Waage zum Einspielen (Schalen in gleicher Höhe) bringen, die gleiche *Masse m* zu, selbst dann, wenn sie aus verschiedenen Stoffen bestehen (z.B. Spielzeugauto und Wägestücke). Mit Balkenwaagen werden also Massen *verglichen.*
An jedem Ort gilt: Körper gleicher Massen erfahren die gleiche Gewichtskraft.

4. Die Einheit der Masse

Normale Schokoladentafeln tragen die Aufschrift 100 g. Mit 1 g oder 1 kg bezeichnen wir nämlich die **Einheit der Masse** *m*. Wie wir wissen, ist die Masse etwas anderes als die Kraft. Deshalb gibt es verschiedene Einheiten. **1 kg** ist die Masse eines bestimmten Normkörpers (aus Edelmetall), des so genannten *Urkilogramms;* es wird in Paris aufbewahrt.

Die Masse kennzeichnet einen „Besitzstand" des Körpers, der im Gegensatz zur Gewichtskraft **nicht vom Ort abhängt.** Der Aufbewahrungsort für das Urkilogramm ist also beliebig.

Merksatz

Die Masse eines jeden Körpers bleibt beim Ortswechsel erhalten.
Die Grundeinheit der Masse ist das Kilogramm (kg).
Körper, die am gleichen Ort die gleiche Gewichtskraft erfahren, haben die gleiche Masse. Erfährt ein Körper am selben Ort die *n*-fache Gewichtskraft wie ein anderer, so besitzt er überall die *n*-fache Masse.

Weitere Masseeinheiten sind:
1 kg = 1000 g; 1 g = 1000 mg (Milligramm);
1 t (Tonne) = 1000 kg.

A1 **a)** Man gab dem Urkilogramm (Bild) so genau wie möglich die Masse von 1 l (1 dm^3) Wasser (bei 4 °C). Prüfe diesen Zusammenhang – wenn möglich – zu Hause nach.
b) Nenne die Masse von 1 l Wasser auf dem Mond und die Gewichtskraft, die diese Wassermenge dort erfährt.

A2 **a)** Gib die Bedingung an, unter der man Massen auch mithilfe der Verlängerung von Federn vergleichen kann.
b) Begründe, warum man der Skala von Kraftmessern nicht die Einheit kg gibt.

A3 **a)** Gib die Masse m des Urkilogramms auf dem Mond und den Betrag der Gewichtskraft, die es dort erfährt, an.
b) Stücke der Wägesätze tragen die Aufschrift 1 kg und 1 g. Erläutere, ob diese Aufschriften durch 1 N und 1 cN ersetzt werden können oder nicht!

A4 Begründe, warum man sagt: Körper *haben* Masse und *erfahren* Gewichtskräfte?

A5 Das Urkilogramm wird in Paris aufbewahrt. Erläutere, ob dies für seine Gültigkeit als Normkörper von Bedeutung ist.

A6 **a)** Erläutere, warum man zusätzlich zum Begriff „Gewichtskraft" noch den Begriff „Masse" eingeführt hat.
b) Erläutere, warum in der Alltagssprache die Begriffe „Gewichtskraft" und „Masse" nur selten verwendet werden.

Masse m in kg	Betrag G der Gewichtskraft in N	$g = \frac{G}{m}$ in N/kg
	Auf der Erde	
1,000	9,80	9,8
0,500	4,90	9,8
0,300	2,94	9,8
0,200	1,96	9,8
0,102	1,00	9,8
	Auf dem Mond	
1,00	1,60	1,6
0,50	0,80	1,6
0,30	0,50	1,7
0,20	0,32	1,6
0,10	0,16	1,6

T1 Ortsfaktoren auf Erde und Mond

Mitteleuropa	9,81	**Sonne**	274
Äquator	9,78	**Jupiter**	26
Pole der Erde	9,83	**Venus**	8,5
Mond	1,62	**Mars**	3,8

T2 Ortsfaktoren g in N/kg

A1 Ein Körper hängt an einer Federwaage. Sie zeigt auf der Erde 9,81 N, dem Mond 1,62 N, auf Jupiter 26 N, der Venus 8,6 N und im Weltall 0 N. Wie groß ist seine Masse? Kann man sagen, ob er überall dieselbe Masse hat?
Welches Problem tritt dabei im Weltall – weitab von allen Himmelskörpern – auf?

A2 Ein Körper hat die Masse 100,0 kg. Bestimme die Änderung der Gewichtskraft bei einer Reise vom Nordpol über Mitteleuropa bis hin zum Äquator.

A3 Ein Stück Platin erfährt an den Polen die Gewichtskraft 10,0 N. Wie groß wäre sie am Äquator, wie groß in 6370 km Höhe, wie groß auf dem Mond bzw. dem Planeten Jupiter?

A4 Ein Forscher berichtet, er habe mit einer überaus empfindlichen Balkenwaage nachgewiesen, dass die Gewichtskraft eines Körpers auf dem Matterhorn geringer sei als im Tal. Was sagst du dazu?

5. Welche Gewichtskraft erfährt ein 1 kg-Stück?

Hängen wir einen Körper mit der Masse m = 1 kg an einen Kraftmesser, so zeigt dieser uns – wie überall in Mitteleuropa – die Gewichtskraft vom Betrag G = 9,8 N an. Also gehört die Gewichtskraft 1 N zur Masse m = 1 kg/9,8 = 102 g ≈ 0,1 kg. Das entspricht ziemlich genau einer Tafel Schokolade *mit* Verpackung.
Ein Grammstück erfährt in Mitteleuropa die Gewichtskraft 1 N/102 ≈ 0,01 N = 1 cN **(Zenti-Newton).**
Umgangssprachlich wird oft der Begriff „Gewicht“ verwendet, wenn eigentlich die Masse gemeint ist. Wir sprechen z. B. vom Körper„gewicht“ und geben es mit 45 kg an. Physikalisch korrekt wäre es, von der Körpermasse zu sprechen.

Merksatz
Ein Körper der Masse 1 kg erfährt in Mitteleuropa die Gewichtskraft vom Betrag 9,8 N ≈ 10 N.

6. Wir berechnen die Gewichtskraft weltweit

→ T1 zeigt den Betrag G der Gewichtskräfte von Wägestücken der Masse m auf Erde und Mond. Ein Stück mit der halben Masse erfährt am gleichen Ort auch nur die halbe Gewichtskraft.

Merksatz
Betrag G der Gewichtskraft und Masse m sind am gleichen Ort einander proportional.

Zwei Größen sind dann proportional, wenn ihre Quotienten konstant sind. In der dritten Spalte der → T1 sind die Quotienten G/m errechnet. Diese Quotienten haben die Einheit *N/kg*. Die errechneten Quotienten sind tatsächlich für alle Messwertepaare gleich: Der Wert für die Erde beträgt 9,8 N/kg. Wir kürzen ab: $g = G/m$ = 9,8 N/kg.

Der Quotient $g = G/m$ hängt also vom Ort ab; wir nennen ihn **Ortsfaktor** g. Die → T2 gibt Werte für mehrere Orte an. Das Wort „Faktor“ zeigt eine weitere Bedeutung von g an:
Aus $G/m = g$ folgt nämlich $G = m \cdot g$.

Merksatz
Wir erhalten den Betrag G der Gewichtskraft eines Körpers an einem bestimmten Ort, wenn wir die nur vom Körper abhängige Masse m mit dem nur vom Ort abhängigen Ortsfaktor g multiplizieren:
$\boldsymbol{G = m \cdot g}$.
All dies zeigt, dass Gewichtskraft und Masse zwei physikalische Größen sind, die wir streng voneinander unterscheiden müssen.

Vertiefung

Wie definiert man Größen?

Kräfte erkennt man daran, dass sie Körper verformen oder ihren Bewegungszustand ändern. Mit Kräften beschreiben wir also mechanische Einwirkungen auf Körper. Wenn wir einen Körper beleuchten, so wirken wir optisch auf ihn ein, nicht aber mechanisch. (Tatsächlich kann eine sehr kleine mechanische Wirkung beobachtet werden, die aber im Alltag keine Rolle spielt.) Mit Balkenwaagen können wir nicht die Helligkeit von Lampen messen. Balkenwaagen und Wägesätze sind auf den Begriff Masse spezialisiert und grenzen diesen von anderen Größen ab. Für „abgrenzen“ sagen wir auch „definieren“. Das Messverfahren mit Balkenwaage und Wägesatz definiert für uns den physikalischen Begriff Masse.

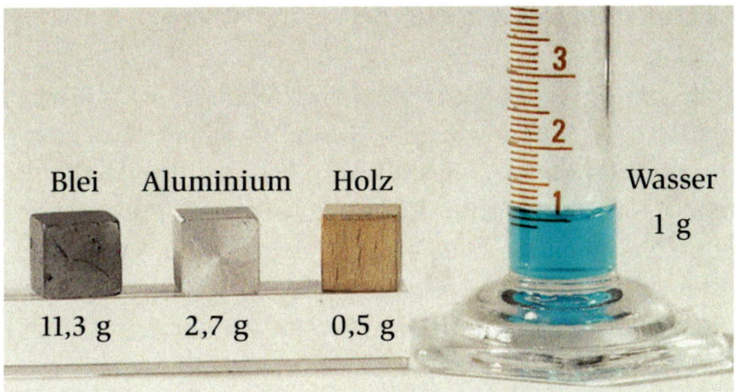

B1 Die Masse von 1 cm^3 verschiedener Stoffe

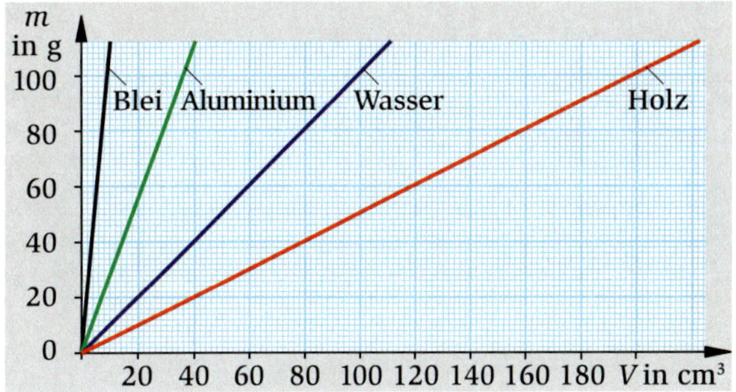

B2 Bei homogenen Stoffen ist m proportional zu V.

7. Stoffe haben eine Dichte

Ein Bleikügelchen ist leichter als ein Aluminiumtopf. Trotzdem sagen wir, Blei ist schwerer als Aluminium. Das ist kein Widerspruch. In → **B1** sind die Massen von 1 cm^3-Würfeln aus verschiedenen Stoffen angegeben.

In → **V1** werden die Masse und das Volumen einiger Bleikügelchen bestimmt. Um die Masse von 1 cm^3 dieser Bleikügelchen zu ermitteln, müssen wir keinen neuen Versuch durchführen, uns genügt eine einfache Rechnung:

$$\frac{m}{V} = \frac{3{,}4\text{ g}}{0{,}3\text{ cm}^3} = 11{,}3\ \frac{\text{g}}{\text{cm}^3}.$$

Das Ergebnis zeigt: Die Masse von 1 cm^3 Blei ist 11,3 g.

Es gilt bei Körpern aus einheitlichem Stoff: **Die Masse m ist dem Volumen V proportional** → **B2**.

Wir führen für den Quotienten als Bezeichnung $\varrho = m/V$ ein. ϱ heißt **Dichte** des Stoffes (ϱ (rho): griech. Buchstabe). Die Dichte ist eine **Stoffkonstante.** Sie hängt nicht von den Maßen des Körpers ab. Die Dichte von Blei ist 11,3 g/cm^3, von Aluminium 2,7 g/cm^3 und von Wasser 1,0 g/cm^3. Da die Masse vom Ort nicht abhängt, gelten die Dichtewerte überall, auch z. B. auf dem Mond.

Merksatz

Unter der **Dichte ϱ** eines Körpers verstehen wir den Quotienten aus der Masse m und dem Volumen V: $\boldsymbol{\varrho = m/V}$.
Die Dichte kennzeichnet den Stoff eines Körpers.

Luft	≈ 0,0013	**Glas, Marmor**	≈ 2,5
Kork	≈ 0,2	**Aluminium**	2,70
Holz	0,3 – 1,1	**Eisen**	7,86
Benzin	0,70	**Kupfer**	8,93
Alkohol	0,79	**Silber**	10,5
Wasser	1,00	**Quecksilber**	13,55
Magnesium	1,74	**Gold**	19,3

T3 Dichte in g/cm^3 bei 20 °C

V1 Wir bestimmen von einigen Bleikügelchen die Masse mit einer Balkenwaage und das Volumen mithilfe eines Überlaufgefäßes. So finden wir für ein Kügelchen z. B. m = 3,4 g und V = 0,3 cm^3.

A1 **a)** Du willst in → **B2** die Massen ablesen, die jeweils zum Volumen 40 cm^3 gehören. Zeichne ins V-m-Diagramm ein, wie du vorgehst. **b)** Ermittle die Volumina der verschiedenen Stoffe, die jeweils zur Masse 50 g (100 g) gehören. Zeichne ins V-m-Diagramm ein, wie du vorgehst.

A2 **a)** Bestimme das Volumen von 54 g Aluminium zunächst nach → **B2** und dann durch Rechnung. **b)** Ermittle auf beide Arten die Masse von 30 cm^3 Aluminium.

A3 Berechne die Masse einer 8,0 mm dicken Schaufensterscheibe, die 4,00 m lang und 2,00 m hoch ist.

A4 Schätze die Masse von 1 m^3 Marmor ab und berechne sie anschließend.
Welche Gewichtskraft erfährt der Block bei uns?

A5 Welches Volumen hat 1 kg Spiritus (Alkohol)? Welches Volumen hat die Alkoholmenge, die gleich viel wiegt wie 1 l (dm^3) Quecksilber?

A6 Von zwei volumengleichen Körpern hat der eine die dreifache Masse. Zwei andere Körper haben die gleiche Masse, der eine hat jedoch das fünffache Volumen. Wie verhalten sich jeweils die Dichten beider Körper?

A7 Welches Volumen hat eine Styropor®-Scheibe mit der Masse 100 g (ρ = 0,017 g/cm^3)?

A8 Ermittle die Masse der Luft im Physiksaal. Erläutere, ob sie täglich gleich groß ist.

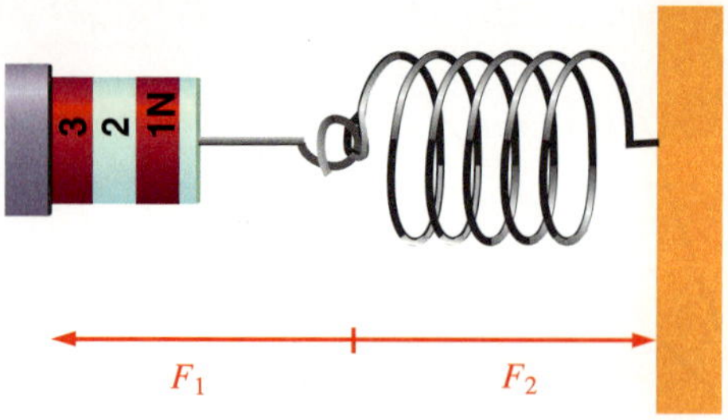

B1 Kraftmessung durch Kräftegleichgewicht

B2 Wie entsteht die beschleunigende Kraft?

V1 Nach → **B3** ist eine „Sehne" über zwei Rollen gelegt und an beiden Enden durch Kräfte von gleich bleibendem *Betrag* $F_1 = F_2 = 5$ N gespannt. Je weiter wir diese „Sehne" in ihrer Mitte M nach unten ziehen, umso größer wird der Betrag der von ihr nach oben ausgeübten Kraft $\vec{F}$. Wir halten dieser Kraft $\vec{F}$ bis zum Loslassen der Sehne das Gleichgewicht.

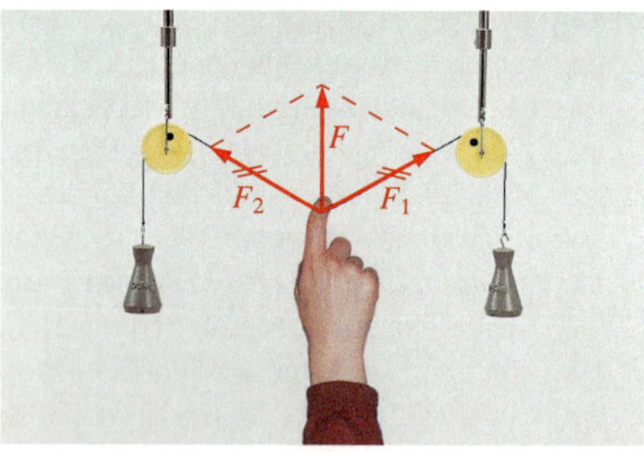

B3 Zwei Kräfte werden durch eine ersetzt.

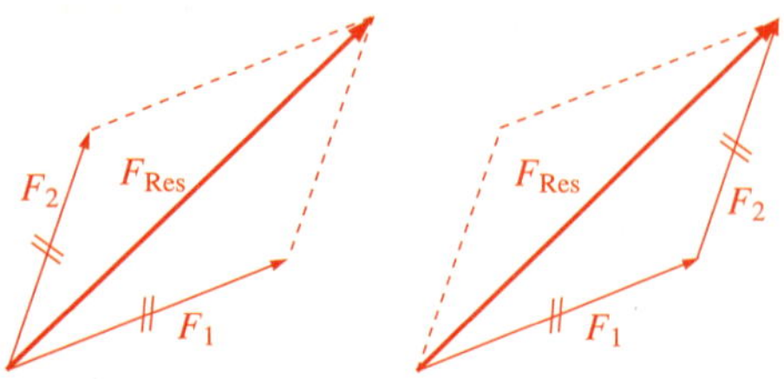

B4 Zwei Möglichkeiten, Vektoren zu addieren

1. Eine mechanische Kraftmessung

Bei Wettkämpfen im Sport, etwa beim Tauziehen oder im Wirtshaus beim Fingerhakeln, vergleicht man Kräfte: Ist eine der beiden Parteien stärker oder sind beide gleich stark? Wann sind sie denn gleich stark? Nun, wenn keine Partei die andere über den Rasen oder den Tisch zieht. Dies ist genau beim Kräftegleichgewicht der Fall. In der Physik versteht man unter Messen den Vergleich einer Größe mit einer Einheit und deren Vielfachen. Die Maßeinheit der Messen den Vergleich einer Größe mit einer Einheit und deren Vielfachen. Die Maßeinheit der Kraft ist 1 Newton (N). Mit einem solchen Kraftmesser kann man nun eine unbekannte Kraft messen. Dazu stellt man nach → **B1** ein Kräftegleichgewicht mit der zu messenden Kraft her.

2. Für Federkräfte gibt es ein einfaches Gesetz

Bei Stahlfedern gibt eine n-fache auf die Feder einwirkende Kraft auch eine n-fache Verlängerung: Kraft F und Verlängerung s sind innerhalb eines gewissen Bereichs einander proportional ($F \sim s$). Der Quotient $\boldsymbol{D = F/s}$ ist für diese Feder konstant, das **hookesche Gesetz** erfüllt. Man nennt D *Federkonstante* oder auch *Federhärte*. Ihre Einheit ist $[D] = 1$ N/m.

Merksatz

Hookesches Gesetz: Die Verlängerung s einer Feder ist innerhalb eines gewissen Bereichs der Kraft F proportional: $F \sim s$. Dann ist der Quotient $D = F/s$, auch Federhärte genannt, konstant.

3. Die resultierende Kraft beschleunigt den Pfeil

Die Sehne in → **B2** ist stets vom Bogen straff gespannt. Sie kann den Pfeil aber erst dann abschießen, wenn der Schütze sie in der Mitte abgewinkelt hat. Warum ist das so?

Die nach oben gerichtete Kraft $\vec{F}$ ist **Resultierende** aus den beiden längs der Sehnenhälften schräg nach oben ziehenden **Komponenten** $\vec{F}_1$ und $\vec{F}_2$ → **V1**. Diese bilden die Seiten, die Resultierende ist die Diagonale eines **Kräfteparallelogramms** → **B3**. Die Länge der Diagonalen entspricht dem Betrag der Resultierenden. Dieser wächst, wenn man den Winkel, den die Komponenten $\vec{F}_1$ und $\vec{F}_2$ einschließen, von 180° aus verkleinert. Wir sehen, warum Kräfte als Vektoren behandelt und *vektoriell* addiert werden müssen. Im Allgemeinen wäre es falsch, nur die Kraftbeträge zu addieren. Der resultierende Vektor $\vec{F}$ ersetzt die Komponenten $\vec{F}_1$ und $\vec{F}_2$, deshalb sind diese in der Zeichnung durchgestrichen.

4. Wie kann die Resultierende bestimmt werden?

Die Resultierende ist Diagonale im Vektorparallelogramm. Vereinfachend kann man sie auch als dritte Seite eines Dreiecks aus den drei Kräften sehen → **B4**. Im Sonderfall des rechtwinkligen Dreiecks → **B5(3)** benutzen wir den Satz des Pythagoras. Für $F_1 = 8$ N und $F_2 = 6$ N gilt dann:

$$F_{Res}^2 = F_1^2 + F_2^2 = (8\text{ N})^2 + (6\text{ N})^2 = 100\text{ N}^2 \text{ und somit } F_{Res} = 10\text{ N}.$$

5. Bei Kräften auf einer Geraden genügen Vorzeichen

→ B5 zeigt die Zusammensetzung zweier Kräfte für verschiedene Winkel. Für die wichtigen Sonderfälle 0° und 180° – die Kräfte liegen auf einer Geraden – kann man mit *Kraftwerten* wie mit reellen Zahlen rechnen. Man vereinbart z. B.: Kräfte nach rechts erhalten positive, solche nach links negative Werte. Dann gilt in obigem Zahlenbeispiel:

(1) $F_{Res} = F_1 + F_2 = 8\text{ N} + 6\text{ N} = 14\text{ N}$

(5) $F_{Res} = F_1 + F_2 = 8\text{ N} + (-6\text{ N}) = 2\text{ N}.$

Kraftwerte müssen immer nur addiert werden, um den resultierenden Kraftwert zu ermitteln, alles ist schon mit dem Vorzeichen geklärt. Dies ist auch für Computeranwendungen ein Vorteil.

Im Sonderfall des **Kräftegleichgewichts** gilt für die Resultierende immer $\boldsymbol{F_{Res} = F_1 + F_2 = 0}$ (z. B. für $F_1 = 8\text{ N}$ und $F_2 = -8\text{ N}$).

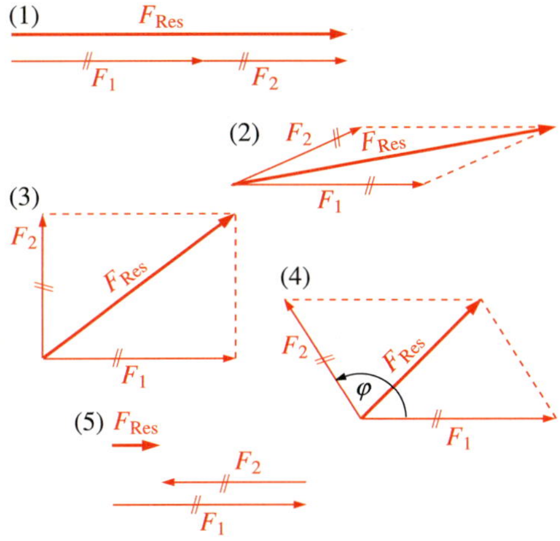

B5 Resultierende Kraft bei verschiedenen Winkeln zwischen F_1 und F_2

Vertiefung

Die Polardarstellung von Vektoren

In der Mathematik hast du Vektoren in der Darstellung mit kartesischen Koordinaten kennengelernt:

$$\vec{v} = \begin{pmatrix} 3 \\ -4 \end{pmatrix}$$

In der Physik und in technischen Anwendungen gibt man die Größen meistens zusätzlich mit Einheiten an:

$$\vec{F} = \begin{pmatrix} 3\text{ N} \\ -4\text{ N} \end{pmatrix}$$

Oft sind in physikalischen Anwendungen nicht die beiden kartesischen Koordinaten, sondern der Betrag und der Winkel bekannt:

$$\vec{v} = \begin{pmatrix} r \\ \varphi \end{pmatrix} \approx \begin{pmatrix} 5 \\ -53{,}2° \end{pmatrix}$$

Diese Darstellung nennt man die Polardarstellung. Der Winkel φ wird zur x-Achse gemessen. Winkel, welche Drehungen gegen den Uhrzeigersinn entsprechen, haben ein positives Vorzeichen. r entspricht der Länge des Vektors (= Betrag). Die Länge kann mit dem Satz des Pythagoras, der Winkel mit der Tangensfunktion berechnet werden. Dieser Zusammenhang wird in der Trigonometrie behandelt.

Vektoren mit einem CAS-fähigen Taschenrechner hier (TI-nspire)

Vektoren werden mit eckigen Klammern und einem Strichpunkt geschrieben:

$\begin{pmatrix} 3 \\ -4 \end{pmatrix}$: **[3; −4]**

Eingaben mit Polarkoordinaten:

$\begin{pmatrix} 1 \\ 1 \end{pmatrix} = \begin{pmatrix} \sqrt{2} \\ 45° \end{pmatrix}$: **[1; ∢45°]**

Nach der Eingabe werden die beiden Koordinaten übereinander angezeigt.

Die Darstellung des Vektors kann gewechselt werden:

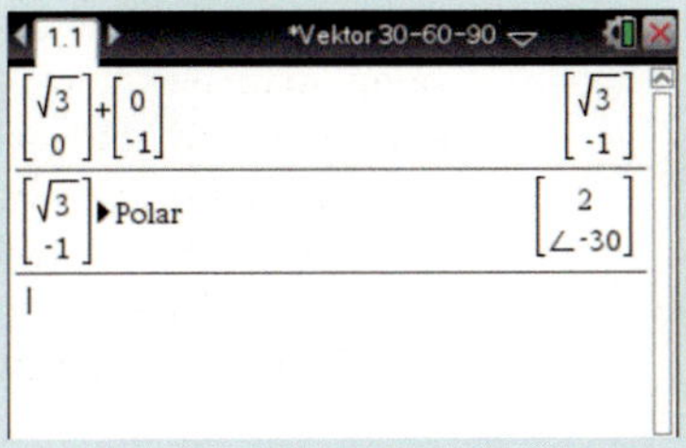

Addition zweier Vektoren:

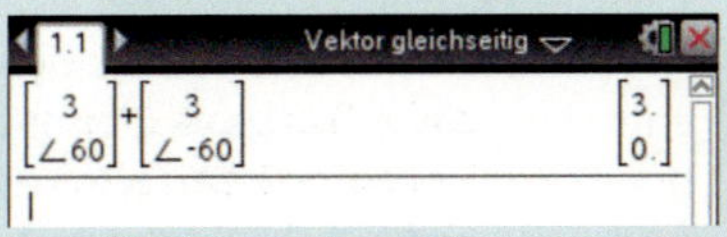

Zeichne die Vektoren auf, dann kannst du leicht erkennen, dass das Resultat richtig ist.

Mit dieser Schreibweise lassen sich nun auch zwei beliebige Vektoren addieren:

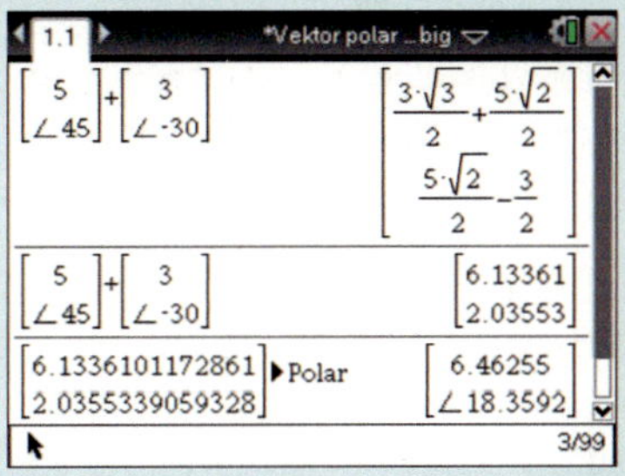

Der Taschenrechner ist sogar in der Lage, Gleichungen mit Vektoren zu lösen!

Beispielsweise kann man sich fragen, wie stark die zweite Kraft in der Addition oben sein müsste, damit die resultierende Kraft in x-Richtung zeigt.

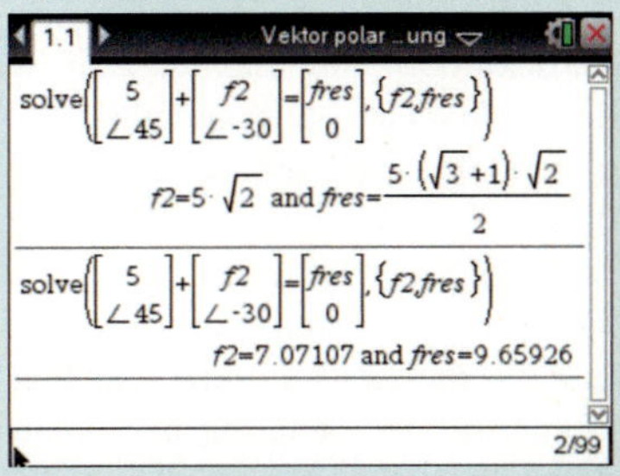

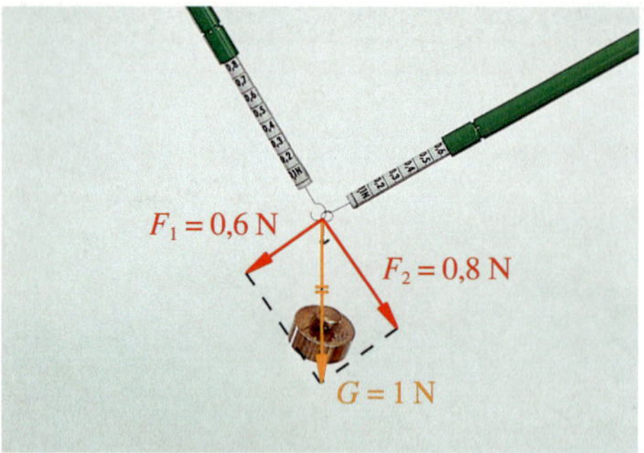

B1 Kraftbeträge bei der Zerlegung einer Kraft in Komponenten

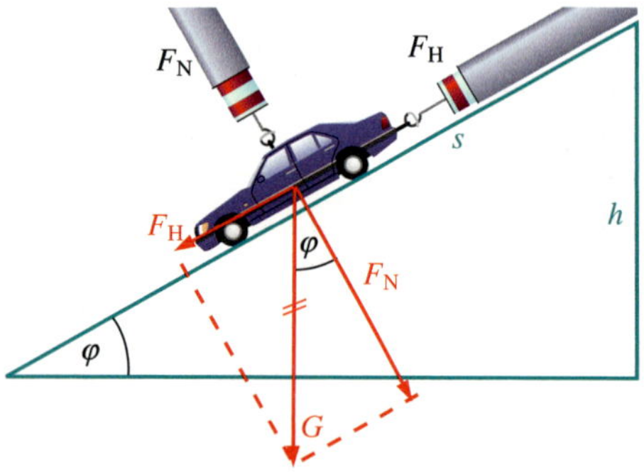

B2 Hangabtriebskraft und Normalkraft sind Komponenten der Gewichtskraft

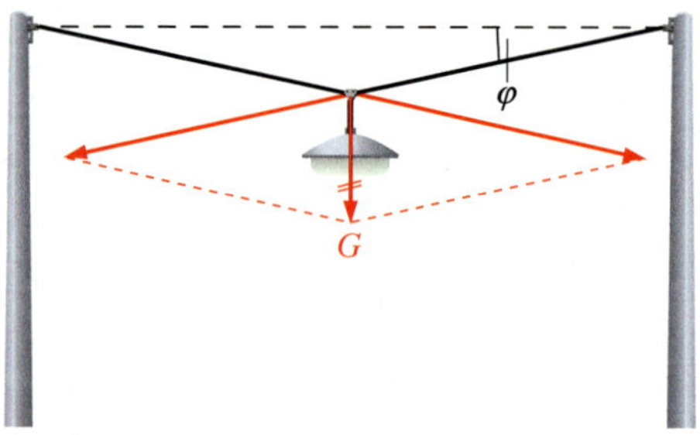

B3 Eine Straßenlaterne zerrt an den Befestigungshaken.

6. Zerlegen von Kräften

In **→ B1** zieht die Gewichtskraft $\vec{G}$ in der Mitte nach unten. Sie kann an den beiden schräg hängenden Kraftmessern nur in deren Längsrichtung, also jeweils schräg nach unten ziehen. Wir konstruieren wieder ein Vektorparallelogramm und beginnen diesmal mit $\vec{G}$ als der Diagonalen. Die Parallelogrammseiten liegen in Richtung der Kraftmesser. So erhalten wir die beiden schräg nach unten zeigenden Komponenten $\vec{F}_1$ und $\vec{F}_2$, welche die Gewichtskraft $\vec{G}$ *ersetzen*. (Den Vektor der Gewichtskraft streichen wir deshalb in der Zeichnung durch.)

Merksatz

Kräfte sind Vektoren. Den Vektorcharakter deutet man durch einen Pfeil über dem Größensymbol an.

Zwei Kräfte $\vec{F}_1$ und $\vec{F}_2$, die in einem Punkt angreifen, lassen sich durch eine einzige Kraft $\vec{F}$, ihre Resultierende, ersetzen.

Umgekehrt kann eine gegebene Kraft $\vec{F}$ durch zwei Kräfte $\vec{F}_1$ und $\vec{F}_2$ ersetzt werden (Komponentenzerlegung).

In beiden Fällen bilden die Komponenten $\vec{F}_1$ und $\vec{F}_2$ die Seiten eines Parallelogramms; dessen Diagonale ist die Resultierende $\vec{F}$. ☐

7. Kraftkomponenten an der schiefen Ebene

Jeder weiß, dass eine abschüssige Straße umso gefährlicher ist, je größer ihr Neigungswinkel ist. **→ B2** zeigt, wie die auftretenden Kräfte vom Neigungswinkel der schiefen Ebene abhängen. Von Bedeutung für die beschriebenen Vorgänge ist die **Hangabtriebskraft $\vec{F}_H$**. Sie ist die Komponente der Gewichtskraft in Richtung einer möglichen Bewegung. Die zur Ebene senkrechte Komponente **$\vec{F}_N$ (Normalkraft)** gibt an, wie stark z. B. die Reifen auf die Straße gedrückt werden (wichtig beim Bremsen).

Anhand der ähnlichen Dreiecke in **→ B2** (im Lageplan grün, im Kräfteplan rot) können wir den *Betrag* von Hangabtriebskraft und Normalkraft in Abhängigkeit vom Neigungswinkel φ der Ebene berechnen:

$$F_H = G \cdot \sin\varphi \quad \text{und} \quad F_N = G \cdot \cos\varphi.$$

A1 Ein Bogenschütze zieht mit der Kraft 100 N die Sehne so weit zurück, dass ihre beiden Hälften den Winkel $\varphi = 120°$ miteinander bilden. Wie groß sind die Kräfte in der Sehne? Löse die Aufgabe konstruktiv und rechnerisch!

A2 Wie groß sind Hangabtriebs- und Normalkraft an einer schiefen Ebene mit 20° Neigung bei einem Körper mit der Masse 30 kg? Bei welchen Winkeln ist $F_H = G/2$, $F_H = G$ bzw. $F_H = 0$?

A3 Eine Lampe (20 kg) hängt nach **→ B3** in der Mitte eines Seils zwischen zwei 30 m voneinander entfernten Masten. Das Seil erfährt den Durchhang $h = 0{,}50$ m bzw. 0,10 m. Bestimme die Zugkräfte im Seil.

A4 Berechne im nebenstehenden Bild die Beträge F_1 und F_2.

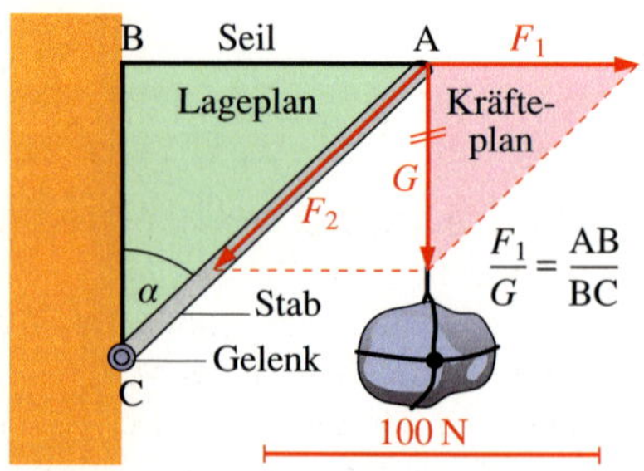

($m = 30$ kg, AB = 3 m, AC = 5 m)

Elektrische Kraftmessung

Computer zeigen Kräfte an – Sensoren

Bei einem Federkraftmesser wird die verformende Wirkung von Kräften direkt an einer Skala abgelesen. Für registrierende Messgeräte wie *x*-*y*-Schreiber oder Computer braucht man Kraftmesser, die eine elektrische Spannung liefern. Solche Geräte besitzen häufig einen Stab (mit Haken), der seitlich aus dem Gehäuse herausragt. Bei Belastung biegt sich der Stab. Abhängig von der Durchbiegung – und damit von der wirkenden Kraft – liefert das Gerät jetzt eine elektrische Spannung.

Der Dehnungsmessstreifen (DMS)

Ein Draht hat einen umso größeren elektrischen Widerstand, je länger und je dünner er ist. Dies gilt auch, wenn ein solcher Draht durch eine starke Kraft in die Länge gezogen wird. Wir können es überprüfen. Dazu befestigen wir einen 1 m langen Konstantandraht (d = 0,4 mm) am oberen Ende. Unten hängen wir nacheinander verschiedene Wägestücke (1 kg, 2 kg, usw.) an. Eine empfindliche Widerstandsmessung (z.B. mit einer „Brückenschaltung“) bestätigt, dass der Drahtwiderstand mit der den Draht verlängernden Kraft wächst.
Nimmt man nun einen sehr dünnen Draht und schließt ihn mäanderförmig in eine kleine, dünne Folie ein ➜ B4, so erhält man einen DMS. Die Enden des Messdrahtes stehen etwas über. An sie können die Zuleitungsdrähte angelötet werden. Die Drahtenden des DMS verbindet man mit anderen, konstanten Widerständen zu einer Brückenschaltung. Sie liefert dann eine vom Widerstand des DMS abhängige Spannung. Diese wird verstärkt und dem Messgerät zugeführt. Aus einem Draht ist ein *Kraftsensor* geworden.

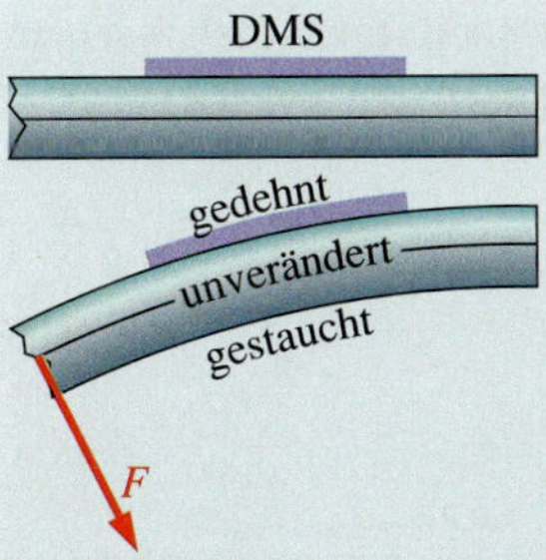

Ein solcher DMS wird nun sorgfältig auf die Stelle geklebt, deren Durchbiegung gemessen werden soll. Wird der Stab nun nach unten gebogen, so wird seine Oberseite etwas verlängert. Damit werden zugleich auch die Drahtstücke des aufgeklebten DMS gedehnt: Das Messgerät zeigt es an.

Eine „sportliche“ Anwendung des DMS

Wir nehmen als Beispiel den Schaft eines Badmintonschlägers. Beim Schlag biegt er sich in zwei Raumrichtungen. Um beide Biegungen registrieren zu können, benutzen wir zwei DMS. Der eine wird „oben“ (in gleicher Ebene wie die Bespannung) aufgeklebt. Er liefert mithilfe seiner Brückenschaltung das „*y*“-Signal. Der andere sitzt seitlich am Schaft und liefert das „*x*“-Signal. Beide Schaltungen werden mit den Eingängen eines *x*-*y*-Schreibers verbunden. Die Anordnung funktioniert so: Verbiegen parallel zur Schlägerbespannung lenkt den Schreibstift in *x*-Richtung aus (rechts/links). Verbiegen senkrecht dazu liefert ein Signal in *y*-Richtung (oben/unten).

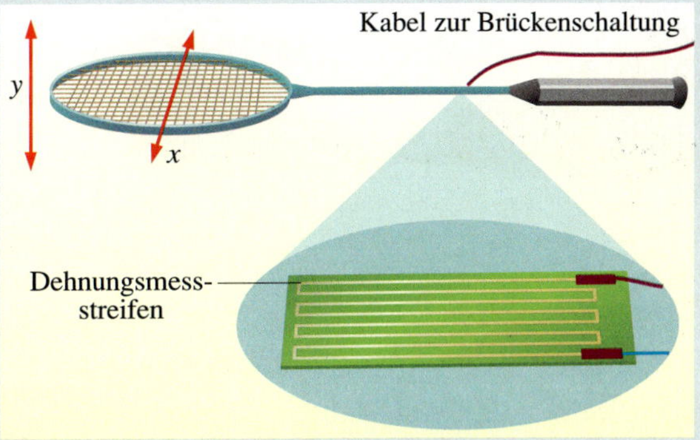

B4 Ein DMS, hier auf einen Schlägerschaft geklebt

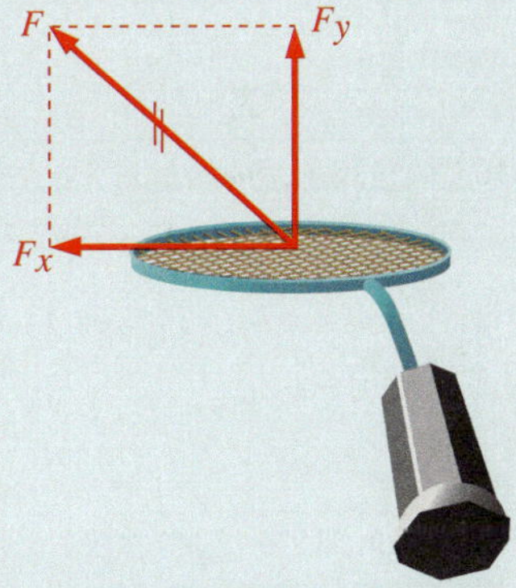

Beim „Smash“, dem Schmetterschlag, befindet sich der Schläger anfangs hinter dem Rücken. Der Spieler reißt ihn von dort nach oben (Handkante nach vorn) und dreht erst über dem Kopf plötzlich den Unterarm (Handfläche nach vorn). Die dabei entstehende charakteristische Durchbiegung des Schlägerschaftes ist das Ergebnis einer sich ständig ändernden Kraft F auf den Schlägerkopf. Sie weist zum Zeitpunkt (7) etwa in die gezeichnete Richtung. Die Werte F_x und F_y der Kraftkomponenten werden durch je einen DMS gemessen.

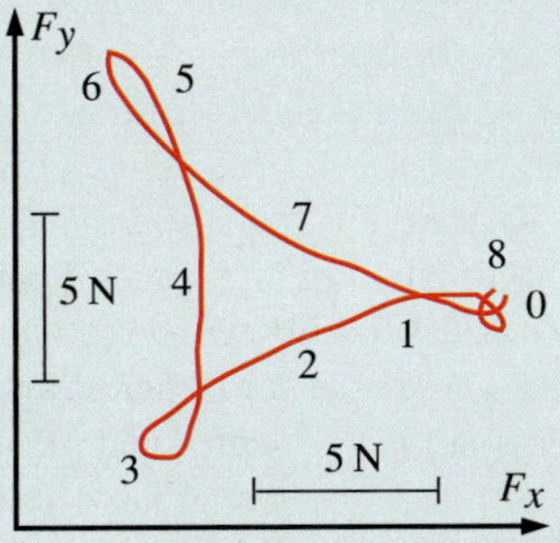

So entsteht ein Diagramm des gesamten Schlagablaufs. Nacheinander durchläuft der Schreibstift die Positionen (1) bis (8) und zeichnet dabei die Kraftwerte auf. Noch feinste Unterschiede in der Schlagtechnik werden erkennbar, jeder Spieler hinterlässt einen unverwechselbaren „Schlagabdruck“.

Gleichförmige Bewegungen

B1 Autobahnfahrt: Mit Motorkraft gegen die Reibung gleichförmig unterwegs

Uhrzeit	s/km	t/s	Δs/m	Δt/s
9 h 7 min	73,0	0	–	–
9 h 7 min 20 s	73,5	20	500	20
9 h 7 min 40 s	74,0	40	500	20
9 h 8 min 20 s	75,0	80	1000	40

T1 Zeiten und erreichte Orte längs der Autobahn

Uhrzeit	$v = \Delta s/\Delta t$
9 h 7 min	–
9 h 7 min 20 s	25 m/s
9 h 7 min 40 s	25 m/s
9 h 8 min 20 s	25 m/s

T2 Geschwindigkeit bei gleichförmiger Bewegung

A1 **a)** Du bringst längs einer „Versuchsstrecke" Ortsmarken an (die Abstände untereinander müssen nicht gleich sein). Zeitnehmer an den verschiedenen Ortsmarken starten auf Kommando ihre Uhren. Ein Mitglied deiner Klasse joggt nun möglichst gleichmäßig an den Markierungen vorbei; es wird jeweils die Uhr gestoppt. Übertrage die Zeit- und Ortswerte in eine Tabelle und berechne die Intervallgeschwindigkeiten $\Delta s/\Delta t$. **b)** Überprüfe die Tachoangabe deines Fahrrades durch einen ähnlichen Versuch.

A2 Rechne um: 36 km/h in m/s und mm/ms (ms = 10^{-3} s heißt Millisekunde), 10 m/s in km/h, $3 \cdot 10^{-6}$ mm/s in m/a (Geschwindigkeit des Haarwachstums, a = annus, lat.: Jahr).

A3 Erkläre die Bedeutung des Proportionalitätsfaktors v in der Gleichung $s = vt$.

1. Natürliche Bewegung im Weltall

Körper sind träge, das Trägheitsgesetz beschreibt ihr Verhalten: Bewegt sich ein Körper, so wird er sich ohne eine von außen auf ihn wirkende Kraft immer so weiterbewegen „wollen". Nichts macht ihn ja schneller, nichts bremst ihn, nichts wirft ihn aus der geradlinigen Bahn.

Diese *gleichförmige Bewegung* ist die natürliche Bewegung eines Raumgleiters im Weltall, weitab von anderen Himmelskörpern. Sie ist Ausgangspunkt der Beschreibung auch von Bewegungen auf der Erde, selbst dann, wenn diese nicht mehr gleichförmig sind. Es lohnt sich also, dass wir uns damit beschäftigen.

2. Gleichförmige Bewegung auf der Erde

Bei einer monotonen Autobahnfahrt sitzt du hinten im Bus. Die Kraft des Motors ist nötig, um den Bus gegen die Reibungskräfte von Fahrbahn, Luft und Achslagern in Fahrt zu halten; wir sind leider nicht mehr im Weltraum. Fährt der Bus gleichförmig?

Alle 500 m siehst du auf Kilometersteinen Zahlen wie 73, 73,5, 74, ... Es sind Ortswerte. Wie Zahlen auf dem Zahlenstrahl geben sie die Entfernung zu einem willkürlich festgelegten Nullpunkt an. Dieser ist für die Beantwortung der obigen Frage aber belanglos. Du brauchst nur die *Ortsänderungen* $\Delta s = s_2 - s_1 = s_3 - s_2 = 0{,}5$ km → T1. Die Differenzbildung wird durch Δ (Delta), das große griechische D, gekennzeichnet. Der Bus bewegt sich dauernd vom Nullpunkt weg. *In diesem Fall entsprechen die Ortsänderungen den vom Bus jeweils zurückgelegten* ***Wegen.***

Beim Vorbeifahren an den Orten s_1, s_2, s_3, ... zeigt deine Uhr t_1 = 9 h 7 min, t_2 = 9 h 7 min 20 s, t_3 = ... an. Mit einer Stoppuhr misst du auch hier nur Differenzen, z. B. $\Delta t = t_2 - t_1 = 20$ s.

Unser Bus durchfährt in gleichen Zeitabschnitten Δt immer wieder gleiche Wege Δs. Die Quotienten $\Delta s/\Delta t$ sind dann konstant → T2. Sie sind ein geeignetes Maß für die konstante *Geschwindigkeit.* Bei der Bewegung des Raumgleiters sind die Quotienten $\Delta s/\Delta t$ ebenfalls konstant, aber zusätzlich ändert sich bei ihm nicht einmal die Bewegungsrichtung. Eine solche Bewegung heißt in der Physik gleichförmige Bewegung.

Merksatz

Eine Bewegung mit konstanter Geschwindigkeit und gleich bleibender Richtung heißt **gleichförmige Bewegung.**

Unter der **Geschwindigkeit** v einer gleichförmigen Bewegung versteht man den konstanten Quotienten aus einer beliebigen Ortsänderung Δs und der dazu benötigten Zeit Δt:

$$v = \Delta s/\Delta t.$$

Die Maßeinheit der Geschwindigkeit ist $[v] = 1\ \text{m/s} = 1\ \text{m} \cdot \text{s}^{-1}$.

3. Gleichförmige Bewegung im Laborexperiment

Auf einer genau waagerechten Bahn steht ein leicht beweglicher Wagen. Seine Räder sind reibungsarm gelagert. Wir stoßen ihn an und überlassen ihn dann sich selbst. Infolge des unvermeidlichen Luftwiderstands und der Rollreibung der Räder wird er langsamer. Um die der Bewegung entgegengesetzt gerichteten Kräfte auszugleichen, neigen wir die Fahrbahn leicht. Die jetzt in Fahrtrichtung entstehende Hangabtriebskraft stellt das gewünschte Kräftegleichgewicht her. Ist der Reibungsausgleich richtig gewählt – die resultierende Kraft auf den Schlitten muss null sein – wird der angestoßene Wagen weder schneller noch langsamer. Ob uns dabei der Augenschein nicht trügt, überprüfen wir im **→ V1** genauer.

Nach kurzem Probieren haben wir es geschafft: Der Wagen legt in gleichen Zeitintervallen in etwa gleiche Wege zurück. Anhand der **→ T4** erkennen wir dieses Merkmal der gleichförmigen Bewegung. Die Quotienten $\Delta s/\Delta t$ sind konstant und damit ist es die Geschwindigkeit auch.

In dem von uns gewählten Fall – Zeiten und Wege werden jeweils von null aus gemessen – gilt aber noch mehr: Nach der doppelten (n-fachen) Zeit wird der doppelte (n-fache) Weg s zurückgelegt. s ist zu t proportional: $s \sim t$. Deshalb ist auch der Quotient s/t konstant (6. Zeile der **→ T4**). Dies überrascht nicht, denn s und t sind hier ja auch nur spezielle Änderungen, nämlich solche, die sich auf null beziehen. Nur in diesem Fall gilt neben $v = \Delta s/\Delta t$ auch $v = s/t$.

Größensymbole wie v, s, t werden stets *kursiv* gedruckt, um sie von den steil gedruckten Einheitensymbolen m/s, m, s, km, h zu unterscheiden.
$\vec{v}$ ist wie der Verschiebungsweg $\vec{s}$ ein Vektor, t ist ein Skalar.

Merksatz

Bei einer gleichförmigen Bewegung mit den Anfangswerten $t = 0$ und $s = 0$ gilt neben

$$v = \frac{\Delta s}{\Delta t} \quad \text{auch} \quad v = \frac{s}{t}.$$

Das *Zeit-Weg-Gesetz* dieser Bewegung lautet dann $s = v t$.

Wachstum eines Fingernagels	0,000 000 001
Blutsenkung	0,000 002
Schnecke	0,002
Fußgänger	1,5
100 m-Sprinter	10
ICE	80
Schwalbe	90
Verkehrsflugzeug	250
Schall in Luft	340
Luftmolekül (bei 20 °C)	500
Schall in Wasser	1480
Erde um Sonne	30 000
Licht	300 000 000

T3 Beispiele von Geschwindigkeiten (jeweils in m/s)

B2 Der Fahrbahnwagen schreibt Ortsmarken in Zeitabständen von $\Delta t = 0{,}1$ s.

Zeit t in s	0	0,1	0,2	0,3	0,4
Ort s in m	0	0,091	0,199	0,294	0,399
Δt in s	–	0,10	0,10	0,10	0,10
Δs in m	–	0,091	0,108	0,095	0,105
$\Delta s/\Delta t$ in m/s	–	0,914	1,077	0,950	1,047
s/t in m/s	–	0,914	0,995	0,980	0,997

T4 Tabelle zu **→ V1**

V1 **a)** Parallel zur Fahrbahnschiene ist ein Papierstreifen gespannt. Ihm wurde eine dünne Metallschicht (meist Zink) aufgedampft. Der fahrende Wagen zieht eine dünne Spitze darüber. Ein Zeitmarkengeber legt zwischen Metallpapier und Spitze sehr kurze Spannungsstöße (etwa 35 V) in konstanten Zeitabständen Δt, z.B. alle 0,10 s. Der kurzzeitig entstehende Strom verdampft die Metallschicht auf dem Papier unter Funkenbildung und erzeugt so schwarze Punkte als Brandmarken. Der Abstand zwischen zwei Brandmarken ist jeweils Δs.
b) Wir benennen nun eine der Brandmarken zum Anfangspunkt 0 der Weg- und Zeitmessungen. In 0 war der Wagen schon in gleichförmiger Bewegung begriffen (fliegender Start). So erhalten wir die Messwerte der **→ T4**.
c) Wir stoßen den Wagen stärker an. Die Brandmarken haben nun bei gleichen Δt-Werten größere Abstände Δs voneinander. Die Quotienten $\Delta s/\Delta t$ und s/t sind unter sich zwar wieder gleich groß, aber größer als bei der langsameren Bewegung. Die Geschwindigkeit ist jetzt größer.

Bewegungen im Schaubild

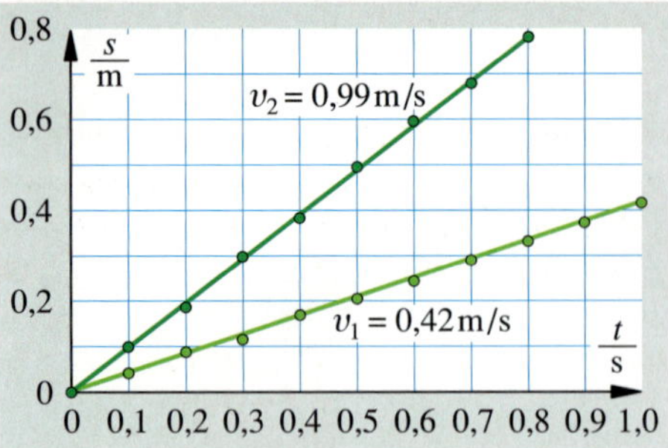

B1 *t-s*-Diagramm gleichförmiger Bewegungen

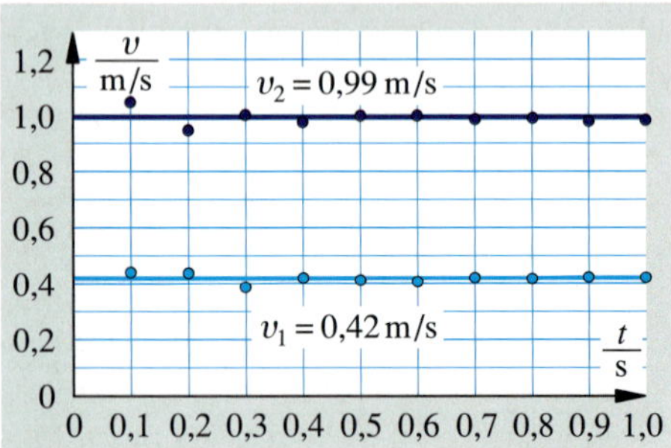

B2 *t-v*-Diagramm der beiden Bewegungen

t in s	s_2 in m	$v_2 = s_2/t$ in m/s	Δs in m	$\Delta s/\Delta t$ in m/s
0,0	0,000	–	–	–
0,1	0,104	1,040	0,104	1,040
0,2	0,189	0,943	0,085	0,845
0,3	0,297	0,990	0,108	1,084
0,4	0,387	0,968	0,090	0,897
0,5	0,498	0,996	0,111	1,110

T1 Einige Werte der zweiten Messung

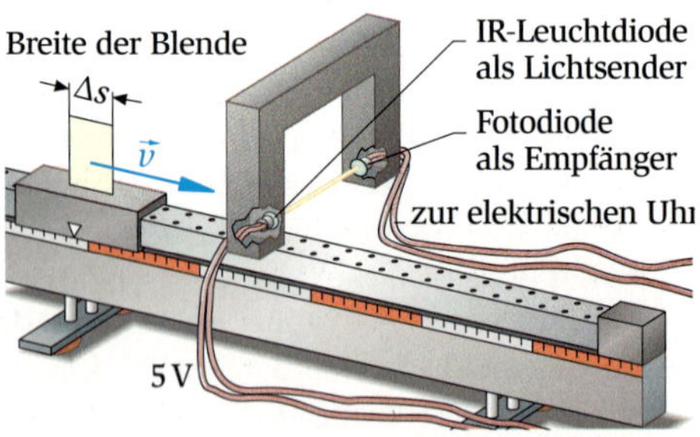

B3 In einer Gabellichtschranke ist eine Leuchtdiode untergebracht. Sie sendet einen sehr dünnen, unsichtbaren Infrarot(IR-)Strahl aus. Dieser trifft gegenüber auf eine Fotodiode. Bei einer Unterbrechung des Lichtwegs entsteht ein elektrisches Signal, mit dem eine Uhr gesteuert werden kann.

1. Zeit-Diagramme für Ortsänderung und Geschwindigkeit

Trägt man die Weg- und Geschwindigkeitsmesswerte gegen die Zeit auf, so ergeben sich z. B. die Diagramme in → **B1** und → **B2**. Messwerte enthalten immer Fehler. So könnte beispielsweise bei einer Zeit-Weg-Messung jemand zu spät auf die Stopptaste der Uhr gedrückt haben. Genauer als mit Augenmaß und Handstoppuhr misst man mithilfe einer **Lichtschranke** → **B3**.

t-s-Messung: Eine Lichtschranke steht am Anfang der Messstrecke ($s = 0$). Wird die Lichtschranke nun durchfahren, startet sie eine Uhr. Gestoppt wird die Uhr später beim Durchfahren einer zweiten Lichtschranke, die an anderer Stelle der Fahrbahn steht. Die Uhr zeigt jetzt die Zeit für den zurückgelegten Weg an.
Δt-Δs-Messung: Eine Blende mit bekannter Breite Δs verdunkelt für eine gewisse Zeitspanne eine Lichtschranke. Eine angeschlossene Uhr läuft während dieser *Dunkelzeit* und misst so Δt.

2. Streckenzug oder Ausgleichsgerade?

Den **Zeit-Weg-Geraden** in → **B1** liegen u. a. die Messwerte für s_2 aus → **T1** zugrunde. Im Ursprung (0 | 0) haben wir $t = 0$ und $s = 0$ festgesetzt. Von dort aus verbinden wir nun nicht etwa aufeinander folgende Messpunkte durch Geradenstücke. Ein solcher Streckenzug wäre gewinkelt und sähe nach einer Wiederholung der Messung anders aus. Vielmehr erscheint es uns sinnvoll, von (0 | 0) aus mit Augenmaß eine Ursprungsgerade so zu zeichnen, dass die Messpunkte nach beiden Seiten hin etwa gleich weit entfernt liegen.

Weitere Messpunkte würden an der Lage dieser Geraden kaum etwas ändern. Diese Gerade gleicht die Messfehler aus; man nennt sie *Ausgleichsgerade*. Die Ursprungsgerade entspricht unserer Vermutung, dass zur n-fachen Zeit t der n-fache zurückgelegte Weg s gehört:
Es ist $s \sim t$.

Die Messwerte für die größere Geschwindigkeit v_2 liefern eine steilere Ursprungsgerade. Die Steigung im *t-s-Diagramm* ist also ein Maß für die Geschwindigkeit der dargestellten Bewegung. Dies überrascht nicht, denn die Steigung der Geraden ist ja wie die Geschwindigkeit durch den Differenzenquotienten $\Delta s/\Delta t$ bestimmt.

Die **Zeit-Geschwindigkeit-Geraden** nach → **B2** mitteln u. a. die in → **T1** berechneten Geschwindigkeitswerte v_2. Beim Ausgleich der Messfehler erhalten wir jetzt zwei horizontale Geraden. Sie entsprechen den als konstant angenommenen Geschwindigkeiten $v_1 = 0{,}42$ m/s und $v_2 = 0{,}99$ m/s.

Merksatz

Das *Zeit-Weg-Diagramm* einer gleichfömigen Bewegung ist eine Gerade. Die Steigung der Geraden entspricht der Geschwindigkeit.

Das *Zeit-Geschwindigkeit-Diagramm* einer gleichförmigen Bewegung ist eine Parallele zur Zeitachse.

Interessantes

Lochrad und Lichtschranke zählen Ortsmarken

Ein Rad hat an seinem Rand in gleichen Abständen kleine Löcher. Der Abstand kann klein sein, z. B. $\Delta s = 4{,}0$ mm. Über dieses „Lochrad" legt man einen dünnen Faden, der z. B. mit einem Laborwägelchen verbunden ist. Bewegt sich nun der Wagen nach rechts, so

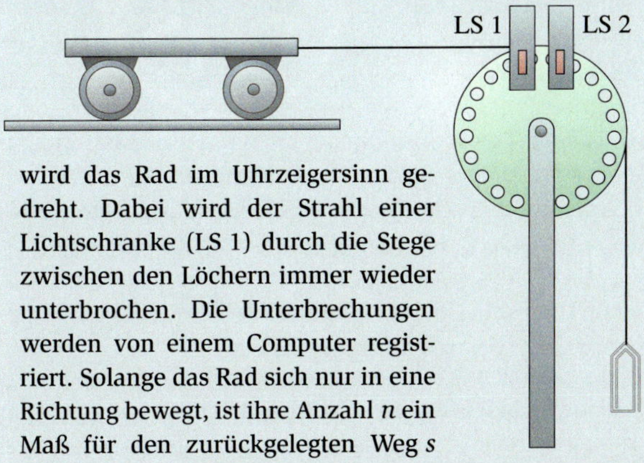

wird das Rad im Uhrzeigersinn gedreht. Dabei wird der Strahl einer Lichtschranke (LS 1) durch die Stege zwischen den Löchern immer wieder unterbrochen. Die Unterbrechungen werden von einem Computer registriert. Solange das Rad sich nur in eine Richtung bewegt, ist ihre Anzahl n ein Maß für den zurückgelegten Weg s und damit ein Maß für den vom Wagen jeweils erreichten Ort. „Kilometerstein null" (wohl besser „Millimeterstein") muss so gewählt werden, dass $s = 0$ bei $t = 0$ ist. Man braucht den Wagen nur an die gewünschte Stelle zu schieben und den Zähler dann auf null zu setzen.

Der Computer zählt aber nicht nur. Er misst auch den zeitlichen Abstand Δt aufeinander folgender Lichtunterbrechungen an LS 1. Durch Division des bekannten Abstandes $\Delta s = 4{,}0$ mm durch die gemessene Zeit Δt berechnet der Computer die Geschwindigkeit.

Und wenn der Wagen nach kurzer Vorwärtsfahrt wieder zurückläuft? Mit *einer* Lichtschranke allein lassen sich nur Löcher *zählen*, die *Drehrichtung* des Rades wird nicht erkannt. Der Computer würde also größer werdende Ortswerte vortäuschen, obwohl sie jetzt wieder kleiner werden. Hier hilft eine zweite Lichtschranke (LS 2). Ihr Abstand zu LS 1 ist etwas größer als der Lochabstand. Wandert anfangs die Lochreihe nach rechts, so wird LS 1 immer wieder etwas eher von einem Loch erreicht als LS 2. Der Computer zählt in diesem Fall aufwärts. Bewegt sich dagegen die Lochreihe nach links, so wird LS 2 jeweils früher von einem Loch erreicht. In diesem Fall zählt der Computer rückwärts und die Ortswerte werden wieder kleiner. Links von „Millimeterstein null" werden die Ortswerte sogar wie erwartet negativ.

Die Laufzeit des Schalls liefert den Ort

Ein kleiner, batteriebetriebener Sender (S) gibt einen „Ton" konstanter Frequenz ab (meist Ultraschall mit etwa 40 000 Hz). Nach kurzer Zeit erreicht dieser den Empfänger (E). Dort wird die empfangene Schwingung verstärkt und in eine rechteckige Signalkurve umgeformt (b).

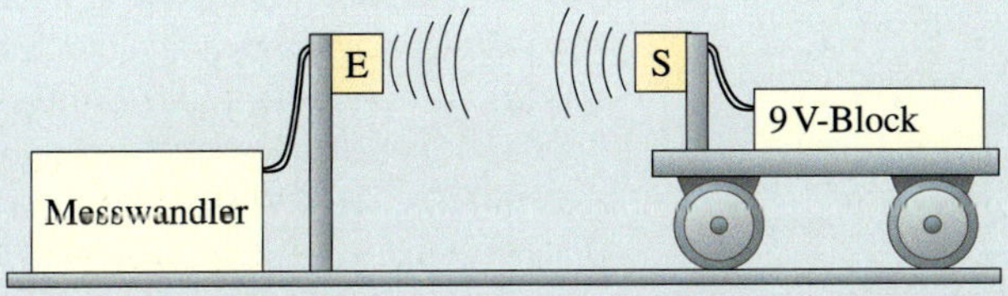

Im Messwandler wird eine zweite Rechteckkurve (a) mit exakt gleicher Frequenz erzeugt. Durch Knopfdruck am Messwandler wird Kurve (a) mit Signal (b) synchronisiert. Beide Signale springen jetzt gleichzeitig von 0 V auf 5 V; so wird „Millimeterstein null" festgelegt.

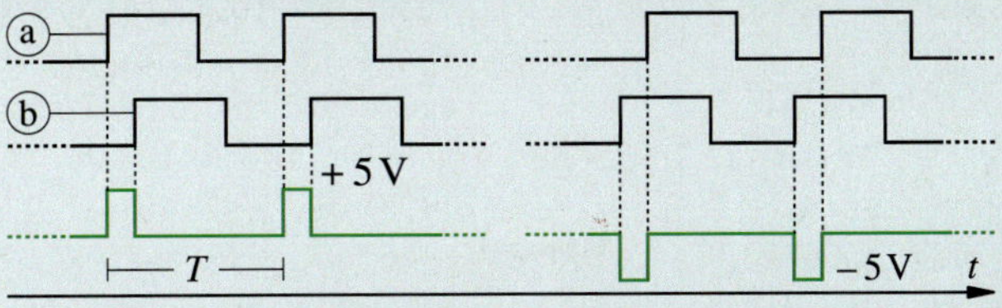

Entfernt sich nun das Fahrzeug vom Empfänger, so trifft der Schall später ein, da er für die jetzt größere Entfernung mehr Zeit braucht. Signal (b) rutscht also auf der Zeitachse nach rechts. Aus den Signalen (a) und (b) wird nun ein drittes erzeugt (grün gezeichnet). Die positive Flanke von (a) setzt das grüne Signal auf 5 V, die positive Flanke von (b) schaltet es wieder auf null. Je weiter sich nun das Fahrzeug entfernt, desto weiter verschiebt sich die Signalkurve (b) auf der Zeitachse nach rechts, die grünen „Buckel" werden im gleichen Maße breiter. Die mittlere Spannung im Zeitintervall T wird dadurch größer. Trifft die Schallwelle z. B. um $T/2$ verspätet ein, so beträgt die mittlere Spannung 2,5 V. Diese gemittelte Spannung ist also ein Maß für den Ort des Senders und damit des Fahrzeugs. Auch negative Ortswerte können dargestellt werden. Ein Ort vor Millimeterstein null schiebt Signal (b) vor das Signal (a). Jetzt wird aus (b) und (a) das dritte (grüne) Signal mit negativer Spannung erzeugt.

Ein Maß für die Geschwindigkeit des Fahrzeugs lässt sich ebenfalls erzeugen. Dazu synchronisiert der Messwandler Kurve (a) mit (b) unabhängig vom Ort des Senders immer wieder in kurzen Zeitintervallen Δt. Jetzt entsteht eine gemittelte Spannung, die proportional zum Quotienten $\Delta s / \Delta t$ und damit zur Geschwindigkeit v ist.

V1 Eine Spielzeuglok fährt gleichförmig über den Tisch. Zwei Lichtschranken begrenzen die Fahrstrecke. Die erste hat zwei Aufgaben: Eine angeschlossene elektrische Uhr misst die Dunkelzeit Δt, während eine an der Lok angebrachte Blende mit der Breite Δs den Strahl unterbricht. Zusätzlich startet sie eine zweite Uhr. Diese wird gestoppt, wenn die Lok mit der Blende die zweite Lichtschranke erreicht. Der Versuch wird mit unterschiedlichen Geschwindigkeiten wiederholt.

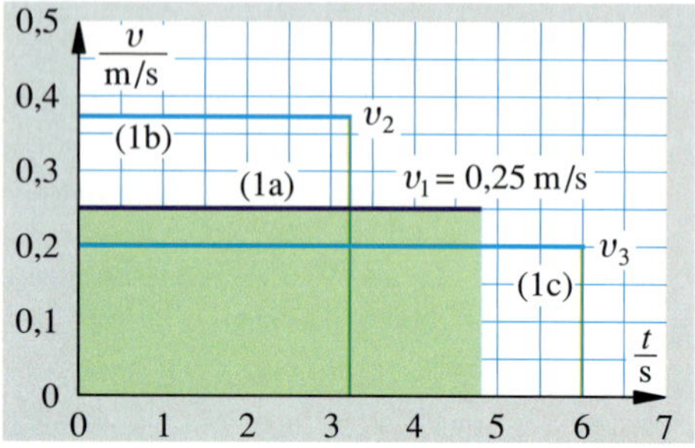

B1 *t-v*-Diagramm: Die Rechteckfläche entspricht dem zurückgelegten Weg. Es ergibt sich immer $s = 1,2$ m.

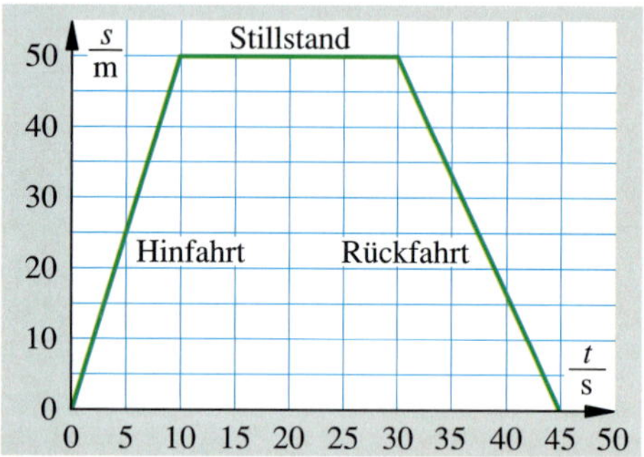

B2 *t-s*-Diagramm eines Aufzugs: Gleichförmige Hin- und gleichförmige Rückfahrt

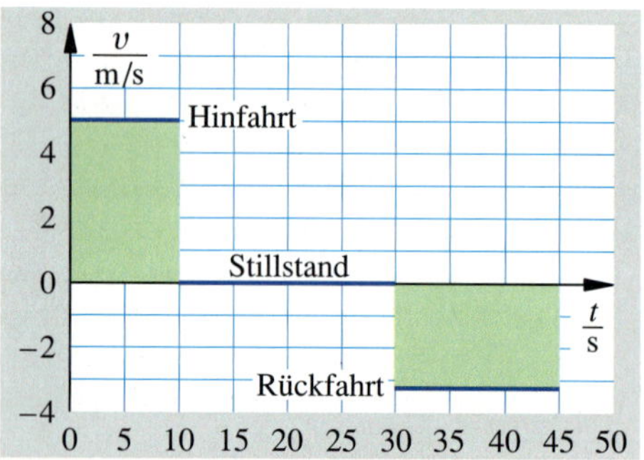

B3 *t-v*-Diagramm des Aufzugs

3. Das *t-v*-Diagramm zeigt mehr als man vermutet

Eine Lok durchfährt gleichförmig eine bestimmte Strecke. Geschwindigkeit und Fahrzeit werden gemessen **→ V1**. Eine erste Messung liefert: $v = \Delta s/\Delta t = 0,025$ m/0,1 s = 0,25 m/s. Die Fahrzeit beträgt $t = 4,8$ s. Das zugehörige *t-v*-Diagramm liefert eine Parallele zur *t*-Achse **→ B1**. Bei weiteren Versuchen mit anderen Geschwindigkeiten entstehen die Diagramme (1 b) und (1 c). Der Versuch wird abgebaut. Nun fragt jemand nach dem zurückgelegten Weg, also nach der von null aus gemessenen Ortsänderung $\Delta s = s$ – zu spät?

Eine gleichförmige Bewegung, die bei $t = 0$ s mit $s = 0$ m beginnt, hat als Geschwindigkeit $v = s/t$. Hieraus lässt sich der unbekannte Fahrweg ermitteln: $s = v \cdot t = 0,25$ m/s · 4,8 s = 1,2 m. Dieser *Weg* erscheint – so paradox es klingt – als *Fläche* zwischen *v*-Kurve und *t*-Achse. In **→ B1** ist es der Flächeninhalt des grün getönten Rechtecks mit der Grundseite $t = 4,8$ s und der Höhe $v = 0,25$ m/s.

Wiederholt man die Fahrt mit größerer Geschwindigkeit, so braucht man für den gleichen Weg eine entsprechend kürzere Zeit. Im *t-v*-Diagramm entsteht ein höheres, aber dafür schmaleres Rechteck. Sein Flächeninhalt beträgt nun wieder 1,2 m **→ B1**. Bei kleinerer Geschwindigkeit wird das Rechteck entsprechend flacher und breiter.

4. Hin- und Rückfahrt – es gibt negative Geschwindigkeiten

→ B2 zeigt das Auf- und Abwärtsfahren eines Aufzugs (stark vereinfacht ohne Beschleunigungs- und Bremsphase). Die Änderung der Höhe, also die Ortsänderung $\Delta s = s_{\text{später}} - s_{\text{früher}}$ und deshalb auch die Geschwindigkeit $v = \Delta s/\Delta t$ sind beim Abwärtsfahren negativ.

Ein ähnliches Diagramm bekämen wir, wenn wir mit einem Bewegungsmesswandler das Hin- und Zurückfahren unserer Spielzeuglok aufzeichnen würden. Immer gilt: *Wenn die Ortsachse festgelegt worden ist, z.B. nach rechts positiv, dann hat eine Bewegung nach rechts eine positive Geschwindigkeit. Eine Bewegung gegen diese Richtung hat dann einen negativen Geschwindigkeitswert.*

Im *t-v*-Diagramm spiegelt sich das Hin und Her ebenfalls wider; dies zeigen die unterschiedlichen Abschnitte in **→ B3**. Die beiden sich ergebenden Flächen sind erwartungsgemäß dem Betrage nach gleich groß, schließlich ist der Rückweg nicht länger als der Hinweg.
Die Vorzeichen bei der Flächenberechnung sind aber verschieden, da sie ja vom Faktor v im Produkt $v \cdot \Delta t$ abhängen. Eine unter der *t*-Achse liegende Fläche im *t-v*-Diagramm spiegelt also den Rückweg wider.

Merksatz

Im *t-v*-Diagramm einer gleichförmigen Bewegung wird der zurückgelegte Weg Δs durch die Rechteckfläche zwischen *v*-Kurve und *t*-Achse im Intervall Δt angegeben.

Bei einer Bewegung gegen die festgelegte positive Richtung liegen *v*-Kurve und Fläche im negativen Bereich.

Beispiel **Fahrt mit dem Aufzug**

Geschwindigkeiten des Aufzugs aus dem t-s-Diagramm **→ B2** :

Abschnitt 1: $v > 0$ im Zeitintervall [0 s; 10 s]. Es gilt für den Aufzug:

$$v_1 = \frac{\Delta s}{\Delta t} = \frac{s(10\text{ s}) - s(0\text{ s})}{10\text{ s} - 0\text{ s}} = \frac{50\text{ m} - 0\text{ m}}{10\text{ s} - 0\text{ s}} = \mathbf{5\ \frac{m}{s}}.$$

Der zurückgelegte Weg ist direkt ablesbar: 50 m

Abschnitt 2: $v = 0$ im Zeitintervall [10 s; 30 s]. Für den Aufzug gilt:

$$v_2 = \frac{\Delta s}{\Delta t} = \frac{s(30\text{ s}) - s(10\text{ s})}{30\text{ s} - 10\text{ s}} = \frac{50\text{ m} - 50\text{ m}}{30\text{ s} - 10\text{ s}}$$

$$= \frac{0\text{ m}}{20\text{ s}} = \mathbf{0\ \frac{m}{s}}.$$

Dies sieht man dem *t-s*-Diagramm auch direkt an: Der Ortswert bleibt konstant, der Aufzug steht.

Abschnitt 3: $v < 0$ im Zeitintervall [30 s; 45 s]. Jetzt gilt:

$$v_3 = \frac{\Delta s}{\Delta t} = \frac{s(45\text{ s}) - s(30\text{ s})}{45\text{ s} - 30\text{ s}} = \frac{0\text{ m} - 50\text{ m}}{45\text{ s} - 30\text{ s}}$$

$$= \frac{-50\text{ m}}{15\text{ s}} = \mathbf{-3\frac{1}{3}\ \frac{m}{s}}.$$

Die Geschwindigkeit ist jetzt negativ, ihr Betrag ist kleiner als im 1. Abschnitt. Der Aufzug fährt langsamer nach unten als nach oben.

Zurückgelegte Wege aus dem t-v-Diagramm **→ B3** :

Abschnitt 1: $\mathbf{\Delta s} = v \cdot \Delta t = 5\ \frac{\text{m}}{\text{s}} \cdot (10\text{ s} - 0\text{ s}) = \mathbf{50\ m}.$

Abschnitt 2: Die Geschwindigkeit ist null; der Aufzug erfährt keine Ortsveränderung: $\mathbf{\Delta s = 0}$.

Abschnitt 3: $\mathbf{\Delta s} = v \cdot \Delta t = -3\frac{1}{3}\ \frac{\text{m}}{\text{s}} \cdot (45\text{ s} - 30\text{ s})$

$= \mathbf{-50\ m}.$

Der Aufzug ist wieder unten angekommen.

A1 Ein Auto fährt 30 s mit $v_1 = 72$ km/h geradeaus, danach 48 s mit $v_2 = 36$ km/h weiter. Dann bleibt es 20 s lang stehen. Schließlich fährt es mit $v_3 = -54$ km/h an den Ausgangspunkt zurück. Zeichne dazu ein *t-s-* und ein *t-v*-Diagramm. Ermittle, wie lange die Rückfahrt dauert.

A2 Trage die Punkte aus der Tabelle in ein *t-s*-Diagramm ein und zeichne die Ausgleichsgerade. Bestimme die Geschwindigkeit.

t/s	0	1	2	3	4
s/m	0	4,2	7,9	11,7	16,3

A3 Im *t-s*-Diagramm **→ B4** siehst du zwei ansteigende Geraden, die steilere beginnt später.

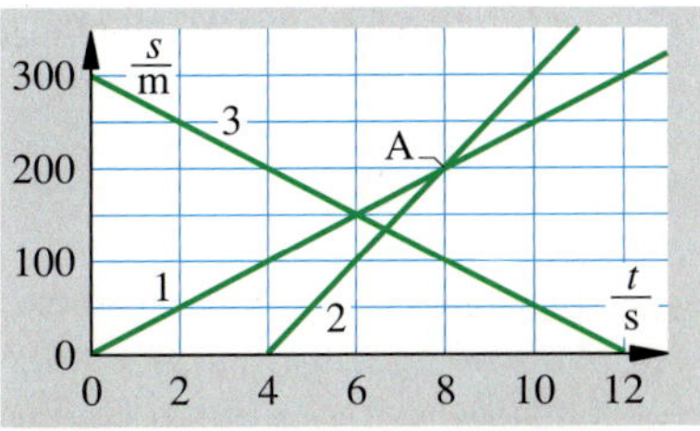

B4 *t-s*-Diagramm zu **→ A3**

a) Was bedeuten sie, wenn man an Autos denkt? Welche Geschwindigkeit haben diese? Was bedeutet der Schnittpunkt A? **b)** Interpretiere Gerade 3. Was bedeuten die Schnittpunkte mit den beiden anderen Geraden? **c)** Zeichne das *t-v*-Diagramm!

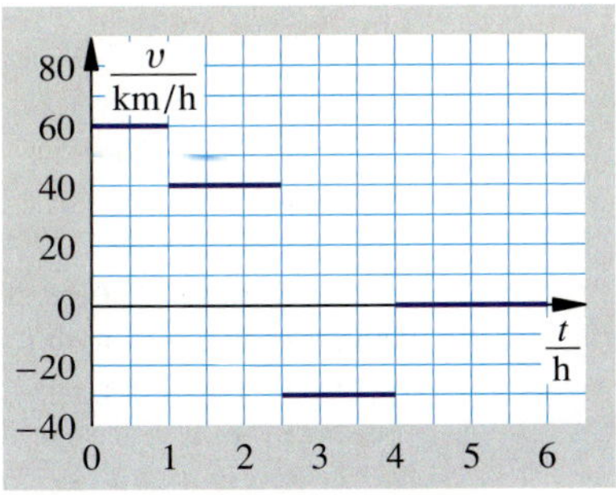

B5 *t-v*-Diagramm **→ A4**

A4 **a)** Interpretiere **→ B5** . Berechne die Ortsänderungen in den einzelnen Intervallen und insgesamt daraus den Zielort. Zeichne das zugehörige *t-s*-Diagramm ($s(0\text{ s}) = 0$ m). **b)** Ein anderes Fahrzeug fährt mit konstanter Geschwindigkeit direkt zum Zielort. Beide Fahrzeuge kommen gleichzeitig an. Berechne die Geschwindigkeit des zweiten Fahrzeugs.

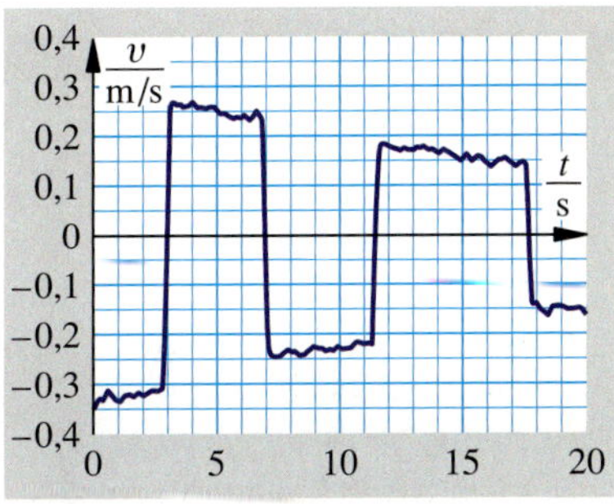

B6 *t-v*-Diagramm **→ A5**

A5 Ein Schlitten bewegt sich auf einer Luftkissenbahn. **→ B6** zeigt das mithilfe von Sensor und Computer gewonnene *t-v*-Diagramm.
a) Beschreibe die Bewegung.
b) Bestimme die mittleren Geschwindigkeitswerte in den einzelnen Bewegungsabschnitten.
c) Berechne die jeweils zurückgelegten Wege (Beachte dabei das Vorzeichen!).
Was fällt auf? Begründe, um welche Bewegung es sich handelt.

Die Momentangeschwindigkeit

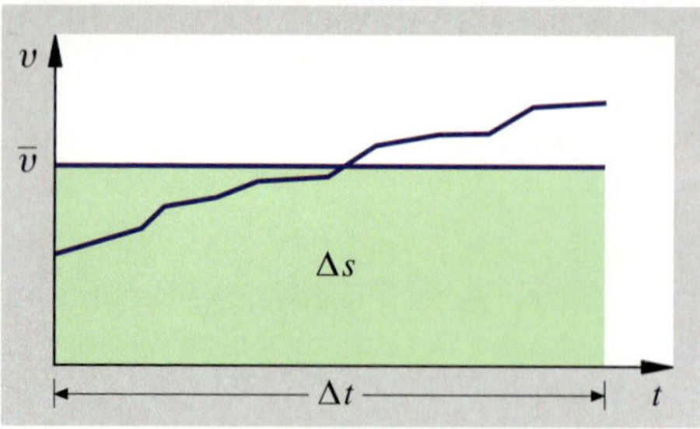

B1 t-v-Diagramm eines von Hand gezogenen Spielzeugautos. Im Durchschnitt fuhr es so schnell, wie die waagerechte Linie es widerspiegelt.

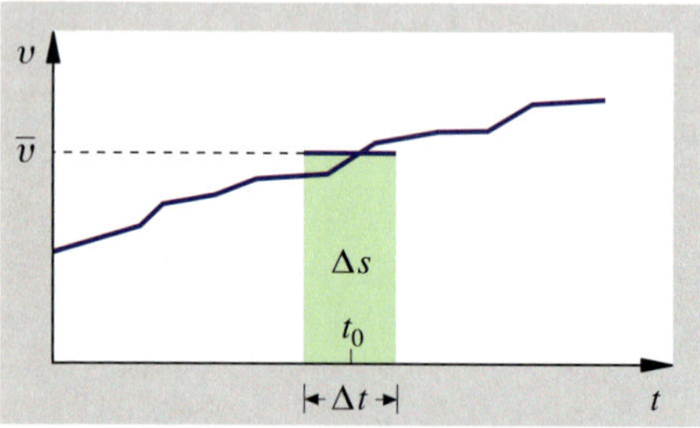

B2 Je kleiner Δt, desto kleiner ist die Abweichung der Durchschnittsgeschwindigkeit von jeder beliebigen Momentangeschwindigkeit im gleichen Zeitintervall.

Vertiefung

Näherungsüberlegung

Die Rechtecke zwischen Zeitachse und v-Kurve haben die Breite Δt. Ihre Fläche entspricht jeweils dem im Zeitintervall Δt zurückgelegten Wegstück (z. B. Δs_2) bei dort konstant angenommener Geschwindigkeit. Der wahre zurückgelegte Weg wird durch die Summe aller Rechteckflächen angenähert. Die Näherung ist umso besser, je kleiner Δt gewählt wird. Dabei nähert sich die Treppenfigur immer mehr der wahren Fläche unter der v-Kurve. Die Treppenfigur muss also das richtige Maß für den Gesamtweg sein.

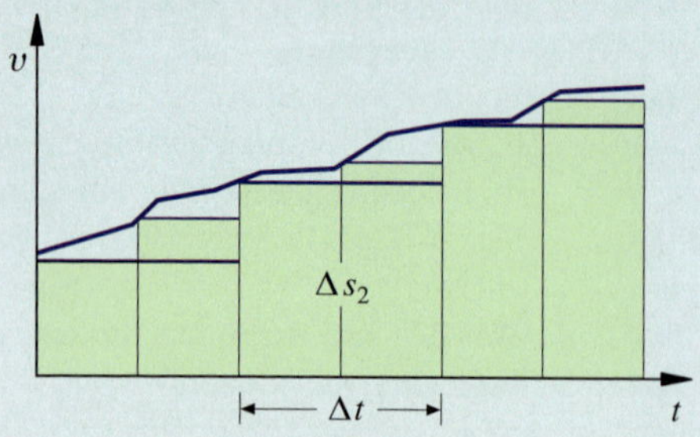

1. Durchschnittsgeschwindigkeit, eine Als-Ob-Aussage

Ein Autofahrer sagt, er habe von Hannover nach Bochum ($\Delta s = 240$ km) 3 Stunden gebraucht, er sei also „im Schnitt" 80 km/h gefahren. Trotz wechselnder Fahrweise rechnet er so, *als ob* er eine konstante Geschwindigkeit eingehalten hätte.

Wir ahmen die Fahrt nach. Dazu schieben wir ein Laborwägelchen von Hand über den Tisch. Mit einem Bewegungsmesswandler zeichnen wir die wechselnde Geschwindigkeit auf. Die Fläche unter der unregelmäßigen v-Kurve → **B1** entspricht dabei dem zurückgelegten Weg → **Vertiefung**.

Mit einem Motorwägelchen versuchen wir die „Teststrecke" in der gleichen Zeitspanne zu durchfahren. Im t-v-Diagramm → **B1** entsteht daraus die zur t-Achse parallele Linie. Bei richtig gewählter Geschwindigkeit ist die Rechteckfläche unter dieser Linie jetzt genauso groß wie die zuvor entstandene Fläche. Die *Durchschnittsgeschwindigkeit* $\overline{v} = \Delta s / \Delta t$ ist also die *konstante Ersatzgeschwindigkeit*, mit der man für die gleiche Strecke dieselbe Zeit gebraucht hätte.

2. Geschwindigkeit in einem Zeitpunkt?

Als Geschwindigkeit ist definiert: $v = \Delta s / \Delta t$. In einem Zeitpunkt kann der Ort noch nicht gewechselt worden sein, eine Geschwindigkeitsangabe erscheint sinnlos. Auch mathematisch ist $\Delta s / \Delta t$ für $\Delta t = 0$ nicht definiert. In einem Zeitpunkt kann v nicht gemessen werden.

Nun kennen wir aber Situationen, in denen eine solche Angabe dennoch gemacht wird. Denken wir an eine Autofahrt. Wir beobachten den Tacho. Zu jedem Zeitpunkt zeigt seine Nadel auf eine bestimmte Geschwindigkeit. Um Punkt 12 h ist z. B. die Geschwindigkeit genau 80 km/h. Geschwindigkeit also doch in einem Zeitpunkt, in einem Moment? Gibt es eine *Momentangeschwindigkeit*?

Nehmen wir den einfachsten Fall einer konstanten Geschwindigkeit. Hier können wir jedes Zeitintervall zur Bestimmung der Geschwindigkeit wählen, der Quotient $\Delta s / \Delta t$ ist ja immer gleich. So können wir ohne Widerspruch fordern: Die Geschwindigkeit in jedem Zeitpunkt soll die konstante Intervallgeschwindigkeit sein.

Bei nicht gleichförmiger Bewegung funktioniert das nicht mehr, da müssen wir uns schon mehr einfallen lassen. Hier orientieren wir uns an der Durchschnittsgeschwindigkeit in Intervallen. Für unregelmäßige v-Kurven wie in → **B2** zeigt sich, dass sich die mit einem Messwandler ermittelten Geschwindigkeiten in einem kleinen Zeitintervall nur wenig von der Durchschnittsgeschwindigkeit dort unterscheiden. Je kleiner wir dieses Intervall wählen, desto geringer werden die Unterschiede.

Wir wollen deshalb hier unter „Momentangeschwindigkeit" denjenigen Geschwindigkeitswert verstehen, dem sich die Durchschnittsgeschwindigkeit bei kleiner werdenden Messintervallen immer mehr nähert.

3. Momentangeschwindigkeit – genau genug gemessen

Es gibt eine raffinierte Methode, die Momentangeschwindigkeit eines beschleunigt bewegten Schlittens auf der Luftkissenbahn exakt zu ermitteln. Dazu stellt man am Ort s_0, an dem die Momentangeschwindigkeit v_{mom} gemessen werden soll, die beschleunigende Kraft ab **→ V1**. Nach dem Trägheitsgesetz bewegt sich der Schlitten jetzt mit der konstanten Geschwindigkeit $v_0 = v_{mom}$ weiter. Sie kann an jeder beliebigen Stelle der nachfolgenden Strecke bequem aus $\Delta s/\Delta t$ gemessen werden. Man benutzt dazu eine Lichtschranke (LS 2), die durch eine am Schlitten befestigte Blende unterbrochen wird. Dabei ist es völlig gleichgültig, wie breit diese ist – die Bewegung ist ja gleichförmig.

Nun bestimmen wir mit einer weiteren Lichtschranke (LS 1) die *mittlere* Geschwindigkeit $\overline{v}$ der *beschleunigten* Bewegung bis zur Marke s_0. Wir stellen dazu die Lichtschranke so auf, dass die Messstrecke Δs in s_0 endet. An der einen Lichtschranke wird jetzt also die mittlere Geschwindigkeit $\overline{v}$ im Intervall, an der anderen die Momentangeschwindigkeit v_0 gemessen. **→ V1** zeigt, wie sich $\overline{v}$ mit kleiner werdenden Δs und Δt zunehmend besser der immer gleichen Momentangeschwindigkeit v_0 anpasst.

Merksatz

In der Praxis finden wir die **Momentangeschwindigkeit** näherungsweise als Durchschnittsgeschwindigkeit in einem möglichst kleinen Zeitintervall.

Dies gilt bei beliebigen Bewegungen, konstanten, gleichmäßig schneller werdenden und auch bei ungleichmäßig verlaufenden Geschwindigkeiten. Die Dunkelzeitmessung mit Lichtschranken ist für einzelne Messpunkte also auch eine Alternative zur Benutzung eines Bewegungsmesswandlers – er macht es übrigens auch nicht anders.

4. Der Fahrtenschreiber notiert die Geschwindigkeiten

Für Lkw und Busse gibt es strenge gesetzliche Bestimmungen. Es sollen bestimmte Höchstgeschwindigkeiten eingehalten werden (z. B. 80 km/h auf Landstraßen). Zudem dürfen die Fahrer nur eine begrenzte Zeit hinter dem Steuer sitzen, ohne eine längere Pause einzulegen. Die Polizei kann beides anhand der Diagramme eines in den Wagen eingebauten Fahrtenschreibers ermitteln. Er registriert die Momentangeschwindigkeit über viele Stunden.

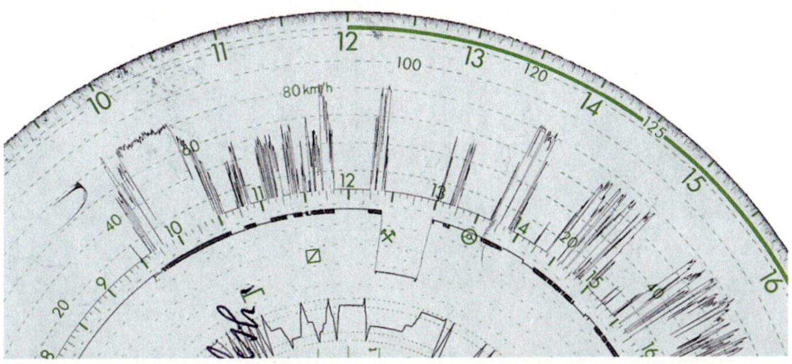

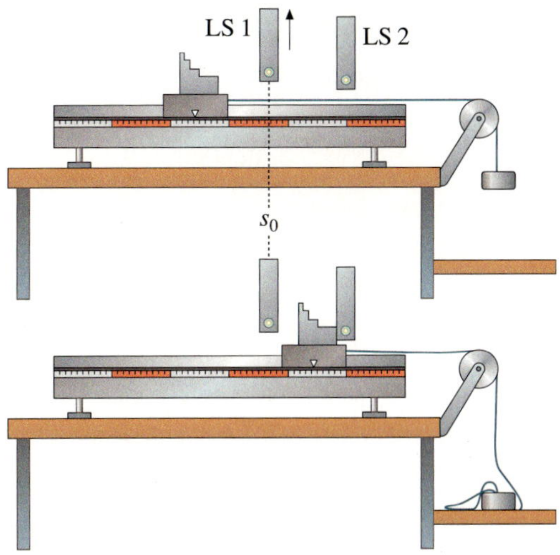

V1 Ein Schlitten auf waagerechter Luftkissenfahrbahn wird von einem kleinen Wägestück beschleunigt. Im Zeitpunkt t_0 hat die aufgesteckte Blende die erste Lichtschranke (LS 1) gerade vollständig passiert. Genau jetzt setzt das Wägestück auf, der Schlitten fährt gleichförmig weiter. Die Momentangeschwindigkeit v_0 des Schlittens zum Zeitpunkt t_0 ist „konserviert" und kann mit einer Dunkelzeitmessung an LS 2 ermittelt werden. Vor dem nächsten Versuch wird LS 1 etwas angehoben. Die nächste Durchschnittsgeschwindigkeit $\overline{v}$ wird nun mit schmalerer Blende (Breite Δs; ebenfalls Dunkelzeitmessung) ermittelt. Ergebnisse:

Δs in m	Δt in s	$\overline{v}$ in m/s	v_0 in m/s	Differenz in %
0,100	0,103	0,974	1,000	2,6
0,050	0,051	0,987	1,000	1,3
0,025	0,025	0,994	1,000	0,6
0,010	≈ 0,010	~ 1,000	1,000	0,0

A1 Bestimme aus dem Diagramm unten den in 6 Stunden zurückgelegten Weg. Wie groß war die Durchschnittsgeschwindigkeit? Vergleiche mit der größten Momentangeschwindigkeit.

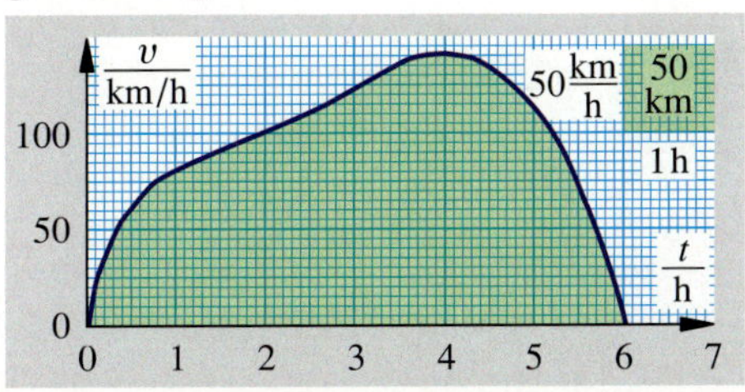

Interessantes

Verkehrsphysik I

Überholen erfordert Weit-Sicht

Viele Unfälle entstehen durch leichtsinniges Überholen. Eine Lücke vor dem Vordermann verleitet so manchen Fahrer, schnell auszuscheren und aufs Gaspedal zu treten. Aber der Überholweg ist länger als man glaubt: Der Sicherheitsabstand muss abgebaut werden, am Vordermann muss man vorbeifahren, ein neuer Sicherheitsabstand muss aufgebaut werden. Während dies alles abläuft, nähert sich gleichzeitig ein Fahrzeug aus der Gegenrichtung. Dessen Schnelligkeit ist zudem schwer einzuschätzen. Überholen will also wohl überlegt sein!

Überholvorgang im t-s-Diagramm

Wir untermauern unsere Überlegungen mit einem Beispiel. Ein Lastzug der Länge $L = 15$ m fährt mit $v_L = 54$ km/h $= 15$ m/s (→ **B1**, dunkelgrüne Gerade) vor sich hin. Ein Pkw ($l = 5$ m) folgt im „2-Sekunden-Abstand“ $a = 30$ m. Nach $t_1 = 3$ s überholt er den Lkw mit der jetzt größeren, konstanten Geschwindigkeit $v_P = 90$ km/h $= 25$ m/s. (Der Knick in der hellgrünen Linie bedeutet nicht etwa das Ausscheren auf die Gegenfahrbahn!) Erst nach Erreichen des Sicherheitsabstands a vor dem Lkw beendet der Pkw den Überholvorgang (Zeitpunkt $t_2 = 11$ s) und nimmt die ursprüngliche Geschwindigkeit wieder ein. Für das gesamte Manöver braucht er die Überholzeit $\Delta t_ü$ und legt auf der Gegenspur die Strecke $\Delta s_ü$ zurück. Dieser Überholweg $\Delta s_ü$ ist insgesamt 200 m lang → **Beispiel**!

Beispiel **Überholvorgang berechnet**

Wie lange dauert der Überholvorgang?

Während des Überholens legt der Pkw die Strecke $\Delta s_ü$ zurück. Wir drücken sie auf zwei Arten aus → **B1**:

$$\Delta s_ü = v_P \cdot \Delta t_ü \quad \text{und} \quad \Delta s_ü = 2a + L + l + v_L \cdot \Delta t_ü$$

Gleichsetzen und Umformen liefert die Überholzeit:

$$\Delta t_ü = \frac{2a + L + l}{v_P - v_L} = \frac{2 \cdot 30\text{ m} + 15\text{ m} + 5\text{ m}}{25\text{ m}\cdot\text{s}^{-1} - 15\text{ m}\cdot\text{s}^{-1}} = 8\text{ s}$$

Wie lang ist nun der Überholweg?

$\Delta s_ü = v_P \cdot \Delta t_ü = 25\text{ m}\cdot\text{s}^{-1} \cdot 8\text{ s} = 200\text{ m}$

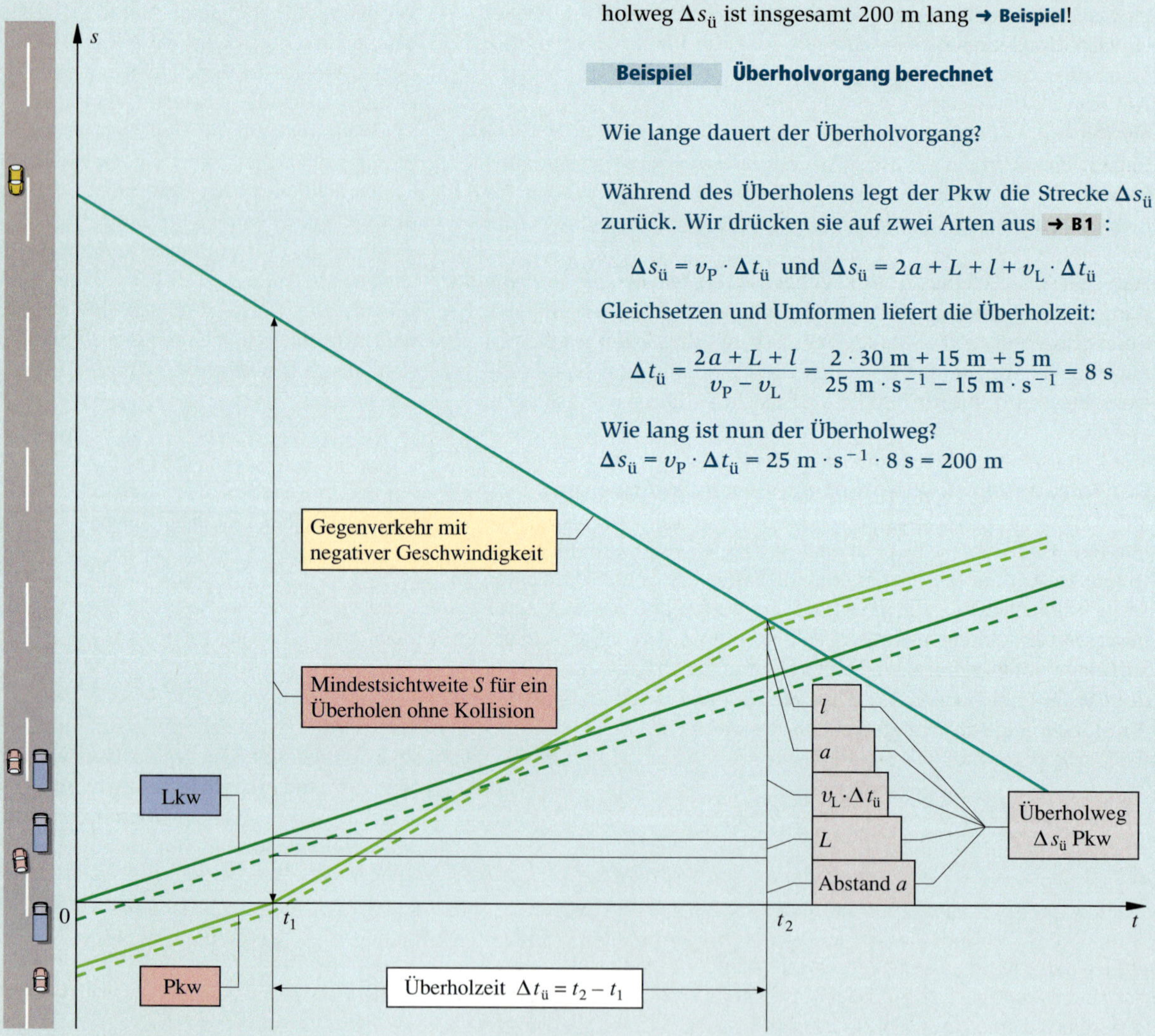

B1 *t-s*-Diagramm eines Überholvorgangs mit Gegenverkehr

Achtung: Gegenverkehr
Dem überholenden Pkw kommt ein anderes Auto mit $v_G = -108$ km/h $= -30$ m/s entgegen. Ab welchem Mindestabstand S von diesem Auto darf der Pkw nicht mehr zum Überholen ansetzen?

Zum Zeitpunkt t_1 → B1 ist der Pkw am Ort $s_ü = 0$, der Gegenverkehr hat den Ortswert $s_G = S$. Beide treffen sich zum Zeitpunkt t_2 am gleichen Ort $s_G(t_2) = s_ü(t_2)$. Für beide gilt:
Neuer Ort = alter Ort + Ortsänderung, also

$$S + \Delta s_G = 0 + \Delta s_ü.$$

Mit $\Delta s_G = v_G \cdot \Delta t_ü = -30\ \text{m/s} \cdot 8\ \text{s} = -240\ \text{m}$ und $\Delta s_ü = 200$ m folgt nun:

$$S = 0 + \Delta s_ü - \Delta s_G = 200\,\text{m} - (-240\ \text{m}) = 440\ \text{m}.$$

Ist die *Sichtweite* kleiner als S (Kurven, Kuppen, Nebel), so wird Überholen lebensgefährlich!

Kolonnenfahrt – „Zwei-Sekunden-Abstand"
→ B2 zeigt nicht etwa die Spuren von Motorrädern, die nach rechts oben aus dem Bild verschwanden. Vielmehr handelt es sich auch hier um *t-s-Diagramme*. In zeitlicher Abfolge sind die Positionen hintereinander fahrender Autos eingezeichnet. Zum Zeitpunkt $t = 0$ sind die Autos an der s-Achse aufgereiht. Lege einen Maßstab auf die s-Achse und verschiebe ihn von dort nach rechts bis zum Zeitpunkt $t = 2$ s. Dann kannst du die Positionen der Autos zu diesem Zeitpunkt und die *Kopfabstände* Δs zwischen ihnen ablesen. Sie betragen etwa 40 m.

Auf der t-Achse und den Parallelen zu ihr liest man die *Zeitlücken* Δt zwischen den Fahrzeugen ab. Diese misst eine Person P am Straßenrand bei $s = 120$ m zu $\Delta t \approx 2$ s. Hieraus berechnet man die Geschwindigkeit des ersten Autos zu $v_1 = \Delta s/\Delta t = 40\ \text{m}/2\ \text{s} = 20\ \text{m/s} = 72$ km/h. Mit diesem *Zwei-Sekunden-Abstand* kann relativ sicher gefahren werden. So bremst z. B. Fahrer 3 etwas ab. Sein t-s-Diagramm wird flacher. Doch schließt er dann wieder zum Vordermann auf. Diese Störung ist beim Fahrzeug 6 wieder vollständig abgeklungen. Ein *stabiler Verkehrsfluss* liegt vor.

Die Zeitlücken Δt zwischen den Fahrzeugen nach → B3 liegen unter 2 s. Das kurzzeitige Abbremsen von Fahrzeug 2 löst bei den nachfolgenden immer stärker werdende Reaktionen aus. Fahrzeug 4 findet zwar noch den Anschluss an die Kolonne; 5 bis 8 kommen aber zum Stehen und lösen einen *Verkehrsstau aus dem Nichts* aus. Der Verkehrsfluss ist wegen zu kurzer Zeit- und Weglücken *labil* und extrem gefährlich.

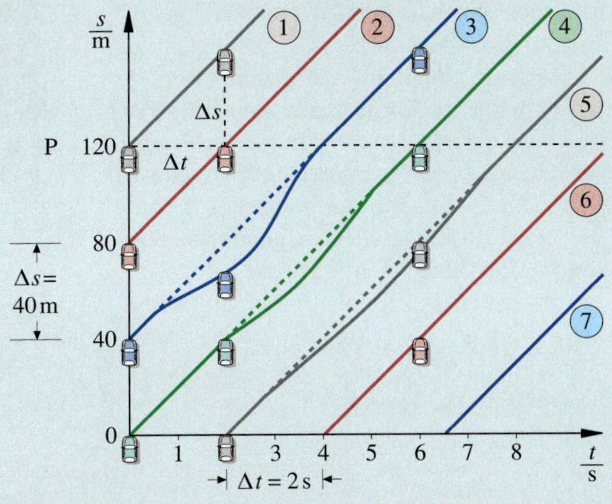

B2 *t-s*-Diagramm eines stabilen Verkehrsflusses

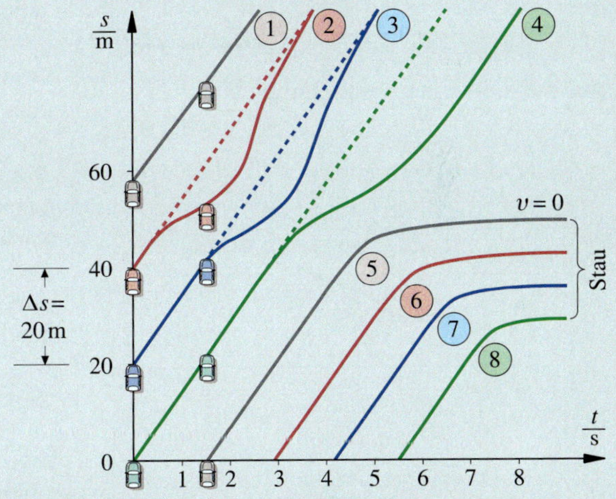

B3 *t-s*-Diagramm eines labilen Verkehrsflusses

A1 Lege ein Stück Pauspapier über die s-Achse von → B1 und zeichne die Positionen der drei Fahrzeuge für $t = 0$ ein.
Zeichne dann weiter rechts für fünf spätere Zeitpunkte neue Positionen der drei Fahrzeuge ein.

A2 **a)** Wie lange braucht ein Lkw ($v_1 = 60$ km/h), um einen anderen ($v_2 = 54$ km/h) zu überholen, wenn er bei $a = 20$ m Abstand ein- und ausschert und jeder $l = 10$ m lang ist? Wie lang ist der Überholweg?
b) Bei welcher Sichtweite S ist Überholen noch möglich, wenn der Gegenverkehr mit $v_3 = -108$ km/h fährt?

A3 Welches ist nach → B3 der kürzeste Abstand von Auto 3 und 4, wenn die Fahrzeuge je 4,5 m lang sind? Entspricht er dem kürzesten Abstand der gezeichneten Kurven?

V1 Eine etwa 20 m lange zweiadrige Litze wird anstelle des Lampendrahtes an die Lichtmaschine eines Fahrrades angeschlossen – zur Vorsicht in Höhe des Gepäckträgers mit Stecker und Kupplung als „Sollbruchstelle“. Das andere Ende führt zu einem t-y-Schreiber oder dem Interface eines Computers. Die bei der Drehung des Dynamomagneten entstehende Wechselspannung wird nach **→ B1** mit der Diode D gleichgerichtet und mit Kondensator C und Widerstand R geglättet.

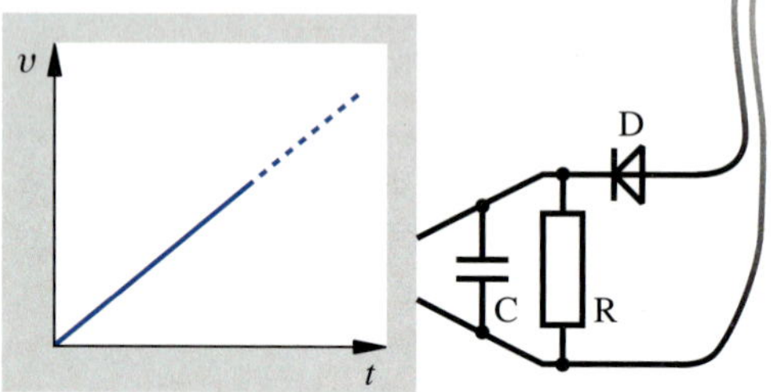

B1 Schaltbild zur Aufzeichnung von v

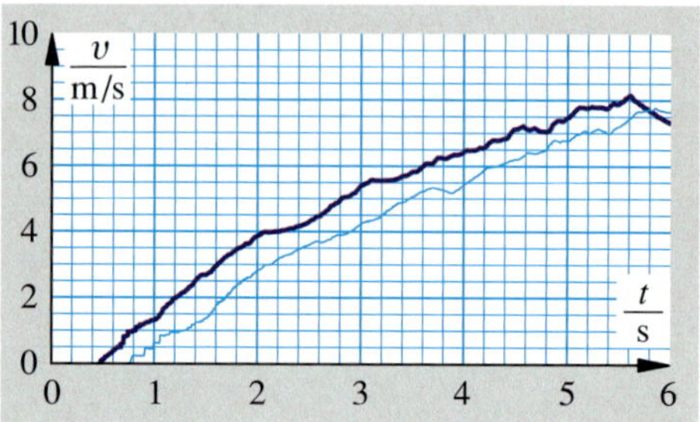

B2 Messkurven des anfahrenden Fahrrades (zwei Fahrten)

V2 Die Luftkissenbahn (**→ B4**) erhält ihre Neigung durch einseitiges Unterlegen eines Brettchens. Am oberen Ende wird der Gleiter von einem Elektromagneten festgehalten. Ein Knopfdruck unterbricht den Stromkreis, der Schlitten startet. Während der Fahrt misst ein Sensor kontinuierlich die Geschwindigkeit. Sein Signal wird von einem t-y-Schreiber oder Computer aufgezeichnet. Anstelle der kontinuierlichen Messung kann die Momentangeschwindigkeit auch mit einer Lichtschranke gemessen werden. Wird sie durchfahren, hält eine Uhr die Fahrzeit fest, eine andere die Verdunkelungsdauer. So bekommt man die Geschwindigkeit zu einem Zeitpunkt. Für weitere Messpunkte wiederholt man die Messung an einer anderen Stelle der Bahn.

B3 Mit dem Fahrraddynamo erfassen wir die Geschwindigkeit.

1. Jetzt geht's los – konstante Kraft voraus!

Wir starten ein Fahrrad aus dem Stand mit konstanter Kraft (immer tangential zum Pedalkreis; **→ V1**).

Nimmt die Geschwindigkeit dann nach einer einfachen Gesetzmäßigkeit zu? **→ B2** zeigt das Ergebnis zweier Starts. Es sieht so aus, als nähme die Geschwindigkeit proportional zur Zeit zu. Allerdings sind auch Abweichungen zu erkennen. Hat die Versuchsperson doch nicht mit konstanter Kraft getreten? Oder ist möglicherweise die erzeugte Spannung nicht proportional zur gefahrenen Geschwindigkeit?
Das müsste einmal überprüft werden. Wir wollen darauf nicht warten und gehen deshalb ins Labor.

2. Garantiert konstante Kraft auf der schiefen Ebene

Wir möchten genau wissen, was passiert, wenn auf einen Körper eine konstante Kraft in Bewegungsrichtung wirkt. Unter Laborbedingungen können wir für eine konstante Kraft garantieren.

Wir benutzen dazu eine Luftkissenfahrbahn **→ V2**. Durch Unterlegen eines etwa 2 cm dicken Brettchens neigen wir sie etwas. Die auf den Schlitten einwirkende Gewichtskraft erhält hierdurch eine Kraftkomponente in Bahnrichtung, die Hangabtriebskraft. Diese Kraft bleibt während des gesamten Versuches konstant. Auf Knopfdruck beginnt nun die „Talfahrt“ des Gleiters; er wird dabei schneller und schneller. Während der Fahrt wird seine Momentangeschwindigkeit zu mehreren Zeitpunkten gemessen.

Der Versuch wird anschließend mit größerer Fahrbahnneigung wiederholt (Unterlegen eines 4 cm dicken Klotzes). Je steiler die Bahn, desto größer ist die Hangabtriebskraft, also die konstante „schneller machende“ Kraft. Das Ergebnis der ersten Fahrt ist in **→ T1** wiedergegeben. Beide Versuche liefern schließlich die Messdiagramme in **→ B5**.

3. Eine konstante Kraft ergibt ein einfaches Gesetz

Die → **T1** wie auch das Diagramm → **B5** zeigen Folgendes:

Die Geschwindigkeit des Schlittens erhöht sich von Sekunde zu Sekunde um den gleichen Betrag $\Delta v \approx 0{,}2$ m/s.
Die Geschwindigkeitszunahme ist überraschenderweise schon in der ersten Sekunde genauso groß wie in einem späteren Zeitintervall.
Im doppelten Zeitintervall $\Delta t = 2$ s erhöht sich die Geschwindigkeitsänderung auf $\Delta v = 0{,}4$ m/s. Δv ist proportional zur Zeitdifferenz Δt. Der Quotient $\Delta v/\Delta t$ ist folglich bei der hier untersuchten Bewegung konstant.
Je stärker die einwirkende Kraft, desto größer ist der konstante Quotient $\Delta v/\Delta t$. Dies zeigt die obere Messkurve, die bei stärker geneigter Bahn aufgenommen wurde. In gleichen Zeitintervallen nimmt die Geschwindigkeit jetzt jeweils stärker zu als bei der ersten Messung.

Dieser (hier jeweils konstante) Quotient $\boldsymbol{a = \Delta v/\Delta t}$ gibt die Geschwindigkeitszunahme je Sekunde an und erhält deshalb die anschauliche Bezeichnung **Beschleunigung** (engl.: acceleration). Sie ist ein geeignetes Maß für das Schnellerwerden. Als Quotient $\Delta v/\Delta t$ hat sie die Maßeinheit $1\ \text{m}\cdot\text{s}^{-1}/\text{s}$ oder $1\ \text{m/s}^2 = 1\ \text{m}\cdot\text{s}^{-2}$.

Merksatz

Unter der **Beschleunigung *a*** versteht man den Quotienten aus der Geschwindigkeitsänderung Δv und der zugehörigen Zeitspanne Δt:

$$a = \frac{\Delta v}{\Delta t}.$$

Ihre Einheit ist: $[a] = \frac{[v]}{[t]} = \frac{1\ \text{m}\cdot\text{s}^{-1}}{1\ \text{s}} = 1\ \frac{\text{m}}{\text{s}^2}.$

GALILEI entdeckte die Gesetzmäßigkeit des Schnellerwerdens. Er ließ eine Kugel eine Holzrinne hinunterlaufen. Dabei konnte er die Hypothese der gleichmäßigen Zunahme der Geschwindigkeit mit der Zeit bestätigen. GALILEI sprach von einer „gleichmäßig beschleunigten Bewegung".

Merksatz

Wirkt eine konstante Kraft auf einen Körper, so bewegt er sich **gleichmäßig beschleunigt.** Die Geschwindigkeit wächst linear mit der Zeit, die Beschleunigung ist konstant.

Startet der Körper aus der Ruhe, so ist $a = v/t$.

Es gilt dann das **Zeit-Geschwindigkeit-Gesetz:**

$$\boldsymbol{v = at}.$$

Was war nun mit unserer Radfahrerin am Anfang dieses Kapitels? Könnte es sein, dass sie zu Beginn der Bewegung besonders kräftig in die Pedale trat, weil sie glaubte, das Fahrrad aus der Ruhe „reißen" zu müssen? Nun, wir haben mit unserem Experiment bewiesen, dass diese Vorstellung falsch ist.

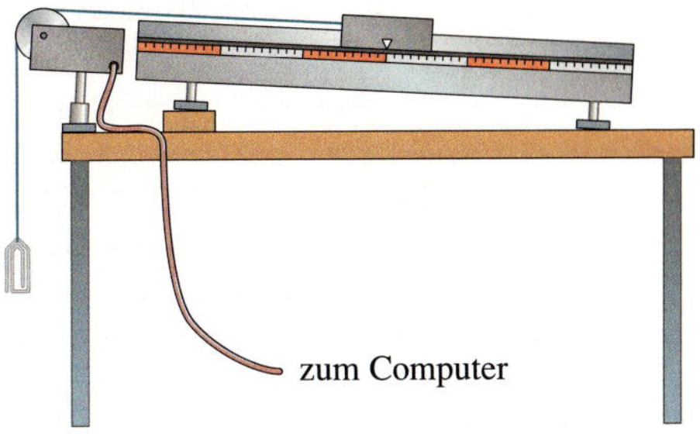

B4 Luftkissenbahn für Beschleunigungsversuch

Anfahrzeit *t* **in s**	**Geschwindigkeit** *v* **in m/s**	***v/t = a*** **in m/s²**
0	0	–
1	0,19	0,190
2	0,39	0,195
3	0,59	0,197

T1 Messwerte der beschleunigten Fahrt

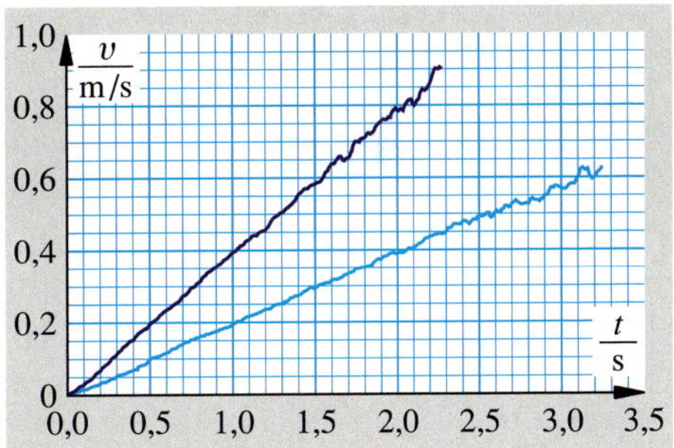

B5 *t*-*v*-Diagramme zweier Schlittenfahrten

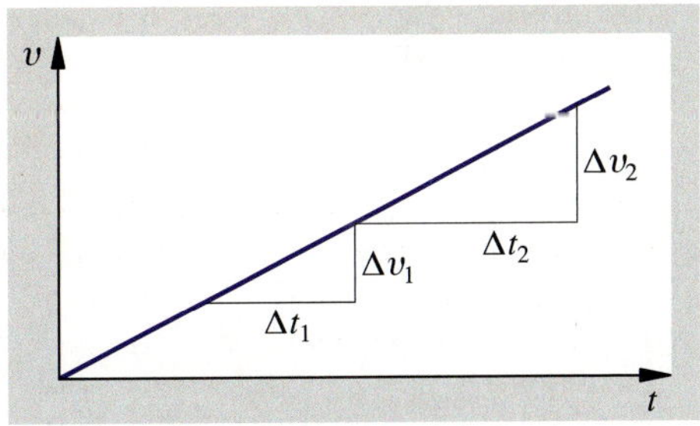

B6 Mithilfe von Steigungsdreiecken kann die Beschleunigung abgelesen werden.

A1 **a)** Deute das Diagramm in → **B5**. Sind dort die verschiedenen Bahnneigungen abgebildet? Wenn nicht, was bedeutet dann die steilere Gerade des zweiten Experiments?
b) Bestimme aus dem Diagramm → **B5** die Beschleunigung des Schlittens bei der größeren Bahnneigung.

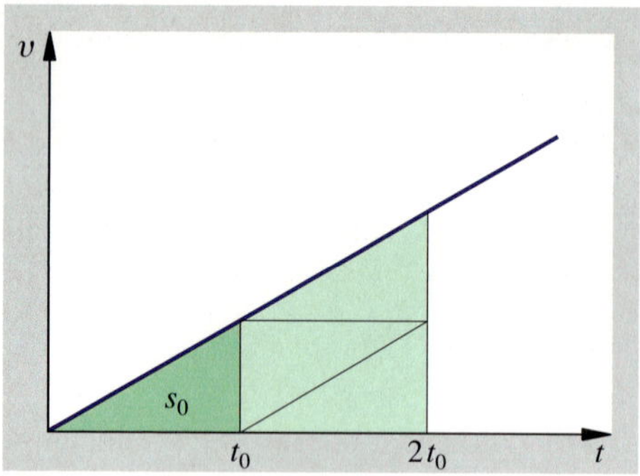

B1 Die Geschwindigkeit (blaue Gerade) wächst linear mit der Zeit. Der Weg (grüne Fläche) ist bei doppelter Zeit sogar viermal so groß, er wächst quadratisch mit der Zeit.

V1 Wir benutzen erneut die schräg gestellte Luftkissenfahrbahn, sodass auf den Schlitten eine konstante beschleunigende Kraft – die Hangabtriebskraft – einwirkt.
Wir starten den Schlitten aus der Ruhe – z. B. durch Lösen eines Haltemagneten. Gleichzeitig beginnt eine elektrische Uhr zu laufen. Nach einer bestimmten Fahrstrecke durchläuft der Schlitten eine Lichtschranke; dabei wird die Uhr gestoppt. Zeit und Ort werden notiert. Der Versuch wird bei verschiedenen Strecken wiederholt.
Natürlich kann das Experiment auch als kontinuierliche Messung mit einem Bewegungsmesswandler durchgeführt werden.
Im *t*-*s*-Diagramm **→ B2** erhalten wir in jedem Fall eine Parabel.
Wenn wir den Versuch bei größerem Neigungswinkel der Bahn wiederholen, ergibt sich wiederum eine Parabel. Sie ist jetzt aber steiler als vorher.

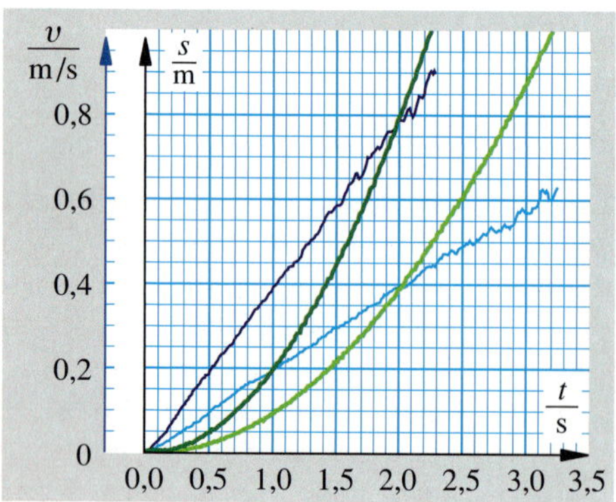

B2 Geschwindigkeit (blau) und Weg (grün) bei der gleichmäßig beschleunigten Bewegung

4. Die Geschwindigkeit wächst linear – der Weg sogar quadratisch

Bei der gleichförmigen Bewegung hatten wir festgestellt, dass im *t*-*v*-Diagramm die Fläche zwischen *v*-Graphen und Zeitachse dem zurückgelegten Weg entspricht. Später sahen wir, dass dies auch bei einer beliebigen Bewegung zutrifft. Also muss es auch bei einer gleichmäßig beschleunigten Bewegung gelten. Welche Gesetzmäßigkeit für den zurückgelegten Weg würden wir mit einer Flächenbetrachtung vorhersagen?

Wir probieren es. Dazu markieren wir zunächst die Fläche s_0 **→ B1** (dunkelgrün). Sie muss dem Weg entsprechen, der bis zur Zeit t_0 zurückgelegt wird. Bis zum Zeitpunkt $2\,t_0$ kommt als Maß für den Weg noch die hellgrüne Fläche hinzu. Der Gesamtweg ist jetzt $4\,s_0$. Zeit *und* Geschwindigkeit sind ja jeweils auf das Doppelte angestiegen.

So wächst der Weg nach unserer Überlegung weiter:

Zeit	0	$1\,t_0$	$2\,t_0$	$3\,t_0$	$4\,t_0$
Weg	0	$1\,s_0$	$4\,s_0$	$9\,s_0$	$16\,s_0$

Der Weg wächst quadratisch mit der Zeit. Demnach müsste gelten:

$$s(t) \sim t^2, \quad \text{bzw.} \quad s(t) = \text{konst.} \cdot t^2.$$

Wie groß ist die Konstante? Sie muss mit der Größe der Beschleunigung zusammenhängen, denn je steiler die *v*-Kurve, desto größer ist die Fläche unter der Kurve und damit der zurückgelegte Weg. Berechnen wir diese Dreiecksfläche:

$$s(t) = \frac{1}{2} \cdot t \cdot v(t) = \frac{1}{2} \cdot t \cdot (a \cdot t) = \frac{1}{2} \cdot a \cdot t^2$$

(es gilt die Geradengleichung $v(t) = a \cdot t$ mit dem Steigungsfaktor a).

Wir sind zwar ziemlich sicher, dass unsere Überlegungen stimmen und der zurückgelegte Weg quadratisch mit der Zeit wächst. Vorsichtshalber überprüfen wir unsere Vorhersage aber noch in einem Experiment **→ V1**. Der Versuch bestätigt unsere Hypothese, **→ B2** zeigt das Ergebnis. Einige Messwerte haben wir herausgeschrieben und die Beschleunigung $a = 2\,s/t^2$ daraus berechnet – sie ist im Rahmen der Messgenauigkeit konstant:

t in s	0	1,03	1,44	1,76	2,02	2,27	2,48	2,68
s in m	0	0,1	0,2	0,3	0,4	0,5	0,6	0,7
$\boldsymbol{a = 2s/t^2}$ **in m/s²**	–	0,19	0,19	0,19	0,20	0,19	0,20	0,20

Merksatz

Das *Zeit-Weg-Diagramm* einer gleichmäßig beschleunigten Bewegung ist eine *Parabel*. Je größer die einwirkende Kraft, desto steiler ist die Parabel.

Das **Zeit-Weg-Gesetz** für die vom Startpunkt ($t = 0$; $s = 0$; $v = 0$) aus zurückgelegten Wege lautet:

$$\boldsymbol{s = \frac{1}{2} a t^2.}$$

5. Das Geschwindigkeit-Weg-Gesetz

Du trittst bei deinem Rad kräftig in die Pedale und erreichst nach $s = 45$ m Anfahrweg die Geschwindigkeit $v = 30$ km/h $= 8{,}3$ m/s. Weder mit $v = at$ noch mit $s = \frac{1}{2}at^2$ allein kannst du deine Beschleunigung a berechnen, da du die Anfahrzeit t nicht gemessen hast.

Nehmen wir an, dass du mit konstanter Beschleunigung gefahren bist. Mit $v = at$ folgt dann $t = v/a$. Dies setzen wir in $s = \frac{1}{2}at^2$ ein. Wir erhalten so die von t freie Beziehung $s = v^2/(2a)$. Aus ihr folgt $a = v^2/(2s) = 0{,}77$ m/s². Die Anfahrzeit t kannst du nachträglich zu $t = v/a \approx 11$ s berechnen.

Merksatz

Das **Geschwindigkeit-Weg-Gesetz** lautet: $s = \dfrac{v^2}{2a}$.

Beispiel **Musteraufgaben**

1. Geschwindigkeit und Zeit sind bekannt. **$v, t \Rightarrow s$**
Wie groß ist der zurückgelegte Weg?
Nach 3 Sekunden erreicht ein Fahrzeug die Geschwindigkeit 0,52 m/s. Wir berechnen daraus zunächst den Beschleunigungswert. Nach dem t-v-Gesetz ist $a = v/t = (0{,}52\ \text{m} \cdot \text{s}^{-1})/3\ \text{s} = 0{,}173\ \text{m} \cdot \text{s}^{-2}$.
Wie groß ist der in 3 s zurückgelegte Weg?

Lösung: Es gilt $s(t) = \dfrac{1}{2}at^2$, also

$s(3\ \text{s}) = 0{,}5 \cdot 0{,}173\ \text{m} \cdot \text{s}^{-2} \cdot (3\ \text{s})^2 = \mathbf{0{,}78\ m.}$

2. Weg und Zeit sind bekannt. **$s, t \Rightarrow a$**
Wie groß ist die Beschleunigung?
Eine Radfahrerin startet gleichmäßig beschleunigt aus dem Stand. Nach 5 s hat sie 20 m zurückgelegt.

Lösung: Es gilt $s(t) = \frac{1}{2}at^2$, nach a aufgelöst ergibt $a = 2s(t)/t^2$, also $\mathbf{a} = 2 \cdot 20\ \text{m}/(5\ \text{s})^2 = \mathbf{1{,}6\ m \cdot s^{-2}}$.

Vertiefung

Eine Besonderheit bei gleichmäßiger Beschleunigung
Bei einer gleichmäßig beschleunigten Bewegung ist die mittlere Geschwindigkeit in einem Zeitintervall genauso groß wie die Momentangeschwindigkeit in der Mitte des Zeitintervalls.
Erkläre dies mithilfe der Zeichnung.

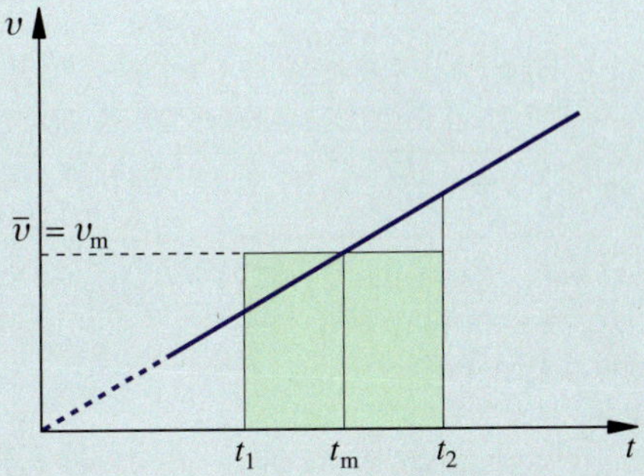

A1 Bei der Registrierung einer Bewegung mit einer Funkenstreckenfahrbahn entstand folgendes Bild ($t_1 = 13/50$ s; $t_2 = 17/50$ s):

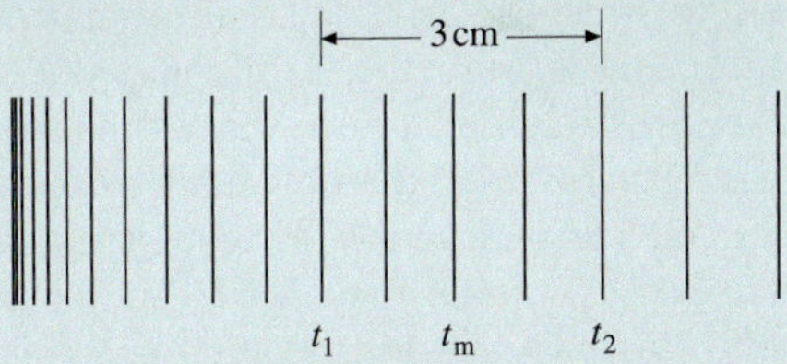

Ermittle die Momentangeschwindigkeit im Zeitpunkt t_m. Bestimme dann die (konstante) Beschleunigung. An welchem Ort $s(t_m)$ befand sich der Wagen zum Zeitpunkt t_m?

A2 **a)** Ein Auto fährt mit der konstanten Beschleunigung 2 m/s² an. Wie schnell ist es nach 3 s? Welchen Weg hat es dann zurückgelegt? **b)** Wie weit bewegt es sich in den nächsten 5 s, wenn man nach 3 s Anfahrzeit die beschleunigende Kraft wegnimmt (ohne Reibung)? **c)** Zeichne das t-v- und das t-s-Diagramm dieser Bewegung.

A3 Ein Zug erreicht aus der Ruhe nach 10 s die Geschwindigkeit 5 m/s. Bestimme seine Beschleunigung. Wie weit ist er gefahren?

A4 Ein mit konstanter Kraft anfahrender Wagen kommt in den ersten 12 s 133 m weit. Berechne seine Beschleunigung und Geschwindigkeit nach 12 s.

A5 **→ B2** zeigt zwei t-s- und t-v-Graphen für unterschiedliche Beschleunigungen. Wie groß sind die Beschleunigungen? Wie groß sind die zurückgelegten Wege nach 1 s, 2 s bei beiden Bewegungen (jeweils Ermittlung auf zwei Arten)?

A6 Ein Pfeil wird von der Sehne eines Bogens auf einer Strecke von 0,6 m beschleunigt. Er erreicht eine Geschwindigkeit von 60 m/s.
a) Begründe, weshalb die Beschleunigung nicht konstant ist. Wie groß ist die mittlere, konstant angenommene Beschleunigung? **b)** Wie lange dauert der Beschleunigungsvorgang?

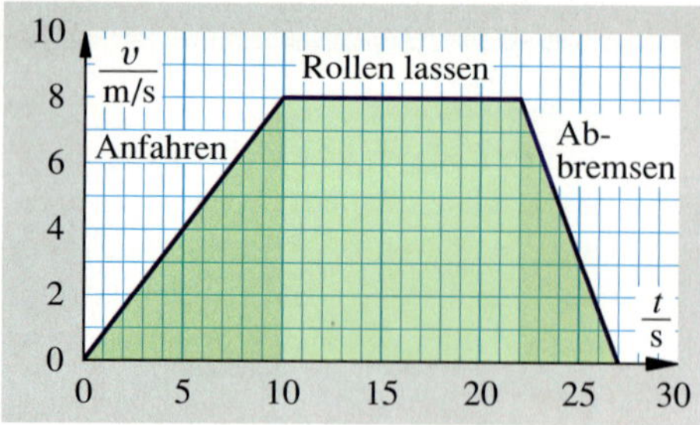

B1 t-v-Diagramm einer Radfahrt

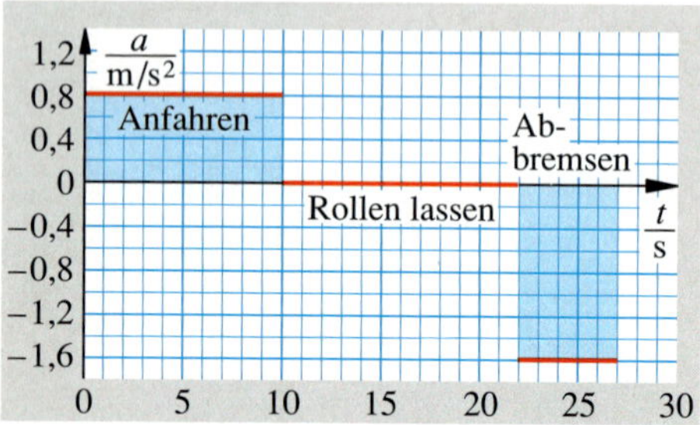

B2 t-a-Diagramm zu → **B1**

V1 Führe in einem Projekt den Versuch selbst durch. Benutze die Schaltung aus dem Fahrradversuch zu Beginn des Kapitels. Ersatzweise kannst du auch die Frequenz der vom Dynamo abgegebenen Wechselspannung als Geschwindigkeitsmaß auswerten. Beschleunige zunächst aus der Ruhe. Vor dem Abbremsen lass das Fahrrad eine Weile rollen, ohne zu treten. Bestimme aus dem Diagramm für die einzelnen Intervalle Wege, Geschwindigkeiten und Beschleunigungen.

V2 Ein Gleiter mit Bewegungsmesswandler wird auf eine nach links abfallende Luftkissenbahn gesetzt. Der Gleiter erhält anfangs einen Anstoß nach rechts (positiv gewählte Richtung), sodass er die Bahn hinaufläuft. Danach wird er sich selbst überlassen. Es entstehen die Diagramme in → **B4**.

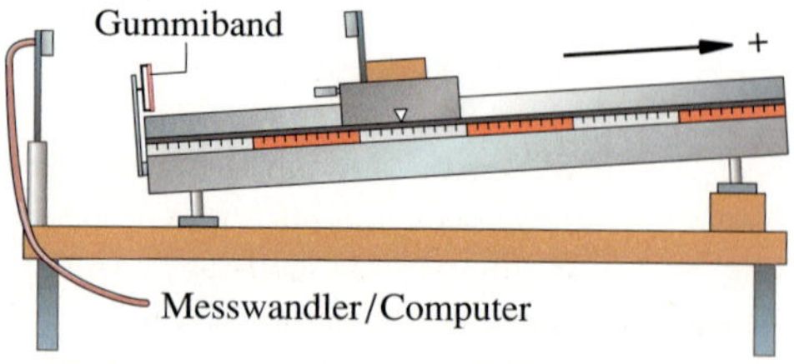

B3 Versuchsaufbau zu → **V2**

6. Negative Beschleunigungen gibt es auch

Dein Fahrrad habe einen Fahrtenschreiber – zum Beispiel einen Tachogenerator, der ein t-v-Diagramm aufzeichnet → **V1**. → **B1** gibt es für eine längere Fahrt in idealisierter Form wieder. Es zeigt:

Im Zeitraum zwischen 0 s und 10 s hast du gleichmäßig aus der Ruhe auf $v = 8$ m/s beschleunigt. Deine Beschleunigung war

$$a = \frac{\Delta v_1}{\Delta t_1} = \frac{v(10\text{ s}) - v(0\text{ s})}{10\text{ s} - 0\text{ s}} = \frac{8\text{ m/s}}{10\text{ s}} = 0{,}8\,\frac{\text{m}}{\text{s}^2}.$$

Den in dieser Beschleunigungsphase zurückgelegten Weg Δs_1 lesen wir aus der linken dunkelgrünen Dreiecksfläche ab:

$$\Delta s_1 = \frac{1}{2}\cdot v \cdot \Delta t_1 = \frac{1}{2}\cdot 8\,\frac{\text{m}}{\text{s}}\cdot(10\text{ s} - 0\text{ s}) = 40\text{ m}.$$

Anmerkung: Die Beschleunigung geschieht aus der Ruhe, deshalb könnten wir auch mit dem Zeit-Weg-Gesetz argumentieren:

$$s_1 = \frac{1}{2}\cdot a_1 \cdot t_1^2 = \frac{1}{2}\cdot 0{,}8\,\frac{\text{m}}{\text{s}^2}\cdot(10\text{ s})^2 = 40\text{ m}.$$

Anschließend bist du $\Delta t_2 = 12$ s lang gleichmäßig mit $v = 8$ m/s weitergefahren und hast das Wegstück $\Delta s_2 = v \cdot \Delta t_2 = 96$ m zurückgelegt (hellgrüne Rechtecksfläche in → **B1**).

Im dritten Intervall von 22 s bis 27 s, also in $\Delta t_3 = 5$ s, sank deine Geschwindigkeit gleichmäßig von 8 m/s auf 0 m/s. Dabei hast du den Weg Δs_3 gemäß der rechten dunkelgrünen Dreiecksfläche zurückgelegt:

$$\Delta s_3 = \frac{1}{2}\cdot v \cdot \Delta t_3 = \frac{1}{2}\cdot 8\,\frac{\text{m}}{\text{s}}\cdot(27\text{ s} - 22\text{ s}) = 20\text{ m}.$$

Die gesamte Wegstrecke war also:

$$s = \Delta s_1 + \Delta s_2 + \Delta s_3 = 156\text{ m}.$$

Im dritten Zeitabschnitt wurde aus der Geschwindigkeit 8 m/s auf 0 m/s abgebremst durch eine Kraft, die der positiven Ortsachse entgegengerichtet war. Wie groß war die Beschleunigung in diesem Zeitintervall?

$$a = \frac{\Delta v_3}{\Delta t_3} = \frac{v(27\text{ s}) - v(22\text{ s})}{27\text{ s} - 22\text{ s}}$$

$$= \frac{0\text{ m/s} - 8\text{ m/s}}{27\text{ s} - 22\text{ s}} = \frac{-8\text{ m/s}}{5\text{ s}} = -1{,}6\,\frac{\text{m}}{\text{s}^2}.$$

Der Beschleunigungswert ist *negativ*! Deshalb liegt für das dritte Zeitintervall die (blaue) Geschwindigkeitsfläche $\Delta v = a \cdot \Delta t$ im t-a-Diagramm unter der t-Achse → **B2** also im negativen Bereich.

Merksatz

Ein Abbremsen von einer größeren Geschwindigkeit auf eine kleinere Geschwindigkeit bedeutet negative Beschleunigung.
Allgemein: Wirkt eine Kraft gegen die positiv gewählte Ortsachse, so entsteht eine negative Beschleunigung.

Die Beschleunigung $\vec{a}$ ist wie die Kraft $\vec{F}$ ein Vektor. □

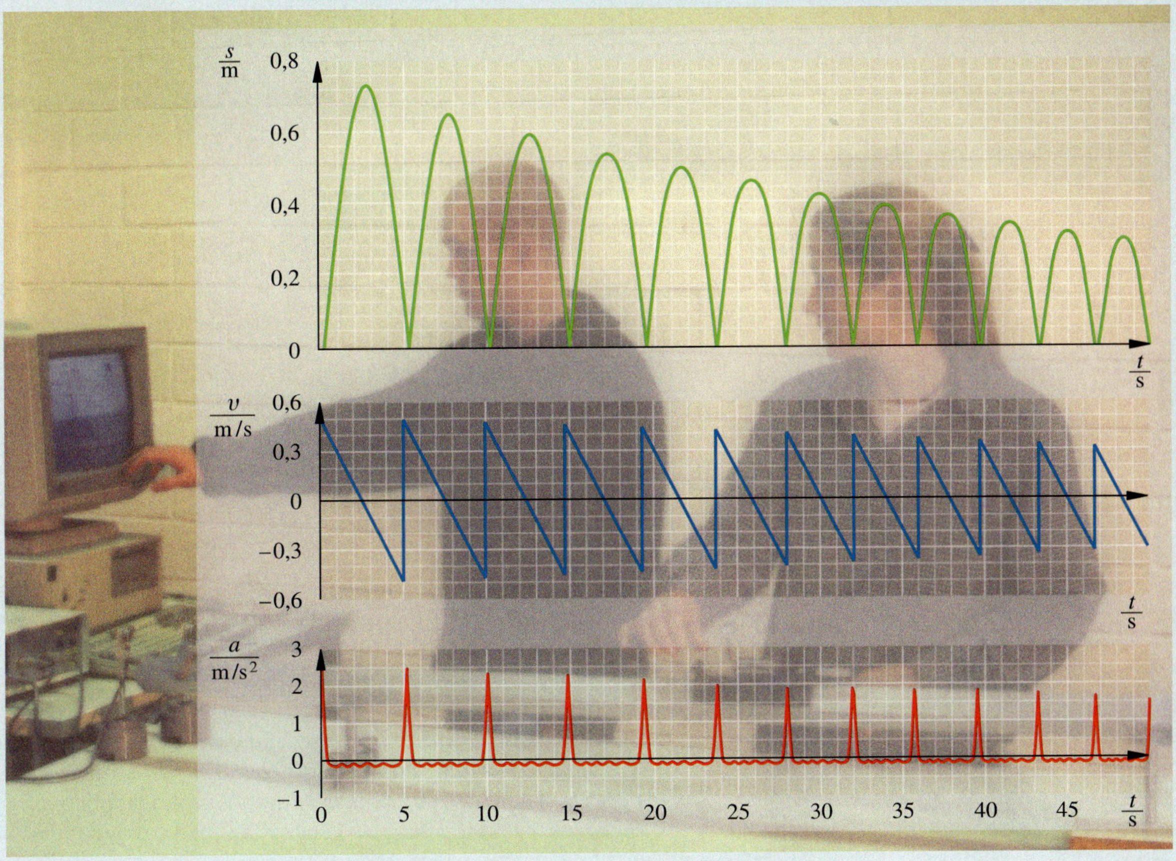

B4 *t-s-*, *t-v-* und *t-a*-Diagramm eines Gleiters auf schief gestellter Luftkissenfahrbahn. Am unteren Ende erfolgt eine Reflexion.

Springender Ball und ähnliche Bewegungen

Die Schülerin in → **B4** stößt den Gleiter die nach rechts ansteigende Fahrbahn hinauf und überlässt ihn dann sich selbst → **V2**. Was geschieht im folgenden Zeitraum?

Der Gleiter wird langsamer, es zieht an ihm ja jetzt dauernd eine konstante Kraft die Fahrbahn hinab nach links und damit *gegen* die als positiv gewählte Bewegungsrichtung. Die Messkurve → **B4** bestätigt, dass v linear mit der Zeit abnimmt – konstante negative Beschleunigung bei negativer Kraft liegt also vor! Entsprechend flacht die *t-s*-Kurve ab – bis zum Scheitelpunkt der Parabel etwa 2,5 s nach dem Start.

Zu diesem Zeitpunkt kommt der Gleiter zur Ruhe ($v = 0$). Aber sofort geht es weiter, jetzt jedoch die Fahrbahn wieder herunter. Der Gleiter läuft nun nach links, er hat jetzt also negative Geschwindigkeitswerte (in *t-v*-Diagramm unterhalb der *t*-Achse)! Wird der Schlitten schneller? Sicherlich, aber nimmt sein Geschwindigkeitswert v zu?

Nein, er nimmt weiter in gleichem Maße ab, also von 0 m/s über −0,1 m/s, auf −0,2 m/s usw. Die Beschleunigung bleibt konstant negativ. Wir sehen es an der geradlinig weiterlaufenden Messkurve für die Geschwindigkeit v und an dem konstant negativen Wert von a im *t-a*-Diagramm → **B4**. Die gesamte Bewegung des Gleiters – Bahn hinauf, Bahn hinunter (bei bekanntem Startpunkt und bekannter Anfangsgeschwindigkeit) – wird eindeutig durch die negative Beschleunigung gekennzeichnet, und diese Beschleunigung ist eine Folge der negativen Kraft.

Negative Beschleunigung bedeutet nicht unbedingt bremsen! „Schneller werden" kann auch bei negativer Geschwindigkeit erfolgen, deren Betrag dann steigt.

Dramatisches passiert nach etwa 5 s in allen drei Kurven und wiederholt sich danach in etwas kürzer werdenden Abständen. Hast du dafür eine Erklärung? Erkläre auch die Folge von Parabelbögen im *t-s*-Graphen

Die Grundgleichung der Mechanik

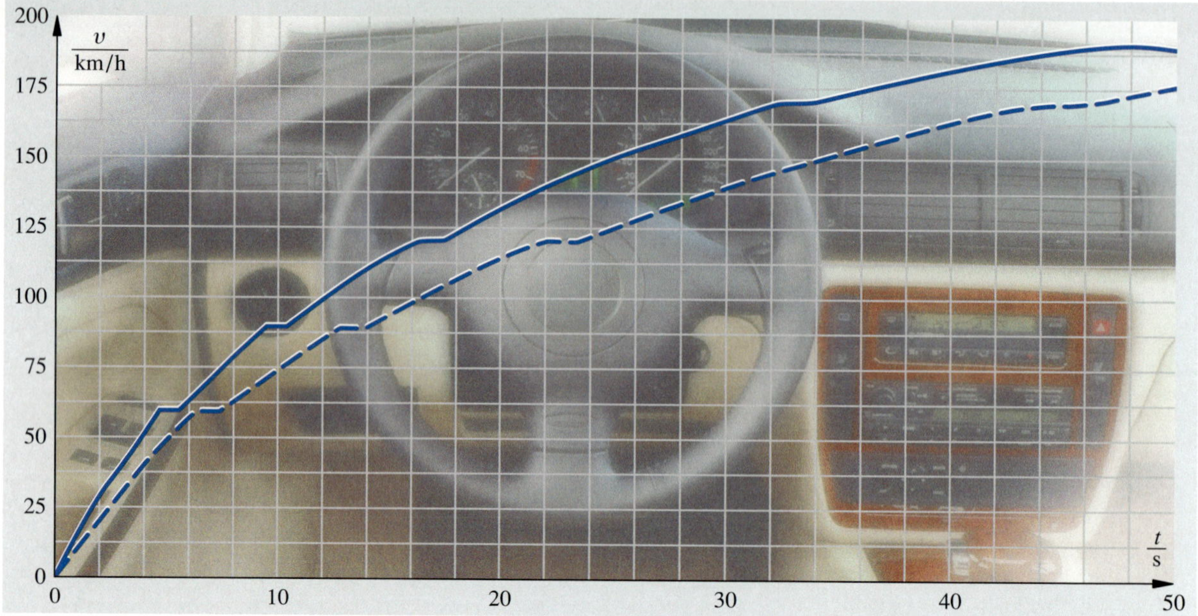

B1 *t-v*-Diagramm eines startenden Pkw mit fünf Gängen. Zweite Fahrt (gestrichelte Linie) mit voller Beladung.

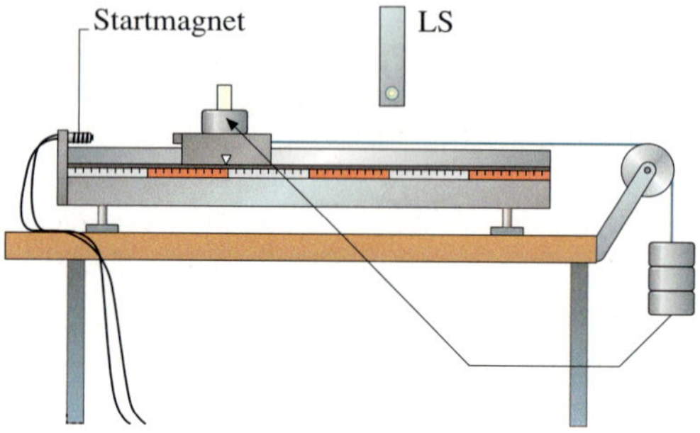

B2 In aufeinander folgenden Versuchen → **V1** wird das Fahrzeug durch verschiedene Kräfte beschleunigt. Die Masse bleibt unverändert. Eine *t-s*-Messung liefert die jeweilige Beschleunigung nach $s = \frac{1}{2} a t^2$.

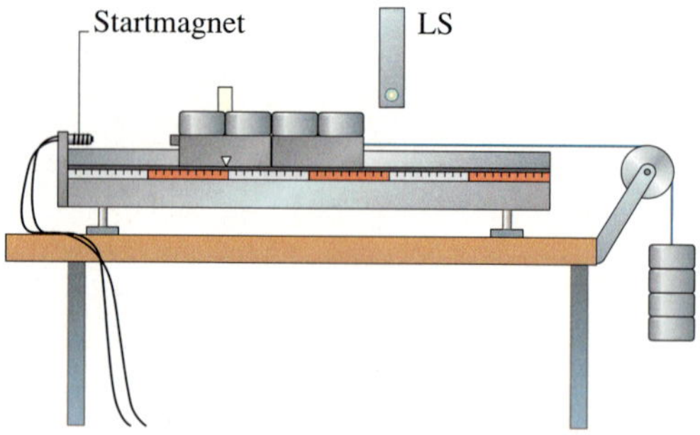

B3 Größere Masse benötigt größere Kraft, wenn die Beschleunigung gleich bleiben soll.

1. Die zentrale Frage an die Mechanik

Schau dir das Fahrtendiagramm des startenden Pkw an → **B1**. Viermal verharrt das Auto kurz in seinem jeweiligen Bewegungszustand. Dies geschieht immer dann, wenn der Fahrer gerade umschaltet. In dieser Zeit fehlt die beschleunigende Kraft, und das Auto fährt aufgrund seiner Trägheit gleichförmig weiter.

Betrachten wir nun die Beschleunigungsphasen des unbeladenen Autos in den ersten zwei Gängen. Am größten ist die Steigung des *t-v*-Graphen – also die Beschleunigung – im ersten Gang. Dort ist auch die wirkende Kraft am größten.

Beim Fahrrad ist es genauso. Wenn eine große Kraft erforderlich ist, legt man auch bei ihm den ersten Gang ein. Für uns ergibt sich eine erste Frage, die wir im Labor klären wollen:

Frage (A): Wie hängt die nötige Kraft F bei ein und demselben Fahrzeug von der gewünschten Beschleunigung a ab?

Die Antwort auf diese Frage gilt auch für das beladene Fahrzeug. Allerdings sind in gleichen Gängen jetzt die Beschleunigungswerte kleiner als vorher → **B1** (gestrichelte Linie). Wollte man hier zum Beispiel im ersten Gang genauso rasant beschleunigen wie vorher, so müsste man schon die Kraft erhöhen, also einen stärkeren Motor einbauen. Es ergibt sich die nächste wichtige Frage:

Frage (B): Wie hängt die Kraft F vom Fahrzeug und seiner Beladung ab, wenn sich die Beschleunigung nicht ändern soll?

Mit diesen beiden Fragen wollen wir uns im Folgenden beschäftigen. Später wird noch zu klären sein, wieso die t-v-Abschnitte in den höheren Gängen nicht mehr linear verlaufen, und wieso eine bestimmte „Höchstgeschwindigkeit" nicht überschritten wird.

2. Große Kraft – schneller Spurt (zu Frage A)

Arbeitsgruppe A weiß aus früheren Experimenten, dass eine konstante beschleunigende Kraft F einem Körper auch konstante Beschleunigung a erteilt. Um sie zu ermitteln, genügt also jeweils eine einzige Zeit-Weg-Messung ➜ V1. Nach jeder Messung wird die Kraft F geändert. Es ergeben sich folgende Messwerte:

F in N	0,08	0,06	0,04	0,02
a in m/s²	0,392	0,294	0,196	0,098

Bei gleich bleibender Masse ist bei n-facher Kraft die Beschleunigung also ebenfalls n-mal so groß.

Merksatz

Die Beschleunigung a, die ein bestimmter Körper erfährt, ist der an ihm angreifenden Kraft F proportional:

$$F \sim a.$$

3. Große Masse – träger Spurt (zu Frage B)

Hängt die zum Beschleunigen nötige Kraft auch von der *Gewichtskraft des Wagens* ab? Man braucht schließlich eine viel größere Kraft, um einen beladenen Wagen mit *gleicher Beschleunigung* anzuschieben wie einen leeren. Gegen diese Ansicht spricht:

a) Die am Schlitten nach unten ziehende Gewichtskraft wird vom Luftkissen der waagerechten Schiene durch eine Kraft nach oben ausgeglichen. Also hat die Gewichtskraft des Schlittens keinen Einfluss auf die Beschleunigung längs der horizontalen Bahn.

b) Das sich beim Beschleunigen zeigende *Trägsein* ist etwas anderes als das *Schwersein*. Auch im schwerefreien Raum brauchen Raketen zum Beschleunigen Kräfte, die umso größer sein müssen, je mehr sie geladen haben – obwohl sie dort nichts wiegen! Eine Kollision zweier Raumschiffe führt auch im All zu Unfallschäden ➜ B4. Die Körper sind auch dort *träge*.

Wird das *Trägsein* eines Körpers allein mithilfe der vom Ort unabhängigen *Masse* beschrieben? Gruppe B prüft deshalb, ob Körper *doppelter Masse* für die gleiche Beschleunigung die doppelte Kraft brauchen, d.h. ob sie auch *doppelt so träge* sind. Die Gruppe führt ➜ V2 durch. Dieser bestätigt die Vermutung.

Merksatz

Die Kraft F, die man zu einer bestimmten Beschleunigung braucht, ist der Masse m des zu beschleunigenden Körpers proportional:

$$F \sim m.$$

V1 **a)** Auf der Luftkissenbahn (➜ B2; Reibung durch Neigen ausgeglichen) wird ein Schlitten der Masse $m_1 = 0{,}192$ kg von einem Elektromagneten festgehalten. Am Schlitten (und an sich selbst) ziehen 4 Wägestücke von zusammen $m_2 = 8$ g mit der Gewichtskraft $G_2 = m_2 g$. Auf Knopfdruck beginnt die Fahrt, gleichzeitig startet eine Uhr. Nach $t = 2{,}26$ s haben Schlitten und Wägestücke von 0 aus 1,00 m zurückgelegt (bei $s = 1{,}00$ m steht eine Lichtschranke; sie stoppt die Uhr beim Durchfahren). Aus dem t-s-Gesetz $s = \frac{1}{2} a t^2$ folgt die Beschleunigung $a = 2s/t^2 = 0{,}392$ m/s².
b) Nun soll eine kleinere Kraft wirken. Wir nehmen von den 4 Wägestücken eines weg, aber legen es nicht einfach beiseite. Wir würden sonst den Zug aus Schlitten und „Zugmaschine" verkleinern und damit in den Auftrag der Gruppe B eingreifen. Wir legen also das Wägestück auf den Schlitten. Dort wird es weiterhin mitbeschleunigt, ohne dass seine Gewichtskraft noch mitzieht: Seine Kraft ist weg, die Trägheit bleibt. Als Beschleunigung ergibt sich $a = 0{,}294$ m/s².
c) Wenn wir ein weiteres Wägestück übertragen, sinkt mit der beschleunigenden Kraft auch wieder die Beschleunigung.

V2 An den Schlitten aus ➜ V1c wird nach ➜ B3 ein zweiter, genau gleicher Schlitten gehängt. Vor den Faden werden 4 statt 2 Wägestücke gehängt (8 g statt 4 g). So ist nicht nur die Masse des Zuges, sondern auch die beschleunigende Kraft (8 cN statt 4 cN) verdoppelt. Die Beschleunigung bleibt 0,196 m/s². Dies sieht man leicht ein: Man hätte ja jeden Wagen für sich mit der Kraft 4 cN beschleunigen können.

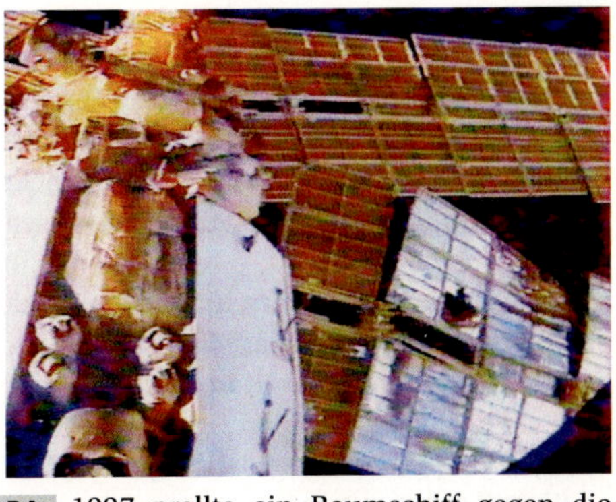

B4 1997 prallte ein Raumschiff gegen die Raumstation Mir und beschädigte sie stark.

Actio und reactio

B1 Wie immer Eva und Jan auch ziehen, stets treffen sie in der Mitte zusammen.

V1 **a)** Jan und Eva haben gleiche Masse und stehen auf Skateboards **→ B1**. Ziehen sie gleichzeitig an einem Seil, so treffen sie sich in der Mitte. Wie die Kraftmesser zeigen, hat jeder auf den anderen eine dem Betrage nach gleich große Kraft ausgeübt: $F_{\text{E auf J}} = F_{\text{J auf E}}$.
b) Nun versucht nur Eva zu ziehen, Jan dagegen nicht. Jan hält deshalb das Seil nur fest. Doch auch jetzt treffen beide in der Mitte zusammen! Jan stellt überrascht fest, dass er dabei wieder eine gleich große Kraft ausüben musste. Diese Kraft nennt man die reactio zur actio von Eva.
c) Jetzt nimmt sich Jan vor, auf die Kraft (actio) von Eva nicht mit einer reactio zu antworten. Dies gelingt ihm nur, wenn er das Seil loslässt. Allerdings kann dann auch Eva keine Kraft auf Jan ausüben.

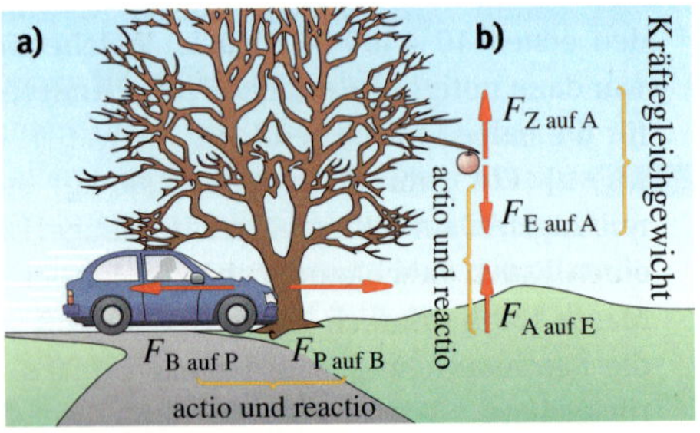

B2 **a)** Die Kraft $F_{\text{P auf B}}$ beschädigt den Baum, die Gegenkraft $F_{\text{B auf P}}$ bremst das Auto abrupt und sorgt dabei für Verformung und Verletzungen. **b)** Der Apfel ruht zunächst im Gleichgewicht (die Kraftvektoren sind im Vergleich zu den Unfallkräften übergroß gezeichnet). Ohne die zum Gleichgewicht nötige Kraft $F_{\text{Z auf A}}$ ist die Ruhe plötzlich dahin. (Zu $F_{\text{Z auf A}}$ ist keine reactio gezeichnet, siehe auch **→ A3**).

1. Wer zieht, der wird gezogen

Bisher haben wir untersucht, wie Kräfte auf *einen* Körper wirken. Die Kräfte wurden stets von anderen Körpern aufgebracht. Diese anderen Körper beziehen wir nun in unsere Überlegungen mit ein. **→ V1** zeigt dabei eine fundamentale Eigenschaft:

Wenn ein Körper (A) auf einen anderen (B) eine Kraft ausübt, so wirkt B auf A zurück. Eine Kraft für sich allein gibt es nicht. **Actio** und **reactio** gehören zusammen, sie treten *immer als Paar* auf. Sie greifen stets an *verschiedenen* Körpern an; sie haben stets gleiche Beträge, aber immer entgegengesetzte Richtungen. Würden die beiden Kräfte am selben Körper angreifen, so gäbe es für diesen gar keine Beschleunigung, denn die resultierende Kraft wäre ja null.

Der Pkw in **→ B2** übt bei dem Aufprall auf den Baum die Kraft $F_{\text{Pkw auf Baum}}$ ($F_{\text{P auf B}}$) aus und beschädigt so den Baum. Gleichzeitig mit dieser Kraft wirkt aber auch die Gegenkraft $F_{\text{Baum auf Pkw}}$ des Baumes auf das Auto. Diese Gegenkraft zerbeult die Motorhaube, bremst abrupt die Fahrgastzelle und mit dem Sicherheitsgurt hoffentlich auch den unvorsichtigen Fahrer.

Merksatz

Für alle Kräfte gilt das **Wechselwirkungsgesetz** (actio = reactio): Übt ein Körper A eine **actio** $\boldsymbol{F}_{\textbf{A auf B}}$ auf einen Körper B aus, so übt gleichzeitig Körper B auf Körper A die **reactio** $\boldsymbol{F}_{\textbf{B auf A}}$ aus. Beide Kräfte sind entgegengerichtet; ihre Beträge sind gleich.

Actio und reactio greifen an verschiedenen Körpern an, sind also nicht im Gleichgewicht.

Beim Kräftegleichgewicht dagegen greifen die Kräfte am selben Körper an und sind an diesem im Gleichgewicht.

2. Reactio muss, Gleichgewicht kann sein

Der Apfel hängt am Zweig und rührt sich nicht **→ B2b**. Zwei Kräfte erzeugen an ihm (also am selben Körper) Gleichgewicht, die Gewichtskraft G und die durch die Biegung des elastischen Zweiges entstandene Kraft $F_{\text{Z auf A}}$. Die Gewichtskraft G können wir auch $F_{\text{Erde auf Apfel}}$ ($F_{\text{E auf A}}$) nennen. Die Resultierende aus den Kräften $F_{\text{E auf A}}$ und $F_{\text{Z auf A}}$ ist null, deshalb ändert sich der Bewegungszustand des Apfels nicht.

Nun prallt das Auto gegen den Baum. Der Apfel reißt ab, die Kraft $F_{\text{Z auf A}}$ verschwindet – und mit ihr das Kräftegleichgewicht. Es greift nur noch die Gewichtskraft $F_{\text{E auf A}}$ am Apfel an und beschleunigt ihn nach unten.

Zur Kraft $F_{\text{E auf A}}$ gehört untrennbar die reactio $F_{\text{A auf E}}$. Sie muss die Erde gleichzeitig nach oben beschleunigen. Der Effekt ist aber unmerklich; dies liegt an der großen Erdmasse.

Mit diesen beiden Fragen wollen wir uns im Folgenden beschäftigen. Später wird noch zu klären sein, wieso die t-v-Abschnitte in den höheren Gängen nicht mehr linear verlaufen, und wieso eine bestimmte „Höchstgeschwindigkeit" nicht überschritten wird.

2. Große Kraft – schneller Spurt (zu Frage A)

Arbeitsgruppe A weiß aus früheren Experimenten, dass eine konstante beschleunigende Kraft F einem Körper auch konstante Beschleunigung a erteilt. Um sie zu ermitteln, genügt also jeweils eine einzige Zeit-Weg-Messung → V1. Nach jeder Messung wird die Kraft F geändert. Es ergeben sich folgende Messwerte:

F in N	0,08	0,06	0,04	0,02
a in m/s²	0,392	0,294	0,196	0,098

Bei gleich bleibender Masse ist bei n-facher Kraft die Beschleunigung also ebenfalls n-mal so groß.

Merksatz

Die Beschleunigung a, die ein bestimmter Körper erfährt, ist der an ihm angreifenden Kraft F proportional:

$$F \sim a.$$

3. Große Masse – träger Spurt (zu Frage B)

Hängt die zum Beschleunigen nötige Kraft auch von der *Gewichtskraft des Wagens* ab? Man braucht schließlich eine viel größere Kraft, um einen beladenen Wagen mit *gleicher Beschleunigung* anzuschieben wie einen leeren. Gegen diese Ansicht spricht:

a) Die am Schlitten nach unten ziehende Gewichtskraft wird vom Luftkissen der waagerechten Schiene durch eine Kraft nach oben ausgeglichen. Also hat die Gewichtskraft des Schlittens keinen Einfluss auf die Beschleunigung längs der horizontalen Bahn.

b) Das sich beim Beschleunigen zeigende *Trägsein* ist etwas anderes als das *Schwersein*. Auch im schwerefreien Raum brauchen Raketen zum Beschleunigen Kräfte, die umso größer sein müssen, je mehr sie geladen haben – obwohl sie dort nichts wiegen! Eine Kollision zweier Raumschiffe führt auch im All zu Unfallschäden → B4. Die Körper sind auch dort *träge*.

Wird das *Trägsein* eines Körpers allein mithilfe der vom Ort unabhängigen *Masse* beschrieben? Gruppe B prüft deshalb, ob Körper *doppelter Masse* für die gleiche Beschleunigung die doppelte Kraft brauchen, d. h. ob sie auch *doppelt so träge* sind. Die Gruppe führt → V2 durch. Dieser bestätigt die Vermutung.

Merksatz

Die Kraft F, die man zu einer bestimmten Beschleunigung braucht, ist der Masse m des zu beschleunigenden Körpers proportional:

$$F \sim m.$$

V1 **a)** Auf der Luftkissenbahn (→ B2; Reibung durch Neigen ausgeglichen) wird ein Schlitten der Masse $m_1 = 0{,}192$ kg von einem Elektromagneten festgehalten. Am Schlitten (und an sich selbst) ziehen 4 Wägestücke von zusammen $m_2 = 8$ g mit der Gewichtskraft $G_2 = m_2 g$. Auf Knopfdruck beginnt die Fahrt, gleichzeitig startet eine Uhr. Nach $t = 2{,}26$ s haben Schlitten und Wägestücke von 0 aus 1,00 m zurückgelegt (bei $s = 1{,}00$ m steht eine Lichtschranke; sie stoppt die Uhr beim Durchfahren). Aus dem t-s-Gesetz $s = \frac{1}{2}a t^2$ folgt die Beschleunigung $a = 2s/t^2 = 0{,}392$ m/s².
b) Nun soll eine kleinere Kraft wirken. Wir nehmen von den 4 Wägestücken eines weg, aber legen es nicht einfach beiseite. Wir würden sonst den Zug aus Schlitten und „Zugmaschine" verkleinern und damit in den Auftrag der Gruppe B eingreifen. Wir legen also das Wägestück auf den Schlitten. Dort wird es weiterhin mitbeschleunigt, ohne dass seine Gewichtskraft noch mitzieht: Seine Kraft ist weg, die Trägheit bleibt. Als Beschleunigung ergibt sich $a = 0{,}294$ m/s².
c) Wenn wir ein weiteres Wägestück übertragen, sinkt mit der beschleunigenden Kraft auch wieder die Beschleunigung.

V2 An den Schlitten aus → V1c wird nach → B3 ein zweiter, genau gleicher Schlitten gehängt. Vor den Faden werden 4 statt 2 Wägestücke gehängt (8 g statt 4 g). So ist nicht nur die Masse des Zuges, sondern auch die beschleunigende Kraft (8 cN statt 4 cN) verdoppelt. Die Beschleunigung bleibt 0,196 m/s². Dies sieht man leicht ein: Man hätte ja jeden Wagen für sich mit der Kraft 4 cN beschleunigen können.

B4 1997 prallte ein Raumschiff gegen die Raumstation Mir und beschädigte sie stark.

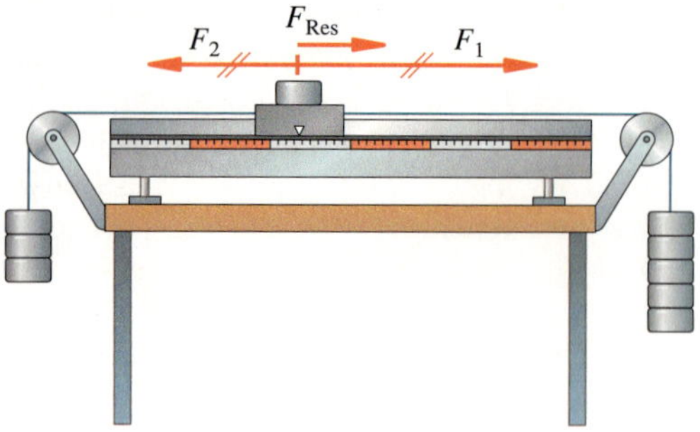

B1 Die resultierende Kraft bewirkt die Beschleunigung.

V1 Nach ➜ **B1** zieht am Fahrbahnwagen (1,000 kg) nach rechts ein Wägestück mit 50 g, nach links mit 30 g Masse. Hätte das rechte auch nur 30 g Masse, so bestünde Gleichgewicht. So aber beschleunigt als resultierende Kraft die Summe der Kräfte F_1 und F_2, die beide auf einer Geraden wirken – dafür haben die Rollen gesorgt. Den Wert der resultierenden Kraft $F = F_{Res}$ können wir deshalb durch einfache Addition der einzelnen Kraftwerte ermitteln (die positive Achse zeige nach rechts):

$$F = F_1 + F_2 = 50 \text{ cN} + (-30 \text{ cN}) = 20 \text{ cN}.$$

Der „Zug" hat die Gesamtmasse 1,080 kg. Er setzt sich in Fahrt mit der ebenfalls nach rechts gerichteten Beschleunigung

$$a = F/m = 20 \text{ cN}/1{,}080 \text{ kg} = 0{,}19 \text{ m/s}^2.$$

Vertiefung

Für ganz Neugierige
Könnten nicht auch Form, Volumen und vor allem das Material der Körper Einfluss auf ihr Trägsein haben? Man wählt deshalb einen Schlitten aus anderem Material oder von kleinerer Masse und füllt den Rest z. B. mit Schokoladentafeln gleicher Masse auf. Erfreulicherweise erfährt der neue Lastzug durch die gleiche Kraft genau die gleiche Beschleunigung wie der alte: Er ist nicht nur gleich schwer, sondern auch gleich träge!
Dies wurde an den verschiedensten Orten und immer wieder mit großer Präzision bestätigt. Wenn ein Körper die Masse $m = 1$ kg hat, ist er *am gleichen Ort genauso schwer* wie das Urkilogramm und *überall genauso träge*.

4. Eine Formel, in der alles steckt!

Unsere beiden Arbeitsgruppen fanden:

A: Bei konstanter Masse m ist $F \sim a$.
B: Bei konstanter Beschleunigung a ist $F \sim m$.

Will man doppelte Beschleunigung, so braucht man doppelte Kraft. Möchte man dies sogar bei einem Körper mit dreimal so großer Masse erreichen, so muss man die Kraft nochmal verdreifachen. Insgesamt braucht man dann eine sechsmal so große Kraft. Es gilt also:

$$F \sim m \cdot a \quad \text{oder} \quad F = k \cdot m \cdot a.$$

Wir brauchen nun noch den Proportionalitätsfaktor k. Setzen wir unsere Messwerte ein (z. B. im dritten Durchgang $F = G = 0{,}04$ N und $m \cdot a = 0{,}2 \text{ kg} \cdot 0{,}196 \text{ m/s}^2 = 0{,}04 \text{ kg} \cdot \text{m/s}^2$), so ergeben sich für F und $m \cdot a$ gleiche Maßzahlen; k hat den Zahlenwert 1. Dies ist kein Zufall. Man hat die Einheit 1 N nämlich schon als Abkürzung für $1 \text{ kg} \cdot \text{m/s}^2 = 1 \text{ kg} \cdot \text{m} \cdot \text{s}^{-2}$ gewählt.

Mit dieser Festlegung $\mathbf{1\ N = 1\ kg \cdot m \cdot s^{-2}}$ dürfen wir als Gleichung schreiben: $0{,}04 \text{ N} = 0{,}04 \text{ kg} \cdot \text{m} \cdot \text{s}^{-2}$ oder allgemein:

$$\boldsymbol{F = m \cdot a}.$$

So wie die Krafteinheit 1 N werden wir im Bereich der Mechanik alle weiteren Einheiten auf die drei *Basiseinheiten* 1 m, 1 kg und 1 s zurückführen.

Bereits um 1686 hat Isaac NEWTON die Gleichung $F = m \cdot a$ aufgestellt, allerdings zunächst für die Bewegung von Himmelskörpern. Dann übertrug er sie auch auf irdische Körper, z. B. auf fallende Äpfel. Wir haben sie für Planeten und Fallobst noch nicht untersucht, wohl aber für anfahrende „Autos".

Merksatz
Newtonsches Beschleunigungsgesetz als **Grundgleichung der Mechanik**: Beschleunigende Kraft gleich Masse mal Beschleunigung:

$$\boldsymbol{F = ma}.$$

Die beim Beschleunigen auftretende Geschwindigkeits*änderung* erfolgt in Richtung der beschleunigenden Kraft. Dies drückt man durch Vektorpfeile über F und a aus (m ist ein Skalar, kein Vektor):

$$\vec{F} = m\vec{a}.$$

Dies ist nun wirklich eine der wichtigsten Aussagen in diesem Buch, sie hat ab 1686 die Welt verändert.
Deshalb dürfen wir einen Augenblick verschnaufen.

5. Meistens spielen mehrere Kräfte mit

Radfahrer und unser Auto (vom Kapitelanfang) „spüren" es, dass mit zunehmender Geschwindigkeit sich eine zweite Kraft, die Luftwiderstandskraft F_2, mehr und mehr bemerkbar macht. Diese ist der positiven Antriebskraft F_1 entgegengerichtet, wird von uns also negativ gerechnet. Für die Beschleunigung bleibt nur noch die (kleinere) Summe $F = F_1 + F_2$ übrig.

→ V1 bestätigt dies im Labor. Die Höchstgeschwindigkeit des Autos wird dann erreicht, wenn Kräftegleichgewicht entstanden ist. Die resultierende Kraft F und damit die Beschleunigung haben jetzt den Wert null erreicht.

Merksatz

In der Grundgleichung der Mechanik $\vec{F} = m\vec{a}$ ist die beschleunigende Kraft $\vec{F}$ die Resultierende aller von außen einwirkenden Kräfte, der sogenannten äußeren Kräfte.

6. Beschleunigungsmessung über Kräfte

Die Beschleunigung a ist der beschleunigenden Kraft $F = ma$ proportional. Deshalb kann man Beschleunigungen von Fahrzeugen und Aufzügen mit Kraftmessern bestimmen.

In einem waagerecht anfahrenden Zug steht ein reibungsfreies Wägelchen der Masse 1 kg **→ B2**. Damit es nicht zurückbleibt, muss der Kraftmesser an ihm mit der Kraft $F = 0{,}6$ N ziehen. Also erfährt es – wie der Zug – die Beschleunigung $a = F/m = 0{,}6$ N/1 kg $= 0{,}6$ m/s^2.

Beispiel **Musteraufgabe**

a) Ein Auto (Masse $m_1 = 1000$ kg) kommt bei rasantem Start in 2,0 s aus dem Stand auf eine Geschwindigkeit $v = 36$ km/h $= 10$ m/s. Welche Kraft braucht es?

Lösung: Zum Berechnen der Kraft $F = m_1 a_1$ muss man nicht die Geschwindigkeit, sondern die Beschleunigung a_1 kennen. Diese ist $a_1 = v/t = 5{,}0$ m/s^2; die Kraft ergibt sich dann zu

$$F = m_1 a_1 = 1000\ \text{kg} \cdot 5{,}0\ \text{m/s}^2 = 5000\ \text{kg} \cdot \text{m/s}^2 = \mathbf{5000\ N.}$$

Die Motorkraft ist also halb so groß wie die Gewichtskraft!

b) Das gleiche Auto soll mit dieser Kraft $F = 5000$ N auch noch einen Anhänger der Masse $m_2 = 500$ kg ziehen oder 500 kg zuladen. Wie schnell ist es jetzt nach 2,0 s?

Lösung: Wiederum müssen wir zunächst die Beschleunigung berechnen. Da sich die Masse von m_1 auf $m_1 + m_2$ erhöht hat, gilt für die nun verminderte Beschleunigung:

$$a_2 = \frac{F}{m} = \frac{F}{m_1 + m_2} = \frac{5000\ \text{N}}{1500\ \text{kg}} = \frac{5000\ \text{kg} \cdot \text{m/s}^2}{1500\ \text{kg}} = 3{,}3\ \text{m/s}^2.$$

Nach 2 s beträgt die Geschwindigkeit

$$v = a_2 \cdot t = \mathbf{6{,}7\ m/s.}$$

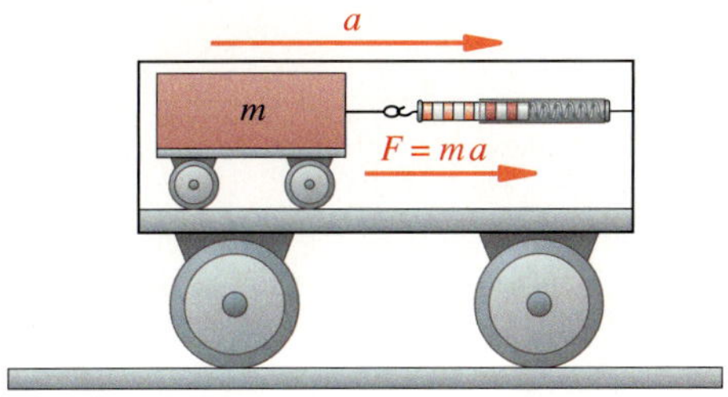

B2 Kraftmesser und Taschenrechner liefern die Beschleunigung.

A1 Zeige: Um einem Körper der Masse 1 kg die Beschleunigung 1 m/s^2 zu erteilen, braucht man die Kraft 1 N.

A2 Ein Zug der Masse 700 t fährt mit der Beschleunigung 0,15 m/s^2 an. Welche Kraft braucht man zum Beschleunigen? Welcher Bruchteil der Gewichtskraft ist dies? Welche beschleunigende Kraft erfährt ein Mitfahrer (90 kg Masse)?

A3 An einem Schlitten (80 kg, reibungsfrei auf Eis) zieht man mit der Kraft 50 N. Berechne Beschleunigung, Geschwindigkeit und Weg nach 4,0 s (Anfahrt aus der Ruhe).

A4 **→ B1** *in Ziffer 1:* **a)** Bestimme die Beschleunigungen für Gang 1 und Gang 2 in beiden Diagrammen. **b)** Wie groß ist die jeweils beschleunigende Kraft, wenn das Auto mit Fahrer eine Masse von 1200 kg hat? Wie groß ist die Kraft, die den Fahrer (80 kg) beschleunigt? **c)** Wie groß ist die zusätzliche Masse der Zuladung?

A5 **a)** Ein Auto (1000 kg) startet und legt in den ersten 10 s 100 m zurück. Welche Kraft war dazu nötig? **b)** Erkläre: Welche Kraft hätte für die halbe Strecke gereicht?

A6 **a)** Ein Fahrbahnwagen (2,00 kg) steht reibungsfrei auf waagerechter Unterlage. Über einen Faden beschleunigt ihn ein Körper der Masse 100 g (ähnlich **→ B1**). Wie groß sind die Beschleunigung und der nach 2,00 s zurückgelegte Weg sowie die dann erreichte Geschwindigkeit? **b)** Überprüfe, ob man mit einem Antriebskörper von 100 kg Masse eine 1000-mal so große Beschleunigung erreichen könnte. **c)** Wie ändern sich die in a) berechneten Werte, wenn gemäß **→ B1** zusätzlich ein Körper (80 g) nach links zieht?

B1 Wie immer Eva und Jan auch ziehen, stets treffen sie in der Mitte zusammen.

V1 **a)** Jan und Eva haben gleiche Masse und stehen auf Skateboards → B1. Ziehen sie gleichzeitig an einem Seil, so treffen sie sich in der Mitte. Wie die Kraftmesser zeigen, hat jeder auf den anderen eine dem Betrage nach gleich große Kraft ausgeübt: $F_{E\,auf\,J} = F_{J\,auf\,E}$.
b) Nun versucht nur Eva zu ziehen, Jan dagegen nicht. Jan hält deshalb das Seil nur fest. Doch auch jetzt treffen beide in der Mitte zusammen! Jan stellt überrascht fest, dass er dabei wieder eine gleich große Kraft ausüben musste. Diese Kraft nennt man die reactio zur actio von Eva.
c) Jetzt nimmt sich Jan vor, auf die Kraft (actio) von Eva nicht mit einer reactio zu antworten. Dies gelingt ihm nur, wenn er das Seil loslässt. Allerdings kann dann auch Eva keine Kraft auf Jan ausüben.

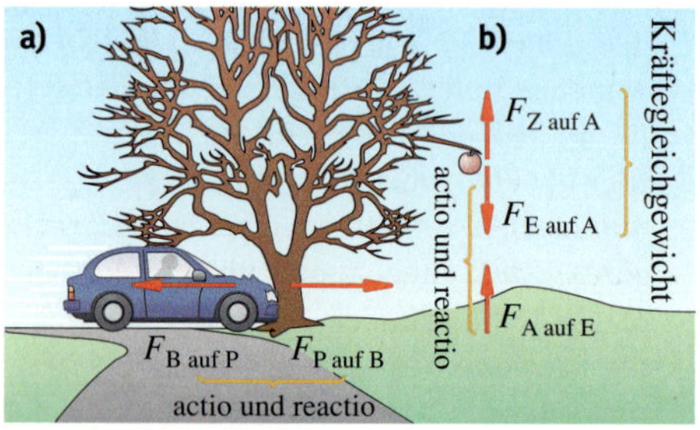

B2 **a)** Die Kraft $F_{P\,auf\,B}$ beschädigt den Baum, die Gegenkraft $F_{B\,auf\,P}$ bremst das Auto abrupt und sorgt dabei für Verformung und Verletzungen. **b)** Der Apfel ruht zunächst im Gleichgewicht (die Kraftvektoren sind im Vergleich zu den Unfallkräften übergroß gezeichnet). Ohne die zum Gleichgewicht nötige Kraft $F_{Z\,auf\,A}$ ist die Ruhe plötzlich dahin. (Zu $F_{Z\,auf\,A}$ ist keine reactio gezeichnet, siehe auch → A3).

1. Wer zieht, der wird gezogen

Bisher haben wir untersucht, wie Kräfte auf *einen* Körper wirken. Die Kräfte wurden stets von anderen Körpern aufgebracht. Diese anderen Körper beziehen wir nun in unsere Überlegungen mit ein. → V1 zeigt dabei eine fundamentale Eigenschaft:

Wenn ein Körper (A) auf einen anderen (B) eine Kraft ausübt, so wirkt B auf A zurück. Eine Kraft für sich allein gibt es nicht. **Actio** und **reactio** gehören zusammen, sie treten *immer als Paar* auf. Sie greifen stets an *verschiedenen* Körpern an; sie haben stets gleiche Beträge, aber immer entgegengesetzte Richtungen. Würden die beiden Kräfte am selben Körper angreifen, so gäbe es für diesen gar keine Beschleunigung, denn die resultierende Kraft wäre ja null.

Der Pkw in → B2 übt bei dem Aufprall auf den Baum die Kraft $F_{Pkw\,auf\,Baum}$ ($F_{P\,auf\,B}$) aus und beschädigt so den Baum. Gleichzeitig mit dieser Kraft wirkt aber auch die Gegenkraft $F_{Baum\,auf\,Pkw}$ des Baumes auf das Auto. Diese Gegenkraft zerbeult die Motorhaube, bremst abrupt die Fahrgastzelle und mit dem Sicherheitsgurt hoffentlich auch den unvorsichtigen Fahrer.

Merksatz

Für alle Kräfte gilt das **Wechselwirkungsgesetz** (actio = reactio): Übt ein Körper A eine **actio $F_{A\,auf\,B}$** auf einen Körper B aus, so übt gleichzeitig Körper B auf Körper A die **reactio $F_{B\,auf\,A}$** aus. Beide Kräfte sind entgegengerichtet; ihre Beträge sind gleich.

Actio und reactio greifen an verschiedenen Körpern an, sind also nicht im Gleichgewicht.

Beim Kräftegleichgewicht dagegen greifen die Kräfte am selben Körper an und sind an diesem im Gleichgewicht.

2. Reactio muss, Gleichgewicht kann sein

Der Apfel hängt am Zweig und rührt sich nicht → B2b. Zwei Kräfte erzeugen an ihm (also am selben Körper) Gleichgewicht, die Gewichtskraft *G* und die durch die Biegung des elastischen Zweiges entstandene Kraft $F_{Z\,auf\,A}$. Die Gewichtskraft G können wir auch $F_{Erde\,auf\,Apfel}$ ($F_{E\,auf\,A}$) nennen. Die Resultierende aus den Kräften $F_{E\,auf\,A}$ und $F_{Z\,auf\,A}$ ist null, deshalb ändert sich der Bewegungszustand des Apfels nicht.

Nun prallt das Auto gegen den Baum. Der Apfel reißt ab, die Kraft $F_{Z\,auf\,A}$ verschwindet – und mit ihr das Kräftegleichgewicht. Es greift nur noch die Gewichtskraft $F_{E\,auf\,A}$ am Apfel an und beschleunigt ihn nach unten.

Zur Kraft $F_{E\,auf\,A}$ gehört untrennbar die reactio $F_{A\,auf\,E}$. Sie muss die Erde gleichzeitig nach oben beschleunigen. Der Effekt ist aber unmerklich; dies liegt an der großen Erdmasse.

3. Erst die reactio macht's möglich!

Zu Lande: Wenn eine Lok startet, üben ihre Räder auf die Schienen eine Kraft $F_{\text{L auf S}}$ nach hinten aus **→ V1**; erst deren reactio $F_{\text{S auf L}}$ bringt die Lokomotive in Fahrt.
Ein 100 m-Läufer macht es nicht anders. Beim Start übt er eine möglichst große Kraft auf den Startblock nach hinten aus. Die Gegenkraft des Startblocks wirkt nach vorn und beschleunigt den Läufer. Liegt der Startblock nur locker auf der Erde, so rutscht er beim Start nach hinten weg. Der Start misslingt, da Kraft und Gegenkraft zu kurz wirken.

Im Wasser: Man sitzt im Boot wie in **→ B3** und wirft mit großer Kraft Steine nach hinten. Die Steine wirken mit einer gleich großen reactio auf einen selbst zurück und treiben das Boot voran – wenn man nicht herausfällt. Gehen einem die Steine aus, könnte man Wasser schöpfen und dies nach hinten schleudern. Noch einfacher ist es aber, wenn man mit einem Paddel oder einer motorgetriebenen Schraube ständig Wasser nach hinten in Bewegung setzt, also mit einer Kraft nach hinten „wirft". Dabei übt das Wasser die reactio auf das Boot nach vorne aus und treibt es voran.

In der Luft: Der Drehflügel eines Hubschraubers beschleunigt Luft nach unten und wird durch deren reactio gehoben. Im Propellerflugzeug schleudert die Luftschraube Luft nach hinten. Das Strahltriebwerk der Düsenflugzeuge erwärmt die vorn in die Düse strömende Luft stark und beschleunigt sie so, dass sie mit großer Geschwindigkeit – zusammen mit den Verbrennungsprodukten – hinten ausgeschleudert wird. Die dabei auftretenden Gegenkräfte treiben das Flugzeug voran. Der *Auftrieb* entsteht dadurch, dass der Tragflügel die anströmende Luft nach unten beschleunigt **→ B4**. Die reactio der Luft wirkt auf den Flügel nach oben.

Im Weltraum: Im leeren Weltraum findet man keine Materie, an der man sich ,,abstoßen" könnte. Die Rakete muss deshalb die hierzu nötige Materie als Treibstoff mit sich führen. Bei der Verbrennung entstehen Gase mit sehr hohem Druck. So entwickeln Weltraumraketen als actio eine sehr große Kraft (Größenordnung 10^6 N), mit der die Verbrennungsgase aus der Raketendüse ausgestoßen werden. Sie erreichen dabei eine hohe Geschwindigkeit (Größenordnung mehrere km/s). Die reactio treibt die Rakete an.

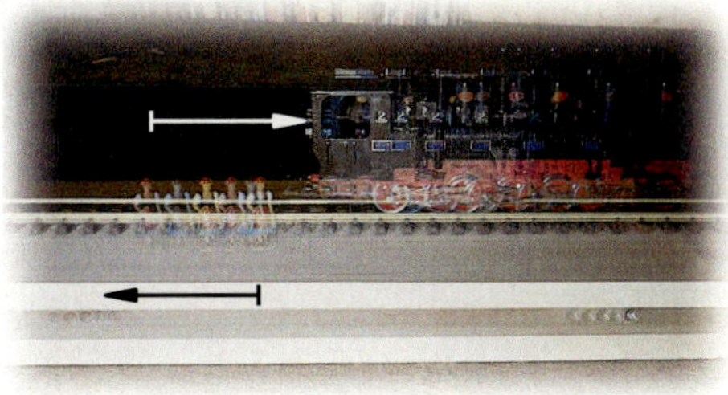

V2 Die Schienen einer Spielzeugeisenbahn sind auf ein Brett montiert, das auf Rollen leicht läuft. Startet die Lokomotive nach vorn, so setzen sich die Schienen nach hinten in Bewegung.

B3 Das Boot kommt durch die reactio voran.

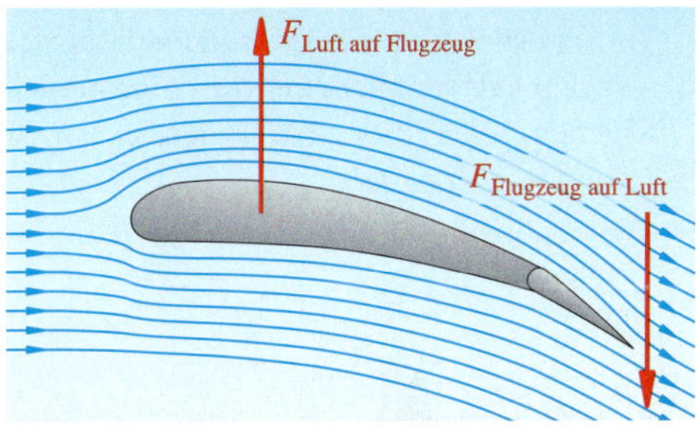

B4 Querschnitt duch den Tragflügel eines Flugzeugs; die ihn umströmende Luft wird etwas nach unten abgelenkt.

A1 Oft hört man als Wechselwirkungsgesetz: Aktionskraft = Reaktionskraft oder kürzer: actio = reactio. Ergänze diese Aussage so, dass eine Verwechslung mit Gleichgewichtskräften unmöglich ist.

A2 Jemand springt aus einem Boot ans Ufer. Erkläre, wo actio und reactio angreifen. Begründe, welche Wirkungen sie jeweils haben.

A3 In **→ B2b** ist die Gegenkraft $F_{\text{A auf Z}}$ zu $F_{\text{Z auf A}}$ nicht eingezeichnet. Wo greift sie an? Welche Richtung hat sie und wie groß ist sie? Hat sie eine Gleichgewichtskraft? Wodurch entsteht diese?

A4 Du hängst an einem Reck. Welche Wechselwirkungskräfte wirken? Wo tritt Gleichgewicht auf? Wie ist es nach dem Loslassen?

A5 Ein Esel vor einem Karren sturt: „Wenn ich an dem Karren ziehe, zieht er genau so stark an mir. Wie soll ich ihn dann in Bewegung setzen?" Formuliere eine Antwort an den Esel.

A6 Du stehst im Aufzug auf einer Waage. Er fährt nach oben. Diskutiere actio, reactio und Gleichgewichtskräfte.

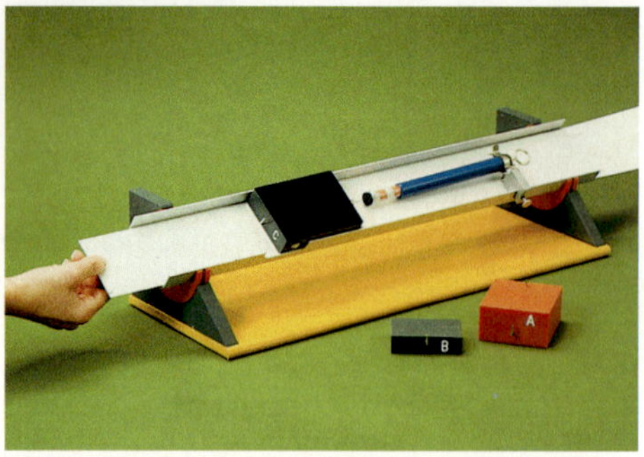

V1 **a)** Wir legen einen Quader auf ein Fließband und ziehen dieses unter ihm weg. (Wenn wir den Quader über die Unterlage ziehen, können wir beschleunigende Kräfte am Körper nicht ganz vermeiden.) Ein Kraftmesser hält den Körper und zeigt so die Gleitreibungskraft F_{gl} an. Der Versuch wird mit verschiedenen Geschwindigkeiten des Bandes wiederholt.
b) Wir pressen den Körper nun unterschiedlich stark gegen seine Unterlage. Die Normalkraft F_N wird erhöht durch Auflegen von Wägestücken auf den Quader. F_N wird verkleinert, indem wir dem Fließband und damit der Unterlage (wie im Bild) eine seitliche Neigung φ geben. Es gilt dann $F_N = G \cdot \cos\varphi$. Für $\varphi = 60°$ ist $F_N = G \cdot \cos 60° = G/2$.
c) Bei gleich bleibender Normalkraft wird die Größe der Auflagefläche variiert. Dazu legen wir den Quader auf seine verschieden großen Flächen.

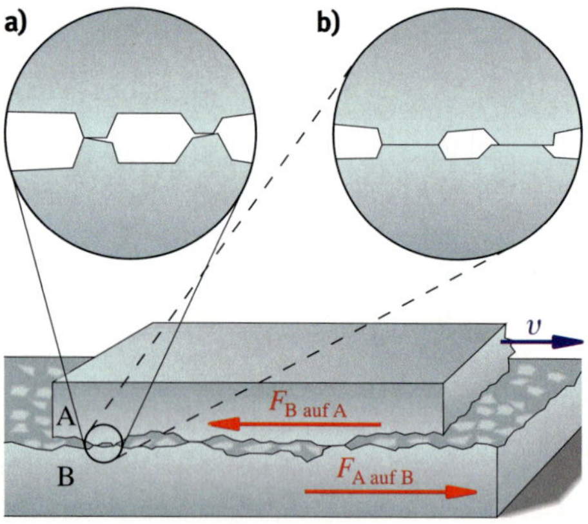

B1 **a)** Mikroskopisch feine Kontaktflächen erzeugen die Reibungskräfte. **b)** Bei größerer Normalkraft sind die Kontaktbereiche flacher gepresst und damit größer.

1. Gleitreibung liefert die Bremskraft

Du musst bei voller Fahrt plötzlich bremsen. Die Räder drehen sich nicht mehr, sondern gleiten über die Straße. Steinchen ,,spritzen" nach vorn. Dein Rad übt auf die Straße eine Kraft nach vorne aus – so wie Körper A auf Körper B in **→ B1**. Die reactio der Straße ($F_{B\,auf\,A}$) wirkt als *Gleitreibungskraft* der Gleitbewegung deines Rades entgegen.

Wenn du sanfter bremst, tritt Gleitreibung an anderer Stelle auf, nämlich zwischen Bremsbacken und Felge. Dabei beobachtet man: Die Gleitreibungskraft ist umso größer, je stärker die Bremsbacken gegen die Felge gedrückt werden.

2. Gleitreibungskraft ist berechenbar

Wir wollen es genauer wissen und messen dazu in **→ V1** die Gleitreibungskraft bei unterschiedlichen Geschwindigkeiten, verschiedenen Anpresskräften und verschieden großen Kontaktflächen. Wir finden teilweise überraschende Ergebnisse:

Die Gleitreibungskraft F_{gl} ist von der Relativgeschwindigkeit zwischen den beiden aneinander reibenden Flächen fast unabhängig. Bei schneller Bewegung sinkt F_{gl} etwas.
Wird die Normalkraft n-fach vergrößert, dann auch die Gleitreibungskraft. Der Betrag der Gleitreibungskraft ist also proportional zum Betrag der Normalkraft:

$$F_{gl} = f_{gl} \cdot F_N \quad (f_{gl} \text{ ist die Gleitreibungszahl}).$$

Bei gleicher Normalkraft hängt die Gleitreibungskraft kaum von der Größe der reibenden Flächen ab, wohl aber von deren Beschaffenheit.

3. Mikroskopische Erklärung – eine mögliche Theorie

Selbst sorgfältig polierte Stahlflächen zeigen unter dem Mikroskop noch deutliche Unebenheiten (ähnlich **→ B1**). Man erkennt in **→ B1a**, dass die wahre, mikroskopische Berührfläche deutlich kleiner ist als die makroskopisch gemessene Fläche. An diesen wahren Mikrokontaktflächen sind die Moleküle der beiden Körper so nahe beieinander, dass manche „Höcker" miteinander verschweißen *(Adhäsion)*.

Zieht man nun Körper A über Körper B hinweg, so müssen ständig solche winzigen Verschweißungen aufgebrochen werden, dauernd entstehen wieder neue. Es ergeben sich auch bleibende Verformungen vorstehender „Höcker". So kommt es zur Gleitreibungskraft.

Bei größerer Normalkraft werden die Höckeroberflächen stärker verformt **→ B1b**, die Größe der Kontaktflächen wächst dabei etwa proportional zur Normalkraft. Mit dieser tatsächlichen Kontaktfläche muss deshalb auch die Gleitreibungskraft steigen.

4. Haften – „Reibung" ohne Rutschen

Wir ziehen vorsichtig mit einem Kraftmesser an einem Klotz. Der Klotz bewegt sich nicht. Die an ihm – und damit am Tisch – angreifende Kraft wird größer, aber in gleichem Maße wächst die reactio, die den Klotz zurückhält. Es ist die *Haftkraft* zwischen Klotz und Tischplatte. Sie erreicht bald ihren größten Wert **→ B2a**, wir nennen sie dann die maximale Haftkraft $F_{h,\, max}$.

Ziehen wir noch etwas stärker, so beginnt der Klotz zu gleiten. Dabei geht die Reibungskraft auf $F_{gl} < F_{h,\, max}$ zurück **→ B2b**.

Mit dem Versuchsaufbau von **→ V1** finden wir die gleichen Gesetzmäßigkeiten wie bei der Gleitreibungskraft. Nur die Konstante hat (im Allgemeinen) jetzt einen größeren Zahlenwert:

$F_{h,\, max} = f_h \cdot F_N$. ($f_h$ ist die Haftzahl; $f_h > f_{gl}$)

Wir müssen annehmen, dass beim Haften die gleichen Adhäsionskräfte wirken wie beim Gleiten. Aber offenbar wirken sie sich beim Gleiten bei den meisten Stoffen weniger stark aus **→ T1**.

Eine für medizinische Anwendungen sehr günstige Kombination ist das Stoffpaar Stahl auf Teflon, einem besonders harten und glatten Kunststoff. Man wählt sie z.B. für Hüftprothesen **→ B3**. Haftzahl und Gleitreibungszahl sind klein und gleich, sodass weder die Bewegung, noch der Beginn der Bewegung als unangenehm empfunden wird.

5. Die Rollreibung ist sehr klein

Eine noch geringere Zugkraft als beim Gleiten genügt, wenn wir runde Bleistifte zwischen Klotz und Tisch legen **→ B2c**. Die jetzt wirkende *Rollreibungskraft* ist die kleinste der drei beschriebenen Reibungskräfte. Bei trockenen Berührflächen ergibt sich deshalb meist eine klare Rangfolge: $F_h > F_{gl} > F_{roll}$.

Haft- und Gleitreibungskräfte können durch Schmieren oder Ölen deutlich verringert werden. Die für trockene Berührflächen gefundenen Gesetze gelten dann aber nicht mehr, da Adhäsionskräfte zwischen Mikrokontaktflächen entfallen.

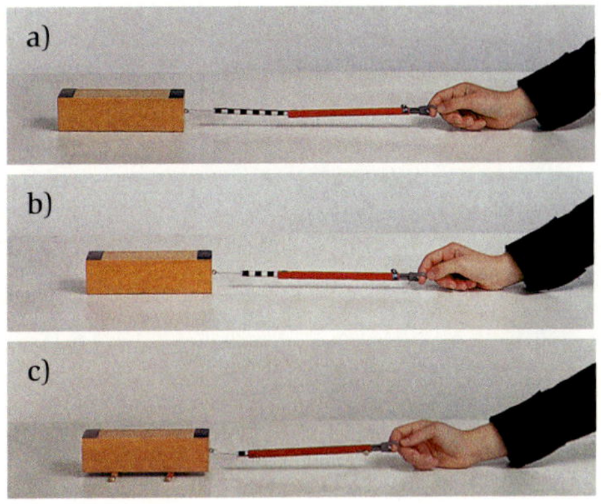

B2 Hier gilt $F_{h,\, max} > F_{gl} > F_{roll}$

Stoffpaar	f_h	f_{gl}
Stahl/Stahl (trocken)	0,15	0,05
Stahl/Teflon	0,04	0,04
Holz/Holz	≤ 0,6	≤ 0,5
Holz/Stein	0,7	0,3
Gummi/Straße	0,65	0,5
Schlittschuh/Eis	0,03	0,01

T1 Haftzahlen f_h und Gleitreibungszahlen f_{gl}

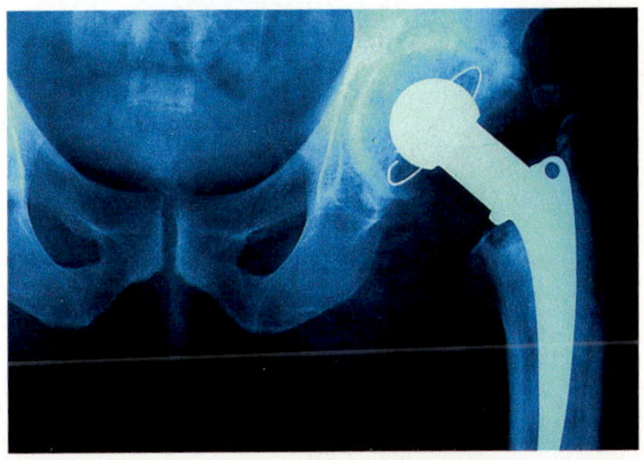

B3 Künstliches Hüftgelenk; Teflon auf Stahl – eine Kombination, die im Reibungsverhalten dem natürlichen Gelenk nahe kommt.

A1 Erkläre nach dem mikroskopischen Modell der Gleitreibungskraft, warum die makroskopische Flächengröße praktisch keinen Einfluss auf die Größe der Reibungskraft hat.

A2 Eine Geige und ein nicht geöltes Türscharnier haben physikalisch etwas gemeinsam (nicht den Hörgenuss!). Begründe, warum man das Scharnier, nicht aber den Geigenbogen ölt.

A3 Nenne Beispiele, bei denen das Schmieren von Berührflächen positive Auswirkungen hat.
Suche auch Beispiele für negative Folgen.

A4 Berechne die Größe der Kraft, die man mindestens benötigt, um einen Stahlquader der Masse $m = 1{,}5$ kg auf einer waagerechten Stahlplatte in Bewegung zu setzen. Welche Kraft wird benötigt, um ihn gleitend zu ziehen?

A5 Bestimme den Neigungswinkel, den man einer schiefen Ebene geben muss, damit ein auf ihr liegender Körper gerade zu gleiten beginnt ($f_h = 0{,}6$; $f_{gl} = 0{,}45$). Gleitet er anschließend mit konstanter Geschwindigkeit oder beschleunigt er weiter? Wie groß muss der Neigungswinkel sein, damit der Körper nach einem Stoß nicht mehr schneller wird? Spielt die Masse des Körpers eine Rolle?

Interessantes

Verkehrsphysik II

Beschleunigung beim Bremsen

Zum Abbremsen aus einer (positiven) Geschwindigkeit werden (negative) Kräfte benötigt. Wie groß sie sein müssen, hängt von der Masse des abzubremsenden Körpers und von der gewünschten (negativen) Beschleunigung ab.

Fragen wir uns also einmal, welche Beschleunigungswerte beim Bremsen auftreten können. Wir wissen, dass die Beträge von maximaler Haftkraft und Gewichtskraft proportional sind: $F_{h,\,max} = f_h \cdot G$. Der Proportionalitätsfaktor f_h ist die Haftzahl. Für einen Gummireifen bei trockener Fahrbahn beträgt sie etwa 0,65. $F_{h,\,max}$ ist die maximal erreichbare Haftkraft, sie gilt für gerade noch nicht rutschende Räder. Damit ist der maximal mögliche Betrag der Beschleunigung:

$$|a| = \frac{F_{h,\,max}}{m} = \frac{f_h \cdot G}{m} = \frac{f_h \cdot m \cdot g}{m} = f_h \cdot g$$

$$= 0{,}65 \cdot 9{,}81\,\frac{N}{kg} = 6{,}4\,\frac{m}{s^2}.$$

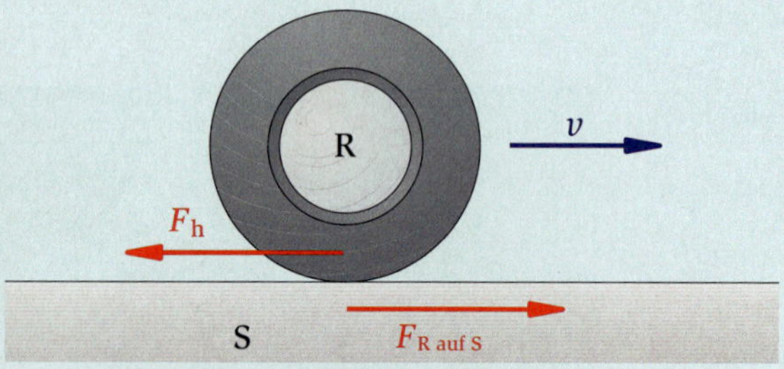

B1 Actio ($F_{R\,auf\,S}$) und reactio (F_h) beim Bremsen

Die Haftkraft ist keine Komponente der Gewichtskraft, deshalb ist ihre Richtung auch nicht durch diese vorgegeben. Sie ergibt sich erst als reactio (Straße auf Rad) bei der gegenseitigen Bewegung von Straße und Auto **→ B1**. Beim Bremsen ist sie der Bewegungsrichtung entgegengesetzt. Führt die Bewegung in positive Richtung, gilt somit für den Beschleunigungswert: $a = -6{,}4\ m/s^2$.

Kräfte beim Bremsen

Mit der ermittelten Beschleunigung müssen – so wie das Fahrzeug – auch die Insassen abgebremst werden. Bei einer Körpermasse von 70 kg bedeutet dies eine Kraft von $F = ma = 70\ kg \cdot (-6{,}4\ m/s^2) = -448\ N$ gegen die Bewegungsrichtung. Dies ist betragsmäßig weniger als die Gewichtskraft, also werden Arme und Beine den Körper abstützen können, ohne dass etwas passiert. Für diesen Fall ist der Sicherheitsgurt offenbar noch nicht gedacht.

Brems- und Anhalteweg

Wir vergleichen die Anhaltewege zweier Fahrzeuge A und B. Fahrzeug B fährt doppelt so schnell wie A ($v_A = 36$ km/h). Beide müssen in einer Notsituation stark bremsen.

In der ersten „Schrecksekunde" $t_0 = 1$ s fährt Fahrzeug A noch mit der Geschwindigkeit v_A weiter, also noch um die Strecke

$$s_{0A} = v_A t_0 = 36\ km/h \cdot 1\ s = 10\ m/s \cdot 1\ s = 10\ m.$$

Mittlerweile hat der Fahrer in die Bremsen getreten. Die Bewegung ist jetzt gleichmäßig beschleunigt mit $a = -6{,}4\ m/s^2$. Als Bremsweg **→ B2** ergibt sich $s_A = \frac{1}{2} v_A (t_1 - t_0)$. Für die Beschleunigung gilt

$$a = \frac{(0 - v_A)}{(t_1 - t_0)},\ \text{also}\ t_1 - t_0 = \frac{v_A}{-a}\ \text{und deshalb:}$$

$$s_A = \frac{1}{2} \cdot v_A \cdot \frac{v_A}{-a} = \frac{1}{2} \cdot \frac{v_A^2}{-a} = \frac{1}{2} \cdot \frac{(10\ m/s)^2}{-(-6{,}4\ m/s^2)}$$

$$= 7{,}8\ m.$$

Der gesamte Anhalteweg ist nun:

$$S_A = s_{0A} + s_A = 10\ m + 7{,}8\ m = 17{,}8\ m.$$

Fahrzeug B kommt vielleicht nicht mehr mit dem Schrecken davon. Sein „Schrecksekundenweg" ist doppelt so lang, sein Bremsweg (v geht quadratisch ein) sogar viermal so lang! So ergibt sich als Anhalteweg von B:

$$S_B = s_{0B} + s_B = 20\ m + 31{,}2\ m = 51{,}2\ m.$$

Dies ist dramatisch mehr als bei Fahrzeug A!

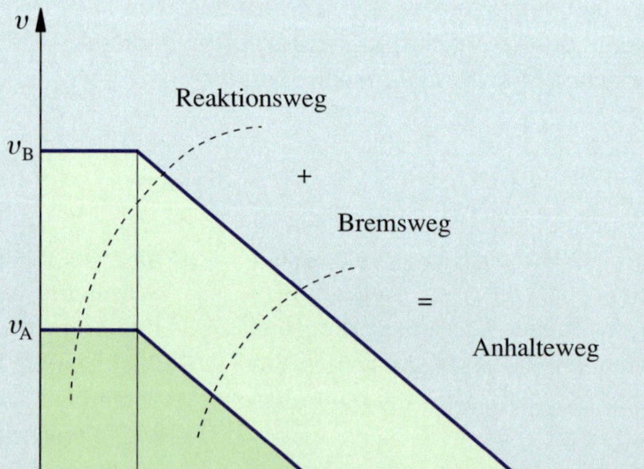

B2 Der Schrecksekundenweg wächst linear mit der Geschwindigkeit, der Bremsweg sogar quadratisch.

ABS – ein Freibrief für schnelles Fahren?

Kurz nach Einführen des „Anti-Blockier-Systems" ABS bei Personenkraftwagen stiegen die Unfallzahlen gerade bei den hiermit ausgerüsteten Autos an. Lag ein Missverständnis vor?

ABS sorgt durch Sensoren dafür, dass beim Bremsen stets die Haftkraft Rad – Straße wirkt → B3. Diese ist immer größer als die dortige Gleitreibungskraft bei blockierten Rädern → T1. Dennoch ist Vorsicht geboten, denn die Haftkraft ist nicht immer gleich, sie hängt von der Straßenbeschaffenheit ab. Bei Glatteis ist deshalb der Betrag der maximalen Bremskraft nur noch weniger als ein Sechstel der Bremskraft bei trockener Straße. Was für die Bremskraft gilt, gilt auch für die Bremsbeschleunigung. Statt $-6{,}4\ \text{m/s}^2$ beträgt sie bei Glatteis nur noch $-0{,}98\ \text{m/s}^2$. Der eben berechnete Bremsweg für Auto A wächst deshalb von 7,8 m (bei trockener Straße) auf 51 m bei Glatteis an – trotz ABS! Viele Fahrer und Fahrerinnen glauben, mit ABS immer kurze Bremswege erreichen zu können – dies ist ein (gefährliches) Missverständnis!

Dennoch hat ABS Vorteile. Das Nichtblockieren erhält die Lenkfähigkeit der Vorderräder. Auch bei unterschiedlicher Bodenbeschaffenheit rechts und links (z. B. Ölspur) gerät das Fahrzeug nicht so leicht ins Schleudern, da jedes Rad sein eigenes ABS besitzt.

Stoffpaar	max. Haftzahl f_h	Gleitreibungszahl f_{gl}
Stahl auf Stahl	0,15	0,05
Holz auf Stein	0,7	0,3
Schlittschuh auf Eis	0,03	0,01
Gummi auf Straße	0,65	0,5
Autoreifen:		
trocken	0,65	0,5
nass	0,4	0,3
Glatteis	0,1	0,05

T1 Haftzahlen f_h und Gleitreibungszahlen f_{gl}

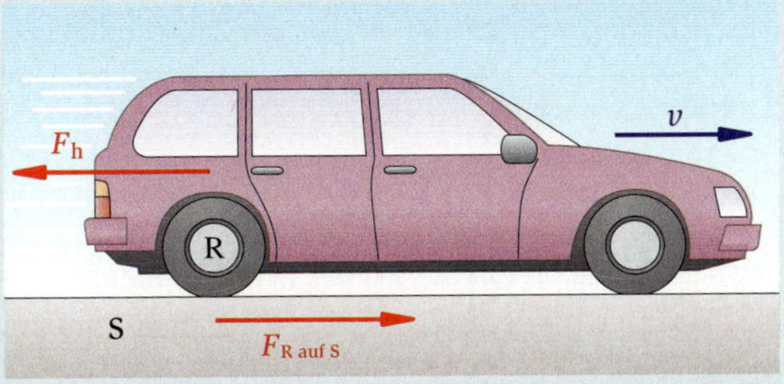

B3 Die Reibungskraft, mit der die Straße auf die Räder wirkt, ist die Bremskraft für das Auto. ABS sorgt für Haftreibung, aber auch diese kann klein sein.

A1 Der Fahrer eines Unfallwagens behauptet, sich an die vorgeschriebene Höchstgeschwindigkeit von 70 km/h gehalten zu haben. Da der Wagen mit blockierten Rädern gebremst wurde, kann der Gerichtsgutachter eine Bremsspur am Unfallort vermessen ($s = 62$ m). Aus der Straßenbeschaffenheit zum Unfallzeitpunkt schließt er auf eine Gleitreibungszahl von $f_{gl} = 0{,}5$. **a)** Bestimme die Fahrzeuggeschwindigkeit. **b)** Wie groß war der gesamte Anhalteweg bei einer Reaktionszeit des Fahrers von 0,8 s?

A2 Ein Auto der Masse 800 kg wird durch Blockieren aller Räder gebremst. Berechne die verzögernde Gleitreibungskraft ($f_{gl} = 0{,}50$), die Bremsbeschleunigung, die Bremszeit und der Bremsweg bei $v_0 = 30$ km/h bzw. 50 km/h auf waagerechter Straße.

A3 Die folgende Fahrschulregel gibt den Bremsweg in Metern an: „Man streiche vom Zahlenwert der in km/h angegebenen Geschwindigkeit die Null und multipliziere das Ergebnis mit sich selbst". Bringe diese Regel mit der hergeleiteten Formel $s = \frac{1}{2}v^2/(-a)$ in Einklang! Erkläre, für welche Bremsbeschleunigung sie gilt.
Beispiel: Bei $v_0 = 70$ km/h wäre nach der Faustregel der Bremsweg $7 \cdot 7$ m = 49 m.

A4 Ein Auto bremst auf waagerechter Straße ($f_{gl} = 0{,}5$) bei $v_0 = 90$ km/h. **a)** Welche Geschwindigkeit hat es noch nach 2 s? Welchen Weg hat es dann zurückgelegt?
b) Der Fahrer möchte – im Anblick eines Radarwagens – schnell von 90 km/h auf 50 km/h abbremsen. Wie lange und welche Strecke braucht er hierzu?

A5 Skizziere in Diagrammen:
a) Die Bremskraft F als Funktion des Bremsweges s bei immer der gleichen Anfangsgeschwindigkeit v_0.
b) Den Bremsweg s als Funktion von v_0 bei konstanter Bremskraft!

A6 Ein Auto fährt mit 54 km/h. Plötzlich taucht in 36 m Abstand ein Hindernis auf. Der Fahrer bremst und prallt 4 s später auf.
a) Zeichne ein t-v-Diagramm.
b) Berechne die Aufprallgeschwindigkeit.
c) Berechne die Bremsbeschleunigung.

A7 Die Schweiz schreibt vor, dass auf ihren unbefestigten Gebirgsstraßen der Bremsweg bei der Talfahrt unter 6 m liegen muss. Begründe, mit welcher Geschwindigkeit man also höchstens zu Tal fahren darf, wenn das Gefälle 18° beträgt und die Gleitreibungszahl auf 0,4 gesunken ist (Rollsplitt!).

Crash

Der nicht zu wünschende Fall:
Bei allen Unfällen mit Zusammenstößen entsteht ein gefährlich stark verkürzter Bremsweg – selbst im Vergleich zur Vollbremsung. Welche Gefahren daraus resultieren, wollen wir an einigen unfalltypischen Beispielen belegen.

Wir haben für den Bremsweg hergeleitet: $s = \frac{1}{2}v^2/(-a)$. Umgekehrt lässt sich nun aus bekanntem Bremsweg und bekannter Anfangsgeschwindigkeit rückwirkend die Bremsverzögerung berechnen:

$$a = -\frac{v^2}{2s}.$$

Nehmen wir einmal an, du führest mit einer Geschwindigkeit von $v = 50$ km/h gegen einen Baum (es gibt nicht wenige, die dies für ungefährlich halten). Das Auto würde nach kurzer Zeit stehen. Ohne Gurt „fährst" du jedoch zunächst fast ungebremst weiter. Während der Wagen schon zerknautscht ist, bist du gerade am Armaturenbrett angelangt. Dann erst beginnt für dich der Bremsvorgang, aber es bleibt dir nur noch $s \approx 5$ cm als Bremsweg! Die Bremsbeschleunigung ist $a = -v^2/(2s) \approx -2000$ m/s^2. Dies gibt bei einer Körpermasse von 70 kg eine Kraft vom Betrage $1{,}4 \cdot 10^5$ N. Eine solche Kraft ist im Allgemeinen tödlich! Schlägt dein Kopf an den Dachrahmen → B1, dann mit solcher Geschwindigkeit, als ob du aus dem 3. Stock mit dem Kopf voraus aufs Straßenpflaster fallen würdest! Lege also den Gurt auch bei Fahrten in der Stadt an!

B1 Das Testauto steht, aber der Dummy knallt mit ungebremster Geschwindigkeit gegen Dachrahmen und Frontscheibe

Knautschzone und Gurt können Leben retten
Der eben geschilderte Unfall kann dir passieren. Du sitzt neben einem Fahrer, der bei „nur" 50 km/h gegen einen Baum fährt. Aber der Fahrer und du haben sich angeschnallt – das ist euer Beitrag zur passiven Sicherheit. Die Autokonstrukteure haben noch mehr getan: Das Vorderteil des Wagens wird – als Knautschzone vorausberechnet – um etwa 60 cm zusammengedrückt, vgl. → V1. Dein Gurt dehnt sich zusätzlich um 20 cm → B2. Also ist dein Bremsweg $s \approx 0{,}8$ m. Du erfährst die Beschleunigung $a = -v^2/(2s) = -120$ m/s^2. Dein Brustkorb muss die verzögernde Kraft $F = ma = -70$ kg $\cdot$ 120 m/s^2 = -8400 N aushalten. Dies ist mehr als die zwölffache Gewichtskraft; eine kurze Zeit kann man sie ertragen. Du überlebst – vielleicht mit angebrochenen Rippen.

Motorradfahrern hilft wenigstens der Helm
Dein Sturzhelm hat nicht nur die Aufgabe, den Schädelbereich vor spitzen Gegenständen und Abschürfungen zu schützen. Er verteilt auch eine einwirkende Kraft auf eine größere Fläche A. Dann wird der Druck $p = F/A$ kleiner. Bei einem Sturz vergrößert er zudem den Bremsweg von vielleicht 1 mm bei direktem Aufprall auf etwa 10 mm.

Ein Crashtest überprüft die geplante Wirkung

Zur Erforschung von Knautschzonen und anderen konstruktiven Sicherheitsmaßnahmen werden Testunfälle im Labor durchgeführt. Testperson ist ein „Dummy", ausgerüstet mit Beschleunigungssensoren für *x*-, *y*- und *z*-Richtung. Nach genormtem Verfahren werden die drei Messkurven zu einer Standardkurve zusammengefasst:

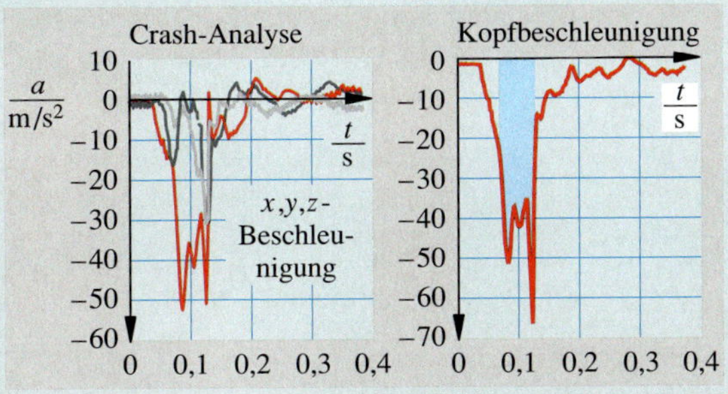

Uns fällt auf, dass die Kurve etwas breit gezogen ist und dazu noch einzelne Zacken aufweist. Wir ahmen den Versuch im Schullabor nach → V1.

Der Kopf braucht besonderen Schutz

Der Kopf kann nicht angeschnallt werden. Beim Crash fliegt er aufgrund seiner Trägheit ungehindert weiter. Dabei werden Bänder und Muskeln der Halswirbelsäule stark überdehnt, schließlich schlägt der Schädel noch auf das Lenkrad und wird erst dort mit riesigen Kräften gebremst: Schwerste Verletzungen sind die Folge.

Um dies zu vermeiden, haben Techniker die zusammenschiebbare Lenksäule und den Airbag entwickelt. Dieser wird im Kollisionsfall schlagartig → B2 mit Treibgas gefüllt und liefert so eine etwa 30 cm lange Bremsstrecke für den Kopf. Wird man selbst von hinten angefahren, sorgt die Kopfstütze dafür, dass Kopf und Körper gleich stark beschleunigt werden; die Halswirbelsäule wird geschont.

V1 Ein Laborwagen mit Zusatzmasse (insgesamt 450 g) fährt eine schiefe Ebene hinunter. Die auftretende Beschleunigung wird mittels Bewegungsmesswandler und Computer aufgezeichnet. Im Fall **a)** lassen wir den Wagen gegen eine feste Wand prallen. Es entsteht eine kurzzeitige, starke Beschleunigung. Im Fall **b)** bilden wir vor der Wand eine Knautschzone nach. Dazu rollen wir ein Stück Schreibpapier (etwa 10 cm × 10 cm) etwas zusammen. Zuvor haben wir es zerknüllt; dies entspricht den im Autobau üblichen vorbestimmten Blechfalten. Wir lassen nun den Wagen erneut aufprallen. Das rechte Diagramm in → B3 zeigt, dass der Betrag der Bremsbeschleunigung jetzt im Mittel kleiner ist. Die Bremskraft verteilt sich auf einen längeren Zeitraum. Da die Kraft beim Zusammenschieben des Papiers etwas wechselt, entstehen während dieser Zeit unterschiedliche Beschleunigungsspitzen.

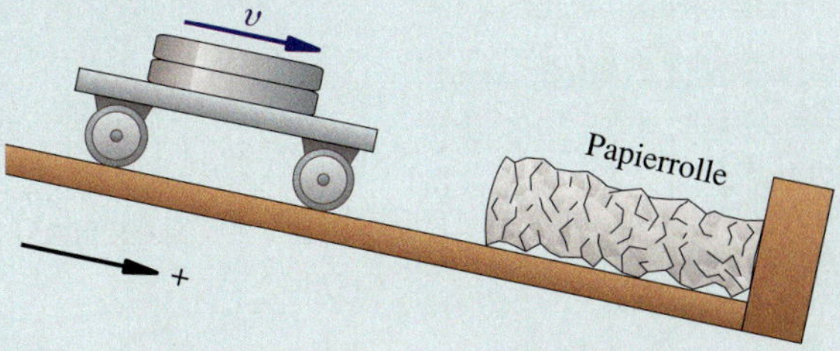

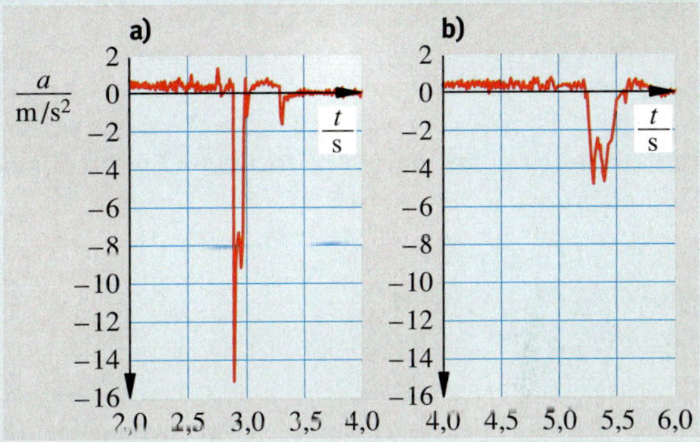

B3 **a)** Aufprall ohne Knautschzone **b)** mit Knautschzone

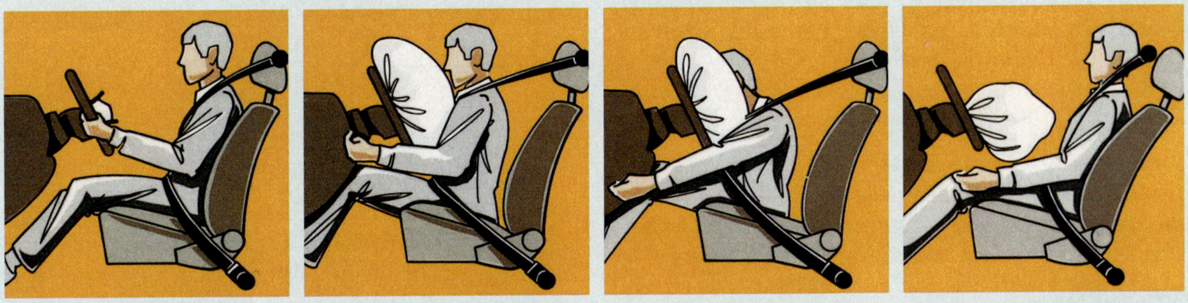

B2 Nach 30 ms zündet der Airbag. Nach etwa 55 ms hat sich der Airbag aufgebläht. Knapp 90 ms: Die Person wird „weich" abgebremst. 150 ms: Der Aufprall ist glücklich überstanden.

Das ist wichtig

Im Jahre 1686 formulierte Isaac NEWTON in seinem Buch *„Philosophiae naturalis principia mathematica"* vier Gesetze. Damals revolutionierten sie ein Weltbild. Heute haben sie eine große technische Bedeutung – insbesondere im Straßen-, Schienen- und Luftverkehr. Die Eroberung des Weltraums durch Satelliten und Raumfähren wäre ohne sie nicht denkbar.

1 Kräfte sind Vektoren

Kräfte werden durch Betrag *und* Richtung beschrieben. Mehrere an einem Körper angreifende Kräfte ersetzt man durch deren Resultierende $\vec{F}_{Res}$. Eine einzelne an einem Körper angreifende Kraft kann man in Komponenten zerlegen.
Das Zusammensetzen wie das Zerlegen von Kräften gehorcht der Parallelogrammregel der Vektoraddition. Liegen alle Kräfte auf einer Geraden, bestimmt man die Resultierende durch die Summe der mit Vorzeichen behafteten *Kraftwerte*.

2 Masse und Gewichtskraft

Die **Masse** eines Körpers ist ein Maß für seine Trägheit und seine Schwere; Formelzeichen m; Einheit 1 kg. Die Masse zweier Körper ist gleich, wenn sie am selben Ort dieselbe **Gewichtskraft *G*** erfahren. Es gilt $G = m \cdot g$ mit dem **Ortsfaktor** $g = 9{,}81$ N/kg (Mitteleuropa).

3 Dichte

Die Dichte ρ eines Stoffes gibt den Zusammenhang von Masse m und Volumen V eines Körpers an, es gilt $\rho = m/V$; Einheit $1\ \text{g/cm}^3 = 1\ \text{kg/dm}^3 = 1000\ \text{kg/m}^3$. Die Dichte ist unter normalen Bedingungen für einen Stoff konstant.

4 Das Trägheitsgesetz

Ein Körper ändert seinen Bewegungszustand nicht, wenn die auf ihn wirkende resultierende Kraft $F_{Res} = 0$ ist.

Diese einfache Weisheit – der geniale GALILEI fand sie zuerst – ist der Schlüssel zu einer systematischen Beschreibung von Kräften und bBewegungen.

5 Kräftegleichgewicht

Ist ein Körper in Bewegung, so bleibt er dann und nur dann gleich schnell in geradliniger Bewegung, wenn an ihm Kräftgleichgewicht besteht.
Ist die resultierende Kraft an einem Körper ungleich null, so wird sein Bewegungszustand geändert.

6 Federgesetz (Hookesches Gesetz)

Die Verlängerung s einer Feder ist innerhalb eines gewissen Bereichs der Kraft F proportional: $F \sim s$. Dann ist der Quotient $D = F/s$, auch **Federhärte** genannt, konstant.

7 Schiefe Ebene

Ein auf einer schiefen Ebene (Neigungswinkel φ) sich befindender Körper (Gewicht G) erfährt in Richtung der schiefen Ebene die Hangabtriebskraft $F_H = G \cdot \sin\varphi$ und senkrecht zur schiefen Ebene die Normaldruckkraft $F_N = G \cdot \cos\varphi$.

8 Die Grundgleichung der Mechanik

Die auf einen Körper wirkende resultierende Kraft ist gleich dem Produkt aus Masse und Beschleunigung:

$$\vec{F}_{Res} = m\vec{a}\,.$$

Kraft und Beschleunigung haben die gleiche Richtung. Bei Bewegungen auf einer Geraden haben F und a in der Wertegleichung $F = ma$ das gleiche Vorzeichen.

Größe, Form und Material der Körper spielen bei fehlender Rotation keine Rolle. Es genügt, ihre Masse zu kennen.

Um einen Körper der Masse 1 kg mit 1 m/s² zu beschleunigen, braucht man eine Kraft von 1 N.

9 Actio gleich reactio

Wirkt ein Körper A mit einer Kraft auf einen anderen Körper B, so wirkt B mit einer entgegengesetzt gerichteten, gleich großen Kraft auf Körper A zurück. Actio und reactio wirken also auf *verschiedene* Körper.

Entgegengesetzt gleich große Kräfte, die an *einem* Körper in einem Punkt angreifen, halten sich das Gleichgewicht. Solche Kräfte darf man nicht mit actio und reactio verwechseln.

10 Bewegungen – gezeichnet und berechnet

Fall I: Die Summe aller von außen am Körper angreifenden Kräfte ist null: $F_{Res} = 0$.
Aus $F_{Res} = 0$ folgt $a = 0$. Es gibt keine Geschwindigkeitsänderung, also liegt eine **gleichförmige Bewegung** vor.
Keine Änderung der Geschwindigkeit ($a = 0$) heißt Stillstand oder konstante Geschwindigkeit $v = v_0$ = konst. Diese ist positiv, wenn die Bewegung in Richtung der von uns als positiv gewählten Ortsachse erfolgt. Die Fläche zwischen v-Kurve und t-Achse – mit Berücksichtigung des Vorzeichens – ist ein Maß für die Ortsänderung Δs.

Einige mögliche t-v-Diagramme:

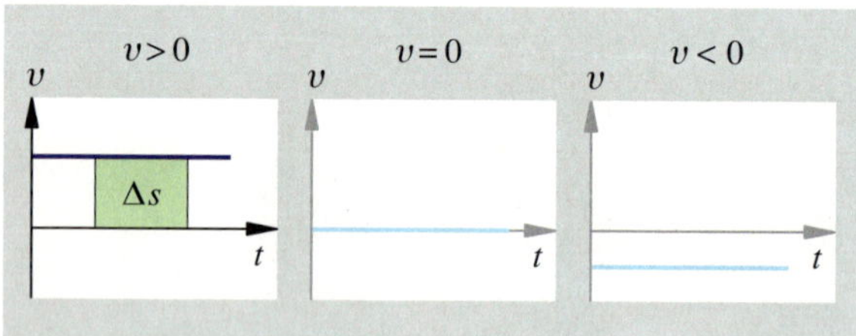

Die während einer gleichförmigen Bewegung zurückgelegten Strecken sind durch die Gleichung $vt + s_0$ der t-s-Geraden bestimmt. Deren Steigung – wir finden sie aus dem Steigungsdreieck – entspricht der Geschwindigkeit:

$$v = \frac{\Delta s}{\Delta t}.$$

Einige mögliche *t*-*s*-Diagramme:

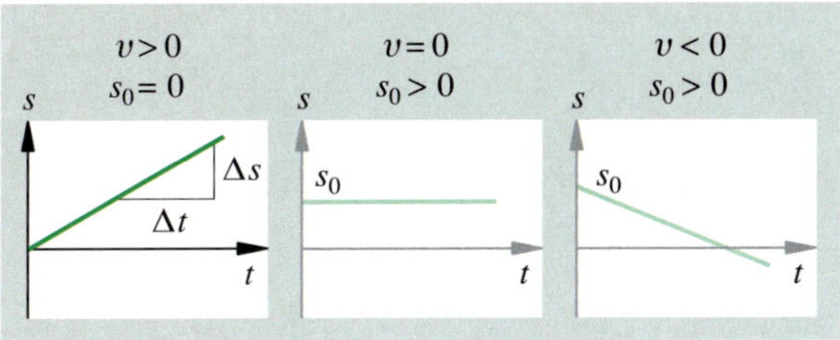

Fall II: Die Summe aller am Körper angreifenden Kräfte ist ungleich null (aber konstant): $F_{Res} \neq 0$.
Aus $F_{Res} \neq 0$ folgt $a \neq 0$. Die Geschwindigkeit ändert sich ständig. Bei konstanter Kraft liegt eine **gleichmäßig beschleunigte Bewegung** vor.

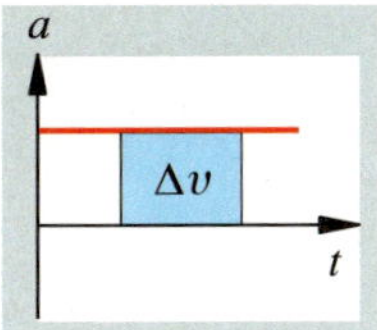

Konstante Beschleunigung $a \neq 0$ heißt konstante Geschwindigkeitsänderung. Diese ist positiv, wenn die Geschwindigkeit in der von uns als positiv gewählten Richtung zunimmt. Die Fläche zwischen *a*-Kurve und *t*-Achse – mit Berücksichtigung des Vorzeichens – ist ein Maß für die Geschwindigkeitsänderung.
Alle während einer gleichmäßig beschleunigten Bewegung sich ergebenden Momentangeschwindigkeiten werden durch die Gleichung $v = a\,t + v_0$ einer *t*-*v*-Geraden beschrieben. Deren Steigung entspricht der Beschleunigung:

$$a = \frac{\Delta v}{\Delta t}.$$

Einige mögliche *t*-*v*-Diagramme (Mitte: Bremsvorgang):

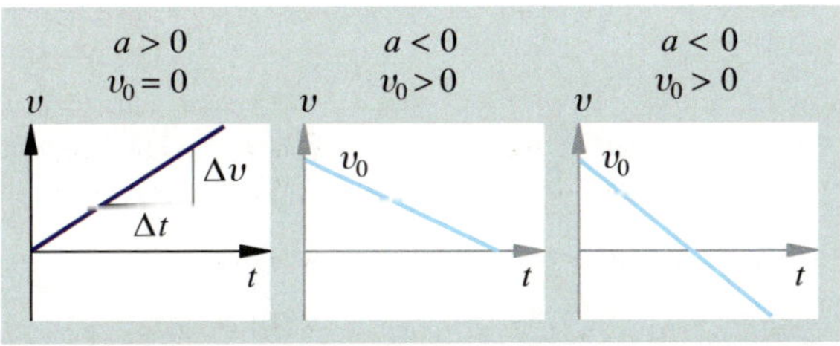

Einige mögliche *t*-*s*-Diagramme (Mitte: Bremsvorgang):

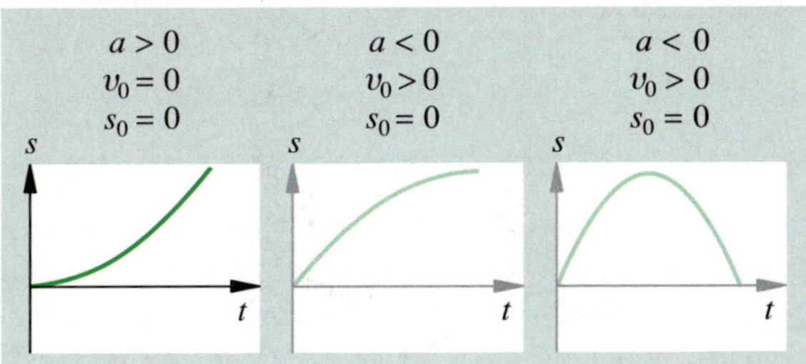

Ort: $s = \frac{1}{2}a t^2 + v_0 t + s_0$

Kausalitätsprinzip
Nichts geschieht ohne Ursache, die gleiche Ursache ruft die gleiche Wirkung hervor. Anders ausgedrückt: Kennst du den Ausgangszustand (Ort und Geschwindigkeit) und die Masse eines Körpers, so frage nach der Kraft, und du wirst den Endzustand vorhersagen können.
Diese „Kausale Strategie" wenden wir in der gesamten klassischen Mechanik an, mit ihr lösen wir Aufgaben. Sie wird später – vor allem im Bereich der Wärmelehre – durch die Bilanzstrategie ergänzt. Die kausale Betrachtung findet ihre Grenze in der Quantenphysik. Bei der Beschreibung von Einzelvorgängen im atomaren Bereich kann man sie nicht mehr durchgehend anwenden.

A1 Zwei Kräfte von 20 N und 15 N greifen an einem Körper an: **a)** in gleicher Richtung, **b)** entgegengesetzt und **c)** unter einem Winkel von 90°. Bestimme jeweils die Resultierende.

A2 **a)** Beschreibe den Ablauf der Fahrt im folgenden *t*-*s*-Diagramm.

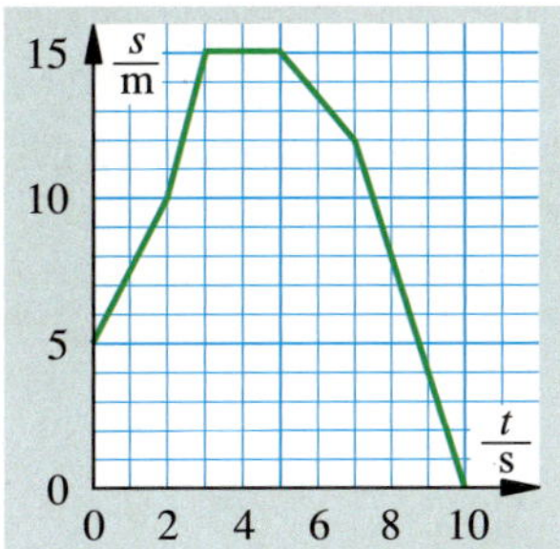

b) Übertrage das *t*-*s*-Diagramm in dein Heft und zeichne das hierzu gehörende *t*-*v*-Diagramm. Berechne dazu vorher die Geschwindigkeitswerte in den einzelnen Zeitabschnitten.

A3 Zwei Körper der Masse 2 kg sind wie in der Zeichnung miteinander verbunden.

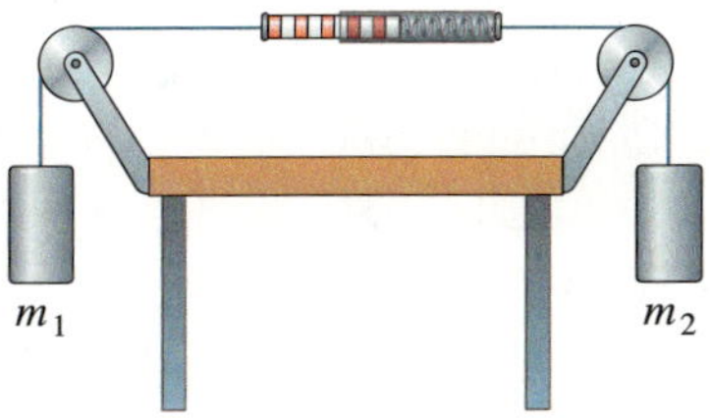

a) Welche Kraft zeigt der Federkraftmesser an? **b)** Körper 1 wird ersetzt durch ein Wägestück mit m_1 = 1,8 kg. Mit welcher Beschleunigung bewegt sich nun der „Zug"? Was zeigt der (masselose) Kraftmesser jetzt an?

A4 Ein Transrapid beschleunigt auf einer Versuchsstrecke zwischen zwei Stationen zunächst mit $a_1 = 0{,}95\ \text{m/s}^2$ aus der Ruhe, anschließend mit $a_2 = -0{,}95\ \text{m/s}^2$ bis zum Stillstand. **a)** Zeichne ein *t*-*v*-Diagramm. **b)** Berechne die Dauer der Fahrt bei einer Fahrstrecke von 5 km. **c)** Ermittle die erreichte Höchstgeschwindigkeit. **d)** Auf der ersten Teilstrecke wird der Transrapid mit einer Kraft von F = 100 kN gezogen. Welche Masse hat er?

Fall- und Wurfbewegungen

Das kannst du in diesem Kapitel erreichen:

Du lernst die Gesetze des freien Falls sowie des waagerechten und des schiefen Wurfs kennen.

Du verstehst die Auswirkungen des Luftwiderstands und kannst diese Kraft mit einer Formel berechnen.

Du lernst die Möglichkeiten von Computermodellen kennen und kannst sie auf Bewegungen mit Luftwiderstand anwenden.

Du weißt, dass es bei der Beschreibung von Bewegungen auf das Bezugssystem ankommt, und lernst den wichtigen Begriff des Inertialsystems kennen.

Du erfährst, wie sich im Laufe der Geschichte die Beschreibung von Bewegungen entwickelt hat.

Der freie Fall

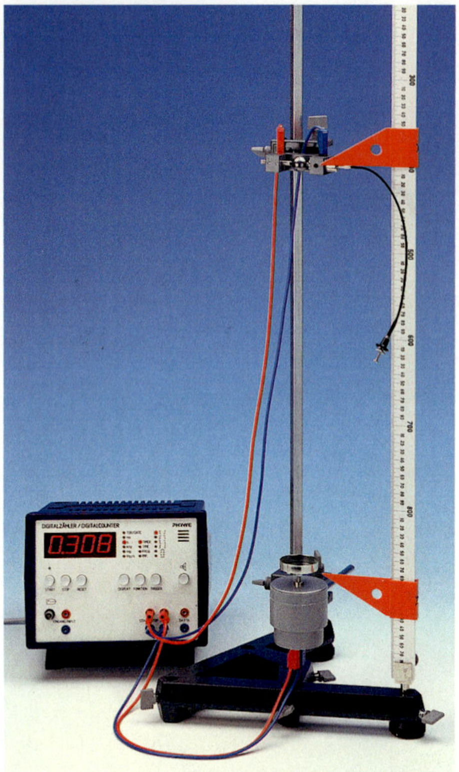

V1 Die Stahlkugel wird im Auslöser eingeklemmt und schließt einen elektrischen Kontakt. Beim Freigeben der Kugel wird der Kontakt unterbrochen und damit die elektrische Uhr gestartet. Beim Aufprall stoppt der Schalter am Fangteller die Uhr. Die Null des nach unten gerichteten Maßstabs befindet sich in Höhe der Unterkante der startbereiten Kugel. An der Kontaktplatte wird der Fallweg abgelesen.

Fallweg s **in m**	**Fallzeit** t **in s**	**Fallbeschleunigung** g **in m/s²**
0,20	0,201	9,90
0,40	0,286	9,78
0,80	0,404	9,80

T1 Die Tabelle zeigt in der ersten Spalte die Messergebnisse des **→ V1**. Es gilt $s = \frac{1}{2} g t^2$, daraus folgt die Fallbeschleunigung $g = 2s/t^2$. Für jedes Wertepaar (t, s) wird damit g in der dritten Spalte berechnet. Der Mittelwert dieser Messungen ist $g = 9{,}83\ \text{m/s}^2$. Genauere Messungen liefern für Europa den Mittelwert $g = 9{,}81\ \text{m/s}^2$. Am Nordpol ist der Wert größer, am Äquator kleiner.
Auf dem Mond ergäbe die Auswertung von Fallversuchen den Wert $g_{\text{Mond}} = 1{,}62\ \text{m/s}^2$.

1. Mit Luftwiderstand fallen Körper langsamer

„Der Apfel fällt nicht weit vom Stamm“ heißt es in einem unserer Sprichwörter. Obwohl es eigentlich anders gemeint ist, lässt es sich auch physikalisch deuten: Der Apfel fällt geradlinig senkrecht nach unten – viel schneller als die Blätter, die im Herbst zu Boden taumeln. Klar, ein Blatt ist ja viel leichter als ein Apfel; also muss es auch langsamer fallen – oder?

Physik verschafft sich für ihre Aussagen Gewissheit durch Experimente. Apfel und Blatt lassen sich leicht durch eine Metallkugel und ein Blatt Papier ersetzen. „Apfel“ und Blatt werden gleichzeitig losgelassen und verhalten sich wie ihre Vorbilder in der Natur.

Knüllt man aber das Papier vor dem Loslassen zu einer Kugel zusammen, so fallen beide auf dem ersten Meter etwa gleich. Keiner wird sagen, dass das Papier durch das Zusammenknüllen schwerer geworden ist. – Also?

Das Experiment mit der Kugel und dem geknüllten Papier stellt das Vorurteil in Frage, dass ein leichter Körper langsamer fällt als ein schwerer. Es führt zugleich auf die Spur einer besseren Erklärung: Das gleiche Papier fällt schneller, wenn man seine Form ändert. Es kommt darauf an, wie es beim Fallen der umgebenden Luft begegnet. Man müsste mal probieren, wie Körper im luftleeren Raum fallen.

2. Ohne Luftwiderstand fallen alle Körper gleich schnell

Man kann schlecht ganze Physikräume luftleer pumpen. Deshalb gibt es in jeder physikalischen Sammlung die sogenannte **Fallröhre**. Sie enthält eine kleine Bleikugel und eine Flaumfeder. Die Fallröhre wird zunächst luftleer gepumpt und dann schnell umgedreht. Beide Körper beginnen dann gleichzeitig zu fallen. Man sieht und staunt: Die leichte Feder fällt wie ein Stein zu Boden, wenn die umgebende Luft fehlt.

Lässt man die Luft wieder in die Fallröhre hineinzischen, dann zeigt die Wiederholung des Versuchs den vertrauten Unterschied zwischen dem Fall einer Bleikugel und einer Flaumfeder.

Es ist also die umgebende Luft, die leichte Körper langsamer fallen lässt als schwere. Wer die Hand aus dem Fenster eines fahrenden Autos oder Zuges hält, spürt die Kraft des Luftwiderstands. Sie wird kleiner, wenn man die Hand zur Faust ballt.

Wir wollen es uns einfacher machen und zunächst nur solche Fallbewegungen untersuchen, bei denen der Luftwiderstand keine Rolle spielt, bei denen also nur die Gewichtskraft des fallenden Körpers dessen Bewegungszustand ändert. Wir sprechen dann vom freien Fall.

Merksatz

Die Fallbewegung eines Körpers, auf den allein seine Gewichtskraft wirkt, wird **freier Fall** genannt. □

3. Ortsfaktor gleich Fallbeschleunigung

Die Gewichtskraft, die ein Körper erfährt, ändert sich nicht, wenn wir ihn fallen lassen. Im freien Fall – ohne Luftwiderstand – beschleunigt also die konstante Gewichtskraft $G = mg$ den Körper. Dabei ist g der Ortsfaktor, der bei uns den Wert 9,81 N/kg hat. Mit G statt F in NEWTONs Grundgesetz folgt für die Beschleunigung

$$a = \frac{G}{m} = \frac{mg}{m} = g. \qquad (1)$$

Demnach fallen ohne Luftwiderstand alle Körper am gleichen Ort mit derselben Beschleunigung. Sie ist gleich dem Ortsfaktor. Auf den ersten Blick ist das überraschend, aber auch die Einheiten sind gleich: $1\ \text{N/kg} = 1\ (\text{kg} \cdot \text{m/s}^2)/\text{kg} = 1\ \text{m/s}^2$.

Das Bleikügelchen in der Fallröhre habe die 1000fache Masse der Flaumfeder. Dann erfährt es auch eine 1000-mal so große Gewichtskraft. Es müsste also 1000-mal so stark beschleunigt werden. 1000fache Masse bedeutet aber auch 1000fache Trägheit. Schwere und Trägheit wirken einander genau entgegen; das Bleikügelchen fällt deshalb mit derselben Beschleunigung wie die Flaumfeder.

Merksatz

Beim freien Fall ist die Beschleunigung aller Körper am selben Ort gleich groß und gleich dem Ortsfaktor g. □

4. Die Fallgesetze für den freien Fall

Da es sich beim freien Fall um eine gleichmäßig beschleunigte Bewegung handelt, können wir sofort die Bewegungsgesetze aufschreiben. g tritt an die Stelle der Beschleunigung a:

Merksatz

Fallgesetze für den freien Fall aus der Ruhe:

Zeit-Weg-Gesetz: $s = \frac{1}{2} g t^2$ (2)

Zeit-Geschwindigkeit-Gesetz: $v = g t$ (3) □

5. Fallversuche zur Bestimmung des Ortsfaktors

Wir messen im → V1 bei einer frei fallenden Kugel gleichzeitig die Fallzeit und den Fallweg. Mit dem Zeit-Weg-Gesetz des freien Falls *(Gleichung 2)* berechnen wir die Fallbeschleunigung g und damit den für uns gültigen Ortsfaktor. Die Auswertung für drei Wertepaare in → T1 liefert den Mittelwert $g = 9{,}83\ \text{m/s}^2$.

Mit dem genaueren Wert $g = 9{,}81\ \text{m/s}^2$ berechnen wir die Geschwindigkeit, welche die Kugel nach $t = 0{,}404$ s erreicht hat: Das t-v-Gesetz *(Gleichung 3)* liefert: $v = gt = 9{,}81\ \text{m/s}^2 \cdot 0{,}404\ \text{s} = 3{,}96\ \text{m/s}$.

Diese Geschwindigkeit kann man aus der Verdunkelungszeit einer Lichtschranke berechnen, die dort steht, wo die Kugel nach 0,404 s ist. Überschlagsrechnungen macht man gern mit dem **Näherungswert $g = 10\ \text{m/s}^2$** → T2 .

Zeit t in s	Weg s in m	Geschwindigkeit v in m/s
0	0	0
1	5	10
2	20	20
3	45	30
4	80	40

T2 Näherungswerte zum freien Fall, mit $g = 10\ \text{m/s}^2$ im Kopf gerechnet

A1 Aus welcher Höhe müsste ein Körper frei fallen, damit er Schallgeschwindigkeit (340 m/s) erreicht?

A2 Nach welcher Zeit haben frei fallende Körper aus der Ruhe die Geschwindigkeit 25 m/s bzw. den Fallweg 10 m erreicht? Welche Werte findet man jeweils nach der doppelten Zeit? Was gilt jeweils auf dem Mond ($g_{Mond} = 1{,}62\ \text{m/s}^2$)?

A3 Bestimme die Höhe, aus der ein Auto frei fallen müsste, damit es „Tempo 50" (50 km/h) erreicht. Kein Stuntman würde diese Fahrt wagen!

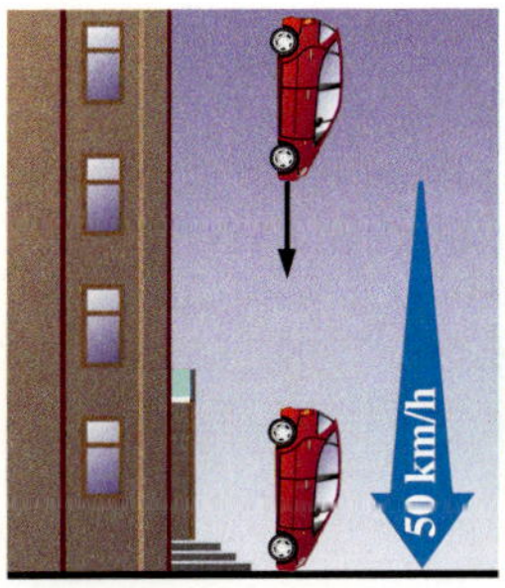

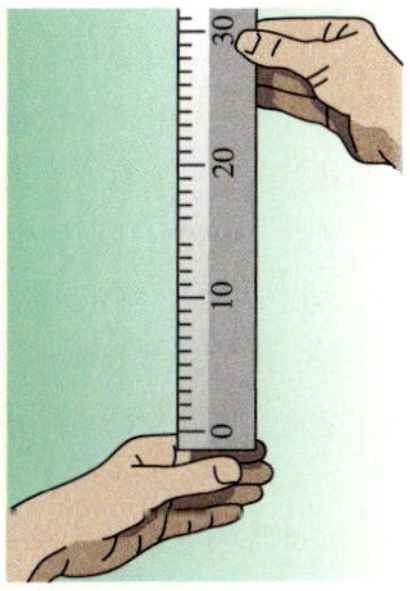

A4 Reaktionstest: Halte ein 30 cm-Lineal zwischen zwei Fingerspitzen an der 30 cm-Marke so, dass es nach unten hängt. Die Testperson hält Daumen und Zeigefinger an der 0 cm-Marke bereit, um zuzufassen und festzuhalten, wenn du das Lineal unerwartet loslässt. Aus dem Fallweg kann man die Reaktionszeit bestimmen. Fertige einen Pappstreifen, an dem die Reaktionszeit abzulesen ist.

A5 Ein schwerer Stein fällt in einen 17,0 m tiefen Brunnen. Nach welcher Zeit hört man oben den Aufschlag, wenn die Schallgeschwindigkeit 340 m/s ist? Ermittle die Tiefe des Brunnens, wenn man den Aufschlag nach 2,00 s hört.

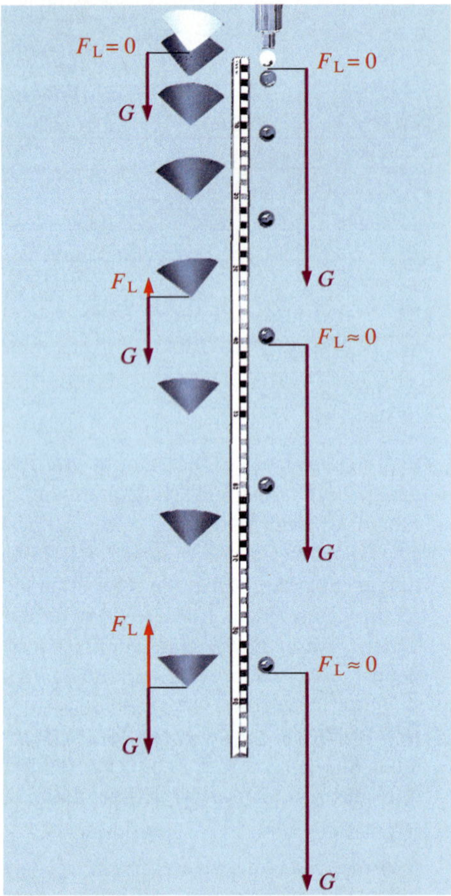

V1 Eine Kugel und ein Papiertrichter fallen bei stroboskopischer Beleuchtung (Δt = 0,067 s) entlang dem nach unten gerichteten Maßstab. Sie werden gleichzeitig – beim Blitz Nummer null – losgelassen. Unterwegs ändert sich die Kräftebilanz.

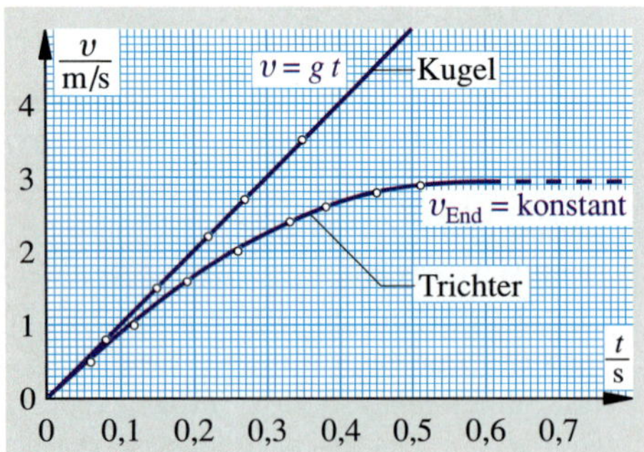

B1 Auswertung des → **V1**: Zeit-Geschwindigkeit-Diagramm für Kugel und Papiertrichter. Die berechneten Geschwindigkeiten wurden jeweils dem Zeitpunkt in der Mitte zwischen zwei Blitzen zugeordnet.

1. Wenn die Luft mitmischt

Wenn Körper während ihres Falls stroboskopisch beleuchtet werden, dann erhält man in sehr anschaulicher Form Informationen über die Geschwindigkeiten unterwegs → **V1**. Man kann dem Foto die Wege zwischen zwei Blitzen entnehmen, daraus Durchschnittsgeschwindigkeiten berechnen und in einem Zeit-Geschwindigkeit-Diagramm darstellen → **B1**. Kugel und Papiertrichter als Fallkörper liefern sehr unterschiedliche Ergebnisse:

Für die **Kugel** ist das Zeit-Geschwindigkeit-Diagramm eine Gerade; die Geschwindigkeit wächst proportional mit der Zeit. Die Bewegung ist gleichmäßig beschleunigt und es gilt $v = g\,t$.

Für den **Papiertrichter** wächst die Geschwindigkeit nur in den ersten hundertstel Sekunden nach $v = g\,t$. Dann bleibt er gegenüber der Kugel zurück. Die von Blitz zu Blitz zurückgelegten Wege wachsen immer weniger, die Beschleunigung nimmt also ab. Gegen Ende des Beobachtungszeitraums bewegt sich der Papiertrichter gleichförmig; die Punkte im t-v-Diagramm liegen auf einer Parallelen zur t-Achse.

Es liegt am Luftwiderstand, dass der Papiertrichter keine gleichmäßig beschleunigte Bewegung ausführt und nach einem beschleunigten „Anlauf“ gleichförmig fällt.

2. Konstante Endgeschwindigkeit durch Luftwiderstand

Wir wissen, dass die Beschleunigung nach NEWTONs Grundgesetz strikt mit der resultierenden Kraft F_{Res} verbunden ist: $a = F_{Res}/m$. Die Masse ändert sich weder bei der Kugel noch beim Papiertrichter. Die Konstanz der Beschleunigung bei der Kugel bedeutet demnach konstante resultierende Kraft. Die Abnahme der Beschleunigung beim Papiertrichter bedeutet dagegen abnehmende resultierende Kraft.

Wir zeichnen für verschiedene Zeitpunkte die uns bekannten Kräfte in das Bild zu → **V1** ein:

- Die Gewichtskräfte auf Papiertrichter und Kugel wirken ständig, sie werden jeweils durch rote Pfeile G dargestellt.
- Die hellroten Pfeile F_L repräsentieren die Luftwiderstandskraft; sie zeigen nach oben (entgegen der Bewegungsrichtung).

Ihre Längen wachsen mit der Geschwindigkeit v.

Wir betrachten zunächst den Papiertrichter: Der Luftwiderstand wächst mit zunehmender Geschwindigkeit. Beim Start ganz oben im Bild bestimmt allein die Gewichtskraft die resultierende Kraft, der Papiertrichter bewegt sich beschleunigt. Mit wachsender Geschwindigkeit wird der Luftwiderstand größer. Schließlich ist die Luftwiderstandskraft der Gewichtskraft gegengleich. Dann ergeben beide zusammen die resultierende Kraft $F_{Res} = 0$. Mit ihr ist die Beschleunigung $a = 0$.
Der Papiertrichter bleibt aber nicht stehen, sondern fällt mit konstanter Geschwindigkeit weiter.

Auch die fallende Kugel erfährt Luftwiderstand, der ebenfalls mit zunehmender Fallgeschwindigkeit größer wird. Kräftegleichgewicht und Endgeschwindigkeit stellen sich aber erst bei etwa 60 m/s ein. Die kleinere Fläche der Kugel erfährt nämlich eine kleinere Luftwiderstandskraft, die sich gegenüber der größeren Gewichtskraft erst bei sehr viel größeren Geschwindigkeiten bemerkbar macht. In unserem Versuch ist davon noch nichts festzustellen.

Merksatz

Bei Fallbewegungen mit Luftwiderstand stellt sich nach hinreichend langer Zeit eine konstante Geschwindigkeit ein. Die Resultierende aus Gewichtskraft und Luftwiderstandskraft ist dann null.

3. Ein Kraftgesetz für den Luftwiderstand

Wir erhöhen die Gewichtskraft des Papierkegels, indem wir mehrere gleiche Exemplare ineinander stecken → B2. Form und Fläche, die den Luftwiderstand beeinflussen, ändern sich dabei nicht. Erst bei vier ineinander gesteckten Trichtern verdoppelt sich die Endgeschwindigkeit. Dann ist die Gewichtskraft vierfach, also auch die mit ihr ins Gleichgewicht gekommene Luftwiderstandskraft. Daraus folgt: Bei Verdopplung der Geschwindigkeit v vervierfacht sich die Luftwiderstandskraft F_L. Sie ist dann der Gewichtskraft von vier Trichtern gegengleich. Also ist $F_L \sim v^2$.

Die Proportionalität $F_L \sim v^2$ für den Betrag der Luftwiderstandskraft gilt allgemein. Mit dem Proportionalitätsfaktor C kann man schreiben $F_L = C \cdot v^2$. Die Größe C wird u.a. von der Fläche A bestimmt, die der Körper der Luft anbietet. Es gilt ein einfacher Zusammenhang: C ist proportional zu A, d.h. doppelte Fläche ergibt doppeltes C. Mit dem *Widerstandsbeiwert* c_w und der Dichte ρ der Luft schreibt man: $C = \frac{1}{2} c_w \cdot \rho \cdot A$. Die komplette Formel für die Luftwiderstandskraft heißt dann

$$F_L = \frac{1}{2} c_w \rho A v^2.$$

Daraus folgt für das Kräftegleichgewicht bei der Endgeschwindigkeit v_{End} die Betragsgleichung $G = \frac{1}{2} c_w \rho A v_{End}^2$.

Merksatz

Für den Betrag der **Luftwiderstandskraft** gilt:

$$F_L = \frac{1}{2} c_w \rho A v^2. \quad (1)$$

Für die Endgeschwindigkeit v_{End} des Falls mit Luftwiderstand gilt:

$$G = \frac{1}{2} c_w \rho A v_{End}^2. \quad (2)$$

Bei einer Kugel mit Radius r ist das Volumen und damit auch G proportional zu r^3; dagegen ist die Fläche A proportional zu r^2. Nach *Gleichung 2* gilt dann für die Endgeschwindigkeit $v_{End}^2 \sim r$. – Aus diesem Grund fallen große Regentropfen schnell (bis zu 8 m/s), während kleine Nebeltröpfchen mit weniger als 0,08 m/s zu Boden sinken.

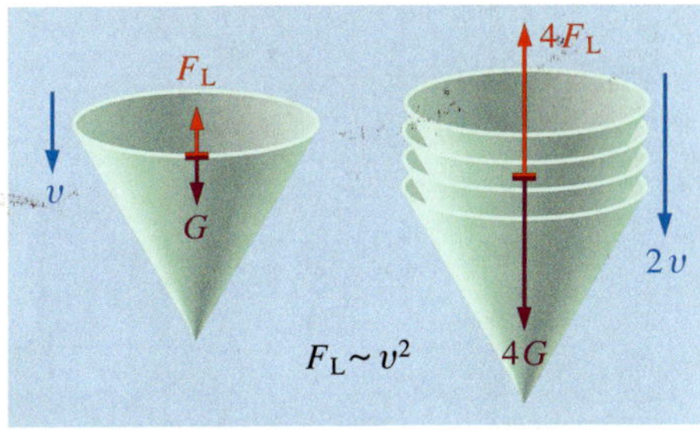

B2 Vier Trichter erfahren zusammen vierfache Gewichtskraft. Schon bei doppelter Geschwindigkeit ist die Luftwiderstandskraft ebenfalls vervierfacht. Die Resultierende ist wieder null.

B3 Die Sportler haben die Fallschirme noch nicht geöffnet. Sie werden so lange beschleunigt, bis Gewichts- und Luftwiderstandskraft gegengleich sind. Dann fallen sie gleichförmig mit der durch ihre Körperfläche bestimmten Endgeschwindigkeit (max. 50 m/s).

B4 Bei geöffnetem Fallschirm sorgt das große Tuch für sehr großen Luftwiderstand. Die Sinkgeschwindigkeit beträgt dann etwa 5 m/s.

Scheibe	1,12	**Pkw**	0,15 – 0,7
Kugel	0,45	**Stromlinienform**	0,056
Lkw	0,8 – 1		

T1 Einige Widerstandsbeiwerte c_w

Geschichte der Bewegungslehre

B1 GALILEIs Laboratorium, Nachbildung

Galileo GALILEI hatte theoretisch begründet, dass sich die Wege beim freien Fall wie die Quadrate der Zeiten verhalten und suchte die experimentelle Bestätigung. Er umging die Schwierigkeiten der Messung kurzer Fallzeiten, indem er die Bewegung auf einer schiefen Ebene, also langsamer, ablaufen ließ. Zugleich floss Wasser durch eine dünne Röhre aus einem Eimer; die Wassermenge konnte er wiegen; sie war sein Maß für die Zeit. In der Nachbildung von GALILEIs Laboratorium im Deutschen Museum sehen wir die Versuchsanordnung. Und so beginnt seine Versuchsbeschreibung:

„Auf einem Holzbrette von 12 Ellen Länge, bei einer halben Elle Breite und drei Zoll Dicke, war auf dieser letzten schmalen Seite eine Rinne von etwas mehr als einem Zoll Breite eingegraben. Dieselbe war sehr gerade gezogen, und, um die Fläche recht glatt zu haben, war inwendig ein sehr glattes und reines Pergament aufgeklebt. In dieser Rinne ließ man eine sehr harte völlig runde und glattpolierte Messingkugel laufen. …“

Der Text stammt aus den *Discorsi*. Zum ersten Mal in der Geschichte der Naturwissenschaften begegnet uns eine wissenschaftliche Veröffentlichung mit detaillierter Versuchsbeschreibung unter bewusst gewählten, idealisierenden Bedingungen. GALILEI wählt eine einfache Bewegung aus (Kugel auf schiefer Ebene), schafft einfache Versuchsbedingungen (glatte Ebene, glatte Kugel), führt genaue Messungen durch, bestätigt ein vermutetes mathematisches Gesetz ($s \sim t^2$) und überträgt die gewonnenen Ergebnisse auf den freien Fall.

Was man sieht, wird durch die Theorie bestimmt.

A. EINSTEIN

Findest du es insgeheim nicht doch verwunderlich, dass sich Raketen im Weltall ohne Antrieb ewig weiterbewegen? Will die irgendwann künstlich in Bewegung gesetzte Rakete nicht von sich aus zur Ruhe zu kommen?

„Alles was sich bewegt, bewegt sich entweder von Natur oder durch eine äußere Kraft oder vermöge seines freien Willens.“

So hat ARISTOTELES Bewegungen in verschiedene Klassen eingeteilt; in natürliche Bewegungen, die ihren Bewegungsantrieb in sich selbst haben und in künstliche Bewegungen, die zu ihrer Aufrechterhaltung ständiger Anstrengungen von außen bedürfen. Die künstliche Bewegung des Ochsenkarrens hört auf, wenn die Verbindung von Ochsenkraft und Karren gelöst wird. Der fallende Stein strebt von alleine seinem natürlichen Ziel, der Erde, zu. ARISTOTELES vermittelt unmittelbar einleuchtende, ganzheitliche Einsichten: Bewegung bedarf der Begründung, Ruhe nicht.

Die 2000 Jahre später begründete Feststellung Isaac NEWTONs, dass Ruhe und gleichförmige Bewegung dasselbe sind, widerspricht auch heute noch dem Alltagsdenken. Vor NEWTON hatte schon Galileo GALILEI in seinen experimentellen Untersuchungen der Bewegung auf der schiefen Ebene das *Warum* von Bewegung zurückgestellt und sich auf das *Wie* der Bewegungsabläufe konzentriert. GALILEI misstraute der Frage nach den Ursachen, weil er wusste, dass die Unterscheidung von natürlicher und gewaltsamer Bewegung zu Fehlern führt.

ARISTOTELES' Bewegungslehre hatte bis dahin als Teil der von ihm überlieferten Philosophie Bestand gehabt, weil die Einteilung der Dinge und Erscheinungen in Klassen beherrschendes Prinzip war. Auch GALILEI hat zunächst die geltende Auffassung gelernt und gelehrt, nach der Erscheinungen am Himmel und auf der Erde verschiedenen Gesetzen gehorchen.

Als GALILEI davon hörte, dass in den Niederlanden ein Fernrohr konstruiert worden war, hat er seine Untersuchungen von Bewegungsvorgängen unterbrochen, sich selber ein Fernrohr gebaut, und viele Beobachtungen – z. B. über die Oberflächengestalt des Mondes – gemacht, die zu Zweifeln am Weltbild des ARISTOTELES führen mussten: Für himmlische und irdische Erscheinungen gibt es nur eine Physik. Für die Wissenschaft stellte sich die Frage nach einer neuen Theorie für die Planetenbahnen.

NEWTON sah sich herausgefordert, das Problem zu lösen und hat in seinem Hauptwerk *Philosophiae Naturalis Principia Mathematica* die Geschichte der Bewegungslehre als geschlossene Theorie eines neuen Weltsystems zum Abschluss gebracht. Er hat die Bewegungslehre so formuliert, dass sie sowohl auf der Erde als auch im Universum gilt. Spätestens seit der bemannten Weltraumfahrt wird die Verlässlichkeit seiner Theorie für jeden von uns erkennbar.

ARISTOTELES (384 – 322 v. Chr.)

Galileo GALILEI (1564 – 1642)

Isaac NEWTON (1643 – 1727)

Als junger Mann war ARISTOTELES in Athen 20 Jahre lang Schüler des berühmten Philosophen PLATON. Später entwickelte er selber mit seinen eigenen Schülern eine intensive Lehr- und Forschungstätigkeit.

ARISTOTELES hat sehr systematisch eine große Fülle von Gegenständen und Themen bearbeitet. Er war der Erste, der eine größere Bibliothek angelegt hat. Seine Schriften haben in Europa bis in das 17. Jahrhundert hinein die Vorstellungen der Menschen über die Welt und über Naturvorgänge geprägt.

Die Einteilung der Dinge und die Unterscheidung durch Gegensätze ist für die Philosophie des ARISTOTELES kennzeichnend. In den Vorstellungen über die Welt wurden Erscheinungen des Himmels und Vorgänge auf der Erde in einer strengen Hierarchie bewertet. Der Rangunterschied zwischen den vollkommenen himmlischen Bewegungen und den unvollkommenen irdischen Bewegungen war unauflöslich.

Für die Wissenschaften galt die Rangfolge Theologie – Philosophie – Physik. Und in der Physik gab es die scharfe Abstufung von theoretischem Denken und praktischem Tun: Experimente waren deshalb kein Mittel der Erkenntnis.

In Pisa in Italien geboren, studierte GALILEI Medizin, wandte sich dann der Mathematik und Physik zu, wurde 1589 Professor der Mathematik in Pisa und war später Hofmathematiker in den Diensten der Medici in Florenz.

1609 begann GALILEI mit den von ihm gebauten Teleskopen die Beobachtung von Gestirnen und beschäftigte sich dann mehr als 20 Jahre lang mit den physikalischen Eigenschaften der Himmelskörper. Seine Deutungen überzeugten ihn von der Haltlosigkeit der aristotelischen Physik. In seinem Hauptwerk, dem *Dialogo*, erörtern drei erfundene Gesprächspartner die Frage des richtigen Weltsystems:

Ist die Erde der Mittelpunkt der Welt (geozentrisch) oder bewegt sie sich um die Sonne (heliozentrisch)? GALILEI wurde wegen der von ihm vertretenen Überzeugung in Rom vor Gericht gestellt. Der berühmte Galilei-Prozess endete 1632 damit, dass er seine Lehren widerrief. – Im Hausarrest setzte er seine Arbeiten an den Grundlagen der Bewegungslehre fort. In den *Discorsi* erörtern die Gesprächspartner „neue Wissenschaft über einen alten Gegenstand“: Behandelt werden u. a. gleichförmige und gleichmäßig beschleunigte Bewegungen sowie der freie Fall.

In England geboren, studierte NEWTON in Cambridge alte Sprachen, Geschichte und Mathematik. Schon nach wenigen Studienjahren begann 1664 die Zeit seiner Entdeckungen in Mathematik, Mechanik und Optik. Er wurde in Cambridge Professor für Mathematik und blieb dort bis 1696. Den Rest seines Lebens verbrachte er in London, wurde Präsident der Royal Society, war hochberühmt.

In seinem Hauptwerk, den *Principia Mathematica*, entwickelt NEWTON die von ihm geschaffene Theorie der Erklärung von Bewegungen mithilfe des Kraftbegriffs. Auf der Grundlage der newtonschen Gesetze erklären Physiker seither die Bewegungsabläufe auf der Erde ebenso wie die Planetenbahnen im Weltall. Die auf einen Apfel wirkende Schwerkraft gehorcht demselben Gesetz wie der von der Erde auf seiner Bahn gehaltene Mond. Wichtige Voraussetzung für die Entdeckung des Trägheitsgesetzes war die Erkenntnis der Bedeutung des Beobachters, des *Bezugssystems*.
Erste Leser des Buches meinten, „dass sie sieben Jahre studieren müssten, um irgendetwas davon zu verstehen“. Trotzdem, oder gerade deswegen wurde NEWTON zu einer Symbolfigur der Weltweisheit des 18. Jahrhunderts.

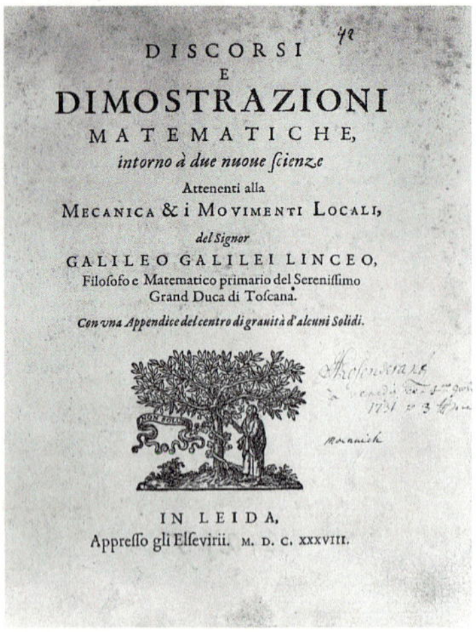
DISCORSI
E
DIMOSTRAZIONI
MATEMATICHE,
intorno à due nuoue ſcienze
Attenenti alla
MECANICA & i MOVIMENTI LOCALI,
del Signor
GALILEO GALILEI LINCEO,
Filoſofo e Matematico primario del Sereniſſimo
Grand Duca di Toſcana.
Con vna Appendice del centro di grauità d'alcuni Solidi.

IN LEIDA,
Appreſſo gli Elſevirii. M. D. C. XXXVIII.

B1 Das Titelbild der *Discorsi*, der *„Unterredungen und mathematischen Demonstrationen über zwei neue Wissenszweige, die Mechanik und die Fallgesetze betreffend“* (1638)

„In drei Teile zerfällt unsere Abhandlung. In dem ersten betrachten wir die gleichförmige Bewegung. ...“

A1 Eine Fähre verbindet zwei an einem See gelegene Häfen. Wann darf man sagen: Sie fährt gleichförmig? Wie lange braucht sie bei einer Geschwindigkeit v = 36 km/h für 12 km?

A2 Joggen ist – physikalisch gesehen – eine ziemlich gleichförmige Angelegenheit. Du misst für die Zeit zwischen zwei Kilometersteinen 6 Minuten. Berechne die Strecke, die in einer Stunde zurückgelegt wird. Wie groß ist die Geschwindigkeit in m/s?

A3 Ein Körper bewegt sich gleichförmig unter dem Einfluss zweier äußerer Kräfte. Was folgt daraus für die beiden Kräfte?

A4 Funksignale bewegen sich gleichförmig – wie Licht mit $3 \cdot 10^8$ m/s. Schätze die Laufzeit für satellitengestützte Telefongespräche zwischen Washington und Berlin. Entnimm die Entfernungen einem aus Apfelsine und Stecknadel gefertigten Modell (geostationärer Satellit).

„... In dem zweiten beschreiben wir die gleichmäßig beschleunigte Bewegung. ...“

A5 Wie weit fällt ein Stein in freiem Fall in 0,1 s, 0,2 s, 0,3 s? Wie schnell ist er nach 0,75 m Fallweg?

A6 Bestimme die Höhe, aus der man auf dem Mond herabspringen müsste, um genauso schnell anzukommen wie auf der Erde beim Sprung aus 1 m Höhe.

A7 Berechne für einen Ort mit dem Ortsfaktor 5 m/s^2 die Gewichtskräfte, die die Massen 3 kg und 3 g erfahren. Berechne die Fallwege für die Fallzeiten 1 s, 2 s und 3 s.

Für ARISTOTELES gab es ein Grundprinzip: Je schwerer ein Körper ist, desto mehr hat er das Bestreben zu seinem Bestimmungsort, dem Weltzentrum, zu gelangen. Daraus folgt zwingend: „Der schwere Körper fällt schneller als der leichte.“ GALILEI konstruierte aus diesem Satz einen Widerspruch: Wenn man einen schweren (schnell fallenden) Körper mit einem leichten (langsam fallenden) verbindet, so müsste der langsam fallende (leichte) den schnell fallenden (schweren) Körper zurückhalten. Andererseits sind beide Körper zusammen schwerer als der schwere Körper allein; deshalb sollte die Kombination auch schneller fallen als der schwere Körper.

A8 Eine Kugel (d = 2,00 cm) durchquert nach 1,00 m Fallstrecke eine Lichtschranke. Gesucht ist die Dunkelzeit Δt.

A9 Von einem hohen Turm lässt man zu den Zeitpunkten t = 0 s, 1 s, 2 s, 3 s, 4 s je einen Stein fallen. Welche Abstände haben sie im Zeitpunkt t = 4 s? Zeichne ein maßstäbliches Bild der Situation zum Zeitpunkt t = 5 s.

A10 Fertige eine Fallschnur → B2 zum Gebrauch in einem Treppenhaus in deiner Schule. Verwende große Schraubenmuttern als Fallkörper. Die Fallkörper sind so in eine Schnur geknüpft, dass sie in starrem Takt (tak-tak-tak-...) den Boden erreichen. Zum Start wird das obere Ende so gehalten, dass der unterste Fallkörper gerade den Boden berührt.

B2 Fallschnur

A11 Bleibt eine Fallschnur eine Fallschnur, wenn man sie in beliebigem Maßstab verlängert oder verkürzt? Ist eine Fallschnur auf dem Mond noch eine Fallschnur?

„Soviel ich weiß, hat noch niemand bewiesen, dass die vom fallenden Körper zurückgelegten Strecken sich zueinander verhalten wie die ungeraden Zahlen.“

A12 Bilde – beginnend mit 1 – die Summe der ungeraden natürlichen Zahlen: Jede Zwischensumme ist eine Quadratzahl! Stelle Zusammenhänge her zum Fallgesetz $s = \frac{1}{2}gt^2$ und zu der Folge von Abständen bei der Fallschnur.

A13 Eine Kugel von 1,5 cm Durchmesser fällt im freien Fall durch eine Lichtschranke; eine Uhr misst die Dunkelzeit 0,003 s. Wie lange war die Kugel bis zur Lichtschranke unterwegs, welche Fallstrecke hat sie bis dahin zurückgelegt?

A14 **a)** Zwei Äpfel, die an einem Baum 1,25 m übereinander hängen, beginnen gleichzeitig zu fallen. Verändert sich ihr Abstand beim Fallen? **b)** Der untere Apfel beginnt nun genau dann zu fallen, wenn der obere an ihm vorbeifliegt. Befinden sich beide Äpfel nun ständig nebeneinander auf gleicher Höhe? Wie groß ist ihr Abstand, wenn der untere Apfel 1 s lang gefallen ist? **c)** Löse die Aufgaben grafisch, indem du jeweils ein gemeinsames t-s-Diagramm zeichnest.

A15 Kombiniere die Fallgesetze $s = \frac{1}{2}gt^2$ und $v = gt$ zu einer Gleichung zwischen der Fallstrecke s und der dort erreichten Geschwindigkeit v, welche die Zeit t nicht mehr enthält. Überprüfe die Gültigkeit der Aussage „Nach der doppelten Strecke ist der fallende Körper auch doppelt so schnell."

GALILEI erkannte die ständige Zunahme der Geschwindigkeit als wesentlich für die Fallbewegung. Eine Zeitlang glaubte er, die Fallgeschwindigkeit v sei dem Fallweg proportional ($v \sim s$). Darüber lässt er einen der Gesprächspartner in den Discorsi sagen:

> *„Es ist mir recht tröstlich, in diesem Irrtum einen Genossen gehabt zu haben; überdies muss ich euch sagen, dass eure Überlegung so wahrscheinlich zu sein scheint, dass selbst unser Autor eine Zeit lang, wie er mir selbst gesagt hat, in demselben Irrtum befangen war."*

Nach Widerlegung der irreführenden Annahme hat GALILEI aus der Hypothese, die Geschwindigkeit v wachse proportional mit der Zeit t ($v \sim t$) theoretisch (deduktiv) abgeleitet, dass dann der Weg s dem Quadrat der Zeit proportional sein müsse. Er benutzte eine Mittelwertsbetrachtung, die in unserer Sprechweise lautet: Wenn $v \sim t$ ist, hat der fallende Körper nach der Zeit t von $v = 0$ aus die Geschwindigkeit $v = gt$ erreicht. Seine mittlere Geschwindigkeit ist $\bar{v} = gt/2$. Mit ihr hätte ein gleichförmig bewegter Körper in der Zeit t die Strecke von $s = \bar{v}t = gt^2/2 = \frac{1}{2}gt^2$ zurückgelegt. Dann erst zog GALILEI wieder das Experiment heran.

A16 Der Raketenmotor eines Raumschiffs wirbelt beim Landen auf dem Mond sehr viel Staub auf. Erkläre, warum nach dem Abstellen des Motors die Sicht sofort wieder klar ist – im Gegensatz zur Landung auf der staubigen Erdoberfläche.

GALILEI hat beobachtet, dass Gold in Quecksilber nach unten sinkt, während Blei steigt. In Wasser fallen Körper aus beiden Stoffen, das Gold aber voraus. In Luft dagegen sind die Unterschiede belanglos. Also abstrahierte er sogar von der Luft und lehrte: Alle Körper fallen gleich schnell. In der Geschichte der Physik war GALILEI der Erste, der von störenden Nebenumständen einfach absah und so den Kern gesetzmäßiger Zusammenhänge fand.

A17 Rechne nach: Ein halbkugelig geformter Fallschirm (c_w-Wert 1,35) mit 2 m Radius sorgt in Luft (r = 1,25 kg/m³) bei einer Last von 50 kg für die Sinkgeschwindigkeit 6,8 m/s.

A18 Ein Pkw (c_w = 0,35) mit der Querschnittsfläche 2,0 m² fährt gleichförmig mit 30 m/s. Berechne die Luftwiderstandskraft (ρ = 1,25 kg/m³). Bei Gegenwind mit der Windgeschwindigkeit 10 m/s erhöht sich die Strömungsgeschwindigkeit auf 40 m/s. Berechne erneut die Luftwiderstandskraft.

A19 Erkläre die Wirkungsweise des abgebildeten Geräts zur Messung der Windgeschwindigkeit (Anemometer), dessen Flügelschalen-Antrieb bei jeder Windrichung funktioniert.

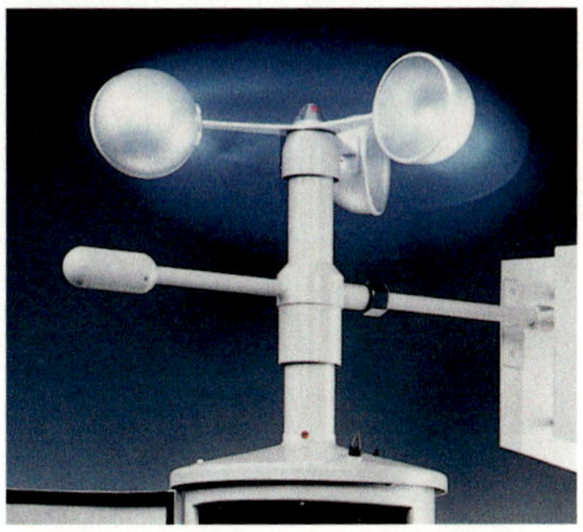

> *„In dem dritten handeln wir von der gewaltsamen Bewegung oder von den Wurfgeschossen."*

Bevor wir uns in diesem Buch den Wurfbewegungen zuwenden, schauen wir uns an, wie die Physik des ARISTOTELES den Wurf deutete:

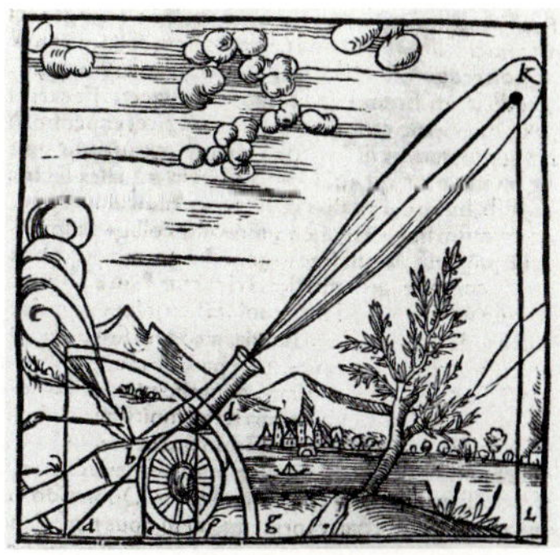

B3 Dieser Holzschnitt aus dem Jahre 1561 illustriert die Lehre, dass die Kanonenkugel zuerst der ihr aufgezwungenen Bewegung in gerader Linie folgen müsse, bis ihre Bewegung auf null abgenommen habe. Dann erst wirke ihr Bestreben, wie jeder schwere Körper zum Weltzentrum zu gelangen.
Seit NEWTON muss man aber zu anderen Deutungen kommen.

Rechenmodelle für Bewegungen mit Luftwiderstand

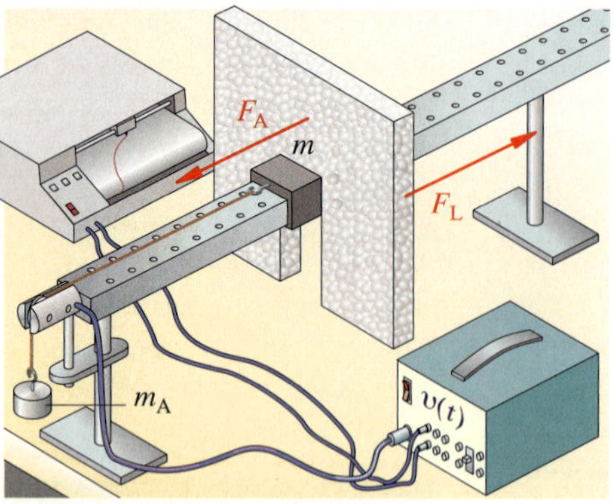

V1 Der angehängte Körper mit der Masse m_A erzeugt die Antriebskraft F_A für das Gespann (Masse m), während das große Segel (eine Styroporplatte) auf dem Schlitten für die Luftwiderstandskraft F_L sorgt. Ein geeigneter Messwandler liefert Daten für das t-v-Diagramm in **→ B1**.

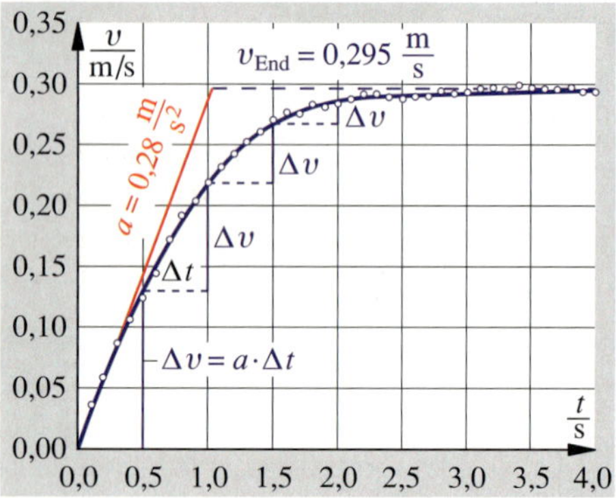

B1 Das t-v-Diagramm der Fahrt nach Versuch 1 mit großem Luftwiderstand. Die Bewegung beginnt mit der Beschleunigung $a = 0{,}28\ m/s^2$. v_{End} hat den Wert 0,295 m/s.

Konstanten

F_A =	0,226	N [m_A = 0,023 kg]
m =	0,81	kg
C =	2,59	$N/(m^2/s^2)$ [F_A/v_{End}^2]
delta t =	0,1	s

t in s	a in m/s^2	v in m/s	F_L in N	F_{Res} in N
0,00	0,280	0,000	0,000	0,226
0,10	0,279	0,028	−0,002	0,224
0,20	0,277	0,056	−0,008	0,218
0,30	0,269	0,083	−0,018	0,208
0,40	0,257	0,109	−0,031	0,195

T1 Die schrittweise Zunahme der Geschwindigkeit rechnet man am besten mithilfe einer Tabelle aus – Zeile für Zeile.

1. Luftwiderstand ändert die beschleunigende Kraft

Das Gespann in **→ V1** wird durch die Gewichtskraft $F_A = m_A g$ des angehängten Körpers in Bewegung gesetzt. Mit zunehmender Geschwindigkeit v wirkt ihr die Luftwiderstandskraft mit dem Wert $F_L = -C \cdot v^2$ immer stärker entgegen. Deshalb sinkt die resultierende Kraft $F_{Res} = m_A g - C v_{End}^2$ und mit ihr die Beschleunigung $a = F_{Res}/m$. Kraft und Beschleunigung gehen gegen null, wenn sich v der Endgeschwindigkeit $v = 0{,}295$ m/s nähert (t-v-Diagramm in **→ B1**). Aus $F_{Res} = m_A g - C v_{End}^2 = 0$ folgt mit $m_A = 0{,}023$ kg die Konstante C der Luftwiderstandskraft zu $C = m_A g / v_{End}^2 = 2{,}59\ Ns^2/m^2$. Mit der Gesamtmasse $m = 0{,}81$ kg des Gespanns erhalten wir die während der Fahrt abnehmende Beschleunigung

$$a = \frac{F_{Res}}{m} = \frac{m_A g - C v^2}{m}. \qquad (1)$$

Leider können wir hier das Gesetz $v = a\,t$ nicht benutzen; es gilt nur bei konstanter Beschleunigung. Wir müssen auf die Gleichung $\Delta v = a \cdot \Delta t$ zurückgreifen, die für hinreichend kleine Δt immer gilt. Dabei ist a die nach *Gleichung 1* aus F_{Res} und m berechnete Beschleunigung.

In **→ B1** ist nun das t-v-Diagramm in gleich schmale Δt-Streifen aufgeteilt. Mit v_{alt} zu Beginn eines Streifens wird jeweils F_{Res} und daraus a berechnet. Zum v_{alt} am Anfang eines jeden Streifens wird die Geschwindigkeitszunahme Δv in diesem Streifen addiert. Aus $a \cdot \Delta t = \Delta v$ erhält man $\boldsymbol{v_{neu} = v_{alt} + \Delta v}$ am Ende des Streifens. Die Summe aller bis dahin von $v = 0$ m/s aus erzeugten Δv ist die jeweils erreichte Geschwindigkeit v.

2. Bewegung in der Rechenschleife – in Δt-Schritte aufgelöst

Das Aufsummieren der Δv zur Geschwindigkeit v geschieht mit $\boldsymbol{v_{neu} = v_{alt} + \Delta v}$ in **→ T1**. Deren Zeilen durchläuft ein Computer nach der folgenden **Rechenschleife.** Dabei legt er in Zeile (3) die rechts vom Gleichheitszeichen berechneten Werte $v_{alt} + \Delta v$ als v_{neu} im v-Speicher ab und holt sie von dort als v für die Zeile (4). Das F_{Res} in Zeile (5) wird wieder in Zeile (2) benutzt.

Rechenschleife:

(1)	$t = t + \Delta t$	Zeitschritt der Uhr
(2)	$a = F_{Res}/m$	Beschleunigung aus F_{Res} und m
(3)	$v = v + a \cdot \Delta t$	Geschwindigkeit aus a und Δt
(4)	$F_L = -Cv^2$	Luftwiderstandskraft F_L aus C und v
(5)	$F_{Res} = F_A + F_L$	F_{Res} aus F_A und F_L

Vor der Schleife geben wir die **Konstanten** $m = 0{,}81$ kg, $C = 2{,}59\ N\,s^2/m^2$, $F_A = m_A g = 0{,}226$ N und $\Delta t = 0{,}5$ s ein, auf die der Computer ständig zurückgreift. Wenn man mit dem Startwert $v = 0$ beginnt, entsteht **→ T1** oder das t-$\boldsymbol{v}$-Schaubild **→ B2**.

3. Wozu Computermodelle in der Physik?

Mit dem Computer zerlegt man Rechnungen für komplizierte Bewegungsvorgänge in kleine Zeitschritte Δt. Wie eben gezeigt, greift man dabei auf die **Grundlagen der Mechanik** zurück: $F = ma$, $v = \Delta s/\Delta t$ und $a = \Delta v/\Delta t$ (für hinreichend kleine Δt). $s = \frac{1}{2}at^2$ und $v = at$ gelten ja nur für a = konstant.

Die so gebildeten *Rechenschleifen* kann man mit *Tabellenkalkulation, Modellbildungssystemen* oder mithilfe von anderen Programmen (z. B. in PASCAL) schnell abarbeiten lassen.

Wer den Luftwiderstand genauer untersuchen will, ändert → V1 ab, indem er z. B. das Segel verkleinert. Dann kann er am Realexperiment die Ergebnisse der Computerrechnungen bei anderen Konstanten und Startwerten nachprüfen. Er kann sogar das Gesetz zur Reibungskraft von $F_L = Cv^2$ in $F_L = Cv$ ändern, also das dem Computer eingegebene **Rechenmodell.** Letztlich bestimmen nicht Computer, sondern Experimente die Richtigkeit der Naturgesetze. Doch spart der Computer bei dieser **Modellbildung** Zeit und eröffnet viele Möglichkeiten, mit Gedankenmodellen zu experimentieren.

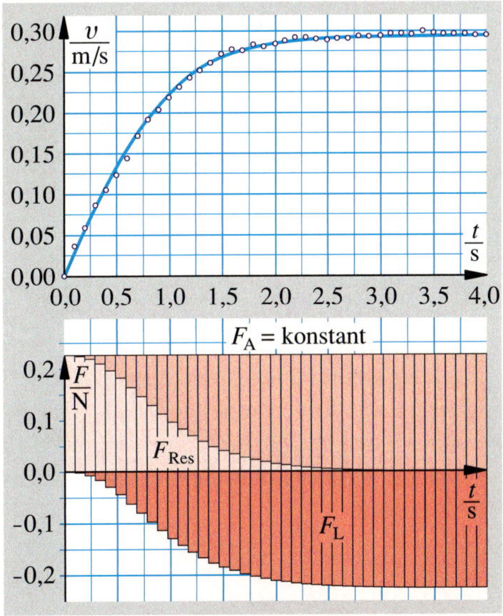

B2 Computerprogramme liefern diese Diagramme nach der angegebenen Rechenschleife zu dem Rechenmodell für → V1. In das *t-v*-Diagramm sind zusätzlich Messwerte aus → B1 eingetragen; man sieht, wie gut Rechenmodell und Realexperiment übereinstimmen. Das Balkendiagramm der Kräfte zeigt, wie mit zunehmendem Luftwiderstand die resultierende Kraft kleiner und kleiner wird.

Vertiefung

Rechenmodell zum Zeit-Weg-Gesetz beim freien Fall

Im folgenden Rechenmodell zum freien Fall werden auch die Fallwege $\Delta s = v \cdot \Delta t$ zur ganzen Fallstrecke s aufsummiert:

Konstanten:	$g = 9{,}81$	(m/s²)
	$\Delta t = 0{,}01$	(s)
Startwerte:	$t = 0$	(s)
	$v = 0$	(m/s)
	$s = 0$	(m)
Rechenschleife:	WIEDERHOLE	
	$t = t + \Delta t$	(1)
	$a = g$	(2)
	$v = v + a \cdot \Delta t$	(3)
	$s = s + v \cdot \Delta t$	(4)
	BIS $t = 1{,}6$	

In Zeile (3) wird die Geschwindigkeit v wie in Ziff. 2 ermittelt. Zeile (4) summiert nun die zurückgelegten Wegstücke $\Delta s = v \cdot \Delta t$ nach $s = s + v \cdot \Delta t$ zum Gesamtweg s auf. In → B3a sind die Zuwächse Δs bei großem Δt als Flächen $v \cdot \Delta t$. Der gesamte Weg s setzt sich in → B3b aus den vorangehenden Δs zusammen. – Der so erhaltene Fallweg stimmt mit dem Fallgesetz $s = \frac{1}{2}gt^2$ bei $\Delta t = 0{,}01$ s gut überein, ist aber bei $\Delta t = 0{,}2$ s deutlich zu groß. Das muss so sein: Die rechteckigen Streifen ragen in → B3a überall über das *t-v*-Diagramm hinaus – je größer Δt, desto stärker. Denn im Rechenmodell wird in Zeile (4) mit der in (3) berechneten Endgeschwindigkeit $v_{neu} = v_{alt} + a \cdot \Delta t$ des Intervalls Δt gerechnet und nicht mit dessen Durchschnittsgeschwindigkeit $\bar{v} = v_{alt} + a \cdot \Delta t/2$.

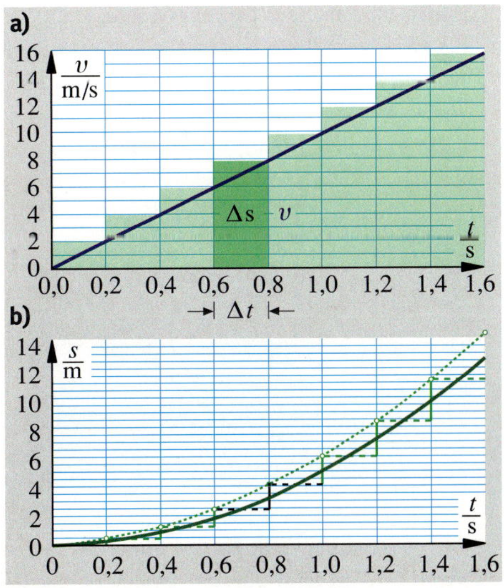

B3 So berechnet der Computer den bis zu einem Zeitpunkt t zurückgelegten Weg aus der Fläche im *t-v*-Diagramm (a). Die ausgezogene Linie gehört zu $\Delta t = 0{,}01$ s. Bei $\Delta t = 0{,}2$ s (punktierte Linie) sieht man, dass die Δs-Werte immer etwas zu groß sind.

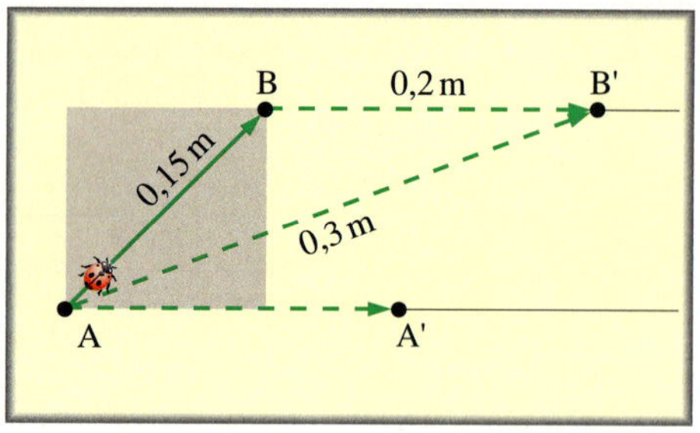

B1 Während der Käfer in seiner Käferwelt auf der getönten Folie von A nach B krabbelt, ziehen wir außenstehende Beobachter diese von A nach A′. Für uns, in unserem Bezugssystem, legt der Käfer die viel längere Strecke AB′ zurück.

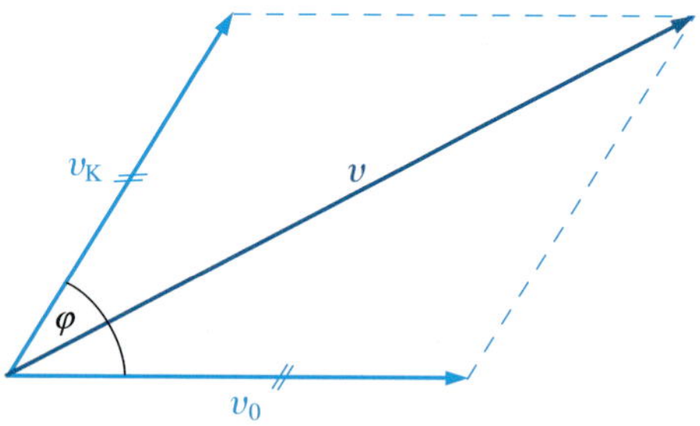

B2 Geschwindigkeitsparallelogramm;
$\vec{v}_K$: Geschwindigkeit des Käfers in seiner Käferwelt, $\vec{v}_0$: Geschwindigkeit der Käferwelt relativ zu unserem Bezugssystem,
$\vec{v}$: Geschwindigkeit des Käfers in unserem System (von uns aus gesehen).
Aus den Komponenten $\vec{v}_0$ und $\vec{v}_K$ wird vektoriell die Resultierende $\vec{v}$ gebildet.

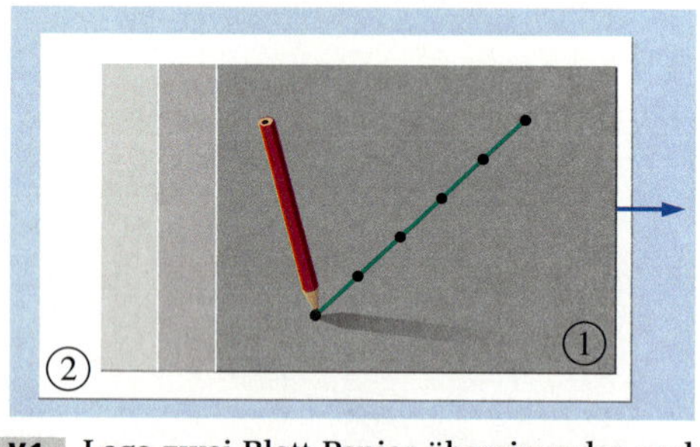

V1 Lege zwei Blatt Papier übereinander und markiere auf dem oberen Papier ① eine Gerade. Drücke diese mit der Bleistiftspitze in gleichabständigen Punkten auch auf das untere Blatt ② durch. Nun verschiebe das obere Blatt um jeweils gleiche Stücke in gleichen Zeiten nach rechts und drücke die Punkte nochmals durch – wie oben beschrieben. Vergleiche mit → B1.

1. Ein Wechsel beim Bezugssystem

Ein Käfer krabble nach → B1 gleichförmig in seiner Käferwelt während der Zeit $t = 10$ s von A nach B. Dort legt er die Strecke AB = 0,15 m zurück. Diese Käferwelt ist als dunkler Kasten auf eine Folie des Tageslichtprojektors gezeichnet.

Bei einer Wiederholung ziehen wir als **außenstehende Beobachter** diese Folie und damit die Käferwelt in der gleichen Zeit t gleichförmig von A nach A′ um die Strecke AA′ = 0,20 m. Der Käfer in seiner Käferwelt kommt wieder im Punkt B „seiner" Folie an, was Beobachter bestätigen, die *relativ zur Käferwelt* ruhen. Doch ist *relativ zu uns* dieser Punkt B um 0,20 m nach B′ verschoben. Für uns außenstehende Beobachter legt der Käfer den geraden Weg AB′ ≈ 0,3 m zurück.
Die *Bahn*, auf der sich der Käfer bewegt, wird also von verschiedenen Beobachtern unterschiedlich „gesehen" und auch vermessen. Man beschreibt Bewegungen *relativ* zu dem gewählten **Bezugssystem.**

Die Wege AB, AA′ und AB′ werden alle *in der gleichen Zeit* $\Delta t = 10$ s zurückgelegt. Deshalb sind sie proportional zu den Beträgen der jeweiligen konstanten Geschwindigkeiten.

Geschwindigkeitsbetrag
a) des Käfers in der Käferwelt: $v_K \sim$ AB,
b) der Käferwelt gegenüber uns: $v_0 \sim$ AA′,
c) des Käfers gegenüber uns: $v \sim$ AB′.

Für jeden der drei Wege gilt also: Er hat dieselbe Richtung wie die zugehörige Geschwindigkeit; seine Länge ist ein Maß für den Betrag der Geschwindigkeit. Dies legt nahe, Geschwindigkeiten als Vektoren aufzufassen.

2. Vektorparallelogramm für Geschwindigkeiten

In → B2 sind die drei Wege aus → B1 in Geschwindigkeitsvektoren umgedeutet worden. Wir sehen: Man kann bei Geschwindigkeiten wie bei Kräften nach dem *Parallelogramm*-Gesetz aus einzelnen **Komponenten** eine **Resultierende** bilden (hier aus $\vec{v}_0$ und $\vec{v}_K$ die Resultierende $\vec{v}$).

Man nennt dies die aus der Erfahrung abgeleiteten **Unabhängigkeitssätze** für Kräfte bzw. Geschwindigkeiten. Wir nahmen ja an, dass sich der Käfer relativ zur Folie unbeirrt mit der Geschwindigkeit $\vec{v}_K$ bewegt, *unabhängig* davon, ob wir die Folie – relativ zu uns – in Ruhe lassen oder bewegen.

Merksatz

Geschwindigkeiten hängen vom gewählten Bezugssystem ab. Ein Körper habe relativ zu einem System 1 die Geschwindigkeit $\vec{v}_1$. Dieses System 1 bewege sich relativ zu einem System 2 mit der Geschwindigkeit $\vec{v}_2$. Dann ist die Geschwindigkeit des Körpers im System 2 die *Vektorsumme* aus $\vec{v}_1$ und $\vec{v}_2$. Sie kann man aus dem Vektorparallelogramm bestimmen.

3. Auf die Richtungen kommt es an!

In → B2 hängt der Betrag der resultierenden Geschwindigkeit $\vec{v}$ nicht nur von den Beträgen der Komponenten $\vec{v}_K$ und $\vec{v}_0$ ab, sondern auch vom Winkel φ dazwischen. Dies wird mit dem Pappmodell → B3 deutlich. Der vom $\vec{v}_0$-Ende zur $\vec{v}_K$-Spitze zeigende Vektor ist der Vektor der resultierenden Geschwindigkeit $\vec{v}$. An diesem *Pappmodell* veranschaulichen wir einige praktische Sonderfälle, bei denen wir rechnen können:

a) Du willst mit dem Kahn ans andere Ufer eines Flusses der Breite AB = 36 m. Dessen Strömungsgeschwindigkeit relativ zum Ufer hat den Betrag $v_0 = 3$ m/s → B3a . Nun stellst du den Geschwindigkeitsvektor des Kahns relativ zum Wasser (Betrag $v_K = 4$ m/s) senkrecht zum Ufer. Relativ zum Ufer liegt die resultierende Geschwindigkeit des Kahns nun schräg. Du wirst also flussabwärts abgetrieben. Im ruhend gedachten Wasser fährst du die Strecke AB = 36 m quer zum Ufer mit $v_K = 4$ m/s. Dazu brauchst du die Zeit $t = AB/v_K = 9$ s. Während dieser Zeit treibt dich der Fluss relativ zum Ufer um die Strecke $v_0 t = 27$ m ab. Nach PYTHAGORAS beträgt deine Fahrstrecke s relativ zum Ufer $s = \sqrt{(36\text{ m})^2 + (27\text{ m})^2} = 45$ m. Daraus folgt der Betrag deiner Geschwindigkeit relativ zum Ufer zu $v = 45\text{ m}/9\text{ s} = 5$ m/s. Dasselbe Ergebnis liefert $v = \sqrt{v_0^2 + v_K^2} = \sqrt{(3\text{ m/s})^2 + (4\text{ m/s})^2} = 5$ m/s.

b) Du willst auf dem kürzesten Weg über den Fluss. Dazu stellst du im Vektormodell die Resultierende nun senkrecht zum Ufer → B3b . Ihr Geschwindigkeitsbetrag berechnet sich jetzt zu $v = \sqrt{(4\text{ m/s})^2 - (3\text{ m/s})^2} = \sqrt{7\text{ m}^2/\text{s}^2} = 2{,}6$ m/s. Die Überfahrt dauert jetzt $t = 36\text{ m}/(2{,}6\text{ m/s}) = 14\text{ s} > 9$ s, also länger als auf dem Weg in a). Dies ist verständlich, denn du musst ja *schräg* gegen die Strömung fahren.

c) Wenn im → B3c der $\vec{v}_K$-Pfeil so gedreht wird, dass $\vec{v}_K$ in die Richtung von $\vec{v}_0$ zeigt, können wir als ruhende Beobachter die für uns beobachtbare Geschwindigkeit durch *Addition der Werte* v_0 und v_K bestimmen → **Beispiel**.

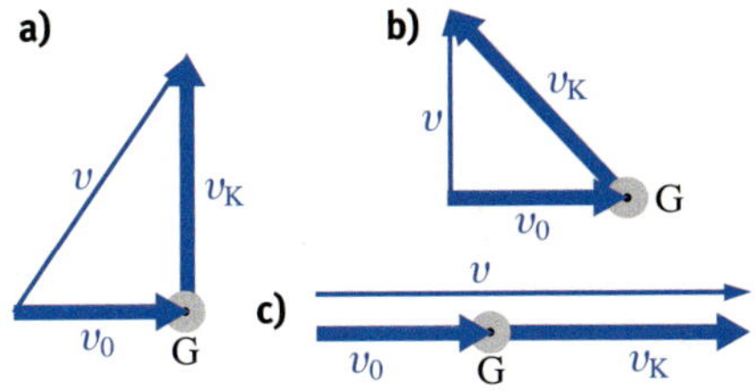

B3 Die Vektoren $\vec{v}_0$ und $\vec{v}_K$ sind aus Pappe ausgeschnitten und gelenkig (bei G) verbunden. $\vec{v}_0$ ist die Geschwindigkeit des Bezugssystems relativ zu uns, $\vec{v}_K$ die in diesem Bezugssystem beobachtete Geschwindigkeit. Die von uns beobachtete resultierende Geschwindigkeit $\vec{v}$ hängt vom eingestellten Winkel ab.

Beispiel **Dauer eines Fluges**

Ein Flugzeug fliegt mit der Eigengeschwindigkeit $v_1 = 540$ km/h eine Strecke $s = 1200$ km von West nach Ost und zurück. Es herrscht Ostwind mit -60 km/h. Wie lange dauert der Flug?

Lösung: Die Geschwindigkeit vom Land aus gemessen beträgt auf dem Hinweg

$$v_H = (-60\text{ km/h}) + 540\text{ km/h} = 480\text{ km/h}$$

und auf dem Rückweg

$$v_R = (-60\text{ km/h}) + (-540\text{ km/h}) = -600\text{ km/h}.$$

Daraus berechnet man die Flugzeiten für die jeweils 1200 km lange Strecke:

$$t_H = 1200\text{ km}/(480\text{ km/h}) = 2{,}5\text{ h und}$$

$$t_R = -1200\text{ km}/(-600\text{ km/h}) = 2\text{ h},$$

Der Flug dauert also **4,5 h.**

Vertiefung

Inertialsysteme

Eine Kugel, die auf einer waagerechten Tischplatte liegt, bleibt in Ruhe. Sie setzt sich in Bewegung, wenn die Platte geneigt ist. Dies beobachtest du auch im Allgemeinen in einem fahrenden Zug. Manchmal jedoch setzt sich dort *für dich* die Kugel auf waagerechter Bahn „von selbst" ohne jede Kraft in Bewegung – wie von Geisterhand gezogen. Für dich gilt also das Trägheitsgesetz nicht mehr. Ein *außenstehender Beobachter* stellt dagegen zweierlei fest:

1.) Die Kugel bewegt sich nach dem Trägheitsgesetz mit konstanter Geschwindigkeit geradlinig weiter.
2.) Der Zug ändert seine Geschwindigkeit nach Betrag oder Richtung.

Man sagt: Der außenstehende Beobachter, für den das Trägheitsgesetz erfüllt ist, befindet sich in einem **Inertialsystem**, der mit dem Zug beschleunigte Beobachter dagegen nicht. Was sieht nun ein Beobachter, der sich relativ zum außenstehenden **Inertialbeobachter** gleichförmig bewegt? Für ihn bewegt sich die Kugel ebenfalls gleichförmig, wenn auch mit anderer Geschwindigkeit. Auch er ist ein Inertialbeobachter.

Bezugssysteme, in denen das Trägheitsgesetz gilt, heißen Inertialsysteme. Alle relativ zu ihm gleichförmig bewegten Bezugssysteme sind ebenfalls Inertialsysteme.

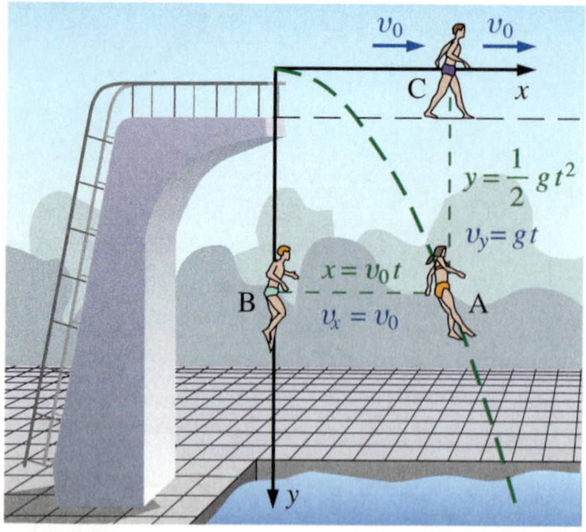

B1 Anna springt mit Anlauf waagerecht ab. Bernd lässt sich einfach fallen. Beide tauchen gleichzeitig ein. – *In einem Gedankenexperiment* bleibt Claus in der Absprunghöhe. Er läuft mit Annas Absprunggeschwindigkeit über den Laufsteg und beobachtet ihren Fall in die Tiefe. – Der Fotograf des Bildes beobachtet vom Beckenrand.

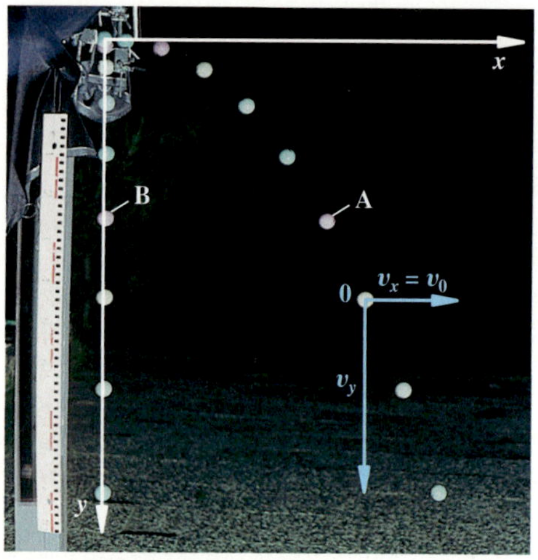

V1 Zwei Kugeln A und B übernehmen die Rollen von Anna und Bernd. Kugel A wird von einer Feder waagerecht abgestoßen, Kugel B gleichzeitig in gleicher Höhe losgelassen. Die stroboskopische Beleuchtung zeigt: A und B befinden sich ständig in gleicher Höhe.

A1 Erkläre, wie der Fotograf → **V1** beobachten würde, wenn er sich mit Annas Geschwindigkeit v_0 nach rechts bewegte. Gehe systematisch vor: Das Bezugssystem Badeanstalt bewegt sich für den Fotografen nach links, wir sind für ihn die bewegten Beobachter.

1. Wer ist zuerst unten?

Anna und Bernd springen vom 5 m-Turm. Anna nimmt einen weiten Anlauf und bewegt sich dann auf krummer Bahn. Bernd lässt sich einfach fallen, wenn Anna abspringt → **B1**. Er denkt, dass er so schneller unten sei, weil doch Anna den weiteren Weg zurücklegt. Hat er recht?

Im → **V1** übernehmen zwei Kugeln **A** und **B** die Rollen von **A**nna und **B**ernd. Kugel A wird waagerecht geworfen, B im gleichen Moment und auf gleicher Höhe fallen gelassen. *Man hört*, dass die Kugeln gleichzeitig auf dem Boden aufprallen. Nach der Stroboskopaufnahme befinden sie sich sogar ständig auf gleicher Höhe.

Sieht man vom Luftwiderstand ab, so hängt das Ergebnis des Experiments weder von der Abwurfhöhe über dem Boden, noch von der Abwurfgeschwindigkeit v_0 oder den Massen der Körper ab. – Anna und Bernd erreichen die Wasseroberfläche stets gleichzeitig.

2. Drei Beobachter – drei verschiedene Beschreibungen

Hält **B**ernd auf dem Weg in die Tiefe die Augen offen, dann sieht er **A**nna stets auf seiner Höhe. Nur in waagerechter Richtung bewegt sie sich von ihm weg. Im Bild zu → **V1** kann man nachmessen, dass sich die Kugel **A** im Zeitraum zwischen zwei Blitzen in x-Richtung immer um das gleiche Wegstück von **B** entfernt. In x-Richtung wirkt keine Kraft, also bleibt v_x konstant: $v_x = v_0$.

Claus dagegen beobachtet **A**nnas Sprung von seinem Laufsteg aus (**C** in → **B1**). Er ruht in einem Bezugssystem, das sich für uns Außenstehende gleichförmig mit v_0 nach rechts bewegt; seine y-Achse zeigt nach unten. Für **C**laus fällt **A**nna beschleunigt senkrecht nach unten; gemäß dem Fallgesetz ist $y = \frac{1}{2}gt^2$. **A**nnas Geschwindigkeit nimmt dabei wie beim freien Fall zu: $v_y = gt$.

Als 3. Beobachter steht der **F**otograf des Bildes am Beckenrand. Er sieht **A**nna auf einer krummlinigen Bahn. Um diese zu beschreiben, verwendet er ein gegenüber dem Becken ruhendes Koordinatensystem → **B1** mit der x-Achse nach rechts und der y-Achse nach unten. Als y-Koordinaten misst er die gleichen Werte, die **C**laus auf seinem bewegten Maßstab als Fallwege abliest: $y = \frac{1}{2}gt^2$. Als x-Werte übernimmt der Beobachter am Beckenrand die Ortskoordinaten $x = v_0 t$ des auf dem Laufsteg bewegten **C**laus.

Merksatz

Ein Körper werde mit der Anfangsgeschwindigkeit v_0 waagerecht abgeworfen. Sieht man vom Luftwiderstand ab, so beschreibt ein außenstehender Beobachter Ort und Geschwindigkeit mit den Gleichungen

$$x = v_0 t, \qquad y = \frac{1}{2}gt^2, \tag{1}$$

$$v_x = v_0, \qquad v_y = gt. \tag{2}$$

Für gleichförmig mit v_0 bewegte Beobachter ist es ein freier Fall.

3. Wurfbahn mit Koordinaten beschrieben

Mit der Anfangsgeschwindigkeit v_0 und der Fallbeschleunigung g kann man Koordinaten für die **Orte zu verschiedenen Zeitpunkten** berechnen → T1 und in ein Koordinatensystem übertragen → B2.

Beim „Wasserwerfer“ nach → B3 strömt Wasser horizontal aus einer Düse. Am „Laufsteg“ des mit v_0 horizontal bewegten Beobachters Claus sind Wegmarken angebracht und Maßstäbe für die Fallwege angehängt. Sie geben die Ortskoordinaten der abgespritzten Wasserteilchen an.

Daraus lässt sich z. B. deren Startgeschwindigkeit v_0 berechnen. Für den senkrechten Fallweg $y = \frac{1}{2} g t^2 = 48$ cm braucht ein Wassertropfen im freien Fall $t = \sqrt{2y/g} = \sqrt{2 \cdot 0{,}48 \text{ m}/9{,}81 \text{ m} \cdot \text{s}^{-2}} = 0{,}31$ s. Wenn der Beobachter Claus über ihm dabei in horizontaler Richtung $x = 80$ cm zurücklegt, dann ist wegen $x = v_0 t$ die Startgeschwindigkeit $v_0 = x/t = 0{,}8 \text{ m}/0{,}31 \text{ s} = 2{,}6$ m/s.

4. Geschwindigkeitsvektoren längs der Wurfbahn

Geworfene Körper legen längere Wege zurück als „nur“ fallende. Wenn beide trotzdem unten gleichzeitig ankommen, muss der geworfene Körper unterwegs schneller sein. Der ruhende Beobachter kann die von ihm beobachtete **Geschwindigkeit** $\vec{v}$ des geworfenen Körpers **zu einem beliebigen Zeitpunkt t** bestimmen. Er setzt sie aus der *Horizontal*-Geschwindigkeit $\vec{v}_0$ von Claus und der von ihm gemessenen *Vertikal*-Geschwindigkeit $\vec{v}_y$ (mit dem Betrag $g \cdot t$) des Körpers vektoriell zusammen.

Im → B2 sind für den Zeitpunkt $t = 4$ s diese Vektoren sowie der resultierende Vektor eingezeichnet. Er schmiegt sich tangential an die Bahnkurve. Könnte man nämlich die beschleunigende Kraft $G = mg$ abschalten, so bliebe nach dem Trägheitsgesetz die Geschwindigkeit nach Betrag und Richtung konstant; der Körper flöge geradlinig weiter.

Den *Betrag* v der resultierenden Geschwindigkeit kann man mit dem Satz des PYTHAGORAS berechnen: $v^2 = v_0^2 + v_y^2$. Man sieht: v ist größer als jeder der beiden Beträge v_0 und v_y. Dem Vektorbild kann man auch den Winkel φ entnehmen, unter dem die Bahn des waagerechten Wurfs gegen die Horizontale geneigt ist: $\tan\varphi = v_y/v_x = gt/v_0$. – Obwohl die Bewegung nach rechts nicht aufhört, wird die Wurfbahn immer steiler.

5. Wie groß ist die Wurfweite?

Bei $y_1 = 80$ m Falltiefe kommt der waagerecht mit $v_0 = 75$ m/s abgeworfene Körper in → B2 $x_1 = 300$ m weit. Wie weit geht der Wurf bei der Falltiefe $y_2 = 350$ m, die man auf dem Bild nicht mehr ablesen kann?

Mit der Fallzeit t_2 liefern die Koordinatengleichungen (1) und (2) → **Merksatz** für die Wurfweite x_2 und die Falltiefe y_2 den Ansatz $t_2 = \sqrt{2y_2/g}$ und $x_2 = v_0 t_2$. Daraus folgt $x_2 = v_0\sqrt{2y_2/g} = 627$ m. – Könnte der Körper 500 m tief fallen (ohne Luftwiderstand), dann würde er sich 750 m weit waagerecht bewegen (in 10 s).

$g = 10 \text{ m/s}^2$
$v_0 = 75$ m/s

t in s	x in m	y in m	v_x in m/s	v_y in m/s	v in m/s
0,0	0,0	0,0	75,0	0,0	75,0
1,0	75,0	5,0	75,0	10,0	75,7
2,0	150,0	20,0	75,0	20,0	77,6
3,0	225,0	45,0	75,0	30,0	80,8
4,0	300,0	80,0	75,0	40,0	85,0
5,0	375,0	125,0	75,0	50,0	90,1
6,0	450,0	180,0	75,0	60,0	96,0
7,0	525,0	245,0	75,0	70,0	102,6
8,0	600,0	320,0	75,0	80,0	109,7

T1 x-y-Wertepaare und v_x-v_y-Wertepaare für den waagerechten Wurf mit $v_0 = 75$ m/s und $g = 10 \text{ m/s}^2$. $v = \sqrt{v_x^2 + v_y^2}$ ist der Betrag des Geschwindigkeitsvektors → B2.

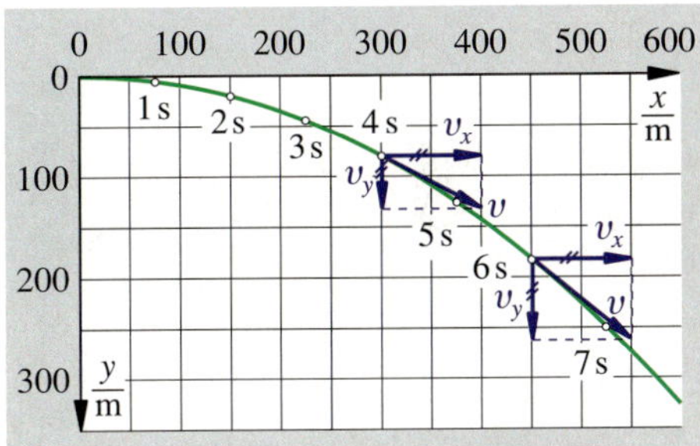

B2 Bahnkurve mit den in → T1 punktweise berechneten Werten. – Der Geschwindigkeitsvektor $\vec{v}$ schmiegt sich jeweils tangential an die Bahnkurve.

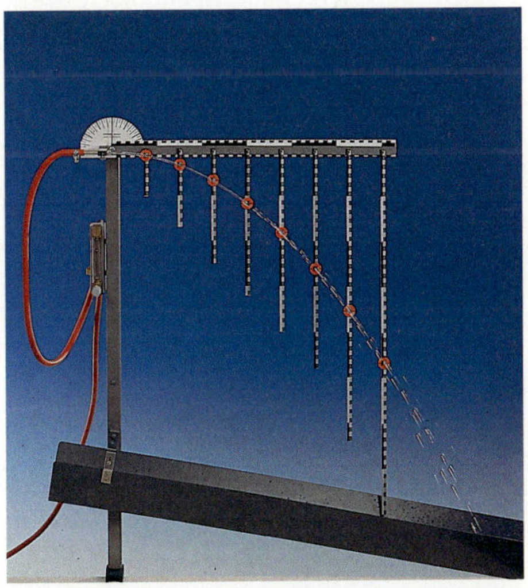

B3 Während sich „der Beobachter auf dem Laufsteg“ 80 cm nach rechts bewegt, fällt für ihn das Wasser 48 cm tief; in der Hälfte dieser Zeit nur 12 cm.

Interessantes

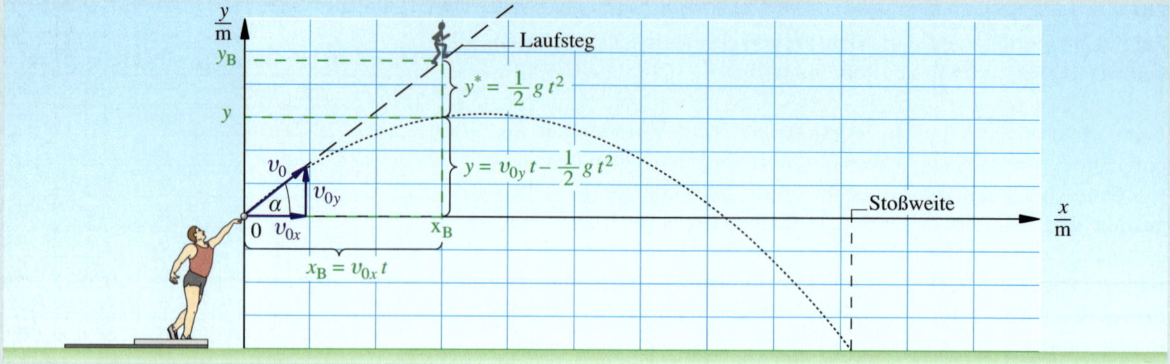

B1 Kugelstoß ist schiefer Wurf

Bahnkurven beim Kugelstoß

Beim Kugelstoß kommt es auf große Stoßweiten an. Sportlerinnen und Sportler wissen, dass neben dem Betrag der Stoßgeschwindigkeit die Stoßrichtung eine wichtige Rolle spielt. Mit den beim waagerechten Wurf entwickelten Methoden können wir prüfen, ob der Sportler im → **B1** den richtigen Abwurfwinkel trainiert hat.

Wir zeichnen ein Koordinatensystem ins Bild – mit dem Ursprung dort, wo die Kugel die Hand verlässt, die positive *y*-Richtung nach oben. Wir denken uns einen Beobachter, der sich mit der Abstoßgeschwindigkeit v_0 schräg nach oben gleichförmig fortbewegt → **B1**. Er legt längs seines schrägen „Laufsteges" in der Zeit *t* den Weg $s = v_0 t$ zurück. Der „Laufsteg" bildet mit der *x*-Achse den Winkel α. Die Ortskoordinaten dieses Beobachters entnehmen wir den rechtwinkligen Dreiecken in → **B1** zu:

$$x_B(t) = s\cos\alpha = v_0 t\cos\alpha$$
$$y_B(t) = s\sin\alpha = v_0 t\sin\alpha.$$

Wir denken uns einen Augenblick die Gewichtskraft ausgeschaltet. Dann würde die Kugel den Beobachter auf seinem schrägen „Laufsteg" ständig begleiten. Nun wirkt aber die Gewichtskraft. Deshalb stellt der bewegte Beobachter auf dem „Laufsteg" fest, dass die Kugel unter ihm senkrecht fällt. Der von ihm gemessene x^*-Wert bleibt immer $x^* = 0$; der y^*-Wert befolgt das Fallgesetz: $y^*(t) = -\frac{1}{2} g t^2$ (ohne Luftwiderstand).

Aus dem Unabhängigkeitssatz folgt, dass wir in unserem Bezugssystem die *x*- und *y*-Werte je für sich addieren dürfen. Also gilt:

$$x(t) = v_0 t\cos\alpha + x^*(t) = v_0 t\cos\alpha + 0 \qquad (1)$$

$$y(t) = v_0 t\sin\alpha + y^*(t) = v_0 t\sin\alpha + \left(-\frac{1}{2} g t^2\right) \qquad (2)$$

Wie wird man Meister?
Im Wettkampf kommt es auf die größte Weite an, dafür muss trainiert werden. Physikalische Sicht kann zum richtigen Trainingsprogramm beitragen:

Wenn man den Computer für die Auswertung der Koordinatengleichungen *Gl. (1)* und *(2)* eingerichtet hat, kann man leicht die Parameter v_0 und α ändern und deren Einfluss auf die Bahnkurve anschauen. In → **B3** ist bei einer festen Abstoßgeschwindigkeit von $v_0 = 8{,}5$ m/s der Abstoßwinkel variiert. Die Wurfbahn endet in der Sandgrube, 2 m unter dem Abstoßpunkt also bei $y = -2$ m.
Wir lassen den Computer für verschiedene Winkel α rechnen und tragen die Stoßweite über dem Abstoßwinkel in einem neuen Diagramm auf, um den Zusammenhang bei $v_0 = 8{,}5$ m/s abzuschätzen. Man sieht, dass es einen optimalen Abstoßwinkelbereich gibt → **B2**.

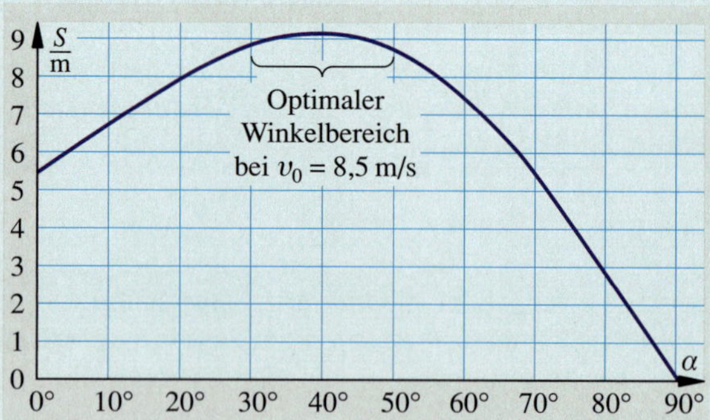

B2 Stoßweite *S* über Abstoßwinkel α aufgetragen. Aus dem sehr flachen Buckel dieser Kurve folgt unser erster Rat fürs richtige Training: Man muss mit etwa 40° abstoßen, kleine Abweichungen vom optimalen Abstoßwinkel machen nichts aus.

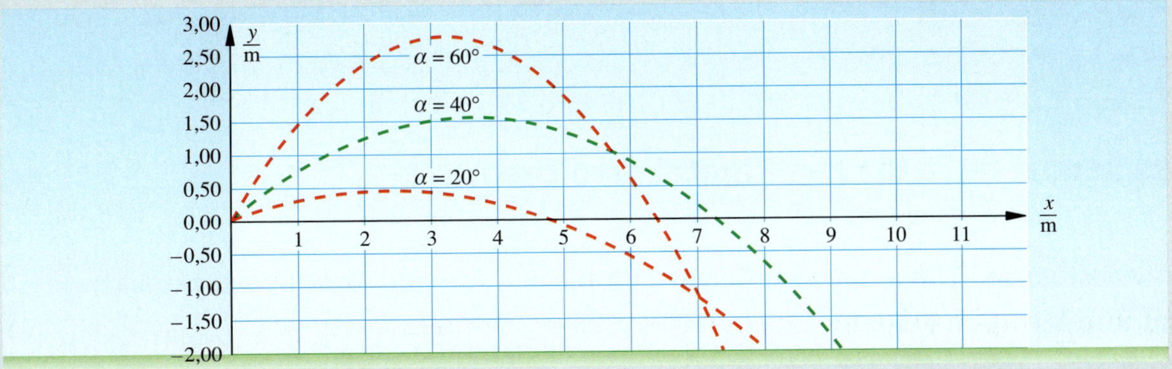

B3 Kugelstoß bei konstanter Abstoßgeschwindigkeit v_0 = 8,5 m/s, aber verschiedenen Abstoßwinkeln

Lässt man umgekehrt den Computer mit festem Abstoßwinkel (α = 40°) und verschiedenen Werten für v_0 rechnen, dann kann man studieren, wie die Kugelstoßweite von der Abstoßgeschwindigkeit abhängt → **B4**. Der Anstieg der Kurve in → **B4** liefert den zweiten Rat fürs richtige Training: Anfangsgeschwindigkeit ist fast alles. Es lohnt, die Stoßtechnik so zu verbessern, dass die Anfangsgeschwindigkeit v_0 möglichst groß wird.

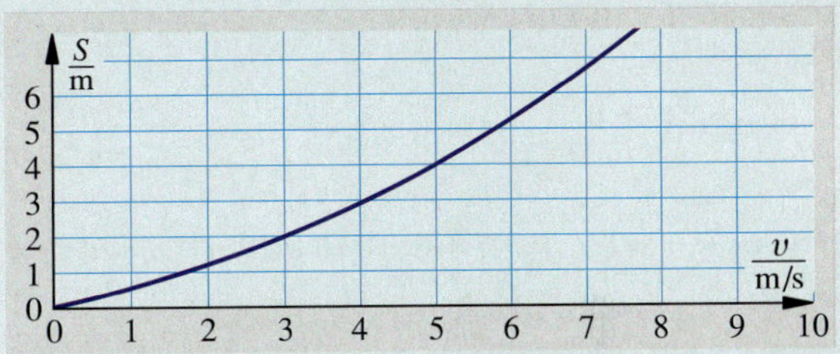

B4 S in Abhängigkeit von v_0 (α = 40°)

Zusammenfassung

Das ist wichtig

1 Die Fallbewegung eines Körpers, auf den allein die Gewichtskraft wirkt, wird **freier Fall** genannt. An ein und demselben Ort beobachtet man für alle Körper beim freien Fall die gleiche Beschleunigung; sie ist gleich dem Ortsfaktor g. In Europa gilt **g = 9,81 m/s²**.
Fallgesetze für den freien Fall aus der Ruhe:

Zeit-Weg-Gesetz: $s = \frac{1}{2} g t^2$

Zeit-Geschwindigkeit-Gesetz: $v = g t$

2 Bei **Fallbewegungen mit Luftwiderstand** bestimmt ständig die Resultierende aus Gewichtskraft G und Luftwiderstandskraft F_L die momentane Beschleunigung a. Der Luftwiderstand ist der Geschwindigkeit v entgegen gerichtet, für den Betrag gilt

$$F_L = \frac{1}{2} c_w \rho A v^2.$$

Solange (für die Beträge) $F_L < G$ gilt, nimmt die Fallgeschwindigkeit zu. Ist $F_L = G$ erreicht, wird die Bewegung gleichförmig mit der **Endgeschwindigkeit v_{End}**.

Es gilt:

$$G = \frac{1}{2} c_w \rho A v_{End}^2, \quad \text{also} \quad v_{End} = \sqrt{\frac{2G}{c_w \rho A}}.$$

3 **Bewegungen** können von verschiedenen Bezugssystemen aus betrachtet werden:
Ein Körper K habe die Geschwindigkeit v_K in einem Bezugssystem, das sich mit der Geschwindigkeit v_0 relativ zu einem Beobachter B bewegt. Die von B beobachtete Geschwindigkeit v des Körpers K kann einem **Vektorparallelogramm** aus v_0 und v_K entnommen werden (wie bei Kräften).

4 Bei **Wurfbewegungen ohne Luftwiderstand** denke man sich einen Beobachter, der sich gleichförmig mit der Abwurfgeschwindigkeit v_0 (Richtung und Betrag) unter dem Winkel α weiterbewegt. Er beobachtet eine Fallbewegung. Die Beschreibung von außen lässt sich in Koordinaten darstellen:

$$x = v_0 t \cos\alpha \qquad y = v_0 t \sin\alpha - \frac{1}{2} g t^2$$

$$v_x = v_0 \cos\alpha \qquad v_y = v_0 \sin\alpha - g t$$

Die Koordinatenrichtungen sind dabei horizontal (x) und senkrecht nach oben (y) gewählt.

Erhaltungssätze

Das kannst du in diesem Kapitel erreichen:

Du lernst verschiedene Formen der mechanischen Energie, ihre Berechnung und ihre Messung kennen.

Du weißt, dass sich Energieformen ineinander umwandeln können, dass aber die Energie in einem abgeschlossenen System immer erhalten bleibt.

Du kennst den Unterschied zwischen Kraft, Energie, Arbeit und Leistung.

Du weißt, wie man Leistungen misst und was der wichtige Begriff des Wirkungsgrades ausdrückt.

Du weißt, was der Impuls ist, und erkennst, warum er im Gegensatz zur Energie eine Vektorgröße ist. Du lernst, dass nicht nur die Energie, sondern auch der Impuls erhalten bleibt.

Du lernst, dass der Impuls eines Körpers durch Kräfte geändert werden kann. Du lernst den Begriff des Kraftstoßes kennen, um Impulsänderungen zu berechnen.

Du bist in der Lage, innere und äußere Kräfte eines Systems zu unterscheiden. Du erkennst, dass innere Kräfte die Schwerpunktbewegung nicht verändern können.

Du unterscheidest zwischen elastischen und unelastischen Stößen und kannst beide berechnen.

UNADJUSTED

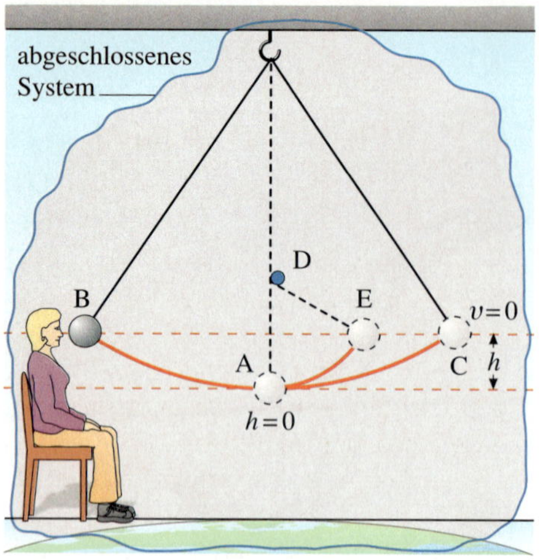

V1 **a)** Wir hängen eine Kugel an der Decke auf. Aus der Gleichgewichtslage A lenken wir sie bis B aus, direkt vor die Nasenspitze einer Schülerin. Dort ist die Kugel gegenüber A um die Strecke h angehoben. Lassen wir los, so schwingt sie nach A zurück. Dann steigt sie auf der anderen Seite gleich hoch bis C und kommt zurück nach B, aber nicht höher! Die Schülerin kann beruhigt sitzen bleiben.
b) Während sich die Kugel zwischen A und B bewegt, befestigen wir bei D einen Stab. Anschließend schwingt die Kugel auf der Bahn BAE zum Punkt E, der gleich hoch liegt wie B und C, dann zurück zu B.
c) Erst mit der Zeit nimmt die Höhe der Umkehrpunkte B, C bzw. E infolge der nicht zu vermeidenden Reibung ab.

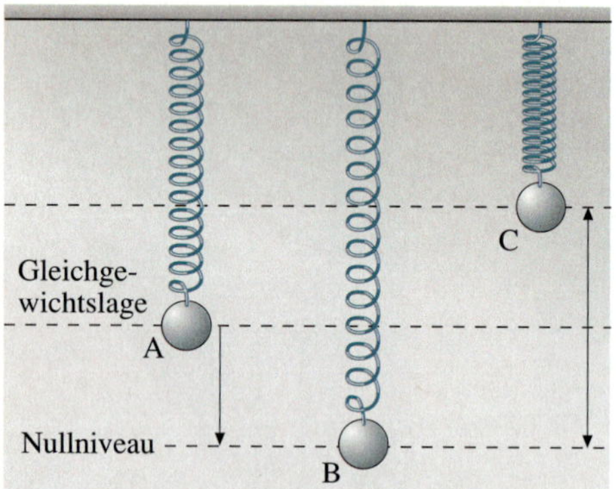

V2 Ein Wägestück hängt an einer Feder. Aus der Gleichgewichtslage A lenken wir es bis B aus und lassen los. Es schwingt periodisch auf und ab (vertikales Federpendel). Die Höhen der Umkehrpunkte C und B bleiben zunächst gleich. Sie ändern sich mit der Zeit nur infolge der Reibung.

1. Immer dieselben Höhen und Geschwindigkeiten

Lassen wir ein Fadenpendel schwingen → **V1a**. Der Bewegungszustand der Kugel ändert sich laufend. Trotzdem erreicht sie – wenn man nicht zu lange wartet – immer wieder den Zustand, aus dem sie gestartet ist, genauso wie alle Zwischenzustände. Allerdings darf sich von außen niemand einmischen, indem er etwa die Kugel hinterlistig anbläst. – Selbst wenn wir die Bewegung des Pendels durch den Stab D in → **V1b** ändern, erreicht die Kugel ihre Ausgangshöhe, allerdings auf einem anderen Weg. – Ähnliche Bewegungen findest du bei → **V2** und → **V3**.

Die Versuche zeigen: Bei allem Wandel kehren dieselben Höhen und Geschwindigkeiten von Körpern oder Spannungszustände der Federn wieder. Lässt sich dabei eine Größe finden, die sich zwar in verschiedenen Formen äußert, die aber insgesamt erhalten bleibt? Aus der Mittelstufe kennst du die **Energie**. Erinnerst du dich?

2. Energie tritt in vielen Formen auf und kann sich wandeln

Der Autofahrer kauft Energie mit Benzin teuer ein. Auch in Gas, Öl, Kohle und in unserer Nahrung steckt sie, allerdings in ganz verschiedenen **Formen**; sie ist ein Verwandlungskünstler:

In den Punkten B, C und E von → **V1** ist die Kugel gegenüber A um die Strecke h angehoben, hat aber keine Geschwindigkeit. Die in dem System steckende Energie hängt mit der angehobenen Kugel zusammen. Man sagt, die Kugel habe in B, C und E gegenüber dem Niveau von A **Höhenenergie** (auch **Lageenergie** oder **potentielle Energie** genannt). Wie bei der Angabe einer Höhe muss man sich bei der Höhenenergie auf ein Ausgangsniveau beziehen. Man nennt es **Nullniveau**, abgekürzt **NN.**

Im Punkt A von → **V1** hat die Kugel maximale Geschwindigkeit, ist aber gegenüber dem Nullniveau nicht angehoben, hat also keine Höhenenergie. Die nach wie vor vorhandene Energie hängt mit der Bewegung zusammen. Man sagt, die Kugel habe in A **Bewegungsenergie (kinetische Energie).**

Zwischen B und A bzw. A und C besitzt die Kugel sowohl Höhen- als auch Bewegungsenergie. Dort finden laufend **Energieumwandlungen** statt.

Ist in → **V2** das Wägestück im tiefsten Punkt B, wo wir das Nullniveau der Höhenenergie hinlegen, so hat es momentan keine Geschwindigkeit, also weder Höhen- noch Bewegungsenergie. Dafür ist die Feder maximal gespannt. Die Energie steckt in der gespannten Feder. Gespannte Federn haben **Spannenergie.** Beim Auf und Ab des Wägestücks wandeln sich laufend Spannenergie, Bewegungsenergie und Höhenenergie ineinander um.

Höhenenergie, Bewegungsenergie und Spannenergie fasst man unter dem Oberbegriff **mechanische Energieformen** (oder **mechanische Energie**) zusammen.

3. Energieerhaltung im abgeschlossenen System

Energie ist bei diesen Schwingungen → V1–3 immer vorhanden. Sie verschwindet nicht, um sofort wieder aus dem Nichts aufzutauchen. *Vielmehr bleibt sie erhalten, wechselt aber ständig die Form.* Denken wir an die Geldmenge auf einer völlig abgeschlossenen Insel. Gleichgültig, was sich dort abspielt und wie dort das Geld auf Einwohner und Banken verteilt ist, immer bleibt die Geldsumme konstant.

Wie das Geld auf der Insel gewissermaßen in einem einzigen Tresor eingeschlossen ist, so können wir bei jedem der vorigen Versuche einen Bereich abgrenzen, der die Energie einschließt. Zu diesem Bereich gehören alle Körper, die während des Versuchs miteinander in Wechselwirkung stehen und die Energie untereinander austauschen.

Beim Fadenpendel → V1 z. B. muss man neben dem Pendelkörper, dem Faden und der Aufhängevorrichtung auch die Erde dazunehmen, da sie mit der Gewichtskraft auf den Pendelkörper einwirkt. Um diesen Bereich kann man in Gedanken eine Hülle legen, die nichts durchlässt. Beliebige Vorgänge in der Hülle sind aber möglich. Das so entstandene Gebilde nennt man ein **energetisch abgeschlossenes System.** Es ist ein **Energietresor.**

Allerdings kommt jedes Pendel infolge der Reibung allmählich zur Ruhe → V1c. Daraus folgerst du vielleicht, dass es doch kein abgeschlossenes System gibt oder dass Energie versickert. → V4 gibt eine andere Antwort.

In → V4a können sich die kleinen Kugeln in der untersten Schale nicht gegeneinander bewegen. Der Wagen wird mit der betragsmäßig gleichen Geschwindigkeit an der Feder reflektiert. Sobald die kleinen Kugeln in den Schalen aber Eigenbewegungen ausführen können → V4b, ist der Wagen nach der Reflexion an der Feder deutlich langsamer. Dafür bewegen sich jetzt die Kügelchen völlig ungeordnet. Sie haben einen Teil der Energie übernommen. Doch hört diese Bewegung der Kügelchen bald auf; sie versickert in deren Innern, im „ganz Kleinen" und mündet schließlich in einer verstärkten Bewegung der unsichtbaren kleinsten Teilchen, der Atome oder Moleküle.

Man sagt die **innere Energie** der Körper sei größer geworden. Also bleibt das System abgeschlossen, seine Energie konstant. Genau dies passiert bei *Reibungsvorgängen.* Auch dort geht keine Energie verloren, vielmehr erhöht sich die innere Energie der im abgeschlossenen System zusammengefassten Körper.

Merksatz

1. Energie kann ihre Form wandeln. Mechanische *Energieformen* sind Höhenenergie, Bewegungsenergie und Spannenergie.
2. Einen Bereich, der mit seiner Umgebung keine Energie austauscht, nennt man ein energetisch *abgeschlossenes* System.
3. In einem abgeschlossenen System bleibt unabhängig von den Vorgängen, die sich darin abspielen, die *Energie erhalten.*

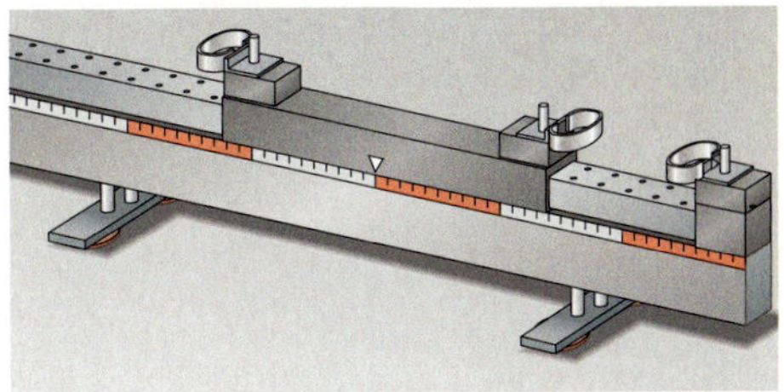

V3 Auf einer waagerecht gestellten Luftkissenfahrbahn, an deren Enden elastische Federn befestigt sind, wird ein Schlitten angestoßen. Er gleitet – solange nicht eine der Federn zusammengedrückt wird – mit konstantem Geschwindigkeitsbetrag über die Bahn und dies trotz der Reflexionen an den Bahnenden. Nur die Reibung bremst ihn mit der Zeit ab.

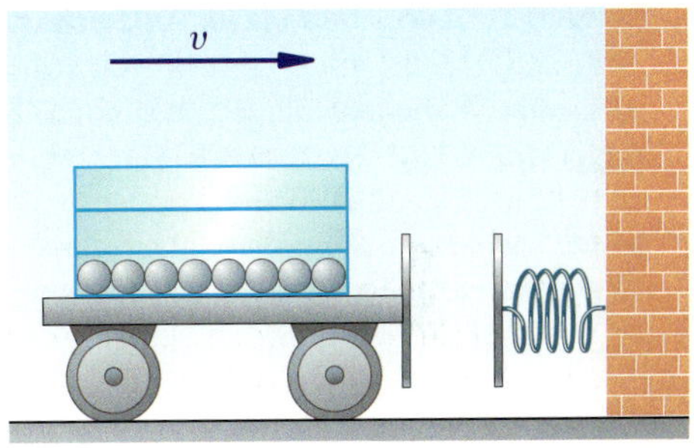

V4 Auf einem leichten Wagen sind drei durchsichtige Schalen übereinander befestigt. Die zwei obersten sind leer, die unterste ganz mit Kugeln gefüllt, sodass dort keine Relativbewegung der Kugeln möglich ist.
a) Der Wagen wird auf einer ebenen Unterlage angestoßen. Nach der Reflexion an einer Feder hat er betragsmäßig dieselbe Geschwindigkeit wie vorher.
b) Man verteilt die Kugeln gleichmäßig auf die Schalen. Stößt der Wagen jetzt gegen die Feder, hat er nach der Reflexion betragsmäßig eine deutlich kleinere Geschwindigkeit als vorher. Dafür schwirren die Kugeln regellos in den Schalen herum, kommen aber bald zur Ruhe.

A1 Beschreibe in Versuch 1 bis 3 die auftretenden Energieumwandlungen. Gib jeweils das System an.

A2 Ein Auto fährt einen Berg hinauf. Welche Energieumwandlungen treten auf? Welches System hast du betrachtet?

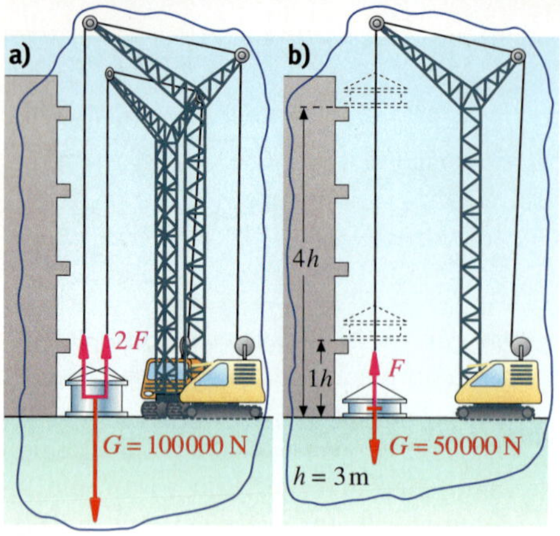

B1 Die im Dieselöl steckende chemische Energie wird in Höhenenergie umgewandelt.

Beispiel **Energiebeträge im Vergleich**

a) Welche Höhenenergie W_H hat ein Eisenträger (m = 50 t) im 4. Stock eines Hauses (h = 12 m) gegenüber dem Erdboden?
b) Bei welcher Geschwindigkeit hat ein Pkw (m = 1200 kg) die Bewegungsenergie W_B = 1 MJ?

Lösung:
a) Das Nullniveau NN ist am Erdboden:

$$W_H = mgh = 50\,000 \text{ kg} \cdot 10 \frac{\text{m}}{\text{s}^2} \cdot 12 \text{ m}$$
$$= 6{,}0 \cdot 10^6 \frac{\text{kg} \cdot \text{m}^2}{\text{s}^2} = 6{,}0 \cdot 10^6 \text{ J} = \mathbf{6{,}0\ MJ}.$$

b) Aus $W_B = \frac{1}{2} m v^2$ ergibt sich:

$$v = \sqrt{\frac{2\,W_B}{m}} = \sqrt{\frac{2 \cdot 1{,}0 \cdot 10^6 \text{ J}}{1200 \text{ kg}}}$$
$$= \sqrt{1{,}67 \cdot 10^3 \frac{\text{m}^2 \cdot \text{kg}}{\text{s}^2 \cdot \text{kg}}} = \mathbf{40{,}8\ \frac{m}{s}} = 147 \frac{\text{km}}{\text{h}}.$$

Zum Vergleich: 1 l Benzin hat einen Heizwert von etwa 43,5 MJ. Oder: 1 MJ erwärmt 10 l Wasser um $\Delta\vartheta$ = 24 °C.

1. Der Energiebuchhalter gießt Energie in eine Formel

Buchhalter Bill kann ohne Schwierigkeiten Geld in einem Banktresor zählen, wenn er den Inhalt kontrollieren soll. Will er dagegen im Energietresor die vorhandene Energie bilanzieren, so ergeben sich Probleme. Für die Energie hat er nämlich noch keine Messvorschrift.

Um eine solche zu finden, hat der „Energiebuchhalter" sorgfältig zu beachten, dass in einem abgeschlossenen System die Energie erhalten bleibt. Bills Konzept ist es, unter dieser Vorgabe die Energieformen in „Formeln zu gießen"!

Bill sucht zunächst einen sinnvollen Ausdruck für die *Höhenenergie*. Dazu betrachtet er ein abgeschlossenes System **→ B1a**, in dem sich ein Gebäude, zwei gleiche Kräne, die mit Dieselöl betrieben werden, und die Erde befinden.

Beim Anheben von Lasten wird die im Dieselöl steckende chemische Energie in Höhenenergie umgewandelt. Die Menge an verbrauchtem Dieselöl kann Bill also als Maß für die Höhenenergie der angehobenen Last ansehen, selbst wenn ein bestimmter Bruchteil der Energie im Öl als Wärme abgeführt wird.

a) Hebt nur einer der Kräne einen Eisenträger (G = 50 000 N) in den 1. Stock, benötigt er eine bestimmte Menge Öl **→ B1b**.

b) Hebt dieser Kran die Last in den 4. statt in den 1. Stock, so braucht er die 4fache Ölmenge, da er die 4fache Höhe h zu überwinden hat. Bill folgert: Der Eisenträger besitzt im 4. Stock eine 4-mal so große Höhenenergie wie im 1. Stock. Also ist die Höhenenergie W_H proportional zur Höhe h: $\boldsymbol{W_H \sim h}$. Als **Nullniveau NN**, das man beliebig festlegen kann, ist dabei der Erdboden gewählt.

c) Nun soll ein doppelt so schwerer Eisenträger (mit der Gewichtskraft G = 100 000 N) in den 1. Stock gehoben werden. Da die maximale Hubkraft eines Krans dazu nicht ausreicht, verwendet man beide Kräne, die zusammen gegenüber a) die doppelte Kraft F aufbringen, dafür aber die doppelte Menge an Öl benötigen. Vernünftigerweise sagt Buchhalter Bill deshalb: Im 1. Stock besitzt die Last mit G = 100 000 N gegenüber dem Nullniveau doppelt so viel Höhenenergie wie die mit G = 50 000 N. Allgemein setzt man also an: $\boldsymbol{W_H \sim G}$.

Zustand Nr.	Zeit t in s	Höhe h über dem Nullniveau in m	Höhenenergie $W_H = mgh$ in Joule	Geschwindigkeit $v = gt$ in m/s	Bewegungsenergie $W_B = \frac{1}{2} m v^2$ in Joule	Energiesumme $W_H + W_B$ in Joule
1	0	45	4500	0	0	4500
2	1	40	4000	10	500	4500
3	2	25	2500	20	2000	4500
4	3	0	0	30	4500	4500

T1 Energiebilanz $W_H + W_B$ für 4 Zustände beim freien Fall eines Körpers der Masse 10 kg aus einer Höhe h = 45 m. NN am Boden.

d) Hebt man die doppelt so schwere Last in den 4. Stock, so braucht man die 4 · 2fache = 8fache Ölmenge. Die Höhenenergie W_H einer Last G in der Höhe h über dem Nullniveau ist also dem Produkt $G \cdot h$ proportional. Nach diesen Überlegungen wird die Höhenenergie zu $\boldsymbol{W_H = G \cdot h = m \cdot g \cdot h}$ festgelegt. Ihre **Einheit** ist also **1 Nm, 1 Joule (1 J)** genannt. Da sich Höhenenergie in andere Energieformen umwandeln lässt, *ist 1 Joule zugleich die Einheit einer jeden Form von Energie.*

Merksatz

1. Die *Höhenenergie* eines Körpers mit der Gewichtskraft G in der Höhe h über dem Nullniveau ist: $W_H = Gh = mgh$.

2. Die Einheit der Energie ist 1 Joule, abgekürzt 1 J. Es ist: $1\ \text{J} = 1\ \text{Nm} = 1\ \text{kg} \cdot \text{m}^2/\text{s}^2$.

2. Wie misst der Energiebuchhalter Bewegungsenergie?

Bill lässt einen Körper, der mit der Erde ein abgeschlossenes System bildet, aus der Höhe h frei fallen. Der Körper verliert Höhenenergie, gewinnt aber Bewegungsenergie. Fällt er die Strecke s, so nimmt seine Höhenenergie um ΔW_H ab. Es ist:

$$\Delta W_H = m \cdot g \cdot s = m \cdot g \cdot \frac{1}{2} g \cdot t^2 = \frac{1}{2} m \cdot (g \cdot t)^2 = \frac{1}{2} m \cdot v^2.$$

Wir werden zusammen mit Bill der Energieerhaltung gerecht, wenn wir festsetzen: Für die verschwundene Höhenenergie ΔW_H ist Bewegungsenergie entstanden. Ein Körper mit der Geschwindigkeit v hat also die Bewegungsenergie $\boldsymbol{W_B = \frac{1}{2} m \cdot v^2}$.

→ **T1** zeigt die Bilanz für 4 Zustände eines aus 45 m Höhe frei fallenden Körpers. Dabei bleibt die Summe $W_H + W_B = mgh + \frac{1}{2} m v^2$ konstant. Die Energien dieses Systems lassen sich also messen.

Dies gilt auch für das Fadenpendel → **V1** ! Völlig gleichgültig ist es dabei, welche Vorgänge sich im Detail in einem abgeschlossenen System abspielen, in dem nur Höhen- und Bewegungsenergie auftreten. Die Summe $W_H + W_B$ ist immer konstant und gibt die Energie des Systems an. Bills Konzept stimmt.

Merksatz

Ein Körper der Masse m und der Geschwindigkeit v hat die **Bewegungsenergie** $W_B = \frac{1}{2} m v^2$.

3. Unterscheide Energie und Kraft!

Das Kranbeispiel → **B1** macht deutlich, dass *Energie Mengencharakter* hat und von Kraft klar zu unterscheiden ist! Je höher ein Kran die Last hebt, desto mehr Energie wird aus Dieselöl in Höhenenergie umgesetzt.

Stellt der Kranfahrer den Motor ab und legt eine Sperrklinke ein, so bleibt die Last in einer bestimmten Höhe hängen. Energie wird nicht mehr umgesetzt; trotzdem muss der Kran die Last auf gleicher Höhe halten. Dazu braucht er nur Kraft, keine Energie! Diese ist im Gegensatz zur Kraft ein *Skalar*.

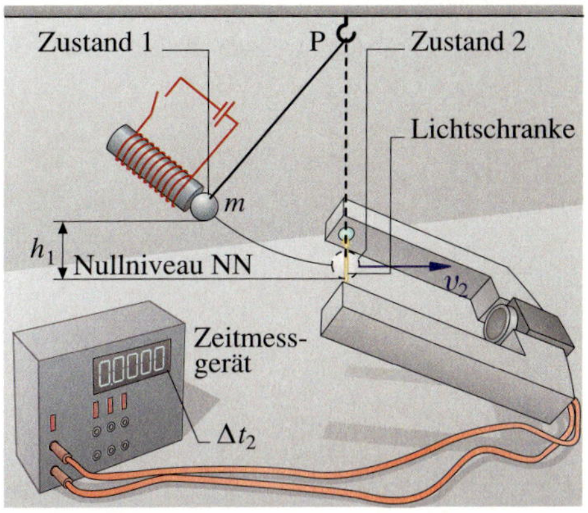

V1 **a)** Wir halten die Kugel eines Fadenpendels (0,500 kg) mit einem Elektromagneten fest. Gegenüber der tiefsten Stellung (NN) wurde sie um $h_1 = 0{,}085$ m gehoben. In diesem *Zustand 1* hat die Kugel die Höhenenergie $W_{H1} = mgh_1 = 0{,}417$ J, die Bewegungsenergie $W_{B1} = 0$ und somit insgesamt die Energie W_1:

$$W_1 = mgh_1 + \frac{1}{2} m v_1^2$$
$$= 0{,}417\ \text{J} + 0\ \text{J} = 0{,}417\ \text{J}.$$

Nachdem die Kugel vom Durchmesser $\Delta s = 5{,}0$ cm losgelassen worden ist, durchfällt sie im tiefsten Punkt, dem *Zustand 2*, eine Lichtschranke. Diese misst die Dunkelzeit $\Delta t_2 = 0{,}040$ s. Dort ist also $v_2 = \Delta s / \Delta t_2 = 1{,}25$ m/s und damit die Bewegungsenergie $W_{B2} = 0{,}391$ J. Für die Energiesumme im Zustand 2 gilt somit:

$$W_2 = mgh_2 + \frac{1}{2} m v_2^2$$
$$= 0\ \text{J} + 0{,}391\ \text{J} = 0{,}391\ \text{J}.$$

Im Rahmen der Messfehler ist $W_1 = W_2$.

b) Wir bringen die Lichtschranke an eine andere Stelle der Bahn. Dann erhalten wir die Messwerte in → **T2** ($g = 9{,}81\ \text{m/s}^2$). Aus der letzten Spalte erkennen wir, dass in jedem Zustand der Bewegung des Fadenpendels $W_H + W_B$ konstant ist.

h_1 in mm	Δt in s	v in m/s	W_H in J	W_B in J	$W_H + W_B$ in J
0,085	–	–	0,417	0	0,417
0,062	0,081	0,617	0,304	0,095	0,399
0,035	0,052	0,962	0,172	0,231	0,403
0,015	0,044	1,136	0,074	0,323	0,397
0	0,040	1,250	0	0,391	0,391

T2 Zu → **V1b**

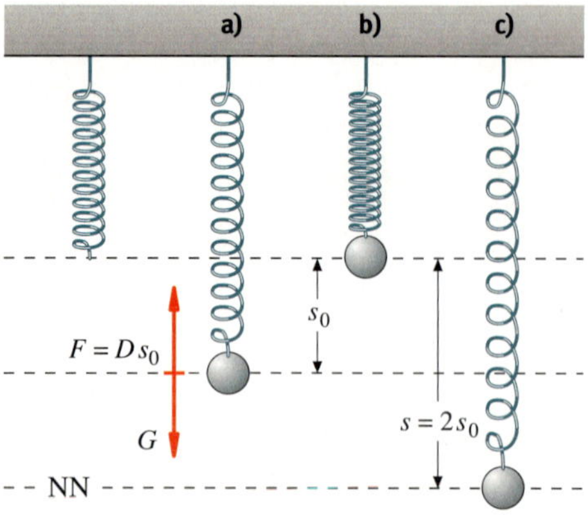

V1 **a)** Wir hängen an eine entspannte Feder (z. B. $D = 5{,}5$ N/m) ein Wägestück (z. B. $m = 0{,}200$ kg) und lassen es vorsichtig bis in die Gleichgewichtslage absinken **→ Ba**. Die Feder ist dann um die Strecke s_0 gedehnt und die Federkraft $F = Ds_0$ hält dort der Gewichtskraft $G = mg$ das Gleichgewicht. Also gilt: $mg = Ds_0$.
b) Wir hängen wie in a) das Wägestück an die entspannte Feder **→ Bb**, lassen es aber jetzt fallen. Das Wägestück schwingt bis zum unteren Umkehrpunkt durch **→ Bc**. Wir messen die Dehnung s der Feder in diesem Zustand und finden: $s = 2s_0$. Dies gilt für jede Feder.
c) Legen wir in den unteren Umkehrpunkt das Nullniveau der Höhenenergie, so ist dort die gesamte Höhenenergie des Ausgangszustandes $W_H = mgh = mgs$ in Spannenergie W_{Sp} der Feder umgewandelt worden **→ Bb**. Da die Energie erhalten bleibt, gilt für diese Spannenergie:

$$W_{Sp} = m \cdot g \cdot s = D \cdot s_0 \cdot s = D \cdot \frac{s}{2} \cdot s = \frac{1}{2} D \cdot s^2.$$

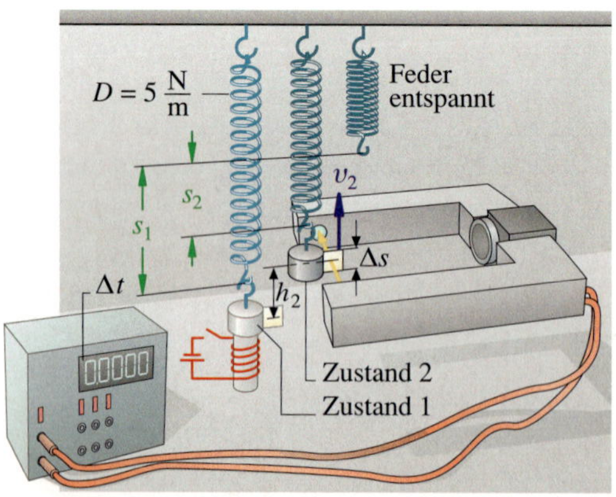

B1 Zu **→ V2**

4. Mit Spannenergie zum Energieerhaltungssatz der Mechanik

Bill braucht noch eine Formel für die Spannenergie. Dazu setzt er wie in **→ V1** Höhenenergie in Spannenergie um. Die Auswertung zeigt:

Merksatz

Dehnt man eine Feder mit der Federhärte D aus der entspannten Lage um die Strecke s, dann hat sie die Spannenergie

$$W_{Sp} = \frac{1}{2} D s^2.$$

Unter Beachtung der Formeln für die Höhenenergie W_H, die Bewegungsenergie W_B und die Spannenergie W_{Sp} zeigt **→ V2** am vertikalen Federpendel quantitativ: Die Summe aus allen drei Energiebeträgen $W_H + W_B + W_{Sp}$ ist *in jedem beliebigen Zustand* des abgeschlossenen Systems konstant, wenn keine Reibung auftritt.

Von diesem Ergebnis sind wir zusammen mit Bill ausgegangen. Doch sind wir nun in der Lage, für jede einzelne mechanische Energieform eine Formel anzugeben und damit die Energieerhaltung bei rein mechanischen Vorgängen experimentell zu bestätigen. Der **Energieerhaltungssatz der Mechanik** lautet damit:

Merksatz

Die **Summe aus Lage-, Bewegungs- und Spannenergie ist** bei reibungsfrei verlaufenden mechanischen Vorgängen in einem abgeschlossenen System **konstant:**

$$W_H + W_B + W_{Sp} = mgh + \frac{1}{2} m v^2 + \frac{1}{2} D s^2 = \text{konstant.}$$

Wenn also Energiebuchhalter Bill in einem System, in dem nur reibungsfreie mechanische Vorgänge auftreten, die Energiebilanzen in zwei beliebigen Zuständen 1 und 2 aufstellt, so muss die Summe der einzelnen mechanischen Energiebeträge in beiden Zuständen gleich sein, d. h. es gilt:

$$mgh_1 + \frac{1}{2} m v_1^2 + \frac{1}{2} D s_1^2 = mgh_2 + \frac{1}{2} m v_2^2 + \frac{1}{2} D s_2^2.$$

5. Vorhersagen mit Bilanzrechnungen

Mit dem Energieerhaltungssatz verfolgen wir eine andere Strategie als früher. Dort haben wir im Zusammenhang mit $F = ma$ nach den Kräften, also den *Ursachen* einer Bewegung gefragt. Die dort vertretene *kausale* Betrachtungsweise ergänzen wir nun durch ein *Bilanzdenken*. Dann können wir wie ein Buchhalter mithilfe des Energieerhaltungssatzes der Mechanik Energiebilanzen für bestimmte Zustände aufstellen und Vorhersagen treffen.
So lassen sich, wie wir gleich sehen werden, Bewegungsaufgaben oft relativ einfach lösen. Allerdings können Fragen nach *dem zeitlichen Ablauf einer Bewegung* nicht unmittelbar mit dem Energieerhaltungssatz beantwortet werden, da die Zeit t in diesem Satz nicht auftritt.

Beispiel **Ballwurf**

Ein Ball (m = 300 g) wird von einem 25 m (h_1) hohen Turm mit dem Geschwindigkeitsbetrag v_1 = 10 m/s weggeworfen. Mit welchem Geschwindigkeitsbetrag v_2 erreicht er den Erdboden, wenn man vom Luftwiderstand absieht? Diskutiere das Ergebnis!

Lösung:
Wir bezeichnen im System Ball-Erde als Zustand 1 den Abwurf und als Zustand 2 das Auftreffen am Erdboden. Das Nullniveau der Höhenenergie legen wir auf den Erdboden. Für beide Zustände stellen wir die Energiebilanz auf:

	Zustand 1	Zustand 2
Höhenenergie W_H	mgh_1	0
Bewegungsenergie W_B	$\frac{1}{2}mv_1^2$	$\frac{1}{2}mv_2^2$
Energiesumme $W_H + W_B$	$W_1 = mgh_1 + \frac{1}{2}mv_1^2$	$W_2 = \frac{1}{2}mv_2^2$

Nach dem Energieerhaltungssatz der Mechanik gilt: $W_1 = W_2$.

Daraus folgt hier: $mgh_1 + \frac{1}{2}mv_1^2 = \frac{1}{2}mv_2^2$.

In dieser Bilanzgleichung sind mit Ausnahme von v_2 alle Größen bekannt. Man löst daher die Gleichung nach v_2 auf und setzt anschließend die gegebenen Werte ein. Man erhält:

$$v_2 = \sqrt{2gh_1 + v_1^2} = \sqrt{2 \cdot 9{,}81\ \frac{\text{m}}{\text{s}^2} \cdot 45\ \text{m} + \left(10\ \frac{\text{m}}{\text{s}}\right)^2} = \mathbf{31{,}4\ \frac{m}{s}}.$$

Ergebnisse:
a) Dieses Ergebnis gilt für jeden Körper, den man auf dem Turm mit 10 m/s wegwirft, da sich die Masse m herauskürzt.
b) *Es ist gleichgültig, in welche Richtung man den Ball wirft.* Er kommt am Boden immer mit demselben Geschwindigkeitsbetrag v_2 an! In $\frac{1}{2}mv^2$ tritt die Geschwindigkeit v nämlich quadratisch auf. *Die Energie ist als Skalar richtungsunabhängig.*
c) Setzt man zur Kontrolle $v_1 = 0$ (freier Fall), so erhält man $v_2 = \sqrt{2gh_1}$, ein Ergebnis, das uns längst bekannt ist.

V2 **a)** An eine Feder (D = 5,00 N/m) wird ein Körper (m = 0,200 kg) aus Eisen gehängt und nach unten gezogen. Dort wird er von einem Elektromagneten festgehalten **→ B1**. Hierbei ist die Feder um s_1 = 0,500 m verlängert. Legen wir in diesen *Zustand 1* des Systems das Nullniveau der Höhenenergie, so lassen sich dort die einzelnen Energiebeträge berechnen **→ T1**.
b) Schaltet man den Magnetstrom aus, wird der Körper von der Feder nach oben gezogen. An einer beliebigen Stelle, die z. B. h_2 = 0,150 m über dem Nullniveau liegt, ist eine Lichtschranke befestigt. Ein am Körper seitlich angebrachter Flügel der Höhe Δs = 0,020 m unterbricht den Lichtstrahl während der Zeit Δt = 0,041 s. In diesem *Zustand 2* beträgt die Geschwindigkeit des Körpers somit $v_2 = \Delta s / \Delta t$ = 0,488 m/s. Die Feder ist dabei um $s_2 = s_1 - h_2$ = 0,350 m verlängert. – Mit diesen Daten berechnet man die einzelnen Energiebeträge der Höhen-, Bewegungs- und Spannenergie im Zustand 2 **→ T1**; g = 9,81 m/s².
c) Wir finden im Rahmen der Messgenauigkeit wie erwartet, dass die Energiesummen $W_H + W_B + W_{Sp}$ jeweils gleich sind.

	Zustand 1	Zustand 2
$W_H = mgh$	0 J	0,294 J
$W_B = \frac{1}{2}mv^2$	0 J	0,024 J
$W_{sp} = \frac{1}{2}Ds^2$	0,625 J	0,306 J
$W_H + W_B + W_{sp}$	0,625 J	0,624 J

T1 Zu **→ B1** und **→ V2**

Hinweis: Gib jeweils das System an, das du betrachtest.

A1 Ein Auto prallt mit 108 km/h gegen eine feste Mauer. Berechne, aus welcher Höhe es frei herabfallen müsste, um die gleiche zerstörende Energie zu bekommen.

A2 Ein Radfahrer kommt mit 10 m/s an einen Abhang, verliert 5 m Höhe und prallt auf eine Mauer. Welche Geschwindigkeit hat er kurz vor dem Aufprall?

A3 Während ein Auto mit der Geschwindigkeit 72 km/h eine Straße mit 5° Steigung aufwärts fährt, kuppelt der Fahrer den Motor aus. Wie weit kommt das Auto dann noch (ohne Reibung)?

A4 Ein Auto (m = 1000 kg) wird von null auf 36 km/h, dann von 36 km/h auf 72 km/h beschleunigt. Überprüfe, ob jeweils die gleiche Menge an Energie aus Benzin in Bewegungsenergie umgesetzt wird.

A5 **a)** Welche Höhe müsste ein Wanderer (m = 70 kg) überwinden, um den „Brennwert" einer Scheibe Brot (m = 40 g) von 400 kJ [einer Tafel Schokolade mit 2400 kJ] in Höhenenergie umzusetzen? **b)** Ein Lkw (m = 5 t) wird von 100 km/h zum Stillstand abgebremst. Um wie viel Grad werden die Bremsen aus Eisen erwärmt?
(m = 10 kg; spezifische Wärme $c = 0{,}45\ \text{kJ} \cdot \text{kg}^{-1} \cdot \text{K}^{-1}$)

Beispiel **Federpistole**

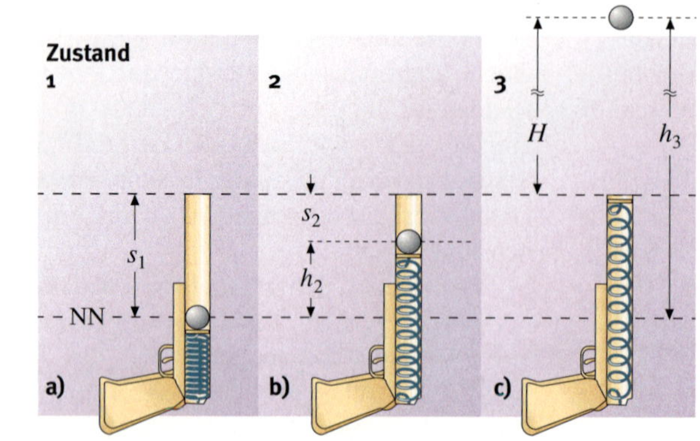

Die Feder (D = 100 N/m) einer vertikal gehaltenen Federpistole wird um s_1 = 0,15 m zusammengedrückt und rastet ein. Anschließend legt man eine Kugel (m = 200 g) auf die Feder **→ Ba** und schießt sie nach oben. **a)** Wo hat die Kugel bei der Aufwärtsbewegung ihre größte Geschwindigkeit v_2? **b)** Wie groß ist v_2? **c)** Welche Höhe H über der Pistolenmündung erreicht die Kugel? (Reibung, Luftwiderstand und Masse der Feder sind zu vernachlässigen; g = 9,81 m/s².)

Lösung:

a) In der Höhe h_2 über der Abschussstelle habe die Kugel die größte Geschwindigkeit **→ Bb**. Die Feder ist dann noch um die Strecke s_2 zusammengepresst. Die größte Geschwindigkeit hat die Kugel, wenn die Kraft der Feder Ds_2 nach oben genauso groß wie die Gewichtskraft mg ist. Dann wird die Kugel nämlich weder beschleunigt noch verzögert. Aus $Ds_2 = mg$ folgt:

$$s_2 = \frac{mg}{D} = \frac{0{,}20\ \text{kg} \cdot 9{,}81\ \text{m/s}^2}{100\ \text{N} \cdot \text{m}^{-1}} = 0{,}020\ \text{m}.$$

Die gesuchte Höhe ist somit $h_2 = s_1 - s_2 =$ **0,13 m.**

b) und c):

Wir bezeichnen im System Feder-Kugel-Erde als:
Zustand 1: Den Abschuss, dort ist das Nullniveau NN,
Zustand 2: Maximale Geschwindigkeit der Kugel,
Zustand 3: Kugel am höchsten Punkt **→ Bc**.
Die *Energiebilanzen* lauten dort:

	Zustand 1	**Zustand 2**	**Zustand 3**
Höhenenergie W_H	0	mgh_2	mgh_3
Bewegungsenergie W_B	0	$\frac{1}{2}mv_2^2$	0
Spannenergie W_{Sp}	$\frac{1}{2}Ds_1^2$	$\frac{1}{2}Ds_2^2$	0
Energiesumme $W_H + W_B + W_{Sp}$	$W_1 = \frac{1}{2}Ds_1^2$	$W_2 = mgh_2 + \frac{1}{2}mv_2^2 + \frac{1}{2}Ds_2^2$	$W_3 = mgh_3$

Nach dem Energieerhaltungssatz gilt: $W_1 = W_2$.

Daraus folgt: $\frac{1}{2}Ds_1^2 = mgh_2 + \frac{1}{2}mv_2^2 + \frac{1}{2}Ds_2^2$,

aufgelöst nach v_2: $v_2 = \sqrt{\frac{D}{m}(s_1^2 - s_2^2) - 2gh_2}$ und damit:

$$v_2 = \sqrt{\frac{100\ \text{N} \cdot \text{m}^{-1}}{0{,}20\ \text{kg}} \cdot [(0{,}15\ \text{m})^2 - (0{,}02\ \text{m})^2] - 2 \cdot 9{,}81\ \frac{\text{m}}{\text{s}^2} \cdot 0{,}13\ \text{m}}$$

$$= \mathbf{2{,}92\ m/s.}$$

Aus $W_1 = W_3$ folgt hier: $\frac{1}{2}Ds_1^2 = mgh_3$.

Auflösung nach h_3 liefert: $h_3 = \frac{Ds_1^2}{2mg}$, also ergibt sich:

$$h_3 = \frac{100\ \text{N} \cdot \text{m}^{-1} \cdot (0{,}15\ \text{m})^2}{2 \cdot 0{,}20\ \text{kg} \cdot 9{,}81\ \text{m} \cdot \text{s}^{-2}} = 0{,}57\ \text{m}.$$

Deshalb ist die gesuchte Höhe: $H = h_3 - s_1 =$ **0,42 m.**

Vertiefung

Rückblick

Am Anfang unserer Überlegungen zum Thema Energie haben wir im Grunde genommen den Energieerhaltungssatz als Tatsache oder Absichtserklärung verwendet. Beobachtungen an periodischen Bewegungen wie dem Fadenpendel zeigten, Energie wandelt sich und präsentiert sich in verschiedenen Formen. Wir haben dann sinnvolle Ausdrücke für die Höhenenergie W_H, die Bewegungsenergie W_B und die Spannenergie W_{Sp} gebildet und konnten so den Energieerhaltungssatz mathematisch formulieren und experimentell bestätigen sowie als Energiebuchhalter Bilanzen ziehen. Dabei haben wir u.a. die Grundgleichung der Mechanik und bekannte Messvorschriften verwendet. Alle Überlegungen zur Energie waren in sich konsistent und deshalb können wir sie guten Gewissens in unser Grundlagenwissen einbinden. Nur, „was Energie ist“, können wir trotzdem nicht sagen. Für uns stellt sie eine *Rechengröße* dar, der wir infolge der Beliebigkeit des Nullniveaus bei der Höhenenergie nicht einmal einen „absoluten Nullpunkt“ zuschreiben können. Richard FEYNMAN sagt in seinem Buch *The Feynman Lectures on Physics*: „It is important to realize that in physics today, we have no knowledge of what energy *is*.“

A1 **→ B1** und **→ B2** zeigen Energieumwandlungen mit Wasser. Beschreibe jeweils die Umwandlungen. Gib das System an, das du betrachtest.

A2 **a)** Mit welcher Anfangsgeschwindigkeit v_0 muss ein Handball senkrecht nach oben geworfen werden, damit er eine Höhe von 20 m erreicht? **b)** In welcher Höhe ist die Geschwindigkeit $v_0/2$?

A3 Eine Radfahrerin kommt mit 20 km/h an den Beginn einer 150 m langen Strecke mit 3 % Gefälle und hört auf zu treten. Berechne ihre Geschwindigkeit am Ende dieser Strecke, wenn ca. 10 % der ursprünglichen Bewegungsenergie durch Reibung und Luftwiderstand als mechanische Energie verloren gehen.

A4 Bei einem Lkw versagen beim Bergabwärtsfahren die Bremsen. Glücklicherweise gibt es an dieser Steigung Bremsstrecken, die von der Straße abbiegen und steil ansteigen. Der Fahrer lenkt deshalb seinen Lkw mit 90 km/h auf eine dieser Bremsstrecken, die unter einem Winkel von 14° gegen die Waagerechte ansteigt. Bestimme, wie weit der Lkw die Bremsstrecke hinauf fährt, wenn ca. 20 % der anfänglichen Bewegungsenergie durch Reibung und Luftwiderstand in innere Energie umgesetzt werden.

A5 Eine Trampolinspringerin (m_1 = 50 kg) hat in jeder Hand eine Hantel (m_2 = 5 kg). Sie springt aus einer Höhe von 2 m auf das Sprungtuch. In dem Augenblick, in dem sie den tiefsten Punkt erreicht hat, wirft sie die Hanteln zur Seite. Wie hoch kommt sie jetzt, wenn man von Reibung und Luftwiderstand absieht?

A6 Betrachte ein Trampolin als eine vertikal geführte Feder, die sich zusammenpressen lässt. Ein Junge (m = 60 kg) stellt sich auf das Trampolin und drückt die „Feder" um 25 cm zusammen. Anschließend wird das Trampolintuch zusammen mit dem Jungen um weitere 40 cm nach unten ausgelenkt und losgelassen. **a)** Welche Richtgröße D hat dieses Trampolin? **b)** Wo hat der Junge bei der Aufwärtsbewegung seine größte Geschwindigkeit und wie groß ist sie? **c)** Wie groß ist die Geschwindigkeit des Jungen, wenn er die Höhe des entspannten Trampolintuchs erreicht hat? **d)** Ermittle die Höhe, die der Junge über dem entspannten Trampolin erreicht.

A7 Die zwei gleichen Pufferfedern eines Eisenbahnwagens (m = 10 t) werden um je 10 cm zusammengedrückt, wenn er mit v = 1 m/s auf ein Hindernis prallt. Berechne die Härte einer Feder.

A8 Man hängt an eine Feder (D = 5 N/m) ein Wägestück von 100 g Masse und lässt es los. Wo kommt es momentan zur Ruhe? Wo hat es seine größte Geschwindigkeit? Wie groß ist sie?

A9 An eine entspannte Feder der Federhärte D = 100 N/m wird ein Wägestück der Masse m = 3 kg gehängt. Dabei wird die Feder insgesamt um 50 cm ausgedehnt. Anschließend wird die Feder losgelassen. **a)** Welche Geschwindigkeit hat das Wägestück, wenn es von der Feder wieder 10 cm hoch gezogen worden ist? **b)** In welcher Höhe über dem unteren Umkehrpunkt kommt es vorübergehend zur Ruhe? **c)** In welcher Höhe hat es die Geschwindigkeit 0,80 m/s? Erkläre, warum es hier zwei Lösungen gibt. **d)** In welcher Höhe hat das Wägestück die größte Geschwindigkeit?

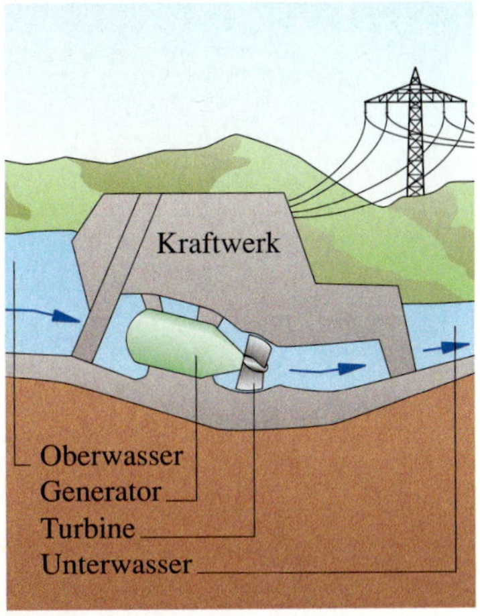

B2 Laufwasserkraftwerk

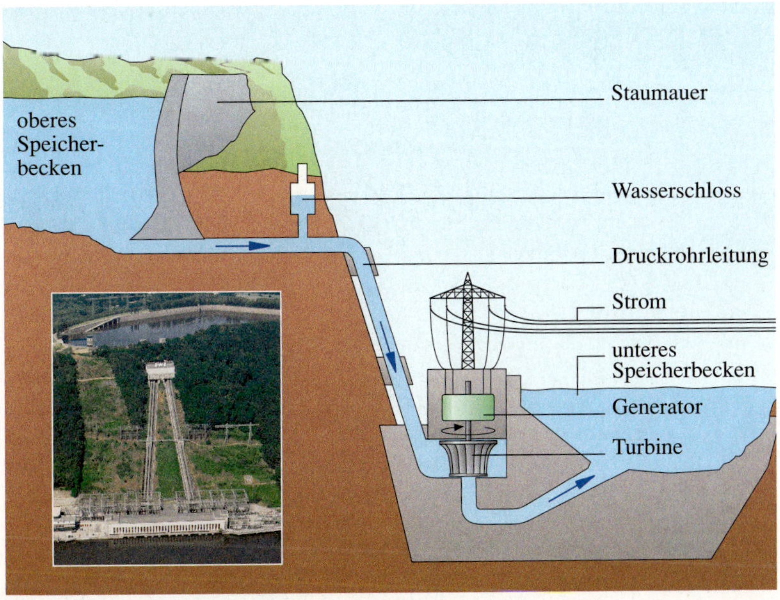

B1 Prinzip und Bild eines Speicherkraftwerkes

B1 Gleichgültig, wie das Fass angehoben wird, das Produkt $F_s \cdot s$ ist immer gleich.

1. Der Energietresor wird geöffnet und Energie zugeführt

Legt man Geld in einen Banktresor, so erhöht sich sein Geldbestand. Kann man analog dazu einem Energietresor, also einem abgeschlossenen System mit festgelegten Systemgrenzen, Energie zuführen?

a) Ein Fass mit der Gewichtskraft G soll auf einen Lastwagen geladen werden. Ein kräftiger Mann hebt es senkrecht um die Strecke h an → **B1a**, gibt ihm also auf kürzestem Weg die Höhenenergie $W_H = Gh = mgh$ gegenüber dem Boden. Sie kommt nicht aus dem Nichts, sondern wird von dem Mann auf das System „Fass-Erde" übertragen.
Bei diesem Energieübergang benötigt er längs des Verschiebungsweges $s = h$ die Kraft F, die den gleichen Betrag wie die Gewichtskraft G hat. Energiebuchhalter Bill bilanziert. Dazu legt er eindeutige *Systemgrenzen fest, um klarzumachen, was zu welchem System gehört.* Er stellt fest, dass der Energietresor des Systems „Fass-Erde" offen war; seine Energie nahm um $Gh = Fh$ zu. Dafür hat die Energie des Systems „Mann" um denselben Betrag abgenommen. Andernfalls wäre der Energieerhaltungssatz im Gesamtsystem „Fass-Erde-Mann" verletzt.

b) Ein anderer Mann legt eine Leiter an die Laderampe und bringt so das Fass längs der schiefen Ebene (Winkel φ) auf den Wagen → **B1b**. Sie hat die Länge $s = h/\sin\varphi$. Der Mann braucht *in Wegrichtung* nur eine Kraft F_s, die betragsmäßig gleich der Hangabtriebskraft $F_H = G \cdot \sin\varphi$ ist. Also gilt:

$$F_s \cdot s = [G \cdot \sin\varphi] \cdot [h/\sin\varphi] = G \cdot h.$$

Wieder ist $F_s \cdot s$ die dem System „Fass-Erde" zugeführte Energie. Die Kraft ist zwar kleiner als in a), der Weg aber länger.

c) Ein dritter Mann zieht ein Fass mit einem einfachen Flaschenzug hoch → **B1c**. Er braucht am Seil nur die Kraft $F_s = G/4$. Doch muss er die Seillänge $s = 4h$ durch „die Hand ziehen", bis das Fass auf dem Lastwagen ist. Auch jetzt ist: $F_s \cdot s = (G/4) \cdot 4h = G \cdot h$.

d) Solange im Beispiel c) das Fass in gleichbleibender Höhe am Seil des Flaschenzugs hängt, braucht der Mann zwar eine Kraft F, aber dem System „Fass-Erde" wird keine Energie zugeführt. Auch das Produkt $F_s \cdot s$ ist null, da kein Seil durch seine Hand läuft ($s = 0$). Dies gilt auch, wenn der Mann den Flaschenzug horizontal hin und her verschiebt, ohne ihn anzuheben. Die Kraft, mit der das Fass festgehalten wird, steht nun senkrecht zur Bewegungsrichtung. Doch ist die Kraft in Bewegungsrichtung F_s null und damit auch das Produkt $F_s \cdot s$.

e) Vorrichtungen zum Hochheben enthalten häufig Getriebe mit Zahnrädern. Ihre Wirkung kennst du vom *Wellrad*. Auch hier ist das Produkt $F_s \cdot s$ beim Anheben eines Körpers um die Strecke h immer gleich Gh. Dies zeigt die nebenstehende → **Vertiefung**.

Vertiefung

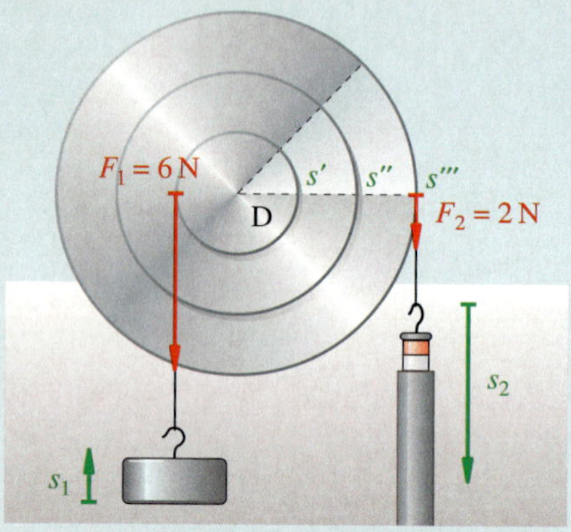

Energieübertragung mit dem Wellrad
Wird links am Wellrad die Last L ($F_1 = G = 6$ N) um die Strecke s_1 gehoben, so muss man die Höhenenergie $G \cdot h = F_1 \cdot s_1$ zuführen. Zieht man nun rechts am Rad mit dem 3fachen Radius, benötigt man nur die Kraft $F_2 = F_1/3 = 2$ N. Man muss allerdings einen 3-mal so langen Kraftweg $s_2 = 3s_1$ in Kauf nehmen, wenn die Last um die Strecke s_1 gehoben werden soll. Das Produkt aus F_2 und s_2 ist:

$$F_2 \cdot s_2 = \frac{F_1}{3} \cdot 3s_1 = F_1 \cdot s_1 = G \cdot h.$$

2. Die Bewegungsenergie wird erhöht

Ein Auto wird mit einem Seil abgeschleppt → B3. Das System „Auto" ist nicht abgeschlossen, da über das Seil eine Kraft F ausgeübt wird. Ist sie konstant, wird das Auto mit $a = F/m$ beschleunigt. Nach der Zeit t hat es den Weg $s = \frac{1}{2}a t^2$ zurückgelegt und die Geschwindigkeit $v = a t$ erreicht. Daher gilt:

$$F_s \cdot s = (m a) \cdot \left(\frac{1}{2} a t^2\right) = \frac{1}{2} m a^2 t^2 = \frac{1}{2} m v^2.$$

Das Produkt $F_s \cdot s$ aus der in Wegrichtung am System „Auto" angreifenden konstanten Kraft F_s und dem Weg s ist also genauso groß wie die Zunahme der Bewegungsenergie des Autos. Dies gilt völlig unabhängig davon, mit welcher Kraft das Auto auf die Geschwindigkeit v beschleunigt wird → T1.

In allen Beispielen gibt das Produkt $\boldsymbol{F_s \cdot s}$ *aus der in Wegrichtung am System angreifenden* ***konstanten*** *Kraft* F_s *und dem Weg* s *die dem System zugeführte Energie* W *an.*

F_s in N	a in m/s²	t in s	s in m	$F_s \cdot s$ in J
100	0,1	150	1125	$1{,}125 \cdot 10^5$
1000	1,0	15	112,5	$1{,}125 \cdot 10^5$
1500	1,5	10	75	$1{,}125 \cdot 10^5$

T1 Ein Auto ($m = 1000$ kg) wird mit verschiedenen Kräften auf 15 m/s beschleunigt.

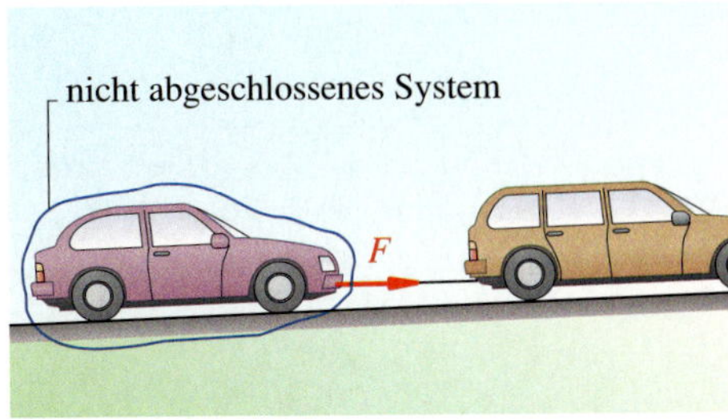

B3 Dem System Auto wird über das Seil mit der Kraft F Energie zugeführt.

3. Die mit Kraft übertragene Energie heißt Arbeit

Was wir zu einem System zählen wollen, legen wir durch Grenzen fest. In den obigen Beispielen überschritt Energie diese Grenzen mithilfe einer am System angreifenden Kraft F_s. Dabei war die in Wegrichtung wirkende Kraftkomponente F_s zu berücksichtigen **→ nebenstehende Vertiefung**. Der mithilfe einer Kraft F_s längs eines Verschiebungsweges s von einem System auf ein anderes übertragenen Energiemenge W gibt man einen eigenen Namen und nennt sie **Arbeit** → B2. *Diese Energieübertragung geht nicht von allein,* sondern nur mittels einer Kraft vor sich. Dagegen nennt man Energie, die allein *von sich aus* aufgrund eines Temperaturgefälles von einem Körper auf einen anderen übergeht, **Wärme.**

Merksatz

1. Die Grenzen eines Systems müssen eindeutig festgelegt sein.
2. Arbeit ist die mithilfe einer Kraft von einem System auf ein anderes übertragene Energiemenge W.
3. Ist die in Richtung des Verschiebungsweges s wirkende Kraft F_s konstant, so ist die Arbeit das Produkt aus F_s und s:
   $\boldsymbol{W = F_s \cdot s}$.

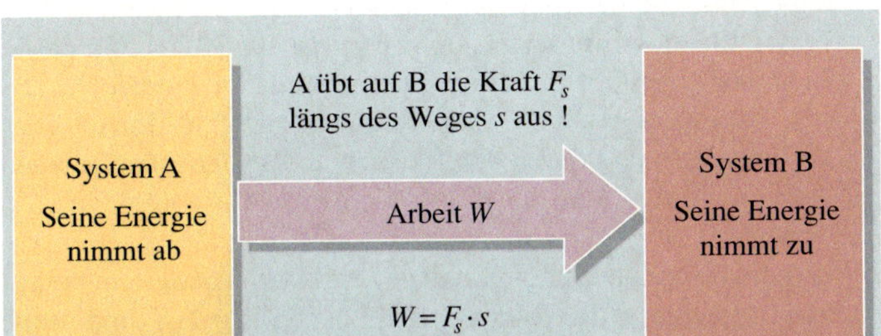

B2 A übt auf B die Kraft F_s längs des Weges s aus und überträgt so die Energiemenge $W = F_s \cdot s$, Arbeit genannt, von A nach B.

Vertiefung

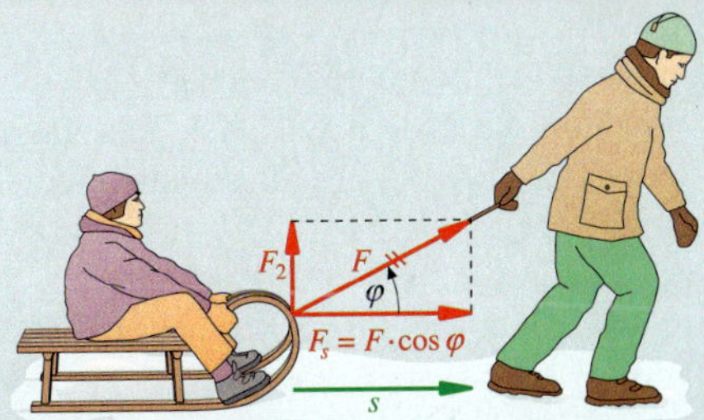

Wenn Kraft und Weg verschiedene Richtungen haben

Du ziehst fast reibungslos einen Schlitten über eine Eisfläche. Dazu übst du über die Schnur eine Kraft F schräg noch oben auf den Schlitten aus. Man zerlegt sie in eine Komponente F_s in Wegrichtung und eine Komponente F_2 senkrecht dazu. Den Schlitten beschleunigt nur die Komponente F_s. Die Kraft F_2 hebt einen Teil der Gewichtskraft auf. Somit überträgst du nur mit der Kraft F_s auf den Schlitten Energie. Für die übertragene Energie ist also das Produkt $F_s s$ verantwortlich und nicht das Produkt $F s$. Es ist $F_s = F \cdot \cos\varphi$ mit dem Winkel φ zwischen den Richtungen von F und s. Die übertragene Energie ist:

$$\boldsymbol{W = F_s \cdot s = F \cdot s \cdot \cos\varphi}.$$

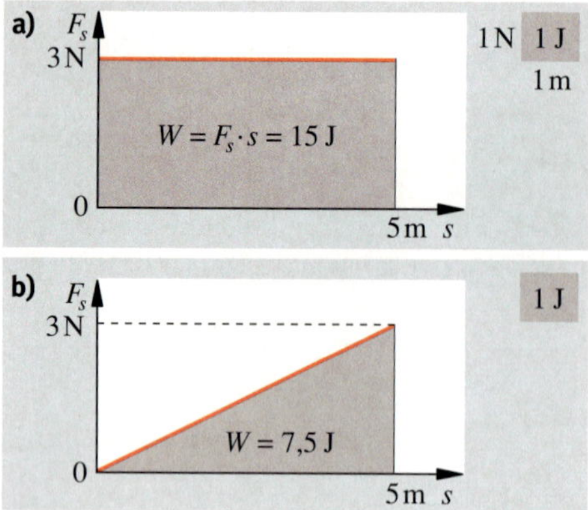

B1 s-F_s-Diagramm: **a)** F_s konstant **b)** $F_s \sim s$. Die Fläche unter der s-F_s-Kurve entspricht der Arbeit.

A1 Fässer (je $m = 50$ kg) werden auf einen Lastwagen (Ladehöhe $h = 1{,}30$ m) verladen. Die erste Person hebt ein Fass lotrecht an, die zweite schiebt eines auf einer 2,70 m langen Laderampe hoch. Bestimme für beide Wege die Arbeit.

A2 Der Förderkorb eines Grubenaufzuges ($m = 4000$ kg) wird gleichmäßig nach oben beschleunigt und erreicht nach 10 s die Geschwindigkeit $v = 8$ m/s. Bestimme die dazu nötige Arbeit.

A3 Ein Junge ($m = 50$ kg) hat sich ein Seil um den Bauch gebunden, das über eine Rolle läuft. **a)** Mit welcher Kraft muss er am anderen Seilende mit den Händen ziehen, wenn er schwebt? **b)** Wie viel Seil muss er „durch die Hand ziehen“, damit er 5 m höher kommt? **c)** Welche Energie setzt er um? (System angeben!)

A4 Ein Pkw ($m = 1000$ kg) wird von einem Abschleppwagen einen 150 m langen Berg (Höhenunterschied $\Delta h = 10$ m) hochgezogen. Am Fuße des Berges ist $v = 1$ m/s, oben 3 m/s. Es ist $f_{gl} = 0{,}40$. Berechne die übertragene Energiemenge. (Systeme angeben!)

A5 Ein Elektromotor zieht einen Baumstamm ($m = 500$ kg) mit einem Seil mit konstanter Geschwindigkeit 70 m über einen waagerechten Steinboden ($f_{gl} = 0{,}8$). **a)** Beschreibe die Energieumwandlungen. Unterscheide verschiedene Systeme.
b) Wie groß ist die Arbeit?

4. Und wenn F_s nicht konstant ist?

Thomas dehnt eine zu Beginn entspannte Feder ($D = 5$ N/m). Bei der Kraft $F = 2$ N ist sie um $s = F/D = 0{,}4$ m verlängert. Thomas meint, damit habe er dem System „Feder“ die Energie $W = F_s \cdot s = 0{,}8$ J zugeführt. Diese Energie müsste jetzt als Spannenergie in der Feder stecken. Leider ist $W_{Sp} = \frac{1}{2}Ds^2 = 0{,}4$ J nur halb so groß! Die Kraft F zur Dehnung der Feder ist nämlich nicht konstant, sondern folgt dem hookeschen Gesetz $F \sim s$. Was nun?

a) Ist die an einem System angreifende Kraft F_s konstant und trägt man sie in einem s-F_s-Diagramm auf, so erhält man eine Parallele zur s-Achse **→ B1a**. Die Fläche darunter stellt die Arbeit $W = F_s \cdot s$ dar.

b) Folgt die Kraft F_s dem hookeschen Gesetz, so erhält man im s-F_s-Diagramm eine Ursprungsgerade **→ B1b**. Hier ist die grau getönte Dreiecksfläche mit der Grundseite s und der Höhe $F_s = Ds$ ein Maß für die gesamte beim Spannen um die Strecke s auf die Feder übertragene Energie, also ein Maß für die Arbeit. Man findet so: $W = \frac{1}{2} \cdot s \cdot F_s = \frac{1}{2} \cdot s \cdot (D \cdot s) = \frac{1}{2} \cdot D \cdot s^2$, genau wie erwartet!

Merksatz

Im s-F_s-Diagramm entspricht die Fläche unter der s-F_s-Kurve der dem System zugeführten Energie, also der Arbeit.

5. Reibungskräfte erhöhen die innere Energie

Hinweis: Zur Vereinfachung bedeuten in diesem Abschnitt die Symbole s, v, a und F immer nur Beträge physikalischer Größen.

Ein Autofahrer bremst sein Fahrzeug bei der Geschwindigkeit v_0 durch Blockieren der Räder scharf ab und bringt es zum Stillstand. Die konstante Gleitreibungskraft F_{gl} bremst das Auto mit $a = F_{gl}/m$. Nach dem Bremsweg $s = v_0^2/2a$ steht das Auto. Die Energie $W_B = \frac{1}{2}mv_0^2$ ist verschwunden und hat sich innerhalb des Systems „Auto-Straße“ als innere Energie „verkrümelt“. Sowohl Reifen als auch Straßenoberfläche werden erwärmt. Es ist:

$$\frac{1}{2}mv_0^2 = \frac{1}{2}m \cdot (2a \cdot s) = m \cdot a \cdot s = F_{gl} \cdot s.$$

Das Produkt aus Kraft F_{gl} und Weg s liefert also die Abnahme der mechanischen Energie des Systems.
Zieht man einen Wagen mit konstanter Kraft F_s längs der waagerechten Strecke s mit konstanter Geschwindigkeit, so hält die Kraft F_s der Reibungskraft F_R das Gleichgewicht. Die Energie $F_R \cdot s$, die sich – wie gezeigt – im System „Wagen-Boden“ als innere Energie „verkrümelt“, wird durch die Arbeit $F_s \cdot s$ des Ziehenden geliefert.

Merksatz

Reibung mit der konstanten Kraft F_R entzieht dem System längs des Reibungsweges s die mechanische Energie $W = F_R s$ und wandelt diese in innere Energie des Systems um.

Beispiel **Bilanzdenken am Schanzentisch**

Die Anlaufbahn einer Sprungschanze ist eine schiefe Ebene mit $\varphi = 30°$ Neigung **➔ B2**. Im Punkt A, der $h_1 = 40$ m über dem Sprungtisch liegt, hat der Skispringer ($m = 80$ kg) durch Anlauf die Geschwindigkeit $v_1 = 5$ m/s. Wie groß ist seine Geschwindigkeit v_2 am Schanzentisch **a)** ohne und **b)** mit Reibung ($f_{gl} = 0{,}05$)?

Lösung:
Wir fassen die Schanze und den Skispringer zu einem einzigen System zusammen und legen das Nullniveau der Höhenenergie auf den Schanzentisch, d. h. durch den Punkt B.

a) *Ohne Reibung:*
Die mechanische Energie W_1 im Punkt A ist ($g = 10$ m/s^2):

$$W_1 = W_{H1} + W_{B1} = mgh_1 + \frac{1}{2}mv_1^2 = 32\,000\text{ J} + 1000\text{ J} = 33\,000\text{ J}.$$

Die mechanische Energie W_2 im Punkt B ist:

$$W_2 = W_{H2} + W_{B2} = mgh_2 + \frac{1}{2}mv_2^2 = 0 + \frac{1}{2}mv_2^2.$$

Nach dem Energieerhaltungssatz der Mechanik ist $\boldsymbol{W_1 = W_2}$, also $mgh_1 + \frac{1}{2}mv_1^2 = \frac{1}{2}mv_2^2$ oder nach v_2 aufgelöst:

$$v_2 = \sqrt{2gh_1 + v_1^2} \Rightarrow \boldsymbol{v_2} = \sqrt{2 \cdot 10\,\frac{\text{m}}{\text{s}^2} \cdot 40\text{ m} + \left(5\,\frac{\text{m}}{\text{s}}\right)^2} = \mathbf{28{,}7\ m/s}.$$

Winkel φ und Länge s der Bahn muss man hier gar nicht kennen.

b) *Mit Reibung:*
Die Geschwindigkeit am Sprungtisch sei jetzt v_2' und die kinetische Energie W_2'. Die Energiesumme W_1 im Punkt A ist unverändert, im Punkt B dagegen gilt $W_2' = \frac{1}{2}mv_2'^2$.
Die Energiebilanz liefert jetzt $\boldsymbol{W_2' = W_1 - W_R}$, wobei W_R die durch Reibung dem System entzogene mechanische Energie ist. Sie bestimmen wir zuerst. Die Gleitreibungskraft ist:

$$F_{gl} = f_{gl} \cdot F_N = f_{gl} \cdot mg\cos\varphi = 35\text{ N}.$$

Die Strecke s folgt aus dem rechtwinkligen Dreieck ABC. Es ist $\sin\varphi = h_1/s$ und damit $s = h_1/\sin\varphi = 40\text{ m}/\sin 30° = 80$ m. Somit wird $W_R = F_{gl} \cdot s = 2800$ J und damit: $W_2' = 33\,000\text{ J} - 2800\text{ J} = 30\,200$ J. Mit $W_2' = \frac{1}{2}mv_2'^2$ folgt daraus: $\boldsymbol{v_2' = 27{,}5}$ **m/s.**

Allgemeine Lösung mit Reibung:
Die dem System entzogene mechanische Energie ist

$$W_R = F_{gl} \cdot s = f_{gl} \cdot mg\cos\varphi \cdot \frac{h_1}{\sin\varphi} = \frac{f_{gl}mgh_1}{\sin\varphi/\cos\varphi} = \frac{f_{gl}mgh_1}{\tan\varphi}.$$

Aus der Energiebilanz $\boldsymbol{W_2' = W_1 - W_R}$ folgt:

$$\frac{1}{2}mv_2'^2 = \left(mgh_1 + \frac{1}{2}mv_1^2\right) - \frac{f_{gl}mgh_1}{\tan\varphi} \quad \text{und somit}$$

$$v_2'^2 = 2gh_1\left(1 - \frac{f_{gl}}{\tan\varphi}\right) + v_2^1 \quad \Rightarrow \quad \boldsymbol{v_2' = 27{,}5\ \text{m/s}}.$$

Auch hier spielt – wie ohne Reibung – die Masse m keine Rolle.

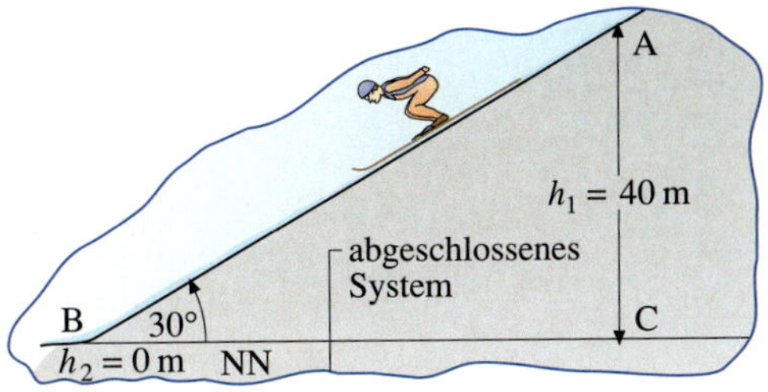

B2 System Schanze und Skispringer

A6 **a)** Eine entspannte Feder wird durch 20 N um 10 cm verlängert. Welche Arbeit ist nötig? **b)** Welche Arbeit ist nötig, um sie weitere 10 cm zu verlängern? **c)** Löse a) und b) mit einem s-F_s-Diagramm.

A7 Ein Stein mit der Masse $m = 2$ kg rutscht mit der Anfangsgeschwindigkeit 15 m/s einen Berg hinunter (der Höhenunterschied beträgt $\Delta h = 50$ m) und kommt infolge der Reibung am Fuße des Berges zum Stillstand. Berechne die Zunahme der inneren Energie des Systems „Stein-Berg".

A8 Eine Schlittenfahrerin fährt mit ihrem Schlitten einen Hang ($\varphi = 8°$) von 200 m Länge hinab. Welche Geschwindigkeit erreicht sie ($f_{gl} = 0{,}1$)?

A9 In einem Auto ($m = 800$ kg) werden bei $v_1 = 72$ km/h die Bremsen betätigt, sodass alle Räder blockieren. Bestimme Bremsweg und Bremszeit ($f_{gl} = 0{,}50$).

A10 Eine Autofahrerin fährt mit ihrem Pkw ($m = 900$ kg) eine Straße bergauf ($\varphi = 5°$). Plötzlich muss sie scharf bremsen, sodass alle Räder blockieren. Eine Polizistin misst die Länge der Bremsspur zu 10 m und schätzt $f_{gl} = 0{,}5$. Überprüfe, ob die Autofahrerin die Geschwindigkeit von 30 km/h eingehalten hat.

A11 Ein Autofahrer fährt mit seinem Pkw ($m = 1000$ kg) mit $v_1 = 20$ m/s einen Berg ($\varphi = 10°$) hinauf und kuppelt den Motor aus. Wie hoch und wie weit kommt er **a)** ohne Reibung **b)** mit Reibung ($f_{roll} = 0{,}02$)? **c)** Mit welcher Geschwindigkeit passiert er beim Zurückrollen die Stelle des Auskuppelns mit bzw. ohne Reibung?

A12 Ein Körper ($m = 100$ kg) wird eine 20 m lange schiefe Ebene ($\varphi = 30°$) mit 20 m/s hochgestoßen. Berechne f_{gl}, wenn er oben mit $v = 0$ m/s ankommt.

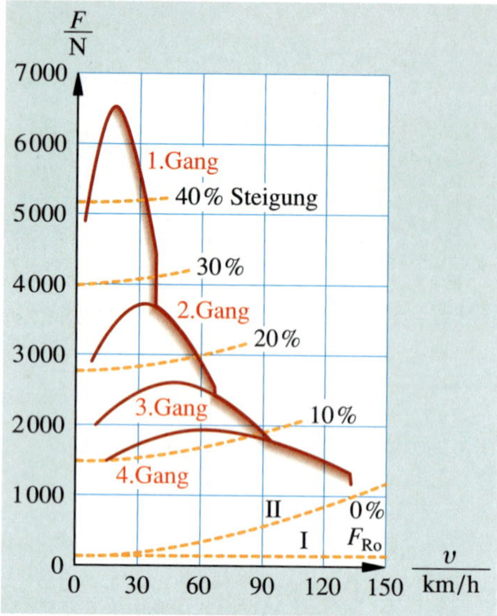

B1 Kraft-Geschwindigkeitsdiagramm für einen Pkw (53 kW). Rot: Kräfte, die das Auto höchstens aufbringen kann; Orange: Kräfte, die es beim Fahren braucht.

Interessantes

Die Kraft ändert sich beim Schalten

In **→ B1** sind die Antriebskräfte F (rot) eines Pkw (m = 800 kg) im 1. bis 4. Gang in Abhängigkeit von der Geschwindigkeit v aufgetragen (bei Vollgas). Jeder Gang zeigt ein für ihn ausgeprägtes Maximum. Anschließend sinkt die Kraft F schnell ab; bei diesem Pkw muss man deshalb bald in den nächsten Gang schalten. Orange sind die zur Fortbewegung nötigen Kräfte eingetragen.

Kurve I gibt den Rollwiderstand F_{Ro} (ca. 200 N) an. In Kurve II ist dazu die schnell mit der Geschwindigkeit v ansteigende Luftwiderstandskraft F_L addiert. Damit haben wir die Kraft, die auf waagerechter Straße ($\varphi = 0°$) zu überwinden ist. Unser Pkw bringt sie im 4. Gang bis 130 km/h noch auf. Schneller wäre er nur bei Rückenwind oder bergab.

In den Kurven darüber sind die Kräfte addiert, die bei Bergfahrten hinzutreten. Was unser Wagen darüber hinaus noch an Kraft aufbringt, kann er zum Beschleunigen verwenden. Im 3. Gang hat er z. B. bei 60 km/h am Hang mit 10 % Steigung noch ca. 2600 N − 1800 N = 800 N übrig. Er kann dort mit $a = F/m = 1\ \text{m/s}^2$ beschleunigen.

1. Wie schnell wird Energie abgegeben?

Eine Familie will sich ein neues Auto kaufen und schaut sich Prospekte an. Über die Leistung steht dort z. B.: 66 kW bei genormten Bedingungen. Gemeint ist damit, dass der Motor in der Zeit $\Delta t = 1$ s die Energie $\Delta W = 66$ kJ liefert. Die Leistung $P = \Delta W/\Delta t$ beschreibt also, wie schnell Energie – z. B. von einer Maschine – abgegeben wird. Geschieht dies ungleichmäßig, so unterscheidet man zwischen **mittlerer Leistung $\overline{P}$** und **Momentanleistung P.** Die Letztere bildet man aus $\overline{P}$, so wie die Momentangeschwindigkeit v aus der mittleren Geschwindigkeit $\overline{v}$. Man betrachtet dazu die Änderung ΔW in einem messtechnisch möglichst kleinen Intervall Δt. Die Einheit der Leistung ist **1 Watt.** Es ist 1 W = 1 J/s oder 1 kW = 1 kJ/s. Für die häufig benutzte **Energieeinheit 1 kWh** gilt: 1 kWh = 1 kW · 1 h = 10^3 W · 3,6 · 10^3 s = 3,6 MJ.

Merksatz

1. Die mittlere Leistung $\overline{P}$ ist der Quotient aus der Energie ΔW und der Zeit Δt, in der sie abgegeben wird: $\overline{P} = \Delta W/\Delta t$.
2. Die Momentanleistung P ist der Quotient $\Delta W/\Delta t$ für messtechnisch möglichst kleines Δt.
3. Die Einheit der Leistung ist 1 Watt: 1 W = 1 J/s; 1 kW = 10^3 W.
4. Eine Einheit der Energie ist 1 kWh = 3,6 MJ.

2. Kraft haben ist noch keine Leistung

Übt ein Motor bei größerer Leistung nicht auch eine größere Kraft aus? Betrachten wir dazu die Gleichung $\overline{P} = \Delta W/\Delta t$ genauer. Die Energie ΔW werde mithilfe einer Kraft F_s längs eines Weges Δs von einem System an ein anderes abgegeben, d. h. es werde die Arbeit $\Delta W = F \cdot \Delta s$ übertragen. Somit ist:

$$\overline{P} = \frac{\Delta W}{\Delta t} = \frac{F_s \cdot \Delta s}{\Delta t} = F_s \cdot \frac{\Delta s}{\Delta t} = F_s \cdot \overline{v}.$$

In einem genügend kleinen Intervall Δt können wir Kraft und Geschwindigkeit als konstant ansehen. Dort ist $\overline{v}$ durch die Momentangeschwindigkeit v und $\overline{P}$ durch die Momentanleistung P zu ersetzen und wir finden: $\boldsymbol{P = F_s \cdot v}$. Die Kraft F_s und die Momentangeschwindigkeit v haben dabei dieselbe Richtung, da F_s immer die Richtung des Weges Δs und damit auch von $\Delta s/\Delta t$ hat.

Der Zusammenhang $P = F_s \cdot v$ ist vom Autofahren her bekannt. Im 1. Gang setzt das Getriebe die gelieferte Leistung P mit großer Kraft, aber nur kleiner Geschwindigkeit v ein. Im höchsten Gang dagegen wird bei annähernd gleicher Leistung des Motors nur wenig Kraft bei großer Geschwindigkeit v geliefert **→ B1**.

Merksatz

Wird die Energie ΔW durch eine Kraft F_s in Richtung der Geschwindigkeit v übertragen, so ist die **Leistung P** das Produkt aus der Kraft F_s und der Geschwindigkeit v:

$$P = F_s \cdot v.$$

3. Warum wächst der Luftwiderstand mit v^2?

Ein schnell bewegter Körper wirbelt Luft auf. Die Luftteilchen bekommen dabei kinetische Energie. Wir schätzen ab, welche Energie W_L die Luftteilchen zusammen erhalten:

Ein Pkw mit der Querschnittsfläche A überstreicht bei der Geschwindigkeit v in der Zeit Δt die Strecke $\Delta s = v \cdot \Delta t$ → B2. Er schiebt in dieser Zeit Luft etwa vom Volumen $V = A \cdot \Delta s = A \cdot v \cdot \Delta t$, also der Masse $m = \rho \cdot V = \rho \cdot A \cdot v \cdot \Delta t$ beiseite (ρ: Dichte der Luft). Wir nehmen weiter an, dass alle Luftteilchen bei diesem Wegschieben eine Geschwindigkeit u erhalten, die proportional zur Geschwindigkeit v ist. Dann hat die beiseite geschobene Luftmasse m die kinetische Energie:

$$W_L = \frac{1}{2} m \cdot u^2 = \frac{1}{2} \rho \cdot A \cdot v \cdot \Delta t \cdot u^2 \quad \text{oder}$$

$$W_L = \frac{1}{2} c_w \cdot \rho \cdot A \cdot \Delta t \cdot v^3.$$

Hierbei wurde $u^2 = c_w \cdot v^2$ gesetzt, da aus der Annahme $u \sim v$ auch $u^2 \sim v^2$ folgt. Der Proportionalitätsfaktor c_w wird *Widerstandsbeiwert* genannt. Er hängt von der „Windschnittigkeit" des Pkw ab.

Zum Beschleunigen der Luft muss der Pkw die Leistung $P_L = W_L / \Delta t$ aufbringen. Er erfährt die Luftwiderstandskraft F_L, der er bei der Geschwindigkeit v das Gleichgewicht halten muss. Deshalb ist andererseits $P_L = F_L \cdot v$. Für F_L folgt also:

$$F_L = \frac{1}{2} c_w \cdot \rho \cdot A \cdot v^2.$$

F_L wächst also proportional zu v^2! F_L ist zudem umso kleiner, je kleiner c_w ist. *Autos mit einem kleinen c_w-Wert und kleinem Querschnitt A sparen Benzin!* In jedem Autoprospekt wird deshalb der c_w-Wert angegeben. Er liegt für Pkw bei 0,3 bis 0,4.

4. Leistungsgesellschaft in Watt gemessen

Ein Mensch selbst braucht pro Tag beim Nichtstun etwa 1 kWh = 3,6 MJ an Energie, bei Schwerstarbeit 4 kWh. Die Intensität seines Energieumsatzes wird durch die Leistung $P = W/t$ gekennzeichnet. Beim Nichtstun sind das ca. 40 W, bei Schwerstarbeit 160 W, das entspricht 4 Glühlampen von je 40 W, die ständig leuchten. – Ein Mensch kann übrigens kurzzeitig maximal 1 kW Leistung erbringen.

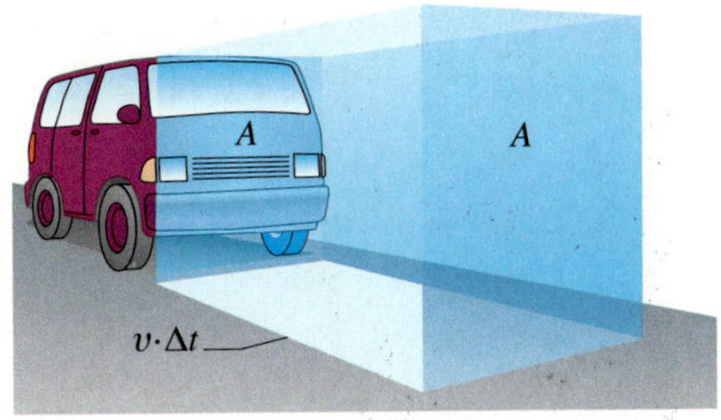

B2 Luft, die ein Pkw bei der Geschwindigkeit v in der Zeit Δt wegschiebt

Beispiel **Wettlauf im Treppenhaus**

Ein Lehrer (75 kg) und ein Schüler (50 kg) rennen ein 7,5 m hohes Treppenhaus hoch. Der Lehrer braucht 8,6 s, der Schüler 7,1 s. Wer hat die größere Leistung erbracht?

Lösung:
Die Leistung des Lehrers beträgt $P = \Delta W / \Delta t = mgh/\Delta t = 5625\ \text{J}/8{,}6\ \text{s} \approx 650\ \text{W}$, die des Schülers $P = 3750\ \text{J}/7{,}1\ \text{s} \approx 530\ \text{W}$!

Interessantes

Ein technisch wichtiger Begriff
Maschinen setzen Energie um, ein Elektromotor z. B. elektrische Energie in mechanische. Die Umsetzung gelingt aber nie zu 100 %, da z. B. von den Maschinen nutzlose Wärme abgeht. Man nennt den Quotienten aus **Nutzleistung** und **Eingangsleistung** den **Wirkungsgrad** η der Maschine:

$$\text{Wirkungsgrad } \eta = \frac{\text{Nutzleistung}}{\text{Eingangsleistung}}.$$

Ein Elektromotor hat z. B. einen Wirkungsgrad von über 95 %, eine Glühlampe mit Wendel bei Erzeugung von Licht aus elektrischer Energie nur ca. 5 %.

A1 Ermittle, welche Leistung einem 50 m hohen Wasserfall entnommen werden kann, der 0,60 m³ Wasser je Sekunde führt.

A2 Ein Mensch (Masse mit Gepäck: 100 kg) leistet 160 W. Berechne, um wie viel Meter er im Gebirge in 1 h höher steigt.

A3 Ein Auto (m = 900 kg) wird in 22 s von 0 auf 80 km/h konstant beschleunigt. **a)** Bestimme die Momentanleistung zum Beschleunigen bei t = 5 s und 11 s. **b)** Wie groß ist die mittlere Leistung zum Beschleunigen in den ersten 5 s bzw. 11 s?

A4 **a)** Berechne die Leistung des Motors → B1 für die vier Gänge bei ihrer größten Kraft. **b)** Welcher Anteil entfällt jeweils auf die Überwindung von Roll- und Luftwiderstand? **c)** Wie viel Liter Benzin braucht der Motor in einer Stunde (1 h) bei v = 100 km/h und v = 120 km/h auf ebener Straße (1 l Benzin liefert 43,5 MJ)?

A5 Vergleiche die Leistung, die ein Pkw (Querschnittsfläche 2,0 m², Widerstandsbeiwert c_w = 0,45) bei 72 km/h und bei 144 km/h braucht.

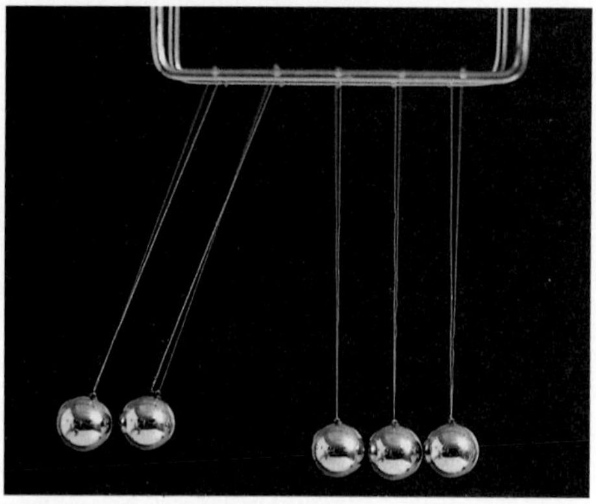

B1 Gern gesehene Zusammenstöße. Wie viele Kugeln fliegen rechts weg?

V1 Wir lenken in → **B1** zunächst die erste Kugel der Reihe aus und lassen sie auf die anderen prallen. Nur die letzte fliegt in der gleichen Richtung weg und erreicht dieselbe Höhe wie die erste. Diese kam beim Aufprall zur Ruhe.
Auch wenn wir zwei oder noch mehr Kugeln auslenken, so sehen wir stets ebenso viele wegfliegen wie auftreffen.
Wir nehmen jetzt nur zwei Kugeln und lassen die eine Kugel auf die andere ruhende gleicher Masse prallen. Die stoßende kommt mit einem Schlag zum Stillstand und überträgt ihre gesamte Bewegungsenergie auf die gestoßene. Wie wird sich die Energie auf beide Kugeln verteilen, wenn ihre Massen unterschiedlich sind?

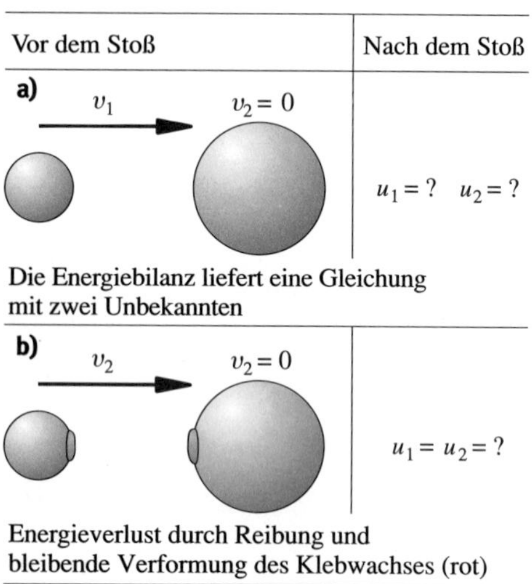

B2 Probleme des Energieerhaltungssatzes der Mechanik beim **a)** elastischen und **b)** unelastischen Stoß?

1. Der Energiesatz auf dem Prüfstand

Was fasziniert uns an dem Kugelspiel in → **V1** ? Auch schon für zwei Kugeln gibt es uns Rätsel auf. Wir lassen eine Kugel auf eine ruhende gleicher Masse prallen. Die auftreffende Kugel kommt zur Ruhe. Am Ausschlag der gestoßenen erkennen wir, dass ihr die gesamte Bewegungsenergie übertragen wurde. Der Energieerhaltungssatz ist also erfüllt. Gilt er, so sprechen wir von **elastischen Stößen.** Erstaunlicherweise teilt sich die Energie nicht auf beide Kugeln auf, zum Beispiel so, dass jede die Hälfte erhält.

Und wenn ihre Massen verschieden sind? Vermutlich bewegen sich nach dem Stoß beide Kugeln. Wie, wissen wir noch nicht. Versuchen wir es deshalb mit dem Energiesatz zu berechnen.

Kugel 1 stößt mit der Geschwindigkeit v_1 elastisch auf die ruhende Kugel 2. Wir suchen die Geschwindigkeiten u_1 und u_2 nach dem Stoß → **B1a** . Es gilt der Energieerhaltungssatz:

$$\frac{1}{2}m_1 u_1^2 + \frac{1}{2}m_2 u_2^2 = \frac{1}{2}m_1 v_1^2.$$

Die Gleichung enthält die *zwei* Unbekannten u_1 und u_2. Wir können dem Energiesatz allein also keine Vorhersage entlocken. Es fehlt noch eine weitere Gleichung, die u_1 und u_2 enthält.

Gelingt uns eine Vorhersage, wenn wir den Versuch so abändern, dass nach dem Stoß beide Kugeln dieselbe Geschwindigkeit $u_1 = u_2 = u$ haben? Mit kleinen Klumpen Klebwachs an den Kugeln sorgen wir dafür, dass sie nach dem Stoß zusammenhaften → **B2b** . Doch darf man den Energiesatz der Mechanik hier anwenden? Sicher nicht, denn beim Aufprall wird Energie durch Reibung und Verformung abgezweigt.
Solche Stöße, bei denen die Stoßpartner wie Kletten aneinander hängen und sich gemeinsam weiter bewegen, heißen **(völlig) unelastische Stöße.** Wie hilfreich war also der **Energiesatz der Mechanik?** Wir sehen:

Beim **elastischen** Stoß **reicht er nicht,**
beim **unelastischen** Stoß **gilt er nicht.**

2. Ein neues Gesetz für Stoßvorgänge?

Wir beschränken uns auf sogenannte **gerade Stöße.** Bei ihnen liegen die Geschwindigkeitsvektoren der Stoßpartner auf einer Geraden.

Gibt es eine für alle geraden Stöße gültige Aussage? Vielleicht sogar für solche, die weder elastisch noch völlig unelastisch sind, wie etwa der Auffahrunfall in → **B3** ?

Die dort paarweise auftretenden Kräfte gehorchen zu jedem Zeitpunkt dem Gesetz über **actio und reactio.** Erfährt der langsame Wagen in einem Augenblick des Stoßvorgangs vom schnellen eine Kraft nach rechts, so wirkt der langsame mit einer gleich großen Kraft zurück.

Wie ändern nun diese Kräfte die Geschwindigkeiten der Wagen? NEWTONs Grundgesetz $F = m \cdot \Delta v/\Delta t$ sagt, wie eine konstante Kraft F die Geschwindigkeit eines Körpers in der Zeit Δt um Δv ändert. Nun sind die Kräfte auf Wagen 1 und 2 während des Stoßvorgangs sicher nicht konstant, doch stimmen sie *in jedem Moment* betragsmäßig überein.

Wir können sie uns deshalb durch zwei konstante mittlere Kräfte F_1 und F_2 ersetzt denken, die *ebenfalls* in ihren Beträgen übereinstimmen. Sie rufen während der Stoßdauer Δt dieselben Geschwindigkeitsänderungen Δv_1 und Δv_2 hervor wie die dauernd wechselnden Momentankräfte. Wir wählen sie nach rechts positiv und nach links negativ. Wegen actio = reactio gilt:

$$\boldsymbol{F}_{\mathbf{2\ auf\ 1}} = -\boldsymbol{F}_{\mathbf{1\ auf\ 2}}.$$

Wagen 1 wird um Δv_1 langsamer, Wagen 2 um Δv_2 schneller. Mit $F = m \cdot \Delta v/\Delta t$ folgt

$$m_1 \cdot \Delta v_1/\Delta t = -m_2 \cdot \Delta v_2/\Delta t$$

und nach Multiplikation mit der gemeinsamen Stoßdauer Δt

$$m_1 \cdot \Delta v_1 = -m_2 \cdot \Delta v_2.$$

Aus $\Delta v_1 = u_1 - v_1$ und $\Delta v_2 = u_2 - v_2$ folgt somit

$$m_1 \cdot (u_1 - v_1) = -m_2 \cdot (u_2 - v_2)$$

oder geordnet $\boldsymbol{m_1 u_1 + m_2 u_2 = m_1 v_1 + m_2 v_2}$.

In dieser Gleichung kommen nur die Produkte *Masse mal Geschwindigkeit* vor. Die Kräfte und die Stoßdauer müssen nicht bekannt sein. Um sich bequem ausdrücken zu können, gibt man dem Produkt $\boldsymbol{p = mv}$ den Namen **Impuls.**
Die Einheit des Impulses ist dann 1 kg · m/s = 1 Ns. Wir haben einen neuen Erhaltungssatz gefunden, hier als Wertegleichung formuliert:

Merksatz

Impulserhaltungssatz für gerade Stöße:
Die Impulssumme $p = m_1 v_1 + m_2 v_2$ beider Partner vor dem Stoß ist gleich ihrer Impulssumme $p = m_1 u_1 + m_2 u_2$ nach dem Stoß.
Der Gesamtimpuls *p* bleibt beim Stoß erhalten.
Auf die Körper wirken dabei nur Kräfte, die mit ihrer reactio zum System der Körper gehören. Man nennt sie **innere Kräfte.** □

Das Produkt $m \cdot \Delta v = \Delta p$ ist nichts anderes als die Änderung des Impulses $p = mv$. Sie ist bei beiden Stoßpartnern gleich groß, aber entgegengesetzt gerichtet. Was der eine verliert, gewinnt der andere hinzu → Beispiel. Das ist wie bei Geld, das der Inhaber zweier Konten von einem zum anderen überträgt. Auch dabei ändert sich sein Gesamtvermögen nicht.

Der betrachtete Auffahrunfall ist weder elastisch noch völlig unelastisch. Die Impulssumme ändert sich beim Stoß nicht, wohl aber die Summe der Bewegungsenergien. Wie viel Energie abgezweigt wird, kann erst ein Experiment entscheiden. Das ist anders bei Stößen, die elastisch oder völlig unelastisch verlaufen. Diese werden wir nun berechnen.

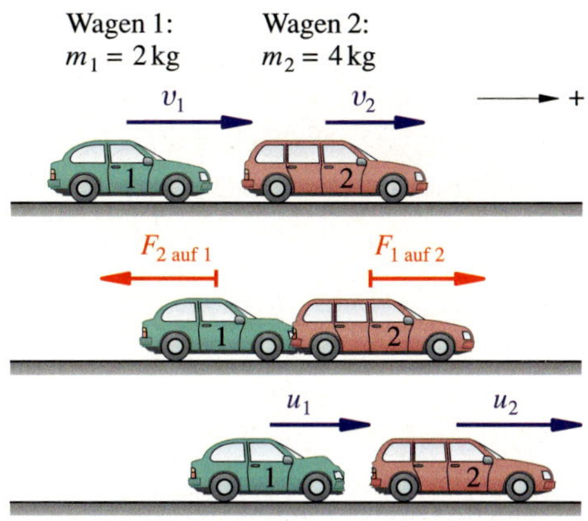

B3 Auch bei diesem Auffahrunfall gilt actio = reactio. Der Stoß ist weder elastisch noch völlig unelastisch. Wir nennen ihn unelastisch, da auch hier Bewegungsenergie durch Reibung und bleibende Verformung verloren geht.

Beispiel **Impulsübertrag beim Zusammenstoß**

Wir lassen zwei Modellautos nach → B3 zusammenstoßen:
Wagen 1 ($m_1 = 2$ kg; $v_1 = 5$ m/s) fährt auf Wagen 2 ($m_2 = 4$ kg; $v_2 = 4$ m/s). Der stoßende Wagen hat also den Impuls $m_1 v_1 = 10$ Ns, der gestoßene $m_2 v_2 = 16$ Ns. Der Gesamtimpuls beträgt $p = 26$ Ns. Nach dem Stoß misst man $u_1 = 4$ m/s und $u_2 = 4{,}5$ m/s. Die Wagen haben also die Impulse $m_1 u_1 = 8$ Ns und $m_2 u_2 = 18$ Ns. Der Gesamtimpuls ist nun wieder $p = 26$ Ns. Der schnelle Wagen übertrug also auf den langsamen den Impuls $\Delta p = 2$ Ns.

Wir dürfen den Impuls nicht mit der Bewegungsenergie verwechseln. Während der Gesamtimpuls erhalten blieb, sank in dem Beispiel die Summe der Bewegungsenergien von 57 J auf 56,5 J. Die Differenz von 0,5 J wurde zur Verformung der Autos benutzt und erhöhte deren innere Energie.

Der Impuls $\vec{p} = m\vec{v}$ ist ein Vektor in Richtung des Geschwindigkeitsvektors $\vec{v}$.

Bei einer Bewegung des Wagen nach links ist der Wert v und damit auch p negativ. Das unterscheidet den Impuls besonders auffällig von der Bewegungsenergie, die ja nie negativ ist; dafür sorgt schon v^2 im Energieterm.

Stöße werden berechenbar

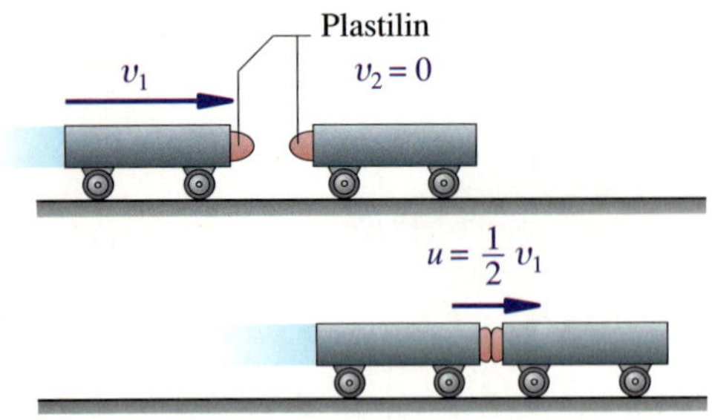

V1 Ein Wagen der Masse m_1 fährt auf einen ruhenden Wagen gleicher Masse ($m_2 = m_1$). Die Geschwindigkeiten vor und nach dem Stoß messen wir mit zwei Lichtschranken. Sie werden von einer am stoßenden Wagen angebrachten Fahne nacheinander unterbrochen.

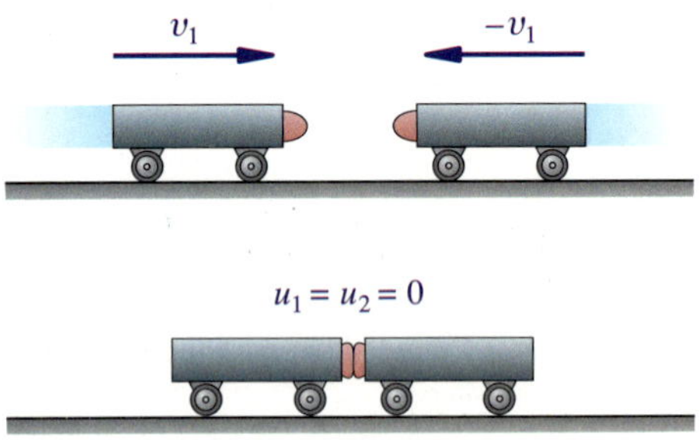

V2 Hier ist vor dem Stoß der Gesamtimpuls null.

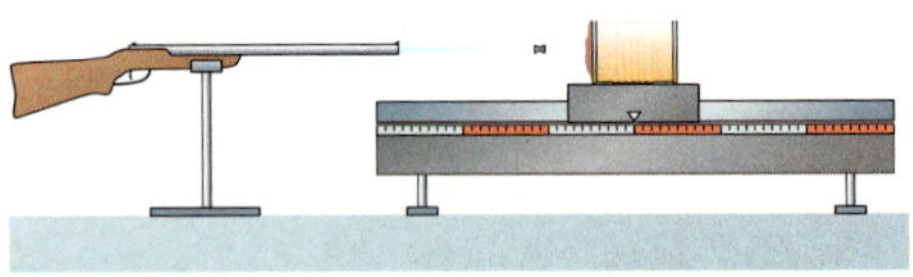

B1 Schuss in den Luftkissengleiter

A1 In → **B1** wird eine Luftgewehrkugel (m = 0,5 g) abgeschossen. Sie bleibt in der mit Plastilin gefüllten Dose stecken. Dose und Wagen wiegen zusammen 150 g. Anschließend legt der Gleiter 0,8 m in 3,2 s zurück. Berechne die Geschwindigkeit der Gewehrkugel.

A2 In → **B2** fahre jetzt der schwere Wagen mit v_2 = 4 m/s nach rechts, sodass der leichtere von hinten mit v_1 = 5 m/s auffährt. Wie groß sind die Geschwindigkeit und der Energieverlust nach einem völlig unelastischen Stoß? Erkläre, weshalb sich der Energieverlust (hier) von dem im Zahlenbeispiel auf der vorangegangenen Seite unterscheidet.

1. Gerade unelastische Stöße

Nach einem *völlig unelastischen* Stoß haften beide Körper aneinander. Sie haben danach also die gleiche Geschwindigkeit. Diese können wir nun allein mit dem Impulssatz bestimmen.

a) Ein Wagen mit dem Impuls $p_1 = m_1 v_1$ stößt völlig unelastisch auf einen ruhenden Wagen gleicher Masse → **V1**. Der Gesamtimpuls $p = m_1 v_1 + 0\ \text{Ns} = 2 m_1 u$ bleibt erhalten. Er ist nun verteilt auf beide Wagen. Jeder hat den Impuls $p/2$ und die Geschwindigkeit $u = u_1 = u_2 = v_1/2$.

b) Beide Wagen haben dieselbe Masse und bewegen sich gleich schnell aufeinander zu → **V2**. Ihr Gesamtimpuls ist $p = m_1 v_1 + m_2 v_2 = m_1 v_1 + m_1(-v_1) = 0$. Sie kommen also zur Ruhe.

In → **V2** wird der Vektorcharakter des Impulses besonders deutlich. Vor dem Stoß sind die Impulse wegen $v_2 = -v_1$ entgegengesetzt gerichtet, nur ihre Beträge stimmen überein. Der Gesamtimpuls ist also schon vor dem Aufprall null. Dagegen ist die Summe der Bewegungsenergien von null verschieden. Sie geht bei diesem Stoß völlig in innere Energie des Plastilins über.

Beispiel **Unelastischer Stoß**

Musteraufgabe für gerade unelastische Stöße → **B2**:
Zunächst betrachten wir die Impulssumme jeweils vor und nach dem Stoß und vereinfachen die Terme:

Vorher: $p_v = m_1 v_1 + m_2 v_2 = 2\ \text{kg} \cdot 5\ \text{m/s} + 4\ \text{kg} \cdot (-4\ \text{m/s})$
$= -6\ \text{Ns}$.

Nachher: $p_n = (m_1 + m_2)\, u = (2\ \text{kg} + 4\ \text{kg})\, u = 6\ \text{kg} \cdot u$.

Wir setzen $p_n = p_v$ und lösen nach der gesuchten Größe u auf:

$6\ \text{kg} \cdot u = -6\ \text{Ns}$ oder $\mathbf{u = -1\ m/s}$.

Ergebnis: Beide Wagen bewegen sich mit 1 m/s nach links.

Wir berechnen auch noch den Verlust ΔW der gesamten Bewegungsenergie:

Energiesumme vorher: $W_v = \frac{1}{2} m_1 v_1^2 + \frac{1}{2} m_2 v_2^2 = 57\ \text{J}$.

Energiesumme nachher: $W_n = \frac{1}{2}(m_1 + m_2)\, u^2 = 3\ \text{J}$.

Energieverlust: $\Delta W = W_v - W_n = 57\ \text{J} - 3\ \text{J} = \mathbf{54\ J}$.

Ergebnis: Von anfangs 57 J Bewegungsenergie bleiben nur 3 J übrig. Der Rest ΔW = 54 J steckt im verformten Plastilin.

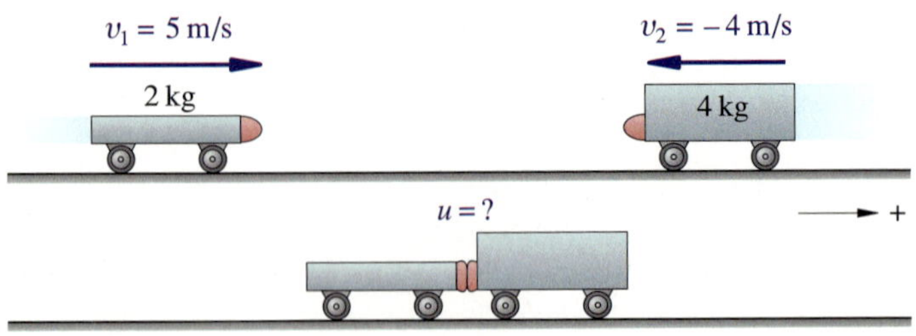

B2 Zusammenstoß zweier Modellautos

2. Gerade elastische Stöße

Nach einem elastischen Stoß haben die beiden Wagen verschiedene Geschwindigkeiten. Um diese zu berechnen, brauchen wir sowohl den Impuls- als auch den Energieerhaltungssatz.

In **→ V3a** stößt ein Wagen auf einen ruhenden Wagen gleicher Masse. Er überträgt diesem vollständig seine Bewegungsenergie. Der Energiesatz wäre jedoch auch erfüllt, wenn jeder die Hälfte erhielte. Doch lässt der Impulssatz nur eine einzige Verteilung zu. Jetzt legen nämlich zwei Gleichungen die beiden Unbekannten u_1 und u_2 eindeutig fest.

Wir berechnen u_1 und u_2 für einen geraden Stoß auf einen ruhenden Körper. Die Massen m_1 und m_2 sollen beliebig sein. Das Verhältnis der Massen bezeichnen wir mit $k = m_2/m_1$.

Energieerhaltung: $\frac{1}{2}m_1 v_1^2 + 0 = \frac{1}{2}m_1 u_1^2 + \frac{1}{2}m_2 u_2^2$

Impulserhaltung: $m_1 v_1 + 0 = m_1 u_1 + m_2 u_2$

Wir setzen $m_2 = k \cdot m_1$ und teilen durch $\frac{1}{2}m_1$ bzw. m_1:

$v_1^2 = u_1^2 + k \cdot u_2^2$
$v_1 = u_1 + k \cdot u_2$

Wir subtrahieren die u_1-Terme und setzen $v_1^2 - u_1^2 = (v_1 - u_1)(v_1 + u_1)$:

$(v_1 - u_1)(v_1 + u_1) = k \cdot u_2^2$
$v_1 - u_1 = k \cdot u_2$

Wir teilen jede Seite der ersten Gleichung durch die der zweiten:

$v_1 + u_1 = u_2$
$v_1 - u_1 = k \cdot u_2$

Wir lösen das Gleichungssystem durch Addition bzw. Einsetzung und erhalten

das Ergebnis: $\boldsymbol{u_1 = v_1(1 - k)/(1 + k)}$ und $\boldsymbol{u_2 = 2v_1/(1 + k)}$.

Beispiel **Elastischer Stoß**

a) In **→ V3a** ist das Massenverhältnis $k = m_2/m_1 = 1$. Wir erhalten $\boldsymbol{u_1 = 0}$ und $\boldsymbol{u_2 = v_1}$.

b) In **→ V3b** stößt ein Wagen auf einen ruhenden doppelter Masse. Mit $k = 2$ folgt $\boldsymbol{u_1 = -\frac{1}{3}v_1}$ und $\boldsymbol{u_2 = \frac{2}{3}v_1}$.
Der leichte Wagen prallt mit einem Drittel seiner Geschwindigkeit zurück, während der schwere auf $\frac{2}{3}v_1$ beschleunigt wird. Dabei ändert der leichte stoßende Wagen seinen Impuls um $m_1 \cdot \Delta v_1 = m_1\left(-\frac{1}{3}v_1 - v_1\right) = -1\frac{1}{3}m_1 v_1$, überträgt also dem gestoßenen mehr Impuls als er vor dem Stoß besaß. Er hat nicht nur seinen Besitz abgegeben, sondern sogar Schulden gemacht. Deshalb bewegt er sich dem Minuszeichen folgend nach dem Stoß nach links. Der schwere Wagen besitzt nun den Impuls $m_2 u_2 = 2m_1 \cdot \frac{2}{3}v_1 = 1\frac{1}{3}m_1 v_1$. Du siehst, die Impulsbilanz stimmt.

c) In **→ V3c** hat der gestoßene Wagen (2) die halbe Masse. Also ist $k = \frac{1}{2}$ und $\boldsymbol{u_1 = \frac{1}{3}v_1}$ sowie $\boldsymbol{u_2 = 1\frac{1}{3}v_1}$. Der leichte Wagen fährt schneller weg als sich der schwere näherte. Der schwere folgt mit $\frac{1}{3}$ seiner Anfangsgeschwindigkeit.

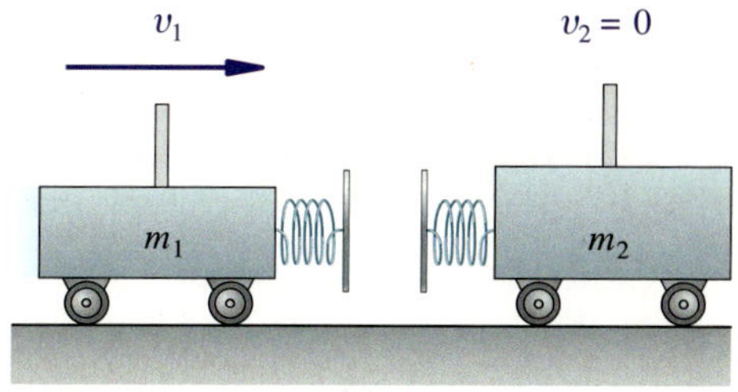

V3 **a)–c)** Wir führen die elastischen Stöße zu **→ B3a–c** mit zwei Wagen aus. Die Fahnen der Wagen unterbrechen zwei Lichtschranken. Die Geschwindigkeiten gewinnen wir aus der Fahnenbreite und den Verdunkelungszeiten.

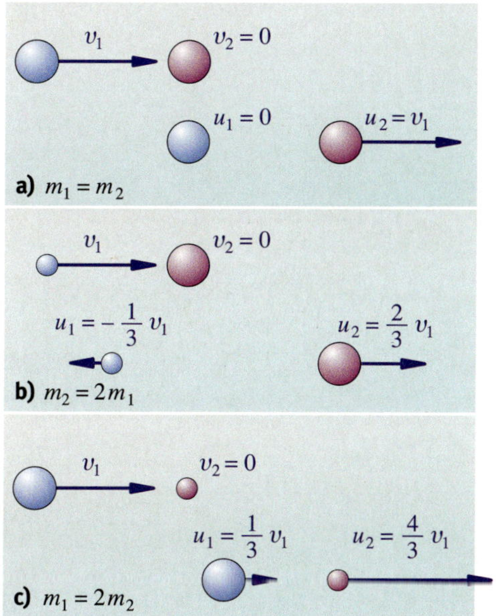

B3 **a)–c)** Elastische Stöße auf einen ruhenden Körper

A3 Eine 250 g-Kugel stößt mit 2 m/s elastisch auf eine ruhende 100 g-Kugel. Wie groß sind die Geschwindigkeiten nach dem Stoß?

A4 Welchen Bruchteil seiner Bewegungsenergie hat der stoßende Wagen in **→ V3a–c** jeweils an seinen Stoßpartner übertragen?

A5 Ein Wagen stößt elastisch auf einen ruhenden. Bestimme, wie viel seines Impulses und seiner Energie jeweils bei sehr großem bzw. bei sehr kleinem Massenverhältnis $k = m_2/m_1$ auf den gestoßenen Wagen übertragen wird.

Der Schwerpunkt ist Zentrum des Geschehens

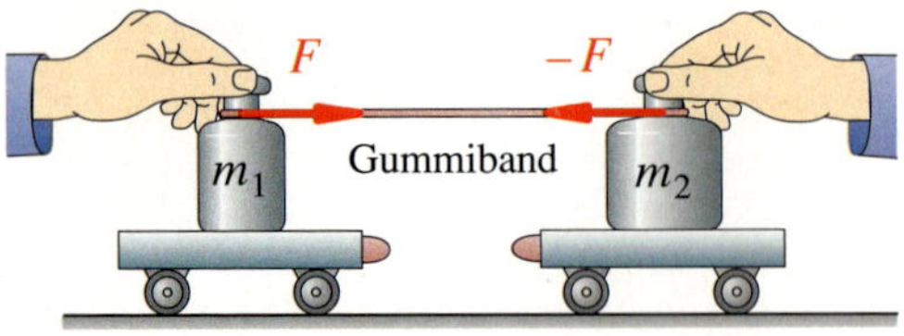

V1 Wir bewegen die Wagen (im Bild oben) auseinander und spannen dabei das sie verbindende Gummiband. Dann geben wir beide gleichzeitig frei. Plastilin sorgt dafür, dass die Wagen nach dem Zusammenstoß aneinander haften. Erstaunt dich, dass sie in diesem Moment gleichzeitig zum Stillstand kommen? Das ändert sich auch nicht, wenn wir durch Verkürzen des Gummibandes die Kräfte vergrößern. Außerdem treffen die Wagen stets an der gleichen Stelle zusammen.

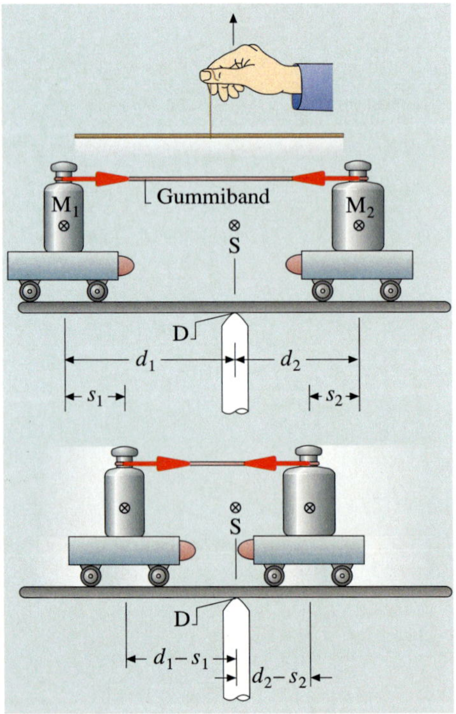

V2 Bleibt die Waage im Gleichgewicht? Wir stellen die Wagen aus **→ V1** auf eine Wippe und sorgen für Gleichgewicht. Ein möglichst leichter Holzstab hält sie dabei zunächst gegen die Zugkräfte des Gummibandes auseinander. Wir entfernen den Stab rasch nach oben, ohne dabei in Fahrtrichtung auf die Wagen eine Kraft auszuüben. Die Wagen bewegen sich so wie in **→ V1**, ohne dass die Wippe kippt.

1. Wenn innere Kräfte längere Zeit am Werk sind

Wie bewegen sich die Wagen in **→ V1** nach dem Loslassen? Beim Start ist ihr Gesamtimpuls null. Nach dem Loslassen wirken die Zugkräfte des Gummibandes als innere Kräfte auf die Wagen. Wegen actio = reactio stimmen sie in jedem Augenblick betragsmäßig überein.

Folglich ändert sich während des Bewegungsablaufs der Gesamtimpuls $p = m_1 u_1 + m_2 u_2 = 0$ nicht, denn dieselben Überlegungen, die uns zum Impulssatz führten, gelten ebenso bei länger wirkenden Kräften. Auch nach dem Aufprall ist $p = 0$. Beide Wagen sind dann wieder in Ruhe.

Was wissen wir über die in **→ V1** zurückgelegten Strecken? In jedem Augenblick haben die Wagen entgegengesetzt gerichtete Impulse von gleichem Betrag: $|m_1 u_1| = |m_2 u_2|$. Der Wagen 1 ist also in jedem Moment (m_2/m_1)-mal so schnell wie der Wagen 2. Dann ist seine Fahrstrecke s_1 auch (m_2/m_1)-mal so lang wie die vom Wagen 2 zurückgelegte Strecke s_2. Es gilt:

$$\frac{s_1}{s_2} = \frac{m_2}{m_1} \Rightarrow m_1 \cdot s_1 = m_2 \cdot s_2. \qquad (1)$$

2. Der Schwerpunkt lässt sich nicht beirren

In **→ V2** befinden sich die Wagen auf einer Wippe im Gleichgewicht. Ein zwischen sie geklemmter Holzstab hält sie zunächst auseinander. Entfernen wir den Stab rasch nach oben, so bewegen sich die Wagen so wie in Versuch 1. Warum bleibt dabei die Anordnung zu jedem Zeitpunkt im Gleichgewicht?

Gleichgewicht besteht, wenn der Schwerpunkt S beider Massen über dem Drehpunkt D liegt. Für die Abstände $d_1 = M_1S$ und $d_2 = M_2S$ der Massenmittelpunkte M_1 und M_2 zum Schwerpunkt gilt (Hebelgesetz):

$$m_1 \cdot d_1 = m_2 \cdot d_2. \qquad (2)$$

Legen nun die Wagen bei ihrer Bewegung die Strecken s_1 bzw. s_2 zurück, so verkleinern sich zwar die Abstände zum Schwerpunkt S von d_1 bzw. d_2 auf $(d_1 - s_1)$ bzw. $(d_2 - s_2)$, S selbst ändert seine Lage jedoch nicht. Dies folgt aus der Subtraktion der Gleichung (1) von Gleichung (2). Man erhält wieder das Hebelgesetz

$$m_1 \cdot (d_1 - s_1) = m_2 \cdot (d_2 - s_2).$$

Der Schwerpunkt S bleibt also während der ganzen Bewegung an derselben Stelle, genau über dem Drehpunkt D der Wippe.

Man kann den Versuch auch in einem fahrenden Zug ausführen. Ein Beobachter am Bahndamm wird dann feststellen, dass sich der Schwerpunkt beider Wagen so wie der Zug bewegt. Unsere Überlegungen führen zu dem **Schwerpunktsatz**:

Merksatz

Die Bewegung des Schwerpunkts eines Systems wird durch innere Kräfte nicht geändert. □

3. Die Erde, ein vergessener Partner?

Beim Fallen des Springers in → B1 betrachteten wir bisher nur dessen Gewichtskraft. Doch sie hat einen Partner, eine reactio, die an der Erde angreift und diese auch beschleunigt. Wir kamen zu den Fallgesetzen, ohne die Impulsänderung der Erde zu betrachten. Haben wir sie zu Recht außer Acht gelassen?

In → B1 nimmt die Geschwindigkeit des Springers von A nach B um Δv, sein Impuls um $m \cdot \Delta v$ zu. Die Erde erfährt folglich eine Impulsänderung $m_E \cdot \Delta v_E$ von gleichem Betrag zum Springer hin. Ihre Geschwindigkeit ändert sich nur um $\Delta v_E = m/m_E \cdot \Delta v \approx 10^{-23} \cdot \Delta v$, also einem wahrlich vernachlässigbaren Bruchteil von Δv. Der Schwerpunkt von Erde und Springer bleibt also (praktisch) im Erdmittelpunkt. Wir haben folglich richtig gerechnet.

4. Eine äußere Kraft ändert den Gesamtimpuls

Impulserhaltung finden wir in jedem System, das alle Wechselwirkungspartner enthält. Dennoch schließen wir häufig einen oder mehrere aus unserem Beobachtungsrahmen aus.

Wer die Autotür hinter sich geschlossen hat, ist überzeugt, in einem abgeschlossenen System zu sitzen. Lässt er den Motor an, so werden in der Tat zunächst nur innere Kräfte erzeugt. Bei Glatteis bleibt es dabei. Impuls bekommt das Auto erst durch äußere Kräfte. Hilfreiche Passanten, die auf gestreutem Boden stehen, üben zur *actio* auf das Auto die *reactio* auf die Straße aus. Auf das Auto wirkt jetzt eine **äußere Kraft**, die dessen Gesamtimpuls ändert.

Auch die Gewichtskraft des Autos (samt Insassen) ist eine äußere Kraft. Für die waagerechte Bewegung ist sie bei reibungsfreiem Gleiten ohne Belang. Deshalb brauchen wir sie weder hier noch bei der Anwendung des Impulssatzes auf waagerechte Stöße zu berücksichtigen.

B1 Während des Falls erhält der Springer von der Erde Impuls, den er beim Eintauchen an sie zurückgibt. Den Schwerpunkt beider hat dies auf seiner Bahn um die Sonne nicht erschüttert.

A1 **a)** Beschreibe zum → B1 die Wechselwirkungskräfte und Impulsänderungen vom Absprung bis zum Eintauchen. **b)** Welche Impulsänderung erfährt der Springer (60 kg) vom höchsten Punkt A auf der Strecke AB = 5 m, welche die Erde?

A2 Münchhausen begleitet eine Kanonenkugel, die plötzlich explodiert. Wie bewegen sich die Bruchstücke aus seiner Sicht? Begründe, ob ein Beobachter auf der Erde seine Schilderung überprüfen kann.

A3 In → B2 hält ein Faden die beiden Luftkissengleiter gegen die gedrückten Federn zusammen. Nach dem Durchbrennen des Fadens werden die Wagen kurz beschleunigt und gleiten anschließend gleichförmig weiter. **a)** Der linke Wagen (m_1 = 100 g) legt in 2 s 60 cm, der rechte 20 cm zurück. Welchen Impuls bekam jeder Wagen, welchen habe beide zusammen? Welche Energie wurde aus der Feder freigesetzt? **b)** Wo befindet sich der Schwerpunkt der beiden Wagen? Wie bewegt er sich?

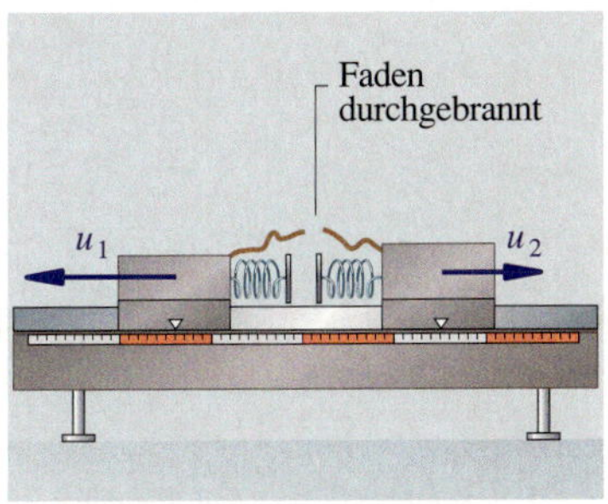

B2 Eine gezähmte Explosion auf der Luftkissenfahrbahn

Kräfte ändern den Impuls

B1 Beim Anschieben erhält das Auto Impuls. Kraft und Kraftdauer bestimmen seinen Wert.

Beispiel **Impulsänderung 1**

Wird das Auto 8 s lang mit der konstanten Kraft $F = 300$ N beschleunigt, so nimmt sein Impuls um $\Delta p = F \cdot \Delta t = 300 \text{ N} \cdot 8 \text{ s} = 2400 \text{ Ns} = 2400 \text{ kg} \cdot \text{m/s}$ zu. Der Kraftstoß ändert die Geschwindigkeit des 600 kg schweren Autos um

$$\Delta v = \Delta p / m = 2400 \text{ Ns}/600 \text{ kg} = 4 \text{ m/s}.$$

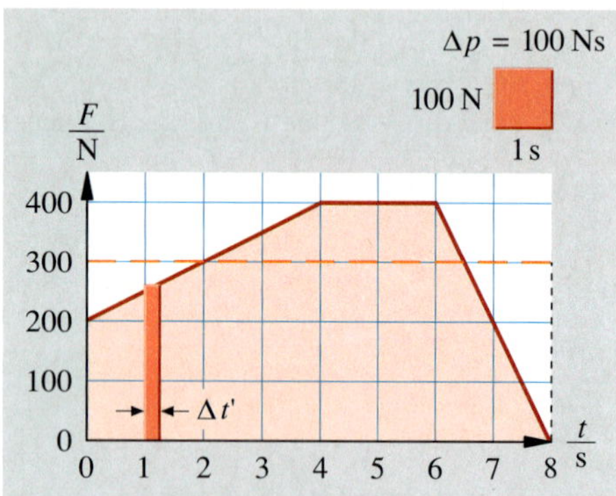

B2 Die Fläche des *t*-*F*-Diagramms ist ein Maß für die Impulsänderung Δp.

A1 Bestimme zum Kraftverlauf nach **➜ B2** die Impulsänderung von 2 s bis 5 s. Berechne die mittlere Kraft in diesem Zeitraum. Um wie viel ändert sich in dieser Zeit die Geschwindigkeit des 600 kg schweren Wagens?

A2 **a)** Der gemäß **➜ B2** in 8 s beschleunigte Wagen soll danach innerhalb von 4 s durch eine konstante Kraft wieder zum Stehen gebracht werden. Wie groß muss sie sein? **b)** Ergänze das Diagramm bis $t = 12$ s. Erkläre, warum der Flächeninhalt von 8 s bis 12 s einen negativen Wert hat.

1. Wie viel Impuls erhält das Auto?

Wir schieben ein Auto an und versuchen dabei, die Kraft konstant zu halten **➜ B1**. Die Reibungskräfte seien vergleichsweise klein. Aus Erfahrung wissen wir: Das Auto erhält eine umso größere Geschwindigkeit, je größer unsere Kraft ist und je länger wir schieben. Nach NEWTONs Gesetz ist $\vec{F} = m\vec{a} = m\Delta\vec{v}/\Delta t$. Nach Multiplikation mit Δt folgt:

$$\vec{F} \cdot \Delta t = m \cdot \Delta\vec{v} = \Delta\vec{p}; \text{ als Wertegleichung } F \cdot \Delta t = m \cdot \Delta v = \Delta p.$$

Wir erhalten also aus der Kraft $\vec{F}$ und der Beschleunigungsdauer Δt die Impulsänderung $\Delta\vec{p}$ – auch ohne die Masse zu kennen.

Merksatz

Wird ein Körper während der Zeit Δt durch eine konstante Kraft $\vec{F}$ beschleunigt, so erfährt er die Impulsänderung

$$\Delta\vec{p} = \vec{F} \cdot \Delta t.$$

Das Produkt $\vec{F} \cdot \Delta t$ nennt man auch Kraftstoß.

2. Der Kraftstoß bei veränderlicher Kraft

Beim Anschieben eines Autos gelingt es kaum, die Kraft konstant zu halten. Nehmen wir an, die ausgezogene Linie in **➜ B2** zeige den tatsächlichen Verlauf. Können wir aus diesem *t*-*F*-Diagramm die Impulsänderung ermitteln?

Betrachten wir zunächst die gestrichelte Linie. Sie zeigt die konstante Kraft $F = 300$ N, mit der im **➜ Beispiel links** das Auto während der Zeit $\Delta t = 8$ s beschleunigt wird. Das Produkt $F \cdot \Delta t = 2400$ Ns (Hochwert mal Rechtswert) entspricht dem Flächeninhalt des Rechtecks unter der gestrichelten Linie. Dieser ist also ein Maß für den Kraftstoß.

Bei der sich ändernden Kraft ist nur in einem sehr kurzen Zeitabschnitt $\Delta t'$ die Kraft F hinreichend konstant. Der dunkel getönte Streifen gibt durch seine Fläche den Kraftstoß $F \cdot \Delta t'$ an; das ist die Impulsänderung des Autos in der Zeit $\Delta t'$. Die Summe all solcher Streifen ergibt die hell getönte Fläche, also die gesamte Impulszunahme Δp des Autos.

Beispiel **Impulsänderung 2**

In **➜ B2** besteht die Fläche unter der ausgezogenen Linie aus einem Trapez, einem Rechteck und einem Dreieck. Die gesamte Fläche liefert in der Stoßzeit $\Delta t = 8$ s die Impulsänderung:

$$\Delta p = \frac{1}{2} \cdot (200 \text{ N} + 400 \text{ N}) \cdot 4 \text{ s} + 400 \text{ N} \cdot 2 \text{ s} + \frac{1}{2} \cdot 400 \text{ N} \cdot 2 \text{ s}$$
$$= 2400 \text{ Ns}.$$

Diese Impulsänderung erhält das Auto in derselben Zeit auch durch die konstante Kraft $F = 300$ N. F ist der zeitliche Mittelwert der sich ändernden Kraft. Mit einem Kraftstoß nach links ($F < 0$) könnten wir das Auto wieder abbremsen. Die Fläche liegt dann unterhalb der Rechtsachse.

B3 Waldbrandbekämpfung aus der Luft: Das Wasser wird fast „im Flug“ geschöpft. Sobald die Maschine die Wasseroberfläche streift, gibt der Pilot Gas, um eine Geschwindigkeit von etwa 180 km/h beizubehalten. Zwei 1566 kW-Motoren geben jetzt fast ihre volle Leistung. In nur 12 Sekunden sind die Tanks mit 6000 Liter Wasser gefüllt. Das Einziehen der Schöpfdorne reicht, um die auf vollen Touren laufende Maschine sofort abheben zu lassen. Welche Kraft müssen die Motoren beim Schöpfen aufbringen?

3. Kraftberechnung trotz unbekannter Beschleunigung

Die Größe $\Delta\vec{p}/\Delta t$ gibt die Änderung des Impulsvektors $\vec{p}$ je Sekunde an. Es gilt:

$$\vec{F} = \Delta\vec{p}/\Delta t.$$

Zur Berechnung der Kraft muss man also nur wissen, um wie viel sich der Impuls $\vec{p}$ der betrachteten Materie während der Zeit Δt insgesamt ändert. Welche Beschleunigungen dabei die einzelnen Masseteilchen erfahren, braucht nicht bekannt zu sein.

1. Beispiel:
Das Löschflugzeug in **→ B3** füllt seine Wassertanks bei ca. 180 km/h = 50 m/s in nur 12 s. In dieser Zeit „schält“ es durch einen Schöpfdorn **→ B5** im streifenden Flug 6000 Liter Wasser von der Oberfläche des Sees in seine Tanks. Die hierzu notwendige Kraft können wir mit der Gleichung $F = m\,a$ nicht berechnen. Wir kennen nämlich nicht die Beschleunigung, welche die zunächst noch ruhenden Wasserteilchen am Schöpfdorn **→ B5** erfahren. Wir wissen aber, dass insgesamt 6000 kg Wasser in $\Delta t = 12$ s die Impulsänderung $\Delta p = 6000\text{ kg}\cdot 50\text{ m/s} - 0\text{ kg}\cdot\text{m/s} = 3\cdot 10^5$ Ns erfährt. Die Motoren des Flugzeugs müssen allein hierfür die zusätzliche Kraft $F = \Delta p/\Delta t = 3\cdot 10^5\text{ Ns}/12\text{ s} = 2{,}5\cdot 10^4$ N aufbringen.

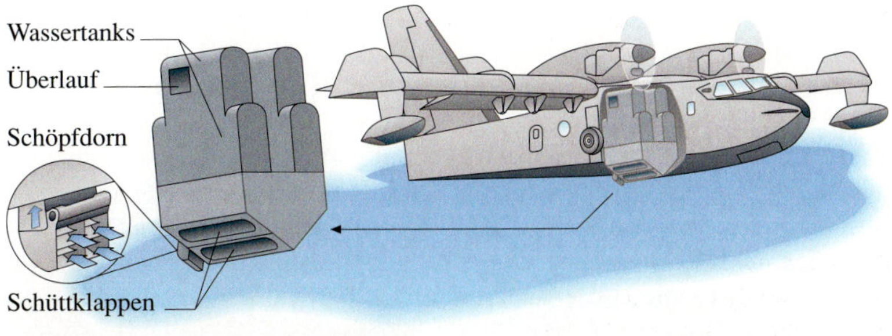

B5 Prinzip des Wasserschöpfens

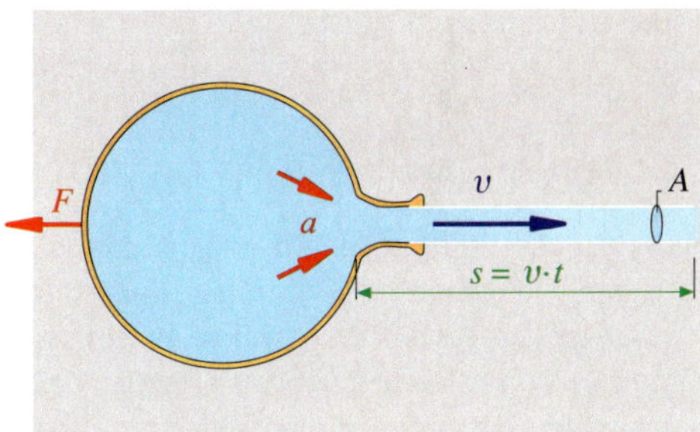

B4 Messung der Rückstoßkraft ausströmender Luft **→ V1**

V1 Eine Fußballblase (ohne Lederhülle) wird bis zu einem Durchmesser von 38 cm, also bis zum Volumen $V = 28{,}7\text{ dm}^3$, aufgeblasen. Dabei bleibt – wie ein Manometer zeigt – der Überdruck von etwa 50 mbar (50 mbar = 50 hPa = 50 cN/cm²) ziemlich konstant. Bei diesem Druck und einer Temperatur von 20 °C ist die Dichte der Luft $\rho = 1{,}26\text{ g/dm}^3$. Ihre Masse in der Blase beträgt also $m = \rho\cdot V = 36$ g.
Gibt man die Öffnung mit der Querschnittsfläche $A = 0{,}35\text{ cm}^2$ frei, so strömt die Luft infolge des konstanten Überdrucks mit konstanter Geschwindigkeit aus. Hierzu braucht sie die Zeit $t = 16$ s. Die Luft bildet beim Strömen insgesamt den blau getönten Zylinder der Länge $s = v\cdot t$ mit einem Volumen von $V = A\cdot s = A\cdot v\cdot t = 28{,}7\text{ dm}^3$.
Hieraus ergibt sich die Geschwindigkeit der Luft zu $v = V/(A\cdot t) = 50$ m/s.

B1 Schlagartige Impulsänderung

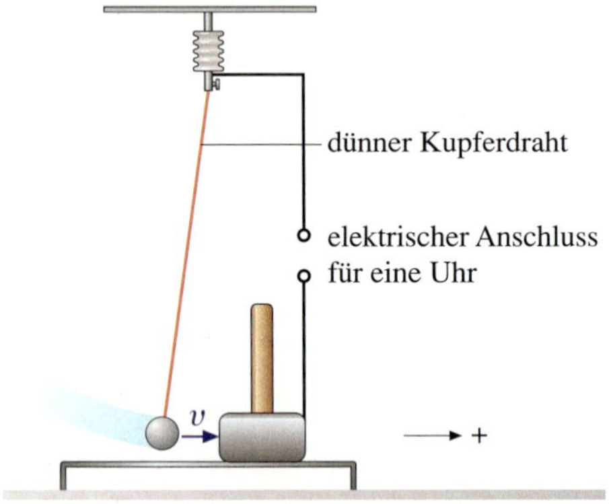

V1 Eine Stahlkugel ($m = 50$ g) hängt an einem 1,25 m langen dünnen Kupferdraht. Wir lenken sie bis zur Höhe ihres Aufhängepunktes aus und lassen sie gegen einen schweren Hammer prallen. Ein Kurzzeitmesser registriert die Stoßzeit $\Delta t \approx 10^{-4}$ s.

2. Beispiel:
Im **→ V1** (S. 143) strömt Luft aus einer Fußballblase und übt auf diese eine Rückstoßkraft F aus. Wir wissen, dass die Luft mit der Geschwindigkeit $v = 50$ m/s die Düse verlässt und insgesamt Luft der Masse $m = 36$ g ausströmt. Sie erfährt die Impulszunahme $\Delta p = mv - 0 = 1{,}8$ kg · m/s. Dies geschieht in der Zeit $\Delta t = t = 16$ s. Das Beschleunigen der Luft beim Ausströmen führt somit zur Rückstoßkraft $F = \Delta p/\Delta t = 0{,}11$ N. Dies bestätigt ein Kraftmesser, an den die Blase gehängt wird.

3. Beispiel:
Ein Hammer übt beim Einschlagen eines Nagels kurzzeitig eine sehr große Kraft auf diesen aus. Er ändert dabei nämlich in sehr kurzer Zeit seinen Impuls. Dies spüren wir, wenn wir den Daumen treffen. In **→ B1** erleidet eine Hauswand den Schlag einer Abrissbirne. Diese prallt manchmal erfolglos zurück. Wir untersuchen einen solchen Aufprall im Kleinen.

In **→ V1** (diese Seite) trifft eine Kugel (50 g) mit $v = 5$ m/s auf den Hammer und prallt mit gleicher Geschwindigkeit wieder ab. Während des Stoßes wird sie in der Zeit $\Delta t \approx 10^{-4}$ s zunächst auf null verzögert und dann auf $-v$ beschleunigt. Ihre Impulsänderung beträgt

$$\Delta p = m \cdot \Delta v = m \cdot ((-v) - v) = -2mv = -0{,}5 \text{ kg} \cdot \text{m/s}.$$

Die Kugel erfährt somit die Kraft $F = \Delta p/\Delta t = -0{,}5 \text{ Ns}/10^{-4} \text{ s} = -5000$ N. Die mittlere Stoßkraft auf den Hammer beträgt also 5000 N. Das ist das 10^4fache des Kugelgewichts.

Hier können wir nur den zeitlichen Mittelwert der Kraft bestimmen. Die realen Kräfte sind am Anfang und Ende des Stoßvorgangs kleiner, im Umkehrpunkt der Bewegung größer als der Mittelwert.

A1 **a)** Ein Stein der Masse 2,0 kg wird mit 5 m/s nach unten geworfen. Welche Impulsänderung erfährt er in den nächsten 3,0 s infolge seiner Gewichtskraft? Welche Geschwindigkeit hat er dann? **b)** Welchen Kraftstoß erteilt er der Erde, wenn er mit dieser Geschwindigkeit aufschlägt und liegen bleibt?

A2 Ein 75 kg schwerer Sportler springt aus der Hocke senkrecht nach oben. Er stemmt sich dabei mit der Durchschnittskraft 1200 N vom Boden ab. Die Beschleunigung bis zum Abheben dauert 0,4 s. Berechne die ihn beschleunigende Gesamtkraft. Welchen Impuls hat er nach 0,4 s? Mit welcher Geschwindigkeit hebt er ab? Wie hoch springt er (sein Schwerpunkt)?

A3 Auf ein horizontal laufendes Förderband fallen von oben je Sekunde 20 kg Sand. Er wird mit der Geschwindigkeit 1 m/s weitertransportiert. Ermittle, welche Kraft der Motor allein zur waagerechten Beschleunigung des Sandes aufbringen muss. Erkläre, warum die Sandteilchen beim Auftreffen nicht mit 1 m/s² beschleunigt werden.

A4 Beim Abbrennen einer Spielzeugrakete wird in 5 s etwa 10 g Substanz ausgestoßen und die Schubkraft 1,0 N gemessen. **a)** Wie schnell strömen die Gase aus? **b)** Aus der 1. Stufe der Saturn-V-Rakete strömen die Gase mit 2,5 km/s aus und erzeugen während 2,5 min eine Schubkraft von etwa $3{,}5 \cdot 10^7$ N. Berechne die Masse der ausgestoßenen Gase.

A5 Aus einer Düse strömen je Sekunde 10 cm³ Wasser mit 1,0 m/s Geschwindigkeit waagerecht aus. Welche reactio erfährt das Gefäß, wenn in ihm das Wasser ruht?

A6 Die Motoren des Löschflugzeugs in Abschnitt 3 müssen allein zum Schöpfen die Kraft $F = 2{,}5 \cdot 10^4$ N in Flugrichtung aufbringen. Auf welcher Strecke wirkt diese Kraft? Welche Energie wurde zum Schöpfen aufgewendet? Welche Bewegungsenergie erhielt das Löschwasser?
Erkläre den Unterschied.

Interessantes

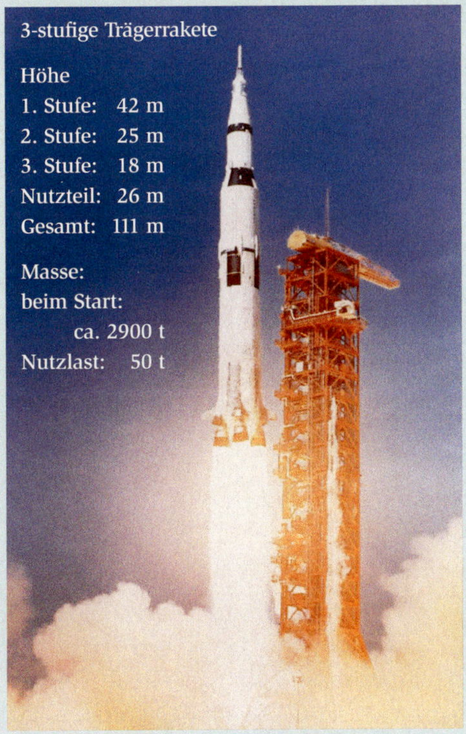

B2 Startende Saturn-V-Rakete

B3 Raketenwagen mit Wasserstrahl

V2 → **B3** zeigt den „Raketenwagen" mit einem Wassertank und einer kleinen Pumpe (aus einer Scheibenwischanlage), die mit einem Akku angetrieben wird. Diese presst in 3,5 Sekunden 140 cm^3 Wasser durch eine Öffnung von 7,1 mm^2.
Die Ausströmgeschwindigkeit ist also $v_r = 140\ cm^3/(0{,}071\ cm^2 \cdot 3{,}5\ s) = 5{,}6\ m/s$. Beim Start beträgt die Gesamtmasse $m_0 = 500\ g$. Wir messen nach 3,5 s die Wagengeschwindigkeit $v = 1{,}8\ m/s$. Reibung wird durch Neigen der Fahrbahn ausgeglichen.

Die Schubkraft bei Raketen

Am 16. Juli 1969 startete die 111 m hohe Saturn-V-Rakete mit den drei Astronauten Armstrong, Aldrin und Collins ihren Flug zum Mond. Um die 2900 Tonnen schwere Rakete aus der Startrampe zu heben, erzeugten fünf Triebwerke in jeder Sekunde 14 Tonnen Verbrennungsgase, die mit einer Geschwindigkeit von $v_r = 2{,}5\ km/s$ ausgestoßen wurden. Diese erfuhren in einer Sekunde die Impulsänderung $\Delta p = 14\,000\ kg \cdot 2500\ m/s = 3{,}5 \cdot 10^7\ Ns$.
Die Schubkraft der Rakete betrug folglich:

$$F_S = \Delta p/\Delta t = 3{,}5 \cdot 10^7\ Ns/1\ s = 3{,}5 \cdot 10^7\ N$$
$$= 1{,}25 \cdot \text{Raketengewicht.}$$

Allgemein: In der Zeit Δt strömen Gase der Masse Δm aus der Raketendüse mit der Geschwindigkeit v_r relativ zum ruhend gedachten Raketenkörper. Ihre Impulsänderung ist $\Delta p = \Delta m \cdot v_r$, die Schubkraft $F_S = \Delta p/\Delta t = \Delta m \cdot v_r/\Delta t = v_r \cdot \Delta m/\Delta t = v_r \cdot D$. Dabei gibt $D = \Delta m/\Delta t$ den *Durchsatz* der ausströmenden Materie (Masse je Sekunde) an.

Schubkraft = Durchsatz mal Ausströmgeschwindigkeit:

$$\boldsymbol{F_S = v_r \cdot D}$$

Die Gesamtkraft $F = F_S - G$ (Schubkraft minus Gewichtskraft) sorgt für die Beschleunigung $a = F/m$ der Rakete, deren Masse m mit dem Ausströmen der Gase abnimmt. Nach der Brenndauer t beträgt sie $m(t) = m_0 - Dt$. Die Beschleunigung a nimmt also bis zum Brennschluss mit der Zeit t zu:

$$\boldsymbol{a(t) = F/m = (F_S - mg)/m} \quad \text{mit} \quad \boldsymbol{m = m_0 - Dt.}$$

In → **V2** untersuchen wir einen solchen Bewegungsablauf. Da die Bewegung waagerecht verläuft, ist $F = F_S$. Beim Start ($t = 0\ s$) ist die Gesamtmasse des Wagens $m_0 = 500\ g$. Innerhalb von 3,5 s werden 140 g Wasser mit der Geschwindigkeit $v_r = 5{,}6\ m/s$ ausgestoßen. Also ist die Schubkraft

$$F = v_r \cdot D = 5{,}6\ m/s \cdot 0{,}04\ kg/s = 0{,}224\ N.$$

Die Gesamtmasse m nimmt dabei je Sekunde um 0,04 kg ab und beträgt zum Zeitpunkt t nur noch

$$m = m_0 - Dt = 0{,}5\ kg - 0{,}04\ kg/s \cdot t.$$

Nun können wir zu jedem Zeitpunkt t die Beschleunigung $a = F/m$ berechnen. Sie ist in einem genügend kleinen Zeitintervall Δt nahezu konstant. Die Geschwindigkeit nimmt in dieser kurzen Zeit um $\Delta v = a \cdot \Delta t$ zu. Mit einem Computerprogramm berechnen wir jeweils Δv zum Zeitpunkt $t = 0, \Delta t, 2\Delta t, 3\Delta t, \ldots, 3{,}5\ s$ und addieren alle Geschwindigkeitsänderungen. Wir erhalten so zur Zeit $t = 3{,}5\ s$ die Geschwindigkeit $v = 1{,}85\ m/s$.

A1 Berechne zu → **V2** mithilfe eines Computerprogramms die Geschwindigkeit und den zurückgelegten Weg zur Zeit $t = 3{,}5\ s$.

A2 Welche Beschleunigung erfährt die Saturn V beim Start, welche 2 Minuten danach? Wie groß ist dann ihre Geschwindigkeit?

Interessantes

Schiefe Stöße

Ein völlig unelastischer Zusammenstoß

In → B1 treffen ein Lieferwagen (v_1 = 36 km/h; m_1 = 2000 kg) und ein Pkw (v_2 = 54 km/h; m_2 = 800 kg) aufeinander. Beide Fahrer versuchen zu bremsen, doch fehlt bei der völlig vereisten Fahrbahn jede Bodenhaftung. Die Wagen stoßen mit voller Wucht zusammen und rutschen ineinander verkeilt weiter. In welche Richtung gleiten sie nach dem Stoß? Wie groß ist jetzt ihre gemeinsame Geschwindigkeit v?

Hier liegt kein *gerader* Stoß vor; deshalb können wir dem Vektorcharakter der Impulse nicht mehr allein durch Vorzeichen gerecht werden → B1. Mit $\tan\alpha = \frac{12}{20} = 0{,}6$ ist $\alpha = 31°$. Der Betrag des Gesamtimpulses ist $\sqrt{p_1^2 + p_2^2} = 23{,}3 \cdot 10^3$ Ns.

Die verkeilten Wagen rutschen in Richtung von p weiter mit dem Geschwindigkeitsbetrag $v = p/(m_1 + m_2) = 23{,}3 \cdot 10^3$ Ns/2800 kg = 8,3 m/s = 30 km/h.

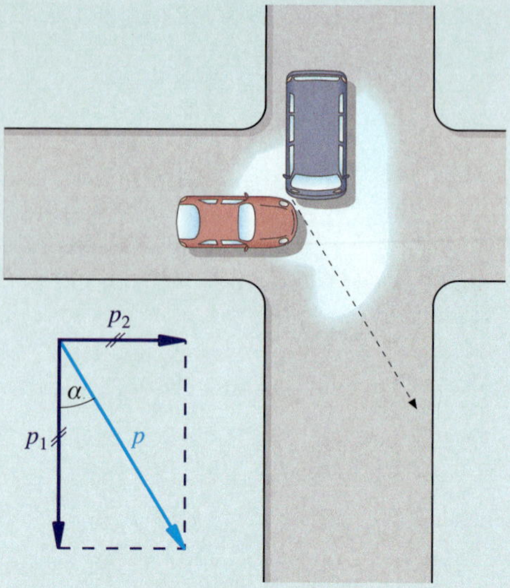

B1 Zusammenstoß bei Glatteis

Elastischer Stoß einer Billardkugel

Nach → B2 wird ein Ball (m_1) unter dem „Einfallswinkel“ α gegen das Lot schräg auf eine Wand mit der sehr viel größeren Masse $m_2 \gg m_1$ geworfen. Da Geschwindigkeiten und Impulse Vektorgrößen sind, zerlegen wir $\vec{v}_1$ (vor dem Stoß) in eine zur Wand parallele und eine dazu senkrechte Komponente: $\vec{v}_1 = \vec{v}_{1,s} + \vec{v}_{1,p}$. Was gewinnen wir damit? Die senkrechte Komponente kehrt sich einfach um. Es gilt $\vec{u}_{1,s} = -\vec{v}_{1,s}$, denn das Massenverhältnis m_2/m_1 ist sehr groß. Die parallele Komponente $\vec{u}_{1,p}$ bleibt konstant, falls wir von Reibung und damit einer Tangentialkraft zwischen Ball und Wand absehen. Die resultierende Geschwindigkeit nach dem Stoß ergibt sich nun zu $\vec{u}_1 = \vec{u}_{1,p} + \vec{u}_{1,s} = \vec{v}_{1,p} - \vec{v}_{1,s}$. Sie hat den gleichen Betrag wie $\vec{v}_1$ und zeigt, dass der Ball in der Einfallsebene unter dem gleichen Reflexionswinkel $\beta = \alpha$ wie ein Lichtstrahl von der Wand zurückkommt. Solche Stöße findet man bei Billardkugeln an der Bande, wenn man von Drehungen absieht, die durch Reibung entstehen.

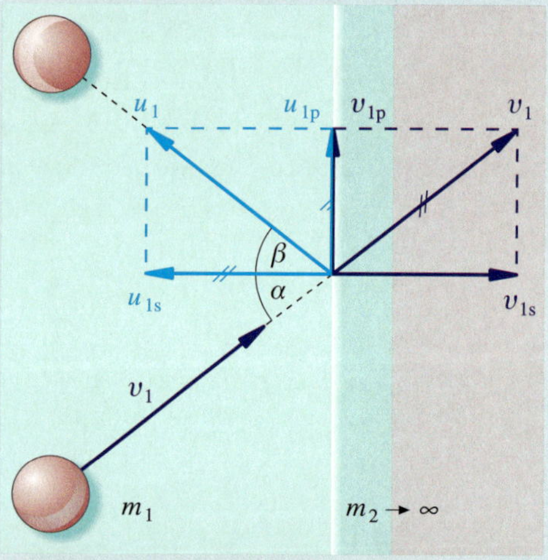

B2 Ball prallt schief von einer Wand

Stöße im Mikrokosmos

P. M. S. BLACKETT (Nobelpreis 1948) entdeckte in der von ihm verbesserten wilsonschen Nebelkammer elastische Stöße zwischen Atomkernen → B3. Die Auswertung der Teilchenspuren ergab, dass alle Stöße dem Impuls- und (allgemeinen) Energieerhaltungssatz folgten.

In Kernreaktoren werden die bei der Kernspaltung entstehenden schnellen Neutronen durch elastische Stöße mit Wasserstoffkernen abgebremst. Sie können nämlich nur bei geringer Geschwindigkeit weitere Urankerne spalten. Wasserstoff ist im umgebenden Wasser reichlich vorhanden. Neutronen haben fast die gleiche Masse wie Wasserstoffkerne, sodass sie bei einem geraden Stoß ihre Energie fast völlig verlieren. Da sie jedoch selten gerade stoßen, werden die Neutronen erst nach mehreren Stößen langsam.

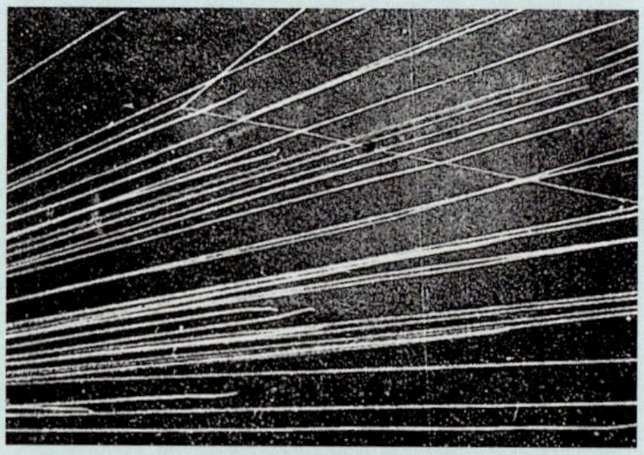

B3 Billardspiel in der Nebelkammer: Der von links kommende Heliumkern stößt einen Wasserstoffkern nach rechts unten und fliegt selbst nach rechts oben weiter.

Das ist wichtig beim Thema Energie

1 **a)** *Energie bleibt* in einem abgeschlossenen System *erhalten.*

b) Energie tritt in vielen Formen auf. Mechanische *Energieformen* sind: *Höhenenergie, Bewegungsenergie* und *Spannenergie.*

Höhenenergie nennt man auch Lageenergie oder potentielle Energie, Bewegungsenergie auch kinetische Energie.

c) Die *Energie* ist eine richtungsunabhängige Größe, ein *Skalar*, und keine Vektorgröße.

2 Die *Einheit der Energie* ist 1 Joule (1 J). Es ist

$$1\ \text{J} = 1\ \text{N} \cdot 1\ \text{m} = 1\,\frac{\text{kg}\cdot\text{m}^2}{\text{s}^2}.$$

Eine andere *Einheit der Energie* ist 1 kWh. Es ist

$$1\ \text{kWh} = 3{,}6 \cdot 10^6\ \text{J} = 3{,}6\ \text{MJ}.$$

3 Die **Höhenenergie W_H** eines Körpers mit der Gewichtskraft G in der Höhe h über dem *Nullniveau* ist

$$W_H = Gh = mgh.$$

Die Angabe der Höhenenergie erfordert zuerst die Festlegung des Nullniveaus.

Die **Bewegungsenergie W_B** eines Körpers der Masse m bei der Geschwindigkeit v ist

$$W_B = \frac{1}{2}mv^2.$$

Die **Spannenergie W_{Sp}** einer Feder der Härte D, die um die Strecke s gedehnt ist, beträgt

$$W_{Sp} = \frac{1}{2}Ds^2.$$

4 Der **Energieerhaltungssatz der Mechanik** lautet:
Die Summe aus Lage-, Bewegungs- und Spannenergie ist bei *reibungsfrei* verlaufenden mechanischen Vorgängen in einem abgeschlossenen System konstant:

$$W_H + W_B + W_{Sp} = mgh + \frac{1}{2}mv^2 + \frac{1}{2}Ds^2 = \text{konstant}.$$

5 *Energie kann* von einem System auf ein anderes *übertragen werden.*

Energie, die mithilfe einer Kraft F längs eines Weges s übertragen wird, heißt **Arbeit**. Arbeit ist also Energie beim Übertragen!

Ist die Kraft F_s in Wegrichtung längs des Weges s konstant, so ist die Arbeit das Produkt aus F_s und s:

$$W = F_s s.$$

Bilden die Richtungen von Kraft F und Weg s den Winkel φ, so wirkt in Wegrichtung die Kraft F_s. Es ist

$$F_s = F \cdot \cos\varphi, \quad \text{also} \quad W = Fs \cdot \cos\varphi.$$

6 Tritt in einem System **Reibung** auf, so wird diesem durch die Reibungskraft vom Betrag F_R längs des Weges s die mechanische Energie $W_R = F_R s$ entzogen. Sie wird in innere Energie des Systems verwandelt.

7 Die **mittlere Leistung $\overline{P}$** ist der Quotient aus der Energie ΔW und der Zeit Δt, in der sie abgegeben wird:

$$\overline{P} = \Delta W/\Delta t.$$

Die **Momentanleistung P** ist die mittlere Leistung $\overline{P} = \Delta W/\Delta t$ für messtechnisch möglichst kleines Δt.

Die *Einheit der Leistung* ist 1 Watt. Es ist

$$1\ \text{W} = 1\ \text{J/s}; \quad 1\ \text{kW} = 10^3\ \text{W}.$$

8 Wird die Energie ΔW durch eine Kraft F_s in Richtung der Geschwindigkeit v übertragen, so ist die Leistung P das Produkt aus Kraft F_s und Geschwindigkeit v:

$$P = F_s v.$$

Die Strategie des Bilanzierens

1 **a)** Liegt ein *abgeschlossenes System* vor, in dem sich eine Bewegung abspielt, so versucht man eine Aufgabe zuerst mit dem Energieerhaltungssatz der Mechanik zu lösen.

b) Ist nach dem *zeitlichen Ablauf* der Bewegung gefragt, so kann der Energieerhaltungssatz allein *nicht* weiterhelfen, da in ihm die Zeit nicht auftritt.

2 Mit dem **Energieerhaltungssatz** der Mechanik zieht man **Bilanzen.** Man vergleicht die Energiesummen W_1 und W_2 in zwei verschiedenen Zuständen und kann daraus Vorhersagen ableiten. Es ist:

$$W_1 = W_{H1} + W_{B1} + W_{Sp1} = mgh_1 + \frac{1}{2}mv_1^2 + \frac{1}{2}Ds_1^2$$

$$W_2 = W_{H2} + W_{B2} + W_{Sp2} = mgh_2 + \frac{1}{2}mv_2^2 + \frac{1}{2}Ds_2^2.$$

a) Verläuft der Vorgang *reibungsfrei*, gilt:

$$W_1 = W_2.$$

b) Tritt zwischen den Zuständen 1 und 2 *Reibung* auf, so wird dem System durch die Reibungskraft vom Betrag F_R die mechanische Energie $W_R = F_R \cdot s$ entzogen. Es gilt:

$$W_2 = W_1 - W_R.$$

Das ist wichtig beim Thema Impuls

1 **a)** Der *Impuls* ist so wie die Geschwindigkeit ein *Vektor*. Der Impuls $\vec{p}$ eines Körpers ist das Produkt aus seiner Masse m und seiner Geschwindigkeit $\vec{v}$:

$$\vec{p} = m\vec{v}.$$

b) Bei geradlinigen Bewegungen geben wir Impuls und Geschwindigkeit je nach Richtung einen positiven oder negativen Wert. Dazu legen wir die positive Richtung fest. Auf diese Weise schreiben wir alle Gleichungen mit Vektorgrößen als *Wertegleichungen*.

2 Eine Kraft F, die eine Zeit Δt auf den Körper einwirkt, ändert dessen Impuls p um

$$\Delta p = F \cdot \Delta t.$$

Man nennt $F \cdot \Delta t$ auch *Kraftstoß*. F ist der *zeitliche Mittelwert* der Kraft.

3 **a)** Geht die beschleunigende Kraft auf den Körper 1 von einem einzigen Körper 2 aus, so erfährt dieser eine vom Betrag gleich große Kraft in entgegengesetzte Richtung (actio = reactio). Die Wechselwirkungskräfte zwischen den beiden Körpern sind **innere Kräfte.** Die Körper bilden bezüglich dieser Kräfte ein abgeschlossenes System. Der **Schwerpunkt** dieses Systems wird durch sie nicht beeinflusst.
b) In einem abgeschlossenen System gilt der **Impulserhaltungssatz.** Er besagt, dass die Impulsänderungen beider Körper denselben Betrag, aber verschiedene Vorzeichen haben:

$$\Delta p_1 = -\Delta p_2.$$

Was der Körper 2 an Impuls verliert, gewinnt der Körper 1 hinzu. Ihre Impulssumme bleibt also konstant:

$$m_1 v_1 + m_2 v_2 = m_1 u_1 + m_2 u_2$$

(v und u bezeichnen die Geschwindigkeiten der beiden Körper zu verschiedenen Zeiten; zum Beispiel vor und nach dem Zusammenstoß der Körper). Die Kräfte und deren Einwirkungsdauer brauchen nicht bekannt zu sein.
Der Impulssatz gründet sich auf NEWTONs Gesetz von actio = reactio. Er gilt deshalb auch, wenn *Reibungskräfte* zwischen beiden Körpern im Spiel sind, sowie bei länger wirkenden Kräften.

4 **a)** Bei einem **völlig unelastischen Stoß** hängen die Körper wie Kletten aneinander und bewegen sich mit gemeinsamer Geschwindigkeit $u = u_1 = u_2$ weiter. Der Impulssatz vereinfacht sich zu

$$m_1 v_1 + m_2 v_2 = (m_1 + m_2)\, u.$$

Bei einem unelastischen Stoß verringert sich die Summe der *Bewegungsenergien* beider Körper um

$$\Delta W = \frac{1}{2} m_1 v_1^2 + \frac{1}{2} m_2 v_2^2 - \frac{1}{2}(m_1 + m_2)\, u^2.$$

Dieser Energieverlust erhöht die innere Energie der Körper.
b) Bei einem **elastischen Stoß** ist die Summe der Bewegungsenergien vor und nach dem Stoß gleich groß. *Jetzt gilt sowohl der Impulserhaltungssatz als auch der Energieerhaltungssatz der Mechanik:*

$$m_1 v_1 + m_2 v_2 = m_1 u_1 + m_2 u_2,$$

$$\frac{1}{2} m_1 v_1^2 + \frac{1}{2} m_2 v_2^2 = \frac{1}{2} m_1 u_1^2 + \frac{1}{2} m_2 u_2^2.$$

Sind die Massen und die Geschwindigkeiten vor dem Stoß bekannt, lassen sich die beiden unbekannten Geschwindigkeiten u_1 und u_2 nach dem Stoß berechnen. Wir beschränken uns auf den Fall, dass der gestoßene Körper ruht. Für *gerade Stöße* gilt mit $k = m_2/m_1$:

$$u_1 = v_1 (1 - k)/(1 + k) \quad \text{und} \quad u_2 = 2 v_1/(1 + k).$$

Die Strategie des Bilanzierens
am *Beispiel* eines unelastischen Stoßes:
Ein 2 kg schwerer Experimentierwagen stößt mit 1 m/s völlig unelastisch von hinten auf einen 4 facher Masse und halber Geschwindigkeit. Mit welcher gemeinsamen Geschwindigkeit fahren sie weiter? Wie viel der gesamten Bewegungsenergie verschwand in innerer Energie? Wie groß waren die beim Stoß auftretenden Kräfte, wenn dieser 0,1 s dauerte?

Lösung:
Beim Aufprall ändern nur innere Kräfte die Bewegung der beiden Wagen. Die *Impulssumme nach dem Stoß*

$$(m_1 + m_2)\, u = (2\ \text{kg} + 8\ \text{kg})\, u = 10\ \text{kg} \cdot u$$

ist gleich der Impulssumme vor dem Stoß

$$m_1 v_1 + m_2 v_2 = 2\ \text{kg} \cdot 1\ \text{m/s} + 8\ \text{kg} \cdot 0{,}5\ \text{m/s} = 6\ \text{Ns}.$$

Also ist 10 kg · u = 6 Ns oder $\boldsymbol{u} = \mathbf{0{,}6\ m/s}$.

Energiesumme vor dem Stoß: $\frac{1}{2} m_1 v_1^2 + \frac{1}{2} m_2 v_2^2 = 2\ \text{J}$

Energiesumme nach dem Stoß: $\frac{1}{2}(m_1 + m_2)\, u_2 = 1{,}8\ \text{J}$

$\boldsymbol{\Delta W} = \mathbf{0{,}2\ J}$ verschwand beim Stoß in innere Energie.

Für die Kraft können wir nur einen zeitlichen Durchschnittswert berechnen. Er beträgt

$$\begin{aligned} F &= \Delta p_1/\Delta t = m \cdot \Delta v_1/\Delta t \\ &= 2\ \text{kg} \cdot (0{,}6\ \text{m/s} - 1\ \text{m/s})/0{,}1\ \text{s} \\ &= 2\ \text{kg} \cdot (-0{,}4\ \text{m/s})/0{,}1\ \text{s} = \mathbf{-8\ N}. \end{aligned}$$

Diese Kraft bremst Wagen 1 ab (negatives Vorzeichen).

A1 Unterscheide die Begriffe **a)** Impuls und Bewegungsenergie, **b)** Arbeit und Kraftstoß.

A2 Die Geschwindigkeit einer Gewehrkugel (2,6 g) lässt sich leicht mit einem *ballistischen Pendel* **→ B1a** bestimmen. Man feuert die Kugel in eine mit Sand gefüllte Kiste. In ihr wird die Kugel so rasch abgebremst, dass beide fast noch in der tiefsten Pendellage die gleiche Geschwindigkeit annehmen. Bei einer Pendellänge von $l = 2$ m erfährt ein 2,5 kg schwerer Pendelkörper die Auslenkung $d = 15$ cm. **a)** Berechne die Geschwindigkeit, bei der das Pendel samt Kugel seine Bewegung beginnt. Wie schnell war die Kugel ($d^2 = 2lh - h^2$; h: Höhe)? **b)** Wie groß ist der Verlust an mechanischer Energie?

A3 Die 2,6 g-Kugel eines bei Olympischen Spielen verwendeten Kleinkaliber-Gewehrs verlässt den Lauf mit einer geschwindigkeit von $v = 330$ m/s. **a)** Ermittle die Geschwindigkeit, die man einem 3 kg schweren Medizinball geben müsste, damit er denselben Impuls hat wie die Gewehrkugel. Hat der Ball dann auch dieselbe Bewegungsenergie? **b)** Die Kugel dringt 5 cm tief in einen Holzbalken. Welche Kraft erfährt dieser dabei im Mittel? Wie groß ist die Bremsdauer? Wie groß sind Bremskraft und Bremsdauer beim Medizinball, wenn er auf der Strecke 5 cm abgebremst wird?

A4 Drei zusammengekoppelte Eisenbahnwagen von je 20 t Masse stehen auf einem Gleis; ein vierter von gleicher Masse fährt mit 5 m/s auf. Dabei rastet die Kupplung ein. Wie schnell rollen die Wagen (reibungsfrei) weiter?

A5 Ein Pendelkörper hängt an einem 0,5 m langen Faden. Er wird um die Strecke $d = 10$ cm horizontal ausgelenkt und losgelassen **→ B1b**. **a)** Mit welcher Geschwindigkeit bewegt er sich durch die Gleichgewichtslage? **b)** Zwischen der Höhe h und der Auslenkung d gilt die Beziehung $d^2 = (2l - h)\,h$. Leite die Gleichung her. **c)** Bei kleiner Auslenkung d ist näherungsweise $d^2 \approx 2lh$. Welchen Fehler macht man, wenn man diese Näherung in a) anwendet? **d)** Zeige: Bei kleinen Ausschlägen ist die Auslenkung d proportional zur Geschwindigkeit in der tiefsten Lage.

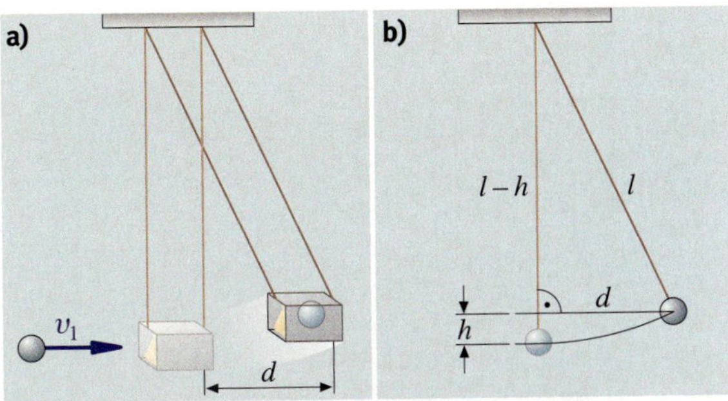

B1 **a)** Ballistisches Pendel **→ A2** **b)** Zu **→ A5**

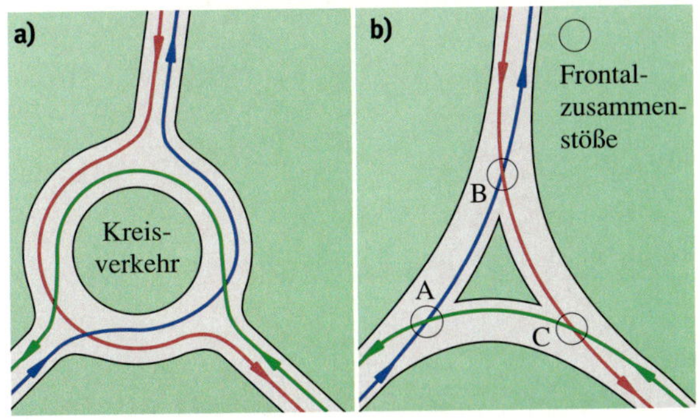

B2 Verkehrsregelung im Kreis **a)** oder Dreieck **b)**

A6 *Heimversuch:* Eine 10-Cent-Münze ($m_1 = 4{,}1$ g) trifft in einem geraden Stoß auf eine ruhende 2-Euro-Münze ($m_2 = 8{,}5$ g). **a)** Bestimme das Verhältnis ihrer Geschwindigkeiten u_1/u_2 nach einem elastischen Stoß. **b)** Überprüfe in einem Versuch das Ergebnis mit folgender Anordnung: Befestige (mit Klebestreifen) die Münzen als Pendelkörper an etwa 50 cm langen Fäden. Hänge die Pendel so an ein vertikal gestelltes Brett, dass sich die Münzen gerade berühren und ihre Mittelpunkte sich in gleicher Höhe befinden. Neige das Brett ein wenig, damit die Münzen leicht am Brett anliegen und sich beim Pendeln nicht aus der Schwingungsebene herausdrehen. Befestige unter den Münzen am Brett ein glattes Papier, auf dem du die Gleichgewichtslagen und die maximalen Auslenkungen nach dem Stoß markierst. Verwende zur Bestimmung von u_1/u_2 die Beziehung $u \sim d$ aus Aufgabe 5d). **c)** Untersuche den Einfluss von Reibung zwischen Münze und Papier. Lass die Münzen ohne Stoß pendeln. Wie viel Prozent der Auslenkung erreicht jede Münze nach einem Hin und Zurück? Schätze die Wirkung der Reibung auf das Ergebnis von b) ab.

A7 Bei einem geraden elastischen Stoß eines Wagens auf einen ruhenden größerer Masse gibt der stoßende Wagen mehr Impuls ab, als er besitzt. **a)** Begründe, warum dies bei der Energie unmöglich ist. **b)** Wie viel Impuls kann der stoßende Wagen maximal abgeben? Wie bewegt er sich anschließend?

A8 Beschreibe die Vorteile, die die Verkehrsführung im Kreis **→ B2a** gegenüber der im Dreieck **→ B2b** hat. Betrachte die Impulsänderungen und die umgesetzte Energie im Fall eines Zusammenstoßes.

A9 Zu **→ Interessantes: Kraftstoß im Sport**: **a)** Berechne die Geschwindigkeit, mit der die Sportlerin bei A bzw. bei B abhebt. Wie hoch springt sie jeweils? Zu welchem Zeitpunkt bewegt sie sich jeweils am schnellsten aufwärts? **b)** Beim Sprung B führt die Sportlerin zunächst eine Gegenbewegung aus. Zu welchem Zeitpunkt bewegt sie sich am schnellsten abwärts? Welche Fläche liefert den zugehörigen Impuls? Wie groß ist er?

Kreisbewegungen

Das kannst du in diesem Kapitel erreichen:

Du machst dich mit wichtigen Größen vertraut, mit denen du eine Kreisbewegung beschreibst.

Du lernst, welche Kräfte für eine Kreisbahn verantwortlich sind und wie sie mit der neu eingeführten Zentripetalkraft zusammenhängen.

Du weißt, wie die Zentripetalkraft bei einer Kreisbewegung wirkt und warum der Begriff der Zentrifugalkraft mit Vorsicht zu genießen ist.

Du lernst Situationen aus dem Alltag kennen, bei denen Kreisbewegungen und Zentripetalkräfte eine wichtige Rolle spielen.

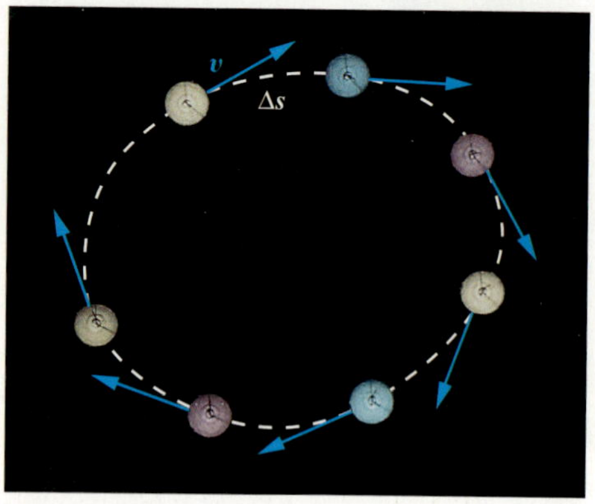

B1 Stroboskopische Beleuchtung eines Balles, der an einer Schnur gleichmäßig im Kreis herum geschleudert wird.

Beispiel **Schleuderball**

Ein gleichförmig kreisender Ball führt in $t = 10$ s 30 Umläufe auf einem Kreis mit dem Radius $r = 0{,}6$ m aus. Wie groß sind die Drehfrequenz f, die Umlaufdauer T und die Geschwindigkeit v des Balls?

Lösung:

$$f = \frac{n}{t} = \frac{30}{10\ \text{s}} = \mathbf{3\ s^{-1}}; \quad T = \frac{t}{n} = \frac{\mathbf{1}}{\mathbf{3}}\ \mathbf{s};$$

$$v = 2\pi r f = 2\pi \cdot 0{,}6\ \text{m} \cdot 3\ \text{s}^{-1} \approx \mathbf{11\ m \cdot s^{-1}}$$

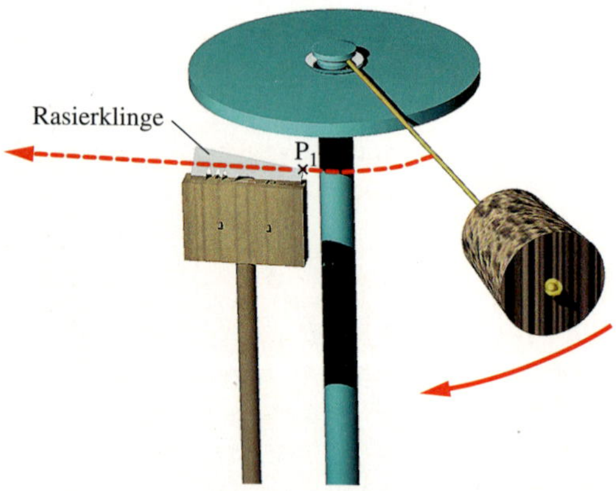

V1 Wir zwingen einen an einen Faden gebundenen Gummistopfen auf eine Kreisbahn. Dazu befestigen wir den Faden an einer rotierenden horizontalen Scheibe. Wir nähern dem Faden von unten eine schräg gehaltene Rasierklinge im Punkt P_1; sie schneidet den Faden durch. Der Gummistopfen fliegt tangential weg, genauso wie z. B. die Funken an einem Schleifstein.

1. Erste Überlegungen; Grundbegriffe

Beobachtet man ein Auto bei einer Kurvenfahrt von einem hochfliegenden Hubschrauber aus, so erscheint es als bewegter *Massenpunkt*, genauso wie der Volksfestbesucher im Kettenkarussell. Die Ausdehnung der kreisenden Körper ist nämlich klein im Vergleich zum Radius r der Kreisbahn.

Die Vorstellung des kreisenden Massenpunktes erfasst viele andere Beispiele von Kreisbewegungen, z. B. auch die Bewegung des Mondes auf seiner Bahn um die Erde. Wir legen sie deshalb den folgenden Überlegungen zugrunde.

Das einfachste Beispiel ist ein Ball, der an einer Schnur im Kreis waagerecht herumgeschleudert wird. Lassen wir den Ball gleichmäßig kreisen, durchläuft er nach → **B1** in gleichen Zeitabschnitten Δt gleich große Kreisbögen Δs. Also ist hier der **Betrag der Geschwindigkeit** $v = \Delta s / \Delta t$ konstant. Man spricht von einer **gleichförmigen Kreisbewegung.**

Die Zeit, die der Ball für einen Umlauf auf der Kreisbahn braucht, nennt man **Umlaufdauer** $\boldsymbol{T}$. In der Zeit $\Delta t = T$ durchläuft der gleichförmig kreisende Ball also den Kreisumfang $\Delta s = 2\pi r$, wenn r der Radius der Kreisbahn ist. Demnach ist

$$v = \frac{\Delta s}{\Delta t} = \frac{2\pi r}{T}.$$

Je kürzer die Umlaufdauer T des gleichförmig kreisenden Balls ist, desto häufiger durchläuft er in einer Sekunde den Kreis. Wir sagen, seine **Drehfrequenz** $\boldsymbol{f}$ wird größer. Unter der Drehfrequenz versteht man allgemein den Quotienten $\boldsymbol{f = n/t}$ aus der Zahl n der Umläufe des Balls und der dazu benötigten Zeit t. Ihre Einheit ist $1/\text{s} = \text{s}^{-1}$, da die Zahl der Umläufe eine reine Zahl ist.

Da die Umlaufdauer $T = t/n$ ist, gilt $\boldsymbol{f = 1/T}$. Der Betrag der Geschwindigkeit v lässt sich daher auch bestimmen nach

$$v = 2\pi r/T = 2\pi r f.$$

Den Ausdruck $2\pi f = 2\pi/T$ fasst man oft zu einer neuen Größe $\boldsymbol{\omega = 2\pi f}$ zusammen, die man **Winkelgeschwindigkeit** nennt. Ihre Bedeutung zeigt sich z. B. beim Thema „Schwingungen".

Merksatz

1. Die Kreisbewegung eines Massenpunktes heißt gleichförmig, wenn der Betrag v seiner Geschwindigkeit konstant ist.
2. Die Zeit, die der Massenpunkt für einen Umlauf auf der Kreisbahn benötigt, nennt man Umlaufdauer T.
3. Die Drehfrequenz $f = n/t$ ist der Quotient aus der Zahl n der Umläufe eines Körpers auf der Kreisbahn und der dazu benötigten Zeit t.
4. Für die Winkelgeschwindigkeit ω gilt:

   $$\omega = 2\pi f.$$

5. Ist r der Kreisradius, so gilt:

   $$f = \frac{1}{T} \quad \text{und} \quad v = \frac{2\pi r}{T} = 2\pi r f.$$

2. Welche Bewegungsrichtung hat der kreisende Körper?

Schleudert ein Kind einen Ball an einer Schnur über seinem Kopf möglichst waagerecht und gleichmäßig im Kreis herum, so bewegt sich der Ball mal auf einen in der Nähe stehenden Beobachter zu und mal von ihm weg. Die Bewegungsrichtung des Balls ändert sich also ständig. Der Geschwindigkeitsvektor v zeigt – wie wir insbesondere beim waagerechten Wurf erfahren haben – in jedem Punkt einer Bahnkurve in die Richtung der jeweiligen Bahntangente und gibt die momentane Bewegungsrichtung des Körpers an. Demzufolge ändert sich bei der gleichförmigen Kreisbewegung die *Richtung* des Geschwindigkeitsvektors v laufend. Er ist in jedem Punkt der Kreisbewegung tangential zur Kreisbahn gerichtet und steht immer senkrecht auf dem jeweiligen Kreisradius **→ B1**. Der Betrag des Geschwindigkeitsvektors ist dagegen konstant $2\pi r/T$. In **→ B1** sind daher alle eingezeichneten v-Pfeile gleich lang. **→ V1** bestätigt die Richtung von v und die Tatsache, dass die momentane Bewegungsrichtung eines kreisenden Körpers immer tangential zur Kreisbahn gerichtet ist.

Merksatz
Der Geschwindigkeitsvektor eines Körpers, der eine gleichförmige Kreisbewegung ausführt, hat in jedem Kreispunkt denselben Betrag $v = 2\pi r/T$, ändert aber ständig seine Richtung. Er steht immer senkrecht auf dem Kreisradius.

3. Ohne Kraft kein Kreis

Viele Autofahrer glauben, sie brauchten nur das Lenkrad einzuschlagen und schon fahre ihr folgsames Auto in die Kurve – bis sie bei Glatteis oder Aquaplaning eines anderen belehrt werden **→ B2**. Dort fährt ihr Wagen geradlinig weiter. Er gehorcht nicht dem Steuer, sondern dem Trägheitsgesetz. Die Ursache ist das Fehlen einer äußeren Kraft, die das Fahrzeug in die Kurve zwingt. *Damit also ein Körper eine Kreisbahn durchläuft, muss auf ihn in jedem Punkt der Bahn eine äußere Kraft einwirken.* Welche Richtung hat diese Kraft?

Wird ein Ball an einer Schnur im Kreis herumgeschleudert, kann die äußere Kraft auf den Ball nur von der Schnur aufgebracht werden. Diese kann aber eine Zugkraft nur in ihrer Längsrichtung ausüben. *Also ist die am Ball angreifende Kraft ständig zum Kreismittelpunkt hin gerichtet* und steht senkrecht zum jeweiligen Geschwindigkeitsvektor v **→ V2**.

Die äußere Kraft, die auf einen Körper einwirken muss, damit er eine gleichförmige Kreisbewegung ausführt, nennt man **Zentripetalkraft.** Ihr Betrag F_z ist in jedem Punkt der Kreisbahn gleich groß **→ V3**.

Merksatz
Durchläuft ein Körper eine Kreisbahn gleichförmig, so wirkt auf ihn in jedem Punkt der Kreisbahn eine zum Kreismittelpunkt hin gerichtete Zentripetalkraft F_z ein, deren Betrag konstant ist.

B2 Das Auto fliegt tangential aus der Kurve.

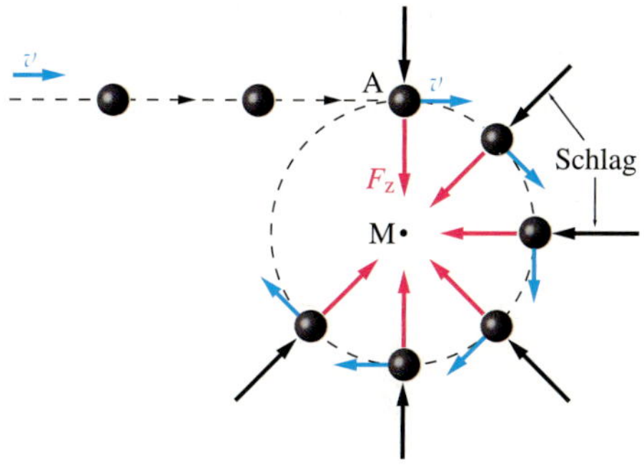

V2 Auf einem waagerechten Tisch rollt eine Kugel. Vom Punkt A an soll sie auf Kommando eine Kreisbahn beschreiben. Kommt die Kugel bei A vorbei, pfeifen wir. Das kümmert sie wenig; infolge ihrer Trägheit rollt sie geradlinig weiter. Wollen wir sie auf eine Kreisbahn zwingen, so müssen wir auf sie ab A ständig eine konstante Kraft in Richtung auf das Kreiszentrum ausüben.

V3 Ein Ball ist an einer Schnur befestigt, in die ein Federkraftmesser eingebaut ist. Rotiert der Ball gleichförmig, so zeigt der Kraftmesser einen konstanten Ausschlag.

A1 Bestimme in **→ B1** die Umlaufdauer T, die Umdrehungszahl pro Minute, die Drehfrequenz und die Geschwindigkeit des kreisenden Balls. Das Stroboskop blitzt im Abstand von 0,12 s, $r = 0{,}6$ m.

A2 **a)** Die Erde bewegt sich etwa auf einer Kreisbahn um die Sonne ($r = 1{,}5 \cdot 10^{11}$ m). Bestimme ihre Geschwindigkeit. **b)** Die Erde ($r_E = 6370$ km) rotiert in ca. 1 Tag einmal um ihre Achse. Wie groß ist die Geschwindigkeit eines Punktes am Äquator, wie groß die deines Heimatortes?

Vertiefung

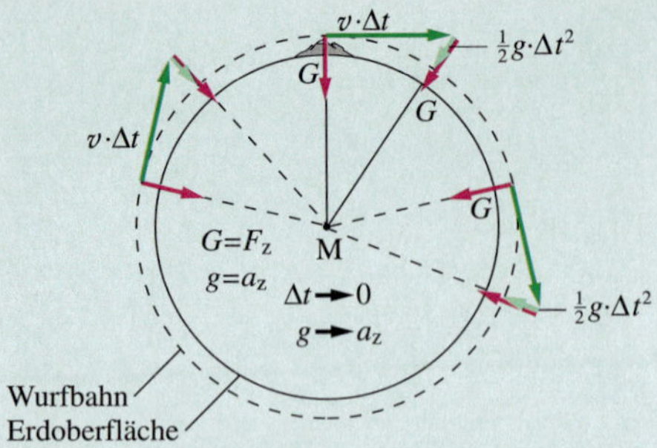

B1 Zur Bestimmung von a_z

Die Zentripetalbeschleunigung a_z

Bei den Versuchen zum waagerechten Wurf wirkte die Gewichtskraft G in jedem Augenblick nach unten, genau genommen zum Erdmittelpunkt M. NEWTON konnte deshalb die weitsichtige Frage stellen: Mit welcher Geschwindigkeit v muss man Körper horizontal abschießen, damit sie nicht zu Boden fallen, sondern die Erde als Satelliten umkreisen (ohne Luftwiderstand)? – Ohne Gewichtskraft G würden sie nach → **B1** in der Zeit Δt die Strecke $v \cdot \Delta t$ zurücklegen. Doch wirkt G in jedem Punkt der Kreisbahn als Zentripetalkraft; g wird so zur Zentripetalbeschleunigung a_z. Beim Wurf im Physiksaal war die Flugzeit Δt recht klein gegenüber einer zu erwartenden Umlaufdauer T. Nur deshalb durften wir davon absehen, dass sich die stets zum Erdmittelpunkt gerichtete Fallstrecke $\Delta s = \frac{1}{2} g \cdot \Delta t^2$ ein wenig gedreht hat, wie der G-Vektor. Hat ein Körper – wie es NEWTON vorschwebte – die für eine Kreisbahn mit Radius r nötige Geschwindigkeit v tatsächlich, so gilt Bild 1. Ersetzen wir g durch a_z, so folgt für die Beträge nach Pythagoras:

$$r^2 + v^2 \cdot \Delta t^2 = \left(r + \tfrac{1}{2} a_z \cdot \Delta t^2\right)^2$$

$$= r^2 + r \cdot a_z \cdot \Delta t^2 + \tfrac{1}{4} a_z^2 \cdot \Delta t^4$$

$$\text{oder} \quad v^2 = r \cdot a_z + \tfrac{1}{4} a_z^2 \cdot \Delta t^2$$

Für sehr kleine Δt können wir die Terme mit Δt^2 und Δt^4 vernachlässigen. Für den gesuchten Zusammenhang zwischen Kreisbahngeschwindigkeit v, Radius r und Zentripetalbeschleunigung a_z folgt:

$$\boldsymbol{a_z = v^2/r.}$$

Wir hätten also mit $v = \sqrt{a_z \cdot r} = \sqrt{g \cdot r} =$ 8 km · s^{-1} horizontal abschießen müssen.

4. Welchen Betrag F_z hat die Zentripetalkraft?

Bei allen bisher betrachteten Bewegungen galt die Grundgleichung der Mechanik $F = ma$. Die resultierende äußere Kraft F bewirkte eine gleichgerichtete Beschleunigung a. Wir nehmen deshalb an, die Grundgleichung in der Form $F = ma$ beherrscht auch die gleichförmige Kreisbewegung. Damit behaupten wir allerdings gleichzeitig, dass die Zentripetalkraft F_z eine zu ihr *gleichgerichtete Beschleunigung* a_z hervorruft. Kennen wir diese Beschleunigung, können wir den Betrag F_z bestimmen.

Aber erfährt z. B. ein Auto in der Kurve überhaupt eine Beschleunigung? Wer behauptet schon, dass ein Auto, das mit einer konstanten Geschwindigkeit von 30 km · h^{-1} durch eine Kurve fährt, sich beschleunigt bewegt?

Die Physik tut genau dies, obgleich der Betrag der Geschwindigkeit gleich bleibt. Und zwar deshalb, weil sich die *Richtung* der Geschwindigkeit dauernd ändert. Zu dieser Richtungsänderung ist die Zentripetalkraft F_z nötig. *Die gleichförmige Kreisbewegung ist also eine beschleunigte Bewegung,* wobei die Beschleunigung nicht entlang der Bahntangente, sondern zum Kreismittelpunkt gerichtet ist. Die auftretende Beschleunigung nennt man **Zentripetalbeschleunigung a_z.**

In der → **Vertiefung** wird gezeigt, dass für den Betrag a_z der Zentripetalbeschleunigung gilt: $a_z = v^2/r$. Er ist in jedem Punkt der Kreisbewegung gleich groß, da v und r konstant sind. Mit der Grundgleichung finden wir somit für den Betrag von F_z:

$$F_z = m \cdot a_z = \frac{m \cdot v^2}{r}.$$

Aber nur ein Versuch kann zeigen, ob dieses Ergebnis für F_z richtig ist und wir die Grundgleichung auch wirklich anwenden durften. Tatsächlich demonstriert → **V1**, dass es so ist.

Merksatz

1. Die gleichförmige Kreisbewegung ist eine beschleunigte Bewegung, für die die Grundgleichung der Mechanik gilt.
2. Zentripetalbeschleunigung a_z und Zentripetalkraft F_z sind in jedem Punkt der Bahn zum Kreismittelpunkt hin gerichtet und haben einen konstanten Betrag.
3. Es ist: $\boldsymbol{a_z = \frac{v^2}{r}}$ und $\boldsymbol{F_z = m a_z = \frac{m v^2}{r}}$.

Beispiel **Ein Auto durchfährt eine Kurve**

Ein Auto (m = 1000 kg) fährt mit einer Geschwindigkeit von 72 km · h^{-1} durch eine Kurve mit dem Radius r = 200 m. Wie groß sind die Zentripetalbeschleunigung a_z und die Zentripetalkraft F_z?

Lösung: Zunächst sind 72 km · h^{-1} = 20 m · s^{-1}. Es wird damit:

$a_z = v^2/r$ = 400 m^2 · s^{-2}/200 m = **2 m · s^{-2}.**

$F_z = m a_z = m v^2/r$ = 1000 kg · 400 m^2 · s^{-2}/200 m = **2000 N.**

Vertiefung

Eine Frage des Standpunktes: Die Zentrifugalkraft

Haben wir nicht etwas falsch gemacht, als es um die Richtung der Zentripetalkraft ging? Du hast vielleicht argumentiert: „Wenn ich mit dem Auto durch eine Kurve fahre, drückt es mich doch nach außen. Wir haben es mit einer vom Kreismittelpunkt weg gerichteten Kraft zu tun, der *Zentrifugalkraft*!" Vorsicht! Bedenke von wo aus du eine Bewegung beschreibst. Bisher haben wir dies von außen, d. h. von einem Inertialsystem aus getan. Im Auto sind wir aber *mitbeschleunigter Beobachter*. Folglich erscheint uns vieles anders. Um dies genauer zu verstehen, betrachten wir noch einmal den Gummistopfen in dem Versuch, bei dem der Faden durchtrennt wird. Kurz nachdem der Faden durchschnitten ist, entfernt sich der Stopfen von der Mitte der Scheibe (Punkte 1′, 2′, 3′ usw.). Ein auf der Scheibe mitbewegter Beobachter würde sich dabei auf dem Kreisbogen bewegen (Punkte 1, 2, 3 usw.). Von ihm aus gesehen würde sich der Stopfen nach außen entfernen, und zwar beschleunigt (die roten Strecken 1′1, 2′2, 3′3 usw. wachsen etwa wie die Quadratzahlen an). Dies führt zur Annahme einer nach außen gerichteten Zentrifugalkraft. Wir spüren sie als mitrotierender Beobachter, der stets von einer Bewegungsrichtung in die andere gezwungen wird. Dabei befinden wir uns in einem beschleunigten Bezugssystem, also *nicht* in einem Inertialsystem! Ein außenstehender Beobachter ist dagegen in einem Inertialsystem und sieht den Stopfen entsprechend dem Trägheitsgesetz tangential und unbeschleunigt wegfliegen. Wir nehmen immer diesen Standpunkt ein. *Eine Zentrifugalkraft gibt es für uns dann nicht!*

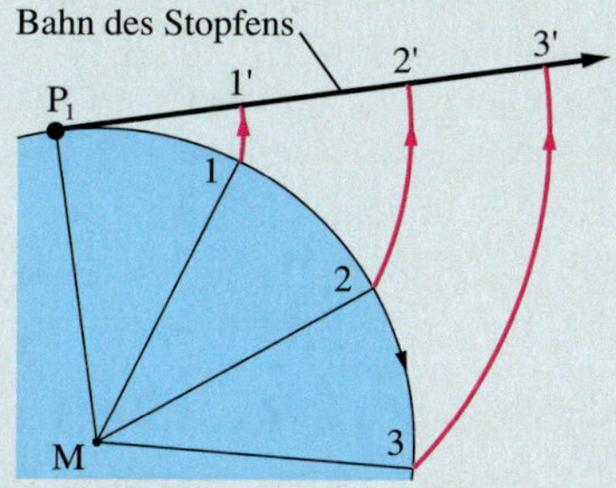

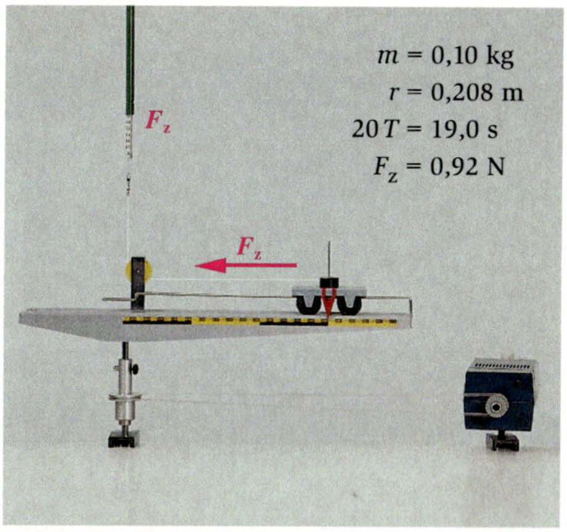

V1 Ein Wagen kann sich auf der Schiene bewegen und ist mit einem Faden über eine Umlenkrolle und ein Kugelgelenk an einem Federkraftmesser befestigt. Lässt man die Schiene gleichförmig rotieren, so beschreibt der Wagen eine Kreisbahn mit festem Radius r, den man an der Schiene ablesen kann. Der Kraftmesser übt über den Faden die notwendige Zentripetalkraft F_z aus.

Wenn man die im Bild angegebenen Messwerte für m, r und T in die Gleichung für die Zentripetalkraft einsetzt, erhält man:

$$v = 2\pi r/T = 1{,}38\ \text{m} \cdot \text{s}^{-1};$$

$$a_z = v^2/r = 9{,}2\ \text{m} \cdot \text{s}^{-2}$$

und damit

$$F_z = mv^2/r = 0{,}92\ \text{N},$$

also den gemessenen Wert für F_z.

Auch bei anderen Versuchsbedingungen stimmt der aus m, r und T berechnete F_z-Wert mit dem gemessenen F_z-Wert überein.

A1 Suche Beispiele, bei denen man das Ablösen von Teilchen von einer Kreisbahn entlang einer Tangente beobachtet.

A2 Begründe, ob die gleichförmige Kreisbewegung eine Bewegung mit konstanter Geschwindigkeit oder eine mit konstanter Beschleunigung ist.

A3 Eine Wäscheschleuder mit einem Durchmesser von 25 cm dreht sich 40-mal je Sekunde. Mit welcher Geschwindigkeit läuft die Trommelwand um? Wie groß ist die Beschleunigung a_z an der Wand? Mit welcher Kraft müsste dort ein Wasserteilchen (m = 1 g) vom Stoffgewebe festgehalten werden, um nicht wegzufliegen?

A4 Ein Käfer (m = 1 g) rotiert windgeschützt auf der Flügelspitze (r = 15 m) einer Windkraftanlage mit. Er muss sich mit der Kraft von 0,15 N festhalten. Bestimme die Geschwindigkeit der Flügelspitzen und die Drehfrequenz der Rotorblätter.

A5 Ein Stein (m = 0,20 kg) wird immer schneller an einer Schnur (l = 50 cm) in einem horizontalen Kreis herumgeschleudert. Berechne, bei welcher Drehfrequenz f die Schnur reißt, wenn sie 100 N aushält.

A6 **a)** Ein Mensch (m = 75 kg) befindet sich am Äquator. Wie groß ist die Zentripetalkraft F_z, die nötig ist, damit er die Erdrotation mitmacht (Erde als Kugel mit Radius r_E = 6370 km)? **b)** Wer bringt die Zentripetalkraft F_z auf? **c)** Wird F_z zu den Polen hin größer oder kleiner? Erkläre. **d)** Wie groß ist F_z bei uns in Mitteleuropa (50° nördlicher Breite)?

A7 Aus der Gleichung $F_z = mv^2/r$ folgt $F_z \sim 1/r$: Setzt man $v = 2\pi r/T$ in mv^2/r ein, so folgt $F_z = 4\pi^2 mr/T^2$ und daraus $F_z \sim r$. Erkläre diesen scheinbaren Widerspruch.

B1 Reifen bei einer schnell durchfahrenen Kurve. Quer zur Fahrtrichtung wirkt die Haftkraft F_h.

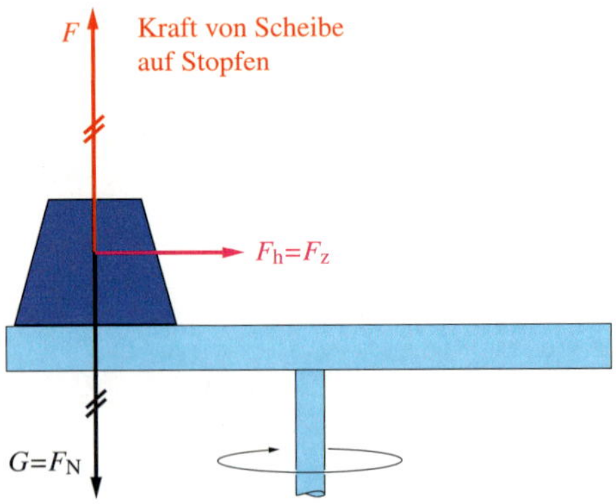

V1 Wir lassen eine waagerechte Scheibe mit einem darauf liegenden Gummistopfen im Abstand r vom Kreismittelpunkt rotieren. Erhöht man langsam die Drehfrequenz, so bleibt der Stopfen zunächst liegen und fliegt erst bei einer ganz bestimmten Geschwindigkeit v weg. – Solange der Stopfen liegenbleibt, liefert die Haftkraft F_h die für die Kreisbewegung notwendige Zentripetalkraft F_z zum Zentrum hin.

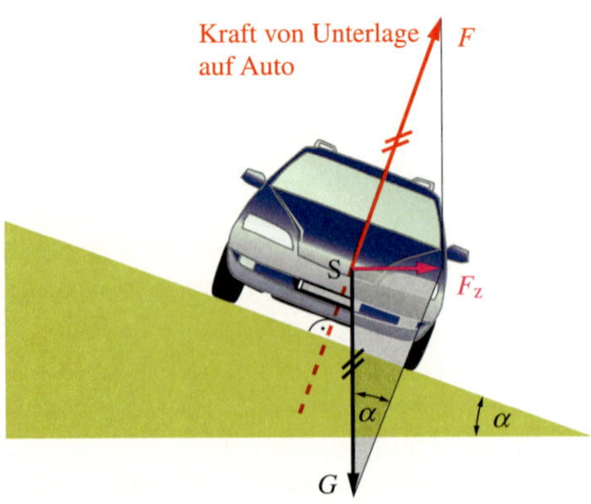

B2 Ein Auto durchfährt ohne Reibung eine überhöhte Kurve (Schnittbild).

1. Fahrzeuge in einer nicht überhöhten Kurve

Woran liegt es, dass manche Fahrzeuge, vor allem, wenn sie zu schnell sind, nicht durch eine Kurve kommen und hinausfliegen? **→ V1** gibt eine erste Antwort. Der Stopfen auf der Scheibe kann nur mitrotieren, solange eine Zentripetalkraft F_z auf ihn einwirkt, denn sonst würde er tangential wegfliegen. Wer aber bringt in diesem Versuch die für die Kreisbewegung notwendige Zentripetalkraft F_z auf? Es kann nur die Haftkraft F_h sein, denn die Gewichtskraft G des Stopfens wird durch die Kraft F der Scheibe auf den Stopfen ausgeglichen **→ V1**.

Die Gewichtskraft wirkt zudem nicht in Richtung auf den Kreismittelpunkt. Von der Haftkraft wissen wir, dass sie einen maximalen Wert $F_{h,max}$ besitzt. Der Stopfen bleibt also liegen, solange $\boldsymbol{F_z \le F_{h,max}}$ ist. Es gilt:

$$F_{h,max} = f_h \cdot F_N = f_h \cdot m \cdot g, \text{ da hier } F_N = G \text{ ist.}$$

Aus $F_z \le F_{h,max}$ folgt:

$$\frac{mv^2}{r} \le f_h m g \quad \text{oder} \quad v \le \sqrt{f_h g r}.$$

Ganz ähnlich können wir angeben, wie groß die Geschwindigkeit v eines Autos höchstens sein darf, damit es eine *nicht überhöhte Kurve* durchfahren kann. Schlägt man das Lenkrad ein, so führen die Räder das Auto auf eine Kreisbahn. Dabei erfahren sie quer zur Bewegungsrichtung eine Haftkraft F_h mit dem Maximalwert $F_{h,max}$ **→ B1**, der bei Nässe von der Qualität des Reifenprofils abhängt. F_h liefert wie in **→ V1** die notwendige Zentripetalkraft F_z. Das Auto schleudert also in einer nicht überhöhten Kurve mit dem Radius r nicht, solange gilt:

$$F_z \le F_{h,max} \quad \text{oder} \quad v \le \sqrt{f_h g r}.$$

2. Fahrzeuge in einer überhöhten Kurve

Ohne Reibung kommt man nur durch eine Kurve, wenn sie *überhöht* ist. **→ B2** verdeutlicht die Situation in einer Linkskurve. Welche Bedingungen müssen hier gelten? Grundsätzlich merke man sich: *Bildet man die Summe aller an dem Körper (hier dem Auto) angreifenden äußeren Kräfte, so muss die Zentripetalkraft F_z entstehen.* Vergleiche dazu nochmals **→ V1**. Dort wurde die Gewichtskraft G durch die nach oben gerichtete Kraft F der Unterlage ausgeglichen. Die Summe aller äußeren Kräfte an dem Stopfen ist die Haftkraft F_h, die als Zentripetalkraft F_z wirkt.

Die äußeren Kräfte, die bei der Kurvenfahrt nach **→ B2** bei fehlender Reibung am Auto angreifen, sind die Gewichtskraft G und eine Kraft F der Straße auf das Auto. Ohne Reibung kann diese Kraft F nur senkrecht zur Straßenoberfläche wirken. G und F müssen zusammen die Zentripetalkraft F_z aufbringen: Hat F einen solchen Betrag, dass F_z waagerecht verläuft, durchfährt das Auto (v konstant) einen horizontalen Kreis in konstanter Höhe.

Aus dem grauen Dreieck in → B2 folgt die Betragsgleichung:

$$\tan\alpha = \frac{F_z}{G} = \frac{mv^2}{rmg} \Rightarrow v = \sqrt{rg\tan\alpha}.$$

Ohne Reibung gibt es also bei vorgegebenem α nur *eine* Geschwindigkeit v, mit der das Auto durch die Kurve kommt.
In Wirklichkeit hilft bei einer Kurvenfahrt sowohl die Reibung als auch eine gewisse Kurvenüberhöhung. Die obige Gleichung gibt dann die Geschwindigkeit v an, bei der zu vorgegebenem α die Straßenlage des Autos optimal ist (Haftkraft $F_h = 0$). Bei einer größeren Geschwindigkeit muss die Reibung zwischen Reifen und Straße verhindern, dass das Auto nach außen, bei einer kleineren Geschwindigkeit, dass es nach innen rutscht.

Interessantes

Achtung: Kurvenfahrt!

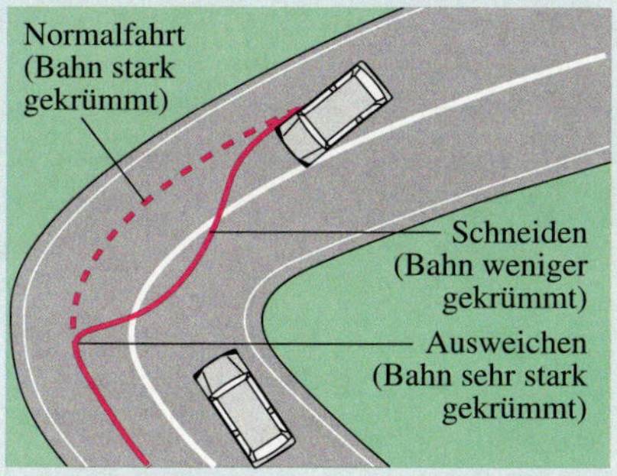

a) Bei glitschiger Straße ist es lebenswichtig, langsam zu fahren! Da die Zentripetalkraft F_z quadratisch von der Geschwindigkeit v abhängt, setzt z. B. eine Halbierung der Geschwindigkeit die für ein sicheres Durchfahren der Kurve nötige Zentripetalkraft und damit die nötige Haftkraft auf den vierten Teil herab.

b) In der Kurve den Fuß weg vom Gaspedal und von der Bremse! Auch die Kräfte zum Beschleunigen oder Bremsen müssen von der Haftkraft aufgebracht werden. Sie verringern die für die Kurvenfahrt zur Verfügung stehende maximale Zentripetalkraft. Oft genug aber hat das Auto in der Kurve eine so große Zentripetalbeschleunigung, dass es die maximale Haftkraft voll als Zentripetalkraft beansprucht. Bremst oder beschleunigt man dann noch, so fliegt das Auto aus der Kurve. Bremsen soll man vor der Kurve! (Leichtes Gasgeben hilft allerdings oft beim Kurvenfahren; denn ohne Gas bremst der Motor.)

Beispiel Mit dem ICE-Zug in die Kurve

Ein ICE-Zug durchfährt mit der Geschwindigkeit von 216 km · h⁻¹ eine Kurve mit dem Radius r = 2500 m. Wie stark muss die äußere Schiene überhöht sein, damit beide Schienen gleich belastet werden, sodass jegliche Kipp- und Schleudergefahr ausgeschlossen ist (Spurweite w = 1435 mm)?

Lösung: Es liegt dieselbe Situation vor, wie bei einem Auto, das ohne Reibung durch eine überhöhte Kurve fährt → B2. Wirkt die Kraft F der Schienen auf den Zug *senkrecht* zur Schienenebene, so erzeugt sie zusammen mit der Gewichtskraft G die notwendige Zentripetalkraft F_z. Für den Neigungswinkel α der Schienenebene gegenüber der Waagerechten gilt (Betragsgleichung):

$$\tan\alpha = \frac{F_z}{G} = \frac{mv^2}{rmg} = \frac{v^2}{rg}$$

$$\tan\alpha = \frac{(60\ \text{m}\cdot\text{s}^{-1})^2}{2500\ \text{m}\cdot 10\ \text{m}\cdot\text{s}^{-2}} = 0{,}144$$

$$\Rightarrow \alpha = 8{,}2°$$

Für die Überhöhung $ü$ der äußeren gegenüber der inneren Schiene gilt dann:

$$\sin\alpha = ü/w \text{ oder } ü = w\cdot\sin\alpha$$

$$\Rightarrow ü = 1435\ \text{mm}\cdot\sin 8{,}2° = \mathbf{205\ mm.}$$

A1 Berechne, bei welcher Drehfrequenz f in → V1 ein Körper (m = 30 g) wegfliegt, der 20 cm von der Achse der Scheibe entfernt liegt (f_h = 0,4)? Würde er bei v = 1,0 m · s⁻¹ liegen bleiben? Wie ändert sich das Ergebnis mit m?

A2 **a)** Wie schnell darf ein Auto in einer nicht überhöhten Kurve (r = 100 m) höchstens fahren, wenn es bei f_h = 0,4 nicht rutschen soll? **b)** Mit welcher Geschwindigkeit muss eine mit α = 5,7° überhöhte Kurve (r = 100 m) durchfahren werden, sodass keine Haftkräfte quer zur Fahrtrichtung zwischen Rädern und Straße auftreten?

A3 **a)** Erkläre, weshalb ein rasanter Autofahrer, der seine Geschwindigkeit nicht drosseln möchte, eine Kurve „schneiden" muss. **b)** „Kurvenschneiden" ist deswegen so gefährlich und daher verboten, weil man zum Ausweichen vor einem nicht vermuteten entgegenkommenden Fahrzeug eine sehr enge Kurve fahren müsste. Begründe, warum dies nicht möglich ist.

A4 Ein Bob durchfährt eine Kurve (r = 25 m) mit der Geschwindigkeit 100 km · h⁻¹. Welche Neigung muss die Bahn haben, damit er nicht seitlich wegrutscht?

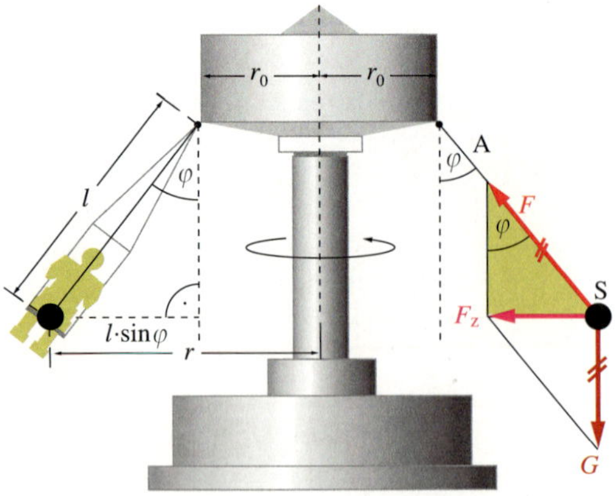

B1 Kräftebilanz beim Kettenkarussell

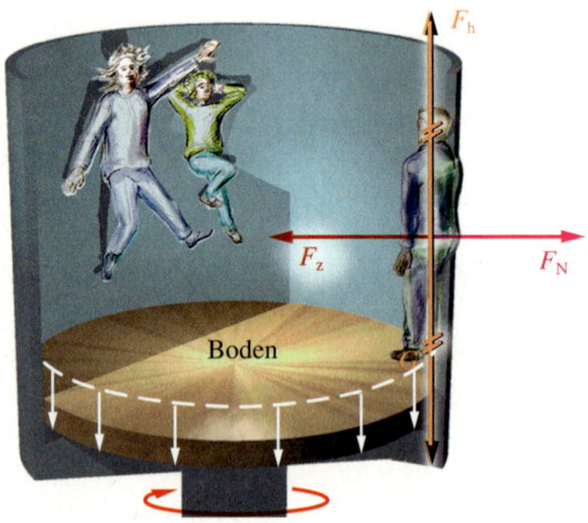

B2 Rotor auf dem Volksfest

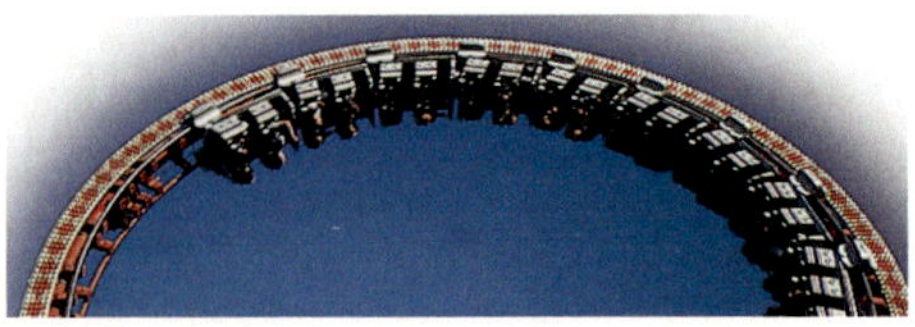

B3 Warum fallen die Wagen nicht herab?

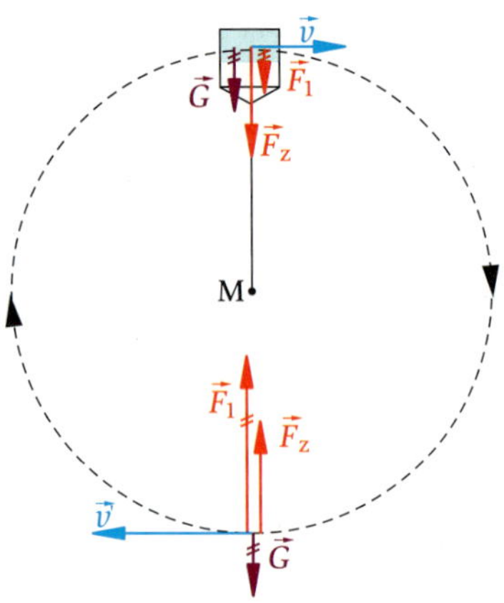

V2 Wir schleudern eine mit Wasser gefüllte Büchse an einer Schnur in einem vertikalen Kreis. Im obersten Punkt zeigt ihre Öffnung nach unten. Trotzdem fließt kein Wasser aus.

3. Auf dem Kettenkarussell

Das Kettenkarussell **→ B1** ist ein Beispiel einer Kreisbewegung mit *vertikaler Achse*. Der Sitz S mit dem Fahrer hat vom Aufhängepunkt A den Abstand l und A von der Drehachse den Abstand r_0. Rotiert das Karussell gleichförmig, so bilden die Ketten einen konstanten Winkel φ mit der Vertikalen. Die Kette hält den Sitz mit Fahrgast durch die schräg nach oben gerichtete von der Aufhängung aufgebrachte Kraft F. F und G ergeben die notwendige Zentripetalkraft F_z. F ist so groß, dass F_z waagerecht verläuft. Es gilt in dem gelben Dreieck in **→ B1**:

$$\tan\varphi = \frac{F_z}{G} = \frac{mv^2}{rmg} = \frac{v^2}{rg} \quad \text{mit} \quad r = r_0 + l \cdot \sin\varphi.$$

4. Im Rotor

Der Rotor auf dem Volksfest **→ B2** ist eine große um ihre *vertikale Achse* drehbare Trommel von etwa 5 bis 10 m Durchmesser. Bei schneller Rotation bleiben die Personen an der Wand hängen, auch wenn sich der Boden senkt. Wegen ihrer Trägheit würden sie ohne Krafteinwirkung tangential weiterfliegen. Sie verformen etwas die Wand durch eine auf diese gerichtete Normalkraft F_N **→ B2**. F_N greift an der Wand an. Die verformte Wand übt auf die Person die zu F_N entgegengesetzt gerichtete reactio F_z nach innen aus. F_z wirkt als Zentripetalkraft.

Normalkraft F_N und Zentripetalkraft F_z haben hier denselben Betrag. Damit die Person nicht abrutscht, muss infolge der Normalkraft F_N eine Haftkraft F_h an der Person angreifen und der Gewichtskraft G das Gleichgewicht halten. Die Person rutscht also nicht ab, solange $\boldsymbol{G \leq F_{h,max}}$ ist, d.h. solange gilt:

$$mg \leq f_h F_N \quad \text{oder} \quad mg \leq f_h F_z = \frac{f_h m v^2}{r} \Rightarrow v^2 \geq \frac{rg}{f_h}.$$

5. Die Loopingbahn

Warum fallen die Wagen in **→ B3** beim Durchfahren der „Todesspirale", einer Kreisbewegung mit *horizontaler Achse*, nicht herunter? Um diese Frage zu beantworten, führen wir einen Modellversuch mit einer mit Wasser gefüllten und an einer Schnur im Kreis geschleuderten Blechbüchse durch **→ V2**. Damit die Büchse samt dem in ihr befindlichen Wasser auf einem Kreis läuft, muss sie andauernd in Richtung auf den Kreismittelpunkt beschleunigt werden, also fortwährend auf M zu „fallen". Die dazu notwendige Zentripetalbeschleunigung a_z wächst mit der Drehfrequenz. Macht man diese so groß, dass $a_z = g$ ist, so wird im höchsten Punkt der Bahn die zur Kreisbewegung notwendige Zentripetalbeschleunigung gerade vom freien Fall geliefert. Man muss in diesem Augenblick überhaupt nicht an der Schnur ziehen: Büchse und Wasser fallen beide „von selbst" mit dem richtigen Betrag der Zentripetalbeschleunigung $a_z = g$ auf den Mittelpunkt zu.

Bei größerer Drehfrequenz ist $a_z > g$: Jetzt muss man also die wassergefüllte Büchse der Masse m im obersten Punkt der Bahn noch mit der zusätzlichen Kraft $F_1 = m\,(a_z - g) = F_z - G$ nach unten ziehen.

Das ist wichtig

1 a) Die Kreisbewegung eines Massenpunktes heißt **gleichförmig**, wenn der **Betrag der Geschwindigkeit v konstant ist.** Ist r der Radius des Kreises, T die Umlaufdauer und f die Drehfrequenz, so gilt:

$$f = \frac{1}{T} \quad \text{und} \quad v = \frac{2\pi r}{T} = 2\pi r f.$$

b) Der **Geschwindigkeitsvektor $\vec{v}$** ist in jedem Punkt der Kreisbewegung **tangential** zur Kreisbahn gerichtet.

2 Damit ein Körper eine Kreisbahn gleichförmig durchläuft, muss auf ihn in jedem Punkt der Bahn eine zum Kreismittelpunkt gerichtete **Zentripetalkraft F_z** einwirken, deren **Betrag konstant** ist.

3 a) Die Zentripetalkraft F_z erzeugt am Körper eine gleichgerichtete, also ebenfalls zum Kreismittelpunkt gerichtete **Zentripetalbeschleunigung a_z.** Dafür gilt die Grundgleichung der Mechanik: $F_z = m a_z$.
b) Für die **Beträge** a_z und F_z gilt:

$$a_z = \frac{v^2}{r} \quad \text{sowie} \quad F_z = m a_z = \frac{m v^2}{r}.$$

Strategien beim Aufgabenlösen

1 Zu einer Kreisbewegung ist eine zum Kreismittelpunkt hin gerichtete Zentripetalkraft F_z notwendig.

2 a) Die Zentripetalkraft F_z muss von den an dem Körper angreifenden Kräften aufgebracht werden.
b) Man überlege daher bei allen Aufgaben zur Kreisbewegung zunächst, welche äußeren Kräfte an dem kreisenden Körper angreifen. Die Vektorsumme dieser Kräfte muss die Zentripetalkraft F_z ergeben.

A1 Bei einem Kettenkarussell → B1 ist $r_0 = 6{,}0$ m und $l = 5{,}0$ m. Es dreht sich gleichförmig und ($\varphi = 55°$).
a) Berechne die Geschwindigkeit v des Fahrgastes. b) Wie groß sind Umlaufdauer T und Drehfrequenz f? c) Welche Kraft greift im Aufhängepunkt der Kette an? ($m = 85$ kg).

A2 a) Von welcher Drehfrequenz f an bleibt eine Person ($m = 75$ kg) an der Wand des Rotors → B2 mit 4,2 m Durchmesser hängen ($f_h = 0{,}5$; Abstand Schwerpunkt der Person – Wand: 10 cm)? b) Von welcher Frequenz f_1 an könnte man die Achse des Rotors horizontal legen, ohne dass die Person im höchsten Punkt der Bewegung herabfällt? c) Der Rotor rotiert gleichförmig mit der Frequenz f_1 (Achse horizontal). Bestimme die Kraft, die er im tiefsten Punkt auf die Person nach oben ausübt.

A3 Eine Milchkanne wird in einem vertikalen Kreis mit $r = 1{,}0$ m geschwungen → V2. a) Wie groß muss die Geschwindigkeit im höchsten Punkt sein, damit keine Milch ausläuft? b) Berechnen die Geschwindigkeit der Kanne im tiefsten Punkt, wenn der Schleudernde keine Energie zuführt. c) Mit welcher Kraft muss er die Kanne ($m = 2{,}0$ kg) im höchsten bzw. im tiefsten Punkt halten?

A4 a) Mit welcher Geschwindigkeit können Späne von Werkzeugschleifscheiben ($r = 10$ cm) wegfliegen, wenn die Scheiben 2 800-mal in der Minute rotieren?
b) Punkte an der Oberfläche des kugelförmigen Kopfes (Durchmesser 1 mm) eines Zahnbohrers können eine Geschwindigkeit von 75 km/h erreichen. Wie groß ist dann die Umdrehungszahl pro Minute des Bohrkopfes?

A5 Ein Skateboardfahrer ($m = 65$ kg) übt in einer halbkreisförmigen Rinne ($r = 2$ m) seine Kunststücke. Er fährt bei A aus der Ruhe los. Bestimme die Kraft, die die Wand auf ihn in B ausübt.

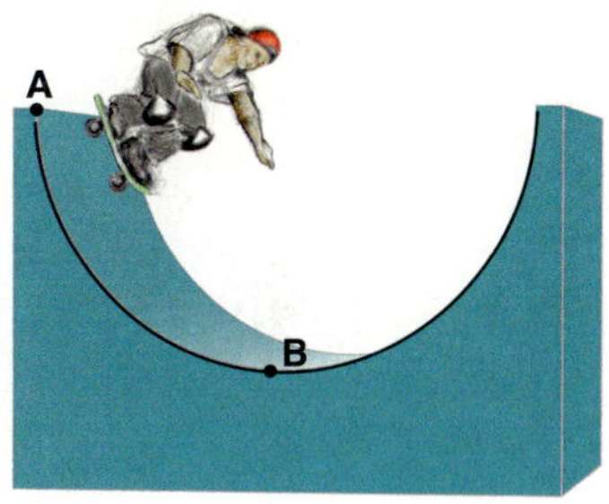

A6 Ein Rotor hat die Form einer Halbkugel ($r = 10$ cm). Er rotiert um die vertikale Achse 5-mal je Sekunde. In seinem Innern kreist an der Wand in der Höhe h über dem tiefsten Punkt der Halbkugel eine kleine Kugel mit. Reibung ist ausgeschlossen. Berechne h.

A7 a) Wenn du mit deiner Hand H einen Ball P an einer Schnur der Länge l im Kreis herumschleudern, beschreibst du automatisch mit der Hand einen kleinen Kreis. Die Hand eilt dabei dem Ball um etwa 90° voraus. Erkläre diesen Sachverhalt. Hinweis: Die Kraft F hat dann eine Tangentialkomponente F_t. Wozu ist diese nötig? b) Erkläre, wie man beim Schleuderball- oder Hammerwurf den Ball bzw. den Hammer beschleunigen kann.

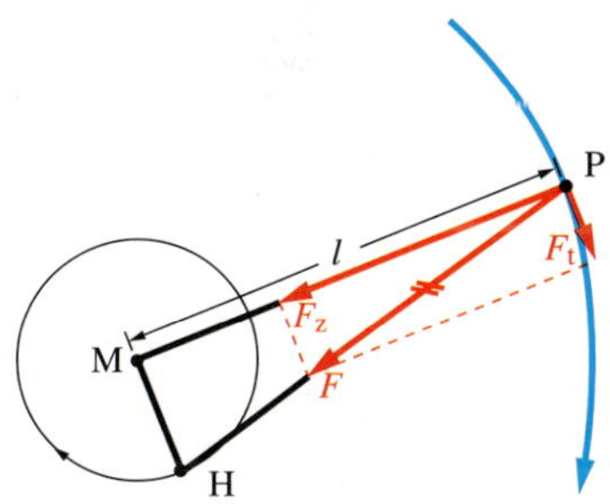

A8 Auf einem größeren Ball (Radius r) steht auf dem höchsten Punkt ein kleines Spielzeugauto. Es rollt aus der Ruhe heraus reibungsfrei den Ball entlang nach unten. Nach welchem Höhenverlust h löst es sich von der Balloberfläche?

A9 Die Kugel eines Fadenpendels ($l = 1{,}2$ m) wird aus der Gleichgewichtslage um 60 cm ausgelenkt. Berechne die Geschwindigkeit, die man der Kugel erteilen muss, damit sie eine horizontale Kreisbahn beschreibt.

Gravitation und Planetenbewegung

Das kannst du in diesem Kapitel erreichen:

Du erfährst, mit welchen Überlegungen NEWTON das Gravitationsgesetz abgeleitet hat.

Du kennst die Bestimmung, Bedeutung und Anwendbarkeit der universellen Gravitationskonstanten.

Du lernst die drei Kepler-Gesetze kennen, welche die Bewegungen der Planeten beschreiben. Du bist in der Lage, mit ihnen zu rechnen.

Du erfährst einiges über die Bewegung der Sonne, der Planeten und des Mondes. Du weißt, warum der Begriff der Schwerelosigkeit problematisch ist.

Du erhältst einen Einblick in die Geschichte der Astronomie.

Interessantes

Vermessung von Erde und Mond

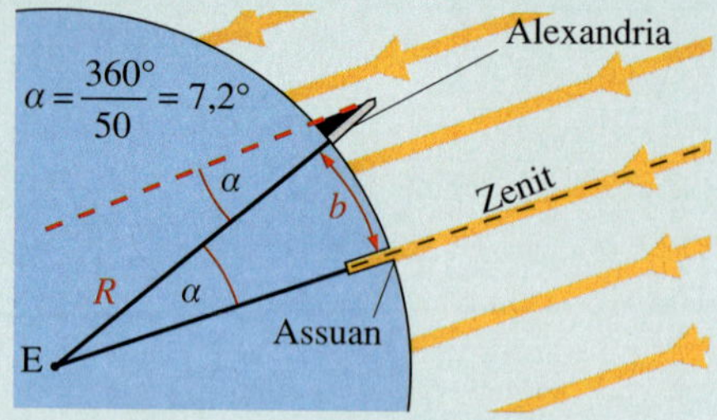

B1 Erdradius R von ERATOSTHENES (230 v. Chr.) gemessen: Nahe *Assuan* (Südägypten) scheint die Sonne jedes Jahr bei ihrem Höchststand bis auf den Grund eines tiefen Brunnens. Sie steht für dortige Beobachter in der Verlängerung des Erdradius, im Zenit. Zur gleichen Zeit jedoch wirft nördlich davon in Alexandria ein Obelisk einen Schatten nach Norden. Mit dem dortigen Erdradius bilden die Sonnenstrahlen den Winkel $\alpha = 7{,}2°$, der $\frac{1}{50}$ des vollen Winkels 360° beträgt. Da die Strahlen der Sonne fast parallel einfallen, bilden auch die Erdradien für Assuan und Alexandria den Winkel α. Beide Orte sind $b = 800$ km voneinander entfernt. Also ist der Vollkreis (Erdumfang) 50-mal so groß. Er misst somit $U = 50 \cdot 800 \text{ km} = 40\,000 \text{ km}$. Der Radius R beträgt $R = U/(2\pi) = 6400$ km.

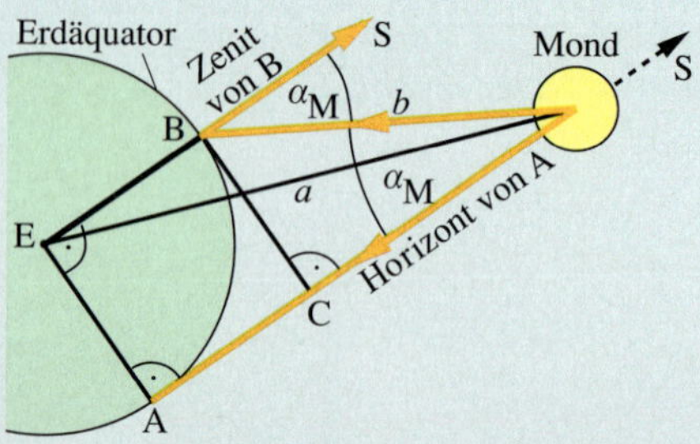

B2 Für Beobachter A geht soeben der Mond auf – zusammen mit dem Fixstern S. Beobachter B ist um $\frac{1}{4}$ des Erdumfangs entfernt. Wäre der Mond ähnlich weit entfernt wie der Stern S, so müsste er in diesem Augenblick für B genau im Zenit neben S stehen. B sieht den Mond jedoch um fast zwei Vollmondbreiten, um $\alpha_M = 0{,}967°$, von S entfernt. Aus dem rechtwinkligen Dreieck BCM ergibt sich $b = R/\sin\alpha_M = 59\,R$. Also ist der Mittelpunktsabstand Erde – Mond $60\,R$.

1. Guter Mond, du fällst so stille

Schon im Altertum hat man den Umfang und den Radius der Erdkugel berechnet **→ B1**. Trigonometrische Messungen auf der Erdoberfläche ergaben **→ B2**: *Der Mond ist vom Erdmittelpunkt 60 Erdradien (384 000 km) entfernt. 60-mal so weit wie wir.* Bei der ersten Mondlandung haben die Astronauten dort einen Spiegel aufgestellt. Aus der Laufzeit von Laserimpulsen, die von der Erde ausgesandt und an ihm reflektiert werden, kann man heute die Entfernung zum Mond auf 2 cm genau messen.

NEWTON hatte als erster die Idee, der Mond brauche für seine Kreisbahn genauso eine Zentripetalkraft wie irdische Körper. Die Überlegungen von NEWTON wollen wir im Prinzip nachvollziehen. Betrachten wir $m = 1$ kg Mondgestein, das auf der Mondbahn die Erde umkreist. Aus der Entfernung Erde – Mond $r = 60\,R$ (R Erdradius) und der Umlaufdauer $T = 27{,}3$ Tage erhält man die für den Stein notwendige Zentripetalkraft

$$F_Z = \frac{4\pi^2 m \cdot 60\,R}{T^2} = 0{,}002\,72 \text{ N}.$$

Kann eine solche Kraft von der Erdanziehung kommen?
Die Erde zieht doch einen Stein der Masse 1 kg an der Erdoberfläche mit der 3600fachen Kraft ($9{,}81 \text{ N} = 3600 \cdot 0{,}00272 \text{ N}$) an. Nun ist $3600 = 60^2$; nimmt die Anziehungskraft der Erde vielleicht mit dem Quadrat des Abstands r ab?

Beim 60fachen Abstand käme man dann auf $1/60^2$. Diese Überlegungen sind aber nur dann sinnvoll, wenn man die Abstände der Himmelskörper von ihren Mittelpunkten aus misst, hier von Erde und Mond.
NEWTON schloss, dass die Kraft umgekehrt proportional zum Quadrat des Abstandes der Massenmittelpunkte ist: $\boldsymbol{F \sim 1/r^2}$.

Weiterhin folgerte er aus der Gleichung für die Zentripetalkraft, dass F auch proportional zur Masse m des kreisenden Körpers ist; er sprach von einer **Gravitationskraft** $\boldsymbol{F \sim m/r^2}$.

2. Gilt die Gravitationskraft auch für Planeten?

Die Erde hat nur einen natürlichen Trabanten, den Mond. Die Sonne besitzt dagegen acht große Trabanten **→ T1**; man nennt sie **Planeten.**
Einer dieser Planeten ist unsere Erde (Umlaufdauer $T = 1$ Jahr $= 1$ a). Wie die Erde leuchten die anderen Planeten nicht von selbst, sondern werden von der Sonne beschienen. Wir sehen hier ihre Bahnen in guter Näherung als Kreise an. Dann können wir an neun weiteren Himmelskörpern prüfen, ob die vermutete Anziehungskraft $F \sim m/r^2$ durch den Zentralkörper, hier die Sonne, auch die Zentripetalkraft $F_Z = 4\pi^2 m\,r/T^2$ liefert. Hierzu müsste bei den Planeten gelten

$$\frac{4\pi^2 m\,r}{T^2} \sim \frac{m}{r^2}.$$

Vereinfachen wir den Term, so ist $T^2 \sim r^3$ oder

$$\frac{r^3}{T^2} = C \quad (C \text{ eine Konstante}).$$

In der rechten Spalte von → T1 ist dieser Quotient aus den Messdaten berechnet. Wie schon der deutsche Astronom Johannes KEPLER fand, ist er für alle Planeten konstant.

Die Proportionalität $F \sim m/r^2$ bewährt sich also auch bei der Anziehung der Planeten durch die Sonne. Allerdings hat der Quotient $C = r^3/T^2$ einen viel kleineren Wert, wenn die Erde statt der Sonne Zentralkörper ist → T1. Anscheinend kann sie nicht so stark ziehen wie die viel größere Sonne!

Stellen wir in Gedanken neben die Erde eine zweite, genau gleiche; dann dürfen wir erwarten, dass beide zusammen (doppelte Masse M) auf den Mond auch die doppelte Kraft F ausüben. Die Anziehungskraft ist daher auch proportional zu der Masse M des Zentralkörpers:

$$F \sim \frac{Mm}{r^2} \quad \text{oder} \quad F = \gamma \frac{Mm}{r^2}.$$

Der Proportionalitätsfaktor γ heißt *Gravitationskonstante*. Die beiden Körper sind nun in dem Produkt $M \cdot m$ ihrer Massen gleichberechtigt vertreten; man kann M und m vertauschen. Der Mond (m) zieht gemäß dem Wechselwirkungsgesetz die Erde (M) mit dem gleichen Betrag der Kraft an, mit der sie auf ihn zurückwirkt.

Merksatz

Newtonsches Gravitationsgesetz:
Alle Körper üben aufeinander Gravitationskräfte aus. Zwei kugelsymmetrische Körper der Masse m und M, deren Mittelpunkte voneinander den Abstand r haben, ziehen sich mit der Gravitationskraft F an:

$$F = \gamma \frac{Mm}{r^2}.$$

Name	Bahnradius r in 10^6 km	Umlaufdauer T in Jahren	$C = r^3/T^2$ in $10^{18}\ m^3 \cdot s^{-2}$
Merkur	57,91	0,2408	3,363
Venus	108,21	0,6152	3,362
Erde	149,60	1,0000	3,362
Mars	227,94	1,8810	3,361
Jupiter	778,34	11,8610	3,366
Saturn	1427,01	29,4560	3,363
Uranus	2869,60	84,0090	3,362
Neptun	4496,70	164,7870	3,362
Mond	0,384	0,0748	$1{,}019 \cdot 10^{-5}$
Erdsatellit	0,04215	1/366,26	$1{,}009 \cdot 10^{-5}$

T1 Sonnen- und Erdtrabanten

B4 Die Erde – der blaue Planet

B3 Das Planetensystem der Sonne; alle Planeten laufen etwa in der gleichen Ebene um die Sonne.

A1 Bestimme mit einem Cent-Stück den Durchmesser des Mondes. Peile dazu durch ein Papierblatt mit einem feinen Loch den Vollmond an, sodass er gerade durch das Cent-Stück verdeckt wird, und messe den Abstand Cent – Loch.

A2 In welcher Höhe über dem Erdboden erfährt ein Kilogrammstück die Gewichtskraft $1/4 \cdot 9{,}8$ N? Berechne die Fallbeschleunigung in den Höhen $2R$, $10R$ über dem Boden (R: Erdradius).

A3 Schätze aus den Bahndaten der Erde die Masse der Sonne ab.

A4 Die Umlaufdauer der Mondfähre im Abstand $r = 1848$ km vom Mondmittelpunkt war $T = 7130$ s. Ermittle die Mondmasse M_M. Welcher Ortsfaktor gilt für die Mondoberfläche, wenn der Mondradius $r_M = 1738$ km beträgt?

3. Die Gravitationskraft zwischen bekannten Massen liefert die Gravitationskonstante γ

Der Wert der Konstanten γ im newtonschen Gravitationsgesetz wurde erst über 100 Jahre nach dessen Entdeckung von dem Engländer CAVENDISH im Labor bestimmt → **Vertiefung**. Er ließ einen frei beweglich aufgehängten Körper mit Masse m durch einen anderen mit Masse M anziehen und ermittelte die eintretende Beschleunigung a. Daraus folgt die Gravitationskraft $F = ma$ zwischen beiden. Aus dem Gravitationsgesetz folgt:

$$\gamma = \frac{F \cdot r^2}{m \cdot M} = \frac{a \cdot r^2}{M}.$$

Wie → **T1** zeigt, sind die dabei auftretenden Beschleunigungen sehr klein.

Merksatz

Der Proportionalitätsfaktor im Gravitationsgesetz heißt **Gravitationskonstante** γ und hat den Wert

$$\gamma = 6{,}672 \cdot 10^{-11}\ \mathrm{m^3 \cdot kg^{-1} \cdot s^{-2}}.$$

Er stellt eine universelle Konstante dar.

Beispiel **Das Gravitationsgesetz hilft weiter**

1. Bestimme aus der Fallbeschleunigung g, dem Erdradius $R = 6370$ km und der Gravitationskonstanten γ die Masse M_E der Erde und ihre mittlere Dichte ρ.

Lösung: Körper der Masse m erfahren im Abstand $r = R = 6370$ km vom Erdmittelpunkt die Gravitationskraft $F = mg$. Aus dem Gravitationsgesetz $F = \gamma m M_E/R^2$ folgt für die Erdmasse M_E:

$$M_E = \frac{F \cdot R^2}{\gamma \cdot m} = \frac{g \cdot R^2}{\gamma} = \frac{9{,}81\ \mathrm{m \cdot s^{-2}} \cdot (6370 \cdot 10^3)^2\ \mathrm{m^2}}{6{,}67 \cdot 10^{-11}\ \mathrm{m^3 \cdot kg^{-1} \cdot s^{-2}}}$$

$$\Rightarrow\ \mathbf{M_E = 6 \cdot 10^{24}\ kg}\ \text{(genauer } 5{,}97 \cdot 10^{24}\ \text{kg)}$$

Das Volumen der Erde ist $V = (4/3)\pi R^3 = 1{,}08 \cdot 10^{21}\ \mathrm{m^3}$. Für die mittlere Dichte ρ erhält man

$$\rho = \frac{M_E}{V} = \mathbf{5{,}5\ g \cdot cm^{-3}}.$$

Bemerkung: Die Dichte der uns zugänglichen oberen Gesteinsschichten liegt bei $2{,}7\ \mathrm{g \cdot cm^{-3}}$. Geologen schreiben deshalb dem Erdinnern eine Dichte von $13\ \mathrm{g \cdot cm^{-3}}$ zu. Es besteht wahrscheinlich aus Eisen und Nickel bei einem Druck von $3{,}5 \cdot 10^6$ bar.

2. In welcher Höhe würde ein Satellit stationär über dem Äquator stehen?

Lösung: Die Umlaufdauer des Satelliten der Masse m beträgt $T = 24$ h. Aus

$$\gamma \frac{m M_E}{r^2} = \frac{4\pi^2 m r}{T^2} \quad \text{folgt:} \quad r = \sqrt[3]{\frac{\gamma M_E T^2}{4\pi^2}} = 42\,200\ \text{km}.$$

Der Satellit muss also in der **Höhe 36 000 km** über dem Äquator stehen. Der Umlaufsinn muss mit dem der Erde übereinstimmen und die Bahn in der Äquatorebene liegen. Da die Weiterbewegung der Erde um die Sonne hier ohne Belang ist, hätte man eigentlich den sog. *„Sterntag"* zugrunde legen müssen. Dieser gibt die Zeit an, nach der man einen weit entfernten Fixstern wieder am gleichen Punkt sieht → **B1**. Die Zeit, nach der man die Sonne wieder an der gleichen Stelle sieht, ist der sogenannte *„Sonnentag"* (= 24 h). Dieser Tag ist ca. 4 Minuten länger als ein Sterntag. Der Sonnentag ist länger, da sich die Erde innerhalb von 24 Stunden etwas weiterbewegt hat.

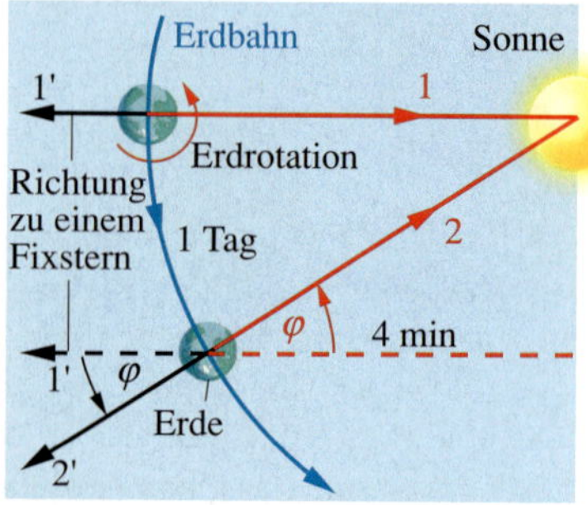

B1 Sonnen- und Sterntag

Vertiefung

Der Versuch von CAVENDISH zur Bestimmung der Gravitationskonstanten γ

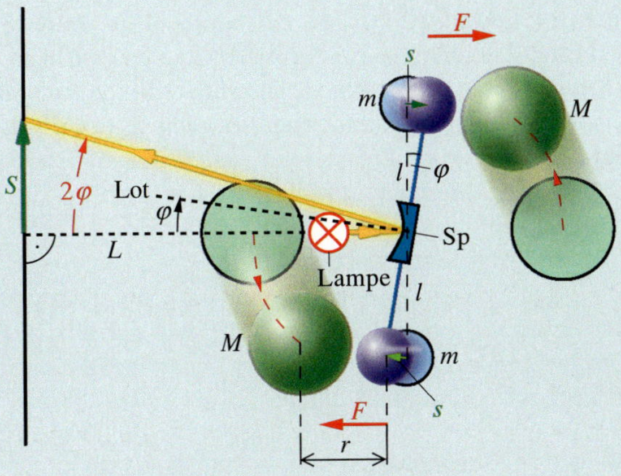

B2 Gravitationsdrehwaage in Draufsicht

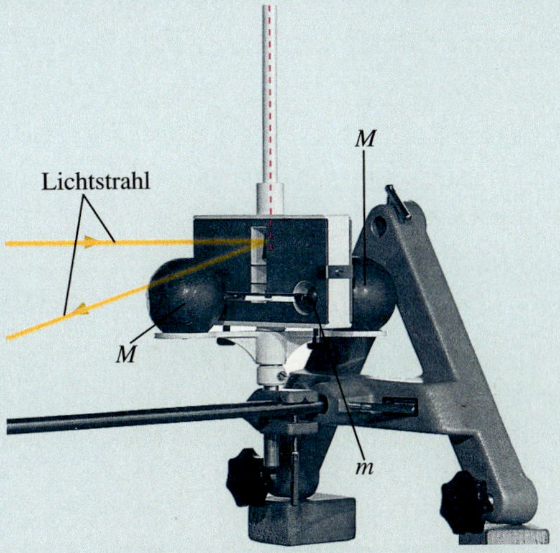

B3 Gravitationsdrehwaage zur Bestimmung von γ

Versuchsdaten:

kleine Bleikugeln:	$m = 15$ g
große Bleikugeln:	$M = 1{,}5$ kg
Länge der horizontalen Stange:	$2l = 10$ cm
Länge des Lichtzeigers:	$L = 9{,}70$ m
Abstand der Kugelmitten nach dem Annähern der großen Kugeln:	$r = 4{,}6$ cm

Ein waagerechter Stab trägt an seinen Enden zwei kleine Bleikugeln der Masse m. Der Stab hängt in seiner Mitte an einem langen, sehr dünnen Draht (rot gestrichelt → B2, → B3). Er kann sich in dem durch Glas vor Luftzug geschützten Querschlitz der Gravitationsdrehwaage frei bewegen. Am Stab ist ein Spiegelchen befestigt, das einen Lichtstrahl auf eine entfernte Skala lenkt. Die horizontale Bewegung der Kugeln wird auf diese Weise stark vergrößert sichtbar. Zunächst sind die großen Bleikugeln symmetrisch zu den kleinen angebracht. Die Gravitationskräfte, die von den großen Kugeln ausgehen, drehen den Stab noch nicht um seinen Aufhängepunkt A. Dann nähert man die großen Kugeln den kleinen. Diese fallen auf die großen beschleunigt zu – im Prinzip wie ein Apfel zur Erde. Die kleine Kugel erfährt die beschleunigende Kraft:

$$m a = \gamma \frac{m M}{r^2}. \quad (1)$$

Doch ist dabei die Beschleunigung a gering. Deshalb ist die Strecke s, um die sich die kleinen Kugeln zu Beginn der Messung bewegen, gegenüber dem Abstand r der beiden Kugelmittelpunkte sehr klein. r ändert sich während dieser Bewegung praktisch nicht. Die Kraft bleibt konstant und es gilt $s = \frac{1}{2} a t^2$. Dabei dreht sich die horizontale Stange um den Winkel $\varphi = s/l$ (in Bogenmaß) und mit ihr das Einfallslot für den reflektierten Lichtstrahl → B2. Dieser wird um den Winkel $2\varphi = 2s/l$ abgelenkt. Die Auslenkung S auf der Skala im Abstand L ist wegen des langen Lichtzeigers gut ablesbar. Nach → B2 gilt $\tan 2\varphi = S/L$. Bei den kleinen Winkeln gilt mit großer Genauigkeit $\tan 2\varphi \approx 2\varphi$. Daraus folgt:

$$\frac{S}{L} = \frac{2s}{l} \quad \text{oder} \quad s = \frac{S l}{2L}.$$

Mit $a = 2s/t^2$ und den Messungen für S und l erhalten wir → T1:

Zeit t in s	Auslenkung S in mm	Fallweg s in 10^{-6} m	Beschleunigung a in 10^{-8} m · s^{-2}
0	0	0	–
30	7,6	20	4,4
60	30	77	4,3
90	68	175	4,3
120	120	310	4,3

T1 Messwertetabelle

Der Mittelwert der Beschleunigung ist nun $\overline{a} = 4{,}33 \cdot 10^{-11}$ m · s^{-2}. Für γ erhalten wir damit aus Gleichung 1:

$$\gamma = \frac{\overline{a} \cdot r^2}{M} = 6{,}1 \cdot 10^{-11}\ \text{m}^3 \cdot \text{kg}^{-1} \cdot \text{s}^{-2}.$$

Dieser Wert ist etwas zu klein, denn jede der beiden großen Kugeln übt auf die entfernter liegende kleine eine Kraft aus, die der beobachteten Drehbewegung entgegenwirkt.

Die Kepler-Gesetze

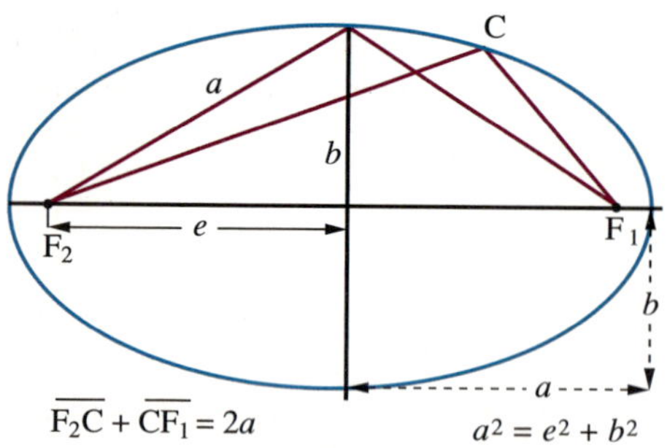

B1 Gärtnerkonstruktion einer Ellipse

Die Ellipse ist die Menge aller Punkte, für die die *Summe der Entfernungen* von zwei gegebenen Punkten, den sogenannten *Brennpunkten* F_1 und F_2, konstant ist.
Von dieser Eigenschaft wird bei der „*Gärtnerkonstruktion*" Gebrauch gemacht **→ B1**. Man schlägt zwei Pflöcke im Abstand $2e$ in den Punkten $F_1(e|0)$ und $F_2(-e|0)$ ein und befestigt an ihnen eine Schnur der Länge $2a$. Mit einem „Schreibpflock" spannt man die Schnur um die beiden Brennpunkte und zeichnet die Ellipse. F_1 und F_2 heißen „Brennpunkte", weil Lichtstrahlen, die von F_1 ausgehen, an einer innen verspiegelten Ellipse nach F_2 reflektiert werden. Die große Halbachse der Ellipse nennt man a, die kleine b.

1. Mit dem PC auf den Spuren KEPLERS

Im Abstand 42 200 km vom Erdmittelpunkt befinde sich ein Satellit. Welche Geschwindigkeit v senkrecht zur y-Achse muss man ihm geben, damit er auf einem Kreis umläuft?

$$\text{Aus } \frac{m v^2}{r} = \gamma \frac{m M_E}{r^2} \text{ erhält man } v^2 = \gamma \frac{M_E}{r} \text{ und } v = 3070 \text{ m} \cdot \text{s}^{-1}.$$

Geben wir diese Anfangsbedingungen sowie die Masse M_E der Erde und die Gravitationskonstante einem Computer-Simulationsprogramm ein, das Planeten- bzw. Satellitenbahnen berechnet, erhalten wir tatsächlich einen Kreis. Genauer gesagt, wir erhalten Punkte, die auf einem Kreis liegen, da der Computer nur Bahnpunkte für Zeitabstände von 60 min Satellitenlauf zeichnen soll **→ B2a**. Der Abstand der Punkte ist somit auch ein Maß für die Bahngeschwindigkeit.
Was geschieht aber, wenn wir für den Satelliten den Betrag der Startgeschwindigkeit vergrößern und die senkrechte Richtung zur Verbindungslinie beibehalten?
Die Simulation zeigt uns **→ B2b**, dass die Bahn anscheinend ellipsenförmig wird und nicht etwa eiförmig, wie KEPLER zunächst vermutete. Wir überprüfen, ob es sich tatsächlich um eine Ellipse handelt, indem wir aus der Computersimulation die große und die kleine Halbachse ablesen. In einer weiteren Simulation lassen wir eine Ellipse mit diesen Halbachsen zeichnen. Beide Kurven kommen tatsächlich zur Deckung.

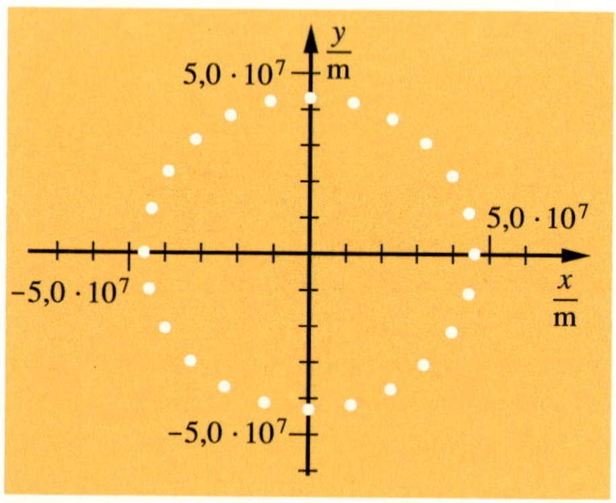

B2 **a)** Satellit auf einer Kreisbahn

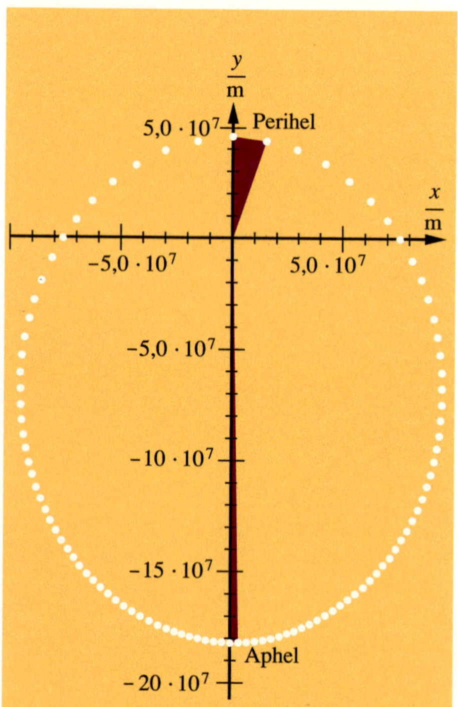

B2 **b)** Der Satellit fliegt mit einer größeren Startgeschwindigkeit als in **→ B2a** auf einer ellipsenförmigen Bahn.

Aus unserem Diagramm kann man aber noch mehr ablesen. Die Geschwindigkeit im erdfernsten Punkt *(Aphel)* ist wesentlich kleiner als im erdnächsten Punkt *(Perihel)*. Die Geschwindigkeit erhalten wir dabei als Quotient aus dem Abstand von zwei aufeinanderfolgenden Punkten und der vom Satelliten tatsächlich benötigten Zeit. Das Produkt $r \cdot v$ ist für Aphel und Perihel wieder gleich. Es entspricht dem doppelten Flächeninhalt des Dreiecks, das man aus dem Zentralkörper (hier der Erde) und den beiden Positionen des Satelliten bildet.
Weiter sehen wir, dass bei der größeren Startgeschwindigkeit neben der Halbachse auch die Anzahl der Punkte für einen Umlauf und damit die Umlaufdauer T größer wird. Verändert man die Startgeschwindigkeit und bestimmt jeweils die große Halbachse a sowie die Umlaufdauer, so findet man, dass T stärker als linear und schwächer als mit dem Quadrat der Halbachse anwächst. Genauere Untersuchungen zeigen, dass $T \sim a^{3/2}$ ist **→ T1**. Dies alles hat bereits Johannes KEPLER gefunden.

2. Ordnung am Himmel

Der Astronom Johannes KEPLER (1571–1630) kannte das Gravitationsgesetz nicht und hatte natürlich auch keinen Computer. Er besaß aber – als unwahrscheinlich wertvollen Schatz – die für die damalige Zeit äußerst präzisen Messungen des Dänen Tycho BRAHE (1546–1601), dessen Assistent KEPLER war, an der Bahn des Planeten Mars. Nach mühsamen und langwierigen Zahlenrechnungen fand KEPLER, dass dieser eine Ellipse durchläuft, in deren einem Brennpunkt die Sonne steht. KEPLER verallgemeinerte das Bewegungsgesetz für den Mars auf alle Planeten. Es gilt aber auch für alle vergleichbaren Systeme.

Merksatz

Erstes Kepler-Gesetz: Trabanten bewegen sich auf Ellipsen, in deren einem Brennpunkt der Zentralkörper (z. B. Sonne) steht. □

Bei der Untersuchung der Marsbahn → **B3** fiel KEPLER auf, dass der Planet in Sonnennähe *(Perihel)* am schnellsten, in der Sonnenferne *(Aphel)* am langsamsten läuft. Die Verbindungsstrecke vom Planeten zur Sonne, der sogenannte „Fahrstrahl“, wird länger, wenn der Planet seine Geschwindigkeit verkleinert. Der Fahrstrahl wird kürzer, wenn der Planet seine Geschwindigkeit vergrößert. Die Änderung erfolgt dabei so, dass die überstrichene Fläche bei gleichen Zeiten gleichen Inhalt hat.

Merksatz

Zweites Kepler-Gesetz *(Flächensatz)*: Der Fahrstrahl Trabant – Zentralkörper überstreicht in gleichen Zeiten gleiche Flächen. □

Das Langsamer- und Schnellerwerden des Planeten kann man verstehen, wenn man bedenkt, dass der Fahrstrahl die Richtung der Anziehungskraft des Zentralkörpers auf den Trabanten angibt.

Die Gravitationskraft zeigt im Allgemeinen schräg zur Bahn. Wir zerlegen sie in eine Komponente tangential (F_t) und senkrecht (F_n) zur Bahn. Entfernt sich der Trabant von dem Zentrum (z. B. in P_1 → **B4**), wirkt die Kraftkomponente F_t entgegen der Bewegungsrichtung. So verlangsamt sie den Trabanten. Die Normalkraft F_n dagegen macht weder schneller noch langsamer, sondern krümmt die Bahn nach innen. F_n wirkt als Zentripetalkraft.

Nähert sich der Trabant wieder dem Zentralkörper (Stelle P_2), so zeigt F_t in Richtung der Bahngeschwindigkeit und macht den Trabanten schneller. NEWTON konnte zeigen, dass für jede Zentralkraft (eine Kraft, die auf einen festen Punkt gerichtet ist) der Flächensatz gilt.

v in $\text{m} \cdot \text{s}^{-1}$	große Halbachse a in 10^7 m	Umlaufdauer T in h	a^3/T^2 in $10^{20}\ \text{m}^3/\text{h}^2$
3070	4,22	24,0	1,3
3500	6,00	40,7	1,3
3900	10,90	99,6	1,3

T1 Die Umlaufdauer von Erdsatelliten in Abhängigkeit von ihrer großen Halbachse. Die Umlaufdauer wurde durch Zählen der Punkte in der Simulation bestimmt (zeitlicher Abstand zwischen zwei Punkten: 1 h).

B3 Der Planet Mars

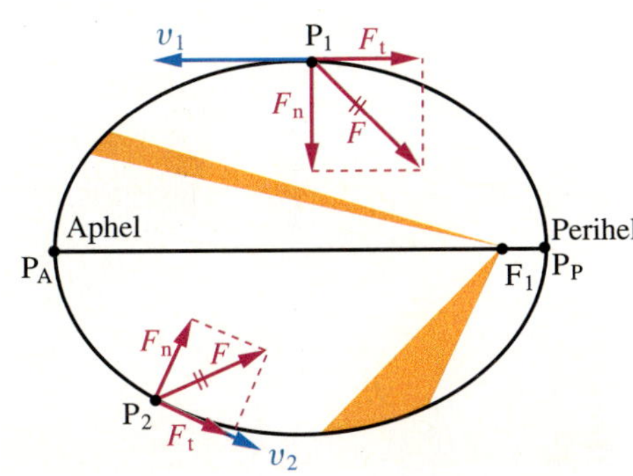

B4 Tangential- und Normalkräfte F_t und F_n bei einer Zentralkraft F. Im Brennpunkt F_1 steht der Zentralkörper.

B1 Die Planeten unseres Sonnensystems

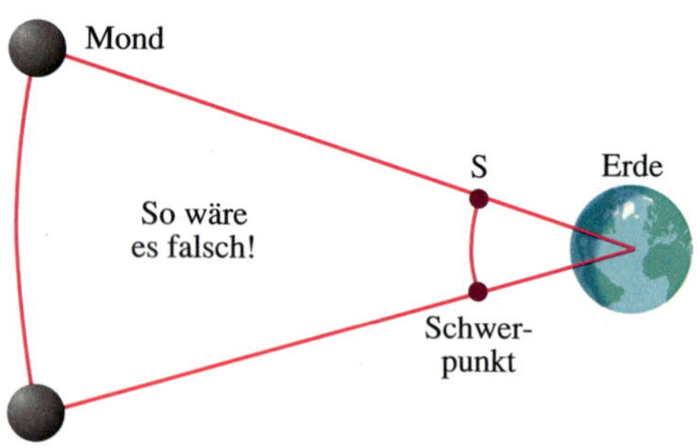

B2 **a)** Das System Erde – Mond: Bei ruhender oder ruhend gedachter Erde würde sich der Schwerpunkt S bewegen.

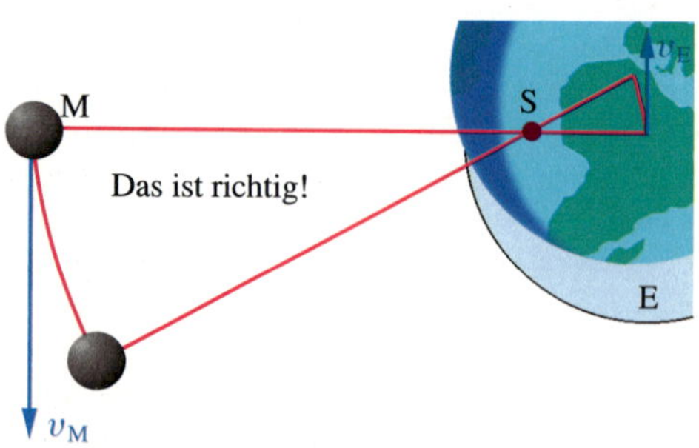

B2 **b)** Der Schwerpunkt S von Erde und Mond bleibt durch die Gegenbewegung der Erde in Ruhe.

KEPLER fand aus Messdaten von Planeten für deren Ellipsenbahnen:

Merksatz

Drittes Kepler-Gesetz: Die Quadrate der Umlaufdauern T_1 und T_2 zweier Trabanten um den gleichen Zentralkörper verhalten sich wie die dritten Potenzen der großen Halbachsen a_1 und a_2:

$$\frac{T_1^2}{T_2^2} = \frac{a_1^3}{a_2^3}; \quad \text{allgemein} \quad \frac{a^3}{T^2} = C.$$

Wir sehen daraus, dass der großen Halbachse a einer Kepler-Ellipse eine größere physikalische Bedeutung zukommt als der kleinen (b) oder dem Brennpunktsabstand $2e$. b und e für sich sind ohne Einfluss auf die Umlaufdauer T. Diese ist allein durch die große Halbachse bestimmt. Deshalb ist T bei einer Kepler-Ellipse genauso groß wie bei einer Kreisbahn über der großen Ellipsen-Halbachse ($r = a$). Wenn man dies weiß, kann man sofort nach

$$\gamma \frac{mM}{r^2} = \frac{4\pi^2}{T^2} mr \quad \text{oder} \quad T^2 = 4\pi^2 \frac{r^3}{\gamma M}$$

die Umlaufdauer T berechnen, wenn man M und die große Halbachse a kennt und $r = a$ setzt. Man sieht daraus auch, dass für eine Kreisbahn r^3/T^2 konstant ist, wie wir bei den Überlegungen zur Gravitationskraft schon gefunden haben.

3. Das wahre Zentrum der Mondbahn

Bisher sind wir immer davon ausgegangen, dass sich um einen ruhend gedachten großen Zentralkörper ein wesentlich kleinerer Trabant bewegt. Für das System, das von der Erde und dem Mond gebildet wird, stimmt dies aber nicht. Erde und Mond ziehen sich gegenseitig mit betragsgleichen Kräften an. Für das System Erde – Mond sind dies „innere Kräfte", die den Schwerpunkt nicht verschieben, sondern in Ruhe lassen.

Wenn sich nun der Mond um den als ruhend gedachten Erdmittelpunkt bewegte → **B2a**, würde der zwischen beiden – aber näher bei der Erde – liegende Schwerpunkt S wandern. Nach dem Schwerpunktsatz muss er aber in Ruhe bleiben, wenn man von äußeren Kräften absieht. Das geht nur, wenn die Erde nach → **B2b** eine Gegenbewegung zur Mondbewegung durchführt. Da S Schwerpunkt sein soll, gilt:

$$M_E : m_M = r_M : r_E.$$

Die in gleichen Zeiten zurückgelegten Bögen und somit die Geschwindigkeiten, verhalten sich wie die zugehörigen Radien:

$$v_M : v_E = r_M : r_E.$$

Daraus ergibt sich

$$M_E : m_M = v_M : v_E$$

und somit die Gleichheit der Impulsbeträge

$$M_E \cdot v_E = m_M \cdot v_M.$$

Da die Impulse gegengleich sind, ist der Gesamtimpuls $p = 0$, also konstant, wenn man von äußeren Kräften absieht. Der Schwerpunkt S liegt wegen der 81fachen Erdmasse im Erdinnern ($M_E = 81\, m_M$; $a_{E-M} = 60\, R_E$).

Beispiel **Rechnen mit KEPLER**

1. Berechne Umlaufdauer T und Geschwindigkeit v eines Satelliten, der die Erde in 500 km Höhe umkreist. Benutze die Tatsache, dass der 384 000 km (r_M) entfernte Mond in 27,3 Tagen (T_M) umläuft.

Lösung: Nach dem dritten Kepler-Gesetz gilt für den Satelliten und den Mond $T^2/r^3 = T_M^2/r_M^3$. Also ist

$$T = \sqrt{\frac{r^3}{r_M^3}} \cdot T_M.$$

Mit $r = 6870$ km folgt

$$T = 5644 \text{ s} = \mathbf{94\ min.}$$

Die Geschwindigkeit ergibt sich nach $v = 2\pi r/T$ zu $v = \mathbf{7{,}65\ km \cdot s^{-1}}$.

2. Angenommen, die Tangentialgeschwindigkeit der Erde sei null. Wie lange würde es danach dauern, bis die Erde in die Sonne gestürzt wäre?

Lösung: Näherungsweise bewegt sich die Erde mit der Umlaufdauer $T_E = 1\,a$ auf einem Kreis um die Sonne → B3. Die Entfernung Erde–Sonne ist gleich dem Kreisradius r_E. Verkleinert man in Gedanken die Geschwindigkeit v_E der Erde im Aphel, so wird ihre Bahn zu einer immer flacher werdenden Ellipse mit der großen Halbachse a und der Umlaufdauer T. Dabei gilt das dritte Kepler-Gesetz

$$T^2/a^3 = T_E^2/r_E^3.$$

Für $v_E \to 0$ klappt die Ellipse zur Strecke $\overline{SE} = r_E$ zusammen. Auch in diesem Grenzfall gilt noch das dritte Kepler-Gesetz.
Es gilt die Beziehung $e^2 = a^2 - b^2$. In unserem Grenzfall ist $b = 0$, also $e = a$. Die beiden Brennpunkte der „Ellipse" liegen auf dieser selbst; im einen steht die Sonne, im anderen die Erde. Somit ist $2a = r_E$, also $a = r_E/2$. Nun ist

$$\frac{T^2}{(r_E/2)^3} = \frac{T_E^2}{r_E^3},$$

also $T = T_E/(2\sqrt{2})$.
Die „Fallzeit" bis zur Sonne (nur „hin", nicht „hin und her") ist

$$T/2 = 0{,}177 \cdot T_E = \mathbf{64{,}6\ d.}$$

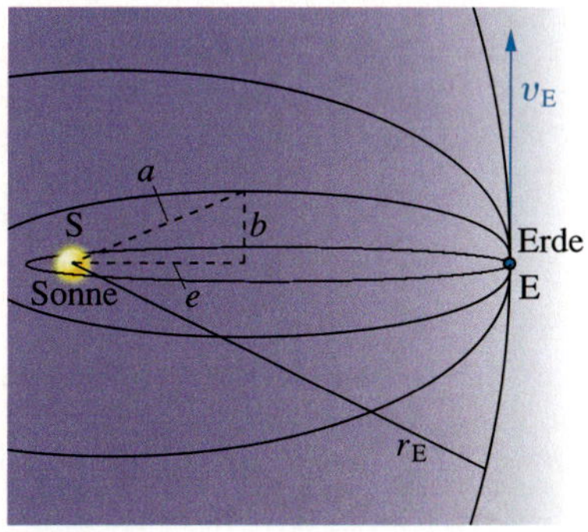

B3 Schar von Ellipsen, die sich immer mehr der geradlinigen Verbindung Sonne–Erde annähern

A1 Begründe, warum die Konstante a^3/T^2 für die Planeten etwa 330 000-mal so groß ist wie für den Mond oder andere Erdsatelliten. Wie groß wäre sie für Mondsatelliten?

A2 **a)** Einer der Jupitermonde läuft auf einem Kreis mit Radius $r_1 = 420\,000$ km in $T_1 = 1{,}77$ d um. Berechne die Masse des Jupiters. Kannst du hieraus auch die Masse dieses Mondes bestimmen? **b)** Ein anderer Jupitermond hat den Bahnradius $r_2 = 670\,000$ km und die Umlaufdauer $T_2 = 3{,}55$ d. Prüfe das dritte Kepler-Gesetz, bestimme r^3/T^2 und vergleiche das Ergebnis mit → A1.

A3 Ein Satellit bewegt sich auf einer Ellipsenbahn um die Erde. Sein erdnächster Abstand beträgt 300 km, sein größter Abstand 2000 km. In welchem Verhältnis stehen die Geschwindigkeiten an diesen Stellen?

A4 Der russische Sputnik 1 war der erste künstliche Erdsatellit. Im erdnächsten Punkt seiner Bahn (Höhe über der Erdoberfläche 250 km) war seine Geschwindigkeit etwa $8\ \text{km} \cdot \text{s}^{-1}$. Bestimme seine Geschwindigkeit im erdfernsten Punkt (Höhe 900 km).

A5 In welchen Punkten hat ein Planet auf seiner Ellipsenbahn die Bahnbeschleunigung null? Begründe, warum man zwischen Zentral- und Zentripetalkraft unterscheiden muss.

A6 Der halleysche Komet hat eine Umlaufdauer von 75,6 Jahren. Die Entfernung zur Sonne beträgt im Perihel $8{,}5 \cdot 10^7$ km. Wie groß ist seine Entfernung im Aphel?

A7 Zwei Sterne gleicher Masse m kreisen um ihren gemeinsamen Schwerpunkt S jeweils im Abstand r mit der Umlaufdauer T. Wenn man r und T im Fernrohr bestimmt hat, berechnet man m zu $m = (16\pi^2 r^3)/(T^2 \gamma)$. Zeige diesen Zusammenhang!

A8 Entwirf ein Modell des Sonnensystems im Längenmaßstab 1 : 10^9 (Daten → Tabellenanhang). Bestimme Größe und Abstände der Modellkörper. Welche Masse hätten sie mit der Originaldichte?

A9 Kann sich die Bundesrepublik Deutschland einen eigenen Satelliten leisten, der ständig über ihr schwebt? Können dies die USA? Kann es Ecuador (es ist doch viel ärmer als die beiden anderen Länder)?

Interessantes

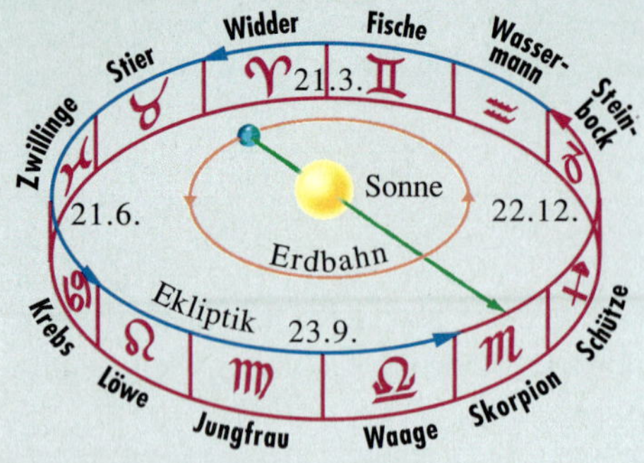

B1 Die Sternzeichen

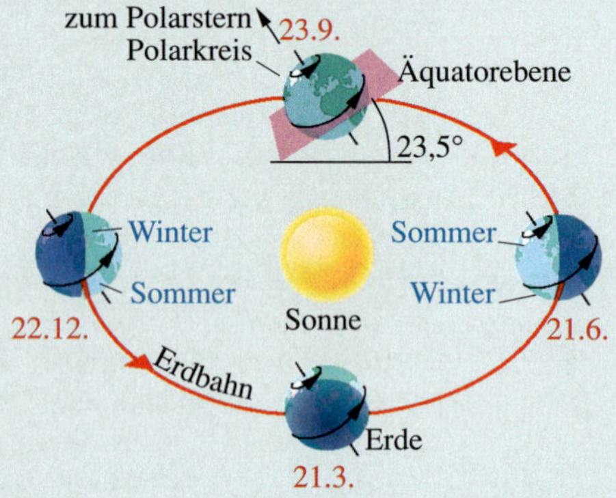

B2 Die Entstehung von Sommer und Winter

Heimversuch:
Stelle zur Veranschaulichung eine Lampe auf einen großen Tisch; sie stelle die Sonne dar. Ein Globus verdeutlicht bei Rotation um seine (schiefe) Achse die Entstehung von *Tag und Nacht*.
Dann bewegst du den Globus auf einer Kreisbahn einmal um die „Sonne". Lass dabei immer die Richtung der Achse gleich. Du simulierst so den Ablauf eines *Jahres*. Dabei muss die Globusachse nach Norden, dem Polarstern, zeigen. In unserem „Sommer" wird die nördliche, im „Winter" die südliche Halbkugel stärker beleuchtet. An den Nordpol darf während unseres „Winters" kein „Sonnenlicht" fallen.

Vom Globus aus gesehen wird die scheinbare Sonnenbahn auf die Zimmerwände projiziert. So entsteht dort die waagerechte Ekliptik. Zwischen der Ekliptik und dem Himmelsäquator (der Verlängerung des Globus- bzw. Erdäquators zum Himmel) findest du den Winkel von 23,5°.

Beobachtungen am Himmel
Könnten wir bei Tag von unserem Beobachtungsposten Erde aus an der Sonne vorbei die Sterne sehen, so würde sich der scheinbare Ort der Sonne vor dem Fixsternhimmel ändern. In **→ B1** steht die Sonne gerade im Sternbild des Skorpions.

Die Sonne bleibt täglich um $\left(\frac{1}{365}\right)$-tel Tag (≈ 4 min) gegenüber den Fixsternen zurück. Sie scheint auf der Himmelskugel einen Kreis zu beschreiben, *Ekliptik* genannt. Auf ihm liegen 12 der Sternbilder, nach denen man die Fixsterne von alters her eingeteilt hat. Sie haben teilweise Tiernamen: Widder, Löwe, Stier, Krebs. Daher heißt dieser Kreis auch *Tierkreis*. Hier liegt ein Ausgangspunkt der *Astrologie*. Diese glaubt das Schicksal eines Menschen vorhersagen zu können, wenn man weiß, in welchem Tierkreiszeichen die Sonne stand, als er geboren wurde.

Bei Nacht blicken wir in die entgegengesetzte Richtung, also den um 6 Monate verschobenen Teil des Tierkreises. Die scheinbare Bewegung der Fixsterne sieht man am Besten, wenn man mit einer feststehenden Kamera die Gegend um den Himmelsnordpol mit mehreren Stunden Belichtungszeit fotografiert. Die Sterne bewegen sich dabei auf Kreisbögen, in deren Zentrum der Polarstern steht.

Warum ist es im Sommer wärmer als im Winter?
Naheliegend (aber leider falsch) ist die Vermutung, dass die Erde auf ihrer Kepler-Ellipse im Sommer näher an der Sonne sei als im Winter. Im Gegenteil! Im Januar ist die Erde nur $147 \cdot 10^6$ km, im Juli dagegen $152 \cdot 10^6$ km von der Sonne entfernt. Im Sommer wird es aber früher hell und später dunkel. Die Sonne steht im Durchschnitt höher am Himmel. Die Sonnenstrahlen fallen steiler auf unsere nördliche Halbkugel. So wird der Nordhalbkugel im Sommer viel mehr Energie zugeführt als im Winter.

Woher rührt das? Die Rotationsachse der Erde steht schräg zur Ebene der Kepler-Ellipse; sie ist zum Lot auf ihr um 23,5° geneigt **→ B2**. Beim Umlauf um die Sonne behält die Erdachse ihre Richtung stets bei. Sie zeigt auf den Polarstern, den Himmelspol.

Am 21. Juni, dem Tag der Sommersonnenwende, steht die Sonne über dem Breitenkreis mit 23,5° nördlicher Breite um 12 Uhr mittags genau im Zenit. Zur selben Zeit erreicht die Sonne in höheren Breiten ihren höchsten Stand. Am nördlichen Polarkreis (66,5° nördlicher Breite) geht an diesem Tag die Sonne nicht unter; am südlichen Polarkreis (66,5° südlicher Breite) herrscht durchgehend Polarnacht. Der Kreis mit 23,5° nördlicher Breite wird als nördlicher *Wendekreis* oder Wendekreis des Krebses bezeichnet; der Kreis mit 23,5° südlicher Breite ist der Wendekreis des Steinbocks.

Entsprechend gilt für den 21. Dezember, den Tag der nördlichen Wintersonnenwende, dass die Sonne um 12 Uhr über dem Wendekreis des Steinbocks senkrecht steht und am südlichen Polarkreis nicht untergeht. Am 21. März (Frühlingsanfang auf der Nordhalbkugel) sind Tag- und Nachtbogen der Sonne gleich.

Interessantes

Völlig losgelöst von der Erde ...

Wo endet die Erdanziehung?
Wenn Raumfahrer schwerelos durch ihre Kapsel schweben, sagt man häufig, sie haben das Schwerefeld der Erde verlassen und befinden sich im schwerefreien Raum. So weit brachte es jedoch noch kein Raumfahrer! Die Gravitationskraft der Erde reicht, wie wir wissen, ins Unendliche. Zudem gibt es noch die Anziehung durch die Sonne und den Mond. Für uns ist ein schwerefreier Raum nur in Gedanken erreichbar.

Einfacher wäre es, den schwerefreien Punkt zwischen Erde und Mond aufzusuchen, in dem sich die Gravitationskräfte beider Himmelskörper das Gleichgewicht halten. In ihm ist aber noch die Gravitationskraft der Sonne wirksam. Doch gibt es sicherlich Punkte, in denen sich die verschiedenen Gravitationskräfte aufheben. Dies ist gleichbedeutend mit echter Schwerelosigkeit – aber nur in einzelnen Punkten.

Ein Sprung, und die Schwerkraft verschwindet
Steige auf einen Tisch – oder den 3 m-Turm im Schwimmbad – und halte einen Stein ruhig in der Hand. Beim Sprung in die Tiefe spürst du dessen Gewichtskraft nicht mehr. Du fühlst auch dich selbst schwerefrei. Dabei ist es unwichtig, ob du sich senkrecht nach unten plumpsen lässt oder mit einem kühnen Anlauf abspringst. Für einen Beobachter in einem Inertialsystem ist die Beschreibung klar: Der Stein braucht seine ganze Gewichtskraft, um sich selbst zu beschleunigen. Er beschwert die Hand nicht.

Im nächsten Abschnitt → **Interessantes** werden wir sehen, wie EINSTEIN diese Überlegungen zum Ausgangspunkt seiner allgemeinen Relativitätstheorie nahm. Auch bei Gravitationsbewegungen auf Ellipsen, Parabeln und Hyperbeln sind die Insassen eines Raumschiffs in diesem Sinne schwerefrei. Es spielt keine Rolle, ob sie auf die Erde im freien ungehemmten Fall zustürzen, die Erde auf einer Kreisbahn umrunden oder sich auf einem Flug zum Mond befinden, falls sie den Raketenantrieb schon abgeschaltet haben.

Man kann diese Art der Schwerelosigkeit auf der Erde für einige Zeit simulieren, wenn man Flugzeuge auf Kepler-Ellipsen fliegen und den Luftwiderstand genau durch die Triebwerke ausgleichen lässt. Dabei muss man nicht nur die richtige Bahnkurve, sondern auch die zugehörigen Geschwindigkeiten und vor allem Beschleunigungen präzise einhalten.

Der Fallturm in Bremen → **B4** bietet eine andere Möglichkeit, Experimente praktisch ohne Schwere (Mikrogravitation) durchzuführen. In einer evakuierten Röhre können Fallkapseln 110 m weit frei fallen. Wurde die Kapsel vom Boden aus in die Höhe geschossen, so ist die Zeit der Schwerelosigkeit verdoppelt. Zunehmend werden Versuche zur „Mikrogravitation“, wie Kristallwachstum und das Verhalten von Flüssigkeiten, in Raumstationen durchgeführt, so z. B. bei der zweiten deutschen Spacelab-Mission D2.

B3 Ein frei schwebender Astronaut

V1 Eine Plastikflasche für Limonaden wird bis auf eine Luftblase mit Wasser gefüllt. Wirft man die Flasche hoch (und fängt sie auch wieder auf), so nimmt die Blase Kugelform an. Wie im Weltraum spielt hier der Wasserdruck während des Fluges keine Rolle, da das Wasser „schwerelos“ ist. Die Oberflächenkräfte sorgen dafür, dass sich die Kugelform einstellt.
Was erwartest du für die Bewegung der Blase, wenn die Flasche stark beschleunigt vorwärts bewegt wird?

B4 Der Fallturm von Bremen

Interessantes

Auch andere gekrönte Häupter sorgten sich um die Stabilität der Welt und damit auch ihres Herrschaftssystems. Oskar II. von Schweden stiftete 1885 einen ansehnlichen Preis für den Nachweis, dass die Planetenbahnen stabil sind. Zweifel daran waren aufgetreten, da Jupiter und Saturn Umlaufzeiten haben, die etwa im Verhältnis 5 : 2 stehen. Durch Resonanz könnten sich die schwachen Kraftwirkungen zwischen den Planeten aufschaukeln und zu radikal anderen Bahnen führen. Henry POINCARÉ (1854–1912) gewann schließlich diesen Preis. In seiner Arbeit zeigte er, dass es stabile und nichtstabile Bahnen gibt und dass in manchen Fällen eine beliebig kleine Störung ausreicht, um den Übergang von dem einen zum anderen Bahntyp zu verursachen. POINCARÉ wäre so beinahe zum Begründer der **Chaosforschung** geworden. Er beschreibt dies mit den Worten, „Es kann vorkommen, dass kleine Abweichungen in den Anfangsbedingungen schließlich große Unterschiede in den Phänomenen erzeugen. Ein kleiner Fehler zu Anfang wird später einen großen Fehler zur Folge haben. Vorhersagen werden unmöglich, und wir haben ein zufälliges Ergebnis."
Am Anfang des 20. Jahrhunderts beschäftigte noch eine kleine Unstimmigkeit Astronomen und Physiker: Der sonnennächste Punkt (Perihel) der Merkurbahn verschiebt sich um 0,1 Bogensekunden pro Bahnumlauf mehr, als NEWTONS Gravitationsgesetz vorhersagte.

EINSTEIN relativiert Raum und Zeit

1905 hatte A. EINSTEIN während seiner Arbeit beim Berner Patentamt die *spezielle Relativitätstheorie* entwickelt. Daraus ergaben sich weitreichende Veränderungen der Vorstellungen von Raum und Zeit. Dies hatte EINSTEIN aus zwei von ihm als fundamental erkannten Prinzipien hergeleitet, der *Konstanz der Lichtgeschwindigkeit* und dem *Relativitätsprinzip* (Die Naturgesetze nehmen in allen Inertialsystemen die gleiche Form an). Strecken, die man in Bewegungsrichtung bei einem anderen relativ zu sich bewegten System betrachtet, werden verkürzt gemessen. Für einen Beobachter in dem bewegten System haben sie ihre normale „Eigenlänge".
Die zeitliche Dauer eines Vorgangs ist relativ und wird ebenfalls von der Bewegung des Bezugssystems beeinflusst. Die Einbindung der Gravitation in seine Theorie ließ EINSTEIN viele Jahre keine Ruhe. Den Ansatz zur Lösung fand er aufgrund einer einfachen Überlegung, die mit seinen Worten wiedergegeben werden soll: „Ich saß auf meinem Sessel im Berner Patentamt, als mir plötzlich folgender Gedanke kam: Wenn sich eine Person im freien Fall befindet, dann spürt sie ihr eigenes Gewicht nicht." Für jemanden, der frei fällt, ist die Gravitation aus der Umgebung verschwunden. EINSTEIN verallgemeinerte diese Überlegungen im *Äquivalenzprinzip: Die Vorgänge in beschleunigten Bezugssystemen und in Gravitationsfeldern sind einander äquivalent. Durch Messungen innerhalb eines Labors kann man nicht unterscheiden, ob sich dieses in einem Gravitationsfeld befindet oder aus einer anderen Ursache konstant beschleunigt wird.* Innerhalb kurzer Zeit konnte EINSTEIN weitreichende Folgerungen aus dem Äquivalenzprinzip ziehen. Ein Gedankenexperiment soll uns dies verdeutlichen:

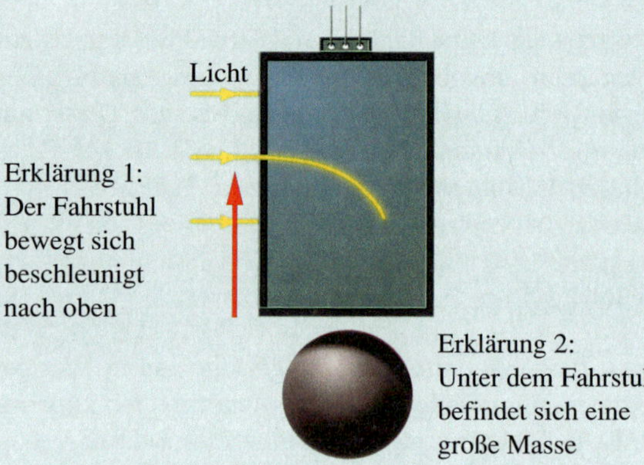

In einen Fahrstuhl tritt ein Lichtstrahl waagerecht ein. An der Fahrstuhlwand sieht man die parabelförmig nach unten gekrümmte Bahn des Lichtes. Dafür gibt es zwei Erklärungsmöglichkeiten. Naheliegend ist die Vermutung, dass der Fahrstuhl sich beschleunigt nach oben bewegt. Nach dem Äquivalenzprinzip kann man den gekrümmten Strahl auch so deuten, dass er von einem nach unten wirkenden Gravitationsfeld abgelenkt wird. Licht müsste sich wie ein Ball beim waagerechten Wurf verhalten. Der Ball wird auf seiner Bahn schneller. Analog dazu muss Licht, das im Gravitationsfeld senkrecht nach unten verläuft, seine Energie vergrößern. Die Geschwindigkeit des Lichts ist aber stets $300\,000\ \text{km} \cdot \text{s}^{-1}$. Das Licht ändert daher seine Farbe, wenn es im Gravitationsfeld nach unten „fällt". Aus rotem Licht wird so energiereicheres blaues Licht.
Eine weitere Folgerung war, dass Uhren, die sich in verschiedenen Höhen im Feld eines Zentralkörpers befinden, unterschiedlich schnell gehen.
Es dauerte aber noch mehrere Jahre, bis EINSTEIN 1915 Gleichungen fand, die das Gravitationsfeld korrekt beschreiben. Durch sie konnte auch die Periheldrehung des Merkur richtig berechnet werden.

Interessantes

Völlig losgelöst von der Erde ...

Wo endet die Erdanziehung?

Wenn Raumfahrer schwerelos durch ihre Kapsel schweben, sagt man häufig, sie haben das Schwerefeld der Erde verlassen und befinden sich im schwerefreien Raum. So weit brachte es jedoch noch kein Raumfahrer! Die Gravitationskraft der Erde reicht, wie wir wissen, ins Unendliche. Zudem gibt es noch die Anziehung durch die Sonne und den Mond. Für uns ist ein schwerefreier Raum nur in Gedanken erreichbar.

Einfacher wäre es, den schwerefreien Punkt zwischen Erde und Mond aufzusuchen, in dem sich die Gravitationskräfte beider Himmelskörper das Gleichgewicht halten. In ihm ist aber noch die Gravitationskraft der Sonne wirksam. Doch gibt es sicherlich Punkte, in denen sich die verschiedenen Gravitationskräfte aufheben. Dies ist gleichbedeutend mit echter Schwerelosigkeit – aber nur in einzelnen Punkten.

Ein Sprung, und die Schwerkraft verschwindet

Steige auf einen Tisch – oder den 3 m-Turm im Schwimmbad – und halte einen Stein ruhig in der Hand. Beim Sprung in die Tiefe spürst du dessen Gewichtskraft nicht mehr. Du fühlst auch dich selbst schwerefrei. Dabei ist es unwichtig, ob du sich senkrecht nach unten plumpsen lässt oder mit einem kühnen Anlauf abspringst. Für einen Beobachter in einem Inertialsystem ist die Beschreibung klar: Der Stein braucht seine ganze Gewichtskraft, um sich selbst zu beschleunigen. Er beschwert die Hand nicht.

Im nächsten Abschnitt → Interessantes werden wir sehen, wie EINSTEIN diese Überlegungen zum Ausgangspunkt seiner allgemeinen Relativitätstheorie nahm. Auch bei Gravitationsbewegungen auf Ellipsen, Parabeln und Hyperbeln sind die Insassen eines Raumschiffs in diesem Sinne schwerefrei. Es spielt keine Rolle, ob sie auf die Erde im freien ungehemmten Fall zustürzen, die Erde auf einer Kreisbahn umrunden oder sich auf einem Flug zum Mond befinden, falls sie den Raketenantrieb schon abgeschaltet haben.

Man kann diese Art der Schwerelosigkeit auf der Erde für einige Zeit simulieren, wenn man Flugzeuge auf Kepler-Ellipsen fliegen und den Luftwiderstand genau durch die Triebwerke ausgleichen lässt. Dabei muss man nicht nur die richtige Bahnkurve, sondern auch die zugehörigen Geschwindigkeiten und vor allem Beschleunigungen präzise einhalten.

Der Fallturm in Bremen → **B4** bietet eine andere Möglichkeit, Experimente praktisch ohne Schwere (Mikrogravitation) durchzuführen. In einer evakuierten Röhre können Fallkapseln 110 m weit frei fallen. Wurde die Kapsel vom Boden aus in die Höhe geschossen, so ist die Zeit der Schwerelosigkeit verdoppelt. Zunehmend werden Versuche zur „Mikrogravitation“, wie Kristallwachstum und das Verhalten von Flüssigkeiten, in Raumstationen durchgeführt, so z. B. bei der zweiten deutschen Spacelab-Mission D2.

B3 Ein frei schwebender Astronaut

V1 Eine Plastikflasche für Limonaden wird bis auf eine Luftblase mit Wasser gefüllt. Wirft man die Flasche hoch (und fängt sie auch wieder auf), so nimmt die Blase Kugelform an. Wie im Weltraum spielt hier der Wasserdruck während des Fluges keine Rolle, da das Wasser „schwerelos“ ist. Die Oberflächenkräfte sorgen dafür, dass sich die Kugelform einstellt.
Was erwartest du für die Bewegung der Blase, wenn die Flasche stark beschleunigt vorwärts bewegt wird?

B4 Der Fallturm von Bremen

Interessantes

Von ARISTOTELES bis EINSTEIN und HAWKING

Vom Mythos zur Wissenschaft

Seit Urzeiten ranken sich um das Geschehen am Himmel mythische Vorstellungen: Sonne und Mond werden bei ihrem Untergang im Westen von Ungeheuern verschlungen, müssen sich durch die Unterwelt kämpfen oder – wie bei den Azteken – durch Menschenblut am Leben gehalten werden.

Die Grundvorstellung der griechischen Kosmologie war folgende: Die Erde ruht im Zentrum der Welt und von hier aus steigt man auf zu immer höheren Sphären, bis man die Fixsternsphäre, als oberste und vollkommenste, erreicht. Diese Sphären in Kugelform wurden als ideale Gestalten mit vollendeter Symmetrie betrachtet. Aufgabe der Himmelsmechanik war es, die Bewegung der Gestirne auf gleichmäßige Kreisbewegungen zurückzuführen. Um die Bewegung der Sonne, des Mondes, der Planeten und der Fixsterne durch Bewegung auf Kreisen zu beschreiben, brauchte EUDOXOS, ein Schüler PLATOs, allerdings schon 27 ineinander gelagerte Hohlkugeln.

ARISTOTELES, der bedeutendste Schüler von PLATO, erweiterte diese Vorstellungen. Er begründete eine Bewegungslehre, die zwischen „natürlichen" und „gewaltsamen" Bewegungen unterscheidet. Den Himmelskörpern ordnete er als Substanz den „Äther" zu. Deren natürliche Bewegung ist die Kreisbewegung. Abweichungen vom einfachen Kreis wurden aber auch schon damals an der Schleifenbahn der Planeten beobachtet. Um die „geheiligten" Kreise zu retten, heftete der griechische Astronom PTOLEMÄUS (150 n. Chr.) die Planeten an Epizykel-Kreise (rot), deren Mittelpunkt M auf dem Trägerkreis (blau) weiterschreitet → B1. So konnte man gute Übereinstimmung mit den Beobachtungen durch Überlagerung von Kreisbahnen erzielen.

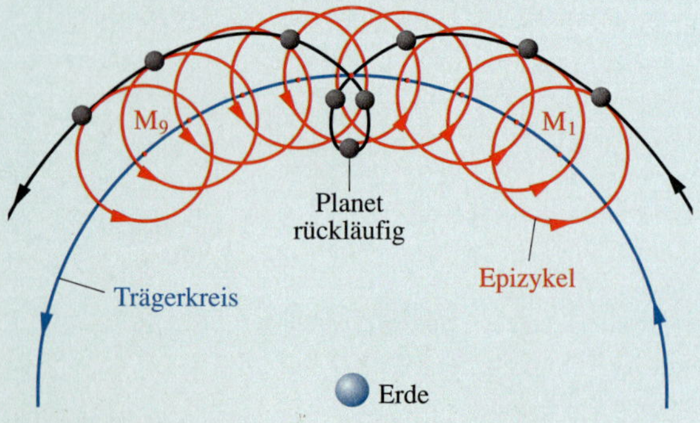

B1 Überlagerung von Kreisbahnen – die Epizykel-Theorie

Die Himmelsmechanik war aber streng getrennt von der irdischen Mechanik. Man sagte: Während am Himmel die immer gleichen, vollkommenen Kreisbewegungen stattfinden, beschrieben durch die Mathematik, gelten auf der Erde keine mathematischen Gesetze. Hier herrschen Werden und Vergehen, Geburt und Tod. Dementsprechend kommt auf der Erde auch jede Bewegung nach dem Wegfall des äußeren Antriebs zum Stillstand. Diese Vorstellungen konnten sich als Ersatz für das noch fehlende Gedankengebäude der Mechanik mehr als $1\frac{1}{2}$ Jahrtausende halten.

Die kopernikanische Wende

Nikolaus KOPERNIKUS (1473–1543), Domherr von Frauenburg in Ostpreußen, gab in seinem berühmten Werk *de revolutionibus orbium coelestium* (Über die Umdrehung der Himmelskreise) den geozentrischen Standpunkt auf. Er beließ aber noch die Kreisbahnen. Sein *heliozentrischer* Standpunkt war für die meisten Gelehrten und Theologen unannehmbar. Sie hielten seine Schrift nur für eine Neuauflage der Hypothesen, wie die des ARISTARCH VON SAMOS (280 v. Chr.). Dieser hatte als Erster die Vermutung ausgesprochen, Sonne und Fixsterne würden ruhen. Ihre Bewegung werde durch die Rotation der Erde um ihre eigene Achse vorgetäuscht. Neu an den Überlegungen von KOPERNIKUS war, dass durch die Erdbahn die Lage und Größe der Planetenbahnen bestimmt wurde. Der Weltraum wurde so zu einem ausmessbaren Raum.

Doch die Einwendungen gegen KOPERNIKUS waren groß und scheinbar berechtigt. Ein Gegenargument des genauen Beobachters Tycho BRAHE war: Wenn die Erde um die Sonne läuft, so müssen wir die Fixsterne im Abstand von einem halben Jahr von zwei weit entfernten Stellungen aus etwas gegeneinander verschoben sehen. Diese **Parallaxe** konnte jedoch wegen der großen Entfernung der Fixsterne erst im 19. Jahrhundert gemessen werden. Zu Zeiten von KOPERNIKUS aber fand man keine Fixsternparallaxe und hielt das heliozentrische Weltbild damit für widerlegt. Ohne Fernrohr waren damals keine genaueren Beobachtungen möglich. Dennoch war der Anstoß gegeben, Beweise für die neuen Auffassungen zu suchen.

GALILEI sucht Beweise mit dem Fernrohr

Galileo GALILEI (geb. 1564 in Pisa, gest. 1642 in Florenz) war eine außergewöhnlich imposante Persönlichkeit. Er beeindruckte die Menschen durch seine Phantasie, seinen Witz und die Gewalt seiner Sprache. Von seinem mächtigen Temperament ließ er sich aber dazu hinreißen, den Unverstand seiner einflussreichen Gegner bloßzustellen und so schaffte er sich gefährliche Feinde. Mit seinem Fernrohr sah er, dass der Planet Jupiter von Monden umkreist wird, also ein Planetensystem im Kleinen darstellt.

ARISTOTELES lehrte dagegen, dass etwas Bewegtes nicht selbst Zentrum von Bewegtem sein kann. Das Fernrohr zeigte GALILEI auch die Gebirge des Mondes. Dieser hat nicht die vollkommene Kugelgestalt, wie die Lehre des ARISTOTELES es verlangt. Mit diesen Argumenten und Beweisen trat er öffentlich in der Sprache des Volkes gegen das von der Kirche anerkannte *ptolemäisch-aristotelische* Weltbild auf.

GALILEI wurde der Ketzerei angeklagt und in Haft genommen. Er musste sich zum Widerruf der kopernikanischen Lehre verpflichten und erhielt Schreibverbot. Wie KOPERNIKUS hielt aber GALILEI noch an der Kreisbahn für die Planetenbewegung fest.

Erst KEPLER verlässt die Kreisbahn

Johannes KEPLER wurde 1571 in Weil der Stadt (Württemberg) geboren und starb 1630. Nach einem Theologiestudium wandte er sich der Astronomie zu. Dabei lernte er insgeheim die *kopernikanischen* Lehren kennen, und er wurde ein begeisterter Anhänger der Theorie. Er fühlte sich befreit von diesen hypothetischen Sphären, welche die Erde gleich Zwiebelschalen umgaben. Man war Bürger einer neuen, größeren Welt, in deren Mittelpunkt die strahlende, göttliche Sonne stand. Religiösen Ideen folgend suchte er in seinem Buch *Mysterium cosmographicum* (Geheimnisse des Weltbaus), die Verhältnisse der Planetenbahnradien in Übereinstimmung mit den Proportionen an den fünf regulären Körpern zu bringen. In *Harmonices Mundi* erforschte er die Geschwindigkeiten der Planeten im sonnennächsten und sonnenfernsten Punkt (Perihel und Aphel) und stellte fest, dass sie den Frequenzverhältnissen der Töne von Harmonien entsprechen. Nach einer höheren Harmonie strebte er Zeit seines Lebens. Im Gegensatz zu vielen anderen blieb er aber nicht bei diesen Gedanken stehen, sondern prüfte sie an möglichst genauem Beobachtungsmaterial. Deshalb zog er zu Tycho BRAHE nach Prag. In der *Astronomia nova* und der *Weltharmonik* schrieb er die nach ihm benannten Kepler-Gesetze nieder, die zu den ersten mathematisch formulierten, auf Beobachtung beruhenden Naturgesetzen gehören.

NEWTON sah Erde und Himmelskörper als Einheit an

Isaac NEWTON wurde etwa 100 Jahre nach GALILEI geboren. Er stellte nicht nur die Grundgesetze der Mechanik auf, sondern fand das Gravitationsgesetz und wandte die Grundgesetze auf die Bewegung der Himmelskörper an. Er konnte so die keplerschen Gesetze aus den Grundsätzen seiner Mechanik herleiten. Seine Auffassung, das Gewicht sei nichts weiter als eine allgemeine Massenanziehung, erntete lange Zeit Widerspruch und Spott.

In seinen *Philosophiae Naturalis Principia Mathematica* (sinngemäß übersetzt: Mathematische Grundlagen der Physik) fasste er die Grundlagen der Differential- und Integralrechnung zusammen und wandte sie dann auf die Mechanik des Massenpunktes, die Strömungslehre und die Planetenbewegung an. NEWTON fragte sich zudem, warum sich beliebige Körper gegenseitig anziehen, vor allem, wie diese Anziehungskraft bei den riesigen Entfernungen, die zwischen den Himmelskörpern bestehen, zustande kommt. Eine Antwort darauf lehnte er jedoch mit dem lateinischen Spruch *Hypotheses non fingo* („Hypothesen ersinne ich nicht“) ab.

NEWTONs Mechanik bewährte sich glänzend. So konnte aus Abweichungen des Planeten *Uranus* von der berechneten Bahn auf die Existenz eines unbekannten Planeten geschlossen werden. An der daraus berechneten Position fand man dann tatsächlich den Planeten *Neptun*. Unregelmäßigkeiten, die man bei der Bewegung von Saturn schon zu NEWTONS Zeiten fand, ließen Zweifel an der Stabilität des Sonnensystems aufkommen. Man fragte sich, ob nicht Gott von Zeit zu Zeit eingreifen müsse, sein Werk wieder in Ordnung zu bringen.

Der große französische Mathematiker LAPLACE konnte nach (heute nicht mehr als gültig anerkannten) Rechnungen seinem Kaiser Napoleon auf dessen Frage, ob Gott von Zeit zu Zeit eingreifen müsse, treuherzig antworten, „Sire, wir brauchen diese Hypothese nicht.“

Interessantes

Auch andere gekrönte Häupter sorgten sich um die Stabilität der Welt und damit auch ihres Herrschaftssystems. Oskar II. von Schweden stiftete 1885 einen ansehnlichen Preis für den Nachweis, dass die Planetenbahnen stabil sind. Zweifel daran waren aufgetreten, da Jupiter und Saturn Umlaufzeiten haben, die etwa im Verhältnis 5 : 2 stehen. Durch Resonanz könnten sich die schwachen Kraftwirkungen zwischen den Planeten aufschaukeln und zu radikal anderen Bahnen führen. Henry POINCARÉ (1854 – 1912) gewann schließlich diesen Preis. In seiner Arbeit zeigte er, dass es stabile und nichtstabile Bahnen gibt und dass in manchen Fällen eine beliebig kleine Störung ausreicht, um den Übergang von dem einen zum anderen Bahntyp zu verursachen. POINCARÉ wäre so beinahe zum Begründer der **Chaosforschung** geworden. Er beschreibt dies mit den Worten, „Es kann vorkommen, dass kleine Abweichungen in den Anfangsbedingungen schließlich große Unterschiede in den Phänomenen erzeugen. Ein kleiner Fehler zu Anfang wird später einen großen Fehler zur Folge haben. Vorhersagen werden unmöglich, und wir haben ein zufälliges Ergebnis."
Am Anfang des 20. Jahrhunderts beschäftigte noch eine kleine Unstimmigkeit Astronomen und Physiker: Der sonnennächste Punkt (Perihel) der Merkurbahn verschiebt sich um 0,1 Bogensekunden pro Bahnumlauf mehr, als NEWTONS Gravitationsgesetz vorhersagte.

EINSTEIN relativiert Raum und Zeit

1905 hatte A. EINSTEIN während seiner Arbeit beim Berner Patentamt die *spezielle Relativitätstheorie* entwickelt. Daraus ergaben sich weitreichende Veränderungen der Vorstellungen von Raum und Zeit. Dies hatte EINSTEIN aus zwei von ihm als fundamental erkannten Prinzipien hergeleitet, der *Konstanz der Lichtgeschwindigkeit* und dem *Relativitätsprinzip* (Die Naturgesetze nehmen in allen Inertialsystemen die gleiche Form an). Strecken, die man in Bewegungsrichtung bei einem anderen relativ zu sich bewegten System betrachtet, werden verkürzt gemessen. Für einen Beobachter in dem bewegten System haben sie ihre normale „Eigenlänge".
Die zeitliche Dauer eines Vorgangs ist relativ und wird ebenfalls von der Bewegung des Bezugssystems beeinflusst. Die Einbindung der Gravitation in seine Theorie ließ EINSTEIN viele Jahre keine Ruhe. Den Ansatz zur Lösung fand er aufgrund einer einfachen Überlegung, die mit seinen Worten wiedergegeben werden soll: „Ich saß auf meinem Sessel im Berner Patentamt, als mir plötzlich folgender Gedanke kam: Wenn sich eine Person im freien Fall befindet, dann spürt sie ihr eigenes Gewicht nicht." Für jemanden, der frei fällt, ist die Gravitation aus der Umgebung verschwunden. EINSTEIN verallgemeinerte diese Überlegungen im *Äquivalenzprinzip: Die Vorgänge in beschleunigten Bezugssystemen und in Gravitationsfeldern sind einander äquivalent. Durch Messungen innerhalb eines Labors kann man nicht unterscheiden, ob sich dieses in einem Gravitationsfeld befindet oder aus einer anderen Ursache konstant beschleunigt wird.* Innerhalb kurzer Zeit konnte EINSTEIN weitreichende Folgerungen aus dem Äquivalenzprinzip ziehen. Ein Gedankenexperiment soll uns dies verdeutlichen:

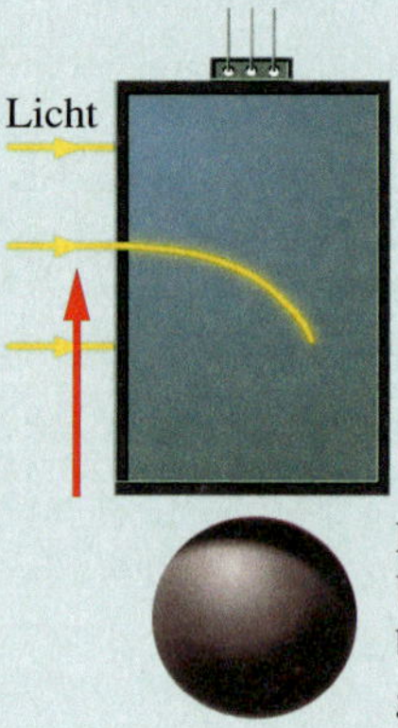

In einen Fahrstuhl tritt ein Lichtstrahl waagerecht ein. An der Fahrstuhlwand sieht man die parabelförmig nach unten gekrümmte Bahn des Lichtes. Dafür gibt es zwei Erklärungsmöglichkeiten. Naheliegend ist die Vermutung, dass der Fahrstuhl sich beschleunigt nach oben bewegt. Nach dem Äquivalenzprinzip kann man den gekrümmten Strahl auch so deuten, dass er von einem nach unten wirkenden Gravitationsfeld abgelenkt wird. Licht müsste sich wie ein Ball beim waagerechten Wurf verhalten. Der Ball wird auf seiner Bahn schneller. Analog dazu muss Licht, das im Gravitationsfeld senkrecht nach unten verläuft, seine Energie vergrößern. Die Geschwindigkeit des Lichts ist aber stets $300\,000 \text{ km} \cdot \text{s}^{-1}$. Das Licht ändert daher seine Farbe, wenn es im Gravitationsfeld nach unten „fällt". Aus rotem Licht wird so energiereicheres blaues Licht.
Eine weitere Folgerung war, dass Uhren, die sich in verschiedenen Höhen im Feld eines Zentralkörpers befinden, unterschiedlich schnell gehen.
Es dauerte aber noch mehrere Jahre, bis EINSTEIN 1915 Gleichungen fand, die das Gravitationsfeld korrekt beschreiben. Durch sie konnte auch die Periheldrehung des Merkur richtig berechnet werden.

All diese vorhergesagten Effekte sind in der Zwischenzeit direkt experimentell überprüft und bestätigt worden. REBKA und POUND zeigten 1965, dass die Energie von Strahlung größer wird, wenn die Strahlung auf einer Strecke von nur 20 m „herunterfällt". 1971 konnten HAFELE und KEATING mit sehr genauen Atomuhren in normalen Verkehrsflugzeugen die relativistischen Zeitänderungen aufgrund der Unterschiede im Gravitationsfeld nachweisen.

Schwarze Löcher

Nach der allgemeinen Relativitätstheorie von EINSTEIN sollte es *schwarze Löcher* geben. Durch einen Kollaps eines sehr massereichen Sterns entsteht dieses für uns völlig neuartige Gebilde. Aufgrund seines kleinen Radius und seiner großen Masse übt es eine ungeheuer starke Gravitationsanziehung aus. Licht und Materie können hineinfallen, aber es kommt nichts mehr heraus. Schon außerhalb eines solchen schwarzen Lochs wirken extrem große Gezeitenkräfte auf einen Körper. Bei einem schwarzen Loch mit der 10-fachen Sonnenmasse ziehen in 8000 km Entfernung bereits Kräfte mit der vierfachen Erdbeschleunigung an einem potenziellen Raumfahrer. In 3000 km Abstand wird er bereits mit 15 *g* auseinandergezogen. Spätestens hier kann man die Gezeitenkräfte nicht mehr aushalten. Sterne, die von einem schwarzen Loch zerrissen wurden, hat man bereits beobachten können. Sie gelten als indirekter Nachweis schwarzer Löcher.

EINSTEIN und andere Physiker lehnten die Existenz dieser Gebilde zuerst vehement ab. 1974 zeigte HAWKING, dass schwarze Löcher eine Strahlung aussenden müssen. Umkreisen sich zwei schwarze Löcher, so sollten von ihnen Gravitationswellen ausgehen. Der experimentelle Nachweis dieser Wellen ist das Ziel von neuen Versuchsanlagen. Der direkte Nachweis von Gravitationswellen ist bis heute noch nicht gelungen.

Stephen HAWKING

Zusammenfassung

Das ist wichtig

Newtonsches Gravitationsgesetz

Alle Körper üben aufeinander Gravitationskräfte aus. Zwei kugelsymmetrische Körper der Massen m und M, deren Mittelpunkte voneinander den Abstand r haben, ziehen sich gegenseitig mit der Gravitationskraft F an:

$$\boldsymbol{F} = \frac{\boldsymbol{\gamma m M}}{\boldsymbol{r^2}}.$$

Der Proportionalitätsfaktor im Gravitationsgesetz heißt Gravitationskonstante γ und hat den Wert

$$\gamma = 6{,}672 \cdot 10^{-11}\ \mathrm{m}^3 \cdot \mathrm{kg}^{-1} \cdot \mathrm{s}^{-2}.$$

Kepler-Gesetze

1 Trabanten bewegen sich auf Ellipsenbahnen, in deren einem Brennpunkt der Zentralkörper steht.

2 Der vom Zentralkörper zum Trabanten gezogene Fahrstrahl überstreicht in gleichen Zeiten Flächen mit gleichem Inhalt.

3 Die Quadrate der Umlaufdauern T_1 und T_2 zweier Trabanten um den gleichen Zentralkörper verhalten sich wie die dritten Potenzen der großen Halbachsen a_1 und a_2:

$$\frac{T_1^2}{T_2^2} = \frac{a_1^3}{a_2^3} \quad \text{oder} \quad \frac{a^3}{T^2} = C.$$

Lösungsstrategien für Aufgaben

1 Fliegen Trabanten bzw. Satelliten auf **Kreisbahnen**, so wird die zur Kreisbahn nötige Zentripetalkraft von der Gravitationskraft aufgebracht:

$$mv^2/r = \gamma m M/r^2.$$

Je nach Aufgabenstellung kann es sinnvoll sein, v durch $v = 2\pi r/T$ zu ersetzen (T: Umlaufdauer).
Stationäre Satelliten haben als Umlaufdauer einen Tag.

2 Aufgaben, die nach **Gravitationskraft** mg und Fallbeschleunigung g in Abhängigkeit von der Höhe h fragen. Es ist:

$$mg = \gamma m M/r^2.$$

3 Aufgaben über Trabanten auf **Ellipsenbahnen.** Hier kann das dritte Kepler-Gesetz zur Berechnung verwendet werden. Für die Geschwindigkeiten und Entfernungen im sonnennächsten Punkt (Perihel) und im sonnenfernsten Punkt (Aphel) gilt nach dem zweiten Kepler-Gesetz:

$$r_A \cdot v_A = r_P \cdot v_P \text{ und } r_A + r_P = 2a.$$

Druck

Das kannst du in diesem Kapitel erreichen:

Du lernst den Druck als physikalische Größe kennen und kannst ihn vom Begriff der Kraft abgrenzen.

Zwei Möglichkeiten, eine Flüssigkeit oder ein Gas unter Druck zu setzen, werden dir vorgestellt. Du bist in der Lage, den entstehenden Druck zu berechnen.

Du kennst den Zusammenhang zwischen Druck und Kraft und weißt, wie man damit Maschinen wie eine Hebebühne oder eine Presse konstruiert.

Du lernst, wie Druck und Volumen bei einem Gas zusammenhängen – ein wichtiges physikalisches Gesetz, das wir in einem späteren Kapitel noch vertiefen werden.

Insbesondere weißt du, welche Druckphänomene im Wasser und in der Luft auftreten.

Du lernst, warum und wann Körper schwimmen, schweben oder untergehen.

B1 Jede Hälfte der Klappbrücke wirkt wie ein Hebel, eine schwere Last nah an der Drehachse hält der anderen Seite das Gleichgewicht, auch beim Anheben. Den Antrieb dazu liefert ein Wassermotor. Das Wasser wird vorher in mehrere Speicher gepumpt. Bei sehr hohem Druck wird so die später für die Motoren benötigte Energie gespeichert.

B2 **a)** Hydraulische Heber liften eine 410 t schwere Schlagradmühle eines Kohlekraftwerks. Beachte die dünne Leitung im Bildausschnitt. Durch sie wird eine Flüssigkeit in den hydraulischen Heber gepumpt.
b) Angehoben lassen sich neue Federelemente einsetzen. Danach kann man die Heber wieder entfernen.

1. Zwei Prinzipien für das Tragen und Anheben

Bei der berühmten Londoner Tower Bridge → **B1** erkennen wir den zweiseitigen Hebel wieder – wie bei einer ungleich belasteten, aber im Gleichgewicht befindlichen Wippe. Um diese riesige, träge Konstruktion zu drehen, hätte man eine Kurbel mit Getriebe wählen können. Deren Prinzip verstehen wir schon mit unserem Wissen über einfache Maschinen und mit der goldenen Regel der Mechanik.

Die Konstrukteure im 19. Jahrhundert wählten stattdessen das Prinzip der **Hydraulik** (griech. *hydor:* Wasser, *aulos:* Rohr): Die vorgesehene Dampfmaschine drehte keine Räder, sondern pumpte Wasser durch Rohre in große zylindrische Speicher. Das Wasser presst dort die Luft mehr und mehr zusammen – so stark, dass ein Druck wie in 500 m Wassertiefe herrscht! Zum Hochklappen der Brückenhälften wird das Wasser mit großer Kraft durch Wassermotoren getrieben. Über ein Getriebe werden schließlich die Brückenflügel angehoben. Das geht so schnell, dass die Brücke innerhalb von einer Minute den Wasserweg für ein Schiff freigeben kann.

Mit Wasser (oder einer anderen Flüssigkeit) kann man nicht nur Motoren mit großer Kraft antreiben. In **hydraulischen Maschinen** lässt sich eine kleine Kraft auch in eine sehr große Kraft wandeln → **B2**. Es gibt zahlreiche Beispiele für solche Maschinen: Hebebühnen in Kfz-Werkstätten, die Servolenkung und die Bremse beim Auto, die Steuerung der Flügelklappen beim Flugzeug usw. Früher wurden auch Fahrstühle hydraulisch angetrieben, noch heute findet man einen Hydraulikantrieb im Eiffelturm.

Es gibt also außer Hebel und Flaschenzug Kraftwandler, die mit Flüssigkeiten arbeiten. Aber wie funktionieren solche Maschinen? Dies werden wir jetzt untersuchen.

2. „Druck" in Alltagssituationen und in der Physik

Im Alltag verwenden wir den Begriff „Druck" in vielen Zusammenhängen: Druck als erlebte Form des Stresses z.B. bei Klassenarbeiten, Druck durch Lehrer, Eltern oder Mitschüler. Linoldruck als künstlerische Form, Buch- bzw. Zeitungsdruck stehen für einen ganz anderen Aspekt des Begriffs.

In der Physik meinen wir etwas anderes: Taucher erfahren den Wasserdruck in der Tiefe. Im Alltag stoßen wir täglich auf Phänomene, die durch Druck verursacht werden. Schon das allmorgendliche Zähneputzen mit Wasser erinnert uns an den Druck in der Wasserleitung, ohne den nichts aus dem Hahn käme. Die Radfahrt zur Schule wird leichter, wenn der Reifendruck stimmt. Mit hohem Blutdruck steigt das Risiko für Erkrankungen. Bei Baggern steht die Arbeitsflüssigkeit unter Druck. Mit Schlauch, Zylinder und Kolben wird daraus die nötige Kraft für Schwerstarbeit erzeugt.

Auf vielen Türen, zum Beispiel in öffentlichen Gebäuden, steht „Drücken". Diese Aufforderung ist etwas ungenau, denn eigentlich üben wir eine Kraft auf die Tür aus. Was also ist Druck und was der Unterschied zwischen Druck und Kraft? Zur Klärung greifen wir auf, was wir bei Fahrradreifen, Bagger und Blutkreislauf der Menschen vorfinden: Sie haben als Gemeinsamkeit einen abgeschlossenen Behälter, der mit einer *Flüssigkeit* oder einem *Gas* gefüllt ist. Dabei beziehen wir uns nur auf solche Flüssigkeiten und Gase, die in Ruhe sind oder sich nur sehr langsam bewegen. Die Bremskraft, die eine schnell fließende Flüssigkeit in einem engen Schlauch erfährt, interessiert uns augenblicklich nicht.

3. Druckzustand in Flüssigkeiten

In → **V1** werden mit dem Finger verschiedene Körper berührt. Ein Holzklotz als fester Körper gibt die ausgeübte Kraft unverändert nach unten an seine Unterlage weiter. Ein Schwamm gibt deutlich nach, gibt aber dennoch die Kraft im Wesentlichen nach unten weiter. Bei Wasser gelingt dies nicht, es weicht aus. Auf eine Wasseroberfläche können wir also praktisch keine Kraft ausüben. Wir müssen das Wasser erst einsperren. Wenn wir in → **V2** eine Kraft auf den Kolben einwirken lassen, bewegt sich der Kolben nicht. Wasser lässt sich praktisch nicht zusammenpressen. Die Kraft auf den Kolben hat jetzt andere Folgen als bei einem festen Klotz.

In → **V3** zeigt ein spritzender Rundkolben, dass vom Wasser Kräfte auf alle begrenzenden Wandflächen ausgeübt werden. Die Kraft auf den Kolben wirkt sich also nicht nur in gleicher Richtung auf den Zylinderboden aus, sondern auf alle Begrenzungsflächen. Jede Wand übt dann eine Gegenkraft auf die Wasserfläche aus. Wo diese Gegenkraft fehlt – an den Öffnungen, fliegt das Wasser hinaus.

Durch die Kolbenkraft wird die Flüssigkeit in einen besonderen Zustand versetzt, einen **Druckzustand.** Genau das meint man in der Physik, wenn von **Druck** gesprochen wird. Als Folge dieses Drucks wirkt – wegen der leichten Verschiebbarkeit der Moleküle einer Flüssigkeit oder eines Gases – auf jede Begrenzungsfläche eine Kraft → **Vertiefung (nächste Seite).**

V1 Übe nacheinander auf einen Schaumstoffquader, einen Holzklotz und auf eine Wasseroberfläche mit dem Finger eine Kraft aus. Beim Holzklotz funktioniert es, aber bei der Wasseroberfläche scheitert der Versuch, weil das Wasser ausweicht: Man erfährt keine Gegenkraft.

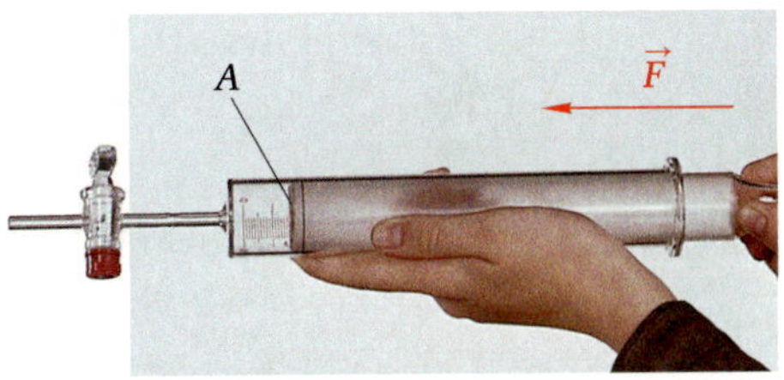

V2 Die Glasspritze ist mit Wasser gefüllt. Über den Kolben kann man eine Kraft auf die eingeschlossene Wassermenge ausüben. Die Kraft $\vec{F}$ wirkt jetzt im Bereich der ganzen Kolbenfläche A auf das Wasser ein. Die Wirkung der Kraft bleibt gering. Das Wasser lässt sich nur minimal zusammendrücken. Ist der Zylinder mit Luft gefüllt, lässt sich jetzt der Kolben mit der gleichen Kraft viel weiter hineinschieben.

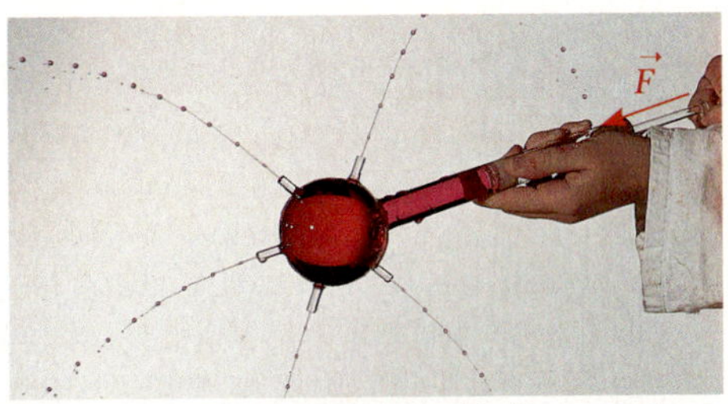

V3 Ein durchlöcherter Rundkolben wird mit Wasser gefüllt. Übt man mit dem Kolben eine Kraft auf das Wasser aus, so spritzt es in alle Richtungen, sogar nach hinten. Der Grund: Mit dem Kolben wird im Wasser ein Druck erzeugt. Das Wasser übt jetzt auf alle begrenzenden Wandflächen Kräfte aus. Wo die Wandfläche fehlt, also an den Öffnungen, spritzt das Wasser hinaus.

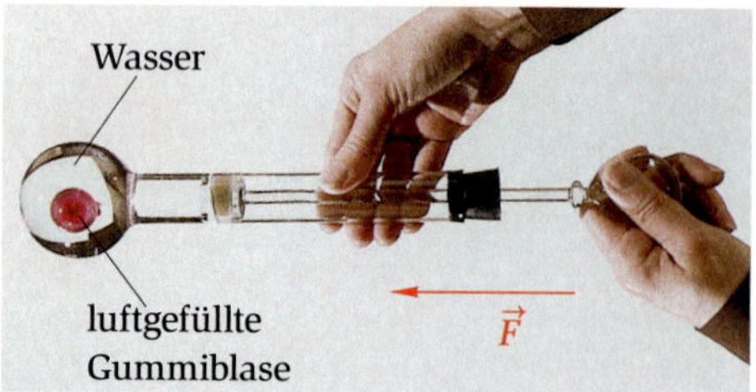

V1 **a)** Der Rundkolben enthält neben Wasser auch eine luftgefüllte Gummiblase. Nun wird der Kolben vorsichtig nach links geschoben. Die Luft in der Gummiblase wird zusammengedrückt. Die Gummiblase wird deshalb kleiner, bleibt aber rund. Dies zeigt, dass auf allen Seiten Kräfte entstanden sind, die jeweils senkrecht auf die Blasenhaut einwirken. **b)** Wiederholt man diesen Versuch mit einem luftgefüllten Rundkolben, so wird die Luftblase bei gleicher Kolbenkraft genauso zusammengedrückt.

4. Druck erzeugt Kräfte auch im Innern

Aber nicht nur auf Außenwände wirken solche Kräfte, vielmehr auch auf jede Fläche im Inneren. Dies zeigt eine luftgefüllte Gummiblase im wassergefüllten Rundkolben **→ V1a** . Die Kraft auf den Kolben erzeugt im Wasser Druck. Auf die Gummihaut wirken nun Kräfte, die Luftblase schrumpft, bleibt aber rund. Also erzeugt der Druck auch auf innen liegende Flächen Kräfte immer senkrecht zur Fläche.

Ersetzen wir in unseren Kolbenversuchen das Wasser durch Luft, ändert sich im Wesentlichen nichts. Auffällig ist aber, dass die Luft sich gut zusammendrücken lässt. Man muss den Kolben schon weit in den Zylinder schieben, bevor eine starke Gegenkraft spürbar wird **→ V1b** .

Merksatz

In einer eingeschlossenen Flüssigkeit oder Luftmenge wird durch eine Kraft auf einen Kolben Druck erzeugt. Als Folge des Drucks wirkt auf jede Fläche eine zu ihr senkrechte Kraft.

Vertiefung

Flüssig und gasförmig – Druck wird verständlich

Schon früher hast du dir Materie aus Teilchen bestehend vorgestellt. Dann müsstest du dir jetzt ein Bild von einem wassergefüllten Zylinder machen können. Du stellst dir reibungsfreie kleine Kugeln dicht an dicht vor. Sie sind anders als im festen Körper leicht gegeneinander verschiebbar. In **→ B1** wird dies mit Münzen nachgestellt. Der rechte Kolben übt (auf die Münzen) eine Kraft nach links aus. Jede Münze versucht, sich zwischen andere zu schieben und sie zur Seite zu drängen. So setzt sich die Wirkung der Kolbenkraft in alle Richtungen durch die Modellflüssigkeit fort. Die drei anderen Kolben werden nach außen bewegt – wie in der Realität beim Wasser.

Für Luft und andere Gase hast du das Teilchenmodell angepasst. Die Teilchen müssen jetzt unabhängig und ungeordnet durch den Raum schwirren, gegeneinander und gegen die Gefäßwände prallen, nie in ihrer Bewegung nachlassen. Wie in **→ B2** prallen sie immer wieder gegen jede Wand. Du verstehst so die auftretende Gegenkraft am verschiebbaren Kolben.

Drückt man den Kolben weiter hinein, so verkleinert sich das Volumen. Pro Volumeneinheit sind nun mehr Teilchen vorhanden, es finden häufiger Stöße gegen die Wände statt, die Teilchen üben eine größere Gegenkraft auf den Kolben aus – wie im realen Versuch.

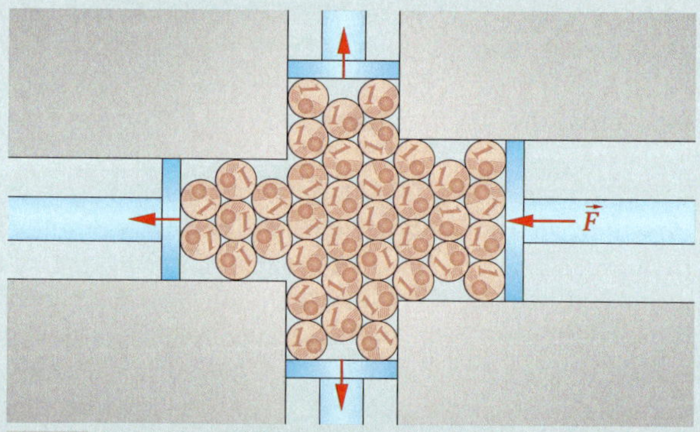

B1 Im „Wasser" liegen die Teilchen dicht, aber leicht verschiebbar. Gegenseitig quetschen sie sich in jede Lücke und an jede Wand.

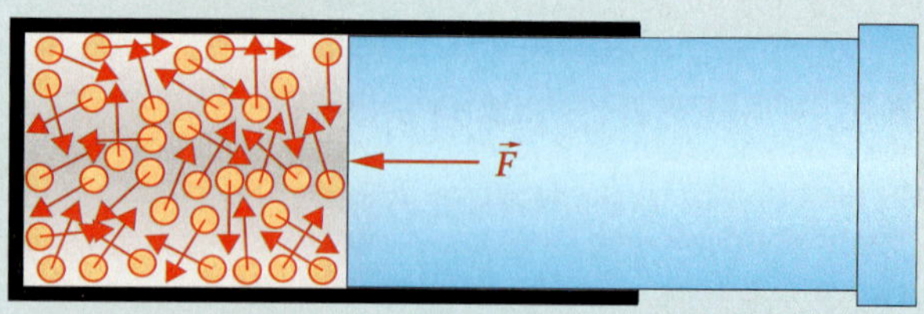

B2 In Luft schwirren die Teilchen frei herum und prallen immer wieder gegen jede sich anbietende Wand. Verkleinert man den „Spielraum", gibt es mehr Stöße auf die Wände, man spürt die größere Kraft am Kolben.

5. Die Messgröße Druck

Wenn du einen Reifen aufpumpst, spürst du eine Kraft am Pumpenkolben. Müsste nicht auf jedes Flächenstück der Reifendecke eine ebenso große Kraft einwirken? Dann müsste aber auf zwei dieser Flächenstücke zusammen eine größere Kraft wirken. Diese Überlegung wird von **→ V2** bestätigt: Auf den Kolben mit doppelter Querschnittsfläche wirkt die eingesperrte Luft mit der doppelten Kraft. Der Betrag F der auf die Fläche A wirkenden Kraft ist tatsächlich der Größe der Fläche A proportional. Es gilt Quotientengleichheit:

$$F_1/A_1 = F_2/A_2.$$

Wählen wir eine Flüssigkeit statt Luft, erhalten wir dasselbe Ergebnis, immer gilt bei konstantem Druck $F \sim A$ **→ B3**.

Vergrößert man in **→ V2** die Kraft auf Kolben 1, so wirkt auf den Kolben 2 ebenfalls eine größere Kraft. Es herrscht in den Zylindern nun ein höherer Druck. Wieder ergibt sich für die verbundenen Zylinder (mit also gleichem Druck) derselbe Quotient F/A, er hat jetzt aber einen größeren Wert.

Es ist daher sinnvoll, diesen Quotienten aus F und A als physikalische **Messgröße *p* für den Druck** zu definieren:

$p = F/A$ mit der Maßeinheit $1\ \text{N/m}^2 = 1\ \text{Pa}$.

Das Symbol p kommt von **p**ressure. Pa ist die Abkürzung für Pascal (nach Blaise PASCAL, franz. Physiker, um 1650).
Der Druck 1 Pa ist ein kleiner Druck. Große Druckwerte, etwa in Autoreifen, gibt man in Bar an: **1 bar = 100 000 Pa.**
Der Luftdruck wird in Hektopascal angegeben:
1 hPa = 100 Pa.

Merksatz

Wirkt ein Gas oder eine Flüssigkeit auf eine Wandfläche A mit der Kraft vom Betrag F, so sagen wir, es herrscht der Druck p. Für ihn gilt:

$$p = \frac{F}{A} \text{ mit der Einheit } 1\ \text{Pa} = 1\ \text{N/m}^2.$$

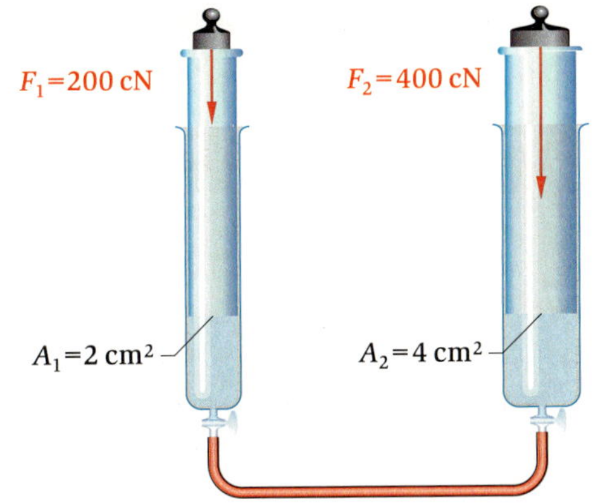

V2 Zwei mit einem Schlauch verbundene Zylinder sind mit Luft gefüllt. Auf den Kolben 1 (Querschnittsfläche A_1) wirkt die Kraft $\vec{F_1}$ ein. Gleichgewicht wird erzielt, wenn auf Kolben 2 mit $A_2 = 2A_1$ eine Kraft mit doppeltem Betrag $F_2 = 2F_1$ einwirkt.
Verdreifacht man die Kraft auf Kolben 1, so muss auf Kolben 2 das Doppelte dieser dreifachen Kraft einwirken, um Gleichgewicht zu erzielen. Auch jetzt gilt: $F_1/A_1 = F_2/A_2$.

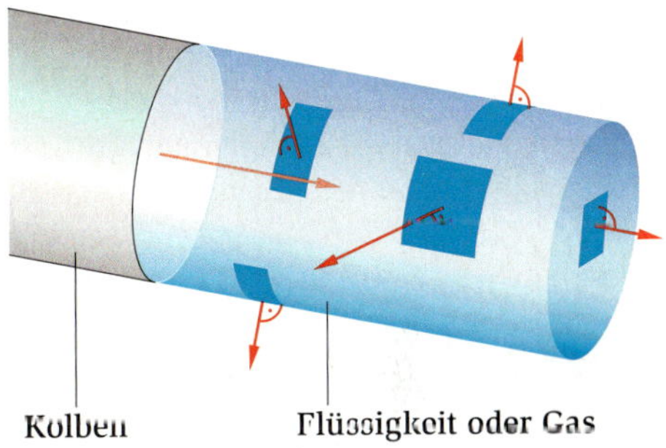

B3 Besteht Druck in einem Gas oder einer Flüssigkeit, so wirken auf die Wandflächen Kräfte ein. Diese stehen senkrecht zu den Wandflächen und sind der Größe der Fläche proportional.

Interessantes

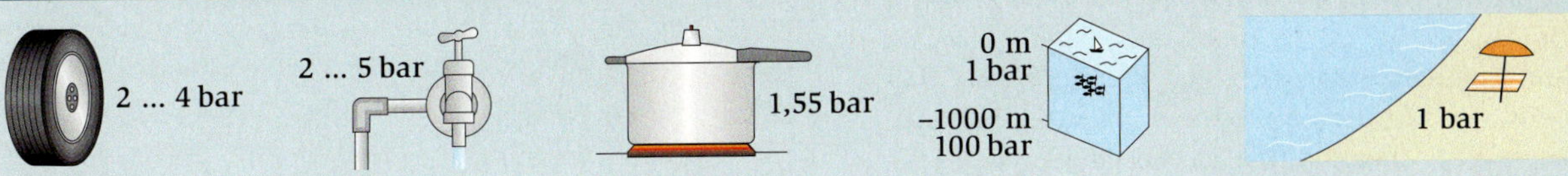

Überdruck und Luftdruck

Die meisten Manometer (Druckmesser) geben den Überdruck gegenüber dem äußeren Luftdruck an. Zeigt der Luftdruckprüfer beim Autoreifen 2 bar an, bedeutet das: Im Reifen ist der Druck um 2 bar größer als der Luftdruck von ca. 1 bar in der Umgebung, der absolute Reifendruck beträgt also 3 bar. Unser Körper ist dem Luftdruck von etwa 1 bar ausgesetzt. Davon merken wir aber nichts, weil das Innere unseres Körpers (auch die Lunge) unter dem gleichen Druck steht.

Hydraulische Maschinen

B1 Hydraulische Hebebühne

B2 Hydraulik und Stoßdämpfer eines Flugzeugfahrwerks

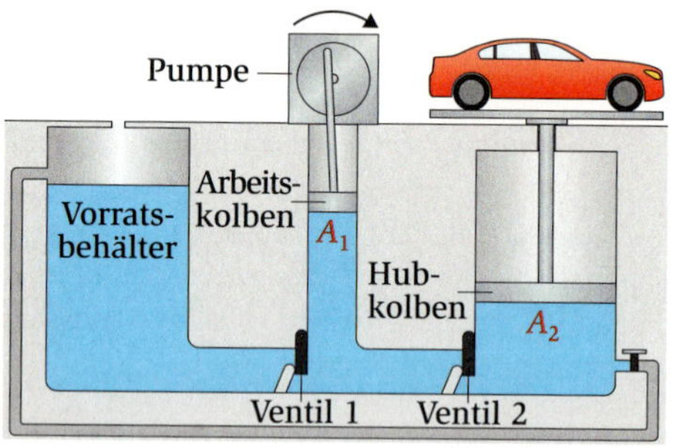

B3 Hauptbestandteile einer hydraulischen Hebebühne: Ein Vorratsgefäß für Öl, ein enger Arbeitskolben der Pumpe und ein weiter Hubkolben unter der Bühne. Der Auslasshahn wird zum Absenken betätigt.

1. Das Prinzip hydraulischer Maschinen

Starke Hebewerkzeuge → **B1** oder Fahrgestelle riesiger Flugzeuge → **B2** benötigen sehr große Kräfte. Hydraulische Maschinen helfen dabei. Bereits Ende des 18. Jahrhunderts nutzte man die Hydraulik für technische Anwendungen. Der englische Ingenieur Joseph BRAMAH erfand 1795 eine hydraulische Presse, die mit Druckwasser betrieben wurde. Sein Prinzip legte den Grundstein für viele weitere technische Produkte.

Hydraulische Maschinen funktionieren alle nach dem gleichen Prinzip. Verschiedene Zylinder sind mit Schläuchen verbunden. Im ganzen System treten bei gleichem Druck an allen gleich großen Flächen auch gleich große Kräfte auf. Der dünne Arbeitskolben einer Pumpe benötigt eine relativ kleine Kraft, am dicken Kolben wirkt die gewünschte große Kraft.

2. Die hydraulische Hebebühne braucht Ventile

In → **B3** ist das Schema einer Hebebühne dargestellt. Den Arbeitskolben mit kleiner Fläche A_1 schiebt man mit der Kraft vom Betrag F_1 in den Zylinder. Die Querschnittsfläche A_2 des Hubkolbens wählt man größer, z. B. 50-mal so groß. Dann ist die dort angreifende Kraft ebenfalls 50-mal so groß, also $F_2 = 50\ F_1$ → **Beispiel**.

Da man den Arbeitskolben immer wieder betätigen muss, ohne die Bühne zu senken, benötigt man Ventile und ein Vorratsgefäß. Senkt man den dünnen Kolben (links), so wird Ventil 1 geschlossen und Ventil 2 geöffnet; das Hydrauliköl fließt in den rechten Zylinder. Es bleibt dort, weil das Ventil 2 ein Zurückfließen verhindert. Beim Heben des Kolbens dagegen stehen die Ventile anders; dann fließt neues Öl aus dem Vorratsgefäß durch Ventil 1 in den Zylinder, die Flüssigkeitssäule im Vorratsgefäß nimmt ab. Der Vorgang kann nun viele Male wiederholt werden.

3. Hydraulische Maschinen und goldene Regel

Der Energieerhaltungssatz erlaubt nicht, dass Energie durch irgendeine Vorrichtung zum Heben von Gegenständen eingespart wird. Bei Hebel, loser Rolle und Flaschenzug fanden wir bestätigt: Was an Kraft eingespart wird, muss an Weg zugelegt werden.

Beispiel **Hubkolben**

Auf den Arbeitskolben in → **B3** wirkt eine Kraft vom Betrag $F_1 = 240$ N. Dessen Querschnitt ist $A_1 = 4\ \text{cm}^2$. Dann herrscht in der gesamten Flüssigkeit der Druck

$$p = \frac{F_1}{A_1} = \frac{240\ \text{N}}{4\ \text{cm}^2} = 60\frac{\text{N}}{\text{cm}^2} = 6\ \text{bar}.$$

Damit erfährt jeder beliebige Quadratzentimeter der Begrenzungsfläche eine Kraft vom Betrag 60 N. Dieses nutzt man beim Hubkolben mit der Querschnittsfläche $A_2 = 200\ \text{cm}^2$ aus. Er erfährt eine Kraft vom viel größeren Betrag

$$F_2 = p \cdot A_2 = 60\frac{\text{N}}{\text{cm}^2} \cdot 200\ \text{cm}^2 = 12\,000\ \text{N}.$$

F_1 wurde im Verhältnis 50 : 1, d. h. im Verhältnis der beiden Kolbenflächen zueinander verstärkt.

Genauer: Kräfte und Hubwege stehen im umgekehrten Verhältnis zueinander, d. h. die Arbeit, das Produkt aus Hubkraft und Hubweg bleibt bei Hebel und Flaschenzug gleich:

$$\frac{F_2}{F_1} = \frac{h_1}{h_2}, \text{ also } F_2 \cdot h_2 = F_1 \cdot h_1.$$

Bei den hydraulischen Maschinen (überall gleicher Druck) sind Kraft und Fläche proportional zueinander, also gilt dort:

$$p = \frac{F_2}{A_2} = \frac{F_1}{A_1}, \text{ bzw. } \frac{F_2}{F_1} = \frac{A_2}{A_1} \quad (1).$$

Nun bleibt beim Pumpen das Volumen $V = A \cdot h$ des Öls gleich groß. Im Arbeitskolben ist die Querschnittsfläche klein, im Hubkolben groß. Je größer die Querschnittsfläche des Kolbens ist, desto geringer wird aber die Höhe h bei demselben gepumpten Ölvolumen → **Beispiel**. Die Höhe verhält sich also wiederum umgekehrt proportional zur Querschnittsfläche:

$$V = A_1 \cdot h_1 = A_2 \cdot h_2, \text{ also } \frac{h_1}{h_2} = \frac{A_2}{A_1} \quad (2).$$

Aus den beiden Verhältnisgleichungen (1) und (2) folgt aber wie schon bei Hebel und Flaschenzug:

$$\frac{F_2}{F_1} = \frac{h_1}{h_2}$$

und damit die Gleichheit von zugeführter und abgenommener Arbeit. Auch der hydraulische Kraftwandler kann keine Energie einsparen. Das überrascht uns nun nicht mehr.

Merksatz

Eine hydraulische Maschine ist ein Kraftwandler. Die Wandlung erzeugt man mit unterschiedlich dicken Kolben in einem System mit eingeschlossener Flüssigkeit.
Auch bei einer hydraulischen Maschine gilt die „goldene Regel der Mechanik".

Beispiel **Hebebühne**

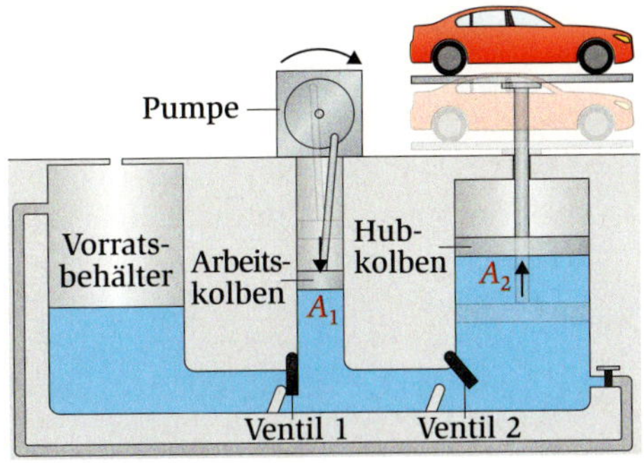

Die Hebebühne trage eine Last mit der Gewichtskraft 12 000 N (entsprechend m = 1200 kg). Der Kolben mit der Querschnittsfläche A_2 = 200 cm² soll um h_2 = 2 m angehoben werden.

a) Berechne das Flüssigkeitsvolumen, das dazu aus dem Vorratsbehälter in den rechten Zylinder gepumpt werden muss.

b) Berechne, wie oft man dazu einen Kolben mit der Fläche A_1 = 4 cm² um h_1 = 20 cm herunterdrücken muss.

Lösung:

a) Unter den Kolben mit der großen Fläche muss Flüssigkeit vom Volumen
$V_2 = A_2 \cdot h_2 = 200\ \text{cm}^2 \cdot 200\ \text{cm}$
$= 40\,000\ \text{cm}^3$ (40 l) gepumpt werden.

b) Mit einem Hub des Arbeitskolbens wird Flüssigkeit befördert mit
$V_1 = A_1 \cdot h_1 = 4\ \text{cm}^2 \cdot 20\ \text{cm} = 80\ \text{cm}^3$.
Für die benötigten 40 000 cm³ muss man den kleinen Kolben also 500-mal betätigen.

A1 **a)** Bei einer hydraulischen Hebebühne beträgt das Verhältnis der Kolbenflächen 1 : 60. Schätzt die Masse, die ein Pkw höchstens haben darf, damit ihr ihn durch Muskelkraft heben könnt.
b) Plant eine Hebebühne mit Hebel oder Flaschenzug. Bewertet Vor- und Nachteile der Apparate.

A2 Der kleine Arbeitskolben einer hydraulischen Hebebühne hat 5 cm² Querschnitt, der Hubkolben 500 cm².
a) Welche Kraft ist am ersten Kolben nötig, um einen Pkw (m = 1400 kg) zu heben? **b)** Der zweite Kolben soll sich um 1 m heben. Bestimme das Volumen der Flüssigkeit, die man zum zweiten Kolben pumpen muss. **c)** Wie oft muss sich dann der erste Kolben jeweils um 10 cm senken?

A3 Eine verstopfte Arterie kann der Chirurg in vielen Fällen mit einem Ballonkatheter weiten. Dieser wird über eine Arterie eingeführt und an der Engstelle mit bis zu 20 bar aufgepumpt. Danach sollte das Blut wieder fließen. Bestimme die Kraft, die auf jeden mm² der Gefäßwand wirkt.

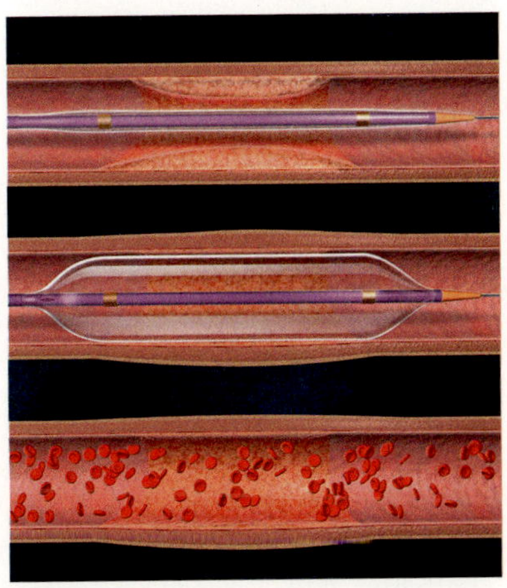

Methode

Lernen an Stationen: Kraft und Druck

Teilt eure Klasse in vier Gruppen auf (oder acht, wenn jede Station doppelt vorhanden ist). Jede Gruppe startet mit einer Station. Protokolliert die Ergebnisse. Nach festgelegter Zeit geht es eine Station weiter.

Station 1: Hebevortrichtung mit Besenstiel

Der Besenstiel aus Holz wird wie im Foto befestigt.

1. Bringt den gefüllten 10-l-Eimer durch entsprechende Haltekraft (weit außen) ins Gleichgewicht. Messt dann die Armlängen und die auftretenden Kräfte. Überprüft das Ergebnis mit dem Hebelgesetz.
2. Hebt den Eimer um z. B. 2,5 cm an und überprüft dann die „goldene Regel der Mechanik".

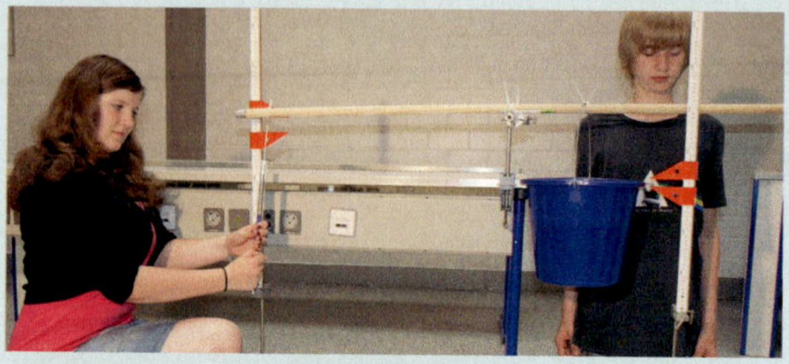

Station 2: Realer Flaschenzug

Ein mit Wasser oder Sand gefüllter Eimer wird unter die Decke gezogen. Vergleicht Kraft und Weg am Eimer mit Kraft und Weg am Seilende. Bestimmt die Kraft zunächst qualitativ am kleinen Finger dann quantitativ mit einem Kraftmesser

1. **a)** beim langsamen, gleichmäßigem Hochziehen,
   b) beim langsamen, gleichmäßigen Absenken.
2. Schätzt den Grad der Energieentwertung ab.

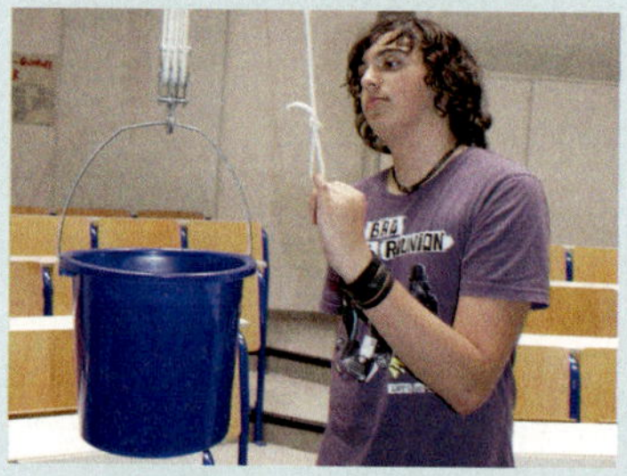

Hinweis:
Im Foto wird ein Flaschenzug mit drei festen und drei losen Rollen benutzt. Wichtig ist eine stabile Deckenbefestigung.

Station 3: Hebebühne mit Gasspritzen

Zwei Kolben unterschiedlicher Größe sind über einen Schlauch miteinander verbunden.
Benutzt den Dreiwegehahn, um den Kolben mit größerem Querschnitt (im Bild rechts 100 ml Gasspritze) etwa 8 cm anzuheben.

1. Bestimmt die benötigte Kraft am Arbeitskolben (hier Gasspritze mit 50 ml) zunächst theoretisch und prüft die Vermutung dann durch Auflegen von Wägestücken bis zum Gleichgewicht.
2. Überprüft die Einhaltung der „goldenen Regel der Mechanik".

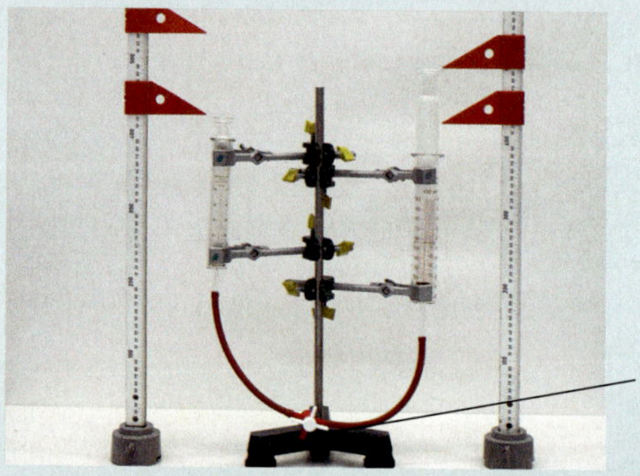

Station 4: Blutdruckmessung

Bei diesem Versuch benutzt ihr ein automatisches Blutdruckmessgerät. Beachtet die Messvorschrift.

1. Messt den Blutdruck in Herzhöhe (wie im Bild), bei hängendem und bei gehobenem Arm.
2. In der Medizin benutzt man noch die Einheit mmHg (Millimeter Quecksilbersäule).
   Rechnet die Messwerte in die Maßeinheit Pa um (1 mmHg ≙ 133,3 Pa).
3. Erläutert schriftlich die Funktionsweise des Messgerätes (Bedeutung der Manschette und der eingebauten Pumpe sowie – auch biologisch – die Bedeutung der verschiedenen Anzeigewerte. Nicht gemeint ist die Elektronik).

Physik und Technik

Hydraulische Bremse

Das Bild zeigt schematisch die Funktionsweise einer einfachen Scheibenbremse. Das Bremspedal wird mit zunehmender Kraft heruntergedrückt. Die mit einem Hebel verstärkte Kraft wirkt auf den Hauptbremszylinder, was einen höheren Druck in der Bremsflüssigkeit bewirkt. Dieser Druck herrscht im gesamten Bremsleitungssystem, also auch an den Radbremszylindern aller vier Räder. Die Kolben der Bremszylinder haben relativ große Flächen, sodass die Bremsbeläge mit großer Kraft gegen die Bremsscheiben gepresst werden.

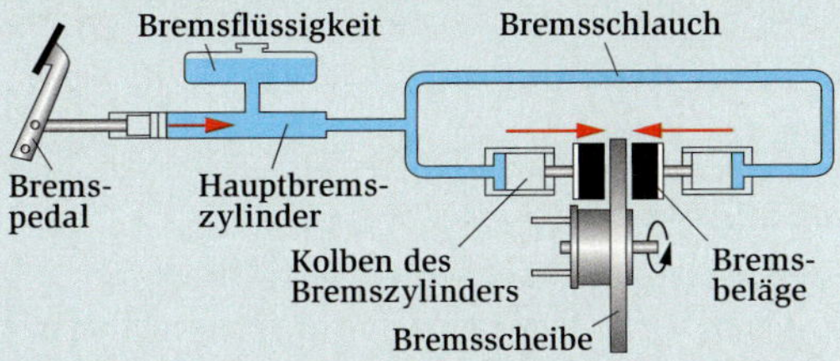

Rettungswerkzeuge

Die Feuerwehr wird oft zu schweren Unfällen gerufen. Nicht selten muss die verunglückte Person aus dem Fahrzeug befreit werden, da die Türen sich nicht mehr öffnen lassen. Da kann Muskelkraft nichts mehr ausrichten – nicht einmal mit Hebelkraft.

Man benötigt hydraulisch arbeitende Scheren oder Spreizer. Mit einem solchen Gerät können Kräfte von z.B. 500 kN auf die klemmenden Türen einwirken. Mit einer Schere lassen sich auch Autodächer an den Dachholmen abschneiden.

Projekt

Ein hydraulisches Hebekissen

Zur Bergung und Stabilisierung bei Erdbeben oder Unfällen werden oft sogenannte Hebekissen verwendet. Sie werden mit Luft betrieben. Eine Pumpe presst die Luft in das Kissen mit großer Auflagefläche.
Dadurch entsteht nach dem bekannten Prinzip wieder eine große Kraft auf das zu hebende Bauteil oder Fahrzeug. Zur Nachahmung nehmt eine Luftmatratze, eine Luftpumpe und ein Brett (z.B. 180 cm · 60 cm). Ziel ist, eine Person mit dem Brett anzuheben. Überprüft die dabei auftretenden Kräfte an Pumpe und Brett.

A1 Jemand sagt: „Pressluft überträgt eine bestimmte Kraft.“ Diese Aussage ist so nicht richtig. Finde eine korrekte Formulierung und begründe sie.

A2 Plant und baut selbstständig eine Personenwaage, die mit einem Druckmessgerät funktioniert. Als Waagefläche nehmt ihr z.B. ein aufblasbares Sitzkissen oder eine Wärmflasche.

A3 Ihr sollt eine Druckmessvorrichtung erfinden, mit der Wasserdruck in der Leitung gemessen werden kann. Vorhandene kommerzielle Druckmesser dürfen nicht verwendet werden.

A4 Mit dem Druck in der Wasserleitung (p = 2,5 bar) soll ein Fahrzeug (m = 5 t) um 2 m gehoben werden.

a) Bestimme den Querschnitt des benötigten Hubkolbens.

b) Berechne die zu pumpende Wassermenge.

A5 Die Scheibenbremsen eines Autos sollen mit F = 10 kN angepresst werden. Der Druck in der Bremsleitung erreicht 200 bar. Berechne die Fläche, die der Bremskolben haben muss.

A6 Könntest du die Öffnung eines Hydranten zuhalten? Recherchiere und berechne.

A7 Erdgasleitungen werden mit einer Wandstärke von 2 cm für einen Betriebsdruck bis zu 170 bar ausgelegt. Welche Kraft wirkt in der Leitung auf eine Begrenzungsfläche von 7 cm^2?

Der hydrostatische Druck

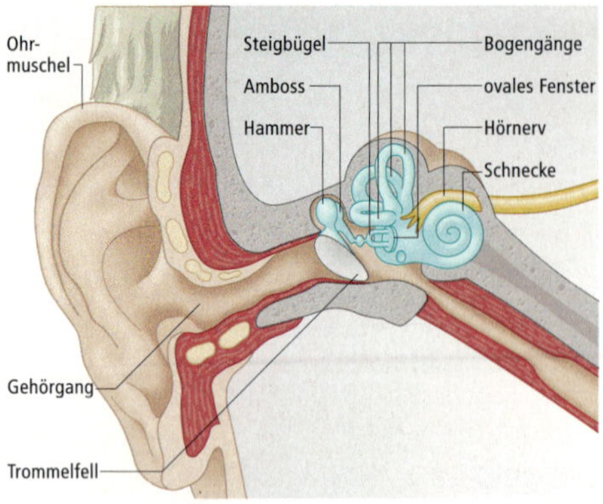

B1 Trommelfell im Ohr

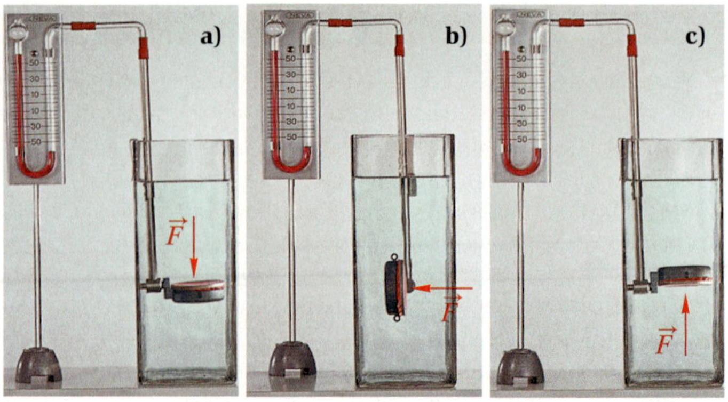

B2 **a)** bis **c)** zu → **V1** Drucksonde mit angeschlossenem U-Rohr

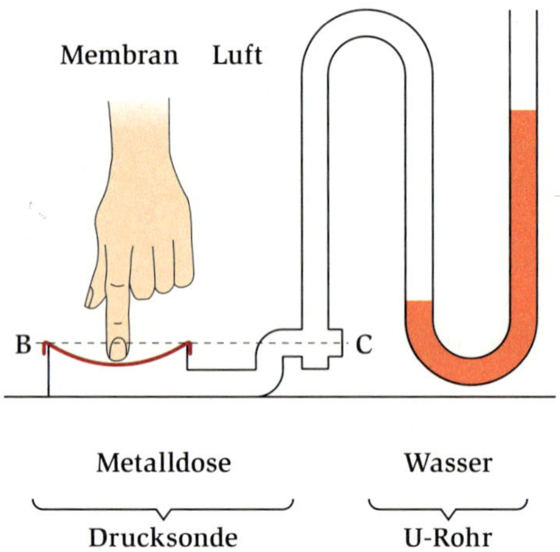

V1 Wir üben mit dem Finger eine Kraft senkrecht auf die Membran einer Drucksonde aus. Sie wird eingedrückt und verdrängt so Luft aus der Dose. Dadurch ändert sich der Stand des Wassers im U-Rohr. Je größer die ausgeübte Kraft ist, desto stärker ändert sich der Stand des Wassers im U-Rohr.

V2 **a)** Wir tauchen die Sonde in Wasser – zunächst mit der Membran nach oben → **B2a**. Am Wasser im U-Rohr ist zu erkennen, dass die Membran eine mit der Tiefe zunehmende Kraft erfährt.
b) In einer bestimmten Tiefe wird die Dose um die horizontale Achse BC gedreht. Die Gummimembran zeigt jetzt zur Seite → **B2b** oder nach unten → **B2c**. Dabei bleibt die Anzeige im U-Rohr gleich. Die Verformung findet immer senkrecht zur Membran statt.
c) Tauchen wir die Sonde in Spiritus, so wirkt in gleicher Tiefe eine kleinere Kraft auf die Membran als im Wasser.

1. Druck im Wasser – ohne Kolben

Beim Tauchen im Schwimmbad spürst du eine Kraft am Trommelfell → **B1**. Sie nimmt mit der Tiefe rasch zu. Zu Recht sagst du, dass du einen starken „Druck" spürst. So haben wir den Druck ja kennengelernt: Auf jede Grenzfläche wirkt eine zu ihr senkrecht stehende Kraft. Das Trommelfell ist eine solche Grenzfläche.

Welche Gesetzmäßigkeiten gelten für den Druck im Wasser? Woher kommt diesmal der Druck? Anders als bisher übt ja kein Kolben eine Kraft auf eingeschlossenes Wasser aus.

Wir gehen zunächst der ersten Frage nach und untersuchen den Druck mit einem einfachen Nachweisgerät für den Druck → **V1**, das als Sonde ein künstliches Trommelfell besitzt. Im Unterricht können wir ja nicht tauchen, wir müssen also eine ähnliche Situation im Experiment schaffen. In → **V2a** wird das Gerät (Membran nach oben) ins Wasser getaucht. Die Membran erfährt mit zunehmender Tiefe eine zunehmende Kraft. Der Druck nimmt also mit der Tiefe zu.

In → **V2b** nutzen wir aus, dass man die Grenzfläche in alle Richtungen drehen kann. Die Kraft auf sie – und damit der Druck – bleibt dabei gleich groß, wenn in gleicher Tiefe gemessen wird. Beobachten wir die Verformung der Membran sehr genau, zeigt sich auch hier, dass die Kraft in jeder Stellung senkrecht zur Membran wirkt. Das erwarten wir, wenn im Wasser ein Druckzustand nachgewiesen wird.

Einen solchen Druckzustand finden wir auch in anderen Flüssigkeiten → **V2c**. Allerdings ist der Druck in gleicher Tiefe bei unterschiedlichen Flüssigkeiten im Allgemeinen verschieden groß.

Merksatz

Schon im nicht eingesperrten Wasser herrscht ein Druck. Er zeigt sich an jeder Grenzfläche durch eine auf sie senkrecht wirkende Kraft. Es gilt:
- In gleicher Tiefe ist der Druck überall gleich groß.
- Je größer die Tiefe, desto größer ist der Druck.

2. Wie groß ist der Wasserdruck *p* in der Tiefe *h*?

Wenn der Druck im Wasser mit der Tiefe zunimmt, könnte es nicht sein, dass er von der Gewichtskraft der darüber lastenden Flüssigkeit herrührt? Damit wäre er sogar berechenbar.

→ **V3** zeigt eine Flüssigkeit in einem Glaszylinder. Wir vermuten, dass die von ihr gebildete Säule bis zur Tiefe h wie ein Kolben auf die Querschnittsfläche A wirkt. Der Kolben erzeugt an dieser Stelle einen Druck mit seiner eigenen Gewichtskraft. Also müssen wir diese bestimmen: Das Kolbenvolumen ist $V = A \cdot h$. Mit der Dichte ρ der Flüssigkeit finden wir die Masse $m = \rho \cdot V$ und die Gewichtskraft des Kolbens. Sie beträgt $G = m \cdot g = \rho \cdot A \cdot h \cdot g$. Hiermit wird an der unteren Kolbenfläche der Druck p erzeugt:

$$p = \frac{F}{A} = \frac{G}{A} = \frac{\rho \cdot A \cdot h \cdot g}{A} = \rho \cdot g \cdot h.$$

Dichte ρ und Ortsfaktor g sind Konstanten. Der Druck nimmt im Wasser also proportional zur Tiefe zu – in Übereinstimmung mit → **V3b**.

Die Gleichung für den Druck enthält den Ortsfaktor $g = 9{,}81\ \text{N/kg}$. In der Praxis ist manchmal eine andere Einheit bequemer:

$$g = \frac{9{,}81\ \text{N}}{1\ \text{kg}} = \frac{981\ \text{cN}}{1000\ \text{g}} = 0{,}981\ \frac{\text{cN}}{\text{g}} \approx 1\ \frac{\text{cN}}{\text{g}}$$

Im → **V3a** haben wir in 17,3 cm Wassertiefe für den Druck den Wert 17,3 hPa gemessen. Im → **Beispiel** kommen wir rechnerisch auf etwa den gleichen Wert. Unsere Modellrechnung und das experimentelle Ergebnis stimmen also gut überein. Der Druckzustand in einer Flüssigkeit wird demnach von ihrer eigenen Gewichtskraft bestimmt, er heißt deshalb **Schweredruck** oder **hydrostatischer Druck.**

3. Gleichgewicht in jeder Tiefe

Ob in einem geschlossenen Gefäß durch einen Kolben erzeugt oder hier durch die Gewichtskraft einer Flüssigkeitssäule, immer ist die wirkende Kraft zu jeder sich anbietenden Grenzfläche proportional. Hier können wir das so belegen:

$$F = G = m \cdot g = \rho \cdot V \cdot g = (\rho \cdot h \cdot g) \cdot A.$$

Warum weichen eigentlich die Teilchen unter der Last der Wassersäule über ihnen nicht zur Seite aus? Nun, auch seitlich auf gleicher Höhe herrscht ja derselbe Druck – die horizontal von dort wirkende Kraft ist also entgegengerichtet gleich groß → **B3**, das Wasser ruht. Der Schweredruck im ruhenden Wasser heißt auch **hydrostatischer Druck.**

Merksatz

In einer ruhenden Flüssigkeit herrscht ein Schweredruck, der sogenannte hydrostatische Druck. In der Tiefe h beträgt er:

$$p = \rho \cdot g \cdot h.$$

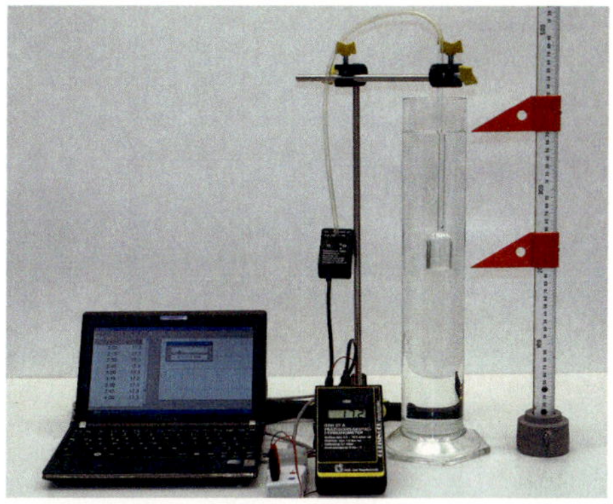

V3 **a)** Wir wollen den Druck im Wasser messen. Dazu senken wir ein unten offenes Glasrohr ins Wasser. Die Öffnung liegt im Bild 17,3 cm unter der Wasseroberfläche. Da die Luft im Rohr nicht entweichen kann, steigt das Wasser im Rohr kaum. Allerdings steigt der Druck in der Luft, wie ein Manometer bzw. Drucksensor anzeigt. Er ist genau so groß wie der Druck im Wasser an der Rohröffnung. Das Manometer zeigt 17,3 hPa an.
b) Der Ausgang des Manometers wird mit dem Computer verbunden, so können wir eine Messreihe schnell aufnehmen und grafisch darstellen. Die Messreihe zeigt, dass der Druck proportional zur Tiefe ist: $p \sim h$.

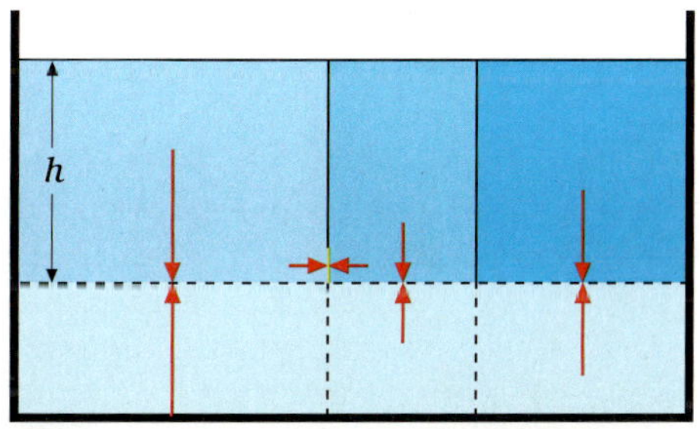

B3 In gleicher Tiefe h herrscht überall derselbe Druck. An jeder Grenzfläche entsteht deshalb ein Kräftegleichgewicht.

Beispiel **Druck und Wassertiefe**

Berechne den Druck in einer Wassertiefe von $h = 17{,}3$ cm.

Lösung: Der Druck in 17,3 cm Tiefe ist

$$p = \rho \cdot g \cdot h = 1\frac{\text{g}}{\text{cm}^3} \cdot 9{,}81\ \frac{\text{N}}{\text{kg}} \cdot 17{,}3\ \text{cm}$$

$$= 1\frac{\text{g}}{\text{cm}^3} \cdot 0{,}981\frac{\text{cN}}{\text{g}} \cdot 17{,}3\ \text{cm}$$

$$\approx 17\frac{\text{cN}}{\text{cm}^2} = 17\ \text{hPa}.$$

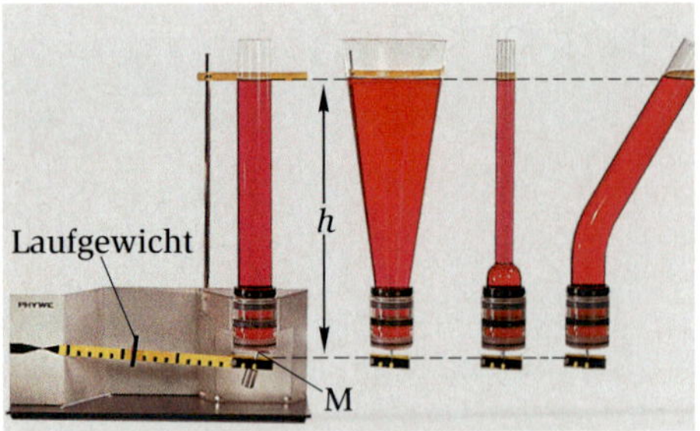

B1 Zum hydrostatischen Paradoxon: Der Druck am Boden ist unabhängig von der Gefäßform.

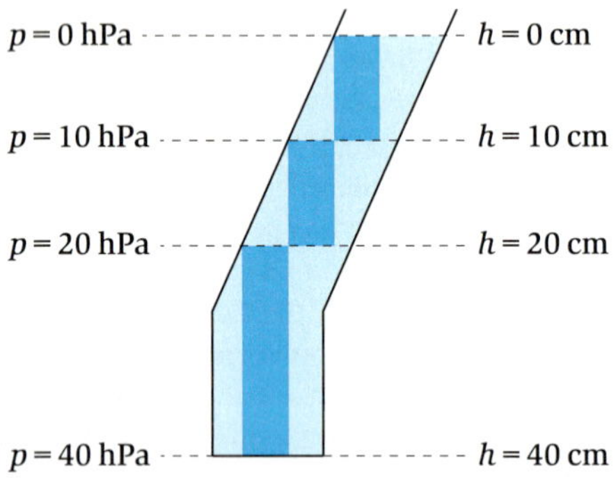

B2 Auf gleicher Höhe ist der Druck gleich groß, 10 cm tiefer ist er um 10 hPa größer. In 40 cm Tiefe beträgt er unabhängig von der Form des Gefäßes 40 hPa.

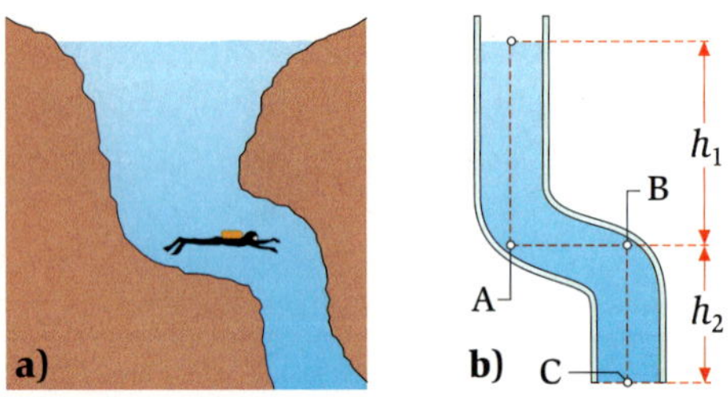

B3 Der Druck in C ist so groß, als ob über C eine Wassersäule mit $h = h_1 + h_2$ stünde.

4. Paradox und doch verständlich

Reicht unsere bisherige Erkenntnis aus, wenn wir in eine beliebig geformte Höhle abtauchen wollen? Das sollten wir untersuchen. Wir nehmen dazu verschieden geformte Glasgefäße mit gleicher Grundfläche. Unten verschließen wir sie durch eine Gummimembran. Jedes Gefäß wird nun bis zur selben Höhe h mit Wasser gefüllt → **B1**. Der Druck am Boden erzeugt eine Kraft auf die Membran, ihre Verformung wird durch einen Zeiger sichtbar. Der Druck am Boden nimmt wie erwartet mit der Füllhöhe zu.
Überraschenderweise ist er jedoch bei gleicher Füllhöhe unabhängig von der Form der Gefäße. Dass die Gewichtskraft der eingefüllten Flüssigkeit keine Rolle spielt, erscheint paradox. Man nennt dieses Phänomen deshalb **hydrostatisches Paradoxon.**

Ist das Phänomen wirklich widersprüchlich? In → **B2** sehen wir eingetauchte Rohre. Am Boden des obersten Rohres herrscht ein Druck von 10 hPa. Er wird von der Wassersäule im Rohr erzeugt. Links davon in gleicher Tiefe muss dann aber derselbe Druck bestehen. Wäre er kleiner, müsste Wasser aus dem Rohr nach unten zur Seite auslaufen und aufgestiegen von oben wieder in das Rohr einfließen. Die Flüssigkeit ruht aber. So argumentieren wir auch an den übrigen Rohren und deuten damit den Versuch in → **B1**.

5. Tauchen auch in seitlichen Höhlen

Für das Tauchen hat unsere Erkenntnis eine große Bedeutung. Ein Taucher, der in bestimmter Tiefe schwimmt → **B3**, stellt keine Druckunterschiede in der Horizontalen fest. Eine plötzliche Druckänderung beim Schwimmen in eine seitliche Höhle wäre fatal. Wie wir wissen, ändert sich der Schweredruck nur in vertikaler, nicht aber in horizontaler Richtung.

Merksatz

In einer ruhenden Flüssigkeit besteht in einer horizontalen Ebene gleicher Druck. Der hydrostatische Druck in einer Flüssigkeit ist unabhängig von der Gefäßform. Er hängt nur von der Tiefe h, von der Dichte ρ der Flüssigkeit und vom Ortsfaktor g ab.

Kompetenz – Analyse durch Kriterien

Mit welchen Argumenten konnten wir die Paradoxie auflösen?

- Der hydrostatische Druck entsteht durch die Gewichtskraft allein der Wassersäule über der betrachteten Fläche.
- Er hängt im Zylinder nur von der Tiefe h ab.
- Wasserteilchen sind leicht verschiebbar.
- In gleicher Tiefe ist der Druck deshalb überall gleich groß. Sonst würden die Wasserteilchen verschoben, bis er wieder gleich wäre.

Wie haben wir diese zum Vergleich wichtigen Prüfkriterien abgesichert?

- Wir haben das Wissen um den Kolbendruck und die Kenntnis der Gewichtskraft von Wasser zusammengeführt.
- Rechnung wie Versuchsreihe zeigten: $p \sim h$.
- Das Teilchenmodell hat sich wiederum bewährt.
- Druckdefinition (auf jede Fläche wirkt eine senkrecht zu ihr stehende Kraft), resultierende Kraft bei Druckdifferenz und Teilchenmodell liefern Gewissheit.

Der Staudamm

B4 Staumauer des Möhnesees

B5 Staumauer des Itaipú Stausees in Paraguay

Wie baut man einen Staudamm?

Der Schweredruck nimmt mit der Tiefe zu, auch deshalb wird eine Staumauer nach unten hin dicker gebaut, wie → B4 zeigt. Die Staumauer ist zusätzlich zum See hin gewölbt. Die 650 m lange und 40 m hohe Mauer des Möhnesees erfährt eine Gesamtkraft von etwa $5 \cdot 10^9$ N durch das Wasser.

Der Itaipú-Stausee ist ein Gemeinschaftsprojekt der südamerikanischen Länder Paraguay und Brasilien. Im Jahr 1991 wurde das riesige Bauwerk fertiggestellt. Die Abmessungen sind gewaltig: Eine fast 8 km lange und 196 m hohe Staumauer sammelt Wasser in einem 170 km langen See mit einer Oberfläche von 1350 km². Die Gesamtnennleistung der 20 Generatoren beträgt heute 14 000 MW.

A1 Berechne den Druck, der 10 cm unter der Oberfläche von Wasser, Alkohol bzw. Quecksilber besteht. Die Dichten findest du im Anhang.

A2 Beim tiefsten Tauchgang der Geschichte tauchte der Tiefseeforscher Jaques PICCARD am 23. 01. 1960 bis in 11 000 m Meerestiefe, $\rho = 1{,}02$ g/cm³.
Bestimme die dort wirkende Kraft auf 1 cm² Oberfläche der Tauchkugel.

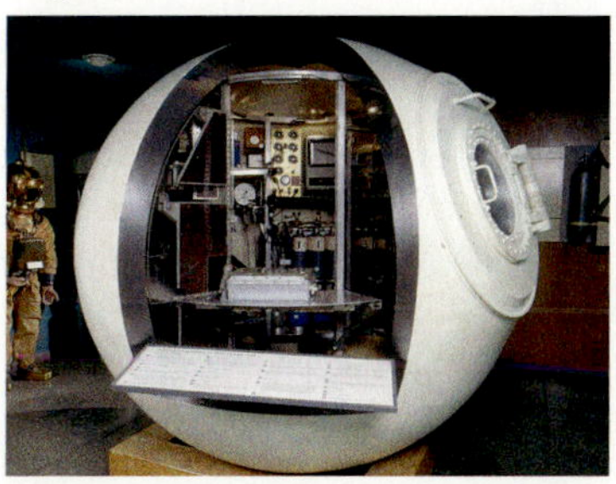

A3 Der Glaszylinder im linken Bild hat die Querschnittsfläche 25 cm², die Platte erfährt die Gewichtskraft 1 N.

a) Bestimme diejenige Eintauchtiefe, ab der die Platte nicht mehr abfällt.

b) Der Zylinder sei 20 cm eingetaucht. Bis zu welcher Höhe kann man Wasser (Alkohol) einfüllen, ohne dass die Platte abfällt?

c) Was ändert sich, wenn man die Anordnung rechts verwendet?

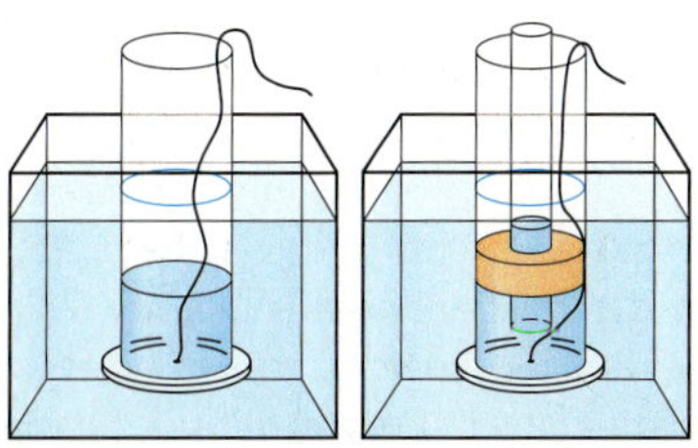

A4 Geben wir in eines der miteinander verbundenen Gefäße Wasser, so füllen sich die anderen, bis der Wasserspiegel überall gleich hoch steht.

a) Gib eine Begründung dafür.

b) Unsere Wasserversorgung besteht im Prinzip auch aus verbundenen Gefäßen. Früher gehörten Wassertürme dazu. Erkundige dich nach ihrem Aufbau und ihrer Funktion. Erkläre sie deiner Klasse.

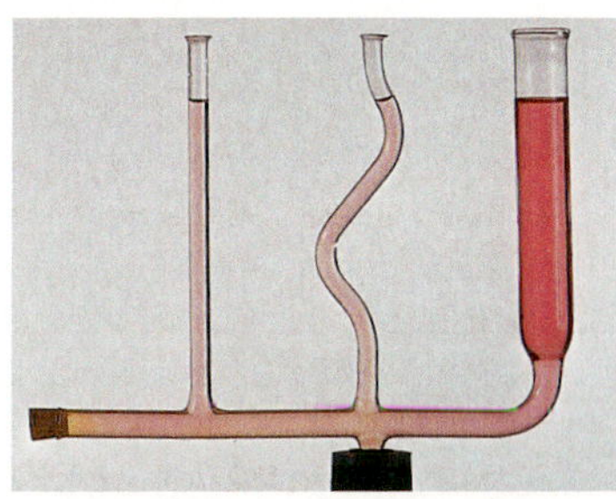

Der Auftrieb

Anstoß

A1 Kurz vor den Sommerferien ist Vorfreude angesagt: „In der Nordsee ist es leichter, ‚Toter Mann‘ zu spielen, als im Freibad“, sagt Nina zu ihrer Freundin. Tauscht darüber eure eigenen Erfahrungen aus. Diskutiert den Grund für die Erscheinung.

A2 Versuche, einen Plastikball unter Wasser zu drücken. Gehe dabei ganz langsam vor. Beschreibe deinen Mitschülern in kurzen Abständen, was du wahrnimmst. Lasse den Ball unter Wasser schließlich los.

B1 Unter Wasser gleitet der riesige Buckelwal wie schwerelos dahin. Eine Katastrophe für ihn, wenn er strandet.

1. Die Auftriebskraft macht unter Wasser alles leichter

Manche Körper gehen im Wasser unter, andere schwimmen, wiederum andere schweben – wie z. B. der massige Wal in → **B1**. Was lässt eingetauchte Körper also „leichter“ erscheinen? Wasser selbst schwebt in Wasser, das muss einen Grund haben. Auf die Begrenzungsflächen des Wasserquaders in → **B2** wirken Kräfte. Sie rühren vom Druck des umgebenden Wassers her. Die Resultierende der links und rechts angreifenden Kräfte hat den Betrag null. Vorn und hinten gilt das Gleiche. Über sie müssen wir nicht weiter nachdenken.

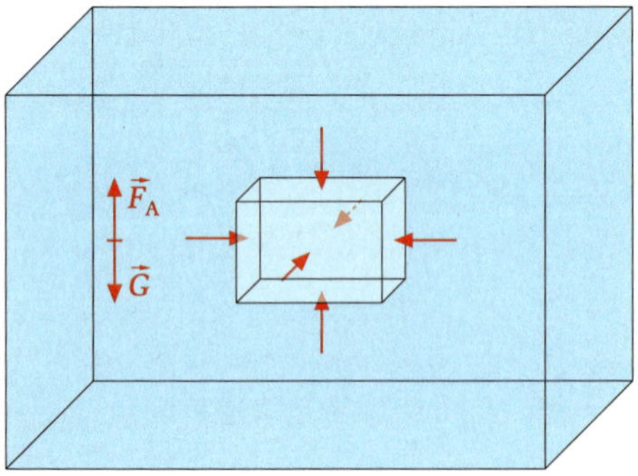

B2 Ein Wasserquader schwebt im ruhenden Wasser – nichts Ungewöhnliches. Die nach oben ziehende Auftriebskraft $\vec{F}_A$ muss also genau so groß sein wie die am Wasserquader nach unten ziehende Gewichtskraft $\vec{G}$.

Die am Quaderboden angreifende Kraft ist dagegen größer als die oben auf den Deckel wirkende Kraft. Der Druck nimmt ja mit der Tiefe zu. Diese beiden Kräfte bilden deshalb eine resultierende Kraft nach oben. Man nennt sie **Auftriebskraft** $\vec{F}_A$ oder auch **„Auftrieb“**. Sie ist gerade so groß, dass sie der am Wasserquader angreifenden Gewichtskraft das Gleichgewicht liefert. Der Wasserquader erfährt also insgesamt eine Auftriebskraft, die genau so groß ist wie seine Gewichtskraft!

Wir ersetzen nun in Gedanken den Wasserquader durch einen Kupferquader mit gleichen Abmessungen → **B3**. Die auf ihn vom Wasser her einwirkenden Kräfte sind die Gleichen wie in → **B2**. Das fand schon ARCHIMEDES vor mehr als tausend Jahren heraus (250 v. Chr.)! Wir wissen, dass sie ja vom umgebenden Wasser herrühren, nicht vom Kupferblock.
Die Auftriebskraft ist also geblieben, die Gewichtskraft jetzt aber größer. Das Gleichgewicht ist dahin, der Quader sinkt.

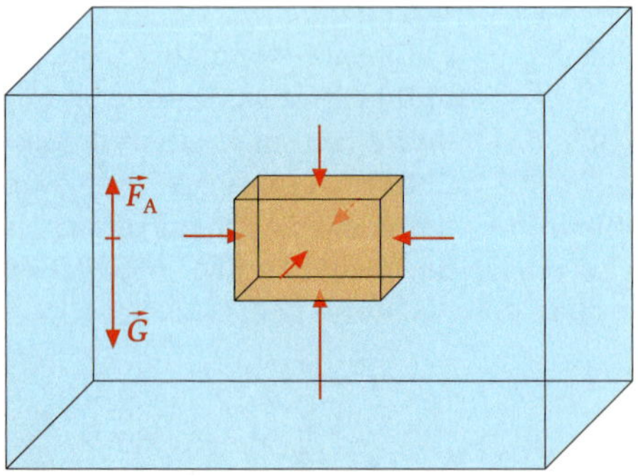

B3 An einem Kupferquader greifen bei gleichen Abmessungen und gleicher Position dieselben Druckkräfte an wie an dem Wasserquader in → **B2**. Deshalb ist die Auftriebskraft genau so groß wie dort. Allerdings ist die ihn nach unten ziehende Gewichtskraft hier größer. Der Kupferquader schwebt nicht im Wasser, er sinkt.

Merksatz

Ein in eine Flüssigkeit getauchter Körper erfährt eine Auftriebskraft $\vec{F}_A$, kurz Auftrieb genannt. Sie täuscht einen Verlust an Gewichtskraft vor.

Die Auftriebskraft ist so groß wie die Gewichtskraft der verdrängten Flüssigkeit **(Satz des Archimedes)**.

2. Der Satz des ARCHIMEDES auf dem Prüfstand

Durch reines Anwenden unserer bisherigen Erkenntnisse zum hydrostatischen Druck haben wir einen sehr einfachen Satz für die Auftriebskraft gefunden. Haben wir auch keinen Denkfehler gemacht? Wie immer in der Physik machen wir zur Überprüfung ein Experiment. In → V1a taucht ein zylindrischer Körper in Wasser ein. Durch die entstehende Auftriebskraft hebt sich die Waage auf seiner Seite.

Über dem massiven Zylinder hängt noch ein Hohlzylinder mit gleichem Volumen → V1b. Er wird nun randvoll mit Wasser gefüllt. Jetzt ist die Waage wieder im Gleichgewicht. Es stimmt also: Die nach oben gerichtete Auftriebskraft ist genau so groß, wie die nach unten gerichtete Gewichtskraft der Flüssigkeit gleichen Volumens. Wenn wir eine andere Flüssigkeit wählen, z. B. Spiritus, finden wir dasselbe Ergebnis.

3. Eine Formel für die Auftriebskraft

Zur Berechnung der Auftriebskraft benötigen wir nach unseren Ergebnissen also nur zwei Informationen:

- Welches Volumen V_K hat der eingetauchte Teil des Körpers? Dies ist bei Quadern besonders einfach zu ermitteln.
- Wie groß ist die Dichte ρ_{Fl} der Flüssigkeit? Dazu müssen wir die Flüssigkeit kennen. Dann können wir ihre Dichte in einer Tabelle nachschlagen (oder selbst ermitteln).

Damit berechnen wir dann:

$$F_A = G_{Fl} = m_{Fl} \cdot g = \rho_{Fl} \cdot V_{Fl} \cdot g = \rho_{Fl} \cdot V_K \cdot g.$$

Beispiel → B4: Das Volumen des getauchten Teilquaders beträgt $V_K = 40\ \text{cm}^3$. So viel Wasser mit der Dichte $\rho_W = 1\ \text{g/cm}^3$ wird auch verdrängt. Die Auftriebskraft beträgt also:

$$F_A = \rho_W \cdot V_K \cdot g = 1\ \frac{\text{g}}{\text{cm}^3} \cdot 40\ \text{cm}^3 \cdot 1\ \frac{\text{cN}}{\text{g}} = 40\ \text{cN}.$$

Der Kraftmesser muss deshalb nur noch 30 cN als Anteil der gesamten Gewichtskraft von 70 cN aufbringen.

Merksatz

Der Auftrieb entsteht allein dadurch, dass der Schweredruck mit der Tiefe zunimmt. Für den Betrag der Auftriebskraft gilt:

$$F_A = \rho_{Fl} \cdot V_K \cdot g.$$

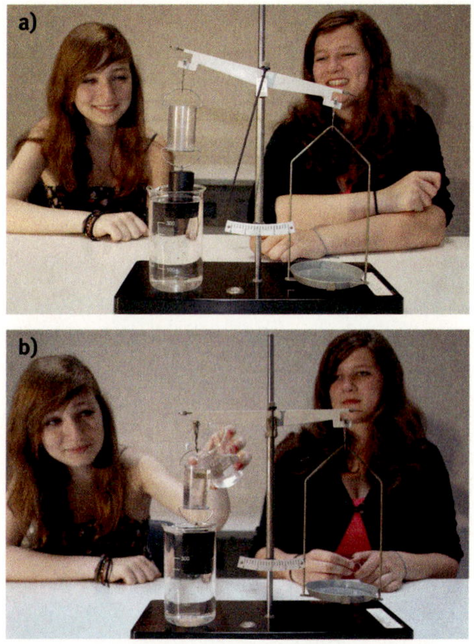

V1 a) Die Waage gerät mehr und mehr aus dem Gleichgewicht, wenn der zylindrische Körper langsam untertaucht.
b) Füllt man soviel Wasser in den oberen Hohlzylinder, wie es dem Volumen des untergetauchten Zylinders entspricht, so ist die Waage wieder im Gleichgewicht.

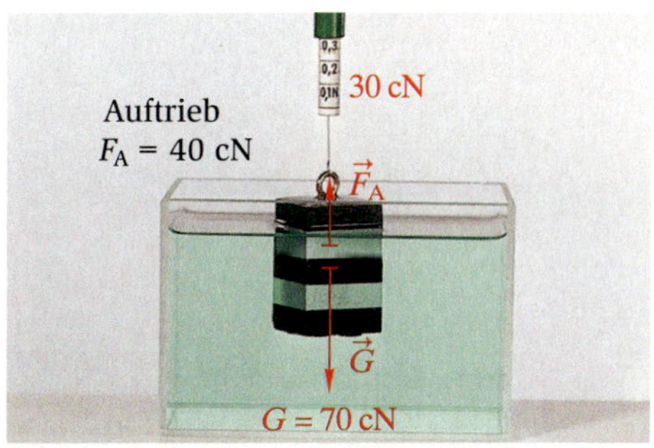

B4 Der Quader hat eine Grundfläche von $A = 10\ \text{cm}^2$. Jede Schicht hat eine Höhe von 1 cm. Die Gewichtskraft beträgt 70 cN. Die schon eingetauchten $40\ \text{cm}^3$ erfahren einen Auftrieb von 40 cN.

A1 Ein Quader aus Messing ($V = 81\ \text{cm}^3$, $\rho = 8{,}3\ \text{g/cm}^3$) wird vollständig in Spiritus getaucht. Bestimme die Kraft, die den Quader „erleichtert".

A2 Ein massiver Aluminiumquader ($\rho = 2{,}7\ \text{g/cm}^3$) hat eine Querschnittsfläche von $20\ \text{cm}^2$ und ist 9 cm hoch. **a)** Wie groß ist der Auftrieb, wenn er 3 cm, 6 cm bzw. vollständig in Wasser eingetaucht ist? **b)** Was zeigt ein Federkraftmesser jeweils an, an dem er wie in → B4 hängt?

A3 Ein Quader mit der Grundfläche $36\ \text{cm}^2$ und der Höhe 5 cm wird in Wasser eingetaucht. **a)** Diskutiere den Vorgang. **b)** Zeichne ein Diagramm, in dem die Auftriebskraft gegen die Eintauchtiefe (bis 10 cm) aufgetragen ist.

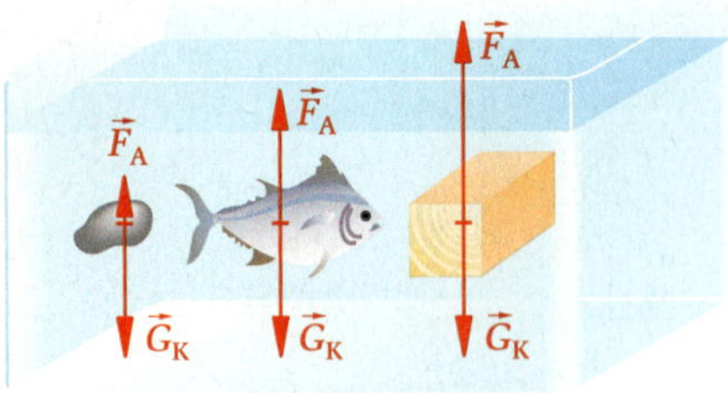

sinkt schwebt taucht auf

B1 Sinken (Gewichtskraft größer als Auftrieb), Schweben (Gewichtskraft und Auftrieb gleich groß), Steigen (Auftrieb größer als Gewichtskraft)

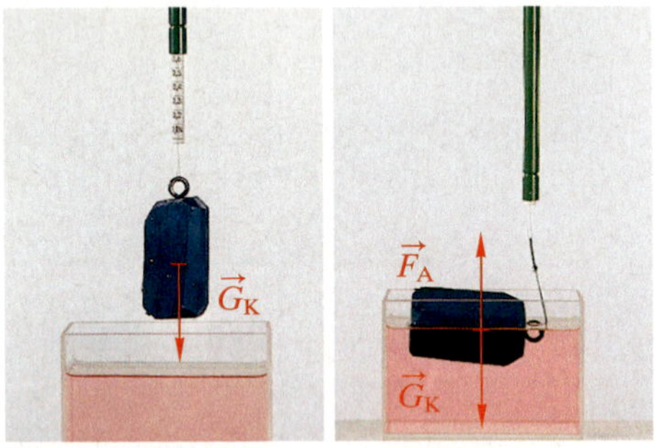

V1 Ein Körper aus Holz taucht so weit ein, bis seine Gewichtskraft durch die Auftriebskraft ausgeglichen ist: Er schwimmt. Die Anzeige des Kraftmessers geht auf null zurück: $G_K = F_A$. Drücken wir den schwimmenden Körper etwas tiefer, so erhöhen wir die Auftriebskraft. Ziehen wir den Körper etwas hoch, vermindern wir F_A. Lassen wir los, so kommt der Körper immer in dieselbe Gleichgewichtslage.

V2 Auf einer Waage wird ein Überlaufgefäß randvoll mit Wasser gefüllt und die Waage austariert. Dann taucht man in das Gefäß einen Körper ein, der schließlich schwimmt. Er belastet durch seine Gewichtskraft die Waagschale zusätzlich, dagegen nicht mehr den Kraftmesser. Ist jedoch die verdrängte Wassermenge abgeflossen, geht die Waage wieder ins Gleichgewicht. Es gilt: $G_{Fl} = G_K$.

4. Sinken, Schweben, Steigen

Körper, die leichter als Wasser sind, schwimmen. Sie ragen also mit einem Teil ihres Körpers aus dem Wasser – wie ein Schiff. Die physikalische Größe Dichte beschreibt es genau: Körper, deren mittlere Dichte kleiner ist als die des Wassers, schwimmen. Das verstehen wir mittlerweile, denn:

- Wasser schwebt in Wasser, die Dichte ist dieselbe. Auftriebskraft und Gewichtskraft sind gleich groß. Der Fisch in **→ B1** hat die gleiche mittlere Dichte wie Wasser, er schwebt ebenfalls.
- Ein Stein hat eine größere Dichte als Wasser. Die auf ihn wirkende Gewichtskraft ist größer als die vom Wasser ausgeübte Auftriebskraft – der Stein sinkt.
- Der Holzklotz hat eine kleinere Dichte als Wasser, die Gewichtskraft ist hier kleiner als die Auftriebskraft. Er steigt auf und schwimmt schließlich an der Oberfläche.

Dies notieren wir in der folgenden Übersicht:

	Sinken	Schweben (beliebige Tiefe)	Steigen
Vergleich der Kräfte	$G_K > F_A$	$G_K = F_A$	$G_K < F_A$
Vergleich der Dichten	$\rho_K > \rho_{Fl}$	$\rho_K = \rho_{Fl}$	$\rho_K < \rho_{Fl}$

Die letzte Zeile folgt aus der Berechnung der Gewichtskraft des getauchten Körpers und der schon hergeleiteten Formel für die Auftriebskraft:

$$G_K = \rho_K \cdot V_K \cdot g \text{ und } F_A = \rho_{Fl} \cdot V_K \cdot g.$$

Aus dem Vergleich folgt $G_K = F_A$ genau dann, wenn $\rho_K = \rho_{Fl}$. Die anderen Bedingungen der Tabellen folgen ebenso.

5. Auch beim Schwimmen gilt der Satz des Archimedes

Wie weit steigt nun ein Körper auf, wenn er eine kleinere Dichte als Wasser hat? Nun, dies regelt sich selbst **→ V1**. Sobald ein Teil des Körpers aus dem Wasser ragt, wird die Auftriebskraft kleiner. Das Auftauchen ist beendet, wenn die verbleibende Auftriebskraft nicht mehr größer ist als die Gewichtskraft, sondern ihr das Gleichgewicht hält ($G_K = F_A$).
Nach dem Satz des Archimedes ist die Auftriebskraft nun ihrerseits wieder so groß wie die Gewichtskraft der verdrängten Flüssigkeit ($F_A = G_{Fl}$). Also ist für einen schwimmenden Körper $G_{Fl} = G_K$ **→ V2**.
Dabei ist zu beachten, dass für den Auftrieb nur das in die Flüssigkeit eintauchende Volumen des Körpers maßgebend ist. Dieses ist kleiner als das ganze Volumen V des Körpers.

Merksatz

Ein Körper schwimmt in einer Flüssigkeit, wenn seine mittlere Dichte kleiner als die der Flüssigkeit ist.
Ein schwimmender Körper taucht so tief ein, dass die Gewichtskraft der verdrängten Flüssigkeit und die Gewichtskraft des Körpers gleich groß sind: $G_{Fl} = G_K$.

Interessantes

Vom Schwimmen und Schweben

A. Baden im Toten Meer

Ohne Schwimmbewegungen geht ein Mensch (ρ = 1,02 g/cm^3) in Süßwasser unter, nicht dagegen im Toten Meer. Dort hat das Wasser wegen des hohen Salzgehaltes eine größere Dichte als ein Mensch.

B. Schiffe aus Eisen schwimmen

für Süßwasser: Tropen (TF) und Sommer (F);
für Salzwasser: Tropen (T), Sommer (S), Winter (W)

Ein Schiff aus Eisen schwimmt, weil durch die großen **luftgefüllten Hohlräume** die mittlere Dichte des Schiffes kleiner als die des Wassers ist. Hochseeschiffe tragen sogenannte Freibordmarken an ihrer Außenwand. Sie geben an, wie tief ein Schiff in einzelnen Gewässern maximal eintauchen darf.

C. Der ferngesteuerte Taucher

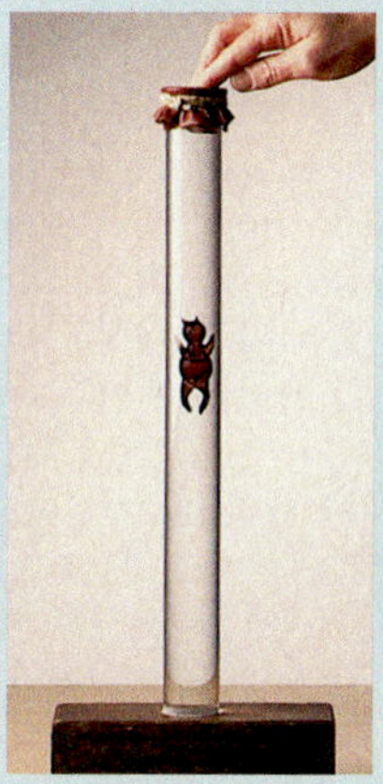

In einem randvoll mit Wasser gefüllten Glaszylinder schwimmt ein luftgefüllter, unten offener Glaskörper in der Form eines Teufelchens. Pressen wir die Gummihaut herunter, so sinkt die Figur. Mit steigendem Wasserdruck nimmt nämlich das Gasvolumen im Glaskörper ab. Er verdrängt weniger Wasser, und seine Auftriebskraft wird kleiner. Je nach dem erzeugten Druck sinkt, schwebt oder steigt das Teufelchen.

D. Das Seepferdchen

Sein Kopf ähnelt dem eines Pferdes, daher hat dieser Fisch seinen Namen. Wegen seiner grazilen Tänze ist es sehr beliebt. Es schwebt unter Wasser, dazu muss es eine mittlere Dichte haben, die der des Meerwassers entspricht. Als Ausgleich für das dichtere Gewebe dient eine luftgefüllte **Schwimmblase** – wie bei vielen Fischen. Das Weibchen legt Eier, die vom Männchen in einer Tasche ausgebrütet werden. Wenn er die kleinen Seepferdchen herauspresst, steigen sie schnell an die Wasseroberfläche und nehmen einmalig Luft für ihre Schwimmblase auf.

A1 Ein Quader ($a = b = 1{,}5$ m; $c = 2{,}5$ m) liegt im Wasser. Berechne die Auftriebskraft.

A2 In einem randvoll gefüllten Becherglas schwimmt ein Eisbrocken. **a)** Diskutiert begründet, ob das Wasser überläuft, wenn das Eis schmilzt. **b)** Prüft eure Antwort am nächsten Tag nach.

A3 Ein Körper (G_K = 75 N) wird vollständig in Wasser eingetaucht. Ein Kraftmesser, an dem er hängt, zeigt 66 N an. Bestimme die Dichte des Körpers.

A4 Du hebst unter Wasser einen Felsblock (ρ = 2,5 g/cm^3) mit der Kraft 100 N. Welche Gewichtskraft erfährt er über Wasser?

A5 Recherchiere zum Thema „Schwimmblase". Berichte.

A6 Eisberge sind u. a. deshalb so gefährlich, weil ihr größter Teil verborgen unter Wasser liegt. Bestimme den Anteil (in %) eines Eisbergs (0,92 g/cm^3), der die Wasseroberfläche (Dichte Salzwasser 1,02 g/cm^3) überragt.

A7 Ein Körper (V = 50 cm^3) taucht beim Schwimmen auf Wasser mit 40 cm^3 unter die Oberfläche. Wie groß ist seine Gewichtskraft? Wie groß müsste die Dichte einer Flüssigkeit sein, damit er darin schwebt?

Methode

Lernen an Stationen

Für größere Klassen sollten die folgenden Stationen doppelt vorhanden sein.

Station 1: ARCHIMEDES – die Goldkrone des Hieron

ARCHIMEDES soll nachgeprüft haben, ob eine dem König Hieron von Syrakus gelieferte goldene Krone auch wirklich echt war. Er tauchte die „goldene" Krone und einen gleich schweren Klumpen reinen Goldes an der Waage hängend ins Wasser.

Ihr stellt dieses Experiment mit zwei gleich schweren, massiven Körpern aus Eisen und Messing nach – wie im Bild. Notiert eure Beobachtung. Begründet das Versuchsergebnis schriftlich (beachtet die Tabelle zur Dichte im Anhang des Buches).

Station 2: U-Boot und Fisch – Cartesianischer Taucher

U-Boote und Fische können das Schweben austarieren, indem sie eine Luftkammer (Schwimmblase) mehr oder weniger mit Luft füllen. Ahmt dies nach, indem ihr einen sogenannten Cartesianischen Taucher präpariert. Dazu stülpt ihr ein Gummihütchen über ein kleines Glasrohr. Füllt dieses mit etwas Wasser, gebt es in eine randvolle PET-Flasche. Wenn der „Taucher" auf Quetschen der Flasche reagiert, beobachtet genau den Wasserspiegel im Röhrchen. Begründet den Tauchvorgang.

Station 3: Verblüffendes

Die Formel für die Auftriebskraft gilt nicht nur für regelmäßige Körper wie den Quader. Dies soll hier überprüft werden. Befestigt dazu einen Stein mit Faden an einem Stativ. Stellt ein volles Überlaufgefäß auf eine Waage. Wartet ab, bis deren Anzeige sich nicht mehr ändert. Senkt nun den Stein vorsichtig vollständig in das Wasser. Das überschüssige Wasser läuft nun in ein bereitgestelltes Becherglas. Notiert erneut die Anzeige der Waage. Deutet das Versuchsergebnis.

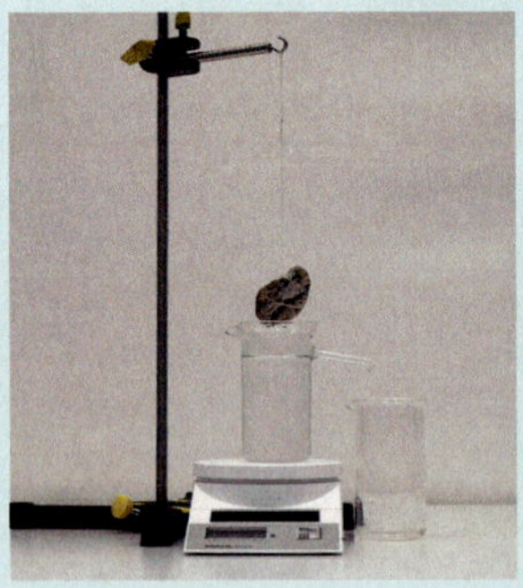

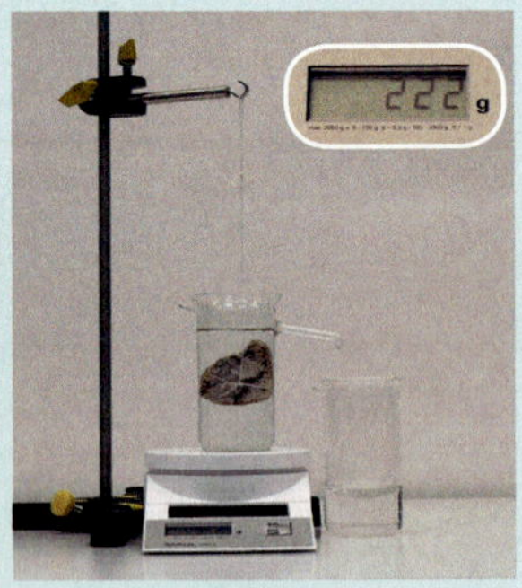

Station 4: Herleitung von F_A aus hydrostatischem Druck

Beschreibt den Term für den hydrostatischen Druck an Boden- und Deckfläche mit den in der Zeichnung angegebenen Größen. Bestimmt daraus die senkrecht auf Deckel und Boden wirkenden Kräfte und ihre resultierende Auftriebskraft. Führt ein Überprüfungsexperiment durch. Vergleicht die Auftriebskraft mit der Gewichtskraft des verdrängten Wassers.

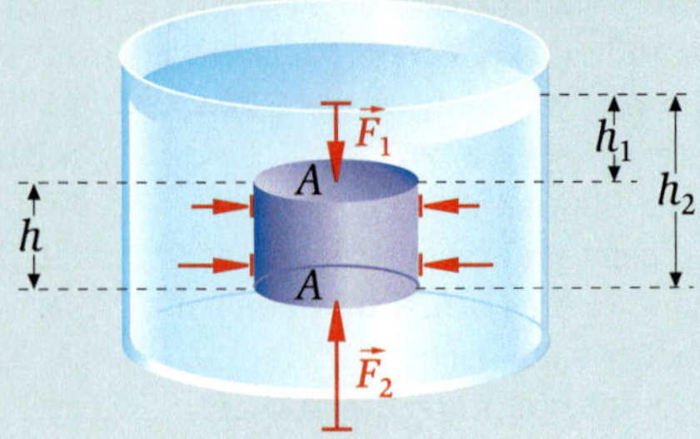

Forscherwerkstatt

Aräometer – wie viel Zucker ist im Getränk?

Wenn ein Winzer im Herbst die Reife der Weintrauben kontrolliert, bestimmt er den Zuckergehalt des Mostes. Dies macht er mit einem „Refraktometer". In der Physiksammlung findet man es aber selten.

Der Zuckergehalt hat aber nicht nur einen Einfluss auf optische Eigenschaften des Mostes. Er beeinflusst auch seine Dichte. Jetzt kommt unser erarbeitetes Wissen ins Spiel: Die Dichte einer Flüssigkeit ist mitentscheidend für den Auftrieb.

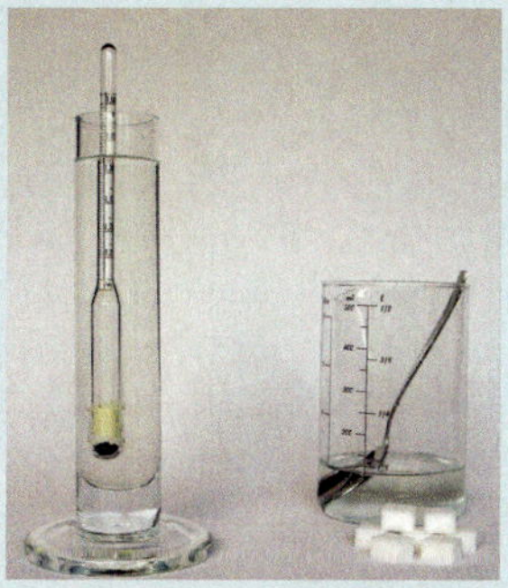

Dies nutzt eine kleine Messboje aus, das sogenannte **Aräometer.** Man ändert diesen Tauchkörper nie, Volumen und die auf ihn wirkende Gewichtskraft sind also immer gleich. Unterschiedlich ist aber die Dichte der Flüssigkeit – je nach Zuckeranteil.

Nach dem Archimedischen Satz taucht das Aräometer gerade so tief in die Flüssigkeit, bis Gewichtskraft und Auftriebskraft gleich groß sind ($G_K = F_A = F_{Fl}$). Die Eintauchtiefe wird am Bojenhals abgelesen. Dieser hat einen kleinen Durchmesser. So wird die Messskala gedehnt und die Messung empfindlich. Liest man auf der Skala z. B. eine Dichte von 1,**075** g/cm³ ab, spricht der Winzer von 75 °Oe (Grad Oechsle).

Bevor ihr selbst später die Frage „wie viel Zucker ist in dem Getränk?" beantworten könnt, müsst ihr zunächst das Aräometer kalibrieren. Dies bedeutet, ihr müsst den Zusammenhang zwischen der Dichte der Lösung und ihrem Zuckeranteil herstellen.

So könnt ihr bei euren Untersuchungen vorgehen:

- Wählt eine bestimmte Wassermenge in einem Becherglas (z. B. 200 ml).
- Stellt Portionen von Zucker gleicher Masse bereit (z. B. in Form von Würfelzucker).
- Messt die Dichte des reinen Wassers. Schüttet das Wasser zurück ins Becherglas und löst eine Zuckerportion im Wasser auf. Bestimmt anschließend im Standzylinder erneut die Dichte der Lösung. Wiederholt dieses Verfahren.
- Wertet die Messung mit Tabelle und einem Zuckeranteil-Dichte-Diagramm aus (siehe Muster). Beachtet, dass die Gesamtmasse der Lösung mit jeder Zuckerportion größer geworden ist.

Mit Aräometer und dem von euch erstellten Diagramm erforscht ihr dann den Zuckergehalt einiger Getränke.

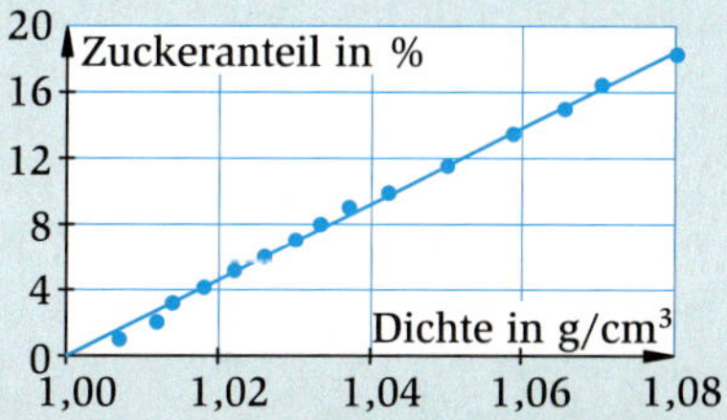

Achtet darauf, dass die Getränke von CO_2 befreit wurden. Stellt eure Ergebnisse für die Schulöffentlichkeit übersichtlich auf Plakaten zusammen.

A1 Hängt der Auftrieb eines vollständig eingetauchten Körpers von der Tiefe ab, in der er sich befindet? Begründe deine Antwort.

A2 **a)** Ein Körper wird vollständig in Wasser eingetaucht (G_K = 20,50 cN). Ein Kraftmesser, an dem er hängt, zeigt 13,75 cN an.

b) Der Kraftmesser zeigt 9,36 cN bei einer anderen Flüssigkeit. Berechne deren Dichte (g = 0,981 cN/g).

A3 ARISTOTELES wollte klären, ob Luft eine Gewichtskraft erfährt. Zu diesem Zweck wog er eine Blase, zunächst mit Luft angefüllt, dann zusammengeknüllt. Sie war beide Male gleich schwer, sodass er der Luft eine Gewichtskraft absprach. Erkläre seinen Trugschluss.

A4 In einem Teich schwimmt ein mit Steinen beladenes Boot. Ein Kind wirft aus ihm Steine ins Wasser. **a)** Hebt oder senkt sich der Wasserspiegel? Wählt als Dichte der Steine 2,5 g/cm³.

b) Prüft eure Antwort in einem Laborexperiment.

A5 Der Glaszylinder (Galilei-Thermometer) enthält eine Flüssigkeit, deren Dichte bei Temperaturerhöhung abnimmt. Die farbigen Glaskugeln haben fein abgestufte mittlere Dichten und steigen oder sinken je nach Zimmertemperatur. Erkläre.

Druck gibt es auch in der Luft

Anstoß

A1 Suche im Internet nach einer aktuellen Wetterkarte, in der auch Luftdruckwerte eingetragen sind (mögliche Suchworte: „Wetter" und „online"). Möglicherweise stößt du auf eine Seite, auf der man sogar das Wetter über Stunden oder Tage verfolgen kann. Suche dort die Linien gleichen Drucks und wie sie sich mit der Zeit verschieben.

A2 Du kennst sicher jemanden, der im Tauchclub ist – oder bei der DLRG. Frage nach, welche technischen Hilfsmittel man zum Tauchen nutzt und wie man es schafft, eine bestimmte Tiefe einzuhalten.

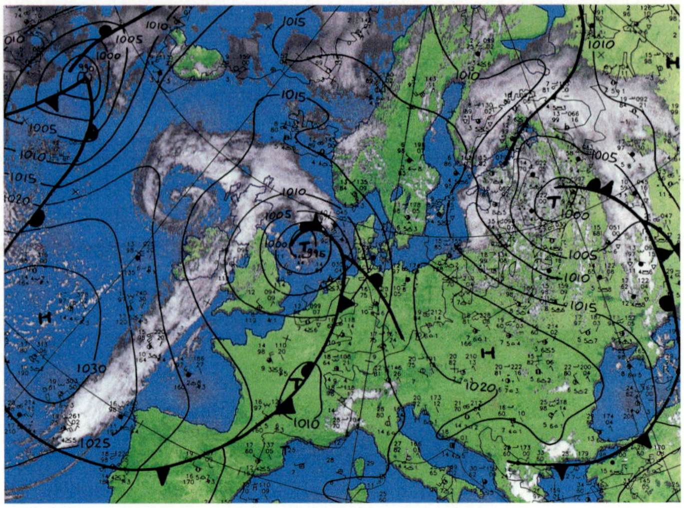

B1 Ausschnitt aus einer Wetterkarte von Europa

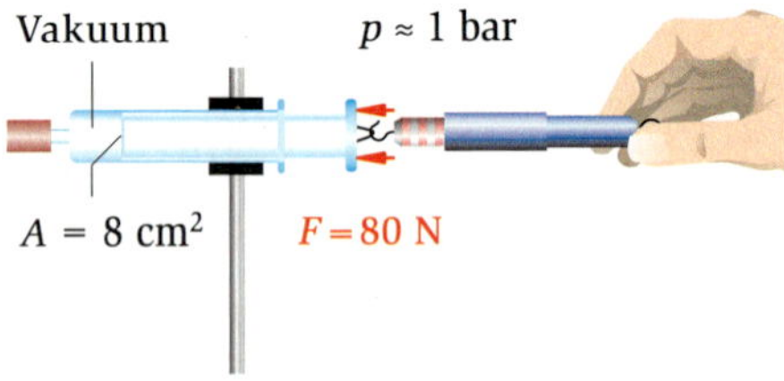

V1 Wir schieben aus der Glasspritze alle Luft hinaus und verschließen die Öffnung. Um den Kolben ($A = 8\ \text{cm}^2$) herauszuziehen, brauchen wir eine Kraft von ca. 80 N. Im Innern der Spritze entsteht dabei ein luftleerer Raum, ein Vakuum.

V2 Wir füllen einen Eimer durch einen ca. 12 m langen, dickwandigen und durchsichtigen Plastikschlauch. Wenn er etwa halbvoll ist, heben wir ihn so weit, dass das Schlauchende über dem Schlauchanfang liegt. Jetzt lösen wir den Anschluss vom Wasserhahn und verschließen den Schlauch mit einem Gummistopfen (ohne Luftblase). Das untere Ende bleibt im Wassereimer. Mit dem Schlauchanfang steigt nun jemand im Treppenhaus hoch. Erst weit oben sinkt der Wasserspiegel im Schlauch und bleibt etwas unter 10 m stehen.

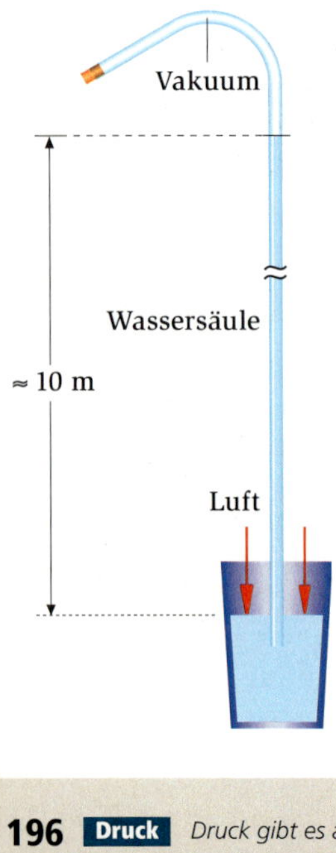

1. Wir leben am Grunde des Luftmeeres

Wie das Wasser im Meer den hydrostatischen Druck, so erzeugt auch die Erdatmosphäre infolge der Gewichtskraft einen Druck, den Luftdruck. Er hängt vom Ort ab und von der Zeit, wie man z. B. den **Wetterkarten** → **B1** entnehmen kann. Orte mit gleichem Luftdruck sind dort durch Linien verbunden und man erkennt Hoch- und Tiefdruckgebiete, die wesentlich unser Wetter mitbestimmen. Die Größe des Luftdrucks liest man an diesen Linien ab, z. B. 1020 hPa.

2. Auch der Luftdruck kann gemessen werden

a) Die Größe des Luftdrucks lässt sich zunächst grob mit einer verschlossenen Glasspritze feststellen. Zieht man den Kolben heraus, spürt man eine starke Kraft. Sie rührt allein vom äußeren Luftdruck her. Im Innern der Glasspritze ist ja ein Vakuum, also keine Luft. In → **V1** hat diese Kraft den Betrag $F = 80\ \text{N}$ bei einer Querschnittsfläche $A = 8\ \text{cm}^2$. Also ist der Luftdruck bei uns an der Erdoberfläche etwa

$$p = \frac{F}{A} = \frac{80\ \text{N}}{8\ \text{cm}^2} = 10\ \frac{\text{N}}{\text{cm}^2} = 1000\ \text{hPa}.$$

b) Druckmessgeräte (Manometer) für Luft nennt man **Barometer.** → **V2** beschreibt ein selbst gebautes „Wasserbarometer". Im Treppenhaus hängt vertikal ein Schlauch. Die Wassersäule in ihm erzeugt denselben Schweredruck wie die gesamte Luftschicht über dem Wasserspiegel im Eimer. Im Versuch stellt sich dieser Druck bei z. B. $h = 987\ \text{cm}$ ein. Dies gibt uns die Möglichkeit, den Luftdruck abzuschätzen:

$$p = \rho \cdot g \cdot h = 1\ \frac{\text{g}}{\text{cm}^3} \cdot 0{,}981\ \frac{\text{cN}}{\text{g}} \cdot 987\ \text{cm} = 987\ \frac{\text{cN}}{\text{cm}^2} = 987\ \text{hPa}.$$

Beide Messergebnisse kommen dem sogenannten Normdruck von 1013 hPa schon sehr nahe.

c) Gängige Barometer sind oft **Dosenbarometer** → B2 . In ihnen ist eine Metalldose mit einem welligen, leicht biegsamen Deckel (Membran) luftleer gepumpt. Damit die Luft ihn nicht eindrückt, wird er von einem starken Federbügel gehalten. Steigt der Luftdruck, steigt auch die Kraft auf den Deckel. Die Feder biegt sich stärker, ein Zeigerwerk macht es sichtbar. Viele Barometer, zum Beispiel in Armbanduhren, arbeiten nach dem Prinzip des Dosenbarometers. Bessere Barometer verwenden einen Stapel mehrerer solcher „Dosen" übereinander, um die Genauigkeit der Messung zu erhöhen.

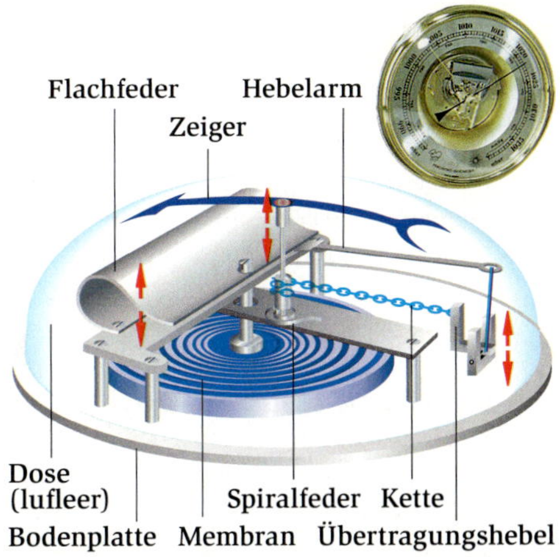

B2 Dosenbarometer: Prinzip und handelsübliches Gerät

Merksatz

Die Gewichtskraft der Luft erzeugt einen Schweredruck, den Luftdruck. Im Mittel beträgt er auf Meeresspiegelhöhe 1013 hPa ≈ 1 bar. Man misst ihn mit Barometern.

3. Über- und Unterdruck sind spürbar

Mit Barometern messen wir den Druck gegenüber dem Vakuum, den man **absoluten Druck** nennt. Messen wir an der Tankstelle aber den Reifendruck z. B. mit 2,3 bar, so wird der **Überdruck** gegenüber dem äußeren Luftdruck angezeigt. Nur er bestimmt die Härte des Autoreifens, nicht der absolute Druck im Reifen. Über- oder auch **Unterdruck** ist die Differenz zwischen absolutem Druck und Luftdruck:

$p_ü = p_a - p$ und
$p_u = p - p_a$ mit jeweils $p = 1$ bar.

Zu $p_ü = 2{,}3$ bar gehört also $p_a = 3{,}3$ bar, zu $p_u = 0{,}2$ bar gehört der absolute Druck $p_a = 0{,}8$ bar.

Vom Luftdruck spüren wir normalerweise nichts. → V3a zeigt, warum das so ist. Solange aus dem Gefäß keine Luft abgepumpt ist, bleibt die Zellophanhaut eben. Innen- und Außendruck sind gleich, die resultierende Kraft ist null. Pumpt man aber die Luft ab, wölbt sich die Zellophanhaut nach innen und platzt. Innen war ein starker Unterdruck entstanden.

In unserem Körper steht die Luft innen und außen unter demselben Druck. Wenn wir allerdings rasch große Höhen überwinden (etwa bei einer Bergfahrt), empfinden wir es im Ohr als unangenehm. Das Trommelfell wölbt sich nach außen (fasst so wie der Schokokuss → V3b). Beim Schlucken öffnet sich eine kleine Röhre zwischen Mundhöhle und Mittelohr, Luft strömt aus und der Druck gleicht sich wieder aus.

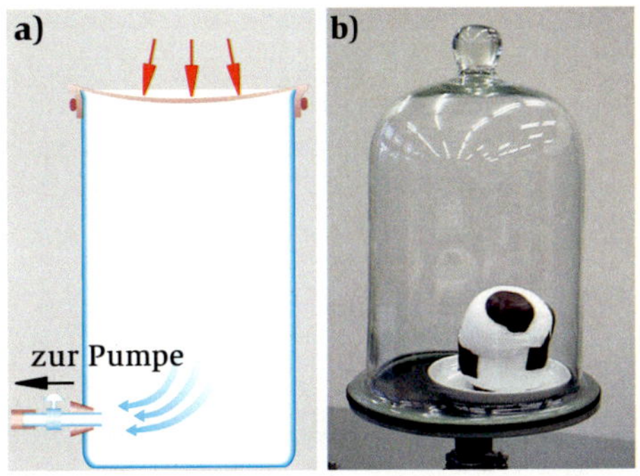

V3 **a)** Wir verschließen ein Glasgefäß mit einer Zellophanhaut und schließen es an eine Pumpe an. Mit ihr holen wir Luft aus dem Inneren des Gefäßes, es entsteht dort jetzt ein Unterdruck. Die vorher ebene Zellophanhaut wird dabei nach innen gewölbt und platzt schließlich mit lautem Knall.
b) Stellen wir einen Schokokuss unter eine Glasglocke und pumpen die Luft ab, so wird er größer und größer. Beim Abpumpen der äußeren Luft entsteht in den kleinen Luftbläschen unter der Schokoladendecke ein Überdruck, sie dehnen sich aus.

A1 Alte Fernsehbildröhren sind praktisch luftleer. Bestimme die Kraft, die auf die Bildfläche eines Fernsehgeräts der Größe 60 cm × 40 cm wirkt.

A2 Wie hoch wäre die Erdatmosphäre bei konstanter Luftdichte $\rho = 1{,}28$ g/dm³? ($p = 1000$ hPa).

A3 Berechne den absoluten Druck für eine Tiefe von 5 m, 10 m und allgemein h unterhalb der Wasseroberfläche eines Sees.

A4 **a)** Man sagt häufig, man „sauge" mit einem Trinkhalm eine Flüssigkeit hoch. Findet gemeinsam eine physikalische Formulierung.
b) Überlegt euch, ob man mit einer Vakuumpumpe aus einem 12 m tiefen Brunnen Wasser „hochsaugen" kann. Begründet eure Antwort.
c) Jungastronaut Nick versucht auf dem Mond Milch mit dem Strohhalm zu trinken – wirklich?

A5 Zwei hohle Halbkugeln aus Metall werden mittels eines Dichtungsrings zu einer Kugel zusammengesetzt und mit einer Vakuumpumpe leer gepumt. Zwei Schüler schaffen es nicht, die Halbkugeln zu trennen! Erkläre.

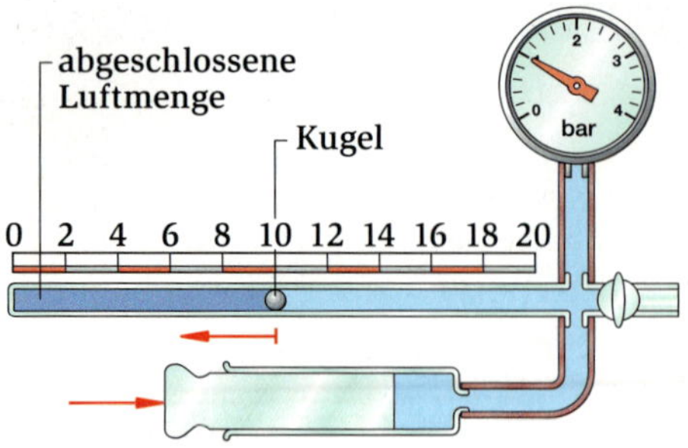

B1 Druck und Volumen werden gemessen.

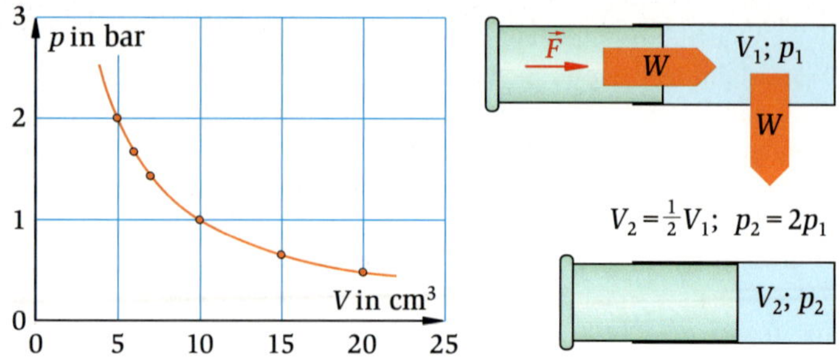

B2 Druck und Volumen sind umgekehrt proportional (ϑ = konst.).

V1 Im **→ B1** begrenzt eine leicht verschiebbare Stahlkugel links eine Luftmenge. Mit dem Kolben einer Glasspritze erzeugen wir unterschiedlichen Druck. Wir warten jeweils, bis die Kugel ruht. Dann herrscht links und rechts von ihr der gleiche Druck. Am Manometer lesen wir den Druck p der eingeschlossenen Luftmenge ab und an der Skala deren Volumen V. Die Tabelle und **→ B2a** zeigen die Messwerte.

***p* in bar**	0,5	1	1,5	1,75	2
***V* in cm³**	20	10	6,7	5,7	5
***p* · *V* in bar · cm³**	10	10	10	10	10

Vertiefung

Luftpumpe und Fahrradventil

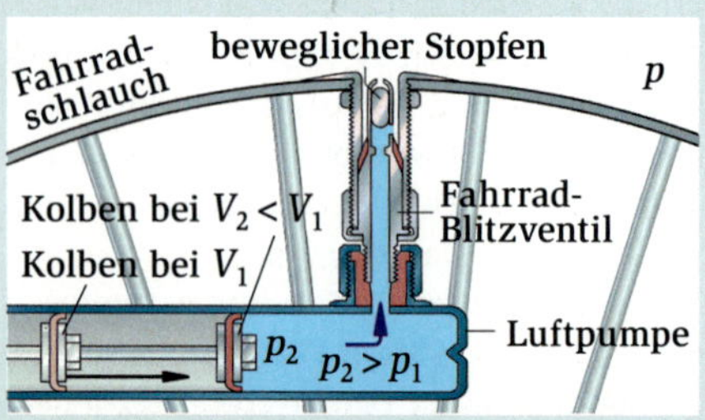

Die Luft in der Luftpumpe hat zunächst den Außendruck. Beim Hineinschieben des Kolbens wird ihr Volumen von V_1 auf V_2 verkleinert, der Druck entsprechend von p_1 auf

$$p_2 = p_1 \cdot \frac{V_1}{V_2}$$

vergrößert. Ist p_2 größer als der Reifendruck p, strömt Luft in den Schlauch und vergrößert p. Beim Entfernen der Pumpe strömt kurzzeitig Luft aus dem Schlauch und reißt den Stopfen nach unten. Das Ventil ist dicht.

1. Viel Luft auf kleinem Raum – bei hohem Druck

Mit einer Fahrradpumpe erhöht man den Druck der eingeschlossenen Luftmenge. Man erreicht dies durch Verkleinern ihres Volumens. Im Schlauch sind dann viele solcher Portionen, also viel Luft – aber bei großem Druck. Viel Luft möchte man auch zu einem Tauchgang mitnehmen. Dazu wollen wir untersuchen, wie Druck und Volumen einer Gasmenge zusammenhängen. Die Temperatur soll dabei konstant bleiben.

In **→ V1** bestimmen wir zu verschiedenen Druckzuständen das zugehörige Volumen und tragen die p- und V-Werte in ein Diagramm ein. Die Form der erhaltenen Kurve erinnert an eine Hyperbel. Zur Kontrolle bilden wir das Produkt aus p und V. Dieses ist konstant. Es gilt also:
$p_1 \cdot V_1 = p_2 \cdot V_2 = p_3 \cdot V_3 =$ konstant. Robert BOYLE und Edme MARIOTTE fanden dieses nach ihnen benannte Gesetz.

Merksatz

Bei konstanter Temperatur ist das Produkt aus Druck p und Volumen V einer eingeschlossenen Gasmenge konstant:

$$p_1 \cdot V_1 = p_2 \cdot V_2 = p_3 \cdot V_3 = \text{konstant.}$$

Der Zusatz „bei konstanter Temperatur" ist nötig: Der Druck in einem Fahrradreifen, der in der Sonne steht, steigt, auch ohne dass wir das Volumen der Luft verkleinern.

Man kann dieses Gesetz auch mit dem Teilchenmodell verstehen: Man bewegt den Pumpenkolben (unter Aufwendung von Kraft) in den Zylinder **→ B2b**. Die Teilchen, die auf den herannahenden Kolben prallen, sind danach etwas schneller. Die Temperatur des Gases ist also gestiegen. Ihre zusätzliche Energie geben die Teilchen durch Stöße an die kältere Wand ab, bis wieder die alte Temperatur erreicht wird. Die Gasteilchen sind im Mittel wieder so schnell wie zu Beginn. Die Temperatur bleibt so erhalten, aber das Gasvolumen wurde verkleinert, z.B. $V_2 = \frac{1}{2} \cdot V_1$. Es gibt nun doppelt so viele Teilchen pro Volumeneinheit, also erfolgen doppelt so viele Stöße je Sekunde auf die Wand. Jeder Stoß erfolgt aber genau so heftig wie vorher (wegen unveränderter Teilchengeschwindigkeit). Die Kraft auf jeden Quadratzentimeter der Wand wird dadurch verdoppelt. Das bedeutet, dass der Druck im Gas sich verdoppelt hat: $p_2 = 2 \cdot p_1$. Das Produkt aus Druck und Volumen ist gleich geblieben: $p_1 \cdot V_1 = p_2 \cdot V_2$.

Interessantes

Atmen und Pumpen

A. Die Atmung des Menschen

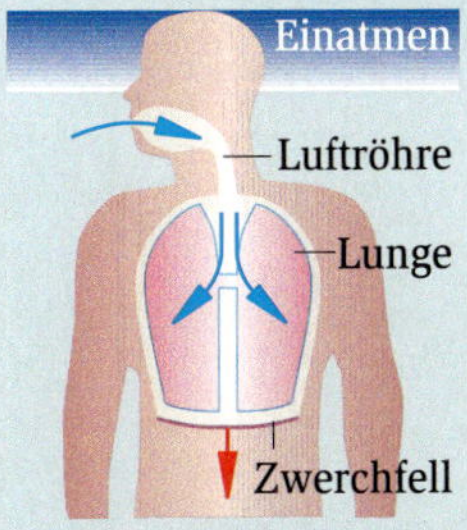

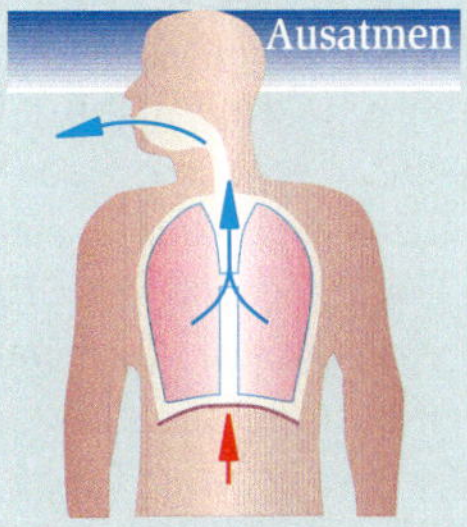

Die Lunge des Menschen liegt geschützt im luftdicht abgeschlossenen Brustkorb. Bei der Brustatmung hebt sich der Brustkorb, bei der Bauchatmung senkt sich das Zwerchfell ab. In beiden Fällen folgt die Lunge diesen Bewegungen. Sie dehnt sich aus und das Volumen der in ihr befindlichen Luft wird größer. Nach *Boyle-Mariotte* sinkt somit der Druck in dieser Luft. Er wird kleiner als der äußere Luftdruck und da Gas immer von einem Ort höheren Drucks zu einem Ort kleineren Drucks strömt, kommt frische Luft in die Lunge.
Umgangssprachlich sagt man dazu manchmal „die Lungen saugen Luft ein". Richtig ist, dass der größere äußere Luftdruck die Luft in die Lunge presst.
Beim Ausatmen ist es gerade umgekehrt. Der Brustkorb zieht sich zusammen und das Zwerchfell wölbt sich nach oben. Dadurch wird das Lungenvolumen kleiner und der Druck in der Luft in der Lunge größer als der äußere Luftdruck, Luft strömt aus.
Mit zunehmender Höhe über Meer sinkt der Luftdruck, auf 2000 m ist er mehr als 20 % kleiner als auf Meereshöhe. Ist der Luftdruck nur noch 0,8-mal so groß wie auf Meereshöhe, muss nach dem Gesetz von Boyle und Mariotte die gleiche Menge Luft nun ein Volumen einnehmen, dass 1/0,8 = 1,25-mal größer ist. Beim Atmen in dieser Höhe bleibt das inhalierte Luftvolumen jedoch unverändert, weil es durch die Änderung des Lungenvolumens bestimmt ist. Dadurch atmen wir etwa 20 % weniger Sauerstoff ein: Das Atmen fällt deutlich schwerer.

B. Bodyplethysmographie

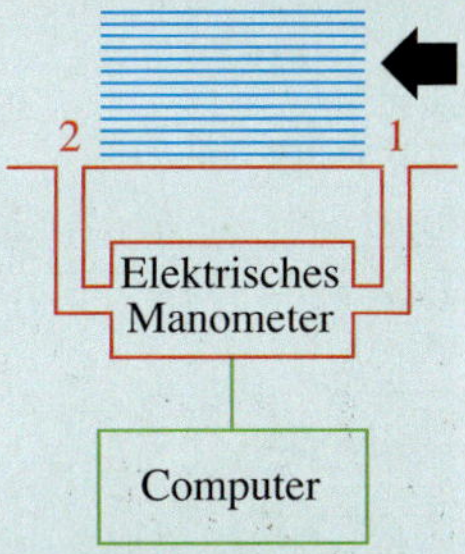

Auch die medizinische Diagnostik benutzt das Gesetz von Boyle und Mariotte, und zwar bei der Untersuchung der Lunge mithilfe der Bodyplethysmographie. Zwei Parameter interessieren den Arzt besonders: Das Luftvolumen der Lunge am Ende einer Ausatmung (in der Fachsprache das intrathorakale Gasvolumen bei Ruheatmung) und der sogenannte Atemwegwiderstand. Die Messung wird in einer etwa luftdichten Kammer durchgeführt, die mit Drucksensoren bestückt ist. Der Patient sitzt in der Kammer und ist mit einem Mundstück, das ihn nicht beim Atmen behindert, mit dem Außenraum verbunden. Das Mundstück ist gleichzeitig ein **Pneumotachograph** (siehe Grafik), mit dem sich die Atemstromstärke messen lässt. Sie gibt das durch die Atmung bewegte Luftvolumen pro Zeiteinheit an. Der Pneumotachograph besteht aus vielen kleinen Lamellen, die dem Atemstrom des Patienten einen Widerstand entgegensetzen. Dadurch unterscheiden sich die Drücke vor (1) und hinter (2) den Lamellen. Aus dieser Druckdifferenz lässt sich die Atemstromstärke berechnen.
Wenn der Patient nun atmet, ändert sich durch die Brustbewegungen der Druck in der Kammer, was die Sensoren registrieren. Um das intrathorakale Gasvolumen zu bestimmen, wird das Mundstück nach einer Ausatmung geschlossen. Beim Versuch einzuatmen, wird der Kammer nun keine Luft mehr entnommen. Der Brustkorb kann sich aber trotzdem ausdehnen, weil sich der Druck in der verbleibenden Luft in der Lunge reduziert. Die Vergrößerung des Brustkorbes führt zu einer Verringerung des Luftvolumens in der Kammer. Da nach dem Gesetz von Boyle und Mariotte das Produkt aus Volumen und Druck in der geschlossenen Kammer konstant ist, lässt sich aus den Druckmessungen das Lungenvolumen berechnen.

A1 Erkläre die Funktionsweise einer Spraydose und einer Sprühflasche.

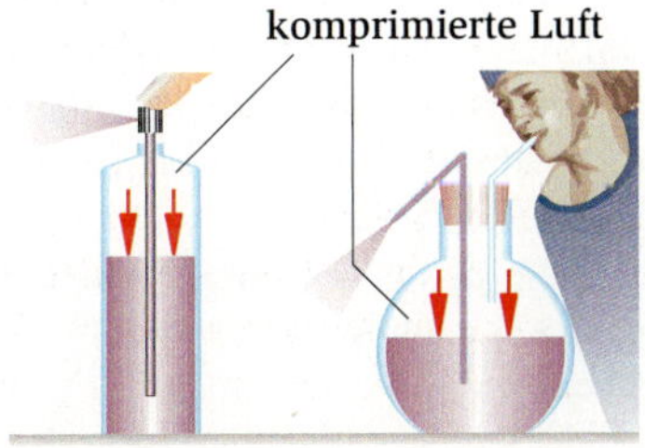

A2 Eine Sauerstoffflasche enthält 20 l Gas unter 150 bar. Wie viel Liter unter Atmosphärendruck kann man entnehmen, wenn die Temperatur gleich bleibt? Was wiegt der Inhalt?

A3 Suche Beispiele aus der Umwelt, bei denen der vergrößerte Eigendruck der Luft (**Pressluft** oder Druckluft) technisch genutzt wird.

A4 Bei einem Wettersturz „fällt das Barometer" von 1000 hPa auf 970 hPa. Berechne, wie viel Liter Luft unter 970 hPa hierbei ein Zimmer mit 100 m³ Raumluft verlassen.

A5 Ein Autoreifen (Volumen 60 l) wird von 2,5 bar auf 3,5 bar aufgepumpt. Berechne, wie viel Luft von ursprünglich 1 bar der Kompressor zuführen muss.

Interessantes

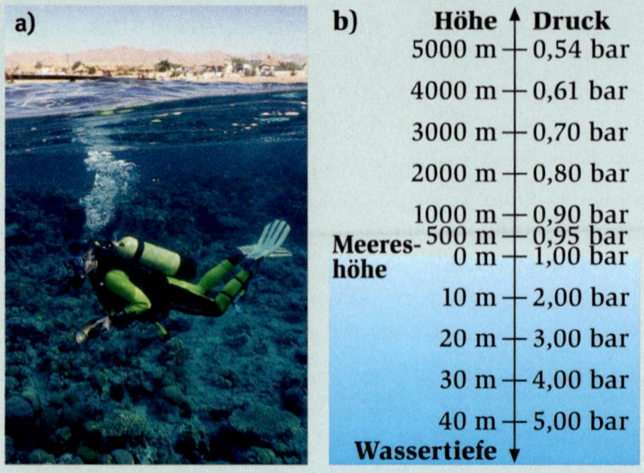

B1 **a)** Taucher mit Pressluftflasche **b)** Druck in verschiedenen Höhen und Tiefen

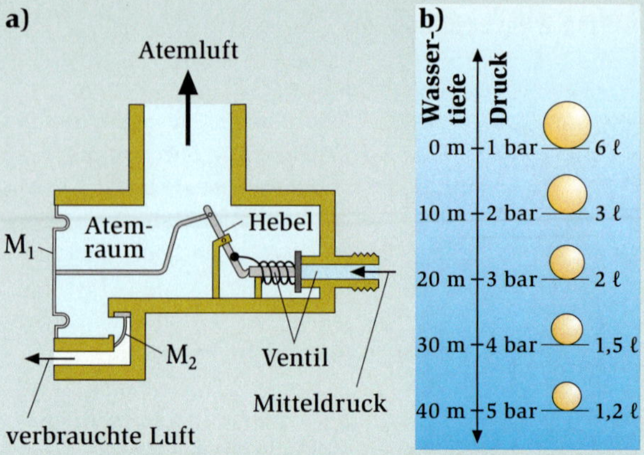

B2 **a)** Schnittbild der 2. Stufe eines Lungenautomaten **b)** Änderung des Lungenvolumens mit der Tiefe

A. Tauchen mit Pressluft

Im Schwimmbad hast du sicher schon einmal die Erfahrung gemacht, dass beim Tauchen aus einem leichten Druckempfinden mit zunehmender Tiefe ein Schmerz im Ohr wurde. Das ist leicht erklärbar, denn der zusätzliche Schweredruck des Wassers steigt proportional mit der Tiefe. In 10 m Wassertiefe beträgt er ungefähr 10 N/cm² = 1 bar; in 20 m Wassertiefe 2 bar usw. Mit je 10 m Wassertiefe steigt der Schwerdruck um 1 bar → **B1b**.

Dem Tauchen ohne Hilfsmittel sind dadurch natürliche Grenzen gesetzt. Tauchen in größeren Tiefen erfolgt deshalb nur mit Geräten und Hilfsmitteln. Zusätzlich müssen verschiedene die Gesundheit schützende Regeln beachtet werden. Taucher werden z. B. durch den dauernden Aufenthalt in Druckkammern auf den Einsatz in größeren Tiefen vorbereitet.

Gerättaucher führen ihre Atemluft in Flaschen unter Druck mit → **B1a**. Damit die Luft geatmet werden kann, muss der Druck auf den jeweils herrschenden Umgebungsdruck in der Tauchtiefe angepasst werden. Das geschieht in zwei Stufen:

In der 1. Stufe des Atemreglers wird der Pressflaschendruck auf einen einstellbaren Mitteldruck reduziert. Diese 1. Stufe ist vergleichbar mit dem Druckminderer an Gasflaschen in der Chemie.

Der **Lungenautomat** (2. Stufe → **B2a**) regelt den Mitteldruck auf den jeweilig herrschenden Umgebungsdruck herunter. Beim Einatmen entsteht im Atemraum Unterdruck gegenüber der Umgebung. Die Membran M_1 gibt dem Wasserdruck nach. Sie betätigt einen Hebel, der das Ventil öffnet. Luft strömt in den Atemraum. Das geschieht, solange Luft aus dem Atemraum in die Lungen strömt. Ist das Einatmen beendet, steigt der Druck im Atemraum, bis die Membran M_1 in ihre Ausgangsstellung zurückkehrt und das Ventil schließt. Beim Ausatmen entsteht Überdruck im Atemraum. Die Membran M_2 öffnet. Die verbrauchte Atemluft entweicht ins Wasser.

Beim Tauchen sorgt der erhöhte Druck der eingeatmeten Luft aus den Flaschen dafür, dass die Lunge nicht zusammengedrückt wird. → **B2b** zeigt, wie ein Lungenvolumen von 6 l mit zunehmender Tiefe verkleinert wird. Bei einem Volumen von etwa 1,5 l verliert die Lunge ihre Funktionsfähigkeit.

Das Auftauchen schon aus geringeren Tiefen erfolgt in Intervallen mit sogenannten *Dekompressionszeiten*, damit sich der Körper an die geänderten Druckverhältnisse anpassen kann.

Durch zu schnelles Auftauchen kann in der Lunge ein Überdruck entstehen, der zunächst asthmaähnliche Atemprobleme bereitet und sogar zur Lungenembolie führen kann. Außerdem kann es zum Ausperlen von Gasen (Stickstoff) in Blut und Gewebe kommen – wir kennen diesen Vorgang vom Öffnen einer Mineralwasserflasche. Das Gas verursacht Schmerzen unter der Haut und an den Gelenken; in extremen Fällen wird das gesamte Nervensystem beeinträchtigt mit lebensbedrohenden Folgen. In Tauchkursen wird deshalb meist nur innerhalb der sogenannten **Nullzeit** getaucht. Das bedeutet: Es geht nur so tief, dass beim Auftauchen keine Dekompressionsstopps nötig sind.

B. Gefahren bei falschem Schnorcheln

Das Tauchen mit einer Pressluftausrüstung ist aufwändig. Manche Schülerinnen und Schüler erlernen es aber z. B. bei der DLRG.

Viele Schülerinnen und Schüler nutzen für das „Kopf unter Wasser halten" eine Taucherbrille und einen Schnorchel. Der Schnorchel ist ein gebogenes Rohr mit Mundstück. Mit dieser Vorrichtung atmet man die Luft bei normalem Luftdruck (1 bar) ein. Schnorcheln eröffnet den Schwimmenden einen wunderbaren Blick in die Unterwasserwelt.

Nun könnte man ja auf die Idee kommen, den Schnorchel durch einen Schlauch zu verlängern, um noch größere Tiefen erforschen zu können. Aus mehreren Gründen ist dies aber lebensgefährlich!

- *Erste Gefahr*: Ein mehrere Meter langer oder auch zu breiter Schlauch umfasst ein Luftvolumen von evtl. mehreren Litern. Beim Ausatmen schiebt der Schwimmer diese Luft ins Freie. Beim Einatmen atmet er dann seine eigene gerade ausgeatmete Luft wieder ein – es kommt zur sogenannten **Pendelatmung.** Mit jedem Atemstoß vermindert sich so der Sauerstoffgehalt der Luft. Nach kurzer Zeit wird die unvorsichtige Person bewusstlos.

- *Zweite Gefahr*: Mit dem verlängerten Schlauch gelangt man in größere Tiefen. Dabei steigt der hydrostatische Druck im Wasser mit jedem Meter Tiefe um 0,1 bar. In 50 cm Tiefe ist der Brustkorb einem absoluten Druck von 1,05 bar ausgesetzt, 0,05 bar über dem Luftdruck in der Lunge. Dadurch wird die Lunge verkleinert.

  Außerdem wird das **Atmen unmöglich.** Schon ein Überdruck von 0,1 bar (1 m Tiefe) führt dazu, dass die Muskeln des Brustraumes die bei der Atmung zu überwindenden Kräfte nicht mehr aufbringen können. Dass man im Schwimmbad mit angehaltenem Atem tiefer tauchen kann, ist kein Widerspruch. Dabei ist die Lunge ja abgeschlossen. Da das Luftvolumen kleiner wird, entsteht in der Lunge ein größerer Druck.

- *Dritte Gefahr*: Durch den hohen Druck auf den Körper wird schon in wenigen Minuten körpereigene Flüssigkeit in die unter normalem Luftdruck stehenden Lungenbläschen (Alveolen) gequetscht. Im Röntgenbild kann man die Flüssigkeit in der Lunge (ein sogenanntes **Lungenödem**) nachweisen. Die mit Flüssigkeit zugesetzten Bläschen können keinen Sauerstoff mehr in die Blutgefäße geben, man erstickt an sich selbst.

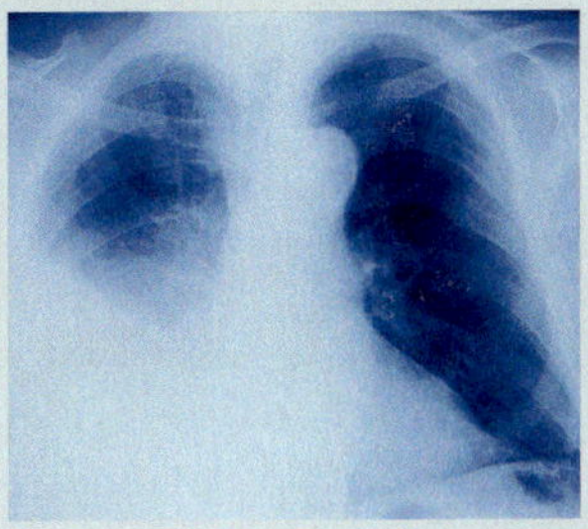

Arbeitsaufträge

Ihr sollt ein Modellexperiment zur Gefahr „Atmen unmöglich" durchführen. Dazu benötigt ihr eine Kunststoffflasche, sie stellt den Brustkorb dar. Den See oder das Meer ersetzt ihr durch ein genügend breites und etwa 1,50 m langes Abflussrohr aus Kunststoff (gut geeignet sind graue HT-Rohre). Das Rohr verschließt ihr mit einem Deckel („Muffenstopfen") und haltet es vertikal. Jetzt könnt ihr es mit Wasser auffüllen.

A1 Taucht zunächst die verschlossene Flasche in das gefüllte Rohr – bis auf den Grund.

A2 An die Flaschenöffnung wird nun ein Schlauch befestigt (z. B. mit einem Anschlussstück für Gartenschläuche). Dann wird die Flasche mit dem Schlauch langsam bis zum Boden gesenkt. Notiert, was und ab welcher Tiefe es passiert.

A3 Deutet die Ergebnisse von **1** und **2** qualitativ. Berechnet zusätzlich die resultierende Kraft auf 1 cm^2 der Flasche in 1 m Tiefe.

Das ist wichtig

1 Druckzustand
Herrscht in einer ruhenden Flüssigkeit oder in einem ruhenden Gas ein Druckzustand, so gilt:

- Auf jede Begrenzungsfläche A wirkt eine Kraft F.
Es gilt: Betrag F ist proportional A.
- Der Betrag F der Kraft ist unabhängig von der Stellung der Fläche A.
- Die Kraft F steht senkrecht auf die Fläche A.

2 Druck
Der Druck p ist definiert durch

$$p = \frac{F}{A}$$

Einheiten des Drucks sind **1 Pa (Pascal)** bzw. **1 bar (Bar)**:

$1\ \text{Pa} = 1\ \frac{\text{N}}{\text{m}^2}$; $100\ \text{Pa} = 1\ \text{hPa} = 1\ \frac{\text{cN}}{\text{cm}^2}$;

$1\ \text{bar} = 1000\ \text{mbar} = 1000\ \text{hPa} = 10\ \frac{\text{N}}{\text{cm}^2}$.

Man misst den Druck mit **Manometern**.

3 Kraftwandler
Übt man mit einem Kolben eine Kraft auf eine Flüssigkeit oder ein Gas aus, so gilt an jeder Stelle der Flüssigkeit oder des Gases (bei Vernachlässigung des Schweredrucks) das Gesetz des **Kolbendrucks**:

$$\frac{F_1}{A_1} = \frac{F_2}{A_2} = \frac{F_3}{A_3} = \ldots = p = \text{konstant.}$$

Eine hydraulische Maschine ist ein **Kraftwandler**. Die Wandlung erzeugt man mit unterschiedlich dicken Kolben in einem System mit eingeschlossener Flüssigkeit:

$\frac{F_2}{F_1} = \frac{h_1}{h_2}$; $F_{1,2}$ Kräfte, $h_{1,2}$ Hubwege.

Auch bei einer hydraulischen Maschine bleibt die Arbeit gleich („goldene Regel der Mechanik“).

4 Schweredruck
In Flüssigkeiten herrscht ein Schweredruck.

- Er ist unabhängig von der Form der Gefäße.
- Er hängt nur von der Tiefe h, der Dichte ρ der Flüssigkeit und dem Ortsfaktor g ab: $p = h \cdot \rho \cdot g$.
- Geht man in Wasser 10 m tiefer, so nimmt der Schweredruck um 1000 hPa (1 bar) zu.

5 Auftriebskraft
Ein in eine Flüssigkeit oder ein Gas getauchter Körper erfährt eine Auftriebskraft F_A, kurz Auftrieb genannt. Sie täuscht einen Verlust an Gewichtskraft vor.

- Die Auftriebskraft ist so groß wie die Gewichtskraft der verdrängten Flüssigkeit **(Satz des Archimedes)**.
- Für den Betrag der Auftriebskraft gilt:

  $$F_A = \rho \cdot V_K \cdot g,$$

  dabei ist V_K das Volumen des in die Flüssigkeit oder in das Gas eingetauchten Körpers, ρ die Dichte der Flüssigkeit oder des Gases und g der Ortsfaktor.
- Ist die Gewichtskraft eines vollständig eingetauchten Körpers größer als sein Auftrieb, **sinkt** er.
Sind die Kräfte gleich, **schwebt** er in beliebiger Tiefe.
Ist der Auftrieb größer als die Gewichtskraft, dann steigt der Körper an die Oberfläche, wo er schwimmt.
- Ein Körper **schwimmt**, wenn seine mittlere Dichte kleiner ist als die der Flüssigkeit. Er taucht so tief ein, bis die Gewichtskraft der verdrängten Flüssigkeit gleich seiner Gewichtskraft ist: $G_K = G_{Fl}$.

6 Luftdruck
Die Gewichtskraft der Luft erzeugt einen Schweredruck, den Luftdruck. Im Mittel beträgt er auf Meereshöhe 1013 hPa ≈ 1 bar.
Der Luftdruck nimmt mit der Höhe ab und schwankt an jedem Ort im Laufe der Zeit.
Man misst den Luftdruck mit **Barometern**.

7 Gesetz von Boyle und Mariotte
Bei konstanter Temperatur ist das Produkt aus Druck p und Volumen V einer eingeschlossenen Gasmenge konstant:

$$p_1 \cdot V_1 = p_2 \cdot V_2 = p_3 \cdot V_3$$

A1 Schließe einen Wasserschlauch an den Wasserhahn an und drehe den Wasserhahn auf.
Versuche, das Ende des Schlauchs mit dem Daumen zu verschließen. Knicke ihn nun kurz vor dem Ende ab, so dass er verschlossen ist. Bohre einige Zentimeter davor ein kleines Loch in den Schlauch. Halte dieses dann mit dem Daumen zu. Beschreibe den jeweiligen Kraftaufwand.

A2 Nimm eine Plastiktüte, erzeuge durch Aufblasen im Innern einen Überdruck und sauge dann alle Luft heraus. Beschreibe die Veränderung der Plastikhaut als Grenze zwischen Innen und Aussen. Erkläre die Veränderungen mit den Kräften an der Grenze.

A3 *Für scharfe Denker:* In Wasser ist der Schweredruck der Eintauchtiefe proportional. Die Druckkurve (Druck in Abhängigkeit der Tiefe) ist also eine Gerade. Woran mag es liegen, dass die Druckkurve in Luft (siehe Abschnitt *Schweredruck*) gekrümmt ist?

A4 In einem kleinen Projekt sollt ihr die Kraftwandlung bei einem hydraulischen Rangierwagenheber erforschen.

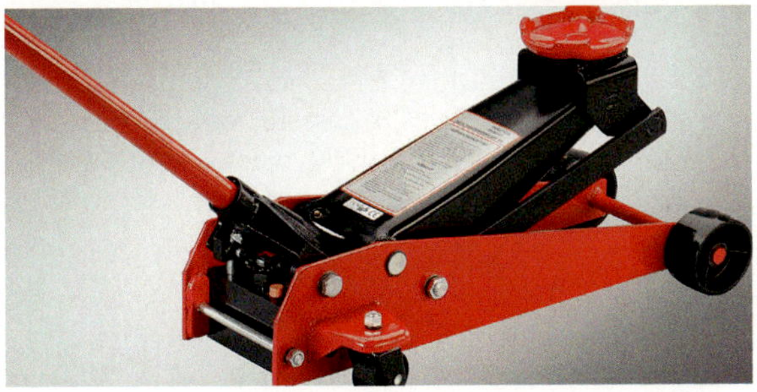

a) Messt die Länge der Hebelarme beider vorkommender Hebel. Versucht die Querschnittsflächen von Pumpenkolben und Hubkolben heraus zu finden.

b) Berechnet aus den erhobenen Daten den Kraftverstärkungsfaktor.

c) Führt ein Überprüfungsexperiment durch. Als Last genügt ein mit Sand gefüllter Eimer. Die Kraft am Handgriff messt ihr mit einem geeigneten Kraftmesser.

Stellt eure Ergebnisse z. B. auf einem Lernplakat dar.

A5 In einem großen Autoreifen beträgt der Luftdruck 2 bar, in einem Fahrradreifen 4 bar. Beide Reifen werden mit einem Schlauch so verbunden, dass Luft strömen kann. In welche Richtung strömt die Luft?

A6 Mit einem einfachen Schlauch (ohne Pumpe) kann man ein Aquarium leeren.

a) Erkundige dich, wie man dabei vorgeht.

b) Erläutere, warum das Wasser „von selbst" durch den Schlauch in den Eimer fließt.

A7 An einer Blechdose mit der Länge 10 cm und dem Durchmesser 6 cm (Querschnittsfläche: 28,3 cm²) ist ein 3 m langes vertikales Rohr von 2 cm² Querschnitt angebracht. Das gesamte Rohr und die Dose sind mit Wasser gefüllt.

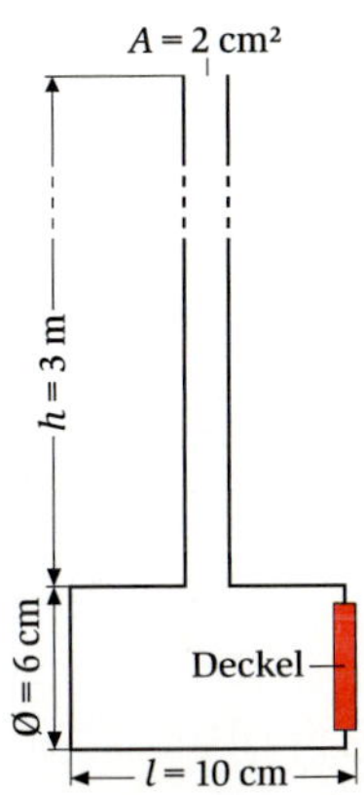

a) Welche Gewichtskraft (Betrag G) erfährt das Wasser?

b) Welche Kraft (Betrag F) wirkt auf den Deckel der Dose ($A = 25\ \text{cm}^2$)? Warum ist $F > G$?

A8 Am Erdboden sei der Luftdruck 980 hPa. Wie groß ist dann der Luftdruck in einem 1500 m tiefen Bergwergstollen? Stelle zur Beantwortung der Frage ein Computerprogramm auf. Gib die physikalischen Voraussetzungen an, unter denen das Programm gilt.

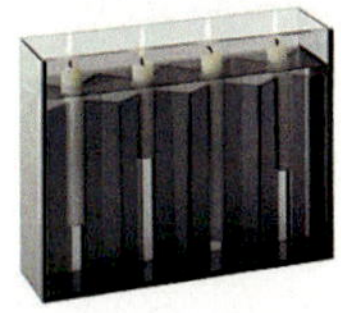

A9 Dieser Kerzenständer sorgt dafür, dass die Kerzenflammen immer auf etwa der gleichen Höhe sind. Erläutere das Prinzip.

A10 In einem Flugzeug wird der Innendruck der Kabine einige Zeit nach dem Start abgesenkt. Kläre ab, warum man zu dieser Maßnahme greift.

A11 Dosenbarometer, etwa eingebaut in eine Armbanduhr, werden als Höhenmesser verwendet.

a) Überlege dir die Funktion und die Einsatzmöglichkeiten dieses Höhenmessers.

b) Kann man damit die absolute Höhe über dem Meeresspiegel messen?

c) Wie genau müssen die Barometer den Druck messen, wenn sie eine Höhendifferenz von 1 m (oder 5 m) feststellen können? Kann man damit die Höhe eines Gebäudes messen?

d) Bei einer Wanderung kommt man an den Ausgangspunkt zurück. Nach dem Höhenmesser liegt der Ort plötzlich 20 m höher. Was könnte die Ursache dafür sein?

A12 Füllt man in eines der miteinander verbundenen Gefäße Wasser, so strömt das Wasser so lange in die anderen, bis der Wasserspiegel überall gleich hoch ist.

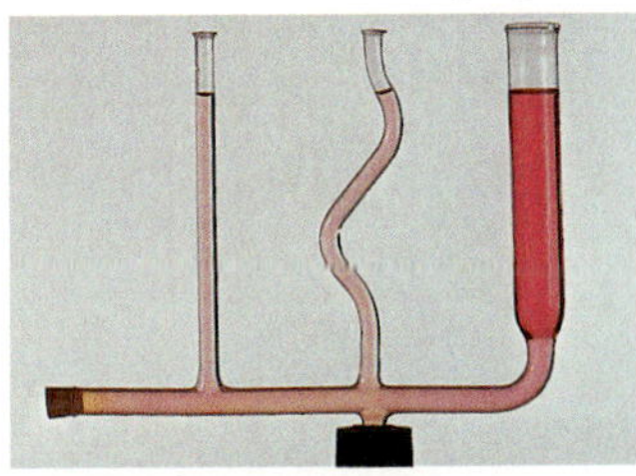

a) Erkläre die Beobachtung.

b) Unser Wasserleitungssystem besteht im Prinip auch aus verbundenen Rohren. In manchen Städten gibt es noch Wassertürme. Welche Funktion haben sie? Erkundige dich nach dem Aufbau des Wasserleitungssystems in deinem Wohnort. Wie wird der nötige Druck hergestellt?

A13 Um einen Pkw über einen Fluss zu transportieren, muss ein Floß aus Baumstämmen gebaut werden.

Welche physikalischen Überlegungen sollte man zuvor anstellen, damit das Floß den Pkw auch sicher über den Fluss trägt?

A14 Ein Floß aus Tannenholz (Fläche 10 m², Höhe 0,6 m, Dichte des Holzes 500 kg/m³) wird im Wasser mit einer Last von 1000 kg beladen.

Wie tief sinkt das Floß im Wasser ein?

Temperatur und Energie

Das kannst du in diesem Kapitel erreichen:

Du kannst Temperaturen messen und kennst die unterschiedlichen Temperaturskalen.

Du weißt, wie sich Substanzen in verschiedenen Zustandsformen – feste Körper, Flüssigkeiten und Gase – unter dem Einfluss von Wärme verhalten.

Du kennst den wichtigen Begriff der inneren Energie, kannst ihn mit dem Teilchenmodell erläutern und weißt, wie Wärme die innere Energie beeinflusst.

Du weißt, warum verschiedene Substanzen schmelzen, erstarren, verdampfen und kondensieren. Die kennst die Bedeutung der Energieprozesse bei diesen Umwandlungen und kannst sie berechnen.

Du lernst die allgemeine Gasgleichung kennen und kannst damit den Druck, das Volumen und die Temperatur von Gasen bestimmen.

Du erfährst einiges über die außerordentliche Rolle von Wasser in seinen verschiedenen Zustandsformen.

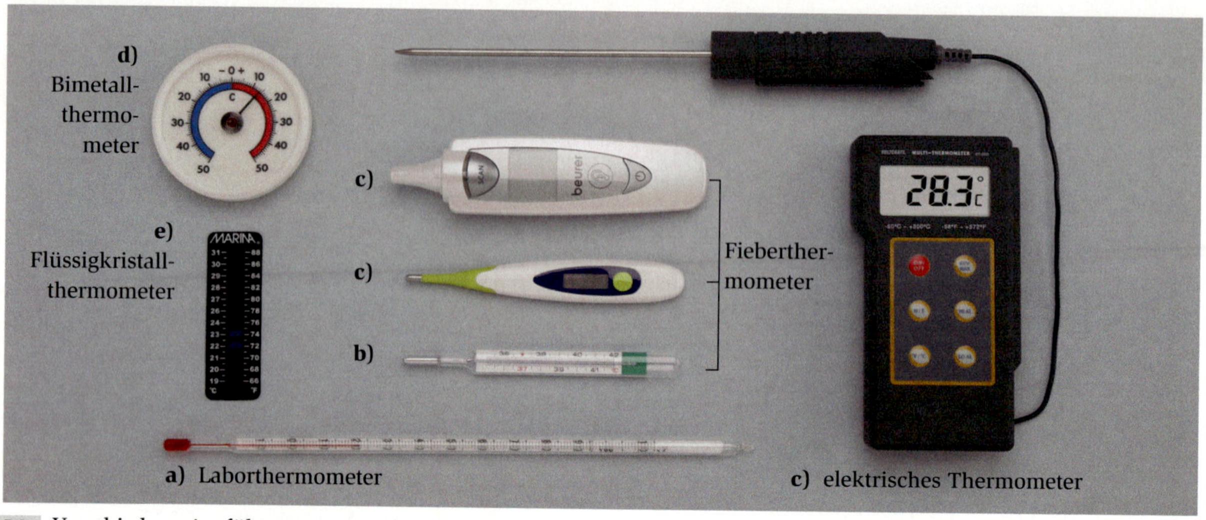

B1 Verschiedene Ausführungen von Thermometern

V1 Wir füllen einen Glaskolben mit Wasser. Dann verschließen wir den Glaskolben mit einem Stopfen mit Steigrohr und erhitzen ihn (z. B. mit einer Gasflamme).

Der Wasserspiegel im Rohr beginnt nach einiger Zeit zu steigen. Lassen wir dann das Wasser im Kolben abkühlen, so sinkt auch der Wasserspiegel im Rohr wieder. Damit haben wir ein Flüssigkeitsthermometer (noch ohne Skala) gebaut.

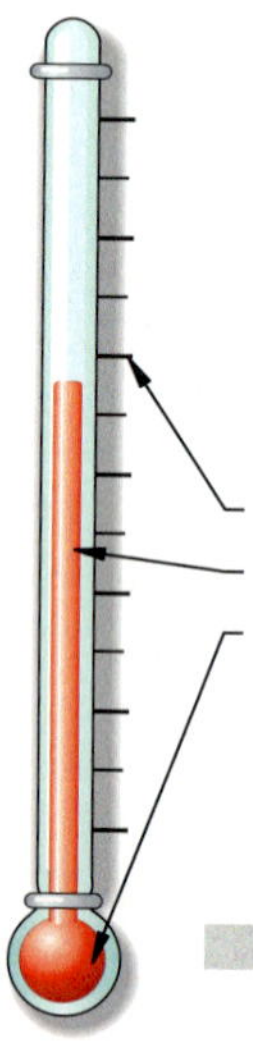

V2 Wir tauchen ein Flüssigkeitsthermometer, das noch keine Skala hat (→ B2), in ein Gefäß mit „Eiswasser" (Wasser mit zerkleinertem Eis) und rühren vorsichtig um. Die Flüssigkeitssäule sinkt. Ihre Kuppe bleibt schließlich an einem bestimmten Punkt stehen. Man nennt diesen so erhaltenen „Fixpunkt" den **Schmelzpunkt** und schreibt ihm die Temperatur **0 °C** zu (sprich: null Grad Celsius). Anschließend tauchen wir das Gerät in siedendes Wasser. Die Flüssigkeitssäule stellt sich nun auf einen anderen Fixpunkt ein, den **Siedepunkt** des Wassers. Man schreibt ihm die Temperatur 100 °C zu (bei normalem Druck von 1013 hPa).

1. Thermometer

Sicher hast du vor dem Schwimmen schon einmal heiß geduscht. Nach dem Sprung ins Wasser hast du gefroren, obwohl deine Körpertemperatur schon höher als normal war. „Frieren" ist keine objektive Temperaturangabe. Es ist eine Empfindung als Folge eines Reizes aus der Umgebung, der den Körper veranlasst, wieder die richtige Temperatur einzuregeln.
Auch der „Schüttelfrost" ist kein objektives Anzeichen einer zu niedrigen Temperatur. Er ist der Trick der Natur, die zur Abwehr einer Infektion benötigte höhere Körpertemperatur zu erzielen. Ebenso die Gänsehaut: Wenn sich die Haare auf der Körperoberfläche aufrichten, können sie mehr Luft einschließen und isolieren dadurch besser. Gänsehaut kann aber auch auftreten, wenn wir sehr berührt sind – eine objektive Temperaturangabe stellt sie also nicht dar.

Wollen wir die **Temperatur** eines Gegenstandes objektiv messen, benutzen wir in der Physik Messgeräte. Sie heißen **Thermometer** und sind unabhängig von den Empfindungen des Menschen.

Flüssigkeiten dehnen sich beim Erhitzen aus. In → V1 nutzen wir dies zum Bau eines einfachen Flüssigkeitsthermometers aus. Die Flüssigkeit befindet sich in einem dünnen Glasrohr. Dehnt sie sich aus, braucht sie mehr Platz und steigt deshalb in dem Glasrohr hoch. So zeigt die Flüssigkeit ihre eigene Temperatur an, die Temperatur des Thermometers.

Will man die Temperatur eines *anderen* Körpers bestimmen, so muss man das Thermometer in Kontakt mit diesem Körper bringen. Dann geht Energie von selbst vom heißeren zum kälteren Körper über, bis die Temperaturen sich angeglichen haben. Danach ändert sich die Höhe der Flüssigkeitssäule im Steigrohr nicht mehr. Das dauert beim Fiebermessen etwa drei Minuten. Die Thermometerflüssigkeit hat dann die gleiche Temperatur wie der Kranke. Die Flüssigkeit zeigt also auch dessen Temperatur an.

2. Wie gewinnt man eine Skala?

Der Abstand zwischen **Schmelzpunkt 0 °C** und **Siedepunkt 100 °C** (→ V2) wird nach einem Vorschlag von Anders CELSIUS (1701–1744) in hundert gleiche Teile, **Grade** genannt, eingeteilt. Damit können wir die **Temperatur** eines Körpers angeben. Unscharfe Begriffe wie „kalt“ und „heiß“ werden so durch exakte Zahlenwerte mit Einheit präzisiert. Wir sind heute damit vertraut und übersehen leicht, dass der Begriff „Temperatur“ erst mit der Erfindung des Thermometers geschaffen worden ist. Davor konnte man z. B. der Körpertemperatur keinen bestimmten Wert zuordnen.

Die an der **Celsius-Skala** gemessene Temperatur bezeichnen wir mit dem griechischen Buchstaben ϑ (sprich: Theta). Um auch tiefere Temperaturen als 0 °C messen zu können, setzt man die Celsius-Skala unter 0 °C fort und trägt dort negative Celsius-Grade (–1 °C, –2 °C usw.) ein. Für Temperaturen über 100 °C verlängert man die Celsius-Skala entsprechend über 100 °C hinaus (vgl. → T1).

Man muss zwischen Temperaturpunkten ϑ_1 oder ϑ_2 (Angabe in °C) und Temperatur*differenzen* $\Delta\vartheta = \vartheta_2 - \vartheta_1$ unterscheiden. Die Differenzen geben wir in der **Einheit K (Kelvin)** an (nach dem englischen Physiker William Lord KELVIN, 1824–1907; mit bürgerlichem Name hieß er William THOMSON). Die neue Einheit hilft uns, Verwechslungen zu vermeiden. Steigt z. B. die Temperatur von $\vartheta_1 = -2\,°C$ auf $\vartheta_2 = +9\,°C$, so beträgt die Temperaturdifferenz $\Delta\vartheta = \vartheta_2 - \vartheta_1 = 11\,K$.

3. Thermometer für verschiedene Zwecke

Ein Thermometer an der Außenwand eines Hauses sollte Temperaturen zwischen –50 °C und + 50 °C messen können (→ B1d), innerhalb des Hauses genügt ein Messbereich von + 10 °C bis + 30 °C. Bei einem Fieberthermometer reicht sogar der Bereich von + 36 °C bis + 42 °C, aber dafür sollen noch Temperaturunterschiede von 0,1 K ablesbar sein. Beim früher gebräuchlichen Quecksilberthermometer (→ B1b) ist deshalb der Innendurchmesser des Steigrohres sehr klein und gleichzeitig das Thermometergefäß an seinem unteren Ende groß. Schon eine geringe Temperaturerhöhung lässt dann die Flüssigkeitssäule erheblich steigen.
Nicht nur das Volumen, auch andere physikalische Größen hängen eindeutig von der Temperatur ab. Jede dieser Größen kann man zur Temperaturmessung benutzen (→ Interessantes).

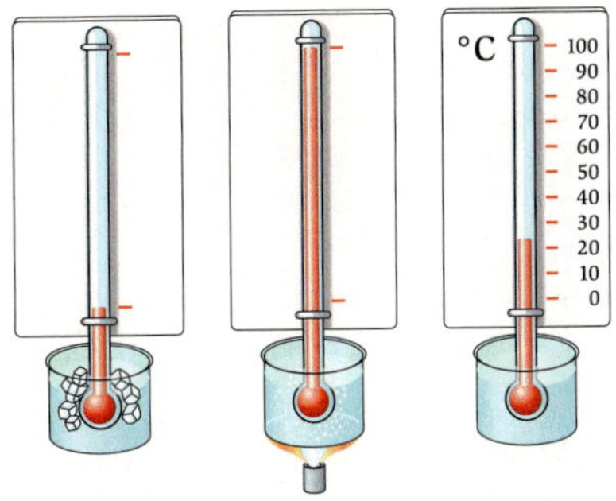

B2 Wir stellen eine Thermometerskala her

Tiefste im Labor erzeugte Temperatur	–273 °C
Tiefste Temperatur in der Antarktis	–94 °C
Körpertemperatur des Menschen etwa	37 °C
Höchste Temperatur in Wüsten	59 °C
Temperatur einer Gasflamme etwa	1 600 °C
Temperatur eines Glühlampendrahtes	2 000 °C
Temperatur der Sonnenoberfläche ca.	6 000 °C
Temperatur im Sonneninneren	10^8 °C

T1 Einige bemerkenswerte Temperaturen

A1 Dein Bruder sagt, er traue dem Flüssigkeitsthermometer nicht mehr, es scheine falsch anzuzeigen. Wie kann man es prüfen?

A2 Erläutere: Für welchen Zweck werden die in → B1 gezeigten Thermometer benutzt? Welche Thermometer sind Flüssigkeitsthermometer? Bei welchen Thermometern ist eine Temperaturanzeige fern von der Messstelle möglich (→ Interessantes)?

A3 CELSIUS hatte anfangs den Schmelzpunkt mit 100 °C, den Siedepunkt mit 0 °C bezeichnet. Diskutiere, ob die Empfindung „heißer“ auch zwingend „höhere Temperatur“ bedeutet.

Interessantes

Thermometerarten
Flüssigkeitsthermometer sind einfach aufgebaut, jedoch leider nur in einem kleinen Temperaturbereich verwendbar. Quecksilber wird bei –39 °C fest und siedet bei + 357 °C. Reiner Alkohol ist zwischen etwa –70 °C und + 60 °C verwendbar.
In *elektrischen Thermometern* (→ B1c) nutzt man die Temperaturabhängigkeit der elektrischen Eigenschaften, z. B. des Widerstands, vieler Leiter aus. Bei elektrischen Thermometern kann der Messfühler weit vom Anzeigegerät entfernt sein. Sie eignen sich gut als *Fernthermometer.* Die Messwerte können als elektrische Größen leicht vom Computer verarbeitet werden.

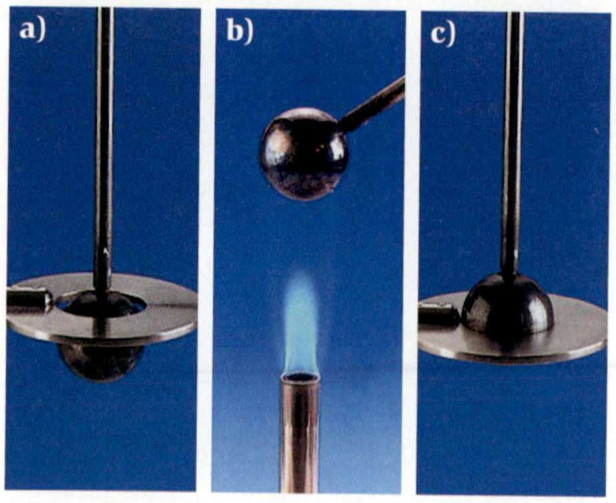

V1 **a)** Eine Messingkugel geht bei Zimmertemperatur nur knapp durch einen Messingring hindurch. **b)** Nun wird sie mit einem Bunsenbrenner erhitzt. **c)** Die erhitzte Kugel bleibt stecken. Offensichtlich hat sie sich ausgedehnt.

V2 Wir spannen ein Eisenrohr am linken Ende fest ein (→ **B3**). Das andere Ende liegt auf einem beweglichen Steg. Jede Längenänderung des Rohres kippt den Steg ein wenig um D und wird so von der Spitze eines langen Zeigers vergrößert angezeigt. Wir leiten nun Wasser durch das Rohr, zunächst kaltes und dann solches mit jeweils etwas höherer Temperatur. Jedes Mal bestimmen wir die eintretende Längenzunahme.

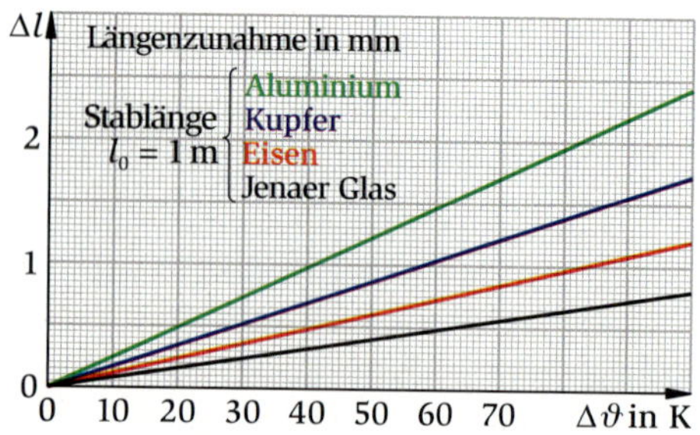

B1 Längenzunahme in Abhängigkeit von der Temperaturerhöhung

B2 Herstellung eines Hohlspiegels

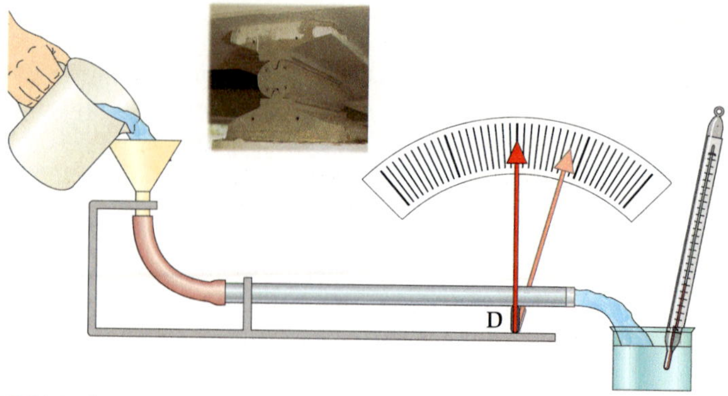

B3 So können wir die thermische Ausdehnung messen.

1. Wie dehnen sich feste Körper aus?

Die *thermische* (durch Temperaturerhöhung bewirkte) Ausdehnung fester Körper hat in der Praxis große Bedeutung. Du weißt sicher, dass eine Brücke aus Stahl im Sommer länger ist als im Winter. Ingenieurinnen und Ingenieure müssen sogar berechnen können, wie groß diese Längendifferenz ist.

Um diese Frage schon *vor* dem Bau der Brücke beantworten zu können, untersucht man ein kleines Modell aus dem gleichen Material. In → **V2** nehmen wir zur Vereinfachung ein Eisenrohr von 1,00 m Länge. Nacheinander leiten wir Wasser mit immer höherer Temperatur durch dieses Rohr und messen jedes Mal die Längenzunahme.

Tragen wir in einem Diagramm die Längenzunahme Δl über der Temperaturerhöhung $\Delta\vartheta$ auf, so erhalten wir eine Ursprungsgerade (→ **B1**). Für die thermische Ausdehnung gilt also $\Delta l \sim \Delta\vartheta$.

Für Rohre aus anderem Material ergeben sich ebenfalls Geraden, aber mit jeweils anderen Steigungen (→ **B1**). Eine größere Steigung bedeutet, dass bei gleicher Temperaturzunahme die Längenzunahme vergleichsweise stärker ist. Die thermische Ausdehnung hängt also auch vom Material ab.

Für einige Materialien findest du Werte in → **T1**. Für spezielle Anwendungen wurden Glaskeramiken entwickelt, die praktisch keine thermische Ausdehnung zeigen, z. B. Ceran® für Kochfelder von Küchenherden oder Zerodur® für die Herstellung der großen Spiegel astronomischer Teleskope → **B2**. So besitzt beispielsweise das Very Large Telescope (VLT) der Europäischen Südsternwarte (ESO) in Chile einen solchen Spiegel mit einem Durchmesser von 8,2 m, der praktisch eine „Nullausdehnung" besitzt.

Merksatz

Im Allgemeinen dehnen sich feste Körper bei Temperaturerhöhung aus, bei Temperaturerniedrigung ziehen sie sich zusammen.
Die Stärke der Ausdehnung hängt bei gleicher Temperaturerhöhung vom Material ab.

2. Versuch im Kleinen – Vorhersage fürs Große

Wird die thermische Ausdehnung eines Körpers behindert, können sehr große Kräfte auftreten. Im sogenannten Bolzensprengversuch wird das eindrucksvoll demonstriert: In → V3 wird dadurch ein fingerdicker Eisenbolzen zerbrochen. Im Großen kann durch solche Kräfte sogar eine Brücke zerstört werden! Dicke Eisenbahnschienen sind schon bei großer sommerlicher Hitze verbogen worden, als wären sie Spaghetti. Architekten und Bauingenieure sind deshalb bestrebt, durch den Einsatz der richtigen Materialien unterschiedliche Wärmeausdehnungen möglichst zu vermeiden.

Es ist deshalb sehr wichtig, schon vor dem Bau großer Bauwerke vorhersagen zu können, mit welchen Ausdehnungen man rechnen muss. Eine solche Vorhersage wollen wir nun gemeinsam versuchen. → T1 entnehmen wir:

- Ein 1 m langer Eisenstab dehnt sich bei einer Temperaturerhöhung von $\Delta\vartheta = 100$ K um 1,2 mm aus.
- Eine 80 m lange Brücke würde sich (wieder bei $\Delta\vartheta = 100$ K) dann 80-mal so stark, also um $80 \cdot 1{,}2$ mm = 96 mm, ausdehnen.
- In Mitteleuropa wird eine Brücke Temperaturschwankungen zwischen $\vartheta_1 = -20\,°\mathrm{C}$ und $\vartheta_2 = +30\,°\mathrm{C}$ ausgesetzt. Man muss also mit einer Temperaturdifferenz von nur $\Delta\vartheta = 50$ K rechnen und nicht mit 100 K.
  $\Delta\vartheta = 50$ K führt zu 96 mm · 50 K/100 K = 48 mm Verlängerung.

Bei der Konstruktion wird dies berücksichtigt. Ein Brückenende wird dazu auf stabilen Stahlrollen beweglich gelagert. Du kannst es im Hintergrund von → B3 erkennen. In die Fahrbahn wird eine Dehnungsfuge eingelassen, damit sie nicht aufreißt.

3. Bimetallstreifen

Zwei Blechstreifen, z. B. aus Messing und Eisen, die man fest miteinander verschweißt oder vernietet hat, bilden einen so genannten Bimetallstreifen (→ B4). Beim Erhitzen biegt er sich zu der Seite, an der sich das Metall weniger ausdehnt. Versieht man das Ende des Bimetallstreifens mit einem Zeiger über einer Skala, erhält man ein *Bimetallthermometer.* Ist der Streifen lang genug, führt schon eine mäßige Temperaturänderung zu einer deutlichen Auslenkung des Zeigers. Wickelt man ihn zu einer Spirale, so passt er sogar in ein kleines Gehäuse.

Bringt man an einen Bimetallstreifen elektrische Kontakte an, so erhält man einen *Bimetallschalter.* Dieser kann beim Überschreiten einer bestimmten Temperatur automatisch Feueralarm auslösen. Aber nicht immer muss es so dramatisch sein. Im Bügeleisen schaltet er die Heizung aus, wenn eine bestimmte Temperatur überschritten wird. Kühlt sich das Bügeleisen danach ab, so schließt sich der Kontakt (man hört ein leises Klicken), und die Heizung arbeitet wieder. So wird der Bimetallschalter zu einem Regler, der als **Thermostat** die Temperatur des Bügeleisens nahezu konstant hält.

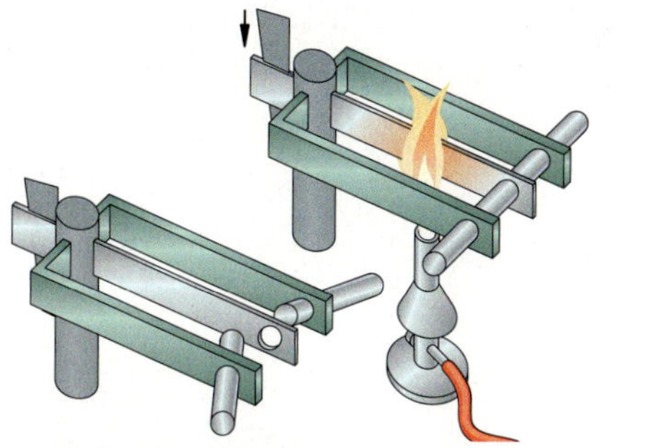

V3 In eine stabile Haltevorrichtung wird ein Eisenstab mit einer Querbohrung eingesetzt. Ein durch diese Bohrung geschobener gusseiserner Bolzen hält ein Ende des Stabes; ein Keil am anderen Ende spannt den Stab fest ein. Erhitzt man den Stab, so dehnt er sich aus. Man kann jetzt den Keil weiter hineintreiben. Kühlt sich der Stab wieder ab, so zieht er sich zusammen und zerbricht den Bolzen. (Vorsicht vor wegfliegenden Bruchstücken!)

Material	Dehnung Δl in mm	Material	Dehnung Δl in mm
Zink	2,6	Chrom	0,9
Alumin.	2,4	Jenaer Glas	0,8
Messing	1,9	Porzellan	0,3
Kupfer	1,7	Invarstahl	0,15
Eisen	1,2	Quarzglas	0,06
Beton	1,2	Glaskeramik	< 0,01

T1 Ein Stab mit der Ausgangslänge $l_0 = 1$ m dehnt sich bei einer Temperaturerhöhung von 0 °C auf 100 °C um Δl aus.

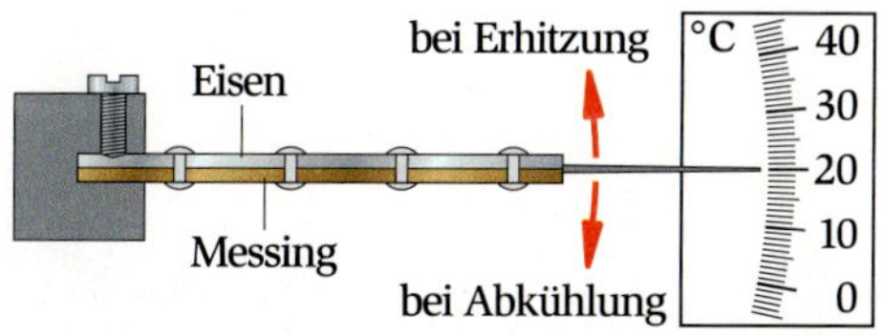

B4 Dieser Bimetallstreifen biegt sich bei Erhitzung nach oben, denn Messing dehnt sich stärker aus als Eisen.

A1 Warum kann man Stahlbeton zum Hausbau benutzen (→ T1)? Begründe.

A2 In → V1 fällt die steckengebliebene Kugel nach einiger Zeit wieder durch die Öffnung. Suche nach Gründen hierfür. Diskutiere deine Vermutung mit der Klasse.

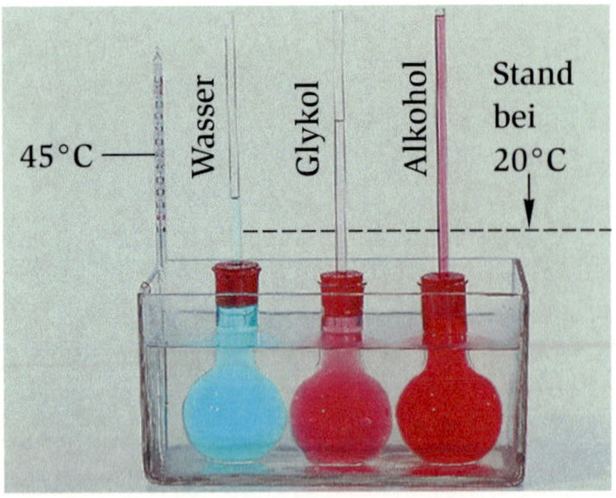

V1 Wir füllen einen Glaskolben mit *Wasser*, einen zweiten mit *Glykol* und einen dritten mit *Alkohol* (jeweils $V = 250\ \text{cm}^3$ und $\vartheta = 20\ °\text{C}$). Die drei Kolben versehen wir mit Steigrohren gleicher Weite und tauchen sie dann in Wasser von etwa 45 °C. Nach kurzer Zeit steigen die Flüssigkeitssäulen in allen drei Rohren beträchtlich. Sie erreichen schließlich verschiedene Höhen.

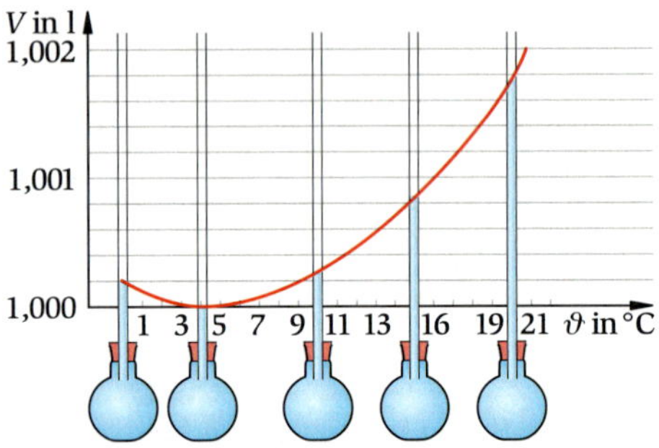

V2 Mithilfe eines sehr dünnen Steigrohres messen wir die Ausdehnung von Wasser im Bereich von 0 °C bis etwa 20 °C. Es ergibt sich die dargestellte Kurve. Die Dichte des Wassers verhält sich *anomal*.

V3 **a)** Wir erhitzen ein mit *Wachs* gefülltes Reagenzglas im Wasserbad, bis das Wachs geschmolzen ist. Dann lassen wir das Wachs abkühlen und erstarren. Dabei senkt sich die Oberfläche.
b) Nun füllen wir *Wasser* in ein Reagenzglas und tauchen es dann in eine so genannte Kältemischung (eine Mischung aus Eis und Salz, mit der Temperaturen unter 0 °C erreicht werden). Das Wasser gefriert und bildet einen Eiszylinder. Er ist höher als die Wassersäule.

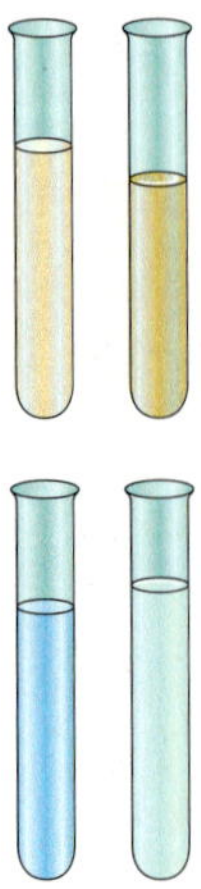

4. Wir untersuchen nun Flüssigkeiten genauer

Wir haben nachgewiesen, dass feste Körper sich bei einer Temperaturerhöhung ausdehnen. Wie stark die Ausdehnung ist, hängt neben der Temperaturdifferenz auch vom Material ab.
Auch Flüssigkeiten benötigen mehr Platz, wenn die Temperatur steigt. Diese Eigenschaft haben wir ja schon früher ausgenutzt, um ein Thermometer zu bauen. (Die Teilchen tanzen bei hoher Temperatur eine Art „Teilchen-Rock'n-Roll“. Dazu brauchen sie mehr Platz als beim „Tango“ der tiefen Temperatur.) **→ V1** zeigt nun, dass sich auch verschiedene Flüssigkeiten beim Erhöhen der Temperatur unterschiedlich stark ausdehnen.

Merksatz

Verschiedene Flüssigkeiten dehnen sich bei gleicher Temperaturerhöhung unterschiedlich stark aus.

5. Wasser ist ein Außenseiter

Untersucht man, wie das Volumen von 1 kg Wasser von der Temperatur abhängt, so erhält man bei sehr genauen Messungen die Kurve aus **→ V2**. (Jede noch so kleine thermische Ausdehnung des Glasgefäßes würde das Ergebnis des Versuches verfälschen. Man nimmt deshalb einen Kolben aus „Nullausdehnungs“-Material.) Der Versuch zeigt, dass sich Wasser bei einer Temperaturerhöhung von 0 °C bis 4 °C zunächst zusammenzieht. Erst wenn man es über 4 °C erhitzt, dehnt es sich wieder aus. Dies ist im Vergleich zu anderen Stoffen ein ungewöhnliches Verhalten. Man nennt es die **Anomalie des Wassers** (anomal, regelwidrig). Wenn Wasser aber bei 4 °C das kleinste Volumen hat, dann ist seine Dichte ($\varrho = m/V$) bei dieser Temperatur am größten.
Die Anomalie des Wassers ist wichtig für das Leben in Gewässern, die im Herbst bzw. Winter abkühlen (siehe Kasten Interessantes).

Merksatz

Wasser hat bei 4 °C seine größte Dichte.

Schau dir noch einmal die Messkurve in **→ V2** an: Beim Dichtemaximum ändert eine kleine Temperaturabweichung fast nichts an der Dichte des Wassers. Deshalb gab man 1799 dem Urkilogramm möglichst genau die Masse von $1\ \text{dm}^3$ Wasser bei 4 °C.

6. Warum schwimmt Eis?

Kühlt man eine Flüssigkeit immer mehr ab, so wird sie schließlich fest. Denke dabei z. B. an Kerzenwachs. Wachs zieht sich beim Erstarren zusammen (**→ V3a**). Den meisten anderen Stoffen geht es genauso. Wasser dagegen verhält sich auch hier anomal, es dehnt sich beim Erstarren aus und zwar um etwa 9 % seines Volumens bei 0 °C (**→ V3b**). Eis hat folglich eine geringere Dichte als Wasser, deshalb geht es in Wasser nicht unter, sondern schwimmt wie ein Schiff. Der unter Wasser liegende Teil eines Eisbergs entspricht dabei etwa 9/10 des Gesamtvolumens!

Interessantes

A. Die Anomalie im Teilchenbild

Eis besteht wie flüssiges Wasser aus H_2O-Molekülen. Diese lassen sich im Wasser gegeneinander verschieben, im Eis dagegen sitzen sie ziemlich fest, sie bilden ein geordnetes Kristallgitter. Dort nehmen sie einen größeren Abstand voneinander ein und beanspruchen deshalb mehr Platz als im flüssigen Zustand. Kleine, sperrige Eiskristallklümpchen („Cluster") bilden sich schon unterhalb etwa +9 °C. Je weiter die Temperatur sinkt, desto mehr Cluster bilden sich. Ihr größerer Raumbedarf wirkt dem abnehmenden Wasservolumen entgegen – und gewinnt schließlich.

Wenn das Eis schmilzt, wird diese sperrige Ordnung nach und nach wieder aufgegeben, und die Moleküle rücken dichter zusammen. (Wenn man einen Haufen dünner Zweige zerkleinert und dadurch ihre sperrige Anordnung zerstört, wird der von der Holzportion benötigte Raum ebenfalls geringer.) Erhöht man die Temperatur des Schmelzwassers, werden nach und nach auch die noch verbliebenen Molekülgruppen zerkleinert, sodass sich das Volumen noch etwas verringert. Oberhalb von 4 °C überwiegt die normale thermische Ausdehnung des flüssigen Wassers. Ab hier verhält sich das Wasser „normal".

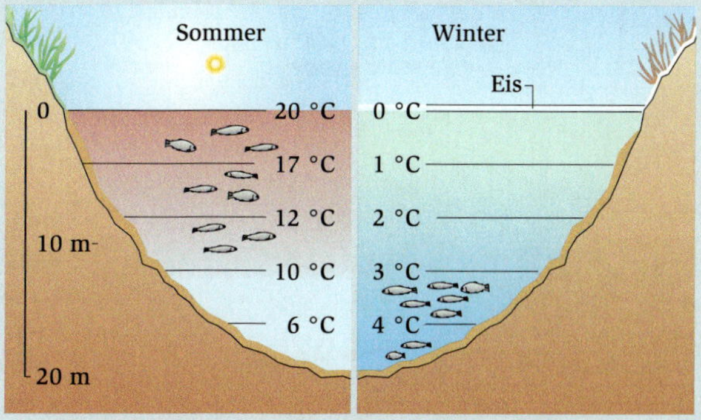

B. Die Anomalie des Wassers in der Natur

a) Im Frühjahr und Sommer wird das Wasser eines Sees von oben her erwärmt, z. B. durch die wärmere Luft oder durch die Sonneneinstrahlung. Es bildet sich eine Temperaturschichtung, bei der die Temperatur von oben nach unten abnimmt, denn das Wasser mit der höchsten Temperatur hat die geringste Dichte und bildet deshalb die oberste Schicht.

b) Im Herbst und Winter bildet sich eine andere Temperaturschichtung. Kühlt sich das Wasser an der Oberfläche ab, so nimmt zunächst seine Dichte zu; es sinkt nach unten. Dabei mischt es sich mit dem kälteren Wasser oder verdrängt dieses.

Die Umschichtung endet, wenn unten die Temperatur 4 °C erreicht ist. Wird das Oberflächenwasser noch kälter, so bleibt es oben, denn seine Dichte ist jetzt wieder kleiner als die in der darunterliegenden Schicht. Stehende Süßwasserseen gefrieren deshalb stets von oben. In tieferen Schichten haben sie fast das ganze Jahr hindurch angenähert die Temperatur 4 °C. (In Salzwasser liegen andere Bedingungen vor.)

c) Bildet sich an der Oberfläche des Sees Eis, so schwimmt es wegen seiner geringeren Dichte. Eine geschlossene Eisdecke verzögert die Abkühlung tieferer Wasserschichten. Daher können dort Fische den Winter überstehen.

A1 Warum ist Wasser als Thermometerflüssigkeit ungeeignet, um Temperaturen unter +9 °C zu bestimmen? Nenne Gründe.

A2 Tauche ein zuvor erhitztes Thermometer in kaltes Wasser. Erkläre, weshalb der Flüssigkeitsfaden dabei zunächst etwas ansteigt.

A3 Eine Wasserportion (eine Wachsportion) wird von 90 °C auf 1 °C abgekühlt. Beschreibe, wie sich dabei die Teilchen verhalten.

A4 Spanne zwei dünne Glasrohre an einem Ende ein, sodass sie senkrecht parallel und dicht zusammen stehen. Halte dann in der Nähe der Befestigungsstelle eine Streichholzflamme dazwischen. Beobachte die freien Enden der Glasrohre und erkläre, weshalb sie ihren Abstand ändern.

A5 Begründe, weshalb man einen Kupferdraht nicht ohne Probleme in Glas einschmelzen kann.

A6 Jemand misst eine Strecke mit einem Stahllineal, das in der Sonne gelegen hat. Werden die Messwerte zu groß oder zu klein?

A7 Die Temperatur eines 120 cm langen Kupferdrahtes steigt von 0 °C auf 40 °C. Bestimme die Verlängerung des Drahtes.

A8 Um wie viel ist der aus Eisen erbaute Eiffelturm (Höhe 300 m) an einem Sommertag bei +30 °C höher als im Winter bei –20 °C?

A9 Die Metalllegierung INVAR (65 % Fe, 35 % Ni) dehnt sich beim Erhitzen nicht aus. Warum ist dies für Pendeluhrbauer wichtig? Suche im Internet nach Antworten.

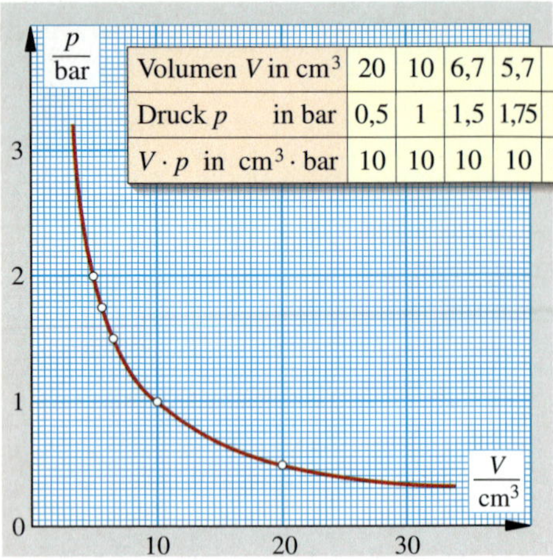

Volumen V in cm^3	20	10	6,7	5,7	5
Druck p in bar	0,5	1	1,5	1,75	2
$V \cdot p$ in $cm^3 \cdot bar$	10	10	10	10	10

B1 Messwerte und Diagramm zum Gesetz von Boyle und Mariotte.

Gase können sich chemisch sehr verschiedenartig verhalten – etwa der lebensnotwendige Sauerstoff einerseits und das (echt) ätzende Chlor andererseits! Physikalisch gesehen sind sie aber alle einander überraschend ähnlich: Alle Gase sind weitgehend durchsichtig und daher unsichtbar. Das kann man mit der starken Verdünnung erklären, in der die Materie im Gaszustand vorliegt.

Auch Messungen zeigen, wie ähnlich sich verschiedene Gase sind: Man kann auf ein Gas einen beliebigen Druck ausüben und es dann auf eine bestimmte Temperatur bringen. Dann stellt sich das Volumen des Gases von selbst auf einen ganz bestimmten Wert ein. Wie hängt das Volumen V vom Druck p und der Temperatur ϑ ab? Wir trennen die beiden Einflüsse auf V, indem wir

- in einem ersten Experiment die Temperatur ϑ konstant lassen („isothermer Prozess"),
- in einem zweiten Experiment den Druck p („isobarer Prozess").

1. Der isotherme Prozess (Temperatur ϑ konstant)

Wir haben die Gesetzmäßigkeit eines isothermen Prozesses schon im vorherigen Kapitel als Gesetz von Boyle und Mariotte kennengelernt: Dazu füllten wir eine Gasportion in einen Zylinder mit Kolben und erhöhten den Druck. Das Volumen nahm ab, das Gas gab der äußeren Kraft nach. Druck und Volumen erwiesen sich als zueinander umgekehrt proportional; das Produkt aus Druck und Volumen war im Versuch konstant. Das *V*-*p*-Diagramm zeigt eine Hyperbel (→ **B1**).

Merksatz

Gesetz von Boyle und Mariotte: Bei isothermer Zustandsänderung einer Gasportion ist $p \cdot V$ konstant.

Das Gesetz wurde übrigens unabhängig voneinander von den beiden Physikern Robert BOYLE (1627–1691) und Edme MARIOTTE (1620–1684) entdeckt.

Im Schulversuch mit Zimmerluft ist das Gesetz erfüllt; im wissenschaftlichen Präzisionsversuch findet man Abweichungen. Sie sind umso stärker, je kälter das Gas ist und je mehr man es zusammendrückt. Man sagt: Ein Gas, welches das Gesetz von Boyle und Mariotte unter allen Umständen genau erfüllen würde, wäre ein *ideales* Gas. Ein solches Gas existiert aber nur in Gedanken. Die wirklichen („realen") Gase sind immer nur näherungsweise ideal. Sie gleichen dem idealen Gas umso mehr, je höher man die Temperatur und je geringer man den Druck macht. Das untenstehende *Bild* zeigt ein Beispiel.

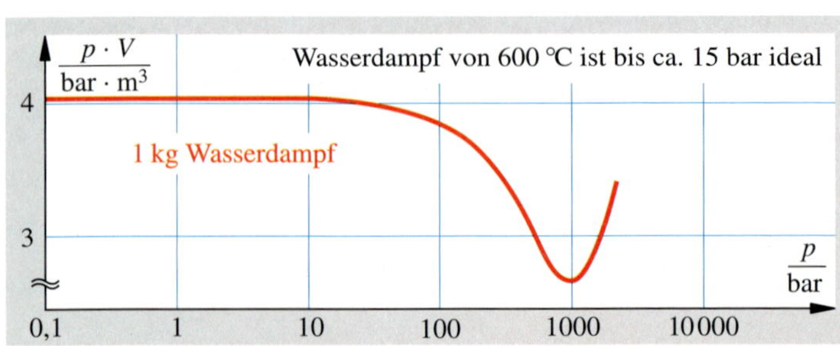

Interessantes

Vakuumpumpen

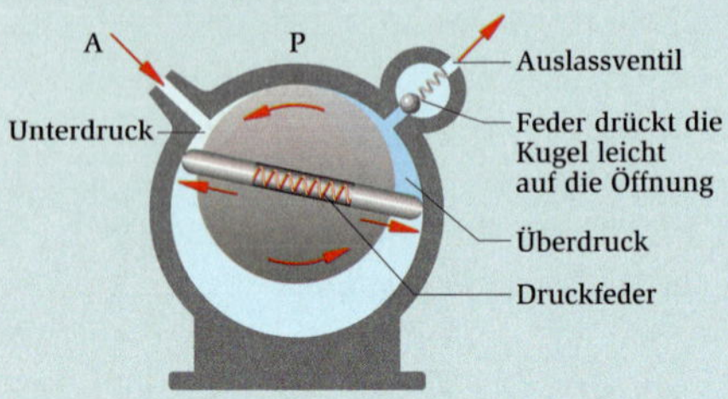

Ein massiver, von einem Elektromotor angetriebener Metallzylinder dreht sich in einer Trommel um eine waagerechte Achse, die oberhalb der Trommelachse liegt. Die rot gezeichnete Feder presst die Stahlschieber stets luftdicht an die exakt geschliffene Innenwand. Im obersten Punkt (P) muss der Zylinder luftdicht an der Trommelwand gleiten; ein Ölfilm dichtet und schmiert zugleich. Das auszupumpende Gefäß wird bei A angeschlossen, sodass sich das Gas des Gefäßes in den Raum zwischen P und dem links gleitenden Schieber ausdehnen kann. Dadurch sinkt der Druck in dem bei A angeschlossenen Gefäß. Der jeweils rechts gleitende Schieber verkleinert das Volumen der sich dort befindlichen Luft. Der Druck steigt dort und wenn er größer als der äußere Luftdruck ist, strömt Luft über das Ventil aus.

Mit solchen einstufigen Drehschieberpumpen kann man den Druck im angeschlossenen Gefäß unter 1 Pa senken.

2. Der isobare Prozess (Druck *p* konstant)

In einem Glasrohr wird eine Gasportion von einem Quecksilbertropfen luftdicht eingeschlossen (➜ V1). Bringen wir dieses „Gasthermometer" in verschieden warme Wasserbäder, so lesen wir aus den Messergebnissen ab: Für jedes Grad Erwärmung wächst das Volumen um den gleichen Betrag. Eine gleichmäßige Volumenskala wird also von selbst zu einer gleichmäßigen Temperaturskala! Setzt man diese Skala nach unten bis zum Volumen null fort, so landet man bei dem Temperaturwert –273 °C.

Setzen wir das Gas einem höheren Druck aus, so erhalten wir eine andere Temperaturskala: Alle Volumina werden kleiner, die Gradstriche rücken näher zusammen. Aber die Fortsetzung auf das Volumen null liefert jedesmal wieder den gleichen Wert $\vartheta = -273$ °C! Ebenso ist es, wenn wir eine andere Gasportion oder gar ein anderes Gas nehmen.

3. Eine Temperatur ohne Kältegrade

Die Merkwürdigkeit, dass alle Gasthermometer sozusagen ihren natürlichen Nullpunkt bei der Temperatur –273 °C haben, hat die Physiker veranlasst, die Gradzählung statt bei 0 °C bei dieser besonderen Temperatur zu beginnen. Alle Temperaturwerte sind dann um 273 Grad (genauer: 273,15 Grad) zu erhöhen; zur Unterscheidung verwendet man eine neue Benennung „Kelvin" (K) und den neuen Formelbuchstaben *T*:

Merksatz

Definition der **Kelvintemperatur**:

Celsiustemperatur $\vartheta = x$ °C entspricht
Kelvintemperatur $T = (x + 273{,}15)$ K

Die Temperatur $T = 0$ K bzw. $\vartheta = -273{,}15$ °C heißt **absoluter Nullpunkt** der Temperatur. Es hat sich herausgestellt, dass es die tiefste überhaupt mögliche Temperatur ist. Man hat sie im Labor mithilfe der sogenannten Laserkühlung (ein Laserstrahl überträgt einen Impuls auf die zu kühlenden Teilchen und macht sie dadurch langsamer, d. h. sie kühlen ab) schon auf wenige Milliardstel Kelvin erreichen, aber niemals unterschreiten können. Die T-Skala hat keine Kältegrade mehr.

Natürlich gibt es kein Gas, das bis zum absoluten Nullpunkt hin ideal wäre. Es hätte ja dort das Volumen null, müsste also völlig verschwunden sein! Alle Gase werden bei sehr tiefen Temperaturen flüssig oder sogar fest. Aber die neue Temperaturmessung liefert uns einen besonders einfachen Zusammenhang zwischen Volumen und (Kelvin-)Temperatur. Vergleichen wir im Bild zu ➜ V1 die Kelvin-Skala mit der Volumenskala! Wir erkennen: Zum doppelten Volumen gehört die doppelte Kelvintemperatur, zum dreifachen *V* gehört das dreifache *T* usw., kurz:

Merksatz

Bei isobarer Zustandsänderung ist das Volumen des idealen Gases proportional zur Kelvintemperatur; V/T ist konstant bei konstantem Druck.

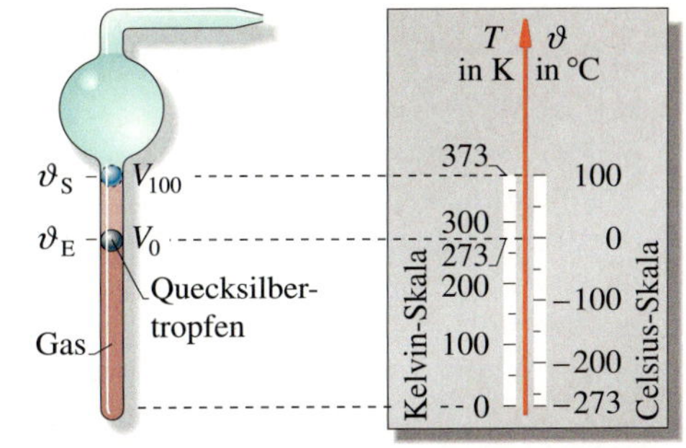

V1 Ein Quecksilbertropfen schließt hier den zylindrischen Gasraum unter sich dicht ab. Der Druck ist konstant gleich dem Atmosphärendruck. Als Temperaturmarken dienen Klemmringe am Glasrohr, die man auch unter Wasser verschieben kann. Die Quecksilberperle steigt je Grad Erwärmung immer um den gleichen Betrag.

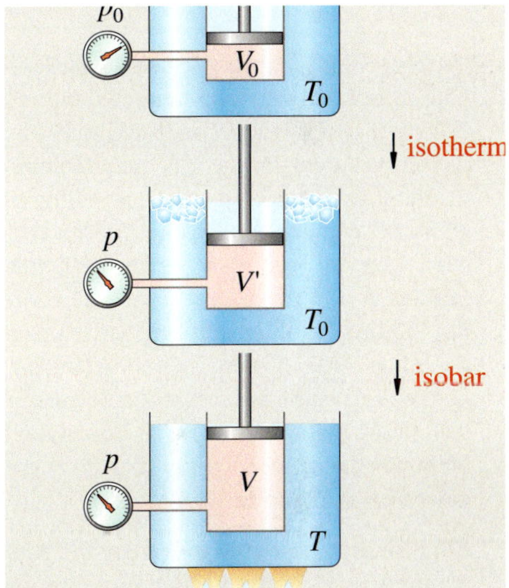

B2 Vom Zustand mit den Größen (p_0, T_0, V_0) zu (p, T, V) in zwei Schritten:

Erster Schritt: Stelle isotherm (T_0 bleibt gleich) das gewünschte *p* her!

Anfangs:	p_0	T_0	V_0
nachher:	p	T_0	V' (unbekannt)

Gleichung: $p_0 V_0 = p V'$ (Boyle/Mariotte)
$V' = p_0 V_0 / p$

Zweiter Schritt: Stelle isobar (*p* bleibt gleich) das gewünschte *T* her!

Anfangs:	p	T_0	V'
Am Ende:	p	T	V (unbekannt)

Gleichung: $V'/T_0 = V/T$
$V = V'\,T/T_0 = p_0 V_0 T/(T_0 p)$

Durch Sortieren nach Anfangs- und Endgrößen folgt $pV/T = p_0 V_0/T_0$.

Interessantes

Was ist Stoffmenge?
Materie besteht aus Atomen, die unvorstellbar klein sind. Ihr Durchmesser ist von der Größenordnung 0,1 nm. Entsprechend ungeheuer groß ist die Anzahl der Atome in allen wägbaren Körpern: ca. 10^{20} Stück in einem Kubikmillimeter. Man benutzt daher zur Angabe von Atom- und anderen Teilchenzahlen eine eigene Zähleinheit, das **Mol**:

Ein Mol (1 mol) ist ungefähr gleich der Anzahl der Wasserstoffatome in einem Gramm Wasserstoff.
1 mol = $6{,}0221 \cdot 10^{23}$ (Teilchen).

Die Teilchenzahl eines Körpers ausgedrückt in Mol ist seine **Stoffmenge ν**.

Beispiele: Ein Gramm Wasserstoffgas enthält 1 mol Wasserstoffatome. Es enthält jedoch nur 0,5 mol Wasserstoffmoleküle, da je zwei Atome im Gas zu einem Molekül vereinigt sind. Man muss bei der Stoffmenge immer dazu sagen, welche Art von Teilchen gemeint ist, also welche Teilchen „zählen".
Ein Gramm Kohlenstoff enthält $\frac{1}{12}$ mol C-Atome, weil die meisten Kohlenstoffatome die zwölffache Masse eines Wasserstoffatoms haben. Erst 12 g Kohlenstoff enthalten also 1 mol Atome. Dies führt zur gesetzlichen Definition des Mols:

Ein Mol ist exakt gleich der Anzahl von Atomen in 12 g des Kohlenstoff-Isotops C-12.

Nicht nur die Durchmesser, auch die Massen der Atome sind unvorstellbar klein. Aus dem angegebenen Präzisionswert für das Mol folgt, dass die Masse eines Atoms vom Kohlenstoff-Isotop C-12 gleich 12 g/$(6{,}0221 \cdot 10^{23})$ ist. Den zwölften Teil hiervon, also die Masse

$$1\,\text{u} = \frac{1\,\text{g}}{6{,}0221 \cdot 10^{23}} = 1{,}66054 \cdot 10^{-24}\,\text{g}$$

nennt man **atomare Masseneinheit**. Ein Wasserstoffatom hat ungefähr die Masse 1 u. Man merke sich:

Beträgt die Masse eines Teilchens x u, so beträgt die Masse eines Mols dieser Teilchen genau x Gramm.

4. Die allgemeine Gasgleichung

Wie sich ein ideales Gas verhält, wenn wir Druck und Temperatur gleichzeitig ändern, haben wir auf der vorherigen Seite (→ B2) gesehen. Eine Gasportion wurde dabei von irgendeinem Zustand (Druck p_0, Temperatur T_0, Volumen V_0) aus auf einen neuen Druck p und eine neue Temperatur T gebracht. Das neue Volumen V, das sich einstellte, konnten wir berechnen. Die dort gefundene Gleichung $pV/T = p_0 V_0/T_0$ besagt: Was immer man mit einer Portion idealen Gases anstellt – die rechnerische Kombinationsgröße „Volumen mal Druck durch Kelvintemperatur" bleibt immer gleich groß.

Merksatz

Allgemeines Gasgesetz: Bei beliebiger Zustandsänderung einer gegebenen Portion idealen Gases bleibt pV/T konstant.

Jede Gasportion hat ihre eigene Konstante pV/T; man könnte sie auf die gefüllte Gasflasche schreiben. Üblich ist es aber, Gasportionen durch ihr *„Normvolumen"* V_n zu kennzeichnen. Dies ist vereinbarungsgemäß das Volumen, das sie beim *„Normzustand"* (Druck $p_n = 1{,}013$ bar $= 1{,}013 \cdot 10^5\ \text{N} \cdot \text{m}^{-2}$, Atmosphärendruck; Temperatur $T_n = 273{,}15$ K $\triangleq 0\,°\text{C}$) einnehmen.

Beispiel

Ein Mol Wasserstoffgas H_2 (das sind 2 g Wasserstoff) hat das Normvolumen $V_n = 22{,}4\ \text{l} = 22{,}4 \cdot 10^{-3}\ \text{m}^3$. Daher gilt für diese Gasportion stets

$$\begin{aligned} pV/T &= 1{,}013\ \text{bar} \cdot 22{,}4\ \text{l}/273{,}15\ \text{K} \\ &= (22{,}4 \cdot 1{,}013/273{,}15) \cdot 10^{-3}\ \text{m}^3 \cdot 10^5\ \text{N} \cdot \text{m}^{-2}\ \text{K}^{-1} \\ &= 8{,}31\ \text{N} \cdot \text{m} \cdot \text{K}^{-1}. \end{aligned}$$

Ein Mol Erdgas (das sind 16 g Methan CH_4) hat ebenfalls das Normvolumen 22,4 l und damit die gleiche Konstante $pV/T = 8{,}31\ \text{N} \cdot \text{m} \cdot \text{K}^{-1}$. Die Erfahrung zeigt:
Ein Mol eines jeden idealen Gases hat das Normvolumen 22,4 l.
Ein Mol eines jeden idealen Gases hat damit auch die Konstante $pV/T = 8{,}31\ \text{N} \cdot \text{m} \cdot \text{K}^{-1}$. Zwei Mol haben die doppelte, 3 mol die 3-fache Konstante pV/T usw. Die Konstante ist zur Stoffmenge ν (d. h. zur Teilchenzahl) proportional: $pV/T = \nu R$. Auf die Art der Gasteilchen kommt es dabei nicht mehr an. Alle Aufgaben über Druck, Volumen, Temperatur und Menge idealer Gase lassen sich mit einer einzigen Gleichung bewältigen.

Merksatz

Allgemeine thermische **Zustandsgleichung für ideale Gase**:

$$\boldsymbol{pV = \nu RT}$$

mit der universellen Gaskonstanten $R = 8{,}31\ \text{N} \cdot \text{m} \cdot \text{K}^{-1} \cdot \text{mol}^{-1}$.

Der Zustand idealer Gase wird mit dieser Gleichung vollkommen beschrieben. Damit haben wir nun also eine genauere Definition idealer Gase gewonnen:
Gase, die der obigen Zustandsgleichung genügen, heißen ideale Gase.

Bei technischen Anwendungen mit hohen Drucken weichen die Gase vom idealen Verhalten ab. Aber auch für solche **realen Gase** lassen sich Gleichungen finden.

Beispiel **Musteraufgabe zum Gasgesetz**

Ein Zimmer hat 100 m^3 Rauminhalt und abends bei 950 mbar 25 °C Lufttemperatur. Da nicht geheizt wird, misst man am nächsten Morgen nur 5 °C. Zudem stieg der Luftdruck auf 960 mbar.
a) Wie viele kg Luft sind zugeströmt?
b) Wie groß wäre die Kraft auf 1 m^2 Fensterfläche, wenn man diesen Zustrom durch Abdichten verhindert hätte?
Vorgabe: Ein Mol Luftteilchen hat die Masse 29,0 g; 1 mbar = 100 Pa = 100 N · m^{-2}

Lösung:
a) Bezeichnungen:

	Druck	Temperatur	Volumen	Stoffmenge
Abend	p	T	V	ν
Morgen	p'	T'	V	ν'

unbekannt: ν und ν'
Gleichungen: $pV = \nu RT$; $p'V = \nu' RT'$
gesucht:

$$\Delta\ \nu' = \nu - \nu = \frac{V}{R}\left(\frac{p'}{T'} - \frac{p}{T}\right)$$

$$= \frac{100\ m^3}{8{,}31\ N \cdot m \cdot K^{-1}}\left(\frac{960}{278} - \frac{950}{298}\right) \cdot \frac{100\ Pa}{K} \cdot 1\ mol$$

$$= 319\ mol$$

⇒ Massenzuwachs: 319 · 29 g = **9,25 kg**
b) Bezeichnungen wie in a), jedoch $\nu = \nu'$ und p' jetzt unbekannt.
Gleichung:

$$pV/T = p'V/T' \Rightarrow p' = pT'/T = 950\ mbar \cdot \frac{278}{298} = 886\ mbar.$$

Kraft auf die Scheibe:
$F = (p - p') \cdot A = (960 - 886)\ mbar \cdot 1\ m^2 =$ **7,4 kN**
(das Gewicht eines Kleinautos!).

Interessantes

Physik im Heißluftballon

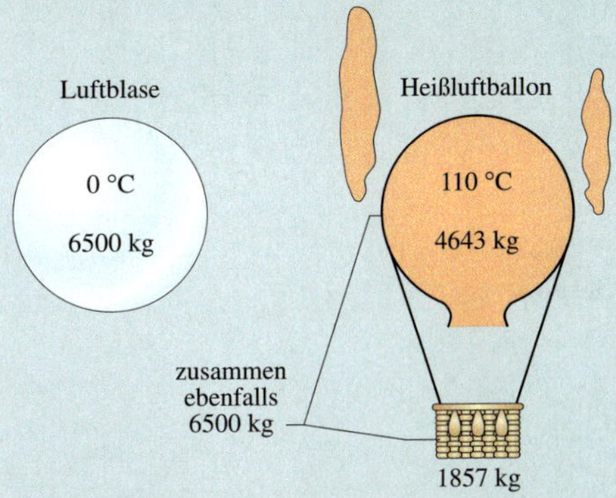

Bei gleichem Druck hat 1 kg heiße Luft ein größeres Volumen als 1 kg kalte; ihre Dichte ist also durch das Erhitzen geringer geworden. Deshalb wird heiße Luft in kalter Umgebung nach oben gedrückt.
Wir stellen uns eine große Luftblase vor mit dem Volumen $V_1 = 5000\ m^3$ bei $\vartheta = 0\ °C$ ($T = 273$ K). Ihre Masse $m = \rho \cdot V = 1{,}3\ kg/m^3 \cdot 5000\ m^3 = 6500$ kg ist erheblich. Dennoch schwebt sie in der Luft, die sie umgibt. Erhitzen wir sie auf etwa 110 °C ($T_2 = 383$ K), so ist ihr neues Volumen etwa 7000 m^3. (Rechne nach!)
Steckt die Luftblase in einem Heißluftballon gleichen Volumens, der unten offen ist, so entweichen 2000 m^3, d. h. $\frac{2}{7}$ der ursprünglichen Luftmenge. Der Ballon wird also um $\frac{2}{7} \cdot 6500$ kg = 1857 kg leichter. Haben Ballonhülle, Korb, Gasbrenner und Insassen insgesamt diese Masse, so schwebt der Ballon genauso wie vorher die kalte Luftblase.

A1 Eine Sauerstoffflasche enthält 20 l Gas unter 150 bar. Wie viele Liter unter Atmosphärendruck kann man entnehmen, wenn die Temperatur gleich bleibt?

A2 Ein Autoreifen hat ein Volumen von 60 l. Er wird vom Überdruck (!) 2,5 bar auf 3,5 bar aufgepumpt. Wie viel Luft von ursprünglich 1 bar Druck muss der Kompressor liefern?

A3 Zwei Gefäße mit 5 l bzw. 3 l Volumen sind durch ein Rohr mit geschlossenem Hahn verbunden. Im großen Gefäß herrscht der Luftdruck 2 bar, im kleinen 1 bar. Welcher Druck stellt sich beim Öffnen des Hahns ein (konstante Temperatur vorausgesetzt)?

A4 Luft hat im Normzustand die Dichte 1,293 g · dm^{-3}. Berechnen Sie ihre Dichte bei Normdruck und den Temperaturen 20 °C, 100 °C und −70 °C.

A5 Das „Hochvakuum" in einer Fernsehröhre hat bei 0 °C einen Druck von etwa 10^{-6} mbar. Wie viele Gasmoleküle sind in jedem cm^3 enthalten? (Zum Vergleich: Zwischen den Planeten befindet sich etwa 1 Molekül in 1 cm^3.)

A6 Welche Masse ist gleich $6 \cdot 10^{23}$ u (ohne Rechnung)?

A7 Berechnen Sie die Stoffmengen von 17 g atomarem Wasserstoff, 1 kg Benzol (C_6H_6-Moleküle).

A8 Begründe, weshalb die Kelvin-Skala nach unten begrenzt ist, aber nicht nach oben.

A9 Der Gasbehälter des Luftschiffs LZ 129 Hindenburg hatte ein Fassungsvermögen von $190 \cdot 10^3\ m^3$. Berechne die Stoffmenge und Masse des Gases für die Füllung mit Wasserstoff bei 25 °C und 1,01 bar.

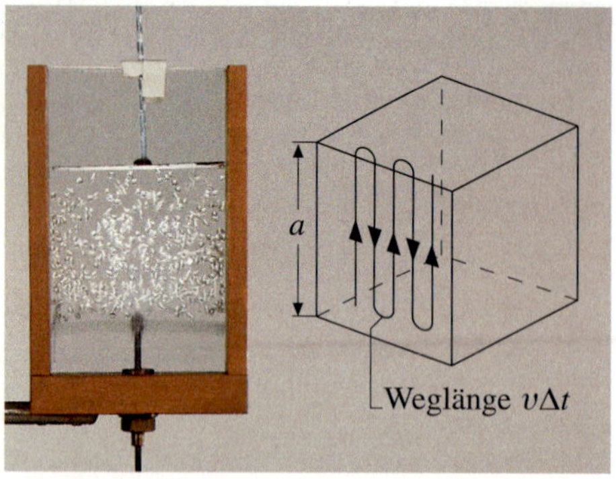

V1 Modellgas aus Stahlkugeln. Der Boden des Gefäßes wird von unten her angetrieben und vibriert heftig. Der Deckel ist frei beweglich. (Skizze: Grob vereinfachende Annahme für die Bahn eines Gasteilchens.)

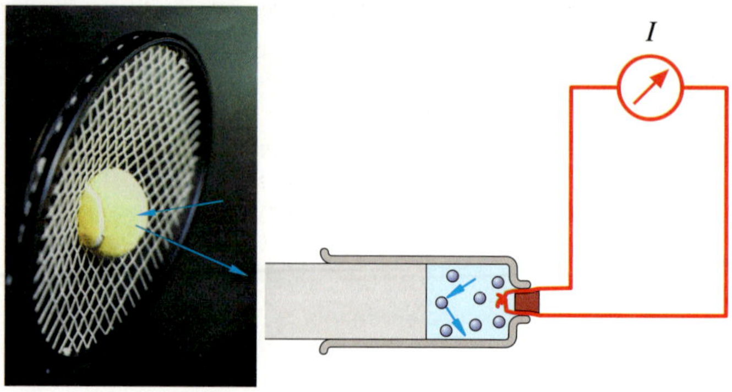

B1 Teilchen werden schneller gemacht – höhere Temperatur

Vertiefung

Gasdruck und Molekülbewegung

Das Modellgas in → V1 übt allseitig Kräfte auf die Behälterwand aus. Es herrscht ein Druck. Er wächst, wenn man die Teilchen schneller macht. Welcher mathematische Zusammenhang besteht zwischen Druck und Teilchengeschwindigkeit?

In einem Würfel der Kantenlänge a (→ V1, Skizze) fliege ein Teilchen der Masse m mit der Geschwindigkeit v dauernd zwischen zwei gegenüberliegenden Flächen kantenparallel hin und her. Bei jeder Umkehr ändert sich sein Impuls durch Reflexion an der Wand von mv auf $-mv$. Die Wand erhält also den Impuls $2mv$ (Impulserhaltung). Wenn das Teilchen den Weg $2a$ zurückgelegt hat, trifft es diese Wand wieder. In der Zeit Δt durchläuft es den Weg $v\Delta t$ und trifft die Wand daher $v\Delta t/(2a)$-mal. Die Wand erhält so den Impuls $\Delta P = 2mvv\Delta t/(2a)$. Sie erfährt daher die mittlere Kraft $F = \Delta P/\Delta t = mv^2/a$ und damit den Druck

$$p_1 = \frac{mv^2}{V} \text{ bzw. } p = \frac{1}{3} \cdot \frac{Nm}{V} \cdot v^2,$$

wenn $\frac{1}{3}$ aller N Teilchen sich wie beschrieben bewegt. Nm ist die Gesamtmasse M; M/V die Dichte. Also gilt

$$p = \frac{1}{3}\rho v^2 \quad (\rho\text{: Dichte des Gases}). \qquad (1)$$

Diese Gleichung fand im 18. Jahrhundert der Schweizer Daniel BERNOULLI.

1. Temperatur und Molekülbewegung

Um die Eigenschaften von Gasen wie Druck, Temperatur und Volumen zu beschreiben, wurden schon früh Modelle entwickelt. Der italienische Physiker und Chemiker Amedeo AVOGADRO (1776–1856) hat bei seinen Untersuchungen von Gasen angenommen, dass Gase aus Teilchen bestehen, die er Moleküle nannte.

Nach dem Teilchenmodell bewegen sich die Teilchen (die Moleküle) eines Gases ständig in alle Richtungen. In dichter Folge und unregelmäßig prallen sie dabei auf Gefäßwände; so tragen sie z. B. einen beweglichen Kolben. Ein Modellversuch mit Glaskügelchen (→ V1) zeigt uns, dass bei zunehmender Geschwindigkeit der Teilchen der Kolben gehoben wird und dadurch das von ihm abgegrenzte Volumen zunimmt. Auch wirkliche Gase verhalten sich so: Erhöht man beim Gasthermometer die Temperatur des Gases, so wird der Tropfen gehoben. Dies bestätigt unsere Vorstellung, dass die Gasteilchen mit steigender Temperatur im Mittel schneller werden.

Während ihres schnellen Fluges stoßen sich die Gasteilchen auch gegenseitig. Das Ergebnis ist eine völlig regellose Bewegung aller Teilchen, bei der keine Richtung bevorzugt wird. (Deshalb ist z. B. ein Kinderluftballon rundum prall, nicht etwa nur links und rechts.)

Sinkt die Temperatur eines Gases, so werden seine Moleküle langsamer. Bei konstantem Druck wird das Gasvolumen kleiner; der Abstand der Moleküle verringert sich. Schließlich vereinigen sie sich zu Tröpfchen: Das Gas kondensiert (verdichtet sich) zu einer Flüssigkeit. Jetzt werden Kräfte zwischen den Molekülen wirksam, die diese in der Flüssigkeit zusammenhalten.

Auch in Flüssigkeiten und festen Stoffen bewegen sich Teilchen ungeordnet. Dies haben wir bei unseren Überlegungen zum Teilchenmodell und zur Diffusion untersucht und bestätigt.

Auch hier hängen Teilchenbewegung und Temperatur eng zusammen: Je höher die Temperatur, desto größer ist die mittlere Geschwindigkeit der Moleküle.

Merksatz

Je größer die **Temperatur** eines Körpers ist, desto größer ist die **mittlere Geschwindigkeit der einzelnen Moleküle** bei ihrer ungeordneten Bewegung.

2. Ungeordnete Molekülbewegung und innere Energie

Sich bewegende Körper haben Bewegungsenergie – auch Moleküle, die sich ungeordnet bewegen. Jedes einzelne Molekül hat zwar wenig Energie, es sind aber sehr viele Moleküle. Deshalb kann die Energie insgesamt hoch sein. Diese Energie, die alle Teilchen eines Körpers zusammen haben, nennt man seine innere Energie. Die doppelte Teilchenmenge (z. B. zweier Backsteine gleicher Temperatur) hat bei gleicher Temperatur die doppelte innere Energie. Die Temperatur ist ein Maß für die mittlere Energie je Teilchen. Will man die innere Energie erhöhen, so muss man den Teilchen von außen Energie zuführen, z. B. durch Reibung.

Fährt man mit einem Fahrrad bergab und betätigt dabei die Rücktrittbremse, so steigt die Temperatur in der Nabe umso höher, je stärker und länger man bremst. Wird die Bremse eines Autos übermäßig beansprucht, so wird sie in kurzer Zeit glühend heiß, sodass sie versagen kann.

Diese Temperaturerhöhung können wir im Teilchenbild einfach erklären. Rutscht ein Körper auf seiner Unterlage, so verzahnen sich winzige Unebenheiten der Berührungsflächen kurzzeitig miteinander. Reißen sie sich anschließend los, geraten ihre Moleküle in stärkere Schwingungen. Diese stoßen dann weiter innen liegende Moleküle an, sodass schließlich alle inneren Moleküle stärker schwingen: Die Temperatur des ganzen Körpers hat zugenommen.

Damit haben wir eine Möglichkeit kennen gelernt, die innere Energie eines Körpers zu erhöhen: Beim Reibungsvorgang wirkt eine Kraft längs eines Weges, führt also dem geriebenen Körper Energie mechanisch zu. Die Energie des Körpers aufgrund seiner geordneten Bewegung ist nach dem Stillstand aber keineswegs verloren. Sie hat sich in die stärker gewordene ungeordnete Bewegung aller Teilchen „verkrümelt" und so die innere Energie des Körpers erhöht. Wir erkennen dies an der Temperaturerhöhung des Körpers.

Ein anderes Beispiel: Wenn wir Luft in einer Luftpumpe oder einer Glasspritze (→ B1) zusammenschieben, wird sie heiß – warum? Der mit einer Kraft längs eines Weges verschobene Kolben geht den anprallenden Molekülen entgegen (wie ein Tennisschläger dem anfliegenden Ball). Die dabei übertragene Energie (Arbeit) verstärkt die ungeordnete Molekülbewegung des komprimierten Gases und erhöht damit dessen innere Energie.

Lässt man den Kolben herausfahren, werden die Luftmoleküle mit geringerer Geschwindigkeit reflektiert (bekannt vom Stoppball). Sie geben so einen Teil der inneren Energie an den Kolben ab. Dabei wird aus der ungeordneten Bewegung der Luftmoleküle die gerichtete Bewegung des Kolbens.

Merksatz

Die innere Energie eines Körpers ist die **Summe der Energien all seiner Teilchen**. Sie steigt mit der Temperatur.

Vertiefung

Je heißer, desto schneller

Wir multiplizieren beide Seiten der Druckgleichung (1) von BERNOULLI mit dem Volumen V und erhalten

$$pV = \frac{1}{3}\rho V v^2$$

Nun können wir mit der allgemeinen Gasgleichung $pV = \nu RT$ die Temperatur ins Spiel bringen:

$$\nu RT = \frac{1}{3}\rho V v^2 = \frac{1}{3}M v^2 \qquad (2)$$

(M: Masse des Gases).

Wir sehen sofort, was wir von der *ungeordneten Molekülbewegung* her schon kennen: *Mit der Teilchengeschwindigkeit wächst die Temperatur.*

Die Gleichung sagt uns Genaueres: Will man die Teilchen doppelt so schnell machen (vierfache Bewegungsenergie), so muss man die Kelvintemperatur vervierfachen, muss also z. B. von 273 K auf 1092 K erhitzen, d. h. von 0 °C auf 819 °C, eine gewaltige Differenz. Die theoretische Überlegung bestätigt also: Die Kelvintemperatur ist ein Maß für die mittlere Energie eines Gasteilchens.

Je leichter, desto schneller

Wir dividieren die oben erhaltene Bernoulli-Gleichung (2) durch die Stoffmenge ν und erhalten:

$$RT = \frac{1}{3}\frac{M}{\nu}v^2 \qquad (3)$$

Der Quotient M/ν bedeutet die Masse von einem Mol Gasteilchen. Er ist zur Masse des einzelnen Teilchens proportional. Haben wir zwei Gase von gleicher Temperatur T aber verschiedener Teilchenmasse, so muss in dem Gas mit der kleineren Teilchenmasse die Teilchengeschwindigkeit höher sein!

Eine *bemerkenswerte Folge*: Unsere Erdatmosphäre enthält keinen Wasserstoff, obwohl dieser das weitaus häufigste Element im Weltall ist. Die leichten und daher schnellen Wasserstoffmoleküle sind im Laufe der Erdgeschichte alle der Erde entflohen, in den Weltraum „diffundiert."

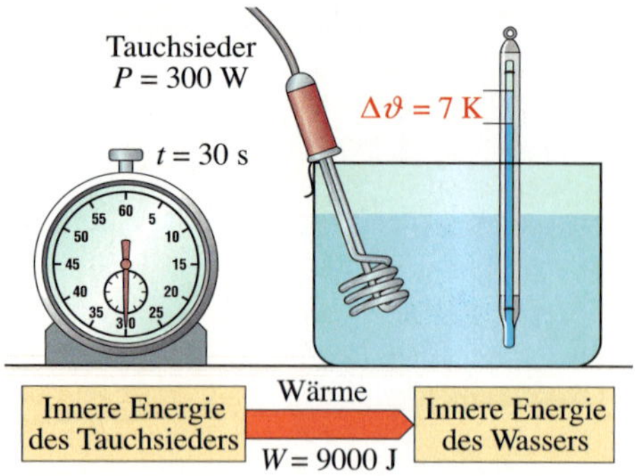

V1 Wir bringen den Tauchsieder in eine Wassermenge $m_1 = 300$ g und schalten ihn 3 s lang ein. Wir führen ihm so die Energieportion

$$W = 300\ \text{W} \cdot 30\ \text{s} = 9000\ \text{J}$$

zu. Sie ist nach kurzer Zeit (fast ganz) auf das Wasser übergegangen. Die Wassertemperatur ist inzwischen von 20 °C auf 27 °C, also um 7 K gestiegen; der Tauchsieder hat sich auf diese Temperatur abgekühlt. Anschließend heizen wir wieder 30 s lang, führen also noch einmal die gleiche Energieportion zu; schrittweise erhöhen wir so die Wassertemperatur. Die Tabelle zeigt: Die Zunahme beträgt immer wieder 7 K.

t in s	*W* in Portionen	*W* in J	*ϑ* in °C	Δ*ϑ* in K
0	0	0	20	0
30	1	9000	27	7
60	2	18 000	34	14
90	3	27 000	41	21
120	4	36 000	48	28

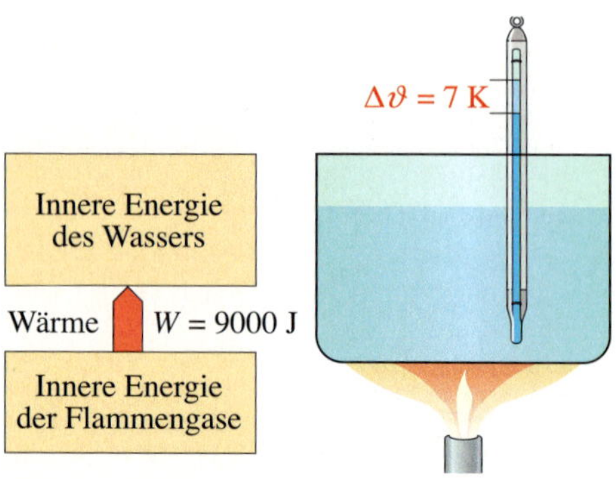

B1 Energiezufuhr vom Körper höherer Temperatur (Flammengase) zum Körper tieferer Temperatur (Wasser). Die allein durch die ungeordnete Molekülbewegung übertragene Energie heißt Wärme.

In den vorangegangenen Kapiteln hast du schon viel über **Energie** erfahren:

- Innere Energie eines Körpers ist die Energie, die alle Teilchen eines Körpers zusammen haben.
- Durch Zufuhr von Energie kann man die innere Energie des Körpers erhöhen.
  - Dies kann man mechanisch mit Kraft längs eines Weges tun (bei Reibung, bei Gaskompression). Die so übertragene Energie nannten wir **Arbeit**.
  - Man kann den Körper auch in Kontakt mit einem heißeren Körper bringen. Dann strömt Energie allein aufgrund des Temperaturunterschiedes durch Teilchenstöße vom heißen Körper zum kalten. Wir nennen diesen Vorgang *„Wärmeleitung“*. Konsequenterweise nennt man die auf diese Weise übergehende Energie **Wärme**.

Du kennst das Phänomen aus dem Alltag: Wenn du deinen Löffel in die heiße Suppe legst und ihn kurze Zeit darauf wieder am Griff anfassen willst, ist auch dieses Ende des Löffels unangenehm heiß geworden. Im noch kalten Teil des Löffels schwingen die Teilchen nur schwach. Sie erhalten aber von schnellen Nachbarn Energie. Auch in ihrem Bereich steigt jetzt die Temperatur.

1. Erhitzen durch Wärme

In → V1 erhitzen wir Wasser mit einem 300-W-Tauchsieder. Die Leistungsangabe bedeutet, dass der Tauchsieder in jeder Sekunde dem elektrischen „Netz“ 300 J entnimmt. Hiermit wird zunächst die Heizspirale des Tauchsieders erhitzt. Sie gibt diese Energie dann durch Molekülstöße an das Wasser weiter. Dort verstärkt sie dessen ungeordnete Molekülbewegung und erhöht damit die *innere Energie* in jeder Sekunde um 300 J. Die Wassertemperatur steigt. Die Temperaturerhöhung $\Delta\vartheta$ ist zur übertragenen Energie W proportional; es gilt:

$$\Delta\vartheta \sim W.$$

Statt des Tauchsieders hätte man auch eine Flamme nehmen können (→ B1). In beiden Fällen geht Energie durch ungeordnete Teilchenbewegung von einem heißeren Körper (Tauchsieder, Flammengase) auf einen kälteren über. In beiden Fällen also als **Wärme**.

Nach unserem Versuch sinkt die Wassertemperatur wieder langsam, „Wärme fließt ab“, denn jetzt ist das Wasser der heißere Körper, die umgebende Luft der kältere.

Merksatz

Energie, die infolge eines Temperaturunterschieds durch ungeordnete Teilchenstöße von einem heißen Körper auf einen kälteren Körper übergeht, nennen wir **Wärme**.
Die Einheit der Wärme ist das **Joule (J)**.

Der Geldbetrag auf deinem Girokonto gehört zu deinem Vermögen. Überweist du davon eine Summe, so spricht man vom Überweisungsbetrag, solange das Geld unterwegs ist. Ist es beim Empfänger verbucht, so gehört es zu dessen Vermögen. Genauso gibt es Fachausdrücke für die Energie, die *ein Körper hat* (innere Energie), und für die, die *unterwegs* ist (*Wärme* bzw. *Arbeit*).

2. Berechnen von Wärme und Zunahme innerer Energie

Die Werte in **→ V1** gelten für 300 g Wasser. Mit *zwei* 300-W-Tauchsiedern könnten wir bei 2 · 300 g = 600 g Wasser dieselbe Temperaturerhöhung $\Delta\vartheta$ erzielen. Die zur Temperaturerhöhung nötige Energie ist also zur Wassermasse m proportional:

$$W \sim m.$$

Bei 2-facher Wassermasse und 3-facher Temperaturerhöhung benötigen wir die 6-fache Energie, W ist somit zum Produkt aus m und $\Delta\vartheta$ proportional, mit dem Proportionalitätsfaktor c gilt deshalb:

$$W = c \cdot m \cdot \Delta\vartheta.$$

Die Konstante c hat den Wert 4,3 J je g und K. Dies liefert unser **→ V1** z. B. für m = 300 g, W = 9000 J, $\Delta\vartheta$ = 7 K:

$$c = \frac{W}{m \cdot \Delta\vartheta} = \frac{9000\ \text{J}}{300\ \text{g} \cdot 7\ \text{K}} = 4{,}3\ \frac{\text{J}}{\text{g} \cdot \text{K}}.$$

Genaue Messungen ergeben, dass man zum Erhitzen von Wasser 4,1868 J je g und je K braucht. Gewöhnlich rundet man diesen Wert und sagt, die spezifische **Wärmekapazität** von Wasser sei c = 4,2 J/(g · K). (Wenn du spezifische „Energiekapazität" sagst, denkst du eigentlich richtig.)
Damit können wir nun die Zunahme der inneren Energie für jede beliebige Wassermasse m und Temperaturerhöhung $\Delta\vartheta$ ausrechnen, z. B. für m = 400 g und $\Delta\vartheta$ = 10 K:

$$W = c \cdot m \cdot \Delta\vartheta = 4{,}2 \frac{\text{J}}{\text{g} \cdot \text{K}} \cdot 400\ \text{g} \cdot 10\ \text{K} = 16\,800\ \text{J}.$$

Merksatz

Steigt bei einem Körper der Masse m die Temperatur um $\Delta\vartheta$, so wurde seine innere Energie erhöht. Hat der Körper die spezifische Wärmekapazität c, dann gilt für die zugeführte Energiemenge W:

$$W = c \cdot m \cdot \Delta\vartheta.$$

3. Auf das Material kommt es an

Nicht immer haben wir es mit Wasser zu tun. Die Körper, deren Temperatur wir erhöhen wollen, können auch aus einem anderen Stoff sein. **→ V2** zeigt, dass die spezifische Wärmekapazität vom Stoff abhängt, und welcher Zahlenwert sich für Glykol ergibt. c ist also eine *Materialkonstante*. Um bei gleichen Massen verschiedener Stoffe die gleiche Temperaturdifferenz zu erreichen, ist also der Energiebedarf im Allgemeinen verschieden. Dies illustriert **→ B2**: Werden verschiedene Metallzylinder gleicher Masse auf die gleiche Temperatur erhitzt (z. B. 80 °C), hinterlassen sie beim Abkühlen in einer Paraffinplatte unterschiedliche Eindrücke. Sie haben also trotz gleicher Masse unterschiedliche Energiemengen aufgenommen.

Merksatz

Die spezifische **Wärmekapazität c** ist eine Materialkonstante. Sie hat die Einheit J/(g · K). Ihr Zahlenwert gibt an, welche Energie in J man braucht, um die Temperatur von 1 g des betreffenden Stoffes um 1 K zu erhöhen.

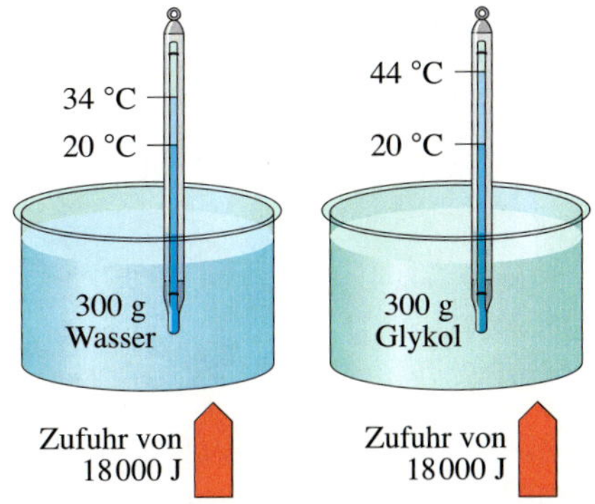

V2 Mit einem 300-W-Tauchsieder erhitzen wir 300 g Glykol (Frostschutzmittel). Wir führen dem Glykol in einer Minute 300 W · 60 s = 18 000 J zu. Dabei steigt seine Temperatur um $\Delta\vartheta$ = 24 K (bei Wasser sind es $\Delta\vartheta$ = 14 K; siehe oben).
Aus $W = c \cdot m \cdot \Delta\vartheta$ folgt

$$c = \frac{W}{m \cdot \Delta\vartheta}.$$

Mit den gemessenen Werten des Glykols erhalten wir:

$$c_{\text{Glykol}} = \frac{W}{m \cdot \Delta\vartheta} = \frac{18\,000\ \text{J}}{300\ \text{g} \cdot 24\ \text{K}} = 2{,}5\ \frac{\text{J}}{\text{g} \cdot \text{K}}.$$

Wir sehen: Glykol hat eine andere spezifische Wärmekapazität als Wasser, c ist eine Materialkonstante.

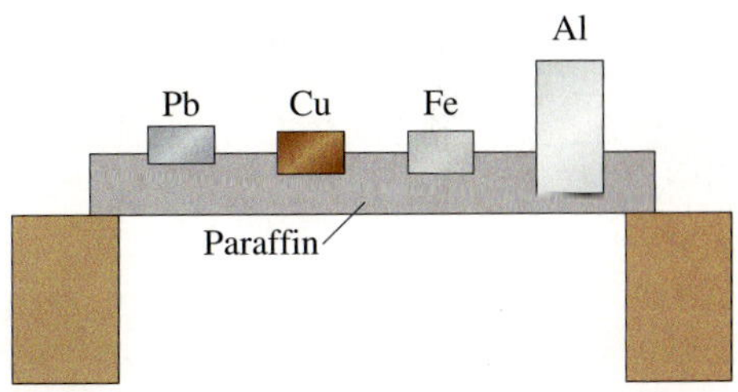

B2 Verschiedene Metalle mit gleicher Masse und Temperatur haben beim Abkühlen auf Paraffin verschiedene Eindringtiefen.

A1 In einem Becherglas (m = 100 g) sind 500 g Wasser. Welche Energie ist nötig, um die Temperatur des Becherglases mit Inhalt von 20 °C auf 50 °C zu erhöhen $\left(c_{\text{Glas}} = 0{,}75\ \frac{\text{J}}{\text{g} \cdot \text{K}}\right)$?

A2 In einer Waschmaschine werden 10 l Wasser von 15 °C auf 95 °C aufgeheizt. Um wie viele Kilowattstunden läuft dafür das Zählwerk im Elektrizitätszähler weiter? Wie viel ist dafür zu bezahlen, wenn eine kWh 0,20 € kostet?

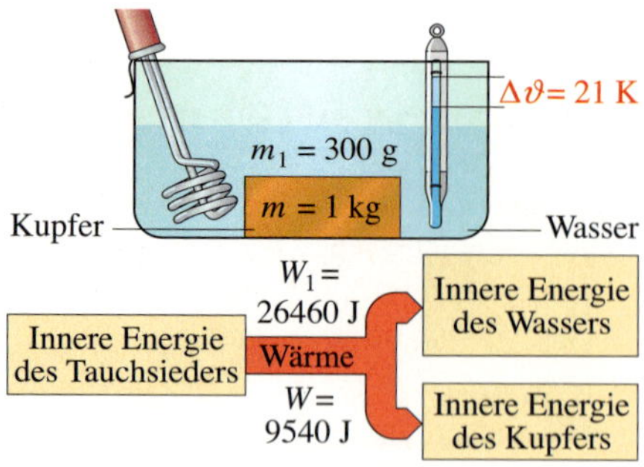

V1 Wir füllen eine Glasschale zum Teil mit Wasser (m_1 = 300 g), legen ein Kupferstück (m = 1000 g) hinein und erhitzen beides mit dem 300-W-Tauchsieder 120 s lang. Die Wassertemperatur steigt zunächst schnell an, geht aber nach dem Abschalten des Tauchsieders wieder etwas zurück, weil noch Energie vom Wasser an das Kupferstück übergeht. Die Temperaturzunahme $\Delta\vartheta$ beträgt schließlich 21 K. (Ohne das Kupferstück betrug sie in der gleichen Zeitspanne 28 K.)

Stoff	c in $\frac{\text{J}}{\text{g} \cdot \text{K}}$	Stoff	c in $\frac{\text{J}}{\text{g} \cdot \text{K}}$
Eis	2,09	Wasser	4,2
Sand	0,90	Glykol	2,4
Aluminium	0,90	Alkohol	2,4
Beton	0,88	Petroleum	2,0
Glas	0,75	Schmieröl	1,7
Eisen	0,45	Quecksilber	0,14
Messing	0,38	Wasserstoff	14,3
Kupfer	0,38	Wasserdampf	1,95
Silber	0,23	Luft	1,005
Blei	0,13	Kohlenstoffdioxid	0,85

T1 Spezifische Wärmekapazitäten einiger Stoffe (bei den Gasen wird ein konstanter Druck vorausgesetzt)

V2 Wir stellen in einem großen Becherglas 800 g Wasser mit der Temperatur 20 °C bereit. Dann gießen wir 400 g Wasser von 65 °C hinein, rühren um und messen die Mischungstemperatur. Sie beträgt ϑ_m = 35 °C. Die abgegebene Energie ist

$$W_{ab} = 4{,}2\ \tfrac{\text{J}}{\text{g} \cdot \text{K}} \cdot 400\ \text{g} \cdot (65 - 35)\ \text{K} \approx 50\,400\ \text{J},$$

die vom kalten Wasser aufgenommene ist

$$W_{auf} = 4{,}2\ \tfrac{\text{J}}{\text{g} \cdot \text{K}} \cdot 800\ \text{g} \cdot (35 - 20)\ \text{K} \approx 50\,400\ \text{J}.$$

4. Gute und schlechte Energiespeicher

Wollen wir nun die spezifische Wärmekapazität eines *festen* Stoffes bestimmen, so können wir diesen nur schlecht durch Berühren mit dem Tauchsieder erhitzen. Besser geht es mit einem Wasserbad, so wie wir es in → **V1** machen.

Der Tauchsieder $\left(300\ \frac{\text{J}}{\text{s}}\right)$ hat in 120 s die Energieportion $W_2 = 300\ \frac{\text{J}}{\text{s}} \cdot 120\ \text{s} = 36\,000\ \text{J}$ abgegeben.
Das Wasser hat aber nur die kleinere Energieportion

$W_1 = 4{,}2\ \frac{\text{J}}{\text{g} \cdot \text{K}} \cdot 300\ \text{g} \cdot 21\ \text{K} = 26\,460\ \text{J}$ aufgenommen.

Die Differenz $W_2 - W_1 = 9540\ \text{J}$ diente dazu, die Temperatur des Kupferstücks um 21 K zu erhöhen. Daraus berechnen wir nun c_{Cu}:

$$c_{Cu} = \frac{W_2 - W_1}{m \cdot \Delta\vartheta} = \frac{9540\ \text{J}}{1000\ \text{g} \cdot 21\ \text{K}} = 0{,}45\ \frac{\text{J}}{\text{g} \cdot \text{K}}.$$

Der Wert, den wir für die spezifische Wärmekapazität von Kupfer ermitteln, ist etwas zu groß. Wir haben nicht berücksichtigt, dass ein Teil der zugeführten Energie als Wärme auf Glasschale und Raumluft überging. Genauere Verfahren liefern den Wert $c_{Cu} = 0{,}38\ \text{J}/(\text{g} \cdot \text{K})$.

Bei extremen Temperaturen können die Werte für die spezifische Wärmekapazität von den Werten in → **T1** abweichen, da c etwas von der Temperatur abhängt.

Die → **T1** zeigt uns, dass die spezifische Wärmekapazität des Wassers besonders groß ist. Deshalb nimmt z. B. 1 g Wasser bei der Temperaturänderung von 0 °C auf 40 °C viel mehr Energie auf als 1 g Sand oder 1 g Luft.

Von dieser Eigenschaft des Wassers wird sogar unser Klima beeinflusst. *Seeklima* ist ausgeglichen, *Landklima* weist größere Temperaturschwankungen auf. Sand und Gestein sind eben aufgrund der geringeren Wärmekapzität schlechtere Energiespeicher als Wasser. Zusätzlich rührt der Wind das Wasser in den Weltmeeren um, sodass die von der Temperaturänderung erfasste Schicht dicker als die entsprechende Schicht des Festlandes ist. Aus diesen Gründen ändern die Weltmeere ihre Temperatur im Verlauf der Jahreszeiten nicht so stark wie das Festland. So ist der Unterschied zwischen See- und Landklima zu erklären.

5. Mischungsversuche

Sicher hast du schon einmal versehentlich eine Badewanne mit zu kaltem Wasser gefüllt. Erhitzt du dann das Wasser mit einem Tauchsieder? Sicher nicht, es wäre lebensgefährlich! Du mischst einfach heißes Wasser dazu. *Wie viel* heißes Wasser du hinzugeben musst, wirst du vermutlich einfach ausprobieren. Einen derartigen Mischungsvorgang untersuchen wir in → **V2** genauer.

Bei diesem Versuch gibt das *heiße* Wasser etwas von seiner inneren Energie ab, seine Temperatur sinkt deshalb.

Die abgegebene Energie können wir aus den Versuchsdaten berechnen, es sind 50400 J. Das kalte Wasser nahm, wie uns seine Temperaturerhöhung zeigt, Energie auf. Diese *aufgenommene* Energie betrug ebenfalls 50400 J.

Wiederholt man den Versuch mit anderen Wassermengen, anderen Ausgangstemperaturen und auch mit anderen Stoffen, so findet man auch dann: $W_{auf} = W_{ab}$. Beide Energieportionen sind gleich! Beruhigt stellen wir fest: Auch in der Wärmelehre gilt der Satz von der Erhaltung der Energie. (Die Bestätigung gelingt im Experiment nur, wenn keine Wärme vom Gefäß an die Umgebung übergeht.)

Merksatz

Bei Mischungsversuchen ist stets die aufgenommene gleich der abgegebenen Energieportion:

$$W_{auf} = W_{ab}.$$

Auch in der Wärmelehre bewährt sich der Satz von der Erhaltung der Energie.

A1 500 g Wasser von 16 °C werden mit 400 g Wasser von 60 °C gemischt. Welche Mischungstemperatur ergibt sich? Überprüfe das Ergebnis mit einem Hausexperiment.

A2 Eine Porzellantasse (m = 125 g) mit einer spezifischen Wärmekapazität von $c = 0{,}8\ \frac{\text{J}}{\text{g} \cdot \text{K}}$ hat die Temperatur $\vartheta_1 = 20\ °\text{C}$. Welche Endtemperatur ergibt sich, wenn man 125 g Tee (Wasser) von $\vartheta_2 = 80\ °\text{C}$ hineingießt? (Vorausgesetzt, es geht keine Wärme an die Umgebung über.)

A3 (zu den Beispielen) **a)** Im Kraftwerk des Beispiels **c)** wird der Kühlwasserdurchsatz auf $20\ \frac{\text{m}^3}{\text{s}}$ verringert. Wie groß ist jetzt die Temperaturerhöhung? **b)** Bei welchem Kühlwasserdurchsatz würde die Temperaturerhöhung 10 K betragen?

Beispiel Verschiedene Rechnungen

a) Durch Mischungsversuche lassen sich gelegentlich schwierige Aufgaben auf einfache Weise lösen. So kann man mit dieser Methode sogar die Temperatur eines glühenden Metallstücks bestimmen. Dazu erhitzen wir einen kleinen Kupferklotz (m_{Cu} = 200 g) in der Gasflamme auf Rotglut und tauchen ihn dann zügig in einem bereitgestellten Gefäß ganz unter Wasser. Die Temperatur des Wassers (m_W = 250 g) steigt schnell von $\vartheta_1 = 20\ °\text{C}$ auf $\vartheta_2 = 70\ °\text{C}$.
Vom heißen Kupferstück wurde also dem Wasser die Energie

$$W = 4{,}2\ \frac{\text{J}}{\text{g} \cdot \text{K}} \cdot 250\ \text{g} \cdot 50\ \text{K} = 52\,500\ \text{J}$$

zugeführt. Daraus errechnen wir für das Kupferstück

$$\Delta\vartheta = \frac{W}{c_{Cu} \cdot m_{Cu}} = \frac{52\,500\ \text{J}}{0{,}38\ \frac{\text{J}}{\text{g} \cdot \text{K}} \cdot 200\ \text{g}} = 690\ \text{K}.$$

Falls keine Energie abgewandert ist, betrug die Temperatur des Kupfers etwa $\vartheta = \vartheta_2 + \Delta\vartheta = \mathbf{760\ °C}$.

b) Wie teuer ist ein Wannenbad? Damit die Temperatur von 100 kg Wasser von 10 °C (das ist etwa die Temperatur des Leitungswassers) auf 35 °C steigt, braucht man

$$\boldsymbol{W} = c \cdot m \cdot \Delta\vartheta = 4{,}2\ \frac{\text{J}}{\text{g} \cdot \text{K}} \cdot 100\ \text{kg} \cdot (35 - 10)\ \text{K}$$
$$= 4{,}2 \cdot 100 \cdot 25\ \text{kJ} = \mathbf{10\,500\ kJ}.$$

Das sind 10 500/3600 kWh = 2,9 kWh (1 kWh = 1 kJ/s · 3600 s). Diese Energie können uns z. B. die Generatoren des Elektrizitätswerkes liefern. Bei einem Preis von 0,25 € je kWh kostet uns das Bad rund 0,75 €. Dazu kommt noch der Preis des Wassers.

c) Ein großes Kraftwerk produziert in jeder Sekunde 2000 MJ (= 2000 · 10^6 J) „Abwärme" und gibt sie an je 100 m^3 Kühlwasser ab. Dessen Temperatur steigt um

$$\boldsymbol{\Delta\vartheta} = \frac{W}{c_W \cdot m_W} = \frac{2000 \cdot 10^6\ \text{J}}{4{,}2\ \frac{\text{J}}{\text{g} \cdot \text{K}} \cdot 100 \cdot 10^6\ \text{g}} \approx \mathbf{4{,}8\ K}.$$

d) Um lediglich die 40 m^3 Luft ($m \approx 50$ kg) eines ausgekühlten Zimmers von 5 °C auf 20 °C aufzuheizen, braucht man $W \approx 1\ \frac{\text{J}}{\text{g} \cdot \text{K}} \cdot 50\ \text{kg} \cdot 15\ \text{K} = 750\ \text{kJ}$. Ein Heizgerät mit der Leistung 2 kW müsste dazu etwa nur sechs Minuten lang betrieben werden. (Rechne nach!) Tatsächlich muss man länger heizen, weil die im Zimmer befindlichen Gegenstände und die Wände (mit großer Masse) ebenfalls aufgeheizt werden müssen.

Wird dagegen „stoßgelüftet", d. h. lüftet man mehrmals am Tag, jeweils aber nur einige Minuten, kühlen Gegenstände und Wände kaum ab. Es muss nur die frische kalte Luft aufgeheizt werden, und das geht dann relativ schnell. Lüftet man also richtig, so lässt sich eine Menge Heizkosten sparen.

Energieerhaltung bei Reibung

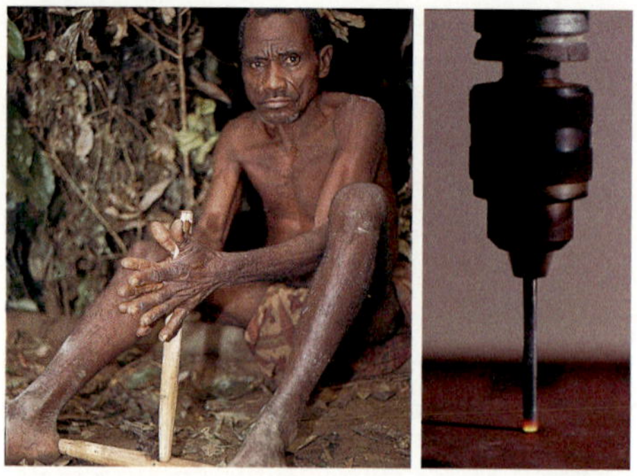

B1 Aus Reibungsarbeit wird innere Energie.

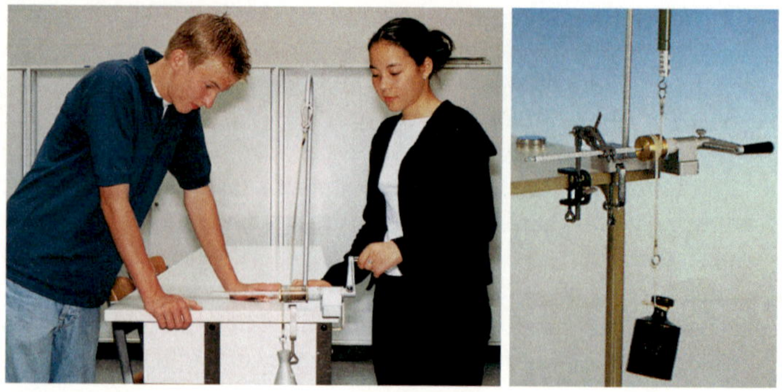

B2 Die zusätzliche innere Energie zeigt sich in der höheren Temperatur.

V1 Unser Versuchsgerät besteht aus einem Kupferzylinder, der auf einer Seite drehbar gelagert ist (➜ **B2**). In eine axiale Bohrung auf der anderen Seite setzen wir ein Thermometer mit feiner Skalenteilung ein. Anschließend verschließen wir die Bohrung mit einer Gummidichtung. Wir geben vorher etwas gekörntes Kupfer (notfalls auch etwas Wasser) in die Bohrung und verbessern so den Kontakt zwischen Thermometer und Kupferzylinder. Auf diese Weise zeigt das Thermometer die Temperatur des Kupferzylinders sehr genau an.

Dann schlingen wir ein Reibband zwei- oder dreimal um den Zylinder und hängen ein 5-kg-Wägestück daran. Ein Federkraftmesser hält das freie Ende des Reibbandes.

Wenn wir nun die Kurbel drehen, ist der Kraftmesser fast entspannt. Die in Richtung des Reibbandes wirkende Reibungskraft $\vec{F}_R$ hält der Gewichtskraft $\vec{F}_G$ des Wägestückes das Gleichgewicht. Für die Beträge gilt $F_R = F_G = 49,1$ N.

Der Zylindermantel wird mit dieser Reibungskraft $\vec{F}_R$ relativ zum ruhenden Reibband bewegt (wie die Straße unter einem bremsenden Reifen), und zwar bei jeder Umdrehung um den Weg $s = 0{,}157$ m. Dieser Wert entspricht dem Zylinderumfang U. Bei jeder Umdrehung wird also die Energie $W = F \cdot s = F_G \cdot U = 7{,}7$ Nm zugeführt.

Nach je 50 Umdrehungen stoppen wir kurz und lesen die Temperatur ab: Die Temperaturzunahme ist der zugeführten Energie proportional. Nach 200 Umdrehungen ($s = 200 \cdot 0{,}157$ m $= 31{,}4$ m) ist die Temperatur um ca. 5,8 K gestiegen.

1. Ein Reibungsversuch – quantitativ

Bisher haben wir Tauchsieder als Heizgeräte bevorzugt. Gilt der Berechnungsterm $W = c \cdot m \cdot \Delta\vartheta$ etwa nur für elektrische Heizungen? Und stimmte denn die Leistungsangabe auf dem Tauchsieder überhaupt? Vertrauen ist gut, Kontrolle ist besser.

Zur Klärung dieser Fragen wollen wir nun Temperaturerhöhungen noch auf andere Weise herbeiführen. Dazu benutzen wir die uns schon bekannte Reibung. In der Technik stört sie meistens sehr, für uns ist sie in diesem Fall aber von großem Vorteil:
In ➜ **V1** benutzen wir sie, um die Temperatur eines Kupferzylinders durch Zufuhr berechenbarer Energieportionen zu erhöhen. Die Energie wird dabei als Arbeit (nicht als Wärme) zugeführt und lässt sich deshalb mithilfe der Reibungskraft und des Weges gut bestimmen. Den Betrag der Reibungskraft ermitteln wir zu $F_R = 49{,}1$ N, den Weg zu $s = 31{,}4$ m. Daraus berechnen wir nun die Arbeit zu $W = F_R \cdot s = 31{,}4 \text{ m} \cdot 49{,}1 \text{ N} = 1540$ J. Die gesamte beim Reiben in Form von Arbeit zugeführte Energie floss dem Kupferzylinder zu und erhöhte seine innere Energie.

2. Erhöhung innerer Energie durch *Arbeit oder* Wärme

Auch mit einem Tauchsieder (im Wasserbad) hätten wir die Temperatur der im ➜ **V1** benutzten Kupfermasse (Zylinder, Reibband, Kupferkörner; $m = 690$ g) um 5,8 K erhöhen können. In Form von *Wärme* wäre die Energie vom Tauchsieder dem Kupfer zugeführt worden. Die Rechnung liefert nun:

$$W = c \cdot m \cdot \Delta\vartheta = 0{,}38 \, \frac{\text{J}}{\text{g} \cdot \text{K}} \cdot 690 \text{ g} \cdot 5{,}8 \text{ K} = 1520 \text{ J}.$$

Dies stimmt mit der zugeführten *Arbeit* von 1540 J im Rahmen der Messfehler sehr gut überein. Die frühere Ermittlung von c mit dem Tauchsieder war also korrekt, die aufgedruckte Leistungsangabe stimmte.

Wir sehen also, dass man die innere Energie eines Körpers auf verschiedenen Wegen erhöhen kann:

- Durch Zufuhr mechanischer Energie bei Reibung (Arbeit $W = F \cdot s$), also durch geordnete Bewegung mit der Kraft vom Betrag F längs des Weges s.
- Durch übergehende Wärme von einem Körper hoher Temperatur (z.B. ein Heizgerät) auf einen anderen Körper niedriger Temperatur. Dies geschieht von selbst auf Grund des Temperaturunterschieds durch ungeordnete Teilchenbewegung.

Merksatz

Man kann die innere Energie eines Körpers erhöhen, indem man ihm Arbeit oder Wärme zuführt **(1. Hauptsatz der Wärmelehre)**.

Julius Robert MAYER (1814–1878) und Hermann von HELMHOLTZ (1821–1894) haben den 1. Hauptsatz erstmalig 1845 und 1847 formuliert.

3. Energieentwertung trotz Energieerhaltung – Entropie

Zum Anzünden eines Feuers ist Reibungsarbeit *erwünscht* (→ B1). Reibung nutzt man auch beim Bremsen, denn das Auto muss seine Bewegungsenergie loswerden. Sie wird in innere Energie der Bremsen überführt; diese werden heiß und geben die Energie als Wärme an die Umgebung ab (→ B3), dieser Vorgang ist **irreversibel** (unumkehrbar), denn die Energie kann beim nächsten Anfahren nicht genutzt werden. Hätte das Auto zum Bremsen eine Last hochgezogen, wäre der Vorgang umkehrbar, **reversibel**.
CLAUSIUS führte als Maß für die Nichtumkehrbarkeit solcher Abläufe die Entropie ein. Wir kommen noch darauf zurück. Vorläufig halten wir fest: Bei rein mechanischen, also reversiblen Energieübertragungen entsteht keine **Entropie**. Je mehr sich aber die Energie bei sinkender Temperatur in die ungeordnete Bewegung des Kleingewimmels verzettelt, desto größer wird die Entropie.

Wenn sich die beim Bremsen heiß gewordenen Bremsscheiben auf ihre Ausgangstemperatur abkühlen, geben sie die beim Reiben aufgenommene Energie als Wärme wieder ab. *Energie geht auch bei dieser Umwandlung der Energieformen nicht verloren.* Mit den noch heißen Bremsscheiben hätte man für kurze Zeit einen kleinen *Heißluftmotor* betreiben und so einen Teil der Energie in wertvolle (mechanische oder elektrische) Energie zurückgewinnen können. So aber, ist die Energie bei niedriger Umgebungstemperatur irreversibel in der Umwelt angekommen, sie hat sich unumkehrbar unserer Nutzung entzogen. Die Entropie hat zugenommen.

Merksatz

Unter Berücksichtigung auch der inneren Energie der Körper gilt die Energieerhaltung selbst bei Vorgängen mit Reibung, also ohne jede Einschränkung.
Wärme, die bei Reibungsvorgängen in die Umgebung fließt, ist für weitere Nutzung irreversibel verloren – dieser Teil der Energie ist entwertet.

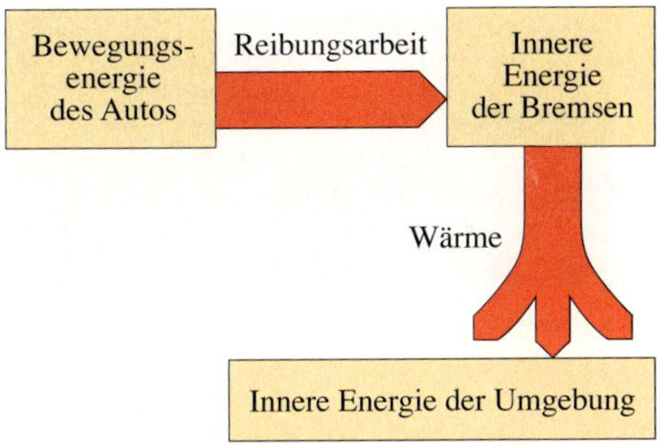

B3 Die Energie-Übertragungskette beim Bremsen eines Autos beginnt mit der wertvollen Bewegungsenergie. Bremst der Fahrer sein Fahrzeug ab, so entwertet er die Energie und schickt sie in die Bremsen. Ihr Temperaturanstieg verrät die Erhöhung ihrer inneren Energie. Danach fließt die *gesamte* Energie in die Umgebung (Luft) und ist für uns verloren.
Stelle dir diesen Vorgang nun wieder zurücklaufend vor: Die Luft würde die ihr von den Bremsen gegebene Energie wieder an diese zurückgeben. Die Bremsen würden heiß. Bei nachfolgender Abkühlung ginge ihre innere Energie in Bewegungsenergie des Autos über. Es führe, ohne dass im Motor Benzin verbrennt. Du findest diesen Ablauf „unnatürlich", obwohl auch hierbei *die Energie erhalten bleibt?* Recht hast du, denn dergleichen hast du noch nie erlebt. Die Natur erlaubt diesen Vorgang nicht.

A1 Wie oft muss man bei → V1 die Kurbel herumdrehen, um Energie zu übertragen, die 200 g Wasser für eine Tasse Kaffee von 20 °C auf 100 °C erhitzen kann? Wie lange würde es etwa dauern?

A2 Beschreibe die in → B1 dargestellten Vorgänge und zeichne die zugehörigen Energie-Übertragungsketten. Stelle dir vor, man könne die Zeit rückwärts laufen lassen. Beschreibe dann die Vorgänge.

A3 Straßenbahnen und ICE-Züge können elektrisch abgebremst werden. Dabei wird ihre Bewegungsenergie direkt in elektrische Energie umgewandelt und in das Leitungsnetz zurückgegeben. Eine an anderer Stelle anfahrende Elektrobahn kann sie nutzen. Zeichne und diskutiere die Energie-Übertragungskette.

Schmelzen – Erstarren; Verdampfen – Kondensieren

B1 Kleine Eisberge kühlen Getränke.

V1 **a)** In ein Reagenzglas geben wir Naphthalinpulver und stecken ein Thermometer hinein. Das Ganze tauchen wir in Wasser, das wir z.B. mit einer Gasflamme sieden lassen. Die Temperatur des Naphthalins steigt zunächst bis auf etwa 80 °C. Dann bleibt sie konstant, bis alles Naphthalin geschmolzen ist. Erst danach steigt sie weiter. Die Schmelztemperatur des Naphthalins beträgt also 80 °C.
b) Das Reagenzglas mit dem geschmolzenen Naphthalin aus a) tauchen wir in kaltes Wasser. Die Temperatur des flüssigen Naphthalins sinkt nicht weiter als bis zur Erstarrungstemperatur (80 °C), obwohl ständig Wärme auf das Kühlwasser übergeht. Erst wenn alles Naphthalin erstarrt ist, sinkt die Temperatur wieder.

Stoff	Schmelztemperatur
Quecksilber	– 39 °C
Zinn	232 °C
Eis	0 °C
Blei	327 °C
Fixiersalz	48 °C
Kupfer	1084 °C
Paraffin	≈ 53 °C
Eisen, rein	1535 °C
Naphthalin	80 °C
Wolfram	3370 °C

T1 Schmelztemperaturen bei normalen Bedingungen

Stoff	spez. Schmelzwärme
Quecksilber	13 J/g
Fixiersalz	200 J/g
Blei	25 J/g
Kupfer	205 J/g
Schwefel	42 J/g
Eisen	260 J/g
Zinn	60 J/g
Eis	335 J/g
Naphthalin	148 J/g
Kochsalz	500 J/g

T2 Spezifische Schmelzwärme einiger Stoffe

1. Wärmezufuhr – aber keine Erhöhung der Temperatur!

Versucht man Eis auf eine höhere Temperatur zu bringen, so schmilzt es zunächst. Das Gemisch aus Eis und Schmelzwasser behält dabei aber so lange die Temperatur 0 °C, bis alles Eis geschmolzen ist. Verhalten sich auch andere Stoffe so?

Betrachten wir z.B. Naphthalin (**→ V1a**). Während des Schmelzvorgangs ging ständig Wärme vom siedenden Wasser (ϑ_W = 100 °C) auf das Naphthalin (ϑ_N = 80 °C) über. Dadurch wurde dessen innere Energie erhöht; trotzdem stieg seine Temperatur (Bewegungsenergie je Teilchen) nicht. Wozu diente dann die übertragene Energie?

Im festen Naphthalin sind die Teilchen an feste Plätze gebunden, um die herum sie mit zunehmender Temperatur immer heftiger schwingen – bis zur Schmelztemperatur. Bei dieser reißen sie sich aus dem geordneten Verband los. Zum Aufbrechen der Bindungen ist viel Energie erforderlich. Sie steckt nachher als ein Teil der inneren Energie in der Schmelze. Die innere Energie in Flüssigkeiten ist also *mehr* als nur die Bewegungsenergie der Teilchen.

Beim späteren Erstarren binden sich die Teilchen wieder im Kristallverband. Die beim Schmelzen aufgenommene Energie wird wieder abgegeben. Die *Bewegungsenergie* der Teilchen und damit auch die *Temperatur* des Körpers *ändern sich während dieser Kristallisation nicht*.

Merksatz

Die Erstarrungstemperatur eines Stoffes ist gleich seiner Schmelztemperatur. Zum Schmelzen muss man Energie zuführen; beim Erstarren wird sie wieder abgegeben. Die Temperatur bleibt.

Bei Stoffgemischen findet der Schmelzvorgang nicht bei einer bestimmten Temperatur statt, sondern in einem Temperaturintervall. Man kann diesen Unterschied dazu nutzen, um festzustellen, ob man es bei einem gegebenen Stoff mit einem reinen Stoff oder einem Gemisch zu tun hat.

2. Wie viel Energie braucht Eis zum Schmelzen?

Wie viel Energie man braucht, um einen Eisblock von 0 °C zu schmelzen, hängt sicher von seiner Masse ab. Um einen Vergleich mit anderen Stoffen zu ermöglichen, rechnet man deshalb die benötigte Energieportion W auf Körper gleicher Masse um. Dazu teilt man W durch die Masse m des geschmolzenen Stoffes. Der Quotient heißt **spezifische Schmelzwärme** $s = W/m$. Diese ist eine Materialkonstante und hat die Einheit 1 J/g.

In einem Experiment (**→ Methoden**) kann man die spezifische Schmelzwärme s von Eis bestimmen, das Ergebnis ist $\boldsymbol{s}$ **= 335 J/g**. Dieser Wert ist im Vergleich zur spezifischen Schmelzwärme anderer Stoffe (**→ T2**) recht groß, deshalb kann man Getränke mit hineingegebenen Eisstücken (**→ B1**) gut kühlen. Die kleinen Eisberge schwimmen in der Flüssigkeit und entziehen ihr die zum Schmelzen nötige Energie; die Temperatur sinkt.

3. Wasser ist manchmal unsichtbar

Wenn du gegen eine kalte Fensterscheibe hauchst, so beschlägt sie. Woher kommen die zahlreichen Wassertröpfchen des Beschlags? → V2 zeigt, dass unsichtbarer Wasserdampf – also gasförmiges Wasser an der kalten Scheibe kondensiert. Es bildet dabei winzige Wassertröpfchen.
Die Luft, die du ausatmest, hat in deinen Lungen Wasserdampf aufgenommen. Gelangt der Wasserdampf an einen kalten Gegenstand, so kondensiert er; der Gegenstand beschlägt. Bei sehr kalter Außenluft bildet sich beim Ausatmen vor deinem Mund Nebel; auch er besteht aus winzigen Wassertröpfchen.

Merksatz

Wasserdampf ist ein unsichtbares Gas. Nebel und Wolken bestehen dagegen aus sehr kleinen Wassertröpfchen und sind deshalb sichtbar.

Jede Umwandlung flüssigen Wassers in gasförmiges nennen wir Verdampfen. Bei tieferen Temperaturen erfolgt das Verdampfen langsam. Dabei fliegen die schnellsten Wassermoleküle durch die Wasseroberfläche in den Raum darüber. Wir sagen: Das Wasser **verdunstet**. Bei 100 °C verdampfen die Teilchen sogar *innerhalb* der Flüssigkeit in neu entstehende Hohlräume hinein und bilden so Blasen. Wir sagen: Das Wasser **siedet**. Bei größerem äußeren Druck bilden sich die Blasen erst bei höherer Temperatur; dann liegt die Siedetemperatur über 100 °C.

Auch andere Flüssigkeiten (Alkohol, Glykol, Öl) sieden bei einer bestimmten Temperatur. Auch bei ihnen steigt diese für sie charakteristische Siedetemperatur (→ T3) während des Vorgangs trotz Energiezufuhr nicht.

4. Wie viel Energie braucht Wasser zum Verdampfen?

Sorgfältig durchgeführte Messungen zeigen:
a) Die zum Verdampfen einer Flüssigkeit (bei ihrer normalen Siedetemperatur, d. h. bei normalem Druck) erforderliche Energie hängt von der Menge und Art der Flüssigkeit ab. Den Quotienten $r = W/m$ nennt man die spezifische Verdampfungswärme des benutzten Stoffes. Sie ist eine Materialkonstante und hat die Einheit 1 J/g. Die **spezifische Verdampfungswärme** des Wassers beträgt 2258 J/g. Man braucht also 2258 J, um 1 g Wasser von 100 °C in Dampf von 100 °C umzuwandeln.

b) Beim **Kondensieren** einer Flüssigkeit wird die Verdampfungswärme wieder frei. Im Versuch (→ **Methoden**) zeigt sich, dass 1 g Wasserdampf bei der Kondensation wie erwartet 2258 J abgibt.

Wasserdampf ist gefährlich! 1 g siedendes Wasser gibt an die Haut die Energie $W = 4{,}2\,\frac{\text{J}}{\text{g} \cdot \text{K}} \cdot (100 - 37)\,\text{K} \cdot 1\,\text{g} = 265\,\text{J}$ ab. 1 g Wasserdampf von 100 °C würde zusätzlich 2258 J abgeben! Entsprechend schwer wäre die Verbrennung deiner Haut.

V2 Wir erhitzen in einem Kessel etwas Wasser und nähern ein Becherglas der Kesselöffnung. Schon nach kurzer Zeit erkennen wir an der Innenseite des Becherglases einen Beschlag aus sehr kleinen Wassertröpfchen, die langsam wachsen. Dabei ist die Wassertemperatur noch weit von der Siedetemperatur entfernt. Erhitzen wir das Wasser weiter bis auf 100 °C, so bilden sich dort, wo geheizt wird, Blasen, die hochsteigen: das Wasser siedet. Diese Blasen enthalten ein unsichtbares Gas; es ist Wasserdampf. Er kondensiert am kalten Glas zu flüssigem Wasser.

Stoff	Siedetemperatur
Ammoniak	−33 °C
Glykol	197 °C
Frigen	−30 °C
Quecksilber	357 °C
Äther	35 °C
Schwefel	444 °C
Alkohol	78 °C
Zink	910 °C
Wasser	100 °C
Eisen	2880 °C

T3 Siedetemperatur einiger Stoffe beim Normdruck von 1013 hPa

Nachgedacht

Beim Schmelzen werden Bindungen zwischen den Teilchen aufgebrochen, beim Verdampfen müssen Teilchen gegen die Anziehungskräfte voneinander entfernt werden und noch dazu Luft wegschieben. In beiden Fällen findet Wärmezufuhr ohne Temperaturerhöhung statt. Das umgangssprachliche Wort „erwärmen“ bedeutet hier also keine Temperaturerhöhung.
Die zum Schmelzen bzw. Verdampfen benötigte Energie wird beim Erstarren bzw. Kondensieren wieder frei. Dies bestätigt wieder einmal die *Erhaltung der Energie*.

Methoden

Praktikum und „Kugellager"
Zu Beginn bilden sich zwei gleich große Gruppen, X und Y (mit Teilgruppen von jeweils 3–4 Schüler/ -innen). Die X-Gruppe wird einen Versuch zur Bestimmung der **spezifischen Schmelzwärme von Eis** vorbereiten und durchführen. Die Y-Gruppe bestimmt die **spezifische Verdampfungswärme von Wasser**.

Ziele für beide Gruppen:
- Sorgfältiges Ausführen des Versuches
- Auswerten des Versuches (Ermitteln der spezifischen Schmelzwärme bzw. Verdampfungswärme)
- Diskussion von Fehlerquellen
- Deutung der Phänomene im Teilchenmodell
- Diskutieren von Beispielen der Phänomene im Alltag und in der Natur

Nach Erreichen der Ziele bildet die X-Gruppe einen Innenkreis, die Y-Gruppe dazu einen Außenkreis („Kugellager"). Gegenübersitzende erklären sich gegenseitig ihre Aufgabe („Ziele") und die gefundene Lösung. Zur gegenseitigen Kontrolle des Erlernten rückt der Innenkreis um z. B. 5 Plätze weiter. Nun erklärt man gegenseitig nur die fremde Aufgabe.

Spezifischen Schmelzwärme von Eis
Um die spezifische Schmelzwärme s von Eis zu bestimmen, nehmt z. B. 200 g Eis aus dem Gefrierschrank. Die Eiswürfel haben eine Temperatur unter 0 °C. Erhitzt sie auf 0 °C, indem ihr sie einige Zeit bei Zimmertemperatur auf ein Papierhandtuch legt. Gebt sie danach in ein isoliertes Gefäß. Um die spätere Rechnung zu erleichtern, wiegt die gleiche Menge heißes Wasser (z. B. 90 °C) ab und gießt dieses über die Eiswürfel. Wartet ab, bis alles Eis geschmolzen ist. Dann messt die Mischungstemperatur, z. B. $\vartheta_m = 5\,°C$.

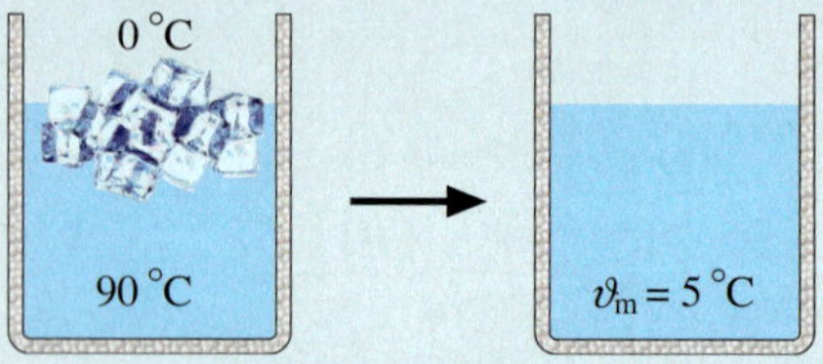

Musterauswertung: Das heiße Wasser hat sich abgekühlt und je Gramm die Energie

$$4{,}2\ J/(g \cdot K) \cdot 1\ g \cdot (90 - 5)\ K = 4{,}2 \cdot 85\ J = 357\ J$$

abgegeben. Zur Temperaturerhöhung des Schmelzwassers wurden je Gramm

$$4{,}2\ J/(g \cdot K) \cdot 1\ g \cdot 5\ K = 21\ J$$

benötigt. Die Differenz von 336 J diente also dazu, ein Gramm Eis zu schmelzen, das heißt, aus Eis von 0 °C Wasser von 0 °C zu machen. Die spezifische Schmelzwärme *s* für Eis ist also:

$$s = 336\ J/g.$$

Bei verschiedenen Massen von Eis (m_E) und Wasser (m_W) nutzt ihr die Energiebilanz des Versuches aus:
Aufgenommen: $m_E \cdot s + m_E \cdot c_W \cdot (\vartheta_m - 0\,°C)$.
Abgegeben: $m_W \cdot c_W \cdot (90\,°C - \vartheta_m)$.
Gleichsetzen liefert dann ebenfalls *s*.

Spezifische Verdampfungswärme von Wasser
Zur Messung nutzt ihr den Energieerhaltungssatz aus: Die zum Verdampfen nötige Energieportion wird beim Kondensieren wieder abgegeben. Dabei kann man sie leichter messen als die zum Verdampfen direkt benötigte Energie.

Die Kondensationsenergie wird so bestimmt: Ihr erzeugt einen kräftigen Dampfstrahl (Vorsicht!) und leitet ihn mittels einer Glasspitze in kaltes Wasser (Masse des Wassers z. B. $m_W = 610\ g$). Der in das Wasser eingeblasene Dampf kondensiert, wobei die Blasen beim Zusammenfallen ein lautes Geräusch erzeugen. Die Wassertemperatur im Thermosgefäß steigt schnell an. Die dazu erforderliche Energie liefert der kondensierende Wasserdampf (zusätzliche Masse des Dampfes m_D).

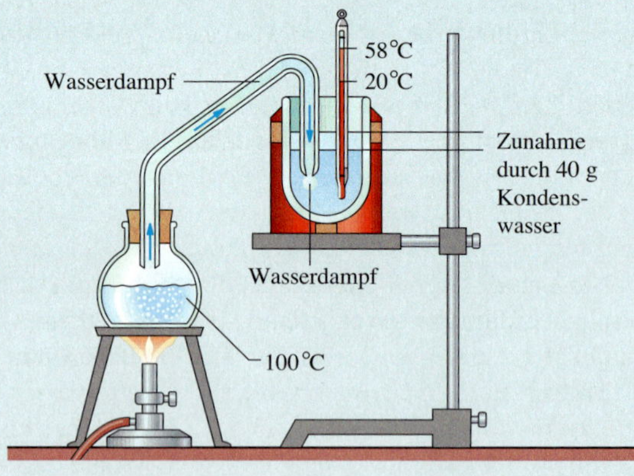

Musterauswertung:
Die Energiebilanz lautet:
Aufgenommen: $m_W \cdot c_W \cdot (\vartheta_m - 20\,°C)$.
Abgegeben: $m_D \cdot r + m_D \cdot c_W \cdot (100\,°C - \vartheta_m)$.
Es ergibt sich so:

$$r = 2250\ J/g.$$

Interessantes

A. Auch zum Auflösen braucht man Energie

Wenn man Zucker oder Salz in Wasser auflöst, müssen Teilchen aus ihrem Kristallverband gerissen werden. Hierzu ist Energie nötig – wie beim Schmelzen. Beim Lösen von Kochsalz in Wasser benötigt das Salz mehr Energie zum „Zerbrechen" als die Salzteilchen beim Anlagern an die Wassermoleküle bekommen. Die fehlende Energie nehmen sie aus der inneren Energie des Wassers. Also sinkt die Temperatur der Lösung, und zwar umso stärker, je mehr Salz gelöst wird.

Bringt man Salz mit Eis oder Schnee zusammen, so tritt zweierlei ein: Beide Mischungspartner werden (breiartig) flüssig. Zum Auflösen der Bindungen zwischen den Teilchen brauchen sowohl Salz als auch Eis viel Energie. Die Temperatur der Salz-Wasser-Lösung nimmt deshalb ab. Trotzdem bleibt die Salz-Wasser-Mischung flüssig. Bei einem Gewichtsverhältnis Eis : Salz = 3 : 1 sinkt die Temperatur auf etwa −18 °C. Man nennt deshalb eine Mischung aus zerkleinertem Eis und Salz auch *Kältemischung*.

B. Natriumacetat-Wärmekissen

In einer luftdichten Kunststofffolie befindet sich ein bestimmtes Salz. Man legt das Kissen eine Zeit lang in heißes Wasser, bis das Salz geschmolzen ist. Bei vorsichtiger Behandlung bleibt dieser Zustand auch nach dem Abkühlen erhalten. Erst ein heftiges Anstoßen (durch einen kleinen Metallklicker im Kissen) führt schlagartig zum Auskristallisieren des Salzes. Jetzt wird die vorher hineingegebene Schmelzenergie wieder abgegeben, das Kissen wird heiß.

C. Energie in einer Gewitterwolke

Betrachten wir einmal eine mittelgroße Gewitterwolke. Sie sei 5 km lang, 5 km breit und 10 km hoch. In 1 m^3 Luft befinde sich 1 g Wasser (es können sogar bis etwa 4 g sein). Dann sind in $5 \cdot 10^3\ m \cdot 5 \cdot 10^3\ m \cdot 10 \cdot 10^3\ m = 250 \cdot 10^9\ m^3$ auch $250 \cdot 10^9$ g Wasser.

Die Verdampfungs- bzw. Kondensationswärme beträgt rund 2300 J/g, das wissen wir schon. Dann ist es nicht schwer, die zum Verdampfen notwendige, bzw. beim Kondensieren wieder frei werdende Energie der Wolke zu berechnen:

$$250 \cdot 10^9\ g \cdot 2300\ J/g = 575 \cdot 10^9\ kJ \approx 600 \cdot 10^9\ kJ.$$

Wie viele Haushalte hätten mit dieser Energiemenge ein Jahr ausgesorgt? Wenn wir einmal davon ausgehen, dass ein Durchschnittshaushalt im Jahr ca. $100 \cdot 10^6$ kJ Energie umsetzt, sind dies

$$600 \cdot 10^9\ kJ/(100 \cdot 10^6\ kJ) = 6000\ \text{Haushalte!}$$

D. Brennwertkessel

Bei traditionellen Heizkesseln verlassen heiße Abgase (Rauch und Dampf) von über 120 °C durch den Schornstein das Haus. Bei den so genannten Voll-Brennwertkesseln geht von diesen Abgasen Wärme (in einem „Wärmetauscher") noch vor Einleitung in den Schornstein an die kalte Zuluft über. Die Abgase kühlen sich dabei ab. Zusätzlich kondensiert auch noch der enthaltene Dampf und gibt die Kondensationsenergie ebenfalls ab. Die durch beide Energieportionen vorgewärmte Zuluft wird nun dem Brenner zugeführt. Das spart Brennstoff.

A1 Warum stellt man die Glühdrähte für Glühlampen aus Wolfram her? (→ **Schmelztemperatur**)

A2 Welche Energie braucht man, um 5 kg Eis (ϑ = 0 °C) zu schmelzen?

A3 Ein Glas Cola wird gerade hinreichend gekühlt, wenn man 10 g Eis (ϑ_E = 0 °C) hineingibt. Wie viel Gramm Wasser (ϑ_W = 0 °C) müsste man statt der Eiswürfel nehmen, um die gleiche Endtemperatur von 10 °C zu erreichen? Probiere oder rechne (→ **spezifische Schmelzwärme** von Eis).

A4 Unter welchen Bedingungen „schwitzen" Fensterscheiben? In welchen Räumen sind diese Bedingungen vor allem gegeben?

A5 Weshalb soll man einen Raum, in dem Wäsche getrocknet wird, besonders gut lüften?

A6 Unter welchen Bedingungen kannst du deinen „Atem" sehen? Was siehst du dabei eigentlich? Unter welchen Bedingungen bildet sich an Gräsern und Zweigen Tau, unter welchen Reif?

A7 **a)** Weshalb spritzt und prasselt es, wenn man Fleisch in siedendes Fett (ϑ > 200 °C) legt? **b)** Erhitzt man in einem Topf Fett (oder Öl) weit über 100 °C, so kann es in Brand geraten. Versucht man, dieses Feuer mit Wasser zu löschen, so spritzt das brennende Fett aus dem Topf und verschlimmert den Brand. Wie ist das zu erklären? Wie kann man erfolgreich löschen?

A8 **a)** Was bewirkt die Verdunstung des Schweißes auf der Haut? **b)** Was ändert sich, wenn Wind oder Zugluft die Verdunstung beschleunigen? **c)** Kann ein Ventilator helfen, oder erhöht er nur die Temperatur der Luft?

Interessantes

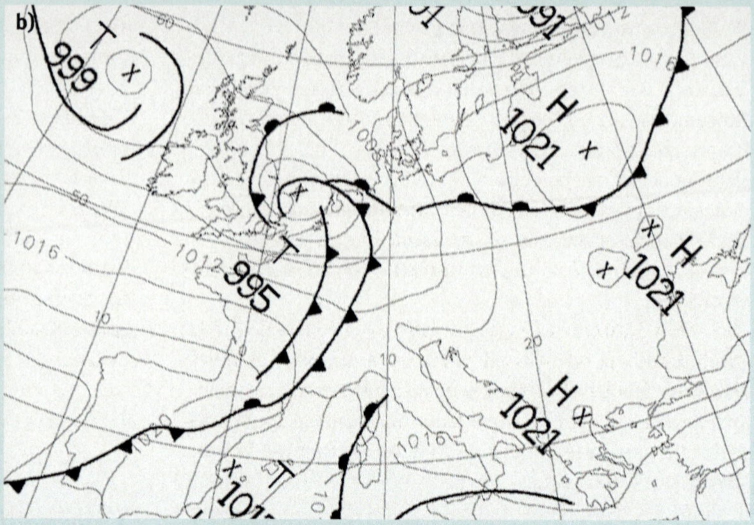

B1 **a)** So sah ein Wettersatellit Europa am 27.5.2000 um 15.16 Uhr **b)** Wetterkarte vom 27.5.2000.

Das Wetter

Wodurch wird das Wetter bestimmt?

Der „Motor" aller Windsysteme auf der Erde ist die Sonneneinstrahlung. Dies soll am Beispiel der **Passatwinde** gezeigt werden:

In den Tropen treffen die Sonnenstrahlen fast senkrecht auf die Erdoberfläche. Die absorbierte Energie erhöht die Temperatur von Boden und Luft. Die erwärmte Luft steigt auf, in der Region sinkt der Luftdruck – es entsteht dort ein **Tiefdruckgebiet**, kurz **Tief** genannt. Über der Sahara sinkt die Luft wieder nach unten und bewirkt damit eine Erhöhung des dortigen Luftdrucks – ein **Hochdruckgebiet**, kurz **Hoch**, entsteht. Von diesem Hoch weht der Wind in Bodennähe zunächst nach Süden zum Tief am Äquator. Aufgrund der Erdrotation bleibt der Wind nicht auf demselben Längengrad, sondern „hängt" immer mehr gegenüber dem Boden zurück. Von der Erde aus gesehen wird er nach rechts abgelenkt, aus dem N-Wind wird ein NO-Wind – der Nord-Ost-Passat. Er bleibt hinter der Erddrehung zurück. Umgekehrt wird aus einem zunächst reinen Südwind ein SW-Wind, weil er auf dem Weg nach Norden der Erddrehung vorauseilt. Auch er wird nach rechts abgelenkt.

Auf der Nordhalbkugel bildet Luft, die von allen Seiten in ein Tief strömt, einen Wirbel (Zyklone) im Gegenuhrzeigersinn.

Wann regnet es?

Luft kann umso mehr Wasserdampf (unsichtbar!) aufnehmen, je höher ihre Temperatur ist. Sinkt die Temperatur feuchter Luft, so kondensiert der überschüssige Wasserdampf als kleine Tröpfchen aus, es entsteht eine Wolke. Da sich aufsteigende Luft abkühlt, bilden sich über Tiefdruckgebieten Wolken, es beginnt meist zu regnen. Umgekehrt erwärmt sich absteigende Luft. Ihre Aufnahmefähigkeit für Wasserdampf nimmt zu, eventuell vorhandene Wolken lösen sich auf. Der Himmel über einem Hochdruckgebiet ist meist klar.

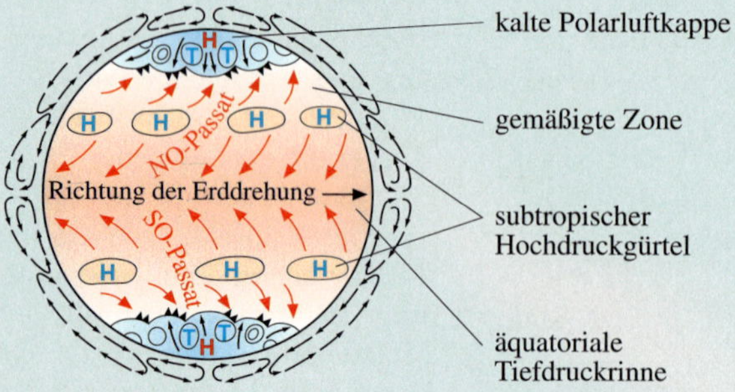

B2 Großräumige Windsysteme

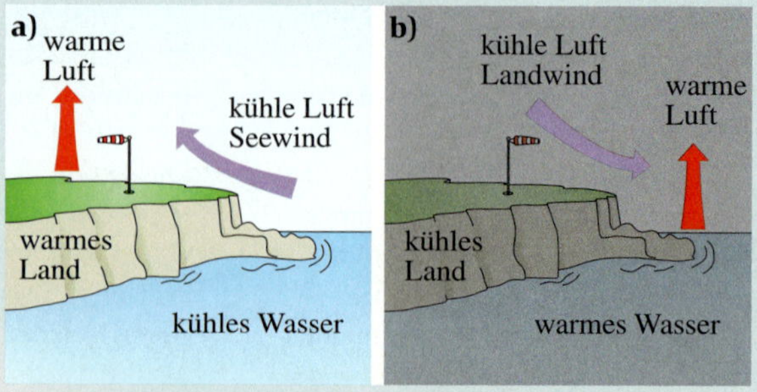

B3 **a)** Seewind bei Tag **b)** Landwind bei Nacht

Interessantes

Luftmassen prallen aufeinander

Luft mit einheitlicher Temperatur und Feuchte heißt *Luftmasse*. Stoßen zwei Luftmassen verschiedenen Ursprungs zusammen, so vermischen sie sich nicht. Ihre Grenze nennt man **Front**.

Wo eine warme Luftmasse auf eine kalte trifft, schiebt sie sich über sie und steigt langsam auf. Es entsteht eine **Warmfront** (➜ B4a). Zunächst bilden sich in großer Höhe Federwolken, dann tiefreichende Schichtwolken.

Bei einer **Kaltfront** (➜ B4b) trifft kalte Luft auf warme und drängt diese schnell nach oben. Dabei entstehen hoch reichende Haufenwolken. Im Innern von Haufenwolken bilden sich heftige Aufwinde aus (deshalb müssen kleine Flugzeuge diese Wolken meiden). Es kommt häufig zu *Gewittern*.

Beim Herannahen von Fronten fällt der Luftdruck. Sinkender Luftdruck deutet also auf Wetterverschlechterung hin. Je tiefer der Luftdruck unter den Mittelwert 1013 hPa fällt, desto schwerere Stürme sind zu erwarten. Bei dem Orkan Lothar, der Weihnachten 1999 über Frankreich und Deutschland hinwegraste, fiel der Druck auf 970 hPa. In den Alpen wurden Spitzenböen von 259 km/h gemessen.

Wir leben im Gebiet der globalen Westwindzone. In ihr treffen häufig kühle, subpolare Luftmassen auf feuchtwarme, subtropische Luftmassen. Dadurch entsteht unser wechselhaftes Wetter. Für schlechtes Wetter sorgen ausgedehnte Tiefdruckgebiete, die oft über dem nördlichen Atlantik entstehen („Islandtief"). Das „Azorenhoch" (Azoren: Inselgruppe im Atlantik westlich der Sahara) bewirkt schönes Wetter.

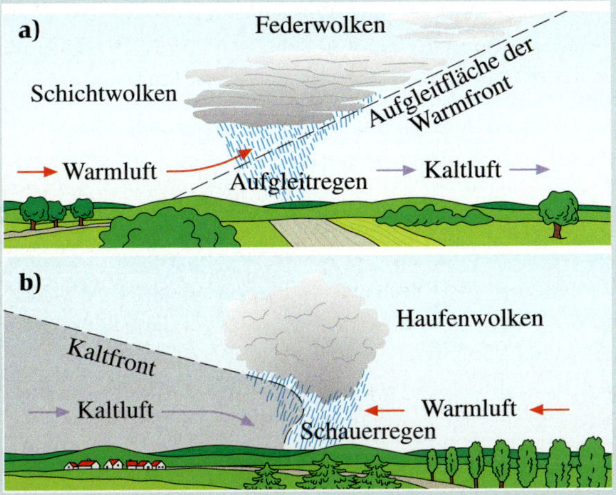

B4 a) Warmfront b) Kaltfront

Wie liest man eine Wetterkarte?

Viele Bodenstationen messen fortwährend Druck, Temperatur und Feuchte. Die Daten werden zusammen mit Satellitenbildern an Wetterämter übermittelt. Daraus fertigen die Meteorologen Wetterkarten, auf denen mit international festgelegten Symbolen die wichtigsten Wetterelemente dargestellt werden. In ➜ B1 erkennt man ein Tief über der Nordsee (das Sturmtief Farah). Zwei Kaltfronten überqueren Frankreich. Auf der Satellitenaufnahme sind die zugehörigen Wolkenfelder zu sehen. Das Hoch über dem westlichen Mittelmeer sorgt dort für klare Sicht.

Hochdruckzentrum – Kern eines Gebiets mit höherem Luftdruck als in der Umgebung.

Tiefdruckzentrum – Kern eines Gebiets mit niedrigerem Luftdruck als in der Umgebung.

Isobaren – Linien konstanten Luftdrucks (in hPa); wo verschiedene Isobaren dicht beieinander liegen, ändert sich der Luftdruck stark – es sind heftige Winde zu erwarten.

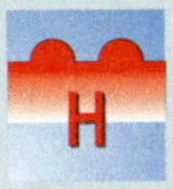

Warmfront – wärmere Luftmassen nähern sich, um kältere zu verdrängen. Es bilden sich ausgedehnte Wolkenfelder, aus denen oft ein gleichmäßiger Landregen fällt.

Kaltfront – kältere Luftmassen nähern sich, um wärmere zu verdrängen. Sie bringt uns kurze, schauerartige Regenfälle.

Niederschläge

- • Regen
- , Niesel
- ✱ Schnee
- ▽ Schauer

Bedeckung des Himmels

- ○ wolkenlos
- ◑ Halbe Bedeckung
- ◕ Dreiviertel Bedeckung

Windgeschwindigkeit (1 kn ≈ 0,5 m/s)

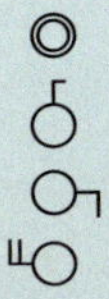

- Windstill
- 5 kn (Nordwind)
- 10 kn (Ostwind)
- 20 kn (Westwind)

B5 Die Symbole auf der Wetterkarte

Interessantes

Zustandsänderungen im Alltag

A. Kochen in Rekordzeit

Das Volumen des Wassers nimmt beim Verdampfen stark zu. Aus 1 l Wasser werden beim Normdruck von 1013 hPa und bei der Temperatur 100 °C etwa 1700 l Wasserdampf. Verschließt man das Wassergefäß, so staut sich der Wasserdampf, und der Druck im Gefäß steigt. Dadurch wird die Blasenbildung in der Flüssigkeit erschwert, sodass die Siedetemperatur des Wassers auf über 100 °C steigt. Das nutzt man bei *Drucktöpfen* aus, denn Speisen werden bei höheren Temperaturen schneller gar. Ein Sicherheitsventil verhindert einen zu großen und deshalb gefährlichen Druckanstieg. Ohne dieses Ventil könnte der Druck so hoch werden, dass der Topf platzt und großen Schaden anrichtet.

B. Die Espressomaschine und der Obstbaum

Zum Verdampfen muss dem Wasser viel Energie zugeführt werden, für jedes Gramm 2258 J. Beim *Kondensieren* geht diese Energie wieder in die Umgebung. Dies nutzt man bei der *Espressomaschine* aus. In ihr wird Wasserdampf erzeugt und bereitgehalten. Möchte jemand einen heißen Kaffee trinken, wird in der Maschine heißer Dampf durch die benötigte Menge Wasser geleitet. Dabei kondensiert der Dampf und gibt viel Energie an das Wasser ab. Um 200 g Wasser von 15 °C auf 80 °C zu erhitzen, braucht man 54 600 J. Diese bekommt man bei der Kondensation von nur 24 g Wasserdampf.

Auch *Obstblüten* profitieren von physikalischen Gesetzen. Nicht selten drohen zur Blütezeit Nachtfröste. Obstbauern besprengen dann ihre Bäume mit Wasser. Nach kurzer Zeit sinkt dessen Temperatur auf 0 °C und das Wasser beginnt zu *gefrieren*. Dabei gibt es viel Energie an die umgebende Luft und an noch nicht gefrorenes Wasser ab. Der Abkühlungsvorgang an den Blüten wird genügend verlangsamt, sodass die Blüten heil die eiskalte Nacht überstehen.

C. Rauchteilchen fördern die Kondensation

In einem Glaskolben bringen wir Wasser zum Sieden. Den entstehenden Wasserdampf lassen wir durch ein Glasrohr, dessen Ende zu einer Düse verengt ist, ausströmen. Einige Zentimeter von dieser Düse entfernt bildet sich eine kleine Wolke. Halten wir nun ein brennendes Streichholz dicht an der Düse unter den Dampfstrahl, geschieht etwas Überraschendes. Obwohl die Flamme etwas Wärme zuführt, wird die Kondensation keineswegs verzögert, sondern setzt sogar früher ein! Den Molekülen fehlten vorher nämlich Ansatzpunkte für die Tropfenbildung. Offensichtlich werden diese von der Streichholzflamme geliefert. Sie enthält winzige *Rußteilchen* und verschiedene andere Verbrennungsprodukte. An ihnen erfolgt die Kondensation bevorzugt; man nennt sie deshalb *Kondensationskerne*. In feuchter Luft wird die Nebelbildung also durch Rauch gefördert.

Autoabgase enthalten viel Wasserdampf und gleichzeitig viele Rußteilchen, die als Kondensationskerne dienen. Deshalb erzeugt ein fahrendes Auto eine kleine Wolke aus kondensierten Wassertröpfchen, solange die Auspuffanlage noch kalt ist. Diese selbst produzierte Wolke kannst du auch bei einem hochfliegenden Flugzeug beobachten. Man nennt sie *Kondensstreifen*.

Nebel und Wolken bilden sich ebenfalls an kleinsten Staubteilchen.

Später – in der Kernphysik – wirst du die „Nebelkammer" kennen lernen. Schnelle, energiereiche Teilchen schießen in die Kammer und stoßen auf ihrer Bahn mit Luftteilchen zusammen. Diese sind danach elektrisch geladene Kondensationskerne. Bei Abkühlung der Kammerluft bildet sich längs der Teilchenbahn ein Kondensstreifen – er verrät die unsichtbaren Teilchen.

Das ist wichtig

1 Erhöhen der inneren Energie – 1. Hauptsatz

Die innere Energie eines Körpers kann erhöht werden

- durch **Wärme** beim Kontakt mit einem Köper höherer Temperatur. Dessen schnelle Teilchen übertragen durch unregelmäßige Stöße Energie auf die langsamen Teilchen des kalten Körpers;
- durch **Arbeit**, d.h. mechanisch mit einer Kraft längs eines Weges. Die Energie der geordneten Bewegung des Körpers geht so über in die Energie der sich ungeordnet bewegenden Teilchen.

Wärme und **Arbeit** sind also physikalische Kurzbegriffe für die unterschiedlichen Übertragungsformen der Energie.
Steigt die Temperatur eines Körpers der Masse m um $\Delta\vartheta$, so wurde die Energie W zugeführt:

$$W = c \cdot m \cdot \Delta\vartheta.$$

Die Konstante c ist stoffabhängig, sie heißt spezifische Wärmekapazität.
Für Wasser ist $c = 4{,}2\ \mathrm{J/(g \cdot K)}$. Das heißt, 1 g Wasser speichert bei einer Temperaturerhöhung von 1 K die zusätzliche innere Energie 4,2 J.

2 Zustandsänderungen

Nicht nur für Temperaturerhöhungen, auch zur Änderung des Aggregatzustandes ist Energie nötig.

- Beim **Schmelzen** (fest → flüssig) gilt:

  $$W = s \cdot m.$$

  s ist die **spezifische Schmelzwärme** (für Wasser ist $s = 335\ \mathrm{J/g}$). Während des Schmelzvorgangs wird zwar Energie zugeführt (z.B. Wärme), aber die Temperatur bleibt konstant. Nach dem Schmelzen hat der Körper eine höhere innere Energie bei gleicher Temperatur. Diese kann er beim Erstarren ohne Temperatursenkung wieder abgeben.

- Beim **Verdampfen** (flüssig → gasförmig) gilt:

  $$W = r \cdot m.$$

  r ist die **spezifische Verdampfungswärme** (für Wasser ist $r = 2258\ \mathrm{J/g}$). Auch während des Verdampfens bleibt die Temperatur konstant.
  Wasserdampf hat die zusätzliche Energie gespeichert. Beim Kondensieren geht sie wieder auf andere Körper (z.B. Luft der Umgebung) über.

3 Erhaltung der Energie

Bei allen Übergängen der Energie von einem Körper auf einen anderen, auch bei allen Zustandsänderungen bleibt die Summe aller Energieformen konstant.

4 Energieentwertung

Bei **Reibungsvorgängen** wird wertvolle mechanische Energie in innere Energie der beteiligten Körper verwandelt. Diese geben sie im Allgemeinen als Wärme an die Umgebung ab. Sie erhöht dort die **innere Energie**. Dieser Vorgang ist **irreversibel** (unumkehrbar).

A1 Kann man einem Stoff Wärme zuführen, ohne dass eine Temperaturerhöhung eintritt? Warum ist das Wort „erwärmen" mehrdeutig?

A2 Wenn du deinen Fuß verstaucht hast, kann ein „Kühlkissen" (mit speziellem Gel) einen Bluterguss verhindern. Gut wäre natürlich, wenn es über längere Zeit dem Fuß Wärme entziehen könnte. Johanna macht dazu ein Mischungsexperiment: Sie legt das Kissen ($m_K = 426$ g; $\vartheta_K = 0\,°\mathrm{C}$) in heißes Wasser ($m_W = 2000$ g; $\vartheta_W = 50\,°\mathrm{C}$) und wartet ab. Nach einiger Zeit ergibt sich eine Mischungstemperatur von $\vartheta_M = 39\,°\mathrm{C}$. Daraus berechnet Johanna die spezifische Wärmekapazität des Gels. Welche besondere Eigenschaft stellt sie fest?

A3 Heiße Schokolade wird im Gasthaus so hergestellt, indem man heißen Wasserdampf in die kalte Milch einleitet, wo er kondensiert und so die Milch erhitzt.
Wenn man 2 dl kalte Milch (als Wasser betrachtet) von 5 °C auf diese Weise auf 55 °C erhitzt, wie viel heißer Wasserdampf von 100 °C wird benötigt?

A4 Wenn auf einer Skitour kein Wasser zur Verfügung steht, muss Schnee geschmolzen werden. Dazu wird ein mitgebrachter Gaskocher verwendet.
a) Beschreibe, was die zugeführte Wärme des Gaskochers im Schnee bewirkt.
Wie sieht eine idealisierte Temperaturkurve in Abhängigkeit der Zeit aus?
b) In welcher Zeit wandelt der Gaskocher mit einer Heizleistung von 800 W 1,2 kg Schnee von −8 °C in Wasser der Temperatur von 94 °C um?

A5 Wie viel Energie muss 200 g Wasserdampf von 150 °C entzogen werden, um daraus Eis von −20 °C zu machen?

A6 Wie viel Gramm Ethanol von 0 °C lässt sich bei Normdruck mit der Energiemenge $2{,}06 \cdot 10^5$ J in Dampf verwandeln?

Das Energiesparhaus

Das kannst du in diesem Kapitel erreichen:

Du weißt, welche Energiequellen wir zuhause benutzen.

Du erfährst die große Bedeutung des Heizens bei Gebäuden und lernst Heizungssysteme kennen.

Du lernst, wo Energie gespart werden kann und welche Bedeutung eine gute Wärmedämmung hat.

Du verstehst, warum „Energie verbrauchen" nicht korrekt ist und was mit „Energie entwerten" gemeint ist.

Du erfährst, welche Alternativen es zu den heute noch häufig benutzten Energiequellen Erdöl und Erdgas gibt.

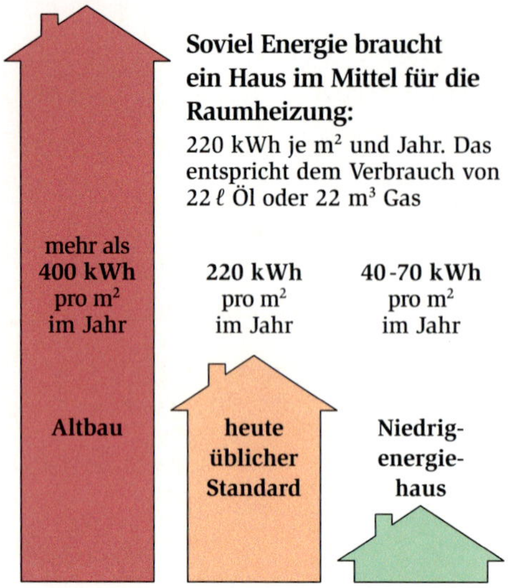

B1 Die für Raumheizung genutzte Energie (bei gleicher Wohnfläche in gleicher Zeit).

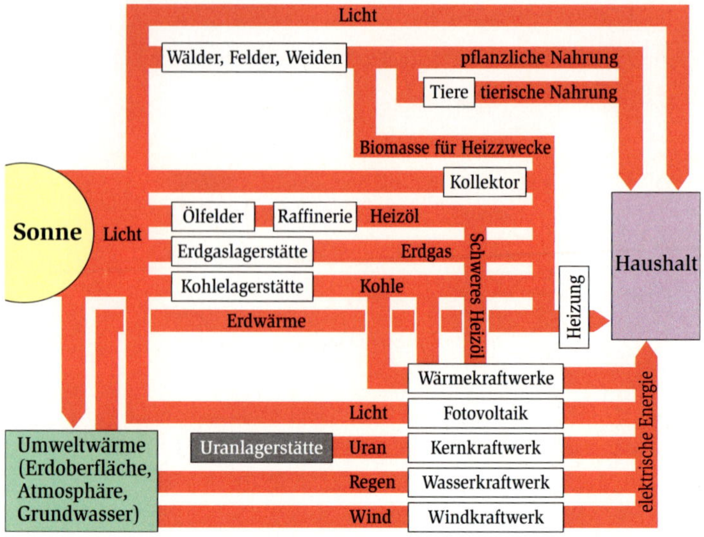

B2 Die im Haushalt genutzte Energie kommt auf vielen Wegen ins Haus, fast immer beginnt der Weg bei der Sonne.

Etwa gleiche Heizwerte haben:

1 l	Heizöl
1 m³	Erdgas
1,5 l	Flüssiggas
2 kg	Holzpellets
2,4 kg	Brennholz
2 kg	Strohpellets

Diese Werte entsprechen etwa 10 kWh.

T1 Heizwerte der in Heizungsanlagen meist genutzten Brennstoffe.

A1 Ermittle aktuelle Preise für die in → T1 genannten Brennstoffe und vergleiche sie mit dem Preis für 10 kWh elektrischer Energie.

A2 Beschaffe Informationen über die Wohnfläche der Wohnung deiner Familie, über die jährlichen Kosten für Heizmaterial und über die Art der Heizung. Vergleiche mit den in → B1 angegebenen Werten.
Hinweis: In gemieteten Wohnungen muss der Vermieter in der jährlichen Heizkostenabrechnung die benötigten Zahlen vorlegen und auf die einzelnen Wohnungen verteilen.

A3 Das Schweizerische Bundesamt für Energie BFE veröffentlicht auf seiner Webseite (www.bfe.admin.ch) jährlich die schweizerische Gesamtenergiestatistik. Entnimm aus der Zusammenstellung „Endverbrauch nach Verbrauchergruppen" die aktuellen Daten für Haushalte und stelle die Daten in einem Kuchendiagramm in einer Tabellenkalkulation dar.

1. In welcher Form kommt bezahlte Energie ins Haus?

In → B2 führen viele *Energiepfade* von der Sonne zum Haus, einer ohne Zwischenstation, alle anderen Pfade führen über Zwischenspeicher und Wandler. Eine wichtige Rolle spielen hierbei Generatoren als Wandler. In Verbindung mit Dampfturbinen, Wasserrädern oder Windmühlen wandeln sie innere Energie, Höhenenergie oder Bewegungsenergie in elektrische Energie.

Wenn in deiner Familie von Energiekosten die Rede ist, dann geht es um die „Stromrechnung" für die elektrische Energie, aber auch um die Rechnung für „Heizkosten". Heizkosten entstehen beim Kauf von Brennmaterial für die Heizungsanlage, also für Heizöl oder Erdgas, früher auch für Kohle, heute vielfach für Holzpellets. Fürs Auto kommt dann noch eine „Benzinrechnung" dazu, für manche Autos auch eine „Erdgasrechnung" und in Zukunft vielleicht auch eine „Stromrechnung" für Elektromobile.

Wenn das Haus mit Sonnenkollektoren ausgestattet ist und solarthermische Energie nutzt, ist der Betreiber fein raus: Die Sonne schickt keine Rechnung. Auch Strom lässt sich mithilfe der Sonne erzeugen; damit kann man sogar Geld verdienen.

In jeder Wohnung wird die benutzte Energiemenge in Kilowattstunden gemessen und abgerechnet. Die Brennstoffe Erdöl und Erdgas, die als Heizmaterial die Hauptrolle spielen, werden in Litern oder Kubikmetern abgemessen, aber auch in Kilowattstunden abgerechnet. Der Markt für Pelletheizungen ist noch klein (2012 gab es in Deutschland etwa 180 000 Pelletheizungen, in der Schweiz ca. 20 000); Pellets werden in Kilogramm bzw. Tonnen abgemessen. In → T1 findest du Werte für überschlägige Umrechnungen.

Um den Heizbedarf verschiedener Häuser zu vergleichen, berechnet man den *jährlichen* Energiebedarf für 1 m² Wohnfläche → B1.

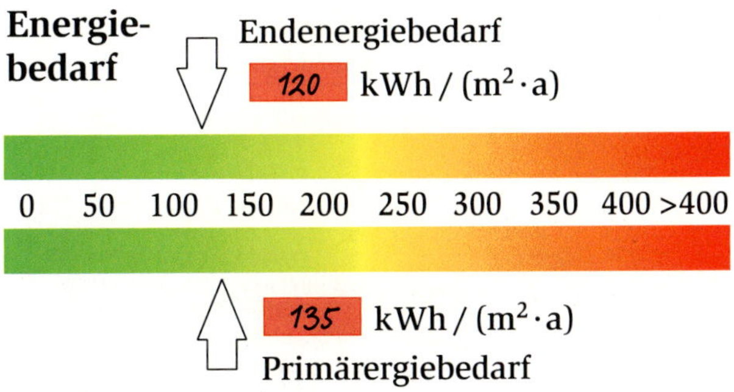

B3 Wie teuer der Anspruch in → **B4** ist, bescheinigt für jedes Gebäude ein „Energieausweis" → **Vertiefung** (S. 236).

B4 Eine im Winter geheizte Wohnung und fließend Warmwasser halten wir für selbstverständlich.

2. Im Haus wird Energie vor allem als Wärme genutzt

Egal in welcher Form Energie ins Haus kommt, wir benutzen sie hauptsächlich, um ein behagliches Raumklima zu erzeugen – dazu gehört vor allem eine angenehme Temperatur → **B4**. Heizungsanlagen wandeln sie in Wärme, die die innere Energie der Luft, der Wände und des Inventars erhöht. Auch die unverzichtbare Warmwasserbereitung zum Duschen, Waschen und Kochen geschieht durch Zufuhr von Wärme.

3. Vom Haus fließt Wärme in die Umgebung

Zur Energieberatung von Hausbesitzern werden häufig Thermogramme angefertigt. Das sind mit Infrarot-Kameras aufgenommene Fotos, deren Farben die Oberflächentemperatur eines Körpers anzeigen. Das in → **B5** abgebildete Haus hat an vielen Stellen (zum Beispiel an der Haustur und an den Dachgauben) eine Oberflächentemperatur, die höher ist als die Umgebungstemperatur. Dort fließt Wärme von Heiß nach Kalt, vom Haus in die Umgebung. → **B6** zeigt die Wege, auf denen bei Häusern Energie als Wärme in die Umgebung fließt.

4. Ein Haus heizen bedeutet Energie entwerten

In → **B7** ist das geheizte Haus als System gezeichnet, dem Wärme bei höherer Temperatur zugeführt wird und von dem Wärme bei niedrigerer Temperatur abgeführt wird. Bei konstanter Temperatur im Haus herrscht Gleichgewicht: $W_{zu} = W_{ab}$. Wäre das Haus eine Wärmekraftmaschine, würde es einen Teil der zugeführten Energie als wertvolle mechanische Energie abgeben. Weil dies nicht geschieht, findet Energieentwertung statt.

Merksatz

Auch für die Energie, die wir beim Heizen unserer Häuser nutzen, gilt: Sie kommt (fast immer) von der Sonne und geht entwertet in die Umgebung.

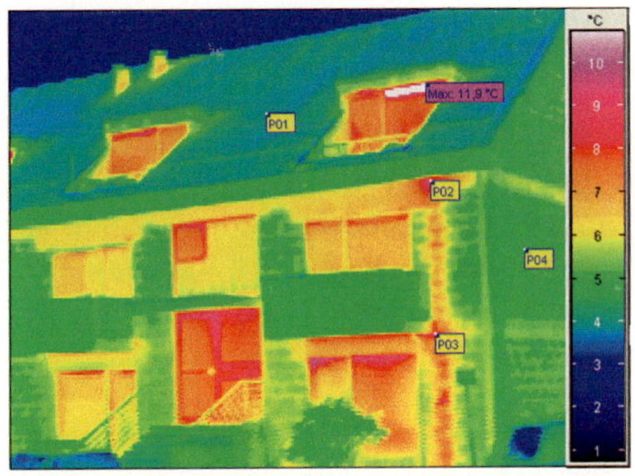

B5 Thermogramm eines Hauses. Der Farbcode zeigt die Oberflächentemperatur.

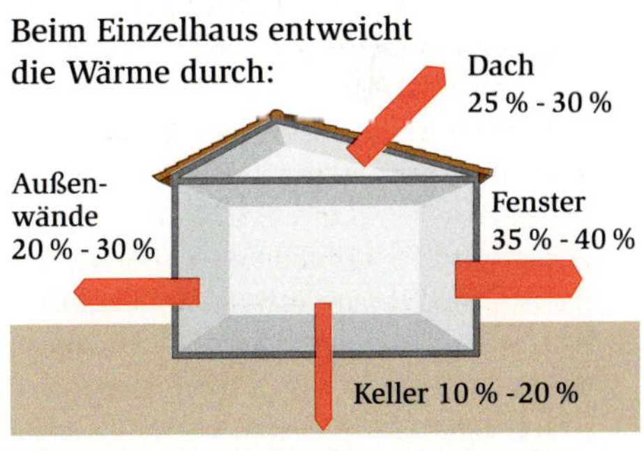

B6 Wärme fließt von innen nach außen.

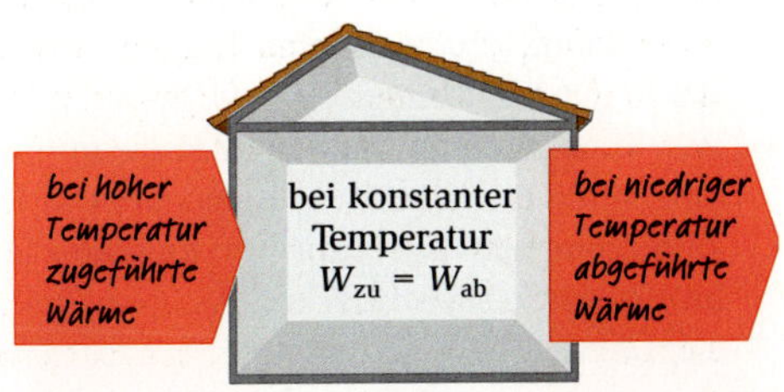

B7 Bei konstanter Innentemperatur ist die Energiebilanz ausgeglichen: $W_{zu} = W_{ab}$.

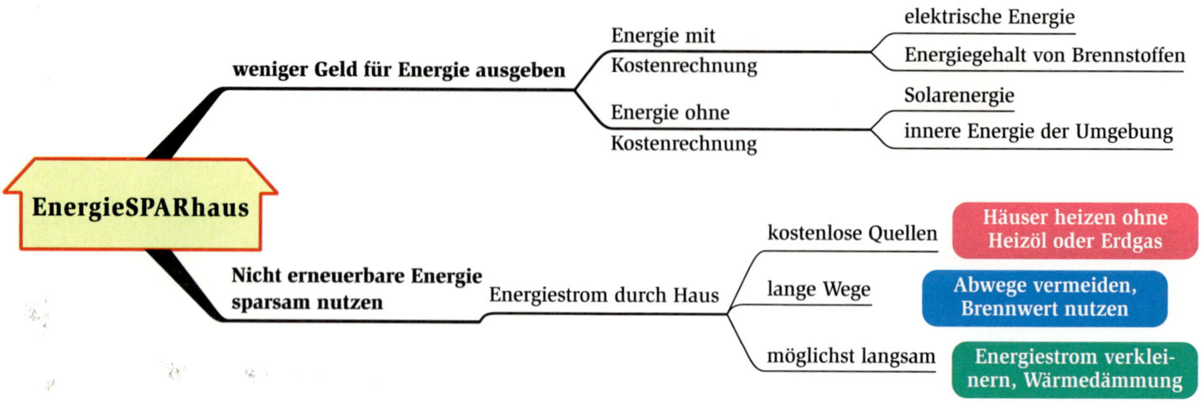

B1 Die Alltagsfrage „Wie kann ich mit meinem Haus Energie sparen?“ führt auf physikalische Fragen, die wir in den nächsten Abschnitten genauer untersuchen wollen.

Vertiefung

Primärenergie und Endenergie

Im → B3 (S. 235) sind im Energieausweis zwei Markierungen angegeben, von denen die untere einen etwas größeren Wert anzeigt als die obere. Für die Berechnung von End- und Primärenergiebedarf gelten verschiedene Regeln:
Im Endenergiebedarf wird die Energiemenge berechnet, die im Haus zur Bereitstellung von Wärme für Heizung, Warmwasser und für Lüftung gewandelt wird.
Beim Primärenergiebedarf wird berechnet, welche Energiemenge schon vor dem Haus den Energiespeichern für Erdöl, Erdgas usw. entnommen wird. Auf dem Weg dieser Energie bis zum Haus → Ziffer 1 wird ein Teil für Transport und Wandlung benötigt. Deshalb ist der Primärenergiebedarf eines Hauses größer als sein Endenergiebedarf.
Wer sein Haus elektrisch beheizt, muss mit einem sehr großen Zuschlag rechnen. Wir wissen ja: Der Wirkungsgrad eines Wärmekraftwerks beträgt etwa 45 %. Bei Wandlung und Transport dieser Energie verschwindet zusätzlich noch ein kleiner Teil in der Umgebung.
Wer seine Heizung mit Sonnenkollektoren unterstützt, verringert bei gleichem Bedarf an Endenergie den Primärenergiebedarf. Im Energieausweis rutscht der untere Pfeil nach links.

5. Genutzt und entwertet – nicht verbraucht

In → Ziffer 1 haben wir gesehen, dass man den Energiebedarf für das Heizen in kWh/(a · m^2) angibt. Man misst ihn so pro Jahr, bezogen auf einen Quadratmeter Wohnfläche. Wir könnten auch sagen: Man gibt in kWh/a (a = *anno*) den Energiestrom je m^2 an. Wir haben dann gesehen: Bei konstanten Temperaturen (innen und außen) sorgt ein konstanter Energiestrom für das richtige Wohnklima. Wir nutzen die Energie, indem wir sie durch das Haus hindurchfließen lassen.

Wer eine Wohnung mietet oder ein Haus kauft, will wissen, was er für diesen Energiestrom monatlich oder jährlich bezahlen muss. Die Energieeinsparverordnung schreibt vor, dass für jedes Haus ein Energieausweis ausgestellt werden muss, dem man entnehmen kann, wie groß der Energiebedarf dieses Hauses ist → B3, Seite 235. Der dort angegebene Wert hängt von Bauweise und Eigenschaften des Hauses ab. Mit ihnen wollen wir uns in den nächsten Abschnitten beschäftigen.

→ B1 zeigt in einer Mindmap die physikalischen Fragestellungen, die mit dem Energiebedarf eines Hauses zusammenhängen. Man muss sie kennen, wenn man ein Haus zu einem Energiesparhaus machen will. Du kennst diese Fragen aus früherem Physikunterricht; sie sind auch in diesem Kapitel angeklungen. Wir wollen Sie aber noch genauer und gründlicher behandeln.

A1 Eine eingeschaltete Schreibtischlampe wandelt in jeder Sekunde 60 Joule. Wo kommt diese Energie her, wo bleibt sie?
Beschreibe den ganzen Weg möglichst genau.

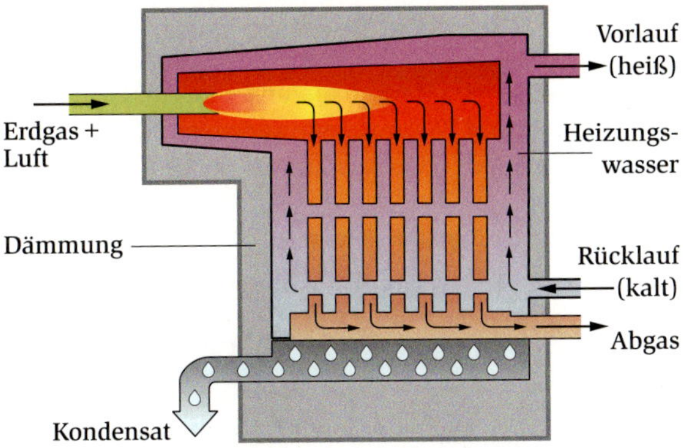

B2 In einem *Brennwertkessel* fließt das Heizwasser in der Wand und in den Heizrippen von unten nach oben. Die Abgase strömen von oben nach unten – dem Heizungswasser entgegen.

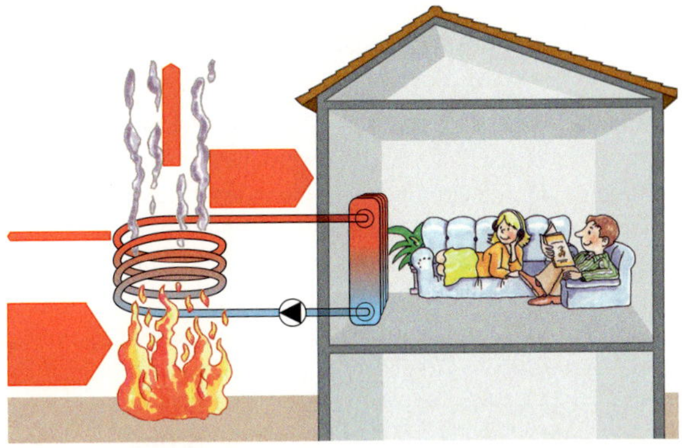

B3 Ein Heizkörper verbreitet wohlige Wärme. Der Thermostat regelt die Temperatur. Aber nicht alle bei der Verbrennung gewandelte Energie kommt im Zimmer an.

6. Energie auf Abwegen

Die beiden Menschen in → **B3** sind zufrieden: Die Warmwasserheizung sorgt mithilfe des Thermostaten für angenehme Temperatur. Der Heizkörper liefert gerade so viel Wärme, wie gleichzeitig durch die Wände in die Umgebung kriecht.
Wo kommt die Wärme her? Nun, im Feuer wird die mit Brennstoff und Sauerstoff (aus der zugeführten Luft) gelieferte Energie gewandelt. Allerdings kommt nur ein Teil der mit dem Brennstoff „gekauften" Energie als Heizwärme in der Wohnung an. Es gibt Abwege – die möchte man vermeiden. Die Feuerstätte soll einen hohen Wirkungsgrad haben → **Vertiefung**.

7. Brennwert optimal nutzen

Physik hilft, die richtigen Maßnahmen für sparsame Energienutzung zu verstehen. Energieausbreitung findet auf drei verschiedenen Wegen statt:

- **Energiemitführung** *mit* Materie: Sie geschieht mit den Abgasen, die durch den Schornstein gehen. Man kann den Abgasen Energie entziehen und damit die Verbrennungsluft vorwärmen, also Abwärme „recyceln".
- **Energiestrahlung** *ohne* Materie: Sie geht direkt vom Feuer aus und trifft im Heizkessel auf berußte Wände und wird dort absorbiert.
- **Energieleitung** *in* Materie: Sie überträgt die Energie von der Kesselwand ins Heizungswasser. Nach außen hin ist der Heizungskessel gut isoliert, man vermeidet den Abweg in die Umgebung des Heizungskellers.

Wer sparsame Heizkessel bauen und verkaufen will, berücksichtigt diese Erkenntnisse. Der Brennwertkessel in → **B2** zeigt, wie die Energie möglichst vollständig auf das Heizungswasser übertragen wird.

Anstoß

Informiere dich über die Funktionsweise von Heizkörperthermostaten und erkläre die folgenden Hinweise aus einer Bedienungsanleitung:

A1 „Der Heizkörperthermostat darf nicht durch Vorhänge, Gardinen, Heizkörperverkleidungen o. ä. verdeckt werden."

A2 „Heizkörperthermostate sparen Energie, weil sie jede Art von Fremdwärme nutzen, wie z. B. von Elektrogeräten oder Sonneneinstrahlung."

Vertiefung

Wirkungsgrad

„Der Unterschied der Energie im Holz, das Sie in den Ofen stecken, und dem, was als Wärme Ihrer Wohnung daraus zur Verfügung steht, bezeichnet den Wirkungsgrad. Wentiger als 70 % sollten es nicht sein. Wenn Ihr Ofen die Abgase allerdings zu sehr abkühlt, ist´s auch nicht recht: Zu kaltes Abgas erzeugt keinen Schornsteinzug."
So steht's in einem Kaminofenlexikon. In einem Brennwertkessel → **B2** werden die Abgase soweit abgekühlt, dass sie zum Teil kondensieren. Dabei wird Energie frei, die dem Heizwasser zugeführt wird.

Mein Haus, mit Solar-Modul und Wärmepumpe

Zum 1. Januar 2009 trat das Erneuerbare-Energien-Wärmegesetz in Kraft. Dieses Gesetz verpflichtet alle Eigentümer von neu errichteten Gebäuden mit einer Nutzungsfläche von mehr als 50 m^2, **erneuerbare Energien** für die **Wärmeversorgung** zu nutzen. Dazu gehören u. a. Geothermie, Umweltwärme, Biomasse und solare Strahlungswärme. Als Ersatz können klimaschonende Maßnahmen wie z. B. eine stärkere **Hausdämmung** oder der Einsatz von **Kraft-Wärme-Kopplungsanlagen** zum Einsatz kommen.

Ausführliche Infos finden Sie unter www.bmu.de.

B1 Aus einer Kundenzeitschrift: Informationen über ein neues Gesetz. Physikalisch relevante Begriffe sind markiert.

Methode – Recherchieren

Überlege dir genau, was du wissen willst. Formuliere Fragen, schreibe sie auf und verfolge sie zielstrebig. Um Antworten zu finden, kannst du

- einen **Experten** befragen,
- in **Büchern** lesen,
- im **Internet** suchen.

Versuche immer wieder, die gehörten, gelesenen oder im Internet gefundenen Informationen mit deiner Frage und deinem schon vorhandenen Physikwissen in Verbindung zu bringen. Hierbei hilft ganz besonders die gemeinsame Arbeit in einer Gruppe. Zum Schluss soll das Ergebnis schriftlich festgehalten werden – als Produkt gemeinsamer Bemühungen.
Nicht immer führt eine Recherche zum Erfolg. Manchmal hilft es, die zu Anfang gestellte Frage abzuändern.

1. Energie sparen – von Gesetz wegen

Wer in unserem Land ein Haus baut und dessen Bewohner mit Wärme für Heizung und Warmwasser versorgen will, muss sich auch bei der Auswahl der Energiequellen an gesetzliche Regeln halten. Wir schauen uns den Text in einer Kundenzeitschrift an und markieren, was uns mit „physikalischer Brille" gesehen wichtig erscheint → **B1** :

- Für die Wärmeversorgung sollen erneuerbare Energien genutzt werden.
- Als Beispiele werden Geothermie, Umweltwärme, Biomasse und solare Strahlungswärme genannt.

Auch Hausdämmung und Kraft-Wärme-Kopplung haben wir in → **B1** markiert. Das letzte Stichwort (Kraft-Wärme-Kopplungsanlagen) spielt eine Rolle im Zusammenhang mit Wärmekraftmaschinen, die im nächsten Kapitel behandelt werden: Jede Wärmekraftmaschine erzeugt unweigerlich Abwärme, die sich jedoch noch nutzen lässt, zum Beispiel zum Heizen. Dem anderen Stichwort (Wärmedämmung) werden wir im nächsten Abschnitt auf den Grund gehen.

2. Fragen formulieren – Informationen suchen

Folgende Aussagen über Energiequellen kennen wir bereits:

- Vollständige Energie-Übertragungsketten beginnen fast immer bei der Sonne. Eine der Ausnahmen ist die Erdwärme.
- Auch Kohle, Erdöl und Erdgas sind vor Jahrmillionen aus Sonnenenergie entstanden. Seither ist ihre Energie gespeichert, wir nutzen sie bei der Verbrennung. Die Vorräte sind begrenzt, die Energie wird nicht erneuert.
- Bäume wachsen heute. Brennholz ist wie andere Biomasse eine erneuerbare Energie. Wir nutzen bei der Verbrennung die Energie, die die Sonne uns jetzt liefert.
- Solarkollektoren wandeln die Energiestrahlung von der Sonne unmittelbar in innere Energie eines Speichers.

Unser Wissen über *erneuerbare* Energien passt also mit der Liste von Beispielen in dem Bericht über das *Erneuerbare-Energien-Wärmegesetz* gut überein!

Wenn wir *genauer wissen* wollen, wie man Geothermie, Umweltwärme, Biomasse und solare Strahlungswärme nutzen kann, um Wärme für das Haus zu bekommen, dann müssen wir recherchieren → **Methode**. Dabei gilt: Wer ankommen will, muss das Ziel im Auge behalten. Am besten schreiben wir es uns auf:
Wir wollen uns über technische Möglichkeiten informieren, mit denen auf den im Gesetz genannten Wegen Heizenergie bereitgestellt wird → **B1** .

Auf der nächsten Seite ist beispielhaft und in Kurzform dargestellt, was ihr auch selbst bei euren Recherchen (allein oder in der Gruppe) herausfinden könntet.

3. Ergebnisse von Recherchen

a) Heizwärme aus Umweltwärme

Mit dem Bild → **B2a** aus einem *Buch* über Heizungen lässt sich zeigen, wie innere Energie der Umgebung für die Heizung genutzt werden kann. Wir wundern uns nicht, dass dem Untergrund Wärme bei 10 °C (283 K) entzogen und der Fußbodenheizung bei 60 °C (333 K) zugeführt werden kann. Wir wissen, dass Wärme von Kalt nach Heiß gepumpt werden kann, wenn wertvolle Energie als Arbeit hinzugefügt wird.

Wir nutzen unser Wissen und berechnen aus den gegebenen Temperaturen das Verhältnis von aufgenommener Wärme und abgegebener Wärme → **B2b**. In dem Fachbuch wird das Verhältnis 118 J/18 J als Leistungsziffer ε bezeichnet. Aus 18 Joule elektrischer Energie macht die ideale Wärmepumpe das 6,5-fache an Heizwärme. In der Praxis ist der Wert etwa halb so groß.

b) Heizwärme aus Erdwärme (Geothermie)

Wer im *Internet* Informationen zu Erdwärme oder Geothermie sucht, muss immer wieder die Frage klären: *Was genau ist mit Erdwärme gemeint?*

Es kommt darauf an, in welcher Tiefe man die Energie entnimmt. In 1 km Tiefe herrschen Temperaturen von 30 bis 60 °C. Dort ist die Erde ein (nicht erneuerbares, aber sehr lange zur Verfügung stehendes) großes Wärmereservoir. Bohrt man Heißwasserquellen an, ist die Temperatur noch viel höher. Diese Temperaturen können direkt zur Verfügung gestellt werden, beispielsweise zum Heizen. Bereits in den Bädern des römischen Reiches nutzte man die direkte Erdwärme.

Im Bereich weniger Meter unter der Erdoberfläche liefert die Sonne (erneuerbare) Energie, aber: Die Temperatur ist niedriger als die gewünschte Heiztemperatur. Man benötigt eine Wärmepumpe. Das Prinzip der Wärmepumpe wird im nächsten Kapitel behandelt. Manchmal wird diese Methode deshalb auch bei Umweltwärme eingeordnet.

c) Heizwärme aus Biomasse

Ein Heizungsbauer ist *Experte* für die Bereitstellung von Heizwärme. Man kann ihn befragen und auch bitten, einmal eine Heizung zu zeigen, in der *Holzpellets* verfeuert werden. Holzpellets werden aus Holzabfällen gepresst, im Tankwagen geliefert und später nach und nach automatisch in den Feuerraum befördert. Der Experte wird vielleicht auch erklären wollen, warum die Nutzung von Holz CO_2-neutral ist. Damit berührt er eine völlig neue Frage, die später in diesem Buch behandelt wird.

d) Heizwärme aus solarer Strahlung

Mit der Energiestrahlung der Sonne haben wir uns schon ausführlich beschäftigt. Häuser in denen Energie aus Strahlung gewandelt wird, erkennst du überall an den Kollektoren auf den Dächern (die man nicht mit Modulen für Fotovoltaik verwechseln darf). Du findest bestimmt einen Hausbesitzer, der dir weitere Fragen beantwortet und über seine Erfahrungen mit Heizwärme aus Sonnenstrahlung berichtet.

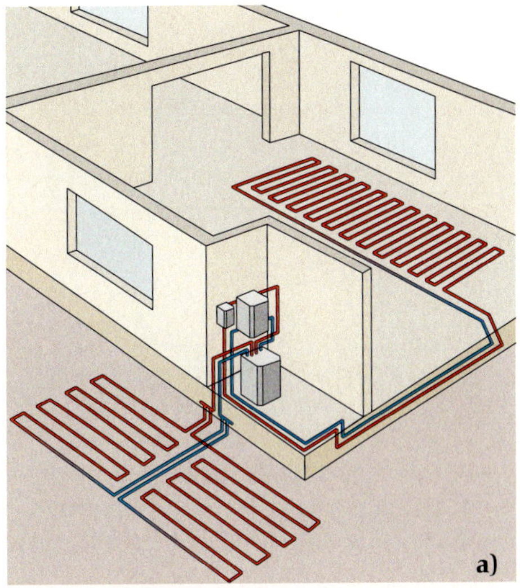

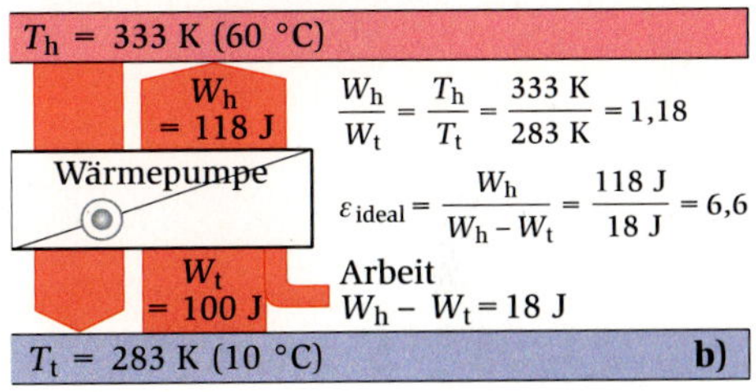

$$\frac{W_h}{W_t} = \frac{T_h}{T_t} = \frac{333\ \text{K}}{283\ \text{K}} = 1{,}18$$

$$\varepsilon_{\text{ideal}} = \frac{W_h}{W_h - W_t} = \frac{118\ \text{J}}{18\ \text{J}} = 6{,}6$$

B2 **a)** Wärmelieferant Erdboden: In ca. 1,5 m Tiefe wird der kalten Seite einer Wärmepumpe Wärme zugeführt. In den Heizschlangen der Fußbodenheizung wird die Wärme mit höherer Temperatur abgegeben. **b)** Für die angegebenen Temperaturen kann man die Energieströme durch die Wärmepumpe für den Idealfall berechnen. Theoretisch erreicht man mit 18 J elektrischer Energie 118 J Heizleistung, in der Praxis aber nur etwa 59 J.

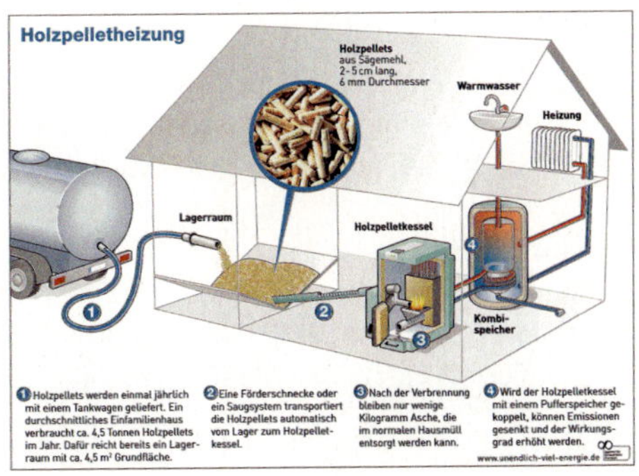

B3 So sehen die aus Holzabfällen gepressten Pellets aus. Sie werden mit einem Tankwagen geliefert und später automatisch in den Feuerraum gefördert.

Energie sparen – Energiekosten verkleinern

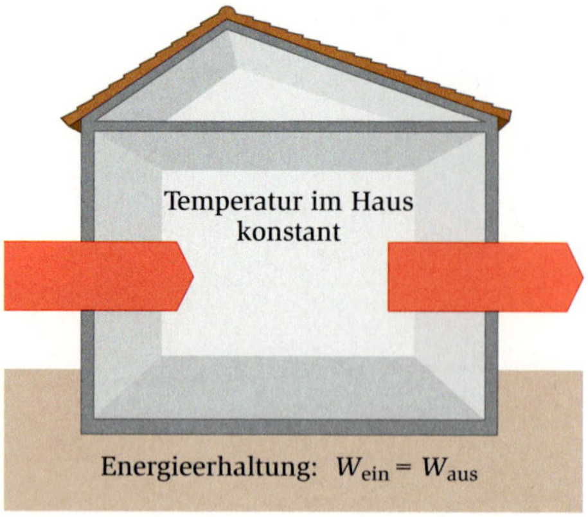

Wärmedämmung.
Die beste Energiesparmaßnahme ist Wärmeschutz. Denn je weniger Energie im Haus verlorengeht, desto geringer sind die Heizkosten.

B1 Die linke Abbildung aus einer Zeitung illustriert sehr anschaulich, wie Wärmedämmung an einem Haus aufgebaut sein kann. Aber der Text dazu verwirrt Physikerinnen und Physiker. Sie reduzieren das Haus lieber auf ein System (rechts) und kommen mit dem Energieerhaltungssatz zu einer anderen, aber klaren Aussage.

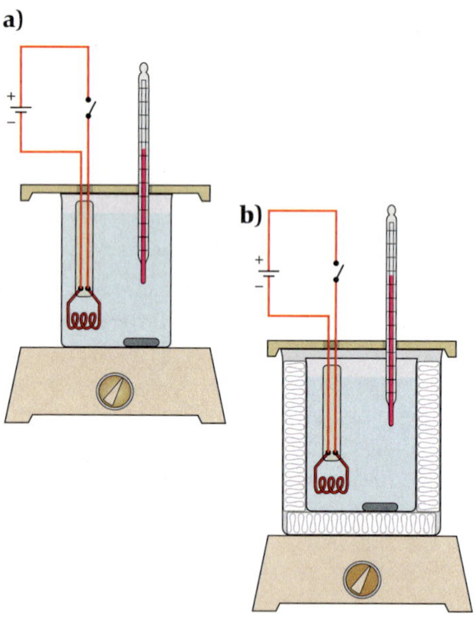

V1 **a)** In einem abgedeckten Becherglas erhitzen wir mit einer elektrischen Heizung 150 ml Wasser auf ca. 50 °C. Dann schalten wir die Heizung ab. Ein Magnetrührer sorgt dafür, dass das Wasser überall die gleiche Temperatur hat. In Abständen von fünf Minuten lesen wir nun die Temperatur ab und tragen diese in einem Zeit-Temperatur-Diagramm ein **➜ B2**.

b) Wir wiederholen den Versuch, umgeben aber das Becherglas mit einem größeren Becherglas und füllen den Zwischenraum zwischen den beiden Bechern gleichmäßig mit einer Schicht eines wärmedämmenden Materials. Wie beabsichtigt nimmt die Temperatur jetzt sehr viel langsamer ab **➜ B2**.

1. Die Physik macht alles ganz einfach

Wenn über Energiesparen gesprochen und geschrieben wird, so geht es immer auch um Wärmedämmung. Vor allem soll die Wärmeleitung durch die Außenwände des Hauses behindert werden **➜ B1**. Aus Sicht der Physik ist völlig klar, warum der Energiestrom von innen nach außen eine entscheidende Rolle spielt. Was aus dem Haus herausfließt, muss ersetzt werden, wenn die Temperatur nicht sinken soll. Fließt weniger heraus, muss weniger nachgeliefert werden. Will man also diesen Energiestrom verkleinern, muss man wissen, wovon er abhängt.

Übrigens: Der Schnee, aus dem das Iglu des Titelbildes zu diesem Kapitel besteht, ist durchaus ein gutes Dämmmaterial, denn er enthält viel Luft. Außerdem sorgt die Form des Iglus dafür, dass möglichst wenig Wärme nach außen abfließen kann.

2. Temperaturdifferenz als Ursache des Energiestroms

In **➜ V1a** ist heißes Wasser in einem verschlossenen Becherglas, außen ist kältere Luft. Die Lufttemperatur außen bleibt konstant, die Wassertemperatur innen nimmt im Laufe der Zeit ab **➜ B2**. Dies liegt an der Wärmeleitung durch die Glaswand des Bechers.

Wenn wir die Wassertemperatur z.B. bei 40 °C konstant halten wollten, müssten wir nachheizen. Welche Energiemenge wir hierfür bräuchten, berechnet sich mit den Werten aus **➜ B2**: In fünf Minuten sinkt die Wassertemperatur um 2,8 °C. In dieser Zeit sind also $W = 4{,}19\ \text{J}/(\text{g} \cdot {}^\circ\text{C}) \cdot 150\ \text{g} \cdot 2{,}8\ {}^\circ\text{C} = 1760\ \text{J}$ davongekrochen. Sie müssen ersetzt werden.

Je mehr sich die Temperatur innen der Außentemperatur nähert, desto flacher wird die Messkurve. In bestimmter Zeit ändert sich die Temperatur immer weniger. Entsprechend weniger Energie müsste in dieser Zeit ersetzt werden, um die jeweilige Temperatur zu halten. Um die Wassertemperatur bei z.B. 30 °C konstant zu halten, benötigen wir nur noch 817 J in fünf Minuten.

Merksatz

Je größer die Temperaturdifferenz ist, desto größer ist bei Wärmeleitung von Heiß nach Kalt der Energiestrom.

Übertragen auf einen Wohnraum heißt dies: Der Energiestrom durch die Hauswände wird durch den Temperaturunterschied verursacht. Eine Absenkung der Raumtemperatur ist also eine wirksame Energiesparmaßnahme.

3. Wärmedämmung behindert den Energiestrom

Bei Wärmedämmung denken wir zunächst an Material, das die Wärme schlecht leitet. In → V1b umgeben wir das Becherglas mit verschiedenen Materialien – die Schicht wählen wir immer gleich dick. Wenn wir jetzt alle fünf Minuten die Temperatur ablesen, sehen wir schon nach einigen Messpunkten die Wirkung der Wärmedämmung. Die Temperaturwerte sinken nur sehr langsam, in → B2 sehen wir einen flachen, fast geraden Verlauf der Messkurve (rote Messkurve). In fünf Minuten fließen nur 250 J davon.

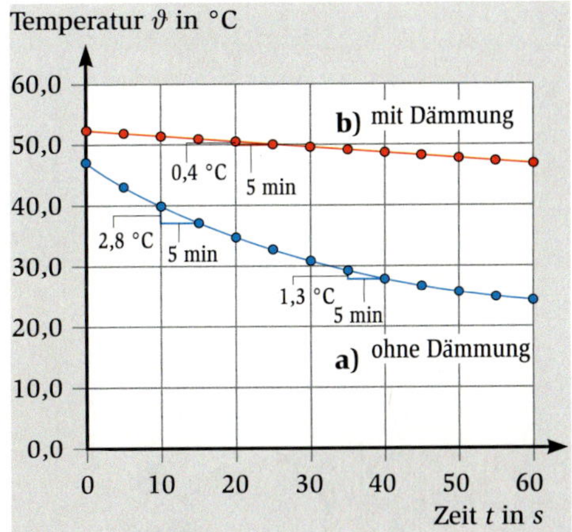

B2 Messergebnisse zu → V1: **a)** ohne, **b)** mit Wärmedämmung. In beiden Fällen sinkt im Laufe der Zeit die Temperatur. Beim Versuch ohne Dämmung sieht man deutlich, dass die Temperatur zunächst schneller sinkt, dann langsamer.

Forscherwerkstatt

Energiebedarf beim Modellhaus

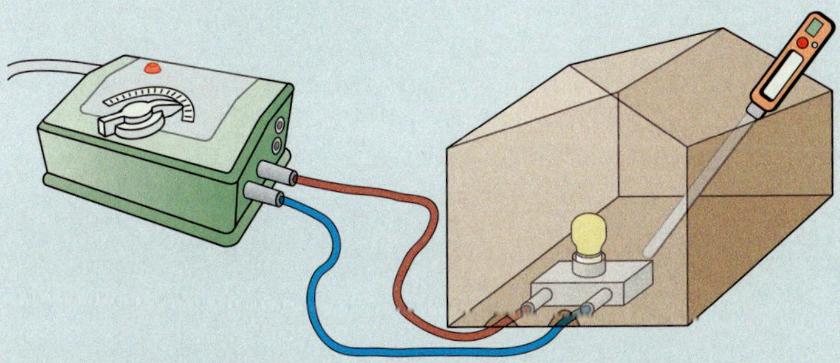

Mit diesem Modellhaus aus Wellpappe lässt sich das Aufheizen und Abkühlen der Luft in einem Haus modellhaft untersuchen.

Arbeitsaufträge

A1 Ergänzt den elektrischen Stromkreis so, dass zusätzlich zur Temperatur auch die von der Glühlampe gewandelte Leistung ermittelt werden kann.

A2 Untersucht bei bestimmter Außentemperatur den Zusammenhang zwischen Raumtemperatur und Heizleistung.

A3 Wiederholt die Messungen bei anderer Außentemperatur.

A4 Untersucht und demonstriert für das Modellhaus Möglichkeiten der Wärmedämmung.

A5 Informiert euch über Maßnahmen zur Energieeinsparung bei Wohnhäusern und plant sie mit dem Modellhaus nachzubilden (z. B. bessere Fenster).

Vertiefung

Das Geheimnis des *U*-Wertes

Der Energiefluss durch eine Wand ist zu ihrer Fläche A und der Temperaturdifferenz $\Delta\vartheta$ von Innen- und Außenluft proportional. Aus beiden Proportionalitäten folgt: $P \sim A \cdot \Delta\vartheta$. Der konstante Quotient

$$U = P/(A \cdot \Delta\vartheta)$$

wird *Wärmedurchgangskoeffizient* genannt. Dieser U-Wert (früher auch k-Wert genannt) gibt an, wie viel Energie in einer Sekunde durch 1 m² Mauerfläche fließt, wenn $\Delta\vartheta$ zwischen Innen- und Außenluft 1 K beträgt. Der U-Wert hängt vom Material und der Dicke einer Wand ab. Als *Eigenschaft von Materialien* wird er immer für eine bestimmte Dicke angegeben:

Material	U in W/(m²K) für 10 cm Dicke
Beton	2
Holz	0,5–0,6
Schafswolle	0,37
„Styropor“	0,3–0,4

Beim selben Material lässt sich umrechnen: Doppelte Dicke bedeutet halber U-Wert.

Vertiefung

Häuser brauchen Fenster

Die Wärmeleitung durch die Wände eines Hauses ist gering, wenn diese dick sind und aus schlecht leitenden Mauerziegeln oder Porenbeton bestehen. Styropor® oder Mineralfasern, außen auf dem Mauerwerk befestigt, behindern die Wärmeleitung zusätzlich. Die Wärmedämmung dieser Materialien beruht auf der schlechten Wärmeleitfähigkeit der Luft, die in Hohlräumen dieser Materialien eingeschlossen ist.

Die Fensterfläche ist meist erheblich kleiner als die Fläche der Außenwände, aber die Scheiben sind viel dünner als das Mauerwerk. Ihre dämmende Wirkung ist deshalb gering. Fenster mit nur einer Glasscheibe gibt es nur noch in älteren Gebäuden. In Neubauten und bei der Modernisierung werden mindestens doppelt verglaste Fenster eingebaut. Dabei behindern die Luftschichten zwischen den Glasscheiben die Wärmeleitung viel stärker als die Glasscheiben selbst.

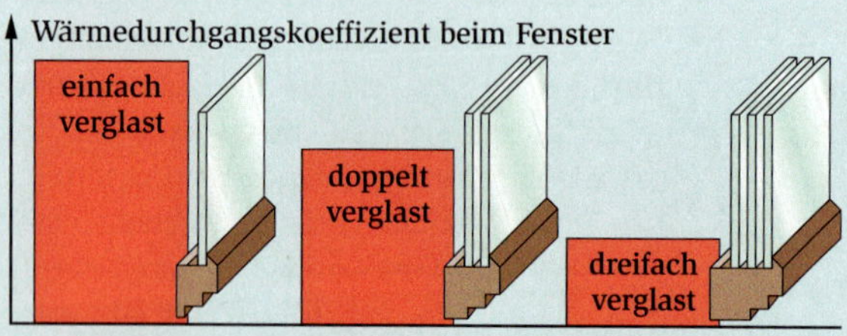

Auch Energieverluste durch Temperaturstrahlung sind nicht zu vernachlässigen. Um diese zu verringern, wird eine der Glasscheiben mit einer dünnen, fast unsichtbaren Metallschicht beschichtet, die die Strahlung reflektiert und so deren Energie im Zimmer hält. Dennoch lassen auch dreifach verglaste Fenster mit Beschichtung ca. viermal so viel Energie hindurch wie eine 26 cm dicke Wand aus Ziegeln.

Vertiefung

Eisblockwette für das Schulfest

In einigen Gegenden Deutschlands sind sogenannte Eisblockwetten beliebt. Diese Wetten werden wie folgt durchgeführt:
Ein großer Eiswürfel (z. B. 1 m^3) wird auf dem Marktplatz in ein gut gedämmtes Holzhäuschen gebracht. Das Publikum soll schätzen, wie viel Eis noch vorhanden sein wird, wenn das Häuschen an einem in der Zukunft liegenden Tag geöffnet wird.

Eiswürfel dieser Größe könnt ihr unter schulischen Bedingungen nicht herstellen, aber ein mit Wasser gefüllter elastischer Maurereimer passt schon in eine Gefriertruhe und so hat man nach einigen Tagen einen massiven Eiskörper mit der Masse von ca. 10 kg. Nun fehlt noch ein passendes, gut gedämmtes Gehäuse, in das der Eimer mit Eis gestellt wird, dann kann gewettet werden.

Arbeitsaufträge

A1 Stellt begründete Vorüberlegungen an, führt ggf. Vorversuche durch:
- Wie lange dauert es, bis ein Eimer mit Wasser in einer Gefriertruhe vollständig gefroren ist?
- Mit welchem Material und welcher Dicke soll gedämmt werden? Wie groß muss das Gehäuse sein?
- Wie lange soll es dauern, bis das Eis vollständig aufgetaut ist. Welche Wettzeit würde man demnach wählen?

A2 Beschafft das Material, baut das geplante Gehäuse und führt eine Generalprobe durch, um eure Vorüberlegungen (hoffentlich) zu bestätigen.

A3 Plant die Öffentlichkeitsarbeit und euren Auftritt auf dem Schulfest. Welchen Wetteinsatz wollt ihr verlangen, welche Preise ausloben, wie soll der Reinerlös verwendet werden?

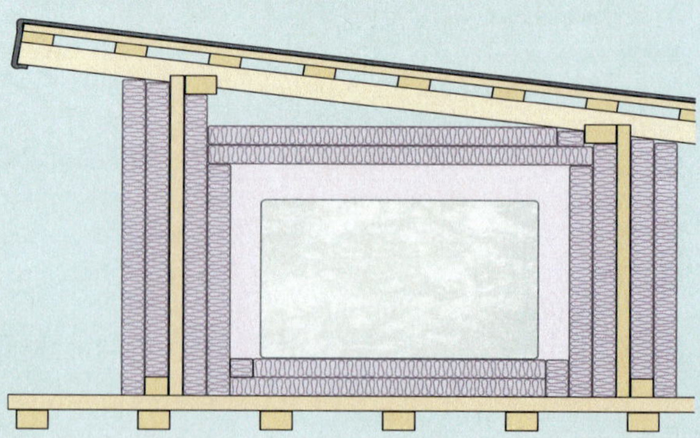

Das ist wichtig

1 Heizwert
Für die Raumheizung unserer Häuser werden verschiedene Brennstoffe verwendet.
Als Heizwert bezeichnet man die pro kg Brennstoff frei werdende Energie. (→ T1, S. 234)

Bei der Stromerzeugung in Kernkraftwerken wird durch Kernspaltung des Urans pro kg eine fast tausendmal größere Energie frei als bei konventionellen Brennstoffen wie Heizöl, Holz oder Kohle.

2 Energietransport
Wir unterscheiden in der Wärmelehre drei Arten des Energietransports:

- **Wärmeleitung:** Energie wandert als Wärme in der Materie. Die Teilchen selbst wandern nicht, sondern geben ihre Bewegungsenergie durch Stöße an die nächsten weiter. Alle Metalle sind gute Wärmeleiter. Alle (nicht strömenden) Gase leiten die Energie sehr schlecht weiter.

  Der durch eine Wand transportierte **Energiestrom *P*** lässt sich wie folgt berechnen:

  $$P = \frac{\Delta W}{\Delta t} = -\lambda \cdot \frac{\Delta \vartheta}{\Delta x} \cdot A$$

  λ: Wärmeleitfähigkeit
  Δx: Wanddicke
  $\Delta \vartheta$: Temperaturdifferenz
  A: Wandfläche

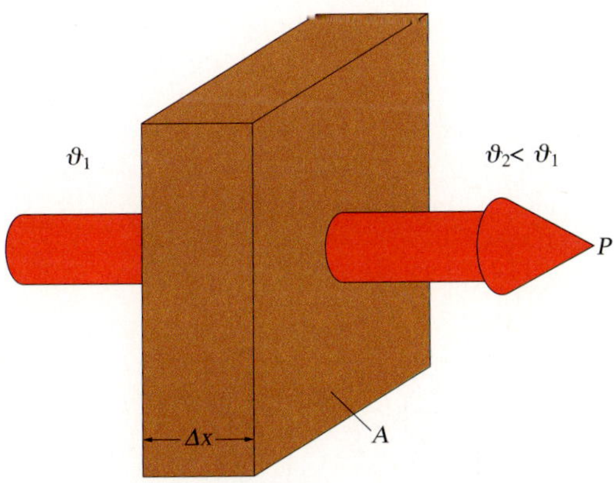

  Der **Wärmedurchgangskoeffizient *U*** (früher auch *k*-Wert genannt) gibt an, wie viel Energie in 1 Sekunde durch 1 m² Mauerfläche fließt, wenn $\Delta \vartheta = 1$ K:

  $$U = \frac{P}{A \cdot \Delta \vartheta}$$

  Er hängt vom Material und der Dicke Δx der Wand ab.

- **Konvektion:** Innere Energie wird mit der sie tragenden Materie zusammen transportiert.
  Durch Konvektion werden z.B. in den Meeresströmungen und durch Winde riesige Energiemengen transportiert.

- **Temperaturstrahlung** transportiert Energie ohne Materie und ohne Teilchenstöße nur mit der Strahlung.
  Je kurzwelliger die Strahlung, desto energiereicher ist sie.
  Die Temperaturstrahlung der Sonne erreicht uns, obwohl der Raum zwischen Sonne und Erde fast frei von Materie ist.

A1 Wärmetransporte sind im Hinblick für das Leben auf der Erde sehr wichtig. Nenne und erkläre einige davon.

A2 In einem Restaurant werden für die Kühlhaltung von Getränkeflaschen Gefäße aus durchsichtigem Plastik verwendet, die im Innern der Wand luftfrei sind, aber sonst weder Wasser noch Eisstücke enthalten. Vorgekühlte Getränke behalten so über lange Zeit ihre Frische. Wie ist diese Tatsache physikalisch zu erklären?

A3 Die Wand eines Bauernhauses setzt sich aus inneren und äußeren Holzplatten zusammen, die um die Balkendicke der Trägerkonstruktion voneinander entfernt sind. Der Luftraum zwischen den Platten ist mit Glasfasermaterial ausgefüllt. Worauf beruht die gute Wärmeisolation der Wand?

A4 Warum bleiben Wassertropfen, die man auf eine heiße Kochplatte fallen lässt, auf dieser recht lange Zeit erhalten, wobei sie sich wie „Perlen" oder Quecksilbertröpfchen verhalten (Leidenfrostsches Phänomen)?

A5 Besonders energiesparende Häuser werden in der Schweiz nach dem Energiestandard Minergie gebaut. Minergie-A-Gebäude sind Plusenergiebauten. Sie verbrauchen für die Heizung weniger Energie als sie selber produzieren. Die Dicke der Außenisolation solcher Gebäude ist zwar nicht direkt vorgeschrieben, liegt aber in der Regel zwischen 20 und 35 cm.
Ein Gebäude ist mit 28 cm Expandiertem Polystyrol (Styropor) isoliert. Dieses Material hat eine Wärmeleitfähigkeit von 0,020 W/(mK). Die Innentemperatur betrage 20 °C, die Außentemperatur −10 °C und die Isolation durch das Einschalenmauerwerk kann vernachlässigt werden.
a) Berechne den Energiestrom durch die Gebäudehülle eines Hauses mit einer Außenfläche von 450 m². **b)** Wie groß ist der Wärmedurchgangskoeffizient dieses Gebäudes?

Wärmekraftmaschinen

Das kannst du in diesem Kapitel erreichen:

Du verstehst das Prinzip des Heißluftmotors. Du kennst die Formel für seinen Wirkungsgrad, welche sich auf andere Wärmekraftmaschinen anwenden lässt.

Du weißt, was den Heißluftmotor von seinem „Gegenstück“, der Wärmepumpe, unterscheidet und was ihn mit ihr verbindet.

Du verstehst den Unterschied zwischen reversiblen und irreversiblen Naturvorgängen und kannst deren Ablauf mit dem Begriff der Entropie in Zusammenhang bringen.

Du kennst die grundlegenden Eigenschaften der Entropie und kannst Situationen nennen, in denen sie eine Rolle spielt.

Du weißt, wie Energie und Entropie bei Maschinen wie dem Heißluftmotor fließen.

Du kennst einen der zentralen Sätze der Physik: den Entropiesatz.

Wärmekraftmaschinen

B1 Das hölzerne Bootsmodell aus Ägypten (1900 v. Chr.) zeigt die Fahrt gegen den Wind. Der Mast ist umgeklappt, die Mannschaft rudert.

B2 Leistungsstarke Benzinmotoren ermöglichen heute eine schnelle Fortbewegung ohne körperlichen Energieaufwand.

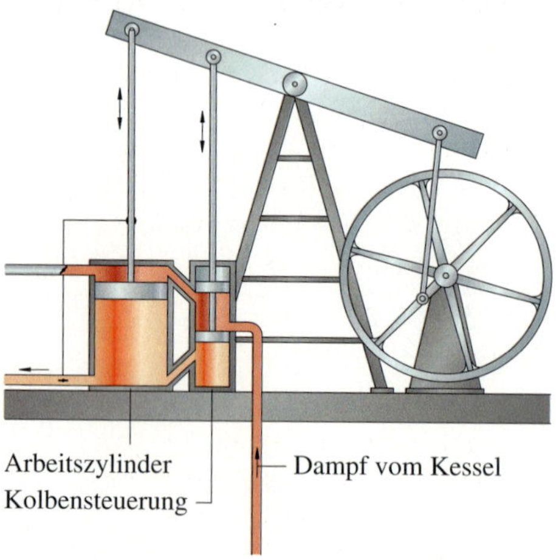

B3 In einem Kessel wird Wasserdampf erzeugt und einem Zylinder mit Kolben zugeführt. James Watt nutzte in seiner „doppelt wirkenden Dampfmaschine" die Kraft des heißen Wasserdampfes für die Auf- und die Abwärtsbewegung.

Seit vielen hunderttausend Jahren nutzen die Menschen die *Energie des Feuers* um sich zu „wärmen" und um ihre Nahrung zuzubereiten. Die *mechanische Energie des Windes und des fließenden Wassers* treibt seit Tausenden von Jahren Schiffe und Mühlen an und entlastete so die Menschen von schwerer körperlicher Arbeit. Aber Wind und fließendes Wasser stehen nicht immer, nicht überall und meist auch nicht in beliebiger Menge zur Verfügung. War auch der Einsatz von Haustieren nicht möglich, so mussten unsere Vorfahren selbst Hand anlegen und „im Schweiße ihres Angesichtes" hart arbeiten.

Diese Situation änderte sich erst, als die Menschen herausfanden, wie man mit einer Maschine *Wärme in mechanische Energie* umwandeln kann. Die erste **Wärmekraftmaschine**, die das konnte, war die Dampfmaschine (→ **B3**). Der Engländer James WATT (1736–1819) verbesserte um 1790 die schon in Vorstufen vorhandene Dampfmaschine so weit, dass sie eine große Verbreitung fand und dadurch die so genannte *industrielle Revolution* einleitete. Damit war die Energie, die im Holz und in der Kohle steckt, über die Verbrennung zum Antrieb von Maschinen nutzbar.

Robert STIRLING (1790–1878) gelang es 1816 als Erstem, einen praktisch einsetzbaren **Heißluftmotor** zu bauen. Die Erfindung des **Benzin**- und des **Dieselmotors** in der 2. Hälfte des 19. Jahrhunderts ermöglichte schließlich den Bau kleiner und trotzdem leistungsfähiger Motoren. Der Benzinmotor wird auch als Ottomotor bezeichnet, zu Ehren von Nicolaus OTTO (1831–91), einem Miterfinder des Viertaktprinzips. Allerdings lassen sich Ottomotoren auch mit anderen Kraftstoffen als Benzin betreiben, zum Beispiel mit Autogas. Mit dem Automobilpionier Carl BENZ (1844–1929) hat das Wort Benzin hingegen nichts zu tun. Vielmehr geht es auf den Chemiker Eilhard MITSCHERLICH (1794–1863) zurück, der den Begriff für Benzol prägte. Der Begriff Benzin im heutigen Sinne wurde erstmals von Justus von LIEBIG (1803–73) verwendet.
Heute steht in den reichen Ländern der Erde an jedem Ort und zu jeder Zeit mechanische Energie fast beliebig zur Verfügung.

1. Wir entwickeln einen einfachen Heißluftmotor

→ **V1** zeigt uns, wie wir Wärme in mechanische Energie umwandeln können:

a) Die mit Luft von Zimmertemperatur gefüllte Glaskugel wird in einen Behälter mit heißem Wasser getaucht. Der Kolben der auf-

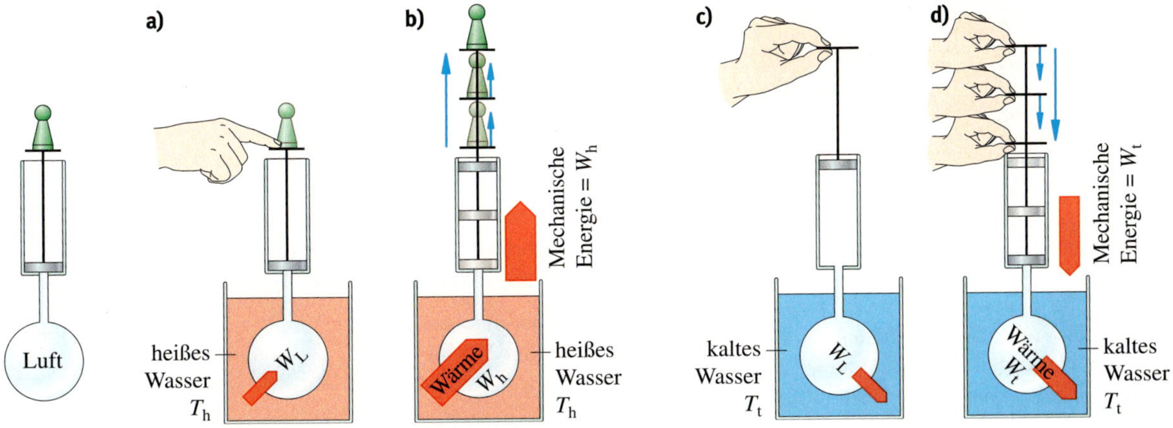

V1 Ein Heißluftmotor wandelt die Differenz der Wärmen $W_h - W_t$ in mechanische Energie um (T_h: hohe Temperatur, T_t: tiefe Temperatur, W_L: Wärme, die die Luft aufnimmt bzw. abgibt).

gesetzten Spritze wird zunächst festgehalten. Durch die Wärmezufuhr W_L steigt die Temperatur der eingeschlossenen Luft und erreicht nach kurzer Zeit die Temperatur T_h des heißen Wassers. Die Luftmoleküle in der Glaskugel sind jetzt schneller als vorher und stoßen heftiger gegen den Kolben der Spritze. Wir spüren eine Kraft, die den Kolben nach oben drückt.

b) Nun lassen wir den Kolben los. Dieser und die kleine Figur werden angehoben. Von dem nach oben weichenden Kolben kommen die Luftmoleküle nach der Reflexion mit geringerer Geschwindigkeit zurück. Sie geben, wie ein Stoppball beim Tennis, einen Teil ihrer Energie an den Kolben ab. Diese abgegebene Energie wird praktisch sofort durch Wärme W_h aus dem Wasserbad hoher Temperatur ersetzt, sodass die Luft die Temperatur T_h behält.

Schauen wir auf die *Energiebilanz: Die aus dem heißen Wasserbad zugeführte Wärme W_h wurde in Höhenenergie, also wertvolle mechanische Energie, umgewandelt*. Wenn wir diesen Vorgang des „Gewichthebens" beliebig oft wiederholen könnten, hätten wir einen Motor! Dazu müssten wir den Kolben aber wieder in seine Ausgangsstellung bringen. Solange sich die Glaskugel weiterhin im heißen Wasserbad befindet, benötigen wir zum Zurückschieben des Kolbens gleich große Kräfte, müssen also *die gewonnene mechanische Energie W_h* wieder opfern.

c) Wir sind schlau und kühlen die Luft mit kaltem Wasser zunächst auf Zimmertemperatur T_t ab. Bei dieser tiefen Temperatur sind die Luftmoleküle langsamer. Wir können den Kolben mit *weniger Kraft, also weniger Energieaufwand W_t, zurückschieben*.

d) Der Kolben stößt beim Herunterdrücken gegen die Luftmoleküle und führt ihnen mechanische Energie so zu wie ein *schlagender* Tennisschläger einem Tennisball. Die zugeführte Energie W_t geht praktisch sofort als nicht mehr nutzbare Wärme (*Abwärme*) in das kalte Wasser.
Ist der Ausgangszustand wieder erreicht, können wir im nächsten Motorzyklus eine weitere Figur anheben, und so weiter …

Vertiefung

Versuch 1 – genauer betrachtet

Während des Arbeitstaktes (b) wird der Kolben mit der positionsabhängigen Kraft (Betrag F_h) nach oben gedrückt. Der Druck und die Kraft, die ein Gas auf die Gefäßwände ausüben, sind proportional zu seiner Kelvin-Temperatur T. Findet die Ausdehnung des heißen Gases z. B. bei $T_h = 600$ K statt, so ist die Kraft F_h (bei gleicher Kolbenstellung) doppelt so groß wie F_t bei $T_t = 300$ K. Nur diese Kräfte bestimmen die mechanische Energie, denn Hin- und Rückweg sind gleich. Deshalb gilt:
Der Motor liefert bei $T_h = 600$ K die mechanische Energie W_h. Bei $T_t = 300$ K führen wir ihm die mechanische Energie W_t zu. Diese ist nur halb so groß wie W_h.

Allgemein gilt:

$$\frac{W_h}{W_t} = \frac{T_h}{T_t}.$$

Bei allen Betrachtungen zu Versuch 1 haben wir den *äußeren Luftdruck* außer Acht gelassen. Er wirkt genauso wie die konstante Gewichtskraft des Kolbens:
So wie der Luftdruck die Aufwärtsbewegung (*Ziff. 1b*) behindert, unterstützt er in gleicher Weise die Abwärtsbewegung (*Ziff. 1d*). Auf die Energiebilanz eines vollständigen Motorzyklusses hat er deshalb keinen Einfluss.

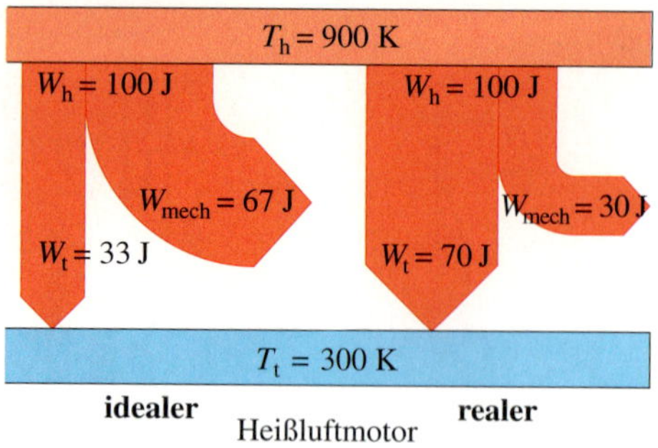

B1 Die technisch erreichbaren Wirkungsgrade von realen Heißluftmotoren liegen weit unter denen eines idealen Heißluftmotors.

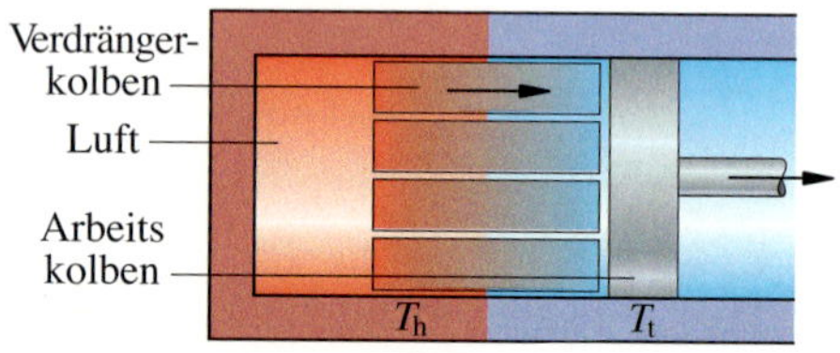

B2 Heißluftmotoren mit Verdrängerkolben benötigen keinen ständigen Temperaturwechsel. Der linke Teil bleibt stets heiß (T_h), der rechte kalt (T_t).

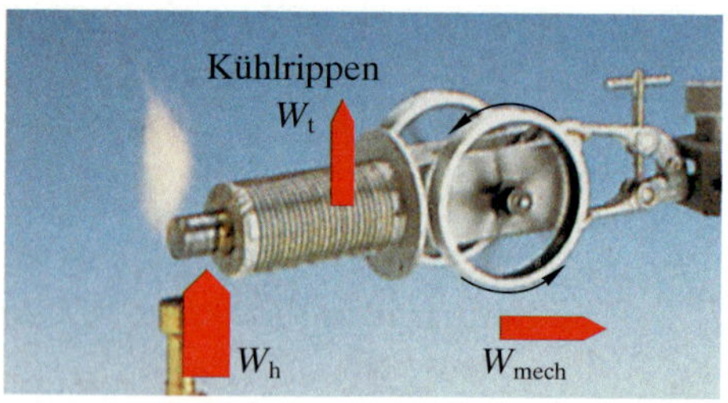

B3 Demonstrations-Heißluftmotor

B4 Heißluftmotoren können mit beliebigen Brennstoffen oder umweltfreundlich direkt mit Solarenergie betrieben werden.

2. Der Wirkungsgrad eines idealen Heißluftmotors

Wie viel mechanische Energie kann uns ein Heißluftmotor liefern, wenn wir ihm die Wärme W_h = 100 Joule zuführen?
Sicherlich kann er nicht die gesamte zugeführte Wärme in mechanische Energie umwandeln, denn beim Abkühlen und auch beim Verdichten wandert ein Teil von ihr als „Energieabfall" in das kalte Wasser. Den Energieabfall W_L beim Abkühlen kann man vermeiden, die Abwärme W_t dagegen *prinzipiell* nicht. Nutzbar bleibt im Idealfall die Differenz $W_{nutzbar} = W_h - W_t$.

Das Verhältnis aus nutzbarer mechanischer Energie $W_{nutzbar}$ und zugeführter Wärme $W_{zugeführt} = W_h$ bezeichnet man als **Wirkungsgrad η** (sprich: „eta") einer Wärmekraftmaschine:

$$\eta_{max} = \frac{W_{nutzbar}}{W_{zugeführt}} = \frac{W_h - W_t}{W_h} = 1 - \frac{W_t}{W_h}.$$

Die Energien W_h und W_t sind proportional zu den Kelvin-Temperaturen T_h und T_t, bei denen diese Energien aufgenommen bzw. abgegeben werden (→ V1 auf vorheriger Seite). Ein idealer Heißluftmotor hat deshalb den Wirkungsgrad

$$\eta_{max} = 1 - \frac{T_t}{T_h},$$

wobei T_h die hohe und T_t die tiefe Kelvin-Temperatur ist.

Betrachten wir als Beispiel einen **idealen Heißluftmotor**, dessen heißes Ende auf T_h = 900 K aufgeheizt und dessen kaltes Ende auf einer Temperatur von T_t = 300 K (≈ Zimmertemperatur) gehalten wird. Dann beträgt der maximal mögliche Wirkungsgrad

$$\eta_{max} = 1 - \frac{300\text{ K}}{900\text{ K}} = 1 - \frac{1}{3} \approx 67\,\%.$$

Aus 100 J zugeführter Wärme lassen sich höchstens etwa 67 J an mechanischer Energie herausholen (→ B1). Diesen Wert kann man bei den angenommenen Temperaturen *prinzipiell* nicht überschreiten.

Man hat herausgefunden, dass die Gleichung für den maximalen Wirkungsgrad η_{max} nicht nur für Heißluftmotoren, sondern *ganz allgemein für alle Maschinen gilt, die Wärme in mechanische Energie umwandeln*. Maschinen mit einem Wirkungsgrad größer als 100 % werden als Perpetuum Mobile bezeichnet – solche Maschinen können nicht existieren.

Merksatz

Unter dem **Wirkungsgrad η** einer Wärmekraftmaschine versteht man den Quotienten aus der nutzbaren mechanischen Energie und der zugeführten Wärme:

$$\eta = \frac{W_{nutzbar}}{W_{zugeführt}}.$$

Eine Wärmekraftmaschine, die zwischen den Temperaturen T_t und T_h arbeitet, kann keinen höheren Wirkungsgrad besitzen als

$$\eta_{max} = 1 - \frac{T_t}{T_h}.$$

3. Eine Maschine – zwei Verwendungen

Bis hierher haben wir das *Prinzip des Heißluftmotors* gut verstanden. Für den praktischen Einsatz ist unser „Motor" völlig unbrauchbar. Sein wesentlicher Nachteil besteht darin, dass nicht nur die Luft selbst, sondern auch das Gefäß, in dem sich die Luft befindet, abwechselnd erhitzt und abgekühlt werden muss. Die Energie, die das Gefäß bei der hohen Temperatur als Wärme aufnimmt, wird anschließend nutzlos an das kalte Wasser abgegeben.
Praktisch einsetzbare Heißluftmotoren besitzen einen langen Zylinder, der an einem Ende *ständig* beheizt und am anderen Ende *ständig* gekühlt wird. Ein luftdurchlässiger Kolben, der *Verdrängerkolben* (→ B2), schiebt die eingeschlossene Luft durch seine vielen Bohrungen zwischen dem heißen und dem kalten Bereich hin und her. So wird die Luft abwechselnd aufgeheizt und abgekühlt, ohne dass ein Temperaturwechsel des Zylinders durchgeführt werden muss. Die Abgabe der mechanischen Energie erfolgt über den *Arbeitskolben* an ein Schwungrad (→ B3).

Was wird geschehen, wenn wir einem Heißluftmotor *von außen mechanische Energie zuführen*, anstelle ihm mechanische Energie zu entnehmen? → V1 gibt uns die Antwort: Beim Antreiben des Motors (mit umgekehrter Drehrichtung) vergrößert sich die Temperaturdifferenz zwischen dem warmen linken und dem kalten rechten Zylinderende! Wir können diese Beobachtung mit unserem einfachen Heißluftmotor aus *Ziff. 1* verstehen:
Die Vorgänge a) bis d) laufen jetzt in umgekehrter Reihenfolge (d) → c) → b) → a) → ...) mit umgekehrten Bewegungsrichtungen des Kolbens ab. Alle Energiepfeile besitzen jetzt die entgegengesetzte Richtung, behalten aber ihren Betrag. Das kalte Wasser gibt Wärme an die sich ausdehnende Luft ab. Das heiße Wasser nimmt Wärme von der Luft auf, während diese zusammengedrückt wird. Das heiße Wasser wird dadurch im Laufe der Zeit heißer, das kalte Wasser kälter.

Betrachten wir das Gesamtergebnis am Beispiel in → B5:
Der angetriebene Heißluftmotor rechts „pumpt" mit der zugeführten mechanischen Energie $W_{mech} = 67$ J gegen das Temperaturgefälle die Energie $W_t = 33$ J vom kalten Wasser zum heißen Wasser. Dort wird die Summe aus der zugeführten mechanischen Energie und der aufgenommenen Wärme $W_h = W_{mech} + W_t = 67\text{ J} + 33\text{ J} = 100\text{ J}$ als Wärme an das heiße Wasser abgegeben. Aus dem Heißluftmotor (links) ist eine **Wärmepumpe** (rechts) geworden.

Allgemein wird bei der Wärmepumpe mit wenig mechanischer Energie – für den Antrieb der Pumpe – viel Wärme aus der Umgebung (Luft, Wasser oder Erdwärme) bezogen und so für Heizzwecke zur Verfügung gestellt.

Merksatz

Praktisch einsetzbare Heißluftmotoren besitzen einen Verdrängerkolben. Dieser schiebt die eingeschlossene Luft zwischen dem heißen und dem kalten Bereich hin und her und wechselt so ihre Temperatur.
Die Vorgänge in einem Heißluftmotor sind umkehrbar. Ein angetriebener Heißluftmotor ist eine **Wärmepumpe**.

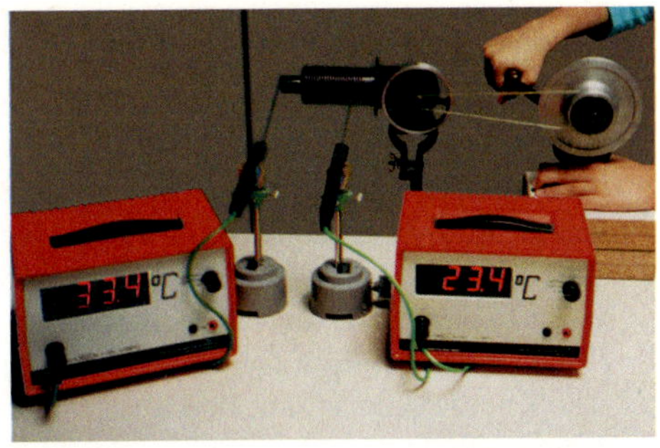

V1 Wir treiben den Heißluftmotor aus → B3 mit Muskelkraft an. Die Drehrichtung soll dabei umgekehrt wie bei der Verwendung als Heißluftmotor sein. Wir beobachten Überraschendes: Die Temperatur des linken Zylinderendes steigt langsam auf über 33 °C an.

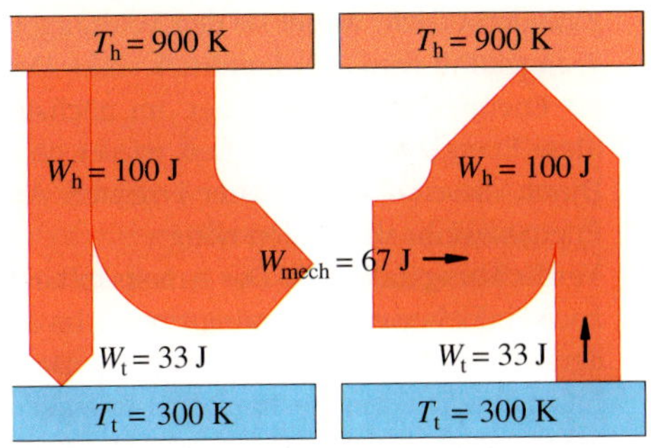

B5 Vergleich des Energieflusses in Heißluftmotor (links) und Wärmepumpe

A1 Gib Beispiele an für die Nutzung des Windes, des fließenden Wassers und von Haustieren als „mechanische Energiequellen".

A2 Watts erste Dampfmaschine erzeugte beim Verbrennen von 100 kg Steinkohle (spezifischer Heizwert 31 MJ/kg) eine mechanische Energie von 4 MJ. Berechne ihren Wirkungsgrad.

A3 Ein idealer Heißluftmotor, dessen kaltes Ende auf 50 °C gekühlt wird, soll einen Wirkungsgrad von 50 % besitzen. Wie hoch muss die Temperatur am heißen Ende mindestens sein? Gib das Ergebnis in K und in °C an.

A4 Das Energieflussdiagramm in → B5 rechts bezieht sich auf eine ideale Wärmepumpe. Wie musst du das Diagramm für eine *reale* Wärmepumpe ändern?

A5 Ein Benzinmotor hat bei einem Wirkungsgrad von 30 % eine Leistung von 45 kW. Die Motorwärme wird von Kühlwasser zu 50 % abgeführt. Wie viel Kühlwasser muss pro Minute zirkulieren, wenn es sich dabei um 18 °C erwärmt.

Interessantes

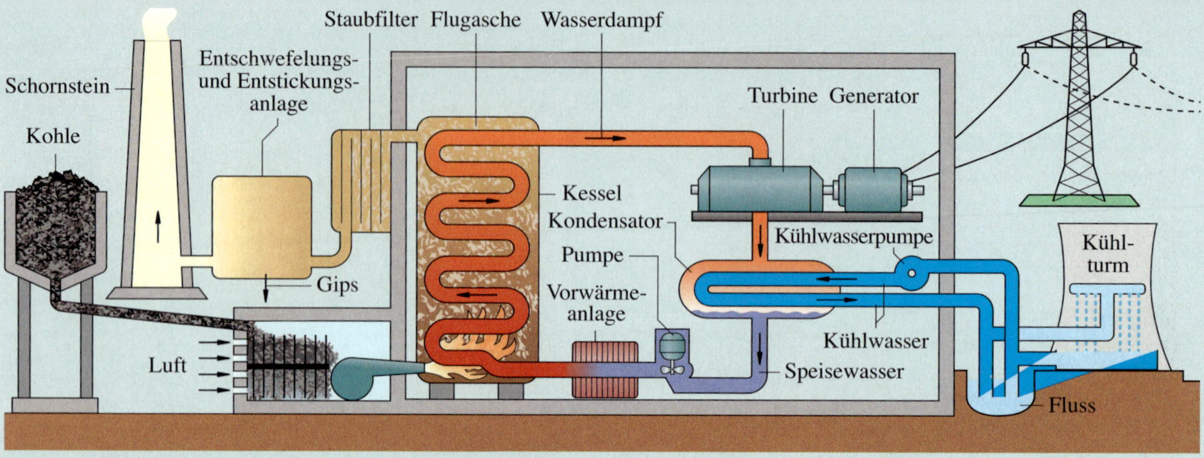

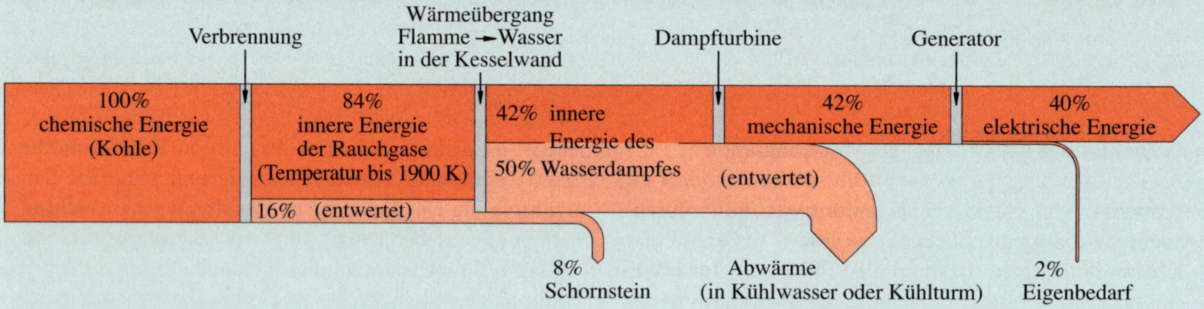

Wärmekraftwerke

Elektrische Energie lässt sich vielseitiger und meist einfacher als andere Energieformen einsetzen. Sie ist außerdem gut zu transportieren. Deshalb wandelt man die Energie der fossilen Brennstoffe in Kraftwerken in elektrische Energie um. Diese wird dann mit einem Leitungsnetz zur individuellen Nutzung verteilt.

Kohlekraftwerke

In einem Kohlekraftwerk (➜ **Bild oben**) wird die angelieferte Kohle zunächst zu feinem Kohlenstaub zermahlen. Nach dem Trocknen wird dieser zusammen mit der richtigen Menge Luft in einen riesigen Ofen eingeblasen. Dort verbrennt er bei Temperaturen bis zu 1600 °C wegen seiner sehr feinen Verteilung vollständig. Die entstehenden Rauchgase erhitzen Wasser, das in Rohren durch den Brennraum fließt. Das Wasser von 550 °C verdampft. Der Wasserdampf von 550 °C hat einen Druck von 200 bar. In der Kesselwand ist ein Teil der Energie beim Übergang von 1600 °C auf 550 °C bereits entwertet worden. Inzwischen versucht man, durch Verwendung von Hochtemperatur-Werkstoffen die Dampftemperatur auf 700 °C zu erhöhen. Dadurch steigt die Effizienz von Kohlekraftwerken. Der Wasserdampf strömt dann in der Dampfturbine gegen die schräg gestellten Schaufeln eines Laufrades und drückt diese seitlich weg (➜ **Bild unten**). Bei einem Druck von 200 bar übt der Wasserdampf dabei auf 1 cm² eine Kraft von 2000 N aus! Anschließend wird der Dampf durch feststehende Leitschaufeln wieder in eine günstige Richtung umgelenkt und stößt dann gegen ein zweites Laufrad, usw. Alle Laufräder sitzen auf derselben Welle.

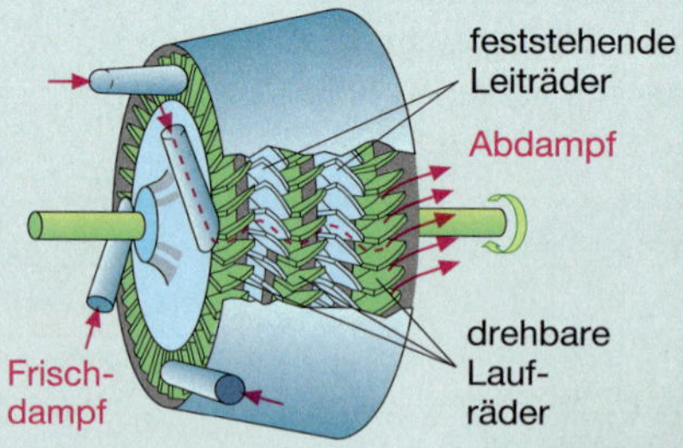

3. Eine Maschine – zwei Verwendungen

Bis hierher haben wir das *Prinzip des Heißluftmotors* gut verstanden. Für den praktischen Einsatz ist unser „Motor“ völlig unbrauchbar. Sein wesentlicher Nachteil besteht darin, dass nicht nur die Luft selbst, sondern auch das Gefäß, in dem sich die Luft befindet, abwechselnd erhitzt und abgekühlt werden muss. Die Energie, die das Gefäß bei der hohen Temperatur als Wärme aufnimmt, wird anschließend nutzlos an das kalte Wasser abgegeben.
Praktisch einsetzbare Heißluftmotoren besitzen einen langen Zylinder, der an einem Ende *ständig* beheizt und am anderen Ende *ständig* gekühlt wird. Ein luftdurchlässiger Kolben, der *Verdrängerkolben* (→ B2), schiebt die eingeschlossene Luft durch seine vielen Bohrungen zwischen dem heißen und dem kalten Bereich hin und her. So wird die Luft abwechselnd aufgeheizt und abgekühlt, ohne dass ein Temperaturwechsel des Zylinders durchgeführt werden muss. Die Abgabe der mechanischen Energie erfolgt über den *Arbeitskolben* an ein Schwungrad (→ B3).

Was wird geschehen, wenn wir einem Heißluftmotor *von außen mechanische Energie zuführen*, anstelle ihm mechanische Energie zu entnehmen? → V1 gibt uns die Antwort: Beim Antreiben des Motors (mit umgekehrter Drehrichtung) vergrößert sich die Temperaturdifferenz zwischen dem warmen linken und dem kalten rechten Zylinderende! Wir können diese Beobachtung mit unserem einfachen Heißluftmotor aus *Ziff. 1* verstehen:
Die Vorgänge a) bis d) laufen jetzt in umgekehrter Reihenfolge (d) → c) → b) → a) → …) mit umgekehrten Bewegungsrichtungen des Kolbens ab. Alle Energiepfeile besitzen jetzt die entgegengesetzte Richtung, behalten aber ihren Betrag. Das kalte Wasser gibt Wärme an die sich ausdehnende Luft ab. Das heiße Wasser nimmt Wärme von der Luft auf, während diese zusammengedrückt wird. Das heiße Wasser wird dadurch im Laufe der Zeit heißer, das kalte Wasser kälter.

Betrachten wir das Gesamtergebnis am Beispiel in → B5:
Der angetriebene Heißluftmotor rechts „pumpt“ mit der zugeführten mechanischen Energie W_{mech} = 67 J gegen das Temperaturgefälle die Energie W_t = 33 J vom kalten Wasser zum heißen Wasser. Dort wird die Summe aus der zugeführten mechanischen Energie und der aufgenommenen Wärme $W_h = W_{mech} + W_t$ = 67 J + 33 J = 100 J als Wärme an das heiße Wasser abgegeben. Aus dem Heißluftmotor (links) ist eine **Wärmepumpe** (rechts) geworden.

Allgemein wird bei der Wärmepumpe mit wenig mechanischer Energie – für den Antrieb der Pumpe – viel Wärme aus der Umgebung (Luft, Wasser oder Erdwärme) bezogen und so für Heizzwecke zur Verfügung gestellt.

Merksatz

Praktisch einsetzbare Heißluftmotoren besitzen einen Verdrängerkolben. Dieser schiebt die eingeschlossene Luft zwischen dem heißen und dem kalten Bereich hin und her und wechselt so ihre Temperatur.
Die Vorgänge in einem Heißluftmotor sind umkehrbar. Ein angetriebener Heißluftmotor ist eine **Wärmepumpe**.

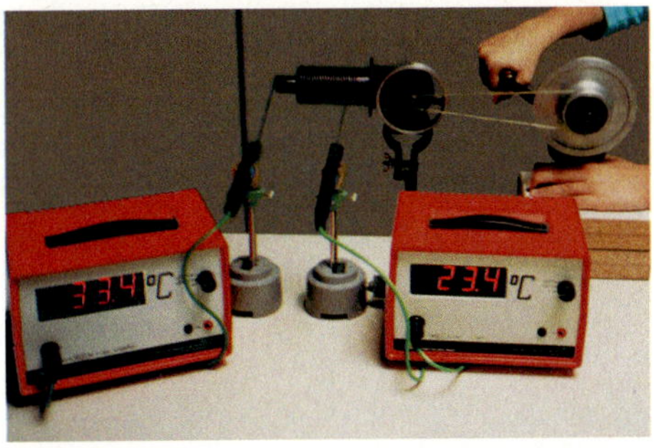

V1 Wir treiben den Heißluftmotor aus → B3 mit Muskelkraft an. Die Drehrichtung soll dabei umgekehrt wie bei der Verwendung als Heißluftmotor sein. Wir beobachten Überraschendes: Die Temperatur des linken Zylinderendes steigt langsam auf über 33 °C an.

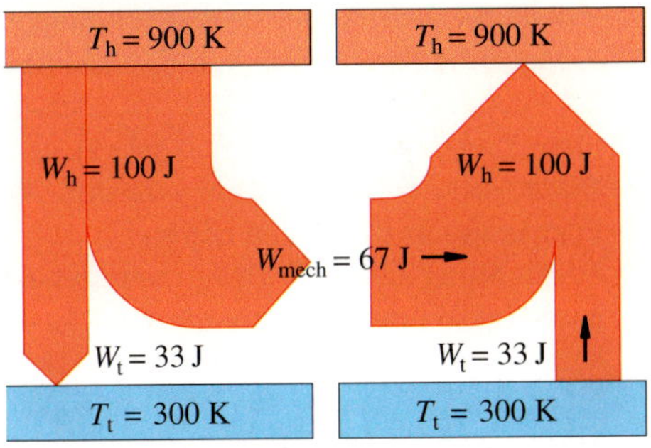

B5 Vergleich des Energieflusses in Heißluftmotor (links) und Wärmepumpe

A1 Gib Beispiele an für die Nutzung des Windes, des fließenden Wassers und von Haustieren als „mechanische Energiequellen“.

A2 Watts erste Dampfmaschine erzeugte beim Verbrennen von 100 kg Steinkohle (spezifischer Heizwert 31 MJ/kg) eine mechanische Energie von 4 MJ. Berechne ihren Wirkungsgrad.

A3 Ein idealer Heißluftmotor, dessen kaltes Ende auf 50 °C gekühlt wird, soll einen Wirkungsgrad von 50 % besitzen. Wie hoch muss die Temperatur am heißen Ende mindestens sein? Gib das Ergebnis in K und in °C an.

A4 Das Energieflussdiagramm in → B5 rechts bezieht sich auf eine ideale Wärmepumpe. Wie musst du das Diagramm für eine *reale* Wärmepumpe ändern?

A5 Ein Benzinmotor hat bei einem Wirkungsgrad von 30 % eine Leistung von 45 kW. Die Motorwärme wird von Kühlwasser zu 50 % abgeführt. Wie viel Kühlwasser muss pro Minute zirkulieren, wenn es sich dabei um 18 °C erwärmt.

Interessantes

A. Das trickreiche Funktionsprinzip des Stirlingmotors

Robert STIRLING meldete 1816 einen wesentlich verbesserten Heißluftmotor zum Patent an. Das neuartige Bauteil seines Motors nannte Stirling „economizer". Mit dem economizer, heute Regenerator genannt, konnte er den Wirkungsgrad erheblich steigern. Wie arbeitet ein STIRLING-Motor?

Erster Zwischentakt (a): Der Verdränger wird nach rechts geschoben. Die Luft strömt durch seine Bohrungen und wird aufgeheizt. Der Luftdruck steigt.

Arbeitstakt (b): Die heiße Luft presst den Arbeitskolben mit großer Kraft nach rechts. Der Verdrängerkolben macht die Bewegung mit. Über ein Gestänge wird viel mechanische Energie W_h an ein Schwungrad abgegeben. Die abgegebene Energie W_h wird von der äußeren Heizung sofort als Wärme nachgeliefert.

Zweiter Zwischentakt (c): Der Verdränger wird nach links geschoben. Durch seine Bohrungen strömt die Luft in den rechten Zylinderbereich, wobei sie den Verdränger aufheizt und selbst auf T_t abgekühlt wird. Der Luftdruck sinkt. Der Verdränger dient dabei als Energie-Zwischenspeicher. Im nächsten Zwischentakt gibt er diese Energie an die kalte Luft wieder ab **(Regenerator-Prinzip)**. Durch diesen Trick ist zum erneuten Aufheizen der Luft keine Energiezufuhr von außen nötig!

Verdichtungstakt (d): Der Arbeitskolben wird vom Schwungrad nach links bewegt und komprimiert im kalten Bereich des Zylinders die Luft mit der Temperatur T_t. Das Schwungrad liefert die Energie W_t in Form mechanischer Energie. Das Gas wird dabei aber nicht heißer, denn die Energie W_t wandert als Abwärme durch die Zylinderwand in das Kühlwasser.

Mit dem ersten Zwischentakt beginnt nun der Zyklus von neuem. Dabei wird die Luft vom noch heißen Verdränger aufgeheizt. Im Idealfall erreicht sie dabei ohne Energiezufuhr von außen wieder die Temperatur T_h.

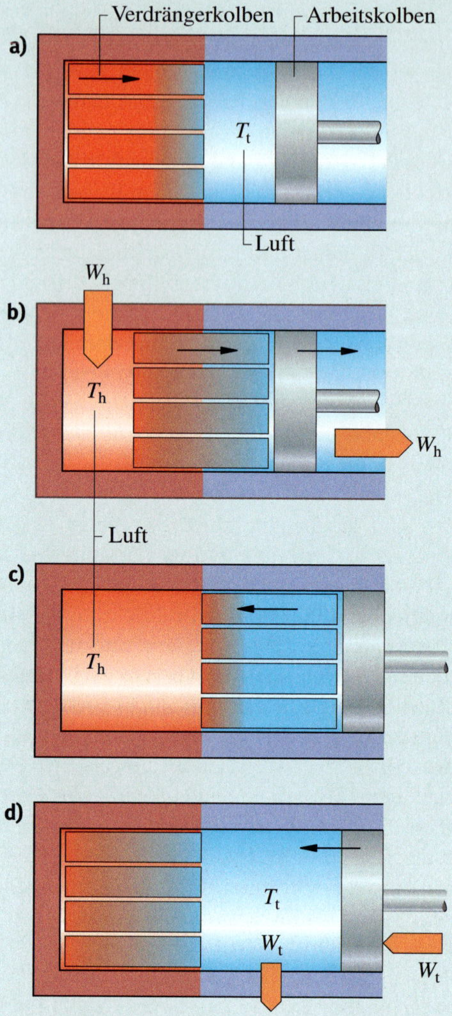

B. Wie arbeitet der Motor in einem Auto?

1896 führte Nikolaus OTTO einen damals neuartigen „Verbrennungsmotor" vor: Er verbrannte Gas direkt im Zylinder des Motors! Bei der explosionsartigen Verbrennung entstehen Temperaturen von etwa 2000 °C, sodass keine äußere Heizung wie beim Heißluftmotor erforderlich ist. Gottlieb DAIMLER und Carl BENZ veränderten diesen Motor, indem sie statt Gas ein Gemisch aus Luft und feinen Benzintröpfchen benutzten.

Der *Dieselmotor*, von Rudolf DIESEL um 1895 entwickelt, saugt kein Treibstoff-Luftgemisch, sondern reine Luft an. Diese komprimiert er auf mindestens 25 bar und erhitzt sie dadurch auf über 600 °C. In diesem Zustand sprüht eine Hochdruckpumpe Treibstoff in den Zylinder. In der heißen Luft entzündet sich der Treibstoff sofort. Der Dieselmotor kann Treibstoffe nutzen, die sich erst bei sehr hohen Temperaturen „vergasen" lassen und deshalb für einen *Ottomotor* ungeeignet sind. Außerdem nutzt der Dieselmotor wegen der höheren Betriebstemperatur den Treibstoff besser aus als der Ottomotor.

B1 Turbo-Dieselmotor; Verbrauch: 2,99 l auf 100 km

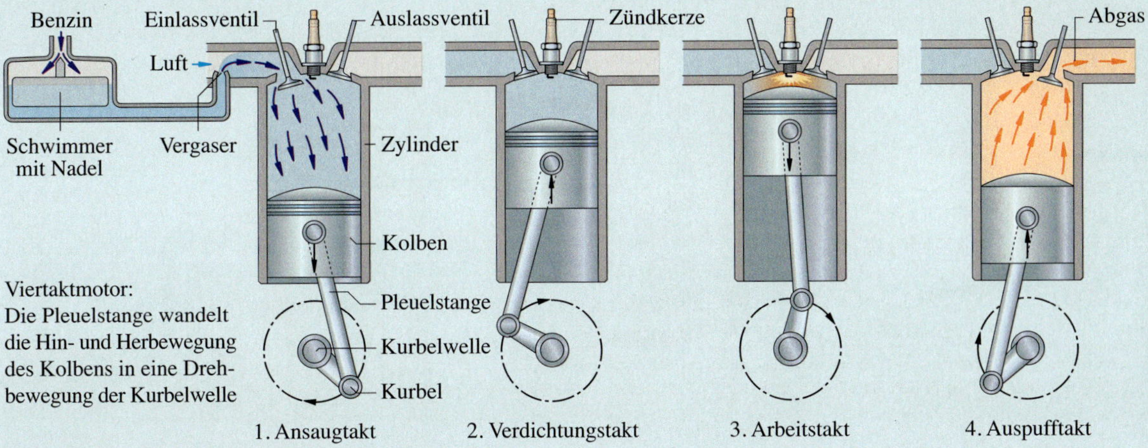

B2 Die vier Takte eines Ottomotors

C. Im Kühlschrank arbeitet eine Wärmepumpe

An der Rückseite der meisten Kühlschränke findest du schwarze, von einem schlangenförmigen Rohr durchzogene Kühlrippen (**→ Bild unten links**). Während der Kühlschrank „läuft“, besitzen die Kühlrippen eine höhere Temperatur als die Umgebung. Du kannst das mit der Hand nachprüfen! Offensichtlich transportiert eine Wärmepumpe Energie aus dem Inneren des Kühlschranks dorthin. Solches geschieht niemals von selbst. Man braucht eine Maschine mit Energiezufuhr von außen.

Die Wärmepumpe eines Kühlschrankes besteht im Wesentlichen aus einem geschlossenen Rohrsystem, in dem ein Kühlmittel zirkuliert (**→ Bild unten rechts**). Als Kühlmittel eignen sich nur Stoffe, die eine Siedetemperatur von niedriger als −20 °C besitzen. Das Kühlmittel gelangt in flüssiger Form in das Innere des Kühlschranks. Im Verdampfer, einem schlangenförmig verlegten Rohr, siedet es. Dabei entzieht es der Luft im Innenraum die zum Verdampfen benötigte Energie und kühlt die Luft dadurch ab. Der Kompressor, der durch einen Elektromotor angetrieben wird, pumpt das gasförmige Kühlmittel zum Kondensator, einem schlangenförmig verlegten Rohr an der Rückseite des Kühlschranks. Unter dem hohen, vom Kompressor erzeugten Druck, kondensiert es dort. Dabei wird die wieder frei werdende Verdampfungsenergie über die Kühlrippen an die Zimmerluft abgegeben. Anschließend fließt das flüssige Kühlmittel durch ein sehr enges Rohr wieder zum Verdampfer. Das enge Rohr hält den hohen Druck des Kompressors vom Verdampfer fern, wo der Druck klein sein muss.

Wärmepumpen zum Beheizen von Gebäuden sind im Prinzip genauso aufgebaut: Sie entziehen dem Erdboden, Gewässern oder der Außenluft Energie und pumpen diese in die Gebäude.

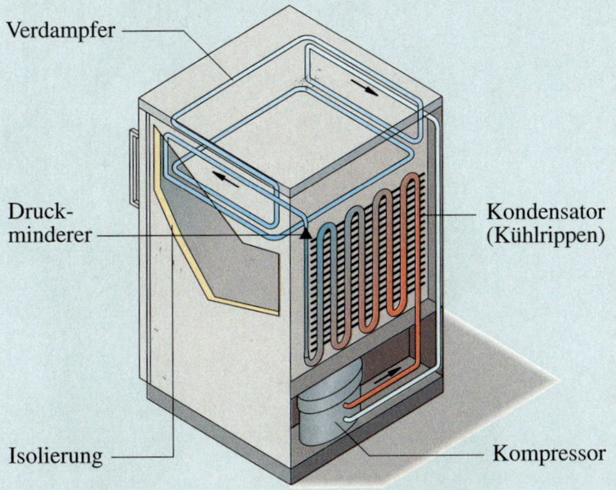

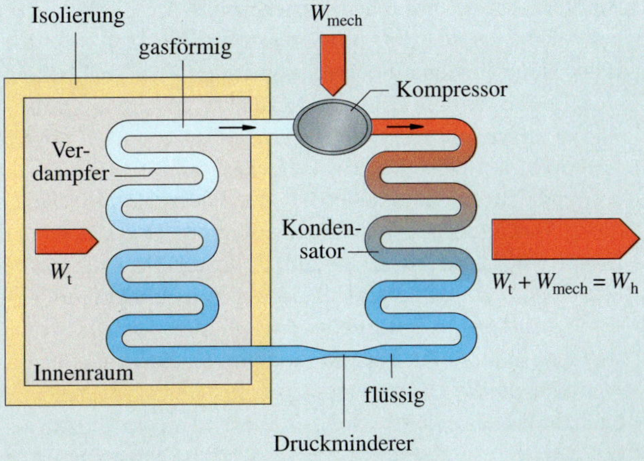

Interessantes

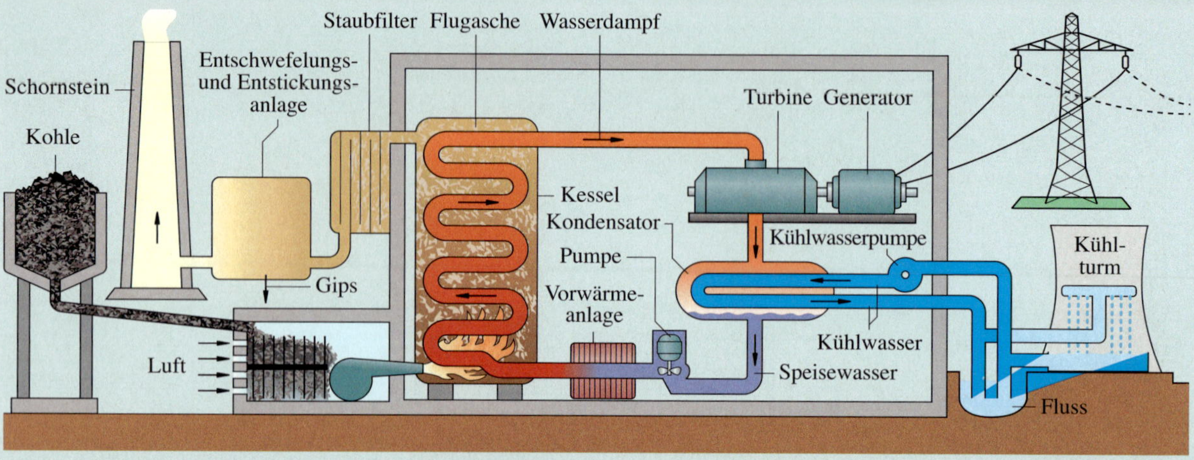

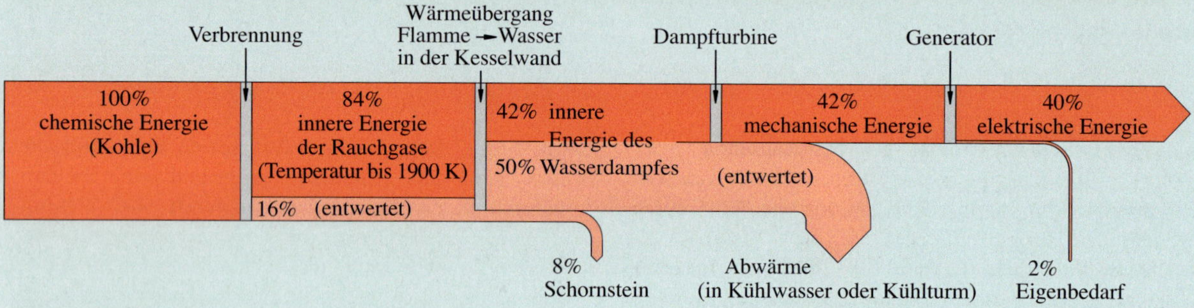

Wärmekraftwerke

Elektrische Energie lässt sich vielseitiger und meist einfacher als andere Energieformen einsetzen. Sie ist außerdem gut zu transportieren. Deshalb wandelt man die Energie der fossilen Brennstoffe in Kraftwerken in elektrische Energie um. Diese wird dann mit einem Leitungsnetz zur individuellen Nutzung verteilt.

Kohlekraftwerke

In einem Kohlekraftwerk (→ **Bild oben**) wird die angelieferte Kohle zunächst zu feinem Kohlenstaub zermahlen. Nach dem Trocknen wird dieser zusammen mit der richtigen Menge Luft in einen riesigen Ofen eingeblasen. Dort verbrennt er bei Temperaturen bis zu 1600 °C wegen seiner sehr feinen Verteilung vollständig. Die entstehenden Rauchgase erhitzen Wasser, das in Rohren durch den Brennraum fließt. Das Wasser von 550 °C verdampft. Der Wasserdampf von 550 °C hat einen Druck von 200 bar. In der Kesselwand ist ein Teil der Energie beim Übergang von 1600 °C auf 550 °C bereits entwertet worden. Inzwischen versucht man, durch Verwendung von Hochtemperatur-Werkstoffen die Dampftemperatur auf 700 °C zu erhöhen. Dadurch steigt die Effizienz von Kohlekraftwerken. Der Wasserdampf strömt dann in der Dampfturbine gegen die schräg gestellten Schaufeln eines Laufrades und drückt diese seitlich weg (→ **Bild unten**). Bei einem Druck von 200 bar übt der Wasserdampf dabei auf 1 cm^2 eine Kraft von 2000 N aus! Anschließend wird der Dampf durch feststehende Leitschaufeln wieder in eine günstige Richtung umgelenkt und stößt dann gegen ein zweites Laufrad, usw. Alle Laufräder sitzen auf derselben Welle.

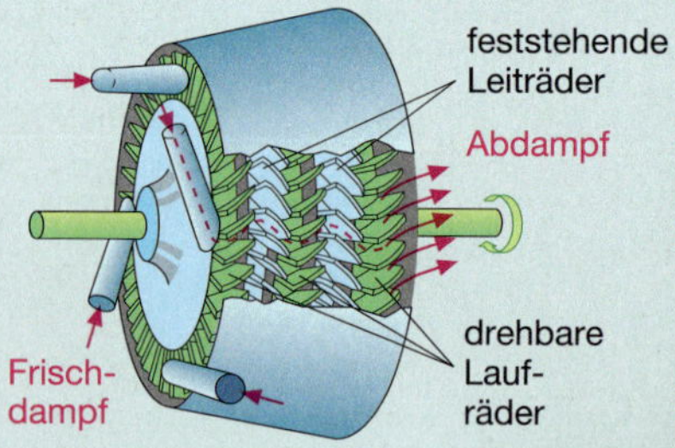

B1 Kernkraftwerk Gösgen (Schweiz)

Jedes Mal, wenn die Moleküle des heißen Wasserdampfes gegen eine zurückweichende Schaufel des Laufrades stoßen, geben sie einen Teil ihrer Bewegungsenergie an diese ab und prallen mit verminderter Geschwindigkeit zurück. Von Laufrad zu Laufrad sinken die Temperatur, der Druck und die Dichte des Wasserdampfes. Hinter dem letzten Laufrad lässt Kühlwasser den Dampf kondensieren. Die dabei frei werdende Energie wird an Flusswasser oder über Kühltürme an die Umgebungsluft abgegeben.

Man kann die frei werdende Energie auch als **Fernwärme (Kraft-Wärme-Kopplung)** zum Heizen einsetzen. Beim Kondensieren mithilfe von Flusswasser oder Kühltürmen erreicht die Turbine jedoch einen höheren Wirkungsgrad, weil die von der Turbine genutzte Druck- und Temperaturdifferenz größer ist. Bei der Verwendung der Restenergie als Fernwärme verzichtet man auf einen höheren Wirkungsgrad bei der Stromerzeugung zu Gunsten einer besseren Energieausnutzung insgesamt.

Die Turbine treibt den auf derselben Welle sitzenden Generator an. Dieser wandelt die zugeführte mechanische Energie mit nur geringen Verlusten in elektrische Energie um.

Beim Verbrennen der Kohle entstehen neben dem Wasserdampf leider auch die umweltbelastenden Verbrennungsprodukte Kohlenstoffdioxid (CO_2), Schwefeldioxid (SO_2) und Stickoxide (NO_x). Außerdem entsteht Staub. Um die Schädigung der Umwelt gering zu halten, müssen die Rauchgase durch Elektro-Staubfilter, Entschwefelungs- und Entstickungsanlagen gereinigt werden. CO_2 ist nicht zurückhaltbar. Es gelangt in die Atmosphäre und beeinflusst das Klima (*Treibhauseffekt*).

Anstelle von Kohle werden in manchen Wärmekraftwerken Erdgas oder aufbereitetes Erdöl verbrannt. Da vor allem Erdgas viel sauberer als Kohle verbrennt, ist der Aufwand für die Rauchgasreinigung viel geringer.

GuD-Kraftwerke

Der Wirkungsgrad von Wärmekraftwerken mit Dampfturbinen ist mit ca. 40 % bei weitem nicht so hoch, wie er aufgrund der hohen Verbrennungstemperatur im Kessel sein könnte. Die Ursache liegt in der etwa *50-prozentigen Energieentwertung* bei der Abkühlung der Rauchgase (1600 °C) auf die Temperatur des heißen Wassers (550 °C)! Mit Gasturbinen, den modernsten Maschinen der Kraftwerke, kann man diese Temperaturdifferenz zusätzlich nutzen:

In einer Gasturbine geben die heißen Rauchgase bei einer Temperatur von 1100 °C, ähnlich wie im Düsentriebwerk eines Flugzeugs, direkt Energie an sehr hitzebeständige Schaufeln ab. Die Rauchgase, die aus einer Gasturbine austreten, besitzen immer noch eine Temperatur von mehr als 500 °C. Mit ihnen erzeugt man Wasserdampf, den man einer Dampfturbine zuführt (**G**as-und-**D**ampfturbinenanlage: GuD). Der Wirkungsgrad bei der Erzeugung elektrischer Energie steigt durch das Vorschalten einer Gasturbine von etwa 40 % auf fast 60 %.

Ein *Kombi-Kraftwerk* mit GuD und Kraft-Wärme-Kopplung kann die Energie der eingesetzten fossilen Brennstoffe zu 50 % in wertvolle elektrische Energie umwandeln und insgesamt (einschließlich Fernwärme) zu fast 90 % ausnutzen.

Auch Kernkraftwerke sind Wärmekraftwerke

In einem Kernreaktor läuft eine geregelte Kettenreaktion von Kernspaltungen ab (→ **Kapitel Radioaktivität und Kernphysik**). Die dabei freigesetzte Energie erhitzt das im *Primärkreislauf* zirkulierende Wasser. In einem *Wärmetauscher* gibt das heiße Wasser seine Energie an den *Sekundärkreislauf* ab. Das von Radioaktivität freie Wasser im Sekundärkreislauf verdampft. Der Wasserdampf treibt die Turbinen an. Im *Kondensator* kondensiert der Dampf mithilfe von Kühlwasser. Das Wasser pumpt man wieder in den Wärmetauscher zurück. Auch ein Kernkraftwerk ist deshalb ein Wärmekraftwerk.

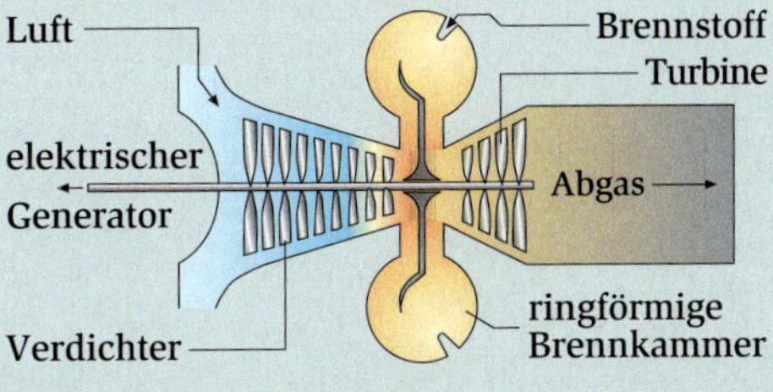

B2 Gasturbine: Es ist günstig, die Verbrennungsluft zu komprimieren. Dazu dient der Verdichter, wie die Turbine eine Serie von Schaufelrädern.

Entropie bestimmt die Richtung

B1 Der Sprung vom Turm ist nicht umkehrbar.

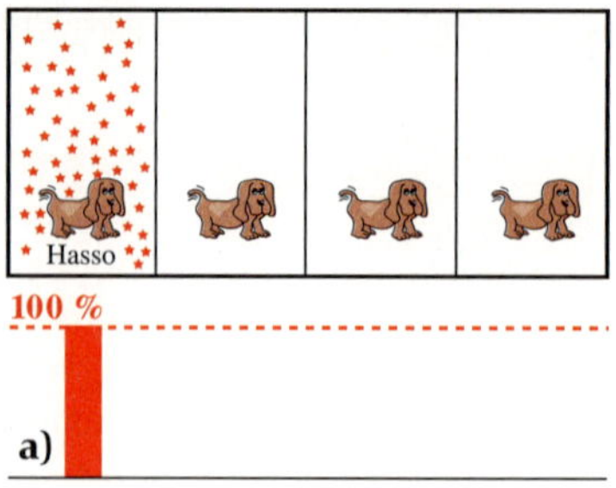

B2 **a)** Computerspiel: Beim Start plagen alle Flöhe (Punkte) nur Hasso.

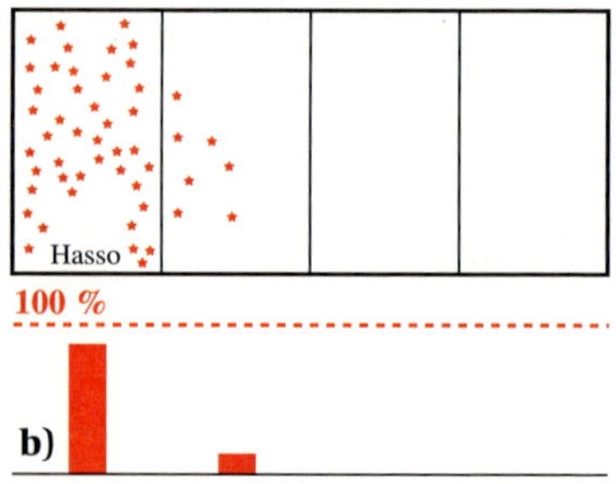

B2 **b)** Der Zufall treibt die Flöhe weg von Hasso.

B3 **a)** Duftstoffe aus der Flasche verteilen sich im ganzen Raum, auch bei ruhender Luft. **b)** Kaliumpermanganat liegt am Boden; seine Teilchen färben in einigen Tagen die Lösung gleichmäßig rot.

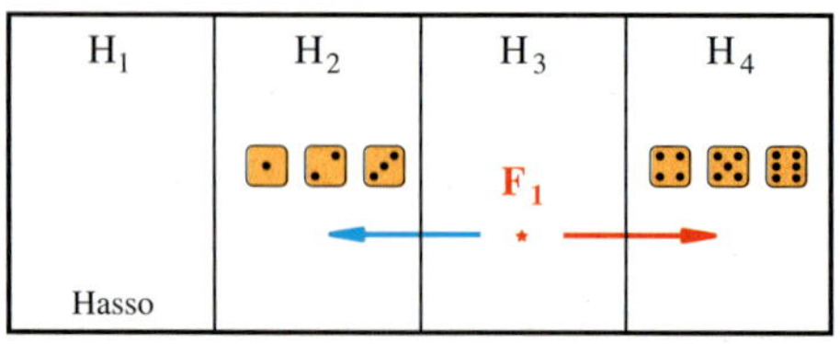

B4 Spielregeln für das Computerspiel:
Floh F_1 sitzt z. B. auf Hund H_3. Beim Würfeln einer 1, 2 oder 3 „hüpft" Floh F_1 ein Feld nach links. Beim Wurf einer 4, 5 oder 6 hüpft er ein Feld nach rechts. Sollte F_1 an einem Ende die Reihe verlassen, so lässt man ihn sitzen.
In **→ B2, 5 und 6** werden die „hüpfenden Teilchen" mit einem zweiten Würfel vertikal verschoben. Dabei ist es wichtig, dass der Zufall alle Flöhe, Hunde und Richtungen gleich bedient. Folglich können alle Flöhe kurzzeitig auch mal nur den Hasso plagen. Dabei gilt: In diesem Spiel stören sich die Flöhe gegenseitig nicht.

1. Naturvorgänge ohne Wiederkehr

Ein Schelm lässt den Film des Turmsprungs in **→ B1** rückwärts laufen, unangekündigt. Man lacht, wenn das Kind mühelos aus dem Wasser zum Turm hochspringt. Dabei wäre kein uns bisher bekanntes Naturgesetz verletzt; auch die Energie bliebe erhalten. Sie müsste „nur" vom verwirbelten Wasser zum Springer zurückkehren und ihn nach oben katapultieren. Dies würde aber jeder als unnatürlich empfinden. Man sagt: Der Sprung ins Wasser ist *nicht umkehrbar*; er ist **irreversibel**.

Läuft dagegen der Film einer schwingenden Schaukel rückwärts, so stört es niemanden. Sieht man idealisierend von Reibung und Luftwiderstand ab, dann ist ihr Schwingen *umkehrbar*, **reversibel**.

Die meisten Naturvorgänge sind irreversibel. Einige Beispiele:
- Aus der Parfümflasche in **→ B3a** verbreiten sich die dort konzentrierten Duftstoffteilchen im Raum, ganz von selbst. Noch niemand hat beobachtet, dass sie wieder in die Flasche zurückkehren.
- In **→ B3b** ist Wasser über das farbige Salz Kaliumpermanganat geschichtet. Die Salzteilchen verteilen sich zwischen den Wasserteilchen und färben die Lösung gleichmäßig rot, obwohl alles nach außen hin ruhig erscheint. Das ständige Kleingewimmel treibt sie an; wir sahen es unter dem Mikroskop als **brownsche Bewegung**.
- Das Kleingewimmel löst auch im ruhigen Kaffee Zucker auf. Wir sagten, die Zuckerteilchen diffundieren in das Wasser hinein. Diese **Diffusion** läuft im heißen Kaffee schneller ab; der Antrieb durch das Kleingewimmel ist dort stärker.

2. Bestimmt der Zufall die Richtung?

Wir sehen zwar das Kleingewimmel mit bloßem Auge nicht. Doch zeigt die brownsche Bewegung Folgendes: Die gelösten Farbstoffteilchen werden von den Wasserteilchen regellos hin und her und auf und ab gestoßen. Wegen ihrer großen Abstände stören sie sich gegenseitig nicht; jedes Farbstoffteilchen schwirrt unabhängig von den andern umher (**→ B5**). Niemand kann sagen, wohin es im nächsten Augenblick gestoßen wird. Bewegungen nach rechts oder links, nach oben oder unten sind gleich wahrscheinlich. Kann also

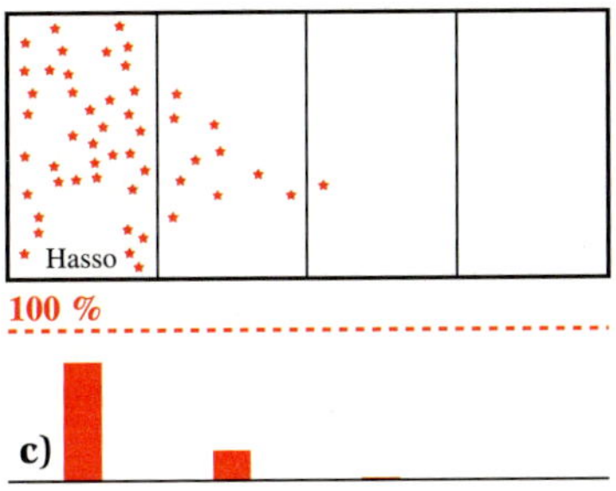

B2 **c)** Die 50 Flöhe verteilen sich auf immer mehr Hunde.

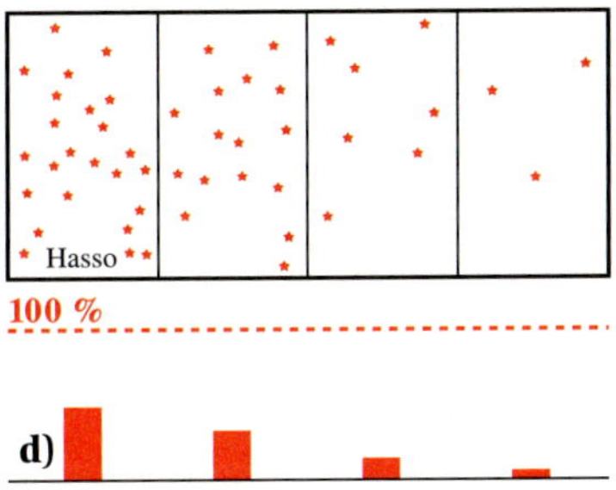

B2 **d)** Die roten Balken geben an, wie viele Flöhe den Hund plagen.

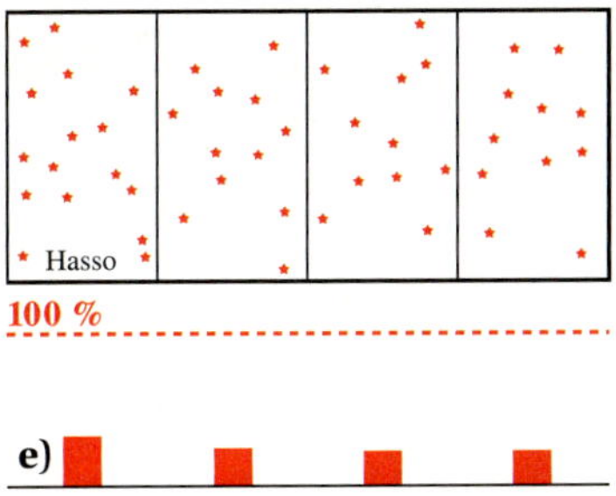

B2 **e)** Nun sind alle 50 Flöhe gleichmäßig auf alle Hunde verteilt.

der Zufall zu verbindlichen Naturgesetzen führen? Um das zu klären, würfelte der berühmte Physiker E. SCHRÖDINGER (1887–1961), ein Mitbegründer der Quantenmechanik, 5000-mal. Diese Mühe nimmt uns der Zufallsgenerator des Computers ab. Er ahmt in → **B2** ein Flohhüpfen nach, mit *Spielregeln* nach → **B4**. In der Ausgangsposition plagen alle Flöhe zunächst nur Hund Hasso (links). Doch verteilt sie der Zufall schnell über alle Hunde. Jeder einzelne Floh bevorzugt für sich genommen keine Richtung. Wir fragen:

Warum treibt der Zufall die Flöhe vom Startplatz Hasso weg, auch zu den anderen Hunden? Warum diffundieren in → **B3b** die Farbstoffteilchen nach oben?
Die Antworten gibt → **B6** für schwirrende Teilchen aller Art. Sie sind in der unteren Hälfte A stärker konzentriert als in der oberen Hälfte B. Deshalb springen mit großer Wahrscheinlichkeit mehr Teilchen von A nach B als von B nach A zurück. Insgesamt gesehen diffundieren die Teilchen also nach B, in Bereiche mit geringerer Konzentration (wie bei der Ausbreitung eines Tintentropfens in Wasser in → **B7**). Als *Antrieb* wirkt das Kleingewimmel, nicht etwa eine unbekannte, abstoßende Kraft. Das Konzentrationsgefälle bestimmt die Richtung des Antriebs.

Diese einfache Vorstellung erklärt, warum die Teilchen den ganzen verfügbaren Raum erobern. Je mehr es sind, umso gleichmäßiger verteilen sie sich. Dann plagen jeden Hund etwa gleich viele Flöhe; die roten Balken in → **B2e** sind etwa gleich hoch. Im Programm zittern die Balken ein wenig auf und ab. Diese spontanen Schwankungen fallen umso weniger auf, je mehr Flöhe hüpfen. Bei der Farbstofflösung erkennt man sie gar nicht mehr; dort gibt es zu viele Teilchen (über 10^{20}). An eine Rückkehr zum Startplatz ist nicht mehr zu denken, auch wenn man sehr lange wartet. Die Diffusion ist unumkehrbar, sie ist irreversibel.

Merksatz

Gibt es bei vielen Teilchen Konzentrationsunterschiede, so verteilt sie das Kleingewimmel im Raum gleichmäßig. Dies ist irreversibel, d.h. unumkehrbar.

B5 Der Zufallsgenerator lässt zwei Flöhe hüpfen, unabhängig voneinander. Er bevorzugt keine Richtung. Vergleiche Pfeile mit gleicher Nummer.

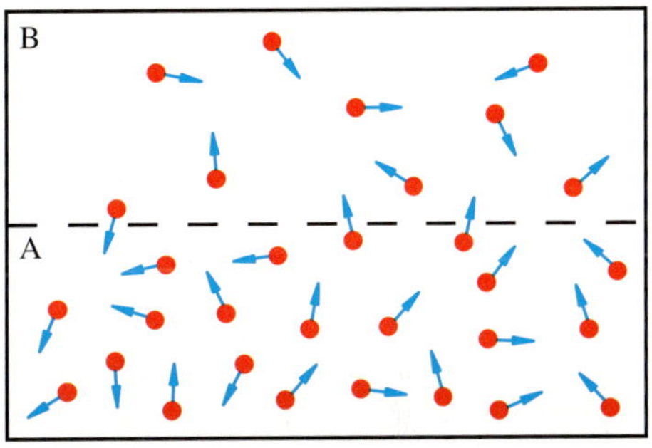

B6 Im Bereich A ist die Konzentration der Teilchen größer als im Bereich B. Im Mittel springen deshalb mehr Teilchen von A nach B als von B zurück nach A. Das Kleingewimmel verteilt sich gleichmäßig.

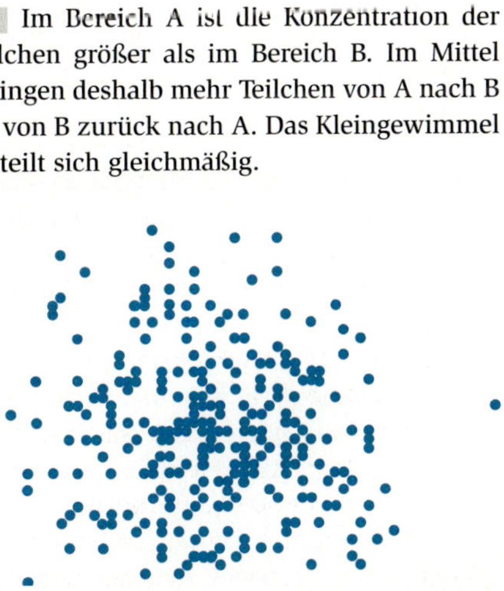

B7 Simulation der allseitigen Ausbreitung eines Tintentropfens in ruhendem Wasser.

		Flöhe f			
		1	2	3	4
Hunde h	2	2,03 $2^1 = 2$	3,95 $2^2 = 4$	7,8 $2^3 = 8$	16,8 $2^4 = 16$
	3	3,4 $3^1 = 3$	8,9 $3^2 = 9$	26 $3^3 = 27$	84 $3^4 = 81$
	4	3,9 $4^1 = 4$	16,3 $4^2 = 16$	67 $4^3 = 64$	260 $4^4 = 256$

T1 Der Computer gibt an, nach wie vielen Würfen alle f Flöhe von den h Hunden auf Hasso zurückkehren (Mittelwerte von 104 Würfen). Rot: Mit $m = h^f$ berechnet.

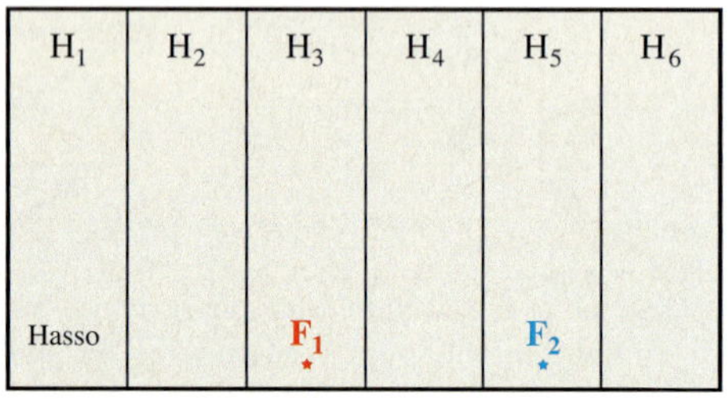

B1 Ein Würfel bestimmt, welchen der sechs Hunde H_1 bis H_6 Floh F_1 besucht. Ein 2. Würfel dirigiert unabhängig davon F_2.

1; 1	1; 2	1; 3	1; 4	1; 5	1; 6
2; 1	2; 2	2; 3	2; 4	2; 5	2; 6
3; 1	3; 2	3; 3	3; 4	3; 5	3; 6
4; 1	4; 2	4; 3	4; 4	4; 5	4; 6
5; 1	5; 2	5; 3	5; 4	5; 5	5; 6
6; 1	6; 2	6; 3	6; 4	6; 5	6; 6

T2 Die Kombination 3; 5 bedeutet: Floh F_1 sitzt auf Hund H_3, F_2 auf H_5. Es sind bei $f = 2$ Flöhen auf $h = 6$ Hunden $m = h^f = 6^2 = 36$ Möglichkeiten. Bei 1; 1 plagen F_1 und F_2 den Hasso (H_1) zugleich.

Vertiefung

Was bevorzugt die Gleichverteilung?
50 Flöhe haben auf 6 Hunden $m = h^f = 6^{50} \approx 10^{39}$ Möglichkeiten. Da es auf 5 Hunden nur $5^{50} \approx 10^{35}$ Möglichkeiten gibt (0,01 % von 10^{39}), ziehen sich die Flöhe kaum von 6 auf 5 Hunde zurück. Das Maximum (alle 6 Hunde sind besetzt) ist also so sehr bevorzugt, dass es kaum noch verlassen wird. Da Gase sehr viel mehr Teilchen haben, ist es höchst unwahrscheinlich, dass sie sich von selbst auf etwas weniger als den ganzen zur Verfügung stehenden Raum zurückziehen.

3. Warum führt der Zufall zur Gleichverteilung?

Am Bildschirm sehen wir: Hüpfen nur wenige Flöhe, so ziehen sich immer wieder mal *alle zugleich* auf Hasso zurück (→ **T1**). Diese Rückkehr *aller* Flöhe wird mit wachsender Flohzahl f immer seltener. Bei den vielen Farb- und Duftstoffteilchen hat sie noch niemand beobachtet. Dort läuft die Diffusion nur vorwärts, nie zurück – sie ist *irreversibel*. Ist daran der „blinde" Zufall schuld?

a) Betrachten wir zunächst nur einen Floh F_1 (→ **B1**). Welchen der 6 Hunde Floh F_1 besucht, bestimmt ein Würfel. Er trifft jeden der 6 Hunde mit gleicher Wahrscheinlichkeit. Wir sagen: F_1 hat auf 6 Hunden 6 *gleich wahrscheinliche Möglichkeiten*. Eine davon ist seine Rückkehr zu Hasso. Dies geschieht ziemlich oft, bei etwa $\frac{1}{6}$ aller Würfe.

b) Nun gesellt sich Floh F_2 zu F_1. Wen F_2 plagt, bestimmt ein zweiter Würfel, unabhängig vom ersten. Er hat bei 6 Hunden auch 6 Möglichkeiten und kombiniert jede mit den 6 Möglichkeiten von Floh F_1. Dies gibt die $m = 6 \cdot 6 = 6^2 = 36$ Möglichkeiten in → **T2**. Dies kennst du vom Spiel mit zwei Würfeln: Bei der Kombination 1; 1 (beide zeigen die „1") finden sich F_1 *und* F_2 auf H_1. Dies ist eine ihrer $m = 36$ gleich wahrscheinlichen Möglichkeiten; sie tritt also bei etwa $\frac{1}{36}$ aller Würfe ein. Der Computer bestätigt dies, wenn man ihn oft genug würfeln lässt.

c) Bei 3 Flöhen kombiniert ein dritter Würfel seine 6 Möglichkeiten mit jeder der 36 Möglichkeiten aus → **T2**. Also haben $f = 3$ Flöhe auf $h = 6$ Hunden $m = 6 \cdot 36 = 216 = 6^3 = h^f$ gleich wahrscheinliche Möglichkeiten. Eine davon ist: Alle 3 Flöhe kehren zugleich auf Hasso zurück. Dies tritt aber nur noch in etwa $\frac{1}{216}$ aller Fälle auf, also schon recht selten. Wir verallgemeinern:

f Flöhe haben auf h Hunden $m = h^f$ Möglichkeiten.
Nur eine davon ist die Rückkehr aller Flöhe zum Startplatz.

Mit dieser Formel $m = h^f$ wurden die roten Zahlen in → **T1** berechnet. Zur Bestätigung zählt der Computer, wie oft er (im Mittel) würfeln muss, bis alle Flöhe zugleich Hasso besuchen. Bei $h = 6$ Hunden und $f = 50$ Flöhen findet er keine Rückkehr mehr (f ist Exponent in $m = h^f = 6^{50}$, m steigt sehr schnell an). Die Rückkehr ist zwar *im Prinzip jederzeit möglich*; man kann sie aber nur *einmal* unter $m = h^f = 6^{50} \approx 10^{39}$ Würfen erwarten. Bei einem Wurf je Sekunde müsste Hasso etwa 10^{39} s auf die Rückkehr aller Flöhe warten. Da das Weltall 10^{18} s alt ist ($13{,}7 \cdot 10^9$ Jahre), wären dies 10^{21} Weltalter (!).

Vergrößert man zudem die Zahl h der Plätze (der Hunde), die den Flöhen offen stehen, so wächst die Zahl der zu erwartenden Möglichkeiten noch weiter. An eine Rückkehr aller ist nicht mehr zu denken. – Bei Farbstoffen diffundieren nun nicht 50, sondern über 10^{20} Teilchen. Auch ist die Zahl der offenen Plätze riesig. Also führt der Zufall im Kleingewimmel, das den Vorgang antreibt, zur Gleichverteilung. Schon ein winziger Rückzug davon ist völlig unwahrscheinlich (→ **Vertiefung**). Die Diffusion ist *irreversibel*.

4. „Viele Möglichkeiten" heißt „viel Entropie"

Was bei Kleingewimmel im Einzelnen geschieht, kann niemand angeben. *Doch strebt es nach mehr Möglichkeiten.* Dies erkannte der österreichische Physiker L. BOLTZMANN, als er den Zufall in die Physik einführte. Die Zahl dieser Möglichkeiten (z.B. m in → **T1**) bezeichnete er mit dem Begriff ***Entropie S.*** Er sagte: *„Viel Entropie S* bedeutet *viele Verteilungsmöglichkeiten."*

Wir veranschaulichen die Entropie am Beispiel einer Tasse Kaffee (→ **B3**). Die Energie ihres Kleingewimmels stellen wir uns vereinfacht vor als einen Schwarm vieler Energieportionen, winziger „Energieflöhe". Sie sind in der *heißen Tasse* auf relativ wenig Moleküle konzentriert. Dort haben sie wenig Verteilungsmöglichkeiten, wenig Entropie. Beim Abkühlen erobern sie die vielen Moleküle des kalten Zimmers, wo auf jedes Molekül wenig Energie entfällt. Dabei wird die Energie der Tasse „verdünnt" und erhält mehr Verteilungsmöglichkeiten, mehr Entropie (vgl. letzte Spalte $m = h^f$ in → **T1**). Die Energie kehrt nicht mehr in die „enge" Tasse zu höherer Temperatur zurück. Dabei müsste die Entropie wieder abnehmen. Wir erkennen ein grundlegendes Naturgesetz: *Entropie strebt insgesamt nach Zunahme; sie unterliegt einem Abnahmeverbot.*
Deshalb fließt Wärme von Heiß nach Kalt, irreversibel. Bei tiefer Temperatur ist Energie stärker „verdünnt" und hat mehr Entropie. Diese zentrale Festlegung des Entropiebegriffs wird in der Thermodynamik als zweiter Hauptsatz bezeichnet. Der Begriff Entropie (gr.: das „Gerichtetsein") wurde von Rudolf CLAUSIUS (1822–1888) geprägt.

5. Wärme führt stets Entropie mit sich

Beim Heißluftmotor fließt Wärme W_{th} aus der Wärmequelle A in den Kolbenraum B, bei etwa *gleicher Temperatur* (→ **B4**). Dabei verliert A „Energieflöhe", also auch Entropie. Beides nimmt B auf (vgl. letzte Zeile in → **T1**). *Wärme führt auch bei konstanter Temperatur Entropie mit sich.*
Fließt die Wärme W_{th} bei tiefer Temperatur, so ist sie über viele Atome verteilt, sie ist stärker „verdünnt", hat mehr Verteilungsmöglichkeiten als bei hoher Temperatur. Mit der Wärme W_{th} fließt bei tiefer Temperatur mehr Entropie. Dabei gilt ein sehr einfaches Gesetz, das wir später bestätigen werden: Fließt die Wärme W_{th} bei der konstanten, absoluten Temperatur T, so fließt mit ihr die Entropie $\boldsymbol{S = W_{th}/T}$.
Fließt z.B. die Wärme $W_{th} = 3000$ J von A nach B bei $T \leq 600$ K (→ **B4**), so mit ihr die Entropie $S = W_{th}/T = 3000$ J/(600 K) = 5 J/K. Bei der halben Temperatur $T \leq 300$ K wären die „Energieflöhe" über mehr Atome verteilt, sie hätten mehr Möglichkeiten. Sie hätten doppelt so viel Entropie (→ **Vertiefung**). Ihre Einheit ist Joule/Kelvin $\left(\frac{\text{J}}{\text{K}}\right)$, nicht Joule. Entropie ist eben keine Energie.

Merksatz

„Viel Entropie" bedeutet „viele Verteilungsmöglichkeiten". Entropie strebt nach Zunahme und unterliegt einem Abnahmeverbot. Fließt bei der konstanten absoluten Temperatur T die Wärme W_{th}, so fließt mit ihr die **Entropie** $\boldsymbol{S = W_{th}/T}$. Sie hat die Einheit $\left(\frac{\text{J}}{\text{K}}\right)$.

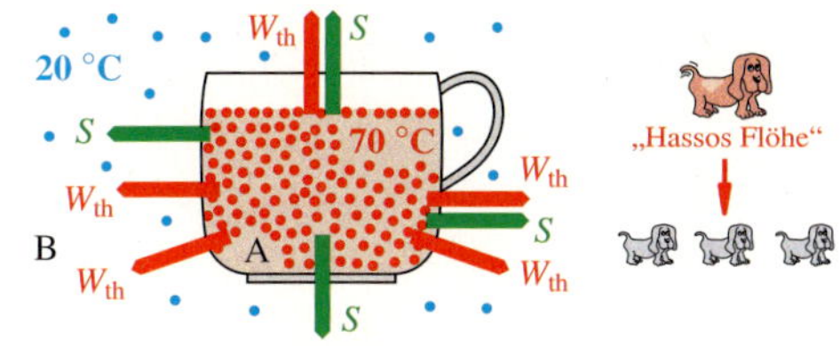

B3 Kleingewimmel strömt mit Wärme W_{th} (rot) aus dem heißen Kaffee (A) in die kalte Umgebung (B). In B ist die innere Energie über mehr Moleküle verteilt, also „verdünnt", die Entropie steigt irreversibel.

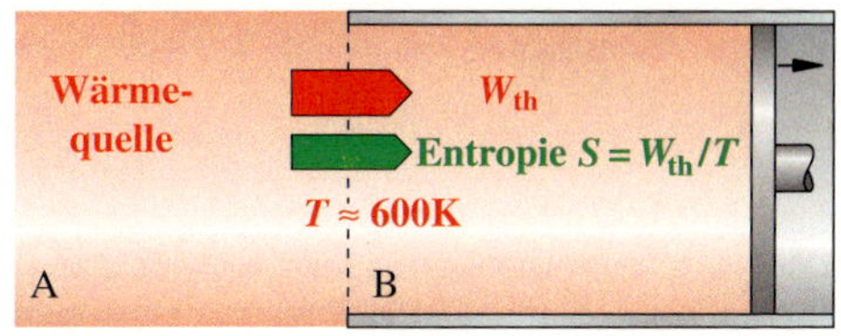

B4 Wärme W_{th} strömt bei $T \leq 600$ K von der Wärmequelle A in den Kolbenraum B mit etwa gleicher Temperatur T, begleitet von der Entropie $S = W_{th}/T$.

Beispiel

Die Wärme $W_{th} = 6000$ J transportiert bei der Temperatur $T = 600$ K die Entropie

$$S = W_{th}/T = 6000 \text{ J}/(600 \text{ K}) = 10 \text{ J/K}.$$

Fließt die gleiche Wärme $W_{th} = 6000$ J bei nur 400 K, so ist die mitgeführte Entropie $S = W_{th}/T = 15$ J/K größer. Was der eine Körper an Entropie abgibt, bekommt bei gleicher Temperatur der andere.

Vertiefung

Ein wichtiger Unterschied!

- In → **B3** „verdünnt" sich *innere Energie* aus dem heißen Kaffee im kalten Zimmer stark; die Entropie steigt *irreversibel* an.
- In → **B4** dagegen fließt Wärme W_{th} vom Körper A *bei fast gleicher Temperatur* nach B, also ohne sich merklich zu „verdünnen". Insgesamt steigt die Entropie kaum an: Was A an Energie und Entropie verliert, gewinnt B. – Zudem gilt: Damit Wärme von A nach B fließt, genügt es dass die Temperatur von A wenig über der von B liegt.

Entropie im Naturgeschehen

B1 Viele Dinge auf viele Orte verteilt bedeutet viele Verteilungsmöglichkeiten, viele Antworten auf die Frage: „Was ist wo?", viel **Unordnung, viel Entropie.**

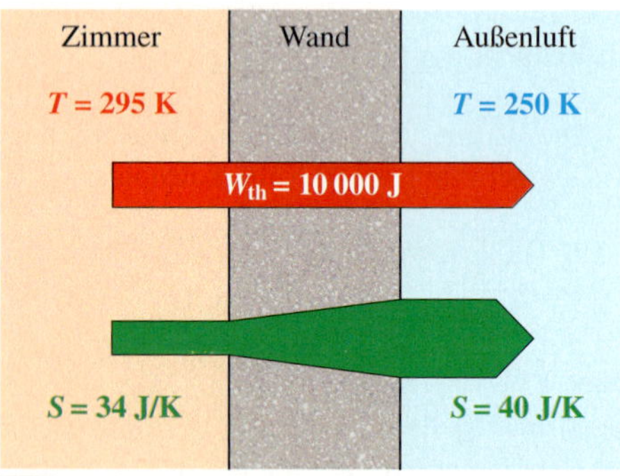

B2 In der Wand sinkt die Temperatur T von 295 K auf 250 K. Die strömende Energie W_{th} bleibt konstant, die Entropie $S = W_{th}/T$ steigt in der Wand, da dort die Temperatur T sinkt.

B3 Beim Verdunsten des Wassers streben die Wasserteilchen in den viel größeren Raum, zu mehr Verteilungsmöglichkeiten; die Entropie nimmt zu.

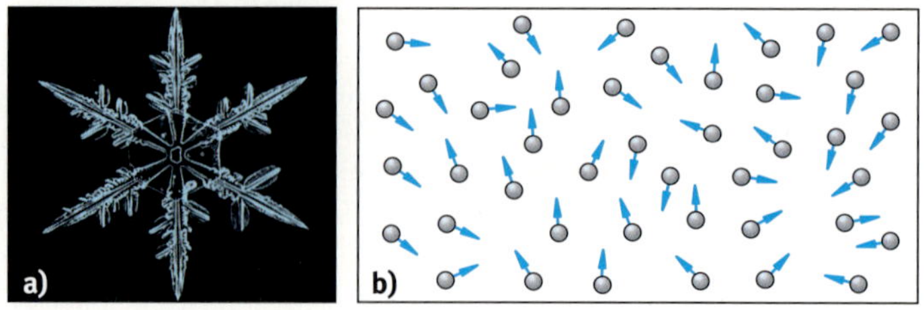

B4 **a)** Im Eiskristall herrscht Ordnung, wenig Entropie. **b)** Im Gas flitzen die Teilchen ungeordnet umher; sie haben viel Entropie.

1. Entropie bei Wärmeleitung in der Hauswand

Wozu ist die Entropieformel $S = W_{th}/T$ gut? Im Zimmer herrscht an der Hauswand die Temperatur $T_h = 295$ K (→ B2). Die abfließende Wärme $W_{th} = 10\,000$ J entzieht dem Zimmer die Entropie

$$S_h = W_{th}/T_h = 10\,000 \text{ J}/(295 \text{ K}) = 34 \text{ J/K}.$$

Die Wärme $W_{th} = 10\,000$ J fließt ohne Verlust durch die Hauswand in die kalte Winterluft. Der rote Pfeil für diese fließende Energie bleibt gleich dick (→ B2). Bei sinkender Temperatur in der Wand verteilt sich die Energie zunehmend auf mehr Moleküle; die Energieflöhe bekommen unterwegs mehr Verteilungsmöglichkeiten, mehr Entropie. In der Wand steigt die Entropie von 34 J/K auf

$$S_t = W_{th}/T_t = 10\,000 \text{ J}/(250 \text{ K}) = 40 \text{ J/K}.$$

Wir lassen den Pfeil für die Entropie in der Wand dicker werden. Das Zimmer verliert zwar an Entropie 34 J/K, dafür gewinnt die Umgebung 40 J/K. Zusammengefasst nimmt also die Gesamtentropie bei der irreversiblen Wärmeleitung um 6 J/K zu. Weil T im Nenner von $S = W_{th}/T$ steht, zeigt die Entropie die Irreversibilität an; die Wärme W_{th} allein genügt dazu nicht.

2. Entropie steckt auch in den Körpern – als Unordnung

a) Auf je mehr Zimmer ein Kind seine zahlreichen Spielsachen wahllos verstreut, umso größer ist die Zahl der Verteilungsmöglichkeiten, umso größer die **Unordnung**. Man veranschaulicht deshalb Entropie gerne mit Unordnung.

b) Im Eiskristall sind die Teilchen an geordnete Strukturen geheftet; sie haben wenig Entropie, wenig Unordnung (→ B4a). Führt man Wärme, also auch Entropie zu, so schwingen sie stärker um ihre Plätze. Bei 0 °C schmilzt Eis; die geordnete Kristallstruktur bricht zusammen. Die Teilchen nehmen die ziemlich ungeordnete Molekülverteilung von Wasser an, also mehr Entropie. Die Schmelzwärme W_{th} schafft die Entropie $S = W_{th}/T$ heran. Wasser hat mehr innere Energie als Eis und zugleich mehr Entropie, mehr Unordnung. Wir sehen auch hier: *Entropie fließt mit Wärme von Körper zu Körper; sie steckt aber auch in den Körpern selbst.*

Beim Verdunsten wie beim Sieden entsteht ein Gas mit noch mehr Unordnung (→ B3 und → B4b), mit noch mehr Entropie. Beim Verdampfen bekommen sie ja mehr „Freiraum", mehr Möglichkeiten als im Wasser oder gar im Eis (denke an das Flohmodell).

B5 Die Kette überträgt Energie geordnet, ohne Kleingewimmel.

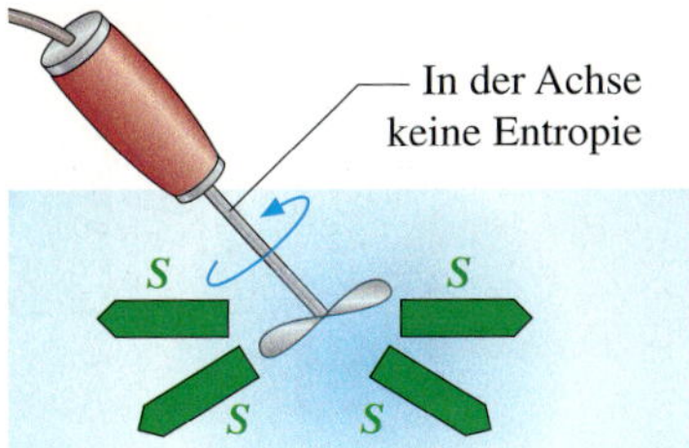

B6 Der Quirl verstärkt das Kleingewimmel und erzeugt Entropie.

B7 Explosionen setzen Teilchen ungeordnet frei; Entropie entsteht.

3. Wo spielt Entropie eine Rolle, wo nicht?

Mit dem Blick auf die Unordnung im Kleingewimmel kannst du sofort angeben, wo Entropie zu beachten ist und wo nicht:

- Eis hat wenig, Wasserdampf viel Entropie im Sinne von Unordnung. Beim Schmelzen und Verdampfen erhöht die zugeführte Wärme nicht nur die innere Energie, sondern auch die Entropie des Körpers. Bei Explosionen steigt die Unordnung, die Entropie unumkehrbar (→ **B7**). Entropie entsteht auch, wenn ein Quirl im Wasser Unordnung stiftet (→ **B6**).
- In der Mechanik, etwa bei periodisch schwingenden Schaukeln, spielt Entropie keine Rolle. Dort laufen umkehrbare, reversible Vorgänge ab, wohl geordnet; man ignoriert den Aufbau der Körper aus Teilchen, deren Kleingewimmel und damit die Entropie. Dies gilt auch für Höhen-, Bewegungs- und Spannenergie. Seile und Stangen übertragen die Energie $W = F \cdot s$ mit der Kraft F völlig geordnet, entropiefrei (→ **B5**). Man nennt entropiefrei übertragene Energie **Arbeit**.
- Beim Reiben verlassen wir die „geordnete" Mechanik. Beim Bremsen wird die Energie der geordneten Fahrzeugbewegung in ungeordnetes Kleingewimmel verzettelt. Die Bremsbacken führen mit der Reibungswärme W_{th} auch Entropie $S = W_{th}/T$ ab. Doch gab es diese Entropie vorher nicht; sie verschwindet auch nicht mehr. Die innere Energie heißgelaufener Bremsen bringt Autos nicht mehr in Fahrt. Reibungsvorgänge sind stets irreversibel. Energie wird endgültig entwertet, wenn Entropie irreversibel entsteht. Die Neubildung von Entropie bedeutet ein Entwerten von Energie.
- Auch beim Diffundieren und Auflösen von Farb- und Duftstoffteilchen steigt die Entropie. Kleinste Teilchen neigen dazu, sich gleichmäßig zu verteilen. Sie weist also weit über die Wärmelehre hinaus.
- Überall dort, wo der Zufall wirkt, spielt auch die Entropie eine Rolle: beim Würfeln, beim Werfen einer Münze usw. Die Entropie hängt also stark mit dem Begriff der Wahrscheinlichkeit zusammen. Kippen wir eine Schachtel mit Münzen aus, dann ist es sehr unwahrscheinlich, dass bei allen die Zahl nach oben zeigt. Dieser Zustand hat also eine geringe Entropie.

Merksatz

Wärme ist stets von Entropie begleitet, **Arbeit** dagegen nie. So werden diese Übertragungsgrößen für Energie klar unterschieden. □

A1 Untenstehende Bilder zeigen Beispiele, bei denen Entropie entsteht oder zunimmt. Diskutiere mit geeigneten Modellen. Wo ist Wärme im Spiel, wo nicht?

a) Kontakt zwischen Heiß und Kalt.

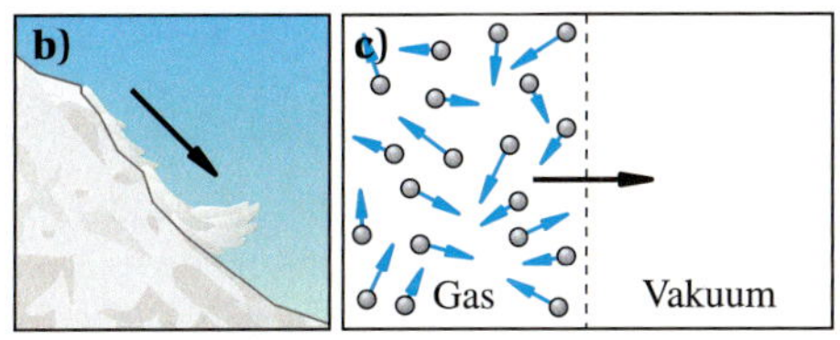

b) Die niederdonnernde Lawine erzeugt Unordnung. **c)** Nach Entfernen der gestrichelten Trennwand stürzen die links stark konzentrierten Teilchen ins Vakuum.

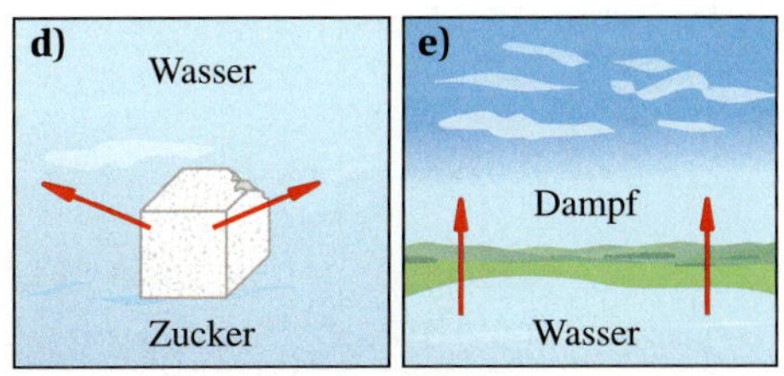

d) Diffusion **e)** Verdunsten

A2 Wie viel Entropie muss man 1 kg Eis von 0 °C zuführen, um es zu schmelzen? Wie viel Entropie braucht man, um die Temperatur von 1 kg Wasser von 0,1 °C auf 0,2 °C zu erhöhen?

A3 Ein heißer Körper entspreche 2 Hunden, die von 4 Flöhen besucht werden, ein großer kalter Körper 10 Hunden mit 5 Flöhen. Nun bringt man beide „Körper" zusammen. Wie ändern sich die Verteilungsmöglichkeiten der Flöhe (nach $m = h^f$)?

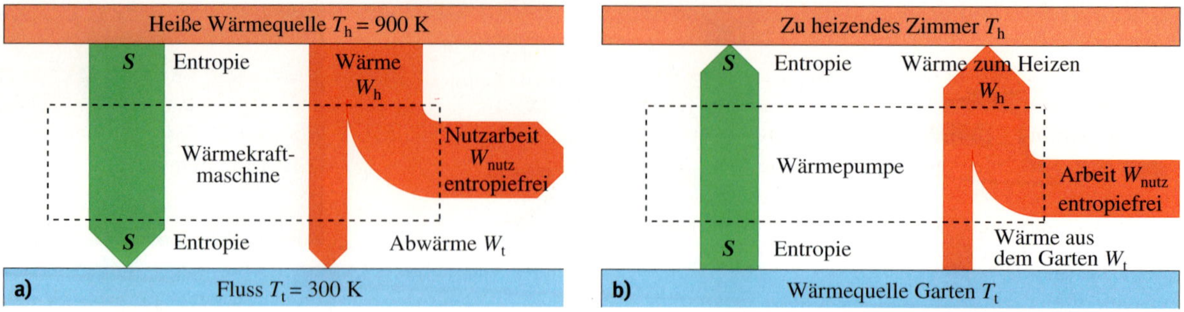

B1 **a)** Energiefluss (rot) und Entropiefluss (grün) in idealen Wärmekraftmaschinen **b)** In der Wärmepumpe (z. B. in Kühlschränken) ist der Energiefluss (rot) sowie der Entropiefluss (grün) entgegengesetzt zu a) gerichtet.

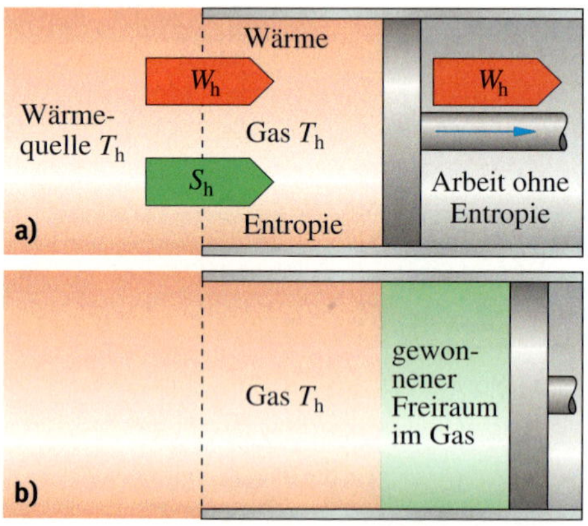

B2 **a)** Im *Arbeitstakt* übernimmt der nach rechts gleitende Kolben entropiefreie Energie W_h vom Gas und leitet sie weiter. Die Wärmequelle führt dem Gas die gleich große Wärme W_h zu, also die Entropie $S = W_h/T_h$. **b)** Das Gas speichert wegen des gewonnenen Freiraums (grün) die Entropie S vorübergehend. Nur Arbeit geht an den Kolben, und zwar entropiefrei.

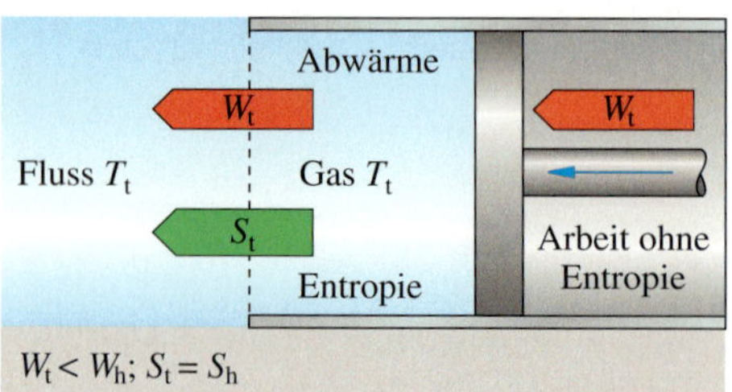

B3 Der Kompressionstakt ist die reversible Umkehrung von **➜ B2**. Der zurückkehrende Kolben braucht bei der tieferen Temperatur T_t nur die Arbeit $W_t = W_h \cdot T_t/T_h$. Das Gas führt sie als Abwärme W_t in den Fluss und gibt den vorübergehend eingenommenen Raum zurück, also die Entropie $S_t = W_t/T_t$.

1. Energie und Entropie beim reversiblen Heißluftmotor

Wir wiederholen die Energieaufteilung im idealen Heißluftmotor am roten Pfeil in **➜ B1a**. Die Wärmequelle liefert bei der hohen Temperatur T_h = 900 K die Wärme W_h = 100 J an das Gas im Arbeitsraum. Bei der tiefen Temperatur T_t = 300 K geht aber nur der Teil $W_t = W_h \cdot T_t/T_h$ = 33 J als Abwärme W_t = 33 J in den Fluss. Der Rest wird als Nutzarbeit $W_{nutz} = W_h - W_t$ = 67 J abgezweigt.

Ist das nicht enttäuschend, gilt das etwa nur beim Heißluftmotor? Der Energiesatz wäre doch nicht verletzt, wenn sich alle Wärme W_h in Nutzarbeit umwandeln ließe. Steht diesem Vorgang die Entropie entgegen?

- Im **Arbeitstakt** schiebt das Gas den Kolben nach rechts (**➜ B2a**). Der Kolben übernimmt vom Gas kein Kleingewimmel, keine Entropie, nur die Energie W_h und gibt sie geordnet, entropiefrei, als Arbeit W_h über das Gestänge weiter. Dabei erobern die Gasteilchen den in **➜ B2b** grün getönten „Freiraum". Sie erhalten mehr Entropie (wie Flöhe, die mehr Hunde erobern). Doch wird diese Entropie nicht neu erzeugt (dies wäre irreversibel). Denn die Wärmequelle liefert bei der hohen Temperatur T_h mit der Wärme W_h die Entropie $S_h = W_h/T_h$ in das Gas (**➜ B1a**). Sie bleibt dort aber nur vorübergehend.
- Denn im **Kompressionstakt** entzieht der Kolben den Gasteilchen den „Freiraum" wieder (**➜ B3**). Die dabei frei werdende Entropie geht bei der tieferen Temperatur T_t mit der Abwärme $W_t = W_h \cdot T_t/T_h$ (siehe oben) in den Fluss; sie beträgt $S_t = W_t/T_t$. Setzt man hier $W_t = W_h \cdot T_t/T_h$ ein, so folgt das für den reversiblen Vorgang wichtige Ergebnis

$$\mathbf{S_t} = W_t/T_t = (W_h \cdot T_t/T_h)/T_t = W_h/T_h = \mathbf{S_h}. \qquad (1)$$

Die in den Fluss abgegebene Entropie $S_t = W_t/T_t$ *ist gleich der von der Wärmequelle aufgenommenen Entropie* $S_h = W_h/T_h$. Der grüne Entropiepfeil in **➜ B1a** hat bei *reversiblen* Idealmaschinen gleiche Dicke; dort darf sich keine Entropie anhäufen. Verstopft man die Kühlung des Motors, den Abfluss von Energie und Entropie, so bleibt er stehen.

Damit haben wir auch die Formel $S = W_{th}/T$ für die Entropie S an einem reversiblen Vorgang bestätigt. Dort bleibt sie konstant.

2. Entropieerhaltung in allen idealen Maschinen

Vielleicht ist dir die Entropie $S = W_{th}/T$ zu abstrakt. In der Wärmetechnik ist sie aber sehr praktisch, da sie mit den technisch relevanten Größen Wärme W_{th} und Temperatur T auskommt. Man muss nicht über Kräfte nachdenken, braucht auf Kolben, Ventile, Verdränger usw. nicht zu achten. In wenigen Zeilen berechnet man alle Wärmekraftmaschinen und Wärmepumpen, Dampfturbinen und Strahltriebwerke, falls sie hinreichend reversibel arbeiten.
Dort gilt: *Entropie bleibt bei reversiblen Maschinen konstant.*
Arbeiten sie zwischen T_h und T_t, so gilt nach Gl. (1):

- *Entropie:* $\mathbf{S_t} = W_t/T_t = W_h/T_h = \mathbf{S_h}$, (2)
- *Abwärme:* Aus Gl. (2) folgt $W_t = W_h \cdot T_t/T_h$, (3)
- *Abzweigbare Nutzarbeit:* $W_{nutz} = W_h - W_t = W_h \cdot (1 - T_t/T_h)$ (4)
- *Wirkungsgrad:* $\eta_{max} = W_{nutz}/W_h = 1 - T_t/T_h$. (5)

Alle zugeführte Entropie verlässt die Maschine wieder; W_{nutz} ist entropiefrei; es ist Nutzarbeit – wie erwartet. Wir sehen:
Die Entropie begrenzt den *Wirkungsgrad* η_{max} aller Wärmekraftmaschinen gemäß Gl. (5); sie gilt für alle Idealmaschinen.

3. Duldet die Entropie Abweichungen?

- Wer eine Maschine mit größerem Wirkungsgrad als η_{max} bauen wollte, müsste weniger Wärme in den Fluss abführen (W_t kleiner, W_{nutz} größer). Der Energiesatz würde das gestatten. Dann flösse aber weniger Entropie ab; man müsste in der Maschine Entropie vernichten; Gl. (2) wäre verletzt!
- In der Praxis entsteht Entropie durch Reibung oder irreversible Wärmeleitung neu. Sie verlässt die Maschine zusammen mit zusätzlicher Abwärme W_t. Dann ist $S_t = W_t/T_t$ in Gl. (2) größer; W_{nutz} in Gl. (4) nimmt ab. Der Wirkungsgrad wird erheblich kleiner als η_{max} Energie wird entwertet.

4. Entropie bei Wärmepumpen und Kühlschränken

Wie bringen es Wärmepumpen fertig, dass nach **→ B1b** Wärme W_t aus der kalten Gartenerde (T_t) ins warme Zimmer (T_h) „hochsteigt"? Von allein kann sie das nicht; der Entropiepfeil würde dünner ($W_t/T_h < W_t/T_t$). Also addiert man unterwegs zu W_t die Energie W (in Kühlmaschinen z. B. mit Elektromotoren). Dann gelangt ins Zimmer die Wärme $(W_t + W)$, also die Entropie $S_h = (W_t + W)/T_h$. Analog zu Gl. (2) fordert dabei die Konstanz der Entropie $S_t = S_h$:

$$S_t = W_t/T_t = (W_t + W)/T_h = W_h/T_h = S_h. \quad (6)$$

Wenn man W richtig wählt, behält der Entropiepfeil in **→ B1b** seine Dicke; die bei T_h abgegebene Entropie $S_h = (W_t + W)/T_h$ ist gleich der bei T_t aufgenommenen $S_t = W_t/T_t$ (**→ Beispiel**).

Merksatz

Bei allen reversiblen Vorgängen bleibt die Entropie erhalten. Entropie beschränkt den Wirkungsgrad aller Wärme- und Kühlmaschinen und durchläuft diese im Idealfall unverändert.

Beispiel **Entropierechnungen an Maschinen**

1. Welche elektrische Energie W_{el} ist nötig, um die Wärme $W_h = 1000$ J aus der Gartenerde mit $T_t = 273$ K (0 °C) in ein Zimmer von $T_h = 295$ K (22 °C) zu pumpen?

Lösung:
Trägst du in **→ B1b** die Daten ein, hast du die Aufgabe schon halb gelöst:

Nach *Gl. (b)* gilt:

$S = W_t/T_t = W_h/T_h$
$= 1000$ J / 295 K
$= 3{,}39$ J/K

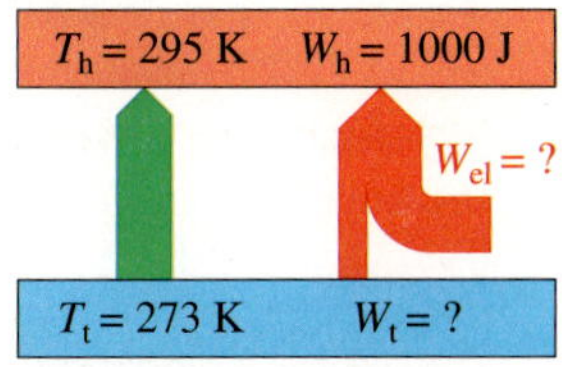

Aus der Entropiebilanz $W_t/T_t = W_h/T_h$ folgt die der Erde zu entnehmende Wärme:

$$W_t = W_h \cdot T_t/T_h = 1000 \text{ J} \cdot 273 \text{ K}/(295 \text{ K}) = 925 \text{ J}.$$

Man braucht an elektrischer Energie noch

$$W_{el} = W_h - W_t = 1000 \text{ J} - 925 \text{ J} = \mathbf{75\ J}.$$

2. Welche Wärme kann man in 1 h mit 50 W elektrischer Leistung dem Kühlschrankinnern von −10 °C (263 K) entziehen, bei der Küchentemperatur 24 °C (297 K)?

Lösung:
Bei 50 W wird in 1 s die elektrische Energie $W_{el} = 50$ J zugeführt; die Küche erhält also $W_h = W_t + 50$ J.
Aus der Entropiebilanz $W_t/T_t = W_h/T_h$ folgt

$$W_t = (W_t + 50 \text{ J}) \cdot 263 \text{ K}/(297 \text{ K})$$
$$W_t = (W_t + 50 \text{ J}) \cdot 0{,}89 = 0{,}89\, W_t + 44 \text{ J}$$
$$0{,}11\, W_t = 44 \text{ J, d. h. } \mathbf{W_t = 400\ J}.$$

In 1 s wird dem Kühlschrankinnern $W_t = 400$ J entzogen, in 1 h also 1,4 MJ = 0,4 kWh.

A1 a) Zeichne **→ B1a** bei $T_h = 900$ K, $W_h = 9000$ J und $T_t = 300$ K und führe mit diesen Werten die Gl. (2–5) aus.

A2 Vergleiche die früheren Erörterungen (ohne „Entropie") zum Heißluftmotor mit den hier entwickelten. Beachte den Unterschied von „anschaulich" und „allgemeingültig".

Energieentwertung und Entropie

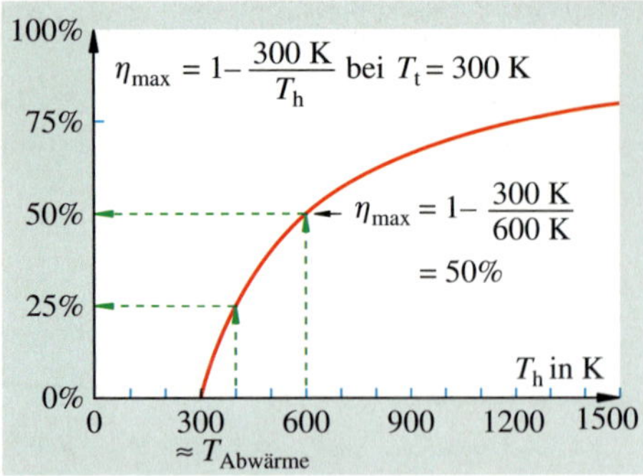

B1 Der optimale Wirkungsgrad η_{max} bei der Abwärmetemperatur T_t = 300 K.

Dampfmaschine	15 %
Strahltriebwerk (Flugzeug)	18 %
Ottomotor (Benzin)	30 %
Dieselmotor (im Auto 17 %)	38 %
Dampfturbinenkraftwerk	45 %
GuD (Gas- und Dampfturbinen)	54 %
Brennstoffzelle in Autos	60 %

T1 Tatsächliche Wirkungsgrade (entnehmbare Nutzenergie W_{nutz} bezogen auf die aufgewandte Energie der „Brennstoffe").

Vertiefung

Wie weit sind Maschinen ideal?

a) Die oft zitierte Idealmaschine hat ein Problem: Beim Fluss der Wärme W_h von der Wärmequelle in den Kolbenraum dürfte keine Entropie irreversibel entstehen; die Temperatur müsste in beiden Körpern exakt gleich sein. Ohne Temperaturunterschied fließt aber keine Wärme; eine Idealmaschine bliebe stehen; sie existiert nur auf dem Papier – bequem zum Rechnen. In realen Maschinen, bei jeder Energienutzung, laufen irreversible Vorgänge mit ab, die mehr oder weniger Energie entwerten.

b) Ist die Abwärme W_t einer Maschine im Sinne der Physik völlig entwertet? Würde man sie mit einer Wärmepumpe unter Zufuhr von Energie wieder auf die hohe Temperatur T_h pumpen, so könnte sie von dort wieder Arbeit liefern. Das ließe sich theoretisch beliebig oft wiederholen. Erst wenn die Abwärme W_t von einem Fluss abgeführt wird, geht sie für uns verloren. Vorher kann man sie aber noch zum Heizen benutzen.

Man benutzt im täglichen Leben das Wort *„Energieverbrauch"*, obwohl kein einziges Joule in der Natur verschwindet. Auch beim „Wasserverbrauch" verschwindet Wasser nicht wirklich. Vielmehr ist das im Haushalt „verbrauchte" Wasser mit Schmutz verunreinigt. Gibt es auch bei der Energie etwas, das sie beim Gebrauch „verschmutzt", entwertet? Kann man diesen „Schmutz" entfernen? Oder verbieten Naturgesetze, die entwertete Energie zu recyceln?

- Beim Bremsen eines Autos kennen wir den Grund für die Entwertung: Es ist die irreversible Umwandlung von geordneter, stets entropiefreier Bewegungsenergie in ungeordnetes Kleingewimmel. Dieses geht als Wärme ab, zusammen mit der neu erzeugten Entropie. Nun ist die Abnahme von Entropie naturgesetzlich verboten. Dies macht die Entwertung endgültig. Schmutzwasser dagegen könnte man reinigen (recyceln).
- In modernen Zügen knirschen kaum noch Reibungsbremsen. Dort wird in Generatoren die Bewegungsenergie lautlos in ebenfalls entropiefreie elektrische Energie umgewandelt und durch die Oberleitungen anderen Zügen zur Verfügung gestellt. Denn die von Kleingewimmel, von Entropie freien mechanischen und elektrischen Energieformen sind **vollwertig**, im Gegensatz zu der stets mit Entropie „verschmutzten" Wärme.
- Die Entropie begrenzt den Wirkungsgrad *aller* idealen, reversiblen Wärmekraftmaschinen auf $\eta_{max} = W_{nutz}/W_{th} = 1 - T_t/T_h$. **→ B1** zeigt η_{max} bei der Abwärmetemperatur T_t = 300 K. Technisch bedingte irreversible Vorgänge (Reibung, Wärmeleitung) senken die tatsächlichen Wirkungsgrade weit unter η_{max} (**→ T1**). Vergleiche **→ T1** mit **→ B1**.
- Die Abwärme ist noch zum **Heizen** geeignet, da es dort nur auf die Temperatur ankommt. Bei der **Kraft-Wärme-Kopplung** leitet man die Abwärme von Kraftwerken in Häuser. Erst diese entlassen sie bei tiefer Temperatur in die Umgebung, mit viel Entropie.
- In **Brennstoffzellen** erfolgt im Idealfall die Oxidation („Verbrennung") von Wasserstoff „geordnet", ohne Entropiezunahme. Sie ist reversibel (analog zu Akkus, die man immer wieder aufladen kann). Die aus chemischer Energie ohne den „Umweg" über Wärme entstandene elektrische Energie ist entropiefrei. Statt des theoretisch erwarteten Wirkungsgrads η_{max} = 100 % wird in Autos aber nur ca. 60 % erreicht.
- Wir zeichnen oft **Übertragungsketten** für Energie. Längs all dieser Ketten nimmt die Entropie irreversibel zu, Energie wird entwertet. Wie wir sahen, strebt die Entropie zum Maximum an Möglichkeiten, zu möglichst viel „Unordnung". So schreibt sie dem irreversiblen Naturgeschehen die zeitliche Richtung vor, den sog. Zeitpfeil, und das unerbittlich: Die Zeit verläuft in der Richtung, in der die Entropie zunimmt. Wäre es umgekehrt, würde die Entropie in unserem Universum also abnehmen, dann könnten wir Scherben beobachten, die sich zu Tassen zusammensetzen usw. Ein merkwürdiges Universum!

Merksatz

Mechanische und elektrische Energieformen sind vollwertig. Energie wird bei der irreversiblen Zunahme der Entropie entwertet, meist beim Abgang als Wärme. Dies geschieht praktisch überall.

Interessantes

Das Gummiband als Kältemaschine

Strecke ein dünnes Gummiband schnell und halte es gestreckt an die temperaturempfindliche Oberlippe. Es wurde wärmer, aber nicht durch Reibung. Würden die Gummiteilchen aneinander reiben, so wäre das irreversibel. Ein gestrecktes Band würde sich nicht wieder von selbst zusammenziehen.
Halte das Band gespannt, bis es auf Zimmertemperatur abgekühlt ist. Prüfe nach dem Entspannen seine Temperatur. Sie liegt unter der Zimmertemperatur! Du hast die einfachste „Kühlmaschine" in Händen. Wie funktioniert sie?

Vereinfacht gesehen bestehen komplizierte Gummimoleküle aus vielen Gliedern, wie Uhrketten (→ **B2**). Diese hängen locker aneinander; die Gliederkette erzeugt für sich keine elastische Kraft. Doch tritt nun das Kleingewimmel in Aktion. Es verknäuelt im entspannten Gummi alle Glieder und es gibt jedem Knäuel eine andere Form; die vielen *Form-Möglichkeiten* bedeuten viel *„Form-Entropie"* (→ **B3**).

Zieht man das Gummiband in die Länge, so nehmen alle Moleküle etwa die gleiche, gestreckte Form an, sie müssen sich auf wenige Form-Möglichkeiten beschränken; die Form-Entropie sinkt drastisch. Die *Gesamtentropie* des Bandes kann aber auch hier nicht abnehmen; ein universelles Naturgesetz wäre verletzt. Deshalb weicht die Form-Entropie ins Kleingewimmel aus; dies erhöht die bereits bekannte (Wärme-) Entropie. Wärme fließt in deine Oberlippe und nimmt etwas von der Unordnung mit, die du den Gummimolekülen beim Spannen entzogen hast.

Die zugehörige Wärme entsteht aber nicht von selbst, sondern wurde zuvor von dir mit der Spannkraft als Spannenergie geliefert.

Wenn du das Band loslässt, so verknäuelt das emsige Kleingewimmel die Moleküle wieder. Die vorübergehend gehortete (Wärme-)Entropie kehrt wieder als Form-Entropie zurück. Das Band kühlt sich ab; es holt aus deiner Lippe Wärme und Entropie, Unordnung zurück. Du spürst die Entropie unmittelbar.

Ein weiteres Experiment bestätigt dies: Erhitze ein durch angehängte Körper straff gespanntes Gummiband kräftig mit dem Fön (→ **B5**). Dabei wird das thermische Kleingewimmel verstärkt, also die Unordnung der Molekülformen. Die Moleküle verknäueln sich stärker. Das Band verkürzt sich, während sich andere Stoffe beim Erhitzen ausdehnen.

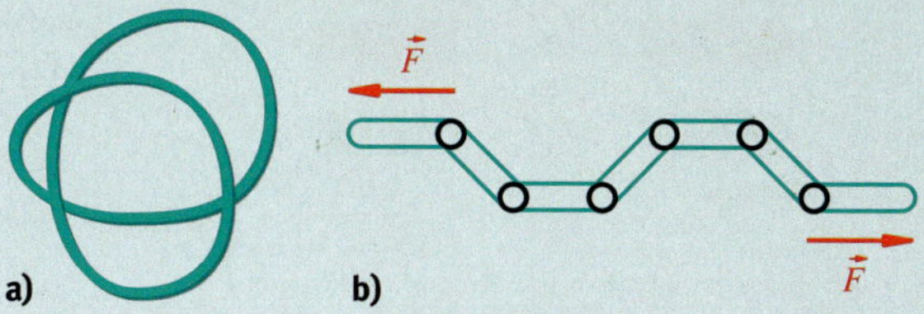

B2 **a)** Das Gummimolekül hat sehr viele Möglichkeiten, sich zu verknäulen; es hat Form-Entropie. **b)** Im gespannten Zustand gibt es dagegen praktisch nur eine Möglichkeit, die Form-Entropie ist dort klein.

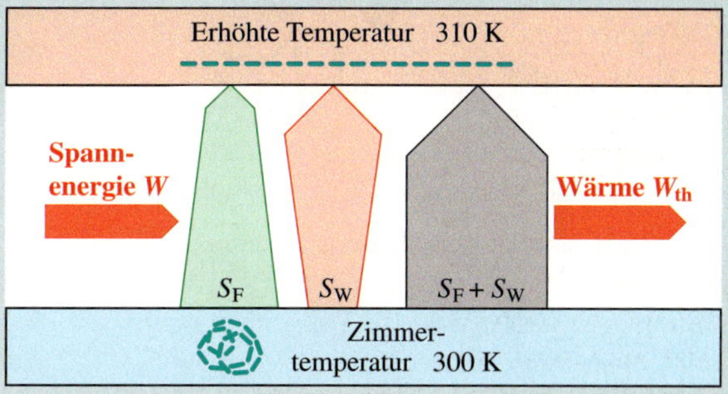

B3 Das Gummiband wird gespannt (oben). Die Form-Entropie nimmt ab (grün). Sie geht reversibel in (Wärme-)Entropie, in Kleingewimmel, über (rot). Die Gesamtentropie (schwarz) bleibt praktisch erhalten.

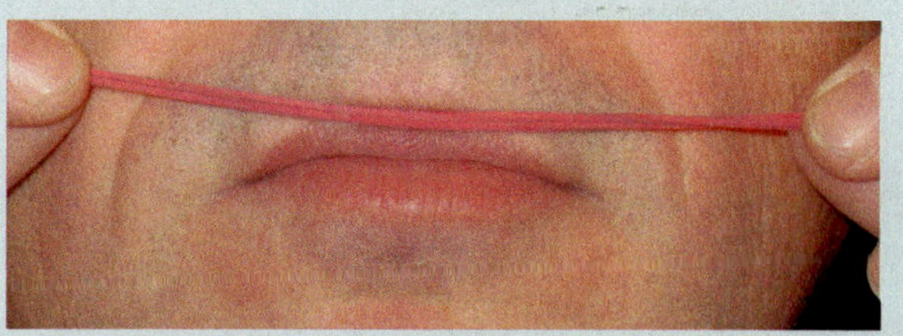

B4 Beim Spannen wandert Entropie (Unordnung) der verknäulten Gummimoleküle in die Oberlippe, wo man die begleitende Wärme spürt. Beim Entspannen kehren Wärme und Entropie zurück; man spürt eine Abkühlung.

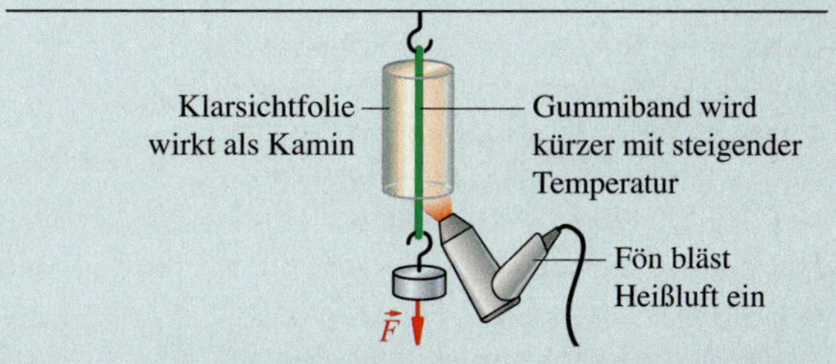

B5 Das gespannte Gummiband verkürzt sich beim Erhitzen. Das verstärkte Kleingewimmel erzeugt mehr Unordnung, verknäult die Moleküle stärker; sie ziehen sich zusammen.

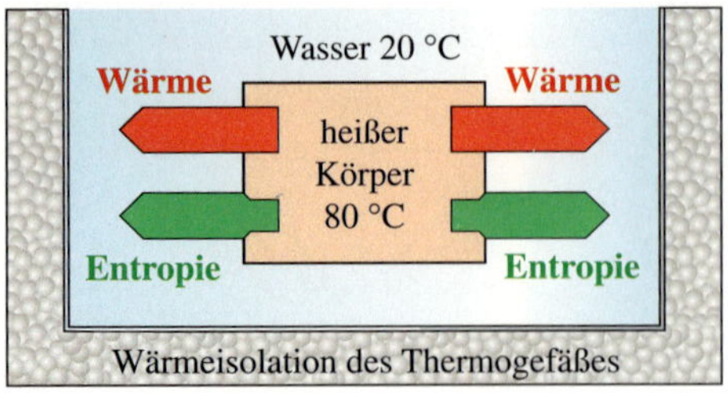

B1 Der heiße Körper gibt Wärme und Entropie an das kalte Wasser ab, nicht nach außen; es ist ein abgeschlossenes System.

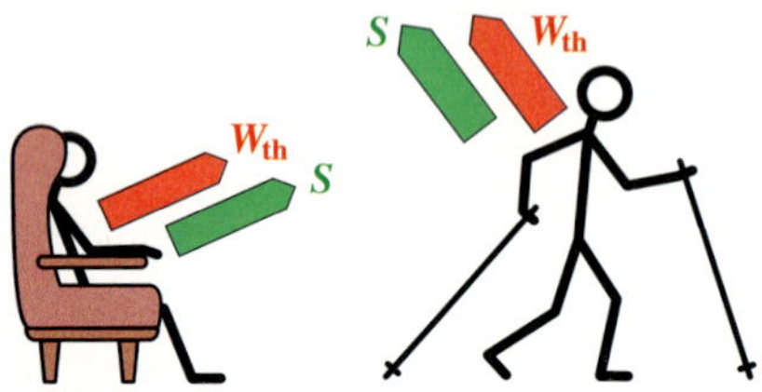

B2 Zwei nicht abgeschlossene Systeme: Die sitzende Person gibt mit ihrer Körperwärme Entropie ab, der walkende Fußgänger auch noch mit seinem Schweiß.

Das Thermosgefäß in → **B1** enthält kaltes Wasser der Temperatur T_t. Wir geben einen heißen Körper mit der Temperatur T_h dazu. Beim Abkühlen gibt er die Wärme W_{th} ab, die das kalte Wasser aufnimmt. Das ist noch nichts Neues. Nun gehen wir einen wichtigen, aber vertrauten Schritt weiter. Wir fassen Körper und Wasser, den ganzen Inhalt des Thermosgefäßes, als *abgeschlossenes System* auf. Dort gilt der **Energiesatz**: In abgeschlossenen Systemen können sich Energieformen umwandeln; doch bleibt ihre Summe konstant.
Bei der *Entropie* zeigt sich Folgendes: Der Körper gibt die Entropie $S_h = W_{th}/T_h$ ab. Das Wasser nimmt zwar die gleiche Wärme W_{th} auf, jedoch wegen $T_t < T_h$ die größere Entropie

$$S_t = W_{th}/T_t > S_h = W_{th}/T_h. \text{ Es gilt } S_t > S_h.$$

Wir schreiben nun dem System eine Gesamtentropie zu, ohne sie exakt zu kennen. Da es thermisch abgeschlossen ist, nimmt es von außen keine Wärme, keine Entropie auf. Seine Gesamtentropie steigt, solange im Innern irreversible Vorgänge ablaufen.

Erst wenn das ganze abgeschlossene System gleiche Temperatur hat, wenn dort die irreversible Wärmeleitung beendet ist, bleibt die Gesamtentropie konstant. Bei diesem thermischen Gleichgewicht herrscht im System thermisch gesehen Ruhe; es fließt keine Wärme. Die Teilchen haben das Maximum ihrer Verteilungsmöglichkeiten erobert. Da sie diese nicht mehr preisgeben, nimmt die erreichte maximale Entropie des Systems nicht mehr ab.

Dieser **Entropiesatz** steht dem Energiesatz zur Seite und lautet: *In thermisch abgeschlossenen Systemen kann die Entropie nur zu-, nie abnehmen.* Der Entropiesatz verbietet, dass Wärme von selbst von Kalt nach Heiß strömt, dass Duftstoffe in die Flasche zurückkehren; er verbietet die Rücknahme aller irreversiblen Vorgänge. Daraus folgert man in Physik und Technik vieles, was anderweitig nicht leicht zu finden wäre (→ **Vertiefung**). Nach diesem Satz haben wir z. B. den Wirkungsgrad aller Idealmaschinen bestimmt, unabhängig von der Bauart. Solange aber der im Thermosgefäß befindliche heiße Körper Wärme abgibt, verliert er Entropie. Er ist eben ein nicht abgeschlossenes Teilsystem. Für Teilsysteme gilt der Entropiesatz nicht.

Merksatz

Entropiesatz: In abgeschlossenen Systemen, die keine Wärme abgeben, kann die *Entropie* zwar zu, aber nicht abnehmen. Im thermischen Gleichgewicht bleibt sie konstant, der Antrieb für irreversible Vorgänge ist erloschen.

Energiesatz: In abgeschlossenen Systemen bleibt die Summe aller Energieformen konstant. Sie können sich so weit umwandeln, wie es der Entropiesatz gestattet.

Vertiefung: Wasser verdunstet auch, wenn man keine Wärme zuführt. Dabei dampfen die schnellsten Moleküle bevorzugt ab, das Wasser verliert ganz von sich aus an Temperatur und an Entropie. Das widerspricht jedoch nicht dem Entropiesatz, denn die Moleküle erobern im Gasraum ein 2000-mal so großes Volumen wie in der Flüssigkeit. Dabei steigt die Entropie so stark an, dass ihre Abnahme im Wasser überkompensiert wird. Die *Gesamtentropie* des Systems steigt, und nur darauf kommt es beim Entropiesatz an.

Vertiefung

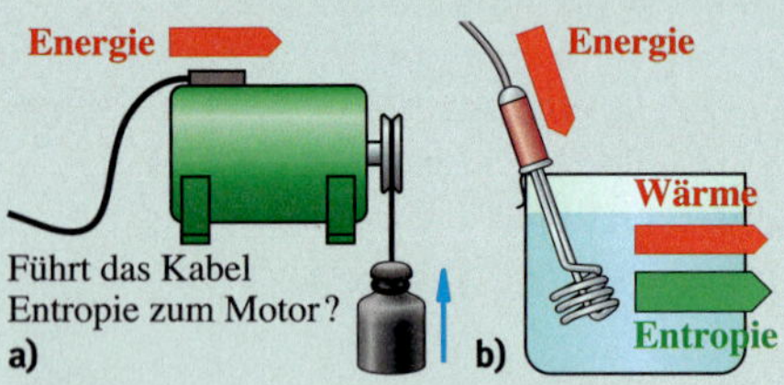

Transportiert elektrischer Strom Entropie?

Dem *Elektromotor* führt das Kabel elektrische Energie zu. Ist der Motor ideal gebaut, so erzeugt er keine Wärme und gibt keine Entropie ab, sondern hebt einen Körper. Bei diesem mechanischen Vorgang spielt Entropie keine Rolle. Würde das Kabel elektrisch Entropie zuführen, so müsste diese im Motor vernichtet werden. Dies aber widerspricht den Entropiegesetzen. Elektrische Energie ist entropiefrei.
Ein *Tauchsieder* wandelt ihm zugeführte, entropiefreie elektrische Energie in thermische Energie um und gibt mit der Wärme Entropie ab. Er erzeugt Entropie. Dies kennen wir vom Bremsen, wo ebenfalls Unordnung, also Entropie neu entsteht.

Das ist wichtig

1 Wärmekraftmaschinen

Maschinen, die Wärme in mechanische Energie umwandeln, heißen Wärmekraftmaschinen. Dampfmaschinen, Heißluftmotoren, Benzin- und Dieselmotoren sowie Dampfturbinenkraftwerke sind Wärmekraftmaschinen.

Wärmekraftmaschinen können *prinzipiell* nicht die gesamte ihnen zugeführte Wärme in mechanische Energie umwandeln. Ein Teil der Wärme W_h, die bei hoher Temperatur T_h zugeführt wird, geht unvermeidlich als Abwärme W_t bei tiefer Temperatur T_t in die Umgebung. Man sagt deshalb: Wärme ist nicht vollwertig.

Der **Wirkungsgrad η** einer Wärmekraftmaschine gibt den Anteil der zugeführten Wärme $W_{zugeführt}$ an, den sie in wertvolle mechanische Energie $W_{nutzbar}$ umwandelt:

$$\eta = \frac{W_{nutzbar}}{W_{zugeführt}}.$$

Der Wirkungsgrad einer Wärmekraftmaschine kann prinzipiell nicht größer sein als

$$\eta_{max} = 1 - \frac{T_t}{T_h}.$$

Beispiel: Für $T_h = 600$ K und $T_t = T_{Umgebung} = 300$ K erhalten wir einen maximalen Wirkungsgrad von

$$\eta_{max} = 1 - (300\ \text{K})/(600\ \text{K}) = 1 - \tfrac{1}{2} = 50\,\%.$$

Je höher T_h und je niedriger T_t, desto größer ist η_{max}. Bei der Entwicklung von Wärmekraftmaschinen ist man deshalb bestrebt, Materialien zu verwenden, die eine möglichst hohe Temperatur T_h aushalten.

2 Wärmepumpen

Treibt man einen Heißluftmotor durch Zufuhr mechanischer Energie an, so laufen alle Vorgänge in umgekehrter Richtung ab. Das Gesamtergebnis ist: Die zugeführte mechanische Energie W_{mech} wird zusammen mit der Wärme W_t, die bei tiefer Temperatur aufgenommen wird, als Wärme W_h bei der hohen Temperatur T_h abgegeben:

$$W_h = W_{mech} + W_t.$$

Durch die Zufuhr mechanischer Energie ist es also möglich, Wärme entgegengesetzt zur normalen Richtung von einem Körper niedriger Temperatur zu einem Körper höherer Temperatur „zu pumpen".

Bei Wärmepumpen spricht man nicht vom Wirkungsgrad, sondern von der Leistungsziffer

$$\eta' = 1/\eta > 1.$$

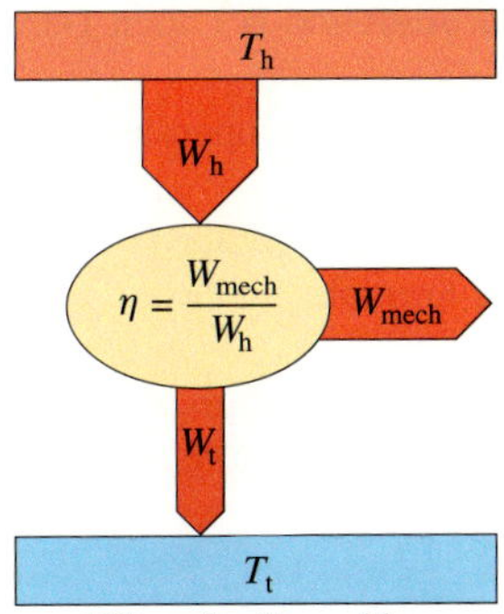

Wärmekraftmaschine

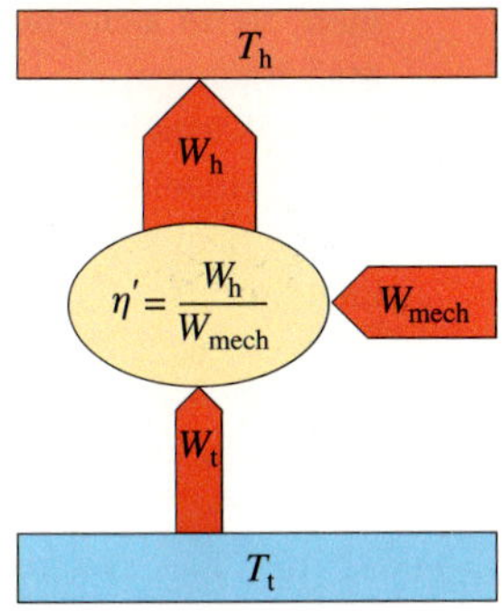

Wärmepumpe

3 Reversibel – irreversibel

Irreversibler Prozess: Ein Vorgang, der ohne sonstige bleibende Veränderung in der Natur nicht in umgekehrter Richtung ablaufen kann.

Wichtige Fälle: Die Umwandlung von Arbeit über Reibung in Wärme ist irreversibel. Der Wärmefluss über ein Temperaturgefälle ist irreversibel.

Reversibler Prozess: Der Grenzfall des „gerade nicht mehr irreversiblen" Prozesses. Reibungsfreie mechanische Prozesse und elektrische Prozesse ohne Stromwärme sind reversibel.

4 Entropie

Die am Kleingewimmel der brownschen Bewegung beteiligten Teilchen eines Körpers streben zum Maximum an Verteilungsmöglichkeiten bei Gleichverteilung.

Die **Entropie *S*** ist ein Maß für die Zahl der gleich wahrscheinlichen Möglichkeiten, die solchen Teilchen offenstehen.

- Die Entropie ist umso größer, je mehr Teilchen am Kleingewimmel beteiligt sind, je mehr Möglichkeiten dabei jedem Teilchen offenstehen.
- Bei irreversiblen Prozessen nimmt die Entropie zu, bei reversiblen bleibt sie erhalten.
- **Entropiesatz:**
  In einem thermisch (wärmemäßig) abgeschlossenen System kann die Entropie nur zu- und nie abnehmen. Im thermischen Gleichgewicht bleibt die Entropie konstant (*2. Hauptsatz der Wärmelehre*).
  Der 1. Hauptsatz besagt, dass die Energie eines thermisch und arbeitsmäßig abgeschlossenen Systems konstant bleibt.
- Die **Einheit** der Entropie ist Joule/Kelvin (**1 J/K**).

Die Entropie S nimmt z. B. zu,

- wenn die Teilchen eines Gases mehr Raum einnehmen, wenn sich ein Gas ausdehnt, bei allen Diffusionsvorgängen.
- wenn Wärme von hoher zu tiefer Temperatur fließt,
- beim Schmelzen und Verdampfen.
- Wird einem Körper Wärme bei konstanter Temperatur zugeführt, so steigt seine Entropie. Im Körper, der die Wärme abgibt, sinkt die Entropie.
- Entropie entsteht irreversibel bei Reibungsvorgängen und bei der Wärmeentwicklung elektrischer Ströme.

Fließt bei der (praktisch) konstanten Temperatur T Wärme W_{th} von einem Körper in einen andern, so fließt die Entropie

$$\boldsymbol{S = \frac{W_{th}}{T}}$$

mit.

Fließt die Wärme W_{th} von Stellen mit der Temperatur T_h zu solchen mit tieferer Temperatur T_t, so steigt die Entropie des gesamten Systems irreversibel um

$$\Delta S = W_{th} \cdot \left(\frac{1}{T_t} - \frac{1}{T_h}\right).$$

Bei idealen, reversiblen Wärmekraftmaschinen fließt alle bei hoher Temperatur T_h zugeführte Entropie mit der Abwärme ab. Die Entropie bleibt erhalten und begrenzt den Wirkungsgrad aller Wärmekraftmaschinen.

Entsteht die Entropie ΔS neu, so wird die Energie $T_0 \cdot \Delta S$ entwertet; d. h., es wird versäumt, mechanische oder elektrische Energie vom Betrag $T_0 \cdot \Delta S$ zu gewinnen (T_0: Umgebungstemperatur).

Die Entropie bestimmt die Richtung des Geschehens, den sog. Zeitpfeil.

Mit Arbeit wird keine Entropie übertragen, auch nicht bei elektrischen Vorgängen, sofern keine Stromwärme entsteht.

In der Mechanik spielt die Entropie keine Rolle, solange keine Reibungsvorgänge Energie entwerten.
Mit der Entropie ist ein breites Tor zum Verständnis vieler Naturvorgänge aufgestoßen. Ihre anschauliche Erklärung durch Ludwig BOLTZMANN (um 1870) läutete die *moderne Physik* ein, bevor man überzeugt war, dass es Atome gibt. Dies wurde erst 1905 von Albert EINSTEIN mithilfe der Entropie bewiesen. Diese führte auch Max PLANCK 1900 zur Quantentheorie.

A1 Suche Bilder im Buch zur Entropie.

A2 Die Wände eines mit 30 kW geheizten Hauses haben innen ständig die Temperatur 20 °C, außen –10 °C. Wie groß sind die Energie- und Entropiestromstärken innen und außen? Wie viel Entropie entsteht in 1 h in den Wänden? Warum ist das irreversibel? Zeichne die Energie- und Entropiepfeile.

A3 Welche Energie, welche Entropie gibt ein 2000 W-Heizofen, dessen Drähte 800 °C haben, in 10 s ab? Was nimmt die Zimmerluft bei 20 °C auf? Wie groß sind die Stromstärken für Energie und Entropie?

A4 Hans sagt: „Entropie beruht auf dem „blinden" Zufall, der bekanntlich keine Richtung bevorzugt. Wie soll ausgerechtet dies den Zeitpfeil liefern?" Argumentiere mit ihm. Suche im Buch ein veranschaulichendes Bild.

A5 Anna ist überzeugt, dass es streng reversible, weil rein mechanische Vorgänge gibt. Sie nennt den Mond, der seit Jahrmillionen die Erde unverändert umkreist. Martin wendet ein, dass der Mond auf der Erde Ebbe und Flut erzeugt. Was will er damit sagen? Diskutiere anhand des Energie- und Entropiesatzes.

A6 Ulrich findet einen Widerspruch. Er sagt, wenn sich ein Körper abkühlt, nehmen dort Wärme und Entropie ab. Entropie kann aber nicht abnehmen. Wie löst du den Knoten?

A7 **a)** Erweitere folgendes Baumdiagramm, um die Formel $m = h^f$ zu begründen. **b)** Wir haben früher mit dieser Formel gezeigt, warum sich ein Gas nicht von selbst auf kleineren Raum zurückzieht.

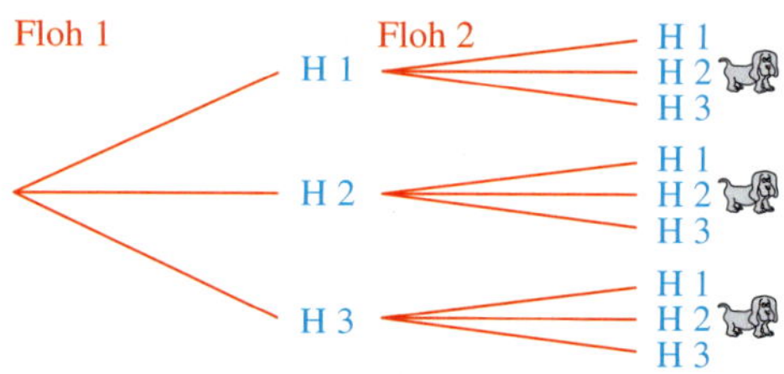

Rechne nach folgendem Modell genauer: 60 Flöhe sind über 10 Hunde verteilt. Wie viele Möglichkeiten haben sie? Wie viele Möglichkeiten bleiben ihnen, wenn sie sich auf nur noch 9 oder gar 8 Hunde beschränken? Auf welchen Prozentsatz sinken dabei ihre Möglichkeiten? Was folgerst du daraus für ein Gas in einem Behälter? (*Ergebnis:* Auf ca. 0,18 % bzw. 0,00015 %.)

A8 Wie viel Kubikmeter Erdgas mit dem spezifischen Brennwert $3{,}8 \cdot 10^7$ J/kg verbraucht ein Gaskraftwerk von 1,8 MW mit einem Wirkungsgrad von 18 % für Dauerbetrieb während 2 Tagen?

A9 Eine große Dieselanlage mit 20 MW Leistung verbraucht an einem Tag 130 t Dieselöl mit dem spezifischen Brennwert $4{,}2 \cdot 10^7$ J/kg. Wie groß ist der Wirkungsgrad der Anlage?

A10 Diskutiere die beiden Teilabschnitte des Diagramms. Beginne links unten bei T_t (tiefe Temperatur; T_h: hohe Temperatur). **a)** Welchen Gesetzen entspricht das Diagramm? **b)** Welcher Motor durchläuft die beiden Prozesse?

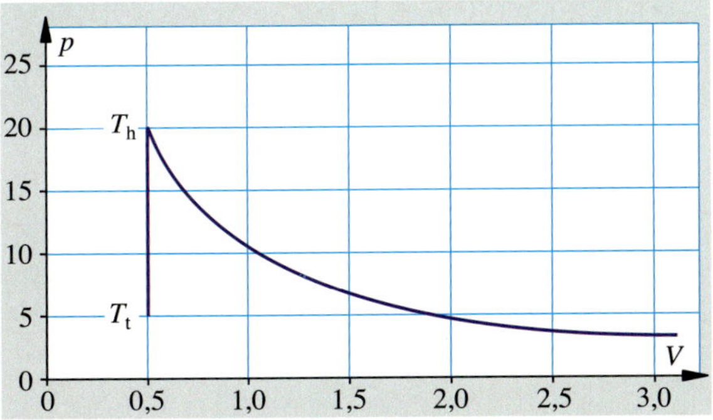

A11 Der von uns im Buch benutzte Modellheißluftmotor wird als Wärmepumpe betrieben. Beschreibe detailliert die ablaufenden Vorgänge.

A12 Eine Wärmepumpe wird als „Kältemaschine" zum Kühlen einer Gefriertruhe eingesetzt. Sie nimmt Wärme bei $\vartheta_t = -20\,°C$ auf und gibt Wärme bei $\vartheta_h = +30\,°C$ an die Umgebung ab. **a)** Zeige, dass bei einer idealen Wärmepumpe für die entzogene Wärme W_t gilt (mit $\eta = 1 - T_t/T_h$):

$$W_t = \left(\frac{1}{\eta} - 1\right) \cdot W_{mech} = \frac{T_t}{T_h - T_t} \cdot W_{mech}.$$

Anmerkung: Das Verhältnis W_t/W_{mech} bezeichnet man als Leistungsziffer der Kältemaschine.

b) Wie viel Wärme kann die (ideal gedachte) Wärmepumpe mit 1 kJ an mechanischer Energie dem Inneren der Gefriertruhe entziehen?

A13 Einem (realen) Heißluftmotor werden 50 kJ Wärme bei 600 °C zugeführt. Er arbeitet mit einem Wirkungsgrad von 18 % und gibt die Abwärme bei Umgebungstemperatur ab. **a)** Wie viel mechanische Energie und wie viel Abwärme liefert er? **b)** Wie viel Energie entwertet der Heißluftmotor?

A14 Turbinenschaufeln aus Stahl halten Wasserdampf von 550 °C und 200 bar aus. Um die CO_2-Emission zu verringern, testet man neuartige Turbinenschaufeln aus Nickel-Legierungen. Welcher Zusammenhang besteht zwischen dem Ziel der Verringerung der CO_2-Emission und der Suche nach hitzebeständigeren Turbinenschaufeln?

A15 Die Luft aus einer Pressluftflasche hebt einen Aufzug hoch. Sie behält dabei ihre Temperatur und entnimmt Energie aus der Umgebungsluft. Ist das nicht ein Widerspruch zum zweiten Hauptsatz der Wärmelehre? Diskutiere.

A16 **a)** Warum sollte man die Wärmepumpen umbenennen in „Entropiepumpen"? Denke dabei an Wasserpumpen. **b)** In Campingwagen kühlen mit Flammen betriebene Kühlschränke. Erkläre das mithilfe der Entropie.

A17 **a)** Zimmer-Klimaanlagen in heißen Ländern sieht man als Kästen an Fenstern schon von der Straße aus. Wollen damit die Bewohner auch die Straße kühlen? **b)** Zeichne den Energie- und Entropiefluss einer Klimaanlage, die dem Grundwasser von 0 °C die Energie 100 kJ entnimmt und damit ein Zimmer von 22 °C heizt. Wie viel elektrische Energie ist nötig?

A18 **a)** Ein Haus wird mit einer ideal arbeitenden Wärmepumpe beheizt. Sie pumpt Entropie von 0 °C auf 25 °C und liefert den Wärmestrom der Stärke $I_W = W_{th}/t = 2$ kW. Welche elektrische Leistung muss man zuführen? Wie groß ist die Entropiestromstärke $I_S = S/t$? Zeichne ein Flussdiagramm. **b)** Dieses Haus wurde früher elektrisch beheizt. Welche Leistung war nötig? Vergleiche die Entropiebilanz mit a).

A19 Das Wasser eines Schwimmbads (25 °C) verliert 15 kW/h Wärme an die Umgebung. Wie viel Entropie fließt in 1 h ab? Welche elektrische Leistung braucht eine ideale Wärmepumpe, um diese Entropie einem Bach mit 10 °C zu entnehmen? Holt sie dort auch 15 kW/h ab? Welche Leistung würde man für konstante Badtemperatur ohne Wärmepumpe brauchen?

A20 Ein nicht ganz idealer Motor arbeitet zwischen 300 °C und 30 °C, hat aber nur den Wirkungsgrad 20 %. Ihm fließt die Wärmeleistung 1 kW bei 300 °C zu. Wie groß ist die Stärke des Abwärmestroms? Wie viel Entropie wird irreversibel erzeugt? Wie groß ist die Stromstärke der vergeudet abfließenden Energie?

A21 Eine Maschine nimmt bei 500 °C die Wärme 1000 J auf und gibt bei 300 °C 800 J Wärme ab. Vergleiche den tatsächlichen mit dem optimalen Wirkungsgrad. Wie viel Energie wird vergeudet? Wie viel Entropie wird irreversibel erzeugt?

A22 Ein Fabrikant verkauft Pressluftflaschen und behauptet, er würde damit Energie verkaufen. Nun hängt die innere Energie einer bestimmten Gasmenge von der Temperatur, nicht vom Druck ab. Was geschieht mit der Energie, die der Fabrikant beim Komprimieren aufwendet? Wie ändert sich dabei die Entropie der Luft? Warum also ist Pressluft wertvoll?

Ladung – Strom – Spannung

Das kannst du in diesem Kapitel erreichen:

Du kannst einfache Stromkreise aufbauen.

Du weißt, dass elektrischer Strom bewegte Ladung bedeutet.

Du kennst Eigenschaften elektrischer Ladungen.

Du erkennst, dass man Energie auch mithilfe eines Stromkreises übertragen kann.

Du kennst das grundlegende ohmsche Gesetz im Stromkreis und kannst die einzelnen Größen wie Spannung, Widerstand und Stromstärke in verschiedenen Stromkreisen bestimmen.

Du verstehst auf Grund deiner Kenntnis über Stromkreise die Schaltung von elektrischen Geräten im Haushalt.

Du kennst Gefahren der Elektrizität.

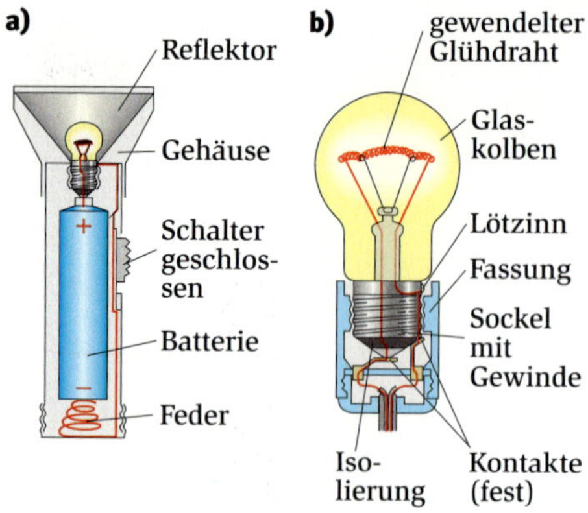

B1 a) Bei Stabtaschenlampen ist das Gehäuse Teil des Stromkreises. **b)** Glühlampe

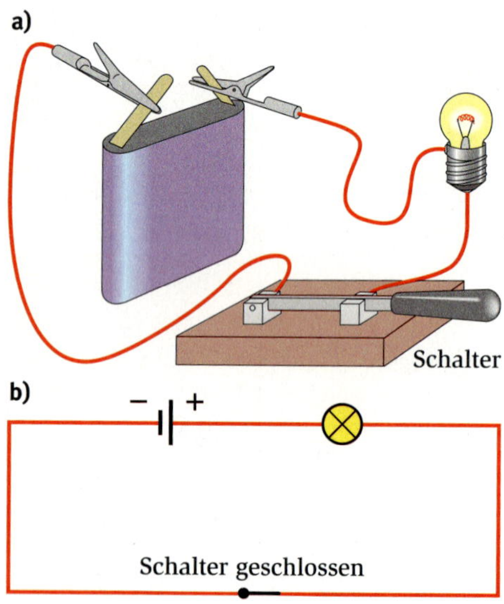

B2 a) Stromkreis mit Schalter und langen Kupferleitungen **b)** Schaltplan

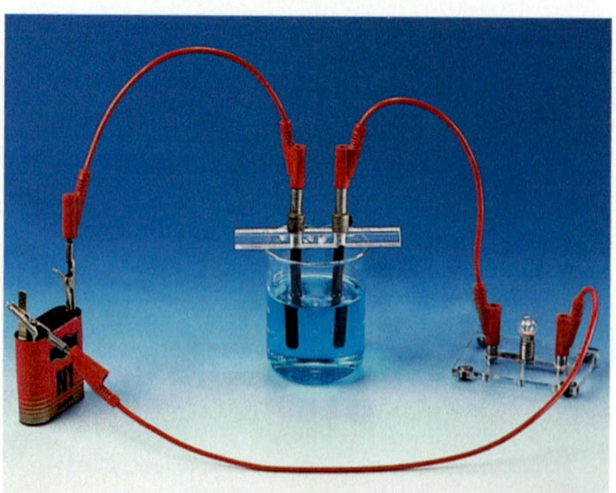

V1 In ein Glasgefäß geben wir zwei Kohlestäbe. Dann wird das Gefäß mit verschiedenen Flüssigkeiten gefüllt. Das Leuchten des Lämpchens zeigt, ob die Flüssigkeit ein Leiter ist oder nicht.

1. Was gehört zu einem Stromkreis?

Der Umgang mit „Strom aus der Steckdose" bringt Gefahren. Um zu verstehen, wie man sich davor schützt, experimentieren wir mit den Teilen einer ungefährlichen Taschenlampe.

Das Lämpchen einer Taschenlampe leuchtet, wenn wir seinen unteren metallischen Kontaktknopf mit dem **Pluspol** (+) der Stabbatterie und zusätzlich sein Lampengewinde durch einen Draht mit dem **Minuspol** (–) verbinden (**→ B1a**). Eine solche *metallische Verbindung* besorgt das Gehäuse der Taschenlampe in seinem rot gezeichneten Teil. Das Lämpchen wird mit der Batterie als **Stromquelle** in einen **geschlossenen Stromkreis** einbezogen.
Wenn man dagegen die beiden Anschlüsse des Lämpchens unmittelbar mit einem Draht verbindet, liegt zwar ein geschlossener Leiterkreis vor. Trotzdem leuchtet das Lämpchen nicht. Hier fehlt nämlich die Stromquelle, sei es eine Batterie, ein Fahrradgenerator oder ein Akkumulator (kurz Akku).
Wir legen nach **→ B2a** zwischen die Batterie und das Lämpchen lange **Leitungen** aus Kupferdraht. Dann leuchtet das Lämpchen auch weitab von der Batterie. Zudem können wir mit dem **Schalter** den Stromkreis an einer beliebigen Stelle unterbrechen und wieder schließen.
Man nennt die Anschlüsse einer Stromquelle **Pole** und unterscheidet sie durch **Plus**- oder **Minuszeichen.** Sie haben nichts mit magnetischen Polen zu tun. Pole nennt man allgemein Stellen, die durch einen Gegensatz gekennzeichnet sind: Pole der Erde, einer Batterie, eines Magneten.

Die uns noch nicht genauer bekannte „Elektrizität" braucht einen Rückweg zur Stromquelle, sie führt einen Kreislauf aus. Wir sprechen davon, dass **Elektrizität strömt** und denken an den Blutkreislauf mit dem Herzen als Pumpe und den Körperorganen als Durchlaufstationen. Gas dagegen strömt zum Küchenherd und verbrennt dort; es braucht keine Rückleitung.

Der **Schaltplan** nach **→ B2b** stellt die Teile des Stromkreises in ihrer *physikalisch wesentlichen Zuordnung* dar. Die **Schaltzeichen** bezeichnen die benutzten Bestandteile. So steht für die Stromquelle dein längerer Strich für den Pluspol (+) und ein kürzerer Strich für den Miuspol (–). Der gelb ausgefüllte Kreis mit dem schief gestellten Kreuz steht für ein Lämpchen. Die Linien symbolisieren die verbindenden Leitungen.

2. Leiter und Isolatoren

Wir entfernen den Schalter in **→ B2a** und überbrücken die entstandene Lücke durch verschiedene Materialien. Benutzen wir dazu Metalle oder Grafitminen aus Bleistiften, so leuchtet das Lämpchen hell auf. Man sagt, diese Stoffe seien **gute Leiter.** Bei Gegenständen aus Glas, Porzellan, Kunststoff, Gummi usw. dagegen leuchtet das Lämpchen nicht. Sie sind **Isolatoren.** So steht für die Stromquelle ein längerer Strich für den Pluspol (+) und ein kürzerer Strich für den Minuspol (–). Der gelb ausgefüllte Kreis mit dem schief gestellten Kreuz steht für ein Lämpchen. Auch Luft unterbricht als guter Isolator den Stromkreis, etwa in Schaltern.

In Bädern und anderen Feuchträumen muss man besonders vorsichtig sein. Leitet also auch Wasser?

Nach **→ V1** leitet Wasser besonders gut, wenn ihm verdünnte Säuren, Basen (Laugen) oder Salzlösungen beigefügt sind. Destilliertes Wasser dagegen leitet nicht.
Wir schütten Kochsalz in ein neues Gefäß zwischen die Kohlestäbe. Das Lämpchen bleibt dunkel. Gießen wir destilliertes Wasser dazu, leuchtet das Lämpchen umso stärker, je mehr Salz sich gelöst hat. Die schwache Leitfähigkeit von Leitungswasser und von feuchtem Erdreich rührt von gelösten Stoffen her.

Auch unser Körper leitet den Strom, besonders gut die Blutbahnen, Muskeln und Nervenstränge. Trockene Haut dagegen leitet nur schlecht. Wenn die Haut aber durch Regen, Schweiß oder im Bad feucht geworden ist, wird die Gefahr elektrischer Schläge größer. Man darf deshalb keine elektrischen Geräte anfassen, wenn man sich im Badewasser befindet oder mit feuchten Füßen auf dem Boden steht. Nimm solche **Gefahrenhinweise,** die wir auch im Folgenden geben, sehr ernst! Unfälle mit Strom können schlimme Auswirkungen haben, von Muskelreflexen über Verkrampfungen bis hin zu Herzkammerflimmern und lebensbedrohenden Störungen wichtiger Körperfunktionen.

Merksatz

Der **elektrische Stromkreis** enthält eine **Stromquelle** und ist durch **Leiter** geschlossen. **Leiter** sind Metalle, Graphit, Säuren, Basen und Salzlösungen. **Isolatoren** sind Luft, Bernstein, Glas, Gummi, Keramik und die meisten Kunststoffe.

3. Gase leuchten, wenn sie leiten

Beim Blitz wird Luft kurzzeitig leitend; dabei leuchtet sie. Auch in Neonröhren für Reklamezwecke und in Leuchtstoffröhren leiten Gase (bei niedrigem Druck). Wir untersuchen jetzt dieses Leuchten von Gasen, wenn sie Strom leiten.

- In **→ V2** schließt man die Drähte einer **Glimmlampe,** *Elektroden* genannt, an ein Netzgerät. Dann leuchtet das Gas um die Elektrode, die mit dem Minuspol verbunden ist, hellrot auf. Das sonst gut isolierende Gas Neon wird leitend.
  Vertauscht man die Anschlüsse an der Glimmlampe oder an der Stromquelle, so leuchtet das Gas um die andere Elektrode. Diese ist jetzt mit dem Minuspol verbunden. Mit einer Glimmlampe kann man also (+)- und (–)-Pol unterscheiden.
- Zwei baugleiche, in Reihe geschaltete Glühlampen leuchten gleich hell (**→ V3a**). Sie führen einen Strom gleicher Stärke. Jetzt ersetzt man eine durch eine Glimmlampe (**→ V3b**). Die Glühlampe leuchtet kaum, die Glimmlampe dagegen hell. Die Glimmlampe bleibt dabei kalt. Sie setzt also weniger Energie um als die Glühlampe. Glimmlampen sind beim Stromnachweis empfindlicher als Glühlampen.

Merksatz

Unter besonderen Umständen leiten auch Gase. Dann senden sie Licht aus. In Glimmlampen leuchtet das Gas nur um die Elektrode, die mit dem **Minuspol** der Stromquelle verbunden ist.

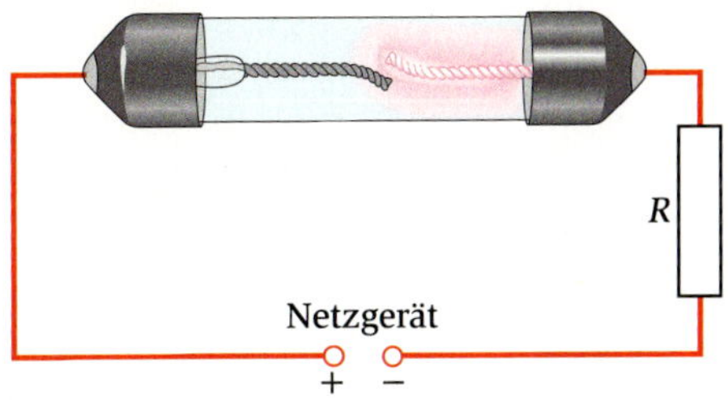

V2 Eine Stabglimmlampe besteht aus zwei Drähten, die in ein Glasröhrchen eingeschmolzen sind und sich nicht berühren. Das Röhrchen enthält das Edelgas Neon unter vermindertem Druck. Schließt man die Glimmlampe an ein Netzgerät, so leuchtet das Gas um eine Elektrode.

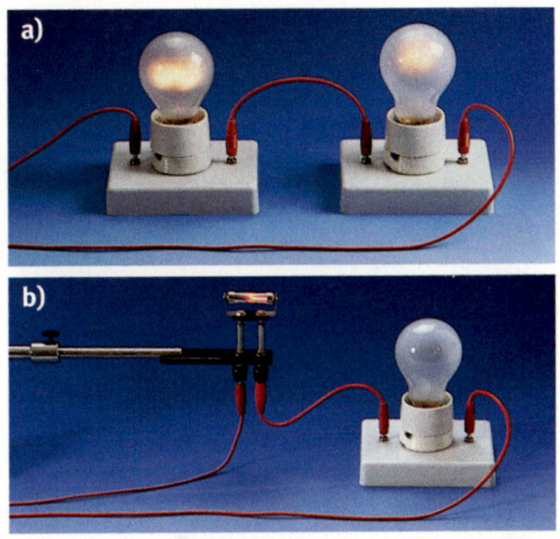

V3 **a)** Reihenschaltung von zwei 15-Watt-Glühlampen: Beide leuchten gleich hell. **b)** Reihenschaltung einer Glimmlampe und einer 15-Watt-Glühlampe. Wird die Quelle stärker gemacht, so leuchtet die Glimmlampe vor der Glühlampe auf.
Vorsicht: Versuch ist nur für Lehrer!

A1 Vergleiche die rot gezeichnete Stromführung im Lämpchen einer Taschenlampe und in einer großen Glühlampe (**→ B1**).
Gib an, welche Drähte nur zum Halten des dünnen Glühfadens dienen.
Erkläre, warum das Lampengewinde und der untere Kontaktpunkt gegeneinander isoliert sind.

A2 Erkläre die Funktion der Feder unten am Schraubgewinde bei Stabtaschenlampen.
Überprüfe deine Erklärung an einer Taschenlampe.
Erläutere die Stromführung bei einer Taschenlampe mit Kunststoffgehäuse.

B1 Ein Fluss, der eine Straße unterbricht, wird mit einer Autofähre bzw. einer Brücke überbrückt.

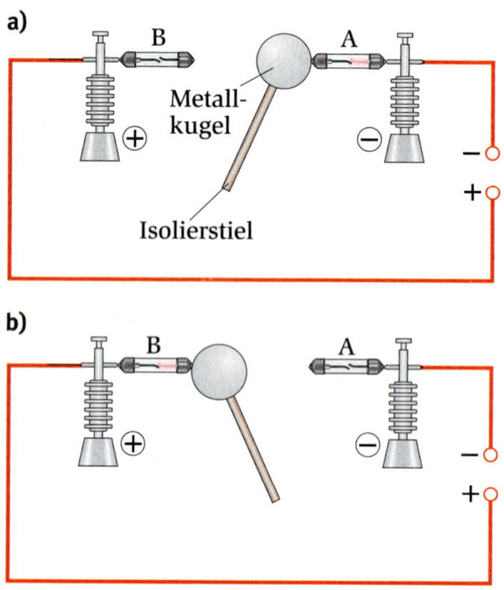

V1 Der Stromkreis zwischen den Glimmlampen A und B ist unterbrochen. **a)** Wir berühren die rechte Glimmlampe A mit einer Metallkugel, die auf einem Isolierstiel sitzt. Sie blitzt kurz an dem der Metallkugel abgewandten Ende auf. **b)** Anschließend bringen wir die Metallkugel von A zur linken Glimmlampe B. Diese blitzt beim Berühren kurz an dem der Metallkugel zugewandten Ende auf.

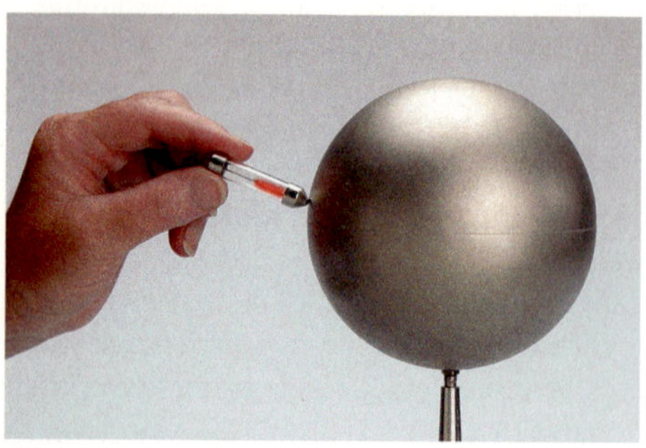

B2 Ein geladener Konduktor wird mit einer Glimmlampe berührt. Sie blitzt auf.

1. Im Stromkreis fließt Ladung

Wir haben uns schon mit Strömungen von Wasser und von der Energie (bei Wärmeleitung) beschäftigt. Könnte nicht auch in einem elektrischen Stromkreis etwas strömen? Dass Stromkreise geschlossen sein müssen, damit elektrische Geräte funktionieren, nehmen wir als ersten Hinweis dafür, dass in den Leitungen eine Art elektrische Substanz strömt.

Gibt es noch deutlichere Hinweise? Betrachten wir zum Vergleich eine Straße, die durch einen Fluss unterbrochen wird (→ B1). Der Verkehrsstrom kann durch eine Fähre aufrecht erhalten werden, die Autos portionsweise über den Fluss transportiert. Man kann aber auch eine Brücke über den Fluss bauen, die einen kontinuierlichen Verkehrsstrom ermöglicht.

Können wir diese Situation übertragen, gibt es etwas Ähnliches auch beim elektrischen Stromkreis? Lässt sich vielleicht eine elektrische Substanz an den Polen einer Quelle abzapfen und wie mit einer Fähre „portionsweise" über eine Unterbrechungsstelle im Stromkreis transportieren?
Tatsächlich: Berührt man in → V1a mit einer Metallkugel die rechte Glimmlampe A, so blitzt sie kurz auf. Man schließt daraus, dass ein kurzer Stromstoß erfolgt ist. Berührt man anschließend mit der Metallkugel die linke Glimmlampe B, so blitzt diese auch kurz auf (→ V1b).
Wir berühren mit der Metallkugel nochmals die Glimmlampe A. Berühren wir sie dann an irgendeinem Ort im Physiksaal mit einer anderen Glimmlampe, so blitzt diese kurz auf (→ B2). Die Metallkugel hat offenbar bei A etwas von der vermuteten elektrischen Substanz abgezapft, das sie jetzt mit einem kleinen Stromstoß wieder abgibt. Man sagt, *die Kugel war elektrisch geladen.* Diese **elektrische Ladung** haben wir in → V1b mit der Kugel („Ladungsfähre") portionsweise über die Lücke im Stromkreis von A nach B transportiert – analog zur Autofähre.

Elektrischer Strom bedeutet also: Es *fließt elektrische Ladung.* Man betrachtet diese Ladung als Substanz, die an elektrischen Vorgängen beteiligt ist.

In einem zweiten Versuch berühren wir mit einer geladenen Kugel eine zweite ungeladene Kugel. Anschließend leuchtet die Glimmlampe an jeder der beiden Kugeln auf, aber jeweils schwächer als zuvor. Die Ladung wurde also auf beide Kugeln aufgeteilt.

Ist bei dieser Aufteilung die eine der beiden Kugeln kleiner, so blitzt an ihr die Glimmlampe schwächer auf als an der größeren. Die kleinere Kugel kann also weniger Ladung aufnehmen als die größere. Elektrische Ladung lässt sich aufteilen, ähnlich wie eine Wassermenge. Man sagt deshalb, die elektrische Ladung habe **Mengencharakter.**

Auf geladenen Kugeln besteht kein „Strom"; sie tragen **ruhende Ladungen.** Das Wort „elektrischer Strom" benutzt man nur für das Strömen von elektrischer Ladung. Unsere Sinne nehmen ruhende Ladung nicht unmittelbar wahr, auch nicht die in den Leitungen fließende. Wohl aber sehen wir ihr Abfließen in Luft an einem kleinen „Blitz“, besonders deutlich in der Glimmlampe. Das dabei zu hörende Knistern ist ein schwacher Donner. Dabei wird etwas Energie freigesetzt.

Merksatz

Mit einer isolierten Metallkugel kann man elektrische Ladung portionsweise transportieren. Elektrischer Strom ist fließende Ladung.

2. Geht im Stromkreis Ladung verloren?

Bei einem Verkehrsstrom über einen Fluss gehen keine Autos verloren. Gilt Entsprechendes auch für den Transport elektrischer Ladungen?

Wir überbrücken die Unterbrechungsstelle AB in → **V1** durch einen guten Leiter, z. B. einen Kupferdraht. Er entspricht der Brücke beim Verkehrsstrom über einen Fluss. Nun leuchten beide Glimmlampen ständig, und zwar diejenige am Ende des Kupferdrahtes genauso hell wie die am Anfang. In der ersten Glimmlampe und im Draht ist demnach von der kontinuierlich fließenden Ladung nichts verloren gegangen.

Jetzt überbrücken wir die Unterbrechungsstelle AB mit einer Schnur, die nur wenig angefeuchtet ist. Wieder leuchten beide Glimmlampen gleich hell, aber viel schwächer als beim Kupferdraht. Die feuchte Schnur ist nämlich ein schlechterer Leiter als der Kupferdraht. Dennoch bleibt auch darin keine Ladung hängen.

Diese Beobachtungen sprechen für folgende Vorstellung:

In unserem Stromkreis fließt an jeder Stelle immer gleich viel Ladung. Eine Stromquelle erzeugt keine Ladung. Sie ist nur eine *Ladungspumpe.* Sie führt dem Draht an einem Ende nur so viel Ladung zu, wie dieser am anderen Ende an die Stromquelle zurück gibt. Einen Stromkreis kann man also durch einen Wasserstromkreis veranschaulichen; der Stromquelle entspricht die Wasserpumpe, die den nötigen Druckunterschied als Antrieb herstellt.

→ **B3** veranschaulicht unsere Vorstellung. Während die Hand unter Energieaufwand die Kurbel des Generators dreht, werden elektrische Ladungen im Stromkreis herum bewegt und bringen so ein Lämpchen unter Energieabgabe zum Leuchten. Analog wird mit Wasserkraft ein Stein gehoben.

Zum Pumpen braucht man **Energie.** Wenn man z. B. einen Fahrradgenerator nicht in Bewegung hält, ihm also keine Energie zuführt, so pumpt er keine Ladung. Das Lämpchen leuchtet nicht.

Eine „leere“ Batterie hat ihre zum Pumpen nötige Energie an den Stromkreis abgegeben. Dort wird die Energie in Lampen, Leitungen und Motoren abgeführt, sei es als Licht, innere Energie bzw. mechanische Energie.

Merksatz

In einem geschlossenen Stromkreis fließt ständig elektrische Ladung im Kreis. Die Stromquelle pumpt sie unter Aufwand von Energie hindurch, erzeugt die Ladung aber nicht. Auch wird Ladung nirgendwo vernichtet.

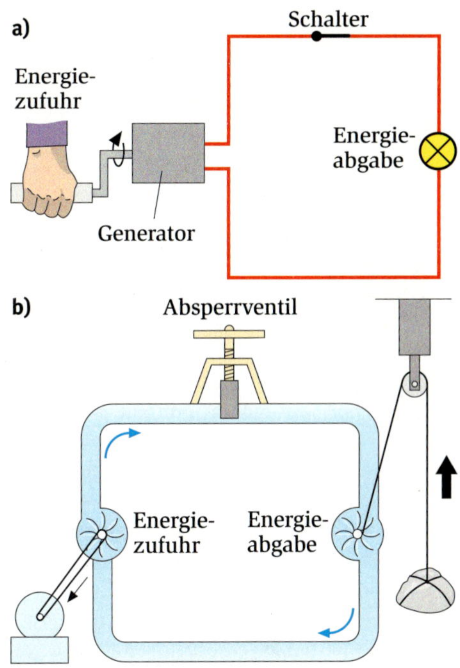

B3 **a)** Die Hand dreht unter Energieaufwand die Kurbel, dadurch werden elektrische Ladungen im Stromkreis bewegt. **b)** Analog kann man mit Wasserkraft im Wasserstromkreis einen Stein anheben.

A1 Vergleiche Wasserstromkreis und elektrischen Stromkreis → **B3**.

a) Gib an, was im elektrischen Stromkreis der Wasserpumpe, der vom Wasser angetriebenen Turbine, dem Absperrventil entspricht.

b) Erläutere, warum Pumpe und Turbine je zwei Wasseranschlüsse brauchen.

c) Diskutiere, ob man das Absperrventil auch in die Rückleitung legen kann.

d) Diskutiere, was beim Wassermodell einem schlechten elektrischen Leiter entsprechen könnte.

e) Vergleiche die Formulierungen: Der Schalter ist geöffnet (geschlossen); das Ventil ist geöffnet (geschlossen).

f) Man muss der Wasserpumpe ständig Energie zuführen. Erläutere, wohin die Energie gelangt und ob sie und Wasser verloren gehen. Vergleiche mit einem Stromkreis.

A2 **a)** Vergleiche die oft gehörten Redensarten „es fließt Strom“ und „der Wind weht“. Beantworte die Frage: Was macht der Wind, wenn er nicht weht?

b) Diskutiere, ob es korrekt ist zu sagen, „es fließt Strom“,„in einer Steckdose sei Strom, auch wenn kein Gerät angeschlossen ist“, „auf einer isolierten Metallkugel ist Strom“.

Positive und negative Ladung

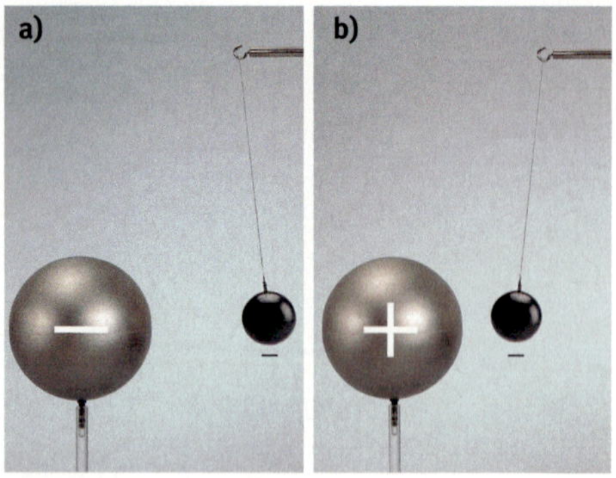

V1 **a)** Wir hängen ein leichtes, leitendes Kügelchen an einem dünnen, isolierenden Faden auf. Zunächst laden wir es am Minuspol des Bandgenerators. Eine ebenfalls am Minuspol geladene Kugel stößt dieses Kügelchen ab. Wenn wir Kugel und Kügelchen mit dem Pluspol berührt haben, stoßen sich beide ebenfalls ab.
b) Nun laden wir die Kugel am Pluspol, das Kügelchen jedoch am Minuspol (oder umgekehrt). Jetzt ziehen sich beide Kugeln an.

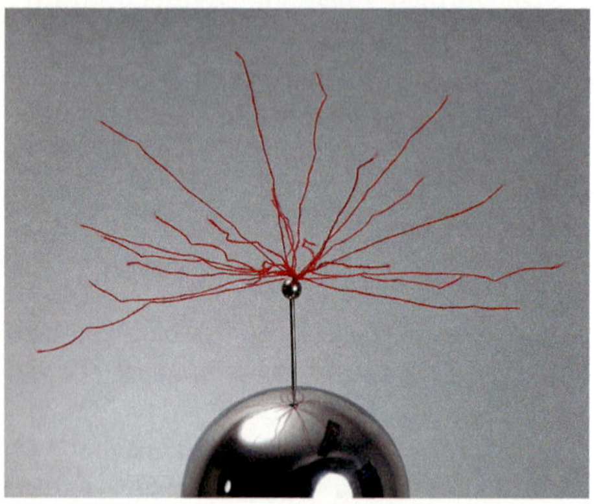

V2 Auf einem Pol eines Bandgenerators hängen an einem Stab lange Papierstreifen. Bei laufenden Bandgenerator wird der Pol aufgeladen. Die *gleichnamigen* Ladungen stoßen sich ab, ein Teil der Ladung fließt auf die Streifen. Diese spreizen sich.

Vertiefung

Neutralisation von Ladungen
Man bezeichnet die elektrische Ladung mit dem Buchstaben Q. Die Neutralisation beschreibt man durch die Gleichung

$$(+Q) + (-Q) = +Q - Q = 0.$$

Wir gehen hier vor wie bei Zahlen, z. B. $+3 + (-3) = 0$.

1. Gibt es nur eine Art von Ladung?

Bisher wurde die Kugel am Minuspol der Quelle geladen. Könnte man sie auch am Pluspol laden? In → **V1a** lädt man eine Metallkugel und ein Kügelchen am Minuspol des Bandgenerators auf. Beide stoßen sich ab. Sie stoßen sich aber auch gegenseitig ab, wenn man mit ihnen den Pluspol berührt hat. Also trägt auch der Pluspol Ladung.
In → **V1b** lädt man die Kugel am Pluspol, das Kügelchen jedoch am Minuspol (oder umgekehrt). Beide ziehen sich jetzt an. Folglich sind die Ladungen an Plus- und Minuspol verschiedenartig. Man nennt sie **positive** bzw. **negative Ladung.** Es gibt nur diese zwei Arten elektrischer Ladung. (Verwechsle sie nicht mit Nord- und Südpol beim Magneten!)

Verkleinert man den Abstand zwischen der geladenen Kugel und dem **gleichnamig** geladenen Kügelchen, so wird das Kügelchen stärker ausgelenkt, die Kraft zwischen den Ladungen also stärker. Die Abstoßung gleichnamiger Ladung zeigen auch die beiden folgenden Versuche: In → **V2** spreizen sich die Papierstreifen, wenn der Bandgenerator angeschaltet wird. Die auf seinem Pol sitzenden gleichnamigen Ladungen stoßen sich untereinander ab, ein Teil fließt auf die Streifen und erzeugt dort Abstoßungskräfte. In → **V3** berührt man den Kopf eines **Elektroskops** mit einer geladenen Kugel. Die Ladung verteilt sich auf Kopf und Zeiger. Weil gleichnamige Ladungen sich abstoßen, spreizt sich der Zeiger ab. Die *Art* der Ladung erkennt man so aber nicht! Dies gelingt, wenn man das Elektroskop mit einer *Glimmlampe* berührt. Bei *negativer* Ladung blitzt das Gas um die anliegende Elektrode auf, bei *positiver* Ladung um die abgewandte.

Merksatz

Es gibt **positive** und **negative Ladungen. Gleichnamige** Ladungen stoßen sich ab, **ungleichnamige** ziehen sich an. Die Kräfte zwischen Ladungen nehmen mit sinkendem Abstand zu.

2. Entgegengesetzte Ladungen neutralisieren sich

Zwei gleiche Elektroskope sind bis *zum gleichen Ausschlag* geladen, eines positiv, das andere negativ. Die Ladungen üben in diesem Fall gleiche Kräfte auf die Zeiger aus. Die Ladungen sind also *gleich groß.* Verbindet man die Elektroskope mit einem isoliert gehaltenen Leiter, so verschwindet der Ausschlag. Von den entgegengesetzten Ladungen geht keine Wirkung mehr aus. Man sagt, sie haben sich **neutralisiert.**
Ob sich dabei die positiven oder negativen oder beide Ladungen bewegt haben, kann dieses Experiment nicht entscheiden. Nach außen sind die beiden Elektroskope jetzt neutral ohne frei bewegliche Ladungen. Sie sind nicht mehr geladen, was sich im fehlenden Ausschlag zeigt.

Merksatz

Bringt man **entgegengesetzte Ladungen** in gleichen Mengen zusammen, so üben sie nach außen hin keine Wirkungen mehr aus. Sie **neutralisieren sich.**

3. Gibt es Ladung auch in neutralen Leitern?

Im Stromkreis wird Ladung *nicht* vernichtet. Haben sich also beim Neutralisieren die entgegengesetzten Ladungen nur vermischt? Kann man die Ladungen in einem neutralen Leiter wieder trennen?

Um dies zu prüfen, nutzt man die Kraft einer Ladung, die von außen auf den Leiter einwirkt. Nähert man die positive Ladung Q_+ von oben einem ungeladenen Elektroskop, so schlägt es aus (→ V4). Es zeigt also Ladung an, obgleich keine Ladung von Q_+ übergesprungen ist. Diese überraschende Erscheinung heißt **Influenz.** Während die von oben genäherte Ladung Q_+ noch wirkt, nimmt man die Kugel K vom Elektroskop. Das Aufblitzen einer Glimmlampe zeigt, dass die Kugel K *negative Influenzladung* Q_{i-} trägt, das Elektroskop dagegen *positive Influenzladung* Q_{i+}.

Wir wiederholen den Influenzversuch, nehmen jedoch die Kugel K nicht vom Elektroskop. Entfernen wir nun die Ladung Q_+, so geht der Ausschlag wieder zurück. Die in Kugel und Elektroskop influenzierten Ladungen Q_{i+} und Q_{i-} neutralisieren sich wieder; sie waren also entgegengesetzt *gleich groß.*
Dies zeigt:

- Beim Neutralisieren vermischen sich die elektrischen Ladungen nur; sie vernichten sich nicht gegenseitig.
- Ungeladen erscheinende Leiter können gleich viel an positiver und negativer Ladung enthalten.

Merksatz

Neutrale elektrische Leiter haben gleich viel positive wie negative Ladung. Bei der **Influenz** trennt man sie teilweise, indem man eine andere Ladung nähert.

Bei Wasser strömt nur eine Sorte von Wasserteilchen von Orten hohen zu Orten niedrigen Drucks. In Kugel und Elektroskop sind positive und negative Ladung zunächst gleichmäßig verteilt und neutralisieren sich deshalb gegenseitig. Welche der beiden Ladungsarten wird nun bei der Influenz verschoben? Sind beide Ladungsarten beweglich?
Es gibt drei *Vermutungen,* von denen aber nur *eine* richtig sein kann:
(A) In Metallen ist *nur* die *negative* Ladung beweglich: Sie wird von Q_+ nach oben gezogen und die Kugel negativ aufladen. Die positive Ladung bleibt im Elektroskop zurück. Hier entsteht ein Mangel an negativer, also ein Überschuss an positiver Ladung.
(B) Nur die *positive* Ladung ist beweglich: Diese Ladung wird nach unten gedrückt. Das Elektroskop wird positiv aufgeladen. Oben entsteht ein Überschuss an negativer Ladung.
(C) Vielleicht können sich in Metallen aber auch *positive* und *negative* Ladungen zugleich bewegen.

Warum sollten Ladungen verschieden beweglich sein? Vielleicht sind sie nicht für sich beweglich, sondern sind stets an *Träger* geheftet. Positive Ladungsträger könnten sich anders verhalten als negative. Alle bisherigen Versuche kann man mit jeder der drei Vermutungen erklären. Wir müssen im Folgenden also weitere Experimente durchführen, um den Sachverhalt zu klären.

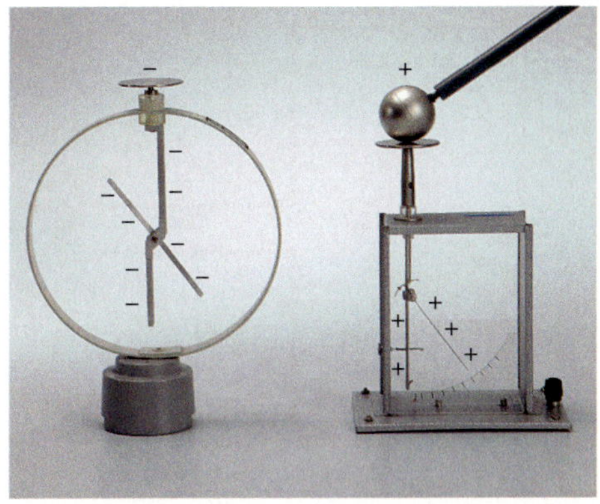

V3 In ein Metallgehäuse ist gut isoliert ein Metallstab geführt. Er trägt einen leichten Zeiger aus Aluminium. Wir berühren den Kopf des Metallstabs mit einer geladenen Kugel. Der Zeiger spreizt sich ab.

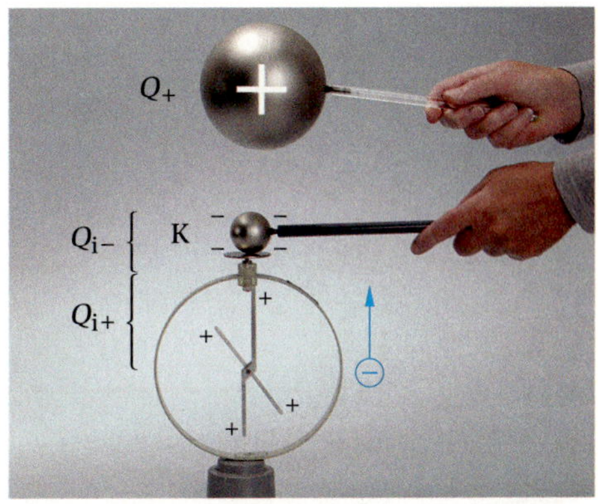

V4 **a)** Eine isoliert gehaltene, ungeladene Kugel K berührt den Kopf des Elektroskops. Nähern wir von oben die positive Ladung Q_+, so schlägt es aus. Beim Entfernen von Q_+ geht der Ausschlag wieder zurück. **b)** Wir nähern nun die Ladung Q_+ wieder und entfernen dann die Kugel K vom Kopf des Elektroskops. Eine Glimmlampe zeigt, dass die Kugel K negativ geladen (Q_{i-}) ist, das Elektroskop dagegen positiv (Q_{i+}).

A1 Auf einem elektrisch neutralen Elektroskop sitzt eine Metallkugel.
a) Wir nähern von oben eine positiv geladene Kugel. Erkläre, wie sich die Ladungsträger im Elektroskop nach → **Vermutung** A, B, C verhalten würden. Fertige jeweils eine Skizze an.
b) Erkläre, was sich ändern würde, wenn wir eine negativ geladene Kugel nähern. Fertige auch Skizzen an.

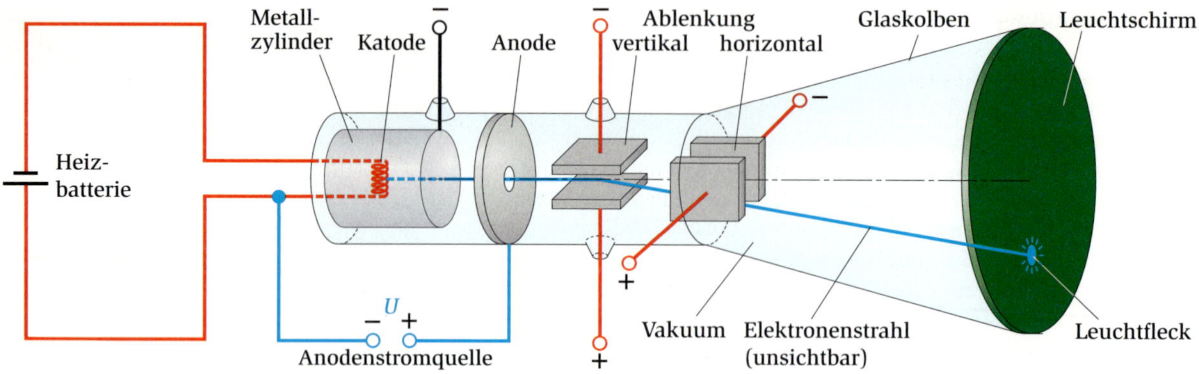

B1 Braunsche Röhre mit zwei Ablenkplattenpaaren

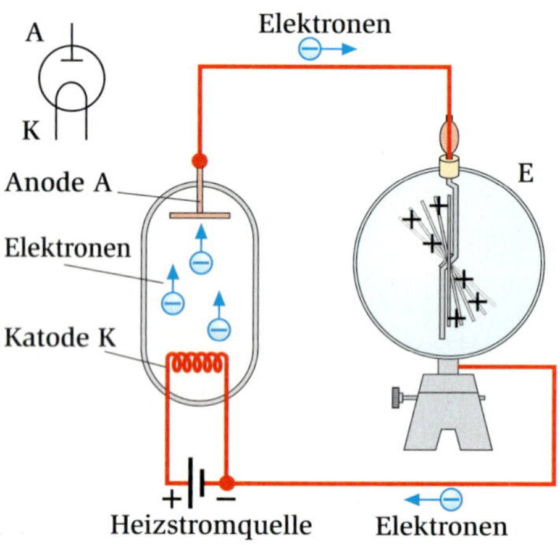

V1 In den luftleeren Glaskolben der Röhre sind ein Glühdraht (Katode K) und eine Anode A eingeschmolzen. Die Anode verbinden wir mit dem Elektroskop. **a)** Wir laden das Elektroskop und damit die Anode *positiv* auf. Sobald der Glühdraht hell glüht, geht der Ausschlag des Elektroskops schnell zurück. **b)** Nun laden wir die Anode und das Elektroskop *negativ* auf. Jetzt bleibt der Ausschlag bestehen, auch wenn der Draht normal glüht.

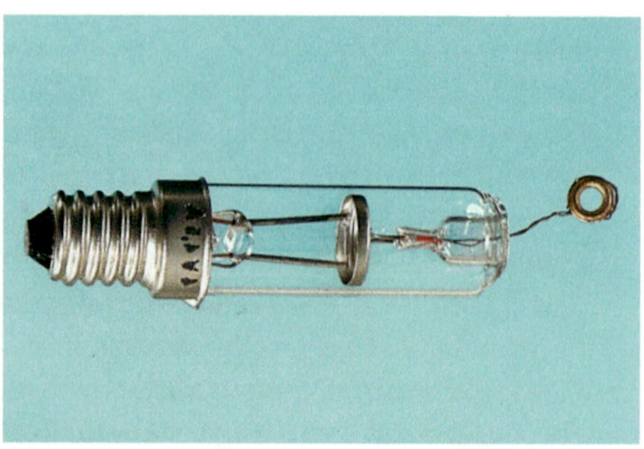

V2 Einfache Röhre, deren Glühdraht vorübergehend überhitzt werden kann

1. In Metallen sind nur Elektronen beweglich

Die Glühfäden von Glühlampen bestehen aus grauem Wolframmetall. Die Stromzuleitung erfolgt über rote Kupferdrähte. Auch wenn tagelang Ladungsträger strömen, werden die Wolframfäden nicht rot; die Kupferteilchen bleiben also am Platz. Wer sind dann in Metallen die *beweglichen Ladungsträger?* Kann man sie durch Glühen aus dem Glühfaden einer Lampe freisetzen, ähnlich wie man locker sitzende Duftstoffe beim Erhitzen aus Äpfeln austreibt? Um diese Ladungsträger aufzufangen und zu untersuchen, benutzt man eine spezielle Glühlampe, **Röhre** genannt.

In **→ V1a** wird die Anode dieser Röhre *positiv* aufgeladen. Sobald der Glühdraht hell glüht, geht der Ausschlag des Elektroskops zurück. Da es nicht berührt wurde, ist seine positive Ladung nicht abgeflossen. Vielmehr kommen *negative Ladungsträger* aus dem glühenden Draht und neutralisieren die positive Ladung auf dem Elektroskop. Diese negativen Ladungsträger bilden auch nach langem Glühen keine chemisch nachweisbaren Niederschläge oder Gase. Für die Elektrizität haben sie große Bedeutung. Sie werden **Elektronen** genannt.

2. Positive Ladung ist an Materie gebunden

Können auch positive Ladungsträger den Glühdraht verlassen? In **→ V1b** lädt man die Anode und das Elektroskop *negativ* auf. Auch wenn der Draht hell glüht, bleibt der Ausschlag bestehen. Aus dem glühenden Draht kommen keine positiven Ladungsträger. Solche werden erst frei, wenn man den Glühdraht überhitzt (**→ V2**). Dann geht der Ausschlag des negativ geladenen Elektroskops langsam zurück. Nun bildet sich im Innern des Glaskolbens ein Wolframniederschlag. Der Draht verdampft langsam. Die beim Glühen abgedampfte *positive Ladung ist also an Materie gebunden;* in Metallen wandern nicht die positiven Ladungsträger, dort findet man keinen Materietransport.

In unseren Versuchen wird das Elektroskop erst dann entladen, wenn der Glühdraht der Röhre hell leuchtet, und nicht schon beim Einschalten des Heizstroms. Auf welche Art die Energie dem Glühdraht zugeführt wird, ist nebensächlich. Man lässt deshalb im Schaltsymbol (oben links in **→ V1**) die Heizbatterie weg und deutet die Katode durch einen gebogene Linie an. Die Schaltskizze zeigt dann die *zwei* Elektroden **Katode K** und **Anode A.** Man nennt diese Röhre deshalb **Glühdiode.**

Merksatz

Glühelektrischer Effekt: Ein zum Glühen erhitztes Metall sendet **Elektronen** aus. Sie sind **negativ geladen** und sitzen in Metallen verhältnismäßig locker.
Die positive Ladung dagegen ist in Metallen fest an nachweisbare Materie gebunden.

3. Der Elektronenstrahl in der Fernsehröhre

Oszilloskope und „klassische" Fernsehempfänger enthalten eine **braunsche Röhre** ähnlich wie in → B1. Ihr luftleerer Glaskolben enthält eine Katode. Sie wird durch die *Heizbatterie* zum Glühen erhitzt und sendet Elektronen aus. Die *Anodenstromquelle* lädt die Anode positiv, die Katode negativ auf. Die aus der Katode abgedampften Elektronen werden zur Anode hin beschleunigt. Sie sollen als **Elektronenstrahl** durch das Loch in der Mitte der Anode weiterfliegen und nicht vom Anodenblech abgefangen werden. Hierzu lädt man den *Metallzylinder* (blau) negativ auf. Er drängt die von der Katode nach allen Seiten wegfliegenden Elektronen so zu seiner Mittelachse hin, dass sie die Anodenöffnung frei durchsetzen. Anschließend fliegen sie geradlinig zum *Leuchtschirm.* Dieser trägt eine dünne Leuchtschicht, die dort Licht aussendet, wo der unsichtbare Elektronenstrahl auftrifft.

Die braunsche Röhre eines Oszilloskops enthält hinter der *Anode* zwei übereinander liegende Metallplatten. Wird die obere Platte negativ, die untere positiv geladen, so werden die Elektronen zur unteren, positiv geladenen Platte hin abgelenkt. Der Leuchtfleck rückt nach unten. Dies bestätigt, dass Elektronen negativ geladen sind. Mit dem zweiten, um 90 ° gedrehten Plattenpaar lässt sich der Elektronenstrahl in horizontaler Richtung ablenken.

In → B2 fliegen die rechts freigesetzten Elektronen streifend am Leuchtschirm in der Röhre entlang. Ihre Flugbahn ist nach unten, zur positiv geladenen Ablenkplatte hin, gekrümmt. Lädt man die Ablenkplatten stark genug auf, so endet der Elektronenstrahl auf der positiven Platte. Die Elektronen fließen dann zum Pluspol der Stromquelle. Sie werden an der positiven Platte also nicht umgeladen und wieder abgestoßen. Man kann Elektronen weder entladen noch stärker aufladen. Es gibt nur eine Art von Elektronen. Sie tragen stets eine *negative Ladung bestimmter Größe,* die **Elementarladung** heißt.

Interessantes

Erzeugung freier Teilchen
In den Beschleunigern der Teilchenphysik müssen zunächst die zu beschleunigenden Teilchen erzeugt werden. Elektronenquellen arbeiten nach dem gleichen Prinzip wie die braunsche Röhre: Aus einer geheizten Glühkatode treten Elektronen aus, die zunächst in einem negativ geladenen Zylinder gebündelt werden, bevor sie zur Anode hin beschleunigt werden.

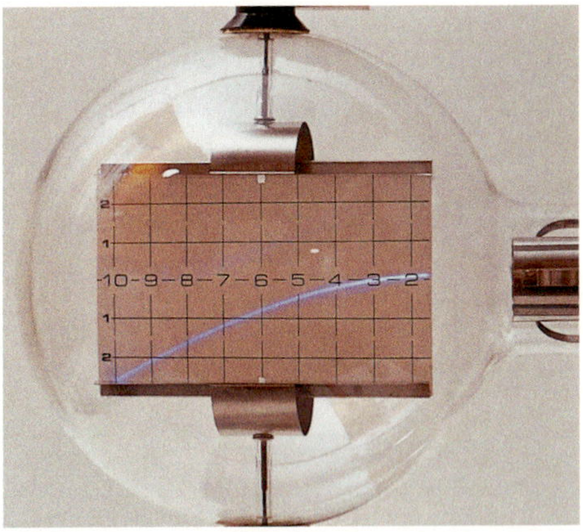

B2 Leuchtspur eines Elektronenstrahls, der durch geladene Platten nach unten abgelenkt wird. Seine Flugbahn ist nach unten, zur positiv geladenen Ablenkplatte hin, gekrümmt. Die Bahnkurve ähnelt einer Parabel.

A1 **a)** Entscheide nach → V1 darüber, welche Ladungsträger bei der Influenz in Metallen verschoben werden. Gib an, welche der drei dort angegebenen Denkmöglichkeiten (A) bis (C) also bestätigt wird.
b) Erkläre den zugehörigen Versuch mit der Elektronenvorstellung.

A2 **a)** Erkläre, warum wir das Elektroskop in → V1 sowohl positiv als auch negativ geladen haben.
b) In diesen Versuchen sollte ein zu Beginn ungeladenes Elektroskop eigentlich von den Glühelektronen immer stärker negativ geladen werden. Doch schlägt es nur außerordentlich schwach aus. Gib dafür einen Grund an.

A3 **a)** Erkläre, wie man die beiden Ablenkplatten der braunschen Röhre laden muss, damit die Elektronen auf dem Schirm zugleich nach rechts und nach unten abgelenkt sind.
b) Man legt Netzwechselspannung (50 Hz) an das Plattenpaar zur Vertikalablenkung. Berechne, wie oft dann in 1 s der Lichtpunkt im oberen, wie oft im unteren Schirmteil ist.

A4 „Klassische" Fernsehröhren sind braunschen Röhren ähnlich. Man versieht ihren Glaskolben innen mit einem leitenden Belag. Dann können die bei einer langen Fernsehsendung ständig zum Leuchtschirm fliegenden Elektronen von dort zur Anode fließen. Erläutere, was geschehen würde, wenn der Leuchtschirm elektrisch isoliert wäre.

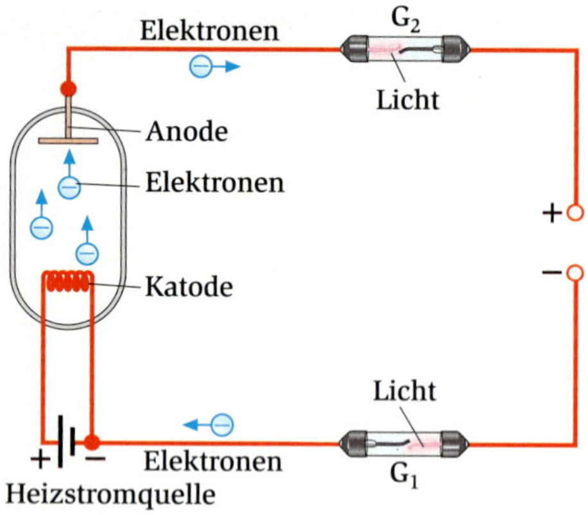

V1 **a)** Die Glimmlampe G_1 liegt zwischen dem Minuspol der Gleichstromquelle und der Katode einer Glühdiode. Der Stromkreis ist zwischen Katode und Anode unterbrochen. Wenn wir nun die Katode zum Glühen bringen, leuchten beide Glimmlampen G_1 und G_2 gleich hell. Wie G_1 zeigt, kommen Elektronen vom Minuspol der Quelle. Sie dampfen von der Katode ab und überbrücken die Vakuumlücke Katode – Anode. Glimmlampe G_2 zeigt, dass die Elektronen dann zum Pluspol der Quelle zurückkehren. **b)** Wir polen die Stromquelle um. Ihr Minuspol ist nun der Anode der Diode zugewandt und erzeugt dort einen Elektronenüberschuss. Auch jetzt dampfen vom heißen Glühdraht Elektronen ab. Sie werden jedoch von den Überschusselektronen der Anode abgestoßen. Die Glimmlampen leuchten nicht. Der Stromkreis bleibt unterbrochen.

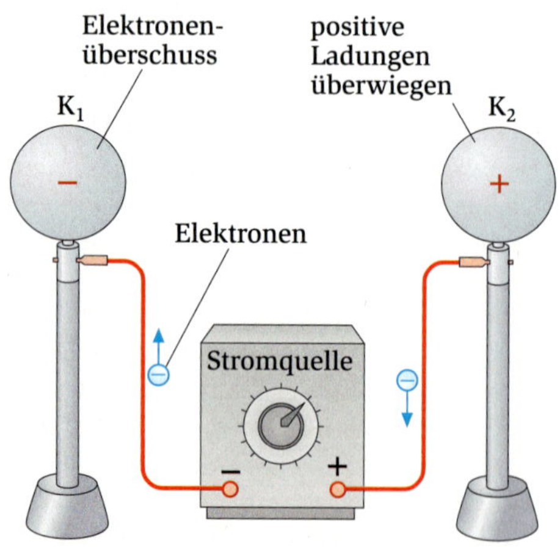

B1 Die Stromquelle pumpt unter Energieaufwand gegen elektrische Kräfte Elektronen von der Kugel K_2 (rechts) auf die Kugel K_1 (links).

1. Elektronen im Kreislauf

Woher kommen die Elektronen in einer Glühdiode? Werden sie in der Glühkatode erzeugt oder sind es Ladungsträger, die von der Stromquelle im Kreis gepumpt werden?

Diese Frage beantwortet → V1. Danach sind die Elektronen tatsächlich die im Kreis fließenden Ladungsträger. Sie werden von der Katode nur abgedampft und können so die Vakuumlücke zwischen Katode und Anode überbrücken. Die Zahl der Elektronen, die aus der Katode herausgeschleudert wird, liefert die Quelle nach. Glüht die Katode nicht, ist der Stromkreis unterbrochen.

2. Elektronenüberschuss an einem Pol

Der Minuspol einer Stromquelle gibt Elektronen ab. Dort besteht nämlich **Elektronenüberschuss.** Um ihn herzustellen, muss die Quelle Elektronen auf diesen Pol pumpen (→ B1). Dazu braucht die Quelle Energie, da sich negative Ladungen abstoßen. Diese Elektronen erzeugt die Quelle nicht etwa, sondern entreißt sie ihrem anderen Pol. Vorher ist dieser neutral und hat gleich viel positive wie negative Ladung. Nach dem Abzug von Elektronen überwiegt dort die ortsfeste positive Ladung. So wird er zum Pluspol.
Vom Elektronenüberschuss am Minuspol wird die ungeladene Kugel K_1 negativ geladen (→ B1). Am Pluspol überwiegt die positive Ladung und entreißt der ungeladenen Kugel K_2 Elektronen. K_2 wird dadurch positiv geladen.

Wenn man also sagt, ein Körper ist *elektrisch geladen,* so meint man, dass er einen *Überschuss* an negativer bzw. positiver *Ladung* trägt.

Merksatz

Eine **Stromquelle** ist eine **Elektronenpumpe.** Ihr Minuspol hat wie jeder negativ geladene Körper **Elektronenüberschuss.**
Am **Pluspol** überwiegt die positive Ladung. Gegenüber dem neutralen Zustand fehlen Elektronen, man spricht auch von **Elektronenmangel.**

3. Stromrichtung und Elektronenfluss

In den metallischen Leitern des Stromkreises fließen Elektronen vom Minuspol zum Pluspol der Quelle. Diese Richtung des Elektronenstroms nennen wir künftig die **Stromrichtung.** Sie weist im Äußeren des Stromkreises vom Minuspol zum Pluspol. Im Innern eines Generators werden dann die Elektronen unter Energieaufwand vom Pluspol zum Minuspol zurückgepumpt (→ B1).

Bevor man Elektronen kannte, hatte man aufgrund der Bewegung der positiven Ionen bei der Elektrolyse vereinbart, „der Strom fließe im äußeren Stromkreis von Plus nach Minus“. Diese Richtungsangabe nennt man konventionelle oder **technische Stromrichtung.**

Bei der Elektrolyse nehmen die Ionen beim Auftreffen auf die Elektroden entweder Elektronen auf oder geben Elektronen ab. Es entstehen dabei neutrale Atome oder Moleküle.

Interessantes

Elektronen in der Einbahnstraße

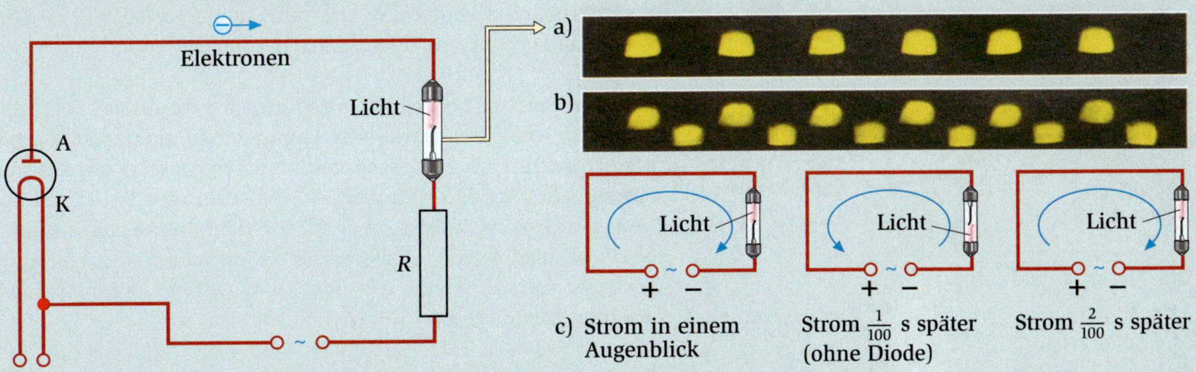

B2 Gleichrichtung von Wechselstrom mit einer Diode (**Vorsicht:** Versuch nur für Lehrer!)

Wir polen die Stromquelle in → **V1b** um. Ihr Minuspol liegt jetzt an der Anode der Diode. Auch jetzt dampfen Elektronen vom heißen Glühdraht ab. Sie werden jedoch von den Überschusselektronen auf der Anode abgestoßen. Die Glimmlampen leuchten nicht. Der Stromkreis bleibt unterbrochen. Die Diode lässt Elektronen nur dann fließen, wenn die Katode negativ und die Anode positiv geladen ist. Sie wirkt als **elektrisches Ventil** (wie ein Fahrradventil für Luft).

Wir ersetzen die Gleichstromquelle durch eine *Wechselstromquelle* (→ **B2**, links). Trotzdem leuchtet nur das Gas um die obere Elektrode der Glimmlampe. Bewegt man diese hin und her, so sieht man nur die oberen hellen Bögen (→ **B2a**). Dazwischen ist die Glimmlampe dunkel. Die Diode lässt nämlich Elektronen nur während der Zeitspanne fließen, in der die Wechselstromquelle ihren Minuspol dem Glühdraht zuwendet. Bei umgekehrter Polung sperrt die Diode; sie lässt sich also zur **Gleichrichtung** von Wechselstrom verwenden.

Wir überbrücken die Diode mit einem Draht (Strombegrenzer R nicht vergessen). Das Neongas leuchtet abwechselnd um beide Elektroden, so wie bei Wechselstrom *ohne* Diode (→ **B2b**). Im Draht fließen ja Elektronen in beiden Richtungen (→ **B2c**).

An Netzsteckdosen erhalten wir bei geschlossenem Stromkreis **Wechselstrom.** Jeder Pol der Steckdose ist in einer Sekunde abwechselnd 50-mal Minuspol und 50-mal Pluspol. Der andere Pol hat jeweils die entgegengesetzte Polarität. Die Elektronen schwingen mit der Frequenz 50 Hz hin und her.

Da die Elektronen sehr beweglich sind, folgen sie im ganzen Kreis praktisch ohne Verzögerung. Deshalb hat der Strom in jedem Augenblick die von der Quelle bestimmte Richtung. Unsere für Gleichstrom gefundenen Aussagen bleiben dabei richtig.

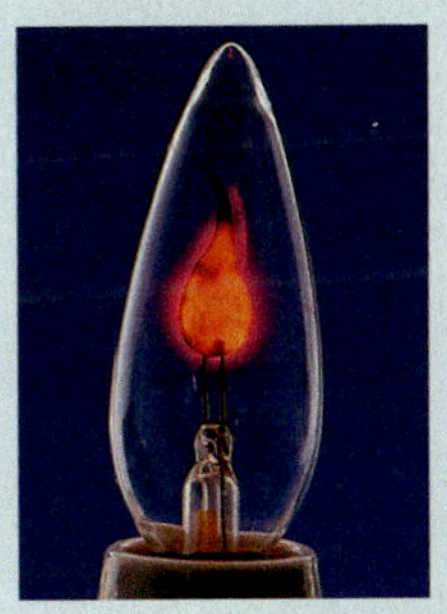

B3 Zu Dekorationszwecken werden Glimmlampen in verschiedenem Design hergestellt.

A1 **a)** Beurteile, ob man in → **V1a** die Quelle auch zwischen Anode und obere Glimmlampe legen könnte. Gib an, welche Polung sie dort haben müsste.
b) Erkläre, ob man mehrere Stromquellen in → **B2** hintereinander schalten könnte. Gib an, wie dabei ihre Pole angeordnet sein müssten (man vergleiche mit Wasserpumpen).
c) Erläutere, ob man auch mehrere Glimmlampen hintereinander legen könnte. Gib diejenige Ihrer Elektroden an, um welche jeweils das Gas aufleuchten würde → **V1**.

A2 In → **V1a** leuchtet die Glimmlampe nach Ausschalten des Heizstroms noch einige Zeit weiter, wird dabei aber immer schwächer. Erkläre, womit dies zusammenhängt.

A3 Gib an, wie oft in 10 s der eine Pol einer Netzsteckdose positiv, wie oft negativ geladen ist. Gib an, wie viele Umladungen in 10 s stattfinden und was dabei mit den Elektronen geschieht.

A4 Aufgrund welcher Kraft wandern bei der Elektrolyse die Ionen zu den Elektroden? Was passiert dort mit den Ionen und den Elektronen?
Erläutere dies am Beispiel einer Kupferchloridlösung.

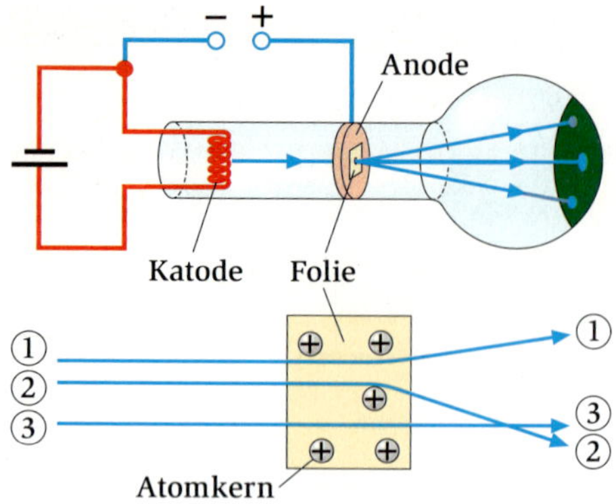

V1 In der braunschen Röhre ist über die Anodenöffnung eine dünne Graphitfolie geklebt. Sie ist nur einige Millionen von Atomschichten dick. Wir beschießen sie mit schnellen Elektronen aus der Glühkatode. Diese erzeugen einen ähnlich scharfen Fleck auf dem Leuchtschirm wie wir ihn ohne Folie kennen. Diejenigen Elektronen, die einem positiv geladenen Kern zu nahe kommen, werden abgelenkt.

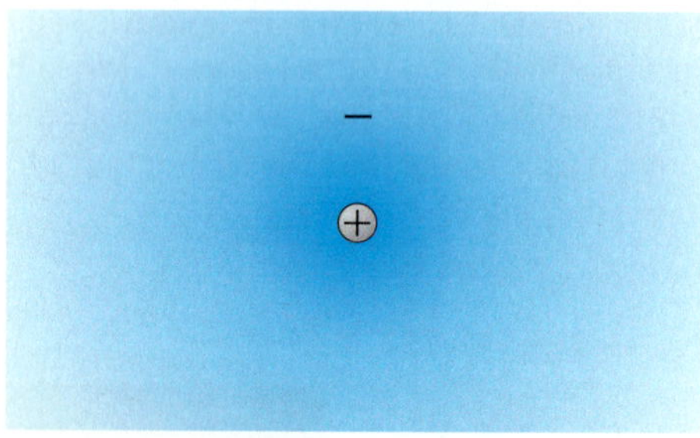

B1 Schnitt durch ein Modellatom: Atomkern (+) und Elektronenhülle (–)

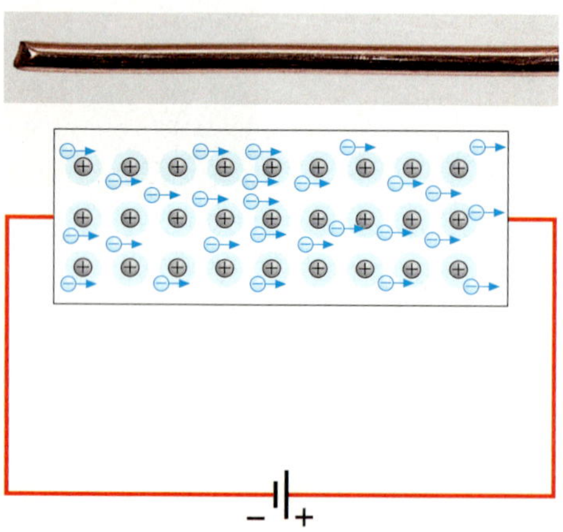

B2 In Kupfer gibt jedes Atom ein Elektron (blau) frei. Ohne angeschlossene Stromquelle schwirren diese im Metall ungeordnet umher. Mit Stromquelle bewegen sie sich zusätzlich in Richtung Pluspol.

1. Gibt es Freiräume für Elektronen in Materie?

Metalle sind massiv; man kann sie kaum zusammenpressen. Ihre kleinsten Teilchen, die **Atome,** sind also dicht gepackt. Wo sind dann die „Freiräume“, in denen die Elektronen fließen?

In → V1 durchsetzen schnelle Elektronen eine dünne Folie und erzeugen auf dem Leuchtschirm einen ähnlich scharfen Fleck wie ohne Folie. Die meisten Elektronen durchfliegen also die Folie geradlinig und ungestört. Obwohl sie so dicht ist, dass zwischen ihren Atomen sich nicht einmal Luftteilchen hindurchzwängen könnten. Die Elektronen müssen also viel kleiner sein als Luftteilchen. Sie gehören zu den kleinsten Teilchen, die man kennt. Wir können sie als punktförmig ansehen.
Nur ein kleiner Teil der Elektronen wird durch die Folie zur Seite abgelenkt und hellt den übrigen Teil des Leuchtschirms etwas auf. Andere Versuche zeigen, dass diese negativ geladenen Elektronen einem positiv geladenen **Atomkern** zu nahe gekommen sind und so abgelenkt wurden. Jedes Atom hat solch einen Kern. Der Kerndurchmesser beträgt nur etwa 1/100 000 des Atomdurchmessers, der seinerseits unter 1/1 000 000 mm liegt. Die Atomkerne sind also größer als die punktförmigen Elektronen. *Trotzdem sind die Atome fast leer!*

Weiter fand man: Im Atomkern ist über 99,9 % der Masse eines Atoms konzentriert; der Rest verteilt sich auf die Elektronen. Diese schwirren in den großen, sonst leeren Bereichen um den Kern herum, ohne dass man dafür eine Bahn angeben könnte. In → B1 zeigt die Stärke der blauen Tönung, dass man Elektronen in der Nähe des Kerns häufiger antrifft als weiter entfernt. Eine scharfe Begrenzung, eine Art Haut, haben Atome nicht.

Dies mag all dem widersprechen, was wir uns unter einem kompakten Stück Materie vorstellen: Schlage einmal mit der Faust auf den Tisch und stelle dir vor, dass er fast nur aus Hohlräumen besteht – deine Faust natürlich auch!

In Atomen werden die negativ geladenen Elektronen von der positiven Ladung der Kerne angezogen. Die Kräfte zwischen entgegengesetzten Ladungen halten also die Atome und darüber hinaus die feste und flüssige Materie zusammen. So kommt den elektrischen Kräften eine überragende Bedeutung zu. Ein Atom ist elektrisch neutral, wenn so viele Elektronen den Kern umgeben, dass sie die positive Kernladung neutralisieren. In diesen neutralen Atomen verstecken sich die in Materie stets vorhandenen Ladungsträger. Kein Wunder, dass wir sie nicht unmittelbar wahrnehmen. Die Phänomene der Elektrizität, etwa Blitze, elektrische Fische wie der Zitteraal oder die anziehende Kraft von Bernstein, den man an einem trockenen Fell gerieben hatte, waren zwar in der Antike schon bekannt, doch die grundlegenden Gesetze der Elektrizität wurde erst vor ca. 200 Jahren entdeckt.

Merksatz

Atome bestehen aus **positiv geladenen Kernen** und **negativ geladenen Elektronen.** In den sehr kleinen Kernen ist fast die gesamte Masse konzentriert.

2. Das Elektronengas in Metallen

Aus Metallen konnten wir Elektronen durch Glühen freisetzen. Stromquellen setzen Elektronen auch in langen Metalldrähten in Bewegung, sogar in Überseekabeln. In Metallen gibt es also leicht bewegliche Elektronen. Von jedem Metallatom haben sich 1 bis 3 Elektronen getrennt (→ B2, blau). Diese bewegen sich auch im stromlosen Zustand in den großen, fast leeren Räumen zwischen den Atomkernen unregelmäßig hin und her. Ein Teil der Elektronen in Metallen verhält sich also ähnlich wie Moleküle von Gasen. Man sagt, Metalle sind von einem **Elektronengas** erfüllt.
Auch *Nichtleiter* bestehen aus Atomen. Sie leiten nur nicht, weil *alle Elektronen fest an die Atomkerne gebunden sind.* Beim Blitz z. B. leitet die Luft, weil Elektronen freigesetzt werden.

3. Temperaturerhöhung durch fließende Elektronen

Eine Glühdiode, die kräftige Ströme aushält, wird an eine Stromquelle angeschlossen. Ist sie in Durchlassrichtung gepolt, so kommt das Blech der Anode zum Glühen. Dort werden nämlich die Atome von den aufprallenden Elektronen zu starken Schwingungen angeregt; die Temperatur steigt.
Auch Elektronen, die in Drähten fließen, stoßen ständig auf Atomrümpfe und verstärken deren Schwingungen. Die Temperatur und die innere Energie steigen. Man spricht auch von **Stromwärme.** Die Elektronen werden durch diese ständigen Stöße auf ihrem Weg behindert; sie erfahren dabei Widerstand. Die gleichen Elektronen, die einen Glühdraht zur Weißglut bringen, lassen die dicken Zuleitungen kalt. Beträgt der Querschnitt des Glühdrahts nur 1/100 von dem der Zuleitung, so durchfließen ihn nach unserer Vorstellung die Elektronen mit 100 facher Geschwindigkeit. Sie stoßen heftiger auf die Atome und bringen den Draht zum Glühen. Darauf beruht die **Wärmewirkung des elektrischen Stromes.**

4. Wo sitzen Überschussladungen in Metallen?

In → V2 berührt man das Innere eines Metallbechers, **Faradaybecher** genannt, mit einer negativ geladenen Kugel. Sie gibt alle überschüssigen Elektronen ab und ist anschließend ungeladen. Die auf den Becher übertragenen Elektronen sind auf die äußere Oberfläche geflossen und lassen sich nur dort abnehmen.

Auch das *Innere massiver Leiter trägt keine Überschussladung.* Es können aber in ihm Elektronen fließen, neutralisiert von Atomkernen. M. FARADAY (um 1830) setzte sich in einen Metallkäfig und ließ von außen Funken aufschlagen. Obwohl er innen das Metall berührte, ging keine Ladung auf ihn über. Selbst die Ladung eines Blitzes dringt nicht ins Innere eines metallisch umschlossenen Raums ein. Die metallischen Hüllen von z. B. Autos sind **Faradaykäfige** (→ Interessantes). Auch zur Abschirmung von Messgeräten vor äußeren Feldern verwendet man das Prinzip des Faradaykäfigs. Der Käfig wird in diesem Fall von einem Gehäuse aus einem leitenden Material oder einer dünnen Metallfolie gebildet. Man kann sogar ganze Laborräume als Faradaykäfige konstruieren und dadurch abschirmen .

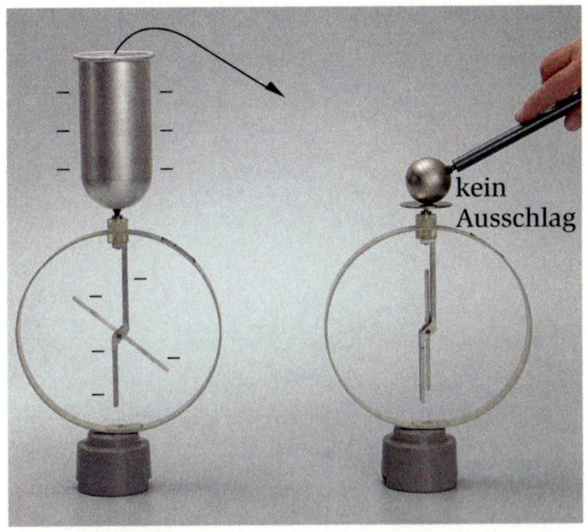

V2 Das linke Elektroskop trägt einen Metallbecher. Wir berühren sein Inneres mit einer negativ geladenen Kugel. Das linke Elektroskop zeigt einen Ausschlag. Bringen wir die Kugel anschließend auf ein neutrales Elektroskop, so zeigt dieses keinen Ausschlag. Die Kugel wurde in dem Becher ganz entladen.

Interessantes

Blitzschutz

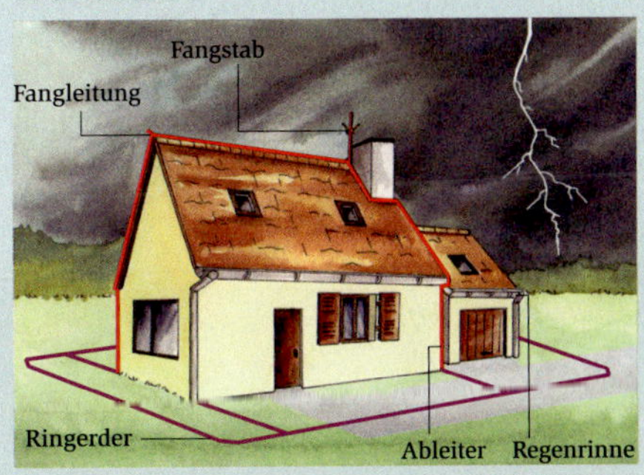

Der beste Blitzschutz für ein Haus wäre eine metallische Außenhülle. Es genügt aber schon, um Dach und Schornstein dicke Metallbänder zu legen. Diese sowie Dachantennen werden über dicke Leitungen mit der so genannten Potenzialausgleichschiene verbunden. Diese muss über einen Fundamenterder gut geerdet werden. – Wird man im Freien von einem Gewitter überrascht, so sind die alten Sprichwörter wie „Buchen tu suchen, Eichen tu meiden“ falsch. Bäume sollte man grundsätzlich meiden, weil sie empor ragende Ziele für Blitze sind. Stattdessen sollte man auf freier Fläche mit geschlossenen Füßen in die Hocke gehen und sich möglichst klein machen.

V1 Wir reiben mit einem Wolltuch eine Kunststofffolie. Dann heben wir sie von der Unterlage ab und berühren sie mit einer Glimmlampe.

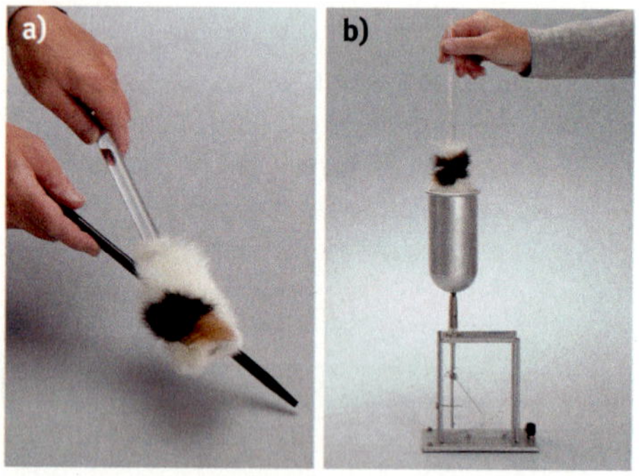

V2 **a)** Enger Kontakt von Fell (am Isolierstab) und Kunststoffstab. **b)** Anschließend bringen wir Fell und Stab jeweils einzeln in einen zunächst ungeladenen Faradaybecher, der auf einem Elektroskop sitzt.

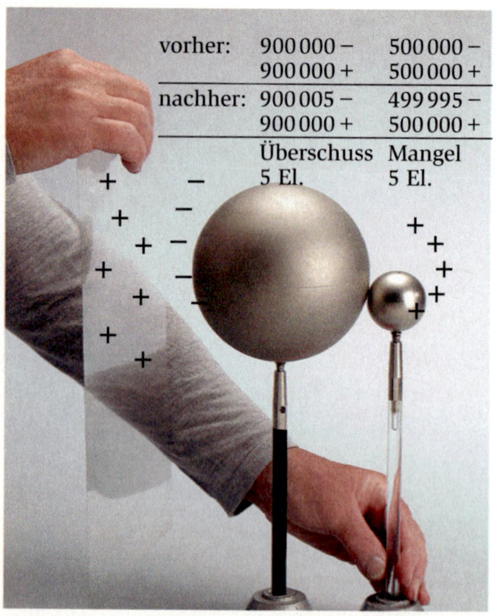

B1 Zahlenbeispiel zur Influenz: Elektronen werden von der rechten zur linken Kugel verschoben. Die angegebenen Zahlen entsprechen nicht der Anzahl tatsächlich vorhandener Teilchen.

Du kennst das Knistern beim Ausziehen eines Pullovers oder beim Kämmen trockener Haare. Diese elektrostatische Aufladung haben die Griechen schon vor über 2000 Jahren beim Reiben des guten Isolators *Bernstein* (griech.: Elektron) beobachtet. Daher rührt der Name „Elektrizität" (wörtlich: „Bernsteinkraft"). Wir untersuchen jetzt die elektrostatische Aufladung, die bei guten Isolatoren auftritt.
Man reibt eine Kunststofffolie mit einem Wolltuch (→ **V1**). Dann hebt man die Folie von der Unterlage ab. Sie zieht anschließend Haare oder leichte Gegenstände wie Papierschnipsel an. Mit einer Glimmlampe kann man die Art ihrer Aufladung feststellen.

In → **V2** bringt man einen Kunststoffstab in engen Kontakt mit einem Fell. Der Stab zieht anschließend Papierschnipsel an. Berührt man ihn mit einer Glimmlampe, so blitzt das Gas an der dem Stab zugewandten Elektrode auf. Die Oberfläche des Stabes war also negativ geladen. Wurden durch den Kontakt Elektronen neu erzeugt oder nur dem Fell entrissen?

Man bringt nach dem Kontakt Fell und Stab einzeln in einen jeweils ungeladenen Faradaybecher. Das Elektroskop schlägt beide Male gleich stark aus.
Gibt man nach dem Kontakt jedoch beide zusammen in den Faradaybecher, tritt nicht etwa der doppelte, sondern überhaupt kein Ausschlag auf. Zusammen sind Stab und Fell also genauso neutral wie vor dem Kontakt.

In einem weiteren Versuch gibt man nach dem Kontakt nur das Fell in den Faradaybecher und berührt ihn dann von außen mit einer Glimmlampe. Das Gas um die *abgewandte* Elektrode blitzt auf. Das Fell war positiv geladen, der Stab dagegen negativ.

In → **V2** wurden entgegengesetzte Ladungen voneinander getrennt, ohne dass man die Körper aneinander reiben musste. Die Ladungstrennung erfolgte bereits bei engem Kontakt. Wie bei der Influenz wird die Ladung dabei nicht neu erzeugt. Vielmehr entreißt der Stab dem Fell an der Oberfläche einen winzigen Bruchteil an Elektronen. Dann überwiegt an der Felloberfläche die positive Ladung der Atomkerne.
Bei dieser statischen Aufladung treten keine positiven Ladungen über. Diese sind an Materie (Atomkerne) gebunden und sitzen viel fester als die negativ geladenen Elektronen der Atomhülle.

Immer wenn sich verschiedene Stoffe berühren, treten Elektronen von der Oberfläche des einen Stoffs zur der des anderen über. Ein Stoff, der auf Elektronen eine stärkere Kraft ausübt, verschafft sich bei engem Kontakt mit einem anderen Stoff einen Elektronenüberschuss. Der andere Stoff verliert Elektronen; bei ihm macht sich die positive Kernladung auch nach außen hin bemerkbar. Diesen Sachverhalt nennt man **Kontaktelektrizität.**
An Frischhaltefolien kann man das Phänomen sehr gut beobachten. Wird die Folie den Rand einer Schüssel gedrückt, werden zwischen beiden Oberflächen Ladungen übertragen. Die Folie kann beispielsweise einige Elektronen am Schüsselrand auf sich ziehen und dadurch den entsprechenden Bereich auf der Schüssel positiv aufladen. Die negativ geladene Folie und der postiv geladenene Schüsselrand ziehen dann einander an – die Folie haftet.

Methoden

Planarbeit zum Thema „Influenz und elektrostatische Aufladung"

Zeit:
2 Schulstunden und Nacharbeit zuhause

Ziele:
- Vertiefen der Kenntnisse zur elektrischen Influenz unter Verwendung des Elektronenbildes.
- Erarbeiten des Themas „elektrostatische Aufladung" (→ Schulbuch Seite 282)
- Präsentation eines Versuchs zur elektrostatischen Aufladung

Arbeitsaufträge:

1. Wiederhole die grundlegenden Sachverhalte zur elektrischen Influenz (→ Schulbuch Seite 275) und zu „Elektronen als Ladungsträger" (→ Schulbuch Seite 276).
2. Erläutere schriftlich den Vorgang der elektrischen Influenz unter Verwendung des Elektronenbildes anhand von → V4, Seite 275, und → B1, Seite 282. Zeichne dazu auch eine Skizze von → V4 mit den ortsfesten positiven Ladungen und der Verschiebung der Elektronen bei der Influenz. (Bearbeite → A1, Seite 277).
3. Beschreibe, in welchen Fällen du elektrostatische Aufladung im Alltag erlebst und wie sie sich auswirkt. Erläutere verschiedene Möglichkeiten, wie du elektrostatische Aufladung vermeiden kannst (Internetrecherche mit geeigneten Stichwörtern).
   Welche Sicherheitsprobleme können durch elektrostatische Aufladung entstehen (Internetrecherche mit geeigneten Stichwörtern)?
   Stelle ein Beispiel einer elektrostatischen Aufladung aus dem Alltag mit einem Experiment dar.
4. Führe → V1 und → V2, Seite 282, durch. Dokumentiere die durchgeführten Versuche:
   - Fertige eine Versuchsskizze mit Beschreibung an.
   - Erläutere die Versuchsdurchführung (Lehrer/-in stellt Experimentiermaterial zur Verfügung).
   - Schreibe diese Beobachtungen auf.
   - Erkläre – falls möglich – die Versuchsergebnisse.
5. Überlege dir weitere Versuchsbeispiele zur elektrostatischen Aufladung und führe sie durch.

Hilfsmittel:
- → Schulbuch Seite 282
- Informationsbeschaffung durch Internetrecherche mit einer Suchmaschine (überlege dir hierzu geeignete Suchbegriffe)

Präsentation eines Versuchs:
- Einen vor dir ausgedachten Versuch musst du so ausarbeiten, dass du ihn vor der Klasse durchführen und erklären kannst.
- Fertige für die Präsentation dieses Versuchs eine Folie (auch als Handout für die Mitschüler/-innen) mit den wichtigsten Inhalten an. Fasse die Ergebnisse deines Versuchs in wenigen Sätzen zusammen. Formuliere wenn möglich einen Merksatz.

Aufgaben zur Kontrolle:

A1 Elektronen können wir nicht sehen. Trotzdem haben wir aus Experimenten Schlüsse auf sie gezogen. Verfolge und prüfe nochmals alle Argumente, die wir dabei benutzt haben. Erläutere, bei welchen Sachverhalten wir nur Mitteilungen von Experimenten anderer Art machen konnten.

A2 Erläutere, was die Aussage bedeutet: „Ein Atom bzw. Körper ist elektrisch neutral". Kann es nach der Theorie vom Atombau auch völlig „unelektrische" Körper geben, die überhaupt keine Ladungen besitzen?

A3 Man berührt das Innere eines Faradaybechers mit einer positiv geladenen Kugel. Gib an, welche Ladung er dann innen, welche er außen trägt. Erkläre deine Aussage mit der Eletronenvorstellung. Warum schlägt ein angeschlossenes Elektroskop aus?

A4 Denke dir zum Thema „Influenz und elektrostatische Aufladung" eine Aufgabe für die Klasse aus.

B1 Elektromagnete heben schwere Lasten.

B2 Ein Elektromagnet lässt sich ein- und ausschalten.

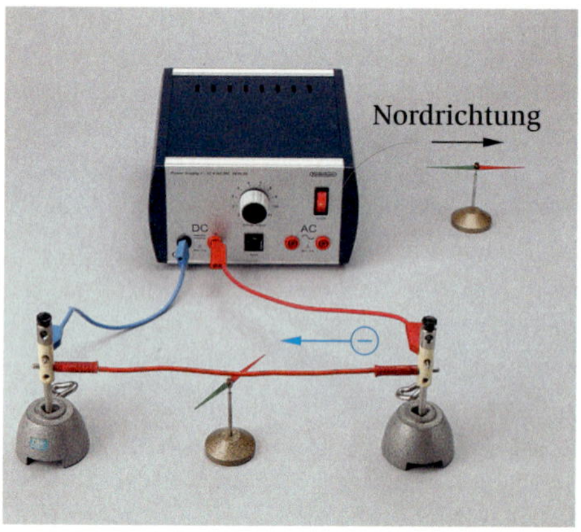

V1 Der Versuch von OERSTED:
Wir wollen prüfen, ob der Strom allein für den Magnetismus eines Strom führenden Leiters verantwortlich ist. Um den Einfluss des Magnetfeldes der Erde auf den Leiter auszuschließen, spannen wir einen Kupferdraht in Nord-Süd-Richtung und stellen eine Kompassnadel darunter. Kupfer ist nicht magnetisierbar. Es beeinflusst den Versuch nicht, da von ihm keinerlei magnetische Wirkung ausgeht. Jetzt kann nur noch der Strom eine magnetische Wirkung des Leiters auf die Kompassnadel verursachen. Natürlich beeinflusst das Erdmagnetfeld direkt die Kompassnadel, uns interessiert aber nur die Wirkung des Leiters.
Tatsächlich, sobald der Draht Strom führt, reagiert die Kompassnadel. Sie stellt sich quer zum Leiter ein. Wenn die Elektronen im Draht von *Nord nach Süd* fließen, zeigt der Nordpol der Kompassnadel nach Westen. Steht die Magnetnadel dagegen über dem Draht, so zeigt ihr Nordpol nach *Osten*.
Offensichtlich erfahren die Magnetpole der Kompassnadel Kräfte quer zur Stromrichtung.

1. Ein Magnet mit Schalter

Der starke Elektromagnet eines Magnetkrans (→ B1) kann große Mengen von Eisenschrott halten und transportieren. Beim Abschalten des Stroms geht die magnetische Wirkung verloren und die Last fällt ab. Wir können mit einer aus Draht gewickelten, Strom führenden *Spule mit einem Eisenkern* eine große Menge Nägel hochheben (→ B2). Auch hier fallen die Nägel herab, wenn man den Strom abschaltet. Wiederholen wir den Versuch ohne Eisenkern, dann gelingt es uns nicht, die Nägel anzuheben. Ist der Magnetismus jetzt verschwunden? Wir nähern der Spule eine Kompassnadel. Sie reagiert, wenn wir den Spulenstrom ein- und ausschalten. Und noch mehr: Solange die Spule Strom führt, wird der Nordpol der Kompassnadel immer von dem einen Ende der Spule angezogen und ihr Südpol vom anderen. Also hat der *Strom* in der Spule Magnetismus erzeugt.

Diese überraschende Erscheinung kannst du selbst beobachten, indem du einen langen, isolierten Kupferdraht auf eine Papprolle wickelst und an eine Batterie anschließt. Sobald der Draht Strom führt, wird eine Magnetnadel abgelenkt. Es entsteht somit ein Magnetfeld, das in der Umgebung des Drahtes sofort wirksam ist. Beim Abschalten des Stroms verschwindet es genauso schnell wieder. Besonders stark wird die magnetische Wirkung, wenn die Spule einen Eisenstab enthält.

2. Ein Magnetfeld ohne Pole

Der dänische Physiker Hans Christian OERSTED fand 1820 die magnetische Stromwirkung (→ V1). Er beobachtete zufällig, dass ein Strom führender Leiter Magnetnadeln ablenkt. Damit erregte er großes Aufsehen. Bis dahin kannte man nämlich keinerlei Zusammenhang zwischen Elektrizität und Magnetismus. Seitdem weiß man, dass beide Gebiete zusammen gehören. Der französische Physiker und Mathematiker André-Marie AMPÈRE wiederholte Oersteds Experiment und stellte die Hypothese auf, dass *jeder* Magnetismus seine Ursache in einem elektrischen Strom habe. AMPÈRE prägte auch den Begriff *Elektromagnetismus*.

In **→ V2** befinden sich Magnetnadeln in einer Ebene, die senkrecht zum Leiter steht. Sobald der Leiter Strom führt, stellen sie sich längs Kreisen um den Leiter ein. Wie beim Versuch von OERSTED (**→ V1**) steht jede Nadel quer zum Leiter.

Streuen wir Eisenpulver auf den Karton (**→ B3**), so ordnet sich auch dieses bei starken Strömen zu Kreisen. Die Kreise sind konzentrisch. Ihr gemeinsamer Mittelpunkt liegt im Leiter.

Bei einem Stabmagneten gibt es Ein- und Austrittsstellen der Feldlinien an den Polen. Die Feldlinien um einen Strom führenden geradlinigen Leiter sind geschlossene Linien. Besitzt sein Magnetfeld etwa *keine Pole?* Offensichtlich nicht. Ströme in geraden Leitern erzeugen also etwas Neues, nämlich *Magnetfelder ohne Pole!*

Der **→ V2** zeigt noch mehr. Ändern wir die Bewegungsrichtung der Elektronen, so ändert sich auch der Umlaufsinn der magnetischen Feldlinien.
Den Zusammenhang zwischen der Bewegungsrichtung der Elektronen und der Richtung der magnetischen Feldlinien merken wir uns mit der **Linke-Faust-Regel** (**→ V2**).

Merksatz

Elektrische Ströme sind stets von einem Magnetfeld umgeben. Die magnetischen Feldlinien bilden bei geraden Leitern konzentrische Kreise, die in Ebenen senkrecht zum Leiter liegen.
Linke-Faust-Regel: Umfasse den Leiter so mit der linken Faust, dass der abgespreizte Daumen in die Elektronenstromrichtung (von − nach +) zeigt. Dann geben die gekrümmten Finger die **Richtung der magnetischen Feldlinien** an.

Interessantes

Die Entdeckung der magnetischen Stromwirkung

Während einer Vorlesung wollte der Chemiker und Naturforscher Hans Christian OERSTED (1777–1851) eine galvanische Batterie vorführen, als ihm einer der angeschlossenen Drähte aus der Hand und in die Nähe einer Kompassnadel auf den Vorführtisch fiel. Er wollte ihn schnell wieder hochheben – da bemerkte er, dass sich die Kompassnadel in eine andere Richtung eingestellt hatte.
Das war ein bisher noch nicht entdeckter Vorgang, der richtungsweisend für die weitere Entwicklung der Elektrizitätslehre war. Elektrizität und Magnetismus konnten von nun an nicht mehr als getrennte Phänomene betrachtet werden.
Später wiederholte er diesen Vorgang vor einigen seiner interessierten Kollegen.
Die magnetische Wirkung des elektrischen Stromes ist die einzige, die nicht ausgeschaltet werden kann. Sie tritt immer auf. Dies ist zum Beispiel bei der Wärmewirkung nicht der Fall.

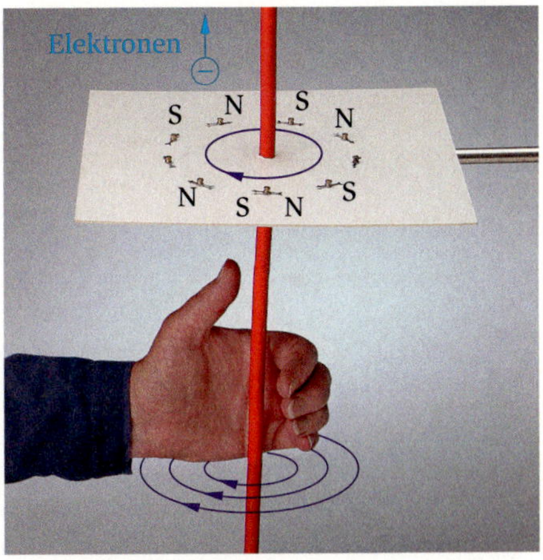

V2 Ein vertikal gestellter Leiter durchsetzt einen waagerechten Karton. Im gleichen Abstand vom Leiter stellen wir mehrere kleine Magnetnadeln auf. Sobald der Draht Strom führend ist, weisen die Nadeln längs eines Kreises. Ändern wir die Stromrichtung, dann wenden sich die Nadeln um 180 °.

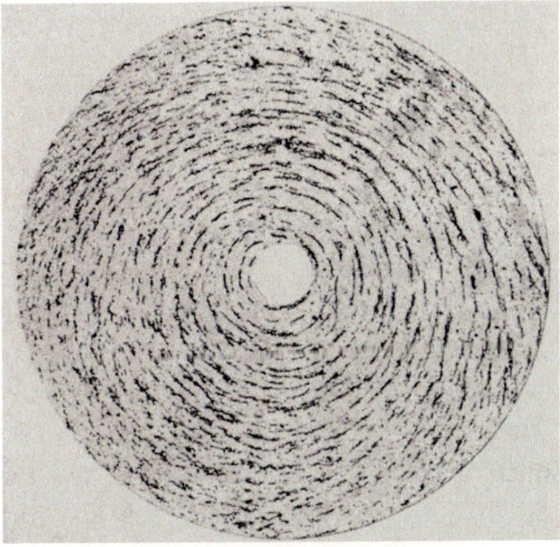

B3 Magnetfeld um einen geraden Leiter

A1 Eine Kompassnadel stellt sich in Nord-Süd-Richtung ein. Erkläre, wie man sie mit einem geradlinigen Leiter in östliche Richtung ablenken kann. Erkläre, wie man den Leiter ausrichten müsste, damit durch sein Magnetfeld die Kompassnadel mit ihrem Nordpol in (geographisch) südliche Richtung abgelenkt wird.

A2 Skizziere bei **→ V1** den Verlauf der magnetischen Feldlinien um den waagrecht verlaufenden Leiter. Wende dabei die Linke-Faust-Regel an.

V1 Wir wickeln einen Draht in mehreren Windungen zu einer flachen *Spule* und bespannen sie mit Papier, um spätere Schwingungen zu dämpfen. Dann hängen wir ihn an einem Faden auf und führen ihm über Lamettafäden Strom zu. Er dreht sich mit einer Fläche nach Norden – wie eine Kompassnadel. Mit einem Stabmagneten lässt sich der kreisförmige Strom führende Leiter ablenken.

V2 Mit einer Spule können wir das Zusammenwirken der magnetischen Felder der einzelnen Windungen sichtbar machen (→ B2). Streuen wir Eisenpulver auf die Glasplatte, so sehen wir kleine Kreise um die Leiter an den Durchstoßpunkten. Im Inneren der Spule ordnen sie sich zu parallelen Ketten an. Außerhalb der Spule ist das Feldlinienbild ähnlich dem eines Stabmagneten.

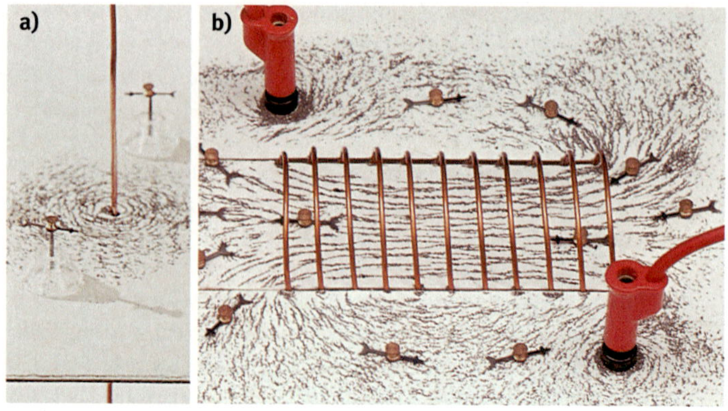

B2 **a)** Feldlinien eines Strom führenden geraden Leiters
b) Feld einer Strom führenden Spule

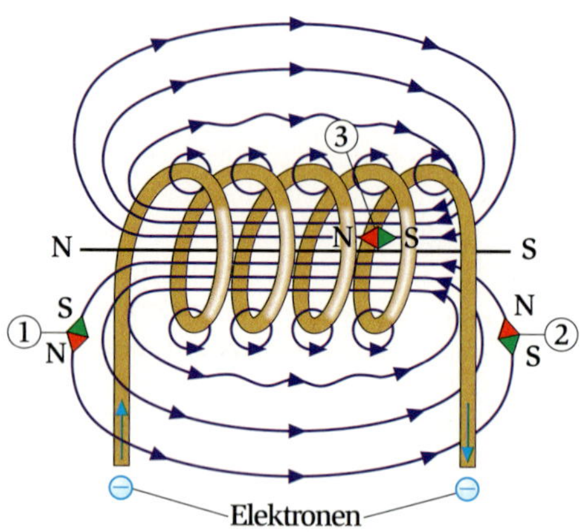

B1 Bei einer Spule überlagern sich die Feldlinien vieler Drahtwicklungen. Der Südpol von Nadel ① wird zum Spulen-Nordpol gezogen, der Nordpol von Nadel ② zum Spulen-Südpol.

1. Vom Draht zur Spule

Das Magnetfeld eines Strom führenden Drahtes ist sehr schwach. Vielleicht können wir es dadurch verstärken, dass wir den Draht zu einer Windung biegen. Die Linke-Faust-Regel gibt Anlass zur Hoffnung: Umfassen wir nämlich den zu einer Windung gebogenen Draht mit der linken Hand so, dass der Daumen entlang des Drahtes weist, dann zeigen die Finger im Inneren der Windung überall in die gleiche Richtung. Das bedeutet, dass die magnetischen Feldlinien eng beieinander liegen (→ B2a).

Das Magnetfeld eines Drahtes wird noch stärker, wenn man ihn in *mehreren* Windungen zu einer flachen **Spule** wickelt (→ V1). Führt sie Strom, so dreht sie sich so, dass die eine Fläche (N) nach Norden zeigt. Nähert man ihr den Nordpol eines Stabmagneten, so dreht sich die Spule zur Seite.

Verhält sich die Spule wie eine Magnetnadel? Tatsächlich: Nähert man ihrer Fläche (N) den Nordpol eines Stabmagneten, so dreht sich die Spule zur Seite (→ V1). Die Fläche (N) wird also wie ein magnetischer Nordpol vom Nordpol des Stabmagneten abgestoßen. Die Fläche auf der Rückseite verhält sich entsprechend wie ein Südpol. *Eine Strom führende Spule ist ein Magnet mit zwei Polen.*

→ B1 und → B2 zeigen den Verlauf der Feldlinien. Die kleinen Magnetnadeln weisen am einen Ende der Spule mit ihrem Nordpol nach außen; hier befindet sich der Nordpol der Spule, am anderen Ende – dem Südpol – zeigen die Nadeln mit ihrem Nordpol nach innen. Die Feldlinien sind geschlossen und verlaufen innerhalb der Spule parallel zur Spulenachse.

Merksatz

Strom führende Spulen haben Pole wie Stabmagnete. Außen laufen die Feldlinien vom Nordpol zum Südpol. Innen kehren sie zurück und bilden ein starkes Magnetfeld mit parallelen Feldlinien.
Je größer die Zahl der Windungen ist und je dichter diese aufeinander gepackt werden, desto größer ist die Stärke des Magnetfelds.

2. Eine Spule wird zum Elektromagnet

Enthält eine Spule einen Eisenkern, so kann man mit ihr eine große Menge Nägel anheben. Es besteht ein starkes Magnetfeld. Wie kommt es zu dieser Verstärkung? Wir wissen, dass es im Inneren einer Strom führenden Spule ein starkes Magnetfeld gibt, dessen Feldlinien parallel zur Spulenachse verlaufen. Bringen wir einen Eisenkern in die Spule, so übt das Magnetfeld der Spule auf die Elementarmagnete im Eisen Kräfte aus und ordnet sie parallel zur Spulenachse an (→ B3). Dabei zeigen die Nordpole aller Elementarmagnete in Feldlinienrichtung zum Nordpol der Spule hin. Das führt zu einer enormen Verstärkung des Magnetfelds der Spule im Außenraum. Spule und Eisenkern bilden einen starken **Elektromagneten.** Wird der Strom abgeschaltet, so verschwindet das Magnetfeld der Spule und die Elementarmagnete gehen wieder in einen ungeordneten Zustand über.

Einen besonders kräftigen Elektromagneten zeigt das Bild zu → V4. Zwei Spulen sitzen auf den Schenkeln eines dicken, U-förmigen Eisenkerns. Bei der einen Spule liegt der Nordpol unten, bei der anderen der Südpol. Das prüft man mit einer Magnetnadel. Im Bild können wir sogar die Richtung des Elektronenflusses erkennen. Damit können wir nach der Linke-Faust-Regel die Richtung der Feldlinien des Magnetfeldes der beiden Spule bestimmen.
Auf den U-Kern wird zusätzlich ein *Anker* aus Eisen aufgesetzt. Auch seine Elementarmagnete werden ausgerichtet. Sie verstärken ebenfalls das Magnetfeld der Spulen. Dabei bilden die Elementarmagnete von U-Kern und Anker längs der Feldlinien (→ V4; blaue Linien) geschlossene Ketten. Sie lassen sich kaum aufreißen, denn der Anker kann nur noch mit äußerst starken Kräften vom U-Kern getrennt werden. An ihn kann man große Lasten hängen. Anstelle von Eisen kann man auch andere *weichmagnetische Stoffe* verwenden.

Ersetzt man in → V4 das Eisen durch *hartmagnetisches* Material, so richtet das starke Magnetfeld die schwer drehbaren Elementarmagnete viel besser aus, als dies beim Überstreichen einer Stricknadel mit dem Nordpol eines starken Dauermagneten gelingt. Nach dem Ausschalten des Stroms bleiben aber die Elementarmagnete ausgerichtet; die Magnetisierung bleibt erhalten. So kann man **Dauermagnete** herstellen.

Spulen mit Kernen aus Eisen kommen in zahlreichen technischen Anwendungen des Alltags zum Einsatz, von Türöffner-Magneten über Magnete, um Eisenbahnweichen zu stellen, bis hin zu den großen Magneten auf Schrottplätzen, um Autowracks anheben zu können.

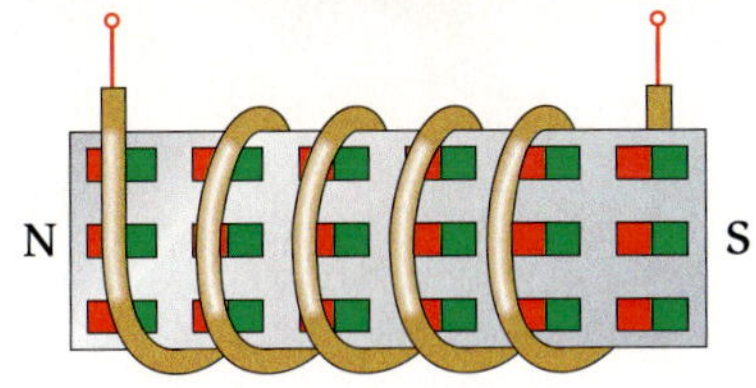

B3 Der Eisenkern verstärkt die magnetische Wirkung einer Spule erheblich.

V3 **a)** Wir stellen eine Spule in Ost-West-Richtung auf und nähern ihr eine Kompassnadel. Erst in unmittelbarer Nähe der Spule wird sie abgelenkt. Das Magnetfeld der Spule hat nur eine geringe wahrnehmbare Reichweite. **b)** Wir schieben weichmagnetisches Material in die Spule. Jetzt wirkt das Magnetfeld auch in größerer Entfernung auf die Kompassnadel. Es ist wesentlich stärker geworden.

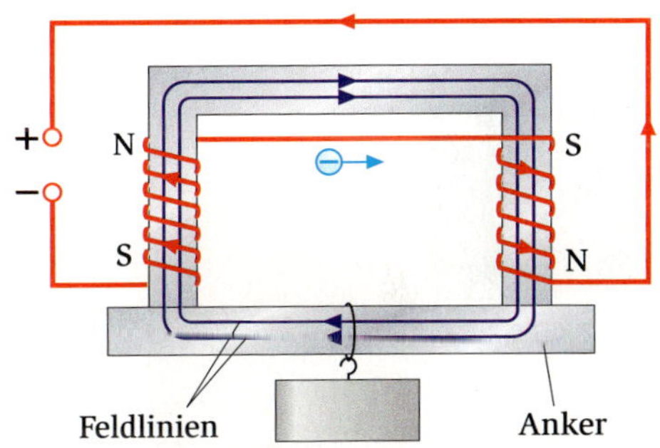

V4 Wir setzen zwei Spulen auf einen U-förmigen Eisenkern. Der Nordpol der einen Spule soll oben, der Nordpol der anderen unten liegen. Mit einem Anker schließen wir den U-Kern. Führen die Spulen Strom, wird der Anker mit großer Kraft angezogen.

A1 In → B4 zieht eine Strom führende Spule einen Eisenstab an. Erkläre, warum er unten einen Nordpol und oben einen Südpol bekommt. Erkläre, warum der Nordpol N eine Kraft nach unten, der Südpol eine Kraft nach oben erfährt.

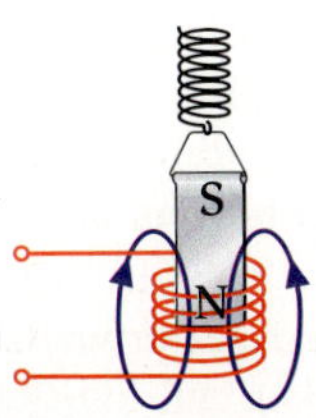

B4 zu A 1 und A 2

A2 In → B4 hänge der Stab so, dass er am unteren Ende der Spule herausragt. Erkläre, welche Kraft er jetzt erfährt. Ordne dem Eisenstab jetzt Magnetpole zu.

A3 Erkläre, ob bei einer Strom führenden Spule mit der Stromrichtung auch die Pole vertauscht werden.

Der Elektromotor

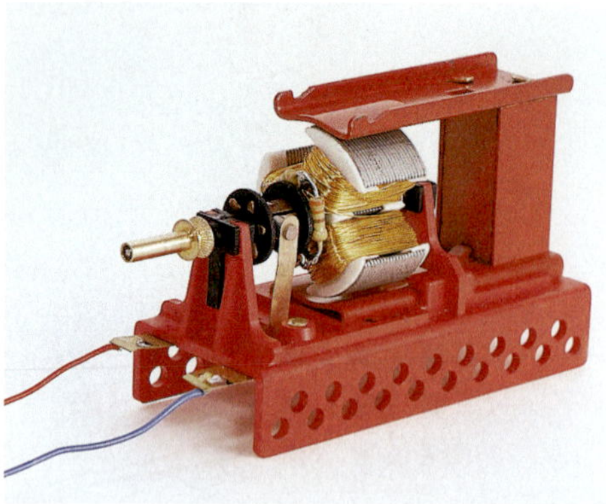

B1 Ein Spielzeug-Elektromotor mit drei Spulen.

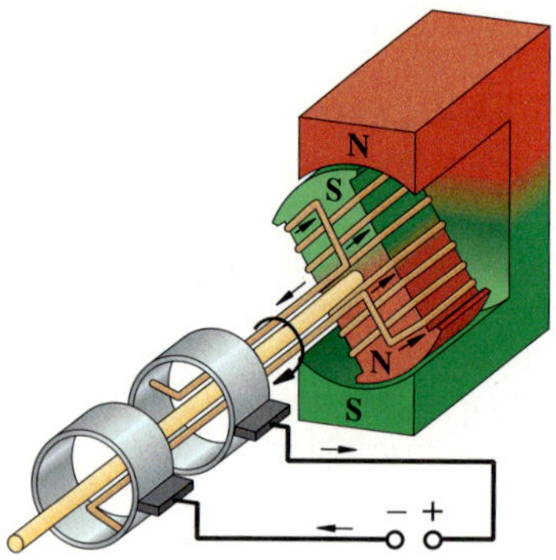

B2 Das Prinzip des Elektromotors mit Doppelspule.

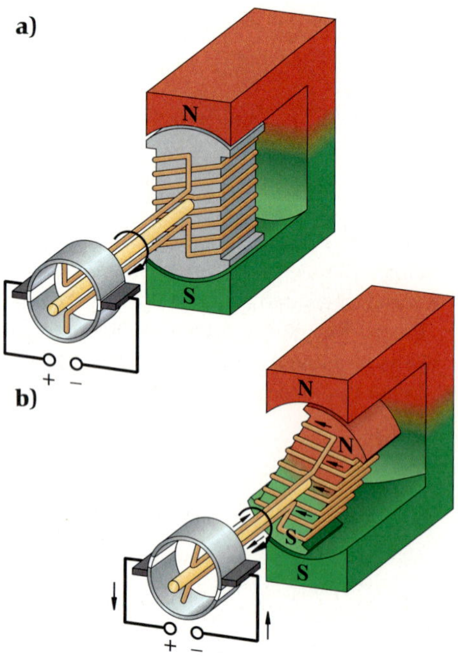

B3 a) Elektromotor mit unterteiltem Schleifring (im Totpunkt) b) Motor läuft bei veränderter Stromrichtung weiter.

Unser Leben ist ohne die Hilfe durch Elektromotoren kaum vorstellbar. Im Haushalt (Küchenmaschine, Waschmaschine, Staubsauger, Haarfön), im Transportwesen (Aufzug, Rolltreppe, Eisenbahn) und in der Industrie (Förderbänder, Pumpen, Roboter, Kräne) erleichtern Elektromotoren seit Ende des 19. Jahrhunderts zunehmend die menschliche Arbeit.

Sein Grundprinzip geht auf Michael FARADAY zurück, der 1821 erkannte, dass elektrischer Strom einen Draht um einen Magneten rotieren lässt: Er hatte die „elektromagnetische Rotation" entdeckt. FARADAY wiederholte die Experimente OERSTEDS, änderte jedoch den Versuchsablauf, indem er einen beweglichen Draht über einem Stabmagneten befestigte. Floss Strom durch den Draht, begann er sich zu drehen – elektrischer Strom hatte eine mechanische Bewegung erzeugt.

Der Grund für den Siegeszug des Elektromotors liegt in seiner kompakten Bauweise. Elektrische Energie kann effizient in mechanische Energie umgewandelt werden. Die Umwandlung chemischer Energie (Kohle, Öl) in mechanische Energie ist viel komplizierter. Daher wird im Kraftwerk mit großem Aufwand chemische in elektrische Energie umgewandelt. Diese kann leicht mit Kabeln an den Ort geführt werden, wo sie benötigt wird. Im Folgenden wird der prinzipielle Aufbau eines Elektromotors besprochen.

1. Das Grundprinzip des Elektromotors

Wie → B2 zeigt, besteht der Elektromotor aus einer drehbar gelagerten Doppelspule mit Eisenkern, die über Schleifringe und Schleifkontakte (Kohlebürsten) mit Strom versorgt wird. Diese Anordnung befindet sich innerhalb eines Magnetfeldes. Wie wir bereits wissen, stellen die Strom führenden Spulen ebenfalls Magnete dar, deren Polung durch Wicklungssinn und Stromrichtung festgelegt ist. Lässt man in → B2 die drehbare Doppelspule los, so dreht sie sich zunächst im Uhrzeigersinn, weil sich ungleichnamige Magnetpole gegenseitig anziehen. Auf Grund ihres Schwunges schießt sie kurz über die vertikale Stellung hinaus, um dort (im „Totpunkt") zur Ruhe zu kommen. Damit die Spule weiter läuft, müssen in diesem Augenblick ihre Magnetpole vertauscht werden. Geschieht dies, so wird die Spule eine Halbdrehung weiterrotieren. Auch dort werden dann wieder die Pole vertauscht usw. Gelingt dies, so kann sich die Spule andauernd drehen und über ein aufgesetztes Zahnrad verschiedene Bauteile antreiben.

Ein technischer Trick ermöglicht dieses automatische Umpolen des Spulenmagnetfeldes: Dazu werden die zwei getrennten Schleifringe durch einen Schleifring ersetzt (→ B3a,b), der aus zwei gegeneinander isolierten Halbringen besteht. → B3a macht deutlich, dass der Doppelspule im Totpunkt des Motors kein Strom zugeführt wird. Nur die elektrischen Anschlüsse werden vertauscht. Dies verändert hinter dem Totpunkt jeweils die Polung des rotierenden Magneten von selbst, sodass der Motor weiterläuft.

2. Technische Verbesserungen des Elektromotors

Unser Elektromotor hat noch einen großen Nachteil. Im Totpunkt wirken auf die Doppelspulen keine Drehkräfte. Während des Laufens kann der Motor nur aufgrund seines Schwunges diesen Punkt

Das Magnetfeld von Spulen

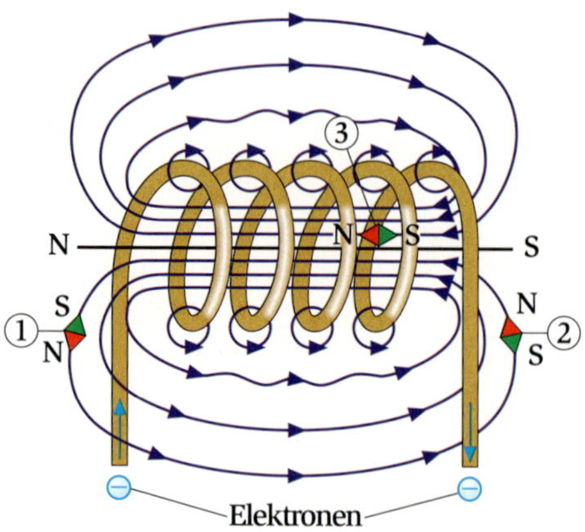

überwinden. Folglich läuft der Motor sehr unruhig. Steht der Motor zu Beginn im Totpunkt, so läuft er ohne Anstoß von außen nicht an. Abhilfe schafft eine dritte Spule (→ B4). Der Schleifring ist jetzt in drei gegeneinander isolierte Teilringe unterbrochen. Jede Spule ist mit zweien dieser Teilringe verbunden. Zwei Spulen erzeugen jeweils außen einen gleichen Magnetpol, die dritte den anderen. Die Anordnung im 120°-Winkel sorgt dafür, dass höchstens eine der drei Spulen im Totpunkt stehen kann, sodass der Motor aus jeder Ruhestellung ohne äußeren Anstoß anläuft und dass er während des Dauerbetriebs ruhiger als der Doppelspulenmotor läuft.
In der Technik eingesetzte Motoren besitzen noch mehr Spulen, die zum Teil ineinander verwoben sind. Diese Motoren laufen dann noch gleichmäßiger und können deshalb auch stärker belastet werden.

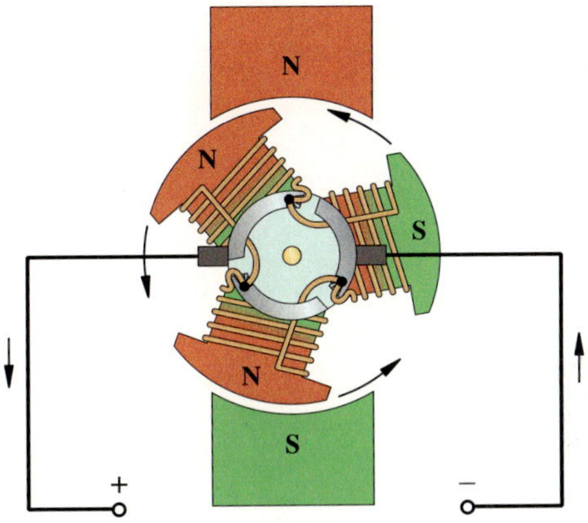

B4 Gleichstrommotor mit drei Spulen

3. Ein Motor auch für Wechselstrom

Bei diesem Motor (→ B5) wird auch das äußere Magnetfeld mithilfe eines Elektromagneten erzeugt. Seine Wickelrichtung ist so angelegt, dass der Motor im Uhrzeigersinn läuft. Die innere und die äußere Spule liegen im gleichen Stromkreis. Ein Umkehren der Stromrichtung bewirkt also ein Umpolen aller Elektromagnete, sodass die Drehrichtung des Motors stets unverändert bleibt.
Selbst beim Betrieb mit Wechselstrom, der je Sekunde hundert Mal seine Richtung ändert, läuft der Allstrommotor davon unbeirrt im Uhrzeigersinn weiter. In vielen Haushaltsgeräten sind diese Allstrommotoren im Einsatz.

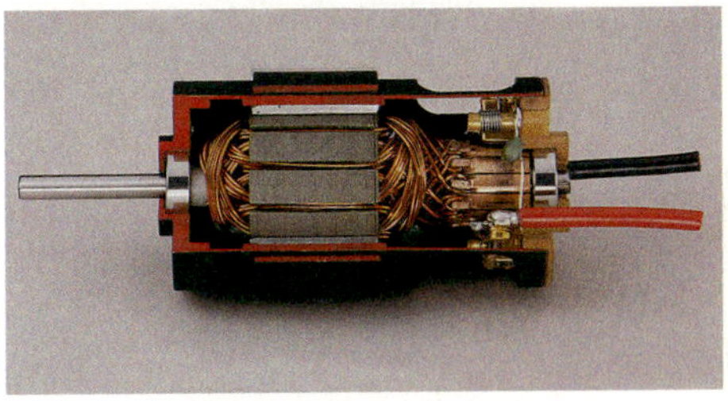

B5 Motor für Wechselstrom

Interessantes

Damals ...
Im kohlegefüllten Tender führt die Dampflok die zum Fahren benötigte Energie mit sich. Die verfeuerte Kohle und das verdampfte Wasser müssen ersetzt werden, vor dem Start muss vorgeheizt werden. Die große Masse von Lok und Tender lassen einen wirtschaftlichen Betrieb nicht zu. Schnelle Leistungssteigerungen und hohe Geschwindigkeiten sind nicht möglich, die Umwelt wird durch den Rauch verschmutzt.

... und Heute
Der ICE erhält die zum Fahren benötigte Energie als elektrische Energie über die Oberleitung. Die starken Elektromotoren sind direkt auf den Antriebsachsen montiert – man braucht keine besondere Lokomotive mehr. Sie sind stets betriebsbereit und bringen den Zug auf hohe Geschwindigkeiten, ohne die Umwelt zu belasten. Die aufwändige Umwandlung chemischer in elektrische Energie wurde ins Kraftwerk verlagert.

Messung von Stromstärke und Ladung

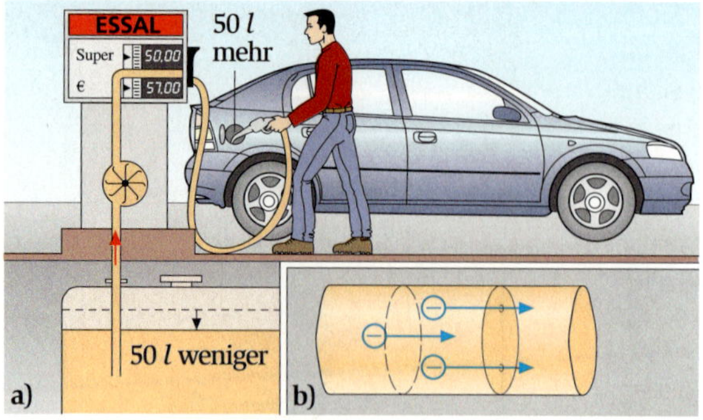

B1 **a)** Die Benzinuhr misst das geflossene Benzinvolumen. **b)** Elektronen, die während der Messdauer durch einen Leitungsquerschnitt gehen.

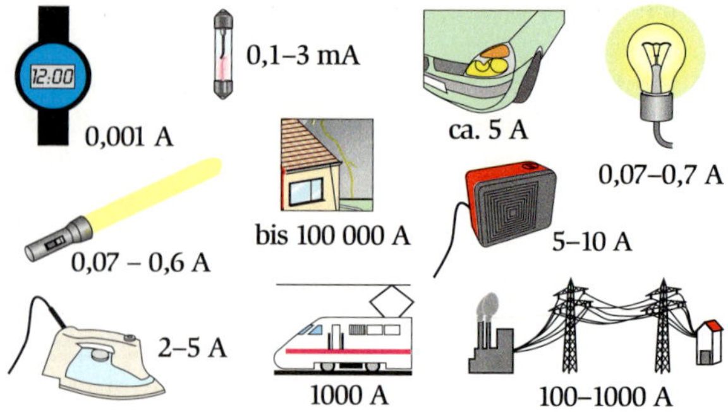

B2 Das Bild zeigt dir einige typische Beispiele für Stromstärken. ($1\ \text{mA} = 10^{-3}\ \text{A} = 1/1000\ \text{A} = 0{,}001\ \text{A}$)

Interessantes

Ein Maß für die elektrische Ladung

Elektrischer Strom bedeutet: Elektronen fließen. Jedes Elektron hat eine gleich große Ladung. Diese ist die kleinste in der Natur auftretende Ladungsmenge. Sie wird deshalb **Elementarladung** genannt. Robert MILLIKAN konnte sie Beginn des 20. Jahrhunderts erstmals präzise bestimmen.
Als **Maßeinheit** der Ladungsmenge Q – man sagt kurz Ladung – wurde **1 Coulomb** (C) gewählt (de COULOMB, französischer Physiker um 1800).
Die Ladung eines Elektrons beträgt $1{,}6022 \cdot 10^{-19}$ C.
Damit bilden circa $6{,}24 \cdot 10^{18}$ Elektronen zusammen die Ladung 1 C. Fließt die Ladung $Q = 1$ C durch einen beliebig gewählten Leitungsquerschnitt, so treten ca. $6{,}24 \cdot 10^{18}$ Elektronen hindurch.

Was bedeutet die Gleichung $I = Q/t$?

Man entlädt z. B. eine geladene Metallkugel über eine leicht angefeuchtete Schnur, die über eine Glimmlampe zur Erde führt. Die Entladung der Kugel dauert einige Sekunden (beobachte diesen Vorgang in einem verdunkelten Raum!).
Eine etwas feuchtere Schnur leitet besser; dieselbe Ladung Q fließt in kürzerer Zeit t ab. Die Glimmlampe zeigt dann durch helleres Leuchten eine größere Stromstärke $I = Q/t$ *an.*
Entlädt man gleichzeitig drei Kugeln, also die dreifache Ladung, so ist die Entladezeit $I = Q/t$ bei etwa gleicher Stromstärke I entsprechend größer.

1. Was zeigt eine Benzinuhr an?

Um Stromstärken messen zu können, muss man etwas über die Messung fließender Ladung wissen. Wie misst man eigentlich den Fluss von Substanzen, zum Beispiel Benzin? Eine Benzinuhr misst das getankte Benzinvolumen. Wie geht sie vor? Nach → **B1** kann man 50 l Benzin tanken, auch wenn die Leitung vom Tank zum Zapfhahn weniger als 50 l fasst. Zeigt die Benzinuhr 50 l, so wurde sie von 50 l durchströmt. 50 l sind dem Erdtank entnommen worden und aus dem Zapfhahn geflossen. *Jeden Querschnitt der Leitung haben also 50 l Benzin durchsetzt* – wenn die Leitung dicht und frei von Luftblasen war.

Bisher sagten wir: Im Stromkreis fließt Ladung. Damit haben wir die ganze bewegliche Ladung gemeint, die der Stromkreis enthält. Jetzt betrachten wir nur diejenige Ladung, die durch einen bestimmten Leitungsquerschnitt geht. Sagen wir nun, durch ein Gerät fließe die Ladung Q, so meinen wir diejenige **Ladung Q**, die während der Messdauer t eine Messstelle – den Leitungsquerschnitt – durchströmt. In → **B1b** kommen Elektronen während der Messdauer so weit, wie es die Pfeile angeben. Das linke Elektron ist noch nicht durch den rechten Querschnitt getreten, wird also noch nicht gezählt.

Leider können wir Elektronen weder sehen noch zählen. Wir haben aber Messinstrumente, deren Ausschlag groß ist, wenn sie in einer Sekunde von viel Ladung Q (von vielen Elektronen) durchsetzt werden (genauer: ein Leiterquerschnitt). Dies erinnert an das Rädchen der Benzinuhr. Ist der Zapfhahn fast geschlossen, so ist der Benzinstrom schwach, es dreht sich nur langsam. Pumpt man stärker, so dreht sich das Rädchen schneller. Die Stärke des Benzinstroms $I = V/t$ ist dann größer (in jeder Sekunde fließt mehr Benzin; der Tank ist schneller gefüllt).

Verfolgen wir diesen Gedanken genauer. Ein Zapfhahn für Benzin liefere in $t = 100$ s das Volumen $V = 50$ l. Die *Stärke des Benzinstroms* ist dann $I = V/t = (50\ \text{l})/(100\ \text{s}) = 0{,}5\ \text{l/s}$. Dabei ist es gleichgültig, ob das Benzin ein weites Rohr mit kleiner Geschwindigkeit oder ein enges Rohr mit großer Geschwindigkeit verlässt.

2. Die elektrischen Stromstärke

Zum Messen der elektrischen Stromstärke I baut man ein Strommessgerät in den Stromkreis ein. Man trennt dazu die Leitung des Stromkreises auf und überbrückt die Lücke mit diesem Strommesser (→ B3). Die Elektronen strömen jetzt durch das eingebaute Messgerät, an dem die – im ganzen Stromkreis gleiche – Stromstärke abgelesen werden kann.

Was *Stromstärke I* sein soll, legen wir fest wie beim Benzin: Das Maß für die Stärke des elektrischen Stroms ist die *je Sekunde* durch einen Leitungsquerschnitt fließende Ladung Q. Für die Ladungsmenge wurde **1 Coulomb** (C) als Einheit festgelegt (→ **Vertiefung**, links). Ein Beispiel: Fließt während der Messdauer $t = 5\ s$ die Ladung $Q = 20\ C$ durch einen Strommesser, so beträgt die Stromstärke $I = Q/t = (20\ \text{C})/(5\ \text{s}) = 4\ \text{C/s}$. Der Strommesser zeigt dann einen bestimmten Ausschlag. Er nimmt mit wachsender Stromstärke zu.

Als Maßeinheit **der Stromstärke** I wurde **1 A = 1 C/s** festgelegt (AMPÈRE, französischer Physiker um 1800).

Merksatz

Die **elektrische Stromstärke** ist $I = \frac{Q}{t}$.
Dabei ist Q die Ladung, die in der Zeit t durch einen beliebigen Leitungsquerschnitt fließt.
Die **Einheit** der Stromstärke I ist 1 Ampere: $\mathbf{1\ A = 1\ \frac{C}{s}}$.

Für die Stromstärkemessung brauchen wir also keine Elektronen zu zählen, wir brauchen nicht einmal eine spezielle Festlegung der Ladungseinheit 1 C. Wir sagen: 1 C ist die Ladung, die einen Strommesser in 1 s durchfließt, wenn er die Stromstärke 1 A anzeigt.
Wir nutzen also aus, dass die Stromstärkeeinheit Ampère eine Grundeinheit unseres Maßsystems ist, die durch die Kraft auf stromdurchflossene Leiter in einem Magnetfeld festgelegt ist. Diese Kraft lernen wir im Kapitel Magnetfeld später kennen.

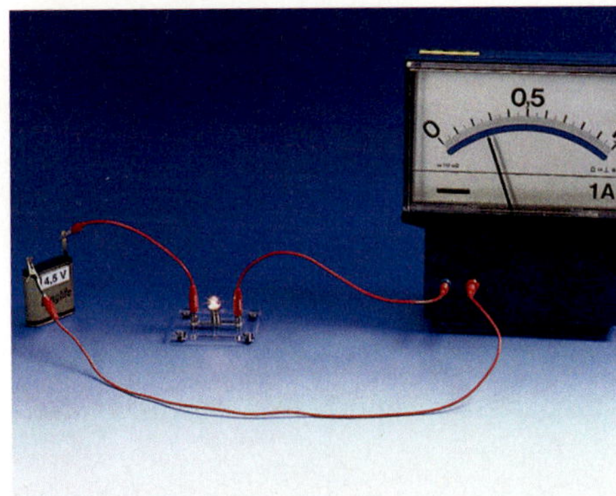

B3 Messung der elektrischen Stromstärke mit einem Strommesser

Beispiel **Fließende Elektronen**

Ein Strommessgerät zeigt die Stromstärke $I = 3$ A an. Wie viele Elektronen fließen je Sekunde durch jeden Leitungsquerschnitt?

Lösung:
Durch jeden Leitungsquerschnitt fließt pro 1 s die Ladung

$$Q = I \cdot t = 3\ \text{A} \cdot 1\ \text{s} = 3\ \text{C}.$$

Die Ladung eines Elektrons ist $1{,}6 \cdot 10^{-19}$ C. Damit bilden

$$\frac{3\ \text{C}}{1{,}6 \cdot 10^{-19}\ \text{C}} = 1{,}9 \cdot 10^{19}\ \text{Elektronen}$$

die Ladung $Q = 3$ C. Durch jeden Leitungsquerschnitt bewegt sich also pro 1 s die riesige Zahl von $1{,}9 \cdot 10^{19}$ Elektronen.

Interessantes

Umgang mit elektrischen Strommessgeräten

Der *Messbereich* der Instrumente, d. h. ihre Empfindlichkeit, muss der Stärke der zu messenden Ströme angepasst sein. Hier folgen einige Regeln für den Umgang mit diesen oft sehr teuren Geräten:

- **Schalte den Strommesser nie allein zwischen die Pole einer Quelle, sondern immer in Reihe mit den Geräten, bei deren Betrieb die Stromstärke zu messen ist** (→ **B4**).
- Prüfe, ob auf Wechsel- oder Gleichstrom eingestellt werden muss. Bei Gleichstrom muss die mit + bezeichnete Buchse zum Pluspol der Stromquelle hin angeschlossen werden.
- Stelle zunächst den höchsten Messbereich ein.
- Erniedrige vorsichtig den Messbereich und behalte dabei den Zeiger im Auge. Der Zeiger soll das Ende der Skala nicht überschreiten.

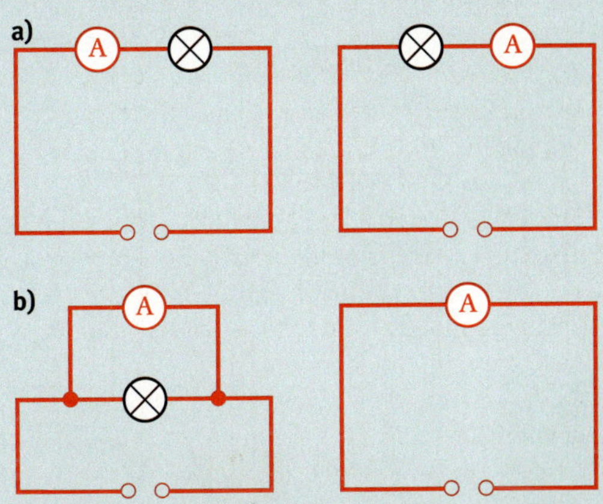

B4 **a)** richtige **b)** falsche Schaltung

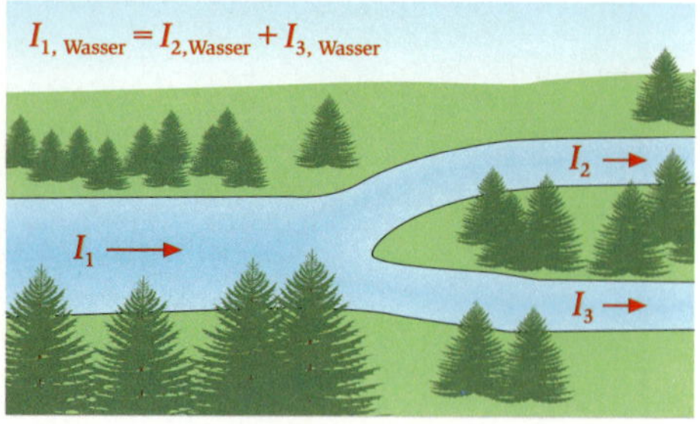

B1 Verzweigung bei Wasserströmungen

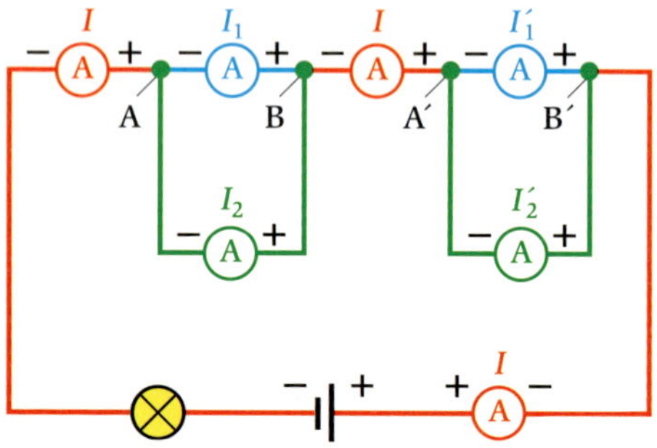

V1 Wir schalten jedem Strommesser (blau) eine andere Sorte von Strommesser (grün) *parallel.* Im blauen sinkt die Stromstärke auf $I_1 \approx 0{,}60$ A, der parallel liegende grüne zeigt $I_2 \approx 0{,}35$ A. Die roten Strommesser zeigen weiterhin $I = 0{,}95$ A an.

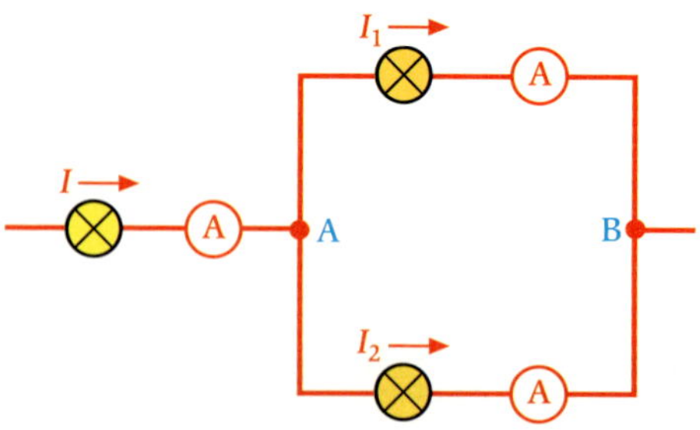

B2 Verzweigung bei elektrischen Strömen

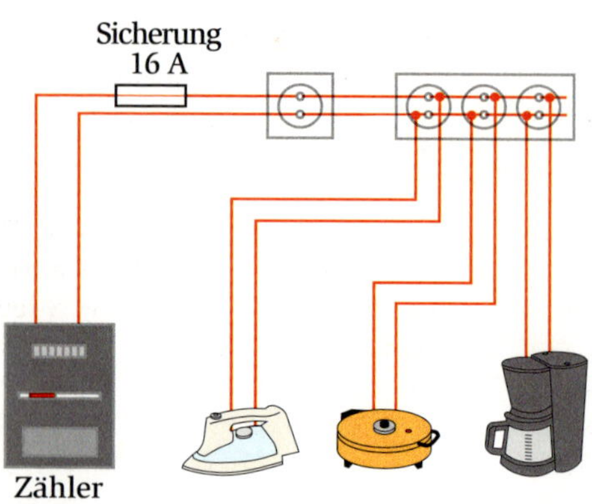

B3 Parallel geschaltete Geräte im Haushalt

3. Stromstärke bei Parallelschaltung

Was ergibt sich für die elektrische Stromstärke, wenn der Stromkreis eine Verzweigung enthält? Von Wasserströmungen **→ B1** kennen wir die **Knotenregel:** *Die zu einem Knoten hin fließenden Wasserströme sind zusammen so stark wie die vom Knoten weg fließenden Wasserströme.* Weder geht am Knoten ein Wasserteilchen verloren noch kommt eines hinzu.

Um zu untersuchen, ob dies bei elektrischen Strömen ebenso ist, schaltet man in **→ V1** jedem Strommesser eine andere Sorte von Strommesser **parallel.** So verzweigt man den Strom und kann in jedem Zweig die Stromstärke messen. Bildet man die Summe der Zweigstromstärken, so stimmt diese Summe mit der Stromstärke in der Zuführungsleitung überein.

Das Versuchsergebnis der **Parallelschaltung** von Strommessgeräten passt zum Wasserfluss, aber auch zu unserer Vorstellung strömender Elektronen (**→ B2**): Die Elektronen in der Leitung gehen an dem Verzweigungspunkt A verschiedene Wege. In B laufen sie wieder zusammen. Kein einziges Elektron ist verloren gegangen. Es fließt (je Sekunde) genauso viel Ladung zum Knoten (A) hin wie in den Teilströmen zusammen von ihm weg.

Merksatz

Bei einer **Stromkreisverzweigung** geht keine Ladung verloren. Die Summe der Stromstärken I_1 und I_2 in den Zweigen ist gleich der Stromstärke I im unverzweigten Teil des Stromkreises:

$$I = I_1 + I_2.$$

Allgemein kann man auch sagen: Die Summe der Ströme, die auf einen Knoten (wie A bei **→ B2**) zufließen, ist gleich der Summe der Ströme, die abfließen.

Beispiel **Hält die Sicherung?**

Du möchtest prüfen, ob du ein Dampfbügeleisen, ein Waffeleisen und eine Kaffeemaschine gleichzeitig an einer Mehrfachsteckdose betreiben kannst, ohne dass die Sicherung anspricht (**→ B3**). Diese Steckdose sei mit 16 A abgesichert.

Lösung:
Die drei Geräte benötigen folgende Stromstärken:
Dampfbügeleisen $I_1 = 8{,}7$ A, Kaffeemaschine $I_2 = 5{,}4$ A, Waffeleisen $I_3 = 4{,}3$ A.
Die Stromstärke im unverzweigten Teil darf aufgrund der Sicherung maximal 16 A betragen.
Beim Anschließen an eine Mehrfachsteckdose sind diese drei Geräte parallel geschaltet. Die Summe der Stromstärken in den drei Zweigen würde betragen:

$$I_1 + I_2 + I_3 = 8{,}7\text{ A} + 5{,}4\text{ A} + 4{,}3\text{ A} = 18{,}4\text{ A}.$$

Die Stromstärke im unverzweigten Teil wäre mit 18,4 A zu groß. Die drei Geräte können nicht zusammen angeschlossen werden. Die 16-A-Sicherung wäre überlastet.

4. Sicherungen begrenzen die Stromstärke

In → V2 überbrückt man das Lämpchen mit einem dicken Kupferdraht. Bei diesem **„Kurzschluss"** steigt die Stromstärke erheblich an. Nach kurzer Zeit schmilzt der dünne Draht und unterbricht den Stromkreis.

Nach diesem Prinzip arbeiten **Schmelzsicherungen** (→ B4). In einer Patrone aus Porzellan liegt ein dünner Schmelzdraht, der in den Stromkreis geschaltet ist. Wenn bei einem Kurzschluss die vorgesehene Höchststromstärke der Sicherung (z. B. 16 A) überstiegen wird, schmilzt der Draht durch. Dabei fällt das an einem Drahtende befestigte farbige Kennplättchen ab. Die defekte Sicherung muss gegen eine unversehrte ausgetauscht werden.

Ein Flicken der Sicherung mit einem anderen Draht wäre strafbar. Ist er nämlich nur ein wenig zu dick, könnten sich bei einem Kurzschluss die Leitungen überhitzen und einen Brand verursachen.

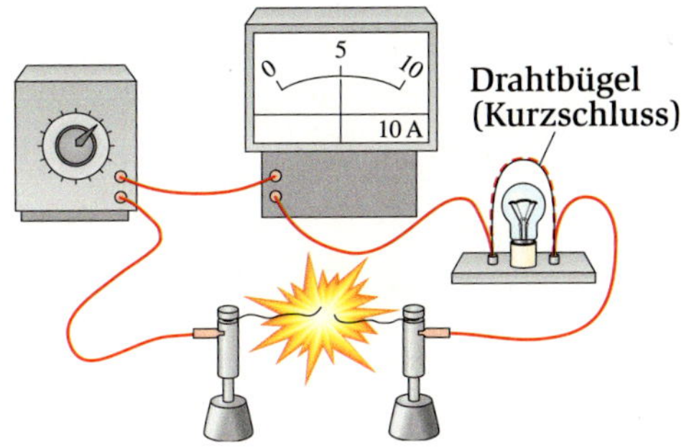

V2 Ein dünner Draht dient in dieser Schaltung als Sicherung. Überbrücken wir das Lämpchen mit einem dicken Kupferdraht, so schmilzt der Sicherungsdraht und der Stromkreis wird unterbrochen.

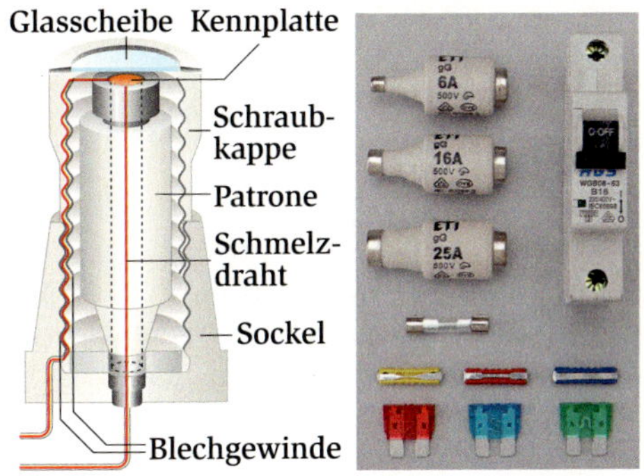

B4 Links: Schnittzeichnung einer Schmelzsicherung mit Kennplatte, rechts: verschiedene Schmelzsicherungen und ein Sicherungsautomat

5. Welche Temperatur stellt sich in einem Heizdraht ein?

Elektrischer Strom liefert in einem Heizdraht ständig Energie. Warum steigt dessen Temperatur nicht ständig an?
Direkt nach dem Einschalten ist seine Temperatur nur wenig höher als die der Umgebung. Er gibt kaum Energie an die Umgebung ab, also erhöht sich vor allem die Temperatur des Drahts. Je höher dessen Temperatur ist, desto mehr Energie gibt er je Sekunde an die kältere Umgebung ab. Für seine eigene Temperaturerhöhung bleibt dann weniger Energie. Nach einiger Zeit gibt der Heizdraht je Sekunde genauso viel Energie ab, wie er vom Strom geliefert bekommt: Seine Temperatur ändert sich dann nicht mehr. Es stellt sich ein **Fließgleichgewicht** ein zwischen Zu- und Abfluss von Energie.

A1 **a)** In der Formel 1 werden die Rennwagen mit einer maximalen Benzinstromstärke von 12 l/s betankt. Berechne, wie lange ein Volltanken bei einem Tankvolumen von 150 l dauert.
b) Informiere dich an einer normalen Tankstelle, wie groß dort die maximale Benzinstromstärke ist. Berechne, wie lang damit die Tankzeit bei einem 150 l Tank der Formel 1 wäre.

A2 Bei DSL gibt es z. B. eine Datenstromstärke (Übertragungsrate) von 16 Mbit/s. Berechne die minimale Downloadzeit aus dem Internet für eine Datei der Größe 20 MByte (8 bit = 1 Byte).

A3 **a)** Zur Berechnung der Verkehrsstromstärke benötigt man die Zahl der Autos, die in einer bestimmten Zeit eine Kontrollstelle passieren. Erläutere, warum dabei die Angaben von zwei Kontrollstellen nicht überzueinstimmen brauchen, die in 1 km Abstand hintereinander liegen.
b) Diskutiere, ob dies auch für die Zahl der Elektronen gilt, die in einem unverzweigten elektrischen Stromkreis zwei verschiedene Messstellen passieren.

A4 Bei einem Zoo wird die Zahl der Besucher am Eingang mit einem Drehkreuz gezählt. Sie verlassen den Zoo später an einem anderen Drehkreuz. An einem Sonntag werden während der Öffnungszeit von 9.00 bis 18.00 Uhr 6500 Besucher gezählt. Ermittle die durchschnittliche Besucherstromstärke.

A5 Unterscheide die Größengleichung $I = Q/t$ von der Einheitengleichung $1\ A = 1\ C/s$. Nenne ähnliche Paare von Gleichungen aus der Mechanik.

A6 Erkläre die Aussage, die Stromstärke ist im unverzweigten Stromkreis überall gleich groß. Diskutiere, ob dort die Elektronen überall gleich schnell sind (vergleiche dünne mit dicken Drähten).

A7 Ein Strommesser hat den Messbereich 2 A und 30 Skalenteile. Der Zeiger ist um 21 Skalenteile vom Nullpunkt entfernt. Welche Stromstärke zeigt er an?

A8 Ein Strommesser misst die Stromstärke $I = 2{,}5$ A. Man legt ihm einen zweiten parallel, der nur 1,5 A zeigt. Was zeigt nun das erste Instrument?

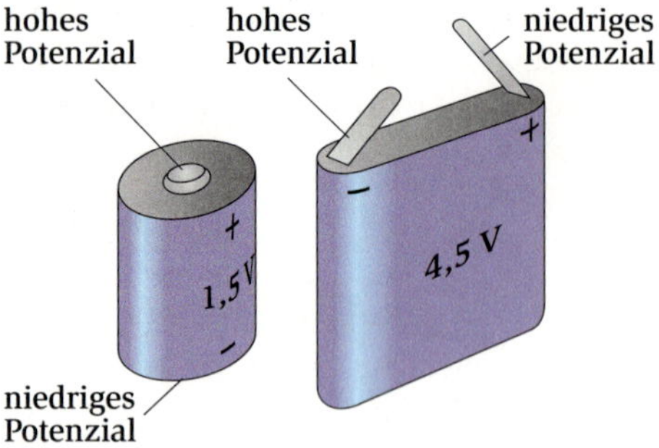

B1 Am Pluspol einer Batterie ist das Potenzial höher als am Minuspol.

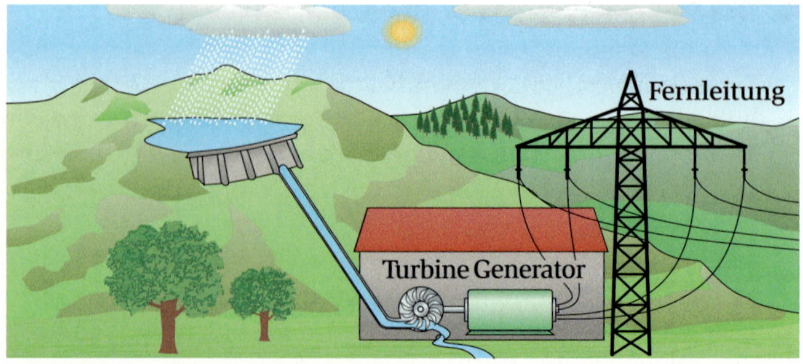

B5 Wasser treibt die Turbinen des E-Werks an. Je größer der Höhenunterschied See – Turbine, desto mehr Energieumsatz.

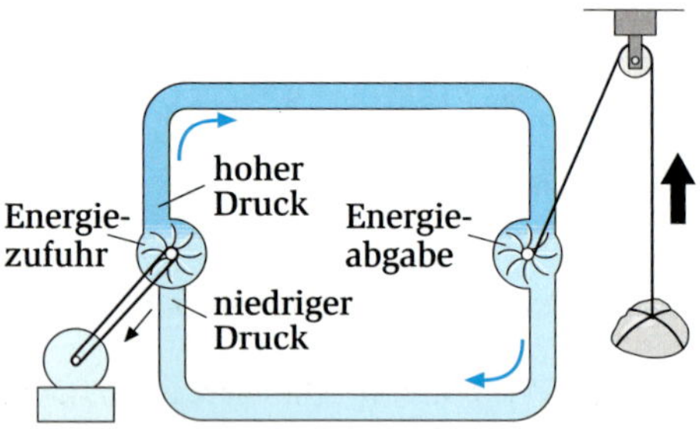

B2 Eine Pumpe im Wasserstromkreis: Der Druckunterschied zwischen ihren Anschlüssen sorgt für den Antrieb des Wassers.

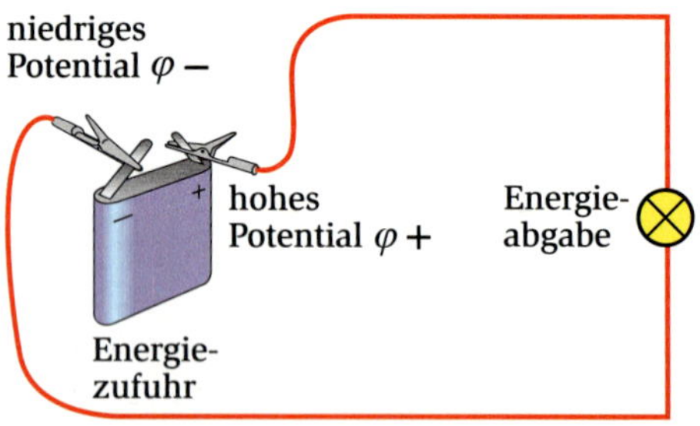

B3 Spannungsquelle im Stromkreis: Die Potenzialdifferenz zwischen den Polen der Batterie sorgt für den Antrieb der Ladung.

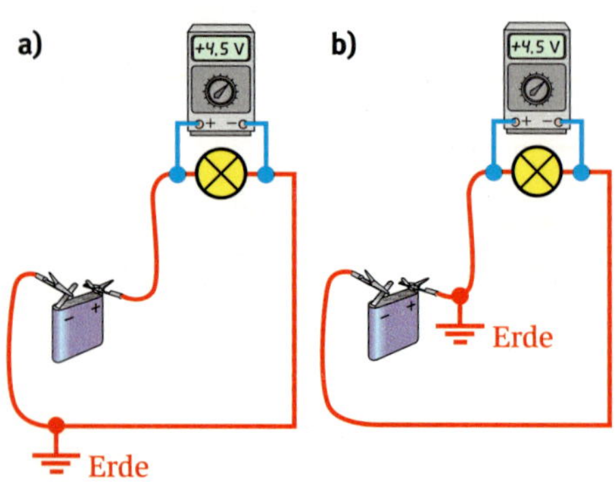

B4 **a)** Der Minuspol **b)** der Pluspol einer 4,5 V-Batterie ist geerdet.

1. Das elektrische Potenzial

Aus einem Stausee in 1000 m Höhe fließt Wasser durch Rohre in das darunter liegende Kraftwerk in 400 m Höhe. Am unteren Ende der Leitung steht es unter großem Druck. Dort trifft es auf die Schaufeln der Turbinen, die einen Generator antreiben. Je größer der Höhenunterschied ist, desto größer ist der Druckunterschied zwischen Eingang und Ausgang der Turbine.
Dieser Druckunterschied ist der *Antrieb* für das Fließen des Wassers durch die Turbine. Man sagt: Wasser unter großem Druck hat ein großes **Potenzial.** Beim Austritt aus der Turbine steht es unter kleinem Druck, sein Potenzial ist klein. Das Potenzial kennzeichnen wir mit φ (phi).

In der Turbine fließt Wasser von Stellen mit großem Potenzial (Druck) zu Stellen mit niedrigerem Potenzial. Die **Potenzialdifferenz** ist die Ursache für das Fließen des Wassers.

- In einem *Wasserkreislauf* (→ **B2**) sorgt eine Pumpe für das Strömen des Wassers: Das Wasser strömt wegen des *Druckunterschieds* zwischen Auslauf- und Ansaugstutzen – wie beim Kraftwerk.
- Auch die Ladung in *Stromkreisen* braucht einen Antrieb. Analog zur Pumpe ist es die Potenzialdifferenz zwischen Pluspol der Batterie mit hohem Potenzial φ_+ und Minuspol mit niedrigerem Potenzial φ_- (→ **B3**). Statt Potenzialdifferenz sagt man meist **elektrische Spannung** oder kurz **Spannung *U*.** Die Maßeinheit des Potenzials und der Spannung ist das Volt, abgekürzt V. Man misst beide mit Voltmetern (→ **B4**).

Merksatz

Die elektrische **Potenzialdifferenz *φ*** zwischen zwei Punkten nennt man elektrische **Spannung *U*.** Sie wird in Volt (V) gemessen.

Die Ladungspumpe im Stromkreis erzeugt eine Spannung zwischen ihren Anschlüssen. Deshalb nennt man sie **Spannungsquelle.** Die Potenzialdifferenz, also die Spannung, ist der Antrieb für den elektrischen Strom.
Bei einer Monozelle ist der Potenzialunterschied $\varphi_+ - \varphi_- = 1{,}5\,\text{V}$, bei Flachbatterien 4,5 V. Dies zeigt ein Voltmeter an.

2. Der Nullpunkt des Potenzials

Beim Kraftwerk kommt es nur auf den *Druckunterschied* am Ein- und Ausgang der Turbine an. Wenn See und Kraftwerk jeweils um 1000 m höher lägen (2000 m und 1400 m statt 1000 m und 400 m), würde sich am Antrieb der Turbinen, am dortigen Druckunterschied, nichts ändern.

Die *Höhenangaben* auf Landkarten beziehen sich auf den mittleren Meeresspiegel. Ihn legte man willkürlich als $h = 0$ m fest (Normalnull, NN).

Auch beim Betrieb von Elektrogeräten kommt es nur auf den Potenzialunterschied der beiden Pole einer Quelle an, auf deren Spannung, nicht auf den Wert des einzelnen Potenzials. Um *Potenziale* verschiedener Stellen einer Schaltung wie Höhenunterschiede sinnvoll vergleichen zu können, legt man meist willkürlich fest:

Merksatz

Das Potenzial der Erde beträgt 0 Volt.

Die (leitende) Erdoberfläche hat also das Potenzial Null – und damit jeder Punkt, der mit ihr gut leitend verbunden ist, der „geerdet" ist. Erdet man den Minuspol der Flachbatterie, dann hat dieser das Potenzial $\varphi_- = 0\,\text{V}$, der Pluspol hat dann $\varphi_+ = 4{,}5\,\text{V}$. Verbindet man dagegen den Pluspol mit Erde, so hat er $\varphi_+ = 0$ V und der Minuspol $\varphi_- = -4{,}5\,\text{V}$. Die Potenzialdifferenz ist in beiden Fällen $\varphi_+ - \varphi_- = 4{,}5\text{ V} - 0\text{ V} = 0\text{ V} - (-4{,}5\text{ V}) = 4{,}5\text{ V}$; es besteht also stets die Spannung $U = 4{,}5$ V. Bei elektrischen Schaltungen erdet man meist die Stelle mit dem niedrigsten Potenzial. So erhält man nur positive Potenzialwerte.

Damit Ladung durch ein Elektrogerät fließt, muss zwischen seinen Anschlüssen eine Potenzialdifferenz bestehen. Dies gilt sogar für jeden Millimeter längs eines Glühdrahts. Er hat also an jeder Stelle ein anderes Potenzial. Längs der dicken Anschlussdrähte einer Lampe ändert es sich praktisch nicht. Fließt keine Ladung, bleibt das Potenzial längs eines Leiters unverändert.

Beispiel **Potenzial bei zwei Lampen**

Die Lampen L_1 und L_2 sind an eine 4,5-V-Batterie angeschlossen. Kennzeichne Leiterstücke gleichen Potenzials bei **a)** geschlossenem **b)** geöffnetem Schalter. Bestimme jeweils φ_A und φ_B.

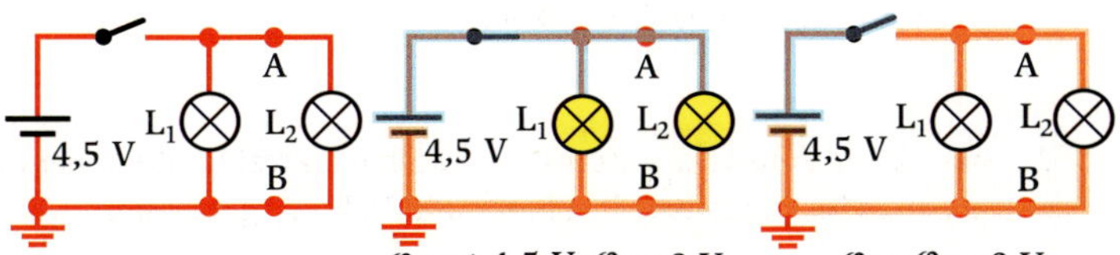

$\varphi_A = +4{,}5$ V; $\varphi_B = 0$ V $\varphi_A = \varphi_B = 0$ V

A1 Nenne die Festlegungen, ohne die die Angabe von Höhen auf der Karte und des Potenzials in einem Schaltplan keinen Sinn ergeben.

A2 Vergleich Wasserstromkreis – elektrischer Stromkreis: Gib an, welchen elektrischen Größen hoher und niedriger Druck, Druckunterschied entspricht. Was entspricht der Pumpe?

A3 In einem Stromkreis ist ein Schalter eingebaut. Was kannst du über die Potenzialwerte seiner Enden aussagen bei
a) geöffnetem **b)** geschlossenem Zustand?

A4 Eine 4,5-V-Batterie und eine Glühlampe sind hintereinander geschaltet. Gib die Potenziale der Punkte A, B und C an. Kennzeichne die Leiterstücke mit gleichem Potenzial farbig.

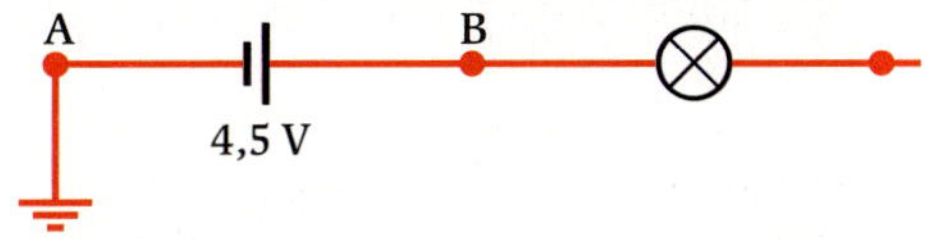

A5 Bestimme das Potenzial der Punkte A, B und C bei
a) geöffnetem **b)** geschlossenem Schalter?
Zeichne für a) und b) je einen Schaltplan und markiere Leiterstücke mit gleichem Potenzial gleichfarbig.

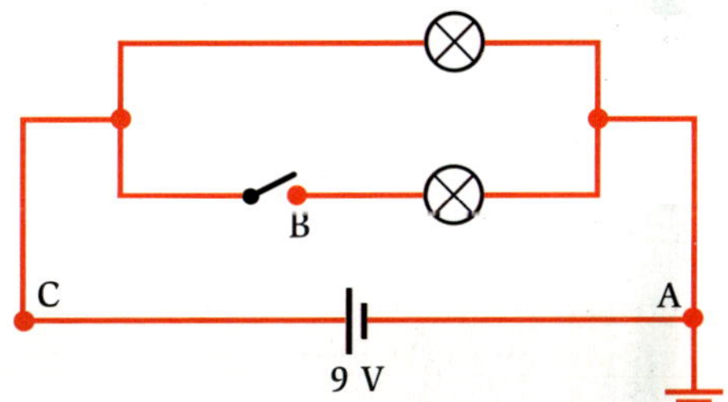

A6 Zwei gleiche Lampen werden mit einer 12-V-Autobatterie betrieben. Nenne das Potenzial der Punkte A, B und C bei
a) geöffnetem **b)** geschlossenem Schalter?
Zeichne für a) und b) je einen Schaltplan und markiere Leiterstücke mit gleichem Potenzial farbig.

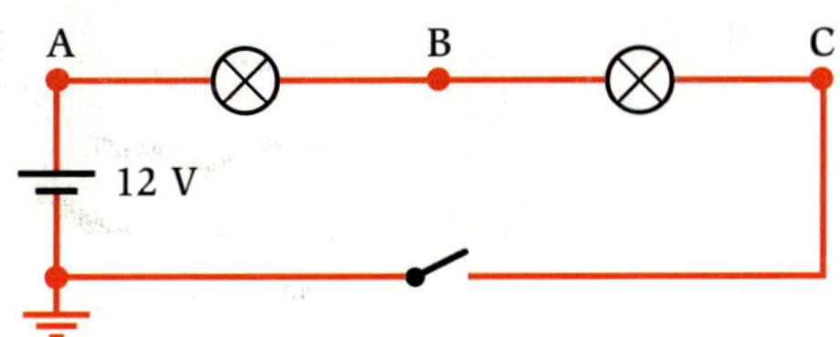

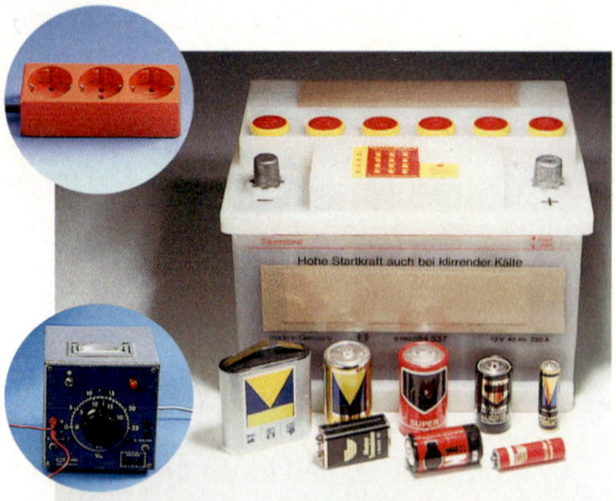

B1 Einige Spannungsquellen

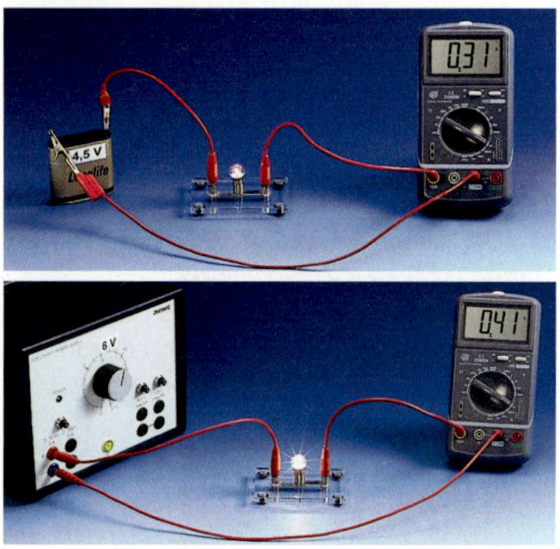

V1 Bei größerer Stromstärke leuchtet das Lämpchen heller.

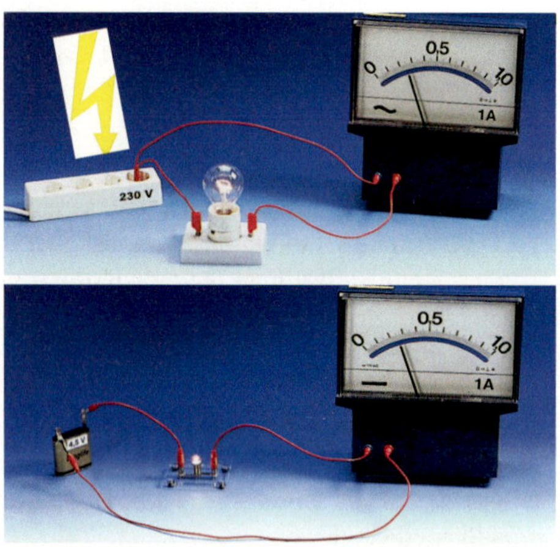

V2 Wir schließen eine Haushaltslampe an eine 230-V-Steckdose an und messen die Stromstärke. Das Lämpchen einer Fahrradbeleuchtung wurde so ausgesucht, dass bei Anschluss an eine 4,5-V-Batterie die gleiche Stromstärke auftritt. Trotz gleicher Stromstärke leuchtet es viel schwächer – die Spannung ist eben kleiner.

3. Spannung und Energie

Am Leuchten von Glühlampen erkannten wir bisher das Fließen elektrischer Ladung. Wovon hängt die Helligkeit einer Glühlampe ab? Du weißt, eine Lampe leuchtet heller, je „stärker" der Strom, also je größer die Stromstärke I ist.
In **→ V1** betreiben wir ein Lämpchen einer Fahrradbeleuchtung zuerst mit einer 4,5-V-Flachbatterie, dann mit einer 6-V-Quelle. Das Lämpchen leuchtet im zweiten Fall heller, die Stromstärke ist also größer. Das heißt aber:

- *Bei gleichem Gerät steigt die Stromstärke mit der Spannung.*

Doch wie steht es mit der Helligkeit, wenn man verschiedene Lampen benutzt? **→ V2** bringt ein verblüffendes Ergebnis: In zwei verschiedenen Lampen, unserem Fahrradlämpchen und einer bestimmten Haushaltsglühlampe, messen wir dieselbe Stromstärke $I = 0{,}26$ A. Trotzdem beobachten wir jetzt verschiedene Helligkeit: Die Haushaltslampe strahlt hell, sie kann einen ganzen Raum erleuchten. Sie ist an eine 230-V-Steckdose angeschlossen. Das Fahrradlämpchen leuchtet viel schwächer, es erhellt nur seine unmittelbare Umgebung. Es wird mit einer 4,5-V-Batterie betrieben.

Wir erkennen: Bei gleicher Stromstärke gibt eine passend gewählte Glühlampe bei der hohen Spannung 230 V viel mehr Energie je Sekunde ab als eine andere bei der Spannung 4,5 V.

- *Bei gleicher Stromstärke wird umso mehr Energie umgesetzt, je höher die Spannung ist.*

Bei **→ V2** haben wir in beiden Stromkreisen die gleiche Stromstärke gemessen. Dies bedeutet, dass je Sekunde jeweils die gleich große Ladung floss. Also wurde bei der 4,5-V-Quelle pro Ladungsportion wenig, bei der 230-V-Quelle pro Ladungsportion viel Energie geliefert.

Merksatz

Je größer die **elektrische Spannung *U*** ist, desto größer ist die Energie, die beim Fließen einer bestimmten Ladungsmenge umgesetzt werden kann.

Stelle dir Stromkreise mit verschiedenen Quellen und dazu passenden Glühlampen vor: Bei einer 1,5-V-Monozelle wird je Ladungsportion wenig Energie abgegeben, bei 4,5 V ist es die dreifache, bei 150 V die hundertfache Energie. Du ahnst jetzt, warum Hochspannung gefährlich sein kann.

4. Spannung kennzeichnet eine Stromquelle

In der Stromquelle werden Ladungen unter Aufwand von Energie getrennt. Dadurch entsteht zwischen den Anschlüssen der Quelle ein Potenzialunterschied, eine Spannung. Je mehr Energie zum Trennen einer Ladungsportion aufgewendet wird, desto größer ist der Unterschied der Potenziale, desto ist größer also die Spannung. Diese Spannung sorgt dann für den Antrieb der Elektronen durch ein angeschlossenes Gerät und setzt dabei Energie frei.

- *Die Spannung ist der Antrieb für den elektrischen Strom.*

Die Spannung besteht aber auch, wenn keine Ladung fließt (weil z. B. der Stromkreis durch einen Schalter unterbrochen ist). Spannung an der Stromquelle zeigt an, dass im elektrischen Gerät Energie umgesetzt werden kann, sobald Ladung fließt.

5. Ein Modell veranschaulicht die Spannung

Im Bild zu → V3 sorgt der Höhenunterschied der beiden Wasserspiegel für einen Druckunterschied zwischen den Enden des Verbindungsrohres. Also fließt das Wasser aus dem rechten Zylinder in den linken. Je größer der Druckunterschied ist, desto größer ist der Potenzialunterschied – desto stärker wird das Flügelrad angetrieben.

- *Der Druckunterschied zwischen den Enden des Verbindungsrohres ist der Antrieb für das Fließen des Wassers.*

Dieser Antrieb bleibt bestehen, auch wenn kein Wasser fließt (weil der Hahn zugedreht ist).
Um den Druckunterschied aufrecht zu erhalten, muss man während des Fließens Wasser vom linken ins rechte Rohr heben – unter Aufwand von Energie. Statt eines Schöpflöffels könnte man dazu auch eine Pumpe einsetzen.
Du hast sicher schon gemerkt: Dem Druckunterschied im Wassermodell entspricht bei der elektrischen Quelle der Unterschied des elektrischen Potenzials, also der *Spannung*. So wie man das Wasser vom rechten in den linken Zylinder hochpumpen muss, hebt die Batterie im Inneren die Ladungen auf ein höheres Potenzial. Die in der Quelle aufgewandte Energie wird dabei in den Geräten (z. B. der Wendel einer Glühlampe) an die Umgebung abgegeben.

Merksatz

Wenn entgegengesetzte Ladungen unter Aufwand von Energie getrennt werden, entsteht zwischen ihnen eine Potenzialdifferenz. Es entsteht **elektrische Spannung.**
Diese Energie steht auf Abruf bereit. Sie wird umgesetzt, wenn Ladung fließt.

6. Definition der elektrischen Spannung

Du hast bereits in Abschnitt 3. *Spannung und Energie* gelernt, dass die *elektrische Spannung* ein Maß für die Energie ist, die mit einer Ladungsportion Q umgesetzt werden kann. Das heißt, die Energie wird beim Fließen der Ladung Q an die Umgebung abgegeben.
Wir untersuchen den Zusammenhang von Spannung und Energie noch etwas genauer und laden dazu zwei isoliert gehaltene Metallplatten entgegengesetzt auf (→ V1a, nächste Seite). Verbindet man

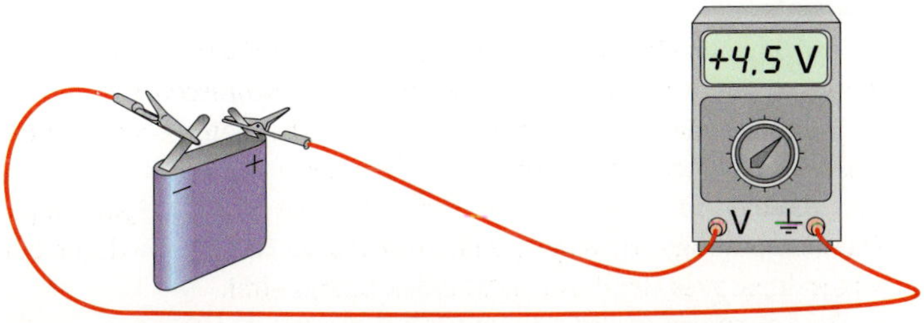

B2 Elektrische Spannungen misst man mit Voltmetern.

V3 Zwei Zylinder sind durch ein Rohr verbunden. Sie werden verschieden hoch mit Wasser gefüllt. Ein Hahn kann das Strömen des Wassers verhindern. Statt einer Turbine ist ein Flügelrad eingebaut. Wir beobachten:
a) Wenn der Hahn geschlossen ist, kann Wasser nicht fließen, trotz eines Höhenunterschieds der Wasserspiegel. Das Rädchen steht still.
b) Wenn der Hahn offen ist: Zu Beginn ist der Höhenunterschied der Wasserspiegel groß. Das Rädchen dreht sich schnell.
c) Je geringer der Höhenunterschied wird, desto langsamer dreht sich das Rädchen.
d) Stehen die Wasserspiegel gleich hoch, fließt kein Wasser. Ohne Druckunterschied besteht kein Antrieb.
e) Für einen gleichmäßigen Wasserfluss müssen wir das durchgeströmte Wasser wieder hochheben. Mit einem Schöpflöffel halten wir den Höhenunterschied konstant. Dazu müssen wir Energie liefern.

Wir übertragen dies ins **Elektrische:**
a) Wenn der Stromkreis durch einen Schalter unterbrochen wird, fließt keine Ladung – trotz bestehender Spannung.
b) Je größer die Spannung, desto heller leuchtet die Lampe.
c) Bei kleiner Spannung ist die Stromstärke bei der gleichen Lampe kleiner.
d) Ohne Potenzialunterschied (Spannung) fließt keine Ladung.
e) Die Stomquelle pumpt die Elektronen in ihrem Innern vom Plus- zum Minuspol und sorgt so für gleich bleibende Spannung. Dazu muss der Quelle dauernd Energie zugeführt werden.

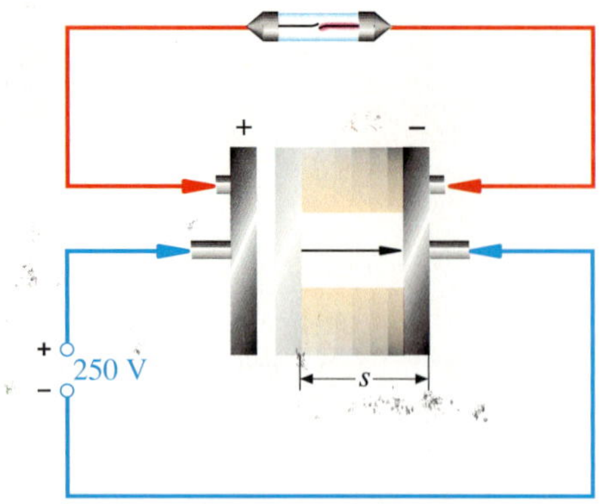

V1 **a)** Zwei entgegengesetzt geladene, isolierte Metallplatten (Abstand etwa 1 mm) werden über eine Glimmlampe entladen. Diese leuchtet schwach auf. **b)** Nachdem die Platten wieder aufgeladen worden sind, zieht man sie auseinander und vergrößert so den Abstand der Ladungen. Wenn man nun die Platten wieder über die Glimmlampe verbindet, blitzt diese hell auf.

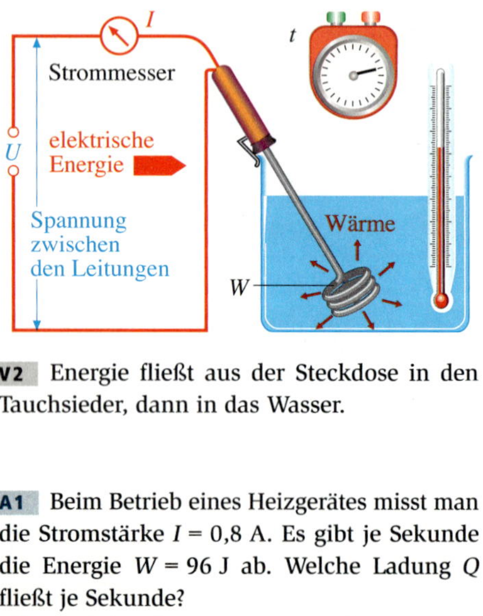

V2 Energie fließt aus der Steckdose in den Tauchsieder, dann in das Wasser.

A1 Beim Betrieb eines Heizgerätes misst man die Stromstärke $I = 0{,}8$ A. Es gibt je Sekunde die Energie $W = 96$ J ab. Welche Ladung Q fließt je Sekunde?
Wie groß ist die Spannung U, die am Gerät liegt?

A2 Ein Akku mit der Spannung $U = 12$ V lässt einen elektrischen Strom der Stärke $I = 3{,}0$ A in einen Heizwendel fließen. **a)** Welche Ladung fließt in 1 s? **b)** Wie viel Wärme wird in 1 s, wie viel in 5 min abgegeben?

A3 Bei einem Tauchsieder fließt bei einer Spannung von 110 V in 2 Minuten die Ladung 360 C durch den Draht. **a)** Wie groß ist die Stromstärke? **b)** Wie viel Energie entwickelt der Tauchsieder in 5 Minuten?

die Platten über eine Glimmlampe, so leuchtet diese schwach auf. Sie gibt also etwas Energie ab. Diese Energie wurde von der Quelle aufgebracht, als sie beim Aufladen Ladung von der einen auf die andere Platte pumpte. Will man beim Entladen der Platten mehr Energie haben, muss man sie erst hineinstecken. Dies gelingt hier einfach: Man zieht die geladenen Platten um die Strecke s auseinander. Da sie sich mit der Kraft F anziehen, muss man dabei die Energie $W = F \cdot s$ aufbringen. Ihre Ladung wird dadurch nicht größer. Mit ihr kann jetzt aber mehr Energie umgesetzt werden: Wenn man die Platten nun über die Glimmlampe entlädt, leuchtet diese viel heller auf (→ **V1b**). Jede Steckdose hat solche Ladung. Statt umständlich zu sagen, man kann von ihr Energie abrufen, formulieren wir: *Zwischen ihren Polen besteht eine Potenzialdifferenz oder eine Spannung.* Da beim Auseinanderziehen die abrufbare Energie zunahm, sagt man: *Die Spannung ist gestiegen.*

Wir untersuchen nun, wie die freigesetzte elektrische Energie W von der fließenden Ladung Q abhängt und welche Bedeutung die Spannung U dabei hat:
In (→ **V2**) gibt ein 300-W-Tauchsieder in einer Sekunde die Energie $W = 300$ J als Wärme ab. In dieser Zeit fließt die Ladung Q. In 2 s gibt er die Energie $2\,W = 600$ J ab; es fließt die Ladung $2\,Q$. Man erhält die doppelte Energie auch, wenn man zwei Tauchsieder *an derselben Quelle* anschließt und sie 1 s lang betreibt. Es fließt dann die Ladung $2\,Q$ – durch jeden Tauchsieder Q. Wenn bei Benutzung einer bestimmten Quelle die n-fache Ladung $n \cdot Q$ fließt, wird von ihr die n-fache Energie $n \cdot W$ abgegeben. Es gilt $W \sim Q$; das heißt: W/Q ist konstant.
Verschiedene Quellen können verschiedene Werte für W/Q haben. Dieser Quotient ist für jede Quelle charakteristisch. Er gibt an, wie viel Energie beim Fließen der Ladung Q freigesetzt wird.

In → **V2** bestimmen wir den Wert W/Q für eine Netzsteckdose mithilfe eines 300-W-Tauchsieders. Er gibt in 1 s die Energie 300 J als Wärme an das Wasser ab. Wir messen die Stromstärke $I = 1{,}3$ A $= 1{,}3$ C/s. In 1 s fließt also die Ladung $Q = 1{,}3$ C.
An der Steckdose ist der Quotient $W/Q = 300\ \text{J}/1{,}3\ \text{C} = 230\ \text{J/C}$.

230 J/C bedeuten: Beim Fließen von Ladung wird je Coulomb die Energie 230 Joule umgesetzt. An einer Netzsteckdose erhält man diesen Wert auch für jedes andere elektrische Gerät. An den Steckdosen liegt bekanntlich die Spannung 230 V (Volt; nach Alessandro VOLTA, ital. Physiker um 1800).
Der Wert erinnert nicht zufällig an das Ergebnis von → **V2**. Man setzte nämlich fest:

Merksatz

Wenn eine elektrische Quelle beim Fließen der Ladung Q die Energie W abgibt, besteht zwischen ihren Polen die **Spannung**

$$\boldsymbol{U = \frac{W}{Q}} \text{ mit der Einheit } \mathbf{1\ V = 1\ \frac{J}{C}}.$$

Die beim Fließen der Ladung Q frei werdende Energie ist

$$\boldsymbol{W = U \cdot Q}.$$

Schaltung von Spannungsquellen

1. Spannungserhöhung durch Reihenschaltung

In Flachbatterien **→ B1** sind drei Einzel-(Mono-)zellen *in Reihe* (hintereinander) geschaltet: Der Pluspol der einen ist mit dem Minuspol der nächsten verbunden.
Im Bild unseres Wassermodells könnte dies bedeuten, dass der Höhenunterschied der Wasserspiegel verdoppelt, verdreifacht wurde. Damit könnte eine Turbine viel kräftiger angetrieben werden. Stattdessen könnte man auch drei Turbinen hintereinander einbauen. Mit einer bestimmten Wasserportion würde dann dreimal so viel Energie umgesetzt.

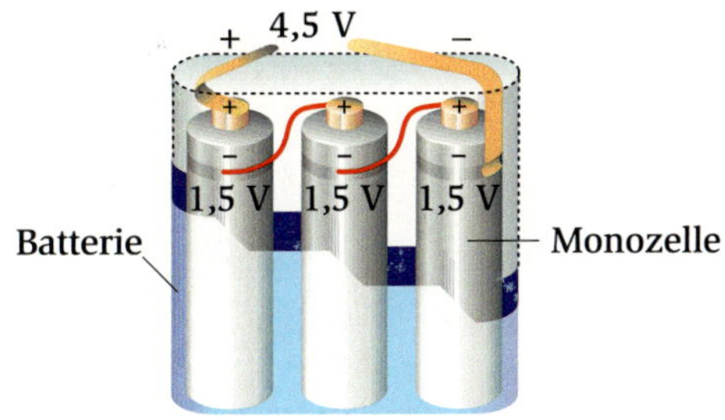

B1 Drei *in Reihe geschaltete* Monozellen mit je 1,5 V ergeben in der Flachbatterie die dreifache Spannung 4,5 V.

Ist es im elektrischen Stromkreis ähnlich? Dies untersuchen wir im **→ V3**:

a) Ein Lämpchen ist für die Spannung $U_1 = 1{,}5$ V gebaut. Es leuchtet mit einer Monozelle normal hell. Beim Fließen der Ladungsportion Q durch das Lämpchen wird eine zum Lämpchen passende Energie umgesetzt.

b) Schalten wir zwei Monozellen in Reihe, so leuchtet das Lämpchen zu stark – der Glühfaden droht durchzuschmelzen. Mit der gleichen Ladungsportion Q wird jetzt im Lämpchen zuviel Energie umgesetzt. Wir ändern deshalb den Stromkreis, indem wir zu dem ersten Lämpchen ein zweites in Reihe schalten. Nun leuchtet jedes normal hell wie in **a)**. Zusammen wird von der gleichen fließenden Ladung Q die doppelte Energie umgesetzt.

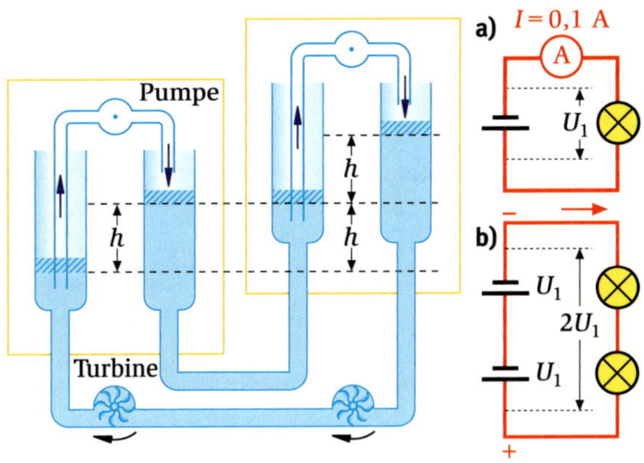

V3 **a)** Ein Lämpchen liegt an nur einer Zelle. Ein Strommesser zeigt $I = 0{,}1$ A an. **b)** Liegen 2 Zellen und 2 Lämpchen in Reihe, so ändert sich die Stromstärke nicht, jedes Lämpchen leuchtet gleich hell. Doch geben sie zusammen die doppelte Energie ab.
Eine Pumpe kann Wasser 5 m hoch pumpen. Staffelt man zwei Pumpen übereinander, so pumpen sie Wasser 10 m hoch. Beim doppelten Höhenunterschied setzt die gleiche Wassermenge in zwei hintereinanderliegenden Turbinen die doppelte Energie frei.

Aus dem letzten Kapitel wissen wir schon, dass bei einer größeren Spannung mit jeder Ladungsportion mehr Energie umgesetzt werden kann. **→ V3** legt nun nahe: Beim Hintereinanderschalten von Monozellen addieren sich die Spannungswerte:

$$U_2 = U_1 + U_1 = 2 \cdot U_1 = 2 \cdot 1{,}5\ \text{V} = 3\ \text{V}.$$

Merksatz

Schaltet man mehrere Spannungsquellen in Reihe, so addieren sich die Spannungen.
Dank mehr gespeicherter Energie können mehrere Abnehmer mit Energie versorgt werden.

2. Parallelschalten erhöht die Spannung nicht

In **→ B2** sorgen zwei *parallel geschaltete* Pumpen für die gleiche Höhendifferenz, wie sie eine allein aufbringt. Auch zusammen fördern sie das Wasser nur 5 m hoch. Die mit jedem Liter umsetzbare Energie addiert sich nicht, denn auch jetzt beträgt die Differenz der Wasserspiegel nur 5 m. Was entspricht dem elektrisch?
Wir schalten zwei gleiche Zellen parallel: Pluspol wird mit Pluspol, Minuspol mit Minuspol verbunden. Das Lämpchen leuchtet normal hell wie bei einer Zelle, erhält also die gleiche Energie. Die Spannung bleibt beim Parallelschalten gleich.

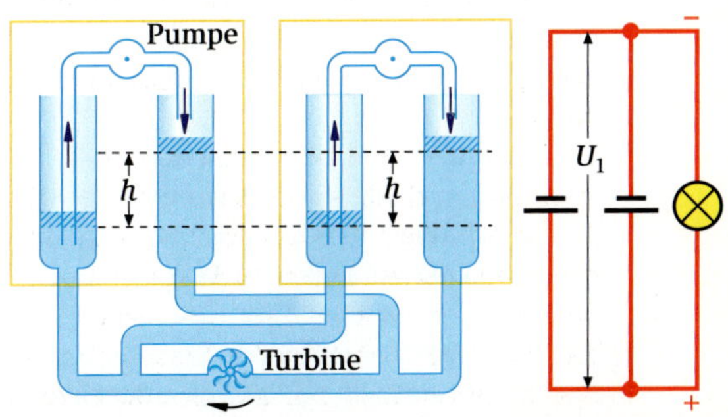

B2 Beim Parallelschalten von gleichen Pumpen und Spannungsquellen erhöhen sich weder Höhenenergie noch Spannung.

Merksatz

Schaltet man gleiche Spannungsquellen parallel, so bleibt die Spannung unverändert.

Ohmsches Gesetz, Widerstand

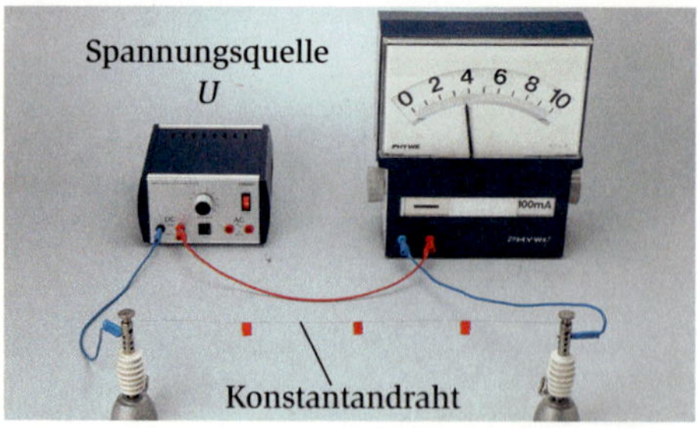

V1 An einen 1,0 m langen Draht aus Konstantan (rote Fähnchen) mit dem Durchmesser $d = 0{,}10$ mm werden verschiedene Spannungen gelegt. Die jeweilige Stromstärke wird gemessen. **→ T1** zeigt die Messwerte, **→ B1** das zugehörige Schaubild.

U in Volt	*I* in Ampere	Quotient *U/I* in V/A
0	0	–
1,2	0,02	60
2,4	0,04	60
3,6	0,06	60
4,8	0,08	60

T1 Drahtlänge 1,0 m; Dicke 0,1 mm

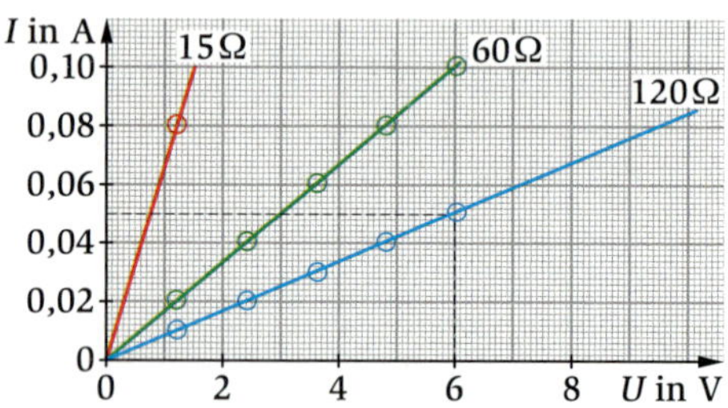

B1 Kennlinien zeigen, wie *I* von *U* abhängt.

1. Wovon hängt die Stromstärke ab?

Wenn man in eine Taschenlampe statt des vorgesehenen 2,8-V-Lämpchens eine 6-V-Lampe der Fahrradbeleuchtung einschraubt, leuchtet diese nur schwach. Die zu kleine Spannung *U* (Ursache des Stroms) erzeugt eine zu kleine Stromstärke. Umgekehrt würde die 2,8-V-Lampe beim Fahrrad strahlend helles Licht erzeugen, wäre aber bald durchgebrannt, da die Stromstärke zu groß wäre.

Um solchen Ärger zu vermeiden, wollen wir nach Gesetzen suchen, die angeben, wie die Stromstärke *I* abhängt
a) von der angelegten Spannung *U*,
b) von den Geräten im Stromkreis.

Zunächst untersuchen wir die Abhängigkeit der Stromstärke *I* von der angelegten Spannung *U* bei einem Gerät. In **→ V1** wird als „Gerät" ein Draht aus Konstantan (Legierung aus Kupfer und Nickel) verwendet.

Die Messwerte zeigen:

- Bei der *n*-fachen Spannung *U* wird am *gleichen* Konstantandraht die Stromstärke *I* auch *n*-fach.
- Deshalb ist der Quotient *U/I* konstant, d. h. von der Spannung *U* unabhängig (**→ T2**).
- Trägt man in einem Schaubild die Werte von *I* über *U* auf, so erhält man die ***U-I*-Kennlinie.** Sie ist bei einem Konstantandraht eine Ursprungsgerade (**→ B1**).

Diese Proportionalität zwischen *I* und *U* fand 1826 Georg Simon OHM. Wenn *I* proportional *U* ist, sagt man, es gilt das **ohmsche Gesetz.**

Merksatz

Ohmsches Gesetz: Die Stromstärke *I* ist der Spannung *U* proportional: $I \sim U$.

Interessantes

Georg Simon OHM wurde 1789 als Sohn eines Schlossers in Erlangen geboren. Sein Studium der Mathematik musste er aus Geldmangel für 5 Jahre unterbrechen, um als Mathematiklehrer zu arbeiten.
1817 wurde er schließlich in Köln Gymnasiallehrer. Sein Hauptinteresse als Wissenschaftler galt der damals noch relativ wenig erforschten Elektrizität. Mit den außerordentlich primitiven Geräten der Schulsammlung begann er mit der Untersuchung des Zusammenhangs zwischen Spannung und Stromstärke in Metalldrähten und entdeckte 1826 die Proportionalität der beiden Größen.

Nach Lehrtätigkeiten in Berlin und Nürnberg wurde er 1849 Professor für Physik und Mathematik an der Universität München.
Er entdeckte auch als Erster, dass sich jeder kompliziertere Klang aus Grundschwingung und Obertönen zusammensetzt. Seine bedeutenden Forschungsergebnisse in der Elektrizitätslehre und der Akustik wurden jedoch erst spät anerkannt.
1854 starb OHM in München. Ihm zu Ehren wurde 1881 auf dem ersten Internationalen Elektrizitätskongress in Paris die Einheit des elektrischen Widerstands „Ohm" genannt.

2. Der Widerstand als Quotient aus *U* und *I*

In unseren Versuchen wird eine Spannung an einen Draht gelegt. Sie treibt die Elektronen an. Auf ihrem Weg stoßen sie aber immer wieder gegen Atome und werden dadurch abgebremst. Die Bewegung der Elektronen wird behindert. Bei Verdoppelung der Drahtlänge wird die Stromstärke halbiert (wie bei zwei in Reihe geschalteten Lämpchen). Um die gleiche Stromstärke zu erhalten, muss man die doppelte Spannung anlegen (→ V2). Also verdoppelt sich der Quotient U/I. Es ist daher sinnvoll, den Quotienten U/I **Widerstand** des Drahtes zu nennen.

Merksatz

Der **elektrische Widerstand *R*** eines Leiters ist definiert als Quotient aus der Spannung U zwischen den Leiterenden und der Stromstärke I:

$$R = \frac{U}{I};\quad \text{Einheit } 1\,\frac{\text{Volt}}{\text{Ampere}} = 1\text{ Ohm }(\Omega).$$

(Ω: griechischer Buchstabe Omega); 1 kΩ = 1000 Ω.

Aus $R = \frac{U}{I}$ folgt $I = \frac{U}{R}$.

Die Stärke des Stroms durch ein Gerät hängt von der Spannung U ab, die am Gerät anliegt und vom Widerstand R des Geräts.
Sind der Widerstand R und die Stromstärke I bekannt, so lässt sich die Spannung U berechnen:

$$U = R \cdot I.$$

Gilt $U \sim I$, so ist der **Widerstand *R* konstant.** Für den betreffenden Leiter gilt das ohmsche Gesetz.

In unseren Versuchen hat der 1 m lange Draht einen Widerstand von R = 60 Ω, bei 2 m ist R = 120 Ω. Daraus folgt: Der Widerstand R ist der Drahtlänge l proportional.
Wie wirkt sich die Querschnittsfläche aus? Dies untersuchen wir in → V3 . Bei doppeltem Durchmesser steigt die Stromstärke auf das 4-fache, der Widerstand sinkt auf den vierten Teil, nämlich auf R = 60 Ω/4 = 15 Ω.
Um dies zu verstehen, denken wir uns z. B. vier Drähte je mit der Querschnittsfläche A_1 parallel gelegt (→ B2). Werden diese zu einem Draht verschmolzen, hat dieser die 4-fache Querschnittsfläche $A = 4\,A_1$, aber nur den doppelten Durchmesser. Durch die 4-fache Fläche strömen 4-mal so viele Elektronen (gleichmäßig über die Fläche verteilt). Die Stromstärke I steigt auf das 4-fache, $R = U/I$ sinkt auf den vierten Teil.

Merksatz

Der Widerstand R ist der Drahtlänge l und dem Kehrwert der Querschnittsfläche A proportional. Er hängt aber auch vom Material des Drahtes ab.

Dies kann man im Gruppenpuzzle auf Seite 303 selbst erarbeiten.

V2 Wir verdoppeln die Länge des Konstantandrahtes auf 2,0 m. Bei gleicher Spannung sinkt die Stromstärke jeweils auf die Hälfte (→ T2). Der Quotient U/I = 120 V/A ist doppelt so groß wie in → V1 .

V3 Wir benutzen einen 1 m langen Draht mit doppeltem Durchmesser (0,20 mm statt 0,10 mm). Die Stromstärke steigt im Vergleich zu → V1 bei gleicher Spannung auf das 4-fache (→ T2).

	Länge: 2,0 m Dicke: 0,1 mm		Länge: 1,0 m Dicke: 0,2 mm	
***U* in V**	***I* in A**	***U/I* in V/A**	***I* in A**	***U/I* in V/A**
0	0	–	0	–
1,2	0,1	120	0,08	15
2,4	0,02	120	0,16	15
3,6	0,03	120	0,24	15
4,8	0,04	120	0,32	15

T2 Quotient U/I in Abhängigkeit von Drahtlänge und Drahtdicke

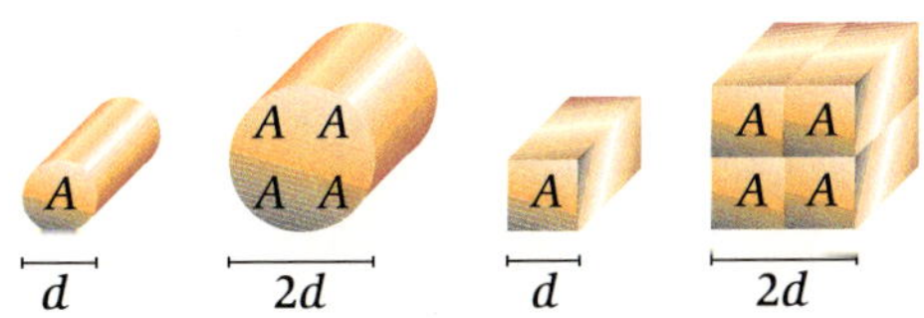

B2 Doppelter Durchmesser ergibt 4-fache Querschnittsfläche.

Beispiel **Draht**

An den 1 m langen Draht aus Versuch 1 wird die Spannung U = 30 V gelegt.
a) Wie groß ist die Stromstärke I?
b) Die Stromstärke soll 1 A sein. Welche Länge muss der Draht haben?

Lösung:
a) Der Draht hat den Widerstand
$R = U/I$ = 60 Ω. Mit $I = U/R$ wird
I = 30 V/60 Ω = 30 V/(60 V/A) = 0,5 A.
b) Zunächst berechnen wir den nötigen Widerstand: $R = U/I$ = 30 V/1 A = 30 Ω.
Wegen $R \sim l$ muss man die **Drahtlänge** auf **0,5 m** verkürzen.

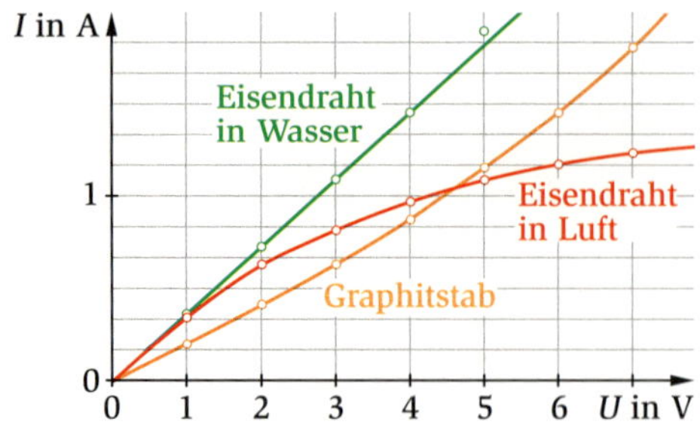

V1 Wir legen an einen Eisendraht und an einen Graphitstab (Bleistiftmine) verschiedene Spannungen und messen die jeweilige Stromstärke.

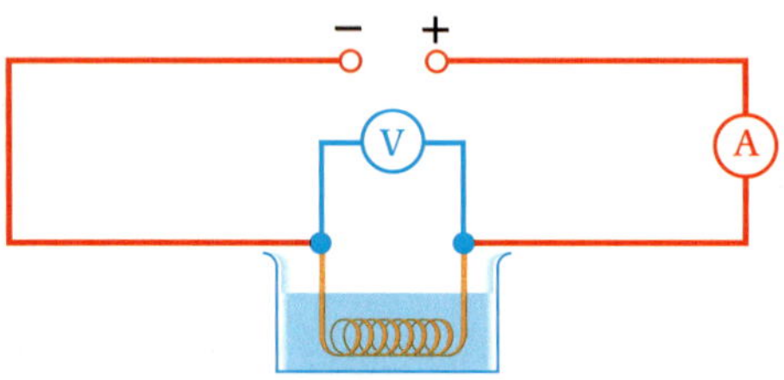

V2 Konstante Temperatur durch Wasser

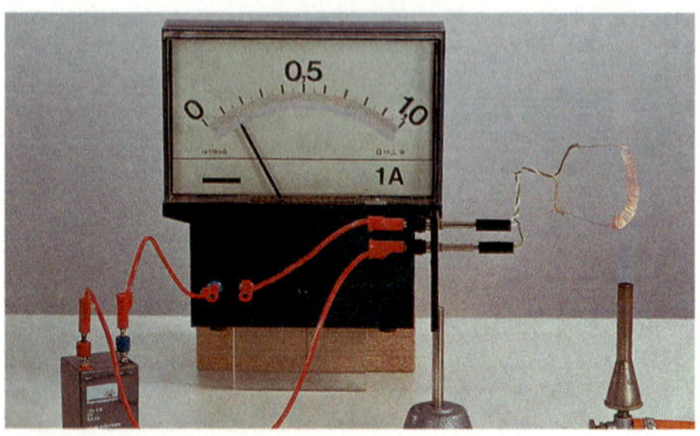

V3 Bei Erhitzen sinkt die Stromstärke, der Widerstand steigt also.

Bei **Widerstandsthermometern** nutzt man die Temperaturabhängigkeit des Widerstandes von Drähten, um die Temperatur zu messen. Sie sind klein und unempfindlich. Man kann sie z. B. am Automotor befestigen. Ein Strommesser zeigt am Armaturenbrett die Temperatur in °C.

3. Wie hängt der Widerstand von der Temperatur ab?

Wie → V1 zeigt, sind die Kennlinien des Eisendrahtes und des Graphitstabes keine Geraden wie bei Konstantandrähten. Bei Verdoppelung der Spannung steigt die Stromstärke bei Eisen auf weniger als das Doppelte, bei Graphit auf mehr als das Doppelte an. Der Quotient aus Spannung und Stromstärke ist nicht konstant. Der Widerstand ändert sich also. Er wächst bei Eisen mit der Stromstärke und sinkt bei Graphit.

Könnte beim Eisendraht das Ansteigen des Widerstandes mit seiner Temperaturzunahme durch die steigende Stromstärke erklärt werden? → V2 gibt darüber Auskunft: Das Wasserbad sorgt für näherungsweise konstante Temperatur. Die *U*-*I*-Kennlinie ist nun eine Gerade! Dies gilt auch für andere Metalle.

Merksatz

Bei **konstanter Temperatur** gilt für reine Metalle das ohmsche Gesetz, d. h. es gilt $I \sim U$.
Steigt die Temperatur, so steigt ihr Widerstand.

Den Einfluss der Temperatur auf den Widerstand von Eisendrähten zeigt → V3 eindrucksvoll. Erhitzt man eine Strom führende Wendel aus Eisendraht mit einer Flamme, so sinkt die Stromstärke trotz konstanter Spannung erheblich.

Man kann die Vergrößerung des Widerstandes bei Erhitzen leicht verstehen: Bei höherer Temperatur schwingen die Atomrümpfe heftiger um ihre Ruhelage und behindern dadurch die Bewegung der Leitungselektronen stärker.

Dies müsste ebenso für Graphit gelten. Auch in ihm führen die Atome bei Erhöhung der Temperatur heftigere Schwingungen aus. Graphit gehört jedoch zu einer Gruppe von Stoffen, bei denen noch ein weiterer Effekt hinzukommt: Bei steigender Temperatur werden zusätzliche Leitungselektronen freigesetzt. Für den Ladungstransport stehen also mehr Ladungsträger zur Verfügung. Dies verkleinert den elektrischen Widerstand. Unsere Messung zeigt, dass der zweite Effekt sich stärker auswirkt als der erste.
Bei einigen Legierungen wie z. B. Konstantan ist der Widerstand unabhängig von der Temperatur. Deshalb wird Konstantan beispielsweise für Präzisions- und Messwiderstände verwendet.

Interessantes

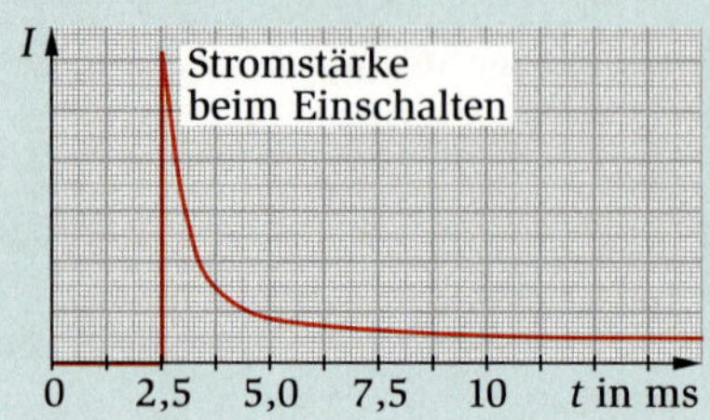

B1 Einschaltstrom Glühlampe

Warum brennen Glühlampen oft beim Einschalten durch?
Bei Zimmertemperatur beträgt der Widerstand der Glühwendel einer 60 W-Lampe 95 Ω, bei Glühtemperatur 880 Ω. Kurz nach Schließen des Stromkreises ist die Stromstärke also sehr groß. Sie sinkt erst bei Erreichen der Glühtemperatur auf den Endwert ab (→ B1). Der starke Anfangsstrom erhitzt dünne Stellen des Wolframdrahtes besonders stark. Dort werden vermehrt Atome abgedampft, der Draht wird also noch dünner, bis er schmilzt.

Methoden

Gruppenpuzzle: Widerstand von Drähten

A. Aufträge
- Bearbeitet die Aufträge im Rahmen eines Gruppenpuzzles.
- Ermittelt, von welchen physikalischen Größen der Widerstand eines elektrisch leitenden Drahtes abhängt. Stellt anschließend für den Widerstand eines Drahtes eine Gleichung auf.

B. Organisatorisches zum Gruppenpuzzle
- Bildet *Stammgruppen* mit jeweils drei Personen (später Experten). Jede Stammgruppe verteilt die Aufträge an ihre Experten selbstständig.
- Bildet anschließend drei *Expertengruppen*.

C. Aufgabe der Stammgruppen
- *Hypothesenbildung:* Jede Stammgruppe überlegt, von welchen physikalischen Größen der elektrische Widerstand eines Drahtes abhängen könnte. Für jede vermutete Abhängigkeit ist eine Begründung anzugeben (Alltagserfahrung, Kenntnis aus dem bisherigen Physikunterricht, ...). Jede Stammgruppe stellt für ihre Vermutungen „Je-desto-Beziehungen“ auf (z. B.: Je größer die Größe X, desto größer ist der Drahtwiderstand R).
- Findet eine Stammgruppe keine Vermutungen, so kann sie sich bei der Lehrkraft Hilfe (z. B. ein Hilfekärtchen) holen.
- Anschließend benennen die Stammgruppen zur Untersuchung jeder vermuteten Abhängigkeit (Länge, Querschnittsfläche und Material des Drahtes) einen Experten aus ihrer Mitte.

D. Untersuchung in den Expertengruppen
- Jede Expertengruppe überlegt sich für die Untersuchung der Abhängigkeit des Widerstands von Länge, Querschnitt oder Material des Drahtes einen Versuch und plant seine Durchführung.
- Versuchsaufbau, Versuchsdurchführung samt Messergebnissen (Auswertung mit einem Tabellenkalkulationsprogramm) und die Folgerungen werden schriftlich dokumentiert.
- Jede Expertengruppe stellt für den von ihr gefundenen Zusammenhang zwischen dem Widerstand R und der entsprechenden physikalischen Größe eine „Je-desto-Beziehung“ auf.
- Anschließend wird dieser Zusammenhang mit einer Gleichung (Proportionalität) formuliert. Das ermittelte Ergebnis wird mit der Hypothese, die zuvor in den Stammgruppen aufgestellt wurde, vergleichen. Stimmen beide überein? Falls nein, sollen Gründe angegeben werden.
- Die Experten bereiten zum Abschluss den Bericht für ihre Stammgruppe vor.

E. Expertenbericht in den Stammgruppen
- Jeder Experte berichtet über die Ergebnisse seiner Expertengruppe.
- Anschließend fasst die Stammgruppe die Ergebnisse der einzelnen Expertengruppen zu Gleichung für den Drahtwiderstand R zusammen.

Falls du das Thema Drahtwiderstand im Gruppenpuzzle bearbeitet oder selbstständig eine Lösung gefunden hast, brauchst du den Abschnitt F eigentlich nicht zu lesen – oder nur zur Kontrolle. Hier steht, „wie es ist“.

F. Spezifischer Drahtwiderstand
Die Ergebnisse $R \sim l$, $R \sim 1/A$ liefern zusammengefasst: $R \sim l/A$, d. h. der Quotient $R/(l/A)$ ist konstant. Der Wert dieser Konstante hängt vom Material des Drahtes ab. Er wird **spezifischer Widerstand** ϱ *des Drahtes genannt. Damit gilt:* $R/(l/A) = \varrho$.
Ein Draht der Länge l, der Querschnittsfläche A und des spezifischen Widerstands ϱ hat den elektrischen Widerstand R:

$$R = \varrho \cdot \frac{l}{A}$$

G. Vergleich Messergebnisse – Tabellenwerte
Berechne den spezifischen Widerstand ϱ des verwendeten Drahtmaterials aus den Messergebnissen der Expertengruppen.
Vergleiche deine Werte für den spezifischen Widerstand r mit den Tabellenwerten (→ T1). Falls Abweichungen auftreten, suche nach Gründen.
Warum werden in der Tabelle die spezifischen Widerstände für eine Temperatur von 18 °C angegeben? Begründe deine Antwort.

Silber	0,016	**Kohle**	50–100
Kupfer	0,017	**Germanium**	900
Gold	0,023	**Silicium**	1 200
Aluminium	0,028	**Akkusäure**	um 1 300
Eisen, Stahl	0,1–0,5	**Meerwasser**	200 000
Wolfram	0,05	**dest. Wasser**	10^{10}
Konstantan	um 0,5	**Porzellan, Glas**	10^{19}

T1 Spezifischer Widerstand in $\Omega \cdot mm^2/m$ bei 18 °C

Interessantes

Technische Widerstände

B1 Widerstände in einer elektronischen Schaltung

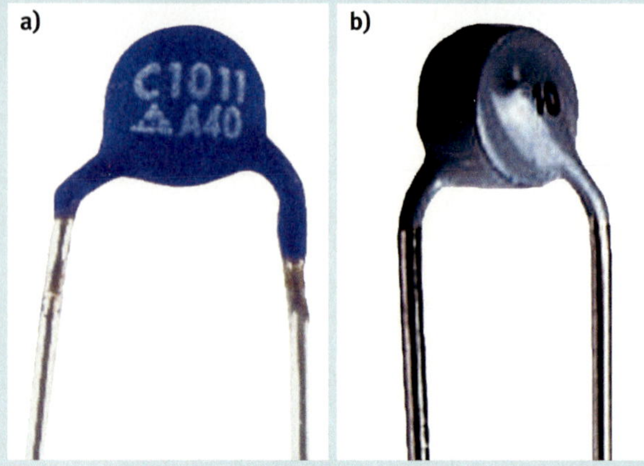

B2 **a)** Kaltleiter **b)** Heißleiter

In vielen elektrischen Geräten benutzt man Leiter mit bestimmten Widerstandswerten, um die Stromstärke oder die Spannung auf geeignete Werte einzustellen. Solche Leiter selbst bezeichnet man als *Widerstände*.

In → **B1** ist ein Ausschnitt aus einer elektronischen Schaltung mit **Festwiderständen** zu sehen. Diese Schichtwiderstände bestehen aus einem Keramikröhrchen mit aufgedampfter Kohle oder Metallschicht.

Da Widerstandsangaben auf den dünnen Röhrchen kaum lesbar wären, benutzt man eine Farbmarkierung nach → **T1**.
Die zwei ersten Ringe bestimmen die ersten beiden Ziffern, der dritte Ring die Zahl der daran anzuhängenden Nullen (Angabe in Ohm). Der vierte Ring gibt die Genauigkeit des angegebenen Wertes an.

Ring	1. Ring	2. Ring	3. Ring	4. Ring
silber	—	—	10^{-2}	± 10 %
gold	—	—	10^{-1}	± 5 %
schwarz	0	0	10^{0}	—
braun	1	1	10^{1}	± 1 %
rot	2	2	10^{2}	± 2 %
orange	3	3	10^{3}	—
gelb	4	4	10^{4}	—
grün	5	5	10^{5}	± 0,5 %
blau	6	6	10^{6}	± 0,25 %
violett	7	7	10^{7}	± 0,1 %
grau	8	8	10^{8}	± 0,0,5 %
weiß	9	9	10^{9}	—

T1 Farbcode auf Widerständen

→ **B2** zeigt **temperaturabhängige Widerstände.** Man unterscheidet zwischen *Kaltleitern und Heißleitern.*
Wie wir sahen, nimmt der Widerstand reiner Metalle mit steigender Temperatur zu. Erhitzt man z. B. einen Kupferdraht von Zimmertemperatur auf 100 °C, so steigt sein Widerstand um etwa 30 %. Metalle leiten bei Zimmertemperatur besser als bei höherer Temperatur, sind also Kaltleiter oder **PTC**-Widerstände (PTC kommt von **p**ositive **t**emperature **c**oefficient).
Bei den Heißleitern, auch **NTC**-Widerstände (**n**egative **t**emperature **c**oefficient) genannt, nimmt der Widerstand mit steigender Temperatur ab. Sie leiten im heißen Zustand besser als im kalten. Bei einigen Materialien nimmt der Widerstand auf ein Hundertstel ab, wenn man sie auf einige 100 °C erwärmt.
PTC- und NTC-Widerstände werden in der Technik dazu benutzt, um Temperaturen zu messen und manchmal auch zu regeln. Wegen der kleinen Ausmaße dieser Bauteile kann man auch an schwer zugänglichen Stellen z. B. eines Motors Temperaturen bestimmen. Dünne Kabel führen zum Ableseinstrument (Fernmessung). In Kühlschränken, Waschmaschinen und vielen anderen Geräten sorgen sie für die richtige Temperatur. Elektromotoren werden durch PTC-Widerstände vor Überhitzung geschützt.

A1 Welchen Widerstand haben die abgebildeten Widerstände? Benutze zur Lösung der Aufgabe die → **T1**.

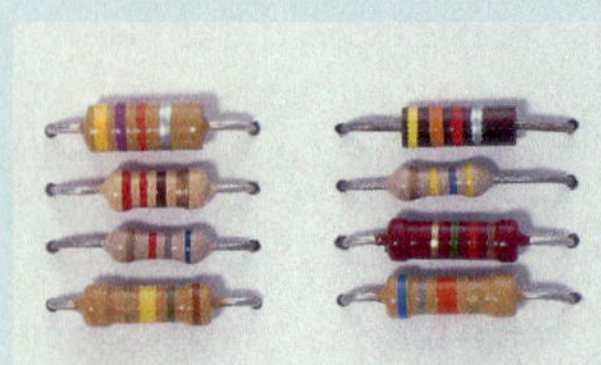

Dehnungsmessstreifen

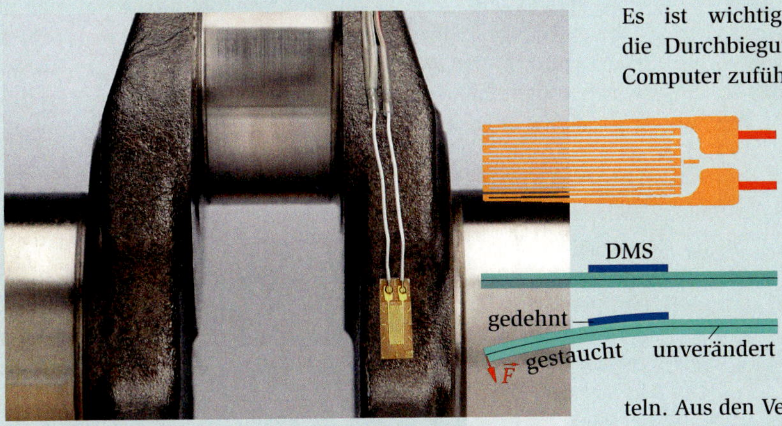

B3 Trotz Leichtbaus der Kurbelwelle muss deren Festigkeit gewahrt sein. Ihre Verformung im Einsatz wird mithilfe eines Dehnungsmessstreifens gemessen.

Die Entwicklung von Flugzeugen, modernen Automotoren oder eleganten Brückenkonstruktionen ist ohne die Verwendung von **Dehnungsmessstreifen (DMS)** kaum möglich. Ein DMS (→ B3) besteht aus einem dünnen Metallband (meist Konstantan), das in vielen Windungen auf ein Plastikplättchen fest aufgebracht ist und einen bestimmten Widerstand hat (typisch sind 120 Ω). Wird das Plättchen durchgebogen, so wird der Draht gedehnt bzw. gestaucht. Dadurch werden seine Länge und sein Querschnitt verändert. Also ändert sich sein Widerstand. Die Widerstandsänderung kann sehr genau gemessen werden. Sie ist der Größe der Verformung proportional.
Das Plättchen wird sorgfältig auf die zu untersuchende Stelle eines Werkstückes aufgeklebt.

Es ist wichtig, dass man elektrische Signale für die Durchbiegung erhält. Man kann sie leicht einem Computer zuführen, der die Daten speichert und weiterverarbeitet. Dadurch erhält man Hinweise auf Schwachstellen der Konstruktion.
Dehnungsmessstreifen werden überall dort eingesetzt, wo es wichtig ist, die Formänderungen von Bauteilen zu erfassen und zu kontrollieren. Nicht immer ist es möglich, die auftretenden Beanspruchungen zu berechnen – man muss sie vielmehr experimentell ermitteln. Aus den Verformungen kann man auf die Größe der einwirkenden Kräfte schließen – man hat daher mit einem Dehnungsmessstreifen ein Kraftmessgerät. Man sagt dazu auch **Kraftsensor** oder **Kraftaufnehmer.**
Dehnungsmessstreifen sind beispielsweise in digital anzeigenden Waagen eingebaut.

Mehr Sicherheit im Flugzeugbau: Bei Flugzeug-Bauteilen ist der Zusammenhang zwischen Größe und Anzahl von Verformungen und dem Beginn von Materialermüdung bekannt. Bei der Konstruktion von Flugzeugflügeln überprüfen die Ingenieurinnen und Ingenieure an kritischen Stellen (etwa die Verbindung Flügel-Rumpf) mithilfe aufgeklebter Dehnungsmessstreifen, ob es bei den unvermeidlichen Vibrationen nicht zu unerlaubt großen Dehnungen kommt – und das in *allen* Flugsituationen. Auch während des Flugbetriebs wird die Beanspruchung gefährdeter Teile mit Dehnungsmessstreifen überwacht und im Flugschreiber aufgezeichnet (zur Unfallklärung nach einem Absturz).

A2 Jemand bezeichnet die Gleichung $I = U/R$ als ohmsches Gesetz. Ist dies richtig? Was nennen wir ohmsches Gesetz? Unter welcher Bedingung gilt es für Metalle? Welche Form hat dann die *U-I*-Kennlinie?

A3 Ein Draht hat den Widerstand 100 Ω. Berechne den Widerstand, wenn man die Drahtlänge verdreifacht und gleichzeitig die Querschnittsfläche verfünffacht. Wie würde sich die Stromstärke verändern (U = konstant)?

A4 In einem Versuch werden an verschiedenen Drähten zwei der drei Größen Spannung, Stromstärke, Widerstand gemessen. Die Tabelle enthält die Messergebnisse:

***U* in V**	20	12	?
***I* in A**	4	?	0,08
***R* in Ω**	?	200	1500

Übertrage die Tabelle in dein Heft und fülle die Lücken aus.

A5 Bei einer 100 W-Glühlampe ist bei 2 V die Stromstärke 38 mA und bei 230 V 435 mA. Berechne jeweils den Widerstand und erkläre, warum sich die Werte unterscheiden.

A6 Messgeräte zeigen den zu messenden Wert nur fehlerhaft an. Die Hersteller geben daher den größtmöglichen Fehler in Prozent des Skalenendwertes an. Bei Schulgeräten ist dieser meist 2 %. **a)** Eine Stromstärke von 0,80 A ist zu messen. Jan wählt einen Skalenendwert von 10 A, Julia 1 A. Bestimme jeweils den maximalen und den relativen Fehler. **b)** Erläutere, wie man den Messbereich bei Stromstärkemessungen wählen muss, damit der relative Fehler möglichst klein wird.

A7 Von drei Widerständen von 20 Ω, 12 Ω und 6 Ω werden die ersten zwei parallel und mit dem letzten in Serie geschaltet und an die Spannung von 8 V gelegt. Welche Energie wird während 10 Minuten insgesamt entwickelt?

Der unverzweigte Stromkreis

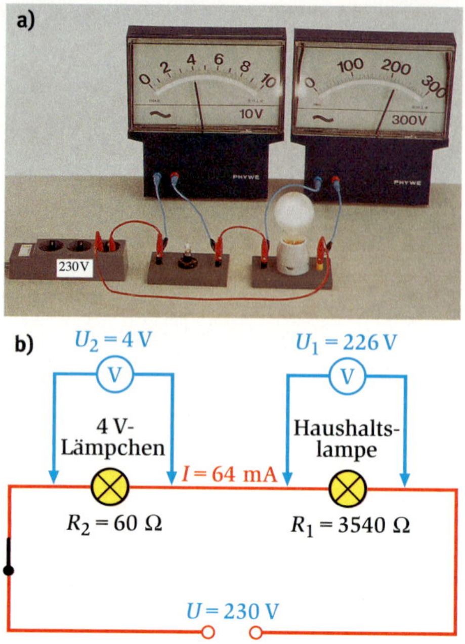

B1 **a)** Ein überraschender Versuch
b) Schaltskizze

V1 Wir legen an den Widerstand $R_1 = 10\ \Omega$ die Spannung $U = 10$ V und messen die Stromstärke $I = 1$ A. Nun schalten wir zu R_1 noch zwei weitere Widerstände $R_2 = 20\ \Omega$ und $R_3 = 70\ \Omega$ in Reihe (**→ B2**). Die Stromstärke sinkt auf $I = 0{,}1$ A.

Ähnlich wie bei in Reihe geschalteten Lämpchen ist auch hier der Widerstand größer geworden.

Wir denken uns nun die drei Widerstände durch *einen* großen Widerstand ersetzt. Er soll den Strom genauso behindern wie die drei Einzelwiderstände zusammen – bei der gleichen Spannung $U = 10$ V soll sich wieder die Stromstärke $I = 0{,}1$ A einstellen.

Nach unseren Messwerten hat dieser *Ersatzwiderstand* den Wert

$R = U/I = 10\ \text{V}/0{,}1\ \text{A} = 100\ \Omega$.

Dies ist gleich der Summe

$R = 10\ \Omega + 20\ \Omega + 70\ \Omega$

der *Teilwiderstände* R_i.

V2 Wir messen die Stromstärke in der Schaltung nach **→ B2** auch an den Stellen A, B und C. Die Messung ergibt, dass die Stromstärke bei Reihenschaltung von Widerständen überall gleich ist. Dies war zu erwarten, da keine Ladung abgezweigt wird.

1. Mehr Geräte – mehr Widerstand

Kann man ein 4-V-Lämpchen an einer Steckdose mit 230 V betreiben? **→ B1a** zeigt, dass es möglich ist, aber nur, wenn man eine Haushaltslampe in denselben Stromkreis schaltet (Lehrerversuch!). Man sagt, die Lampen sind in Reihe (hintereinander) geschaltet. In beiden Glühdrähten ist die Stromstärke gleich groß – kein Strom wird seitlich abgezweigt.

→ V1 zeigt, dass in Reihe geschaltete Widerstände einen großen Widerstand bilden. Den Wert dieses **Ersatzwiderstandes** erhält man, indem man die Werte der Einzelwiderstände addiert.

Merksatz

Bei **Reihenschaltung** ist die Stromstärke in allen Teilwiderständen gleich. Der **Ersatzwiderstand *R*** ist gleich der Summe der Einzelwiderstände:

$$\boldsymbol{R = R_1 + R_2 + R_3 + \dots\ .}$$

Der Gesamtwiderstand ist bei Reihenschaltung *größer* als jeder Teilwiderstand.

Weshalb also brennt das kleine Lämpchen in **→ B1** nicht durch? Der Widerstand der kleinen Lampe (4 V; 65 mA) ist
$R_2 = U/I = 4\ \text{V}/0{,}065\ \text{A} \approx 60\ \Omega$, der der großen Lampe (230 V; 65 mA) ist $R_1 = 230\ \text{V}/0{,}065\ \text{A} \approx 3540\ \Omega$ (**→ B1**).
Für den Gesamtwiderstand gilt:
$R = R_1 + R_2 = 3540\ \Omega + 60\ \Omega = 3600\ \Omega$.
Also ist die Stromstärke $I = U/R = 230\ \text{V}/3600\ \Omega = 64$ mA.
Dies ist etwa die für das Lämpchen vorgeschriebene Stromstärke.

Man kann die Haushaltslampe ($R_1 = 3540\ \Omega$) durch einen Widerstand mit $R_v = R_1$ ersetzen. Man nennt R_v einen **Vorwiderstand.** Vorwiderstände begrenzen die Stromstärke auf gewünschte Werte.

Vertauscht man in **→ B1a** die beiden Lampen, so ändert sich am Leuchten der beiden nichts. Es ist also beliebig, an welcher Stelle eines Stromkreises man den *Vor*widerstand hinzuschaltet.

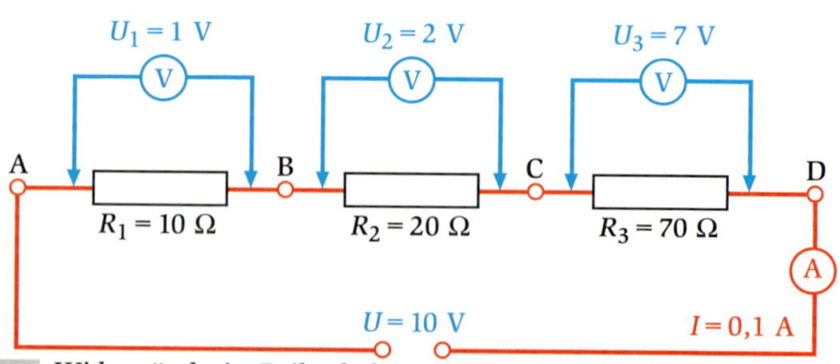

B2 Widerstände in Reihe haben gleiche Stromstärke, aber unterschiedliche Teilspannungen.

2. Spannungen teilen sich auf

Das 4 V-Lämpchen leuchtet in **→ B1a** normal hell. Liegen zwischen seinen Anschlüssen 4 V? Wo bleibt dann der Rest der 230 V? Um dies zu klären, schalten wir zwischen die Anschlussbuchsen der kleinen und der großen Lampe je einen Spannungsmesser (**→ B1b**). Wir messen $U_1 = 226$ V; $U_2 = 4$ V. Die Spannung der Netzsteckdose $U = 230$ V teilt sich also in die zwei Teilspannungen U_1 und U_2 auf.

Untersuchen wir zunächst, was bei Reihenschaltung gleicher Widerstände geschieht. **→ V3** zeigt, dass dann an jedem Teilwiderstand die gleiche Teilspannung abfällt. Ihre Summe ist gleich der von außen angelegten Spannung.
Für verschiedene Widerstände zeigt **→ V4**: Die Spannung der Quelle verteilt sich über die in Reihe liegenden Teilwiderstände – und zwar so, dass sich bei jedem Widerstand die gleiche Stromstärke ergibt. Am doppelten Widerstand stellt sich die doppelte, am 7-fachen Widerstand die 7-fache Spannung ein. Es gilt $I = 2\,U/2\,R = 7\,U/7\,R = U/R =$ konstant.
Aus $I = U_1/R_1 = U_2/R_2$ folgt demnach: $\boldsymbol{U_1/U_2 = R_1/R_2}$.

Merksatz

Zwischen den Enden der **Teilwiderstände R_i** liegen die **Teilspannungen $U_i = I \cdot R_i$**. Ihre Summe ist gleich der Gesamtspannung U:

$$\begin{aligned} U &= U_1 + U_2 + U_3 + \ldots \\ &= I \cdot R_1 + I \cdot R_2 + I \cdot R_3 + \ldots \\ &= I \cdot (R_1 + R_2 + R_3 + \ldots) = I \cdot R. \end{aligned}$$

Die Teilspannungen U_i verhalten sich wie die Teilwiderstände R_i:

$$\frac{U_1}{U_2} = \frac{R_1}{R_2};\ \frac{U_1}{U_3} = \frac{R_1}{R_3} \text{ usw.}$$

In einem Stromkreis ändert sich das Potenzial an einem geschlossenen Schalter praktisch nicht (**→ V5**). Öffnet man ihn, so liegt an ihm die ganze, von außen angelegte Spannung. **Achtung:** Ein herausgedrehtes Lämpchen einer Lichterkette wirkt wie ein geöffneter Schalter; zwischen den Kontakten liegen 230 V!

V3 An ein 6-V-Lämpchen wird die Spannung $U = 6$ V gelegt. Es leuchtet normal hell. Schaltet man ein zweites 6-V-Lämpchen in Reihe, leuchten beide nur schwach. Um volle Helligkeit zu erreichen, muss man die Spannung auf 12 V hoch regeln. An jedem Lämpchen liegt nun die Teilspannung 6 V.

V4 In Versuch 1 ist im Widerstand R_1 die Stromstärke $I = 0{,}1$ A. Für 0,1 A braucht man aber an 10 Ω nicht die Spannung $U = 10$ V, sondern nur die *Teilspannung* $U_1 = I \cdot R_1 = 1$ V. Bei $R_2 = 20\ \Omega$ benötigt man für ebenfalls 0,1 A die doppelte Spannung, nämlich 20 V; an 70 Ω sind 0,1 A · 70 Ω = 7 V nötig.
Wir überprüfen unsere Überlegungen:
Zu jedem Widerstand in Versuch 1 schalten wir einen Spannungsmesser (blau) und finden, dass sich das Potenzial um 1 V, 2 V und 7 V ändert. Am größten Widerstand liegt die größte Teilspannung.
Unsere Messung ergibt: Die Summe der Teilspannungen ist gleich der Potenzialdifferenz der Quellenbuchsen
$U = 1\text{ V} + 2\text{ V} + 7\text{ V} = 10$ V.

V5 **a)** In der Schaltskizze **→ B1b** ist ein Schalter (S) eingebaut. Ist er geschlossen, so hat er den Widerstand $R_S \approx 0\ \Omega$. Dann ändert sich bei ihm das Potenzial nicht: $U_S = R_S \cdot I \approx 0$ V. Eine Messung bestätigt dies.
b) Durch Öffnen des Schalters sinkt die Stromstärke I auf 0 A. Wegen $U = R \cdot I$ ändert sich das Potenzial an den Lampen nicht. Der Spannungsmesser zeigt, dass die ganze, von außen angelegte Spannung $U = 230$ V zwischen den Kontakten des Schalters liegt.

A1 **a)** Es gibt Lichterketten mit 10 oder 16 in Reihe geschalteten „Kerzen" für 230V. Berechne jeweils die Spannung an einer Kerze.
b) Die Nennstromstärke in der 10er-Kette beträgt 130 mA, in der 16er-Kette 209 mA. Berechne für beide den Widerstand einer Kerze (und den Gesamtwiderstand).

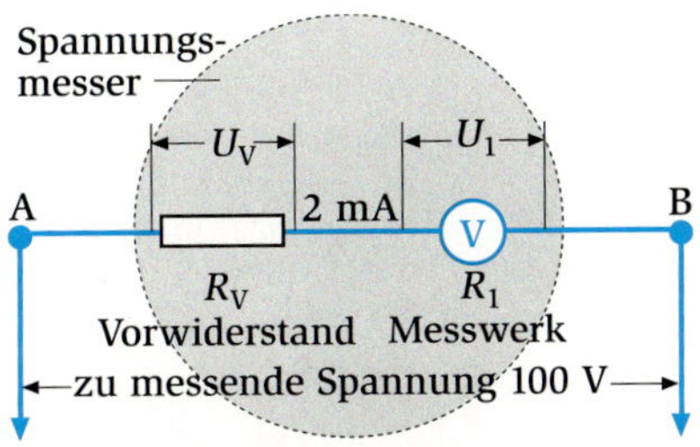

B3 Ein Drehspulgerät zur Spannungsmessung (**→ A2**)

A2 Das Messwerk eines Drehspulgeräts mit $R_1 = 50\ \Omega$ zeigt bei $I = 2$ mA Vollausschlag.
a) Berchne die Spannung, die bei $I = 2$ mA am Messwerk liegt.
b) Das Messgerät soll Spannungen bis 100 V messen können. Auch bei $U = 100$ V muss die Stromstärke $I = 2$ mA sein. Berechne R und R_v.

Der verzweigte Stromkreis

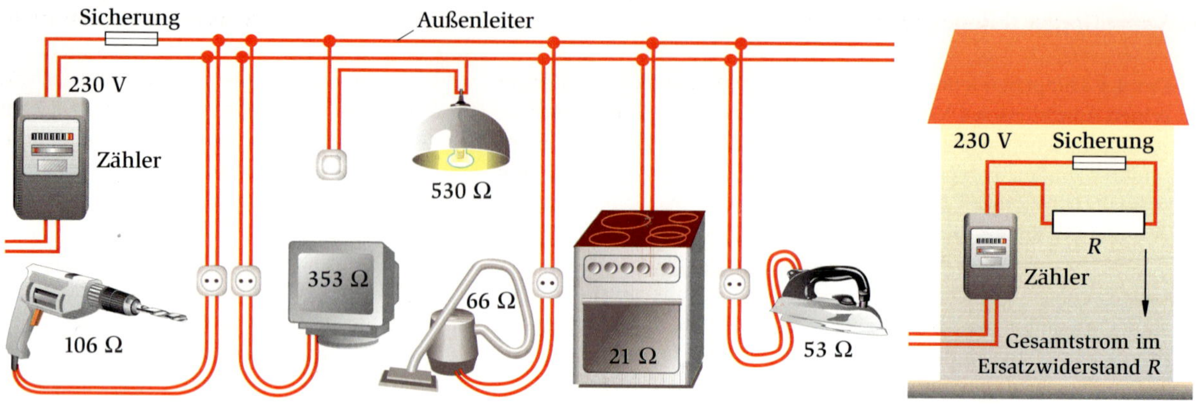

B1 Die Geräte im Haushalt liegen an der gleichen Spannung von 230 V. Sie sind parallel geschaltet.

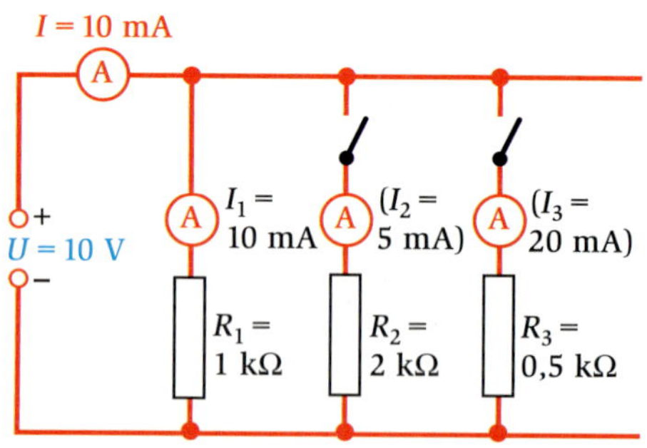

V1 Parallelschaltung von R_1, R_2, und R_3: Der Versuchsaufbau entspricht der Schaltung der Elektrogeräte im Haushalt (→ B1). Wir wollen untersuchen, wie sich das Zuschalten weiterer Geräte auf die Gesamtstromstärke auswirkt. Statt 230 V wählen wir die ungefährliche Spannung 10 V.

a) Zunächst schließen wir den Stromkreis mit dem Widerstand R_1 = 1,0 kΩ. Die Stromstärke beträgt

$I_1 = U/R_1$ = 10 V/1000 Ω = 10 mA.

b) Dann schalten wir den doppelt so großen Widerstand R_2 = 2,0 kΩ *parallel*. In diesem Zweig messen wir nur die halbe Stromstärke I_2 = 5 mA.

Im unverzweigten Teil lesen wir als **Gesamtstrom I_{ges}** dieser **Parallelschaltung** die Summe $I_{ges} = I_1 + I_2$ = 10 mA + 5 mA = 15 mA ab.

c) Nun schalten wir noch einen dritten Widerstand R_3 = 0,5 kΩ parallel. Der Zweigstrom I_3 = 20 mA erhöht die Gesamtstromstärke I_{ges} von 15 mA auf 35 mA.

d) Die Teilstromstärken lassen sich auch mithilfe der Gleichung $I = U/R$ berechnen, z. B.:

$I_2 = U/R_2$ = 10 V/2 kΩ = 5 mA.

1. Die Geräte im Haushalt sind parallel geschaltet

Im Haushalt können alle Geräte unabhängig voneinander ein- und ausgeschaltet werden. Sie sind nach → B1 direkt an die beiden oberen Netzleitungen angeschlossen, zwischen denen die Spannung U = 230 V besteht. Diese Spannung liegt also an jedem Gerät.

Wie ändert sich aber die Stromstärke, wenn mehrere Geräte gleichzeitig betrieben werden?

Wir können das Ergebnis von → V1 auf den Haushalt übertragen: Durch Zuschalten eines zweiten oder dritten Geräts erhöht sich jeweils die Gesamtstromstärke. Da Ladung weder erzeugt noch vernichtet wird, muss der Gesamtstrom in der Zuleitung die Summe der Teilströme sein.

Merksatz

Bei der **Parallelschaltung** liegt an allen Zweigwiderständen die gleiche Spannung. Die **Gesamtstromstärke I_{ges}** im unverzweigten Teil ist gleich die Summe der Teilstromstärken I_1, I_2, I_3, … .

Es gilt die Knotenregel:

$$I_{ges} = I_1 + I_2 + I_3 + \dots$$

2. Welcher Zweigstrom ist am stärksten?

Nach $I = U/R$ erzeugt die gemeinsame Spannung U im doppelten Widerstand nur die halbe Stromstärke (siehe auch → V1). Die Zweigströme sind gegeben durch $I_1 = U/R_1$ und $I_2 = U/R_2$. Dividiert man I_1 durch I_2, so entfällt U.

Es folgt

$$\frac{I_1}{I_2} = \frac{R_2}{R_1}.$$

Merksatz

Bei einer **Stromverzweigung** verhalten sich die Stromstärken in den Zweigen umgekehrt wie die Zweigwiderstände.

3. Mehr Geräte – weniger Widerstand

Wir wissen: Der Gesamtstrom steigt mit jedem zugeschalteten Parallelwiderstand (→ V1). Da die Spannung konstant ist, muss der Gesamtwiderstand kleiner geworden sein. In Schaltungen ist es oft wichtig, die Gesamtstromstärke zu berechnen. Um dies einfach ausführen zu können, denken wir uns die parallel geschalteten Widerstände durch einen Widerstand ersetzt – den **Ersatzwiderstand *R*.** Spannung und Stromstärke sollen sich dabei nicht ändern.

Für → V1 errechnet man:
$R = U/I_{ges}$ = 10 V/35 mA = 0,29 kΩ.
Der Ersatzwiderstand ist kleiner als der kleinste Zweigwiderstand (in unserem Versuch 0,5 kΩ).
Aus
$I_{ges} = I_1 + I_2 + I_3$

ergibt sich $I_{ges} = U/R = U/R_1 + U/R_2 + U/R_3$. Nach Division durch U erhält man den Kehrwert $1/R$ des Ersatzwiderstandes R.

Merksatz

Der Kehrwert $1/R$ des **Ersatzwiderstandes *R* *einer* Parallelschaltung** ist gleich der Summe der Kehrwerte $1/R_i$ der Zweigwiderstände R_i *(i = 1, 2, …):*

$$\frac{1}{R} = \frac{1}{R_1} + \frac{1}{R_2} + \ldots$$

Beispiel **Absicherung von Deckenlampen**

In einem Saal ist die Leitung für die Deckenlampen mit 10 A abgesichert. Wie viele parallel geschaltete Lampen mit jeweils 529 Ω dürfen gleichzeitig betrieben werden (U = 230 V)?

Lösung über Teilstromstärken:
Stromstärke in einer Lampe:
$I_1 = U/R_1$ = 230 V/529 Ω = 0,435 A.
10 A/0,435 A ≈ 23.
Es dürfen **bis zu 23 Lampen** betrieben werden.

Lösung über Ersatzwiderstand:
Damit bei U = 230 V die Stromstärke I = 10 A wird, muss der Ersatzwiderstand
$R = U/I$ = 230 V/10 A = 23 Ω sein.
Aus $R_1 = R_2 = \ldots$ folgt
$1/R = 1/R_1 + 1/R_2 + \ldots = n \cdot 1/R_1$.
$\boldsymbol{n = R_1/R}$ = 529 Ω/23 Ω **= 23.**
Da der Einschaltstrom von Glühlampen größer ist als der Betriebsstrom (nach Erreichen der Betriebstemperatur der Glühwendel), wäre gleichzeitiges Einschalten kritisch. Es sei denn, man verwendet eine *träge* Sicherung.

A1 **a)** Berechne die Ströme in den einzelnen Geräten nach → B1. Wie verhalten sich die Stromstärken von Lampe und Herd zueinander? Berechne die Stärke des Gesamtstroms.
b) Berechne den Ersatzwiderstand R der gesamten Anlage.
c) Wähle eine geeignete Sicherung, damit alle Geräte gleichzeitig in Betrieb sein können (übliche Werte: 16 A, 20 A, 40 A).

A2 Bei einer Fahrradbeleuchtung ist der Widerstand der Lampe im Scheinwerfer 30 Ω, im Rücklicht 60 Ω.
a) Zeichne ein Schaltbild der Anlage.
b) Berechne die jeweiligen Stromstärken und die Gesamtstromstärke (U = 6 V).

A3 Die Spule eines Drehspulinstruments hat den Widerstand R_1 = 50 Ω und zeigt bei I_1 = 2 mA Vollausschlag. Will man Ströme bis 200 mA messen, muss man den

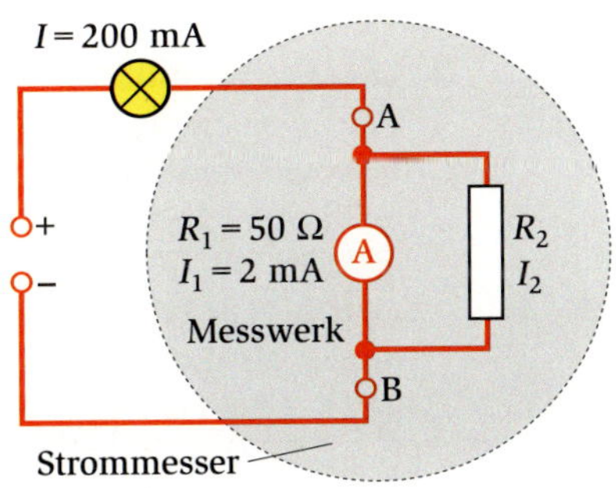

B2 Messbereich von 2 mA auf 200 mA erweitert.

überschüssigen Strom I2 am Messwerk durch einen Parallelwiderstand R_2 vorbeileiten (→ B2).
a) Berechne I_2 und R_2.
b) Wie groß ist nun der Ersatzwiderstand Rges des Messgeräts?
c) Der Messbereich steigt auf das 100 fache. Wie ändert sich R_{ges}?

A4 Ein 1 km langes Seil einer Hochspannungsleitung hat einen Stahlkern mit R_1 = 2 Ω Widerstand. Der Stahlkern sorgt für mechanische Festigkeit. Ihn umgibt ein Aluminiummantel mit R_2 = 0,1 Ω.
a) Berechne den Ersatzwiderstand R des Seilstückes.
b) Der Spannungsabfall an dem Seilstück sei U = 100 V.
Berechne die Stromstärken im Kern und im Mantel, sowie die Gesamtstromstärke.

A5 Vögel halten sich mit beiden Beinen auf dem Seil einer Hochspannungsleitung fest.
Überprüfe, ob dies für sie ungefährlich ist (siehe Werte von Aufgabe 4; Beinabstand 2 cm).

A6 Zwei Widerstände mit R_1 = 50 Ω und R_2 = 0,5 Ω liegen parallel an der Spannung 0,1 V. Berechne I_1, I_2 und I_{ges}.

Elektrische Energie und Leistung

1		2		3		4		5		6		7
Zählerstand neu (31.12.)	−	Zählerstand alt (1.1.)	=	Gesamtverbrauch (kWh)	x	Preis je kWh €	=	Verbrauchsbetrag €	+	Grundpreis pro Jahr €	=	Nettobetrag €
2526		0126		2400		0,19		456,00		87,50		543,50
										+ Umsatzsteuer (19%)		103,26
Zähler Nr. 5.765.270										Rechnungsbetrag		646,76

B1 Ausschnitt aus einer so genannten „Stromrechnung“

Beispiel **Elektrische Heizgeräte**

a) Ein Heizgerät liegt während der Zeit t = 100 s an der Spannung U = 230 V; die Stromstärke ist I = 8,7 A. Welche Energie entnimmt es dem Netz?

Lösung:
Nach $W = U \cdot I \cdot t$ ist die Energie $\boldsymbol{W}$ = 230 V · 8,7 A · 100 s = 230 J/C · 8,7 A · 100 s ≈ **200 000 J.**
Die Leistung des Geräts ist
$P = U \cdot I$ = 230 V · 8,7 A = 2000 W.

b) Die Haussicherung unterbricht den Strom, wenn dessen Stärke 16 A überschreitet. Welche Gesamtleistung dürfen angeschlossene Geräte also höchstens haben?

Lösung:
Aus $P = U \cdot I$ ergibt sich
$\boldsymbol{P_{max}}$ = 230 V · 16 A = **3680 W.**
Zwei Heizlüfter mit je 2000 W bringen die Sicherung zum Abschalten.

B2 Was bedeutet „230 V/100 W“?
„230 V“: Diese Angabe ist eine Empfehlung. Es wird geraten, die Lampe mit der Spannung 230 V, ihrer *Nennspannung*, zu betreiben. Bei kleinerer Spannung ist das Licht nicht mehr weiß, sondern rötlich. Bei höherer Spannung leuchtet die Lampe zwar heller, ihre Lebensdauer ist aber kürzer.
„100 W“: Bei 230 V wird die *Nennleistung* 100 W erreicht.

1. Elektrische Energie

Zum Betrieb von Glühlampen, Elektroherden, Elektromotoren braucht man Energie. Diese kommt meist aus dem Elektrizitätswerk und wird in den Geräten in Licht, Wärme, mechanische Energie umgewandelt. Für diese Energie muss man bezahlen. Das E-Werk schickt eine „Stromrechnung“ (→ **B1**), so als ob man für die *strömende* Ladung bezahlen müsste. Diese kehrt aber wieder zum E-Werk zurück. Auch das Wasserrad einer Mühle entnimmt dem Bach kein Wasser. Das Wasser verliert an Höhe und damit an Höhenenergie.
Wie berechnet man die dem Netz entnommene Energie?
Aus $U = W/Q$ folgt: Fließt die Ladung $Q = I \cdot t$, so ist die gelieferte **elektrische Energie**

$$\boldsymbol{W = U \cdot Q = U \cdot I \cdot t.}$$

Die vom E-Werk gelieferte Energie $W = U \cdot I \cdot t$ nennt man auch elektrische *Arbeit*. Sie hängt von der Stromstärke I und der Betriebszeit t des Gerätes ab (die Spannung U = 230 V ist fest).

2. „Starke“ Glühlampen haben große Leistung

Eine 100 W-Glühlampe leuchtet heller als eine mit 60 W. In der „stärkeren“ Lampe wird pro Sekunde mehr elektrische Energie in Licht und Wärme umgewandelt als in der „schwächeren“. Die Einheit Watt kennen wir aus der Mechanik. Dort wurde die **Leistung $\boldsymbol{P}$** als Quotient der von einem Gerät abgegebenen Energie W und der Zeit t definiert: $\boldsymbol{P = W/t}$. Ihre Einheit ist 1 J/s = 1 Watt (W). (Energie W, aber Einheit W für Watt.)
In der Elektrizitätslehre ist die Berechnung der Leistung einfach:

$$\boldsymbol{P = \frac{W}{t} = \frac{U \cdot I \cdot t}{t} = U \cdot I.}$$

Die Leistung P eines elektrischen Gerätes ist das Produkt aus der Spannung U und der Stromstärke I.
Die Einheit ist: 1 V · 1 A = 1 J/C · 1 C/s = 1 J/s = 1 W.
1000 W = 1 kW (Kilowatt); 10^6 W = 1 MW (Megawatt).

Interessantes

Herstellung und Vertrieb von 100-W-Birnen wie in → **B2** sind in der EU und der Schweiz aufgrund ihrer niedrigen Energieeffizienz bereits seit 2009 verboten.

Seit 2012 sind nur noch Leuchtmittel mit mindestens Energieeffizienzklasse C zugelassen – herkömmliche Glühbirnen erreichen diese Klasse nicht mehr.

3. Abrechnung in Kilowattstunden (kWh)

Bei den Energiemengen $W = P \cdot t$, die uns das E-Werk in Rechnung stellt (→ B1), ist die Einheit 1 J unpraktisch, da man es mit sehr großen Zahlen zu tun hätte. Man verwendet daher als Leistungseinheit 1 kW, als Zeiteinheit 1 h und erhält die große Energieeinheit 1 kWh (Kilowattstunde):

$$W = P \cdot t = 1\ \text{kW} \cdot 1\ \text{h} = 1000\ \text{W} \cdot 3600\ \text{s} = 3\,600\,000\ \text{Ws}$$
$$= 3\,600\,000\ \text{J/s} \cdot \text{s} = 3\,600\,000\ \text{J}.$$

Heizgeräte mit der Nennleistung 1 kW liefern bei der Nennspannung 230 V in 1 h die Energie 1 kWh. Bei der Nennleistung 2 kW wird diese Energie schon in $\frac{1}{2}$ h abgegeben.
Verwechsle nie die Leistungseinheit kW mit der Energieeinheit kWh!
Elektrische Energie kann man nicht wie Heißwasser, Kohle oder Gas speichern. Man muss sie im *gleichen Augenblick,* in dem sie der Verbraucher anfordert, aus anderen Energiearten (Sonne, Wasser, Öl, Gas, Kohle, Kernenergie) gewinnen.

Merksatz

Die abgegebene **elektrische Energie *W*** ist das Produkt aus Spannung *U*, Stromstärke *I* und Zeit *t*:

$$\boldsymbol{W = U \cdot I \cdot t.}$$

Einheiten: 1 J und 1 kWh; 1 kWh = $3{,}6 \cdot 10^6$ J.

Die elektrische Leistung *P* ist das Produkt aus Spannung *U* und Stromstärke *I*:

$$\boldsymbol{P = U \cdot I.}$$

Einheiten: 1 W = 1 V · 1 A; 1 kW = 1000 W.

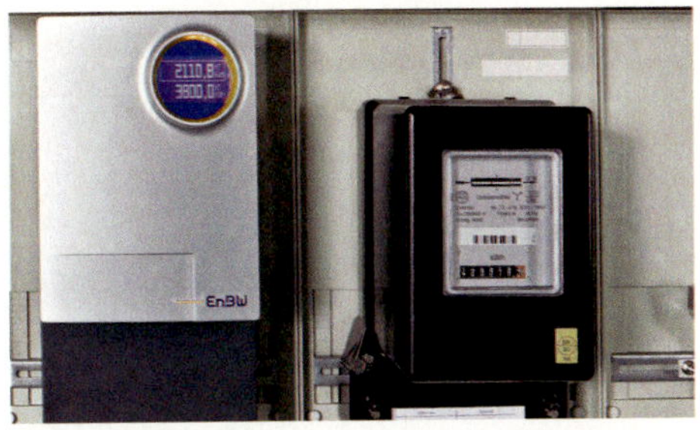

B3 Der „Elektrizitätszähler" misst die vom Elektrizitätswerk gelieferte elektrische Energie in kWh. Die herkömmlichen Drehscheibenzähler (rechts) werden nach und nach durch „intelligente" Stromzähler ersetzt.

A1 Beobachte die Zählerscheibe in deinem Elternhaus. Wie reagiert sie auf das Einschalten einer Lampe und wie auf das Einschalten des Elektroherdes?

A2 Überprüfe die Leistungsangabe des Herstellers an einem Heizlüfter. Während der Messzeit sollten keine anderen Elektrogeräte ein- oder ausgeschaltet werden. Wie kann man eine kontinuierliche Dauerleistung berücksichtigen?

A3 Im Badezimmer bleiben Heizstrahler (2 kW) und Leuchtstofflampe (11 W) versehentlich während der Nacht (10 h) eingeschaltet. Was kostet das für jedes Gerät (0,21 €/kWh)?

Interessantes

Wohlstand und Energie

Der Mensch braucht ständig Energiezufuhr, etwa 1,5 kWh pro Tag, auch beim Nichtstun. Seine Leistung schwankt zwischen 40 W (Ruhe) und 160 W (schwere körperliche Arbeit). Teilt man die in Deutschland von den E-Werken in einem Jahr gelieferte Energie durch die Zahl der Bewohner, so kommen auf eine Person etwa 7000 kWh elektrischer Energie. Dies entspricht einer Durchschnittsleistung von 800 W. In vielen Entwicklungsländern sind es weniger als 60 W je Einwohner (→ B4).
Damit wir so komfortabel wie gewohnt leben können, muss dauernd ein großer Energiestrom fließen. Dies wollen wir veranschaulichen:
Wenn der Generator, der die Leistung von 800 W liefert, von Hand betrieben würde, bräuchte man 5 Arbeiter zum Kurbeln (800 W/160 W = 5). Da sie nach 8 Stunden abgelöst werden müssten, würden nur für die von dir allein benötigte elektrische Energie 15 Mann arbeiten (24 h/8 h = 3; 5 · 3 = 15)!

Zum Vergleich: Eine reiche Familie im alten Athen hatte nur 5 Sklaven.
Die elektrische Energie stellt aber nur $\frac{1}{6}$ der Gesamtenergie dar, die pro Einwohner benötigt wird!

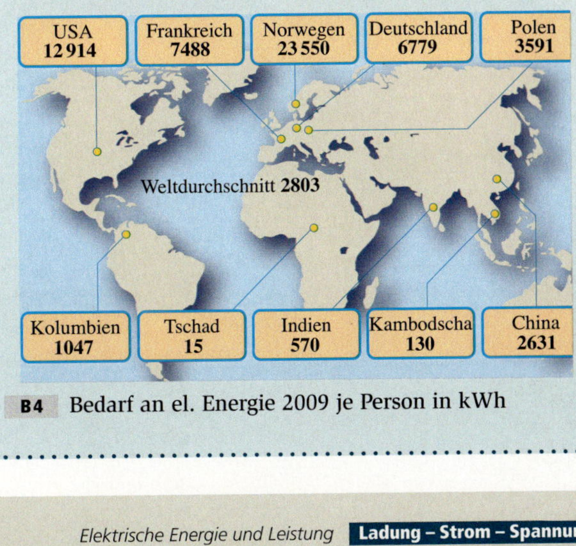

B4 Bedarf an el. Energie 2009 je Person in kWh

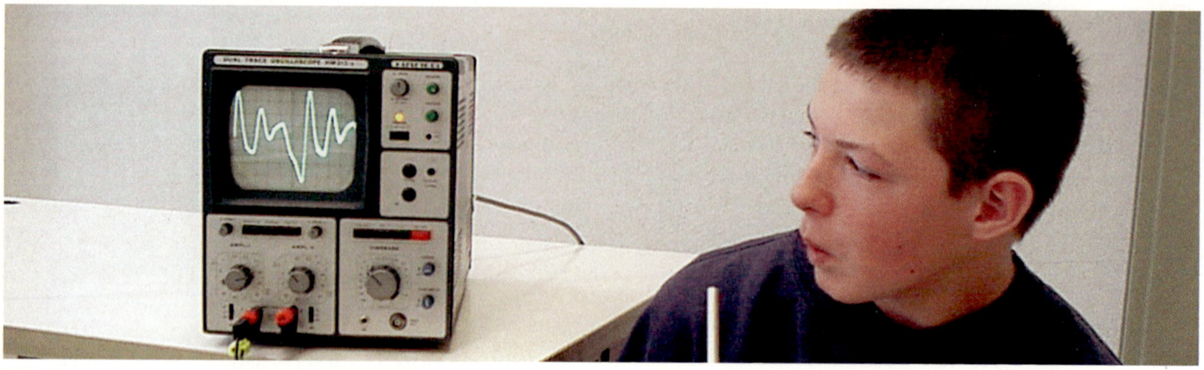

B1 Töne werden sichtbar

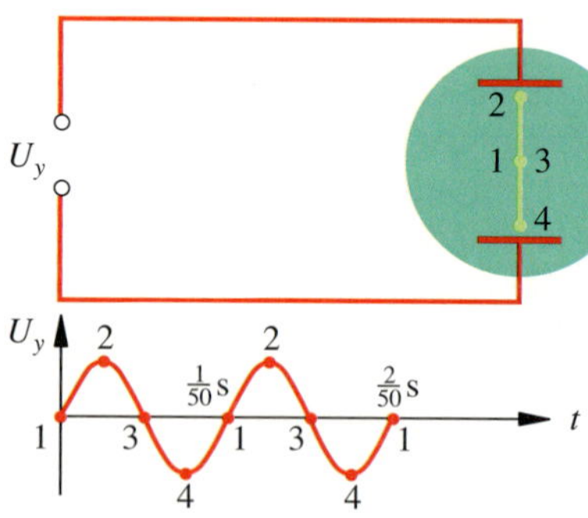

B2a Nur vertikale Ablenkung

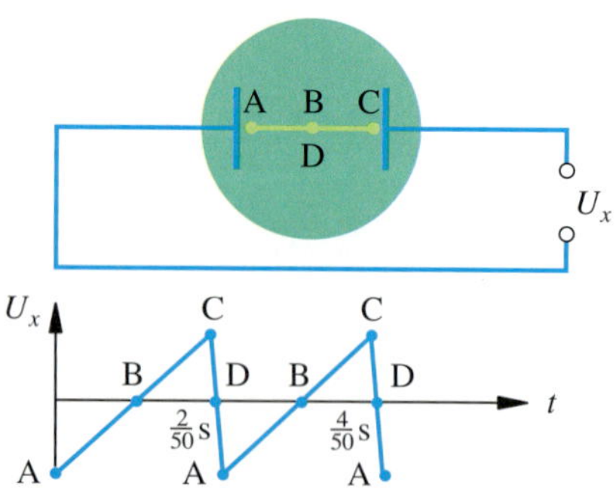

B2b Nur horizontale Ablenkung

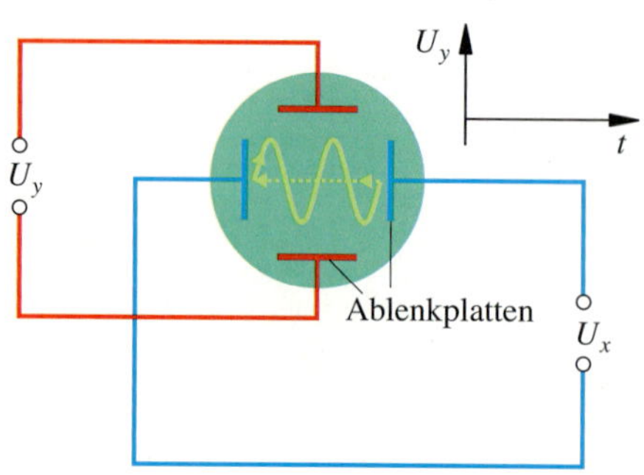

B2c Beide Ablenkungen gleichzeitig

1. Das Oszilloskop misst auch Wechselspannungen

In vielen Bereichen der Wissenschaft, Medizin und Technik will man den zeitlichen Verlauf von Spannungen beobachten. In Oszilloskopen, Monitoren und den herkömmlichen „klassischen" Fernsehgeräten werden dazu braunsche Röhren verwendet.

Wir wissen (siehe Abschnitt „Elektronen als Ladungsträger" auf S. 276), dass die Ablenkung des Elektronenstrahls in einer braunschen Röhre proportional zur Spannung zwischen den Ablenkplatten ist. Damit kann man erklären, wie der Spannungsverlauf auf dem Bildschirm angezeigt wird:

➜ **B2a** Eine Wechselspannungsquelle wird an das *vertikal* ablenkende Plattenpaar der braunschen Röhre eines Oszilloskops angeschlossen. Der Lichtpunkt bewegt sich schnell auf und ab; wir sehen einen senkrechten Strich.

➜ **B2b** Um zu erkennen, wie sich die zu untersuchende Spannung U_y zeitlich ändert, wird im Oszilloskop eine so genannte **Kippspannung U_x** („Sägezahnspannung") erzeugt. Man legt sie an das *horizontal* ablenkende Plattenpaar. Die Spannung U_x führt den Elektronenstrahl gleichförmig von links (A) nach rechts (C). Ist er am rechten Bildrand (C) angelangt, springt er sehr schnell zum linken Rand (A) zurück (in ➜ **B2c** gestrichelt eingezeichnet).

➜ **B2c** Durch die seitlich ablenkende Kippspannung U_x werden die von U_y erzeugten *vertikalen* Auslenkungen des Strahls (➜ **B2a**) nebeneinander gelegt. Dies geschieht so, als würde man U_y in einem Schaubild in Abhängigkeit von der Zeit t nach rechts auftragen. Im Intervall A-B-C läuft der Strahl von links nach rechts. Dabei schreibt er zwei Perioden der Wechselspannung U_y von je $\frac{1}{50}$ s Dauer.

Da der Elektronenstrahl praktisch verzögerungsfrei der Ablenkspannung folgt, kann man mit Oszilloskopen extrem schnelle Spannungsänderungen untersuchen. Dabei fließen keine Ladungen, denn die Ablenkplatten sind gegeneinander gut isoliert. Schwache Spannungsquellen (z. B. Mikrofone) werden somit nicht belastet.

2. Elektrische Energie im Haushalt

Das Elektrizitätswerk versorgt unsere Wohnungen mit elektrischer Energie. Sie wird in Deutschland in der Regel mit Erdkabeln ins Haus geführt. Der Übergabekasten, in dem sich die Hauptsicherung befindet und der „Zähler", der die entnommene Energie misst, sind durch eine dicke Leitung miteinander verbunden. Vom Verteilerkasten (→ B3) wird die elektrische Energie zu den einzelnen Wohnbereichen geführt *(Parallelschaltung)*. In jedem Stromkreis befindet sich eine Sicherung, die die Stromstärke begrenzt (meist auf 16 A).
In den Verteilerdosen – sie liegen oft unter Putz – verzweigen sich die Leitungen zu den Steckdosen, den Lampenanschlüssen und den Schaltern des jeweiligen Raumes (→ B4).

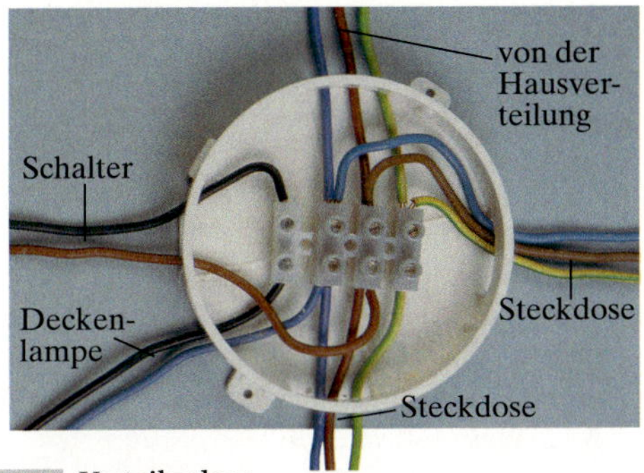

B4 Verteilerdose

3. Die Erdung des Netzes und seine Folgen

Die Kabel, die vom Verteilerkasten zu den Räumen des Hauses führen, bestehen aus drei Drähten.

Der **Außenleiter,** früher „Phase" genannt, hat eine braune oder schwarze Isolation. Er hat gegen Erde eine Spannung von 230 V. Berühren blanker Stellen ist lebensgefährlich (!), wenn man auf leitendem Boden steht. Da der Stromkreis jetzt über den Erdboden geschlossen ist, spricht man von einem Unfall durch *Erdschluss*.

Der Draht mit blauer Isolation heißt **Nullleiter.** Er ist geerdet. Der Draht mit der grün-gelben Ummantelung ist der **Schutzleiter.** Er ist ebenfalls geerdet. Dies erscheint auf den ersten Blick unvernünftig. Seine wichtige Schutzfunktion wird auf der übernächsten Seite erklärt.

Zum „Erden" verbindet man Null- und Schutzleiter mit feuchter Erde, indem man sie mit dem *Fundamenterder* verbindet. Das ist ein massives Eisenband, das in das Fundament des Hauses eingegossen wurde. Alle Metallgeräte im Haus (Badewanne, Wasser und Gasleitung und über den Schutzleiter selbst das Bügeleisen) sind mit dem Fundamenterder verbunden.

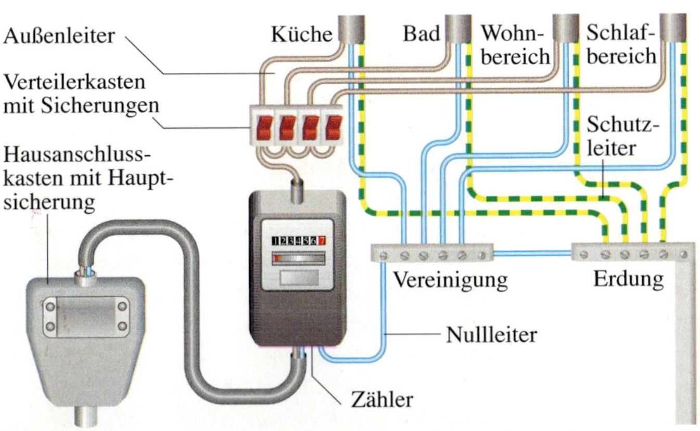

B3 So kommt elektrische Energie ins Haus.

B5 Der Spannungsprüfer zeigt, dass ein Pol der Steckdose Spannung gegen die Erde hat. Der zweite Pol ist geerdet.
Betrachtet man die Leuchtdioden über einen Drehspiegel, so kann man erkennen, dass sie abwechselnd aufleuchten. Unsere Wohnungen werden nämlich über Wechselstrom mit elektrischer Energie versorgt. Mit einem Oszilloskop kann man den zeitlichen Verlauf der Spannung sichtbar machen. Es zeigt, dass die Spannung einen geschlängelten (sinusförmigen) Verlauf hat (→ B6). In jeder Sekunde wechselt sie 100-mal ihr Vorzeichen. (Später werden wir die Vorteile der Wechselspannung gegenüber der Gleichspannung kennenlernen.)

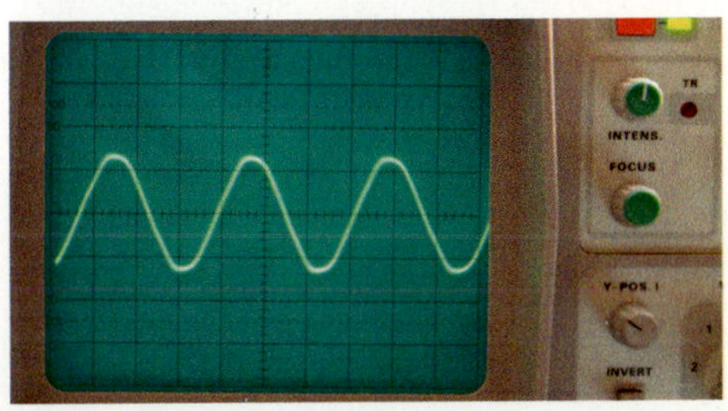
B6 Wechselspannung; zeitlicher Verlauf

Interessantes

Föhn in Badewanne tötete Kinder

Crailsheim (dpa/lsw). Zwei Kinder sind in einer Gemeinde im Raum Crailsheim in der Badewanne durch einen Stromschlag getötet worden. Nach Polizeiangaben hatten die beiden drei und neun Jahre alten Geschwister gebadet und dabei mit einem Haartrockner hantiert. Offenbar wollten die Kinder mit dem Gerät die Haare einer Puppe trocknen.

Die Mutter und eine zehn Jahre alte Schwester hatten zum Zeitpunkt des Unglücks das Badezimmer wegen eines Telefonanrufs verlassen. Als sie kurze Zeit später zurückkehrten, lagen die Beiden tot in der Wanne.

B1 Notiz in einer Tageszeitung

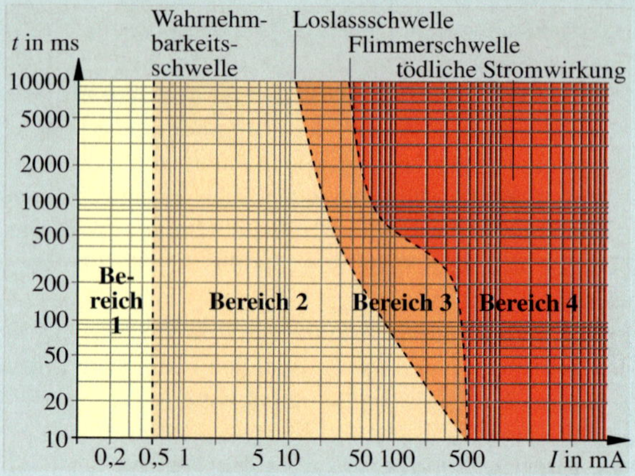

B2 Gefährdung durch elektrischen Strom

Gefahren durch elektrischen Strom

Der menschliche Körper leitet den elektrischen Strom. Je nach der Stromstärke, der Einwirkungsdauer des Stroms und dem Weg, den die Ladungen durch den Körper nehmen, können ernste gesundheitliche Schäden auftreten:

- Es kann zu Verkrampfungen von Muskeln kommen. Den Betroffenen ist es oft nicht möglich, sich von der Gefahrenstelle zu entfernen, weil die schwachen Signale aus dem Gehirn an die Muskeln von der äußeren Spannung überlagert werden.
- Hochspannungen verursachen oft Verbrennungen.
- Durch die chemische Wirkung des elektrischen Stroms können Zellen zerstört werden.
- Befinden sich Herz oder Kopf im Stromkreis, kann Herzflimmern auftreten, das ohne Hilfe zum Herzstillstand führt.

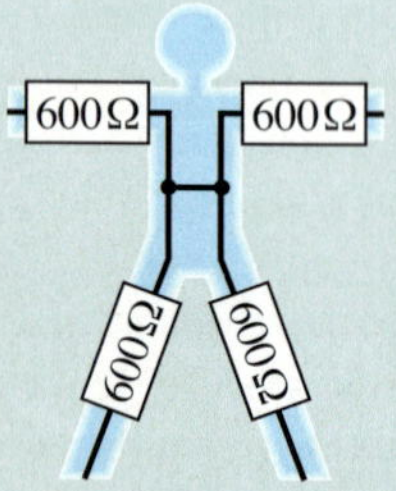

Die Stromstärke hängt auch hier von der Spannung und dem Widerstand ab. Dieser setzt sich aus dem Körperwiderstand und dem Übergangswiderstand zusammen (Reihenschaltung). Der **Körperwiderstand** beträgt etwa 1,2 kW.

Der **Übergangswiderstand** beeinflusst wesentlich die Schwere des Schadens:

- Feuchte Hände leiten Strom besser als trockene.
- Schuhe, Teppich- oder Holzböden schützen.
- Nackte Füße, Steinböden, feuchter Rasen sind gefährlich.

Es kommt aber auch auf die Größe der Berührungsfläche an. Daraus ergibt sich die extreme Gefährdung durch elektrische Geräte beim Baden (→ **B1**).

→ **B2** zeigt die Schwere der Schädigung in Abhängigkeit von Stärke und Einwirkungsdauer eines Wechselstroms. (Achte auf die nichtlinearen Skalierungen der Achsen).

Man kann vier Bereiche unterscheiden:

Bereich 1: Wechselströme unter 0,5 mA werden von den meisten Menschen nicht wahrgenommen, unabhängig von der Einwirkungsdauer.

Bereich 2: In diesem Bereich sind normalerweise keine Schäden zu erwarten. Leichte Verkrampfungen der Muskulatur. Wie in den folgenden Bereichen ist die Einwirkungsdauer wichtig.

Bereich 3: Starke Krämpfe der Muskulatur. Unregelmäßiger Herzschlag.

Bereich 4: Tödliche Stromwirkung durch Herzflimmern – Gehirn und Lunge werden nicht mehr ausreichend durchblutet. Bewusstlosigkeit.

Bei einer Einwirkungsdauer von 1 s können schon 60 mA tödlich sein.

Aus den Wirkungen ergeben sich die **Hilfeleistungen:**

1. Schnelles Abschalten des Stroms.
   Erst dann den Verunglückten berühren!
2. Bei Bewusstlosigkeit und Atemstillstand: Beatmung, Herzmassage (wie bei einem Ertrunkenen).
3. Schnell einen Arzt rufen!

Vorsichtsmaßnahmen beim Umgang mit elektrischen Geräten:

Nie Geräte mit Netzanschluss in der Nähe der Badewanne lagern!
Nie barfuß Elektrorasenmäher betreiben!
Nie gleichzeitig Elektrogerät und Wasserleitung anfassen!
Nie ein Elektrogerät öffnen, solange es noch mit der Steckdose verbunden ist!

Interessantes

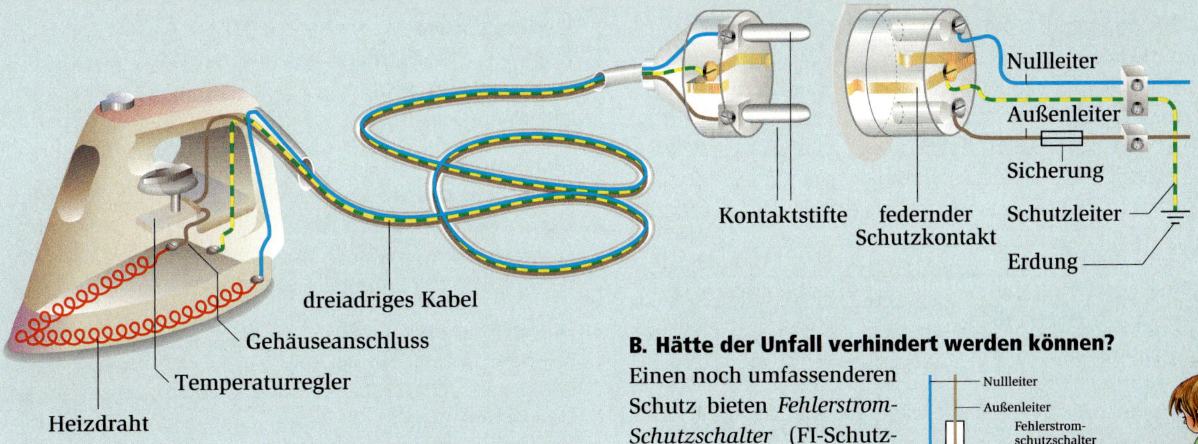

B3 Das Bügeleisen ist durch ein dreiadriges Kabel mit der Steckdose verbunden.

Schutzmaßnahmen

A. Schutzleiter sorgen für unsere Sicherheit

Beim Betrieb des Bügeleisens in → **B3** führen nur der blaue und der braune Leiter Strom, nicht aber der grün-gelbe Schutzleiter. Dieser hat eine Sicherheitsfunktion im Gefahrenfall. Er verbindet das Metallgehäuse des Bügeleisens über die gelb gezeichneten Schutzkontakte im Schukostecker mit der Erdung am Hausanschluss. Es ist gleichgültig, wie man den Stecker in die Dose steckt, der grün-gelbe Schutzstecker behält seine Funktion.

Nimm an, es gäbe keinen Schutzleiter und der Außenleiter sei schlecht isoliert (defekte Keramikisolation des Heizdrahtes oder brüchige Isolation alter Kabel). In diesem Fall bekommt der Außenleiter Kontakt zum Metallgehäuse. Durch diesen *Gehäuseschluss* erhält das Gehäuse Spannung gegen Erde. Über die bügelnde Person kann ein Stromkreis zum Fußboden geschlossen werden. Es kann zu einem lebensgefährlichen Körperstrom kommen. Auf ihn spricht die Sicherung nicht an, sie ist auf den viel stärkeren Strom durch das Bügeleisen ausgelegt.

Ist ein Schutzleiter vorhanden, bleibt die Person ungefährdet: Sein Widerstand ist sehr klein. Also kommt es in keinem Augenblick zu einer gefährlichen Teilspannung Gehäuse-Erde. Außen- und Schutzleiter führen einen starken Strom zur Erde. Die Sicherung im Außenleiterstrang spricht an und nimmt die Gefahr weg.

Gefahr: Verwechselt ein unwissender Bastler bei der Montage eines neuen Schukosteckers Schutz- und Außenleiter, dann steht das Gehäuse unter der vollen Spannung von 230 V zur Erde!

B. Hätte der Unfall verhindert werden können?

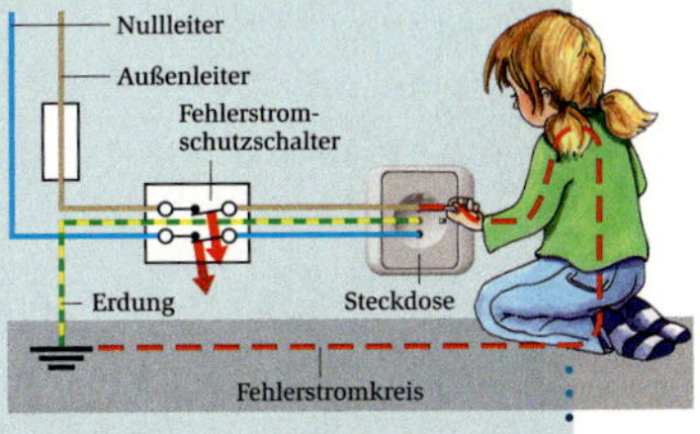

Einen noch umfassenderen Schutz bieten *Fehlerstrom-Schutzschalter* (FI-Schutzschalter). Sie überprüfen, ob die Stromstärken im Außenleiter und im Nullleiter gleich groß sind. In unserem Beispiel entsteht ein zusätzlicher Stromkreis Steckdose-Kind-Boden, sodass der Unterschied der Stromstärken nicht mehr null ist. Bei 30 mA „Fehlerstrom" wird der Stromkreis innerhalb von 0,03 s vom Netz getrennt. Durch das schnelle Abschalten ist das Kind nicht gefährdet (→ **B2**). In diesem Fall hätte der Schutzleiter nicht schützen können.

Kindersicherungen in Steckdosen verhindern, dass Kinder mit Nägeln oder anderen leitenden Gegenständen den spannungsführenden Pol berühren können. Man sollte sie stets benutzen. Auch moderne Technik könnte mal versagen.

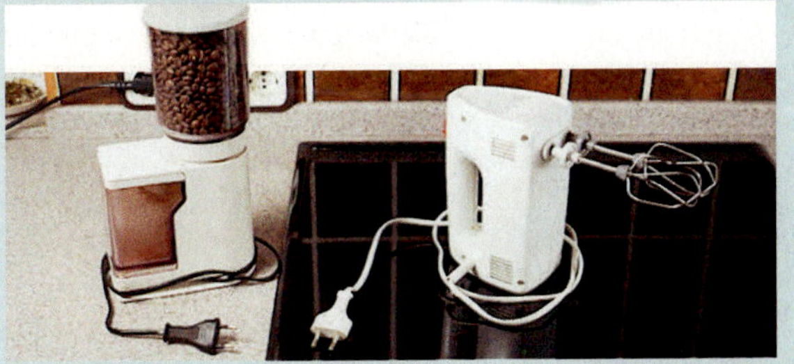

B4 Küchenmaschinen und viele andere Haushaltsgeräte sind mit einem *zweiadrigen* Kabel ausgerüstet – haben also keinen Schutzleiter. Eine Schutzisolierung sorgt für Sicherheit. Alle Außenteile sind meist aus isolierendem Kunststoff. Nach außen führende Metallteile sind durch Kunststoffteile unterbrochen.

Pilzdrucktasten trennen sofort alle Steckdosen vom Netz. Bei einem Stromschlag kannst du mit ihnen Menschenleben retten.

Interessantes

Gerät	in kWh	in Euro
Warmwasserboiler	191,6	42,16
Kleinwasserspeicher	136,5	30,03
HiFi-Anlage	73,0	16,06
PC mit Monitor und Drucker	73,0	16,06
Spielkonsole	72,3	15,90
DVB-T-Receiver	68,3	15,02
Festplattenrekorder	64,2	14,13
DSL-Router	51,1	11,24
Mikrowelle mit Uhr	48,2	10,60
Elektroherd mit Uhr	48,2	10,60
Schnurloses Telefon	42,0	9,23
Anrufbeantworter	26,3	5,78
Radio	16,8	3,69
Flachbildfernseher	7,3	1,61
Digitaler Bilderrahmen	6,6	1,45

T1 Jährlicher Bedarf an el. Energie durch Stand-by

Physik im Haushalt

A. Teurer Stand-by-Betrieb

Hast du dir schon einmal klargemacht, wie viel elektrische Energie bereitgestellt werden muss, damit Fernsehgerät, DVD-Recorder, Spielekonsolen, Hi-Fi-Anlage und PC sofort betriebsbereit sind? In Deutschland werden durch den Stand-by-Betrieb pro Jahr ca. 17 Milliarden kWh für diesen „Leerlauf" benötigt (Zum Vergleich: Alle Wasserkraftwerke lieferten im Jahr 2011 $19{,}5 \cdot 10^9$ kWh, Photovoltaikanlagen $19 \cdot 10^9$ kWh).

Ein mit elektronischen Geräten gut ausgestatteter Haushalt muss allein für Computer, Festplattenrekorder und Musikanlage jährlich ca. 60 € ausgeben (→ T1). Wie kann man sparen?

- Wenn du auf ein wenig Bequemlichkeit verzichtest, dann kannst du auf den Stand-by-Modus verzichten und die Geräte einfach komplett ausschalten.
- Es gibt aber auch Zusatzgeräte, die diese Aufgabe für dich automatisch erledigen. Sie werden zwischen Steckdose und z.B. Fernsehgerät oder Hi-Fi-Anlage geschaltet. Du kannst dann die elektrischen Geräte wie gewohnt im Stand-by-Betrieb aus- und wieder einschalten, das Zusatzgerät schaltet den Strom selbsttätig ab und wieder ein.
- Frage beim Kauf elektrischer Geräte nach der Leerlaufleistung. Ein Watt sollte genügen (durch entsprechende Chips kann z.B. die Leerlaufleistung von TV-Geräten auf 1/100 gesenkt werden).
- Bei Halogenlampen ist ein Trafo nötig, der die Netzspannung 230 V in die niedrige Betriebsspannung umwandelt. Der Schalter sollte vor dem Trafo eingebaut sein, damit dieser nicht ständig Wärme abgibt.

B. Beleuchtung

In einem Drei-Personen-Haushalt entfallen über 10 % des Stromverbrauchs auf die Beleuchtung. Hier lässt sich also Energie sparen.

Glühlampen

Die **Lichtausbeute** von Glühlampen ist mit 5 % sehr klein. Deshalb wurden in der Europäischen Union, der Schweiz und weiteren Ländern die Herstellung und der Vertrieb von Glühlampen schrittweise verboten.

Halogenlampen

Geringe Lichtausbeute und kurze Lebensdauer der Glühlampe werden bei der Halogenglühlampe verbessert. Durch Zugabe von Halogengas (Brom, Fluor oder Jod) erreicht man, dass sich die abgedampften Wolframatome der Glühwendel in den kühleren Bereichen des Quarzkolbens mit Halogenmolekülen verbinden und ein Gas bilden. Kommt ein solches Gasmolekül in die heiße Zone unmittelbar an der Glühwendel, so zerfällt es. Das Wolframatom setzt sich wieder am Glühfaden ab. Durch diesen Prozess kann man die Temperatur und damit die Lichtausbeute steigern.

Leuchtstofflampen

Sie sind den Glimmlampen verwandt. Statt Neon leitet Quecksilberdampf den Strom. Dabei entsteht viel unsichtbares UV-Licht. Ein Leuchtstoff, mit dem die Glasröhre innen ausgekleidet ist, wandelt das UV in sichtbares Licht um und bestimmt den Farbton. Ihre Lichtausbeute ist etwa 6- bis 8-mal höher als die gewöhnlicher Glühlampen. Ihre Lebensdauer beträgt 10 000 h. **Energiesparlampen** sind Leuchtstofflampen in besonders kompakter Form.

Leuchtdioden (LED)

Sie bieten eine lange Lebensdauer und geringen Energieverbrauch, eine 8-W-LED-Lampe erbringt die gleiche Lichtleistung wie eine 60-W-Glühlampe. Eine Leuchtdiode besteht aus zwei nebeneinanderliegenden Halbleiterbereichen. Wird eine Spannung angelegt, beginnt Strom zu fließen. Dabei wandern Elektronen vom einen in den anderen Bereich, wodurch Energie in Form von Licht freigesetzt wird.

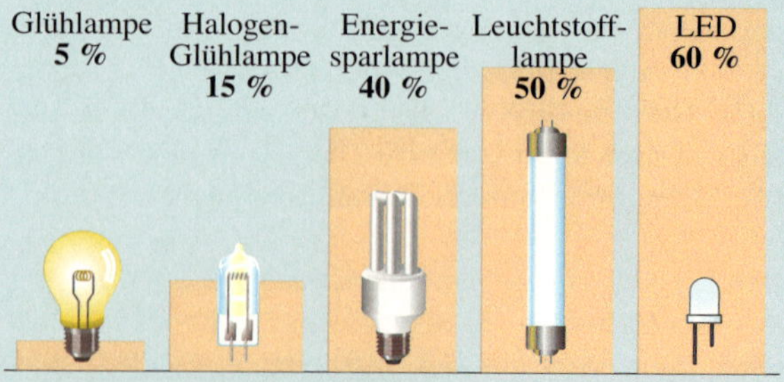

B1 Lichtausbeute verschiedener Lampen

Das ist wichtig

1 Stromkreis – Leiter – Isolator

Der **elektrische Stromkreis** enthält eine **Stromquelle** und ist durch Leiter geschlossen. Die Stromquelle pumpt Ladungen unter Energieaufwand durch den Stromkreis.

Leiter sind Metalle, Graphit, Säuren, Basen und Salzlösungen.

Isolatoren sind Luft, Bernstein, Glas, Gummi, Keramik und die meisten Kunststoffe.

Auch **Gase** können elektrisch leiten. Dann senden sie Licht aus.

2 Elektrische Ladungen

Ladungsarten, elektrische Kräfte, Stromrichtung

Es gibt zwei verschiedene Arten elektrischer **Ladung: positive** und **negative.** Man kann elektrische Ladung weder vernichten noch neu erzeugen. Ladungen üben aufeinander **Kräfte** aus: Gleichnamige Ladungen stoßen sich gegenseitig ab, ungleichnamige ziehen sich an. Man kann positive und negative Ladungen unter Energieaufwand voneinander trennen. Am **Minuspol** hat eine Stromquelle einen Überschuss an negativen Elektronen, am **Pluspol** einen Überschuss an positiver Ladung, also einen Mangel an Elektronen.

Als Stromrichtung bezeichnen wir die Bewegungsrichtung der Elektronen durch den Stromkreis vom Minuspol zum Pluspol.

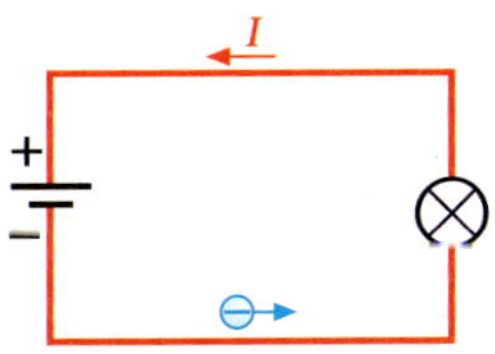

Alle *Materie* enthält **Ladungsträger.** Ein Körper ist nach außen elektrisch **neutral,** wenn er gleich viel positive wie negative Ladung enthält. *Leitende Flüssigkeiten* enthalten freie positive und negative Ionen als bewegliche Ladungsträger.

Glühelektrischer Effekt

Man kann durch Energiezufuhr (Temperaturerhöhung) Elektronen aus Metallen herauslösen.

Influenz und Isolatoren

Bei der **Influenz** in elektrischen Leitern trennt eine von außen genäherte Ladung vorübergehend die beweglichen negativen Elektronen von der ortsfesten positiven Ladung.

Auch Isolatoren enthalten Ladungsträger; diese sind aber im Isolator nicht frei beweglich. Bei der elektrostatischen Aufladung von Isolatoren treten Elektronen vom einen zum anderen Körper über.

3 Aufbau der Atome

Atome bestehen aus positiv geladenen **Atomkernen** und negativ geladenen **Elektronen.** In neutralen Atomen wird die positive Kernladung von den Eleltronen der Hülle neutralisiert.

Ionen haben gegenüber dem neutralen Zustand zu viel oder zu wenig Elektronen.

4 Wirkungen des elektrischen Stroms

Magnetische Wirkung: Fließende Ladungen, also Ströme, haben um sich ein Magnetfeld mit in sich **geschlossenen Feldlinien.** Um einen Strom führenden *geraden* Leiter bilden die Magnetfeldlinien konzentrische Kreise.

Linke-Faust-Regel: Hält man den gespreizten Daumen der linken Hand in Richtung des Elektronenstroms, so zeigen die gekrümmten Finger die Richtung der magnetischen Feldlinien an.

Das Magnetfeld Strom führender Spulen entspricht im Außenraum dem vom Stabmagneten mit Nord- und Süd-Polen. Im Spuleninnern ist es *homogen* und viel stärker als außerhalb. Bei **Elektromagneten** verstärken Eisenkerne im Spuleninnern das Magnetfeld.

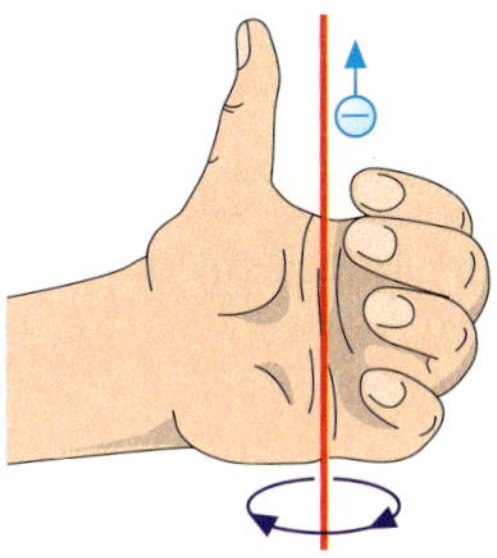

Wärmewirkung: Fließen Elektronen durch einen Leiter, so steigt die Temperatur des Leiters (nicht in Supraleitern).

5 Messung fließender Ladung

Fließende **Ladung** kann man mit Knallgaszellen messen: Die **Einheit der Ladung ist 1 Coulomb (C).**

1 C ist geflossen, wenn 0,19 cm³ Knallgas abgeschieden sind (bei 20 °C und 1013 hPa). Dabei berücksichtigt man die Ladung, die in einer bestimmten Zeit durch *einen* Querschnitt der Leitung strömt.

Ein Elektron hat die Ladung $1{,}6 \cdot 10^{-19}$ C, **Elementarladung** genannt. $6{,}24 \cdot 10^{18}$ Elektronen haben die Ladung 1 Coulomb.

6 Elektrische Stromstärke

Die elektrische Stromstärke ist definiert als Quotient von geflossener Ladung Q und benötigter Zeit t:

$$I = \frac{Q}{t}.$$

Ihre Einheit ist **1 Ampère (1 A) = 1 C/s.**

7 Elektrische Spannung

Wenn eine elektrische Quelle beim Fließen der Ladung Q die Energie W abgibt, besteht zwischen ihren Polen die **Spannung**

$$\boldsymbol{U = \frac{W}{Q}}.$$

Ihre Einheit ist **1 Volt (V) = 1 J/C.**

8 Elektrischer Widerstand

Der elektrische **Widerstand R** eines Leiters ist definiert als Quotient aus der Spannung U zwischen den Leiterenden und der Stromstärke I:

$$\boldsymbol{R = \frac{U}{I}}.$$

Seine Einheit ist **1 Ohm (Ω) = 1 V/A.**

Der elektrische Widerstand R hängt von der Form und dem Material des Leiters ab. Bei einem Draht mit der Länge l und der Querschnittsfläche A gilt:

$$\boldsymbol{R = \rho \cdot l/A}.$$

Der ***spezifische Widerstand ρ*** kennzeichnet das jeweilige Material. Mit zunehmender Temperatur steigt bei reinen Metallen ρ und damit auch der Widerstand R, bei Kohle und Halbleitern sinken ρ und R.

Wenn der Widerstand R eines Leiters konstant ist (das ist für Konstantan und Metalle bei konstanter Temperatur der Fall), gilt für ihn das **ohmsche Gesetz**:

$$\boldsymbol{I \sim U}.$$

9 Energie und Leistung

Die abgegebene **elektrische Energie W** ist das Produkt aus Spannung U, Stromstärke I und Zeit t:

$$\boldsymbol{W = U \cdot I \cdot t}.$$

Einheiten sind **1 J** und **1 kWh = 3,6 · 10⁶ J.**

Die **elektrische Leistung P** ist das Produkt aus Spannung U und Stromstärke I:

$$\boldsymbol{P = U \cdot I = \frac{W}{t}}.$$

Ihre Einheit ist **1 W = 1 J/s.**

10 Parallel- und Reihenschaltung

Parallelschaltung von Widerständen

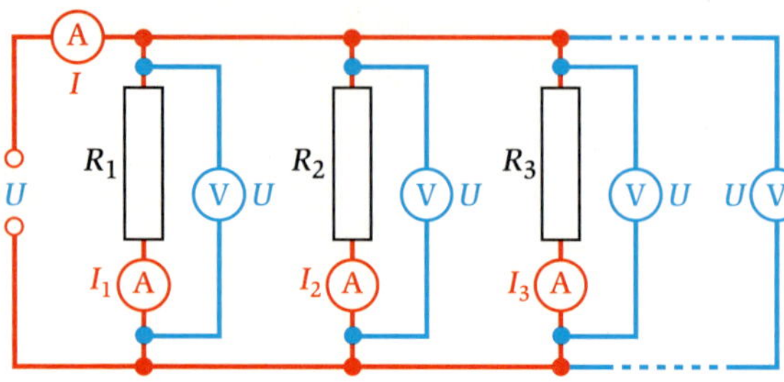

An allen Zweigwiderständen R_i liegt die gleiche Spannung U. Die Stromstärken $I_i = U/R_i$ in jedem Kreis addieren sich zur **Gesamtstromstärke**

$$I_{ges} = I_1 + I_2 + \ldots = U \cdot \left(\frac{1}{R_1} + \frac{1}{R_2} + \ldots\right).$$

Der **Ersatzwiderstand R** parallel geschalteter Widerstände ist kleiner als der kleinste Zweigwiderstand.

Für ihn gilt:

$$\boldsymbol{\frac{1}{R} = \frac{1}{R_1} + \frac{1}{R_2} + \ldots}$$

Die Leistung P_i im Widerstand R_i ist

$$P_i = U \cdot I_i = \frac{U^2}{R_i}.$$

Reihenschaltung von Widerständen

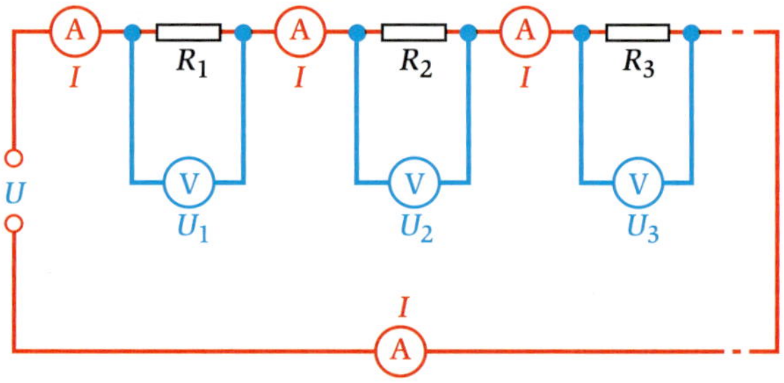

In allen Widerständen ist die Stromstärke I gleich groß.

Die **Gesamtspannung U** ist die Summe der Teilspannungen $U_i = I \cdot R_i$ an den Teilwiderständen R_i (die Teilspannungen verhalten sich wie die Teilwiderstände):

$$U = U_1 + U_2 + \ldots = I \cdot (R_1 + R_2 + \ldots) = I \cdot R.$$

Der **Ersatzwiderstand R** der Reihenschaltung ist die Summe der Teilwiderstände R_i. Er ist größer als der größte Teilwiderstand:

$$R = R_1 + R_2 + \ldots.$$

Die Leistung P_i im Widerstand R_i ist

$$P_i = U_i \cdot I = I_2 \cdot R_i.$$

11 Schaltung von Messgeräten

Strommesser liegen in dem Zweig, dessen Stromstärke ermittelt werden soll.

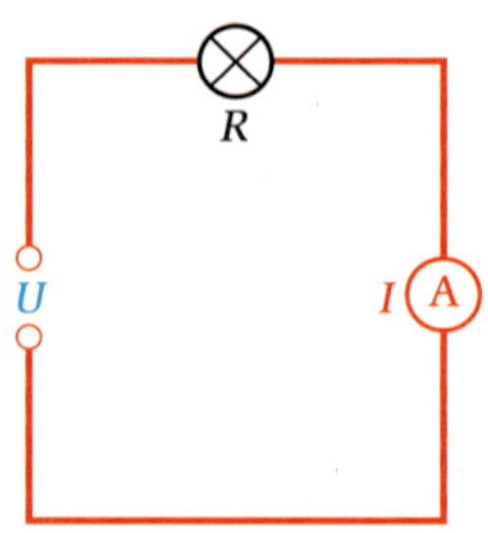

Spannungsmesser legt man an die Quelle oder parallel zu dem Gerät, dessen Spannung zu messen ist.

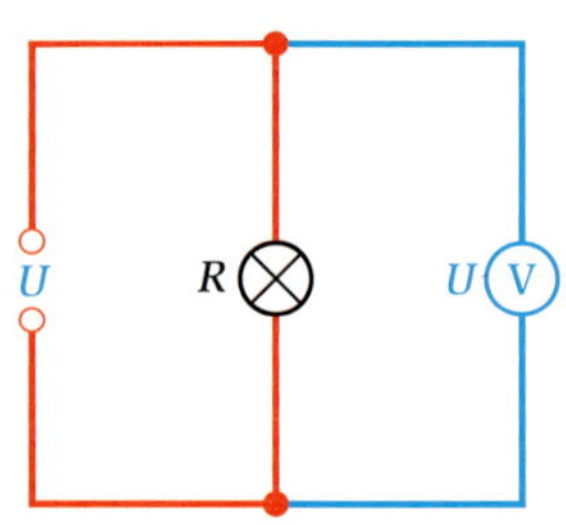

A1 **a)** Welche physikalischen Unterschiede gibt es zwischen Gewichtskräften und elektrischen Kräften? **b)** Beim Magnetismus und bei der Elektrizität gibt es das Neutralisieren. Was versteht man jeweils darunter? **c)** Kann man auch Gewichtskräfte neutralisieren?

A2 Zwei leichte, metallische und ungeladene Kügelchen hängen an Isolierfäden und berühren sich. Man nähert dem einen eine positiv geladene Kugel, ohne dass Ladung überspringt. Warum stoßen sich nun beide Kügelchen ab? Nach welchen Richtungen erfahren sie Kräfte?

A3 Ein Elektroskop ist positiv geladen und schlägt etwa halb aus. Man nähert ihm von oben eine positiv bzw. eine negativ geladene Kugel. Was zeigt sich jeweils? Erkläre mit Elektronen. Was geschieht beim Berühren von Kugel und Elektroskop?

A4 **a)** Wie groß ist die Ladung eines Elektrons (sog. Elementarladung)? **b)** Wie viele Elektronen ergeben die Ladung 10 C? **c)** Auf einer Kugel sitzt die Ladung 10^{-7} C = $1/10^7$ C. Wie viele Elektronen sind dies?

A5 In einem Eisendraht ist bei Anlegen der Spannung 6,0 V die Stromstärke zunächst I_1 = 1,5 A. Nach kurzer Zeit stellt sich die konstante Stromstärke I_2 = 1 A ein. Der Draht glüht nun. **a)** Berechne die Widerstände R_1 und R_2 des Drahtes. **b)** Warum gilt bei diesem Versuch nicht das ohmsche Gesetz?

A6 Ermittle die Stromstärken I_1, I_2 und I_3 in den Zweigen auf möglichst verschiedene Weise (die Lampen sind gleich). Erläutere und begründe deine Lösungswege.

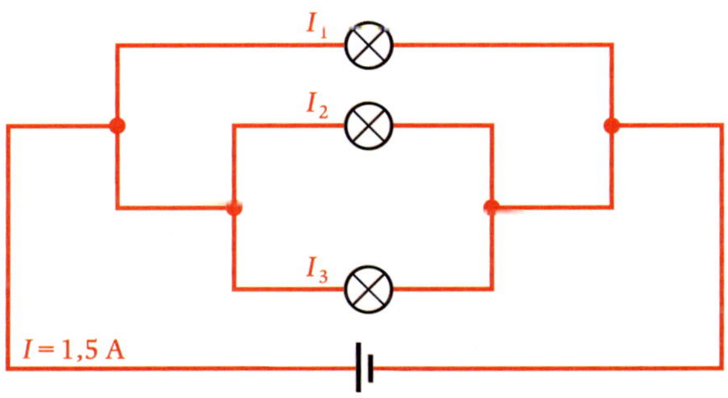

A7 Im unten abgebildeten Stromkreis beträgt die Stromstärke 0,1 A. Wie ändert sich die Lampenhelligkeit in den folgenden Fällen (begründe deine Antwort)? **a)** Der Widerstand R_1 wird verdoppelt. **b)** Der Widerstand R_2 wird verdoppelt. **c)** Der Widerstand R_1 wird verdoppelt und der Widerstand R_2 wird entfernt (R_2 = 0). **d)** Der Widerstand R_2 wird verdoppelt und der Widerstand R_1 (R_1 = 0) wird entfernt.

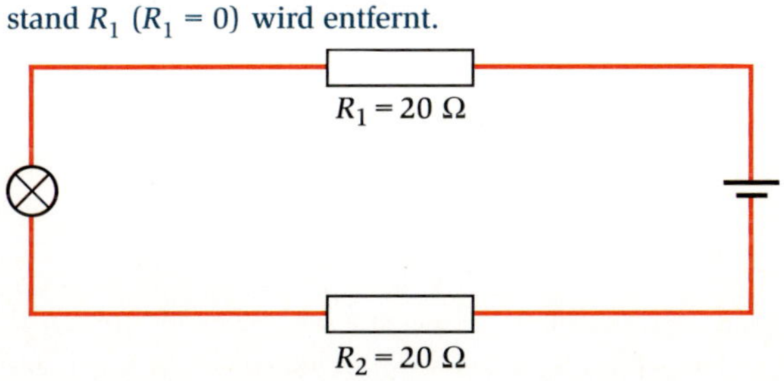

A8 Ein Heizlüfter hat die Leistung P = 2000 W. Berechne die Stromstärke bei der Spannung U = 230 V. Wie groß ist der Widerstand der Heizwendel? Um wie viel Prozent verringert sich die Leistung, wenn die Spannung um 10 % absinkt?

A9 Beim Fernsehen möchte man es besonders warm haben und schaltet daher einen 2000-W-Elektroheizer ein. Wie teuer wird das in der Woche, wenn man täglich 4 h fernsieht („Strompreis“: 0,21 €/kWh)?

A10 Ein Waschmaschinenhersteller gibt für die verschiedenen Waschprogramme folgenden Energiebedarf an: Koch- und Buntwäsche (60 °C) 0,9 kWh, Pflegeleicht (40 °C) 0,5 kWh, Sportswear (30 °C) 0,3 kWh. Wie groß sind die Kosten für jedes der Waschprogramme („Strompreis“: 0,21 €/kWh)? Versuche herauszufinden, wie oft und mjt welchen Programmen die häusliche Waschmaschine im Monat läuft. Wie groß ist die benötigte elektrische Energie und wie hoch sind die Kosten?

A11 Ein Spielzeugmotor hebt über eine Rolle einen kleinen Körper mit m = 250 g in t = 3 s insgesamt 1,2 m hoch. An ihm liegt eine Spannung von 9 V, die Stromstärke beträgt während des Hebevorgangs 0,3 A. **a)** Wie viel mechanische Energie hat der Motor umgesetzt? Wie viel elektrische Energie hat er dabei aufgenommen? Wie groß ist also sein Wirkungsgrad? **b)** Ein Motor habe einen Wirkungsgrad von 75 %. Die Spannung betrage 230 V. Wie groß muss die Stromstärke sein, wenn der Motor die gleiche mechanische Leistung erbringen soll wie der Spielzeugmotor in Aufgabe a)?

A12 Es gibt Lichterketten mit 10 und mit 16 Kerzen. In beiden Ketten ist die Leistung einer Kerze 3 W. In die 16er-Kette wird versehentlich eine Kerze der 10er-Kette geschraubt. Warum brennt die Ersatzkerze bald durch, obwohl ihre Nennspannung größer ist? Berechne für sie Stromstärke, Teilspannung und Leistung.

Das elektrische Feld

Das können Sie in diesem Kapitel erreichen:

Sie lernen, dass fließende elektrische Ladungen den elektrischen Strom ausmachen, und verstehen, wie man Ladungen und Ströme misst.

Sie können die Kräfte zwischen elektrischen Ladungen mit dem Coulomb-Gesetz berechnen und sehen dessen Ähnlichkeit mit dem Gravitationsgesetz.

Sie überzeugen sich davon, dass elektrische Ladungen im gesamten Raum elektrische Felder erzeugen, selbst wenn man diese nicht direkt beobachten kann. Sie verstehen, was elektrische Felder bewirken und wie elektrische Felder auf Ladungen Kräfte ausüben.

Sie wissen, wie die Stärke elektrischer Felder definiert ist und wie man sie misst.

Sie kennen die Eigenschaften des elektrischen Feldes im leeren Raum und in Materie.

Sie verstehen, wie elektrische Felder mit elektrischen Spannungen und dem elektrischen Potenzial zusammenhängen.

Sie erkennen die Wichtigkeit des elektrischen Kondensators und können sein elektrisches Verhalten quantitativ beschreiben.

Als klassische Beispiele lernen Sie die braunsche Röhre und den berühmten Versuch von MILLIKAN zur Bestimmung der Elementarladung kennen.

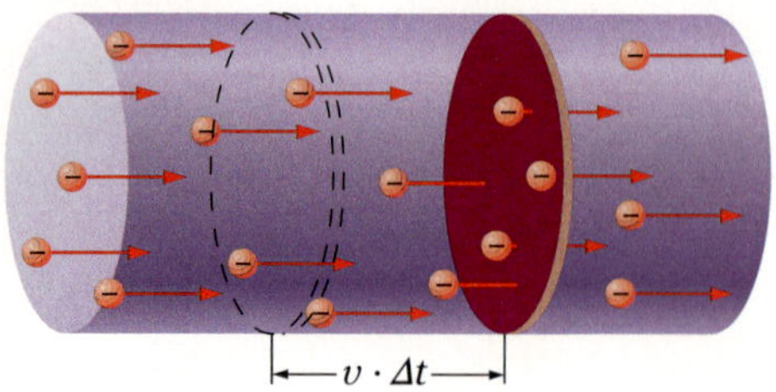

B1 Die Ladung ΔQ, die sich in dem Zylinder mit der Länge $v \cdot \Delta t$ befindet, wird in der Zeit Δt den rot gezeichneten Querschnitt durchsetzen. Man definiert als Stromstärke $I = \Delta Q/\Delta t$.

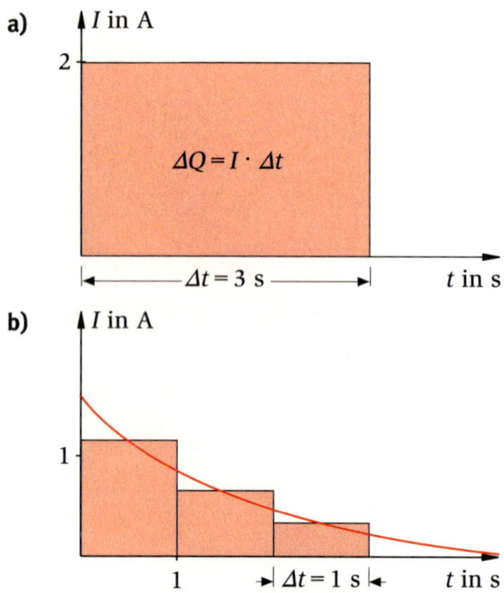

B2 **a)** Ladungsmessung bei konstantem I: In $\Delta t = 3$ s fließt Strom der Stärke 2 A, also die Ladung $\Delta Q = 2\,\text{A} \cdot 3\,\text{s} = 6\,\text{As} = 6\,\text{C}$.
b) I nicht konstant, Annäherung durch Rechtecke: $Q = 1{,}4\,\text{A} \cdot 1\,\text{s} + 0{,}8\,\text{A} \cdot 1\,\text{s} + 0{,}4\,\text{A} \cdot 1\,\text{s} = 2{,}6\,\text{A} \cdot 1\,\text{s} = 2{,}6\,\text{C}$.

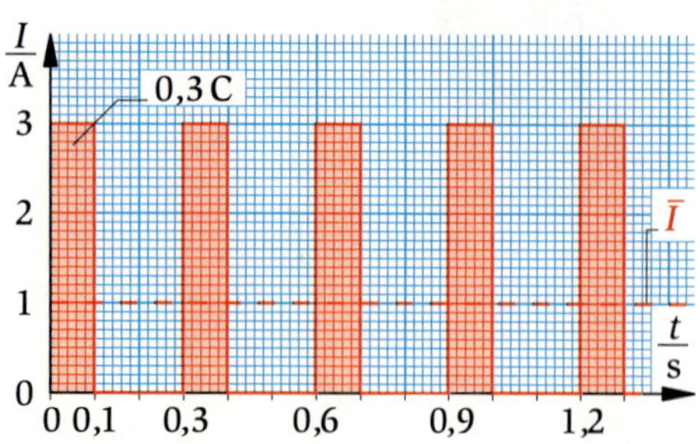

V1 Mittelwertbildung: Fließt in jeweils 0,3 s die Ladung $Q = 0{,}1\,\text{s} \cdot 3\,\text{A} = 0{,}3\,\text{C}$, dann ist die mittlere Stromstärke $I = 0{,}3\,\text{C}/0{,}3\,\text{s} = 1\,\text{A}$. Diese wird von einem Drehspulinstrument als zeitlicher Mittelwert angezeigt.

Stromstärken können wir aufgrund der magnetischen oder auch Wärmewirkungen des elektrischen Stroms messen. Messgeräte für die Stromstärke heißen auch Amperemeter. Im Folgenden überlegen wir, wie wir mithilfe der Stromstärkemessungen auch fließende Ladungen bestimmen können.

1. Strom ist fließende Ladung

Den Transport von elektrischen Ladungen durch einen Stoff oder im Vakuum nennt man Strom. Der Quotient aus der durch einen Leiterquerschnitt fließenden Ladung Q und der dazu benötigten Zeit t ist die Stromstärke I. Man definiert $I = Q/t$. Bei dieser Rechnung tragen nur die Elektronen zum Strom bei, die in der Zeit t z. B. die rechte Stirnfläche des Zylinders in → **B1** durchsetzen.

Zum Messen braucht man Einheiten. Man verwendet die Einheit 1 Ampere der Stromstärke I als zusätzliche Basiseinheit. Bei der Stromstärke 1 A tritt pro Sekunde die Ladung 1 C durch den Leiterquerschnitt. Die gesetzliche Definition des Ampere geht von den magnetischen Wirkungen des Stroms aus. Eine andere Möglichkeit wäre es, die Elektronen zu zählen, die pro Sekunde durch den Leiterquerschnitt gehen. Dies wäre aber sehr mühsam.

2. Ladungsmessung

Wie wir Stromstärken messen, wissen wir, z. B. mit Drehspulinstrumenten oder Digitalmultimetern. Unser Ziel ist es jetzt auch Ladungen zu bestimmen. Ist die Stromstärke I konstant, dann wird in der Zeit $\Delta t = t_2 - t_1$ die Ladung $\Delta Q = I\Delta t = I(t_2 - t_1)$ durch einen Querschnitt transportiert. In einem t-I-Diagramm entspricht diese Ladung dem Flächeninhalt eines Rechtecks → **B2a**. Ist die Stromstärke veränderlich, so unterteilen wir den Verlauf des Stroms in Abschnitte Δt, in denen die Stromstärke näherungsweise als konstant angesehen werden kann → **B2b**. Die Summe dieser Rechtecksflächen gibt dann einen Näherungswert für die geflossene Ladung.
Erzeugt man mit einem Netzgerät einen Strom, dessen t-I-Diagramm aus periodisch sich wiederholenden Rechtecken besteht → **V1**, so zeigt ein Drehspulinstrument durch seine Trägheit den zeitlichen Mittelwert an. Wir haben im Text zu → **V1** die mittlere Stromstärke berechnet.
Nun wollen wir eine Messmethode für Ladungen kennen lernen. Dazu lassen wir in → **V2** ein Kügelchen mit leitender Oberfläche zwischen zwei parallelen, entgegengesetzt geladenen Platten pendeln. Die Platten dieses sogenannten Plattenkondensators sind mit einem Netzgerät verbunden. Wenn das Kügelchen an der rechten, negativ geladenen Platte mit Elektronen aufgeladen wurde, trägt es die Ladung $-q$ zur linken Platte. Wir hören, dass es ebenso schnell von dort nach rechts wieder zurückpendelt. Dabei trägt es die gleich große positive Ladung $+q$ als Elektronenmangel. Die linke Platte entzog ihm nämlich die Ladung $-2q$ in Form von Elektronen. Die rechte gibt ihm wieder $-2q$ zurück und ändert so seine Ladung von $+q$ in $-q$. Mit einem Drehspulinstrument kann man die kleinen Stromstärken in der Zuleitung nicht messen. Wir verwenden dazu einen elektrischen Messverstärker. Damit können wir Ströme bis hinunter zu etwa $1\,pA = 1 \cdot 10^{-12}$ A messen. Daraus berechnen wir nun die Ladung:

Während das Kügelchen pendelt, zeigt der Messverstärker mit einem konstanten Ausschlag die mittlere Stromstärke 12 nA. In 1 s fließen also Q = 12 nC durch einen beliebigen Leitungs-Querschnitt. Berührt das Kügelchen die rechte Platte 3-mal in 1 s, so nimmt es dort insgesamt die Ladung $3 \cdot 2q$ = 12 nC auf und gibt sie links wieder ab. Die Ladung des Kügelchens ist also q = 2 nC.

Wir können auch die Ladung q des Kügelchens direkt messen. Dazu schalten wir den Messverstärker auf Ladungsmessung um und legen den Kondensator direkt an die Spannungsquelle. Das Kügelchen laden wir an der negativ geladenen Platte auf und holen es aus dem Kondensator. Dann entladen wir es am Messverstärker, den wir aus dem Stromkreis genommen haben. Wir finden q = 2 nC, der gemessene und berechnete Wert stimmen überein.

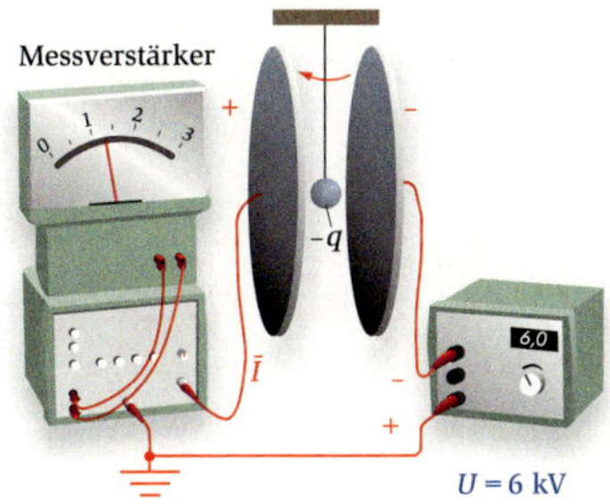

V2 Zwischen den Platten liegt die Spannung 6 kV, der Plattenabstand beträgt 10 cm, das Kügelchen hat einen Radius von 1,75 cm und schlägt pro Sekunde dreimal an die rechte Platte. Die mittlere Stromstärke $\bar{I}$ beträgt 12 nA. Aus $\bar{I}$ und der Zahl der Hin- und Herläufe können wir die Ladung des Kügelchens berechnen.

3. Es gibt negative und positive Ladungen

Träger der negativen Ladung sind Elektronen in der Atomhülle. **Protonen**, die Träger positiver Ladung, sitzen im Atomkern. Die Ladung eines Elektrons und eines Protons ist dem Betrag nach genau gleich. Atome, die gleich viele Elektronen und Protonen enthalten, sind elektrisch neutral. Negativ geladene Körper haben einen Elektronenüberschuss, positiv geladene Körper einen Elektronenmangel. Alle in der Natur messbaren Ladungen sind ganzzahlige Vielfache einer kleinsten Ladung, der Elementarladung:

$$e = 1{,}602176487 \cdot 10^{-19}\,\text{C}; \quad q_{\text{Elektron}} = -e, \quad q_{\text{Proton}} = +e.$$

Kleinere Ladungen hat man bei freien Teilchen in der Natur bis heute nicht gefunden. $6{,}2415065 \cdot 10^{18}$ Protonen tragen die Ladung 1 C.

In Metallen sind auch im stromlosen Zustand Elektronen frei beweglich; sie bewegen sich vollkommen ungeordnet. Eine Stromquelle treibt sie in Richtung Pluspol → B3. In Isolatoren dagegen sind alle Elektronen fest an ihre Atome gebunden.

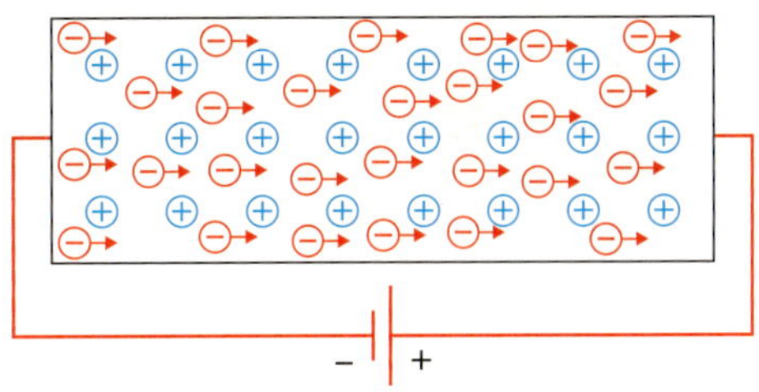

B3 Schematische Darstellung eines Leiters

4. Kraftwirkungen von Ladungen

Gleichnamige Ladungen stoßen sich ab, ungleichnamige Ladungen ziehen sich an. Aufgrund der Kraftwirkungen kann man mit einem Elektroskop → B4 Ladungen nachweisen.
Bringt man entgegengesetzte Ladungen in gleichen Mengen zusammen, so üben sie nach außen hin keine Wirkungen aus. Sie neutralisieren sich, bleiben aber bestehen. Wegen dieser Bilanz merken wir im Allgemeinen nicht, dass alle Körper Ladungen enthalten.

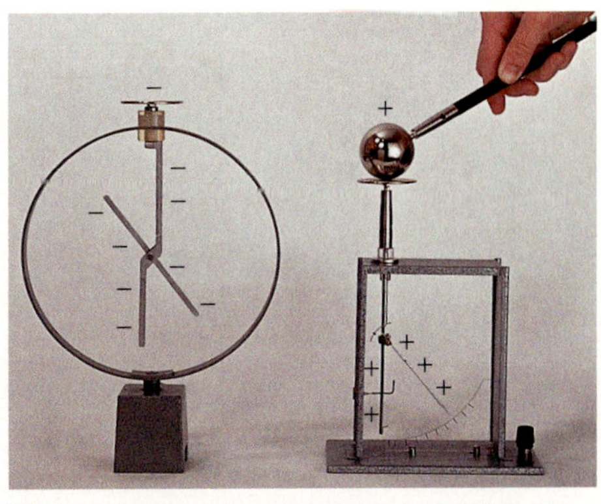

B4 Ladungsnachweis mit einem Elektroskop

A1 Ein Netzgerät liefert einen rechteckförmigen periodischen Stromverlauf nach → V1 mit der Frequenz 50 Hz. Während 0,005 s beträgt die Stromstärke 100 mA, während der restlichen Periodendauer ist $I = 0$. Bestimmen Sie die Stromstärke, die ein Drehspulinstrument anzeigt.

A2 Beim Entladen eines Kondensators messen wir die Stromstärke I nach folgender Tabelle:

***t* in s**	0	2	4	9
***I* in mA**	6,0	3	1,5	0,1

Zeichnen Sie ein t-I-Schaubild und bestimmen daran die Ladung, die in 9 s geflossen ist. Bestimmen Sie die mittlere Stromstärke in dem Zeitintervall zwischen 0 s und 9 s.

A3 **a)** Bestimmen Sie in → V2 die Durchschnittsgeschwindigkeit der Pendelkugel für die Hin oder Herbewegung. **b)** Das Fadenpendel hat ohne Kondensator eine größere Periodendauer T. Erklären Sie dies. (T lässt sich hier nicht errechnen). **c)** Geben Sie Faktoren an, welche die Zeit für die Bewegung zwischen den Platten beeinflussen.

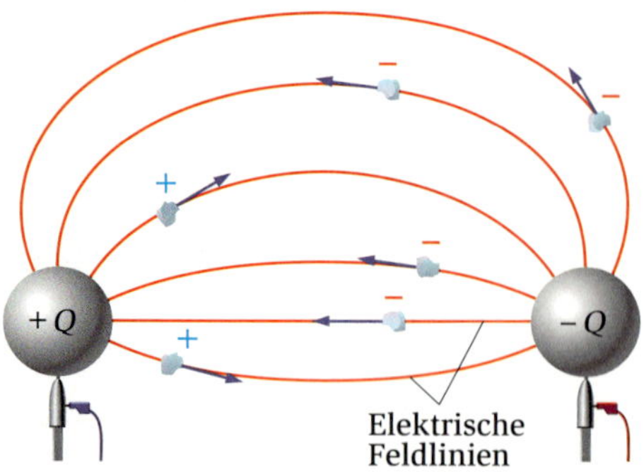

V1 Mit einem Hochspannungsnetzgerät werden zwei Kugeln entgegengesetzt aufgeladen. Im Umfeld ihrer Ladungen $\pm Q$ fliegen Watteflocken auf gekrümmten Bahnen hin und her. Bei $+Q$ erhalten die Flocken kleine positive, bei $-Q$ kleine negative Probeladungen q.

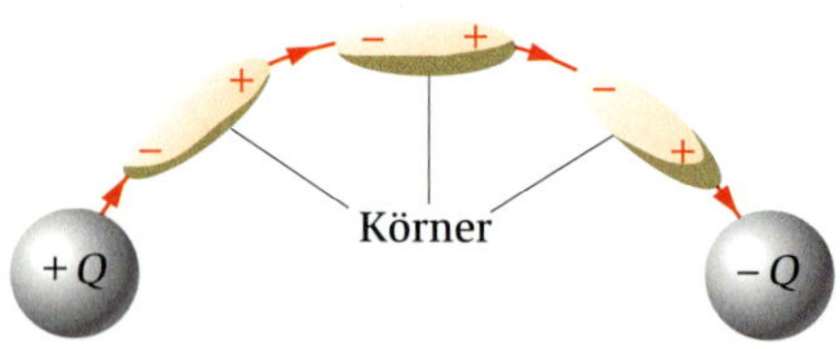

V2 Grießkörner in Rizinusöl: Durch das elektrische Feld werden in den Körnern Ladungen verschoben. Die entgegengesetzten Ladungen benachbarter Körner ziehen diese zu Ketten längs der Feldlinien zusammen.

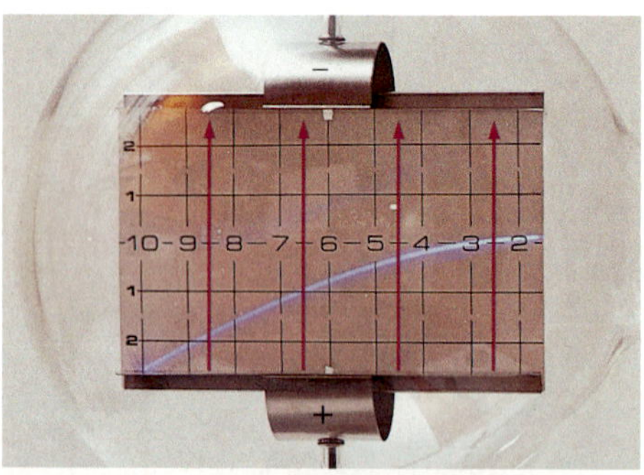

B1 Im Feld zwischen den geladenen Ablenkplatten einer braunschen Röhre fliegen Elektronen nach links. Sie werden entgegen der Richtung der Feldlinien (rot) zur positiv geladenen Platte beschleunigt.

1. Das elektrische Feld strukturiert den Raum um Ladungen

Positive und negative Ladungen ziehen sich gegenseitig an. Ob dabei auch etwas im Zwischenraum geschieht, sehen wir mit unseren Augen nicht. Bringen wir aber geladene Wattestücke dorthin, mit der *Probeladung q*, so fliegen diese von einer Kugel zur anderen, auf gekrümmten Linien, **elektrische Feldlinien** genannt **→ V1**. Den sie erfüllenden Raum um Ladungen nennt man **elektrisches Feld**.

Dort erfahren eingebrachte Probeladungen *Feldkräfte*, und zwar tangential zur jeweiligen Feldlinie. Diese Linien geben dem Feld eine Struktur. Wir erkennen sie besonders gut an Grießkörnern, die wir nach **→ V2** in ein Feld bringen **→ B2a, c**. Nahe bei den felderzeugenden Ladungen liegen die Feldlinien dichter, dort sind die Feldkräfte größer. Feldlinien erlauben so, das Feld genauer zu beschreiben: *Das Feld ist an Stellen größerer Feldliniendichte stärker, da die Probeladungen dort größere Kräfte erfahren, schneller fliegen.*

Nun stammen die Ladungen der Wattestücke in **→ V1** von den felderzeugenden Ladungen $+Q$ und $-Q$. Wir folgern daraus: Kräfte, die an Ladungen angreifen, sind Feldkräfte, d. h. sie sind von einem Feld übertragen. Diese Feldvorstellungen entwickelte FARADAY 1830. Er verwies darauf, dass es der Raum zwischen Ladungen ist, der die Feldkräfte *vermittelt*, die diese aufeinander ausüben. Ladungen wirken *nicht unvermittelt* über den Raum hinweg, gemäß dem Satz: „Gleichnamige Ladungen stoßen sich ab“.
Die Kraftübertragung braucht sogar eine gewisse Zeit, wie sich später zeigte. Nimmt man z. B. die eine Ladung weg, so entfällt die Kraft an der andern erst nach (sehr kurzer) Verzögerung; die Änderung wird mit Lichtgeschwindigkeit übertragen, was Radiowellen bestätigen. Wir sehen: Das Feld ist Vermittler der Kräfte zwischen Ladungen, kurz gesagt:

Ladung $\leftrightarrow$ Feld $\leftrightarrow$ Ladung.

Zeichnet man Feldlinienbilder, so gibt man mit Pfeilen die Richtung der Feldkraft auf eine *positive* Probeladung an. Beim radialen Feld **→ B2c** gehen die Feldlinien von der positiv geladenen Scheibe sternförmig zum Ring mit negativen Ladungen. Zwischen zwei parallelen, geladenen Kondensatorplatten verlaufen die Feldlinien senkrecht zu den Platten und zueinander parallel **→ B2d**. Es ist ein *homogenes* Feld. Am Rand biegen sich die Feldlinien nach außen.

Auch im materiefreien Raum einer braunschen Röhre können wir ein elektrisches Feld nachweisen **→ B1**. Die geladenen Ablenkplatten erzeugen ein homogenes Feld. In ihm erfahren Elektronen, sozusagen als Probeladungen, Kräfte und werden abgelenkt.

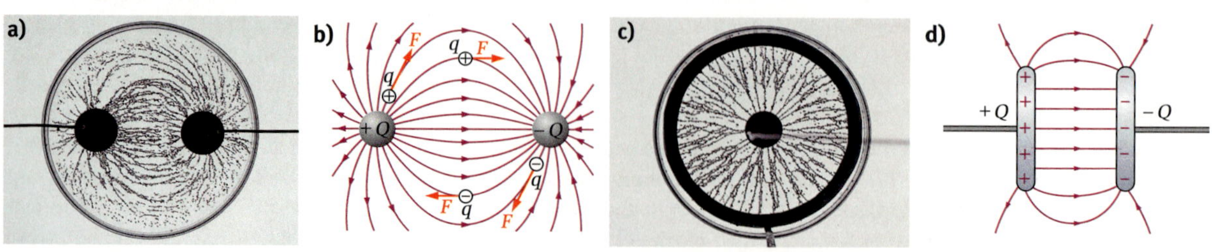

B2 **a)** und **b)** Feld zwischen zwei entgegengesetzt geladenen Kugeln, **c)** radiales Feld, **d)** homogenes Feld

Merksatz

Ladungen sind von elektrischen Feldern umgeben. In ihnen erfahren ruhende wie bewegte Probeladungen Feldkräfte tangential zu den elektrischen Feldlinien. Positive Ladungen erfahren Kräfte in Richtung der Feldlinien, negative ihnen entgegen. □

2. Felder verschieben Ladungen

In all unseren Bildern enden Feldlinien auf Metalloberflächen senkrecht. *Muss* das immer so sein? In → **B3** ist eine Feldlinie schräg zur Leiteroberfläche gezeichnet. Die dort sitzende *bewegliche* Ladung erfährt die schräg liegende Kraft $\vec{F}_1$. Ihre Komponente $\vec{F}_p$ tangential zur Oberfläche verschiebt die Ladung. Solche Verschiebungen hören erst dann auf, wenn der Wert $\vec{F}_p = 0$ ist. Dann aber stehen alle die Feldlinien senkrecht zur Oberfläche, so wie die Feldlinie (3) in → **B3** . Man nennt diesen Vorgang **Influenz.**

Im Innern eines Metallrings → **B4** liegen die Grießkörner ohne Struktur. Feldkräfte haben negative Influenzladungen $-Q$ auf die linke Ringseite gezogen. An ihnen enden die von links kommenden Feldlinien senkrecht. Rechts auf dem Ring sitzen die zugehörigen positiven Influenzladungen $+Q$. Von ihnen laufen *andere* Feldlinien nach rechts. Das Innere des Rings ist also feldfrei.
Allgemein gilt: Das Innere eines Leiters, der in einem elektrischen Feld liegt, ist feldfrei, solange kein Strom fließt. Auto- und Flugzeughüllen aus Metall sind solche Faraday-Käfige. Sie schützen durch ihre feldfreien Räume die Insassen vor Blitzen.

Im Experiment konnten wir die Feldlinien durch Grießkörner in Rizinusöl veranschaulichen. Dies geht für kompliziertere Anordnungen oder für das elektrische Feld in Leitern nicht. Es gibt jedoch grundlegende Gleichungen, die den Verlauf des elektrischen Feldes und der Feldlinien beschreiben. Mit modernen mathematischen Methoden kann man damit für komplexere Fälle das elektrische Feld berechnen und in Bildern visualisieren.

→ **B5a** zeigt einen Plattenkondensator, der mit einer Quelle verbunden ist. Das elektrische Feld wird mit Feldlinien dargestellt, Pfeile zeigen die Kraft auf eine positive Probeladung. Die Feldlinien enden senkrecht auf den Leiteroberflächen, es fließt kein Strom. Die Farbe des Feldes zeigt seine Stärke.

In → **B5b** ist der Verlauf der Feldlinien in einem Stromkreis mit Widerstand berechnet. Die Linien verlaufen vom Plus- zum Minuspol, teils im Leiter, teils im umgebenden Feld. Die Feldlinien enden *nicht mehr exakt senkrecht* auf den Leiteroberflächen wie in → **B5a** . Ihre Längskomponente treibt den Strom im Leiter an. Die Ladungen fließen entlang der Feldlinien (natürlich nur im Leiter), da sie entlang diesen eine antreibende Kraft $\vec{F}$ erfahren.

Merksatz

In Leitern können Feldkräfte Ladungen trennen und so auf der Oberfläche Influenzladungen bilden. Die Ladungen werden so lange verschoben bis die Feldlinien auf der Leiteroberfläche senkrecht enden und an den Feldlinienenden Ladungen sitzen. Im Innern stromführender Leiter besteht dagegen ein Feld, das die Ladungen bewegt. □

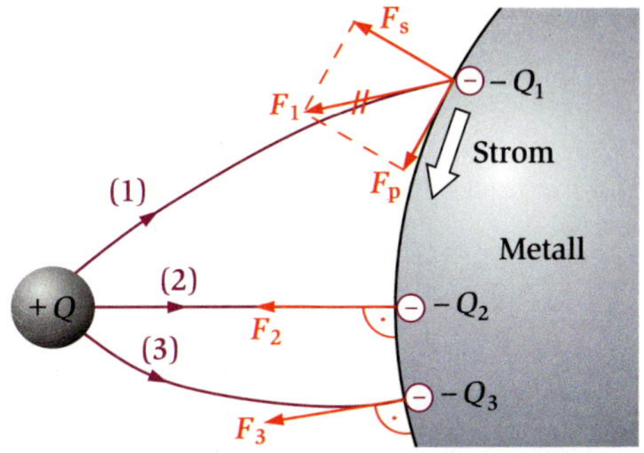

B3 Enden Feldlinien senkrecht auf Leiteroberflächen, so besteht ein Gleichgewicht.

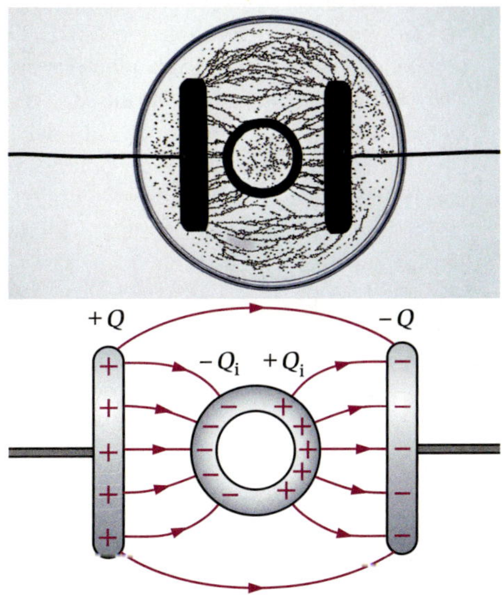

B4 Das Innere des Rings ist feldfrei

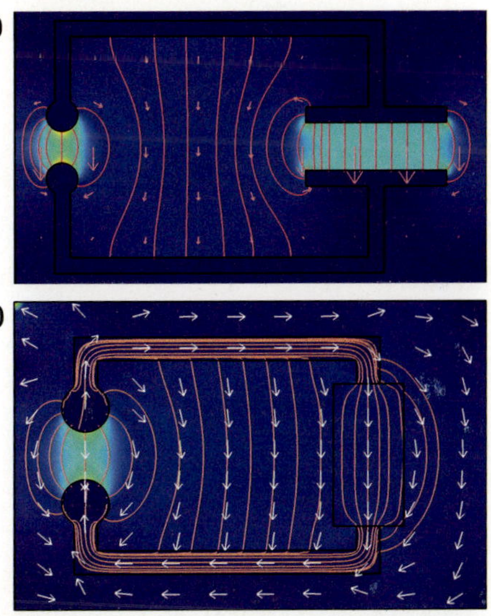

B5 An der linken Quelle liegt **a)** ein Kondensator, **b)** ein Widerstand. Elektrische Feldlinien (rot) mit steigenden Feldstärken von Dunkel- über Hellblau und Grün bis Gelb.

Die elektrische Feldstärke

1. Ortsfaktoren – auch im elektrischen Feld

Wir kennen das Gravitationsfeld der Erde. Mit dem Ortsfaktor g beschreiben wir seine Stärke und berechnen die Gewichtskraft mit $G = m \cdot g$, die dort Körper der Masse m erfahren.

Nun versuchen wir die Feldkraft F, die eine Probeladung q in einem Punkt eines elektrischen Feldes erfährt, mithilfe eines elektrischen Ortsfaktors zu berechnen. Zunächst können wir die (kleine) Kraft auf ein geladenes Metallplättchen im elektrischen Feld eines Kondensators messen → **Vertiefung**. Hierbei zeigt sich, dass diese Kraft proportional zur Ladung q des Metallplättchens ist.

Dies leuchtet ein: Jedes Elektron erfährt die gleiche Kraft. Die Gesamtkraft auf alle Elektronen, also auch auf das ganze Plättchen, hängt von der Zahl der Elektronen ab. Die Hälfte einer negativen Probeladung besteht nur aus der Hälfte der Elektronen, also halbiert sich mit den Elektronen auch die Kraft. Folglich bleibt der Quotient F/q konstant. Wir definieren

$$E = \frac{F}{q} = \text{konstant.}$$

Stets ist der Quotient $E = F/q$ von der kleinen Probeladung q unabhängig, analog zum Ortsfaktor $g = G/m$ im Schwerefeld, der unabhängig von m ist. Der Quotient ist also geeignet, die Veränderung des Raumes durch die Ladungen $\pm Q$ der Kondensatorplatten zu beschreiben. Er wird **elektrische Feldstärke *E*** genannt.

Jedem Punkt eines Feldes schreiben wir eine Feldstärke auch dann zu, wenn sich in ihm keine Probeladung befindet.

Die elektrische Feldstärke ist ein Vektor $\vec{F} = q\vec{E}$ mit Richtung der Kraft auf eine *positive* Probeladung. Im homogenen Feld eines Kondensators hängt dieser Vektor nicht vom Ort ab, an der sich die Probeladung befindet.

Merksatz

Der Betrag der Feldstärke $\vec{E}$ in einem Feldpunkt ist der von der Probeladung q unabhängige Quotient

$$E = \frac{F}{q}; \quad \text{Einheit: } [E] = \frac{\text{Newton}}{\text{Coulomb}} = 1\,\frac{\text{N}}{\text{C}}.$$

Die Richtung von $\vec{E}$ ist die Richtung der Kraft $\vec{F}$ auf eine positive Probeladung. Der Feldstärke-Vektor $\vec{E}$ zeigt in Richtung der Tangente an die Feldlinie. In einem homogenen Feld ist die Feldstärke nach Betrag und Richtung überall gleich.
Die Feldkraft $\vec{F}$ auf eine Ladung q ist $\vec{F} = q\vec{E}$.

Kurz vor Durchschlag in Glimmer	$70 \cdot 10^6$
In Beschleunigungsstrecken des LHC (Large Hadron Collider CERN, Genf)	$5 \cdot 10^6$
Kurz vor Blitzschlag in Luft	$3{,}2 \cdot 10^6$
Zwischen Hochspannungsleitungen	$1 \cdot 10^5$
Elektrisches Erdfeld bei schönem Wetter	$1{,}3 \cdot 10^2$
D-Netz, Grenzwert der EU für Menschen	$41–43 \cdot 10^0$
Für Radioempfang stereo	$50 \cdot 10^{-6}$

T1 Werte einiger Feldstärken in N/C

A1 **a)** Berechnen Sie die Kraft, die eine Ladung von 10 nC in einem Feld der Stärke 10 kN/C erfährt.
b) Auf eine Ladung wirkt in diesem elektrischen Feld die Kraft 10 µN. Bestimmen Sie die Größe der Ladung.

A2 Eine positiv geladene Kugel wird vor eine Metallplatte gehalten. Zeichnen sie das Feld. Wo enden die Feldlinien? Treten Kräfte zwischen der Wand und der Kugel auf?

A3 Vergleichen Sie Kraftwirkungen im elektrischen und im Gravitationsfeld.

A4 Die Ladung $q_1 = 1{,}0$ nC erfährt im Feld (1) die Kraft $F_1 = 0{,}10$ mN, die Ladung $q_2 = 3{,}0$ nC im Feld (2) die Kraft $F_2 = 0{,}20$ mN. Vergleichen Sie die beiden Felder.

A5 Eine positiv geladene Kugel zieht ein zweites Kügelchen an. Kann man daraus folgern, dass das Kügelchen negativ geladen ist?

A6 Ein Wattestück hat die Masse 0,01 g und die Ladung −0,1 nC. Berechnen Sie die Stärke eines elektrischen Feldes, in dem das Wattestück schwebt. Geben Sie die Richtung des Feldes an!

A7 Ein Kügelchen mit der Masse 0,4 g und der Ladung 5,0 nC hängt an einem 1,0 m langen Faden.
a) Berechnen Sie den Ausschlag in einem horizontal verlaufenden Feld der Stärke 70 kN/C.
b) Geben Sie den Ausschlag an, wenn die Ladung doppelt so groß ist. Treffen die Überlegungen auch zu, wenn die Ladung 1000-mal so groß ist?

A8 Das elektrische Gewitterfeld kurz vor Blitzschlag → T1 verlaufe vertikal nach unten. Ein Regentröpfchen von 1 mm Radius sei negativ geladen. Bestimmen Sie die Masse des Tröpfchens und die Zahl der Elektronen, die es tragen müsste, damit die elektrische Feldkraft der Gewichtskraft das Gleichgewicht hält. Muss dabei das Tröpfchen in Ruhe sein oder kann es sich auch bewegen? Treten bei diesen Vorgängen noch andere Kräfte auf? (Elektronenladung $q = -1{,}6 \cdot 10^{-19}$ C)

Vertiefung

Messungen zur elektrischen Feldstärke

V1 Probeladung im Kondensatorfeld

a) Wir hängen ein Metallplättchen bifilar, also an zwei nach oben stark auseinander laufenden, isolierenden Perlonfäden auf → B1. Wenn wir es laden, erfährt es in seinem eigenen Feld keine Kraft.
b) Nun entladen wir das Plättchen und bringen es in das homogene Feld eines Plattenkondensators, also in ein fremdes Feld. Ungeladen erfährt es auch dort keine Kraft.
c) Wir geben dem Plättchen durch Berühren mit der linken Kondensatorplatte eine positive Probeladung q (Mit $\pm Q$ bezeichnen wir die großen felderzeugenden Ladungen auf einer Platte). Die Auslenkung s des Plättchens wird durch Projektion mit einer Punktlichtlampe auf einem entfernten Maßstab sichtbar.
d) Wir verschieben den Kondensator quer und auch parallel zur Richtung seiner Feldlinien. Solange die Probeladung im homogenen Feld bleibt, ändert sich die Auslenkung nicht.

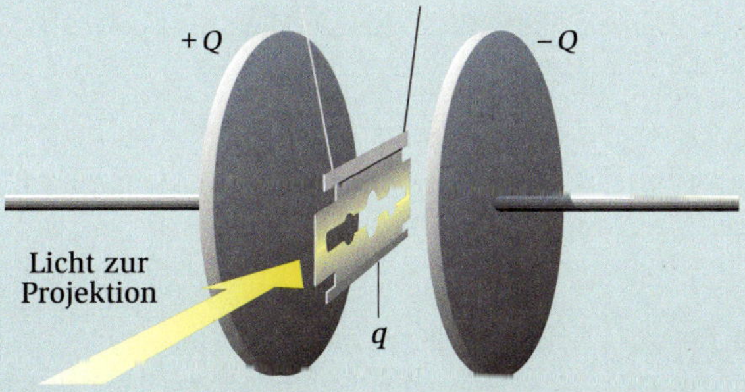

B1 Das Kondensatorfeld wird mit der Probeladung q eines Plättchens ausgemessen.

Wir können die Feldkraft aus dem Ausschlag des Pendelkörpers bestimmen. Die Probeladung q erfährt eine horizontale Feldkraft und eine vertikale Gewichtskraft. Beide setzen sich vektoriell zu einer resultierenden Zugkraft am Aufhängefaden zusammen. Dieser stellt sich in Richtung der Resultierenden ein. Aus der Ähnlichkeit des „Kraftdreiecks" und des „Auslenkungsdreiecks" ergibt sich

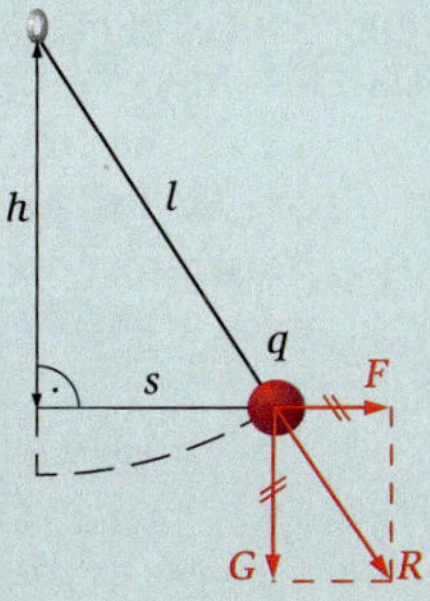

$$\frac{F}{G} = \frac{s}{h} \quad \text{oder} \quad F = G \cdot \frac{s}{h}.$$

Der Ausschlag s ist klein gegen die Fadenlänge l, die Höhe h ist fast gleich der Pendellänge l ($h \approx l$). Also gilt

$$F \approx G \cdot \frac{s}{l}.$$

In einem Kondensator mit Abstand d = 6 cm der Platten und der Spannung U = 6 kV messen wir die elektrische Feldstärke E. Für ein Plättchen mit dem Gewicht G = 0,22 cN, der Pendellänge l = 150 cm und der Auslenkung s = 3,3 cm ergibt sich die Kraft $F = 4{,}8 \cdot 10^{-5}$ N. Mit dem Messverstärker ermitteln wir die Plättchenladung zu $q = 5{,}2 \cdot 10^{-10}$ C (dazu holen wir es aus dem Feld). Die Feldstärke ist:

$$E = \frac{F}{q} = \frac{4{,}8 \cdot 10^{-5}\,\text{N}}{5{,}2 \cdot 10^{-10}\,\text{C}} = 92 \cdot 10^3\,\frac{\text{N}}{\text{C}}.$$

V2 Elektronische Kraftmessung

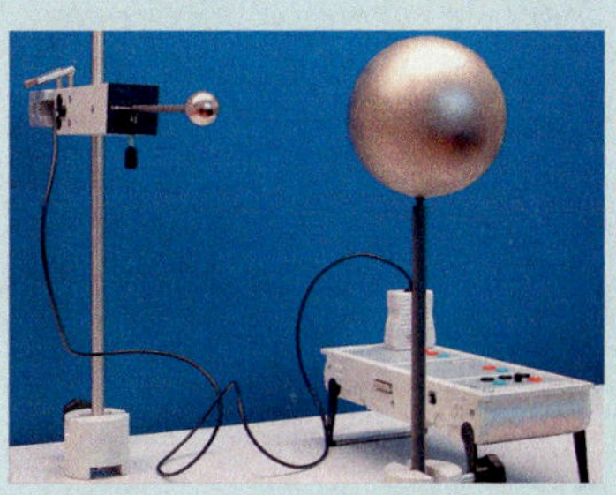

Um die Kraft auf eine kleine, geladene Kugel im Feld einer großen zu bestimmen, befestigen wir die Kugel mit einem Stiel an einem **elektronischen Kraftmesser**. Die Verbiegung des Stiels ändert den Widerstand des Dehnungs-Messstreifen im Kraftsensor. So wird ein elektrisches Signal erzeugt und die Kraft auf einem Computer angezeigt. Ersetzen wir die Kugel durch einen kleinen Metalllöffel, können wir die Kraft in einem Kondensator messen. Nach der Kraftmessung wird der Löffel aus dem Kondensatorfeld entfernt und mit einem Messverstärker die Ladung q bestimmt. Der Quotient F/q gibt die elektrische Feldstärke an

V3 Das Elektrofeldmeter

Bei dem Elektrofeldmeter rotiert ein geerdetes Flügelrad vor einer Metallplatte. Das zu messende Feld endet an der von ihm influenzierten Ladung auf der Platte hinter dem Flügelrad, aber nur, wenn dieses die Öffnung frei gibt, was periodisch geschieht. Also fließt diese Influenzladung periodisch der Platte zu und wieder ab. Je stärker das Feld, umso größer ist die Stromstärke dieses Wechselstroms. Die Ladung auf den Messplatten variiert periodisch zwischen Null und einem Maximalwert, der zu E proportional ist. So lässt sich mit dem Gerät E messen.

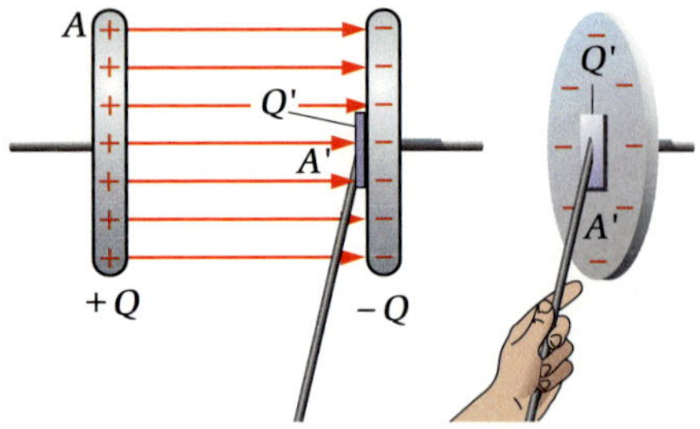

V1 **a)** Mit einer Testplatte der Fläche A' nehmen wir auf der negativ geladenen Innenseite des Kondensators Ladungen ab. Diese Ladung $-Q'$ messen wir mit einem Messverstärker. Überall, wo das Feld homogen ist, entnehmen wir an beiden Kondensatorplatten gleich große Ladungen $+Q'$ bzw. $-Q'$.
b) Benutzen wir zwei Testplatten nebeneinander, so heben wir auf der doppelten Fläche $2A'$ auch die doppelte Ladung $2Q'$ ab. Der Quotient $Q'/A' = 2Q'/(2A')$ ist also konstant.

V2 Wir wiederholen **→ V1**, nachdem wir den Kondensator durch Vergrößerung der zwischen die Platten gelegten Spannung U stärker aufgeladen haben. Die nach **→ V1** gemessene Ladungsdichte σ hat sich vergrößert. Dann bestimmen wir die elektrische Feldstärke E mit dem bifilar aufgehängten Metallplättchen oder dem Elektrofeldmeter. Wir finden die wichtige Aussage: $\sigma \sim E$.

V3 Bestimmung von ε_0: Unsere Messungen mit dem Metallplättchen im Kondensator ergeben $E = 0{,}92 \cdot 10^5$ N/C. Mit einer Testplatte ($A' = 48$ cm^2) heben wir die Ladung $Q' = 3{,}9 \cdot 10^{-9}$ C ab. Die Flächendichte ist $\sigma = Q'/A' = 8{,}13 \cdot 10^{-7}$ C/m^2. Damit können wir den Proportionalitätsfaktor zu $\sigma \sim E$ bestimmen. Er hat große Bedeutung und heißt elektrische Feldkonstante $\varepsilon_0 = \sigma/E$
$= (8{,}13 \cdot 10^{-7}\ \text{C/m}^2)/(0{,}92 \cdot 10^5\ \text{N/C})$
$= 8{,}83 \cdot 10^{-12}\ \text{C}^2/(\text{Nm}^2)$.
Genauere Messungen ergeben
$\varepsilon_0 = 8{,}85 \cdot 10^{-12}\ \text{C}^2/(\text{Nm}^2)$.

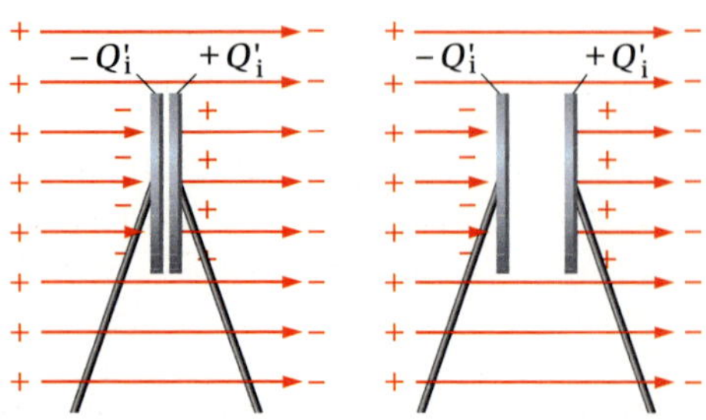

B1 Ladungstrennung im elektrischen Feld

2. Flächenladungsdichte

Wie hängt die Stärke eines Kondensatorfeldes von seiner Ursache, den felderzeugenden Ladungen $\pm Q$ ab? Diese werden von Feldkräften auf die Innenseite der Platten gezogen und bilden dort zwei dünne Ladungsfilme. Mit einem Testplättchen der Fläche A' nehmen wir die Ladung Q' von den Kondensatorplatten ab. In **→ V1** zeigen wir, dass in einem homogenen elektrischen Feld die felderzeugende Ladung auf den Innenseiten der Kondensatorplatten überall gleich dicht sitzt. Der Quotient Q'/A' ist konstant. Er gibt die **Flächendichte σ** der Ladung an.

Merksatz

Die Flächendichte σ einer über die Fläche mit dem Inhalt A gleichmäßig verteilten Ladung Q ist der Quotient

$$\sigma = \frac{Q}{A};\ [\sigma] = 1\ \frac{\text{C}}{\text{m}^2}.$$

3. Größere Flächendichte – stärkeres Feld

In **→ V2** verändern wir die Flächenladungsdichte σ und messen jeweils die elektrische Feldstärke E. Der Versuch zeigt, dass die Flächendichte σ der felderzeugenden Ladung und die Feldstärke E zueinander proportional sind: $\sigma \sim E$ oder $\sigma = \varepsilon_0 E$ **→ V3**. Der Proportionalitätsfaktor ε_0 heißt **elektrische Feldkonstante**. Sie gibt den wichtigen Zusammenhang zwischen der Dichte σ der Ladung und der von dieser erzeugten Feldstärke E. Wir brauchen sie oft.

Merksatz

Die Feldstärke E eines homogenen Feldes ist der Flächendichte σ der sie erzeugenden Ladung proportional. In Luft gilt $\sigma = \varepsilon_0 E$ mit der elektrischen Feldkonstanten $\varepsilon_0 = 8{,}85 \cdot 10^{-12}\ \text{C}^2/(\text{Nm}^2)$.

Berühren sich zwei senkrecht zu den Feldlinien stehende Testplatten im Feld, so werden zwischen ihnen Ladungen verschoben **→ B1**. Auf ihrer linken Oberfläche bildet sich die Influenzladung $-Q_1'$, auf der rechten die gleich große $+Q_1'$ (die Ladungssumme bleibt null). Nach dem Trennen der Platten zeigt sich, dass die Influenzladungen die gleiche Flächendichte σ wie die Kondensatorplatten aufweisen.

Beispiel **Elektrisches Feld der Erde**

Mit dem Elektrofeldmeter haben wir eigentlich die Flächenladungsdichte σ gemessen. Wegen $E \sim \sigma$ wird es zur E-Messung benutzt, auch in der Meteorologie: Bei schönem Wetter ist der Erdboden negativ geladen. Die Erde ist von einem elektrischen Feld umgeben. Messungen zeigen, dass die elektrische Feldstärke $E \approx 130$ V/m und daher die Flächendichte am Erdboden $\sigma = \varepsilon_0 E = 1{,}15 \cdot 10^{-9}$ C/m^2 ist. Wäre dies auf der ganzen Erdoberfläche so, dann würde sie die Ladung $Q = 4\pi \cdot R_E^2 \cdot \sigma = 5{,}9 \cdot 10^5$ C tragen. Durch dieses zum Erdboden gerichtete elektrische Feld werden z. B. einfach positiv geladene Sauerstoffionen ($m = 2{,}65 \cdot 10^{-27}$ kg, $q = 1{,}6 \cdot 10^{-19}$ C) mit der Beschleunigung $a = F/m = E \cdot q/m = 8 \cdot 10^8$ m/s^2 dem 80 Millionenfachen der Erdbeschleunigung zum Boden hin beschleunigt. Nach einer kurzen Strecke stoßen sie jedoch mit anderen Atomen zusammen und erreichen so Geschwindigkeiten von 100 m/s.

4. Coulomb-Kräfte

Wir haben viel mit homogenen Feldern gearbeitet. Betrachten wir nun das Feld einer geladenen Kugel. Dort nimmt die Feldkraft F, die ein geladenes Pendelkügelchen erfährt, mit dem Abstand r zum Kugelmittelpunkt schnell ab. Bei doppelter Entfernung zwischen den Kugelmittelpunkten erhält man nur 1/4 des Ausschlags und somit 1/4 der Kraft. Genauere Messungen zeigen, dass der Betrag der Kraft umgekehrt proportional zum Quadrat des Abstands der Mittelpunkte von Kugel und Kügelchen ist:

$$F \sim \frac{1}{r^2}.$$

Die Kraft hängt auch von den Ladungen Q und q der beiden Kugeln ab. Die Ladung der kleinen Kugel lässt sich halbieren, indem man sie mit einer Kugel von gleichem Radius berührt (möglichst im feldfreien Raum). Der Ausschlag geht dann auf die Hälfte zurück. Halbieren wir die Ladung Q der großen Kugel, geht der Ausschlag ebenfalls auf die Hälfte zurück. Die Kraft zwischen zwei Ladungen ist also ihrem Produkt proportional: $F \sim Q \cdot q$. Kombinieren wir diese beiden Abhängigkeiten, so erhalten wir

$$F \sim \frac{Qq}{r^2}.$$

Mit etwas Sorgfalt können wir den Proportionalitätsfaktor im Versuch nach ➔ B2 bestimmen. Man findet $k = 9 \cdot 10^9\ \mathrm{Nm^2C^{-2}}$. Die Richtung der Kraftvektoren geht dabei immer entlang der Verbindungslinie der Kugelmittelpunkte. Entgegengesetzte Ladungen ziehen sich an, gleichnamige Ladungen stoßen sich ab. Der französische Physiker Charles COULOMB (1736–1806) untersuchte diese Abhängigkeit genau. Er fand das nach ihm benannte **Coulomb-Gesetz**:

Merksatz

Der Betrag der Kraft zwischen zwei punkt- oder kugelförmigen Ladungen Q und q mit dem Abstand r der Kugelmitten ist

$$F = k\frac{Qq}{r^2}, \text{ mit } k = 9 \cdot 10^9\ \mathrm{Nm^2C^{-2}}.$$

Später zeigen wir, dass $k = 1/(4\pi \cdot \varepsilon_0)$ ist. Die beiden Kugelradien haben keinen Einfluss, wenn sie klein gegenüber dem Mittelpunktsabstand sind.

Das Coulomb-Gesetz ähnelt dem newtonschen Gravitationsgesetz:

$$G = \gamma \frac{Mm}{r^2}.$$

Ein Unterschied ist jedoch die Größe der Kräfte. Vergleichen wir die Gravitationskraft zwischen zwei Elektronen mit deren elektrischer Abstoßungskraft bei gleichem Abstand r: Die Ladung der Elektronen ist $Q = q = 1{,}6 \cdot 10^{-19}$ C, ihre Masse $m_e = 9{,}1 \cdot 10^{-31}$ kg, die Konstante im Coulomb-Gesetz $k = 9 \cdot 10^9\ \mathrm{Nm^2C^{-2}}$, die Konstante im Gravitationsgesetz $\gamma = 6{,}67 \cdot 10^{-11}\ \mathrm{m^3kg^{-1}s^{-2}}$. Mit diesen Werten ergibt sich für den Quotienten aus elektrischer Kraft F_e und Gravitationskraft G zwischen zwei Elektronen

$$\frac{F_e}{G} = \frac{kQq}{(\gamma m_e^2)} = 4 \cdot 10^{42}.$$

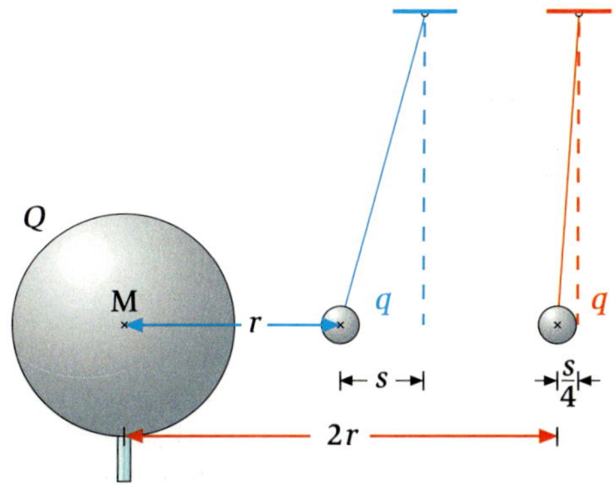

B2 Bei kleinen Auslenkungen s ist die Rückstellkraft für das Pendelchen proportional zu s. In der doppelten Entfernung zu M ist die Auslenkung der rot gezeichneten Kugel nur noch 1/4 der blau gezeichneten.

Vertiefung

Unterschiede zur Gravitation

Während es bei dem Gravitationsgesetz nur *eine* Masse, also nur Anziehung gibt, findet man im elektrischen Feld sowohl anziehende wie abstoßende Kräfte. Diese Kräfte können sich gegenseitig aufheben (neutralisieren), Gravitationskräfte dagegen lassen sich nicht abschirmen.

In einem neutralen Körper kompensieren sich wegen der perfekten Ladungsbilanz anziehende und abstoßende Kräfte. Schon winzige Abweichungen zwischen dem Betrag der Ladung von Elektron und Proton würden zu riesigen Kräften führen, die den Körper zerreißen könnten. Himmelskörper sind nach außen hin praktisch elektrisch neutral, daher wirken zwischen den Sternsystemen nur die sehr viel kleineren Gravitationskräfte.

A1 Referat: Informieren Sie sich über die Rolle der Elektrizität im Zeitalter des Barocks. Berichten Sie über die Versuche des Abbé Jean A. NOLLET, von Benjamin FRANKLIN, Henry CAVENDISH, Georg C. LICHTENBERG, Luigi GALVANI und Alessandro VOLTA.

A2 **a)** Elektron und Proton haben im Wasserstoffatom einen Abstand von $5 \cdot 10^{-11}$ m. Bestimmen Sie die Anziehungskraft zwischen den beiden. **b)** In einem Atomkern haben Protonen einen durchschnittlichen Abstand von $3 \cdot 10^{-15}$ m. Berechnen Sie die daraus sich ergebende Abstoßungskraft. Erläutern Sie Folgerungen aus dem Ergebnis!

5. Wie kommt das ε_0 ins Coulomb-Gesetz?

Bei der Untersuchung des Coulomb-Gesetzes haben wir die Konstante k durch $1/(4\pi\varepsilon_0)$ ersetzt. Das verwundert. Mit → V1 klären wir, wie es zu der Konstanten kommt. Wir laden eine „innere" Kugel K mit Radius R positiv auf und nähern ihr zwei metallische Halbkugeln mit Radius r. Es sind Kugelschalen, jede an einem Isolierstiel, so dass die innere Kugel ganz umschlossen ist. Auf den beiden Halbkugelschalen werden durch Influenz Ladungen getrennt, innen negative, außen positive Ladungen. Der Betrag dieser Ladungen ist genau gleich groß, da die Halbkugeln zuvor ungeladen waren.

Das Äußere der beiden Halbkugeln verbinden wir mit einem empfindlichen Messverstärker und bestimmen so die äußere positive Ladung Q, die von den beiden Halbkugeln abfließt. Ziehen wir nun die Halbkugeln auseinander, so messen wir an der inneren Kugel K auch die gleiche Ladung Q. Es ist, als hätte sich die Ladung Q der inneren Kugel auf die viel größere Oberfläche der Kugelschalen geschoben und dort auf die Oberfläche $A = 4\pi r^2$ verteilt. Also gilt dort:

$$Q = \sigma \cdot A = \sigma \cdot 4\pi r^2 \quad \text{oder} \quad \sigma = \frac{Q}{4\pi r^2}\,.$$

Um die elektrische Feldstärke E an der Oberfläche der Kugelschalen zu bestimmen, greifen wir ein kleines Flächenelement heraus. Dort ist das Feld hinreichend homogen, wir können also die Gleichung $\sigma = \varepsilon_0 E$ anwenden. Folglich gilt bei den Halbkugeln mit Radius r, das heißt im Abstand r vom Mittelpunkt der Kugel K

$$E = \frac{\sigma}{\varepsilon_0} = \frac{1}{4\pi\varepsilon_0}\,\frac{Q}{r^2}\,.$$

Dies gilt auch ohne die aufgestülpten Kugelschalen. Zur Bestätigung bringen wir ohne die Schalen im großen Abstand r vom Mittelpunkt der Ladung Q auf einer kleinen Kugel eine Ladung q an. Damit bestätigen wir die nach

$$F = q \cdot E = \frac{1}{4\pi\varepsilon_0} \cdot \frac{Q \cdot q}{r^2}$$

berechnete Kraft. Das ist das Coulomb-Gesetz, dessen Konstante $k = 1/(4\pi\varepsilon_0) = 9 \cdot 10^9\ \text{Nm}^2\text{C}^{-2}$ beträgt.

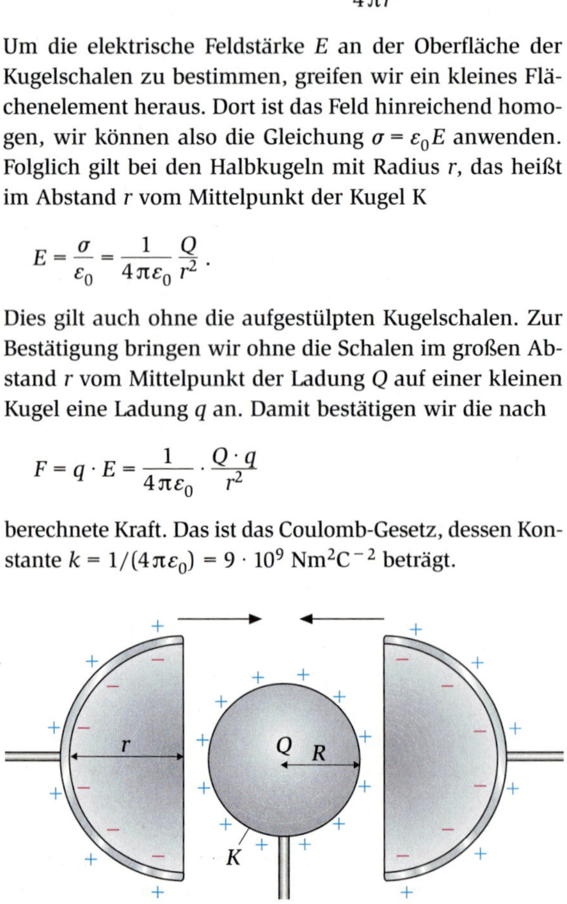

V1 Bestimmung der influenzierten Ladung

Die Richtung der elektrischen Feldlinien geht radial vom Kugelmittelpunkt weg, wenn die Ladung positiv ist. Ist die Ladung negativ, so ist das Feld radial zur Kugel hin gerichtet. In → B1 a,b sind jeweils die Pfeile für die Feldlinien gezeichnet.

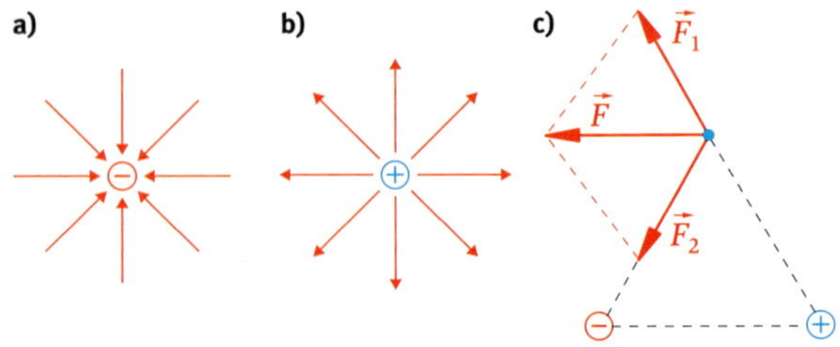

B1 **a)** und **b)** radiales Feld für positive und negative Ladung, **c)** Addition von Feldkräften $\vec{F} = \vec{F}_1 + \vec{F}_2$

6. Superposition von Coulombfeldern

Bisher haben wir nur das Feld und die Kraft betrachtet, die von *einer* Ladung ausgehen. Haben wir mehrere im Raum verteilte punkt- oder kugelförmige Ladungen, erhalten wir die resultierende Kraft auf eine kleine Probeladung durch vektorielle Addition der Einzelkräfte, die nach dem Coulomb-Gesetz berechnet sind → B1c. Entsprechend ergibt sich das elektrische Feld als Summe der jeweiligen Feldvektoren $\vec{E} = \vec{E}_1 + \vec{E}_2$ an dieser Stelle.

Merksatz

Superpositionsgesetz: Haben wir mehrere Punktladungen, so ist die resultierende Kraft auf eine kleine ruhende Probeladung die vektorielle Summe der Einzelkräfte. In der *Elektrostatik* kann man so alle Kräfte aus Coulombkräften zusammensetzen. Auch für das elektrische Feld gelten entsprechende Überlegungen.

In → B2a ist das Feld von zwei entgegengesetzt gleichen Ladungen, die gegeneinander verschoben sind, einem sog. **Dipol**, gezeichnet. → B2b zeigt das Feld zweier gleichnamiger Ladungen.

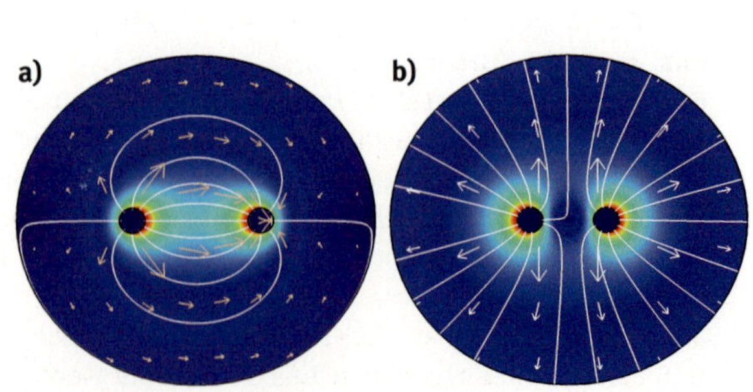

B2 **a)** Feld eines Dipols, **b)** zweier gleichnamiger Ladungen. Neben den Feldlinien sind auch Pfeile für die Feldstärke eingezeichnet. Blau bedeutet einen kleinen Wert der Feldstärke, helle Farben einen hohen Wert von E.

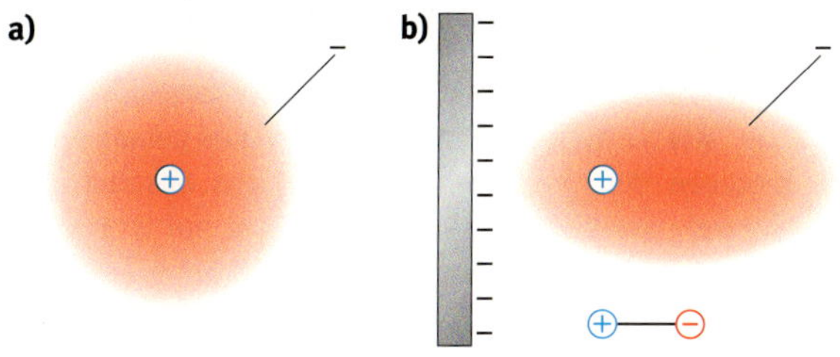

B3 **a)** Neutrales Atom, **b)** Dipol

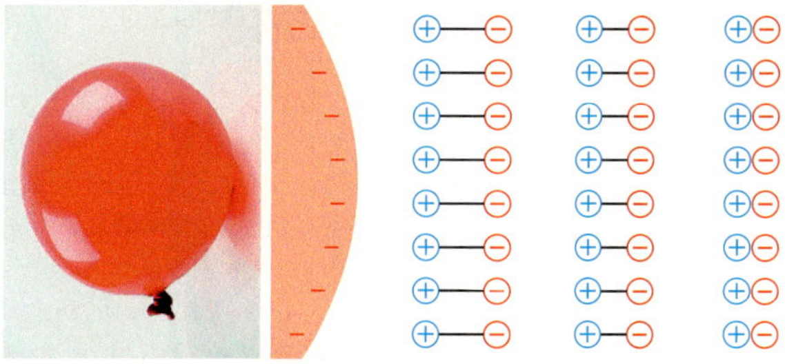

B4 Ein geriebener Ballon haftet an der Wand.

7. Polarisationsladungen

Betrachten wir ein Atom, bei dem der Schwerpunkt der negativen und gleich großen positiven Ladung zusammenfallen. Es erscheint nach außen hin elektrisch neutral. Bringt man es aber in ein äußeres elektrisches Feld, dann verschieben sich die Ladungsschwerpunkte der negativen und positiven Ladung geringfügig, es entsteht ein Dipol → **B3**.

Dies erklärt, wie z. B. ein durch Reibung mit einem Wollpullover negativ geladener Ballon von einer Wand angezogen und gehalten werden kann → **B4**. Er hängt auch an einer trockenen Glasplatte. Durch das elektrische Feld, das von dem Ballon ausgeht, entstehen in der Wand **Polarisationsladungen.** Die positiven Ladungen aller Dipole in der Wand liegen näher an der negativen Ladung des Ballons. Daraus resultiert Anziehung. Da der Luftballon, die Wand oder das Fenster Isolatoren sind, kann man den Luftballon lange an der Decke „kleben" lassen, manchmal sogar tagelang.

Es gibt Moleküle, wie das Wassermolekül, die auch ohne äußeres Feld Dipolcharakter haben. Diese Dipole richten sich in einem äußeren elektrischen Feld aus. Die Ausrichtung wird durch die Wärmebewegung der Moleküle gestört. Man spricht von Orientierungspolarisation im Unterschied zur obigen Verschiebungspolarisation.

Vertiefung

Fehlerrechnung bei Berechnung von *E*

Bei dem Versuch zur Bestimmung der elektrischen Feldstärke E aus der Auslenkung eines Pendels im elektrischen Feld werden die Gewichtskraft $G = 0{,}22$ N, die Auslenkung $s = 3{,}3$ cm und die Ladung $q = 5{,}2 \cdot 10^{-10}$ C mit einem relativen Fehler von je 3 % gemessen, die Pendellänge $l = 1{,}5$ m mit 1 %. Welchen relativen Fehler kann dann die Feldstärke E aufgrund der Messfehler haben?

Man kann zeigen: Ist eine Größe A das Potenzprodukt mehrerer Messgrößen x, y, z und einer Konstanten c nach $A = c \cdot x^r \cdot y^s \cdot z^t$ und haben diese die absoluten Fehler Δc, Δx, Δy, Δz, so ist der relative Größtfehler $\Delta A/A$ von A eine Summe, nämlich

$$\frac{\Delta A}{A} = 1 \cdot \frac{\Delta c}{c} + |r| \cdot \left|\frac{\Delta x}{x}\right| + |s| \cdot \left|\frac{\Delta y}{y}\right| + |t| \cdot \left|\frac{\Delta z}{z}\right|$$

Dabei ist es gleichgültig, ob die Messgrößen im Zähler oder Nenner stehen. Für die Rückstellkraft am Pendel gilt $F = Gs/l$, damit ist $E = F/q = Gs/(lq)$. Der relative Größtfehler von $E = 92$ kN/C ist also:

$$\Delta E/E = \Delta G/G + \Delta s/s + \Delta l/l + \Delta q/q \quad \text{oder}$$
$$\Delta E/E = 3\,\% + 3\,\% + 1\,\% + 3\,\% = 10\,\%, \quad \text{also}$$

$$E = 92 \text{ kN/C} \pm 9{,}2 \text{ kN/C}.$$

Man erwartet $83 \text{ kN/C} \leq E \leq 101 \text{ kN/C}$.

A1 Die Kugel eines Bandgenerators trägt die Ladung $Q = 0{,}1$ µC. Berechnen Sie die Feldstärke im Abstand $r = 80$ cm vom Kugelmittelpunkt. Bestimmen Sie die Ladungen, die dort auf zwei Testplatten ($A = 4$ cm²) senkrecht zum Feld influenziert werden.

A2 **a)** Zwei gleiche Kügelchen (0,5 g) sind jeweils an einem 1,0 m langen, oben am selben Punkt befestigten Faden aufgehängt und tragen gleiche Ladung. Ihre Mitten haben wegen der Abstoßung 20 cm Abstand. Berechnen Sie die Ladungen.
b) Das rechte Kügelchen trage doppelt so viel Ladung wie das linke. Erfahren sie dann auch beide gleiche Auslenkung? Bestimmen Sie die Ladungen für den Mittenabstand 20 cm.

A3 Mit einem elektronischen Kraftsensor wird die Kraft zwischen zwei gleichen Metallkugeln gemessen. Beide Kugeln tragen die gleiche positive Ladung. r ist der Mittelpunktsabstand der beiden Kugeln. Die Messergebnisse sind in der Tabelle enthalten.

***r* in cm**	5,0	8,0	10	20
***F* in mN**	2,8	1,3	0,85	0,20

a) Tragen Sie die Messwerte in ein $(1/r^2)$-F-Diagramm ein. Erläutern Sie, wie sich mit dem Diagramm prüfen lässt, ob die Kraft zwischen den Kugeln durch das Coulomb-Gesetz beschrieben wird. **b)** Berechnen Sie aus der gemessenen Kraft für $r = 20$ cm die Ladung der Kugeln.

Spannung und Energie im elektrischen Feld

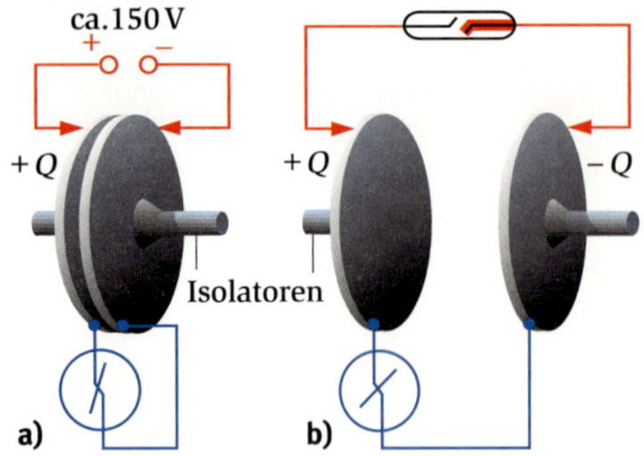

V1 **a)** Zwei Kondensatorplatten stehen sich in sehr kleinem Abstand gegenüber. Wir laden sie mit einem Netzgerät auf, trennen sie von der Quelle ab und entladen sie über eine Glimmlampe. Diese leuchtet nur schwach auf. **b)** Wir laden die Platten nochmals auf, trennen sie von der Quelle ab und ziehen die Platten dann auseinander. Jetzt leuchtet die Glimmlampe beim Entladen sehr hell. Auch der Ausschlag eines mit den Platten verbundenen Elektroskops steigt beim Auseinanderziehen der Platten.

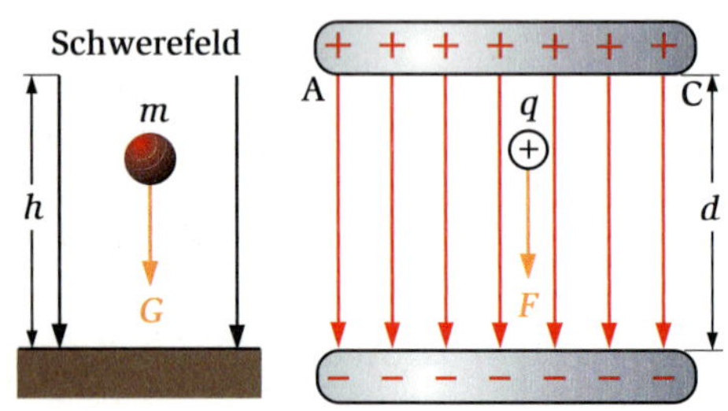

B1 Energieumsetzungen **a)** im Schwerefeld **b)** im elektrischen Feld

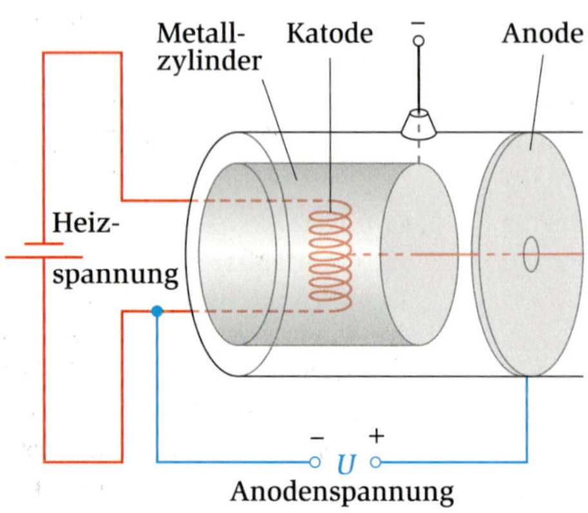

B2 Eine Elektronenkanone

1. Spannung

Spannung ist uns aus einem vorherigen Kapitel bekannt. Was sie bedeutet, zeigt **→ V1**: Ziehen wir die Platten eines geladenen Kondensators entgegen den anziehenden Feldkräften auseinander, so führen wir Energie zu. Diese steht anschließend auf Abruf bereit. Wir weisen dies mit einer Glimmlampe nach, die bei der Entladung des Kondensators nach dem Auseinanderziehen viel heller aufleuchtet als vorher, obwohl sich die Ladung auf den Platten nicht vergrößert hat. Damit steckt in der gleichen Anordnung mehr Energie. Man sagt, die Spannung zwischen den Platten hat sich vergrößert. Nachweisen lässt sich dies auch mit einem Elektroskop, dessen Ausschlag beim Auseinanderziehen der Platten steigt.

Merksatz

Spannung bedeutet, dass elektrische Energie auf Abruf bereit steht. Spannung tritt auf, wenn man entgegengesetzte Ladungen unter Energiezufuhr trennt.

Erinnern wir uns: Im Schwerefeld der Erde treibt die Gewichtskraft $G = m \cdot g$ einen Körper nach unten **→ B1a**. Dort erhält der fallende Körper die Bewegungsenergie $m \cdot g \cdot h$. Nach **→ B1b** transportiert in einem Kondensator die konstante Feldkraft $F = q \cdot E$ die Ladung q von der oberen zur unteren Platte. Der Transportweg ist der Plattenabstand d. Mittels der Feldkraft $F = q \cdot E$ wird den Ladungsträgern die Energie $W = F \cdot d = q \cdot E \cdot d$ zugeführt. Der Quotient

$$U = \frac{W}{q} = \frac{q \cdot E \cdot d}{q} = E \cdot d \qquad (1)$$

hängt von der überführten Ladung q nicht mehr ab. Er wird **Spannung** U genannt. Die Einheit der Spannung ist 1 Volt (1 V = 1 J/C).

Merksatz

Durch Feldkräfte wird der Ladung q beim Transport von einer Platte eines geladenen Kondensators zur anderen die Energie W zugeführt. Die elektrische Spannung U zwischen den Platten ist der Quotient

$$U = \frac{W}{q};\ [U] = 1\,\frac{\text{J}}{\text{C}} = 1\ \text{V (Volt)}$$

2. Die Elektronenkanone

Ein Teilchen mit Masse m und Ladung q durchläuft in einer evakuierten Röhre die Spannung U. Dabei erhält es die Energie qU, auch in einem nicht homogenen Feld. Das Teilchen erhält die

kinetische Energie $W = \frac{1}{2} m \cdot v^2 = q \cdot U$,

Geschwindigkeit $v = \sqrt{\frac{2qU}{m}}$.

Dies geschieht z. B., wenn Elektronen aus der Glühkatode einer braunschen Röhre freigesetzt werden **→ B2**. Beim „Durchfallen" der Spannung wird das Elektron immer schneller, ähnlich wie beim Fall eines Steins im Gravitationsfeld. Hat ein Elektron die Spannung U durchlaufen, so wurde ihm die Energie $W = e \cdot U$ zugeführt. Durch ein Loch in der Anode verlassen Elektronen diese *Elektronenkanone*.

Durchfliegt ein Elektron die Spannung 1 V, so ändert sich seine kinetische Energie um die Energieeinheit **1 Elektronvolt (eV)**.

$$1\ \text{eV} = 1\ e \cdot 1\ \text{V} = 1{,}6 \cdot 10^{-19}\ \text{J}.$$

Ein Helium-Kern trägt zwei Elementarladungen. Durchfliegt er die Spannung 1 V, so ändert sich die Energie um 2 eV.

3. Spannung und Feldstärke im homogenen Feld

Die Bestimmung der Feldstärke E nach ihrer Definition $E = F/q$ war mühsam. Messungen der Spannung U sind dagegen einfach. In einem homogenen Kondensatorfeld haben wir es jetzt leicht: Wir messen U und berechnen E nach Gl. 1:

$$U = E \cdot d, \quad \text{also} \quad E = \frac{U}{d}.$$ → Beispiel

Merksatz

Die elektrische Feldstärke E im homogenen Feld eines Kondensators mit Plattenabstand d und angelegter Spannung U ist

$$E = \frac{U}{d}; \quad [E] = 1\ \frac{\text{V}}{\text{m}} = 1\ \frac{\text{N}}{\text{C}}.$$

In **→ V2** messen wir mit einem Elektrofeldmeter direkt die elektrische Feldstärke vor einer Kondensatorplatte. Hierbei verändern wir mit dem Netzgerät die Spannung U bei konstantem Abstand d, dann ändern wir d bei konstantem U. Beide Versuche zusammen bestätigen $E = U/d$. Wenn wir wie in **→ V1** den Kondensator von der Quelle trennen und dann den Abstand d verändern, bleibt E konstant, da sich die Spannung U gleichzeitig mit d ändert.

Feldlinien stehen senkrecht zu Leiteroberflächen. Wird eine Probeladung entlang der Oberfläche verschoben, also senkrecht zu den Feldlinien, so ist die von den Feldkräften übertragene Energie null. Also ist die Spannung zwischen zwei Punkten null, etwa auf der Kondensatorplatte in **→ B1b** zwischen den Punkten A und C.

Analog können wir auf einer horizontalen Tischplatte einen Körper reibungsfrei verschieben, ohne seine Energie zu ändern.
Und analog zum Schwerefeld ist auch in elektrischen Feldern die übertragene Energie unabhängig davon, auf welchem Weg die Probeladung von der einen zur anderen Platte gebracht wird.

Beispiel **Feldstärke in einem Kondensator**

Bei einem Plattenkondensator mit $d = 0{,}06$ m wird $U = 6$ kV angelegt. Die Feldstärke ist dann $E = U/d = 10^5$ V/m. Ein Pendel ($l = 150$ cm) mit einem geladenen Plättchen ($G = 0{,}22$ cN, $q = 5{,}2 \cdot 10^{-10}$ C) erfährt in dem Feld die Auslenkung $s = 3{,}3$ cm. So ergibt sich $F = Gs/l = 4{,}8 \cdot 10^{-5}$ N und $E = F/q = 0{,}92 \cdot 10^5$ N/C. Die Übereinstimmung der E-Werte ist angesichts der ungenauen Kraftmessung befriedigend. Je nach Rechnung bekommen wir für E die Einheit V/m oder N/C. Diese lassen sich ineinander überführen:

$$1\ \frac{\text{V}}{\text{m}} = 1\ \frac{\text{J}}{\text{Cm}} = 1\ \frac{\text{Nm}}{\text{Cm}} = 1\ \frac{\text{N}}{\text{C}}.$$

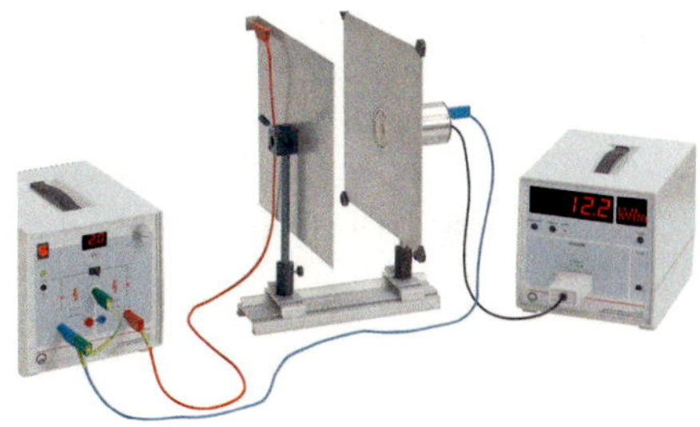

V2 Bei einem Plattenkondensator ist in einer Platte eine Öffnung, in die der Messkopf eines Elektrofeldmeters hineinpasst. So können wir direkt die elektrische Feldstärke E vor der Kondensatorplatte messen. **a)** E steigt zwischen den Platten proportional zu U. Es gilt $E \sim U$. **b)** Wir verdoppeln d bei konstantem U. E geht auf die Hälfte zurück: $E \sim 1/d$. Beide Versuche zusammen bestätigen $E = U/d$. **c)** Nun trennen wir die Platten von der Quelle. Wenn wir sie dann mit ihren konstanten Ladungen nicht allzu weit auseinander ziehen, bleibt E konstant, wie wir es auch gemäß $\sigma = \varepsilon_0 E$ erwarten. Nach $U = Ed$ steigt jetzt die Spannung des Kondensators.

A1 Zwischen zwei Kondensatorplatten mit 2,0 cm Abstand liegt die Spannung 1,0 kV. Berechnen Sie die Feldstärke sowie die Kraft auf eine Probeladung $q = 10$ nC. Bestimmen Sie die Energie, welche die Feldkräfte beim Transport von der einen zur anderen Plattenseite übertragen. Prüfen Sie die Spannungsangabe mit $U = W/q$ nach!

A2 Ein Holundermarkkügelchen hat die Masse 0,02 g und die Ladung 0,10 nC. Berechnen Sie die Geschwindigkeit, die es beim Durchlaufen von 100 kV erhält. Bestimmen Sie die Spannung zwischen waagerechten Kondensatorplatten vom Abstand 20 cm, wenn das Kügelchen darin schweben soll.

A3 In der Mitte zwischen zwei Kondensatorplatten hängt an einem Perlonfaden der Länge 1,80 m ein Plättchen der Masse 0,4 g. Der Plattenabstand beträgt 4 cm. Der Kondensator wird an eine Hochspannungsquelle mit der Spannung 1,0 kV angeschlossen. Dabei entfernt sich das Plättchen um $s = 1{,}0$ cm aus der Gleichgewichtslage. **a)** Berechnen Sie die Ladung des Plättchens. **b)** Die Masse wurde mit einer Genauigkeit von 3 %, die Länge des Pendels auf 1 %, die Spannung auf 2 %, s auf ±1 mm gemessen. Bestimmen Sie den relativen und absoluten Fehler für q.

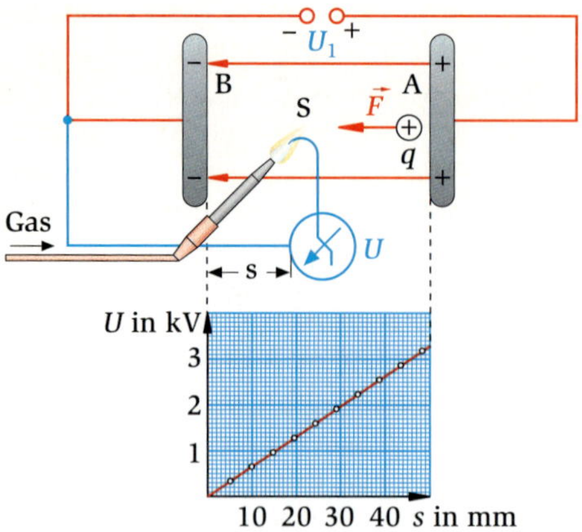

V1 Das Gehäuse eines Elektroskops liegt an der linken Platte eines auf $U = 3$ kV geladenen Kondensators. Der Zeiger ist mit einem Draht verbunden. In ihm influenziert das Feld aber Ladung und die Messung wird so erheblich gestört (das Gerät schlägt nicht aus). Mit einer kleinen Gasflamme am Drahtende S führen wir diese Influenzladung ab. Dann wird die Spannung U_{SB} vom Feldpunkt S gegenüber B angezeigt. Verschiebt man diese *Flammensonde* von S aus weiter nach A, so steigt die Spannung linear an. Die Spannung im Kondensator nimmt proportional zum Abstand von einer Platte zu. In der Mitte zwischen den Platten finden wir $U = 1{,}5$ kV. Bewegen wir die Flammensonde parallel zu den Platten, ändert sich die Spannung nicht.

1. Spannung – nicht nur zwischen Leitern

Bisher haben wir Spannungen zwischen zwei Kondensatorplatten oder Leitern gemessen. Der Schuss in der Elektronenkanone führt uns aber weiter: Längs einer Feldlinie gewinnt das Elektron laufend die Energie $W = F \cdot s = E \cdot q \cdot s$, im homogenen Feld ist sie damit proportional zum zurückgelegten Weg s. Also sollte $U = W/q = (E \cdot q \cdot s)/q = E \cdot s$ ebenfalls proportional zu s ansteigen.

Wir wollen daher untersuchen, ob es auch eine Spannung zwischen einer Platte und einem Punkt S im Feld gibt. Mit **→ V1** gelingt es tatsächlich, die Spannung U_{SB} zwischen einem Feldpunkt S und einem Bezugspunkt B auf der Platte zu messen. Die Messung zeigt uns auch die Proportionalität von U zum Weg s im Kondensator.

In **→ V1** hat Punkt A (+) gegenüber B (−) die Spannung $U = 3$ kV. Das heißt: Um von B nach A die positive Ladung $q = 1 \cdot 10^{-9}$ C zu transportieren, braucht man die Energie $W = U \cdot q = 3 \cdot 10^{-6}$ J. Kehrt diese Ladung wieder zu dem *Bezugspunkt* B auf die Platte zurück, so wird die Energie $3 \cdot 10^{-6}$ J frei. In der Elektrizitätslehre sagt man hierzu „Punkt A hat gegenüber B das **Potenzial** $\varphi_A = W/q = 3000$ J/C.

Mit dieser Größe lässt sich die Spannung U zwischen zwei beliebigen Punkten sehr einfach bestimmen: Hat z. B. ein dritter Punkt C gegenüber Bezugspunkt B die Spannung 1000 V, spricht man ihm das Potenzial $\varphi_C = 1000$ J/C zu. Um nun unsere Ladung $q = 1 \cdot 10^{-9}$ C von B nach C zu bringen, braucht man die Energie von $1 \cdot 10^{-6}$ J, und von dort weiter nach A braucht man die restlichen $2 \cdot 10^{-6}$ J. Damit besteht zwischen C und A die Spannung

$$U_{A,C} = \varphi_A - \varphi_C = 3000\,\frac{J}{C} - 1000\,\frac{J}{C} = 2000\,\frac{J}{C} = 2000\text{ V}.$$

Kennt man das Potenzial aller Punkte, so erhält man die Spannung zwischen zwei beliebigen Punkten als Differenz ihrer Potenziale.

Merksatz

Das Potenzial φ eines Punktes P ist die Spannung von P gegen ein Bezugsniveau B. Die Spannung zwischen zwei Punkten P1 und P2 ist die Potenzialdifferenz $\varphi_{P1} - \varphi_{P2}$.

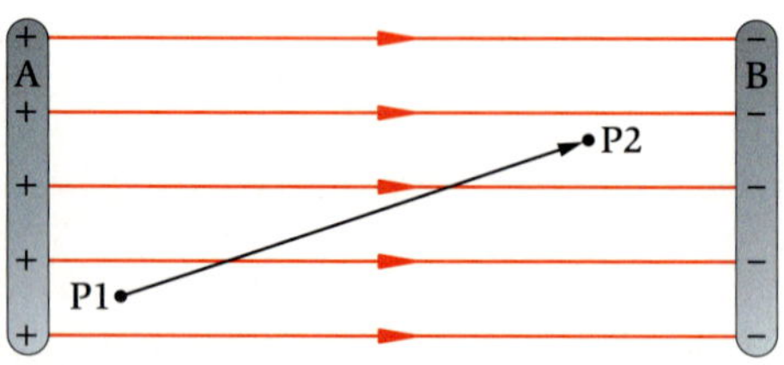

B1 Energiebetrachtungen im Kondensator

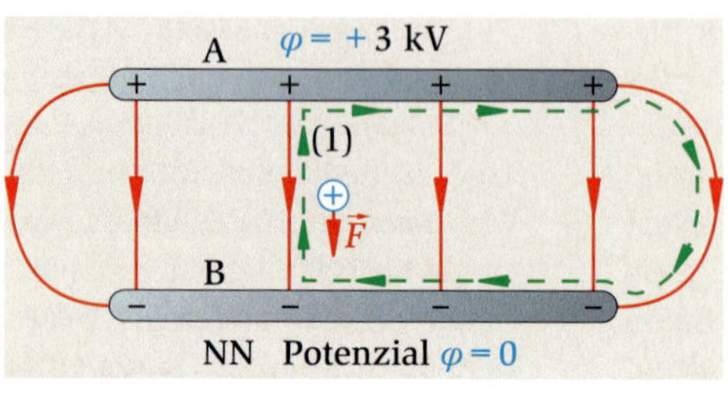

B2 Die zum Transport einer Ladung nötige Energie ist vom Weg unabhängig.

In **→ B1** geben $W_{P1\,B}$ und $W_{P2\,B}$ die Energie einer Ladung q in den Punkten P1 und P2 gegenüber Bezugspunkt B auf der Platte. In P2 hat q kleinere Energie als in P1, da P2 näher an B ist. Wenn sich nun q von P1 nach P2 bewegt, wird die Energie $W_{P1\,P2} = W_{P1\,B} - W_{P2\,B} = q\,(\varphi_{P1} - \varphi_{P2})$ frei.

Entsprechend legen wir im Kondensator in **→ B2** fest, dass die *negative* Platte (Bezugspunkt B) das Potenzial $\varphi = 0$ V habe. Wird nun eine positive Ladung q von der positiven Platte (Punkt A) durch das Feld nach B überführt, so fällt unterwegs ihre potenzielle Energie gegen B genau so ab, wie die Höhenenergie eines fallenden Steins. Man sagt auch, das Potenzial gegen B fällt längs der Strecke AB (bis auf 0 V) ab. Dabei spielt es keine Rolle, welchen Weg q nimmt. Transportiert also das Feld eine positive Ladung von höherem zu niederem Potenzial, so nimmt seine Energie ab. In umgekehrter Richtung steigt sie.

2. Äquipotenziallinien und -flächen

Bewegen wir eine Sonde senkrecht zu den Feldlinien, z. B. parallel zu den Platten, so bleibt die Spannung konstant. Diese Punkte befinden sich auf einer **Äquipotenzialfläche**. Zwischen ihren Punkten besteht keine Spannung. Wird ein geladenes Teilchen entlang der Plattenoberfläche verschoben, also *senkrecht* zu den Feldlinien, bleibt seine Energie konstant und damit sein Potenzial. Das gilt für *alle* Flächen senkrecht zu $\vec{E}$, wo auch immer die jeweilige Fläche sich zwischen den Platten befindet.

Wir erhalten so einen Hinweis, wie wir auch bei komplizierten Feldern die Flächen bzw. Linien gleichen Potenzials bestimmen können. In jedem Feld stehen die Äquipotenzialflächen *senkrecht* zu den Feldlinien.
Innerhalb eines Kondensators sind Äquipotenziallinien näherungsweise Parallelen zu den Platten **→ B3**.

Das Wort Potenzial erinnert an die potenzielle Energie (Höhenenergie) $W_h = mgh$ im Schwerefeld der Erde. Fällt ein Stein mit Masse m in der Nähe der Erdoberfläche aus der Höhe h zu Boden, so verrichten Feldkräfte Arbeit an ihm und führen ihm kinetische Energie zu. Den Nullpunkt der potenziellen Energie haben wir dabei willkürlich gewählt und auf die Erdoberfläche gelegt.

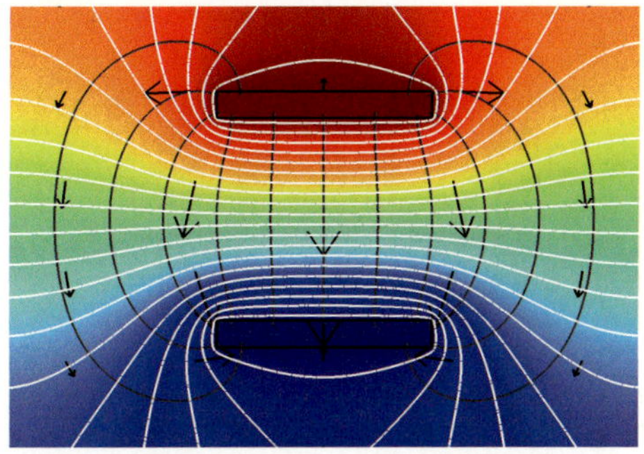

B3 Elektrische Feldlinien und Äquipotenziallinien (hell) eines Kondensators. Die Potenzialwerte sind durch Farben dargestellt. Innerhalb des Kondensators sind Äquipotenziallinien näherungsweise Parallelen zu den Platten.

3. Potenzial und elektrische Felder in Leitern

Mit einer Potenziometerschaltung **→ B4** kann man eine Spannung beliebig unterteilen. Hier wird die Spannung $U_{SA} = \varphi_S - \varphi_A$ gemessen. Die Feldstärke des homogenen Feldes im Draht der Länge l ist $E = U/l$, die Spannung entlang des Leiters mit der Länge x also $U_x = (x/l) \cdot U$. Dabei ist $\varphi_A = 0$ gesetzt.

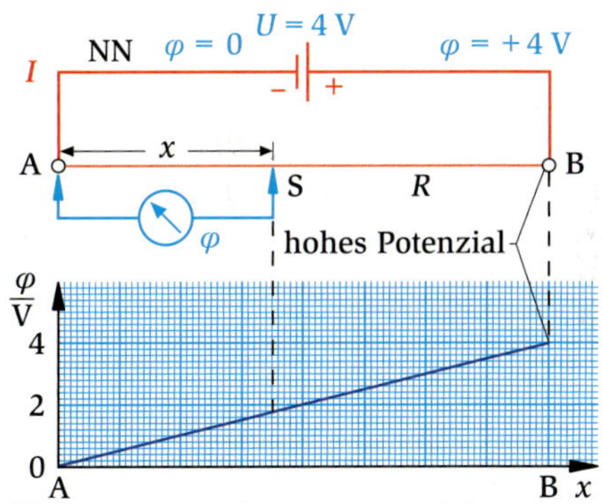

B4 Potenzialgefälle im Strom führenden Leiter. Hier wird $U_{SA} = \varphi_S - \varphi_A$ gemessen.

A1 Zwischen zwei Kondensatorplatten (Abstand 5,0 cm) mit je 450 cm² Fläche liegt die Spannung 10 kV.
a) Berechnen Sie die Feldstärke E und die Flächenladungsdichte σ der das Feld erzeugenden Ladung. Bestimmen Sie die Ladung, die jede Platte trägt. **b)** Erklären Sie, wie E und σ sich ändern, wenn man die Platten bei *abgetrennter* Spannungsquelle auseinander zieht. **c)** Bestimmen Sie E und σ, wenn sich der Plattenabstand bei *angeschlossener* Spannungsquelle verdoppelt.

A2 Der Mittelpunkt einer kleinen Kugel mit $q = 10$ nC befindet sich im Abstand 10 cm vor einer großen, geerdeten Metallplatte. Berechnen Sie die Kraft F, mit der die Kugel von der Metallplatte angezogen wird. (Hinweis: Bestimmen Sie F auf eine „Spiegelladung" 10 cm hinter der Platte).

A3 In einem Quadrat mit der Seitenlänge 2 m sei die elektrische Feldstärke E homogen. E soll den konstanten Betrag 10^3 V/m haben. Das Potenzial ist auf der linken Seite des Quadrats null. Berechnen Sie das Potenzial auf der rechten Seite des Quadrats. Beschreiben und skizzieren Sie das Potenzial.

A4 Erörtern Sie Unterschiede sowie Gemeinsamkeiten von elektrischem Potenzial und elektrischer Feldstärke.

A5 Ein Proton (Masse $m = 1{,}67 \cdot 10^{-27}$ kg, Ladung $q = 1{,}6 \cdot 10^{-19}$ C) bewegt sich in einem homogenen Feld mit $E = 10$ V/m in Richtung von dessen Feldlinien. Am Anfang hat es die Geschwindigkeit $v = 0$ m/s. Berechnen Sie v, wenn es sich 5 cm in Richtung des Feldes bewegt hat.

A6 Bei einem Gewitter besteht eine elektrische Feldstärke von $6{,}0 \cdot 10^5$ V/m zwischen Erdboden und einer positiv geladenen Wolkenschicht. Die untere Grenze der ausgedehnten Wolkenschicht befindet sich 1 km über dem Boden.
a) Skizzieren Sie das Potenzial in Abhängigkeit von der Höhe.
b) Berechnen Sie die Spannung zwischen der Wolkenschicht und der Erdoberfläche. Bestimmen Sie die Spannung zwischen dem Kopf und den Füßen eines 2 m großen Mannes, der ganz aus Isoliermaterial besteht, also ein Pappkamerad ist.

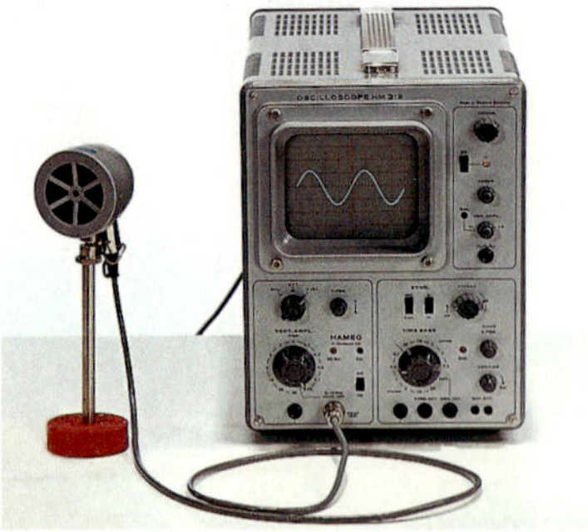

B1 Ein Oszilloskop macht einen Ton sichtbar.

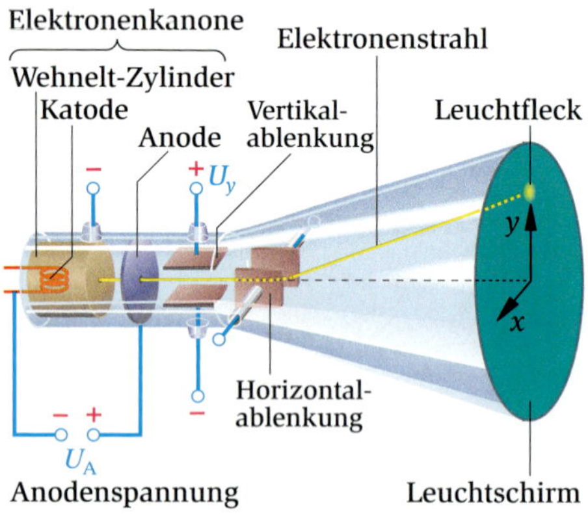

B2 Aufbau einer braunschen Röhre

V1 **a)** Wir messen wie in → **B2** die Ablenkung y des Elektronenstrahls in Abhängigkeit von der Spannung U_y, die an der Vertikalablenkung liegt. Dabei lassen wir die Anodenspannung U_A konstant. **b)** Wir messen die Ablenkung y in Abhängigkeit von U_A bei konstanter Kondensatorspannung U_y.

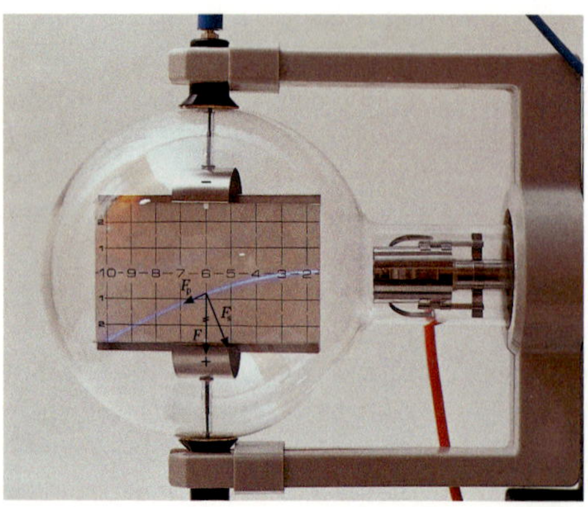

B3 In der Elektronenstrahlablenkröhre wird die Parabelbahn der Elektronen deutlich sichtbar.

1. Elektronen im elektrischen Querfeld

Schnell veränderliche Vorgänge werden oft durch Sensoren in elektrische Spannungsabläufe $U(t)$ umgewandelt. Dazu gehören Schallschwingungen in der Luft oder Druckänderungen im Motor. Damit sie unser Auge verfolgen kann, benutzt man *Oszilloskope* → **B1**.

Das Herzstück eines Oszilloskops ist die **braunsche Röhre** → **B2**. In einer luftleeren Röhre befindet sich eine Elektronenkanone. Die Elektronen werden von der Glühkatode zur Anode durch die Anodenspannung U_A beschleunigt. Der negativ geladene Wehnelt-Zylinder bündelt den Strahl, der geradlinig zum Leuchtschirm fliegt.

Wir legen jetzt wie in → **B2** eine Spannung U_y an die Kondensatorplatten der Vertikalablenkung. Dadurch entsteht ein elektrisches Feld zwischen der oberen und der unteren Platte. In ihm wird der Elektronenstrahl nach oben abgelenkt. Nach → **V1** ist die Ablenkung y proportional zu U_y und $1/U_A$. Daher ist die braunsche Röhre zur Messung von Spannungen nutzbar.

Merksatz

Die **Ablenkung** y des Elektronenstrahls in einer braunschen Röhre ist proportional zur Ablenkspannung U_y und dem Kehrwert der Anodenspannung $1/U_A$.

2. Die Bahn des Elektronenstrahls im Kondensator

Den Weg der Elektronen im Innern des Kondensators wollen wir jetzt genauer untersuchen. Von der Elektronenkanone werden sie auf die Geschwindigkeit v_x beschleunigt. Mit dieser konstant bleibenden Geschwindigkeit treten sie in den Kondensator ein.

An den Kondensatorplatten liegt die Spannung U_y. Diese erzeugt im Kondensator die elektrische Feldstärke $E_y = U_y/d$. Gegen die Richtung des elektrischen Kondensatorfeldes werden die Elektronen mit $a_y = F_y/m = (e/m) \cdot E_y$ beschleunigt. Sie bewegen sich somit parallel zu den Kondensatorplatten gleichförmig, senkrecht dazu gleichmäßig beschleunigt. Diese Situation ist dem *waagerechten Wurf* vergleichbar. Wenn wir die Zeit t aus den Zeit-Weg-Funktionen

$$y = \frac{1}{2} a_y t^2 \quad \text{und} \quad x = v_x t$$

eliminieren, erhalten wir als Bahngleichung die *Parabelgleichung*

$$y = \frac{1}{2} a_y \frac{x^2}{v_x^2}.$$

Nach dieser Gleichung werden die Elektronen nach Durchlaufen eines Kondensators der Länge l abgelenkt um y_1 mit

$$y_1 = \frac{1}{2} \frac{e U_y l^2}{m d v_x^2}, \quad \text{→ B3}.$$

Die Ablenkung ist also umso stärker, je höher die Kondensatorspannung ist. Verdoppelt man die Länge, so vervierfacht sich die Ablenkung. Die Proportionalität zu $1/d$ bedeutet, dass die Ablenkung stärker ist, wenn die Platten näher zusammen stehen. Da $v_x^2 \sim U_A$ ist, kann man dieser Gleichung auch die Proportionalität der Ablenkung zu $1/U_A$ entnehmen.

Vertiefung

Wie steht das Bild?

a) Legen wir eine Sinusspannung U_y an die *y*-Ablenkung eines Oszilloskops, erhalten wir einen Leuchtfleck, der auf dem Schirm in einer Periode die Punkte 1-2-3-4-1 durchläuft **→ B4a**. Da der Schirm nachleuchtet, rufen schnelle Bewegungen des Flecks (hier Periode 1/50 s) den Eindruck eines senkrechten Strichs hervor. Den zeitlichen Verlauf der Spannung sehen wir nicht.

b) Legen wie eine *Sägezahnspannung* U_x an die *x*-Ablenkung, sehen wir einen von links nach rechts über den Bildschirm wandernden Fleck **→ B4b**. Wenn die Frequenz hoch genug ist, haben wir wieder den Eindruck eines Striches.

c) Jetzt kombinieren wir diese Sägezahnspannung U_x an der *x*-Ablenkung mit U_y an der *y*-Ablenkung. Während der Leuchtfleck von links nach rechts läuft, wird er gleichzeitig durch U_y an der *y*-Ablenkung nach oben und unten bewegt. Ist er ganz rechts angekommen, wird U_x auf null gesetzt; der Leuchtfleck springt zurück und verharrt in diesem Zustand so lange, bis sich U_y in einer bestimmten Phase befindet, etwa in einem Wechsel von Minus nach Plus. Erst dann wird U_x erneut gestartet – die Sägezahnspannung wird durch U_y *getriggert*. Dieser Vorgang wiederholt sich periodisch. Was U_y *zeitlich nacheinander* ausführt, wird dadurch zu einem *räumlichen Nebeneinander*. Zwei Perioden von U_y werden auf dem Oszilloskop sichtbar **→ B4c**, sofern nur die Frequenz von U_y genügend groß ist.

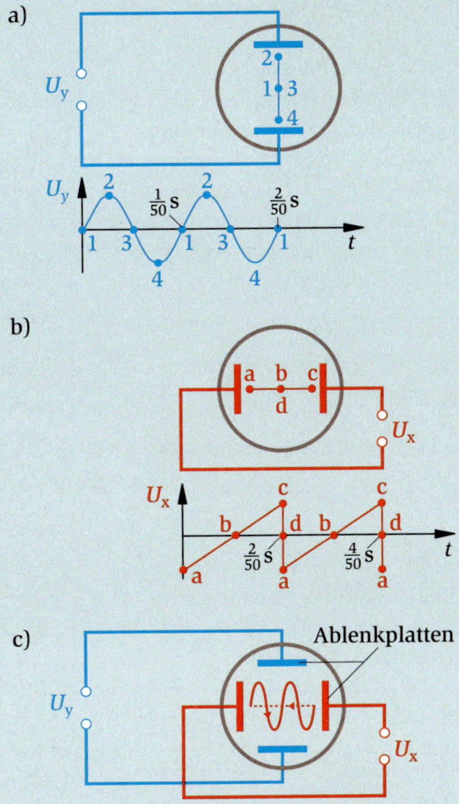

B3 Periodischer Spannungsverlauf: **a)** U_y lenkt nur vertikal, **b)** die Sägezahnspannung U_x nur horizontal ab. **c)** Beide wirken zusammen.

A1 Eine braunsche Röhre wird mit $U_A = 250$ V betrieben. Bei $U_y = 45$ V beträgt die Ablenkung $y = 1{,}5$ cm. **a)** Berechnen Sie die Kondensatorspannung U_y für $y = 5$ cm. **b)** U_A wird auf 200 V reduziert. Berechnen Sie die Ablenkung *y* für $U_y = 45$ V. Bestimmen Sie auch die zu $y = 5$ cm gehörende Spannung U_y.

A2 **a)** Beweisen Sie die Formeln für die Ablenkung y_1 eines Elektrons im Plattenkondensator **→ Ziff. 2**. **b)** Ermitteln Sie eine Formel für die gesamte Ablenkung *y*. Benutzen Sie die gegebene Skizze.

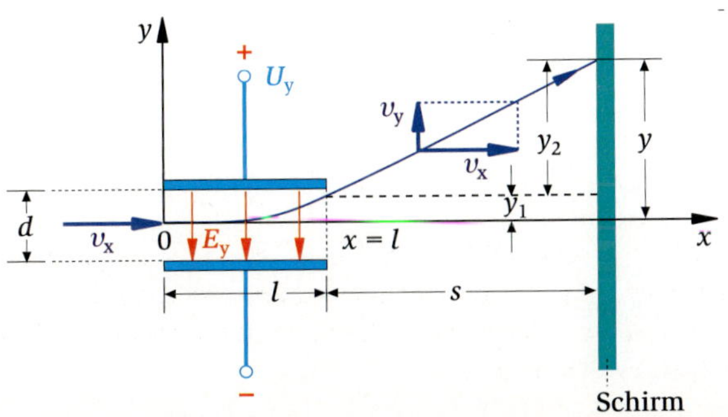

A3 Der Elektronenstrahl einer braunschen Röhre, die mit $U_A = 1000$ V betrieben wird, durchläuft einen Kondensator mit $U_y = 100$ V. Der Plattenabstand beträgt $d = 1$ cm, die Länge $l = 4$ cm. **a)** Berechnen Sie die Kraft *F* auf ein Elektron, seine Beschleunigung *a* und seine Eintrittsgeschwindigkeit v_x in den Kondensator. **b)** Ermitteln Sie die Zeit *t*, die das Elektron zum Durchlaufen des Kondensators braucht. **c)** Berechnen Sie die Ablenkung y_1, die das Elektron im Kondensator erfährt und die Gesamtablenkung *y* auf dem $s = 20$ cm entfernten Leuchtschirm **→ A2**.

A4 Elektronen werden in einer Elektronenkanone mit $U_0 = 100$ V beschleunigt. Dann fliegen sie (ständig im Vakuum) durch eine Öffnung in einen Plattenkondensator, dessen Feldlinien entlang der Flugrichtung zeigen. Der Plattenabstand ist $d = 0{,}1$ m. **a)** Die Kondensatorspannung beträgt $U_1 = 70$ V. Berechnen Sie die Bremsverzögerung *a* der Elektronen. Bestimmen Sie die Zeit *t*, in der sie den Kondensator durchfliegen. **b)** Am Kondensator liegen jetzt $U_2 = 400$ V. Ermitteln Sie, welche Strecke die Elektronen im Kondensator zurücklegen können, bevor sie umkehren.

V1 **a)** Zwei Kondensatorplatten der Fläche $A = 450\ \text{cm}^2$ haben den Abstand $d = 2{,}0$ mm. Wir legen die Spannung U zwischen beide. Mit dem Messverstärker bestimmen wir die Ladung Q einer Platte und notieren das Ergebnis in **→ T1**. Wir erkennen, dass $Q \sim U$ ist, der Quotient $C = Q/U$ ist konstant.

b) Wir stellen eine Kugel vor eine Metallplatte und legen zwischen beide die Spannung U. Sie nehmen die Ladungen $\pm Q$ auf, die zu U proportional sind. Wir haben auch bei inhomogenem Feld einen Kondensator mit der konstanten Kapazität $C = Q/U$ vor uns.

U in V	50	100	150	200
Q in nC	10	20	30	40
C* = *Q*/*U in nF	0,2	0,2	0,2	0,2

T1 Ladung ist proportional zur Spannung

V2 Wir bringen in den ganzen vom homogenen Feld erfüllten Raum des Kondensators eine Glasplatte. Bei der Spannung 100 V ist die Ladung 5-mal größer als ohne die Platte. Glas erhöht also die Kapazität um den Faktor $\varepsilon_r \approx 5$. ε_r ist vom Isolator abhängig **→ T2**.

Luft bei 1 bar = 10^5 Pa	1,00058
Paraffin	2
Öl	2 bis 2,5
Glas	5 bis 16
Ethanol (Alkohol)	26
Wasser	81
Keramik mit Ba, Sr	10^4

T2 Permittivitätszahlen ε_r

Interessantes

Fahrradbeleuchtung im Stand

Die Beleuchtung eines Fahrrads wird während der Fahrt durch den Dynamo betrieben. Steht das Rad z. B. an einer Ampel, so leuchtet das Rücklicht nicht. Das Fahrrad ist so von anderen Verkehrsteilnehmern schlecht zu sehen. Zusätzlich zum Rückstrahler enthalten manche Rücklichter daher einen Kondensator, der während der Fahrt aufgeladen wird. Im Stand wird von dem geladenen Kondensator eine Leuchtdiode gespeist, die etwas Licht aussendet. Leuchtdioden kommen mit schwächeren Strömen als Glühlämpchen aus.

1. Wie viel Ladung fasst ein Kondensator?

Bisher haben wir Plattenkondensatoren ihres Feldes wegen untersucht. Nun sind in Radios und Computern Kondensatoren so wichtig wie Widerstände – aber nicht um Felder zu erzeugen, sondern um Ladung und Energie zu speichern. Die Flächendichte $\sigma = Q/A$ auf ihrer Plattenfläche A beträgt bei Luft $\sigma = \varepsilon_0 E = \varepsilon_0 U/d$. Die Ladung $Q = \sigma A = \varepsilon_0 A\, U/d$ ist also der Spannung U proportional. Deshalb ist der Quotient

$$C = \frac{Q}{U} = \frac{\varepsilon_0 A}{d} \qquad (1)$$

von U unabhängig **→ V1**. Dieser Quotient C heißt **Kapazität** des Kondensators.

Merksatz

Die Ladungen $+Q$ und $-Q$ auf den beiden Platten eines Kondensators sind der Spannung U zwischen ihnen proportional. Unter der Kapazität C eines Kondensators versteht man den Quotienten aus Ladung Q und Spannung U

$$C = \frac{Q}{U}; \text{ Einheit: } 1\,\frac{\text{C}}{\text{V}} = 1 \text{ F (Farad).}$$

2. Mehr Kapazität durch Isolatoren

Bringt man einen Isolator in einen Kondensator, so steigt seine Kapazität **→ V2**. Diese Entdeckung machte M. FARADAY. Er schloss daraus, dass auch Isolatoren elektrische Eigenschaften haben und nannte sie Dielektrika. Den Faktor ε_r, mit der ein Dielektrikum die nach Gl. 1 berechnete Kapazität vergrößert, nennt man **Permittivität**. Luft erhöht die Kapazität gegenüber Vakuum nur geringfügig, dort ist $\varepsilon_r \approx 1$. Man bezieht ε_r bei genauen Versuchen auf das Vakuum und gibt ihm dort den Wert 1.

Merksatz

Die Permittivität ε_r gibt die Erhöhung der Kapazität durch ein Dielektrikum an. Im Vakuum ist $\varepsilon_r = 1$.
Die Kapazität eines Plattenkondensators mit der Fläche A und dem Plattenabstand d ist bei homogenem Feld

$$C = \varepsilon_0 \varepsilon_r \frac{A}{d}.$$

Dielektrika erhöhen die Kapazität und damit bei konstanter Spannung die Ladung. Mit $Q = CU = (\varepsilon_0 \varepsilon_r A/d)\,U$ und $U = Ed$ ergibt sich für die Flächendichte σ ebenfalls ein größerer Wert:

$$\sigma = Q/A = \varepsilon_0 \varepsilon_r E.$$

3. Kugeln als Kondensatoren

Aus dem Coulomb-Potenzial $\varphi = Q/(4\pi\varepsilon_0 r)$ erhalten wir die Spannung $U = Q/(4\pi\varepsilon_0 r)$ einer freistehenden Kugel gegen das Unendliche. Der Quotient Q/U liefert, um die Permittivität ε_r ergänzt, die Kapazität von Kugeln mit dem Radius r:

$$C = 4\pi\varepsilon_0\varepsilon_r r.$$

4. Schaltung von Kondensatoren

Auch Kondensatoren können wir *parallel* oder *in Reihe* schalten. Zum Vergleich seien die entsprechenden Formeln für ohmsche Widerstände genannt.

a) Nach → **B1a** liegen drei Kondensatoren mit den Kapazitäten C_1, C_2, C_3 *parallel*, also an der gleichen Spannung U. Beim Aufladen fließt in der Sammelleitung die Summe Q der Einzelladungen $Q_1 = C_1 U$, $Q_2 = C_2 U$, $Q_3 = C_3 U$; insgesamt also $Q = Q_1 + Q_2 + Q_3 = (C_1 + C_2 + C_3)\,U$. Damit lässt sich diese Parallelschaltung durch *einen* Kondensator ersetzen. Er hat als Ersatzkapazität $C = Q/U$ die Summe der Einzelkapazitäten:

$$C = C_1 + C_2 + C_3 .$$

Der Ersatzwiderstand R bei der Parallelschaltung von Widerständen wird dagegen berechnet nach:

$$\frac{1}{R} = \frac{1}{R_1} + \frac{1}{R_2} + \frac{1}{R_3} .$$

b) Nach → **B1b** sind drei beliebige Kondensatoren *in Reihe* geschaltet. Die Quelle mit der Spannung U pumpt Elektronen von der linken Platte des ersten auf die rechte Platte des dritten Kondensators. Diese äußeren Platten tragen dann die Ladung $+Q$ bzw. $-Q$. Durch Influenz werden die dazwischenliegenden Platten ebenfalls geladen. Die drei Teilspannungen $U_1 = Q/C_1$, $U_2 = Q/C_2$, $U_3 = Q/C_3$ addieren sich zur Gesamtspannung $U = U_1 + U_2 + U_3$. Für die Ersatzkapazität $C = Q/U$ gilt bei der Reihenschaltung

$$\frac{1}{C} = \frac{U}{Q} = \frac{1}{Q}\left(\frac{Q}{C_1} + \frac{Q}{C_2} + \frac{Q}{C_3}\right) = \frac{1}{C_1} + \frac{1}{C_2} + \frac{1}{C_3} .$$

Der Ersatzwiderstand R bei der Reihenschaltung von Widerständen ist dagegen:

$$R = R_1 + R_2 + R_3 .$$

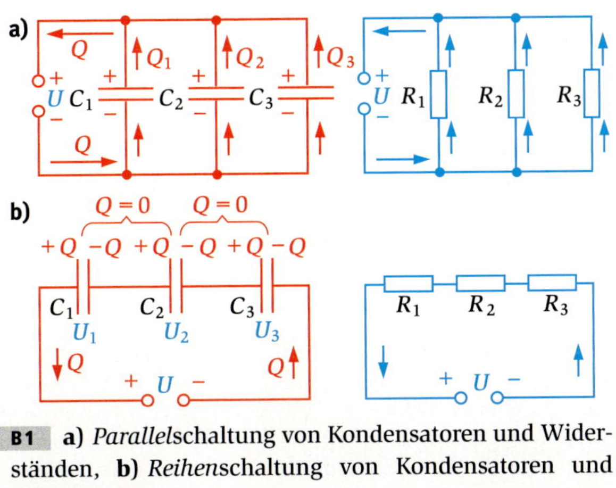

B1 **a)** *Parallel*schaltung von Kondensatoren und Widerständen, **b)** *Reihen*schaltung von Kondensatoren und Widerständen.

Die Formeln für die Reihen- oder Parallelschaltung von Kondensatoren sind den Formeln bei der Schaltung von ohmschen Widerständen ähnlich, allerdings sind jeweils die Rollen für die Berechnung vertauscht.

Merksatz

Die Ersatzkapazität von parallel geschalteten Kondensatoren ist die Summe der Einzelkapazitäten.
Bei der Reihenschaltung addieren sich die Kehrwerte der Einzelkapazitäten zum Kehrwert der Ersatzkapazität. Diese ist kleiner als jede Einzelkapazität.

5. Zeigerinstrumente messen auch Ladungen

Elektrometer sind in Volt geeichte Elektroskope, also Spannungsmesser. Bei jeder Messung tragen sie Ladungen. Also stellen sie auch Kondensatoren dar. Kennt man ihre Kapazität C_E → **Beispiel**, so lässt sich ihre Ladung nach $Q = C_E U$ berechnen (die Spannung U wird direkt vom Elektrometer angezeigt).

Messverstärker sind an sich Spannungsmesser. Parallel zu ihrem Eingang liegt ein Kondensator C. Bringt man auf diesen Kondensator die zu messende Ladung Q, so nimmt er die Spannung $U = Q/C$ an. U wird gemessen, $Q = CU$ berechnet und angezeigt. Der Messverstärker wurde zum Ladungsmesser.

Beispiel **Kapazität eines Elektrometers**

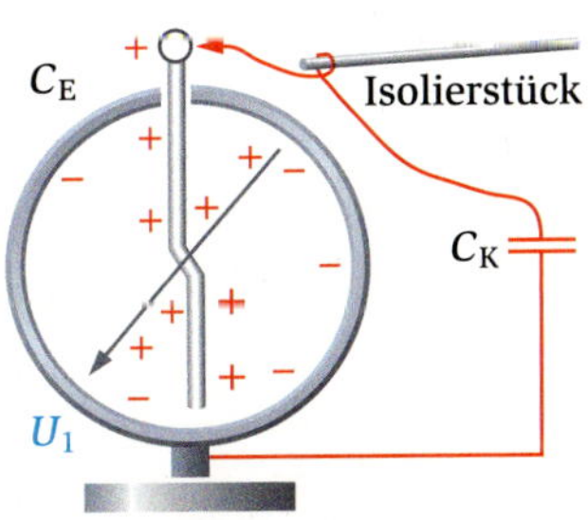

B2 Bestimmung der Kapazität eines Elektroskops.

Ein Elektrometer zeigt die Spannung $U_E = 3{,}0$ kV. Um dessen Kapazität C_E zu bestimmen, schaltet man einen Plattenkondensator nach → **B2** ($A = 100\ \text{cm}^2$, $d = 1$ mm) parallel. Die Spannung sinkt dabei auf $U_2 = 1$ kV.

Kurzlösung:
Die Kapazität des Kondensators ist $C_K = \varepsilon_0 A/d = 88{,}5$ pF. Die Ladung des Elektrometers berechnet sich *vor* dem Anlegen des Kondensators mit $Q = C_E U_E$. Nach dem Anlegen verteilt sich dieselbe Ladung Q auf Elektrometer und Kondensator, diese haben dann gleiche Spannung U_2, sie sind also parallel geschaltet mit der Ersatzkapazität $C = C_E + C_K$.
Also ist

$$C_E U_E = C U_2 = (C_E + C_K)\,U_2 \text{ und damit}$$

$$C_E = \frac{C_K U_2}{(U_E - U_2)} = 44{,}3\ \text{pF}.$$

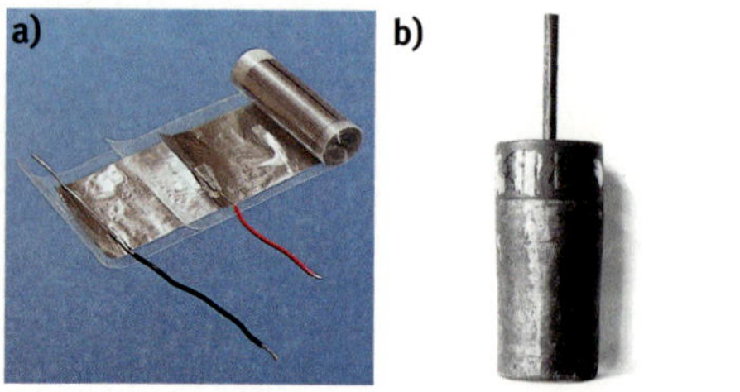

B1 **a)** Blockkondensator **b)** Leidener Flasche

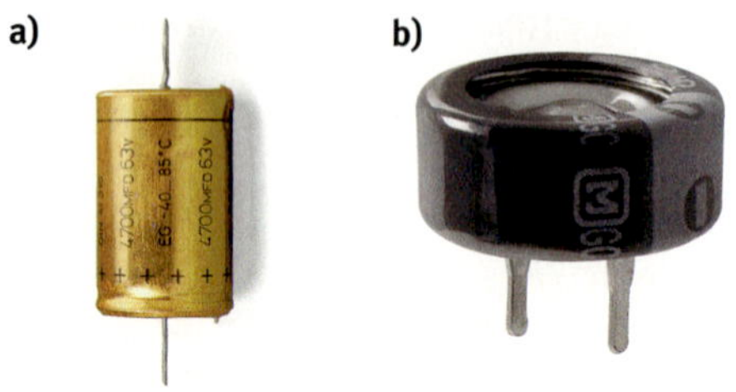

B2 **a)** Elektrolytkondensator,
b) Goldcap-Doppelschichtkondensator

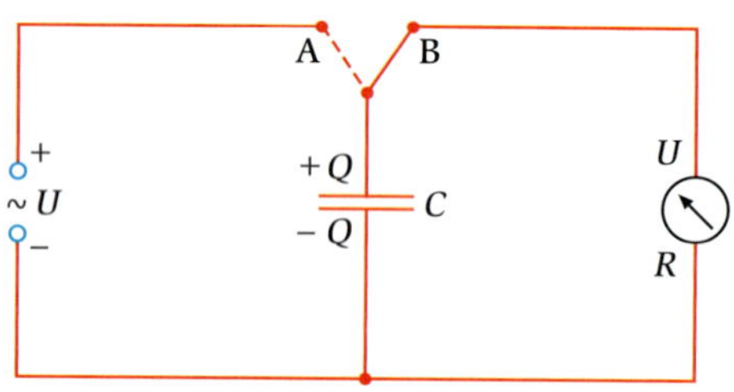

V1 Wir legen einen auf 40 V geladenen Kondensator mit $C = 10\ \mu\text{F}$ an einen Spannungsmesser mit dem Innenwiderstand $R = 1\ \text{M}\Omega$. Der Entladevorgang lässt sich jetzt mit einer Stoppuhr in Ruhe betrachten.

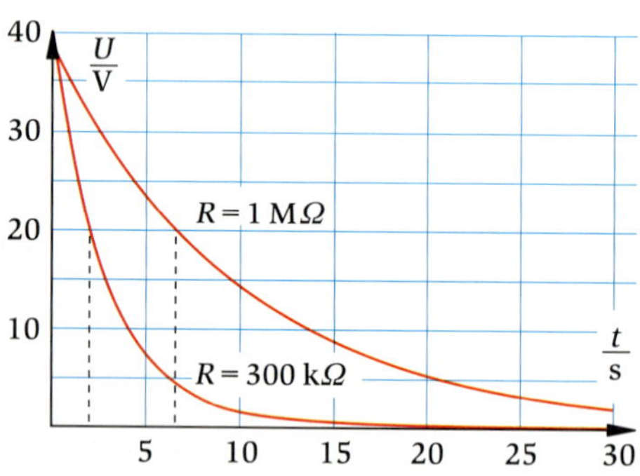

B3 In **→ V1** ist die Spannung am Spannungsmesser mit $R = 1\ \text{M}\Omega$ nach 7 s auf die Hälfte (20 V) gesunken. Nach weiteren 7 s messen wir 10 V, also die Hälfte des letzten Wertes (20 V). Bei diesem Widerstand 1 MΩ ist die Halbwertszeit 7 s. Bei nur $R = 300\ \text{k}\Omega$ ist auch die Halbwertszeit kleiner, etwa 2 s.

6. Kondensatoren in Labor und Technik

a) In **Blockkondensatoren** bestehen die „Platten" aus zwei langen zusammengewickelten Aluminiumfolien. Das mit Paraffin getränkte Dielektrikum Papier trennt sie **→ B1a**. Da im Innern von beiden Seiten eines Streifens Feldlinien zum anderen Streifen verlaufen, muss man bei der Flächenberechnung beide Seiten eines Streifens nehmen.
b) Bei hohen Spannungen an Influenzmaschinen benutzt man das Glas von **Leidener Flaschen** als Dielektrikum **→ B1b**. Als „Platten" wirken die mit Metallfolien beklebte Innen- und Außenseite.
c) Elektrolytkondensatoren **→ B2a** haben eine Aluminium- oder Tantalfolie als Plusplatte und eine saugfähige, mit einem Elektrolyten getränkte Papierschicht als Minusplatte. Als Dielektrikum erzeugt man beim Herstellen mit Gleichstrom elektrolytisch zwischen beiden eine extrem dünne, nichtleitende, durchschlagfeste Oxidschicht. So wird eine hohe Kapazität (bis 1 F) auf kleinem Raum konzentriert. Doch muss man die zulässige *Höchstspannung* und Polung beachten. Sonst kann der Kondensator explodieren.
d) Bei **Doppelschichtkondensatoren** **→ B2b** wird eine sehr hohe Kapazität erreicht (bis einige 1000 Farad). Dort liegt eine sehr dünne Membran und ein Elektrolyt zwischen aktivierten Kohlenstoffelektroden. Diese Kondensatoren lassen beim Entladen große Ströme zu und können so Akkus ersetzen. In der Elektronik werden diese Kondensatoren als Haltespeicher zum Datenerhalt nach Stromausfall verwendet. Beim Bremsen von Elektrofahrzeugen arbeiten die Fahrmotoren als Generatoren und die so zurückgewonnene Energie wird in Kondensatoren hoher Kapazität für den nächsten Anfahrvorgang gespeichert.
e) Bei **Keramikkondensatoren** sind Metallbeläge auf kleine keramische Scheiben oder Röhren aufgedampft. Die Kapazität beträgt einige wenige pF.
Kondensatoren dienen zur **Glättung** pulsierender Gleichspannungen. In **Zeitschaltgliedern** verwendet man die Auf- oder Entladung von Kondensatoren, um nach einer bestimmten Zeit Schalter zu betätigen. Dies untersuchen wir nun genauer.

7. Kondensator-Entladung

Im **→ V1** entladen wir einen geladenen Kondensator langsam über einen Widerstand und registrieren den Spannungsverlauf $U(t)$ **→ B3**. Für den Widerstand $R = 1\ \text{M}\Omega$ ist die Spannung nach 7 s vom Anfangswert 40 V auf die Hälfte gesunken. Müsste dann nicht nach 14 s der Kondensator ganz entladen sein? Überraschenderweise zeigt dann der Spannungsmesser nicht 0 V, sondern 10 V an. Nach weiteren 7 s ist die Spannung nochmals auf die Hälfte (jetzt 5 V) gesunken. Dies geht immer so weiter. Diese Zeit, nach der sich die Ladung halbiert, nennt man **Halbwertszeit**. Wir hatten irrtümlich vermutet, die Abnahme erfolge linear mit der Zeit t.

Zu Beginn ist die Spannung noch groß, also auch der Entladestrom. Doch nehmen die Ladung Q der positiven wie der negativen Platte und nach $Q = C \cdot U$ auch die Spannung schnell ab. Hat die positiv geladene Platte nur noch wenig Ladung, so sind auch Spannung und Stromstärke klein. U und Q nähern sich (asymptotisch) dem Wert null. Wir können hier keine Entladezeit, wohl aber eine Halbwertszeit T_{H} angeben.

1. Kondensatoren im Auto statt Benzin im Tank?

Mit einem aufgeladenen Kondensator können wir einen Motor laufen lassen und sogar ein Gewichtsstück heben **→ V2**. Es steckt somit Energie im Kondensator. In Bussen werden sogenannte Ultracap-Kondensatoren als Energiespeicher eingesetzt. Sie laden sich über einen Generator beim Bremsen auf und treiben dann beim Anfahren einen Elektromotor an – Abgase werden so deutlich reduziert.

Doch wie viel Energie kann in einem Kondensator gespeichert werden? Wäre die Spannung $U(t)$ beim Aufladen eines Kondensators konstant, könnten wir die zum Transport der Ladung Q nötige Energie mit $W = Q \cdot U$ berechnen. Ihr entspräche der Flächeninhalt des linken Rechtecks in **→ B4a**. Beim Aufladen steigt jedoch die Spannung am Kondensator proportional zur bereits aufgenommenen Ladung von null bis $U = Q/C$ an **→ B4b**.

Wählen wir in **→ B4b** nun einen Abschnitt ΔQ so schmal, dass U in diesem Abschnitt praktisch konstant bleibt. Addieren wir diese schmalen Streifen, so ist die Summe dieser Rechtecksflächen näherungsweise gleich der Dreiecksfläche im Q-U-Diagramm. Je kleiner ΔQ ist, umso genauer wird die Näherung.
Daraus schließen wir: Die Dreiecksfläche $\frac{1}{2} Q U$ liefert die gesuchte Energie W, die man braucht, um einem Kondensator der Kapazität C die Ladung $Q = CU$ zuzuführen. Ineinander eingesetzt ergibt sich:

Merksatz

Die Energie eines geladenen Kondensators ist

$$W = \frac{1}{2} Q U = \frac{1}{2} C U^2 = \frac{1}{2} \frac{Q^2}{C}.$$

Beim Entladen wird diese Energie frei.

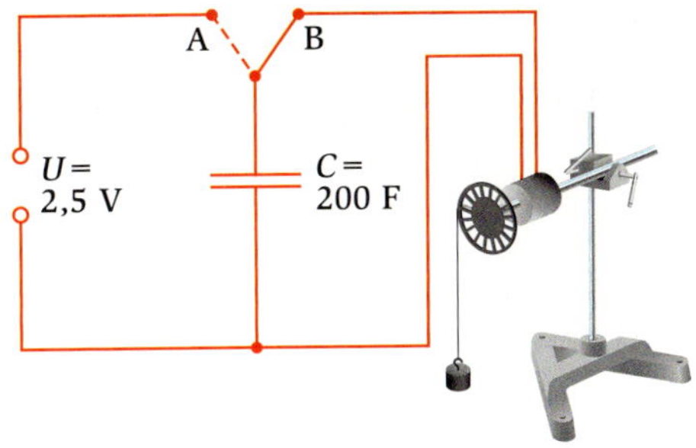

V2 Ein Kondensator der Kapazität $C = 200$ F wird mit der Spannung 2,5 V aufgeladen. Beim Entladen treibt er einen kleinen Motor.

Warnung
Der Umgang mit Hochspannungskondensatoren ist gefährlicher als mit Schulnetzgeräten für Hochspannung. In letzteren begrenzen große Widerstände die Stromstärke auf wenige mA, in Kondensatoren nicht.

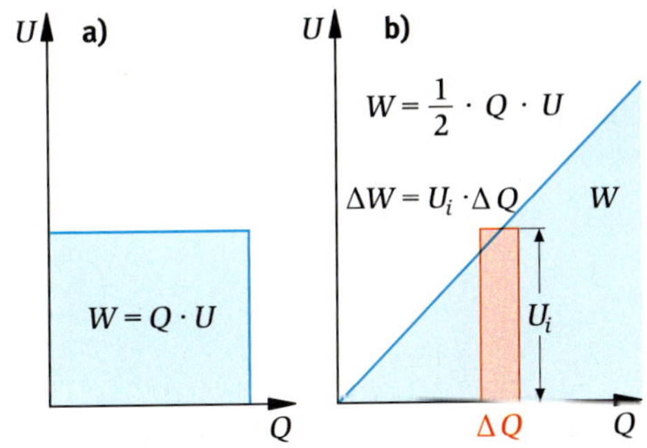

B4 Elektrische Energie als Fläche im Q-U-Diagramm; **a)** wenn U = konst., **b)** beim Aufladen eines Kondensators, wenn $U = Q/C$.

A1 In **→ V2** wird ein Gewichtstück der Masse 0,5 kg gehoben. Nehmen Sie an, die Energie des Kondensators könnte vollständig in Höhenenergie umgesetzt werden, und berechnen Sie die maximale Höhe. Warum steht nur ein Teil der Energie des Kondensators zum Heben zur Verfügung?

A2 Zwei kreisförmige Platten von 24 cm Durchmesser haben den Abstand 4,0 mm. **a)** Berechnen Sie den Energieinhalt bei $U = 3{,}0$ kV und $U = 6{,}0$ kV. **b)** Berechnen Sie die Kraft, mit der die Platten sich anziehen. **c)** Sie messen, dass die anziehende Kraft 5 mN ist. Berechnen Sie daraus die dabei bestehende Spannung.

A3 Ein Kondensator von 10 µF wird auf 200 V aufgeladen und einem auf 100 V geladenen gleicher Kapazität parallel geschaltet, ohne dass Ladung verloren geht. Berechnen Sie die Spannung, die die Kondensatoren annehmen und die elektrische Energie, die dabei als Wärme abgeht.

A4 Schätzen Sie ab, welche elektrische Energie in der Erdatmosphäre gespeichert ist, wenn man annimmt, dass das elektrische Feld bis in 1000 m Höhe reicht und die mittlere Feldstärke 150 V/m beträgt.

A5 In großen Fusionsplasma-Anlagen werden Kondensatorbatterien mit der Kapazität 0,1 F auf 50 kV aufgeladen. Berechnen Sie deren Energie. Diese Kondensatoren werden in 10^{-3} s entladen. Bestimmen Sie die mittlere Leistung und vergleichen Sie dies mit der Leistung des Pumpspeicherkraftwerks Wehr (992 MW).

A6 Ein Goldcap-Kondensator mit der Kapazität 1 F wird auf 4 V aufgeladen. **a)** Schätzen Sie ab, wie lange er ein Lämpchen mit der Aufschrift 3,8 V und 70 mA zum Leuchten bringen kann. **b)** Die Leuchtdauer ändert sich, wenn das Lämpchen durch eine Diode ersetzt wird. Die mittlere Leistung beträgt 20 mW und die Diode leuchtet, wenn die Spannung zwischen 4 V und 2 V beträgt. Bestimmen Sie die Leuchtdauer der Diode.

1. Der Millikan-Versuch

Genaue Experimente des Amerikaners Robert A. MILLIKAN (Nobelpreis 1923) zeigten 1909, dass positive wie negative Ladungsträger nur als ganzzahlige Vielfache einer kleinsten Ladung auftreten, der **Elementarladung** e. Die Ladung eines Elektrons hat genau diesen Betrag, ist aber negativ: $q_{\text{Elektron}} = -e$. Messungen für e ergeben $e = 1{,}602\,176\,487 \cdot 10^{-19}$ C.

In → **B1** ist das Schema des Versuchs von MILLIKAN gezeichnet. Mit einem Mikroskop betrachtet man den Raum zwischen zwei Kondensatorplatten. Durch eine Öffnung werden mit einem Zerstäuber kleine Öltröpfchen zwischen die Platten geblasen. Beim Zerstäuben des Öls werden viele davon geladen. Legt man eine Spannung zwischen die Platten (die untere sei negativ geladen), sinken viele Tröpfchen unbeeinflusst weiter, sie sind ungeladen. Einige Tröpfchen steigen zur oberen Platte auf, sind also negativ geladen, positiv geladene sinken schneller.

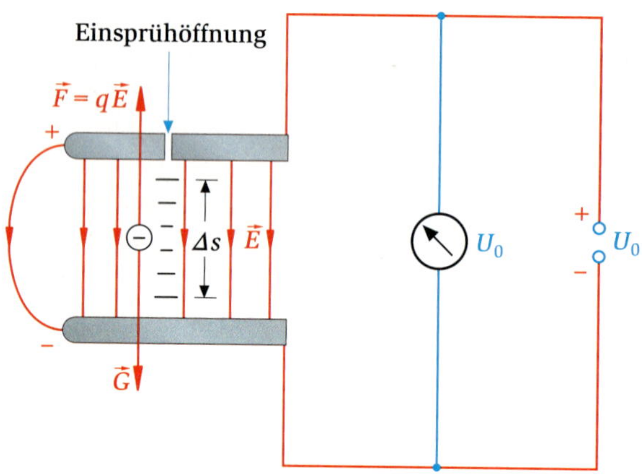

B1 Schema des Millikan-Versuchs

Man beobachtet nun ein einzelnes negativ geladenes Tröpfchen über längere Zeit. Dazu ändert man die Spannung U_0, bis das Tröpfchen schwebt. Im ruhenden Schwebezustand herrscht am Tröpfchen ein Kräftegleichgewicht: Nach oben zieht die Feldkraft $F = qE$, die das Tröpfchen mit Ladung q im Feld der Stärke $E = U/d$ erfährt (d: Plattenabstand). Nach unten zieht die gleich große Gewichtskraft G. Es gilt also für dieses Tröpfchen $q \cdot E = q \cdot U/d = G$. Die Ladung berechnen wir dann nach

$$q = \frac{G}{E} = G \cdot \frac{d}{U}. \qquad (1)$$

Die Spannung U lässt sich sehr genau messen, also bleibt die Bestimmung der Gewichtskraft G.

Leider sind die Tröpfchen so klein, dass ihr Radius nicht gemessen und damit G nicht unmittelbar bestimmt werden kann. Man misst daher die konstante Geschwindigkeit, mit der das Tröpfchen nach Wegnahme der Schwebespannung in Luft sinkt. Am sinkenden Tröpfchen kommt bald Gleichgewicht zwischen der Gewichtskraft und der Kraft des Luftwiderstandes zustande.

Nun sinken winzige Nebeltröpfchen viel langsamer als große Regentropfen: Die Gewichtskraft steigt nämlich mit r^3 an, der Luftwiderstand aber nur mit r. Es gibt so einen Zusammenhang zwischen der Sinkgeschwindigkeit v (ohne E-Feld) und der gesuchten Gewichtskraft G der Tröpfchen → **Vertiefung**.

Ein Beispiel: Ein Tröpfchen durchfällt bei $U = 0$ die Strecke $\Delta s = 2{,}5$ mm in $\Delta t = 35{,}0$ s. Also ist $v = \Delta s/\Delta t = 7{,}14 \cdot 10^{-5}$ m/s. Daraus ergibt sich $G = 15{,}8 \cdot 10^{-15}$ N, → **B3** in → **Vertiefung**. Aus der dann angelegten Schwebespannung $U = 250$ V und dem Plattenabstand $d = 5{,}0$ mm folgt nach Gl. (1)

$$q = G \cdot \frac{d}{U} = 3{,}2 \cdot 10^{-19}\ \text{C} = 2{,}0\,e.$$

Auch bei Wiederholung an vielen Tröpfchen ergeben sich immer nur ganzzahlige Vielfache der Elementarladung e, nämlich e selbst oder $2e$, $3e$ usw.. Zwischenwerte wie $0{,}7\,e$ oder $3{,}3\,e$ werden nicht beobachtet → **B2**.

Dies gilt für positive wie negative Ladungen: Polt man die Spannung an den Platten um und misst die Ladung positiv geladener Tröpfchen, ergeben sich wiederum nur ganzzahlige Vielfache einer Elementarladung mit dem gleichen Betrag e wie bei den negativ geladenen Tröpfchen.

Bis heute sind in der Natur keine *freien* Teilchen nachgewiesen worden, die eine kleinere Ladung als e haben. Quarks, die Bestandteile von Protonen sind, haben zwar Ladungen von $\pm e/3$ und $2e/3$, jedoch sind diese bis heute nicht als *freie* Teilchen beobachtet worden.

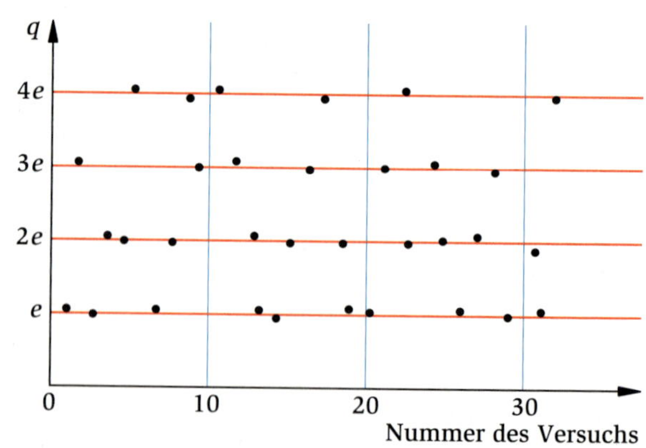

B2 Streuung zahlreicher Messwerte der Tröpfchenladung q um e, $2e$, $3e$, oder $4e$

Vertiefung

Schwebende Tröpfchen in Luft

Bewegt sich ein Tröpfchen mit Radius r und Dichte ρ mit der Geschwindigkeit v relativ zu Luft, so erfährt es näherungsweise nach dem Reibungsgesetz von STOKES die bremsende Reibungskraft F_R mit

$$F_R = 6\pi\eta r v.$$

η ist dabei die sogenannte dynamische Viskosität der Luft (ca. $18 \cdot 10^{-5}$ Ns/m²). Ein fallendes Tröpfchen wird so lange von seiner Gewichtskraft G beschleunigt, bis Gleichgewicht zwischen G und F_R besteht:

$$G = \frac{4}{3}\pi r^3 \rho g = 6\pi r\eta v, \text{ also } v = \frac{2}{9} r^2 \frac{\rho g}{\eta}. \qquad (1)$$

Aus der Gewichtskraft lässt sich der Tröpfchenradius r berechnen.

$$r = \sqrt[3]{\frac{3}{4\pi \cdot \rho \cdot g} G}. \qquad (2)$$

Setzten wir nun r aus Gl. (2) in Gl. (1) ein, so ergibt sich die Geschwindigkeit v in Abhängigkeit von G:

$$v = k \cdot G^{\frac{2}{3}}, \qquad (3)$$

k ist dabei eine Konstante, die ρ, η, und g enthält (ohne weitere Korrekturen für sehr kleine Radien und Auftrieb in Luft). In → B3 sind die Berechnungen anschaulich in doppelt-logarithmischer Darstellung gezeigt.

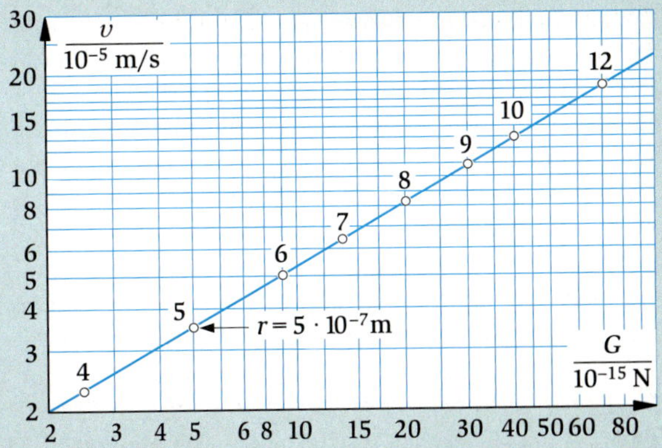

B3 Sinkgeschwindigkeit v von Öltröpfchen in Abhängigkeit von ihrer Gewichtskraft G. Der Maßstab auf beiden Achsen ist nicht linear, sondern logarithmisch.

Diese Darstellung hat den Vorteil, dass im Diagramm für kleinere Tröpfchen ein großer Bereich von Messwerten dargestellt ist. Zudem ergibt sich in doppelt-logarithmischer Darstellung eine Gerade, wenn wie in Gl. (3) eine Größe von der anderen als Potenz abhängt:

$$v = kG^{\frac{2}{3}} \quad \rightarrow \quad \lg v = \frac{2}{3} \cdot \lg G + \lg k.$$

Bei diesem nun linearen Zusammenhang zwischen $\lg v$ und $\lg G$ lassen sich Abweichungen einfacher erkennen und der Exponent aus der Steigung der Geraden leicht überprüfen.

A1 In einem Kondensator (Plattenabstand 0,5 cm, obere Platte negativ) schwebt bei der Spannung 250 V ein Öltröpfchen der Masse $2{,}4 \cdot 10^{-12}$ g. Geben Sie das Vorzeichen seiner Ladung an. Berechnen Sie Größe der Ladung und Zahl der Elementarladungen. Bestimmen Sie die Sinkgeschwindigkeit in Luft (bei 0 V) nach → B3.

A2 Das Tröpfchen in → A1 habe eine Ladung $q = 3e$ und sinke langsam mit konstanter Geschwindigkeit um 1 mm. Bestimmen Sie die Höhenenergie, die das Tröpfchen verliert. Geben Sie auch die Änderung der elektrischen Energie an und vergleichen Sie beide Änderungen.

A3 **a)** Bei der Durchführung eines MILLIKAN-Experiments im zunächst ungeladenen Kondensator fällt ein Öltröpfchen mit der konstanten Geschwindigkeit $5 \cdot 10^{-5}$ m/s. Entnehmen Sie → B3 seine Gewichtskraft. Skizzieren Sie für seine Bewegung ein t-v-Diagramm und ein t-y-Diagramm. **b)** Legt man an den Kondensator die Spannung $U = 156$ V an (Plattenabstand 5,0 mm), kommt das Tröpfchen zur Ruhe. Bestimmen Sie, wie viele Elementarladungen es trägt.

A4 Nach dem Reibungsgesetz von STOKES gilt für die bremsende Kraft $F_R = 6\pi\eta r v$ mit $\eta = 18 \cdot 10^{-6}$ Ns/m² für Luft. Die Dichte des verwendeten Öls beträgt 983 kg/m³. Berechnen Sie die Sinkgeschwindigkeit eines Tröpfchens mit $r = 10 \cdot 10^{-6}$ m.

A5 Bei einem Versuch zur Bestimmung der Elementarladung e ergeben sich Häufungen der Messwerte bei folgenden Ladungen der Öltröpfchen: $6{,}4 \cdot 10^{-19}$ C; $9{,}6 \cdot 10^{-19}$ C; $16{,}0 \cdot 10^{-19}$ C. Auf welchen größtmöglichen Wert für e würde ein Experimentator auf Grund dieser Messergebnisse schließen? Begründen Sie Ihr Ergebnis. Welche anderen Werte für e wären mit diesen Messungen vereinbar?

A6 **a)** Aus der Ruhe durchläuft ein Elektron ($m = 9{,}1 \cdot 10^{-31}$ kg) im Vakuum die Spannung 100 V. Berechnen Sie seine Geschwindigkeit. **b)** Das Elektron habe eine Anfangsgeschwindigkeit von $1 \cdot 10^7$ m/s und durchfliegt wieder die Spannung 100 V. Das E-Feld sei so gerichtet, dass die Geschwindigkeit v größer wird. Berechnen Sie die erreichte Endgeschwindigkeit und die Energie des Elektrons in eV.
c) Das E-Feld sei so gerichtet, dass es das Elektron bremst. Bestimmen Sie die sich ergebende Geschwindigkeit.

Elektrostatische Staubfilter

Die Feinstaubbelastung wird in allen Städten diskutiert – bis hin zu Fahrverboten für Autos. Einen Großteil dieser Belastung verursachen aber Industrieanlagen und Kohlekraftwerke. Moderne Kraftwerke haben heute neben Filtern aus stoffartigen Geweben vor allem elektrostatische Staubfilter, die zu mehreren hintereinander geschaltet über 99 Prozent des Staubes einfangen. Es handelt sich nicht um Filter im klassischen Sinne; sie werden daher auch als *Elektro-Staubabscheider* bezeichnet.

Das Gerät arbeitet nach folgendem Prinzip: Zwischen einem Draht in der Mitte, der auf hohem negativen Potenzial liegt, und geerdeten Metallplatten an den Wänden wird ein starkes, inhomogenes Feld erzeugt. Dadurch werden Ladungen, die stets im Abgasstrom vorhanden sind, beschleunigt. Sie stoßen mit neutralen Partikeln zusammen, trennen sie in positive und negative Ladungen auf und erzeugen so eine Ladungslawine, eine Gasentladung zündet. Staubteilchen werden dabei meist negativ aufgeladen und zur positiven Ladung der Platten gezogen, an denen sie sich niederschlagen. Durch Klopfen wird der Staub gelöst, dann in Staubauffangbehältern gesammelt und abtransportiert.

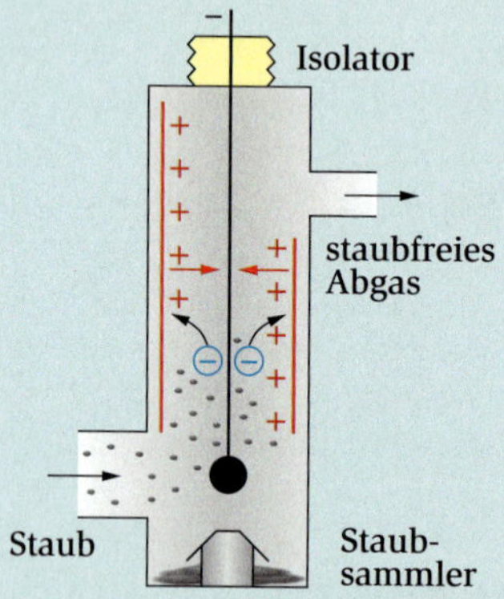

B1 Elektrostatischer Staubfilter

Elektrostatische Kopierer und Laserdrucker

Die häufigste technische Anwendung der Elektrostatik ist die *Xerographie*, das *Fotokopieren*. In jedem Büro stehen Fotokopierer, in vielen Haushalten gibt es *Laserdrucker*, die auf diesem Prinzip beruhen.

Vor dem Ausdruck einer Seite wird diese zeilenweise auf einer mit Selen beschichteten, negativ geladenen Trommel aufgebaut. Dazu beleuchtet ein feiner Laserstrahl, von einem Spiegelsystem gelenkt, kurz nur die Stellen, die geschwärzt werden sollen. Selen hat die Eigenschaft, dass es an den belichteten Stellen leitend wird (Fotoeffekt), so dass von dort die negative Trommelladung abfließt. An diesen Stellen setzt sich nun negativ geladener Farbstaub (sog. Toner) ab, während er an den nicht belichteten, noch negativ geladen Stellen nicht haftet, sondern abgestoßen wird.

Dann drückt man ein Blatt Papier auf die Trommel, das den Farbstaub abnimmt. Das Paper durchläuft eine Heizkammer, der Toner schmilzt und brennt sich in das Papier ein. Beim Weiterdrehen wird die Trommel vom restlichen Farbstaub durch einen Schaber gesäubert.

Anstelle des Laserspiegelsystems werden heute oft LED-Druckzeilen aus etwa 5000 Leuchtdioden verwendet.

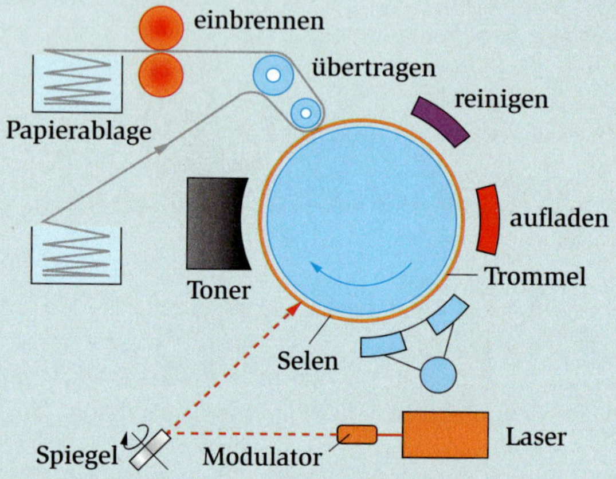

B2 Prinzip eines Laserdruckers

Durch hohe Spannungen beim Aufladen der Trommel kann Ozon entstehen, besonders bei veralteten Geräten. Räume mit Kopierern oder Laserdruckern sollten gut gelüftet werden. Toner bestehen aus Industrieruß (feinteiliger Kohlenstoff), der an Kunstharz gebunden ist. Eine Berührung des Toners ist möglichst zu vermeiden, ein unsachgemäßer Umgang erhöht die Krebsgefahr.

Elektrostatische Farbbeschichtung

Auch beim Lackieren mit Sprühfarben hilft die elektrostatische Aufladung. Aus einer Düse wird Farbe versprüht, ein Teil der Flüssigkeitströpfchen lädt sich durch Reibungselektrizität auf. Die zu lackierende metallische Fläche wird auf Erdpotenzial gelegt. Eine Hochspannungselektrode an der Sprühpistole erzeugt ein elektrisches Feld, zum geerdeten Werkstück gerichtet. Die geladenen Farbtröpfchen folgen den Feldlinien und legen sich gleichmäßig verteilt auf das Werkstück. Dies ist zeitsparend und umweltfreundlich.

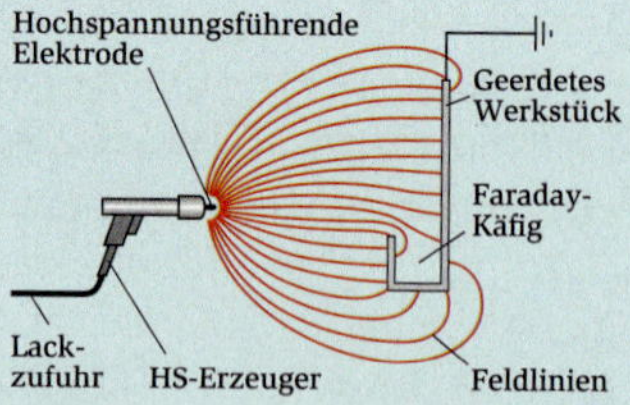

B3 Elektrostatische Sprühpistole

Blitz und Donner

B4 Blitz von der Wolke zur Erde

Gewitterblitze und Donner sind eine beeindruckende Naturerscheinung. Es ist offensichtlich, dass dieses Phänomen viel mit Physik zu tun hat. Um so verwunderlicher ist es, dass man bis heute die Entstehung dieser Erscheinung noch nicht völlig versteht. Mit Benjamin FRANKLIN begann 1752 die Gewitterforschung. Er ließ bei Gewitter einen Drachen aufsteigen und konnte durch eine Funkenentladung nachweisen, dass bei Gewitter eine Spannung zwischen Wolke und Erde besteht.

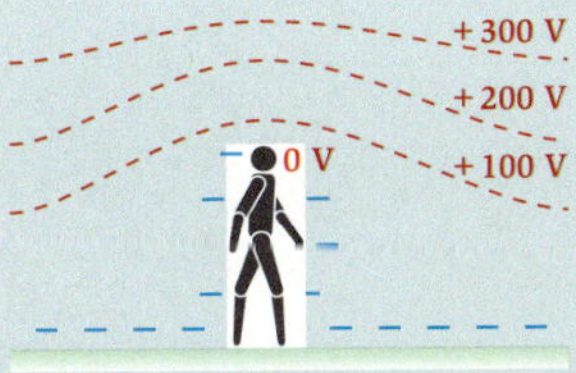

In der Erdatmosphäre existiert ein permanentes elektrisches Feld mit der Stärke von einigen 100 V/m (Erde neg. geladen). Zwischen dem Kopf und den Füßen eines Menschen müsste also eine Spannung von mehreren hundert Volt herrschen. Davon spüren wir aber nichts und könnten dies auch nicht messen. Denn im Vergleich zur Luft ist der menschliche Körper ein sehr guter Leiter. Statt am Boden enden die Feldlinien des Erdfelds am Körper des Menschen. Dadurch verändert sich das Atmosphärenfeld und an seinem Kopf liegen etwa null Volt an, wohl aber Ladung und Feld.

Die Potenzialdifferenz zwischen dem negativ geladenen Boden und einer Schicht in etwa 50 km Höhe, der Elektrosphäre, beträgt etwa 300 kV. Aufgrund dieser Potenzialdifferenz fließt ständig ein Ionen-Strom von ca. 1000 A, bezogen auf die ganze Erdoberfläche. Dieser Schönwetterstrom entlädt die Schichten. Es muss also einen Ladevorgang geben, der die Ladung der Erdoberfläche aufrechterhält. Dies bewirken nach heutigem Kenntnisstand Gewitter.

Aufladung einer Wolkenbatterie

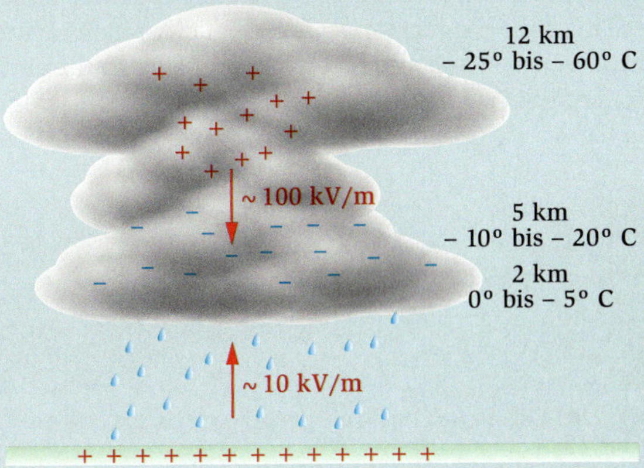

B5 Typische Gewitterwolke (Cumulonimbus-Wolke). Sie influenziert am Boden vorübergehend Plusladung.

Treffen warme und kalte Luftmassen zusammen, so entstehen dabei starke vertikale Luftströmungen. Zusammenstöße bzw. Reibung zwischen leichten Eispartikeln und großen Niederschlagsteilchen führen zu einer positiven Aufladung der Eispartikel und einer negativen der großen Graupelteilchen. Die leichten, positiv geladenen Eiskristalle werden durch die Luftströmung nach oben transportiert, die negativen Graupelteilchen fallen nach unten. Ist die Feldstärke zwischen oberen und unteren Teilen dieser Gewitterwolke *(Cumulonimbus-Wolke)* groß genug, kommt es zu einem Blitz. Zunächst wandern negative Ladungsträger im *Leitblitz* schlagartig in Richtung Boden und bereiten einen ionisierten Kanal vor. Die mittlere Geschwindigkeit des Leitblitzes beträgt etwa 15 000 km/s.

Der Boden unter dem Gewitter hat sich beim Gewitter währenddessen durch Influenz vorübergehend positiv aufgeladen. Dem Leitblitz geht vom Boden aus (meist von erhöhten Punkten wie Bäumen oder Hausdächern) nun eine positive Ladung (Fangentladung) entgegen, die den Blitzkanal schließt. Jetzt folgt die Hauptentladung, die oft aus mehreren Einzelentladungen besteht. Die Stromstärke kann dabei 100 000 A erreichen, es werden einige Coulomb an Ladung transportiert, die Gesamtenergie liegt bei 10^9 J bis 10^{10} J. Die Luft im Blitzkanal erhitzt sich in Millisekunden auf rund 30 000 °C und dehnt sich explosionsartig aus. Diese Ausdehnung pflanzt sich als Schallwelle fort, die wir als lauten Donnerknall hören.
Da Blitze im Mittel mehr negative als positive Ladung zur Erde transportieren, vergrößert sich die Spannung zwischen Erde und Elektrosphäre, sie wirkt der Entladung durch den Ionenstrom entgegen. Die ca. 2000 Gewitter, die ständig auf der Erde wüten, sind nach Meinung der meisten Forscher der Generator für die *„Wolkenbatterie"*.

1. Leitungsvorgänge in Flüssigkeiten

Bisher haben wir elektrische Felder im leeren Raum oder in einem Dielektrikum betrachtet. Fließen in einem Leiter Ladungen, so existieren dort Felder, die diese antreiben. Sind die Ladungsträger Ionen und nicht Elektronen, so kann man die Bewegung der Ladungsträger sichtbar machen.

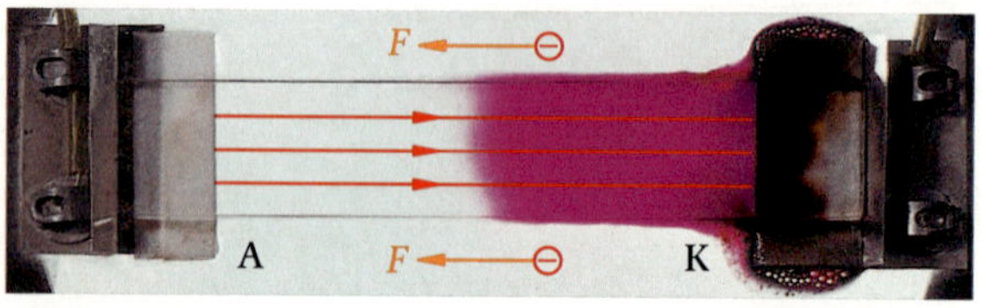

B1 Feldkräfte treiben Ionen in einer Flüssigkeit an.

In → B1 sind A und K mit den Polen einer Quelle verbunden. Dadurch entsteht zwischen A und K ein elektrisches Feld. In der Rinne befindet sich Wasser und etwas Kaliumpermanganat. Es enthält negative, lila färbende Permanganat-Ionen. Trotz des Widerstandes, den die Ionen im Wasser erfahren, wandern sie nach links mit einer Geschwindigkeit von wenigen mm/s.
Sie zeigen uns als Probeladungen, dass sie auch im Innern einer leitenden Flüssigkeit Feldkräfte erfahren, dass dort also ein Feld existiert. Es sind also Feldkräfte, die den Strom aufrecht erhalten. Ohne Feld gibt es keine Feldkraft und damit keinen Strom.

Beispiel **Rechnen mit einem Power-Kondensator**

Ein sogenannter Power-Kondensator wird im Auto zur Stabilisierung der 12 V-Betriebsspannung bei kurzzeitig erhöhtem Strombedarf eingesetzt.

Daten des Power-Kondensators: Zylinderform (Durchmesser $d = 8{,}0$ cm, Höhe $h = 28$ cm), Kapazität $C = 1{,}50$ F, Innenwiderstand $R_i = 2{,}0$ mΩ, Ladespannung $U = 12$ V. Für den Kondensator gilt das Ersatzschaltbild → B2.

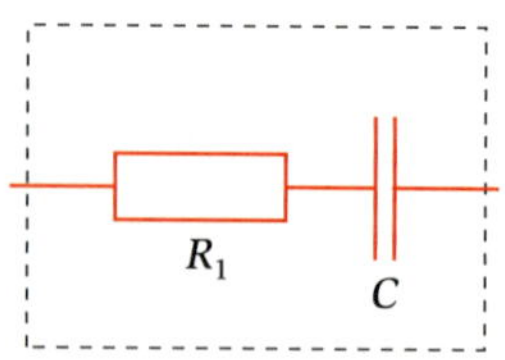

B2 Ersatzschaltbild

a) Bestimmen Sie die gespeicherte Energie und die Energie bezogen auf das Gerätevolumen des vollständig geladenen Kondensators. Berechnen Sie den Radius r der kreisförmigen Platten eines Kondensators mit Luft im Zwischenraum und einem Plattenabstand d' von 1,0 mm, dessen Kapazität ebenfalls 1,50 F beträgt.
b) Der geladene Power-Kondensator wird über einen Lastwiderstand R_a entladen. Für die Entladestromstärke wird dabei folgende Tabelle aufgenommen:

t in s	0	0,050	0,10	0,15	0,20	0,25	0,30
I in A	116	83	59	42	30	21	14

Zeichnen Sie ein t-$I(t)$-Diagramm. Der Entladevorgang kann durch die Funktion

$$I(t) = I_0 e^{-k \cdot t} \text{ mit } k = \frac{1}{(R_a + R_i) \cdot C} \qquad (1)$$

beschrieben werden. Entnehmen Sie dem Diagramm die Zeit, nach der der Strom auf die Hälfte abgesunken ist. Bestimmen Sie damit die Konstante k und daraus den Widerstand R_a. Prüfen Sie Ihr Ergebnis mit der Formel beim Messwert für $t = 50$ ms.
c) Schätzen Sie die elektrische Energie ab, die der Power-Kondensator während der ersten 50 ms bei der Entladung an den Lastwiderstand R_a abgibt.

Lösung
a) Energie des Kondensators $W_C = \frac{1}{2} C U^2 = 108$ J.
Energie bezogen auf Körpervolumen „Energiedichte"

$$\rho = \frac{W_C}{V} = \frac{108 \text{ J}}{0{,}0014\,1 \text{ m}^3} = 77 \, \frac{\text{kJ}}{\text{m}^3}$$

Plattenkondensator mit $d' = 1{,}0$ mm und $C = 1{,}5$ F

$$C = \frac{\varepsilon_0 \cdot A}{d'} = \frac{\varepsilon_0 \pi r^2}{d'}; \quad r = \sqrt{\frac{C \cdot d'}{\varepsilon_0 \cdot \pi}} = 7{,}35 \cdot 10^3 \text{ m}$$

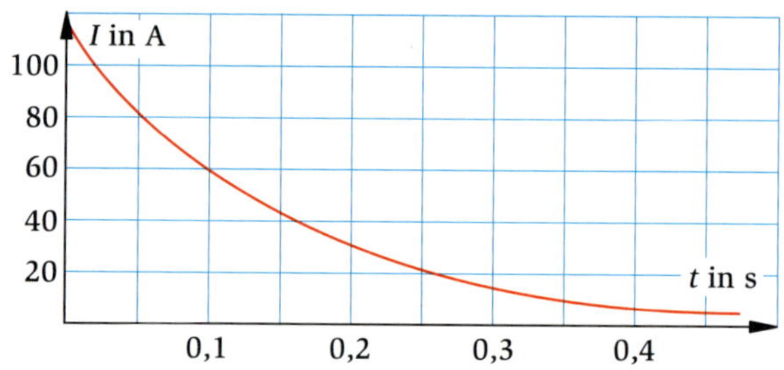

B3 t-$I(t)$-Diagramm

b) Dem Diagramm → B3 entnimmt man, dass I etwa nach $T_H = 0{,}1$ s auf die Hälfte abgesunken ist.

$$\frac{1}{2} = e^{-k \cdot T_H}; \quad k \cdot T_H = \ln 2, \text{ also } k = 6{,}93 \text{ s}^{-1}$$

oder mit Gl. (1)

$$k \cdot (R_a + R_i) \cdot C = 1; \quad R_a = \frac{1}{k \cdot C} - R_i \approx 94 \text{ m}\Omega.$$

$I(50 \text{ ms}) = 116 \text{ A} \cdot e^{-6{,}9 \text{ s}^{-1} \cdot 0{,}05 \text{ s}} = 82$ A, etwa in Übereinstimmung mit dem Messwert aus der Tabelle.
c) Die mittlere Stromstärke in dem Intervall zwischen 0 ms und 50 ms beträgt etwa 100 A. Dabei fließt die Ladung $\Delta Q = 50 \text{ ms} \cdot 100 \text{ A} = 5{,}0$ As. Für die im Lastwiderstand R_a umgesetzte elektrische Energie gilt dann

$\Delta W = \Delta Q \cdot U = \Delta Q \cdot \overline{U}$, mit $\overline{U} = \overline{I} R_a$ erhalten wir

$$\Delta W = \Delta Q \cdot \overline{I} \cdot R_a = 5 \text{ As} \cdot 100 \text{ A} \cdot 0{,}094 \, \Omega \approx 47 \text{ J}.$$

Das ist wichtig

Die **Feldstärke** $\vec{E}$ ist der Quotient

$$\vec{E} = \frac{\vec{F}}{q}; \quad [E] = 1\,\frac{\text{N}}{\text{q}} = 1\,\frac{\text{V}}{\text{m}}.$$

Die **Feldkraft** $\vec{F}$ auf eine kleine Probeladung q ist

$$\vec{F} = q\vec{E}.$$

Die elektrische **Spannung** U zwischen zwei Punkten ist der Quotient

$$U = \frac{W}{q}; \quad [U] = 1\,\frac{\text{J}}{\text{C}} = 1\,\text{V (Volt)}.$$

W ist dabei die Energie, welche die Feldkräfte der Probeladung q beim Transport zwischen den Punkten zuführen. Im **homogenen Feld** ist die elektrische Feldstärke $\vec{E}$ in allen Punkten gleich. Im *Plattenkondensator* gilt

$$E = \frac{U}{d}.$$

Durchläuft ein Körper der Masse m und der Ladung q im Vakuum aus der Ruhe heraus die Spannung U, so erhält er die kinetische Energie

$$\frac{1}{2}mv^2 = qU.$$

Wenn ein Teilchen mit der Ladung $1e$ im Vakuum die Spannung 1 V durchläuft, ändert sich seine kinetische Energie um 1 Elektronvolt = 1 eV.

$$1\,\text{eV} = 1{,}6 \cdot 10^{-19}\,\text{J}.$$

Positive wie negative Ladungen treten nur als ganzzahlige Vielfache der **Elementarladung**
$e = 1{,}60 \cdot 10^{-19}$ C auf. Die Ladung des Elektrons ist $q = -e = -1{,}60 \cdot 10^{-19}$ C.

Eine Fläche A trage die Ladung Q. Deren **Flächendichte** ist $\sigma = Q/A$. Sie erzeugt ein Feld der Stärke E mit

$$\sigma = \frac{Q}{A} = \varepsilon_0 \cdot \varepsilon_r \cdot E$$

$\varepsilon_0 = 8{,}85 \cdot 10^{-12}\,\text{C} \cdot \text{V}^{-1} \cdot \text{m}^{-1}$ (elektrische Feldkonstante), ε_r: Permittivitätszahl des Dielektrikums.

Der Betrag der **Coulombkraft** zwischen zwei punktförmigen Ladungen Q und q ist im Vakuum

$$F = \frac{1}{4\pi\varepsilon_0}\frac{Qq}{r^2}, \text{ mit } 1/(4\pi\varepsilon_0) = 9 \cdot 10^9\,\text{Nm}^2\text{C}^{-2}.$$

Das Gesetz hat die gleiche Struktur wie das Newton'sche Gravitationsgesetz.
Für die elektrische Feldstärke einer Punktladung gilt:

$$E = \frac{1}{4\pi\varepsilon_0}\frac{Q}{r^2}.$$

Beim **Kondensator** sind Ladung Q und Spannung U zueinander proportional $Q = C \cdot U$.

$$C = \frac{Q}{U}; \quad [C] = 1\,\frac{\text{C}}{\text{V}} = 1\,\text{F}$$

ist konstant und heißt Kapazität. Ein Plattenkondensator der Fläche A und (kleinem) Abstand d hat die Kapazität

$$C = \varepsilon_r\varepsilon_0\frac{A}{d}.$$

Eine Kugel (Radius r) hat gegen unendlich die Kapazität

$$C = 4\pi\varepsilon_0\varepsilon_r r.$$

Die **Energie** eines geladenen Kondensators ist

$$W = \frac{1}{2}\frac{Q^2}{C} = \frac{1}{2}CU^2.$$

Das elektrische Feld ist Sitz von Energie.

A1 Zwischen zwei Kondensatorplatten (Abstand $d = 5{,}0$ cm) mit je 450 cm² Fläche liegt die Spannung 10 kV.
a) Berechnen Sie Feldstärke und Flächenladungsdichte der felderzeugenden Ladung. Bestimmen Sie die Ladung jeder Platte.
b) Die Platten werden einmal bei angeschlossener und einmal bei abgetrennter Spannungsquelle auf $d = 10$ cm auseinander gezogen. Erläutern Sie Unterschiede in Bezug auf Spannung, E-Feld und Ladung.
c) Vergleichen Sie in beiden Fällen die Änderung der Energie des E-Feldes. Erläutern Sie, was jeweils mit der aufzubringenden mechanischen Energie geschieht.

A2 Ein Öltröpfchen der Masse $2{,}4 \cdot 10^{-12}$ g schwebt bei der Spannung 250 V in einem Kondensator (Plattenabstand 0,50 cm, obere Platte negativ). Berechnen Sie Ladung und Zahl der Elementarladungen, die das Tröpfchen trägt. Geben Sie das Vorzeichen seiner Ladung an.

A3 Berechnen Sie die Energie, die in einem Ultracap-Kondensator mit der Kapazität 100 F bei der Spannung 50 V gespeichert ist. Ermitteln Sie die Geschwindigkeit, auf die sich damit ein Kleinwagen (500 kg) bringen ließe (Energieverluste bei der Umwandlung vernachlässigen).

A4 Vergleichen Sie die Gravitationskraft mit der elektrischen Kraft und deren Gesetzen. Geben Sie Unterschiede und Gemeinsamkeiten an.

A5 **a)** Bestimmen Sie die Kapazität, die man zu 10 µF parallel bzw. in Reihe schalten muss, damit 15 µF bzw. 5 µF entstehen. **b)** Berechnen Sie die Ladung, die jeder Kondensator bei $U = 10$ V aufnimmt.

A6 Ein Pendelschalter lädt 20-mal pro Sekunde einen Kondensator auf 40 V und entlädt ihn wieder vollständig. Die mittlere Stromstärke beträgt 2,0 mA. Berechnen Sie die Kapazität des Kondensators.

Das Magnetfeld

Das können Sie in diesem Kapitel erreichen:

Sie rufen sich die Grundlagen des Magnetismus in Erinnerung, u. a. das Modell der Elementarmagnete und die Nichtexistenz von magnetischen Monopolen.

Sie lernen, dass magnetische Ladungen/Pole ein magnetisches Feld erzeugen, ähnlich wie elektrische Felder von elektrischen Ladungen verursacht werden.

Sie kennen die magnetische Flussdichte als Maß für die Stärke des Magnetfeldes. Sie verstehen das Prinzip der Hallsonde, mit der man diese Größe misst.

Sie erfahren, wie Magnetfelder auf bewegte Ladungen Kräfte ausüben. Sie können mithilfe der Lorentzkraft die Kreisbewegung von Elektronen im Magnetfeld, den Halleffekt und andere wichtige Phänome korrekt beschreiben.

Sie lernen das Magnetfeld der Erde kennen und können das Polarlicht als magnetischen Effekt erklären.

Sie lernen die Wechselwirkung von Magnetfeldern mit Materie und die Eigenschaften ferromagnetischer Stoffe („Magnete!“) – wie zum Beispiel die Hysterese – kennen.

Sie lernen, wie elektrische und magnetische Felder zusammen als Geschwindigkeitsfilter und in Teilchenbeschleunigern wirken.

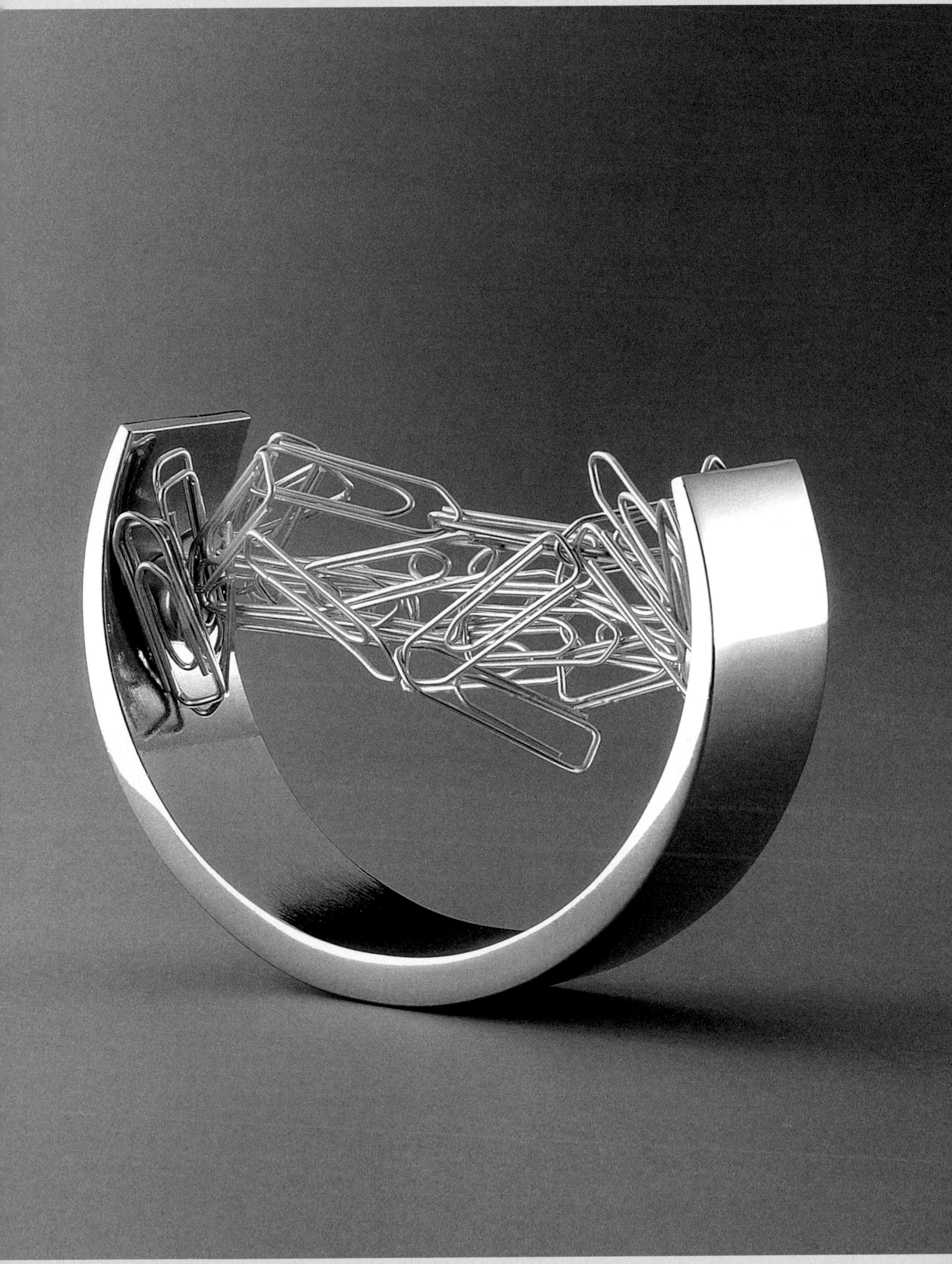

Magnetische Kräfte – Elementarmagnete

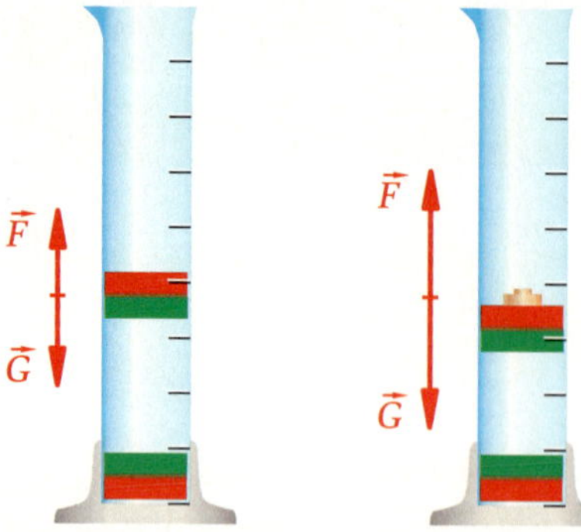

V1 Man schiebt zwei ringförmige Magnete in einen Messzylinder, sodass sich gleichnamige Pole gegenüber liegen. Der obere Magnet schwebt dann über dem unteren. Markieren Sie den Abstand der beiden Magnete, legen Sie auf den oberen Magnet nacheinander Messingstücke mit 50 g, 100 g, 200 g und 250 g und messen Sie jeweils die Abstände der Magnete. Vergleichen Sie sie mit den Gewichtskräften, die der Magnet und der Zusatzkörper erfahren.

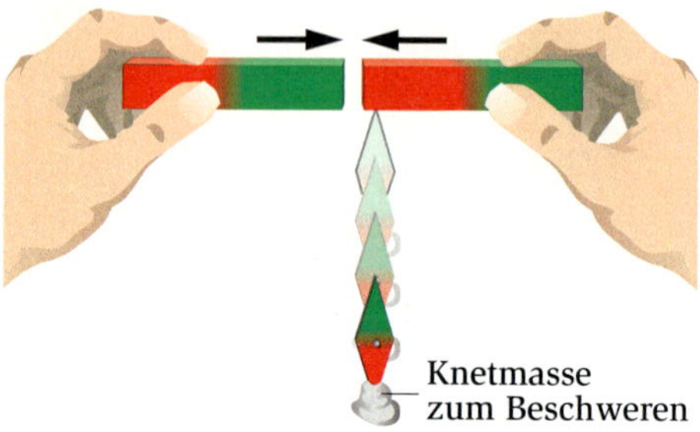

B1 Nordpol und Südpol schwächen sich in ihrer Wirkung.

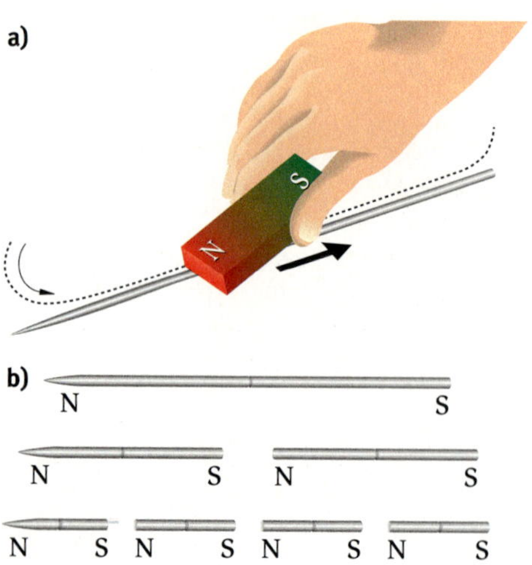

V2 Nord- und Südpol

1. Magnete und ihre Pole – nichts Neues

Folgendes über Magnete ist Ihnen vertraut:

- Magnete haben verschiedene *Pole*.
- Gleichnamige Pole verschiedener Magnete stoßen sich ab, ungleichnamige ziehen sich an.
- Die frei bewegliche Kompassnadel zeigt mit ihrem Nordpol nach Norden.

2. Die Wirkung magnetischer Kräfte

Zwei ringförmige Magnete befinden sich in einem Messzylinder, in dem sie leicht beweglich sind (→ **V1**). Der obere schwebt über dem unteren. Ist er etwa schwerelos? Sie wissen die Antwort: Bei den beiden Magneten stehen sich *gleichnamige Pole* gegenüber. Sie stoßen sich ab. Am oberen Magneten besteht Kräftegleichgewicht zwischen der Gewichtskraft und der nach oben wirkenden magnetischen Kraft. Nähert man ihn dem unteren Magneten, so nimmt die Abstoßungskraft zu. Magnetische Kräfte werden größer, wenn der Abstand der Pole kleiner wird.

Halten wir aber einen Nordpol und einen Südpol nebeneinander, (→ **B1**), dann ist ihre gemeinsame Kraftwirkung sehr gering. Sie sind nicht einmal fähig, den Magneten ohne Knete anzuheben. Wir sehen also: *Ungleichnamige Pole* schwächen sich in ihrer Wirkung nach außen. Drücken wir jedoch *zwei* gleich gebaute Stabmagnete so zusammen, dass ihre Nordpole nebeneinander liegen, dann ist ihre gemeinsame Kraftwirkung groß genug, den beschwerten Magneten anzuheben. *Gleichnamige Pole* stoßen sich zwar ab, verstärken jedoch ihre magnetische Wirkung nach außen.

Merksatz

Die Kräfte zwischen den Polen verschiedener Magnete nehmen mit kleiner werdendem Abstand der Pole zu.
Nach außen hin ist die magnetische Wirkung gleichnamiger Pole verstärkt, die von ungleichnamigen dagegen abgeschwächt.

3. Gibt es magnetische Einzelpole?

Ein Magnet zieht ein Stück Eisen an. Gibt es in dem Eisenstück vielleicht auch einen Magnetpol? Kann man einen solchen sogar erzeugen? – Wir streichen mit dem *Nordpol* eines starken Magneten über eine lange Eisennadel. Diese testen wir anschließend mit einer Kompassnadel (→ **V2a**). Ein Ende der Nadel stößt den Nordpol der Kompassnadel ab. Beim Überstreichen wurde tatsächlich ein Nordpol erzeugt. Nähern wir das *andere* Ende dem *Südpol* der Kompassnadel, so wird *dieser* abgestoßen. Obwohl nur mit einem Nordpol überstrichen, hat die Eisennadel *zwei* Pole bekommen, einen Nordpol und einen Südpol. Sie verhält sich jetzt wie ein Stabmagnet. Wir sagen, sie wurde dabei **magnetisiert.**
Versuchen wir die Pole zu trennen, indem wir die Nadel zerbrechen → **V2b**, dann erhalten wir keine getrennten Nord- und Südpole. Vielmehr entsteht an der Bruchstelle auf der einen Seite ein neuer Nordpol und auf der anderen Seite ein neuer Südpol. Jede Hälfte hat einen Nord- und einen Südpol, sodass beide Nadelhälften zwei vollständige Stabmagnete sind. Brechen wir die beiden Hälften erneut

auseinander, so erhalten wir an jeder Bruchstelle wieder einen Nord- und einen Südpol. Jedes Bruchstück ist ein Magnet mit zwei verschiedenen Polen – man sagt **magnetischer Dipol.** Magnetische Einzelpole hat bislang niemand gefunden.

Merksatz

Es gibt nur **magnetische Dipole,** keine magnetischen Einzelpole.

4. Ein Denkmodell – Elementarmagnete

Wir haben gesehen, dass sich durch fortgesetzte Teilung nur magnetische Dipole erzeugen lassen. Diese Beobachtung können wir sehr gut erklären, wenn wir uns das Material zusammengesetzt aus kleinsten Dipolen vorstellen. Diese kleinsten Dipole haben atomare Größe und werden Elementarmagnete genannt.

Merksatz

Beim Magnetisieren richtet man die im Eisen vorhandenen **Elementarmagnete** aus. Sie sind im nicht magnetisierten Eisen ungeordnet.

5. Das Elementarmagnetmodell erklärt ...

... das Magnetisieren einer Eisennadel

Mit der Vorstellung von *Elementarmagneten* wollen wir nun das Magnetisieren einer Eisennadel verständlich machen. Stark vereinfacht zeichnen wir sie als kleine Stabmagnete (→ **B2**). Sie sollen drehbare magnetische Dipole im Eisen veranschaulichen. Wir stellen uns die Elementarmagnete in einer Eisennadel zunächst völlig ungeordnet vor (→ **B2a**). Überstreichen wir die Eisennadel mit dem *Nordpol* eines starken Magneten, dann „sehen" wir – in Gedanken –, wie sich der Reihe nach die *Südpole der Elementarmagnete* nach dem starken Nordpol ausrichten und in langen Ketten hintereinander zu liegen kommen (→ **B2b**).

... das Magnetisieren aus der Ferne

Wir beobachten aber auch gelegentlich, dass zunächst unmagnetische Schrauben schon aus einiger Entfernung auf den Pol eines Magneten zuhüpfen (→ **V3**). Wir wissen, dass dies nur möglich ist, wenn die Schrauben selbst magnetische Pole besitzen. Nehmen wir an, wir nähern uns mit dem Nordpol eines Stabmagnets dem Nagel. Der *Nordpol* des Elementarmagneten erfährt *vom Nordpol* des anderen Magneten eine *abstoßende Kraft, der Südpol eine anziehende Kraft.* Beide Kräfte zusammen drehen den Elementarmagneten. Die anderen Elementarmagnete in einer Schraube werden ebenso gedreht, denn ihre Pole erfahren entsprechende Kräfte. Durch die Ausrichtung aller Elementarmagnete wird aus der Schraube selbst ein Magnet, deren Südpol. Die starke Anziehungskraft zwischen dem oben liegenden Südpol und dem Nordpol des Stabmagneten siegt – wegen des geringeren Abstands – über die kleinere abstoßende Kraft, die der unten liegende Schraubennordpol erfährt. Schraubenmagnet und Stabmagnet ziehen sich gegenseitig an.

Merksatz

Ein Magnetpol in der Nähe eines Körpers aus Eisen richtet dessen **Elementarmagnete** aus. Das so magnetisierte Eisenstück und der Magnet ziehen sich gegenseitig an.

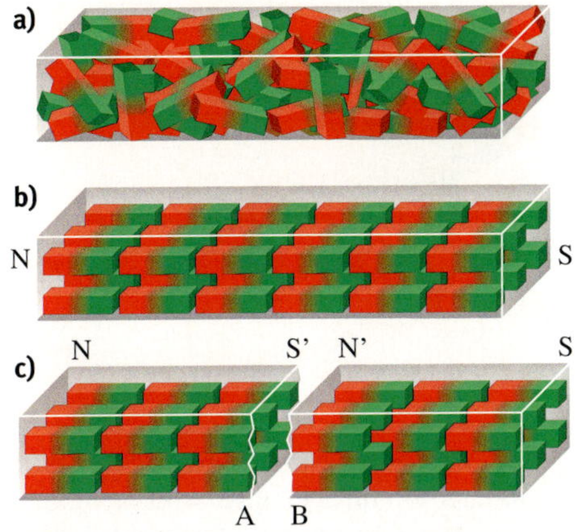

B2 Elementarmagnete **a)** ungeordnet **b)** geordnet **c)** in der Mitte getrennt

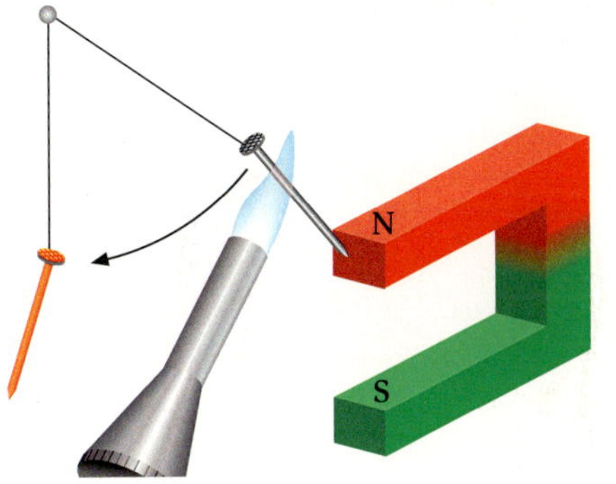

V3 Ein magnetisierter Nagel wird vom Nordpol eines Hufeisenmagneten angezogen. Erhitzen wir ihn bis zur Rotglut (770 °C), so fällt er vom Magneten ab. Die Ordnung der Elementarmagnete ist zerstört. Ab dieser Temperatur verhindert die heftige Bewegung der kleinsten Teilchen eine Ausrichtung der Elementarmagnete.

Interessantes

Digitale Information durch Magnetisieren

Magnetische Dipole eignen sich optimal für die Digitaltechnik. Ihr genügen zwei Zustände zur Informationsverarbeitung. Einen magnetischen Dipol kann man mit genau zwei Orientierungen längs einer Spur anordnen. Das genügt zur Informationsspeicherung auf einer Diskette.

Sie besteht aus einer biegsamen dünnen Polyesterfolie, die z.B. mit Eisenoxid-Pulver beschichtet ist. Beim Speichervorgang magnetisiert der Schreibkopf kleine Abschnitte der rotierenden Diskette in, andere gegen die Laufrichtung. So entstehen charakteristische Magnetisierungsmuster entsprechend der ursprünglichen Information.

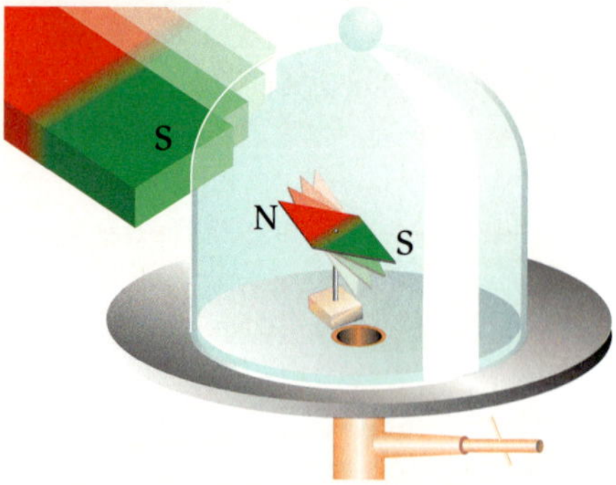

V1 Wir stellen eine Magnetnadel unter eine Glasglocke. Ihr Nordpol wird vom Südpol eines Stabmagneten angezogen, den wir von außen nähern. Daran ändert sich nichts, wenn wir die Luft aus der Glasglocke herauspumpen.

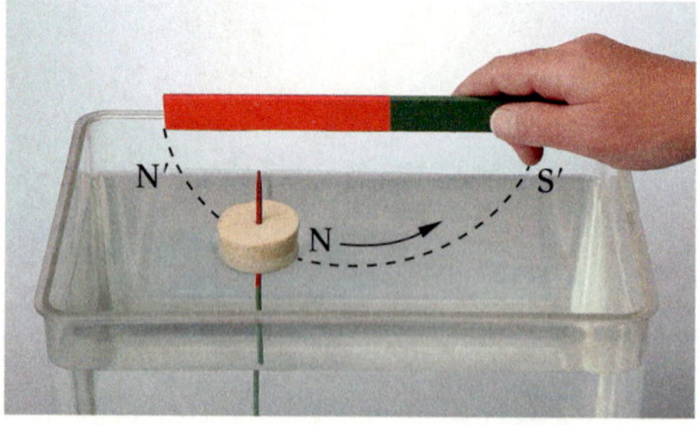

V2 Wir lassen eine magnetisierte Stricknadel mit ihrem Nordpol N nach oben an einem Korkstück schwimmen. Bringen wir sie in die Nähe des Nordpol N′ eines langen Magneten, so stoßen sich die beiden Nordpole ab. (Der Südpol der Nadel ist so weit entfernt, dass die Kraftwirkung auf ihn in dem Versuch keine Rolle spielt). Der Nordpol N setzt sich in Bewegung und beschreibt die im Bild gestrichelte Bahn von N′ nach S′. Wenn wir ihn unterwegs anhalten, startet er wieder längs dieser Bahn. Er folgt der Kraft, die auf ihn an dieser Stelle wirkt.
Stecken wir den Südpol der Nadel in den Korken, so bewegt sich die Nadel auf dieser Bahn in umgekehrter Richtung.

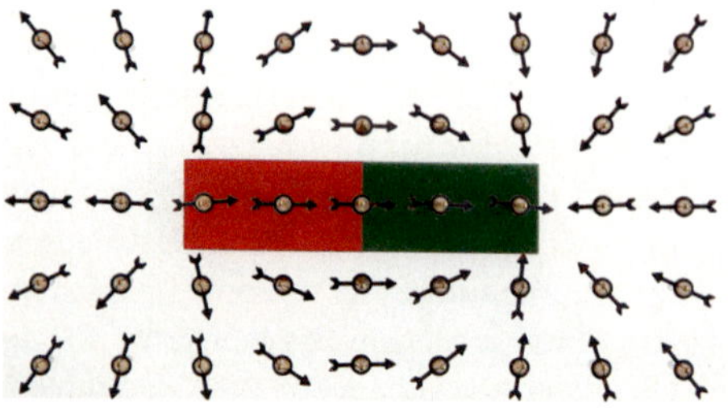

B1 Das Feld eines Stabmagneten

1. Wie wirken magnetische Kräfte?

Mit einem gespannten Seil kann man eine Kraft auf einen entfernten Gegenstand ausüben und so den Wirkungsbereich seiner Hände erweitern. Der *Wirkungsbereich* eines Magneten reicht weit in den Raum hinein. Es zeigt sich, dass magnetische Kräfte sogar durch den luftleeren Zwischenraum hindurch wirken (→ **V1**).

Eine magnetisierte Stricknadel schwimmt mit ihrem Nordpol N nach oben in Wasser (→ **V2**). Ein Stabmagnet wirkt mit seinen beiden Polen N′ und S′ von außen auf den schwimmenden Nordpol N. Beim Start in der Nähe von N′ besteht eine große Abstoßungskraft zwischen den beiden Nordpolen N′ und N. Die anziehende Wirkung von S′ auf N ist sehr gering. Die Stricknadel wird in bestimmter Richtung von N′ weggestoßen und läuft nicht auf dem kürzesten Weg zum Südpol S′ hin.

In jedem Punkt der Umgebung des Stabmagneten N′S′ besteht zwischen den Polen N und N′ eine Abstoßung und zwischen N und S′ eine Anziehung. Diese Kräfte ändern von Ort zu Ort ihre Richtungen. Ihre Beträge ändern sich ebenfalls; sie hängen ja von der Entfernung der Pole ab. Ihre resultierende Kraft auf N ist somit von Ort zu Ort verschieden.

Der Nordpol N folgt in jedem Punkt seiner Bahn der resultierenden Kraft. Er beschreibt einen Bogen, der bei N′ beginnt und bei S′ endet. Die resultierende Wirkung lässt sich mithilfe einer einfachen Linie beschreiben. Verschieben wir den Startpunkt von N geringfügig, so beschreibt N einen anderen Bogen. Nach diesem und weiteren „Läufen" ergibt sich schließlich eine überschaubare, geordnete Struktur von Linien in der Umgebung des Magneten. Startet N an einer beliebigen Stelle im Wasser, so wird er entlang einer Linie dieser Struktur geführt.

Man nennt diese Struktur ein **magnetisches Feld.** Die **Feldlinien** beschreiben die Richtung der resultierenden Kraft, die ein *Test-Nordpol* in der Umgebung eines Magneten erfährt.

Merksatz

Der Wirkungsbereich eines Magneten heißt **magnetisches Feld.** Feldlinien geben die Richtung der Kraft an, die ein Test-Nordpol im Feld eines Magneten erfährt.

Magnetische Erscheinungen kennt man seit mehr als 2500 Jahren. Bereits um 585 v. Chr. beschrieb THALES VON MILET die Anziehung von kleinen Eisenstückchen durch Eisenerze. Etwa 200 Jahre später ließ PLATO in einer Schrift seinen Lehrer SOKRATES berichten, dass Magneteisensteine ihre Kraft über mehrere Eisenringe hinweg auf andere Ringe übertragen können. Praktische Bedeutung gewann der Magnetismus durch die Einführung des Kompasses, der wahrscheinlich aus China stammt. Ohne den Kompass sind die großen Entdeckungsreisen im 15. Jahrhundert schwer vorstellbar.
Pierre DE MARICOURT (1269) kannte bereits die unterschiedlichen Pole eines Magneten und wusste, dass beim Auseinanderbrechen eines Magneten wieder Dipole entstehen. Der Begriff „magnetisches Feld" wurde erstmals von M. FARADAY verwendet.

2. Feldlinien auf einen Blick

Ein *Test-Nordpol* erfährt in der Umgebung eines Magneten eine Kraft in Richtung der Feldlinien. Ein *Test-Südpol* erfährt dort eine entgegengesetzt gerichtete Kraft. Das gilt auch für die beiden Pole einer kleinen Magnetnadel. Die Kräfte drehen die Nadel und stellen sie in Feldlinienrichtung.
Reihen wir viele solcher Magnetnadeln aneinander, so bilden sie eine Kette entlang einer Feldlinie (→ B1). Mit mehreren nebeneinander liegenden Ketten erkennt man die Struktur eines Magnetfeldes auf einen Blick. Wir entdecken zum Beispiel in (→ B2) parallele Feldlinien zwischen den Schenkeln eines Hufeisenmagneten. Mit Eisenpulver erhalten wir ein noch feineres Bild magnetischer Feldlinien (→ V3). Eisenfeilspäne werden im Feld selbst zu Dipolen. Wie Kompassnadeln bilden sie eine Vielzahl von Ketten und vermitteln ein übersichtliches Bild der Feldstruktur.

Wir erkennen in den Feldlinienbildern auch den Kontrast von Anziehung und Abstoßung (→ B3). Stehen sich Nordpol und Südpol gegenüber, so sehen wir zwischen den Polen *Brücken* aus Eisenpulver. Die Anziehung könnte man als *Zug* einer Feldlinie symbolisch beschreiben. Ganz im Gegensatz dazu steht die Abstoßung gleichnamiger Pole: Es sieht so aus, als wollten sich die Feldlinien wegdrängen. Auch in → V3 kann man bei parallelen Feldlinien die Tendenz erkennen, sich wegzudrängen.

Merksatz
Feldlinien verlaufen in der Umgebung eines Magneten vom Nordpol zum Südpol. In der Nähe der Pole laufen die Feldlinien dicht zusammen. Dort ist das Feld am stärksten.

3. Im Magnetfeld ist Energie gespeichert

Wir wissen, dass man eine bestimmte Portion Energie zuführen muss, um einen Körper gegen die Anziehungskraft der Erde zu heben. Die Energie steckt hinterher in der Lage des Körpers als vergrößerte Höhenenergie. Trennen wir einen Magneten von einem anderen unter Kraftaufwand, so müssen wir ebenfalls Energie zuführen (→ B4). Wo bleibt diese Energie?

Im Inneren der Magnete, also an den Elementarmagneten, hat sich nichts geändert. Diese waren ja schon vorher ausgerichtet, sodass hierzu jetzt keine weitere Energie benötigt wurde. Etwas hat sich aber doch verändert. Die Eisenfeilspäne in → B4 zeigen, dass zwischen den Magneten ein vorher nicht vorhandenes Magnetfeld entstanden ist. Lässt man die Magnete wieder los, so werden sie aufeinander zu beschleunigt, und das Feld verschwindet wieder. Dies ist ein Hinweis darauf, dass Energie in einem magnetischen Feld in einer für uns neuartigen Form gespeichert werden kann. Da ein Magnetfeld ja auch im Vakuum existiert, kann Energie im materiefreien Raum gespeichert werden.

Merksatz
In einem Magnetfeld ist Energie gespeichert – sogar im Vakuum. Sie kann beim Verschwinden des Feldes in anderer Form genutzt werden.

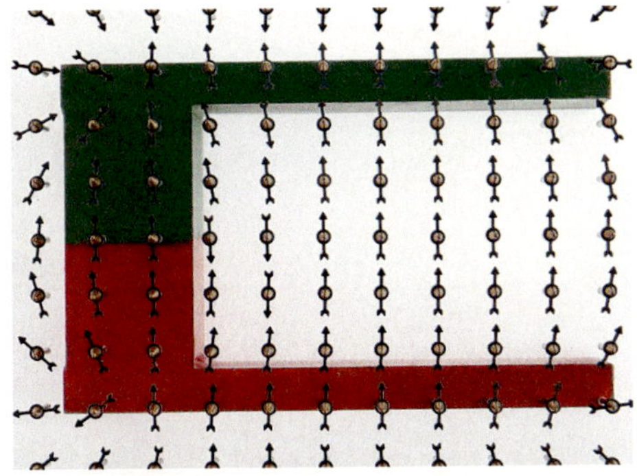

B2 Homogenes Feld im Hufeisenmagnet

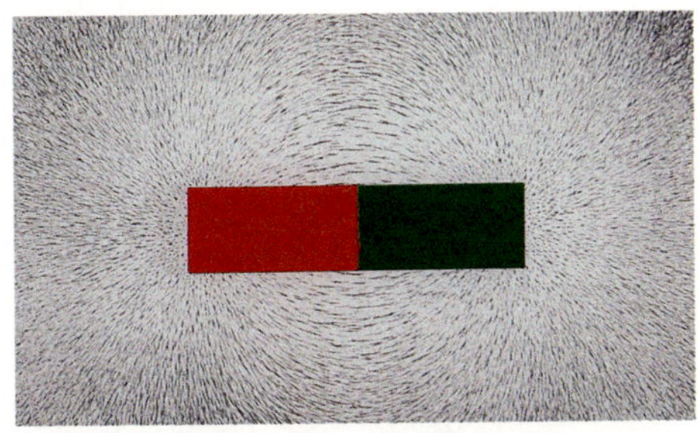

V3 Wir legen eine Glasplatte über einen Stabmagnet und streuen Eisenpulver darauf. Das Pulver ordnet sich von selbst zu Ketten aus kleinen Dipolen.

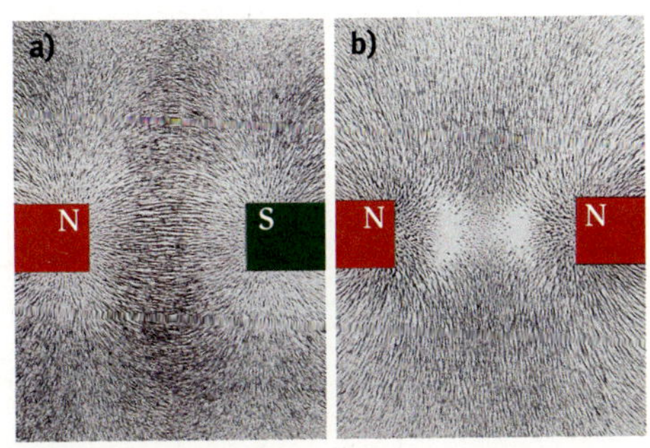

B3 **a)** Anziehung ungleichnamiger Pole
b) Abstoßung gleichnamiger Pole

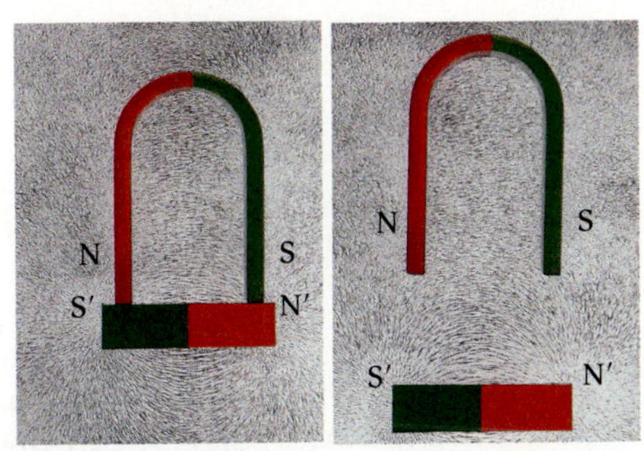

B4 Unter Energieaufwand wurden die Magnete voneinander getrennt. Jetzt ist die Energie im Magnetfeld gespeichert.

1. Magnetische Kraft auf bewegte Ladungen

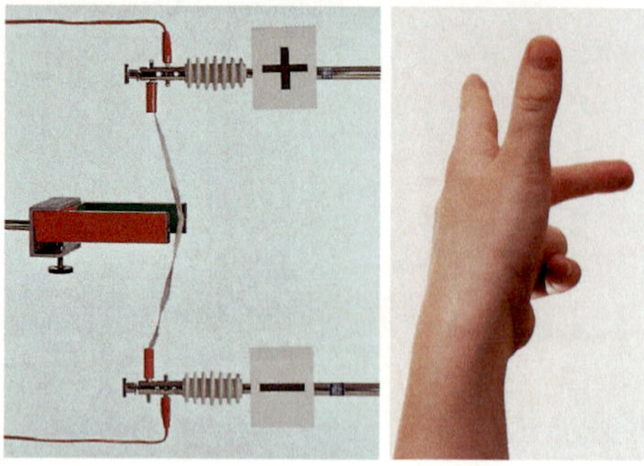

B1 Ein Leiter, der einen Strom aus Elektronen führt, erfährt in einem Magnetfeld eine Kraft. Ihre Richtung bestimmt man mit der Drei-Finger-Regel der linken Hand.

Wir wissen schon: Ein Strom führender Leiter erfährt in einem nicht parallel zu ihm gerichteten äußeren Magnetfeld eine Kraft **→ B1**. Jetzt betrachten wir bewegte Elektronen ohne den Leiter. Dazu untersuchen wir einen Elektronenstrahl, der senkrecht zur Richtung der Feldlinien in ein Magnetfeld geschossen wird **→ B2**. Die Elektronen werden quer zu den Feldlinien abgelenkt; sie erfahren also eine Kraft. Entscheidend ist die *Bewegung der Elektronen* im Magnetfeld. Auf ruhende Ladungsträger wirkt diese Kraft nicht. Könnte man das Magnetfeld parallel zur ursprünglichen Richtung des Elektronenstrahls drehen, würde der Strahl nicht abgelenkt. Die magnetische Kraft auf bewegte Ladungen heißt **Lorentzkraft** nach dem niederländischen Physiker Hendrik A. LORENTZ (Nobelpreis 1902).

Die Richtung der Lorentzkraft bestimmt man nach der **Drei-Finger-Regel der linken Hand:** Man hält den Daumen der *linken Hand* in die Bewegungsrichtung der Elektronen und den Zeigefinger in Richtung des Magnetfeldes. Dreht man dann den ausgestreckten Mittelfinger senkrecht zu Daumen und Zeigefinger, so zeigt er in die Richtung der Lorentzkraft **→ B1**. Diese Drei-Finger-Regel gilt nur für negativ geladene Teilchen. Für *positiv geladene Teilchen* nimmt man die Finger der *rechten Hand* und verfährt entsprechend.

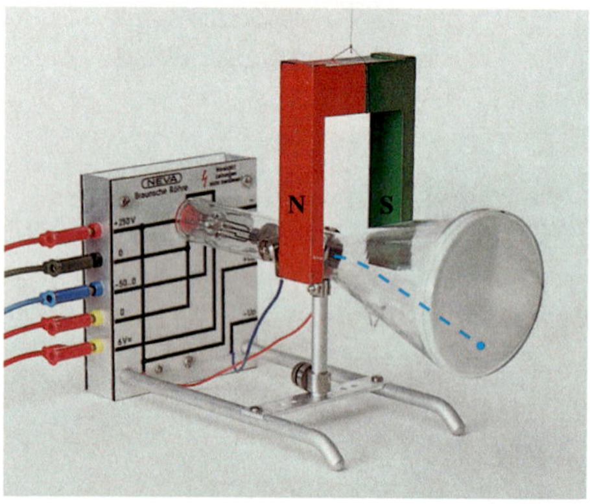

B2 In einem Magnetfeld wird ein Elektronenstrahl abgelenkt.

Wir verstehen jetzt, warum ein Strom führender Leiter in einem Magnetfeld eine Kraft erfährt: Durch den Leiter *bewegen* sich Elektronen. Auf jedes einzelne wirkt eine Lorentzkraft. Die Summe dieser vielen Lorentzkräfte ergibt die Kraft auf den Leiter **→ B1**.

Merksatz

Bewegen sich *neagtiv* geladene Teilchen in einem Magnetfeld senkrecht zu den Feldlinien, so wirkt auf sie eine **Lorentzkraft.** Ihre Richtung bestimmt man nach der *Drei-Finger-Regel* der *linken Hand*. Steht ein Strom führender Leiter senkrecht zu den Feldlinien eines äußeren Magnetfeldes, so erfährt er eine Kraft nach der *Drei-Finger-Regel* der *linken Hand.*

2. Die magnetische Flussdichte

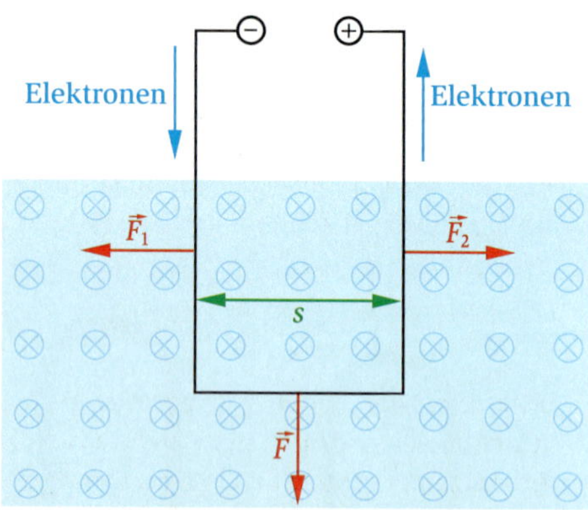

B3 Das Magnetfeld ist in die Papierebene hinein gerichtet. Die Feldlinien werden durch ⊗ gekennzeichnet (ähnlich einem von hinten betrachteten Pfeilschaft). Feldlinien, die aus der Papierebene hinaus zeigen, kennzeichnet man durch ⊙. Nach der Drei-Finger-Regel der linken Hand wirkt die resultierende magnetische Kraft auf das Rähmchen nach unten.

Wir wollen jetzt ein Maß für die Stärke des Magnetfeldes festlegen. Dazu verwenden wir einen „Probestrom", ähnlich wie wir mithilfe von Probeladungen die elektrische Feldstärke eingeführt haben. Diesen schicken wir wie in **→ B3** durch ein Drahträhmchen. Nach der Drei-Finger-Regel der linken Hand erfahren die beiden seitlichen Drähte im Magnetfeld entgegengesetzt gleiche Kräfte, die einander aufheben. Die Kraft auf das Leiterstück der Länge s, das senkrecht zur Richtung der magnetischen Feldlinien horizontal innerhalb des Magnetfeldes verläuft, zieht das Drahträhmchen nach unten. Diese Länge s wird **wirksame Leiterlänge** genannt.

Im Feld zwischen den Polen in **→ B4** ist das Magnetfeld recht homogen. Wenn die Stromstärke und die wirksame Leiterlänge konstant bleiben und wir das Rähmchen dort verschieben, ändert sich die gemessene Kraft kaum. In **→ V1** untersuchen wir, wie die Kraft F von der Stromstärke I und der wirksamen Leiterlänge s abhängt.

Das Ergebnis: Die Kraft F auf das Rähmchen ist zur Stromstärke und zur wirksamen Leiterlänge proportional:

$F \sim I$ und $F \sim s$

Die erste Proportionalität gilt für konstantes s, die zweite für konstantes I. Fassen wir beide Proportionalitäten zusammen, erhalten wir $F \sim Is$. Die Quotienten

$$B = F/(Is)$$

sind also konstant und unabhängig von speziellen Werten der Stromstärke I und der wirksamen Leiterlänge s.

Die Kraft auf das Rähmchen wirkt senkrecht zur wirksamen Leiterlänge und senkrecht zur Richtung der magnetischen Feldlinien. Letztere Richtung schreiben wir auch der Größe zu, welche die Stärke des Magnetfeldes kennzeichnet. Als Maß für die Stärke von Magnetfeldern führen wir daher den Vektor $\vec{B}$ ein. Dessen Betrag ist durch $B = F/(Is)$ definiert, seine Richtung ist gleich der Richtung der Magnetfeldlinien. Aus historischen Gründen heißt $\vec{B}$ **magnetische Flussdichte.** Ihre Einheit ist 1 N/(A m), 1 Tesla genannt. Statt „Magnetfeld" schreiben wir künftig auch kurz „B-Feld".

Merksatz

Der Vektor $\vec{B}$, dessen Richtung gleich der Richtung der magnetischen Feldlinien ist, und dessen Betrag durch

$$B = \frac{F}{Is} \text{ mit der Einheit } [B] = 1\,\frac{\text{N}}{\text{A m}} = 1\ \text{T (Tesla)}$$

gegeben ist, heißt **magnetische Flussdichte.**

Also erfährt ein vom Strom I durchflossener Leiter mit der wirksamen Leiterlänge s im B-Feld die **Lorentzkraft**

$$F = I \cdot s \cdot B.$$

3. Magnetische Flussdichte um einen geraden Leiter

Bereits im Kapitel zur Elektrizität hatten wir festgestellt, dass gerade elektrische Stromleiter stets von einem ringförmigen Magnetfeld umgeben sind → B5.

Merksatz

Im senkrechten Abstand r zum **geraden Leiter**, der von der Stromstärke I durchflossen wird, herrscht die **magnetische Flussdichte**

$$B = \mu_0 \frac{I}{2\pi r}.$$

Dabei ist μ_0 die magnetische Feldkonstante:

$$\mu_0 = 4\pi \cdot 10^{-7}\ \text{Vs A}^{-1}\text{m}^{-1}.$$

Die Richtung von B ist durch die Linke-Faust-Regel festgelegt.

Die **Drei-Finger-Regel der linken Hand** lautet nunmehr so:
Der Daumen zeigt in Richtung des Elektronenflusses in der wirksamen Leiterlänge s, der Zeigerfinger in Richtung von $\vec{B}$ und der Mittelfinger in Richtung der Kraft auf den Leiter.

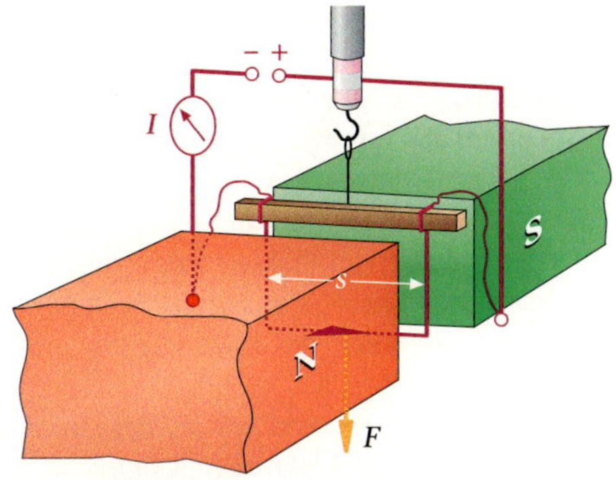

B4 Wird das Rähmchen im homogenen B-Feld verschoben, so ändert sich die magnetische Kraft auf das Rähmchen nicht.

V1 Mit der Versuchsanordnung von → B4 messen wir die Kraft auf das Drahträhmchen in Abhängigkeit von der Stromstärke I und der wirksamen Leiterlänge s. Wir erhalten → T1.

s = 4 cm (konstant)			I = 4 A (konstant)		
I in A	**F in cN**	**F/I in cN/A**	**s in cm**	**F in cN**	**F/s in N/m**
1	0,8	0,80	4	3,2	0,80
3	2,5	0,83	2	1,7	0,85
5	3,9	0,78	1	0,8	0,80

T1 Messwerte zu → V1: Im Versuch ist $B \approx 0{,}2$ T.

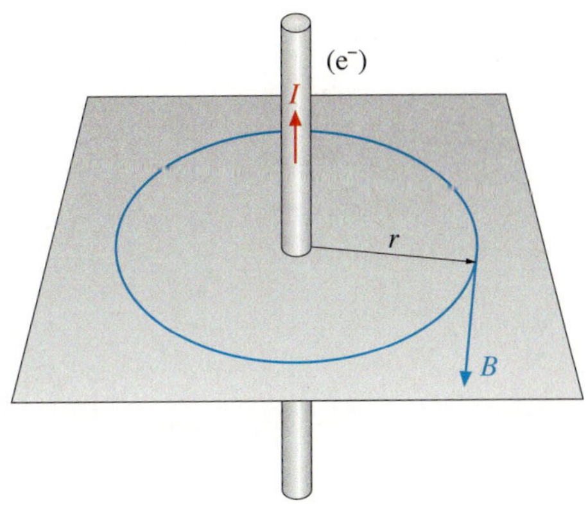

B5 Wird der Leiter von der Stromstärke I durchflossen, ist die magnetische Flussdichte im Abstand r proportional zu I und umgekehrt proportional zu r.

A1 Ein Leiter von 4 cm Länge führt einen Strom von 10 A. Er erfährt die Kraft 20 cN, wenn er senkrecht zu den Feldlinien eines Magnetfeldes steht. Berechnen Sie die magnetische Flussdichte.

Lorentzkraft und Halleffekt

1. Eine Gleichung für die Lorentzkraft

Um die Gleichungen im Folgenden einfach zu halten, betrachten wir nur Beträge von vektoriellen Größen. Bislang kennen wir schon die Gleichung $F = IsB$. Sie beschreibt die Kraft auf einen Leiter in einem Magnetfeld, welcher Strom der Stärke I führt; das ist eine makroskopische Sichtweise. Der Strom besteht aus Elektronen. Können wir auch die Kraft auf ein einzelnes Elektron angeben?

Vereinfachend nehmen wir an, dass in einem Strom führenden Leiter alle Elektronen die gleiche Geschwindigkeit haben. Diese nennt man *Driftgeschwindigkeit* v. Wie hängt sie mit der Stromstärke I zusammen? In der Zeit t durchsetzen N Elektronen den Leiterquerschnitt A mit der Driftgeschwindigkeit $v = s/t$ → **B1**. Sie tragen die Ladung $Q = Ne$. Daher ist die Stromstärke $I = Q/t = Nev/s$. I ist also proportional zu v. Das Strom führende Leiterstück erfährt die Kraft $F = IsB$. Einsetzen des Terms für I ergibt $F = NevB$. Dies gilt für N freie Elektronen. Für ein einziges erhalten wir die gesuchte Gleichung für die Lorentzkraft: $F_L = evB$.

Merksatz

Ein Elektron, das sich mit der Geschwindigkeit v senkrecht zu einem B-Feld bewegt, erfährt dort die **Lorentzkraft** $F_L = evB$. Sie steht senkrecht auf $\vec{v}$ und $\vec{B}$.

2. Die Hallspannung

Das bisherige Verfahren zur Bestimmung der Stärke des Magnetfeldes ist sehr aufwändig. Es funktioniert nur bei homogenen, ausgedehnten Feldern und versagt schon beim Ermitteln des Betrags der magnetischen Flussdichte eines Stabmagneten. Ein bequemeres Verfahren zur Messung von B nutzt die Lorentzkraft auf Elektronen aus. Die Kraftmessung wird dabei durch eine Spannungsmessung ersetzt.

In → **B1** strömen die Elektronen im Metall von vorn rechts nach hinten links; daher werden sie durch die Lorentzkraft nach oben abgelenkt. Sie sammeln sich oben im Plättchen, während unten ein Überschuss an positiver Ladung entsteht. Dieser Vorgang dauert aber nicht lange an. Denn durch diese Ladungstrennung wird ein E-Feld erzeugt, das von unten (+) nach oben (−) gerichtet ist. Das Feld baut sich so in sehr kurzer Zeit auf, bis die nach unten gerichtete elektrische Kraft F_e auf die negativ geladenen Elektronen genauso groß ist wie die Lorentzkraft F_L. Dann besteht Kräftegleichgewicht und es gilt $F_e = F_L$. Die Elektronen durchlaufen nunmehr die Anordnung geradeaus, man kann eine Spannung zwischen zwei gegenüberliegenden Punkten P_1 und P_2 des oberen und unteren Randes des Plättchens messen. Sie heißt **Hallspannung** U_H nach dem amerikanischen Physiker E. HALL (1879). Im so entstandenen homogenen E-Feld gilt $E = U_H/h$ und

$$F_e = eE = eU_H/h$$

und im hier betrachteten homogenen Magnetfeld

$$F_L = evB.$$

Wegen $F_e = F_L$ erhalten wir $eU_H/h = evB$ und somit

$$U_H = Bvh. \quad (1)$$

Das Auftreten der Hallspannung in → **B1** nennt man **Halleffekt.** Diesen nutzt man insbesondere in Geräten zur präzisen Messung von Magnetfeldern.

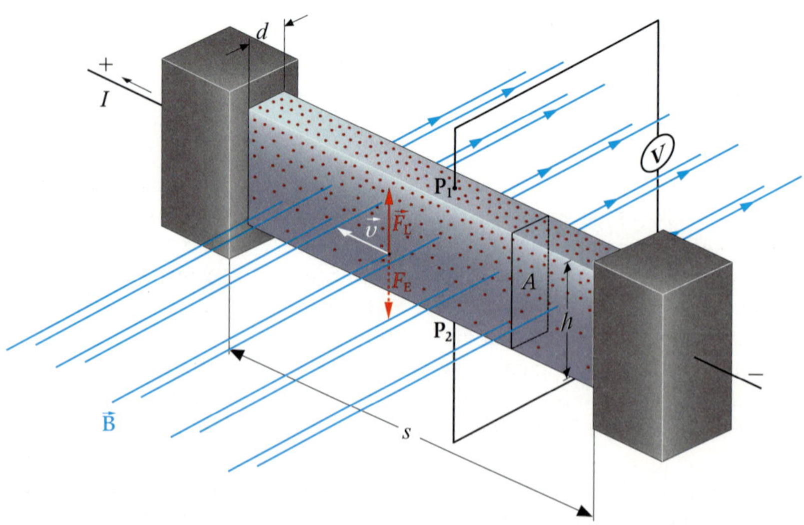

B1 Das Leiterplättchen führt einen Strom I von Elektronen quer zur Richtung des Magnetfeldes. Zwischen zwei Punkten P_1 und P_2, die einander genau gegenüber liegen, ist eine geringe Spannung U_H messbar. Die Punkte innerhalb des im Leiter befindlichen Magnetfeldes sollen negative Ladungsträger (Elektronen) andeuten.

3. Die Hallkonstante

Wir wollen jetzt untersuchen, wie die Hallspannung vom Material des Strom führenden Plättchens **→ B1** abhängt. Für die Stärke des Stromes I durch eine Querschnittsfläche A dieses Plättchens mit dem Flächeninhalt $A = hd$ gilt

$$I = Q/t \qquad (2)$$

Dabei bezeichnet Q die in der Zeit t durch die Fläche A strömende Ladung. Die Ladung werde von N Elektronen getragen: $Q = Ne$. Mit der Elektronendichte $n = N/V$ ergibt sich

$$Q = nVe. \qquad (3)$$

Sämtliche Elektronen, die durch A geströmt sind, befinden sich nach Ablauf von t in einem Volumen

$$V = hds. \qquad (4)$$

Die Elektronen, welche zu Beginn von t gerade durch A geströmt sind, haben sich am Ende dieses Zeitintervalls um s senkrecht zu A bewegt. Ihre Driftgeschwindigkeit ist

$$v = s/t. \qquad (5)$$

Durch Zusammenfassen der Gleichungen (2) bis (5) erhalten wir

$$I = \frac{Q}{t} = \frac{nVe}{t} = \frac{nhdse}{t} = nhdve. \qquad (6)$$

Auflösen nach v liefert: $v = \frac{I}{nhde}$. Dies setzen wir in Gl. (1) für die Hallspannung ein: $U_H = \frac{1}{ne} \cdot \frac{IB}{d}$. Die nur vom Material des Plättchens abhängige Größe $R_H = \frac{1}{ne}$ heißt **Hallkonstante** **→ T1**. Aus Gl. (2) folgt damit $U_H = R_H \cdot \frac{IB}{d}$.

Merksatz

Die Hallspannung U_H ist proportional zur Stromstärke I, zur magnetischen Flussdichte B und zum Kehrwert der Dicke d des Leiters:

$$U_H = R_H \cdot \frac{IB}{d}. \qquad (7)$$

Es mag verwundern, dass in Gl. (7) die Höhe h des Plättchens nicht vorkommt und seine Dicke d im Nenner steht. Wir erklären dies so: Bei konstanter Stromstärke I ist auch die Anzahl der in einem Zeitintervall durch die Querschnittsfläche A strömenden Elektronen konstant **→ B1**. Wird A kleiner, müssen folglich die Elektronen im Mittel schneller sein, ihre Driftgeschwindigkeit v nimmt zu. Nach Gl. (6) ist dann (I = const.) $v \sim 1/A = 1/(dh)$. Das h aus Gl. (1) wird gekürzt, die Plättchendicke d verbleibt im Nenner.

Man definiert ein Vorzeichen für die Hallspannung. Bei Elektronenleitung in Metallen und n-Halbleitern ist es negativ. In anderen Stoffen spielen „Löcher" für Leitungsvorgänge eine große Rolle. Diese wirken wie positive Ladungsträger und die Materialien erhalten vereinbarungsgemäß eine positive Hallkonstante.

Beispiel

Ein Kupferplättchen hat die Höhe $h = 0{,}5$ cm und die Dicke $d = 0{,}01$ mm. Das Plättchen führt den Strom $I = 8$ A. Die Fläche des Plättchens wird von einem homogenen Magnetfeld mit $B = 0{,}25$ T senkrecht durchsetzt. Man misst die Hallspannung $U_H = 16{,}6$ µV.
Berechnen Sie **a)** die Driftgeschwindigkeit der Elektronen im Plättchen, **b)** die Hallkonstante und die Elektronendichte von Kupfer, **c)** die Zahl der „freien" Elektronen pro Kupferatom.

Lösung: **a)** Aus Gl. (1) folgt $v = U_H/(hB) = 0{,}013$ m/s. **b)** Auflösen von Gl. (7) nach R_H liefert $R_H = U_H d/(IB) = 8{,}3 \cdot 10^{-11}$ m³/C. Die Elektronendichte von Kupfer ist $n = 1/(R_H e) = 7{,}5 \cdot 10^{28}$ m^{-3}. **c)** Die Masse eines Kupferatoms ist $m_{\text{Cu-Atom}} = 63{,}5$ u $= 1{,}05 \cdot 10^{-25}$ kg. Das Volumen ist nach $V_{\text{Cu-Atom}} = m_{\text{Cu-Atom}}/\rho = 1{,}18 \cdot 10^{-29}$ m³. Die Zahl Z der „freien" Elektronen pro Kupferatom ist $Z = nV_{\text{Cu-Atom}} = 0{,}89$. Zum Vergleich: Für Silber ist Z ≈ 1,2, für den Halbleiter Germanium Z ≈ $7{,}5 \cdot 10^{-9}$.

Stoff	R_H in m³/C
Kupfer	$-5{,}3 \cdot 10^{-11}$
Silber	$-8{,}9 \cdot 10^{-11}$
Cadmium	$+5{,}9 \cdot 10^{-11}$
Zink	$+1{,}0 \cdot 10^{-10}$
InAs	$-1{,}0 \cdot 10^{-4}$

T1 Einige Hallkonstanten – InAs ist ein Halbleitermaterial.

A1 Bestimmen Sie den Faktor, mit dem man jeweils U_H multiplizieren muss, wenn man B, I, d **a)** einzeln, **b)** alle auf einmal verdoppelt.

A2 Eine Metallfolie ($h = 1$ cm, $d = 0{,}1$ mm) führt Strom der Stärke $I = 1{,}9$ A und wird von einem Magnetfeld der Stärke mit $B = 0{,}3$ T senkrecht durchsetzt. Man misst die Hallspannung $U_H = 0{,}51$ µV. **a)** Berechnen Sie die Driftgeschwindigkeit der Elektronen.
b) Berechnen Sie die Hallkonstante und die Dichte der freien Elektronen im Metall.

A3 Ein Germaniumplättchen mit der Hallkonstante $R_H = -0{,}014$ m³/C und der Dicke $d = 1$ mm führt Strom der Stärke $I = 25$ mA. Die Hallspannung ist $U_H = 7{,}1$ mV. Berechnen Sie die Stärke des Magnetfeldes B, welches das Germaniumplättchen senkrecht durchsetzt.

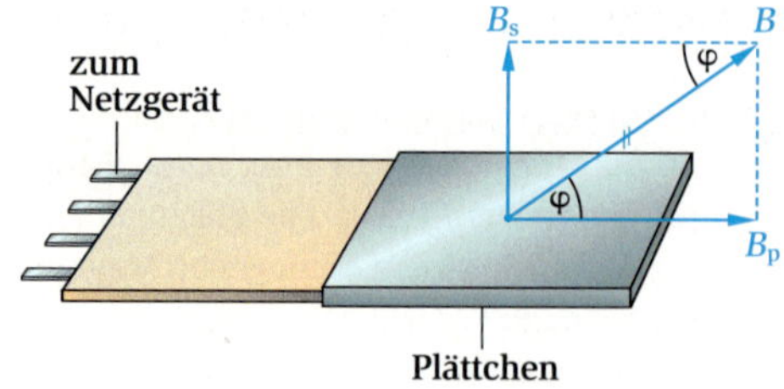

B1 Hallsonde – sie misst nur die Komponente $\vec{B}_s$ des B-Feldes senkrecht zum Plättchen.

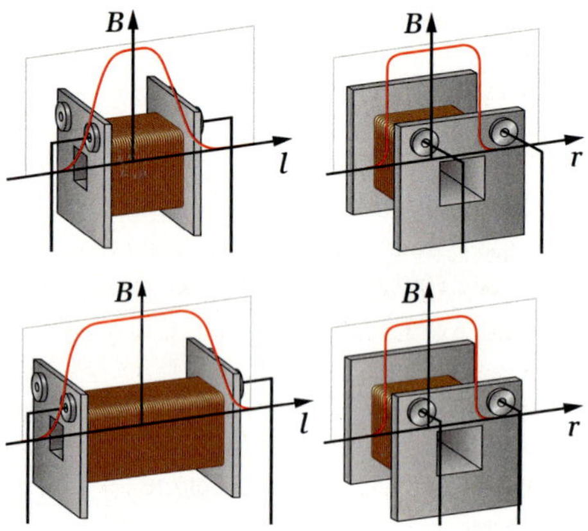

V1 Mithilfe einer Hallsonde mit sehr kleinem Plättchen kann man den Verlauf der Stärke des B-Feldes entlang von Spulenachsen messen. Nur im Innern der *schlanken* Spule ist das B-Feld in guter Näherung homogen. Dies kann man am horizontal verlaufenden Graphen (rot) von B gegen l erkennen.

V2 Wir messen B in Abhängigkeit von der Stromstärke I und der Spulenlänge l. Dazu benutzen wir eine Spule, die man wie eine Ziehharmonika auseinanderziehen kann. In diese können wir leicht eine Hallsonde einführen. Wir erhalten folgende Messwerte:

$n = 30$, $l = 35$ cm (konstant)

I in A	B in mT	B/I in 10^{-4} T/A
3	0,32	1,07
2	0,22	1,10
1	0,11	1,10

$n = 30$, $I = 5$ A (konstant)

l in cm	B in mT	Bl in 10^{-5} T · m
35	0,54	18,9
25	0,75	18,8
15	1,25	18,8

4. Hallsonden

Geräte zur Messung von B-Feldern, die den Halleffekt ausnutzen, heißen **Hallsonden** → **B1**. Sie können kompakt gebaut werden und sind leicht zu handhaben. Geeignete Materialien für Hallsonden müssen eine große Hallkonstante haben, damit eine gut messbare Hallspannung erzielt werden kann. Daher benutzt man für Hallsonden dotierte Halbleiter mit Gallium, Indium, Silizium und Arsen.

In Hallsonden ist die Driftgeschwindigkeit v der Ladungsträger im Allgemeinen unbekannt. Um aus der Proportionalität $B \sim U_H$ auf den Betrag von B (in Tesla) schließen zu können, muss man die Hallsonde in einem bekannten Magnetfeld kalibrieren.

Wenn wir eine Hallsonde in einem B-Feld drehen, so ändert sich die Anzeige am Messgerät. Sie ist am größten, wenn das Plättchen der Sonde senkrecht zu den Feldlinien steht und wird null, wenn die Feldlinien parallel zur Ebene des Plättchens verlaufen. Deshalb zerlegen wir den Vektor $\vec{B}$ in die Komponenten $\vec{B}_s$ senkrecht und $\vec{B}_p$ parallel zum Plättchen → **B1**. $\vec{B}_p$ ist wirkungslos. Die Hallsonde wird nur von $\vec{B}_s$ beeinflusst.

5. Eine schlanke Spule

Zur Erzeugung von Magnetfeldern benutzt man häufig Strom führende Spulen. In → **V1** vermessen wir mit einer Hallsonde das B-Feld verschiedener Spulen. Es ist im Innern einer langgestreckten geraden Spule, kurz einer *schlanken* Spule, homogen. Das trifft für die dicke Spule in → **V1** nicht zu. Versuche mit schlanken Spulen zeigen, dass B bei konstantem I nur von der Windungszahl n und der Länge l abhängt, nicht aber von der Größe der Querschnittsfläche.

Jetzt verwenden wir eine Hallsonde, um die Stärke des B-Feldes im Innern einer schlanken Spule zu bestimmen → **V2**. Dort ist das Feld besonders stark. Man findet:

- B ist proportional zu I und zu $1/l$: kurz $B \sim I$ und $B \sim 1/l$.
- Gibt man einer Spule der Länge l die doppelte Windungszahl n, so wird auch B verdoppelt; bei konstantem I gilt $B \sim n$.

Zusammengefasst ergibt sich $B \sim nI/l$, oder als Gleichung geschrieben: $B = \mu_0 nI/l$. Die Proportionalitätskonstante μ_0 heißt *Permeabilität des freien Raumes*, häufig auch *magnetische Feldkonstante* genannt. Der Wert von μ_0 lässt sich durch Einsetzen von Werten aus → **V2** ermitteln: $\mu_0 = Bl/(nI) = 1{,}257 \cdot 10^{-6}$ Vs/(Am).

Merksatz

Den Betrag der **magnetischen Flussdichte** $\vec{B}$ einer schlanken Spule kann man mit der Formel

$$B = \mu_0 \cdot (n/l)\, I$$

berechnen. Dabei ist n die Anzahl der Windungen der Spule, l ihre Länge und I die Stärke des Stromes in einer Windung. Für die **Permeabilität des freien Raumes** (magnetische Feldkonstante) μ_0 gilt

$$\mu_0 = 1{,}257 \cdot 10^{-6} \frac{\text{Vs}}{\text{Am}}.$$

Interessantes

Hallsensoren

Unter einem Hallsensor versteht man ein Gerät mit einer Hallsonde, das nicht primär für die Messung von Magnetfeldern konstruiert ist. Es nutzt den Halleffekt aus, um andere Größen zu messen. Solche Sensoren finden heute vielfältige technische Anwendungen.

Ein *Stromsensor* misst Stromstärken ohne Eingriff in den Stromkreis. Dazu wird ein eiserner Ring mit einem Luftschlitz benutzt, der den Strom führenden Leiter umfasst. Im Schlitz selbst befindet sich ein Hallsensor. Die gemessene Hallspannung ist proportional zur Stärke des B-Feldes im Eisenring und damit zur Stromstärke im umschlossenen Leiter.

Hallsensoren werden in der Autoelektronik zum Beispiel im *Drehzahlmesser* verwendet. Mit der Nockenwelle des Automotors dreht sich ein Zahnrad aus eisenhaltigem Material → B2. Der Hallsensor befindet sich zwischen dem Zahnrad und einem Dauermagneten, der ein Magnetfeld senkrecht zum Sensor liefert. Durch den Wechsel von Zahn und Lücke durch Drehung des Zahnrades ändert sich die Stärke des B-Feldes im Zwischenraum, also die Hallspannung des Hallsensors. Diese sich ändernde Spannung wird an das Steuergerät geleitet und dort ausgewertet, um die erforderlichen Daten festzuhalten.

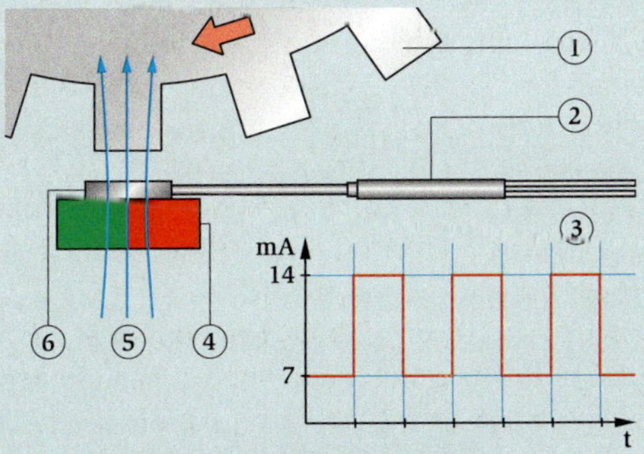

B2 Drehzahlmesser mit Hallsensor:
1 Zahnrad, 2 Elektronik zur Auswertung,
3 zeitlicher Verlauf der Signale, 4 Dauermagnet,
5 Magnetfeldlinien, 6 Hallsensor

Vertiefung

Leitfähigkeit von Metallen klassisch erklärt

Die Leitfähigkeit eines Metalls ist gekennzeichnet durch den *spezifischen Widerstand* $\rho = RA/s = (U/I)(A/s)$. Dabei ist R der elektrische Widerstand, A die Querschnittsfläche und s die Länge. Wie hängt ρ von der Dichte der freien Elektronen n in einem Metall ab? Wegen $U = Es$ folgt aus der Gleichung für den spezifischen Widerstand auch $\rho = EA/I$ oder $I = EA/\rho$. Nach Ziff. 1 gilt $I = Nev/s$. Durch Auflösen nach v ergibt sich

$$v = \frac{Is}{Ne} = \frac{EAs}{Ne\rho} = \frac{EV}{Ne\rho} = \frac{E}{ne\rho},$$

denn As ist das Volumen V und die Elektronendichte $n = N/V$. Somit ist $v \sim E$. Der Quotient $\mu = v/E$ heißt *Elektronenbeweglichkeit*. Diese hängt nicht von E oder der Spannung U ab, sondern nur vom Material. Mit der Hallkonstante $R_H = 1/(ne)$ (→ Ziff. 3) folgt

$$\mu = \frac{1}{ne\rho} = \frac{R_H}{\rho} \quad \text{oder} \quad \rho = \frac{1}{ne\mu} = \frac{R_H}{\mu}.$$

Ein Metall leitet den Strom umso besser, je kleiner ρ ist, nach obiger Gleichung: je mehr freie Elektronen pro Kubikmeter vorhanden sind und je größer die Elektronenbeweglichkeit ist. Zum Beispiel ist für Kupfer $\rho_{Cu} = 1{,}68 \cdot 10^{-8}\ \Omega\text{m}$. Damit folgt $\mu_{Cu} = R_H/\rho = 3 \cdot 10^{-3}\ \text{m}^2/(\text{Vs})$. In einem Kupferdraht mit $E = 0{,}05$ V/m ist die Driftgeschwindigkeit der Elektronen nur $v = \mu E = 1{,}5 \cdot 10^{-4}$ m/s.

Was bedeutet Driftgeschwindigkeit?

Seit 2007 kann man die Geschwindigkeit von Elektronen in Metallen direkt messen und erhält ungefähr 1000 km/s! Mit dieser hohen Geschwindigkeit fliegen die Elektronen jedoch zufällig in alle Richtungen. Durch das an den Leiter gelegte elektrische Feld wird aber die Anzahl der Elektronen erhöht, die sich im Mittel entgegengesetzt zu $\vec{E}$ bewegen. Könnte man den Mittelwert aller Geschwindigkeitsvektoren bilden, so erhielte man einen Geschwindigkeitsvektor mit sehr geringem Betrag. Dieser wird bei klassischer Deutung jedem einzelnen Elektron zugeschrieben und als Driftgeschwindigkeit v bezeichnet.

A1 An einem Leiterplättchen liege vorn ein Minus-, hinten ein Pluspol. Ein von rechts nach links gerichtetes B-Feld durchsetzt es. Wo liegen die Pole von U_H, wenn die Ladungsträger negativ (positiv) sind?

A2 Begründen Sie, dass an den Enden einer schlanken Spule die Stärke des B-Feldes genau halb so groß ist wie in ihrer Mitte.

A3 Die Länge einer Spule kann man wie bei einer Ziehharmonika ändern. Sie hat $n = 40$ Windungen und ist $l = 30$ cm lang. **a)** Berechnen Sie die zur Erzeugung eines Magnetfeldes mit $B = 0{,}02$ mT erforderliche Stromstärke. **b)** Man drückt die Spule auf $l = 20$ cm zusammen. Berechnen Sie die neue magnetische Flussdichte B.

A4 Eine schlanke Spule ist 30 cm lang und hat 1200 Windungen.
a) Berechnen Sie die Stromstärke I, für die $B = 0{,}1$ T wird.
b) Kann in Ihrem Physiksaal mit der Spule von a) ein B-Feld mit $B > 1$ T erzeugt werden? Es wäre für Träger von Herzschrittmachern gefährlich, da ein solches Feld das Gerät beeinflussen könnte.

Vertiefung

Spulen mit Materie

In Spulen, die der Erzeugung von B-Feldern dienen, befindet sich meist nicht nur Luft. Man füllt sie mit Material, das den Magnetismus verstärken soll. Bei konstanter Stromstärke in den Spulendrähten wird mit einer Hallsonde die Flussdichte B_m in der Spule gemessen → B1. Diese ist mit verschiedenen Stoffen gefüllt, z. B. Luft, Kupfer, Kunststoff, Papier oder Eisen. Bei den meisten Stoffen weicht B_m (mit Materie) kaum von B_0, der magnetischen Flussdichte der Spule im Vakuum, ab. Nur bei Eisen ist B_m erheblich größer als B_0.

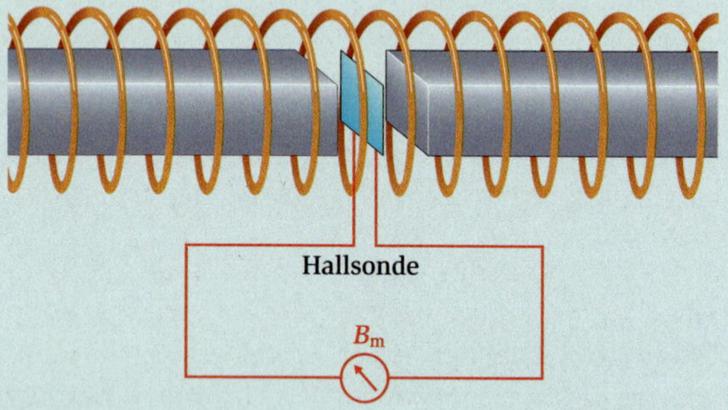

B1 Messung der magnetischen Flussdichte in einer materiegefüllten Spule

Für die magnetische Flussdichte B_m einer **materiegefüllten Spule** gilt $B_m = \mu_r B_0$. Dabei ist B_0 die magnetische Flussdichte der leeren Spule, μ_r wird als **relative Permeabilität** des Materials in der Spule bezeichnet. Für eine schlanke, materiegefüllte Spule erhält man mit der **absoluten Permeabilität** $\mu = \mu_0 \mu_r$ die Gleichung

$$B = \mu \frac{n}{l} I.$$

In Eisen ist μ_r nicht konstant. Bei starken B_0-Feldern reicht μ_r von 600 bis 2000. Setzt man das Eisen dem B-Feld einer Strom führenden Spule aus, wird es selbst magnetisiert. Nach dem Ausschalten des Spulenstromes verliert **magnetisch weiches Eisen** seinen Magnetismus schnell wieder vollständig. Behält das Eisen jedoch seinen Magnetismus, bezeichnet man es als **magnetisch hart.** Aus magnetisch harten Werkstoffen fertigt man *Permanentmagnete*, die vielfach angewendet werden, z. B. in Türschlössern, Magnettafeln, Spielzeug usw. Magnetisch weiches Eisen wird für *Elektromagnete* verwendet, wie sie etwa auf dem Schrottplatz zum Anheben von Autowracks eingesetzt werden.

Ferromagnetische Stoffe und Hysteresis

Stoffe, die wie Eisen den Magnetismus einer Strom führenden Spule erheblich verstärken, heißen **ferromagnetisch** (ferrum, lat. Eisen). Für sie gilt $\mu_r \gg 1$. Außer Eisen sind nur wenige Reinstoffe ferromagnetisch wie Kobalt und Nickel; es gibt aber auch ferromagnetische Legierungen und Verbindungen (CrO_2, MnAs) sowie bestimmte Keramikarten.

Wir untersuchen jetzt das Verhalten der magnetischen Flussdichte B_m in Abhängigkeit von B_0 in einem ferromagnetisch harten Stoff. Dazu füllen wir eine sehr lange Spule mit einem Kern aus noch nicht magnetisiertem Eisen so, dass nur ein enger Spalt zum Einführen einer Hallsonde übrigbleibt → B1. Wir messen B_m in Abhängigkeit von $B_0 = \mu_0 (n/l) I$. Dabei erhalten wir eine **Hysteresiskurve** (hysteresis gr. Zuspätkommen) → B2.

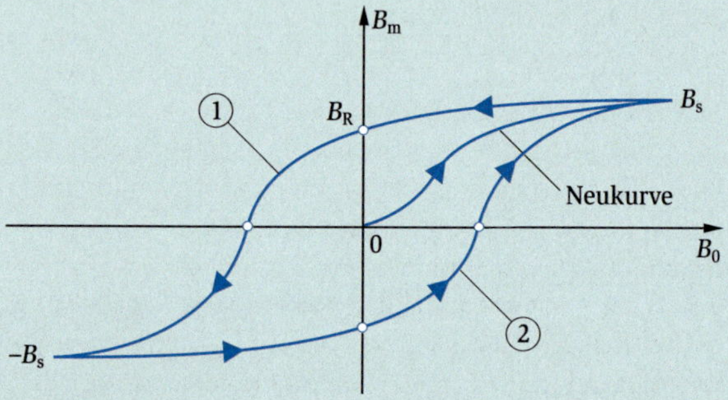

B2 Hysteresiskurve – wir tragen B_m gegen B_0 auf. Die im Nullpunkt beginnende Kurve heißt *Neukurve.* Wenn wir die Stromstärke wieder vermindern, nimmt B_m nicht so stark ab, wie die Neukurve angestiegen ist (1). Kehren wir noch einmal die Stromrichtung um und tragen die Messergebnisse ein, wird die Schleife geschlossen (2).

Nach dem aus der Mittelstufe bekannten Modell beruht der Magnetismus auf dem Zusammenwirken von Elementarmagneten (jeder mit Nord- und Südpol). Diese sind in unmagnetisiertem Eisen schon vorhanden, jedoch ungeordnet. In einem ferromagnetischen Stoff haben die Elementarmagnete die Tendenz sich zu ordnen. Diese Tendenz wird durch ein fremdes Magnetfeld verstärkt. Magnetisieren heißt Ordnen der Elementarmagnete.

Jetzt können wir die Hysteresiskurve erklären. Das Ausrichten der Elementarmagnete nach dem Feld der Spule bewirkt den zunächst steilen Anstieg der Neukurve → B2. Wenn schon fast alle ausgerichtet sind, steigt die Kurve schwächer an. Es kommt zur *Sättigungsmagnetisierung* B_s. Wird das äußere Feld schwächer, so bleiben die meisten Elementarmagnete in Feldrichtung orientiert. Daher stammt der Restmagnetismus B_R auf Kurve (1). Das Eisenstück ist zu einem Permanentmagneten geworden. Steigert man I in entgegengesetzter Richtung, so nimmt B_m zunächst auf 0 ab, weil die Elementarmagnete teilweise neu geordnet werden. Dann steigt sie zur entgegengesetzt gerichteten Sättigung $-B_s$ an. Regelt man die Stromstärke auf 0 und vergrößert I dann über 0 hinaus in ursprünglicher Polung, so ergibt sich Kurve (2).

Interessantes

Festplatten

In Computern spielen Festplatten als Datenspeicher eine bedeutende Rolle. Durch sie werden große Datenmengen in kürzester Zeit für den Anwender verfügbar gemacht. Schon die kleinsten Speicherkapazitäten heutiger Festplatten betragen mehrere 100 Gigabyte.

Wie eine Festplatte Daten speichert

Eine Festplatte **→ B3** besteht meist aus mehreren auf einer Achse übereinander angebrachten Aluminiumscheiben, die mit magnetisierbarem Material beschichtet sind. Zu jeder Platte gehören ein Schreib- und ein Lese-Kopf. Durch die Größe des Kopfes und die Eigenschaften der magnetisierbaren Schicht ist die Schreibdichte (in Bits pro mm^2) auf der Festplatte vorgegeben.

Beim Formatieren werden die Scheiben in Spuren (konzentrische Kreise um die Plattenachse) und in Sektoren eingeteilt. Der Abstand zweier Spuren beträgt Bruchteile eines Mikrometers. Auf den äußeren Spuren befinden sich mehr Sektoren als auf den inneren, sodass jeder Sektor gleich viele Daten aufnehmen kann. Die Anzahl der Spuren und Sektoren ist somit maßgebend für die Speicherkapazität der Festplatte.

Die Schreibköpfe **→ B3** sind Elektromagnete. Beim *Schreiben* wird ihre Stromstärke vom Computer gesteuert. Durch ihre *B*-Felder wird die Oberfläche der unter ihnen rotierenden Scheibe magnetisiert. Dies erfolgt mittels eines komplizierten Codes unterschiedlich, je nachdem, ob eine Null oder eine Eins dargestellt werden soll. Diese zeitlich nacheinander erfolgenden Änderungen liegen auf der schnell vorbeiziehenden Magnetschicht nebeneinander.
Beim *Lesen* wird die magnetisch gespeicherte Information in elektrische umgewandelt, sodass sie im Computer verarbeitet werden kann. Dazu werden außerordentlich empfindliche (G)MR-Leseköpfe verwendet **→ B3** (**G**iant-**M**agneto-**R**esistive – GRÜNBERG erhielt für deren Entwicklung 2007 den Nobelpreis). Der Messbereich dieser Köpfe reicht bis 0,1 µT herab. Sie enthalten eine komplizierte magnetische Struktur, deren elektrischer Widerstand von der Stärke eines äußeren Magnetfeldes abhängt. Dieses wird von der Magnetisierung der rotierenden Plattenoberfläche erzeugt. Die Folge der vorbeiziehenden unterschiedlich magnetisierten Bereiche wird dadurch in eine Folge entsprechender elektrischer Impulse umgesetzt.

Warum können kleine Platten so viel speichern?

Ganz einfach: Je größer die Speicherkapazität der Platte ist, desto dichter sind die Daten gepackt. Die Schreibdichte beträgt heute über 80 Millionen Bits pro mm^2. Die Schreib- und Lese-Köpfe werden deshalb sehr klein gebaut (1,2 mm lang und 0,3 cm breit). Die Daten müssen dennoch fehlerfrei geschrieben und gelesen werden. Das ist nur möglich, wenn der Abstand von Kopf und Platte äußerst klein ist, nur wenige Nanometer. Das ist viel weniger als die Dicke eines menschlichen Haares. Die magnetisierten Bereiche sind folglich ebenfalls sehr klein. Eisenoxid kommt als Plattenmaterial nicht in Betracht. Es wird zu leicht magnetisiert. Die Stromstöße der Schreibköpfe würden zu große Bereiche der Plattenoberfläche in einen einheitlichen magnetischen Zustand versetzen. Bei modernen Festplatten benutzt man kobalthaltige Legierungen. Beim Beschreiben ändern diese Schichten ihr magnetisches Verhalten.

Wie bringt man die Schichten auf Festplatten? Im Vakuum beschleunigte Ionen (z. B. Argon) werden auf ein Target aus dem vorgesehenen Material gelenkt. Sie lösen Atome ab und zerstäuben sie. Die frei werdenden Atome lagern sich auf dem Trägermaterial ab, sodass Atom für Atom eine hauchdünne gleichmäßige Schicht erzeugt wird, die dennoch sehr hart ist. Die Einzelschichten sind zum Teil nur einige Nanometer dick.

Die heutigen Festplatten sind nicht nur kleiner und unempfindlicher als ältere, sondern rotieren auch wesentlich schneller, nämlich mit 10 000 – 15 000 U/min. Dadurch wurde die Zugriffszeit auf Dateien deutlich vermindert. Sie liegt zwischen 5 und 10 ms. Die Übertragungsrate einer modernen Festplatte beträgt 100 MByte pro Sekunde. Das Schreiben eines Bits auf die Plattenoberfläche benötigt rund 1 ns, eine technische Meisterleistung.

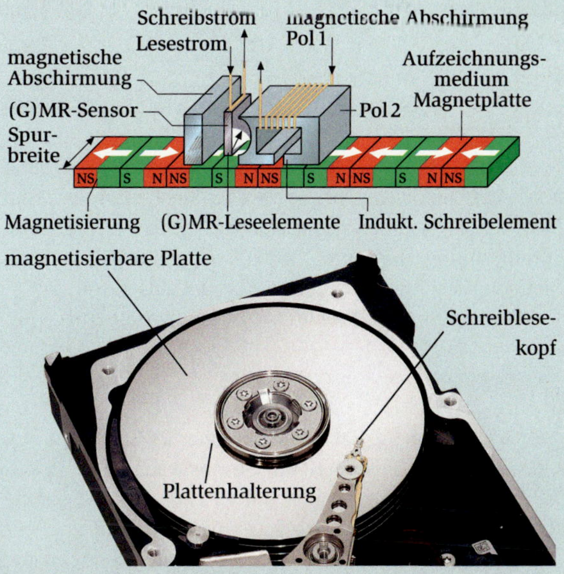

B3 Das Innere einer Festplatte

Das Magnetfeld der Erde

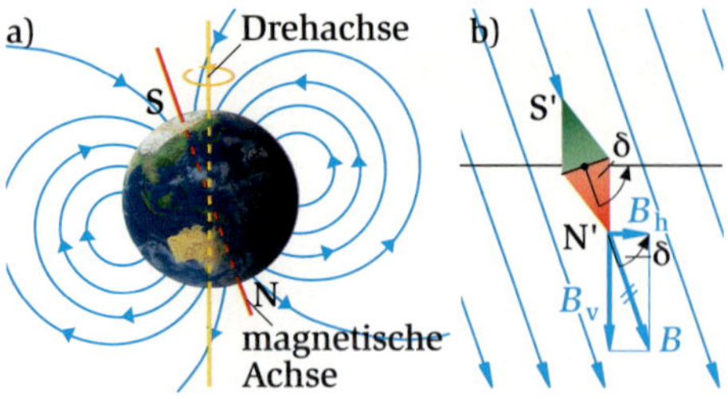

B1 **a)** Das *B*-Feld der Erde erinnert an das eines Stabmagneten. **b)** Vertikalschnitt des Erdmagnetfeldes bei uns – seine Richtung ist an der Erdoberfläche gegen die Horizontale um den Winkel δ nach unten geneigt.

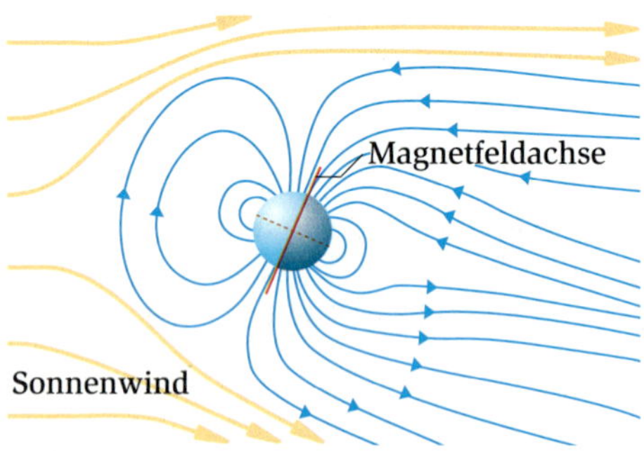

B2 Magnetfeld der Erde, vom Weltraum aus betrachtet

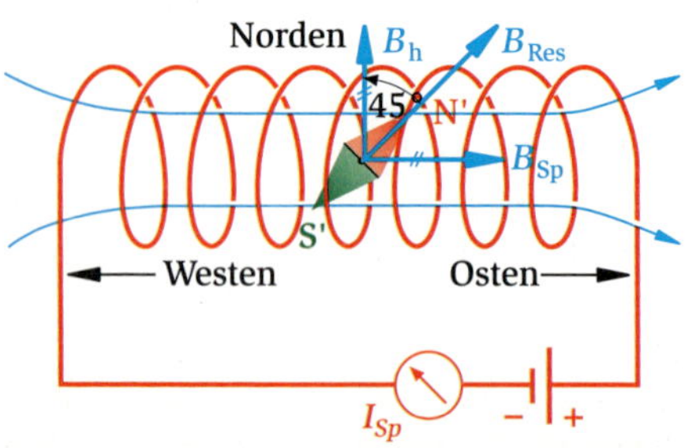

B3 Man blickt von oben auf den Versuchsaufbau: Die Kompassnadel ist um 45° aus der Nordrichtung abgelenkt. Die Horizontalkomponente des Erdmagnetfeldes $\vec{B}_h$ und das *B*-Feld der Spule $\vec{B}_{Sp}$ haben den gleichen Betrag.

Beispiel

Die Spule in → B3 hat 40 Windungen und ist 30 cm lang. Wir stellen die Stromstärke so ein, dass die Kompassnadel um 45° aus ihrer Ursprungslage gedreht wird und in Richtung Nordost zeigt. Dies ist bei $I = 0{,}12$ A der Fall. Damit ist $B_h = 20\ \mu T$; mit dem Inklinationswinkel $\delta = 66°$ ergibt sich $B = 49\ \mu T$.

1. Enthält die Erde Magnete?

Eine Kompassnadel richtet sich in Nord-Süd-Richtung aus, sofern kein weiterer Magnet in der Nähe ist. Die Erde hat also ein Magnetfeld. Der Nordpol der Nadel weist nach Norden. Folglich liegt *der magnetische Südpol* in der Nähe des *geographischen Nordpols*. Er befindet sich allerdings nicht am Nordpol selbst, sondern in einer Inselgruppe im Norden Kanadas. Die Lage des magnetischen Nordpols ist südlich von Australien auf Antarktika. Die genaue Position ändert sich ständig, denn die Pole wandern im Laufe der Jahre. Das *B*-Feld der Erde sieht vereinfacht aus wie das eines Stabmagneten, dessen Pole im Erdinneren liegen.

Da die Magnetpole nicht mit den geographischen Polen übereinstimmen, zeigt eine Kompassnadel nicht genau nach Norden → B1a. Die Abweichung von der Nordrichtung heißt **Missweisung** oder **Deklination.** Sie beträgt in Deutschland nur wenige Grad nach Westen. Wir betrachten eine Kompassnadel, die um eine horizontale Achse drehbar ist. Dabei erkennen wir, dass die Feldlinien die Erdoberfläche unter dem **Inklinationswinkel δ** schneiden → B1b. Dieser ist in Äquatornähe 0°, an den Magnetpolen 90° groß. In Deutschland nimmt er von Süden nach Norden zu, und zwar von 63° bis 70°.

Die Ursache des Magnetfeldes der Erde war lange rätselhaft. Im Erdinneren ist die Temperatur so hoch, dass Eisen, Kobalt und Nickel ihren Magnetismus verlieren. Das *B*-Feld der Erde rührt also nicht von ferromagnetischen Stoffen her. Sicher wird es durch Ströme im Erdinneren verursacht. Der Vorgang ähnelt dem im Dynamo, doch sind noch längst nicht alle Fragen geklärt.

Mit Satelliten weist man das *B*-Feld der Erde auch außerhalb der Atmosphäre nach → B2. Auf der Tagseite sind die Feldlinien zusammengedrängt, auf der Nachtseite bilden sie einen langen Schweif, der weit in den Weltraum hinaus reicht. Die Ursache für die Verformung des Erdmagnetfeldes ist der *Sonnenwind*. Das ist ein Strom von geladenen Teilchen, der von der Sonne ausgeht. Er hat selbst ein Magnetfeld, das sich dem irdischen Magnetfeld überlagert.

2. Wie stark ist das Magnetfeld der Erde?

Nach → B1b kann man den $\vec{B}$-Vektor des Erdmagnetfeldes in eine *Vertikalkomponente* $\vec{B}_v$ und eine *Horizontalkomponente* $\vec{B}_h$ zerlegen. Eine gewöhnliche Kompassnadel reagiert nur auf $\vec{B}_h$, da sie sich nur in der Horizontalebene drehen kann. Für den Betrag B_h gilt: $B_h = B \cos \delta$.

Obwohl das Erdmagnetfeld recht schwach ist, können wir es messen. Wir ermitteln zunächst $\vec{B}_h$. Dazu erzeugen wir mit einer Spule ein Feld $\vec{B}_{Sp}$, das senkrecht zur Horizontalkomponente $\vec{B}_h$ des Erdfeldes steht. Beide Felder überlagern sich → B3. Eine Kompassnadel im Innern der Spule stellt sich in Richtung $\vec{B}_{Res}$ ein. Wir messen, um wie viel Grad sich die Nadel von ihrer ursprünglichen Lage weggedreht hat. Dann können wir den Betrag B_h berechnen und damit auch die Stärke des Magnetfeldes der Erde $B = B_h / \cos \delta$. Am einfachsten ist es, wenn die Kompassnadel in Richtung Nordost oder Nordwest zeigt. Dann gilt die Betragsgleichung $B_h = B_{Sp}$.

Interessantes

Orientierung mit Magnetfeldern

In China wurde bereits um 120 n. Chr. der Kompass erfunden. Eine in Quecksilber schwimmende Eisennadel stellt sich in Nord-Süd-Richtung ein. Die Chinesen rüsteten ihre Streitwagen mit diesen Kompassen aus, um sich in den baumlosen mongolischen Steppen zu orientieren.

In Europa wurde der Kompass vom 13. Jahrhundert an zur Navigation von Schiffen verwendet. Er durfte durch Wellengang und Schlingerbewegungen des Schiffes nicht aus seiner Ruhelage gebracht werden. Erst als diese stabile Lagerung gelang, wurde er zum wichtigsten Navigationsinstrument. Im Zeitalter der Satellitennavigation verliert der Kompass immer mehr an Bedeutung.

Deklination und Inklination des Erdmagnetfeldes ändern sich von Ort zu Ort. Der „Kompass" vieler Zugvögel ist ein magnetischer Sensor, der sich oberhalb des Schnabels befindet. Dort sind magnetische Eisenoxid-Kristalle in Sinneszellen eingebettet. Vermutlich drücken die Kristalle je nach Ausrichtung des Kopfes im Magnetfeld auf verschiedene Nervenmembranen. Diese leiten den Reiz an das Gehirn weiter.
Zugvögel orientieren sich anhand der in verschiedenen geografischen Breiten unterschiedlichen Inklinationswinkel. Im Norden ist er größer als im Süden. Für Weißwangengänse stellen diese örtlichen Schwankungen des Erdmagnetfeldes eine Art magnetischer Landkarte dar, mit deren Hilfe sie den Weg ihrer Wanderung finden.

Die Abschwächung des Erdmagnetfeldes

Die Stärke des Erdmagnetfeldes nimmt überall ab, und zwar seit 1979 weltweit im Durchschnitt um 1,7 % und sogar um 10 % über dem Südatlantik zwischen Südafrika

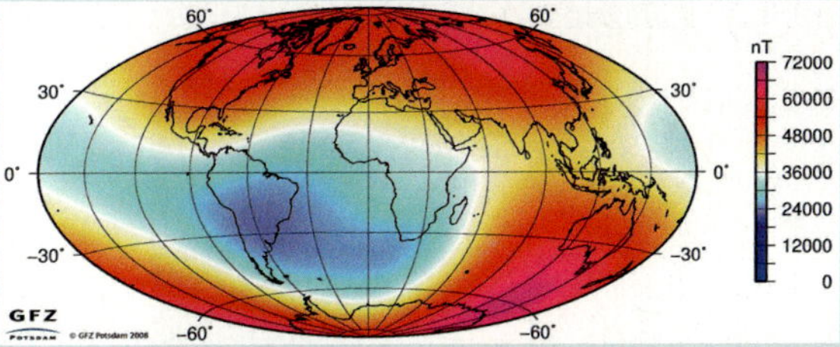

und Argentinien. Die Verteilung der Flussdichte des Erdmagnetfeldes zeigt das Bild. Wenn diese Entwicklung so weiter geht, wird das Magnetfeld der Erde in einigen Tausend Jahren ganz verschwunden sein.
Welche Folgen hat dies? Durch das *B*-Feld der Erde werden energiereiche geladene Teilchen (Protonen, Elektronen usw.) nach dem Prinzip der → **magnetische Flasche** von der Erdoberfläche fern gehalten. Nach Schwächung des Erdmagnetfeldes können diese Teilchen leichter in die tieferen Schichten der Atmosphäre eindringen. Sie schädigen Organismen, wie es Röntgen- oder Gammastrahlung tun. Bei einem Flug von Kapstadt nach Buenos Aires nimmt man heute schon eine 1000-mal höhere Strahlendosis auf als bei einem Flug von Deutschland in den fernen Osten.

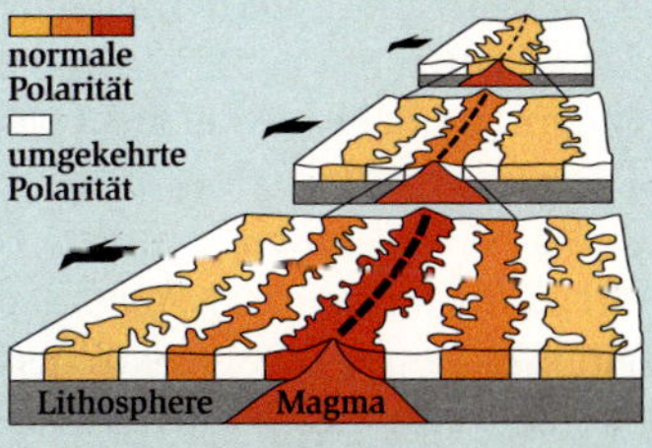

Viele Wissenschaftler schließen aus der gegenwärtig beobachteten Abschwächung des Erdmagnetfeldes, dass sogar eine Umpolung bevorsteht. Solche Umpolungen hat es in der Vergangenheit schon mehrfach gegeben. Das weiß man aus dem Studium der Gesteinsschichten des mittelatlantischen Rückens. Diese weisen je nach Entstehungszeit entgegengesetzte Magnetisierungen auf. Genaue Untersuchungen ergaben: Umpolungen haben durchschnittlich alle 250 000 Jahre stattgefunden. Die letzte fand allerdings vor 750 000 Jahren statt. Eine erneute Umpolung ist also längst überfällig. Während eines Umpolungsvorgangs wird das Magnetfeld nicht einfach nur schwächer – es bilden sich zeitweilig mehrere Magnetpole aus. Orientierung mit Magnetfeldern wäre dann unmöglich.

A1 Eine Spule mit $n = 100$ Windungen und der Länge $l = 0{,}5$ m ist in Ost-West-Richtung ausgerichtet. Führt sie Strom mit $I = 130$ mA, wird eine Magnetnadel in ihrem Innern um $\alpha = 60°$ aus der Nordrichtung gedreht. $B_{\text{Erde,h}}$ sei der Betrag der Horizontalkomponente des Erdmagnetfeldes. Zeigen Sie, dass für den Ablenkungswinkel α der Magnetnadel $\tan\alpha = B_{\text{Spule}}/B_{\text{Erde,h}}$ gilt und berechnen Sie $B_{\text{Erde,h}}$.

A2 Ein Zug fährt von Westen nach Osten. Der Vektor $\vec{B}$ der Erde ist um 70° gegen die Horizontale nach unten geneigt. Es gilt $B = 49\ \mu$T. Die Geschwindigkeit des Zuges und damit die der Elektronen in seinen Achsen ist 140 km/h. Ermitteln Sie sinngemäß **a)** die Kraft auf die Elektronen, **b)** welche Schiene negativ geladen ist und **c)** die Spannung zwischen den isolierten Schienen (Spurweite $d = 1435$ mm).

V1 In der mit verdünntem Wasserstoffgas gefüllten Röhre befindet sich eine Elektronenkanone, ähnlich wie in einer *braunschen Röhre.* Sie wird mit einer Beschleunigungsspannung von rund 200 V betrieben. **a)** Ist kein Magnetfeld vorhanden, erkennen wir einen geradlinig verlaufenden, rötlich leuchtenden Strahl. Der Verlauf des Strahls wird sichtbar, da die schnellen Elektronen das Gas durch Stöße zum Leuchten anregen. **b)** Wenn die großen, beiderseits der Röhre angebrachten *Helmholtz-Spulen* Strom führen, erzeugen sie im Innern der Röhre ein homogenes Magnetfeld. Dieses verläuft senkrecht zum Elektronenstrahl. Die Elektronen werden jetzt auf eine Kreisbahn gelenkt. **c)** Wenn die Beschleunigungsspannung der Elektronenkanone vermindert oder das B-Feld verstärkt wird, verringert sich der Durchmesser des Kreises. Dies bestätigt Gl. (1).

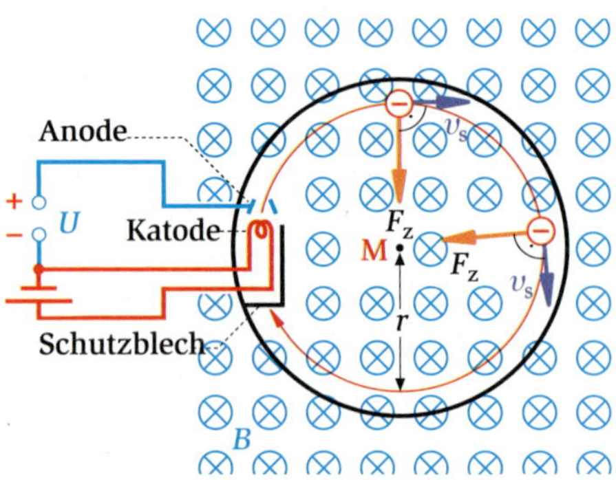

B1 In jedem Bahnpunkt (z.B. oben und rechts) wirkt die Lorentzkraft auf die Elektronen als Zentripetalkraft $\vec{F}_Z$. Man überzeuge sich mithilfe der Drei-Finger-Regel davon. Dadurch werden die Elektronen auf eine Kreisbahn mit Mittelpunkt M und dem Radius r gezwungen.

1. Kreisende Elektronen verraten ihre Masse

Wir untersuchen die *Bahnkurven* geladener Teilchen wie Elektronen zunächst in *homogenen* Magnetfeldern. Dort ist $\vec{B}$ überall gleich groß und gleich gerichtet. In → **V1** wird ihre Bahn sichtbar, es ist eine Kreisbahn. Folglich müssen sie eine dem Betrag nach konstante Zentripetalkraft F_Z erfahren. Wir wissen bereits: Auf bewegte Elektronen im B-Feld wirkt die Lorentzkraft F_L, diese stellt hier die Zentripetalkraft dar; also gilt $F_L = F_Z$ für die Beträge der Kräfte.

Wir entwickeln nun eine Gleichung für den Radius r der Kreisbahn. In → **B1** weist das B-Feld in die Papierebene hinein. Die Elektronen im Strahl haben stets die Geschwindigkeit $\vec{v}_s$ senkrecht zu $\vec{B}$. Sie erfahren die Lorentzkraft mit dem konstanten Betrag $F_L = e v_s B$. Da sie nach der Drei-Finger-Regel in *jedem* Bahnpunkt senkrecht zur Bahn gerichtet ist, bleibt auch der Betrag der Geschwindigkeit der Elektronen v_s konstant. Wegen $F_Z = m v_s^2/r$ folgt aus $F_L = F_Z$ durch Einsetzen $e v_s B = m v_s^2/r$ und damit $r = m v_s/(eB)$ mit konstantem r.

Mithilfe von → **V1** können wir die Masse eines Elektrons bestimmen. Dazu messen wir die Beschleunigungsspannung U und den Radius r der Kreisbahn und ermitteln mit einer Hallsonde die Stärke des B-Feldes. Aus $r = m v_s/(eB)$ folgt zunächst

$$\frac{e}{m} = \frac{v_s}{Br}. \qquad (1)$$

v_s kennen wir noch nicht. Doch eine Energiebetrachtung in der Elektronenkanone hilft uns. Dort wird elektrische Feldenergie $W_{el} = eU$ in kinetische Energie der Elektronen $W_{kin} = \frac{1}{2} m v_s^2$ umgewandelt. Aus $W_{el} = W_{kin}$ erhalten wir $v_s^2 = 2\,(e/m)\,U$. Quadrieren wir nun Gl. (1) und ersetzen v_s^2 durch $2\,(e/m)\,U$, so ergibt sich

$$\frac{e}{m} = 2\frac{U}{B^2 r^2}. \qquad (2)$$

Diese Gleichung enthält rechts nur die von uns gemessenen Größen. e/m heißt **spezifische Ladung des Elektrons.** Messungen ergeben $e/m = 1{,}76 \cdot 10^{11}$ C/kg. Da die Elementarladung $e = 1{,}602 \cdot 10^{-19}$ C aus dem Millikan-Versuch bekannt ist, können wir die **Masse des Elektrons** als Quotient der Elementarladung und der spezifischen Ladung berechnen:

$$m_e = 9{,}11 \cdot 10^{-31}\ \text{kg}.$$

Dies ist die Ruhemasse. Bei sehr großen Geschwindigkeiten der Elektronen messen wir eine größere Masse → **Vertiefung**.

Merksatz

Elektronen und andere geladene Teilchen mit Ladung e und Masse m, die mit der Geschwindigkeit $\vec{v}_s$ in ein homogenes B-Feld senkrecht zu dessen Feldlinien geschossen werden, durchlaufen eine **Kreisbahn** mit dem Radius

$$r = \frac{v_s}{B e/m}.$$

Dabei ist e/m die spezifische Ladung der Teilchen: für Elektronen gilt $e/m = 1{,}76 \cdot 10^{11}$ C/kg und für deren Masse ergibt sich $m_e = 9{,}11 \cdot 10^{-31}$ kg.

2. Elektronen schrauben sich weiter

In → B2 werden Elektronen schräg in ein *B*-Feld geschossen. Wir beobachten eine Schraubenbahn. Um dies zu verstehen, zerlegen wir den Vektor der Einschussgeschwindigkeit $\vec{v}$ der Elektronen in zwei Komponenten: $\vec{v}_s$ senkrecht und $\vec{v}_p$ parallel zum *B*-Feld.

Die Elektronen erfahren die Lorentzkraft mit Betrag $F_L = ev_sB$. $\vec{v}_s$ allein würde eine Kreisbahn mit Radius $r = mv_s/(eB)$ hervorrufen. Die Umlaufszeit ist $T = 2\pi r/v_s$. Die Geschwindigkeitskomponente $\vec{v}_p$ parallel zum *B*-Feld zieht den Kreis zu einer Schraubenbahn mit der Ganghöhe $h = v_p T$ auseinander; der Kreismittelpunkt läuft sozusagen mit $\vec{v}_p$ nach rechts. Wer sich mitbewegt, sieht eine Kreisbahn der Elektronen; wir anderen sehen eine Schraubenbahn.

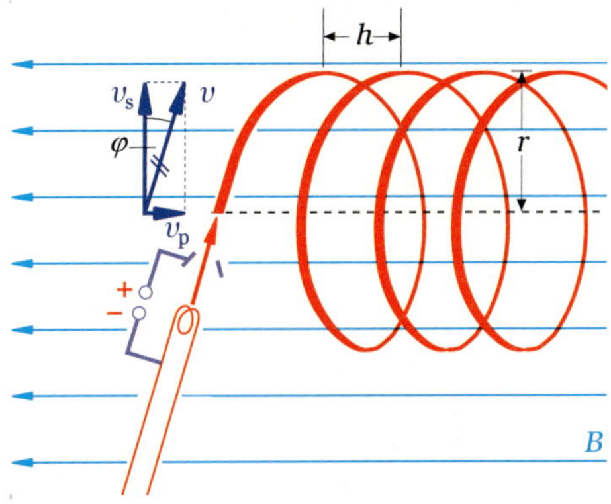

B2 Elektronen auf einer Schraubenbahn im Magnetfeld

Beispiel

Eine Elektronenkanone wird mit einer Spannung von $U = 640$ V betrieben. Der Elektronenstrahl tritt unter dem Winkel $\varphi = 5°$ → B2 in ein Magnetfeld mit $B = 6$ mT. Gesucht sind der Radius *r*, die Umlaufszeit *T* sowie die Ganghöhe *h* der Schraubenbahn.

Lösung:

Die Geschwindigkeit der Elektronen hat den Betrag $v = \sqrt{2U(e/m)} = 15 \cdot 10^6$ m/s. Für den Radius der Schraubenbahn ist v_s maßgeblich: $v_s = v\cos\varphi = 14{,}95 \cdot 10^6$ m/s. Nach Gl. (1) gilt: $\boldsymbol{r} = mv_s/(eB) =$ **1,4 cm**. Damit wird die Umlaufszeit *T* berechenbar: $\boldsymbol{T} = 2\pi r/v_s$ = **6,0 ns**. In dieser Zeit haben sich die Elektronen mit v_p in Richtung der Magnetfeldlinien bewegt. Es gilt $v_p = v\sin\varphi = 1{,}31 \cdot 10^6$ m/s. Dies führt zur Ganghöhe der Schraubenbahn $\boldsymbol{h} = v_p T =$ **0,78 cm**.

Vertiefung

Geschwindigkeit der Elektronen

Da Elektronen Teilchen mit sehr geringer Masse sind, erhalten wir in → V1 sehr hohe Beträge für die *Geschwindigkeit* und *Beschleunigung* auf ihrer Kreisbahn. Setzen wir den Wert für die spezifische Ladung der Elektronen in $v_s^2 = 2(e/m)U$ ein, ergibt sich bei $U = 200$ V schon $v_s = 8400$ km/s, immerhin 3 % der Lichtgeschwindigkeit. Für den Radius der Kreisbahn $r = 5$ cm erhalten wir für die Zentripetalbeschleunigung $a_Z = v_s^2/r = 1{,}4 \cdot 10^{15}$ m/s².

Man könnte versuchen, Elektronen erheblich höhere Spannungen durchlaufen zu lassen und damit schneller zu machen als das Licht. Nach $v_s = \sqrt{2U(e/m)}$ wäre das schon bei $U = 260$ kV der Fall. Doch zeigen Experimente, dass die Masse der Elektronen mit der Geschwindigkeit zunimmt. Man muss dann mehr Kraft aufwenden, um die Elektronen zu beschleunigen. Nach der Relativitätstheorie kann kein materieller Körper die Lichtgeschwindigkeit erreichen. Der Massenzuwachs wird aber erst nahe dieser Grenzgeschwindigkeit spürbar. Bei Beschleunigungsspannungen bis 10 kV beträgt er weniger als 2 %.

A1 **a)** Berechnen Sie die Spannung, durch die ein Elektron im Vakuum die Geschwindigkeit eines ICE, etwa 252 km/h erhält. **b)** Berechnen Sie die kinetische Energie des Elektrons in eV und J.

A2 Elektronen, die durch 150 V beschleunigt worden sind, beschreiben in einem Magnetfeld mit $B = 0{,}85$ mT einen Kreis. Berechnen Sie die Geschwindigkeit der Elektronen und ihre Umlaufszeit.

A3 Ein Proton ($m = 1{,}67 \cdot 10^{-27}$ kg) beschreibt in einem homogenen Magnetfeld mit $B = 0{,}035$ T eine Schraubenbahn mit $r = 6{,}8$ m. Die Richtungen der Geschwindigkeit und des Magnetfeldes schließen den Winkel 67° ein. **a)** Berechnen Sie die Beträge v_s und v_p der Komponenten senkrecht bzw. parallel zu den Feldlinien und den Betrag der Einschussgeschwindigkeit. **b)** Berechnen Sie die Umlaufszeit und die Ganghöhe der Schraubenbahn. **c)** Berechnen Sie die Spannung, mit der das Proton beschleunigt wurde.

A4 Ein Elektronenstrahl wird seitlich abgelenkt. Entwickeln Sie ein Verfahren, mit dem Sie herausfinden können, ob die Ablenkung durch ein *E*- oder *B*-Feld erfolgt. (*Hinweis*: → **Braunsche Röhre**).

A5 Ein Elektron durchläuft eine Schraubenbahn mit kleiner werdendem Radius, aber gleichbleibender Ganghöhe. Treffen Sie eine Aussage über das Magnetfeld, in dem sich das Elektron befindet.

Vertiefung

Die magnetische Flasche

Wie bewegen sich Elektronen in einem *inhomogenen* Magnetfeld? In einer mit verdünntem Gas gefüllten Röhre ist der Verlauf eines Elektronenstrahls gut sichtbar. Wir halten dem Strahl einen Pol eines Stabmagneten entgegen. In seiner Umgebung ist das Magnetfeld inhomogen. Der Elektronenstrahl windet sich um die Feldlinien. Er scheint auf einen Kegel gewickelt zu sein, dessen Spitze zum Pol zeigt. Überraschend kehren die Elektronen von jedem Pol zurück, gleichgültig, ob es sich um den Nord- oder Südpol handelt. Die Glaswand wird nicht mehr erreicht.

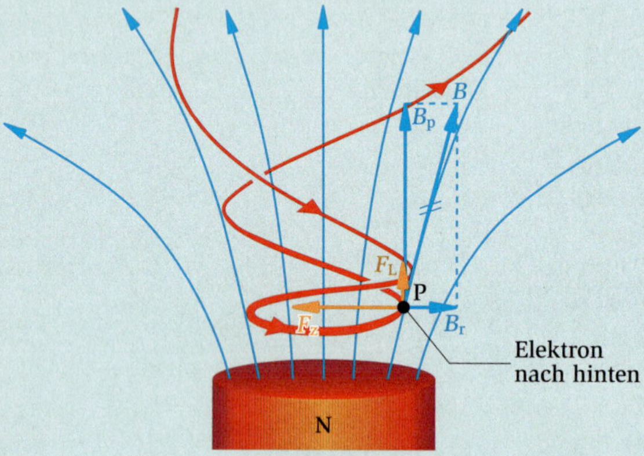

B1 Das Elektron kehrt vor dem Nordpol wieder um.

Genügt allein die Lorentzkraft zur Erklärung dieses Versuchsergebnisses? Die Feldlinien laufen vom Pol weg auseinander. Wir zerlegen daher im Bahnpunkt P, der dem Magnetpol am nächsten liegt, den Vektor $\vec{B}$ in $\vec{B}_p$ und $\vec{B}_r$ **→ B1**. $\vec{B}_p$ nach oben erzeugt eine Zentripetalkraft $\vec{F}_Z$. Das ergäbe allein eine Kreisbahn in konstantem Abstand vom Pol. Beim Annähern an den Pol wird $\vec{B}_p$ jedoch größer und wegen $r = v_s/(B_p e/m)$ der Bahnradius kleiner. Die am *Nordpol* nach *außen* gerichtete Komponente $\vec{B}_r$ verursacht an jeder Stelle dieser Kreisbahn nach der Drei-Finger-Regel eine Lorentzkraft $\vec{F}_L$ vom Pol weg. Daher machen die Elektronen kehrt, bevor sie zum Pol gelangen. Magnetfeldlinien weisen zum Südpol *hin*. Also ist dort $\vec{B}_r$ nach *innen* gerichtet. Die gewundene Bahn der Elektronen läuft am Südpol anders herum als beim Nordpol. Aber auch vor dem Südpol müssen die Elektronen umkehren.

Zwei entgegengesetzte Magnetpole seien einander gegenübergestellt. Schießt man nun ein geladenes Teilchen schräg zur Verbindungslinie der Pole ein, nähert es sich auf einer gewundenen Bahn einem der beiden Pole. Dort wird es zur Umkehr veranlasst. Es windet sich zum anderen Pol, wo ihm das Gleiche widerfährt. Das Teilchen ist im Magnetfeld gefangen. Man nennt eine solche Anordnung von inhomogenen Feldern **magnetische Flasche**.

Polarlicht und Strahlungsgürtel

Von der Sonne strömen ständig Protonen und Elektronen mit einer Geschwindigkeit von etwa 400 km/s ins All. Dieser sogenannte *Sonnenwind* erreicht in wenigen Tagen das Erdmagnetfeld. Er deformiert es, aber kann kaum eindringen. Denn seine Teilchen umkreisen die *B*-Feldlinien. In der hohen Atmosphäre treibt seine Energie eine Art Dynamo an, der dort vorhandene freie Elektronen durch *E*-Felder beschleunigt. Diese Elektronen können bei den Magnetpolen der Erde auf etwa 100 km Höhe in die oberen Luftschichten geringer Dichte hinabsteigen. Wie Elektronen in Glimmlampen regen sie die unter geringem Druck stehenden Atome der hohen Atmosphäre zum Leuchten an und erzeugen so das Polarlicht **→ B2**. Es ist nach Sonnenfleckentätigkeit wegen verstärkter Energiezufuhr aus dem Sonnenwind besonders intensiv.

Für Raumfahrer können die von VAN ALLEN entdeckten Strahlungsgürtel in 700 km bis 60 000 km Höhe gefährlich werden **→ B3**. Das Magnetfeld der Erde ähnelt dem Feld eines Stabmagneten, es wirkt wie eine magnetische Flasche. Protonen und Elektronen aus dem Weltraum werden vom Erdmagnetfeld gefangen. Sie winden sich um die *B*-Feldlinien und pendeln in einigen Minuten zwischen Nord- und Südpol der Erde hin und her. Sie gehören aber nicht zum Polarlicht. Wegen ihrer hohen Geschwindigkeit wirken sie wie *ionisierende Strahlung*.

B2 Polarlicht: Geladene Teilchen treffen auf Luftmoleküle und regen diese zum Leuchten an.

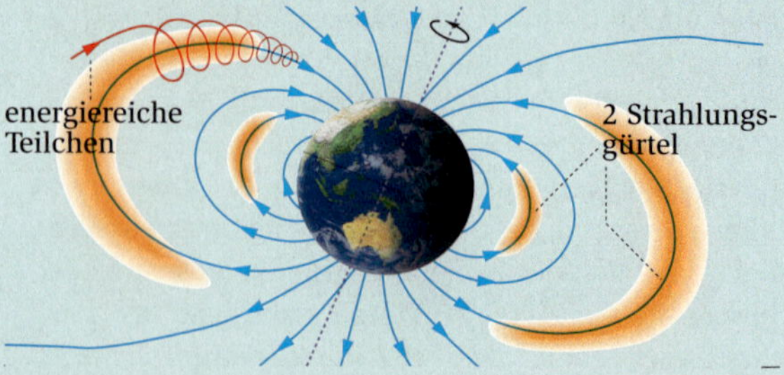

B3 Strahlungsgürtel der Erde: Geladene energiereiche Teilchen werden im *B*-Feld der Erde gefangen.

Vertiefung

Die magnetische Linse

In der *Schattenkreuzröhre* → B4a werden Elektronen mit 4 kV beschleunigt und fliegen auf ein Aluminiumkreuz. Am Schatten auf dem Leuchtschirm erkennt man, dass sich Elektronen wie Licht geradlinig ausbreiten.

Nun kann man Licht durch Linsen bündeln. Gibt es auch für Elektronen Linsen? Wir stellen zwei Helmholtz-Spulen so über die Schattenkreuzröhre, dass ihr Magnetfeld etwa in Ausbreitungsrichtung der Elektronen weist. Das Kreuz auf dem Schirm wird scharf abgebildet, aber verdreht und auch verkleinert → B4b.

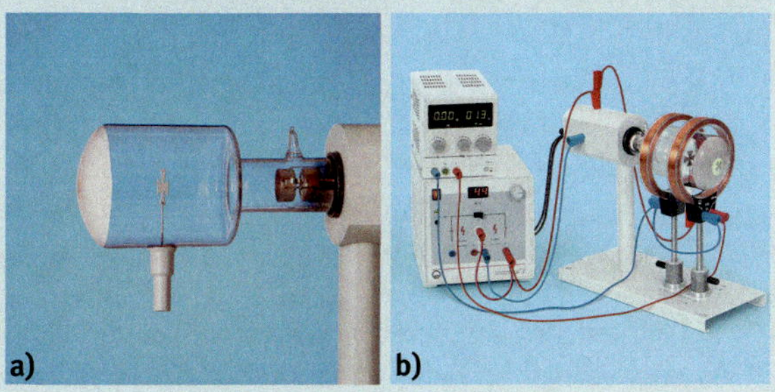

B4 **a)** Schattenkreuzröhre; **b)** Schattenkreuzröhre mit Helmholtz-Spulen. Deren Magnetfeld stellt eine magnetische Linse dar.

Das Magnetfeld der Helmholtz-Spulen übt eine fokussierende Wirkung auf die Elektronen aus, welche mit der einer Konvexlinse auf Licht vergleichbar ist. Es ist also in der Lage, eine *Abbildung* von einem Gegenstand zu erstellen. Dieser wird von Elektronen „beleuchtet" statt von Licht.

Homogene Magnetfelder liefern keine vergrößerten Bilder. Mit rotationssymmetrischen, inhomogenen *B*-Feldern erzielt man jedoch erhebliche Vergrößerungen. Diese werden von Strom führenden Spulen geringer Größe erzeugt, die von einem Eisenpanzer eingehüllt sind. So wird das *B*-Feld auf einen kleinen Raum nahe der Achse konzentriert. Die *B*-Felder solcher Spulen bezeichnet man als **magnetische Linsen.**

Das Elektronenmikroskop

Das Elektronenmikroskop wurde von RUSKA 1933 zum Durchstrahlen sehr dünner Objekte erfunden. Es ist aus drei magnetischen Linsen aufgebaut → B6. Der *Elektronenstrahler* enthält eine Elektronenkanone. Die *Kondensorspulen* dienen dazu, das Objekt mit Elektronen „auszuleuchten", so wie im Lichtmikroskop mit einer Kondensorlinse. Darunter befindet sich die *Objektivspule*, die ein vergrößertes Zwischenbild erzeugt. Einen kleinen Teil davon vergrößern die *Projektivspulen* nochmals stark auf einen Leuchtschirm. Sie erfüllen die Aufgabe des Okulars beim optischen Mikroskop.

Mit einem Elektronenmikroskop kann man Punkte im Abstand von Atomen (≈ 0,2 nm) gerade noch getrennt sehen. Man verwendet es, um Oberflächen von Metallen und Halbleitern zu untersuchen. Zudem gestattet es, winzige Krankheitserreger wie Viren zu untersuchen. Mit Elektronenmikroskopen wird auch die Struktur von organischen Riesenmolekülen enträtselt, z. B. der DNS, dem Speicher für Erbinformationen → B5.

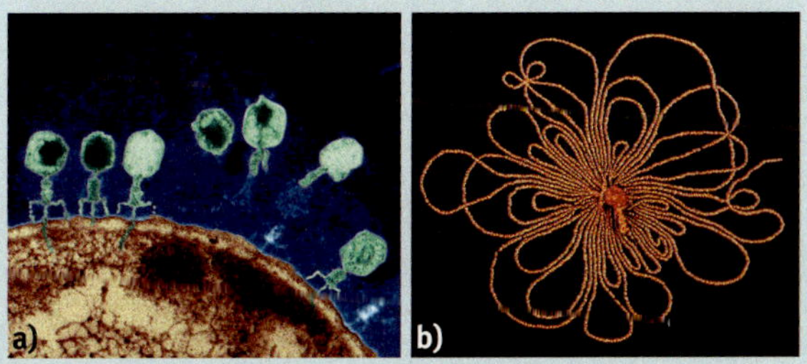

B5 **a)** Viren; **b)** DNS-Molekül

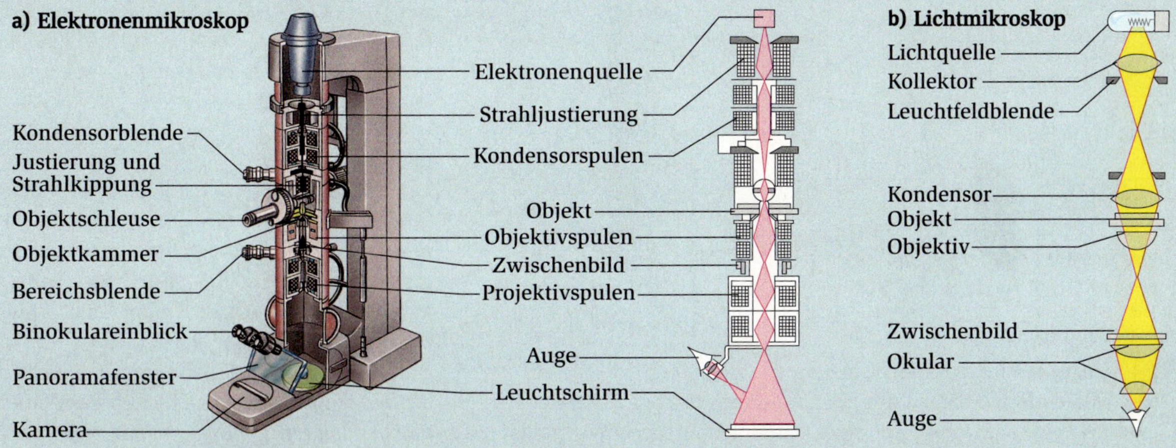

B6 Elektronenmikroskop und optisches Mikroskop im Vergleich

1. Massenspektrometer mit Geschwindigkeitsfilter

Ein wichtiges Hilfsmittel der Kernphysik und Chemie ist das Massenspektrometer, erfunden von F. W. ASTON 1919. Mit ihm kann man spezifische Ladungen q/m und damit atomare Massen sehr genau bestimmen. Ihre Kenntnis erlaubt vielfältige Folgerungen → **Beispiel**. Wir wollen untersuchen, wie die Massenbestimmung im atomaren Maßstab funktioniert.

Mit Massenspektrometern bestimmt man die Massen *elektrisch geladener Atome und Moleküle*. Man bezeichnet sie als **positive** bzw. **negative Ionen.** Teilchen mit Ladung q (e oder Vielfache von e sind möglich) werden in Ionenquellen erzeugt. Die Geschwindigkeiten der Ionen haben ganz unterschiedliche Beträge und Richtungen.

Um Ionen *einheitlicher Geschwindigkeit* zu erhalten, schickt man sie zunächst durch einen nach WIEN benannten **Geschwindigkeitsfilter.** Im linken Teil von → **B1** zeigt die elektrische Kraft auf *positive* Ionen nach unten, die mit der Geschwindigkeit anwachsende Lorentzkraft nach oben. Man muss hier die Drei-Finger-Regel der *rechten* Hand anwenden, da es sich um *positive* Ionen handelt.

Sind die Teilchen „langsam", so überwiegt die elektrische Kraft. Daher weichen sie von ihrer Flugrichtung nach unten ab. Sind sie „zu schnell", so überwiegt die Lorentzkraft; folglich werden die Ionen nach oben abgelenkt. Nur falls die Beträge beider Kräfte gleich sind, fliegen sie geradlinig und können die Anordnung verlassen. Dann gilt $F_L = F_e$ und somit $qvB = qE$. Also gelangen alle Ionen, für die $v = E/B$ erfüllt ist, durch die beiden gekreuzten Felder. Dies ist unabhängig von q, und wegen der gleichförmigen Bewegung auch unabhängig von der Masse → **Beispiel**. Ionen mit anderen Geschwindigkeiten werden herausgefiltert.

Anschließend werden die positiven Ionen mit jetzt einheitlicher Geschwindigkeit in einem weiteren B-Feld ($\vec{B}_2$) mit auf eine Kreisbahn gelenkt → **B1**. Dabei wirkt die Lorentzkraft als Zentripetalkraft: $F_L = F_Z$ oder $qvB_2 = mv^2/r$. Es folgt

$$m = \frac{qB_2 r}{v}.$$

B_2 und r kann man messen. Die Ionenladung q wird anderweitig ermittelt. Bei konstantem Geschwindigkeitsbetrag v der Ionen besteht Proportionalität zwischen ihrer Masse m und ihrem Radius r. Auf der Fotoplatte erscheint ein Spektrum der Ionenmassen.

Wie wirken sich unterschiedliche Massen und Ladungen auf den Radius der Bahn im B_2-Feld aus? Wie sich zeigt, übertrifft die Masse einer Minderheit von Sauerstoffionen die der anderen um 12,5 %. Im Massenspektrometer ist der Bahnradius der massereicheren Ionen auch um 12,5 % größer, etwa 9,3 cm statt 8,3 cm. Benutzt man aber Sauerstoffionen mit doppelter Ladung, so wird deren Bahnradius nur noch halb so groß. Ionen unterschiedlicher Ladung lassen sich daher leicht identifizieren.

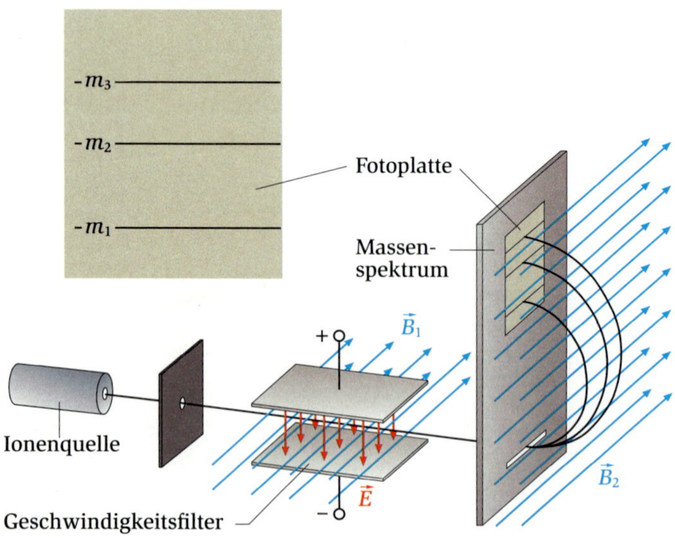

B1 Prinzip des Massenspektrometers
Die positiven Ionen fliegen durch eine Anordnung von gekreuztem E- und B-Feld. Nur Ionen mit einer einheitlichen Geschwindigkeit gelangen durch die Blende in das B_2-Feld. Wegen $m \sim r$ kann man dort aus ihrem Bahnradius die Masse der Ionen ermitteln.

Beispiel Chlorionen

Einfach positiv geladene Chlorionen mit $q = +e$ durchfliegen einen Geschwindigkeitsfilter mit $E = 30$ kV/m und $B_1 = 0{,}3$ T. Danach gelangen sie in ein weiteres B-Feld mit $B_2 = 0{,}2$ T. Auf der Fotoplatte registriert man Chlorionen bei $r_1 = 18{,}10$ cm und $r_2 = 19{,}04$ cm. Die Massen der Ionen sollen bestimmt werden.

Lösung
Durch den Geschwindigkeitsfilter fliegen nur Ionen mit $v = E/B_1 = 10^5$ m/s. Für $r_1 = 18{,}10$ cm ergibt sich die Masse der Ionen zu $\boldsymbol{m_1} = qB_2 r/v = \mathbf{5{,}8 \cdot 10^{-26}\ kg}$ und für $r_2 = 19{,}04$ cm erhält man die Masse $\boldsymbol{m_2} = \mathbf{6{,}1 \cdot 10^{-26}\ kg}$.
Chloratome haben also keine einheitliche Masse. Atome unterschiedlicher Masse, die zu einem Element gehören, nennt man *Isotope*. Sie haben die gleichen chemischen Eigenschaften.

2. Zyklotron

In verschiedenen Gebieten der Forschung und Medizin benötigt man hochenergetische Ionen. Auf direktem Wege kann man geladene Teilchen jedoch kaum höhere Spannungen als 10 MV durchlaufen lassen. Die Isolationsprobleme werden zu groß. Stattdessen sorgt man dafür, dass die Ionen Beschleunigungsstrecken mehrfach durchlaufen und so immer mehr Energie gewinnen. Ein einfaches Beispiel für einen solchen Beschleuniger ist das **Zyklotron.** In der Mitte des Zyklotrons → B2 befindet sich eine Quelle für positive Ionen, z. B. Protonen. Durch ein elektrisches Feld werden sie in Richtung einer der D-förmigen Dosen beschleunigt. Das sind hohle Metallhalbzylinder, die senkrecht von einem starken Magnetfeld durchsetzt werden. Darin angelangt, befinden sich die Ionen in einem Faradaykäfig mit $E = 0$: Sie gewinnen dort also keine Energie. Die Lorentzkraft zwingt sie auf eine Halbkreisbahn. Während sie sich innerhalb einer Dose befinden, wird die Spannung zwischen den Dosen umgepolt. Wenn die Ionen wieder austreten, werden sie folglich durch das elektrische Feld zwischen den Dosen erneut beschleunigt. In der nächsten Dose bewegen sie sich wieder auf einem Halbkreis mit größerem Radius usw.

Mit welcher Frequenz f muss man das E-Feld zwischen den Dosen umpolen? Innerhalb einer Dose wirkt die Lorentzkraft als Zentripetalkraft, also gilt $m v_s^2/r = q v_s B$ oder $v_s/r = qB/m$. In der Umlaufzeit T legen die Ionen die Strecke $2\pi r$ zurück; also erhalten wir $v_s = 2\pi r/T$. Damit folgt $2\pi/T = qB/m$. Daraus ergibt sich die Frequenz:

$$f = \frac{1}{T} = \frac{1}{2\pi}\frac{qB}{m}$$

unabhängig vom Bahnradius, der Geschwindigkeit und der Energie. Man kann also eine *Wechselspannung* konstant hoher Frequenz zwischen die Dosen legen.

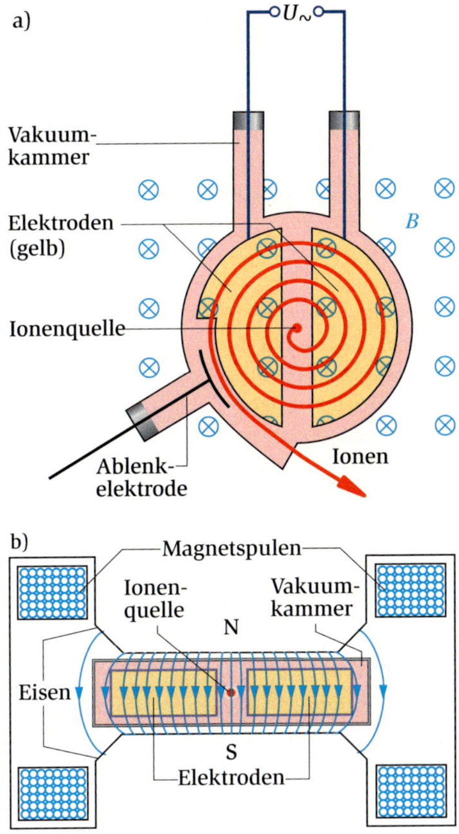

B2 Schematischer Aufbau eines Zyklotrons, **a)** von oben, **b)** von der Seite gesehen

Interessantes

Ringbeschleuniger

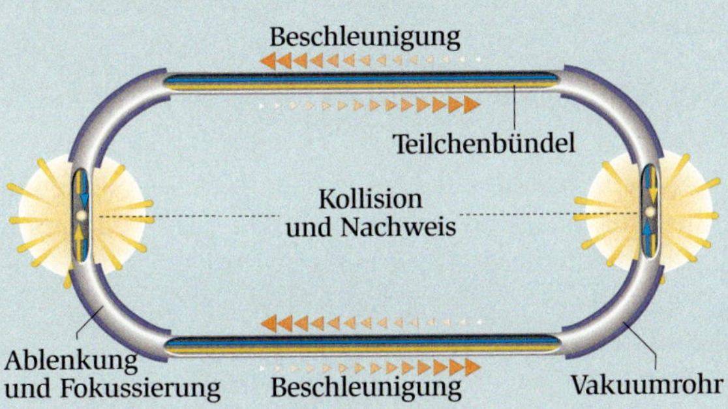

B3 Prinzip eines Ringbeschleunigers

Mit Ringbeschleunigern kann man bedeutend höhere Teilchenenergien als mit Zyklotrons erzielen. Solche Energien Das Prinzip zeigt → B3. Nachdem die Teilchen durch Vorbeschleuniger bereits fast auf Lichtgeschwindigkeit gebracht wurden, werden sie bündelweise in Vakuumrohre geschossen. Sie erhalten auf mehreren „Beschleunigungsstrecken" jeweils einen Zuwachs an Energie, kaum noch an Geschwindigkeit. Durch starke Magnetfelder werden sie auf ringförmige Bahnen gelenkt, sodass sie die Beschleunigungsstrecken mehrmals durchlaufen können. Fokussierungs-Magnete sorgen für die Bündelung der Strahlen.

Der zurzeit leistungsfähigste Ringbeschleuniger ist der LHC am CERN in Genf. Dort werden zwei gegenläufige Protonenstrahlen beschleunigt, die in den Detektoren gegeneinander geschossen werden. So wird die aufgewandte Energie besser ausgenutzt. Bei Kollisionen zwischen den Protonen kommt es dann zu hohen Energiekonzentrationen auf kleinstem Raum, woraus viele Elementarteilchen entstehen; im Endausbau des LHC sind 14 TeV vorgesehen. 2012 gelang den Physikern der Nachweis eines neuen Teilchens. Mit großer Wahrscheinlichkeit handelt sich um das Higgs-Teilchen, das im Zusammenhang mit der Masse der Elementarteilchen steht und vom Standardmodell der Elementarteilchenphysik gefordert wird.

Das ist wichtig

Die magnetische Flussdichte

1 Der Vektor $\vec{B}$, dessen Richtung gleich der Richtung der magnetischen Feldlinien ist, und dessen Betrag durch

$$B = F/(Is) \text{ mit der Einheit } [B] = 1\,\frac{\text{N}}{\text{A m}} = 1\text{ T (Tesla)}$$

bestimmt ist, heißt **magnetische Flussdichte.** Durch $\vec{B}$ wird die Stärke eines Magnetfeldes beschrieben. Dabei ist I die Stromstärke im Leiter der wirksamen Länge s, der senkrecht zu $\vec{B}$ steht und $\vec{F}$ die auf die wirksame Leiterlänge s wirkende magnetische Kraft.

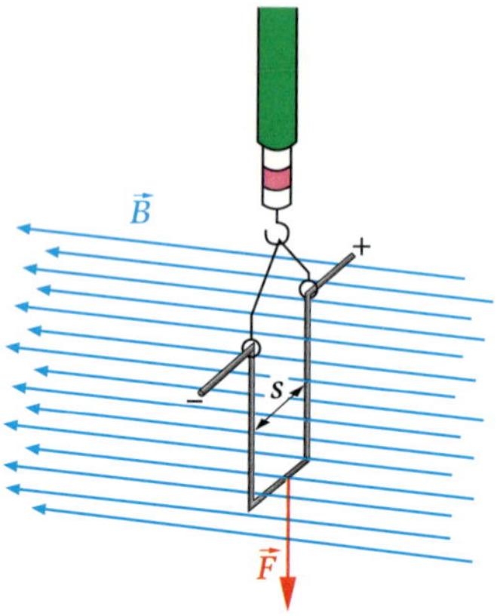

2 Eine *schlanke Spule* habe n Windungen und die Länge l. Ein Strom der Stärke I erzeugt in ihrem Innern in Luft (praktisch Vakuum) ein homogenes Magnetfeld mit der Flussdichte

$$B = \mu_0 n I/l.$$

Um einen *geraden Leiter*, der von der Stromstärke I durchflossen wird, herrscht im Abstand r die magnetische Flussdichte

$$B = \mu_0 \frac{I}{2\pi r}.$$

$\mu_0 = 1{,}257 \cdot 10^{-6}\ \text{Vs/(Am)}$ heißt **Permeabilität des freien Raumes,** früher *magnetische Feldkonstante*.

Lorentzkraft

Ein vom Strom I durchflossener Leiter mit der wirksamen Leiterlänge s erfährt im B-Feld die **Lorentzkraft**

$$F_L = I\,s\,B.$$

Die Richtung der Kraft wird nach der *Drei-Finger-Regel* der linken Hand ermittelt.

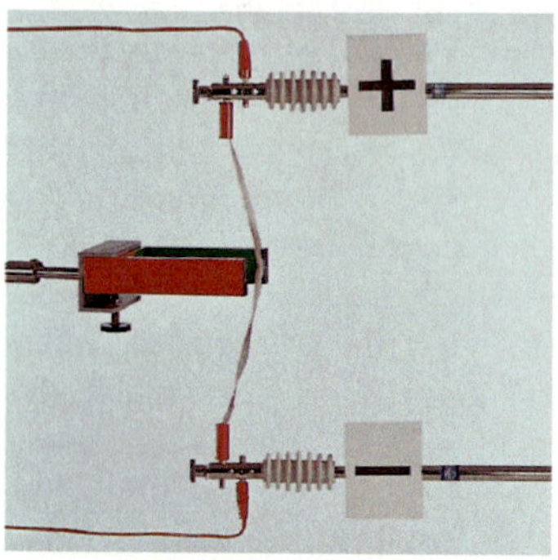

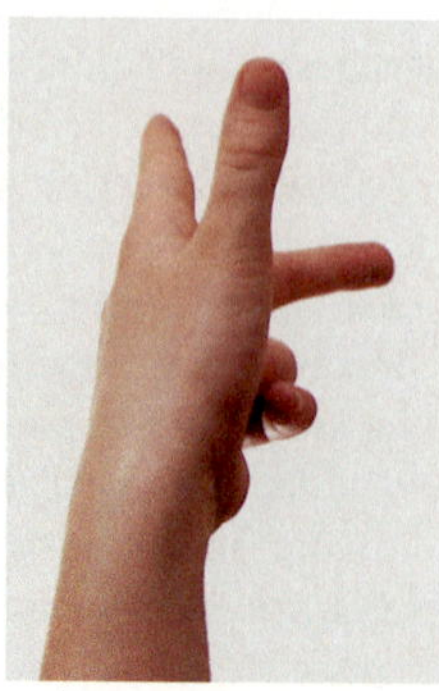

Geladene Teilchen mit der Ladung q, die sich in einem homogenen Magnetfeld nicht parallel zu den Feldlinien bewegen, erfahren die **Lorentzkraft** F_L, für deren Betrag gilt:

$$F_L = q v_s B.$$

Dabei ist v_s der Betrag der Geschwindigkeitskomponente senkrecht zu $\vec{B}$. Die Richtung wird bei negativer Ladung nach der *Drei-Finger-Regel* der linken Hand ermittelt. Für positive Ladungen nimmt man die rechte Hand.

Halleffekt

Ein Leiter werde senkrecht zur Richtung des Stromes von einem Magnetfeld durchsetzt. Dann entsteht zwischen zwei einander gegenüber liegenden Punkten P_1 und P_2 des Leiters die *Hallspannung* U_H. Es gilt

$$U_H = Bvh,$$

wobei h der Abstand von P_1 und P_2 und v der Betrag der *Driftgeschwindigkeit* der Elektronen im Leiter ist.

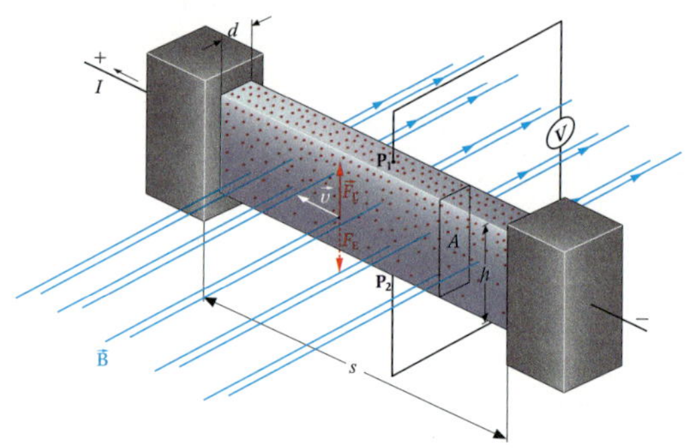

Die Hallspannung U_H ist proportional zur Stromstärke I, zur magnetischen Flussdichte B und zum Kehrwert der Dicke d des Leiters:

$$U_H = R_H \cdot \frac{IB}{d} \text{ mit } R_H = \frac{1}{ne}.$$

R_H heißt **Hallkonstante.** Sie ist der Kehrwert des Produktes aus *Ladungsträgerdichte* n und *Elementarladung* e. Die Einheit der Hallkonstante ist $1\ \text{m}^3/\text{C}$.

Geladene Teilchen in Magnetfeldern

Durch die Lorentzkraft werden geladene Teilchen, die in einem *homogenen Magnetfeld*

a) senkrecht zu den Feldlinien einfallen, auf eine *Kreisbahn* gelenkt,

b) *schräg zu den Feldlinien* eingeschossen werden, auf eine *Schraubenbahn* gezwungen.

c) In einem *inhomogenen Magnetfeld* werden geladene Teilchen in der Nähe der Pole *zur Umkehr* veranlasst.

In a), b), c) ist der Betrag der Geschwindigkeit konstant.

Geschwindigkeitsfilter nach WIEN, Massenspektrometer

1 Eine Anordnung von gekreuztem $\vec{E}$- und $\vec{B}$-Feld, in das geladene Teilchen senkrecht zu $\vec{E}$ und $\vec{B}$ hineingeschossen werden, heißt *Geschwindigkeitsfilter* oder *WIEN-Filter*. Nur Teilchen mit $v = E/B$ durchfliegen ihn geradlinig.

2 Durch gleichzeitige Anwendung von *E*- und *B*- Feldern in *Massenspektrometern* kann man die spezifische Ladung q/m von Teilchen ermitteln und ihre Masse berechnen:

$$m = \frac{qBr}{v}.$$

A1 In einem Versuch wird die gleiche Stromstärke $I = 30$ mA durch mehrere Plättchen geschickt, die alle aus Germanium bestehen. Dabei wurden die folgenden Hallspannungen gemessen:

$d = 1{,}0$ mm

B in mT	31	50	60	74	98
U_H in mV	1,1	1,8	2,2	2,6	3,5

$B = 0{,}2$ T

Dicke *d* in mm	0,1	0,2	0,5	1,0	2,0
U_H in mV	75	35	15	7,5	3,5

a) Weisen Sie anhand der Tabellen nach, dass U_H proportional zu *B* und proportional zu $1/d$ ist. **b)** Bestimmen Sie aus den Werten jeder Tabelle die Hallkonstante von Germanium und bilden Sie den Mittelwert. **c)** Bestimmen Sie die Ladungsträgerdichte und die Anzahl der freien Ladungsträger pro Atom.

A2 Ein Aluminiumzylinder mit $r = 3{,}7$ cm wird mit konstanter Frequenz *f* gedreht. Senkrecht zur Drehrichtung wirkt das *B*-Feld eines Hufeisenmagneten mit $B = 0{,}3$ T. Über Metallbürsten (*A*, *B* im Abstand 3 cm) wird eine Spannung $U = 70$ mV abgegriffen.

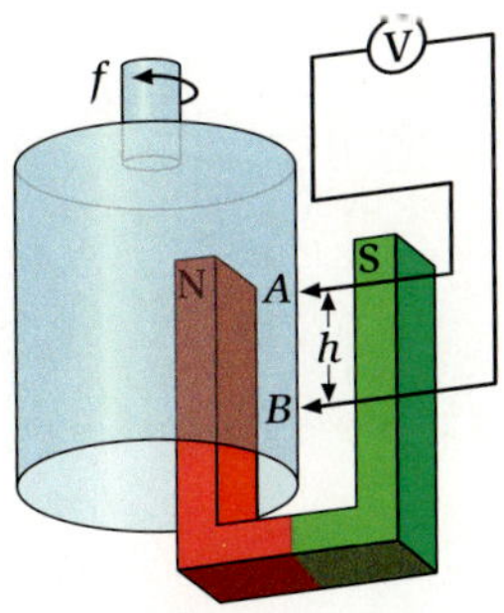

a) Erörtern Sie, warum zwischen *A* und *B* eine Spannung gemessen wird.

b) Zeigen Sie, dass $U \sim f$ ist und berechnen Sie *f* aus den gegebenen Werten.

(*Hinweis*: Ströme im Zylinder werden vernachlässigt.)

A3 Eine Elektronenkanone wird mit $U_A = 1000$ V betrieben. Der Elektronenstrahl fliegt parallel zu den Platten in einen Plattenkondensator hinein (Länge 4 cm, Plattenabstand 1 cm), an dem die Spannung $U_y = 250$ V liegt. **a)** Machen Sie eine Versuchsskizze. Berechnen Sie den Energiegewinn eines Elektrons in der Elektronenkanone und im Feld des Plattenkondensators. **b)** Der Plattenkondensator wird durch ein homogenes *B*-Feld ersetzt, auf dessen Feldlinien der Elektronenstrahl senkrecht fällt. Begründen Sie, dass dann kein Energiezuwachs erfolgt.

A4

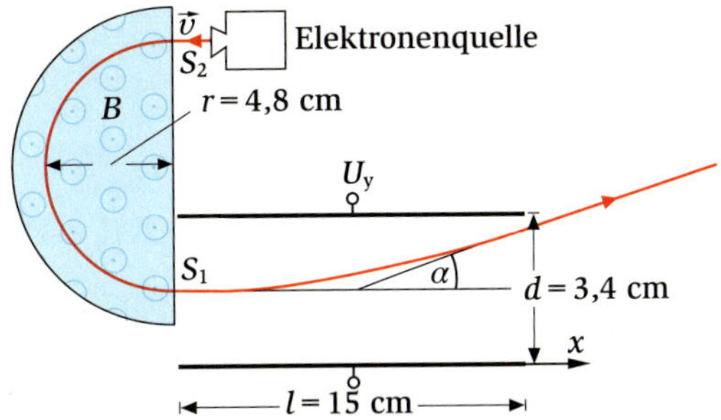

Die Anordnung befindet sich vollständig im Vakuum. Die Elektronen treten mit verschiedenen Geschwindigkeiten *v* senkrecht aus der Quelle aus und bewegen sich durch die Blende S_2 in ein homogenes Magnetfeld mit $B = 1{,}8$ mT senkrecht zu den Feldlinien hinein und verlassen es nach Durchlaufen einer Halbkreisbahn mit Radius *r* durch die Blende S_1. Die Elektronen treten nun senkrecht in das elektrische Feld eines Plattenkondensators mit $U_y = 153$ V ein und verlassen ihn unter dem Winkel $\alpha = 27°$. **a)** Zeigen Sie, dass nur Elektronen mit einer bestimmten Geschwindigkeit aus der Blende S_1 austreten. **b)** Weisen Sie nach, dass sich der Ablenkwinkel α der Elektronen im Kondensator nach $\tan\alpha = eU_y l/(mdv^2)$ berechnen lässt. **c)** Berechnen Sie e/m.

A5

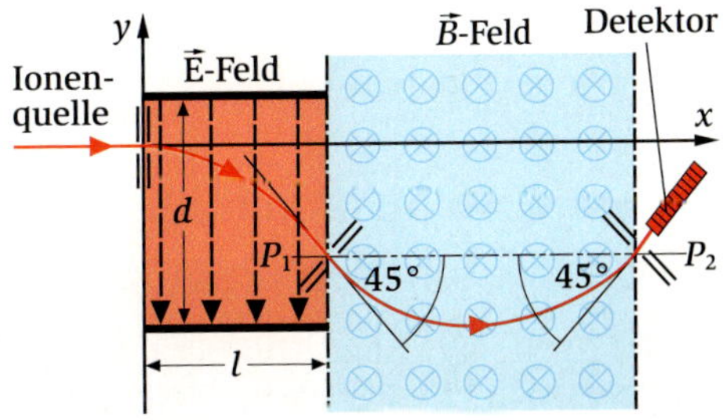

Von den in die Anordnung geschossenen Protonen gelangen nur diejenigen in den Detektor, welche die gezeichnete Bahn durchlaufen. Die Länge des Kondensators ist $l = 0{,}1$ m, der Plattenabstand $d = 0{,}2$ m. Nehmen Sie an, dass alle Felder homogen sind. **a)** Die Stärke des *B*-Feldes ist 40 mT, der Radius der Kreisbahn beträgt $r = 0{,}5$ m. Berechnen Sie die Eintrittsgeschwindigkeit der Protonen in das Magnetfeld. **b)** Ermitteln Sie die Einschussgeschwindigkeit der Protonen in den Kondensator und die Spannung, mit der sie beschleunigt wurden. **c)** Berechnen Sie die Zeit, welche die Protonen zum Durchfliegen des Kondensators benötigen, und ihre Beschleunigung senkrecht zu ihrer ursprünglichen Flugrichtung sowie die dazu erforderliche Kondensatorspannung. **d)** Durch das Blendensystem sollen Ionen mit der Ladung *q* fliegen. Zeigen Sie, dass nur solche hindurchkommen, die mit $v_x = \sqrt{qU_y l/(md)}$ eingeschossen werden.

(*Hinweis*: Zum Lösen von **A3a**, **A4b** und **A5** werden Kenntnisse zur Braunschen Röhre vorausgesetzt.)

Induktion

Das können Sie in diesem Kapitel erreichen:

Sie lernen die Möglichkeit kennen, elektrische Spannungen mit magnetischen Feldern zu erzeugen. Dieser Effekt wird magnetische Induktion genannt.

Sie können den magnetischen Fluss für ein magnetisches Feld bestimmen.

Sie verstehen, dass Spannungen immer dann erzeugt (induziert) werden, wenn der magnetische Fluss sich ändert.

Sie wissen, dass auch die elektromagnetischen Phänomene die Energieerhaltung nicht verletzen, und können das lenzsche Gesetz ableiten, das über die Richtung der induzierten Ströme bzw. das Vorzeichen der induzierten Spannung Auskunft gibt.

Sie lernen interessante Anwendungen von induzierten Spannungen und Strömen kennen.

Sie wissen, wie man mithilfe der Induktion Wechselspannungen erzeugt, welche Eigenschaften diese haben und wie man sie mathematisch beschreibt.

Sie lernen die Bedeutung von Spulen kennen und wissen, wie die Induktion zwei Spulen zu einem Transformator koppelt.

Ändern des magnetischen Flusses

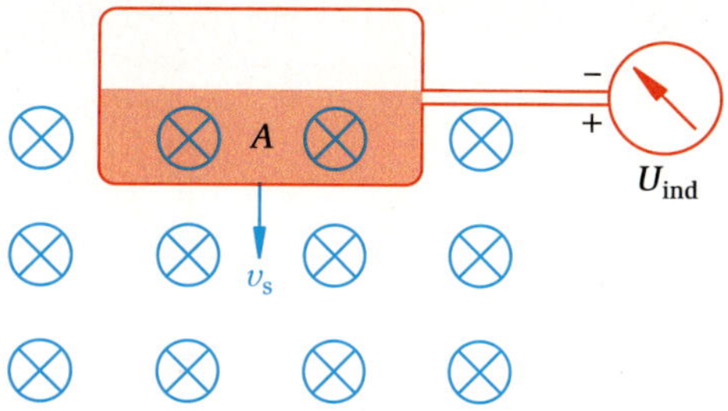

V1 Eine Leiterschleife wird in ein homogenes Magnetfeld eingetaucht. Ein Spannungsmesser ist angeschlossen.

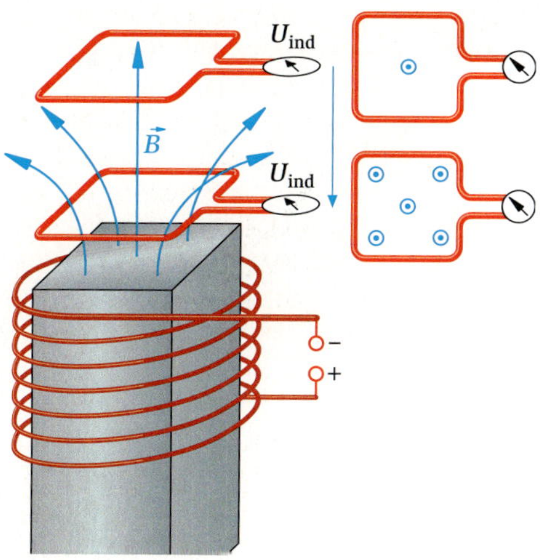

V2 Eine Leiterschleife mit einem empfindlichen Spannungsmesser wird einem Elektromagneten (Strom führende Spule mit Eisenkern) genähert.

V3 Bei konstantem Abstand von Leiterschleife und Elektromagnet wird die Erregerstromstärke im Elektromagnet stetig erhöht.

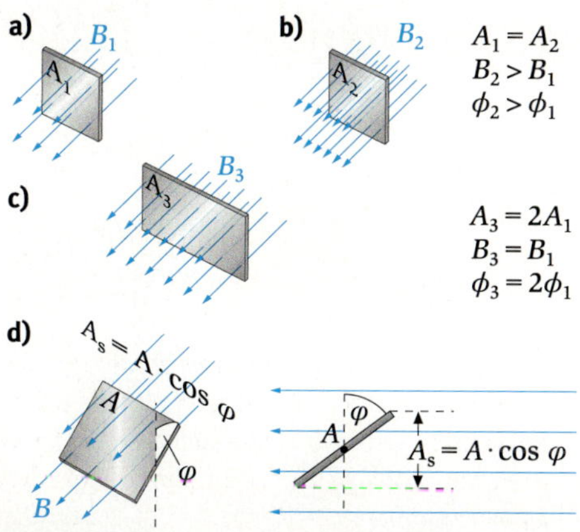

B1 Faradays Vorstellung vom magnetischen Fluss

Mit einem Fahrrad-„Dynamo" lässt sich mechanische Energie in elektrische Energie umsetzen. Wir legen nun die physikalischen Grundlagen dieser Spannungserzeugung dar.

Elektrische Spannung kann man auf zwei Arten „induzieren":

- In **→ V1** wird eine Leiterschleife in ein homogenes Magnetfeld eingetaucht. Dabei steigt die Zahl der sie durchsetzenden Magnetfeldlinien. In der Schleife wird eine Spannung induziert.
- In **→ V2** nähert man eine Leiterschleife einem Elektromagnet mit inhomogenem Magnetfeld. Auch dabei nimmt die Zahl der Feldlinien zu, die die Leiterschleife durchsetzen. Man misst wiederum eine Induktionsspannung. FARADAY sagte: Spannung wird in einer Leiterschleife dann induziert, wenn sich die Zahl der Feldlinien in ihrer Fläche ändert.
- In **→ V3** bleibt der Abstand Leiterschleife und Elektromagnet konstant, dafür wird die Stromstärke im Elektromagnet erhöht. Das Magnetfeld am Ort der Leiterschleife wird stärker, die Zahl der Feldlinien, die die Leiterschleife durchsetzen, steigt. Wieder misst man eine Induktionsspannung.

Nach FARADAY kennzeichnet man ein stärkeres Magnetfeld durch eine größere Dichte der Feldlinien, die z. B. die Fläche 1 cm^2 durchsetzen. In allen drei Versuchen nimmt die Zahl der die Leiterschleife durchsetzenden Magnetfeldlinien zu, und *während* dies geschieht, wird in der Leiterschleife eine Spannung induziert.

1. Der magnetische Fluss

FARADAY sah fälschlicherweise die Feldlinien als „Bahnen einer fließenden Flüssigkeit" an und versuchte abzuzählen, wie viele davon z. B. die Fläche A der Leiterschleife durchsetzen. Von ihm stammt die Bezeichnung magnetischer Fluss Φ, unter dem er sich die Gesamtzahl dieser Feldlinien durch die Fläche A vorstellte.

Zum Pol eines Elektromagneten hin rücken die Feldlinien zusammen, das Feld wird stärker. Man sagt, die **magnetische Flussdichte *B*** wird größer. Durch eine senkrecht stehende Flächeneinheit „fließen" mehr Feldlinien. Da man diese mit Hallsonden messen kann (oder von Formeln kennt), braucht man FARADAYS Abzählmethode nicht mehr. Man berechnet aus B den **magnetischen Fluss Φ** durch eine Leiterschleife als Produkt der Flussdichte B mit dem Inhalt A_s der Fläche, welche die Leiterschleife den Feldlinien des Magnetfeldes senkrecht darbietet. Man schreibt als Gleichung:

$$\Phi = B \cdot A_s, \text{ Einheit } [\Phi] = \text{T m}^2 = \text{N (A m)}^{-1}\,\text{m}^2 = \text{J s C}^{-1} = \text{V s}.$$

Wenn man die Fläche A um den Winkel φ dreht, so dass sie nicht mehr senkrecht, sondern schräg zu den Feldlinien steht, so nimmt die sie durchsetzende Feldlinienzahl ab. Nach **→ B1** gilt statt A dessen Projektion $A_s = A \cos\varphi$ senkrecht zu den Feldlinien. Anders als FARADAY sagen wir: Die gezeichneten Feldlinien liegen umso dichter, je größer die magnetische Flussdichte B ist.

Merksatz

Der magnetische Fluss Φ durch eine Fläche A ist das Produkt aus magnetischer Flussdichte B und Flächeninhalt A_s der Projektion der Fläche senkrecht zu den Feldlinien: $\Phi = B A_s$, $[\Phi] = \text{V s}$.

2. Induktion durch Ändern des magnetischen Flusses

Um in einer Spule eine Spannung zu induzieren, muss der magnetische Fluss Φ durch ihre Fläche geändert werden. Der Fluss Φ kann verändert werden durch Ändern der Flussdichte B oder der felddurchsetzten Fläche A_s. Nachfolgend werden Gleichungen für die induzierte Spannung hergeleitet.

Ändern von *B*: In einer B-Feld erzeugenden Spule ruht eine zweite Spule mit n Windungen – Induktionsspule genannt. Um in ihr eine Spannung zu induzieren, erhöhen wir den magnetischen Fluss durch ihre Fläche. Dazu vergrößern wir die sogenannte *Erregerstromstärke* in der felderzeugenden äußeren Spule und damit die magnetische Flussdichte B. Wir vermuten: U_{ind} steigt, wenn die Änderungsrate $\Delta\Phi/\Delta t$ größer wird, d.h. die Flussänderung $\Delta\Phi$ in kürzerer Zeit $\Delta t = t_2 - t_1$ erfolgt.
In **→ V4** steigt die Erregerstromstärke I_{err} und damit auch die Flussdichte B proportional zur Zeit t: Also ist $\Delta B/\Delta t$ konstant. Bei unveränderter Fläche A_s der Induktionsspule ist auch $\Delta\Phi/\Delta t = A_s \cdot \Delta B/\Delta t$ konstant. **→ V4** bestätigt: $U_{ind} \sim n\Delta\Phi/\Delta t$. Der dimensionslose Proportionalitätsfaktor ergibt sich experimentell zu 1 **→ Beispiel**. Bei einer sich zeitlich ändernden magnetischen Flussdichte B erhalten wir also in einer Spule mit n Windungen und der Fläche A_s als Induktionsspannung

$$U_{ind} = n\Delta\Phi/\Delta t = n A_s \Delta B/\Delta t. \qquad (n \text{ und } A_s \text{ konstant})$$

Ändern der felddurchsetzten Fläche A_s: Eine Leiterschleife wird in ein homogenes Magnetfeld senkrecht zu den Feldlinien eingeschoben **→ V5**. Dabei wird der magnetische Fluss $\Phi = BA_s$ vergrößert, weil die von den Magnetfeldlinien senkrecht durchsetzte Fläche A_s innerhalb der Leiterschleife zunimmt (während B konstant bleibt).
Zum Zeitpunkt t_1 des Eintauchens der Leiterschleife in das Magnetfeld ist die felddurchsetzte Fläche $A(t_1)$ klein und damit $\Phi(t_1)$ noch klein. Zu einem späteren Zeitpunkt t_2 ist die felddurchsetzte Fläche $A(t_2)$ größer und damit $\Phi(t_2)$ größer. Die induzierte Spannung ist bei gleicher Flussänderung $\Delta\Phi = \Phi(t_2) - \Phi(t_1)$ umso größer, je schneller diese geschieht, je kleiner also die Zeitdifferenz $\Delta t = t_2 - t_1$ ist. Der Differenzenquotient

$$U_{ind} = \frac{\Delta\Phi}{\Delta t} = \frac{\Phi(t_2) - \Phi(t_1)}{t_2 - t_1} = \frac{BA(t_2) - BA(t_1)}{t_2 - t_1}$$

gibt diese Abhängigkeit richtig an.
Schaltet man n Leiterschleifen in Reihe zu einer Spule mit n Windungen, so wird die induzierte Spannung n-mal so groß.

Eine Spule mit n Windungen wird in ein hinreichend großes Magnetfeld mit konstanter Flussdichte B eingetaucht. Die **induzierte Spannung** U_{ind} ist umso größer, je schneller die Änderung ΔA_s der von den B-Feldlinien senkrecht durchsetzten Spulenfläche und damit die Änderung $\Delta\Phi = B\Delta A_s$ des magnetischen Flusses erfolgt. Es gilt:

$$U_{ind} = n\Delta\Phi/\Delta t = nB\Delta A_s/\Delta t. \qquad (n \text{ und } B \text{ konstant})$$

Dabei ist – wie oben – für die Polung der Spannung das Vorzeichen des Zählers bedeutsam, ob also der magnetische Fluss vergrößert oder verkleinert wird.

a)
b)
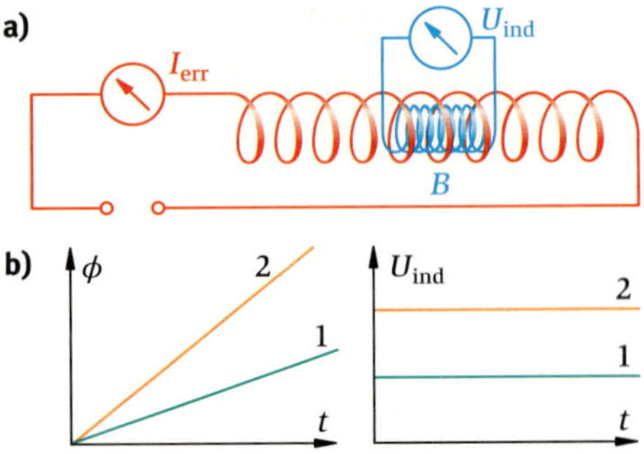

V4 **a)** Felderzeugende, lang gestreckte Spule (rot) mit linearem Stromstärkeanstieg; Induktionsspule (blau). **b)** Zeitlicher Verlauf von $\Phi(t)$ und $U_{ind}(t)$. Versuchsablauf:
1. In der felderzeugenden Spule wird die Stromstärke I_{err} proportional zur Zeit t erhöht. Da $B \sim I_{err}$, steigt auch der Fluss Φ proportional zu t. In der Induktionsspule wird eine konstante Spannung U_{ind} induziert. Sie ist proportional zu $\Delta\Phi/\Delta t$. Es gilt: $U_{ind} \sim \Delta\Phi/\Delta t$.
2. Nimmt I_{err} (und damit Φ) linear mit t ab, so ist U_{ind} entgegengesetzt gepolt.
3. Hat man die Windungszahl n der Induktionsspule geändert, so findet man $U_{ind} \sim n$.
4. Hat man die Querschnittsfläche A_s der Induktionsspule geändert und damit den Fluss Φ, so findet man $U_{ind} \sim A_s$.

Beispiel **Stimmt $U_{ind} = n\Delta\Phi/\Delta t$?**

Messwerte: Felderzeugende Spule mit $n_1 = 16000$, $l = 0{,}48$ m, $\Delta I/\Delta t = 1{,}72 \cdot 10^{-3}$ A/s. Induktionsspule mit $n = 2000$, $A_s = 28\ \text{cm}^2$; $U_{ind} = 0{,}40$ mV.
Auswertung: $n\Delta\Phi/\Delta t = nA_s\Delta B/\Delta t \approx 0{,}40$ mV.

a)
b)
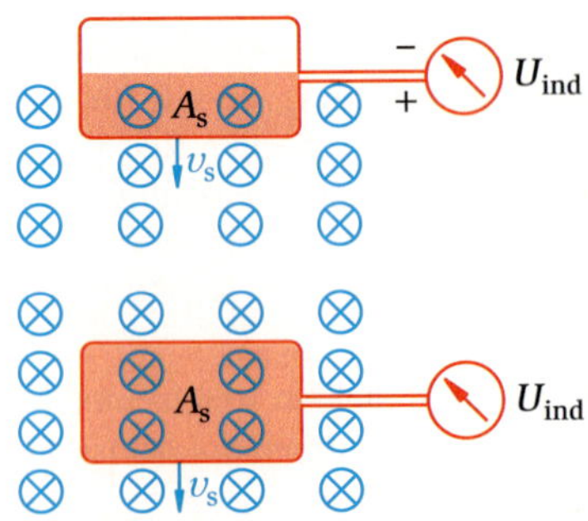

V5 Wir lassen eine Leiterschleife von oben senkrecht zu den Feldlinien gleichmäßig in ein homogenes B-Feld eintauchen. Wir messen die Induktionsspannung an der Leiterschleife.
a) Der magnetische Fluss $\Phi = BA_s$ nimmt zu (A_s nimmt zu): $U_{ind} > 0$.
b) Der magnetische Fluss $\Phi = B \cdot A_s$ ist konstant (A_s konst.): $U_{ind} = 0$.

3. Die Mathematik hilft bei $U_{ind}(t) = n\dot{\Phi}(t)$

Haben Sie es bemerkt? Wir haben aus dem einfachen Term $n\Delta\Phi/\Delta t$ für Spezialfälle die Formeln $U = nA_s\Delta B/\Delta t$ und $U = nB\Delta A_s/\Delta t$ entwickelt und im Experiment bestätigt. Diese Spezialfälle sind nämlich in $U_{ind} = n\Delta\Phi/\Delta t$ enthalten. Wir können sie hieraus mit etwas Mathematik direkt erhalten und dabei neue Erkenntnisse gewinnen.

Für die momentane Induktionsspannung bei *Flächenänderung* schreiben wir

$$U_{ind}(t) = nB \lim_{\Delta t \to 0} \frac{\Delta A_s}{\Delta t} = nB\dot{A}_s,$$

analog zur Momentangeschwindigkeit

$$v(t) = \lim_{\Delta t \to 0} \frac{\Delta s}{\Delta t} = \dot{s}(t).$$

Mit der Produktregel der Differentiation folgt aus der Formel $\Phi(t) = B(t) \cdot A_s(t)$ die zeitliche Änderung

$$\dot{\Phi}(t) = \dot{B}(t) \cdot A_s(t) + B(t) \cdot \dot{A}_s(t).$$

Damit folgt für die Induktionsspannung beim *Ändern der Flussdichte $B(t)$ und der felddurchsetzten Fläche $A_s(t)$:*

$$U_{ind}(t) = n \lim_{\Delta t \to 0} \frac{\Delta B}{\Delta t} \cdot A_s(t) + nB(t) \cdot \lim_{\Delta t \to 0} \frac{\Delta A_s}{\Delta t}$$
$$= n\dot{B}(t)A_s(t) + nB(t)\dot{A}_s(t)$$
$$= n(\dot{B}(t)A_s(t) + B(t)\dot{A}_s(t)).$$

4. Das Induktionsgesetz $U_{ind} = n \cdot \Delta\Phi/\Delta t$

Alle Versuche zeigen, dass Spannung induziert wird, wenn sich der magnetische Fluss $\Phi = B \cdot A_s$ in einer Leiterschleife ändert. Wir fanden zwei Spezialfälle, die auch gemeinsam auftreten können:

- Ändert sich die Flussdichte B in einer Spule bei konstanter Fläche A_s, so gilt für die Induktionsspannung $U_{ind,1} = nA_s \cdot \Delta B/\Delta t$.
- Ändert sich die felddurchsetzte Fläche A_s einer Spule bei konstanter Flussdichte B, so gilt für die Induktionsspannung $U_{ind,2} = nB \cdot \Delta A_s/\Delta t$.

Treten diese beiden unterschiedlichen Vorgänge im selben Kreis zusammen auf, so ist die Induktionsspannung die Summe:

$$U_{ind}(t) = U_{ind,1}(t) + U_{ind,2}(t) = n\frac{\Delta B}{\Delta t}A_s + nB\frac{\Delta A_s}{\Delta t}$$

Oder kurz geschrieben: $U_{ind}(t) = n\dfrac{\Delta\Phi}{\Delta t}$

Oder differenziell geschrieben: $U_{ind}(t) = n\dot{\Phi}(t)$.

Merksatz

Ändert sich der magnetische Fluss $\Phi(t) = B(t) \cdot A_s(t)$ in einer Spule mit n Windungen, so wird dort eine Spannung induziert:

$$U_{ind}(t) = n\frac{\Delta\Phi}{\Delta t}$$

(gleichgültig, ob sich B, A_s oder beide zugleich ändern). In differenzieller Form geschrieben: $U_{ind}(t) = n\dot{\Phi}(t)$. Dies gilt auch für inhomogene Magnetfelder.

Beispiel **Induktion ohne Ändern der Flussdichte**

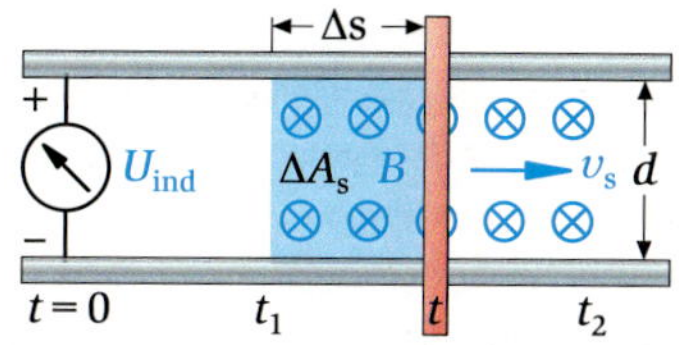

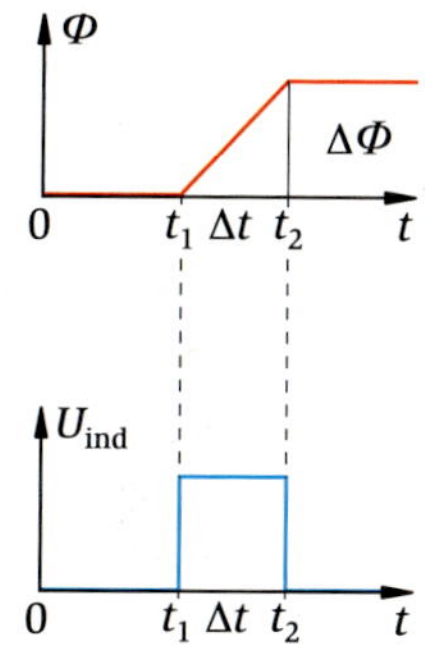

a) Ein Leiter wird mit *konstanter* Geschwindigkeit v_s nach rechts auf zwei Metallschienen bewegt, die sich teilweise in einem Magnetfeld mit konstanter Flussdichte senkrecht zu den Schienen befinden. Der Schienenabstand beträgt $d = 0{,}050$ m. Der Leiter bewegt sich mit $v_s = 0{,}20$ m/s während der Zeitspanne $\Delta t = 2{,}0$ s im Magnetfeld der Flussdichte $B = 0{,}20$ T. Dabei ändert sich die vom Feld durchsetzte Fläche um $\Delta A_s = dv_s\Delta t = 0{,}020\ \text{m}^2$. Der Fluss nimmt dabei um $\Delta\Phi = B\Delta A_s = 0{,}0040$ Vs zu. Folglich wird die Spannung $U_{ind} = \Delta\Phi/\Delta t = 0{,}0020$ V induziert. Man könnte diese Induktionsspannung auch mit

$$U_{ind} = B \cdot \Delta A_s/\Delta t = B \cdot (dv_s\Delta t)/\Delta t$$
$$= Bdv_s = 0{,}20\ \text{T} \cdot 0{,}050\ \text{m} \cdot 0{,}20\ \text{m/s} = 0{,}0020\ \text{V}$$

berechnen. Ab $t > t_2$ befindet sich der bewegte Leiter nicht mehr im Magnetfeld. Der magnetische Fluss Φ bleibt dann konstant ($\Delta\Phi/\Delta t = 0$). Jetzt wird keine Spannung induziert, obwohl v und B weiterhin ungleich null sind. Es kommt eben nur auf die Änderung von Φ an!

b) Jetzt soll ein Leiter zunächst am linken Rand des Magnetfeldes ruhen. Ab der Zeit $t = 0$ wird er mit *konstanter Beschleunigung* a nach rechts bewegt. Somit gilt für den zurückgelegten Weg $s(t) = \frac{1}{2}at^2$ und für den Fluss $\Phi(t) = BA_s = Bds(t) = Bd\frac{1}{2}at^2 = \frac{1}{2}Bdat^2$. Durch Ableiten von $\Phi(t)$ nach der Zeit t erhält man $U_{ind}(t) = n\dot{\Phi}(t) = Bdat$.

Dieses Ergebnis erhält man auch aus der Gleichung $U_{ind} = Bdv_s$ mit der Geschwindigkeit $v_s = at$. Der Fluss $\Phi(t)$ steigt dabei quadratisch, die Spannung U_{ind} linear mit der Zeit t an. Auch hier ist $\Delta\Phi/\Delta t$ anwendbar.

5. Induktion erzeugt elektrische Wirbelfelder

Wieso kommt es in einer ruhenden Spule, die einer zeitlich veränderlichen Flussdichte ($\Delta B/\Delta t \neq 0$) ausgesetzt ist, zu einem Strom? Es muss ein elektrisches Feld vorhanden sein, das die Elektronen antreibt. Um den Feldlinienverlauf solch eines Feldes untersuchen zu können, beobachten wir den Induktionsvorgang in einem Gas → **B1a**. Durch eine Spule, die an eine Wechselspannung sehr hoher Frequenz angeschlossen ist, wird eine große Änderungsrate $\Delta B/\Delta t$ der magnetischen Flussdichte im Gas erreicht. Es leuchtet nach dem Einschalten der Hochfrequenzspannung auf einem Kreisring auf. Das Gas übernimmt hier die Rolle des elektrischen Leiters. Starke elektrische Felder haben es ionisiert. Der Kreisring liegt senkrecht zu den Magnetfeldlinien der Spule in einer Ebene, in der A_s und damit die induzierte Spannung am größten sind. Im Gas werden Ladungsträger in Bewegung versetzt, obwohl von außen keine Spannung, z. B. über Elektroden, angelegt ist. Die Ladungsträger werden durch Kräfte in Bewegung gesetzt, die von einem elektrischen Feld herrühren. Es ist für uns neuartig, da es **in sich geschlossene elektrische Feldlinien** hat, die wirbelartig sind. Diese umgeben und durchsetzen ringförmig das sich zeitlich rasch ändernde Magnetfeld ($\Delta B/\Delta t$ ist groß) → **B1b**. Auch ohne Gas – im Vakuum – existieren diese elektrischen Felder. Wir sehen etwas Neues: Bei Induktionsvorgängen mit sich änderndem B werden in sich geschlossene **elektrische Wirbelfelder** erzeugt.

6. Auch Lorentzkraft erzeugt Induktion

Wird nach → **B2** die vom homogenen, konstanten Magnetfeld durchsetzte Fläche verändert und damit der magnetische Fluss, so wird in der Leiterschleife mit $n = 1$ die Spannung $U_{ind} = B \cdot \Delta A_s/\Delta t$ induziert. Es gilt $\Delta A_s/\Delta t = d \cdot \Delta s/\Delta t = d \cdot v_s$. Damit ergibt sich für die induzierte Spannung $U_{ind} = B d v_s$.

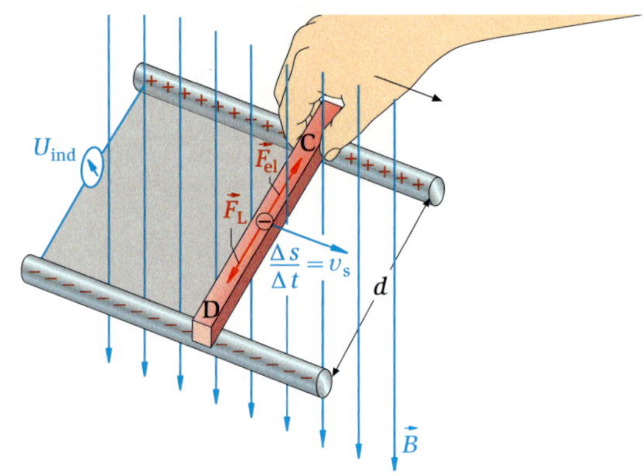

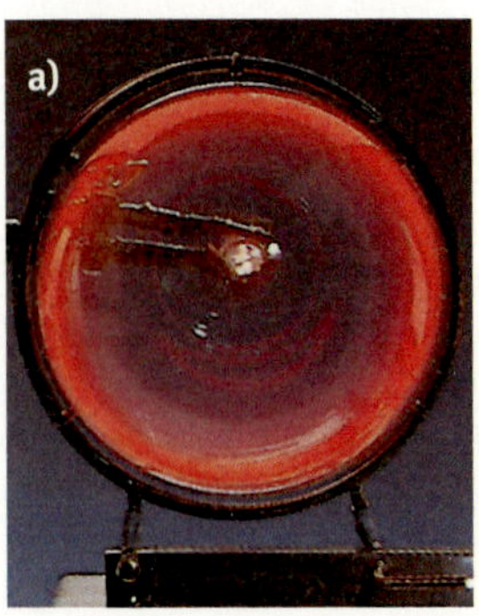

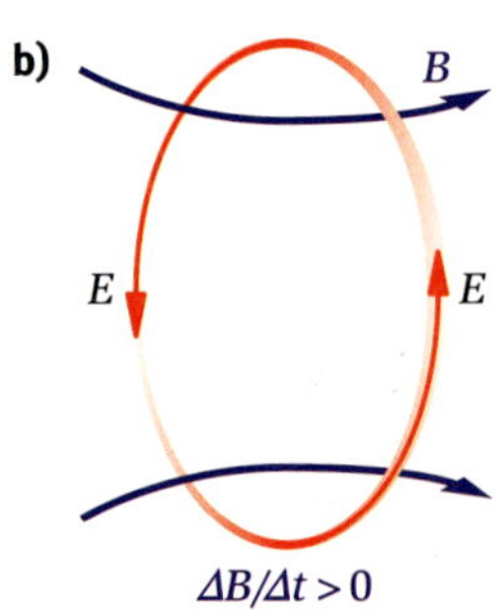

B1 **a)** Elektrodenloser wirbelartiger Ringstrom: Eine mit Helium-Neon-Gas von geringem Druck gefüllte Glaskugel ist von einer Spule mit wenigen Windungen umgeben. Sie wird an eine Wechselspannung sehr hoher Frequenz gelegt. **b)** elektrisches Wirbelfeld.

B ist konstant, es gibt keine elektrischen Wirbelfelder. Wir suchen nach einer anderen Erklärung für die Induktion: Die Elektronen, die vom Stab nach rechts mitgenommen werden, erfahren im homogenen Magnetfeld eine *Lorentzkraft* $F_L = B e v_s$ in Richtung D (Drei-Finger-Regel der linken Hand). Die vordere Schiene wird dadurch negativ, die hintere positiv aufgeladen. Dazwischen, im Stab der Länge d, entsteht ein elektrisches Feld.
Die hierdurch hervorgerufene elektrische Kraft $\vec{F}_{el} = e \cdot \vec{E}$ zeigt in Richtung C. Die Elektronen sind in sehr kurzer Zeit so weit verschoben, dass die elektrische Kraft betragsgleich der Lorentzkraft ist. Dann hat sich ein Gleichgewicht eingestellt, die Elektronen werden nicht weiter verschoben. Es gilt: $F_L = F_{el}$, d. h. $B e v_s = eE$. Weil an jeder Stelle im Stab Gleichgewicht herrscht und B homogen ist, muss dort auch E homogen sein. Deshalb gilt $U_{ind} = Ed$. Mit $B v_s = E$ folgt für die Induktionsspannung, die man zwischen den Schienen misst: $U_{ind} = B d v_s$.

B2 Ein Metallstab kann auf zwei Schienen gleiten. Der Stab wird im senkrecht dazu stehenden homogenen Magnetfeld z. B. von Hand mit der konstanten Geschwindigkeit v_s bewegt. Dabei zeigt der Spannungsmesser die induzierte Spannung an.

A1 In einer 53,5 cm langen, luftgefüllten Spule mit 5000 Windungen steigt in 10 s die Stromstärke gleichmäßig von 1,0 A auf 6,0 A. In ihrem Inneren liegt eine Induktionsspule mit 100 Windungen und 20 cm² Fläche. **a)** Erläutern Sie, warum in ihr eine Spannung induziert wird. **b)** Berechnen Sie die Änderungsrate $\Delta B/\Delta t$ der Flussdichte. **c)** Berechnen Sie die Induktionsspannung, wenn die Achsen der Spulen den Winkel 0°, 45°, 90° bilden. **d)** Diskutieren Sie, ob die Induktion hier durch elektrische Wirbelfelder oder mit der Lorentzkraft erklärt werden kann.

A2 Eine Leiterschleife der Fläche 50 cm² steht senkrecht zu den Feldlinien eines Magnetfelds der Flussdichte 0,20 T. Sie wird in 0,10 s auf 5,0 cm² zusammengedrückt. **a)** Erläutern Sie, warum in der Leiterschleife ein Spannung induziert wird. **b)** Berechnen Sie die induzierte Spannung. **c)** Berechnen Sie den Winkel, um den man die Leiterschleife in dieser Zeit hätte drehen müssen, um das gleiche Ergebnis zu erzielen.

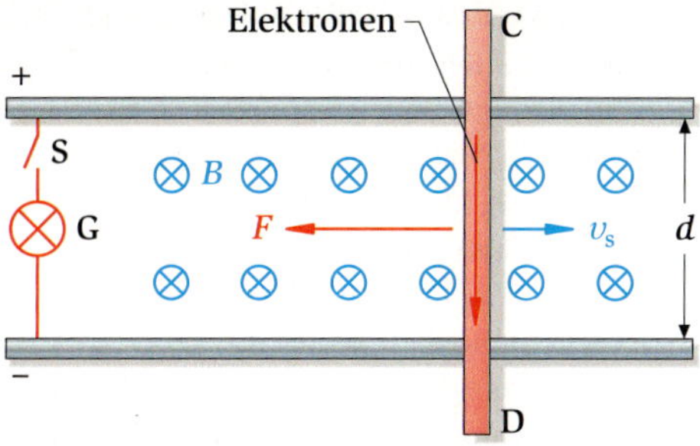

B1 Minigenerator: Der reibungsfreie Stab wird nach rechts angestoßen. **a)** Ist der Schalter S geschlossen, so wird der Stab langsamer. **b)** Ist der Schalter S offen, bewegt sich der Stab mit konstanter Geschwindigkeit weiter.

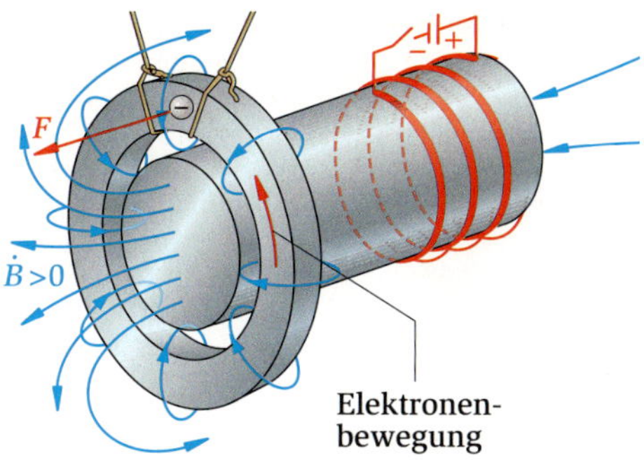

V1 In einen bifilar aufgehängten Aluminiumring ragt ein Eisenkern, der in einer Spule steckt. **a)** Schließen wir den Spulenstromkreis, so wird der Ring kurzzeitig abgestoßen. **b)** Öffnen wir den Spulenstromkreis, so wird der Ring kurzzeitig angezogen.

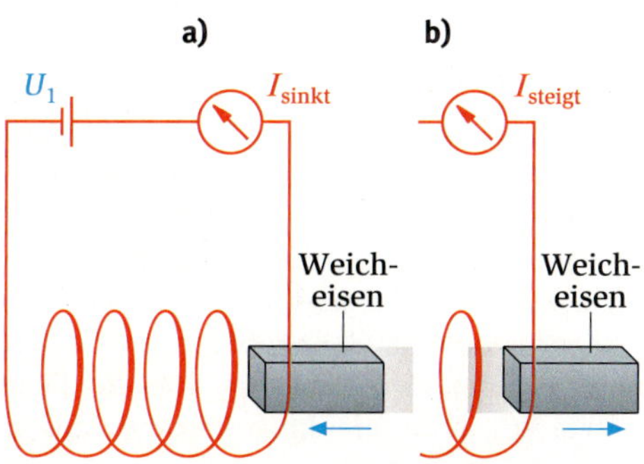

V2 Der Stromkreis besteht aus einer Spule, einer Batterie mit der konstanten Spannung U_1 und einem Strommessgerät. **a)** Schieben wir einen Eisenkern in die Strom führende Spule, so sinkt die Stromstärke I kurzzeitig. **b)** Ziehen wir den Eisenkern aus der Spule heraus, steigt die Stromstärke I kurzzeitig.

1. Auch bei Induktion gilt der Energieerhaltungssatz

Sorgt die Natur für Energieerhaltung bei der Induktion? Hierzu ein Gedankenexperiment bei konstanter Flussdichte B → B1: Ein leitender Stab sei reibungsfrei auf zwei Metallschienen gelagert. Er werde in einem homogenen Magnetfeld durch einen Stoß nach rechts in Bewegung gesetzt. Was passiert anschließend? Wird der Stab schneller, langsamer oder behält er seine Geschwindigkeit bei?

a) Der Schalter S ist *geschlossen*, d. h. das Gerät G angeschlossen. Die mit dem Stab nach rechts bewegten Elektronen erfahren im homogenen Magnetfeld Lorentzkräfte in Richtung von C nach D. Nach der Drei-Finger-Regel erfährt der Strom führende Leiter CD eine Kraft $F = IBd$ nach links. Sie wirkt der Bewegung nach rechts entgegen, welche die Induktionsspannung $U_{ind} = Bdv_s$ hervorruft. Der Stab wird also *langsamer*.

Eine *Energiebilanz* gibt weiteren Aufschluss. Der Stab soll um den Weg Δs nach rechts gegen die nach links gerichtete Bremskraft F verschoben werden. Ihm muss *mechanisch* Energie zugeführt werden:

$$W_{mech} = F\Delta s = Fv\Delta t = IBdv\Delta t.$$

An das Gerät G wird *elektrisch* Energie abgegeben:

$$W_{el} = U_{ind}I\Delta t = BdvI\Delta t.$$

Diejenige mechanische Energie, die dem Stab beim Verschieben gegen die nach links gerichtete Kraft zugeführt werden muss, wird an das Gerät als elektrische Energie abgegeben: Es ist $W_{mech} = W_{el}$. Würde der Stab nach dem Anstoßen schneller werden, so wäre das Prinzip der Energieerhaltung verletzt.

b) Der Schalter S ist *offen*. Im bewegten Stab fließen nur kurzzeitig Elektronen, bis die Aufladung beendet ist und Kräftegleichgewicht zwischen der Lorentzkraft und der Kraft des elektrischen Feldes herrscht. Die Stromstärke I ist dann null und damit $W_{mech} = W_{el} = 0$. Energie wird ab jetzt weder zu- noch abgeführt. Der reibungsfrei gelagerte Stab gleitet mit konstanter Geschwindigkeit weiter.

Wir sehen: *Bei Induktionsvorgängen ist der Energieerhaltungssatz erfüllt.*

2. Energieerhaltung bestimmt die Polung

Wäre der Elektronenstrom im Leiter von D nach C → B1 gerichtet, so würde dieser eine beschleunigende Kraft nach rechts erfahren. Durch die dann steigende Geschwindigkeit würde der Induktionsstrom vergrößert, was eine noch stärkere Kraft zur Folge hätte usw. Nach einem kurzen Anstoß des Stabs könnte man dem System beliebig viel Energie entnehmen. Man hätte ein **Perpetuum mobile**. Diesen Sachverhalt erkannte 1834 H. LENZ.

Merksatz

Lenzsches Gesetz: Die Induktionsspannung ist so gepolt, dass sie durch ihren Strom ihrer Ursache entgegenwirken kann.

In → V1 wird das lenzsche Gesetz auf die „Probe gestellt". Wir prüfen seine Gültigkeit für den Fall einer zeitlichen Änderung der magnetischen Flussdichte, also bei elektrischen Wirbelfeldern. Beim *Schließen* des Schalters wird der Ring kurzzeitig abgestoßen. Wie kann man das verstehen? In der Spule wird ein Magnetfeld aufgebaut, das im Ring einen ansteigenden magnetischen Fluss ($\dot{\Phi} > 0$) bewirkt. Die Feldlinien des inhomogenen Magnetfeldes sind von ringförmigen elektrischen Feldlinien eines Wirbelfeldes umgeben, welche die Elektronen im Ring in Bewegung setzen. Wenn auch hier das lenzsche Gesetz gilt, so muss der Induktionsstrom so gepolt sein, dass das durch ihn hervorgerufene Magnetfeld entgegen gerichtet ist zu dem sich aufbauenden Spulenfeld. Es wirkt dem Anwachsen des magnetischen Flusses Φ entgegen. Nach der Drei-Finger-Regel erfahren die im Ring gegen den Uhrzeigersinn bewegten Elektronen Lorentzkräfte nach links. Tatsächlich bewegen sich im Ring Elektronen, obwohl es dort keine Spannungsquelle mit Plus- und Minuspol gibt. Der Elektronenstrom kommt durch ein elektrisches Wirbelfeld zu Stande wie bei der elektrodenlosen Ringentladung.

Beim *Öffnen* des Schalters wird der Ring kurzzeitig angezogen. Das *B*-Feld der Spule bricht zusammen. Im Ring nimmt der Fluss ab ($\dot{\Phi} < 0$). Der hierdurch im Ring hervorgerufene Induktionsstrom ist nun entgegengesetzt zum Einschaltvorgang gepolt, da sein Magnetfeld nach dem lenzschen Gesetz der Flussabschwächung entgegenwirkt. Die im Uhrzeigersinn fließenden Elektronen und damit der Ring erfahren eine zum Eisenkern gerichtete, anziehende Kraft.

3. Das Induktionsgesetz bekommt ein Minuszeichen

Häufig wird in einem Stromkreis eine Spannung U_{ind} induziert, in dem bereits eine andere Spannung U_1 anliegt. Wie wirken die beiden Spannungen zusammen? Hierüber gibt → V2 Auskunft.

a) *Schieben wir einen Eisenkern in die Spule*, so sinkt die Stromstärke I kurzzeitig ab. Der Eisenkern erhöht durch seine große Permeabilität μ_r die Flussdichte B und damit den magnetischen Fluss $\Phi(t)$ in der Spule ($\dot{\Phi} > 0$). In ihr wird eine Spannung U_{ind} induziert. $U_{ind}(t)$ und die Batteriespannung U_1 sind in *Reihe* geschaltet und addieren sich zur Gesamtspannung $U_1 + U_{ind}(t)$. Solange wir den Eisenkern in die Spule schieben, ist $I(t)$ in jedem Augenblick *kleiner* als U_1/R. Also muss die zusätzliche Spannung $U_{ind}(t)$ der Batteriespannung U_1 entgegenwirken. Dies drücken wir durch ein *Minuszeichen* in der Gleichung $U_{ind}(t) = -n\dot{\Phi}(t)$ aus. Dann wird die Induktionsspannung negativ, wenn der Fluss zunimmt.

b) *Ziehen wir den Eisenkern aus der Spule heraus*, so steigt die Stromstärke I kurzzeitig an. So wirkt sie dem Absinken des magnetischen Flusses ($\dot{\Phi}(t) < 0$) entgegen, gemäß LENZ. $U_{ind}(t) = -n\dot{\Phi}(t)$ ist jetzt positiv, sodass die Gesamtspannung $U_1 + U_{ind}(t)$ vorübergehend größer als die Batteriespannung U_1 ist. In a und b gilt für den Verlauf der Stromstärke: $I(t) = (U_1 + U_{ind}(t))/R = (U_1 - n\dot{\Phi}(t))/R$.

Merksatz

Das Minuszeichen im Induktionsgesetz berücksichtigt das lenzsche Gesetz bezüglich der im Stromkreis schon wirkenden Spannung U_1:

$$U_{ind}(t) = -n\dot{\Phi}(t).$$

Für die Stromstärke gilt $I(t) = (U_1 - n\dot{\Phi}(t))/R$.

A1 Ein starker Nordpol wird einem aufgehängten Aluminiumring genähert. **a)** Geben Sie die Richtung an, in die sich die Elektronen im Ring bewegen. Begründen Sie, warum das *B*-Feld für die Induktion inhomogen sein muss. **b)** Zeichnen Sie das elektrische Wirbelfeld im Ring ein, vgl. → V1. **c)** Erläutern Sie, ob der Ring abgestoßen oder angezogen wird und woher die Energie für den Induktionsstrom kommt. **d)** Was ändert sich, wenn der Aluminiumring an einer Stelle unterbrochen ist?

A2 Ein Stabmagnet fällt durch eine Spule. Dabei wird der zeitliche Verlauf der Spannung an der Spule gemessen.

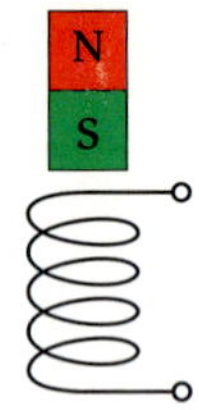

a) Erläutern Sie, wann Spannungen auftreten.
b) Begründen Sie, welches der drei *t*-*U*-Diagramme den Spannungsverlauf am treffendsten darstellt.

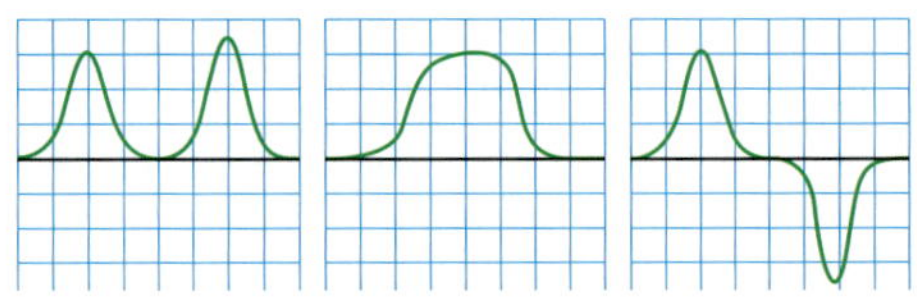

c) Erläutern und skizzieren Sie, wie sich der Spannungsverlauf ändert, wenn der Magnet aus einer größeren Höhe durch die Spule fällt. **d)** Diskutieren und skizzieren Sie, wie sich der Spannungsverlauf ändert, wenn man zwei gleiche Stabmagnete durch die Spule fallen lässt (neben- oder hintereinander). Welche Fälle sind dabei zu unterschieden?

A3 Beim Modell eines Tachometers rotiert ein Stabmagnet unter einem Speichenrad. Beide sind durch eine Glasplatte getrennt.

a) Erläutern Sie, dass das Speichenrad sich mit dem Magneten zu drehen versucht. **b)** Erörtern Sie, ob auch ein massives Rad ein Drehmoment erfahren würde. **c)** Die Spiralfeder erzeugt ein Gegendrehmoment. Begründen Sie, warum der Ausschlag des Zeigers mit der Drehfrequenz des Magneten zunimmt.

Interessantes

Wirbelströme in Metallen

Durch ein starkes, zeitlich konstantes Magnetfeld eines Elektromagneten lassen wir eine dicke Aluminiumplatte fallen, die weit über den Feldbereich hinausragt. Solange sich nur ein Teil von ihr im Feld befindet, wird sie stark abgebremst.

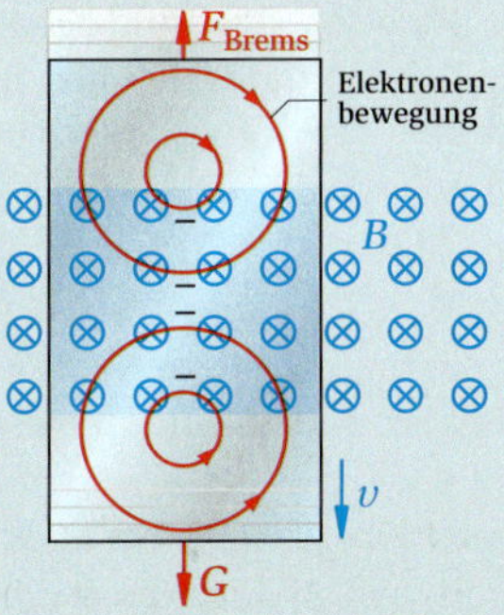

Im Bereich des Magnetfelds (blau getönt) erfahren die mit der Platte bewegten Elektronen eine Lorentzkraft nach links. Weil die Elektronen über den feldfreien Raum zurückfließen, erhält man in sich geschlossene Ströme, **Wirbelströme** genannt (rot). Die nach links fließenden Elektronen erfahren nun eine Lorentzkraft nach oben. Die Platte erfährt somit eine bremsende Kraft *entgegen* ihrer Bewegungsrichtung. Die in der Platte induzierten Ströme verlaufen so, dass sie gemäß dem *lenzschen Gesetz* ihrer Entstehungsursache entgegenwirken.

Nach diesem Prinzip wirkende, verschleißfreie Wirbelstrombremsen werden z. B. in Omnibussen, U-Bahnen und Fahrradergometern eingebaut. Enthält die Aluminiumplatte Schlitze, so fällt sie fast ungebremst, weil sich in ihr keine Wirbelströme ausbilden können.

Wirbelstrom bremst freien Fall

Beim „Free Fall Tower" fällt ein Schlitten mit bis zu vier Personen aus einer Höhe von 62 m im freien Fall. Auf der Freifallstrecke von 36 m wird eine Maximalgeschwindigkeit von 96 km/h erreicht. Der Schlitten wird auf einer Bremsstrecke von 26 m mit einer Verzögerung von bis zu 4 g verlangsamt, bis er auf Stoßdämpfer trifft.

Im Bereich der Bremsstrecke sind „Bremsschwerter" angebracht: Extrem starke Dauermagnete an den Schlitten rufen Induktionsströme hervor, die nach Lenz ihrer Ursache entgegenwirken, also bremsend wirken. Damit die Magnetfelder stark sind, gibt man ferromagnetisches Material bei. Dieses Bremssystem ist sehr sicher, weil es auch bei Feuchtigkeit oder Stromausfall funktioniert.

Wir können die Bremswirkung beim „Free Fall Tower" einfach demonstrieren, indem wir einen zylindrischen Stabmagneten innerhalb eines Kupferrohres fallen lassen. Er fällt darin erheblich langsamer als ein gleichzeitig gestarteter Magnet in einem längs geschlitzten Kupferrohr, wo sich Induktionsspannungen bilden, aber keine Ströme.

Temperaturerhöhung durch Wirbelströme

Zwei Spulen führen den gleichen Wechselstrom (5 A; 50 Hz). In der einen Spule befindet sich ein massiver Eisenstab, in der anderen ein geblätterter Eisenkern (zusammengesetzt aus dünnen, mit einer isolierenden Lackschicht überzogenen Eisenblechen). Während die Temperatur im massiven Eisenstab deutlich steigt, bleibt sie im geblätterten Eisenkern niedrig. Im massiven Eisenstab bilden sich kräftige Wirbelströme aus, die zur Temperaturerhöhung führen.

Dosenquetscher

Das Zusammenspiel aus Induktion und Lorentzkraft kann man auch am Technorama in Winterthur bestaunen: den Dosenquetscher, der auf der Titelseite dieses Kapitels abgebildet ist. Der Wechselstrom durch die Spule erzeugt ein Magnetfeld, das in der Aluminiumdose kreisförmige Ströme induziert. Auf die bewegten Elektronen dieser induzierten Ströme wirkt aufgrund des äußeren Magnetfelds zur Achsenmitte hin eine Lorentzkraft, die die Dose schlagartig zerquetscht.

Kochen mittels Induktion

Selbst beim Kochen kann die elektromagnetische Induktion energiesparend genutzt werden. Seit 1987 werden Kochfelder hergestellt, in denen sich unter der Kochzone eine flache Kupferdrahtspule ohne Eisenkern befindet, die mit Hochfrequenzstrom gespeist wird.

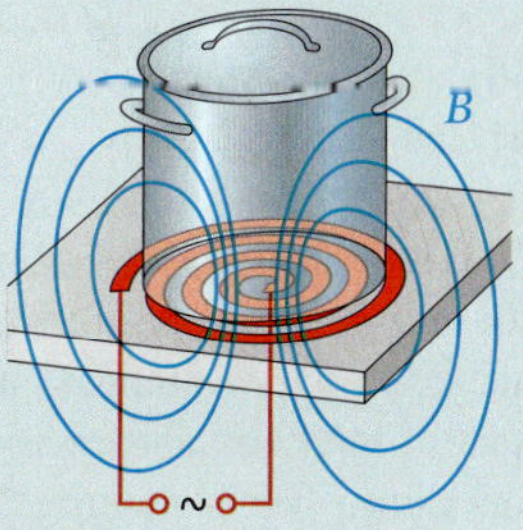

Durch das hochfrequente magnetische Wechselfeld (Frequenz f im Bereich von 25 kHz bis 50 kHz) werden im ferromagnetischen Topfboden Wirbelströme erzeugt, die zusammen mit der Ummagnetisierung die Temperatur erhöhen. Man verwendet dabei ferromagnetische Topfböden, um das Magnetfeld der Induktionsspule im Topfboden zu bündeln. Die Temperatur der Glaskeramik des Kochfeldes wird nur durch die Energieabgabe des Topfbodens erhöht, sodass es nach dem Abschalten kaum Nachwärme wie bei klassischen Kochplatten gibt. Dies trägt erheblich zum Energieeinsparen bei.

A1 **a)** Ein Eisenbahnzug fährt mit v = 40 m/s über eine waagerechte Strecke. Zwischen den isolierten Schienen (Spurweite 1435 mm) liegt ein Spannungsmesser. Berechnen Sie seine Anzeige, wenn die Vertikalkomponente des Erdmagnetfeldes $B_v = 0{,}43 \cdot 10^{-4}$ T beträgt. Diskutieren Sie, ob die Zahl der Achsen des Zuges eine Rolle spielt. **b)** Erläutern Sie, was ein mitfahrender Spannungsmesser anzeigt. **c)** Erläutern Sie, ob man mit diesem Effekt die Wagen beleuchten könnte.

A2 Ein quadratisches Rähmchen mit der Kantenlänge 6,0 cm hat 500 Windungen. Das homogene Magnetfeld hat die Flussdichte *B* = 2,1 mT. Seine *B*-Feldlinien sind in die Zeichenebene hinein gerichtet. Das Rähmchen befindet sich teilweise im *B*-Feld. Es wird mit der konstanten Geschwindigkeit 1,0 mm/s nach oben gezogen. Erläutern Sie die Polung der Spannung zwischen A und B. Berechnen Sie die Spannung U_{AB}, bevor das Rähmchen das *B*-Feld verlässt.

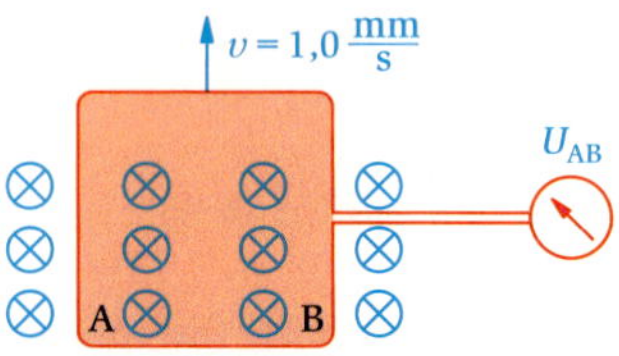

A3 Die Unterkante des offenen Rähmchens (*I* = 0) aus **→ A2** befindet sich jetzt am oberen Rand des *B*-Feldes. Aus der Ruhe beginnt es zum Zeitpunkt *t* = 0 frei in das *B*-Feld zu fallen. **a)** Berechnen Sie den Zeitpunkt, zu dem das Rähmchen ganz in das *B*-Feld eintaucht. **b)** Berechnen Sie den Zeitpunkt, zu dem das Rähmchen das *B*-Feld verlässt (das *B*-Feld hat eine vertikale Ausdehnung von 10 cm). **c)** Zeichnen Sie das *t*-U_{AB}-Schaubild für die Zeit $0 \leq t \leq 200$ ms. (*t*-Achse: 1 cm ≙ 20 ms; *U*-Achse: 1 cm ≙ 20 mV).

A4 Ein quadratischer Kupferrahmen von 50 cm Seitenlänge wird binnen 0,50 s ganz in ein homogenes Magnetfeld von 2,0 T senkrecht zu den *B*-Linien geschoben. **a)** Berechnen Sie U_{ind} auf zwei Arten. **b)** Der Draht des Kupferrahmens ($\rho = 0{,}017\ \Omega\text{mm}^2\text{m}^{-1}$) hat 50 mm² Querschnittsfläche. Berechnen Sie die Stromstärke und die durch den Querschnitt fließende Ladung beim Einschieben. Berechnen Sie die Kraft, die der Rahmen erfährt, die aufzuwendende mechanische Energie und die Leistung. Welche elektrische Energie wird frei? **c)** Erläutern Sie, wie sich diese Werte ändern, wenn man den Rahmen in der halben Zeit einschiebt. **d)** Erklären Sie was geschieht, wenn man den Rahmen im homogenen *B*-Feld parallel verschiebt.

A5 **a)** Die B-Feldlinien in **→ A4** laufen horizontal. Der vertikale Rahmen fällt frei in dieses Feld. Berechnen Sie die Bremskraft, die er bei der Geschwindigkeit 0,50 cm/s erfährt. **b)** Ermitteln Sie die Geschwindigkeit, bei welcher die Bremskraft so groß wie seine Gewichtskraft ist. (Dichte: 8,9 g/cm³) Erläutern Sie, welche Bewegung der Rahmen dann ausführt. Zeigen Sie, dass die Bremskraft der Geschwindigkeit proportional ist. **c)** Ermitteln Sie die Beschleunigung, wenn sich der Rahmen ganz im homogenen Feld befindet. **d)** Erläutern Sie, was geschieht, wenn der Rahmen das Feld mit *v* = 1,0 m/s nach unten verlässt.

A6 In der Versuchsanordnung befinden sich nebeneinander zwei räumlich begrenzte Magnetfelder mit veränderlichen und unterschiedlichen Flussdichten B_1 und B_2.

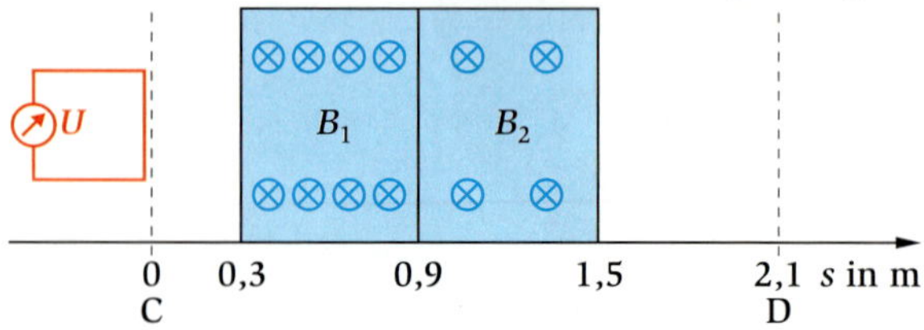

a) Zunächst betragen die Flussdichten $B_1 = 0{,}60$ T und $B_2 = 0{,}30$ T. Eine quadratische Spule mit der Seitenlänge 0,30 m und 100 Windungen wird mit der konstanten Geschwindigkeit 0,20 m/s von C nach D durch die Versuchsanordnung bewegt. Der rechte Teil der Spule startet bei C zum Zeitpunkt *t* = 0 s. Die Anschlüsse der Spule sind mit einem Spannungsmesser verbunden. Erklären Sie, warum einige Zeit nach dem Start eine Spannung angezeigt wird. Zeichnen und erläutern Sie das zugehörige *t*-*U*-Diagramm (für Bewegung der Spule von C nach D). **b)** Bei einem anderen Versuch ruht diese Spule vollständig innerhalb des Magnetfelds der veränderlichen Flussdichte B_1. Erläutern Sie, wie man jetzt zwischen den Spulenanschlüssen eine Spannung von 3,6 V erzeugen kann.

A7 Im Inneren einer langgestreckten Feldspule (Windungszahl 16000, Länge 0,48 m) befindet sich eine Induktionsspule (Windungszahl 1000, Querschnittsfläche 28 cm²). Die Spulenachsen liegen parallel zueinander. Der Verlauf der Stromstärke der Feldspule kann dem nachfolgenden *t*-*I*-Diagramm entnommen werden.

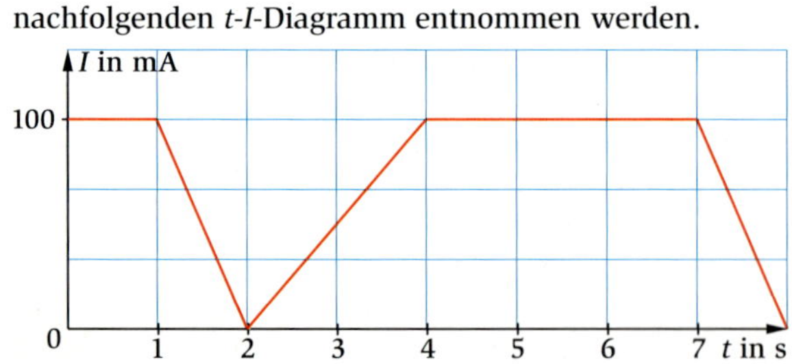

a) Berechnen Sie den maximal erreichten Fluss, der die Induktionsspule durchsetzt. **b)** Erläutern Sie, warum in einzelnen Zeitabschnitten eine Spannung induziert wird und in anderen nicht. **c)** Berechnen Sie die Induktionsspannungen U_i, die an der Induktionsspule im Zeitraum $0 < t < 8$ s auftreten. Zeichnen Sie das zugehörige *t*-U_i-Diagramm.

A8 Eine Spule ist frei beweglich aufgehängt und mit einem Spannungsmesser verbunden. Ein Stabmagnet wird ruckartig von ihr wegbewegt. Beschreiben und erklären Sie, was man beobachtet.

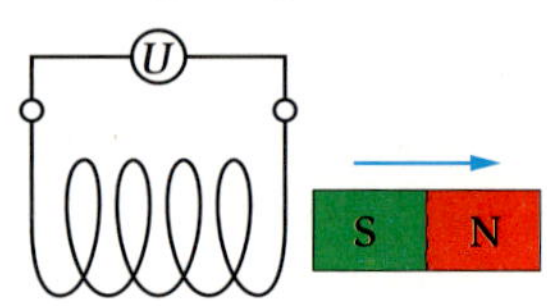

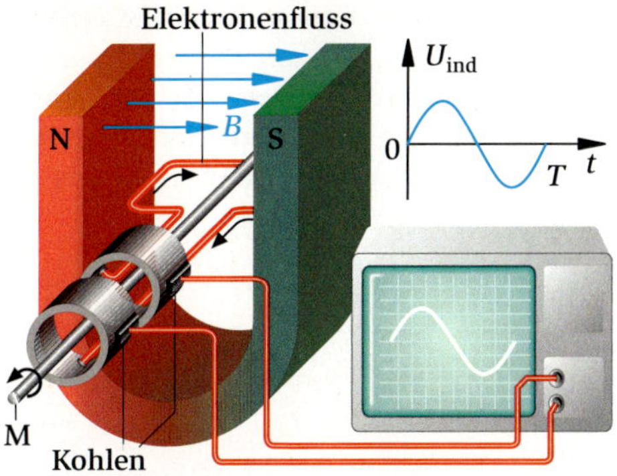

V1 Eine Leiterschleife rotiert gleichförmig um eine ihrer Flächenachsen M, die senkrecht zu den Feldlinien eines Hufeisenmagneten steht. Die dabei induzierte Spannung U_{ind} wird zwei mitrotierenden Schleifringen zugeführt. Zwei Graphitstäbe („Kohlen" genannt) nehmen die Spannung ab und leiten sie zu einem Oszilloskop weiter.

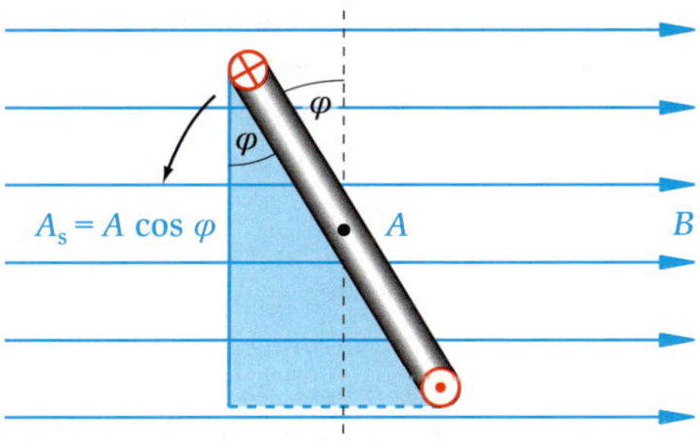

B1 Eine Leiterschleife mit der Fläche A umfasst ein Feldlinienbündel der Querschnittsfläche $A_0 = A \cos \varphi$. Zwei kleine Kreise deuten die für die Induktion wichtigen Drahtstücke parallel zur Drehachse an.

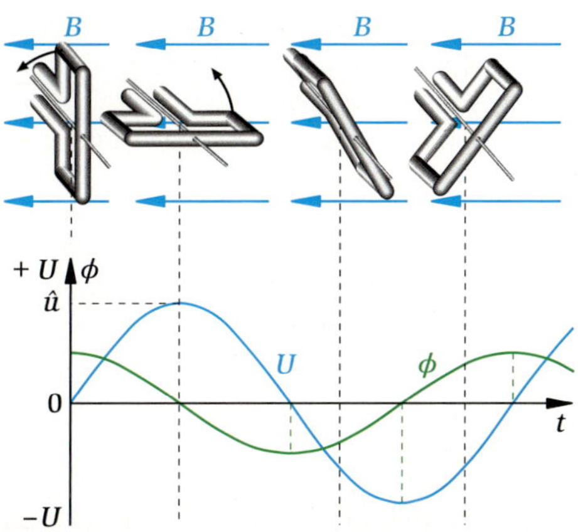

B2 Oben: Lage der Spule in Bezug zu den B-Feldlinien. Unten: Entsprechend zur jeweiligen Lage der Spule ist der magnetische Fluss und die induzierte Spannung gezeichnet.

1. Erzeugung sinusförmiger Wechselspannung

An einer Steckdose messen wir eine sinusförmige Wechselspannung. Wir können in einem Versuch zeigen, wie sie erzeugt werden kann.

Die zur Induktion einer sinusförmigen Wechselspannung nötige periodische Änderungsrate $\dot{\Phi}(t)$ des magnetischen Flusses realisieren wir, indem wir eine Leiterschleife in einem homogenen Magnetfeld mit konstanter Flussdichte B drehen **→ V1**. Das angeschlossene Oszilloskop zeigt eine sinusförmige Wechselspannung an.

Für diese sinusförmige Wechselspannung leiten wir jetzt mit $U_{ind} = -\dot{\Phi}(t)$ eine Gleichung her. Der sich zeitlich ändernde magnetische Fluss durch die Leiterschleife ist (da B konstant):

$$\Phi(t) = B A_s(t) = B A \cos \varphi(t), \qquad (1)$$

wobei der Winkel φ im Bogenmaß angegeben wird **→ B1**.

Um $\Phi(t)$ berechnen zu können, benötigen wir $\varphi(t)$. Die rotierende Leiterschleife überstreicht in der Zeit t den Winkel φ gleichmäßig, so dass $\varphi \sim t$ ist. Bei einem Umlauf mit der Dauer T wird der Winkel $\varphi = 2\pi$ überstrichen, wenn wir φ im Bogenmaß messen.

Damit ergibt sich $\varphi/t = 2\pi/T$. Mit dieser **Winkelgeschwindigkeit** $\omega = 2\pi/T$ folgt für den sogenannten **Phasenwinkel**:

$$\varphi(t) = \omega t = \frac{2\pi}{T} \cdot t. \qquad (2)$$

Mit (1) und (2) ergibt sich für den magnetischen Fluss

$$\Phi(t) = B A \cos(\omega t).$$

Die Änderungsrate $\dot{\Phi}(t)$ des Flusses erhalten wir durch Ableiten von $\cos(\omega t)$ nach der Zeit. Mit der Kettenregel folgt

$$\dot{\Phi} = B A [\cos(\omega t)]^{\cdot} = -B A \omega \sin(\omega t).$$

Damit erhalten wir für die in der Leiterschleife induzierte Spannung

$$U_{ind}(t) = -\dot{\Phi}(t) = B A \omega \sin(\omega t).$$

Nimmt man eine Spule mit n Windungen statt einer Leiterschleife, so wird die induzierte Spannung n-mal so groß, weil in jeder Windung eine Spannung induziert wird. Diese Spannungen sind in Reihe geschaltet und addieren sich deshalb. Für die induzierte Spannung ergibt sich damit:

$$U_{ind}(t) = n B A \omega \sin(\omega t).$$

Der größte Wert, den die induzierte Wechselspannung $U(t)$ annehmen kann, ist die sogenannte **Scheitelspannung** $\hat{U} = n B A \omega$.

Die Spannung U_{ind} ist jeweils maximal, wenn die Änderungsrate des magnetischen Flusses $\dot{\Phi}$ maximal ist. Die Spule steht dann parallel zu den B-Feldlinien **→ B2**, der Fluss Φ ist also null! Es kommt ja nicht auf ihn an, sondern auf seine Änderungsrate.

Die Spannung U_{ind} ist *null*, wenn die Änderungsrate $\dot{\Phi}$ des Flusses null ist. Die Spule steht dann senkrecht zu den B-Feldlinien und der Fluss Φ ist maximal.

2. Das Zeigerdiagramm, ein wirkungsvolles Hilfsmittel

Die Wechselspannung einer rotierenden Leiterschleife ergibt eine Sinuskurve mit der Amplitude (Scheitelwert) $\hat{U}$ **→ B2**. Sinuswerte mit Maximalwert 1 kann man als Hochwerte am „Einheitskreis" ablesen **→ B3**. Dies erlaubt auf einfache Weise, eine Sinuskurve zu konstruieren.

Zu diesem Zweck zeichnen wir bei einer sinusförmigen Spannung $U(t)$ mit Scheitelwert $\hat{U}$ einen Kreis. Sein Radius entspricht der Maßzahl der Scheitelspannung $\hat{U}$. Im Kreis soll ein **Zeiger** der Länge $\hat{U}$ gegen den Uhrzeigersinn (im mathematisch positiven Sinn) mit der konstanten Winkelgeschwindigkeit ω rotieren.

Der Zeiger wird dann auf die vertikale Achse des t-U-Diagramms projiziert. Diese Zeiger-Projektion gibt beim Phasenwinkel φ zwischen dem Zeiger und der Horizontalen die jeweilige Spannung $U(t) = \hat{U}\sin(\omega t)$ zum Zeitpunkt $t = \varphi/\omega$ an. Bei $t = 0$ ist auch $\varphi = 0$. Auf diese Weise kann die Sinuslinie punktweise konstruiert werden. *Alle Informationen über die Sinuslinie sind schon im rotierenden Zeiger enthalten!*

Merksatz

Rotiert eine Spule mit n Windungen und der Querschnittsfläche A in einem homogenen Magnetfeld der Flussdichte B, so entsteht eine sinusförmige Wechselspannung. Startet man bei $t = 0$ mit $\varphi = 0$, so ergibt sich

$$U(t) = \hat{U}\sin(\omega t)$$

mit der Winkelgeschwindigkeit $\omega = 2\pi/T$
und der Scheitelspannung $\hat{U} = nBA\omega$.

Bei technischen Beispielen wird meist, im Folgenden immer, der Begriff Frequenz $f = 1/T$ verwendet, wobei $\omega = 2\pi f$ ist.

Ein Beispiel für die Erzeugung von Wechselspannung ist die Fahrradlichtmaschine (fälschlich „Dynamo"). Auch bei ihr kommt es auf die periodische Änderung von B an. Nur lässt man hier die Induktionsspule ruhen und das Magnetfeld dreht sich. Dazu rotiert ein zylindrischer, mehrpoliger Dauermagnet innerhalb einer Induktionsspule (Innenpolmaschine). Es entsteht eine periodische, aber nicht sinusförmige Wechselspannung. Die Spannungserzeugung in einem Elektrizitätswerk funktioniert nach dem gleichen Prinzip.

A1 Erläutern Sie, wie sich in **→ V1** die Wechselspannung ändert, wenn man **a)** die Flussdichte B verdoppelt, **b)** die Winkelgeschwindigkeit ω halbiert, **c)** zugleich B verdoppelt und ω halbiert. **d)** Erklären Sie, warum die Leiterteile, die in **→ B2** parallel zur Zeichenebene liegen, nichts zur Spannung beitragen.

A2 Erläutern Sie anhand einer Skizze, bei welchen Stellungen der rotierenden Leiterschleife in **→ V1** $U_{ind}(t)$ den Wert null hat bzw. den Scheitelwert erreicht.

A3 Zum Zeitpunkt $t = 0$ verläuft die Spannung $U(t)$ mit dem Scheitelwert $\hat{U} = 10$ V von negativen zu positiven Werten durch null. **a)** Berechnen Sie die Spannung U bei einer Frequenz von $f = 50$ Hz nach 1/600 s, nach 1/200 s, nach 1/4 s, nach 2 s. **b)** Berechnen Sie die ersten beiden Zeitpunkte, in denen U die Werte + 8 V bzw. − 8 V hat.

A4 Eine Wechselspannung ist durch folgende Daten bestimmt: Für $t = 0$ sei $\varphi(0) = \pi/2$, $\hat{U} = 5$ V, $f = 50$ Hz. Zeichnen Sie mithilfe eines Zeigerdiagramms durch Projektion auf die U-Achse den zeitlichen Verlauf der Wechselspannung für zwei Perioden **→ B3**.

A5 Die Wechselspannung für Haushalte hat als Normwerte die Scheitelspannung 325,3 V und die Frequenz 50 Hz. Um die Mittagszeit sinke bei einer starken Leistungsentnahme aus dem Elektrizitätsnetz die Generatorfrequenz etwas und die Scheitelspannung betrage nur noch 325 V. **a)** Berechnen Sie, auf welchen Wert die Frequenz am Generator sinkt (Leistungsverluste vernachlässigt). **b)** Diskutieren Sie, ob man diese niedrigere Frequenz während des Betriebs von Elektrogeräten im Haushalt bemerken würde.

A6 In Formelsammlungen finden Sie die Gleichung $U_{ind}(t) = 2nBdv\sin(\omega t)$. Leiten Sie die Gleichung her.

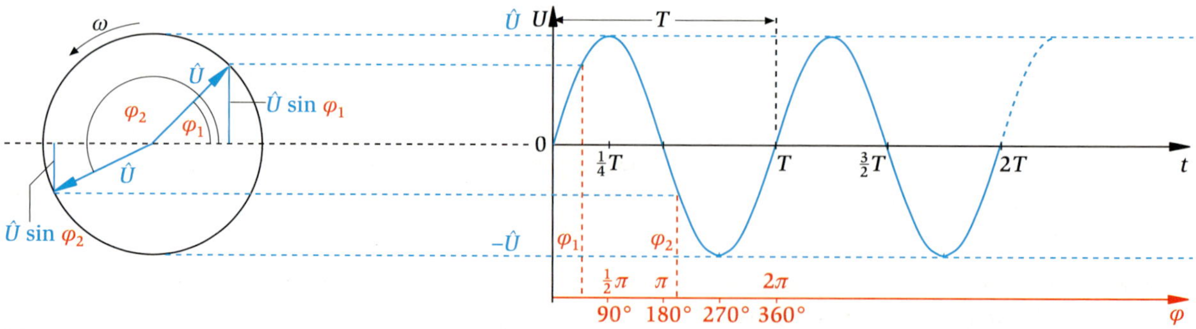

B3 Zeigerdiagramm: Rotiert ein *Zeiger* der Länge $\hat{U}$, so erhält man durch seine Projektion auf die U-Achse eine Sinuslinie.

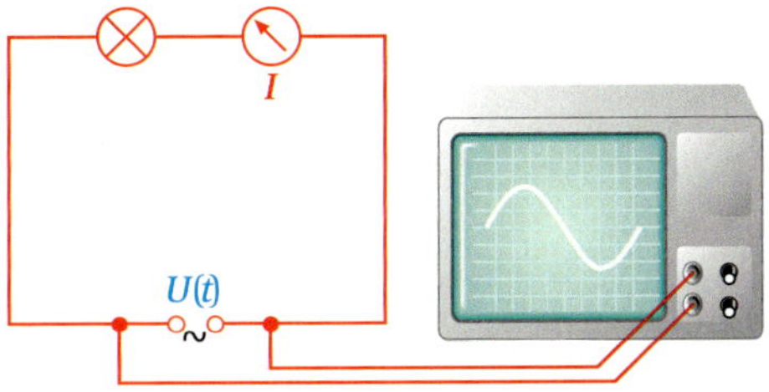

V1 Ein Lämpchen (3,8 V/0,07 A) und ein Strommesser geringer Trägheit liegen an einer Sinusspannung der Frequenz $f \approx 0{,}1$ Hz und dem Scheitelwert $\hat{U} = 4$ V.

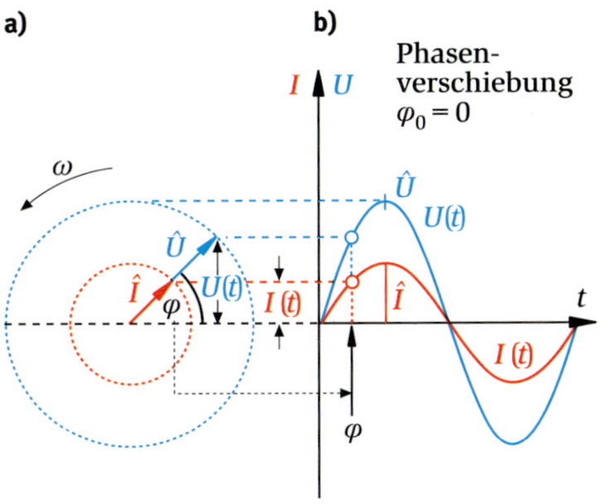

B1 **a)** Zeigerdiagramm bei sinusförmiger Wechselspannung $U(t)$ am ohmschen Widerstand R; **b)** Konstruktion des $U(t)$- und $I(t)$-Diagramms mithilfe des Zeigerdiagramms durch Projektion der beiden Zeiger auf die vertikale Achse des Diagramms.

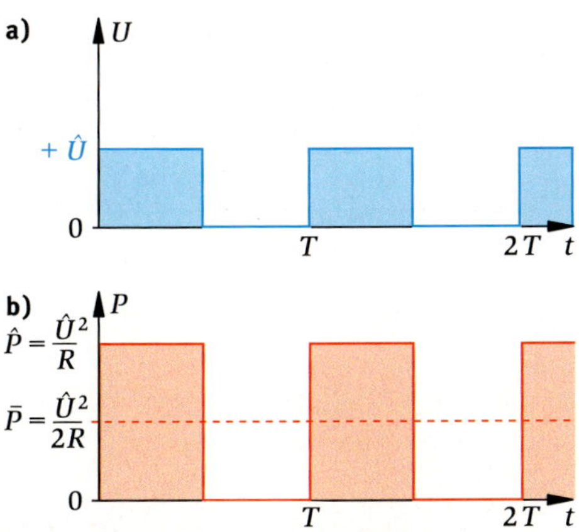

B2 **a)** Pulsierende Gleichspannung $U(t)$; **b)** zugehörige, momentane Leistung $P(t) = U^2(t)/R$ bei einem ohmschen Widerstand: $\hat{P}$ ist der Scheitelwert, $\overline{P}$ die mittlere Leistung. Für die Periodendauer T ist der Flächeninhalt unter der t-P-Kurve genauso groß wie unter der gestrichelten t-$\overline{P}$-Geraden.

3. Ohmscher Widerstand bei Wechselspannung

Bei Gleichspannung bewegen sich die Elektronen im Stromkreis vom Minuspol zum Pluspol. Wie verhalten sie sich bei Wechselspannung, wenn die Polarität der Spannungsquelle ständig wechselt? Zur Untersuchung dieser Frage schließen wir an eine Sinusspannung niedriger Frequenz ein Lämpchen und einen Strommesser in Reihe **→ V1**. Das Oszilloskopbild (auch Oszillogramm genannt) zeigt den zeitlichen Verlauf der Spannung $U(t)$, der Strommesser die momentane Stromstärke $I(t)$. Elektrische Spannung und Stromstärke erreichen gleichzeitig null und auch gleichzeitig ihre Maximalwerte $\hat{U}$ und $\hat{I}$. Man sagt, Spannung und Stromstärke sind „in Phase".

Die Bewegung der Elektronen passt sich im ohmschen Widerstand R auch bei hoher Frequenz ohne merkliche Verzögerung der jeweiligen Spannung und damit dem elektrischen Feld im Leiter an. In **→ V1** ist $I(t) = 0$ wenn $U(t) = 0$. Die Trägheit der Elektronen spielt nämlich keine Rolle, auch nicht bei der Induktion. Stets geben die Elektronen ihre winzige kinetische Energie fast momentan (in 10^{-12} s) durch Stöße an die Atome ab, wenn Spannung und Feldstärke auf null sinken (Ausnahme Supraleiter).
Ein Zeigerdiagramm **→ B1** liefert den zeitlichen Verlauf der sinusförmigen Wechselspannung $U(t)$ und der Stromstärke $I(t)$. Da U und I in Phase sind, liegt der $\hat{I}$-Zeiger mit der Zeigerlänge I_{max} auf dem $\hat{U}$-Zeiger und rotiert mit diesem mit der gleichen Winkelgeschwindigkeit ω gegen den Uhrzeigersinn. Das $U(t)$- und das $I(t)$-Diagramm und damit die Momentanwerte erhalten wir durch die Projektion des jeweiligen Zeigers auf die vertikale Achse des Diagramms.

4. Umgesetzte Leistung bei Wechselstrom

In einem Stromkreis interessiert, welche Energie bzw. Leistung die Quelle an die „Verbraucher" abgibt. Im Gleichstromkreis beträgt die konstante Leistung $P = UI$. Bei Wechselspannung zeigt das rhythmische Aufleuchten des Lämpchens **→ V1**, dass die abgegebene Energie zeitlich nicht konstant ist. Erhöhen wir die Frequenz f bei konstantem Scheitelwert $\hat{U}$, so sehen wir das Flackern des Lämpchens wegen seiner thermischen Trägheit nicht mehr.

Jetzt stellen wir neben das Wechselstrom führende Lämpchen ein zweites Lämpchen gleicher Bauart, das mit einer Gleichspannung U_{eff} betrieben wird, so dass beide Lämpchen gleich hell leuchten. Die Gleichspannungsquelle mit U_{eff} und die Wechselspannungsquelle mit Scheitelwert $\hat{U}$ geben im Lämpchen mit dem ohmschen Widerstand R im Zeitmittel gleich viel Energie ab. Man nennt dann U_{eff} den **Effektivwert** der Wechselspannung. Er ist kleiner als der Scheitelwert. Entsprechend gilt für den Effektivwert der Stromstärke bei einem Ohmschen Widerstand $I_{eff} = U_{eff}/R$.

Merksatz

Der Effektivwert U_{eff} einer periodischen Wechselspannung $U(t)$ gibt diejenige Gleichspannung an, die im selben ohmschen Widerstand die gleiche Leistung abgibt wie die Wechselspannung während einer Periode im Zeitmittel. Für den Effektivwert der Stromstärke gilt

$$I_{eff} = U_{eff}/R.$$

5. Wie effektiv ist Wechselspannung?

Ein Lämpchen spricht auf die Leistung $P = UI$ an. Die von einem Lämpchen aufgenommene Leistung $P = UI$ ändert sich bei Wechselstrom zeitlich ständig. Wir betrachten deshalb die Momentanleistung $P(t) = U(t)\,I(t)$. Beim ohmschen Widerstand R gilt $I(t) = U(t)/R$, also $P(t) = U^2(t)/R$. Dieser Term wird wegen $U^2(t)$ nie negativ. Ermitteln wir zunächst den Effektivwert U_{eff} der nach → B2 pulsierenden Gleichspannung. Dazu ermitteln wir die während einer Periode an den Widerstand abgegebene Energie W:

$$W = \int_0^T P(t)\,\mathrm{d}t = \frac{1}{2}\hat{P}T.$$

Die mittlere Leistung $\overline{P} = \overline{W}/T = \hat{P}/2 = \hat{U}^2/(2R)$ setzen wir gleich der konstanten Leistung U_{eff}^2/R der gesuchten Gleichspannung U_{eff}. Es gilt

$$\overline{P} = U_{eff}^2/R = \hat{U}^2/(2R), \text{ also } U_{eff} = \hat{U}/\sqrt{2}.$$

Mitteilung: Bei *sinusförmiger* Wechselspannung zeigt eine Rechnung, dass dort ebenfalls gilt $U_{eff} = \hat{U}/\sqrt{2}$. Die Netzspannung beträgt $U_{eff} = 230$ V, ihr Scheitelwert also $\hat{U} = \sqrt{2} \cdot 230\text{ V} = 325$ V.

Beispiel **Effektivwert berechnen**

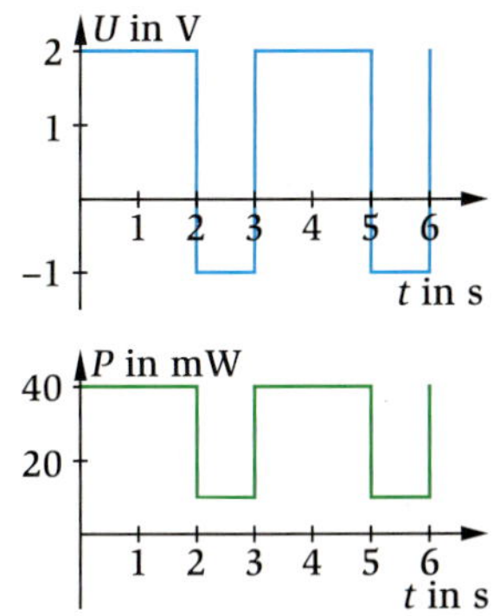

Gesucht wird U_{eff} für die nebenstehende Spannung, die an $R = 100\ \Omega$ anliegt. Ist $\overline{P}$ die mittlere Leistung während einer Periodendauer, so ist wegen $\overline{P} = U_{eff}^2/R$ stets $U_{eff} = \sqrt{R \cdot \overline{P}}$.
Für eine Periodendauer $0\text{ s} < t < 3\text{ s}$ berechnen wir $\overline{P}$ aus den in beiden Teilintervallen umgesetzten Energien W_1 und W_2: $\overline{P} = (W_1 + W_2)/(3\text{ s})$. Für diese Energien $W = Pt = UIt = U^2/R \cdot t$ ergibt sich

- für $0\text{ s} < t < 2\text{ s}$: $W_1 = (2\text{ V})^2/100\ \Omega \cdot 2\text{ s} = 0{,}08$ J,
- für $2\text{ s} < t < 3\text{ s}$: $W_2 = (-1\text{ V})^2/100\ \Omega \cdot 1\text{ s} = 0{,}01$ J.

Für die ganze Periode von 3 s ist damit $\overline{P} = 0{,}09\text{ J}/3\text{ s} = 0{,}03$ W. Diesen Wert können wir auch dem *t*-*P*-Diagramm entnehmen. Es folgt $U_{eff} = \sqrt{R \cdot \overline{P}} = \sqrt{100\ \Omega \cdot 0{,}03\text{ W}} = \sqrt{3}$ V.

Vertiefung

Der Wechselstromgenerator

Große Generatoren in Elektrizitätswerken funktionieren nach dem Prinzip des Innenpolgenerators. Im Innern wird ein Elektromagnet (Rotor) von einem Gleichstromgenerator über Schleifkontakte bei geringer Spannung mit Gleichstrom versorgt und von einer Dampfturbine in Drehung versetzt. Auf der Außenseite (Ständer) sind ruhende Induktionsspulen angebracht, in denen Wechselspannungen von über 20 000 Volt und Stromstärken bis 100 000 A erzeugt werden. Es wäre unmöglich, über Schleifkontakte so hohe Leistungen abzugreifen. Die Kraftwerksgeneratoren der öffentlichen Stromversorgung sind so gebaut, dass sie nicht nur einen einzigen, sondern drei Wechselströme zugleich erzeugen. Der Rotor bewegt sich bei jeder vollen Drehung an drei unabhängigen Spulen vorbei.

Windenergieanlagen

Bei Wind trifft Luft auf die Rotorblätter und gibt einen Teil ihrer Bewegungsenergie an das Windrad ab. Der mit dem Windrad verbundene Generator wandelt sie in elektrische Energie. Die auf dem Turm drehbare Gondel wird durch einen Motor (Azimutmotor) im Wind ausgerichtet. Zusätzlich können die Rotorblätter durch Blattverstellmotoren verstellt werden, sodass sie je nach Windgeschwindigkeit den besten Winkel zum Wind haben (pitch-Steuerung). Auch kann dadurch die aufgenommene Leistung und die Belastung der Anlage begrenzt werden, da die im Wind enthaltene Leistung mit der dritten Potenz der Windgeschwindigkeit ansteigt. Moderne Windenergieanlagen besitzen zudem einen Umrichter mit Gleichstrom- bzw. Gleichspannungszwischenkreis, der die Motordrehzahl von der Netzfrequenz entkoppelt. So kann die Anlage immer bei der optimalen Drehzahl betrieben werden, die Einspeisung übernimmt der Umrichter.

1 Maschinenträger
2 Azimutmotoren
3 Ringgenerator
4 Blattadapter
5 Rotornabe
6 Rotorblatt

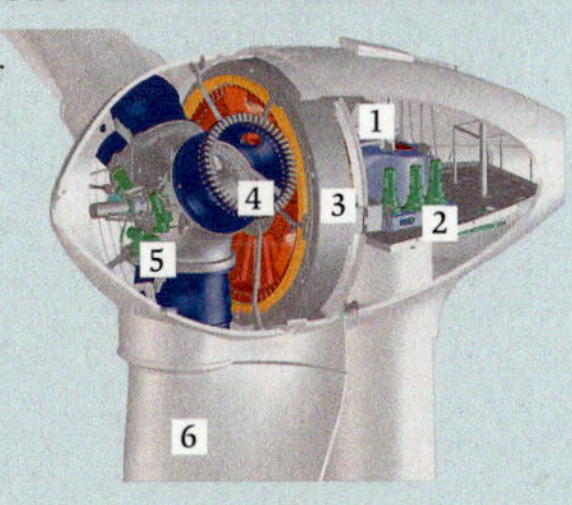

Der Transformator

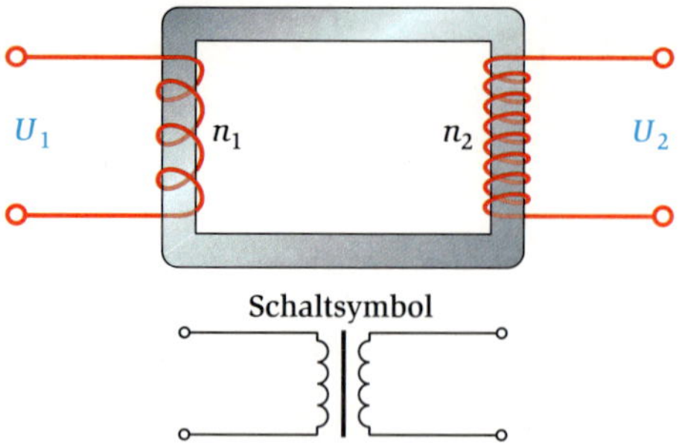

B1 Aufbau eines Transformators

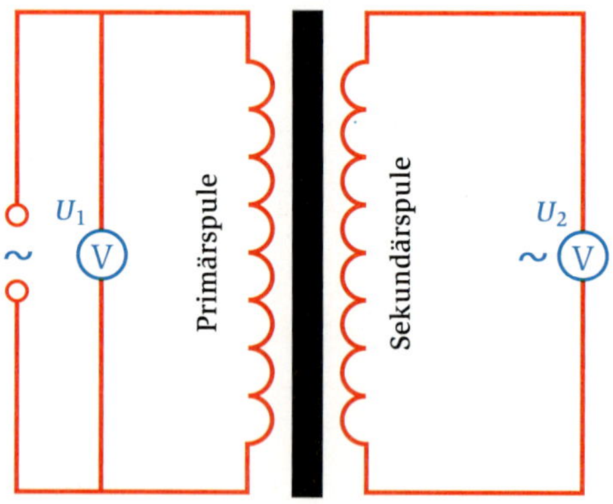

V1 Wir legen eine Wechselspannung an die Primärspule. An der Sekundärspule entsteht auch eine Wechselspannung.

V2 Wir wählen nun für die Primär- und die Sekundärspule gleiche Windungszahlen. Die induzierte Sekundärspannung ist nun stets genauso groß wie die Primärspannung.

V3 Die Primärspule hat $n_1 = 150$ Windungen. Auf der Sekundärseite werden zwei Spulen mit je 150 Windungen in Reihe geschaltet (also $n_2 = 2 \cdot n_1$). Jetzt messen wir $U_2 \approx 2 \cdot U_1$.

V4 Wir bauen Transformatoren mit Spulen unterschiedlicher Windungsverhältnisse. Stets gilt: $U_2 : U_1 \approx n_2 : n_1$. ($U_1 \leq 6$ V!)

n_1	1000	1000	250	500
n_2	1000	500	1000	250
U_1 in V	4	4	6	6
U_2 in V	3,9	2	23	2,9
$n_2 : n_1$	1	0,5	4	0,5
$U_2 : U_1$	0,98	0,5	3,83	0,48

Elektrische Energie kommt meist von Großkraftwerken. Von dort muss sie mithilfe eines langen Leitungsnetzes bis zum Endverbraucher übertragen werden. Dies geschieht bei sehr hohen Spannungen von bis zu 380 kV. An unseren Steckdosen haben wir aber nur eine Spannung von 230 V.

Die Veränderung der Spannung erfolgt mit einem sogenannten Transformator (oder kurz Trafo). Wir werden uns zunächst damit beschäftigen, wie ein Transformator aufgebaut ist und wie er funktioniert. Anschließend untersuchen wir die Gründe für die Übertragung der elektrischen Energie bei sehr hoher Spannung.

1. Zwei Spulen – ein Transformator

Ein Transformator besteht aus zwei Spulen, die einen gemeinsamen geschlossenen Eisenkern haben **→ B1**. An eine der Spulen (Primärspule) legt man eine Wechselspannung an. **→ V1** zeigt, dass man dann an der anderen Spule (Sekundärspule) eine Wechselspannung abgreifen kann. Dies ist möglich, obwohl zwischen den beiden Spulen keine elektrische Verbindung besteht!

Die Wechselspannung im Primärkreis bewirkt einen Wechselstrom. Dieser wiederum erzeugt ein Magnetfeld, das sich im Rhythmus des Wechselstroms auf- und abbaut. Der gemeinsame Eisenkern sorgt dafür, dass die Magnetfeldänderung auf die Sekundärspule übertragen wird. Dort wird daher eine Wechselspannung induziert.

2. Windungszahlen bestimmen die Sekundärspannung

Haben beide Spulen die gleiche Windungszahl, dann ist die induzierte Sekundärspannung genauso groß wie die Primärspannung **→ V2**.

Schaltet man zwei solcher Spulen in Reihe **→ V3**, so addieren sich die beiden Einzelspannungen zur doppelten Sekundärspannung, denn bei der Reihenschaltung von Spannungsquellen gilt $U = U_1 + U_2$. Offenbar herrscht zwischen den Enden jeder einzelnen Windung aller Spulen stets eine gleich große Spannung. Diese addieren sich in der Sekundärspule zur Sekundärspannung.

Damit lässt sich das Ergebnis von **→ V4** erklären: Die Spannungen an Sekundär- und Primärspule verhalten sich wie die Windungszahlen der Spulen. Das kann bei Kleintransformatoren genutzt werden, indem auf der Sekundärspule mehrere Spannungen gleichzeitig je nach Windungszahl abgegriffen werden können.

Merksatz

Wechselspannungen kann man mit einem Transformator verändern. Die Spannungen am Trafo verhalten sich wie die Windungszahlen der Spulen:

$$\frac{U_2}{U_1} \approx \frac{n_2}{n_1}$$

3. Gewünschte Leistung bestimmt die Stromstärke

An die Sekundärspule wird nun ein Lämpchen angeschlossen. Wir gehen davon aus, dass bei der Übertragung von der Primär- zur Sekundärspule fast keine Verluste an elektrischer Energie entstehen. Das heißt, dass die Leistungen auf Primär- und Sekundärseite nahezu gleich sind: $P_1 \approx P_2$.

Im Sekundärkreis wird die Leistung $P_2 = U_2 \cdot I_2$ entnommen. Im Primärkreis muss die passende Stromstärke diese Leistung liefern: $P_1 = U_1 \cdot I_1$. Aus $U_1 \cdot I_1 = U_2 \cdot I_2$ folgt $U_1 : U_2 = I_2 : I_1$. Da aber gilt $U_1 : U_2 = n_1 : n_2$, bedeutet dies für das Verhältnis der Stromstärken: $I_2 : I_1 \approx n_1 : n_2$.

→ V5 bestätigt diese Überlegung.

Merksatz

Die Leistung bleibt beim Transformator nahezu erhalten:

$$P_1 \approx P_2.$$

Die Stromstärken in Sekundär- und Primärkreis verhalten sich umgekehrt wie die Windungszahlen der Spulen:

$$\frac{I_2}{I_1} \approx \frac{n_1}{n_2}.$$

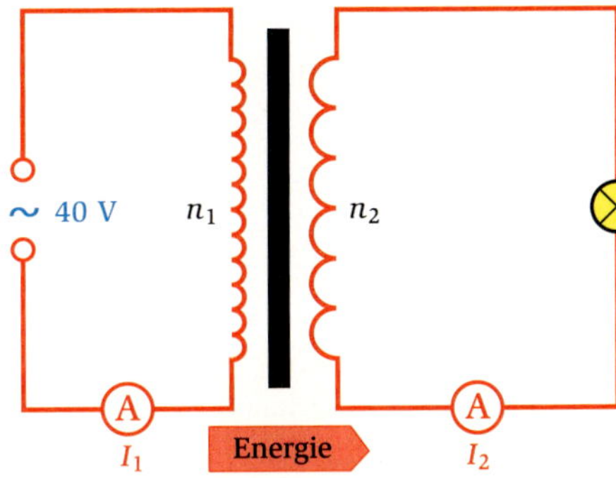

V5 (Lehrerversuch!) Stromstärkemessung am Trafo mit $n_1 = 1000$ und $n_2 = 100$. Da das Windungsverhältnis 10 : 1 beträgt, wird die Primärspannung $U_1 = 40$ V auf $U_2 = 4$ V verringert.
Schließt man den Schalter, so leuchtet das Lämpchen (Aufschrift „4 V; 0,07 A") sofort hell auf. Die Stromstärken in Primär- und Sekundärkreis betragen nun $I_1 = 0{,}0073$ A und $I_2 = 0{,}07$ A. Für die Leistungen in Primär- und Sekundärkreis gilt also:

$$P_1 = 40\text{ V} \cdot 0{,}0073\text{ A} = 0{,}292\ \Omega,$$
$$P_2 = 4\text{ V} \cdot 0{,}07\text{ A} = 0{,}28\ \Omega.$$

Es ist gelungen, die Energie fast verlustfrei zu übertragen.

4. Hohe Spannung oder großer Strom!

→ B2 zeigt den Modellversuch eines **Hochspannungstransformators**. Das Windungsverhältnis beträgt $n_1 : n_2 = 1:46$, sodass bei einer Primärspannung von 230 V auf der Sekundärseite die Spannung auf über 10 000 V steigt. Bei dieser Spannung wird die Luft zwischen den Elektroden leitend: Leuchtend steigt ein Strom führender Lichtbogen nach oben.
Mithilfe von Transformatoren können aus kleinen Spannungen sehr gefährliche Hochspannungen entstehen. **Transformator-Experimente sind gefährlich!**

Beim Modellversuch eines Hochstromtransformators in **→ B3** ist das Windungszahlverhältnis $n_1 : n_2 = 100:1$, sodass der Sekundärstrom etwa 100-mal größer als der Primärstrom sein kann:
Der dicke, glühende Nagel hat etwa einen Widerstand von $R = 0{,}01\ \Omega$. Mit $U_1 = 230$ V wird $U_2 = U_1 \cdot n_2/n_1 = 230\text{ V} \cdot 0{,}01 \approx 2$ V. Also ist $I_2 = U_2/R \approx 200$ A! Der Primärstrom dagegen beträgt nur etwa 2 A.

Anwendung findet dieser Trafo etwa beim elektrischen Schweißen. Hier wird durch eine sehr große Stromstärke das Metall so stark erhitzt, dass an Punktstellen die Schmelztemperatur überschritten wird.

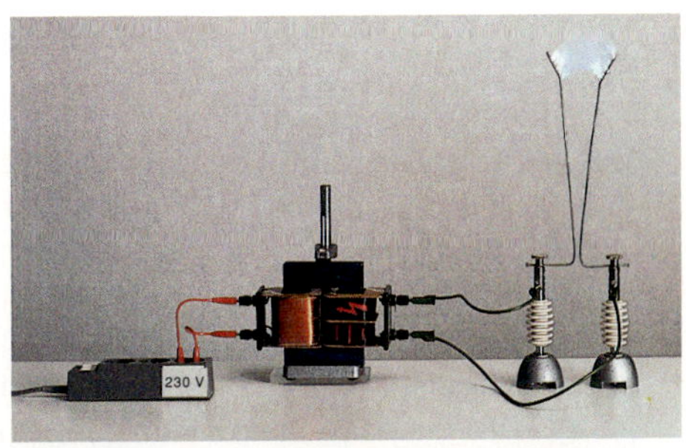

B2 Trafo mit $n_1 = 500$ und $n_2 = 23\,000$

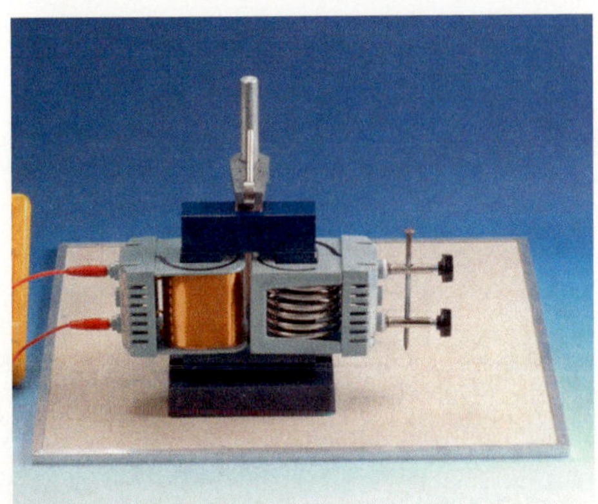

B3 Trafo mit $n_1 = 600$ und $n_2 = 6$

A1 Die Netzspannung soll von 230 V auf 46 V mithilfe eines Trafos verringert werden. Eine Spule mit 1000 Windungen steht zur Verfügung. Welche Windungszahl muss die zweite Spule haben?

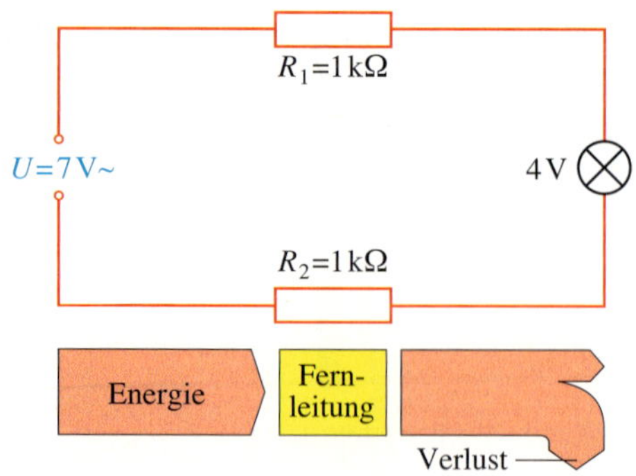

V1 Modellhafte Fernleitung: Eine Wechselspannung von 7 V wird über eine „Fernleitung" an ein Lämpchen für 4 V und 0,07 A gelegt (die zwei Widerstände ersetzen eine kilometerlange Zuleitung). Das Lämpchen leuchtet nicht.

V2 Diesmal wird das gleiche Lämpchen über eine Hochspannungsleitung (→ **B1**) an die gleiche Spannungsquelle gelegt. Das Lämpchen leuchtet hell auf.

Beispiel **Kostenrechnung**

a) Fernübertragung mit 230 V: Die Leistung P = 460 MW eines E-Werks soll mit höchstens 10 % Verlust, also $P_L \leq 46 \cdot 10^6$ Ω, übertragen werden.
Für die Stromstärke gilt:

$$I = P/U = 460 \cdot 10^6 \, \Omega/230 \text{ V} = 2 \cdot 10^6 \text{ A}.$$

Der Leitungswiderstand darf dann höchstens den Wert $R_L = P_L/I_2 = 46 \cdot 10^6 \, \Omega/(2 \cdot 10^6 \text{ A})^2 \approx 10^{-5} \, \Omega$ haben.
Für einen Draht gilt: R_L ist proportional zu seiner Länge und umgekehrt proportional zu seiner Querschnittsfläche. Ein Kupfer„draht" für eine 100 km lange Doppelleitung mit $R_L = 10^{-5} \, \Omega$ müsste dann eine Querschnittsfläche von 340 m² (!!) haben – unbezahlbar.

b) Fernübertragung mit 230 000 V:
Es gilt: $I = P/U = 460 \cdot 10^6 \, \Omega/230\,000 \text{ V} = 2 \cdot 10^3$ A. R_L darf dann sogar ca. 10 Ω betragen. Daraus ergibt sich ein Leitungsquerschnitt von nur 3,4 cm² – bezahlbar.

5. Übertragung elektrischer Energie – möglichst sparsam

Der größte Teil der elektrischen Energie wird in Großkraftwerken erzeugt. Von dort muss sie durch ein langes Leitungsnetz bis zum Endverbraucher übertragen werden. Eine lange Leitung hat aber einen großen Widerstand ($R \sim I$). Dadurch wird der Strom so klein, dass eine angeschlossene Lampe nicht mehr leuchtet (→ **V1**). Erst bei sehr viel höherer Spannung wäre der Strom für die Lampe wieder groß genug. Leider würde aber der größte Teil der aufgewandten Energie in der Leitung entwertet.

In → **V2** wird die Wechselspannung zunächst mithilfe eines Transformators erhöht und nach der modellhaften Fernleitung durch einen zweiten Transformator (Vertauschung von Primär- und Sekundärspule) wieder herunter transformiert. Der Verlust ist diesmal offenbar geringer – das Lämpchen leuchtet. Wie ist das möglich, wo doch im vorigen Abschnitt deutlich wurde, dass kein Transformator völlig verlustfrei elektrische Energie überträgt?

Entscheidend für den Verlust in Leitungen ist die Stromstärke. Durch den Einsatz von Transformatoren kann sie aber bei gleicher Energieübertragung verringert werden. Am Widerstand R_L der Fernleitung fällt die Spannung $U_L = I \cdot R_L$ ab. Die von der Leitung aufgenommene Leistung ist $P_L = U_L \cdot I = I^2 \cdot R_L$. In → **V2** wird durch das Windungszahlverhältnis die Stromstärke etwa auf den 20-sten Teil verkleinert. Der gesamte Leitungsverlust ist damit nach $P_L = I^2 \cdot R_L$ sogar auf den $(20)^2$-ten Teil, also auf 1/400, gesunken. Durch den Einsatz von Transformatoren wird also die Energieentwertung in den Fernleitungen deutlich verringert.

Je größer die Hochspannung, desto günstiger erscheint der obige Effekt. Es gibt allerdings Grenzen. Bei zu großer Hochspannung entstehen an den Isolatoren der Hochspannungsmasten so genannte Kriechströme. Diese führen dann wieder zu Verlusten.

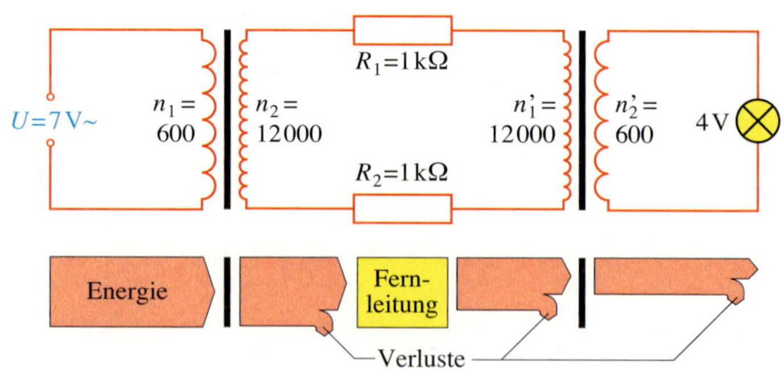

B1 Modellhafte Fernleitung mit zwei Transformatoren

A1 Die erste größere elektrische Energieübertragung wurde in Deutschland mit Gleichstrom durchgeführt. Nenne Gründe, warum man sich später wohl für Wechselstrom entschieden hat.

A2 Eine Windkraftanlage liefert insgesamt 530 kW Leistung. Der Verlust in den Leitungen soll höchstens 2 % betragen. Wie groß darf der Leitungswiderstand bei U = 230 V (10 kV) sein?

A3 Ein Generator erzeugt 10 kV und 15 MW an Leistung; die Fernleitung hat 10 Ω Wiederstand. Bei welcher Stromstärke betragen die Leitungsverluste 6 %?

Exkurs

Versorgung mit elektrischem Strom

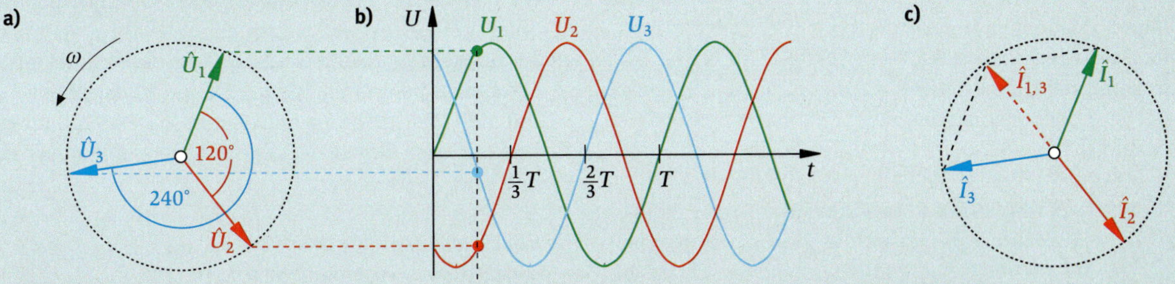

B1 $U(t)$-Diagramm und Zeigerdiagramme bei Drehstrom für gleich stark belastete Außenleiter

Eine Hochspannungsleitung hat neben dem oberen, dünnen, geerdeten Blitzschutzseil noch drei weitere, dicke Leitungsseile. Diese führen – über Trafos – an Drehstromsteckdosen zu den sogenannten drei *Außenleitern* L_1, L_2 und L_3 (auch R, S, T genannt). Untersuchen wir sie.

a) Zwischen dem jeweiligen Außenleiter und dem mit der Erde verbundenen *Neutralleiter* messen wir eine Spannung $U_{eff} = 230$ V. Unterscheiden sich die Außenleiter?

b) Schalten wir in → **V1** zwei gleiche Lampen nacheinander ein, so ist die Stromstärke I in der gemeinsamen Zuleitung zu dem mit der Erde verbundenen Neutralleiter bei zwei zugeschalteten Lampen nur so groß wie bei einer. Sie wird sogar null, wenn man eine dritte Lampe hinzu schaltet. Warum ist das so? Wie aus der Wechselstromlehre bekannt, müssen wir die Phasenverschiebungen beachten. Wir müssen Zeiger addieren; wir dürfen also auf keinen Fall Effektivwerte addieren!

c) Nach → **B1a, b** sind die drei Wechselspannungen U_1, U_2 und U_3 jeweils um $2\pi/3$ (120°) gegeneinander phasenverschoben. Die zugehörigen Stromstärken I_1, I_2 und I_3 haben bei gleichen angeschlossenen Geräten auch die Phasenverschiebung $2\pi/3$. Die Scheitelwerte der Stromstärken sind gleich groß. Wenn wir die zugehörigen Zeiger $\hat{I}_1$, $\hat{I}_2$ und $\hat{I}_3$ addieren → **B1c**, erhalten wir zu jedem Zeitpunkt als Summe null. Werden nur zwei der drei I-Zeiger addiert, so ist die Zeigerlänge der Summe so groß wie die von einem Zeiger.

In → **V1** schließen wir die Lampen in einer *Sternschaltung* an → **B2a**. Dabei liegt zwischen den Außenleitern und dem geerdeten Neutralleiter im Sternpunkt die Spannung mit dem Effektivwert 230 V. Auch im Haushalt werden normale 230 V Wechselspannungsgeräte zwischen einen Außenleiter und den Neutralleiter gelegt. Wenn man die Außenleiter bei einer Sternschaltung etwa gleichmäßig belastet, ist die Stromstärke im Neutralleiter klein, dieser lässt sich dann relativ klein dimensionieren. So ist bei Hochspannungsleitungen der Neutralleiter dünner ist als die Außenleiter. Dagegen liegt bei der *Dreieckschaltung* → **B2b** zwischen je zwei Außenleitern die Spannung 400 V.

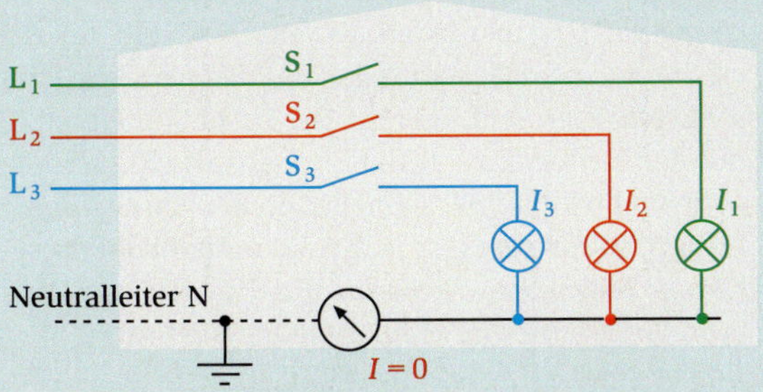

V1 Drei Stromstärken können sich zu Null addieren. Wir schließen zwischen die drei Außenleiter L_1, L_2, L_3 einer Drehstromsteckdose und dem geerdeten Neutralleiter N jeweils eine Lampe 230 V; 40 W. Nacheinander werden die Lampen hinzu geschaltet. Die Effektivstromstärke I im Neutralleiter ist bei einer bzw. zwei Lampen gleich groß. Schaltet man alle drei Lampen ein, so wird sie null, obwohl die Lampen normal leuchten.

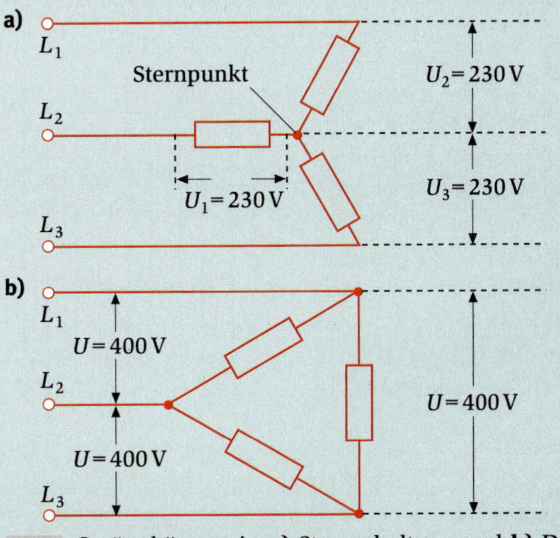

B2 Geräte können in **a)** Sternschaltung und **b)** Dreieckschaltung an die drei Außenleiter einer Drehstromquelle angeschlossen werden. Bei **a)** beträgt die Spannung 230 V, bei **b)** 400 V.

Das ist wichtig

1 Der **magnetische Fluss Φ** durch eine Fläche A ist definiert als Produkt aus der magnetischen Flussdichte B und der Querschnittsfläche A_s senkrecht zu den Feldlinien: $\Phi = B A_S$.

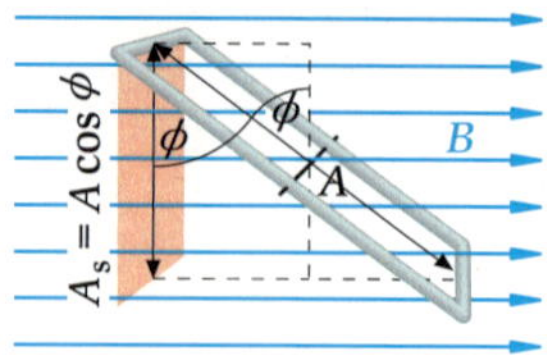

2 Es gibt zwei Sonderfälle der **Induktion**:

a) Eine *Spule* mit n Windungen wird in einem Magnetfeld mit räumlich und zeitlich konstanter Flussdichte B irgendwie *bewegt* (auch rotiert oder deformiert). Die induzierte Spannung U_{ind} hängt von der „Änderungsgeschwindigkeit“ $\Delta A_s/\Delta t$ der von den B-Feldlinien durchsetzten Fläche A_s ab. Es gilt

$$U_{ind} = n\frac{\Delta \Phi}{\Delta t} = nB\frac{\Delta A_s}{\Delta t} \text{ bzw. } U_{ind} = nB\dot{A}_s.$$

b) Eine *Spule* mit n Windungen und konstanter Fläche A_s *ruht* in einem Magnetfeld mit der Flussdichte B. *Ändert* sich B, so wird in der Spule die Spannung

$$U_{ind} = n\frac{\Delta \Phi}{\Delta t} = nA_s\frac{\Delta B}{\Delta t} \text{ bzw. } U_{ind} = nA_s\dot{B} \text{ induziert.}$$

3 **Umfassendes Induktionsgesetz:** Ändert sich der magnetische Fluss $\Phi(t) = B(t)A_S(t)$ in einer Spule mit n Windungen, so wird in der Spule die Spannung $U_{ind}(t) = -n\dot{\Phi}(t)$ induziert.

4 **Lenzsches Gesetz:** Die Spannung U_{ind} ist so gepolt, dass sie durch ihren Strom ihrer Ursache entgegenwirken kann. Das Minuszeichen im Induktionsgesetz berücksichtigt das lenzsche Gesetz bezüglich einer im Stromkreis schon wirkenden Spannung U_1.

5 Induktion durch **elektrische Wirbelfelder**: Ein sich zeitlich änderndes magnetisches Feld ($\dot{B} \neq 0$) wird von Feldlinien eines elektrischen Wirbelfelds durchsetzt und umgeben. Dessen in sich geschlossene Feldlinien haben weder Anfang noch Ende.

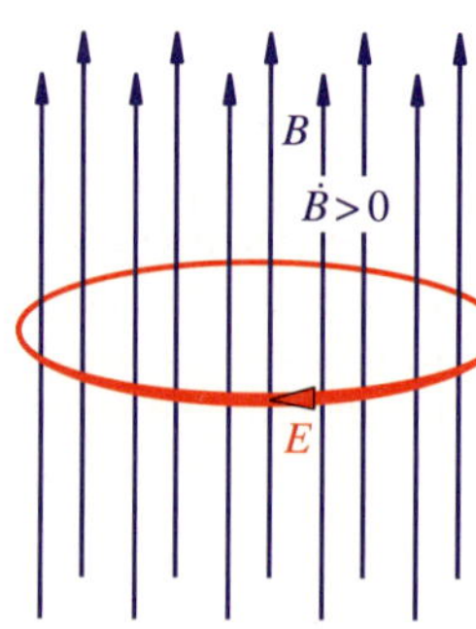

6 Rotiert eine Spule mit n Windungen und der Querschnittsfläche A gleichförmig in einem homogenen Magnetfeld der Flussdichte B um eine Flächenachse, so entsteht eine **sinusförmige Wechselspannung**. Ist bei $t = 0$ auch $U(t) = 0$, so ergibt sich $U(t) = \hat{U}\sin(\omega t)$ mit der Winkelgeschwindigkeit $\omega = 2\pi/T$ und der **Scheitelspannung** $\hat{U} = nBA\omega$.

Der **Effektivwert** U_{eff} einer Wechselspannung $U(t) = \hat{U}\sin(\omega t)$ gibt denjenigen Gleichspannungswert an, der im selben ohmschen Widerstand während einer Periode die gleiche mittlere Leistung wie die Wechselspannung abgibt. Es gilt $U_{eff} = \hat{U}/\sqrt{2}$ bei sinusförmigem Verlauf.

Im **Zeigerdiagramm** werden Wechselspannungen und Wechselströme durch Zeiger $\hat{U}$ und $\hat{I}$ dargestellt, die mit der Winkelgeschwindigkeit ω im Gegenuhrzeigersinn rotieren und meist gegeneinander phasenverschoben sind.

7 Ein **Transformator** wandelt Wechselspannungen fast ohne Energieentwertung.
Dabei verhalten sich die Spannungen wie die Windungszahlen:

$$\frac{U_2}{U_1} \approx \frac{n_2}{n_1}$$

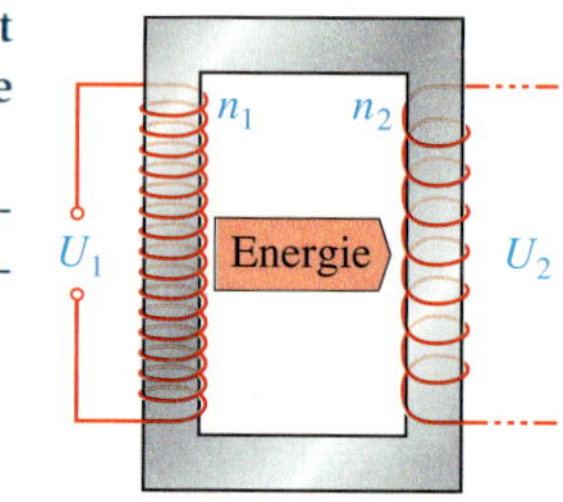

Die beim Belasten eines Transformators zusätzlich auftretenden Stromstärken I_2 und I_1 verhalten sich umgekehrt wie die Windungszahlen:

$$\frac{I_2}{I_1} \approx \frac{n_1}{n_2}.$$

Die Leistung bleibt beim Transformator nahezu erhalten: $P_1 \approx P_2$.

A1 In einer 50 cm langen Spule mit $n = 10^4$ Windungen und $I_{err} = 2{,}0$ A rotiert ein quadratischer Drahtrahmen mit 10^3 Windungen und 10 cm Seitenlänge 20-mal in 1 s um eine Flächenachse.
a) Stellen Sie die Gleichung $U(t)$ der induzierten Spannung auf. **b)** Der Rahmen ruht senkrecht zu den B-Feldlinien; I_{err} steigt nach $I_{err} = (0{,}10 \text{ As}^{-1}) \cdot t$ an. Stellen Sie jetzt die Gleichung für $U(t)$ auf. **c)** Leiten Sie die Gleichung für $U(t)$ her, wenn (a) Rotation und (b) B-Felderhöhung zugleich stattfinden und bei $t = 0$ der Rahmen senkrecht zum Feld steht. **d)** Der Drahtrahmen setze sich mit der Frequenz $f = 0{,}10 \text{ s}^{-2} \cdot t$ aus der Ruhe in Bewegung und wird immer schneller. Stellen Sie die Gleichung für $U(t)$ auf, wenn $I_{err} = 2{,}0$ A konstant bleibt.

A2 In folgendem Versuchsaufbau ist ein hochohmiger Spannungsmesser an zwei Metallschienen angeschlossen:

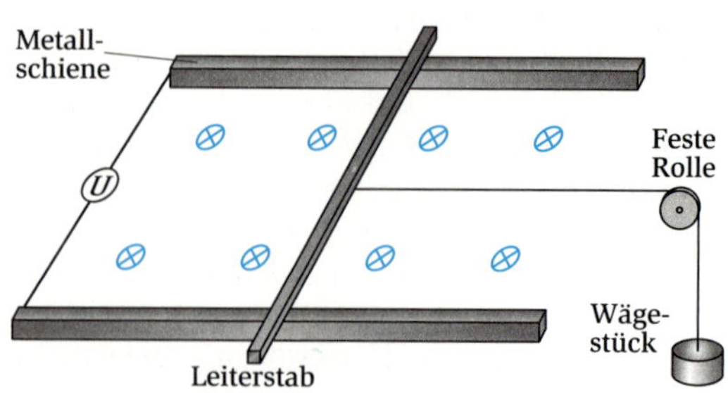

a) Erläutern Sie, weshalb eine Spannung gemessen wird. **b)** Diskutieren Sie, welche der vier abgebildeten *t*-*U*-Diagramme den zeitlichen Verlauf von *U* treffend darstellen können. Von Reibungseffekten soll abgesehen werden.

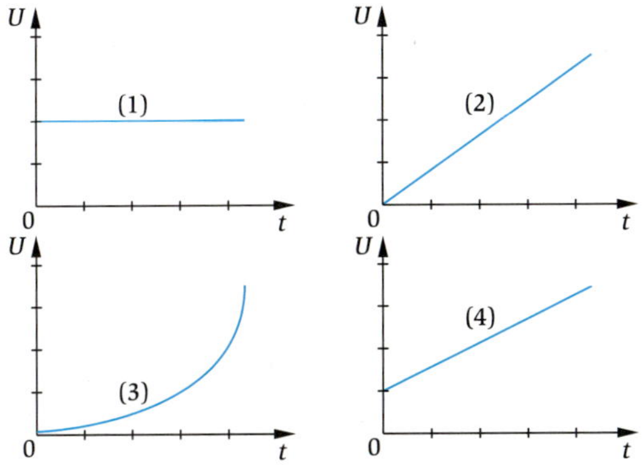

c) Jetzt wird der Spannungsmesser durch einen Strommesser mit nicht vernachlässigbarem Innenwiderstand ersetzt. Der Leiterstab startet zum Zeitpunkt $t = 0$ s aus der Ruhe. Skizzieren und erläutern Sie das *t*-*I*-Diagramm.

A3 Zwei baugleiche Spulen jeweils mit Eisenkern haben einem Abstand von 10 cm. Die Achsen der Spulen liegen auf einer Geraden. Die eine Spule ist an die Netzspannung mit 230 V angeschlossen. An die andere Spule ist ein Lämpchen mit den Daten 4 V und 0,04 A angeschlossen. Das Lämpchen leuchtet. Erklären Sie diese Beobachtung.

A4 Erläutern Sie, warum bei einem Transformator in der Sekundärspule eine Spannung gemessen werden kann, obwohl sie keine elektrisch leitende Verbindung zur Primärspule hat.

A5 Die Abbildung zeigt eine „Leiterschaukel" (ein gerades Leiterstück ist an zwei Drähten aufgehängt) zwischen den Polen eines Hufeisenmagneten. Sie wird an eine Spannungsquelle angeschlossen, der linke Draht an den Pluspol, der rechte an den Minuspol. **a)** Warum bewegt sich die Leiterschaukel, und in welche Richtung bewegt sie sich? **b)** Durch welche Änderungen im Versuch kann man die Bewegungsrichtung der Schaukel umkehren?

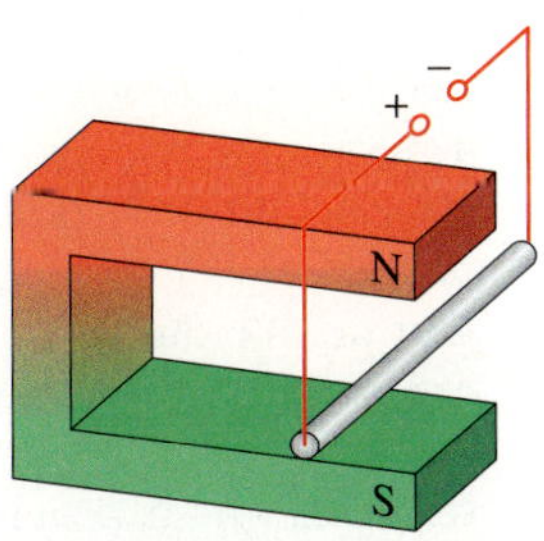

A6 Die Anschlüsse der Leiterschaukel von Aufgabe A5 sind mit einem empfindlichen Spannungsmesser verbunden. Die Leiterschaukel wird im Magnetfeld mit der Hand nach rechts bewegt. **a)** Warum zeigt das Voltmeter eine Spannung an? Wie ist sie gepolt? **b)** Die Leiterschaukel wird kurz nach rechts ausgelenkt und anschließend losgelassen – sie schwingt hin und her. Beschreibe den Zeigerausschlag des Voltmeters. **c)** Der Spannungsmesser in **b)** wird durch einen dünnen Draht ersetzt. Die Leiterschaukel wird wieder kurz angestoßen. Warum kommt die Schwingung nach kurzer Zeit zum Stillstand?

A7 Warum kann es gefährlich sein, wenn man an den Ausgang eines Spielzeugtrafos (24 V) einen zweiten Transformator mit 500 und 11 500 Windungen anschließt?

A8 Ein Elektriker soll einen Transformator bauen, sodass ein Lämpchen (15 V; 1,25 A) gefahrlos und trotzdem möglichst hell bei 230 V Netzspannung betrieben werden kann. Es stehen vier Spulen zur Auswahl mit 50, 500, 750 und 1000 Windungen. **a)** Aus welchen zwei Spulen baut er den Trafo? **b)** Wie groß ist dann die Stromstärke im Primärkreis?

A9 Ein Hochspannungstrafo mit $n_1 = 500$ und $n_2 = 23\,000$ liegt ohne Belastung primärseitig an 230 V. Berechnen Sie die Ausgangsspannung U_2.

A10 Es werden 12-V-Halogenlampen verwendet. Dazu wird die Netzspannung 230 V mit einem Transformator geeignet herabgesetzt. **a)** Berechnen Sie die Windungszahl der Sekundärspule, wenn die Primärspule 1000 Windungen hat. **b)** Berechnen Sie die Stromstärke primärseitig, wenn eine 50-W-Lampe angeschlossen ist. **c)** Baut man den Ein- und Ausschalter in den Primär- oder den Sekundärkreis ein? Welche Einbauart ist sicherheitstechnisch, welche energetisch günstiger?

A11 Ein Trafo hat primärseitig 1000 Windungen wird an $U_{eff} = 230$ V gelegt. Als Sekundärspule dient ein Kupferring von 50 mm² Kupferquerschnitt und 10 cm Durchmesser. Die Primärseite führt einen Wirkstrom der Stärke 3,0 A. **a)** Berechnen Sie den Widerstand *R* des Rings und die Stromstärke in ihm. **b)** Nach 5 min Betrieb wird der Ring in 500 g Wasser von 20 °C geworfen und erhöht die Temperatur auf 80 °C. Wie groß ist der Wirkungsgrad bei diesem Versuch? ($c_w = 4{,}2\ \text{J} \cdot \text{g}^{-1} \cdot \text{K}^{-1}$)

A12 Heute werden oftmals Niedervoltlampen zur Deckenbeleuchtung in Arbeitsräumen oder auch in Haushalten verwendet. Typische Lampendaten sind etwa 12 V / 25 W. Für deren Betrieb braucht es einen Netztransformator.

a) Der Transformator habe die Daten 230 V / 150 W. Wie groß kann der zulässige Strom auf der Primärseite sein?

b) Wie groß sollte das Windungsverhältnis n_1 / n_2 für obige Lampen sein?

c) Wie viele solcher Lampen lassen sich idealerweise auf der Sekundärseite anschließen und wie groß ist dort die gesamte Stromstärke?

d) Bei den Zuleitungen zu den Lampen werden oft blanke Metallstäbe verwendet. Ist dies nicht gefährlich beim Berühren mit bloßen Händen?

A13 Bei Elektrounfällen wird der menschliche Körper Teil eines Stromkreises. Sein Widerstand sei 1,2 kΩ. Berechnen Sie die Stromstärke bei der Spannung 230 V. Unter welcher Bedingung wird der Unfall gefährlich?

A14 Beim Erledigen der Hausaufgaben möchten Sie es besonders warm haben und schalten daher einen 2000 W-Elektroheizer ein. Wie teuer wird das in einer Woche, wenn Sie täglich vier Stunden arbeiten? (0,25 €/kWh)

Schwingungen

Das können Sie in diesem Kapitel erreichen:

Sie können eine Schwingung mit einer mathematischen Funktion beschreiben und kennen die Bedeutung der verwendeten Parameter.

Sie wissen, wann eine Schwingung harmonisch ist, und können das zugehörige Kraftgesetz angeben.

Sie kennen den Zusammenhang zwischen einer Kreisbewegung und einer harmonischen Schwingung. Sie nutzen ihn, um die Lösungen der Schwingungsgleichungen zu finden.

Sie lernen, was eine Differenzialgleichung ist, und können aus dem newtonschen Gesetz die Differenzialgleichung einer Schwingung in einfachen Fällen herleiten und überprüfen, ob eine gegebene Funktion Lösung einer bestimmten Differenzialgleichung ist.

Sie können die Energie berechnen, welche in einer harmonischen Schwingung steckt.

Sie sind in der Lage, für das Federpendel die Kräfte zu berechnen und daraus die Schwingungsgleichung und die Schwingungsdauer herzuleiten.

Sie beschreiben das Fadenpendel physikalisch, wissen, wann diese Schwingung näherungsweise harmonisch ist, und können daraus die Schwingungsdauer herleiten.

Sie kennen den elektromagnetischen Schwingkreis, den man mit einem Kondensator und einer Spule bildet, und verstehen die thomsonsche Gleichung, welche diese Schwingung beschreibt.

Sie wissen, was eine gedämpfte Schwingung ist und warum Dämpfung überhaupt auftritt. Sie können den Einfluss der Dämpfung bei den besprochenen Schwingungssystemen beschreiben.

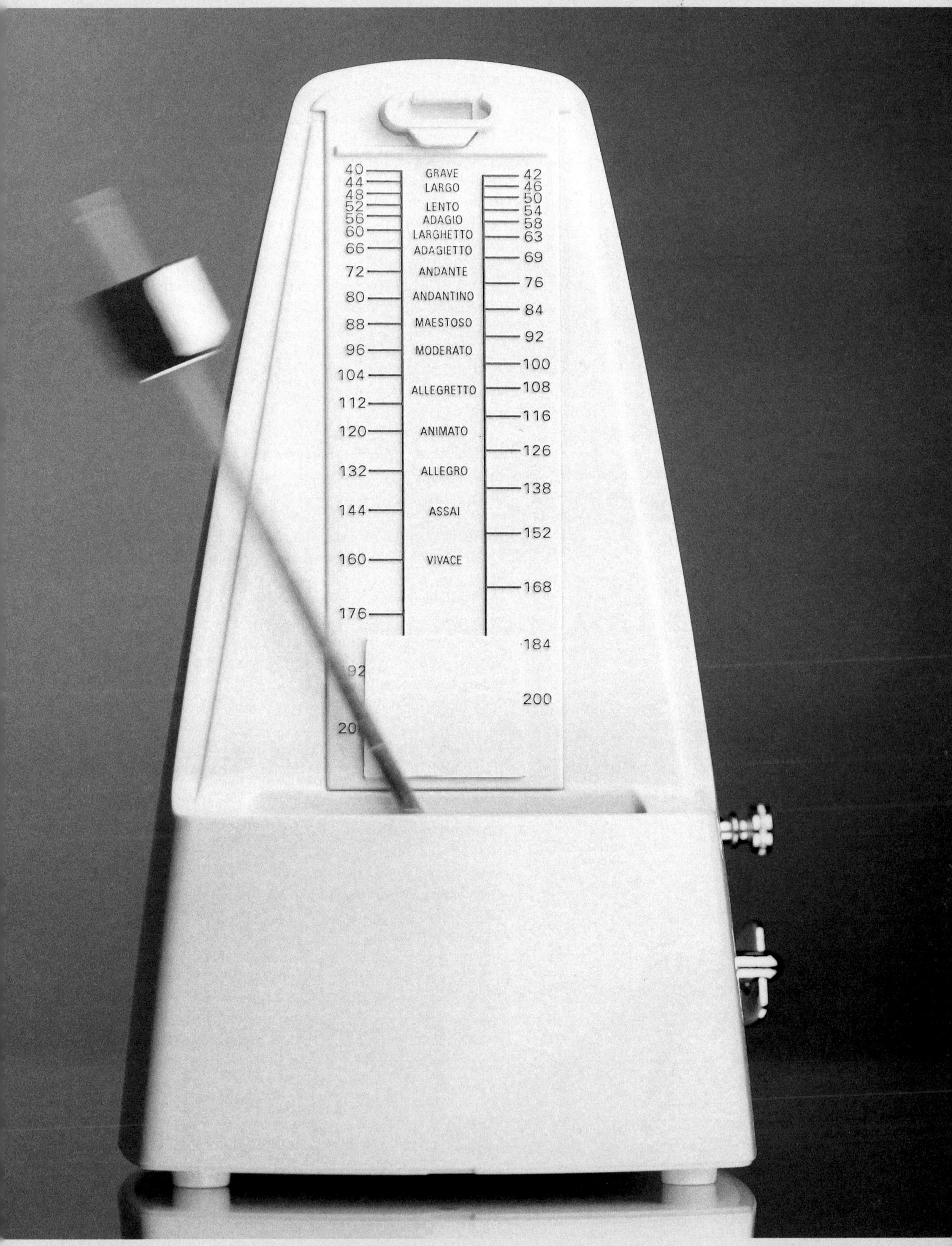
40
44
48
52
56
60
66
72
80
88
96
104
112
120
132
144
160
176
GRAVE
LARGO
LENTO
ADAGIO
LARGHETTO
ADAGIETTO
ANDANTE
ANDANTINO
MAESTOSO
MODERATO
ALLEGRETTO
ANIMATO
ALLEGRO
ASSAI
VIVACE
42
46
50
54
58
63
69
76
84
92
100
108
116
126
138
152
168
184
200

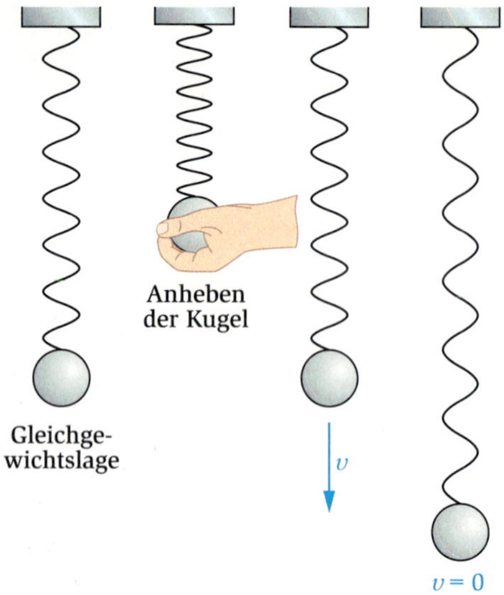

B1 Der Pendelkörper wird aus der Gleichgewichtslage angehoben und sich selbst überlassen. Beim Erreichen der Gleichgewichtslage hat er die größte Geschwindigkeit. Im tiefsten Punkt kommt er für einen Moment zur Ruhe.

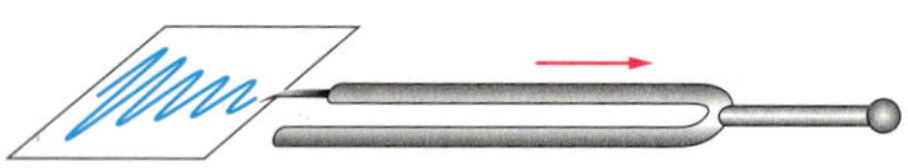

B2 Schwingung einer Stimmgabel mit abnehmender Amplitude

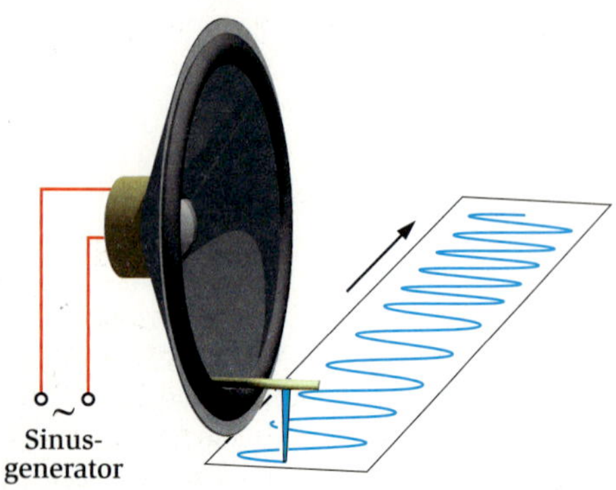

B3 Erzwungene Schwingung einer Lautsprechermembran. Während der Aufzeichnung wurde die Frequenz des Sinusgenerators verringert.

1. Das Federpendel zeigt, worauf es ankommt

Sicher haben Sie es sogar schon erlebt: Über Täler, Flüsse oder Gletscher gespannte Seilbrücken können beim Begehen in Schwingung geraten. Die Merkmale solcher Schwingungen untersuchen wir nun in einem vereinfachten Modell: Eine Kugel hängt an einer Schraubenfeder **→ B1**. Es herrscht Kräftegleichgewicht zwischen Feder- und Gewichtskraft. Bewegen wir die Kugel aus dieser Gleichgewichtslage nach oben, so spüren wir eine Kraft nach unten, bei einer Auslenkung nach unten eine Kraft nach oben. Im ersten Fall überwiegt die Gewichtskraft, im zweiten die Federkraft. Also würde sich die Kugel in beiden Fällen nach dem Loslassen auf die Gleichgewichtslage zu bewegen. Doch warum bewegt sie sich sogar über diese hinaus?

Heben wir die Kugel etwas an und geben sie frei. Sie wird nun durch die nach unten gerichtete Kraft bis zum Erreichen der Gleichgewichtslage ständig beschleunigt. Dort kommt sie aber nicht etwa zur Ruhe, wegen ihrer Trägheit bewegt sie sich weiter. Die von nun an nach oben wirkende Kraft bremst sie ab, bis sie im unteren Umkehrpunkt für einen Moment ruht. Dann wiederholt sich das Spiel in umgekehrter Richtung.

An diesem einfachen Federpendel können wir typische Merkmale einer Schwingung ablesen: Bewegt sich ein Körper aus einer stabilen Gleichgewichtslage, so tritt eine Rückstellkraft auf, die ihn abbremst, zur Umkehr zwingt und ihn wieder zur Gleichgewichtslage hin beschleunigt. Wegen seiner Trägheit bewegt er sich über diese Gleichgewichtslage hinaus, und alles beginnt von neuem. Ein solches Spiel zwischen *Rückstellkraft* und *Trägheit* ist charakteristisch für Körper, die eine Schwingung ausführen. Die *Auslenkung* eines Körpers aus seiner *Gleichgewichtslage* nennen wir von nun an *Elongation.*

Solchen Schwingungen begegneten wir bereits im Kapitel über Akustik. Diesen wesentlich schnelleren Schwingungen konnten unsere Augen nicht mehr folgen. Den Ohren verrieten sie sich aber als Ton.

2. Harmonische Schwingungen

Eine Stimmgabel erzeugt einen Ton. Ihre Zinken zeigen dabei eine besonders gleichmäßige Hin- und Herbewegung. Die in **→ B2** aufgezeichnete Schwingbewegung klingt allmählich ab. Die anfangs hineingesteckte Energie wird durch Reibung und Abgabe von Schall aus dem System herausgeführt. Die Schwingung ist gedämpft. Je schneller sie abklingt, desto stärker ist die Dämpfung.
Ohne Energieverluste würde die Schwingung ewig dauern. Diesen (nie ganz zu verwirklichenden) Idealfall nennt man eine *freie ungedämpfte Schwingung*. Eine Schwingung, deren Zeit-Weg-Diagramm eine Sinuskurve ergibt, heißt *harmonische Schwingung.*

„Sinustöne" können wir auch mit einem Lautsprecher erzeugen, den wir an einen Sinusgenerator anschließen **→ B3**. Während die Stimmgabel ihren Rhythmus selbst bestimmt, zwingt der Generator die Lautsprechermembran zu harmonischen Schwingungen mit der jeweils eingestellten Frequenz. Man nennt Schwingungen der Lautsprechermembran deshalb *erzwungene Schwingungen.*

Der Pendelkörper in ➜ V1 schwingt frei und nahezu ungedämpft. Wir zeichnen sein t-s-Schaubild auf und sehen eine Sinuskurve. Die Bewegung eines Körpers hängt davon ab, welche Kraft in der jeweils eingenommenen Position auf ihn wirkt. Wie groß ist also beim Federpendel bei einer Auslenkung s die zugehörige Rückstellkraft F?

3. Welches Kraftgesetz sorgt für Sinus-Schwingungen?

Betrachten Sie die Momentbilder a) bis c) einer Schwingung in ➜ B4 . Bei folgender Beschreibung wählen wir unsere Größen nach oben positiv, nach unten negativ.

a) Beim Durchgang durch die Gleichgewichtslage hebt die nach oben gerichtete (positive) Zugkraft F_0 der Feder die nach unten gerichtete (negative) Gewichtskraft G gerade auf. Es gilt $G = -F_0$. Also ist die Gesamtkraft

$$\boldsymbol{F} = G + F_0 = \mathbf{0}.$$ ➜ B4a

b) Bei einer Elongation des Körpers um $s > 0$ nach oben verringert sich die nach oben wirkende Zugkraft der Feder auf $F_1 = F_0 - D \cdot s$. Die Gewichtskraft überwiegt: Es ergibt sich nach unten die resultierende Kraft:

$$F = G + F_1 = G + F_0 - D \cdot s = 0 - D \cdot s$$
$$\boldsymbol{F = -D \cdot s < 0}.$$ ➜ B4b

c) Bei einer Elongation des Körpers um $s < 0$ nach unten vergrößert sich die nach oben wirkende Zugkraft der Feder auf $F_1 = F_0 - D \cdot s$. Beachten Sie, dass hier s negativ, also $-D \cdot s$ positiv ist. Jetzt überwiegt die Federkraft: Die resultierende Kraft nach oben ist:

$$F = G + F_1 = G + F_0 - D \cdot s = 0 - D \cdot s$$
$$\boldsymbol{F = -D \cdot s > 0}.$$ ➜ B4c

Die Rückstellkraft F ist also proportional zur Elongation s. Es gilt das *Elongation-Kraft-Gesetz* $F = -D \cdot s$ mit der *Federkonstanten* D, die stets positiv ist. Das Minuszeichen besagt, dass F immer in die entgegengesetzte Richtung von s – also immer zur Gleichgewichtslage hin – zeigt.

Eine zur Auslenkung s proportionale Rückstellkraft F findet man auch bei schwingenden Systemen, die keine Federn enthalten, z. B. dem Fadenpendel (bei kleinen Amplituden). Deshalb nennt man den Proportionalitätsfaktor D allgemein *Richtgröße* des Systems.

Merksatz

Beim Federpendel ist die Rückstellkraft F proportional zur Elongation s des angehängten Körpers. Es gilt das lineare Kraftgesetz $F = -D \cdot s$. Die Proportionalitätskonstante nennt man die Richtgröße. Sie ist beim Federpendel die Federkonstante D.

Die aufgezeichneten Schwingungskurven sehen nach Sinuskurven aus. Im Folgenden zeigen wir, dass unter der Voraussetzung des linearen Kraftgesetzes $F = -D \cdot s$ ein Körper solche Schwingungen immer ausführt. Ist das Kraftgesetz jedoch nicht linear, sind auch die Schwingungskurven nicht sinusförmig. Bei kleinen Amplituden ist das Kraftgesetz jedoch meist in guter Näherung linear.

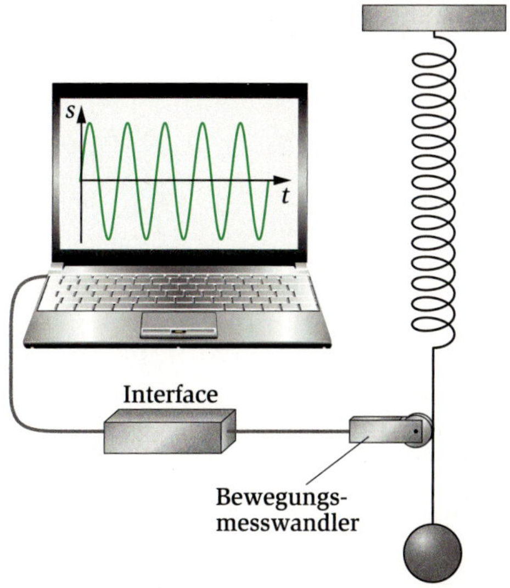

V1 Im Versuch nach ➜ B4 wird das Rädchen des Bewegungsmesswandlers leicht an den Faden zwischen Feder und Pendelkörper gedrückt. Es registriert die Elongation $s(t)$ bei der Auf- und Ab-Bewegung. Mit dem Interface und dem zugehörigen Programm ist am PC-Monitor die Elongation s in Abhängigkeit von der Zeit t dargestellt.

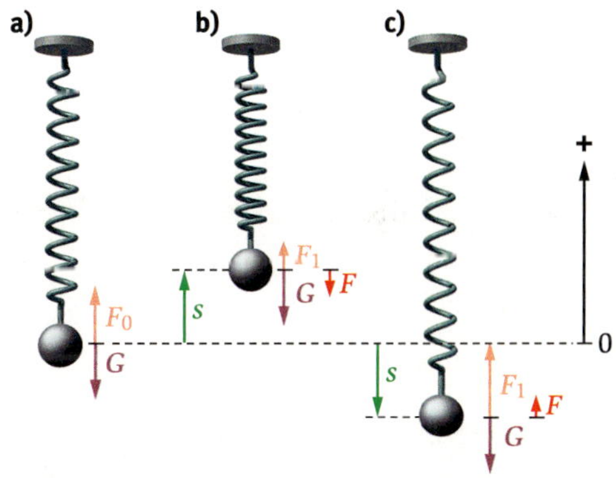

B4 Kräfte G, F_1 und F am Körper des Federpendels bei der Elongation s
a) in der Gleichgewichtslage
b) die Gewichtskraft überwiegt
c) die Federkraft überwiegt

A1 Zeige anhand eines t-s-Diagramms, dass ➜ B4b (bzw. ➜ B4c) verschiedene Momente einer Schwingung beschreiben kann, für die gilt: **a)** s ist maximale Elongation, **b)** s ist kleiner als diese, **c)** die Kugel bewegt sich nach oben, **d)** die Kugel bewegt sich nach unten.

A2 In ➜ B4 sei $G = -2F_1$. Zeichne G (Länge 4 cm), F_1 und F jeweils für s und 0,5 s sowohl zu ➜ B4b als auch zu ➜ B4c .

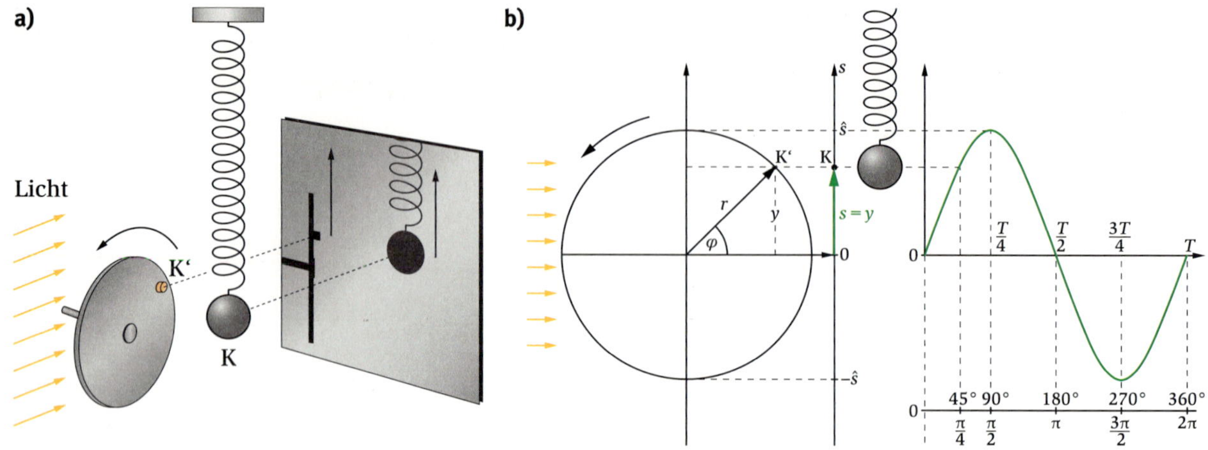

B1 **a)** Der Schatten des auf einem Kreis umlaufenden Körpers K' hat die gleiche Höhe wie der des Körpers K des Federpendels. **b)** Aus der Kreisbewegung des Körpers K' wird eine harmonische Schwingung herausgeschält.

4. Die Verwandtschaft mit der Kreisbewegung

In **→ B1a** ist ein Korken K' an einem vertikal gestellten Plattenteller befestigt, der von einem Motor in Drehung versetzt wird. Die Drehzahl ist so eingestellt, dass die Umlaufdauer des Korkens gleich der Periodendauer des Pendels ist.
Im seitlich einfallenden Licht entsteht als Schatten der Kreisscheibe ein vertikaler Strich. An ihm scheint der Korkenschatten auf und ab zu „gleiten".
Die Kugel K des Federpendels befindet sich in ihrer Gleichgewichtslage in Höhe der Drehachse. Sie wird nach unten um den Radius des vom Korken durchlaufenen Kreises ausgelenkt. Wird sie in dem Moment freigegeben, wenn der Korken den tiefsten Punkt erreicht, so stimmen die Bewegungen beider Schatten eine Zeit lang überein. Sie zeigen, dass Korken und Kugel sich stets in gleicher Höhe befinden.

5. Das Zeit-Elongations-Gesetz der Schwingung

Aus der Projektion der Kreisbewegung lässt sich eine Sinuskurve gewinnen. Dazu vergleichen wir den Schattenwurf des auf dem vertikalen Kreis umlaufenden Korkens mit dem der auf und ab pendelnden Kugel. Mit **→ B1b** erhalten wir daraus das t-s-Gesetz einer Schwingung.
Während der Korken K' auf einem Kreis mit dem Radius r umläuft, pendelt die Kugel K auf der s-Achse um ihre Gleichgewichtslage bei $s = 0$. Diese liegt in der Mitte zwischen den beiden Umkehrpunkten $s = \hat{s} = r$ und $s = -\hat{s} = -r$. Der positive Wert $\hat{s}$ heißt **Amplitude** der Schwingung. Sie ist die maximale Elongation aus der Gleichgewichtslage. Die y-Koordinate von K' stimmt in jedem Moment mit der Auslenkung s von K überein. Also ist

$$s = y = r \cdot \sin\varphi \text{ mit der Amplitude } \hat{s} = r.$$

Hierbei ist $s = s(t)$ die Elongation zum Zeitpunkt t, $\varphi = \varphi(t)$ der Winkel in diesem Moment. Man nennt $\varphi(t)$ den **Phasenwinkel** oder (kurz) die **Phase** der Schwingung zur Zeit t (φ wird üblicherweise im Bogenmaß angegeben). Diese Größen werden durch die Stellung des Zeigers in **→ B1b** erfasst.
Startet man eine Uhr in dem Augenblick, in dem sich die Kugel gerade durch die Gleichgewichtslage nach oben bewegt, also zum Zeitnullpunkt $t = 0$, dann ist die Phase $\varphi(0) = 0$ und $\varphi(t) \sim t$. Der Quotient

$\omega = \varphi/t$ heißt **Winkelgeschwindigkeit.**

Zur Messung von ω bestimmt man die **Periodendauer** T. In dieser Zeit überstreicht der Zeiger den Winkel $\varphi = 2\pi$ (gemessen im Bogenmaß). Daraus erhält man die Winkelgeschwindigkeit $\omega = \varphi/t = 2\pi/T$ oder mit der Frequenz $f = 1/T$

$$\omega = \varphi/t = 2\pi/T = 2\pi f.$$

Startet man die Zeitmessung nicht bei der Zeigerstellung $\varphi(0) = 0$, sondern z. B. bei $\varphi(0) = \varphi_0 = -\pi/2$, also bei der größten Elongation nach unten, so ist zum Zeitpunkt t die Phase des Zeigers $\varphi(t) = \omega t - \pi/2$.

Für einen beliebigen Startwinkel φ_0 ist entsprechend

$$\varphi(t) = \omega t + \varphi_0.$$

Merksatz

Beim Federpendel wird die Schwingung des Pendelkörpers durch einen rotierenden Zeiger beschrieben. Für diese Schwingung gilt:
$s = \hat{s}\sin(\omega + \varphi_0 t)$ bzw. $s = \hat{s}\sin(\omega t)$, wenn $\varphi(0) = 0$; $\omega = 2\pi/T = 2\pi f$ ist die Winkelgeschwindigkeit des Zeigers, $\hat{s}$ dessen Länge und $\varphi(t) = \omega t + \varphi_0$ sein Phasenwinkel (seine Phase) zum Zeitpunkt t.

6. Die Differenzialgleichung der Schwingung

Das lineare Kraftgesetz $F = -D \cdot s$ diktiert den Bewegungsablauf des schwingenden Körpers. Mit NEWTONS Gesetz $F = m \cdot a$ ist die Beschleunigung $a(t)$ zu jedem Zeitpunkt t festgelegt durch die Gleichung

$$m \cdot a(t) = -D \cdot s(t) \qquad (1)$$

Nun ist die Momentanbeschleunigung $a = \lim \Delta v/\Delta t = \dot{v}$ und die Momentangeschwindigkeit $v = \lim \Delta s/\Delta t = \dot{s}$. Das sind die Ableitungen der t-v- und t-s-Funktion nach der Zeit t. Sie gelten zu jedem Zeitpunkt t. Also ist

$$a(t) = \dot{v}(t) = \ddot{s}(t).$$

Aus (1) wird damit

$$m \cdot \ddot{s}(t) = -D \cdot s(t) \qquad (2)$$

Das ist eine sogenannte **Differenzialgleichung**. Bisher sind Ihnen nur Gleichungen mit Zahlenmengen als Lösungen begegnet. In Differenzialgleichungen werden dagegen als Lösungsmenge Funktionen gesucht; hier eine Funktion $s(t)$, die proportional zu ihrer zweiten Ableitung ist. Die Funktion $s(t) = \hat{s} \sin(\omega t)$ erfüllt Gl. (2). Wir haben sie aus der Kreisbewegung gewonnen. Bei ihr wählten wir bei $t = 0$ den Beginn der positiven Elongation.

Doch auch $s(t) = \hat{s} \sin(\omega t + \varphi_0)$ für eine beliebige Anfangsphase φ_0 erfüllt Gl. (2). Um dies zu prüfen, müssen wir $s(t)$ und $\ddot{s}(t)$ in Gl. (2) einsetzen. Wichtig ist, dass Gl. (2) zu jedem Zeitpunkt t erfüllt wird. Dazu leiten wir $s(t) = \hat{s} \sin(\omega t + \varphi_0)$ zweimal ab:

$$\dot{s}(t) = \omega \hat{s} \cos(\omega t + \varphi_0)$$
$$\ddot{s}(t) = -\omega^2 \hat{s} \sin(\omega t + \varphi_0) = -\omega^2 \hat{s}(t).$$

Wir setzen $s(t)$ und $\ddot{s}(t)$ in Gl. (2) ein und erhalten

$$-m\omega^2 s(t) = -D s(t).$$

Beide Seiten der Gleichung stimmen nur dann zu jedem Zeitpunkt überein, wenn die Faktoren $m\omega^2$ und D gleich groß sind, also $-m\omega^2 = -D$. Mit $\omega = 2\pi f = 2\pi/T$ folgt daraus die Schwingungsdauer $T = 2\pi\sqrt{m/D}$.

Merksatz

Die Differenzialgleichung $m\ddot{s}(t) = -Ds(t)$ wird durch die Schwingungsfunktion $s(t) = \hat{s} \sin(\omega t + \varphi_0)$ erfüllt. Für $\varphi_0 = 0$ lässt sich eine *harmonische Schwingung* beschreiben durch die drei Bewegungsgesetze **→ B2**:

- *Zeit-Elongations-Gesetz* $s(t) = \hat{s} \sin(\omega t)$
- *Zeit-Geschwindigkeits-Gesetz* $v(t) = \hat{s}\,\omega \cos(\omega t)$
- *Zeit-Beschleunigungs-Gesetz* $a(t) = -\hat{s}\,\omega^2 \sin(\omega t)$

mit der *Winkelgeschwindigkeit* $\omega = 2\pi/T = \sqrt{D/m}$
und der *Periodendauer* $T = 2\pi\sqrt{m/D}$.
D ist die Richtgröße des schwingenden Systems.

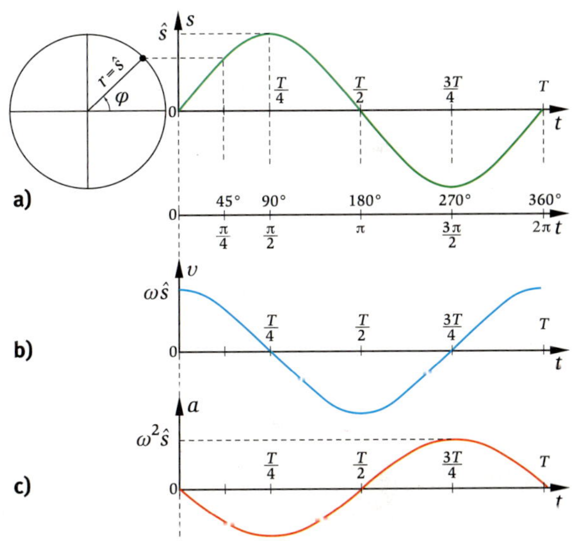

B2 Diagramme der Bewegungsgesetze:
a) t-s-Gesetz; **b)** t-v-Gesetz; **c)** t-a-Gesetz

Beispiel **Zeit-Elongations-Gesetz**

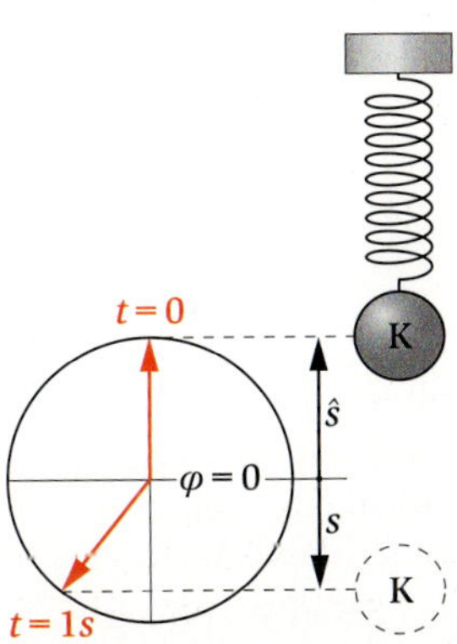

Ein Körper K der Masse $m = 4$ kg hängt an einer Schraubenfeder. Hebt man K mit der Hand um 20 cm an, so muss man ihn in dieser Position mit der Kraft 5 N halten. Gibt man ihn frei, beginnt er zu schwingen. Bestimme den Ort s von K zum Zeitpunkt $t = 1$ s nach Beginn der Schwingung. Zeichne zunächst die Zeiger zu $t = 0$ und $t = 1$ s.

Lösung:

1. Wir skizzieren den Zeiger für $t = 0$. Er zeigt nach oben, die Phase ist also $\varphi(0) = \varphi_0 = \pi/2$ **→ Bild**, seine Länge (Amplitude) ist gleich der Strecke $\hat{s}$, um die der Körper gehoben wurde: $\hat{s} = 20$ cm.
2. Die Phase φ des Zeigers zur Zeit $t = 1$ s ist $\varphi = \omega t + \varphi_0$. Dazu berechnen wir zunächst $\omega = \sqrt{D/m}$ mit der Richtgröße $D = F/s$, also $\omega = \sqrt{D/m} = \sqrt{F/(sm)} = \sqrt{5\ \text{N}/(0{,}2\ \text{m} \cdot 4\ \text{kg})} = 2{,}5\ \text{s}^{-1}$. Also ist $\varphi = \omega t + \varphi_0 = 2{,}5\ \text{s}^{-1} \cdot 1\ \text{s} + \pi/2 = 4{,}07$. Der Zeigerwinkel in Grad ist $\alpha = (\varphi/2\pi) \cdot 360° = 233°$.
3. K befindet sich am Ort $s = \hat{s} \cdot \sin\varphi = 20\ \text{cm} \cdot \sin 4{,}07$ $= \mathbf{-16\ cm}$.

7. Wie viel Energie steckt in der Schwingung?

Der Pendelkörper hängt zunächst in der Gleichgewichtslage. Aus dieser heben oder senken wir den Körper. Wir spüren dabei nur die Rückstellkraft $F = -Ds$, der wir in entgegengesetzte Richtung mit unserer Kraft $F' = Ds$ das Gleichgewicht halten. Weitere Kräfte wie die Federkraft oder die Gewichtskraft des Körpers benötigen wir nicht. Beim Heben oder Senken um s aus der Gleichgewichtslage verrichten wir folglich am System nur die Arbeit $W = \frac{1}{2}F' s$ (Durchschnittskraft auf der Strecke s = halbe Endkraft). Wir nennen die so zugeführte Energie **Elongationsenergie** $W_{\text{Elong}} = \frac{1}{2}Ds^2$. Sie ist nicht gleich der gesamten Spannenergie der Feder. Wir brauchen aber weder diese noch die Höhenenergie ➜ **Vertiefung**.

W_{Elong} steckt von nun an im schwingenden System. Bei fehlender Reibung hätten wir den Idealfall einer freien harmonischen Schwingung, die unendlich lange andauert, da keine Energie mehr entweicht. Betrachten wir einmal verschiedene Phasen der Schwingung:

- Im oberen und unteren Umkehrpunkt besitzt der Körper jeweils die Geschwindigkeit null. Seine Bewegungsenergie ist also null, während die Elongationsenergie im selben Augenblick ihr Maximum erreicht.
- Aus der momentanen Ruhe heraus wird der Körper nun beschleunigt, gewinnt also kinetische Energie auf Kosten der Elongationsenergie.
- Die Elongationsenergie nimmt nun auf Kosten der kinetischen Energie wieder zu, bis sie im Umkehrpunkt abermals ein Maximum erreicht hat; usw.

Die beiden Energieformen wandeln sich also periodisch ineinander um. Dabei bleibt nach dem Energiesatz die Summe aus Elongations- und Bewegungsenergie – also die **Gesamtenergie** der Schwingung – erhalten. Sie ist gleich der maximalen Elongationsenergie $\frac{1}{2}D\hat{s}^2$, die bei der ersten Auslenkung dem System hinzugefügt wurde.

Merksatz

Bei einer ungedämpften harmonischen Schwingung ist die Summe aus Elongationsenergie W_{Elong} und Bewegungsenergie W_{kin} konstant. Sie ist gleich der Gesamtenergie W der Schwingung:

$$W = W_{\text{Elong}} + W_{\text{kin}} = \frac{1}{2}Ds^2 + \frac{1}{2}mv^2 = \text{konstant}.$$

In den Umkehrpunkten ($v = 0$, $s = \hat{s}$) besteht W aus der maximalen Elongationsenergie $W = \frac{1}{2}D\hat{s}^2$, in der Gleichgewichtslage ($v = \hat{s}\omega = \hat{v}$, $s = 0$) aus der maximalen Bewegungsenergie $W = \frac{1}{2}m\hat{v}^2$.

Vertiefung

Warum reicht $\frac{1}{2}Ds^2$ für die Energiebilanz?

Betrachten Sie ➜ **B1**. Die Gerade zeigt die Kraft der Feder in Abhängigkeit von ihrer Verlängerung. In der Gleichgewichtslage s_0 ist diese Kraft $Ds_0 = G$ (G = Gewichtskraft des Körpers). Beim Absenken um $s > 0$ nimmt (wir wählen die Richtung der Einfachheit halber umgekehrt) die Spannenergie um die rechte rot markierte Fläche zu, die Höhenenergie jedoch um die blau markierte Fläche ab. Die Zunahme ist größer als die Abnahme, die Differenz ist die graue Dreiecksfläche unter der Geraden. Umgekehrt nimmt beim Anheben um $s < 0$ die Spannenergie ab, und zwar weniger als die Höhenenergie zunimmt. Das graue Dreieck über der Geraden gibt die dem System zusätzlich zugeführte Elongationsenergie an:

$$W_{\text{Elong}} = \frac{1}{2}Ds^2 .$$

Auch für das *Absenken* um $s > 0$ berechnen wir W_{Elong}: Die Spannenergie nimmt von $\frac{1}{2}Ds_0^2$ auf $\frac{1}{2}D\,(s_0 + s)^2$ zu. Die Höhenenergie des Körpers nimmt von $m \cdot g \cdot h$ auf $m \cdot g \cdot (h - s)$ ab (Nullniveau z. B. tiefster Punkt). Also erhält das System beim Absenken zusätzlich die Energie

$$\begin{aligned} W &= \tfrac{1}{2}D(s_0 + s)^2 + mg(h - s) - \left(\tfrac{1}{2}Ds_0^2 + mgh\right) \\ &= \tfrac{1}{2}D(s_0^2 + s^2 + 2s_0 \cdot s) - \tfrac{1}{2}Ds_0^2 + mg(h - s) - mgh \\ &= \tfrac{1}{2}D(s^2 + 2s_0 \cdot s) - mg \cdot s \\ &= \tfrac{1}{2}Ds^2 + (Ds_0 - mg) \cdot s = \tfrac{1}{2}Ds^2 \quad (\text{weil } Ds_0 = mg) \\ &= \tfrac{1}{2}Ds^2 = W_{\text{Elong}} \end{aligned}$$

Das *Anheben* um $s < 0$ führte zum gleichen Ergebnis.

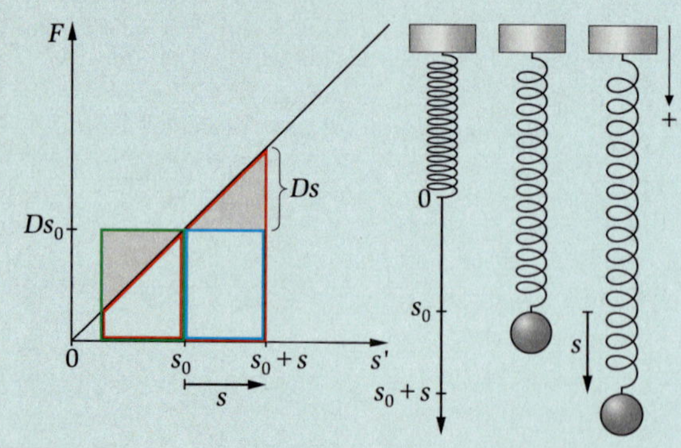

B1 Elongationsenergie (graue Dreiecke) als Differenz von Höhen- und Spannenergie im s-F-Diagramm
$s > 0$: W_{Elong} = rot – blau markierte Fläche = Dreieck
$s < 0$: W_{Elong} = grün – rot markeierte Fläche = Dreieck

A1 Vergleichen Sie Spann- und Elongationsenergie für $s = s_0$. Skizzieren und erläutern Sie dazu das Diagramm.

A2 Was ändert sich am Schaubild, wenn man die Masse verdoppelt und wieder um $s > 0$ nach unten auslenkt?

8. Der horizontale Federschwinger

In → B2 ist ein Experimentierwagen zwischen zwei Federn mit den Richtgrößen D_1 und D_2 gespannt. Diese erzeugen nach → V1 eine zur Auslenkung s proportionale Rückstellkraft F. Es gilt also $F = -Ds$, wobei D die Richtgröße des aus beiden Federn bestehenden Systems ist. Bei fehlender Reibung schwingt der Wagen also harmonisch mit der Periodendauer $T = 2\pi\sqrt{m/D}$ hin und her. In → B2 leiten wir diese Richtgröße aus den beiden Einzelrichtgrößen D_1 und D_2 her.

Merksatz

Für einen zwischen zwei Federn gespannten Wagen gilt das Weg-Kraft-Gesetz

$$F = -Ds \text{ mit } D = D_1 + D_2.$$

Die Richtgröße D des Federsystems ist gleich der Summe der Federhärten der auf beiden Seiten ziehenden Federn.
Bei fehlender Reibung schwingt der Wagen harmonisch mit der Schwingungsdauer

$$T = 2\pi\sqrt{m/D}.$$

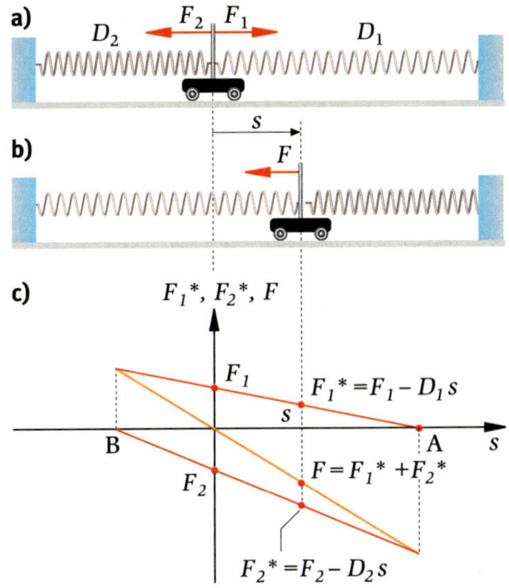

B2 Lineares Kraftgesetz und Richtgröße D:
a) Wagen in der Gleichgewichtslage: $F_2 = -F_1$
b) Nach Elongation um $s > 0$ wirkt die Rückstellkraft $F = -Ds < 0$.
c) Federkräfte F_1^*, F_2^* und deren Gesamtkraft F auf den Wagen bei der Elongation s. Im Kräftegleichgewicht bei $s = 0$ gilt: $F_1 + F_2 = 0$. Bei Auslenkung um s ändern sich die Federkräfte linear um $D_1 s$ bzw. $D_2 s$, also entsprechend den Geraden $F_1^* = F_1 - D_1 s$ bzw. $F_2^* = F_2 - D_2 s$. Bei „A" ist Feder 1, bei „B" Feder 2 entspannt. Die Addition $F_1^* + F_2^*$ liefert mit $F_2 = -F_1$ die Gesamtkraft $F = -(D_1 + D_2)\,s = -Ds$.

V1 Den Wagen aus → B3 lenken wir mit einem Kraftmesser um s nach rechts aus und messen die Rückstellkraft F. Bei doppelter Auslenkung um $2s$ messen wir die Kraft $2F$ (usw.). F ist also proportional zu s.

9. Dämpfung und ihre Aufhebung

Durch Reibungskräfte verliert das schwingende System Energie an seine Umgebung, ohne Energienachschub nimmt die Schwingungsamplitude ab. Eine Schwingung, die so praktisch zum Erliegen kommt, nennt man eine *gedämpfte Schwingung*.

Um eine *ungedämpfte Schwingung* zu erhalten, muss dem System deshalb Energie zugeführt werden. Diese liefert in → B3 ein Motor mit Exzenterantrieb. Er zwingt dem Wagen – nach einer kurzen Einschwingphase – seinen Rhythmus auf.
Dabei beobachten wir, dass die Amplitude des schwingenden Wagens umso größer wird, je besser die Frequenz des Exzenters mit der Frequenz des sich selbst überlassenen Systems – seiner *Eigenfrequenz* – übereinstimmt. Dieser Zustand, in dem der Wagen maximale Amplitude erreicht, heißt **Resonanz**, seine Frequenz Resonanzfrequenz. Trägt man die Schwingungsamplitude in Abhängigkeit von der Frequenz auf, so erhält man eine *Resonanzkurve* → B4.

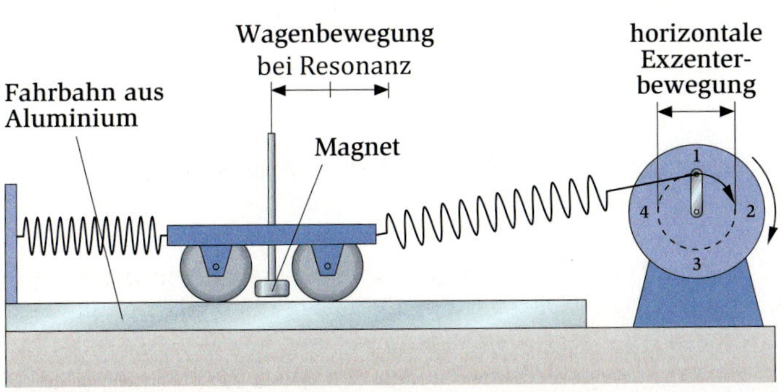

B3 Dem schwingenden Wagen wird hier durch eine Wirbelstrombremse Energie entzogen. Je näher der Magnet an der Fahrbahn ist, um so größer sind Bremskraft und Dämpfung.

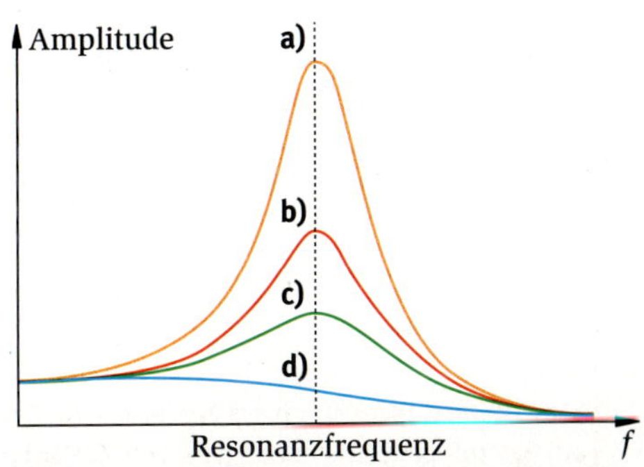

B4 Resonanzkurve bei unterschiedlicher Dämpfung, die von **a)** nach **d)** zunimmt. Bei **d)** kommt es schon nicht mehr zur Resonanz.

Das Fadenpendel

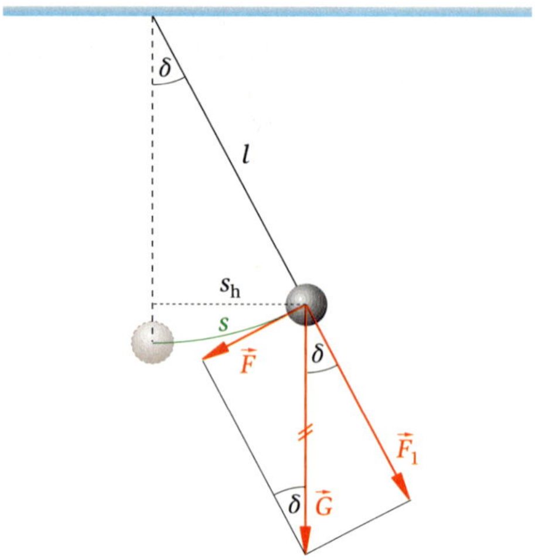

B1 Fadenpendel: Die Rückstellkraft $\vec{F}$ als Komponente der Gewichtskraft $\vec{G}$

V1 **a)** Wir lenken zwei Fadenpendel gleicher Länge (l = 1 m), aber mit verschieden schweren Pendelkörpern nur wenig aus und geben sie gleichzeitig frei. Sie schwingen synchron mit gleicher Periodendauer. **b)** Wir verkürzen die Länge eines Pendels auf $1/4\ l$ = 25 cm und wählen gleich schwere Pendelkörper. Auf eine Periode des 1 m-Pendels kommen nun zwei des 0,25 m-Pendels. **c)** Wir lassen nun das 1 m-Pendel mit kleiner Amplitude schwingen und ermitteln die Schwingungsdauer zu T = 2,0 s. **d)** Wir wiederholen c) mit großer Amplitude, z.B. $\hat{s} = 0{,}5\ l$. Wir finden jetzt eine etwas größere Periodendauer.

Beispiel **Schwingungen beim Sport**

Im Sport wird das „Schwingen an Seilen" geübt. Die Halteringe befinden sich 4,3 m unter der Deckenaufhängung. Der Schwerpunkt des Schülers (m = 70 kg) liegt 1,20 m unter den Ringen. Seine Schwingungsamplitude beträgt $\hat{s}$ = 2,0 m. Berechnen Sie die Periodendauer T, die Richtgröße D, die maximale Rückstellkraft, die Energie im schwingenden System und den Höhenunterschied beim Schwingen.

Lösung:
Pendellänge: l = 4,3 m + 1,2 m = 5,5 m
Periodendauer: $T = 2\pi\sqrt{l/g}$ = 4,7 s
Richtgröße: $D = mg/l$ = 125 N/m
max. Rückstellkraft: $F = (mg/l)\ \hat{s}$ = 250 N
Energie im System: $W = \frac{1}{2} D\,\hat{s}^2$ = 250 J
Höhenunterschied:
$h = W/(mg)$ = 250 J/700 N = 0,36 m
(Ausdehnung des Körpers vernachlässigt)

1. Schwingt ein Fadenpendel harmonisch?

Schwingt ein an einem Faden aufgehängter Pendelkörper harmonisch? Dazu prüfen wir, ob das *lineare Kraftgesetz* gilt → **B1** : Die Elongation s aus der Gleichgewichtslage erfolgt längs des Kreisbogens mit dem Radius l und der Bogenlänge $s = l\delta$ (δ im Bogenmaß). Die Rückstellkraft $\vec{F}$ finden wir, wenn wir die auf den Pendelkörper der Masse m wirkende Gewichtskraft $\vec{G} = m\vec{g}$ durch die beiden Komponenten $\vec{F}$ und $\vec{F}_1$ ersetzen. Da $\vec{F}_1$ wie die Fadenkraft immer senkrecht zur Bewegungsrichtung wirkt, ist $\vec{F}$ die hier allein interessierende Kraft.

$\vec{F}$ zeigt als *Rückstellkraft* immer in Bewegungsrichtung oder gegen diese zur Gleichgewichtslage hin. Da $\vec{F}$ seine Richtung entlang des Bogens ändert, betrachten wir nur den Betrag $F = |\vec{F}|$.

Die Schwingung ist nur dann harmonisch, wenn F proportional zur Bogenlänge s ist. Nun liefert das Kräfteparallelogramm:

$$F = m \cdot g \cdot \sin\delta = m \cdot g \cdot \sin(s/l).$$

Wenn $s \ll l$, ist s näherungsweise gleich der horizontalen Elongation s_h und es gilt $\sin\delta = s_h/l \approx s/l$. Das lineare Kraftgesetz für kleine Elongationen s lautet dann als Betragsgleichung:

$$F = (mg/l) \cdot s = Ds \quad \text{mit} \quad D = mg/l.$$

Bei kleiner Amplitude können wir demnach das Fadenpendel als harmonischen Schwinger mit der Richtgröße $D = mg/l$ betrachten. Die Rückstellkraft ist so gerichtet, dass sie der Auslenkung entgegenwirkt. Weil wir nur den Betrag berechnen, kommt dies nicht mit einem Minuszeichen zum Ausdruck.

Mit $T = 2\pi\sqrt{m/D}$ folgt für die Periodendauer

$$T = 2\pi\sqrt{m/D} = 2\pi\sqrt{ml/mg} = 2\pi\sqrt{l/g} \qquad (1)$$

→ **V1** bestätigt: T hängt nur von der Pendellänge l und der Fallbeschleunigung g ab. Bei kleiner Amplitude ist die Schwingungsdauer eines zwei Meter langen Pendels $T = 2\pi\sqrt{2\,\text{m}/9{,}81\ \text{m}\,\text{s}^{-2}}$ = 2,84 s.

Merksatz

Ein Fadenpendel schwingt bei hinreichend kleiner Amplitude harmonisch. Seine **Periodendauer** ist dann

$$T = 2\pi\sqrt{\frac{l}{g}}.$$

2. Fallbeschleunigung mit Fadenpendel messen

Durch genaue Messung von Periodendauer T und Pendellänge l kann man mit Gl. (1) die Fallbeschleunigung g bestimmen. Im Mittel nimmt die Fallbeschleunigung an der Erdoberfläche vom Äquator zu den Polen wegen der Form und Drehung der Erde kontinuierlich zu. Der unterschiedliche Aufbau der Erdkruste verändert die Fallbeschleunigung zusätzlich. Über Erzlagerstätten ist die Fallbeschleunigung vergrößert, über Salzlagern und Erdölvorkommen verkleinert. Sonne und Mond verändern g kaum.

Beispiel **Brückenschwingung**

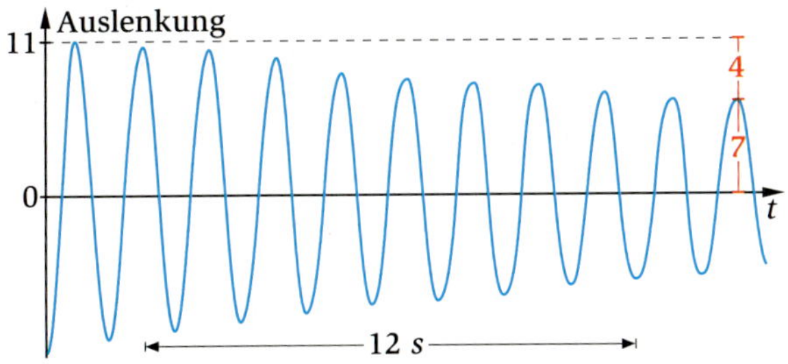

Die Autobahnbrücke über die Norder-Elbe wurde nach ihrer Fertigstellung in Schwingung versetzt. Als bei einem Gewicht von 100 t die Verbindung zum angehängten Schiff riss, betrug die Elongation der Brückenmitte 5 cm. Die Grafik oben zeigt einen Aus-schnitt der gemessenen Schwingung.

Obgleich bei der Brücke keine Federn mit angehängten Gewichtskörpern erkennbar sind, können wir das Gelernte anwenden: Der Grafik oben entnehmen wir zunächst die *Periodendauer* $T = 12\ \text{s}/7{,}5 = 1{,}60\ \text{s}$ und berechnen damit die *Frequenz* $f = 1/T = 0{,}63\ \text{s}^{-1}$, mit der ein Beobachter auf der Brücke die Schwingung erlebt. Wir können auch die *Dämpfung* beschreiben. So beträgt die Amplitude nach zehn Perioden noch 7/11 = 64 % und die *Schwingungsenergie* nur noch $W = \frac{1}{2}D\,(0{,}64 \cdot \hat{s})^2$. Verglichen mit der Energie $W_a = \frac{1}{2}D\,\hat{s}^2$ der ersten Periode hat W abgenommen auf $W/W_a = 0{,}642^2 = 41\ \%$.

Bei solchen Überlegungen betrachten wir die Schwingung während einer Periode als harmonisch (Grafik unten). Der *Zeiger*, der diese beschreibt, ändert also während eines Umlaufs seine Länge (sie entspricht der *Amplitude*) praktisch nicht. Sie beträgt während der 1. Periode $\hat{s} = 5$ cm. Beim Start ($t = 0$) zeigt der Zeiger nach unten. Sein *Phasenwinkel* beträgt $\varphi = 3\pi/2$. In diesem Moment ist die Geschwindigkeit der Brückenmitte noch null. Ihre maximale Geschwindigkeit v_{max} hat sie 1/4 Periode später bei der Phase $\varphi = 0$. Der Zeiger hat dabei den Winkel $\pi/2 = 90°$ überstrichen.

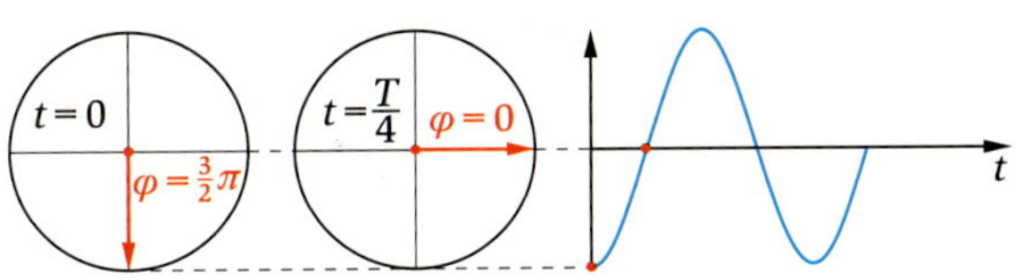

Die *Winkelgeschwindigkeit* des Zeigers ist $\omega = 2\pi/T = 2\pi/1{,}60\ \text{s} = 3{,}9\ \text{s}^{-1}$. Daraus folgt $v_{max} = \omega\,\hat{s} = 3{,}9\ \text{s}^{-1} \cdot 5\ \text{cm} = 20\ \text{cm/s} = 0{,}2\ \text{m/s}$. Die Elongation in Abhängigkeit von der Zeit liefert das *t-s-Gesetz* $s(t) = \hat{s}\sin(\omega t + \varphi_0) = 5\ \text{cm} \cdot \sin(3{,}9\ \text{s}^{-1} t + 3\pi/2)$.

Die *Schwingungsenergie* $W = W_{Elong} + W_{kin}$ besteht bei Schwingungsbeginn nur aus der Elongationsenergie $W_{Elong} = \frac{1}{2}D\,\hat{s}^2 = \frac{1}{2}F_G\,\hat{s} = \frac{1}{2}mg\,\hat{s}$. Sie beträgt $W = \frac{1}{2}10^5\ \text{kg} \cdot 9{,}81\ \text{N/kg} \cdot 0{,}05\ \text{m} = 25\ \text{kJ}$.

A1 Sind bei einem auf- und abspringenden Ball die Bedingungen einer harmonischen Schwingung erfüllt? Begründen Sie. (Reibung ist zu vernachlässigen)

A2 An einer Schraubenfeder hängt ein Körper der Masse $m = 200$ g. Sie ist dadurch um 40 cm gedehnt. Aus dieser Gleichgewichtslage wird der Körper nun um 10 cm angehoben und losgelassen. Die darauf folgende Schwingung sei harmonisch. **a)** Berechnen Sie Periodendauer, Frequenz und Winkelgeschwindigkeit. **b)** Berechnen Sie die Geschwindigkeit durch die Gleichgewichtslage. Geben Sie für die Phase $\varphi = \pi$ ($\varphi = 0$) jeweils die Richtung des Geschwindigkeitsvektors an. **c)** Die Zeitmessung wird im Moment der Phase $\varphi = 0$ gestartet. Bestimmen Sie Phase, Elongation, Geschwindigkeit und Beschleunigung des Körpers zur Zeit $t = 0{,}5$ s. Zeichnen Sie ein Zeigerbild für diesen Moment. **d)** Geben Sie die *t-s*-Funktion für den Fall an, dass die Zeitmessung mit dem Loslassen des Körpers startet.

A3 → Beispiel **a)** Berechnen Sie die Zeit vom Moment des Abreißens bis zum Erreichen der maximalen Geschwindigkeit. **b)** Bestimmen Sie die Elongation, bei der der Beobachter maximale Beschleunigung a_{max} erfährt und berechnen Sie a_{max}. Ermitteln Sie, um wie viel Prozent sein Gewicht zu schwanken scheint.

A4 Ein Wagen der Masse $m = 0{,}6$ kg ist zunächst horizontal zwischen zwei Federn gespannt. Die Richtgröße der einen Feder ist $D_1 = 9{,}50$ N/m. Der Wagen soll mit der Periodendauer $T = 1{,}00$ s schwingen. **a)** Berechnen Sie D_2 der anderen Feder. **b)** Bestimmen Sie T, wenn m verdoppelt wird. **c)** Die Anordnung wird schräg gestellt (siehe Grafik). Erläutern Sie, mit welcher Periodendauer der Wagen jetzt schwingt.

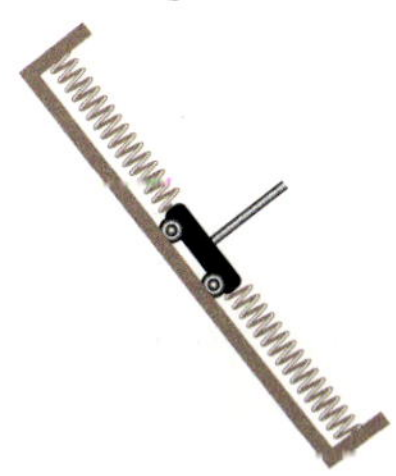

A5 **a)** Zum Nachweis der Erdrotation verwendete FOUCAULT (1851) ein 67 m langes Fadenpendel. Berechnen Sie die Periodendauer T. **b)** Bestimmen Sie die Länge eines Fadenpendels, das an der Erdoberfläche bei kleiner Amplitude mit $T = 1{,}00$ s schwingt.

A6 Begründen Sie, dass der 2 kg-Körper in der Grafik nach einer vertikalen Auslenkung harmonisch schwingt. Berechnen Sie die Frequenz der Schwingung (Reibung sowie Massen von Feder und Rolle sind zu vernachlässigen).

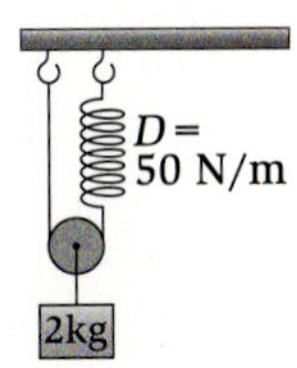

A7 Ein Fadenpendel der Länge 1 m stößt von links kommend mit seinem Faden 75 cm unter dem Aufhängepunkt gegen eine Stange. **a)** Vergleichen Sie ohne Rechnung die maximalen Elongationen links und rechts von der Gleichgewichtslage. **b)** Beurteilen Sie, ob man hier von einer harmonischen Schwingung sprechen kann. **c)** Berechnen Sie die Periodendauer der Schwingung. **d)** Zeichnen Sie das *t-s*-Diagramm für eine Periode. Startpunkt ist maximale Elongation 5 cm links.

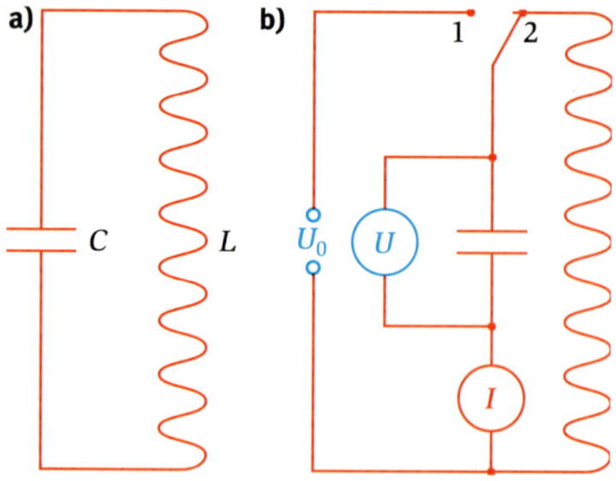

B1 **a)** Schwingkreis aus einem Kondensator und einer Spule
b) Schaltung zur Auslösung einer freien gedämpften Schwingung → V1 mit einem hochohmigen Spannungsmesser und einem niederohmigen Strommessgerät.

V1 In → B1b wird der Kondensator in Schalterstellung 1 auf die Spannung U_0 aufgeladen. Dann legen wir den Schalter in die Stellung 2 um. Nun ist der geladene Kondensator (C = 300 µF) mit der Spule (hohe Induktivität mit L = 600 H) verbunden. Was dabei passiert, können wir an einem Spannungsmesser und Strommesser verfolgen: Die Zeiger beider Instrumente schwingen mit einer Periodendauer von ungefähr 3 s hin und her. Ihre Phasen sind ungefähr $\pi/2$ gegeneinander versetzt.
Zum Aufzeichnen des zeitlichen Verlaufs der Stromstärke $I(t)$ nehmen wir den zu ihr proportionalen Spannungsabfall $U_R = RI$ am Strommessgerät. Zum Vergleich von U_R mit dem der Kondensatorspannung U_C muss bei Verwendung eines Schreibers dieser erneut mit dem Umlegen des Schalters gestartet werden.
Mit einem Messwert-Erfassungssystem kann man beide Kurven auch gleichzeitig aufnehmen → B2.

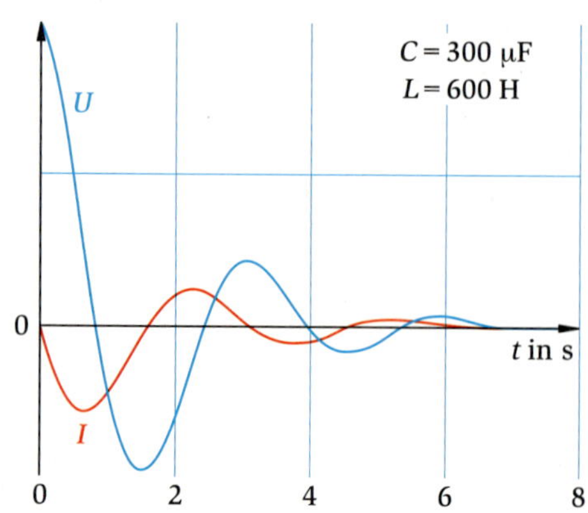

B2 Gedämpfte Schwingung im Schwingkreis

1. Der Schwingkreis

Bei freien mechanischen Schwingungen wandeln sich Elongations- und Bewegungsenergie periodisch und stetig ineinander um. Auch zwischen Spule und Kondensator kann Energie hin und her pendeln, wenn wir sie nach → B1a zusammenfügen. Da hier elektrische und magnetische Feldenergie einander abwechseln, nennt man dieses Gebilde einen **elektromagnetischen Schwingkreis**.

In → V1 bringen wir den Schwingkreis mit der Schaltung in → B1b zum Schwingen. Dabei verfolgen wir die Spannung U_C am Kondensator sowie die Stromstärke I in der Spule. Wir beobachten einen Wechselstrom und eine in der Phase verschobene Wechselspannung → B2. Die Amplituden nehmen allerdings rasch ab. Es ist eine freie gedämpfte **elektromagnetische Schwingung**. Wie entsteht sie?

Zunächst wird der Kondensator aufgeladen. Entlädt man ihn über die Spule, so wird sein elektrisches Feld schwächer, die in ihm gespeicherte Energie nimmt ab. Dafür entsteht aber ein Strom, der über die Spule ein Magnetfeld mit magnetischer Feldenergie aufbaut. Schließlich ist der Kondensator vollständig entladen, die elektrische Feldenergie ist in magnetische übergegangen. Nun kann diese ohne Strom nicht existieren, sich aber auch nicht einfach verflüchtigen. Tatsächlich erzeugt die Abnahme der Stromstärke nach LENZ eine Induktionsspannung, die die Ladungen weiterfließen lässt. Der Kondensator wird folglich erneut aufgeladen, nun mit entgegengesetzter Polarität, bis schließlich das Magnetfeld verschwunden ist. Nun wiederholt sich das Spiel in umgekehrter Richtung. Der ohmsche Widerstand des Spulendrahts lässt Energie nach und nach als Wärme abfließen. Die Schwingung ist deshalb gedämpft.

Die Phasenverschiebung zwischen Strom und Spannung ist nun einzusehen: Wenn die gesamte Energie im elektrischen Feld steckt, dann ist die Spannung am Kondensator maximal und die Stromstärke null. Befindet sich dagegen die ganze Energie im Magnetfeld, so ist die Stromstärke maximal und die Spannung am Kondensator beinahe null (exakt null nur, wenn der Widerstand null ist).

Ohne Dämpfung wäre zu jedem anderen Zeitpunkt der Schwingung die Summe aus elektrischer und magnetischer Feldenergie stets gleich der anfangs im Feld des Kondensator gespeicherten Energie.

Merksatz
Spule und Kondensator bilden zusammen einen **Schwingkreis**. Zwischen ihnen kann Energie hin und her pendeln. Dabei wechselt der Strom periodisch seine Richtung und die Spannung ihre Polarität. Strom und Spannung sind um $\pi/2$ phasenverschoben, wenn kein Widerstand vorhanden ist, die Schwingung also ungedämpft ist. Bei kleinem Widerstand, also bei schwacher Dämpfung, sind Strom und Spannung nahezu um $\pi/2$ phasenverschoben.

Die elektromagnetische Schwingung ist wesentlich unanschaulicher als die mechanische. Beide haben jedoch viel Ähnlichkeit miteinander. Wir wollen im Folgenden die verschiedenen Schwingungsphasen eines Federpendels mit denen eines Schwingkreises vergleichen. Dabei betrachten wir den Idealfall einer ungedämpften Schwingung.

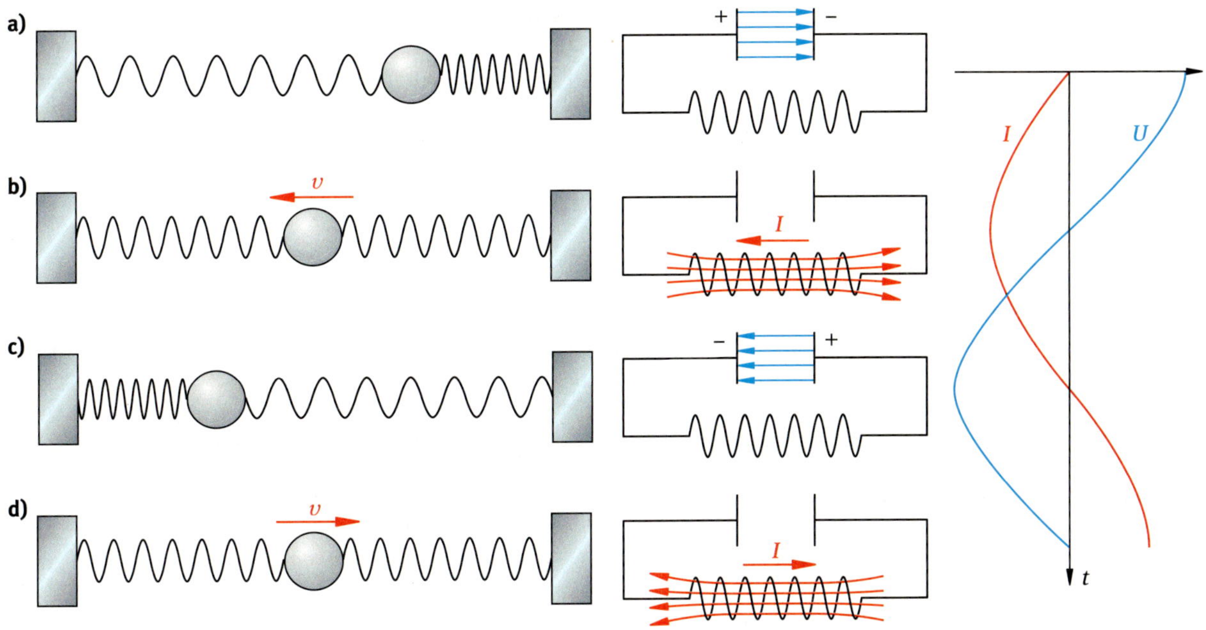

2. Vergleich mechanischer und elektromagnetischer Schwingungen → Bild

a) Der Körper ist ausgelenkt. Die Elongationsenergie ist im Federsystem gespeichert. Nach dem Loslassen wird der Körper zur Gleichgewichtslage hin beschleunigt. Er erreicht sie wegen seiner Trägheit jedoch nicht sofort. Die Geschwindigkeitsänderung $\Delta v/\Delta t = \dot{v}$ erfordert nach dem newtonschen Grundgesetz die Kraft $F = m \cdot \Delta v/\Delta t$ oder $\boldsymbol{F = m\dot{v}}$. Diese wird in jedem Moment von der Rückstellkraft $\boldsymbol{F = -Ds}$ geliefert. Von a) nach b) nimmt die Bewegungsenergie zu, die Elongationsenergie entsprechend ab.

b) Schließlich ist die Auslenkung null. Da keine Energie verloren geht, ist in diesem Augenblick die Elongationsenergie völlig in Bewegungsenergie übergegangen. Der Geschwindigkeitsbetrag des Körpers hat jetzt ein Maximum erreicht. Könnten wir in diesem Augenblick die Federn wegnehmen, so würde der Körper bei fehlender Reibung mit konstanter Geschwindigkeit weiterfliegen. Die Federn bleiben aber am Körper und werden nun entgegengesetzt zu a) gespannt.
Die zunehmende Rückstellkraft kann die Bewegungsrichtung des Körpers aber nicht sofort umkehren. Der Körper ist träge und bewegt sich deshalb, wenn auch mit abnehmender Geschwindigkeit, in gleicher Richtung weiter. Wieder gilt

$$\boldsymbol{m\dot{v} = -Ds}.$$

c)–d) Die Bewegungsenergie ist wieder ganz in Federenergie übergegangen. Der Vorgang a)–b) wiederholt sich nun in umgekehrter Richtung.

a) Der Kondensator ist aufgeladen. Die Energie steckt im elektrischen Feld. Nach dem Verbinden des Kondensators mit der Spule setzt der Strom ein. Er entlädt den Kondensator wegen der Induktivität der Spule jedoch nicht schlagartig. Die Stromstärkeänderung $\Delta I/\Delta t = \dot{I}$ erzeugt nämlich an den Enden der Spule die Induktionsspannung $U = -L \cdot \Delta I/\Delta t$ oder $\boldsymbol{U = -L\dot{I}}$. Sie liegt in jedem Moment am Kondensator als Spannung $\boldsymbol{U = Q/C}$. Von a) nach b) nimmt die magnetische Feldenergie zu; die elektrische entsprechend ab.

b) Schließlich ist der Kondensator entladen. Da keine Energie verloren geht, muss in diesem Augenblick die zuvor im elektrischen Feld gespeicherte Energie ganz im Magnetfeld stecken. Der Betrag der Stromstärke hat jetzt ein Maximum erreicht. Könnten wir in diesem Augenblick den Kondensator überbrücken, so würden die Ladungen mit konstanter Stärke weiterfließen (falls $R = 0$). Der Kondensator bleibt aber an der Spule und wird nun entgegengesetzt zu a) aufgeladen.
Die entstehende Kondensatorspannung kann den Ladungsstrom aber nicht sofort umkehren. Die Änderung der Stromstärke induziert nämlich in der Spule ein elektrisches Feld, das die Ladungen in gleicher Richtung weitertreibt. Wieder gilt

$$\boldsymbol{L\dot{I} = -\frac{1}{C}Q}.$$

c)–d) Die magnetische Energie ist wieder ganz in elektrische des Kondensators übergegangen. a)–b) läuft nun in umgekehrter Richtung ab.

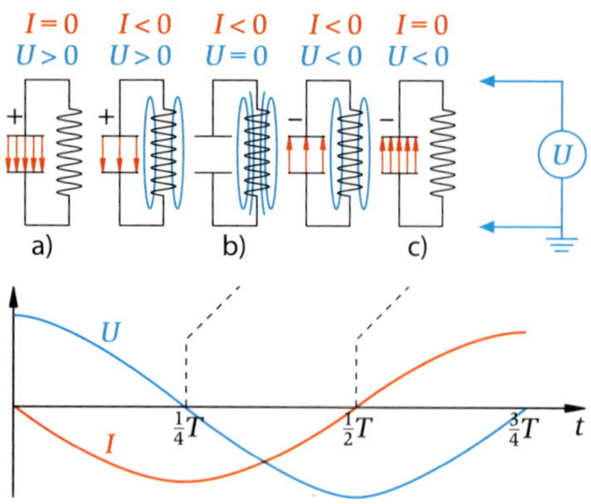

B1 Verlauf von Spannung $U(t)$ und Stromstärke $I(t)$ beim Schwingkreis

Beispiel **Erläuterung von → B1**

a) In **→ B1** ist zu Beginn der Schwingung ($t = 0$) die obere Kondensatorplatte positiv geladen. Dort ist $Q > 0$ und wegen $U = Q/C$ auch $U > 0$ (Bezugspunkt der Spannungsmessung ist die untere Platte). Nun nimmt Q in der folgenden halben Periode ab, d. h. $\dot{Q}$ ist negativ. Also ist auch $I = \dot{Q} < 0$.

b) Zum Zeitpunkt $t = T/4$ wird Q und damit U null. In diesem Moment strömt die Ladung mit voller Stärke, $|I|$ ist maximal. Die obere Platte verliert weiter positive Ladung ($\dot{Q} = I < 0$) und wird negativ geladen ($Q < 0$). Mit Q wird auch U negativ ($U = Q/C < 0$). Der Betrag $|I|$ nimmt dabei von $t = T/4$ bis $T/2$ ab.

c) Zum Zeitpunkt $t = T/2$ wird I null. Die obere Platte trägt jetzt maximale negative Ladung. Damit ist auch $U = Q/C < 0$ und $|U|$ maximal. Der Vorgang wiederholt sich nun in umgekehrter Richtung.

Beispiel **Schwingkreis quantitativ**

Der Kondensator eines Schwingkreises mit $C = 0{,}5\ \mu\text{F}$; $L = 20\ \text{mH}$ habe zur Zeit $t = 0$ die maximale Spannung $U = 100\ \text{V}$. Die Periodendauer ist $T = 2\pi \cdot [(5 \cdot 10^{-7}\ \text{F}) \cdot (2 \cdot 10^{-2}\ \text{H})]^{1/2} = 0{,}63\ \text{ms}$, die Frequenz $f = 1/T = 1{,}6\ \text{kHz}$. Die Effektivwerte für Spannung und Strom betragen $U_{\text{eff}} = 2^{-1/2} \cdot 100\ \text{V} = 71\ \text{V}$, $I_{\text{eff}} = U_{\text{eff}} \cdot (C/L)^{1/2} = 0{,}35\ \text{A}$.

Die obere Kondensatorplatte hat bei $t = 0$ die Ladung $Q(0) = \hat{Q} = \hat{U}C = 100\ \text{V} \cdot (5 \cdot 10^{-7}\ \text{F}) = 50\ \mu\text{C}$, und $T/8$ später die Ladung $Q(T/8) = \hat{Q}\cos(\pi/4) = 5 \cdot 10^{-5}\ \text{C} \cdot 0{,}71 = 35\ \mu\text{C}$.

Die Energie im Kondensator zum Zeitpunkt $t = T/8$ beträgt $W(T/8) = \frac{1}{2}\, C U^2(t) = \frac{1}{2} \cdot 5 \cdot 10^{-7}\ \text{F} \cdot [100\ \text{V} \cos(\pi/4)]^2 = 1{,}25\ \text{mJ}$.

1. Die elektromagnetische Schwingung

Wenn eine Spule am Kondensator liegt, ist zu jedem Zeitpunkt $U_{\text{ind}} = U_{\text{C}}$, also $-L\,\dot{I}(t) = Q(t)/C$. Mit $I(t) = \dot{Q}(t)$ erhalten wir die Differenzialgleichung der ungedämpften elektromagnetischen Schwingung

$$L\ddot{Q}(t) = -(1/C)\,Q(t).$$

Sie hat die gleiche Form wie $m \cdot \ddot{s}(t) = -D \cdot s(t)$. (Man braucht nur s durch Q, m durch L und D durch $1/C$ zu ersetzen).

Nun erfüllt $s(t) = \hat{s} \cdot \sin(\omega t)$ die Gleichung $m\ddot{s}(t) = -D \cdot s(t)$. Also muss auch $Q(t) = \hat{Q}\sin(\omega t)$ eine Lösung von $L\ddot{Q}(t) = -(1/C) \cdot Q(t)$ sein. Entsprechend wird aus $\omega = \sqrt{D/m}$ der mechanischen Schwingung die Winkelgeschwindigkeit $\omega = \sqrt{1/LC}$ der elektromagnetischen (Ersetzung D durch $1/C$ und m durch L).

Damit erhalten wir als eine *mögliche* Lösung der ungedämpften, freien elektromagnetischen Schwingung

$$Q(t) = \hat{Q}\sin(\omega t) \text{ mit } \omega = \sqrt{\frac{1}{LC}}$$

Die Periodendauer folgt mit $T = 2\pi/\omega$ zu

$$T = 2\pi\sqrt{LC}.$$

Man nennt diese Beziehung **thomsonsche Schwingungsgleichung**.

Wir wählen als Zeitnullpunkt den Zustand in **→ B1a** aus, also den Moment maximaler positiver Ladung der oberen Platte $Q(0\,\text{s}) = \hat{Q}$. Mit dieser Anfangsbedingung erhalten wir statt des Sinus den Kosinus in der Lösung

$$Q(t) = \hat{Q}\cos(\omega t).$$

Der Kondensator hat dabei zu Beginn der Schwingung die maximale Spannung $U(0) = \hat{U} = \hat{Q}/C$, ($U = U_{\text{C}}$). Sie sei positiv, wenn die obere Platte eine positive Ladung trägt. Entsprechend ist die Kondensatorspannung zur Zeit t

$$U(t) = \frac{Q(t)}{C} = \frac{\hat{Q}}{C}\cos(\omega t) \text{ oder } U(t) = \hat{U}\cos(\omega t);\ \hat{U} = \frac{\hat{Q}}{C}.$$

Die Stromstärke ist $I(t) = \dot{Q}(t)$, also $I(t) = -\hat{Q}\omega\sin(\omega t)$ oder

$$I(t) = -\hat{I}\sin(\omega t).$$

Dabei ist die maximale Stromstärke

$$\hat{I} = \hat{Q}\omega = \hat{U}C\frac{1}{\sqrt{LC}} \text{ oder } \hat{I} = \hat{U}\sqrt{\frac{C}{L}}.$$

Merksatz

In einem Schwingkreis wandeln sich elektrische und magnetische Energie periodisch ineinander um. Geschieht dies ohne Energieverlust, so ist die Schwingung ungedämpft. Strom- und Spannungsverlauf sind sinusförmig. Beginnt die Schwingung zum Zeitnullpunkt $t = 0$ bei maximaler Kondensatorsspannung, so gilt:

$$U(t) = \hat{U}\cos(\omega t) \text{ und } I(t) = -\hat{I}\sin(\omega t)$$

$$\text{mit } \omega = 1/\sqrt{LC} \text{ und } \hat{I} = \hat{U}\sqrt{C/L}.$$

Die Periodendauer der Schwingung ist $T = 2\pi\sqrt{LC}$.

Das ist wichtig

1 *Rückstellkraft* und Trägheit sind Voraussetzungen für eine **mechanische Schwingung**.

2 Ein System führt eine **freie Schwingung** aus, wenn es seine Frequenz selbst bestimmt. Wird ihm ein fremder Schwingungstakt von außen aufgeprägt, so führt es eine **erzwungene Schwingung** aus.
Eine **freie ungedämpfte Schwingung** ist der Idealfall einer Schwingung bei fehlender mechanischer Reibung. Eine Schwingung, die abklingt, heißt **gedämpfte Schwingung**.

3 Eine freie ungedämpfte Schwingung ist dann sinusförmig oder **harmonisch**, wenn die Rückstellkraft F proportional zur **Elongation** s aus der Gleichgewichtslage ist, also das **lineare Kraftgesetz** $F = -Ds$ gilt. Die **Richtgröße** D ist positiv. Das Minuszeichen drückt aus, dass die Rückstellkraft der Auslenkung immer entgegen gerichtet ist.

4 **Differenzialgleichungen** freier Schwingungen
a) für einen ungedämpften *mechanischen Schwinger*:

$$m\ddot{s} = -Ds$$

b) für einen ungedämpften *elektromagnetischen Schwingkreis* als Reihenschaltung von Spule und Kondensator:

$$L\ddot{Q} = -\frac{1}{C}Q$$

5 Der Vergleich von mechanischen und elektromagnetischen Schwingungen zeigt folgende Entsprechungen:

mechanische Schwingungen	elektromagnetische Schwingungen
Masse m	Induktivität L
Richtgröße D	Kehrwert Kapazität $1/C$
Elongation s	Ladung Q
Geschwindigkeit $v = \dot{s}$	Stromstärke $I = \dot{Q}$

6 Die **Periodendauer** der Schwingung beträgt
beim Federschwinger: $T = 2\pi\sqrt{m/D}$,
beim Fadenpendel: $T = 2\pi\sqrt{l/g}$ $(s \ll l)$,
beim Schwingkreis: $T = 2\pi\sqrt{LC}$.

7 Die **Energie** der freien ungedämpften Schwingung ist beim mechanischen Schwinger die Summe aus Elongations- und Bewegungsenergie

$$W = W_{\text{Elong}} + W_{\text{kin}} = \tfrac{1}{2}Ds^2 + \tfrac{1}{2}mv^2 = \text{konstant},$$

in Analogie dazu beim Schwingkreis die Summe aus elektrischer und magnetischer Feldenergie

$$W = W_{\text{el}} + W_{\text{magn}} = \tfrac{1}{2}Q^2/C + \tfrac{1}{2}LI^2 = \text{konstant}$$

Die elektrische Feldenergie des Kondensators wird beim Entladen wegen des elektrischen Stromes in magnetische Feldenergie der Spule umgewandelt.

A1 Eine Schraubenfeder ist durch einen angehängten Körper ($m = 400$ g) um 10 cm verlängert. Aus dieser Gleichgewichtslage wird der Körper 5 cm angehoben und losgelassen ($t = 0$). **a)** Berechnen Sie die Frequenz des Federpendels und die Schwingungsenergie, die es enthält. **b)** Zeichnen Sie ein t-s-, t-v- und ein t-a-Diagramm. **c)** Zeichnen Sie zum t-s-Diagramm die Zeiger für die Elongationen 0,5 s bzw. 0,8 s nach dem Loslassen.

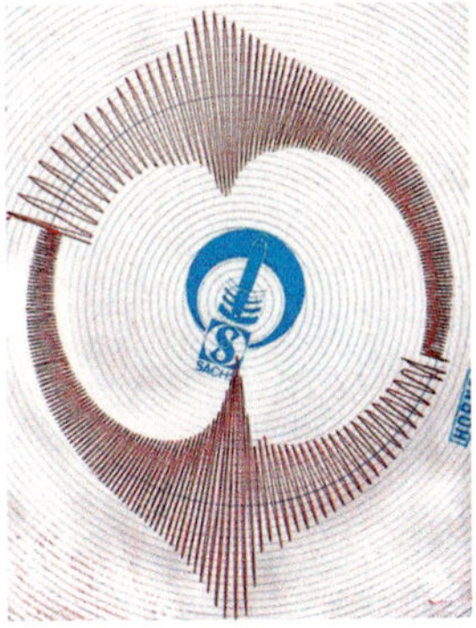

A2 Zur Überprüfung der zwei vorderen Stoßdämpfer eines PKW wird jedes Rad auf einem Teststand zu erzwungenen Schwingungen angeregt. Die Schwingungskurven der Räder werden dabei auf einer sich langsam drehenden Scheibe nacheinander aufgezeichnet. **a)** Erläutern Sie diese Kurven und beurteilen Sie die Qualität der Stoßdämpfer. **b)** Beschreiben Sie eine Fahrsituation, bei der fehlende Dämpfung tödliche Folgen haben kann. **c)** Suchen Sie weitere Beispiele für die Anwendung von Stoßdämpfern (z. B. Internetrecherche).

A3 Ein Schwingkreis mit vernachlässigbarem Widerstand schwinge harmonisch. **a)** Zeigen Sie mit Hilfe der Analogie zwischen mechanischer und elektromagnetischer Schwingung, dass zu jedem Zeitpunkt gilt:
$\frac{1}{2}CU^2(t) + \frac{1}{2}LI^2(t) = \frac{1}{2}C\hat{U}^2$.
b) Bestätigen Sie diese Energiebilanz durch eine Rechnung.

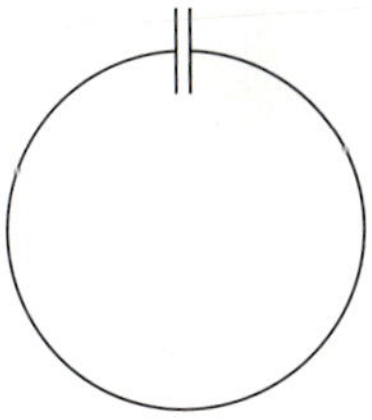

A4 Ein Schwingkreis, dessen Kondensator ($C = 200$ pF) aus zwei kreisförmigen Platten (Durchmesser 25 cm) und einer großen Drahtschleife besteht, habe eine Eigenfrequenz von 14 MHz.
a) Beschreiben Sie Möglichkeiten, dessen Eigenfrequenz zu verringern. **b)** Berechnen Sie die Induktivität der Drahtschleife. **c)** Zum Zeitpunkt $t = 0$ sei die elektrische Feldenergie maximal. Skizzieren Sie zum Schwingkreis das elektrische bzw. magnetische Feld für $t = 0$, $t = T/4$ und $t = T/2$. **d)** Berechnen Sie den Plattenabstand des Kondensators und die Energiedichte des elektrischen Feldes bei der Spannung 1000 V. **e)** Vergleichen Sie qualitativ die maximale Energiedichte des elektrischen Feldes mit der des Magnetfeldes bei ungedämpfter Schwingung.

A5 Ein Kondensator ($C = 100$ µF) wird auf 100 V aufgeladen und an eine Spule ($L = 1$ mH) angeschlossen. **a)** Zeichnen Sie in dasselbe Schaubild die t-U- und die t-I-Kurve mit zwei geeigneten Achsen-Skalierungen. **b)** Deuten Sie den Flächeninhalt unter der $I(t)$ Kurve in der ersten Halbperiode nach Beginn der Schwingung. Bestimmen Sie dessen physikalischen Wert.

Wellen

Das können Sie in diesem Kapitel erreichen:

Sie können typische Beispiele von Wellen angeben und erkennen das Gemeinsame der verschiedenen Erscheinungsformen.

Sie unterscheiden Quer- und Transversalwellen.

Sie erkennen Wellen als wandernde Störungen mit einer bestimmten Ausbreitungsgeschwindigkeit. Sie unterscheiden die Ausbreitung der Störung von der Bewegung der Teilchen.

Sie lernen, wie sich eine Welle mit einem Zeiger mathematisch beschreiben lässt und was die Wellengleichung ist. Sie kennen die Bedeutung der Wellenparameter, vor allem die Frequenz und die Wellenlänge.

Sie sind in der Lage, von der Welle eine zeitliche und eine örtliche Darstellung zu machen. Sie können diese beiden Darstellungen voneinander abgrenzen und gleichzeitig zur Wellengleichung zusammenführen.

Sie können berechnen, was sich ergibt, wenn zwei Wellen am gleichen Ort schwingen. Sie wissen, warum sie sich verstärken, abschwächen oder gar auslöschen können. Sie können erklären, was eine Schwebung ist.

Sie berechnen das Ergebnis einer Überlagerung von zwei fortschreitenden Wellen und verstehen den Begriff der Interferenz.

Sie erfahren, wie Wellen am Ende eines Gebietes, in dem sie sich ausbreiten können, zurückgeworfen werden.

Sie kennen die Bedeutung der stehenden Welle, können Sie mathematisch beschreiben und wissen, warum sie so heißt.

Sie erkennen das wichtige Phänomen der Resonanz.

1. Wellen – ein Naturereignis

Wenn von *Wellen* die Rede ist, denken Sie wahrscheinlich zuerst an Wasserwellen – an das großartige Naturschauspiel heranrollender Meereswogen → B1, an die Bugwelle eines Bootes oder an die Kreiswellen, die ein Stein hervorruft, den Sie ins Wasser geworfen haben. Sicher haben Sie aber auch schon von Erdbebenwellen gehört, von Schallwellen, Radiowellen und Lichtwellen.

2. La Ola – typisch Welle

Die *Erscheinungsformen* von Wellen sind recht verschieden – und doch haben sie viel Gemeinsames! Viele kennen diese Erscheinung von Sportveranstaltungen oder anderen Gelegenheiten → B2. Irgendwo im Rund eines Stadions reißen Zuschauer die Arme hoch und stehen dabei auf. Ihre Nachbarn lassen sich von der Begeisterung anstecken und führen daraufhin die gleiche Bewegung aus, deren Nachbarn wiederum usw. Wir können beobachten, wie diese Welle in wenigen Sekunden einmal um das ganze Stadion läuft. *Jeder* Zuschauer hat schließlich an *seinem* Platz die „Begeisterungsschwingung“ mitgemacht. Natürlich ist dabei keiner selbst um das Stadion gerannt. Notwendig waren aber der Blickkontakt und das selbstständige Nachahmen. Dies ist bei den Wellen, mit denen wir uns beschäftigen wollen, nicht so – und doch ist das Erscheinungsbild typisch für alle Wellen.

Betrachten Sie eine Wasserwelle, so finden Sie, dass ein darauf schwimmendes Brett zwar auf und ab schwingt, im Wesentlichen aber samt dem umgebenden Wasser am selben Ort bleibt. Die *Welle* dagegen „läuft“ weiter. Wo sie hinkommt, kann sie wieder ein Brett zum Schaukeln bringen. Sie sehen: Mit der Wasserwelle wird zwar keine Materie fortbewegt, aber *Energie* transportiert!

Das ist auch für andere Wellen typisch. So führen z. B. Erdbebenwellen ungeheure Energiemengen mit sich, die noch in großen Entfernungen vom Herd verheerend wirken können.

Früher noch sagenumwoben stehen heute die sogenannten Tsunamis (Hafenwellen) im Brennpunkt der Öffentlichkeit. Auch bei dieser Sonderform von Wasserwellen sind der Energietransport und die zerstörerische Energieabgabe im Uferbereich die bedeutsamen, ja manchmal lebensbedrohlichen Aspekte.

Zum Entstehen der Stadionwelle genügen Blick- oder Hörkontakt zum Nachbarn. Bei einer mechanischen Welle sorgt eine elastische Verbindung zum Nachbarteilchen dafür, dass alle Teilchen nacheinander dieselbe, ihnen aufgezwungene Bewegung ausführen.

Außer Energie können Wellen aber auch Information (ohne Materie) transportieren. So wird z. B. die Information dieses Textes durch Lichtwellen auf Ihr Auge übertragen; gesprochene Informationen erreichen Ihr Ohr über Schallwellen. Handy, Rundfunk und Fernsehen leiten Informationen über große Strecken mithilfe elektromagnetischer Wellen weiter. In vielen medizintechnischen Anwendungen wird die Wechselwirkung von Wellen mit der Materie im Körper ausgenutzt, um Bilder des Körperinneren zu erzeugen. Selbst Atome senden elektromagnetische Wellen aus. Sie liefern wichtige Aufschlüsse über die Struktur der Materie.

Es lohnt sich also, wenn wir uns mit Wellen beschäftigen. Vorerst wollen wir uns dabei auf mechanische Wellen beschränken; das sind Wellen, die zu ihrer Ausbreitung auf Materie angewiesen sind. Sie benötigen einen festen, flüssigen oder gasförmigen Wellenträger.

B1 Gewaltige natürliche Wellen

B2 La Ola – Ausdruck der Freude

3. Die Welle – eine wandernde Störung

Wesentliche Eigenschaften einer mechanischen Welle schauen wir uns an einer Wellenmaschine → B3 an. An ihr reißen wir das erste Körperchen nach oben und stören so seine Gleichgewichtslage. Diese Querstörung erfasst nach und nach alle Körperchen und wandert so mit konstanter Geschwindigkeit nach rechts. Wenn wir das erste Teilchen nach oben → V1 (bzw. unten → V2) und dann wieder in seine Gleichgewichtslage zurückbewegen, sehen wir einen *Wellenberg* (bzw. ein *Wellental*) nach rechts laufen. Durch Hin- und Herbewegung des ersten Teilchens erzeugen wir eine Schwingung (Berge und Täler). Jede Phase dieser erzwungenen Schwingung wird nach und nach von den anderen Körperchen übernommen → B4.

Wovon hängt nun die Geschwindigkeit c ab, mit der die Querstörung wandert? Je *weicher* die elastischen Bänder sind, mit denen die Körperchen untereinander gekoppelt sind, desto schwächer wird die Kraft auf das jeweilige Nachbarkörperchen; desto *kleiner* ist dann auch dessen Beschleunigung. Dies folgt aus der Grundgleichung der Mechanik $a = F/m$. Aus ihr folgt auch, dass die Beschleunigung der Körperchen mit zunehmender Masse *abnimmt*. Eine Querstörung breitet sich demnach umso langsamer aus, je kleiner die Kopplungskräfte zwischen benachbarten Körperchen sind und je größer deren Masse ist.

Unser Versuch lässt sich auch so deuten: Mit der Auslenkung des ersten Körperchens haben wir eine *Energieportion* in die Wellenmaschine gesteckt. Sie tritt zu Beginn in Form von Spannenergie des Bandstückes zwischen den beiden ersten Stäben auf. Anschließend verwandelt sie sich zum einen Teil in *Bewegungsenergie* des zweiten Körperchens, zum anderen in *Spannenergie* des nachfolgenden Bandstückes usw. Die in die Wellenmaschine gesteckte Energieportion läuft also als Spann- und Bewegungsenergie durch den Wellenträger weiter, bis zum letzten Körperchen.

→ B3 ist eine Kollage aus zwei *Momentaufnahmen*! Im nächsten Augenblick hat sich der gesamte Wellenberg verschoben; er wandert mit der Geschwindigkeit c nach *rechts*. Dabei kommen die Körperchen aber nicht von der Stelle; sie schwingen lediglich senkrecht zur Fortschreitungsrichtung des Wellenberges einmal nach oben und dann wieder zurück. Ihre Momentangeschwindigkeit, die sich bei der Hin- und Herbewegung dauernd ändert, bezeichnen wir als **Schnelle v**. Dieser besondere Name soll den Unterschied zur konstanten **Ausbreitungsgeschwindigkeit** c der Störung hervorheben. Beachten Sie, dass die Vektoren $\vec{v}$ und $\vec{c}$ hier aufeinander senkrecht stehen. Aus → V2 geht hervor, dass die Schnellepfeile an der *Vorderseite* des Wellentals stets nach *unten*, an seiner *Rückseite* dagegen nach *oben* gerichtet sind. Beim Wellenberg von → V1 ist es gerade umgekehrt.

Merksatz

Bei einer mechanischen Welle führt ein Körperchen nach dem anderen die Bewegung aus, die ihm vom Erreger vorgeschrieben wird. Je weiter ein Körperchen vom Erreger entfernt ist, desto später wird es von dieser Bewegung erfasst.
Mit der Welle wird Energie transportiert, nicht aber Materie.

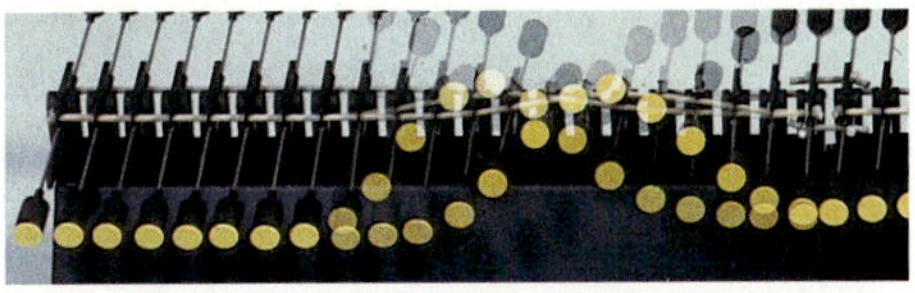

B3 Bei der Wellenmaschine sind Körperchen (hier gelb) elastisch gekoppelt. Wird das erste Teilchen ausgelenkt, führt das nächste Teilchen dieselbe Bewegung aus usw. Wegen der Trägheit der Körperchen erfolgt dies zeitversetzt. Das Bild zeigt zwei Momentaufnahmen.

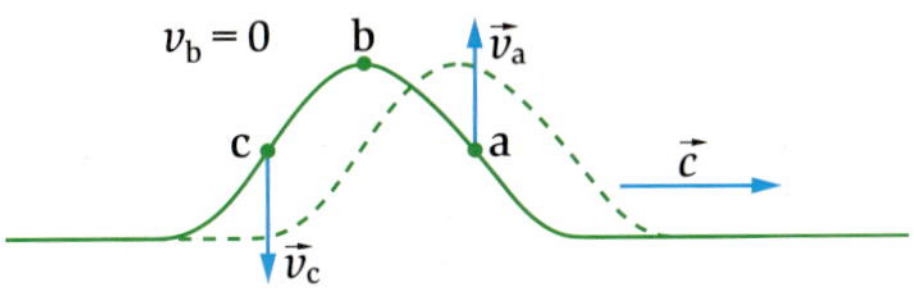

V1 Wir lenken das erste Körperchen der Wellenmaschine nach oben aus, führen es anschließend gleich wieder in seine ursprüngliche Lage zurück. Diese Hin- und Herbewegung des Erregers wandert als Wellenberg über den Träger hinweg. Wir haben in der Zeichnung eine Momentaufnahme festgehalten: Das Körperchen „a" ist soeben erst von der Störung nach oben erfasst worden. Körperchen „b" hat die Bewegung nach oben schon hinter sich und besitzt bereits seinen Höchstausschlag – es steht für einen Augenblick still. Das Körperchen „c" hat den Höchstausschlag schon hinter sich und bewegt sich gerade mit Schnelle (Teilchengeschwindigkeit) v_c zurück.

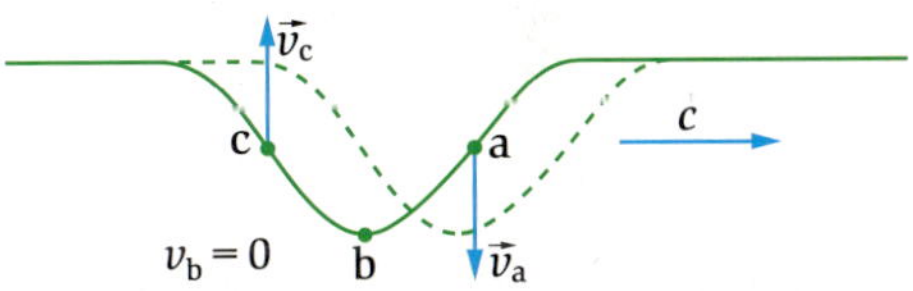

V2 Lenken wir das erste Körperchen der Wellenmaschine zuerst nach unten aus und führen es dann wieder zurück, so wandert eine Ausbuchtung nach unten als Störung über den Träger. Dieses Wellental ist das Spiegelbild eines Wellenberges bezüglich des Spannbandes. Deshalb zeigen beim Wellental die vorderen *Schnellevektoren* nach unten, die hinteren nach oben.

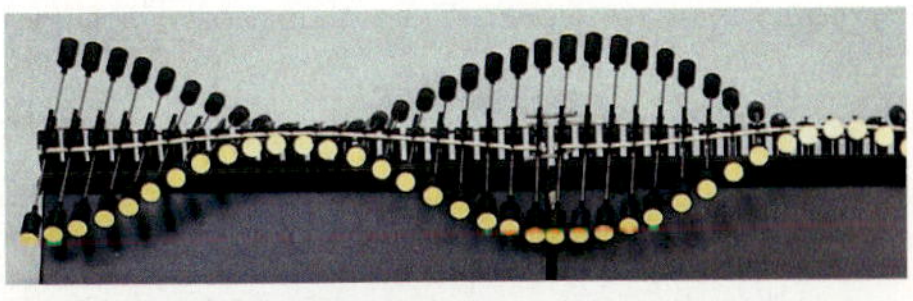

B4 Momentaufnahme aufeinanderfolgender, wandernder Wellenberge und -täler der (gelben) Körperchen

Zeitliche und räumliche Darstellung einer Welle

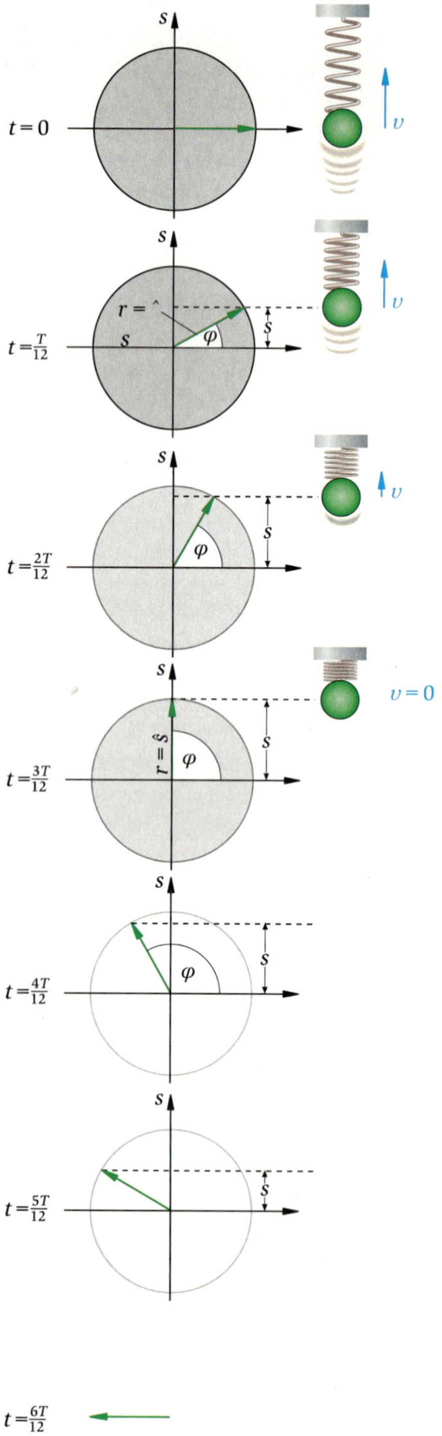

B1 *Ein* rotierender Zeiger beschreibt Amplitude $\hat{s}$ (Zeigerlänge r) und Phase φ und mit ihnen die Auslenkung (Elongation s) des schwingenden Körpers. Die Elongation s ist die Projektion des Zeigers auf die s-Achse. Mit einem Zeiger kann nicht nur die Schwingung eines Federpendels, sondern *jede* harmonische Schwingung beschrieben werden.

1. Ein rotierender Zeiger beschreibt eine Schwingung

Die Schwingung eines Federpendels verglichen wir früher mit der Projektion eines umlaufenden Kreispunktes auf die vertikale s-Achse. So konnten wir bestätigen, dass die Schwingung einen sinusförmigen zeitlichen Verlauf hat, also *harmonisch* war. In → **B1** finden wir die Projektion s als

$$s(t) = \hat{s} \cdot \sin\varphi(t).$$

$\hat{s}$ ist dabei die Amplitude, die maximale positive Elongation (Auslenkung). $s(t)$ ist die momentane Elongation und $\varphi(t)$ der momentane Winkel zwischen Zeiger und horizontaler Achse. Diesen Drehwinkel des Zeigers nennt man bekanntlich auch die „Phase" der Schwingung.

Der Phase 2π entspricht die Periodendauer T, π entspricht $T/2$ usw. φ ist proportional zur Zeit t – also ist $\varphi(t) = \omega t$.

$$\omega = \varphi/t = 2\pi/T = 2\pi \cdot f$$

ist die Winkelgeschwindigkeit des rotierenden Zeigers. Mit diesen Überlegungen lautet die Gleichung für die Teilchenschwingung (mit $s(0) = 0$):

$$s(t) = \hat{s} \cdot \sin\varphi(t) = \hat{s} \cdot \sin(\omega t) = \hat{s} \cdot \sin(2\pi f \cdot t) = \hat{s}\sin\left(2\pi \cdot \frac{t}{T}\right)$$

Amplitude und Phase legen die Elongation fest. Diese beiden Größen reichen zur Beschreibung eines Schwingungszustandes also aus. Beide Größen kann man am rotierenden Zeiger ablesen (bei gegebener s-Achse). Dies zeigt die Darstellungsfolge in → **B1**.

Schon der freischwebende Zeiger genügt, seine Projektion auf die s-Achse entspricht der Realität. Den Zeiger selbst gibt es in der Natur nicht, er existiert nur in unserer mathematischen Vorstellung.

2. Viele rotierende Zeiger beschreiben eine Querwelle

Betrachten wir nun eine fortschreitende **Querwelle** (auch **Transversalwelle** genannt) anhand eines Beispiels. Der (z. B. motorgetriebene) Wellenerreger schwinge *harmonisch* mit der Periode T und einer Amplitude von $\hat{s} = 0{,}2$ m. Die Körperchen der Wellenmaschine werden von der Schwingung nacheinander erfasst und machen sie mit – sie sind selbst keine Schwinger wie ein Federpendel. Das Körperchen am Ort $x = 0$ bewege sich nach oben und überquere zur Zeit $t = 0$ gerade die Gleichgewichtslage. Die Welle breite sich mit der Geschwindigkeit c nach rechts aus.

An *jedem* von der Welle erfassten Ort kann nun ein Schwingungszeiger gezeichnet werden, an fünf Stellen auf der x-Achse ist dies realisiert → **B2**. Da alle Körperchen dieselbe Schwingung ausführen, sind alle Zeiger gleich lang und rotieren mit derselben Frequenz. Da sie aber die Schwingung alle nacheinander ausführen, haben sie alle zu jedem Zeitpunkt zueinander versetzte Zeigerstellungen.

Um Übersicht in das Geschehen zu bringen, betrachten wir im Folgenden 10 Momentaufnahmen der Welle, als wären sie mit einer Kamera in zeitlichen Abständen von je $T/8$ gemacht worden.

a) Zeitlicher Durchblick an einem Ort (von oben nach unten): Denken Sie sich bei $x = 0$ eine Spaltblende vor die Wellenmaschine gestellt: So konzentrieren Sie Ihren Blick auf den Wellenerreger. Sein Schwingungszeiger ist immer im ersten Kreis links zu sehen. Sie beobachten im zeitlichen Nacheinander die harmonische Schwingung dieses Körperchens. Die Beobachtung beginnt zur Zeit $t = 0$ mit dem Phasenwinkel $\varphi = 0$ (Zeiger weist nach rechts), es folgen darunter $\varphi = \pi/4$ zur Zeit $T/8$, $\varphi = 2\pi/4$ (bei $t = T/4$), $6\pi/8$ usw. Dazu gehören die Elongationen $s = 0$ m; 0,14 m; 0,2 m (ist Maximum); 0,14 m.

Blicken Sie nun an der Stelle $x = 1$ m (zweiter Kreis) von oben nach unten, also auf den zeitlichen Ablauf der Schwingung des dort liegenden Körperchens. Erst zur Zeit $t = 2T/8$ startet es mit dem Phasenwinkel $\varphi = 0$. Eine Achtelperiode später (4. Zeile) hat seine Schwingung den Phasenwinkel $\varphi = 2\pi/8$ erreicht usw. Das Körperchen bei $x = 1$ m hinkt also gegenüber dem ersten um $\Delta\varphi = \pi/2$ nach. Noch weiter rechts liegende Körperchen haben Schwingungsphasen, die gegenüber denen des ersten Körperchens noch weiter zurückliegen, und zwar umso stärker, je weiter sie von diesem entfernt sind.

b) Räumlicher Durchblick zu einem Zeitpunkt (von links nach rechts): Betrachten Sie zu einer bestimmten Zeit (z.B. für $t = T$) die verschieden weit ausgelenkten Körperchen des Trägers! Beim Blick längs eines Momentanbildes finden Sie, dass sich alle möglichen Phasenzustände nebeneinander gelegt haben. Je weiter wir nach rechts schauen, desto mehr schauen wir in die Vorgeschichte der Schwingung am Ort $x = 0$. Was dort zeitlich nacheinander geschah, liegt jetzt räumlich nebeneinander. Schwingt also der Wellenerreger harmonisch, d.h. nach einer zeitlichen Sinusfunktion, so liegen die von der Querwelle erfassten Körperchen in jedem Augenblick räumlich auf einer Sinuskurve.

c) Diagonaler Durchblick (längs der Geraden von links oben nach rechts unten): Er zeigt, wie eine bestimmte Schwingungsphase (z.B. $\varphi = 0$, mit Zeigerstellung →) zeitlich und räumlich weiterläuft. Statt von der Ausbreitungsgeschwindigkeit c der Welle spricht man deshalb auch von ihrer Phasengeschwindigkeit c.

Nachdem eine Periodendauer T vergangen ist, hat sich die Welle so weit auf dem Träger vorgeschoben, dass sämtliche Schwingungsphasen von $\varphi = 2\pi$ bis $\varphi = 0$ fein säuberlich nebeneinander liegen. Von dort an wiederholt sich jede Phase; die Welle besitzt also eine räumliche Periode. Diese ist gleich dem Abstand zweier aufeinanderfolgender Wellenberge – allgemein gleich dem Abstand zweier benachbarter Stellen mit derselben Schwingungsphase, z.B. „→" im neunten Bild → B2. Die Länge einer solchen räumlichen Wellenperiode wird Wellenlänge λ genannt. In unserem Beispiel ist $\lambda = 4$ m.

Merksatz

Teilchen, die in einer Kette elastisch gekoppelt sind, übernehmen die Schwingung eines Erregers. Ihre Schwingungsphase hängt umso mehr zurück, je weiter sie vom Erreger entfernt sind.
Es entsteht eine Welle mit wandernden Bergen und Tälern. Der Abstand benachbarter Orte gleicher Phase heißt Wellenlänge λ.

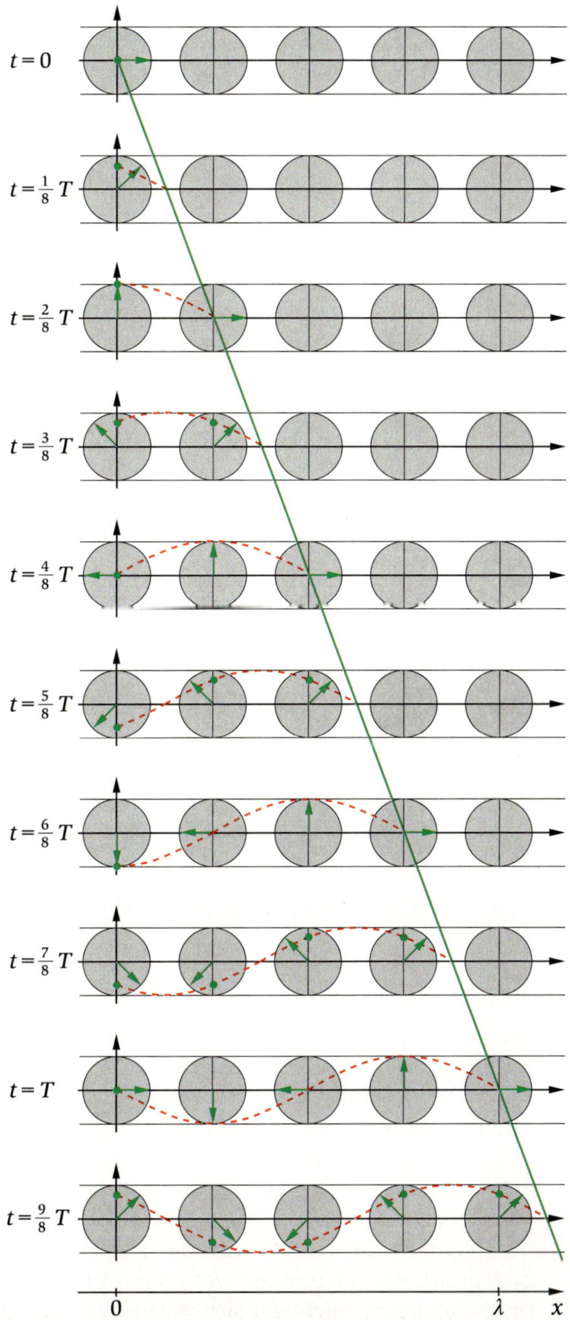

B2 Zehn Momentaufnahmen einer entstehenden Welle in zeitlichen Abständen $\Delta t = T/8$

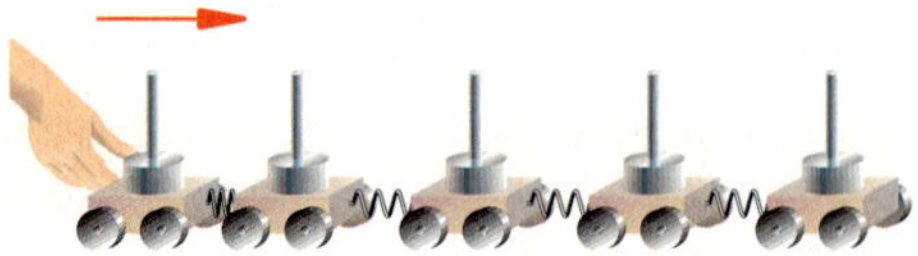

V1 Einige kleine Wagen sind hintereinander aufgestellt und durch elastische Stahlfedern gegenseitig verbunden. Lenken wir jetzt den ersten Wagen nach rechts oder links aus, so werden die übrigen nacheinander um ein Stückchen nach rechts bzw. links verschoben. Je größer die Masse der Wagen ist und je weicher die Stahlfedern sind, desto langsamer wandert diese Längsstörung durch die Wagenkette.

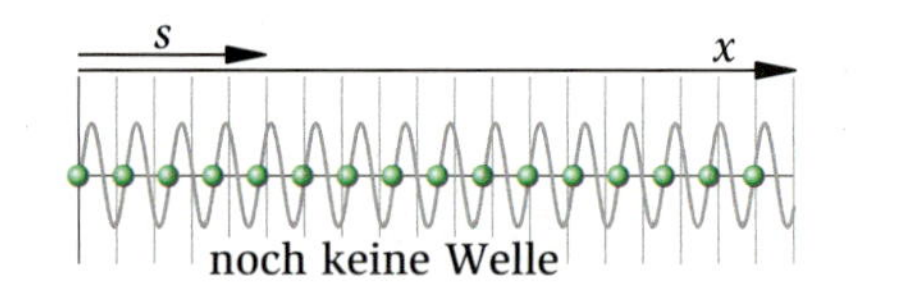

B1 Bei einer Längswelle schwingen die Teilchen längs der Ausbreitungsrichtung. Deshalb wandern abwechselnd Verdichtung und Verdünnung nach rechts durch die Schraubenfeder. Die Elongationen sind jetzt die Projektionen der jeweiligen Zeiger auf die in x-Richtung liegende s-Achse.
Die blauen Vektoren markieren die Stellen größter Schnelle in positiver und negativer Richtung. Die Schnelle ist der Elongation immer um eine viertel Wellenlänge voraus (entspricht dem Phasenvorsprung $\Delta\varphi = \pi/2$).

3. Längswelle – Schwingungen in Ausbreitungsrichtung

Auf einem Rangierbahnhof wird ein Güterzug zusammengestellt. Wenn ein neu hinzukommender Wagen auf die Reihe der schon bereitstehenden Wagen stößt, geht ein Ruck von vorne bis hinten durch den ganzen Zug.

Wir ahmen dies in → **V1** nach und lenken den linken Wagen der „Eisenbahn" nach rechts aus. Dabei drückt er die nachfolgende Feder etwas zusammen, der zweite Wagen erfährt so eine Kraft nach rechts. Wegen seiner Trägheit wechselt dieser jedoch nicht augenblicklich in seine neue Lage; vielmehr vergeht eine gewisse Zeit, bis er ebenso weit nach rechts ausgelenkt ist wie der erste Wagen. Nach und nach rücken alle weiteren Wagen nach rechts.

Geben wir einer auf den Tisch gelegten Feder einen Schubs nach rechts, so wandert auch bei dieser Feder eine solche „Verdichtungs"-Störung von links nach rechts. Ziehen wir dagegen ruckartig an der ersten Windung, so wandert eine „Verdünnung" nach rechts. Bewegen wir die erste Windung harmonisch hin und her, so erzeugen wir eine harmonische **Längswelle** – auch **Longitudinalwelle** genannt → **B1**.

Bei der harmonischen Querwelle haben wir sehr ähnliche Beobachtungen gemacht. Bei ihr war die Elongation $s(t)$ der einzelnen Körperchen aber immer senkrecht zur Ausbreitungsrichtung. Jetzt, bei der Längswelle, liegt die Elongation in gleicher Linie wie die Ausbreitungsrichtung, s- und x-Achse sind gleichgerichtet → **B1**. Am Ort $x = 0$ zeigt der Zeiger bei $t = 0$ nach unten, seine Projektion auf die s-Achse und damit die Elongation ist null. Jeder folgende Zeiger auf der x-Achse liegt in der Phase um $\Delta\varphi = \pi/12$ zurück. In der nächsten Momentaufnahme ($t = T/6$) haben sich alle Zeiger um $2\pi/6 = \pi/3$ weitergedreht.

Wir sehen: Formal wird die Längswelle genauso beschrieben wie die Querwelle. Dies gilt auch für die Phasenverschiebung zwischen Elongation und Schnelle: Die Elongation startet an bestimmten Stellen gerade wieder aus Null. Hier huscht der „Schatten" der jeweiligen Zeigerspitze besonders schnell über die s-Achse. Die Schnelle ist gegen die Elongation also um eine viertel Wellenlänge versetzt.

Gerade an Stellen maximaler Schnelle liegen die Teilchen besonders dicht → **B1**, an anderen weit auseinander. Bei Längswellen treten – anders als bei Querwellen – auch Druckschwankungen auf.

Längswellen können in allen Körpern auftreten, in denen bei Volumenänderungen Kräfte entstehen, also neben den festen Körpern auch in Flüssigkeiten und Gasen. Schallwellen in Luft und Wasser sind solche Longitudinalwellen. Querwellen können es nicht sein, da es bei Gas- und Flüssigkeitsteilchen bei gegenseitiger Verschiebung keine Rückstellkraft gibt.

Merksatz

Bei einer fortschreitenden **Längswelle** schwingen die Teilchen des Trägers mit der Frequenz f längs der Ausbreitungsrichtung hin und zurück.

Längs- und Querwellen in Materie

Mechanische Wellen brauchen zur Ausbreitung einen Träger. Er besteht aus einzelnen Teilchen, die durch elastische Kräfte miteinander verbunden sind. Bei festen Körpern wirken die auftretenden Kräfte so, als seien die einzelnen Teilchen durch elastische Federn nach allen drei Raumrichtungen verbunden.

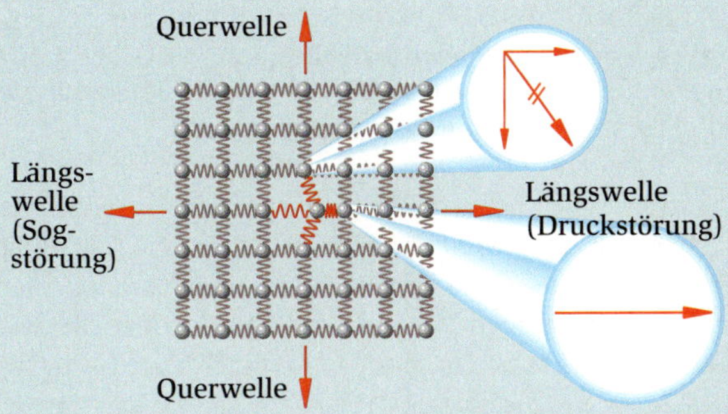

Wird nun ein Teilchen aus seiner Gleichgewichtslage etwas nach rechts ausgelenkt, so entsteht eine große Kraft auf das rechts neben ihm liegende Teilchen. Dieses wird stark beschleunigt. So entsteht eine Längsstörung mit großer Ausbreitungsgeschwindigkeit nach rechts (nach links entsprechend).
Wegen der allseitigen Kopplung der Teilchen kommt aber auch eine Querstörung zustande. Das Teilchen über dem ausgelenkten erfährt eine Kraft nach rechts unten. Diese liefert eine kleine Komponente nach rechts und führt so zu einer nach oben schreitenden Querstörung (nach unten entsprechend), und zwar mit kleinerer Ausbreitungsgeschwindigkeit.

Im Inneren von Flüssigkeiten und Gasen können nur Längswellen entstehen. Die Oberfläche einer Flüssigkeit ist dagegen bestrebt, sich nach einer Störung wieder horizontal einzustellen. Diese Eigenschaft ermöglicht an einer Wasseroberfläche sogenannte Oberflächenwellen mit einer Quer- als auch einer Längskomponente.

Erdbebenwellen

Der Herd eines Erdbebens kann bis zu einigen hundert Kilometern unter der Erdoberfläche liegen. Von dort breiten sich mechanische Längs- und Querwellen nach allen Richtungen durch das Erdinnere aus. Sie werden in mehr als 500 Erdbebenstationen, die über die ganze Erde verstreut sind, durch sogenannte Seismografen aufgezeichnet. Ein solches Gerät besteht aus einem Körper mit sehr großer Masse, der – wie ein Pendel – möglichst leicht beweglich aufgehängt ist. Wegen seiner Trägheit bleibt er auch bei schnellen Bodenerschütterungen fast ganz in Ruhe. Die so entstehende Relativbewegung Erde-Körper wird mechanisch, optisch oder elektronisch verstärkt und zusammen mit Zeitmarken auf langen Papierstreifen oder im Computer registriert.

Solche Seismogramme enthalten wichtige Informationen: Da sich Längswellen (Primärwellen) in einem festen Körper schneller ausbreiten als Querwellen (Sekundärwellen), treffen die beiden mit einer gewissen Zeitdifferenz bei der Erdbebenwarte ein. Je größer diese Zeitdifferenz ist, desto größer ist die Entfernung zum Zentrum des Bebens. Noch später treffen die an der Oberfläche entlanglaufenden Querwellen ein (Oberflächenwellen oder Love-Wellen nach dem Entdecker LOVE). Sie bewirken die größten Zerstörungen in bebauten Gebieten.

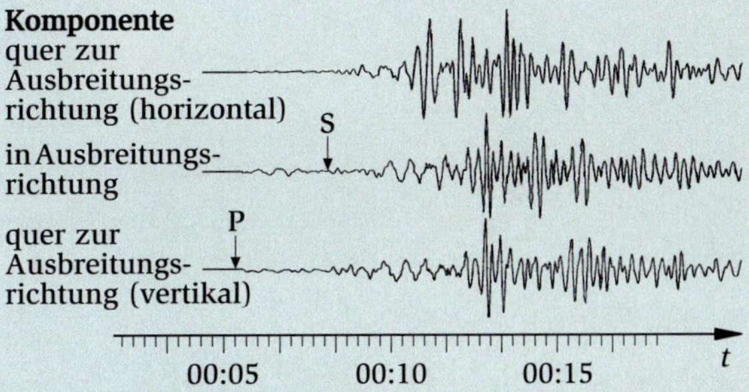

B2 In Deutschland registriertes Seismogramm des starken Erdbebens in Izmit, Türkei, am 17.08.1999 mit der Stärke 7,8 auf der Richterskala. Die zuvor in Spannungen der Erdkruste gespeicherte, riesige Energie ließ Häuser einstürzen; viele tausend Menschen kamen ums Leben.

Die Geschwindigkeit der Längs- und Querwellen hängt von den elastischen Eigenschaften des Erdmaterials ab. Deshalb liefern Seismogramme Informationen über Festigkeit und Dichte vom Erdinnern.

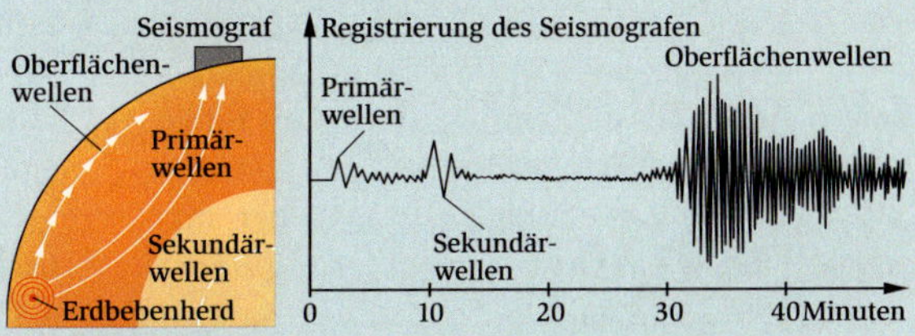

Durchlaufen Erdbebenwellen auf dem Weg vom Erdbebenherd zum Seismografen Schichten, die tiefer als etwa 2900 km in der Erde liegen, so kommen am Seismografen nur noch Längswellen an. Noch nie ist eine Querwelle beobachtet worden, die größere Tiefen durchsetzt hätte. Daraus schließt man auf einen Erdkern, der in dieser Tiefe beginnt und sich wie eine Flüssigkeit verhält.

Wellen in Gleichungen

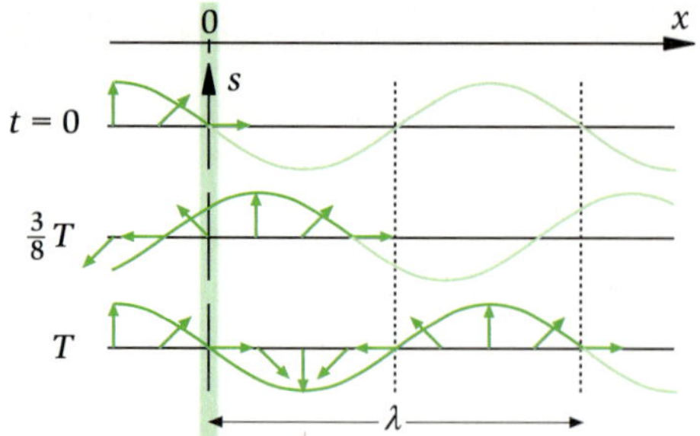

B1 Drei Momentaufnahmen einer fortschreitenden Welle. Jeweils ist in Abständen von $\lambda/8$ ein Schwingungszeiger eingezeichnet. Je größer die Entfernung zum Erreger (links außerhalb des Bildes), desto weiter liegt der Zeiger in der Phase zurück. (Die Zeiger drehen sich gegen den Uhrzeigersinn.)

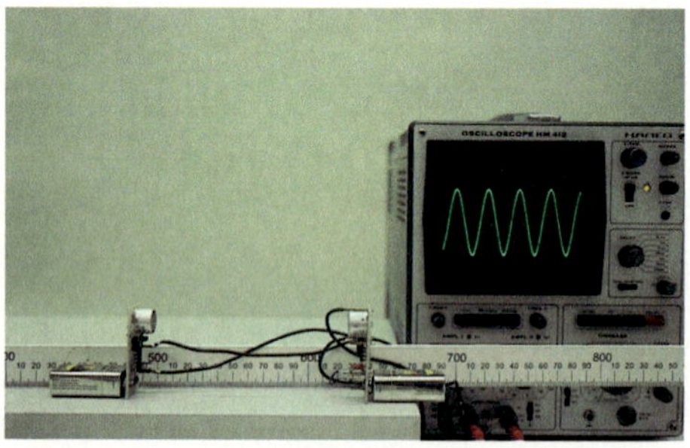

V1 Ein Ultraschallsender („Lautsprecher") und ein Ultraschallempfänger („Mikrofon") stehen sich gegenüber. Die Anschlüsse des Sendeschallkopfes sind mit dem Triggereingang eines Oszilloskops verbunden. Die Sendeschwingung „ruht" so, wenn sie im Kanal I gezeigt wird. Der Empfänger ist mit Kanal II des Oszilloskops verbunden. Sein *t-s*-Diagramm, also die Schwingung am Ort des Empfängers, sehen wir auf dem Bildschirm.

Nun entfernen wir den Empfänger langsam vom Sender. Die Schallwelle muss jetzt eine zunehmend größere Strecke bis zum Empfänger zurücklegen. Eine vorher am linken Bildschirmrand beobachtete Phase (z. B. →) erreicht den Ort des Empfängers nun später. Im Kanal II rutscht deshalb der Kurvenzug nach rechts. Wir vergrößern die Entfernung nun so weit, bis die Schwingung am Bildschirm um 20 Periodendauern zurückliegt. Dazu müssen wir den Empfänger um $\Delta x = 20\lambda = 17$ cm vom Sender fortziehen. Daraus ergibt sich die Wellenlänge

$$\lambda = 17\text{ cm}/20 = 0{,}85\text{ cm} = 8{,}5\text{ mm}.$$

Die Frequenz des Senders messen wir zu $f = 40{,}1$ kHz.

1. Die Phase wandert mit der Geschwindigkeit c

Eine fortschreitende Welle kann durch Zeiger beschrieben werden. Jeder Zeiger rotiert mit der Frequenz f am Ort des schwingenden Teilchens und gibt dessen Amplitude, Phase und Elongation zu jedem Zeitpunkt wieder.

→ B1 zeigt dies in drei Momentaufnahmen. Zwischen der ersten und der dritten Aufnahme haben alle Zeiger eine vollständige Umdrehung ausgeführt. Es ist also eine ganze Periodendauer vergangen.

Während dieser Periodendauer T ist jede Phase der Welle um die Wellenlänge λ weitergewandert, und zwar mit der konstanten Geschwindigkeit c. Für diese Geschwindigkeit gilt

$$c = \frac{\Delta s}{\Delta t} = \frac{\lambda}{T}.$$

Wegen $f = 1/T$ folgt der für alle Wellen wichtige Zusammenhang zwischen Geschwindigkeit c, Wellenlänge λ und Frequenz f:

$$c = \lambda f$$

Die Frequenz f wird ausschließlich vom Erreger bestimmt; die Geschwindigkeit c hängt dagegen von der Beschaffenheit des Trägers ab, die Wellenlänge λ von beiden.

2. Die Geschwindigkeit einer Welle kann man messen

Um die Geschwindigkeit zu messen, sucht man zu einem Körperchen längs der Ausbreitungsrichtung der Welle das nächste gleicher Phase. Bei einer Wellenmaschine sieht man solche im Gleichtakt schwingenden Teilchen. Man misst deren Abstand und hat so die Wellenlänge. Zusammen mit ihrer Frequenz berechnet man die Geschwindigkeit der Welle.

Bei der unsichtbaren Schallwelle finden wir Orte gleicher Schwingungsphase anders. In **→ V1** benutzen wir dazu ein Mikrofon. Es registriert an jeder Stelle vor dem Sender eine Schwingung und zeichnet sie als *t-s*-Diagramm auf den Schirm eines Oszilloskops.

Den Phasenrückstand gegenüber der Erregerschwingung lesen wir z. B. am linken Bildschirmrand ab. Je weiter wir das Mikrofon vom Sender wegziehen, desto größer wird er. In n Schritten von ganzen Wellenlängen λ finden wir wieder phasengleiche Schwingungen ($\Delta\varphi = n \cdot 2\pi$).

In unserem Versuch ist die Schrittweite, also die Wellenlänge λ, 8,5 mm bei einer Frequenz von 40,1 kHz. Die Schallgeschwindigkeit ist demnach:

$$c = \lambda f = 8{,}5 \cdot 10^{-3}\text{ m} \cdot 40{,}1 \cdot 10^{3}\text{ s}^{-1} = 341\text{ m} \cdot \text{s}^{-1}.$$

Merksatz

Die starre Form der Welle und damit die Phase schreitet mit der Geschwindigkeit c längs des Trägers fort. Innerhalb einer Periodendauer legt sie dabei eine Wellenlänge zurück.
Es gilt für die Geschwindigkeit der Welle: $c = \lambda f$.

Vertiefung

Mathematischer Durchblick

Der Ort, an dem sich ein Körperchen zu einem bestimmten Zeitpunkt t gerade befindet, wird durch die Koordinaten x der Gleichgewichtslage und der Auslenkung s aus dieser Gleichgewichtslage (= Elongation) gekennzeichnet. Der Wellenerreger zwinge dem ersten Körperchen bei $x = 0$ eine harmonische Schwingung auf. In diesem Fall gilt das uns bekannte t-s-Gesetz für die harmonische Schwingung

$$s(t) = \hat{s}\sin\varphi(t) = \hat{s}\sin(\omega t) = \hat{s}\sin\left(\frac{2\pi}{T}\cdot t\right).$$

Für ein anderes Teilchen in einer bestimmten Entfernung vom Erregerteilchen, muss eine Phasenverschiebung hinzukommen, die vom Ort x des Teilchens abhängt – je größer x, desto größer muss auch die Phasenverschiebung bei einer bestimmten Wellenlänge λ sein. Berücksichtigt man diese Phasenverschiebung, erhält man die **Wellengleichung** einer in x-Richtung fortschreitenden Sinuswelle

$$s(x;t) = \hat{s}\sin\left[2\pi\left(\frac{t}{T}-\frac{x}{\lambda}\right)\right].$$

Diese Gleichung enthält in mathematischer Kurzform alle Informationen, die wir mit der zeitlichen und räumlichen Darstellung einer Welle verknüpft haben.

Beispiele: Wählt man $x = 0$ und variiert die Zeit t, so ergibt sich die Schwingungsgleichung des Erregers. Ein Teilchen am Ort $x = \lambda$ (oder bei einem der Orte $k\cdot\lambda$) schwingt im Vergleich zum Erregerteilchen mit einer Phasenverschiebung von 2π (bzw. $k\cdot 2\pi$). Die Schwingungszeiger all dieser Teilchen drehen sich „im Takt“. An jedem anderen beliebigen Ort x erhält man den Sinusverlauf der Schwingung des dortigen Teilchens (wie bei einem Blick durch einen Spalt) – man hat also den „zeitlichen Durchblick am Ort x“.

Wählt man einen bestimmten Zeitpunkt t und variiert x, so erhält man den sinusförmigen Verlauf des Wellenträgers, die räumliche Gestalt der Welle in diesem Moment (wie bei einem Foto) – man hat den „räumlichen Durchblick zum Zeitpunkt t“. **→ B1** zeigt solche Momentaufnahmen für drei verschiedene Zeitpunkte.

Hält man die Phase $\varphi = 2\pi(t/T - x/\lambda)$ fest, schaut man also auf Zeiger derselben Richtung, so erfährt man, wie dieser Phasenzustand über den Wellenträger weiterläuft – es ist der „diagonale Durchblick“ über mehrere in regelmäßigen Abständen aufgenommene Momentaufnahmen (wie bei einem Film, wenn man sein Auge z. B. an einen Nulldurchgang heftet). Das Beispiel der wandernden Phase $\varphi = 0$ verrät:

$$t/T = x/\lambda, \text{ also } x/t = \lambda/T = \lambda f = c.$$

A1 **a)** In der Zeichnung finden Sie sechs Phasen einer Sinusschwingung. Geben Sie die Phasenwinkel im Bogenmaß an. Ordnen Sie den Phasenwinkeln, bezogen auf die Periodendauer T, den jeweiligen Zeitpunkt zu ($s(0) = 0$).

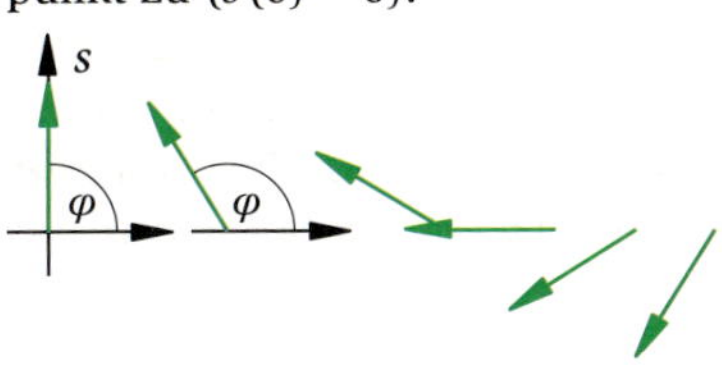

b) Ermitteln Sie aus dem Zeigerbild die Information zur Schnelle. Zeichnen Sie die Schnellepfeile mit jeweiliger Begründung.

A2 Sie beobachten eine Welle. Jedes Körperchen führt 15 Schwingungsperioden in drei Sekunden aus. In der gleichen Zeit wandert jeder Phasenzustand 12 m weit. Berechnen Sie Frequenz, Wellenlänge und Geschwindigkeit der Welle.

A3 In **→ B1** beginnt die Schwingung am Ort $x = 0$ mit einer Elongation nach oben. Was ändert sich an der fortschreitenden Querwelle, wenn die Schwingung dort mit einer Elongation nach unten anfängt? Zeichnen Sie diese Welle samt Zeigern zu den Zeiten $t = 0$, $t = T/4$ und $t = T/2$.

A4 Eine lineare Querwelle schreite mit der Geschwindigkeit $c = 2{,}5$ m/s längs der x-Achse eines Koordinatensystems fort. Der Erreger starte zur Zeit $t = 0$ seine Sinusschwingung mit der Frequenz $f = 50$ Hz und der Amplitude $\hat{s} = 2$ cm längs der s-Achse nach oben. **a)** Zeichnen Sie die Welle zu den Zeiten $t_1 = 0{,}050$ s und $t_2 = 0{,}055$ s. **b)** Zeichnen Sie das Diagramm der Teilchenschwingung am Ort $x = 3{,}75$ cm. **c)** Welcher grundlegende Unterschied besteht zwischen den Kurven in a) und b)?

A5 In **→ V1** stehe das Mikrofon im Abstand 5λ vom Sender entfernt. Ein zweites Mikrofon sei um $\lambda/4$ weiter vom Sender entfernt als das erste. Skizzieren Sie die beiden Oszilloskopbilder.

A6 **→ Vertiefung** **a)** Erklären Sie die Wellengleichung! Was wird beschrieben **b)** bei konstantem t, **c)** bei festem x?

A7 **→ Vertiefung** **a)** Zeigen Sie mithilfe der Wellengleichung: Für t und $t + T$ bzw. für x und $x + \lambda$ ergeben sich gleiche Schwingungszustände, d. h. gleiche Elongationen und gleiche Phasen (Periodizität einer Welle in Raum und Zeit). **b)** Zeigen Sie, dass auch $s(t, x) = \hat{s}\sin[\omega(t - (x/c)]$ eine Form der Wellengleichung ist. Leiten Sie dann hieraus $c = \lambda f$ her.

A8 **→ Vertiefung**: Modellieren Sie die Wellengleichung mit einem Tabellenkalkulationsprogramm.

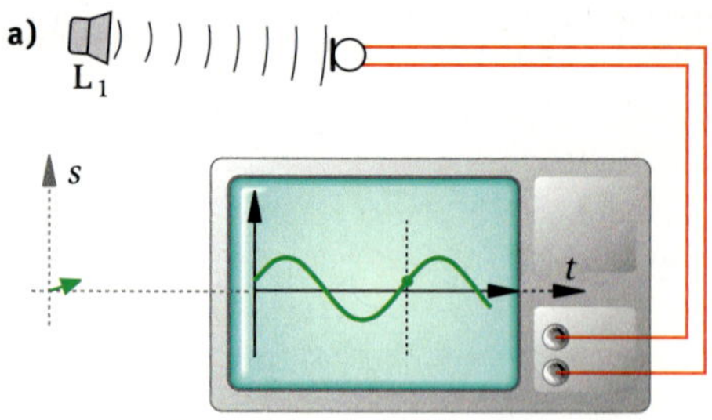

V1 a) Ein Tongenerator (oder Ultraschallgenerator) speist einen kleinen Lautsprecher L_1. Der Generator ist außerdem mit dem Triggereingang eines Oszilloskops verbunden. Beim Nulldurchgang seiner Schwingung beginnt das Oszilloskop von links an zu schreiben. Die sichtbare Sinuskurve stammt von einem Mikrofon vor L_1. Es ist mit dem Eingang des Oszilloskops verbunden. Der Zeiger kennzeichnet Phase und Elongation der Schwingung am Mikrofon zur Zeit *t*.

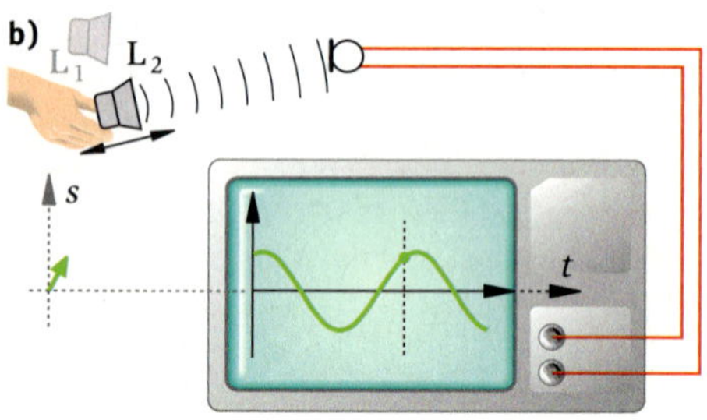

V1 b) L_1 wird abgeschaltet, ein zweiter Lautsprecher L_2 angestellt. Er ist am selben Tongenerator angeschlossen. Wieder registriert das Mikrofon eine Sinusschwingung, die wir am Oszilloskop sehen. Durch Verschieben von L_2 – also Ändern der Entfernung – variieren wir die Schwingungsphase am Mikrofon.

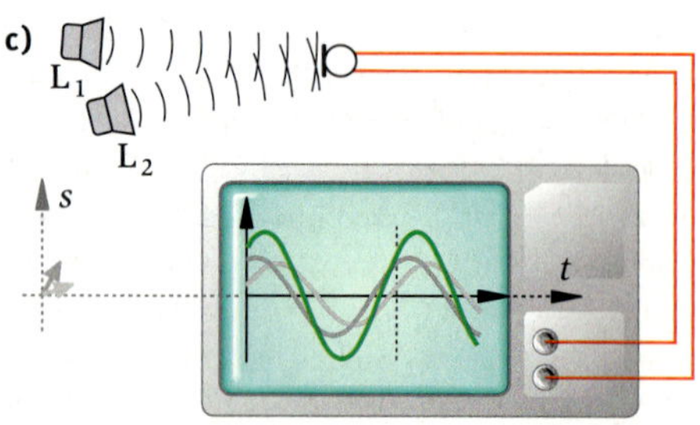

V1 c) Jetzt benutzen wir L_1 *und* L_2. Am Bildschirm entstehen nun nicht etwa zwei Kurven. Vielmehr sehen wir nach wie vor eine einzige Sinuskurve; diese besitzt jedoch eine andere Amplitude. Beim Verschieben von L_2 ändert sie sich, manchmal ist sie größer und manchmal kleiner als vorher. Die Phase der resultierenden Schwingung liegt immer zwischen denen der einzelnen.

1. Konzert für zwei eintönige Instrumente

Töne werden durch Schwingungen erzeugt. Jedes einzelne Instrument eines Sinfonieorchesters versetzt über eine Schallwelle das Trommelfell Ihres Ohres in Schwingungen. Das gesamte Orchester erzeugt auf diese Weise in dem einen Trommelfell ein gewaltiges Durcheinander von vielerlei Schwingungen. Im Gehirn wird dadurch die Empfindung eines Gesamtklangs geweckt.

Die physikalisch komplizierten Vorgänge wollen wir auf folgende Grundfrage zurückführen: Was passiert, wenn eine Membran (z. B. in einem Mikrofon oder das Trommelfell unseres Ohres) gleichzeitig zwei Sinusschwingungen derselben Frequenz ausgesetzt wird?

Sinusschwingungen kann man mit Generatoren und Lautsprechern erzeugen. Veranstalten wir ein überschaubares „Konzert für zwei Lautsprecher"! Ein Mikrofon nimmt es auf und zeichnet es auf den Bildschirm eines Oszilloskops.

→ **V1a–c** liefert als Ergebnis: Die Überlagerung zweier Schwingungen gleicher Frequenz liefert wieder eine Sinusschwingung mit dieser Frequenz. Ihre Amplitude hängt ab von den Amplituden der Ausgangsschwingungen, aber auch von der Phasendifferenz zwischen den einzelnen Schwingungen. Sie kann größer aber auch kleiner sein als die einzelnen Amplituden.

2. Zwei Zeiger zeigen alles

Die Schwingungen, denen die Membran ausgesetzt ist, beschreiben wir durch zwei in derselben Ebene rotierende Zeiger. Ihre Spitzen P_1 und P_2 drehen sich zusammen mit den Zeigern gegen den Uhrzeigersinn → **B1**. Dabei beachten wir:

- Länge des Zeigers = Amplitude der jeweiligen Schwingung,
- *s*-Wert des umlaufenden Punktes = Elongation der zugehörigen Sinusschwingung,
- gleiche Frequenz der Schwingung bedeutet gleiche Winkelgeschwindigkeit $\omega = 2\pi f$ gegen den Uhrzeigersinn,
- sind die Schwingungen in Phase, so decken sich die Zeiger.

Letzteres ist jedoch ein Sonderfall. Im Allgemeinen läuft ein Zeiger dem anderen um einen bestimmten Winkel voraus. Da beide Zeiger hier mit gleicher Winkelgeschwindigkeit umlaufen, ist dieser Winkel konstant. Zwischen den beiden Schwingungen besteht dann dauerhaft eine Phasenverschiebung φ_0 (gemessen im Bogenmaß).

Diese Zeiger addieren wir jetzt wie zwei Vektoren. Der resultierende Zeiger rotiert zusammen mit den beiden Ausgangszeigern, hat also dieselbe Winkelgeschwindigkeit wie diese. Die Spitze P des resultierenden Zeigers hat die Ordinate $s = s_1 + s_2$, denn die Dreiecke OP'_1P_1 und $P_2P'_2P$ sind kongruent → **B2**. Im gezeichneten Moment sind alle *s*-Werte positiv. Während der Rotation der Zeiger wird jeder Wert zwischendurch auch negativ; $s = s_1 + s_2$ gilt aber auch dann.

Diese Überlegung sagt voraus, was bei der Überlagerung zweier harmonischer Schwingungen längs einer Linie zu erwarten ist:

- Die resultierende Schwingung ist wieder eine Sinusschwingung.
- In der Phase liegt sie zwischen den beiden Ausgangszeigern.
- Ihre Elongation ist immer die Summe der Einzel-Elongationen.
- Sie hat dieselbe Frequenz wie die einzelnen Schwingungen.

Genau dies bestätigt → V1.

Das Zeit-Elongations-Gesetz der ersten harmonischen Schwingung lautet $s_1(t) = \hat{s}_1 \sin(\omega t)$. Wir hatten ja dem Zeitpunkt $t = 0$ den Phasenwinkel $\varphi_1(0) = 0$ zugeordnet. Die zweite Schwingung eilt der ersten um den Phasenwinkel φ_0 voraus → B1, hat also zur Zeit $t = 0$ den Nullphasenwinkel φ_0. Für jeden anderen Zeitpunkt t ist ihr Phasenwinkel $\varphi_2(t) = \omega t + \varphi_0$. Für die zweite Schwingung heißt das Zeit-Elongations-Gesetz also: $s_2(t) = \hat{s}_2 \sin(\omega t + \varphi_0)$. Die resultierende Schwingung hat die Elongation → B2:

$$s(t) = s_1(t) + s_2(t) = \hat{s}_1 \sin(\omega t) + \hat{s}_2 \sin(\omega t + \varphi_0).$$

Mit diesem Term und einem Tabellenkalkulationsprogramm können Sie alle beschriebenen Überlagerungen selbst darstellen.

Merksatz

Für die Überlagerung zweier harmonischer Schwingungen längs einer Linie gilt bei gleicher Frequenz:
- Es entsteht wieder eine harmonische Schwingung mit derselben Frequenz – unabhängig von der Phase der beiden Schwingungen.
- Sind die beiden Schwingungen gleichphasig ($\varphi_0 = 0$, ↑↑), so addieren sich die Amplituden.
- Bei Gegenphasigkeit ($\varphi_0 = \pi$, ↑↓) subtrahieren sich die Amplituden. Sind sie gleich groß, löschen sich die beiden Schwingungen aus.

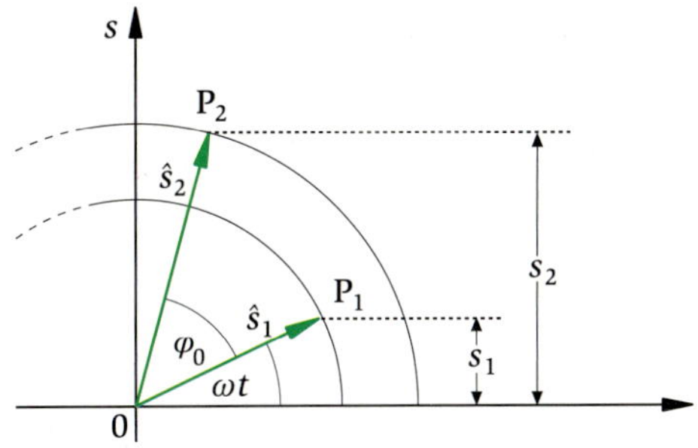

B1 Die s-Werte rotierender Zeiger sind die Elongationen s_1 und s_2 von Sinusschwingungen.

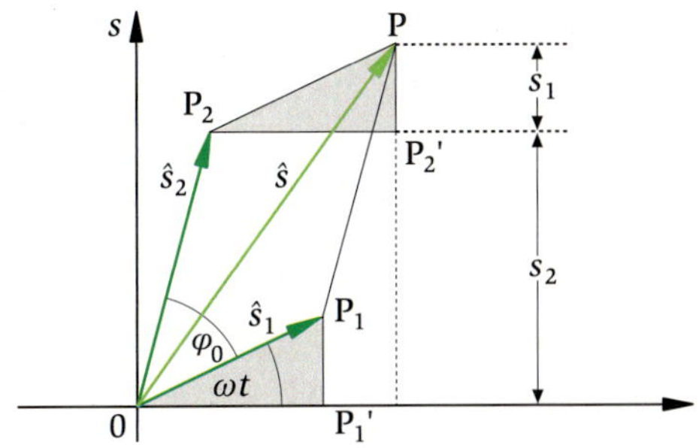

B2 Im Zeigerdiagramm werden die Elongationen s_1 und s_2 addiert.

3. So stimmt man Gitarrensaiten – die Schwebung

Man stimmt eine Gitarre, indem man auf zwei Saiten denselben Ton anzupft. Ist eine Saite nicht richtig gespannt, hört man ein „Wimmern", der Ton schwillt an und wieder ab – es ist eine Schwebung. Aus der Überlagerung zweier Sinusschwingungen nicht genau gleicher Frequenz resultiert nun keine harmonische Schwingung mehr, sondern eine Schwingung mit wechselnder Amplitude → B3.

Mithilfe unserer Zeiger können wir dies erklären: Bei der Schwingung mit der größeren Frequenz rotiert der Zeiger schneller, die Phasendifferenz nimmt dauernd zu. Bei Tönen mit $f_1 = 440$ Hz und $f_2 = 445$ Hz „überholt" der schnellere Zeiger den langsameren 5-mal in jeder Sekunde. Immer dann ist aber die Amplitude maximal. Das Anschwellen der Lautstärke erfolgt also 5-mal je Sekunde, die Schwebungsfrequenz ist $f_S = 5$ Hz oder allgemein $f_S = f_2 - f_1$.

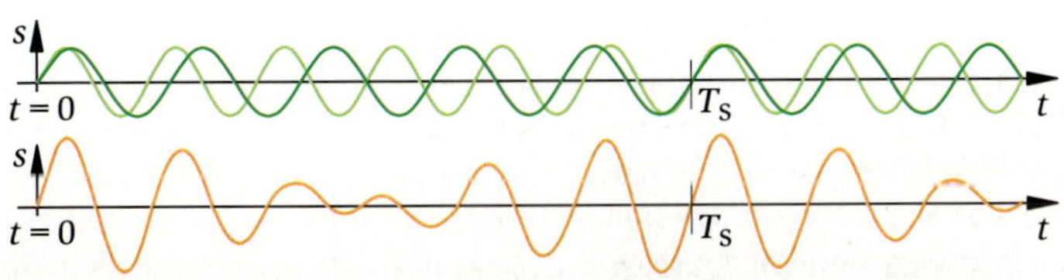

B3 Überlagerung zweier Schwingungen verschiedener Frequenz

A1 Zwei harmonische Schwingungen mit derselben Frequenz $f = 50$ Hz und den Amplituden $\hat{s} = 2$ cm bzw. $\hat{s} = 5$ cm werden mit dem Phasenunterschied $\varphi_0 = \pi/3$ überlagert. **a)** Ermitteln Sie aus dem Zeigerdiagramm die Amplitude und die Phasenlage der resultierenden Schwingung. **b)** Zeichnen Sie ihr Diagramm durch Ordinatenaddition. **c)** Modellieren Sie die Überlagerung mit einer Tabellenkalkulation.

A2 **a)** Bei einer Überlagerung mit gleichen Amplituden und gleichen Frequenzen lautet die Funktion der resultierenden Schwingung:

$$s(t) = 2\,\hat{s} \cdot \cos\frac{\varphi_0}{2} \cdot \sin\left(\omega t + \frac{\varphi_0}{2}\right).$$

Weisen Sie dies nach. (Hinweis: Benutzen Sie ein Additionstheorem). **b)** Deuten Sie den hergeleiteten Term für die Phasendifferenzen $\varphi_0 = 0$, π und $\pi/2$.

A3 **a)** Ein Tonerzeuger ist gegen die a^1-Stimmgabel (440,0 Hz) so verstimmt, dass der Ton innerhalb von 5,0 s 10-mal anschwillt. Geben Sie die Frequenz an, die der Tonerzeuger haben kann. **b)** Stellen Sie den Versuch mit einer Tabellenkalkulation nach.

Überlagerung gleichlaufender Wellen

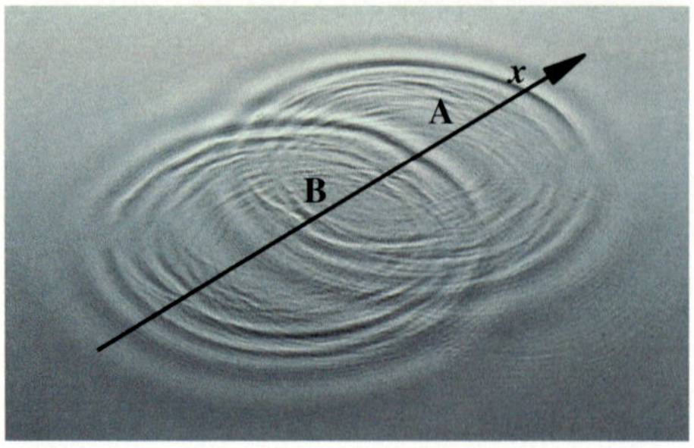

B1 Wasserwellen durchdringen sich ungestört.

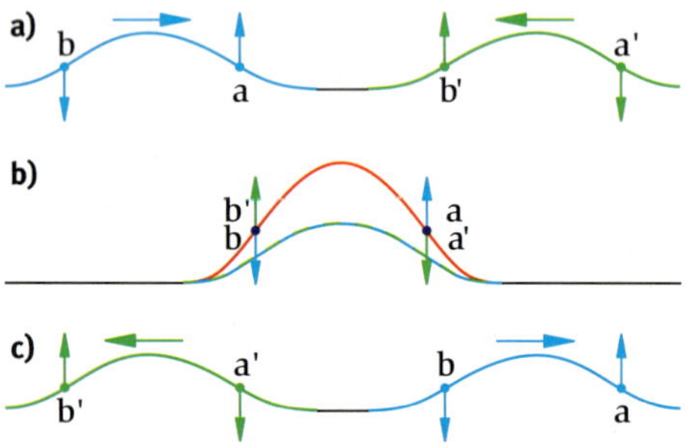

V1 Wir erzeugen an beiden Enden einer langgestreckten Schraubenfeder (oder eines langen Seils) gleichgerichtete kurze Querstörungen mit derselben Amplitude. **a)** Sie laufen einander auf demselben Träger als Wellenberge entgegen. **b)** Im Augenblick der Begegnung überlagern sie sich zu einem einzigen Wellenberg mit doppelter Amplitude. **c)** Aus dieser Begegnung gehen die beiden ursprünglichen Wellenberge unversehrt wieder hervor.

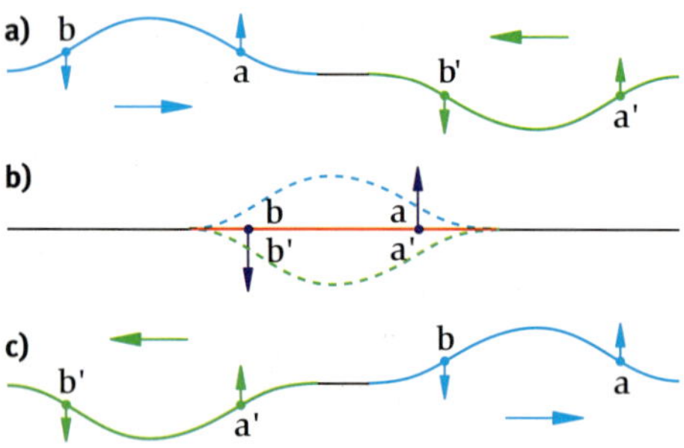

V2 Diesmal erzeugen wir an den Enden des Trägers zwei kurze Querstörungen mit gleicher Amplitude, aber jetzt mit entgegengesetzten Auslenkungen. **a)** Die beiden Störungen laufen als Wellenberg und als Wellental aufeinander zu. **b)** Im Augenblick der Begegnung „fressen" sich jetzt die Auslenkungen gegenseitig auf. Jedoch bleibt auch hier sowohl der Wellenberg als auch das Wellental von der Überlagerung unbeeindruckt: **c)** Beide tauchen anschließend wieder auf und laufen unversehrt weiter.

1. Wellen tun einander nichts

Bei Regen erzeugt jeder Regentropfen auf der Wasseroberfläche eine Kreiswelle. Kommt nun eine andere Welle angerollt, hervorgerufen z. B. von einem Schiff, so lassen sich die Kreiswellen dadurch nicht beirren. *Sie reiten auf dem Rücken dieser anderen Welle* und breiten sich dabei weiter aus: Die beiden Wellen *überlagern* sich ungestört. In → B1 sehen Sie zwei Kreiswellen, die durch Regentropfen oder zwei ins Wasser geworfene Steine entstanden sein können. Obwohl sie sich teilweise gegenseitig durchdrungen haben, blieb ihre Gestalt unversehrt erhalten.

Nun ist die Wasseroberfläche ein *zweidimensionaler* Wellenträger. Was auf einer Linie (etwa der x-Achse in → B1) passiert, können wir einfacher im Labor herausfinden. An den Enden einer langgestreckten Schraubenfeder erzeugen wir einzelne Querstörungen und lassen sie aufeinander zulaufen. → V1 und → V2 liefern, wie bei Wasserwellen, ein überraschendes Ergebnis: Wellen überlagern sich, nehmen dabei eine andere Form an und gehen anschließend unversehrt aus der Begegnung hervor. Wie können wir dies verstehen?

2. Transportierte Energie geht nicht verloren

Betrachten wir die aufeinander zulaufenden Wellenberge → V1a . Wenn im Augenblick der Begegnung die erste Welle auf der zweiten „reitet", so addieren sich die gleichgerichteten Elongationen. Sie werden zum Zeitpunkt, in dem sich die beiden Wellenberge gerade überdecken, *verdoppelt*. Auch die in den einander entsprechenden Punkten a und a′ bzw. b und b′ eingezeichneten Schnellevektoren addieren sich in diesem Moment und heben sich dabei auf. Das gilt in diesem Zeitpunkt auch für alle anderen Schnellevektoren. Der verdoppelte Wellenberg steht also einen Augenblick still → V1b . Jetzt steckt in dem Überlagerungsgebilde *nur Elongationsenergie*.

Dieser Zustand kann aber nicht anhalten; die in ihm steckende Energie wird nach beiden Richtungen des Trägers abgegeben: Die zwei ursprünglichen Wellenberge lösen sich wieder voneinander und wandern in alter Frische nach links und rechts weiter → V1c – jeweils mit Elongationsenergie und Bewegungsenergie.

Auch das „Auffressen" in → V2 bleibt so „wohlbekömmlich". Zwar heben sich hier die Elongationen für einen Augenblick gegenseitig auf → V2b , Elongationsenergie ist jetzt nicht mehr vorhanden. Dafür verdoppeln sich aber die Schnellen. Der Träger hat maximale Bewegungsenergie.

Die im Träger steckende Bewegung (bei a und a′ nach oben, bei b und b′ nach unten) sorgt dafür, dass aus der Begegnung anschließend wieder ein nach rechts fortschreitender Wellenberg und ein nach links fortschreitendes Wellental hervorgehen – wiederum jeweils mit Elongationsenergie und Bewegungsenergie.

Merksatz

Treffen Störungen an einer Stelle eines eindimensionalen Trägers zusammen, so addieren sich dort ihre Elongationen und Schnellen. Nach der Durchdringung laufen die Störungen unverändert weiter.

3. Interferenz gleichlaufender Wellen

Was für einzelne Störungen gilt, lässt sich auch auf ununterbrochen fortlaufende Störungen – also *Wellen* – übertragen. Die Überlagerung gleichartiger Wellen bezeichnen wir als **Interferenz**.

In → B1 liefert die Interferenz ganz unterschiedliche Ergebnisse. Im Bereich A überlagern sich in gleicher Richtung laufende Wellen. Im Bereich B laufen die Wellen aufeinander zu (darauf werden wir später eingehen). Betrachten wir zunächst einmal nur *gleichlaufende* Wellen mit gleicher Wellenlänge λ, also auch gleicher Frequenz.

Nun wissen Sie, dass zur Überlagerung zweier gleichfrequenter *Schwingungen* die Schwingungszeiger addiert werden. Bei der Überlagerung zweier *Wellen* addieren wir jeweils die zwei Schwingungszeiger *an jedem* Ort → B2. Alle Zeiger sind gleich lang, nur ihre Phase hängt vom Ort ab. Im weiteren Verlauf rotieren Einzelzeiger und resultierende Zeiger *gemeinsam an ihrem Platz*. In → B2 sehen wir davon nur eine Momentaufnahme.

Das Ergebnis der Addition hängt vom Phasenunterschied der Schwingungen ab und somit davon, wie weit die Wellenberge gegeneinander verschoben sind. Diesen im Wellenbild auffälligen *Wegunterschied* geben wir häufig in Vielfachen oder Bruchteilen der Wellenlänge an. Wir nennen ihn den **Gangunterschied** δ. Zwischen Phasendifferenz $\Delta\varphi$ und Gangunterschied δ gilt die Verhältnisgleichung

$$\frac{\Delta\varphi}{2\pi} = \frac{\delta}{\lambda}.$$

Betrachten wir nun zwei wichtige *Sonderfälle* der Interferenz:

Konstruktive Interferenz → B3: Die beiden Zeiger jeder Welle haben an jeder Stelle die gleiche Richtung, d. h. die Phasendifferenz $\Delta\varphi$ ist null oder $k \cdot 2\pi$ ($k = 1; 2; \ldots$). Damit sind die gleichlaufenden Wellen *in Phase*, d.h. die Maxima und Minima liegen am gleichen Ort. Der Gangunterschied δ ist null oder $k \cdot \lambda$.

Destruktive Interferenz → B4: Die Zeiger sind jeweils entgegengesetzt gerichtet, die Phasendifferenz $\Delta\varphi$ ist also π, 3π, 5π usw. die beiden gleichlaufenden Wellen sind an jeder Stelle des Trägers *gegenphasig*. Ihr Gangunterschied δ beträgt $\lambda/2$, $3\lambda/2$ oder $5\lambda/2$ oder allgemein $(2k-1) \cdot \lambda/2$. Ist $\hat{s}_1 = \hat{s}_2$ (wie in → B4), so entsteht eine Auslöschung längs der gesamten Ausbreitungsrichtung.

Merksatz

Durch Interferenz zweier in derselben Richtung laufender Wellen entsteht eine mit gleicher Richtung und Geschwindigkeit fortschreitende Welle derselben Wellenlänge.

Bei einer Phasendifferenz $\Delta\varphi = 0$ oder $\Delta\varphi = k2\pi$ (Gangunterschied $\delta = 0$ oder $\delta = k\lambda$ mit $k = 1; 2; \ldots$) wird die **resultierende Amplitude maximal** (konstruktive Interferenz).
Bei einer Phasendifferenz $\Delta\varphi = \pi$, 3π oder 5π usw. (Gangunterschied $\delta = (2k-1) \cdot \lambda/2$) wird die **resultierende Amplitude minimal** (destruktive Interferenz).

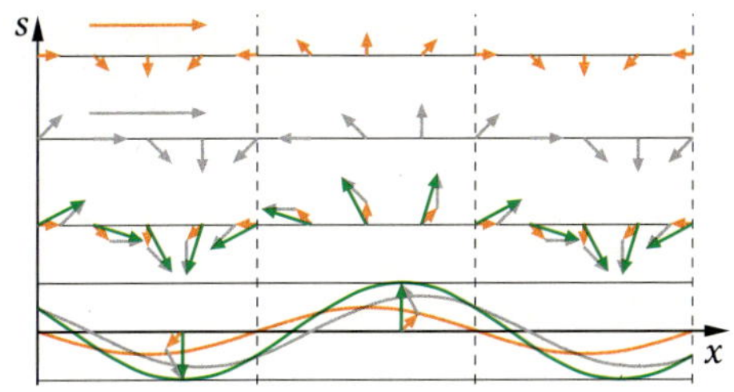

B2 *Beliebige Interferenz* – bei beliebiger Phase und unterschiedlicher Amplitude: Der resultierende Zeiger muss nur einmal aus den beiden Einzelzeigern konstruiert werden. Alle drei rotieren an jeder Stelle mit gleicher Frequenz, allerdings phasenverschoben. Die starre Form der resultierenden Welle ist deshalb wieder sinusförmig mit gleicher Frequenz und Wellenlänge. Die Amplitude (Zeigerlänge) hängt von der Phasenverschiebung ab.

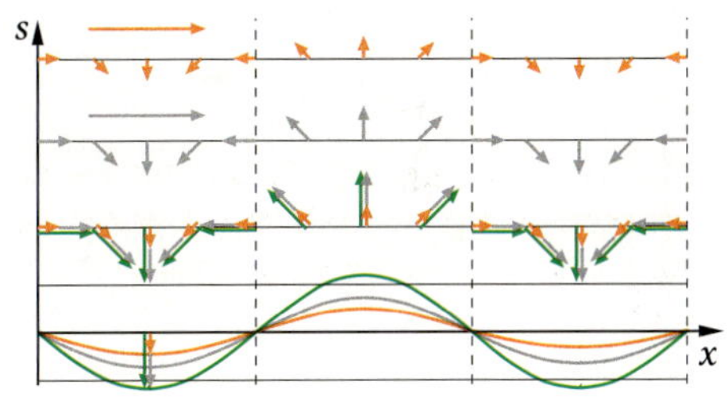

B3 *Konstruktive Interferenz* ($\Delta\varphi = 0$) mit maximaler Amplitude. Wellenberg fällt auf Wellenberg und Wellental auf Wellental. Durch Addition der Elongationen und Schnellen finden Sie, dass sich bei der Überlagerung eine Welle mit derselben Wellenlänge λ ergibt; die Amplituden addieren sich zur neuen Amplitude.
Die resultierende Welle ist mit den beiden ursprünglichen Wellen in Phase und schreitet wie diese mit der gleichen Geschwindigkeit c in derselben Richtung fort.

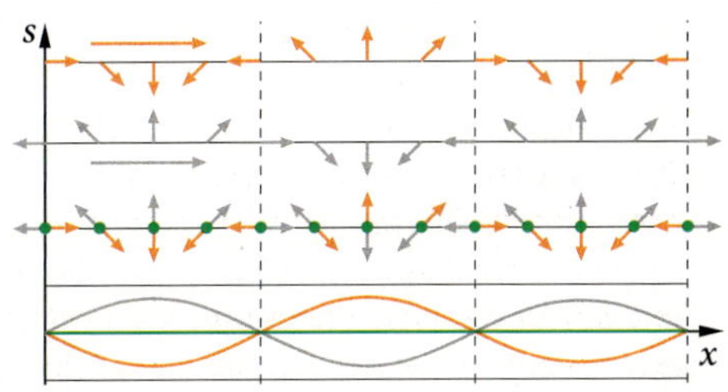

B4 *Destruktive Interferenz* zweier gegenphasiger Wellen ($\Delta\varphi = \pi$) gleicher Amplitude: Die Wellen löschen sich gegenseitig aus, weil beim Maximum der einen Welle das Minumum der anderen liegt.

Physik in der Natur

Riesenwelle aus dem „Nichts"

Weihnachten 2004 ereignete sich eine verheerende Katastrophe in den Küstenregionen des Indischen Ozeans. Die Nachrichten überschlugen sich: Ein **Tsunami** habe mit unvorstellbarer Wucht die Strände von Sumatra → **B1**, Sri Lanka und Thailand überrollt und dabei ganze Städte dem Erdboden gleichgemacht. Im Laufe von ca. 20 Minuten kamen nach späterer Schätzung über 200 000 Menschen ums Leben. Sie waren von einer rasenden, sich hoch auftürmenden Wasserwelle überrascht worden.

B1 Küstenabschnitt Sumatras vor und nach der Zerstörung durch die Tsunami-Katastrophe am 26. 12. 2004

Im Lauf der Erdgeschichte kam es schon häufiger zu solchen Katastrophen, ohne dass die Menschen sie auf eine gemeinsame Ursache zurückführen konnten – sie waren unerklärliches Schicksal. So wurde im November 1755 die portugiesische Hauptstadt Lissabon von einem Brand zerstört, der in Folge eines Erdbebens ausbrach. Die Einwohner flüchteten vor den Flammen an das Ufer des Tejo. Dort überraschten sie haushohe Flutwellen. Tragischerweise verloren dabei 60 000 Menschen ihr Leben, die sich schon gerettet sahen.

Diese früher unerklärliche, plötzlich wie aus dem Nichts auftauchende Riesenwelle zeigte ihre zerstörerische Energie vor allem in den wie Trichter wirkenden Buchten und Hafenbecken, insbesondere in Japan mit seiner steilen Tiefseeküste. Doch die Fischer dort hatten draußen auf hoher See von einer Welle überhaupt nichts gespürt. Sie nannten sie deshalb „Tsunami" – „Welle im Hafen".

Um einen Tsunami zu verstehen, müssen wir uns auch mit anderen Wasserwellen beschäftigen: Es gibt die kleinen, auseinanderlaufenden und flacher werdenden Kreise um die Einschlagstelle eines Tropfens auf ruhender Oberfläche. Sie entstehen durch die Oberflächenspannung. Beim genauen Hinschauen erkennt man meist einige Kreise, die andere Kreise überholen.

Von anderen, windgetriebenen und gewaltigeren Wellen lassen wir uns im Urlaub durchschaukeln. Nahe am Strand überschlagen sich die Wellenberge, es entsteht die Meeresbrandung.
Weit draußen, über tiefem Wasser, führt das Wasser an der Oberfläche kreisförmige Bewegungen aus und regt dabei benachbarte Bereiche zur gleichen Bewegung an. Die Amplitude kann hier groß werden, mehr als 10 m. Mit zunehmender Tiefe werden die Kreise kleiner, bis sie ganz verschwinden. In der Tiefe bleibt das Wasser ruhig. Man nennt diese an der Oberfläche über der ruhigen Tiefe entstandenen Wellen **„Tiefwasserwellen"**.

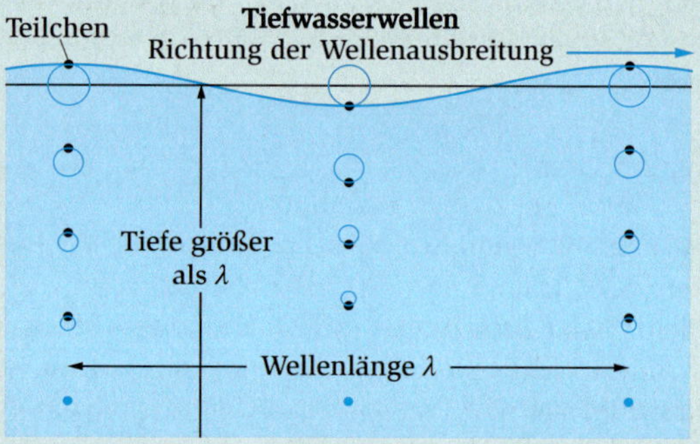

Tiefwasserwellen haben PKW-Geschwindigkeiten (etwa 10 bis 100 km/h). Ihre Wellenlängen sind klein im Vergleich zur Wassertiefe. Sie liegen bei 100 bis 200 m, die Periodendauern betragen etwa 4 bis 70 s.

Normalerweise laufen auch diese Tiefwasserwellen mit der Zeit auseinander: Die Wellenberge werden niedriger und teilen sich auf. Der Grund dafür ist, dass jeder geformte Wellenzug endlicher Länge als eine Überlagerung von sehr vielen sinusförmigen Teilwellen mit jeweils unterschiedlicher Wellenlänge aufgefasst werden kann. Wasserwellen mit unterschiedlicher Wellenlänge haben verschiedene Geschwindigkeiten *(Dispersion)*, sodass in einiger Entfernung alle Teilschwingungen außer Takt geraten sind und sich gegenseitig auslöschen.

Bei Tsunamis trifft dies alles nicht zu. Am häufigsten entstehen sie im Pazifischen Ozean. Es gibt sie aber auch in vielen anderen Meeresgebieten.

Entstehung und Ausbreitung

Der Ausgangspunkt eines Tsunamis ist zumeist ein Erdbeben aufgrund einer plötzlichen Verschiebung übereinander gleitender Platten der Erdkruste → B2. Dies geschah am 26. 12. 2004 vor der Insel Sumatra etwa 30 km unter dem Meeresgrund. Hierbei riss der Meeresboden mit einer Geschwindigkeit von zwei Kilometern pro Sekunde auf einer Fläche von $400 \cdot 100\ \text{km}^2$ auf, die Indische Platte „springt" 15 m weiter, biegt sich und bricht.

Über hunderte von Kilometern hebt sich der Meeresboden jetzt um mehrere Meter. Dies entspricht einer Energieumwandlung von etwa $1{,}5 \cdot 10^{12}$ kWh, was dem Energieverbrauch Deutschlands von einem halben Jahr entspricht. Rund um den Globus misst man dieses Beben der Stärke 9,3 – das zweitgrößte in der Menschheitsgeschichte.

Nach dem plötzlichen Anheben sinken die Wassermengen wieder nach unten. Da Wasser nicht gestaucht werden kann, verbreitert sich die Säule und drückt so das umgebende Wasser nach oben. So entsteht eine Wellenbewegung, bei der auch im tiefsten Ozean die gesamte Wassersäule bis zum Meeresboden mitschwingt. Man spricht von einer **„Flachwasserwelle"** (→ B3).

Normalerweise läuft ein Wellenberg wegen der Dispersion, also dem Auseinanderlaufen der an der Welle beteiligten Teilwellen, mit der Zeit auseinander. Unter bestimmten Bedingungen entsteht ein entgegengesetzter Effekt. Dann erreicht die Welle z. B. im Wellenberg eine größere Geschwindigkeit als im Wellental. Die Wellenfront wird steiler. Wir kennen dies von Brandungswellen.

Das *Steilerwerden* und das *Auseinanderlaufen* (Dispersion) einer Welle können sich aufheben, sodass die Wellenform erhalten bleibt, ein *Soliton* ist entstanden. Tsunamis sind solitonische Flachwasserwellen.

Die Geschwindigkeit der Tsunamis berechnet sich wie bei normalen Flachwasserwellen mit $c = \sqrt{g \cdot h}$. Sie beträgt bei einer Meerestiefe von 5000 m etwa 800 km/h! Frühwarnsysteme sind deshalb äußerst wichtig. Die sehr große Geschwindigkeit führt trotz sehr kleiner Frequenz (z. B. $T = 20$ min) zu sehr großen Wellenlängen von 10 bis über 300 km, vor allem auch in Relation zur Meerestiefe – ein Grund dafür, dass sich Tsunamis wie „Flachwasserwellen" verhalten. Die Amplitude ist sehr gering, manchmal nur wenige Dezimeter, sodass die Wellenbewegung von Schiffen gar nicht wahrgenommen wird.

In Küstennähe reduziert sich die Ausbreitungsgeschwindigkeit mit abnehmender Wassertiefe h. Bei $h = 50$ m beträgt sie nur noch 80 km/h (gegenüber 800 km/h). Gemäß $c = \lambda \cdot f$ wird die Welle zu deutlich kleinerer Wellenlänge gestaucht. Wenn nun ein breiter Wellenberg sich senkt, muss er zum Ausgleich einen schmalen Wellenberg höher „quetschen", nur so kann dieser die Höhenenergie vom breiten Wellenberg übernehmen. Die Wellenberge klettern deshalb in Küstennähe auf Höhen bis zu 50 m an → B4. Das rasche Auftürmen von Wasser auf große Höhen erfordert aber auch einen starken horizontalen Wasserstrom. Dieser erreicht landeinwärts Geschwindigkeiten bis zu 30 km/h. So rasen schließlich zerstörerische Wassermassen über die Küste hinweg.

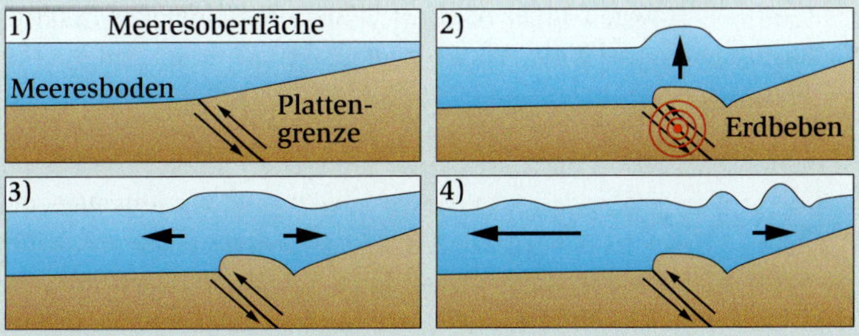

B2 Ursache eines Tsunamis ist meist ein Erdbeben unter dem Meer als Folge einer Plattenverschiebung in der Erdkruste.

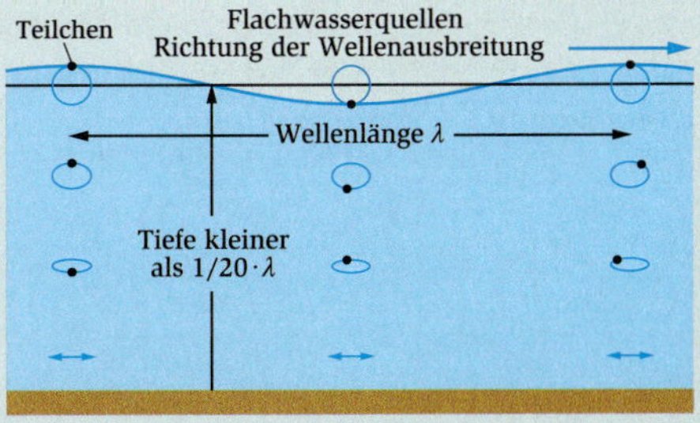

B3 Bei Flachwasserwellen schwingt die ganze Wassersäule.

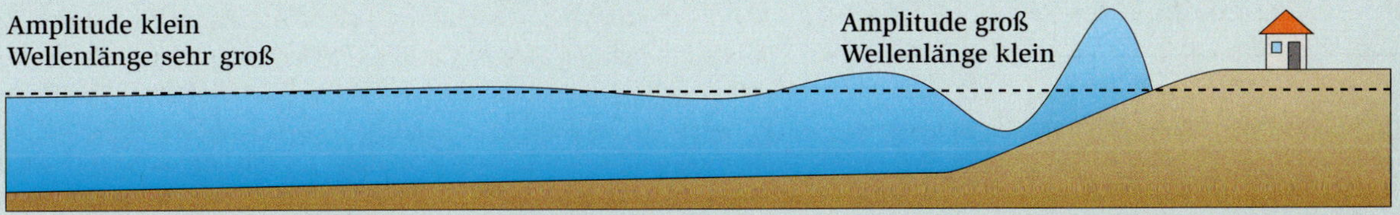

B4 Veränderung von Wellenlänge und Amplitude bei Annäherung an die flacher werdende Küste

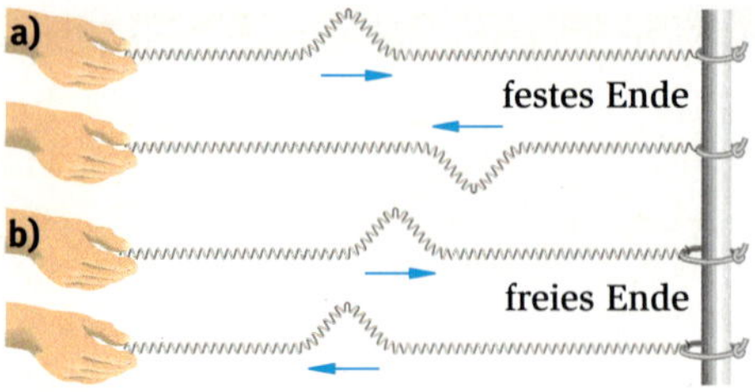

V1 a) Eine lange dünne Feder ist am rechten Ende befestigt. Eine kurze Auslenkung nach oben wandert als Wellenberg nach rechts und kommt als Wellental zurück. b) Nun lässt man das rechte Ende frei. Jetzt wird ein Wellenberg als Wellenberg reflektiert.

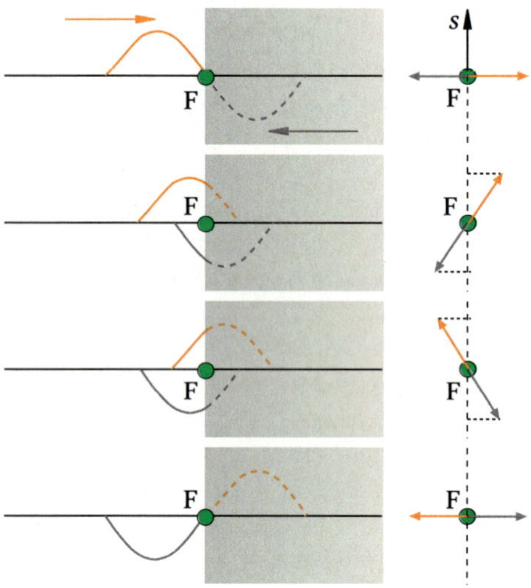

B1 Reflexion am festen Ende F: Wir denken den ankommenden Wellenberg (grün) ungehindert weiterlaufend. Ihm begegnet ein Wellental (grau). In F zeigen die Schwingungen einen Phasensprung von π. Die resultierende Elongation in F ist so immer null.

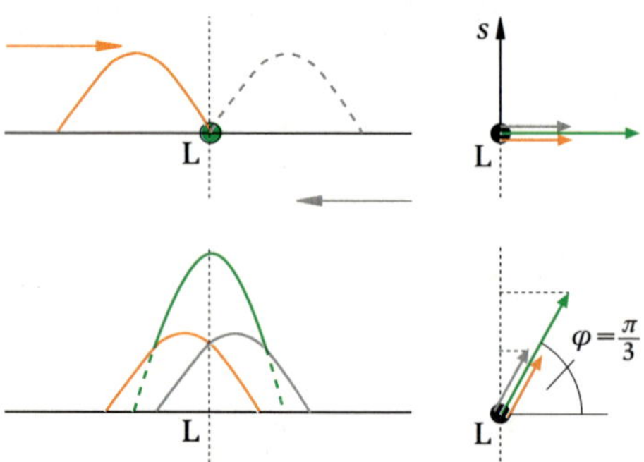

B2 Zwei Momentaufnahmen (Phasenzeiger oben $\varphi = 0$ und unten $\varphi = \pi/3$) der Reflexion am freien Ende L. Hier überlagern sich an- und entgegenkommende Welle phasengleich. So entsteht in L eine doppelt so große Elongation.

1. Ränder liefern Echos

Bei unseren bisherigen Versuchen haben wir immer einen Ausschnitt aus einer langen fortlaufenden Welle betrachtet. Wenn der Wellenträger nicht lang genug war, haben wir durch Dämpfung am Ende der Welle die Energie entzogen. So „verschwand" die Welle, ohne dass wir uns weiter Gedanken über sie machen mussten.

Was aber, wenn die Welle nicht absorbiert wird, wenn sie an einen Rand stößt? Zwei Möglichkeiten (sogenannte *Randbedingungen*) für das Ende des Wellenträgers sehen wir uns genauer an:

- Das Ende ist unverrückbar fest **(festes Ende)** oder
- es kann frei ausschwingen **(freies Ende)**.

→ V1 zeigt: Gleichgültig, wie das Ende beschaffen ist, eine ankommende Störung wird als Störung zurückgeworfen – aber es gibt dabei Überraschungen.

2. Reflexion eines Wellenberges am festen Ende

Ein auf das feste Ende zulaufender Wellenberg kommt überraschend als Wellental zurück **→ V1a**. Wie können wir das Verhalten erklären? Das nach oben ausgeschwungene vorletzte Teilchen des Wellenträgers kann das letzte Teilchen nicht hochreißen, dieses sitzt fest in der Wand. Die Wand übt jetzt auf das vorletzte Teilchen eine *reactio* aus. Dieses wird nach unten gezogen und schwingt wegen seiner Trägheit über die Gleichgewichtslage hinaus. Die Wand wirkt so ständig wie ein „stiller" Erreger (mit gleicher Frequenz). Er erzeugt eine zurücklaufende „Echowelle". Jeder ankommende Berg wird mit einem Tal beantwortet und umgekehrt: Beide heben sich am festen Ende „F" ständig auf. „F" ist ein Knoten.

Für Zeichnungen ist z.B. folgende Vorstellung hilfreich: Es ist so, als käme von rechts aus einer Spiegelwelt ebenfalls eine Welle auf die Wand zu, aber statt eines Wellenberges ein Wellental – wie bei einer Punktspiegelung **→ B1**. Gleichzeitig mit dem *Wellenberg* von links träfe es am festen Ende ein und beide würden sich deshalb dort auslöschen. Am festen Ende ist diese gedachte Schwingung also *immer gegenphasig* zur ankommenden Störung ($\Delta\varphi = \pi$).

3. Reflexion eines Wellenberges am freien Ende

An einem freien Ende wird eine Störung ebenfalls reflektiert **→ V1b**. Das freie Ende des Trägers muss kein weiteres Teilchen mitreißen. Wegen seiner Trägheit schwingt es über die Elongation einer ankommenden Störung um deren Betrag hinaus. So reißt es selbst wieder das vorletzte Teilchen nach oben und wird zum Ausgangspunkt eines nach links laufenden Wellenbergs.

Bei der Zeichnung **→ B2** lassen wir erneut eine zweite Störung von rechts auf das freie Ende (auch loses Ende „L") zulaufen. Kommt von links ein Wellenberg, so schicken wir von rechts ebenfalls eine nach oben gerichtete Störung in Richtung „L". Beide überlagern sich am freien Ende. Die Elongation ist dort jetzt besonders groß. Bei „L" entsteht ein Bauch. Nach der Überlagerung läuft die von rechts kommende Störung weiter nach links, so als wäre nichts gewesen.

4. Auch Längsstörungen werden reflektiert

Störungen quer zur Ausdehnung des Trägers breiten sich wellenartig aus und ebenso Störungen längs der Ausdehnung. So sollten wir auch erwarten, dass Längswellen am Ende eines Trägers ebenfalls reflektiert werden. Diese Vermutung wird in → V2 bestätigt.
Wandert eine Rechtsauslenkung auf der Kette nach rechts zum festen Ende, so kommt sie durch die reactio der Wand als Linksauslenkung zurück – am *festen Ende* entsteht also wieder ein Phasensprung. Ist das letzte Körperchen frei, so kommt eine Rechtsauslenkung als Rechtsauslenkung zurück – am *freien Ende* also ohne Phasensprung.

5. Elongation und „Schnelle" kommen zurück

Jedes von einer Störung erfasste Teilchen einer *Querwelle* wird nicht nur ausgelenkt, es besitzt zu jedem Zeitpunkt auch eine bestimmte Geschwindigkeit. Diese *Schnelle* darf nicht mit der Wellengeschwindigkeit verwechselt werden, mit der sich die Störung ausbreitet. Die Körperchen an der Vorderseite des ankommenden Wellenberges bewegen sich nach oben, ihre Schnelle ist ebenfalls nach oben gerichtet.
Am *festen Ende* geschieht Folgendes: Die Körperchen der entgegenkommenden Welle bewegen sich nach unten, ihr Schnellewert ist negativ. Auch die Schnelle erfährt den Phasensprung π.
Beim *freien Ende* ist es anders: Wie die Elongation der Störung wird auch die Schnelle ohne Phasensprung reflektiert.

Bei *Längsstörungen* zeigen Schnelle und Elongation in oder gegen die Ausbreitungsrichtung der Welle. Die Gesetzmäßigkeit bei der Reflexion ist so wie bei Querstörungen: Am festen Ende werden Elongation und Schnelle umgekehrt (Phasensprung π), am freien Ende behalten sie ihre Richtung bei (ohne Phasensprung).

Merksatz

Eine Störung wird am Ende eines Wellenträgers reflektiert.
- Am festen Ende erfahren Elongation und Schnelle dabei einen Phasensprung von π.
- Am freien Ende werden beide ohne Phasensprung reflektiert. □

V2 **a)** Einige Wagen werden elastisch gekoppelt. Der rechte Wagen wird festgehalten, damit geben wir der Wagenkette ein **festes Ende**. Lenken wir den linken Wagen kurz nach rechts aus, so wandert diese Störung bis hin zum vorletzten Wagen. Dieser spannt den letzten Stahldraht und wird dann wie ein Ball zurückgeworfen: Es entsteht eine nach links gerichtete Elongation (Phasensprung), die wieder zurückläuft. **b)** Nun lassen wir den letzten Wagen los, erzeugen also ein **freies Ende**. Ist eine Rechtsauslenkung am Ende der Kette angekommen, so schießt jetzt der letzte Wagen wegen seiner Trägheit über seine neue Gleichgewichtslage hinaus, reißt dabei den vorletzten Wagen mit, dieser den vorvorletzten usw. Die nach rechts gerichtete Elongation wandert als eine nach rechts gerichtete Elongation wieder zurück (kein Phasensprung).

A1 Eine Wasserwelle läuft auf eine senkrechte Ufermauer zu. Diskutieren Sie die Art der Reflexion.

A2 Übertragen Sie → B2 in Ihr Heft. Zeichnen Sie weitere Phasen der Reflexion am freien Ende ($2/3\pi$, π, ähnlich → B1).

A3 Recherchieren Sie im Internet nach „Reflexion am freien bzw. festen Ende". Sie werden ein geeignetes Applet zur Modellierung der Vorgänge finden. Führen Sie es erläuternd der Klasse vor. Suchen Sie einige Beispiele zu den unterschiedlichen Reflexionen.

Vertiefung

Schnelle und Dichte bei Längswellen

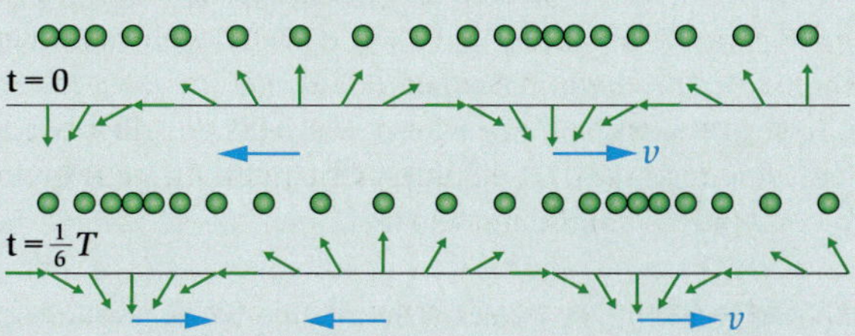

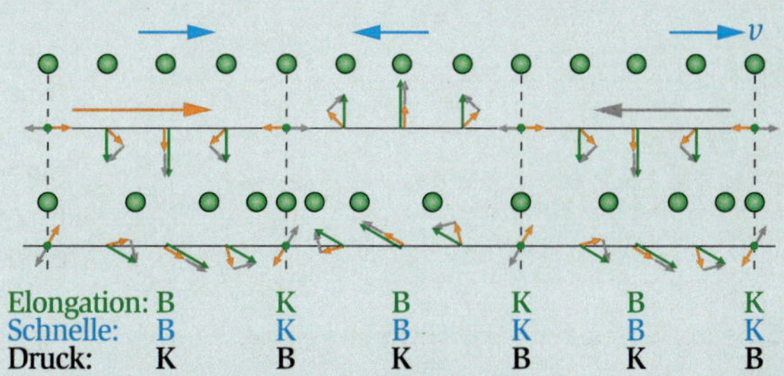

Bei der nach rechts **fortschreitenden Längswelle** sind Schnelle (blaue Pfeile) und Druck (erkennbar an der Teilchendichte) in Phase. (Die Projektion der grünen Schwingungszeiger auf die x-Achse ist die Elongation.)

Bei einer **stehenden Längswelle** ist es anders: Hier finden wir an den Knoten von Elongation und Schnelle die Stellen größter Druckänderungen, also Druckbäuche. An den Schnellebäuchen sind Druckknoten.

Stehende Wellen

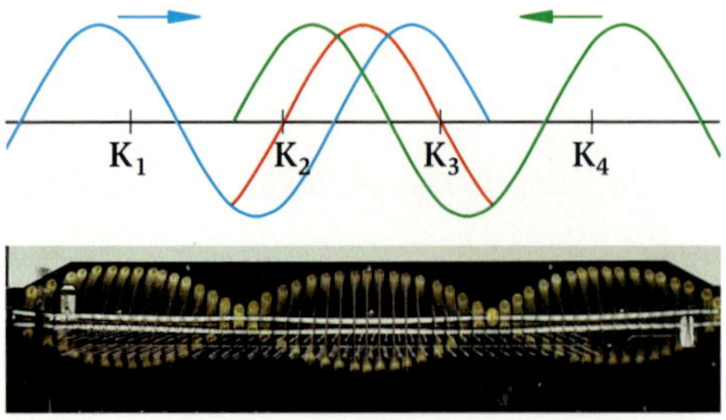

V1 Auf der Wellenmaschine laufen zwei Wellen aufeinander zu. Sie überlagern sich (oberes Bild). Nach kurzer Zeit ist eine „stehende Welle“ entstanden: An vier Stellen („Knoten“ K_1 bis K_4) bewegen sich die Körperchen gar nicht mehr. Zwischen K_1 und K_2 schwingen alle Körperchen phasengleich aber mit unterschiedlicher Amplitude. In der Mitte ist die Amplitude maximal. Zwischen K_2 und K_3 bzw. K_3 und K_4 beobachten wir das Gleiche.

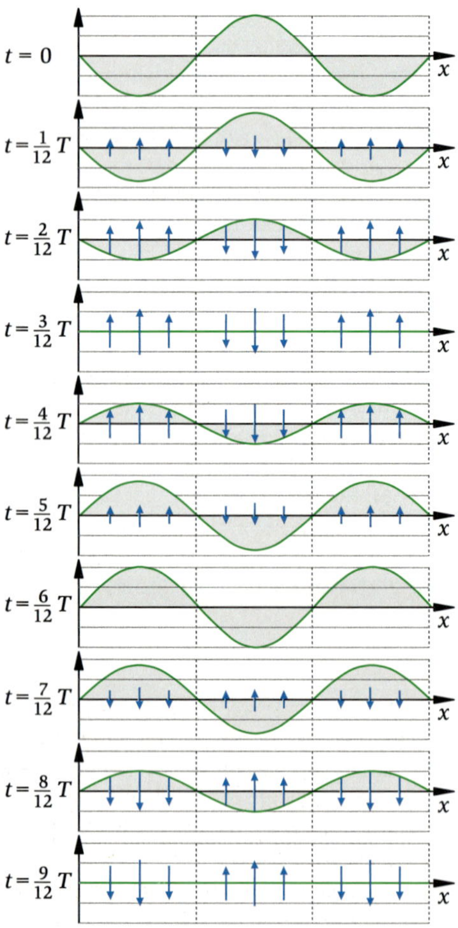

B1 Zwei einander entgegenlaufende fortschreitende Wellen überlagern sich zu einer stehenden Welle. Bei einer stehenden Welle wechseln sich maximale Schnelle (blaue Vektoren) und maximale Elongation ab.

1. Interferenz entgegenlaufender Wellen

Auf einer zurückliegenden Seite haben wir Wasserwellen betrachtet, die sich kreisförmig überlagern. Im Bereich zwischen den beiden Erregern laufen zwei Wellen auf demselben Träger einander entgegen. Man beobachtet dort ein Muster aus Ruhezonen und Bereichen heftiger Bewegung. Wir wollen nun klären, wie solches bei der Überlagerung sich einander entgegenlaufender Wellen entsteht.

In **→ V1** lassen wir an einem langen Seil oder an einer Wellenmaschine zwei Wellen mit gleicher Frequenz und gleicher Amplitude aufeinander zulaufen. Nach kurzer Zeit ergibt sich ein überraschendes Bild: Die zwei einzelnen Wellen sind verschwunden. Stattdessen erscheint eine einzige resultierende Welle; sie scheint stehen geblieben zu sein – eine **stehende Welle**. Eigentlich ist es gar keine richtige Welle mehr, denn wir sehen weder nach rechts noch nach links einen bestimmten Phasenzustand wandern. **→ V1** offenbart vielmehr neue Merkmale:

- Es gibt Stellen auf dem Wellenträger, an denen die Körperchen dauerhaft nicht mehr schwingen. Wir nennen sie **Schwingungsknoten**. Der Abstand benachbarter Knoten beträgt eine halbe Wellenlänge.
- Zwischen diesen festliegenden Knoten „bauchen“ sich in stetem Wechsel Berge und Täler auf, ebnen sich wieder ein, bauchen sich nach der entgegengesetzten Seite wieder auf usw. Der Träger schaukelt an Ort und Stelle zwischen den Knoten auf und ab. Dabei *schwingen alle Punkte zwischen zwei benachbarten Knoten in gleicher Phase,* d.h. sie erreichen gleichzeitig ihr Maximum und gehen gleichzeitig durch die Nulllage; jedoch sind ihre Amplituden verschieden groß.
- Die Punkte in der Mitte zwischen zwei Knoten schwingen am weitesten aus. Man nennt diese Stellen (und ihre direkte Umgebung) **Schwingungsbäuche**. Links und rechts eines Knotens schwingen die Teilchen gegenphasig. Dies gilt dann auch für die Körperchen benachbarter Schwingungsbäuche.

2. Die Schnelle bei der stehenden Welle

Für eine einzelne Schwingung gilt:
- Bei maximaler Elongation ist die Schnelle null,
- bei der Elongation null ist die Schnelle maximal.

Für die nebeneinander liegenden Schwingungen der stehenden Welle gilt dies ebenso. Im Moment maximaler Elongation ($t = 0$ in **→ B1**) ist der Träger kurzzeitig in Ruhe und besitzt keine Bewegungsenergie, dagegen maximale Elongationsenergie. Eine viertel Periode später verschwinden sämtliche Elongationen gleichzeitig. Jetzt herrscht an allen Orten die jeweils dort maximal erreichbare Schnelle [$t = (3/12)\,T$ in **→ B1**]. Der Träger besitzt keine Elongationsenergie mehr, dafür aber maximale Bewegungsenergie.
Nach einer halben Schwingungsdauer [$t = (6/12)\,T$] ist überall wieder die jeweils maximale Elongation in umgekehrter Richtung entstanden, alle Teilchen der Welle ruhen. Genau eine halbe Schwingungsdauer später [$t = (9/12)\,T$ in **→ B1**] sind wieder sämtliche Elongationen verschwunden, die Schnelle hat wieder maximalen Betrag.

3. Zeiger liefern die Erklärung

Wir können die nach rechts laufende Welle mit den uns vertrauten Zeigern als Momentaufnahme darstellen (→ B2, gelbe Zeiger). Stellen wir uns am linken Rand den Wellenerreger vor. Jeder nachfolgende Zeiger ist noch nicht so weit gegen den Uhrzeigersinn gedreht wie der jeweils vorhergehende. Dies kennen wir.
Die graue Welle läuft von rechts nach links (→ B2, graue Zeiger). Alle Zeiger der gelben Welle kommen bei ihr auch vor, aber genau in umgekehrter Reihenfolge – eben von rechts nach links.

Anders als bei *gleichlaufenden* Wellen haben die Zeiger der ersten Welle und ihre jeweiligen Partner der zweiten Welle hier nicht überall dieselbe Phasendifferenz. Vielmehr sind hier die Phasendifferenzen benachbarter Zeigerpaare verschieden und deshalb auch die resultierende Amplitude. Die Phasendifferenz (und damit die resultierende Amplitude) bleibt aber für einen bestimmten Ort dauerhaft erhalten. Denn eins ist sicher: Am festen Ort drehen sich die Schwingungszeiger *beider* Wellen stets mit gleicher Winkelgeschwindigkeit und (natürlich) gleicher Länge *gegen den Uhrzeigersinn;* an jedem Ort ist ja bei beiden Wellen eine normale Sinusschwingung vorhanden.

Betrachten wir das Ergebnis an einigen markanten Stellen:

a) An der Stelle K_2 entsteht ein Schwingungsknoten. In → B2 zeigt dort der gelbe Zeiger gerade nach links ($\leftarrow$, $\varphi = \pi$), der graue nach rechts ($\rightarrow$, $\varphi = 0$). An dieser Stelle löschen sich die Elongationen also aus. Kurze Zeit später ($t = T/12$, → B3) haben sich beide Zeiger um $\pi/6$ gegen den Uhrzeigersinn weitergedreht – es bleibt die Auslöschung, denn die Phasendifferenz an diesem Ort ist π *und bleibt dauerhaft* π.

b) An der Stelle B genau in der Mitte zwischen K_2 und K_3 → B2 entsteht wegen der bleibenden Phasendifferenz ein Schwingungsbauch. Beide Zeiger weisen nach oben (↑), die Phasendifferenz null bleibt dort erhalten. Der resultierende Zeiger maximaler Länge dreht sich weiter, deshalb findet in B eine Schwingung mit maximaler Amplitude statt. Gleiches sehen wir rechts und links im Abstand $\lambda/2$, wenn auch mit entgegengesetzter Phase.

c) Rechts und links in der Nähe von B zeigt die Momentaufnahme in → B2 etwas schräg stehende Zeiger; der eine nach rechts (↗), der andere Partner nach links (↖). Wieder zeigt deshalb der resultierende, jetzt kürzere Zeiger zu Beginn nach oben. So ist es an allen Stellen zwischen K_2 und K_3. Zwischen zwei benachbarten Knoten schwingen also alle Teilchen in Phase zum Schwingungsbauch, allerdings mit kleinerer Amplitude.

Merksatz

Die Interferenz zweier einander auf demselben Träger entgegenlaufender gleichartiger Wellen mit gleicher Amplitude und der Wellenlänge λ ergibt eine stehende Welle.

- Sie schaukelt zwischen den Schwingungsknoten auf und ab.
- Der Abstand zweier benachbarter Schwingungsknoten ist $\lambda/2$.
- Alle Teilchen zwischen benachbarten Schwingungsknoten schwingen phasengleich.

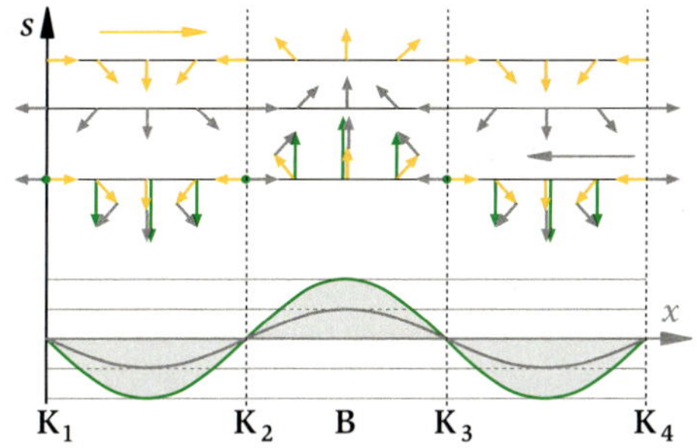

B2 Zwei einander entgegenlaufende Wellen (↗ und ↖) überlagern sich (↑, Bildmitte) ($t = 0$).

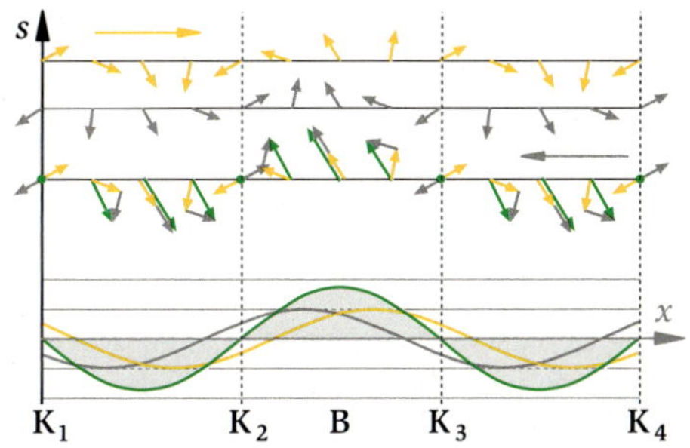

B3 ($t = 1/12\,T$) Die Punkte K_1, K_2, … bleiben dauernd in Ruhe, die Phasendifferenz ist π. Der Abstand zweier Knoten ist gleich $\lambda/2$.

A1 **a)** Erklären Sie, wie eine stehende Welle zustande kommt. **b)** Begründen Sie das Auftreten von „Knoten", also Stellen mit dauerhafter Elongation 0. **c)** Diskutieren Sie die Phasenlage der schwingenden Teilchen im Bereich einer Wellenlänge.

A2 Jemand behauptet, er habe eine Momentaufnahme einer stehenden Welle gemacht und legt ein Foto vor (hier nachgezeichnet).

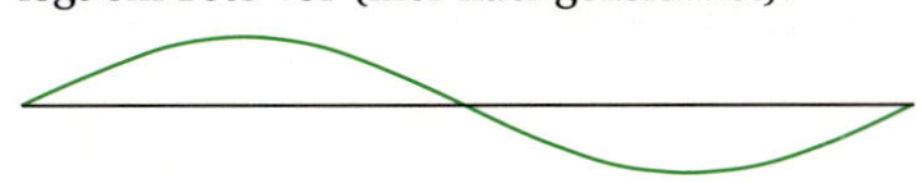

a) Diskutieren Sie den Sachverhalt. Belegen Sie Ihre Behauptung durch entsprechende Zeichnungen. Zeichnen Sie dazu den Zustand der Welle kurz nach dem Zeitpunkt der Aufnahme. **b)** Zeichnen Sie für beide Fälle Schnellevektoren zur Welle.

A3 Studieren Sie die Zeichnungen → B2 und → B3. Zeichnen Sie dann selbst zwei Zeigerketten für die gegenläufigen Wellen für den noch späteren Zeitpunkt $t = 2/12\,T$ hinzu. Konstruieren Sie dann punktweise aus den Elongationen die Sinuslinie der stehenden Welle zu diesem Zeitpunkt.

4. Ein Rand: *Immer* stehende Welle durch Reflexion

In → V1 laufen zwei Schallwellen (Längswellen) gleicher Frequenz aufeinander zu. Sie bleiben nicht stark gebündelt beisammen, sondern verbreitern sich immer weiter im Raum, ähnlich wie Wasserwellen in einer Ebene. Dabei wird die Amplitude mit zunehmender Entfernung von der Quelle immer kleiner. So wird am rechten Lautsprecher kaum noch Schall des linken Lautsprechers reflektiert. Für die umgekehrte Richtung gilt dies auch. Im mittleren Bereich überlagern sich deshalb nur zwei gegenläufige Wellen. Wir wissen schon, dass sich dabei eine stehende Welle bildet.

Eine reflektierende Wand macht den zweiten Lautsprecher entbehrlich. Wellenberg und Wellental werden ja am festen Ende reflektiert, dann muss auch eine kontinuierlich auf die Wand zulaufende Welle reflektiert werden. Bei einem festen Ende geht dies mit einem Phasensprung der Elongation (und Schnelle) einher. Wir können uns von dem Ergebnis ein Bild machen, wenn wir wieder aus der Wand eine Welle gleicher Frequenz und Amplitude laufen lassen – punktgespiegelt zur anlaufenden Welle. Diese überlagert sich vor der Wand mit der ankommenden Welle zu einer stehenden Welle; → V2 bestätigt es. Für Elongation und Schnelle ist an der Wand ein Schwingungsknoten, die Luftteilchen dort können nicht schwingen. Das Mikrofon zeigt überraschend direkt an der Wand den stärksten Ausschlag. Dies liegt daran, dass das verwendete Mikrofon auf Druckschwankungen reagiert, für sie ist die Wand ein „freies" Ende ohne Phasensprung. Am Bewegungsknoten ist also ein Druckbauch.

Merksatz

Eine Welle wird am Ende eines endlichen Trägers reflektiert. Im Bereich vor dem Ende bildet sich dadurch eine stehende Welle. Eine harte Wand bildet für eine Schallwelle ein festes Ende für Elongation und Schnelle. Ein freies Ende ist sie für *Druckschwingungen*.

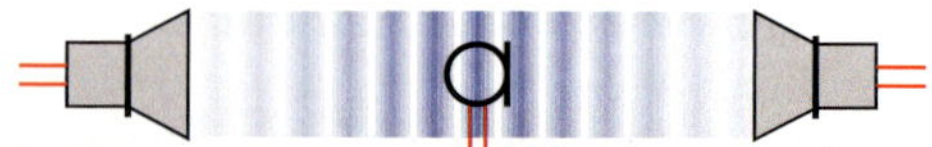

V1 Zwei Schallquellen exakt gleicher Frequenz (z. B. Ultraschall mit 40 kHz) stehen sich gegenüber. In der Mitte zwischen den beiden Sendern sind die Amplituden der von links und der von rechts kommenden Welle gleich groß. Hier verschieben wir ein Mikrofon horizontal. Ein Oszilloskop zeigt abwechselnd Schwingungsbauch mit maximaler Amplitude und Schwingungsknoten mit minimaler Amplitude. Wird das Oszilloskop von der Schallquelle getriggert, sieht man auch den Phasensprung zwischen benachbarten Bäuchen.

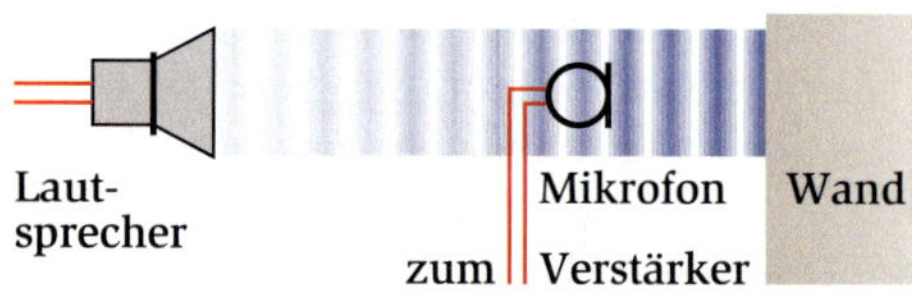

V2 Die Schallwelle eines Lautsprechers wird an der Wand reflektiert. Eine erneute Reflexion am Lautsprecher findet bei genügender Entfernung zur Wand praktisch nicht statt. Im Bereich vor der Wand bildet sich eine stehende Welle aus – genauso, als würden sich zwei unendlich lange Wellen dort überlagern. An der Wand entsteht ein Schwingungsknoten für Elongation und Schnelle, ein Bauch für die Druckschwankungen.

Interessantes

Fortschreitende Welle

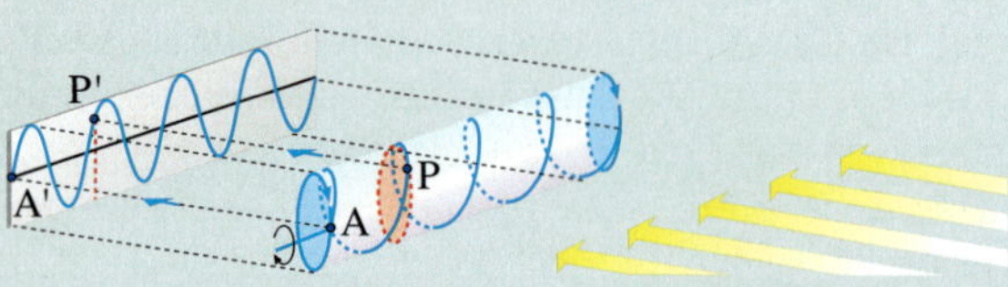

Modell: Schattenbild einer rotierenden Schraubenlinie

1. Das starre Kurvenbild bleibt erhalten, erfährt aber eine stetige Verschiebung mit der Geschwindigkeit c.
2. Alle Punkte haben die gleiche Bewegungsamplitude. Sie erreichen sie nacheinander, und zwar umso später, je weiter sie vom Erreger entfernt sind.
3. In keinem Moment ist überall Stillstand.
4. In keinem Moment ist überall die Elongation null.
5. Jeder Punkt auf der Strecke einer Wellenlänge hat eine andere Phase. Kein Punkt ist ständig in Ruhe.
6. Energie schreitet fort.

Stehende Welle

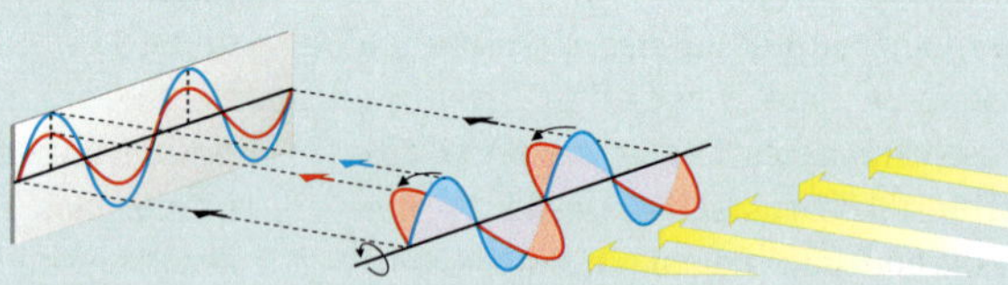

Modell: Schattenbild einer rotierenden ebenen Sinuslinie

1. Das räumliche Kurvenbild bleibt am Ort.
2. Alle Punkte haben verschiedene Bewegungsamplituden; sie erreichen diese zur selben Zeit. In den Schnellebäuchen ist sie am größten, in den Knoten null.
3. Im Moment größter Elongation ist überall Stillstand.
4. Längs des Trägers ist gleichzeitig (alle $T/2$) überall die Elongation null.
5. Alle Punkte zwischen zwei benachbarten Knoten haben gleiche Phase. Die Schnelleknoten ruhen ständig.
6. Energie schreitet nicht fort.

Beispiel Stehende Welle nach Reflexion

Die wesentlichen Probleme, mit denen wir uns bis jetzt beschäftigt haben, sind in der folgenden Aufgabe zusammengefasst:

Auf einem 8,5 cm langen linearen Träger breitet sich eine Querwelle mit der Geschwindigkeit $c = 20$ cm/s aus. Der am Anfang des Trägers befindliche Erreger schwingt mit der Frequenz $f = 5$ Hz und der Amplitude $\hat{s} = 1{,}0$ cm. Die erste Auslenkung erfolgt zur Zeit $t = 0$ nach oben. Das Ende des Trägers ist fest.

a) Zeichnen Sie ein Bild der Welle zur Zeit $t = 0{,}25$ s.

b) Konstruieren Sie die Welle zur Zeit $t = 0{,}70$ s. Berücksichtigen Sie dabei, dass inzwischen am festen Ende eine Reflexion stattgefunden hat.

Lösung:

Aus $c = \lambda f$ folgt für die Wellenlänge $\lambda = c/f = 4$ cm. Für die Periodendauer gilt: $T = 1/f = 1/5$ s $= 0{,}2$ s.

a) Erfolgt die erste Auslenkung nach oben, so besteht der vorderste Teil der Welle aus einem Wellenberg. In $t = 0{,}25$ s (also $t = 5T/4$) hat sich die Welle um $x = ct = 5$ cm vorgeschoben. Demnach hat sich die Querwelle in 0,25 s so weit ausgebildet, wie dies in → B1 aufgezeichnet ist.

b) In $t = 0{,}70$ s ($t = 7T/2$) hätte sich die Welle genau um $x = ct = 14$ cm vorgeschoben, wenn der Träger genügend lang wäre.

Vorerst ignorieren wir das feste Ende und tun einfach so, als liefe die Welle ungehindert weiter (→ B2, rechts). Die nach links reflektierte Welle gewinnen wir nun durch Punktspiegelung des überstehenden Teils am Punkt P. Dann erhalten wir die Momentaufnahme der vom festen Ende zurücklaufenden Welle (dunkelgrau).

Zum Schluss addieren wir die Elongationen der nach rechts fortschreitenden (orange) und der nach links reflektierten (grau) Welle zur resultierenden (grün) **stehenden Welle**. (Die Amplitude erhalten wir durch vektorielle Addition der Einzelzeiger). Bei $t = 0{,}70$ s haben sich schon drei Knoten gebildet, davon einer am festen Ende → B2.

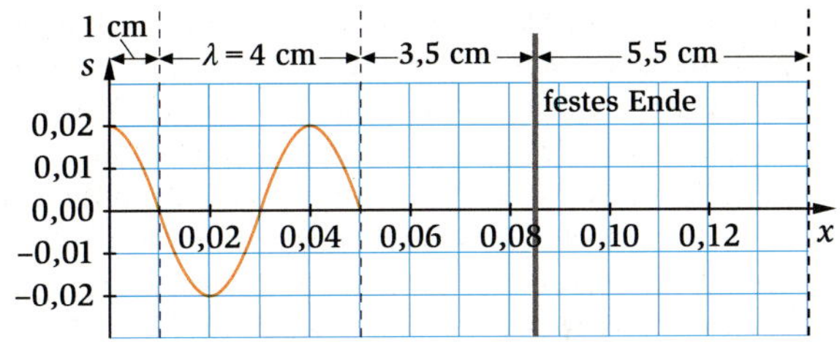

B1 Die Welle zur Zeit $t = 0{,}25$ s

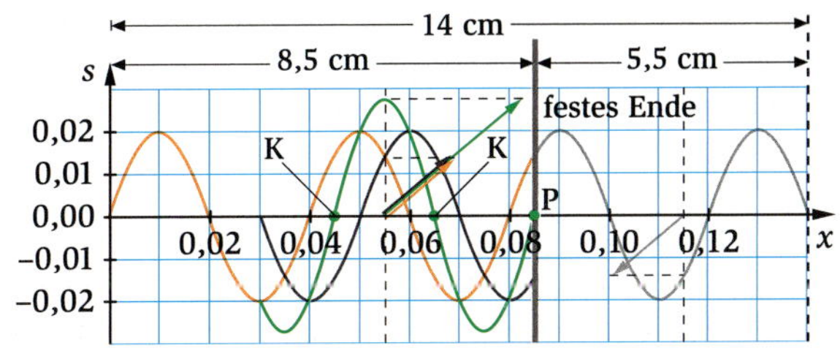

B2 Konstruktion der stehenden Welle für $t = 0{,}70$ s

A1 **a)** Diskutieren Sie: Bei einer Schallwelle ist eine harte, reflektierende Wand ein festes Ende für die Schnelle und gleichzeitig Ort eines Druckbauches. **b)** Am offenen Ende eines Rohres herrscht der konstante Außendruck. Legen Sie dar, warum dadurch die Reflexion der Schallwelle nicht verhindert wird.

A2 Eine Welle beliebiger Frequenz läuft auf eine Wand zu. Erklären Sie, warum sich vor der Wand immer eine stehende Welle ausbildet.

A3 Auf einem geradlinigen Träger der Länge 15 cm breitet sich eine Querwelle mit der Geschwindigkeit 4 cm/s von links nach rechts aus. Das erste Teilchen beginnt zur Zeit $t = 0$ s mit einer harmonischen Schwingung nach unten. Ihre Frequenz beträgt 1,0 Hz, die Amplitude ist 1,5 cm. **a)** Zeichnen Sie zwei Momentbilder der Welle zu den Zeiten $t = 3{,}0$ s bzw. $t = 3{,}25$ s. **b)** Das rechte Ende des Trägers ist frei. Zeichnen Sie ein Momentbild der Welle, die zur Zeit $t = 5{,}0$ s durch die Überlagerung der ursprünglichen und der reflektierten Welle entstanden ist. **c)** Nun sei das rechte Ende des Trägers fest. Wie sieht dann die Welle zur Zeit $t = 5{,}0$ s aus?

A4 In den 15 cm voneinander entfernten Punkten E_1 und E_2 einer Wasseroberfläche werden kreisförmige Querwellen der Amplitude 1,5 cm erzeugt; ihre Ausbreitungsgeschwindigkeit ist 25 cm/s. Die Erreger schwingen harmonisch mit $f = 5{,}0$ Hz (Beginn zur Zeit $t = 0$ s nach oben). Zeichnen Sie den eindimensionalen Ausschnitt aus der Welle, die sich zu den Zeiten 0,65 s, 0,70 s, 0,75 s längs E_1E_2 gebildet hat.

A5 **a)** Sie sehen auf einem Foto einen Ausschnitt eines gerade verlaufenden Seils. Diskutieren Sie, ob dies die Aufnahme einer stehenden Seilwelle sein kann. **b)** Sie antworten bei a) begründet mit „ja“. Allerdings ist kein Teilchen aus seiner Ruhelage ausgelenkt. Erläutern Sie, warum dennoch der Energieerhaltungssatz nicht verletzt ist.

A6 → **Beispiel**: Modellieren Sie die ankommende Welle mit einer Tabellenkalkulation.

Eigenschwingung, Resonanz

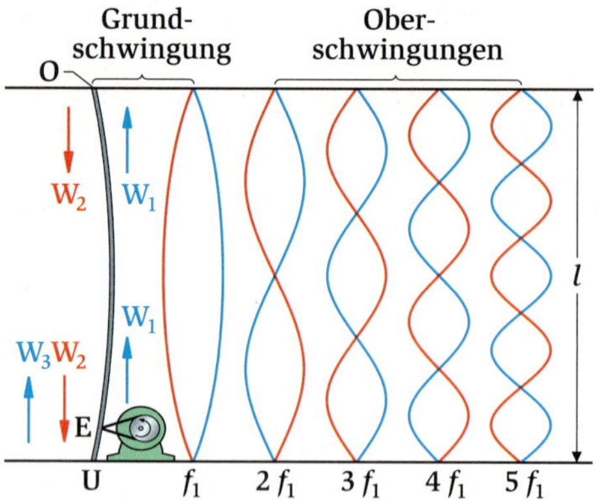

V1 Ein Gummiband ist mit einem Ende an der Decke, mit dem anderen am Experimentiertisch befestigt. Er wird in einem geeigneten Punkt E nahe der Befestigung durch einen Motor und einen Exzenter zu langsamen harmonischen Querschwingungen angeregt. Dabei entsteht eine fortschreitende Querwelle, die über das Gummiband nach oben wandert und am festen Ende reflektiert wird. Wir erwarten, dass sich eine stehende Welle bildet. Doch nichts passiert. Das Gummiband schüttelt sich nur etwas unschlüssig. Nun erhöhen wir vorsichtig die Drehfrequenz des Motors. Bei einer bestimmten Frequenz des Erregers tritt der erwartete Effekt doch noch ein. Es bildet sich eine stehende Welle mit einem kräftigen Schnellebauch in der Mitte und je einem Knoten an den beiden Enden.

Erhöhen wir die Frequenz, verschwindet sie zunächst. Wenn jedoch eine ganz bestimmte Frequenz erreicht ist, erhalten wir eine neue stehende Welle – diesmal mit drei Knoten, einem zusätzlichen in der Mitte. So geht das nun weiter: Bei bestimmten Frequenzen bilden sich immer wieder neue stehende Wellen mit noch mehr Knoten aus.

Die gleichen Beobachtungen machen wir auch bei Längswellen → **B1**.

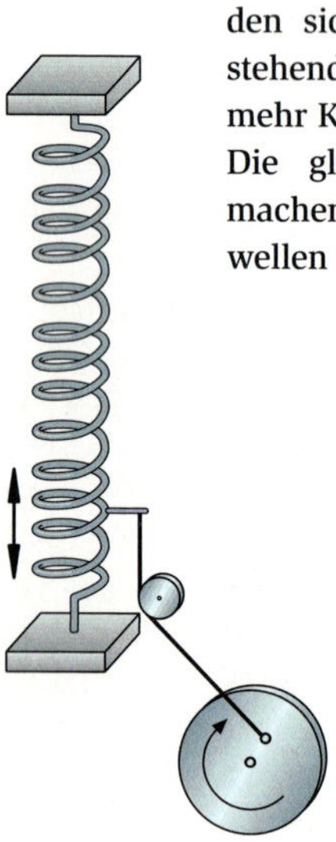

B1 Zwei Randbedingungen (an beiden festen Enden ein Knoten) führen auch bei Längswellen zu Eigenfrequenzen.

1. Zwei Randbedingungen legen Frequenzen fest

Ein Erreger prägt einem Wellenträger *jede* von ihm vorgegebene Frequenz auf. Hat der Wellenträger ein festes Ende, so wird die mit dieser beliebigen Frequenz fortlaufende Welle dort reflektiert. Elongation und Schnelle erfahren dabei einen Phasensprung. So entsteht in der Überlagerung von hin- und zurücklaufender Welle am festen Ende der Knoten eine stehende Welle. Eine halbe Wellenlänge weiter entsteht der nächste Knoten und so weiter alle $\lambda/2$.

Was passiert, wenn wir den Wellenträger an der Stelle eines Knotens festhalten? Nahezu nichts, denn das Teilchen an diesem Ort hat sich ja auch schon vorher praktisch nicht bewegt. Berühren wir allerdings den Wellenträger an der Stelle eines Schwingungsbauches, so bricht die stehende Welle zusammen. Statt nun den Knoten mit der Hand zu greifen, könnten wir die Hand durch eine zweite Wand ersetzen. Zwischen diesen jetzt zwei festen Enden müsste der Bauch der stehenden Welle bei gleicher Frequenz bestehen bleiben.

→ **V1** bestätigt diese Überlegung: Bei der Anregung *mit einer ganz bestimmten Frequenz* f_1 bildet sich auf dem beidseitig eingespannten Wellenträger eine stehende Welle mit kräftigem Schwingungsbauch aus. Der Abstand zwischen U und O entspricht der halben Wellenlänge $\lambda_1/2$. Erhöht man jetzt die Frequenz des Erregers ein wenig, so bricht die stehende Welle zusammen. In → **V1** läge z. B. am Punkt U schon der zweite Bauch. Das Teilchen in U müsste jetzt frei schwingen können. Die Befestigung unterbindet dies.

Erst wenn wir die Frequenz weiter erhöhen, entsteht eine neue stehende Welle. Diese hat jetzt außer am unteren und am oberen Ende einen zusätzlichen Knoten in der Mitte. Zwei Hälften der neuen Wellenlänge λ_2 entsprechen nun der Länge des Wellenträgers. Bei einer weiteren Erhöhung der Frequenz wiederholt sich das Spiel. Es entsteht jeweils ein neuer Knoten.

Bei einem Wellenträger der Länge l mit zwei festen Enden treten diese ausgewählten stehenden Wellen – man nennt sie auch **Eigenschwingungen** – nur auf, wenn l ein ganzzahliges Vielfaches der halben Wellenlänge ist:

$$l = k \cdot \frac{\lambda_k}{2} \quad (k = 1, 2, 3, \ldots).$$

2. Eigenschwingungen haben Eigenfrequenzen

Nun hängt die Wellenlänge der längs des Trägers fortschreitenden Querwellen mit ihrer Ausbreitungsgeschwindigkeit (und der Erregerfrequenz) zusammen; es gilt $\lambda = c/f$. Damit ergibt sich für das Zustandekommen von Eigenschwingungen auf einem beidseitig eingespannten Träger die Bedingung

$$l = k \cdot \frac{c}{2f} \quad \text{oder} \quad f = k \cdot \frac{c}{2l}.$$

Für $k = 1$ erhalten wir die Eigenfrequenz der Grundschwingung $f_1 = 1 \cdot c/2l$; man nennt sie die 1. Harmonische.

Für $k = 2, 3, \ldots$ ergeben sich die Eigenfrequenzen der 2., 3., ... *Harmonischen* (auch *Oberschwingungen* genannt). Für sie gilt:

$$f_k = k \cdot \frac{c}{2l} = k \cdot f_1.$$

Die Eigenschwingungen eines eindimensionalen Trägers sind stehende Wellen. In der zugehörigen Gleichung erinnert die Größe c daran, dass hinter einer stehenden Welle zwei mit den Geschwindigkeiten c und $-c$ fortschreitende Wellen stecken.

Merksatz

Ein *an beiden Enden fest* eingespannter eindimensionaler Wellenträger der Länge l kann zu stehenden Wellen mit nur ganz bestimmten Frequenzen angeregt werden – den **Eigenfrequenzen**. Sie betragen

$$f_k = k \cdot \frac{c}{2l} = k \cdot f_1; \quad k = 1, 2, 3, \ldots$$

Dabei bedeutet c die Geschwindigkeit, mit der sich eine fortschreitende Welle auf dem Träger ausbreitet. □

3. Anregung mit Eigenfrequenz gibt Resonanz

Ein beidseitig eingespannter Wellenträger bildet eine stehende Welle aus, wenn er mit einer seiner Eigenfrequenz von außen angeregt wird. Ohne weitere Erregung klingen diese Eigenschwingungen mit der Zeit ab. Bleibt die Erregerschwingung aber bestehen, so wird dem Wellenträger ständig Energie zugeführt. Die Amplitude in den Schwingungsbäuchen wächst immer weiter – sie kann dabei viel größer werden als die Amplitude des Erregers. Es tritt **Resonanz** ein. Dabei würde der Wellenträger schließlich zerstört → **Resonanzkatastrophe**, wenn nicht die durch Reibung bedingten Energieverluste mit wachsender Amplitude immer größer würden. Deshalb wird die Eigenschwingung nur so weit aufgeschaukelt, bis die während einer Periode in den Träger hineingepumpte Energie gerade so groß ist, wie die nach außen abgegebene.

Merksatz

Wird ein zu Eigenschwingungen fähiger Wellenträger mit einer seiner Eigenfrequenzen angeregt, so tritt Resonanz ein. □

A1 Ein 2 m langes Band ist an beiden Enden eingespannt. Eine Querstörung braucht vom einen zum anderen Ende des Bands 1,0 s. Bestimmen Sie die jeweilige Eigenfrequenz zur 1., 2. und 3. Harmonischen.

A2 Wenn man einen 1,2 m langen, beidseitig eingespannten Gummischlauch mit $f = 8{,}0$ Hz anregt, bildet sich eine Querwelle mit 2 Bäuchen aus. **a)** Bestimmen Sie die Geschwindigkeit, mit der sich eine Querstörung auf diesem Gummischlauch ausbreitet. **b)** Berechnen sie die Eigenfrequenz für drei Bäuche.

A3 Auf einem beidseitig fest eingespannten geradlinigen Träger der Länge $l = 1{,}00$ m hat sich eine stehende Welle mit 4 Bäuchen gebildet. Erhöht man die Erregerfrequenz um 15 Hz, so stellt sich ein weiterer Bauch ein. Bestimmen Sie die Frequenzen dieser beiden Eigenschwingungen.

A4 Vervollständigen Sie folgende Zeichnung:

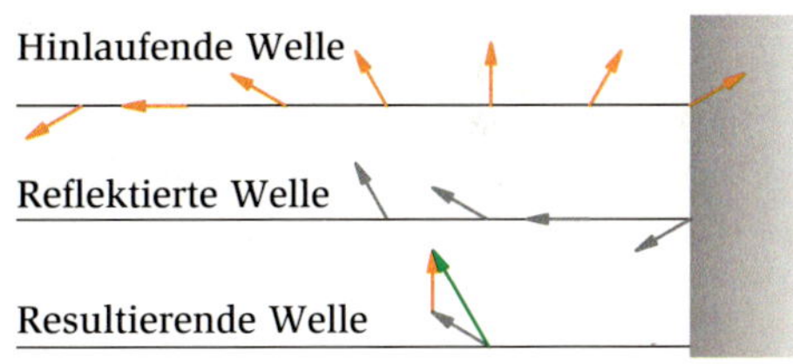

A5 In Abänderung von → **V1** gebe man dem einen Ende des Gummibands Bewegungsfreiheit. Man kann das Band z. B. oben anregen und unten frei hängen lassen. **a)** Diskutieren Sie, was am freien Ende passiert. **b)** Nennen Sie diejenige Längen des Wellenträgers, ausgedrückt in λ, bei denen sich stehende Wellen bilden. **c)** Bestätigen Sie, dass für die Eigenfrequenzen in diesem Fall gilt:

$$f_k = (2k - 1) \cdot \frac{\lambda}{4}; \quad k = 1, 2, 3, \ldots$$

Interessantes

Resonanzkatastrophe

Durch ungünstige Windverhältnisse kam es bei der Tacoma Narrows Brücke in den USA zur Resonanzkatastrophe. Die gerade vier Monate alte Brücke geriet in heftige Eigenschwingungen, die sich zu immer größeren Amplituden aufschaukelten – bis die Brücke schließlich zerbrach.

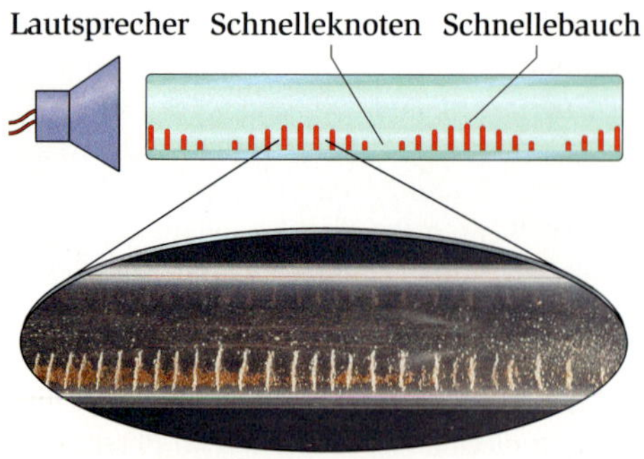

V1 Im Innern einer Glasröhre ist etwas Korkmehl gleichmäßig über die ganze Länge verteilt. Vor das eine der beiden offenen Enden dieser kundtschen Röhre bringen wir einen Lautsprecher, der von einem Tongenerator gespeist wird. Bei bestimmten Frequenzen kommt Bewegung in das Korkmehl: In gewissen gleich weit voneinander entfernten Bereichen wird es hoch aufgewirbelt. Kleine Wanderdünen („Sandrippel") zeigen den „Sturm im Glasrohr" in diesen Schnellebäuchen. Dazwischen bleibt es ruhig liegen. Die geringfügigen Druckschwankungen des Lautsprechers werden dabei etwa 100-fach verstärkt.

Schwingungsform	Frequenz f	Maximale Elongationen	l
1. Harmonische	$1\,\frac{c}{2\,l}$	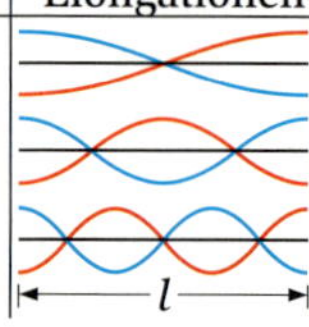	$\frac{\lambda}{2}$
2. Harmonische	$2\,\frac{c}{2\,l}$		$\frac{2\lambda}{2}$
3. Harmonische	$3\,\frac{c}{2\,l}$		$\frac{3\lambda}{2}$

B1 Eigenschwingungen bei zwei freien Enden

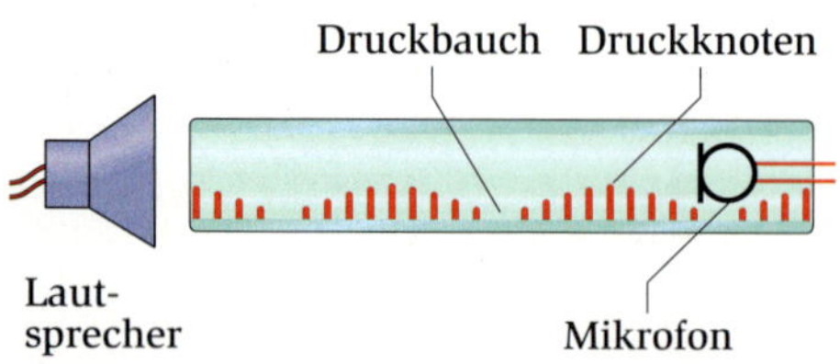

V2 Wir markieren an den aufgewirbelten Stellen (Rippelstruktur) des Korkmehls die Bäuche und an den ruhigen Stellen die Knoten der Schnelle. Anschließend führen wir ein kleines auf *Druckunterschiede* reagierendes Messmikrofon in die Röhre ein und beobachten das Signal mit einem Oszilloskop. Dabei finden wir, dass in den Schnelleknoten stärkste Druckschwankungen (Druckbäuche) herrschen, während in den Schnellebäuchen der Druck konstant bleibt (Druckknoten).

4. Begrenzte Luftsäulen zeigen Resonanz

Lassen Sie sich einmal zu einem Experiment verführen: Nehmen Sie das Saugrohr eines Staubsaugers und schlagen einmal mit den Fingern gegen ein Ende. Hören Sie jetzt einen Ton? Ja, es genügt schon, dass irgendwelche Geräusche im Zimmer vorhanden sind, immer hören Sie am Rohrende diesen Ton. Was steckt dahinter?

5. Stehende Schallwelle bei zwei freien Enden

In → V1 umschließt eine Glasröhre eine an beiden Enden freie Luftsäule. Bei bestimmten an einem Ende erzeugten Tonschwingungen zeigen sich in dieser **„kundtschen Röhre"** heftige Resonanzerscheinungen, stehende Wellen mit Schnellebäuchen und Knoten haben sich gebildet. Die Anzahl der Knoten hängt von der Frequenz ab. An den Enden befinden sich aber immer Schnellebäuche. Korkmehl im Rohr wird in den Schnellebäuchen heftig aufgewirbelt. Hier handelt es sich um **Längswellen**.

Das Entstehen von Eigenschwingungen ist uns bekannt. Voraussetzung ist die Reflexion der Wellen an beiden Enden des Wellenträgers. Nach jeweils zweifacher Reflexion muss eine Welle wieder gleichphasig mit anderen gleichlaufenden Wellen aufeinandertreffen.

Dies gelingt nur bei bestimmten Frequenzen, den *Eigenfrequenzen*. Anders als bei dem beidseitig fest eingespannten Gummiband können sich die Luftteilchen hier an den Enden frei bewegen. Die Reflexionen erfolgen also ohne Phasensprung (der Schnelle), sodass an beiden Enden Schnellebäuche entstehen → B1. Es gilt:

- der Knotenabstand einer stehenden Welle beträgt $\lambda/2$,
- an beiden freien Enden des Trägers muss sich ein Schnellebauch befinden, so kommen 2-mal $\lambda/4$ noch hinzu.

Mit $c = \lambda \cdot f$ folgt dann:

$$l = k \cdot \frac{\lambda_k}{2} \quad (k = 1, 2, 3, \ldots) \quad \text{und} \quad f_k = k \cdot \frac{c}{2\,l}.$$

Aus dem so aus der Länge l ermittelten Knotenabstand $\lambda/2$ lässt sich nun die Wellenlänge bestimmen. Messen wir nun noch die Frequenz f des Tongenerators, so können wir aus $c = \lambda \cdot f$ die Schallgeschwindigkeit c in Luft bestimmen. Es ergibt sich etwa $c = 340$ m/s.

6. Warum Reflexion am offenen Rohrende?

Eine vom Lautsprecher erzeugte Verdichtungsstörung schiebt sich als „Verdichtungspfropf" durch die Röhre. Ihr konstanter Querschnitt sorgt dafür, dass der Pfropf beisammen bleibt und dabei einen konstanten Überdruck behält. Am Ausgang der Röhre angelangt, besitzt der Pfropf dort einen viel größeren Druck als die umgebende Außenluft; deshalb „explodiert" er kurz hinter dem offenen Ende nach allen Seiten. Dabei schwingen die Luftteilchen wegen ihrer Trägheit über ihre Gleichgewichtslage hinaus; infolgedessen bildet sich an der Öffnung der Röhre ein Unterdruck: Unter Beibehaltung der Schnellerichtung wandert nun eine Unterdruckstörung durch die Röhre zurück. Am Rohrende selbst heben sich Über- und Unterdruck auf; dort wird der konstante äußere Luftdruck registriert → V2.

Wegen des starken Hin- und Herschwingens der Luftteilchen bildet sich an derselben Stelle, am offenen Rohrende, ein Bewegungsbauch aus. Die Randbedingungen für das offene Ende der Röhre lauten also

- $p = p_0$ = konstant (dies ist die Anpassung an die äußere Welt),
- $\Delta v = \Delta v_{max}$.

7. Ein festes und ein freies Ende

Am festen Ende erfolgt die Reflexion mit Phasensprung der Schnelle, es entsteht ein Schnelleknoten. Es ist so, als habe man die Luftsäule um ein Viertel einer Wellenlänge gekürzt → V3. Die Bedingung für das Zustandekommen von Eigenschwingungen lautet jetzt:

$$l = k \cdot \frac{\lambda_k}{2} - \frac{\lambda_k}{4} = (2k-1) \cdot \frac{\lambda_k}{4}; \quad (k = 1, 2, 3, \ldots)$$

Für die neuen Eigenfrequenzen folgt somit:

$$f_k = \frac{c}{\lambda_k} = (2k-1) \cdot \frac{c}{4l} \quad \text{(vgl. → B2)}$$

Auch hier gilt, was wir schon bei zwei freien Enden gefunden haben:

- An Schnellebäuchen befinden sich Druckknoten,
- an Schnelleknoten sind es Druckbäuche.

Auch zeitlich stimmen Druck und Schnelle nicht überein. In dem Augenblick, in dem jedes Luftteilchen gerade seine größte Schnelle hat, sind die Abstände untereinander gleich groß. Es herrscht dann überall der gleiche Druck, die Abweichung vom normalen Druck ist null. $T/4$ später ist es umgekehrt → B3.

Merksatz

Eingeschlossene Luftsäulen sind zu Eigenschwingungen fähig.

- An **offenen** Säulenenden sind Schnellebäuche und Druckknoten.
- An einem **geschlossenen** Säulenende befinden sich ein Schnelleknoten und ein Druckbauch.
- Der Abstand zwischen zwei Knoten gleicher Art entspricht einer halben Wellenlänge.

Unsere anfängliche Frage zum Staubsaugerrohr ist damit beantwortet. In allen Umweltgeräuschen sind Töne mit unterschiedlichsten Frequenzen vorhanden. Ein Ton wird immer dabei sein, der einer Eigenfrequenz der begrenzten Luftsäule entspricht, so wird sie in einer ihrer Eigenschwingungen angeregt. Die Luftsäule tönt in ihrer Resonanz zurück (vgl. auch → A3).

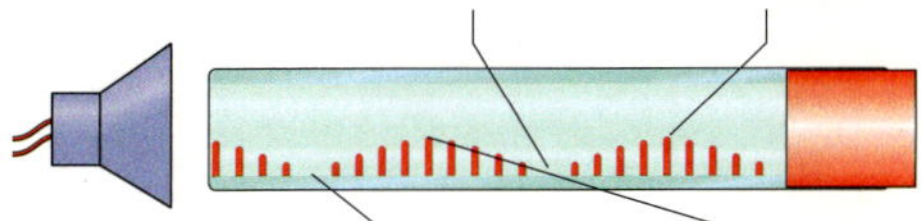

V3 Wir wiederholen → V2, verschließen dabei aber das dem Lautsprecher abgewandte Ende der Röhre mit einem Stopfen. Das aufgewirbelte Korkpulver zeigt, dass auch in diesem Fall Eigenschwingungen der Luftsäule auftreten. Doch sind die Frequenzen, bei denen sie sich bilden, anders als vorher. Auch liegen die Druckknoten und -bäuche nicht am gleichen Ort.

Schwingungsform	Frequenz f	Maximale Elongationen	l
1. Harmonische	$1\,\frac{c}{4l}$	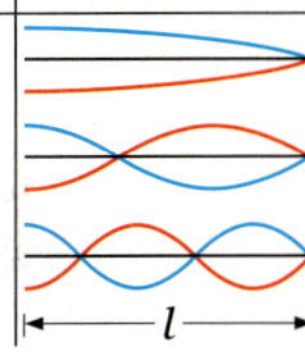	$\frac{\lambda}{4}$
2. Harmonische	$3\,\frac{c}{4l}$		$\frac{3\lambda}{4}$
3. Harmonische	$5\,\frac{c}{4l}$		$\frac{5\lambda}{4}$

B2 Die ersten drei Eigenschwingungen bei einem freien Ende auf der linken und einem festen Ende auf der rechten Seite.

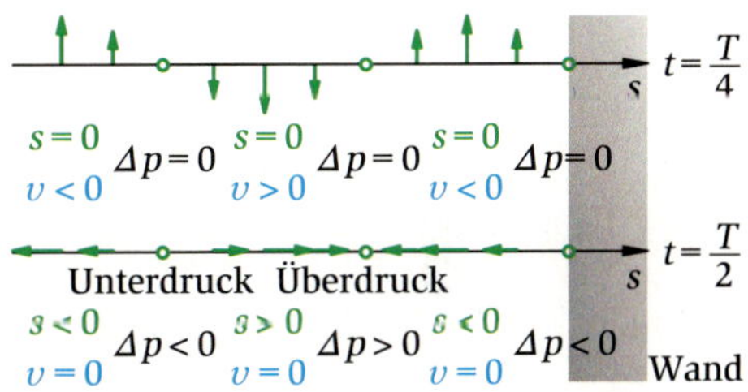

B3 Resultierende Zeiger der stehenden Längswelle: Die Bäuche von Elongation/Schnelle und Druckänderung sind örtlich um $\lambda/4$ verschoben. In den jeweiligen Bäuchen erreichen Druck und Schnelle um $\Delta\varphi = \pi/2$ ($\Delta t = T/4$) verschoben ihr Maximum.

A1 Berechnen Sie für eine 34 cm lange, luftgefüllte Röhre die Frequenzen der 1., 2. und 3. Harmonischen, wenn **a)** beide Enden offen sind, **b)** ein Ende geschlossen ist!

A2 Die Schallgeschwindigkeit wächst mit der Temperatur. Erklären Sie damit, warum Flötenspieler nach dem Einspielen ihr Instrument nachstimmen müssen. Sie verlängern dabei die Flöte durch Herausziehen des Mundstücks etwas.

A3 Ein (Staubsauger-) Rohr filtert aus Umweltgeräuschen bestimmte Töne durch Resonanz heraus. Bei einer Länge von 1,02 m hört man einen Ton, der etwa dem e^1 (330 Hz) entspricht. Erklären Sie dies!

A4 **a)** Ermitteln Sie für eine beidseitig offene und für eine einseitig geschlossene Panflöte jeweils die notwendigen Längen der einzelnen Rohre. **b)** Bauen Sie die beiden Panflöten (z. B. aus Leerrohren für elektrische Leitungen). **c)** Präsentieren Sie ihr Ergebnis in Theorie und, wenn möglich, musikalischer Praxis.

Schall in verschiedenen Medien

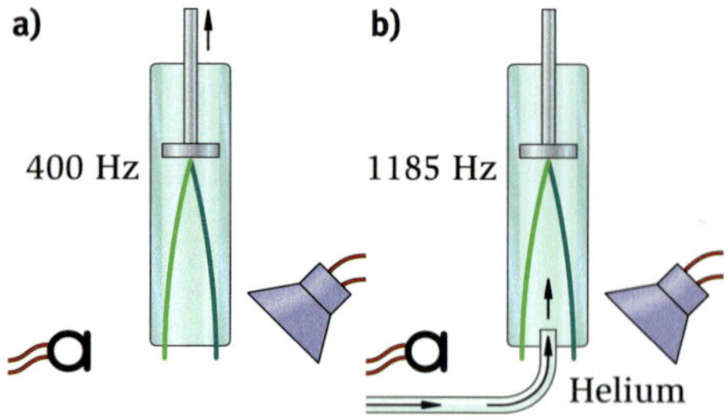

V1 **a)** Ein Lautsprecher erzeugt einen Ton von 400 Hz neben einem halboffenem Glasrohr. Ein Kolben wird langsam aus dem Glasrohr gezogen; dadurch wird die darüber liegende Luftsäule immer länger. Bei einer bestimmten Länge tönt sie kräftig mit. **b)** Helium liefert Resonanz erst bei einem höheren Ton.

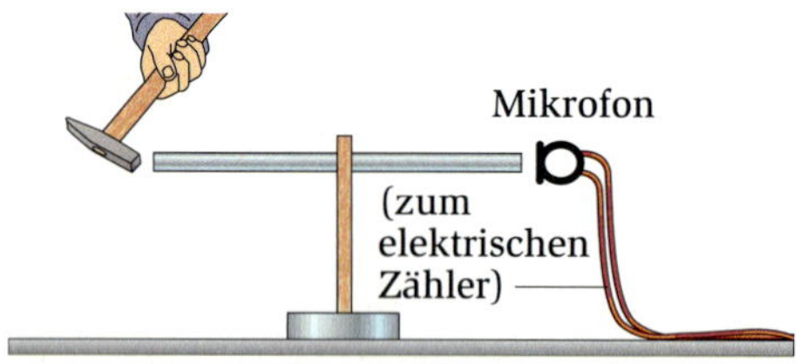

V2 Eine Stativstange aus Stahl ($l = 1$ m) ist in ihrer Mitte fest eingespannt. Mit einem Hammer schlägt man kurz vor die Stirnseite. Es erklingt ein Ton mit $f = 2586$ Hz.

Medium	***c* in m/s**
Luft	340
Helium	1007
Kohlenstoffdioxid	267
Wasser	1483
Blei	1230
Stahl	5170
Aluminium	5080
Granit	6000

T1 Schallgeschwindigkeit bei 20 °C in verschiedenen Medien

Interessantes

Mach-Zahl

In der Luftfahrt wird die Geschwindigkeit häufig als Vielfaches der Schallgeschwindigkeit angegeben. Diese Variante wird nach dem Österreicher Ernst MACH benannt. Fliegt ein Jet also mit Mach 2, so hat er die doppelte Schallgeschwindigkeit.
Weil die Schallgeschwindigkeit selber von der Temperatur abhängt, ist diese Angabe interessanterweise keine feste Größe.

1. Schallgeschwindigkeit in Luft und anderen Gasen

Im Abschnitt Wellen in Gleichungen (S. 414) haben wir die Schallgeschwindigkeit direkt mit einem Oszilloskop gemessen. Später konnten wir den typischen Wert für die Schallgeschwindigkeit von $c = 343$ m/s mit einer Resonanzmessung (S. 430) bestätigen. Zudem hat sich gezeigt, dass die Schallgeschwindigkeit c von der Frequenz f unabhängig ist. Haben andere Gase eine andere Schallgeschwindigkeit? Das wollen wir mit der Gleichung $c = \lambda \cdot f$ wiederum in einem Resonanzversuch herausfinden.

In → V1 erzeugen wir Resonanz in einer einseitig geschlossenen Röhre. Bei einer bestimmten Länge l ertönt die erste Harmonische bei 400 Hz. Füllen wir die Röhre mit Helium, so entsteht die tiefste Resonanz erst bei 1185 Hz. Da ein freies und eine festes Ende für die Gassäule vorliegt, gilt für l:

$$l = \frac{\lambda}{4} = \frac{c_{\text{Luft}}}{4 f_{\text{Luft}}} = \frac{c_{\text{Helium}}}{4 f_{\text{Helium}}}, \quad \text{also} \quad c_{\text{Helium}} = c_{\text{Luft}} \cdot \frac{f_{\text{Helium}}}{f_{\text{Luft}}}.$$

Setzen wir die gemessenen Werte ein, ergibt sich für die Schallgeschwindigkeit von Helium: $c_{\text{Helium}} = 1007$ m/s. In Helium breitet sich die Schallwelle also viel schneller aus als in Luft.

Die relative Masse der freien Gasteilchen ist bei Stickstoff 28 (N_2, Hauptbestandteil der Luft), bei Helium nur 4. Die Teilchenzahl je Liter ist bei gleicher Temperatur und gleichem Druck aber bei allen Gasen gleich. Deshalb hat Helium eine kleinere Dichte und ist bei gleichem Volumen weniger träge als Stickstoff. Helium-Volumenelemente reagieren daher schneller auf eine Störung als die trägeren bei Stickstoff. Aus diesem Grund ist die Schallgeschwindigkeit bei Helium größer als bei Luft.

Erwärmt man Gase, so entweichen Moleküle aus jedem Volumenelement, Dichte und Trägheit nehmen ab. Mit zunehmender Temperatur steigt deshalb bei allen Gasen auch die Schallgeschwindigkeit.

2. Schallgeschwindigkeit in festen Körpern

Bei festen Körpern ist die Dichte sehr viel größer als bei Gasen. Dies könnte eine kleinere Schallgeschwindigkeit bewirken. Nun bestehen in einem Festkörper aber sehr starke Stauch- und Dehnkräfte zwischen benachbarten Gitteratomen. Bei Querwellen sind es Scherkräfte. Es könnte also auch sein, dass jede Störung und damit auch jede Welle sich in festen Körpern schneller ausbreiten kann als in Gasen.

Um dies zu prüfen, führen wir ein höchst einfaches Experiment durch. Wir nehmen eine Stativstange und halten sie in der Mitte fest. Dann schlagen wir mit einem Hammer vor die Stirnseite der Stange. Sie gibt einen hohen Ton von sich. In → V2 messen wir diese Eigenfrequenz zu $f = 2586$ Hz. Die Länge der Stange entspricht der halben Wellenlänge (beide Enden sind freie Enden, in der Mitte ist ein Knoten). Somit ergibt sich

$$c_{\text{Fe}} = \lambda \cdot f = 2l \cdot f = 2 \text{ m} \cdot 2586 \text{ Hz} = 5172 \, \frac{\text{m}}{\text{s}}.$$

Dies entspricht sehr gut dem Literaturwert → T1.

Quarzkristalle aus SiO_2 verändern in einem elektrischen Feld ihre Form. Bei bestimmter Feldrichtung → B1 wird der Kristall dicker, bei entgegengesetzter Feldrichtung wird er breiter und niedriger. In einem elektrischen Wechselfeld wird der Kristall durch diesen **Piezoeffekt** abwechselnd dünn und dick.

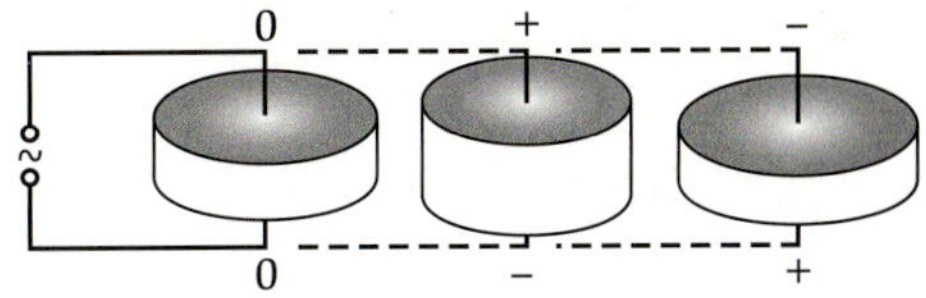

B1 Ein Quarzkristall schwingt, wenn er in seiner Eigenfrequenz elektrisch angeregt wird (stark übertrieben gezeichnet).

Schwingquarze sind kurze Zylinder aus diesem Material mit hohen Eigenfrequenzen im Ultraschallbereich. Regt man sie elektrisch in ihrer Grundfrequenz an, so schwingen sie in Resonanz. Werden sie umgekehrt mechanisch angeregt, entsteht zwischen den Stirnflächen eine elektrische Wechselspannung. Man benutzt sie z. B. als Ultraschallsender oder -empfänger.

3. Schallgeschwindigkeit in Wasser

Anders als Luft lässt sich Wasser kaum komprimieren. Es sind starke Druckänderungen nötig, um geringste Volumenänderungen zu ermöglichen. Als wassertauglichen Lautsprecher nehmen wir deshalb einen Schwingquarz, er erzeugt bei geringer Elongation genügend starke Kräfte. Die Schwingungsenergie kann so gut auf das Wasser übertragen werden. Als Empfänger dient ein zweiter Quarz.

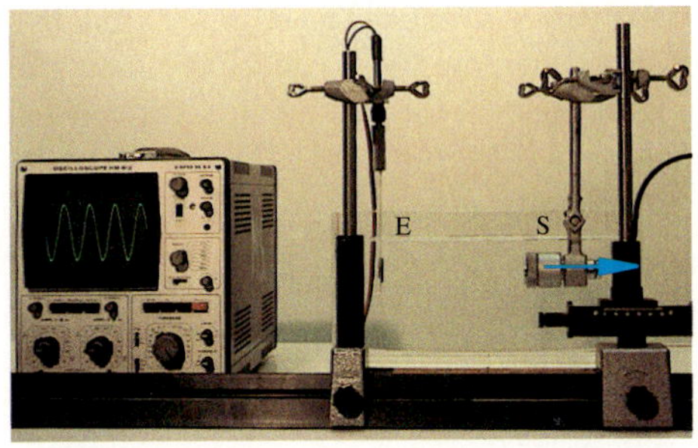

V3 Ein Empfängerquarz *E* ruht in Wasser mit 20 °C, der Sendequarz S wird mit Verschiebereiter vom Empfänger wegbewegt. Dabei beobachten wir auf dem Bildschirm alle $\lambda/2$ ein Auf- und Abbauen der Amplitude – 20-mal auf einer Messstrecke von 18,53 mm. Hieraus folgt: $\lambda = 1{,}853$ mm.

Sender und Empfänger stehen sich im Wasser gegenüber → V3. Ihre ebenen Oberflächen bilden bei einem Abstand von $n \cdot \lambda/2$ die Enden eines Resonanzraumes. Jetzt ist das Empfangssignal maximal. Verschiebt man den Sender, bricht die Resonanz zusammen, um sich nach einer halben Wellenlänge wieder aufzubauen. Durch sehr genaues Messen der Verschiebung gewinnen wir die Wellenlänge zu $\lambda = 1{,}853$ mm. Mit der elektronisch gemessenen Frequenz $f = 800$ kHz folgt $c = \lambda \cdot f = 1482$ m/s (vgl. → T1).

Merksatz

Die Größe der Schallgeschwindigkeit hängt vom Medium ab. Im Allgemeinen gilt: $c_{\text{Festkörper}} > c_{\text{Flüssigkeit}} > c_{\text{Gas}}$.
Schallgeschwindigkeiten lassen sich gut mittels stehender Wellen ermitteln.

A1 In → V1 wurde die benutzte Rohrlänge nicht angegeben. Berechnen Sie diese Länge. Wie weit muss man den Kolben für die nächste Resonanz zurückziehen?

A2 Eine Stativstange erzeugt mit ihrer Grundschwingung in Wasser eine Schallwelle der Wellenlänge 6,5 m. Bestimmen Sie die Länge der Stativstange

Interessantes

Schallwellenanpassung im Mittelohr

Das menschliche Ohr ist Ergebnis einer langen Evolution. Das wassergefüllte Innenohr stammt noch aus einer Zeit, als es Leben nur im Wasser gab. Danach musste sich das Außenohr an die Luft anpassen – schlechte Bedingung für eine Schallübertragung. Stimmen nämlich die Schalleigenschaften benachbarter Medien nicht überein, werden Schallwellen ganz oder teilweise reflektiert. Die Natur hat das Problem elegant gelöst: Die durch Luftschall am Trommelfell verursachten Druckänderungen werden am ovalem Fenster im Innenohr verstärkt. Allein durch ihr Größenverhältnis von 1 : 20 wäre die Druckänderung wegen $p = F/A$ schon 20-mal größer. Die Gehörknöchelchen verstärken zusätzlich die Kraft um den Faktor 1,3 → B2.

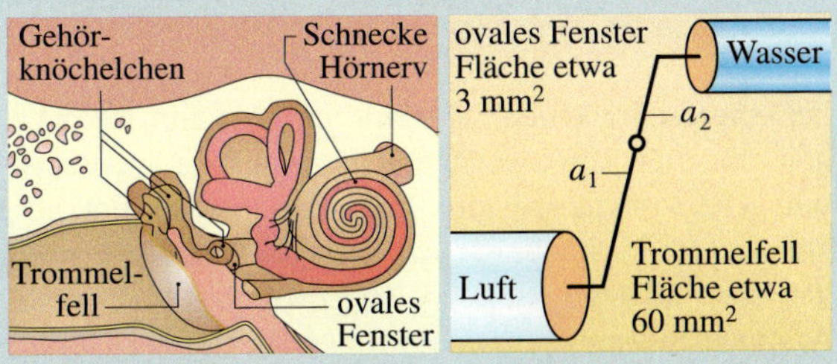

B2 Das Mittelohr ist Brücke zwischen Außen- und geschützt liegendem Innenohr. Nach außen schließt das Trommelfell ab, nach innen zur „Schnecke" das 20-mal kleinere ovale Fenster. Die Gehörknöchelchen Hammer, Amboss und Steigbügel bilden zwischen ihnen ein Hebelsystem mit dem Längenverhältnis $a_1/a_2 = 1{,}3$. Dadurch wird die Kraft verstärkt.

Interessantes

Saiteninstrumente

Ein langes, gespanntes Gummiband führt nach unsymmetrischem Anzupfen ein merkwürdiges Eigenleben. Das Band schwingt nicht einfach auf und ab wie in einem einzigen Schwingungsbauch einer stehenden Welle. → B1 zeigt eine aus fünf Harmonischen summierte Näherung der tatsächlichen Welle in vier Phasen. Diese eigenartige Form der Welle ist aber kein Widerspruch zu unserem bisherigen Wissen. Man kann sie als Überlagerung vieler stehender harmonischer Wellen beschreiben. Die Bewegungen angezupfter Saiten einer Gitarre oder einer Geige müssen wir uns so vorstellen.

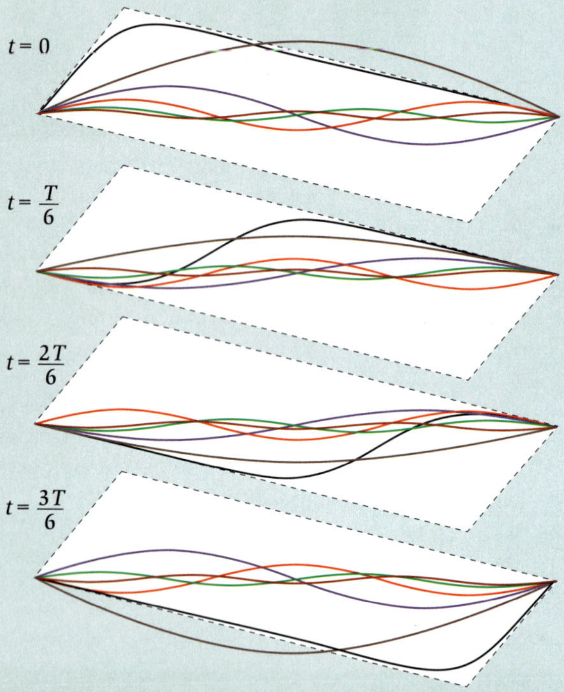

B1 In der Nähe des linken Endes wird ein gespanntes Gummiband angezupft. In der Simulation sind vier Momentaufnahmen der sich ergebenden Welle gezeigt.

Bei einer gestrichenen Saite sind die Verhältnisse noch komplizierter. Die Saite haftet längere Zeit am Bogen und wird so mitgeschleppt. Dann löst sie sich plötzlich von ihm und schnellt zurück, um gleich darauf wieder von einer anderen Stelle des Bogens erfasst und mitgenommen zu werden. Die Schwingung der Saite ist kaum hörbar. Sie wird aber über die Auflagepunkte – vor allem über den Steg – auf den Instrumentenkörper (Korpus) aus Holz übertragen. Die Erregerschwingung entspricht der Saitenbewegung in Stegnähe und verläuft deshalb meist sägezahnartig. Wie auch immer der Korpus aussehen mag, ein reiner Ton wie bei einer Stimmgabel ist bei Streichinstrumenten nicht zu erwarten.

Der Korpus dient als Resonanzkörper, er soll bei möglichst vielen verschiedenen Tönen laut mitklingen. Bei der Geige strahlen vor allem die F-Löcher, bei der Gitarre auch der Boden Schall ab.

Ähnlich wie bei gespannten Gummibändern bilden sich auch auf Platten stehende Wellen aus, wenn sie mit einer ihrer Eigenfrequenzen angeregt werden. Diese hängen von vielen Faktoren ab, die alle beim Geigenbau berücksichtigt werden müssen. Um einen ausgewogenen Klang zu erzeugen, müssen die Eigenfrequenzen von Decke und Boden verschieden sein. Auch die hohe Eigenfrequenz des Stegs ist von besonderer Bedeutung.

Das Klangspektrum

Mit Mikrofon und Computerinterface lassen sich Klänge aufzeichnen. Man sieht am Bildschirm dann die Schwingungsform eines Tones (mit z. B. $f = 440$ Hz) wie bei einem Oszilloskopbild. Die Schwingungsformen sind aber zumeist sehr kompliziert, Gesetzmäßigkeiten lassen sich kaum an ihnen ablesen. Hier hilft bei länger unverändert bleibenden Klängen die **Fourieranalyse**. Mit ihrer Hilfe kann der Computer den Grundton und die vorkommenden Obertöne eines Klanges herausfinden – mit Frequenz und Amplitude.

Trägt man nun die Amplituden der vorkommenden Teiltöne gegen die Frequenz in einem Diagramm auf, so erhält man ein **Klangspektrum** → B2 . Dieser Begriff erinnert an die Lichtspektren, in denen von uns verschieden empfundene Farben in unterschiedlicher Intensität nebeneinander liegen. Später werden wir Erkenntnisse aus solchen Lichtspektren über die Atome gewinnen. Vorerst versuchen wir aus den akustischen Klangfarben etwas über einzelne Musikinstrumente herauszufinden. So findet man bei der Geige Obertonfrequenzen als ganzzahlige Vielfache der Grundtonfrequenz.

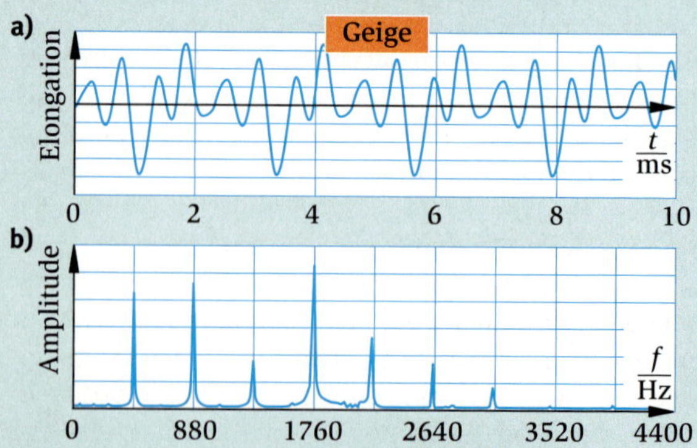

B2 Oben: Oszillogramm des Geigenklangs. Unten: Klangspektrum der Geige. Die größte Amplitude hat nicht immer der Grundton.

Bei Blas- und Streichinstrumenten hält der Ton, da dauernd Energie ergänzt wird. Beim Klavier (auch bei der Gitarre) ist es anders. Kurz nach dem Anschlag hat die Saite ihre größte Amplitude. Danach klingt ihre Schwingung exponentiell ab. Es zeigt sich aber, dass dieses Abklingen für Grund- und Obertöne verschieden schnell abläuft. Zu Beginn prägen starke Obertöne den Klang. Dies ändert sich, denn je höher der Oberton, desto schneller fällt er ab → B3. Bei wieder leiserem Klang übernimmt wieder der Grundton die Führung.

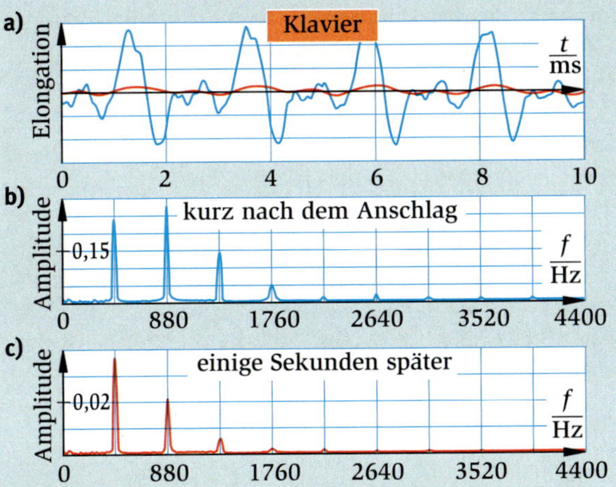

B3 Klavierklangspektrum kurz nach dem Anschlag (blau) und einige Sekunden später (rot): Die Klangfarbe ist verändert.

Blasinstrumente

Flöten und andere Blasinstrumente benutzen *schwingende Luftsäulen* zur Tonerzeugung. Sie brauchen keine zusätzlichen Resonanzkörper. An den Enden geben sie Energie an die umgebende Luft ab – Flöten am Mundstück, Trompeten am trichterartigen Ende. Da es das gleiche Medium ist, gelingt dies gut. So kann eine Querflöte mit ihrer Musik einen ganzen Saal „füllen".
Die Tonhöhe, also die Resonanzfrequenz, legt man durch Greifen der richtigen Rohrlänge fest → B4. Der Grundton wird durch Verändern der Rohrlänge gestimmt. Neben dem Grundton bilden sich beim Spiel auch Harmonische aus → B5.

Wie aber kommt es zur Eigenschwingung der Luftsäule? Nimmt man nur das Mundstück einer Querflöte und verhindert durch Einbringen von z. B. Watte, dass es durch Reflexion zu einer stehenden Welle kommt, so entsteht ein Rauschen, kein einzelner Ton. Aus dem Luftstrom haben sich nur Wirbel gebildet. Anders, wenn die Flöte zusammengebaut ist. Jetzt genügt ein leiser Ton der richtigen Frequenz im Rauschen, um die Luftsäule im Flötenrohr in Eigenschwingungen zu versetzen. Dies wirkt nun wieder auf den Luftstrom am Mundstück zurück. Durch den periodischen Über- und Unterdruck an der Öffnung wird Luft abwechselnd nach außen und innen gelenkt. Das schaukelt die Eigenschwingungen in kurzer Zeit auf, bis sich ein Gleichgewicht zwischen zugeführter und abgestrahlter Energie eingestellt hat. Der Flötenton hat sich selbst organisiert. → B6 zeigt, dass dies in etwa 0,05 s geschehen kann. Bei großen Orgelpfeifen kann dieses „Ansprechen" eine halbe Sekunde dauern.

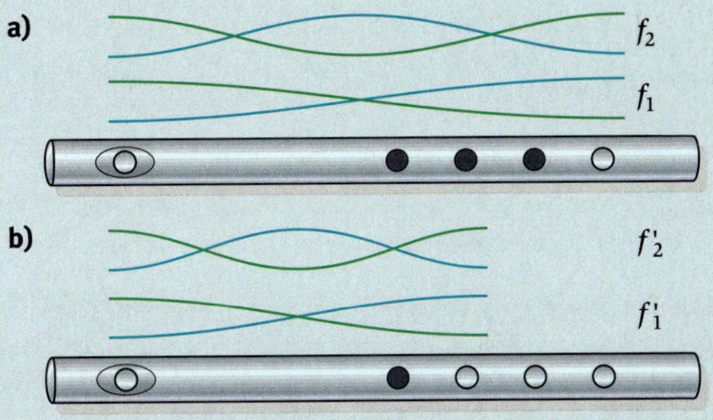

B4 Das Mundstück wirkt in diesem einfachen Modell wie ein freies Ende. Das zweite freie Ende der Flöte liegt kurz hinter dem ersten der freigelassenen Löcher.

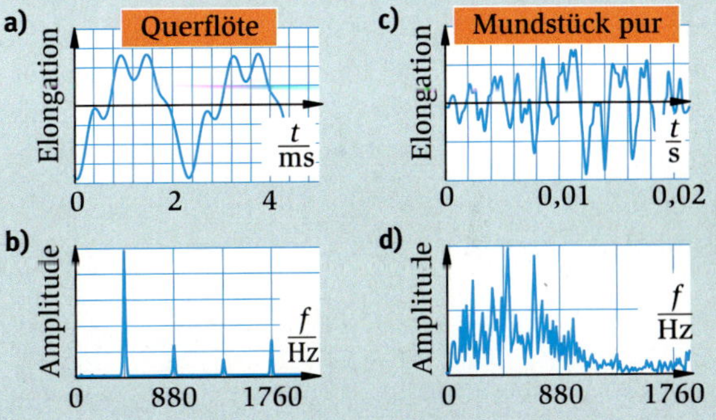

B5 Die gut angeblasene Querflöte hat schwach ausgeprägte Obertöne (links). Das Mundstück allein (rechts) liefert „Rauschen" mit sehr vielen Frequenzen.

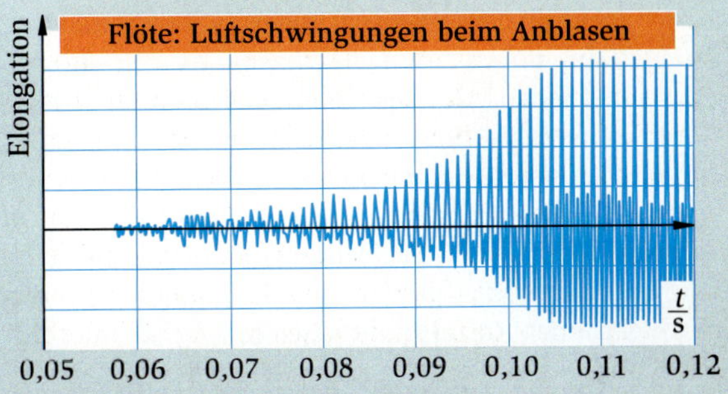

B6 Vom Rauschen in 0,05 s zur Resonanz: Selbstorganisation des Flötentons

Musik – ein Klang in der Physik

Vertiefung

Fouriersynthese

Die Summe zweier Sinusfunktionen *gleicher* Periodenlänge ergibt wieder eine Sinusfunktion mit dieser Periodenlänge. Diese Eigenschaft der Mathematik, der die Natur bei Schwingungen und Wellen glücklicherweise folgt, ist eine der Säulen der Orchestermusik! Gleiche Periodenlänge heißt hier gleiche Schwingungsdauer und damit gleiche Frequenz und Tonhöhe.

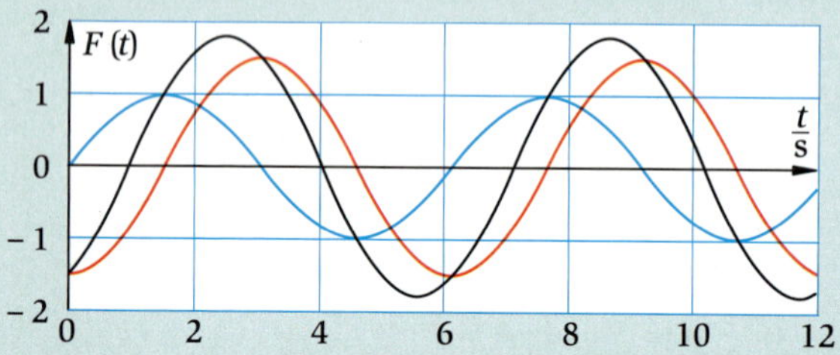

Überlagerung von Tönen *verschiedener* Frequenz liefert keine Sinusfunktion, aber immerhin eine periodische Funktion, wie wir sie bei den Musikinstrumenten gefunden haben. Nehmen wir z. B. drei Sinusschwingungen mit f_1 = 500 Hz, f_2 = 1000 Hz und f_3 = 1500 Hz (Amplituden a_1 = 0,8, a_2 = 0,2 und a_3 = 0,5) und summieren sie zu einer neuen Funktion $F(t)$. Man nennt dieses Zusammensetzen auch **Synthese**. Anfang des 19. Jahrhunderts fand der französische Mathematiker J. FOURIER (1768 – 1830) heraus, dass sich *jede* periodische Funktion (beliebiger Dauer) als Summe aus einer Sinusfunktion und ihren Harmonischen darstellen lässt.

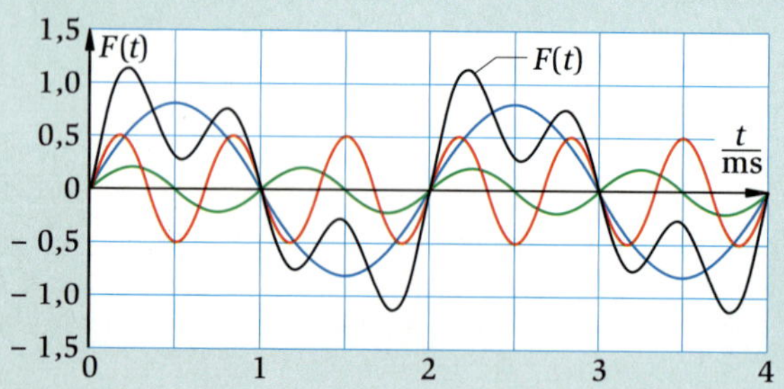

Ein Verschieben der Phasen einzelner Teiltöne hat keinen Einfluss auf unsere *Klangwahrnehmung*, obwohl die Kurvenform dadurch völlig anders aussehen kann. Unser Gehirn filtert beim Hören allein die Frequenzen und die Amplituden der Teiltöne heraus und nimmt die Überlagerung als charakteristischen Klang wahr.
Um verschiedene Phasen der Harmonischen erfassen zu können, nimmt man zu den Sinusfunktionen noch die entsprechenden Kosinusfunktionen hinzu:

$$F(t) = a_1 \sin(1\omega t) + a_2 \sin(2\omega t) + a_3 \sin(3\omega t) + \ldots + b_1 \cos(1\omega t) + b_2 \cos(2\omega t) + b_3 \cos(3\omega t) + \ldots$$

Fourieranalyse

In der Akustik will man die Teiltöne herausfinden, die sich hinter einem aufgenommenen Klang verbergen. Wir wollen dieses **Analyseverfahren** anhand unseres Synthesebeispiels in der linken Spalte erläutern. Wie bei einer Messwertaufnahme mit dem Computer liegen die Funktionswerte $F(t)$ in einer Tabelle vor (z. B. in einem Tabellenkalkulationsprogramm). Fourier hat uns gezeigt, dass diese Funktion aus Sinus- oder Kosinusfunktionen zusammengesetzt ist. Wie kann man herausfinden, mit welcher Amplitude sie jeweils an $F(t)$ beteiligt sind?

Ein Trick und etwas Mathematik helfen weiter. Der Mittelwert der Produkte $\sin(\omega t) \cdot \sin(\omega t)$ ist im Intervall [0; T] gleich 0,5 – also die halbe Amplitude. Prüfen Sie dies mit einem Tabellenkalkulationsprogramm nach. Auch an einer graphischen Darstellung erkennt man dies.

Bilden wir die Produkte $\sin(\omega t) \cdot \sin(2\omega t)$, so ergibt sich als Mittelwert 0 – bei $\sin(\omega t) \cdot \sin(3\omega t)$ ist es ebenso. Dies wenden wir nun auf unser Beispiel an:

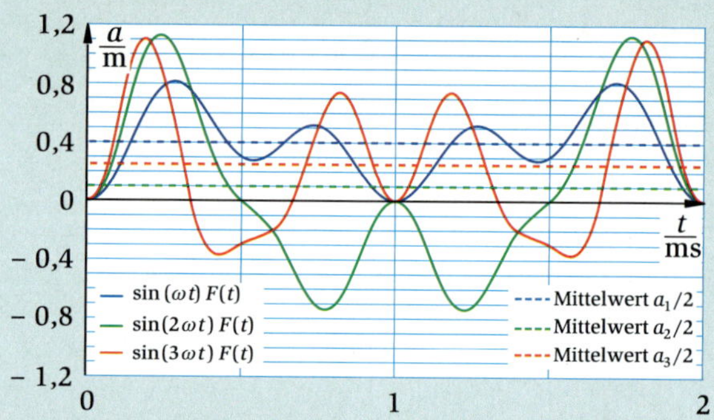

Wir beginnen mit dem Produkt aus $\sin(\omega t)$ und $F(t)$, also $\sin(\omega t) \cdot [(a_1 \sin(\omega t) + a_2 \sin(2\omega t) + a_3 \sin(3\omega t)]$. Es bleibt $0{,}5 \cdot a_1$ als Mittelwert in [0; T]. Den Mittelwert 0,4 entnehmen wir dem Diagramm. Ihn müssen wir verdoppeln und erhalten so die Amplitude: a_1 = 0,8.

Mit der Testfunktion $\sin(2\omega t)$ finden wir nach dem gleichen Verfahren den Mittelwert 0,1 und hiermit die Amplitude a_2 = 0,2. Mit $\sin(3\omega t)$ ergibt sich aus dem Mittelwert 0,25 die Amplitude a_3 = 0,5.

So liefert uns dieses Verfahren genau die Amplituden, die wir bei der Synthese willkürlich gewählt hatten.

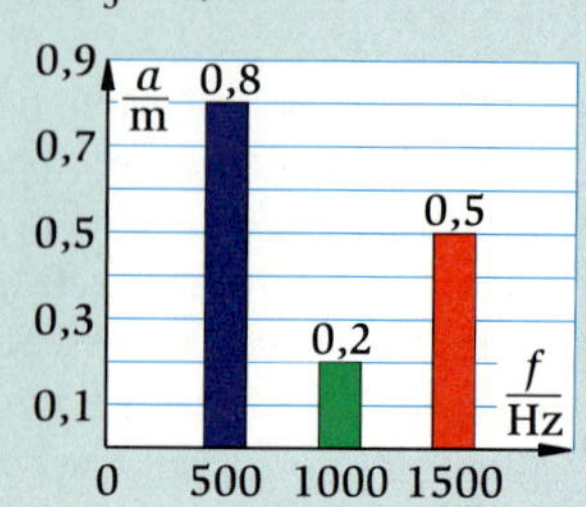

Projekt

Klangspektren zu Hause ermitteln

Sie können zu Hause ohne ein schulübliches Computerinterface Klänge aufzeichnen und analysieren. Ihr Computer benötigt dazu eine **Soundkarte** mit angeschlossenem **Mikrofon** – mehr nicht. Als Soundaufnahme- und Weiterverarbeitungssoftware wählen Sie z. B. Goldwave. Sie können dieses Programm als Shareware in einer älteren deutschen Version (GW4DEMO.exe) aus dem Internet herunterladen und auf Ihrem Computer installieren. Ferner benötigen Sie ein Tabellenkalkulationsprogramm, z. B. Excel. Zur eigentlichen Klanganalyse benutzen Sie abschließend ein Frequenzanalyseprogramm. Geeignet ist die Messsoftware Measure (z. B. Version 4.5), welche Sie ebenfalls als Download beziehen können.

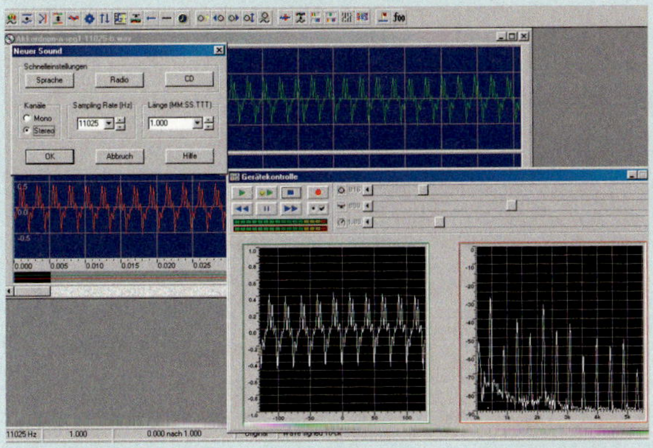

- Goldwave wird gestartet. Unter „Werkzeuge“ wird die „Gerätekontrolle“ geöffnet, man sieht (anfangs leere) Oszilloskopschirme für zwei Kanäle.
- Wählen Sie „Neu“ und in dem kleinen sich öffnenden Fenster links oben dann z. B. „Stereo“, „Samplingrate“ 11025 und „Aufnahmelänge“ 1 s. Evtl. müssen Sie noch unter „Werkzeuge“, „Lautstärkeregler“ den Mikrofoneingang für die Aufnahme aktivieren. Dann ist alles für eine neue Klangaufnahme vorbereitet.
- Komfortabel wird die Musikaufnahme durch die „Countdown“-Funktion, mit der Sie nach „Aufnahme“ noch bis zum eigentlichen Start herunterzählen können – bis dahin „steht“ der Ton (geflötet, gesungen, gespielt auf einem Akkordeon – so in unserem Beispiel) und wird in der dann folgenden Sekunde wie von einem Kassettenrekorder aufgenommen.
- Anschließend können Sie den Klang abspielen und gleichzeitig seine Schwingung am Oszilloskopschirm beobachten. Klicken Sie einmal in das rechte Fenster, es verändert sich zu einem Frequenz-Amplituden-Diagramm. Man sieht jetzt das gesuchte Frequenzspektrum, wenn auch in mäßiger Auflösung. Speichern Sie die Datei für die folgenden Verarbeitungsschritte als Textdatei („ASCII, float, Mono“).

Ein druckbares Diagramm, das eine sorgfältige physikalische Interpretation zulässt und auch für ein Referat verwendet werden kann, erhalten Sie folgendermaßen:

- Öffnen Sie in Excel die Sound-Textdatei. Sie finden jetzt alle aufgenommenen Messwerte. „Suchen und ersetzen“ Sie die Dezimalpunkte durch -kommata.
- Es fehlen noch die Zeitwerte. Fügen Sie eine Spalte ein und füllen Sie diese mit Zeitwerten im Abstand 1/11025 s auf. Die Tabelle ist nun fertig. In Excel können Sie jetzt ein *x*-*y*-Diagramm erstellen und so die Klangkurve im Detail betrachten.
- Kopieren Sie zum Abschluss die beiden reinen Zahlenspalten in die Zwischenablage.
- Starten Sie jetzt das Programm Measure:

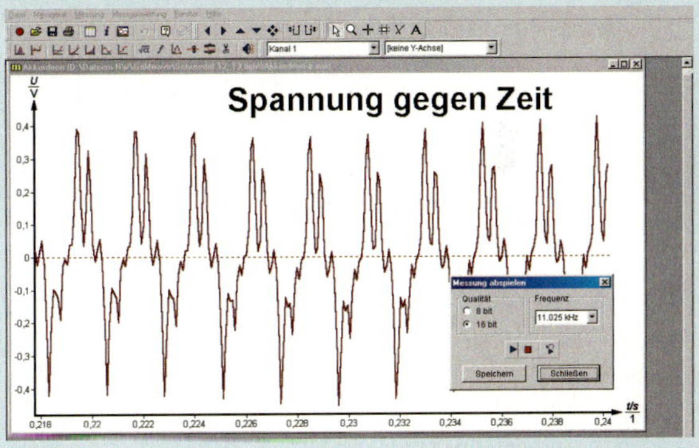

- Klicken Sie in Measure unter „Messung“ den Punkt „Messwerte importieren“. Es erscheint das Diagramm Ihrer Messung. Sie können jetzt noch die Achsen mit t/s und U/V beschriften. Sie können sich sogar den dargestellten Klang noch einmal abspielen lassen.
- Unter „Messauswertung“, „Fourieranalyse“ werden jetzt die am Klang beteiligten Sinustöne mit ihrer Frequenz und ihrer Amplitude angezeigt:

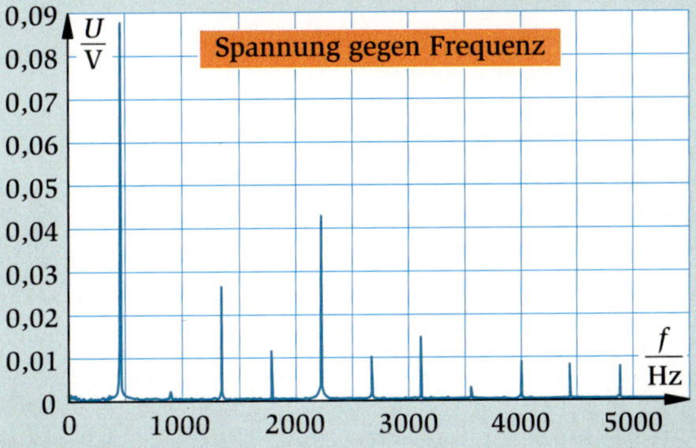

Berücksichtigen Sie bei der Deutung des Beispiel-Frequenzspektrums, dass beim Akkordeon einseitig eingespannte Metallzungen den Klang erzeugen.

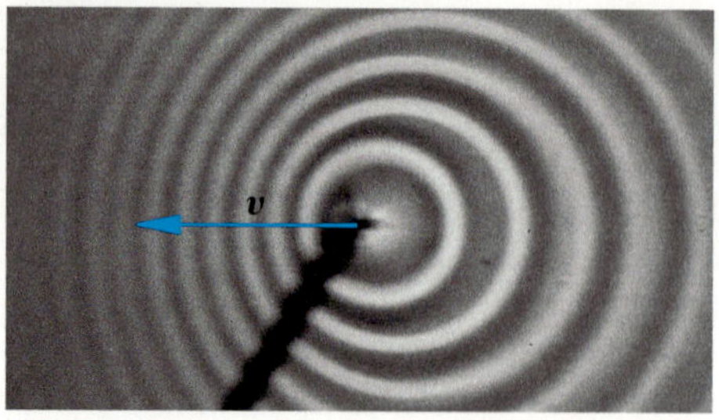

B1 Der Dopplereffekt bei Wasserwellen. Der Erregerstift bewegt sich gleichförmig nach links. Die Kreiswellen drängen sich vor dem Erreger zusammen, hinter ihm werden sie auseinandergezogen.

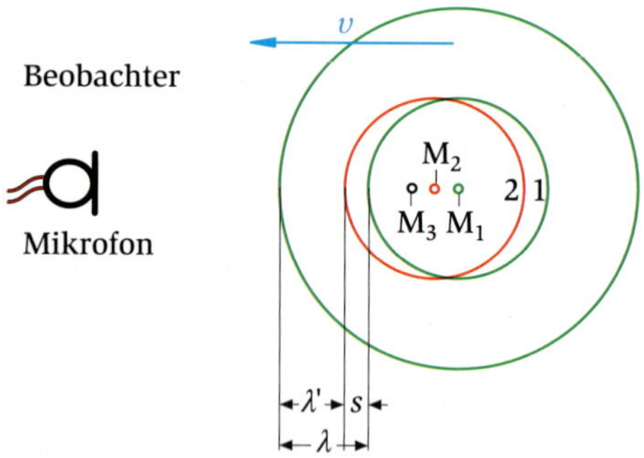

B2 Bei ruhendem Sender läuft die Welle mit der Wellenlänge λ über den Empfänger. Durch die Bewegung des Senders auf den Empfänger zu wird die kürzere Wellenlänge $\lambda' = \lambda - s$ wahrgenommen.

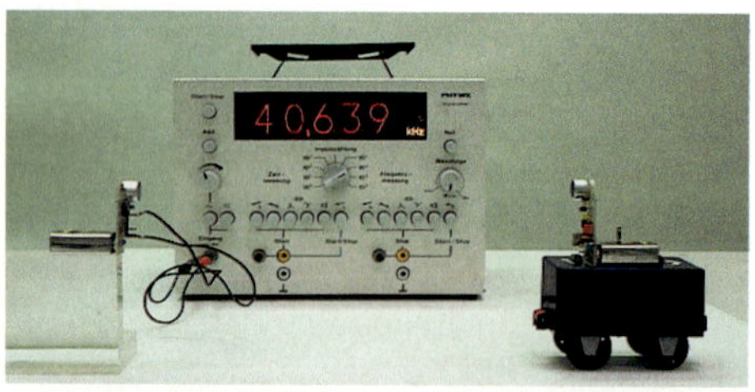

V1 Links steht („ruht") ein Empfänger. Ein Ultraschallsender mit sehr konstanter Frequenz $f = 40\,644$ Hz bewegt sich auf ihn zu oder von ihm weg. Mit einer Stoppuhr ermitteln wir die Geschwindigkeit v des Senders. Es ergeben sich folgende Messwerte:

v in m/s	f in Hz gemessen	f' in Hz berechnet
0,35	40679	40678
0,26	40675	40675
0,14	40660	40660
0,09	40655	40654
− 0,04	40639	40639
− 0,21	40618	40619
− 0,45	40590	40590

1. Jedes Kind kennt den Dopplereffekt

Bei Wasserwellen sieht man ihn **→ B1**. Bei Schallwellen hört man ihn oft: Der Krankenwagen, der am Schulweg vorbeifährt, der Rennwagen im Fernsehen, das Flugzeug über dem Dach – sie alle erzeugen den typischen Verlauf von höherem Ton zu tieferem Ton, den schon Dreijährige nachahmen können.

Diesen **Dopplereffekt** (Christian DOPPLER 1803–1853) gibt es in zwei Varianten. Eine erste sahen wir oben: Eine Schallquelle steht in einiger Entfernung vor einem relativ zum Wellenträger ruhenden „Beobachter" – dieser hört den Ton. Bewegt die Quelle sich auf den Beobachter zu, so hört er einen höheren Ton. Bewegt sie sich vom Beobachter weg, so hört dieser einen tieferen Ton.
Die zweite Variante tritt auf, wenn die Schallquelle relativ zum Träger ruht, sich jetzt aber der Beobachter bewegt. Manchmal, z. B. bei Reflexionen, sind sogar beide Effekte gleichzeitig beteiligt.

2. Die Schallquelle bewegt sich, der Empfänger ruht

Betrachten wir **→ B2**. Ein Schallsender mit der Frequenz f bewegt sich auf den ruhenden Beobachter B zu.
Zeitpunkt 0: In M_1 startet eine Kreiswelle mit bestimmter Phase – sagen wir einem Wellenberg (↑).
Zeitpunkt $1\,T$: Der Radius des ersten Wellenkreises (grün) ist auf 1λ angewachsen, unabhängig vom Sender breitet er sich im Wellenträger Luft aus. Der Sender hat sich in der Zwischenzeit um $s = v\,T$ weiter bewegt und startet von M_2 den nächsten Wellenberg.
Zeitpunkt $2\,T$: Kreiswelle 1 hat mittlerweile einen Radius von 2λ. Kreiswelle 2 (rot) ist auf 1λ angewachsen. Wir erkennen nun das Kreissystem, das mit der Geschwindigkeit c über den Beobachter B hinwegläuft. Solange er sich vor dem Sender befindet, hört er Schwingungen einer Welle mit verkürzter Wellenlänge λ' und erhöhter Frequenz f'. Für sie gilt

$$\lambda' = \lambda - s = \lambda - v \cdot T = c/f - v/f \quad \text{und} \quad \lambda' = c/f'.$$

Gleichsetzen liefert

$$\frac{c}{f'} = \frac{c - v}{f} \quad \text{oder} \quad \frac{1}{f'} = \frac{1 - \frac{v}{c}}{f}$$

und damit die gesuchte **Dopplerfrequenz** bei *bewegtem Sender:*

$$f' = f \cdot \frac{1}{1 - \frac{v}{c}}$$

In dieser Formel ist v der Geschwindigkeitswert. Nähert sich der Sender, so ist v positiv und f' wird größer als f. Bei Entfernung vom Empfänger ist v negativ und f' ist kleiner als f. In **→ V1** finden wir die hergeleitete Formel bestätigt.
Die Frequenzänderung Δf ist bei Geschwindigkeiten, die klein gegenüber der Schallgeschwindigkeit sind, in etwa proportional zur Geschwindigkeit v und zur Frequenz f. Dies zeigen wir nun:

$$\Delta f = f' - f = f \cdot \frac{1}{1 - \frac{v}{c}} - f = f \cdot \frac{v}{c - v} \approx f \cdot \frac{v}{c}$$

Eine Schwebung dieser Frequenz Δf entsteht, wenn sich Töne mit den Frequenzen f und f' überlagern. Bei v nahezu c wächst f' allerdings über alle Grenzen, da die Wellenberge beliebig dicht beieinander liegen. Bei Geschwindigkeiten über der Wellengeschwindigkeit bildet sich ein sogenannter *machscher* Kegel aus. Ein Flugzeug mit Überschallgeschwindigkeit hört man erst, wenn es schon vorüber ist, dann aber mit einem lauten Knall → B3. Die Schallfront aus vielen Einzelwellen zusammengesetzt fegt in diesem Augenblick über den Beobachter hinweg.

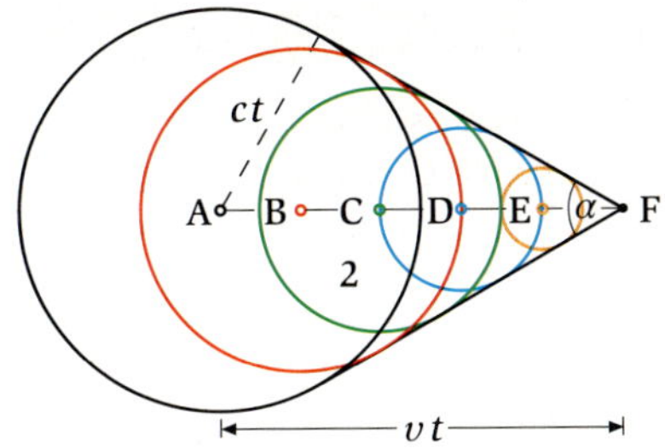

B3 Das Flugzeug ist schon bei F und hat den ersten und alle weiteren Wellenberge überholt. Die Wellenberge besitzen eine gemeinsame Hülle, den machschen Kegel. An allen Stellen, über die dieser Mantel hinwegstreicht, hört man wegen der gegenseitigen Verstärkung einen explosionsartigen Knall. Man sagt dazu auch, das Flugzeug habe „die Schallmauer durchbrochen". Bei dieser Redeweise entsteht der Eindruck, der Knall entstehe nur einmal in dem Augenblick, in dem das Flugzeug die Schallgeschwindigkeit überschreitet. Tatsächlich schleppt ein mit Überschallgeschwindigkeit fliegendes Flugzeug seinen „Düsenknall" auf dem Mantel des machschen Kegels dauernd hinter sich her.

3. Der Empfänger bewegt sich, die Schallquelle ruht

Ein Beobachter bewege sich mit der Geschwindigkeit v auf eine Quelle der Frequenz f zu oder von ihr weg. Die Quelle sei relativ zum Wellenträger, meist Luft, in Ruhe. Im Gegensatz zum vorigen Fall bleibt auch für den bewegten Beobachter die Wellenlänge $\lambda = c/f$ erhalten; dagegen ändert sich relativ zu ihm die Ausbreitungsgeschwindigkeit der Wellen.

Bewegt er sich auf den Erreger zu, so erreichen ihn die mit der Geschwindigkeit c fortschreitenden Wellenfronten früher, ihre Geschwindigkeit relativ zum Beobachter ist also auf $c' = c + v$ erhöht. Deshalb empfängt dieser eine Schwingung mit der Frequenz

$$f' = \frac{c'}{\lambda} = \frac{c+v}{\lambda} = \frac{f \cdot (c+v)}{c} = f \cdot \left(1 + \frac{v}{c}\right).$$

Merksatz

Bewegt sich ein Wellenerreger relativ zum Träger, so ändert sich die Wellenlänge und damit die Frequenz.
Bewegt sich ein Beobachter relativ zum Träger, so ändert sich für ihn die Ausbreitungsgeschwindigkeit der Wellen und damit ebenfalls die Frequenz.

Interessantes

Dopplereffekt in der Astronomie

Für elektromagnetische Wellen gibt es keine Trägersubstanz. Quelle oder Empfänger können sich jeweils als ruhend annehmen. Von bewegter Quelle oder bewegtem Empfänger als Alternativen kann man also nicht mehr sprechen. In der relativistischen Doppler-Formel kommt diese Unterscheidung konsequenterweise auch nicht mehr vor. Für die veränderte Frequenz f' bei einer Annäherung von Quelle und Empfänger mit der Relativgeschwindigkeit v gilt:

$$f' = f \cdot \sqrt{\frac{1 + v/c}{1 - v/c}}.$$

Wichtig ist der Effekt für die Astronomie. So konnte man manche Punkte am Himmel als rotierende Doppelsternsysteme entlarven. Der sich auf uns zu bewegende Stern hat ein Farbspektrum mit höherer Frequenz („blauverschoben"), der fliehende Stern hat ein „rotverschobenes" Spektrum. Auch die Radialbewegung „naher" Galaxien verrät sich so: Andromeda z. B. bewegt sich auf uns zu.

A1 Der Hupton eines Autos hat die Frequenz 380 Hz. **a)** Der Wagen nähert sich einem an der Straße stehenden Beobachter mit der Geschwindigkeit 17 m/s. Mit welcher Frequenz hört der Beobachter den Ton? **b)** Nun soll das hupende Auto stillstehen, während ihm der Beobachter mit der Geschwindigkeit 17 m/s entgegenfährt. Welche Frequenz hat der Ton, den der Beobachter jetzt hört?

A2 Wenn eine mit der Geschwindigkeit v bewegte Schallquelle an einem ruhenden Beobachter vorüberfährt, hört dieser, dass die Tonhöhe im Augenblick des Vorbeifahrens zum tieferen Ton umschlägt. Zeigen Sie, dass für das Frequenzverhältnis der gehörten Töne gilt: $f_1/f_2 = (c+v)/(c-v)$.
Wie rasch müsste sich eine Schallquelle bewegen, damit sich diese beiden Töne um eine Oktave unterscheiden?

A3 Weisen Sie nach, dass bei bewegtem Empfänger und ruhendem Sender für die Frequenzänderung gilt: $\Delta f = f \cdot v/c$.

A4 Kevin hat gerade den Führerschein gemacht. Mit geliehenem Auto fährt er sportlich auf einen Torbogen zu. Dabei hört er zu seiner 300 Hz-Hupe noch eine große Terz höher. Schöner Akkord (Verhältnis 5 : 4) – kluge Geschwindigkeit?

Physik und Medizin

A. Verborgenes wird sichtbar

Ein sehr kurzer Schallwellenzug legt in jeder Sekunde die Strecke $\Delta s = c \cdot \Delta t$ zurück. Trifft die Welle auf ein Hindernis, wird sie reflektiert und ist nach $t = 2 \cdot \Delta t$ wieder am Ausgangspunkt. Diese Zeit ist ein Maß für die Entfernung der reflektierenden Wand vom Sender. Man kann sie mit einem Oszilloskop nachweisen.

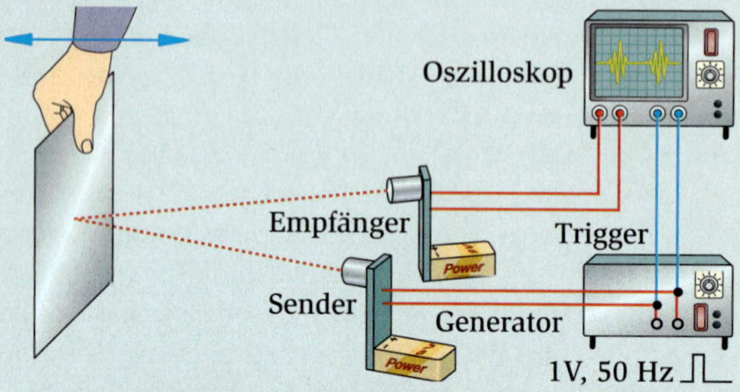

Dazu wird ein Ultraschallsender alle 0,02 s durch einen kurzen Impuls eingeschaltet. Gleichzeitig wird der Elektronenstrahl des Oszilloskops gestartet. Auf dem Bildschirm sehen wir zwei Schwingungspakete. Das linke wird vom Empfänger auf direktem Weg aufgenommen. Das rechte Signal stammt von einer reflektierten Schallwelle. Vergrößert man die Entfernung zwischen Reflektor und Sender, so wandert dieses Signal auf dem Bildschirm weiter nach rechts. Die Position der reflektierenden Wand wird für uns so auf der Zeitachse des Schirms „sichtbar".

Durch Drehen des Senders können wir die Umgebung abtasten und so verschiedene Gegenstände aufspüren. Halten wir ein dünnes Tuch zwischen Sender und Wand, so taucht auf dem Bildschirm ein drittes Signal auf.

B. Echolot in der Medizin

Zur Diagnose ist es in vielen Fällen wichtig, in den Körper „hineinzusehen". Mit Ultraschall gelingt es. Man erzeugt mit einem Piezoquarz hochfrequente Wellenimpulse mit 2 bis 10 MHz, um trotz der hohen Wellengeschwindigkeit (im Körper meist um 1540 m/s → **T1**) kleine Wellenlängen zu bekommen. Man kann die Wellen dann besser bündeln (Der Hochtöner einer Lautsprecherbox bündelt seine Schallwellen auch besser als der Basslautsprecher.)

Nachteilig ist, dass Schall mit höherer Frequenz stärker im Körper absorbiert wird. In der Praxis kann man die jeweils optimale Frequenz am Gerät wählen. Derselbe Quarz im Schallkopf dient kurz nach dem Senden eines jeden Impulses auch als Empfänger. Damit die Schallwellen nicht schon an der Luftschicht zwischen Schallkopf und Haut weitgehend reflektiert werden, bringt man dort ein Gel oder eine Flüssigkeit mit den Schalleigenschaften der Haut auf.

Medium	Dichte in g/cm³	c in m/s (bei 37 °C)
Wasser	0,99	1540
Blut	1,02	1570
Muskel	1,04	1600
Knochen	1,70	3600

T1 Schallgeschwindigkeit *c* in verschiedenen Medien.

Im Körperinneren befinden sich verschiedene Gewebearten und Flüssigkeiten mit unterschiedlichen Ausbreitungsgeschwindigkeiten → **T1**. An jeder Grenzfläche zwischen Körperteilen unterschiedlicher Dichte wird ein Teil der Welle reflektiert und kommt je nach Position im Körper mehr oder weniger spät zum Empfänger zurück.

Als Beispiel betrachten wir ein Echolot des Auges. Jede Grenzfläche liefert ein Teilecho. Der untere Teil der Zeichnung gibt das Oszilloskopbild wieder.

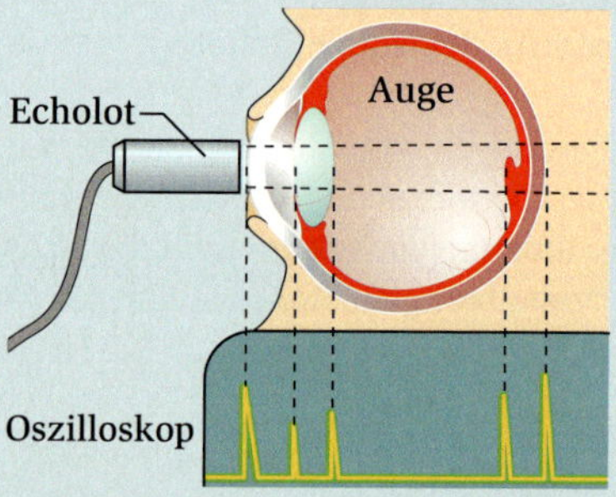

Auf ihm sieht der Arzt die Positionen der reflektierenden Schichten (er nennt sie „Amplituden", deshalb A-Scan). Auf diese Weise kann man erkennen, dass sich die Netzhaut abgelöst hat.

Bei Patienten mit Linsentrübung ist dies oft die einzige Diagnosemöglichkeit. In der HNO-Praxis benutzt man das Echolot zur Untersuchung der Nasennebenhöhlen.

C. Bilder entstehen

Statt den Elektronenstrahl ständig über den Schirm zu schicken und bei einem Reflex nach oben auszulenken, lässt sich der Strahl auch unterdrücken. Nur wenn ein Reflex eintrifft, schaltet er sich ein. So entsteht anstelle des Zackens ein heller Punkt auf dem Bildschirm. Man erhält eine helligkeitsmodulierte Bildzeile – (B-scan für brightness).

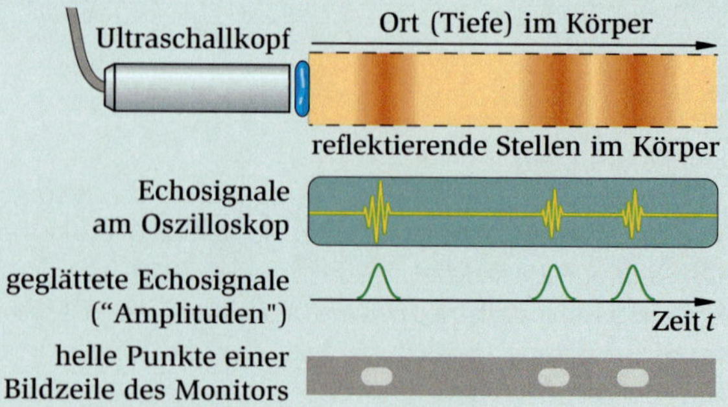

Moderne Schallköpfe enthalten viele nebeneinander liegende Schwingquarze. Jeder einzelne Quarz (oder eine Gruppe von einigen Quarzen) liefert mit jedem kurzen Wellenzug die Information für eine, dem Wellenverlauf entsprechende, Bildzeile. Mit 256 nebeneinanderliegenden Quarzen erhält man in einem Durchgang 256 Bildzeilen. Ein Computer speichert diese Informationen. Fährt die Ärztin mit dem Schallkopf über den Körper, entstehen immer neue, sich überschneidende Bilder. Der Computer vergleicht sie blitzschnell und reiht sie (mit kompliziertem mathematischem Verfahren) passend aneinander.

So entsteht in kurzer Zeit aus mehreren Bildsegmenten ein großflächiges Bild der Körperanatomie. Die Gynäkologin kann z. B. die Kopfgröße des Fötus messen und daran erkennen, ob das Kind sich normal entwickelt.

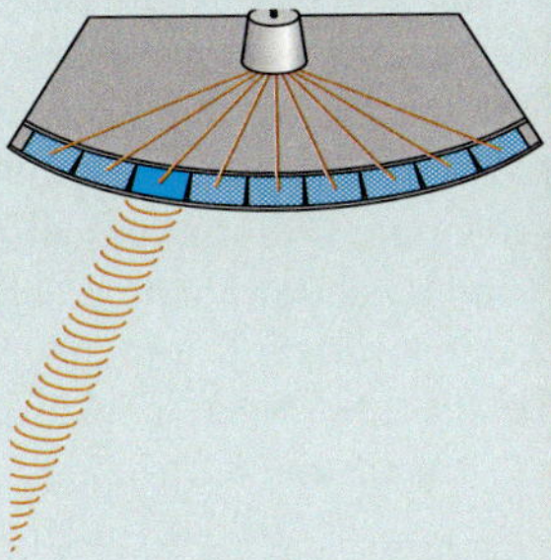

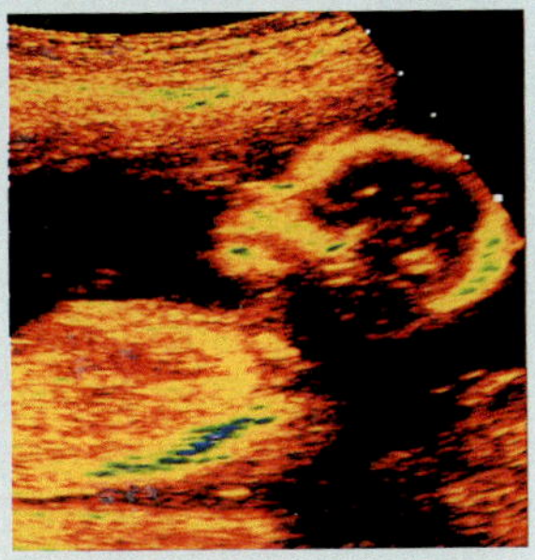

D. Dopplersonographie

Manchmal bieten selbst Bilder nicht genug Information. So kommt es bei Diabetikern (oder bei Rauchern) häufig zu Blutgefäßverengungen oder sogar zu Verschlüssen. Ärzte müssen die geringere Geschwindigkeit des Blutes frühzeitig erkennen. Hier hilft die Dopplersonographie.

Ein Schallkopf wird schräg auf die Haut gesetzt → **B1**. Der Sendequarz schickt hier eine kontinuierliche Ultraschallwelle der Frequenz f gebündelt in den Körper. In einem Blutgefäß unter der Haut trifft sie auf Blutkörperchen. Diese entfernen sich mit der Geschwindigkeit v von der Quelle und empfangen deshalb eine Welle, deren Frequenz um $f \cdot v/c$ kleiner ist als f.

Jedes Blutkörperchen reflektiert die Welle und wird so zum bewegten Sender. Ein zweiter Quarz im Schallkopf empfängt deshalb eine reflektierte Welle mit nochmals um $f \cdot v/c$ verkleinerter Frequenz. Die gesamte Veränderung beträgt also $\Delta f = 2f \cdot (v/c)$.

Bei einer Überlagerung von Sende- und Empfangsfrequenz tritt Δf als Schwebungsfrequenz auf – im Lautsprecher hört man ein Zischen mit jedem Pulsschlag. Ein reiner Ton ist es nicht, da nicht alle Blutkörperchen gleich schnell sind.

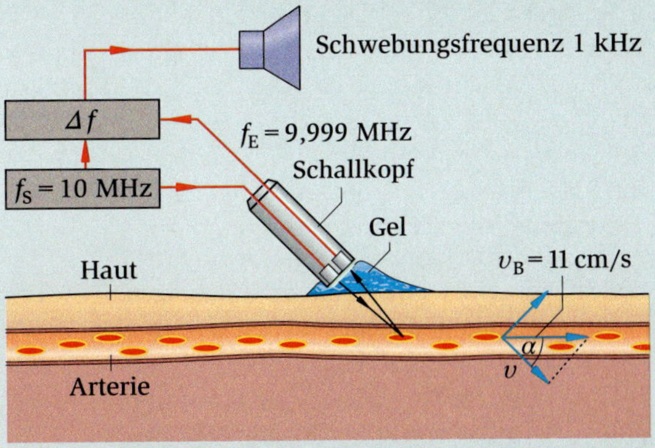

B1 Die Frequenzänderung durch den zweimaligen Dopplereffekt ist $\Delta f = 2f \cdot (v/c) = 2f \cdot (v_B/c) \cdot \cos\alpha$. Bei einer Schwebungsfrequenz von 1 kHz ergibt sich mit $\alpha = 45°$, $c = 1540$ m/s und $f = 10$ MHz eine Blutgeschwindigkeit von $v_B = 0{,}11$ m/s.

Mit schnellen Rechnern ist es möglich, ein anatomisches Bild zu erzeugen und gleichzeitig die Messwerte der Blutgeschwindigkeit farbcodiert in den Adern darzustellen. Rot bedeutet z. B. eine Bewegung auf den Schallkopf zu, blau von ihm weg.

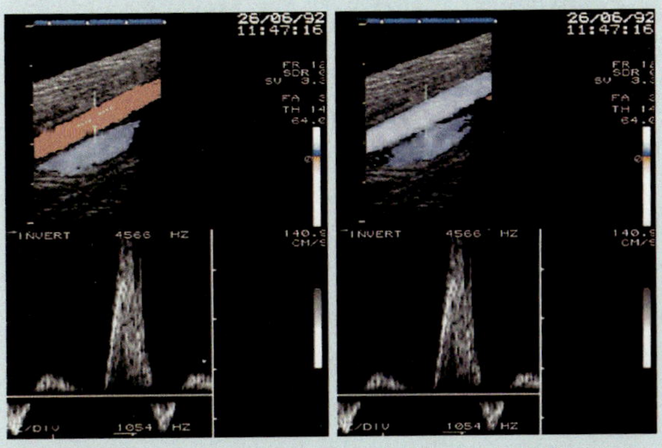

B2 Flussrichtung und -geschwindigkeit des Blutes sind farbcodiert. **a)** Das Herz zieht sich zusammen, Blut fließt in der Arterie nach vorn (rot), in der Vene zurück (blau). **b)** Danach weitet sich das Herz. Kurzzeitig fließt Blut auch in der Arterie rückwärts, deshalb ist sie jetzt ebenfalls blau eingefärbt.

A1 Die Frequenzverschiebung einer von einem bewegten Gegenstand reflektierten Welle ist $\Delta f = 2f \cdot (v/c)$. Leiten Sie diese Formel her ($v \ll c$).

A2 Wie groß muss in → **B1** die Sendefrequenz f mindestens sein, wenn $v = 0{,}01$ m/s eine noch hörbare Schwebungsfrequenz liefern soll?

A3 Bei Rauchern wird der Blutfluss in den Gefäßen untersucht. Recherchieren Sie den Grund.

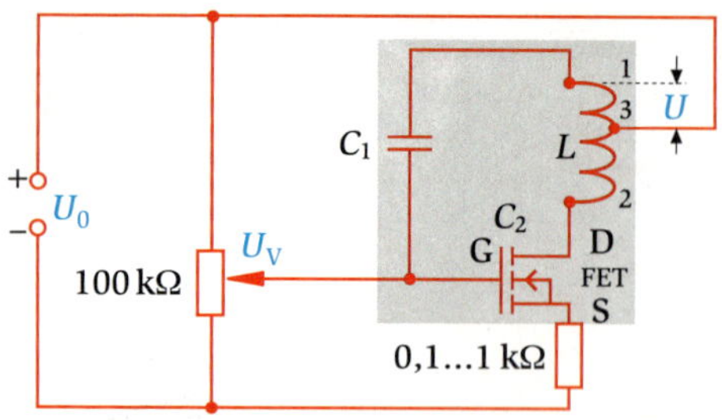

V1 Dreipunktschaltung: Der Schwingkreis besteht aus einer Spule mit 13 Windungen der Länge 11 cm und 3 cm Durchmesser. Ihre Induktivität ist damit $L = \mu_0 \mu_r n^2 A/l = 1{,}36 \cdot 10^{-6}$ H. Die beiden Kapazitäten $C_1 \approx 50$ pF und $C_2 = C_{GD}$ bilden die Schwingkreiskapazität $C = 25$ pF (als Reihenschaltung). C_{GD} ist die Kapazität zwischen Gate G und Drain D des FET-Transistors (hier z. B. VN88AFD).

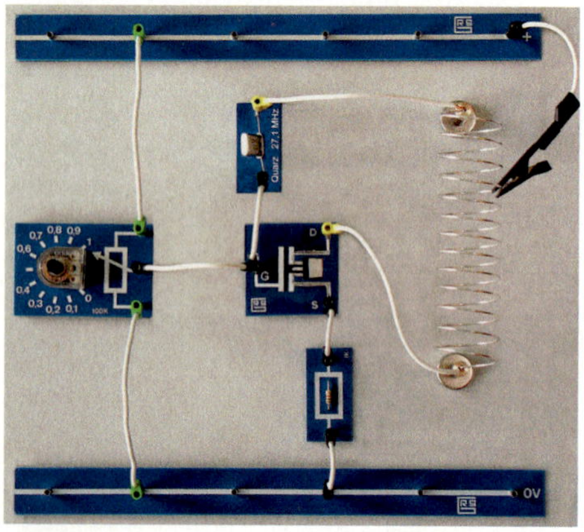

B1 Schaltungsaufbau nach → **V1**: $C_1 \approx 50$ pF ist hier ein Schwingquarz.

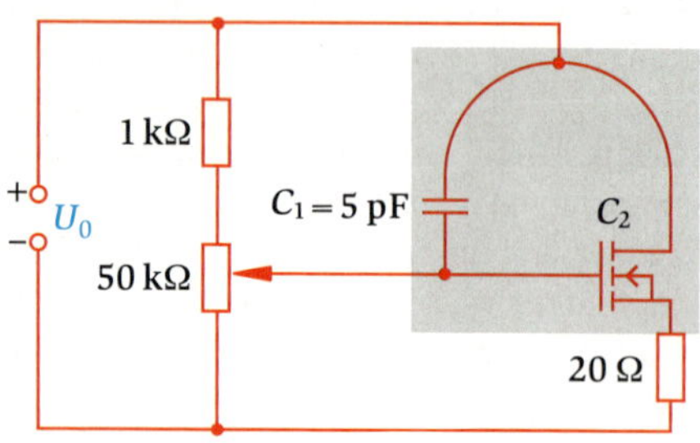

B2 Schaltung für sehr hohe Frequenzen

B3 400 MHz-Oszillator. Die Glühlampe im Prüfkreis leuchtet hell, wenn dieser auf die Oszillatorfrequenz abgestimmt ist.

Im Jahr 1886 entdeckte der Physiker Heinrich HERTZ (1857–1894) die elektromagnetischen Wellen. Wir nutzen sie heute auf vielfältige Weise: Bei Rundfunk, Fernsehen oder Handy übertragen sie Daten, im Mikrowellenherd erhitzen sie Speisen. Sie entziehen sich aber unserer unmittelbaren Wahrnehmung. Schallwellen sind dagegen hörbar, Seilwellen sogar sichtbar. Diese mechanischen Wellen brauchen materielle Träger, elektromagnetische Wellen kommen dagegen als Schwingungen des *E*- und *B*-Vektors ohne jedes Medium aus. Doch zeigen sich formale Ähnlichkeiten zu mechanischen Wellen. Analogien beider Wellenarten begegnen uns in diesem Kapitel auch bei stehenden Wellen sowie bei Eigenschwingungen.
Wie entstehen elektromagnetische Wellen? An unserem Radio lesen wir für verschiedene Sender hohe Frequenzen ab. Wir müssen also sehr schnelle Schwingungen erzeugen.

1. Erzeugung hochfrequenter Schwingungen

In Kapitel Schwingungen haben wir den elektromagnetischen Schwingkreis mit einem Kondensator und einer Spule in Reihenschaltung kennengelernt. Zur Erzeugung hochfrequenter elektromagnetischer Schwingungen braucht man nach der thomsonschen Gleichung Schwingkreise möglichst kleiner Kapazität und Induktivität. Man benutzt dazu meist die so genannte Dreipunktschaltung → **V1**. Ein Kondensator C_1 und eine Spule L sind in Reihe geschaltet. Dazu kommt ein FET-Transistor. Zwischen Gate G und Drain D wirkt er wie ein Kondensator der Kapazität C_2. Der freie Kondensator $C_1 \approx 50$ pF und der Kondensator des FET-Transistors wirken als eine Reihenschaltung mit der Kapazität

$$C = \left(\frac{1}{C_1} + \frac{1}{C_2}\right)^{-1} \approx 25 \text{ pF.}$$

Die beiden Kondensatoren bilden zusammen mit der Spule den Schwingkreis. Um die Details dieser Tranistorschaltung kümmern wir uns hier nicht. Es genügt zu wissen, dass der FET-Transistor selber eine gewisse Kapazität hat und dem Schwingkreis die Energie zuführt, welche er durch die Abstrahlung elektromagnetischer Wellen und durch die Joulsche Wärme verliert.
Der Schwingkreis ($C = 25$ pF, $L = 1{,}36 \cdot 10^{-6}$ H) hat die Eigenfrequenz

$$f_0 = \frac{1}{T} = \frac{1}{2\pi\sqrt{LC}} = \frac{1}{2\pi}\frac{1}{\sqrt{1{,}36 \cdot 10^{-6}\text{ H} \cdot 25 \cdot 10^{-12}\text{ F}}} = 27 \text{ MHz.}$$

Einen Versuchsaufbau dazu zeigt → **B1**. Als Kondensator der Kapazität C_1 wird ein Schwingquarz von 50 pF verwendet. Bei ihm befindet sich zwischen den Kondensatorplatten ein Quarzplättchen. Es hat eine bestimmte Dicke, sodass es bei der Frequenz $f = 27{,}120$ MHz mechanisch in Resonanz zum Oszillator schwingt. Es zwingt sogar dem Oszillator seine Frequenz auf, wenn dieser nach der thomsonschen Gleichung eine Frequenz in der Nähe der Quarzfrequenz hat.

In → **B2** sind zur Erzeugung noch höherer Frequenzen die Kapazitäten C_1 und C_2 weiter verringert. Die Schwingkreiskapazität C beträgt dort weniger als 5 pF. Außerdem ist die Windungszahl der Oszillatorspule so weit verringert, dass nur noch eine einzige Windung übrig bleibt. Bei einem Windungsdurchmesser von 3 cm schwingt der so aufgebaute Oszillator → **B3** mit etwa 400 MHz.

2. Der Hertzsche Dipol

Wir bringen den Schwingkreis mit Lämpchen (2,5 V/0,1 A) nahe an die Oszillatorspule und beobachten das Leuchten des Lämpchens → B4. Die Drahtschleife des Schwingkreises in → B4a hat einen Durchmesser von 5 cm. Zwei 1-Cent-Stücke an den Enden bilden den Plattenkondensator. Bei etwa 5 mm Abstand zwischen den Plättchen leuchtet das Lämpchen besonders hell. Wir beobachten sogar Resonanz, wenn wir auf die Plättchen ganz verzichten und dafür die Drahtschleife noch etwas länger wählen → B4b.

Sogar eine Oszillatorspule nur aus einem leitenden Stab kann in Resonanz angeregt werden, wenn dessen Länge durch übergeschobene Metallhülsen verändert werden kann → B4c. Bei der Länge l = 34 cm leuchtet das Lämpchen besonders hell. Doch wo ist bei diesem Stab der Kondensator mit seinem elektrischen Feld, wo die Spule mit Magnetfeld geblieben? Die in → B4d benutzte Glimmlampe zeigt nicht den Strom im Stab, sondern die Ladung auf ihm. Sie bleibt in der Mitte des Stabes dunkel, an seinen Enden leuchtet sie jedoch. Für die im Stab hin- und herschwingenden Elektronen gibt es an dem einen Stabende kein Weiterkommen, am anderen fehlt der Nachschub. An den Stabenden entstehen also im ständigen Wechsel Plus- und Minuspole. Deshalb wird der stabförmige Schwinger Hertz-Dipol genannt.

An den Stabenden ist die Ladungsanhäufung am größten. Dort herrschen starke elektrische Felder. Die Stromstärke ist in der Mitte maximal, also auch das den Strom umgebende Magnetfeld. Spule und Kondensator sind beim Dipol nicht mehr getrennt. Magnetische und elektrische Felder greifen fließend ineinander.

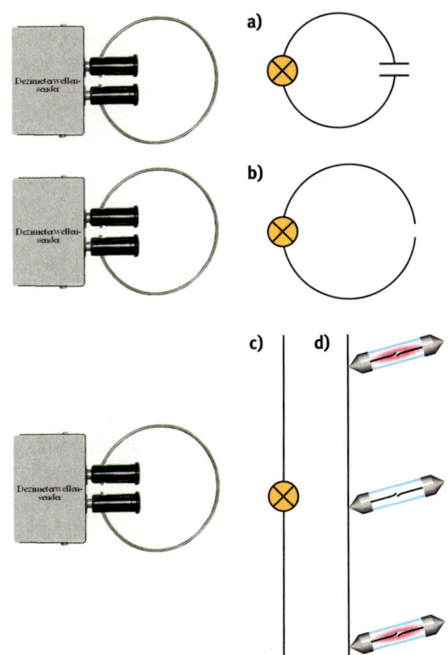

B4 Zu Resonanz mit einem Dezimeterwellensender (links) angeregt: **a)** Schwingkreis, **b)** offene Drahtschleife, **c)** Dipol, in dessen Mitte eine Glühlampe Wechsel*ströme* anzeigt, **d)** Dipol, an dessen Enden eine Glimmlampe elektrische Wechsel*felder* anzeigt.

3. Faradays Feldidee bestätigt sich

Was ist das Besondere am Dipol? In → V2a bringt die Oszillatorschleife O das Lämpchen des Dipols E nur zum Leuchten, wenn dieser sich in unmittelbarer Nähe der Schleife befindet. Fügen wir aber nach → V2b zusätzlich den Dipol S ein, so zeigt das Leuchten des Lämpchens in Dipol E auch in größerer Entfernung noch eine kräftige Schwingung. Warum? S wird wie ein geschlossener Schwingkreis zum Schwingen angeregt. Im Schwingkreis war das elektrische Feld auf den kleinen Bereich zwischen den Kondensatorplatten konzentriert, das magnetische praktisch auf die Spule. Das elektrische und das magnetische Feld des langgestreckten Dipols S reichen aber weit nach außen. Wir nennen ihn deshalb Sendedipol S. Mit dem Empfangsdipol E registrieren wir auch noch in großem Abstand Wechselfelder. → V2c zeigt, dass die Amplitude E dieser elektrischen Wechselfelder mit dem Abstand nicht so stark abnimmt, wie man es von einem statischen elektrischen Dipol kennt. Der Grund liegt darin, dass der Strom im Dipol ein schnell veränderliches B-Feld erzeugt. Es induziert elektrische Feldlinien, welche in sich geschlossen sind. Sie lösen sich von den Dipolladungen und erobern den Raum um den Dipol.

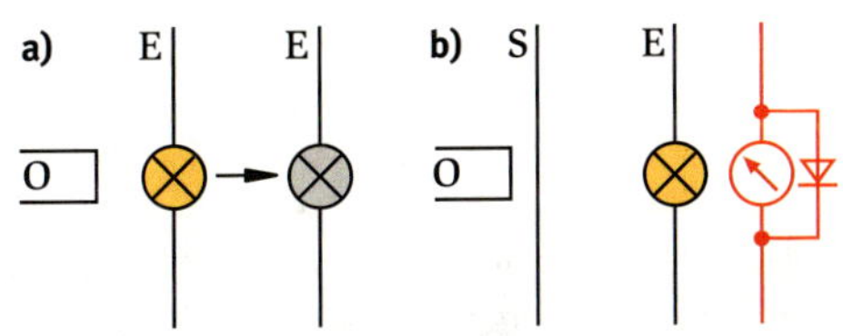

V2 **a)** Wir vergrößern den Abstand des Dipols E zur Oszillatorschleife O. Sein Lämpchen erlischt. **b)** Es leuchtet erneut, wenn wir nahe der Schleife O den weiteren Dipol S einfügen. **c)** Wir ersetzen das Lämpchen in E durch ein 10 V-Drehspulinstrument. Da es dem hochfrequenten Wechselstrom nicht folgen kann, schalten wir eine Gleichrichterdiode parallel. Jetzt können wir Feldstärken vergleichen.

Merksatz

Ein Sendedipol hat weitreichende elektrische Wechselfelder um sich. Sie können mit dem Coulomb-Gesetz, also mit den Ladungen des Dipols, nicht erklärt werden. Vielmehr entstehen Sie durch Induktion aus den sie begleitenden Magnetfeldern.

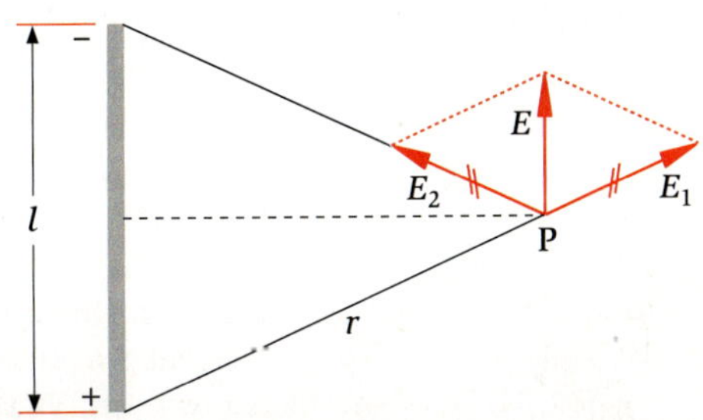

B5 Die Ladungen des Dipols erzeugen im Punkt P die elektrische Feldstärke $\vec{E}$.

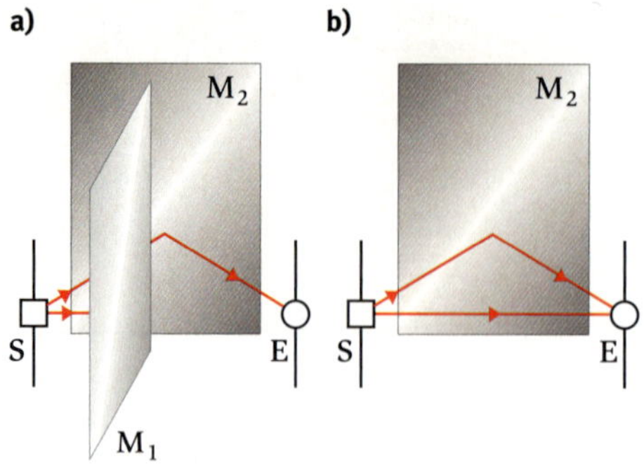

V1 **a)** Wir bringen zwischen Sende- und Empfangsdipol eine Metallplatte M_1. Das Lämpchen im Empfangsdipol erlischt. Durch M_1 hindurch gelangt keine Energie zum Empfänger. Wir stellen eine zweite Metallplatte M_2 auf. Das Lämpchen leuchtet wieder. Energie gelangt durch Reflexion zum Empfänger.
b) Die Platte M_1 wird entfernt. Wir verschieben die Platte M_2 vor und zurück (parallel zu sich). So ändern wir den Laufweg vom Sender über M_2 zum Empfänger. Das Lämpchen leuchtet und erlischt abwechselnd.

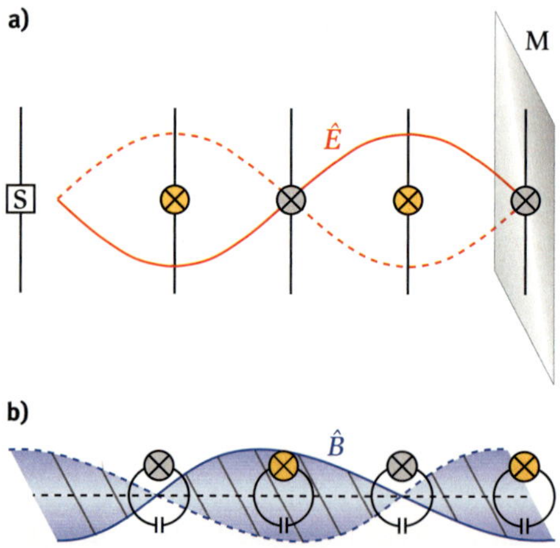

V2 **a)** Den Sendedipol S stellen wir 1 bis 2 m vor eine Metallplatte M. Dicht an diese bringen wir den Empfangsdipol. Das Lämpchen leuchtet nicht. Bewegen wir den Empfänger senkrecht von M weg, so leuchtet das Lämpchen nach 17,3 cm, dann alle 34,5 cm auf.
b) Die magnetischen Wechselfelder weisen wir mit einer Resonanzschleife nach. Den in ihr induzierten Wechselstrom zeigt ein empfindliches Lämpchen (1V/0,01 A) oder ein kleines Drehspulinstrument mit Diode an. Dicht an der Platte hat die Stromstärke ein Maximum; ebenso 34,5 cm, 69 cm, … vor der Platte. Genau dazwischen finden wir Minima.

1. Interferenz lässt Wellen vermuten

Interferenzen haben wir bereits bei den Schallwellen als typisches Merkmal von Wellen kennengelernt. Finden wir Ähnliches bei den hochfrequenten Wechselfeldern um den Dipol?

Betrachten wir zunächst **→ V1a**. Energie vom Sender S erreicht nach Reflexion an der Metallplatte M_2 den Empfänger E. In **→ V1b** gelangt zusätzlich Energie auf dem kürzesten Weg von S nach E. Energie erreicht also einmal auf direktem Weg und zum anderen auf dem Umweg über die reflektierende Platte M_2 den Empfänger E. Verschiebt man die Platte M_2 langsam parallel zu sich selbst, so nimmt die Amplitude der Empfangsfeldstärke im Wechsel ab und dann wieder zu. Dieses Versuchsergebnis deutet auf Interferenz, also auf Wellen hin: Je nach Wegdifferenz misst der Empfänger E unterschiedlich große resultierende Amplituden.

Dann müsste es auch möglich sein, durch Überlagerung zweier einander entgegenlaufender Wellen eine **stehende Welle** zu erzeugen. In **→ V2a** tasten wir den Raum zwischen Sendedipol und Metallwand mit einem Empfangsdipol ab. Wir finden zwischen Wand und Sendedipol abwechselnd Stellen mit maximalem und minimalem Empfang, die sich als Bäuche und Knoten einer stehenden Welle deuten lassen: An den Bäuchen schwingt die elektrische Feldstärke mit großer Amplitude $\hat{E}$. Zwischen diesen wird sie minimal. Sie wird sogar null, wenn einlaufende und reflektierte Welle sich dort mit gleich großen Amplituden überlagern. An der Metallwand finden wir einen Knoten der elektrischen Feldstärke, weitere im Abstand von 34,5 cm.

Wenn der Dipol eine Welle aussendet, dann hat diese die Wellenlänge $\lambda = 2 \cdot 34{,}5$ cm $= 69$ cm. Die Geschwindigkeit einer Welle ist $c = \lambda \cdot f$. Da der im Versuch verwendete Oszillator mit der Frequenz $f = 434$ MHz arbeitet, muss sich die Welle mit einer unvorstellbar großen Geschwindigkeit c ausbreiten, nämlich mit

$$c = \lambda \cdot f = 0{,}69 \text{ m} \cdot 434 \cdot 10^6 \text{ s}^{-1} = 3{,}0 \cdot 10^8 \text{ ms}^{-1}.$$

Beim Schwingkreis und beim Hertzschen Dipol waren elektrische und magnetische Wechselfelder unzertrennlich. Beide waren aufeinander angewiesen. Hat also auch hier in größerem Abstand vom Sendedipol das E-Feld ein B-Feld als seinen Begleiter behalten?

Mit einer Resonanzschleife spüren wir in **→ V2b** ein magnetisches Wechselfeld auf: Wir stellen fest, dass die so nachgewiesenen magnetischen Feldlinien senkrecht zu den elektrischen verlaufen. Wieder finden wir im Abstand von $\lambda/2 = 34{,}5$ cm Knoten bzw. Bäuche. Dabei liegen die Bäuche mit den maximalen Amplituden $\hat{B}$ der magnetischen Flussdichte in den Knoten der elektrischen Feldstärke und umgekehrt. Ähnliches ist uns schon bei den Schnellebäuchen und Druckknoten einer stehenden Schallwelle begegnet.

Merksatz

Vom Sendedipol geht eine Welle aus, bestehend aus E- und B-Feld. Die beiden Felder stehen senkrecht zueinander. Das Ganze nennen wir eine **elektromagnetische Welle**.

2. Die Welle ist selbstständig

J. C. MAXWELL konnte elektrische und magnetische Felder mit zwei Gleichungen auseinander heraus berechnen. Daraus folgerte er eine wellenförmige Ausbreitung der vom Dipol ausgehenden elektromagnetischen Felder im Raum. Veranschaulichen wir seine Ergebnisse:

a) Wie wir wissen, entsteht in einem Leiter der Länge d, der sich mit der Geschwindigkeit v relativ zu einem Magnetfeld der Flussdichte B bewegt, die Spannung $U_{ind} = B d v$. Dabei ist es gleichgültig, ob sich der Leiter dem ruhenden Magneten nähert oder ob sich dieser Magnet auf den ruhenden Leiter zu bewegt.
In beiden Fällen wird in **➜ V3** ein E-Feld induziert, das die Elektronen nach oben verschiebt. Es existiert selbst dann, wenn der Leiter fehlt. Er dient uns nur als Indikator für dieses E-Feld – er stellt sozusagen die Probeladungen zu dessen Nachweis bereit.

Ein sich ausbreitendes, also ein bewegtes Magnetfeld erzeugt ein elektrisches Feld. Hat das Magnetfeld die Flussdichte B, so ist die induzierte Spannung $U_{ind} = B d v$ und die elektrische Feldstärke beträgt

$$E = \frac{U_{ind}}{d} = \frac{B d v}{d} = B v.$$

Ist B maximal, so gilt dies wegen $E = B v$ auch für E. Wird $B = 0$, so ist gleichzeitig an derselben Stelle auch $E = 0$. So wird das sich bewegende Magnetfeld ständig von einem elektrischen Feld begleitet. Beide Felder breiten sich mit derselben Geschwindigkeit aus und sind stets in Phase. Ist z.B. an einer Stelle $B = 0$, so ist dort auch $E = 0$. Zudem stehen $\vec{E}$ und $\vec{B}$ senkrecht aufeinander.

b) MAXWELL zeigte ferner: Auch wandernde *elektrische* Felder rufen Magnetfelder hervor. Das veranschaulichen wir mit **➜ B1**. Der geladene Kondensator bewege sich nach rechts. Die mit ihm bewegten Ladungen (+) und (−) erzeugen als Ströme ein Magnetfeld. Es verläuft zwischen den Platten senkrecht zu den elektrischen Feldlinien.
Nun entfernen wir in Gedanken die Platten beliebig weit voneinander oder lassen sie ganz weg. Im Sinne von MAXWELL erfolgt das Erzeugen des B-Feldes allein durch das Wandern des E-Feldes. Es müssen weder Ladungen noch Ströme mitgeführt werden.

Das Ergebnis beider Überlegungen **a)** und **b)** zeigt **➜ B2**. Das wandernde magnetische Feld induziert nach **a)** ein elektrisches Feld. Dieses wandert mit und erzeugt nach **b)** wiederum ein mitwanderndes magnetisches Feld. Mit dem sinusförmigen E-Feld läuft das erzeugte B-Feld phasengleich mit. So breitet sich die Welle im Raum aus, auch wenn der Dipol zu schwingen aufhört. Sie ist nicht mehr auf ihn angewiesen. Dieser Vorgang kann auch im Vakuum stattfinden – ein Triumph der Feldtheorie.

Merksatz

Wandernde elektrische und magnetische Felder erzeugen sich wechselseitig. Die Feldvektoren $\vec{E}$ und $\vec{B}$ sind dort in Phase. Stehen senkrecht aufeinander und senkrecht zur Ausbreitungsrichtung.

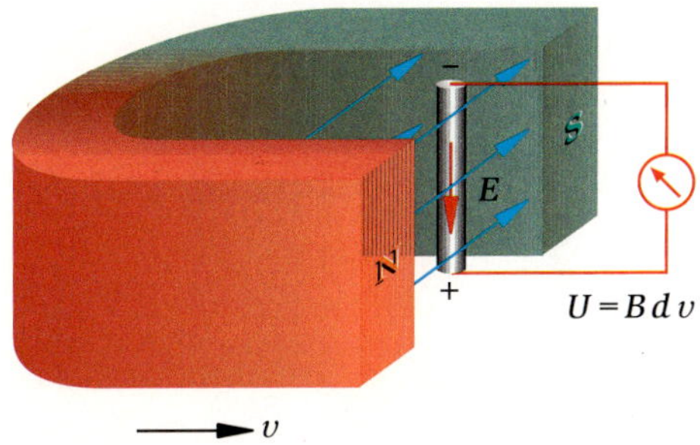

V3 Ein bewegtes Magnetfeld erzeugt im ruhenden Leiter ein elektrisches E-Feld: Zunächst ruht der Magnet. In seinem Magnetfeld bewegen wir den Leiter mit der Geschwindigkeit v nach links. Das Messinstrument zeigt die Spannung U_{ind}. Dieselbe Spannung entsteht, wenn wir den Magneten nun bei ruhendem Stab mit der Geschwindigkeit v nach rechts bewegen.

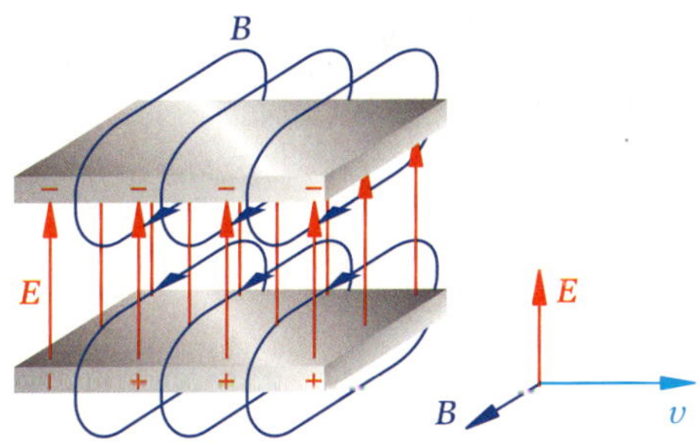

B1 Ein bewegtes elektrisches Feld erzeugt ein magnetisches Feld.

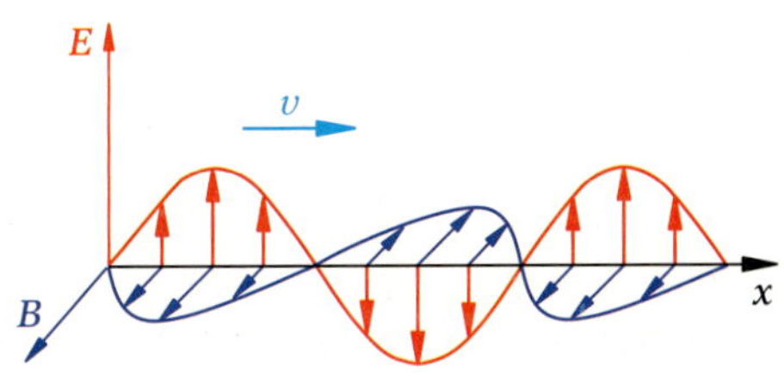

B2 Feldvektoren $\vec{E}$ und $\vec{B}$ einer elektromagnetischen Welle.

A1 Bei einer stehenden elektromagnetischen Welle sind benachbarte Knoten des E-Felds 10 cm von einander entfernt. Berechnen Sie die Frequenz der Schwingung.

A2 Im Bild zu **➜ V3** zeigt der Vektor $\vec{E}$ nach unten, obwohl unten positive Polarität gemessen wird. Erläutern Sie.

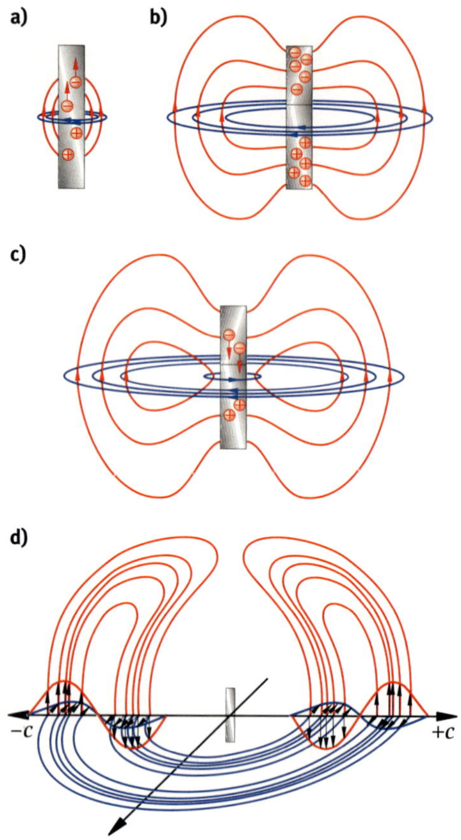

B1 Entstehung der E- und B-Felder um einen Dipol

a) Der Dipolstrom erzeugt das B-Feld, mit seinen kreisförmigen Feldlinien (blau). Die E-Feldlinien (rot) gehen noch von den Dipolladungen aus.

b), **c)** Im Übergang von b) nach c) hat sich bereits eine E-Feldlinie vom Dipol abgeschnürt. Sie ist neu in sich geschlossen. Das E-Feld ist in Dipolnähe nach unten gerichtet. Dort hat auch das B-Feld seine Richtung geändert.

d) Ausschnitt der E- und B-Felder in großem Abstand vom Dipol (oberer und vorderer Teil). Man setzte in Gedanken die rot gezeichneten E-Feldlinien nach unten fort und lasse diese außerdem um den Dipol als Achse rotieren. Dann entsteht ein zwiebelschalenförmiges Gebilde von geschlossenen Feldlinien. Sie haben weder Anfang noch Ende. Die blau gezeichneten magnetischen Feldlinien sind entsprechend nach hinten zu ergänzen. Auch existieren sie nicht nur in einer Ebene, sondern verlaufen in jeder parallelen Ebene ringförmig um die Dipolachse senkrecht zu den E-Feldlinien.

3. Wie schnell ist eine elektromagnetische Welle?

Wandernde magnetische Felder induzieren die sie begleitenden elektrischen Felder. Diese erzeugen wiederum magnetische Felder. Dabei darf sich keine der beiden Feldarten auf Kosten der anderen bereichern: Jede muss gleich viel geben und nehmen. Es liegt nahe, dass diese Bedingung erfüllt ist, wenn die Energiedichten des elektrischen und des magnetischen Feldes stets gleich groß sind. Aus $\rho_{el} = \rho_{magn}$ und $E = Bv$ folgt mit $\rho_{el} = 1/2\,\varepsilon_0\varepsilon_r E^2$ und $\rho_{magn} = B^2/(2\mu_0\mu_r)$ die Geschwindigkeit

$$v = \frac{1}{\sqrt{\varepsilon_0\varepsilon_r\mu_0\mu_r}}.$$

Mit $\varepsilon_0 = 8{,}8542 \cdot 10^{-12}\,\text{CV}^{-1}\text{m}^{-1}$ und $\mu_0 = 1{,}2566 \cdot 10^{-6}\,\text{Vsm}^{-1}\text{A}^{-1}$ sowie $\varepsilon_r = \mu_r = 1$ beträgt die Ausbreitungsgeschwindigkeit v der elektromagnetischen Welle im Vakuum – und damit praktisch in Luft

$$v = c = 2{,}998 \cdot 10^8\,\text{ms}^{-1} \approx 3{,}0 \cdot 10^8\,\text{ms}^{-1}.$$

Denselben Wert erhielten wir auf der Suche nach ersten Indizien für die Existenz elektromagnetischer Wellen in Ziff. 1.

4. Elektromagnetische Felder im Raum um einen Dipol

In unseren Experimenten haben wir die Ausbreitung nur in eine Richtung, z. B. in x-Richtung senkrecht zum Dipol untersucht. Also standen die Feld-Vektoren $\vec{E}$ und $\vec{B}$ senkrecht zur x-Richtung und senkrecht zueinander.

Wie sich die E- und B-Felder im gesamten Raum um den Dipol ausbilden zeigt **→ B1**. Sie werden von den im Dipol herrschenden Wechselströmen erzeugt, lösen sich von ihm und wandern als eigenständige elektromagnetische Wellen in den Raum. Nur in Richtung seiner Achse (in **→ B1** nach oben und unten) wandern keine Wellen.

Allein die Maxwell-Gleichungen erklären deren Feldverlauf genau. Die Verteilung der elektrischen Feldstärke $\vec{E}$ und der magnetischen Flussdichte $\vec{B}$, die wir von Ziff. 2 schon kennen, ist in **→ B1d** eingezeichnet.

Wenn ein Empfangsdipol in Richtung der E-Feldlinien zeigt, so schüttelt das mit der Geschwindigkeit $\vec{c}$ darüber ziehende E-Feld die Elektronen im Dipol besonders gut hin und her. Senkrecht zum E-Feld geraten die Ladungen nicht in Schwingung. Ebenso müssen magnetische Feldlinien die Fläche der Resonanzschleife senkrecht durchsetzen, um in ihr Ströme maximaler Stärke zu induzieren. Die $\vec{E}$- und $\vec{B}$-Vektoren stehen senkrecht zur Ausbreitungsrichtung.

Merksatz

Ein schwingender Dipol sendet eine **elektromagnetische Welle** aus. Deren E- und B-Felder schwingen in zueinander senkrechten Ebenen. Die Ausbreitungsgeschwindigkeit beträgt

$$c = \frac{1}{\sqrt{\varepsilon_0\varepsilon_r\mu_0\mu_r}} \approx 3 \cdot 10^8\,\text{ms}^{-1}$$

5. Das elektromagnetische Spektrum

Frequenz in Hz	Wellenlänge		Art der Welle / Schwingung	Erzeugung	Auftreten, Verwendung	Nachweis
10^1	$3 \cdot 10^7$ m		technischer Wechselstrom	Generatoren	Wechselstrom	Messinstrumente, Oszilloskop
10^2	$3 \cdot 10^6$ m					
1 k	$3 \cdot 10^5$ m		tonfrequenter Wechselstrom	elektrische Schwingkreise	Übertragung von akustischen Signalen	Oszilloskop, Resonanzkreise
10^4	$3 \cdot 10^4$ m					
10^5	3 km					
1 M	$3 \cdot 10^2$ m		Langwellen	Rundfunksender, Fernsehsender 	VHF 174–216 MHz UHF 470–890 MHz Handy D-Netz 900 MHz E-Netz 1800 MHz	
10^7	$3 \cdot 10^1$ m		Mittelwellen			abgestimmte Empfänger 
10^8	3 m	elektrische Wellen	Kurzwellen			
1 G	3 dm		Ultrakurzwellen	Gunn-Dioden, Laufzeitröhren		
10^{10}	3 cm					
10^{11}	3 mm	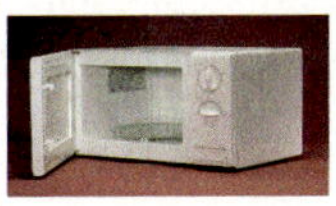	Mikrowellen	Schwingungen von Molekülen und Atomen, Molekülrotationen	Erwärmung	Radioteleskop
10^{12}	$3 \cdot 10^{-4}$ m				Radar	
10^{13}	$3 \cdot 10^{-5}$ m	optischer Bereich	Infrarot			Thermoelement
10^{14}	3 mm					
10^{15}	$3 \cdot 10^{-7}$ m		sichtbares Licht	Übergänge von Elektronen in der äußeren Atomhülle	Glühlampen	Fotoplatte, Auge, Mikroskop, Fotozelle
10^{16}	$3 \cdot 10^{-8}$ m					
10^{17}	3 nm		Ultraviolett			
10^{18}	$3 \cdot 10^{-10}$ m	Röntgenstrahlung	weiche Röntgenstrahlung	Übergänge von Elektronen in der inneren Atomhülle	Röntgenröhren 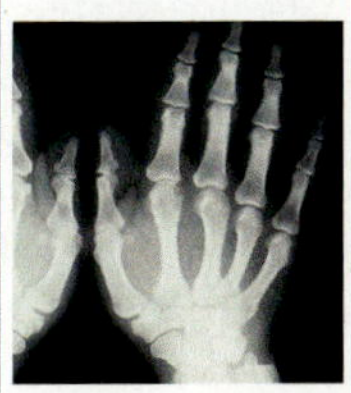	Fotoplatte, Zählrohr, Computertomograph 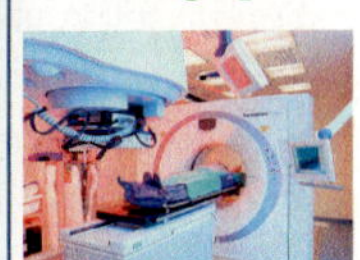
10^{19}	$3 \cdot 10^{-11}$ m					
10^{20}	$3 \cdot 10^{-12}$ m		harte Röntgenstrahlung			
10^{21}	$3 \cdot 10^{-13}$ m					
10^{22}	$3 \cdot 10^{-14}$ m	Gammastrahlung 	γ-Strahlung	Kernschwingungen	radioaktiver Zerfall	Fotoplatte, Ionisation
10^{23}	3 fm					
10^{24}	$3 \cdot 10^{-16}$ m		Höhenstrahlung		Stoß kosmischer Materie	
10^{25}	$3 \cdot 10^{-17}$ m			Synchrotronstrahlung		Ionisation

Vertiefung

A. Der Mikrowellenherd

Im Mikrowellenherd durchdringt elektromagnetische Strahlung die Speise und erhitzt diese durch Abgabe von Strahlungsenergie. An den Metallwänden des Innenraums werden die Wellen reflektiert, sodass sie diesen nicht verlassen. Ihre Wellenlänge $\lambda = 12$ cm kann man mit einem auf Resonanz abgestimmten Draht der Länge $l = k \cdot \lambda/2$ überprüfen (k = 1, 2, ...), ohne Lämpchen. Wir wählen einen CrNi-Draht (Durchmesser 0,35 – 0,4 mm) der Länge $l = \lambda$ (k = 2) und befestigen ihn in seiner Mitte mit etwas Plastilin am Rand eines Trinkglases. Die Enden des Drahtes biegen wir zu runden Schlaufen, um dort Funkenbildung durch zu hohe Feldstärken zu vermeiden → **Bild**. Dadurch tritt Resonanz bei der etwas kleineren Drahtlänge $l = 11$ cm auf. Mit etwas Wasser im Glas setzen wir die Strahlungsenergie ein wenig herab. Für unsere „Antenne" muss nun eine günstige Position gesucht werden.

Im Mikrowellenherd wird die Antenne zu Resonanzschwingungen angeregt. Ihre Mitte zeigt einen Stromknoten. Dort glüht der Draht nicht. Im Abstand $\lambda/4$ davon erkennt man am Glühen die Strombäuche.

Die Frequenz des Wechselstroms beträgt $f = c/\lambda = 3 \cdot 10^8\ \text{ms}^{-1}/0{,}12\ \text{m} = 2{,}5 \cdot 10^9\ \text{Hz} = 2{,}5\ \text{GHz}$. Energiereiche Strahlung so hoher Frequenzen wird mit einer speziellen Elektronenröhre erzeugt, dem Magnetron. Es liefert elektromagnetische Strahlung bis etwa 1 kW.

B. Zentimeterwellen vom Mars-Express

Europas erste Mars-Sonde umrundet seit Dezember 2003 den Mars in etwa 300 km Höhe, gesteuert von der ESA in Darmstadt. Mit einem 1,6 m-Parabolspiegel sendet die Sonde Zentimeterwellen ($\lambda = 4$ cm) zur Erdstation. Ihre Strahlungsleistung entspricht der einer 10 Watt Glühlampe. Damit davon wenigstens 10^{-20} W die Erdstation erreichen, muss der Spiegel auf 0,15 Grad genau auf die ca. 400 Mio. Kilometer entfernte Erde ausgerichtet sein.

Die 40 m-Dipolantenne der Sonde sendet Langwellen zum Mars und empfängt den von dort reflektierten Anteil. Die Reflexionen aus unterschiedlichen Tiefen des Marsbodens geben Aufschluss über dort vermutetes Wasser.

C. Radar-Geschwindigkeitsmessung

Ein Radar benutzt Zentimeterwellen, um die Geschwindigkeit reflektierender Gegenstände zu ermitteln. Das Prinzip einer solchen Messung zeigt folgender Versuch:

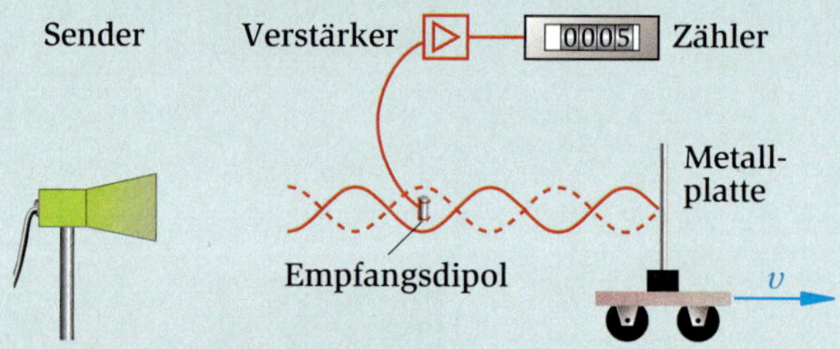

Ein Modellwagen trägt eine Metallplatte. Die an ihr reflektierte Welle bildet mit der auf sie zulaufenden Welle eine stehende Welle. Diese läuft mit dem Wagen (hier nach rechts). Der Abstand der Knoten und Bäuche zur Platte bleibt erhalten. Der ortsfeste Empfangsdipol liefert bei jedem Bauch einen Zählimpuls. Werden n Impulse in der Zeit Δt gezählt, so hat der Wagen die Strecke $\Delta s = n \cdot \lambda/2$ zurückgelegt. Seine Geschwindigkeit ist dann $v = \Delta s/\Delta t = n \cdot \lambda/(2\Delta t)$.

Im Versuch wird ein Wagen mit konstanter Geschwindigkeit nach rechts gezogen. Es werden in 20 Sekunden fünf Impulse gezählt. Bei der Wellenlänge $\lambda = 3{,}2$ cm ist $v = 5 \cdot 3{,}2\ \text{cm}/40\ \text{s} = 0{,}4\ \text{cm/s}$.

A1 Die Mars-Sonde Curiosity der NASA, welche am 11. August 2012 auf dem Mars gelandet ist, sendet Wellen im UHF-Bereich (englisch *Ultra High Frequency*) zur Übertragung wissenschaftlicher Daten, die u.a. durch Curiosity aus vor Ort analysierten Bodenproben gewonnen werden. Diese elektromagnetischen Wellen haben eine typische Frequenz von 400 MHz. Wie groß ist ihre Wellenlänge?

A2 Lesen Sie Abschnitt B der → **Vertiefung**. Bestimmen Sie die Frequenz der Langwellen, die von der europäischen Mars-Sonde zur Untersuchung von Wasser im Marsboden ausgesendet werden.

Das ist wichtig

1 Schwingung – Schwingungszeiger

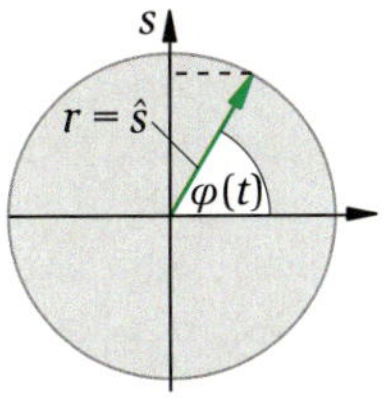

Jede harmonische Schwingung kann durch einen Zeiger beschrieben werden. Dieser rotiert gegen den Uhrzeigersinn mit der konstanten Frequenz f der Schwingung. Seine Länge entspricht der Amplitude, der Drehwinkel $\varphi(t)$ ist die zeitabhängige Phase. Die Projektion des Zeigers auf die Schwingungsachse entspricht der Elongation $s(t)$.

2 Fortlaufende Wellen

Ein Erreger am Anfang einer hinreichend langen Kette elastisch gekoppelter Masseteilchen erzeugt eine mechanische Welle. Er zwingt das nächste Teilchen in der Kette, diese Schwingung zu übernehmen. Wegen seiner Trägheit führt dieses die Bewegung zeitversetzt aus, es entsteht eine Phasenverschiebung. So geschieht es nach und nach allen Teilchen. Die Phasenverschiebung wächst mit der Entfernung vom Erreger.

Bei einer **Querwelle** schwingen die Teilchen des Trägers senkrecht zur Ausbreitungsrichtung. Es entsteht eine Wellenlinie mit Bergen und Tälern. Bei einer **Längswelle** schwingen die Teilchen längs der Ausbreitungsrichtung. Es kommt zu Dichteschwankungen.

In der Periodendauer $T = 1/f$ legt die Welle eine **Wellenlänge** λ zurück. λ ist der Abstand benachbarter Orte gleicher Phase, die **räumliche Periodenlänge**.
Die **Geschwindigkeit** der Welle ist $c = \lambda \cdot f$.

3 Zeiger zur Beschreibung von Wellen

Jedes Teilchen des Wellenträgers führt eine Schwingung aus. Deshalb ordnen wir jedem Teilchen auch einen eigenen, ortsfesten Schwingungszeiger zu.

Bei einer fortlaufenden harmonischen Welle rotieren alle Zeiger mit derselben Frequenz f. An jedem Ort können wir am jeweiligen Zeiger Amplitude, Phase und Elongation (und Schnelle) der Schwingung ablesen.

Bei fortlaufenden Wellen sind die Zeiger gleich lang (falls keine Dämpfung vorliegt), ihre Phasen gegeneinander versetzt mit der räumlichen Periode λ der Welle.

4 Überlagerung von Wellen

Überlagerung von zwei Wellen ist die Überlagerung der zwei Schwingungen an jedem Ort des Wellenträgers. Im Zeigermodell ist das Ergebnis leicht vorhersagbar. Die jeweils beiden Schwingungszeiger werden an ihrem Ort des Wellenträgers vektoriell addiert. Der resultierende Zeiger ist die Amplitude der neuen Schwingung am jeweiligen Ort. Bei gleicher Frequenz beider Wellen entsteht als Ergebnis der **Interferenz** eine Welle mit gleicher Frequenz, aber neuer Amplitude. Diese erhält man bei auf einer Linie in gleicher Richtung fortschreitenden Wellen mit einer einmal vorzunehmenden Addition der Zeiger. Bei einer Phasendifferenz $\Delta\varphi = 0$ ist die Amplitude maximal (konstruktive Interferenz), bei $\Delta\varphi = \pi$ ist sie minimal (destruktive Interferenz).

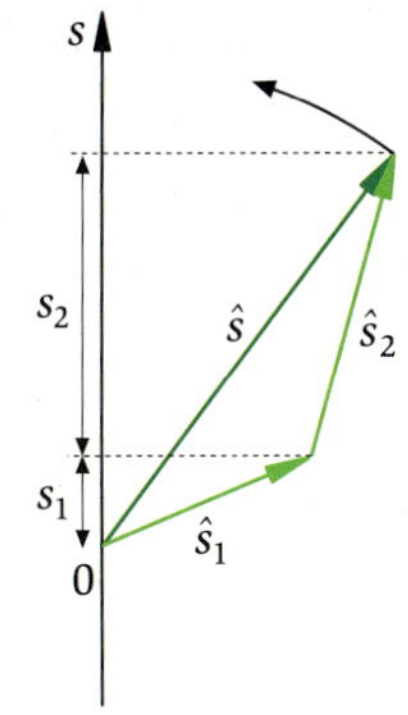

5 Besonderheit: Stehende Wellen

Bei einer nach rechts fortschreitenden Welle nimmt die Phase nach rechts hin ab. Bei der nach links laufenden Welle nimmt die Phase nach rechts hin zu. Gegenläufige Wellen gleicher Frequenz und gleicher Amplitude liefern deshalb bei der Interferenz vom Ort abhängige (resultierende) Zeigerlängen. Es bildet sich eine **stehende Welle** aus. Im Abstand einer halben Wellenlänge befinden sich **Knoten** (Amplitude null). Im **Schwingungsbauch** zwischen benachbarten Knoten sind die Schwingungen in Phase. In der Bauchmitte ist die Amplitude maximal.

Stehende Wellen bilden sich z. B. vor einem reflektierenden Ende eines Wellenträgers. Dies geschieht bei jeder Frequenz, wenn keine weitere Randbedingung besteht. Am **festen Ende** kommt es zu einem Phasensprung von π, dort ist immer ein Knoten der Bewegung. Am **freien Ende** wird ohne Phasensprung reflektiert, dort ist ein Bauch der Bewegung.

Ist der Wellenträger beidseitig begrenzt, können sich stehende Wellen nur bei den **Eigenfrequenzen** ausbilden; man nennt sie dann **Eigenschwingungen**. Es gilt dann:

$l = k \cdot \lambda/2$ (mit $k = 1, 2, 3, \ldots$)
bei *gleichartigen* Enden (fest-fest; frei-frei),

$l = (2k - 1)\lambda/4$
bei *verschiedenen* Enden (fest-frei; frei-fest).

6 Dopplereffekt

Bewegt sich ein Sender relativ zum Träger, so ändert sich die Wellenlänge und damit die Frequenz. Diese Dopplerfrequenz bei bewegtem Sender ist

$$f' = f \cdot \frac{1}{1 - v/c}.$$

($v > 0$ bei Annäherung von Sender und Empfänger)

Bewegt sich ein Empfänger relativ zum Träger, so ändert sich für ihn die Ausbreitungsgeschwindigkeit der Wellen und damit ebenfalls die Frequenz

$$f' = f \cdot \left(1 + \frac{v}{c}\right).$$

7 Ein gerader leitender Stab kann zu elektromagnetischen Schwingungen angeregt werden. Er strahlt als **hertzscher Dipol** elektromagnetische Wellen bevorzugt senkrecht zur Stabrichtung ab. In Stabrichtung wandern keine Wellen von ihm weg.
Die Wellen sind linear polarisiert. Ihre $\vec{E}$- und $\vec{B}$-Vektoren sind senkrecht zur Ausbreitungsrichtung gerichtet und stehen senkrecht aufeinander. Ihre Geschwindigkeit beträgt in einem Medium (ε_r, μ_r)

$$c = \frac{1}{\sqrt{\varepsilon_0 \varepsilon_r \mu_0 \mu_r}}$$

und im Vakuum (damit praktisch auch in Luft)

$$c_0 = \frac{1}{\sqrt{\varepsilon_0 \mu_0}} = 2{,}998 \cdot 10^8 \, \frac{\text{m}}{\text{s}} \approx 3 \cdot 10^8 \, \frac{\text{m}}{\text{s}}.$$

8 Wird eine elektromagnetische Welle an einer Metallplatte reflektiert, entsteht im Raum vor der Platte eine **stehende Welle**. Bäuche und Knoten haben je den Abstand von einer halben Wellenlänge. Weil die elektrische Feldstärke auf der Metallplatte null sein muss, befindet sich dort ein Knoten der Welle des elektrischen Feldes. Dagegen ist die Welle der magnetischen Flussdichte um ein Viertel der Wellenlänge verschoben. Beim Bauch der elektrischen Feldstärke befindet sich ein Knoten der magnetischen Flussdichte und umgekehrt.
Mit dieser stehenden Welle ist es einfach möglich, die Lichtgeschwindigkeit zu bestimmen.

9 (**→ Vertiefung Wellengleichung**)
Bei einer Welle ist die Elongation von zwei Faktoren abhängig: Vom Ort – also dort, wo man die Welle gerade beobachtet – und vom Zeitpunkt der Betrachtung. Entsprechend muss die Wellengleichung eine Funktion der beiden Parameter Zeit t und Ort x sein. Die **Wellengleichung** einer in x-Richtung fortschreitenden Sinuswelle lautet

$$s\,(x;\, t) = \hat{s} \sin\left[2\pi\left(\frac{t}{T} - \frac{x}{\lambda}\right)\right].$$

Das Argument der Sinusfunktion wird als **Phase** bezeichnet und entspricht dem Winkel des Vektors im Zeigerbild. Die Phase wächst mit zunehmender Zeit t und nimmt ab, wenn der Ort x größer wird. Sie nimmt deshalb ab, weil die Welle nach rechts läuft und bei großen x-Werten später eintrifft. Eine gegen die x-Richtung laufende Welle hat in der Phase statt des Minus- ein Pluszeichen.

A1 Erläutern Sie den Unterschied zwischen dem sinusförmigen t-s-Diagramm einer Schwingung und dem sinusförmigen x-s-Diagramm einer harmonischen Welle.

A2 Das untere Bild zeigt die Momentaufnahme einer nach rechts fortschreitenden Querwelle zum Zeitpunkt $t = 0$. An zwei Stellen sind Schwingungszeiger eingezeichnet. **a)** Zeichnen Sie für $t = 0$ an allen markierten Stellen der x-Achse (alle $\lambda/8$) die Schwingungszeiger ($\hat{s} = 1{,}4$ cm; $\lambda/8 = 2{,}5$ cm). Ihre jeweiligen Elongationen ergeben die Punkte der Sinuslinie. **b)** Zeichnen Sie anschließend die Momentaufnahmen für $t = T/8$; $t = 2\,T/8$; $t = 3\,T/8$ und $t = 4\,T/8$. **c)** Eine zweite Welle gleicher Frequenz und gleicher Amplitude hat im selben Bereich gegenüber dieser Welle den Gangunterschied $\delta = \lambda/4$. Bestimmen Sie die Phasendifferenz. **d)** Beide Wellen interferieren. Zeichnen Sie für $t = 0$ die resultierende Welle mithilfe der resultierenden Schwingungszeiger.

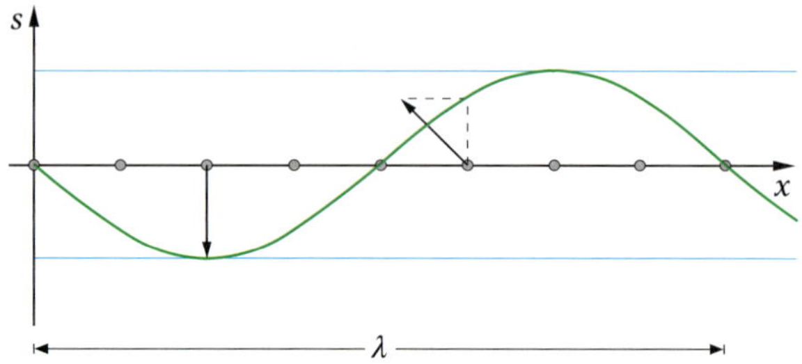

A3 Berechnen Sie die Wellenlänge einer Welle, deren Teilchen mit $f = 15$ Hz schwingen bei einer Wellengeschwindigkeit von $c = 4{,}5$ m/s.

A4 Eine harmonische Querwelle breitet sich mit $c = 6$ m/s aus. Der Erreger schwingt mit $f = 2{,}5$ Hz bei einer Amplitude von 4 cm ($s\,(0) = 0$). Zeichnen Sie die Welle für $t = 0$ s; 0,05 s; 0,1 s; 0,15 s und 0,2 s **a)** im Zeigerbild (12 Zeiger auf einer Wellenlänge) und **b)** als Sinuslinie.

A5 (**→ Vertiefung Wellengleichung**) Simulieren Sie mit einem Tabellenkalkulationsprogramm eine fortlaufende Querwelle. ($c = 5$ m/s, $\lambda = 2$ m; $\hat{s} = 0{,}2$ m). Benutzen Sie die Gleichung für harmonische Wellen und t als Parameter (Eingabezelle oder Schieberegler für t).

A6 Diskutieren Sie alle Möglichkeiten, unter denen sich eine stehende Welle bildet. Gehen Sie dabei auch auf die Begriffe „festes Ende" bzw. „freies Ende" des Wellenträgers bei der Reflexion ein. Nennen Sie Verfahren und Beispiele für die Messung der Wellengeschwindigkeit im benutzten Medium mithilfe einer stehenden Welle.

A7 An manchen Flüssen gibt es eine sogenannte „Stehende Welle". Nehmen Sie kritisch Stellung.

A8 Nennen Sie mindestens zwei Methoden zur Messung der Schallgeschwindigkeit in Luft.

A9 Ein Piezoquarz in einer elektronischen Schaltung führt Eigenschwingungen (5. Harmonische) mit $f = 100$ MHz aus. Bestimmen Sie mögliche Längen des Quarzes, wenn die Wellengeschwindigkeit im Quarz $c = 5300$ m/s beträgt.

A10 **a)** Ein Standzylinder wird langsam mit Wasser gefüllt. In seiner Nähe wird eine Stimmgabel (440 Hz) angeschlagen. Bei welchen Füllhöhen entsteht Resonanz? **b)** Diskutieren Sie: Es ergeben sich andere Resonanzstellen, wenn sich im Zylinder nicht Luft sondern Kohlenstoffdioxid befindet ($c = 267$ m/s).

A11 Durch welche physikalischen Eigenschaften werden Lautstärke, Tonhöhe und subjektiv empfundener Klang eines Musikinstruments bestimmt?

A12 Der Gehörgang des menschlichen Ohres entspricht angenähert einer Röhre von etwa 35 mm Länge. Bestimmen Sie die kleinste Resonanzfrequenz (1. Harmonische) und diskutieren Sie eine mögliche biologische Bedeutung.

A13 Wie lang muss man eine gedackte Orgelpfeife machen, damit die 2. Harmonische um 400 Hz höher klingt als die 1. Harmonische? Bestimmen Sie die Frequenzen der beiden Eigenschwingungen.

A14 Eine angeschlagene Stimmgabel (440 Hz) wird mit einer Geschwindigkeit von $v = 5$ m/s auf eine Person zugetragen. **a)** Welche Frequenz hört diese direkt von der Stimmgabel? **b)** Vor einer reflektierenden Wand meint dieselbe Person eine Schwebung wahrzunehmen. Begründen Sie dies.

A15 **a)** Ein Auto, dessen Hupe einen Ton der Frequenz 400 Hz erzeugt, fährt mit 72 km/h auf einen ruhenden Beobachter zu. Welche Frequenz hat der Ton, den der Beobachter hört? **b)** Ein anderer Beobachter fährt demselben hupenden Auto entgegen. Er hört einen Ton der Frequenz 455 Hz. Bestimmen Sie seine Geschwindigkeit.

A16 Eine 80 cm langes, beidseitig offenes Plastikrohr wird mit der Winkelgeschwindigkeit $\omega = 15 \cdot 1/\mathrm{s}$ horizontal im Kreis geschleudert. Welchen Ton sendet es aus (1. Harmonische)? Wie groß ist (a) die niedrigste und (b) die höchste Frequenz, mit der ein Beobachter (in weiter Entfernung) dieses „Blasinstrument" wahrnimmt?

A17 Ein Polizeiauto fährt mit der Geschwindigkeit 36 km/h. Ein nachfolgender Autofahrer überholt den Polizeiwagen unverschämt laut und andauernd hupend. Kriminalkommissarin Luchs, die im Polizeiauto sitzt und durch ihren Scharfsinn und ihr absolutes Musikgehör bekannt ist, stellt fest: Vor dem Überholen war im Polizeifahrzeug ein Hupton von 495 Hz zu vernehmen; als der überholende Kraftfahrer einen Augenblick lang direkt neben dem Polizeiwagen fuhr, veränderte sich der Ton auf 480 Hz. Luchs, die den Vorzug einer gediegenen physikalischen Bildung besitzt, weiß sofort, wie schnell der überholende Verkehrssünder gefahren ist. Bestimmen Sie die Geschwindigkeit.

A18 Ein Handy sendet im E-Netz mit der Frequenz $f = 1{,}8$ GHz. Berechnen Sie die Länge eines Empfangsdipols, der in Resonanz schwingt.

A19 In einem Mikrowellenherd werden elektromagnetische Wellen mit der Länge $\lambda = 12{,}2$ cm erzeugt. Überprüfen Sie anhand der Abmessungen eines Mikrowellenherdes, ob sich in ihm stehende Wellen ausbilden können.

A20 Der Schwingkreiskondensator eines Hochfrequenzgenerators besitzt die Kapazität $C = 4{,}8$ pF, die Schwingkreisspule die Induktivität $L = 0{,}3$ µH. **a)** Bestimmen Sie die Länge eines angekoppelten Sendedipols, bei der dieser Dipol besonders gut schwingt. **b)** Mit dem Sender werden elektromagnetische Wellen in einen Trog gestrahlt, der mit Alkohol gefüllt ist. Die Länge eines in die Flüssigkeit getauchten Empfangsdipols kann verändert werden. Die kleinste Länge, bei der Resonanz auftritt, ist 22 cm. Bestimmen Sie die Ausbreitungsgeschwindigkeit der elektromagnetischen Welle in Alkohol. **c)** Berechnen Sie daraus die Permittivität ε_r, die die Ausbreitungsgeschwindigkeit dieser Welle in Alkohol bestimmt.

A21 Ein Dipol der Länge $l = 1$ m wird zu elektromagnetischen Schwingungen der Frequenz $f = 150$ MHz angeregt. Aus der Helligkeit eines Lämpchens in seiner Mitte schließt man auf eine Stromstärke von $I_{eff} = 100$ mA. Berechnen Sie die Stromstärken an den Stellen, die 25 cm bzw. 12,5 cm von seinem Ende entfernt sind.

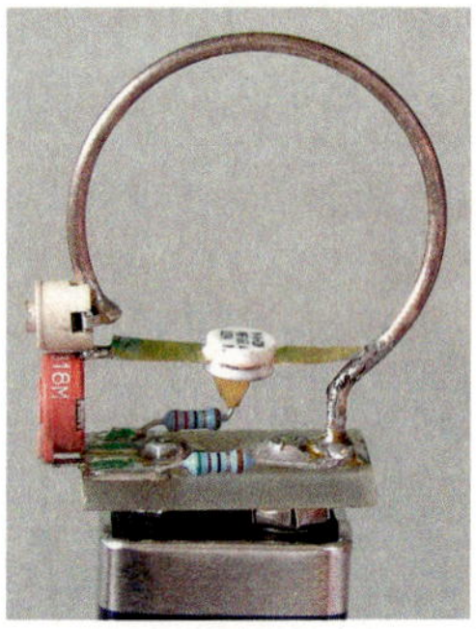

A22 Das Bild zeigt einen (mit einer 9 V Blockbatterie betriebenen) 430 MHz-Oszillator. Von seiner Schwingkreisschleife der Induktivität L werden nach links und rechts elektromagnetische Wellen abgestrahlt. **a)** Bestimmen Sie die Schwingungsebene des elektrischen Feldvektors $\vec{E}$. Geben Sie an, wie Sie diese experimentell bestimmen können. **b)** Die Kapazität des Schwingkreises beträgt etwa 5 pF. Berechnen Sie die Induktivität der Schwingkreisschleife.

A23 Ein Ton soll durch Amplituden- bzw. Frequenzmodulation einmal laut und einmal leise übertragen werden. Skizzieren Sie jeweils die modulierte Trägerschwingung.

A24 Erläutern Sie, warum bei schlechteren Empfangsbedingungen bei FM die Musik nicht leiser wird, wohl aber bei AM. Wie äußert sich schlechter FM-Empfang?

A25 Bei der Amplitudenmodulation wird die Amplitude der HF-Träger-Schwingung im Rhythmus der NF-Tonschwingung verändert. **a)** Erläutern Sie, dass es sich dabei nicht um die Addition beider Kurven handelt. **b)** Beschreiben Sie, was man unter Bandbreite der Aussendung versteht. **c)** Zeigen Sie: Eine HF-Schwingung mit $I(t) = \hat{I}\sin(\omega t)$, deren Amplitude mit der Tonfrequenz ω_T gemäß $\hat{I}\,(1 + \sin\omega_T t)$ moduliert wird, ist gleich der Summe aus drei HF-Schwingungen:

$$\hat{I}\,(1 + \sin\omega_T t) \cdot \sin\omega t =$$

$$\hat{I}\sin\omega t + \frac{1}{2}\hat{I}\cos(\omega - \omega_T) \cdot t - \frac{1}{2}\hat{I}\cos(\omega + \omega_T) \cdot t.$$

Verwenden Sie die Formel

$$\sin\alpha \cdot \sin\beta = \frac{1}{2}\cos(\alpha - \beta) - \frac{1}{2}\cos(\alpha + \beta).$$

Interferenzphänomene

Das können Sie in diesem Kapitel erreichen:

Sie wissen, wie Wellen sich überlagern (interferieren), und können diese Interferenz im Zeigerbild beschreiben.

Sie lernen, wann sich Wellen gegenseitig verstärken und wann sie sich abschwächen. Sie verstehen damit, dass Licht und Licht Dunkelheit ergeben kann.

Sie kennen die Interferenzphänomene am Doppelspalt, sowohl bei Experimenten mit Wasserwellen als auch mit Lichtwellen.

Sie können das Interferenzbild am Doppelspalt auf die geometrischen Verhältnisse der beteiligten Wellen zurückführen und mathematisch beschreiben.

Sie kennen die Erweiterung des Doppelspalts zum Gitter und die Entstehung von Gitterspektren.

Sie sind in der Lage, komplexere Wellenphänome auf Elementarwellen zurückzuführen (Huygens-Prinzip). Dieses Verfahren können Sie auf die Lichtbrechung anwenden und damit das Brechungsgesetz herleiten.

Interferenz mit zwei Sendern

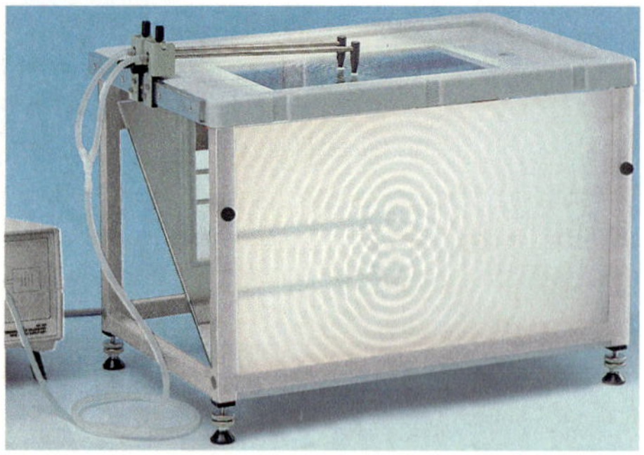

V1 In der Wellenwanne werden Kreiswellen erzeugt: Zwei Stifte sind starr miteinander verbunden und tauchen periodisch in die Wasseroberfläche ein. Die hellen Maxima und dunklen Minima der Kreiswellen wandern kontinuierlich nach außen. Graue Linien ruhigen Wassers bilden ein ortsfestes Muster.

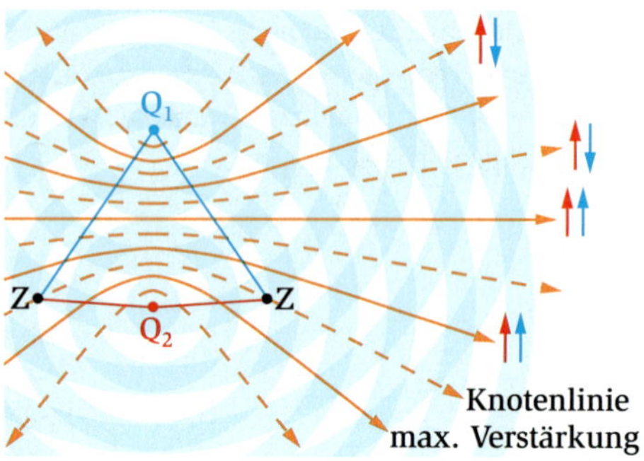

B1 Schematische Darstellung zu **→ V1**. Von den Quellen Q_1 und Q_2 gehen Kreiswellen aus. Für verschiedene Zielpunkte am rechten Rand sind Zeiger der Einzelwellen eingezeichnet.

B2 (unten ↓) Wellenausbreitung von Q zu verschiedenen Zielpunkten Z zum gleichen Zeitpunkt t. Für die Wellenlänge 2 cm sind Zeiger in verschiedenen Abständen von der Quelle gezeichnet – passend zur montanen Phase 67° bei der Quelle. Die Phasen sind in Grad angegeben. Aus $2\pi = 360°$ (Vollwinkel) folgt für die Phase: $2\pi(x/\lambda) = (x/\lambda) \cdot 360°$.

Bei den mechanischen Wellen haben Sie gesehen, wie sich Wellen auf einer Wasseroberfläche ungestört durchdringen. Wer gleichzeitig zwei Steine ins Wasser wirft, sieht, wie sich zwei Kreiswellensysteme ausbreiten. Wo zwei (oder mehrere) ankommende Wellen gleichzeitig die Wasseroberfläche auslenken, beobachtet man die Addition der von den einzelnen Wellen herrührenden Elongationen.

Bei der Untersuchung der Wellenausbreitung längs eindimensionaler Träger haben Sie zudem **konstruktive** Interferenz und **destruktive Interferenz** kennengelernt und damit das Auftreten **stehender Wellen** mit den charakteristischen **Knoten** und **Bäuchen** erklärt.

Wir erweitern jetzt die Untersuchungen und betrachten, wie sich die von zwei Sendern ausgehenden Wellen in der umgebenden Ebene ausbreiten.

1. Von Knotenpunkten zu Knotenlinien

In der Wellenwanne von **→ V1** senden zwei Erreger kontinuierlich und im gleichen Takt Kreiswellen aus. Beide Kreiswellensysteme *überlagern* sich. Wir *sehen* die fortschreitenden Wellen, wenn wir sie auf dem Weg nach außen mit dem Auge verfolgen.

Wir sehen aber auch ein ortsfestes Muster grauer Linien, die zwischen den beiden Erregern beginnen. „Straßen" mit praktisch ruhigem Wasser, obwohl sie von den Kreiswellen durchsetzt werden.

Hier gibt es Ruhe trotz durchlaufender Wellen. Das ist wie bei den stehenden Wellen, wo zwei Wellen längs einer Geraden einander entgegen – „durcheinander" – laufen. Dort entstehen durch Interferenz Knotenpunkte mit der Schwingungsamplitude null.

Bei Ausbreitung in alle Richtungen einer Ebene erreichen die Wellen einen von uns ausgewählten Zielpunkt aus unterschiedlichen Richtungen (z.B. Z in **→ B1**). Sie erreichen den Zielpunkt im Allgemeinen mit unterschiedlichen Phasen. Wie bei den stehenden Wellen ist aber die **Phasendifferenz** an einem bestimmten Zielpunkt konstant.

Dort wo gerade ein Wellenberg und ein Wellental zusammentreffen (eine halbe Periode später ein Tal und ein Berg) sind beide Wellen in Gegenphase; die **Zeiger** der Einzelschwingungen zeigen ständig in entgegengesetzte Richtungen. Die resultierende Amplitude ist minimal, man beobachtet wie bei Knotenpunkten stehender Wellen destruktive Interferenz. Deshalb nennt man die Linien ruhigen Wassers im Überlagerungsgebiet zweier Kreiswellensysteme **Knotenlinien**.

2. Die Phase am Zielort kann man berechnen

Die Zeiger fortschreitender Wellen rotieren an jedem Ort des Wellenweges mit der Winkelgeschwindigkeit $\omega = 2\pi/T$. Gegenüber dem Zeiger an der Quelle sind sie „verspätet". In den Abständen λ, 2λ, 3λ beträgt die Verspätung eine oder mehrere ganze Umdrehungen: 2π, 4π, 6π, … . Im Abstand x von der Quelle ist der Zeiger also um $2\pi \cdot x/\lambda$ verspätet. Um diesen Winkel unterscheidet sich die Phase am Zielort Z gegenüber der Phase der Quelle Q **→ B2**.

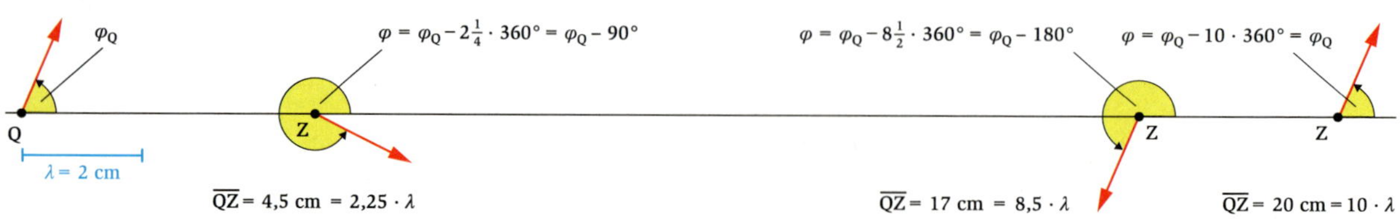

3. Unterwegs im Interferenzfeld von Schallquellen

Im → V2 senden zwei kleine Lautsprecher Schallwellen aus. Der Raum in der Umgebung der beiden Schallsender wird mit dem Ohr „abgetastet". Man findet Stellen, wo der Ton gar nicht oder nur schwach zu hören ist. Der Effekt verschwindet, wenn man einen der beiden Lautsprecher ausschaltet. Es gibt also Bereiche im Schallfeld, in denen zwei Lautsprecher zusammen leiser tönen als einer! Untersucht man das Schallfeld der beiden Sender mit Mikrofon und Oszilloskop, so sieht man Sinuslinien unterschiedlicher Amplitude. Man kann die Knotenlinien suchen; dort ist die Amplitude der Sinuslinie auf dem Schirm null. Zwischen den Knotenlinien hat jeder Ort seine eigene Amplitude. → B3 zeigt die Schwingungen an verschiedenen Stellen eines Zwei Quellen-Schallfeldes.

4. Wichtige Voraussetzung: Kohärenz

Das „stehende Bild" der Knotenlinien in der Wellenwanne → V1 entsteht nur dann, wenn die beiden Erreger starr miteinander gekoppelt sind und mit gleicher Frequenz Kreiswellen aussenden. In → V2 werden die Lautsprecher vom gleichen Generator gespeist. Sie schwingen mit gleicher Frequenz und gleicher Phase. Diese Beziehung zwischen zwei Sendern nennt man in der Physik **kohärent** – auch dann, wenn die Sender nicht mit gleicher Phase, sondern nur in konstanter Phasendifferenz von z. B. $\pi/2$ (= 90°) schwingen.

Merksatz

Zwei Sender mit gleicher Frequenz und konstanter Phasendifferenz nennt man **kohärent**.

5. Der Wegunterschied bestimmt die resultierende Amplitude

Kommen Wellen von *zwei Quellen* zu einem Zielpunkt Z → B4, dann zeichnet man dort zwei Zeiger, die gegenüber ihren Quellen in der Phase um $2\pi \cdot x_1/\lambda$ bzw. $2\pi \cdot x_2/\lambda$ verspätet sind. Nehmen wir an, dass die Quellen nicht nur kohärent sind, sondern sogar gleiche Phase haben. Dann gilt im Zielpunkt für die **Phasendifferenz** $\Delta\varphi$

$$\Delta\varphi = 2\pi \cdot (x_1/\lambda - x_2/\lambda) = 2\pi \cdot (x_1 - x_2)/\lambda = 2\pi \cdot \delta/\lambda.$$

Der Winkel $\Delta\varphi$ zwischen den Zeigern, die Phasendifferenz, hängt also bei fester Wellenlänge allein vom **Wegunterschied** δ ab.

Die resultierende Amplitude der Schwingung am Zielpunkt findet man durch Aneinanderheften der beiden Zeiger. Die Länge des resultierenden Zeigers hängt vom Winkel zwischen den Einzelzeigern ab, also von der Phasendifferenz. Die Phasendifferenz ändert sich *nicht*, wenn sich alle Zeiger mit gleicher Frequenz drehen, sie hängt allein vom Wegunterschied δ der Wege Q_1Z und Q_2Z ab.

Der Wegunterschied, die Phasendifferenz der Einzelzeiger und die Länge des resultierenden Zeigers sind unveränderliche Merkmale der Punkte im Wellenfeld zweier Sender. Die ortsfeste Verteilung der Amplituden erzeugt ein ortsfestes Muster – das **Interferenzfeld**.

Merksatz

Wenn an einem Zielpunkt Wellen von beiden Sendern ankommen, findet Interferenz statt. Die Zeigeraddition liefert die für den Zielpunkt charakteristische Amplitude der resultierenden Schwingung.

V2 Zwei Lautsprecher (Abstand 50 cm) werden vom gleichen Tongenerator (f = 2000 Hz) gespeist. Hält man sich ein Ohr zu und geht im Schallfeld der beiden Lautsprecher herum, so finden sich Stellen, an denen fast nichts zu hören ist. Dieser Effekt verschwindet, wenn einer der beiden Sender abgeschaltet wird.

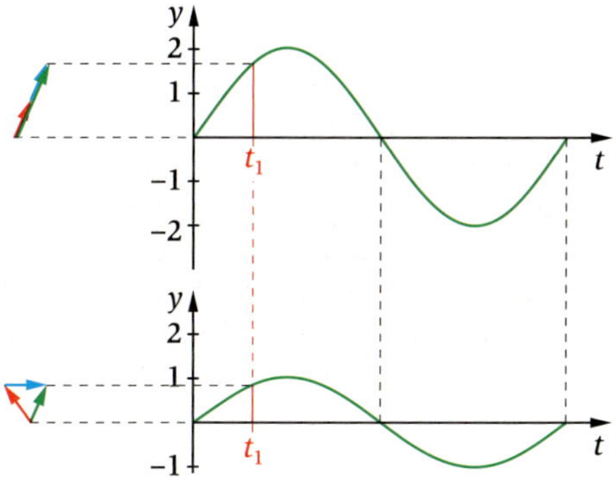

B3 Das Oszilloskop zeigt für → V2 die. vom Mikrofon registrierten Schwingungen. Für den Zeitpunkt der roten Linie sind zusätzlich die Zeiger gezeichnet.

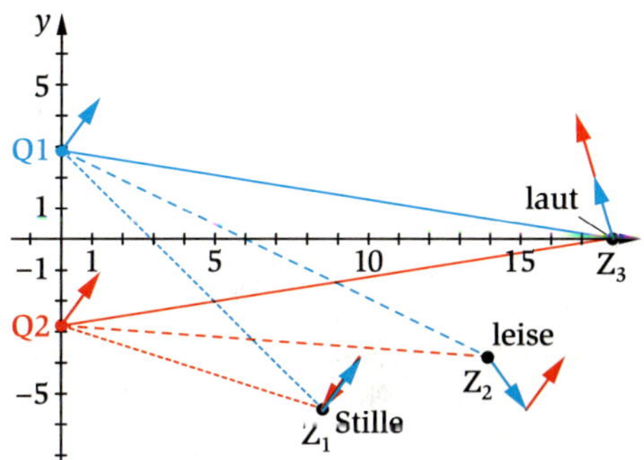

B4 Die Quellen Q_1 und Q_2 sind kohärent, haben sogar gleiche Phase. Für jeden der drei Zielpunkte berechnet der Computer die Abstände zu den beiden Quellen und daraus die Richtungen der beiden Zeiger, die aneinandergeheftet den resultierenden Zeiger ergeben. Bewegt man den Zielpunkt im Wellenfeld, dann ändert sich die Zeigerfigur. Dass die Amplituden bei Wellenausbreitung in die Ebene kleiner werden, ist nicht berücksichtigt.

A1 Die Stifte in Versuch → V1 haben den Abstand 4 cm, sie erzeugen Wasserwellen der Wellenlänge λ = 1 cm. Zeichnen Sie ein maßstäbliches Bild mit einigen Knotenlinien! Wie viele Knotenlinien gibt es insgesamt?

A2 Bereiten Sie einen Kurzvortrag zum Thema Knotenlinien vor.

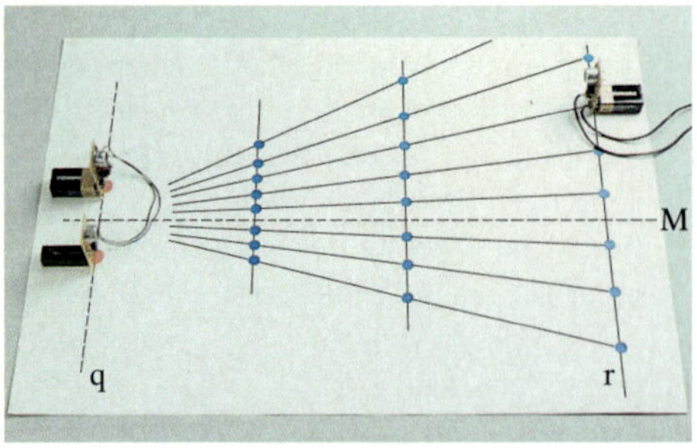

V1 Die beiden kohärenten Ultraschall-Sender senden Wellen in den Raum. Der Empfänger ist mit einem Oszilloskop verbunden. Wie schon früher bei der Beobachtung fortlaufender Wellen ist der Triggereingang des Oszilloskops mit dem Sender verbunden. Das *t-U*-Diagramm der Schwingung wird also phasenrichtig angezeigt.
Auf der Tischfläche sind Orte mit minimalem Empfang markiert. Sie ergeben die Knotenlinien.

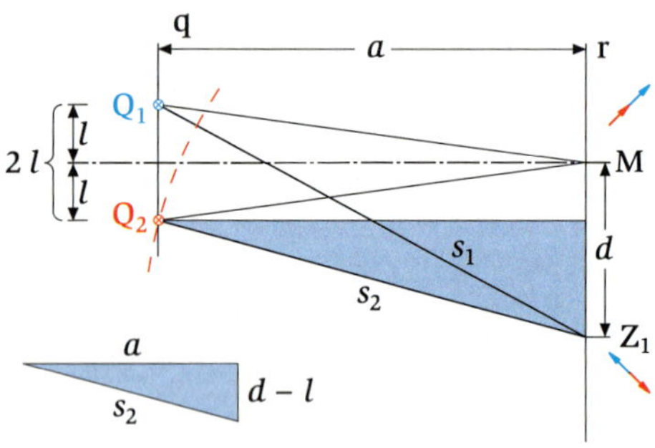

B1 Messgrößen für die Bestimmung der Wellenlänge: Die Sender haben den Abstand $2l = 8$ cm. Die Strecke $\overline{MZ_1}$ hat die Länge $d = 8$ cm (nicht maßstabsgetreu). Die Geraden q und r haben den Abstand $a = 1{,}5$ m (nicht maßstabsgetreu).

6. Im Interferenzfeld die Wellenlänge messen

Bei stehenden Wellen war eine Wellenlängenmessung möglich. Der Abstand d zweier benachbarter Knoten auf der Verbindungslinie der Sender liefert mit $\lambda = 2d$ direkt die Wellenlänge. Diese Methode funktioniert aber nur, wenn die Wellenlänge groß genug ist, weil Strecken der Größe $\lambda/2$ gemessen werden müssen.

Im ebenen Interferenzfeld werden die Abstände zwischen dem Knotenlinien des Interferenzfeldes größer, wenn man sich von der Verbindungslinie der Quellen entfernt. Bewegt man im **→ V1** den Empfänger auf der Geraden r quer zu den Knotenlinien, dann ist der Abstand zwischen Maxima und Minima der Amplitude groß genug für genaue Messungen.
Die Auswertung zur Bestimmung der Wellenlänge ist allerdings etwas komplizierter:

a) Wir stellen den Empfänger auf den Zielpunkt M, den Schnittpunkt der Geraden r mit der Symmetrieachse. Hier sind die Abstände zu den beiden Sendern gleich groß, die zu den Wellenwegen gehörigen Zeiger haben stets gleiche Phase (↑↑), die Schwingung am Zielpunkt M hat maximale Amplitude.
Nun wird der Empfänger auf der Geraden r verschoben. Die Amplitude der Sinuslinie wird kontinuierlich kleiner; wenn sie null geworden ist, halten wir an. Der Empfänger steht jetzt auf der ersten Knotenlinie. Wir markieren den Punkt als Z_1 **→ B1**. Die Phasendifferenz der beiden Zeiger ist von null auf π gewachsen.
b) Für Z_1 und alle anderen Punkte der ersten Knotenlinie (von der Symmetrielinie aus gezählt) gilt: Die Differenz δ der beiden Wellenwege von den Quellen zum Zielpunkt ist $\lambda/2$. Für die weiteren Knotenlinien gilt entsprechend $\delta = 3/2\lambda;\ 5/2\lambda;\ \ldots$.
c) Nun können wir messen und mit den Bezeichnungen aus **→ B1** rechnen: Aus d, a und l berechnet man mit dem Satz des Pythagoras die Abstände vom Zielpunkt Z_1 zu den beiden Sendern Q_1 und Q_2:

$$s_1 = \sqrt{a^2 + (d + l)^2} = 150{,}48 \text{ cm},$$

$$s_2 = \sqrt{a^2 + (d - l)^2} = 150{,}05 \text{ cm}.$$

Die Wegdifferenz δ hat den Wert der halben Wellenlänge

$$\lambda/2 = s_1 - s_2 = 0{,}43 \text{ cm}.$$

Für den verwendeten Ultraschall erhalten wir so die Wellenlänge

$$\lambda = 0{,}86 \text{ cm}.$$

A1 Die Frequenz der in **→ V1** verwendeten Ultraschallsender beträgt $f = 39\,800$ Hz. Berechnen Sie daraus und mit der Ausbreitungsgeschwindigkeit für Schallwellen $c = 342$ m/s (in Luft, bei 20 °C) die Wellenlänge und vergleichen Sie diese mit der im Interferenzfeld von **→ V1** bestimmten Wellenlänge.

A2 In **→ V1** gibt es längs der Geraden r weitere Zielpunkte mit maximalem Empfang. Berechnen sie den Abstand zwischen M und dem nächsten Maximum Z_2.

A3 Beschreiben und begründen Sie die Veränderungen im Interferenzfeld zweier Punktsender, wenn der Abstand der Sender verringert wird? Wann kann man im Gebiet der Überlagerung nicht mehr erkennen, dass es sich um zwei Sender handelt?

A4 Diskutieren Sie die Änderungen im Interferenzfeld zweier Sender für den Fall, dass die Quellen kohärent mit der festen Phasendifferenz $\pi/2$ schwingen.

A5 *„Berg + Berg = Interferenzmaximum!“* Nehmen Sie Stellung zu dieser Kurzformel!

A6 Oft sagt man kurz: „Die Zeiger sind in Phase.“ Erläutern Sie diese Kurzsprechweise.

Methode

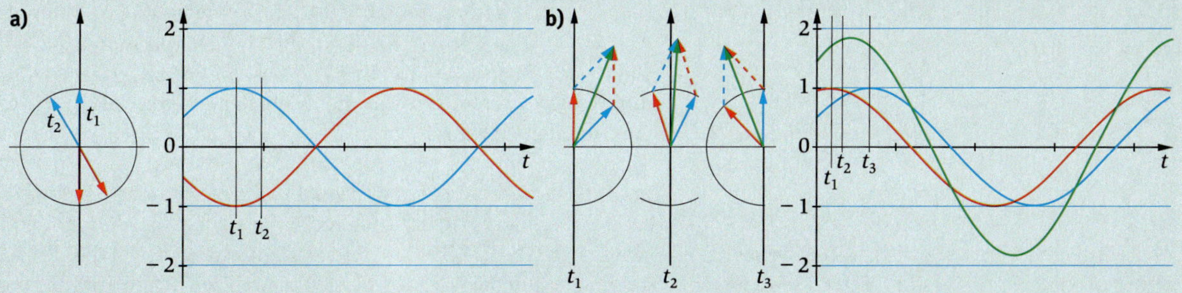

B2 Zeigerbild und Sinuslinie beschreiben harmonische Schwingungen.
a) Zwei gegenphasige Zeiger (rot und blau) zu den Zeitpunkten t_1 und t_2
b) Zwei Zeiger mit Phasendifferenz $\pi/4$ (ein Achtel von 2π!) zu drei verschiedenen Zeitpunkten. Die Sinuslinien zeigen die Elongationen für alle Zeitpunkte einer Periode.

A. Sinuslinien oder Zeiger – gleicher Inhalt ...

Wir denken uns zwei kohärente Sender, die mit gleicher Phase Wellen aussenden und einen Zielort mit *ungleichen* Abständen von den beiden Sendern. Die am Zielort beobachteten Schwingungen können wir mit rotierenden Zeigern oder an Sinuslinien im *t*-*y*-Diagramm beschreiben.

Im → **B2a** geschieht dies für zwei gegenphasige Schwingungen. Die Zeiger dazu sind zu zwei verschiedenen Zeitpunkten t_1 und t_2 gezeichnet. Sie haben die Länge 1 und rotieren mit gleicher Frequenz.

Die Projektion eines Zeigers auf die *y*-Achse liefert den momentanen *y*-Wert im *t*-*y*-Diagramm. Wir entwickeln die Funktionsgleichung:

Der rote Zeiger sei um die Strecke x_{rot} von seinem Sender entfernt, der Abstand des blauen Zeigers von seinem Sender sei x_{blau}.

$2\pi \cdot x_{rot}/\lambda$ und $2\pi \cdot x_{blau}/\lambda$ bezeichnen also die Winkel, um die der rote und der blaue Zeiger gegenüber dem Zeiger am Senderort nacheilen. Wir schreiben

$$\varphi_{rot} = 2\pi \cdot x_{rot}/\lambda \quad \text{und} \quad \varphi_{blau} = 2\pi \cdot x_{blau}/\lambda.$$

Die Phase $2\pi \cdot t/T$ des am Senderort rotierenden Zeigers muss für den Zielort um φ_{rot} bzw. φ_{blau} korrigiert werden:

$$y_{rot}(t) = \sin[2\pi \cdot t/T - \varphi_{rot}] \quad (1\,a)$$
$$y_{blau}(t) = \sin[2\pi \cdot t/T - \varphi_{blau}]. \quad (1\,b)$$

Die *t*-*y*-Diagramme in → **B2** zeigen im zeitlichen Nacheinander alle *y*-Werte für den Zeitraum einer Periode. Bei **a)** unterscheiden sich φ_{rot} und φ_{blau} um π, bei **b)** beträgt der Unterschied $\pi/4$.

Die Schwingungen sind gegenphasig, wenn φ_{rot} und φ_{blau} sich um π (oder 3π; 5π; ...) unterscheiden.

B3 (rechts) Der Computer kann beides: Zeiger rotieren lassen und Sinuskurven zeichnen.

B. ... aber schnelleres Addieren mit Zeigern

Wir zeichnen Zeiger immer für *einen* (meistens beliebig gewählten) Wert der Phase. Wie dieser im Fall → **B2a** auch gewählt sein mag, die Phasendifferenz π bedeutet, dass die Zeiger entgegen gesetzte Richtungen haben und behalten. Heftet man sie aneinander, so hat der resultierende Zeiger die Länge null. Die punktweise Addition der beiden Sinuskurven liefert ebenfalls überall null.

Im → **B2b** sind die Sinuskurven zeitlich gesehen um $T/8$ gegeneinander verschoben, die Phasendifferenz der Zeiger beträgt $\pi/4$. Wer das grüne *t*-*y*-Diagramm für die Summen-Funktion kontrollieren oder vorhersagen will, muss die Werte der rot und blau gezeichneten Sinuskurven punktweise addieren.

Ohne Computer → **B3** (oder GTR) erfordert dies einigen Aufwand: Zuerst muss man die beiden Sinuskurven phasenrichtig zueinander zeichnen, damit man sie punktweise addieren kann um dann Amplitude und Phasenlage der resultierenden Schwingung abzulesen. Bei freihändigen Zeichnungen gelingt das oft nicht zufriedenstellend.

Wer Zeiger zeichnet und sie „im Kopf" rotieren lässt, kommt gut ohne Computer aus: Man zeichnet die Zeiger für (einen) beliebigen Zeitpunkt mit der gegebenen Phasendifferenz und addiert sie nach den Regeln der Vektoraddition. Die Amplitude des resultierenden Zeigers und seine Phasenlage sind sofort ablesbar.

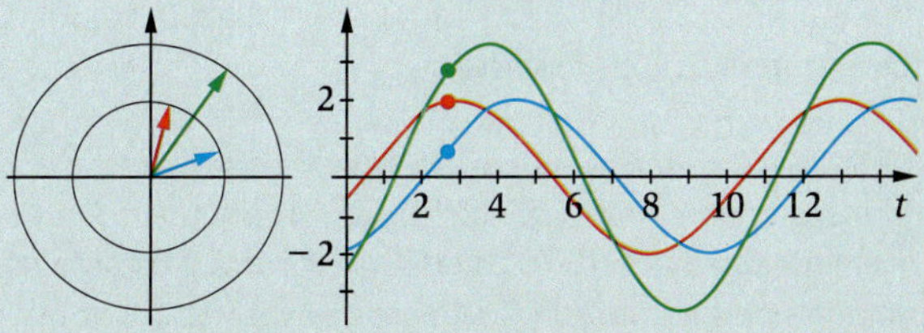

Interferenz beim Doppelspalt

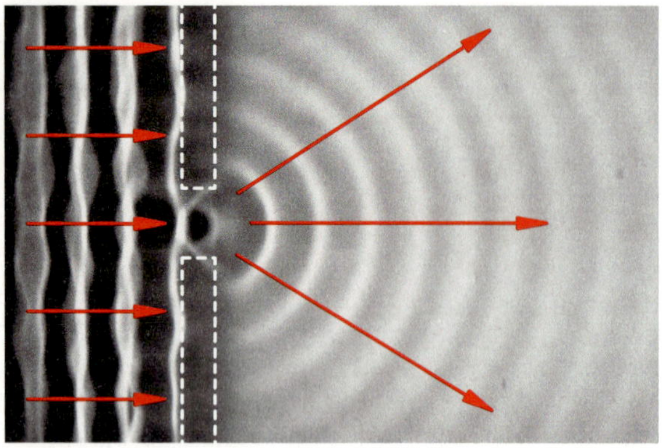

V1 Elementarwellen hinter einer schmalen Öffnung

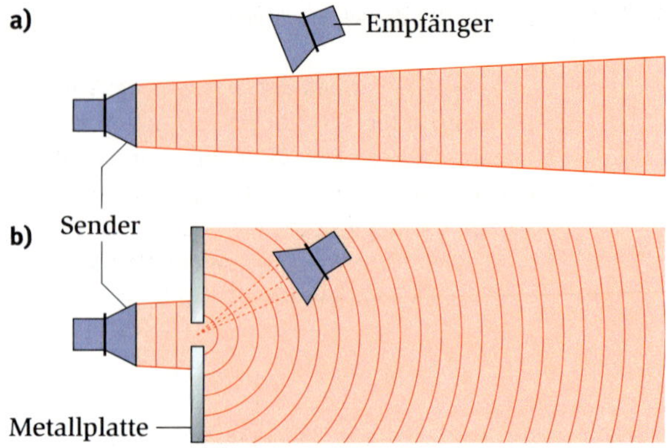

V2 Beugung auch bei Mikrowellen

1. Beugung bei Wasserwellen

Von einer punktförmigen Quelle entfernen sich die Wellenfronten in konzentrischen Kreisen. Weit entfernt von der Quelle sind Ausschnitte dieser Kreiswellen von geraden Wellenfronten kaum noch zu unterscheiden. In der Wellenwanne erzeugt man solche geraden Wellenfronten mit einem geraden Bleichstreifen als Erreger.

Was geschieht eigentlich, wenn wie in → V1 geraden Wellenfronten eine Wand mit einer schmalen Lücke in den Weg gestellt wird? Schneidet diese Spaltblende vielleicht wie ein Messer ein Stück aus den ankommenden Wellenfronten heraus? Keineswegs! Wir beobachten ein überraschendes Ergebnis:

Vor der Blende haben die im Bild eingezeichneten Wellenstrahlen eine einheitliche Richtung; hinter der Öffnung laufen sie dagegen radial auseinander. Hinter der Blende breitet sich eine Kreiswelle aus, deren Zentrum in der Spaltöffnung liegt.

Weil in der Öffnung eine Richtungsänderung stattfindet, spricht man von **Beugung**: Die Wellen werden an der Blendenöffnung gebeugt. Wie die Kreiswelle entsteht, kann man sich so vorstellen: In der Blendenöffnung schwingt das von der ankommenden Welle erfasste Wasser genau so auf und ab wie ein dort periodisch eintauchender Stift. Die Öffnung wird dadurch zum Zentrum einer Kreiswelle. Die von der schmalen Öffnung ausgehende Kreiswelle wird in der Physik als **Elementarwelle** bezeichnet.

2. Beugung bei Mikrowellen

Die Beugung **elektromagnetischer** Wellen lässt sich gut bei Wellenlängen von einigen Zentimetern (z. B. Mikrowellen) untersuchen. In → V2a ist wird der Empfänger so aufgestellt, dass der Empfangsdipol vom Mikrowellenbündel des Senders nicht getroffen wird. Dann bringt mann nach → V2b eine Blende mit einer Öffnung von etwa 2 cm Breite in den Weg des Bündels.
Obwohl der Empfangsdipol jetzt erst recht „im Schatten“ steht, registriert der Empfangsdipol weit in den Schattenraum hinein ein Signal. Die kleine Blendenöffnung wirkt wie ein dort aufgestellter allseitig strahlender Sender; sie wird zum Zentrum einer Elementarwelle, die sich rechts von der Blende rundherum ausbreitet.

3. Das Huygens-Prinzip

Die Beugung, also die Bildung von Elementarwellen an schmalen Öffnungen, lässt sich bei allen Wellenarten beobachten. Der niederländische Physiker Christian HUYGENS (1629 bis 1695) hat diese im Experiment beobachtete Eigenschaft von Wellen gedanklich noch weiter entwickelt: Man abstrahiert von der Blendenöffnung und denkt sich alle Punkte einer Wellenfront als mögliche Ausgangspunkte von Elementarwellen. Von diesem **Huygens-Prinzip** werden wir immer wieder Gebrauch machen, weil es für alle Wellenarten gilt.

Merksatz

Für alle Wellenarten gilt das Huygens-Prinzip: Jede Stelle einer Wellenfront kann als Ausgangspunkt einer Elementarwelle aufgefasst werden.

B1 Ostseeküste bei Steckelberg

4. Doppelspalt mit Wasserwellen

→ B1 zeigt eine Situation an der Ostseeküste: Von See her erreichen parallele Wellenfronten die Lücke in einem Küstenschützbau. Die Öffnung wirkt als Huygens-Zentrum, zum Land hin breiten sich Kreiswellen aus. Wer genau hinschaut, sieht ein zweites Kreiswellensystem, dessen Zentrum nicht mehr im Bild ist.
In der Wellenwanne kann man in gleicher Weise aus der Welle eines realen Senders zwei kohärente, also interferenzfähige Quellen erzeugen, indem man in **→ V1** die einzelne Öffnung in der Barriere durch zwei schmale ersetzt. Diese gleichphasig schwingenden Huygens-Zentren wirken dann wie die beiden Stifte, mit denen wir „Zwei-Sender-Interferenz" in der Wellenwanne erzeugt haben. Im **Doppelspaltversuch** mit Wasserwellen beobachtet man das bekannte Interferenzfeld mit den auffälligen Knotenlinien.

5. Doppelspalt mit Mikrowellen

Auch bei Mikrowellen gilt nach **→ V2** das Huygens-Prinzip. Deshalb werden die schmalen Öffnungen in einer Blende zu HUYGENS-Zentren, wenn Mikrowellenstrahlung auf die Blende trifft.

In **→ V3** wird ein Doppelspalt verwendet. Jetzt breiten sich zwei Wellensysteme mit kohärenten Quellen im Beobachtungsgebiet aus. Die Öffnungen Q_1 und Q_2 sind schmal (in der Größenordnung einer Wellenlänge), aber einige Wellenlängen voneinander entfernt. Von Q_1 und Q_2 gehen Elementarwellen aus. Hinter dem Doppelspalt erwarten wir ein Zwei-Zentren-Interferenzfeld.

Bewegt man den Empfänger auf einem Kreisbogen um die Mitte des Doppelspalts, beobachtet man einen stetigen Wechsel von Minima und Maxima des Empfangs **→ B2a**. Daran bestätigt sich die Ausprägung des Interferenzfeldes mit den typischen Knotenlinien. Diese Zwei-Sender-Interferenz verschwindet, wenn man einen der Spalte zuhält **→ B2b**. Zu beobachten ist nun ein Ein-Zentren-Wellenfeld ohne Interferenz.

Merksatz

Bei Doppelspaltversuchen erzeugt man aus der Welle eines Senders zwei gleichphasige Elementarwellen, die genau so miteinander interferieren wie die Wellen von zwei realen kohärenten Sendern. ☐

6. Wellenlänge der Mikrowellenstrahlung

→ B3a ist ein maßstäbliches Bild zum Doppelspaltversuch mit Mikrowellen. Der Zielpunkt Z kann auf dem Kreisbogen mit Radius $r = 0{,}5$ m um die Mitte des Doppelspalts herum bewegt werden. Bei den in **→ V3** gemessenen Winkeln für die Intensitätsmaxima **→ B2a** sind die zu den Spalten Q_1 und Q_2 gehörigen Zeiger in Phase.

→ B3b zeigt vergrößert die Situation für das zweite Maximum Z_2. Bei großem r des Kreisbogens um Z_2 entsteht ein rechtwinkliges Dreieck, das den Wegunterschied δ, den Spaltabstand g und näherungsweise den Richtungswinkel zu Z_2 enthält.
Mit den gemessenen Größen lässt sich nun δ und damit auch λ berechnen: Die Mikrowellenstrahlung hat die Wellenlänge $\lambda = 3{,}5$ cm.

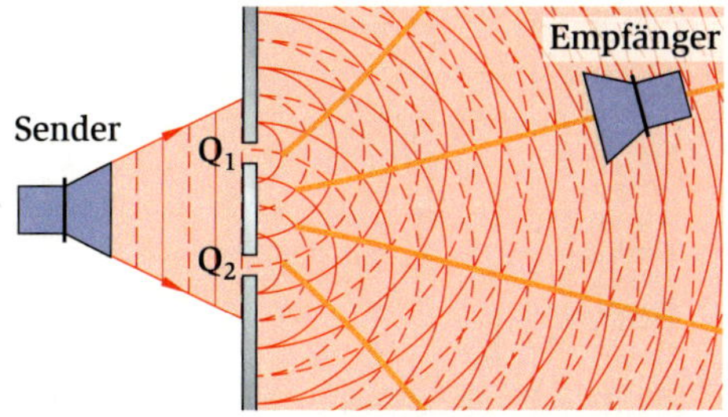

V3 Mikrowellen treffen auf einen Doppelspalt, der aus zwei Metallplatten und einem mittleren Metallstreifen besteht (Breite des Streifens 6 cm, der Spalte je 2,5 cm). Die Spaltmitten haben einen Abstand $g = 8{,}5$ cm. Der Empfänger wandert im Interferenzfeld auf einem Kreisbogen um die Mitte des Doppelspalts.

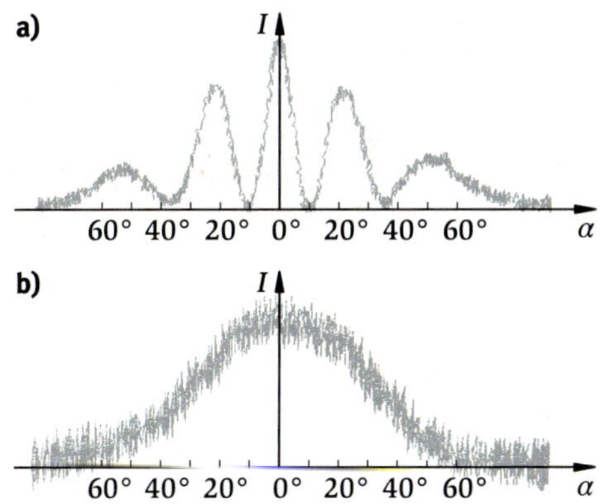

B2 **a)** Signalstärke beim Doppelspalt in **→ V3**, **b)** wenn einer der Spalte zugehalten wird.

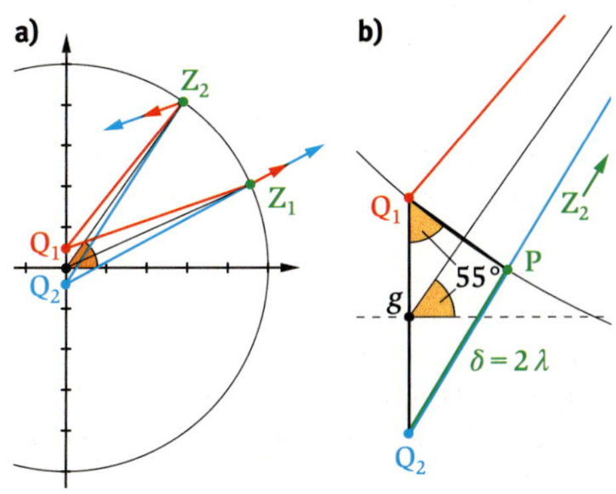

B3 **a)** Maßstäbliche Zeichnung zu **→ V3**. **b)** Der kurze Abschnitt PQ_1 des Kreisbogens um Z_2 ist fast gerade. Deshalb gilt näherungsweise: Die gelb markierten Winkel sind gleich groß, das Dreieck Q_1Q_2P ist rechtwinklig. Also ist $\sin 55° = \delta/g$. Da Z_2 das 2. Maximum ist, gilt $\delta = 2\lambda$, also $\lambda = (g \cdot \sin 55)/2$. Mit $g = 8{,}5$ cm folgt $\lambda = 3{,}5$ cm.

Doppelspalt mit Licht

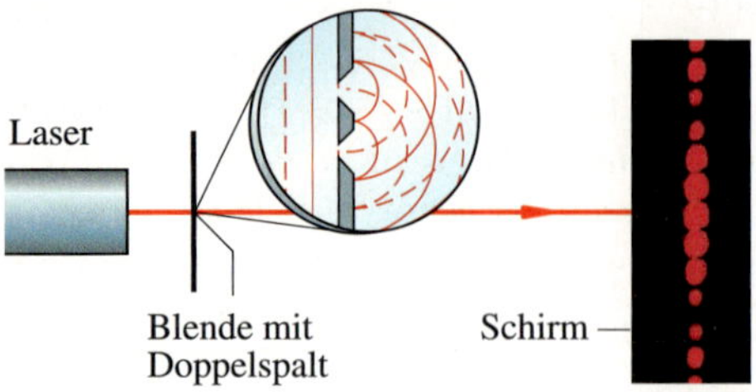

V1 Das parallele Lichtbündel eines Lasers trifft auf zwei sehr nahe beieinander liegende enge Spalte. Dahinter erwarten wir ein Zwei-Sender-Interferenzfeld. Auf einem weit entfernt und senkrecht zum einfallenden Bündel aufgestellten Schirm zeigt sich die abgebildete Verteilung von Hell und Dunkel.

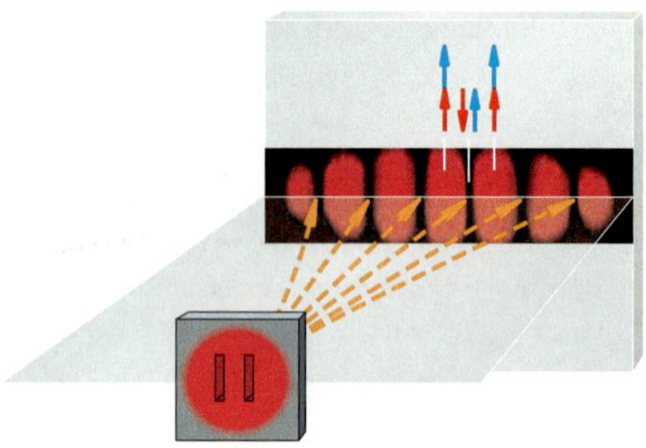

B1 Nach HUYGENS breiten sich hinter einem Doppelspalt zwei Wellensysteme aus, die sich überlagern. Auf den eingezeichneten Knotenlinien liegen Orte mit einander entgegen gerichteten Einzelzeigern (↑↓). Wo die Knotenlinien den Beobachtungsschirm durchstoßen, ist es dunkel. An anderen Orten des Schirms kommen alle Phasendifferenzen zwischen 0 und 2π vor; die Verkettung der beiden Zeiger liefert jeweils die resultierende Amplitude.

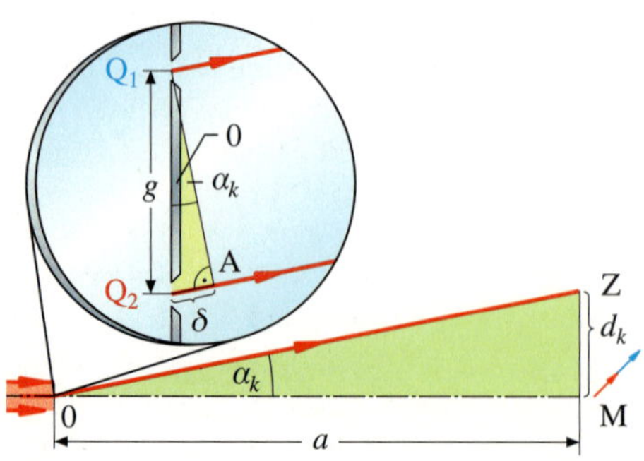

B2 Der Spaltabstand g beträgt Bruchteile eines Millimeters. Nur in der Vergrößerung sieht man, dass zwei Wege mit Wegunterschied δ zum Zielpunkt Z führen.

Das Huygens-Prinzip hat sich bei verschiedenen Wellenarten bewährt – auch bei Mikrowellen. Wir wissen, dass sich die Mikrowellen als elektromagnetische Wellen mit der Geschwindigkeit des Lichts ausbreiten. Die Vermutung liegt nahe, dass auch Licht sich wie eine elektromagnetische Welle verhält.

1. Licht + Licht = Dunkelheit

Zwei voneinander unabhängig betriebene Lampen sind nicht kohärent, senden ihre Wellen nicht mit gleicher Frequenz und fester Phasenbeziehung aus. Um Interferenzerscheinungen zu beobachten, benötigt man zwei kohärente Lichtquellen. Wir erzeugen sie wie bei den Mikrowellen mithilfe des HUYGENS-Prinzips:
Im → **V1** fällt Laserlicht auf einen Doppelspalt, dessen Spaltöffnungen und Spaltabstand sehr klein sind. So entstehen – ausgehend von den Spalten – zwei Elementarwellen, die sich im Zielgebiet hinter dem Doppelspalt überlagern.

Statt mit einem Empfänger das Zielgebiet abzutasten, stellen wir in einiger Entfernung parallel zum Doppelspalt einen Schirm. Auf ihm sehen wir „auf einen Blick" die Spur des Interferenzfeldes, die Minima und Maxima der Intensität, die wir bei Mikrowellen beim Durchfahren des Interferenzfeldes nacheinander registriert haben.

In → **B1** durchstoßen die Knotenlinien des Interferenzfeldes den Schirm und markieren die Orte der Minima. Ansonsten sieht man – abhängig vom Ort – Hell und Dunkel in allen Zwischenwerten. Es hängt vom Ort ab, ob „Licht + Licht" Dunkelheit ergibt. Alles spricht dafür, dass Licht sich wie eine Welle verhält.

Merksatz

Licht wird beim Durchgang durch sehr schmale Spalte eines Doppelspalts gebeugt. Bei kleinem Spaltabstand entsteht das Muster einer Zwei-Sender-Interferenz, deren Spuren sich auf einem Schirm beobachten lassen.
Dies zeigt: Licht verhält sich wie eine Welle.

2. Wellenlängenbestimmung mittels Richtungswinkel

Bei Lichtwellen lässt sich Interferenz hinter einem Doppelspalt nur dann beobachten, wenn man wie in → **V1** mit sehr kleinen Spaltabständen ($\ll 1$ mm) experimentiert. Der Abstand zwischen Doppelspalt und Beobachtungsschirm ist im Vergleich dazu sehr groß. Nur einer stark vergrößerten Zeichnung könnte man (wie bei den Mikrowellen) Weglängen und Wegdifferenzen direkt entnehmen.

Einfacher ist die Betrachtung der Richtungswinkel α zum Zielpunkt Z auf dem Schirm → **B2**. Die Strahlen, die von den beiden Spalten aus Z erreichen, sind praktisch parallel, wenn für den Spaltabstand $g \ll 1$ mm gilt, der Abstand a zum Schirm aber einige Meter beträgt. Damit sind die in → **B2** farbig unterlegten Dreiecke einander ähnlich *und beide* enthalten den Richtungswinkel α zum Zielpunkt. Im kleinen gelben Dreieck Q_1AQ_2 gilt

$$\sin\alpha = \delta/g. \qquad (1)$$

Wir zählen nun mit k die Maxima auf dem Schirm ab – beginnend mit $k = 0$ beim Maximum in M – und bezeichnen mit α_k den Winkel zum k-ten Maximum. Wir wissen, dass die Wegunterschiede zu den **Maxima** null oder ganzzahlige Vielfache der Wellenlänge sind. Für das k-te Maximum wird mit $\delta_k = k \cdot \lambda$ aus Gl. (1):

$$\sin \alpha_k = k \cdot \lambda / g. \qquad (k = 0, 1, 2, 3, \ldots). \qquad (1a)$$

Minima treten auf, wenn der Wegunterschied $\lambda/2$, $3/2\lambda$, $5/2\lambda$, … beträgt. Für den Richtungswinkel zum k-ten Minimum folgt also

$$\sin \alpha_k = (2k - 1) \cdot (\lambda/2)/g \quad (k = 1, 2, 3, \ldots). \qquad (1b)$$

Merksatz

Beim Doppelspalt gilt für die Richtungswinkel α_k zum

k-ten Maximum: $g \cdot \sin \alpha_k = k\lambda$
$k = 0, 1, 2, \ldots$

k-ten Minimum: $g \cdot \sin \alpha_k = (2k - 1)\, \lambda/2$
$k = 1, 2, 3, \ldots$.

Beim Doppelspalt mit Mikrowellen konnten wir die Richtungswinkel α_k noch unmittelbar messen. In → V1 beim Doppelspalt mit Licht berechnen wir diese Winkel α_k in → B2 im großen grünen Dreieck OMZ. Dort gilt

$$\tan \alpha_k = d_k / a. \qquad (2)$$

Mit den Messwerten $a = 4{,}1$ m und $d_5 = 20$ mm zum 5. Maximum liefert der Taschenrechner (im Bogenmaß!)

$$\alpha_5 = \tan^{-1}(0{,}020 \text{ m}/4{,}1 \text{ mm}) = 0{,}0049.$$

Mit k = 5 und $g = 0{,}65 \cdot 10^{-3}$ m liefert Gl. (1a)

$$5\lambda = g \cdot \sin \alpha_5 = 3{,}17 \cdot 10^{-6} \text{ m}$$
$$\lambda = 6{,}34 \cdot 10^{-7} \text{ m} = 634 \cdot 10^{-9} \text{ m} = 634 \text{ nm}.$$

Dies ist die Wellenlänge des verwendeten Laserlichts.

3. Bestimmung von λ mittels Streifenabstand

Der in → B2 den Dreiecken OMZ und Q_1AQ_2 gemeinsame Winkel α_k ist bei Doppelspaltversuchen mit Licht immer sehr klein. Für α_5 wurde in → V1 im Bogenmaß etwa 0,005 berechnet; also weniger als 0,3°! Für Winkel mit $\alpha < 5°$ zeigt der Taschenrechner, dass $\sin \alpha$ und $\tan \alpha$ sich nur um wenige Promille unterscheiden. Man darf also $\tan \alpha_k = d_k/a$ und $\sin \alpha_k = k\lambda/g$ gleich setzen:

$$\frac{d_k}{a} = \frac{k \cdot \lambda}{g} \Leftrightarrow \lambda = \frac{d_k \cdot g}{a \cdot k}, \quad (k = 0, 1, 2, 3, \ldots). \qquad (3)$$

d_k ist der auf dem Schirm gemessene Abstand zum k-ten Maximum.
Für den Abstand d zwei beliebig benachbarter Maxnima folgt

$$d = d_{k+1} - d_k = \frac{(k+1) \cdot \lambda \cdot a}{g} - \frac{k \cdot \lambda \cdot a}{g} = \frac{\lambda \cdot a}{g}, \qquad (4)$$

und für die Wellenlänge λ

$$\lambda = \frac{d \cdot g}{a}. \qquad (5)$$

(Herleitung mit Gl. (1b) für die Minima ergibt auch Gl. 5) Der von k unabhängige Abstand d zweier Maxima lässt sich in Interferenzmustern durch Mittelwertbildung recht genau bestimmen. So erhalten wir in → V1 $d = 4{,}0$ mm; mit g und a ergibt sich λ des Laserlichts zu $\lambda = 634$ nm.

Merksatz

Bei großem Abstand a eines Schirms von einem Doppelspalt (Mittenabstand der Spalte sei g) lässt sich die zu einem Interferenzmuster gehörende Wellenlänge λ aus dem Abstand d zweier Maxima (oder Minima) einfach berechnen mit

$$\lambda = \frac{d \cdot g}{a}.$$

A1 Der Punkt Z in → B2 soll 6 mm von M entfernt sein. Außerdem gelte $a = 4{,}1$ m und $g = 0{,}65$ mm.
a) Zeichnen Sie bei der Wellenlänge des He-Ne-Lasers Zeigerbilder für den Punkt Z und den auf der Mitte zwischen M und Z liegenden Punkt.
b) Zeichnen Sie Zeigerbilder für den gleichen Punkt Z bei den Wellenlängen $\lambda_1 = 400$ nm, $\lambda_2 = 500$ nm, $\lambda_3 = 600$ nm. (Hinweis: Nehmen Sie für alle Einzelzeiger eine einheitliche Länge an, es kommt auf die Phasen an!)

A2 Wem die auf dieser Seite vorgenommenen Näherungen („praktisch parallel“, „praktisch gleich“) nicht „ganz geheuer“ sind, kann auch mit dem Satz des Pythagoras die Wellenwege berechnen. Das geht mit dem Taschenrechner oder Computer – aber nur, wenn das Rechenwerk genügend Stellen berücksichtigt.
Benutzen Sie nachfolgende Planskizze, um λ mit dem Satz des Pythagoras zu berechnen.

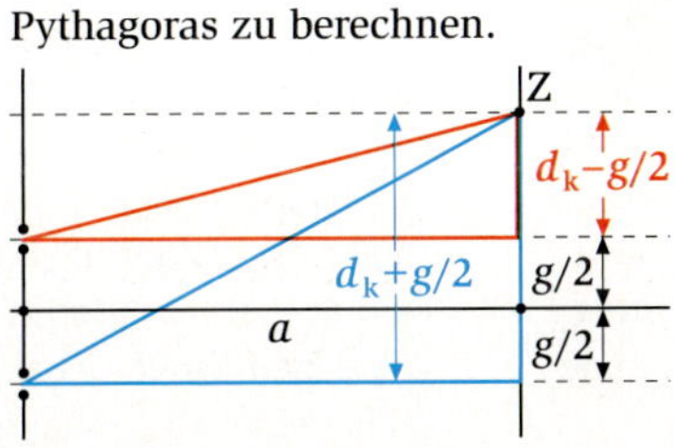

A3 Ein Doppelspalt mit dem Mittenabstand von 0,8 mm wird mit einfarbigem Licht von einer weit entfernten Punktquelle beleuchtet. Auf einem vom Doppelspalt 50 cm entfernten Schirm ensteht ein Interferenzmuster.
a) Der Abstand zwischen zwei benachbarten dunklen Interferenzstreifen beträgt 0,304 mm. Berechnen Sie die Wellenlänge des Lichts.
b) Schätzen Sie den Spaltabstand ab, bei dem das 1. Maximum vom zentralen Maximum 2 mm entfernt wäre. Begründen Sie Ihr Ergebnis.

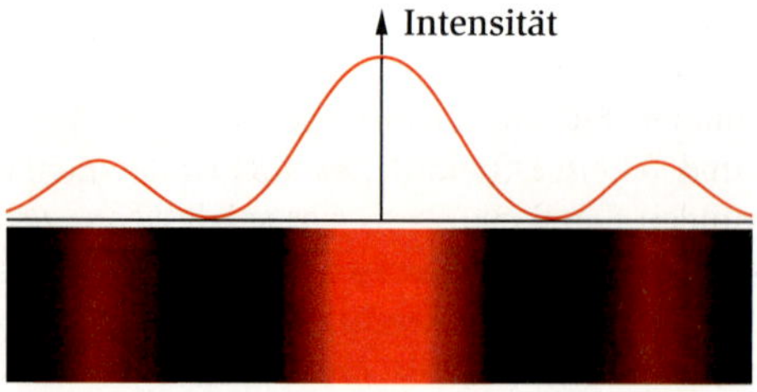

B1 Helligkeitsverteilung auf dem Schirm hinter einem Doppelspalt, darüber das x-I-Diagramm für die Intensität I.

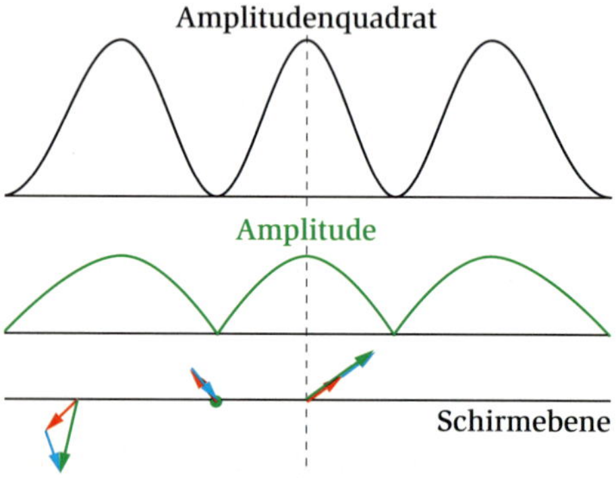

B2 Für drei Zielpunkte sind Zeigerbilder gezeichnet (unten). Für alle Zielpunkte hat der Computer die Länge des resultierenden Zeigers als Amplitude A und Amplitudenquadrat A^2 über der Ortsachse gezeichnet.

B3 Interferenzbilder mit Doppelspalt und verschiedenfarbigen Lichtquellen. Bei blauem Licht liegen Maxima und Minima enger zusammen als bei rotem Licht.

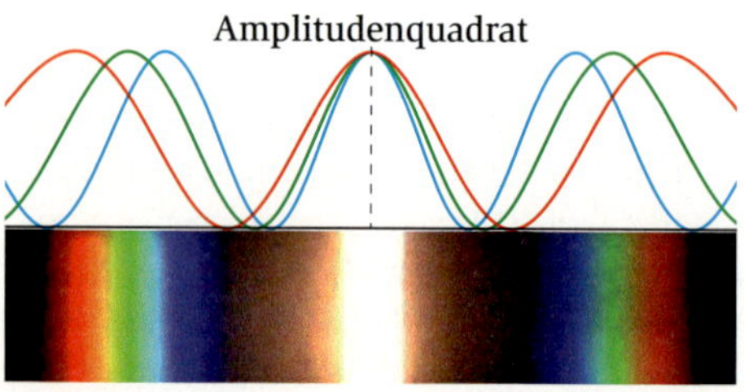

B4 Interferenzbild mit Doppelspalt und weißer Lichtquelle. Man erkennt das Maximum nullter Ordnung (weiß) und die Aufspaltung der Farben in der ersten Ordnung. Darüber hat der Computer x-A^2-Diagramme gezeichnet für 450 nm, 550 nm, 650 nm.

4. Eins + Eins = Vier

→ B1 zeigt fotografisch einen Ausschnitt aus dem Schirmbild hinter einem Doppelspalt. Darüber ist das x-I-Diagramm aufgetragen, wie es mit einem Fotodetektor längs der Ortsachse auf dem Schirm registriert wird. I ist die Intensität der Beleuchtung.

Wenn der Computer für alle Punkte der Schirmebene Zeigerbilder zeichnen kann, dann kann er auch die Länge des resultierenden Zeigers als Amplitude A über der Ortsachse auftragen. Das in **→ B2** dargestellte grüne Amplituden-Diagramm unterscheidet sich aber von dem im Experiment registrierten Intensitäts-Dagramm **→ B1** in zwei Punkten:

1. Die Maxima der berechneten Amplitude A nehmen zur Seite hin nicht ab, die die der Intensität I schon.
2. Die Minima von A stehen „spitz" auf der x-Achse, die von I haben einen „runden" Verlauf.

Den ersten Unterschied können wir sofort erklären: In der Rechnung haben wir die Abnahme der Amplitude bei wachsendem Abstand zu den Huygens-Zentren vernachlässigt. Der zweite Punkt macht deutlich: Die Amplitude A entspricht nicht der Intensität I. Bei Licht registriert man als Intensität die Bestrahlungsstärke, also die je Zeit- und Flächeneinheit übertragene Energie. Ihr Wert folgt aus der Energiedichte $\rho_W \sim E_{max}^2$ des elektrischen Feldes und ist dem Quadrat der Feldstärke proportional. Quadrieren wir also die Amplitude, dann bekommen wir eine Übereinstimmung mit der Messung.

In den Maxima, dort wo die Einzelzeiger in Phase sind, gilt $(E_{max} + E_{max})^2 = 4 \cdot E_{max}^2$. Für die Interferenzminima bleibt dagegen die Intensität null: $(E_{max} - E_{max})^2 = 0$.
Der Energieerhaltungssatz ist nicht verletzt, Interferenz konzentriert die Energie der beteiligten Wellen um die Interferenzmaxima.

Merksatz

Mit der Zeigermethode ermittelt man für jede Wellenart Amplituden und Phasen. Bei Licht beobachtet man die Intensität I, sie ist dem Quadrat der Amplitude A proportional: $I \sim A^2$.

5. Was macht die Farbe des Lichts aus?

Wenn man Doppelspaltversuche mit verschieden farbigen Lichtquellen durchführt, stellt man fest: Der Abstand d der Interferenzstreifen hinter dem Doppelspalt ändert sich mit der Farbe des Lichts. Man kann in **→ B3** abzählen: Bei gleichen Bedingungen verhalten sich die Abstände der Streifen roten (632 nm) und blauen Lichts wie $8:6 = 4:3$. Nach $\lambda = dg/a$ wächst λ proportional mit d. Also ist die Wellenlänge bei Rot größer als bei Blau. Damit kann man die Wellenlänge des blauen Lichts abschätzen: $3/4 \cdot 632$ nm = 474 nm.

Das „weiße" Licht der Sonne oder einer Glühlampe enthält im sichtbaren Teil ihres kontinuierlichen Spektrums alle Farben von violett (400 nm) bis tiefrot (800 nm). Jede dieser Farben zeigt hinter einem Doppelspalt ein Streifensystem mit dem zur jeweiligen Wellenlänge gehörigen Streifenabstand. **→ B4** zeigt das Interferenzbild weißen Lichts einer Glühlampe bis zu den Maxima erster Ordnung.

Das zentrale nullte Maximum des Doppelspaltversuchs in → B4 liefern *alle* Wellenlängen *am gleichen* Ort. Dort addieren sich alle Farben zum Sinneseindruck „weiß“. Im ersten Maximum (rechts und links vom nullten) sieht man die spektrale Verteilung der Farben – mit wachsendem Abstand *d* für größere Wellenlänge.

Lassen wir nun den Computer im passenden Maßstab für die ausgewählten Wellenlängen 450 nm, 550 nm und 650 nm ein x-A^2-Diagramm zeichnen → B4. Die zu diesen drei Farben gehörenden Maxima sind räumlich getrennt. An der äußeren Flanke des roten Maximums sind die Intensitäten von Grün und Blau so klein, dass für den vermittelten Farbeindruck Rot dominiert. Ähnlich ist es an den inneren Flanken der blauen Intensitätskurve: Dort verschwinden in der Farbensumme Grün und Rot.

A1 Zeichnen Sie – passend zu → B3 und im gleichen Maßstab – das Streifensystem für grünes Licht.

A2 Bestimmen Sie die zu den Wellenlängen 400 nm (violett) und 800 nm (tiefrot) gehörenden Frequenzen und begründen Sie: Sichtbares Licht spielt sich – akustisch gesprochen – innerhalb einer Oktave ab.

A3 Begründen Sie: Beim Doppelspaltversuch fällt das Maximum erster Ordnung der Wellenlänge 400 nm ungefähr mit dem Maximum zweiter Ordnung der Wellenlänge 800 nm zusammen.

A4 Wie ändert sich beim Doppelspaltversuch das Interferenzbild, wenn der Doppelspalt schräg in die vom Sender ausgehende Welle gestellt wird? **a)** Diskutieren Sie die Frage in allgemeiner Form. **b)** Untersuchen Sie die Frage am Beispiel des Mikrowellenversuchs mithilfe einer maßstabsgerechten Zeichnung.

Historisches

A. Zwei-Sender-Interferenz mit Aufteilung der Wellenfront erzeugen ...

In der Geschichte der Wellenoptik haben drei Versuchsanordnungen zur Zwei-Sender-Interferenz Bedeutung bekommen:

a) Von Th. YOUNG (1773–1829) stammt der nach ihm benannte YOUNG'sche Doppelspaltversuch.

b), c) Von A. J. FRESNEL (1788–1727) stammen die als FRESNEL'scher Doppelspiegel und als FRESNEL'sches Biprisma benannten Experimente.

Für alle Interferenzexperimente mit Licht ist es notwendig, die beiden für die Zwei-Sender-Interferenz erforderlichen kohärenten Quellen Q_1 und Q_2 aus *einer* Lichtquelle Q abzuleiten. Bei diesen historischen Experimenten geschieht dies durch *Aufteilung der Wellenfront*.

Am halbdurchlässigen Spiegel eines Interferometers erfolgt dagegen *Aufteilung der Intensität*.

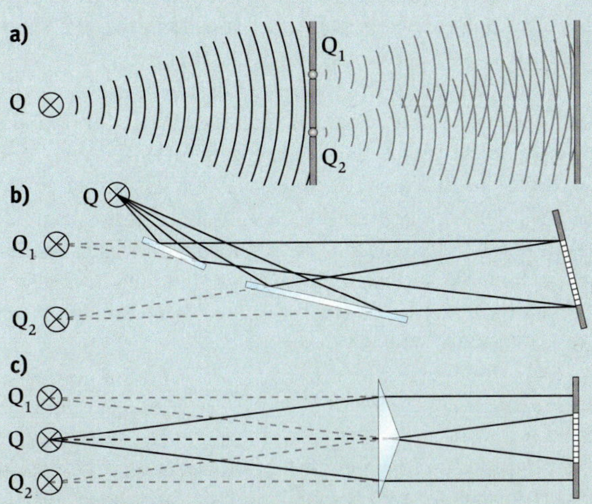

YOUNGs Doppelspaltanordnung ist wegen des Verzichts auf Spiegel, Prisma oder Linse auch heute noch aktuell, sie wird Ihnen bei Quantenobjekten wieder begegnen. FRESNEL hat mit seinen Experimenten als erster die Wellenlänge des verwendeten Lichts gemessen.

B. ... und mit Wellentheorie genau erklären

Th. YOUNG und A. J. FRESNEL haben Anfang des 19. Jahrhunderts die Wellentheorie für Licht benutzt, um Interferenzphänomene zu erklären. In seiner 1819 erschienenen *Abhandlung über die Beugung des Lichts* schreibt FRESNEL:

„Gegeben seien die Intensitäten und die gegenseitigen Lagenverhältnisse einer beliebigen Anzahl Lichtwellenzüge derselben Länge und derselben Fortpflanzungsrichtung; zu bestimmen sei die Intensität der Schwingungen, die sich aus dem Zusammentreffen dieser verschiedenen Wellenzüge ergeben*)."

Die Arbeiten von TH. YOUNG kannte er, deshalb fügte er als Fußnote an:

„*) Herr Thomas Young, der die Schwingungstheorie um das fruchtbare Prinzip der Interferenzen bereichert hat, hat davon selbst viele geistreiche Anwendungen gemacht: aber er betrachtete nur die extremen Fälle der vollkommenen Übereinstimmung und des vollkommenen Gegensatzes, ohne die Lichtintensität für die mittleren Fälle in Rechnung zu ziehen, wie wir es hier beabsichtigen."

Dies beschreibt das Vorgehen wie es bei der *Zeigermethode* selbstverständlich ist.

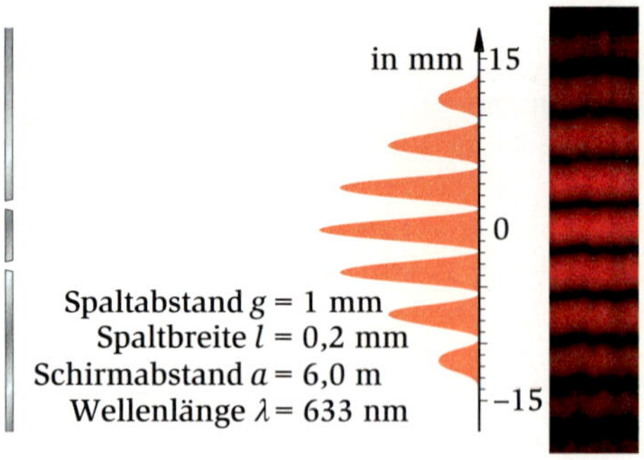

B1 Mit dem Computer berechnetes Intensitätsdiagramm für einen Doppelspalt (links); mit einem Fotoapparat aufgenommene Intensitätsdiagramm (rechts).

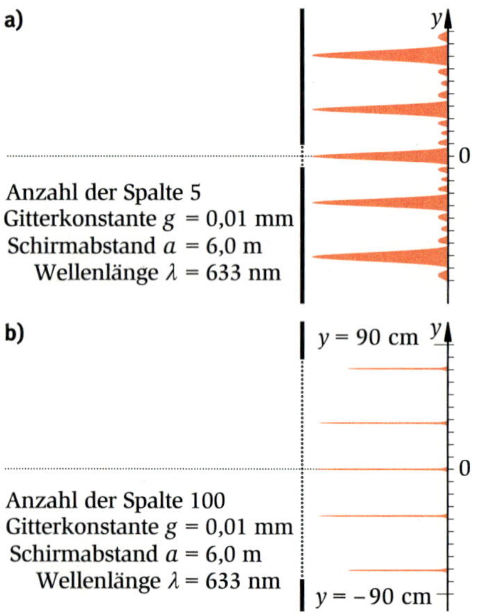

V1 Intensitätsverteilung bei einem Gitter mit **a)** fünf Spalten, **b)** 100 Spalten.

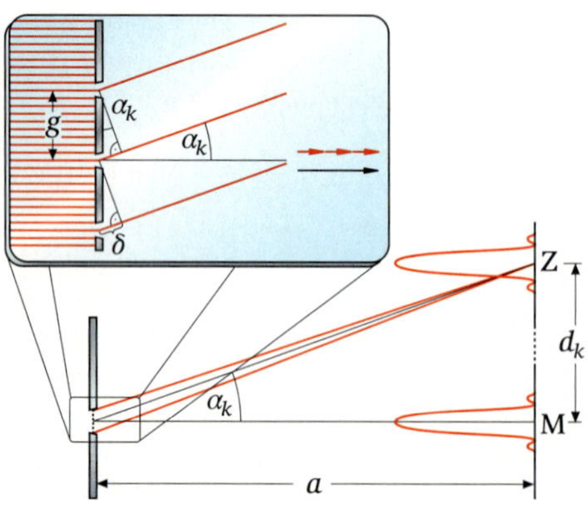

B2 Beim Gangunterschied $\delta = k \cdot \lambda$ kommen alle Wellen in M bzw. Z gleichphasig an, die Amplituden der Wellen addieren sich. In den anderen Richtungen erhält man nur geringe Intensitäten.

1. Das Gitter – mehr Spalte schärfen die Linien

Mit dem Doppelspalt haben wir die Wellenlänge λ von Licht bestimmt. Durch seine beiden engen Spalte geht nur wenig Licht. Das Interferenzmuster ist lichtschwach. Zudem sind die Maxima nicht scharf; dazwischen sinkt die Lichtintensität nur allmählich auf Null und steigt wieder an → **B1**. Die Abstände zwischen den Maxima – und damit auch λ – lassen sich nur ungenau ermitteln.

Diese Nachteile des Doppelspalts beseitigt ein Mehrfachspalt, ein **optisches Gitter**. Es besteht aus sehr vielen engen Spalten, die in gleichen Abständen angeordnet sind. Der Abstand zwischen benachbarten Spaltmitten heißt **Gitterkonstante** g. Fällt ein Laserstrahl senkrecht auf ein Gitter, zeigen sich auf dem Schirm scharfe Lichtflecke in fast gleichen Abständen.
Diese *Helligkeitsmaxima* sind umso schmaler und lichtstärker, je größer die Zahl der an der Interferenz beteiligten Spalten ist → **V1**. Bei fünf Spalten finden sich im Beugungsbild zwischen zwei Helligkeitsmaxima, vier Dunkelstellen und drei Nebenmaxima kleiner Intensität. Je kleiner die Gitterkonstante g, desto größer wird der Abstand der Helligkeitsmaxima.

Hinter jedem Spalt bildet sich nach dem Huygens-Prinzip eine Elementarwelle aus, das Licht wird *gebeugt*. Betrachten wir zunächst den Schnittpunkt M der optischen Achse mit dem Schirm → **B2**. Da dieser weit entfernt ist, sind die Strahlen zu M praktisch parallel, ihr Gangunterschied ist $\delta \approx 0$, in M entsteht ein sehr scharfer heller Fleck.

Seitlich davon gibt es weitere Lichtflecke z. B. in Z. Hier treffen sich Wellenstrahlen, die bezüglich ihrer nächsten Nachbarn den Gangunterschied $\delta_k = k \cdot \lambda$ mit $k = 1, 2, 3, \ldots$ haben. Wie beim Doppelspalt lesen wir als Gangunterschied δ_k zweier Wellenstrahlen aus benachbarten Spalten an den rechtwinkligen Dreiecken in → **B2** ab: $\delta_k = g \cdot \sin \delta_k$. Für die Winkel α_k zum k-ten Helligkeitsmaximum gilt auch hier

$$g \cdot \sin \alpha_k = k \cdot \lambda \quad \text{und} \quad a \cdot \tan \alpha_k = d_k.$$

Die einzelnen Maxima unterscheiden wir durch ihre Ordnungszahl k. Da der Sinus des Winkels α_k höchstens 1 sein kann, ist die Anzahl der Ordnungen und damit der Maxima nach einer Seite zumindest durch $k \cdot \lambda / g \leq 1$ auf $k \leq g/\lambda$ beschränkt. Im Gegensatz zum Doppelspalt heben sich in den Bereichen zwischen diesen Maxima die Wellen weitgehend auf.

Merksatz

Die Gitterkonstante g eines optischen Gitters ist der Abstand benachbarter Spaltmitten. Fällt paralleles Licht der Wellenlänge λ senkrecht auf, so findet man auf einem weit entfernten Schirm scharfe Helligkeitsmaxima unter den Winkeln α_k. Es gilt

$$\sin \alpha_k = \frac{k \cdot \lambda}{g} \quad \text{mit } k = 0, 1, 2, 3, \ldots \quad \text{und} \quad \frac{k \cdot \lambda}{g} \leq 1, \text{ also } k \leq g/\lambda.$$

Für Gitter und Doppelspalt berechnet man die Lage der Maxima nach derselben Formel. → **V1** zeigt, dass die Maxima umso schärfer erscheinen, je größer die Zahl der beteiligten Spalte ist.

2. Das Gitter ist dem Doppelspalt überlegen

Betrachten wir nun die von den Gitteröffnungen ausgehenden Wellen genauer – und zwar mit dem Zeigerbild. Nur in den Maxima k-ter Ordnung treffen sich Wellenstrahlen, deren Zeiger in jedem Augenblick gleiche Richtung haben. Ihre Summe ist bei n Spalten n-mal so lang wie ein Zeiger → **B3a**.

Doch schon in geringem Abstand von den Maxima nimmt die Helligkeit rasch ab. Um dies zu verstehen, betrachten wir ein Gitter, bei dem 16 Spalte das Interferenzbild erzeugen. Dabei sind jeweils 16 Zeiger zu addieren. Beim Gangunterschied $\delta = 0$ liefern sie das Maximum in → **B3a**. In → **B3b** bilden sie dagegen einen geschlossenen Kreis, die Zeigersumme ist Null und führt zu einer Nullstelle. Damit der Vollkreis (Winkel 2π) entsteht, müssen diese 16 Zeiger jeweils um den Winkel $\Delta\varphi = 2\pi/16$ gegeneinander versetzt sein. Der zugehörige Gangunterschied ist $\delta = \lambda/16$, die Nullstelle liegt also nahe beim Maximum mit $\delta = 0$. Bei 1000 Spalten würde $\delta = \lambda/1000$ genügen. Die Nullstelle rückt also mit wachsender Spaltanzahl näher an das Maximum, dieses wird immer schlanker.

Beim doppelten Gangunterschied $\delta = 2\lambda/16$ bilden bereits 8 Zeiger einen kleineren Kreis, als die 16 Zeiger zwei Kreise mit Zeigersumme Null → **B3d**. Dies liefert die 2. Nullstelle nahe der ersten. Dazwischen gibt es gibt eine kleine Resthelligkeit → **B3c**.

Bei $\delta = 3\lambda/16$ bilden sich 3 Kreise, un damit die 3. Nullstelle. Erst bei $\delta = 16\lambda/16 = \lambda$ (entspricht 2π) ergibt sich das nächste Maximum, wo alle Zeiger gleichgerichtet sind. Zwischen diesen zwei Hauptmaxima gibt es also 15 Nullstellen $(16-1)$, dazwischen 14 niedere Nebenmaxima $(16-2)$. Nach dem 1. Hauptmaximum wiederholt sich dies und damit die Folge von 14 niederen Nebenmaxima. Dies bestätigt auch → **V1** bei 5 Spalten: man erkennt $5-2=3$ Nebenmaxima und $5-1=4$ Nullstellen.
Verallgemeinert man diese Betrachtungen auf n Spalte, hat man zwischen zwei Hauptmaxima $n-2$ Nebenmaxima und $n-1$ Nullstellen. Das erste Minimum, welches das Maximum k-ter Ordnung eingrenzt, hat den Gangunterschied

$$\delta = k\lambda + \lambda/n,\quad k = 1, 2, 3, \dots .$$

Das 1. Minimum rückt also umso näher an das Maximum, je größer die Zahl n der Gitterspalte ist. Das Maximum wird immer schärfer. Es gibt dabei zwischen zwei Maxima $n-1$ Dunkelstellen und $n-2$ Nebenmaxima, was wir nicht weiter begründen.

Merksatz

Mit wachsender Anzahl der Spaltöffnungen eines optischen Gitters werden die Maxima heller und schärfer. Die Resthelligkeit in den Zwischenräumen nimmt dabei immer mehr ab.

Im → **Beispiel** bestimmen wir die Wellenlänge λ eines Lasers mit einem Gitter, das 1000 Striche pro Zentimeter hat, die Gitterkonstante ist also $g = 1{,}00 \cdot 10^{-3}$ cm. In der Formel zur Berechnung von λ setzen wir den kleinsten bzw. größten Wert für a ein, der sich aus den Fehlerschranken ergibt. Mit dieser Methode lässt sich die Wellenlänge von Laserlicht sehr gut bestimmen.

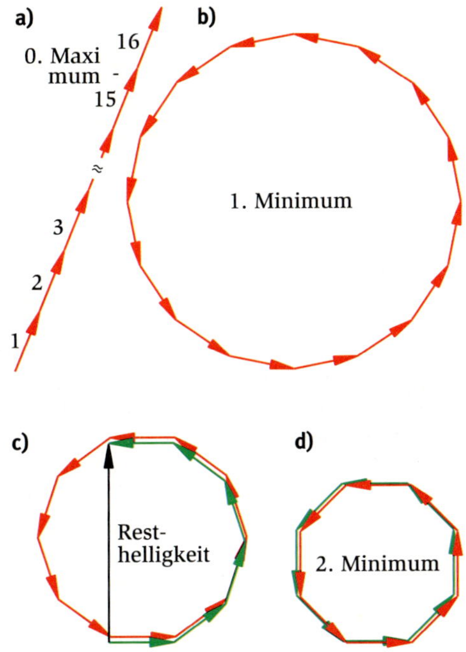

B3 Zeigerbild für ein Gitter mit 16 Spalten **a)** 0. Maximum, **b)** 1. Minimum, **c)** Resthelligkeit zw. den Minima **d)** 2. Minimum.

Beispiel **λ von Laserlicht bestimmen**

Ein Gitter mit 1000 Strichen pro Zentimeter ($g = 1/1000$ cm $= 10^{-5}$ m) wird durch Laserlicht senkrecht beleuchtet. Auf einem mit $a = 3{,}80$ m vom Gitter entfernten Schirm messen wir den Abstand des linken Maximums 2. Ordnung zum rechten Maximum 2. Ordnung zu $2d_2 = 97{,}0$ cm. Für den Winkel α_2 zum Maximum 2. Ordnung gilt

$\tan\alpha_2 = d_2/a = 48{,}5\text{ cm}/380\text{ cm} = 0{,}128$
also $\alpha_2 = 7{,}27°$.

Mit der Gitterkonstante g finden wir für die Wellenlänge λ des Laserlichts

$$\lambda = \frac{g\sin\alpha_k}{k}\ \text{für}\ k=2\ \text{ist}\ \frac{g\sin\alpha_2}{2} = 633\text{ nm}$$

Fehlerabschätzung:
a lässt sich auf ± 1 cm, d_2 auf ± 1 mm genau ablesen. Für $\tan\alpha_2$ erhalten wir aus kleinstmöglichen (kleiner Zähler, großer Nenner) und größtmöglichen Wert:

$$\frac{(48{,}5-0{,}1)\text{ cm}}{(380+1)\text{ cm}} \le \tan\alpha_2 \le \frac{(48{,}5+0{,}1)\text{ cm}}{(380-1)\text{ cm}}$$

und erhalten damit $7{,}24° \le \alpha_2 \le 7{,}31°$.
So ergibt sich für die Wellenlänge:

$630\text{ nm} \le \lambda \le 636\text{ nm}.$

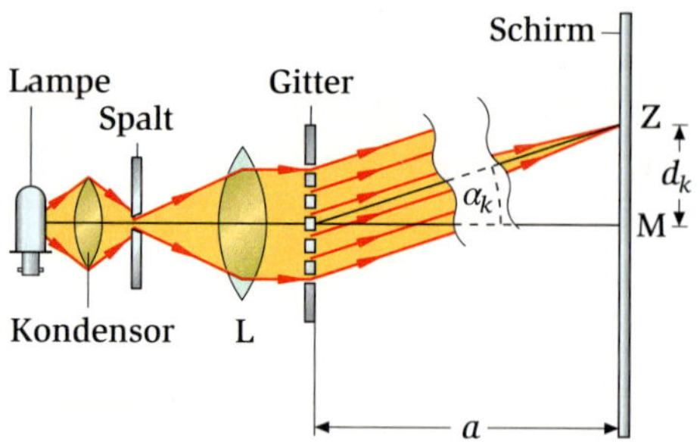

V1 Ein schmaler Beleuchtungsspalt wird von einer Natriumdampf-Lampe gleichmäßig beleuchtet. Der Spalt liegt nahe der Brennebene der Sammellinse L. Auf einem etwa 2 m entfernten Schirm entsteht so ein scharfes Bild des Spalts. Bringen wir nun dicht hinter L ein Gitter, entsteht auf dem Schirm ein Muster von hellen Intensitätsmaxima in Entfernung d_k von der Mitte M. Die Gitterkonstante ist $g = 1/1000$ cm, der Abstand des Schirms vom Gitter ist $a = 2{,}00$ m. Die Entfernung der beiden Spektrallinien 3. Ordnung wird zu $2d_3 = 71{,}8$ cm gemessen. Für den Winkel α_3 zum Maximum 3. Ordnung ($k = 3$) erhält man

$$\tan\alpha_3 = \frac{d_3}{a} = \frac{35{,}9 \text{ cm}}{200 \text{ cm}} = 0{,}1795$$

$$\Rightarrow \alpha_3 = 10{,}2°.$$

Aus $\lambda = \frac{g \cdot \sin\alpha_k}{k}$ folgt mit $k = 3$

$$\lambda = 589 \text{ nm}.$$

Farbe der Spektrallinie	Wellenlänge λ in Luft
violett	405 nm
blau	436 nm
grün	546 nm
gelb (Doppellinie)	577 nm und 579 nm

T1 Linienspektrum von Quecksilber

V2 **a)** Anstatt der Natriumdampf-Lampe wie in **→ V1** verwenden wir jetzt als Lichtquelle eine Experimentierleuchte mit weißem Glühlicht. Auf dem Schirm entsteht in der Mitte eine weiße Linie; links und rechts davon erscheinen leuchtende farbige Bänder, die sich zum Teil überlappen. **b)** Bringen wir zwischen Lichtquelle und Spalt eine hell leuchtende Natriumflamme, indem wir Kochsalz auf einem Magnesiastäbchen in eine Bunsenbrennerflamme halten, so erscheint im Spektrum eine dunkle Linie. Solche dunklen Linien sind charakteristisch für heiße Gase.

3. Gitterspektren

Mit einem optischen Gitter können wir die Wellenlänge nicht nur eines Lasers, sondern auch des Lichts beliebiger Quellen sehr genau bestimmen. Hierzu konzentrieren wir das Licht auf einen schmalen Beleuchtungsspalt und bilden diesen mit einer Sammellinse auf einen weit entfernten Schirm ab. Auf dem Schirm entsteht ein scharfes Bild des Spalts, das sich beim Einbringen eines Gitters in verschiedene Spaltbilder vervielfacht. Aus der Lage Ihrer Intensitätsmaxima können wir die Wellenlänge λ des Lichtes bestimmen.

Verwenden wir als Quelle eine Natriumdampf-Lampe, messen wir $\lambda = 589$ nm **→ V1**. Ersetzt man die Natriumdampf-Lampe durch eine Quecksilberdampf-Lampe, so erscheint auf dem Schirm eine Folge *verschiedenfarbiger* Linien, also verschiedenfarbiger Spaltbilder. Für alle Farben lassen sich die jeweiligen Wellenlängen bestimmen **→ T1**, zusammen bilden sie das **Linienspektrum** von Quecksilber. So ein Spektrum ist *charakteristisch* für den Stoff, der das Licht aussendet. So sind die Werte in **→ T1** kennzeichnend für Quecksilberatome. Mit dieser Methode entwickelten R. W. BUNSEN und G. R. KIRCHHOFF die **Spektralanalyse**.

Untersuchen wir weißes Glühlicht **→ V2a**, so entsteht in 1., 2., 3., … Ordnung je ein kontinuierliches Farbspektrum. Doch nur das Spektrum 1. Ordnung ist rein, die anderen überlagern sich **→ B1**. So wird Rot wegen seiner größeren Wellenlänge am stärksten abgelenkt, Violett am schwächsten **→ B1a,b**, was schon in der 2. Ordnung zur Überlappung führt **→ B1c**.
(Zur Erinnerung: Beim Prisma erhalten wir bei Zerlegen des Lichts nur *ein* Spektrum, und Violett wird am stärksten abgelenkt.)

Bringen wir zwischen Glühlicht und Spalt eine Natriumflamme **→ V2b**, sehen wir im gelben Bereich des kontinuierlichen Spektrums eine dunkle Linie. Daraus schließen wir, dass ein gelber Anteil des weißen Lichts in der Na-Flamme nach allen Seiten gestreut wird und deshalb in Geradeausrichtung fehlt. Auch solche Linienspektren sind kennzeichnend für den jeweiligen Stoff, hier Natrium.
Anhand solcher Spektren lässt sich daher die stoffliche Zusammensetzung von Sternen bestimmen. J. VON FRAUNHOFER entdeckte 1814 im kontinuierlichen Spektrum der Sonne eine große Zahl solcher dunkler Linien (**→ Spektraltafel** am Beginn des Buches). Sie entstehen, weil die Gase der Sonnenoberfläche ganz bestimmte Wellenlängen absorbieren. Diese Fraunhoferlinien stimmen mit den Linienspektren der Elemente auf der Erde überein, d. h., in der Sonne und weit entfernten Sternen gibt es keine anderen, neuen Elemente.

Für die **Spektralanalyse** ist es wichtig zu wissen, wann zwei dicht benachbarte Spektrallinien gerade noch getrennt werden: Je größer die Anzahl der ausgeleuchteten Gitterspalte, umso schärfer sind die Maxima. Wenn das Maximum der einen Linie auf das nächstliegende Minimum der anderen fällt, kann man beide Linien noch unterscheiden. In **→ V1** (1000 Spalte) spaltet sich die Na-Linie in zwei benachbarte Linien 589,0 nm und 589,6 nm auf. Bei 589,0 nm gilt für das 1. Minimum $g\sin\alpha_1 = \delta = \lambda + \lambda/1000 = 589{,}0 \text{ nm} + 0{,}6 \text{ nm} = 589{,}6$ nm. Bei 589,6 nm ist dies genau die Richtung, die sich für das erste Maximum ergibt.

In einer einfachen Anordnung kann man ein Gitterspektrum auch ohne Schirm beobachten → V3. Durch ein Gitter betrachten wir den Lichtfaden einer Gasentladungsröhre in einer Kapillare (Spalte sind parallel zur Kapillare). Der Lichtfaden in der Kapillare ist so dünn, dass man keinen Beleuchtungsspalt braucht. Wellenstrahlen, die zum k-ten Maximum führen, werden um den Winkel α_k abgelenkt. Für den Beobachter scheinen die Lichtstrahlen von einem Maßstab hinter der Kapillaren im Abstand d_k zur Mitte herzukommen; dort „sehen" wir das Spektrum und lesen die Strecke d_k ab. Aus $\tan\alpha_k = d_k/a$ folgt der Winkel α_k. Mit $\lambda = g\sin\alpha_k/k$ bestimmt er die Wellenlänge der betreffenden Spektrallinie.

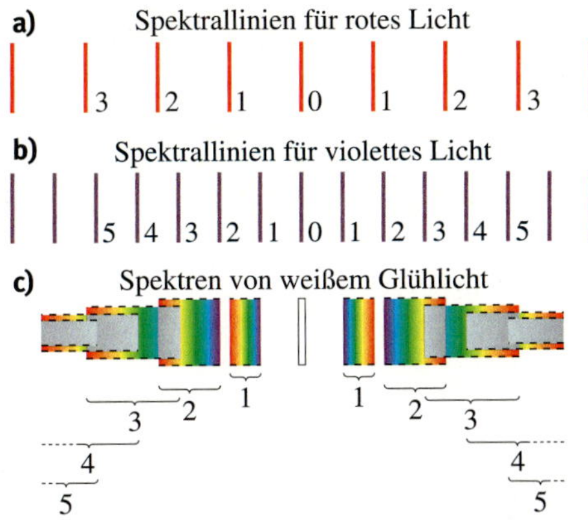

B1 Das Gitterspektrum für **a)** rotes, **b)** blaues, **c)** weißes Licht. Die Spektren des sichtbaren Lichts überlappen sich ab der 2. Ordnung.

Beispiel **Kontinuierliche Farbspektren**

Ein optisches Gitter mit 2000 Strichen pro cm wird von parallelem weißem Licht (400 nm ≤ λ ≤ 780 nm) senkrecht beleuchtet.
a) Bestimmen Sie die Breite des Spektrums 1. Ordnung auf einem 3,20 m entfernten Schirm. **b)** Zeigen Sie, dass sich die Spektren 2. und 3. Ordnung überlappen. **c)** Berechnen Sie die Wellenlänge des Spektrums 2. Ordnung, bis zu der keine Überlagerung auftritt.

Lösung: Die Gitterkonstante ist $g = 1/2000\ \text{cm} = 5 \cdot 10^{-6}\ \text{m}$.
a) Für violettes Licht erhält man den Winkel zum 1. Maximum durch

$$\sin\alpha_{1v} = \lambda_v/g = 400 \cdot 10^{-9}\ \text{m}/5 \cdot 10^{-6}\ \text{m} = 0{,}08;\ \text{also}\ \alpha_{1v} = 4{,}59°.$$

Der Abstand d_{1v} zwischen Mitte und Violett 1. Ordnung beträgt

$$d_{1v} = a \cdot \tan\alpha_{1v} = 3{,}20\ \text{m} \cdot \tan 4{,}59° = 25{,}7\ \text{cm}.$$

Entsprechend ergibt sich für Rot $\alpha_{1r} = 8{,}97°$ und $d_{1r} = 50{,}5$ cm. Das Spektrum 1. Ordnung hat die Breite $d_{1r} - d_{1v} = 24{,}8$ cm.
b) Für die 2. Ordnung von Rot gilt $\sin\alpha_{2r} = 2\lambda_r/g = 0{,}312$, für die 3. Ordnung von Violett gilt $\sin\alpha_{3v} = 3\lambda_v/g = 0{,}24$. Also liegt Violett in 3. Ordnung innerhalb des Spektrums 2. Ordnung.
c) Für Violett in 3. Ordnung gilt $\sin\alpha_{3v} = 0{,}24$. Das Spektrum 2. Ordnung ist also bis $\sin\alpha_2 = 0{,}24 = 2\lambda/g$ ungestört. Das entspricht einer Wellenlänge von $\lambda = 600$ nm.

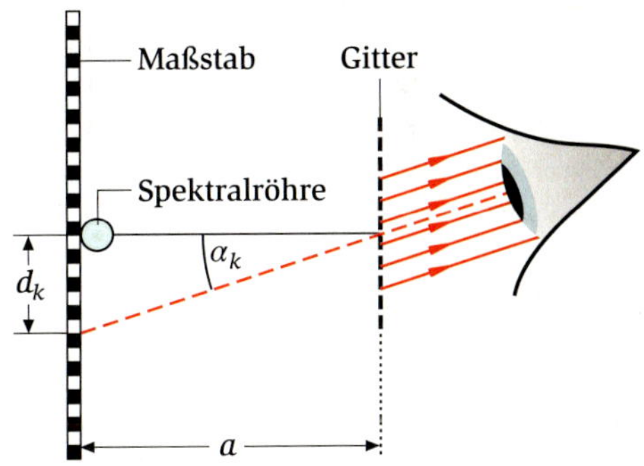

V3 Die dünne, hell leuchtende Kapillare einer gasgefüllten Spektralröhre steht senkrecht vor einem horizontalen Maßstab. Blicken wir auf sie durch ein optisches Gitter, so sehen wir vor dem Maßstab das weit auseinander gezogene Linienspektrum.

A1 Ein Gitter hat 500 Linien pro mm. Der Schirmabstand beträgt 1,50 m. Berechnen Sie für rotes Licht (λ = 780 nm) den Abstand der Spektrallinie 1. Ordnung von der Spektrallinie 2. Ordnung.

A2 Die beiden Spektrallinien 1. Ordnung von Na-Licht (λ = 590 nm) haben auf einem 1,00 m entfernten Schirm den Abstand 11,8 cm. Berechnen Sie die Gitterkonstante g.

A3 Ein Gitter mit 5000 Strichen pro cm wird mit parallelem weißem Glühlicht beleuchtet. Der Schirm hat die Form eines Halbzylinders, in dessen Mittelachse das Gitter steht. **a)** Bis zu welcher Ordnung kann das sichtbare Spektrum vollständig beobachtet werden? **b)** Bestimmen Sie die Wellenlänge λ, die sich aus $\sin\alpha_k = 1 = k\lambda/g$ in der höchsten Ordnung ergibt.

A4 Wir beobachten auf einem Schirm (a = 2,50 m) das Linienspektrum von Hg-Dampf. In der ersten Ordnung beträgt der Abstand der linken violetten Linie (λ_1 = 405 nm) von der rechten 40,6 cm. **a)** Berechnen Sie die Gitterkonstante g. **b)** Bestimmen Sie den Abstand der violetten Linie von der grünen Linie (λ_2 = 546 nm). **c)** In welcher Ordnung kommt es zum ersten Mal vor, dass die grüne Linie in das Spektrum der nächsten Ordnung fällt?

A5 Paralleles Licht fällt unter dem Winkel φ schräg auf ein optisches Gitter und wird unter α abgelenkt. **a)** Zeigen Sie, dass im gezeichneten Fall der resultierende Gangunterschied $\delta = g[\sin(\alpha + \varphi) - \sin\varphi]$ ist. **b)** Skizzieren Sie Wellenstrahlen, bei denen der Gangunterschied $\delta = g[\sin(\alpha - \varphi) + \sin\varphi]$ ist.

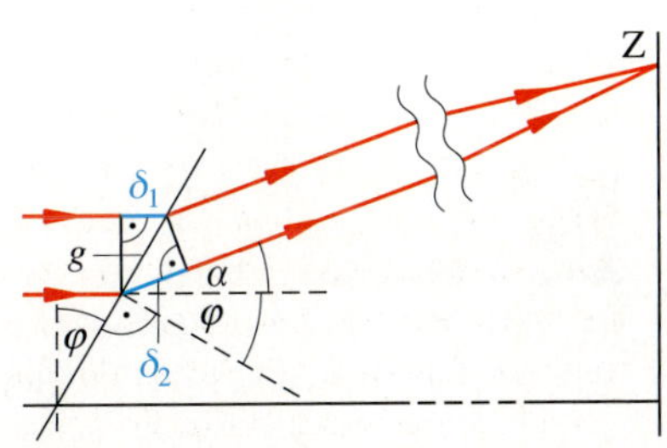

CD als Reflexionsgitter

Noch sind Compact Discs (CDs) die am meisten verwendeten Datenspeicher für Musik, Programme und Daten. Im Licht einer Lampe oder der Sonne zeigt die Datenseite einer CD prächtige Farbmuster **→ B1a**. Untersuchen wir ihre Oberfläche mit einem Mikroskop, so sehen wir in regelmäßigen Abständen Rillen angeordnet, den Spurabstand der Rillen nennen wir g. Auf einer Rille wechseln sich Vertiefungen (Pits) und Stege (Lands) ab **→ B1b**.

Fällt paralleles Licht auf diese CD, so gehen von den Stegen in alle Richtungen Elementarwellen aus. Betrachten wir nun zwei parallele Wellenstrahlen in einer Ebene senkrecht zu den Rillen, die mit dem Einfallslot den Winkel α bilden **→ V1**. Sind die entsprechenden Zeiger parallel, so verstärken sich die Wellen. Der geometrische Gangunterschied beträgt dann gerade

$$\delta = k\lambda = g\sin\alpha, \quad k = 0, 1, 2, 3, \ldots$$

In alle anderen Richtungen löschen sich die Wellen aus. Die CD wirkt dabei als sogenanntes **Reflexionsgitter**, da im Unterschied zum normalen Gitter die Interferenzen nur beim reflektierten Licht entstehen.

In **→ V1** finden wir, dass der Abstand g der Rillen etwa 1,6 μm beträgt. Bei DVDs sind die Rillen enger beieinander, der Spurabstand g ist nur 0,74 μm. Führt man **→ V1** mit einer DVD durch, so liegen die Interferenzlinien weiter auseinander als bei einer CD.

Lassen wir weißes Licht (400 nm bis 800 nm) senkrecht auf eine CD fallen, so entstehen schöne, farbige Spektren. Wir suchen für die verschiedenen Farben bzw. Wellenlängen jeweils den Winkel, unter dem das 1. Maximum erscheint. Für $k = 1$ ist $\lambda = g\sin\alpha$, einer größeren Wellenlänge entspricht auch ein größerer Winkel. Rotes Licht wird also weiter außen erscheinen als blaues Licht. Bei den Spektren höherer Ordnung überlagern sich die Farben, es entstehen Mischfarben.
Wenn das Licht nicht senkrecht auf die CD fällt, entstehen für die Randstrahlen des einfallenden wie reflektierten Lichtbündels Gangunterschiede.

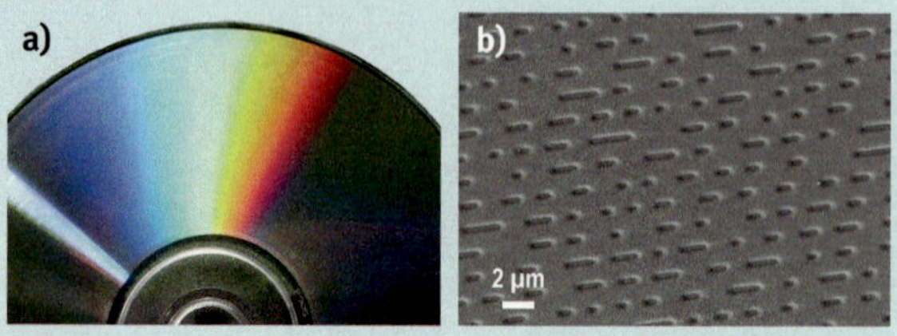

B1 **a)** Eine CD, auf die Sonnenlicht trifft, erzeugt ein schönes Farbmuster. **b)** Bild der Oberfläche

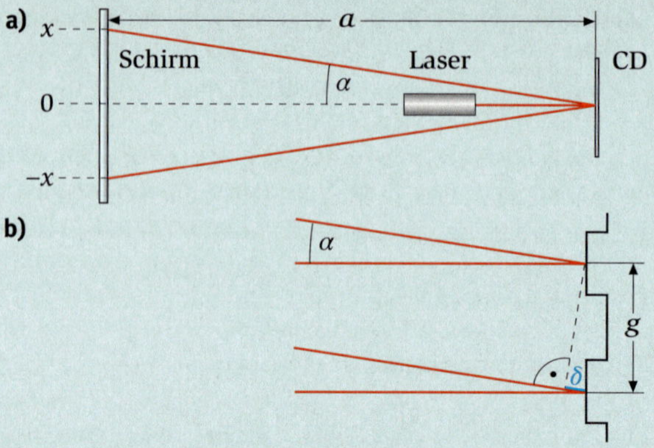

V1 **a)** Ein Laserstrahl fällt senkrecht auf eine CD. Wir suchen den Richtungswinkel α zum 1. Maximum. Wir messen den Abstand $2x$ zwischen den zum Strahl symmetrischen Beugungsstreifen mit 0,69 m, der Abstand a zwischen CD und Schirm mit 0,8 m. Der Winkel α berechnet sich nach

$$\tan\alpha = x/a = 0{,}43125 \Rightarrow \alpha = 23{,}3°$$

b) Der Abstand zwischen den Rillen auf der CD sei g. Damit ist der Gangunterschied δ der beiden (nahezu) parallelen Strahlen $\delta = g\sin\alpha$. Ist $\delta = k\lambda$ ($k = 1, 2, \ldots$), so verstärken sich die Strahlen und die Wellen kommen im Zielpunkt gleichphasig an, ein Interferenzmaximum tritt auf. Mit $\lambda = 633$ nm und $k = 1$ berechnet sich mit $\alpha = 23{,}3°$ aus **→ V1a** der Rillenabstand zu

$$g = \lambda/\sin\alpha = 1{,}6\ \mu\text{m}.$$

Informationsgehalt einer CD

Eine Überschlagsrechnung zeigt uns die Länge der Informationsspur. Der beschriebene Bereich einer CD liegt in einem von der Lochmitte gemessenen radialen Bereich zwischen 2,3 cm und 5,8 cm. Zwischen diesen Begrenzungen sind also etwa (5,8 − 2,3) cm/1,6 μm = 21875 Windungen enthalten. Als mittleren Radius der spiralförmig angeordneten Pits und Lands können wir mit (5,8 + 2,3) cm/2 = 4,05 cm rechnen. Die mittlere Länge einer Spur ist daher $2\pi \cdot 4{,}05$ cm = 25,4 cm. Insgesamt ist die Länge der Spiralspur 21875 · 25,4 cm ≈ 5,6 km.

Der Wechsel von „Pit zu Land" bzw. „Land zu Pit" gilt beim Verschlüsseln z. B. als 1, gleich bleibende Struktur „Land-Land" oder „Pit-Pit" als 0. Auf diese Weise können nach einem zusätzlichen Verschlüsselungsverfahren eine große Anzahl von Einsen und Nullen gespeichert werden, sodass die CD für eine 70-minütige Wiedergabe von Musik ausreicht. Die mittlere Geschwindigkeit, mit der sich die CD dreht, beträgt dabei 5,6 km/70 min = 1,3 m/s.

Lichtgeschwindigkeit und Brechung

1. Die Lichtgeschwindigkeit

Licht ist etwa $3 \cdot 10^8$ m/s schnell. Für einen Meter benötigt das Licht ca. $3{,}3 \cdot 10^{-9}$ s = 3,3 ns. Früher ist es nicht einfach gewesen, diese sehr große Lichtgeschwindigkeit c mittels $\Delta s/\Delta t$ zu bestimmen.

Mit → V2 kann man die Laufzeit von Licht auf einer Strecke von nur einigen Metern messen. Mit einem schnellen Oszilloskop wird dabei z. B. eine Laufzeit von 35 ns für einen Weg von 10,6 m gemessen. So bestätigt man $c = 10{,}6$ m/35 ns $= 3{,}0 \cdot 10^8$ m/s. Verläuft ein Teil der Messstrecke im Wasser, ist die Laufzeit deutlich größer, im Vakuum wäre sie geringfügig kleiner als in Luft.
Seit 1983 ist c im Vakuum *per Definition* auf $2{,}99792458 \cdot 10^8$ m/s *festgelegt*. Die Zeit t lässt sich mittels atomarer Vorgänge festlegen, die sehr genau und überall in ständig gleicher Zeit ablaufen („Atomuhr"). Aus $\Delta s = c \cdot \Delta t$ wird daraus die Einheit 1 m für die Länge abgeleitet.

Licht breitet sich mit der gleichen Geschwindigkeit aus wie jede andere elektromagnetische Welle. Dies ist ein starkes Indiz dafür, dass Licht sich auch sonst wie elektromagnetische Wellen verhält.

Merksatz

Die Lichtgeschwindigkeit im Vakuum ist auf $2{,}99792458 \cdot 10^8$ m/s festgelegt. In der Luft und in allen anderen Stoffen ist sie kleiner. Man merkt sich: $c = 3{,}0 \cdot 10^8$ m/s.

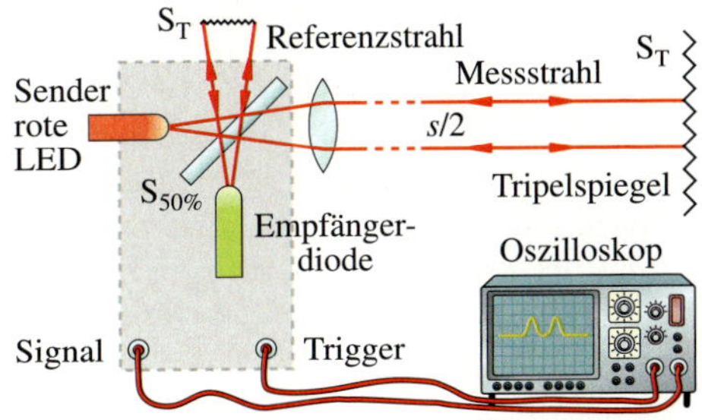

V2 Die Leuchtdiode (LED) sendet regelmäßig und in schneller Folge sehr kurze Lichtblitze aus. Der halbdurchlässige Spiegel $S_{50\%}$ teilt das Licht in einen Messstrahl (nach rechts) und einen Referenzstrahl (nach oben) auf. Der Weg des Messstrahles ist – hin und zurück – um Δs länger als der des Referenzstrahles. In der Empfängerdiode liefern der Referenzstrahl und der Messstrahl nacheinander einen Impuls. Am Oszilloskop kann man zwischen zwei Zeitmarken die Laufzeitdifferenz Δt von Messstrahl und Referenzstrahl ablesen.

2. Das vollständige Huygens-Prinzip

Christian HUYGENS wusste noch nichts von Interferenz. Er löste nach → B2 eine breite Wellenfront W_1 in Elementarzentren auf. Von ihnen sollten *kreisförmige Elementarwellen* ausgehen. Nach der Zeit t haben diese Kreiswellen den Radius $r = ct$ erreicht. HUYGENS deutete die von W_1 nach W_2 um r fortgeschrittene Wellenfront als **Einhüllende** seiner Elementarwellen. HUYGENS Idee liefert bei gerader Wellenfront W_1 eine gerade Wellenfront W_2 → B2.
Elementarwellen, die von einer kreisförmigen Wellenfront ausgehen, haben als Einhüllende wiederum eine kreisförmige Wellenfront. Das Huygens-Prinzip liefert in diesen beiden einfachen Fällen Ergebnisse, die der Erfahrung entsprechen.

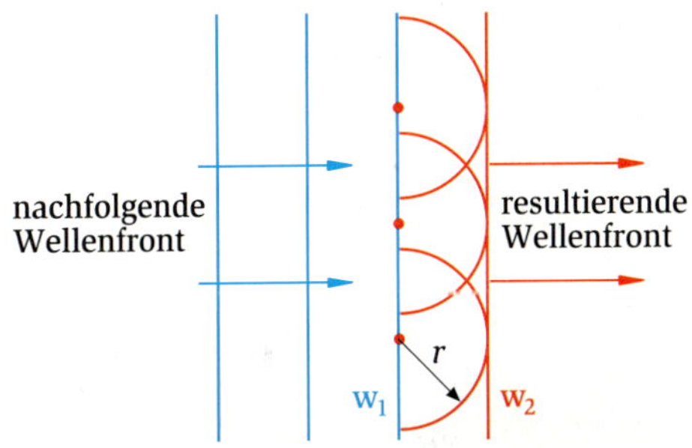

B2 Konstruktion der neuen Wellenfront mit dem Huygens-Prinzip. Auf der Wellenfront W_1 sind drei Elementarzentren gezeichnet.

3. Brechung mit dem Huygens-Prinzip erklärt

Wenn *Wasserwellen* wie im → V3 schräg auf eine Grenze zwischen tiefem und flachem Wasser treffen, ändert sich ihre Ausbreitungsrichtung. Die im Bild rot eingezeichneten *Wellenstrahlen* werden *zum Einfallslot hin gebrochen*. Das Experiment zeigt im flacheren Wasser auch kleinere Abstände der Fronten, sie kommen offenbar nur langsamer voran, ihre Ausbreitungsgeschwindigkeit ist dort kleiner.

Diese **Brechung** an der Grenze zweier Medien mit unterschiedlichen Ausbreitungsgeschwindigkeiten beschreibt die geometrische Optik mit dem Brechungsgesetz – ohne die Ausbreitungsgeschwindigkeiten. Mit dem Huygens-Prinzip können wir die Brechung nun erklären:

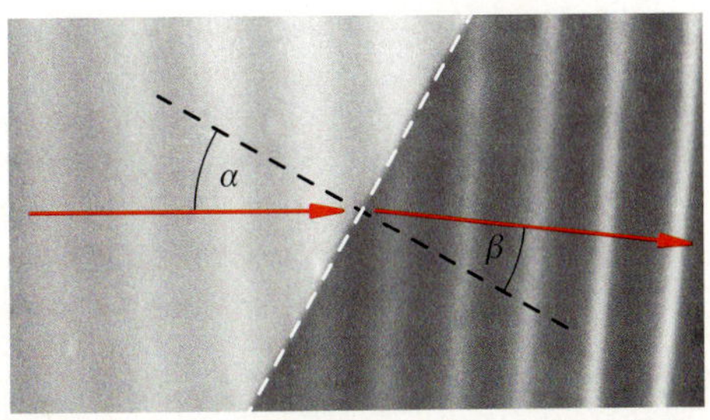

V3 In der Wellenwanne liegt eine dicke Glasplatte, über der nur noch wenig Wasser steht. Wellenfronten, die schräg gegen die Kante der Glasplatte laufen, werden abgeknickt. Über dem Glas ist der Abstand zweier Wellenfronten kleiner, also auch die Ausbreitungsgeschwindigkeit.

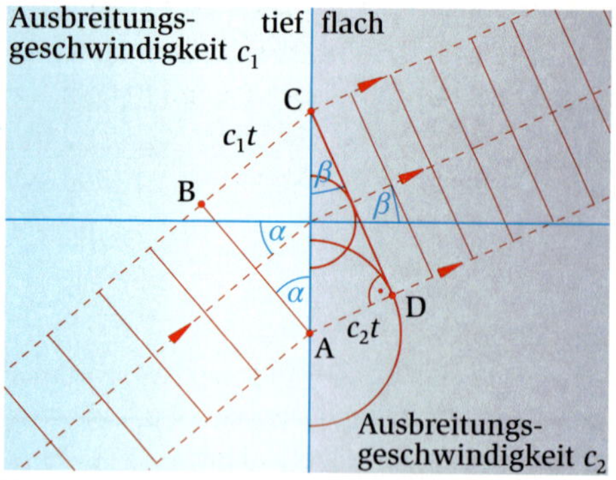

B1 Brechung einer geraden Wellenfront nach dem Huygens-Prinzip: Die Wege BC = $c_1\,t$ und AD = $c_2\,t$ sind verschieden lang. Für die Winkel α und β, die die Wellenstrahlen mit dem Lot auf die Grenzfläche bilden (Einfallslot und Ausfallslot), gilt

$$\sin\alpha = \frac{c_1 \cdot t}{\overline{AC}} \quad \text{und} \quad \sin\beta = \frac{c_2 \cdot t}{\overline{AC}}.$$

Daraus folgt

$$\frac{\sin\alpha}{\sin\beta} = \frac{c_1 \cdot t}{c_2 \cdot t} = \frac{c_1}{c_2} = \mathit{konst.} = n.$$

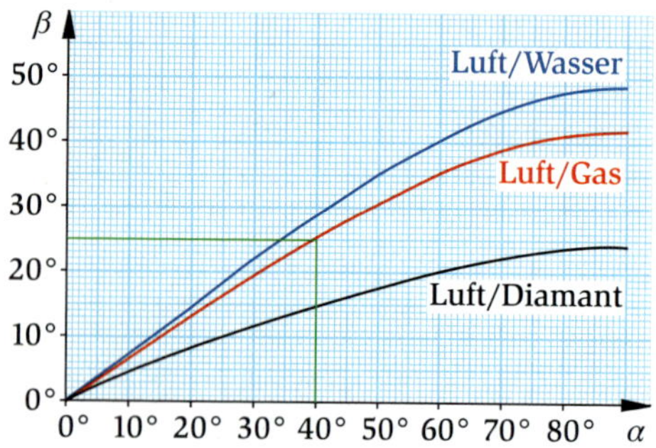

B2 Messergebnisse für die Brechung von Licht an der Grenze von Luft zu anderen Medien. Man kann für jede der Messreihen nachrechnen: $\sin\alpha/\sin\beta = \mathit{konstant}$.

A1 Aus der geometrischen Optik kennen wir Versuche, bei denen Licht an einer Grenzfläche teilweise gebrochen und reflektiert wird. Ergänzen Sie → **B1** in geeigneter Weise und leiten Sie analog zum Brechungsgesetz das Reflexionsgesetz her.

A2 Bestimmen Sie nach → **B2** die Lichtgeschwindigkeit in Diamant.

A3 „Breitet sich Licht unendlich schnell aus oder besitzt es endliche Geschwindigkeit?" Recherchieren Sie im Internet und stellen Sie dar, warum frühe Versuche, die Lichtgeschwindigkeit zu messen, scheiterten, und welche Methoden später Erfolg hatten.

In → **B1** treffen Wellenfronten mit der Geschwindigkeit c_1 schräg auf eine „Grenze von tief nach flach". Jede Front – so denken wir uns – löst an der Grenze *nacheinander* viele Elementarwellen aus. Im Bild sind drei davon gezeichnet: Zuerst wird bei A eine Elementarwelle ausgelöst, zuletzt bei C. Bei C kommt die Wellenfront um Δt später an als bei A. Während die Wellenfront im tiefen Wasser noch die Strecke BC = $c_1\,\Delta t$ zurücklegt, hat die von A ausgehende Elementarwelle sich schon auf den Radius AD = $c_2\,\Delta t$ ausgebreitet. Es gilt $c_2\,\Delta t < c_1\,\Delta t$.
Die neue Wellenfront im flachen Wasser ist Einhüllende der Kreiswellen, die während des Zeitraums Δt von den Punkten zwischen A und C ausgegangen sind. Da hier $c_2 < c_1$ ist, ändern die Wellenstrahlen an der Grenze ihre Richtung, es tritt *Brechung zum Lot hin* ein.

Mit dem Huygens-Prinzips kann man Brechung und Reflexion einer ebenen Welle beschreiben, ohne die Wellenlänge zu kennen. Erst 100 Jahre nach HUYGENS führte FRESNEL die Wellenlänge ein, um auch Interferenz beschreiben zu können.

4. Das Brechungsgesetz

In der geometrischen Optik werden Lichtstrahlen beim Übergang von einem durchsichtigen zu einem anderen durchsichtigen Stoff gebrochen. Einfallswinkel α und Ausfallswinkel β werden gemessen und in Wertetabellen oder Diagrammen festgehalten → **B2**. Gibt es auch eine Berechnungsformel für die Brechung?

Mit dem Huygens-Prinzip lässt sich das **Brechungsgesetz** für Wellen herleiten → **B1**:

$$\sin\alpha/\sin\beta = c_1/c_2. \qquad (1)$$

α und β werden dabei wie in der Optik üblich von der Senkrechten auf der Grenzfläche – „vom Lot" – aus gemessen. Für einen bestimmten Übergang ist c_1/c_2 eine Konstante. Diese Konstante heißt **Brechungszahl** n. Es gilt $n = c_1/c_2$.

Licht, das mit $\alpha = 40°$ auf die Grenze von Luft nach Glas trifft, setzt seinen Weg in Glas mit $\beta = 25{,}3°$ fort → **B2**. Der Quotient $\sin 40°/\sin 25{,}3°$ liefert die Brechungszahl $n = 1{,}5$ für Luft nach Glas. Alle Wertepaare der für Luft/Glas dokumentierten Kurve liefern diesen Quotienten. Für Vakuum/Glas haben die Quotienten $\sin\alpha/\sin\beta$ praktisch den gleichen Wert, weil sich die Lichtgeschwindigkeiten in Luft und Vakuum kaum unterscheiden.

In Tabellen wird die Brechungszahl für den Übergang *vom Vakuum* in einen bestimmten Stoff angegeben. Mit $n = 1{,}5$ als Brechungszahl für Glas gilt $c_{\text{Vakuum}}/c_{\text{Glas}} = 1{,}5$. Die Lichtgeschwindigkeit in Glas beträgt zwei Drittel der des Vakuums, also $c_{\text{Glas}} = 2 \cdot 10^8$ m/s.

Merksatz

Bei Licht wie bei allen Wellen gilt das Brechungsgesetz

$$\sin\alpha/\sin\beta = c_1/c_2 = n.$$

Die Winkel werden gegen das Lot gemessen. n ist die Brechungszahl für diesen Übergang. Der Stoff mit der kleineren Ausbreitungsgeschwindigkeit heißt (optisch) dichter.

Das ist wichtig

1 Interferenz
Quellen heißen **kohärent**, wenn sie mit fester Phasenbeziehung Wellen gleicher Wellenlänge aussenden. Durch Überlagerung der Wellen aus mehreren kohärenten Quellen entsteht ein **Interferenzfeld** mit ortsfester Verteilung der resultierenden Amplituden. Für jede Wellenart findet sich die resultierende Amplitude und die momentane Phase an einem Ort durch Verkettung (Addition) der **Zeiger** aller möglichen Wellenwege.

Im ebenen Interferenzfeld liegen die **Interferenzminima** (↑↓) auf Knotenlinien (im Raum auf Knotenflächen). Bei gleichen Amplituden der interferierenden Wellen ist die Zeigerkette geschlossen, der resultierende Zeiger hat die Länge null. An den **Interferenzmaxima** (↑↑) sind dagegen alle Zeiger gleichgerichtet.
Interferenz ist ein wichtiges Indiz für die **Welleneigenschaft**.

2 Licht
Bei **Licht** misst man nicht die resultierende Amplitude, sondern die **Intensität**, die dem Quadrat der Amplitude proportional ist. Die Wellenlängen des sichtbaren Lichts liegen zwischen 400 nm (violett) und 800 nm (rot).
Seine **Ausbreitungsgeschwindigkeit** c im Vakuum ist die aller elektromagnetischen Wellen: $c = 3 \cdot 10^8$ m/s. In Medien mit Brechungszahl n sind Lichtgeschwindigkeit und Wellenlänge auf c/n bzw. λ/n reduziert.

3 Huygens-Prinzip und Fermat-Prinzip
HUYGENS: Jeder Punkt einer Wellenfront lässt sich als Ausgangspunkt einer **Elementarwelle** auffassen. Einhüllende von Elementarwellen bilden die Wellenfronten. Hinter einer Blende mit kleiner Öffnung findet **Beugung** statt. Öffnungen, die klein gegenüber der Wellenlänge sind, wirken wie Punktquellen.
FERMAT: Für die geometrische Optik gilt: Licht geht den Weg mit der kürzesten Laufzeit.

4 Spalt und Gitter
Spalt: Hinter einem **Doppelspalt** beobachtet man das gleiche Interferenzfeld wie in der Umgebung zweier realer kohärenter Quellen. Trifft (monochromatisches) Licht der Wellenlänge λ senkrecht auf einen Doppelspalt mit dem Abstand g der Spaltmitten, so liegen die **Interferenzmaxima** in den Richtungen α_k mit

$$\sin\alpha_k = \frac{k \cdot \lambda}{g}, \quad k = 0, 1, 2, \ldots \quad \text{und} \quad \frac{k \cdot \lambda}{g} \leq 1 .$$

Die **Interferenzminima** liegen in den Richtungen α_k mit

$$\sin\alpha_k = \frac{(2k-1)}{2} \cdot \frac{\lambda}{g}, \quad k = 1, 2, \ldots .$$

Gitter: Fällt Licht der Wellenlänge λ senkrecht auf ein optisches **Gitter**, das aus vielen Spalten mit dem Abstand g zwischen benachbarten Spaltmitten besteht, werden **scharfe Interferenzmaxima** erzeugt. Für die Richtungen α_k zu diesen Maxima gilt

$$\sin\alpha_k = \frac{k \cdot \lambda}{g}, \quad k = 0, 1, 2, \ldots \quad \text{und} \quad \frac{k \cdot \lambda}{g} \leq 1 .$$

A1 Zeichnen Sie auf einem Blatt Papier zwei Quellen im Abstand von 5 cm. Stellen Sie sich vor, von dort gingen kohärente Wellen mit der Wellenlänge $\lambda = 2$ cm aus. Ermitteln Sie durch Abstandsmessungen für beliebig gewählte Zielpunkte jeweils die Phasen und zeichnen Sie Zeigerbilder. Bestimmen Sie zeichnerisch die Amplitude der resultierenden Schwingung.

A2 **a)** Beschreiben und begründen Sie die Veränderungen für das Interferenzbild zweier Punktsender, wenn diese die Wellen nicht mehr gleichphasig, sondern gegenphasig aussenden. **b)** Die beiden Zinken einer Stimmgabel (ohne Resonanzkasten) sind ein solches Senderpaar. Beschreiben Sie ein Experiment, mit dem man eines der zu a) gefundenen Ergebnisse bestätigen kann.

A3 Paralleles Licht einer Natrium-Lampe der Wellenlänge $\lambda = 589$ nm fällt senkrecht auf einen Doppelspalt. Der Abstand der Spaltmitten beträgt 0,3 mm. Das entstehende Interferenzbild wird auf einem dazu parallelen Schirm im Abstand $a = 255$ cm aufgefangen. **a)** Bestimmen Sie die Lage der Maxima bis zur 7. Ordnung auf dem Schirm. **b)** Jeder Spalt hat eine Breite von 0,050 mm. Berechnen Sie auf Millimeter genau die Lage der Minima bis zur 2. Ordnung, wenn entweder nur der erste oder der zweite Spalt geöffnet ist. **c)** Können alle in a) berechneten Maxima tatsächlich beobachtet werden? Skizzieren Sie den Intensitätsverlauf auf dem Schirm.

A4 In der Astronomie verwendet man für Entfernungsangaben *Lichtsekunde*, *Lichtstunde*, *Lichtjahr*. Bestimmen Sie zu diesen Einheiten die Längen in Metern. Rechnen Sie den Abstand Erde – Mond [Erde – Sonne] in Lichtsekunden um.

A5 In einem Versuch mit Ultraschall ($\lambda = 3{,}2$ cm) ist der Spaltabstand eines Doppelspalts $g = 4$ cm. Der Empfänger ist weit entfernt. **a)** Berechnen Sie die Richtungen zu den Maxima. **b)** Erläutern und begründen Sie für dieses Experiment die Bedeutung der oben angegebenen Nebenbedingung $k\lambda/g \leq 1$.

A6 Übertragen Sie mithilfe eines *viergliedrigen* Zollstocks die Modellierung der Amplitudenverteilung hinter dem Dreifachspalt auf den *Vierfachspalt*. Zeichnen Sie das α-A-Diagramm und begründen Sie: Es gibt beim Vierfachspalt immer *zwei* Nebenmaxima zwischen benachbarten Hauptmaxima. Vergleichen Sie die Intensität von Haupt- und Nebenmaxima.

A7 Benennen und begründen Sie die Änderungen in den Formeln für Doppelspalt und Gitter, wenn man die zugehörigen Versuche unter Wasser durchführt.

Strahlungsphysik und Klima

Das können Sie in diesem Kapitel erreichen:

Sie erfahren, dass alle Körper Energie abstrahlen, und kennen die Abhängigkeit der Strahlungsleistung von der Wellenlänge.

Sie wissen, wie Strahlung, Energie, Leistung und Temperatur zusammenhängen.

Sie lernen die Abhängigkeit der Strahlungsaufnahme und -abgabe von der Beschaffenheit der Oberfläche, insbesondere der Farbe, kennen. Das Modell eines schwarzen Körpers ist Ihnen als idealer Extremfall vollständiger Aufnahme und maximaler Abgabe bekannt.

Sie lernen Strahlungsgleichgewichte kennen und wissen, wie diese mit dem Ausgleich von Temperaturunterschieden zusammenhängen.

Sie verstehen den natürlichen und den von Menschen verursachten Treibhauseffekt und den Einfluss der Treibhausgase.

Sie erfahren mehr über Ursachen und Auswirkungen des Klimawandels.

B1 Starke Temperaturschwankungen innerhalb von 24 Stunden sind typisch für Wüsten.

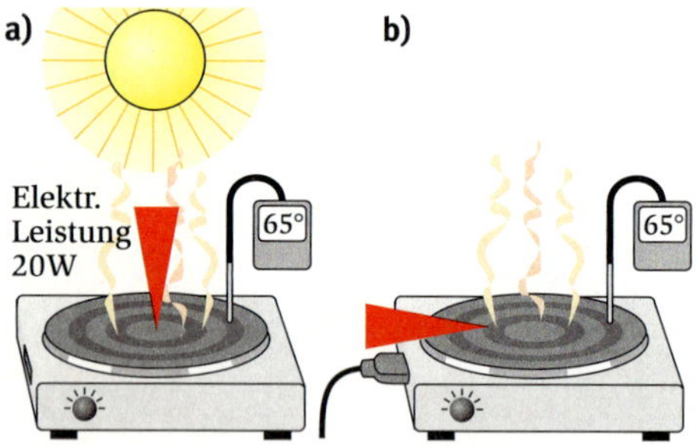

V1 **a)** Die Sonne strahlt senkrecht auf die berußte Kochplatte mit $A = 0{,}025\ \text{m}^2$. Diese thermalisiert die Sonnenstrahlung und erwärmt sich auf 65 °C. **b)** Durch die elektrische Leistung $P = 20\ \text{W}$ wird die Platte auch auf 65 °C erwärmt. Die von der Sonne empfangene Leistung ist etwa so groß wie die elektrische Leistung. Also ist die so gemessene Leistungsdichte der Sonne an der Herdplatte $S = P/A = 20\ \text{W}/0{,}025\ \text{m}^2 = 800\ \text{W/m}^2$.

B2 Die Sonnenstrahlung erreicht alle Punkte einer fiktiven Hohlkugel mit gleicher Leistungsdichte S.

1. Strahlung und Erwärmung

Wüstennächte sind frostig kalt. Nach Sonnenaufgang erwärmt sich der Boden jedoch schnell. In der Sahara werden Temperaturen von über 50 °C erreicht → **B1**. Die Energie dazu schickt uns die Sonne.

Der Transport dieser Energie durch Wärmeleitung oder Wärmeströmung kommt nicht in Frage, da sich im Weltraum zwischen Sonne und Erde kaum Materie befindet. Aber die Sonne sendet in alle Richtungen elektromagnetische Strahlung aus, und ein winzig kleiner Teil davon trifft die Erde. Was geschieht damit?

Ein Teil der auf den Wüstenboden treffenden Sonnenstrahlung wird *allseitig zurückgeworfen*. Nur deswegen erscheint uns die Wüste nicht schwarz sondern hell und farbig. Der Rest der Sonnenstrahlung wird *absorbiert*. Dadurch steigt die Energie der ungeordneten Bewegung der Teilchen des Bodens an. Wir registrieren diesen Vorgang als *Temperaturanstieg*. Diese Umwandlung von Strahlungsenergie der Sonne in zusätzliche innere Energie des Bodens bezeichnet man als **Thermalisierung** der Sonnenstrahlung.

Merksatz

Ein Körper thermalisiert Strahlung, wenn er die Strahlung *absorbiert* und dabei Strahlungsenergie in Energie der *ungeordneten Teilchenbewegung* umsetzt. Die Temperatur steigt.

2. Die Strahlungsleistung der Sonne

Strahlung treffe *senkrecht* auf eine *Fläche der Größe A*. Die von dieser Fläche empfangene *Strahlungsleistung* sei P. Man bezeichnet den Quotienten $S = P/A$ als **Leistungsdichte** der Strahlung oder als *Intensität*.

Eine Abschätzung für die Leistung, welche die Sonne pro Quadratmeter senkrecht auf die Erde strahlt, liefert → **V1**. Die Sonnenstrahlung wird jedoch durch die irdische Lufthülle geschwächt. Im Weltraum, knapp außerhalb der Atmosphäre, misst man für die *Leistungsdichte der Sonnenstrahlung* $S_E = 1370\ \text{W/m}^2$. Diesen Wert bezeichnet man als **Solarkonstante** der Erde.

Merksatz

Die Solarkonstante der Erde beträgt $S_E = 1370\ \text{W/m}^2$. Sie bezeichnet die Leistungsdichte der ungeschwächten, senkrecht auf eine Fläche treffenden Sonnenstrahlung.

Aus der Kenntnis der Solarkonstante können wir auf die Leistung der Sonne schließen. Es sei $A = 4\pi r^2$ die Größe der Oberfläche einer Kugel mit Radius r um eine punktförmige Strahlungsquelle, welche die Leistung P abgibt. Die empfangene Leistungsdichte auf der Innenseite der Kugel ist

$$S = \frac{P}{A} = \frac{P}{4\pi r^2}. \qquad (1)$$

Denken wir uns eine riesige Kugel um die Sonne mit dem Radius der Erdbahn $r_E = 149{,}6$ Millionen km → **B2**. Die ganze Strahlungsleistung der Sonne würde dann auf die Innenseite der Kugel treffen.

Folglich ist die von der Sonne insgesamt abgestrahlte Leistung

$$P_{\text{Sonne}} = S_E \cdot 4\pi r_E^2 = 3{,}85 \cdot 10^{26}\ \text{W}.$$

Welchen Anteil der Strahlungsleistung der Sonne bekommt die Erde? Abhängig von der Jahreszeit trifft die Sonnenstrahlung nur auf bestimmte Gebiete der Erde senkrecht. Weiter nördlich und südlich fällt das Sonnenlicht schräg ein. Wie man sich an einer Skizze klar macht, ist dort die empfangene Strahlungsleistung je Flächeneinheit kleiner. Wir betrachten deshalb eine Kreisscheibe mit dem Radius der Erde $R_E = 6378$ km, auf welche die Sonnenstrahlung senkrecht trifft → B3. So erhalten wir die von der Erde tatsächlich empfangene Strahlungsleistung zu

$$P_{\text{Erde}} = S_E \cdot \pi \cdot R_E^2 = 1{,}75 \cdot 10^{17}\ \text{W}.$$

Das entspricht der Leistung von über 100 Millionen Kraftwerken, weit mehr als die Menschheit braucht.

Welche Leistungsdichte S hat die Sonnenstrahlung am Mars? Nach Gl. (1) ist $S \sim 1/r^2$. Verdoppelt (verdreifacht ...) man r, so wird S auf $\frac{1}{4}$ $\left(\frac{1}{9} \ldots\right)$ verkleinert. Denn die gleiche Leistung wird auf die vierfache (neunfache ...) Fläche verteilt → B4. Für Mars gilt $r_{\text{Mars}} = 1{,}52\, r_E$ und $S_{\text{Mars}} = S_E r_E^2 / r_{\text{Mars}}^2 = 1/1{,}52^2\ S_E = 593\ \text{W/m}^2$.

Merksatz

Photometrisches Entfernungsgesetz: Wenn von einer punktförmigen Quelle Strahlung ausgesandt wird, so ist

$$S \sim 1/r^2.$$

S ist die Leistungsdichte und r der Abstand zur Strahlungsquelle.

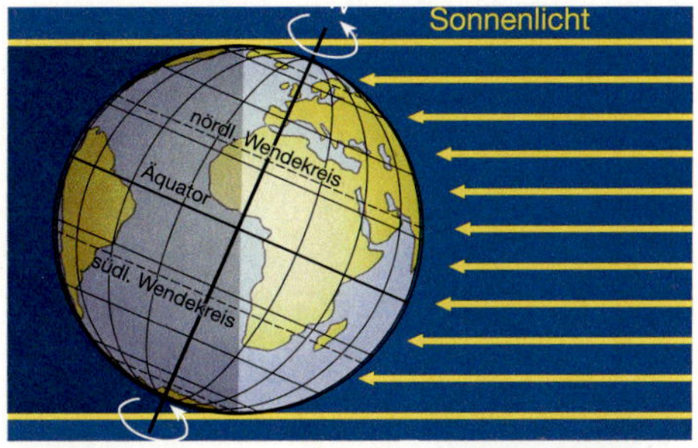

B3 Die Tagseite der Erde ist eine Halbkugel. Die Fläche, auf welche die Sonnenstrahlung senkrecht einfällt, ist die eines Kreises mit dem Durchmesser der Erde.

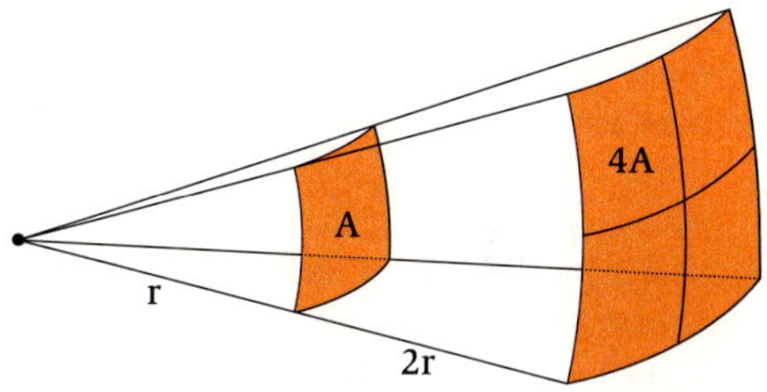

B4 Wird der Abstand zur Strahlungsquelle verdoppelt, so verteilt sich die Strahlungsleistung auf die vierfache Fläche: Ihre Leistungsdichte geht auf $\frac{1}{4}$ zurück.

3. Energieverteilung einer Glühlampe

Oft interessiert uns statt der gesamten Strahlungsleistung, wie sich diese auf die einzelnen Spektralfarben verteilt. Um diese Verteilung zu untersuchen, schicken wir das Licht einer Glühlampe durch einen Spalt und zerlegen es dann mit einem Prisma in ein Spektrum. Wir fahren das Spektrum mit einer *Thermosäule* ab → B5. Dies ist ein Gerät, mit dem man Strahlungsleistungen für viele verschiedene Wellenlängen registrieren kann.

Im violetten und blauen Bereich des Spektrums ist diese Leistung gering. Je weiter man die Thermosäule Richtung Rot verschiebt, desto größer wird die auftreffende Strahlungsleistung. Am stärksten wird sie sogar erst jenseits des für uns sichtbaren Spektrums, also bei Wellenlängen, die größer als die des roten Lichtes sind. Diesen Spektralbereich bezeichnet man als *Infrarot, IR*. Bringt man eine Plexiglasscheibe in den Strahlengang, so geht die von der Thermosäule gemessene Strahlungsleistung zurück. Plexiglas ist für IR-Strahlung fast undurchlässig, während es sichtbares Licht kaum absorbiert.

Merksatz

Der Spektralbereich jenseits des Rots mit Wellenlängen von 780 nm bis hin zu einigen Mikrometern heißt **Infrarot,** kurz **IR.** Eine Glühlampe gibt den größten Teil ihrer Strahlungsleistung in Form von unsichtbarem Infrarot ab.

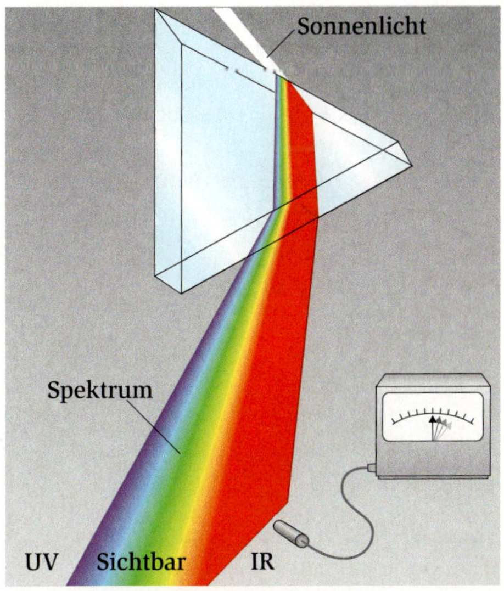

B5 Jenseits des roten Spektralbereichs weist man mit einer Thermosäule infrarote Strahlung (IR) nach. Sie thermalisiert die auftreffende Strahlung. Die sich einstellende Temperatur ist ein Maß für die Strahlungsleistung.

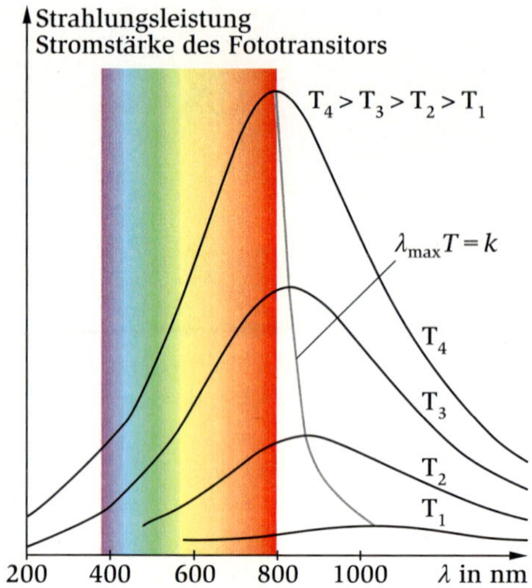

V1 Um die Verteilung der Strahlungsleistung einer Glühlampe zu messen, fahren ihr Spektrum mit einem Fototransistor ab. Der Strom durch den Fototransistor ist umso größer, je stärker die Leistungsdichte des einfallenden Lichts ist. Verändern wir zusätzlich die der Lampe zugeführte Leistung und damit die Temperatur der Leuchtwendel, so erhalten wir die verschiedenen im Bild dargestellten Kurven.

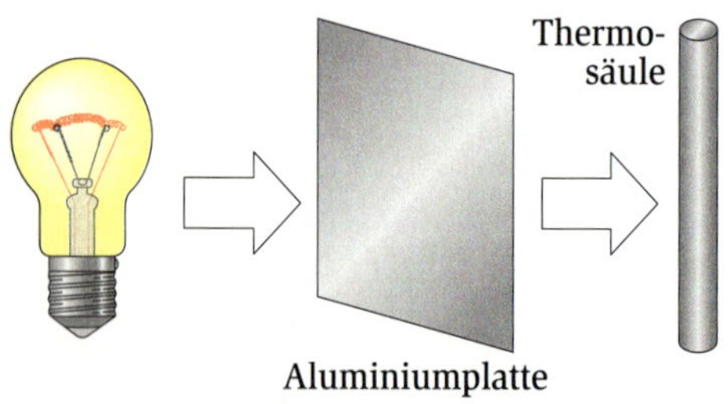

V2 Eine Glühlampe beleuchtet eine Aluminiumplatte und erwärmt sie dadurch auch auf der Rückseite. Auch die Temperatur der Rückseite steigt: Diese strahlt zur Thermosäule.

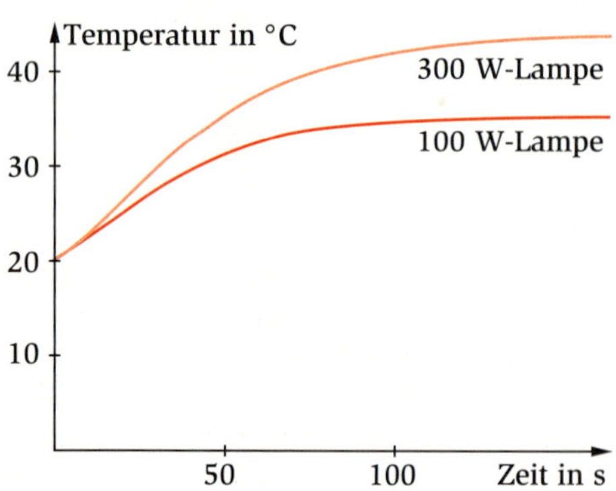

B1 Bei Beleuchtung mit einer 100 W-Lampe erreicht eine Aluminiumplatte eine Grenztemperatur. Bei einer 300 W-Lampe ist diese höher.

4. Das Wien'sche Verschiebungsgesetz

Wie verteilt sich die Strahlungsleistung einer Glühlampe über die Wellenlängen? In → **V1** zeigt sich, dass diese Leistung P ein *Maximum* bei einer bestimmten Wellenlänge λ_m aufweist. Sowohl zum Blau als auch zum ferneren Infrarot hin nimmt P deutlich ab.

Wenn wir die der Glühlampe zugeführte elektrische Leistung vermindern und damit auch die Temperatur der Leuchtwendel, nimmt die Helligkeit der Lampe stark ab. Zudem verschiebt sich die Farbe des Glühfadens von Weiß zum Rot hin. Vermindern wir die elektrische Leistung weiter, sehen wir schließlich die Lampe gar nicht mehr leuchten. Dennoch ist sie heiß, wir können sie kaum anfassen. Sie gibt ihre nur noch geringe Strahlungsleistung fast vollständig im Infrarot-Bereich ab.

Wir entnehmen den in → **V1** gewonnenen Kurven, dass die Leistung einer mit verminderter Spannung betriebenen Glühlampe in *jedem* Wellenlängenbereich geringer ist. Auch die gesamte Strahlungsleistung ist daher niedriger. Die Kurven liegen ineinander, keine schneidet eine andere. Sie zeigen auch, dass die Wellenlänge λ_m maximaler Leistung wächst, wenn die Temperatur der Leuchtwendel sinkt. Quantitative Experimente ähnlich → **V1** ergeben: Das Produkt aus der Temperatur T und der zur maximalen Strahlungsleistung gehörenden Wellenlänge λ_m seiner Strahlung ist bei idealen Strahlern konstant, und zwar gleich 2880 µm K. λ_m ist in diesem Fall *proportional* zu $1/T$. Tatsächlich sendet sogar jeder Körper bei jeder Temperatur Strahlung aus, auch wenn man sie nicht sieht, eben Infrarot.

Merksatz

Wien'sches Verschiebungsgesetz: Bei idealen Strahlern ist die Wellenlänge λ_m der maximalen Leistung der **Strahlung** proportional zu $1/T$, wobei T die Temperatur des Körpers ist. Es gilt für diese

$$\lambda_m T = 2880\ \mu\text{m K}.$$

Nach dem Wien'schen Verschiebungsgesetz kann man die Bestimmung hoher Temperaturen auf die Messung der Wellenlänge maximaler Leistung der Strahlung eines Körpers zurückführen. In einem Hochofen kann man auf diese Weise die maximale Temperatur zu etwa 2000 °C bestimmen. Kein normales Thermometer könnte eine so hohe Temperatur messen.

5. Das Fließgleichgewicht der Energie

In → **V2** nimmt die Aluminiumplatte Strahlungsenergie einer Lampe auf. Sie erwärmt sich, doch wird die Temperaturzunahme mit der Zeit immer geringer → **B1**. Wie ist das zu erklären?

Die von der Platte absorbierte und folglich thermalisierte Energie wird zu Beginn vor allem zur Erhöhung der inneren Energie benutzt, sodass die Temperatur steigt. Zunehmend wird sie jedoch wieder abgeführt. Schließlich steigt die Temperatur der Platte nicht weiter → **B1**. Wie entweicht nun Energie von der Platte? Energie geht in Form von Wärme von der Platte auf die umgebende Luft über. Diese steigt nach oben, sodass immer neue anfangs kühlere Luftschichten die Platte berühren und Energie abführen können.

Wie wir mittels einer Thermosäule feststellen, emittiert die Platte aber auch unsichtbare, infrarote Strahlung, und zwar zu beiden Seiten der Platte. Wenn die Temperatur ihren Grenzwert erreicht hat, ist zu jedem Zeitpunkt die Leistung der aufgenommenen Strahlung gleich der insgesamt abgegebenen Leistung → **Vertiefung**. Der Körper befindet sich im *Fließgleichgewicht* der Energie. Die Temperatur ist im Fließgleichgewicht umso höher, je größer die eingestrahlte Leistung ist. Die Aluminiumplatte emittiert kein sichtbares Licht. Sie wird bei Weitem nicht so heiß wie die Leuchtwendel der Glühlampe. Nach dem Wien'schen Verschiebungsgesetz liegt das Strahlungsmaximum für etwa 50 °C bei 8900 nm, weit im unsichtbaren Infrarot.

Merksatz

Jeder Körper *absorbiert* Strahlung aus der Umgebung. Er gibt Energie in Form von Wärme und Strahlung ab. Wenn der Körper gleich viel Leistung aufnimmt, wie er abgibt, befindet er sich im **Fließgleichgewicht der Energie.** Je größer die eingestrahlte Leistung ist, desto höher ist die Temperatur im Fließgleichgewicht.

6. Schwarzer Körper

Körper absorbieren und thermalisieren nicht alle eingestrahlte Energie. Sie reflektieren und streuen auch auftreffende Strahlung. P_{ein} sei die eingestrahlte Strahlungsleistung und P_{abs} die absorbierte. Man definiert als *Absorptionsgrad* α des Körpers $\alpha = P_{\text{abs}}/P_{\text{ein}}$. Dieser hängt von Material und Temperatur des Körpers sowie der Oberflächenbeschaffenheit ab, meist auch von der Wellenlänge λ der Strahlung.

Ein Körper, dessen Absorptionsgrad $\alpha = 1$ ist, heißt **Schwarzer Körper**. Er absorbiert Strahlung *jeder* Wellenlänge vollständig. Für ihn gilt das Wien'sche Strahlungsgesetz exakt. Ein solcher Körper ist nur eine idealisierte Vorstellung, er kommt in der Natur nicht vor, am besten noch durch Ruß verwirklicht. Selbst mattschwarze Flächen streuen einen Teil der auftreffenden Strahlung.

7. Leistungsdichte der Strahlung und Temperatur

Wie wir in → V1 gesehen haben, beeinflusst die Temperatur einer Leuchtwendel die gesamte emittierte Strahlungsleistung, nicht nur deren Verteilung auf die Wellenlängen. → V3 ermittelt, wie die emittierte Strahlungsleistung P mit der in Kelvin gemessenen Temperatur T ansteigt: P ist proportional zu T^4. Da die Leistungsabgabe P eines Strahlers bei gleich bleibender Temperatur auch zu seinem Oberflächeninhalt A proportional ist, ist P/A konstant. Also gilt auch für die abgegebene Leistungsdichte $S = P/A \sim T^4$. Für einen schwarzen Körper gilt $S = \sigma T^4$ mit $\sigma = 5{,}67 \cdot 10^{-8}\ \text{W}/(\text{m}^2\text{K}^4)$. Ist der Absorptionsgrad des Körpers aber nur $\alpha = 50\,\%$, so beträgt auch S nur die Hälfte des nach $S = \sigma T^4$ berechneten Wertes.

Merksatz

Stefan-Boltzmann-Gesetz: Ein Schwarzer Körper der Temperatur T mit der Oberfläche A sendet Strahlung der Leistung P aus. Für die Leistungsdichte S am Körper gilt

$$S = P/A = \sigma T^4 \text{ mit } \sigma = 5{,}67 \cdot 10^{-8}\ \frac{\text{W}}{\text{m}^2\text{K}^4}.$$

Vertiefung

Fließgleichgewicht

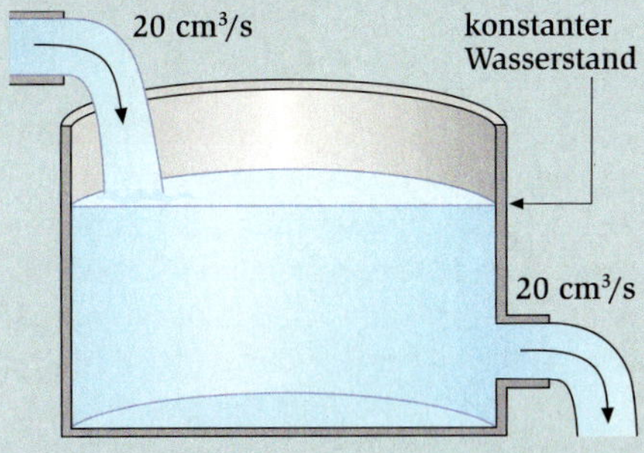

Wir veranschaulichen das Fließgleichgewicht der Energie durch einen Wasserfluss. Das Gefäß, in das er strömt, hat eine Öffnung. Bei steigendem Wasserstand, also steigendem Druck, fließt mehr Wasser je Sekunde hinaus. Schließlich stellt sich ein *Fließgleichgewicht* ein (Abfluss = Zufluss). Verstärken wir den Wasserzufluss, so wird das Fließgleichgewicht erst bei höherem Wasserstand erreicht.

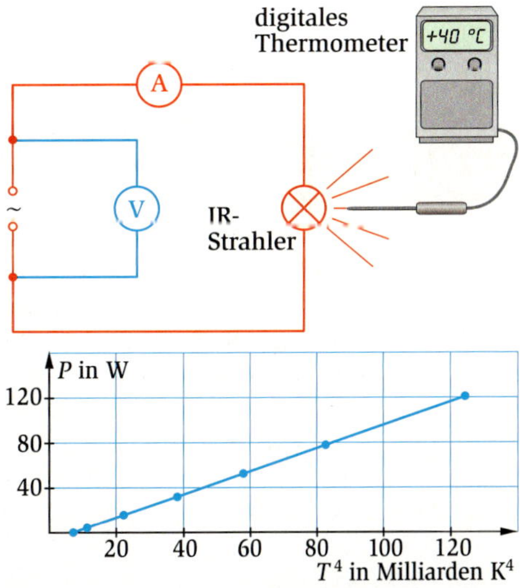

V3 **a)** Wir halten den Sensor eines Digitalthermometers auf einen Infrarotstrahler. Diesen betreiben wir mit verschiedenen Spannungen U und messen die Stromstärke I. Die Leistungsaufnahme erhalten wir nach $P = UI$.
b) Bis sich eine bestimmte Temperatur einstellt, vergeht stets etwas Zeit. Wir tragen P gegen T^4 auf und erhalten eine Proportionalität. (Jedoch geht ein Teil der Leistung P thermisch in die umgebende Luft.)

V1 Buchstaben werden mit dem Ruß einer Kerze auf Blech gezeichnet. Bei Zimmertemperatur und Beleuchtung mit Tageslicht erscheint der Ruß schwarz, dunkler als das Blech. Beim Glühen hingegen leuchtet der Ruß heller als das Blech. Erklärung: Der Absorptionsgrad α von Ruß ist größer als der des Blechs. Bei Zimmertemperatur geben Blech und Ruß nur wenig unsichtbare IR-Strahlung ab. Was wir sehen, ist durch reflektiertes Tageslicht bestimmt. Beim Glühen dagegen gibt der Ruß mehr Strahlung ab als das Blech, weil α vom Ruß viel größer ist.

λ in nm	500	800	2000	5000
Gold	53 %	5 %	3 %	3 %
Aluminium	18 %	17 %	16 %	7 %
Schnee	20 %	18 %	18 %	95 %
Kohle, Ruß	85 %	85 %	87 %	95 %
Schwarzer Körper	100 %	100 %	100 %	100 %

T1 Absorptionsgrad α einiger Materialien für verschiedene Wellenlängen λ

8. Wann sind Körper nicht schwarz?

Körper mit nicht völlig schwarzer Oberfläche absorbieren nicht nur weniger Strahlung als ein Schwarzer Körper, sie senden auch weniger aus. Man kann zeigen, dass der Absorptionsgrad α eines jeden Strahlers auch für die Emission von Strahlung maßgebend ist → **Vertiefung**. Für alle realen, nicht schwarzen Strahler lautet das Stefan-Boltzmann-Gesetz mit dem Faktor α

$$S = \alpha \sigma T^4.$$

Schnee hat im sichtbaren Bereich nur einen niedrigen Absorptionsgrad von $\alpha \approx 18\,\%$. Er thermalisiert tagsüber nur wenig Sonnenstrahlung und erwärmt sich dabei nur wenig. Doch im Infrarotbereich verhält sich Schnee mit $\alpha = 95\,\%$ fast wie ein Schwarzer Körper und strahlt daher stark ab. Daher wird es in Winternächten über Schneeflächen bitter kalt. Auch strahlen weiß lackierte Heizkörper im Infrarot gut. Es ist nicht nötig, sie dunkel anzustreichen.

Der Faktor α eines Materials hängt meist stark von λ ab **→ T1**. Dies hat Folgen. Im Hinblick auf die Sichtbarkeit von Körpern ist bei Zimmertemperatur die Absorption von Sonnenlicht als einfallendes Fremdlicht mit $\lambda \approx 500$ nm wirksam. Bei sehr hohen Temperaturen ist es hingegen die Emission, also das Eigenlicht **→ V1**.

Der von der Wellenlänge abhängige Absorptionsgrad α hilft uns auch die Farben von Körpern zu verstehen. Gold absorbiert bei rotem Licht ≈ 800 nm nur 5 %, bei 500 nm (blaugrün) mit 53 % erheblich mehr. So wird nur der im Roten liegende Anteil von auftreffendem weißen Licht stark reflektiert, und das Gold erhält seine charakteristische Farbe. Anders ist es bei unbuntem Aluminium. Hier ist α für die verschiedenen Wellenlängen etwa gleich niedrig.

Vertiefung

Absorptionsgrad und Emission

Warum bestimmt der Absorptionsgrad α auch die Emission eines jeden Körpers? Nehmen wir an, wir hätten zwei Körper gleicher Temperatur, die sich ausschließlich gegenseitig Strahlung zusenden und zum Teil absorbieren. Der linke Körper absorbiert mehr Strahlung vom rechten, als er diesem zustrahlt. Der rechte verhält sich umgekehrt. Dann wächst die innere Energie des linken Körpers ständig. Der rechte Körper müsste innere Energie verwenden und seine Temperatur senken, um zusätzliche Strahlung zu erzeugen. Dass nur aufgrund unterschiedlicher Absorption und Emission von Körpern Temperaturunterschiede entstehen, wurde nie beobachtet. Die Folge ist: Körper, die bei einer Wellenlänge λ den Prozentsatz α der einfallenden Strahlung absorbieren, geben bei diesem λ und gleicher Temperatur den gleichen Prozentsatz der nach dem Stefan-Boltzmann-Gesetz berechneten Strahlung ab.

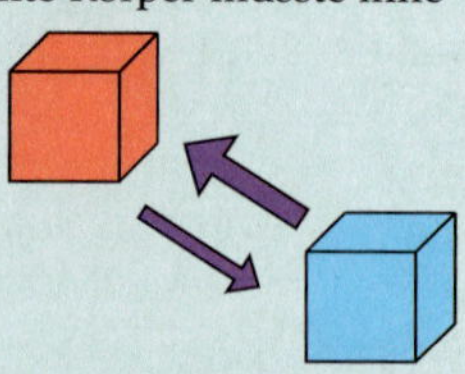

Physik im Alltag

Berührungsfreie Temperaturmessung

In *Strahlungsthermometern* wird die Leistungsdichte der Temperaturstrahlung von Gegenständen erfasst. Dazu dienen Sensoren wie Thermosäulen oder photoelektrische Detektoren. Von der eingebauten Elektronik kann nach dem Stefan-Boltzmann-Gesetz für reale Strahler die Temperatur errechnet werden.

Strahlungsthermometer werten nur einen auf einen bestimmten Wellenlängenbereich eingeschränkten Teil des Spektrums aus, für den α bekannt ist. Sie gestatten es, Temperaturen an unzugänglichen Stellen ohne Beeinflussung der gemessenen Objekte sehr schnell (≈ 10 µs) zu bestimmen. Der erfasste Bereich ist sehr groß (−50 °C bis +3500 °C).

Projekt

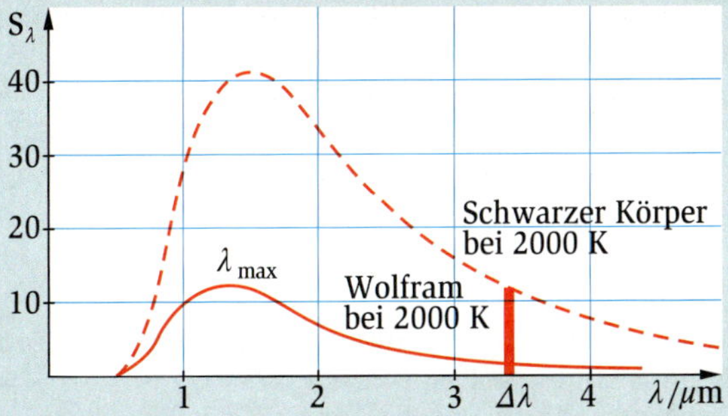

In der Grafik wurde für zwei Strahler die Leistungsdichte S_λ pro Wellenlängenintervall gegen die Wellenlänge λ in relativen Einheiten aufgetragen. Für jedes schmale Wellenlängenintervall $\Delta\lambda$ bedeutet der Flächeninhalt des darüber errichteten Rechtecks die in $\Delta\lambda$ emittierte Leistungsdichte. Durch Aufsummieren der Flächeninhalte über *alle* Intervalle $\Delta\lambda$ erhält man die *gesamte Leistungsdichte S*. Sie entspricht dem Flächeninhalt, der von der jeweiligen Kurve und der waagerechten Achse eingeschlossen wird.

1. Schätzen Sie mithilfe grafischer Integration ab, wie groß die Flächeninhalte unter den Kurven für einen Schwarzen Körper und Wolfram sind → Grafik. Ermitteln Sie daraus einen Wert für den gesamten Absorptionsgrad → Ziff. 8 von Wolfram bei 2000 K.
2. Berechnen Sie die Leistungsdichte S des Schwarzen Körpers nach dem Stefan-Boltzmann-Gesetz.
3. Schätzen Sie die Wellenlänge maximaler Leistungsdichte λ_m für Wolfram bei 2000 K ab und damit die Abweichung von der Konstante des Wien'schen Gesetzes.
4. Berechnen Sie die Wellenlänge maximaler Leistungsdichte λ_m für den Schwarzen Körper.

Beispiel Glasherstellung

Zur Herstellung von Glas wird in großen Schmelzwannen ständig neues Gemenge auf die schon flüssige, rotglühende Glasmasse nachgelegt und zum Schmelzen gebracht → B1. Mit einem Strahlungsthermometer → Physik im Alltag misst man die Leistungsdichte $S = 630\ \text{kW/m}^2$. Nach dem Stefan-Boltzmann-Gesetz kann man daraus die Temperatur berechnen:

$$T = \sqrt[4]{\frac{S}{\sigma}} \approx 1820\ \text{K} \approx 1550\ °\text{C}.$$

Hierbei wurde das Innere der Schmelze als Schwarzer Körper betrachtet. Das ist bei so hohen Temperaturen zulässig. Dem Wien'schen Verschiebungsgesetz zufolge beträgt die Wellenlänge mit maximaler Intensität

$$\lambda_m = 2880\ \mu\text{m K}/1820\ \text{K} \approx 1525\ \text{nm}.$$

Auch wenn uns die Schmelze als blendend helles Licht erscheint, liegt dennoch das Strahlungsmaximum im Infraroten. Das liegt an der geringen Empfindlichkeit der Augen für rotes Licht.

B1 Glasschmelze – Blick in eine Fertigungswanne

A1

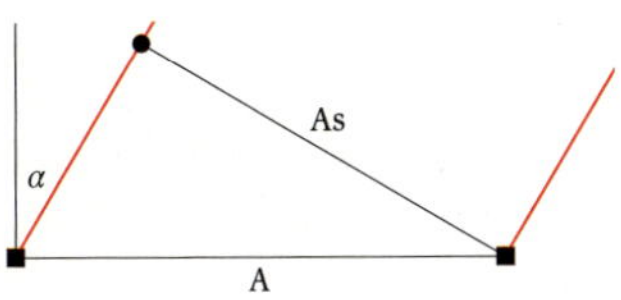

S_o sei die Leistungsdichte der senkrecht auf die Fläche A_s fallenden Strahlung. Zeigen Sie, dass für die schräg unter dem Winkel α auf die Fläche A fallende Leistungsdichte S_α gilt: $S_\alpha = S_o \cdot \cos\alpha$.

A2 Der Abstand Mars – Sonne ist das 1,5-fache des Abstandes Erde – Sonne. Sein Durchmesser beträgt das 0,53-fache der Erde. Berechnen Sie die auf dem Mars von der Sonne empfangene gesamte Leistung P_M. Ermitteln Sie den Quotienten aus P_M und der Leistung, welche die Erde von der Sonne empfängt.

A3 In einen Hohlraum wird ein quadratisches Loch mit der Kantenlänge a = 0,1 mm gebohrt. Dieses wirkt wie ein Schwarzer Körper. **a)** Berechnen Sie die Strahlungsleistung, die aus diesem Loch austritt für die folgenden Temperaturen des Hohlraums: 6000 K, 525 °C, 20 °C, −196 °C. **b)** Berechnen Sie a so, dass bei jeder Temperatur in a) die Leistung 1 W austritt.

A4 Die Tür eines Kachelofens (Schwarzer Körper) ist 45 cm breit und 30 cm hoch. Die Temperatur beträgt 210 °C. Bestimmen Sie die von der Tür abgestrahlte Leistung.

A5 Der hellste Stern am Nachthimmel ist Sirius. Sein Radius beträgt 1 191 000 km. Die Oberflächentemperatur ist 9900 K. Sirius ist $8{,}14 \cdot 10^{13}$ km von der Erde entfernt. **a)** Berechnen Sie die Wellenlänge λ_m des Strahlungsmaximums. Ermitteln Sie, in welchem Spektralbereich λ_m liegt. **b)** Berechnen Sie die Leistungsdichte der Strahlung des Sirius an dessen Oberfläche und die Strahlungsleistung von Sirius (Schwarzer Körper) als Vielfaches der Leistung der Sonne ($P_{Sonne} = 3{,}82 \cdot 10^{26}$ W). **c)** Berechnen Sie die Leistungsdichte der Strahlung des Sirius, welche Astronomen auf der Erde registrieren können.

B1 Zurückweichende Alpengletscher sind kennzeichnend für den Klimawandel. **a)** Morteratschgletscher 1911, **b)** im Jahr 2006

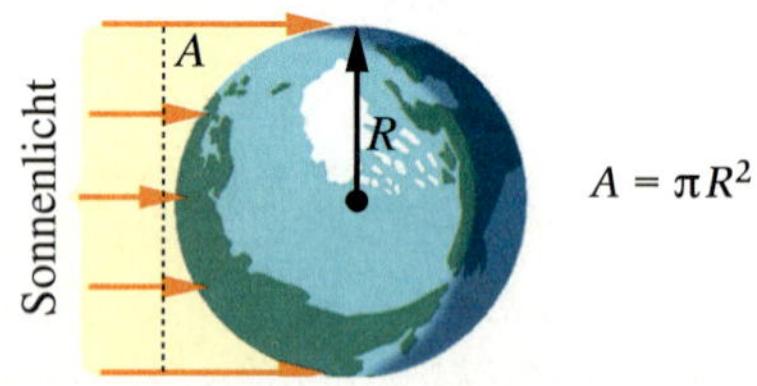

B2 Die von der Sonne bestrahlte Tagseite der Erde können wir uns auf eine Kreisfläche mit dem Radius der Erde projiziert denken.

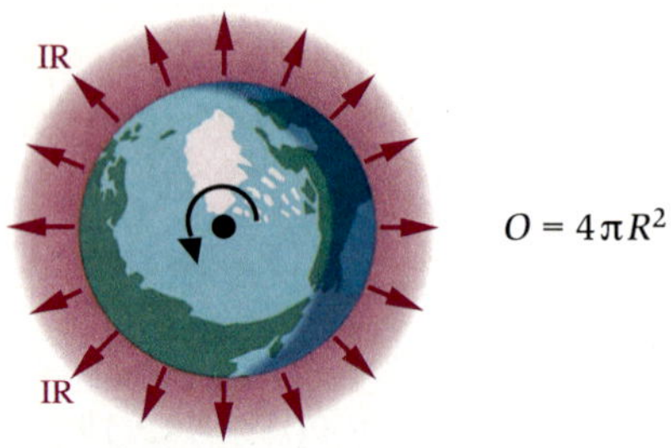

B3 Die Erdoberfläche gibt Strahlung nach allen Seiten ab.

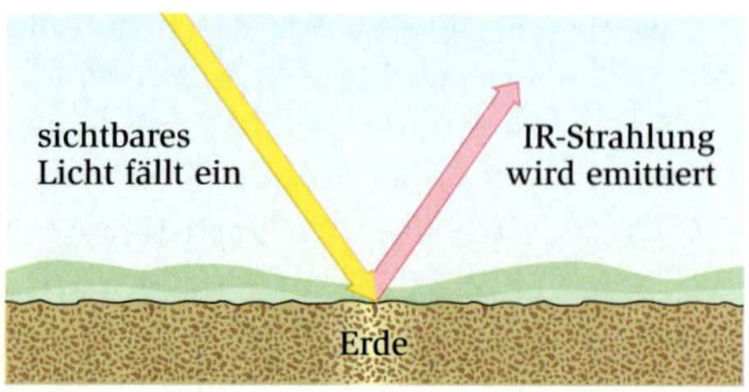

B4 Die Erdoberfläche absorbiert kurzwellige Strahlung der Sonne. Sie kann aber nur langwellige Infrarot-Strahlung emittieren.

In den Medien wird häufig über den Treibhauseffekt im Zusammenhang mit dem sich abzeichnenden Klimawandel berichtet **→ B1**. Worin besteht er? Welche Auswirkungen hat er auf unser Klima?

1. Die Erde als Empfänger und Sender von Strahlung

Die Sonne bestrahlt die Erde vorwiegend im Bereich des sichtbaren Lichts. Die Erde (überwiegend ihre Atmosphäre) reflektiert etwa $\alpha = 31\,\%$ des Sonnenlichts. α bezeichnet man als *Albedo* der Erdoberfläche.

In einer ersten Abschätzung können wir sagen: Der von der Atmosphäre nicht reflektierte Rest von $1 - \alpha = 69\,\%$, also $S_0 = 0{,}69 \cdot S_E = 942\ \text{W/m}^2$, erreicht die Erdoberfläche, aber nur auf der Tagseite. Wir dürfen nun so rechnen, als ob eine Fläche A mit der Leistungsdichte S_0 senkrecht bestrahlt würde **→ B2**. Deren Größe ist gleich dem Flächeninhalt eines Kreises mit dem Radius r_E der Erde:

$$P_{auf} = A S_0 = \pi r_E^2 S_0 .$$

Diese aufgenommene Leistung wird thermalisiert. Doch behält die Erde so gut wie nichts davon. Die Leistung wird praktisch wieder in den Weltraum abgegeben. Dies erfolgt von der *ganzen* rotierenden *Erdkugel* (bei Tag und Nacht); deren Oberfläche ist $O = 4\pi r_E^2 = 4A$ **→ B3**. Daher ist die mittlere Leistungsdichte der Strahlungsabgabe S_1 um den Faktor 4 geringer als S_0: Es gilt $S_1 = \frac{1}{4} S_0 = 235\ \text{W/m}^2$.

Für diese Strahlungsabgabe ist die Erde in guter Näherung ein Schwarzer Körper, daher darf man für die Berechnung der Durchschnittstemperatur das Stefan-Boltzmann-Gesetz anwenden. Es ergibt sich

$$T = \sqrt[4]{\frac{S_1}{\sigma}} = 254\ \text{K} = -19{,}4\ °\text{C}.$$

Dies würde bedeuten, dass es auf dem größten Teil der Erdoberfläche viel zu kalt für menschliches Leben wäre.

Nach dem Wien'schen Verschiebungsgesetz berechnen wir als Durchschnittswert für die von der Erde ausgesandte Strahlung die Wellenlänge λ_m maximaler Leistungsdichte:

$$\lambda_m = 2880\ \mu\text{m K}/254\ \text{K} = 10\,340\ \text{nm}.$$

Es handelt sich um IR-Strahlung **→ B4**. Hingegen liegt das Strahlungsmaximum des von der Erde empfangenen Sonnenlichtes bei $\lambda_m = 550\ \text{nm}$, also im sichtbaren Bereich.

Merksatz

Die Erde empfängt von der Sonne im Wesentlichen *sichtbares Licht*, kann selbst aber nur *Infrarot-Licht* abgeben. Hätte die Atmosphäre keinen Einfluss auf die Energiebilanz der Erdoberfläche, wäre die Temperatur auf der Erde für Leben zu niedrig. ☐

2. Der Treibhauseffekt

Tatsächlich ist die Durchschnittstemperatur der Erde viel höher als nach dem Stefan-Boltzmann-Gesetz berechnet. Die Erdoberfläche empfängt folglich mehr Strahlung, als in Ziff. 1 angenommen wurde. Die Ursache dafür wird als **Treibhauseffekt** bezeichnet.

Woher kommt diese Strahlung? Es handelt sich um IR-Strahlung aus der Atmosphäre. Diese entsteht auf folgende Weise: Die Treibhausgase in der Atmosphäre → **Vertiefung**, vor allem CO_2, lassen das sichtbare Licht von der Sonne ungestört zur Erdoberfläche durch. Sie absorbieren und thermalisieren aber zu einem großen Teil die IR-Strahlung vom Erdboden. Daher senden diese Gase selbst Temperaturstrahlung in alle Richtungen aus → **V1**. Etwa die Hälfte davon gelangt wieder zum Erdboden. Dieser empfängt also mehr Strahlung, als er von der Sonne allein erhält. Er strahlt folglich auch mehr ab, sodass sich nach dem Stefan-Boltzmann-Gesetz eine höhere Temperatur einstellt. Unter dem **Treibhauseffekt** versteht man die Temperaturerhöhung der Oberfläche der Erde durch zusätzliche IR-Strahlung aus der Atmosphäre.

Merksatz

a) Treibhausgase wie CO_2 lassen das Sonnenlicht ungestört auf den Erdboden einfallen. Dieser strahlt IR-Licht ab.
b) Von der IR-Strahlung der Erde *absorbieren* die Treibhausgase einen großen Teil. Sie *thermalisieren* diese Strahlung.
c) Die erwärmte Atmosphäre sendet selbst IR-Strahlung aus, etwa die Hälfte davon zurück zur Erde. Deren mittlere Temperatur steigt. Das ist der Treibhauseffekt.

CO_2 kommt natürlicherweise in der Atmosphäre vor; es wird hauptsächlich bei Vulkanausbrüchen freigesetzt. Durch die Aktivität des Menschen hat der CO_2-Gehalt der Atmosphäre in den letzten 100 Jahren um etwa 35 % zugenommen.

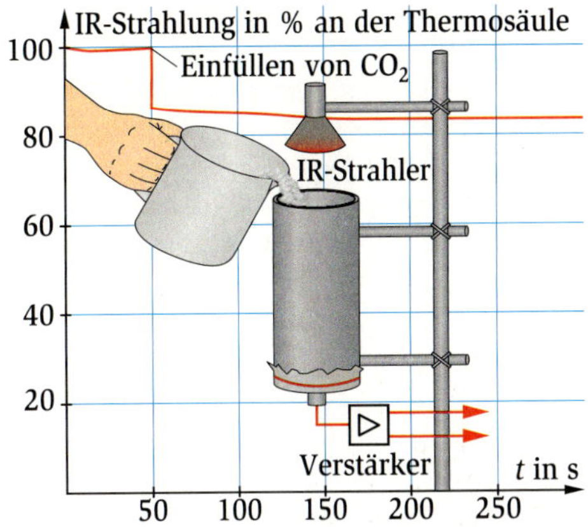

V1 Im Bild ist ein Versuch dargestellt, der die Wirkung von Kohlenstoffdioxid (CO_2) zeigt: Wenn sich CO_2 statt Stickstoff im Rohr befindet, registriert man im Innern des Rohrs weniger Strahlung, jedoch eine höhere Temperatur. Wie ist dies zu erklären? Das CO_2 thermalisiert die IR-Strahlung. Es strahlt seinerseits IR-Licht aus, aber in alle Richtungen und nicht gezielt auf die Thermosäule. Daher registriert sie weniger Strahlung als beim mit Stickstoff gefüllten Rohr. Weil das CO_2 die IR-Strahlung thermalisiert hat, steigt die Temperatur im Rohr.

Vertiefung

Was sind Treibhausgase?

Unter einem Treibhausgas versteht man ein Gas, das sichtbares Licht nicht absorbiert, wohl aber die von der Erdoberfläche abgegebene IR-Strahlung. Diese wird von einem Treibhausgas thermalisiert. Es emittiert daher selbst IR-Strahlung.

Unsere Atmosphäre setzt sich hauptsächlich aus Sauerstoff (21 %) und Stickstoff (78 %) zusammen. O_2 und N_2 sind zweiatomige Gase. Sie können weder IR-Strahlung noch sichtbares Licht absorbieren.
Nur 1 % der atmosphärischen Gase sind sogenannte Spurengase → **Bild links**. Abgesehen von den Edelgasen bestehen diese aus drei oder mehr Atomen. Das macht sie fähig, IR-Licht bestimmter Wellenlängen zu absorbieren und zu thermalisieren → **Bild rechts**. Es zeigt sich, dass in den letzten Jahren die relativen Beiträge von Methan und FCKW-Gasen zum Treibhauseffekt zurückgegangen sind, während der Beitrag von CO_2 selbst stetig gestiegen ist.

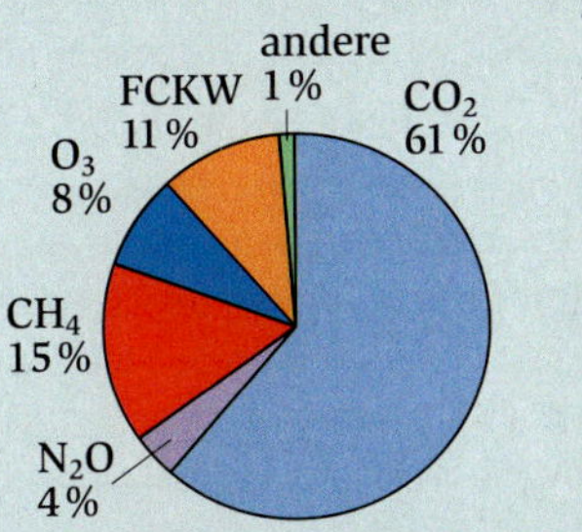

Wasserdampf (H_2O) ist ebenfalls ein dreiatomiges Gas und damit ein Treibhausgas. Tatsächlich rühren sogar $\frac{2}{3}$ des Treibhauseffekts vom Wasserdampf her, nur $\frac{1}{3}$ direkt von den Spurengasen. Der Gehalt des Wasserdampfes in der Atmosphäre ist durch die Spurengase bestimmt. Er steigt sehr stark an, wenn die Spurengase in der Atmosphäre zunehmen und damit die Temperatur.

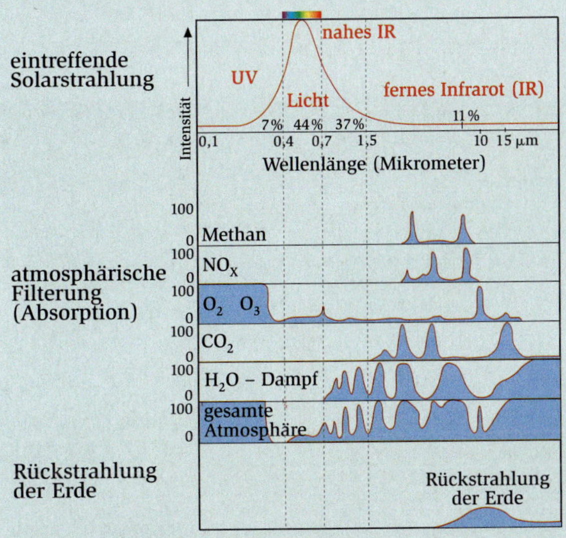

3. Was bewirken die Treibhausgase?

Nun wollen wir berücksichtigen, welchen Einfluss die *Atmosphäre* auf die Durchschnittstemperatur T_B am Erdboden hat. Wir nehmen jetzt probeweise vereinfachend an, die Atmosphäre sei so stark mit Treibhausgasen belastet, dass sie die von der Erde abgehende IR-Strahlung *vollständig* thermalisiert. Die Atmosphäre strahlt diese bei ihrer Temperatur T_A als Infrarot wieder ab → **B1**, und zwar, wie wir annehmen, zu gleichen Teilen nach oben und unten. Der Erdboden hingegen strahlt nur nach oben.

Wir wollen mit diesem vereinfachenden Ansatz die Bodentemperatur T_B und die Temperatur T_A der Atmosphäre berechnen. Dazu stellen wir Bilanzen für die Leistungsdichten in der Atmosphäre und am Boden auf. Der Boden strahlt die Leistungsdichte $S_B = \sigma T_B^4$ ab. Die Atmosphäre thermalisiert diese vollständig bei ihrer Temperatur T_A. Daher ist ihre abgestrahlte Leistungsdichte $S_A = \sigma T_A^4$. Folglich gilt die

Bilanz der Atmosphäre: $\sigma T_B^4 = 2\sigma T_A^4$. (1)

Der Erdboden empfängt nicht nur die in Ziff. 1 berechnete Leistungsdichte $S_1 = 235\ \text{W/m}^2$ von der Sonne. Er erhält dazu σT_A^4 von der Atmosphäre. Die Summe beider gibt er nach oben mit σT_B^4 ab. Also ist die

Bilanz der Erdoberfläche: $+235\ \text{W/m}^2 + \sigma T_A^4 = \sigma T_B^4$ (2)

Einsetzen von Gl. (1) in Gl. (2) ergibt $\sigma T_A^4 = 235\ \text{W/m}^2$ und $\sigma T_B^4 = 470\ \text{W/m}^2$. Mit $T = \sqrt[4]{S/\sigma}$ erhalten wir $T_A = -19{,}4\ °\text{C}$ und $T_B = +28{,}6\ °\text{C}$.

Die in Ziff. 1 ohne Treibhauseffekt für den Boden berechnete Temperatur $-19{,}4\ °\text{C}$ finden wir jetzt als $T_A = -19{,}4\ °\text{C}$ in einiger Höhe in der Atmosphäre. Die Erdoberfläche ist also durch den Treibhauseffekt vor eisiger Kälte geschützt. Die berechnete Bodentemperatur $T_B = +28{,}6\ °\text{C}$ ist aber gegenüber dem langjährig gemessenen Mittel von $+14{,}8°$ viel zu groß.

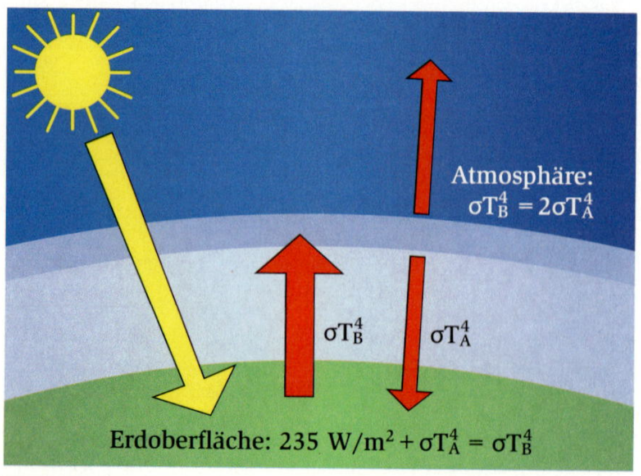

B1 Einfaches Modell: Strahlungsbilanzen nach vereinfachtem Modell ohne thermische Energieflüsse

Daraus schließt man, dass die Atmosphäre *nicht alle* von der Erdoberfläche abgegebene Infrarotstrahlung thermalisiert und zur Hälfte nach unten zurückschickt. Auch in anderer Hinsicht ist das Modell noch zu einfach: Es gibt in großer Höhe gegenüber $T_A = -19{,}4\ °\text{C}$ kältere, darunter wärmere Luftschichten: Übereinander liegende Schichten tauschen untereinander Energie aus (durch Strahlung, Leitung und Konvektion). Dabei hängen Temperatur und Abstrahlung von ihrer Höhe ab.

4. Wir verfeinern unser einfaches Modell

Dazu vergleichen wir unsere bisherigen Rechnungen mit Messungen, die in den letzten Jahren zunehmend präziser durchgeführt wurden:

a) Die *erdnahen Luftschichten* sind erheblich wärmer als T_A. Wegen $S \sim T^4$ tragen sie mehr zur Abstrahlung an den Erdboden bei, als dem Mittelwert $\sigma T_A^4 = 235\ \text{W/m}^2$ des Modells für die Atmosphäre als Ganzem entspricht. Wie Messungen zeigen → **B2**, beträgt die IR-Einstrahlung am Boden etwa $324\ \text{W/m}^2$. Zusammen mit der kurzwelligen Strahlung des sichtbaren Lichts von $168\ \text{W/m}^2$, die nach Messungen direkt von der Sonne oder von der Atmosphäre gestreut auf den Boden trifft, sind das $S_{\text{Boden}} = 324\ \text{W/m}^2 + 168\ \text{W/m}^2 = 492\ \text{W/m}^2$.
Die Erdoberfläche strahlt bei $T = 14{,}8\ °\text{C}$ an IR statt $S_{\text{Boden}} = 492\ \text{W/m}^2$ aber nur $S_2 = \sigma T^4 = 390\ \text{W/m}^2$ ab. Die Differenz $S_{\text{Boden}} - S_2 = 492\ \text{W/m}^2 - 390\ \text{W/m}^2 = 102\ \text{W/m}^2$ wird von der Erdoberfläche auf andere Weise abgegeben, etwa durch Wärmeleitung, Konvektion oder Wasserdampf, der in hohen Atmosphäreschichten kondensiert. Dies trägt dazu bei, dass am Boden statt der vom Modell berechneten $T_B = 28{,}6\ °\text{C}$ nur die gemessenen $14{,}8\ °\text{C}$ erreicht werden → **B2**.

b) Die *oberen Atmosphäreschichten* grenzen an den Weltraum und haben eine wesentlich niedrigere Temperatur als $T_A = -19{,}4\ °\text{C}$. Daher strahlen sie wegen $S \sim T^4$ weniger ab als die im Modell berechneten $S_A = 235\ \text{W/m}^2$. Das System aus Erde und Atmosphäre *muss* aber *genau* S_A als IR an den Weltraum abgeben, da es ständig $S_1 = \frac{1}{4} S_0 = 235\ \text{W/m}^2$ von der Sonne erhält. Der Wert von S_1 wird zudem durch Satellitenmessungen bestätigt. Ein Teil dieser abgegebenen $235\ \text{W/m}^2$ kommt *direkt* von der Erdoberfläche ohne Thermalisierung in der Atmosphäre. Die Atmosphäre ist also *teilweise* für IR-Strahlung durchlässig. Auch die Erfahrung der letzten 100 Jahre bestätigt, dass sie noch mehr absorbierende Stoffe, also Treibhausgase, aufnehmen könnte. Durch mehr Treibhausgase würde die Atmosphäre mehr IR vom Erdboden thermalisieren. Sie würde sich folglich aufheizen. Nach Ziff. 3 trifft das dann auch auf die Erdoberfläche zu. Genau dies ist zu verhindern! Klimaschutz ist dringend nötig!

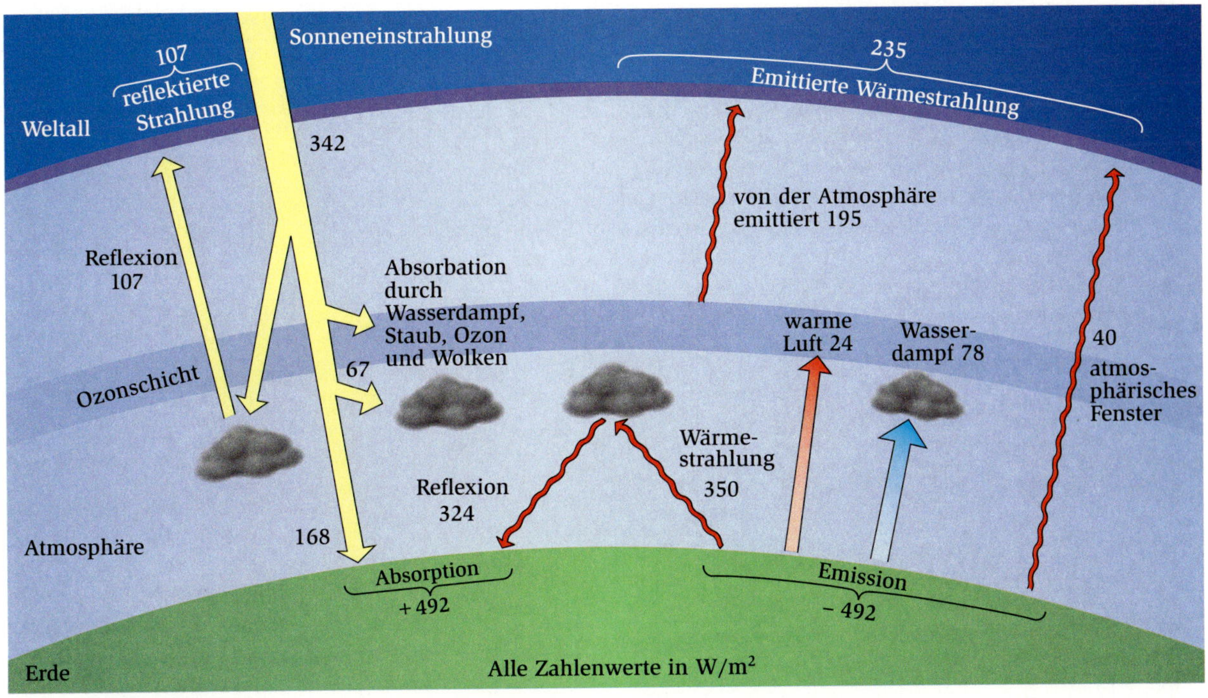

B2 **Strahlungsbilanzen**

Weltraum: Die Leistungsdichte S_{Sonne} = 342 W/m² erreicht die Atmosphäre als kurzwellige Strahlung. 107 W/m² davon werden durch Reflexion in den Weltraum abgegeben, der Rest 235 W/m² ist IR-Strahlung, die vom Erdboden (40 W/m²) und von der Atmosphäre (195 W/m²) stammt.

Atmosphäre: Sie nimmt 67 W/m² an Sonnenstrahlung und 350 W/m² IR-Strahlung von der Erdoberfläche auf. Hinzu kommen 102 W/m² durch Kondensationswärme des aufsteigenden Wasserdampfes und Konvektionsströme. Zusammen sind das 519 W/m². Die Atmosphäre strahlt selbst IR-Licht ab: 324 W/m² zur Erde und 195 W/m² = 235 W/m² − 40 W/m² in den Weltraum.

Erdoberfläche: Sie empfängt 168 W/m² durch kurzwellige Strahlung von der Sonne und 324 W/m² als IR-Strahlung aus der Atmosphäre. Sie emittiert 390 W/m² als IR-Strahlung. und gibt 102 W/m² = 24 W/m² + 78 W/m² nicht als Strahlung, sondern durch Konvektion usw. ab an die Atmosphäre zum Beispiel durch Aufwinde.

Interessantes

Vom Menschen verursachter Treibhauseffekt

Seit Beginn des industriellen Zeitalters am Anfang des 19. Jahrhunderts werden zusätzliche Treibhausgase in die Atmosphäre geblasen. Den Löwenanteil macht das CO_2-aus, das durch die Verbrennung von fossilen Energieträgern in die Atmosphäre gelangt.

Der CO_2-Anteil der Atmosphäre ist im Verlauf von gut 100 Jahren von 280 ppm auf über 390 ppm angewachsen (1 ppm = 1 Teil pro 1 Million). Daher ist auch der Anteil der von der Atmosphäre thermalisierten IR-Strahlung in den vergangenen gut 100 Jahren gestiegen. Es besteht nachweislich ein enger Zusammenhang zwischen dem CO_2-Gehalt der Atmosphäre und der durchschnittlichen Temperatur der Erde → B3. Aufgrund der Erhöhung des CO_2-Gehalts der Atmosphäre in den vergangenen Jahrzehnten ist eine weitere Temperaturerhöhung der Erde in naher Zukunft unvermeidlich.

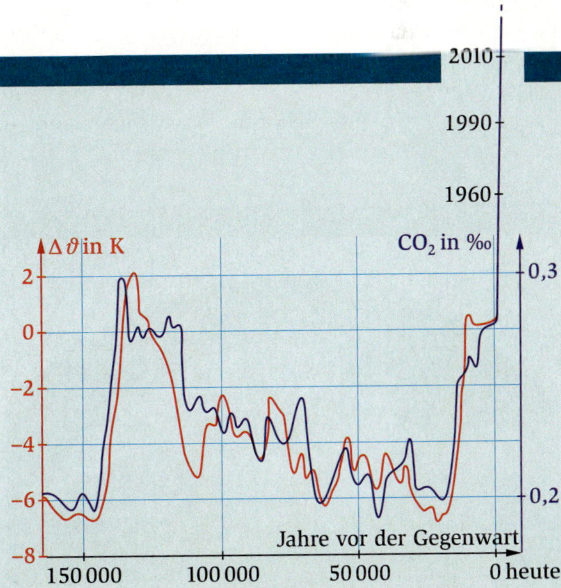

B3 Messungen bestätigen den Zusammenhang zwischen CO_2-Konzentration und Temperaturanstieg

Vertiefung

Das von der UNO eingerichtete IPCC (Intergovernmental Panel on Climate Change) ist das wichtigste Fachgremium, das sich mit dem Klimawandel beschäftigt. In seinem jüngsten Bericht von 2007 bewertet es die globale Erwärmung in der zweiten Hälfte des 20. Jahrhunderts als „sehr wahrscheinlich" vom Menschen verursacht.

Klimawandel

- Die Weltorganisation für Meteorologie führt 2010 als das wärmste Jahr seit Beginn der Aufzeichnungen 1850. 16 der 17 wärmsten Jahre liegen im Zeitraum 1995–2011.
- Die Temperatur an der Erdoberfläche lag in der Dekade 2001–10 0,46 °C über dem langjährigen Mittel der Jahre 1961–90.
- Seit Beginn der Industrialisierung ist die globale mittlere Temperatur um 0,8 °C angestiegen
- Der Meeresspiegelanstieg, verursacht durch thermische Expansion der Ozeane und schmelzende Gletscher, lag im 20. Jahrhundert bei ca. 15–20 cm.
- Die Eisfläche der Arktis ging im Sommer 2012 auf 4,09 Mio. km² zurück. Sie schmolz damit so stark wie nie zuvor.

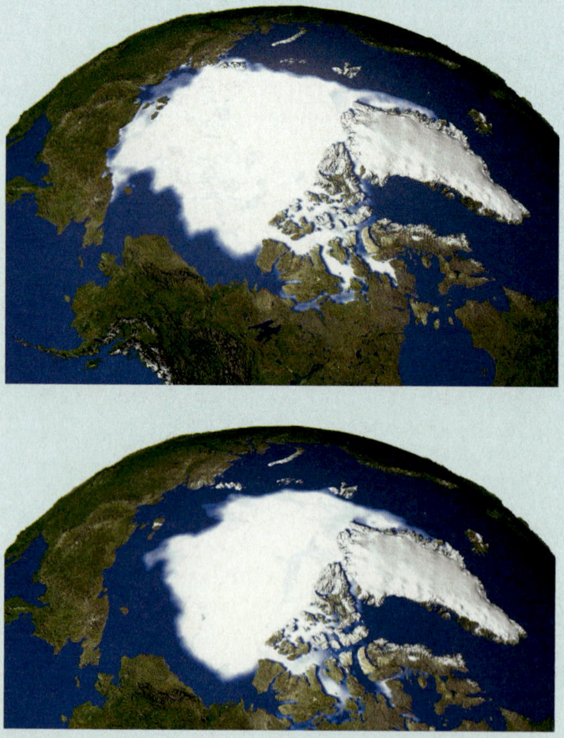

B1 Die Ausdehnung des arktischen Meereises ist in den letzten Jahrzehnten deutlich geschrumpft.

Ursachen

Vor allem durch die Verbrennung fossiler Brennstoffe stieg die Konzentration des wichtigsten Treibhausgases Kohlendioxid in der Atmosphäre seit Beginn der Industrialisierung von 280 auf heute 391 ppm, mit einer derzeitigen Änderungsrate von 1,8 ppm pro Jahr. Paläoklimatische und geologische Studien deuten darauf hin, dass eine solch hohe CO_2-Konzentrationt wahrscheinlich zuletzt vor 15 Mio. Jahren erreicht wurde. Mit dem Anstieg der Treibhausgaskonzentration ist die globale Erwärmung der letzten Jahrzehnte erklärbar. Alle natürlichen Faktoren, die in der Erdgeschichte zu Klimaschwankungen geführt haben, können dies nicht leisten. So hat beispielsweise die Sonnenaktivität seit 1940 nicht zugenommen.

Folgen

In den Szenarien des IPCC könnte der Temperaturanstieg im 21. Jahrhundert im günstigsten Fall 1,8 °C, im ungünstigsten Fall 6,4 °C betragen. Die EU verfolgt als Klimaschutzziel eine Begrenzung auf 2 °C, um die Folgen des Klimawandels abzumildern. Würde es global tatsächlich 3, 4 oder 5 °C wärmer, würden wir Temperaturen erreichen, die es seit Jahrmillionen auf der Erde nicht gegeben hat. Viele Ökosysteme würden sich daran nicht mehr anpassen können. Das Abschmelzen der grönländischen und antarktischen Eisschilde würde den Meeresspiegelanstieg noch verschärfen. Die Verletzlichkeit des grönländischen Eisschilds lässt sich daran erkennen, dass die Ausdehnung des arktischen Meereises seit den 1970er-Jahren kontinuierlich zurückgeht und im September 2012 ein Rekordminimum erreichte. Um das Zwei-Grad-Ziel zu erreichen, müssten die CO_2-Emissionen in den nächsten 50 Jahren etwa halbiert werden. Nach dem Auslauf des Kyoto-Protokolls konnte sich die Weltgemeinschaft jedoch noch nicht auf neue Reduktionsziele einigen.

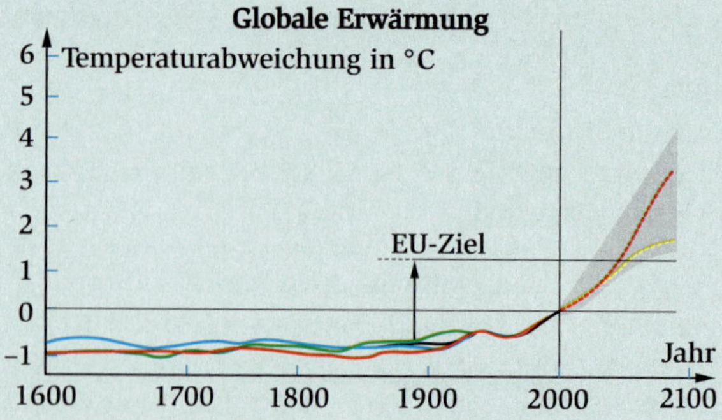

B2 Temperaturverlauf aus Klimarekonstruktionen (farbige Kurven), Messdaten (schwarz) und in zwei Zukunftsszenarien des IPCC.

Das ist wichtig

1 Ein Körper **thermalisiert** Strahlung, wenn er die Strahlung *absorbiert* und dabei Strahlungsenergie in Energie der *ungeordneten Teilchenbewegung* umsetzt. Die Temperatur steigt.
Unter der **Leistungsdichte** einer Strahlung versteht man den Quotienten $S = P/A$. Dabei ist P die empfangene *Strahlungsleistung* und A die *Größe der Fläche*, auf welche die Strahlung senkrecht trifft.
Die **Solarkonstante** der Erde beträgt $S_E = 1370\ \mathrm{W/m^2}$. Sie bezeichnet die Leistungsdichte der ungeschwächten, senkrecht auf eine Fläche fallenden Sonnenstrahlung oberhalb der Atmosphäre.

2 **Photometrisches Entfernungsgesetz:** Wird von einer punktförmigen Quelle Strahlung ausgesandt, so gilt

$$S \sim 1/r^2.$$

S ist die Leistungsdichte und r der Abstand zur Strahlungsquelle.

3 Unter einem **Schwarzen Körper** versteht man einen Körper, der keine auftreffende Strahlung reflektiert (Absorptionsgrad $\alpha = 1$). Er thermalisiert sie vollständig und strahlt mehr als jeder andere, und zwar entsprechend der Temperatur gemäß dem Stefan-Boltzmann-Gesetz.

4 **Stefan-Boltzmann-Gesetz:** Ein Schwarzer Körper der Temperatur T mit Oberfläche A emittiert Strahlung der Leistung P. Für die Leistungsdichte S der Strahlung gilt

$$S = P/A = \sigma \cdot T^4 \text{ mit } \sigma = 5{,}67 \cdot 10^{-8}\ \frac{\mathrm{W}}{\mathrm{m^2 K^4}}.$$

5 **Wien'sches Verschiebungsgesetz:** Die Wellenlänge der maximalen Strahlungsleistung λ_m der Strahlung eines Schwarzen Körpers ist proportional zu $1/T$, wobei T die Temperatur des Körpers (in Kelvin) ist. Es ist

$$\lambda_m T = 2880\ \mathrm{\mu m\,K}.$$

6 **Fließgleichgewicht:** Jeder Körper *absorbiert* Strahlung aus der Umgebung. Er gibt Energie in Form von Wärme und Strahlung ab. Wenn er gleich viel Leistung aufnimmt, wie er abgibt, befindet er sich im Fließgleichgewicht der Energie. Je größer die eingestrahlte Leistung ist, desto höher ist die Temperatur im Fließgleichgewicht.

7 **Treibhauseffekt**
a) **Treibhausgase** wie CO_2 lassen Sonnenlicht ungestört auf den Erdboden einfallen. Dieser strahlt IR-Licht ab.
b) Von der IR-Strahlung der Erde *absorbieren* die Treibhausgase einen großen Teil. Sie *thermalisieren* diese Strahlung.
c) Die erwärmte Atmosphäre sendet selbst IR-Strahlung aus, etwa die Hälfte davon zurück zur Erde. Deren mittlere Temperatur steigt. Das ist der **Treibhauseffekt.**

Einflüsse auf die Temperatur der Erde
a) Von der hellen Erdoberfläche wird ein Teil der Sonnenstrahlung in den Weltraum reflektiert. Das hat eine geringere Temperatur zur Folge.
b) Die Treibhausgase thermalisieren einen großen Teil der von der Erde abgegebenen IR-Strahlung. Etwa die Hälfte der Strahlung wird in Richtung der Erdoberfläche abgegeben und trägt zur Erwärmung der Erde bei.
c) Nicht sämtliche von der Erdoberfläche aufgenommene Energie wird als Strahlung abgegeben.

A1 Der Mond reflektiert nur 7 % der Sonnenstrahlung. Er hat keine Atmosphäre. Berechnen Sie seine Durchschnittstemperatur.

A2 Der Planet Merkur hat die Albedo 6 %. Er ist im Mittel 57,9 Millionen km von der Sonne entfernt, die Erde 149,6 Millionen km. Berechnen Sie die Durchschnittstemperatur des Merkur.

A3 Der Stern Gliese 581 hat einen Planeten, oft als „Zweite Erde" bezeichnet. Der Stern strahlt mit 1/50 der Leistung der Sonne. Der mittlere Abstand von Stern und Planet beträgt $11{,}15 \cdot 10^6$ km. **a)** Berechnen Sie die Sternkonstante S des Planeten und seine Temperatur unter der Annahme, dass er ein Schwarzer Körper ist. **b)** Berechnen Sie die Albedo des Planeten so, dass die angegebene mittlere Temperatur von 40 °C erreicht wird. **c)** Der Stern strahlt manchmal um 50 % stärker. Berechnen Sie für diesen Fall die Planetentemperatur mit und ohne Albedo.

A4 Schnee hat für sichtbares Licht die Albedo $\alpha \approx 80\,\%$, im IR-Bereich nur 5 %. Erklären Sie, dass es im Winter über Schneeflächen nachts sehr kalt wird.

A5 Es wird behauptet, dass starke vulkanische Aktivität die Temperatur der Erde sinken lässt. Sammeln Sie Argumente für und gegen diese Behauptung. Informieren Sie sich über den Stand der Wissenschaft zu dieser Frage.

A6 In den letzten Jahren beobachtet man das Abschmelzen der Permafrostböden und das damit verbundene Ausgasen von Methan. Erörtern Sie, inwiefern dies eine weitere Gefahr für das Weltklima darstellt.

A7 Der nachstehende Text fand sich im Internet unter dem Stichwort „Treibhauseffekt". Erörtern Sie die Fehler. „Die während des Tages einfallende Sonnenstrahlung … wird von der Atmosphäre und vom Erdboden in Form von Wärme gespeichert und nachts als Infrarotstrahlung in den Weltraum abgegeben. Die klimarelevanten Spurengase … absorbieren und reflektieren einen Teil dieser Abstrahlung, wodurch die nächtliche Abkühlung reduziert wird. Die Schicht der klimarelevanten Spurengase fängt also, wie die Glasscheiben eines Treibhauses, Sonnenenergie ein, indem sie Sonnenlicht durchlässt und Infrarotstrahlung zurückhält."

Spezielle Relativitätstheorie

Das können Sie in diesem Kapitel erreichen:

Sie verstehen die Notwendigkeit der Relativitätstheorie.

Sie können erklären, was mit dem Begriff der Relativität gemeint ist und warum er so zentral für diese Theorie ist.

Sie erfahren, dass die Geschwindigkeit von Licht immer gleich groß ist, warum das zu Schwierigkeiten mit klassischen Theorien geführt hat und wie Albert EINSTEIN diese überwunden hat.

Sie kennen die Postulate, von denen aus EINSTEIN die spezielle Relativitätstheorie entwickelte.

Sie wissen, was damit gemeint ist, wenn man sagt, Zeit, Länge und Masse seien nicht absolut.

Sie können die wichtigen relativistischen Phänome der Zeitdehnung und der Längenkontraktion korrekt berechnen.

Sie kennen die Äquivalenz von Masse und Energie, ausgedrückt durch die wohl berühmteste Formel der Physik.

Warum ist die Relativitätstheorie nötig?

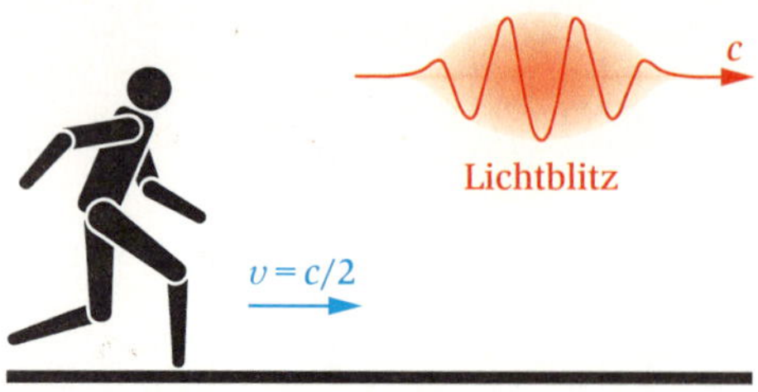

B1 EINSTEIN rennt einem Lichtblitz mit halber Lichtgeschwindigkeit nach, mit $v = \frac{c}{2}$. Er fragt: „Wie schnell ist dieser dann *relativ* zu mir?" Was würde ein Lkw-Fahrer sagen, der hinter einem doppelt so schnellen Pkw fährt?

Historisches

A. EINSTEINS Lebensdaten
Geboren: 14.03.1879 in Ulm
1905 drei bahnbrechende Arbeiten:
– Spezielle Relativitätstheorie ($W = mc^2$)
– Quantenhypothese ($W = hf$)
– Beweis für die Existenz der Atome
1916: Allgemeine Relativitätstheorie
1921: Nobelpreis
1933: Emigration in die USA
1935: Einstein-Podolsky-Rosen-Paradoxon
Gestorben: 18.04.1955 in Princeton (USA)

B. GALILEI beschreibt die Relativität der Bewegung (um 1630)
„Schließt Euch in einen möglichst großen Raum unter dem Deck eines großen Schiffes ein, sorgt auch für ein Gefäß mit Wasser und kleinen Fischen darin. Solange das Schiff still steht, wird man sehen, wie die Fische unterschiedslos nach allen Richtungen schwimmen. Nun lasst das Schiff mit beliebiger Geschwindigkeit fahren: Ihr werdet, wenn nur die Bewegung gleichförmig ist, bei diesen Erscheinungen nicht die geringste Veränderung eintreten sehen. Aus keiner davon werdet Ihr entnehmen können, ob das Schiff fährt oder still steht."

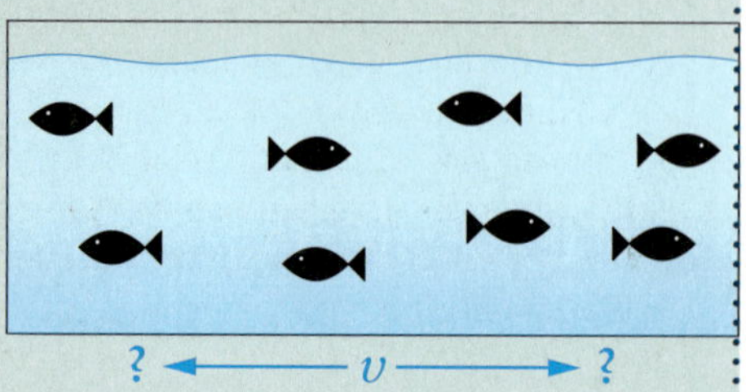

B2 Fährt das Schiff oder steht es still?

Wir blicken ein wenig in die ***Spezielle Relativitätstheorie*** (SRT), die A. EINSTEIN 1905 im Alter von nur 26 Jahren aufstellte. Fast jeder kennt seine Formel $\boldsymbol{E = mc^2}$, mit der er Energie E, Lichtgeschwindigkeit c und Masse m zusammenfasste. Damit sagte er die Möglichkeit voraus, riesige Energiemengen freizusetzen. An Atomreaktoren oder Atombomben dachte damals niemand. Vielmehr ging es EINSTEIN darum, die Natur durch Gesetze zu beschreiben, *die für jeden Beobachter* gültig sind, gleichgültig ob er auf der Erde steht oder irgendwo im Weltall. Dabei spielt die Lichtgeschwindigkeit c eine große Rolle, nicht nur in $E = mc^2$. Schon mit 16 Jahren fragte sich EINSTEIN: Wie schnell ist ein Lichtblitz *relativ* zu mir, wenn ich ihm mit halber Lichtgeschwindigkeit nacheile → **B1**? In seiner speziellen Relativitätstheorie beschränkte er sich auf Beobachter, die z. B. in Zügen sitzen, die mit konstanter Geschwindigkeit $\vec{v}$ dahingleiten. Beginnen wir damit:

1. Was heißt „relativ"?

Sie warten im Zug auf die Abfahrt und sehen durchs Fenster, wie ein anderer Zug fährt, und zwar entgegen der von Ihnen erwarteten Richtung. Fährt er tatsächlich?

- Vielleicht sagen Sie: „Alles in meinem Zug ist in Ruhe; er steht noch; ich sehe ja, dass der andere fährt."
- Könnte aber nicht genau so gut der andere stehen und Ihr Zug geräuschlos dahingleiten?
- Wenn Sie sich nicht entscheiden können, so beschreiben Sie die Beobachtung so neutral wie möglich und sagen: „Beide Züge bewegen sich **relativ** zueinander, mit einer bestimmten **Relativgeschwindigkeit**". Deren Betrag ist für beide Beobachter gleich; keiner ist vor dem andern bevorzugt.
- Klärt ein Blick auf den Bahnsteig Ihre Frage? Ja, aber nur vorläufig. Der Bahnsteig ruht zwar relativ zur Erde. Diese fliegt jedoch mit 30 km/s um die Sonne, die ihrerseits um das Zentrum der Milchstraße rotiert. Auch diese bewegt sich *relativ* zu andern Galaxien. Was folgt daraus?

Trotz intensiver Bemühungen fand man nichts *absolut Ruhendes*, kein fest verankertes **Bezugssystem**, auf das man alle Bewegungen endgültig beziehen könnte. Dies ist aber auch gar nicht nötig. Wir fanden nämlich die Gesetze der Mechanik, als wir alle Bewegungen relativ zum Labortisch, relativ zur Erde, beschrieben haben. Dieses Laborsystem gilt als **Inertialsystem**, weil dort der Trägheitssatz hinreichend genau erfüllt ist (*inertia*, lat. Trägheit). Dort behalten kräftefreie Körper ihren Impulsvektor $\vec{p}$ bei. Dagegen ist ein schnell anfahrender oder bremsender Bus kein Inertialsystem. Relativ zu ihm setzt sich Ihr nicht angegurteter Körper wie von selbst in Bewegung, kräftefrei, wider den Trägheitssatz.

Es gibt beliebig viele Inertialsysteme, etwa gleichmäßig fahrende Schiffe, was GALILEI anschaulich beschrieb → **Historisches**. Solche Systeme gelten in der Physik als gleichberechtigt. Dort kann jeder sagen: „Ich ruhe, die andern bewegen sich relativ zu mir." EINSTEIN jedoch gab sich damit nicht zufrieden. Er forderte uns in der SRT auf, sich in den andern hineinzudenken, zu überlegen, wie der andere die Bewegung von seinem Standpunkt aus beschreibt, relativ zu seinem Bezugssystem. Versetzen wir uns in ein solches:

2. Schall überholt einen Zug

Der Zug mit Länge L = 300 m in **→ B3a** fährt mit v = 50 m/s nach rechts, relativ zum Bahndamm. Dieser sei unser Bezugssystem. Am Zugende E wird ein Pfiff ausgelöst. Dieses Signal läuft außerhalb des Zuges und mit der Schallgeschwindigkeit c_S = 340 m/s nach vorn zur Zugspitze S. Wann kommt es dort an?
Während seiner Laufzeit t muss das Signal nicht nur die Länge L des Zuges zurücklegen, sondern auch die Strecke, welche der Zug zurückgelegt hat. Die Zugspitze S hat sich um die Strecke $SS_t = vt$ weiterbewegt. Relativ zum Bahndamm setzt sich die Laufstrecke des Schallsignals nach **→ B3b** aus der Zuglänge L und der Fahrtstrecke vt des Zuges während der Zeit t zusammen. Dies ergibt

$$c_S t = L + vt \quad \text{oder} \quad c_S t - vt = (c_S - v)\, t = L.$$

Die Laufzeit des Signals beträgt $t = \dfrac{L}{c_S - v}$. (1)

Bei ruhendem Zug ($v = 0$) wäre sie nur $t_R = \dfrac{L}{c_S} < t.$ (2)

Läuft dagegen ein Signal von der Zugpitze S zum Ende E, so kommt E dem Signal während der Zeit t' um die Fahrtstrecke vt' des Zuges entgegen. Die Laufstrecke $c_S t'$ des Signals ist kürzer als die Zuglänge L, also auch die Signallaufzeit t'. Jetzt gilt:

$$c_S t' = L - vt' \quad \text{oder} \quad (c_S t' + vt') = (c_S + v)\, t' = L, \text{ also}$$

$$t' = \frac{L}{c_S + v} < t_R = \frac{L}{c_S}. \qquad (3)$$

Der Schall braucht in Zugrichtung länger als gegen diese.

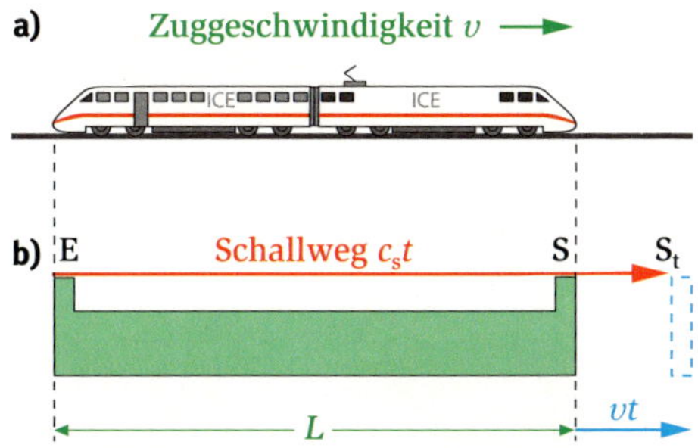

B3 **a)** Momentbild des fahrenden Zuges der Länge L (grün) **b)** In der Zeit t legt der Zug die Strecke $SS_t = vt$ (blau) zurück, der Schall die Strecke $ES_t = c_S t$ (rot). Dies betrachten wir hier relativ zum Bezugssystem Bahndamm.

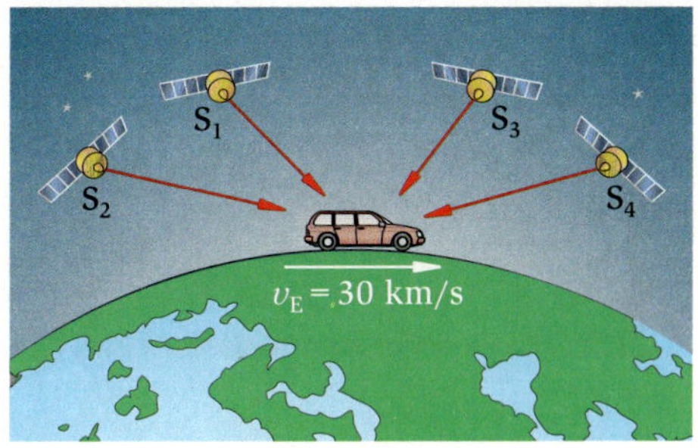

B4 **G**lobal-**P**ositioning-**S**ystem (GPS): Signale der vier Satelliten treffen das Auto.

3. Das GPS-System wirft eine grundlegende Frage auf

Sie kennen die Geisterstimme, mit der das GPS (**G**lobal-**P**ositioning-**S**ystem) dem Autofahrer den Weg weist. Dazu nimmt das Auto nach **→ B4** ständig kodierte Signale elektromagnetischer Wellen mit 1,6 GHz auf. Diese gehen von vier Erdsatelliten aus und laufen mit der nach MAXWELL berechneten Geschwindigkeit

$$c = \frac{1}{\sqrt{\varepsilon_0 \mu_0}} = 299\,792\,458\ \frac{\text{m}}{\text{s}} \approx 3 \cdot 10^8\ \frac{\text{m}}{\text{s}}. \qquad (4)$$

Stünde der ratsuchende Autofahrer in **→ B4** weiter rechts, so träfen die Signale von S_3 und S_4 früher ein als die von S_1 und S_2. Diese winzigen Laufzeitdifferenzen hängen vom Standort ab. Aus ihnen berechnet der Bordcomputer die Position des Autos.

Die Erde betrachten wir hier als Bezugssystem. Doch ruht sie nicht: Erde und Auto rasen mit v_E = 30 km/s um die Sonne. Verändert dies die Laufzeiten der Signale? Hängen diese davon ab, ob das jeweilige Signal dem in **→ B4** mit der Erde um die Sonne nach rechts rasenden Auto hinterher laufen muss (S_1 und S_2) oder ob das Auto ihm entgegen rast (S_3 und S_4)? Muss der Bordcomputer das bei seinen komplizierten Rechnungen berücksichtigen? Es kommt ja beim GPS auf winzige Laufzeitdifferenzen an. Erfreulicherweise konnte man beim Entwurf des GPS auf sehr präzise Erfahrungen beim Weltfunkverkehr zurückgreifen. Diese diskutieren wir nun ausführlich, da sie uns zum Grundproblem der SRT führen.

A1 **a)** Wie könnte man die Laufzeiten der Schallsignale im fahrenden Zug vom Ende E zur Zugspitze S möglichst genau messen? Kann das *ein* einziger Beobachter mit seiner genauen Stoppuhr machen? Was ist zu beachten, wenn mehrere Beobachter zusammenarbeiten? Genügt *ein* Beobachter, wenn er Lichtsignale bzw. elektrische Methoden benutzt? **b)** Messen Beobachter am Bahndamm die gleiche Laufzeit für ein bestimmtes Schallsignal wie Mitfahrende? Begründen Sie.

A2 **a)** Woran erkennen Autoinsassen, ob ihr Fahrzeug ein Inertialsystem ist? Genügt ein Blick auf den Tacho, ein Experiment im Innern oder muss man auf die Straße achten? **b)** Im Bus rollt auf waagerechter Strecke plötzlich ein Apfel nach vorn (nach hinten), wie von Geisterhand angestoßen. Warum?

A3 **a)** In einem mit konstanter Geschwindigkeit $\vec{v}$ fahrenden gläsernen Zug wirft jemand einen Ball senkrecht in die Höhe. Skizzieren Sie die Bahnkurven des Balles, wie sie der Werfende bzw. ein Beobachter am Bahndamm „sieht". **b)** Karl sagt: „Die Bahnkurven sind so verschieden, dass ich daran kein gemeinsames Naturgesetz erkenne." Helfen Sie ihm.

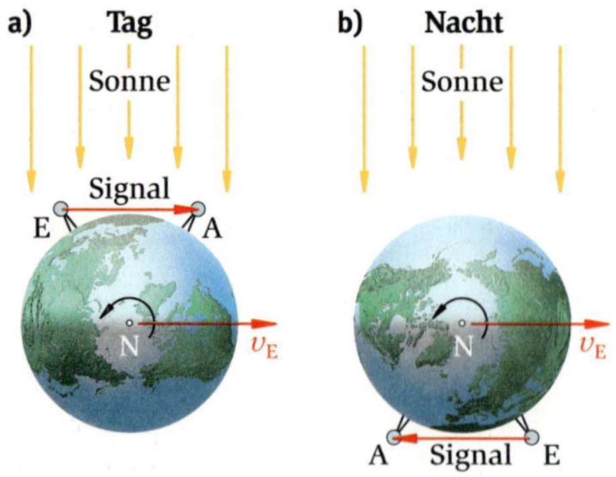

B1 Die Erde bewegt sich mit $v_E = 30$ km/s um die Sonne nach rechts. Radiosignale laufen von Europa nach Amerika, **a)** bei Tag *mit der Erde*, **b)** bei Nacht *gegen die Erde*.

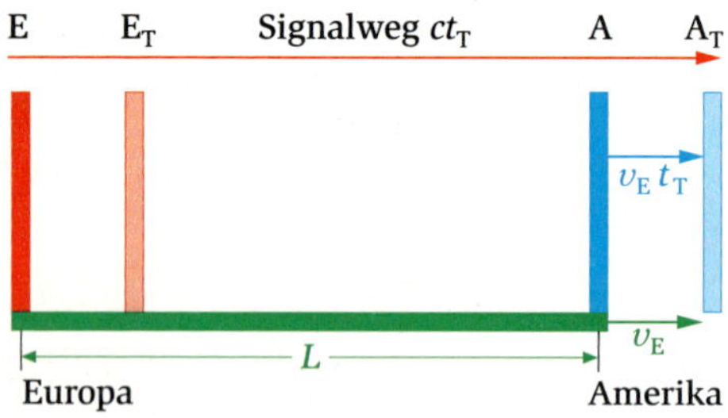

B2 Bei **Tag** holt das Signal (rot) von Europa die Empfangsstation Amerika erst in A_T zur Zeit t_T ein; der Signalweg ist $ct_T = L + v_E t_T$. (Gilt wie → **B1** für Außenstehende; von der Erdkrümmung ist abgesehen, auch in → **B3**.)

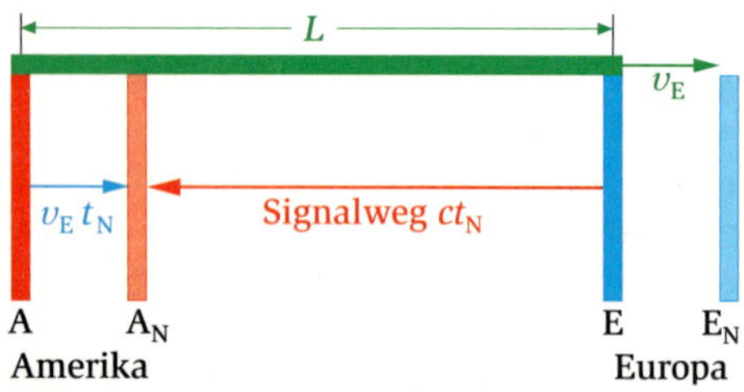

B3 Bei **Nacht** hat sich die Erde um 180° gedreht: Das Signal (rot) trifft von Europa aus die Empfangsstation Amerika schon in A_N zur Zeit t_N; der Signalweg ist $ct_N = L - v_E t_N$.

A1 **a)** Der auf der Erde vermessene Laufweg der Radiosignale von Europa nach Amerika sei $L = 8000$ km. Wie lange brauchen diese für die Außenstehenden bei Nacht, wie lange bei Tag (Erdgeschwindigkeit $v_E = 30$ km/s)? Rechnen Sie auf 10^{-7} genau. **b)** Ulrike wendet ein: „Der Sender in Europa (E) könnte dem abgehenden Signal seine Geschwindigkeit v_E mitgeben" (*Schubshypothese* in → **Interessantes**). Welche Zeiten errechnet sie für Außenstehende, welche für die Erdbewohner?

4. Hängt die Lichtgeschwindigkeit vom Beobachter ab?

Wir betrachten Radiosignale, die von einer Station Europa nach Amerika laufen → **B1**. Dabei stellen wir uns in Gedanken neben die Erdbahn, fliegen nicht mit der Erde um die Sonne. Die Erde rast relativ zu uns mit $v_E = 30$ km/s nach rechts, die Radiosignale mit Lichtgeschwindigkeit $c = 3 \cdot 10^8$ m/s. Was messen wir?

a) Bei **Tag** läuft das Signal von Europa (E) für uns Außenstehende *mit* der Erde → **B2**. Die Empfangsstation in Amerika (A) läuft vor dem Signal her, wird in A_T eingeholt. Während der Signallaufzeit t_T legt A mit der Erdgeschwindigkeit v_E die Strecke $AA_T = v_E t_T$ zurück (blau). Die Signallaufstrecke $EA_T = ct_T$ ist um $v_E t_T$ länger als die auf der Erde gemessene Strecke $EA = L$.
Wir Außenstehende berechnen EA_T zu $ct_T = L + v_E t_T$. Die Laufzeit der Signale ist bei **Tag**

$$t_T = \frac{L}{c - v_E} \quad . \tag{1}$$

Bei **Nacht** läuft das Signal nach links, die Empfangsstation A läuft ihm in der Zeit t_N um $v_E t_N$ entgegen nach A_N → **B3**. Das Signal legt den Weg $EA_N = ct_N$ zurück (roter Pfeil). Für uns Außenstehende gilt jetzt $ct_N = L - v_E t_N$; die Signallaufzeit beträgt bei **Nacht**

$$t_N = \frac{L}{c + v_E} < t_T. \tag{2}$$

b) Wir Beobachter auf der Erde messen jedoch *für die gleichen Vorgänge* andere Werte: Wir messen bei Tag wie bei Nacht stets die gleiche Laufzeit $t = L/c$. Die Differenz zu *Gl. (1)* und *Gl. (2)* ist unerhört. Sind wir doch überzeugt, dass ein bestimmter Vorgang eine ganz bestimmte Dauer besitzt, gleichgültig wer misst. EINSTEIN dagegen rüttelte am Zeitbegriff. Sein Wort *relativ* bedeutet:
Zeitmessungen hängen vom Beobachter ab. Zeit ist relativ.
Beruhigend ist aber: In → **B2** läuft die Empfangsstation bei Tag mit der Erde vor dem Signal her, in → **B3** bei Nacht ihm entgegen. Trotzdem messen wir längs der gleichen, relativ zu uns ruhenden Strecke L die gleiche Zeit t. Also hat die *Geschwindigkeit* des Lichts stets den gleichen, man sagt *invarianten* Wert $c = 299\,792\,458$ m/s.
Die Lichtgeschwindigkeit ist nicht relativ.

Damit ist EINSTEINS Jugendfrage gelöst: Wie schnell man auch hinter Licht herläuft (oder ihm entgegen), stets misst man am Licht die gleiche Geschwindigkeit c.

Bei Schall ist das anders: Dessen Geschwindigkeit 340 m/s gilt relativ zum Schallträger Luft. Wer mit dem Schall fliegt, etwa auf einem Maximum des Schalldrucks „reitet", für den ist die Schallgeschwindigkeit null.

Licht dagegen breitet sich im leeren, materiefreien Raum aus, nach MAXWELL mit $c = 1/\sqrt{\varepsilon_0 \mu_0} \approx 3 \cdot 10^8$ m/s. In dieser Gleichung tritt weder der Beobachter noch die Lichtquelle auf.

Merksatz

Die Lichtgeschwindigkeit c hängt weder vom Beobachter noch von der Geschwindigkeit der Lichtquelle ab.

5. Einsteins Intentionen; die Postulate der SRT

EINSTEIN erkannte, dass die Lichtgeschwindigkeit weder vom *Beobachter* noch von der Bewegung der *Lichtquelle* abhängt. Dies ist heute experimentell bestätigt → **Interessantes**. Damit wurde eine fundamentale Erkenntnis gewonnen: Die Lichtgeschwindigkeit c ist eine *invariante*, unveränderliche Naturkonstante. Diese **Invarianz** von c erhob EINSTEIN zum *ersten Grundprinzip* seiner Speziellen Relativitätstheorie (SRT).

EINSTEIN dachte noch weiter und sagte: Die Invarianz von c und viele andere Naturgesetze finden wir auf der Erde. Da diese keine Sonderstellung einnimmt, muss *jede physikalische Theorie* so formuliert werden, dass *alle* Naturgesetze für *alle* Beobachter gelten, unabhängig davon, wo sie sind, wie schnell sie sich mit konstanter Geschwindigkeit bewegen. Damit forderte EINSTEIN als *zweites Grundprinzip* der SRT das **Relativitätsprinzip** für Inertialsysteme. Danach gibt es keinen Beobachter, der von sich behaupten kann, absolut gesehen zu ruhen.

Merksatz

a) Relativitätsprinzip: Kein Inertialsystem ist vor anderen bevorzugt. In allen gelten die gleichen Naturgesetze. Es gibt kein absolut ruhendes Bezugssystem.

b) Invarianz der Lichtgeschwindigkeit c: Die Lichtgeschwindigkeit hängt weder vom Beobachter noch von der Quelle ab. Sie hat im Vakuum stets den Wert

$$c = 299\,792\,458 \text{ m/s} \approx 3 \cdot 10^8 \text{ m/s} = 300\,000 \text{ km/s}.$$

Ziehen wir daraus eine erste Folgerung:

Beobachter A sagt: „Ich ruhe, während die Person B in seinem Raumschiff relativ zu mir mit der Geschwindigkeit v fliegt". Die Person B antwortet mit gleichem Recht: „Ich ruhe. Die Person A bewegt sich mit der Geschwindigkeit v. Sie ist mir gegenüber gleich schnell wie ich aus ihrer Sicht, fliegt aber in Gegenrichtung."

Wäre die **Relativgeschwindigkeit** für beide *nicht* gleich groß, wäre z. B. Beobachter A langsamer, so wären beide Systeme nicht gleichberechtigt; das Relativitätsprinzip wäre verletzt, ein Beobachter vor dem anderen bevorzugt.

Erstaunlicherweise genügten Einstein diese zwei **Postulate**, um seine Spezielle Relativitätstheorie aufzubauen, um Ordnung in die Naturbeschreibung zu bringen, um erkannte Widersprüche aufzuheben. Alle weiteren Ergebnisse und Vorhersagen der Speziellen Relativitätstheorie ergeben sich aus den Folgerungen, die man aus diesen zwei Postulaten ziehen kann, auf logische Weise, mit Mitteln der Mathematik.

So lernen wir ein wichtiges Verfahren physikalischer Erkenntnisgewinnung kennen. Doch müssen die Ergebnisse im Experiment „dem Gericht der Natur" zur Prüfung vorgelegt werden. Entscheidend ist also nicht, ob uns Gesetze befremden oder gefallen, sondern allein, ob sie einer experimentellen Überprüfung standhalten können.

Interessantes

Am rechten γ-Quant misst man $+c$, am linken $-c$

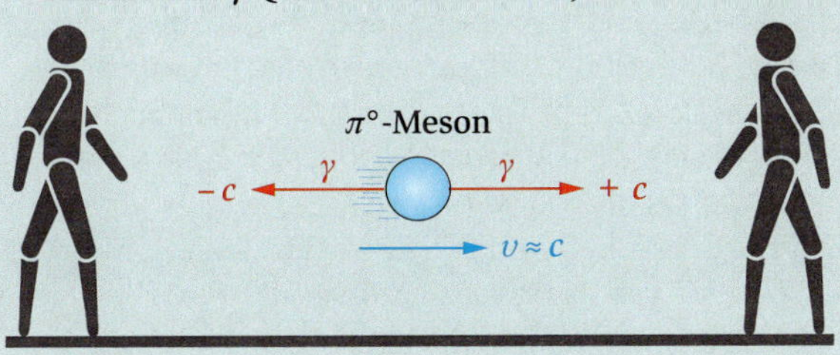

Hängt c von der Lichtquelle ab?

π^0-Mesonen sind Elementarteilchen, die wie radioaktive Atomkerne zerfallen. Dabei senden sie zwei γ-Quanten aus, die sich wie Licht verhalten. Das eine fliegt z. B. nach rechts, das andere nach links. Dies ist auch dann der Fall, wenn man das π^0-Meson vor der Emission in einem Teilchenbeschleuniger fast auf Lichtgeschwindigkeit gebracht hat. Gäbe es dann dem rechten γ-Quant seine hohe Geschwindigkeit $v \approx c$ mit, sozusagen einen „Schubs" nach rechts, so würde es für Beobachter des *Laborsystems* mit $c' = c + v \approx 2c$ wegfliegen statt mit c. Das linke hätte die Geschwindigkeit $c'' = c - v \approx 0$.

Bei γ-Quanten, also auch bei Licht, gilt diese an sich einleuchtende *Schubshypothese* nicht. Dort misst man im Laborsystem am linken wie am rechten γ-Quant stets die gleiche Geschwindigkeit c, unabhängig davon, wie schnell sich das π^0-Meson, die γ-Quelle, bewegt.

Anders beim Handballspiel: Rennen Sie mit 20 m/s auf das Tor zu und werfen den Ball von sich aus gesehen mit 25 m/s ab, so empfängt der Torwart den Ball mit (20 + 25) m/s = 45 m/s. Quanten und Licht verhalten sich nicht wie Bälle.

Als EINSTEIN 1905 die SRT aufstellte, gab es weder Messungen an γ-Quanten noch an Radiosignalen. Nach langem Ringen erkannte er MAXWELLS Aussage zum Wert $c = 1/\sqrt{\varepsilon_0 \mu_0}$ für die Lichtgeschwindigkeit an. Danach breitet sich die von der Quelle gelöste Lichtwelle als ein in sich geschlossener, auf sich selbst gestellter elektromagnetischer Vorgang aus. Die daraus folgende Invarianz der Lichtgeschwindigkeit ist heute vielfältig bestätigt. Aber es gibt Probleme bei **Zeitmessungen**. Diesen wenden wir uns im Folgenden zu.

Zeit und Länge sind relativ

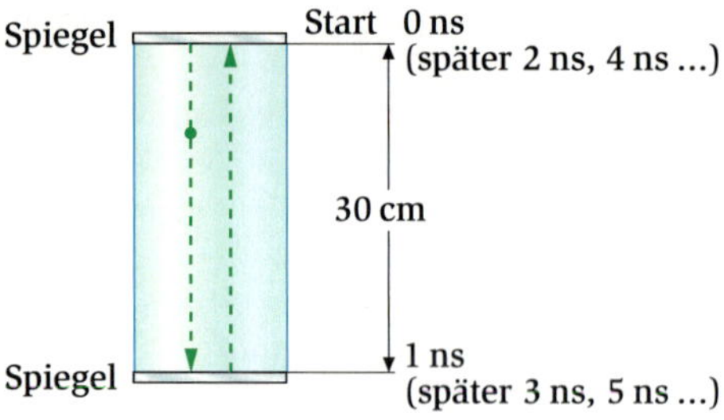

B1 Der Lichtblitz (grün) durchläuft die 30 cm lange Lichtuhr im 1 Nanosekundentakt.

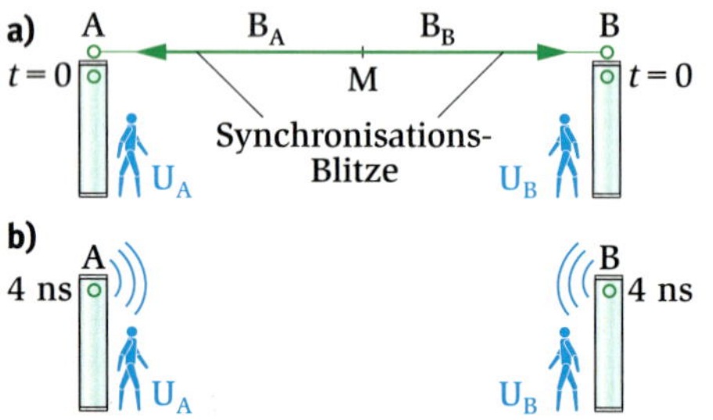

B2 Uhrensynchronisation: **a)** Die Uhren U_A und U_B werden zugleich von den Lichtsignalen B_A und B_B aus der Mitte M in Gang gesetzt, jede bei $t = 0$. **b)** Ergebnis: Der Gong bei A und der bei B werden *zugleich* geschlagen, bei $t = 4$ ns.

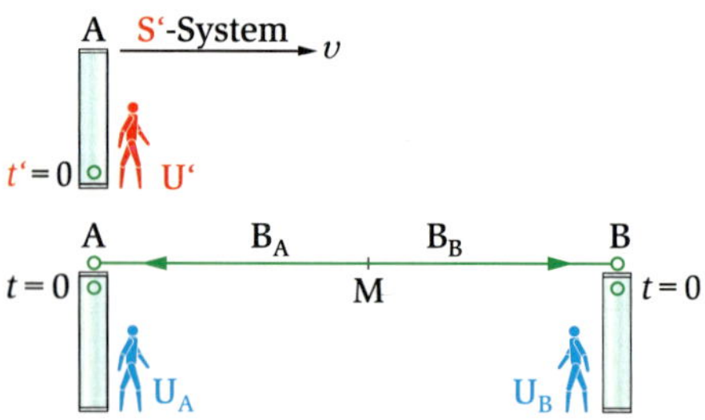

B3 Wenn unsere Uhren U_A und U_B die S-Zeit $t = 0$ zeigen, rast die S′-Uhr U′ an U_A vorbei und startet mit der S′-Zeit $t' = 0$.

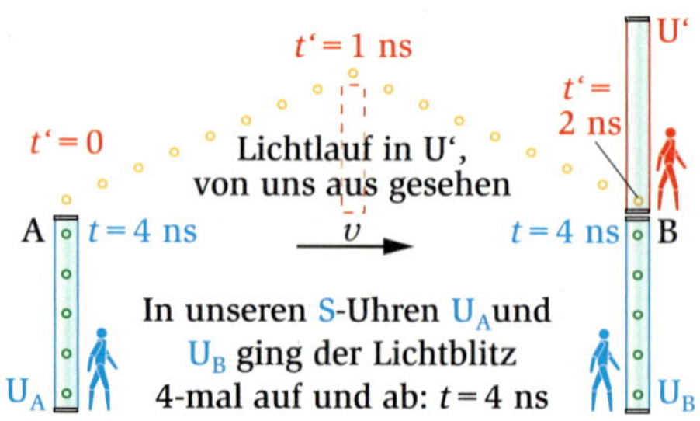

B4 U′ rast an unserer rechten S-Uhr U_B vorbei. U_B zeigt die S-Zeit $t = 4$ ns, die S′-Uhr U′ nur die S′-Zeit $t' = 2$ ns. Denn in U_A und U_B hat der Uhrenblitz die Uhrenlänge 0,3 m 4-mal zurückgelegt, in U′ nur 2-mal. Dieser lief vom S-System aus gesehen längs der Diagonalen.

1. Zeitmessung, Uhrensynchronisation

Um zu klären, ob Zeit relativ ist, bauen wir in Gedanken eine Lichtuhr **→ B1**. Es ist ein Röhrchen mit ideal spiegelnden Enden im Abstand $l = 0{,}3$ m. Dazwischen läuft ein Lichtblitz auf und ab. Für jeden Beobachter gilt dessen Geschwindigkeit c, für jeden also auch die Zeit Δt, die der Blitz für die Strecke l braucht, nämlich

$$\Delta t = \frac{s}{c} = \frac{0{,}30\ \text{m}}{3 \cdot 10^8\ \frac{\text{m}}{\text{s}}} = 10^{-9}\ \text{s} = 1\ \text{ns (1 Nanosekunde)}.$$

So sind z. B. nach vier Läufen des Lichtblitzes 4 ns verstrichen. Bei diesem kurzen Zeittakt muss die Uhr unmittelbar am Ort des Geschehens und des Beobachters stehen. Andernfalls würde dieser wegen der Laufzeit des Lichts eine vergangene Zeit ablesen.

Zudem müssen wir sicher angeben können, ob zwei Ereignisse, die an den räumlich getrennten Orten A und B von **→ B2** stattfinden, auch zeitgleich sind. Dazu muss die bei A stehende Uhr U_A **synchron** (gleichzeitig) mit der Uhr U_B bei B ticken. Um dies zu erreichen, starten zwei Lichtsignale B_A und B_B *zugleich* aus der Mitte M zwischen U_A und U_B. Die Signale sind gleich schnell, treffen also bei U_A bzw. U_B *zeitgleich* ein. Beide Uhren starten *zeitgleich* mit $t = 0$.

An jeder Uhr sitzt ein Beobachter **→ B2b**. Schlägt z. B. Beobachter A seinen Gong bei der Anzeige $t = 4$ ns seiner Uhr U_A und Beobachter B seinen Gong auch bei Anzeige $t = 4$ ns seiner Uhr U_B, dann finden diese beiden Gongschläge *zeitgleich* statt, zur Zeit $t = 4$ ns. So präzisierte EINSTEIN durch eine Messvorschrift die **Gleichzeitigkeit** von Ereignissen, die an verschiedenen Orten stattfinden.

2. Zeitmessungen sind relativ

Unsere Uhren U_A und U_B sind synchronisiert. Sie zeigen die S-Zeit unseres S-Systems an. Über ihnen fliegt sehr schnell die S′-Rakete eines S′-Beobachters (S′-Größen sind rot, S-Größen blau gedruckt). Nach **→ B3** passiert dessen S′-Uhr U′ „hautnah“ unsere S-Uhr U_A z. B. bei der S-Zeit $t_A = 0$. S′ stellt seine Uhr U′ auch auf $t' = 0$. Sie zeigt die S′-Zeit seines S′-Systems.

Kurz darauf fliegt U′ an U_B vorbei **→ B4**. Dort lesen S wie auch S′ die Uhren U_B und U′ ab. Beide stellen überrascht fest:

- Unsere S-Uhr U_B stoppt als Laufzeit von U′ die S-Zeit $t = 4$ ns.
- Die S′-Uhr U′ gibt *für das Gleiche* als S′-Zeit nur $t' = 2$ ns an.

Warum ist das so? Der Lichtblitz der S′-Uhr läuft für uns S-Beobachter längs der schrägen Diagonalen. Die dort gezeichneten Blitze sind im gleichen Takt gezeichnet wie in U_A und U_B. Da c überall gleich ist, haben sie gleiche Abstände. Längs der schrägen Diagonalen ist aber ihr Weg länger. Sie kommen also in U′ nicht so oft oben und unten an wie die Blitze, die in U_A und U_B nur vertikal auf und ab laufen. Deshalb bleibt die Einzeluhr U′ von S′ gegenüber den synchronisierten Uhren unserer S-Uhrenreihe zurück.

Die Invarianz von c zwingt uns aufgrund präziser Zeitmessung, die S′-Zeit t' des S′-Beobachters von der S-Zeit t des S-Beobachters zu unterscheiden: Zeitmessungen hängen vom Beobachter ab.

3. Die Zeitdehnung (Zeitdilatation)

Wie hängt die von S′ gemessene S′-Zeit t' von der S-Zeit t des S-Beobachters ab? ➜ **B5** ist für unser S-System gezeichnet. Dort legt die S′-Uhr U′ nach rechts die S-Strecke CD = vt zurück, berechnet mit unserer S-Zeit t. Um die zugehörige S′-Zeit t' zu berechnen, verfolgen wir den Lauf des Lichtblitzes in der S′-Uhr U′:

- Dieser Blitz läuft in unserem S-System, in unserer S-Zeit t, längs der schrägen Bahn CE = ct nach rechts oben.
- S′ sagt nach *dem Relativitätsprinzip* ➜ **B5** : „Ich ruhe in meinem gleichberechtigten S′-System. Für mich existiert die schräge Bahn CE nicht. Für mich steigt der Lichtblitz meiner S′-Uhr U′ vom unteren Ende D senkrecht hoch nach E und legt relativ zu mir die S′-Strecke DE = ct' zurück. So zeigt er meine S′-Zeit t' an." Folglich gilt im Dreieck CDE von ➜ **B5** nach PYTHAGORAS:

$$(ct')^2 = (ct)^2 - (vt)^2 \quad \text{oder} \quad t'^2 = t^2 - \frac{v^2}{c^2}\,t^2,$$

$$t' = t\sqrt{1 - \left(\frac{v}{c}\right)^2} \le t. \qquad (1)$$

Bei $v \ge c$ wäre der Radikand $1 - (v/c)^2$ nicht mehr positiv. Dies zeigt: Bewegte Körper können Lichtgeschwindigkeit weder erreichen noch überschreiten. Wir benutzen künftig folgende Abkürzungen:

- $\boldsymbol{\beta = v/c}$ ist der Anteil der Relativgeschwindigkeit v an der Lichtgeschwindigkeit c. $\beta = 0{,}1$ bedeutet $v = \beta c \approx 0{,}3 \cdot 10^8$ m/s; v beträgt 10 % der Lichtgeschwindigkeit.
- $\boldsymbol{k = t'/t} = \sqrt{1 - (v/c)^2} = \sqrt{1 - \beta^2}$; Quotient aus S′- und S-Zeit. Stellt man nach β frei, so folgt $\beta = \sqrt{1 - k^2}$.

$k = \sqrt{1 - \beta^2}$ heißt Dehnungsfaktor; man spricht von **Zeitdehnung** oder **Zeitdilatation**. Trotzdem darf jeder von der Uhr seines Systems überzeugt sein; sie gibt ihm an, was 1 Nanosekunde ist.

Merksatz

Zeitdehnung: Zeit ist relativ. Bewegt sich die Einzeluhr U′ (t') relativ zu synchronisierten S-Uhren (t) mit der Relativgeschwindigkeit $v = \beta c$, so ist die von U′ angezeigte S′-Zeit t' gegenüber der S-Zeit t gedehnt. Dabei gilt:

$$k = \frac{t'}{t} = \sqrt{1 - \beta^2} \le 1 \quad \text{oder} \quad \beta = \sqrt{1 - k^2} \le 1.$$

Für die **Zeitdilatation** gilt: $t' = t\sqrt{1 - \beta^2} = kt \le t$.

Beispiel

Bei $k = t'/t = 0{,}5$ tickt die S′-Uhr halb so schnell wie die S-Uhren, an denen sie vorbeizieht. Dann ist $\beta = v/c = \sqrt{1 - k^2} = 0{,}87$, also $v = \beta c = 2{,}6 \cdot 10^8$ m/s.
Umgekehrt ist bei $\beta = 0{,}5$ der Faktor $k = t'/t = \sqrt{1 - \beta^2} = 0{,}87$.
Der Faktor $k = 1$ gilt bei $\beta = 0$, bei $v = 0$ ➜ **B6** ; nur dort ist $t' = t$.

Dies zeigt: Während sich das Zeitkonto von S z. B. bis $t = 4$ ns füllt, bringt es das Zeitkonto von S′ bei $k = 0{,}5$ nur auf $t' = kt = 2$ ns. Das Zeitintervall $t' = 2$ ns der S′-Zeit ist für S auf $t = 4$ ns gedehnt.

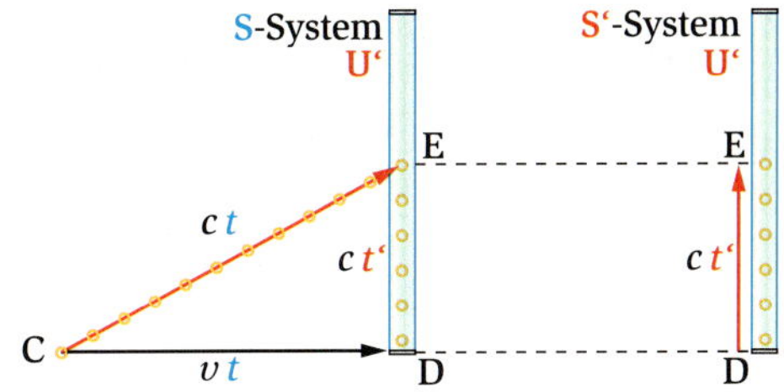

B5 Links gilt $(ct')^2 = (ct)^2 - (vt)^2$.
Rechts: S′ liest seine S′-Uhr U′ ab.

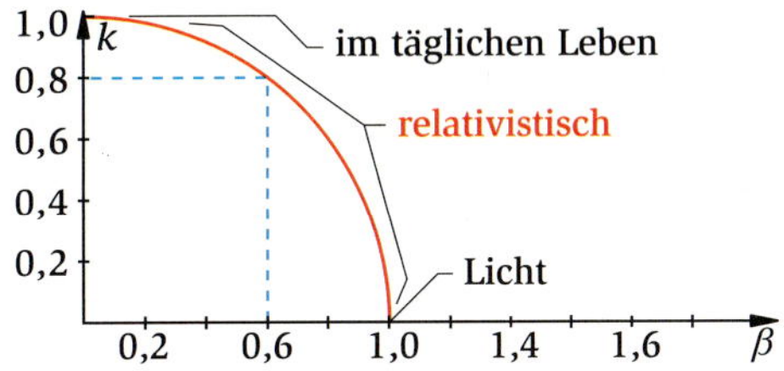

B6 $k = \sqrt{1 - \beta^2}$ über $\beta = v/c$

Beispiel

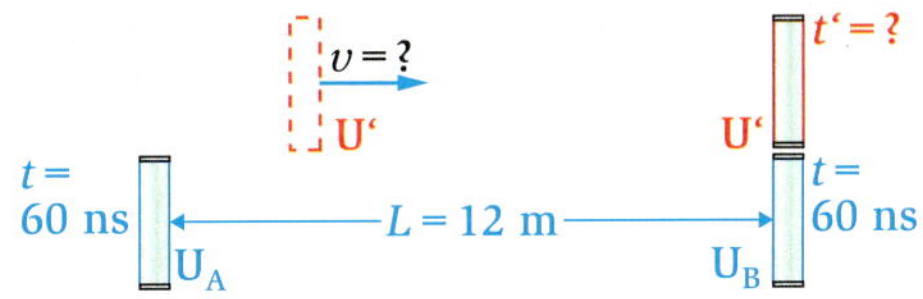

Der Abstand $U_A U_B$ der S-Uhren sei $L = 12$ m. S stoppt für den Lauf der einen S′-Uhr U′ von U_A nach U_B die S-Zeit $t = 60$ ns. Wie schnell ist U′? Was stoppt U′?

Lösung: S rechnet in seinem S-System: U′ braucht für die Strecke $L = 12$ m die S-Zeit $t = L/v$. Also beträgt die Relativgeschwindigkeit von S′ gegen S:

$$v = L/t = 12\ \text{m}/60\ \text{ns} = 2 \cdot 10^8\ \text{m/s}. \text{ Es gilt:}$$

$$\beta = v/c = (2 \cdot 10^8\ \text{m/s})/(3 \cdot 10^8\ \text{m/s}) = 0{,}67.$$

Da die U′-Uhr mit $\beta = 0{,}67$, also 67 % Lichtgeschwindigkeit fliegt, ist der für die Zeitdilatation wichtige Dehnungsfaktor

$$k = t'/t = \sqrt{1 - \beta^2} = \sqrt{1 - 0{,}67^2} = 0{,}75.$$

Die Uhr U′ stoppt also die S′-Zeit

$$t' = kt = 0{,}75 \cdot 60\ \text{ns} = 45\ \text{ns}.$$

A1 **a)** Wie groß ist k bei $v = 1000$ km/h (Flugzeug), wie groß bei 99,9 % von c? Wann ist $k = 0{,}001$, wann 0,999? Wo liegen diese Angaben in ➜ **B6** ?

A2 Welche Postulate der SRT benutzt die Uhrensynchronisation, welche die Lichtuhr?

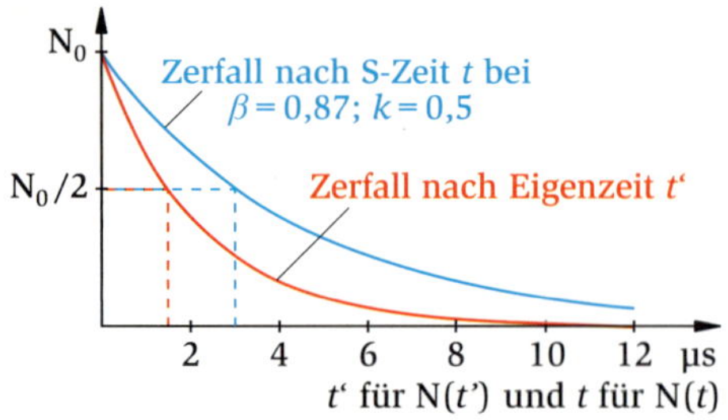

B1 Zerfall von Myonen bei Relativgeschwindigkeit $\beta = 0{,}87$: Rot: In der S'-Eigenzeit t' mit Halbwertszeit $T_{1/2}' = 1{,}5\ \mu s$. Blau: In der S-Zeit t der S-Beobachter; für diese „leben" die Myonen doppelt so lang, mit $T_{1/2} = 3\ \mu s$.

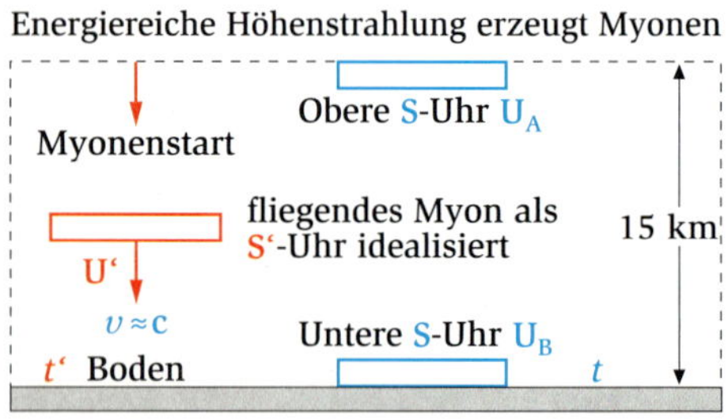

B2 Myonen entstehen in 15 km Höhe und fliegen an unseren synchronisierten S-Uhren vorbei. Als S'-Uhren betrachtet ticken sie langsamer; sie „leben" für uns S-Beobachter länger.

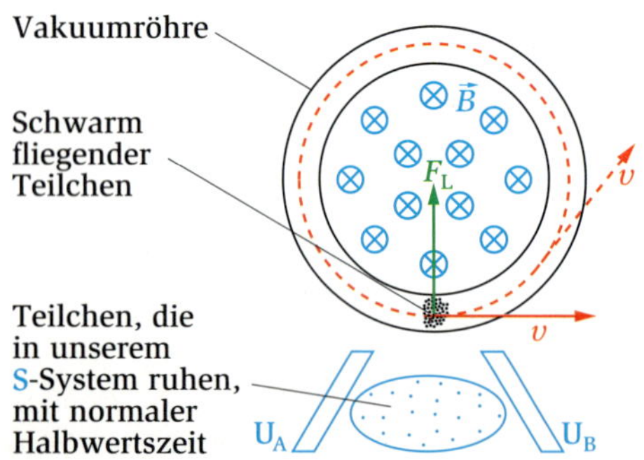

B3 In einem Kreisbeschleuniger des CERN (Genf) kreisen geladene Teilchen mit $\beta = 0{,}9999969$, also fast mit Lichtgeschwindigkeit. In der Vakuumröhre zwingt sie ein B-Feld mit der Lorentzkraft F_L auf die Kreisbahn von ca. 40 m Durchmesser. Wegen der Zeitdilatation „leben" sie für uns außenstehende S-Beobachter, an deren Uhren U_A und U_B sie vorbeifliegen, 400-mal so lang wie die im S-System ruhenden Myonen; „ihre Zerfallsuhr tickt 400-mal langsamer". Für uns ist ihre Halbwertszeit auf das 400fache gestiegen. Es gibt keinen Grund anzunehmen, dass sich die Zeitdilatation nicht auch auf Lebensvorgänge auswirkt.

4. Bestätigungsexperimente zur Zeitdehnung

a) Die Zeitdilatation wurde an *Myonen* bestätigt. Dies sind Teilchen mit 207facher Elektronenmasse. Erzeugt man sie im Labor, so zerfallen sie wie radioaktive Stoffe. Sind sie relativ zum Labor in Ruhe, so misst man ihre Halbwertszeit zu 1,5 µs. Zählt man bei $t = 0$ zu Beginn 1000 Myonen, so zählt man nach 1,5 µs ca. 500, nach 3 µs ca. 250 Myonen usw. **→ B1**.
Myonen entstehen auch in $L \approx 15$ km Höhe aus Höhenstrahlung. Einige davon fliegen zur Erde, fast so schnell wie Licht, z. B. mit $\upsilon = 0{,}9999\,c$ **→ B2**. Würden wir Erdbewohner mit der im Ruhezustand gemessenen Halbwertszeit 1,5 µs rechnen, so kämen sie für uns nur $s \approx \upsilon \cdot 1{,}5\ \mu s \approx 0{,}45$ km weit. Trotzdem erreichen sehr viele den 15 km entfernten Erdboden. Von der SRT geschult sagen wir:

Zerfallende Myonen bilden eine fliegende S'-Uhr U' **→ B2**. In ihrem fliegenden S'-System misst man die im Labor ermittelte *Eigenhalbwertszeit* $T_{1/2}' = 1{,}5\ \mu s$. Wir S-Beobachter messen mit unseren synchronisierten S-Uhren U_A und U_B an den vorbeifliegenden Myonen verlängerte Lebensdauern **→ B1**. Für uns läuft bei $\beta = \upsilon/c = 0{,}9999$ das Zeitkonto der Myonen mit dem Faktor $k = \sqrt{1-\beta^2} = 0{,}014$ langsamer ab („ihre Zerfallsuhr tickt langsamer"). Die in ihrem fliegenden S'-System geltende *Eigenhalbwertszeit* $T_{1/2}' = 1{,}5\ \mu s$ ist in unserem S-System gedehnt auf

$$T_{1/2} = \frac{T_{1/2}'}{k} = \frac{1{,}5 \cdot 10^{-6}}{0{,}014}\ \text{s} \approx 100\ \mu\text{s}.$$

Sie legen in 100 µs die S-Strecke $s = \upsilon \cdot T_{1/2} \approx 30$ km zurück und erreichen so den 15 km entfernten Erdboden. Im Labor bestätigt man die Zeitdehnung mit 0,01 % Genauigkeit **→ B3**.

b) C. HAFELE und R. KEATING überraschten 1971 mit einem spektakulären Experiment. Beide umkreisten in Linienmaschinen die Erde, mit präzisen Atomuhren im Handgepäck (Genauigkeit 10^{-12}). Sie flogen ostwärts, entlang den vielen synchronisierten S-Erduhren. Der Faktor k der Zeitdilatation lag nahe bei 1; die Reisenden sollten bei ihrer Erdumrundung nach der SRT um ca. 250 ns jünger bleiben als die Zurückgebliebenen. Da sie in ca. 10 km Höhe flogen, tickten ihre Uhren nach der *Allgemeinen Relativitätstheorie* EINSTEINS etwas schneller, was bei der langen Flugdauer obige 250 ns um 200 ns verminderte. Der Netto-Effekt von 50 ns Zeitdehnung konnte festgestellt werden.

c) So bestätigten HAFELE und KEATING das **Zwillingsparadoxon,** wenn auch nur im ns-Bereich: Danach soll der reisende Zwilling Rolf, der mit großer Geschwindigkeit ($\beta \approx 1$) für einige Jahre etwa zum Sirius fliegt, bei seiner Rückkehr deutlich weniger gealtert sein als sein sesshafter Erdenzwilling Enno. Auf der Hinreise läuft für Rolf die Zeit nach $t' = t\sqrt{1-\beta^2} < t$ ab. Bei der Rückreise geht υ in $-\upsilon$ über, was den Faktor $k = \sqrt{1-\beta^2}$ nicht ändert; Rolf altert auch auf der Rückreise langsamer. Mit Computer-Simulationen lässt sich das Zwillingsparadoxon vertieft behandelt.
Experimente in Kreisbeschleunigern nach **→ B3** bestätigen dies sehr überzeugend. Dort kehren die „reisenden" Teilchen immer wieder zum Startpunkt zurück und sind weniger „gealtert" als dort ruhende Teilchen.

5. Längenkontraktion in Bewegungsrichtung

Wer mit v = 50 km/h fährt, legt in t = 3 h die Strecke $s = vt$ = 150 km zurück. Nun ist Zeit relativ. Überträgt sich dies auch auf Strecken in Bewegungsrichtung? Betrachten wir → B4: Dort rast die S′-Uhr U′ mit $v = 2{,}6 \cdot 10^8$ m/s (β = 0,87; k = 0,5) von der S-Uhr U_A nach U_B. Dafür stoppt U′ die S′-Zeit t' = 2 ns, unsere S-Uhren dagegen $t = t'/k$ = 4 ns. Wir fragen: Wie lang ist die Strecke U_AU_B?

- Mit der S-Zeit t = 4 ns und der für S und S′ gültigen Relativgeschwindigkeit v berechnet man den S-Abstand U_AU_B zu

$$L = vt = 2{,}6 \cdot 10^8\ \text{ms}^{-1} \cdot 4 \cdot 10^{-9}\ \text{s} = 1{,}04\ \text{m}. \qquad (1)$$

Dies bestätigt der relativ zu U_AU_B ruhende Maßstab in → B4. Er liefert die sog. *Eigenlänge* L = 1,04 m von U_AU_B.

- Mit der S′-Zeit $t' = kt$ = 2 ns berechnet man dagegen für den Weg U_AU_B bei β = 0,87 (k = 0,5) nur die Hälfte, nämlich

$$L' = vt' = vkt = kL = 0{,}5 \cdot 1{,}04\ \text{m} = 0{,}52\ \text{m}. \qquad (2)$$

Damit ist U_AU_B von der Eigenlänge L = 1,04 m auf $L' = kL$ = 0,52 m verkürzt, *kontrahiert*. Der Zeitdehnungsfaktor $k = \sqrt{1-\beta^2}$ heißt deshalb auch **Kontraktionsfaktor**. Nach *Gl. (2)* betrifft diese **Längenkontraktion** nur Strecken *in* Bewegungsrichtung → **Vertiefung**.

Der Lkw in → B5 ist mit den S-Uhren U_A und U_B bestückt und rast nach links, unter der am Straßenmast hängenden Uhr U′. Betrachten wir die Lkw-Länge von zwei gleichberechtigten Standpunkten aus:

- Für den Lkw-Fahrer gilt → B5; für ihn sind seine S-Uhren in Ruhe. Mit deren S-Zeit t ist sein Lkw nach *Gl. (1)* unverkürzt.
- Straßenpassanten lesen dagegen die am Mast hängende Uhr U′ ab → B6. Mit deren S′-Zeit t' berechnen sie nach *Gl. (2)* die Länge des vorbeiflitzenden Lkw von L auf $kL = 0{,}5 \cdot 10{,}4$ m = 5,2 m kontrahiert. Analog sieht der Lkw-Fahrer in → B5 das für ihn nach hinten flitzende Haus und den Mann daneben kontrahiert.

Wir vertiefen diesen Wechsel des Bezugssystems später und zeigen: Bewegen sich zwei Beobachter relativ zueinander, so kann jeder vom andern sagen: „Du bist kontrahiert, deine Uhren ticken langsamer".

b) Betrachten wir nochmals die Myonen bei ihrem Flug aus 15 km Höhe. Wir sagten, sie durchfliegen diese Strecke, weil für uns (S) ihre Eigenhalbwertszeit mit dem Faktor k = 0,014 von $T_{1/2}'$ = 1,5 µs auf $T_{1/2} = T_{1/2}'/k \approx 100$ µs gedehnt wurde. Mitfliegende S′-Beobachter stellen Folgendes fest: Nach ihren S′-Uhren registrieren sie $T_{1/2}'$ = 1,5 µs. Doch rast ihnen die Erdatmosphäre mit $v \approx 0{,}9999\,c$ entgegen. Deren Höhe ist für sie nach Gl. (2) mit dem Faktor k = 0,014 von L = 15 km auf $L' = kL$ = 0,21 km kontrahiert. Diese Strecke durcheilen die Myonen in ihrer Eigenhalbwertszeit $T_{1/2}'$ = 1,5 µs mit $v \approx 0{,}9999\,c$ problemlos, dies bestätigt die Längenkontraktion.

Merksatz

Ein Beobachter bewegt sich mit $v = \beta c$ relativ zu einer in Bewegungsrichtung liegenden Strecke der Eigenlänge L. Für ihn ist L mit dem Kontraktionsfaktor $k = \sqrt{1-\beta^2}$ verkürzt (kontrahiert) auf

$$kL = L\sqrt{1-\beta^2} < L.$$

Querstrecken werden nicht kontrahiert.

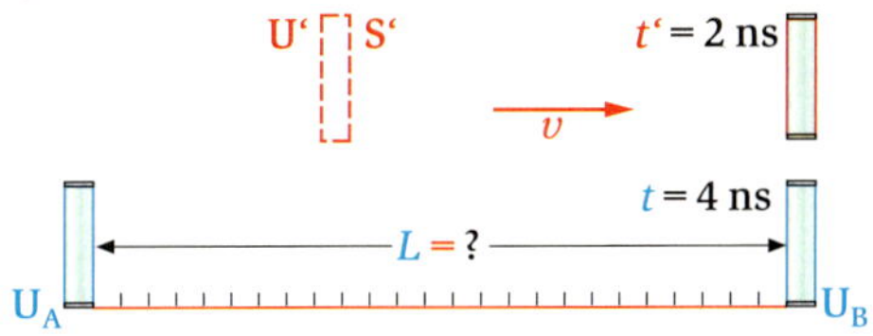

B4 Für die Laufzeit der Uhr U′ von U_A nach U_B gibt U_B t = 4 ns an, U′ nur t' = 2 ns (β = 0,87). Wie weit ist U_B von U_A entfernt?

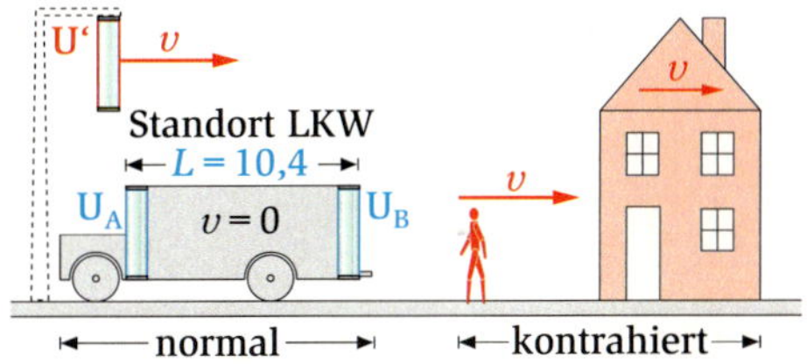

B5 *Standort Lkw:* Dessen Fahrer betrachtet sich als ruhend; er misst die Länge des Lkw unverkürzt zu L = 10,4 m. Doch rast für ihn das Haus nach hinten (im Bild nach rechts); es ist für ihn kontrahiert, auch der Mann.

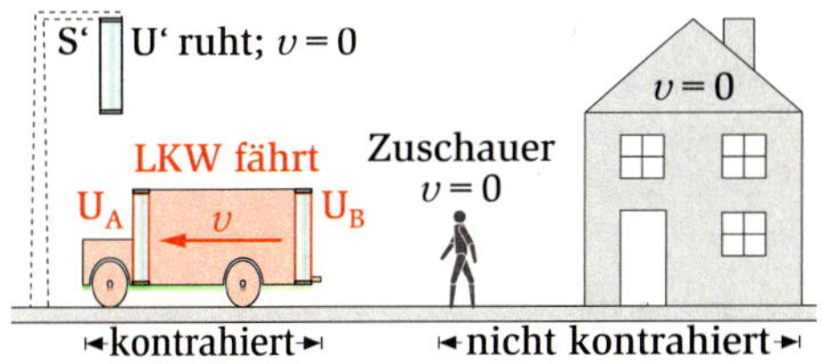

B6 *Standort Straße:* Für Zuschauer am Straßenrand ist der nach links rasende Lkw kontrahiert. Sie selbst bleiben nicht kontrahiert.

Vertiefung

Querstrecken bleiben unverkürzt

Ein Superauto rast mit $v \approx c$ auf einen Tunnel zu. Würden Querstrecken kontrahiert, dann gäbe es einen nicht auflösbaren Widerspruch: Für den Fahrer wäre die Öffnung des entgegenrasenden Tunnels zum Nadelöhr kontrahiert, nicht aber sein Auto. Er bliebe hängen. Für Passanten am Straßenrand dagegen wäre das anrasende Auto samt Fahrer spindeldürr, nicht aber der Tunnel; das Auto käme spielend durch. Durchkommen oder nicht, das ist ein reales Faktum; es darf nicht vom Beobachter abhängen! Querstrecken zu kontrahieren wagte selbst EINSTEIN nicht; dies ist weder nach der SRT noch nach Experimenten nötig. Deshalb sind quer zur Bewegung stehende Lichtuhren S und S′ unverkürzt.

Masse und Energie in der SRT

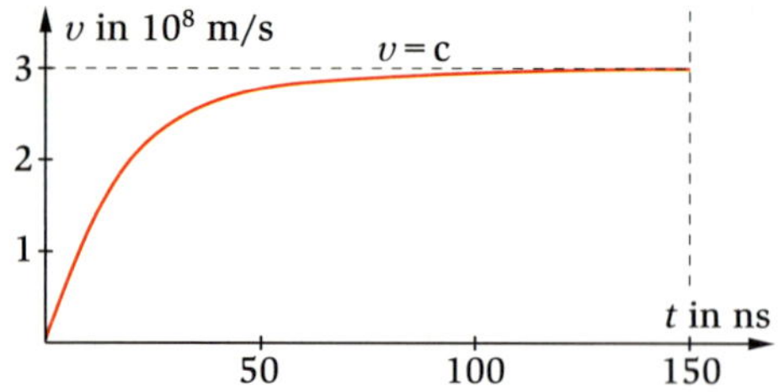

B1 Elektronen werden mit konstanter Feldstärke $E = 50$ kV/m beschleunigt. Messungen zeigen: Ihre Geschwindigkeit erreicht nie den Grenzwert $c = 3 \cdot 10^8$ m/s.

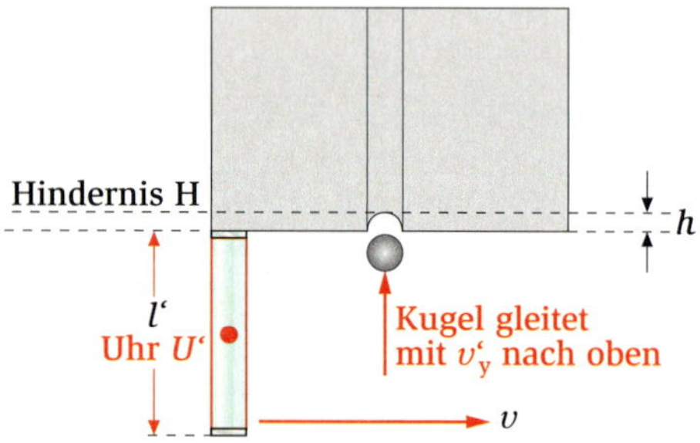

B2 Die Kugel gleitet längs der S′-Uhr U′ der Länge l' langsam nach oben. Für uns S-Beobachter fliegt S′ schnell mit v nach rechts. Die Tiefe h des von der Kugel in das Hindernis geschlagenen Lochs ist für S und S′ gleich.

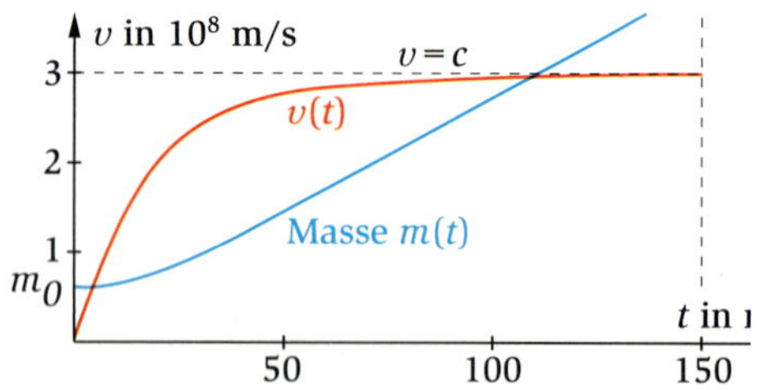

B3 Nähert sich v der Lichtgeschwindigkeit c, so nimmt die Masse m von der Ruhemasse m_0 aus immer schneller zu und nähert sich für $v \to c$ dem Wert $m \to \infty$.

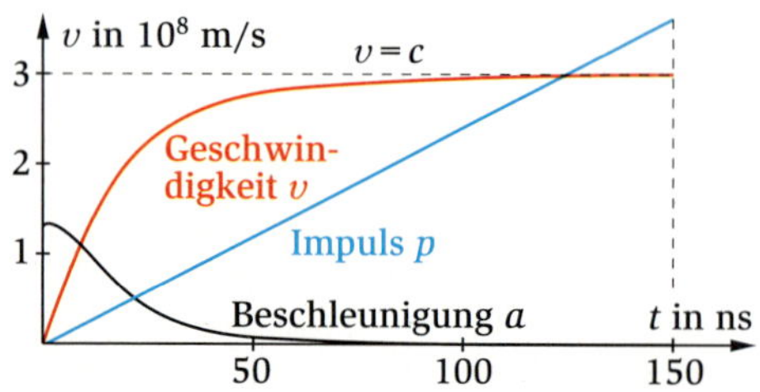

B4 Elektronen werden mit konstanter Kraft $F = eE$ beschleunigt, der Impuls $p = mv = Ft$ ist proportional zur Zeit t. Da sich die Geschwindigkeit v dem Wert c asymptotisch nähert, geht die Beschleunigung $a = \Delta v/\Delta t$ gegen null. Es gilt $F = \Delta p/\Delta t$.

1. Auch die Masse ist relativ

Auf das Elektron in → **B1** wirkt eine konstante Kraft; es erreicht aber nie Lichtgeschwindigkeit. Um das zu verstehen, betrachten wir (S) das Gedankenexperiment nach → **B2**. Dort gleitet im S′-System eine Kugel der Masse m_0 entlang der Lichtuhr U′ der Länge l' langsam nach oben. Für den *S′-Beobachter* legt sie in dessen S′-Zeit t' die Strecke l' zurück, hat also die nach oben gerichtete kleine y'-Geschwindigkeit $v_y' = l'/t'$. An das Hindernis gibt sie ihren y-Impuls $p_y' = m_0 v_y'$ ab. Dabei schlägt sie ein Loch der Tiefe h.

Für uns S-Beobchter fliegen S′-Lichtuhr U′ und die Kugel mit der großen Geschwindigkeit v nach rechts. Was messen wir (S)?

- Die Länge l' der Uhr U′ ist als Querstrecke nicht kontrahiert. Auch für uns (S) legt die Kugel entlang U′ die Strecke l' zurück.
- Nach unseren S-Uhren hat die Kugel aber die längere Laufzeit $t = t'/k > t'$, also in y-Richtung die kleinere Geschwindigkeit. Statt $v_y' = l'/t'$ gilt für uns (S)

$$v_y = \frac{l'}{t} = \frac{k \cdot l'}{t'} = k v_y' < v_y' = \frac{l'}{t'}. \tag{1}$$

Nun können auch wir (S) den y-Impuls berechnen, den die Kugel an das Hindernis abgibt. Wegen $v_y < v_y'$, erhalten wir nur $p_y = m_0 v_y$, nicht $p_y' = m_0 v_y' > p_y$ wie S′. Das widerspricht der *Impulserhaltung*, einem Grundsatz der Physik: Danach kann die Kugel keine zwei verschiedenen Impulse an das Hindernis abgeben, nur weil zwei Beobachter rechnen. Dies bestätigt das von der Kugel geschlagene Loch; seine Tiefe h ist als Querstrecke für beide gleich.
Um den Impulserhaltungssatz zu retten, sagte EINSTEIN: Wenn wir (S) zum Ausgleich der kleineren S-Geschwindigkeit v_y dem Körper die größere Masse $m > m_0$ zusprechen, dann erhalten wir den gleichen y-Impuls $p_y = m v_y$ wie S′ mit $p_y' = m_0 v_y'$. EINSTEIN setzte:

$$p_y = m v_y = m_0 v_y' = p_y'. \tag{2}$$

Wir fügen $v_y' = v_y/k$ aus Gl. (1) ein und kürzen mit v_y Dann folgt

$$m = \frac{m_0}{k} = \frac{m_0}{\sqrt{1-\beta^2}}. \tag{3}$$

Ergebnis: Ein mit beliebiger Horizontalgeschwindigkeit $v = \beta c$ fliegender Körper hat für uns S-Beobachter eine mit dem Faktor $1/k > 1$ größere Masse $m = m_0/k$ als sie S′ als sogenannte **Ruhemasse** m_0 bestimmt (etwa auf der Waage). Auch Masse ist relativ → **B3**.

Beispiele: Fliegt die Kugel mit $\beta = v/c = 0{,}87$, so ist $k = 0{,}5$, $1/k = 2$. Wir (S) registrieren statt der Ruhemasse m_0 das Doppelte: $m = 2\,m_0$. Geht $v \to c$, so gilt $\beta = v/c \to 1$. Dann geht $k = \sqrt{1-\beta^2} \to 0$ und $1/k \to \infty$, also auch $m = m_0/k \to \infty$. Die Geschwindigkeit v steigt immer langsamer; die Beschleunigung geht asymptotisch gegen null → **B4**. Die Lichtgeschwindigkeit c kann nie erreicht werden.

Merksatz

Die Masse m eines relativ zu uns mit $v = \beta c$ bewegten Körpers ist für uns (und nur für uns) gestiegen von der Ruhemasse m_0 auf

$$m = \frac{m_0}{k} = \frac{m_0}{\sqrt{1-\beta^2}} > m_0.$$

2. Energie nahe der Lichtgeschwindigkeit

Gelten der Energiesatz und die vertrauten Energieformeln auch bei $v \approx c$? Um das zu prüfen, beschleunigte man Elektronen mit hohen Spannungen U und bremste sie dann in einem Becher ab → B5. Man fand: Die im Becher als Wärme frei gesetzte Energie W_{th} stimmte mit der ihm zuvor elektrisch zugeführten Energie $W_{el} = eU$ überein. Also gilt der Energiesatz und die Formel $W_{el} = eU$ auch nahe der Lichtgeschwindigkeit.
Um auch die klassische Formel $W_{kin,\,klass} = \frac{1}{2}mv^2$ für Bewegungsenergie zu prüfen, bestimmte man die Geschwindigkeit v der Elektronen vor dem Abbremsen. Die Messpunkte in → B6 zeigen:

- v erreicht nicht den Wert $3 \cdot 10^8$ m/s der Lichtgeschwindigkeit c. Diese erweist sich als unerreichbare **Grenzgeschwindigkeit.**
- Würde $W_{kin,\,klass} = \frac{1}{2}mv^2$ mit $m = m_0$ = konstant gelten, so müssten alle Messpunkte auf der unteren schwarzen Parabel liegen.
- Setzt man $m = m_0/\sqrt{1-\beta^2}$ in $W_{kin,\,klass} = \frac{1}{2}mv^2$ ein, so erhält man die blaue Parabel. Auch diese liegt noch unter den Messpunkten. Wir müssen in der SRT die vertraute Formel $W_{kin,\,klass} = \frac{1}{2}mv^2$ aufgeben. Ein tiefer Eingriff in die Newton-Mechanik ist nötig:

3. Die berühmte Einstein-Gleichung $W = mc^2$ (oder $E = mc^2$)

Pumpt das E-Feld in → B5 Energie in ein Elektron, so erhöht sich dessen Masse m über m_0. Versteckt sich dabei Bewegungsenergie W_{kin} in der Massenzunahme $\Delta m = m - m_0$? Gilt $W_{kin} \sim \Delta m$, also $W_{kin} = C \cdot \Delta m$? Dann hat der Faktor $C = W_{kin}/\Delta m$ die Einheit J/kg = $(\text{kg m}^2/\text{s}^2)/\text{kg} = (\text{m/s})^2$. Dies deutet auf $C = c^2$. Vermutung:

$$W_{kin} = \Delta m \cdot c^2 = (m - m_0)\,c^2 \quad \text{mit} \quad m = \frac{m_0}{\sqrt{1-\beta^2}}.$$

Mit dieser Formel wurde die rote Kurve in → B6 berechnet. Sie wird von allen Messpunkten gut bestätigt. Wir stellen um zu

$$mc^2 = m_0c^2 + W_{kin}. \tag{1}$$

Jeder der Terme mc^2, m_0c^2 und W_{kin} ist eine Energie. Nun ist bei ruhenden Körpern $W_{kin} = 0$. Für diese gilt nur der Term m_0c^2. Er bedeutet etwas Neues, nämlich die zur Ruhemasse m_0 äquivalente

$$\text{Ruheenergie } W_0 = m_0c^2. \tag{2}$$

Bewegt sich der Körper, so addiert *Gl. (1)* zu dieser Ruheenergie m_0c^2 die nun gefundene relativistische Form der

$$\text{Bewegungsenergie } W_{kin} = \Delta m \cdot c^2. \tag{3}$$

Die → **Vertiefung** zeigt: Bei $v \ll c$ ist $\Delta m \cdot c^2 = W_{kin,\,klass} = \frac{1}{2}mv^2$. Deshalb können wir *Gl. (1)* in die allgemeingültige Form bringen

$$\text{Gesamtenergie } W = mc^2 = W_0 + W_{kin}. \tag{4}$$

$\boldsymbol{W = mc^2}$ machte als $\boldsymbol{E = mc^2}$ Weltgeschichte. Sie zeigt die wohl wichtigste Aussage der SRT, die *Äquivalenz von Energie und Masse.* Danach sind die Erhaltungssätze für Energie und Masse äquivalent.

Merksatz

Jeder Energie W ist die Masse $\boldsymbol{m = W/c^2}$ äquivalent, jeder Masse m die Energie $\boldsymbol{W = mc^2}$. Die Erhaltung der Energie umfasst zugleich die Erhaltung der Masse.

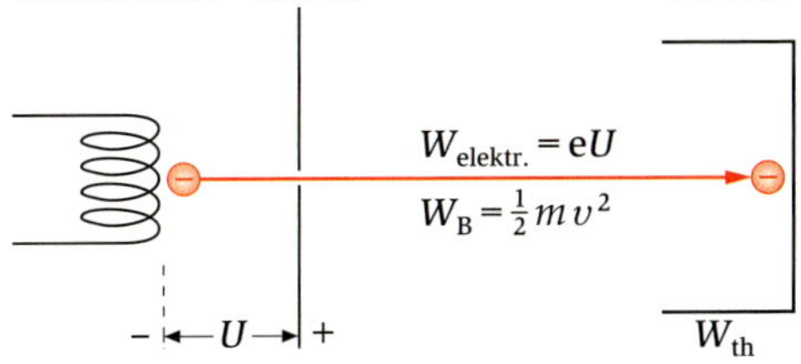

B5 Elektronen erhalten beim Durchlaufen der Spannung U Energie und geben sie beim Abbremsen im Becher als Wärme W_{th} ab.

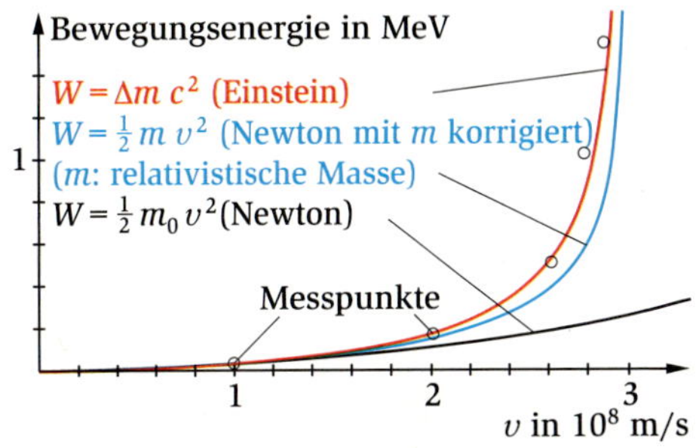

B6 Fünf Messpunkte der nach → B5 gemessenen Bewegungsenergie werden verglichen mit drei berechneten Kurven.

Vertiefung

Was hat $\Delta m \cdot c^2$ mit $\frac{1}{2}mv^2$ zu tun?

Die Messpunkte in → B6 für Bewegungsenergie werden nur von der Formel $W = \Delta m \cdot c^2$ bestätigt. Diese stimmt bei kleinen Geschwindigkeiten mit der vertrauten Formel $W_{kin} = \frac{1}{2}mv^2$ fast überein. Um das zu verstehen, setzen wir $m = m_0/k$ in $\Delta m = m - m_0$ ein: Dann erweitern wir mit $(1 + k)$ und setzen $(1 + k)(1 - k) = 1 - k^2 = \beta^2$. So ergibt sich

$$\Delta m = m - m_0 = \frac{m_0}{k} - m_0 = \frac{m_0(1-k)}{k},$$

$$\Delta m = \frac{m_0(1+k)(1-k)}{(1+k)k} = \frac{m_0(1-k^2)}{(1+k)k}$$

$$= \frac{m_0\beta^2}{(1+k)k}. \tag{*}$$

Für $\beta^2 = v^2/c^2 \ll 1$, also $k \approx 1$, vereinfacht sich *Gl. (*)* auf $\Delta m \approx m_0v^2/2c^2$. Multiplikation mit c^2 gibt für $v \ll c$:

$$\Delta m \cdot c^2 = \tfrac{1}{2}m_0v^2 = W_{kin,\,klass}.$$

Die Gleichung $\frac{1}{2}m_0v^2$ ist der Grenzfall von $\Delta m \cdot c^2$ für $v \ll c$. Dagegen gilt $W_{kin} = \Delta m \cdot c^2$ für alle Geschwindigkeiten $v < c$.

Beispiel **Relativistische Effekte beim Teilchenzerfall**

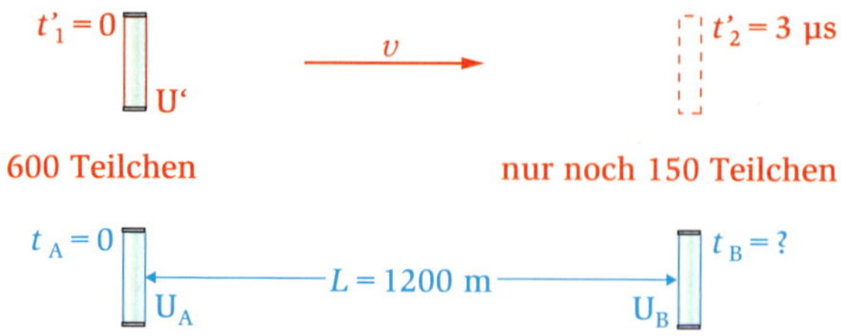

a) Bei $t_1{}' = 0$ fliegt die S'-Uhr U' an der U_A-Uhr der S-Teststrecke U_AU_B vorbei und kommt bei der S-Uhr U_B im S-Abstand $U_AU_B = L = 1200$ m an. Dort zeigt U' die S'-Zeit $t_2{}' = 3$ µs an. Wie schnell ist U', was zeigt U_B beim Vorbeiflug von U'?

Lösung: Der S-Beobachter rechnet die für S' angegebenen Werte mit $\beta = v/c$ und $k = \sqrt{1-\beta^2}$ auf sein S-System um. Ist die gesuchte, von U_B angezeigte S-Zeit t_B, so gilt für die Strecke U_AU_B: $v t_B = \beta c t_B = L = 1200$ m. Einsetzen von $t_B = t_2{}'/k$ ergibt in Stufen:

$\beta c\, t_2{}'/k = 1200$ m

$\beta \cdot 3 \cdot 10^8$ m/s $\cdot\, 3 \cdot 10^{-6}$ s $= 1200$ m $\cdot\, k$

$900\beta = 1200k$, $3\beta = 4\sqrt{1-\beta^2}$

Nach Quadrieren: $9\beta^2 = 16 - 16\beta^2$, $25\beta^2 = 16$

$\boldsymbol{\beta = \frac{4}{5} = 0{,}8.}$

Relativgeschwindigkeit $v = \beta c$ = **2,4 · 10⁸ m/s.**

$\boldsymbol{k} = \sqrt{1-\beta^2}$ = **0,6,** $t_B = t_2{}'/k = 3$ µs/0,6 = **5µs.**

b) Wie lang ist die Strecke U_AU_B für S'?

Lösung: Es gibt zwei Rechenwege:

- In $t_2{}' = 3$ µs durchmisst S' mit der Relativgeschwindigkeit $v = 2{,}4 \cdot 10^8$ m/s die S'-Strecke $L' = v t_2{}' = 2{,}4 \cdot 10^8$ m/s $\cdot$ 3 µs $= 7{,}2 \cdot 10^2$ m = 720 m.
- S' berechnet L' mit dem Kontraktionsfaktor $k = 0{,}6$ aus $L = 1200$ m zu: $\boldsymbol{L'} = k \cdot L = 0{,}6 \cdot 1200$ m = **720 m.**

c) Bei $t' = 0$ zählt S' 600 Teilchen mit Halbwertszeit $T_{1/2}{}' = 1{,}5$ µs. Wie viele zählt S' beim Vorbeiflug an U_B, wie viele zählt S? Welche Halbwertszeit ermittelt S?

Lösung: Der mitfliegende S'-Beobachter rechnet mit der Eigenhalbwertszeit $T_{1/2}{}' = 1{,}5$ µs. Da die Teilchenzahl von 600 über 300 auf 150 sank, sind in der S'-Zeit $t_2{}' = 3$ µs zwei Halbwertszeiten verstrichen. Nun sind Teilchenzahlen auch in der SRT nicht relativ. Folglich sind auch für S 2 Halbwertszeiten verstrichen. Da aber für ihn nach a) die S-Zeit $t_B = 5$ µs vergangen ist, gilt für ihn $T_{1/2} = 5$ µs/2 = 2,5 µs. Man bestätigt dies mit der Zeitdilatation gemäß

$\boldsymbol{t} = t'/k = T_{1/2}{}'/k = 1{,}5$ µs/0,6 = **2,5 µs.**

d) Die Ruhemasse der Myonen ist $m_\mu = 207\, m_e$ (Elektronenmasse: $m_e = 9{,}1 \cdot 10^{-31}$ kg). Welche Masse m_S hat ein fliegendes Myon für die S-Beobachter?

Lösung:

$\boldsymbol{m_S} = m_\mu/k = 207 \cdot 9{,}1 \cdot 10^{-31}$ kg/0,6 = **3,1 · 10⁻²⁸ kg.**

Vertiefung

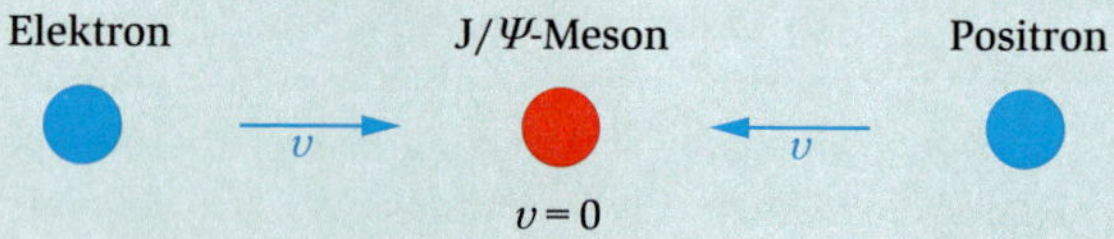

B1 Elektron und Positron prallen gleich schnell gegeneinander, verschwinden und bilden das J/Ψ-Meson.

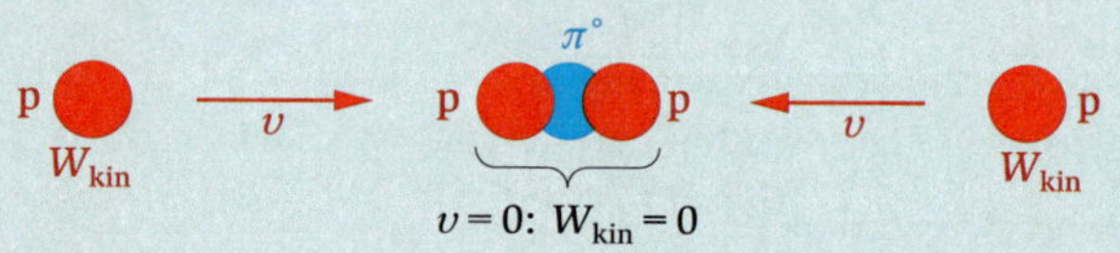

B2 Zwei Protonen stoßen aufeinander und erzeugen ein π^0-Meson. Nachher sind die Teilchen in Ruhe.

$W = mc^2$ in der Hochenergiephysik

a) 1974 löste ein Experiment die *„November-Revolution der Elementarteilchenphysik"* aus. Man beschleunigte ein Elektron e^- und sein Antiteilchen, das Positron e^+, mit der Spannung $U = 1544 \cdot 10^6$ V und schoss sie mit gleichem Geschwindigkeitsbetrag gegeneinander → **B1**. So bekamen beide Teilchen (je $m_0 = 9{,}1 \cdot 10^{-31}$ kg) die Gesamtenergie $W = 2m_0c^2 + 2eU$ vom Betrag

$$\begin{aligned} W &= 2 \cdot 9{,}1 \cdot 10^{-31}\,\text{kg} \cdot c^2 \\ &\quad + 2 \cdot 1{,}6 \cdot 10^{-19} \cdot 1544 \cdot 10^6\,\text{J} \\ &= 4{,}94 \cdot 10^{-10}\,\text{J} = 5{,}49 \cdot 10^{-27}\,\text{kg} \cdot c^2 \end{aligned}$$

Dabei verschwanden Elektron und Positron, samt Energie und Masse. Dafür entstand ein neues Teilchen, ein ruhendes *J/Ψ-Meson.* Die Energie $W = 4{,}94 \cdot 10^{-10}$ J aller stoßenden Teilchen „schlummerte" dann, versteckt als äquivalente Ruhemasse $m_0 = W/c^2 = 5{,}49 \cdot 10^{-27}$ kg des ruhenden J/Ψ-Mesons. Das war eine Sensation.

b) Prallen nach → **B2** zwei gleich schnelle Protonen gegeneinander, je mit $U = 66{,}9$ MV beschleunigt, so erhalten sie zusammen die Bewegungsenergie $W_{kin} = 2eU = 2{,}14 \cdot 10^{-11}$ J. Diese verschwindet, weil die Protonen zur Ruhe kommen (die Impulssumme ist stets null). Aus der Bewegungsenergie bildet sich das kurzlebige π^0-Meson mit Ruhemasse $m_{\pi 0} = 2{,}4 \cdot 10^{-28}$ kg. Bei diesem Stoß gilt die *Reaktionsgleichung:*

$$\text{p} + \text{p} + \boldsymbol{W_{kin}} \rightarrow \text{p} + \text{p} + \pi^0 + \boldsymbol{0}.$$

Die kinetische Energie W_{kin} *„schlummert" nach dem Stoß im ruhenden π^0-Meson als äquivalente Masse $m_{\pi 0}$.* $W_{kin} = 2{,}14 \cdot 10^{-11}$ J ist nach $W = mc^2$ äquivalent zur experimentell bestätigten Masse des *π^0-Mesons,* zu

$$\begin{aligned} m_{\pi 0} &= W_{kin}/c^2 = 2{,}14 \cdot 10^{-11}\,\text{J}/(9 \cdot 10^{16}\,(\text{m/s})^2) \\ &= 2{,}4 \cdot 10^{-28}\,\text{kg}. \end{aligned}$$

Das ist wichtig

1 Die **Spezielle Relativitätstheorie** ruht auf nur **zwei Postulaten**:

Relativitätsprinzip: In allen Inertialsystemen gelten die gleichen physikalischen Gesetze. Es existiert deswegen kein Bezugssystem, das man von anderen unterscheiden kann. Insbesondere existiert kein Inertialsystem, von dem man sagen kann, es sei in Ruhe.

Invarianz der Lichtgeschwindigkeit: Die Ausbreitungsgeschwindigkeit des Lichts im Vakuum hängt weder von der Geschwindigkeit der Lichtquelle noch von der des Beobachters ab. Die Geschwindigkeit beträgt immer $c = 299\,792\,458$ m/s und ist deshalb eine Naturkonstante.

2 Wichtige physikalische Phänomene der SRT

a) Relativität der Zeitmessung und der Gleichzeitigkeit
Die Größe des Zeitintervalls zwischen zwei Ereignissen hängt davon ab, in welchem System sie gemessen wird. Zwei Ereignisse, welche in einem Bezugssystem als gleichzeitig erscheinen, werden von einem anderen Bezugssystem aus als nacheinander beobachtet. Die Gleichzeitigkeit ist damit relativ, d. h. abhängig vom Bezugssystem.

b) Zeitdilatation
Die Zeit t' einer mit $\boldsymbol{v} = \boldsymbol{\beta c}$ bewegten Einzeluhr U' wird längs einer synchronisierten Uhrenreihe (U, t) gedehnt gemessen. Die bewegte Uhr scheint also langsamer zu laufen und zeigt eine frühere Zeit an. Es gilt:

$$t' = t\sqrt{1-\beta^2} \quad \text{mit} \quad \boldsymbol{\beta = v/c}.$$

c) Längenkontraktion
Bewegt sich ein Beobachter (U') mit der Geschwindigkeit $\boldsymbol{v} = \boldsymbol{\beta c}$ längs einer Strecke, welche in einem Bezugssystem (U, t) ruht, so erscheint ihm diese Strecke verkürzt (kontrahiert). Es gilt:

$$L' = L\sqrt{1-\beta^2} < L \quad \text{mit} \quad \boldsymbol{\beta = v/c}.$$

Diese Verkürzung tritt nicht auf, wenn die Strecke quer zur Bewegungsrichtung des Beobachters liegt.

d) Energie und Masse
Jedem Teilchen der Masse m muss die äquivalente Energie W zugeordnet werden:

$$W = mc^2.$$

Ein Körper habe die Masse m_0, wenn er in unserem Bezugssystem ruht (Ruhemasse). Bringt man diesen Körper auf die Geschwindigkeit $\boldsymbol{v} = \boldsymbol{\beta c}$, so scheint sich für uns die Masse m erhöht zu haben. Es gilt:

$$m = \frac{m_0}{\sqrt{1-\beta^2}} \quad (m_0\text{: Ruhemasse}).$$

3 Was bedeutet die Äquivalenz von Energie und Masse?

Teilchen können vergehen oder entstehen. Nun ist in jeder Ruhemasse Energie versteckt, sie „schlummert" dort. Man darf also nicht sagen, die Energie der stoßenden Teilchen habe sich in die Masse eines Teilchens *umgewandelt.* Denn dann wäre Energie verschwunden, Masse neu erzeugt. Vielmehr bleibt die Gesamtenergie erhalten, also auch die ihr äquivalente Gesamtmasse.

*Ruhe*masse als solche kann entstehen oder verschwinden. Dabei ist aber stets die ihr äquivalente, „schlummernde" Energie $W = m_0c^2$ mit zu bedenken. Wenn man sagt, Masse und Energie sind *äquivalent,* so benutzt man *verschiedene Wörter für das Gleiche,* englisch-sprachlich *mass-energy* genannt. In $W = mc^2$ tritt c^2 nur wegen des Maßsystems auf.

Deshalb ist der früher als selbstständig betrachtete Erhaltungssatz für Masse mit dem Erhaltungssatz für Energie verschmolzen. Im Grunde liegt ein übergreifender Erhaltungssatz für *mass-energy* vor.

A1 **a)** Welche Masse ist zur Energie 1 MeV äquivalent? **b)** Einem Haus wurde die Energie 1 kWh zugeführt. Um wie viel stieg seine Masse? **c)** Welche Energie ist zur Masse 1 µg einer Bakterie äquivalent? Berechnen Sie die Werte.

A2 Benzin hat die Verbrennungswärme $4 \cdot 10^4$ J/kg. Wie viel mal so viel Energie würde freigesetzt, wenn man die Ruhemasse 1 kg ganz frei setzen könnte (ist prinzipiell nicht möglich). Vergleichen Sie mit dem Energieumsatz von Deutschland in einem Jahr ($7 \cdot 10^{19}$ J).

A3 In Deutschland wird pro Jahr die Energie $7 \cdot 10^{19}$ J umgesetzt. Welche Masse entspricht ihr? Werden Energie und Masse neu erzeugt? **b)** Die Sonne strahlt in 1 s die Energie $3 \cdot 10^{26}$ J ab. Welche Masse verliert sie damit? Berechnen Sie.

A4 Karl will $W = mc^2$ bestätigen. Er betreibt auf der Waage einen 600 W-Tauchsieder 10 min lang in 5 kg Wasser. Bestimmen Sie die Massenzunahme.

A5 Bei der Spaltung eines Urankerns verschwindet die Ruhemasse $\Delta m = 3{,}1 \cdot 10^{-28}$ kg. Die ihr äquivalente Energie $\Delta m \cdot c^2$ „schlummerte" vor der Spaltung im Urankern. Freigesetzt ist diese Energie wegen des sehr großen Faktors $c^2 = 9 \cdot 10^{16}$ (m/s)^2 und der großen Zahl an Kernen in Reaktoren und Atombomben riesig → **Kernphysik**.
Bestimmen Sie die Energie, welche man aus einem Gramm Uran gewinnen kann und vergleichen Sie diese Zahl mit Angaben aus dem Internet. Gelingt es Ihnen umgekehrt, die oben angegebene Massenabnahme zu berechnen?

Quanten, Atome, Festkörper

Das können Sie in diesem Kapitel erreichen:

Sie erfahren, wie die Quantentheorie die Physik revolutionierte.

Sie kennen die grundlegenden Eigenschaften von Quantenobjekten, für die es in der klassischen Physik keine Entsprechung gibt, und die Bedeutung der Planck-Konstante.

Sie wissen, dass der Fotoeffekt eines der wesentlichen Phänomene ist, der zur Quantentheorie führte. Sie lernen, dass Photonen die unteilbaren Energiequanten des Lichts sind.

Sie erfahren, dass die kleinsten Teilchen sich auch wie Wellen verhalten können.

Sie lernen, dass man in der Quantentheorie mit Wahrscheinlichkeitszeigern rechnen muss und dass diese zu seltsamen Ergebnissen führen, beispielsweise bei der Frage, welchen Weg ein Elektron genommen hat.

Sie kennen eine der wichtigsten (und verblüffendsten) Aussagen der Quantentheorie: die Unbestimmtheitsrelation.

Sie lernen, dass auch die Energie in Atomen nicht beliebige Werte annehmen kann, sondern quantisiert ist. Sie können den Vorgang der Quantisierung am Modell des Potenzialtopfs nachvollziehen.

Sie lernen die Grundlagen der elektronischen Schaltungen der heutigen Informationstechnologie kennen.

(Erläuterungen zum Titelbild: S. 533)

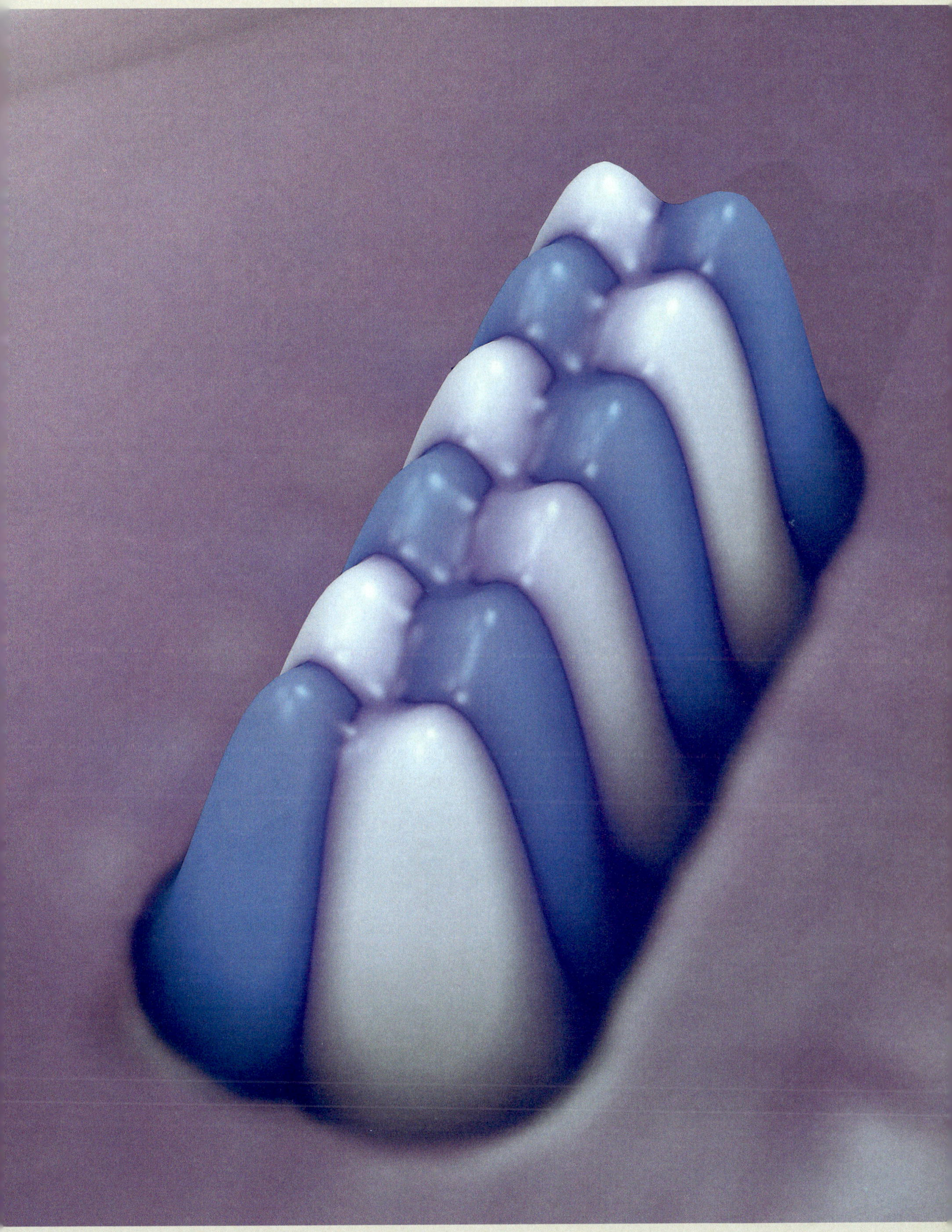

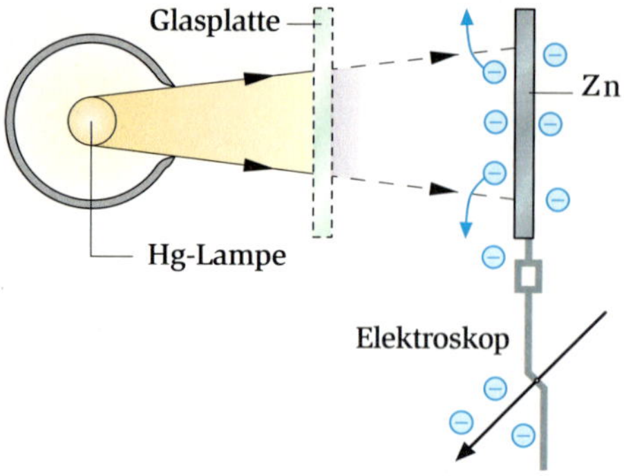

V1 UV-Licht einer Quecksilberdampf-Lampe entlädt die frisch geschmirgelte, *negativ* geladene Zinkplatte Zn, erkennbar am Elektroskop. Bringt man die Glasplatte in den Strahlengang, so absorbiert sie UV-Licht und verhindert die Entladung.

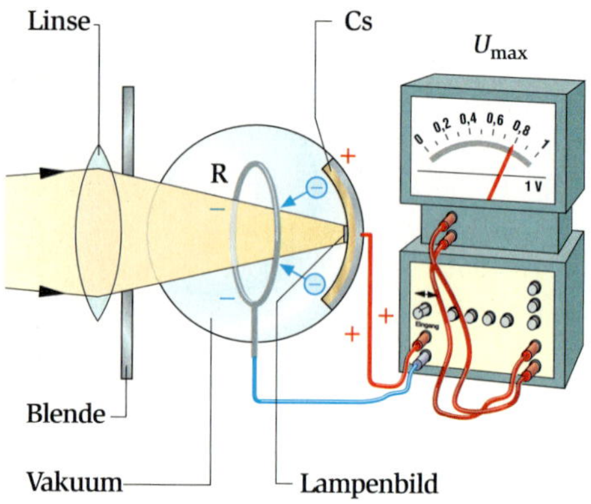

V2 **a)** Die Fotozelle ist innen mit dem Metall Caesium (Cs) beschichtet. Zwischen Cs und dem Ring R liegt ein Spannungsmesser (Messbereich 1 V; Widerstand $R > 10^{10}\,\Omega$). Seine Anzeige steigt, wenn Licht auf das Caesium fällt, obwohl eine Spannungsquelle fehlt. Denn das Licht befreit aus dem Metall Elektronen. Diese landen auf dem Ring R und laden ihn negativ auf, bei blauem Licht bis zur Spannung $U_{max} = 0{,}8$ V. Um dagegen anzulaufen, braucht ein Elektron die Energie $W_{max} = e \cdot U_{max} = 0{,}8$ eV ($1 \text{ eV} = 1{,}6 \cdot 10^{-19}$ J).
Da U nicht über 0,8 V steigt, gibt blaues Licht keinem Elektron mehr Energie. Langsamere Fotoelektronen erreichen den Ring nicht. Bei gelbem Licht steigt die Spannung nur bis zum Maximalwert $U_{max} = 0{,}13$ V.
b) Wir verkleinern die Blendenöffnung. Das von der Linse auf dem Metall erzeugte Lampenbild wird dunkler. Trotzdem sinkt die Spannung U_{max} nicht, also auch nicht die Energie $W_{max} = e \cdot U_{max}$ der schnellsten Fotoelektronen. Diese hängt nicht von der Lichtintensität ab.

1. Quantenphysik revolutioniert das physikalische Denken

Im Jahre 1900 läutete der Physiker Max PLANCK (Nobelpreis 1918) eine neue Ära der Physik ein. Er fand Gesetze, die grundlegenden Prinzipien der damaligen, der sog. klassischen Physik widersprachen. 30 Jahre vorher hatte man ihm abgeraten, Physik zu studieren: Der Energiesatz sei entdeckt, die Physik an ihrem Ende angelangt, man könne höchstens noch das eine oder andere „Stäubchen" abwischen.

2. Licht befreit Elektronen aus Metallen

Als ein „Stäubchen" sahen viele den Versuch von W. HALLWACHS an (1888; → **V1**). Dort setzt UV-Licht Elektronen aus einer Zinkplatte frei; diese wird entladen. Elektronen sind zwar im Metallinnern frei beweglich, können es aber nicht von selbst verlassen. Um sie abzulösen braucht man Energie. Diese bringt UV-Licht auf, nicht aber das sichtbare Licht von Glühlampen, selbst wenn sie aus kurzem Abstand mit großer Intensität einwirken. Bei diesem **Fotoeffekt,** d.h. beim Ablösen von Elektronen aus Metallen durch Licht, kommt es auf die *Art* des Lichts an, auf dessen *Frequenz f,* nicht aber auf die *Intensität,* die Helligkeit.

3. Fotoeffekt in der Fotozelle

Im Vakuum einer **Fotozelle** untersuchen wir den Fotoeffekt → **V2**. Wir fragen nach der Energie W_{max}, welche die schnellsten **Fotoelektronen** haben, die Licht aus Caesium-Metall (Cs) freisetzt. Bei diesem Alkalimetall genügt sichtbares Licht. Bei Blau finden wir die Maximalenergie $W_{max} = 0{,}8$ eV, bei Gelb nur 0,13 eV. → **T1** zeigt die bei der Lichtfrequenz f gemessene Energie W_{max}. Danach sind die Geraden in → **B1** gezeichnet. Sie sind parallel zueinander und zeigen:

- Die Energie W_{max} der schnellsten Fotoelektronen steigt linear mit der Frequenz f des Lichts, das sie aus dem Metall abgelöst hat.
- Die Steigung aller Geraden ist gleich, vom Metall unabhängig. Man bezeichnet diese für alle Metalle gleiche Steigung mit h. Damit lauten die Geradengleichungen $W_{max} = hf - b$.
- Die negativen Achsenabschnitte $-b$ der Geraden hängen vom Metall ab, nicht vom Licht, nicht von dessen Frequenz f.

4. Licht gibt seine Energie portionsweise ab

a) Wir deuten die Geradengleichung $W_{max} = hf - b$. Da W_{max} eine Energie ist, stellen auch die andern Terme hf und b Energien dar:

- Der Term $\boldsymbol{hf}$ zeigt etwas unerhört Neues. Er hängt nur vom Licht ab, nicht vom Metall. A. EINSTEIN deutete ihn 1905 als *Energieportion,* die Licht der Frequenz f an jeweils *ein* Elektron im Metall abgibt. Er nannte diese Energieportion $W_L = hf$ **Lichtquant.** Sie ist zur Frequenz f des Lichts proportional.
- Der Term $-b$ tritt als Vertikalpfeil und negativer Achsenabschnitt der Geraden in → **B1** auf. Er verkleinert die vom Lichtquant an das Elektron abgegebene Energie $W_L = hf$ um b auf $W_{max} = hf - b$. Er gibt die **Ablöseenergie** W_A an, die dem Elektron beim Ablösen aus dem Metall entzogen wird. W_A hängt vom Metall ab, nicht vom Licht. Wir ersetzen b durch W_A und schreiben $W_{max} = hf - W_A$.

Von der *Intensität* des Lichts hängt W_{max} nicht ab **→ V2b**. Dies widerspricht der **klassischen Physik** (Mechanik, Optik, Elektrizitäts- und Wärmelehre). Nach ihr sollte mit der Lichtintensität die Feldstärke E der Welle steigen und damit die Kraft $F = eE$ auf ein Elektron. W_{max} sollte bei hellem Licht größer sein.

b) Alle Geraden haben die gleiche Steigung h. Da diese in $W_L = hf$ auftritt, kennzeichnet sie das Neue. Als **Planck-Konstante *h*** wird sie uns durch die ganze Quantenphysik begleiten. Wir berechnen sie aus den Messwerten an Caesium Cs für die violette (v) und die gelbe (g) Spektrallinie **→ T1**. Die Steigungsdreiecke der Geraden in **→ B1** liefern die Frequenzdifferenz $\Delta f = f(\text{v}) - f(\text{g})$ und die zugehörige Energiedifferenz ΔW_{max}:

$$\Delta W_{max} = W_{max}(\text{v}) - W_{max}(\text{g}) = (1{,}02 - 0{,}13)\ \text{eV} = 0{,}89\ \text{eV},$$
$$\Delta f = f(\text{v}) - f(\text{g}) = (7{,}41 - 5{,}19) \cdot 10^{14}\ \text{Hz} = 2{,}22 \cdot 10^{14}\ \text{Hz}.$$

Die Geradensteigung, d.h. die Planck-Konstante h, beträgt $h = \Delta W_{max}/\Delta f = 6{,}4 \cdot 10^{-34}$ Js (genauer: $h = 6{,}626 \cdot 10^{-34}$ Js).

c) Die Ablöseenergie folgt aus $W_{max} = hf - W_A$ zu $W_A = hf - W_{max}$. Bei Cs liefert die violette Spektrallinie die Ablöseenergie $W_{A,Cs} = hf(\text{v}) - W_{max}(\text{v}) = 1{,}93$ eV.

d) Die Geraden in **→ B1** schneiden die f-Achse bei der **Grenzfrequenz** f_{gr}. Licht mit $f < f_{gr}$ kann keine Fotoelektronen ablösen. Dort ist $W_{max} = hf_{gr} - W_A = 0$. Aus $hf_{gr} - W_A = 0$ folgt $f_{gr} = W_A/h$. Nun ist bei Cs $W_A = 1{,}93\ \text{eV} = 3{,}1 \cdot 10^{-19}$ J. Also beträgt die Grenzfrequenz $f_{gr} = W_A/h = 3{,}1 \cdot 10^{-19}\ \text{J}/(6{,}63 \cdot 10^{-34}\ \text{J} \cdot \text{s}) = 4{,}7 \cdot 10^{14}$ Hz. Die Grenzfrequenz liegt bei Cs im Orange. Ablöseenergie W_A und Grenzfrequenz $f_{gr} = W_A/h$ anderer Stoffe zeigt **→ T2**.

Merksätze

Licht der Frequenz f gibt an ein Elektron die Energie $W_L = hf$ ab, ein Lichtquant. Dessen Energie $W_L = hf$ ist proportional zur Lichtfrequenz f, hängt aber nicht von der Intensität des Lichts ab.
Die Ablöseenergie W_A ist nötig, um ein Elektron vom Metall zu lösen.
Die Maximalenergie eines Fotoelektrons beträgt $W_{max} = hf - W_A$.
Die Planck-Konstante ist $h = 6{,}626 \cdot 10^{-34}$ Js. Sie ist das Markenzeichen der Quantenphysik und tritt in der klassischen Physik nicht auf. Mit der Einheit *eV* gilt: $h = 4{,}1357 \cdot 10^{-15}$ eV · s.

Beispiel **Wie rechnet man mit $W_{max} = hf - W_A$?**

UV-Licht mit $\lambda = 150$ nm und Frequenz $f = c/\lambda = 20 \cdot 10^{14}$ Hz fällt auf die Zinkplatte in **→ V1**. Dort nimmt ein Elektron das Lichtquant $hf = 6{,}63 \cdot 10^{-34}\ \text{Js} \cdot 20 \cdot 10^{14}\ 1/\text{s} = 1{,}33 \cdot 10^{-18}\ \text{J} = 8{,}3$ eV auf, da $1\ \text{eV} = 1{,}6 \cdot 10^{-19}$ J. Beim Verlassen verliert das Elektron die Ablöseenergie $W_A = 4{,}3$ eV. Also verlässt es das Metall mit der Energie $W_{max} = hf - W_A = 4{,}0$ eV. Die Geschwindigkeit v des Elektrons liefern die folgenden Zeilen:

$$\frac{1}{2} m_e v^2 = W_{max} = 4{,}0\ \text{eV} = 6{,}4 \cdot 10^{-19}\ \text{J};\ v = 1{,}2 \cdot 10^6\ \text{m/s}$$

(Elektronenmasse $m_e = 9{,}1 \cdot 10^{-31}$ kg).

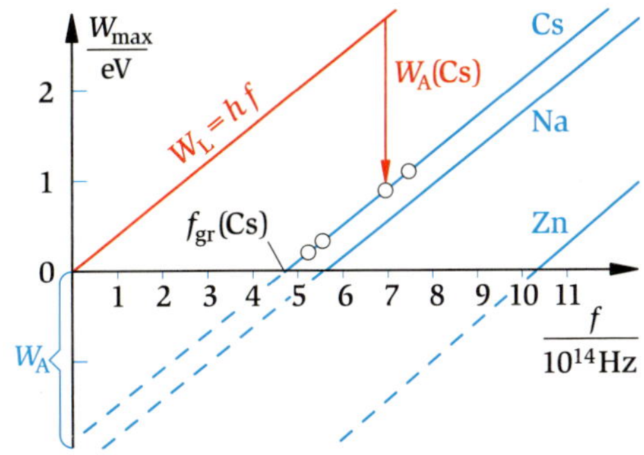

B1 Metalle werden mit Spektrallinien verschiedener Frequenzen f bestrahlt **→ V2**. Die Energie W_{max} der schnellsten Fotoelektronen steigt *linear* mit f an.

Farbe	λ in nm	f in 10^{14} Hz	U_{max} in V	W_{max} in eV
gelb	578	5,19	0,13	0,13
grün	546	5,50	0,27	0,27
blau	436	6,88	0,81	0,81
violett	405	7,41	1,02	1,02

T1 Energie $W_{max} = eU_{max}$ der schnellsten Fotoelektronen bei Caesium. Sie hängt von Wellenlänge λ und Frequenz f des Lichts der Quecksilberdampf-Lampe ab.

Stoff	f_{gr} in 10^{14} Hz	W_A in eV
AgCsO	2,5 (IR)	1,04
Caesium	4,7 (orange)	1,93
Natrium	5,5 (grün)	2,28
Zink	10,3 (UV)	4,27
Platin	13,0 (UV)	5,36

T2 Grenzfrequenz f_{gr} des Lichts und Ablöseenergie W_A verschiedener Stoffe. AgCsO spricht auf IR an und wird in Nachtsichtgeräten benutzt.

A1 **a)** Welche Energie und Geschwindigkeit haben die schnellsten Fotoelektronen aus mit UV bestrahltem Natrium ($\lambda = 100$ nm)? Wie groß wäre ihre Energie bei der halben Wellenlänge? **b)** Wie groß ist die Grenzfrequenz f_{gr}? Begründen Sie!

A2 Man möchte Elektronen mit $v = 10^6$ m/s haben. Wie bestrahlt man dazu Platin? Kommt es auf die Intensität des Lichts an?

A3 **a)** Bei Sonnenbrand wird die Haut von Lichtquanten beschädigt. Warum ist man hinter Glasfenstern geschützt, selbst wenn das Licht starker Glühlampen einwirkt? **b)** Warum ist die Gefahr für Sonnenbrand in großer Höhe besonders groß?

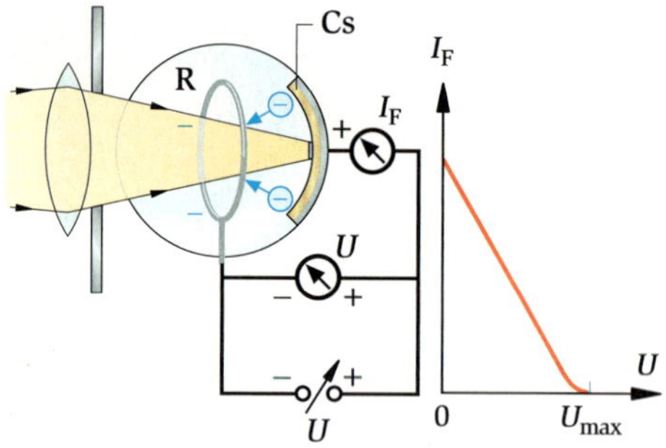

V1 Wir legen veränderliche Spannungen U zwischen den Ring R und das mit Licht der Frequenz f bestrahlte Cs-Metall einer Fotozelle. Da R am Minuspol liegt, wirkt U als „Gegenspannung" dem Fluss der Fotoelektronen von Cs nach R entgegen. Deren Stromstärke I_F sinkt nach dem I_F; U-Diagramm, wenn U steigt. Bei $U > U_{max}$ ist der Photostrom $I_F = 0$; auch die schnellsten Photoelektronen erreichen den Ring nicht. Dagegen erreichen ihn bei $U < U_{max}$ auch langsamere Fotoelektronen.

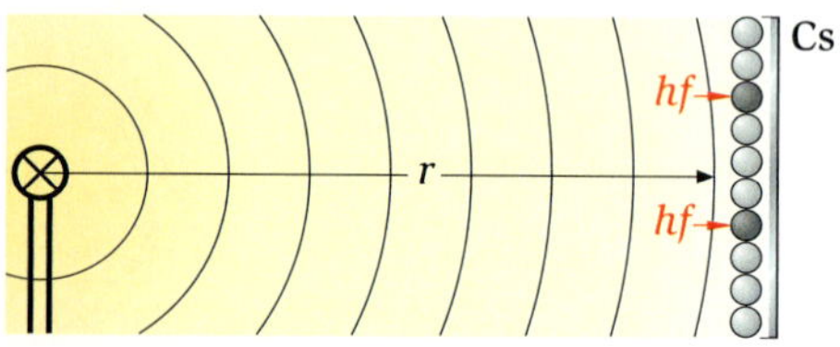

B1 Nach *Deutung a* müsste sich die vom Lämpchen ausgehende Lichtenergie auf Wellenfronten gleichmäßig über die Cs-Atome der rechts liegenden Fotoschicht verteilen. Man müsste ca. 10 h warten, bis eines dieser Atome die Energie für ein Fotoelektron aus der Lichtwelle aufgesammelt hätte. Die Fotoelektronen erscheinen aber sofort, wenn Licht einfällt. Das spricht für die *Quantendeutung b*. Sie wurde 1905 von EINSTEIN in einer berühmten Arbeit mit einfachen Worten dargestellt:
„In die oberflächliche Schicht des Körpers dringen Energiequanten ein. Deren Energie verwandelt sich wenigstens zum Teil in kinetische Energie von Elektronen. Die einfachste Vorstellung ist, dass ein Lichtquant seine Energie an ein einziges Elektron abgibt. Wenn es die Oberfläche erreicht hat, wird es einen Teil seiner kinetischen Energie eingebüßt haben. Außerdem wird anzunehmen sein, dass jedes Elektron beim Verlassen des Körpers eine Arbeit W_A zu leisten hat, wenn es den Körper verlässt. Seine kinetische Energie ist $hf - W_A$."

1. Haben alle Lichtquanten die Energie $W = hf$?

Die Gleichung $W_{max} = h \cdot f - W_A$ gibt die Energie der schnellsten Fotoelektronen an. Verlassen auch langsamere das Metall? Um dies zu prüfen, legen wir an die Fotozelle in → **V1** Spannungen U, die kleiner als U_{max} sind. Gegen diese laufen alle Elektronen mit einer Energie W an, die größer als $e \cdot U$ ist, und liefern den **Fotostrom I_F** (s. U-I_F-Diagramm). Aus Metallen werden also auch Elektronen frei gesetzt, deren Energie unter $W_{max} = h \cdot f - W_A$ liegt.

Sind also in Licht der Frequenz f auch Quanten wirksam, deren Energie kleiner ist als $h \cdot f$? Zur Klärung bestrahlte man freie K-Atome mit Licht der Frequenz f. Dort löste es Fotoelektronen stets gleicher Energie aus. Sie traten von den Atomen unmittelbar ins Freie, bei stets gleicher Ablöseenergie W_A. (Bei kompakten Metallen kommen die Elektronen dagegen aus unterschiedlichen Tiefen). Also gibt Licht der Frequenz f an alle Elektronen die gleiche Energie $W_L = h \cdot f$ ab. Dies wirft eine grundlegende Frage auf, die lange Zeit diskutiert wurde und der auch wir uns stellen müssen:

2. Ist die Lichtenergie selbst in Quanten $h \cdot f$ aufgeteilt?

Die bisherigen Experimente erlauben zwei kontroverse Deutungen:
a) Vielleicht ist die Energie in der Lichtwelle *kontinuierlich* verteilt, nicht quantisiert. Erst beim Fotoeffekt, am Elektron, würde sie dann in Portionen mit der gleichen Energie $h \cdot f$ zerstückelt.
b) Licht hält schon *unterwegs* seine Energie in Energiequanten der Größe $h \cdot f$ bereit. Diese strömen von der Quelle durch den Raum. Danach *besitzt* violettes Licht Quanten mit mehr Energie als rotes Licht, da bei Violett die Frequenz f größer ist.

Nach Deutung a) müsste sich die Lichtenergie von ihrer Quelle kontinuierlich auf Kugelwellen ins Unendliche ausdehnen, sich immer stärker „verdünnen", wie Max PLANCK sagte. Zur Klärung regte er eine Rechnung an → **Vertiefung**. Danach dürften die Fotoelektronen nach Belichtung erst mit stundenlanger Verzögerung austreten, sie erscheinen aber sofort. Also ist die Energie bereits im Licht in Quanten der Größe $W = h \cdot f$ verfügbar. Dies bestätigt die Deutung b). Man nennt diese Quanten **Photonen.** Diese **Quantisierung** der **Lichtenergie** widerspricht der Physik vor 1900, wurde aber von EINSTEIN 1905 für alle elektromagnetischen Wellen postuliert → **B2**.

Vertiefung

Das 2 W-Lämpchen in → **B1** (4 V; 0,5 A) gibt 5 % seiner Leistung als Licht ab, in 1 s also $W = 0{,}05 \cdot 2\ \text{W} \cdot 1\ \text{s} = 0{,}1\ \text{J}$. Diese Energie fällt aus $r = 1$ m Abstand auf Cs-Atome. Nach Deutung a) sollte es sich über eine kugelförmige Wellenfront der Fläche $O = 4\pi r^2 \approx 10^5\ \text{cm}^2$ verteilen. Dann erhielte ein Atom mit Fläche $A = 10^{-17}\ \text{cm}^2$ in 1 s von der Lichtenergie $W = 0{,}1$ J nur $W_{Cs} = W \cdot A/O = 0{,}1\ \text{J} \cdot 10^{-17}\ \text{cm}^2/10^5\ \text{cm}^2 = 10^{-23}\ \text{J}$.
Um ein Elektron abzulösen braucht das Cs-Atom die Energie $W_A \approx 2\ \text{eV} \approx 3 \cdot 10^{-19}\ \text{J}$, also das $3 \cdot 10^4$-fache von 10^{-23} J. Man müsste ca. $3 \cdot 10^4\ \text{s} = 10$ h auf das erste Fotoelektron warten. Doch findet man es sofort.

EINSTEIN hatte den Mut, Lichtenergie in Quanten aufzulösen. Doch verwarf er die Wellenvorstellung nicht; vielmehr sagte er: *„Welle und Quant sind nicht miteinander unvereinbar"*. Die folgenden Jahrzehnte bestätigten dies.

Merksatz

Die Energie elektromagnetischer Strahlung ist quantisiert, verfügbar nur in Quanten mit der Energie $W = h \cdot f$, den Photonen. Deren Energie hängt nur von der Frequenz f, nicht von der Intensität ab: *Helles* Licht hat *mehr* Quanten, nicht Quanten größerer Energie. □

B2 Max PLANCK (links) überreicht 1929 Albert EINSTEIN die Max-Planck-Medaille.

3. Haben Photonen neben Energie auch Masse?

EINSTEIN fand 1905 die berühmte Gleichung $\boldsymbol{W = mc^2}$. Nach ihr ist *jeder* Energie W die Masse $\boldsymbol{m = W/c^2}$ zugeordnet, auch einem Photon. Es besitzt mit der Energie $W = hf$ die Masse $m = W/c^2 = hf/c^2$. Die Masse des Photons ist proportional zur Frequenz f. Röntgen-Photonen haben größere Massen als Photonen sichtbaren Lichts.

Die massebehafteten Photonen sind nicht nur träge; sie können auch Gravitationskräfte erfahren. Fliegen sie von der fernen Galaxie G an dem massereichen Himmelskörper M vorbei, so werden sie ein wenig zu diesem hin gezogen **→ B3**. Der Astronom sieht sie mehrfach, in G′ und G″; M wirkt als *Gravitationslinse*.

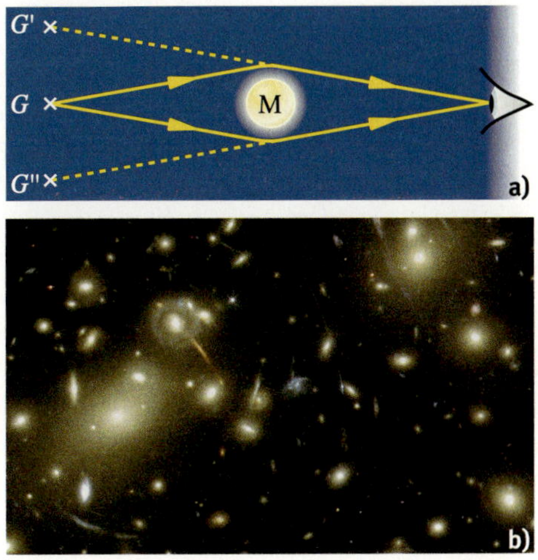

B3 Gravitationslinse **a)** Photonen von der fernen Galaxie G werden zu M hin so abgelenkt, dass man die Galaxie mehrfach sieht, in G′ und G″. **b)** Mehrfachbilder von der Galaxie Abell 2218.

4. Photonen haben auch Impuls

Vom freien Fall wissen wir: Körper mit Masse m sind nicht nur schwer, sondern auch träge. Sie sind bestrebt, ihren Impuls $\vec{p} = m\vec{v}$ nach Betrag und Richtung beizubehalten. Nun hat jedes Photon wegen $v = c$ und seiner Masse $m = hf/c^2$ einen **Impuls** mit Betrag

$$p = m \cdot v = m \cdot c = \frac{h \cdot f}{c^2} \cdot c = \frac{h \cdot f}{c} = \frac{h}{\lambda}.$$

Der Impuls des Sonnenlichts formt die Staubteilchen von Kometen zu ausgedehnten, von der Sonne abgewandten Schweifen **→ B4**.

Merksatz

Photonen haben die zur Frequenz f proportionale Masse $m = hf/c^2$. Ihr Impuls hat den Betrag $p = h/\lambda$. (1) □

B4 Schweif des Kometen Hale-Bopp. Auf dessen Staubteilchen üben Photonen des Sonnenlichts mit ihrem Impuls Stoßkräfte aus.

A1 Diskutieren Sie Experimente und Gedanken, **a)** die zur Gleichung $W_{max} = hf - W_A$ führen, **b)** zum Begriff Grenzfrequenz. Deuten Sie damit das Hallwachs-Experiment. **c)** Warum ist h eine allgemeine Naturkonstante, im Gegensatz zu W_A? **d)** Was führt dazu, $h \cdot f$ als Quant der Lichtenergie zu bezeichnen? Wo rechnet und denkt man dabei klassisch, wo betrachtet man Quanten?

A2 Zeichnen und vergleichen Sie die drei angeführten Schaltungen von Fotozellen **a)** zur Messung von $W_{max} = h \cdot f - W_A$, **b)** zum Nachweis langsamerer Elektronen, **c)** zur Messung der Lichtintensität. Kann man für alle drei Messungen die gleiche Zelle benutzen?

A3 Man erhöht in **→ V1** die Helligkeit, verändert aber nicht die Farbe des Lichts. Wie wirkt sich das auf das U-I_F-Diagramm aus?

A4 **a)** In **→ B1** falle Licht der Leistung $P_L = 0{,}1$ mW auf Cs. Welche Energie trifft in 1 s auf das Metall? Wie viele Photonen sind das bei $\lambda = 800$ nm (400 nm)? **b)** Wie viele Elektronen werden bei der Quantenausbeute 0,1 % in 1 s frei?

A5 Augen nehmen bei $\lambda = 600$ nm Bestrahlungsstärken ab 10^{-10} W/m² wahr. Wie viele Photonen durchsetzen je Sekunde die Pupillenöffnung ($d = 6$ mm)?

Das Photon als Quantenobjekt

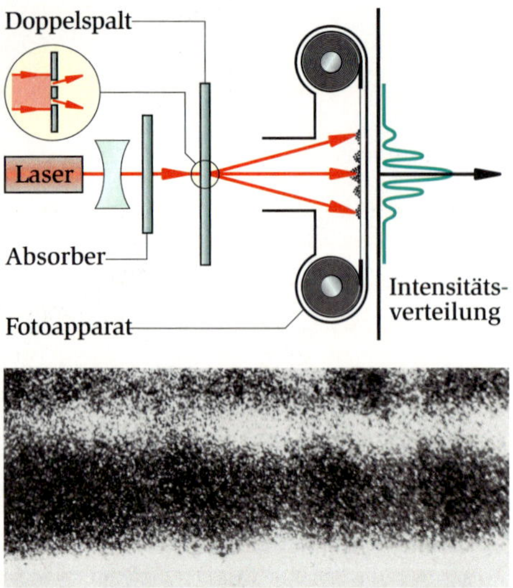

V1 Laserlicht fällt auf einen Doppelspalt; sein Beugungsbild wird im Fotoapparat ohne Objektiv auf feinkörnigem S/W-Film registriert. Der Absorber A macht die Bilder so dunkel, dass sie kaum sichtbar sind. Der entwickelte Film zeigt bei 600-facher Vergrößerung Beugungsbilder. Sie bauen sich mit steigender Belichtungsdauer (1/1000 s, 1/100 s, 1/10 s) aus einer wachsenden Zahl unregelmäßig verteilter, schwarzer Silberkörner auf. An Stellen konstruktiver Interferenz liegen sie dicht; bei destruktiver Interferenz landet kein Photon. Mit der Belichtungsdauer steigt die Zahl, nicht die Schwärzung der Körner.

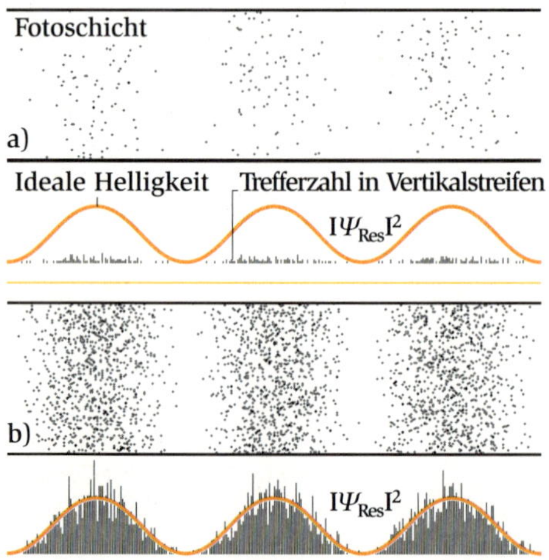

B1 Zwei Simulationen mit dem Zufallsgenerator zeigen, wie sich die zufallsbedingte Verteilung der Körner in → V1 nacheinander aufbaut. $|\Psi_{Res}|^2$ gibt die zu erwartende Körnerzahl je mm^2 an.

1. Kann man Photonen nicht doch klassisch beschreiben?

Bei Schall schwingen *Luftteilchen* relativ zueinander und bilden eine Welle. Besteht nicht auch die Lichtwelle aus einem Schwarm Photonen, die zueinander schwingen? Dies widerlegte G. TAYLOR 1909. Er brachte Licht zur Interferenz, das so schwach war, dass sich jeweils *höchstens ein Photon* im Gerät befand → V1, → B1. Trotzdem fügte es sich in das übliche Interferenzbild ein. Dieses bestand zunächst nur aus wenigen, stets scharfen Photonentreffern. Im Laufe monatelanger Belichtung nahm deren Zahl zu. Nahe den Minima trafen nur wenige Photonen den Schirm; zu den Maxima hin stieg ihre Zahl. So bauten die Photonen allmählich die periodischen Interferenzstreifen auf. Der englische Quantentheoretiker DIRAC sagte: **Jedes Photon interferiert mit sich selbst.**

Interferieren am Doppelspalt auch Teilchen, die der klassischen Mechanik gehorchen, z. B. Farbtröpfchen? Diese sprühen wir aus einer Spraydose durch zwei parallele Schlitze auf einen Schirm. Jedes Tröpfchen fliegt *entweder* durch Spalt 1 *oder* 2 → B2. Ist nur Spalt 1 offen, so entsteht auf dem Schirm der verwaschene Fleck 1′. Ist nur Spalt 2 offen, baut sich Fleck 2′ auf. Sind beide offen, so addieren sich an jeder Stelle die Teilchenzahlen von Fleck 1′ und 2′ zur Kurve *Add.* Fliegt nämlich ein Tröpfchen durch Spalt 1, so ist es völlig gleichgültig, ob Spalt 2 offen oder geschlossen ist. Klassische Teilchen zeigen keine Interferenz, wohl aber Photonen.

2. Bei Photonentreffern spielt der Zufall mit

Photonen liefern nach → B3 Interferenzstreifen. Niemand kann beim Aufbau der Interferenzbilder vorhersagen, wann und wo der nächste Treffer landet → B1, das bleibt *im Einzelfall unbestimmt.* Dort regiert der reine, durch nichts weiter begründbare **Zufall.** So bauen sich aus sehr vielen Photonentreffern die bekannten Interferenzbilder bei Licht auf. An ihren Maxima ist die *Wahrscheinlichkeit* für Photonentreffer groß. Deren **Antreffwahrscheinlichkeit** nimmt zu den Minima hin stetig ab.

3. Nur die Deutung ändert sich, nicht unser Vorgehen!

Photonentreffer kann man zählen. Liegen an einer Stelle 9-mal so viele pro mm^2 wie an einer andern, so ist die *Antreffwahrscheinlichkeit* für Photonen 9-fach. Nun setzt jeder Treffer die Energie $h \cdot f$ frei. Also ist die Dichte ρ_W der verteilten Energie 9-fach. 9-fache Energiedichte ρ_W erhalten wir bei 3-facher elektrischer Feldstärke E, bei 3-facher Amplitude der Lichtwelle. Wie wir wissen gilt $\rho_W \sim E^2$.

Auch bei der Interferenz von Photonen möchten wir die rotierenden Zeiger benutzen. Ihre Länge soll aber nicht mehr die *Amplitude* der Lichtwelle angeben, sondern die *Wahrscheinlichkeit* für Photonentreffer. In der Quantensprache fasst man beides zusammen und nennt die Zeiger **Wahrscheinlichkeits-Amplituden:** Wir sagen Ψ-Zeiger (Psi). Für ihre Länge schreibt man $|\Psi|$, das Quadrat $|\Psi|^2$ gibt die Dichte der Photonentreffer an, die Wahrscheinlichkeit, mit der sich Photonen auf dem Beugungsschirm niederlassen. Treffen einen Fleck viele Photonen, so auch viel Energie; dort ist $|\Psi|^2$ groß.

Großes $|\Psi|^2$ bedeutet hohe Antreffwahrscheinlichkeit für Photonen. $|\Psi|^2$ gibt die Photonendichte an.

4. Was bedeutet der „Dualismus Welle-Teilchen"?

Bei Photonen spielen auch Frequenz $f = W/h$ und Wellenlänge $\lambda = h/p$ eine Rolle. Also lassen wir die Zeiger so rotieren wie bei klassischen Wellen, längs der Wellenperiode λ einmal. Die Zeiger fungieren als *λ-Zähler.* So beschreiben wir die Interferenz von Photonen wie bei Seil-Wellen. Durch Einführen der Wahrscheinlichkeitsamplitude Ψ hat Max BORN (Nobelpreis 1954) das *Wellenbild* so weit reduziert, dass es mit einem auf Photonen anwendbaren *Teilchenbild* vereinbar wurde. Wer vom **„Dualismus Welle-Teilchen"** spricht, meint diese Fusion. Was bedeutet sie?

5. Photonen nehmen alle Möglichkeiten wahr

Am Doppelspalt interferiert jedes Photon mit sich selbst, ohne sich in Teile zu spalten. Wir dürfen nicht sagen, das Photon fliege z. B. durch den linken Spalt, nur *wissen* wir es nicht so recht. Wäre diese Aussage richtig, so müssten wir die viel breiteren Beugungsbilder für Einzelspalte erhalten.

Wir sagen vielmehr: Am Doppelspalt stehen jedem Photon zwei *mögliche Pfade* zum Ziel offen, durch jeden Spalt ein Pfad. Für jede dieser beiden *gleichberechtigten Möglichkeiten,* für jeden **gleichberechtigten Pfad,** lassen wir einen Ψ-Zeiger rotieren – wie früher bei Wellen. Als *λ-Zähler* dreht er sich auf der Strecke λ einmal. Die Pfadlänge s bestimmt die Endstellung der Ψ-Zeiger im Ziel (bei $s = 4{,}25 \cdot \lambda$ macht der Zeiger $4\frac{1}{4}$ Umdrehungen: seine Endstellung ist 90°). Wie bei Wellen addieren wir im Zielpunkt auf dem Schirm beide Zeiger vektoriell gemäß

$$\Psi_{\text{Res}} = \Psi_1 + \Psi_2 \text{ (statt } \vec{E}_{\text{Res}} = \vec{E}_1 + \vec{E}_2\text{).} \qquad (1)$$

Dieses **Superpositionsprinzip** beherrscht die Quantenphysik (Superponieren bedeutet Addieren der Ψ-Zeiger). Damit können wir auch das *Huygensprinzip* von Wasserwellen auf Quanten übertragen ➜ B4: Wir brauchen nur die *tatsächlichen* Bahnen der Wellenerregung von der Quelle Q zum Ziel Z umzudeuten in alle *möglichen* Pfade des Quants. Für jede dieser Möglichkeiten lassen wir einen Zeiger rotieren und addieren alle Zeiger in Z. Folglich bleibt völlig **unbestimmt,** wie das unteilbare Photon von Q nach Z gelangt. Es wäre wenig hilfreich anzunehmen, es durchlaufe sie alle zugleich oder nacheinander. Wir betrachten die möglichen Bahnen nur als *Rechenpfade,* um die Endstellungen der Ψ-Zeiger zu ermitteln.

6. Die Superposition erfasst das Ganze

Auch beim Umdeuten von Wellen auf Quanten müssen beim Doppelspalt *beide Spalte zugleich* beachtet werden, die **Interferenzanordnung als Ganzes.** Das Verhalten eines jeden Photons hängt nämlich trotz seiner Unteilbarkeit von der Position beider Spalte ab. Wir beschreiben das mit der Addition $\Psi_{\text{Res}} = \Psi_1 + \Psi_2$ beider Zeigerstellungen. Diese Summe ist zwar exakt bestimmt, man sagt *determiniert,* Einzelereignisse wie Ort und Zeitpunkt der einzelnen Photonenlokalisation bleiben dagegen dem Zufall überlassen. Man trifft ein Photon wegen seiner Unteilbarkeit nur an einem bestimmten Ort. Er hängt von der ganzen Versuchsanordnung wie auch vom Zufall ab. An Interferenzminimas findet man keine Photonen.

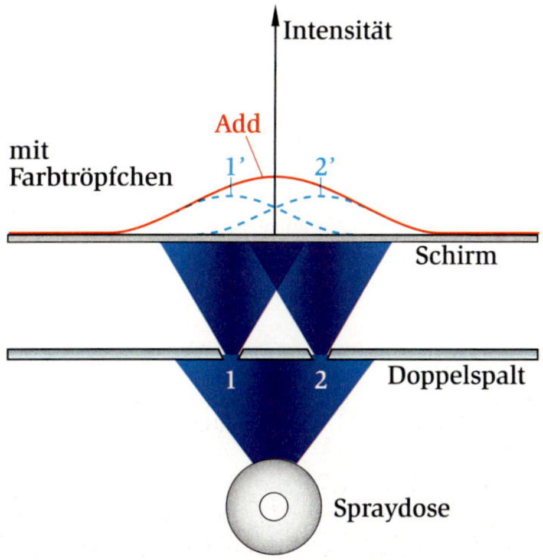

B2 Klassisch: Farbtröpfchen am Doppelspalt erzeugen zwei verschmierte Streifen 1′ und 2′, die zusammen *Add* ergeben.

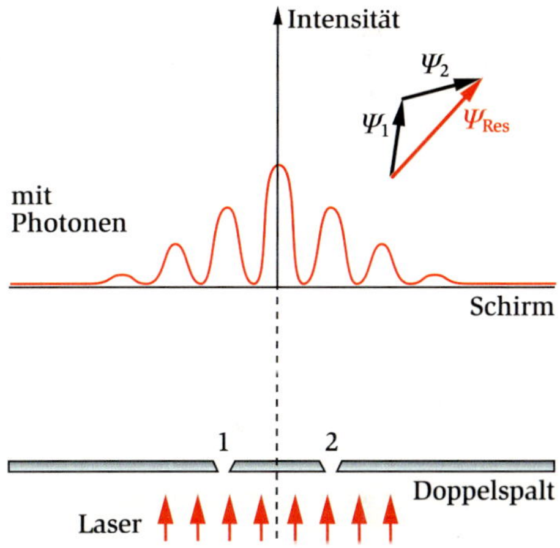

B3 Quanten dagegen zeigen Interferenzstreifen, beschreibbar mit der bei Wellen bewährten Zeigeraddition.

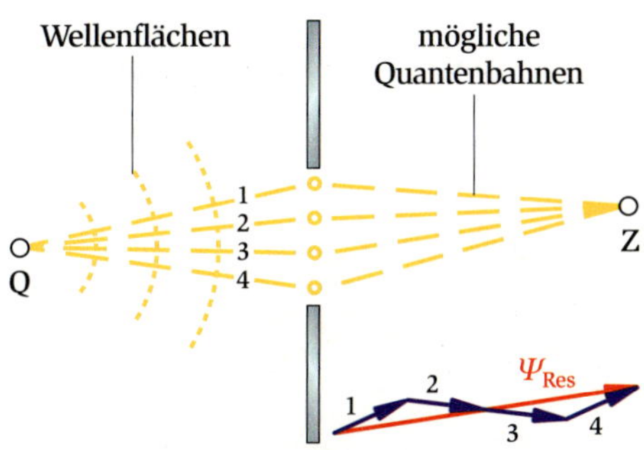

B4 Die *tatsächlichen* Wellenbahnen 1…4 werden umgedeutet in *mögliche* Rechenpfade für die λ-Zähler $\Psi_1 \dots \Psi_4$. Man addiert deren Endstellungen im Ziel Z vektoriell zur Summe Ψ_{res}. Ihr Quadrat $|\Psi_{\text{res}}|^2$ gibt die Antreffwahrscheinlichkeit für Photonen in Z.

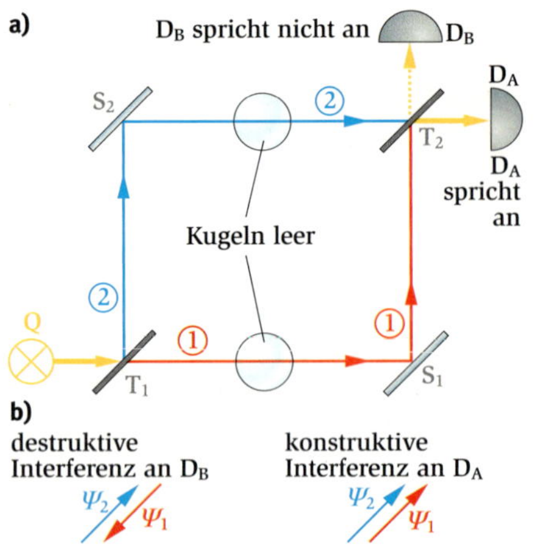

B1 **a)** Beide Glaskugeln leer. Die Pfade ① und ② sind gleichberechtigt; von Q ausgehende Photonen landen *stets* im Detektor D_A. **b)** Interferenz an der Platte T_2 konstruktiv für D_A, destruktiv für D_B.

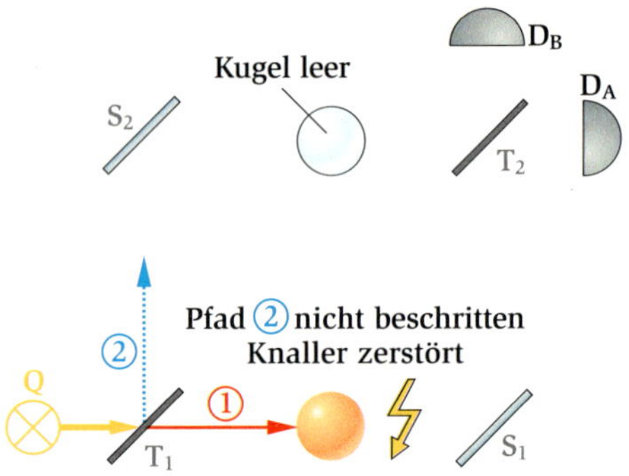

B2 Ein Photon wählt Pfad ① und zerstört den Knaller. Weg ② entfällt; die Detektoren D_A und D_B bleiben stumm.

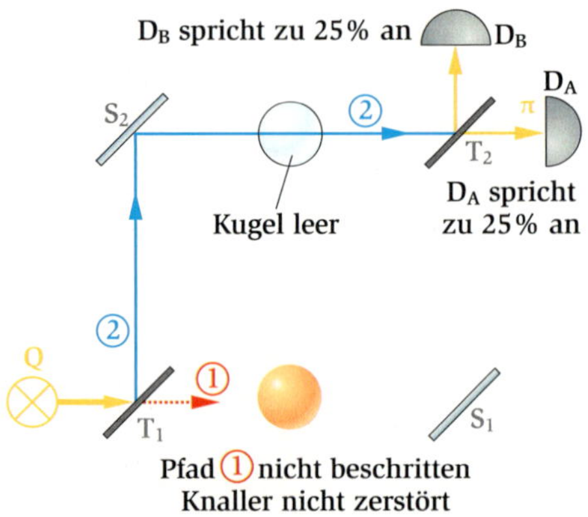

B3 Das Photon wählt Pfad ②. Der Knaller im Pfad ① bleibt unzerstört und kann trotzdem vom Detektor D_B gemeldet werden! Die Pfade sind nicht mehr gleichberechtigt, die Interferenz an T_2 entfällt. Dort entscheidet sich das Photon für D_A oder D_B, je zu 25 % aller Fälle.

7. Der Knallertest: Sehen, was nicht gesehen wird

Die Brisanz der Quantenwelt verdeutlichen wir an einem Gedankenexperiment: Ein Fabrikant für Scherzartikel füllte Glaskugeln mit einem Gas, das von bereits *einem* Photon zur Explosion gebracht wird. Leider vermischte er diese sensiblen Knaller mit leeren Kugeln. Kann man funktionierende Knaller erkennen, ohne dass sie ein einziges Photon trifft, ohne dass sie „zerstört" werden? Anders gesagt: Kann ein Photon den Knaller umfliegen, ihn meiden und trotzdem aus der Ferne „erkennen"? Ein solches *nicht-lokales* Verhalten ist nach klassischer Physik unvorstellbar!

Der Fabrikant nimmt die Quantengesetze ernst und baut ein Interferenzgerät nach **→ B1**. Es ist zum Doppelspalt analog. Wie dort gibt es zwei mögliche Pfade ① und ②, geführt über die beiden Teilerplatten T_1 und T_2 und die zwei Spiegeln S_1 und S_2. Auch lässt der Fabrikant jeweils höchstens *ein* Photon im Apparat laufen. Es trifft von der Quelle Q kommend auf die Teilerplatte T_1. Diese ist mit einer schwach reflektierenden Silberschicht so belegt, dass dem Photon die beiden weit getrennten Pfade ① und ② offenstehen, je mit 50 % Wahrscheinlichkeit. Diese Pfade ergreift das Photon als Quantenmöglichkeiten zugleich, solange sie gleichberechtigt sind.

a) Sind die beiden Glaskugeln leer, so sind die Pfade ① und ② *gleichberechtigt*. Die Endstellungen ihrer rotierenden Zeiger Ψ_1 und Ψ_2 werden an der Teilerplatte T_2 addiert **→ B1b**. Wie von der Überlagerung von Wellen bekannt ist, interferieren sie zu D_A hin konstruktiv (↑↑), zu D_B hin dagegen destruktiv (↑↓). Also fliegt *jedes* Photon zum Detektor D_A, parallel zu dem die Quelle Q verlassenden horizontalen Pfad.

b) Nun ersetzt der Fabrikant im Dunkeln die leere Kugel im Pfad ① durch einen sensiblen Knaller, ohne es zu wissen. Jetzt sind die Pfade *nicht mehr gleichberechtigt*. Wie verhält sich das Photon?

Zerstört das Photon den Knaller (und sich selbst), so flog es nachweisbar längs dem roten Pfad ① **→ B2**. Dies tritt in 50 % aller möglichen Fälle ein. Hier hat der Fabrikant Pech.
In den restlichen 50% läuft das Photon längs Pfad ②, der Knaller bleibt heil. An der Teilerplatte T_2 entfällt der Zeiger Ψ_1 für Pfad ① und damit die Interferenz, die in **→ B1** das Photon zwangsläufig zu D_A führte. Ohne diese Interferenz ist das Photon an T_2 „frei". Dort wählt es in 25 % aller Fälle (Hälfte von 50 %) den Detektor D_B, der ohne Knaller *nie* ansprechen würde. Das Klicken von D_B entlarvt den Knaller, ohne ihn zu zünden. Der Fabrikant rettet ihn schnell, bevor das nächste Photon kommt.

Das Aufregende ist: Das Photon erkennt den Knaller, ohne mit ihm Kontakt zu haben: Es verhält sich *nichtlokal*. Es gab seine ganze, zum Zünden nötige Energie $h \cdot f$ im Detektor D_B ab, nicht im Knaller. Wiederum ist die Anordnung *als Ganzes* zu betrachten.
Leider geht das Photon bei den restlichen 25 % zum Detektor D_A, der Klick an D_B entfällt. Der Knaller wird fälschlich als leer deklariert. Man bedenke aber: Bestünden klassische Vorstellungen zu Recht, so hätte man keinen einzigen Knaller retten können. Denn jedes Photon, das ihn tatsächlich trifft, zerstört ihn.

8. Nichtlokalität, Unbestimmtheit, Nichtobjektivierbarkeit

Der Knaller-Fabrikant freut sich, wenn in → B3 das Photon den Detektor D_B auslöst. Der Knaller ist erkannt, bleibt unbehelligt, aber nicht unbeteiligt. Allein seine Anwesenheit im Pfad ① ermöglicht es dem Photon, nach D_B zu fliegen. EINSTEIN hätte von einer *spukhaften Fernwirkung* gesprochen. Hier zeigt sich die skurrilste Quanteneigenschaft, die **Nichtlokaliät.** → B1 zeigt die **Unbestimmtheit** der Quantenwege. Dort kann man nicht sagen, das Quant habe einen bestimmten Weg (Pfad ① *oder* ②) tatsächlich, *objektiv* gesprochen, durchlaufen (objektiv: dem Objekt zukommend, unabhängig vom Beobachter). Solche Quantenaussagen sind **nichtobjektivierbar.** Es handelt sich nicht um *subjektives Nichtwissen* eines vorgeblich *objektiven* Sachverhalts. Sonst gäbe es bei T_2 keine Interferenz.

9. Die Welcher-Weg-Frage; Komplementaritätsprinzip

Es ist also stets zu fragen, welche Wege dem Photon von der Quelle zum Zielpunkt zur Verfügung stehen, damit es Interferenz gibt:

- Ohne Knaller, in → B1a, sind beide Wege ① und ② gleichberechtigt. Man kann nicht sagen, welchen von beiden Wegen das Photon *tatsächlich* geht; die sog. **Welcher-Weg-Frage** ist prinzipiell nicht beantwortbar. Das gilt auch am Doppelspalt, wenn dort Interferenzstreifen auftreten → B4.
- Mit dem Knaller werden dagegen die Wege ① und ② unterscheidbar. In → B3 bleibt der Knaller unbeschadet, weil das Quant tatsächlich den Weg ② durchläuft. Die Welcher-Weg-Frage ist beantwortet. Also gibt es *keine Interferenz* an der Platte T_2. Der dazu nötige Weg ① entfällt.
- In → B2 knallt es, das Quant folgte Weg ①. Auch hier ist die Welcher-Weg-Frage klar beantwortet, es gibt keine Interferenz.

Ergebnis: Beobachtet man Interferenz, so ist die Welcher-Weg-Frage grundsätzlich nicht beantwortbar. Ist sie beantwortbar, dann gibt es keine Interferenz. Niels BOHR sagte: Ist die *Welcher-Weg-Frage* beantwortbar, dann liegt ein *teilchenartiges* Verhalten vor. Andernfalls, bei Interferenz, handelt es sich um *Wellen.* Teilchen- und Wellenmodell widersprechen sich zwar in der klassischen Physik, ergänzen sich aber bei Quanten. Er nannte dies das **Komplementaritätsprinzip** (complere, lat. sich gegenseitig ergänzen).

Merksatz

- Alle *möglichen, gleichberechtigten* Pfade des unteilbaren Quants von der Quelle zum Ziel sind zu betrachten. Jedem wird ein Zeiger Ψ_i zugeordnet, der sich als λ-Zähler auf der Strecke λ einmal dreht.
- Die Zeiger Ψ_i für *alle gleichberechtigten Möglichkeiten* werden zur Resultierenden $\Psi_{Res} = \Sigma\,\Psi_i$ addiert: sie werden superponiert.
- Die Quantengrößen $\Psi_{Res} = \Sigma\,\Psi_i$ und $|\Psi_{Res}|^2$ sind durch die Zeigeraddition streng bestimmt, *determiniert.* Erst bei Einzelereignissen gilt der Zufall. Man deutet $|\Psi_{Res}|^2$ als *Antreffwahrscheinlichkeit* für Quantenereignisse.
- Zeigt sich bei einem Experiment Interferenz, so ist die *Welcher-Weg-Frage* nicht beantwortbar (mehrere Möglichkeiten gelten zugleich).
- Ist eine Anordnung so beschaffen, dass die *Welcher-Weg-Frage* beantwortbar ist, dann entfällt die Interferenz für diese Wege.

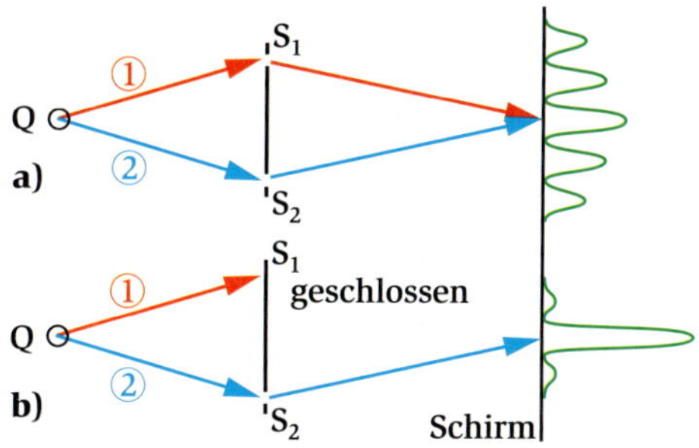

B4 Auch beim Doppelspalt stellt sich die Welcher-Weg-Frage: Wann ist sie prinzipiell nicht beantwortbar, wann gibt es eine Antwort?
a) Beide Spalte sind offen: Die *Welcher-Weg-Frage* „durch Spalt 1 *oder* 2" ist nicht beantwortbar. Man erhält Doppelspalt-Interferenz. Das Photon beachtet *das Ganze* der Anordnung, also beide Spalte zugleich. Die Zeiger für beide sind zu addieren.
b) Nur Spalt 2 ist offen. Die *Welcher-Weg-Frage* „Spalt 1 *oder* 2" ist beantwortbar. Die Doppelspaltinterferenz entfällt, man erhält Einzelspalt-Interferenz. (Die gezeigte Grafik ist nur ein Prinzipienbild; der Spaltabstand ist stark überhöht.)

A1 **a)** Im Text ist zu lesen, dass man mit der Zeigerdarstellung bei Quanten ein reduziertes Teilchenbild mit einem reduzierten Wellenbild verschmolzen habe. Was wurde dabei jeweils reduziert? Erfinden Sie dazu Beispiele. **b)** Welche Bedeutung haben die Zeiger bei Quanten zusätzlich gewonnen, welche haben sie verloren? **c)** Veranschaulichen Sie das Wort „λ-Zähler" mit einem Rad, das entlang eines Rechenpfads rollt. Welchen Umfang geben Sie ihm? Was bedeutet das Wort Rechenpfad?

A2 **a)** Warum sind in der klassischen Physik Teilchen- und Wellenbild unvereinbar? **b)** Wenden Sie die *Welcher-Weg-Frage* auf das optische Gitter an.

A3 **a)** Eine größere Wandergruppe steht im Wald an einer Wegkreuzung. Wegweiser und Wanderkarte zeigen zwei mögliche Wege zum gewünschten Ziel. Die Gruppe teilt sich auf und vereinigt sich wieder am Ziel. Vergleichen Sie dies mit dem Verhalten vieler Photonen beim Doppelspaltexperiment. **b)** Warum ist bei Lichtquanten schon eine kleine Differenz der möglichen Weglängen zum Ziel bedeutsam, nicht aber bei den Personen? **c)** Einer der beiden Waldwege ist an einer vorher unbekannten Stelle gesperrt. Diskutieren Sie jetzt diese Fragen.

1. Elektronenbeugung, de Broglie-Wellenlänge λ_B

Die Photonen kennzeichnet nicht nur ihre Wellenlänge λ. Kometenschweife zeigen, dass sie auch Masse und Impuls $p = h/\lambda$ besitzen. Deshalb fragte der franz. Prinz DE BROGLIE (Nobelpreis 1929), ob man nicht umgekehrt auch Elektronen eine Wellenlänge gemäß $\lambda = h/p$ zuschreiben könne. Dann müssten sie interferieren, wenn sie mit dem Impuls p eine Beugungsanordnung durchfliegen. DE BROGLIE stellte diese kühne Hypothese auf, da er vom Walten übergeordneter Naturgesetze überzeugt war. Die von ihm postulierte Wellenlänge fliegender Elektronen nennt man

de Broglie-Wellenlänge $\lambda_B = h/p$. (1)

Hypothesen akzeptiert man in der Physik nur, wenn man sie im Experiment bestätigen kann. Dazu zeigt → B1 die Beugung von Elektronen an einer Grafit-Folie. Diese bekommen vorher durch die Spannung $U = 5{,}0$ kV den Impuls $p = 3{,}8 \cdot 10^{-23}$ Ns. Man erwartet also die de Broglie-Wellenlänge

$$\lambda_B = h/p = 6{,}63 \cdot 10^{-34}\ \text{Nms}/3{,}8 \cdot 10^{-23}\ \text{Ns} = 17{,}4 \cdot 10^{-12}\ \text{m}.$$

Sie wird an zwei Beugungsringen bestätigt.

Merksatz

Beugung und Interferenz gibt es auch bei Elektronen. Beim Impuls $p = m \cdot v$ ist deren de Broglie-Wellenlänge $\lambda_B = h/p$.

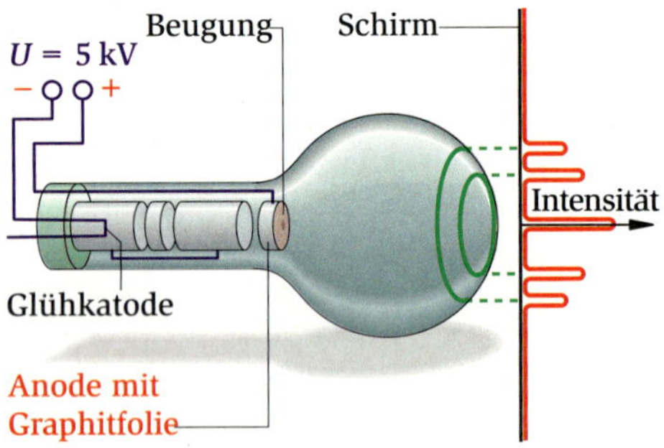

B1 Elektronen werden in der luftleeren Beugungsröhre mit der Spannung $U = 5$ kV beschleunigt. Sie durchsetzen in der Anodenöffnung eine dünne Schicht aus polykristallinem Grafit (rot). Am Schirm sehen wir zwei Beugungsringe mit Radien r_a und r_b.

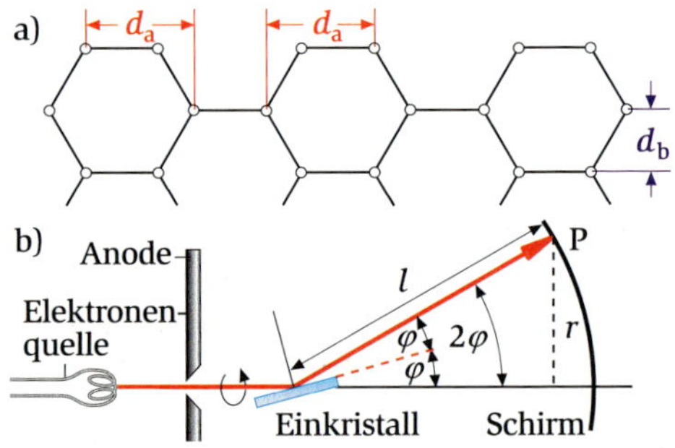

B2 **a)** Grafitgitter mit Netzebenenabständen d_a und d_b **b)** Bragg-Reflexion am Einkristall würde den Reflexpunkt P erzeugen. Im Grafit, einem Polykristall, sind die Kriställchen regellos gelagert. Es entstehen Deby-Scherrer-Ringe mit den Radien r.

Beispiel **Experiment zur Elektronenbeugung**

In der Beugungsröhre von → B1 bekommt ein Elektron (Ladung $e = 1{,}6 \cdot 10^{-19}$ C; Masse $m_e = 9{,}1 \cdot 10^{-31}$ kg) bei der Spannung $U = 5{,}0$ kV die Energie $W_{kin} = eU = 5\ \text{keV} = 1{,}6 \cdot 10^{-19}\ \text{C} \cdot 5 \cdot 10^3\ \text{J/C} = 8{,}0 \cdot 10^{-16}$ J, die Geschwindigkeit $v = \sqrt{2\,W_{kin}/m_e} = 4{,}2 \cdot 10^7$ m/s und den Impuls $p = m_e v = \sqrt{2\,U e m_e} = 3{,}8 \cdot 10^{-23}$ Ns, also nach Gl. (1) die kleine de Broglie-Wellenlänge $\lambda_B = h/p = 6{,}63 \cdot 10^{-34}\ \text{Nms}/3{,}8 \cdot 10^{-23}\ \text{Ns} = 17{,}4 \cdot 10^{-12}$ m.
λ_B liegt im Röntgenbereich. Dort haben wir Wellenlängen durch Bragg-Reflexion an Kristallgittern gemessen. Der benutzte Grafitkristall hat nach → B2 zwei verschiedene Netzebenensysteme mit Abständen $d_a = 213$ pm und $d_b = 123$ pm. Man erwartet also nach der Bragg-Gleichung

$$\sin\varphi_n = k \cdot \lambda_B/(2d) \qquad (2)$$

in der $k = 1$. Ordnung zwei Beugungsringe → B1.

Bei den kleinen Glanzwinkeln φ_n in → B2b gilt $\sin 2\varphi \approx 2\sin\varphi = r/l$. Nach Gl. 2 folgt in 1. Ordnung ($k = 1$) $2\sin\varphi = r/l = \lambda_B/d$. Also berechnet man beim Ringradius r die Wellenlänge

$$\lambda_B = d \cdot r/l \ \text{ oder } \ r = l \cdot \lambda_B/d. \qquad (3)$$

Nach $r = l \cdot \lambda_B/d$ erzeugt das Netzebenensystem mit dem größeren Abstand $d = 213$ pm den inneren Ring mit kleinerem Radius $r = l \cdot \lambda_B/d$ (bei gleichem λ_B). Der Schirmabstand ist $l = 0{,}135$ m.
Wir ordnen also zu:
a) Dem *inneren Ring* mit dem gemessenen Radius $r = 0{,}011$ m das größere $d = 213$ pm. Daraus folgt $\lambda_B = d \cdot r/l = 213\ \text{pm} \cdot 0{,}011\ \text{m}/0{,}135\ \text{m} = 17{,}3$ pm.
b) Am *äußeren Ring* ($r = 0{,}019$ m) mit $d = 123$ pm ist $\lambda_B = d \cdot r/l = 123\ \text{pm} \cdot 0{,}019\ \text{m}/0{,}135\ \text{m} = 17{,}3$ pm.
An beiden Ringen finden wir $\lambda_B \approx 17{,}3$ pm.
Dies bestätigt die bei der Spannung $U = 5$ kV berechnete Wellenlänge $\lambda_B = 17{,}4 \cdot 10^{-12}\ \text{m} = 17{,}4$ pm.

2. Kann man de Broglie-Wellen klassisch verstehen?

a) Schwingen die Elektronen im Elektronenstrahl periodisch gegeneinander, hin und her oder auf und ab? Bilden sie so eine Welle? Dagegen spricht, dass ihre Abstände viel größer sind als die de Broglie-Wellenlänge λ_B **→ Vertiefung**. So kann man sich keine Welle in dem uns vertrauten Sinn vorstellen.

Ist vielleicht schon jedes Elektron für sich eine schwingende, ausgedehnte Ladungswolke? Diese müsste sich bei der Beugung im Kristallgitter nach dem Huygens-Prinzip in unzählig viele Ladungswölkchen aufspalten. Man fand dies aber nie.

Wird eine periodische Wellenstruktur vielleicht von den periodisch angeordneten Atomen im Grafitkristall vorgetäuscht? Zur Klärung schickte C. JÖNSSON Elektronen durch einen im Vakuum aufgestellten Doppelspalt. Sie interferierten dort wie Licht und bestätigten die de Broglie-Wellenlänge $\lambda_B = h/p$ **→ B3a**.

Ersetzt man den Beobachtungsschirm durch ein Feld winziger Detektoren (wie in elektronischen Kameras), so erkennt man: Die Beugungsringe setzen sich aus *regellos verteilten Lokalisationen* der gebeugten Elektronen zusammen. **→ B3b** zeigt diese körnige Struktur. Was DIRAC über Photonen sagte, gilt auch hier: *Jedes Elektron interferiert mit sich selbst.* Deshalb betrachtet man auch die von DE BROGLIE postulierte Welle als **Ψ-Welle** für Wahrscheinlichkeitsamplituden Ψ. Die Analogie zu Photonen bestätigt der Vergleich von **→ B4a** mit **→ B4b**: Elektronen werden gebeugt wie die Photonen von Röntgenstrahlen.

b) Nun verstehen wir, warum das Elektronenmikroskop viel kleinere Strukturen auflöst als das Lichtmikroskop **→ B5**. Bei beiden werden punktförmige Objekte nicht als Punkte, sondern als Beugungsscheibchen registriert. Einzelheiten mit Abständen, die größer als $\lambda/2$ sind, werden nicht aufgelöst. Beim Lichtmikroskop liegt die Grenze bei $\lambda_{Licht}/2 \approx 200$ nm. Bei Elektronen lässt sich jedoch die Geschwindigkeit v so steigern, $\lambda_B = h/(m \cdot v)$ so weit verkleinern, dass bei $\lambda_B/2 \approx 0{,}2$ nm atomare Dimensionen sichtbar werden. Dann erkennt man sogar Atome.

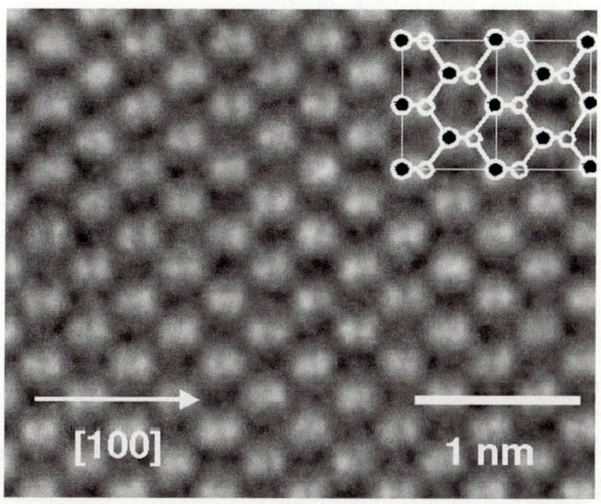

B5 Bild von Atomen eines GaAs-Kristalls im Elektronenmikroskop. Der Durchmesser eines Atoms beträgt ca. 0,2 nm.

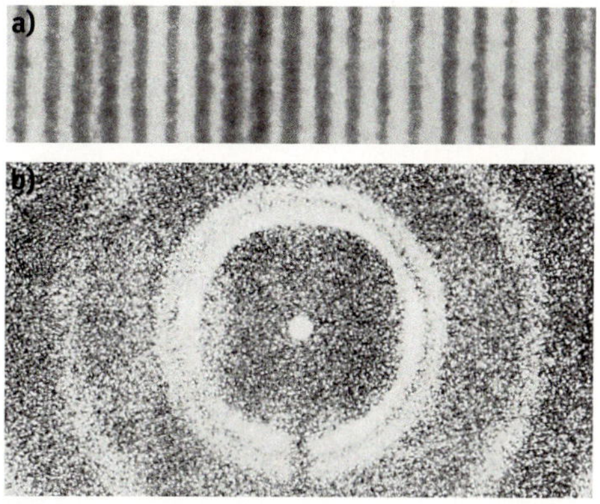

B3 **a)** Stark vergrößertes Beugungsbild von Elektronen am Doppelspalt nach JÖNSSON (1960) **b)** Auch Neutronen werden wie Photonen gebeugt: Die körnige Struktur zeigt die zufällig verteilten Neutronentreffer.

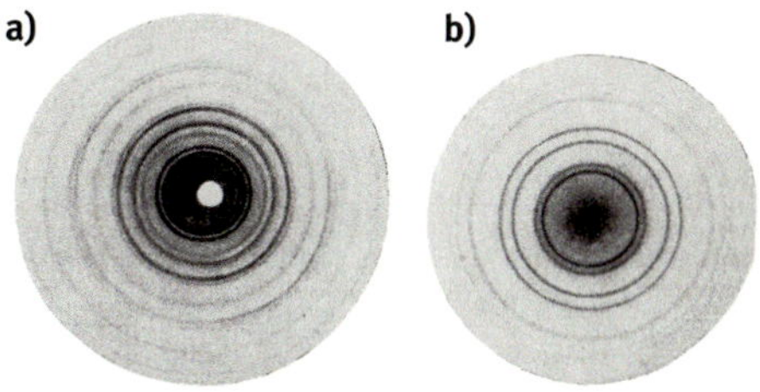

B4 Beugungs-Ringe an Silberfolie: **a)** mit Elektronen erzeugt, **b)** mit Röntgenstrahlen

Vertiefung

Elektronenabstände im Elektronenstrahl

Elektronen (Ladung $e = 1{,}6 \cdot 10^{-19}$ C) bilden in **→ V1** einen Strahl mit Querschnitt $A = 1\ \text{mm}^2$. Ihn durchfliegt bei der Stromstärke $I = 1$ mA in $t = 1$ s die Ladung $Q = I \cdot t = 10^{-3}$ C. Das sind $n = Q/e \approx 6 \cdot 10^{15}$ Elektronen.

Sie fliegen mit $v = 4{,}2 \cdot 10^7$ m/s, könnten also in 1 s einen Strahl der Länge $s = v \cdot t = 4{,}2 \cdot 10^7$ m bilden. Sein Volumen wäre $V = s \cdot A = 40\ \text{m}^3$. Dort steht jedem der n Elektronen das Volumen $V_1 \approx V/n \approx 7 \cdot 10^{-15}\ \text{m}^3$ zu. Wir betrachten es als Würfelchen mit Kantenlänge $d = \sqrt[3]{V_1} \approx 2 \cdot 10^{-5}$ m. Daraus ergibt sich der mittlere Elektronenabstand $d \approx 2 \cdot 10^{-5}$ m. Er ist ca. 10^6 mal so groß wie die DE BROGLIE-Wellenlänge $\lambda_B \approx 2 \cdot 10^{-11}$ m.

A1 Auch bei Protonen gilt $\lambda_B = h/p$. Man beschleunigt sie mit $U = 500$ kV. Berechnen Sie λ_B.

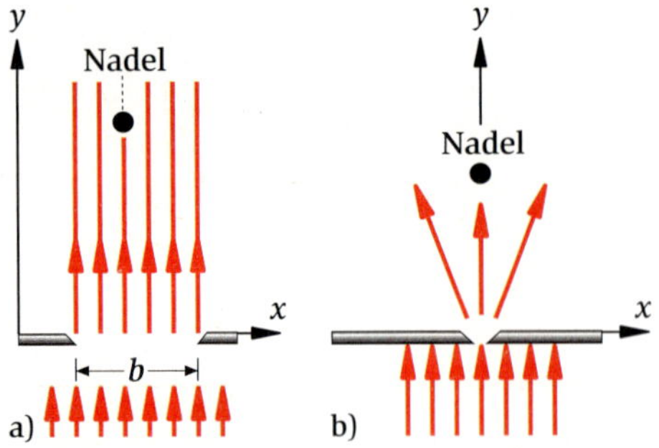

B1 **a)** Die meisten Photonen des breiten Laserbündels treffen die Nadel nicht. Die große Spaltbreite b gewährt eine zu große Unbestimmtheit $\Delta x \approx b$ in der Ortskoordinate x quer zum Strahl. **b)** Verkleinert man die Spaltbreite b und damit Δx, so gibt Beugung den Photonen unbestimmte Richtung, macht die Querimpulse p_y unbestimmt. Die Nadel wird noch seltener getroffen.

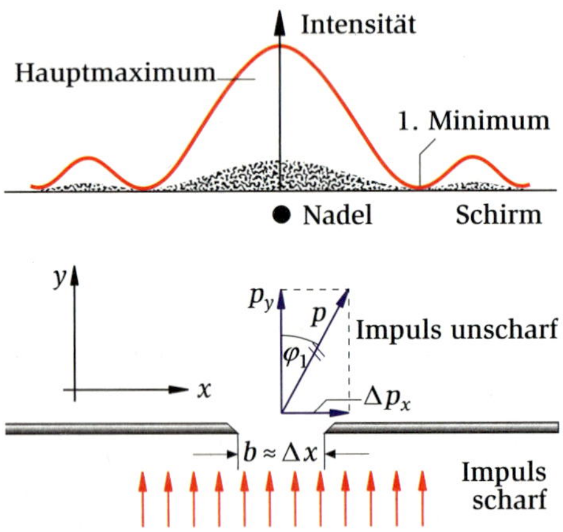

B2 Im Spalt mit Breite b ist die Orts-Unbestimmtheit $\Delta x \approx b$. Beugung gibt den Quantenobjekten Querimpulse p_x. Als deren *Unbestimmtheit* Δp_x sah HEISENBERG näherungsweise den Impulsbetrag $|p_x|$ an, der klassische Teilchen zum 1. Beugungsminimum beim Winkel φ_1 führen würde. Mit $p = h/\lambda$ gilt für dieses Minimum nach obiger Skizze

$$\sin\varphi_1 \approx \frac{\Delta p_x}{p} = \frac{\lambda \cdot \Delta p_x}{h}. \qquad (1)$$

Nach der Wellenoptik gilt

$$\sin\varphi_1 = \lambda/b. \qquad (2)$$

Mit $b \approx \Delta x$ folgt $\sin\varphi_1 = \dfrac{\lambda}{\Delta x}$ und mit Gl. 1

$$\frac{\lambda \cdot \Delta p_x}{h} \approx \frac{\lambda}{\Delta x}, \text{ also } \Delta x \cdot \Delta p_x \approx h. \qquad (3)$$

1. Unbestimmt bei Quantenobjekten, präzise gefasst

An Doppelspalt und Knallertest haben wir das Wort „unbestimmt im Quantensinn" verdeutlicht. Um es präziser zu fassen betrachten wir in Gedanken die zahlreichen Photonen eines Laserstrahls, der einen Einzelspalt durchsetzt. Dahinter steht eine Nadel **→ B1a**.

- Im Strahl großer Breite b gibt es viele *Möglichkeiten* für die Orte x, an denen man Photonen nachweisen könnte; deren x-Werte sind *unbestimmt*. Erst wenn ein Photon die Nadel trifft wird ein x-Wert *zufallsbedingt* realisiert, als x-Wert gemessen. Vor der Orts-Messung gibt es keine bestimmten x-Werte; in der Spaltöffnung hat die **Unbestimmtheit des Orts x** den Wert $\Delta x \approx b$.
- In **→ B1a** sind viele Photonen so präpariert, dass ihr Impuls $\vec{p}$ in y-Richtung zeigt. Quer dazu ist die x-Komponente $p_x \approx 0$. Man sagt: Der Querimpuls p_x dieser Photonen ist bestimmt; für die **Unbestimmtheit von p_x** gilt hier $\Delta p_x \approx 0$.

2. Heisenbergs Unbestimmtheitsrelation (UBR)

Für den Zusammenhang von Δx und Δp_x gab 1927 W. HEISENBERG (Nobelpreis 1932) eine über die Spaltbeugung hinausgehende, allgemeingültige Beziehung für alle Quantenobjekte, die berühmte Heisenberg'sche Unbestimmtheitsrelation

$$\Delta x \cdot \Delta p_x \approx h. \qquad (4)$$

Diese fundamentale Aussage veranschaulichte er am Beugungsspalt **→ B2**: Verkleinert man dessen Breite b, so auch die *Orts*-Unbestimmtheit $\Delta x \approx b$. Folglich erzeugt Beugung größere, zufallsbedingt verteilte Querimpulse p_x in x-Richtung. Das von zahlreichen Photonen gebildete Beugungsbild wird breiter **→ B2**. Die *Impuls*-Unbestimmtheit Δp_x wird größer.
Am Spalt mit Breite $b = 10^{-6}$ m ist die Unbestimmtheit des Orts $\Delta x \approx 10^{-6}$ m, die Unbestimmtheit der Querimpulse ist nach Gl. 4

$$\Delta p_x \approx \frac{h}{\Delta x} = \frac{6{,}63 \cdot 10^{-34}\ \mathrm{kg\,m^2\,s^{-1}}}{10^{-6}\ \mathrm{m}} \approx 7 \cdot 10^{-28}\ \mathrm{kg\,m\,s^{-1}}.$$

Verkleinert man die *Orts*-Unbestimmtheit Δx, so wächst die *Impuls*-Unbestimmtheit $\Delta p_x \approx h/\Delta x$ **→ B1b**. Auch bei Idealmessungen an vielen Quantenobjekten, die einheitlich präpariert wurden, streuen die Werte von x und p_x in den Bereichen Δx und Δp_x. Trotzdem kann man die *klassischen Begriffe* Ort und Impuls benutzen. Wiederholt man nämlich eine Messung, bei der ein Objekt den Ortswert x annahm, sofort am gleichen Objekt (falls möglich), so wird x bestätigt. Unbestimmtheiten sind also keine Messfehler, sondern fundamentale Quanteneigenschaften.
Grenzfälle: Bei einem bestimmten Ort x ($\Delta x \to 0$) geht die Unbestimmtheit im x-Impuls p_x gegen unendlich: $\Delta p_x \approx h/\Delta x \to \infty$.
Aus $\Delta p_x \to 0$ folgt umgekehrt $\Delta x \approx h/\Delta p_x \to \infty$.
Nie sind bei Quantenobjekten Ort und Impuls *zugleich* bestimmt; nie gilt bei vielen Messungen $\Delta x = 0$ *und* zugleich $\Delta p_x = 0$.

Merksatz

Heisenbergsche Unbestimmtheitsrelation (UBR): Orte und Impulse sind vor der Messung in bestimmten Grenzen unbestimmt. Messungen der Orte x und der Impulse p_x zeigen bei vielen Quantenobjekten Streuungen Δx und Δp_x gemäß $\Delta x \cdot \Delta p_x \approx h$. □

3. Experimente zur Unbestimmtheit, Welcher-Weg-Frage

a) In der Wellenoptik haben wir an einem Glimmerblatt die Länge l_k von Wellenzügen gemessen, die Quecksilber-Hochdrucklampen aussenden → **B3**. Man hat festgestellt, dass diese mit jedem Wellenzug auch ein Photon emittieren. Im Wellenzug der Länge l_k hat es die Ortsunbestimmtheit $\Delta x \approx l_k$.
Um die UBR zu prüfen, messen wir zunächst $\Delta x \approx l_k$. Dazu lassen wir die Wellenzüge nach → **B4** an Vorder- und Rückseite des Glimmerblatts mit Dicke $d = 7 \cdot 10^{-5}$ m reflektieren. Es spaltet in zwei Teile auf. Beide laufen zum Schirm und erzeugen Interferenzstreifen, aber nur während vier Minuten nach Einschalten der Lampe.

Wird diese heißer, so prasseln die schneller werdenden Quecksilberatome häufiger gegeneinander. So unterbrechen sie die Ausbreitung eines Wellenzug früher; sie verkürzen dessen Länge l_k, also Δx. Sinkt l_k unter die doppelte Blattdicke $2d$, so beginnen beide Teilwellenzüge hintereinander her zu laufen, sich nicht mehr zu überlappen. Die Interferenzstreifen weichen gleichmäßiger Helligkeit. Die Länge l_k der Wellenzüge, also die *Unbestimmtheit Δx der Photonenorte x* im Wellenzug beträgt jetzt

$$\Delta x \approx l_k \approx 2d = 2 \cdot 7 \cdot 10^{-5}\ \text{m} = 14 \cdot 10^{-5}\ \text{m}.$$

Zur gleichen Zeit verlieren die beiden gelben Linien mit $\lambda_1 = 576{,}95$ nm und $\lambda_2 = 578{,}97$ nm ihre Schärfe. Sie fließen ineinander → **B4b**. Dies gilt auch für die Photonen-Impulse $p_1 = h/\lambda_1 = 1{,}148 \cdot 10^{-27}$ Ns und $p_2 = h/\lambda_2 = 1{,}144 \cdot 10^{-27}$ Ns. An den Photonen messen wir jetzt die *Impuls-Unbestimmtheit*

$$\Delta p_x \approx p_2 - p_1 = 0{,}004 \cdot 10^{-27}\ \text{Ns}.$$

Das Produkt $\Delta x \cdot \Delta p_x = 14 \cdot 10^{-5}\ \text{m} \cdot 0{,}004 \cdot 10^{-27}\ \text{Ns} \approx 6 \cdot 10^{-34}$ Js ist die Planck-Konstante $h = 6{,}6 \cdot 10^{-34}$ Js. Dies bestätigt die UBR.

Wir erfahren noch mehr: So lange sich beide Teilwellenzüge überlappen, ist unbestimmt, ob das Photon an Vorder- oder Rückseite reflektiert wird, welchen Weg es nimmt. Die vom Knallertest bekannte *Welcher-Weg-Frage* ist nicht beantwortbar; es gibt Interferenz. Die Interferenz erlischt jedoch, wenn sich die Wellenzüge nicht mehr überlappen und damit der Photonenweg bestimmbar, die *Welcher-Weg-Frage* im Prinzip beantwortbar ist.

b) Nach → **B5** durchsetzen Helium-Atome einen Doppelspalt. Er werde von der Lampe L beleuchtet, um zu erfahren, ob ein Atom durch Spalt 1 oder 2 tritt. Doch kann man dies nur dann feststellen, d. h. den Spaltabstand g optisch auflösen, falls $\lambda/2$ vom Licht kleiner als g ist, falls $\lambda/2 < g$ gilt. Dann kann man erfahren, ob das Heliumatom den Weg durch Spalt 1 oder 2 nimmt: Man kann die Welcher-Weg-Frage beantworten.
Doch stoßen dabei die Photonen des Lichts mit ihrem Impuls $p = h/\lambda > h/2g$ auf die Helium-Atome und werfen sie aus ihrer Bahn. Rechnungen (analog zum Compton-Effekt) zeigen: Sobald die *Welcher-Weg-Frage* bei kleiner werdendem λ beantwortbar ist, sind die Stöße so stark, ist $p = h/\lambda$ so groß, dass sich Hell- und Dunkel-Stellen der Doppelspalt-Interferenz gegenseitig verwischen; diese Interferenz entfällt. Dann gibt es Einzelspalt-Interferenz. Man kann also das Wellenbild nicht zu Gunsten des Teilchenbilds aufgeben.

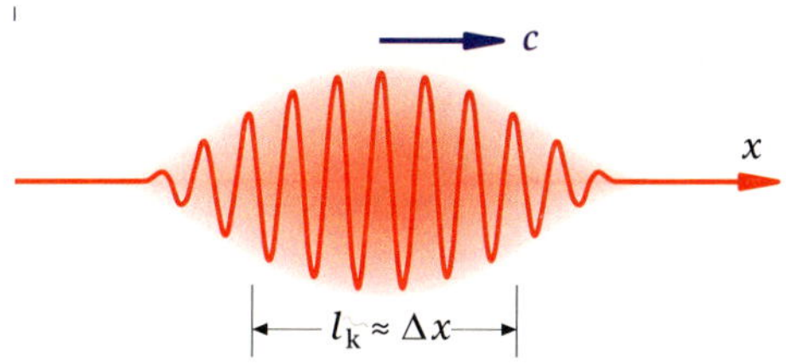

B3 Die Länge l_k des Lichtwellenzugs gibt die Unbestimmtheit Δx des Photonenorts in Strahlrichtung an.

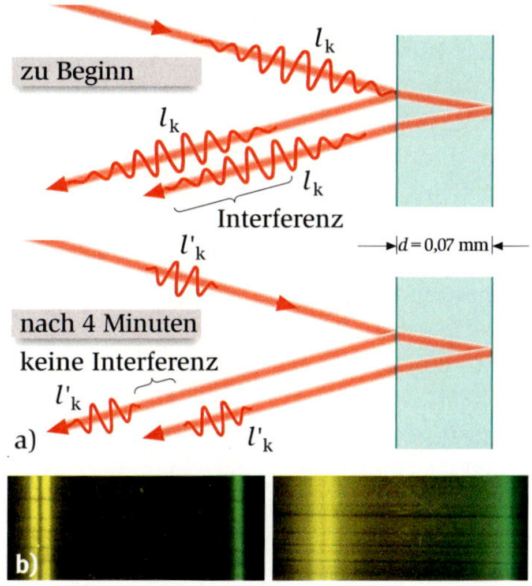

B4 **a)** Wenn die Länge der Wellenzüge $l_k < 2d$ ist, interferieren die beiden Teilwellenzüge (1) und (2) nicht mehr miteinander. **b)** Dann fließen die gelben, verbreiterten Spektrallinien ineinander

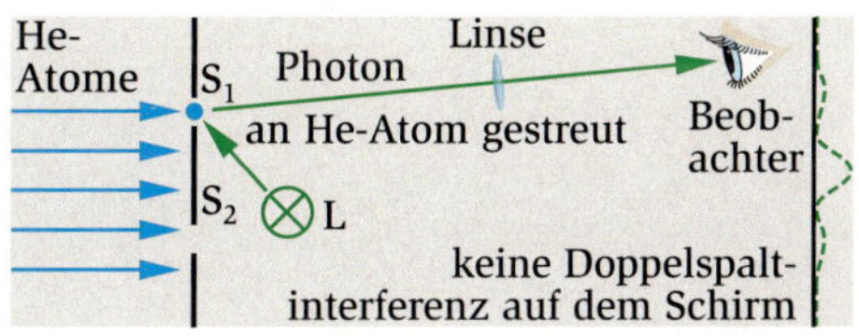

B5 Das Prinzipbild zeigt: He-Atome durchsetzen den Doppelspalt. Von der Lampe L gehen Photonen aus (grün). Sie zeigen, dass hier das blaue Helium-Atom durch Spalt 1 tritt und somit sein Weg bestimmt ist. Doch ist dann die Doppelspaltinterferenz zerstört und in Einzelspaltinterferenz überführt.

A1 Berechnen Sie die Impulsunbestimmtheit in Querrichtung für Photonen mit $\lambda = 600$ nm hinter einem 1 cm breiten Schlüsselloch bzw. einem 0,01 mm dicken Loch (in Prozent des Impulses in Ausbreitungsrichtung).

Die Planck-Konstante bestimmt das Geschehen

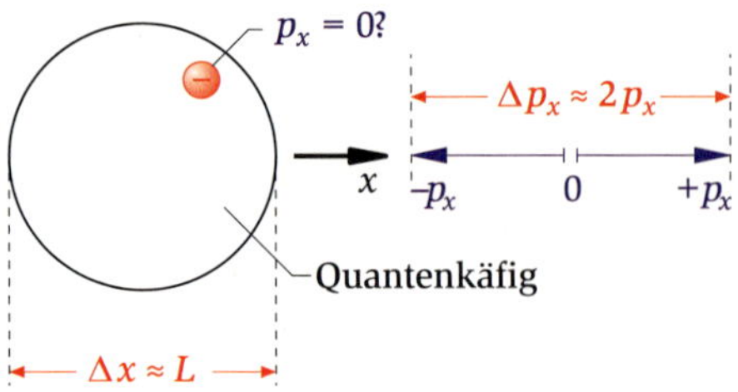

B1 **a)** Das Atom, ein kleiner „Quantenkäfig", **b)** Impuls zwischen $-p_x$ und $+p_x$.

Philosophisches

Was heißt unbestimmt?

Die UBR zeigt, dass im Mikrokosmos Ort x und Impuls p_x nie *zugleich* bestimmt sind. Sie können nicht einem Quantenobjekt als real existierend zugesprochen werden, sie sind nicht objektivierbar; nach HEISENBERG sind sie nicht definiert. Erst beim Messen kann der Ort x *oder* der Impuls p_x einen bestimmten Wert annehmen, den er i. a. vorher nicht hatte.

Im Kontrast dazu war der Franzose P. LAPLACE (um 1850) von der streng berechenbaren, deterministischen Mechanik NEWTONS fasziniert, die damals die Physik bestimmte. Er erläuterte dies mit der grandiosen Vision eines allwissenden „Dämons":

„Wir müssen den jetzigen Zustand des Weltalls als Wirkung der früheren Zustände und als Ursache aller folgenden betrachten. Ein Dämon möge in einem Augenblick alle Kräfte der Natur sowie die Lage und die Geschwindigkeit [den Impuls] *aller Teilchen kennen. Könnte er all diese Daten verarbeiten, so wäre er fähig, die Bewegung der größten Körper des Weltalls wie auch der kleinsten Atome vorherzusagen. Für ihn wäre nichts unbestimmt, Zukunft und Vergangenheit lägen offen vor ihm."*

Die UBR entzieht exakten Voraussagen im Sinne strenger **Kausalität** den Boden (*causa*, lat. Ursache). Herrscht damit der blinde Zufall? Diesen lehnte EINSTEIN ab. Er hielt die Quantentheorie nicht für vollständig:

„Die Quantentheorie ist sehr Achtung gebietend. Aber eine innere Stimme sagt mir, dass das doch nicht der wahre Jakob ist. Die Theorie liefert viel, aber dem Geheimnis des Alten bringt sie uns kaum näher. Jedenfalls bin ich überzeugt, dass Gott nicht würfelt."

1. Energische Insassen in winzigen Quantenkäfigen

a) Wir wagen nun einen Blick in die Welt der *Atome*. Ihren Aufbau kennen wir noch nicht genau, wissen aber, dass dort Elektronen in Bereiche mit Durchmesser $L \approx 3 \cdot 10^{-10}$ m eingeschlossen sind. Mithilfe der UBR können wir also sagen: Nach **→ B1** ist die Unbestimmtheit der x-Koordinate $\Delta x \approx L$.

Wäre ein Elektron in Ruhe, so hätte es den bestimmten Impuls $p_x = m_e \cdot v = 0$, dessen Unbestimmtheit wäre $\Delta p_x = 0$, was die UBR $\Delta x \cdot \Delta p_x \approx h$ verletzt. Nach ihr ist $\Delta p_x \approx h/\Delta x \approx h/L > 0$; die Impulsbeträge streuen also um $p_x = 0$ zwischen $-h/(2L)$ und $+h/(2L)$ **→ B1b**. Wegen $v_x = p_x/\, m_e \approx h/(2 \cdot m_e L)$ ist die kinetische Energie

$$W_{kin} = \frac{1}{2} \cdot m_e \cdot v_x^2 \approx \frac{h^2}{8\,m_e L^2}.$$

Diese Energie ist für uns neuartig. Da sie von h abhängt ist sie quantentheoretisch bedingt, gültig für alle Quantenobjekte. Sie heißt **Lokalisationsenergie** W_L. Nach ihr „toben" Quantenobjekte umso stärker, je kleiner ihre Masse m und je enger der „Quantenkäfig" ist, in den sie aus irgendeinem Grund eingeschlossen sind.

Merksatz

Quantenobjekte mit Ruhemasse m, die auf Bereiche der Länge L eingeengt sind, haben die Lokalisationsenergie

$$W_L \approx \frac{h^2}{8\,m L^2}. \quad (1)$$

Diese Lokalisationsenergie gilt zunächst für die Atome. Bei deren Durchmesser $L \approx 3 \cdot 10^{-10}$ m beträgt sie etwa

$$W_L \approx \frac{h^2}{8\,m_e L^2} = \frac{(6{,}63 \cdot 10^{-34})^2\,(\text{kg}\,\text{m}^2\,\text{s}^{-1})^2}{8 \cdot 9{,}1 \cdot 10^{-31}\,\text{kg} \cdot (3 \cdot 10^{-10}\,\text{m})^2}$$

$$\approx 7 \cdot 10^{-19}\,\text{J} \approx 4\,\text{eV}.$$

b) Dieser winzige Betrag wirkt sich auch in unserer makroskopischen Welt aus. Wir schätzen damit die Energie ab, die bei *chemischen Prozessen* frei wird. Diese rührt von Elektronen in der Atomhülle. Multipliziert man W_L mit der Zahl $N_A = 6 \cdot 10^{23}$ der Atome je mol (bei Kohlenstoff 12 g), so erhält man $W_M \approx 400$ kJ/mol. Die *Verbrennungswärmen* von Kohle, Öl, Butter, Alkohol, Benzin liegen bei 350 kJ/mol. Viel mehr kann man bei Prozessen, die sich in der Atomhülle abspielen, nicht holen, also nicht aus chemischen Prozessen und nicht aus Sprengstoffen.

c) In *Atomkernen* ist der Aufenthaltsbereich mit $L \approx 10^{-14}$ m ca. 10^5-mal so klein wie in der Atomhülle. Lokalisationsenergie und Energieumsetzungen sind nach Gl. 1 viel größer. In Unkenntnis dessen nahm man vor der Entdeckung des *Neutrons* an (um 1930), ein Kohlenstoffkern (C-12) enthalte 12 Protonen und 6 Elektronen.
Doch sagte HEISENBERG: Elektronen haben im Kern wegen ihrer kleinen Masse die viel zu große Lokalisationsenergie von ca. 10^4 MeV. Wenn sie bei Kernumwandlungen im Kern entstehen, so verlassen sie diesen sofort, trotz der Anziehung durch die positive Kernladung. Wir kennen dies vom radioaktiven Zerfall, wenn β-Teilchen, also Elektronen, den Kern verlassen.

Nach Entdeckung des *Neutrons* sagte HEISENBERG: Im $^{12}_{6}C$-Kern sind keine Elektronen, sondern 6 Protonen und 6 Neutronen. Deren Masse m ist ca. 2000-mal so groß wie bei Elektronen. Die zum Verlassen des Kerns antreibende Lokalisationsenergie von ca. $W_L \approx 2$ MeV bleibt klein (m steht in Gl. 1 im Nenner). Zudem sind Protonen und Neutronen von Kernkräften mit ca. 8 MeV an den Kern gebunden. $^{12}_{6}C$-Kerne sind stabil.

Merksatz

Die Lokalisationsenergie $W_L \approx h^2/(8 \cdot m_e L^2)$ von Elektronen beträgt in der Atomhülle einige eV, im Atomkern viele MeV. Im Kern können sich Teilchen großer Masse aufhalten, Neutronen und Protonen, nicht aber Elektronen. Diesen ist die Atomhülle vorbehalten.

3. Quantenobjekte laufen nicht auf bestimmten Bahnen

Wer den Bahnverlauf eines Körpers exakt angibt, macht präzise Aussagen über Ort x und Impuls $p_x = m \cdot v_x$. Er setzt $\Delta x = 0$ *und zugleich* $\Delta p_x = 0$, so wie die Physik vor 1927. Dem widersprach HEISENBERG mit seiner UBR für atomare Bereiche. Dort ist der Bahnbegriff illusorisch. Man kann nicht sagen, Elektronen umkreisen den Atomkern **→ B2**. Dagegen ist in makroskopischen Bereichen die UBR ohne Belang **→ Beispiele**.

4. Stabile Atome haben eine bestimmte Energie

Der Glimmerblattversuch zeigte: Steigt die Temperatur der Quecksilberdampflampe, so prallen ihre Atome häufiger gegeneinander. Wie wir gemessen haben, verkürzt dies die von ihnen ausgehenden Wellenzüge. Diese häufigen Stöße verkürzen also die Zeit Δt, in der die Atome die Möglichkeit haben, ihre Energie als Photon ungestört in einem Wellenzug abzugeben. Weil sich dabei die Spektrallinien verbreitern, nimmt die Unbestimmtheit Δf der Lichtfrequenz f zu und damit die Unbestimmtheit $\Delta W = h \cdot \Delta f$ der Photonenenergie $W = h \cdot f$. Verkürzt man also die Emissionszeit Δt der Photonen, so wächst die Unbestimmtheit ΔW ihrer Energie.
Dies gilt allgemein: Stört man Quantenvorgänge, bricht man Quantenzustände ab, verkürzt deren „Lebensdauer" Δt, so wird die Unbestimmtheit ΔW der Energie groß. Analog zur UBR $\Delta x \cdot \Delta p_x \approx h$ gilt eine Relation zwischen der Lebensdauer Δt eines Quantenzustands und der Unbestimmtheit ΔW seiner Energie. Sie lautet

$$\Delta t \cdot \Delta W \approx h.$$

Solange in einem Atom nichts geschieht, spielt die Zeit keine Rolle; es befindet sich in einem **stationären Quantenzustand**. Für dessen Lebensdauer gilt im Idealfall $\Delta t \to \infty$. Daraus folgt für die Unbestimmtheit der Energie $\Delta W \approx h/\Delta t \to 0$. Die Energie ist also in stationären Zuständen scharf bestimmt.

Merksatz

Zwischen der Lebensdauer Δt eines Quantenzustands und der Unbestimmtheit ΔW seiner Energie gilt die Relation

$$\Delta t \cdot \Delta W \approx h.$$

Atome haben in stationären Zuständen ($\Delta t \to \infty$) eine bestimmte Energie ($\Delta W \to 0$).

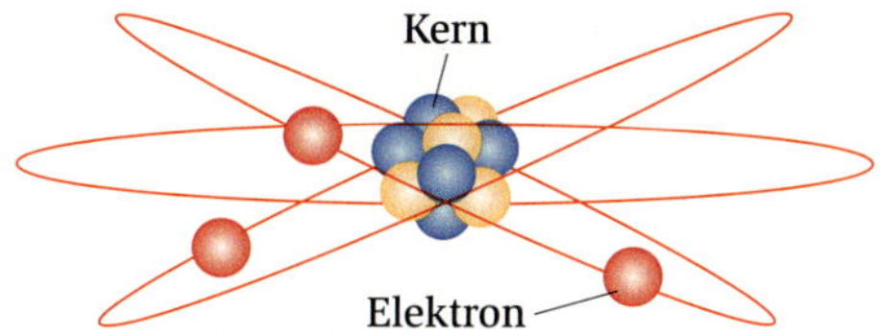

B2 Dieses Bild des Atoms ist falsch; Atome sind keine Planetensysteme im Kleinen!

Beispiele **Wo spielt die UBR eine Rolle?**

a) Ein Schützenkönig schießt mit ruhiger Hand eine Kugel ($m = 10$ g) mit $v = 500$ m/s ab, mit winziger Ortsunbestimmtheit $\Delta x = 10^{-10}$ m quer zur Schussrichtung. Die Unbestimmtheit vom Querimpuls p_x ist

$$\Delta p_x \approx \frac{h}{\Delta x} \approx \frac{6{,}6 \cdot 10^{-34}\,\text{N m s}}{10^{-10}\,\text{m}} \approx 7 \cdot 10^{-24}\,\text{Ns},$$

von der Quergeschwindigkeit $\Delta v_x = \Delta p_x/m \approx 7 \cdot 10^{-22}$ m/s. Nach 1 s Flug, nach 500 m, ist die nach der UBR zu erwartende Abweichung ca. 10^{-22} m. Für Fehlschüsse kann man die UBR nicht haftbar machen!
b) Beim *Elektron* im Atom ist $\Delta x \approx 10^{-10}$ m, also $\Delta p_x \approx h/\Delta x = 6{,}6 \cdot 10^{-24}$ Ns, wie bei der Kugel in (a). Da die Masse $m = 9{,}1 \cdot 10^{-31}$ kg klein ist, wird die Unbestimmtheit der Geschwindigkeit $\Delta v_x = \Delta p_x/m = 7 \cdot 10^6$ m/s. Wegen dieses großen Werts kann man von Elektronenbahnen in Atomen nicht sprechen.
c) In Fernsehröhren erhalten Elektronen bei $U = 10^4$ V den Impuls $p_y = \sqrt{2 e m_e U} = 5 \cdot 10^{-23}$ Ns. Im Anodenloch von 0,1 mm Durchmesser entstehen Querimpulse von $\Delta p_x \approx h/\Delta x \approx 7 \cdot 10^{-30}$ Ns. Deshalb weitet sich auf der Flugstrecke $l = 0{,}5$ m der Strahl seitlich nur um $\Delta s = l \cdot \Delta p_x/p_y \approx 6 \cdot 10^{-8}$ m auf. Die UBR beeinträchtigt die Bildschärfe nicht.

A1 Berechnen Sie die de Broglie-Wellenlänge von Protonen, die mit 500 kV beschleunigt wurden ($m_p = 1{,}67 \cdot 10^{-27}$ kg), und von Staubkörnchen ($m_S = 10^{-12}$ g) mit $v = 300$ m/s? Welche Ablenkung erfahren beide in einem Gitter mit der Konstanten $g = 1$ µm in 1 m Entfernung in der 1. bzw. 10. Ordnung? Was folgern Sie für die klassische Mechanik?

A2 Welchen Durchmesser müsste ein Käfig haben, in dem ein Staubkorn von 10^{-12} g Masse 1 eV Lokalisationsenergie aufweist?

A3 Leiten Sie aus $\Delta x \cdot \Delta p_x \approx h$ die Relation $\Delta t \cdot \Delta W \approx h$ her, indem Sie die Unbestimmtheit des Impulses der Photonen in einem Wellenzug betrachten, der über den W-Messer läuft.

Die Erforschung des Atoms, bohrsches Atommodell

Interessantes

A. Das Atom, ein philosophisches Problem
Schon vor 2500 Jahren dachte man über den Aufbau der Materie nach, ohne zu experimentieren. Der Grieche DEMOKRIT sagte: So wie sich Sandsteine aus Körnern zusammensetzen, besteht Materie aus *Atomen*, die nicht weiter teilbar sind (atomos: unteilbar). Dagegen hielt ARISTOTELES die Stoffe für beliebig teilbar, so wie man es an Wasser zu sehen glaubt.
Der Philosoph KANT (1770) sah ein *logisch* unlösbares Problem: Wären Atome unteilbar, so dürften sie kein Volumen haben, auch nicht die daraus zusammengesetzte Materie. Nähmen sie aber Raum ein, so wären sie teilbar. Wie entgeht die Physik diesem Widerspruch?

B. Das Atom in den Naturwissenschaften

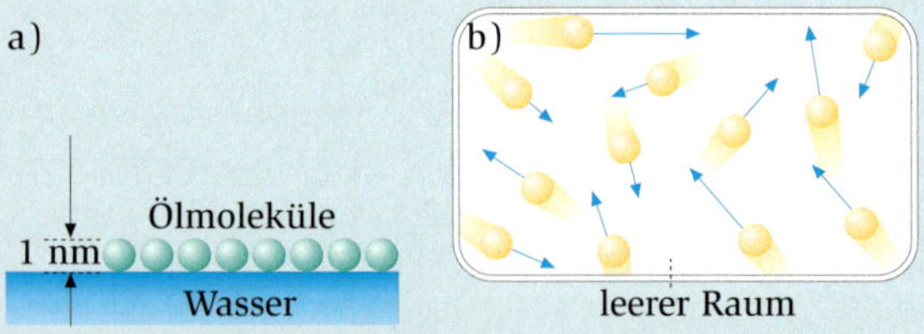

B1 **a)** Die monomolekulare Ölschicht ist 1 nm dick. **b)** Frei schwirrende Gasmoleküle beanspruchen Raum.

a) Verteilt sich ein Tropfen Öl auf Wasser, so bildet er nie eine Schicht, die dünner ist als 1 nm → **B1a** . Dies ist die Dicke der aneinander gereihten Ölmoleküle, die auf Wasser schwimmen.
b) BERNOULLI löste KANTS Frage 1740 an Gasen durch *Bewegung:* Gasmoleküle fliegen so schnell, dass sie trotz ihres winzigen Volumens große, materiefreie Räume zwischen sich beanspruchen → **B1b** .
c) Die Quantentheorie beantwortet Kants Frage auch in Festkörpern mit der UBR $\Delta x \cdot \Delta p_x \approx h$. Nach ihr kann weder die Unbestimmtheit des Orts (Δx) noch die des Impulses (Δp_x) zugleich Null sein. Quantenobjekte brauchen Aufenthaltsbereiche ($\Delta x > 0$) und Impulse ($\Delta p_x > 0$). Würde den Teilchen kein Raum zur Verfügung stehen, so wäre die *Lokalisationsenergie* $W_L \approx h^2/(8 \cdot m \cdot L^2)$ riesig; aus $L \to 0$ folgt $W_L \to \infty$.
d) DALTON erklärte um 1800 die chemischen Gesetze der *konstanten und multiplen Proportionen* mit Atomen. Sie wurden zum „unteilbare Rechenpfennig" der Chemiker. Physiker erforschten Atome viel später:
e) Um 1893 fand Ph. LENARD (Nobelpreis 1905), dass Elektronen feste Körper durchdringen können. Bei der Elektronenbeugung sahen wir in der Mitte der Beugungsringe einen scharfen Lichtfleck. Er stammt von Elektronen, welche die Grafitfolie unabgelenkt durchsetzt haben, also Milliarden von Atomen.
f) Von LENARD angeregt sah 1897 der Engländer J. J. THOMSON das Atom als kontinuierlich verteilte, lockere Wolke *positiver* Ladung an, gespickt mit Elektronen, wie Rosinen im Kuchen. Diese sollten die Wolke positiver Ladung zusammenhalten. Man sah Atome als *teilbar* an → **B2** .

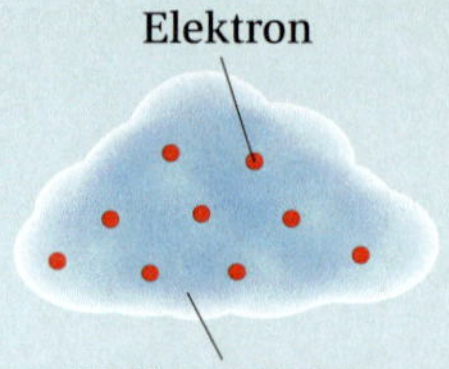

B2 Teilbares Atom

g) PLANCK polemisierte noch 1896 gegen den überzeugten Atomisten BOLTZMANN. Er sah Widersprüche zwischen der *Atomistik* und den „ehernen Gesetzen" der klassischen Physik (Mechanik, Wärme- und Elektrizitätslehre, Optik). Doch überwand er sie. Am 19. Dez. 1900 trug er sein „in einem Akt der Verzweiflung" gefundenes **Strahlungsgesetz** vor, das die Intensitätsverteilung von Glühlicht korrekt beschreibt. Mit seiner Konstanten h teilte er die Energie atomarer Schwinger mit Frequenz f in Quanten der Größe $W = h \cdot f$ auf. Dies war die Geburtsstunde der Quantenphysik.
h) Ernst MACH fragte noch um 1900 jeden, der von Atomen sprach: *„Haben Sie schon eines gesehen?"*
j) Erst 1905 überzeugte Albert EINSTEIN die physikalische Fachwelt von der Existenz der Atome durch seine Theorie der brownschen Bewegung. Zudem übertrug er Plancks Energiequanten auf Licht.
k) 1911 zeigte RUTHERFORD, wie Atome aufgebaut sind. Er schoss *positiv* geladene α-Teilchen auf Goldfolien → **B3** . Da nur wenige zurückgestoßen wurden, folgerte er: Die Atommasse ist fast ganz auf einen winzigen, *positiv* geladenen *Kern* konzentriert, auf 1/100 000 vom Atomradius. Elektronen sollten den Kern umkreisen, so wie Planeten die Sonne. Doch bleiben viele Fragen offen:

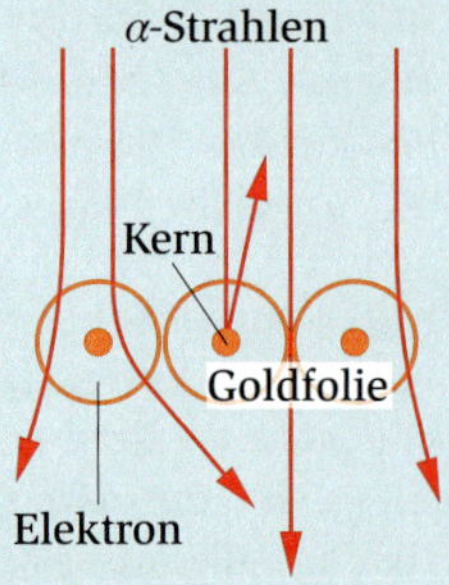

B3 Rutherford-Experiment

- Warum ist das Innere der Atome fast leer?
- Warum stürzen die Elektronen nicht in den Kern?
- Warum sind die locker gebauten Atome stabil?
- Wie groß sind die Atome?

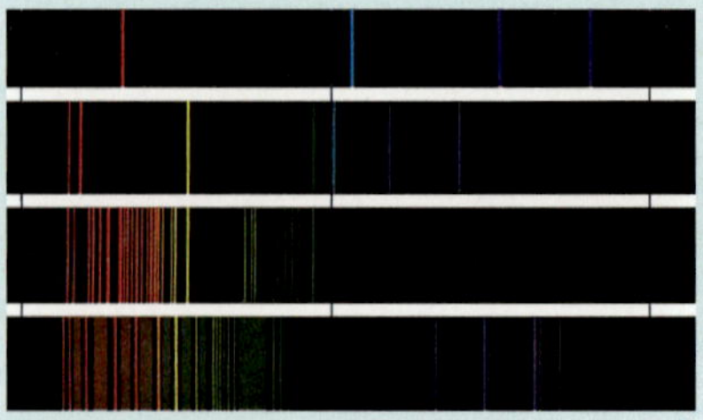

B4 Spektren einiger Gase

Interessantes

C. Das bohrsche Modell als Vorläufer

Den ersten, ernst zu nehmenden Versuch, obige Fragen zu klären, unternahm 1913 der Däne Niels BOHR. Dabei enträtselte er die Spektren des *Wasserstoffatoms* → **B4**. Er sagte: Das Elektron mit Ladung $-e$ laufe auf einem Kreis mit Radius r um das Proton p mit Ladung $+e$, da es von ihm angezogen wird. Dieses Gedanken-Modell konnte er mit den Gesetzen der klassischen Physik berechnen. Doch musste er zusätzliche Annahmen postulieren, die von der Quantentheorie und von Experimenten teils präzisiert, teils verworfen wurden. Verfolgen wir sein Vorgehen kritisch:

a) Die Coulombkraft $F_C = e^2/(4\pi\varepsilon_0 r^2)$ zwischen Kern und Elektron erzeugt die für Kreisbahnen mit Radius r nötige Zentripetalkraft $F_z = m_e v^2/r$. Auf diesen **bohrschen Bahnen** sollte also gelten

$$\frac{e^2}{4\pi\varepsilon_0 r^2} = \frac{m_e v^2}{r}. \qquad (1)$$

r und v sind noch unbekannt, Das Atom soll eine *Scheibe* sein, keine Kugel. Von der Seite gesehen würde das Elektron hin- und her schwingen wie im hertzschen Dipol. Es müsste ständig Energie abstrahlen und würde in den Kern stürzen → **B5a**. Längst wäre alle Materie zerfallen! Also galt es, die Existenz einer kleinsten, stabilen Bahn zu begründen. BOHR und andere Forscher zogen dazu Gedanken aus der sich allmählich entwickelnden Quantenphysik heran:

b) DE BROGLIE sagte: Nach → **B5b** existiert auf dem Umfang $U = 2\pi r$ einer bohrschen Bahn eine in sich geschlossene Welle; sie umfasst eine ganze Zahl n an deBroglie-Wellenlängen $\lambda_B = h/p$. So baute er die Konstante h in die Atomphysik ein. Für den Bahnumfang U_n der n. bohrschen Bahn sollte danach gelten

$$U_n = 2\pi r_n = n \cdot \lambda_B = \frac{nh}{p} = \frac{nh}{m_e v} \text{ mit } n = 1, 2, 3, \ldots \qquad (2)$$

$$\text{Mit Gl. 1 folgt } r_n = \frac{\varepsilon_0 h^2 n^2}{\pi e^2 m_e} \text{ mit } n = 1, 2, 3, \ldots \qquad (3)$$

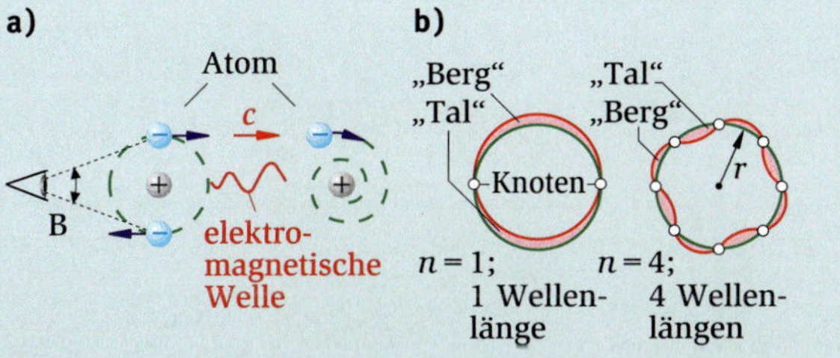

B5 **a)** Von der Seite betrachtet müssten kreisende Elektronen auf und ab schwingen. **b)** Stehende Elektronenwellen auf bohrschen Bahnen, nach de Broglie.

Gl. 3 liefert für jede der **Quantenzahlen** n = 1, 2, 3,… einen bestimmten Bahnradius r_n. Bei $n = 1$ erhält man für die innerste Bahn den sog. **bohrschen Radius**

$$r_1 = \frac{\varepsilon_0 h^2}{\pi e^2 m_e} = 0{,}053 \text{ nm}. \qquad (4)$$

Messungen liefern den vierfachen Wert $r_1 \approx 0{,}2$ nm. Doch konnte man nun aus den allgemeinen Naturkonstanten ε_0, h, e und m_e die Größenordnung von Atomdaten berechnen, ein gewaltiger Fortschritt!

Die Angabe von Bahnen widerspricht zwar der UBR, doch hat sich die folgende Annahme von BOHR bewährt: Befindet sich das Elektron in einem *Zustand mit Quantenzahl* n_1 (Radius r_{n1} nach Gl. 3), so kann es auf einen höher liegenden *Zustand* mit $n_2 > n_1$ (Radius r_{n2}) „gehoben“ werden. Dazu braucht man die Energie

$$\Delta W = \frac{m_e e^4}{8\varepsilon_0^2 h^2}\left(\frac{1}{n_1^2} - \frac{1}{n_2^2}\right) = \mathrm{C} \cdot \left(\frac{1}{n_1^2} - \frac{1}{n_2^2}\right). \qquad (5)$$

Beim Rücksprung $n_2 \to n_1$ wird diese Energie wieder frei → **B6**. Dabei ist $\mathrm{C} = 2{,}16 \cdot 10^{-18}$ J = 13,6 eV.

Um das Elektron von der innersten Bahn mit $n_1 = 1$ vom Kern ganz zu entfernen, also in eine Bahn mit $n_2 \to \infty$ zu heben, braucht man die Energie

$$W_\infty = \mathrm{C} \cdot (1/1 - 1/\infty) = 13{,}6 \text{ eV}.$$

Es war ein fruchtbarer Zufall der Physikgeschichte, dass Gl. 5 Bestand hatte. An ihr ist bemerkenswert:

- Die Quantenzahlen n sind ganzzahlig.
- Folglich kann ΔW nur bestimmte Werte annehmen, das H-Atom hat nur quantisierte Energieniveaus. Dies erklärt die scharfen Spektrallinien in → **B4**. Sie entstehen beim Rücksprung $n_2 \to n_1$.
- Gl. 5 gibt aber nur beim H-Atom richtige Werte. Alle Versuche, BOHRS Modell auf Atome mit mehr als einem Elektron zu übertragen, scheiterten.

Dies zwang Physiker, die Grundlagen der klassischen Physik zu überdenken und zu revidieren.

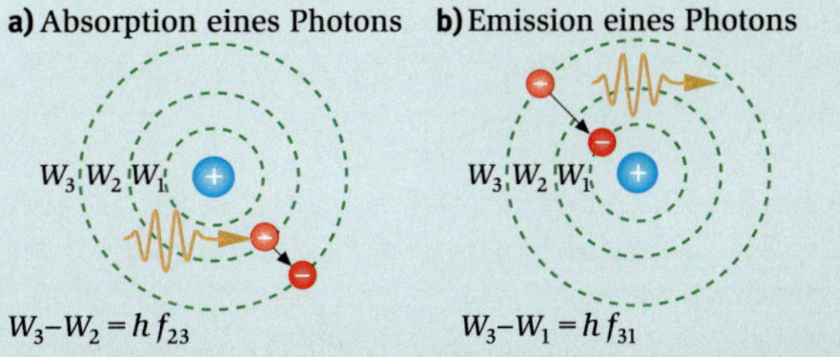

B6 Bohrsches Modell: **a)** Die Energie eines Photons hebt das Elektron von der 2. Bahn in die 3. **b)** Das Elektron springt in die 1. Bahn und emittiert ein Photon.

Die Energie im Atom ist quantisiert, Franck-Hertz-Experiment

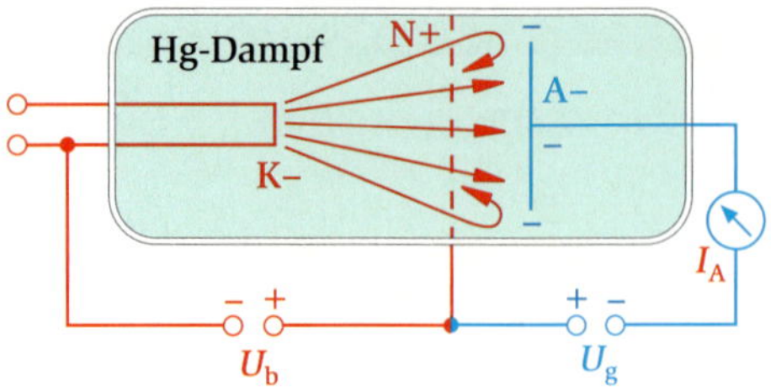

V1 Franck-Hertz-Versuch: Mit der Spannung U_b werden Elektronen von der Glühkatode K(−) zur Netzanode N(+) beschleunigt. Bei genügend Energie erreichen sie die Platte A(−) und liefern den Auffängerstrom I_A.

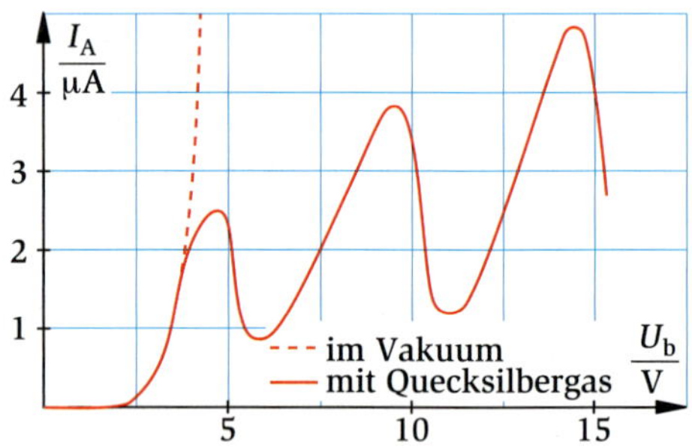

B1 Obwohl die Spannung U_b stetig steigt, ändert sich bei Quecksilberdampf der Auffängerstrom I_A periodisch.

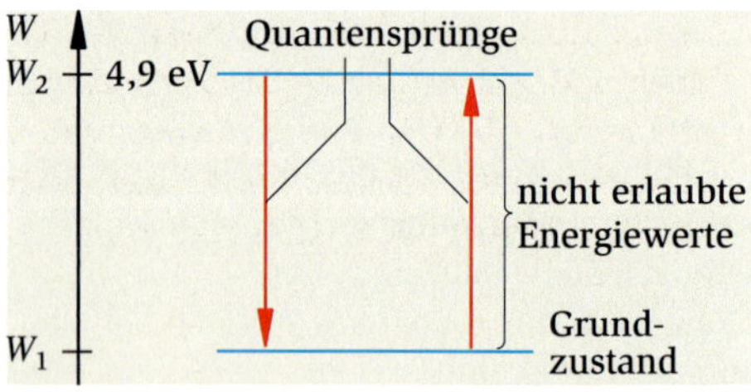

B2 Zwei diskrete Energiezustände eines Atoms mit Quantensprüngen dazwischen

1. Wie reagieren Atome auf Elektronen-Stöße?

Das Experiment von J. FRANCK und G. HERTZ (Nobelpreis 1925) untersucht, ob Atome Energie in ihr „Innenleben" aufnehmen, durch Stoß von außen. Dazu beschießt man gasförmige Quecksilberatome mit Elektronen. Diese werden mit wachsender Spannung U_b von der Katode K(−) zum Anodennetz N(+) beschleunigt **→ V1**.

- Nehmen wir zunächst an, die Röhre enthalte kein Gas. Dann fliegen die Elektronen im Vakuum ungestört zum Anodennetz N(+). Wenn die Beschleunigungsspannung $U_b > 2$ V ist, können sie gegen die zwischen N(+) und Auffängerplatte A(−) gelegte Gegenspannung $U_g = 2$ V anlaufen. Nur dann erreichen sie A(−); das Messgerät registriert den Strom I_A. Dieser steigt erst bei $U_b > 2$ V monoton mit der Spannung U_b (in **→ B1** gestrichelt).
- Wenn die Röhre *Quecksilber* (Hg) als Gas von 180 °C enthält, stoßen die Elektronen auf Hg-Atome. Trotzdem steigt der Strom I_A an, aber nur bis $U_b = 4{,}9$ V erreicht ist. Offensichtlich geben bei $U_b < 4{,}9$ V die relativ langsamen Elektronen keine Energie ab; sie werden beim Stoß nur etwas abgelenkt und laufen gegen A(−) an. Die Stöße sind *elastisch,* d. h. ohne Energieübertragung.
- Übersteigt jedoch U_b den Wert 4,9 V, dann sinkt der Auffängerstrom I_A abrupt ab. Die Elektronen erreichen kurz vor dem Anodennetz N(+) die Energie $4{,}9 \text{ eV} = 7{,}8 \cdot 10^{-19}$ J **→ B3a**. Dort nehmen Hg-Atome diese Energie in nun *unelastischen* Stößen in ihr Inneres auf; man sagt, sie werden energetisch angeregt. Die Elektronen dagegen verlieren Energie und werden abgebremst. Sie durchfliegen zwar noch das Anodennetz N(+), kehren aber vor der negativ geladenen Platte A(−) um und landen auf N(+).
- Dieses Absinken von I_A tritt mehrfach auf, in **→ B3b** z. B. bei der 4-fachen Spannung $U_b \approx 4 \cdot 4{,}9 \text{ V} \approx 20$ V. Hier haben die Elektronen längs der 4 Teilstrecken KN/4 die Energie 4,9 eV aufgenommen (KN = Abstand Katode K gegen Netzanode N) und am Ende jeder Teilstrecke jeweils in unelastischen Stößen an Quecksilberatome wieder abgegeben.

Das Franck-Hertz-Experiment zeigt: Atome nehmen bei Stößen nur bestimmte Energiebeträge auf (bei Hg-Atomen sind es hier 4,9 eV). Die Energie der Atome ist quantisiert.

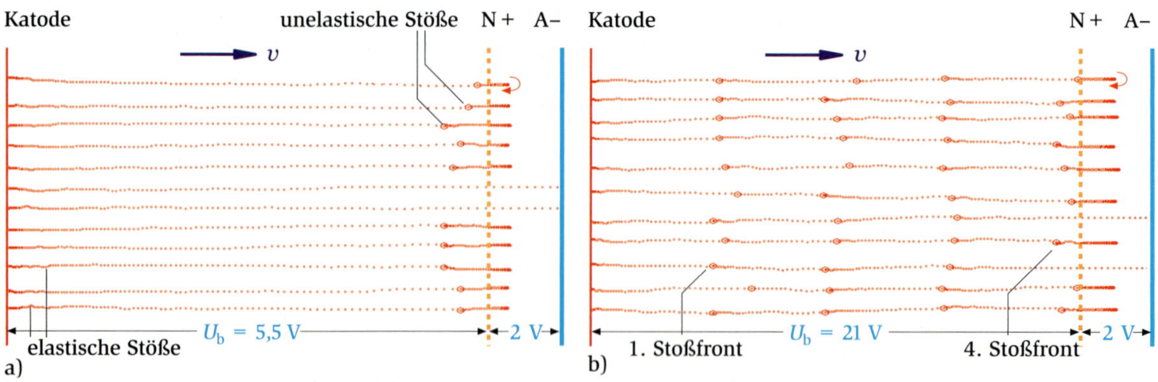

B3 Die in gleichen Zeitabständen markierten Punkte der Simulation zeigen Elektronenbahnen: **a)** Bei $U_b = 5{,}5$ V erreichen nur wenige Elektronen den Auffänger A(−), die meisten kehren zwischen Netz N(+) und A(−) um. Sie gaben kurz vor N(+) ihre Energie 4,9 eV an ein Hg-Atom ab. **b)** Bei $U_b \approx 20$ V wiederholt sich der Vorgang 4-mal. Die 4. Stoßfront liegt vor N(+); nur wenige Elektronen erreichen den Auffänger A(−); I_A ist zum 4. Mal abgesunken.

2. Scharf bestimmte (diskrete) atomare Energieniveaus

Im FRANCK-HERTZ-Versuch nehmen Quecksilber-Atome die Energie $W = 4{,}9$ eV nicht nur auf. Sie geben diese sofort wieder ab, indem sie Photonen emittieren, mit der im UV liegenden Frequenz

$$f = \frac{W}{h} = \frac{4{,}9\ \text{eV}}{h} = \frac{4{,}9 \cdot 1{,}6 \cdot 10^{-19}\ \text{J}}{6{,}63 \cdot 10^{-34}\ \text{J s}} = 1{,}2 \cdot 10^{15}\ \text{Hz}.$$

Atome sind *Kurzzeitspeicher* für Energie. Wir ordnen ihnen scharf bestimmte *Energieniveaus* zu. Diese Niveaus zeigt **→ B2** als zwei Linien mit Abstand 4,9 eV. Die untere gibt den **Grundzustand,** das untere *Energieniveau* an (meist zu $W_1 = 0$ eV gesetzt). Der Grundzustand kann beliebig lange besetzt sein; er ist stabil. Über $W_1 = 0$ eV liegt der nur kurzzeitig (ca. 10^{-8} s lang) besetzte, **angeregte Energiezustand** in der „Energiehöhe" $W_2 = 4{,}9$ eV.

Zwischen aufeinander folgenden Energieniveaus gibt es im Atom keine *erlaubten, besetzbaren* Zustände. Dort besteht ein verbotener Bereich. In diesem nimmt das Atom keine Energie auf.

3. Was versteht man in der Physik unter Quantensprüngen?

Über den verbotenen Bereich hinweg, zwischen den Energieniveaus W_1 und W_2, finden **Quantensprünge** statt:

- Den *Quantensprung* $W_1 \uparrow W_2$ führt das Atom aus, wenn es die Energie 4,9 eV = $7{,}8 \cdot 10^{-19}$ J vom stoßenden Elektron aufnimmt.
- Beim *Quantensprung zurück,* bei $W_2 \downarrow W_1$, gibt das Atom die Energiedifferenz $\Delta W_A = W_2 - W_1 = 4{,}9$ eV wieder ab. Dabei emittiert es ein UV-Quant mit $f = \Delta W_A / h = 1{,}2 \cdot 10^{15}$ Hz.

4. Resonanzfluoreszenz bestätigt den Energiesatz

In der Natrium-Dampflampe von **→ V2** nehmen Natrium-Atome (Na) durch Elektronenstöße die Energie $\Delta W = W_2 - W_1$ auf, beim Quantensprung $W_1 \uparrow W_2$. Beim Rücksprung $W_2 \downarrow W_1$ geben diese Atome die gleiche Energie ΔW als Photon ab. Gemäß $h \cdot f = \Delta W$ entsteht dabei gelbes Na-Licht mit scharfen, gelben Linien.

Wenn die von der Lampe emittierten Photonen den rechten, nur mit Na-Dampf gefüllten Kolben erreichen, so regen sie dessen Na-Atome mit der gleichen Energie ΔW ($W_1 \uparrow W_2$) an. Die angeregten Na-Atome verweilen kurz im Zustand W_2 und senden beim Rücksprung $W_2 \downarrow W_1$ Photonen der exakt gleichen Frequenz $f = \Delta W / h = c / \lambda$ nach allen Seiten. Diese **Resonanzfluoreszenz** zeigt, dass der Energiesatz auch in der Quantenwelt *exakt* gilt. Mit *Fluoreszenz* bezeichnet man die Lichtemission kalter Körper, angeregt durch eingestrahlte Photonen oder durch Elektronenstöße.

Merksatz

Atome haben scharf getrennte, diskrete Energiezustände. Nur diese können von Elektronen besetzt werden.
Bei Energiezufuhr vom Zustand W_1 in einen energetisch höheren Zustand W_2 führt das Atom den Quantensprung $W_1 \uparrow W_2$ aus.
Beim Rücksprung ($W_2 \downarrow W_1$) wird Energie frei, oft durch Emission eines Photons mit der Energie $\Delta W = W_2 - W_1$ und der Frequenz $f = \Delta W / h$.

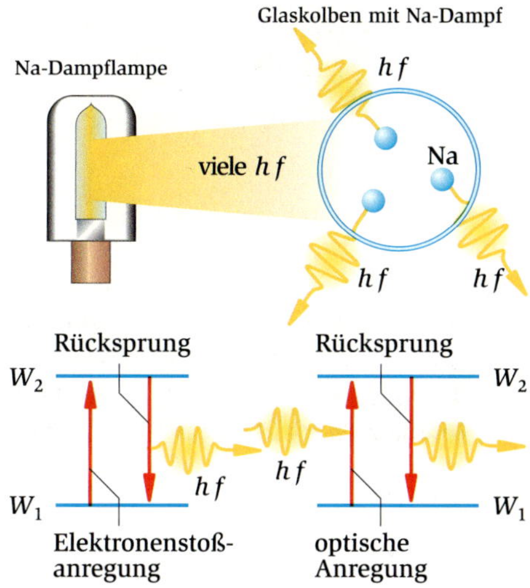

V2 Der Glaskolben (oben, rechts) enthält etwas erhitztes Natriummetall (Na), er ist von Na-Dampf erfüllt. Dieser lässt die meisten Photonen des Tageslichts ungehindert passieren; sie sind nicht auf Resonanz eingestellt. Der Na-Dampf sendet auch keine Photonen aus, wir sehen ihn nicht.
Der Na-Dampf wird erst von den Photonen der linken Na-Dampflampe enttarnt. In ihrem gelben Licht leuchtet bereits die Na-Dampf-Schicht direkt unter dem Glaskolben massiv gelb. Sie absorbiert die eingestrahlten Photonen und gibt bei dieser *Resonanzfluoreszenz* Photonen gleicher Energie wieder ab, und zwar nach allen Seiten. Der Kolben erscheint wie mit einer gelben Flüssigkeit erfüllt.

A1 Lesen Sie an den Elektronenbahnen in **→ B3** die ungefähre Beschleunigungsspannung U_b ab. Warum ändert sich die Punktdichte (die Punkte sind in gleichen Zeitabständen Δt gesetzt)? Wie kann man im Bild elastische Stöße von unelastischen unterscheiden?

A2 Energie ist im Licht aber auch im Atom quantisiert. Gibt es beim Franck-Hertz-Versuch auch Energie, die nicht quantisiert ist?

A3 Heute nennt man eine große, seltene, unerwartete Änderung oft *„Quantensprung".* Beurteilen Sie diese Wortwahl. Sind Quantensprünge in der Natur selten, sind sie groß?

A4 Vergleichen Sie die Vorgänge in der Na-Dampf-Lampe in **→ V2** mit dem Franck-Hertz-Versuch. Was bewirkt jeweils die Energieänderung im Atom?

A5 Berechnen Sie die Differenz der Energieniveaus (in Joule und eV) in Na-Atomen bei Emission von gelbem Licht ($\lambda = 589$ nm)?

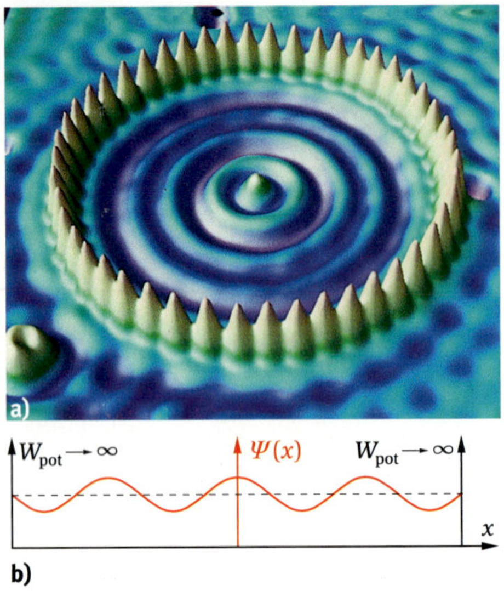

B1 **a)** Im „Quanten-Pferch“ mit 14 nm Durchmesser sind Elektronen von 48 kreisförmig angeordneten Eisen-Atomen eingesperrt. Sie haben nicht die Energie, den Rand des Pferchs zu überspringen. **b)** Die Antreffwahrscheinlichkeit $|\Psi(x)|^2$ der Elektronen ist zeitlich konstant und hier eindimensional dargestellt.

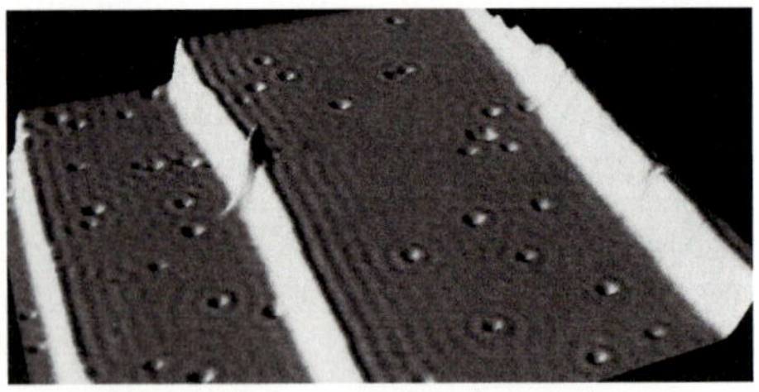

B2 Das $|\Psi|^2$ des „Elektronensees“ auf einer Kupferplatte zeigt Stufen in der Oberfläche.

1. Stationäre Zustände eingesperrter Elektronen

Elektronen lassen sich in einem aus 48 Eisenatomen gebildeten runden „Pferch“ einsperren → **B1**. Ihre Dichte, d. h. ihre Antreffwahrscheinlichkeit $|\Psi|^2$, tastete die Spitze eines Rastertunnelmikroskops langsam ab, zeilenweise, Punkt für Punkt. Also liegt ein zeitlich konstanter, **stationärer Elektronenzustand** vor. Sein $|\Psi|^2$ ist gewellt wie Wellpappe, hängt nur vom Ort ab, nicht von der Zeit. Diese Situation beschreiben wir mit rotierenden Zeigern eindimensional.

Dazu lassen wir in → **B3a** eine fortschreitende $\Psi_R(x, t)$-Welle in Gedanken nach *rechts* laufen und ihr entgegen die Ψ_L-Welle mit gleicher de Broglie-Wellenlänge $\lambda_B = h/p$.

Wie beim Doppelspalt verlangt das *Superpositionsprinzip,* die beiden Wellen Ψ_R und Ψ_L als Ganzes, als gleichberechtigte Möglichkeiten zu betrachten.
Wir addieren also in → **B3b** die schwarzen Zeiger von Ψ_R und die grünen von Ψ_L zu $\Psi = \Psi_R + \Psi_L$. Aus beiden fortschreitenden Wellen wird die rote *stehende Welle* $\Psi(x)$. Die Länge ihrer Ψ-Zeiger ändert sich zeitlich gesehen nicht, wohl aber räumlich; sie ist periodisch in x-Richtung, mit der Periode $\lambda_B/2$. So entsteht der *stationäre Zustand* einer *stehenden* Ψ*-Welle.*

Damit beschreiben wir den stationären Elektronenzustand im Quantenpferch, vereinfacht nach → **B1b**. Die Antreffwahrscheinlichkeit $|\Psi(x)|^2$ der Elektronen, deren Dichte, ist räumlich gesehen gewellt. Die Elektronen schwingen nicht wie in hertzschen Dipolen; stationäre Zustände strahlen keine Energie ab.

Da die Elektronen im Pferch keine Energie abgeben, kann ihr Zustand beliebig lange bestehen bleiben: Er ändert sich im Laufe der Zeit nicht. Für die zeitliche Unbestimmtheit gilt also $\Delta t \to \infty$, für die energetische nach der Zeit-Energie-Unbestimmtheitsrelation $\Delta W \approx h/\Delta t \to 0$. Die Energie W der eingesperrten Elektronen ist scharf bestimmt. Eine wichtige Aufgabe der Quantenphysik ist es, die Energie stationärer Zustände zu bestimmen, etwa in Atomen.

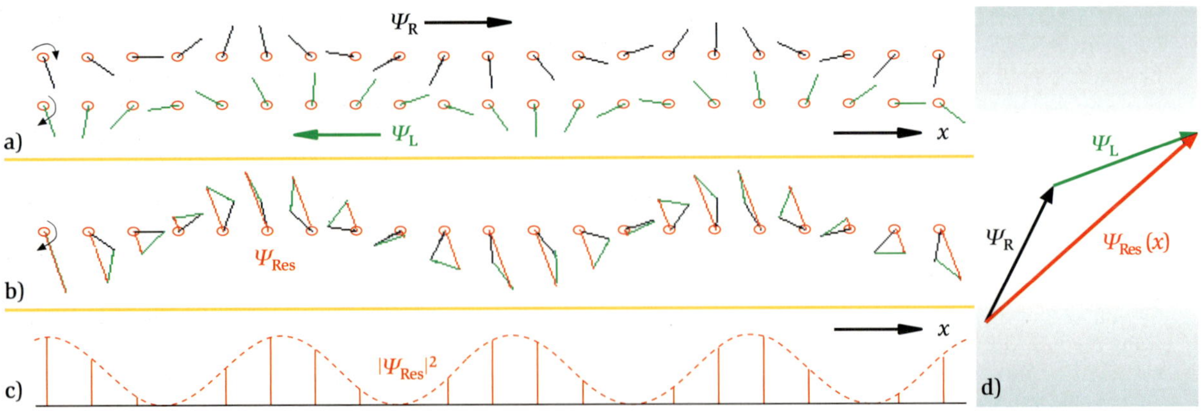

B3 **a)** *Fortschreitende* Wellen: Ψ_R nach rechts (schwarz), Ψ_L nach links (grün). Ihre Zeiger haben gleiche Länge, $|\Psi|^2$ ist also konstant. **b)** Die Addition $\Psi = \Psi_R + \Psi_L$ der Zeiger gibt die *stehende* Welle (rot). **c)** In diesem stationären Zustand ist $|\Psi|^2$ zeitlich konstant, ändert sich aber periodisch mit dem Ort x. **d)** Addition $\Psi = \Psi_R + \Psi_L$ an einem Beispiel.

2. Wie groß ist die Energie im hohen Potenzialtopf?

a) Im Pferch von **→ B1a** sind Elektronen eingesperrt wie Wasser in Brunnen mit hohen Wänden. Dies idealisiert **→ B4** als Topf der Breite L. Im Innern habe ein Elektron die potenzielle Energie $W_{pot} = 0$. Damit es den Topf nicht verlässt, die Wände des **hohen Potenzialtopfs** nicht erklimmt, sei an den Wänden $W_{pot} \rightarrow \infty$.

b) Die Gesamtenergie W im stationären Zustand ist scharf bestimmt. Nach der klassischen Physik besteht sie im Innern aus $W_{pot} = 0$ und $W_{kin} = \frac{1}{2} m_e v^2$. Mit $v = p/m_e$ und $p = h/\lambda_B$ ersetzen wir v durch die Quantengröße λ_B. Das Elektron hat also im Topf die Energie

$$W = W_{pot} + W_{kin} = 0 + \frac{1}{2} m_e \cdot v^2 = \frac{p^2}{2 m_e} = \frac{h^2}{2 m_e \lambda_B^2}. \qquad (1)$$

c) Wie fügt sich die Ψ-Welle von **→ B3c** zwischen die hohen Energiewände des Topfs mit Abstand L ein? Das Elektron wird den Kontakt mit ihnen meiden, da an beiden Wänden seine Antreffwahrscheinlichkeit $|\Psi(x)|^2 = 0$ ist. Die Ψ-Wellen in **→ B5** haben also bei $x = \pm L/2$ die **Randbedingung** $\Psi_{Rand} = 0$. So bekommen die stehenden Ψ-Wellen Knoten bei $x = \pm L/2$ (wie eingespannte Saiten). Damit passt in den Topf der Breite L eine ganze Zahl n von *Bäuchen*, je mit Länge $\lambda_B/2$. Für diese **Quantenzahlen** n gilt $L = n \cdot \lambda_B/2$, also

$$\lambda_B = 2L/n \text{ mit } n = 1, 2, 3 \dots. \qquad (2)$$

d) Zu jeder Quantenzahl n gehört eine sinusförmige Ψ_n-Welle. Die zugehörigen Antreffwahrscheinlichkeiten $|\Psi_n(x)|^2$ zeigt **→ B5**. Nur solche Ψ_n-Wellen können Elektronen besetzen. Dort haben sie die Energie W_n. Setzen wir $\lambda_B = 2L/n$ in Gl. 1 ein, so finden wir die zu den Quantenzahlen n gehörige **Gesamtenergie**

$$\boldsymbol{W_n} = \frac{h^2}{2 m_e \lambda_B^2} = \boldsymbol{\frac{n^2 \cdot h^2}{8 m_e \cdot L^2}} \text{ mit } \boldsymbol{n = 1, 2, 3 \dots} \qquad (3)$$

W_n ist proportional zu n^2. Auch dies zeigt **→ B5**. Dort ist nämlich $|\Psi_n(x)|^2$ in Höhe der zugeordneten **Energie-Eigenwerte** W_n aufgetragen. Zudem steigt W_n mit abnehmender Topfbreite L. Für $n = 1$ folgt die schon bekannte Lokalisationsenergie $W_1 = h^2/(8 m_e L^2)$.

Merksatz

Elektronen, die im hohen Potenzialtopf der Breite L eingesperrt sind, haben nur die von den Quantenzahlen n bestimmten, quantisierten Eigenwerte der Gesamtenergie W_n. Für diese gilt

$$W_n = \frac{n^2 h^2}{8 m_e L^2}, \; (n = 1, 2, 3, \dots).$$

Randbedingungen wählen bei diesen stationären Zuständen die sinusförmigen Ψ-Wellen aus und bestimmen so die quantisierte Energie. Diese steigt mit abnehmender Topfbreite L.

Beispiel

Der Topf in **→ B4** hat die Breite $L = 2$ nm. Bei der Quantenzahl $n = 2$ liefert Gl. 3 mit der Elektronenmasse $m_e = 9{,}1 \cdot 10^{-31}$ kg

$$W_n = \frac{4 \cdot (6{,}63 \cdot 10^{-34}\,\text{J})^2}{8 \cdot 9{,}1 \cdot 10^{-31}\,\text{kg} \cdot (2 \cdot 10^{-9})^2} = 0{,}6 \cdot 10^{-19}\,\text{J} = 0{,}38\,\text{eV}.$$

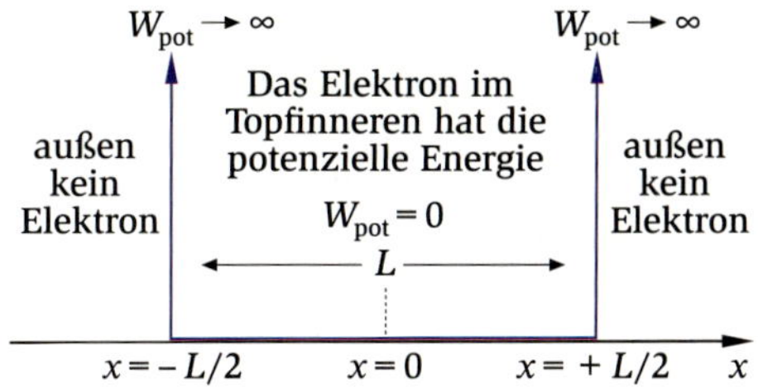

B4 Potenzielle Energie W_{pot} des unendlich hohen, linearen Potenzialtopfs mit Breite L.

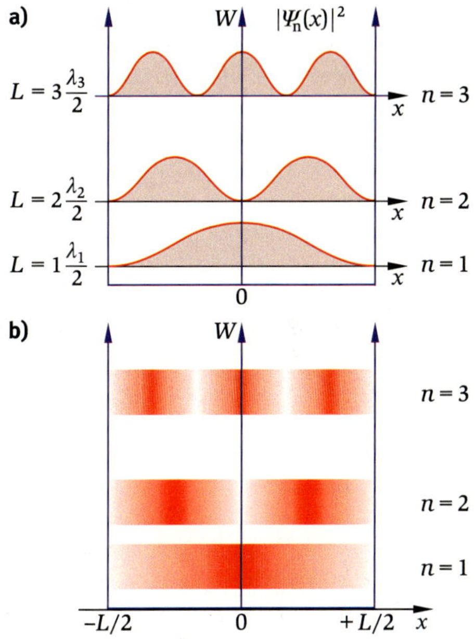

B5 **a)** Zu den Quantenzahlen $n = 1, 2, 3$ gehörende Antreffwahrscheinlichkeiten $|\Psi_n(x)|^2$ in Höhe der Energie-Eigenwerte W_n aufgetragen (keine räumliche Höhe). **b)** Die Farbdichte zeigt $|\Psi_n(x)|^2$ aus (a).

Vertiefung

In Atomen gibt es neben der Quantenzahl für die Energie noch drei **weitere Quantenzahlen**. Die **Nebenquantenzahlen** l bestimmen die räumliche Orientierung der Aufenthaltsbereiche der Elektronen (Orbitale). Die **magnetische Quantenzahl** m bestimmt das magnetische Verhalten. Die **Spinquantenzahl** s beschreibt den Spin des Elektrons („Spin auf" ↑ oder „Spin ab" ↓), das sich (klassisch gesehen) wie ein rotierender Kreisel verhält. Das **Pauliprinzip** (nach W. PAULI) besagt, dass in einem Atom keine zwei Elektronen in allen vier Quantenzahlen übereinstimmen dürfen. Diese Tatsache bestimmt maßgeblich den Aufbau des Periodensystems.

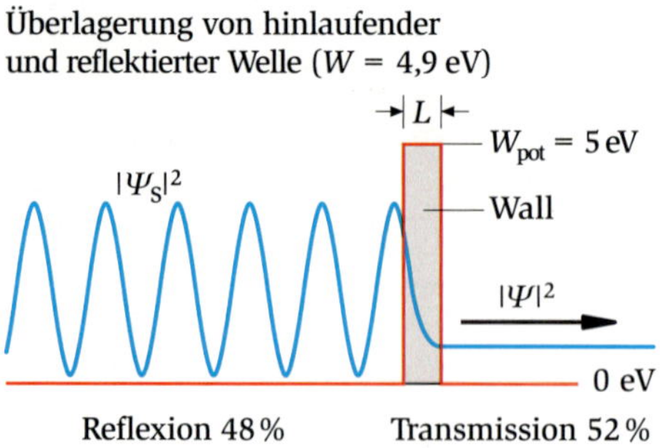

B1 Eine Ψ-Welle ($W = 4{,}9$ eV) dringt von links in den getönten Potenzialwall mit Höhe $W_{\text{pot}} = 5{,}0$ eV $> W$ ein. Sie fällt dort schnell ab und läuft weiter ($|\Psi|^2$ = konstant). Der reflektierte Hauptteil bildet mit der nicht gezeichneten einlaufenden Welle die stehende Welle Ψ_S.

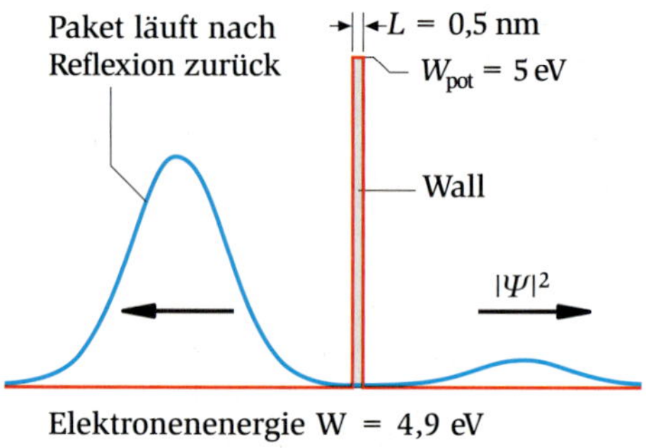

B2 Ein von links einlaufender kurzer Elektronenpulk ($W = 4{,}9$ eV; nicht gezeichnet) lief auf den Wall mit $W_{\text{pot}} = 5$ eV zu. Diesen durchsetzte ein kleiner Teil und läuft stark geschwächt weiter (→). Der Hauptteil wird reflektiert (←).

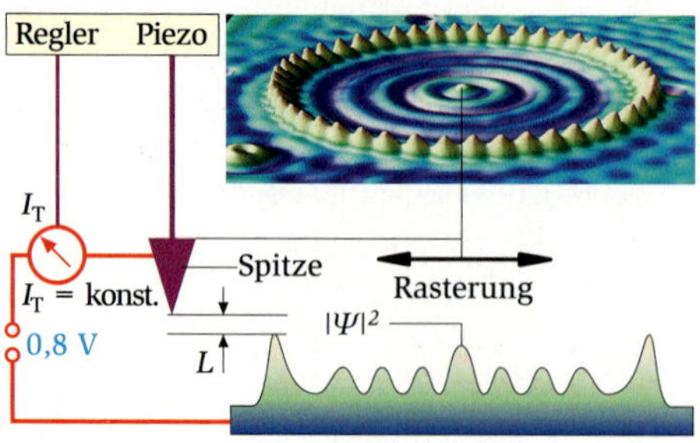

B3 Prinzip des Rastertunnelmikroskops; der Tunnelstrom I_T steuert über einen schnell wirkenden Regler Piezo-Quarze, welche die Spitze heben und senken. Deren jeweilige Höhe liefert das $|\Psi|^2$-Bild des Quantenpferchs.

1. Elektronen durchtunneln „verbotene" Wälle

Eine fortschreitende Ψ-Welle läuft mit ihren Elektronen der Energie $W = 4{,}9$ eV von links gegen einen *Potenzialwall* der Breite $L = 0{,}15$ nm **→ B1**. Seine „Energiehöhe" ist mit $W_{\text{pot}} = 5{,}0$ eV größer als die Energie $W = 4{,}9$ eV eines Elektrons. Klassisch gesehen könnte es ihn nicht überwinden (man denke an einen hochgeworfenen Ball). Die quantenmechanisch berechnete Welle dringt aber in den Wall ein. Doch nimmt dort ihr $|\Psi|^2$ und damit die Antreffwahrscheinlichkeit der Elektronen schnell ab.

Ist der Wall nicht zu dick, so *durchtunnelt* ein merklicher Teil der anlaufenden Welle den Wall und läuft danach geschwächt nach rechts weiter, als fortschreitende Ψ-Welle. Bei diesem **Tunneleffekt** wird der Hauptteil reflektiert und bildet mit der anlaufenden Welle die stehende Welle mit $|\Psi_S|^2$ in **→ B1**.
Was Tunneln bedeutet, zeigt der kurze Ψ-Wellenzug in **→ B2**. Er lief von links zum Wall hin. Dort wurde $|\Psi|^2$ zu 90 % reflektiert (←); nur 10 % konnte den Wall durchtunneln (→). Das heißt:

- Enthält der ankommende Wellenzug z. B. 100 Elektronen, so werden ca. 90 nach links reflektiert, ca. 10 durchtunneln den Wall.
- Enthält der Wellenzug nur 1 Elektron, so wird es mit 90 % Wahrscheinlichkeit reflektiert, mit 10 % tunnelt es durch den Wall und läuft weiter. Es verliert beim Tunneln keine Energie.

Warum ist dieses Tunneln dem Elektron „erlaubt"? Als Quantenobjekt reagiert es auf „das Ganze": Sein Aufenthalt, die Ψ-Funktion, ist nicht auf das Wallinnere beschränkt. Dort misst man seine Energie nur während der endlichen Aufenthaltszeit Δt. Also gewährt die Unbestimmtheit $\Delta W \approx h/\Delta t$ einen *„Heisenberg-Kredit"* für Energie, der das Überwinden des höheren Walls ermöglicht.
Die Zahl der durchlaufenden Elektronen kann man als **Tunnelstrom** $\boldsymbol{I_T}$ messen. Dessen Stärke sinkt mit wachsender Walldicke L sehr schnell, worauf der Verlauf von $|\Psi|^2$ in **→ B1** deutet.
Der Tunneleffekt hat sehr viele Anwendungen gefunden, auch in der Kernphysik. Eine davon ist das Rastertunnelmikroskop.

2. Das Rastertunnelmikroskop

Mit dem Tunneleffekt wird der Quantenpferch in **→ B3** sichtbar gemacht. Dazu führt man eine Spitze, die in *einem* Atom endet, Zeile um Zeile über den Pferch. Man *rastert* dessen Oberfläche ab, um von ihr eine Höhen-Karte zu erhalten. Dazu erzeugt ein Regelmechanismus über der Oberfläche einen Potenzialwall mit exakt konstanter Dicke L (z. B. 1 nm). An diese Vakuum-Strecke L zwischen Spitze und Oberfläche legt man die Spannung 0,8 V und erzeugt den *Tunnelstrom* I_T, z. B. mit Sollwert 2 nA. Läuft die Spitze beim Abrastern über eine erhabene Stelle der Oberfläche, wo das $|\Psi|^2$ der Elektronen weiter nach oben ragt, so sinkt L. Sofort steigt I_T und bewirkt, dass Piezoquarze die Spitze anheben, bis I_T auf 2 nA absinkt. Nimmt dagegen L zu, so sinkt I_T und lässt die Spitze absinken. Deren Höhe registriert man am Computer und erhält so das Reliefbild als *Höhenkarte* von $|\Psi|^2$. Man „sieht" dabei nicht die Elektronen selbst, man registriert den Höhenverlauf von $|\Psi|^2$. Diese abstrakte Größe wird so messbar und anschaulich.

Vertiefung

Supraleitung bei tiefen Temperaturen

a) Supraleitung wird entdeckt

1911 fand der Holländer H. Kammerlingh ONNES (Nobelpreis 1913): Der Widerstand R einiger Stoffe wird unterhalb einer sehr niedrigen **Sprungtemperatur T_C** ($\approx$ 10 K) plötzlich unmessbar klein → T1. Bei dieser **Supraleitung** liefern selbst starke **Supraströme** I_S wegen $R = 0$ keine Wärme. Hat man z. B. in einem supraleitenden Ring durch Induktion einen Suprastrom erzeugt, so bleibt dieser jahrelang völlig ungeschwächt, falls man die Temperatur z. B. mit flüssigem Helium (Siedepunkt 4,2 K) ständig unter T_C hält. Gäbe es Supraleiter bei 30 °C, so könnte man elektrische Energie in Freileitungen verlustfrei in die Ferne leiten. In Kernspintomografen und großen Teilchenbeschleunigern werden Spulen aus Niob(Nb)-Legierungen auf ca. 4 K abgekühlt. Dort erzeugen starke Supraströme Magnetfelder von über 4 Tesla, ganz ohne Wärmeentwicklung.

1986 entdeckten J. BEDNORZ und K. MÜLLER (Nobelpreis 1987), dass bestimmte keramische Stoffe bei der „hohen" Temperatur flüssigen Stickstoffs (77 K = − 196 °C) supraleitend werden. → B4 zeigt einen **Hochtemperatur-Supraleiter**, der in einem starken B-Feld so lange schwebt, bis T über − 196 °C steigt.

Material	T_C in K	T_C in °C
Aluminium	1,19	− 272
Zinn	3,7	− 269
Quecksilber	3,9	− 269
Blei	7,2	− 266
Nb_3Sn	18	− 255

T1 Sprungtemperaturen von Supraleitern. Gute Leiter wie Kupfer und Silber werden wie Eisen auch bei tiefsten Temperaturen nicht supraleitend.

B4 Der mit flüssigem Stickstoff gekühlte keramische Hochtemperatursupraleiter $YBa_2Cu_3O_7$ schwebt im B-Feld des darunter liegenden Magneten. In ihm fließt ein konstanter Suprastrom, durch Induktion erzeugt.

b) Wie entsteht Supraleitung?

Beim Strom in Kupferdrähten stoßen die unabhängig voneinander fliegenden Elektronen auf Metallatome und werden abgebremst, jedes Elektron für sich. Der Strom erfährt Widerstand. Nun schließen sich in manchen Kristallen jeweils zwei Elektronen entgegengesetzten Spins (↑↓) zu einem Paar mit gemeinsamem Ψ und der Spinquantenzahl $s = 0$ zusammen. Diese Paare unterliegen nicht mehr dem *Pauliprinzip*. Sie treten in die selbe Ψ-Funktion und bilden in großer Zahl ein *Kollektiv*, ein mächtiges Ganzes. Dabei verliert das einzelne Elektron seine Individualität; im Suprastrom sind alle gleich schnell; ein einzelnes kann unterwegs nicht ausbrechen, nicht abgebremst werden.

Beim Binden eines Paars wird zudem die Energie $\Delta W_P \approx 0{,}001$ eV frei, was die Supraleitung stabilisiert. Doch genügt schon bei der Sprungtemperatur $T_C \approx 10$ K die Energie der ungeordneten Teilchenbewegung, um die Paare aufzubrechen und die Supraleitung zu zerstören.

c) Kohärenz der Elektronen

Alle am Suprastrom beteiligten Elektronen gehören zur gleichen Ψ-Funktion; sie sind in der Phase *kohärent*, so wie die Photonen einer Radio- oder Laserwelle. Deshalb interferieren sie z. B. am Ende einer Stromverzweigung wie Licht beim Doppelspalt. Da die Elektronenpaare geladen sind, können schon winzige Magnetfelder ihre Phase und damit diese Interferenz empfindlich beeinflussen (Josephson-Effekt).

Diese Phasenänderungen durch äußere Magnetfelder benutzt man bei **SQUIDs** (**S**uperconducting-**Qu**antum-**I**nterference-**D**evise). Damit weist man B-Felder bis herab zu $B = 3 \cdot 10^{-15}$ T nach. Sie entstehen etwa bei Herz- und Gehirntätigkeit. Da sie die Schädeldecke leicht durchdringen, lassen sich Epilepsie-Anfälle und andere Vorgänge im Gehirn untersuchen → B5.

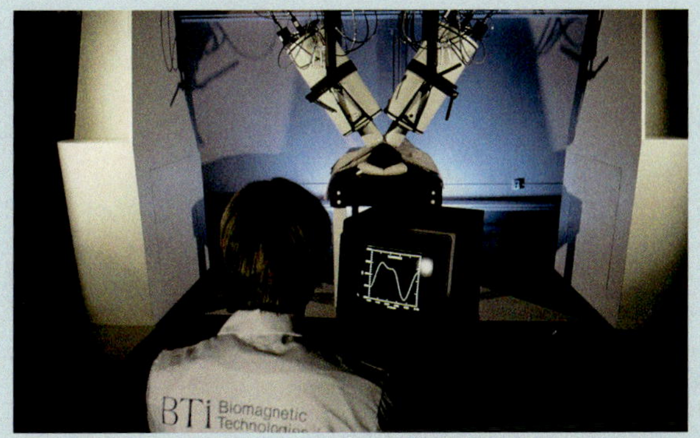

B5 Zwei mit flüssigem Helium gekühlte SQUIDS (weiße Zylinder) nehmen am Kopf eines Patienten das Magnetfeld seiner Gehirnströme auf. Ein Assistent betrachtet deren Verlauf am Bildschirm.

Einführung in die Festkörperphysik

B1 Großer Kochsalz-Kristall

1. Festkörper haben viele Eigenschaften

Festkörper zeigen sich in vielerlei Gestalt: Bei Diamanten und großen Kochsalzkristallen faszinieren die regelmäßigen Kristallformen **➜ B1**. Holz dagegen ist ein nichtkristalliner, *amorpher* Festkörper. Im Zeitalter der Halbleiter interessiert die elektrische Leitfähigkeit – wir wollen nun diese bei kristallinen Festkörpern untersuchen.

Reine Siliziumkristalle sind ausgezeichnete Isolatoren. Aber schon winzige Beigaben machen sie zu wertvollen Halbleitern. Metalle wie Silber und Kupfer bestehen aus kleinsten Kristallen und leiten ausgezeichnet. Dies wirft die Frage auf: Wie verhalten sich Elektronen in regelmäßig aufgebauten, kristallisierten Festkörpern?

2. Energiebänder für die Elektronen eines Festkörpers

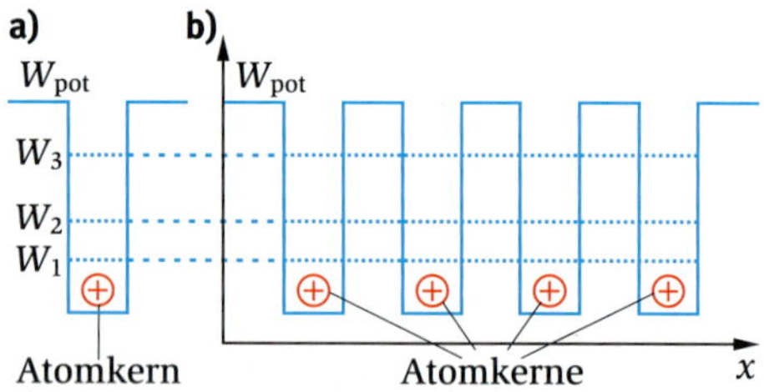

B2 **a)** Potenzialtopf $W_{pot}(x)$ der Kernladung ⊕ eines Einzelatoms mit drei scharfen Energieniveaus W_1, W_2, W_3. **b)** In einer Atomkette bildet sich ein periodischer Verlauf von $W_{pot}(x)$.

Die Kristallstruktur eines Festkörpers rührt von der regelmäßigen Anordnung seiner Atome. Wir nehmen stark vereinfacht an, dass deren Kerne (⊕) Potenzialtöpfe für die Elektronen bilden **➜ B2a** (beim Wasserstoffatom war es ein Potenzialtrichter). Die im Kristall aneinander gereihten Töpfe erzeugen insgesamt *einen periodischen Verlauf* der potenziellen Energie $W_{pot}(x)$ für *alle* Elektronen des Kristalls **➜ B2b**.

Um zu erfahren, wie diese sich dort verhalten, geben wir den periodischen Energieverlauf $W_{pot}(x)$ in ein Programm, mit dem wir die Schrödingergleichung gelöst haben, z. B. beim Wasserstoffatom. Dabei zeigt sich:

- In **➜ B3** sind $n = 8$ Atome aneinander gereiht, die für sich genommen drei scharfe Energieniveaus besitzen (W_1, W_2, W_3). Jedes spaltet die Schrödinger-Gleichung wegen des periodischen Potenzials in $n = 8$ eng übereinander liegende *Niveaus* auf, jeweils mit einer etwas andern $\Psi(x)$-Funktion. Hat ein Kristall z. B. $n = 10^{23}$ Atome, dann entstehen $n = 10^{23}$ Niveaus. Sie sind eng übereinander gepackt. Man fasst sie zu einem **Energieband** zusammen.
- Alle n Niveaus, alle n $\Psi(x)$-Funktionen, erstrecken sich über die ganze Atomkette. Dies zeigt: Die Elektronen bleiben nicht bei ihren Atomen, sondern bewegen sich über den ganzen Kristall hinweg. Vor allem gilt dies für die Elektronen im obersten, dem **Leitungsband.** Diese haben viel Energie und durchtunneln die Energiewälle zwischen den Atomtöpfen leicht (Tunneleffekt).
- Das Tunneln gelingt den Elektronen in den Bändern darunter weniger gut, da ihre Energie kleiner ist: Sie konzentrieren ihre Antreffwahrscheinlichkeit $|\Psi|^2$ stärker auf die Kerne und bilden von dort sog. Valenzbindungen zu den Nachbaratomen. Diese halten den Kristall zusammen. Aber auch die Elektronen dieser **Valenzbänder** bewegen sich über den ganzen Kristall.
- Nach oben zu werden die Bänder breiter. Die Bereiche dazwischen, die **Bandlücken,** sind für Elektronen verboten.
- Da sich alle Elektronen im ganzen Kristall bewegen können, sollten alle kristallinen Festkörper gute Leiter für Elektronen sein. Man findet aber neben gut leitenden Metallen auch ausgezeichnete Isolatoren sowie Halbleiter. Was haben wir übersehen?

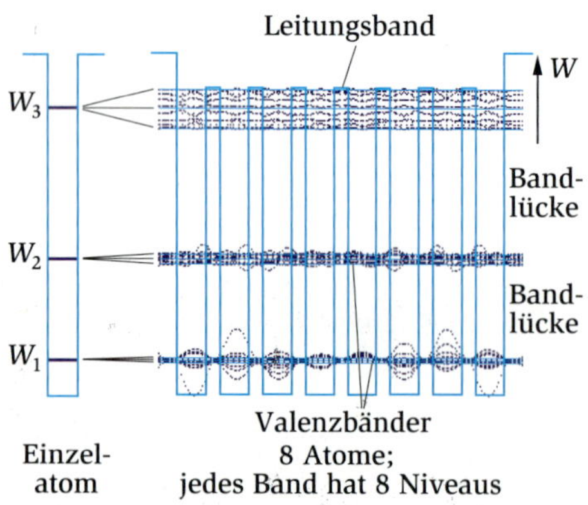

B3 Der linke Potenzialtopf des Einzelatoms hat drei scharfe Energieniveaus W_1, W_2, W_3. Jedes davon spaltet bei 8 Atomen in ein Band mit 8 eng benachbarten Niveaus auf. Deren Ψ-Funktionen $\Psi(x)$ (blau) sind im oberen Band, dem breiten *Leitungsband,* gleichmäßig verteilt. In den *Valenzbändern* darunter ist die Antreffwahrscheinlichkeit $|\Psi|^2$ der Elektronen dagegen stärker auf die Atome konzentriert. Nach oben zu werden die Energiebänder wesentlich breiter.

3. Wann leiten die Elektronen eines Energiebands?

Die Bänder in → B3 gehören zu 8 Atomen. Jedes Band hat damit 8 *Niveaus*, also $n = 8$. Nun gilt auch hier das Pauli-Prinzip, wie bei den Elektronen der K-Schalen von Atomen. Also nimmt jede Ψ-Funktion höchstens 2 Elektronen auf, mit entgegengesetzten Spins ($\uparrow\downarrow$). Bei $n = 8$ Atomen können in jedes Band höchstens $2 \cdot n = 16$ Elektronen eintreten, eine gerade Zahl. Damit ist das Band gefüllt.

Nun bewegen sich alle Elektronen im ganzen Kristall. Dies erinnert an Potenzialtöpfe → B4. Deren stehende Ψ-Wellen haben wir aus zwei einander entgegenlaufenden Ψ-Wellen aufgebaut. Sind beide Ψ-Wellen mit je einem Elektron besetzt, so laufen zwei Elektronen mit den Geschwindigkeiten $-v$ und $+v$ einander entgegen. Ihre Ströme heben sich auf; insgesamt ist die Stromstärke $I = 0$. Z.B. füllen Siliziumatome mit ihren 14 Elektronen 7 Bänder auf. Reines Silizium ist ein Nichtleiter.

Natrium ist dagegen ein Leiter. Seine Atome haben 11 Elektronen, eine ungerade Zahl. Die ersten 10 Elektronen füllen jeweils zu zweit die 5 unteren Bänder. Die 11. Elektronen der Natriumatome treten in das oberste, das Leitungsband ein (z.B. $n = 10^{23}$). Sie füllen es aber nur zur Hälfte, bis zur sog. **Fermigrenze** W_F → B5. Was bedeutet das? Bis zur Fermigrenze laufen in jedem Niveau gleich viele Elektronen mit $v > 0$ nach rechts wie mit $v < 0$ nach links; die Stromstärke ist $I = 0$. Ihre kinetische Energie $W_{kin} = 1/2\,mv^2$ zeigt → B5 als Parabel über v aufgetragen. Beide Parabeläste sind bis zur Fermigrenze W_F gleich hoch gefüllt; diese Niveaus sind doppelt besetzt. Bis jetzt ist ja noch keine Bewegungsrichtung bevorzugt.

Nun legen wir Spannung bei Natrium so an, dass ihr E-Feld auf alle Elektronen die Kraft $\vec{F}_e$ nach rechts ausübt → B6. Dann beschleunigt $\vec{F}_e$ die nach rechts fliegenden, erhöht ihre Energie. Sie steigen im rechten Parabelast etwas höher, über die Fermigrenze W_F hinaus. Die nach links fliegenden werden abgebremst, verlieren Energie und sinken im linken Parabelast unter W_F. So erzeugt die Spannung an der Fermigrenze den mit *Ü* bezeichneten *Überschuss* von nach rechts fliegenden *Elektronen* (grüne Punkte in → B6). Nur diese Elektronen *Ü* tragen zum Strom bei. Natrium ist ein leitendes Metall.
Stoßen diese Elektronen *Ü* auf Atome, dann kehren sie ihre Richtung um ($+v \to -v$) und fallen in die freien Plätze des linken Parabelasts, also nach unten. Dabei wird Stromwärme frei. Von dort werden sie wie alle Elektronen von der Kraft $\vec{F}$ nach rechts getrieben.

In Silizium kann es dagegen keine Überschusselektronen *Ü* geben. Mit 14 Elektronen je Atom sind alle Bänder gefüllt. Am oberen Bandrand beginnt die für Elektronen verbotene Bandlücke. Dort können keine Elektronen von den elektrischen Feldkräften $\vec{F}_e$ angehoben werden; Silizium leitet nicht.

Merksatz

Im Kristall spalten die Atomniveaus auf und bilden Energiebänder. Jedes Band kann nur eine bestimmte Zahl an Elektronen aufnehmen. Gefüllte Bänder tragen nicht zum Strom bei. Strom ist nur in teilweise gefüllten Bändern möglich.

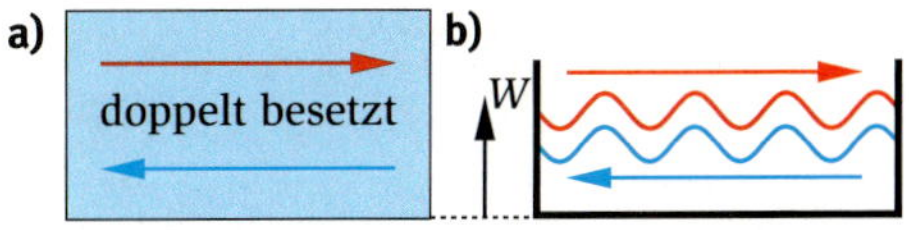

B4 **a)** Band mit 2 Elektronen je Ψ-Funktion, jede doppelt besetzt. **b)** Jede stehende Ψ-Welle bildet im Potenzialtopf zwei gegenlaufende Ψ-Wellen.

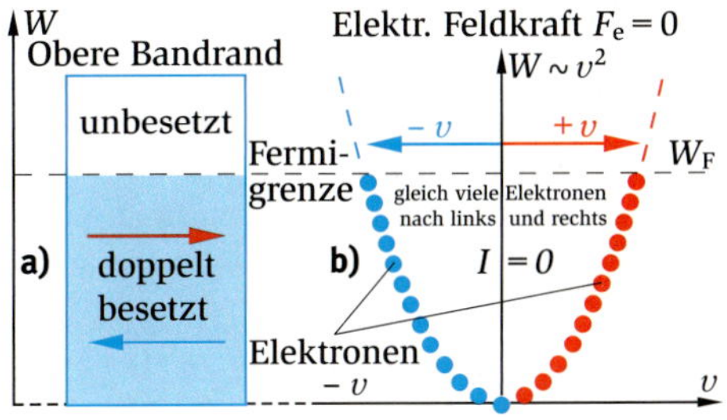

B5 **a)** Das Leitungsband in Natrium ist bis zur Fermi-Grenze W_F doppelt besetzt. **b)** Elektronenenergie $W = 1/2\,mv^2$ als Parabel über der Geschwindigkeit v aufgetragen.

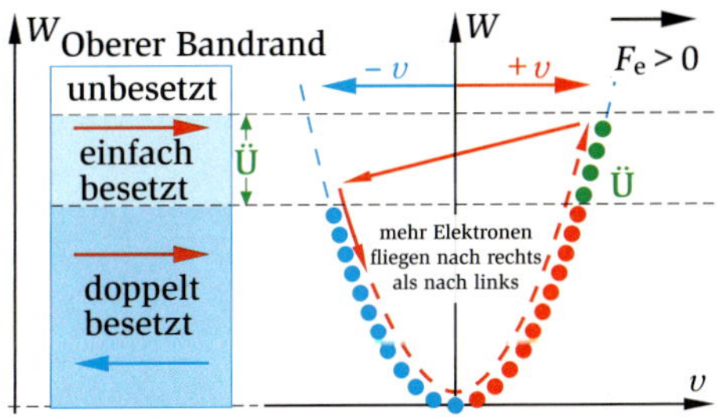

B6 Die Kraft $\vec{F}$ des E-Felds hebt die Elektronen rechts energetisch an und erzeugt so einen Elektronenüberschuss Ü (grün). Dieser Bereich ist nur einfach besetzt, mit nach rechts fliegenden Elektronen. Bei Stößen auf Atome geben sie Energie ab, als Stromwärme. Wegen des Pauliprinzips können sie nur in Niveaus fallen, die links frei geworden sind, nicht tiefer, da dort alle Niveaus besetzt sind.

Interessantes

Man kann seit 2007 die Geschwindigkeit einzelner Elektronen in Metallen messen und findet Werte bei 10^6 m/s, wichtig für moderne Elektronik und Nanotechnik. Erhöht man in → B6 die angelegte Spannung, so werden Elektronen kaum noch schneller, jedoch wächst der Elektronenüberschuss, also die Zahl der für den Strom zuständigen Elektronen und damit die Stromstärke I.

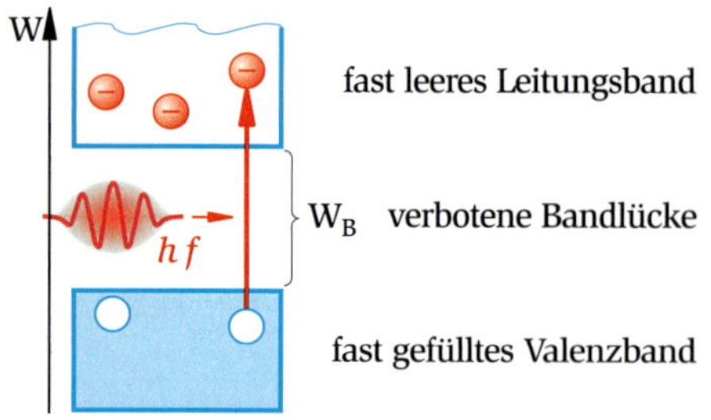

B1 Das Photon mit Energie $h \cdot f > W_B$ hebt in Silizium ein Elektron vom vollen Valenz- in das leere Leitungsband und wird absorbiert.

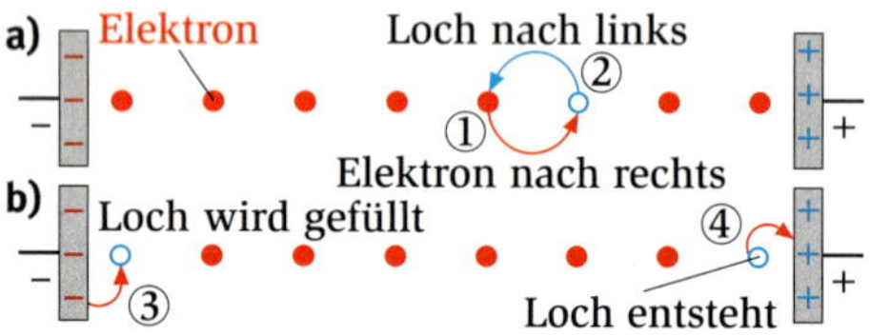

B2 **a)** Im Raum zwischen zwei Elektroden liegt ein Kristall. In dessen Valenzband fehlt ein Elektron. Diese Fehlstelle ist dargestellt als blauer Kreis. In dieses Loch wird das links davon liegende Elektron gezogen (1), zum Pluspol hin. Das Loch rückt stückweise nach links (2), zum Minuspol hin. **b)** Bei (3) wird das am Minuspol angekommene Loch von einem Elektron der Metallelektrode aufgefüllt. Bei (4) zieht der Pluspol ein Elektron aus dem Leiter und erzeugt ein neues Loch, das nach links rückt, zum Minuspol.

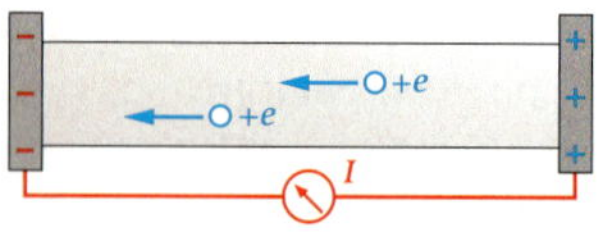

B3 Die Beschreibung wird einfacher, wenn man nur die Bewegung des positiv geladenen Lochs betrachtet und von den vielen Elektronen des fast vollen Valenzbands absieht.

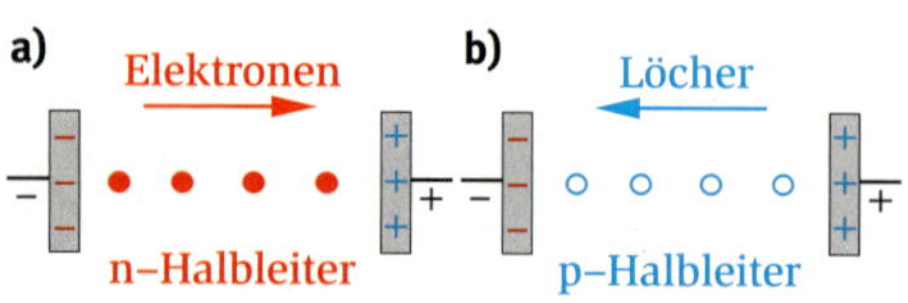

B4 **a)** *n-Halbleiter:* Im Leitungsband eines n-Halbleiters betrachtet man das Fließen der Elektronen vom Minus- zum Pluspol.
b) *p-Halbleiter:* Im obersten, fast vollen Valenzband genügt es, nur von positiv geladenen Löchern zu sprechen, die vom Plus- zum Minuspol fließen. Dieses Löchermodell erinnert an Luftbläschen, die in perlendem Sprudel deutlich sichtbar hochsteigen, während das Wasser kaum sichtbar absinkt.

4. Wie wird der Nichtleiter Silizium leitend?

Halbleiter verschiedener Arten bestimmen unser elektronisches Zeitalter. Es sind zumeist Silizium-Kristalle. Man verändert deren Leitfähigkeit gezielt, mit vielerlei Methoden:

a) Fotowiderstände (LDR, light detecting resistor): Im reinen Siliziumkristall ist das oberste Valenzband besetzt. Strahlt man Licht ein, so heben Photonen von dort Elektronen durch *inneren Fotoeffekt* in das darüber liegende, leere Leitungsband → **B1**. Die Elektronen bewegen sich dort. Der elektrische Widerstand R sinkt.
Dieses Anheben ist möglich, wenn die Photonenenergie $h \cdot f$ größer ist als der Abstand $W_B \approx 1$ eV der beiden Bänder, also bei Frequenzen $f \geq W_B/h = 2{,}4 \cdot 10^{14}$ Hz ($\lambda \leq 1200$ nm). Die Photonen werden absorbiert, der Silizium-Kristall ist undurchsichtig. Bei Diamant ist der Bandabstand mit 7 eV so groß, dass Photonen sichtbaren Lichts nicht absorbiert werden. Diamant ist durchsichtig.

b) Heißleiter (NTC; Negative Temperature-Coeffizient): Bei $T > 0$ K vermag auch die innere Energie der ungeordneten Teilchenbewegung Elektronen aus dem Valenz- in das Leitungsband zu heben. In Heißleitern (es sind zumeist Metalloxide) steigt die Leitfähigkeit um einige Prozent bei einer Temperaturerhöhung von 1 K.

c) n-Halbleiter: Die Elektronik braucht Silizium (Si) mit gezielt einstellbarer Leitfähigkeit. Dazu ersetzt man z. B. jedes 10^6-te Si-Atom durch ein Arsen-Atom (As). Es ist bestrebt, eines seiner Elektronen abzugeben. Dieses geht in das leere Leitungsband von Si, wo es sich frei bewegt. Durch dieses *Dotieren* mit Arsen (dos, lat.: Gabe) erhält der Kristall viele **n**egativ geladene, freie Elektronen. Er wird zum **n**-Halbleiter. Dieser leitet umso besser, je mehr Arsen man zugibt → **B4a**. Die As-Atome sind im Innern als As^+-Ionen verteilt und ortsfest. Insgesamt bleibt der Kristall neutral.

d) p-Halbleiter und Löchermodell: Man kann auch einige Si-Atome durch Aluminium-Atome (Al) ersetzen. Im Gegensatz zu Arsen sind diese bestrebt, ein Elektron aufzunehmen. Dieses holen sie aus dem vollen Valenzband. Dort entsteht durch Dotieren mit Aluminium eine Elektronenfehlstelle, *Loch* genannt → **B2**. Legt man Spannung an den so dotierten Kristall, so wird das Elektron links vom Loch nach rechts, zum Pluspol gezogen, was das Loch nach links schiebt. Die so im Valenzband erzeugten Löcher verhalten sich, als seien es **p**ositiv geladene Teilchen, die zum Minuspol gezogen werden → **B3**. Mit Aluminium dotiertes Silizium ist ein **p**-Halbleiter → **B4b**. Die Al-Atome werden ortsfeste Al^--Ionen; der Kristall bleibt insgesamt gesehen neutral. Zudem hebt die innere Energie einige wenige Elektronen aus dem Valenz- ins Leitungsband. Dort hat der p-Halbleiter auch einige freie Elektronen, der **n**-Halbleiter hat einige Löcher.

Bei diesem Löchermodell betrachten wir nicht mehr die vielen Elektronen des Valenzbands; wir erklären das Verhalten des p-Halbleiters nur mithilfe der wenigen Löcher. Diese behandeln wir wie bewegliche, aber positiv geladene Elektronen → **B4b**. Dies ist ein Beispiel für *Modellbildung* in der Physik. Dabei sucht man die Vorgänge einfacher und anschaulicher zu beschreiben, sie in Analogie zu setzen mit andern, bereits geläufigen Vorstellungen.

e) Beim Belichten von reinem Silizium oder im Heißleiter entstehen freien Elektronen im Leitungsband und gleich viele Löcher im Valenzband **➜ B1**. Liegt Spannung an, dann fließen Elektronen im Leitungsband von Minus nach Plus und zugleich Löcher im Valenzband von Plus nach Minus. Beides trägt zur Leitfähigkeit bei.

Merksatz

Entfernt man Elektronen aus dem Valenzbandes, so entstehen dort *Löcher.* Diese verhalten sich wie Teilchen mit *positiver* Ladung $+e$, fließen also bei Strom vom Plus- zum Minuspol. In diesem Löchermodell sieht man von den Elektronen des Valenzbands ab.
In *Fotowiderständen* werden durch Licht Elektronen vom Valenz- in das Leitungsband gehoben. In *Heißleitern* geschieht dies beim Erhitzen. In beiden Fällen sinkt der Widerstand.
n-Halbleiter haben im Leitungsband viele freie Elektronen. Im Valenzband gibt es nur wenige Löcher.
p-Halbleiter haben nur wenige freie Elektronen im Leitungsband, aber viele bewegliche Löcher im Valenzband.

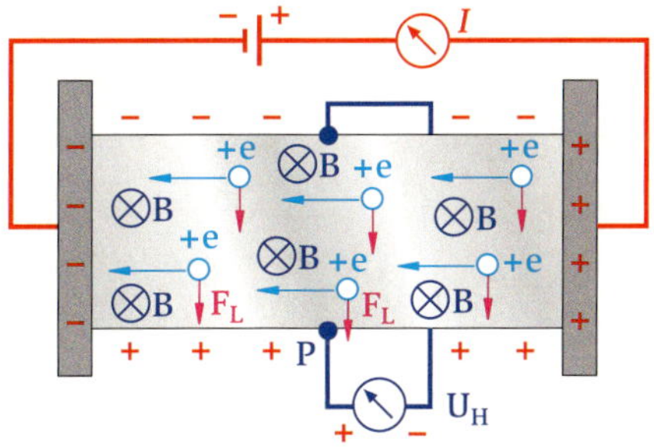

B5 Halleffekt bei einem vom Strom I durchflossenen p-Halbleiter. Das B-Feld zeigt in die Zeichenebene; dessen Lorentzkraft F_L lenkt die nach links laufenden Löcher $(+e)$ nach unten ab und gibt P positive Polarität. In Silber würden Elektronen $(-e)$ nach rechts laufen; P würde negativ geladen. U_H ist die Hallspannung.

5. Der Halleffekt bei Halbleitern und Metallen

a) Mit dem Halleffektmisst man nach **➜ B5** nicht nur die magnetische Flussdichte B. Man erhält auch Auskunft über die Art der beweglichen Ladungsträger: Bei Silber und Kupfer wird der Strom von *Elektronen* getragen. Diese fließen nach rechts und werden von dem in die Zeichenebene weisenden B-Feld mit der Lorentzkraft F_L nach unten zur Elektrode P abgelenkt; diese erhält negative Polarität.

In **➜ B5** ist statt Silber ein *p-Halbleiter* eingesetzt. Bei gleicher Polung der Quelle fließen jetzt *Löcher* $(+e)$ nach *links.* Wegen ihrer positiven Ladung wirkt die Lorentzkraft F_L wiederum nach unten und führt *P* positiv geladene Löcher zu. *P* erhält nun positive Polarität. Dies bestätigt das Löchermodell eindrucksvoll.

b) Benutzt man in **➜ B5** das Metall *Zink* (Zn), so wird die Elektrode *P* wie bei p-Halbleitern positiv geladen und nicht wie bei Silber negativ. Das ist in doppelter Hinsicht erstaunlich:

- Zn-Atome haben wie Silizium eine gerade Elektronenzahl (30). Das Valenzband müsste voll, das Leitungsband darüber leer sein. Trotzdem ist Zink kein Isolator. Seine Bänder werden nämlich nach oben zu so breit, dass sich das mit Elektronen gefüllte Valenzband mit dem wenig darüber liegenden, zunächst leeren Leitungsband überlappt **➜ B6**, links. Bei dieser *Bandüberlappung* treten Elektronen aus dem Valenz- in das Leitungsband über, bis in beiden die Fermigrenze W_F auf gleichem Energieniveau liegt **➜ B6**, rechts. Dabei entstehen im Valenzband Löcher. Also fließen in Zink sowohl Löcher wie Elektronen.
- Beim Halleffekt in *Zink* laufen die Löcher des Valenzbands auf *P* zu und geben *P* positive Polarität. Auch Elektronen des Leitungsbands laufen auf *P* zu. Diese sind bei Zink aber langsamer als die Löcher und erfahren eine kleinere Lorentzkraft $F_L = e \cdot v \cdot B$.
Diese *Bandüberlappung* gibt auch *Magnesium, Calcium, Zinn, Blei* und *Cadmium* metallische Leitfähigkeit, obwohl ihre Atome eine gerade Zahl an Elektronen besitzen. Ohne Bandüberlappung wären es Isolatoren wie reines Silizium, also keine Metalle.

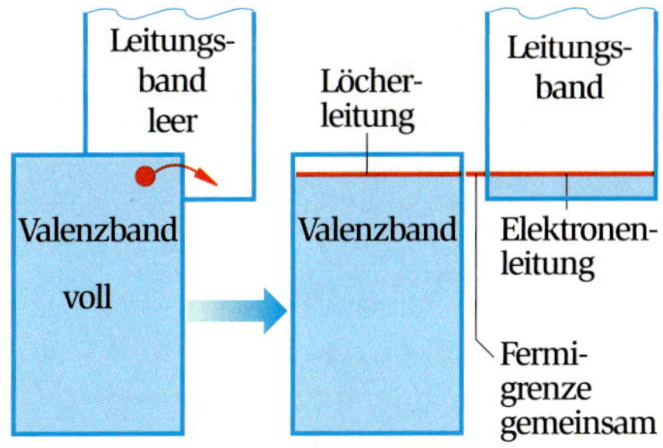

B6 Bandüberlappung bei Zink. Elektronen traten vom vollen Valenzband ins leere Leitungsband. Beide Bänder werden so bis zu einer gemeinsamen Fermigrenze gefüllt. Legt man Spannung an, so tragen beide Bänder zur Leitfähigkeit bei.

A1 Diskutieren Sie die Unterschiede der Leitfähigkeit von Metallen und von Silizium in dessen verschiedenen Anwendungen, sowie die Sonderrolle von Zink.

A2 Erklären Sie, warum n-Halbleiter auch einige Löcher im Valenzband besitzen und p-Halbleiter Elektronen im Leitungsband. Begründen Sie den Unterschied zu einem Photowiderstand, der aus nicht dotiertem, reinem Silizium besteht.

A3 Bernd sagt: Reines Silizium müsse ein sehr guter Leiter sein; in sein leeres Leitungsband können ja Elektronen ungehindert aus dem Minuspol strömen, den Kristall anfüllen und dort weiterfließen. Suchen Sie ein Grundgesetz der Elektrostatik, das dieser Aussage entgegen steht (Bedenken Sie, dass hier vom Inneren des Leiters die Rede ist).

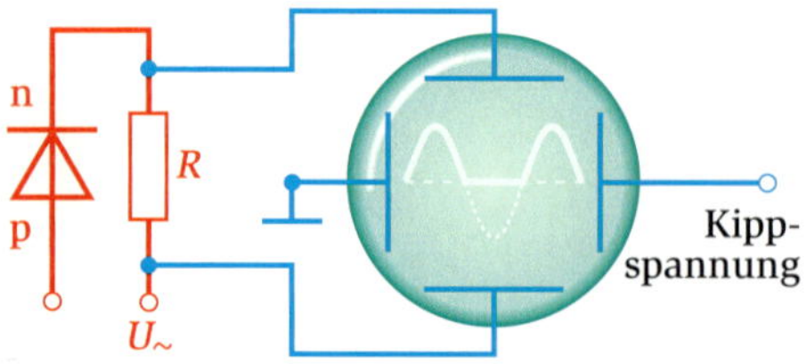

B1 Gleichrichter. Die untere Halbschwingung des Wechselstroms $I_\sim$ ist unterdrückt. Am Widerstand R greift man $U > 0$ ab.

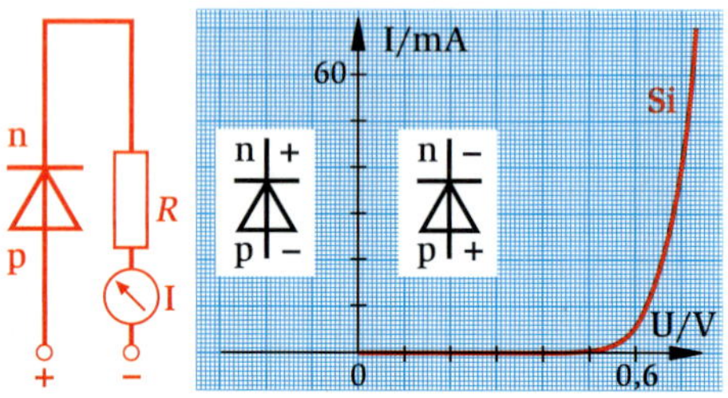

B2 *U-I*-Kennlinie des p-n-Übergangs einer Si-Diode. Am Diodensymbol sind Sperr- und Durchlasspolung vermerkt.

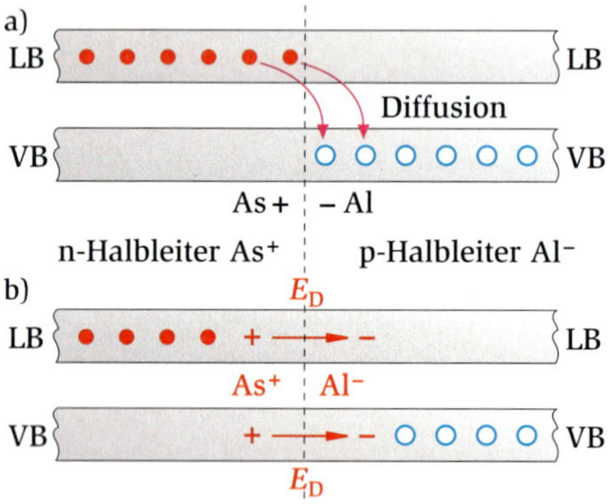

B3 **a)** Elektronendiffusion vom n- zum p-Halbleiter (LB: Leitungsband; VB: Valenzband) **b)** Die von As^+ und Al^- erzeugten Raumladungen erzeugen das Feld E_D.

6. Halbleiter-Dioden; der p-n-Übergang

a) Halbleiter-Dioden sind *Einbahnstraßen* für Elektronen; sie richten Wechselspannungen gleich. → **B1** zeigt das Schaltsymbol im Stromkreis und die Gleichrichterwirkung am Oszilloskop. Diese zeigt → **B2** an der *U-I*-Kennlinie. Bei Durchlasspolung (Pluspol am p-Halbleiter) steigt bei Silizium-Dioden ab 0,6 V der Durchlass-Strom I schnell an. Bei Sperrpolung (Pluspol am n-Halbleiter) gibt es nur einen sehr schwachen *Sperrstrom* von 1 nA = 10^{-9} A.

Dioden enthalten einen **p-n-Übergang.** Um ihn herzustellen, lässt man in einen erwärmten Si-Kristall von links As-, von rechts Al-Atome eindiffundieren. Links entsteht ein n-, rechts ein p-Halbleiter → **B3**. Sie gehen ohne Störung der Kristallstruktur ineinander über.

Beim Herstellen des p-n-Übergangs diffundieren auch Elektronen, und zwar vom Leitungsband des n- in den p-Halbleiter. Dort fallen sie in Löcher im Valenzband und füllen diese (rote Pfeile in → **B3a**). Dabei entfällt deren positive Ladung, sodass die negative Ladung der ortsfesten Aluminium-Ionen (−) hervor tritt. Im p-Halbleiter entsteht eine ca. 1 µm dünne Schicht *negativer Raumladung.* Ihr gegenüber entsteht im n-Halbleiter eine Schicht *positiver Raumladung* aus ortsfesten Arsen-Ionen (+). Hier fehlt nämlich die negative Ladung der wegdiffundierten Elektronen.

Zwischen beiden Raumladungen bildet sich ein starkes elektrisches Feld E_D aus (rote Pfeile in → **B3b**). Es spielt bei Solarzellen eine wichtige Rolle. Seine Feldlinien zeigen von den ortsfesten As-Ionen (+) zu den Al-Ionen (−), vom n- zum p-Halbleiter. So verhindert dieses E_D-Feld ein weiteres Eindiffundieren der Elektronen. Der p-n-Übergang ist stromlos. Das ändert sich erst, wenn man von außen Spannung anlegt, was wir nun diskutieren.

Sperrpolung: Der Pluspol der von außen angelegten Spannung U liegt links am n-Halbleiter → **B4a**. Ihr elektrisches Feld E verstärkt das von der Diffusion rührende Feld E_D. Beide ziehen die wenigen Elektronen des Leitungsbands vom rechten p-Halbleiter nach links sowie die wenigen Löcher des n-Halbleiters nach rechts. Beide Ladungsträger strömen widerstandslos über den p-n-Übergang. Da es in stark dotierten Halbleitern nur sehr wenige sind, ist der *Sperrstrom* überaus schwach – er beträgt in → **B2** ca. 1 nA.

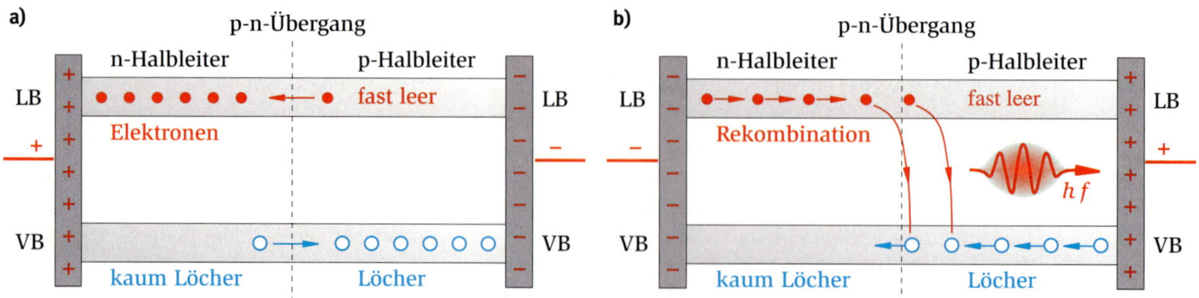

B4 p-n-Übergang bei Dioden: **a)** *Sperrpolung* ($I < 0$); **b)** *Durchlasspolung:* Über den p-n-Übergang laufen im Leitungsband (LB) Elektronen (•) nach rechts, im Valenzband (VB) Löcher (○) nach links. Danach rekombinieren beide (die Elektronen fallen in Löcher). Dabei kann ein Photon entstehen, etwa in Leuchtdioden.

Durchlasspolung: Der Pluspol der Spannung U liegt nun rechts am p-Halbleiter **→ B4b**. Ihr von + nach – gerichtetes Feld E zeigt nach links (←). Ihm wirkt das von der Diffusion erzeugte, nach rechts gerichtete E_D-Feld (→) entgegen **→ B3b**. Deshalb ist die Stärke des Durchlassstroms I erst ab $U \approx 0{,}6$ V gut messbar **→ B2b**. Dieser Durchlassstrom setzt sich aus zwei Bestandteilen zusammen:

- Zahlreiche Elektronen $(-e)$ aus dem Leitungsband des n-Halbleiters fließen nach rechts in den p-Halbleiter.
- Zahlreiche Löcher $(+e)$ im Valenzband des p-Halbleiters laufen nach links durch den p-n-Übergang zum n-Halbleiter.

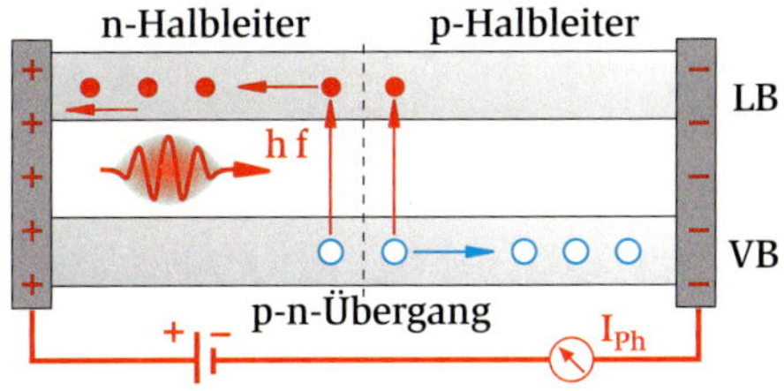

B5 Fotodiode: Photonen heben Elektronen vom Valenzband (VB) ins Leitungsband (LB).

b) Leuchtdioden (LED) emittieren Licht bei Durchlasspolung. Dabei laufen Elektronen vom n-Halbleiter in den p-Halbleiter. Dort fallen sie in Löcher (+) des Valenzbands und füllen diese auf; sie *rekombinieren* $(-e + e \rightarrow 0$ **→ B4b**$)$. Die gefüllten Löcher werden vom Pluspol der Spannungsquelle ersetzt. Auch fließen Löcher vom p- zum n-Halbleiter und werden von Elektronen aus dem Leitungsband gefüllt.

c) Fotodioden betreibt man in *Sperrpolung*. Fallen auf ihren p-n-Übergang Photonen, so heben sie Elektronen vom Valenz- ins Leitungsband **→ B5**. Die so entstandenen freien Elektronen werden zum Pluspol der Quelle gezogen (←•), die Löcher (○→) zum Minuspol. Der gemessene Sperrstrom steigt mit der Zahl der eintreffenden Photonen, ist also ein Maß für die Helligkeit.

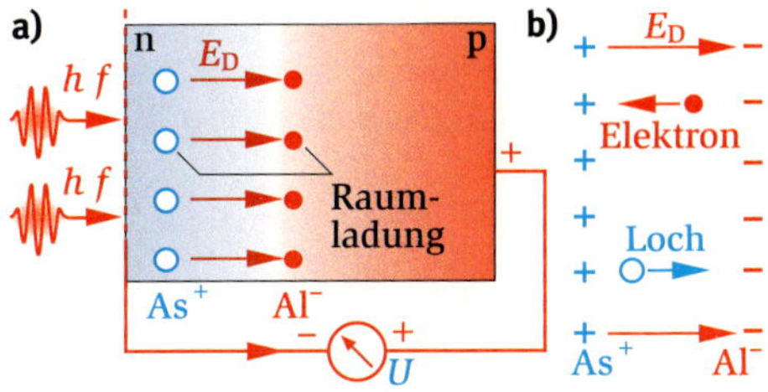

B6 Solarzelle: **a)** Im p-n-Übergang ist das E_D-Feld der Raumladung zwischen As^+- und Al^--Ionen (rote Pfeile). **b)** E_D trennt die vom Licht frei gesetzten Elektronen und Löcher.

d) Solarzellen gewinnen elektrische Energie aus Sonnenlicht. Sie haben wie Fotodioden einen p-n-Übergang **→ B6a**. Doch legt man an diesen von außen keine Spannung an, sondern benutzt das dort durch *Diffusion* entstandene E_D-Feld **→ Ziff. 6a**. Dieses trennt die von eingestrahltem Licht frei gesetzten Ladungsträger **→ B6b**. Die Elektronen werden gegen das Feld zum n-Halbleiter gezogen, die Löcher in Feldrichtung zum p-Halbleiter. Dieser wird zum Pluspol der Solarzelle. Ihre Spannung ist ca. 0,5 V.
In *Sonnenbatterien* schaltet man viele Solarzellen zusammen. Sie nutzen von der Energie des Sonnenspektrums nur einen Teil aus, im Gegensatz zu Sonnenkollektoren für Warmwasserbereitung. Dies begrenzt den *Wirkungsgrad* η, nämlich den Quotienten aus der entnommenen elektrischen zur einfallenden Sonnenenergie. Im Labor erreicht man heute mit viel Aufwand bei Zellen aus kristallinem Silizium $\eta = 25\,\%$. Das theoretische Maximum liegt bei 29 %.
Für wirtschaftliche Betrachtungen ist der *Erntefaktor* ε wichtiger. Er schätzt das Verhältnis von der in ca. 25 Jahren erbrachten Nutzenergie zum Energiebedarf für Herstellung und Abbau der Gesamtanlage ab. Beim aufwändig herzustellenden *kristallinen* Silizium ist zwar der Wirkungsgrad η technischer Anlagen mit 15 % hoch, der Erntefaktor ε aber niedrig. Deshalb benutzt man in der *Dünnschichttechnik* nicht kristallines, sondern *amorphes* Silizium **→ Vertiefung**. Hier werden für η Werte um 6 % angegeben, für den Erntefaktor ε von 2 bis 8 (bei ε = 8 erhält man das 8-fache an Energie zurück, bei Windrädern das 25-fache, bei Wasserkraft das 100-fache; die Angaben streuen erheblich). Um die in Deutschland nötige elektrische Energie zu erzeugen, müsste man über 1 % ihrer Fläche mit Solarzellen bedecken. Würde man alle geeigneten Dachflächen einer Großstadt benutzen, so wäre 2/3 des Bedarfs gedeckt. Dazu kämen Anlagen zur Energiespeicherung für die Nacht und bei Schlechtwetter.

Vertiefung

Das Herstellen von **a**morphem Silizium (**a**-Si), bei dem die Atome ein weniger geordnetes Netzwerk bilden, ist billiger als von kristallinem Si. Doch fallen Elektronen verstärkt in Löcher und gehen dem Strom verloren. Um dies zurückzudrängen, macht man bei *Dünnschichtzellen* die p- und n-Halbleiter sehr dünn (20 nm).

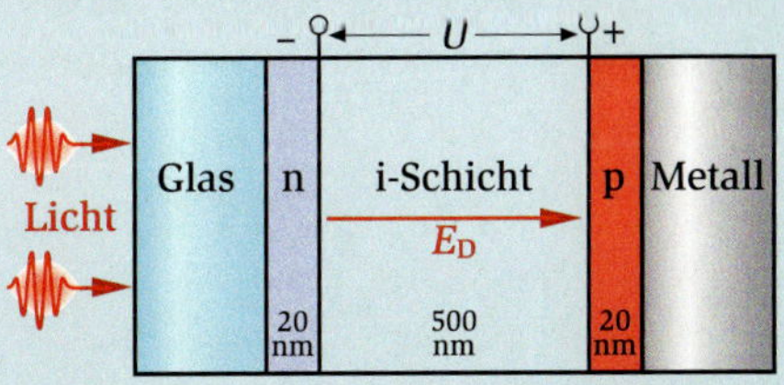

Im E_D-Feld dazwischen sollen möglichst viele Photonen absorbiert und Elektronen-Loch-Paare erzeugen werden. Dazu legt man dorthin eine schwach dotierte Schicht (i-Schicht), da dort seltener rekombiniert wird als in stark dotierten Halbleitern.
In *Tandem-Solarzellen* legt man mehrere Schichten aus geeignetem Material hintereinander, um nicht nur einen Bereich des Sonnenspektrums zu nutzen wie bei Silizium. Man hofft die Herstellungskosten der Gesamtanlage in ca. drei Jahren einzubringen.

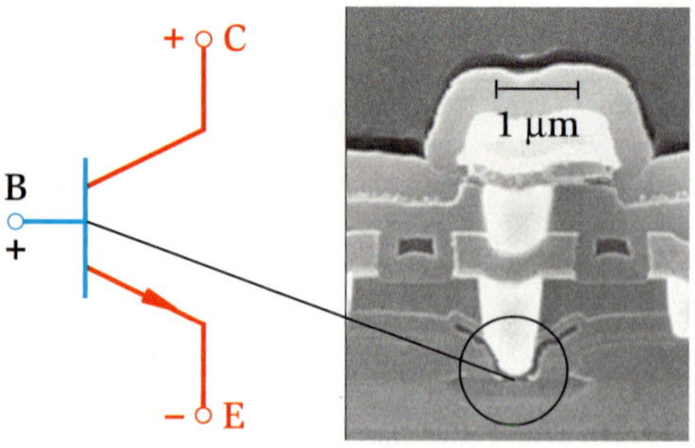

B1 Schaltzeichen und Schnitt durch einen Transistor. Zwischen dem unteren Emitter E und dem oberen Kollektor C (beide weiß) liegt die dünne Basis (schwarz).

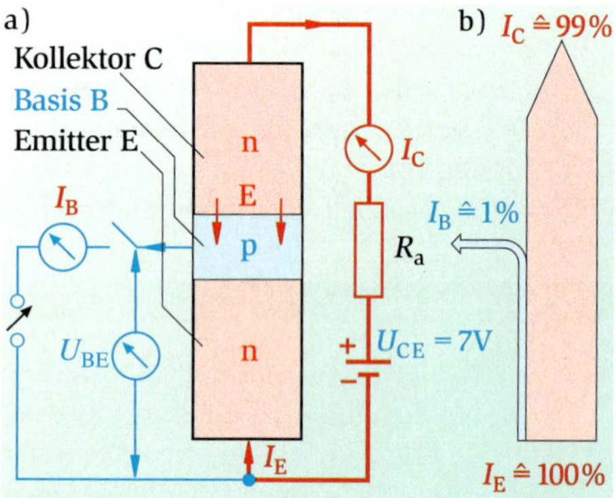

B2 **a)** Das Ändern der Basisspannung U_{BE} (links) steuert den Strom I_C im rot gezeichneten Kollektorkreis. **b)** Flussdiagramm: Der in den Emitter E eintretende Strom I_E (100 %) geht zu 99 % als Kollektorstrom I_C weiter, nur 1 % als Basisstrom I_B zum Basisanschluss.

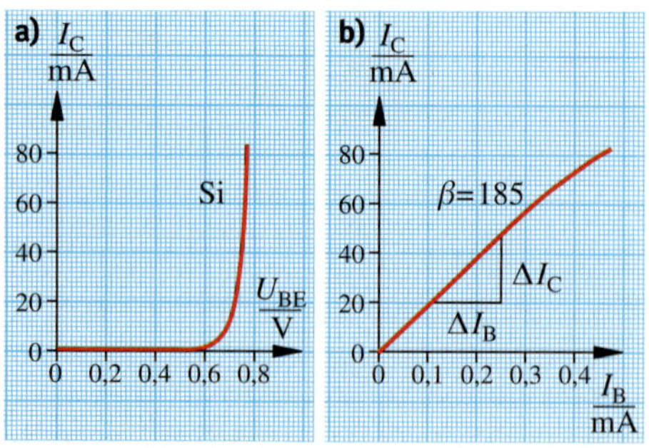

B3 **a)** U_{BE}-I_C-Steuer-Kennlinie: Ab $U_{BE} = 0{,}6$ V steuern schon kleine Schwankungen von U_{BE} den Kollektorstrom I_C wirkungsvoll. **b)** Stromverstärkung: $I_C \sim I_B$

7. Der npn-Transistor

Der npn-Transistor hat drei Anschlüsse **→ B1** und **→ B2**. Diese führen zu drei verschieden dotierten Halbleitern:

- **Emitter E** heißt der untere, stark dotierte n-Halbleiter. Er liegt am Minuspol der U_{CE}-Quelle mit $U_{CE} \approx 7$ V und emittiert Elektronen in die Basis B, falls diese durch die Basisspannung U_{BE} positiv gepolt ist. Man gibt alle Spannungen gegen den Emitter E an.
- Die **Basis B** ist ein schwach dotierter p-Halbleiter. An diese legt man die Steuerspannung U_{BE} (zwischen Basis B und Emitter E).
- Der **Kollektor C** ist ein stark dotierter n-Halbleiter und liegt am Pluspol von U_{CE}. Also sollte der p-n-Übergang B-C sperren, der Kollektorstrom sollte $I_C = 0$ sein. Was zeigt der Versuch?

Erhöht man U_{BE} von Null aus, so ist zunächst der Basisstrom $I_B \approx 0$. Denn der zuständige p-n-Übergang E-B öffnet erst ab $U_{BE} \approx 0{,}6$V. Auch ist $I_C \approx 0$. Ab $U_{BE} = 0{,}6$V tritt ein schwacher Basisstrom I_B, aber ein starker Kollektorstrom I_C auf **→ B2**, **→ B3**. Dieser *Transistoreffekt* tritt auf, weil man die Basis B mit ca. 10^{-3} mm sehr dünn macht und nur schwach dotiert. Folglich durchlaufen die von E einströmenden Elektronen die dünne Basisschicht zu ca. 99 %, ohne mit den dortigen wenigen Löchern zu rekombinieren. Vielmehr diffundieren sie in den p-n-Übergang B-C. Dort hat die große Kollektorspannung U_{CE} ein starkes Feld aufgebaut (Pluspol oben). Es zieht die eindiffundierten Elektronen in den Kollektor, zum Pluspol von U_{CE}. Der Kollektorstrom I_C wächst bei $U_{BE} > 0{,}6$ V stark an.

Dabei fließt nur etwa 1 % der Elektronen aus dem Emitter E zum seitlich gelegten Basisanschluss. Der Basisstrom I_B bleibt unter 1 mA. Da auch die Spannung $U_{BE} \approx 0{,}7$ V klein ist, braucht man im Basiskreis (blau) zum Steuern des starken Kollektorstroms $I_C \approx 0{,}1$ A nur die Leistung ≈ 0,7 mW aufzubringen. Die im Kollektorkreis (rot) von U_{CE} umgesetzte Nutzleistung ist mit $P_C = I_C \cdot U_{CE} \approx 0{,}1\ \text{A} \cdot 7\ \text{V} = 0{,}7$ W ca. 1000-mal so groß **→ B3**. Sie betreibt z. B. einen Lautsprecher. Das Mikrofon liegt am Basisanschluss.

Der Kollektorstrom I_C ist zum Basisstrom I_B weitgehend proportional. Kleine Änderungen ΔI_B von I_B ändern I_C stark; ΔI_C ist in **→ B3b** groß. Der Quotient $\beta = \Delta I_C / \Delta I_B$ heißt **Stromverstärkung.** Sie liegt zwischen 20 und 900 und hängt vom Transistortyp ab.

Merksatz

Die kleine Spannung U_{BE} zwischen Basis und Emitter steuert den starken Kollektorstrom I_C. Der Basisstrom I_B bleibt klein. Die Steuerspannung U_{BE} bringt die kleine Steuerleistung $P_B = I_B \cdot U_{BE}$ auf, die Quelle U_{CE} dagegen die große, im Kollektorkreis umgesetzte Nutzleistung $P_C = I_C \cdot U_{CE}$.

In Computern sind Tausende von Transistoren auf engem Raum konzentriert. npn-Transistoren würden beim Steuern zu viel Wärme freisetzen, die kaum abzuführen wäre. Deshalb benutzt man dort *Feldeffekt-Transistoren*, die wir im Folgenden besprechen.

8. Der Feldeffekt-Transistor

Feldeffekt-Transistoren ersetzen heute in integrierten Schaltungen weitgehend die in *Ziff. 7* besprochenen Transistoren. Sie treten in vielerlei Gestalt auf. Wir besprechen eine davon:

Im **MOSFET** (**M**etal-**O**xide-**S**emiconductor-**F**ield-**E**ffect-**T**ransistor) **→ B4** legt man die Steuer-Spannung U_G an die Steuerelektrode G, das **Gate** (Tor; entspricht der Basis B des npn-Transistors). Das Gate ist durch eine 10^{-7} m dünne Quarz-Schicht (SiO_2, gelb) hervorragend von der darunter liegenden p-dotierten Silizium-Schicht (p-Si, rosa) isoliert, bleibt also beim Steuern stromfrei. Es gibt hier keine Erwärmung, auch wenn Millionen dieser Transistoren auf einer Siliziumscheibe, Wafer genannt, eng beisammen liegen. Ein Transistor nimmt auf einem aus dem Wafer geschnittenen Chip die Fläche $0{,}2 \cdot 0{,}15\ \text{mm}^2$ ein. Die dort integrierten Schaltungen ermöglichen unser elektronisches Zeitalter. Wie arbeiten sie?

Solange am Gate G die Steuerspannung $U_G = 0$ ist, bleibt die Siliziumschicht p-Si unter der isolierenden Quarzschicht ein p-Halbleiter **→ B4a**. Er grenzt an die n-Halbleiter (blau) der beiden Anschlüsse Source S (Quelle) und Drain D (Abfluss). Sie entsprechen Emitter und Kollektor beim npn-Transistor. Der p-n-Übergang rechts beim Drain D sperrt bei $U_G = 0$, da D am Pluspol der Gleichspannung U_{DS} liegt. Solange die Steuerspannung $U_G = 0$ ist, bleibt der von ihr gesteuerte Drainstrom $I_D = 0$.

Dies ändert sich, wenn $U_G > 0$ ist, wenn man dem Gate G genügend positive Ladung gibt **→ B4b**. Deren Feld zieht Elektronen in das p-Si direkt unter der SiO_2-Schicht. Dort entsteht der enge n-Kanal (blau); er wurde zum n-Halbleiter. Damit stellt er zwischen D und S eine durchgängige, n-leitende Verbindung her, weil der sperrende p-n-Übergang am Drain zum leitenden n-n-Übergang wurde. Der zu steuernde Drainstrom I_D in der roten Leitung steigt mit der Steuerspanung U_G. Je größer diese ist, umso mehr Elektronen zieht ihr Feld in den n-Kanal; dessen Widerstand sinkt.

In den von diesem *Feldeffekt* betriebenen *Unipolar*-Transistoren leitet nur der n-Halbleiter des n-Kanals. Im bipolaren n-p-n-Transistor liegen dagegen n- und p-Halbleiter hintereinander.

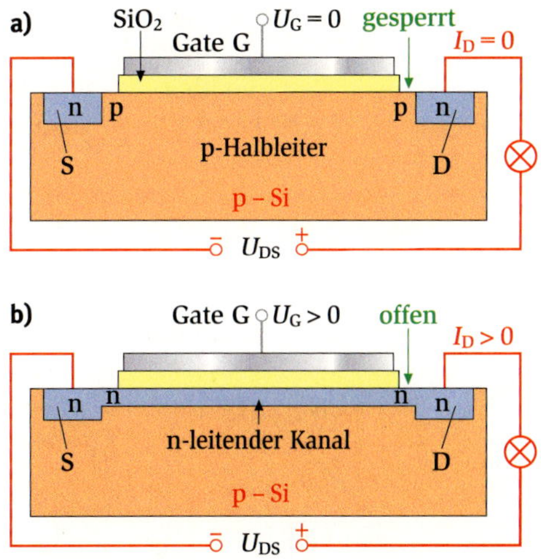

B4 Die SiO_2-Schicht unter dem Gate G isoliert. **a)** Bei $U_G = 0$ liegt darunter der p-Halbleiter p-Si (hellrot). Der p-n-Übergang zum Drain sperrt. **b)** Bei $U_G > 0$ entsteht zwischen Source S und Drain D der n-leitende n-Kanal.

9. Datenübertragung mit Licht

In **→ V1** überträgt unsichtbares Infrarot (IR) im Lichtleiter Musik, indem ihr Rhythmus die IR-Intensität steuert. Dazu speist ein Player im „Sender" diesen Rhythmus als Wechselspannung U_E in das Gate G eines Feldeffekttransistors ein. Das Gate G steuert den Drain-Strom I_D, ohne dass der Player Leistung aufbringen muss. Die im I_D-Kreis liegende Leuchtdiode LED erzeugt Infrarot, wobei sich dessen Amplitude im Takte der Musik ändert. Die Energie dazu liefert die unten liegende Gleichspannungsquelle (9 V).
Der Lichtleiter überträgt das Infrarot auch in Windungen zum „Empfänger", wo es über die Fotodiode das Gate G des dortigen Transistors steuert und damit dessen Drainstrom I_D. Dieser lässt das Lämpchen im Takte der Musik leuchten: Dort greift man die Spannung U_A ab und führt sie einem Verstärker mit Lautsprecher zu.

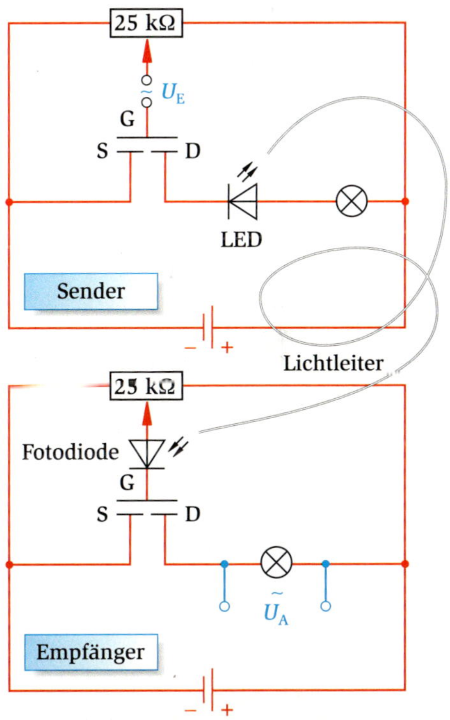

V1 Im „Sender" steuert die vom Kopfhörerausgang eines Players gelieferte Wechselspannung U_E das Potenzial des Gates G vom Transistor (UBZ11 oder BS10NA). Die IR-Leuchtdiode LED sendet Infrarot über den Lichtleiter zur Fotodiode (BPW34) des „Empfängers". Er steuert den Transistor. Mit den beiden Potentiometern (ca. 25 kΩ) stellt man ein schwaches Leuchten der beiden Lampen ein (6 V, 30 mA).

Das ist wichtig

1 Lichtquanten sind unteilbar
Ihre Energie $\boldsymbol{W = hf}$ hängt von der Frequenz f des Lichts ab, nicht von der Intensität.
Beim Fotoeffekt haben die Elektronen die maximale Energie

$$W_{max} = h \cdot f - W_A.$$

$h = 6{,}626 \cdot 10^{-34}$ Js ist die Planck-Konstante,
W_A die *Ablöseenergie* des Fotoelektrons vom Material.

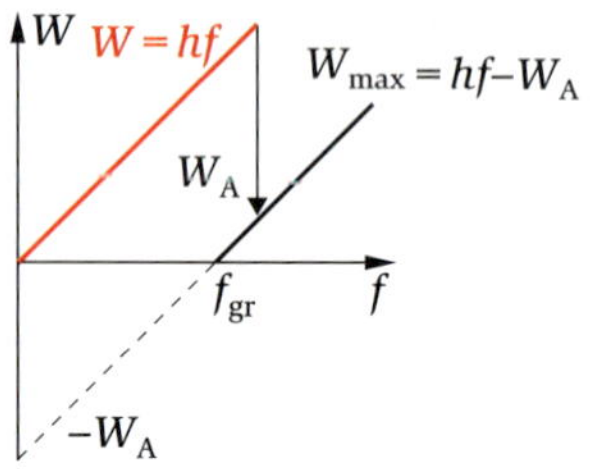

Der Fotoeffekt setzt ein bei der *Grenzfrequenz* $f_{gr} = W_A/h$.

Masse eines Photons: $m = W/c^2 = h/(c\lambda)$
Impuls eines Photons: $p = h/\lambda$

2 Superpositionsprinzip für Quantenmöglichkeiten
Die von klassischen Wellen bekannte Zeigeraddition wird bei Quanten umgedeutet: Von der Quelle Q zum Ziel Z gibt es für ein Photon in der Regel mehrere *gleichberechtigte Möglichkeiten* (beim Doppelspalt die zwei ‚Pfade' durch beide Spalte). Für jede dieser Möglichkeiten, für den i-ten Pfad, rotiere ein Zeiger Ψ_i. Als „λ-Zähler" dreht er sich auf der Strecke λ einmal. Im Ziel Z werden die Zeiger Ψ_i für *alle möglichen Pfade* zur Resultierenden $\Psi_{Res} = \Sigma \Psi_i$ addiert. $|\Psi_{Res}|^2$ gibt im Zielpunkt Z die Antreffwahrscheinlichkeit an.

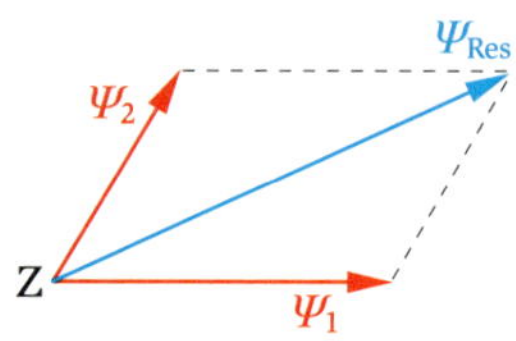

Man darf die Pfade für gleichberechtigte Möglichkeiten nicht als tatsächliche Bahnen des Quants verstehen; es sind „Rechenpfade": Man darf nicht sagen, eine davon werde tatsächlich beschritten, man wisse nur nicht, welche. Sie sind unbestimmt im Quantensinn.
Die Quantengrößen Ψ sind streng bestimmt, *determiniert,* wie die Addition ihrer Zeiger. Erst bei den einzelnen Photonenlokalisationen tritt der Zufall ins Spiel, beim Deuten von $|\Psi|^2$ als **Antreffwahrscheinlichkeit** von Quantenobjekten.
$|\Psi|^2$ kann gemessen werden, hat physikalische Bedeutung. Die Wahrscheinlichkeitsamplitude Ψ ist dagegen eine reine Rechengröße, z. B. zum Ermitteln von $|\Psi|^2$.

3 Die „Welcher-Weg-Frage"
Ist das Experiment geeignet, den tatsächlichen Weg des Quants in Erfahrung zu bringen, so ist die *Welcher-Weg-Frage* beantwortbar. Es gibt keine Interferenz. Dann entfallen Unbestimmtheit und Superposition. Die verschiedenen Möglichkeiten sind nicht mehr gleichberechtigt.
Beobachtet man dagegen Interferenz, so ist die *Welcher-Weg-Frage* prinzipiell nicht beantwortbar.

4 Quantenobjekte (Photonen, Elektronen, Atome, Moleküle) werden mithilfe der Planck-Konstanten h beschrieben. Sie zeigen Beugung und Interferenz. Dabei ordnet die Planck-Konstante h einander zu:

Impuls p $\leftrightarrow$ *de Broglie-Wellenlänge* $\lambda_B = h/p$,
Energie W $\leftrightarrow$ *Frequenz* $f = W/h$.

5 Klassische Objekte: In makroskopischen Bereichen (z. B. in braunschen Röhren) gehorchen *Elektronen* der klassischen NEWTON-Mechanik. Dabei spielt die Planck-Konstante h keine Rolle.
Lichtstrahlen befolgen die *Strahlenoptik.* Diese gehört als Grenzfall der *Wellenoptik* zur klassischen Physik.
Wellenoptik ist der *klassische Grenzfall* der Quantenoptik und braucht die Planck-Konstante h nicht.

6 Unbestimmtheitsrelationen: Zwischen den Unbestimmtheiten Δp_x des Impulses p_x und Δx des zugehörigen Orts x gilt bei Quantenobjekten

$$\Delta x \cdot \Delta p_x \approx h.$$

Δx und Δp_x zeigen sich als Streuungen bei x- und p_x-Messungen an sehr vielen, einheitlich präparierten Quantenobjekten.
Zwischen der Lebensdauer Δt eines Quantenzustands und dessen Energieunbestimmtheit ΔW gilt

$$\Delta W \cdot \Delta t \approx h.$$

Stationäre Zustände sind zeitunabhängig ($\Delta t \to \infty$). Ihre Energie ist scharf bestimmt ($\Delta W \to 0$).

7 Quantenobjekte mit Masse m, die räumlich auf einen Bereich der Länge L eingeengt sind, haben eine mit sinkendem L stark steigende **Lokalisationsenergie**

$$W_L \approx \frac{h^2}{8mL^2}.$$

Elektronen im hohen linearen *Potenzialtopf* der Breite L besetzen nur die scharf bestimmten **Energienivaus**

$$W_n = \frac{h^2 n^2}{8 m_e L^2}.$$

$n = 1, 2, 3, \ldots$ sind die zugehörigen **Quantenzahlen.** Jedes Energieniveau kann wegen des **Pauliprinzips** höchstens 2 Elektronen aufnehmen.

8 Tunneleffekt: Quantenobjekte dringen in Bereiche ein (z. B. Potenzialwall), in denen ihre potenzielle Energie größer ist als sie selbst an Energie mitbringen. Sie durchtunneln solche Wälle sogar, ohne Energie zu verlieren.

9 Supraleitung: Der Widerstand R einiger Stoffe wird unterhalb einer **Sprungtemperatur** $\boldsymbol{T_C}$ von etwa 10 K unmessbar klein.

10 Festkörperphysik

Viele Festkörper haben eine kristalline Struktur, auch Metalle. Ihre Atome sind in Netzebenen angeordnet. Deren Abstand d bestimmt man durch Reflexion von Röntgenstrahlen. Diese werden unter dem Glanzwinkel φ reflektiert, gemessen gegen die Oberfläche. Dabei gilt

$$2d\sin\varphi = k\cdot\lambda \quad (k = 1, 2, 3, \ldots).$$

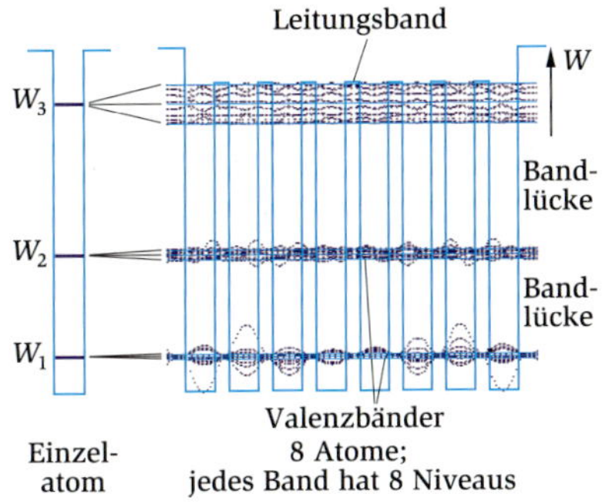

Sind Atome in Kristallen periodisch angeordnet, so spalten die Atomniveaus auf und bilden **Energiebänder.** Jedes Band kann nur eine bestimmte Zahl an Elektronen aufnehmen.

Die energetisch tiefer liegenden Bänder heißen *Valenzbänder,* das oberste ist das *Leitungsband*. Es ist oft nur teilweise gefüllt und kann dann zum Strom beitragen. Der Abstand W_B zwischen Valenz- und Leitungsband bildet die für Elektronen verbotene Bandlücke.

Entfernt man Elektronen aus dem Valenzband, so entstehen dort *Löcher.* Diese verhalten sich wie Teilchen mit *positiver* Ladung $+e$.

In **Fotowiderständen** hebt Licht Elektronen vom Valenz- in das Leitungsband, wenn die Energie $W = hf$ der Photonen größer ist als die Bandlücke W_B. In **Heißleitern** geschieht dies beim Erhitzen. In beiden Bauelementen sinkt der Widerstand.

n-Halbleiter haben im Leitungsband viele freie Elektronen. Im Valenzband gibt es nur wenige Löcher.

p-Halbleiter haben viele bewegliche Löcher im Valenzband, aber nur wenige freie Elektronen im Leitungsband.

Im **p-n-Übergang** stoßen p- und n-Halbleiter zusammen. Zwischen beiden besteht ein von n nach p gerichtetes elektrisches Feld. Der p-n-Übergang in **Halbleiter-Dioden** leitet ab einer Schwellenspannung U_S gut, wenn der p-Halbleiter am Pluspol liegt.

Leuchtdioden (LED) emittieren Licht bei Durchlasspolung, ab der Schwellenspannung U_S ihres p-n-Übergangs. Dabei fallen Elektronen vom Leitungsband des n-Halbleiters in die energetisch tiefer liegenden Löcher (+) des Valenzbands. Die Photonenenergie $W = h\cdot f$ ist etwa gleich dem Bandabstand W_B.

Fotodioden betreibt man in *Sperrpolung* ihres p-n-Übergangs. Einfallende Photonen setzen Elektronen und Löcher frei, so dass der Sperrstrom steigt.

Solarzellen brauchen keine von außen angelegte Spannung. Die vom Licht frei gesetzten Elektronen werden vom E-Feld des p-n-Übergangs zum n-Halbleiter, die Löcher zum p-Halbleiter gezogen. Dieser wird so zum Pluspol der Zelle. Die Spannung ist ca. 0,5 V.

Im **npn-Transistor** steuert eine schwache Basisspannung mit geringer Leistung einen starken Kollektorstrom. In **Feldeffekt-Transistoren,** z. B. im MOSFET, steuert das Gate ohne Aufwand an Leistung den Source-Drain-Strom.

Zum Titelbild: 2012 präsentierten Forscher vom Computerkonzern IBM und dem Hamburger Center for Free-Electron Laser Science (CFEL) einen magnetischen Datenspeicher, der lediglich 12 Eisenatome benötigt, um ein Bit zu speichern (Aufnahme mit einem Rastertunnelmikroskop). Die Blöcke aus zwölf Eisenatomen lassen sich durch elektrischen Strom zwischen zwei Magnetisierungszuständen umschalten. Diese entsprechen den Werten 0 und 1, den beiden möglichen Zuständen eines Bits. Doch bis atomare Magnete als Speicher Verwendung finden, wird sicherlich noch einige Zeit vergehen.

A1 Licht der Bestrahlungsstärke $S = 1\ \text{kW/m}^2$ und der Wellenlänge $\lambda = 400$ nm fällt auf eine Cs-Platte von $A = 100\ \text{cm}^2$ Querschnitt, unter dem Winkel $\alpha = 60°$ (gegen das Einfallslot). **a)** Welche maximale Geschwindigkeit haben die Fotoelektronen? **b)** Wie viele Fotoelektronen entstehen bei der Quantenausbeute $\eta = 0{,}1\ \%$? Begründen Sie die benutzten Gleichungen mit Skizzen.

A2 Berechnen Sie, ob sichtbares Licht ein Elektron im linearen Potenzialtopf mit Länge $L = 1$ nm vom Grundzustand nach $n = 5$ heben kann und ob das beim Rücksprung nach $n = 4$ emittierte Licht sichtbar ist. Spielt dabei auch $n = 0$ eine Rolle? Begründen Sie Ihre Angaben.

A3 Uwe sagt, die mehrmaligen Maxima beim Franck-Hertz-Versuch zeigen, dass im Hg-Atom mehrere Energiestufen mit gleichen Abständen übereinander liegen. Nehmen Sie Stellung dazu.

A4 **a)** Bei der Beugung an einem Spalt mit Breite $b \approx \Delta x \approx 10\lambda$ landen einige Elektronen direkt auf der optischen Achse, hatten also den Querimpuls $p_x = 0$. Diskutieren Sie, ob dabei die UBR verletzt ist. **b)** Warum wäre die UBR verletzt, wenn Elektronen in einem Strahl schwingen würden, so wie Luftteilchen bei Schall?

A5

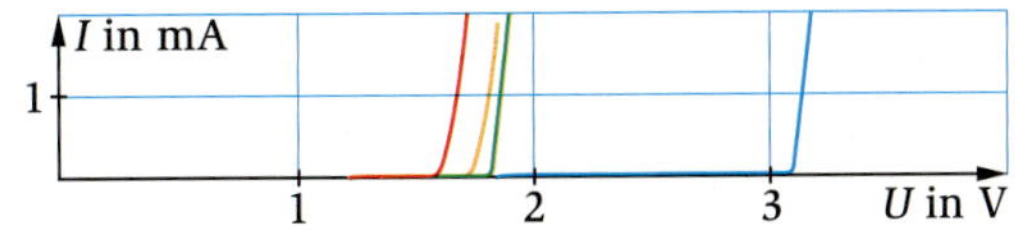

Das Bild zeigt 4 U-I-Kennlinien von Leuchtdioden aus verschiedenen Materialien. **a)** Zeichnen Sie dazu eine Schaltskizze. **b)** Erklären Sie anhand einer Skizze, wie die Lichtemission zustande kommt und bestimmen Sie zu jeder Kennlinie Wellenlänge und Farbe des Lichts.

A6 Zeichnen Sie die Schaltung eines npn-Transistors. Sein Kollektor C liegt am Pluspol der Kollektorspannungsquelle. Begründen Sie, weshalb er deshalb sperren müsste und warum trotzdem Kollektorstrom fließen kann.

Radioaktivität und Kernphysik

Das können Sie in diesem Kapitel erreichen:

Sie lernen die Grundlagen des radioaktiven Zerfalls von Atomen kennen.

Sie kennen das Zerfallsgesetz und den Begriff der Halbwertszeit und können die Aktivität einer bestimmten Menge einer radioaktiven Substanz angeben.

Sie lernen einige Grundlagen der Stochastik kennen und verstehen, wie eine Zählstatistik zu interpretieren ist. Sie können Mittelwerte und Standardabweichung korrekt interpretieren und wissen, wie lange gemessen werden muss.

Sie unterscheiden die verschiedenen Arten von Strahlung und wissen, welche Teilchen sich jeweils dahinter verbergen.

Sie kennen die natürlichen und von Menschen generierten Strahlungsquellen.

Sie kennen die biologischen Wirkungen von radioaktiver Strahlung und die wichtigsten Schutzmaßnahmen.

Sie kennen wichtige Anwendungen von radioaktiven Stoffen in Medizin, Naturwissenschaften und Technik.

Sie verstehen, wie man mithilfe von natürlichen radioaktiven Elementen das Alter von toten Pflanzen und Lebewesen bestimmen kann.

Sie kennen Phänomene, bei denen sich Energie in Materieteilchen umwandelt und umgekehrt.

Sie erfahren Details zu Kernspaltungen und Kernfusion und erhalten wichtige Informationen zur technischen und militärischen Anwendung von Kernenergie.

1. Der Aufbau der Atomkerne

- Alle Stoffe sind aus **Atomen** aufgebaut. Ein Atom besteht aus einer **Atomhülle,** in der sich Elektronen befinden, und einem **Atomkern.** Dieser besteht aus **Z positiv geladenen Protonen** und ***N* neutralen Neutronen** fast gleicher Masse. Protonen und Neutronen bezeichnet man als **Nukleonen** (Kernbausteine).
- Die Zahl *Z* der Protonen im Atomkern **(Kernladungszahl)** ist gleich der **Ordnungszahl** im Periodensystem und der Zahl der Elektronen in der Hülle des neutralen Atoms. Sie bestimmt sein chemisches Verhalten.
- Eine Kernart **(Nuklid)** wird durch *Z* und die Gesamtzahl der Nukleonen, auch **Massenzahl *A*** genannt, gekennzeichnet. Es ist $\mathbf{A = N + Z}$.
  Beispiel: $^{226}_{88}$Ra hat $A = 226$ Nukleonen, $Z = 88$ Protonen und $N = A - Z = 226 - 88 = 138$ Neutronen. Die Kurzschreibweise für dieses Nuklid ist: Ra-226.

2. Die Strahlung radioaktiver Stoffe

- Ein Stoff heißt radioaktiv, wenn er Strahlung aussendet, die aus Atomkernen stammt.
- Die Strahlung radioaktiver Stoffe führt Energie mit sich und ionisiert Atome und Moleküle. Sie ist also eine **ionisierenden Strahlung.**
- Man unterscheidet **α-, β- und γ-Strahlung.** Jede Strahlung besteht aus einzelnen energiereichen Teilchen (α- bzw. β- bzw. γ-Teilchen).
- **α-Teilchen** sind zweifach positiv geladene **Heliumkerne $^4_2$He,** d. h. sie tragen zwei positive Elementarladungen. α-Teilchen können Papier nicht durchdringen.
- **β-Teilchen** sind einfach negativ geladene **Elektronen** (−e) bzw. einfach positiv geladene **Positronen** (+e), d. h. sie tragen eine Elementarladung. β-Teilchen können 5 mm Aluminium nicht durchdringen.
- Ein **γ-Teilchen** trägt keine elektrische Ladung. Es ist wie Licht „fliegende Energie" (ein Quant). Die mit γ-Teilchen transportierten Energieportionen sind aber viel größer als die mit Licht transportierten. γ-Strahlung wird erst von dicken Bleischichten merklich absorbiert.
- Dort, wo radioaktive Stoffe gelagert sind oder intensive ionisierende Strahlung auftritt, muss das **Strahlenzeichen** → B1 angebracht werden.

3. Nachweis der Strahlung radioaktiver Stoffe

- Für die radioaktive Strahlung hat der Mensch kein Sinnesorgan. Zum Nachweis benötigt man Geräte wie **Zählrohr** → B2 oder **Nebelkammer** → B3 .
- Trifft ein Teilchen ein Nachweisgerät, z. B. ein Zählrohr, so erzeugt es dort oft einen elektrischen „Impuls", der mit einem Zählwerk registriert werden kann. Die Impulse treten **stochastisch** (zufallsbedingt) auf. Man zählt die Impulse *k* in der Zeit Δt. Der Quotient $n = k/\Delta t$ ist die **Zählrate *n*.**
- Zählrohre und alle Nachweisgeräte für die Strahlung radioaktiver Stoffe zeigen einen **Nulleffekt.** Dieser rührt von Spuren radioaktiver Elemente in der Luft, in der Umgebung des Nachweisgerätes und von kosmischer Strahlung her.

4. Radioaktiver Zerfall

- Sendet ein Atomkern Strahlung aus, verändern er sich; man sagt, er „zerfällt".
- Beim **α-Zerfall** eines Kerns wird ein Heliumkern ausgeschleudert. Zurück bleibt ein Kern eines anderen Elements, dessen Kernladungszahl *Z* um 2 kleiner ist.
- Beim **β^--Zerfall** zerfällt im Kern ein Neutron in ein Proton unter Aussendung eines Elektrons. Zurück bleibt ein Kern, dessen Kernladungszahl *Z* um 1 größer ist.
- Beim **β^+-Zerfall** zerfällt im Kern ein Proton in ein Neutron unter Aussendung eines Positrons. Zurück bleibt ein Kern, dessen Kernladungszahl *Z* um 1 kleiner ist.
- Nach einem α- oder β-Zerfall hat der Restkern oft überschüssige Energie. Man sagt, **der Kern sei „angeregt".** Dieser wird seine überschüssige Energie los, indem er ein γ-Teilchen aussendet. Dabei ändern sich die Kernladungszahl *Z* und die Nukleonenzahl *A* nicht. – Angeregte Kerne werden durch ein „m" gekennzeichnet. Beispiel: Ba-137m ist ein angeregter Kern von Ba-137 (Ba: Barium).
- **Radioaktive Zerfallsreihen,** z. B. die, die von Uran U-238 oder von Thorium Th-232 ausgehen, werden durchlaufen, solange die Restkerne nach einem Zerfall selbst wieder radioaktiv sind.

B1 Strahlenzeichen

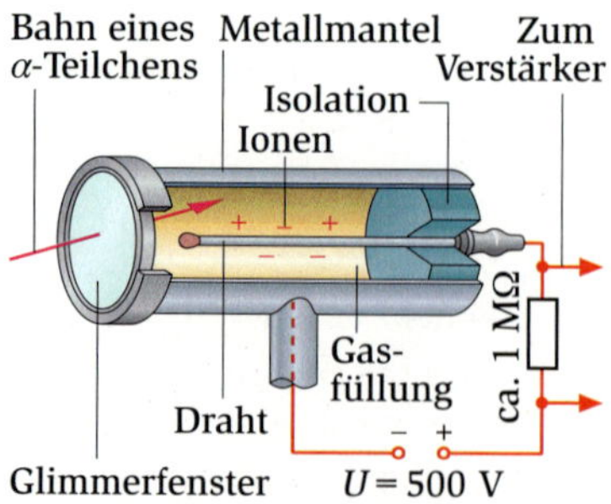

B2 Geiger-Müller-Zählrohr

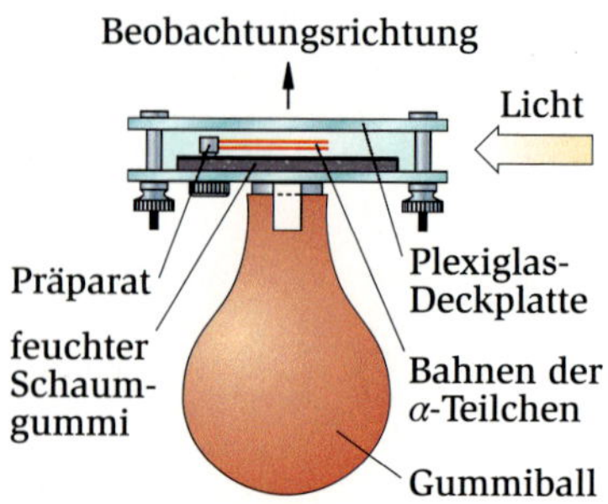

B3 Nebelkammer

5. Zählstatistik

Stellt man ein radioaktives Präparat in einem festen Abstand vor einem Zählrohr auf und misst mehrmals die Zahl der Impulse k in einer bestimmten Zeit Δt, findet man z. B. in der Zeit $\Delta t = 1$ s die Impulszahlen $k = 77$, 68, 71, 67, 83, ... Wie viele Impulse im nächsten Zeitabschnitt Δt gezählt werden, ist nicht voraussehbar. Es lässt sich für dieses **stochastische** Verhalten jedoch eine **Wahrscheinlichkeitsverteilung** angeben. Um diese zu erkennen, messen wir mithilfe eines Messwerterfassungssystems und einem Computer die Häufigkeit $H(k)$ der einzelnen Impulszahlen k, also die Zahl der Messungen mit gleichem k, für viele (z. B. $N = 1000$) Einzelmessungen. Das Ergebnis zeigt → **B4**. Der Mittelwert $\bar{k}$ aller N Einzelmessungen k_i wird ebenfalls vom Computer berechnet und ist bei dieser Messung $\bar{k} = 77{,}2$.

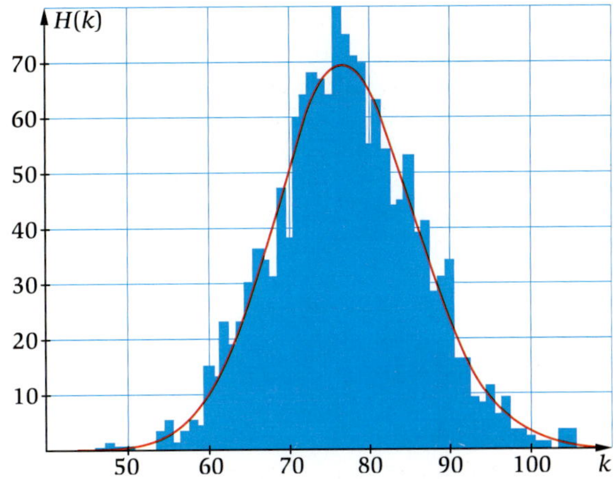

B4 Beispiel für die Zählstatistik: Häufigkeitsverteilung $H(k)$ bei $N = 1000$ Einzelmessungen und $\bar{k} = 77{,}2$.

Man erhält bei derartigen Messungen in der Kernphysik immer eine sogenannte **Poissonverteilung** der Impulszahlen k_i. Die Poissonverteilung ist ein Grenzfall der *Binomialverteilung*, was wir nicht näher begründen. Wie die Binomialverteilung hat die Poissonverteilung einen **Erwartungswert μ** und eine **Standardabweichung σ.** Bei der Poissonverteilung gilt $\sigma = \sqrt{\mu}$.

Für alle Messungen in der Kernphysik – und damit auch für die Messung, die → **B4** zugrunde liegt – haben Erwartungswert μ und Standardabweichung σ die folgenden Bedeutungen:

Die Impulszahlen k_i streuen um den **Erwartungswert μ,** den man eigentlich sucht, aber nie exakt findet. Bei großem N ist der Mittelwert $\bar{k}$ eine gute Näherung für μ. Man kann also setzen $\mu \approx \bar{k}$.

Somit wird die **Standardabweichung** $\sigma = \sqrt{\mu} \approx \sqrt{\bar{k}}$. Sie ist ein Maß für die Streuung der Messwerte k_i um μ.

Bei einer Poissonverteilung liegen die Impulszahlen zu ca. 68 % im Intervall $[\mu - \sigma, \mu + \sigma]$. Misst man daher eine Impulszahl k nur ein einziges Mal, so trifft man in der Regel das Richtige, wenn man den unbekannten gesuchten Wert μ im Intervall $[k - \sqrt{k}, k + \sqrt{k}]$ vermutet. In diesem Sinn nennt man $\sqrt{k}$ *den Fehler der Einzelmessung* und entsprechend $\sqrt{k}/k = 1/\sqrt{k}$ *den relativen Fehler.* Dieser ist umso kleiner, je größer k ist. Hat man $k = 100$ Impulse gemessen, so liegt er bei 10 %, bei $k = 10^4$ Impulsen dagegen nur noch bei 1 %. Wie lange man zur Zählung von k braucht, spielt keine Rolle. Man sagt, dass sich zwei Zählraten signifikant unterscheiden, wenn sich die in gleichen Zeitintervallen Δt gemessenen Impulszahlen k_1 und k_2 um mehr als $(\sqrt{k_1} + \sqrt{k_2})$ unterscheiden.

Merksatz

Bei einer gemessenen Impulszahl k ist ein relativer Fehler von $1/\sqrt{k}$ zu erwarten. Soll der relative Fehler unter 1 % liegen, so müssen mehr als 10^4 Impulse gezählt werden. Die Dauer der Messung ist ohne Belang.

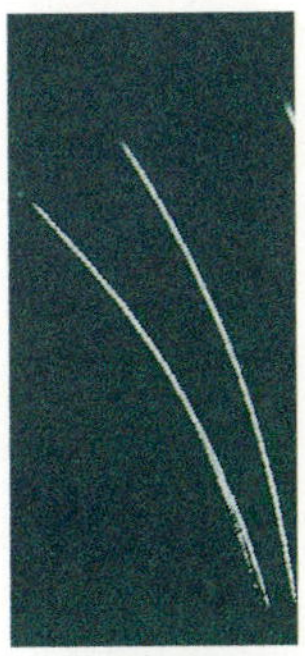

A1 Das nebenstehende Bild zeigt Spuren von α-Teilchen in einer Nebelkammer in einem Magnetfeld. Dessen Feldlinien weisen senkrecht in die Bildebene hinein. Die Teilchen starten am unteren rechten Bildrand. Analysieren Sie das Bild im Hinblick auf Eigenschaften der α-Teilchen.

A2 β-Teilchen, die von demselben Präparat, z. B. Sr-90, austreten, beschreiben im Vakuum in einem Magnetfeld, das senkrecht zu ihrer Bahn gerichtet ist, Kreise mit verschiedenen Radien. Werten Sie diese Beobachtung im Hinblick auf Eigenschaften der β-Teilchen aus.

A3 Trotz gleicher Anfangsenergie sind die Spuren der α-Teilchen in der Nebelkammer viel massiver als die der β-Teilchen. Erklären Sie!

A4 Vergleichen Sie die Nachweisgeräte Nebelkammer und Zählrohr! Nennen Sie Vor- und Nachteile.

A5 Beschreiben Sie eine Versuchsanordnung, mit der man die Wellenlänge einer γ-Strahlung messen kann, die etwa dieselbe Frequenz wie Röntgenstrahlung hat!

A6 **a)** Berechnen Sie den absoluten und den relativen Fehler bei einer Messung von 400 bzw. 40 000 Impulsen? **b)** Man findet bei einer Messung in 3 min 1605 Impulse. Bestimmen Sie die Zeit, in der der Messwert auf 1 % genau wäre.

A7 **a)** Man misst in 10 min 2520 Impulse; nach einer kleinen Änderung 2380 Impulse. Begründen Sie, ob eine signifikante Abschwächung eintrat. **b)** Bei 1 min misst man 253 bzw. 241 Impulse. Erklären Sie, ob dieser Unterschied signifikant ist.

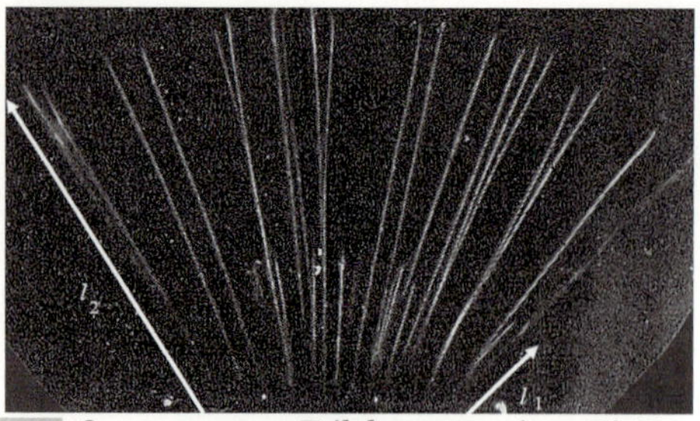

B1 Spuren von α-Teilchen aus einer Bi-212-Quelle in einer Nebelkammer. Man sieht Spuren der Länge l_1 und l_2.

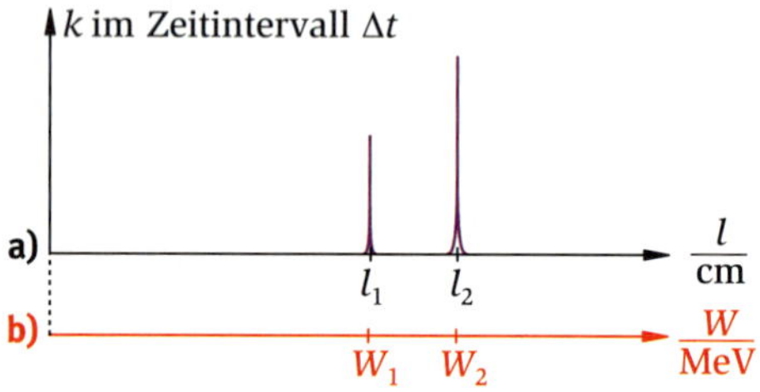

B2 **a)** In der Zeit Δt entstandene Zahl k der Spuren in **→ B1** sortiert nach ihrer Länge l bzw. der Energie W. **b)** Die l-Achse ist umgerechnet in eine Energieachse. k aufgetragen über W ergibt das Energiespektrum.

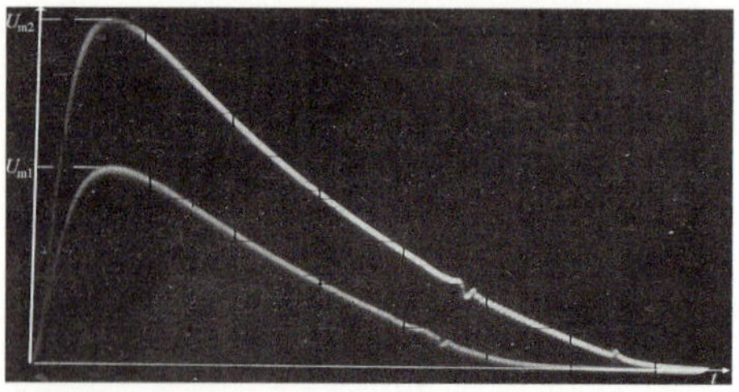

B3 Spannungsimpulse von α-Teilchen einer Bi-212-Quelle aufgenommen mit Halbleiterdetektor und Oszilloskop. Das Oszilloskop schreibt alle bei ihm ankommenden Spannungsimpulse von derselben Stelle aus. Man erkennt Impulse der Höhen U_{m1} bzw. U_{m2}.

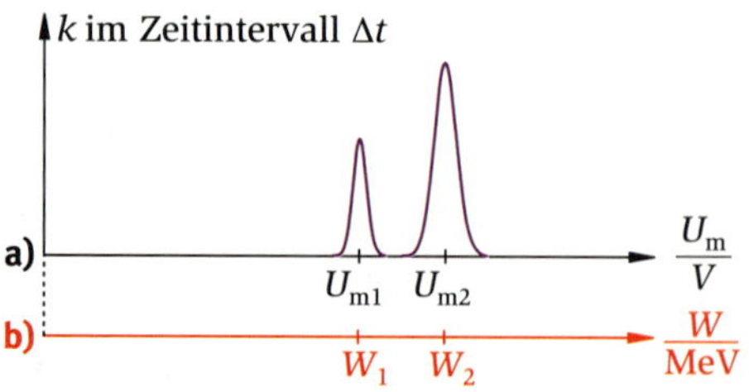

B4 **a)** Die Spannungsimpulse in **→ B3** sortiert nach ihrer Höhe U_m. k ist die Zahl der Impulse mit der Höhe U_m bzw. der Energie W in der Zeit Δt. **b)** Die U_m-Achse umgerechnet in eine Energieachse. k aufgetragen über W ergibt das Energiespektrum der α-Teilchen.

1. Nebelspuren verraten etwas über die Energie

In einer Nebelkammer kann man die Spuren von α-Teilchen sichtbar machen **→ B1**. Die α-Teilchen ionisieren auf ihrem Weg durch die Kammer Moleküle, die so Kondensationskeime für Wasserdampf werden. Es bilden sich Nebeltröpfchen, die die Spur der Teilchen verraten. Je länger die Spur eines α-Teilchens ist, umso energiereicher muss es gewesen sein, denn es konnte auf seinem Weg mehr Moleküle ionisieren. Die Länge der Spur ist die **Reichweite** des α-Teilchens in dem Gas, das sich in der Nebelkammer befindet. *Gleichlange Spuren gehören zu α-Teilchen gleicher Energie (genauer kinetische Energie).* In **→ B1** sieht man Spuren der Längen l_1 und l_2. Andere Spurenlängen sind nicht zu beobachten. Die benutzte Quelle Bi-212 sendet also α-Teilchen mit zwei Energien W_1 und W_2 aus.

2. Eine bequeme Energiemessung

Wir sortieren die Spuren der α-Teilchen von Bi-212 in der Nebelkammer **→ B1** nach ihrer Länge l und erhalten so das Stabdiagramm von **→ B2a**. Wegen des eindeutigen Zusammenhangs der Länge l der Spur mit der Energie W der α-Teilchen lässt sich die l-Achse in eine Energieachse umrechnen **→ B2b**. Damit erhalten wir ein Diagramm, das man **Energiespektrum** der α-Strahlung von Bi-212, oder kurz das **Alphaspektrum** von Bi-212, nennt.

Mithilfe eines Halbleiterdetektors **→ Vertiefung**, lässt sich ein Alphaspektrum einfacher gewinnen. Wird er von einem α-Teilchen der Energie W getroffen, erzeugt er am Ausgang einen Spannungsimpuls mit der Höhe U_m **→ Vertiefung, Bild b** und es gilt $U_m \sim W$. Um das Alphaspektrum zu gewinnen, muss man also die Impulse **→ B3** nach ihrer Höhe U_m sortieren. Man muss zählen, wie viel Impulse k mit einer bestimmten Höhe U_m in derselben Zeit Δt auftreten und diese Zahl k über U_m auftragen **→ B4a**. Man erhält ein Diagramm mit Linien einer gewissen Breite. Die Ursachen dafür liegen im Detail des Nachweisprozesses eines α-Teilchens im Detektor. Darauf gehen wir nicht ein. Rechnet man noch die U_m-Achse um in eine W-Achse – entsprechend der Umrechnung der l-Achse in eine W-Achse in **→ B2** – so erhält man das Alphaspektrum **→ B4b**.

Das Sortieren der Spannungsimpulse nach ihrer Höhe übernimmt sehr bequem ein **Impulshöhenanalysator** **→ Vertiefung**.

Merksatz

Mit einem Halbleiterdetektor und einem Impulshöhenanalysator kann man das Alphaspektrum einer α-Strahlung aufnehmen.

3. Energiespektren verschiedener α-Strahler

Die Alphaspektren von Am-241 und eines Ra-226 -Präparats, aufgenommen mit einem Halbleiterdetektor und einem angeschlossenen Impulshöhenanalysator zeigt **→ V1**. Man erkennt zunächst an den Linien („*Peaks*" genannt) in den Spektren, dass Am-241 α-Teilchen einer einzigen Energie aussendet und Ra-226 α-Teichen mit mindestens vier unterschiedlichen Energien. Im Spektrum von **→ V1c** sieht man zudem an dem hohen Peak bei 7,5 MeV, dass die energiereichsten α-Teilchen auch am häufigsten auftreten.

Aus Energiespektren lassen sich weitere physikalische Aussagen ableiten. So folgt aus der „schmalen“ Linie in **→ V1a**, dass α-Teilchen aus radioaktiven Nukliden eine diskrete, scharf bestimmte Energie in der Größenordnung MeV haben. Vergleicht man **→ V1a** mit **→ V1b**, so findet man zudem, dass α-Teilchen in der zur Abdeckung verwendeten Folie Energie verlieren und hinter der Folie – wie der verbreitete Peak zeigt – nicht mehr monoenergetisch sind, d. h. nicht mehr dieselbe Energie wie vor der Folie haben.

4. Die Reichweite von α-Strahlung

→ B5 zeigt die Reichweiten von α-Teilchen in Materie für einige Materialien als Funktion der Energie W_α. Insbesondere für den Strahlenschutz sind diese Daten wichtig. Da fast kein Nuklid α-Teilchen mit mehr als 10 MeV emittiert, folgt aus **→ B5**: Die Reichweite der α-Teilchen radioaktiver Nuklide ist in Luft kleiner als 10 cm und in fester Materie kleiner als 0,1 mm.

Merksatz

α-Teilchen, die von radioaktiven Nukliden ausgesandt werden, haben diskrete, scharfe Energien in der Größenordnung MeV.
Die Reichweite der α-Teilchen radioaktiver Nuklide ist in Luft kleiner als 10 cm und in fester Materie kleiner als 0,1 mm.

Vertiefung

Halbleiterdetektor und Impulshöhenanalysator

A. Ein **Halbleiterdetektor** ist im Prinzip eine in Sperrrichtung gepolte Halbleiterdiode. Tritt ein α-Teilchen in die an Ladungsträgern arme p-n-Schicht ein und erzeugt durch Ionisierungsprozesse Ladungsträger, so kommt es in den Zuleitungen zu einem Stromstoß ΔI. Er erzeugt am Widerstand R einen Spannungsimpuls, den ein Oszilloskop registriert. Bild (b) zeigt den zeitlichen Verlauf des Impulses. Dessen *Amplitude U_m ist ein Maß für die Energie W des α-Teilchens,* da die Zahl der in der p-n-Schicht erzeugten Ladungsträger und damit U_m proportional zu W ist.

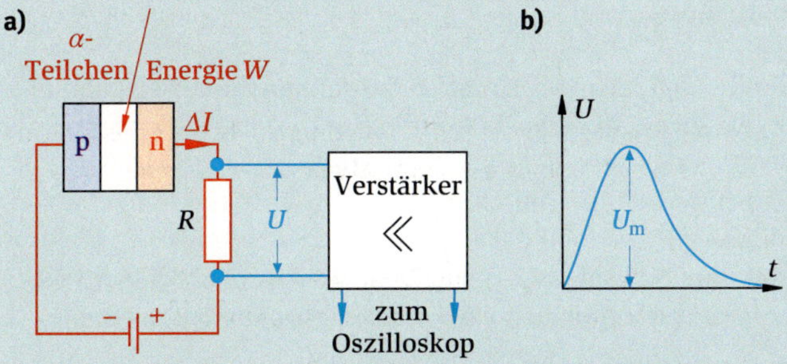

B. Ein **Impulshöhenanalysator** (statt des Oszilloskops an den Verstärker in **→ Bild a** angeschlossen) sortiert Spannungsimpulse nach ihrer Höhe. Er zählt in einer Zeit Δt die Anzahl k der Impulse mit einer Höhe zwischen U_m und $U_m + \Delta U$ (ΔU klein). Der Impulshöhenanalysator führt die Messung für die auftretenden Höhen $0 < U_m < U_{m.max}$ durch und trägt dann die Zahlen k über U_m auf. Eine Linie verrät α-Teilchen einer ganz bestimmten Energie **→ V1**. Kennt man die Energie eines α-Teilchens, lässt sich die U_m-Achse als W-Achse eichen.

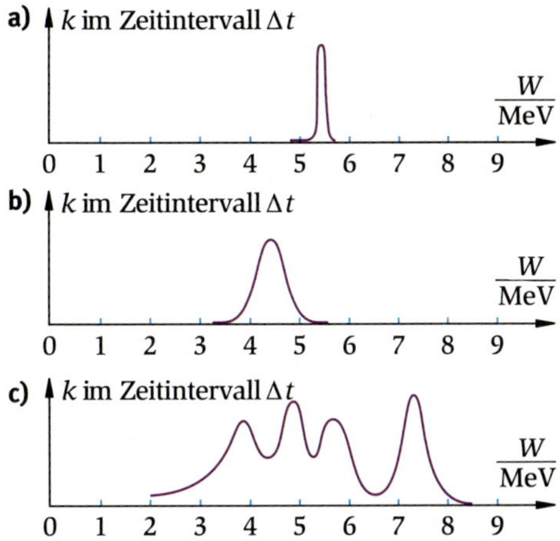

V1 Energiespektrum von α-Strahlern aufgenommen mit Halbleiterdetektor und angeschlossenem Impulshöhenanalysator. Quellen sind: **a)** Am-241, ein offenes nicht abgedecktes Präparat; **b)** ein mit einer dünnen Folie abgedecktes Am-241-Präparat; **c)** ein mit einer dünnen Folie abgedecktes Ra-226-Präparat.

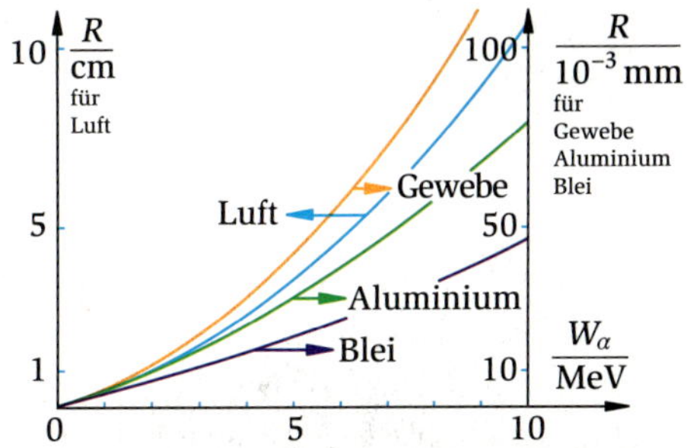

B5 Reichweite R von α-Teilchen in Materie für einige Materialien

A1 Berechnen Sie die Geschwindigkeit der α-Teilchen von Po-214 aus deren kinetische Energie $W = 7{,}7$ MeV.

A2 **a)** Skizzieren Sie qualitativ das Impulshöhenspektrum von Pb-212! Pb-212 sendet α-Teilchen der Energie 6,05 MeV, 6,09 MeV und 8,78 MeV aus, und zwar im Verhältnis 25 : 10 : 100 der Teilchenzahlen. **b)** Skizzieren Sie das Nebelkammerbild eines Pb-212-Präparats. Bestimmen Sie die Spurenlängen.

A3 **a)** Bestimmen Sie mithilfe von **→ B5** die Reichweite der α-Strahlung von Po-212 (8,79 MeV) und Po-210 (5,30 MeV) in Luft und Körpergewebe und **b)** die Energie dieser α-Strahlen in Luft 2 cm bevor die Teilchen dort zur Ruhe kommen. **c)** Bestimmen Sie die Dicke der empfindliche Schicht eines Si-Halbleiterdetektors, damit diese α-Teilchen dort vollständig stecken bleiben? Verwenden Sie die Kurve für Al in **→ B5**.

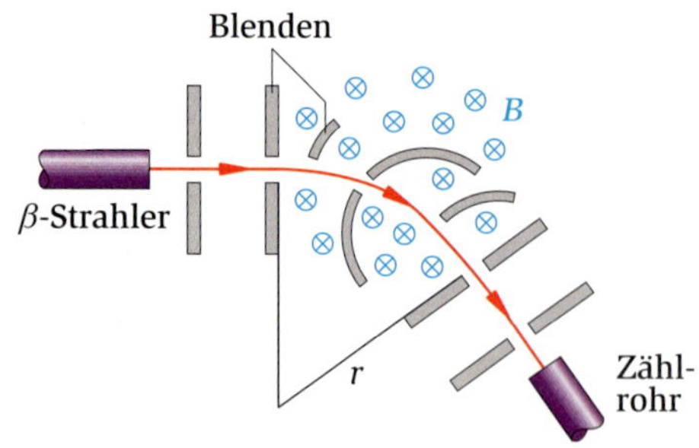

B1 Magnetisches β-Spektrometer: Die von einem β-Strahler ausgehenden Teilchen werden durch ein Magnetfeld abgelenkt. Das Zählrohr registriert nur solche β-Teilchen, die den durch Blenden festgesetzten Kreis mit dem Radius r (z. B. $r = 5$ cm) durchlaufen.

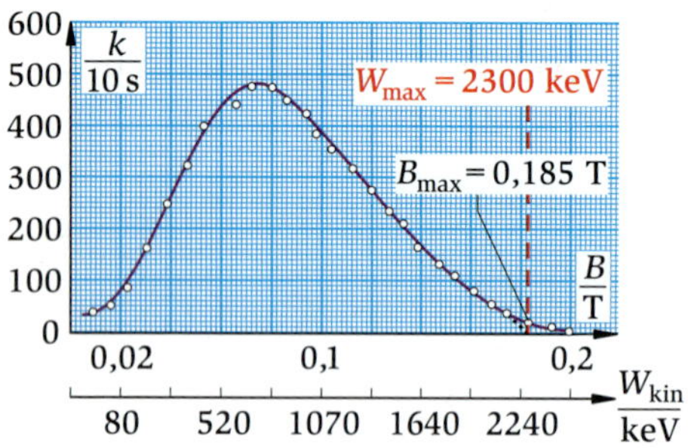

V1 **a)** Setzt man ein Präparat mit dem β-Strahler Sr-90 in das magnetische Spektrometer nach → **B1** ein und misst die Impulszahlen k – z. B. in der Zeit $\Delta t = 10$ s – als Funktion der magnetischen Flussdichte B, so erhält man das abgebildete Diagramm. Bei jedem Wert für B mit $0 < B < B_{max}$ mit $B_{max} = 0{,}185$ T gelangen β-Teilchen ins Zählrohr. **b)** Mithilfe des eindeutigen Zusammenhangs zwischen $(B \cdot r)$ und W_{kin} der β-Teilchen → **Vertiefung** wurde die B-Achse in eine Energieachse umgerechnet. k aufgetragen über W_{kin} ergibt das Energiespektrum der β-Teilchen von Sr-90.

V2 **a)** Man untersucht die von Na-22 ausgehende Strahlung. Ein Papier zwischen Präparat und Zählrohr ändert die Zählrate nicht. Dagegen verringert sie sich, wenn man ein 5 mm dickes Aluminiumblech verwendet. Na-22 sendet also γ-Strahlung aus und eine Strahlung, die in 5 mm Aluminium stecken bleibt. Sind es β-Teilchen? **b)** Man untersucht in einem Spektrometer nach → **B1** die Strahlung von Na-22. Dabei findet man aber außer dem γ-Untergrund bei derselben Magnetfeldpolung wie in → **V1** keine Zählrate. Polt man dagegen das Magnetfeld um, erhält man das vertraute β-Spektrum mit γ-Untergrund.

1. Energie der β-Teilchen

β-Teilchen lassen sich nur in *empfindlichen* Nebelkammern nachweisen, da sie pro cm-Wegstrecke viel weniger Moleküle ionisieren als α-Teilchen. Die Spuren der β-Teilchen sind deshalb auch viel dünner und enden meist erst an der Nebelkammerwand.

Aussagen über die Energie der β-Teilchen eines bestimmten Strahlers lassen sich besser mit **magnetischen β-Spektrometern** gewinnen → **B1**. Dessen β-Teilchen werden in einem Magnetfeld der Flussdichte B nacheinander auf einen Kreis mit dem festen Radius r gezwungen. Je größer die Energie der β-Teilchen ist, umso größer muss hierzu B sein. Die → **Vertiefung** zeigt, dass zwischen der kinetischen Energie W_{kin} der Elektronen und dem Produkt $B \cdot r$ ein eindeutiger Zusammenhang besteht. Hält man also r fest und ändert B, werden β-Teilchen mit einer anderen kinetischen Energie W_{kin} nachgewiesen. Man erhält so das **Energiespektrum** der Elektronen **(Betaspektrum)** des verwendeten β-Strahlers.

→ **V1a** und → **V1b** zeigen, dass das Betaspektrum von Sr-90 **kontinuierlich** ist, da β-Teilchen für alle Werte der magnetischen Flussdichte B zwischen null und B_{max}, bzw. zwischen null und W_{max}, registriert werden.

Da für $B > B_{max}$ keine Teilchen mehr ins Zählrohr gelangen, gibt es β-Teilchen mit Energien W_{kin} bis zu einer Maximalenergie W_{max}.

Für jeden β-Strahler erhält man ein kontinuierliches Energiespektrum. Die Maximalenergie W_{max} hat allerdings bei jedem β-Strahler einen anderen Wert. Dieser bewegt sich von etwa 10 keV (z. B. H-3: $W_{max} = 19$ keV) bis zu einigen MeV (z. B. He-6: $W_{max} = 3{,}5$ MeV).

Merksatz

Die β-Teilchen eines β-Strahlers besitzen ein kontinuierliches Energiespektrum mit einer Maximalenergie W_{max}.

2. Positronen

→ **V2a** zeigt, dass Na-22 neben γ-Strahlung auch Teilchen aussendet, die wie β-Teilchen in 5 mm Aluminium stecken bleiben. Nach → **V2b** sind diese Teilchen aber positiv geladen. Man nennt sie **Positronen** oder **β^+-Teilchen,** da sie – wie weitere Versuche zeigten – dieselbe Masse und denselben Betrag der Ladung wie Elektronen haben. Sie wurden 1932 von C. D. Anderson bei der Untersuchung der Höhenstrahlung gefunden → **Paarbildung und Zerstrahlung**.

Außer Na-22 kennt man heute viele Nuklide, die Positronen abstrahlen. Nach → **V2b** ist das Energiespektrum dieser β^+-Strahler (oder Positronenstrahler) ebenfalls kontinuierlich mit einer Maximalenergie W_{max}. Bei Na-22 ist $W_{max} = 0{,}54$ MeV.

Merksatz

β^+-Strahler senden Positronen aus. Diese haben dieselbe Masse und denselben Betrag der Ladung wie Elektronen, sind aber positiv geladen. Auch das Energiespektrum eines β^+-Strahlers ist kontinuierlich mit einer Maximalenergie W_{max}.

3. Reichweite von β-Strahlung in Materie

Trifft β-Strahlung auf Materie der Dicke d, so kann sie dünne Materieschichten (z. B. $d = 0{,}1$ mm) teilweise durchdringen. Mit zunehmender Dicke d bleiben aber immer mehr β-Teilchen stecken. Eine maximale Strecke R, **die Reichweite** der β-Strahlung in dieser Materie, überwinden aber keine β-Teilchen mehr. → **B2** zeigt für verschiedene Stoffe, auch für Luft, den Zusammenhang zwischen der Reichweite R und der Maximalenergie W_{max}. Er gilt auch für Positronen. Dem Bild entnehmen wir folgende Aussage über die Reichweite:

Merksatz

Die Reichweite von β-Teilchen und Positronen aus radioaktiven Nukliden kann in Luft bis zu einigen Metern, in fester Materie bis zu einigen Millimetern und in Körpergewebe bis zu einigen Zentimetern betragen.

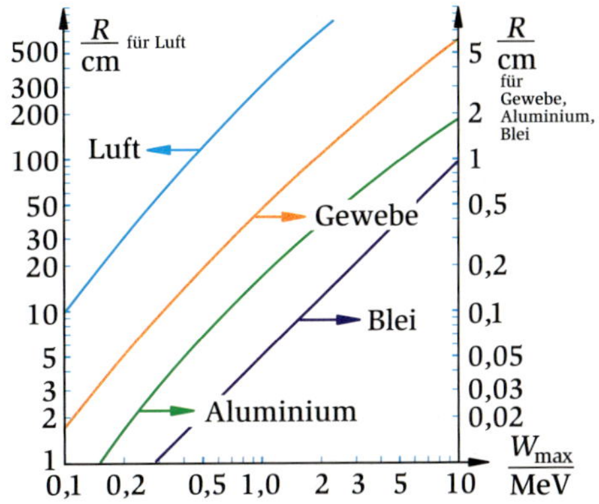

B2 Reichweite R von β-Strahlern in verschiedenen Materialien; W_{max}: Maximalenergie der β-Strahlung

Vertiefung

Mit β-Teilchen muss man relativistisch rechnen

a) Man bestimme die Geschwindigkeit v des Elektrons, wenn seine kinetische Energie W_{kin} bekannt ist.

Lösung:
Die kinetische Energie W_{kin} eines Elektrons ist der Überschuss seiner Gesamtenergie W über der Ruheenergie W_0:

$$W_{kin} = W - W_0 \text{ mit } W_0 = m_0 \cdot c^2 = 511 \text{ keV}.$$

In der Relativitätstheorie gilt:

$$W = m \cdot c^2;\ W_0 = m_0 \cdot c^2;\ m = m_0/\sqrt{1-(v/c)^2}.$$

Also ist:

$$W_{kin} = m \cdot c^2 - W_0 = W_0/\sqrt{1-(v/c)^2} - W_0.$$

Löst man diese Gleichung nach v auf, findet man:

$$v = c \cdot \sqrt{1 - 1/(1 + W_{kin}/W_0)^2}.$$

Beispiel: $W_{kin} = 2{,}27$ MeV ergibt $v = 0{,}983\,c$, d. h. $v \approx c$.

b) In → **V1** durchlaufen Elektronen infolge des Magnetfeldes der Flussdichte B einen Kreis (Radius r). Man ermittle die kinetische Energie W_{kin} der Elektronen.

Lösung:
Bewegt sich ein Elektron senkrecht zu einem Magnetfeld B, gilt: $e/m = v/(B \cdot r)$ und somit für den Impuls

$$p = m \cdot v = m \cdot e \cdot m^{-1} \cdot (B \cdot r) = e \cdot (B \cdot r). \quad (1)$$

Zusätzlich ist mit $m_0 = W_0/c^2$:

$$p = m \cdot v = \frac{m_0}{\sqrt{1 - v^2/c^2}} v = \frac{W_0}{\sqrt{1-v^2/c^2}} \cdot \frac{v}{c^2}.$$

Zudem gilt: $W = \dfrac{W_0}{\sqrt{1 - v^2/c^2}}$.

Durch Quadrieren und Subtrahieren folgt daraus:

$$W^2 - c^2 \cdot p^2 = W_0^2 \quad \text{oder} \quad W^2 = W_0^2 + (c \cdot p)^2.$$

Ersetzt man hier W durch $W_{kin} + W_0$ wird:

$$W_{kin} = \sqrt{W_0^2 + p^2 c^2} - W_0. \quad (2)$$

Aus (1) und (2) folgt:

$$W_{kin} = \sqrt{W_0^2 + e^2 c^2 (B r)^2} - W_0.$$

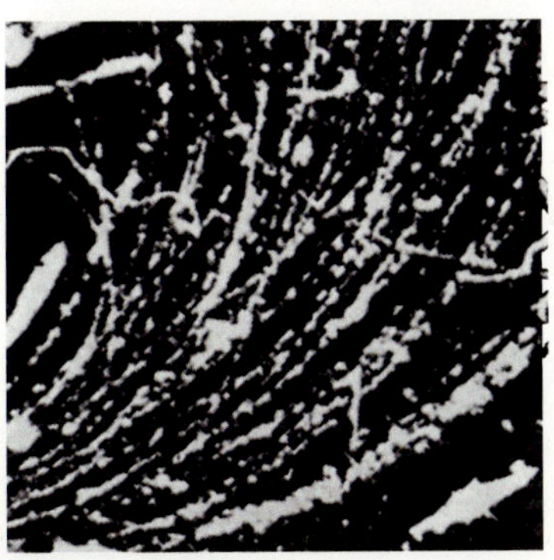

B3 Zu → **A1**

A1 → **B3** zeigt Spuren von β-Teilchen in einer Nebelkammer. Senkrecht zur Bildebene steht ein Magnetfeld. Die Teilchen starten aus einer Bi-210-Quelle am unteren Bildrand. **a)** Interpretieren Sie das Bild. **b)** Skizzieren Sie qualitativ das β-Spektrum von Bi-210 ($W_{max} = 1{,}16$ MeV).

A2 Bestimmen Sie die Reichweite der β-Strahlung eines Sr-90-Präparates ($W_{max} = 2{,}27$ MeV) in Luft, Gewebe, Aluminium, Blei.

A3 Bestimmen Sie Geschwindigkeit und Bewegungsenergie der β-Teilchen, die in → **V1** bei $B = 0{,}07$ T ins Zählrohr gelangen! Rechnen Sie zunächst nicht-relativistisch, dann relativistisch!

A4 **a)** Berechnen Sie die maximale Geschwindigkeit v_{max} sowie den zu W_{max} gehörigen (Br)-Wert der β-Teilchen von Tl-204 ($W_{max} = 0{,}766$ MeV).

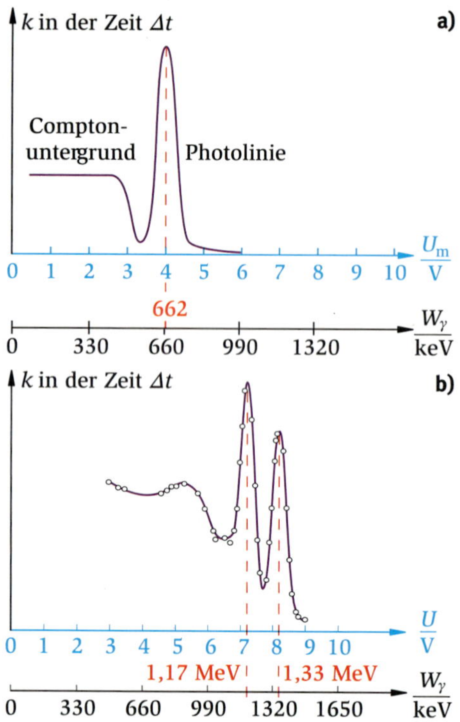

V1 Mit einem Szintillationszähler nimmt man das Gammaspektrum von **a)** Cs-137 und **b)** Co-60 auf. Bei Cs-137 beobachtet man eine Photolinie bei 662 keV und bei Co-60 zwei Photolinien bei 1,17 MeV bzw. 1,33 MeV.

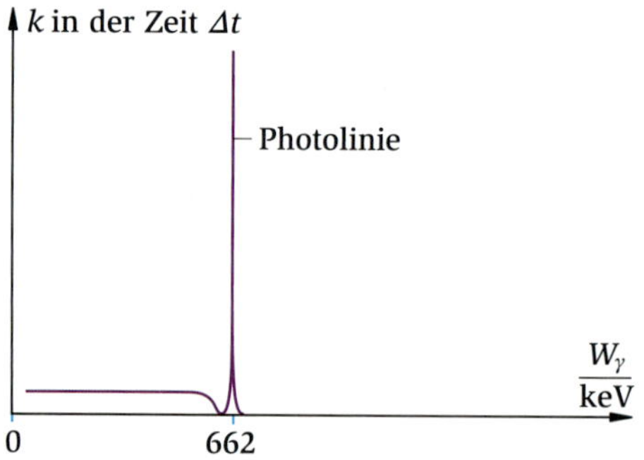

B1 Gammaspektrum von Cs-137, aufgenommen mit einem Germanium-Lithium-Halbleiterdetektor

1. Energie der γ-Strahlung

γ-Strahlung transportiert keine elektrische Ladung und wird deshalb weder in elektrischen noch magnetischen Feldern abgelenkt. Wie lässt sich dann die Energie ihrer Quanten bestimmen? Da es sich bei γ-Strahlung um elektromagnetische Strahlung handelt, kann man daran denken, die Wellenlänge λ und somit die Frequenz f mithilfe der braggschen Drehkristallmethode zu messen und dann mit $W = h \cdot f$ die Energie zu berechnen. Die Glanzwinkel, unter denen Interferenzmaxima auftreten, sind aber so klein → **A1**, dass diese Methode kaum zu verwenden ist. Deshalb hat man für die γ-Strahlung andere Energiemessverfahren entwickelt. Häufig verwendet man den **Szintillationszähler** → **Vertiefung**. Wie α-Teilchen in einem Halbleiterdetektor, so erzeugen dort γ-Quanten Spannungsimpulse, deren Höhe proportional zur Energie der γ-Quanten ist. Analysiert man mit einem Impulshöhenanalysators die von einer γ-Strahlung in einem Szintillationszähler erzeugten Spannungsimpulse, so erhält man das **Energiespektrum** der untersuchten γ-Strahlung. Man nennt es **Gammaspektrum.**

In → **V1a** wurde das Gammaspektrum von Cs-137 mit einem Szintillationszähler aufgenommen. Wie in der → **Vertiefung** begründet wird, besteht es aus einer *Photolinie* und dem *Comptonuntergrund*. Die eine Photolinie bedeutet, dass Cs-137 γ-Quanten mit einer *einzigen* Energie W aussendet. Diese Energie W wurde mit einem Messverfahren, das wir nicht besprechen, zu $W = 662$ keV bestimmt. Mit dieser Kenntnis wurde die Energieachse im Bild von → **V1** geeicht.

Das Gammaspektrum von Co-60 → **V1b** weist zwei Photolinien mit den Energien $W_1 = 1{,}17$ MeV und $W_2 = 1{,}33$ MeV auf. Co-60 sendet also zwei verschiedene Gammaquanten aus. Viele radioaktive Nuklide senden γ-Strahlung aus. Immer besteht das Gammaspektrum aus *einzelnen Linien*, die für das Nuklid charakteristisch sind. Deshalb kann man durch die Aufnahme des Gammaspektrums einer unbekannten Quelle erkennen, von welchem Nuklid die Strahlung stammt. Die breiten Linien bei Messungen mit Szintillationszählern sind apparativ bedingt. In Wirklichkeit sind die γ-Linien viel schärfer als die bisherigen Messungen vermuten lassen. Messungen mit einem Halbleiterdetektor, mit dem man γ-Strahlung nachweisen kann, dem **Germanium-Lithium-Halbleiterdetektor,** zeigen dies → **B1**, → **B2**.

Merksatz

Das Energiespektrum der γ-Strahlung radioaktiver Nuklide besteht aus einzelnen scharfen Linien.

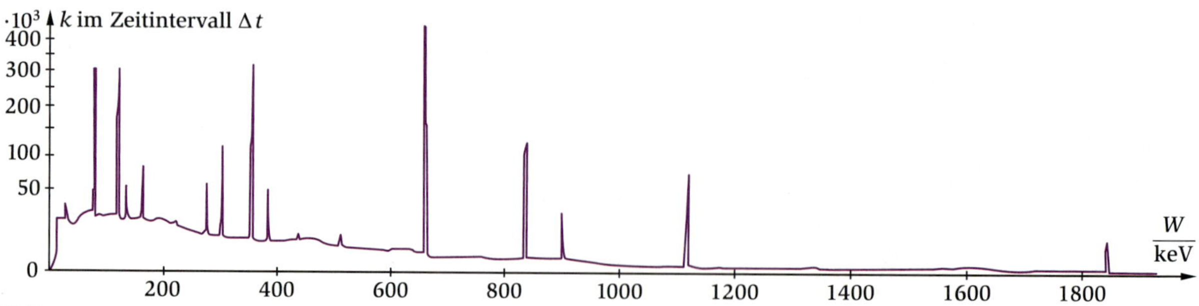

B2 Beispiel eines Gammaspektrums aufgenommen mit einem Germanium-Lithium-Halbleiterdetektor → **A4**

Vertiefung

Der Szintillationszähler

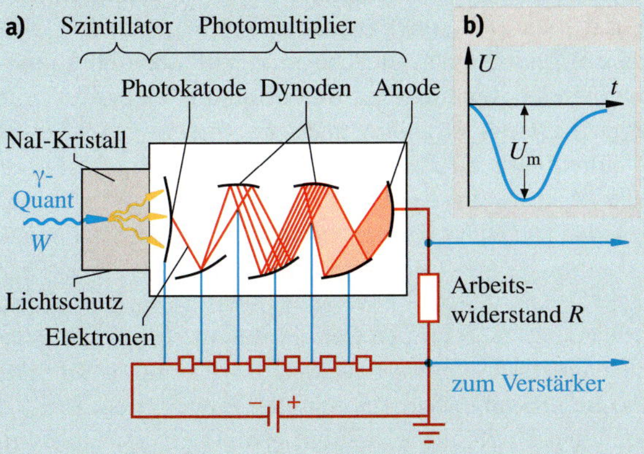

Wir beobachten mit dunkel adaptiertem Auge durch eine Lupe einen Zinksulfidschirm, in den Spuren von Radium eingelagert sind *(Spinthariskop)*. Wir sehen stochastisch verteilte Lichtblitze, die von den α-Teilchen aus Ra-226 verursacht werden. Ihre Energie wird in Licht umgesetzt.

Auf derselben Erscheinung beruht der **Szintillationszähler** ➜ **Bild a**. In seinem Kopf befindet sich ein *Natriumjodid-(NaJ-)Kristall.* Trifft ein γ-Quant auf diesen Kristall, so kann es dort einen Lichtblitz erzeugen. Dieser wird mit einem sehr lichtempfindlichen „Auge", einem *Fotomultiplier,* beobachtet. In der Fotokathode des Multipliers löst der Lichtblitz Elektronen aus, die durch eine angelegte Spannung zur ersten sogenannten *Dynode* beschleunigt werden. Die Oberfläche einer solchen Dynode gibt beim Auftreffen eines energiereichen Elektrons mehrere Sekundärelektronen ab. Diese werden zur nächstfolgenden Dynode mit immer höherem Potenzial beschleunigt. So verstärkt sich der an der Fotokatode ausgelöste Elektronenstrom etwa um einen Faktor 10^8.

Als Folge tritt am Widerstand R ein Spannungsimpuls auf ➜ **Bild b**. Je größer die Energie W eines γ-Quants ist, umso größer ist die Amplitude U_m des Spannungsimpulses, wenn jeweils die gesamte Energie W des γ-Quants im Kristall deponiert wurde. Wie Untersuchungen gezeigt haben, ist der Zusammenhang zwischen W und U_m linear.

Analysiert man deshalb mit einem Impulshöhenanalysator die von einer γ-Strahlung in einem Szintillationszähler erzeugten Spannungsimpulse, erhält man das **Energiespektrum** der γ-Strahlung. Leider ist die Analyse des Spektrums nicht ganz einfach. Die Ursache liegt in der Wechselwirkung eines γ-Quants mit dem NaJ-Kristall. Dieses kann nämlich im Kristall entweder einen *Fotoeffekt* oder einen *Compton-Effekt* auslösen. Beim Fotoeffekt gibt das γ-Quant seine gesamte Energie W an ein Elektron ab. Beim Compton-Effekt dagegen wird ein Elektron angestoßen und ein neues γ-Quant mit geringerer Energie fliegt weiter und kann den Kristall verlassen. Ein γ-Quant überträgt seine Energie also ganz (beim Fotoeffekt) oder teilweise (beim Compton-Effekt) auf ein Elektron. Dieses fliegt im Kristall weiter und gibt durch Ionisations- und Anregungsprozesse seine Energie ab. Dabei entsteht im NaJ-Kristall Licht.

Treffen viele *monoenergetische γ-Quanten* einer bestimmten Energie $W = h \cdot f$ auf den Kristall, so entstehen am Ausgang des Szintillationszählers Impulse mit *verschiedenen* Impulshöhen U_m. Das Impulshöhenspektrum besteht also aus einer *„Fotolinie"* und einem *„Compton-Untergrund"* ➜ **V1a**. γ-Quanten, die im Kristall einen Fotoeffekt auslösen, tragen zur Fotolinie bei, solche, die einen Compton-Effekt auslösen, zum Compton-Untergrund. Über die Energie der γ-Strahlung gibt primär die Fotolinie Auskunft.

A1 Berechnen Sie die Glanzwinkel 1. und 2. Ordnung der Bragg-Reflexion für einen NaCl-Kristall (d = 282 pm), wenn eine γ-Strahlung von 200 keV auf den Kristall trifft.

A2 Das untenstehende Bild zeigt das Energiespektrum der γ-Strahlung von Na-22 aufgenommen mit einem Szintillationszähler. Interpretieren Sie das Spektrum.

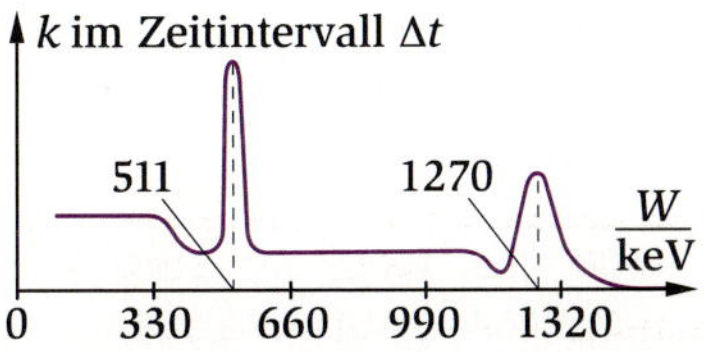

A3 Skizzieren Sie qualitativ, wie das Impulshöhenspektrum von Co-60 mit einem Germanium-Lithium-Halbleiterzähler aussehen könnte!

A4 Das Gammaspektrum in ➜ **B2** wurde mit einem Eichpräparat aufgenommen. Es enthielt: Mn-54 (835 keV), Co-57 (122, 136 KeV), Zn-65 (1115 keV), Sr-85 (514 keV), Y-88 (898, 1836 keV), Ba-133 (81, 276, 302, 356, 382 keV), Cs-137 (662 keV), Ce-139 (165 keV). Überprüfen Sie die Energieachse.

A5 Den Abfall des Compton-Untergrundes vor der Fotolinie nennt man Comptonkante. Ein γ-Quant der Energie W führe im NaJ-Kristall einen Compton-Effekt durch. Das Quant, das darauf den Kristall verlässt, habe die Energie W'. Es gilt: $1/W' - 1/W = (1 - \cos\beta)/W_0$ ($W_0 = m_0 \cdot c^2 = 511$ keV, β Streuwinkel). Der Rest der Energie $\Delta W = W - W'$ verbleibt im Kristall und trägt zum Compton-Untergrund bei. **a)** Bestätigen Sie die Gleichung mit der Formel für $\lambda' - \lambda$ beim Compton-Effekt. **b)** Zeigen Sie: Für $\beta = 180°$ wird ΔW am größten, und zwar $\Delta W = 2\,W^2/(W_0 + 2\,W)$. Dort ist die Comptonkante. **c)** Wo liegt die Comptonkante bei Cs-137?

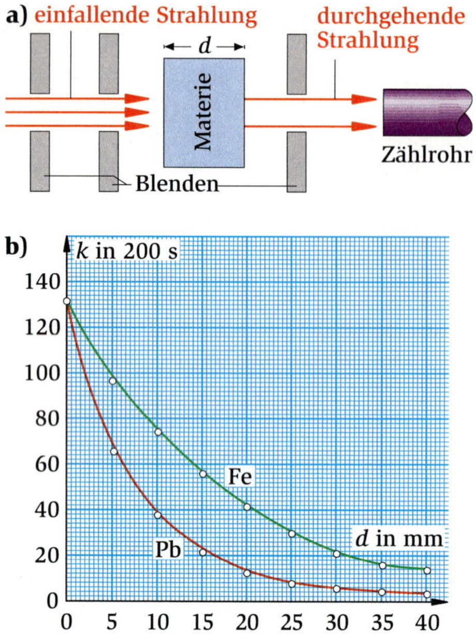

V1 Mit der Anordnung nach **(a)** wird die Absorption der γ-Strahlung von Cs-137 (W = 662 keV) in Blei bzw. Eisen gemessen. **(b)** zeigt das Ergebnis. Man liest die Halbwertsdicken für Blei $d_{1/2}$ = 6 mm und für Eisen $d_{1/2}$ = 12,5 mm ab.

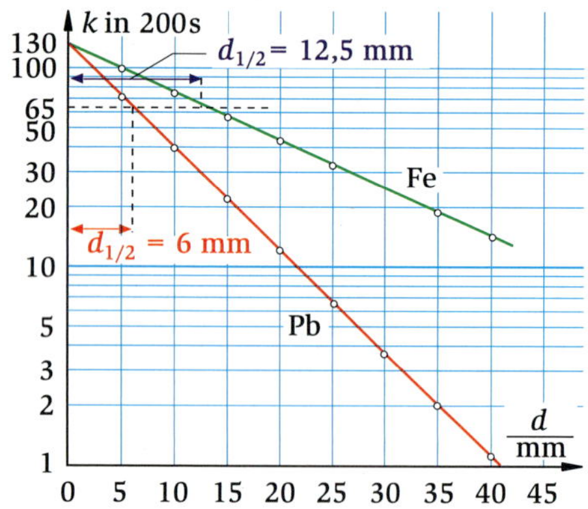

B1 Ergebnis von → **V1** anders dargestellt

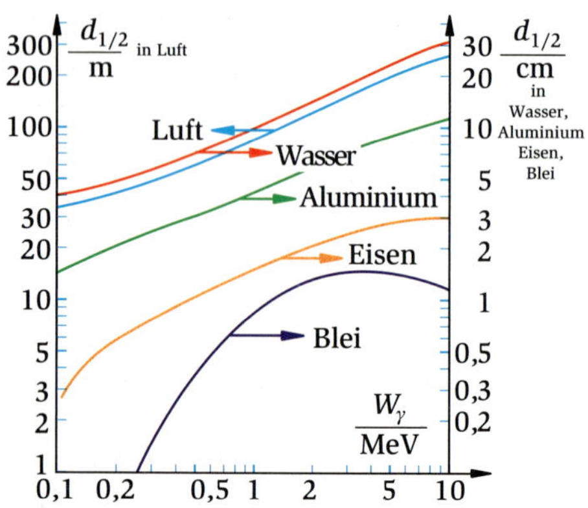

B2 Halbwertsdicken von γ-Strahlung

2. Absorption von γ-Strahlung in Materie

Wie verhält sich γ-Strahlung, wenn sie auf Materie trifft? → **V1** zeigt, wie die Intensität der γ-Strahlung von Cs-137 abnimmt, wenn sie auf Eisen oder Blei trifft. Die Strahlung wird zwar teilweise absorbiert, aber nach jeder Dicke d ist immer noch eine gewisse Zählrate vorhanden, die nicht auf Null absinkt. *Eine Reichweite der γ-Strahlung in Materie lässt sich also nicht angeben.* Gibt es aber vielleicht eine andere Größe mit der man die Absorption in einer bestimmten Materie erfassen kann? Als Funktion, die eine Messkurve in → **V1** beschreibt, vermuten wir eine Exponentialfunktion:

$$k(d) = k_0 e^{-\mu \cdot d} \text{ mit } k(0) = k_0. \qquad (1)$$

Deshalb tragen wir in → **B1** den Logarithmus $\ln k(d)$ der Messwerte $k(d)$ über d auf. Da wir Geraden erhalten, wird unsere Vermutung bestätigt. Logarithmieren wir nämlich (1), so ergibt sich:

$$y(d) = \ln k(d) = \ln k_0 - \mu \cdot d.$$

$y(d)$ ist eine Gerade mit der Steigung $m = -\mu$.
Da $k(d)$ exponentiell verläuft, lässt sich eine **Halbwertsdicke** $d_{1/2}$ angeben, nach der die Zählrate auf die Hälfte des Anfangswerts gesunken ist, gleichgültig von welchem Wert k_0 man ausgeht. Aus der Beziehung

$$k(d_{1/2}) = k_0 e^{-\mu \cdot d_{1/2}} \quad \text{folgt:} \quad \mu \cdot d_{1/2} = \ln 2.$$

Gleichung (1) lautet also: $k(d) = k_0 e^{-\frac{\ln 2}{d_{1/2}} \cdot d}$.

→ **B2** zeigt $d_{1/2}$ für einige Materialien als Funktion der Energie W der γ-Quanten. Daraus liest man ab: *Blei hat eine relativ kleine Halbwertsdicke und schwächt deshalb die γ-Strahlung – und damit auch Röntgenstrahlung – besonders stark.*

Merksatz

Die Abschwächung von γ-Strahlung durch Materie erfolgt nach einem Exponentialgesetz. Eine Reichweite von γ-Strahlung in Materie kann man nicht angeben, dafür eine Halbwertsdicke $d_{1/2}$. Blei schwächt γ-Strahlung besonders stark.

3. Ursachen der Absorption von γ-Strahlung

Photonen wechselwirken im Wesentlichen über drei Prozesse mit Materie, die wir kennen bzw. noch kennenlernen werden:

- *dem Fotoeffekt:* Das γ-Quant überträgt seine Energie auf ein gebundenes Elektron und verschwindet.
- oder *dem Compton-Effekt:* Ein Teil der Energie des γ-Quants wird auf ein Elektron übertragen; den Rest der Energie nimmt ein energieärmeres Photon mit, welches in eine andere Richtung fliegt.
- oder der *Paarbildung:* Im Feld eines Atomkerns kann sich das γ-Quant, wenn es mehr als 1,02 MeV Energie hat, in ein Positron und ein Elektron materialisieren → **Paarbildung und Zerstrahlung**.

In der → **Vertiefung** wird gezeigt, wie auf Grund dieser Prozesse der exponentielle Abfall der Absorptionskurve zustande kommt.

Merksatz

γ-Strahlung wechselwirkt mit Materie durch Fotoeffekt oder Compton-Effekt oder Paarbildung.

Vertiefung

Absorption und Wahrscheinlichkeit

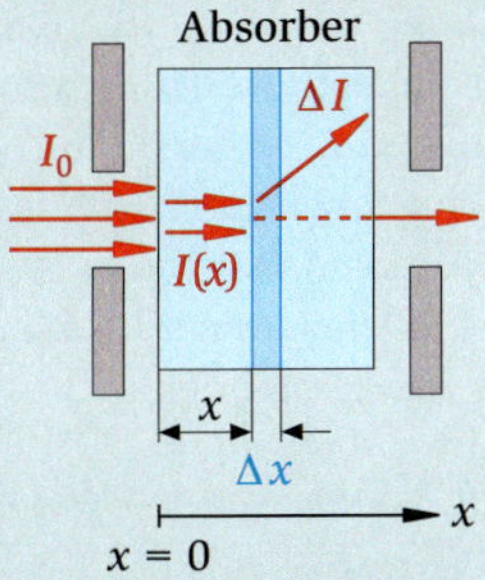

Betrachten wir zur Erklärung des exponentiellen Verlaufs der Absorptionskurven in → **V1** das nebenstehende Bild: Eine monochromatische γ-Strahlung (die γ-Quanten haben alle dieselbe Energie) tritt an der Stelle $x = 0$ mit der Intensität I_0 (d.h. mit einer bestimmten Anzahl von Quanten in der Zeit Δt) in die Materie ein. Sie hat nach der Strecke x noch die Intensität $I(x)$ und fällt damit auf die in Gedanken herausgegriffene dünne Schicht der Dicke $\Delta x = x_2 - x_1$ ein. Darin führt ein im Vergleich zu $I(x)$ kleiner Anteil $\Delta I = I(x_2) - I(x_1)$ der Photonen einen der in → **Ziff. 3** genannten Prozesse durch und *scheidet damit aus dem Strahl ganz aus.* Hinter der Schicht bleibt ein homogenes Ensemble monochromatischer γ-Quanten übrig.

Wegen des stochastischen Verhaltens werden bei doppelter Intensität $I(x)$ etwa doppelt so viele γ-Quanten in einen der Prozesse verwickelt. Demnach ist auch die Abnahme ΔI der Intensität doppelt so groß. Dasselbe gilt, wenn man die Schichtdicke Δx verdoppelt. Es folgt:

$$\Delta I \sim I(x) \cdot \Delta x \text{ oder } \Delta I = -\mu \cdot I(x) \cdot \Delta x$$
$$\text{mit } \mu > 0 \text{ und } \Delta I < 0.$$

Die Gleichung gilt an allen Stellen x innerhalb des Körpers mit dem gleichen Faktor μ. Dividieren wir die Gleichung durch Δx und lassen $\Delta x \to 0$ gehen, so ergibt sich die Differenzialgleichung: $I'(x) = -\mu \cdot I(x)$. Mit $I(0) = I_0$ hat sie die Lösung:

$$I(x) = I_0 \cdot e^{-\mu \cdot x}.$$

Für $x = d$ ist dies das uns bekannte Absorptionsgesetz. Der exponentielle Abfall folgt also alleine aus der *stochastischen* Wechselwirkung der γ-Quanten mit den Atomen (also der *Wahrscheinlichkeit*, mit der sie wechselwirken) ab.

A1 **a)** Bestimmen Sie die Halbwertsdicke $d_{1/2}$ der γ-Strahlung von Na-22 ($W = 1{,}27$ MeV) bei der Absorption in Wasser, Eisen und Blei. **b)** Berechnen Sie den Bruchteil der γ-Strahlung ($W = 1$ MeV), die eine Schicht von 1 cm bzw. 10 cm in Wasser, Eisen und Blei durchdringt.

A2 **a)** γ-Strahlung wird in Luft sehr wenig absorbiert. Entfernt man aber ein Zählrohr von einem punktförmigen γ-Strahler, der seine Strahlung in alle Raumrichtungen gleichmäßig emittiert (man sagt, die Strahlung ist *isotrop*), so nimmt die Zählrate mit $1/r^2$ ab, (r: Abstand Präparat – Zählrohr). Erklären Sie dies. **b)** Ob bei einer derartigen Messung die Zählrate n mit $1/r^2$ abnimmt, erkennt man am besten, wenn man $\lg n$ über $\lg r$ aufträgt. Begründen Sie dies. **c)** Man verwendet einen β-Strahler. Erläutern Sie, wie jetzt n mit r abnimmt und begründen Sie Ihre Aussage.

A3 Bei einem Absorptionsversuch mit γ-Strahlung von Cs-137 findet man hinter einer 2 cm bzw. 5 cm dicken Schicht aus demselben Material eine Zählrate von 2137/min bzw. 1277/min (Nulleffekt: 160 Impulse in 10 min). **a)** Ermitteln Sie das Material. **b)** Bestimmen Sie die Zählrate ohne Absorptionsmaterial. **c)** Berechnen Sie die Materialdicke d, die noch 5 % der γ-Quanten durchdringen.

A4 **a)** → **V1** wird mit Blei als Absorber und Co-60 als γ-Strahler durchgeführt. Für jeweils $k = 1000$ Impulse misst man folgende Zeiten:

d in mm	4	8	12	16	20
t in s	45	61	71	85	110
d in mm	25	30	35	40	50
t in s	158	199	265	335	542

Der Nulleffekt n_0 ist noch nicht abgezogen; er beträgt 1000 Impulse in 53 min. **a)** Begründen Sie, warum bei jeder Messung gleich viele Impulse gezählt wurden. **b)** Werten Sie die Messung grafisch aus, indem Sie für jede Dicke d die Zählrate $(n - n_0)$ bilden und $\ln(n - n_0)$ über d auftragen! Sie können bei der Auswertung auch ein Tabellenkalkulationsprogramm verwenden Bestimmen Sie die Halbwertsdicke $d_{1/2}$. **c)** Bestimmen Sie die Zählrate n_0, die man ohne Blei misst. **d)** Ermitteln Sie mit → **B2** aus $d_{1/2}$ die Energie der γ-Quanten von Co-60.

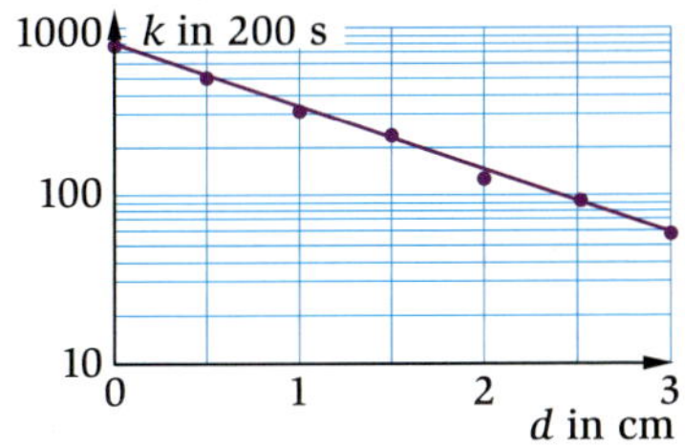

A5 Ein radioaktives Nuklid sendet γ-Strahlung einer einzigen Energie aus. Misst man die Absorption der γ-Strahlung dieses Nuklids in Blei, erhält man obige Messkurve. **a)** Beschreiben Sie kurz die drei physikalischen Prozesse, die bei der Wechselwirkung von γ-Strahlung mit Materie auftreten. **b)** Die Darstellung der Absorptionsmessergebnisse auf einfach logarithmischem Papier ergibt eine Gerade. Zeigen Sie, dass dies auf ein exponentielles Absorptionsgesetz schließen lässt! **c)** Skizzieren Sie den Aufbaue eines Versuchs, mit dem die obige Messkurve aufgenommen werden kann. **d)** Bestimmen Sie die Halbwertsdicke der γ-Strahlung. **e)** Bestimmen Sie die Energie der γ-Strahlung des unbekannten Nuklids. **f)** Finden Sie mit einer Internetrecherche heraus, um welches Nuklid es sich handelt.

Paarbildung und Zerstrahlung

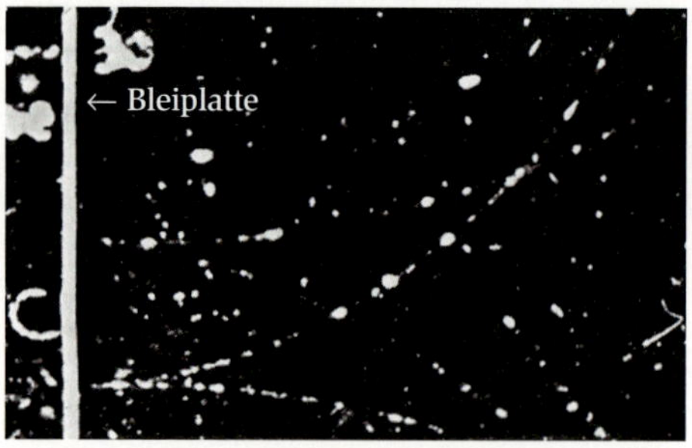

B1 Nebelkammeraufnahme einer Paarbildung aus einem γ-Quant, das von links kommend auf eine Bleiplatte trifft. Senkrecht zur Bildebene steht ein Magnetfeld.

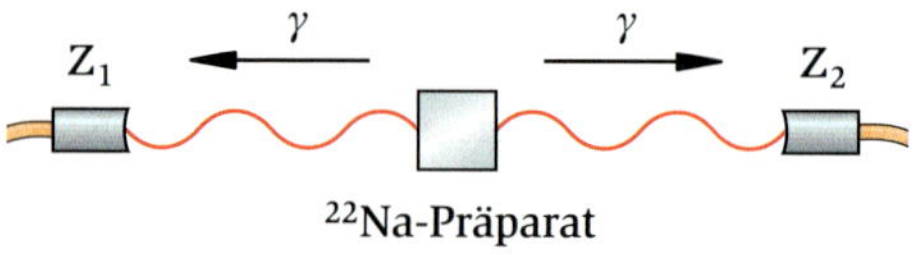

B2 Aus einem ^{22}Na-Präparat fliegen gleichzeitig zwei γ-Quanten in entgegengesetzter Richtung weg.

Vertiefung

Ruhemasse des Photons

Ein Elektron mit *Ruhemasse* m_0 fliegt an einem Beobachter mit der Geschwindigkeit v vorbei. Er misst die größere Masse $m > m_0$:

$$m = \frac{m_0}{\sqrt{1-(v/c)^2}}$$

Photonen dagegen fliegen stets mit $v = c$. Hätten sie die Ruhemasse $m_0 > 0$, so müssten wir ihnen nach der genannten Beziehung zwischen m und m_0 die Masse $m \to \infty$ zuschreiben. *Die Ruhemasse des Photons ist also* $m_0 = 0$.

Experimentell hat man mehrfach versucht, die Ruhemasse der Photonen zu messen. Wenn die Photonen nämlich eine von Null verschiedene Ruhemasse besäßen, hätte dies weitreichende Konsequenzen. Dann hinge z. B. die Vakuumlichtgeschwindigkeit von der Frequenz ab oder das Coulombgesetz müsste geändert werden. 2003 haben Präzisionsmessungen chinesischer Wissenschaftler ergeben, dass die Ruhemasse des Photons kleiner als $1{,}2 \cdot 10^{-54}$ kg sein muss. Die Ruhemasse des Photons ist also $m_0 = 0$! Die Relativitätstheorie ist nicht zu revidieren!

1. Paarbildung: Materie (Ruhemasse) entsteht aus Energie

Nach → **B1** treffen energiereiche Quanten eines radioaktiven γ-Strahlers eine Bleiplatte von links. Sie hinterlassen in der Nebelkammer keine Spur. Nach rechts laufen von der Bleiplatte zwei Spuren weg. Diese sind infolge des Magnetfeldes entgegengesetzt gekrümmt, gehören also zu zwei entgegengesetzt geladenen Teilchen. Man fand, dass die Spuren von einem Elektron e^- und einem Positron e^+ stammen. Aus einem γ-Quant muss also in der Bleiplatte ein **Elektron-Positron-Paar** entstanden sein.

Das γ-Quant hat die Energie $W = h \cdot f$ und die Masse $m = hf/c^2$ nur „im Flug"; seine Ruhemasse ist $m_0 = 0$ → **Vertiefung**. Aus der Energie $h \cdot f$ entstanden bei dieser **Paarbildung** zwei Teilchen, jedes mit der Ruhemasse $m_e > 0$, äquivalent zur Energie $W_e = 2 m_e c^2$.

2. Teilchen entstehen und vergehen, die Erhaltungssätze bleiben bestehen!

a) Bei dieser *Paarbildung* geht die meiste Energie $W = h \cdot f$ eines γ-Quants über in die Energiesumme W_e beider Ruhemassen $m_e = 9{,}1 \cdot 10^{-31}$ kg von Elektron und Positron:

$$W_e = 2 m_e c^2 = 2 \cdot 9{,}1 \cdot 10^{-31}\,\text{kg} \cdot 9 \cdot 10^{16}\,\text{m}^2\text{s}^{-2} = 1{,}02\,\text{MeV}. \quad (1)$$

Der Rest ist kinetische Energie $W_{kin} \geq 0$ von beiden wegfliegenden Teilchen zusammen. Die *Energiebilanz* lautet:

$$h \cdot f = 2 m_e c^2 + W_{kin} \geq 2 m_e \cdot c^2. \quad (2)$$

Quanten mit der Energie $h \cdot f < 2 m_e \cdot c^2 = 1{,}02$ MeV können folglich aufgrund des Energieerhaltungssatzes kein Elektron-Positron-Paar erzeugen; W_{kin} wäre negativ, was klassisch gesehen unmöglich ist.

b) Auch die *Ladungsbilanz* ist erfüllt: Die Ladung $q = 0$ des Quants geht über in die Ladungssumme $-e + e = 0$ des Paares. Paarbildung ändert die Gesamtladung der Welt nicht.

c) Bei der Paarerzeugung in → **B1** starten Elektron und Positron in derselben Richtung nach rechts. Ihre Impulse sind also gleichgerichtet; man kann die Beiträge addieren. Für die Summe p_s gilt mit $v < c$:

$$p_s = m_e \cdot v_{e^-} + m_e \cdot v_{e^+} < 2 m_e c. \quad (3)$$

Dividiert man Gl. (2) durch c, so findet man aus Gl. (2) und (3) mit $W_{kin} > 0$ für p_s:

$$p_s < 2 m_e c \leq \frac{h \cdot f}{c}.$$

Diese Impulssumme p_s für Elektron und Positron zusammen ist also kleiner als der Impuls $p = hf/c$ des sie erzeugenden Quants. Um den *Impulssatz* zu erfüllen, musste das Quant Impuls an ein Bleiatom in → **B1** abgeben. Ohne einen solchen Stoßpartner, also im Vakuum, ist Paarbildung unmöglich.

Bei der Paarbildung entstehen also aus einem γ-Quant unter Wahrung der Erhaltungssätze für Energie, Impuls und Ladung zwei neue Teilchen, eine Elektron und eine Positron!

3. Die Paarbildung ist umkehrbar – Zerstrahlung

^{22}Na sendet als β^+-Strahler schnelle Positronen aus. Treffen diese auf Materie, so werden sie abgebremst und bleiben dort stecken, wenn die Materie genügend dick ist. Zur Ruhe gekommen reagiert dann jedes Positron e^+ mit einem Elektron e^-. Dabei verschwinden beide und bilden Photonen. Bei dieser **Zerstrahlung** geht die Ruhemasse $2m_e = 18{,}2 \cdot 10^{-31}$ kg in die Energie $W_e = 2m_e \cdot c^2 = 1{,}02$ MeV der Photonen über. Negative und positive Ladung von Elektron und Positron ergeben die Ladung null: $-e + e = 0$.

Entstünde bei dieser Zerstrahlung nur *ein* Photon, so müsste es den Impuls $p = W_e/c = 0{,}55 \cdot 10^{-21}$ Ns haben. Die abgebremsten Teilchen hatten aber vor der Zerstrahlung keinen Impuls. Die Natur rettet die Erhaltung des Impulsvektors mit einem „Trick": Es fliegen meist zwei Photonen nach entgegengesetzten Richtungen so weg, dass die Vektorsumme der Impulse null bleibt. Zwei einander gegenüberliegende Zählrohre registrieren gleichzeitig je ein γ-Quant → B2. Es können aber auch mehr als zwei Photonen entstehen → A2.

Diese Umwandlungen von Ruhemasse in die Energie eines Quants und umgekehrt bestätigen experimentell die Äquivalenz von Energie und Masse. Sie zählen zu den wichtigsten Ergebnissen der Elementarteilchenphysik. Auch zeigen diese, dass es zu jedem Teilchen ein **Antiteilchen** gibt, z. B. zum Proton das Antiproton.

Man kann Atome aus Antiprotonen und Positronen herstellen und sich **Antimaterie** aus solchen Atomen denken. Käme sie mit unserer „normalen" Materie in Berührung, so würden beide in einer ungeheuren Zerstrahlungskatastrophe verschwinden. Doch findet man im Weltall keine Sterne oder Galaxien aus Antimaterie. Am Licht kann man Antimaterie nicht erkennen; Materie wie Antimaterie senden die gleichen Photonen aus, das Photon ist zugleich sein Antiteilchen.

Merksatz

Ein *Photon* kann in der Nähe eines Atomkerns verschwinden, wenn seine Energie $W = hf > 1{,}02$ MeV ist. Daraus bildet sich ein *Elektron-Positron-Paar* mit einer Ruhemasse, die der Energie 1,02 MeV äquivalent ist. Bei dieser **Paarbildung** gibt die restliche Photonenenergie dem Paar seine kinetische Energie.
Ein *Positron* kann zusammen mit einem *Elektron* **zerstrahlen.** Dabei bilden sich mindestens zwei Photonen.
Bei beiden Umwandlungen gelten die Erhaltungssätze für Energie, Impuls und Ladung.

A1 Ein γ-Quant mit der Energie 1,04 MeV erzeugt in Blei ein e^-/e^+-Paar. Berechnen Sie die kinetische Energie und den Impuls von Elektron und Positron zusammen, wenn sie gleiche Geschwindigkeit $\vec{v}$ haben. Berechnen Sie den Impuls, den der Bleikern aufnimmt.

A2 Begründen Sie, dass aufgrund der Erhaltungssätze für Energie, Impuls und Ladung ein Elektron und ein Positron auch in drei γ-Quanten zerfallen können.

A3 Das γ-Spektrum jedes β^+-Strahlers enthält immer eine Linie bei 511 keV. Erklären Sie!

A4 Die γ-Strahlung von Tl-208 trifft mit 2,614 MeV auf eine dünne Bleiplatte in einer Nebelkammer, die sich in einem homogenen Magnetfeld der Flußdichte B befindet. Die γ-Strahlung wird materialisiert und es bildet sich ein Elektron-Positron-Paar (vgl. Skizze; die nicht sichtbare Bahn des γ-Quants ist gestrichelt gezeichnet). **a)** Bestimmen Sie die Bahn, die zum Positron gehört. **b)** Begründen Sie, warum Elektron und Positron gleiche kinetische Energie haben! **c)** Leiten Sie die Beziehung zwischen der Flußdichte B, dem Kreisradius r, der Energie W, der Ruheenergie W_0 und der Ladung q eines Teilchens her. Rechnen Sie relativistisch. **d)** Begründen Sie rechnerisch, warum zu dieser Paarbildung ein Bleiatom notwendig ist. **e)** Berechnen Sie die kinetische Energie, die das Bleiatom erhält. **f)** Erläutern Sie, ob bei einer Paarbildung Elektron und Positron auch verschiedene kinetische Energie erhalten können. **g)** Erläutern Sie, ob Positron und Elektron in → B1 dieselbe kinetische Energie haben oder nicht!

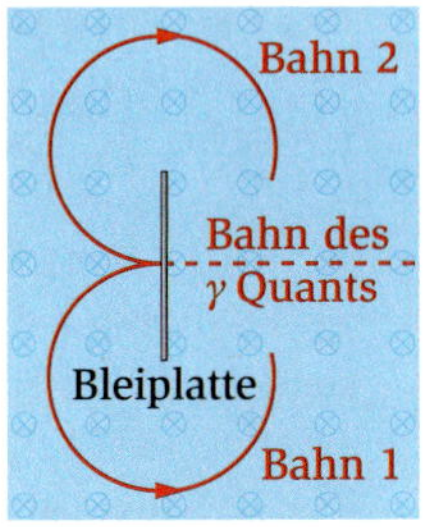

A5 Berechnen Sie die Energie (in MeV), die mindestens notwendig ist, damit ein Proton-Antiproton-Paar (Masse je $m = 1{,}67 \cdot 10^{-27}$ kg) erzeugt werden kann.

Interessantes

Die Entdeckung des Positrons

Das Positron entdeckte C. D. ANDERSON 1932 beim Untersuchen der Höhenstrahlung mit einer Nebelkammer. Dabei glückte ihm der Nachweis, dass eine Bahnspur von einem positiv geladenen Elektron herrührt. Hierzu verwendete er eine 6 mm dicke Bleiplatte, um die Flugrichtung des energiereichen Teilchens ($W = 62$ MeV!) festzulegen. Der Energieverlust des Teilchens beim Durchdringen der Platte änderte den Bahnradius. Flugrichtung und Richtung des Magnetfeldes erlaubten, die positiven Ladung des Teilchens zu bestimmen, dessen Spur sonst wie die eines Elektrons aussah.

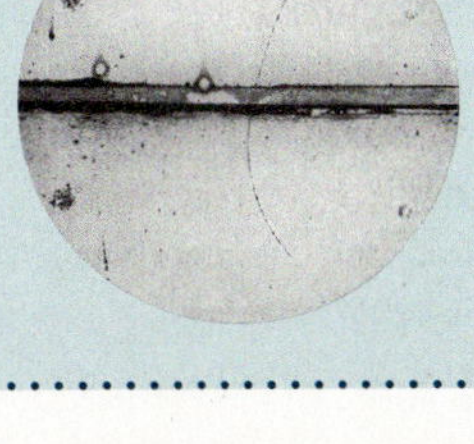

Halbwertszeit

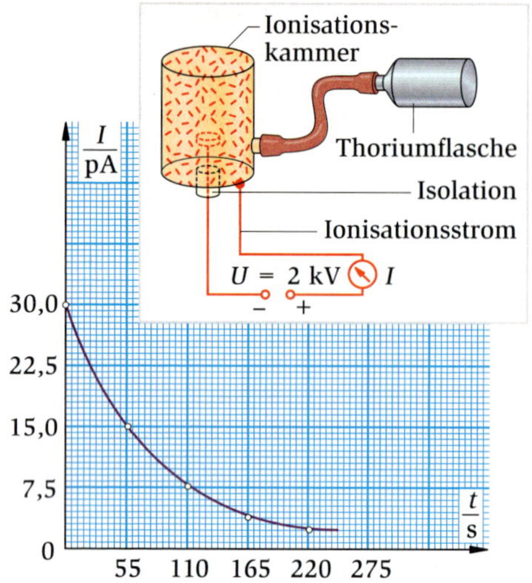

V1 Eine Ionisationskammer besteht aus zwei gegeneinander isolierten Metallkörpern, zwischen denen eine Gleichspannung (2 kV) liegt. Werden in der Kammer Luftmoleküle durch Strahlung ionisiert, so wird die Luft leitend. In den Zuleitungen registriert ein empfindliches Messgerät einen Strom.

a) Man bläst in eine Ionisationskammer Luft aus einem Gefäß, das eine kleine Menge einer Thoriumverbindung enthält. Das Messgerät zeigt Strom an. Zusammen mit der Luft ist also ein radioaktiver Stoff in die Kammer gelangt: Es handelt sich um das Isotop Rn-220 des Edelgases Radon, das α-Strahlen aussendet. Je mehr Kerne Rn-220 in der Sekunde zerfallen, desto mehr α-Teilchen treten auf und umso größer ist die Stromstärke I. *I ist also ein Maß für die Zahl der in 1 s zerfallenden Kerne.* Wegen der zufallsbedingt auftretenden α-Zerfälle schwankt die Anzeige des Messgerätes.

b) Bläst man radonhaltige Luft mehrfach hintereinander in die Kammer, so steigt die Stromstärke mit jedem Gasstoß an. Ist nämlich die Zahl der radioaktiven Kerne n-mal so groß, so zerfallen n-mal so viele Kerne in 1 s und die Stromstärke I ist n-fach. *I ist also auch ein Maß für die Zahl der unzerfallenen Kerne in der Kammer.*

c) Gibt man kein weiteres Radon in die Kammer, so bleibt die Stromstärke nicht konstant, sondern fällt jeweils in 55 s auf die Hälfte ab. Also wird auch die Zahl der Kerne, die je Sekunde zerfallen, im Rahmen der zufallsbedingten Schwankungen halbiert. Folglich ist nach jeweils 55 s die Zahl der insgesamt noch vorhandenen Rn-220-Kerne ebenfalls auf die Hälfte der anfangs bestehenden gesunken. Ihre Zahl nimmt *exponentiell* ab.

1. Gemeinsamkeiten radioaktiver Nuklide

Da die Strahlung radioaktiver Stoffe aus Atomkernen kommt, müssen sich diese durch die Aussendung der Strahlung verändern. Man sagt, sie zerfallen. Wir betrachten eine Anzahl N_0 von radioaktiven Atomkernen. Sie zerfallen *stochastisch (zufallsbedingt)*, wie man aus der zufallsbedingt auftretenden Strahlung folgern muss. Kann man trotzdem eine Aussage über die mittlere Zahl $N(t)$ der nach der Zeit t noch nicht zerfallenen Kerne treffen → V1, → V2?

Aus → V1c folgt, dass immer nach der Zeit $T_{1/2} = 55$ s die Zahl $N(t)$ der noch nicht zerfallenen Atomkerne des radioaktiven Nuklids Rn-220 im Rahmen der zufallsbedingten Schwankungen halbiert wird und $N(t)$ deshalb exponentiell abnimmt. Folglich gilt:

$$N(t) = N_0 e^{-\lambda t} \text{ mit } \lambda = \frac{\ln 2}{T_{1/2}}. \qquad (1)$$

Dabei ist N_0 die Anzahl der Kerne zur Zeit $t = 0$. λ nennt man **Zerfallskonstante** und $T_{1/2}$ die **Halbwertszeit.** Der in (1) angegebene Zusammenhang zwischen λ und $T_{1/2}$ folgt durch Logarithmieren von:

$$N(T_{1/2}) = N_0 e^{-\lambda T_{1/2}} = \frac{1}{2} N_0.$$

Dieses Gesetz gilt *für alle* radioaktiven Stoffe. Doch hat jedes radioaktive Nuklid eine andere Halbwertszeit. → V1 und → V2 bestätigen dies bei zwei Nukliden. Zu beachten ist dabei, dass $N(t)$ eine im Rahmen der stochastischen Schwankungen *mittlere Zahl* ist → Vertiefung.

Merksatz

Beim radioaktiven Zerfall sind von der ursprünglich vorhandenen Zahl N_0 von Kernen nach der Zeit t etwa $N(t) = N_0 e^{-\lambda t}$ Kerne noch nicht zerfallen. Die Halbwertszeit $T_{1/2}$ gibt die Zeitspanne an, nach der etwa die Hälfte der Kerne zerfallen ist. Es gilt $\lambda = \ln 2 / T_{1/2}$.
Jedes radioaktive Nuklid hat eine charakteristische Halbwertszeit.

2. Die Aktivität und ihre Einheit

Die Zahl der noch nicht zerfallenen Kerne $N(t)$ eines radioaktiven Stoffes nimmt mit der Zeit t ab. $\Delta N = N(t + \Delta t) - N(t)$ gibt die in der Zeit Δt erfolgte Abnahme an. Die Größe $\Delta N / \Delta t$ ist negativ und gibt für kleine Δt die Steigung der Messkurve an → V1.

Je größer der Betrag von $\Delta N / \Delta t$ ist, desto steiler fällt die Messkurve ab, umso mehr Kerne zerfallen also in der Zeit Δt und umso mehr Strahlung tritt in dieser Zeit auf. Deshalb definiert man als **Aktivität** A eines radioaktiven Stoffes den Quotienten $A = -\Delta N / \Delta t$ für $\Delta t \ll T_{1/2}$. Da ΔN negativ ist, wird die Aktivität A durch das Minuszeichen positiv. A ist sozusagen die Zerfalls-Geschwindigkeit. Ihre Einheit ist $1\ \text{s}^{-1}$, genannt **1 Becquerel** (1 Bq). Für $\Delta t \to 0$ findet man genauer:

$$A(t) = -\dot{N}(t). \qquad (2)$$

Die Ableitung $\dot{N}(t)$ der Funktion $N(t)$ ist andererseits:

$$\dot{N}(t) = -\lambda N_0 e^{-\lambda t} \quad \text{und damit} \quad A(t) = \lambda N(t). \qquad (3)$$

Die Aktivität $A(t)$ ist eine Funktion der Zeit und *proportional* zur Zahl $N(t)$ der *noch nicht zerfallenen* Atome. Dies kennen wir aus → V1 bzw. → V2. Dort ist die Stromstärke bzw. die Zählrate sowohl ein Maß für die Zahl der in einer Zeit $\Delta t \ll T_{1/2}$ zerfallenden Kerne – also für die Aktivität A des Präparats – als auch ein Maß für die Zahl $N(t)$ der noch nicht zerfallenen Kerne.

Die Aktivität $A(t)$ eines radioaktiven Stoffes fällt mit der gleichen Halbwertszeit wie $N(t)$ exponentiell ab. Aus Gl. (3) folgt nämlich

$$A(t) = A_0 e^{-\lambda t} \quad \text{mit } \lambda N_0 = A_0. \tag{4}$$

Merksatz

Die Aktivität A eines radioaktiven Stoffes ist der Quotient aus der Anzahl ΔN der in einer kleinen Zeitspanne $\Delta t \ll T_{1/2}$ stattfindenden Zerfälle und dieser Zeitspanne Δt. Die Aktivität $A(t)$ ist proportional der noch nicht zerfallenen Anzahl von Atomen $N(t)$ und nimmt wie diese exponentiell ab: $A(t) = \lambda N(t)$.
Die Einheit der Aktivität ist 1 Becquerel. Es ist: $1\ \text{Bq} = 1\ \text{s}^{-1}$.

V2 **a)** Durch einen Cäsium-Isotopen-Generator drückt man einige Tropfen Salzsäure. Die Lösung fängt man in einem Reagenzglas auf und hält dieses vor ein Zählrohr. Das Zählrohr zeigt, dass die Salzsäure aus dem Generator einen radioaktiven, γ-strahlenden Stoff herausgelöst hat (es ist Ba-137m → Zerfall von Cs-137). Je mehr radioaktiver Stoff sich im Reagenzglas befindet, desto größer ist die Zählrate. Ist in → V1 die Stromstärke $I(t)$ proportional zur Zahl der noch nicht zerfallenen Kerne $N(t)$, so ist es in diesem Versuch die Zählrate $n(t)$ proportional zu $N(t)$.
b) Wenn man die Zählrate alle 20 s misst, so erhält man eine Messkurve analog zu der in → V1c, allerdings mit einer Halbwertszeit von $T_{1/2} = 2{,}6$ min.

Vertiefung

A. Radioaktiver Zerfall und Wahrscheinlichkeit

$N(t) = N_0 e^{-\lambda t}$ ist eine stetige, differenzierbare Funktion. Da aber immer nur ein ganzer Kern zerfällt, und zwar momentan, müsste die tatsächliche Zerfallsfunktion eine Treppenfunktion mit Stufenhöhe 1 sein. Wie in der Quantenmechanik gilt ein Wahrscheinlichkeitsgesetz: Nicht der einzelne Zerfallsprozess ist bestimmt und durch eine mathematische Funktion vorhersagbar, sondern allein seine Wahrscheinlichkeit.

Die Funktion $N(t)$ stellt also nicht die *wirkliche*, sondern vielmehr die *mittlere* Anzahl $N(t)$ noch unzerfallener Kerne als Funktion der Zeit dar. $N(t)$ ist streng determiniert wie das Intensitätsdiagramm bei der Licht- oder Elektronenbeugung, während der einzelne Zerfall stochastisch erfolgt. Die Funktion $N(t)$ ist also nicht etwa eine Näherung des Zerfallsgesetzes, sondern sie ist dieses nur durch eine Wahrscheinlichkeit ausdrückbare Gesetz selbst!

Aus *Gl.* (2) und (3) folgt für kleine $\Delta t \ll T_{1/2}$:

$$-\lambda N(t) \approx \frac{\Delta N}{\Delta t} \quad \text{oder} \quad \lambda \Delta t \approx -\frac{\Delta N}{N(t)}. \tag{5}$$

Von $N(t)$ Kernen zerfallen in der Zeit Δt im Mittel ΔN Kerne. $\Delta N/N$ ist somit die Wahrscheinlichkeit, mit der ein Kern in dieser Zeit zerfällt. Der Zahlenwert von λ gibt also nach *Gl.* (5) – wenn man $\Delta t = 1$ s setzt – die Wahrscheinlichkeit an, mit der ein Kern innerhalb der nächsten Sekunde zerfällt (falls $T_{1/2} \gg 1$ s). λ nennt man daher zu Recht *Zerfallskonstante*.

Bemerkenswert ist: Die Zerfallswahrscheinlichkeit eines Kerns ist unabhängig von der Zeit t, d.h. vom Alter des Kerns. *Der Kern altert also nicht!*

B. Von der großen Zahl der Atome

Radioaktive Präparate in Schulen besitzen beim Kauf maximal eine Aktivität von etwa 10^5 Bq. Sie lagern oft jahrelang in der Schule und haben dann trotzdem noch Aktivitäten von mehr als 10^4 Bq, d.h. es zerfallen in jeder Sekunde immer noch 10 000 (!) Kerne oder mehr. Dabei hat der Stoff eine Masse von wenigen µg. Vielleicht vermittelt Ihnen das ein Gefühl für die riesige Anzahl von Atomen in einer so winzigen Stoffmenge.

C. Bestimmung einer großen Halbwertszeit

K-40 hat eine Halbwertszeit von $1{,}28 \cdot 10^9$ Jahren. Wie hat man diese große Zeit bestimmt?

Es ist nach *Gl.* (3): $A(t) = \lambda N(t) = (\ln 2/T_{1/2})\, N(t)$. (6)

Man hat gemessen, dass 10 g natürliches Kalium infolge des 0,0118 %-Gehaltes an K-40 eine Aktivität von 310 Bq haben. Wegen der gegenüber den Messzeiten sehr großen Halbwertszeit verändert sich die Zahl $N(t)$ praktisch nicht. Sie lässt sich deshalb aus der Masse m des Kaliums bestimmen:
1 mol natürlichen Kaliums hat eine Masse von 39,0983 g. In 10 g Kalium befinden sich

$$\frac{10\ \text{g} \cdot 6{,}023 \cdot 10^{23}}{39{,}0983\ \text{g}} = 1{,}540 \cdot 10^{23}\ \text{Atome.}$$

Davon sind 0,0118 %, d.h.

$$1{,}540 \cdot 10^{23} \cdot 1{,}18 \cdot 10^{-4} = 1{,}81 \cdot 10^{19}\ \text{K-40-Atome.}$$

Nach *Gl.* (6) ist somit

$$T_{1/2} = \frac{\ln 2 \cdot N(t)}{A(t)} = \frac{\ln 2 \cdot 1{,}81 \cdot 10^{19}}{310\ \text{s}^{-1}} = 4{,}05 \cdot 10^{16}\ \text{s}$$

$$T_{1/2} = 1{,}28 \cdot 10^9\ \text{a.}$$

Aktivität verrät das Alter

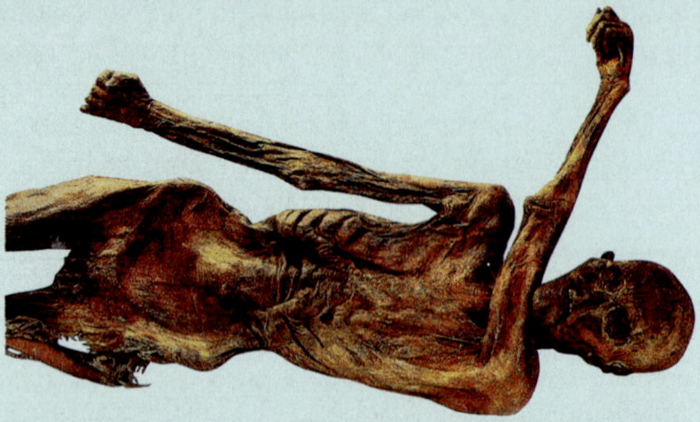

Das Alter dieser Mumie wurde mit der C-14-Methode auf 5300 bis 5350 Jahre bestimmt.

a) Wie alt ist die Mumie, die 1991 in den Ötztaler Alpen auf einem Gletscher gefunden wurde? Diese Frage lässt sich mit der **Kohlenstoff-14-Methode** beantworten. In der Atmosphäre wird nämlich unter dem Einfluss der fast konstanten kosmischen Strahlung laufend das radioaktive Kohlenstoffisotop C-14 gebildet ($T_{1/2} = 5730$ a). Es verbindet sich mit dem Sauerstoff der Luft zu radioaktivem Kohlenstoffdioxid. Infolge der konstanten Neubildungsrate und des laufenden Zerfalls hat sich in der Luft eine Gleichgewichtskonzentration an C-14 eingestellt. Das Häufigkeitsverhältnis der Kerne C-14 und der stabilen Kerne C-12 ist etwa $1{,}2 \cdot 10^{-12}$. Durch die Assimilation wird C-14 von den Pflanzen aufgenommen. Über die Nahrungskette gelangt es in Tier und Mensch. Solange ein Organismus lebt, steht dessen Kohlenstoffgehalt laufend in Kontakt mit dem Kohlenstoff der Atmosphäre und hat somit die gleiche Konzentration an C-14 wie dieser. In 1 g Kohlenstoff findet man dabei 13,56 Zerfälle von C-14 Atomen in einer Minute. Stirbt das Lebewesen, sinkt der C-14 Gehalt nach dem Zerfallsgesetz.

Misst man z. B. in 1 g Kohlenstoff eines Gegenstandes noch 10,7 Zerfälle pro Minute, so lässt sich sein Alter wie folgt berechnen: Die Aktivität ist

$$A(t) = A_0 e^{-\frac{\ln 2}{T_{1/2}} t}.$$

Logarithmiert man und löst nach t auf, so ergibt sich:

$$t = -\ln\left(\frac{A(t)}{A_0}\right)\frac{T_{1/2}}{\ln 2} = -\ln\left(\frac{10{,}7}{13{,}56}\right)\frac{5730\ \text{a}}{\ln 2} = 1958\ \text{a}.$$

Entsprechend der Halbwertszeit von 5730 a eignet sich die C-14-Methode zur Datierung von Gegenständen, deren Alter etwa zwischen 1000 und 30 000 Jahren ($\approx 6\,T_{1/2}$) liegen.

b) Um das Alter von Gesteinen und damit das der festen Erdkruste (ca. $4 \cdot 10^9$ a) zu bestimmen, nutzt man Nuklide mit großen Halbwertszeiten. Bei der **Uran-Blei-Methode** benutzt man U-238 mit $T_{1/2} = 4{,}47 \cdot 10^9$ a als Uhr. U-238 zerfällt über mehrere Stufen in das stabile Nuklid Pb-206 → radioaktive Zerfallsreihen. Im Gegensatz zur C-14-Methode kennt man allerdings die Konzentration $N_{U,0}$ von U-238 in der Gesteinsprobe bei deren Entstehung ($t = 0$) nicht. In dem langen Zeitraum ist aber praktisch aus jedem zerfallenen U-238-Kern ein stabiler Bleikern Pb-206 geworden. Die Anzahl $N_{Pb}(t)$ der Bleiatome ist also gleich der Abnahme $N_{U,0} - N_U(t)$ der Uran-Kerne; es gilt mit

$$N_U(t) = N_{U,0} e^{-\lambda t} \quad \text{oder} \quad N_{U,0} = N_U(t) e^{+\lambda t}$$

$$N_{Pb}(t) = N_{U,0} - N_U(t) = N_U(t)(e^{+\lambda t} - 1).$$

Löst man diese Gleichung nach t auf, findet man:

$$t = \frac{1}{\lambda}\ln\left(1 + \frac{N_{Pb}(t)}{N_U(t)}\right) = \frac{T_{1/2}}{\ln 2}\ln\left(1 + \frac{N_{Pb}(t)}{N_U(t)}\right).$$

Das Verhältnis $N_{Pb}(t)/N_U(t)$ lässt sich z. B. massenspektroskopisch bestimmen.

c) Bei Erzen, die schon bei ihrer Entstehung Blei enthalten, wird vielfach die **Kalium-Argon-Methode** benutzt. Kalium-40 zerfällt mit einer Halbwertszeit von $T_{1/2} = 1{,}28 \cdot 10^9$ a in Argon-40. Aus der Bestimmung des Gehaltes an Kalium und Argon im Gestein findet man analog zur Uran-Blei-Methode das Alter → A10.

d) Bei den besprochenen Verfahren weiß man im Allgemeinen nicht sicher, ob die Gesteinsprobe bei ihrer Entstehung nicht doch schon Spuren des Tochterstoffes (Pb, Ar) enthielt, oder ob der gasförmige Tochterstoff Argon teilweise wieder verschwunden ist. Deshalb zählt man heute die **Kernspaltungsspuren** von U-238 aus. Dieses Nuklid spaltet sich nicht nur nach einer Neutronenaufnahme → Kernspaltung, sondern auch spontan, d. h. von selbst. In 1 g Uran finden in einer Stunde 25 spontane Spaltprozesse statt. Die beiden mit großer Energie wegfliegenden Kernbruchstücke erzeugen eine mikroskopisch sichtbare Störung des Kristallgefüges; diese bleibt genauso lange bestehen, wie das Mineral nicht verändert wird. Man erhält zuverlässige Werte für das Gesteinsalter, wenn man die Störstellen auszählt und mit dem Gehalt an U-238 vergleicht.

Dank dieser kernphysikalischen Methoden wurde z. B. das **Alter der Erde** zu 4,5 bis $4{,}6 \cdot 10^9$ Jahren oder das **Mondentstehungsalter** aus den von Astronauten zur Erde gebrachten Proben zu $4{,}53 \cdot 10^9$ Jahren bestimmt.

Halbwertszeiten → **T1**

A1 In eine Ionisationskammer wird ein radioaktives Gas gepumpt und der Strom I nach folgender Tabelle gemessen:

t in s	0	10	20	40
I in 10^{-12} A	60	50	42	28
t in s	60	80	100	120
I in 10^{-12} A	20	14	9	7

a) Begründen Sie, warum die Stromstärke I proportional zur Teilchenzahl $N(t)$ des radioaktiven Gases abfällt! **b)** Bestimmen Sie die Halbwertszeit $T_{1/2}$ und die Zerfallskonstante λ des Gases.

A2 Bestimmen Sie die Anzahl von Halbwertszeiten, zu der die Zahl der jetzt gerade vorhandenen Kerne einer radioaktiven Substanz auf 90 %, 50 %, 1 % und 0,1 % gesunken ist.

A3 Berechnen Sie die Aktivität, die 10^{-7} g Po-210 entwickeln. (Zur Erinnerung: In 210 g Po-210 sind $6{,}022 \cdot 10^{23}$ Po-210 Atome.)

A4 1 g Ra-226 sendet in einer Sekunde $3{,}7 \cdot 10^{10}$ α-Teilchen aus. Berechnen Sie die Halbwertszeit von Ra-226!

A5 Ein Cu-64-Präparat wird hergestellt und verschlossen. Nach 20 Tagen beträgt die Aktivität noch 20 Bq. Bestimmen Sie die Masse in Gramm des Cu-64-Anteils des Präparats bei der Herstellung.

A6 Eine Lösung mit Ba-137m aus einem Cäsium-Isotopengenerator wird in einem Reagenzglas vor ein Zählrohr gehalten. Die dann gemessene Impulsrate $k(t)$ in 5 s zeigt das folgende Bild (Nullrate abgezogen):

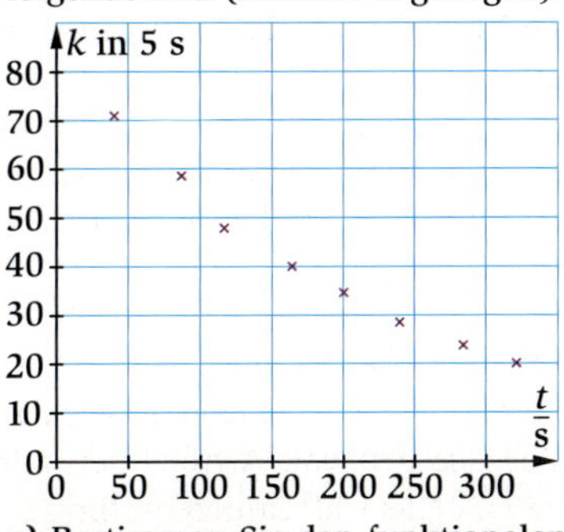

a) Bestimmen Sie den funktionalen Zusammenhang zwischen der Zählrate $n(t) = k(t)/5$ s und der Zeit t. **b)** Bestimmen Sie aus den Messergebnissen die Halbwertszeit von Ba-137m. **c)** Vor das Zählrohr wird eine Lösung mit der halben Aktivität an Ba-137m gehalten. Zeichnen Sie eine hypothetische Messkurve. **d)** Vor das Zählrohr wird eine Lösung mit einem radioaktiven Nuklid gehalten, das die doppelte Halbwertszeit wie Ba-137m und dieselbe Aktivität wie in a) hat. Zeichnen Sie eine hypothetische Messkurve.

A7 Zerfällt ein Nuklid mit der Halbwertszeit $T_{1/2}(1)$, so zerfällt häufig der Nachfolgekern nochmals mit einer Halbwertszeit $T_{1/2}(2)$ in einen stabilen Kern. Es sei $T_{1/2}(1) \gg T_{1/2}(2)$. Begründen Sie, dass die Aktivitäten beider Nuklide, die in einem Präparat lange nebeneinander existieren, gleich groß sind (radioaktives Gleichgewicht).

A8 Die Messung der Aktivität einer radioaktiven Substanz ergibt folgende Messreihe (n: Zählrate; die Nullrate ist abgezogen):

t in s	0	15	30	45
n in s^{-1}	151	112	85	67
t in s	60	90	120	150
n in s^{-1}	55	40	31	26
t in s	180	240	300	360
n in s^{-1}	22	15	11	9

a) Tragen Sie die in einem Diagramm $\log(n \cdot s)$ über t auf (Sie können auch ein Tabellenkalkulationsprogramm verwenden) und begründen Sie, dass in der Substanz zwei Nuklide mit verschiedener Halbwertszeit vorhanden waren! **b)** Bestimmen Sie die Halbwertszeiten der Nuklide! *Hinweis:* Das Nuklid mit der kürzeren Halbwertszeit ist bei größeren Zeiten t nahezu verschwunden. Um dessen Halbwertszeit zu finden, muss man die Aktivität des langlebigen Nuklids von der Gesamtaktivität abziehen.

A9 Ein altes Holzstück, bei dem der Kohlenstoffanteil die Masse 25 g hat, zeigt eine Gesamtrestaktivität (herrührend von C-14) von $A = 2{,}4 \cdot 10^2\ \text{min}^{-1}$. **a)** Berechnen Sie die Anzahl der C-14-Atome in diesem Holzstück. **b)** Vor wie vielen Jahren starb das Holzstück ab?

A10 K-40 ist in vielen Gesteinen enthalten. Es zerfällt zu 11 % in das stabile Ar-40 und zu 89 % in das stabile Ca-40. Solange ein Gestein bei seiner Entstehung geschmolzen ist, entweicht das Argon durch Diffusion. Ist das Gestein erstarrt, kann das durch den K-40-Zerfall entstehende Ar-40 das Gestein nicht mehr verlassen. Deshalb lässt sich aus der Zahl N_K an K-40 Atomen und der Zahl N_{Ar} an Ar-40-Atomen in einem Gestein die Zeit t bestimmen, die seit dem Erstarren des Gesteins vergangen ist (Kalium-Argon-Methode). **a)** Leiten Sie für diese Zeit t folgende Gleichung her ($T_{1/2}$: Halbwertszeit von K-40):

$$t = \frac{T_{1/2}}{\ln 2} \cdot \ln\left(1 + \frac{N_{Ar}}{0{,}11 \cdot N_K}\right).$$

b) In einer Gesteinsprobe ist die Masse von Ar-40 $m_{Ar} = 2{,}8 \cdot 10^{-5}$ g. Die Messung der Aktivität von K-40 ergibt 7,7 kBq. Berechnen Sie N_{Ar} und N_K in der Probe. **c)** Berechne Sie die Zeit, die seit dem Erstarren des Gesteins vergangen ist.

Nuklid	$T_{1/2}$	Nuklid	$T_{1/2}$	Nuklid	$T_{1/2}$
Th-232	$1{,}40 \cdot 10^{10}$ a	Sr-90	28,8 a	I-131	8,02 d
U-238	$4{,}47 \cdot 10^{9}$ a	H-3	12,3 a	I-123	13,2 h
K-40	$1{,}28 \cdot 10^{9}$ a	Kr-85	10,8 a	Cu-64	12,7 h
U-235	$7{,}04 \cdot 10^{8}$ a	Co-60	5,27 a	Tc-99m	6,01 h
C-14	5730 a	Tl-204	3,78 a	Ba-137m	2,55 min
Ra-226	1600 a	Na-22	2,60 a	Rn-220	55,6 s
Am-241	432 a	Po-210	138 d	Po-214	$0{,}164 \cdot 10^{-3}$ s
Cs-137	30,1 a	Mo-99	65,9 h	Po-212	$2{,}99 \cdot 10^{-7}$ s

T1 Halbwertszeiten einiger Nuklide; a: Jahr; d: Tage; h: Stunde; min: Minute; s: Sekunde; m: angeregter Zustand des Nuklids → **radioaktiver Zerfall**

Biologische Wirkung ionisierender Strahlung

Exkurs

A. Strahlenbiologische Wirkungskette

a) Die Wechselwirkungen *ionisierender* Strahlung mit Gewebe beginnen mit der *physikalischen Phase.* Moleküle einer Zelle werden durch die Strahlung angeregt oder ionisiert (innerhalb von 10^{-16} bis 10^{-13} s).

b) Anschließend (von 10^{-13} bis 10^{-2} s) wird die absorbierte Energie in die nähere Umgebung des Wechselwirkungsortes verteilt. Wird z. B. aus einem Molekül ein Elektron herausgeschlagen, das die Bindung bewirkt, dann zerbricht das Molekül. Die Bruchstücke reagieren chemisch anders als das ursprüngliche Molekül. Neben den Strahlungsteilchen selbst können auch die durch die Strahlung erzeugten *Radikale* wie das H^+- oder das OH^--Radikal (eine Zelle besteht zu 80 % aus Wasser) auf lebenswichtige Zellbereiche einwirken. Die Radikale sind chemisch hoch aktiv und lagern sich an andere Radikale oder von der Strahlung nicht getroffene Moleküle an. In dieser *physikalisch-chemischen Phase* verändern sich die Moleküle.

c) Dies führt in der *biologischen Phase* (10^{-2} s bis zu Jahrzehnten) zu einem veränderten Verhalten der Zelle, zu deren Tod aber auch zur Schadensreparatur.

B. Ionisationsprozesse im Körper

Jeder Mensch enthält radioaktive Nuklide → **natürliche Strahlenexposition**, die im Körper zerfallen und dort durch die freigesetzte Strahlung laufend Moleküle ionisieren. Den größten Anteil daran hat das langlebige radioaktive Nuklid K-40, das im Körper weitgehend gleichverteilt ist, und zwar mit einer Aktivität von ca. 60 Bq/kg. Ein Mensch mit 70 kg Masse strahlt also immer mit einer K-40-Aktivität von etwa 4200 Bq! Man kann berechnen, dass dadurch 1 g Körpermasse in jeder Sekunde die Energie von $2{,}9 \cdot 10^4$ eV absorbiert. Um ein Ionenpaar zu bilden braucht man ca. 30 eV an Energie. *In 1 g Körpergewebe werden also in einer Sekunde etwa 1000 Ionenpaare allein durch die Strahlung von K-40 gebildet* ($2{,}9 \cdot 10^4$ eV/30 eV ≈ $0{,}97 \cdot 10^3$)! Dieses „Bombardement" durch ionisierende Strahlung trifft jeden Menschen. *Er muss also über hochwirksame Mechanismen verfügen, die die Schäden durch Ionisation beseitigen oder reparieren.*

1. Erste böse Erfahrungen mit ionisierender Strahlung

H. A. BECQUEREL trug 1901 ein nicht abgeschirmtes Radiumpräparat in der Westentasche. Nach zwei Wochen zeigte seine Haut Verbrennungen mit einer schwer abheilenden Wunde. Bei Menschen, die mit Röntgenstrahlen ohne Schutzvorrichtungen umgingen → **B1**, traten schwere Erkrankungen, ja sogar Todesfälle auf.

Heute kennt man die Wirkung der Strahlung *ionisierender Strahlung* auf den lebenden Organismus sehr viel genauer. Man weiß, dass nicht jede **Strahlenexposition** – das ist ein Vorgang, bei dem ionisierende Strahlung einen Menschen trifft – gleich zu einem biologischen Schaden führen muss, wohl aber kann.

2. Einwirkung ionisierender Strahlen auf lebende Zellen

Der Schaden, den ionisierende Strahlung verursachen kann, ist das Endglied einer komplexen Reaktionskette aus physikalischen, chemischen und biologischen Prozessen → **Exkurs**. Neben der Ionisation oder Anregung der Moleküle bewirken auch die durch die Strahlung erzeugten chemisch aktiven *Radikale* Zellschäden. Die Desoxyribonukleinsäure (DNS), die im Zellkern vielfältige Zellfunktionen steuert und Erbinformationen enthält, ist besonders sensibel für Strahlung. Biologische Effekte stellt man deshalb bevorzugt an Zellen fest, die sich beim Bestrahlen teilen, z. B. beim Embryo im Mutterleib.

Nicht vergessen darf man aber, dass der Organismus über wirksame Abwehrmechanismen verfügt, mit denen er Schäden an der DNS reparieren oder durch das Immunsystem erkennen und eliminieren kann → **Exkurs**. Erst wenn diese Abwehrsysteme versagen, kommt es zu Strahlenschäden.

Merksatz

Ursache der Strahlenschäden sind die Anregung und Ionisation von Molekülen sowie die durch die Strahlung gebildeten Radikale.
Nicht jede Strahlenexposition führt zu einem Strahlenschaden.

3. Strahlenexposition - quantitativ erfasst

a) Ein Strahlenschaden tritt um so eher auf, je mehr Moleküle ionisiert oder angeregt werden. Absorbiert Körpergewebe der Masse Δm bei einer Bestrahlung die Energie ΔW, so nennt man den Quotienten

$$D = \Delta W / \Delta m \qquad \text{mit der Einheit } 1 \text{ Gray} = 1 \text{ Gy} = 1 \text{ J/kg}$$

Energiedosis D. Unter der **Energiedosisleistung** $\dot{D}$ versteht man dann den Quotienten $\dot{D} = \Delta D / \Delta t$ mit der Einheit 1 Gy/s = 1 W/kg.

b) *Die verschiedenen Strahlenarten haben aber unterschiedliche biologische Wirkungen.* α-Teilchen z. B. erzeugen in einer Zelle 10^4 bis 10^5 Ionenpaare, β-Teilchen dagegen nur 10 bis 100. Bei gleich großen Energiedosen sind also mit α-Teilchen zwar viel weniger Zellen betroffen als mit β-Teilchen, dennoch gehen mehr zugrunde, weil bei geringerer Ionisationsdichte die Selbstheilungsaussichten wesentlich günstiger sind. *Strahlung wirkt also umso stärker, je größer ihre Ionisationsdichte ist.*

Um die unterschiedliche biologische Wirkung ionisierender Strahlen in *demselben* Gewebe oder Organ T quantitativ miteinander zu vergleichen, wurde die **Organdosis** H_T eingeführt. Man erhält sie durch Multiplikation der Energiedosis D_T, die das Gewebe bzw. das Organ T erhält, mit einem dimensionslosen *Strahlungs-Wichtungsfaktor* w_R

$H_T = w_R \cdot D_T$. H_T hat die Einheit 1 Sievert = 1 Sv = 1 J/kg.

Die Faktoren w_R → T1 für verschiedene Strahlenarten sind so gewählt, dass sie ein Maß für die biologische Wirksamkeit *bei niederen Dosen* darstellen. Treffen mehrere Strahlenarten ein Organ, so wird die schädliche Wirkung nicht durch die Summe der Energiedosen, sondern der Organdosen der einzelnen Strahlenarten charakterisiert.

c) Man teilt die biologische Strahlenwirkung in zwei Gruppen ein:
- Die **stochastischen Strahlenwirkungen** (z.B. Krebs) treten oft erst nach Jahren auf. Ihre *Eintrittswahrscheinlichkeit* hängt von der Energiedosis ab, nicht dagegen die Schwere der Erkrankung.
- Die **deterministischen Strahlenwirkungen** treten in absehbarer Zeit auf. Ihr *Schweregrad* steigt mit der Energiedosis. Bei vielen deterministischen Wirkungen besteht eine *Dosisschwelle*, unterhalb der keine Krankheitssymptome auftreten.

Menschen werden oft einer Strahlung geringer Dosis weit unterhalb der Dosisschwelle für deterministische Strahlenwirkungen ausgesetzt. Deshalb interessiert man sich im Strahlenschutz besonders für das **Strahlenrisiko** für stochastische Wirkungen bei niederen Dosen. Unter dem Strahlenrisiko versteht man dabei die *Wahrscheinlichkeit* für das Eintreten einer durch eine Strahlenexposition bewirkten nachteiligen Wirkung bei einem Individuum.

d) Die Wahrscheinlichkeit, mit der im niederen Dosisbereich stochastische Wirkungen auftreten, ist bei gleicher Organdosis für verschiedene Gewebe und Organe unterschiedlich. Um deshalb bei einer Strahlenexposition einzelner Organe und Gewebe oder des gesamten Körpers das Strahlenrisiko für das Auftreten einer stochastischen Strahlenwirkung richtig abzuschätzen, hat man für die *Zwecke des Strahlenschutzes* die **effektive Dosis** E eingeführt. Die Empfindlichkeit eines bestrahlten Gewebes T berücksichtigt man dabei, indem man die empfangene Organdosis H_T mit dem dimensionslosen **Gewebe-Wichtungsfaktor** w_T multipliziert → T2. Um das gesamte Schadensrisiko abzuschätzen, summiert man dann die Produkte $w_T \cdot H_T$ über alle in → T2 aufgelisteten Organe. So erhält man:

$E = \Sigma w_T \cdot H_T$ ebenfalls mit der Einheit 1 Sievert = 1 Sv.

Die Berechnung einer effektiven Dosis zeigt das → **Beispiel**.

Merksatz

Die *Energiedosis* $D = \Delta W / \Delta m$ ist der Quotient aus der vom Gewebe der Masse Δm bei einer Bestrahlung absorbierten Energie ΔW und seiner Masse Δm. Die Einheit ist das Gray: 1 Gy = 1 J/kg.
Die *Organdosis* $H_T = w_R \cdot D_T$ gewichtet die Energiedosis D_T, die ein Organ erhält, nach der Strahlenart mit dem Strahlungs-Wichtungsfaktor w_R. Die Einheit ist das Sievert: 1 Sv = 1 J/kg.
Die *effektive Dosis* $E = \Sigma w_T \cdot H_T$ berücksichtigt zudem die Empfindlichkeit der Organe mit dem Gewebe-Wichtungsfaktor w_T. Damit wird das Strahlenrisiko des ganzen Körpers für stochastische Strahlenwirkungen bei geringen Dosen abgeschätzt. Die Einheit ist 1 Sv.

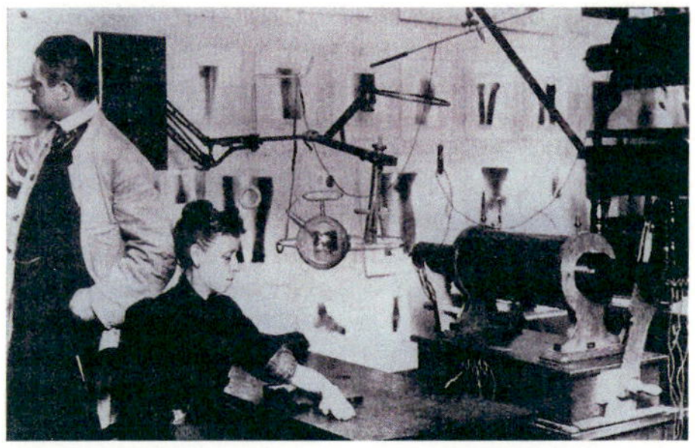
B1 Röntgenuntersuchung 1906 ohne Schutzvorrichtung

Strahlenart	w_R
Röntgen- und γ-Strahlung	1
Elektronen, Myonen	1
Neutronen je nach Energie	5 bis 20
Protonen, Energie > 2 MeV	5
α-Teilchen, Spaltfragmente, schwere Kerne	20

T1 Strahlungs-Wichtungsfaktoren w_R

Organ Gewebe	w_T	**Organ Gewebe**	w_T
Keimdrüsen	0,20	Leber	0,05
Knochenmark	0,12	Speiseröhre	0,05
Dickdarm	0,12	Schilddrüse	0,05
Lunge	0,12	Haut	0,01
Magen	0,12	Knochenoberfl.	0,01
Blase	0,05	übrige Organe und Gewebe	0,05
Brust	0,05		

T2 Gewebe-Wichtungsfaktoren w_T. Die Summe der Wichtungsfaktoren ist 1.

Beispiel **Berechnung der effektiven Dosis**

Durch die Einnahme von J-131 bei einer ärztlichen Therapie kommt es zu einer Schilddrüsenorgandosis von $H_T = 80$ mSv. Der Gewebewichtungsfaktor für die Schilddrüse ist $w_T = 0{,}05$. Wenn sonst keine weiteren Organe bestrahlt wurden, ergibt dies eine effektive Dosis von $E = w_T \cdot H_T = 80\ \text{mSv} \cdot 0{,}05 = 4\ \text{mSv}$. Das Risiko, an einem durch 80 mSv strahleninduzierten Schilddrüsenkrebs zu erkranken, ist deshalb genau so groß, wie das gesamte Risiko, Krebs nach einer homogenen Ganzkörperexposition von 4 mSv zu bekommen. Bei einer homogenen Ganzkörperexposition ist jedes Organ mit 4 mSv exponiert. Da die Summe der Wichtungsfaktoren 1 ist, wird nämlich auch in diesem Fall die effektive Dosis 4 mSv.

Natürliche und zivilisatorische Strahlenexposition

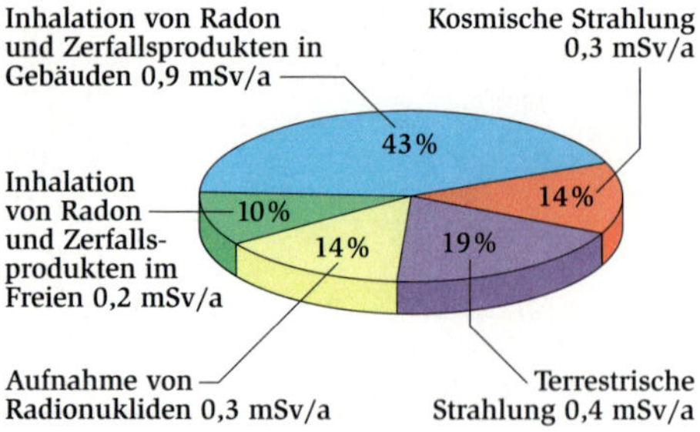

B1 Mittlere jährliche effektive Dosis eines Menschen in der Bundesrepublik Deutschland durch natürliche Strahlenexposition

Nuklid	A/Bq
K-40	4200
C-14	3800
Rb-87	650
Pb-210, Bi-210, Po-210	60
Rn-220 + Folgeprodukte	30
Rn-222 + Folgeprodukte	15
H-3	25
Sonstige	32
Summe	~ 8800

T1 Aktivität *A* natürlicher radioaktiver Stoffe im Menschen (70 kg)

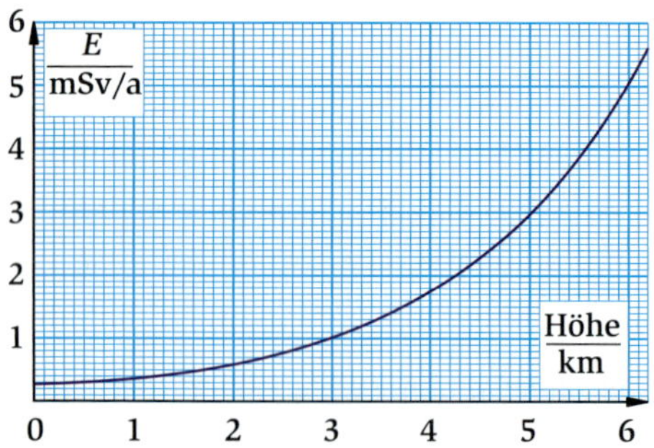

B2 Effektive Dosis *E* der kosmischen Strahlung für mittlere geografische Breiten

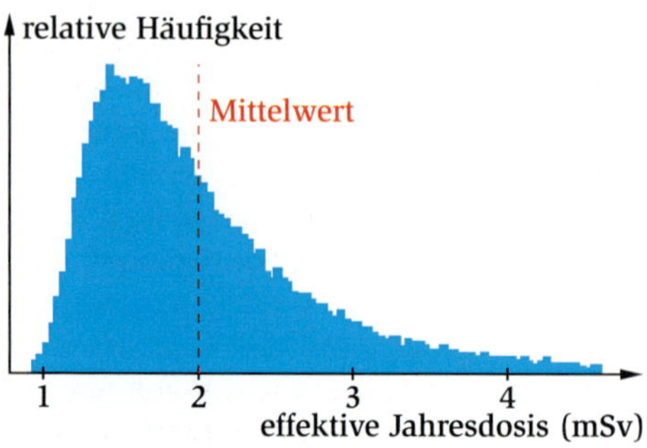

B3 Verteilung der jährlichen natürlichen Strahlenexposition in Niedersachen, wo der Mittelwert 2,0 mSv/a beträgt

1. Die interne natürliche Strahlenexposition – Radon

Die Menschen sind überall ionisierender Strahlung ausgesetzt. Ursache sind *natürliche* Strahlenquellen, die unabhängig vom Menschen entstanden sind und existieren. Sie bewirken eine **natürliche Strahlenexposition.** Natürliche Strahlenquellen sind z. B. radioaktive Nuklide, die bei der Entstehung der Erde gebildet wurden und Halbwertszeiten in der Größenordnung des Erdalters haben, wie U-238, Th-232 und K-40. Diese Nuklide sind überall in unterschiedlicher Konzentration in Böden und Gesteinen vorhanden. Deren ionisierende Strahlung kann als *externe* Strahlenexposition auf den Menschen einwirken oder als *interne* Strahlenexposition, wenn Nuklide mit der Atemluft und der Nahrung in den menschlichen Körper gelangen.

- *Aufnahme mit der Atemluft (Inhalation):* Die Aufnahme des gasförmigen **Radonisotops Rn-222** ($T_{1/2}$ = 3,8 d) aus der → **Zerfallsreihe von U-238** und in geringerem Umfang des Radonisotops Rn-220 ($T_{1/2}$ = 55,6 s) aus der → **Zerfallsreihe von Th-232** mit der Atemluft ist die dominierende Komponente der natürlichen Strahlenexposition des Menschen → **B1**. Radon diffundiert aus dem Erdboden in die Luft und ist in geringer Konzentration praktisch überall in unserer Lebenssphäre vorhanden. Im Freien ist der Mittelwert der Radonaktivität 15 Bq/m^3 und in Wohnungen 50 Bq/m^3. Wird Radon vom Menschen eingeatmet und zerfällt es im Atemtrakt, so wird dieser bestrahlt. Auch schlagen sich die Zerfallsprodukte von Rn-222, Po-218 und Po-214 als Metallionen an Staubpartikeln der Luft nieder und werden mit der Luft eingeatmet. Im → **Projekt Radon** wird „das Radonproblem" weiter vertieft. Die Inhalation von Radon bewirkt mit insgesamt 1,1 mSv/a ca. 53 % der gesamten natürlichen Strahlenexposition!

- *Aufnahme mit der Nahrung (Ingestion):* Aus dem Boden gelangen die natürlichen radioaktiven Nuklide in Wasser, Pflanzen und Tiere und damit in die Nahrung (Speisen und Getränke) des Menschen. Mit jedem Kilogramm Nahrung nehmen wir deshalb im Mittel radioaktive Nuklide mit einer Aktivität von ca. 100 Bq zu uns. Diese verhalten sich bei Stoffwechsel-, Transport- und Ausscheidungsvorgängen wie nicht aktive Nuklide. So gelangen radioaktive Nuklide in alle Teile des menschlichen Körpers. Manche Nuklide werden in einzelnen Organen gespeichert, bevor sie über Stoffwechselprozesse wieder ausgeschieden werden. Als Ergebnis von Zufuhr und Ausscheidung stellt sich ein Gleichgewichtszustand der im Körper vorhandenen radioaktiven Nuklide ein. → **T1** zeigt, dass ein Mensch (70 kg) lebenslang ein radioaktiver Strahler mit einer Aktivität von ca. 8800 Bq ist. Er erhält dadurch selbst eine Strahlenexposition von ca. 0,3 mSv/a.

2. Die externe natürliche Strahlenexposition

- Die radioaktiven Nuklide in Böden und Gesteinen bewirken durch ihre γ-Strahlung die **terrestrische Strahlung.** Sie schwankt in ihrer Intensität je nach Zusammensetzung des Bodens und verursacht eine mittlere effektive Dosis der Bevölkerung im Gebiet der Bundesrepublik Deutschland von ca. 0,4 mSv/a. Davon entfallen ca. 0,1 mSv/a auf den Aufenthalt im Freien und ca. 0,3 mSv/a auf den Aufenthalt in Gebäuden.

- Die *kosmische Strahlung* aus dem Weltraum besteht primär aus hochenergetischen Teilchenstrahlen und γ-Strahlung. Auf ihrem Weg durch die Lufthülle wird sie teilweise absorbiert. Folglich nimmt die Dosisleistung mit der Höhe zu → B2 und ist z. B. im Flugzeug verstärkt wirksam. In der Bundesrepublik Deutschland bewirkt sie in Meereshöhe eine effektive Dosis von 0,3 mSv/a.

Die **gesamte durchschnittliche effektive Dosis,** die ein Mensch in der Bundesrepublik durch die natürliche Strahlenexposition erhält, beträgt im Mittel 2,1 mSv/a → B1 . Die Streubreite liegt etwa zwischen 1 und 5 mSv/a → B3 . Vereinzelt treten Werte von 10 mSv/a auf. – Die Bundesregierung Deutschlands veröffentlicht jährlich den Jahresbericht *„Umweltradioaktivität und Strahlenbelastung"*, in dem weitere Einzelheiten nachzulesen sind (Herausgeber: Bundesministerium für Umwelt, Naturschutz und Reaktorsicherheit).

Merksatz

Ein Mensch ist immer und überall einer natürlichen Strahlenexposition ausgesetzt. Die dominierende Komponente dabei ist die Inhalation von Radonisotopen. In der Bundesrepublik Deutschland ist die durchschnittliche natürliche Strahlenexposition eines Menschen im Jahr 2,1 mSv an effektiver Dosis.

3. Zivilisatorische Strahlenexposition des Menschen

Zusätzlich zu der natürlichen Strahlenexposition liefert die Anwendung radioaktiver Stoffe und ionisierender Strahlung in der Medizin nochmals einen Anteil von ca. 1,9 mSv/a an effektiver Dosis. Den Hauptanteil daran haben die *Röntgenuntersuchungen* einschließlich der Untersuchungen mittels Computertomografie (CT). Durchschnittlich wurden 2004 in Deutschland 1,6 Röntgenuntersuchungen und 0,11 CT-Untersuchungen pro Einwohner durchgeführt. In → T2 sind beispielhaft Strahlendosen bei einigen Untersuchungen einschließlich der Nuklearmedizin aufgeführt.
Weitere zivilisatorische Strahlenexpositionen, z. B. durch Kohle- und Kernkraftwerke, sind insgesamt kleiner als 0,05 mSv/a.

Untersuchungsart	Dosis in mSv
a) Untersuchungen mit Röntgenaufnahmen	
Zahnaufnahme	≤ 0,01
Gliedmaßen	< 0,01 – 0,1
Brustkorb	0,02 – 0,08
Mammografie	0,2 – 0,6
Becken	0,5 – 1,0
b) Röntgenuntersuchungen mit Aufnahme und Durchleuchtung	
Harntrakt	2 – 5
Magen	6 – 12
Darm	10 – 18
c) Computertomografieuntersuchungen (CT)	
Wirbelsäule/Skelett	2 – 11
Bauchraum	10 – 25
d) diagnostische nuklearmedizinische Untersuchungen	
Skelettszintigrafie	3 – 8
Schilddrüsenszintigrafie	0,5 – 1
Positronenemissionstomografie (PET) mit F-18	4 – 10

T2 Effektive Dosis *E* bei medizinischen Untersuchungen mit ionisierenden Strahlen

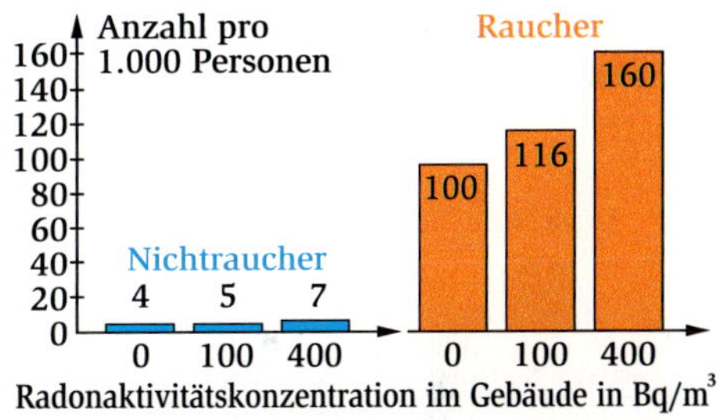

B4 Wahrscheinlichkeit bis zum Alter von 75 Jahren an Lungenkrebs zu erkranken

Projekt

Radon

Erstellen Sie eine Präsentation, mit der Sie über das Radonproblem informieren, u. a. über gesundheitliche Folgen von überhöhter Radonkonzentration in Gebäuden und über Möglichkeiten, sie zu verhindern. Arbeiten Sie in die Präsentation auch folgende Aufgaben ein. Informationsquellen: dieses Lehrbuch, Internetrecherche.

Aufgaben

1. Erklären Sie das Auftreten der Radonisotope Rn-222 und Rn-220 in Gebäuden und in der Umgebung.

2. Weisen Sie Radon in Ihrem Arbeitsraum mithilfe eines geladenen Drahtes (– 5 kV) experimentell nach (Lehrerin/Lehrer hilft bei der Durchführung). Erklären Sie, wie es zu der Ablagerung auf dem Draht und der Aktivität der Ablagerung kommt.

3. Erklären Sie die Anreicherung von Radon und dessen Schwankungen der Konzentration in Innenräumen.

4. Informieren Sie über die Höhe der Radonkonzentration in der Raumluft von Gebäuden in Deutschland.

5. Teilen Sie mit, welche effektive Dosis durch Radon eine Person erhält, die dauerhaft in Deutschland lebt.

6. Man vermutet, dass eine zusätzliche Strahlenexposition durch Radon von 100 Bq/m³ das Lungenkrebsrisiko eines Menschen um ca. 10 % erhöht, d. h. bei 1000 Bq/m³ ist das Risiko mindestens doppelt so hoch. Erläutern Sie den Begriff „Risiko".

7. Beachten Sie das Thema „Raucher und Radon" → B4 .

8. Zur Begrenzung der Dosis durch Radon hat man für drei Konzentrationsbereiche der Wohnraumluft Empfehlungen ausgesprochen. Nennen Sie diese drei Bereiche und Maßnahmen zum Radonschutz bei Neubauten.

Strahlenschäden – Strahlenschutz

Dosis in Gy	Symptome
< 0,25	äußerlich keine Schäden erkennbar
0,25 – 1	2 – 6 Stunden nach der Exposition gelegentlich Übelkeit und Erbrechen
1 – 3	nach 2 Stunden Erbrechen, kurzzeitig Kopfschmerzen, 12 – 24 Stunden nach der Exposition zeigen sich rötliche Haarverfärbungen: nach 2 Wochen Haarausfall; Jahre später können sich Augenlinsen trüben.
3 – 6	Ausgeprägte Abgeschlagenheit schon nach 6 – 12 Stunden; Erbrechen nach 0,5 – 2 Stunden, ständig Kopfschmerzen; in der 3. Woche Fieber, Entzündungen im Mund und Rachen, blutige Durchfälle, ohne aufwendige medizinische Versorgung stirbt jede 2. Person
6 – 8	Erbrechen nach 10 Minuten; Durchfälle nach wenigen Stunden mit inneren und äußeren Blutungen, ständig bohrende Kopfschmerzen, beginnende Bewusstseinstrübung; der Tod erfolgt zumeist in der 2. Woche
8 – 15	Erbrechen nach 5 Minuten; qualvolle Kopfschmerzen; Krämpfe bis zum Eintritt des Komas; in wenigen Tagen tritt der Tod ein.

T1 Symptome nach Ganzkörperexposition

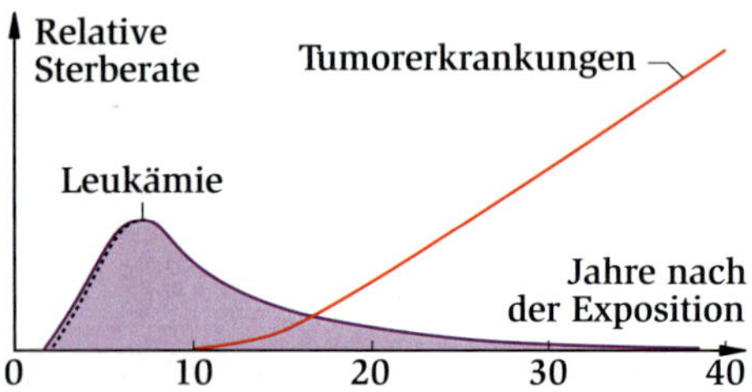

B1 Zeitmuster der durch Strahlenexposition hervorgerufenen Leukämie- und Krebserkrankungen unter den Überlebenden der Atombombenexplosionen in Japan

	Hiroshima	Nagasaki
Zivilbevölkerung 1945	~ 310 000	~ 250 000
getötete Personen	~ 120 000	~ 70 000
verwundete Personen	~ 80 000	~ 80 000
ab 1950 erfasste Überlebende, deren Strahlendosis bekannt ist	86 572	
alle Todesfälle bis 2000 unter diesen Überlebenden	47 685	
darunter Krebstodesfälle bis 2000	10 127	
davon strahlenbedingt	479	
und Leukämietodesfälle bis 2000	296	
davon strahlenbedingt	93	

T2 Wirkung der über Japan 1945 eingesetzten Atombomben

1. Welche Schäden können im Körper auftreten?

a) Deterministische Strahlenwirkungen sind solche, bei denen der Schweregrad des Strahlenschadens *eine Funktion der Energiedosis* ist. Es existiert für diese Wirkungen im Allgemeinen eine *Schwellendosis,* d. h. ein Schaden tritt erst auf, wenn dieser Schwellenwert überschritten ist. Beim Menschen liegt dieser Wert bei einer Ganzkörperexposition von ca. 0,2 Gy. Je höher die Energiedosis oberhalb dieses Schwellenwertes ist, desto schwerer ist die Erkrankung → T1. Sie tritt sofort oder innerhalb weniger Wochen nach der Exposition ein. Betroffen sind in erster Linie jene Zellverbände, die relativ rasch erneuert werden, also die Blutbildungsorgane und die Mund-, Magen- und Darmschleimhäute.

b) Stochastische Strahlenwirkungen sind solche, bei denen die *Eintrittswahrscheinlichkeit* für einen Strahlenschaden, *nicht aber dessen Schweregrad* von der Energiedosis abhängt. Dazu zählen Leukämie, Krebs und Veränderungen der Erbanlagen (genetische Schäden). Sie treten mit einer bestimmten Wahrscheinlichkeit erst Jahre nach der Exposition auf → B1.

Merksatz

Deterministische Strahlenwirkungen sind solche, bei denen der Schweregrad des Strahlenschadens eine Funktion der Energiedosis ist. Für diese Strahlenschäden gibt es eine Schwellendosis.
Bei stochastischen Strahlenwirkungen hängt die Eintrittswahrscheinlichkeit, nicht aber die Schwere des Schadens, von der Energiedosis ab. Dazu zählen Leukämie, Krebs und genetische Schäden.

2. Stochastisches Strahlenrisiko bei kleinen Dosen

Dosen unter 0,2 Sv oder Dosisleistungen unter 50 mSv/a werden als niedrig angesehen. So summiert sich die natürliche Strahlenexposition eines Menschen im Laufe eines 70-jährigen Lebens auf $70 \cdot 2{,}1\ \text{mSv} \approx 0{,}15\ \text{Sv}$. Deterministische Schäden treten bei diesen Dosen wegen deren Schwellendosis nicht auf.

Ist mit diesen kleinen Dosen aber ein Krebsrisiko oder ein genetisches Risiko verbunden? Experimentell lässt sich dies nicht nachweisen. Die Wirkung ist zu gering, um sich von der natürlichen Spontanrate der Krebssterblichkeit abzuheben. So ist man auf Abschätzungen angewiesen. Als Grundlage dafür dient hauptsächlich die Untersuchung Überlebender der Atombombenabwürfe in Japan → T2, wo die Menschen allerdings kurzzeitig mit einer hohen Dosis exponiert wurden.

Man fand zunächst, dass das Auftreten von Leukämie anders verläuft als das anderer Krebsarten → B1. Zahlenmäßig ergab sich: Betrachtet man ein Kollektiv von 1000 Menschen, so treten ohne zusätzliche Strahlenexposition 7 Leukämietodesfälle und 200 bis 250 andere Krebstodesfälle auf. Werden 1000 Menschen zusätzlich kurzzeitig mit einer effektiven Dosis von 1 Sv exponiert, muss man mit weiteren 11 Leukämie- und 109 anderen Krebstoten rechnen. Man sagt, der *Risikokoeffizient,* d. h. die Wahrscheinlichkeit nach einer Strahlenexposition an Krebs zu sterben, liegt bei Leukämie bei 1,1 % je Sv und bei den anderen Krebsarten bei 10,9 % je Sv.

Die natürlichen oder beruflichen, unfallbedingten Strahlenexpositionen erfolgen zeitlich verteilt und liegen fast immer im niedrigen Dosisbereich mit geringen Dosisleistungen. Zeitlich gestreckte Dosisaufnahmen sollten die Erfolgschancen für biologische Reparaturmechanismen erhöhen. Deshalb hat man zum Zwecke des Strahlenschutzes die Risikokoeffizienten für Expositionen mit Dosen unter 0,2 Sv oder mit geringer Leistung gegenüber den in Japan gewonnenen Ergebnissen halbiert und rechnet mit einem Todesfallrisiko für alle Krebsarten von 5 % je Sv ➜ B2 . Die bei hohen Dosen beobachteten Wirkungen werden linear und ohne Schwellenwerte bis zur Wirkung null bei der Dosis null extrapoliert. So trägt die natürliche Strahlenexposition von 0,15 Sv (in 70 Jahren) dann 5 %/Sv · 0,15 Sv ≈ 1 % zu dem 25 %-igen Anteil der Krebstodesfälle bei ➜ Exkurs.

Genetische Schäden konnten beim Menschen bislang nicht nachgewiesen werden, auch nicht bei den Atombombenüberlebenden. Man geht aber aufgrund von Tierversuchen davon aus, dass die Wahrscheinlichkeit von schweren genetischen Schäden bei 1 % je Sv liegt.

Werden schwangere Frauen bestrahlt, treten mit einer größeren Wahrscheinlichkeit deterministische und stochastische Schäden an der Leibesfrucht auf als bei erwachsenen Personen. Embryonen weisen nämlich eine höhere Zellteilungsrate auf. *Eine Schwangerschaft sollte jede Frau vor einer Röntgenuntersuchung dem Arzt mitteilen.*

Merksatz

Stochastische Strahlenschäden bei kleinen Dosen lassen sich experimentell nicht nachweisen. Für den Strahlenschutz rechnet man derzeit mit einem Strahlenkrebsrisiko von 5 % je Sv und einer Wahrscheinlichkeit für genetische Schäden von 1 % je Sv.

3. Strahlenschutz

Der Strahlenschutz geht weltweit nach dem „ALARA-Prinzip" vor. ALARA steht für „**As** **l**ow **a**s **r**easonably **a**chievable". Das bedeutet: Maßnahmen, die ergriffen werden, um die Strahlenexposition so gering wie möglich zu halten, müssen unter Berücksichtigung wirtschaftlicher, technischer und sozialer Faktoren vernünftig und sinnvoll sein. Erste Regel des Strahlenschutzes ist es, jede unnötige Expositionen zu vermeiden! Für unvermeidbare Expositionen bei externer Bestrahlung gibt es die vier Grundregeln des Strahlenschutzes:

1. Verwendung einer möglichst *geringen Aktivität* der Quelle.
2. *Beschränkung der Aufenthaltsdauer* in einem Strahlenfeld.
3. Einhaltung eines *sicheren Abstandes* zur Strahlenquelle.
4. *Abschirmung* der Strahlung durch geeignete Materialien.

Um eine interne Exposition so weit wie möglich zu beschränken, gibt es weitere, hier nicht aufgeführte Grundregeln. Wichtig ist zu wissen: Strenge gesetzliche Vorschriften regeln den Umgang mit radioaktiven Stoffen und Röntgengeräten. In Deutschland sind es die *Strahlenschutzverordnung* (StrlSchV) und die *Röntgenverordnung* (RöV). Die Einhaltung von **Dosisgrenzwerten** sichert die Wirksamkeit von Strahlenschutzmaßnahmen. So darf die jährliche Strahlenexposition außerhalb einer kerntechnischen Anlage die effektive Dosis von 0,3 mSv/a nicht überschreiten. Die Dosisgrenzwerte orientieren sich u.a. an der *Schwankungsbreite* der natürlichen Strahlenexposition.

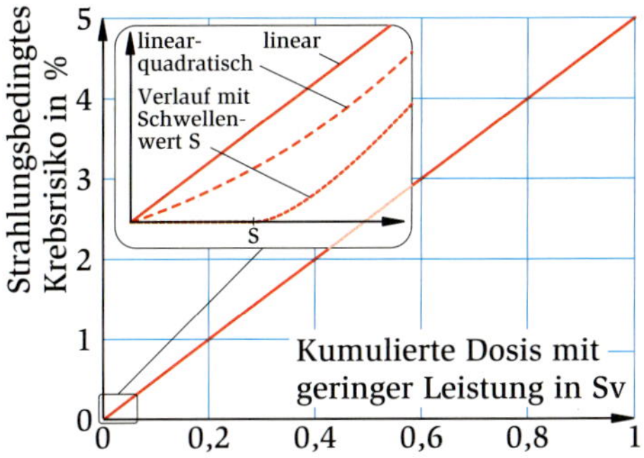

B2 Krebsrisiko als Funktion der Dosis; der Verlauf bei sehr kleinen Dosen ist ungeklärt.

Exkurs

A. Beobachtungen bei kleinen Dosen

In Gegenden mit sehr hoher natürlicher Strahlenexposition (> 30 mSv/a), wie in Indien oder dem Iran, konnten keinerlei Hinweise auf ein erhöhtes Krebsrisiko gefunden werden. Die „normale" Krebssterblichkeit unterliegt nämlich größeren Schwankungen, sodass durch Strahlenexposition erzeugte Krebsfälle im statistischen Rauschen untergehen. So sterben z. B. ca. 25 % der Bevölkerung der Bundesrepublik Deutschland an Krebs.

B. Eine ungeklärte Frage

Heute schätzt man die *stochastische Wirkung* kleiner Dosen wie folgt ab: Man extrapoliert von den bei hohen Dosen beobachteten Wirkungen linear und ohne Schwellenwert bis zur Wirkung null bei der Dosis null mit der Steigung 5 %/Sv ➜ B2 . Diese lineare Dosis-Wirkungsbeziehung ohne Schwelle (LNT-Hypothese, linear-non-threshold) ist derzeit eine wichtige Annahme im Strahlenschutz und die Grundlage für die Festlegung von Grenzwerten.

Diese Hypothese wird allerdings hinterfragt. Unterhalb von 50 mSv zeigen nämlich alle vorliegenden Untersuchungen keinen signifikanten Trend. Viele der strahlenbiologischen Effekte auf molekularer oder zellulärer Ebene weisen im Bereich kleiner Dosen nicht-lineare Dosis-Wirkungsbeziehungen auf (➜ B2 , Ausschnitt). Wie diese Einzeleffekte allerdings in ihren Zusammenhängen und Wechselwirkungen zu einer Dosis-Wirkungsbeziehung für den Gesamtprozess der Krebsentstehung beitragen, ist noch weitgehend ungeklärt.

Weitere Strahlenexpositionen

Radio-nuklid	Γ_γ in $\mu Sv m^2 h^{-1} GBq^{-1}$	Radio-nuklid	Γ_γ in $\mu Sv m^2 h^{-1} GBq^{-1}$
Na-22	333	I-123	46,5
Co-60	354	I-131	65,9
Cs-137	92,5	Ra-226	298
Tc-99m	21,6	Am-241	7,3

T1 Dosisleistungskonstante Γ_γ für Photonen

Nuklid	$T_{1/2b}$	$T_{1/2p}$	T_{eff}
I-131	80 d (Schilddrüse)	8,02 d	7,3 d
Cs-137	110 d (Männer) 65 d (Frauen)	30,1 a	110 d 65 d
Po-210	50 d	138 d	36,7
Pu-239	20 a (Leber) 50 a (Knochen-oberfläche)	$2,41 \cdot 10^4$ a	20 a 50 a

T2 Biologische Halbwertszeiten $T_{1/2b}$, physikalische Halbwertszeit $T_{1/2p}$ und effektive Halbwertszeit T_{eff} für Erwachsene

Beispiel 1 Strahlenexposition durch ein γ-Präparat

Welche Dosis enthält ein Experimentator in der Schule, der sich 1 Stunde in 50 cm Abstand von einem Cs-137 Präparat der Aktivität 10^5 Bq aufhält? Aus dem Präparat tritt nur γ-Strahlung aus. Die Dosis ist $\Delta H = \dot{H} \cdot \Delta t$, also:

$$\Delta H = 92{,}5 \frac{\mu Sv \cdot m^2}{h \cdot 10^9\, Bq} \cdot \frac{10^5\, Bq}{(0{,}5\, m)^2} \cdot 1\, h$$
$$\approx 0{,}037\, \mu Sv.$$

1. Externe Strahlenexposition durch eine γ-Quelle

Welche Strahlenexposition erfährt ein Mensch, der sich z.B. aus beruflichen Gründen eine bestimmte Zeit t in einem Abstand r von einer Strahlenquelle der Aktivität A aufhalten muss? Als Beispiel betrachten wir die Strahlenexposition durch eine punktförmige γ-Quelle. Wird deren Strahlung nicht absorbiert oder gestreut, erzeugt sie im Abstand r die Orts*dosisleistung* $\dot{H}$ (die Ortsdosis gibt etwa die effektive Dosis an → **Exkurs**).

$$\dot{H} = \frac{\Delta H}{\Delta t} = \Gamma_\gamma \cdot \frac{A}{r^2}.$$

Die Größe Γ_γ ist die *Dosisleistungskonstante* für Photonen → **T1**. In → **Beispiel 1** wird damit eine Strahlenexposition bestimmt.

2. Interne Strahlenexposition durch Radionuklide

Werden einem Körper radioaktive Nuklide zugeführt (wie in der Nuklearmedizin), so werden diese im Körper gespeichert oder ausgeschieden. Bei der Ausscheidung sowohl der radioaktiven als auch der stabilen Nuklide werden in gleichen Zeitabschnitten fast gleiche Bruchteile ausgeschieden. So kann man eine *biologische Halbwertszeit* $T_{1/2b}$ definieren. Sie gibt an, nach welcher Zeit die Hälfte eines radioaktiven oder stabilen Nuklids wieder ausgeschieden wird. $T_{1/2b}$ kann für ein bestimmtes Organ und den gesamten Organismus sehr unterschiedlich sein und ist abhängig von der Ernährung und vom Lebensalter → **T2**. Maßgebend für die Abnahme der Aktivität einer vom Körper aufgenommenen radioaktiven Substanz sind weder die physikalische Halbwerstzeit $T_{1/2p}$ noch die biologische $T_{1/2b}$ allein, sondern die *effektive Halbwertszeit* T_{eff}. Es gilt:

$$\frac{1}{T_{1/2\,eff}} = \frac{1}{T_{1/2p}} + \frac{1}{T_{1/2b}} \Rightarrow T_{1/2\,eff} = \frac{T_{1/2p} \cdot T_{1/2b}}{T_{1/2p} + T_{1/2b}}.$$

Exkurs

Dosis: Begriffe und Messgrößen

Die „International Commission on Radiological Protection (ICRP)" gibt seit Jahren Empfehlungen heraus, die als Grundlage für die Gesetzgebung zum Strahlenschutz dienen. Darin werden die im Strahlenschutz verwendeten Dosisbegriffe definiert. Als Grundgröße dient die Energiedosis. Die Begriffe Organdosis und effektive Dosis werden unter dem Sammelbegriff Körperdosen zusammengefasst. Sie werden zur Festlegung von *Dosisgrenzwerten* verwendet, sind aber selbst nicht messbar, da sie u.a. unter mit Wichtungsfaktoren bestimmt werden.

Für *Messungen* bei *externer* Strahlenexposition verwendet man die Ortsdosis und die Personendosis. Die letzten beiden gehören gemeinsam zur Größenart der Äquivalentdosis (auf eine Definition des Begriffs Äquivalentdosis gehen wir hier nicht ein). Bei *interner* Strahlenexposition werden die Köperdosen z.B. aus Messungen der Aktivität im Körper, in der Atemluft oder in Nahrungsmitteln abgeschätzt. Ortsdosis und Personendosis werden mit **Dosimetern** → **Bild** gemessen. Meist ermitteln sie Dosis*leistungen*, also die pro Zeiteinheit empfangene Dosis. Messgeräte für die Ortsdosis (Ortsdosimeter) geben in etwa die effektive Dosis einer Person an, die sich ständig am Ort der Messung aufhalten würde. Die Personendosis wird von Personendosimetern gemessen, welche die strahlengefährdete Person ständig am Körper trägt. Sie geben in etwa die effektive Dosis an, die diese Person tatsächlich in einem bestimmten Zeitraum erhalten hat.

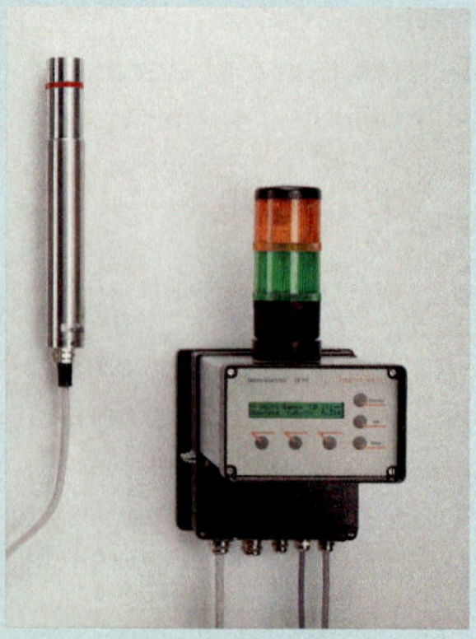

Stationäres Dosimeter zur Überwachung der Ortsdosisleistung von γ-Strahlung

Um berechnen zu können, welche Strahlendosis ein Mensch erhält, wenn eine bestimmte Menge radioaktiver Stoffe in seinen Körper gelangt, hat man sogenannte *Dosiskoeffizienten* g_{gE} und g_{gT} ermittelt. Diese sind vom radioaktiven Nuklid, seiner chemischen Verbindung, dem Speicherorgan, dem Alter der Person und davon abhängig, ob die Aufnahme über Inhalation oder Ingestion erfolgt. In **→ T3** sind einige Dosiskoeffizienten für Ingestion angegeben. Die effektive Folgedosis E, das ist die Dosis, die ein Mensch erhält, bis die aufgenommene radioaktive Substanz der Aktivität A praktisch wieder ausgeschieden ist, berechnet sich aus $E = g_{g,E} \cdot A$ **→ Beispiel** und die Organdosis H_T aus $H_T = g_{g,T} \cdot A$.

Nuklid	Organdosis oder effektive Dosis	$g_{g,E}$ in Sv/Bq		$g_{g,T}$ in Sv/Bq	
		Kind 1 a	Erwachsene	Kind 1 a	Erwachsene
I-131	Schilddrüse			$3{,}7 \cdot 10^{-6}$	$4{,}3 \cdot 10^{-7}$
	effektive Dosis	$1{,}8 \cdot 10^{-7}$	$2{,}2 \cdot 10^{-8}$		
Cs-137	effektive Dosis	$2{,}1 \cdot 10^{-8}$	$1{,}3 \cdot 10^{-8}$		
Po-210	Nieren			$1{,}8 \cdot 10^{-4}$	$1{,}3 \cdot 10^{-5}$
	effektive Dosis	$2{,}6 \cdot 10^{-5}$	$1{,}2 \cdot 10^{-6}$		
Pu-239	effektive Dosis	$4{,}2 \cdot 10^{-6}$	$2{,}5 \cdot 10^{-7}$		

T3 Einige Dosiskoeffizienten $g_{g,E}$ und $g_{g,T}$ für Ingestion

Beispiel 2 Ingestion von Polonium 210

Ein Erwachsener nimmt 0,1 µg Po-210 mit der Nahrung auf. Welche Dosis erhält er?

Die Zahl N_0 der Atome in 1 µg Po-210 sind:

$N_0 = (6{,}02 \cdot 10^{23}/210\ \text{g}) \cdot 0{,}1\ \mu\text{g} = 2{,}9 \cdot 10^{14}$.

Damit ist die Aktivität A_0 von 0,1 µg Po-210:

$$A_0 = \frac{N_0 \cdot \ln 2}{T_{1/2\text{p}}} = \frac{2{,}9 \cdot 10^{14} \cdot \ln 2}{138{,}4\ \text{d}}$$

$$= 1{,}7 \cdot 10^7\ \text{Bq}.$$

Somit erhält der Erwachsene die effektive Dosis:

$$E = g_{gE} \cdot A_0$$

$$= 1{,}2 \cdot 10^{-6}\ (\text{Sv/Bq}) \cdot 1{,}7 \cdot 10^7\ \text{Bq} \approx 20\ \text{Sv!}$$

Diese Dosis kann innerhalb von wenigen Tagen zum Tod führen **→ Strahlenwirkungen**.

A1 Berechnen Sie die Energie, die ein Mensch (75 kg) bei einem Strahlenunfall absorbiert, bei dem er die bedrohliche Dosis von 4 Gy empfängt und die Temperaturerhöhung durch diese Energie. Bestimmen Sie die Höhe, aus der ein Körper (75 kg) im freien Fall dieselbe kinetische Energie erhält.

A2 **a)** Erläutern Sie die Begriffe Energiedosis, Organdosis und effektive Dosis. **b)** Beschreiben Sie den Unterschied zwischen Dosis und Dosisleistung.

A3 **a)** Schätzen Sie die jährliche effektive Dosis ab, die ein Mensch aufgrund seines K-40 Gehaltes erhält. Aufgrund dessen finden pro kg Körpergewebe konstant 57 β-Zerfälle/s und 7 γ-Zerfälle/s statt. Rechnen Sie mit einer mittleren Energie der β^--Teilchen von $W_{max}/3 \approx$ 450 keV und einer 50 %-igen Absorption der γ-Energie von 1,46 MeV im Körper. **b)** Für Lebensmittel gilt ein Grenzwert von 600 Bq/kg Cs-137. Ein Erwachsener isst zehnmal im Jahr eine Portion Wildfleisch (a 0,25 kg), belastet mit 600 Bq/kg Cs-137. Berechnen Sie die Dosis, die er erhält. Vergleichen Sie mit a)!

A4 Tc-99m zerfällt mit $T_{1/2} = 6$ h in den Grundzustand von Tc-99 ($W_\gamma = 140$ keV). Bei einer Untersuchung wird einem Patienten Tc-99m der Aktivität $50 \cdot 10^6$ Bq verabreicht, die sich in der Leber ansammelt. **a)** Schätzen Sie die Energiedosis ab, die die Leber (ca. 1,5 kg) erhält, wenn 50 % der Quantenenergie in der Leber absorbiert wird. **b)** Berechnen Sie die effektive Dosis, wenn nur die Leber bestrahlt würde.

A5 Ein punktförmiges, umschlossenes Co-60 Präparat (74 kBq) wird 1,5 h benutzt. Berechnen Sie die Ortsdosis für $r = 0{,}5$ m (Γ_γ **→ T1**).

A6 Ein an der Schilddrüse Erkrankter wird im Krankenhaus mit I-131 behandelt. **a)** Berechnen Sie $T_{1/2\,\text{eff}}$ ($T_{1/2\text{b}}$ **→ T2**). **b)** Die Aktivität von I-131 in der Schilddrüse sei zu Beginn 350 MBq. Berechnen Sie die Zeit, bis die Dosisleistung in 2 m Abstand die vom Gesetzgeber erlaubten 3,5 µSv/h unterschreitet (Γ_γ **→ T1**). **c)** Schätzen Sie die Energiedosis ab, die die Schilddrüse ($m_{\text{Schilddrüse}} = 40$ g) durch die β-Strahlung von I-131 erhält (mittlere Energie eines β-Teilchens 190 keV).

A7 **a)** Begründen Sie die vier Grundregeln für den Strahlenschutz. **b)** In 10 cm Abstand von einer punktförmigen γ-Strahlenquelle wird eine Dosisleistung von 150 mSv/h gemessen. Bestimmen Sie den Abstand, an dem die Ortsdosisleistung 1 mSv/h beträgt.

A8 Die Grafik zeigt eine Übersicht der Reaktionskette, die eine Strahlenexposition im Menschen bewirken kann. Erläutern Sie!

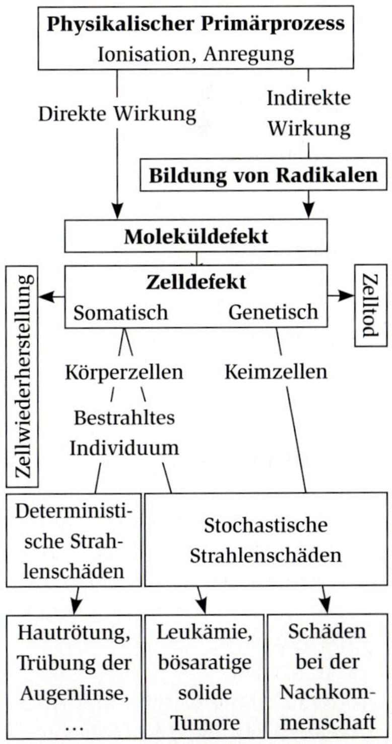

Physik und Medizin

Neben der Altersbestimmung mithilfe der Radioaktivität → **Halbwertszeit** finden radioaktive Nuklide vielfältige Anwendungen. Sie können mit → **Kernreaktoren** und → **Beschleunigern** in großer Auswahl hergestellt werden. Die Anwendungen beruhen u.a. darauf, dass ionisierende Strahlung mit Stoffen in Wechselwirkung tritt und Spuren radioaktiver Substanzen außerordentlich empfindlich nachgewiesen werden können. Einige Beispiele sind:

A. Anwendungen der Absorption von Strahlung

Durchsetzt γ-Strahlung Materie, so wird sie teilweise absorbiert. Die Absorption hängt u.a. von der Dicke der durchstrahlten Materie ab. Dies nützt man z.B. aus um berührungslos die *Dicke eines Materials* zu messen → **B1** oder bei *Füllstandsmessungen* von Flüssigkeiten in geschlossenen Behältern → **A2**. Mit der *Gammaradiografie* → **B2** gelingt eine zerstörungsfreie Materialprüfung, etwa die Überprüfung einer Schweißnaht oder im Bereich der Bildenden Kunst die Erforschung der Technik des Gusses dickwandiger Bronzeskulpturen.

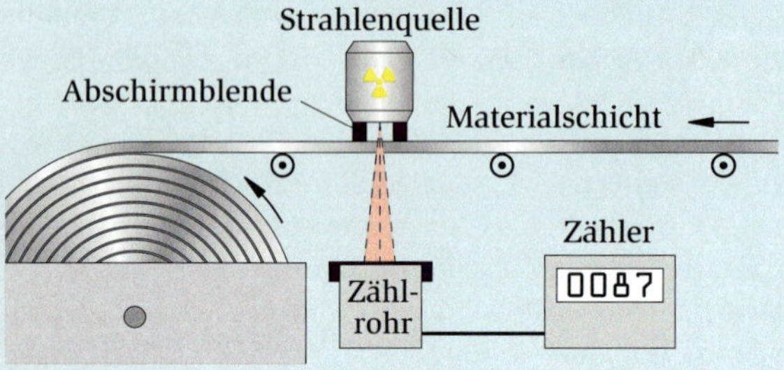

B1 Berührungslose Dickenmessung

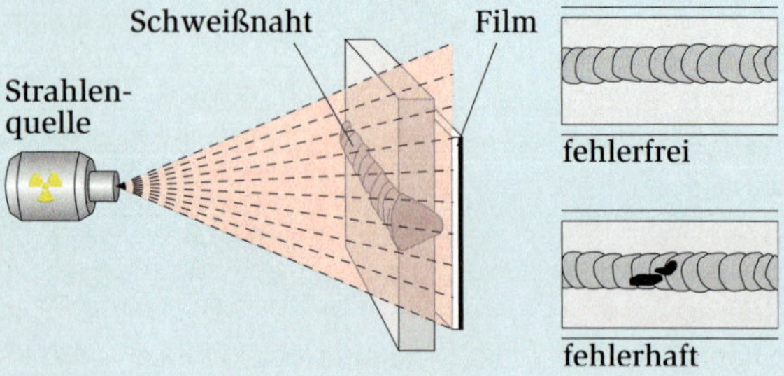

B2 Zerstörungsfreie Materialprüfung

B. Markierung mit radioaktiven Nukliden

Chemische, technologische und biologische Prozesse lassen sich verfolgen, wenn man die beteiligten Stoffe mit radioaktiven Nukliden „markiert". Die Radionuklide werden zur Spurensuche verwendet. Man spricht deshalb auch von *Tracermethoden*. G. v. HEVESY erhielt 1943 für deren Entdeckung den Nobelpreis für Chemie.

a) Bei der **Isotopenmarkierung** wird ein sehr kleiner Teil der Moleküle eines Stoffes durch Zugabe eines radioaktiven Isotops gekennzeichnet. Die so markierten Moleküle nehmen dann an den normalen chemischen Reaktionen des Systems teil. Die Strahlung, die sie aussenden, verrät viel über die abgelaufenen Prozesse. Mithilfe der Isotopenmarkierung konnte z.B. der Ablauf der *pflanzlichen Photosynthese* geklärt werden.

b) Bei der **Fremdatommarkierung** werden den Stoffen, die an dem zu untersuchenden Prozess teilnehmen, Radioisotope zugegeben, die keine chemische Identität mit der zu markierenden Substanz haben.
Ein Beispiel aus der Technik ist die **Verschleißkontrolle.** Die Untersuchung des Verschleißes bewegter Maschinenteile liefert volkswirtschaftlich wichtige Aussagen über die optimale Werkstoffauswahl. So wird dem Stahl eines Achslagers Fe-52 als Markierung zugegeben und dessen Menge im Abrieb gemessen. Ähnlich wird der Abrieb von Fahrzeugreifen durch Zugabe von P-32 in die Gummimasse kontrolliert. Mit der radioaktiven Markierung der Verschleißteile kann man Abriebmengen von 10^{-14} kg nachweisen! Mit einer Wägung der Verschleißteile sind dagegen erst Abtriebsmengen ab 10^{-8} kg festzustellen.

c) Die **nuklearmedizinische Diagnostik** nützt aus, dass im menschlichen Körper bestimmte Substanzen in Organen und Geweben unterschiedlich gut aufgenommen und ausgeschieden werden. Bei einer Untersuchung wird dem Patienten ein *Radiopharmakon* verabreicht. Ein Radiopharmakon besteht aus einer Trägersubstanz, an die ein Radionuklid chemisch gebunden ist, das Gammastrahlung aussendet. Die so radioaktiv markierte Verbindung verhält sich bei Stoffwechsel-, Transport- und Ausscheidungsvorgängen wie die entsprechenden nicht aktiven Substanzen. Anhand der Gammastrahlung lässt sich dann von außen die Geschwindigkeit der Aufnahme und Ausscheidung sowie die Anreicherung der Trägersubstanz in verschiedenen Organen verfolgen. Daraus lassen sich wichtige diagnostische Aussagen treffen. Der Nachweis der Gammastrahlung erfolgt mit Szintillationszählern. Sie sind in *Gammakameras* so angeordnet, dass sich auch größere Körperteile oder sogar der ganze Körper abbilden lassen → **B3**. Deren Bilder nennt man *Szintigramme.*

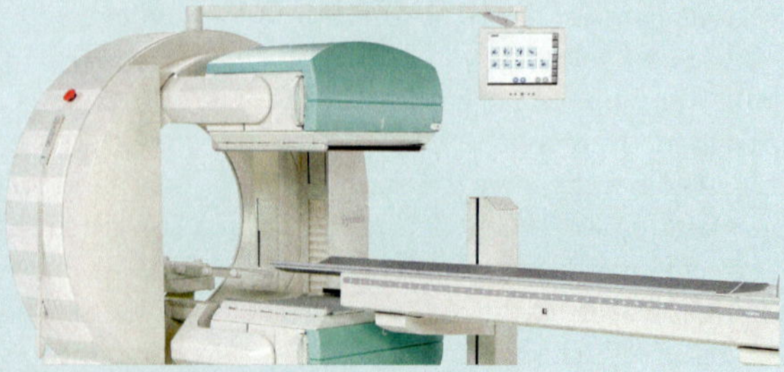

B3 Gammakamera zur Ganzkörpermessung

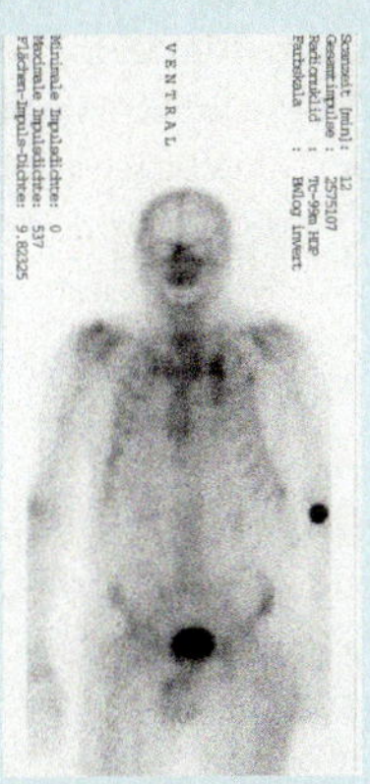

B4 Skelettszintigrafie

→ B4 zeigt die Skelettszintigrafie eines Menschen, der Knochenmetastasen hat. Um diese zu erkennen, wurden ihm eine mit dem γ-Strahler Tc-99m ($T_{1/2} = 6{,}0$ h) markierte Trägersubstanz injiziert, die sich in Knochenmetastasen anreichert. Im Bild der Gammakamera erkennt man dann die Metastasen als dunkle Stellen. Das mit der Trägersubstanz in den Metastasen angereicherte Tc-99m sendet wegen seiner Anreicherung von diesen Stellen nämlich eine intensivere γ-Strahlung aus als von anderen.

b) Ein Beispiel der **Strahlentherapie** mit Ionenstrahlen ist im Kapitel **→ Physik und Medizin** beschrieben.

c) Auch die **Sterilen-Insekten-Technik (SIT)** beruht auf der zerstörenden Wirkung ionisierender Strahlung. Schadinsekten reduzieren die Weltnahrungsproduktion jährlich um etwa ein Drittel und der massive Einsatz von Insektiziden verursacht Umweltschäden mit hohen Folgekosten. Beim SIT-Verfahren werden die Männchen eines Schadinsekts, die in eigenen Zentren gezüchtet werden, einer kurzzeitigen intensiven Bestrahlung durch die γ-Strahlung einer Co-60- oder Cs-137-Quelle (100 Gy und mehr) ausgesetzt. Die Strahlung ist so dosiert, dass die Fliegen zwar sterilisiert aber sonst nicht beeinträchtigt werden. Sie sind nach der Bestrahlung nicht radioaktiv.

d) Ein anderes wichtiges Beispiel aus der Nuklearmedizin, die **Positronenemissionstomografie (PET)**, ist im Kapitel **→ Physik und Medizin** beschrieben.

3. Anwendung der Strahlenwirkung

a) Trifft ionisierende Strahlung auf lebendes Gewebe, so kann sie eine schädigende Wirkung ausüben. Einzelne Zelltypen zeigen jedoch eine unterschiedliche Strahlenempfindlichkeit. Zellen mit hoher Teilungsrate und großer Stoffwechselleistung sind strahlenempfindlicher als Zellen, die sich langsam vermehren. Auf dieser Tatsache beruht in der **nuklearmedizinischen Therapie** die Behandlung von Krebserkrankungen. Ein Radionuklid wird mit einer geeigneten Trägersubstanz (Pharmakon) direkt zu dem Organ transportiert, das von einem Tumor befallen ist. Man verwendet β-Strahler, da deren Strahlung im Gewebe eine kurze Reichweite hat. So werden zwar die Tumorzellen getroffen, aber das umgebende gesunde Gewebe geschont. Ein Beispiel ist die *Radiojodtherapie* zur Behandlung von Schilddrüsenkarzinomen. Dem Patienten werden bis zu 10^{10} Bq des Isotops I-131 verabreicht, das β- und γ-Strahlung aussendet. Jod reichert sich fast ausschließlich in der Schilddrüse an, sodass nur dort die Betastrahlung therapeutisch mit einer sehr hohen Energiedosis wirkt (bis zu 800 Gy!). Die γ-Strahlung führt einerseits zu einer unerwünschten Strahlenexposition, andererseits ermöglicht sie aber von außen mit einer Gammakamera die Speicherung von I-131 in der Schilddrüse zu überwachen **→ A1**.

Mit besonders ausgerüsteten Flugzeugen werden sie dann über dem landwirtschaftlichen Zielgebiet freigesetzt. Nach Begattung von frei lebenden Schädlingsweibchen bleiben diese ohne Nachkommen, die Population der Schadinsekten wird dadurch reduziert oder sogar regional ausgerottet. Dieses Verfahren ist im Vergleich zu Insektiziden sehr umweltschonend, da weder Feldfrüchte noch Farmarbeiter kontaminiert werden. Andere Insekten und speziell Nützlinge wie die Biene sind nicht betroffen und die Artenvielfalt des lokalen Ökosystems bleibt erhalten.

In Mexiko und in Chile konnte mittels des SIT-Verfahrens die Mittelmeer-Fruchtfliege **→ B5** ausgerottet und in den von ihr befallenen Zitrus- und Trauben-Plantagen große Wertschöpfungen erzielt werden.

B5 Mittelmeer-Fruchtfliege

d) Durch **strahleninduzierte Mutation** von Keimen und Pflanzenzellen können die Produktivität und die Widerstandskraft von Pflanzen erhöht werden. So wurde z. B. in Japan die Schwarzfleckenkrankheit bei Birnen beseitigt. In Pakistan wurde der Baumwollertrag verdoppelt und beim Basmati-Reis die Salztoleranz für meernahe Kultivierung erhöht. In China wiederum führte das Verfahren zu einer höheren Reisernte.

A1 Bei einer Radiojodtherapie sammele sich in der Schilddrüse 300 MBq I-131 an. **a)** Schätzen Sie die effektive Dosis ab, die der gesamte Körper ohne die Schilddrüse erhält, bis die I-131 Menge zerfallen ist. Nehmen Sie dabei an, dass der mittlere Abstand aller Organe von der Schilddrüse 40 cm sei und nur γ-Strahlung wirksam ist. *Hinweis:* Verwenden Sie die Dosisleistung $\dot{H}$ im Abstand r eines punktförmigen γ-Strahlers. **b)** Erörtern Sie die bei der Therapie auftretenden Dosen.

A2 Erläutern Sie **a)** die berührungslose Dickenmessung **→ B1** und **b)** die Gammaradiografie **→ B2**. **c)** Entwerfen Sie eine Versuchsanordnung, mit der man berührungslos den Füllstand eines Flüssigkeitsbehälters von außen messen kann.

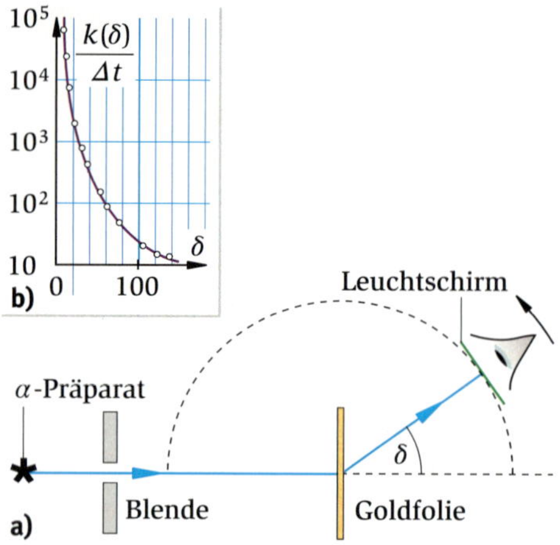

B1 Rutherfordscher Streuversuch:
a) Prinzip; **b)** Ergebnis

1. Rutherfordscher Streuversuch

Um 1905 waren die Physiker allmählich vom atomaren Aufbau der Materie überzeugt. Joseph THOMSON vermutete, die positive Atomladung und damit auch die Masse des Atoms sei gleichmäßig über das Volumen des ganzen Atoms verteilt, die leichten Elektronen seien in diese verschmierte Plusladung wie Rosinen in einen Teig eingebettet.

Zur Überprüfung dieses Atommodells beschoss Ernest RUTHERFORD 1911 eine sehr dünne Goldfolie mit einem Strahl von α-Teilchen. Er untersuchte, unter welchen Winkeln δ die α-Teilchen gegen die Einfallsrichtung abgelenkt werden ➜ B1a. Hierzu tastete er den Raum um die Folie mit einem Szintillationsschirm ab und zählte die Lichtblitze, die durch den Einschlag der abgelenkten α-Teilchen entstanden.

Rutherford erwartete, dass die α-Teilchen durch die Folie und damit durch die Atome hindurchfliegen und kaum aus ihrer Richtung abgelenkt würden. Sie sollten die leichten Elektronen nur etwas zur Seite schieben und nur wenig durch das elektrische Feld der im Atom auf einen Raum vom Durchmesser 10^{-9} m gleichmäßig verteilten positiven Ladung beeinflusst werden.

Das Experiment ergab ein gänzlich anderes Resultat ➜ B1b. Zwar durchsetzten die meisten α-Teilchen die Folie geradlinig, jedoch wurden einige α-Teilchen beobachtet, die unter beliebig großen Winkeln δ abgelenkt, man sagt auch *gestreut* wurden.

RUTHERFORD erklärte das Versuchsergebnis dieses sogenannten Streuexperimentes so: Die gesamte positive Ladung und damit die Masse des Atoms ist in einem *Atomkern* mit dem Durchmesser von weniger als $3 \cdot 10^{-14}$ m – also etwa 1/100 000 des Atomdurchmessers – konzentriert ➜ Interessantes.
Der größte Teil des Atoms ist somit leer und nur von Elektronen erfüllt. Erst in nächster Nähe eines solch kleinen positiv geladenen Kerns wird die Coulombkraft auf ein α-Teilchen so groß, dass es die beobachtbare Ablenkung erfährt. Die Elektronen der Atomhülle mit ihrer 7300-mal kleineren Masse können die α-Teilchen fast nicht beeinflussen.

Merksatz
Masse und Ladung eines Atoms sind im Atomkern konzentriert, dessen Durchmesser rund 1/100 000 des Atomdurchmessers ist.

Vertiefung

A. Simulation der Streuung

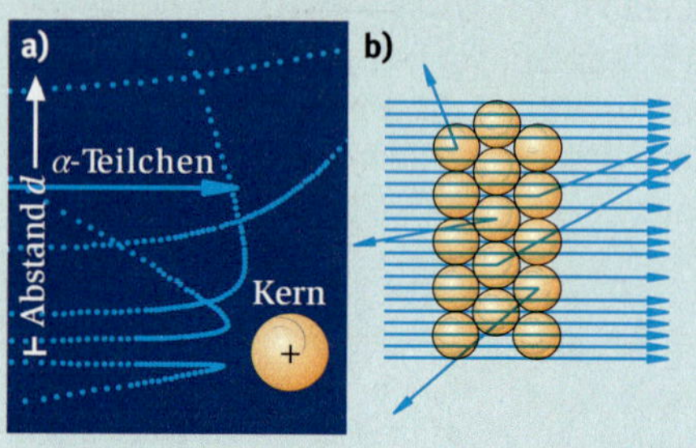

α-Teilchen ($W_{\text{kin}} = 7{,}7$ MeV) laufen mit kleiner werdendem Abstand d auf einen Goldkern ($R_K = 7 \cdot 10^{-15}$ m; $Q = 79e$) zu. Unter Verwendung des Coulombgesetzes und der Gesetze der klassischen Mechanik berechnet ein Computer die Bahnen der α-Teilchen. Je näher ein α-Teilchen einem Kern kommt, je kleiner also d ist, desto stärker wird das α-Teilchen abgelenkt.

B. Zahl der Stöße

Weil die α-Teilchen beim Streuversuch gleichmäßig verteilt auf die dünne Goldfolie auftreffen, laufen sie in den verschiedensten Abständen d an den einzelnen Atomkernen vorbei. Daraus ergibt sich die Verteilung der gestreuten Teilchen auf verschiedene Streuwinkel. Da aber für ein α-Teilchen die Wahrscheinlichkeit sehr gering ist, beim Durchlaufen der sehr dünnen Folie überhaupt in die Nähe eines so kleinen Atomkerns zu kommen, wird ein α-Teilchen höchstens einmal gestreut.

2. Einige physikalische Eigenschaften des Atomkerns

a) Kernkraft: Heutzutage kann man mit Beschleunigern α-Teilchen sehr hoher Energie erzeugen. Führt man damit Streuexperimente an Gold durch, so treten ab $W_{\text{kin}} \approx 24$ MeV Abweichungen von den bereits skizzierten, ausschließlich auf die Coulombkraft zurückgeführten theoretischen Ergebnissen auf. α-Teilchen dieser Energie kommen dem Kern so nahe, dass eine neue, andere Art von Kraft als den bislang behandelten Kräften die Bahn stört. Diese neuartige Kraft wird Kernkraft genannt und hat folgende Eigenschaften:

- Die Kernkraft ist *anziehend* und tritt nur zwischen Nukleonen auf (nicht z. B. zwischen einem Elektron und einem Nukleon).
- Sie ist *ladungsunabhängig,* d. h. sie wirkt zwischen Protonen und Neutronen genauso wie zwischen 2 Protonen oder 2 Neutronen.
- Sie ist zwischen benachbarten Protonen *viel stärker* als die Coulombkraft. Die Protonen im Kern werden gegen die abstoßende Coulombkraft durch die Kernkraft zusammengehalten.
- Sie ist *kurzreichweitig,* d. h. sie wirkt zwischen 2 Nukleonen nur, wenn deren Abstand kleiner als ca. $2 \cdot 10^{-15}$ m ist.

Die Coulombkraft ist proportional zu $1/r^2$ und reicht damit sehr weit. Im Kern wird daher jedes Proton von allen anderen Protonen abgestoßen. Anziehende Kernkräfte üben dagegen nur die nächstgelegenen Nukleonen aus **→ B2**. Die wenigen Wechselwirkungen, die ein Proton z. B. in einem Bleikern an die nächstgelegenen Nukleonen binden, reichen aus, um die Abstoßung durch die restlichen 81 Protonen zu überwinden.

b) Kernradius: Wie das Atom ist auch der Atomkern keine starre Kugel. Er kann durch eine Ψ-Welle beschrieben werden, deren Amplitudenquadrat $|\Psi(r)|^2$ die Wahrscheinlichkeitsdichte angibt, an der Stelle r Kernmaterie lokalisiert zu finden. $|\Psi(r)|^2$ hat keinen scharfen Rand. Kernmaterie ist aber sicher dort nicht mehr zu entdecken, wo keine Kernkräfte mehr wirken. Daher betrachtet man als Radius R_K eines Kerns die aus *Streuversuchen* bestimmbare *Reichweite seiner Kernkräfte* **→ Interessantes**.
Streuexperimente an Kernen verschiedener Nuklide ergaben, dass R_K nur von der Massenzahl A abhängt, d. h. von der Zahl der Kernbausteine. Für Kernradien R_K gilt in guter Näherung:

$$R_K = r_0 \cdot A^{1/3} \text{ mit } r_0 = (1{,}3 \pm 0{,}1) \cdot 10^{-15}\ \text{m}. \qquad (1)$$

c) Dichte der Kernmaterie: Der Kern hat das Volumen – Kugelform vorausgesetzt – von $V_K = (4/3)\pi R_K^3$. Mit Gl. (1) folgt dann $V_K \sim A$.

Die Masse m_K des Kerns ist $m_K \approx Z \cdot m_P + N \cdot m_N$.
In guter Näherung gilt $m_P \approx m_N = 1{,}67 \cdot 10^{-27}$ kg,
also ist $m_K = 1{,}67 \cdot 10^{-27}\ \text{kg} \cdot (Z + N)$.

Somit ist auch $m_K \sim A$. Für die Dichte ρ_K der Kernmaterie folgt

$$\rho_K = \frac{m_K}{V_K} = \frac{(1{,}67 \cdot 10^{-27}\ \text{kg}) \cdot A}{\frac{4}{3}\pi \cdot (1{,}3 \cdot 10^{-15}\ \text{m})^3 \cdot A} = 180\,000\ \text{t}\,\text{mm}^{-3}.$$

An diesem Ergebnis überrascht zweierlei:
1. Die Größe des Zahlenwertes. Ein Würfel Kernmaterie von 1 mm Seitenlänge hätte dieselbe Masse wie etwa 150 000 PKW!
2. In erster Näherung ($m_P \approx m_N$) sind die Kerne alle gleich dicht gepackt. Kernmaterie ist nicht komprimierbar. Dies ist eine Folge der sehr kleinen Reichweite der Kernkräfte.

Merksatz

Die Kernkraft hält die Nukleonen im Atomkern zusammen. Die Kernkraft eines Nukleons wirkt nur auf seine unmittelbaren Nachbarn. Deswegen haben alle Kerne die gleiche, außerordentlich hohe Dichte.
Die Reichweite der Kernkräfte definiert den Radius R_K des Kerns. Es gilt: $R_K = r_0 A^{1/3}$ mit $r_0 = 1{,}3 \cdot 10^{-15}$ m und der Massenzahl A. □

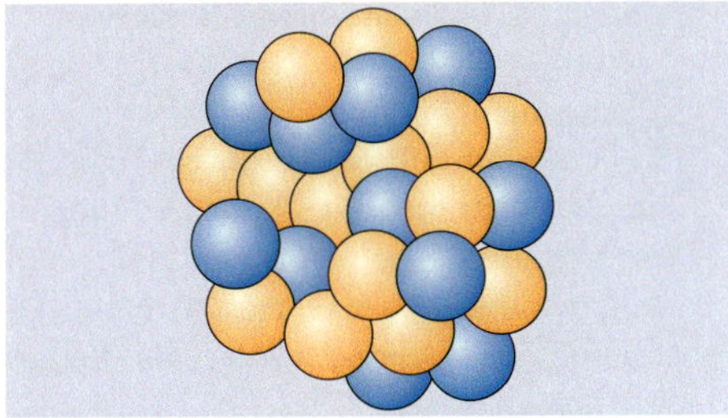

B2 Jedes Proton (blau) im Atomkern wird von allen anderen Protonen abgestoßen. Dagegen üben nur die nächstgelegenen Nukleonen anziehende Kräfte aus.

Interessantes

Radius des Atomkerns

a) Beim rutherfordschen Streuversuch erreichen α-Teilchen den kleinsten Abstand r_1 vom Mittelpunkt des Kerns, wenn sie um $\delta = 180°$ zurückgestreut werden **→ Vertiefung**. Mit einer Energiebetrachtung findet man r_1: Befindet sich das α-Teilchen mit Ladung $2e$ im Abstand r von der Ladung Ze des Kerns, so hat es die potenzielle Energie

$$W = \frac{1}{4\pi\varepsilon_0} \cdot \frac{(Ze) \cdot (2e)}{r}. \qquad (2)$$

Im Abstand r_1 ist das α-Teilchen kurzzeitig zur Ruhe gekommen. Seine gesamte kinetische Energie W_{kin} hat sich dort in potenzielle Energie W im Coulombfeld des Kerns verwandelt. Aus Gl. (2) folgt:

$$r_1 = \frac{1}{4\pi\varepsilon_0} \cdot \frac{(Ze) \cdot (2e)}{W_{kin}}. \qquad (3)$$

Für Gold ($Z = 79$) und $W_{kin} = 7{,}7$ MeV ist $r_1 = 3 \cdot 10^{-14}$ m. Da RUTHERFORD keine höherenergetischen α-Teilchen zur Verfügung standen, konnte er nur sagen, der Kernradius von Gold sei kleiner als $3 \cdot 10^{-14}$ m.

b) In Beschleunigern kann man α-Teilchen sehr hoher Energie erzeugen. Führt man damit das rutherfordsche Streuexperiment durch, reicht die Energie $W = 24$ MeV gerade aus, α-Teilchen gegen die Coulombabstoßung eines Goldkerns in den Bereich von dessen Kernkräften zu bringen. Daher ist der Kernradius R_K von Goldkernen nach Gl. (3) $R_{K,Gold} = 9{,}7 \cdot 10^{-15}$ m. Berücksichtigt man noch den aus anderen Messungen bekannten Radius $r_\alpha = 2{,}1 \cdot 10^{-15}$ m des α-Teilchens, erhält man $R_{K,Gold} = 7{,}6 \cdot 10^{-15}$ m.

Beispiel **Bindungsenergie berechnen**

a) Masseneinheit
In der Kernphysik ist die Masse eines Kerns von primärem Interesse. Tabelliert findet man aber immer nur die Massen neutraler Atome, da man sie sehr genau messen kann. Diese *Atommassen* ➜ **Anhang** werden als Vielfaches der *Masseneinheit*

$$1\ \text{u} = 1{,}660539 \cdot 10^{-27}\ \text{kg}$$

angegeben (1 u = 1/12 der Masse von C-12). Mit der Beziehung $W = m \cdot c^2$ ist:

$$1\ \text{u} = 1{,}492418 \cdot 10^{-10}\ \text{J}/c^2 = 931{,}494\ \text{MeV}/c^2.$$

b) Bindungsenergie des α-Teilchens
Masse der beteiligten Teilchen:
Neutron: $m_n = 1{,}0086649$ u
Wasserstoffatom: $m_H = 1{,}0078250$ u
Heliumatom: $m_{He} = 4{,}0026033$ u
Ein α-Teilchen als Kern eines Heliumatoms besteht aus $Z = 2$ Protonen und $N = 2$ Neutronen. Sein Massendefekt Δm ist nach Gl. (1):

$$\Delta m = m_{He} - (2 \cdot m_H + 2 \cdot m_n) = -0{,}030377\ \text{u}.$$

Ihm entspricht die Energie:

$$W = \Delta m \cdot c^2 = -0{,}030377 \cdot 931{,}494\ \text{MeV} = -28{,}3\ \text{MeV}.$$

Dies ist die Bindungsenergie des α-Teilchen. Sie muss bei der Bildung des Teilchens aus den freien Nukleonen frei werden. Umgekehrt ist genau diese Energie von 28,3 MeV nötig, um das α-Teilchen in 2 Protonen und 2 Neutronen zu zerlegen. Die *mittlere Bindungsenergie je Nukleon W/A* ist für das α-Teilchen:

$$W/A = -(1/4) \cdot 28{,}3\ \text{MeV} = -7{,}07\text{MeV}.$$

c) Bindungsenergie der Elektronen
Bei der Berechnung des Massendefektes Δm und damit der Kernbindungsenergie $W = \Delta m \cdot c^2$ mit Gl. (1) verwendet man die überall tabellierten Atommassen. Dabei macht man allerdings einen kleinen Fehler. Die Bindungsenergie der Elektronen im Atom ist nämlich nicht berücksichtigt. Diese ist im Mittel 3 keV pro Nukleon oder kleiner. Gegenüber der Kernbindungsenergie von ca. 8 MeV pro Nukleon kann man sie aber vernachlässigen (Fehler < 0,5 %). Bei sehr genauen Messungen, die heute mit Massenspektrographen möglich sind, ist diese Bindungsenergie der Elektronen aber zu berücksichtigen.

3. Die Nuklidkarte

Die physikalischen Eigenschaften eines Atomkerns hängen sowohl von der Protonenzahl Z als auch von der Neutronenzahl N ab. Deshalb ordnet man die Nuklide mithilfe eines Koordinatensystems **➜ B1**. Auf der horizontalen Achse trägt man die Neutronenzahl N, auf der vertikalen die Protonenzahl Z eines Kerns auf. In den Gitterpunkten ist das betreffende Nuklid mit seinen wichtigsten Eigenschaften angegeben. So entsteht die **Nuklidkarte,** das Ordnungsschema der Kernphysik. Im ➜ **Anhang** ist ein Ausschnitt daraus zu finden. Wichtige Elemente der Karte sind:

- Alle **Isotope** eines chemischen Elements – das sind Nuklide mit *gleichem Z,* aber *verschiedenem N* – liegen auf einer Zeile, an derem linken Rand die Protonenzahl Z steht. Jedes Nuklid wird durch das chemische Symbol des Elements und die Massenzahl $A = N + Z$ gekennzeichnet (z. B. U-235, $Z = 92$). Die Neutronenzahl N steht am unteren Ende der Spalte (U-235: $N = 143$).
- Die Nuklide sind durch verschiedene Farben gekennzeichnet. *Schwarz* unterlegt sind die **stabilen Nuklide,** die nicht radioaktiv sind (z. B. Bi-209). Die Zahl in den schwarzen Kästen gibt an, mit welchem Prozentanteil das betreffende Nuklid in natürlichen Vorkommen auftritt (z. B. C-12 zu 98,93 %, C-13 zu 1,07 %).
- Die *farbigen Kästen* stellen **instabile Kerne** dar, die Strahlung aussenden. Angegeben ist die Halbwertszeit des Nuklids (z. B. Rn-222: $T_{1/2} = 3{,}825$ Tage). Darunter stehen die Energien der jeweils prozentual am häufigsten emittierten α- und β-Strahlung in der Einheit MeV und der γ-Strahlen in der Einheit keV.
- Die stabilen Nuklide erstrecken sich in der Nuklidkarte von links unten nach rechts oben. Bei den leichteren ist meist die Neutronenzahl N gleich der Protonenzahl Z, sie liegen also auf der Winkelhalbierenden der Achsen. Bei den schweren Nukliden überwiegt eindeutig die Neutronenzahl N.
- Die *blau* unterlegten Nuklide liegen am rechten Rand der jeweiligen Protonenzeile, d. h. sie haben mehr Neutronen als die stabilen Nuklide mit gleichem Z. Es sind **β^--Strahler.**

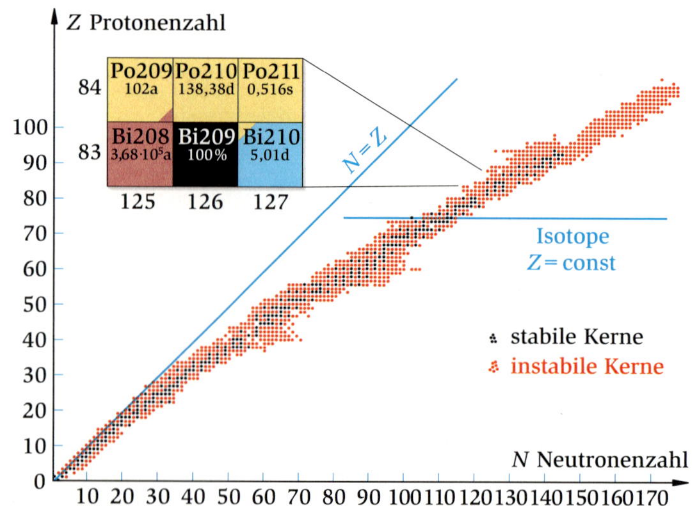

B1 Nuklidkarte; stabile Kerne schwarz, instabile Kerne rot

- Links von den stabilen Nukliden liegen *rot* gekennzeichnete Isotope. Sie besitzen weniger Neutronen und sind **β^+-Strahler** oder führen einen → **Elektroneneinfang** durch.
- **α-Strahler** sind *gelb* eingetragen und finden sich fast nur bei großer Massenzahl A.

4. Bindungsenergie des Atomkerns

Es zeigte sich, dass die Masse m_K jedes Atomkerns kleiner ist als die Summe der Massen seiner Bestandteile aus Z Protonen (Masse m_p) und N Neutronen (Masse m_n). Die Differenz

$$\Delta m = m_K - (Z + m_p + N \cdot m_n) < 0$$

nennt man Massendifferenz, ihren Betrag **Massendefekt.** Da mit einem Massenspektrometer die *Atommassen* sehr genau gemessen werden können, fügt man auf der rechten Seite dieser Gleichung Z Elektronenmassen ein. Dann kann man mit Atommassen rechnen:

$$\Delta m = (m_K + Z \cdot m_e) - (Z \cdot m_p + Z \cdot m_e + N \cdot m_n) < 0 \text{ und damit:}$$

$$\Delta m = m_A - (Z \cdot m_H + N \cdot m_n) < 0; \qquad (1)$$

m_A: Atommasse; $m_H = m_p + m_e$: Masse des Wasserstoffatoms.

Die Energie eines Systems ist nur bis auf eine Konstante bestimmt. Deshalb können wir die Energie des zerlegten Systems aus Z freien Protonen und N freien Neutronen zu null festlegen. Mit der Massenänderung Δm wird die Energie des vereinigten Systems

$$W = \Delta m \cdot c^2 < 0.$$

Diese Energie nennt man **Bindungsenergie des Atomkerns.** Will man umgekehrt den Kern in seine Einzelbestandteile zerlegen, muss man ihm diese Energie zuführen. Im → **Beispiel** wird die Bindungsenergie des α-Teilchens bestimmt.

In → **B2** ist die *mittlere* Bindungsenergie je Nukleon W/A als Funktion von A aufgetragen. W/A fällt zunächst mit A auf −8,6 MeV je Nukleon, um dann leicht bis etwa −7,5 MeV je Nukleon für große A-Werte anzusteigen. Mit den Folgerungen aus diesem Kurvenverlauf beschäftigen wir uns im nächsten Abschnitt. Da $\Delta m < 0$ ist, gilt:

Merksatz

Die Masse jedes Atomkerns ist um den Massendefekt $|\Delta m|$ kleiner als die Summe der Massen seiner Bestandteile aus Z Protonen und N Neutronen vor der Vereinigung.
Die Energie jedes Atomkerns liegt um die Energie $W = |\Delta m| c^2$ unter der Gesamtenergie all seiner freien Bestandteile.

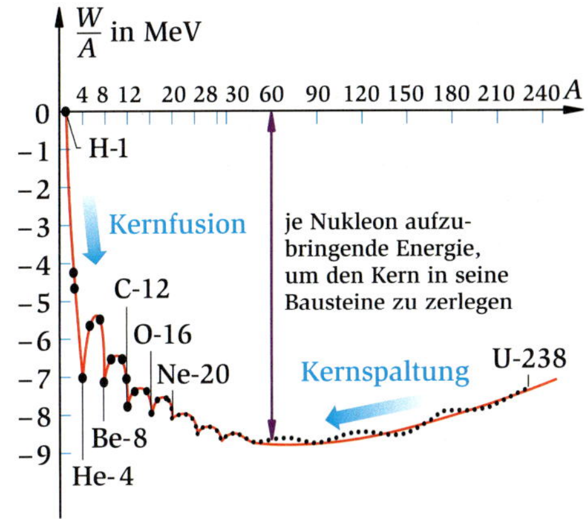

B2 Mittlere Bindungsenergie je Nukleon W/A als Funktion der Nukleonenzahl A (bis A = 30 gespreizt). Das breite Minimum liegt in der Nähe von A = 60 (Fe, Ni, Co).

Interessantes

Streuung als klassischer Versuch

RUTHERFORD verwendete das Prinzip moderner Streuexperimente: Ein Teilchenstrahl bekannter Energie wird gegen ein Ziel, *Target* genannt, gerichtet. Mit einer Zähleranordnung untersucht man die Winkelverteilung der gestreuten Teilchen. Entsprechend der Anlage des Experiments erhält man Informationen über das Target oder das Teilchen. Beispiele solcher Streuexperimente sind uns bekannt, z. B. die Streuung von Röntgenstrahlen, die uns über die Struktur des Kristalls etwas aussagt, oder der Compton-Effekt, der uns neue Erkenntnisse über die Photonen brachte.
Ein weiteres Beispiel sind die Streuversuche von R. HOFSTADTER. Er schoss Elektronen der Energie von mehreren 100 MeV auf Atome. Aus der Winkelverteilung der gestreuten Elektronen schloss er auf die Ladungsverteilung im Kern.
Die Streuung ist somit ein unentbehrliches Hilfsmittel in der Strukturforschung!

Atommassen → **Anhang**

A1 Berechnen Sie die kleinste Entfernung, auf die sich ein α-Teilchen mit W_{kin} = 5,5 MeV einem Atomkern von Blei (Z = 82) nähern kann. Vergleichen Sie mit dem Radius eines Blei-Atomkerns.

A2 Eine Goldfolie (ρ_{Gold} = 19,3 g/cm³) der Fläche 0,7 cm² hat die Dicke 6,5 · 10⁻⁷ m. **a)** Berechnen Sie die Anzahl N der in der Folie enthaltenen Goldatome. **b)** Berechnen Sie die Gesamtquerschnittsfläche aller Goldkerne in dieser Folie. **c)** Begründen Sie, dass ein α-Teilchen bei einem Streuexperiment in dieser Folie i. a. höchstens einmal gestreut wird.

A3 Berechnen Sie **a)** die Masse des Deuterons und des α-Teilchens als Vielfaches der Masseneinheit 1 u und **b)** den Massendefekt Δm und die Bindungsenergie pro Nukleon W/A für die Nuklide H-2, O-16, Ni-60 und U-235.

A4 Die Kurve für die mittlere Bindungsenergie W/A in → **B2** steigt bei A > 60 leicht mit zunehmendem A an. Versuchen Sie dafür eine Erklärung zu finden.

Beispiel **Kernenergie**

Wie viel Energie wird freigesetzt?

a) Kernspaltung: Bei größerem A ist die Bindungsenergie pro Nukleon etwa $-7{,}5$ MeV, bei mittelschweren Kernen ca. $-8{,}5$ MeV. Spaltet sich ein Kern mit $A = 200$ in zwei Kerne mit je $A = 100$, so müssten etwa $200 \cdot 1$ MeV = 200 MeV freigesetzt werden.

Nehmen wir konkret die Spaltung von U-235 nach einem Beschuss mit einem Neutron gemäß folgender Beziehung

$$^{235}_{92}\text{U} + ^{1}_{0}\text{n} \rightarrow ^{89}_{36}\text{Kr} + ^{144}_{56}\text{Ba} + 3\,^{1}_{0}\text{n}.$$

Die Massenbilanz lautet:

linke Seite:	$m_{\text{U-235}}$ =	235,043 930 u
	$+ m_{\text{n}}$ =	1,008 665 u
Summe:		236,052 595 u
rechte Seite:	$m_{\text{Kr-89}}$ =	88,917 631 u
	$+ m_{\text{Ba-144}}$ =	143,922 953 u
	$+ 3 \cdot m_{\text{n}}$ =	3,025 995 u
Summe:		235,866 579 u

Die Differenz ist $-0{,}186016$ u. Bei der Kernspaltung selbst wird deshalb die Energie von $-0{,}186016 \cdot 931{,}494$ MeV $\approx$ **$-$173 MeV** frei.

b) Kernfusion: Kerne mit $A = 2$ haben eine Bindungsenergie von etwa 2 MeV pro Nukleon, solche mit $A = 4$ eine von etwa 7 MeV pro Nukleon. Könnte man zwei Kerne mit $A = 2$ zu einem Kern mit $A = 4$ verschmelzen (fusionieren), müssten also $(4 \cdot 2 - 4 \cdot 7)$ MeV = -20 MeV freigesetzt werden.

Nehmen wir konkret die Fusion von Deuterium und Tritium zu Helium gemäß folgender Beziehung

$$^{2}_{1}\text{H} + ^{3}_{1}\text{H} \rightarrow ^{4}_{2}\text{He} + ^{1}_{0}\text{n}.$$

Hier lautet die Massenbilanz.

linke Seite:	$m_{\text{H-2}}$ =	2,014 101 8 u
	$+ m_{\text{H-3}}$ =	3,016 049 3 u
Summe:		5,030 151 1 u
rechte Seite:	$m_{\text{He-4}}$ =	4,002 603 3 u
	$+ m_{\text{n}}$ =	1,008 664 9 u
Summe:		5,011 268 2 u

Die Differenz ist $-0{,}0188829$ u. Bei der Fusion selbst wird deshalb die Energie von $-0{,}0188829 \cdot 931{,}494$ MeV = **$-$17,6 MeV** frei.

5. Folgerungen aus einem Kurvenverlauf

→ B2 der vorangehenden Seite entnehmen wir weiter:

a) Für $A > 30$ ändert sich die Energie pro Nukleon W/A nur wenig mit A, es ist also $W \sim A$. Ursache sind die Kernkräfte, die nur zwischen benachbarten Nukleonen wirken.

b) Die Größe W/A eines Atomkerns beträgt im Mittel etwa 8 MeV. Die gesamte Bindungsenergie eines Kerns ist dann 8 MeV $\cdot A$. Dies ist ein Mehrfaches der Bindungsenergien von Elektronen in der Atomhülle. Folglich erwartet man bei Veränderungen im Atomkern viel größere Energieumsetzungen als bei Veränderungen in der Atomhülle. Die kinetische Energie der α- und β-Teilchen bzw. die Quantenenergie der γ-Strahlung, die alle aus dem Atomkern kommen, ist fast durchweg *viel größer* als die Quantenenergie der Licht- und Röntgenstrahlung aus der Atomhülle.

c) W/A hat für $A \approx 60$ ein Minimum. Energie lässt sich auf zwei völlig verschiedene Arten aus Atomkernen freisetzen. Man kann

- Kerne mit $A > 60$ in zwei Teile spalten **(Kernspaltung)**,
- Kerne mit $A < 60$ zu einem Kern verschmelzen **(Kernfusion)**.

Darüber, ob sich ein Kern tatsächlich spaltet oder zwei Kerne fusionieren, sagen diese energetischen Überlegungen nichts aus. Spaltet sich allerdings ein schwerer Kern oder fusionieren zwei leichte Kerne, so wird *relativ viel* Energie in der Größenordnung mehrerer MeV umgesetzt → **Beispiel**.

Merksatz

Durch die Kernspaltung schwerer Kerne und die Kernfusion leichter Kerne wird relativ viel Energie abgegeben.
Ursache dafür ist, dass die Energie pro Nukleon W/A eines Atomkerns für $A \approx 60$ ein Minimum hat.

6. Der Atomkern als Potenzialtopf

Warum gibt es in der Natur die in der Nuklidkarte eingezeichneten Kerne? Da Proton und Neutron Quantenobjekte sind, müssen wir diese Frage unter Verwendung eines **Kernmodells** beantworten, das die Gesetze der Quantenphysik berücksichtigt.

Zur Erinnerung: Beim Wasserstoffatom sind die diskreten Energieniveaus eine Folge davon, dass das Elektron durch das Coulomb-Potenzial des Kerns in einen bestimmten Bereich eingesperrt ist. Aufbauend auf diesen Erkenntnissen kann man das Periodensystem der Elemente mithilfe des Pauliprinzips entwickeln.

Wir übertragen diese Überlegungen auf den Atomkern. Doch durch welchen Potenzialverlauf ist ein Proton oder ein Neutron im Kern eingesperrt? Wir lassen zunächst die Coulombabstoßung außer Acht und suchen ein Potenzial, das den Kernkräften gerecht wird. Außerhalb des Kerns muss es konstant sein, da dort keine Kernkräfte wirken. Am Kernrand wird es infolge des scharfen Kernradius steil abfallen und im Kerninnern kann man sich von der Vorstellung leiten lassen, dass ein Nukleon von allen Seiten die gleiche Kraft erfährt. Somit ist das Potenzial dort ebenfalls als konstant anzunehmen.

Es bietet sich daher an, als einfachstes Potenzial für Kernkräfte ein Rechteck zu wählen ➜ B1. Es ist $W(r) = -W_0$ für $|r| < R_0$ und sonst $W(r) = 0$; R_0 ist der Kernradius, W_0 die Tiefe des **Potenzialtopfes.**

Jedes Elektron in der Atomhülle eines Atoms verhält sich frei und unabhängig von den anderen und nimmt infolge seiner Aufenthaltswahrscheinlichkeit nur diskrete, d.h. bestimmte Energiezustände ein. Gleiches sollte auch für die Nukleonen im Kern gelten, da auch deren Aufenthaltswahrscheinlichkeit durch ein Rechteck-Potenzial auf einen bestimmten Raumbereich eingeschränkt ist. Dieses Modell der Atomhülle lässt sich allerdings nur dann auf den Atomkern übertragen, wenn sich ein Nukleon in der dicht gepackten Kernmaterie genau so unabhängig und frei von den anderen verhalten kann wie ein Elektron in der Hülle. Dies ist paradoxerweise möglich, da für die Nukleonen das Pauliprinzip gilt ➜ **Interessantes**. Ein Nukleon nimmt also im Kern nur diskrete Energiezustände ein. Man sagt auch: Im Kern besetzt ein Nukleon nur diskrete Energieniveaus.

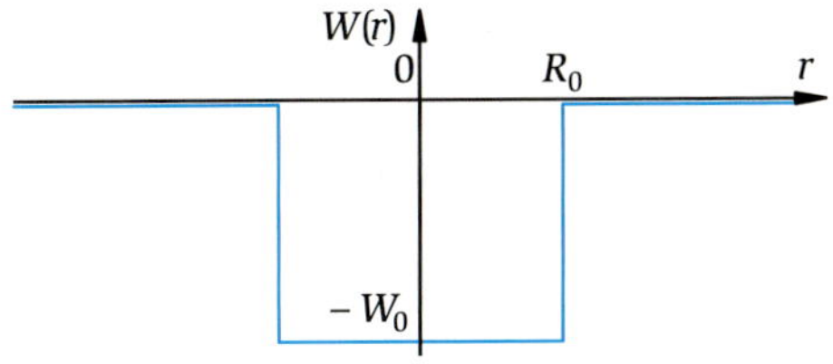

B1 Einfachste Annahme für ein mittleres Kernpotenzial $W(r)$. R_0 ist der Kernradius.

7. Ein einfaches Kernmodell

Bis jetzt haben wir außer Acht gelassen, dass es im Kern zwei Sorten von Nukleonen gibt, Neutronen und Protonen. Wären die Protonen ungeladen, so könnte man wegen des Pauliprinzips jedes Niveau mit zwei Protonen und zugleich zwei Neutronen besetzen. Die abstoßende Coulombkraft zwischen den Protonen bewirkt aber, dass ihre Bindungsenergie im Potenzialtopf verringert wird. Deshalb muss man jeder Teilchensorte einen eigenen Potenzialtopf mit eigenen Energieniveaus zuordnen, die in ➜ B2 symbolisch nebeneinander gezeichnet sind. Wegen der Coulombkraft liegt der Topf der Protonen höher als der der Neutronen und hat eine geringere Tiefe als dieser.

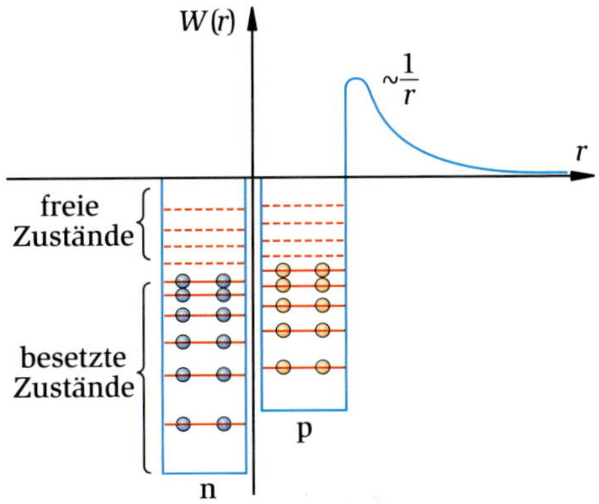

B2 Potenzialtöpfe für Protonen und Neutronen. Der außerhalb des Kerns wirkende Coulombwall der Protonen ist mit eingezeichnet. Er zeigt, dass man Energie benötigt, um dem Kern ein Proton zu nähern.

Bei stabilen Kernen sind beide Potenzialtöpfe bis zu Niveaus gefüllt, die etwa gleich hoch liegen. Wäre das nicht der Fall, so könnte sich ein Neutron unter Energieabgabe in ein Proton (oder umgekehrt) verwandeln ➜ ***β*-Zerfall**. Infolge des angehobenen Protonentopfes haben stabile schwere Kerne viel weniger Protonen als Neutronen. Bei stabilen leichten Kernen, wo die Coulomb-Abstoßung keine wesentliche Rolle spielt, sind die beiden Potenzialtöpfe nahezu gleich tief, deshalb ist dort $Z \approx N$. *Stabile Kerne mit beliebiger Neutronen- und Protonenzahl treten in der Natur nicht auf.*

Merksatz

Einfaches Kernmodell: Protonen und Neutronen befinden sich in getrennten Potenzialtöpfen. Der Protonentopf ist gegenüber dem Neutronentopf infolge der Coulombabstoßung angehoben.
Nukleonen nehmen im Kern nur diskrete Energiezustände ein. □

Interessantes

Das Pauliprinzip ist schuld!
Betrachten wir einen stabilen Kern im Grundzustand, so sind die untersten Niveaus sowohl im Protonen- als auch im Neutronentopf besetzt. Ein einzelnes Nukleon kann daher keine Energie abgeben und tiefer sinken, da dort alle Zustände besetzt sind. Es behält seine Energie bei und kann sich im ganzen Kern so verhalten, als ob die anderen Nukleonen nicht einzeln (etwa als Stoßpartner) vorhanden seien. Das Pauliprinzip gibt also jedem Nukleon paradoxerweise eine gewisse Unabhängigkeit gegenüber den anderen.

Atommassen ➜ **Anhang**

A1 **a)** Berechnen Sie die freigesetzte Energie bei der Kernspaltung U-235 + n → I-140 + Y-94 + 2 n.
b) Berechnen Sie die Energie, die bei der Fusion H-2 + H-2 → H-3 + H-1 freigesetzt wird.

A2 Vergleichen Sie den Energieumsatz bei der Verbrennung von 1 kg Steinkohle (8,14 kWh) mit der der vollständigen Spaltung aller U-235 Kerne von 1 kg Natur-Uran sowie der vollständigen Fusion eines 1 kg Gemisches aus Deuterium H-2/Tritium H-3.

A3 Ca. 60 % aller stabilen Nuklide sind sogenannte g-g-Kerne, d.h. sie haben gerade Protonen- und Neutronenzahl. Jedes Niveau im Potenzialtopf ist also mit zwei Nukleonen besetzt. Interpretieren Sie!

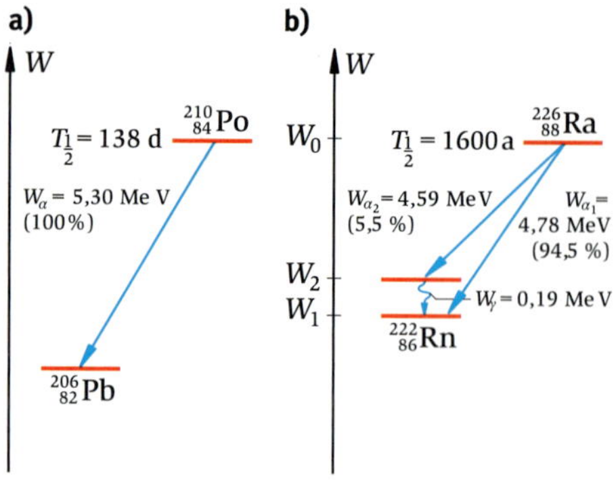

B1 α-Zerfall von Po-210 (a); Ra-226 (b)

Vertiefung

Halbwertszeit der α-Strahler

Die früher besprochene Simulation zum Tunneleffekt zeigt: Im Potenzialwall **→ B2** fällt die Antreffwahrscheinlichkeit $|\Psi|^2$ der α-Teilchen längs der Strecke AB $(= Rr_1)$ schnell ab. Haben die Teilchen im Topf etwas weniger Energie, so liegt auch die Tunnelstrecke BA im Potenzialwall tiefer und wird länger. Bei A sinkt somit $|\Psi|^2$ weiter ab, die Halbwertszeit $T_{1/2}$ steigt. Zudem verlässt das α-Teilchen den Kern mit kleinerer kinetischer Energie. Je kleiner also W_α der α-Teilchen ist, desto größer ist $T_{1/2}$. Dies bestätigt die folgende Tabelle:

α-Strahler	$T_{1/2}$	W_α
Po-212	$3 \cdot 10^{-7}$ s	8,87 MeV
Rn-220	56 s	6,29 MeV
Po-210	138 d	5,30 MeV
U-238	$4{,}5 \cdot 10^{9}$ a	4,20 MeV
Nd-144	$2{,}4 \cdot 10^{15}$ a	1,83 MeV

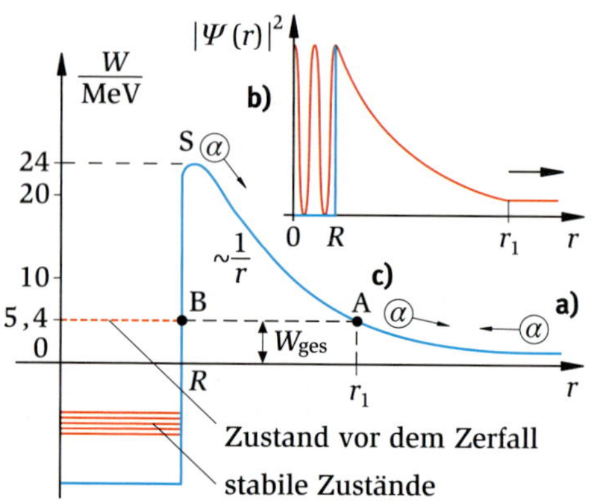

B2 Zum α-Zerfall von Po-210: Potenzialverlauf zwischen dem α-Teilchen und dem Tochterkern Pb-206 (Kernradius R). Rechts oben: $|\Psi|^2$ des α-Teilchens im Zustand W = 5,4 MeV.

1. Der α-Zerfall eines Atomkerns

Ein Kern, der ein α-Teilchen ausstößt, verringert seine Kernladungszahl Z und seine Neutronenzahl N jeweils um 2 und deshalb seine Massenzahl A um 4. Ein Beispiel ist der α-Zerfall von Po-210:

$$^{210}_{84}\text{Po} \rightarrow {}^{206}_{82}\text{Pb} + {}^{4}_{2}\alpha; \qquad W_\alpha = 5{,}30\ \text{MeV}. \tag{1}$$

Po-210 nennt man *Mutterkern*, Pb-206 *Tochterkern*. W_α ist die kinetische Energie des α-Teilchens. Die bei der Reaktion insgesamt frei werdende Energie ist W_{ges} = 5,4 MeV, da der Tochterkern durch den Ausstoß des α-Teilchens einen Rückstoß erhält und deshalb einen Teil von W_{ges} als kinetische Energie mitnimmt **→ Beispiel**, **→ A4**. Vor und nach der Aussendung eines α-Teilchens befindet sich der Kern jeweils in einem seiner diskreten Energiezustände. Daher stellt man die Zerfälle in einem **Energieniveauschema (Zerfallsschema)** dar **→ B1a**. Der Tochterkern ist wegen seiner kleineren Kernladung nach links versetzt gezeichnet. α-Strahler sind in der **→ Nuklidkarte** gelb eingezeichnet. Den Tochterkern findet man, indem man zwei Kästchen nach unten und zwei Kästchen nach links geht.

Experimentell hat man festgestellt, dass reines Ra-226 α-Teilchen mit den Energien $W_{\alpha 1}$ = 4,78 MeV, $W_{\alpha 2}$ = 4,59 MeV sowie γ-Strahlung der Energie W_γ = 0,19 MeV emittiert. W_γ ist genau die Differenz $\Delta W = W_{\alpha 1} - W_{\alpha 2}$. Ra-226-Atome zerfallen nämlich durch Aussendung eines α-Teilchens nicht nur in den Grundzustand W_1 von Rn-222, sondern mit einer Wahrscheinlichkeit von 5,5 % auch in einen angeregten Zustand W_2 von Rn-222 **→ B1b**. Dabei führt das α-Teilchen nur die Energie $W_{\alpha 2}$ = 4,59 MeV ab. Anschließend „fällt" der Rn-Kern aus dem angeregten Zustand W_2 in den Grundzustand W_1 unter Aussendung des γ-Quants der Energie $\Delta W = W_\gamma$ = 0,19 MeV.

Merksatz

Beim α-Zerfall verliert ein Kern zwei Protonen und zwei Neutronen. Der α-Zerfall führt häufig in einen angeregten Zustand des Tochterkerns, der dann γ-Strahlung aussendet.

2. Erklärung des α-Zerfalls

a) Wie bringt man *α*-Teilchen in den Kern?

Um den *α*-Zerfall verständlich zu machen, klären wir zunächst die Potenzialverhältnisse am Zerfall von Po-210. Wir gehen dazu von den Endprodukten des Zerfalls aus und durchlaufen diesen in Gedanken rückwärts. Um ein α-Teilchen dem Tochterkern Pb-206 wieder zuzufügen, beschleunigen wir es mit einem Teilchenbeschleuniger. Es nähert sich dem Pb-206-Kern und „sieht" zunächst den Coulombwall **→ B2a**. Hätte das α-Teilchen eine Energie W ≈ 24 MeV, so könnte es den Potenzialwall bis zum Punkt S in der Höhe 24 MeV „erklimmen". Ab hier wirken die Kernkräfte, die das α-Teichen im Kern binden. In dessen Bereich $(0 < r < R)$ bietet sich als vereinfachtes Potenzial, welches das α-Teilchen dort „sieht", wieder ein Rechteckpotenzial an.

b) Wie könnten α-Teilchen aus dem Kern den Wall überwinden?

Würde bei einem α-Zerfall von Po-210 ein α-Teilchen aus dem Kern den in a) beschriebenen Weg umgekehrt durchlaufen, so müsste es im Kern so viel Energie auf sich vereinigen, dass es bis zur Spitze S des Potenzialwalls angehoben wird **→ B2b**.

Von dort würde es durch die Coulombkraft abgestoßen und im Unendlichen mit der kinetischen Energie 24 MeV ankommen. Aber kein α-Teilchen aus einem Po-210-Kern hat diese Energie, keines fällt also vom Punkt S herab. Die α-Teilchen des Zerfalls von Po-210 haben vielmehr eine kinetische Energie von $W_\alpha = 5{,}3$ MeV. Sie müssen deshalb von dem Punkt A des Coulombwalls herkommen → B2c. Mit dem Coulomb-Potenzial $W_{pot} = Q/(4\pi\varepsilon_0 r)$ kann man berechnen, dass A den Abstand $r \approx 44 \cdot 10^{-15}$ m vom Kernmittelpunkt besitzt (etwa 5,7-faches von R).

Hinweis: Genau betrachtet liegen in → B2 A und B nicht auf der Höhe 5,3 MeV, sondern auf $W_{ges} = 5{,}4$ MeV, da diese Energie beim α-Zerfall insgesamt frei wird. Der Tochterkern Pb-206 nimmt nämlich infolge des Rückstoßes ca. 2 % dieser Energie mit.

c) Wie kommen α-Teilchen tatsächlich aus dem Kern?

Aber wie kommt das α-Teilchen aus dem Potenzialtopf nach A, wenn nicht über S? Die Lösung ist, dass das α-Teilchen wie alle Teilchen ein Quantenobjekt ist und deshalb den Potenzialwall von B nach A „durchtunneln" kann, wenn es zuvor im Potenzialtopf einen Zustand mit $W > 0$ eingenommen hat. In → B2 ist deshalb zusätzlich rechts oben die Antreffwahrscheinlichkeit $|\Psi|^2$ des α-Teilchens für einen Zustand mit $W > 0$ in Abhängigkeit vom Abstand r vom Kernmittelpunkt skizziert. $|\Psi|^2$ ist auch außerhalb des Potenzialswalls nicht Null, das α-Teilchen ist auch außerhalb des Walls mit einer gewissen Wahrscheinlichkeit zu finden. Bei diesem **Tunneleffekt** bleibt die Energie erhalten. Sowohl vor als auch dem Durchtunneln des Walls ist die Energie $W_{ges} = 5{,}4$ MeV. Das $|\Psi|^2$ beim Tunnelprozess erklärt zudem den *stochastischen Charakter* des Zerfalls.

Es bleibt die Frage, wie der Zustand bei $W_{ges} = 5{,}4$ MeV entsteht, aus dem der α-Zerfall stattfindet? Da der Kern keine einzelnen Neutronen oder Protonen emittiert, befinden sich dort die einzelnen Nukleonen in stark gebundenen Zuständen. Erst wenn sich zwei Protonen und zwei Neutronen im Kerninnern zu einem α-Teilchen vereinigen, entsteht durch dessen hohe Bindungsenergie ein Zustand mit positiver Energie. Die Wahrscheinlichkeit für die Emission eines α-Teilchens ist daher das Produkt aus zwei Faktoren:

1.) der Wahrscheinlichkeit dafür, dass im Kern ein α-Teilchen gebildet wird,

2.) der Wahrscheinlichkeit für das Durchdringen des Potenzialwalls.

Dabei dominiert der zweite Faktor → Vertiefung.

Merksatz

Der α-Zerfall lässt sich mithilfe des Tunneleffekts erklären. Das stochastische Auftreten der α-Teilchen ist ein Quantenphänomen.

Beispiel **Berechnung von W_α und W_{ges}**

Ra-226 zerfällt durch einen α-Zerfall in den Grundzustand von Rn-222. Bestimmen Sie die Reaktionsenergie W_{ges} und die kinetische Energie W_α der α-Teilchen.

Lösung:

Der Zerfall lautet:

$$^{226}_{88}\text{Ra} \to {}^{222}_{86}\text{Rn} + {}^{4}_{2}\alpha + W_{ges}.$$

W_{ges} ist die *gesamte* freigewordene Energie. Das Atom Ra-226 ist elektrisch neutral, die Tochter Rn-222 dagegen zweifach negativ geladen, da der Atomkern zwei Protonen verloren hat. Die zwei überzähligen Elektronen der Hülle repräsentieren zusammen mit dem α-Teilchen ein neutrales Heliumatom. Bis auf sehr kleine Unterschiede in den Bindungsenergien der Elektronen in den Atomhüllen lässt sich deshalb W_{ges} aus der Massendifferenz Δm der Atommassen → Anhang bestimmen.

$$\begin{aligned}\Delta m &= m(\text{Ra-226}) - m(\text{Rn-222}) - m(\alpha)\\ &= (226{,}025\,410 - 222{,}017\,578 - 4{,}002\,603)\ \text{u}\\ &= 0{,}005\,229\ \text{u}.\end{aligned}$$

Mit 1 u = 931,49 MeV/c^2 wird

$$W_{ges} = \Delta m \cdot c^2 = 4{,}87 \cdot \text{MeV}.$$

Beim Zerfall erhält der Kern einen *Rückstoß* und nimmt Energie mit. W_α ist also kleiner als W_{ges}. Man findet W_α mithilfe des Impuls- und des Energieerhaltungssatzes, wobei man nichtrelativistisch rechnen darf. Sind v_α bzw. v_K die Geschwindigkeiten des α-Teilchens bzw. des Tochternuklids, so folgt aus den beiden Erhaltungssätzen:

$$m_\alpha \cdot v_\alpha = m_K \cdot v_K. \qquad (1)$$

$$\frac{1}{2} m_K v_K^2 + \frac{1}{2} m_\alpha v_\alpha^2 = W_{ges}. \qquad (2)$$

v_K aus (1) in (2) eingesetzt ergibt:

$$W_\alpha = \frac{1}{2} m_\alpha v_\alpha^2 = \frac{m_K}{m_\alpha + m_K} W_{ges} \quad \text{oder}$$

$$W_\alpha = 0{,}98 \cdot W_{ges} = 4{,}78\ \text{MeV}.$$

Atommassen → Anhang

A1 Begründen Sie mithilfe der Atommassen, dass ein Po-210-Kern zwar α-Teilchen, nicht aber Protonen, Neutronen, Deuteronen oder Li-7-Kerne aussenden kann!

A2 Po-212 zerfällt durch einen α-Zerfall. Bestimmen Sie W_α.

A3 Am-241 sendet α-Teilchen der Energien $W_\alpha = 5{,}545$ MeV, 5,486 MeV, 5,443 MeV und 5,389 MeV aus. **a)** Zeichnen Sie ein Zerfallsschema. **b)** Berechnen Sie von allen möglichen γ-Quanten die Energie. **c)** Bestimmen Sie W_{ges}. Begründen Sie, warum $W_{ges} > 5{,}545$ MeV ist! **d)** Berechnen Sie die Höhe des Coulombwalls für die α-Teilchen.

A4 Begründen Sie mithilfe der Nuklidkarte, dass für fast alle α-Strahler W_α etwa 98 % von W_{ges} ist.

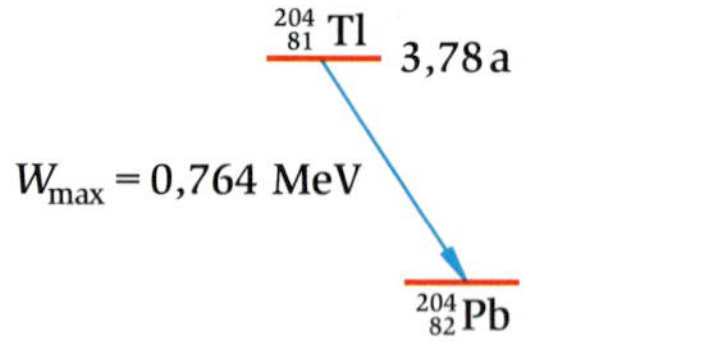

B1 β^--Zerfall von Tl-204 in den Grundzustand von Pb-204. Da Pb ein höheres Z als Tl hat, zeichnet man es nach rechts verschoben.

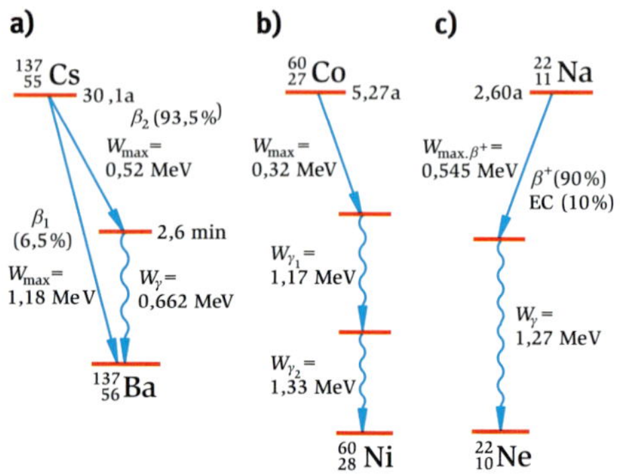

B2 Zerfallsschema von **a)** Cs-137, **b)** Co-60, **c)** Na-22 (a: Jahr; min: Minute)

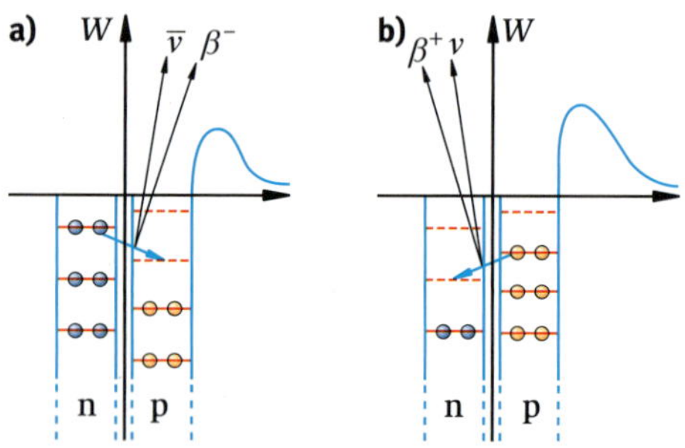

B3 **a)** β^-- und **b)** β^+-Zerfall im Potenzialtopfmodell. Gezeichnet sind nur die obersten besetzten Niveaus.

1. Der β^--Zerfall eines Atomkerns

Beim *β^--Zerfall* eines Atomkerns *wandelt sich ein Neutron* unter Aussendung eines Elektrons e^- und eines **Antineutrinos** $\bar{\nu}$ *in ein Proton um* ➜ **Interessantes**: $n \rightarrow p + e^- + \bar{\nu}$. Ein Beispiel ➜ **B1**:

$$^{204}_{81}\mathrm{Tl} \rightarrow {}^{204}_{82}\mathrm{Pb} + e^- + \bar{\nu}; \qquad W_{max} = 0{,}764\ \mathrm{MeV}.$$

Die frei werdende Energie W_{max} verteilt sich beliebig auf das Elektron und das Antineutrino. So erhält das Elektron Energien, die stufenlos von Null bis W_{max} reichen. W_{max} lässt sich mithilfe der Atommassen berechnen ➜ **Beispiel**. Die Massenzahl A eines Kerns ändert sich bei einem β^--Zerfall nicht, die Kernladungszahl Z steigt um 1. In der Nuklidkarte rutscht der Kern (als β^--Strahler blau gezeichnet) um eine Stelle nach links und um eine Stelle nach oben.

2. Der β^+-Zerfall eines Atomkerns; begleitende γ-Strahlung

a) Beim *β^+-Zerfall* eines Atomkerns *wandelt sich ein Proton* unter Aussendung eines Positrons e^+ und eines Neutrinos ν *in ein Neutron um:* $p \rightarrow n + e^+ + \nu$. Das Neutrino hat ähnliche Eigenschaften wie das Antineutrino. Ein Beispiel eines β^+-Zerfalls ist ➜ **B2c**:

$$^{22}_{11}\mathrm{Na} \rightarrow {}^{22}_{10}\mathrm{Ne} + e^+ + \nu, \qquad W_{max} = 0{,}545\ \mathrm{MeV}.$$

Die frei werdende Energie W_{max} verteilt sich beliebig auf Positron und Neutrino. Das Positron erhält so Energien von Null bis W_{max}. Die Massenzahl A bleibt beim β^+-Zerfall konstant, die Kernladungszahl Z vermindert sich um 1, und in der Nuklidkarte rutscht der Kern (als β^+-Strahler rot gezeichnet) um eine Stelle nach rechts und um eine Stelle nach unten. Bei einem β^+-Strahler tritt zusätzlich immer eine *Vernichtungsstrahlung* von 511 keV auf ($e^+ + e^- \rightarrow 2\gamma$).

b) Häufig führt auch ein β^-- oder β^+-Zerfall nicht in den Grundzustand, sondern in einen angeregten Zustand des Tochterkerns. Dieser verliert seine Energie durch Aussendung von γ-Strahlung. Beispiele sind die Zerfälle von Cs-137, Co-60 und Na-22 ➜ **B2**. Bei Cs-137 ist interessant, dass der angeregte Zustand von Ba-137 im Mittel erst nach 2,6 min in den Grundzustand zerfällt. Man spricht von einem *isomeren Zustand* und schreibt *Ba-137m*. Üblicherweise „leben" angeregte Zustände nur in der Größenordnung von 10^{-8} s.

Interessantes

Zur Erklärung des β^--Zerfalls

Elektronen (β^--Teilchen) aus einem β^--Strahler müssen aufgrund ihrer hohen Energie aus dem Atomkern kommen. Wie ist das möglich? Im Kern sind bekanntlich keine Elektronen. 1913 fand F. SODDY, dass sich beim β^--Zerfall die Kernladungszahl des Kerns um 1 erhöht. Der Ausgangskern hat sich also nach der Aussendung des β-Teilchens verändert. Ausgangskern und Endkern haben definierte Energiezustände. Nach dem Energieerhaltungssatz müssten deshalb alle β^--Teilchen dieselbe Energie haben. Es treten aber Elektronen mit $0 \leq W \leq W_{max}$ auf! Messungen zeigen, dass nur die β^--Teilchen mit W_{max} den Energieerhaltungssatz erfüllen, die anderen nicht. Nach weiteren Messungen schien der β^--Zerfall auch gegen den Impulssatz zu verstoßen. Um diese Erhaltungssätze „zu retten" postulierte Wolfgang PAULI 1931: Beim β^--Zerfall eines Atomkerns wird gleichzeitig mit dem Elektron ein weiteres ungeladenes Teilchen, heute **Antineutrino** $\bar{\nu}$ genannt, ausgesendet. Dieses Teilchen nimmt zwar Energie und Impuls mit, zeigt aber fast keine Wechselwirkung mit der Materie. Es hat fast keine Ruhemasse. Sein Nachweis ist schwierig; er gelang 1956.

Nach der Entdeckung des Neutrons 1932 erkannte man, dass sich beim β^--Zerfall im Kern ein Neutron in ein Proton unter Emission eines Elektrons und eines Antineutrinos umwandelt. Energie, Impuls und Ladung bleiben dabei erhalten: $\mathbf{n \rightarrow p + e^- + \bar{\nu}}$.

c) In Konkurrenz zum β^+-Zerfall steht der **Elektroneneinfang** (EC). Dabei wird ein Elektron aus der Atomhülle, meist aus der K-Schale, vom Kern eingefangen. Dieses Elektron bildet mit einem Proton ein Neutron und ein Neutrino: $\mathbf{p + e^- \rightarrow n + \nu}$. Ein Beispiel:

$$^{59}_{28}\text{Ni} \rightarrow {}^{59}_{27}\text{Co} + \nu + \text{Energie}.$$

Das Elektron hinterlässt in der K-Schale eine Lücke. In diese fällt aus einer höheren Schale ein Elektron, wobei charakteristische Röntgenquanten auftritt, an der man den Elektroneneinfang erkennt.

Merksatz

Beim **β^--Zerfall** eines Atomkerns wandelt sich ein Neutron in ein Proton, ein Elektron und ein Antineutrino um.
Beim **β^+-Zerfall** eines Atomkerns wandelt sich ein Proton in ein Neutron, ein Positron und ein Neutrino um.
Beim **Elektroneneinfang** verbindet sich ein Elektron der Atomhülle mit einem Proton des Kerns zu einem Neutron und einem Neutrino.
β^-- und β^+-Strahler emittieren häufig auch γ-Strahlung.

3. β-Zerfall im Potenzialtopfmodell

a) → B3a zeigt einen Kern, der gegenüber stabilen Kernen einen Neutronenüberschuss besitzt. Neutronen besetzen dabei im Neutronentopf höhere Energieniveaus als die Protonen in ihrem Topf. Folglich kann sich ein im Neutronentopf höher liegendes Neutron durch einen β^--Zerfall in ein Proton umwandeln. Das Neutron geht in den Protonentopf über und gibt Energie ab. Der neue Kern hat weniger Energie, er ist stabiler. *Kerne mit zu hoher Neutronenzahl sind also β^--Strahler.* Sie liegen in der Nuklidkarte rechts der stabilen Kerne.

b) Ist die Protonenzahl zu groß, so wandelt sich ein energetisch hoch liegendes Proton nach den oben beschriebenen Prozessen in ein Neutron um und geht unter Energieabgabe in den Neutronentopf, damit beide Töpfe etwa bis zum gleichen Niveau gefüllt sind → B3b. *Kerne mit zu hoher Protonenzahl zerfallen also durch einen β^+-Zerfall oder durch einen Elektroneneinfang.* Sie liegen in der Nuklidkarte links von stabilen Kernen.

4. Die radioaktiven Zerfallsreihen

Oft ist der Tochterkern eines radioaktiven Kerns selbst wieder radioaktiv, dessen Folgeprodukt ebenfalls. So können Zerfallsreihen entstehen. Eine erste beginnt bei U-238, eine zweite bei Th-232 → B5, eine dritte bei U-235 und eine vierte bei Np-237 → A4.

Beispiel W_{max} **eines β^--Zerfalls**

$$\beta^-\text{-Zerfall: } {}^A_Z\text{K} \rightarrow {}_{Z+1}^{\;\;A}\text{K}_1 + e^- + \bar{\nu} + W_{max}.$$

Es ist $W_{max} = \Delta m \cdot c^2$ mit:

$$\Delta m = m_K\left({}^A_Z\text{K}\right) - m_{K_1}\left({}_{Z+1}^{\;\;A}\text{K}_1\right) - m_e. \quad (1)$$

m_K und m_{K_1} sind *Kern*massen, m_e ist die Elektronenmasse. Das Antineutrino hat eine vernachlässigbare Ruhemasse. Addiert und subtrahiert man in (1) Z Elektronenmassen ist

$$\Delta m = m_K\left({}^A_Z\text{K}\right) + Z \cdot m_e - m_{K_1}\left({}_{Z+1}^{\;\;A}\text{K}_1\right) - Z \cdot m_e - m_e.$$

Mit Atommassen geschrieben:

$$\Delta m = m\left({}^A_Z\text{K}\right) - m\left({}_{Z+1}^{\;\;A}\text{K}_1\right).$$

W_{max} lässt sich also einfach aus der Differenz der Atommassen bestimmen! Wir verdeutlichen dies am Zerfall von Tl-204:

$$^{204}_{81}\text{Tl} \rightarrow {}^{204}_{82}\text{Pb} + e^- + \bar{\nu}.$$

$$\begin{aligned}\Delta m &= m(\text{Tl-204}) - m(\text{Pb-204})\\ &= (203{,}973\,864 - 203{,}973\,044)\ \text{u}\\ &= 0{,}000\,820\ \text{u}.\end{aligned}$$

Mit $1\ \text{u} = 931{,}494\ \text{MeV}/c^2$ wird

$$W_{max} = \Delta m \cdot c^2 = 764\ \text{keV}.$$

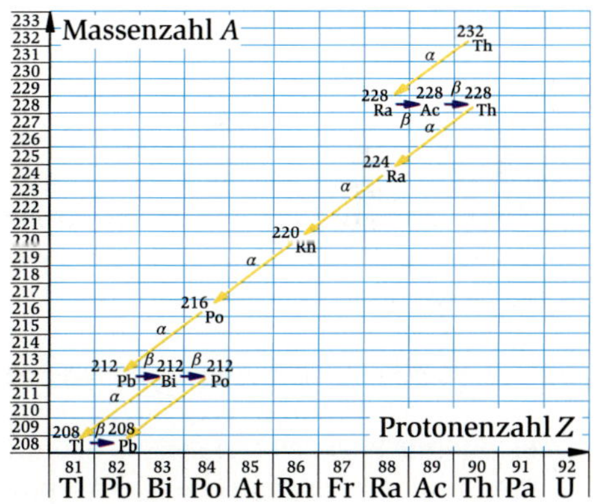

B5 Zerfallsreihe von Th-232

Atommassen → Anhang

A1 **a)** Bestimmen Sie W_{max} des β^--Zerfalls von Cs-137. **b)** Berechnen Sie die Atommasse von Co-60, wenn die von Ni-60 bekannt ist. **c)** Begründen Sie, dass beim β-Zerfall die Rückstoßenergie des Tochterkerns zu vernachlässigen ist.

A2 **a)** Zeigen Sie: Die Maximalenergie W_{max} eines β^+-Zerfalls ${}^A_Z\text{K} \rightarrow {}_{Z-1}^{\;\;A}\text{K}_1 + e^+ + \nu + W_{max}$ lässt sich mit Atommassen bestimmen zu $W_{max} = \Delta m \cdot c^2$ mit $\Delta m = m\left({}^A_Z\text{K}\right) - m\left({}_{Z-1}^{\;\;A}\text{K}_1\right) - 2m_e$. **b)** Berechnen Sie W_{max} des β^+-Zerfalls von P-30.

A3 **a)** Begründen Sie, dass ein freies Neutron in ein Proton zerfallen kann, während ein freies Proton stabil ist. **b)** Berechnen Sie W_{max} des β^--Zerfalls des freien Neutrons.

A4 Stellen Sie die Zerfallsreihen von U-238, U-235 und Np-237 auf.

A5 K-40 zerfällt durch einen Elektroneneinfang in einen angeregten Zustand (1,46 MeV) von Ar-40. Begründen Sie mit Atommassen, dass K-40 nicht durch einen β^+-Zerfall in diesen Zustand zerfallen kann.

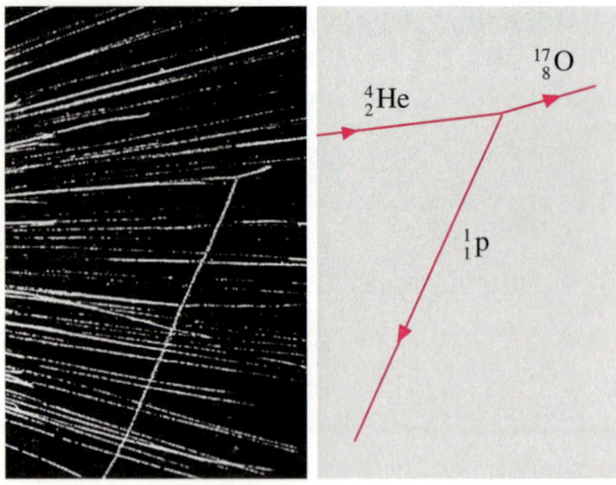

B1 Nebelkammeraufnahme einer Kernreaktion. Rechts ist die Reaktion gezeichnet.

1. Künstliche Kernumwandlungen

1919 schoss RUTHERFORD α-Teilchen der Energie 7,7 MeV in eine Nebelkammer mit reinem Stickstoff, der zu fast 100 % aus N-14 besteht. Überraschenderweise fand er gelegentlich das in → **B1** dargestellte Ereignis: Die Spur eines α-Teilchens verzweigte sich plötzlich. Die nach unten laufende lange Spur entpuppte sich dabei als die eines frei gewordenen Protons. Nach weiteren Untersuchungen, *wobei er die Erhaltungssätze für Energie, Impuls und Ladung beachtete,* erkannte RUTHERFORD: Das α-Teilchen überwindet die Coulombschwelle eines $^{14}_{7}$N-Kerns und dringt in ihn ein. Es bildet sich kurzzeitig ein energetisch hoch angeregter Fluorkern $^{18}_{9}$F*, der sofort unter Aussendung eines Protons p in einen Sauerstoffkern $^{17}_{8}$O zerfällt. (* bedeutet, dass der Kern in einem energetisch angeregten Zustand ist.) $^{17}_{8}$O erhält einen Rückstoß und erzeugt in der Nebelkammer die nach rechts oben gerichtete kurze Spur. Man sagt, es hat eine **Kernreaktion** stattgefunden. Die Reaktionsgleichung lautet:

$$^{14}_{7}\text{N} + {}^{4}_{2}\alpha \rightarrow {}^{18}_{9}\text{F}^{*} \rightarrow {}^{17}_{8}\text{O} + {}^{1}_{1}\text{p}.$$

Den Zwischenkern $^{18}_{9}$F*, der 10^{-15} bis 10^{-18} s lang „lebt“, lässt man weg und schreibt für diese (α, p)- Reaktion:

$$^{14}_{7}\text{N}\,(\alpha,\text{p})\,{}^{17}_{8}\text{O}.$$

Damit war zum ersten Mal eine **künstliche Kernumwandlung** gelungen.

Kernreaktionen lassen sich nicht nur mit α-Teilchen auslösen, sondern mit allen bekannten Teilchen wie Protonen, Deuteronen, Neutronen und auch mit Kernen bis hinauf zu U-238 (weitere Reaktionen → **Beispiele**). Wesentliche Hilfsmittel dazu sind *Beschleuniger,* mit denen man geladenen Teilchen hohe kinetische Energie gibt, und *Kernreaktoren* als intensive Neutronenquellen.

Merksatz

Schießt man schnelle Teilchen auf Atomkerne, so können Kernreaktionen ausgelöst werden. Die erste Kernreaktion erzielte RUTHERFORD:

$$^{14}_{7}\text{N}\,(\alpha,\text{p})\,{}^{17}_{8}\text{O}.$$

Auch bei Kernreaktionen gelten die Erhaltungssätze für Energie, Impuls und elektrische Ladung.

2. Neutronenstrahlen

a) J. CHADWICK beschoss Beryllium mit α-Teilchen. Er fand dabei 1932 ein neues Teilchen, das fast Protonenmasse hatte, aber ungeladen war, das Neutron. Folgende Kernreaktion lief ab:

$$^{9}_{4}\text{Be} + {}^{4}_{2}\alpha \rightarrow {}^{12}_{6}\text{C} + {}^{1}_{0}\text{n} \qquad \text{oder} \qquad {}^{9}_{2}\text{Be}\,(\alpha,\text{n})\,{}^{12}_{6}\text{C}.$$

b) Neutronen selbst lösen Kernreaktionen leicht aus, da sie ungeladen sind und keinen Coulombwall spüren. Sie gelangen mit beliebig kleiner Energie ins Innere eines Kerns. In diesen können sie von Kernkräften eingebaut werden und in den Potenzialtopf fallen. Dabei wird die Bindungsenergie des Neutrons – im Mittel 8 MeV – frei. Man spricht von **Neutroneneinfang.**

Vertiefung

Nachweis von Neutronen

a) (n,p)-Reaktion: Neutronen haben als ungeladene Teilchen keine ionisierende Wirkung. Ihr Nachweis kann daher nur indirekt durch Stöße mit ionisierenden Teilchen erfolgen. In der Nebelkammeraufnahme fielen von links oben Neutronen ein, ohne eine Spur zu hinterlassen. Die plötzlich mitten in der Kammer einsetzenden Spuren zeigen Wasserstoffkerne, die von Neutronen in dem wasserstoffhaltigen Gas der Nebelkammer angestoßen wurden. Erst die Protonen verraten die Neutronen. Bei dieser Kernreaktion wird Energie vom Neutron auf das Proton übertragen, das dann die Gasmoleküle ionisiert.

b) (n,α)-Reaktion: Soll ein *Zählrohr* für ionisierende Strahlung auf Neutronen ansprechen, setzt man dem Füllgas eine gasförmige Borverbindung hinzu oder kleidet die Innenwand mit einer festen Borverbindung aus. Die durch die Neutronen bewirkte Kernreaktion

$$^{10}_{5}\text{B}\,(\text{n},\alpha)\,{}^{7}_{3}\text{Li}$$

setzt α-Teilchen frei, die gezählt werden.

Nach einem Neutroneneinfang ist der Zwischenkern in einem angeregten Zustand. Dieser kann seine Energie z. B. dadurch loswerden, dass er ein Teilchen aussendet. So kann man über die Kernreaktionen (n,p) oder (n,α) Neutronen nachweisen → **Vertiefung**.

Im Potenzialtopf ist die Energie quantisiert. Der nach einem Neutroneneinfang angeregte Zwischenkern kann deshalb seine Energie auch durch Quantensprünge in den Grundzustand abgeben. Dabei werden sehr energiereiche γ-Quanten frei. Ein Beispiel für eine derartige **(n,γ)-Reaktion** ist der Einfang eines Neutrons durch ein Proton im Wasserstoffkern. Es entsteht ein Deuteron:

$$^{1}_{1}\text{H}\,(\text{n},\gamma)\,^{2}_{1}\text{D} \quad \text{mit } W_\gamma = 2{,}23\ \text{MeV}.$$

c) Neutronen durchdringen selbst dicke Bleischichten fast ungeschwächt, nicht hingegen wasserstoffhaltige Stoffe wie Paraffin oder Wasser. Denn der Wasserstoffkern – ein Proton – hat fast dieselbe Masse wie ein Neutron. Bei einem Stoß von Neutron mit Proton gibt deshalb das Neutron einen Großteil seiner kinetischen Energie ans Proton ab. Nach ca. 20 Stößen mit Protonen hat das Neutron eine kinetische Energie von 1/40 eV (≈ 2 km/s!), die der Temperatur von 20 °C der Bremssubstanz, auch **Moderator** genannt, entspricht. Solche Neutronen heißen im Gegensatz zu schnellen Neutronen **thermische Neutronen.** Sie werden früher oder später von einem Kern eingefangen, wobei durch einen (n,γ)-Prozess fast immer γ-Strahlen entstehen. Will man etwa in einem Kernreaktor Neutronenstrahlen abschirmen, verwendet man am besten meterdicke Beton- oder Wasserschichten. Diese bremsen nicht nur die Neutronen ab, sondern absorbieren auch die beim Neutroneneinfang entstehende γ-Strahlung.

d) Kernreaktionen, insbesondere (n,p)-Reaktionen → **Vertiefung**, machen schnelle Neutronen für den Menschen äußerst gefährlich, da sie energiereiche ionisierende Teilchen im Körper freisetzen. Aber auch thermische Neutronen sind nicht harmlos. Bei ihrem Einfang in einen Kern eines biologischen Gewebes entstehen γ-Strahlen mit Energien bis zu einigen MeV. Die Strahlungs-Wichtungsfaktoren w_R der Neutronen zur Bestimmung der Organdosis H_T sind daher im Vergleich zu anderen Strahlenarten groß.

Merksatz

Neutronen können leicht Kernreaktionen auslösen und werden so durch Wechselwirkung mit geladenen Teilchen nachgewiesen.
Meterdicke Beton- oder Wasserschichten schirmen Neutronen ab. □

Beispiel **Weitere Kernreaktionen; *Q*-Wert**

a) Bei Kernreaktionen können *radioaktive Nuklide* entstehen. Ein Beispiel:

$$^{27}_{13}\text{Al}\,(\alpha,\text{n})\,^{30}_{15}\text{P}.$$

Mit dieser Reaktion wurde 1934 das erste nicht in der Natur vorkommende radioaktive Nuklid entdeckt, nämlich der β^+-Strahler P-30. Man nennt derartige Nuklide im Gegensatz zu den *natürlich radioaktiven* auch manchmal *künstlich radioaktiv.*

b) Bestrahlt man Uran U-238 mit Neutronen, so laufen folgende Vorgänge ab:

$$^{238}_{92}\text{U}\,(\text{n},\gamma)\,^{239}_{92}\text{U} \xrightarrow[23{,}5\ \text{min}]{\beta^-} {}^{239}_{93}\text{Np}$$

$$\xrightarrow[2{,}4\ \text{d}]{\beta^-} {}^{239}_{94}\text{Pu}.$$

U-239 und Np-239 sind β^--Strahler. Die Elemente Neptunium (Np) und Plutonium (Pu) werden **Transurane** genannt, da sie im Periodensystem jenseits von Uran (Z > 92) einzuordnen sind. Alle Transurane sind radioaktiv.

c) Eine beliebige Kernreaktion hat die Form a + A → b + B + Q (a,b: Teilchen; A,B: Kerne). Für die *Reaktionsenergie Q* (oft einfach ***Q*-Wert** genannt) gilt:

$$Q = (m_A + m_a) \cdot c^2 - (m_B + m_b) \cdot c^2.$$

m sind Ruhemassen. Ist *Q* negativ, muss das Teilchen a kinetsiche Energie mitbringen, damit die Reaktion ablaufen kann, ist *Q* positiv, verschwindet Ruhemasse. Die ihr äquivalente Energie tritt als kinetsiche Energie der Teilchen b und B auf. Geladene Teilchen brauchen zum Auslösen jeder Kernreaktion kinetsiche Energie, um den Coulombwall zu überwinden.

Hinweis: Bei der Berechnung des *Q*-Wertes einer Kernreaktion rechnet man wie bei der Bestimmung des W_{ges}-Wertes eines α-Zerfalls mit *Atom*massen.

Atommassen → **Anhang**

A1 **a)** Ergänzen Sie: $^{18}_{8}\text{O}\,(\text{p,d})\,?$; $?\,(\text{n,p})\,^{14}_{6}\text{C}$, $^{27}_{12}\text{Mg}\,(\text{p},?)\,^{24}_{11}\text{Na}$ **b)** Die Reaktion $^{11}_{5}\text{B}\,(\alpha,\text{p})\,?$ ergibt einen β^--Strahler. Geben Sie den Endkern an.

A2 **a)** Berechnen Sie die Höhe des Coulombwalls und den *Q*-Wert für die Reaktion $^{14}_{7}\text{N}\,(\alpha,\text{p})\,^{17}_{8}\text{O}$. **b)** Bestimmen Sie den *Q*-Wert für $^{10}_{5}\text{B}\,(\text{n},\alpha)\,?$. Berechnen Sie die kinetische Energie des α-Teilchens (Das Neutron sei thermisch).

A3 Prüfen Sie, ob die Reaktion $^{64}_{?}\text{Zn}\,(\text{n,p})\,^{?}_{?}\text{Cu}$ durch thermische Neutronen ausgelöst werden kann.

A4 Ermitteln Sie bei der Reaktion $^{9}_{?}\text{Be}\,(\alpha,\text{n})\,?$ die Energie der Neutronen, wenn die α-Teilchen die kinetische Energie 7,7 MeV haben.

A5 Treffen thermische Neutronen Th-232, entsteht über eine (n,γ)-Reaktion U-233. Begründen Sie!

A6 γ-Quanten können Kernreaktionen auslösen (Kernfotoeffekt). Bestimmen Sie die notwendige γ-Energie für die Reaktion $^{16}_{8}\text{O}\,(\gamma,\text{n})\,?$.

A7 Natürliches Silber, das die Isotope Ag-107 und Ag-109 enthält, wird mit thermischen Neutronen beschossen. Ermitteln Sie, welche Nuklide entstehen können (Nuklidkarte → **Internetrecherche**).

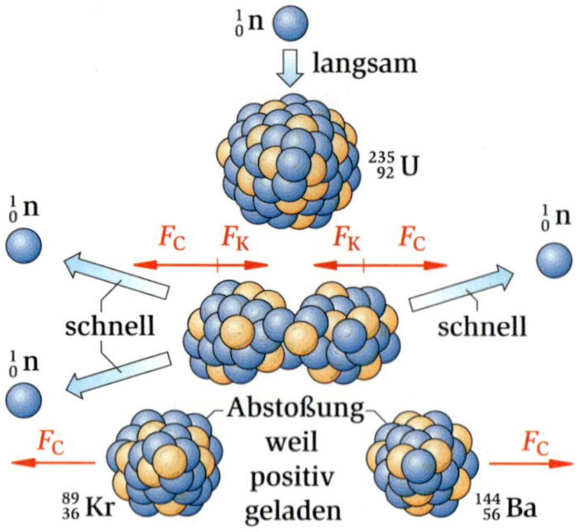

B1 Kernspaltung eines U-235-Kerns nach dem Einfang eines langsamen Neutrons

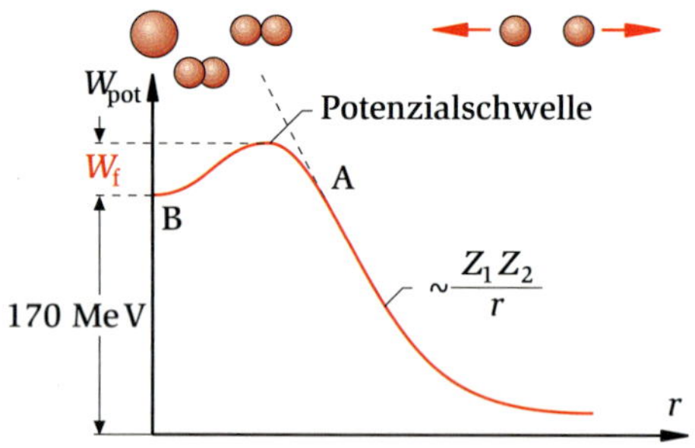

B2 Verlauf der potentiellen Energie der Spaltprodukte eines Kerns relativ zueinander. Darüber sind jeweilige Kernformen angedeutet.

Exkurs

Eigenschaften der Kernspaltung

a) Energiebilanz: Die Bindungsenergie pro Nukleon ist bei U-235 etwa −7,5 MeV und bei den Spaltprodukten −8 bis −8,5 MeV. Folglich müssen bei der Spaltung ca. 200 MeV freigesetzt werden. Man kann nachrechnen, dass deshalb ein Kernreaktor pro 1 Megawatt Leistung und Tag 1 g U-235 verbraucht.

b) Die Spaltprodukte einer Kernspaltung sind radioaktiv: Die Spaltprodukte haben einen *großen Neutronenüberschuss.* Sie verwandeln sich daher durch mehrere β^-- und γ-Zerfälle mit unterschiedlichen, teilweise großen Halbwertszeiten in stabile Isotope. Ein Beispiel:

$$^{135}_{52}\text{Te} \xrightarrow[18\,\text{s}]{\beta^-} {}^{135}_{53}\text{I} \xrightarrow[6{,}6\,\text{h}]{\beta^-,\,\gamma} {}^{135}_{54}\text{Xe}$$

$$\xrightarrow[9{,}2\,\text{h}]{\beta^-,\,\gamma} {}^{135}_{55}\text{Cs} \xrightarrow[2\cdot 10^6\,\text{h}]{\beta^-} {}^{135}_{56}\text{Ba}$$

1. Die Kernspaltung

1938 beschossen Otto HAHN und Fritz STRASSMANN natürliches Uran, das 99,3 % U-238 und 0,7 % U-235 enthält, mit *langsamen Neutronen*, um Transurane herzustellen. Zu ihrer großen Überraschung fanden sie aber nach der Bestrahlung Barium. Sie deuteten zusammen mit Lise MEITNER und O. R. FRISCH dieses Ergebnis so: Ein U-235-Kern spaltet sich nach der Aufnahme des Neutrons in zwei ungefähr gleich schwere Teile. Zudem werden mehrere schnelle Neutronen und γ-Strahlung frei. Die beiden Kernbruchstücke fliegen mit hohen Energien in der Größenordnung von 170 MeV auseinander. Ein Beispiel einer **Kernspaltung** ist:

$$^{235}_{92}\text{U} + {}^1_0\text{n} \rightarrow {}^{89}_{36}\text{Kr} + {}^{144}_{56}\text{Ba} + 3\,{}^1_0\text{n} + \gamma.$$

Ein einfaches Modell soll die Kernspaltung erläutern → **B1**. Wir stellen uns den Urankern als *Tröpfchen* vor mit den Eigenschaften:

- Da der Kern nicht sehr stabil ist, wird er durch das eingefangene Neutron zum Schwingen angeregt.
- Nimmt er dabei kurzzeitig Hantelform an, so gibt es an der Einschnürung nur noch wenige Nukleonen, die mit Kernkräften F_K kurzer Reichweite die beiden Teile zusammenhalten können.
- Die weitreichende elektrostatische Abstoßung F_C der Protonen kann die Teile auseinander treiben und so den Kern zerreißen.
- Die Coulombabstoßung gibt den Bruchstücken große Energie. *Die Energie der Kernspaltung wird demnach durch die elektrostatische Coulombkraft freigesetzt.*
- Die gesamte Ruhemasse nimmt ab.

Wollte man die Spaltprodukte wieder zusammenfügen, so müsste man nach → **B2** – von rechts kommend – Energie gegen die Kernabstoßung aufbringen Bei A machen sich die kurzreichweitigen Kernkräfte bemerkbar und setzen durch Anziehung Energie frei. Bei B ist eine stabile Energiemulde gefunden.

Die Potenzialschwelle bei A können Spaltprodukte durchtunneln, d. h. ein Kern kann sich **spontan spalten.** Allerdings ist bei Urankernen die Wahrscheinlichkeit dafür nicht groß. In 1 g Natururan finden ca. 20 spontane Spaltungen in 1 h statt. Spontan spaltende Kerne sind in der Nuklidkarte grün eingezeichnet.

Erzwungene Kernspaltung tritt ein, wenn man einem Kern die Energie W_f → **B2** zuführt. Am einfachsten gelingt dies – wie oben gesehen – mit einem Neutron. Kerne wie U-233, U-235 und Pu-239 lassen sich bereits durch langsame Neutronen spalten. Solche Kerne bezeichnet man als **spaltbares Material.** Von den genannten Kernen kommt nur U-235 in der Natur vor. U-233 lässt sich aus Th-232 durch Beschuss mit thermischen Neutronen und Pu-239 aus U-238 durch Beschuss mit schnellen Neutronen „erbrüten".

Merksatz

Bei einer Kernspaltung entstehen aus einem schweren Kern zwei etwa gleich große Spaltkerne, mehrere schnelle Neutronen und γ-Strahlung. – U-233, U-235 und Pu-239 lassen sich durch langsame Neutronen spalten.

2. Kettenreaktion, Atombombe, Kernreaktor

Findet eine Kernspaltung in einem Medium statt, das spaltbares Material (z. B. U-235) enthält, so können die zwei bis drei freigesetzten Neutronen weitere Spaltungen auslösen. Dabei werden wiederum Neutronen erzeugt, die ihrerseits erneut Kernspaltungen verursachen können und so fort. Eine derart sich fortsetzende Spaltungsfolge nennt man **Kettenreaktion.** Verläuft sie *ungeregelt,* so kann sich die Zahl der Spaltungen in Bruchteilen von Sekunden ins Unermessliche steigern. Riesige Energiemengen werden in kürzester Zeit frei; es kommt zu einer *Atombombenexplosion* → **Vertiefung**.

Will man die bei Kernspaltungen freiwerdende Energie friedlich nutzen, muss man sich ein System ausdenken, in dem die Kettenreaktion *kontrollierbar* abläuft. Ein solches System heißt **Reaktor.** Das Medium, in dem dort die Kettenreaktion stattfindet, wird *Brennstoff* genannt. In der folgenden → **Ziffer 3** ist der prinzipielle Aufbau eines **Druckwasserreaktors** (DWR) im Querschnitt skizziert. Über 75 % aller weltweit gebauten Kernreaktoren gehören zu diesem Reaktortyp. Er hat folgende wesentliche Bestandteile:

a) In einem etwa 10 Meter hohen Druckgefäß aus 20 – 25 cm dickem Stahl stehen die *Brennelemente* mit vielen fingerdicken *Brennstäben.* In diesen befindet sich als Brennstoff natürliches Uran, das bis zu 4 % mit dem Isotop U-235 angereichert ist.

b) Zwischen den Brennstäben befindet sich Wasser H_2O. Es soll die bei den Kernspaltungen entstehenden schnellen Neutronen abbremsen. Vor allem langsame Neutronen können nämlich weitere Kernspaltungen in U-235-Kernen durchführen und so die Kettenreaktion aufrecht erhalten → **B1**. Rasche Abbremsung ist wichtig, denn das zu 97 % in den Brennstäben vorhandene, nicht spaltbare U-238 absorbiert besonders schnelle Neutronen.

Einen Stoff, der im Reaktor die Neutronen abbremst, ohne zu viele zu absorbieren, bezeichnet man als Moderator. Reaktoren, die einen Moderator benutzen, nennt man thermische Reaktoren. Der DWR gehört auch zur Gruppe der **Leichtwasserreaktoren**, da normales Wasser H_2O und nicht schweres Wasser D_2O als Moderator verwendet wird.

Sollte das Wasser in einem mit Wasser moderierten Reaktor verdampfen, oder aus dem Reaktorbehälter auslaufen, würden die Neutronen nicht mehr abgebremst: Die Kettenreaktion wäre automatisch unterbrochen. *Mit Wasser moderierte Kernreaktoren können also nie wie eine Atombombe explodieren.*

c) Wasser dient außerdem als Kühlmittel. Durch kräftige Pumpen angetrieben, zirkuliert es im *Primärkreislauf* und besorgt den Wärmetransport. Die Brennstäbe werden nämlich durch die Kernspaltungen sehr stark erhitzt. Im Primärkreislauf steht das Wasser unter hohem Druck (z. B. 155 bar). Es kann daher auf 320 °C erhitzt werden, ohne dass es siedet. In einem *Wärmetauscher* (Dampferzeuger) gibt das erhitzte Wasser des Primärkreises seine Energie an das Wasser des *Sekundärkreislaufs* ab; dieses verdampft im Wärmetauscher und treibt die Turbinen an.

Vertiefung

Die ungezähmte Kettenreaktion

In Atombomben wird als Spaltmaterial fast reines U-235 oder Pu-239 verwendet. Das hat den „Vorteil", dass auch schnelle Neutronen genügend Kernspaltungen hervorrufen, um eine Kettenreaktion in Gang zu setzen. So erzeugen in reinem Pu-239 von den bei einer Spaltung freigesetzten schnellen Neutronen im Mittel 1,6 Neutronen weitere Spaltungen. Nach n Neutronengenerationen beträgt die Zahl der Spaltungen $1{,}6^{\,n}$. Ein kg Pu-239, das $2{,}5 \cdot 10^{24}$ Kerne enthält, ist somit nach dem Ablauf von 120 Generationen vollständig gespalten, denn es ist $(1{,}6)^{120} \approx 2{,}5 \cdot 10^{24}$. Da eine Neutronengeneration in der Atombombe in etwa $2{,}5 \cdot 10^{-9}$ s abläuft, ist 1 kg Pu-239 nach $120 \cdot 2{,}5 \cdot 10^{-9}\,\text{s} \approx 0{,}3\,\mu\text{s}$ (!) gespalten. Die Energie, die in dieser Zeit frei wird, beträgt $200\,\text{MeV} \cdot 2{,}5 \cdot 10^{24} \approx 2 \cdot 10^{7}$ kWh!!

Spaltbares Material ist aber erst dann explosiv, wenn es die **kritische Masse** überschreitet (5 bis 10 kg bei Pu-239; 15 bis 20 kg bei U-235). Ist die Masse kleiner, treten so viele Neutronen durch die Oberfläche aus, dass die Kettenreaktion abstirbt. Eine Atombombe wird gezündet, indem zwei unterkritische Massen durch eine mit normalem Sprengstoff ausgelöste Explosion zusammengeschossen werden.

Die ersten Atombomben wurden am 6. August 1945 über der japanischen Stadt Hiroschima und drei Tage später über der Stadt Nagasaki abgeworfen. Dabei wurden die Städte fast vollständig zerstört und ca. 200 000 Menschen sofort getötet. Viele Überlebende erlitten schwerste Strahlenschäden. Eine grausame Bilanz.

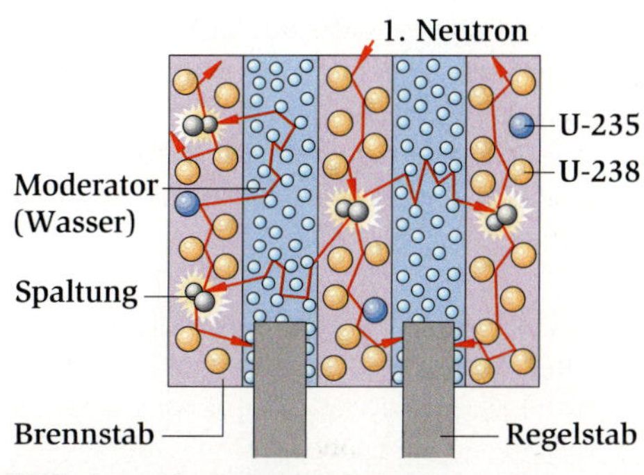

B1 Geregelte Kettenreaktion

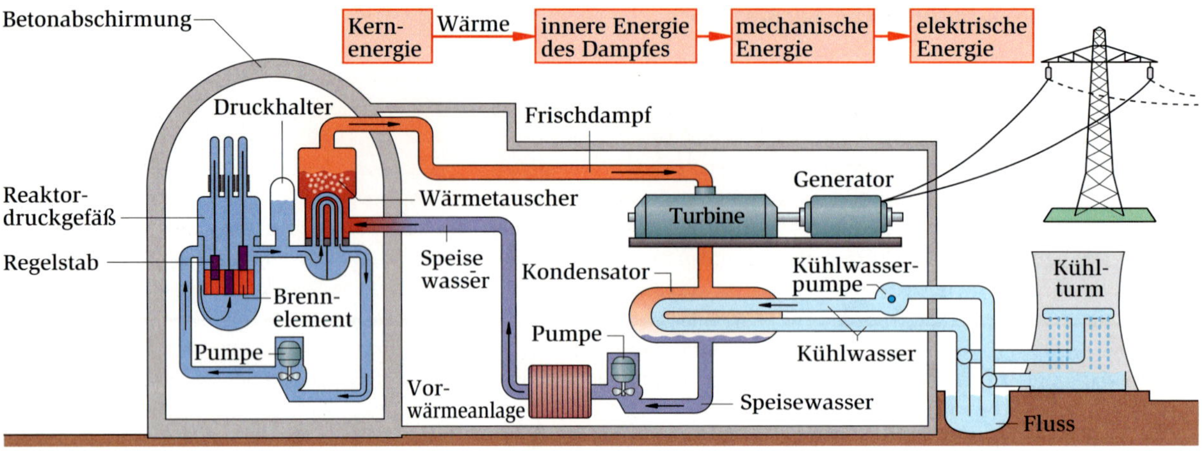

B1 Aufbau eines Kernkraftwerkes mit einem Druckwasserreaktor

Interessantes 1

A. Produkte, die im Reaktor entstehen

a) Spaltprodukte der Kernspaltungen: Sie sind *radioaktiv* mit teilweise *langen Halbwertszeiten.* Schaltet man einen Reaktor ab, liefern sie die Nachzerfallswärme, die 5 % der Reaktorleistung beträgt.

b) Plutonium: Über 97 % des Urans im Reaktor besteht aus dem nicht spaltbaren Isotop U-238. Durch den Einfang schneller Neutronen kann daraus Plutonium Pu-239 entstehen. Pu-239 ist *kernwaffentauglich, hoch giftig* und ein intensiver α-Strahler.

c) Transurane: Durch (n,γ)-Reaktionen und anschließende β-Zerfälle entstehen aus U-238 weitere radioaktive Transurane (z. B. Am-241) mit oft *großen Halbwertszeiten.*

B. Ein natürlicher Reaktor

In Oklo (Gabun) in Afrika ist vor ca. zwei Milliarden Jahren in einer Uranlagerstätte eine Kettenreaktion auf natürliche Weise zustande gekommen, die sich einige 100 000 Jahre lang aufrechterhalten hat. Wegen der relativ kürzeren Halbwertszeit von U-235 betrug damals der Gehalt an U-235 im Natururan noch ca. 3 %. Durch Einsickern von Wasser in die Lagerstätte entstand ein Leichtwasserreaktor.

Es hat sich gezeigt, dass aus dieser Uranlagerstätte über beliebig lange Zeiträume keine Radioaktivität in nennenswertem Umfang an die Erdoberfläche kam.

d) Mit **Regelstäben,** die man zwischen die Brennstäbe schieben kann, kontrolliert man die Kettenreaktion. Die Regelstäbe enthalten Bor oder Cadmium. Diese Elemente können langsame Neutronen durch Einfang absorbieren. Sind die Regelstäbe vollständig zwischen die Brennstäbe eingefahren, so erstirbt die Kettenreaktion sofort. Zieht man sie langsam heraus, steigt die Zahl der Kernspaltungen je Sekunde an, da nicht mehr so viele langsame Neutronen in den Stäben absorbiert werden. So kann man den Reaktor steuern. Im Dauerbetrieb sind die Regelstäbe so eingestellt, dass die Zahl der Spaltungen je Sekunde und damit die Leistung des Reaktors konstant bleibt.

Merksatz

Im Kernreaktor läuft eine kontrollierte Kettenreaktion ab. Die Hauptbestandteile eines Druckwasserreaktors sind Brennstäbe, Regelstäbe und Wasser als Moderator und Kühlmittel. Als Brennstoff wird Natururan verwendet, in dem U-235 zu 4 % angereichert ist.

3. Kernkraftwerke sind Wärmekraftwerke

→ **B1** zeigt den prinzipiellen Aufbau eines Kernkraftwerks. Es ist ein Wärmekraftwerk. Der sich im Wärmetauscher des Reaktors bildende heiße, unter großem Druck stehende Frischdampf führt die Energie aus dem Kernreaktor nach außen zu einer Dampfturbine, die einen Generator treibt. Anschließend kondensiert der Dampf im Kondensator, der vom Kühlwasser durchflossen wird. Das entstandene Kondenswasser wird in den Wärmetauscher zurückgeführt.

Ein Kernkraftwerk benötigt viel Kühlwasser; es steht daher neben einem Fluss. Oft besitzt es noch gewaltige Kühltürme, um eine zu starke Aufheizung des Flusses zu verhindern.

Der Wirkungsgrad eines Kernkraftwerks mit einem Druckwasserreaktor beträgt etwa 34 %. Hat es also eine *elektrische Ausgangsleistung* von 1200 MW, so beträgt die in Form von Aufheizung im Reaktor erzielte Leistung *(thermische Leistung)* etwa 3500 MW, die Abwärme also 2300 MW.

4. Entsorgung eines Kernkraftwerkes

Das spaltbare Material in den Brennstäben wird im Laufe der Zeit verbraucht. Von den ca. 100 t Uran, die ein Kernkraftwerk (DWR) mit 1300 MW elektrischer Leistung benötigt, sind jährlich ca. 30 t auszutauschen. Dieser „Abfall“ enthält 3,5 % Spaltprodukte, 0,9 % Plutonium (0,5 % Pu-239 und 0,12 % Pu-241 sind spaltbares Material), 0,1 % andere Transurane, 0,76 % U-235 und 94,3 % U-238. Zur Behandlung der Abfälle versucht man folgende Lösung:

Die „abgebrannten“ Brennelemente werden zunächst etwa ein Jahr lang in Wasserbecken beim Reaktor gelagert. In dieser Zeit klingt die Aktivität infolge des Zerfalls der kurzlebigen Spaltprodukte auf unter 1 % des Anfangswertes ab. Anschließend transportiert man die Brennelemente in speziellen Behältern (Castor-Behälter) in eine Wiederaufarbeitungsanlage (oder zuvor in ein trockenes Zwischenlager). Dort trennt man Uran und Plutonium chemisch ab und verwendet beides zum Bau neuer Brennelemente.

Die nicht verwertbaren radioaktiven Reste („Atommüll“) lagert man möglichst sicher, etwa in tiefen Salzstöcken oder Granitgesteinen. Es wird auch diskutiert, die abgebrannten Brennelemente ohne Wiederaufarbeitung direkt endzulagern. Doch noch gibt es weltweit kein einziges Endlager, das – nach menschlichem Ermessen – für Jahrtausende „sicher“ ist. Das Entsorgungsproblem ist also ungelöst.

5. Sicherheit, Umweltbelastung kerntechnischer Anlagen

Die in einem Kernreaktor entstehenden radioaktiven Stoffe dürfen unter keinen Umständen eine Gefahr für die Umwelt werden → **Interessantes 1**. Einige Anmerkungen zur Sicherheit und Umweltbelastung eines Kernkraftwerkes:

- Der Reaktorunfall in Tschernobyl machte besonders deutlich, wie wichtig ein sicherer Einschluss des radioaktiven Inventars eines Kernkraftwerkes ist → **B2**.
- Der Reaktorunfall von Fukushima zeigte, dass Ereignisse, die zu einem totalen Ausfall der Sicherheitseinrichtungen mit katastrophalen Auswirkungen führen können, nicht völlig ausgeschlossen sind, auch nicht bei Reaktoren der Hochtechnologieländer. Die Katastrophe hat weltweit Zweifel an der Kernenergie geschürt → **Interessantes 2**.
- Die Sicherheit der Kraftwerke wird mithilfe von Risikoanalysen abgeschätzt. Das Risiko wird durch die Wahrscheinlichkeit eines schweren Unfalls und die zu erwartende Schadenshöhe bestimmt. Untersuchungen nach Fukushima haben gezeigt, dass die Wahrscheinlichkeit eines schweren Unfalls vermutlich größer ist als früher angenommen.
- Man versucht Reaktortypen zu entwickeln, für die in *jedem* Schadensfall gilt: 1) Sie erlöschen von selbst. 2) Es werden keine radioaktiven Stoffe freigesetzt. 3) Die Nachzerfallswärme der radioaktiven Spaltprodukte wird ohne Eingriffe von außen und ohne Beschädigung des Reaktors nach außen abgeführt.
- Aufgrund der **Strahlenschutzverordnung** darf die Strahlenexposition einer Person durch kerntechnische Anlagen im Normalbetrieb und bei Unfällen auch in unmittelbarer Nähe einer Anlage 0,3 mSv im Jahr nicht überschreiten.

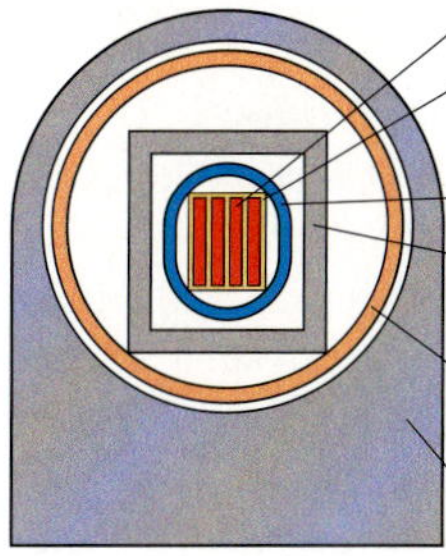

B2 Sicherheitsbarrieren beim DWR

Interessantes 2

Die Nuklearkatastrophe von Fukushima

Am 11. März 2011 ereignete sich auf der japanischen Hauptinsel Honshu das schwerste Erdbeben seit Beginn der Aufzeichnungen (Stärke 9,0 auf der Richterskala). Etwa eine Stunde nach dem Beben erreichte ein Tsunami die japanische Küste und richtete verheerende Verwüstungen an.

Der Tsunami traf auch das unmittelbar an der Küste gelegene Kernkraftwerk Fukushima Daiichi und zerstörte dessen Notstromversorgung so stark, dass in vier von sechs Blöcken der Strom ausfiel. Außerdem wurde ein Teil des Kühlwassersystems zerstört. Die Reaktoren konnten dadurch nicht mehr gekühlt werden. Die Folge: Vier Reaktorblöcke wurden zerstört, mehrere Wasserstoffexplosionen erfolgten, radioaktive Substanzen gelangten in die Umgebung und kontaminierten Luft, Wasser und Böden. Ein Reaktorkern schmolz vollständig, zwei weitere zumindest teilweise. Über 100 000 Menschen mussten evakuiert werden. Acht Prozent der japanischen Landfläche, rund 30 000 Quadratkilometer, sind nach Angaben des japanischen Wissenschaftsministerium mit den langlebigen Cäsium-Isotopen 134 und 137 verstrahlt. Lebensmittel werden streng überwacht wie auch die Folgen der Verstrahlung auf die Bevölkerung der Provinz Fukushima.

Als Folge der Katastrophe beschlossen Deutscher Bundestag und Bundesrat, die ältesten Kernkraftwerke in Deutschland sofort stillzulegen und die übrigen Reaktoren bis 2022 abzuschalten. In der Schweiz wurden alle Kernkraftwerke überprüft und anschließend vom Bundesrat ein vollständiger Ausstieg bis 2034 beschlossen.

Interessantes

Fixsterne als Fusionsreaktoren

Die Fusion des Wasserstoffs zu Helium stellt die Energiequelle der meisten Fixsterne dar. Dabei vollzieht sich der Aufbau des Heliums in komplizierten Zyklen. Enthält ein Stern das Kohlenstoffisotop C-12, so läuft z. B. der Bethe-Weizsäcker-Zyklus bei Temperaturen oberhalb von $1{,}5 \cdot 10^7$ K ab:

$$^{1}H + {}^{12}C \rightarrow {}^{13}N + \gamma + 1{,}94\ \text{MeV}$$

$$^{13}N \rightarrow {}^{13}C + e^{+} + \nu + 1{,}2\ \text{MeV}$$

$$^{1}H + {}^{13}C \rightarrow {}^{14}N + \gamma + 7{,}54\ \text{MeV}$$

$$^{1}H + {}^{14}N \rightarrow {}^{15}O + \gamma + 7{,}29\ \text{MeV}$$

$$^{15}O \rightarrow {}^{15}N + e^{+} + \nu + 1{,}7\ \text{MeV}$$

$$^{1}H + {}^{15}N \rightarrow {}^{12}C + {}^{4}He + 1{,}96\ \text{MeV}$$

Die Bilanz lautet:

$$4\,{}^{1}_{1}H \rightarrow {}^{4}_{2}He + 3\gamma + 2e^{+} + 2\nu + 25\ \text{MeV}.$$

In jeder Sekunde werden so im Inneren der Sonne $6{,}7 \cdot 10^{11}$ kg Wasserstoff verarbeitet und dabei $3{,}85 \cdot 10^{26}$ J freigesetzt („Abbrand" pro Jahr trotzdem nur 10^{-10} des Gesamtvorrats).

Die Fusionsleistung pro Plasmavolumen ist aber wegen des großen Volumens nur 40 W/m³ (!). Ein möglicher Fusionsreaktor auf der Erde müsste dagegen eine Leistungsdichte von 10^9 W/m³ (!!) aufweisen.

Der „Fusionsreaktor" Sonne brennt seit einigen Milliarden Jahren permanent im thermischen Gleichgewicht zwischen Energieerzeugung durch Fusion und Energieabstrahlung ins Weltall. Das Plasma wird durch die Fusionsenergie selbst aufgeheizt und behält so die nötige Temperatur.

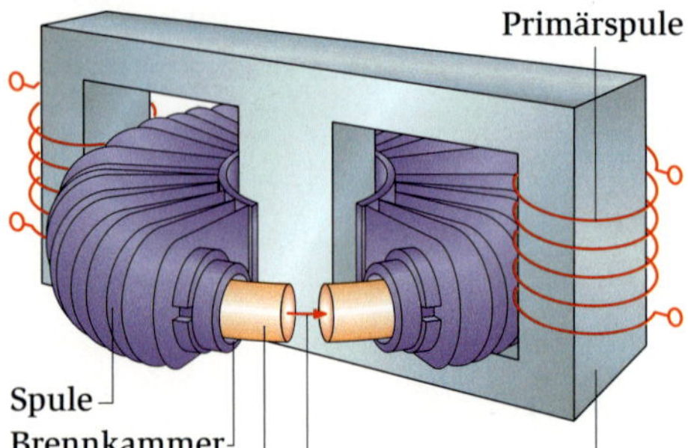

B1 Tokamak-Anordnung

6. Kernfusion

Wie die Bindungsenergie pro Nukleon zeigt, wird auch Energie bei der Verschmelzung leichter Kerne zu schweren frei. Man nennt dies Kernfusion. Ein Beispiel ist die Fusion von H-2 und H-3:

$$^{2}_{1}H + {}^{3}_{1}H \rightarrow {}^{4}_{2}He + {}^{1}_{0}n + 17{,}6\ \text{MeV}.$$

Um diese Kernfusion in Gang zu setzen, müssen sich die beiden Kerne H-2 und H-3 zuerst so nahe kommen, dass die Kernkräfte wirken und die Kerne verschmelzen können. Dazu müssen die geladenen Kerne mit hoher kinetischer Energie gegen ihre Coulombabstoßung anrennen. Der Coulombwall hat eine Höhe von ca. 0,4 MeV.

Für eine technische Energienutzung will man die Fusion auf eine ähnliche Weise realisieren, wie sie in den Fixsternen schon seit Jahrmillionen vor sich geht → **Interessantes**. Dort herrschen sehr hohe Temperaturen von 10^7 K und mehr. Die Atome sind vollständig ionisiert und es liegt ein nach außen neutrales Gemisch aus freien Elektronen und frei beweglichen Ionen vor, das man **Plasma** nennt. Durch die Wärmebewegung haben die Ionen bei $T = 10^8$ K eine mittlere kinetische Energie von ~ 13 keV. Obgleich dieser Betrag sehr viel kleiner ist als die Höhe des Coulombwalls, gibt es beim Stoß der Ionen untereinander laufend Fusionsprozesse. Der Grund liegt nicht nur im Tunneleffekt: Infolge der Geschwindigkeitsverteilung können einige Ionen in diesem Plasma auch eine sehr viel höhere kinetische Energie als 13 keV besitzen. Zudem herrscht im Kern der Fixsterne eine hohe Dichte (Sonne: 200g/cm³).

7. Der Fusionsreaktor

Ein Weg zur kontrollierten Kernfusion in einem Fusionsreaktor ist, sie in einem auf Entzündungstemperatur aufgeheizten Plasma zu erzeugen, welches mittels starker Magnetfelder berührungslos in einem Torus (Hohlring) eingeschlossen ist. → **B1** zeigt stark vereinfacht das Prinzip einer *Tokamak-Anordnung*. Auf den Torus sind Spulen gewickelt, deren Magnetfeld den Kontakt des Plasmas mit den Wänden verhindert. Zur Aufheizung des Plasmas benötigt man im Plasma fließende Ladungen. Dieser Kreisstrom wird nach dem Transformatorprinzip mit einem Stromstoß durch die um das Eisenjoch gewundene Primärspule erzeugt; das Plasma bildet die Sekundärspule. Mit einer derartigen Anordnung hat man im *Joint European Torus* (JET) in England schon Fusionsprozesse einige Sekunden in Gang gehalten. In Südfrankreich wird derzeit der Internationale Thermonukleare Experimentalreaktor (ITER) gebaut, mit dem man zum ersten Mal ein für längere Zeit energielieferndes Plasma erzeugen will.

In einem Fusionskraftwerk wird die Brennkammer des Tokamaks mit einem Absorbermaterial aus Lithium umgeben, in dem die bei der Fusion freigesetzten Neutronen ihre Energie abgeben. Gleichzeitig wird dabei das für die Fusion notwendige Tritium H-3 erzeugt:

$$^{6}_{3}Li + {}^{1}_{0}n \rightarrow {}^{4}_{2}He + {}^{3}_{1}H + 4{,}8\ \text{MeV}.$$

Die Energie wird aus dem erhitzten Lithium z. B. mit flüssigem Natrium nach außen geführt, das in einem Wärmetauscher Dampf erzeugt, mit dem man Turbinen antreibt. – Erst im Verlauf einiger Jahrzehnte wird erkennbar werden, ob diese „Energiequelle Fusion" erschlossen werden kann. Viele Probleme sind noch zu lösen.

Das ist wichtig

1 Nachweisgeräte für ionisierende Strahlung sind
Geiger-Müller-Zählrohr, Nebelkammer, Halbleiterzähler und Szintillationszähler. Mit den letzten beiden lassen sich auch *Energiemessungen* durchführen.

2 Eigenschaften der Strahlung radioaktiver Nuklide
α-Strahlung
Sie besteht aus Heliumkernen $^4_2$He, α-Teilchen genannt. Diese haben diskrete scharfe Energiewerte in der Größenordnung MeV. Die Reichweite der α-Teilchen ist in Luft kleiner als 10 cm und in fester Materie $< 0{,}1$ mm.

β-Strahlung
Sie besteht aus Elektronen (β^--Teilchen) oder Positronen (β^+-Teilchen) und besitzt ein kontinuierliches Energiespektrum ($0 < W < W_{max}$) mit der Maximalenergie W_{max}. Die Reichweite von β-Teilchen beträgt in Luft einige Meter und in fester Materie einige Millimeter.

γ-Strahlung
Sie besteht aus γ-Quanten, die eine Energie bis zu einigen MeV haben können. Das γ-Spektrum hat diskrete scharfe Linien. Beim Durchdringen von Materie nimmt die Intensität der γ-Strahlung exponentiell ab. Blei schwächt γ-Strahlung besonders stark.

3 Aufbau des Atomkerns
Die Kernbausteine (Nukleonen) eines Atomkerns sind Z Protonen und N Neutronen. Die Nukleonenzahl, Massenzahl A genannt, ist $A = Z + N$. In der Nuklidkarte sind alle Nuklide erfasst. Die Kernkraft hält die Nukleonen im Kern zusammen. Sie wirkt nur auf die nächsten Nachbarn. Für den Kernradius R_K gilt:

$$R_K = r_0 \cdot A^{1/3} \text{ mit } r_0 = 1{,}3 \cdot 10^{-15}\text{ m.}$$

Die Energie des Atomkerns der Massenzahl A liegt um die Energie $W = |\Delta m| \cdot c^2$ unter der Gesamtenergie all seiner freien Bestandteile. Der **Massendefekt** Δm ist

$$\Delta m = m_A - (Z \cdot m_H + N \cdot m_N) < 0.$$

m_A: Atommasse; m_H: Masse des Wasserstoffatoms; m_N: Neutronenmasse.

Die **Bindungsenergie je Nukleon** W/A beträgt im Mittel 8 MeV. W/A als Funktion von A hat bei $A \approx 60$ ein Minimum. Bei der **Kernspaltung** schwerer Kerne ($A > 60$) und die **Kernfusion** leichter Kerne ($A < 60$) wird deshalb relativ viel Energie abgegeben.
Mit einem einfachen **Potenzialtopfmodell** $W(r) = -W_0$ für $r < R_0$, sonst $W(r) = 0$ und den Gesetzen der Quantenphysik lassen sich einige Kerneigenschaften erklären. Die Nukleonen nehmen in dem Potenzialtopf diskrete Energiezustände ein. Der Protonentopf ist gegenüber dem Neutronentopf infolge der Coulombabstoßung angehoben.

4 Der Zerfall radioaktiver Nuklide
Jedes radioaktive Nuklid hat eine charakteristische **Halbwertszeit** $T_{1/2}$. Für die Nukleonenzahl $N(t)$ gilt:

$N(t) = N_0 \cdot e^{-\lambda t}$ mit der *Zerfallskonstanten* $\lambda = \ln 2 / T_{1/2}$.

Die **Aktivität** $A(t)$ einer radioaktiven Substanz ist:

$A(t) = -\Delta N/\Delta t$ für $\Delta t \ll T_{1/2}$; daraus folgt $A(t) = \lambda \cdot N(t)$.

Die Einheit der Aktivität ist **1 Becquerel** (1 Bq = 1/s).
Das **stochastische Auftreten** der Zerfälle ist ein Quantenphänomen. Bei allen Zerfällen gelten die Erhaltungssätze für Energie, Impuls und Ladung.

Beim **α-Zerfall** (erklärbar mit dem **Tunneleffekt**) verliert ein Kern zwei Protonen und zwei Neutronen.
Beim **β^--Zerfall** wandelt sich im Kern ein Neutron in ein Proton um: $n \rightarrow p + e^- + \bar{\nu}$; beim **$\beta^+$-Zerfall** ein Proton in ein Neutron: $p \rightarrow n + e^+ + \nu$; beim Elektroneneinfang wird ein Elektron aus der Atomhülle vom Kern eingefangen: $p + e^- \rightarrow n + \nu$. Eine Erklärung der β-Zerfälle gelingt mit dem Potenzialtopfmodell.
γ-Strahlung tritt auf, wenn ein α- oder β-Zerfall in einen angeregten Zustand des Tochterkerns erfolgt.

5 Kernreaktionen
Mit allen Teilchen lassen sich Kernreaktionen der Form $a + A \rightarrow b + B + Q$ (a, b: Teilchen; A, B: Kerne; Q: Reaktionsenergie) durchführen. Neutronen lösen leicht Kernreaktionen aus.

6 Strahlengefahr, Strahlenschutz
Ursache der Strahlenschäden sind die **Anregung und Ionisation** von Molekülen sowie die durch die Strahlung gebildeten **Radikale.** Abwehrmechanismen im Körper verhindern, dass jede Strahlenexposition schädlich ist.

Man unterscheidet **deterministische und stochastische** Strahlenwirkungen. Zu den letzten zählen Leukämie, Krebs und genetische Schäden. Für die deterministischen Strahlenwirkungen gibt es eine Schwellendosis.

Die **effektive Dosis *E*** (Einheit **1 Sievert;** 1 Sv) erlaubt im Strahlenschutz eine einheitliche Beurteilung des Gesamtrisikos nach einer Strahlenexposition mit kleinen Dosen.

Die **natürliche Strahlenexposition** (dominierend ist die Inhalation von Radonisotopen) beträgt in der Bundesrepublik 2,1 mSv/a an effektiver Dosis.

Im **Strahlenschutz** gilt das „ALARA-Prinzip" (As low as reasonably achievable). Für unvermeidbare Expositionen bei externer Bestrahlung gibt es die vier Grundregeln des Strahlenschutzes: Geringe **A**ktivität, kurze **A**ufenthaltsdauer, **A**bstand halten, **A**bschirmung.

Weiterführende Themen

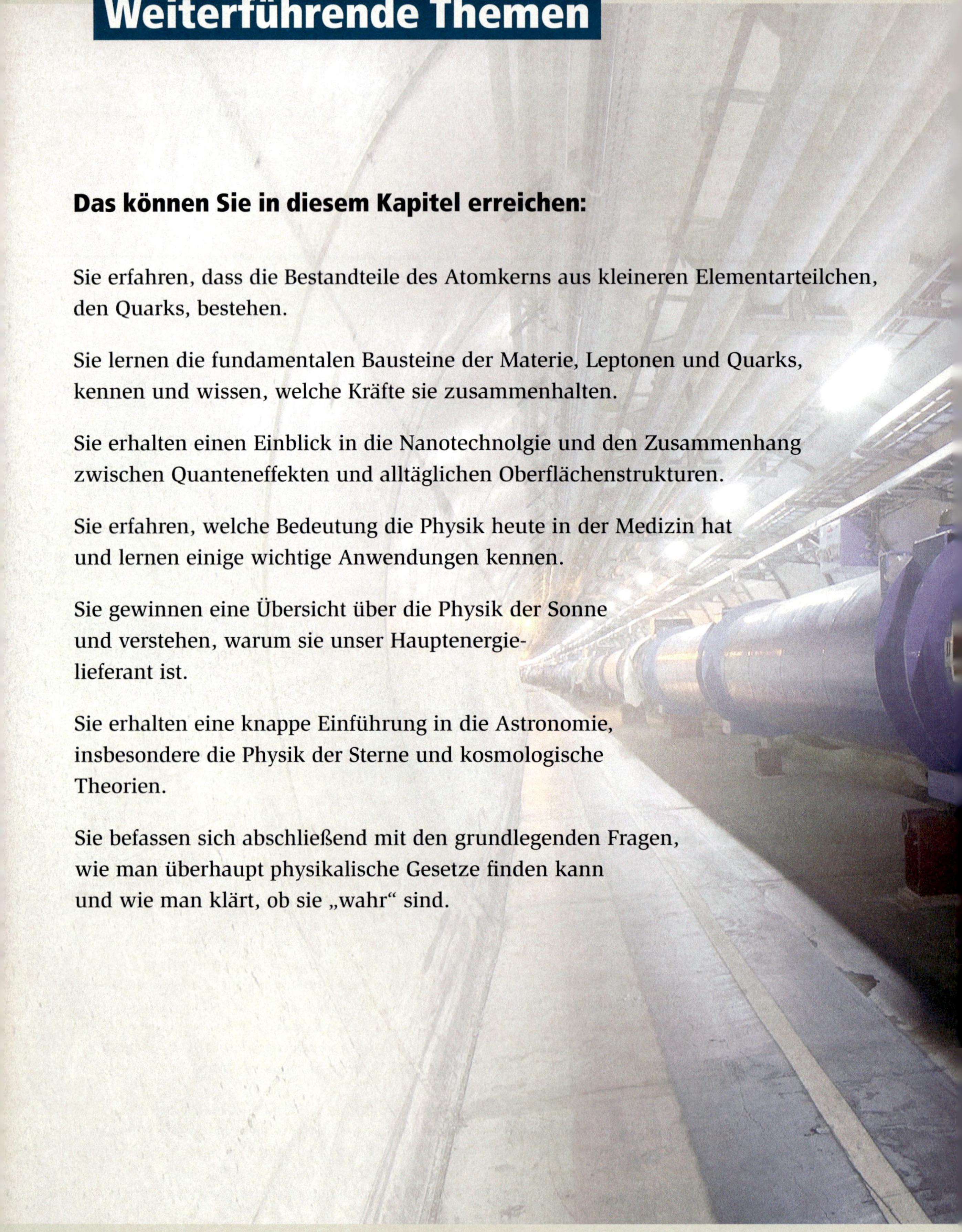

Das können Sie in diesem Kapitel erreichen:

Sie erfahren, dass die Bestandteile des Atomkerns aus kleineren Elementarteilchen, den Quarks, bestehen.

Sie lernen die fundamentalen Bausteine der Materie, Leptonen und Quarks, kennen und wissen, welche Kräfte sie zusammenhalten.

Sie erhalten einen Einblick in die Nanotechnolgie und den Zusammenhang zwischen Quanteneffekten und alltäglichen Oberflächenstrukturen.

Sie erfahren, welche Bedeutung die Physik heute in der Medizin hat und lernen einige wichtige Anwendungen kennen.

Sie gewinnen eine Übersicht über die Physik der Sonne und verstehen, warum sie unser Hauptenergielieferant ist.

Sie erhalten eine knappe Einführung in die Astronomie, insbesondere die Physik der Sterne und kosmologische Theorien.

Sie befassen sich abschließend mit den grundlegenden Fragen, wie man überhaupt physikalische Gesetze finden kann und wie man klärt, ob sie „wahr“ sind.

U

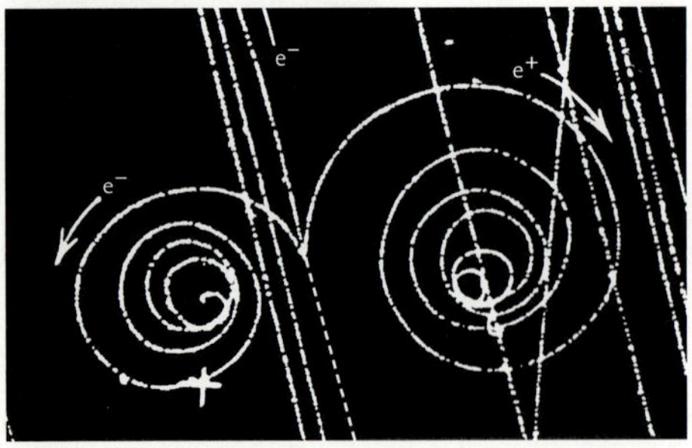

B1 In einer Blasenkammer erzeugt das von unten anfliegende γ-Quant (gestrichelt, da ungeladen) das Elektron-Positron-Paar (e^-, e^+). Dessen entgegengesetzt geladene Partner durchlaufen im *B*-Feld zwei Spiralbahnen.

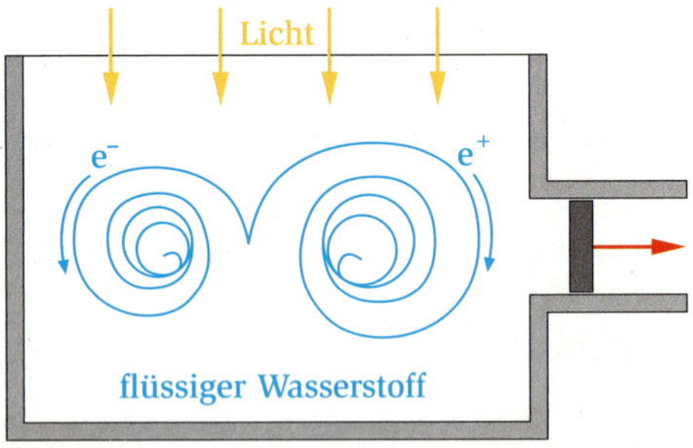

B2 Blasenkammer (schematisch): Zieht man den Kolben schnell nach rechts, so zeigen sich kurzzeitig Bahnen geladener Teilchen als Spuren von Dampfbläschen im flüssigen Wasserstoff. Sie sind im *B*-Feld gekrümmt.

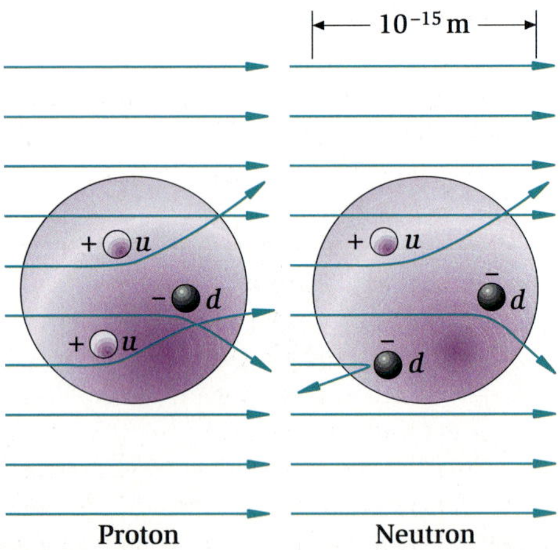

B3 Elektronen (e^-) der Energie 20 GeV werden im Proton und Neutron an Quarks gestreut. Die Darstellung ist schematisch: Man registriert nur herausgeschleuderte Elektronen, nicht deren genauen Bahnverlauf; auch haben beide Nukleonen keine „Haut"; die Kreise markieren die Grenze der Wirkungssphären ihrer drei Quarks.

1. Auf Suche nach dem immer Kleineren

Unser „Blick in die Materie" vereinfachte sich in denkwürdigen Schritten:

- Zunächst fand man, dass die riesige Fülle der uns umgebenden Substanzen aus 92 Atomarten aufgebaut ist, den *chemischen Elementen.* Diese sind mit chemischen Mitteln nicht weiter zerlegbar.
- 1911 schoss RUTHERFORD positiv geladenen α-Teilchen mit ca. 1 MeV Energie auf Atome und fand dabei, dass die meisten α-Teilchen die Atome praktisch geradlinig durchfliegen. Nur sehr wenige werden stark abgelenkt. Danach haben Atome einen *Kern* mit ca. 10^{-15} m Durchmesser. Er ist umgeben von einer Elektronenhülle mit 10^5-mal größerem Durchmesser.
- 1932 fand HEISENBERG, dass Kerne aus Protonen und Neutronen bestehen. Er führte den Aufbau aller Atome auf nur drei Teilchenarten zurück, auf *Protonen, Neutronen* und *Elektronen.*

Dieses einfache Bild wurde vorübergehend getrübt: Ab 1930 fand man in der Höhenstrahlung und später in Teilchenbeschleunigern unter Aufwand riesiger Energien über 200 schnell zerfallende Teilchen mit Halbwertszeiten bis herab zu 10^{-24} s. Man hielt all diese Teilchen als eigenständig, nicht weiter zerlegbar, als *elementar.* Man sprach scherzhaft von einem „Zoo" der **Elementarteilchen.**
Einige wenige davon sind in → T1 unter *Baryonen* (die „Schweren") verzeichnet. Dazu gehören Protonen p und Neutronen n. Die anderen sind schwerer als ein Proton ($1{,}67 \cdot 10^{-27}$ kg). Besonderes Interesse weckten die *Mesonen,* die „Mittelschweren". Deren Masse liegt zumeist unter der des Protons.

Um den Bahnverlauf energiereicher, geladener Teilchen sichtbar zu machen, benutzte man *Blasenkammern* → B1, → B2. In ihrem flüssigen Wasserstoff (−253 °C) liegen die Bläschen viel dichter als im gasförmigen Wasserdampf der Nebelkammer. Deshalb kommen auch sehr schnelle Teilchen in der Kammer auf kurzer Bahn zur Ruhe. Heutige Nachweisdetektoren sind sehr viel aufwändiger.

2. Alle schweren Teilchen bestehen aus Quarks

Die verwirrende Vielfalt des Teilchenzoos lichtete sich, als man das Innere von Protonen und Neutronen erforschte. In Fortsetzung der Versuche von RUTHERFORD beschoss man sie mit Elektronen von ca. 20 GeV = $20 \cdot 10^9$ eV → B3. Einige wurden erheblich zur Seite abgelenkt. Daraus und aus aufwändigen Studien aller Art an Baryonen und Mesonen folgerten 1964 GELL-MANN und G. ZWEIG:

- Das Proton p ist nicht „massiv", nicht gleichmäßig mit der Ladung $+e$ erfüllt. Man fand dort drei Quarks [„quoks"], nämlich zwei **u-Quarks,** je mit der Ladung $q_u = +2e/3$ und ein **d-Quark** mit der Ladung $q_d = -1e/3$. Die Protonenladung ist also $q_p = 2 \cdot 2e/3 - 1 \cdot 1e/3 = +1e = 1{,}6 \cdot 10^{-19}$ C.
- Das Neutron n enthält nur ein u-, aber zwei d-Quarks. Seine Ladung ist folglich $q_n = 1 \cdot 2e/3 - 2 \cdot 1e/3 = 0$.

Damit gelten Protonen und Neutronen nicht mehr als letzte Bausteine der Materie. Diesen Rang traten sie an die Quarks ab, zusammen mit Elektronen.

Man versteht nun, warum *Neutronen* zwar nach außen hin elektrisch neutral sind, aber trotzdem magnetische Eigenschaften zeigen, ähnlich den Protonen. Sie rühren von geladenen Quarks, auch wenn sich deren Ladungen nach außen hin neutralisieren.

Überraschend ist das Auftreten von $e/3$, also von Bruchteilen der Elementarladung $e = 1{,}6 \cdot 10^{-19}$ C. Solche Bruchteile findet man in freiem Zustand nicht. Man kann nämlich einzelne Quarks nicht für sich untersuchen. Man findet nur Quark-Kombinationen mit den Ladungen $q = -2e, -1e, 0, +1e, +2e$, also mit ganzzahligen Vielfachen von e.

→ T1 zeigt einige der ca. 120 **Baryonen.** Alle Baryonen bestehen aus drei Quarks. Da auch Quarks Quantenobjekte sind, können die aus ihnen zusammengesetzten Baryonen in energetisch angeregten Zuständen kurzzeitig existieren, analog zu Atomen. So hat das *Delta-Teilchen* Δ^+ die gleichen Quarks (u, u, d) wie das Proton p, aber mehr Energie W und Masse $m = W/c^2$. Nach Entdeckung der Quarks sieht man Δ^+ nicht mehr als eigenständiges Elementarteilchen an, sondern als angeregtes Proton mit kurzer Halbwertszeit.

Schon wegen der hohen Energie musste die bestehende Quantentheorie erweitert werden. Wir gehen darauf nicht ein, sondern beschränken uns hier auf einfache Angaben zu den Quarks. Man sieht sie als nicht weiter teilbar, quasi als punktförmig an. Nach heutiger Messkunst liegen die Durchmesser unter 10^{-19} m.

3. Paarbildung liefert Antiquarks und damit Mesonen

Die Natur bietet aber noch mehr. Von der → **Paarbildung** wissen wir: Zum *Elektron* e^- gehört das positiv geladene *Positron* e^+, entdeckt 1932 in der energiereichen Höhenstrahlung. Zu jedem Teilchen gibt es ein **Antiteilchen** mit entgegengesetzter Ladung, aber sonst gleichen Eigenschaften. Zu jedem Quark gibt es ein Antiquark:

- Das **Anti-u-Quark** $\bar{u}$ zum u-Quark $(+2e/3)$ hat $q = -2e/3$,
- das **Anti-d-Quark** $\bar{d}$ zum d-Quark $(-1e/3)$ hat $q = +1e/3$.

Das **Antiproton** $\bar{p}$ besteht aus den drei Antiquarks $\bar{u}$, $\bar{u}$ und $\bar{d}$ mit Gesamtladung $-e$, das **Antineutron** $\bar{n}$ aus $\bar{u}$, $\bar{d}$ und $\bar{d}$ mit Ladung 0.

Die Massen der sehr kurzlebigen **Mesonen** liegen zumeist unter der des Protons. Alle Mesonen bestehen nämlich aus nur zwei Quarks, einem Quark und einem Antiquark. Man fand Mesonen ebenfalls in der Höhenstrahlung und erzeugt sie in Teilchenbeschleunigern. Die einfachsten Mesonen sind:

- π^+-Meson $(u,\bar{d})$ mit Ladung $q = 2e/3 + 1e/3 = 1e$
- π^--Meson $(\bar{u},d)$ mit Ladung $q = -2e/3 - 1e/3 = -1e$
- π^0-Meson [Superposition aus $(u,\bar{u})$ und $(d,\bar{d})$] mit Ladung $q = 0$

Merksatz

u-Quarks haben die Ladung $q = +2e/3$, d-Quarks $q = -e/3$. Mesonen bestehen aus einem Quark und einem Antiquark, Baryonen (einschließlich Proton p und Neutron n) aus drei Quarks oder drei Antiquarks. Alle freien Teilchen tragen ganzzahlige Vielfache der Elementarladung e, nämlich $q = n \cdot e$ mit $n = 0, \pm 1, \pm 2$.

Teilchen	Ladung	W (GeV)	$T_{1/2}$ (s)
Baryonen aus u- und d-Quarks			
p (u,u,d)	$2 \cdot 2e/3 - e/3 = +e$	0,9383	∞
n (u,d,d)	$2e/3 - 2 \cdot e/3 = 0$	0,9396	616
Δ^+ (u,u,d)	$2 \cdot 2e/3 - e/3 = +e$	1,232	$\approx 10^{-23}$
Δ^{++} (u,u,u)	$3 \cdot 2e/3 = 2e$	1,232	$\approx 10^{-23}$
Δ^- (d,d,d)	$3 \cdot (-e/3) = -e$	1,232	$\approx 10^{-23}$
Mesonen aus u- und d-Quarks			
π^+ $(u,\bar{d})$	$2e/3 + e/3 = +e$	0,140	$\approx 10^{-8}$
π^- $(\bar{u},d)$	$-2e/3 - e/3 = -e$	0,140	$\approx 10^{-8}$
π^0 $(u,\bar{u})$ $(d,\bar{d})$	$2e/3 - 2e/3 = 0$	0,135	$\approx 10^{-16}$

T1 Quarks einiger der ca. 120 Baryonen und 100 Mesonen mit ihrer Halbwertszeit $T_{1/2}$. Aus der Energie W folgt die Ruhemasse $m_0 = W/c^2$; 1 GeV = 10^9 eV entspricht $1{,}8 \cdot 10^{-27}$ kg, also etwa einer Protonenmasse.

Vertiefung

Insgesamt fand man sechs Quarkarten (dazu ihre Antiquarks), aufgeteilt in drei Quark-Familien:

1. *Quarkfamilie:*
   u- und d-Quarks $(2e/3; -e/3)$.
2. *Quarkfamilie:*
   s-Quark („strange", $q = -e/3$) und
   c-Quark („charm", $q = +2e/3$).
3. *Quarkfamilie:*
   b-Quark („bottom"; $q = -e/3$) und
   t-Quark („top", $+2e/3$).

Die angeführten zusätzlichen vier Quarkarten (s, c, b, t) finden sich nur in schnell zerfallenden Baryonen und Mesonen, nicht aber in der stabilen Materie. Weitere Quarkarten werden nicht erwartet. Auch das Neutron zerfällt, aber nur im freien Zustand (nicht im Atomkern) mit einer Halbwertszeit von ca. 10 min. Das Proton ist sehr stabil: Seine Halbwertszeit soll nach aufwändigen Messungen bei über 10^{32} Jahren liegen. Da man Quarks nicht frei beobachtet, sind ihre Massen nicht genau bekannt. Mit der Entdeckung der Quarks ist man auf der Suche nach den „letzten Dingen der Natur" einen großen Schritt weiter gekommen. Doch fragt man sich, warum man sechs Quarkarten braucht, ob nicht noch eine weitere Reduktion möglich ist, z. B. ob auch Quarks noch eine innere Struktur besitzen, also aus noch kleineren Teilchen zusammengesetzt sind. Keine dieser Spekulationen konnte bislang experimentell bestätigt werden.

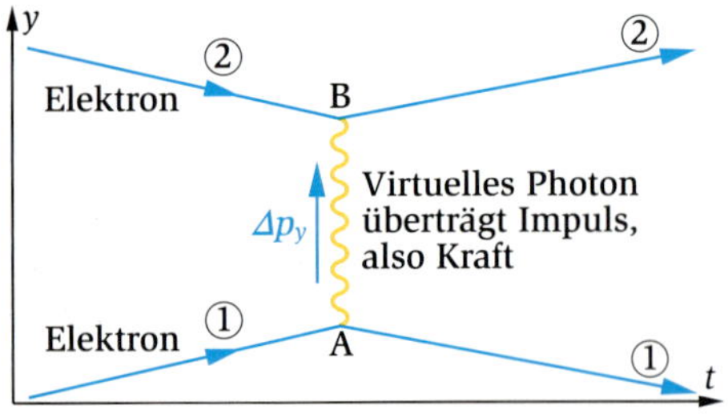

B1 *Feynman-Diagramm* für elektromagnetische Wechselwirkung: Das nach rechts fliegende Elektron ① ist in A nach unten abgelenkt, da es an virtuelle Photonen den positiven Impuls Δp_y abgab. Diesen nimmt Elektron ② in B auf und wird nach oben abgelenkt.

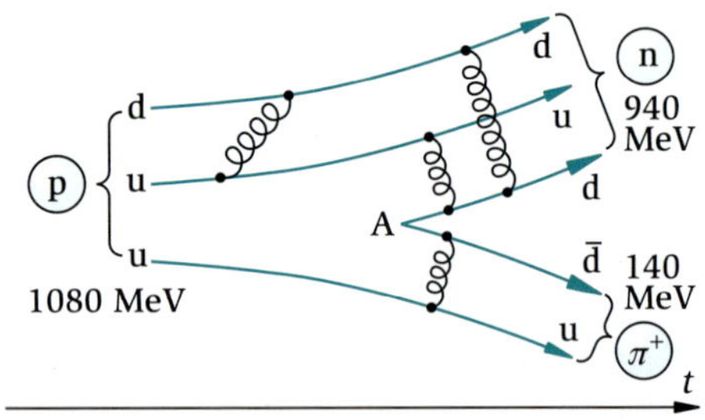

B2 Nach dieser schematischen Skizze stößt das Proton p bei A auf ein ruhendes Proton (nicht gezeichnet, da seine Quarks unverändert bleiben). Aus der Energie des stoßenden Protons p entsteht bei A das Quarkpaar (d,$\bar{d}$). Die fünf Quarks werden von Gluonen (als Federchen angedeutet) zum Neutron n (d,u,d) und dem π^+-Meson ($\bar{d}$,u) zusammen„geleimt".

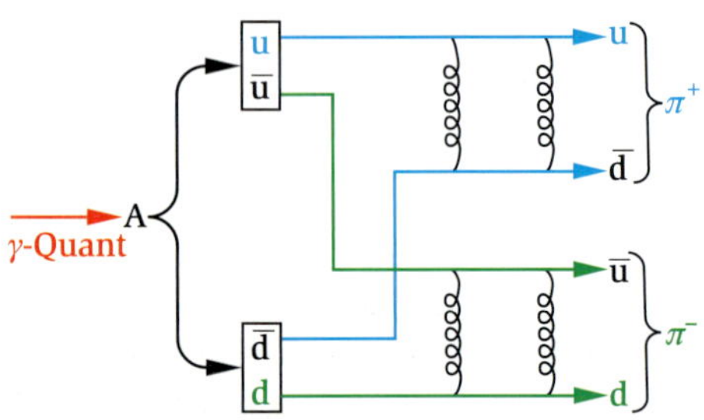

B3 Die schematische Skizze zeigt links die Erzeugung der Quarkpaare (u,$\bar{u}$) [Ladungen $\pm 2e/3$] und ($\bar{d}$,d) [Ladungen $\pm 1e/3$] aus der großen Energie des bei A anfliegenden γ-Quants. Die Einzelquarks können nicht frei existieren; u und $\bar{d}$ werden durch Gluonen (Federchen) zum π^+-Meson (rechts oben, blau) mit der Ladung $q = +2e/3 + 1e/3 = +1e$ zusammen„geleimt". Die Quarks $\bar{u}$ und d bilden das π^--Meson mit der ganzzahligen Ladung $q = -2e/3 - 1e/3 = -1e$.

4. Was hält Teilchen zusammen?

Die elektromagnetische Wechselwirkung

Zwischen Materieteilchen bestehen vielfältige, stets gegenseitig wirkende Kräfte. Man nennt sie **Wechselwirkungen;** wir kennen elektrische und magnetische Wechselwirkungen zwischen Ladungen. Um sie zu veranschaulichen zeichneten wir bisher Feldlinien. Wir sprachen von Feldkräften, die auch in materiefreien Räumen wirken. Die Quantentheorie klärte, was dabei in solchen Feldern vor sich geht: Sie führte das **Feldquant** *Photon* ein, um die Wechselwirkung zwischen Elektron und Lichtwelle z. B. beim Photoeffekt zu verstehen. Das Feldquant trägt Energie und Impuls.

Diese *Quantisierung von Feldern* dehnte man auf die Wechselwirkung zwischen ruhenden Ladungen aus und fand: Selbst in materiefreien Räumen, im Vakuum, entstehen und vergehen ständig Photonen als Feldquanten. Ihre Energie borgen sie sich nach der Unbestimmtheitsrelation $\Delta W \cdot \Delta t \approx h$ kurzfristig aus, man sagt, „mit Heisenberg-Kredit".

Diese kurzfristig existierenden Feldquanten nennt man *virtuelle Photonen*. Während ihrer Lebensdauer Δt übertragen sie nach dem *Feynman-Diagramm* in → **B1** Impuls vom Elektron ① nach ②, symbolisch als Wellenlinie gezeichnet: Elektron ① gibt in A positiven y-Impuls Δp_y an virtuelle Photonen. Deshalb knickt seine Bahn nach unten ab. Elektron ② nimmt in B diesen Impuls Δp_y von den virtuellen Photonen auf, sodass dessen Bahn nach oben abknickt. Kurz gefasst sagt man: Die beiden Elektronen stoßen sich gegenseitig ab. Entgegengesetzte Ladungen ziehen sich an, wenn negativer y-Impuls von virtuellen Photonen übertragen wird.

Die starke Wechselwirkung

Die u-Quarks im Proton stoßen sich mit der Ladung $+2e/3$ ab. Trotzdem bleiben sie beisammen. Denn zwischen Quarks existiert eine viel stärkere Anziehungskraft, **starke Wechselwirkung** genannt. Als Feldquanten wirken dabei nicht virtuelle Photonen, sondern **Gluonen** (glue; Leim). Sie „leimen" in Baryonen und Mesonen die Quarks zusammen, symbolisch als Federchen gezeichnet → **B2**, → **B3**.

Um mit Quarks und der starken Wechselwirkung vertraut zu werden, betrachten wir → **B2**: Aus der großen Energie des von links anfliegenden Protons p entsteht bei A durch Paarbildung das Quarkpaar (d,$\bar{d}$). Doch kann keines seiner beiden Quarks d und $\bar{d}$ für sich existieren, also frei bleiben. Gluonen binden das d-Quark mit dem d- und u-Quark des Protons zum Neutron n zusammen. Das $\bar{d}$-Quark bildet mit dem u-Quark das π^+-Meson. Dieses entsteht neu.
Nach → **B3** erzeugt das energiereiche γ-Quant zunächst zwei Quarkpaare (links), die sich zu zwei Mesonen zusammenfinden (rechts).

Merksatz

Feldquanten vermitteln Wechselwirkungen zwischen Teilchen. Die Feldquanten der elektromagnetischen Wechselwirkung sind virtuelle Photonen. Sie übertragen Impuls zwischen elektrischen Ladungen, erkennbar als Kraft. Die starke Wechselwirkung zwischen Quarks wird von Gluonen als Feldquanten vermittelt.

5. Farbladungen und Farbkräfte der Quarks

a) Die Einheitlichkeit der Naturbeschreibung legt es nahe, auch den Quarks Ladungen zuzusprechen, analog zu elektrischen Ladungen. Eingehende experimentelle und theoretische Untersuchungen zeigen:

- Für die drei Quarks eines Baryons braucht man *drei* Ladungsarten. Davon nimmt man außerhalb vom Baryon nur wenig wahr; dort neutralisieren sich diese drei Ladungen. Da sich die drei Farben Rot, Grün und Blau zu Weiß „neutralisieren", schreibt man diese Wörter den Quarks als **Farbladungen** zu **→ B4**.
- Diese Farbladungen sind keine echten Farben, sondern Quanteneigenschaften. Dies zeigt sich am Δ^{++}-Baryon **→ B4b**. Dessen drei u-Quarks (u,u,u) lässt das Pauliprinzip nur zu, weil sich die drei Quarks wenigstens in ihren Farbladungen unterscheiden (dieses Quantenprinzip lässt in der K-Schale des Atoms zwei Elektronen zu, wenn sie sich in den Spinstellungen ↑ und ↓ unterscheiden).
- Die von Gluonen vermittelte Kraft der **starken Wechselwirkung** tritt nur zwischen Quarks, also zwischen Farbladungen auf. Man nennt diese Kraft **Farbkraft.** Analog zu elektrischen Feldlinien zeichnet man zwischen Quarks ein **Gluonenband** **→ B5**.
- Elektronen tragen keine Farbladung; Gluonen greifen deshalb an ihnen nicht an. Jedoch greifen virtuelle Photonen auch an Quarks an, aber nur, weil diese elektrische Ladung besitzen.
- Auch Mesonen sind nach außen farbneutral; ihren Antiquarks schreibt man die Farben *Antirot, Antigrün* und *Antiblau* zu.

Merksatz

Quarks tragen die Farbladungen *Rot, Grün, Blau,* Antiquarks Antifarben. Gluonen greifen nur an Farbladungen an, nicht an elektrischen. Sie erzeugen zwischen Quarks eine riesige Farbkraft, die starke Wechselwirkung. Die Farbladungen von Baryonen und Mesonen neutralisieren sich nach außen hin weitgehend. □

b) Die von Gluonen zwischen zwei einzelnen Quarks vermittelte Farbkraft hat den riesigen Betrag $F \approx 10^5$ N (Gewichtskraft von 10 t, **→ Vertiefung**). Sie hängt außerdem kaum vom Abstand ab. Wollte man nach **→ B5** die zwei Quarks Q und $\bar{Q}$ eines Mesons längs der Strecke s weit voneinander trennen, so bräuchte man die riesige Energie $W = F \cdot s \approx 10^5\,\text{N} \cdot s$. Eine solche Trennung verhindert die Natur. Dabei reißt das zwischen beiden Quarks gespannte Gluonenband Q-$\bar{Q}$. Am Riss entsteht aus der bislang aufgewandten Energie $W = F \cdot s$ das Quarkpaar ($\bar{Q}_N$,Q_N). Dessen $\bar{Q}_N$ verbindet sich mit dem linken Q-Quark. So entsteht das nach außen farbneutrale Meson (Q,$\bar{Q}_N$) mit einem Gluonenband der Länge $l < 10^{-15}$ m. Die restlichen Quarks fügen sich zum (Q_N,$\bar{Q}$)-Meson zusammen. Es ist unmöglich, einzelne Quarks für sich zu isolieren, z.B. ihre Drittelladungen oder ihre Massen direkt zu messen.

c) Man fragte sich lange, was die Protonen eines Atomkerns beisammen hält. Diese stoßen sich doch wegen ihrer positiven Ladung ab. Im Atomkern liegen sie aber sehr eng beisammen. Dabei kommen sich einige ihrer Quarks sehr nahe und ziehen sich mit Farbkraft an **→ B6a**. Die **Kernkraft** erweist sich so als eine, wenn auch abgeschwächte Farbkraft. Kernphysik ist im Grunde ein Teilbereich der Teilchenphysik.

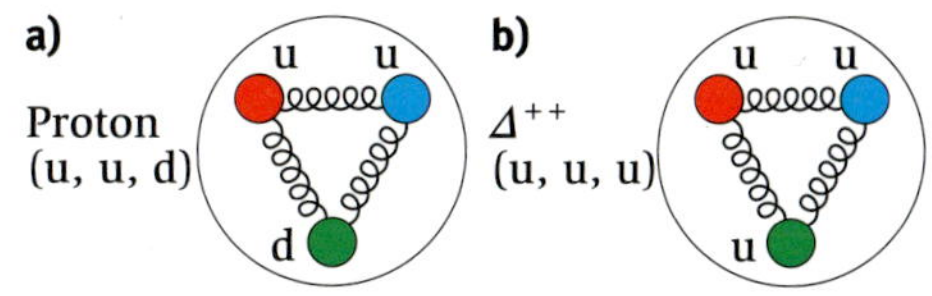

B4 **a)** Die drei Quarks vom Proton (u,u,d) unterscheiden sich in den Farbladungen Rot, Grün, Blau. Nach außen sind sie farbneutral. Die Federn symbolisieren die von Gluonen ausgeübte starke Wechselwirkung. **b)** Die drei u-Quarks im Δ^{++} haben verschiedene Farbladungen, genügen also dem Pauliprinzip.

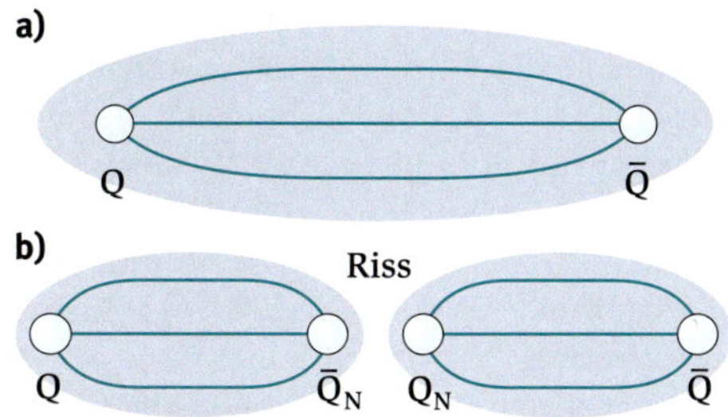

B5 **a)** Gluonenband zwischen den Quarks Q und $\bar{Q}$. **b)** Beim Versuch, Q und $\bar{Q}$ zu trennen, reißt das Band. An den freien Enden entsteht das Quarkpaar ($\bar{Q}_N$,Q_N).

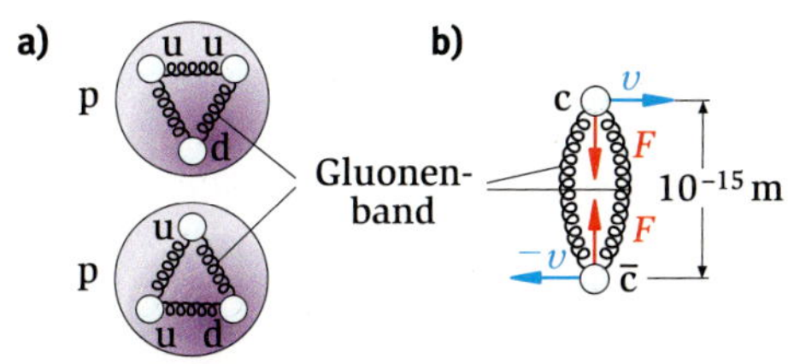

B6 **a)** Im Atomkern ziehen sich Quarks benachbarter Protonen an. **b)** Im J/Ψ-Meson umkreisen sich die Charm-Quarks c und $\bar{c}$.

Vertiefung

Abschätzung der Farbkraft

Im J/Ψ-Meson umkreisen sich die Charm-Quarks c und $\bar{c}$ **→ Ziff. 3**. Dessen Entdeckung führte 1974 zur „November-Revolution" der Elementarteilchenphysik. Die starke Farbkraft F hält die Quarks zusammen **→ B6b**. Regt man J/Ψ energetisch an, so entfernen sich beide voneinander um die Strecke Δs. Gegen die konstante Kraft F wird die Energie $\Delta W = F \cdot \Delta s$ aufgewandt. Diese ist messbar und steigt von 3,097 GeV auf 3,685 GeV, also um $\Delta W = 0{,}588\,\text{GeV} = 9{,}4 \cdot 10^{-11}$ J. Da der Mesonendurchmesser $d < 10^{-15}$ m beträgt, ist $\Delta s < d$. Für die Farbkraft folgt der riesige Wert $F > \Delta W/d \approx 10^5$ N(!).

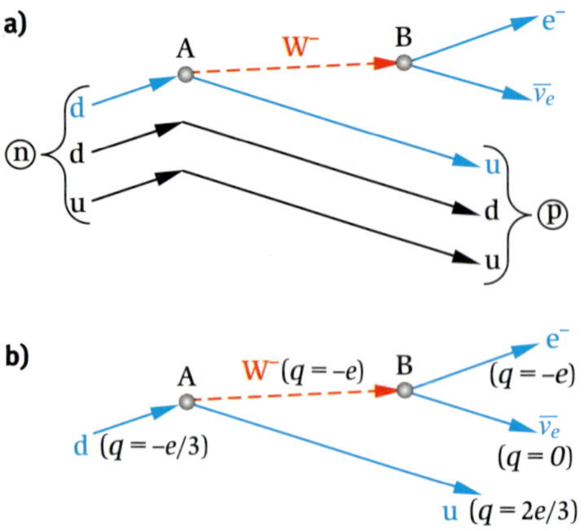

B1 **a)** Beim β^-*-Zerfall* geht im Atomkern das d-Quark des Neutrons n in das u-Quark des Protons p über (blau). Das W^--Boson fliegt mit der Ladung $-e$ nach B und zerfällt in ein Elektron e^- und sein Anti-Neutrino $\overline{\nu}_e$. So zerfällt auch ein freies Neutron. **b)** Prinzip der schwachen Wechselwirkung (auf die dort unbeteiligten Quarks d und u ist verzichtet).

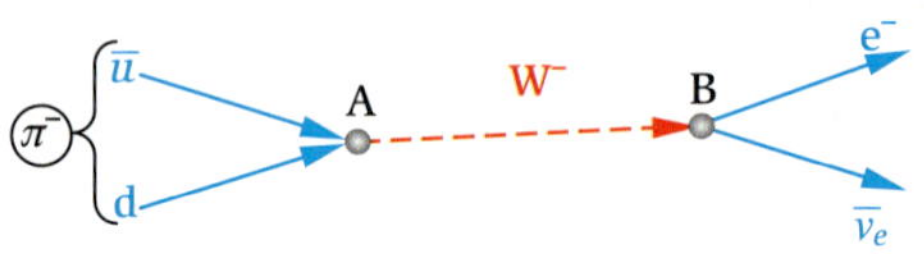

B2 Zerfall des π^--Mesons ($\overline{\text{u}}$,d) in das Elektron e^- und sein Antineutrino $\overline{\nu}_e$. Zwischen beiden agiert das W^--Boson als kurzlebiges Feldquant auf AB ($\ll 10^{-15}$ m).

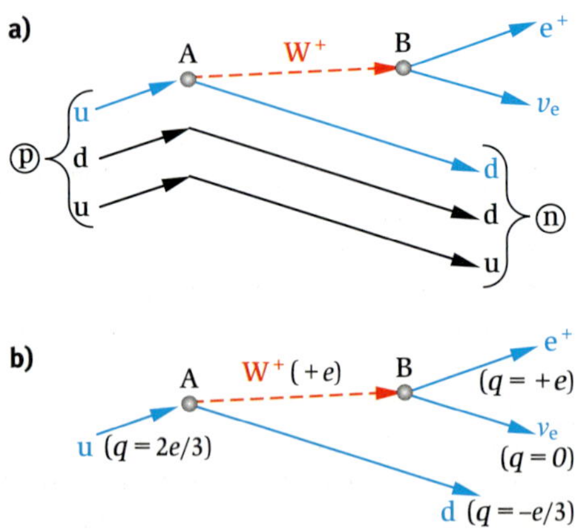

B3 **a)** Beim β^+*-Zerfall* geht das u-Quark des Protons in das d-Quark des Neutrons über (blau). Das W^+-Boson fliegt mit der Ladung $+e$ nach B und zerfällt in ein Positron e^+ und ein Neutrino ν_e. Freie Protonen zerfallen nicht, da ihre Masse kleiner ist als die der Neutronen. **b)** Schwache Wechselwirkung ohne unbeteiligtes d- und u-Quark.

6. Schwache Wechselwirkung, β-Zerfall und Neutrinos

a) Beim **→ radioaktiven β⁻-Zerfall** sahen wir: Im Atomkern wandelt sich ein Neutron n mit den Quarks (u,d,d) in ein Proton p (u,u,d) um. Zudem entstehen ein Elektron e^- und sein **→ Anti-Neutrino** $\overline{\nu}_e$. **→ B1** zeigt, was dabei vorgeht: In A geht das d-Quark (blau) des Neutrons spontan in das u-Quark (rot) des Protons über. Das d-Quark führt die Ladung $-1\,e/3$ zu, das u-Quark führt jedoch $+2\,e/3$ ab. Man sagte: Die Ladungsbilanz würde stimmen, wenn es auch hier ein Feldquant gäbe. Dieses sollte bei A kurzzeitig mit „Heisenberg-Kredit" entstehen und die Ladung $-e$ abführt. Dann wäre die insgesamt abgeführte Ladung $+2\,e/3 - e = -1\,e/3$ gleich der zugeführten ($-1\,e/3$). Dieses Feldquant fand man 1983 nach langem Suchen beim CERN in Genf und nannte es **W^--Boson.** Nach **→ B1b** entsteht es spontan bei A. Bei B zerfällt es in das Elektron e^- und das ungeladene Anti-Neutrino $\overline{\nu}_e$. Dieses ist schon lange vom β^--Zerfall bekannt.

Das W^--Boson hat 80-fache Protonenmasse. Sein spontanes Entstehen fordert viel Energie W_W. Dies schränkt seine Lebensdauer auf $\Delta t \approx h/\Delta W \approx 3 \cdot 10^{-25}$ s ein **→ Ziff. 4**. Sein Wirkungsbereich AB ist viel kleiner als 10^{-15} m. Deshalb findet es nicht so leicht Reaktionspartner (z. B. das d-Quark in **→ B1b**). Dies erklärt das Wort **schwache Wechselwirkung.** Diese ist trotzdem wichtig.

- Sie wandelt Quarks ineinander um, z. B. d in u **→ B1b**.
- An ihr sind auch die leichten Elementarteilchen beteiligt, die Elektronen und Neutrinos. Man nennt sie **Leptonen.**

Nach **→ B2** geht das π^--Meson, also ein d-Quark und ein $\overline{\text{u}}$-Antiquark, unter Vermittlung des W^--Bosons über in das Elektron e^- und dessen Anti-Neutrino $\overline{\nu}_e$. W-Bosonen können trotz ihrer schwachen Wechselwirkung viel: Als Feldquanten wechselwirken sie mit *allen* elementaren Teilchen, mit Elektronen, Quarks und den ungeladenen Neutrinos. So vermitteln sie viele Umwandlungen, die sonst nicht möglich wären. Virtuelle Photonen wechselwirken dagegen nur mit elektrisch geladenen Teilchen, Gluonen nur mit den farbtragenden Quarks.

b) Beim **β⁺-Zerfall** geht im Atomkern ein u-Quark des Protons (u,d,u) in das d-Quark des Neutrons (d,d,u) über **→ B3**. Hier fliegt ein **W^+-Boson** mit Ladung $+e$ von A nach B und zerfällt in das Positron e^+ und sein **Neutrino ν_e,** also in zwei Leptonen.

c) Solche Reaktionen der schwachen Wechselwirkung treten bei der **→ Kernfusion** auf, welche die Sonnenenergie liefert. Dabei wandeln sich im Sonneninnern Protonen des Wasserstoffs in Neutronen um, die mit anderen Protonen Heliumkerne bilden. Dabei entstehen Neutrinos, von denen ein Teil zur Erde gelangt. Da Neutrinos weder elektrische noch Farbladung tragen, nehmen sie nur an der schwachen Wechselwirkung teil. Diese ist so schwach, dass Neutrinos den Erdball fast ungehindert durchdringen. Auch unseren Körper durchsetzen ständig Milliarden Neutrinos, ohne Spuren zu hinterlassen. Der direkte Nachweis von Neutrinos gelang erst 1956.

Merksatz

W-Bosonen treten als Feldquanten bei der schwachen Wechselwirkung kurzzeitig auf. An dieser können sich alle elementaren Teilchen beteiligen, Quarks, Elektronen und Neutrinos.

	Quarks		Leptonen	
1. Familie	u [up], $(+2e/3)$	d [down], $(-e/3)$	e^- [Elektron] $(-e)$	ν_e [Elektron-Neutrino], (0)
2. Familie	s [strange], $(-e/3)$	c [charm], $(+2e/3)$	μ^- [Myon], $(-e)$	ν_μ [Myon-Neutrino], (0)
3. Familie	b [bottom], $(-e/3)$	t [top], $(+2e/3)$	τ^- [Tau], $(-e)$	ν_τ [Tau-Neutrino], (0)

T1 Die heute als elementar anerkannten Bausteine der Materie und ihre Ladungen (in Klammern). Sie befolgen das Pauliprinzip, sind also Fermionen. Zu jedem dieser Teilchen gibt es ein Antiteilchen. Die Halbwertszeit vom Lepton Elektron e^- ist unendlich, vom Myon μ^- ca. 10^{-6} s und vom Tau τ^- ca. 10^{-13} s.

Wechselwirkungen	Wirkung auf	Feldquanten	Wirkungsbereich
elektromagnetische	elektrische Ladung	virtuelles Photon	hält Atome, Moleküle, Festkörper zusammen
starke	Farbladung	Gluon	hält Quarks und Atomkerne zusammen
schwache	alle Teilchen in → T1	W- und Z-Bosonen	bei β-Zerfall, Kernfusion, Sonnenenergie
gravitative	Masse	Graviton (?)	bei Gewichts-, also Gravitationskräften

T2 Die vier Wechselwirkungen und ihre Feldquanten. Sie befolgen das Pauliprinzip nicht, sind also Bosonen. Das Graviton als Feldteilchen der Gravitation ist noch nicht gefunden. Neben den W-Bosonen gibt es auch ein Z-Boson.

7. Überblick über die Teilchenphysik

Elementare Bausteine der Materie → T1

Die elementaren Teilchen gehören zwei Gruppen an:

- Alle schweren Teilchen, die *Baryonen* (einschließlich Protonen und Neutronen) sowie die Mesonen bestehen aus Quarks und Antiquarks. In der stabilen Materie findet man nur die u- und d-Quarks der 1. Familie.
- Die erste Familie der leichten *Leptonen* enthält das Elektron, die zweite das Myon (μ) mit 207-facher Elektronenmasse m_e und die dritte das Tau (τ) mit 3500 m_e, je mit einem Neutrino ν. Zu jedem gehört ein Antiteilchen.

Die vier Wechselwirkungsarten → T2

Nach der Quantentheorie besorgen *Feldquanten* alle Wechselwirkungen zwischen den Materieteilchen:

- Die *starke Wechselwirkung* des Feldquants Gluon zwischen Quarks und die *schwache Wechselwirkung* der W- und Z-Bosonen ist auf Atomkerndimensionen (10^{-15} m) beschränkt.
- Die *elektromagnetische Wechselwirkung* der virtuellen Photonen hat eine unendlich große Reichweite. Doch merken wir im täglichen Leben davon wenig, da sich positive und negative Ladungen in der Regel neutralisieren. Diese Wechselwirkung hält aber Atome und Festkörper zusammen; sie tritt auf bei allen chemischen Reaktionen und bei allen Lebensvorgängen.
- Die *gravitative Wechselwirkung* des Gravitons zwischen Massen ist viel schwächer. Es gibt aber nur eine Art Masse, also keine Neutralisation. So beherrscht die Gravitation mit unendlicher Reichweite das ganze Universum.

Für Feldquanten gilt das Pauliprinzip nicht; es sind *Bosonen.* Sie können deshalb in einem Gebilde in großer Zahl auftreten. Dagegen befolgen Quarks und Leptonen das Pauliprinzip, es sind *Fermionen,* was ihre Zahl in einem Quantenzustand beschränkt.

Ist die Teilchenphysik an ihrem Ziel?

Experimente bestätigen das hier in Grundzügen vorgestellte *Standardmodell der Elementarteilchen* ausgezeichnet. Sein letzter Baustein, das Higgs-Boson, wurde mit großer Wahrscheinlichkeit 2012 am CERN in Genf mit Hilfe des LHC (das Titelbild dieses Kapitels zeigt den Tunnel), eines riesigen Protonenbeschleunigers, nachgewiesen. Das zugehörige Feld, das Higgs-Feld, soll nach dem Urknall, aus dem unser Universum hervorging, allen Teilchen Masse verliehen haben. Das Standardmodell hat aber viele offene Fragen (z. B. die Massen- und Ladungswerte), sodass man nach eine noch umfassenderen Theorie sucht.

Die Teilchen entstanden nacheinander: Zunächst, in der *Quarkepoche,* etwa ab 10^{-9} s nach dem Urknall, bestand das Universum bei $T \approx 10^{14}$ K überwiegend aus freien Quarks, Leptonen und hochenergetischen Photonen. Nach ca. 10^{-6} s bildeten sich Protonen und Neutronen, nach 4 min Atomkerne. Erst nach 300 000 Jahren entstanden bei $T \approx 3000$ K Wasserstoff- und Helium-Atome. Auch soll es in den ersten 10^{-35} s nur eine Wechselwirkungsart gegeben haben, die sich nach 10^{-11} s in die vier heute bekannten Wechselwirkungen aufgespaltet hat.

Die sehr teuren Experimente zur Teilchenphysik mit immer größeren Teilchenbeschleunigern gelten als Experimente zur indirekten Erforschung dieser Zeit. Hier berührt sich das ganz Große mit dem winzig Kleinen.

Nanotechnologie

1. Reise in den Nanokosmos

Schon 1959 hielt der Physiker und Nobelpreisträger Richard FEYNMAN vor der Amerikanischen Physikalischen Gesellschaft eine visionäre Rede, in der er viele Facetten der Nanotechnologie vorhersagte. Titel: *There's Plenty of Room at the Bottom* (Es ist viel Platz da unten). Er erkannte, dass die Kleinheit der Objekte neue Eigenschaften birgt. Ihre Strukturen unterscheiden sich grundsätzlich von denen makroskopischer Systeme, da von Quantengesetzen bestimmt. FEYNMAN gilt so als der Vater der **Nanotechnologie**, obwohl das Wort erst 1974 von N. TANIGUCHO geprägt wurde (griech.: nanos = Zwerg).

Nanotechnologie befasst sich mit Objekten, die in einer oder mehreren Dimensionen kleiner als 100 nm sind. Je nach Anzahl der Dimensionen spricht man bei drei Dimensionen von Nanopartikeln, zwei Dimensionen von Schichten und Oberflächen, einer Dimension von Quantendrähten, null Dimensionen von Quantenpunkten. Dabei sind die Begriffe nicht im strengen mathematischen Sinn zu nehmen. Quantenpunkte bestehen z. B. aus ca. 10 000 Atomen.
Typische Atomdurchmesser liegen bei 0,1 – 0,3 nm. Zum Vergleich: 1 nm verhält sich zu 1 m etwa wie der Durchmesser einer Glasmurmel zum Durchmesser der Erde.

Die ungewöhnlichen Eigenschaften im „Nano-Land" entstehen, da
- Quanteneffekte auftreten,
- die spezifische Oberfläche (Oberfläche pro Gramm des Materials) viel größer ist,
- das Licht nicht gestreut wird, weil Nanopartikel kleiner sind als die Wellenlänge des Lichts.

Die fehlende Lichtstreuung können wir verstehen, wenn wir uns einen schmalen Stab vorstellen, der im Meer steht. Die großen geraden Fronten der Wasserwellen gehen an ihm vorbei, ohne dass er eine Spur hinterlässt. Erst hinter Felsen oder dicken Pfeilern entstehen Spuren.

Die Wellenlänge des sichtbaren Lichtes (400 nm bis 800 nm) sind vier bis acht mal so groß wie 100 nm, die Grenze zum Nanokosmos. Lichtwellen sind daher viel zu „grob" um die feinen Details im Nanokosmos zu sehen. Mit einem normalen Mikroskop erhalten wir keine Informationen über solch ein System. Die Nanotechnologie braucht also neue Untersuchungsmethoden und Sonden.

2. Sonden im Nanokosmos

Bei einem Elektronenmikroskop (M. KNOLL und sein Student E. RUSKA, Nobelpreis für Physik 1986) durchstrahlen Elektronen das Probenmaterial und treffen auf einen Leuchtschirm, der das Bild der durchstrahlten Probe zeigt → **B1a**. Aufgrund der kleinen DeBroglie-Wellenlänge der energiereichen Elektronen kann man heute eine Auflösung im nm-Bereich erreichen.

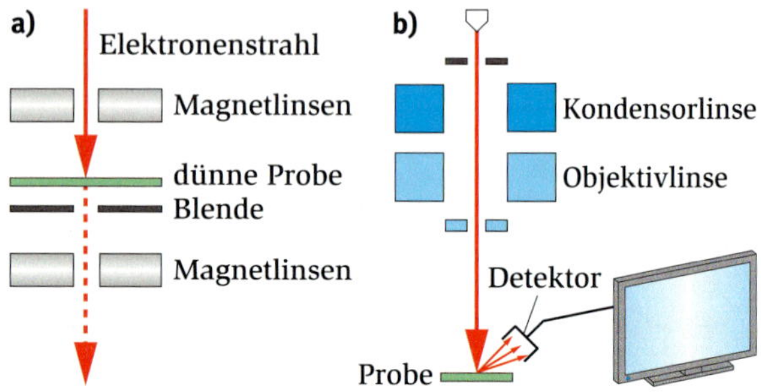

B1 **a)** Elektronen-, **b)** Rasterelektronenmikroskop

Beim **Rasterelektronenmikroskop** → **B1b** wird der Elektronenstrahl zu einem möglichst kleinen Fleck gebündelt und zeilenweise über den zu untersuchenden Probenbereich geführt. Häufig werden aber nicht die Elektronen gemessen, die das Objekt durchdringen, sondern die bei der Bestrahlung aus der Probe herausgeschlagenen Elektronen (diese verlassen die Probe auf der Seite, wo der Elektronenstrahl eingetreten ist). Die Verteilung dieser Elektronen wird über einen Detektor mit Verstärker in optische Signale auf einem Bildschirm umgewandelt. Beiden Verfahren gemeinsam ist, dass die Untersuchungen im Hochvakuum stattfinden.

1981 erfanden G. BINNING und H. ROHRER (Nobelpreis 1986) das → **Rastertunnelmikroskop**, mit dem einzelne Atome einer leitenden Oberfläche sichtbar gemacht werden können. Dargestellt ist das Grundprinzip in → **B2**: Eine Spitze aus Platin wird bis auf wenige Atomdurchmesser der Probe angenähert. Zwischen Probe und Spitze liegt eine geringe Spannung. Da sich Probe und Spitze nicht berühren, dürfte eigentlich kein Strom fließen.

① Eine atomar feine Spitze rastert die Oberfläche der Probe ab.

② Zwischen Spitze und Probe fließt ein konstanter Tunnelstrom.

③ Abstand zur Oberfläche wird nachgeregelt und konstant gehalten. Spitze folgt dem Höhenprofil.

④ Nanometer Stellglieder (Piezokristalle)

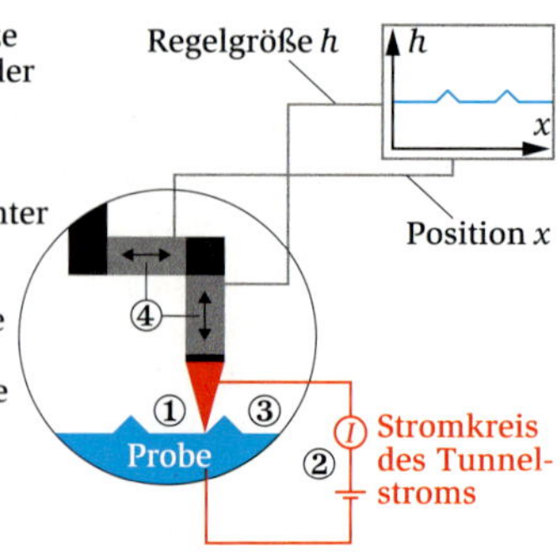

B2 Prinzip eines Rastertunnelmikroskops

Aber im Nanokosmos gelten Quantengesetze. Es fließt ein elektrischer Strom, der sogenannte Tunnelstrom zwischen Spitze und Probe. Dessen Stromstärke nimmt exponentiell zu, wenn der Abstand verringert wird. Motoren aus Piezokristallen bewegen die Spitze zeilenweise über die Probe. Bei diesem Abrastern der Probe wird der Abstand zur Oberfläche so geregelt, dass der Tunnelstrom immer gleich bleibt. Trägt man die Position längs der Probe und die Spannung am Piezoquarz, die zur Einstellung der Höhe der Spitze nötig ist, gegeneinander auf, ergibt sich für eine Grafitprobe das Relief einer Zeile. Der Ausschnitt in → B3 entspricht etwa 3 nm.

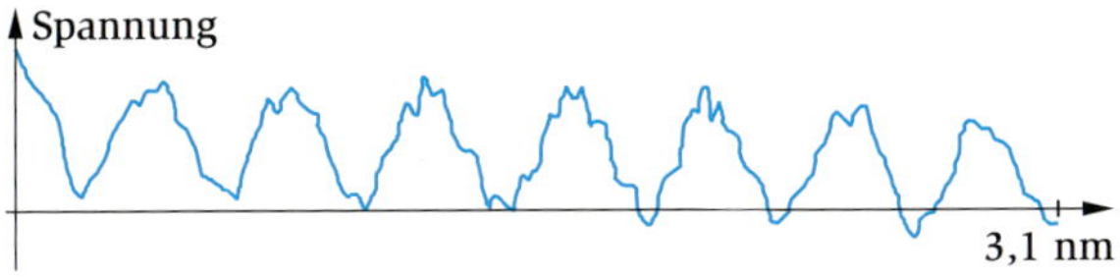

B3 Relief einer Rasterzeile im Rastertunnelmikroskop

Zeile für Zeile wird die Probe abgerastert und der Computer setzt die Zeilen zu einem 3-D-Bild zusammen → B4. Nun sind im Grafit die Kohlenstoffatome in Ebenen als Sechsecke angeordnet. Die Sechsecke in den verschiedenen Schichten sind gegeneinander versetzt. Je drei Atome liegen über Atomen der nächsten Schicht und drei über den Zentren der Sechsecke. Nur die Atome, die über einem Zentrum in der nächsten Schicht liegen, werden in → B4 abgebildet. Der Abstand der Atome ergibt sich zu etwa 0,2 nm (vgl. → B3).

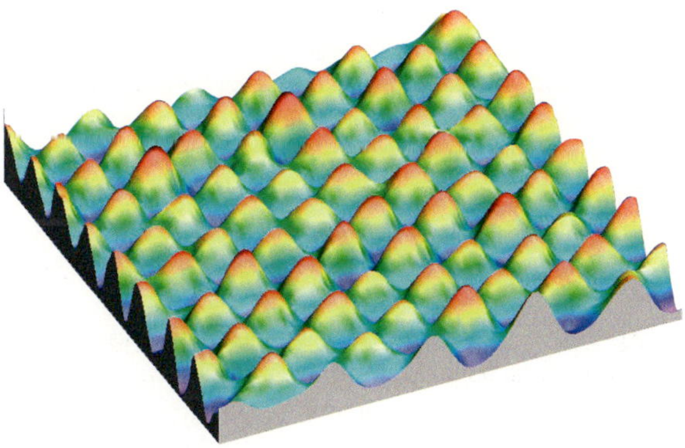

B4 Grafitoberfläche

Man muss sich aber kritisch fragen, was tatsächlich in → B4 zu sehen ist. Das Mikroskop erfasst die *elektronischen* Eigenschaften einer Oberfläche und nicht ein Höhenprofil wie Berg- und Tallandschaften. Eigentlich misst ein Rastertunnelmikroskop, wie viele Elektronen (einer bestimmten Energie) auf einem winzigen Ausschnitt der Probenfläche zu finden sind. Besteht die Oberfläche nur aus *einer* Sorte von Atomen, dann gibt dies das Höhenprofil aber recht gut wieder.

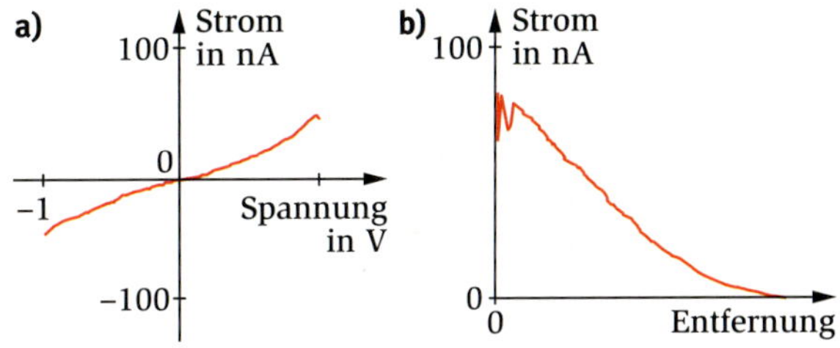

B5 **a)** *U-I*-Kennlinie, **b)** *h-I*-Kennlinie

Bringt man die Spitze über die Oberfläche einer Probe aus Gold, so lassen sich Kennlinien von Spannung und Strom (*U-I*) sowie Entfernung und Strom (*h-I*) aufnehmen.

Bei der *U-I*-Kennlinie verhalten sich Spannung und Tunnelstrom annähernd linear zueinander → B5a. Der „Widerstand" $R = U/I$ zwischen Probe und Spitze lässt sich aus dem Kehrwert der Geraden-Steigung ermitteln: ein praktisch konstanter Wert von z. B. $2{,}2 \cdot 10^7$ V/A. Für Halbleiter wie MoS_2 ist der Widerstand nicht konstant.

Bei der *h-I*-Kennlinie wird die Spannung konstant gehalten, während die Entfernung zur Probe variiert und der Tunnelstrom gemessen wird. Die Entfernung zur Probenoberfläche kann man nicht absolut angeben, sondern nur ihre Veränderung. → B5b zeigt den exponentiellen Abfall des Tunnelstroms bei zunehmendem Abstand von Spitze und Probe.

Sitzt an der Messspitze eines Rastertunnelmikroskops ein einziges Atom mit einer bestimmten magnetischen Ausrichtung, so hängt der Tunnelstrom von der gegenseitigen Ausrichtung der magnetischen Dipole von Spitze und Oberfläche ab → B6. Mit dieser Erweiterung gelingt es, auch magnetische Eigenschaften von Proben nachzuweisen. Elektronen tragen nämlich nicht nur eine Ladung, sondern auch Drehimpulseigenschaften, den Spin. Der Spin ist hier (wie beim Ferromagnetismus) die eigentliche Ursache für den Magnetismus. So ist es mithilfe des **spinpolarisierten Rastertunnelmikroskops** möglich, viele Informationen über einzelne Atome auszulesen.

B6 Der Tunnelstrom beim Rastertunnelmikroskop hängt von der Magnetisierung der Spitze ab.

3. Wer nicht sehen kann, muss fühlen

Ein Nachteil des Rastertunnelmikroskops ist, dass nur leitende Oberflächen untersucht werden können. G. BINNIG entwickelte 1986 zusammen mit anderen Forschern daher das **Rasterkraftmikroskop** (AFM, Atomic Force Microscope): Auch beim AFM wird die Oberfläche mit einer feinen Spitze abgerastert, allerdings wird sie mit etwas Kraft (daher ‚Force') so auf die Oberfläche gezogen, sodass sie diese berührt (Kontaktmodus).

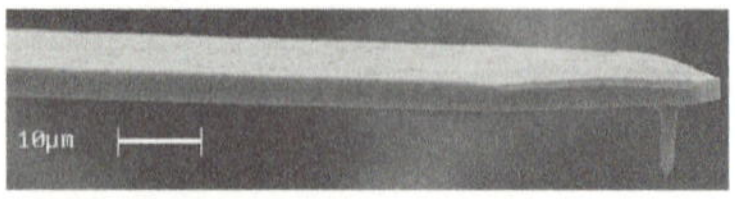

B1 Kantilever

Die Spitze hängt an einem kleinen, sehr biegsamen Hebelarm aus Silizium (*Kantilever* genannt **→ B1**). Mithilfe von Piezoelementen rastert man so die Oberfläche ab. Bei diesem Kontaktmodus folgt die Spitze dem Höhenprofil. Dadurch wird ein Laserstrahl abgelenkt. Aus dessen winzigen Auslenkungen werden die Höhenprofile konstruiert **→ B2**.
Da beim AFM kein Tunnelstrom fließt, lassen sich auch isolierende Oberflächen untersuchen. Mit dem AFM können Oberflächen von Brillengläsern, CD-Pressvorlagen oder biologische Proben im Wasser mikroskopiert werden. Es hat Anwendungen in der Biologie, der Biochemie, der Medizin und der Informationstechnik.

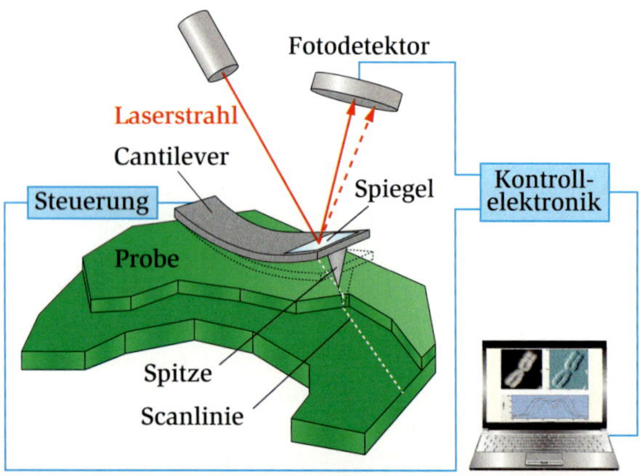

B2 Prinzip des Rasterkraftmikroskops (AFM)

Drei Beispiele: Eine Pressvorlage (Stamper) presst die Kodierung in die Oberfläche einer CD. An einem solchen CD-Stamper **→ B3a** kann man zur Qualitätskontrolle mit dem AFM den Abstand der Rillen überprüfen. **→ B3b** ist das Bild eines Chips, der als Arbeitsspeicher in Computern Verwendung findet. Die regelmäßige Struktur, mit der sich die Speicherzellen wiederholen, ist gut zu erkennen. **→ B3c** zeigt die Aufnahme einer biologischen Probe: Es ist ein Fliegenauge.

Auch bei der Untersuchung von Edelstahl-Oberflächen reichen optische Methoden oft nicht, wenn z. B. deren Güte beurteilt werden soll. Dort ist die Auflösung durch die Wellenlänge des verwendeten Lichts begrenzt. Daher wird auch hier ein AFM benutzt.
So hängt bei einem Kugelschreiber die Schreibqualität von der Oberfläche des frei drehbaren Kügelchens aus Edelstahl oder Wolframcarbid ab. Die Kugelform muss im Großen sehr präzise eingehalten werden, wobei aber die Oberfläche eine bestimmte Rauhigkeit hat. Aus der Patrone fließt nämlich die Tinte beim Schreiben durch kleine Kanäle zur Spitze, wo die rollende Kugel die Farbe auf das Papier überträgt. Damit die Tinte die Kugel stets einheitlich umgibt, sind Kanäle genau definierter Form nötig. Was uns als billiges Wegwerfobjekt anmutet, ist Resultat aufwändiger Forschung und Entwicklung.
Im Kontaktmodus des AFM ist es auch möglich, auf atomarer Ebene Reibungskräfte zu untersuchen.

Neben dem beschriebenen *Kontaktmodus* gibt es einen berührungslosen, auch dynamisch genannten Modus. Der Federbalken wird dabei in Schwingungen nahe seiner Resonanzfrequenz versetzt. Durch Wechselwirkungskräfte mit Molekülen der Oberfläche ändern sich die Eigenfrequenz und damit die Amplitude der angeregten Schwingung, wenn die Spitze näher an die Oberfläche rückt. Der Abstand der Spitze wird dann durch Piezoelemente so geregelt, dass die Amplitude wieder gleich ist. Man erhält deshalb wieder ein Höhenprofil.

Mit einem modernen AFM lassen sich einzelne Atome erkennen, ja sogar Strukturen im Atom.

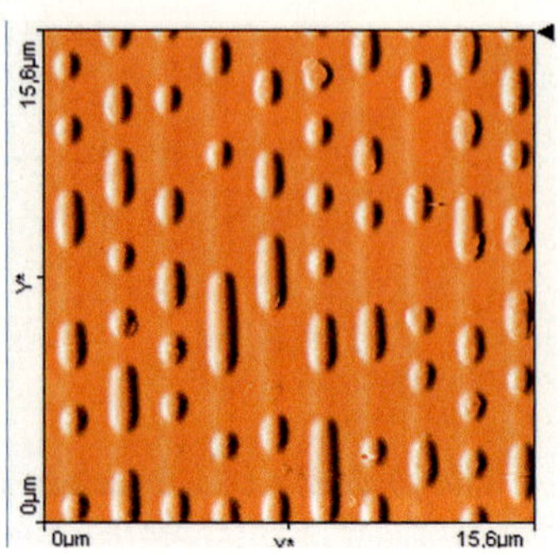

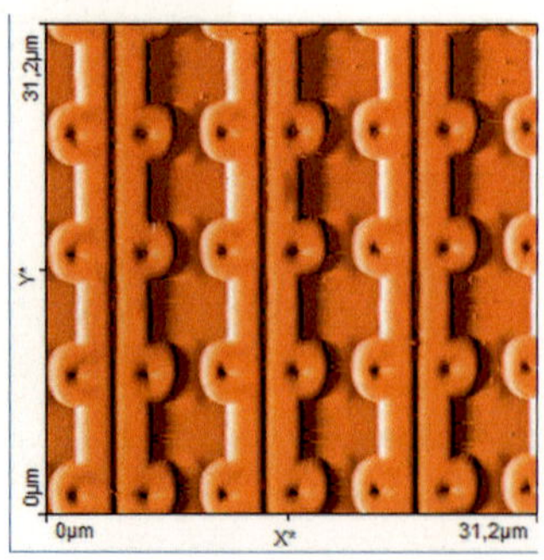

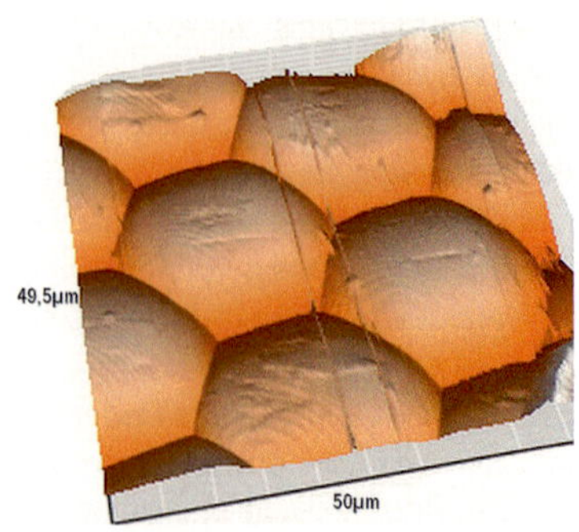

B3 **a)** CD-Pressvorlage (Stamper) **b)** Chip Arbeitsspeicher für Computer **c)** Auge einer Fliege

4. Manipulation mit Atomen

Rastertunnel- und Rasterkraftmikroskope können nicht nur zur Untersuchung von Oberflächen, sondern auch als Werkzeug verwendet werden.

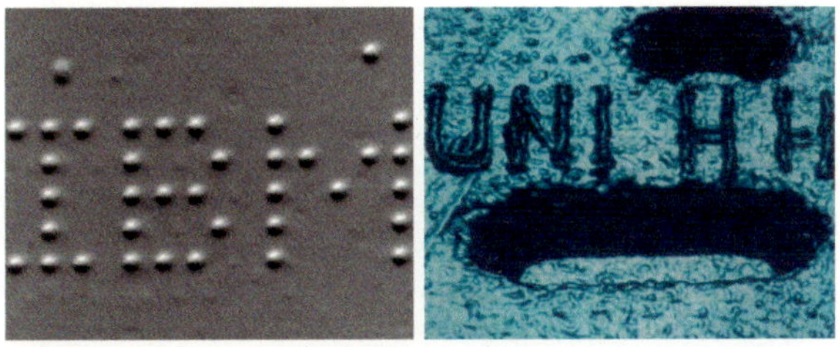

B4 **a)** Atomarer Schriftzug IBM, **b)** Gravur auf CD

Senkt man die Spitze eines Rastertunnelmikroskops noch weiter ab, folgen Atome, die auf der Oberfläche locker sitzen, der Spitze und lassen sich verschieben. 1991 gelang es Don EIGLER mit 35 Xenon-Atomen den Schriftzug IBM zu erzeugen → **B4a**. So kann die Spitze eines Rasterkraftmikroskops auch als Schreibwerkzeug dienen. Zwischen die Rillen einer CD wurden so die Initialen der Universität Hamburg graviert → **B4b**.

Um neue Datenspeicher zu entwickeln, verwendet das Unternehmen IBM bei dem **Millipede** (Tausendfüßler) mehrere tausend Kantilever auf engem Raum → **B5a**. Die Daten „schreibt" der Prototyp mit 1-µm-Spitzen → **B5b** durch Erhitzen auf mehrere 100 °C als Löcher von 10 nm Tiefe in einen Polymerfilm auf Silizium-Substrat. Jede der Schreib-Spitzen sitzt gepaart mit einem Lese-Sensor auf stoßunempfindlichen Silizium-Kantilevern und ist parallel ansteuerbar.

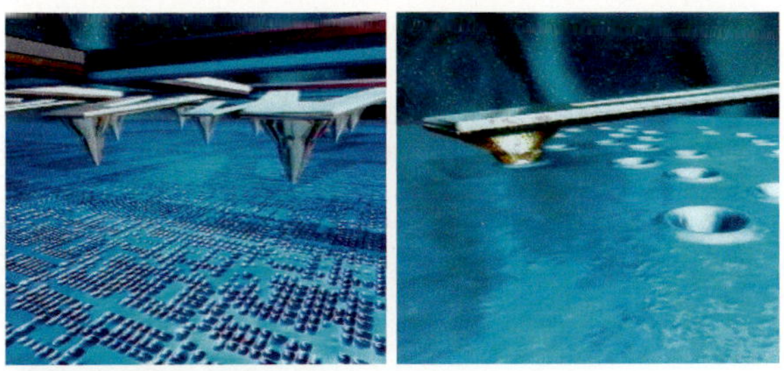

B5 **a)** Millipede mit Kantilevern, **b)** Löcher mit 10 nm Tiefe

Zum Lesen wird der Lese-Sensor der jeweiligen Kantilever ebenfalls erhitzt, ohne selbst ein Loch zu erzeugen. „Fällt" die Spitze in eine Vertiefung, kühlt sich der Lesekopf am Speichersubstrat ab. Dies führt zu einer messbaren Veränderung des Widerstands.
Man kann auf diese Art 20-mal höhere Speicherdichten erreichen als bei heutigen Festplatten. Auf der Fläche einer Briefmarke könnte dann der Inhalt von 25 DVDs gespeichert werden.

5. Künstliche Nasen

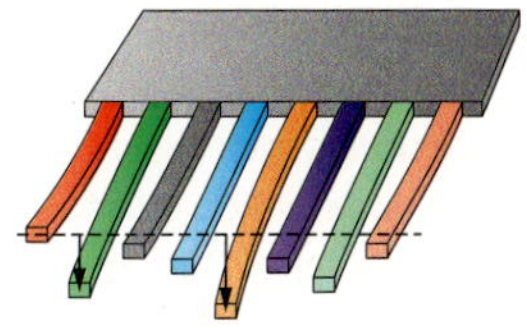

B6 Künstliche Nase: Kantilever mit verschiedenen Beschichtungen

Kantilever kann man mit verschiedenen Polymeren beschichten, an denen sich je nach Polymer verschiedene Geruchsstoffe niederschlagen. Der Niederschlag vergrößert die Masse des jeweiligen Kantilevers, er verbiegt sich, seine Schwingungsfrequenz nimmt ab → **B6**. Wie beim AFM wird die Verbiegung mit einem Laserstrahl nachgewiesen.

Aus einem Muster von verschiedenen stark verbogenen Kantilevern kann mit großer Sicherheit auf die gasförmige Substanz der Umgebung geschlossen werden. Für diese „Nase" gibt es zahlreiche Anwendungen: Sie reichen vom Schnüffeln nach Sprengstoff und Rauschgift, bei der Qualitätskontrolle von Nahrungsmitteln bis hin zur medizinischen Diagnostik bei Atemwegserkrankungen.

In der Biologie gibt es ein sogenanntes Schlüssel-Schloss-Prinzip: Zwei Strukturen müssen räumlich zueinander passen, damit sie eine bestimmte Funktion erfüllen. So besteht z. B. eine DNS aus zwei zueinander komplementären Strängen.

Beschichtet man nun Kantilever mit den Rezeptormolekülen eines Stranges einer Doppelhelix (dem Schloss, z. B. linker Kantilever in → **B7**), so wird der Kantilever zu einem Sensor für Stoffe, die auf diese Moleküle ansprechen: Wird das passende Gegenstück (der Schlüssel) aus der Umgebung gefischt, ändert sich die Massenbelegung des Federbalkens und so auch seine Schwingungsfrequenz (mittlerer Kantilever in → **B7**). Auf diese Art können Bio-Moleküle (z. B. DNS) einfach nachgewiesen werden.

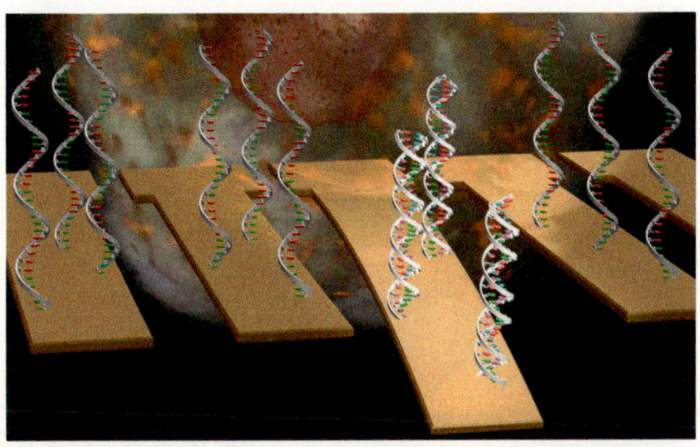

B7 Kantilever mit Strängen der Doppelhelix beschichtet. Wird der passende komplementäre Strang aus der Umgebung gefischt, vergrößert sich seine Masse.

1. Neue Stoffe

Nanomaterialien haben im Verhältnis zu ihrem Volumen eine riesengroße Oberfläche. Machen wir uns dies an einem Beispiel klar:
Ein kompakter Würfel mit der Kantenlänge 1 cm hat 6 cm^2 Oberfläche. Die gleiche Stoffmenge auf 1000 frei stehende Würfelchen verteilt, je mit der Kantenlänge 1 mm, hat die Oberfläche $1000 \cdot 6\ mm^2 = 60\ cm^2$. Bei der Kantenlänge 10 nm ist die Oberfläche 600 m^2, bei 5 nm bereits 1200 m^2. Während bei dem Würfel mit 1 cm Kantenlänge nur 10^{-5} Prozent der Atome an der Oberfläche liegen, sind es bei 5 nm Kantenlänge schon ca. 20 %.

Die Atome der Nanopartikel treten so mit ihrer Umgebung wesentlich besser in Wechselwirkung. Obwohl die Würfel aus demselben Stoff bestehen, können sie ganz andere chemische und physikalische Eigenschaften haben. Der Schmelz- und Siedepunkt, die chemische Reaktivität und die Ausbeute als Katalysatoren können sich dadurch vollständig ändern.

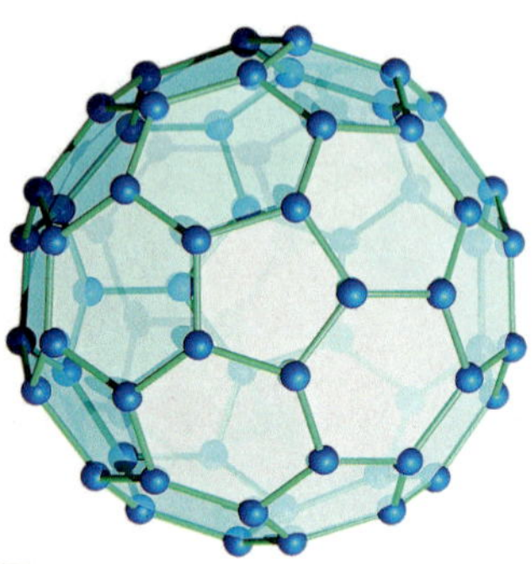

Kohlenstoff kommt kristallin nicht nur als Graphit oder Diamant vor. 1985 entdeckten CURL, KROTO und SMALLEY (Nobelpreis für Chemie 1995) die Buckminster **Fullerene**, auch Buckyballs genannt. Ihren Namen erhielten sie nach dem Architekten Buckminster Fuller, der Gebäudekuppeln aus geometrischen Formen baute, die den Buckyballs ähnlich sehen.

Diese Kohlenstoffmoleküle haben einen Durchmesser von etwa 1 nm. Die C-60 Moleküle in Form eines Fußballs entstehen z. B. in einem Lichtbogen mit Kohlenstoffelektroden.
Bei dem Prozess im Lichtbogen bilden sich auch hoch symmetrische Röhrchen. Die Kohlenstoff-Nanoröhren (nanotubes) sind aus sechseckigen Anordnungen von Kohlenstoffatomen aufgebaut, so wie ein Maschendrahtzaun mit sechseckigen Maschen → B1.

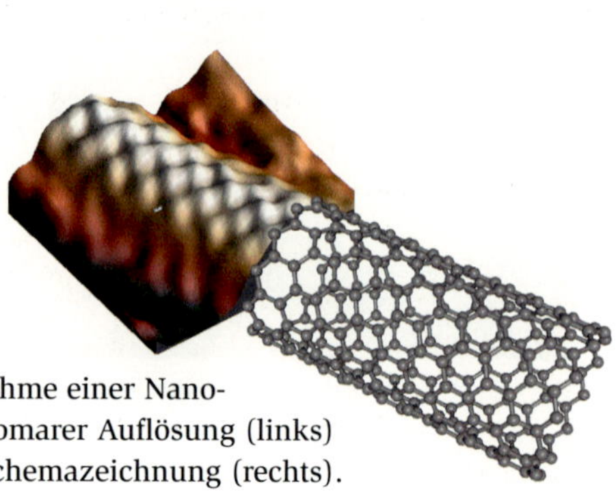

B1 Aufnahme einer Nanoröhre in atomarer Auflösung (links) und ihre Schemazeichnung (rechts).

Ihr Durchmesser beträgt nur wenige Nanometer. Sie sind 10-mal reißfester als Stahl, haben aber nur 1/6 seines Gewichts. Je nach Fertigung, sind sie sehr gute Leiter oder Halbleiter. Sie könnten für elektronische Bauelemente wie Transistoren und Speicherchips in molekularer Größenordnung verwendet werden. Erste erfolgreiche Versuche zeigen, dass solche Nanoröhren auch verschweißt werden können.

Weiterhin werden die Nanotubes in Verbindung mit anderen Stoffen zur Herstellung besonders leichter und fester Materialien verwendet. Rotorblätter für Windkraftanlagen werden mit dem neuen Material leichter und stabiler. Die Leistung der Windkraftanlagen kann so deutlich gesteigert werden.
Sowohl bei den Buckyballs wie bei den Nanoröhrchen untersucht man heute auch, ob sie gesundheitliche Schädigungen, vergleichbar den Asbestfasern, hervorrufen können.

Im Nanokosmos gibt es auch flüssige Magnete; sie enthalten Nanokügelchen aus Magnetit (Fe_3O_4) mit Durchmessern unter 10 nm. Diese winzigen Teilchen sind in einer zähen Flüssigkeit fein verteilt und werden durch Öle voneinander getrennt gehalten, damit sie nicht verklumpen.

In den winzigen Kügelchen können sich die Elementarmagnete nicht von selbst ordnen. Wie → B2 zeigt, werden diese Flüssigkeiten erst in von außen einwirkenden Magnetfeldern magnetisch und von Magneten angezogen (wie Eisenfeilspäne).

Diese **Ferrofluide** können z. B. als Schmiermittel dienen, das an magnetischen Lagern rotierender Wellen fest haftet und diese dauerhaft luft- und staubdicht abschließt (etwa in Plattenlaufwerken von Computern). Auch dämpft man damit die schwingenden Spulen in Lautsprechern. Dabei lässt sich die Stärke der Dämpfung mithilfe des festhaltenden Magnetfelds regeln. Bei starken Magnetfeldern bilden Ferrofluide an ihrer Oberfläche Stacheln aus → B2.

B2 Flüssige Magnete

2. Der Lotus-Effekt

In buddhistisch geprägten Ländern gilt die Lotus-Blume als Symbol der Reinheit und als heilig. Ihre Blätter wachsen in schlammigen Gewässern und sind trotzdem trocken und sauber. Schmutz kann durch einfaches Abspülen entfernt werden. Wasser perlt an der Oberfläche ab und selbst Substanzen wie Honig oder Klebstoff laufen bei geringem Neigungswinkel der Blätter vollständig ab.

Dieses Phänomen wurde in den 70-er Jahren von dem Bonner Biologen BARTHLOTT erforscht. 1992 wurde dafür der Begriff „Lotus-Effekt" geprägt. Der Effekt kommt bei weiteren Pflanzenarten vor, darunter Kohlrabi, Kapuzinerkresse und Tulpen. Um diesen Effekt zu beobachten, brauchen wir also nicht nach Asien zu fahren.

B3 Wassertropfen auf einem bestäubten Kohlrabiblatt

Wir bestäuben ein Kohlrabiblatt und ein Salatblatt mit getrocknetem Lehm oder Ruß. Dann lassen wir einen Tropfen Wasser herunter rollen. Auf dem Kohlrabiblatt ist die Abrollbahn des Tropfens von Schmutz gesäubert und bleibt trocken **→ B3**, auf einem Salatblatt bleiben dagegen Schmutz und Wasser auf der Spur zurück.
Das Geheimnis dieser verblüffenden Selbstreinigung entschlüsselt sich unter dem Raster-Elektronen-Mikroskop. Auf der Oberfläche der äußeren Blattzellen befinden sich hügelige Mikrostrukturen **→ B4**, die mit Wasser abweisenden Wachskristallen von wenigen Nanometern Größe besetzt sind. Wie **→ B5** zeigt, haben die Wassertropfen nur winzige Berührungspunkte mit der Oberfläche, beim Abrollen nimmt der Tropfen die Schmutzpartikel mit.

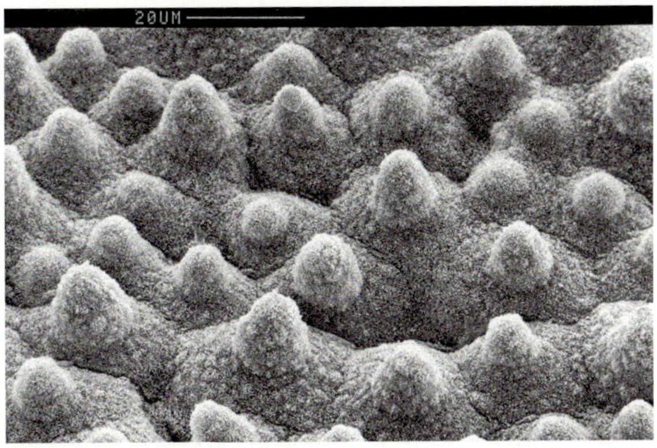

B4 Oberfläche einer Lotusblüte, aufgenommen von einem Rasterelektronenmikroskop

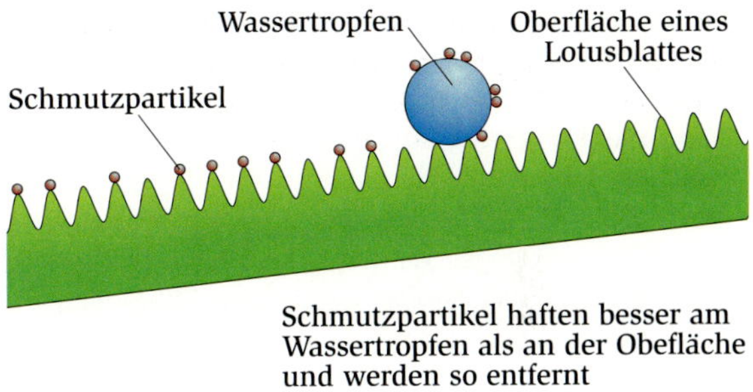

B5 Wassertropfen auf einem Lotusblatt

So schützt sich die Lotuspflanze vor Verunreinigungen durch Pilze, Bakterien und Viren. Krankheitserreger können nicht auf den Blättern haften. Dieses Reinigungsprinzip wird heute bei Fassadenfarben, Lacken, Sprays und Dachziegeln angewandt. Baudenkmäler können durch ein Mittel mit Nanopartikeln gegen Sprühfarben imprägniert werden.

Vom Lotus-Effekt zu unterscheiden ist der *easy-to-clean* Effekt. Er tritt bei sehr glatten Oberflächen auf und beruht auf den fett- und wasserabweisenden Eigenschaften dieser Flächen. Wasser wird abgestoßen und zieht sich zu Kugeln zusammen. Bei geneigten Flächen läuft Wasser in Perlen ab und nimmt aufgelagerten Schmutz mit **→ B6**. Bei Badezimmerkacheln mit solch glatten Schichten von nur wenigen Nanometern Dicke lässt sich der Schmutz mit Wasser leicht abspülen.

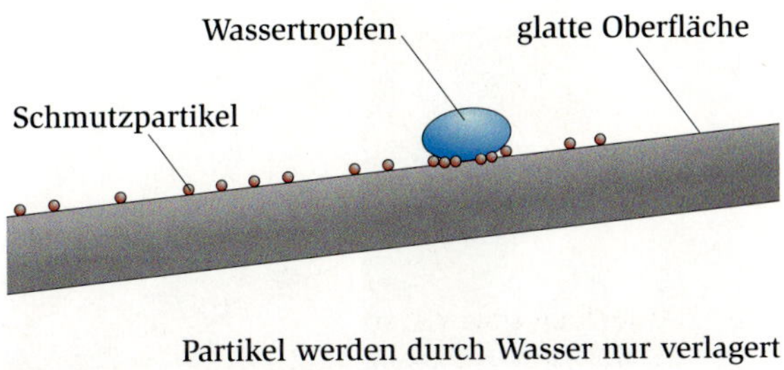

B6 Easy-to-clean Effekt

1. Kletterkünstler

Fliegen, Spinnen und Käfer laufen und sitzen ohne Schwierigkeiten an senkrechten glatten Wänden und Decken. Am verwunderlichsten sind jedoch die Kletterkünste des Geckos. Trotz seiner Größe und seines Gewichts von bis zu 300 g kann er kopfunter an einer waagrechten Glasplatte spazieren gehen und dabei Insekten jagen. Forscher, die sich mit Haft- und Klebemechanismen beschäftigen, sind natürlich an einer Erklärung hierfür interessiert, sie hoffen damit neue Haftmaterialien zu entwickeln.

Winzige Saugnäpfe als Erklärung scheiden aus, denn die Geckos laufen auch auf rauem Putz. Chemische Kleber, von den Tieren abgesondert, kommen nicht in Frage, da diese Zeit zum Aushärten brauchen, zudem bekämen die Geckos dann die Füße nicht mehr los.

Zunächst verglichen die Forscher die Fußsohlen von Geckos, Spinnen, Fliegen und Käfern. Sie stellten fest: Je größer das Körpergewicht, desto feiner verzweigen sich die Kontaktflächen. Beim Gecko finden wir ein sich immer feiner verästelndes Haftsystem. Mit bloßem Auge erkennen wir noch Lamellen, die etwa 0,5 mm groß sind → B1a. Diese Lamellen fächern sich unter dem Mikroskop in 100 µm lange und 6 µm breite Borsten (sog. *Setae*) auf, an deren Enden etwa 200 nm lange und 12 nm dicke Hafthärchen (sog. *Spatulae*) sitzen → B1b, insgesamt rund eine Milliarde.

Je mehr Härchen, umso größer die Haftkraft. Denn diese ist nicht von der Größe der Kontaktfläche abhängig, sondern von der Umfangslinie der Fläche. Zerteilt man eine bestimmte Fläche z. B. in 10 000 Einzelteile, bleibt die Gesamtfläche gleich, der Gesamtumfang als Summe der einzelnen Umfangslinien wächst aber auf das Hundertfache. Die Haftkraft nimmt mit dem Gesamtumfang, also der Härchenzahl zu.
Käfer, Fliegen und Spinnen brauchen eine solche feine Unterteilung nicht, da sie nur kleinere Kräfte zum Haften benötigen.

Mit einem Rasterkraftmikroskop untersuchten Forscher die Haftkraft einzelner Härchen an verschiedenen Oberflächen. Dazu separierten sie zunächst einzelne Borsten und von diesen wieder ein einzelnes Hafthärchen. Dieses wurde dann an die Nadel eines Rasterkraftmikroskops geheftet und seine Haftkraft zu etwa 10 nN gemessen. Durch die große Zahl der Härchen (rund 10^9) kommt man aber insgesamt auf eine Tragkraft von ca. 10 N. Dies erklärt auch, warum so kletterfreudige Tiere wie Gämse nicht mit solchen „Wunderhufen" ausgestattet sind, denn sie haben etwa die hundertfache Masse von Geckos, ihre Hafthärchen müssten also dünner sein als die Moleküle, aus denen ihre Hufe bestehen.

Damit ist noch nicht die Natur der Kräfte geklärt. Die Untersuchungen ergaben, dass es sich nicht um Kräfte zwischen Ionen oder um starke chemische Bindungen innerhalb der Moleküle handelt, sondern um Van-der-Waals-Kräfte. Diese beruhen auf spontanen kleinen Ladungsverschiebungen in der Elektronenhülle eines Moleküls, die in Nachbarmolekülen wieder eine Ladungsverschiebung erzeugen. Diese so „induzierten Dipole" führen zu anziehenden Kräften zwischen dem Untergrund und den Hafthärchen.
Neben den Van-der-Waals-Kräften hat, je nach Luftfeuchtigkeit, eine dünner Wasserfilm auf einer Oberfläche einen positiven Einfluss auf die Haftkraft.

Physiker und Ingenieure lernen von der Natur. Das technische Nachahmen der Natur nennt man Bionik oder Biomimetik. Ein Ziel der Forscher ist, solche Haftmechanismen für Klettverschlüsse nachzubauen. Wie beim Kuchenbacken dient hier eine Form als Gussform, die dem Negativbild der gewünschten Noppenform entspricht, von der man die Haftfolie → B2 abziehen kann. Diese „Backformen" werden aufwändig mit Mitteln der Halbleiterindustrie hergestellt.

Andere Forscher versuchen, mit Kohlenstoff-Nanoröhren die Form der Hafthärchen nachzuformen und so eine noch größere Haftkraft zu erreichen.

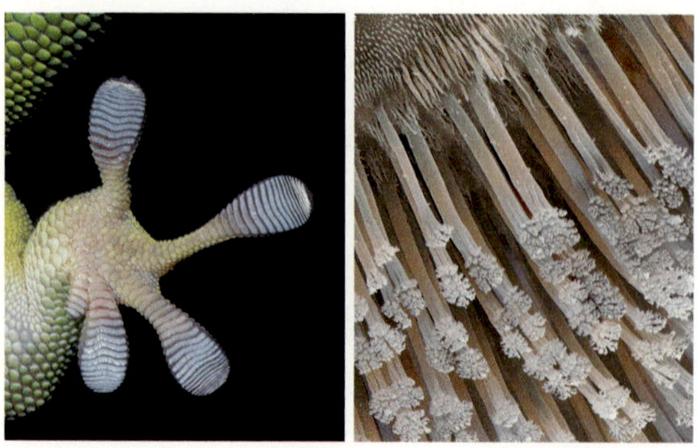

B1 **a)** Fuß eines Geckos, **b)** Borsten mit Hafthärchen

B2 Haftfolie vom Max-Planck-Institut Stuttgart

2. Jetzt kommt Farbe ins Spiel

Mit wässriger Tetrachlorgoldsäure $AuCl_4$ kann man durch Rühren bei 100 °C auch im Schulversuch Goldkolloide erzeugen. Stoppt man den Prozess durch Zugabe von weiteren Chemikalien, so entstehen dabei Goldteilchen von ca. 15 nm Ausdehnung, deren Farbe weinrot ist. Wegen der geringen Partikelgröße nehmen die Elektronen der Goldatome andere Energiezustände an, dies hat Einfluss auf deren optische Eigenschaften. Bereits im Mittelalter erzeugten Glasmacher solche Partikel, natürlich ohne Kenntnisse der Nanotechnologie. Sie schmolzen bei der Herstellung von Kirchenfenstern kleine Goldmengen ein und erzeugten so das berühmte „Rubinglas". Nanoteilchen aus Silber erscheinen dagegen in Gelb. Schon 400 n. Chr. wurde mit dieser Technik der Lycurgus-Kelch hergestellt → B3.

B3 Lycurgus-Kelch

Auch bei Autolacken findet sich heute Nanotechnologie in der Serienfertigung, um besondere Effekte zu erzielen. Wir sehen den Effekt, wenn wir eine sogenannte Colorstream-Folie (Polypropylenfolie mit nanobeschichteten SiO_2-Plättchen) unter verschiedenen Neigungen anschauen. Je nach Blickwinkel zeigt die Folie eine andere Farbe. In die Folie sind wie in modernen Autolacken planparallele Metalloxidbeschichtungen eingebracht.

Das einfallende weiße Licht wird an ihren oberen *und* unteren Grenzschichten reflektiert. Je nach Gangunterschied zwischen beiden reflektierten Strahlen löschen diese sich durch Interferenz aus oder verstärken sich. Der Gangunterschied hängt von der Wellenlänge und der Blickrichtung ab. Entsprechend schillern je nach Betrachtungswinkel die Farben → B4, ähnlich wie wir es bei den Farben eines Schmetterlingsflügels sehen.

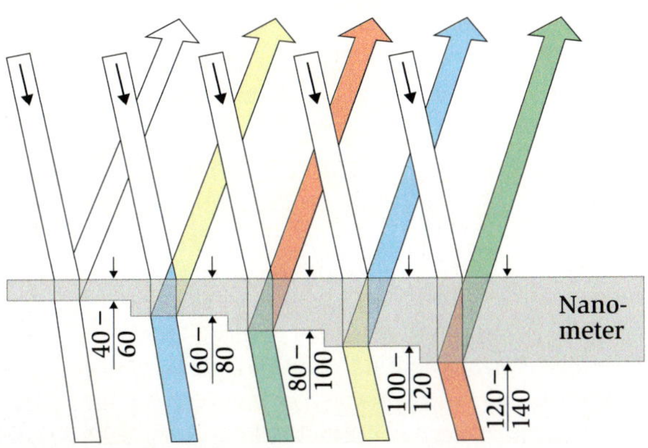

B4 Schillernder Lack

3. Biologische und medizinische Anwendungen

Auch bei biologischen Untersuchungen verwendet man heute anstelle von organischen Farbstoffen sog. Quantenpunkte (winzige Quantentöpfe, analog zu Farbstoffmolekülen). Sie leuchten bei Anregung mit ultraviolettem Licht in klaren und hellen Farben. Mit diesen „molekularen Laternen" lassen sich Eiweißstoffe markieren und so deren Aufenthaltsort oder Transportweg in lebenden Zellen „live" beobachten.

Auch bei der Krebstherapie werden Nanoteilchen eingesetzt. Eisenoxid-Nanopartikel werden als magnetische Partikel direkt in den Tumor gespritzt. Damit die Krebszellen diese auch aufnehmen, sind die Partikel mit einer Proteinhülle beschichtet. Legt man dann ein hochfrequentes elektromagnetisches Wechselfeld an, werden die magnetischen Nanoteilchen in starke Bewegung versetzt. Durch die Erwärmung des Gewebes werden die Krebszellen abgetötet.

4. Chancen und Risiken der Nanotechnologie

Auf der Nanoebene treffen die klassischen Disziplinen Physik, Biologie und Chemie zusammen. Durch ihr Zusammenwirken kann der wissenschaftliche und technische Fortschritt insgesamt einen Entwicklungssprung machen. Wie bei allen neuen Technologien gibt es aber auch Bedenken und Befürchtungen.

Eric DREXLER, einer der Wegbereiter der Nanotechnologie, hält es für möglich, Roboter im Nanomaßstab zu bauen, die aus Rohstoffen etwas Großes, Neues bauen können. Daraus folgert Michael CRICHTON in seinem Science-Fiction-Roman „Prey" (Beute), dass eines Tages intelligente Nanoroboter einem Forschungslabor entweichen und sich selbständig vermehren. Außer Kontrolle geraten, könnte die Welt durch sog. *Graue Schmiere* (*Gray Goo*), einer grauen Wolke aus misslungenen Nanorobotern, bedroht werden – bis hin zur Zerstörung von Mensch und Natur.

Die meisten Wissenschaftler in der Nanotechnologie halten ein solches Szenario für unrealistisch. Vielmehr sollten sehr viel näherliegende Gefahren nicht übersehen werden. Nanoteilchen können vom menschlichen Körper über die Atemluft, durch Verschlucken oder über die Haut aufgenommen werden. Aufgrund ihrer Kleinheit können sie in Körperzellen eindringen. Sie können sogar biologische Barrieren wie die Blut-Hirn-Schranke überwinden und damit gesundheitsschädliche Wirkungen haben. In vielen Anwendungsbereichen der Nanotechnologie treten Nanoröhrchen auf, die als lungengängige Fasern möglicherweise ähnliche gesundheitliche Folgen nach sich ziehen könnten wie Asbestfasern.

Interessantes

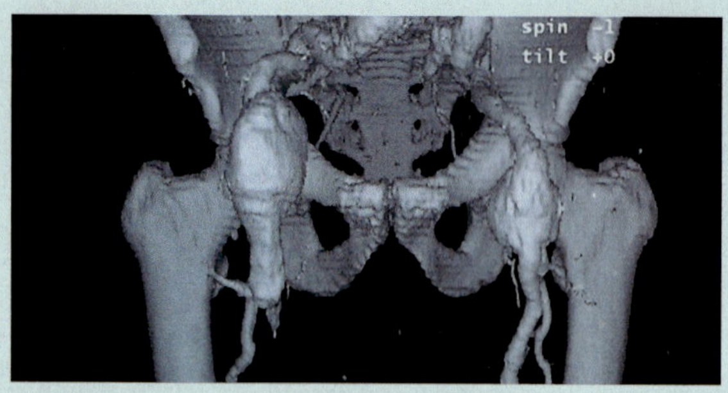

B1 Sackförmige Ausstülpungen an Arterien; die Umgebung wurde vom Computer „wegradiert".

A. Schichtaufnahmen mit Röntgen-Tomografie

a) Physikalisches Prinzip: Röntgenstrahlen durchsetzen das inhomogene Körpergewebe geradlinig, ohne gebrochen zu werden. Doch werden sie in Knochen, also auf Wegen mit großer *Elektronendichte* ρ_{El} im Körper, stärker geschwächt als in wasserhaltigen Weichteilen. ρ_{El} steigt mit der Elektronenzahl Z der durchstrahlten Atome ($Z = 1$ bei Wasserstoff in Fett- und Muskelgewebe, $Z = 40$ bei Kalzium in Knochen → **B2**). Hinter Knochen ist das Schattenbild auf dem Bildschirm dunkler, eine fotografische Schicht wird weniger geschwärzt.

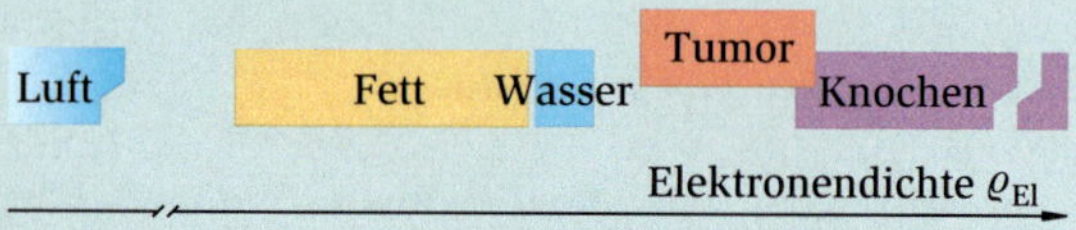

B2 Nach rechts nimmt die Elektronendichte ρ_{El}, also die Schwächung der Röntgenstrahlen stark zu.

b) Vorstufe der Tomografie: Auf den *Schattenbildern* einfacher Röntgengeräte bleiben Gewebe unerkannt, die vor oder hinter Knochen liegen. Um Knochenschatten etwas zu *verwischen,* etwa bei Lungenaufnahmen, verschiebt man Röntgenröhre und Röntgenfilm so gegeneinander, dass die interessierende Schicht auf dem Film scharf erscheint (rot in → **B3**). Wir zeigen nun, wie man dieses einfache Prinzip wesentlich verbessert hat.

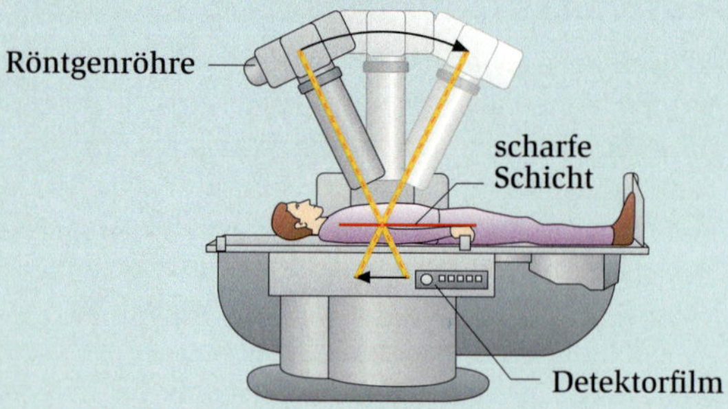

B3 Bei Gegenbewegung von Röntgenröhre und Film wird die interessierende Körperschicht scharf abgebildet.

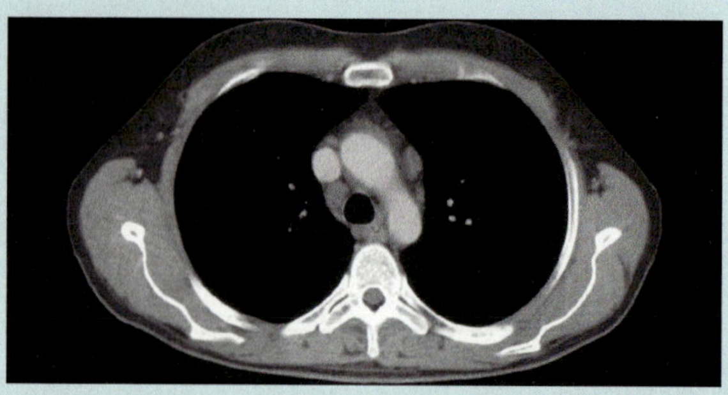

B4 2D-CT-Bild: Querschnitt eines Brustkorbs. Interessierende Teile wurden scharf herauspräpariert.

c) 2D-CT: Die 2-dimensionale **Computer-Tomografie** erzeugt Schnittbilder. Dazu ersetzt man den Röntgenfilm durch eine Zeile röntgenempfindlicher Detektoren → **B5**. Diese stehen der Röntgenröhre gegenüber und rotieren mit ihr um die Längsachse des Patienten. Dabei liefern sie fortlaufend zahllose Daten, die vom Computer in aufwändigen Verfahren zu einem *ebenen Schnittbild* verarbeitet werden → **B4**:

- Dieses 2D-Schnitt-Bild ist 2-dimensional, es setzt sich aus z. B. 1024^2 Pixeln zusammen → **B6a**.
- Jeder Pixel ist einer etwa 1 mm³ großen Körperstelle zugeordnet, die Ortsauflösung beträgt 1 mm³. Zu jedem Pixel registriert der Computer nur die Elektronendichte ρ_{El} dieser Körperstelle, als Zahl kodiert.
- Knochenschatten sind wegen der Rundumdrehung entfallen, nicht nur verwischt wie bei → **B3**.

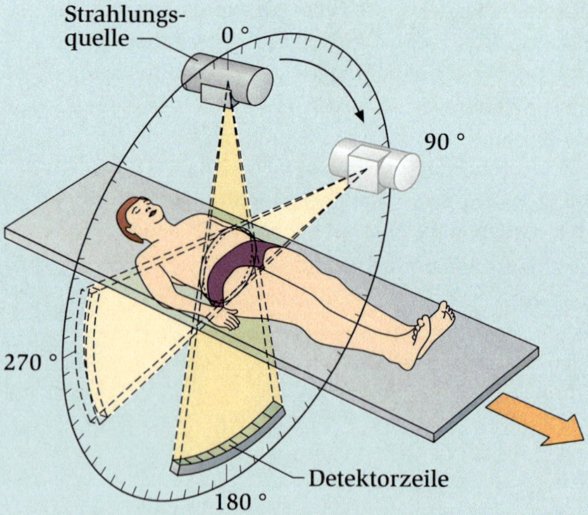

B5 Eine Rotation von Röhre und Detektorzeile erzeugt ein 2D-CT-Schnittbild von einer Schicht. – Bei der 3D-CT wird der Patient während vieler Rotationen langsam in Längsrichtung verschoben. So erhält man von ihm viele nebeneinander liegende Schichtbilder.

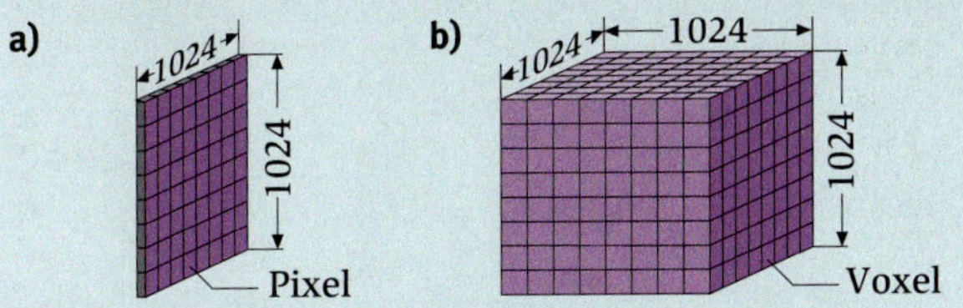

B6 **a)** Flächige 2D-Matrix; jeder Pixel enthält nur die Elektronendichte ρ_{El} einer Körperstelle als Zahl kodiert. **b)** 3D-Matrix mit z. B. 1024^3 Voxeln.

d) 3D-CT: Verschiebt man den Patienten → **B5**, so entsteht aus den *Pixeln* der 2D-Matrizen eine 3-dimensionale Matrix aus 1024^3 Voxeln → **B6b**. Daraus ruft der Arzt die Bilder der 3D-CT ab.

e) Auswertung: Alle Bilder der 3D-CT existieren im Computer nur virtuell, als 3-dimensionale Zahlenmatrix. Davon ruft der Arzt beliebig liegende, flächenhafte oder räumliche Bilder ab. Ihre Graustufen geben ein Abbild der Elektronendichte ρ_{El} im Körper. Interessierende Gewebsstrukturen (Blutgefäße, Nerven, Tumore) zeigen eine charakteristische Ausprägung. Raffinierte Computerprogramme schälen die gewünschte markante Struktur heraus, indem sie die Umgebung „wegradieren". Der Arzt kann dabei dem Computer nachhelfen, um gewünschte Konturen möglichst exakt zu präparieren und hervorzuheben. → **B1** und → **B7** zeigen 3D-CT-Aufnahmen.

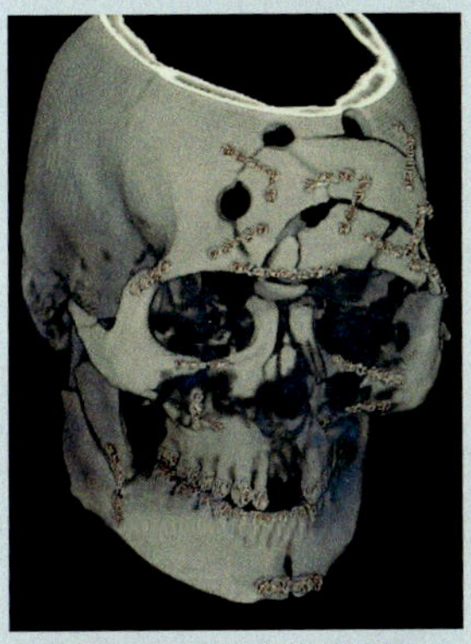

B7 Schädel, 3D-CT-Bild

B. Ultraschall-Tomografie

Der Schallkopf von → **B8** enthält 256 Piezoquarze längs des roten Pfeils. Nacheinander erzeugen sie je Sekunde ca. 1000 gebündelte Ultraschallsignale der Frequenz $f \approx 5$ MHz von 1 µs Dauer ($\lambda = 0{,}3$ mm). Im Körper werden sie an Inhomogenitäten mit unterschiedlicher Intensität reflektiert, z. B. an der Leberoberfläche. Zwischen zwei Emissionssignalen nimmt jeder Quarz die Reflexionen auf. Wegen der verschiedenen Körpertiefen sind sie zeitversetzt. Daraus erzeugt der Computer eine horizontale Tomogramm-Zeile. Diese setzt er zu einem flächenhaften Bild zusammen, wenn man den Schallkopf quer zu seiner Längsrichtung verschiebt. Ultraschall überträgt auf das Gewebe Energieportionen von $\Delta W \approx 10^{-9}$ eV; er ionisiert im Gegensatz zu Röntgenquanten mit $\Delta W \approx 10^5$ eV nicht. Also ist er ungefährlich.

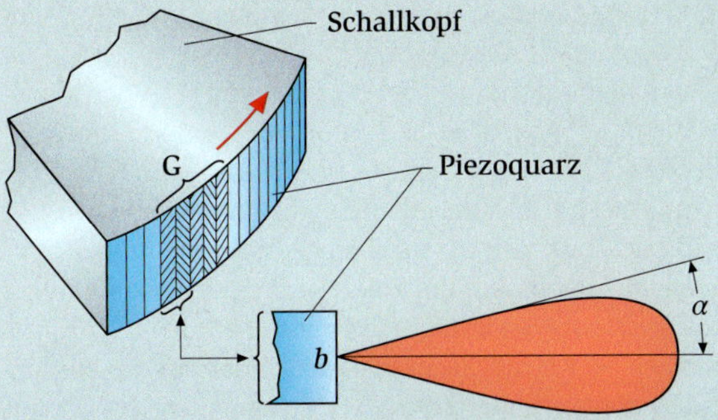

B8 *links:* Schallkopf mit nebeneinander liegenden Piezoquarzen, die in schneller Folge als Sender und Empfänger wirken. *rechts:* Durch Zusammenfügen mehrerer Quarze verkleinert man den Öffnungswinkel α der Signale, um die Ortsauflösung zu verbessern.

C. Positronen-Emissions-Tomograf (PET)

Röntgen- und Ultraschall-Tomografie zeigen Inhomogenitäten in der Gewebestruktur, z. B. an der Oberfläche der Leber. Dies geschieht unabhängig von den ablaufenden Lebensprozessen. Oft interessiert man sich aber für deren zeitlichen Ablauf, etwa nach Zugabe eines Medikaments.

Dann greift man zur *Positronen-Emissions-Tomografie* (PET). Man injiziert dem Patienten schwach radioaktive → **Positronenstrahler** kurzer Halbwertszeit von Elementen, die am Stoffwechsel aktiv teilnehmen (^{11}C, ^{15}O, ^{13}N, ^{18}F). Bei ihrem Zerfall entstehen Positronen (e^+), die durch Paarvernichtung mit einem Elektron (e^-) sofort zwei γ-Quanten bilden ($e^+ + e^- \rightarrow 2\gamma$). Diese verlassen den Körper in entgegengesetzten Richtungen und werden von zahlreichen → **Szintillationszählern** registriert, die ihn wie die Detektoren in → **B5** umkreisen. Die aus den Impulsen errechneten Voxelbilder zeigen dem Arzt den Weg der radioaktiv markierten Stoffe und damit Ort und Ablauf der Stoffwechselprozesse → **B9**. So zeigt sich z. B. bei der Alzheimer-Erkrankung ein verminderter Glucoseverbrauch.

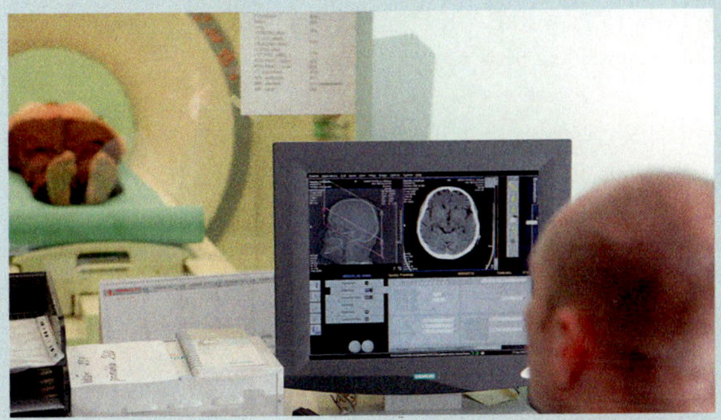

B9 PET-Untersuchung von Gehirnfunktionen

D. Kernspin-(Magnetresonanz-)Tomografie

a) Physikalisches Prinzip: Dieses aufwändige Verfahren zeigt feine Unterschiede in wasserstoffhaltigen Körpergeweben. Es spricht nämlich nur auf die Kerne von Wasserstoffatomen (H) an (Röntgenstrahlen dagegen auf alle Atome). H-Kerne haben einen Spin. Dieser **Kernspin** ist wie bei Elektronen ein magnetischer Dipol, der auf Magnetfelder mit kreiselnder Bewegung reagiert und dabei eine messbare Spannung induzieren kann:

- Nach → **B1** schiebt man den Patienten in das starke, horizontale, homogene B_1-Feld (um 3 Tesla). B_1 wird von starken Strömen in den supraleitenden Spulen (S_1) erzeugt (in flüssigem Helium bei −269 °C). B_1 richtet die zunächst ungeordneten Kernspins in Längsrichtung des Körpers aus.
- In weiteren Spulen (S_2) werden dann in kurzen Pulsen $B_2(t)$-Wechselfelder erzeugt → **B2a**. Analog zur Resonanzfluoreszenz von Natriumatomen regen diese $B_2(t)$-Felder die Kernspins nur bei einer Resonanzfrequenz f_{Res} an. Sie ist proportional zum B-Feld am Ort des Kernspins. Bei $B = 3$ T ist $f_{Res} = 128$ MHz, liegt also im gesundheitlich ungefährlichen UKW-Bereich.

Die so angeregten magnetischen Dipole der Kernspins induzieren eine Wechselspannung $U(t)$ in den S_2-Spulen → **B2b**. Diese stellt man in den Sendepausen auf Empfang um. Was entnimmt man $U(t)$?

- Der Arzt kann die Bildschirmanzeige auf die *Amplitude* U_{max} von $U(t)$ einstellen. U_{max} steigt mit der Dichte der angeregten Spins der Wasserstoff-Kerne. Diese sind in gesundem Fettgewebe und in weißer Hirnsubstanz stärker konzentriert und geben ein helleres Bild als Geschwüre und graue Hirnsubstanz.
- Nach → **B2b** klingt $U(t)$ in der Zeit T (ca. 200 ms) ab, da die Kernspins der H-Atome z. B. durch magnetische Dipole der umgebenden Materie in Unordnung geraten. $U(t)$ klingt in Muskeln und Knochen schneller ab, in Fettgeweben, Entzündungsherden und Tumoren langsamer. Stellt also der Arzt das Bild auf die *Abklingzeit* T von $U(t)$ ein, dann erscheinen Muskeln dunkel, Tumore hell. Gerichtsmediziner interessieren sich für Blutergüsse: Frische Ergüsse erscheinen dunkel, ältere hell.

b) Bilderzeugung: Um diese $U(t)$-Signale den jeweiligen Orten im Körper zuzuordnen, überlagert man dem *homogenen* B_1-Feld durch weitere S_3-Spulen vom Ort abhängige B_3-Gradienten-Felder → **B1**. So wird das resultierende B-Feld und damit die ihm proportionale Resonanzfrequenz der $U(t)$-Signale ortsabhängig. Daraus erzeugt der Computer in komplizierten Rechenverfahren Bilder mit einer Ortsauflösung von ca. 1 mm, eine wahre Meisterleistung → **B3**.

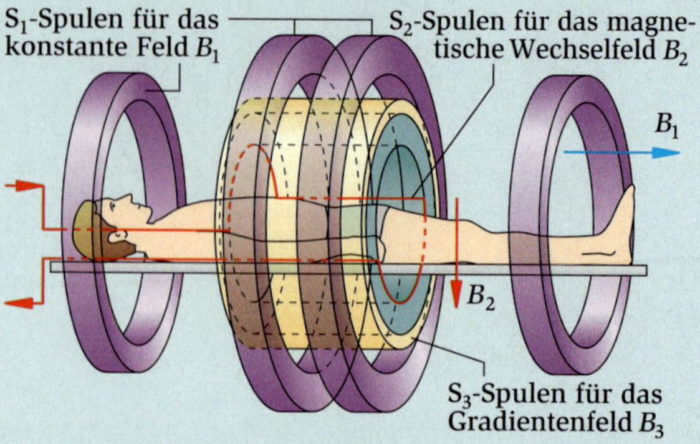

B1 Patient im Kernspintomografen: $\vec{B}_1$ zeigt nach rechts, $\vec{B}_2$ quer dazu nach unten. Das Gradientenfeld $\vec{B}_3$ steigt z. B. vom Fuß zum Kopf etwas an, macht also die resultierende Feldstärke $\vec{B}$ und damit die Frequenz f_{Res} der Signale ortsabhängig. $U(t)$ wird in den S_2-Spulen registriert. Daraus erstellt der Computer eine dreidimensionale Voxel-Matrix. Diese gibt die Verteilung der Wasserstoffatome im Körper an.

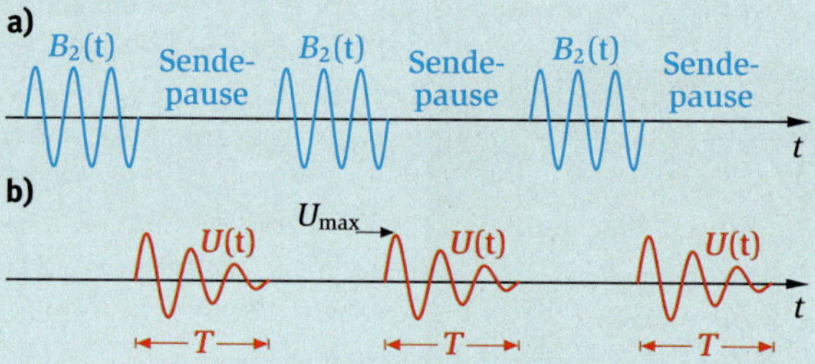

B2 **a)** Kurze Sendesignale $B_2(t)$. Sie regen die magnetischen Dipole der Kernspins zu Kreiselbewegungen an. **b)** Die Kernspins antworten in den Sendepausen mit der Induktionsspannung $U(t)$. Amplitude U_{max} wie Abklingzeit T der $U(t)$-Signale geben Aufschluss über das Gewebe.

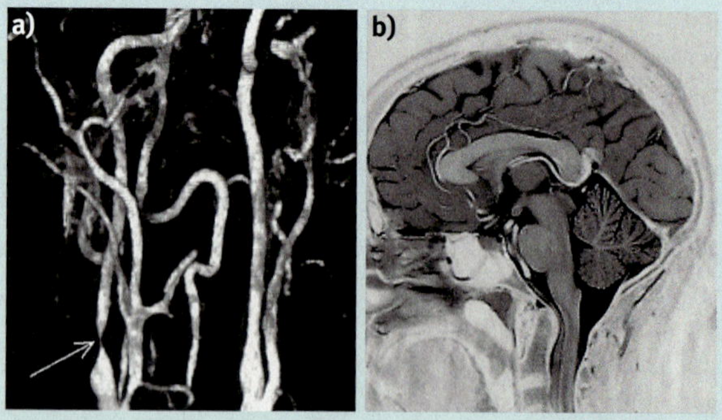

B3 **a)** Gefäßverengung in einer Halsschlagader; das umgebende Gewebe hat der Computer „wegradiert"! **b)** Gehirn, vom Computer unblutig freigelegt. – Die Bildaufnahmezeit kann heute auf 0,1 s gesenkt werden, um sogar schlagende Herzen zu untersuchen oder den Arzt während der Operation zu unterstützen.

E. Laser in der Medizin

Laserlicht wird in der Medizin vielfältig benutzt, sowohl zur Vorbeugung als auch zur Diagnostik und Therapie. Mit Laserlicht führt man Energie sauber, konzentriert und gezielt auch in tief liegende Körperregionen ein, etwa durch dünne Glasfasern. Exakte Berechnungen von Intensität und Dauer sind bei der hohen Energie von Laserlicht nötig.

a) In der *Thermotherapie* werden gut- wie bösartige Anomalien mit Infrarot-Lasern ($\lambda \approx 1000$ nm) in kurzer Zeit bei 45 °C bis 150 °C koaguliert, d.h. durch Blutgerinnung bzw. Zersetzung von Eiweißen verödet. Laserlicht schneidet Gewebe unblutig, da dieses bei über 300 °C koaguliert. So schweißt man mit Laserlicht Blutgefäßwände fadenlos zusammen. Laser bohren 1 mm dicke Löcher in Herzmuskel, um die Blutversorgung zu verbessern. Warzen und Tätowierungen lassen sich entfernen. Man versucht auch, Falten und Runzeln mit Laserlicht nachhaltig zu beseitigen.

b) In der *Augenheilkunde* verklebt man eine sich ablösende Netzhaut durch Koagulation wieder mit der Aderhaut durch winzige Brennflecke. Durch Abtragen winziger Hornhautlamellen mit UV-Lasern wird starke Kurzsichtigkeit behoben. Mit Laser brennt man Kanäle zum Abfluss des Kammerwassers, was den Augendruck absenkt und damit dem Grünen Star vorbeugt. Kleine Augentumore werden mit Laserlicht zerstört.

c) *Laserpulse* sehr hoher Leistung ($P = 10^5$ W während 1 μs mit 0,1 J Energie) werden durch dünne Lichtleiter an Nieren- und Gallensteine geführt. Sie erhitzen deren Oberfläche so schnell, dass sich ein *Plasma* bildet, ein Gas aus geladenen Teilchen. Es zertrümmert durch Stoßwellen und mithilfe energiegeladener Bläschen den Stein. Laserpulse von 100 ns Dauer öffnen durch Thrombose verschlossene Blutgefäße wieder. Kräftige Laserstrahlen schneiden sogar Knochen. Laserlicht kann den Zahnbohrer ersetzen.

d) Mit Laserlicht kann man mittels → **Dopplereffekt** nicht nur die Geschwindigkeit vom Wind, von Flammen und Auspuffgasen messen, sondern auch die des Blutes in den Adern, selbst in der Netzhaut des Auges.

e) Tumorverdächtigem Gewebe lagert man Farbstoffe an, die ein charakteristisches *Fluoreszenzlicht* abgeben, wenn man sie mit Laserlicht geeigneter Wellenlänge beleuchtet. So lässt sich ein Tumorverdacht widerlegen oder ein erkannter Tumor behandeln. Auch rheumatische Gelenkerkrankungen und Osteoporose (Schwund des Knochengewebes) sind erkennbar.

F. Strahlentherapie

Schnell wucherndes und deshalb empfindliches Gewebe in Tumoren wird durch Strahlung intensiv ionisiert und so stärker geschädigt als die gesunde Umgebung. Leider schädigen Röntgenstrahlen auch das gesunde Gewebe vor dem zu bestrahlenden Tumor, in → **B4a** erkennbar an der roten Tönung. Deshalb bestrahlt man heute oft mit *schnellen Ionen*, etwa mit Protonen. Vor dem Tumor sind sie noch zu schnell und ionisieren dort wegen ihrer kurzen Verweilzeit nur schwach. Am Tumor werden sie langsamer und erzeugen die große, zu dessen Zerstörung nötige Ionisierungsdichte → **B4b**. Da sie dabei weitgehend absorbiert werden, bleibt z.B. das dahinter liegende, empfindliche Rückenmark unbestrahlt (exakte Intensitätsberechnungen sind wichtig).
Selbst Tumore im Augeninnern werden so fast punktgenau zerstört. Allerdings muss man die Ionen vor Ort in großen und teuren Teilchenbeschleunigern erzeugen. So hält die kostspielige Hochenergiephysik Einzug in Großkliniken.

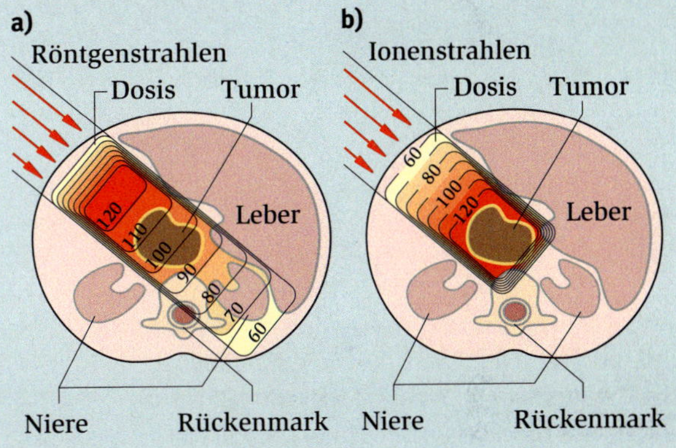

B4 Absorption von **a)** Röntgen-, **b)** Ionenstrahlen im Umfeld eines Tumors (schwarz). Zahlen geben die Dichte der das Gewebe schädigenden Ionisierung an.

G. Ultraviolett (UV) und Sonnenbrand

Ein Teil der Sonnenenergie besteht aus UV-Licht. Es entwickelt im Körper Vitamin D gegen Rachitis.
UV-A (320 nm < λ < 400 nm) bräunt für wenige Stunden.
UV-B (280 nm < λ < 320 nm) führt zu lang anhaltendem Sonnenbrand. Die dabei erzeugten UV-absorbierenden *Melanin-Körner* bräunen die Haut und schützen so vor weiterer UV-Einwirkung. Zu starke Strahlung schädigt die Zellen und kann zu Hautkrebs führen. *UV-B* wird von Lichtschutzmitteln absorbiert.
UV-C (200 nm < λ < 280 nm) wird von der Ozonschicht der hohen Atmosphäre absorbiert. Im Frühjahr ist diese Schicht noch dünn, die Sonnenbrandgefahr groß. Bei 1000 m Höhenzunahme steigt der UV-Anteil um 15 %.

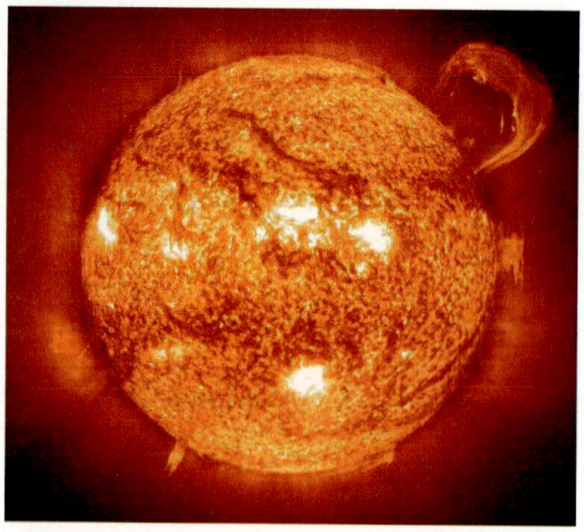

B1 Unsere Sonne ist ein gigantisches Kraftwerk. In ihrem Innern wird Energie freigesetzt, die sie dann in den Weltraum abstrahlt. Riesige Gasausbrüche (Protuberanzen) und das ständige Auf- und Absteigen großer Flächen (Granulation) deuten auf die enormen Energiefreisetzungen hin.

V1 Man nähert die Lampe (60 W) so weit an, bis sich beide Wangen der Testperson von Sonne und Lampe gleich stark erhitzt fühlen. Nun misst man die Entfernung *s* der Glühwendel bis zur Wange. Wiederholt man diese Messung mit einigen Testpersonen, so erhält man als Mittelwert für *s* etwa 10,5 cm.

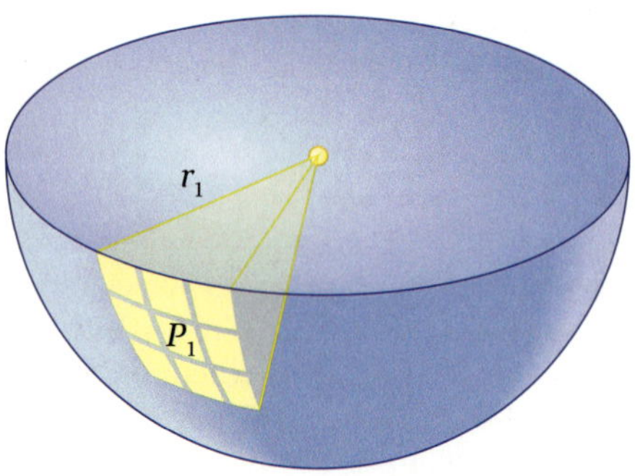

B2 Die Strahlung einer punktförmigen Quelle verteilt die Energie gleichmäßig in alle Raumrichtungen. Die Leistungsdichte ist auf einer Kugeloberfläche konstant.

1. Die Sonne als Energielieferant

Unsere unmittelbare Umgebung im Weltall ist das Planetensystem mit der Sonne im Zentrum. Die hält aufgrund der Gravitation nicht nur die Planeten auf ihrer Bahn, sie versorgt sie auch mit Energie → **B1**. Dies gilt insbesondere auch für die Erde. Ob wir fossile Energieträger (Öl, Kohle) oder Holz verbrennen, Pflanzen haben beim Wachstum Sonnenlicht aufgenommen. Windräder oder Wasserkraftwerke nutzen letzten Endes ebenfalls Sonnenergie, denn unterschiedlich starke Sonneneinstrahlungen lassen Winde entstehen bzw. Wasser verdampfen, das dann in Wolken kondensiert und in höheren Regionen abregnet. In Solaranlagen, Sonnenkollektoren und Gewächshäusern nutzen wir direkt die Sonnenenergie. Kernkraftwerke und Kraftwerke die Erdwärme nutzen, verwenden nicht die Sonne als Energiequelle.

Die elektromagnetische Strahlung transportiert Energie zur Erde. Wir spüren dies täglich. Ein Vergleich mit der Energieabstrahlung eine Glühlampe → **V1** liefert eine grobe Abschätzung für die Strahlungsleistung der Sonne. Die Glühlampe erzeugt in einer Entfernung von 10,5 cm die gleiche Wirkung wie die Sonne aus einer Entfernung von $1{,}496 \cdot 10^{11}$ m. (= 1 AE „astronomische Einheit", die mittlere Entfernung Erde–Sonne). Die Strahlung verteilt sich gleichmäßig auf eine Kugeloberfläche → **B2**. Die Leistungsdichte ist auf beiden Wangen gleich groß: $P_1/A_1 = P_2/A_2$.
Also ist $P_1 = P_2 \cdot 4\pi r_1^2/(4\pi r_2^2)$. Mit $r_1 = 1$ AE, $r_2 = 10{,}5$ cm und $P_2 = 60$ W ergibt sich $P_1 = 1{,}2 \cdot 10^{26}$ W.

Den exakten Wert für die Strahlungsleistung der Sonne erhält man mithilfe eines sogenannten Pyrheliometers. Es besteht aus einem Metallblock, dessen eine Seite geschwärzt ist. Sie wird von der Sonne senkrecht bestrahlt. Aus dem Temperaturanstieg schließt man auf die eingestrahlte Energie. Auf diese Weise erhält man den Wert für die Energiemenge der Sonne, die pro Quadratmeter und Sekunde auf der Erde ankommt. Diese Größe heißt **Solarkonstante S_E**. Um den Einfluss der Erdatmosphäre auszublenden, hat man S_E auch mit Raketen und Satelliten gemessen. Ihr Wert beträgt $S_E = 1{,}37\ \text{kW/m}^2$.

Die Sonne strahlt natürlich nicht nur auf die Erde, sondern allseitig. Die gesamte Strahlungsleistung der Sonne berechnet sich als Produkt der Solarkonstanten und der Oberfläche einer Kugel um die Sonne mit dem Erdbahnradius $R = 1$ AE $= 1{,}496 \cdot 10^{11}$ m. Daraus ergibt sich für die Strahlungsleistung *P* der Sonne, auch Leuchtkraft *L* genannt: $P = L = 4\pi R^2 S_E = 3{,}85 \cdot 10^{26}$ W.

Merksatz

Die Leuchtkraft *L* (Strahlungsleistung) der Sonne beträgt $L = 3{,}85 \cdot 10^{26}$ W. Sie gibt die Leistung an, die die Sonne in das Weltall abstrahlt.

2. Historische Deutungsversuche

Wie ist es möglich, dass die Sonne eine dermaßen große Menge Energie abstahlen kann? In welcher Form ist diese Energie in der Sonne gespeichert? Die Klärung dieser Fragen hat zu einer Vorstellung vom Sonnenaufbau geführt.

a) Der historisch erste Versuch, die Energiefreisetzung der Sonne zu erklären, beruhte auf der Annahme, dass auf der Sonne eine *gewöhnliche Verbrennung* stattfindet. Eine einfache Überlegung zeigt jedoch, dass dies unmöglich sein kann. Wir nehmen dazu an, dass die Sonne komplett aus Kohle besteht. Bekannt ist, dass die Verbrennung von 1 kg Kohle etwa 30 MJ Energie freisetzt. D.h. pro Sekunde müssten auf der Sonne $3{,}8 \cdot 10^{26}$ J/s · 1 s/($3 \cdot 10^7$ J/kg) = $1{,}3 \cdot 10^{19}$ kg Kohle verbrannt werden. Aus Kenntnis der Sonnenmasse (berechnet aus Gravitationsgesetz und Erdbahnradius) lässt sich abschätzen, nach welcher Zeit der Kohlevorrat aufgebraucht wäre: $t = m_S/(1{,}3 \cdot 10^{19}\ \text{kg/s}) = 1{,}54 \cdot 10^{11}\ \text{s} \approx$ 4900 a. Die Sonne strahlt aber bereits deutlich länger als 5000 Jahre, sodass der Ansatz falsch sein muss. Hinzu kommt, dass bei der Rechnung der für die Verbrennung benötigte Sauerstoff unberücksichtigt blieb.

b) Ein zweiter Erklärungsversuch geht auf HELMHOLTZ (um 1870) zurück. Bei der Entstehung der Sonne wurde ihre gesamte Materie aus sehr großer Entfernung von der Gravitationskraft zusammengezogen. Dabei wurde Energie frei, die nach der Vorstellung von HELMHOLTZ im Laufe der Zeit von der Sonne abgestrahlt wird. Eine Abschätzung dieser *Gravitationsenergie* → **Vertiefung** liefert größenordnungsmäßig den Wert $3{,}84 \cdot 10^{41}$ J.

Da die Sonne jedoch je Sekunde $3{,}8 \cdot 10^{26}$ J Energie abstrahlt, hatte sie unter diesen Bedingungen lediglich eine Lebensdauer von 10^{15} s = 32 Mio. Jahre. Wir wissen aber aus radiologischen Untersuchungen, dass die Erde über 4 Mrd. Jahre alt ist, und das Sonnenalter eher größer sein muss. Damit hat sich die These von HELMHOLTZ ebenfalls als falsch erwiesen.

Die Überlegungen von HELMHOLTZ sind dennoch von Bedeutung. Jeder Himmelskörper ist durch eine Ansammlung von Staub und kleinsten Brocken unter der Gravitationswirkung entstanden. Dabei wurde immer die nach obiger Formel zu berechnende Gravitationsenergie frei in Form von innerer Energie. Jeder Planet oder Mond war also bei seiner Entstehung ein heißer Körper. Über die Oberfläche haben sie dann im Laufe der Jahrmilliarden Energie abgestrahlt. Einige dieser Himmelskörper besitzen bis heute einen heißen Kern wie etwa unser Planet Erde. Durch radioaktive Zerfälle in der Erdkruste wird allerdings die innere Energie immer wieder erhöht, dies verhinderte eine stärkere Abkühlung des Erdkerns.

c) Erst die Physik des 20. Jahrhunderts lieferte die Theorien mit deren Hilfe die Energieumwandlungen auf der Sonne erklärbar werden. So sind heute alle Physikerinnen und Physiker davon überzeugt, dass die Sonne die Energie durch Kernfusion freisetzt. Kernfusion kann aber nur unter ganz extremen Bedingungen im großen Stil ablaufen.

Im folgenden Kapitel wollen wir uns mit den Voraussetzungen befassen, die auf der Sonne – besser im Sonneninnern – herrschen, damit diese Art der Energiegewinnung überhaupt möglich ist.

Vertiefung

Abschätzen der Gravitationsenergie

Zwei Teilchen der Massen m und M ziehen sich an. Der Ausgangsabstand sei R_1, der Endabstand R_2. Dabei wird die Energie W frei:

$$W = \int_{R_2}^{R_1} F\,dr = \int_{R_2}^{R_1} \gamma \frac{mM}{r^2}\,dr$$

$$= -\gamma m M\left(\frac{1}{R_1} - \frac{1}{R_2}\right)$$

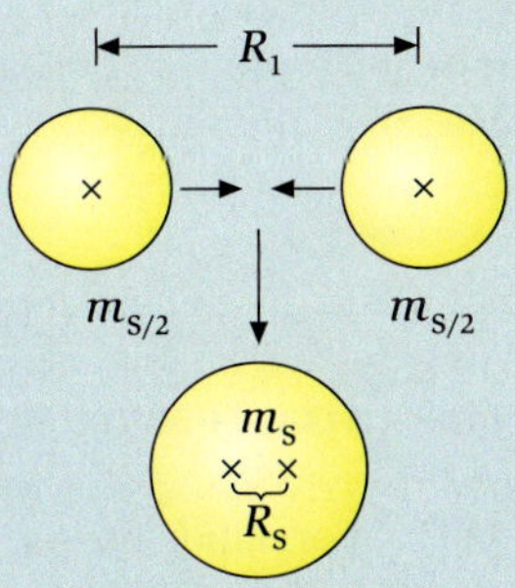

Für eine Abschätzung dieser Gravitationsenergie machen wir die vereinfachende Annahme, dass sich zwei Sonnenhälften aus sehr großer Entfernung anziehen und zu einer Kugel verschmelzen. Setzen wir $m = M = m_S/2$ und $R_2 = R_S$ und nehmen wir an, dass $R_1 \gg R_S$ ist, so folgt für unsere grobe Abschätzung:

$$W = \gamma m_S^2/(4R_S).$$

Tatsächlich verwendet man für die bei der Sonnenentstehung freigewordene Gravitationsenergie die Gleichung $W \approx \gamma m_S^2/R_S$. Aus den bekannten Werten für m_S und R_S ergibt sich dann für den Betrag der Gravitationsenergie etwa $3{,}84 \cdot 10^{41}$ J.

A1 Die Solarkonstante auf der Erde beträgt 1,37 kW/m². Brechnen Sie die Konstante für Merkur, Mond und Pluto.

A2 Nach EINSTEINS $W = mc^2$ verliert die Sonne durch Energieabstrahlung auch Masse. Berechnen Sie die Größe des Massenverlusts der Sonne pro Sekunde und Jahr. Angenommen die Sonne strahle bereits 3 Mrd. Jahre mit der gleichen Intensität. Vergleichen Sie die Sonnenmasse vor 3 Mrd. Jahren mit der von heute.

A3 Auf dem Mars soll eine bemannte Station aufgebaut werden. Schätzen Sie den Flächeninhalt von Solarzellen ab, damit diese die Station mit 0,5 W versorgen könnten. (Beachten Sie den Wirkungsgrad von Solarzellen, der Einfluss der Marsatmosphäre kann vernachlässigt werden.)

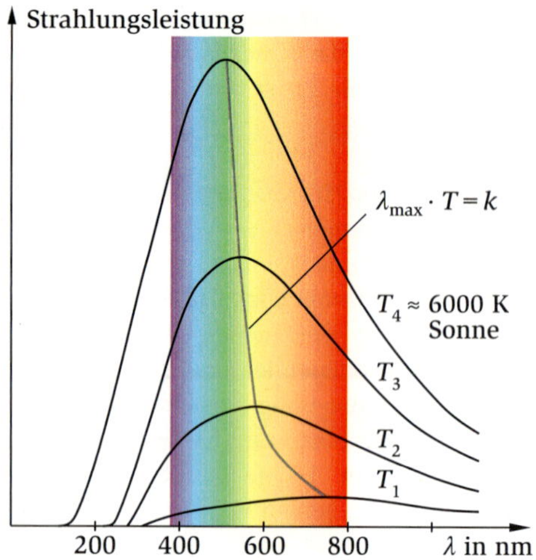

B1 Wien'sches Verschiebungsgesetz

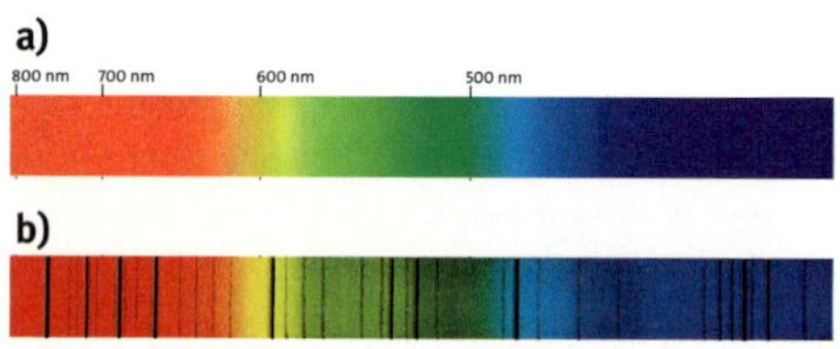

B2 **a)** kontinuierliches Spektrum, **b)** Ausschnitt aus dem kontinuierlichen Sonnenspektrum mit Fraunhoferlinien

Ordnungszahl	Element	Relativer Massenanteil
1	H	74,0 %
2	He	24,0 %
6	C	0,5 %
7	N	0,1 %
8	O	1,2 %
10	Ne	0,2 %
11	Na	0,005 %
14	Si	0,1 %
16	S	0,05 %
26	Fe	0,1 %

T1 Relative Häufigkeit der Atome

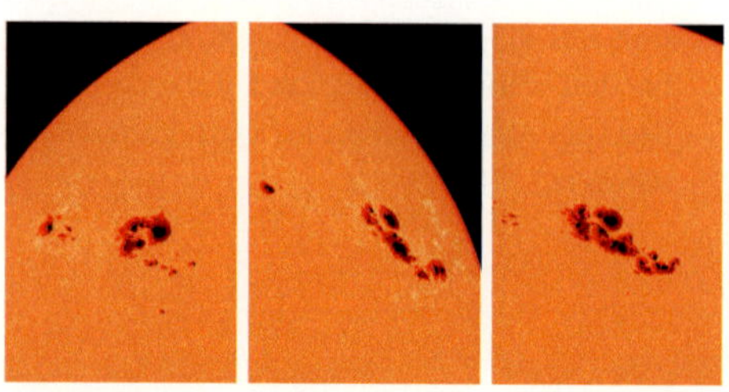

B3 Bilder von Sonnenflecken im Abstand von jeweils drei Tagen.

3. Oberflächentemperatur der Sonne

Man kann die Oberflächentemperatur der Sonne nicht mit einem üblichen Thermometer messen, wohl aber über indirekte Methoden berechnen. Wir alle haben schon einmal beobachtet, dass ein glühender Nagel je nach seiner Temperatur in einer anderen Farbe leuchtet. Er leuchtet zunächst dunkelrot, dann wird er hellrot, dann weiß und bei noch höherer Temperatur bläulich. Der genaue Temperatur-Farbzusammenhang hängt von vielen Faktoren des erhitzten Körpers ab. Theoretisch bekannt ist der Zusammenhang beim sogenannten „schwarzen Strahler". Das ist ein Körper, der selbst so schwarz ist, dass er alle ankommende elektromagnetische Strahlung absorbiert. Erhitzt man ihn, so leuchtet er selbst so ähnlich wie der oben erwähnte Nagel. → B1 zeigt die Wellenlängenabhängigkeit der ausgesandten Strahlung in Abhängigkeit von der Temperatur T. Nach dem Wien'schen Verschiebungsgesetz gilt für die Wellenlänge λ_{max} mit maximaler Intensität: $\lambda_{max} \cdot T = 2{,}9 \cdot 10^{-3}$ m K (konstant). Messungen für das Sonnenlicht ergeben $\lambda_{max} = 475$ nm, sodass sich daraus eine Temperatur von $T = 6100$ K berechnen lässt.

Eine alternative Methode zur Bestimmung der Oberflächentemperatur der Sonne beruht auf dem Gesetz von Stefan BOLTZMANN. Es beschreibt den Zusammenhang zwischen der Temperatur T einer wie ein schwarzer Körper strahlenden Kugel mit Radius R und der von ihr abgestrahlten Leistung P. Es gilt:

$$P = \sigma \cdot 4\pi R^2 \cdot T^4 \quad \text{mit } \sigma = 5{,}67 \cdot 10^{-8}\ \text{W}/(\text{m}^2\text{K}^4).$$

Setzen wir für P die Leuchtkraft der Sonne und für R ihren Radius, so erhalten wir für die Temperatur der Sonne $T = 5770$ K.

Wir erkennen, dass beide Temperaturwerte voneinander abweichen. Messungenauigkeiten z. B. bei λ_{max} allein können dies nicht erklären. Offenbar ist die Sonne kein exakter schwarzer Körper. Beide Verfahren sind jedoch messtechnisch voneinander unabhängig, sodass man davon ausgehen kann, dass die Größenordnung der Messung stimmt.

Merksatz

Die Oberflächentemperatur der Sonne beträgt ca. 6000 K.

4. Chemische Zusammensetzung der äußeren Schichten

Auch Informationen über die Bestandteile der strahlenden Sonnenoberfläche kann man aus dem ankommenden Licht ermitteln. Das kontinuierliche Spektrum des Sonnenlichts (→ B2 zeigt einen Ausschnitt) ist von über 25 000 dunklen starken oder schwächeren Absorptionslinien durchsetzt. Sie sind nach FRAUNHOFER benannt. Bestimmt man die Wellenlängen der **Fraunhoferlinien** und vergleicht sie mit den Linienspektren von Atomen, so kann man daraus auf die chemische Zusammensetzung der Sonnenatmosphäre schließen. Die Stärke der Absorptionslinie allein ist noch nicht ein Maß für die relative Häufigkeit einer Atomsorte. Auch Druck, Temperatur und Ionisierungsgrad der größtenteils ionisierten Atome in den unterschiedlichen Schichten der Sonnenatmosphäre müssen berücksichtigt werden. → T1 zeigt eine quantitative Analyse. Wasserstoff ist mit Abstand das häufigste Element mit etwa 3/4. Der Rest besteht quasi aus Helium.

Die entscheidende Energieumwandlung geschieht aber nicht in der Atmosphäre, sondern im Sonneninnern. Woraus besteht also das Sonneninnere? Dass die Sonne kein Festkörper ist, weiß man z. B. aus der Beobachtung von Sonnenflecken ➜ B3. Das sind dunkle Stellen auf der Sonne, die ohne Ankündigung auf der Sonnenoberfläche auftauchen und nach Tagen oder auch mehreren Wochen wieder verschwinden. Sie wandern von links nach rechts über die Sonne, verschwinden am rechten Sonnenrand um Tage später wieder links aufzutauchen. Ursache ist die Rotation der Sonne um ihre eigene Achse. Allerdings rotieren Sonnenflecken in Sonnenäquatornähe in kürzerer Zeit als in Polnähe. Die Sonne kann also kein fester Körper sein, ihre Rotationsdauer am Äquator beträgt 25 Tage, an den Polen 37 Tage. Die mittlere Dichte der Sonne, die sich aus Sonnenmasse und ihrem Volumen berechnen lässt, beträgt 1,4 g/cm^3 – zum Vergleich: Erdkugel 5,5 g/cm^3. Daraus ist ebenfalls ersichtlich, dass die Sonne aus leichterem Material als die Erde bestehen muss. Man nimmt daher an, dass die Sonne auch in ihrem Innern aus den gleichen Stoffen besteht wie ihre Atmosphäre. Wasserstoff und Helium werden aufgrund der Gravitation stark zusammengepresst. Wegen der hohen Temperatur sind die Atome ionisiert, d. h. das Sonneninnere besteht aus einem Gemisch aus Ionen und Elektronen. Man nennt diesen Zustand ein Plasma.

Merksatz

Die Sonne besteht im Wesentlichen aus Wasserstoff (74 %) und Helium (24 %).

5. Mittlerer Druck im Sonneninnern – Abschätzung

Nach unserer Modellvorstellung vom Sonneninnern gibt es mit dem großen Anteil von Wasserstoff genügend Fusionsmaterial für Kernfusion. Damit diese zünden kann, muss allerdings ein sehr hoher Druck bei extrem hoher Temperatur herrschen. Eine einfache Abschätzung für den mittleren Druck erhält man durch folgende Vorstellung:

Beide Sonnenhälften werden durch die Gravitation zusammengepresst ➜ Vertiefung. Entlang der Berührungsflächen herrscht nach dieser Annahme der unvorstellbar große Druck von $9 \cdot 10^{13}$ Pa. Dieser ist also etwa eine Milliarde Mal so groß wie der Luftdruck auf der Erdoberfläche.

A1 Der Stern Wega leuchtet am intensivsten mit der (unsichtbaren) Wellenlänge 305 nm. Seine Leuchtkraft beträgt $1{,}9 \cdot 10^{28}$ W. Berechnen Sie daraus seine effektive Oberflächentemperatur und seinen Radius. Nehmen Sie an, dass der Stern sich wie ein schwarzer Körper verhält.

Praktikum

Fraunhoferlinien selbst beobachten

Achtung!!!

Es ist sehr gefährlich direkt in die Sonne zu schauen. Das Sonnenlicht ist so hell, dass es bereits nach Sekunden zu Schäden im Auge führen kann. Besonders gefährlich ist es, mit einem Fernglas ohne zugelassenen Filter in die Sonne zu schauen. Bereits nach dem Bruchteil einer Sekunde wäre das Auge geschädigt.

Folgender Freihandversuch ist völlig ungefährlich und gelingt auf Anhieb. Benötigt werden lediglich ein Geradsichtprisma und eine Nadel vor einer schwarzen Pappscheibe.

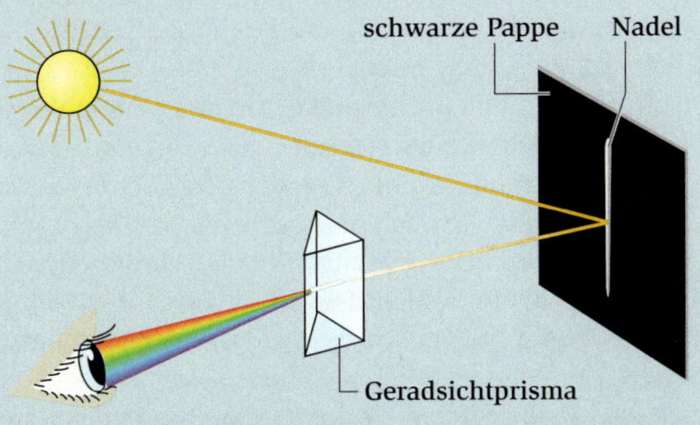

Man stellt sich mit dem Rücken zur Sonne und hält die Nadel so, dass sie das Sonnenlicht ins Auge reflektiert. Ein Prisma zwischen Auge und Nadel (brechende Kante parallel zur Nadel) erzeugt das Spektrum.

Vertiefung

Abschätzen des mittleren Drucks in der Sonne

Erzeugt wird der Druck durch die Gravitationskraft, die beide Hälften – als feste Körper gedacht – im Schwerpunktabstand r aufeinander ausüben:

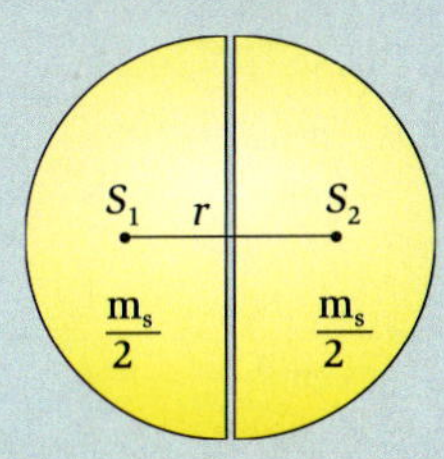

$$F = \gamma \frac{\frac{m_S}{2} \cdot \frac{m_S}{2}}{r^2} = \gamma \frac{m_S^2}{4 r^2}.$$

Wir setzen grob $r = R$ (Sonnenradius) und berechnen daraus den Druck

$$p = \frac{F}{A} = \frac{\gamma \frac{m_S^2}{4 R^2}}{4 \pi R^2} = 9 \cdot 10^{13} \text{ Pa}.$$

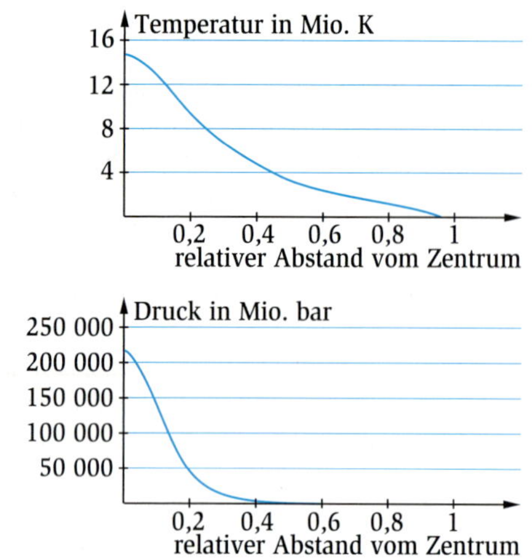

B1 Druckverlauf und den Temperaturverlauf im Sonneninnern

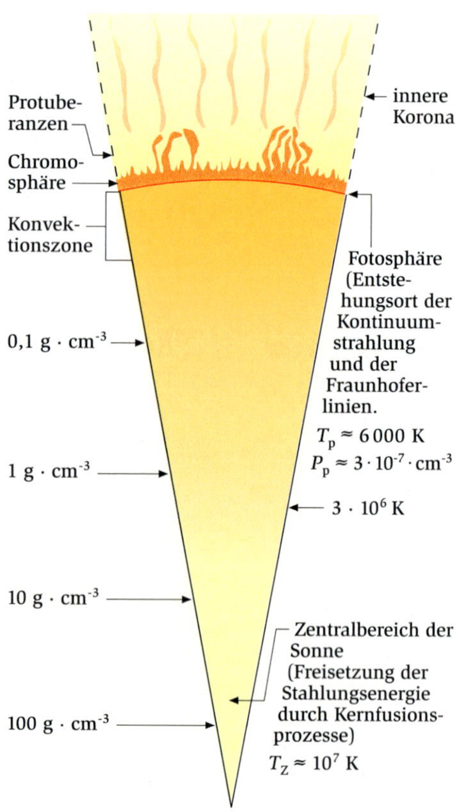

B2 Modellvorstellung vom Sonnenaufbau

5. Modellvorstellung vom Sonneninnern

Der bislang beschriebene mittlere Druck stellt nicht die wahren Verhältnisse im Sonneninnern dar, vielmehr zeigt er die unvorstellbar großen Zahlenwerte, die dort herrschen. Tatsächlich nimmt der Druck vom Sonnenrand zum Zentrum kontinuierlich zu. Ähnlich wie beim Luftdruck um die Erdkugel, wird der Druck im Sonneninnern durch das Gravitationsfeld verursacht.
Die Teilchen in der Sonne, im Wesentlichen Protonen, Heliumkerne und Elektronen, werden nur deshalb nicht aufeinandergequetscht, weil sie aufgrund ihrer hohen Temperatur eine heftige ungeordnete Bewegung ausführen. Die Temperatur im Sonneninnern muss dabei höher sein als am Sonnenrand und damit an ihrer Oberfläche. Gasteilchen, die sich vom Zentrum nach außen bewegen, gewinnen zwar potenzielle Energie im Gravitationsfeld, dies aber zu Lasten von Bewegungsenergie. Das entspricht einer geringeren Temperatur. Dem von außen nach innen ansteigenden Schweredruck hält der ebenfalls steigende Gasdruck aufgrund der thermischen Bewegung der Teilchen das Gleichgewicht.

Ausgehend von der bekannten Oberflächentemperatur der Sonne und einem Druck ähnlich unseres Atmosphärendrucks lässt sich nun scheibchenweise der Schweredruck, die Temperatur und die Dichte von außen nach innen berechnen. **→ B1** zeigt die Ergebnisse dieser Modellrechnungen, **→ B2** ein Modell vom Sonnenaufbau.

Merksatz

Modellrechnungen sagen für das Sonneninnere einen Druck von bis zu $3 \cdot 10^{11}$ bar und eine Temperatur von etwa 15 000 000 K voraus. □

6. Energiegewinnung der Sonne

Der extrem hohe Druck und die hohe Temperatur im Sonneninnern schaffen die Voraussetzungen für Kernfusion. Dabei wird Wasserstoff zu Helium fusioniert:

$$4\,{}^{1}_{1}\mathrm{H} \rightarrow {}^{4}_{2}\mathrm{He} + 3\gamma + 2e^{+} + 2\nu + 26{,}7\ \mathrm{MeV}$$

Die freigesetzte Energie berechnet sich aus dem Massendefekt. Die Fusion läuft jedoch nicht in einem Schritt ab, die elektrische Abstoßung verhindert dies. So beträgt die Höhe des Potenzialwalls für die Fusion zweier Protonen etwa 500 keV, ihre mittlere Bewegungsenergie ist aber selbst bei der hohen Temperatur von 15 Mio. K nur etwa 2 keV. Zwar haben einzelne Protonen aufgrund der hohen Temperatur sehr unterschiedlich große Bewegungsenergien, die Überwindung des Potenzialwalls ist jedoch nur mithilfe des Tunneleffekts zu erklären. Es ist aber völlig unwahrscheinlich, dass drei Protonen gleichzeitig tunneln. Die Fusion wird also in Stufen ablaufen. In den dreißiger Jahren des letzten Jahrhunderts haben BETHE und WEIZSÄCKER einen möglichen Zyklus theoretisch beschrieben, der es erlaubt, in mehreren Stufen Wasserstoff zu Helium zu fusionieren. Voraussetzung dafür ist aber, dass C-12 als Reaktionspartner vorhanden ist.

Man ist heute davon überzeugt, dass in vielen Fixsternen mit noch höherer Temperatur dieser Bethe-Weizsäcker-Zyklus abläuft – in der Sonne jedoch der sogenannte p-p-Zyklus. Er beginnt mit zwei Protonen:

(1) ${}^{1}_{1}H + {}^{1}_{1}H \rightarrow {}^{2}_{1}H + e^{+} + \nu$

(2) ${}^{2}_{1}H + {}^{1}_{1}H \rightarrow {}^{3}_{2}He + \gamma$

(3) ${}^{3}_{2}He + {}^{3}_{2}He \rightarrow {}^{4}_{2}He + 2\,{}^{1}_{1}H$

Der 3. Schritt läuft in der Sonne mit einer Wahrscheinlichkeit von 69 % ab. Mit 31 % die folgende Alternative:

(3) ${}^{3}_{2}He + {}^{4}_{2}He \rightarrow {}^{7}_{2}Be + \gamma$

(4) ${}^{7}_{4}Be + e^{-} \rightarrow {}^{7}_{3}Li + \nu$

(5) ${}^{7}_{3}Li + {}^{1}_{1}H \rightarrow 2\,{}^{4}_{2}He$

Summiert man die Reaktionsprodukte auf beiden Seiten der Gleichungen, so bleibt wie beim Bethe-Weizsäcker-Zyklus die Fusion von 4 H-1 Kernen zu einem He-4 Kern unter Aussendung von 2 Positronen, 2 Neutrinos und γ-Strahlung. Einen Teil der Energie tragen die Neutrinos weg, die fast ohne Wechselwirkung das Sonneninnere verlassen. Bleibt als Energiegewinn pro Zyklus etwa 26 MeV.

7. Lebensdauer der Sonne

Erklärt diese Modellvorstellung tatsächlich auch das Alter der Sonne? Pro Sekunde strahlt die Sonne eine Energie von $4{,}2 \cdot 10^{26}$ J ab, d. h. es müssen pro Sekunde 10^{38} Fusionszyklen ablaufen. Geht man davon aus, dass in der jungen Sonne im Innern der Wasserstoffanteil etwa bei 70 % lag (vergleichbar der Häufigkeit in der jetzigen Sonnenhülle), reicht der Protonenvorrat für etwa 70 Mrd. Jahre. Allerdings kann die Fusion wegen der notwendigen hohen Temperatur nur im Sonneninnern ablaufen, sodass etwa nur 10 % des Wasserstoffvorkommens zur Verfügung stehen. Damit verbleibt eine „Wasserstoffbrennzeit" von 7 Mrd. Jahren. Weil das Sonnensystem erst etwa 4 Mrd. Jahre alt ist, eine beruhigende Erkenntnis.

Merksatz

Die Sonne gewinnt ihre Energie durch Kernfusion im Sonneninnern. In mehreren Stufen verschmelzen vier Protonen zu einem Heliumkern unter Aussenden von zwei Positronen und zwei Neutrinos. Dabei wird bei jedem Zyklus etwa 26 MeV Energie frei.

Tatsächlich beruht diese Erkenntnis auf theoretischen Überlegungen und Modellrechnungen. Ein experimenteller Nachweis über die Abläufe im Sonneninnern blieb lange verborgen. Hinzu kommt die Tatsache, dass die Sonnenenergie, die wir heute auf der Erde empfangen, bereits vor über zehn Millionen Jahren erzeugt wurde und wir somit Information von den Vorgängen im Sonneninnern sehr verspätet erlangen → **Vertiefung**.

Schneller als die Energie erreichen uns allerdings die Neutrinos, die bei der Fusion freigesetzt werden. Da sie kaum mit Materie wechselwirken, erreichen sie uns fast mit Lichtgeschwindigkeit bereits wenige Minuten nach ihrer Freisetzung im Sonneninnern. Ende des letzten Jahrhunderts ist es gelungen, diese Sonneneutrinos auf der Erde nachzuweisen, allerdings in weit geringerer Zahl als zunächst erwartet. Für diese geringe Neutrinozahl hat man bereits eine theoretische Erklärung gefunden, die wiederum einer experimentellen Nachprüfung bedarf.

Vertiefung

Energietransport in der Sonne

Die Energie wird im Zentrum der Sonne erzeugt und am Sonnenrand abgestrahlt. Sie muss also durch das Sonneninnere transportiert werden. Dies kann dies auf drei mögliche Arten geschehen: Strahlung, Wärmeleitung oder Konvektion. Bei der **Wärmeleitung** in Gasen (bzw. Plasma) dringen schnelle Teilchen aus dem Raum höherer Energie in Räume niedriger Temperatur und erhöhen die Durchschnittstemperatur dort. Die elektrischen Anziehungskräfte zwischen Elektronen und Kernen sowie die hohe Dichte im Sonneninnern verhindern praktisch diesen Vorgang.
Konvektion setzt voraus, dass mit der Energie Materie strömt. Auch dies ist im Sonneninnern nicht möglich. Bleibt noch die **Strahlung**. Photonen treffen auf freie Elektronen und geben durch → **Compton-Effekt** Energie ab, sie ionisieren evtl. einzelne Atome oder erzeugen Bremsstrahlung. Dabei entstehen wieder neue Photonen mit z. T. anderer Flugrichtung. Diese Vorgänge verzögern den Energietransport enorm. Modellrechnungen zeigen, dass Photonen nach etwa 10 Mio. Jahren aus dem Sonnenzentrum bis in eine Tiefe von 150 000 km vorgedrungen sind. Dort herrschen andere Bedingungen als im Zentrum. Druck, Dichte und Temperatur sind geringer, sodass es dort kein reines Plasma mehr gibt, sondern einen hohen Anteil an Atomen. Photonen werden in der Elektronenhülle absorbiert, sodass die Strahlung nicht mehr dominiert. Hier ist aber Konvektion möglich. Gasatome bilden große Gaspakete, die als heiße Masse aufsteigen, an der Sonnenoberfläche abkühlen und wieder absinken. Beim Aufsteigen gelangen die Gaspakete in Gebiete geringeren Drucks, dehnen sich dabei aus, ihre Dichte wird dadurch kleiner als die der kälteren Gaspakete ihrer Umgebung. Der Konvektionsprozess wird an der Sonnenoberfläche durch die Granulation sichtbar → **B3**.

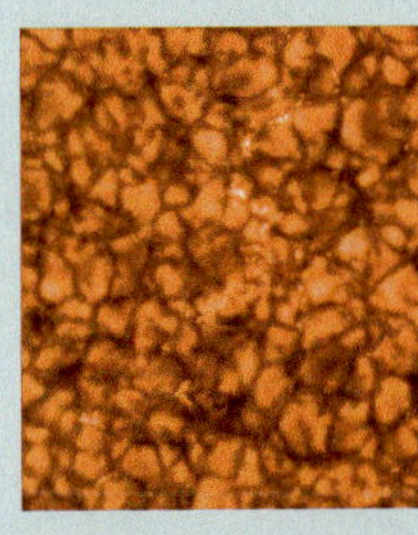

B3 Granulation auf der Sonnenoberfläche

1. Sterne unterscheiden sich in Helligkeit und Farbe

B1 Ausschnitt aus dem Sternbild Orion

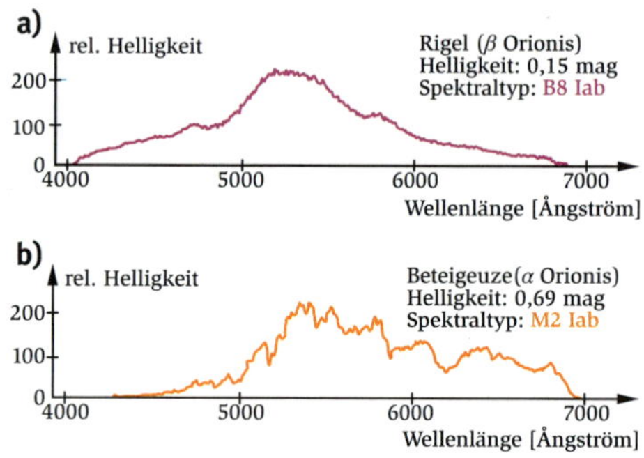

B2 Spektren zweier Sterne **a)** Rigel und **b)** Beteigeuze im sichtbaren Bereich.

Ein Blick zum Sternenhimmel in einer wolkenlosen Nacht an einem unbeleuchteten Ort zeigt uns ein atemberaubendes Bild. Tausende von hellen Lichtpunkten unregelmäßig verteilt scheinen an einer unendlich weit entfernten Himmelsglocke über uns zu leuchten. Die meisten Kulturen der Menschheitsgeschichte haben markante Sternkonstellationen als Orientierungshilfe mit Phantasienamen belegt. Darauf aufbauend hat man heute die Himmelskugel in 88 unterschiedlich große Felder aufgeteilt, **Sternbilder** genannt. → **B1** zeigt einen Ausschnitt des Sternbilds Orion.

Man erkennt deutlich, dass sich die Sterne in ihrer Helligkeit unterscheiden. Bei einer Fotografie macht sich dies durch einen größeren Durchmesser des hellen Flecks bemerkbar. Mit bloßem Auge oder auch in einem kleinen Fernrohr erscheinen die Sterne als ausdehnungslose Lichtpunkte unterschiedlicher Helligkeit. Bei etwas intensiverem Beobachten stellt man fest, dass die Sterne auch ganz leicht farbig erscheinen. Einige erscheinen rötlich, andere gelblich und wieder andere bläulich. Das menschliche Auge addiert die ankommenden farbigen Lichter zu einem Gesamteindruck. Viel mehr Information erhält man, wenn man das Licht eines Sterns, eingesammelt durch ein Teleskop, in einem Spektrometer betrachtet.

→ **B2a** zeigt das sichtbare Spektrum des hellen Fixsterns mit Namen Rigel (rechts unten in → **B1**). Er erscheint bläulich, weil er im roten Wellenlängenbereich wenig Licht emittiert, im grünen und im blauen Bereich dagegen viel.

Das Spektrum → **B2b** des Sterns Beteigeuze (links oben in → **B1**) hat eine andere Intensitätsverteilung. Der Gesamteindruck erscheint hier eher rötlich.

Die starken Intensitätseinbrüche bei bestimmten Wellenlängen können als Absorptionslinien in der Sternatmosphäre gedeutet werden. Mit ihrer Hilfe kann man wie bei den Fraunhoferlinien im Sonnenspektrum auf die Elementverteilung in der Sternatmosphäre schließen. Man findet die gleichen Elemente wie auf der Sonne. Ursache für die unterschiedliche Spektralverteilung und damit für die Färbung ist die unterschiedliche Oberflächentemperatur. Misst man die Strahlungsleistung des Sterns über das gesamte elektromagnetische Spektrum, so lässt sich mithilfe des → **Stefan-Boltzmann-Gesetzes** die effektive Temperatur der Sternoberfläche bestimmen.

Auch wenn der erste Eindruck am abendlichen Sternhimmel darauf hindeutet, dass sich alle Sterne an einer Himmelskugel gleichmäßig um den Beobachter befinden, so erweist sich dies als Trugschluss. In der Tat sind die Sterne unterschiedlich weit von uns entfernt. Dies ist aber nicht alleine die Ursache dafür, dass sie unterschiedlich hell leuchten. Vielmehr strahlen sie unterschiedlich stark Energie ab.

Merksatz

Sterne haben eine ähnliche Elementverteilung wie die Sonne. Sie strahlen unterschiedlich stark Energie ab. Ihre Oberflächen unterscheiden sich stark in der Temperatur. Daher erscheinen sie in verschiedenen Farben.

2. Das Hertzsprung-Russel-Diagramm (HRD)

Die beiden Forscher Ejnar HERTZSPRUNG und Henry Noris RUSSELL haben zu Beginn des 20. Jahrhunderts unabhängig voneinander Sterne, deren Entfernung sie kannten, in einem heute nach ihnen benannten Diagramm angeordnet. Die Entfernung des Sterns braucht man, um seine Strahlungsleistung angeben zu können. In einem sogenannten Hertzsprung-Russel-Diagramm (HRD) wird die Strahlungsleistung eines Sterns (Einheit ist die Leuchtkraft der Sonne) über der Oberflächentemperatur des Sterns abgetragen.

Im HRD in → **B3** sind etwa 9000 Sterne unserer Milchstraße aus der räumlichen Nähe unserer Sonne aufgetragen. Es fällt auf, dass fast alle Sterne in einem Band von links oben (helle blaue und damit heiße Sterne) bis unten rechts (schwach leuchtende rote und damit kühle Sterne) liegen, der sogenannten *Hauptreihe*. Auch unsere Sonne gehört dazu. Oberhalb dieser „Diagonalen" liegen Sterne, die bei gleicher Oberflächentemperatur viel heller leuchten. Sie müssen also eine viel größere Oberfläche haben, man nennt sie *Riesensterne*. Unter der Hauptreihe findet man schwach leuchtende Sterne, sie haben einen viel kleineren Radius als die Hauptreihensterne gleicher Temperatur, sie heißen *Weiße Zwerge*.

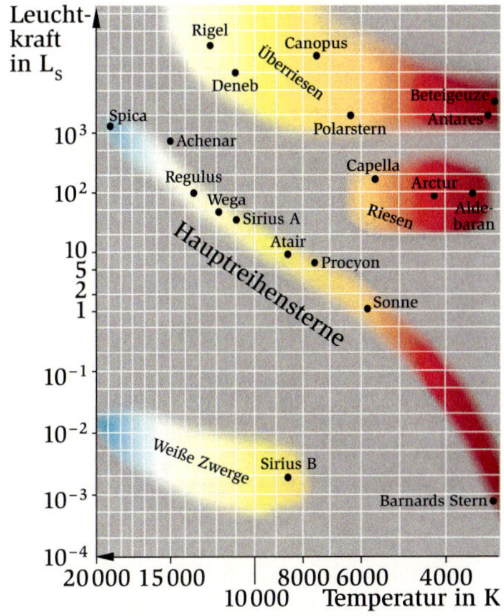

B3 Ein Hertzsprung-Russell-Diagramm aus 9000 Sternen der Sonnenumgebung. Historisch bedingt trägt man die Temperatur von rechts nach links ab. Die Skaleneinteilung ist nicht linear!

Merksatz

Im Hertzsprung-Russel-Diagramm wird die Strahlungsleistung eines Sterns gegenüber seiner Oberflächentemperatur aufgetragen. Trägt man alle Sterne der Sonnennachbarschaft auf, so ordnen sie sich fast ausnahmslos auf einem Band, der Hauptreihe, an.

Historisches

Historisch hat man anstelle der Strahlungsleistung eines Sterns seine absolute Helligkeit im HRD aufgetragen. Dazu hat man seine scheinbare Helligkeit auf der Erde gemessen. Für diese gilt: Je näher sich ein Stern an der Erde befindet, desto heller erscheint er. Um dies auszugleichen, hat man alle Sterne fiktiv in eine Entfernung von 32,6 Lichtjahre (= 10 pc) gesetzt. Der aus dieser Distanz ermittelte Wert für die Helligkeit nennt man absolute Helligkeit des Sterns. Angegeben wird diese Größe in der Einheit mag (Magnitude).
Anstelle der effektiven Oberflächentemperatur hat man die Sterne in sogenannte Spektralklassen links beginnend mit den bläulichen über die gelblichen bis rechts hin zu den rötlichen eingeteilt. Ursprünglich gab es sieben Klassen mit den Bezeichnungen O, B, A, F, G, K, und M. Später wurde diese Einteilung verfeinert. Man findet in Büchern häufig HRDe mit Spektralklassen auf der Rechtsachse und absoluten Helligkeiten M auf der Hochachse. So nennt man manche dieser Darstellungen auch Farben-Helligkeits-Diagramme. Erst später hat man erkannt, dass sich dahinter die beiden physikalischen Zustandsgrößen Strahlungsleistung und Oberflächentemperatur verbergen.

A1 **a)** Fertigen Sie selbst ein HRD an. Benutzen Sie logarithmische Skaleneinteilungen auf beiden Achsen in → **B3**! Übertragen Sie die Daten der folgenden Sterne aus der Tabelle in ein Diagramm. Angegeben sind jeweils die Oberflächentemperatur T in K und die Strahlungsleistung P in Einheiten der Leuchtkraft der Sonne L_S.

Name	T in K	P in L_S	Name	T in K	P in L_S
Sirius A	10000	23,0	Canopus	7800	14000
Altair	7600	10,6	Barnards-Stern	3100	0,00044
Arctur	4300	113,0	Rigel	12300	40000
Wega	9500	56,0	Deneb	8400	70000
Capella	5000	51,0	Aldeberan	4000	350
Regulus	13000	140,0	Spica	22400	13400
Procyon	6600	7,7	Beteigeuze	3500	55000
Sonne	5800	1,0	Antares	3500	65000
Pollux	4900	32,0	Polarstern	6000	2500

b) Nennen Sie Sterne, die keine Hauptreihensterne sind.

3. Die Masse-Leuchtkraft-Relation

Erwartungsgemäß unterscheiden sich Sterne außer in Oberflächentemperatur und Leuchtkraft auch in ihrer Größe und ihrer Masse. Von einigen Sternen konnte man die Masse bestimmen. Dies gelang im Prinzip nur bei Doppelsternen. Als Doppelsterne bezeichnet man zwei Sterne, die sehr eng nebeneinander stehen. Sie würden aufgrund der Gravitation aufeinander stürzen, wenn sie sich nicht um ihren gemeinsamen Schwerpunkt bewegen. Mit Fernrohren ist es gelungen, eine Vielzahl solcher Doppelsterne in der näheren Sonnenumgebung aufzuspüren und die Umlaufdauer um ihren Schwerpunkt zu messen. Kennt man auch ihren mittleren Abstand, so lassen sich daraus die Massen der jeweiligen Sterne berechnen. Die gefundenen Massen der Sterne sind recht unterschiedlich. Sie reichen von der 0,8-fachen bis zur 100-fachen Sonnenmasse.

Selbst mit den größten Teleskopen ist es nur für relativ nahe Sterne bis zu einer Entfernung von etwa 30 Lichtjahren möglich, den Sternradius direkt zu messen. Alle weiter entfernte Sterne erscheinen nur als Lichtpunkte, eine direkte Messung des Sternradius ist nicht zugänglich. Es gibt aber eine Reihe von Doppelsternen, die sich in der Beobachtungsebene umlaufen, sodass sie sich während eines Umlaufs gegenseitig bedecken. Dies verändert die auf der Erde messbare Helligkeit. In → B1 ist angedeutet, wie sich aus der gemessenen Lichtkurve auf die Durchmesser der beiden Sterne schließen lässt. Für die Sterne auf der Hauptreihe im HRD hat man festgestellt, dass ihre Radien zwischen einem halben Sonnenradius und dem 10-fachen Sonnenradius variieren. Außerhalb der Hauptreihe gibt es enorme Abweichungen. So gibt es Riesensterne mit einem Durchmesser bis zum 1000-fachen der Sonne und man hat Zwergsterne beobachtet mit nur einem hundertstel Sonnendurchmesser.

Man hat einen Zusammenhang zwischen der Masse und der Strahlungsleistung von Sternen auf der Hauptreihe gefunden. Es gilt: Je größer die Masse eines Sterns, desto größer ist seine Strahlungsleistung. Zwar sind diese Größen nicht zueinander proportional, wohl aber ihre Logarithmen, wie → B2 zeigt. Das heißt für die ursprünglichen Größen (siehe auch → A2), dass sie sich durch folgende Gesetzmäßigkeit ausdrücken lassen: $P = k \cdot m^{3,5}$, wobei k eine Konstante ist und 3,5 die Steigung der Geraden in → B2. Dieser Zusammenhang wird in der Astrophysik „Masse-Leuchtkraft-Relation“ genannt. Ein ähnlicher Zusammenhang gilt für die Radien und die Masse der Hauptreihensterne: $r \sim m^{0,6}$. Das bedeutet, dass die hellen blauen Sterne im HRD gleichzeitig die massereichen und großen Sterne sind. In → B3 ist dieser Zusammenhang graphisch illustriert.

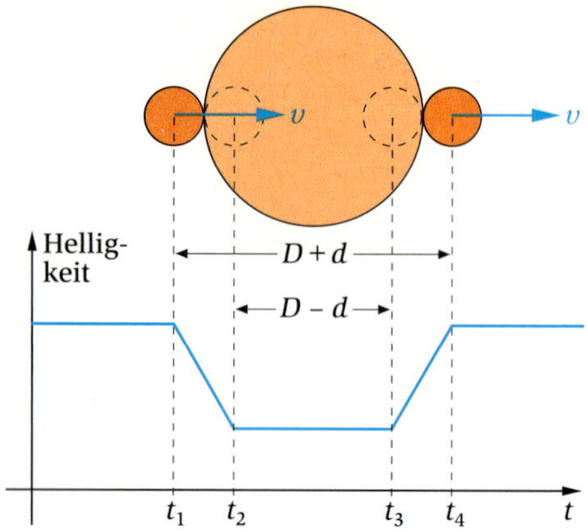

B1 Der kleinere der beiden Doppelsterne zieht vor dem größeren vorbei. Die auf der Erde gemessene Helligkeit sinkt während der Bedeckung, wenn der kleinere Stern tatsächlich schwächer leuchtet. Aus der Geschwindigkeit des umlaufenden Sterns kann man dann den Radius der beiden Sterne berechnen. Es gilt $D - d = (t_3 - t_2) \cdot v$ und $D + d = (t_4 - t_1) \cdot v$.

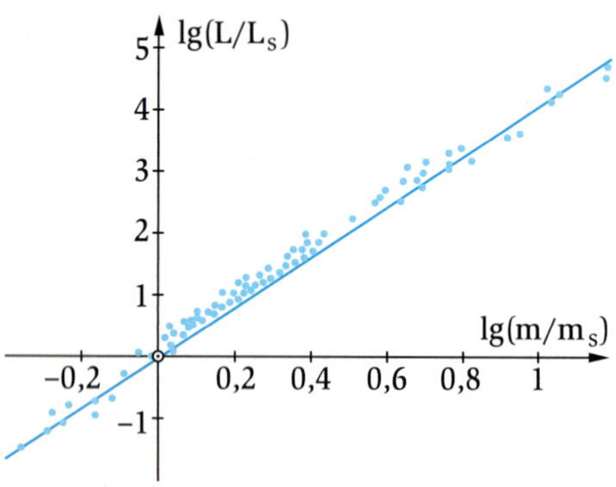

B2 Trägt man den Logarithmus der Leuchtkraft der Hauptreihensterne über dem Logarithmus ihrer Masse auf (in den Einheiten L_S und m_S der Sonne), so erhält man fast eine Gerade.

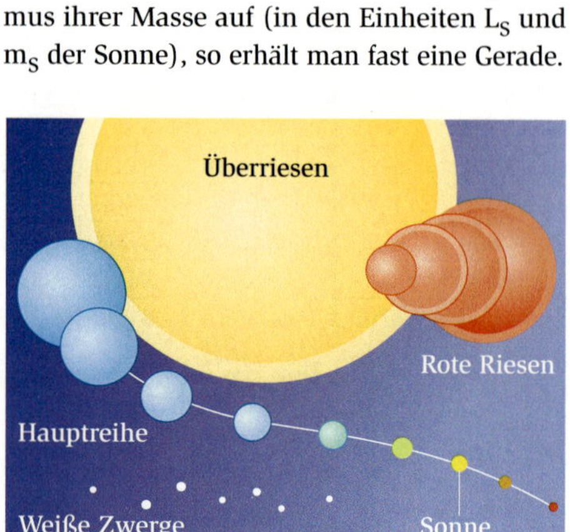

B3 Sterngrößen im HRD

4. Die Verweildauer eines Sterns auf der Hauptreihe

So unterschiedlich uns die Sterne nun erscheinen mögen, so haben sie doch nach unseren heutigen Vorstellungen grundlegende Gemeinsamkeiten: Sie strahlen alle eine riesige Energiemenge pro Sekunde ins Weltall ab, vergleichbar der der Sonne. Ihre Spektren erinnern uns an die Spektren Schwarzer Körper, gestört durch Absorptionslinien ähnlich der Fraunhoferlinien beim Sonnenspektrum. Dimension und Massen sind auch mit denen der Sonne zu vergleichen, wenn es auch hier z. T. große Abweichungen gibt.

Dies alles führt zur Überzeugung, dass der innere Sternaufbau dem der Sonne ähnlich ist. Insbesondere muss die Energiefreisetzung ebenfalls durch Kernfusionen erfolgen. Ausgehend von der gemessenen Oberflächentemperatur, der Masse des Sterns und seinem Radius lassen sich nun Modellrechungen wie bei der Sonne durchführen. Man erhält so Vorstellungen über die Größenverhältnisse von Druck und Temperatur im Sterninneren. Für die Hauptreihensterne kann man so nachrechnen, dass auch bei ihnen im Innern die Voraussetzungen der Fusion von Wasserstoff zu Helium gegeben sind.

Da die Wasserstoff-Fusion im Wesentlichen im Zentrum des Sterns stattfindet → B4, sammelt sich dort mit der Zeit immer mehr Helium an. Ist im Zentrum kaum noch Wasserstoff vorhanden, so kann die Fusion nur noch in einer Kugelschale um das Helium herum erfolgen. Dort nehmen aber Druck und Temperatur ab, sodass die Wasserstoff-Fusion irgendwann zum Erliegen kommt.

Modellrechnungen gehen davon aus, dass die Fusion im Zentrum endet, sobald Helium dort etwa 10 % der gesamten Sternmasse ausmacht. D. h. die Fusionsdauer T_F ist proportional zur Masse m des Sterns. Außerdem ist T_F umso kleiner, je mehr Energie ein Stern pro Sekunde abstrahlt. Es gilt T_F ist antiproportional zu P, der Strahlungsleistung eines Sterns. Also gilt $T_F \sim m/P$. Für Hauptreihensterne gilt also $T_F \sim m/m^{3,5}$ und damit $T_F \sim m^{-2,5}$. Der Proportionalitätsfaktor ist etwa 10^{10} Jahre, wenn man die Masse in Sonnenmassen misst. Dieser Zusammenhang bedeutet, dass die großen massereichen blauen Sterne so großzügig mit ihrer Energie umgehen, dass sie in relativ kurzer Zeit etwa bereits nach 10^6 Jahren ihren nutzbaren Wasserstoffvorrat verbraucht haben, während die roten kleinen Sterne so sparsam mit ihrer Energie umgehen, dass sie bis zu 10^9 Jahre davon zehren können.

Merksatz

Sterne auf der Hauptreihe im Hertzsprung-Russel-Diagramm setzen ihre Energie durch Wasserstoff-Fusion im Zentrum zu Helium frei. Für diese Fusionsdauer T_F gilt in Abhängigkeit ihrer Masse m, gemessen in Vielfachen der Sonnenmasse: $T_F = 10^{10}$ Jahre $\cdot\, m^{-2,5}$. Sie ist identisch mit der Verweilzeit des Sterns auf der Hauptreihe. □

Der Lebensweg eines Fixsterns ist durch drei Phasen gekennzeichnet:

1. Der Stern bildet sich durch Kontraktion einer Staubwolke. Er leuchtet aufgrund der frei werdenden Gravitationsenergie. In dieser relativ kurzen Zeitspanne befindet er sich noch nicht auf der Hauptreihe im HRD.
2. Der Stern fusioniert in seinem Zentrum Wasserstoff zu Helium. Diese lang andauernde Phase ist identisch mit seiner Verweildauer auf der Hauptreihe.
3. Die Wasserstofffusion im Zentrum kommt zum Erliegen. Das Gleichgewicht aus Gravitationskraft von außen und Impulsübertragung aufgrund der Temperaturbewegung von innen ist gestört. Der Stern verlässt die Hauptreihe.

Ein Blick an den Sternenhimmel zeigt also die Momentaufnahme einer Sternpopulation. Es gibt wenige junge Sterne auf dem Weg zur Hauptreihe, viele Sterne, die stabil und konstant Energie abstrahlen, und Sterne auf dem Weg zu ihrem Ende.

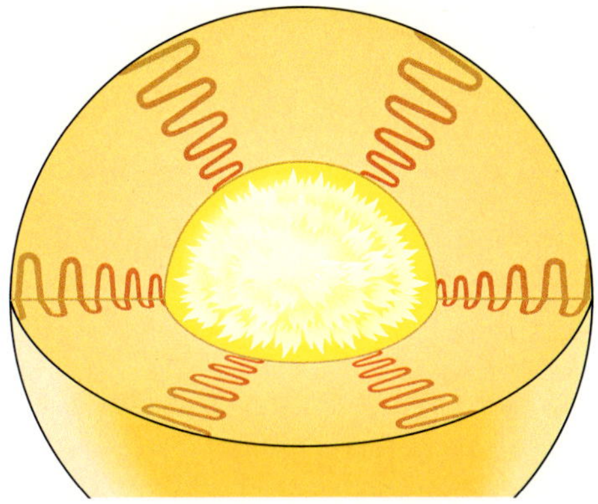

B4 Im Zentrum des Hauptreihensterns wird Wasserstoff zu Helium fusioniert.

A1 Berechnen Sie die Verweildauer auf der Hauptreihe folgender Sterne: Spica (m = 11 m_S) und Wega (m = 2,5 m_S).

A2 Logarithmieren Sie die Gleichung $y = a \cdot b^x$. Begründen Sie: Trägt man $\log y$ über $\log b$ im Koordinatensystem auf, so erhält man eine Gerade. Welche Bedeutung hat x in dieser Darstellung?

A3 Man hat die Lichtkurve eines Doppelsternsystems untersucht und die in → B1 beschriebenen Zeitdifferenzen gemessen: $t_4 - t_1$ = 21 600 s und $t_3 - t_2$ = 11 060 s. Nach Auswertung der Spektren konnte man mittels Dopplerverschiebung die Relativgeschwindigkeit, mit der der kleinere Stern vor dem größeren vorbeizieht, mit v = 430 km/s ermitteln. Berechnen Sie mithilfe dieser Daten die Durchmesser der beiden Sterne D und d und vergleichen Sie die Werte mit dem Durchmesser der Sonne.

A4 Mit dem Gravitationsgesetz lassen sich die Massen M und m eines Doppelsternsystems berechnen. Beide Massen umkreisen ihren gemeinsamen Schwerpunkt im Abstand A und a in der gleichen Umlaufzeit T und damit mit der gleichen Winkelgeschwindigkeit ω. **a)** Folgern Sie aus der Betragsgleichheit der Zentripetalkräfte, dass $M/m = a/A$. **b)** Die Zentripetalkräfte werden durch die Gravitationskraft erzeugt. Folgern Sie daraus, dass

$$M = \frac{\omega^2 a r^2}{\gamma},$$

mit γ als Gravitationskonstante und $r = A + a$. **c)** Für das Doppelsternsystem des Sirius ist $a : A = 2{,}3 : 1$ und r = 20 AE, T = 50 a. Berechnen Sie daraus die beiden Massen M und m in Einheiten der Sonnenmasse.

Sternentwicklung

A. Entstehung eines Sterns

Sterne entstehen durch das Zusammenballen von Gaswolken im interstellaren Raum aufgrund der Gravitation. Neben den Gasteilchen befinden sich auch kleinere Staubkörner, gebildet aus Graphit- und Silikatkernen, die von Eis oder Methan umgeben sind. Aus einer einzigen Gaswolke entstehen oft gleichzeitig mehrere Sterne, z. B. Doppelsterne und Mehrfachsternsysteme, oder auch Sterne mit Planeten und Monden.

Bei der Sternentstehung wächst die Masse allmählich an. Durch Stöße der Teilchen entsteht eine ungeordnete Teilchenbewegung. Das Gebilde, **Protostern** genannt, heizt sich auf. Die heiße Oberfläche strahlt Energie ab, im Innern erhöhen sich Druck und Temperatur, was wiederum zu einem anderen Strahlungsverhalten führt. Massenreiche Protosterne zünden im Innern die Wasserstoff-Fusion nach relativ kurzer Entwicklungszeit. Massenarme Protosterne ($< 10\,\%$ der Sonnenmasse) erreichen im Innern nicht die nötige Temperatur und den nötigen Druck, um eine stabile Wasserstoff-Fusion zu zünden. Sie erreichen also nie die Hauptreihe im HRD. Sie strahlen ihre durch die Gravitation freigesetzte Energie allmählich ab, kühlen ab und werden unsichtbar.

B. Die Sonne endet als Weißer Zwerg

Entscheidend für die Sternentwicklung ist die Masse eines Sterns. Verfolgen wir die Entwicklung eines Sterns mit der Masse unserer Sonne. Als Stern in der Hauptreihe ist der Wasserstoff im Zentrum nach etwa 10 Mrd. Jahren fast vollständig zu Helium verschmolzen, die Wasserstoff-Fusion erlischt dort. Die Gravitation bewirkt, dass sich das Zentrum weiter zusammenzieht, der Druck steigt und die Temperatur bleibt auch ohne Fusion hoch. Die ungeordnete Teilchenbewegung hält der Gravitation das Gleichgewicht.

In einer Schale um dieses nun mit Helium gefüllte Zentrum ziehen sich die Teilchen ebenfalls zusammen, auch hier wird es heißer, weiterhin fusioniert hier Wasserstoff zu Helium. Der heiße stellare Heliumkern überhitzt nun dieses Fusionsgebiet, der Stern bläht sich auf, und somit kühlt seine Oberfläche ab. Die Leuchtkraft steigt aber an. Damit verlässt der Stern die Hauptreihe im HRD.

Im Zentrum haben sich Dichte und Temperatur so stark erhöht, dass nun bei etwa 80 Mio. Kelvin die Heliumkerne zu fusionieren beginnen. Die Fusion läuft zunächst in zwei Schritten ab:

1. $^{4}He + {}^{4}He \rightarrow {}^{8}Be$

2. $^{8}Be + {}^{4}He \rightarrow {}^{12}C + \gamma$

Aus drei α-Teilchen entsteht also ein C-12 Kern. Für unsere Sonne und alle Sterne mit ähnlicher Masse ist damit das Ende der Fusionsreihe erreicht. Für massereichere Sterne kann in einem weiteren Schritt der C-12 Kern mit einem weiteren α-Teilchen zu einem O-16 Kern verschmelzen:

3. $^{12}C + {}^{4}He \rightarrow {}^{16}O + \gamma$

Für die Sonne wird die Zeit vom Verlassen der Hauptreihe bis zum Zünden der Heliumfusion auf etwa 500 Mio. Jahre geschätzt. Die Heliumfusion selbst dauert dann etwa 110 Mio. Jahre. Die starke Energiefreisetzung durch das Heliumbrennen im Zentrum und das Wasserstoffbrennen in der Schale führt zunächst zu einem großen Temperaturanstieg in der äußeren Hülle des Sterns. Dadurch bläht sich seine Hülle auf – er wird zum Riesenstern. Modellrechnungen gehen davon aus, dass sich unsere Sonne bis fast an die heutige Erdbahn ausdehnen wird. Erreicht die Energie die Oberfläche des Sterns, so steigt die Leuchtkraft wieder an, während die Expansion des Sterns zum Stillstand kommt. Der Stern „durchlebt" also eine unruhige Phase mit vielen Veränderungen in Radius, Oberflächentemperatur und Leuchtkraft → **B1**.

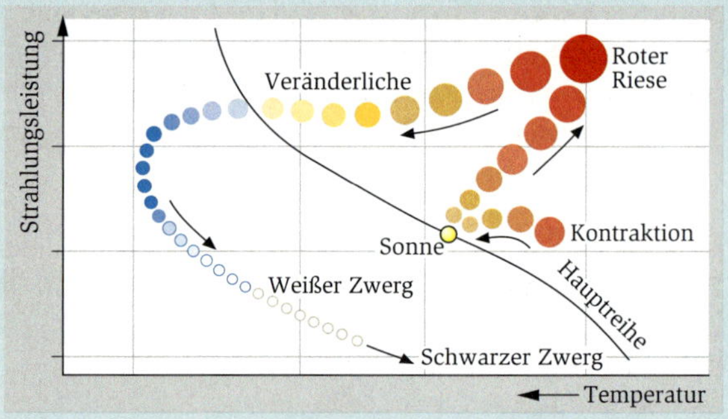

B1 Der Weg der Sonne durch das das HRD

Ohne im Inneren Energie freizusetzen strahlt der Stern weiterhin und kühlt dabei ab. Bereits im Riesenstadium stoßen diese Sterne einen großen Teil ihrer äußeren Hülle ab. Diese Gasmassen entfernen sich als Kugelschale vom Reststern, der durch seine Strahlung die abgestoßene Hülle zum Leuchten bringt. Von der Erde aus sind sie als sogenannte „Planetarische Nebel" sichtbar. In ihrem Zentrum findet man den Reststern, genannt **Weißer Zwerg** → **B2**.

B2 Weißer Zwerg mit leuchtender Gashülle

Ein solcher Sternrest hat in etwa die Größe unserer Erde, aber die Masse unserer Sonne. Im Innern besteht er aus Kohlenstoff- und Sauerstoffkernen sowie Elektronengas. Die klassische Teilchenbewegung reicht nicht aus, um der Gravitation das Gleichgewicht zu halten. Entscheidend ist hier ein Quanteneffekt der Elektronen. Ohne Freisetzung von Energie im Innern presst die Gravitation die Teilchen extrem eng zusammen. Für die Elektronen bleibt nur wenig Raum. Für ein in einem Quantenpferch eingesperrtes Elektron gilt: Je enger der Raum, desto größer ist seine mittlere Bewegungsenergie. Die eingesperrten Elektronen üben eine Kraft nach außen aus, die der Gravitationskraft das Gleichgewicht hält.

Weiße Zwerge sind anfangs noch sehr heiß und strahlen sehr hell. Ihre Leuchtkraft nimmt mit der Zeit ab, bis sie so schwach leuchten, dass sie als **Schwarze Zwerge** unsichtbar im Weltall ihr Endstadium erreicht haben.

C. Neutronensterne und Schwarze Löcher

Sterne mit einer Masse bis etwa neun Sonnenmassen im Hauptreihenstadium erleiden ein ähnliches Schicksal wie unsere Sonne. Sterne größerer Masse dagegen gehen eine andere Entwicklung. Nach der Heliumfusion entstehen durch die größere Gravitation im Zentrum noch höhere Temperaturen und Drücke als bei diesem Stadium der Sonne, sodass erneut eine Kernfusion einsetzt. Um diesen Kern herum findet die Heliumfusion statt und noch weiter herum die Wasserstofffusion. Es bildet sich also ein „Zwiebelschalenmodell", bei der im Innern immer neue Elemente bis hin zu Eisen entstehen können, während außen weiterhin die verschiedenen Fusionsprozesse ablaufen → B3.

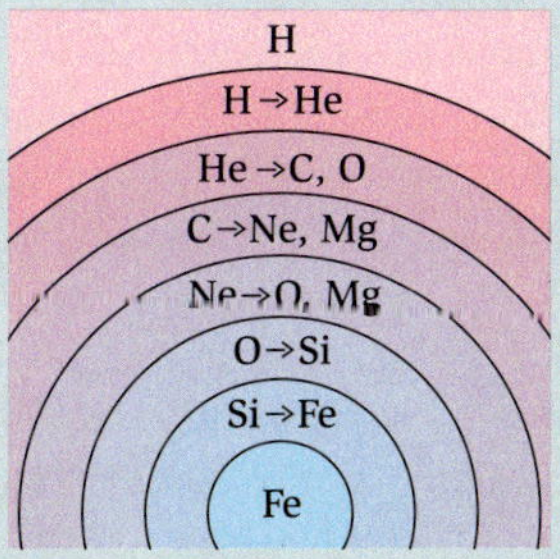

B3 Verschiedene Kernfusionen in Sternen sehr großer Massen

In den beiden letzten Fusionsprozessen steigt die Zentraltemperatur auf einige Milliarden Kelvin. Die entstandenen schweren Kerne spalten sich wieder, das Zentralgebiet wird instabil. Die Gravitationskraft wird so groß, dass Elektronen mit Protonen zu Neutronen verschmelzen. Damit ist das Zentralgebiet nicht weiter zu komprimieren, nachstürzende Materie prallt zurück und es bilden sich Stoßfronten, die den Stern explodieren lassen. Der Stern erreicht dabei kurzzeitig eine Strahlungsleistung, die bis zu 10^9-mal so stark sein kann wie die unserer Sonne. Bei dieser **Supernova** wird die Hülle mit großer Geschwindigkeit abgestoßen und zurück bleibt ein **Neutronenstern.**

Ein solcher Sternrest hat eine extrem hohe Dichte, sein Radius beträgt etwa 10 km, während seine Masse unserer Sonne entspricht. Die zunächst sehr heißen Neutronensterne kühlen rasch ab und sind deshalb optisch nicht mehr sichtbar. Dennoch wurden sie nachgewiesen: Bei einer Supernova verringert sich der Radius des Sterns gewaltig. Wie bei einem Eiskunstläufer, der bei der Pirouette die Arme anlegt, verkürzt sich dadurch auch seine Rotationsdauer sehr stark. Diese lässt sich messen: Das Magnetfeld eines Sterns liegt meist nicht parallel zu seiner Rotationsachse. Elektronen, die in diesem Feld kreisen, senden elektromagnetische Strahlung aus. Wie ein Schiff vom Scheinwerferkegel eines Leuchtturms getroffen wird, so wird die Erde bei jeder Umdrehung von dieser Strahlung erfasst. Wir empfangen Radioimpulse mit der Frequenz von der Größenordung 30 Hz von diesen schnell rotierenden **Pulsaren** → **B4**.

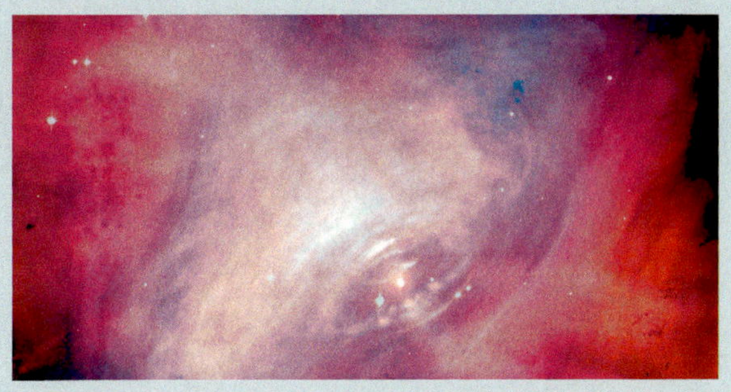

B4 Ein schnell rotierender Neutronenstern (Pulsar) regt durch seine Strahlung Nebelgase in seiner Umgebung zum Leuchten an. Chinesische Astronomen hatten 1054 an dieser Stelle eine Supernova beobachtet.

Ist die Masse während der Supernova im Zentrum größer als etwa zwei Sonnenmassen, so ist die Gravitationskraft so groß, dass selbst Teilchenwechselwirkung ihr nicht standhält. Der Stern kollabiert immer weiter. Die Massenkonzentration ist schließlich so stark, dass kein Photon diesen Bereich mehr verlässt. Man nennt eine solches Gebilde **Schwarzes Loch.** Sein Radius beträgt etwa 3 km. Schwarze Löcher lassen sich nur indirekt nachweisen. Stürzt Materie von einem anderen Stern in ein Schwarzes Loch, wird Strahlung frei. Bisher wurde der Effekt nur an wenigen Objekten nachgewiesen, obwohl jeder Stern, der als Hauptreihenstern eine Masse von mehr als 25 Sonnenmassen hatte, zum Schwarzen Loch geworden sein sollte. Einzelsterne zwischen etwa 9 und 25 Sonnenmassen werden vermutlich als Neutronensterne enden.

Auf der Erde gibt es Elemente mit schweren Kernen. Diese sind im Innern eines Sterns durch Fusion oder aber während einer Supernova entstanden. Unsere Erde und damit wir selbst sind also aus einem Sternenrest geboren.

Interessantes

Entfernungsmessung im Weltraum

Eines der wichtigsten Aufgaben bei der physikalischen Betrachtung des Weltalls ist die Bestimmung der Entfernung verschiedener Objekte. Wir empfangen die Informationen von Sternen und Galaxien fast ausschließlich durch elektromagnetische Strahlung. Dabei messen wir keine Laufzeitunterschiede, aus denen man Entfernungen berechnen könnte, sondern nur Intensitätsunterschiede.

Die Entfernungsmessung erweist sich daher als außerordentlich schwierig. Es wurden im Laufe der Zeit einige Methoden entwickelt, die jeweils aber immer nur für bestimmte Entfernungsbereiche anwendbar sind. Sie bauen aufeinander auf und sind so voneinander abhängig. Sie alle sind mit Fehlern behaftet. Die Entfernungsmessung im Weltall bleibt damit bis heute eine wichtige Aufgabe. Nicht zuletzt hängen viele unserer Erkenntnisse in Astrophysik und Kosmologie von ihren Ergebnissen ab. Im Folgenden werden einige Methoden vorgestellt.

A. Sternparallaxe

Die erste Methode, mit der es überhaupt gelang, die Entfernung eines Sterns zu bestimmen, basiert auf der sogenannten **Parallaxe**. Friedrich Wilhelm BESSEL gelang erst 1838 der Nachweis, dass sich ein Stern in der Nähe unseres Sonnensystems gegenüber weit entfernten Fixsterne *scheinbar* bewegt, und zwar aufgrund der jährlichen Erdbewegung um die Sonne → B1. So beobachtete er einen Stern, der sich innerhalb eines halben Jahres um den winzigen Winkel $\varphi = 0{,}000\,08°$ scheinbar bewegt. Damit konnte er den ersten Beweis erbringen, dass das geozentrische Weltbild nicht der Wirklichkeit entspricht.

Das Problem der Parallaxenmessung beseht darin, dass die Winkel extrem klein sind und man den Erdbahnradius sehr genau kennen muss.

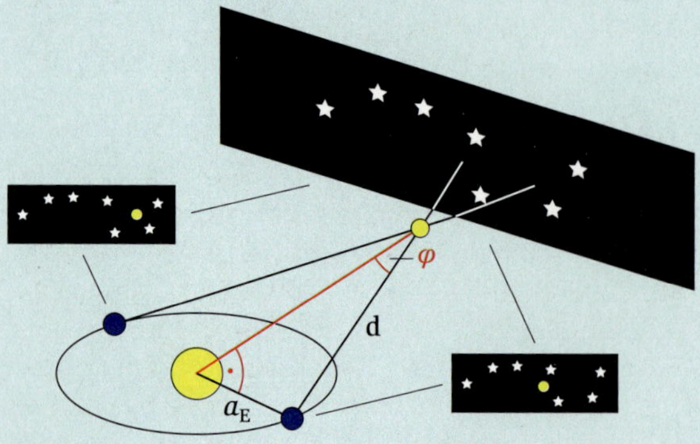

B1 Aus $\sin\varphi = a_E/d$ berechnet sich die Entfernung d des Sterns, dabei ist a_E der Erdbahnradius.

Daher ermittelt man in zwei Messungen innerhalb eines halben Jahres den Winkel 2φ, was sehr zeitaufwendig ist. Auch die Bestimmung des Erdbahnradius ist sehr mühsam. Heute schickt man einen Radarimpuls etwa zur Venus. Er wird auf der festen Venusoberfläche reflektiert. Aus der Laufzeit bis zu seiner Rückkehr kann man mithilfe der Lichtgeschwindigkeit die jeweilige Entfernung zur Venus genau berechnen. (Weil die Sonne keine feste Oberfläche hat, wäre das Radarecho der Sonne zu unscharf.) Man wiederholt dies bei zwei möglichst extremen Venusabständen von der Erde und berechnet nach → B2 die Entfernung a_E Sonne – Erde. Die mittlere Entfernung wird **astronomische Einheit AE** genannt. Ihr Wert beträgt etwa $150 \cdot 10^6$ km.

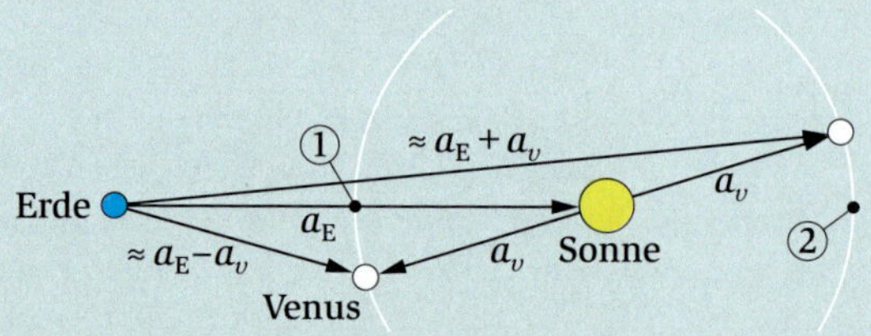

B2 Berechnung der Entfernung a_E Sonne – Erde mithilfe verschiedener Entfernungen Erde-Venus.

Parallaxen bei weit entfernten Fixsternen sind extrem klein. Lichtbrechung und Luftunruhe der Erdatmosphäre beschränken die Messgenauigkeit mit üblichen Teleskopen. Messungen mit dem Satelliten *Hipparchos* am Ende des letzten Jahrhunderts waren sehr genau. Parallaxen von 1/100 des Wertes, den BESSEL gemessen hatte, sind jetzt nachweisbar. Damit können die Entfernungen von mehr als 100 000 Sternen unserer Sonnenumgebung angegeben werden. Mit zunehmender Entfernung wirken sich die Messfehler stark aus, sodass Angaben über 2000 Lichtjahre (LJ) mit großen Fehlern behaftet sind. Die Parallaxe als direkte Methode der Entfernungsmessung endet also bereits innerhalb unserer Milchstraße, deren Durchmesser etwa 100 000 LJ beträgt.

B. Cepheiden-Methode

Indirekte Methoden helfen weiter. Vor über 100 Jahren hat man Sterne entdeckt, die ihre Helligkeit periodisch verändern. Es handelt sich um massereiche Sterne, die die Hauptreihe des HRD verlassen haben. Diese pulsationsveränderlichen Sterne ändern regelmäßig ihre Energieabstrahlung, verursacht durch ein periodisches Aufblähen und Zusammenziehen der Sternatmosphäre, deren Radius um bis zu 30 % schwankt. Rechenmodelle zeigen, dass sich dabei wie beobachtet Strahlungsleistung und Oberflächentemperatur ändern.

Dieser Sternentyp wurde im Sternbild Cepheus entdeckt, man nennt diese Sterne daher **Cepheiden**. Ihre Strahlungsleistung steigt zunächst bis zum Maximum stark an, um dann flacher abzufallen. Die Helligkeitsperioden haben eine Dauer von etwa zwei Tagen bis 50 Tagen. In der Kleinen Magellanschen Wolke, einer Begleitgalaxie unserer Milchstraße, konnte man viele Cepheiden im Teleskop getrennt beobachten und ihre Helligkeiten messen. Weil sie alle im Prinzip von der Erde die gleiche Entfernung haben, konnte man ihre mittlere Strahlungsleistung direkt vergleichen. Man fand empirisch einen relativ einfachen Zusammenhang: Die mittlere Strahlungsleistung eines Cepheiden ist proportional zum Logarithmus der Periodendauer. Den Zusammenhang am Beispiel der Cepheiden unserer Milchstraße, deren Entfernung man aus der Parallaxe-Messung genau kennt, zeigt **→ B3**.

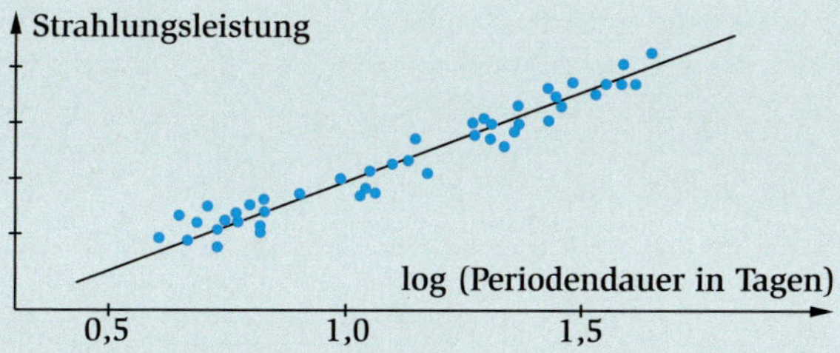

B3 Die Strahlungsleistung der Cepheiden steigt mit ihrer Periodendauer.

Damit lässt sich die Entfernung von Sternhaufen bestimmen. Mithilfe eines Teleskops untersuchen man in einem Sternhaufen einen Cepheiden isoliert und bestimmt seine Periodendauer. Aus **→ B3** liest man seine absolute Strahlungsleistung ab, aus der auf der Erde pro m^2 empfangenen Strahlungsleistung (diese nimmt mit wachsender Entfernung ab) berechnet man seine Entfernung. Moderne Großteleskope, aber auch das Weltraumteleskop Hubble machten es möglich, mit dieser Methode Entfernungen bis etwa 100 Mio. LJ zu bestimmen. So kann die Entfernung zu unserer Nachbargalaxie Andromedanebel zu ca. 2,5 Mio. LJ angegeben werden.

C. Supernova vom Typ Ia

Bei Supernova, die entstehen, wenn in einem sehr massereichen Stern die Kernfusionskette ihr Ende erreicht, sind im Spektrum stets deutlich Spuren von Wasserstoff zu sehen. Man nennt sie Supernova vom Typ II. In fremden Galaxien lässt sich auch eine andere Art von Supernova (Typ Ia) beobachten, deren Helligkeitsverlauf sich vom Typ II unterscheidet. Zudem lässt sich hier kein Wasserstoff nachweisen. Typ Ia entsteht vermutlich, wenn in einem Doppelsternsystem ein Partner bereits das Endstadium eines Weißen Zwergs erreicht hat. Dieser zieht nun durch Gravitation vom anderen Partner Sternmaterie ab, seine Masse erhöht sich bis zu einer Grenzmasse, bei der der Weiße Zwerg kollabiert, um schließlich als Neutronenstern zu enden. Das Kollabieren wird von einer enormen Energieabstrahlung begleitet. Eine solche Supernova vom Typ Ia strahlt für einige Tage so hell wie eine komplette Galaxie **→ B4**.

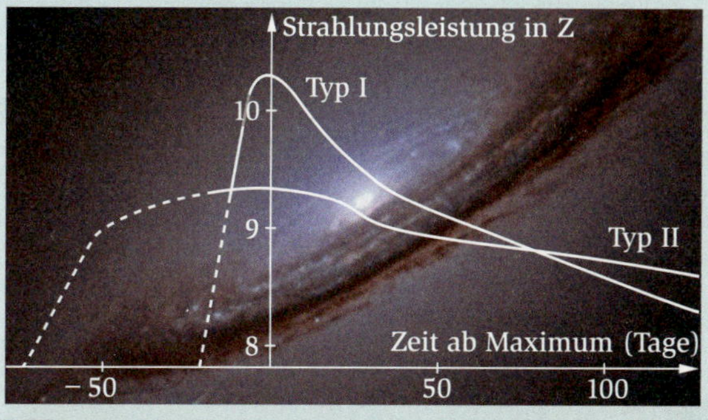

B4 Hintergrund: Supernova vom Typ Ia am Rand einer Spiralgalaxie. Vordergrund: Zeitliche Verlauf der Strahlungsleistung.

Aufgrund ihrer Entstehung lässt sich vermuten, dass alle Erscheinungen vom Typ Ia die gleiche Energie freisetzen und damit die gleiche absolute Strahlungsleistung haben. Beobachtet man nun zufällig in einer Galaxie eine solche seltene Supernova, so kann man aus der auf der Erde gemessenen Strahlungsleistung pro m^2 die Entfernung der Supernova und damit der Galaxie berechnen. Mithilfe dieser Methode kann man theoretisch Entfernungen bis zu 15 Mrd. Lichtjahren bestimmen.

Könnte man damit das Universum vollständig vermessen? Fragen dieser Art behandelt der Abschnitt **→ Kosmologie**.

D. Tully-Fisher-Beziehung

Für leuchtstarke Spiralgalaxien fand man die *Tully-Fisher-Beziehung:* Die Strahlungsleistung der gesamten Galaxie ist proportional zur 4. Potenz ihrer Rotationsgeschwindigkeit am Rand. Hiermit lässt sich ebenfalls ihre Entfernung bestimmen. Wasserstoffwolken in den Spiralarmen senden Strahlung aus. Besonders intensiv ist eine Linie mit der Wellenlänge 21 cm. Aufgrund des Dopplereffekts messen wir die Wellenlängen der beim Rotieren uns zu bewegenden Wasserstoffwolken verkürzt, am anderen Rand, der sich von uns entfernt, messen wir eine Verlängerung. Aus dieser Wellenlängendifferenz lässt sich die Rotationsgeschwindigkeit der Galaxie berechnen. Mithilfe der auf der Erde gemessenen Strahlungsleistung pro m^2 lässt sich dann die Entfernung der Galaxie bestimmen.

Interessantes

B1 Eine Galaxis ähnlich der unseren

B2 Oben: Lokale Gruppe unserer Milchstraße; unten: Galaxienhaufen

A. Galaxien und noch größere Strukturen

Schauen Sie einmal in einer klaren Nacht nach Ende der Dämmerung in den Himmel. Außer den Sternen können Sie ein matt schimmerndes Band ausmachen, die *Milchstraße*. Mit einem Fernrohr erkennen Sie, dass sie aus unzähligen Sternen besteht. Alle mit bloßem Auge sichtbaren Sterne und auch unsere Sonne gehören einem riesigen Sternensystem an, das auch das Band der Milchstraße einschließt. Dieses System, **Galaxis** genannt, enthält rund 200 Milliarden Sterne. Von außen sähe sie ähnlich aus wie das Sternensystem in → B1. Um einen hellen Kern winden sich Spiralarme. Wir befinden uns am Rand eines Spiralarms. Daher sehen wir in Richtung der Scheibe die Fülle der Sterne in der Milchstraße. Schauen wir in andere Richtungen, blicken wir in die Tiefen des Weltraums.

Bis Anfang des 20. Jahrhunderts glaubte man, unsere Galaxis sei die einzige. Doch hatte man schon lange zuvor schwach leuchtende neblige Wölkchen mit spiraliger Struktur am Sternenhimmel entdeckt. HUBBLE gelang es mit seinem Riesenfernrohr, in einigen dieser Wölkchen einzelne Sterne auszumachen und sogar deren Entfernung zu bestimmen: Alle diese spiralförmigen Objekte befinden sich weit jenseits der Grenzen unseres Milchstraßensystems. Es handelt sich um Welteninseln, die unserer Galaxis mehr oder weniger ähneln. Manche sind größer als unsere und enthalten bis zu 1 Billion Sterne, die meisten sind jedoch kleiner.

Galaxien sind die wichtigsten, aber nicht die größten bekannten Strukturen. Meist sind sie zu Haufen gruppiert. Unsere Galaxis gehört der *Lokalen Gruppe* an, einem **Galaxienhaufen**, der etwa zwanzig Mitglieder hat → B2. Es gibt aber auch Haufen mit Tausenden von Sternsystemen → B2. Aber selbst das sind nicht die größten bekannten Gebilde. Ähnlich wie Perlen auf einer Schnur ordnen sich die Galaxienhaufen zu galaktischen *Superhaufen* an. Dazwischen befinden sich riesenhafte Leerräume, die *Voids*. In diesen scheint es außer einigen Zwerggalaxien nichts zu geben, jedenfalls keine leuchtende Materie.

B. Die „Flucht“ der Galaxien und der Urknall

HUBBLE machte 1929 eine sensationelle Entdeckung: Die Galaxien entfernen sich von uns mit „Flucht“-Geschwindigkeiten v. Diese sind ihrem jetzigen Abstand r von uns proportional: $v = Hr$ → B3. Dabei ist die **Hubble-Konstante** $H = v/r$ = 21,8 km/s pro 1 Million Lichtjahre. Dieser Wert ist bis auf wenige Prozent bekannt. Die Geschwindigkeit v kann man aus der *Rotverschiebung* → B4 von Absorptionslinien ermitteln. Was folgt daraus? Man könnte zunächst vermuten, dass wir mit unserer Galaxis im Mittelpunkt der Welt stehen.

EINSTEIN ermöglichte jedoch in seiner *allgemeinen Relativitätstheorie* (ART) andere Lösungen: Der Raum selbst kann sich ausdehnen oder zusammenziehen. Daraus folgerte der russische Mathematiker A. FRIEDMANN 1922 mehrere Denkmodelle über die Entwicklung des Universums. Diese beginnen alle mit einem sehr dichten und heißen Anfangszustand. Der Raum ist in diesem Zustand stark gekrümmt. Durch einen **Urknall** expandiert der Raum zunächst, die *Raumkrümmung* nimmt schnell ab wie bei einem Ballon, der aufgeblasen wird.

In drei Dimensionen kann man sich die Raumkrümmung nur schwer vorstellen. Um sie zu veranschaulichen, streicht man eine Raumdimension. Stellen wir uns als zweidimensionale, platt gedrückte Wesen vor, die auf einer Ballonhülle kriechen **→ B5**. Sie wäre unser Universum, das Innere und Äußere des Ballons existierten für uns nicht. Wir würden im Sinne EINSTEINS finden:

- Unsere Ballonhülle hat keine Grenze.
- Sie hat trotzdem einen endlichen Flächeninhalt.
- Auf ihr wären Galaxienhaufen etwa gleichmäßig verteilt (als Punkte auf dem Ballon in **→ B5**).

Der *Expansion des Universums* entspricht im Modell das Aufblasen des Ballons. Dabei entfernen sich von *jedem* Beobachter, z. B. von A, alle Galaxienhaufen, und zwar umso schneller, je weiter sie schon von A entfernt sind **→ B5**. Einen Mittelpunkt der Welt gibt es nicht, alle Galaxienhaufen sind gleichberechtigt. Unser Ballonmodell dient nur der Veranschaulichung der Entwicklung des Universums, es ist kein Abbild der Wirklichkeit. Wir lernen daraus: Das Universum ist unbegrenzt, aber endlich. Am Anfang war die Raumkrümmung stark. Durch die Expansion (Aufblasen des Ballons) nahm die Krümmung ab.

Alle neueren Beobachtungen stehen mit einem praktisch *flachen Universum* in Einklang. Dieses gleicht eher einem sehr ausgedehnten ebenen elastischen Sprungtuch als einer Kugel- oder Satteloberfläche **→ B6**. Hätte das Universum eine positive Raumkrümmung wie eine Kugel, so würde irgendwann einmal die Gravitationskraft die Expansion des Universums in eine Kontraktion umkehren und das Universum in einem „Big Crunch" enden. Eine negative Raumkrümmung wie ein Sattel hätte zur Folge, dass sich das Universum ewig mit einer endlichen Geschwindigkeit ausdehnt.

Entscheidend für die Flachheit des Universums ist die noch unsichere Bestimmung der mittleren Dichte ρ aller Materie und nach $m = W/c^2$ aller Energie des Universums. Der heute ermittelte Wert $\rho = 10^{-26}\ \text{kg/m}^3$ sorgt für die Flachheit. Ein größer Wert von ρ hätte eine positive, ein kleinerer eine negative Raumkrümmung zur Folge.

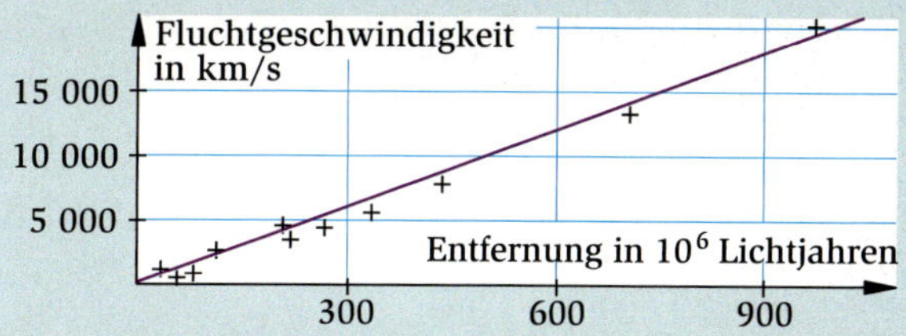

B3 Die Fluchtgeschwindigkeit v der Galaxien ist zu ihrer Entfernung r von uns proportional.

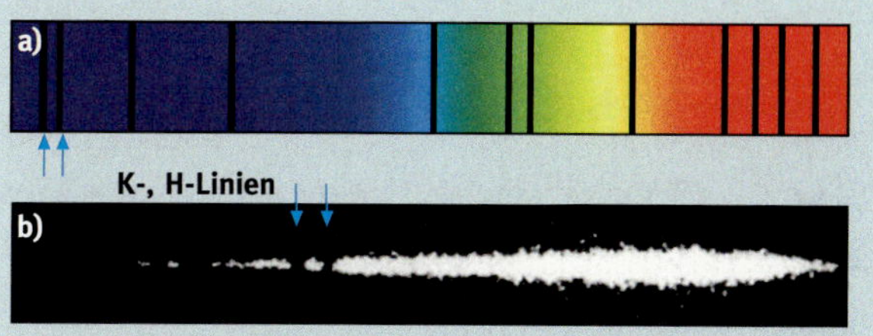

B4 **a)** Im Spektrum naher Sterne findet man u. a. Absorptionslinien des Kalziums. Der H- und K-Linie entsprechen Wellenlängen, die heißes gasförmiges Kalzium aussendet. **b)** Im Spektrum aller fernen Galaxien ist das Muster der Spektrallinien (damit auch die H- und K-Linie) zum roten Ende hin verschoben, und zwar umso stärker, je weiter die Galaxien entfernt sind.

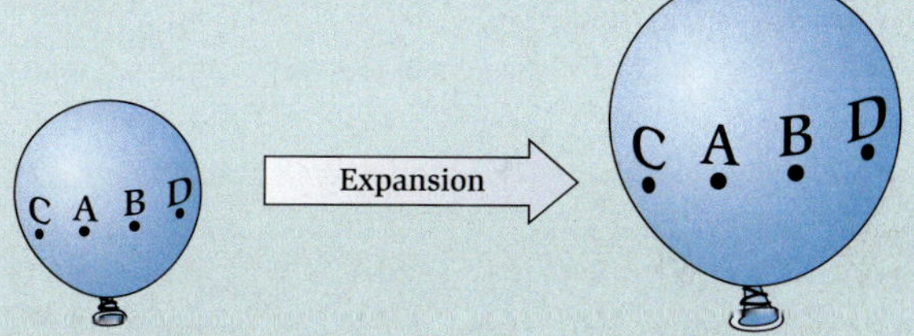

B5 Bei der Expansion des Raumes (Ballonhülle) entweichen die Galaxien von uns (A) umso schneller, je weiter sie schon entfernt sind (auf der Ballonhülle gemessen), z. B. D schneller als B. Ebenso sieht B, dass C schneller entweicht als A.

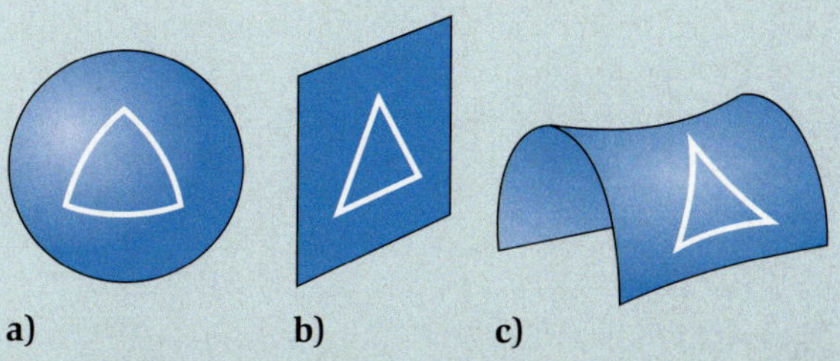

B6 Raummodelle FRIEDMANNS: **a)** positiv gekrümmter Raum: Winkelsumme im Dreieck > 180°; **b)** flacher, uns bekannter Raum; **c)** sattelförmig gekrümmter Raum: Winkelsumme im Dreieck < 180°

C. Alter und Größe des Universums

Lässt man den Film der Expansion des Universums rückwärts ablaufen, so kommt man zu der heute weitgehend akzeptierten Vorstellung, dass einst alle Masse, alle Energie auf ein Universum von winzigem Ausmaß konzentriert war. Durch den Urknall begann seine Entwicklung. Die Frage nach dem, was vorher war, ist physikalisch sinnlos. Raum und Zeit, worin sich alle physikalischen Vorgänge abspielen, sind Begriffe unseres Universums. „Vor" dem Urknall gab es beides nicht.

Aus dem Hubble-Gesetz kann man das *Alter des Universums* grob abschätzen. Wir nehmen vereinfachend an, dass seine Expansionsrate konstant ist. Ein Objekt im Abstand r entfernt sich von uns nach HUBBLE mit $v = Hr$. Sein heutiger Abstand ist $r = v t_H$. Nach Einsetzen ergibt sich $r = H r t_H$ und die aus H berechnete *Hubble-Zeit* $t_H = 1/H = 13{,}7$ Milliarden Jahre. Dieser Wert ist heute bis auf 1 % genau bekannt. Wie weit die Deutung von t_H als Alter des Universums gerechtfertigt ist, gehört jedoch zu den offenen Fragen der Kosmologie. Es gibt Hinweise auf ein höheres Alter des Universums als t_H. Zahlreiche Theorien über veränderliche Expansionsraten versuchen dies zu erklären. Entsprechend errechnen Astrophysiker heute für den Radius des Universums mehr als $r_H = c t_H$ = 13,7 Milliarden Lichtjahre.

D. Belege für den Urknall

a) Rotverschiebung ohne Dopplereffekt: Die Galaxienhaufen verändern ihre Position gegenüber anderen kaum, ähnlich wie die Punkte im Ballonmodell. Die Rotverschiebung ihres Lichtes kann nicht durch eine „Flucht"-Bewegung der Galaxienhaufen als Sender oder des Beobachters auf der Erde als Empfänger erklärt werden, also *nicht* durch den *Dopplereffekt*. Vielmehr dehnt sich der Raum dazwischen aus, und die Lichtwellen werden mitgedehnt.

Atome senden die Wellenlänge λ_0 aus, damals in einer fernen Galaxis, genauso wie heute bei uns. Auf dem Weg zu uns wurde aber λ_0 um $\Delta\lambda$ auf λ_1 gedehnt, sodass wir $\lambda_1 = \lambda_0 + \Delta\lambda$ empfangen → B1. Bei der Ankunft der Lichtwelle verhält sich also die vom Empfänger gemessene Wellenlänge λ_1 zu λ_0, wie der jetzige Galaxienabstand d_1 zum Galaxienabstand d_0 zur Zeit der Lichtaussendung:

$$\frac{\lambda_1}{\lambda_0} = \frac{d_1}{d_0} \quad \text{oder} \quad \frac{\lambda_0 + \Delta\lambda}{\lambda_0} = 1 + \frac{\Delta\lambda}{\lambda_0} = \frac{d_1}{d_0}$$

Ein Beispiel: Die H-Linie des Ca^+-Ions mit λ_0 = 397 nm erreicht uns mit λ_1 = 992,5 nm. Die Rotverschiebung ist $\Delta\lambda/\lambda_0$ = (992,5 nm − 397 nm)/397 nm = 1,5. Der Abstand der Lichtquelle von uns ist seit der Aussendung des Lichts auf das 2,5fache gewachsen ($d_1/d_0 = 1 + 1{,}5$).

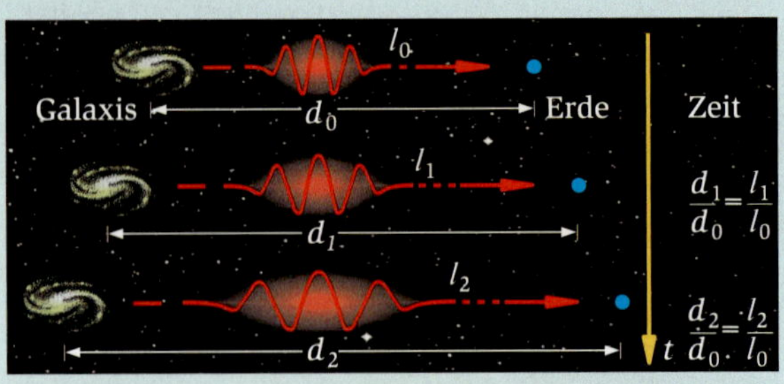

B1 Durch die Expansion des Raumes vergrößert sich die Wellenlänge des Lichts von einer fernen Galaxis.

b) Die Hintergrundstrahlung: Die Energiedichte im Universum war anfangs extrem hoch. Nach dem *Stefan-Boltzmann-Gesetz* ($S \sim T^4$) ist eine hohe Dichte von Strahlung glühender Körper mit hoher Temperatur verbunden. Mit der Ausdehnung des Universums sank diese Dichte und damit auch die Temperatur. Die Wellenlänge λ wuchs während der Expansion und die mittlere Photonenenergie $W = hf = hc/\lambda$ nahm ab. Als die Temperatur noch extrem hoch war, traten die Photonen mit anderen Teilchen in Wechselwirkung: mit Elektronen und den noch freien Quarks. Die Photonen wurden ständig absorbiert und neu erzeugt. Sie konnten keine längere Strecke frei zurücklegen – das Universum war noch völlig undurchsichtig.

Aber nach 300 000 Jahren war die Temperatur auf 3000 K gesunken. Die Photonen, deren mittlere Energie nur noch ca. 1 eV betrug, konnten Atome kaum noch ionisieren. Sie wurden also nicht mehr absorbiert. Folglich wurde der Raum durchsichtig (vom roten Bereich in → B2 an nach oben). Deshalb durcheilen die Photonen von damals noch heute den Raum als kosmische Hintergrundstrahlung. Sie sind von der Materie abgekoppelt.

Seitdem dehnten sich die Abstände im Raum und damit auch die Wellenlänge der Photonen auf das 1000fache. So verringerte sich ihre Energie $W = hf = hc/\lambda$ und nach dem wienschen Verschiebungsgesetz $T \sim 1/\lambda_{max}$ die zugeordnete Temperatur T auf 1/1000, von 3000 K auf knapp 3 K. PENZIAS und WILSON haben 1964 diese Strahlung mit Antennen für Mikrowellen auf der Erde nachgewiesen. Die Hintergrundstrahlung gilt als wichtigste Bestätigung der Theorie vom Urknall und der folgenden Expansion des Universums.

Man führt genaue Kartierungen der Hintergrundstrahlung mit Satelliten durch (→ B3) und spürt so kleine Abweichungen im homogenen Strahlungshintergrund auf. Diese sollten von Keimen der heute beobachteten großräumigen Strukturen im Universum wie Galaxienhaufen herrühren.

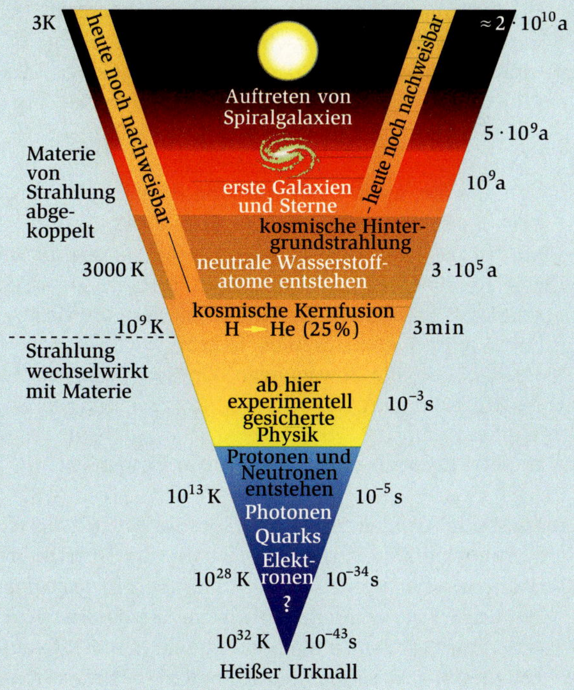

B2 Entwicklung des Universums

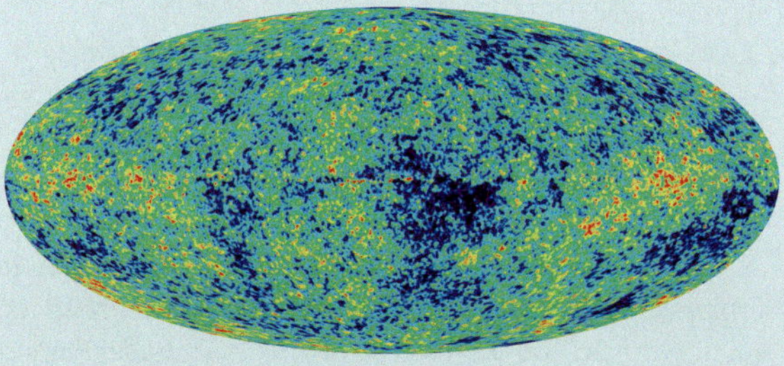

B3 „Weltkarte“ der Hintergrundstrahlung, aufgenommen vom Satelliten WMAP (blau geringe, rot und gelb hohe Strahlungsintensität)

E. Ungelöste Fragen der Kosmologie

Kosmologie ist eine junge Wissenschaft, die sich schnell weiterentwickelt. In den letzten Jahren wurden viele neue Erkenntnisse gewonnen, aber es bleiben auch noch ungelöste Probleme. Wir nennen einige Beispiele.

a) Die kosmologische Inflation: Kurz nach dem Urknall hatten selbst nahe beieinander liegende Regionen keinerlei Kontakt zueinander. Nichts kann sich schneller ausbreiten als das Licht. Daher konnte sich die Temperatur- und Materieverteilung nur in Bereichen des Baby-Universums der Ausdehnung $d = ct$ angleichen. Das war anfangs weit weniger als ein Atomdurchmesser. Es wäre also ein *sehr inhomogenes* frühes Universum zu erwarten. Doch erweist sich das heutige Universum auf sehr große Distanzen als *homogen*. Zudem erscheint es flach, während es am Anfang stark gekrümmt war. Wodurch entstanden Flachheit und Homogenität?

Beide Probleme wurden durch die **Inflationstheorie** von A. GUTH (1979) gelöst. Danach expandierte das Universum in den Sekundenbruchteilen nach dem Urknall exponentiell. Dadurch wurde das Universum flach gezogen, so wie sich die Hülle eines Ballons glättet, wenn man ihn aufbläst. Inhomogenitäten und Raumkrümmungen verschwanden durch die starke Expansion. Leider erwiesen sich alle bisherigen Theorien über Ursache und Ablauf der kosmischen Inflation als nicht stichhaltig.

b) Dunkle Materie: Addiert man die Massen aller Sterne und sonstiger heller Objekte und berechnet damit die Dichte des leuchtenden Universums, so erhält man nur etwa 4 % der für ein flaches Universum erforderlichen Dichte. Es muss also zusätzlich **Dunkle Materie** geben → B4. Sie trägt mit 23 % zur Gesamtmasse des Universums bei. Ein kleiner Teil davon besteht aus Planeten, Kometen, kosmischem Staub usw. Der größte Teil ist jedoch exotische Dunkle Materie, die nur durch Gravitation mit dem Rest der Welt in Wechselwirkung tritt. Sie enthält keine Protonen, Neutronen oder Elektronen. Wissenschaftler bemühen sich bislang vergeblich, ihre Natur zu entschlüsseln.

c) Dunkle Energie: Beobachtungen von Sternexplosionen in fernen Galaxien lehren uns, dass die Expansionsgeschwindigkeit des Universums *zunimmt.* Wäre die Gravitation die einzige auf großen Entfernungen wirksame Kraft im Universum, sollte eine *Abnahme* der Expansion eintreten. Was treibt die Expansion 13,7 Mrd. Jahre nach dem Urknall noch an?

Dieses unbekannte Phänomen wird als **Dunkle Energie** bezeichnet. Sie ist eine Art *Antigravitation,* die sich erst bei großen Entfernungen bemerkbar macht. Diese Dunkle Energie, die bislang theoretisch kaum verstanden ist, trägt nach neuesten Berechnungen zu rund 73 % nach $m = W/c^2$ zur Masse des Universums bei.

B4 Nach der Kollision zweier Galaxienhaufen wird Dunkle Materie indirekt sichtbar.

Wie entstehen Naturgesetze?

Sie kennen nun viele Naturgesetze. Wohl täglich versuchen Sie, mit deren Hilfe Ihre Umgebung im Kleinen wie im Großen zu verstehen, vielleicht auch anderen zu erklären. Wurde Ihnen dabei bewusst, dass unser Tun nie im Widerspruch zu Naturgesetzen möglich ist? Haben Sie sich schon gefragt, was Naturgesetze eigentlich sind, warum sie gelten?

Einfacher ist die Frage, wie sie entstehen. Zahlreiche, zeitbedingte Antworten zu dieser philosophisch geprägten Frage gibt ein Blick in die Geschichte der Physik.

1. Religiöse Motive in der Naturforschung

Die geordneten Bewegungen am gestirnten Himmel weckten den Forscherdrang bereits der antiken Naturphilosophen. Johannes KEPLER las 1605 aus Messwerten von Tycho BRAHE an der Marsbahn Gesetze für die Planetenbewegung ab. Als erster goss er komplizierte Naturvorgänge in die Form mathematischer Gleichungen; die Natur wurde berechenbar. Die Frage, warum Menschen dazu in der Lage sind, beantwortete KEPLER enthusiastisch, im Sinne seiner Zeit:

„Für Gott liegen in der ganzen Körperwelt körperliche Gesetze, höchst erlesene und auf das beste geordnet. Sie liegen innerhalb des Fassungsvermögens des menschlichen Geistes; Gott wollte sie uns erkennen lassen, als er uns nach seinem Ebenbilde erschuf, damit wir Anteil bekämen an seinen eigenen Gedanken."

2. Das Experiment als Frage an die Natur

Galileo GALILEI entwickelte um 1600 aus einfachen Beobachtungen im Laboratorium *Hypothesen.* Daraus zog er *deduktiv,* durch logisches Schließen, Folgerungen, die er in *geplanten Experimenten* dem „Gericht der Natur" zur Prüfung vorlegte.

3. Kausalstrategien beherrschen die Mechanik

Von GALILEI und KEPLER angeregt stellte Isaac NEWTON 1686 die Grundgesetze der **klassischen Mechanik** ($\vec{F} = \Delta\vec{p}/\Delta t$ *bzw.* $\vec{F} = m \cdot \vec{a}$; *actio = reactio*) auf. Zusammen mit seinem *Gravitationsgesetz* konnte er nicht nur KEPLERS Gesetze für Himmelskörper mathematisch herleiten, sondern Bewegungsgesetze für alle Körper, nicht nur die Planeten. Die Physik wurde universell.

Dabei zeigte NEWTON: Man kann *Ursachen* (lat. *causa*) im oft sinnverwirrenden Naturgeschehen finden. Man kann dieses geistig erfassen, durch Vorausberechnung beherrschen. Man entwickelte **Kausalstrategien.** Der Mensch fühlte sich im Besitz von Fähigkeiten, die ursprünglich als göttlich galten und griff in die Natur ein, ein folgenschwerer Schritt.

Eingriffe in die Natur können dem Menschen nützen, sie können aber auch schaden. Wer forscht, der ist verpflichtet, das Wohl der Menschheit zu bedenken. Doch fragt grundlegende Forschung zunächst nicht nach Nutzen, sondern nach *Erkenntnis.* Sie fragt z. B.: Warum sind Körper schwer? NEWTONs ernüchternde Antwort wurde Richtschnur auch für heutige Physik:

„Ich konnte noch nicht aus den Erscheinungen den Grund der Schwere herleiten; *Hypothesen ersinne ich nicht.* Alles, was nicht aus den Erscheinungen folgt, ist eine Hypothese – und Hypothesen, seien es metaphysische von verborgenen Eigenschaften, dürfen nicht in die Physik aufgenommen werden. Es genügt, dass die Schwere existiert und alle Bewegungen der Himmelskörper und des Meeres erklärt."

4. Welche Hypothesen erkennt die Physik an?

Mit dieser Aussage lehnte NEWTON die um 1630 von DESCARTES aufgestellte Behauptung ab, die Gestirne werden von nicht beobachtbaren *Ätherwirbeln* angezogen. Heutige Physik erkennt letztlich nur Hypothesen an, die experimentell überprüfbar sind, so wie es schon GALILEI gefordert hat. EINSTEIN erklärte um 1915 die Gravitation mit seiner, durch Experimente bestätigten Allgemeinen Relativitätstheorie.

5. Gibt es Grenzen strenger Berechenbarkeit?

NEWTON erhob die Physik zum Garanten für strenge Vorausberechenbarkeit, für eine **deterministische Weltsicht.** Die moderne Erforschung des deterministischen Chaos (seit 1963) zeigt aber, dass viele Vorgänge, etwa Turbulenzen aller Art im Wettergeschehen, nicht berechenbar sind, obwohl sie zu jedem Zeitpunkt den strengen, deterministischen Gesetzen etablierter Physik gehorchen. Denn dort wirken sich bereits winzige Änderungen der Startbedingungen exponentiell aus und machen somit Berechnungen über längere Zeiträume illusorisch (der Flügelschlag eines Schmetterlings soll das Wetter in fernen Ländern beeinflussen!).
Dabei wird aber ein echter, durch nichts erklärbarer Zufall nur vorgetäuscht; man fand diesen erst im Quantengeschehen.

Isaac NEWTON

Johannes KEPLER

6. Erhaltungssätze begleiten die Kausalstrategie

Man fand, dass selbst im verwirrenden Naturgeschehen bestimmte Größen erhalten bleiben, man fand neben den Kausalgesetzen **Erhaltungssätze** für Masse, Energie, Impuls und elektrische Ladung. Sie bestärkten das vom kausalen Denken vermittelte Gefühl vom Geborgensein des Menschen im Kosmos. Der Franzose R. DESCARTES sah in den Erhaltungssätzen ein Abbild der Vollkommenheit und Unveränderlichkeit Gottes.

7. Erkenntnis aus Erfahrung? Genügt Nachdenken?

Diese Erfolge regten die philosophisch geprägte Frage an: Was befähigt uns, die oft verwirrenden Vorgänge der Körperwelt als etwas Geordnetes zu erfassen, in Form *eherner Naturgesetze?* Werden diese *gefunden* oder nur *erfunden?* Was trägt die Natur bei, was der Mensch? LEIBNIZ vertrat um 1700 im Sinne des **Rationalismus** seiner Zeit die Auffassung, durch Nachdenken, mit Vernunft, Verstand (*ratio*) allein gewinne man Naturgesetze. Im Gegensatz dazu sagte um 1750 der englische Philosoph HUME: Erkenntnis wird nur durch **Beobachtung** gewonnen, aus Erfahrung, aus Experimenten, **empirisch, induktiv.** Man schließt dabei vom Einzelfall auf das Allgemeine, im Grunde aus Gewohnheit. HUME schrieb:

„Hat man gefunden, dass *in vielen Fällen* zwei Arten von Dingen, Flamme und Hitze, Schnee und Kälte, in Zusammenhang standen, so wird, wenn sich den Sinnen Flamme oder Schnee erneut darbieten, der Geist *durch Gewohnheit* getrieben, Hitze oder Kälte zu erwarten."

Dies wirft die Frage auf: Folgen schon aus *einer Reihe* von Experimenten *allgemeingültige, zwingende* Naturgesetze? Wie wird aus einer Gewohnheitsregel, aus einer endlichen Zahl an Erfahrungen, aus Messreihen, ein *allgemeingültiges,* als *notwendig* erachtetes Gesetz?

8. Erkenntnis aus Erfahrung und Nachdenken

Der Philosoph Immanuel KANT (um 1800) suchte in seiner *Kritik der reinen Vernunft* diese Kluft zwischen *Rationalisten* und *Empiristen* zu überbrücken:

„Erfahrung lehrt zwar, dass etwas so oder so beschaffen sei, aber nicht, dass es nicht anders sein könne. Wird ein Urteil in strenger Allgemeinheit gedacht, so, dass keine Ausnahme als möglich gestattet wird, so ist es nicht von der Erfahrung abgeleitet. Die *Gesetzmäßigkeiten* können wir durch keine Erfahrung lernen, weil Erfahrung selbst solcher Gesetze bedarf.
Die oberste Gesetzgebung der Natur muss in uns selbst liegen. Der Verstand schöpft Gesetze nicht aus der Natur, sondern schreibt sie dieser vor."

Im Sinne der *Aufklärung* wollte KANT die Möglichkeit, Naturgesetze zu erkennen, auf *Verstandeskräfte* im *Menschen* zurückführen, nicht mehr auf Gott (wie KEPLER) oder auf *Erfahrung* (wie HUME). Er wollte *Verstandeskräfte* und *Erfahrung* vereinen:
- Unsere *Verstandeskräfte* entwerfen die Natur der *Struktur* nach, sie liefern die „Gefäßformen" (*Kategorien*) für eventuelle Erfahrungselemente.
- *Erfahrung* allein führt nicht zur Physik. Diese ordnet Erfahrungselemente in die passenden, vom Verstand geschaffenen „Gefäßformen."

Als Beispiel verwies KANT auf die damals moderne Physik NEWTONs. Ihr folgend teilte er die zur Naturerkenntnis nötigen Geisteskräfte ein in die
- *Anschauungsformen* Raum und Zeit sowie die
- *Verstandeskategorien* Realität, Kausalität, Substanz.

Heute noch beherrschen uns vorgegebene Anschauungs- und Denkformen. Wie Verhaltensforscher annehmen, wurden sie in uns entwickelt, zweckmäßig für unsere täglichen Bedürfnisse. So prägen sie die Art, nach der wir die Natur zu *verstehen* suchen. Doch blieb es dabei nicht:

Mit der Feldphysik von FARADAY (1820) und MAXWELLs Theorie der Elektrizität (1870) wurde der materiefreie Raum mehr als nur eine Anschauungsform. Er wurde zum physikalischen Untersuchungsobjekt. Er speichert und transportiert Energie in Form elektrischer und magnetischer Felder und Wellen.
Raum und *Zeit* entzog EINSTEIN in der Speziellen Relativitätstheorie ihren Anspruch an Absolutheit. In seiner Allgemeinen Relativitätstheorie erklärte er die Gravitationskräfte als Folge der durch Materie verursachten Krümmung der Raum-Zeit.
Die *Quantentheorie* stellt ab 1925 *Kausalität, Realität, Substanz* in Frage.

Probleme, die wir beim Verständnis der Relativitätstheorie und der Quantentheorie haben, rühren wohl von der Hartnäckigkeit, mit der wir unbewusst an vorgegebenen Denkformen kleben. Kann man sie durch andere ersetzen?

Immanuel KANT

Sinnestäuschungen

9. Formeln gehören zur Sprache der Physik

Wissenschaft lebt vom Austausch der Gedanken. Dazu braucht man auch in der Physik eine Sprache. Unsere Alltagssprache genügt nicht; sie hängt an Vorgegebenem. Zwar sprechen auch Physiker/innen von Empfindungen: von schwer, heiß, hell. Daraus entwickelten sie aber eine für alle verbindliche, objektive Wissenschaft, indem sie subjektive Empfindungen durch *nachprüfbare Messverfahren* verschärften. Dies machen sie mithilfe physikalischer Operationen – man sagt **operational.**
Dazu war es nötig, Begriffe wie die Temperatur als Messgröße zu definieren – und zwar durch ein für alle verbindliches, von allen nachvollziehbares Messverfahren (zumindest im Prinzip). Bei diesem Vorgehen findet man physikalische Gleichungen zwischen messbaren Größen.

Die Gleichung $\lambda = c/f$ sagt zunächst aus: Die Wellenlänge λ ist umso größer, je größer die Wellengeschwindigkeit c und je kleiner die Frequenz f des Erregers sind. Weitere Einflüsse wirken auf λ nicht ein.
$\lambda = c/f$ sagt aber mehr: Setzt man Messwerte für c, f und λ ein, so erhält man nachprüfbare, quantitative Aussagen. Man kann prüfen, ob diese Beziehung bei Schall-, Wasser- und auch Lichtwellen gilt. Dazu braucht man Instrumente.

10. Naturbetrachtung ohne Instrumente?

Die Natur wird im Labor in oft schwer durchschaubaren Experimenten erforscht. Rühren daher die unanschaulichen Aussagen moderner Physik, die unseren Sinneseindrücken zuwiderlaufen? Betrachten wir die Natur zu sehr durch die „Brille" der Messinstrumente? Gibt es direktere Wege „ins Innere der Natur"? Dazu schrieb GOETHE sehr eindringlich im Faust:

„Und was sie [die Natur] deinem Geist nicht offenbaren mag, das zwingst du ihr nicht ab mit Hebeln und mit Schrauben."

Obwohl Sinneseindrücke oft täuschen, ist diese Skepsis gegen Messinstrumente weit verbreitet. Man beachtet dabei zu wenig, dass auch sehr komplizierte, vom Menschen geschaffene Instrumente den Gesetzen der Natur unterworfen sind. Dazu ein Beispiel:

11. Ist der Begriff „Zeit" auf Uhren angewiesen?

Jeder Mensch hat ein *subjektives Zeitgefühl;* er empfindet das erlebte Geschehen mal als schnell, mal als langsam ablaufend. Der geregelte, periodische Lauf der Gestirne führte aber schon früh sehr viel weiter: Der periodische Ablauf von Tag und Nacht legt es nahe, Zeit am periodischen Lauf von Uhren abzulesen, Zeit zu *messen,* ihr *Maßzahlen* zuzuordnen. „Zeit" wurde so ein *absoluter,* für jeden gleichermaßen gültiger Vorgang. NEWTON schloss sich dem an und gründete die klassische Physik auf der **Absoluten Zeit,** als ein allen zugleich aufgegebenes Faktum.

Im Gegensatz dazu fand EINSTEIN, dass die Zeit vom messenden Beobachter abhängt. Wir fanden dies in seinem Sinne an einem Zeitmessinstrument, der → **Lichtuhr**.
EINSTEIN sagte:

„Zeit ist das was *Uhren* messen."

Dahinter steckt aber nicht die Willkür des Physikers EINSTEIN, sondern ein universell gültiges *Naturgesetz,* die Konstanz der Lichtgeschwindigkeit. Ist eine Lichtuhr 30 cm lang, so wird sie von einem Lichtblitz in 1 ns durchlaufen. Für alle Beobachter ticken solche Uhren im Nano-Sekunden-Takt. Dabei erwies sich Zeit als relativ. Zeit ist also keine dem Menschen unabänderlich eingeprägte Anschauungsform im Sinne KANTs; sie ist auch keine subjektive Empfindung. Sie ist das Ergebnis sorgfältig überprüfter Messverfahren. Doch steckt dahinter eine vielfältig bestätigte *Theorie,* die Spezielle Relativitätstheorie (SRT). Hat also die Theorie das letzte Sagen?

12. Messung und Theorie bedingen einander

Mit dem Satz *„Zeit ist was Uhren messen"* betonte EINSTEIN die Bedeutung des Experiments. Im Hinblick auf seine Theorien konnte er aber auch sagen:

„Erst die Theorie entscheidet darüber, was man beobachten kann, was man „sieht"."

Mit der SRT „sieht" man manches anders als mit NEWTONs Physik. Oft öffnet erst die richtige Theorie die Augen für Beobachtungen, die lange Zeit unverstanden waren. Umgekehrt betonen Experimentatoren, dass die SRT auf der Konstanz der Lichtgeschwindigkeit beruht, also auf Beobachten und Messen.

Nicht nur die Zeit fließt so dahin; in der Physik ist auch der Zeitbegriff zerflossen, unserer Anschauung entglitten.

Wem also gebührt die Priorität, dem Experiment oder der Theorie? Wohl keinem: Theorie und Experiment sind aufeinander angewiesen. Früher waren an Universitäten die Lehrstühle für Experiment und Theorie getrennt. In heutigen Forschungszentren arbeiten Experimentatoren und Theoretiker Tür an Tür zusammen. *Physik ist ein Netzwerk aus Theorie und Experiment.*

Wer also die Natur erforschen will, sollte versuchen, *Experiment und Theorie* widerspruchsfrei zu verbinden. KANTs nach wie vor gültige Frage nach den Bedingungen, unter denen es uns Menschen möglich ist, korrekte Erfahrung über die Natur und ihre Gesetze zu gewinnen, beantwortete 1980 der Quantenlogiker P. MITTELSTAEDT zusammenfassend:

„Die Bedingungen der Möglichkeit der Erfahrung sind die Naturgesetze selbst, denen die Messgeräte unterworfen sind."

Man beruft sich nicht mehr auf KANTs Anschauungsformen, sondern auf Messgeräte, auf die Natur selbst, beschrieben durch vielfach geprüfte Theorien.

Wann ist eine Theorie korrekt? Wie viele experimentelle Bestätigungen geben uns Gewissheit? Diese Frage verschärfte der Wissenschaftstheoretiker K. R. POPPER, indem er sagte: „Eine einzige, gesicherte experimentelle Widerlegung einer Theorie in dem von ihr beanspruchten Gültigkeitsbereich, eine sog. **Falsifikation,** genügt, um sie zu revidieren oder zu verwerfen."

13. Eine vorübergehende Fehlentwicklung

Um 1800 fasste man die von Heiß nach Kalt durch Körper strömende Wärme als unwägbare, unsichtbare Substanz auf, als *Fluidum*. Das sollte auch für Licht, Elektrizität, Energie, Impuls und Entropie gelten. Erst mit EINSTEINs Gleichung $W = m \cdot c^2$ wurde Energie W wie auch Masse m als *Rechengröße* erfasst; beide hängen vom Bewegungszustand des Beobachters ab.

14. Der Beginn atomistischen Denkens

Allmählich wagte man es auch, Aussagen über Dinge zu machen, die selbst Fernrohr und Mikroskop nicht zugänglich sind. Im 19. Jahrhundert begann man das Wärmegeschehen als Wimmel-Bewegung kleinster Materieteilchen (der Atome) zu deuten. Man versuchte die für makroskopische Körper entwickelten Gesetze der Mechanik auf Atome und Moleküle anzuwenden.

Mit Elektronen und Ionen fand man die *atomistische Struktur* von Elektrizität und Materie, nach R. FEYNMAN (Nobelpreis 1956) eine der wichtigsten Erkenntnisse der Physik.

15. Bei Atomen versagt die Kausalstrategie

Selbst wenn die Wimmel-Bewegung der Atome Kausalgesetzen gehorchen sollte, so kann man diese schon aus praktischen Gründen niemals rechnerisch verfolgen. Doch zeigte L. BOLTZMANN um 1870: Oft genügt es zu wissen, dass eine Vielzahl von Atomen dem Zustand zustrebt, dem die größte *Wahrscheinlichkeit* zukommt, weil dort die meisten *Möglichkeiten* bestehen.
Gase nehmen damit den ganzen verfügbaren Raum ein; Energie fließt als Wärme von Heiß nach Kalt, nie umgekehrt. Wahrscheinlichkeiten und Möglichkeiten hielten Einzug in die Physik. Bei *umkehrbaren (reversiblen)* Vorgängen bleibt die „Umkehrgröße" **Entropie** erhalten, bei nicht umkehrbaren (irreversiblen) steigt sie. Entropie erwies sich als fundamental. Zudem bestimmt sie die unerbittliche Richtung zeitlichen Geschehens, den *Zeitpfeil*.

Ludwig BOLTZMANN um 1870

16. Die Quanten werfen hartnäckige Probleme auf

Wer das Beugungsbild von Photonen oder Elektronen unter dem Mikroskop betrachtet, findet folgende Widersprüche:
- Unteilbare Quantenobjekte zeigen sich in Einzelereignissen lokalisiert, an geschwärzten Silberkörnern.
- Man kann diese zwar zählen, ihre Verteilung unterliegt aber dem Zufall. Man weiß nicht, welches Silberkorn als nächstes geschwärzt wird.
- Andererseits zeigen Beugungsbilder die periodische Struktur ausgedehnter Wellen. Man findet, dass sich die Einzelereignisse in eine Gesetzmäßigkeit einordnen, z. B. kann man Wellenlängen berechnen.

Damit sind zwei Problemkreise angeschnitten:
- Wir stellen uns unter einem einzelnen, lokalisierten Teilchen etwas völlig anderes vor als unter einer ausgedehnten Welle. Die anschauliche Deutung der Experimente führte zu einem ernsten Widerspruch.
- Zudem zeigen sich Zufall und Gesetzmäßigkeit nebeneinander. Ist dabei der Zufall nur vorgetäuscht, gibt es doch noch eine verborgende Kausalität wie EINSTEIN vermutet hat als er sagte: „Der Alte würfelt nicht?" Oder lässt sich eine in sich geschlossene Theorie finden, in der auch der Zufall seinen Platz hat?

17. Wie lösen sich die Quanten-Probleme?

SCHRÖDINGER schuf eine *Wellenmechanik* für *Ψ-Wellen*. Um diese zu beschreiben, haben wir die rotierenden Zeiger von klassischen Wellen auf Quanten umgedeutet. Was steckt hinter dieser Umdeutung?

- Man kann Quantenobjekte zählen und ihre Antreffwahrscheinlichkeit bestimmen, das $|\Psi|^2$. Ist es groß, so gibt man den *Ψ*-Zeigern eine große Länge.
- Damit beschreiben die *Ψ*-Zeiger nicht mehr das Hin- und-Her schwingender Teilchen in klassischen Wellen. Solche Bewegungen längs einer bestimmten Bahn sind ja bei Quanten nach der UBR verboten.
- Die *Ψ*-Wellen zeigen bei Interferenz eine Periodizität, die DE BROGLIE-Wellenlänge λ_B. Diese wird durch die Rotation der Zeiger erfasst. Deren Addition hängt von ihrem Phasenwinkel ab. Mit Phasenwinkel und Zeigerlänge beschreibt man alle Interferenzexperimente korrekt. Was heißt das?

R. FEYNMAN sagte: *„Das ganze Geheimnis der Quanten zeigt sich am Doppelspalt."* Jedes Quantenobjekt ist unteilbar, es kann sich nicht auf Spalt 1 *und* Spalt 2 aufteilen, nicht beide zugleich passieren. Anderenfalls wäre der verbotene Bahnbegriff wiederbelebt. Trotzdem interferiert es mit sich selbst. Dabei erfasst es das Ganze der Anordnung, aber nur im Sinne von *Möglichkeiten*. Auch wenn das anschaulich nicht zu verstehen ist, muss man es ernst nehmen. Dazu ordnet man jeder Möglichkeit des Quants einen *Ψ*-Zeiger zu und addiert alle Zeiger. Mit dieser **Superposition** von Quantenmöglichkeiten wird das Verhalten der Quanten so vollständig erfasst, wie es die Experimente fordern. Wer mehr hineinlegt, gerät in Widersprüche.

Dieses Vorgehen führte uns über den Potenzialtopf zur **Schrödinger-Gleichung.** Auch wenn wir dabei schwierige Mathematik umgangen haben, so sahen wir: Die fundamentale Quantengröße *Ψ* ist berechenbar, sie folgt kausalen Gesetzen. Doch ist *Ψ* selbst nicht messbar, wohl aber $|\Psi|^2$ als Antreffwahrscheinlichkeit von Zufallsereignissen.

SCHRÖDINGER versuchte, das Unbestimmte der Möglichkeiten eines α-Teilchens auf ein makroskopisches Objekt zu übertragen, auf seine Katze. Diese sollte also „tot *und* zugleich lebendig" sein. Doch beobachtet man solches nie. Warum gibt es in der klassischen Physik keine Unbestimmtheiten?

Richard FEYNMAN

18. Welche Rolle bleibt der klassischen Physik?

Die Experimente zur Verschränkung stellen unsere Vorstellungen von Realität und Individualität in Frage:

- Quantenobjekte verhalten sich so, als ob sie das Ganze der betreffenden Anordnung beachten, z. B. beide Spalte zugleich; sie verhalten sich nichtlokal.
- Bei großen Objekten zerstören unvermeidliche, irreversible Einwirkungen der Umgebung (z. B. am Messgerät) die Quantensuperposition und überführen sie in ein reales Faktum im Sinne der klassischen Physik (Dekohärenz). Wie dies geschieht ist noch nicht restlos geklärt. In diesem Sinne fragt man sich heute, ob die klassische Physik ein Sonderfall der Quantenphysik oder eigenständig ist? Dazu sagt MITTELSTAEDT:

„Es geht heute nicht mehr darum, Quantenphänomene aus der Sicht der klassischen Physik zu verstehen. Das ungelöste Problem ist vielmehr die klassische Physik selbst. Die Welt der klassischen Physik könnte eine in allen praktischen Fällen bewährte, aber nur näherungsweise richtige Idealisierung, d. h. letztlich eine Illusion sein."

19. Bestimmen Zeitströmungen die Physik?

Wie wir sahen, überspannt die Geschichte der Physik einen weiten Bogen an Fragen und Blickrichtungen, mit denen Menschen sich dem Naturgeschehen zugewandt haben. Ihre Entwicklung ist bedingt durch die Anforderungen des Lebens, der Technik, der Wirtschaft und bei Großprojekten auch der Finanzen. Doch überwiegen wissenschaftliche Fragestellungen.

Spielen dabei auch *gesellschaftliche Grundstimmungen* oder gar *Herrschaftsforderungen* der jeweiligen Zeit eine Rolle, also *politische Strömungen?*

- Im antiken Griechenland war „Physik" Domäne von spekulativ ausgerichteten, weitgehend unabhängigen Philosophen, die den *Urgrund des Seins* suchten.
- Im abendländischen Mittelalter bestimmten religiöse Motive die Naturforschung.
- Zu allen Zeiten erwuchsen fundamentale Errungenschaften aus dem *reinen Streben nach Erkenntnis,* aus dem freien Zusammenspiel von Experiment (Beobachten) und Theorie (Denken).
- Dabei wurden Grenzen des Menschen aufgezeigt, aber auch grenzüberschreitende Möglichkeiten seiner Erkenntnisfähigkeit. So liefert die Physik wichtige Beiträge für Philosophie und Kultur.

Solches ist nur möglich in freien Gesellschaftsformen. Die moderne Physik hätte sich unter politisch autoritären Systemen kaum entwickeln können; man denke an die Repressionen, die sie in der NS-Zeit und im Stalinismus erfuhr. Dort sollte sie in erster Linie dem herrschenden Staatsinteresse dienen, sich ihm unterordnen.

Anhang

Basiseinheiten des internationalen Einheitensystems (SI)

Basisgröße	Basiseinheit	Einheitensymbol	Basisgröße	Basiseinheit	Einheitensymbol
Länge l, s	Meter	m	Temperatur T	Kelvin	K
Masse m	Kilogramm	kg	Lichtstärke I_v	Candela	cd
Zeit t	Sekunde	s	Stoffmenge n	Mol	mol
Stromstärke I	Ampere	A			

1 mol sind so viele Teilchen wie Atome in 0,012 kg des Kohlenstoff-Nuklids ^{12}C enthalten sind.

Druckeinheiten

	Pa = N/m²	bar	atm
1 Pa = 1 N/m²	1	10^{-5}	$0{,}9869 \cdot 10^{-5}$
1 bar	10^5	1	0,98692
1 atm	$1{,}01325 \cdot 10^5$	1,01325	1

1 mbar (Millibar) = 1 cN/cm² (damit sind 1 bar und 1 mbar an SI-Einheiten angeschlossen)
1 atm = 1,01325 bar (physikalische Atmosphäre, ist der Standard-Atmosphärendruck und entspricht dem mittleren Luftdruck in Meereshöhe; 1 atm ist keine SI-Einheit)

Energieeinheiten

	J	kWh	cal	eV
1 J (Joule) = 1 Nm	1	$2{,}7777 \cdot 10^{-7}$	0,23884	$0{,}6242 \cdot 10^{19}$
1 kWh	$3{,}6000 \cdot 10^6$	1	$0{,}8598 \cdot 10^6$	$2{,}247 \cdot 10^{25}$
1 cal	4,1868	$1{,}1630 \cdot 10^{-6}$	1	$2{,}613 \cdot 10^{19}$
1 eV	$1{,}602 \cdot 10^{-19}$	$4{,}45 \cdot 10^{-26}$	$3{,}826 \cdot 10^{-20}$	1

1 kWh = 1000 W · 1 h = $3{,}6 \cdot 10^6$ J
1 eV (Elektronvolt) ist keine SI-Einheit, sondern die Energie, die ein Elektron beim Durchlaufen der Spannung 1 V erhält.
1 cal (Kalorie) ist keine SI-Einheit, sondern etwa die Energie, die 1 g Wasser bei Temperaturerhöhung um 1 K aufnimmt.

Leistungseinheiten 1 W (Watt) = 1 J/s; (1 PS = 735,5 W ist keine SI-Einheit).

Physikalische Konstanten

Klassische Physik

Gravitationskonstante	$\gamma = 6{,}674 \cdot 10^{-11}\ \mathrm{m^3\,kg^{-1}\,s^{-2}}$ (auch Standard-Erdbeschleunigung)
Normalfallbeschleunigung	$g_n = 9{,}80665\ \mathrm{m\,s^{-2}}$ (definiert, heißt „festgelegt", nicht aus Messwerten ermittelt)
Lichtgeschwindigkeit im Vakuum	$c_0 = 2{,}99792458 \cdot 10^8\ \mathrm{m\,s^{-1}}$ (definiert)
Elektrische Feldkonstante	$\varepsilon_0 = 8{,}854187817 \cdot 10^{-12}\ \mathrm{F\,m^{-1}}$
(Permittivität des Vakuums)	(aus den definierten Größen berechnet: $c_0 = 1/\sqrt{\varepsilon_0 \mu_0}$)
Magnetische Feldkonstante	$\mu_0 = 4\pi \cdot 10^{-7}\ \mathrm{V\,s\,A^{-1}\,m^{-1}} \approx 1{,}25664 \cdot 10^{-6}\ \mathrm{V\,s\,A^{-1}\,m^{-1}}$ (definiert)
(Permeabilität des Vakuums)	
Nullpunkt der Celsius-Skala	$T_0 = -273{,}15\ °\mathrm{C}$ (definiert)
Molares Volumen eines idealen Gases	$V_0 = 22{,}414\ \mathrm{dm^3\,mol^{-1}}$ (bei 1 bar und 0 °C)
Gaskonstante	$R_0 = 8{,}3145\ \mathrm{J\,mol^{-1}\,K^{-1}}$
Avogadro-Konstante	$N_A = 6{,}02214 \cdot 10^{23}\ \mathrm{mol^{-1}}$
Boltzmann-Konstante	$k_B = 1{,}38065 \cdot 10^{-23}\ \mathrm{J\,K^{-1}}$
Stefan-Boltzmann-Konstante	$\sigma = 5{,}6704 \cdot 10^{-8}\ \mathrm{W\,m^{-2}\,K^{-4}}$

Quantenphysik, Elementarteilchen

Planck-Konstante	$h = 6{,}626069 \cdot 10^{-34}\ \mathrm{J\,s} = 4{,}1357 \cdot 10^{-15}\ \mathrm{eV\,s}$
Compton-Wellenlänge (Elektron)	$\lambda_C = 2{,}426310 \cdot 10^{-12}\ \mathrm{m}$
Atomare Masseneinheit	$\mathrm{u} = 1{,}660539 \cdot 10^{-27}\ \mathrm{kg} = 931{,}494\ \mathrm{MeV}/c^2$
Elementarladung	$e = 1{,}602176 \cdot 10^{-19}\ \mathrm{C}$
Elektronenmasse	$m_e = 9{,}109382 \cdot 10^{-31}\ \mathrm{kg} = 5{,}485799 \cdot 10^{-4}\ \mathrm{u}$
Spezifische Elektronenladung	$e/m_e = -1{,}758820 \cdot 10^{11}\ \mathrm{C\,kg^{-1}}$
Protonenmasse	$m_p = 1{,}672622 \cdot 10^{-27}\ \mathrm{kg} = 1{,}007276\ \mathrm{u}$
Spezifische Protonenladung	$e/m_p = 9{,}578834 \cdot 10^7\ \mathrm{C\,kg^{-1}}$
Neutronenmasse	$m_n = 1{,}674927 \cdot 10^{-27}\ \mathrm{kg} = 1{,}008665\ \mathrm{u}$

Eigenschaften fester Stoffe

	Dichte bei 18 °C	Linearer Ausdehnungskoeff. α [6]	Spezifische Wärmekapazität		Schmelzpunkt	Spezifische Schmelzwärme		Siedepunkt
	$\frac{g}{cm^3}$	1/K 0,0000	$\frac{Joule}{g \cdot K}$	$\frac{cal^*}{g \cdot K}$	°C	$\frac{Joule}{g}$	$\frac{cal^*}{g}$	°C
Aluminium	2,70	24	0,896	0,214	660	395	95,4	2327
Blei	11,34	29	0,129	0,031	327,3	23	5,5	1750
Chrom	7,1	07	0,440	0,105	1900	280	67,3	2330
Eisen, rein	7,86	12	0,450	0,108	1535	275	66	2800
Flussstahl	7,84	11	0,435	0,104	1450	–	–	–
Gold	19,3	14	0,129	0,0309	1063,0	64	15,4	2660
Iridium	22,4	066	0,130	0,031	2443	117	28	4350
Iod	4,94	83	0,22	0,052	114	125	29,5	184
Kalzium	1,55	22	0,65	0,15	850	218	52	1700
Kobalt	8,8	13	0,42	0,10	1490	263	62,8	3100
Kohlenstoff:								
Diamant	3,514	012	0,49	0,118	> 3600	–	–	4200
Grafit	2,25	08	0,69	0,165	> 3600	–	–	4350
Kupfer	8,93	17	0,383	0,092	1083	205	48,9	2582
Magnesium	1,74	26	1,01	0,24	650	370	88	1120
Mangan	7,3	23	0,48	0,115	1250	266	64	2087
Natrium	0,97	70	1,22	0,29	97,8	113	27,4	883
Nickel	8,8	13	0,448	0,11	1455	300	71,6	2800
Platin	21,4	090	0,133	0,0316	1769	111	26,6	4010
Schwefel rhomb.	2,056	64	0,715	0,171	112,8	50	12	444,60
monoklin	1,96	–	0,733	0,176	118,8	42	10	
Selen	4,50	37	0,32	0,078	217	67	16	690
Silber	10,51	20	0,235	0,0556	960,5	105	25,1	2190
Silicium	2,4	08	0,703	0,168	1410	167	40	2600
Wolfram	19,3	04	0,134	0,032	3380	191	45,8	5900
Zink	7,12	26	0,385	0,0925	419,5	109	26	910
Zinn	7,28	27	0,227	0,0523	232	61	14,5	2337
Messing [1]	~ 8,3	18	0,38	0,092	~ 920	–	–	–
Bronze [2]	~ 8,7	18	0,38	0,092	~ 900	–	–	–
Konstantan [3]	8,8	15	0,41	0,098	–	–	–	–
Neusilber [4]	8,7	18	0,40	0,095	~ 1000	–	–	–
Woodsches Metall [5]	9,7	–	0,17	0,04	65 – 70	–	–	–
Porzellan	2,3	~ 038	0,84	0,2	–	–	–	–
Jenaer Glas	2,7	081	0,78	0,186	–	–	–	–
Quarzglas	2,21	005	0,73	0,174	1710	–	–	–
Kochsalz NaCl	2,16	40	0,87	0,206	801	517	123,5	1461
Naphthalin	1,15	94	1,29	0,30	80,1	150	36	217,9
Rohrzucker	1,59	83	1,22	0,29	186	56	13,4	–
Hartgummi	1,20	~ 80	1,42	0,34	–	–	–	–

1) 62% Cu, 38% Zn
2) 84% Cu, 9% Zn, 6% Sn, 1% Pb
3) 60% Cu, 40% Ni
4) 62% Cu, 16% Ni, 22% Zn
5) 50% Bi, 25% Pb, 12,5% Sn, 12,5% Cd
6) Zwischen 0 °C und 100 °C

Eigenschaften von Flüssigkeiten

	Dichte bei 18 °C	Volumenausdehnungskoeff. γ	Spezifische Wärmekapazität bei 18 °C		Schmelzpunkt	Schmelzwärme		Siedepunkt bei 1,013 bar	Verdampfungswärme	
	$\frac{g}{cm^3}$	1/K 0,00	$\frac{Joule}{g \cdot K}$	$\frac{cal*}{g \cdot K}$	°C	$\frac{Joule}{g}$	$\frac{cal*}{g}$	°C	$\frac{Joule}{g}$	$\frac{cal*}{g}$
Aceton	0,791	149	2,2	0,53	−94,7	98	23,4	56,2	525	125
Benzol	0,879	123	1,72	0,408	+5,53	126	30,2	80	394	94
Brom	3,12	111	0,46	0,11	−7,3	68	16,2	58,7	183	44
Chloroform	1,489	128	0,95	0,225	−63,7	75	17,9	61,1	279	67
Diethylether	0,716	162	2,34	0,56	−123,4	98	23,5	34,6	360	86
Ethanol	0,790	110	2,42	0,57	−114,4	107	25	78,4	840	201
Glycerin	1,260	049	2,39	0,57	+18	200	47,9	290	–	–
Olivenöl	0,915	072	2,0	0,47	–	–	–	–	–	–
Petroleum	0,85	096	2,1	0,50	–	–	–	150–300	–	–
Quecksilber	13,551	0181	0,139	0,033	−38,87	11,8	2,8	357	285	68
Schwefelkohlenstoff	1,265	118	0,996	0,24	−111,8	58	13,8	46,2	352	84
Tetrachlorkohlenstoff	1,590	122	0,85	0,20	−22,9	21	5,0	76,7	193	46
Toluol	0,866	111	1,7	0,41	−95,0	72	17,2	110,7	364	87
Wasser	0,9986	02 (20 °C)	4,182	0,999	0,00	334	79,7	100,00	2256	538,9

Eigenschaften von Gasen

	Dichte [1]	Spezifische Wärmekapazität [2]		Schmelzpunkt	Siedepunkt [3]	Dichte als Flüssigkeit [4]
	$\frac{g}{l}$	$\frac{Joule}{g \cdot K}$	$\frac{cal*}{g \cdot K}$	°C	°C	$\frac{g}{cm^3}$
Ammoniak NH_3	0,7714	2,16	0,52	−77,7	−33,4	0,682
Argon Ar	1,7839	0,523	0,125	−189,3	−185,8	1,4
Acetylen C_2H_2	1,17	1,683	0,402	−81,7	−83,6 [5]	0,621
Chlor Cl_2	3,214	0,74	0,177	−100	−34,6	1,56
Helium He	0,1785	5,23	1,25	−272,2	−268,94	0,13
Kohlenstoffdioxid CO_2	1,9768	0,837	0,20	−56	−78,5 [5]	1,56
Kohlenstoffoxid CO	1,2500	1,042	0,249	−205	−191,48	0,79
Luft	1,2929	1,005	0,239	−213	−193	–
Methan CH_4	0,7168	2,2	0,527	−183	−161,4	0,425
Neon Ne	0,9002	1,03	0,246	−248,6	−246,1	1,21
Ozon O_3	2,144	0,795	0,190	−252	−112	–
Sauerstoff O_2	1,429	0,917	0,219	−218,8	−182,97	1,134
Schwefeldioxid SO_2	2,926	0,64	0,152	−75,3	−10	1,46
Stickstoff N_2	1,2505	1,038	0,248	−210	−195,81	0,81
Wasserdampf	0,5977	1,94	0,464	–	–	0,9584
Wasserstoff H_2	0,08987	14,32	3,41	−259,2	−252,78	0,071

[1] 0 °C; 1,013 bar;
[2] c_p; konst. Druck;
[3] 1,013 bar;
[4] am Siedepunkt;
[5] Sublimationspunkt

Vorsilben für dezimale Vielfache und Teile von Einheiten

Vorsilbe	Exa (E)	Peta (P)	Tera (T)	Giga (G)	Mega (M)	Kilo (k)	Hekto (h)	Deka (da)
bedeutet	10^{18}	10^{15}	10^{12}	10^{9}	10^{6}	10^{3}	10^{2}	10^{1}

Vorsilbe	Dezi (d)	Zenti (c)	Milli (m)	Mikro (μ)	Nano (n)	Pikto (p)	Femto (f)	Atto (a)
bedeutet	10^{-1}	10^{-2}	10^{-3}	10^{-6}	10^{-9}	10^{-12}	10^{-15}	10^{-18}

Spezifischer Widerstand bei 18 °C

Stoff	$\Omega \frac{mm^2}{m}$	Stoff	$\Omega \frac{mm^2}{m}$	Stoff	$\Omega \frac{mm^2}{m}$
Silber	0,016	Kohle	50...100	Polystrol	$5 \cdot 10^{18}$
Kupfer	0,017	Germanium	900	Glas	$10^{16}...10^{19}$
Gold	0,023	Selicium	1200	Porzellan	$10^{19}...10^{20}$
Aluminium	0,028	Meerwasser	200 000	Glimmer	$10^{19}...10^{21}$
Wolfram	0,049	dest. Wasser	10^{10}	Hartgummi	$10^{19}...10^{21}$
Nickel	0,07	Schiefer	10^{12}	Paraffin	$10^{20}...10^{22}$
Eisen	0,1...0,5	Marmor	$10^{13}...10^{14}$	Siegellack	10^{22}
Konstantan	0,5	Pressspan	10^{14}	Bernstein	$> 10^{22}$

Schwingungsfrequenzen der Tonleiter in Hz

Ton	c′	cis′	d′	dis′	e′	f′	fis′	g′	gis′	a′	ais′	h′	c″
rein	264	278	279	313	330	352	347	396	418	440	467	495	528
temperiert [1]	262	277	294	311	330	349	370	392	415	440	466	494	524

[1] temperierte oder gleichschwebende Stimmung: Halbtonschritte $\sqrt[12]{2}$ = 1,059-fache

Schallgeschwindigkeiten

Die vom Luftdruck weitgehend unabhängige **Schallgeschwindigkeit** c_ϑ beträgt in trockener atmosphärischer Luft bei $\vartheta = k\,°C$: $c_\vartheta = 331\sqrt{1 + 0{,}00367\,k}$ m/s. Weitere Schallgeschwindigkeiten:

	m/s		m/s	Flüssigkeit bei 20 °C	m/s	Gase bei 20 °C	m/s
Aluminium	5080	Gold	2030	Wasser	1465	Wasserstoff	1306
Blei	1200	Kupfer	3710	Petroleum	1326	Kohlenstoffdioxid	267
Eisen	5170	Messing	3490	Tetrachlorkohlenstoff	950	Leuchtgas	~453
Glas	~5000	Kautschuk	50	Xylol	1350	Sauerstoff	326

Internationale Einheiten

1 inch (in, Zoll)		=	2,54 cm
1 foot (ft)	= 12 in	=	30,48 cm
1 yard (yd)	= 3 ft	=	91,44 cm
1 mile	= 1760 yd	=	1609 m
1 acre		=	4047 m^2
1 geografische Meile		=	7420 m
1 Seemeile (sm)		=	1852 m
1 Knoten (kn)	= 1 sm/h	=	0,5144 m/s
1 Faden		=	1,829 m
1 Registertonne		=	2,832 m^3
1 internat. Karat		=	0,2051 g
1 Feinunze (troy ounce, tr. oc)		=	31,1035 g
1 ounce (oz)		=	28,35 g

1 pound (lb)	= 16 oz	=	453,6 g
1 quarter (qu)	= 28 lbs	=	12,70 kg
1 short ton	= 2000 lbs	=	907,2 kg
1 long ton	= 2240 lbs	=	1016 kg

	englisch	amerikanisch
1 pint (liq.pt.)	= 0,5683 l	= 0,4732 l
1 quart = 2 pints	= 1,1365 l	= 0,9464 l
1 gallon = 4 quarts	= 4,5461 l	= 3,7854 l
1 petroleum barrel	= 159,11 l	= 158,99 l
1° Fahrenheit (°F) wobei 32 °F der Temperatur 0 °C entspricht.		$= \frac{5}{9}$ °C

[1] veraltete, nicht mehr zugelassene Einheiten.

Wasser und Wasserdampf

Temperatur ϑ	Dichte flüssigen Wassers	Dampfsättigungsdichte	Dampfsättigungsdruck		Temperatur ϑ	Dichte flüssigen Wassers	Dampfsättigungsdichte	Dampfsättigungsdruck		Temperatur ϑ	Dampfsättigungsdruck p	
°C	$\frac{g}{cm^3}$	$\frac{g}{m^3}$	mbar	Torr*	°C	$\frac{g}{cm^3}$	$\frac{g}{m^3}$	mbar	Torr*	°C	bar	at*
−10	–	2,14	2,6	1,95	22	0,99777	19,4	26,4	19,8	100	1,013	1,033
−5	–	3,24	4	3,01	24	0,99730	21,8	29,8	22,4	110	1,432	1,461
0	0,99984	4,84	6,1	4,58	26	0,99678	24,4	33,5	25,2	120	1,98	2,024
2	0,99994	5,6	7	5,3	28	0,99623	27,2	37,4	28,3	130	2,70	2,754
4	0,99997	6,4	8,1	6,1	30	0,99565	30,3	42,2	31,8	140	3,62	3,685
6	0,99994	7,3	9,3	7,0	35	0,9939	39,6	56,0	42,2	150	4,76	4,854
8	0,99985	8,3	10,7	8,0	40	0,99221	51,1	73,5	55,3	175	8,94	9,101
10	0,99970	9,4	12,3	9,2	50	0,98805	83,0	123	92,5	200	15,52	15,86
12	0,99950	10,7	14,0	10,5	60	0,98321	130,2	199	149,4	225	25,5	26,01
14	0,99924	12,1	16,0	12,0	70	0,97778	198,1	310	233,7	250	39,8	40,56
16	0,99894	13,6	18,1	13,6	80	0,97180	293,3	473	355,2	300	85,9	87,61
18	0,99859	15,4	20,6	15,5	90	0,96532	423,5	700	525,9	350	165,2	168,63
20	0,99820	17,3	23,4	17,5	100	0,95835	597,7	1013	760	374,2 (Kr.)	221	225,5

Siedetemperatur ϑ des Wassers beim Druck p

p	bar	0,906	0,934	0,946	0,96	0,974	0,986	1,00	**1,013**	1,026	1,04	1,052	1,067
	Torr *	680	700	710	720	730	740	750	**760**	770	780	790	800
ϑ	°C	96,91	97,71	98,10	98,49	98,88	99,25	99,63	**100,00**	100,37	100,73	101,09	101,44

Erde und Weltall

Erde

Mittlerer Äquatorradius	a = 6378,140 km
Polradius	b = 6356,777 km
Radius der volumengleichen Kugel	6371,221 km
Masse	$5{,}974 \cdot 10^{24}$ kg
Dichte im Mantel	3,4 g/cm^3
in der Zwischenschicht	6,4 g/cm^3
im Kern	9,6 g/cm^3
Mittelwert	5,52 g/cm^3
Schwerebeschleunigung	
am Äquator	9,7805 m/s^2
an den Polen	9,8322 m/s^2
in Berlin	9,8126 m/s^2
Mittelwert	9,7977 m/s^2
Erddrehung	
Rotationsgeschw. am Äquator	465,12 m/s
Zentrifugalbeschl. am Äquator	−0,0392 m/s^2

Bahnbewegung	
Mittlerer Abstand von der Sonne	$1{,}4960 \cdot 10^8$ km
Exzentrizität der Bahn	0,016710
Mittlere Bahngeschwindigkeit	29,8 km/s
Schiefe der Ekliptik (2000) (jährliche Abnahme 0,468″)	23° 26′ 21″
Internationales Erdellipsoid Äquatorradius (genau)	a = 6378,165 km
Abplattung (genau)	$1 - \frac{b}{a} = \frac{1}{298}$
Polradius	b = 6356,755 km
Mittlerer Radius	6371,025 km
Mittlerer Längenkreisgrad	111,137 km
Mittlere Längenkreisminute (Seemeile)	1,852 km
Äquatorumfang	40 075 km
Oberfläche	509 088 842 km^2
Volumen	1 083 218 990 000 km^3

Mond

Radius	1738 km
Masse	$7{,}349 \cdot 10^{22}$ kg
Mittlere Dichte	3,34 g/cm^3
Scheinbarer Halbmesser	Max. 16′ 46″
	Min. 14′ 40″
Schwerebeschleunigung	1,619 m/s^2
Siderische Umlaufzeit	27,322 Tage

Entfernung von der Erde	
	Max. 406 740 km
	Min. 356 410 km
	Mittelwert 384 400 km
Exzentrizität der Bahn	0,0549
Bahnneigung gegen Ekliptik	5° 8′ 43″
Bahngeschwindigkeit	1,023 km · s^{-1}

Sonne

Radius	696 000 km
Masse	$1{,}9891 \cdot 10^{30}$ kg
Mittlere Dichte	1,408 g/cm^3
Scheinbarer Halbmesser	Max. 16′ 18″
	Min. 15′ 46″
Schwerebeschleunigung	274 m/s^2

Umdrehungsdauer	25,45 Tage
Entfernung vom nächsten Fixstern (Proxima Centauri)	4,27 Lichtjahre
Zentraltemperatur	$1{,}571 \cdot 10^7$ °C
Effektive Temperatur	5778 K
Gesamtstrahlung	$4{,}2 \cdot 10^{26}$ J/s
Solarkonstante	1,37 kW · m^{-2}

Planeten

	Mittlerer Äquatorradius	**Masse (ohne Satelliten)**	**Zahl der Monde (1998)**	**Mittlere große Halbachse der Bahn um die Sonne**	**Exzentrizität der Bahn**	**Neigung der Bahnebene gegen Ekliptik**	**Scheinbarer Durchmesser von der Erde aus**		**Mittlere Umlaufzeit**	
	km	**Erde = 1**		**10^6 km**	$\frac{e}{a}$		**Min.**	**Max.**	**siderisch trop. Jahre**	**synodisch Tage**
Merkur	2440	0,0553	0	57,91	0,206	7° 0′	5″	13″	0,2408	115,88
Venus	6052	0,815	0	108,21	0,007	3° 24′	10″	66″	0,6152	583,92
Erde	6378	1,00	1	149,60	0,017	–	–	–	1,0000	–
Mars	3397	0,107	2	227,90	0,093	1° 51′	3″	25″	1,8809	779,94
Jupiter	71 492	317,83	16	778,34	0,048	1° 18′	30″	50″	11,862	398,88
Saturn*	60 268	95,162	> 18	1426,8	0,054	2° 29′	15″	21″	29,458	378,09
Uranus	25 559	14,536	17	2871,0	0,047	0° 46′	3″	4″	84,015	369,66
Neptun	24 766	17,147	8	4498,3	0,009	1° 46′	2,2″	2,4″	164,788	367,48

* Saturnringe: Innerster Durchmesser 66 900 km, äußerster Durchmesser 480 000 km, Dicke 2 km, Masse: 0,000 04 der Saturnmasse

Milchstraße

Durchmesser	$8 \cdot 10^{17}$ km
Dicke	$15 \cdot 10^{16}$ km
Gesamtmasse	$2{,}5 \cdot 10^{11}$ Sonnenmassen

Entfernung der Sonne vom Mittelpunkt	$25 \cdot 10^{16}$ km
Entfernung der Sonne von Mittelebene	$5 \cdot 10^{14}$ km
Geschw. der Sonne gegenüber Umgebung	19,4 km/s

Astronomische Konstanten

Astronomische Einheit (AE) = Mittlere Entfernung Erde – Sonne = $149{,}59787 \cdot 10^6$ km
Lichtjahr (Lj) = 63 275 AE = 0,3066 Parsec (pc) = $9{,}46 \cdot 10^{12}$ km
Parsec = 206 265 AE = 3,2598 Lj = $30{,}86 \cdot 10^{12}$ km

Massen, Längen und Zeiten

Massen (in kg)	
Weltall	$\sim 10^{50}$
Sonne	$1{,}99 \cdot 10^{30}$
Erde	$5{,}98 \cdot 10^{24}$
Mond	$7{,}3 \cdot 10^{22}$
Lufthülle der Erde	$2 \cdot 10^{18}$
Cheopspyramide	$6 \cdot 10^{9}$
Mensch	$7 \cdot 10^{1}$
1 l Wasser	1
Fliege	$\sim 10^{-3}$
Staubkorn	$\sim 10^{-10}$
Uranatom	$4 \cdot 10^{-25}$
Elektron	$9{,}1 \cdot 10^{-31}$

Längen und Ausdehnungen (in m)	
Weltall (Ø)	$\sim 10^{26}$
1 Lichtjahr (Lj)	$9{,}46 \cdot 10^{15}$
nächster Fixstern (Proxima Centauri)	4,24 Lj
1 Astron. Einheit (AE)	$1{,}496 \cdot 10^{11}$
Entfernung Sonne – Erde	1 AE
Sonne (Ø)	$13{,}9 \cdot 10^{8}$
Erde (Ø)	$1{,}28 \cdot 10^{7}$
Berlin (Ø)	$\sim 10^{5}$
Mensch	1,75
Bakterien	$\sim 10^{-6}$
Atome	$\sim 10^{-10}$
Atomkern	$\sim 10^{-14}$
Elektron	$5{,}6 \cdot 10^{-15}$

Zeiten (1 a = 1 Jahr)	
Weltalter	10^{10} a
Erdalter	$5 \cdot 10^{9}$ a
Halbwertszeit von Uran	$5 \cdot 10^{9}$ a
Erdkruste	$3 \cdot 10^{9}$ a
Paläozoikum vor	$2 \cdot 10^{9}$ a
Mesozoikum vor	$5 \cdot 10^{8}$ a
Spuren des ersten Menschen vor	$6 \cdot 10^{5}$ a
Neandertaler vor	$2 \cdot 10^{5}$ a
Bronzezeit vor	$5 \cdot 10^{3}$ a
Lichtlaufzeit Sonne – Erde	500 s
Pulsschlag des Menschen	~1 s

Atommasse (in u)

Nuklid	Z	Atommasse	Nuklid	Z	Atommasse	Nuklid	Z	Atommasse	Nuklid	Z	Atommasse
n	0	1,0086649	Al-27	13	26,981539	Zr-92	40	91,905041	Bi-212	83	211,991286
H-1	1	1,0078250	Si-28	14	27,976927	Mo-99	42	98,907712	Bi-214	84	213,998712
H-2	1	2,0141018	Si-29	14	28,976495	Tc-99	43	98,906255	Po-209	84	208,982430
H-3	1	3,0160493	Si-30	14	29,973770	Ag-107	47	106,905097	Po-210	84	209,982874
He-3	2	3,0160293	P-30	15	29,978314	Ag-108	47	107,905956	Po-212	84	211,988868
He-4	2	4,0026033	P-31	15	30,973762	Ag-109	47	108,904752	Po-214	84	213,995201
He-6	2	6,018889	Ar-40	18	39,962383	Ag-110	47	109,906107	Po-216	84	216,001915
Li-6	3	6,015123	K-40	19	39,963998	Cd-108	48	107,904184	Po-218	84	218,008973
Li-7	3	7,016005	Ca-40	20	39,962591	Cd-110	48	109,903002	Rn-220	86	220,011394
Be-7	4	7,016930	Cr-54	24	53,938880	Cd-113	48	112,904402	Rn-222	86	222,017578
Be-9	4	9,012182	Mn-54	25	53,940359	In-115	49	114,903878	Ra-224	88	224,020212
Be-10	4	10,013534	Mn-55	25	54,938045	I-140	53	139,931000	Ra-226	88	226,025410
B-10	5	10,012937	Fe-55	26	54,938293	Cs-133	55	132,905452	Ra-228	88	228,031070
B-11	5	11,009305	Fe-56	26	55,934938	Cs-137	55	136,907089	Ac-228	89	228,031021
C-11	6	11,011434	Co-57	27	56,936291	Cs-140	55	139,917282	Th-228	90	228,028741
C-12	6	12,000000	Co-59	27	58,933195	Ba-137	56	136,905827	Th-229	90	229,031762
C-13	6	13,003355	Co-60	27	59,933817	Ba-144	56	143,922953	Th-230	90	230,033134
C-14	6	14,003242	Ni-59	28	58,934357	Ce-140	58	139,905439	Th-232	90	232,038055
N-13	7	13,005739	Ni-60	28	59,930796	Nd-144	60	143,910087	Th-233	90	233,041582
N-14	7	14,003074	Ni-64	28	63,927966	Au-197	79	196,966569	Th-234	90	234,043601
N-15	7	15,000109	Cu-64	29	63,929764	Tl-203	81	202,972344	Pa-233	91	233,040247
O-14	8	14,008596	Zn-64	30	63,929142	Tl-204	81	203,973864	U-233	92	233,039635
O-15	8	15,003066	Kr-85	36	84,912527	Pb-204	82	203,973044	U-234	92	234,040952
O-16	8	15,994915	Kr-86	36	85,910611	Pb-205	82	204,974482	U-235	92	235,043930
O-17	8	16,999132	Kr-89	36	88,917630	Pb-206	82	205,974465	U-236	92	236,045568
O-18	8	17,999161	Rb-85	37	84,911790	Pb-207	82	206,975897	U-237	92	237,048730
F-18	F9	18,000938	Rb-87	37	86,909181	Pb-208	82	207,976652	U-238	92	238,050788
F-19	F9	18,998403	Rb-94	37	93,926405	Pb-209	82	208,981090	U-239	92	239,054293
Ne-20	10	19,992440	Rb-96	37	95,934270	Pb-210	82	209,984189	Np-237	93	237,048173
Ne-21	10	20,993847	Sr-90	38	89,907738	Pb-211	82	210,988737	Np-239	93	239,052939
Ne-22	10	21,991385	Y-90	39	89,907152	Pb-212	82	211,991898	Pu-238	94	238,049560
Na-22	11	21,994436	Y-94	39	93,911595	Pb-214	82	213,999805	Pu-239	94	239,052163
Na-23	11	22,989769	Zr-88	40	87,910227	Bi-207	83	206,978471	Pu-240	94	240,053813
Na-24	11	23,990963	Zr-89	40	88,908890	Bi-208	83	207,979742	Pu-241	94	241,056851
Mg-24	12	23,985042	Zr-90	40	89,904704	Bi-209	83	208,980399	Pu-242	94	242,058743
Mg-27	12	26,984341	Zr-91	40	90,905646	Bi-210	83	209,984120	Am-241	95	241,056829

Das Periodensystem der Elemente

Atommasse in u – 26,98
Eine eingeklammerte Atommasse gibt die Masse eines wichtigen Isotops des Elements an

Al – Element-symbol

Ordnungszahl (Protonenzahl) – 13

Aluminium – Element-name

schwarz = feste Elemente
rot = gasförmige Elemente
blau = flüssige Elemente
weiß = künstliche Elemente
grün = natürliche radioaktive Elemente

Perioden	Hauptgruppen I	II	Nebengruppen III	IV	V	VI	VII	VIII	VIII	VIII	I	II	Hauptgruppen III	IV	V	VI	VII	VIII
1 K-Schale	1,01 H 1 Wasserstoff																	4,00 He 2 Helium
2 L-Schale	6,94 Li 3 Lithium	9,01 Be 4 Beryllium											10,81 B 5 Bor	12,01 C 6 Kohlenstoff	14,01 N 7 Stickstoff	16,00 O 8 Sauerstoff	19,00 F 9 Fluor	20,18 Ne 10 Neon
3 M-Schale	22,99 Na 11 Natrium	24,31 Mg 12 Magnesium											26,98 Al 13 Aluminium	28,09 Si 14 Silicium	30,97 P 15 Phosphor	32,07 S 16 Schwefel	35,45 Cl 17 Chlor	39,95 Ar 18 Argon
4 N-Schale	39,10 K 19 Kalium	40,08 Ca 20 Calcium	44,96 Sc 21 Scandium	47,88 Ti 22 Titan	50,94 V 23 Vanadium	51,99 Cr 24 Chrom	54,94 Mn 25 Mangan	55,85 Fe 26 Eisen	58,93 Co 27 Cobalt	58,69 Ni 28 Nickel	63,55 Cu 29 Kupfer	65,39 Zn 30 Zink	69,72 Ga 31 Gallium	72,61 Ge 32 Germanium	74,92 As 33 Arsen	78,96 Se 34 Selen	79,90 Br 35 Brom	83,80 Kr 36 Krypton
5 O-Schale	85,47 Rb 37 Rubidium	87,62 Sr 38 Strontium	88,91 Y 39 Yttrium	91,22 Zr 40 Zirconium	92,91 Nb 41 Niob	95,94 Mo 42 Molybdän	(99) Tc 43 Technetium	101,07 Ru 44 Ruthenium	102,91 Rh 45 Rhodium	106,42 Pd 46 Palladium	107,87 Ag 47 Silber	112,41 Cd 48 Cadmium	114,82 In 49 Indium	118,71 Sn 50 Zinn	121,75 Sb 51 Antimon	127,60 Te 52 Tellur	126,90 I 53 Iod	131,29 Xe 54 Xenon
6 P-Schale	132,91 Cs 55 Caesium	137,33 Ba 56 Barium	La-Lu 57–71	178,49 Hf 72 Hafnium	180,95 Ta 73 Tantal	183,84 W 74 Wolfram	186,21 Re 75 Rhenium	190,23 Os 76 Osmium	192,22 Ir 77 Iridium	195,08 Pt 78 Platin	196,97 Au 79 Gold	200,59 Hg 80 Quecksilber	204,38 Tl 81 Thallium	207,20 Pb 82 Blei	208,98 Bi 83 Bismut	(209) Po 84 Polonium	(210) At 85 Astat	(222) Rn 86 Radon
7 Q-Schale	(223) Fr 87 Francium	(226) Ra 88 Radium	Ac-Lr 89–103	(261) Rf 104 Rutherfordium	(262) Db 105 Dubnium	(266) Sg 106 Seaborgium	(264) Bh 107 Bohrium	(269) Hs 108 Hassium	(268) Mt 109 Meitnerium	(271) Ds 110 Darmstadtium	(272) Rg 111 Roentgenium	(277) Cn 112 Copernicium	(287) Uut 113	(289) Fl 114 Flerovium	(288) Uup 115	(293) Lv 116 Livermorium	(293) Uus 117	(294) Uuo 118

Elemente der Lanthan-Reihe	138,91 La 57 Lanthan	140,12 Ce 58 Cer	140,91 Pr 59 Praseodym	144,24 Nd 60 Neodym	(147) Pm 61 Promethium	150,36 Sm 62 Samarium	151,96 Eu 63 Europium	157,25 Gd 64 Gadolinium	158,93 Tb 65 Terbium	162,50 Dy 66 Dysprosium	164,93 Ho 67 Holmium	167,26 Er 68 Erbium	168,93 Tm 69 Thulium	173,04 Yb 70 Ytterbium	174,97 Lu 71 Lutetium
Elemente der Actinium-Reihe	(227) Ac 89 Actinium	(232) Th 90 Thorium	(231) Pa 91 Protactinium	(238) U 92 Uran	(237) Np 93 Neptunium	(239) Pu 94 Plutonium	(241) Am 95 Americium	(244) Cm 96 Curium	(249) Bk 97 Berkelium	(252) Cf 98 Californium	(253) Es 99 Einsteinium	(257) Fm 100 Fermium	(258) Md 101 Mendelevium	(259) No 102 Nobelium	(262) Lr 103 Lawrencium

Stichwortverzeichnis

A

α-Strahler 565, 579
α-Strahlung 536, 579
– Reichweite 539
α-Teilchen 536, 579
α-Zerfall 536, 568, 579
Abbildungsmaßstab 11, 15, 42
Abendrot 40
ABS 97
absoluter Druck 197
absoluter Nullpunkt 213
Absorption von Strahlung 478
Abwärme 247, 261
actio und reactio 92, 100
additive Farbmischung 36
Airbag 99
Akkomodation 17
Aktivität 548, 579
allgemeine Gasgleichung 214
Alphaspektrum 538
Altersweitsichtigkeit 18
Ampere 291, 317
Amplitude 47, 48, 56, 396, 419
ANDERSON 540, 547
Anode 277
Anomalie des Wassers 210, 211
Antimaterie 547
Antineutron 583
Antiproton 583
Antiteilchen 547, 583
Antreffwahrscheinlichkeit 506, 532
Aphel 167
Äquipotenzialfläche 335
Äquivalentdosis 558
Äquivalenz von Energie und Masse 497, 499
Aräometer 195
Arbeit 131, 147, 218, 231
– und Entropie 259, 266
Arbeitstakt 250, 260
ARCHIMEDES, Satz des 190, 192
ARISTOTELES 108, 172
ASTON 368
astronomische Einheit 612
Atmung 199
Atom 280
Atombombe 575
Atomhülle 536
Atomkern 280, 536, 562, 579
– Dichte 563
– Kernkraft 562
– Kernradius 563
– Radius 563
Aufladung *siehe* elektrostatische Aufladung
Auftrieb 190
Auftriebskraft 190, 202
Aufzug 63
Auge 16, 42
– Farbensehen 37
– Untersuchung 31
Augenspiegel 31
Ausbreitungsgeschwindigkeit 409
Ausdehnung, thermische 208
Außenleiter 313
AVOGADRO 216

B

β-Strahler 536, 564, 579
– Reichweite 541
β-Teilchen 536, 540, 579
β-Zerfall 536, 570, 579
Bahnkurve 118
Bandlücke 524
bar 181, 202
Barometer 196, 202
Baryonen 583
Bauch *siehe* Schwingungen
BEDNORZ 523
Beleuchtung 316
BENZ 246, 250
Benzinmotor 246
Beobachter 114
BERNOULLI 216
beschleunigte Bewegung 82
Beschleunigung 83, 104
– negative 86
– Zentripetal- 154
Betaspektrum 540
Beugung 458, 471
Bewegung
– beschleunigte 82, 100, 154
– Geschichte 108
– gleichförmige 72, 100
– mit Luftwiderstand 112
Bewegung, brownsche 254
Bewegungsenergie 122, 125
Bezugssystem 114, 488
Bilder erzeugen
– mit Linsen 11
– mit Lochkamera 10
Bildweite 10
Bimetallstreifen 209
Bindungsenergie 564, 579
Biomasse 238, 239
BLACKETT 146
Blitzschutz 281
Blockkondensator 340
Blutdruck 184
Bodyplethysmographie 299
BOHR 517
bohrsches Atommodell 517
BOLTZMANN 257, 266, 516
BORN 507
Boyle und Mariotte, Gesetz von 198, 202, 212
BRAHE 167
BRAMAH 182
braunsche Röhre 277, 324, 336
Brechung *siehe* Lichtbrechung
Brechungsgesetz 470
Brechungsgesetz von Snellius 28, 32
Brechungswinkel 27
Brechungszahl 470
Bremsen 96
– hydraulisch 185
Brennpunkt 13
Brennstoffzelle 262
Brennweite 13
Brennwertkessel 227, 237
Brille 18
brownsche Bewegung 254
Brückenschwingung 401
BUNSEN 466

C

C-14-Methode 550
Cartesianischer Taucher 194
CAVENDISH 164
CD als Reflexionsgitter 468
CELSIUS 207
Celsius-Skala 207
Cepheiden 613
CERN 369
CHADWICK 572
CLAUSIUS 257
CO_2 481
Compton-Effekt 544
Computer-Tomografie 596
COULOMB 290, 329
Coulomb-Gesetz 329
Coulomb-Kraft 329, 347
Crashtest 98
c_W *siehe* Widerstandsbeiwert

D

DAIMLER 250
DALTON 516
Dampfmaschine 246
Dämpfung 399
Dauermagnet 287
Daumensprungmethode 17
DE BROGLIE 510, 517
de Broglie-Wellen 510
Dehnungsmessstreifen 71, 305
Deklination 362
deterministische Strahlenwirkung 553, 556
deterministische Weltansicht 618
Diagnostik, nuklearmedizinische 560
Diagramm *siehe* Schaubild
Dichte 67, 100
– der Kernmaterie 563
Dieselmotor 246, 250
Diffusion 254
Diode 279
Dioptrie 18
Dipol
– hertzscher 443

– magnetischer 351
Dissonanz 51
DMS 71
Doppelschichtkondensator 340
Doppelspalt 458, 460, 465
Doppelspaltversuch 459
Doppelstern 608
Dopplereffekt 438, 449, 616
Dopplerfrequenz 438
Dopplersonographie 441
Dosenbarometer 197
Dosimeter 558
Dosis, effektive 553, 558, 579
Dosisleistung 558
Drehfrequenz 152
Drehstrom 389
Drei-Finger-Regel 354
Driftgeschwindigkeit 359
drittes Kepler-Gesetz 168, 175
Druck 179, 202
– hydrostatischer 187, 194
Druckgröße 181, 202
Dualismus Welle-Teilchen 507
dunkle Energie 617
dunkle Materie 617
Durchschnittsgeschwindigkeit 78

E

Echolot 55
effektive Dosis 553, 558, 579
Effektivwert 384, 390
Eigenfrequenz 52, 56, 429, 449
Eigenschwingung 428, 449
Einheit, astronomische 612
Einhüllende 469
EINSTEIN 174, 488 ff., 514
Einstein-Gleichung 497
Ekliptik 170
elektrische Energie 310, 318
– Übertragung 388
elektrische Feldkonstante 328
elektrische Feldlinien 324, 377
elektrische Feldstärke 326, 347
elektrische Ladung 272, 317
– gleichnamige 274, 317
– Kraftwirkung 232
– Messung 291
– negative 274, 317
– Polarisation 331
– positive 274, 317
elektrische Leistung 311, 318
elektrische Spannung 294, 296, 318, 332, 347
– Definition 298
– induzierte 375, 390
– Reihenschaltung 307
elektrische Stromstärke
– Messung 322
– Parallelschaltung 292, 308
elektrischer Strom 272, 317
– Gefahren 314
– magnetische Wirkung 284, 317
– Messung 291
– Wärmewirkung 281, 317
elektrischer Stromkreis 271, 317
– geschlossener 270
– unverzweigter 306
– verzweigter 308
elektrischer Widerstand 301, 317
– Reihenschaltung 307
– spezifischer 303
– technischer 304
– Temperatur 302
elektrisches Feld 324
– Erde 328
– Energie 341
elektrisches Potenzial 294
– Nullpunkt 295
elektrisches Thermometer 207
elektrisches Ventil 279
elektrisches Wirbelfeld 377, 390
Elektroden 271
Elektrofeldmeter 327
Elektrolytkondensator 340
Elektromagnet 284, 287, 317
elektromagnetische Schwingung 402, 404, 405, 450
elektromagnetische Wechselwirkung 584, 587
elektromagnetische Welle 444, 450
– Beugung 458
elektromagnetisches Spektrum 447
Elektromotor 288
Elektron 276, 280, 317, 323, 536
– Atombau 280, 317
– Elektronenfluss und Stromrichtung 278
– Geschwindigkeit 365
– Magnetfeld 364
– spezifische Ladung 364
Elektronenbeugung 510
Elektronenbeweglichkeit 359
Elektroneneinfang 571
Elektronengas 281
Elektronenkanone 332
Elektronenmikroskop 367
Elektronenstrahl 277
Elektronenüberschuss 278
Elektronvolt 333
Elektroskop 274
elektrostatische Aufladung 282
– und Influenez 283
elektrostatische Farbbeschichtung 344
elektrostatisches Staubfilter 344
Elementarladung 277, 290, 317, 342, 347
Elementarmagnet 351
Elementarteilchen 369, 498
– Standardmodell der 587
Elementarwelle 458, 471
Ellipse 166
Elongation-Kraft-Gesetz 395
Elongationsenergie 398
Emission von Strahlung 479
Endenergie 236
Endoskop 33
Energie
– Bewegungs- 122, 125, 147
– Bilanz 235
– dunkle 617
– elektrische 310, 318
– elektrisches Feld 341
– Höhen- 122, 125, 147
– innere 123, 147, 217, 231
– kinetische 122
– Magnetfeld 353
– mechanische 122
– messen 124
– Pfade 234
– Photon 504, 532
– potenzielle 122, 617
– Primär- 236
– Spann- 126, 147
– sparen 240
– und elektrischer Strom 273
– und Spannung 296
– und Wohlstand 311
Energieausweis 235, 236
Energieband in Festkörpern 524, 533
Energiebedarf 236
Energiebilanz 124, 133, 147, 235, 247
Energiedichte 546
Energiedosis 552, 558
Energiedosisleistung 552
Energieentwertung 223, 231, 235, 262
Energieerhaltung 122, 147, 222, 378
Energieerhaltungssatz der Mechanik 126
Energiefluss 260
Energiegewinnung 247
Energieleitung 237
Energiemitführung 237
Energieniveauschema 568
Energiepfade 234
Energiesatz 264
Energiespeicher 220
Energiespektrum 538, 540, 542
Energiestrahlung 237
Energiestrom 240, 243, 258
Energieumwandlung 122
Entfernungsmessung 612
Entropie 223, 257, 260, 265
– -abnahme 259, 266
– -zunahme 259, 266
– und Energieentwertung 262, 266
Entropieerhaltung 261
Entropiefluss 260

Entropiesatz 264, 265
Epizykel 172
ERATOSTHENES 162
Erdalter 550
Erdanziehung 162
Erdbebenwelle 413
Erdgas 238
Erdöl 238
Erdradius 162
Erdwärme 239
Ersatzwiderstand
– Parallelschaltung 309, 318
– Reihenschaltung 306, 318
erster Hauptsatz 223, 231, 265
erstes Kepler-Gesetz 167, 175
eV 333
externe Strahlenexposition 554, 558

F

Fadenpendel 47, 400
Fahrradventil 198
Fahrtenschreiben 79
Fall
– freier 104, 119
– mit Luftwiderstand 106, 119
Fallgesetze 105, 119
Fallröhre 104
FARADAY 281, 288, 324, 338, 352, 374
Faradaybecher 281
Faradaykäfig 281
Farbcode von Widerständen 304
Farben 34
– addieren 36, 42
– subtrahieren 38, 42
Farbenkreis 36
Farbfilter 38
Farbkraft 585
Farbladung 585
Farbspektrum 467
Federgesetz 68, 100
Federkonstante 395
Federkraft 68
Federpendel 394
Federpistole 128
Federschwinger 399
Feld
– elektrisches 324, 347
– magnetisches 352
Feldeffekt-Transistor 531, 533
Feldkonstante, elektrische 328
Feldlinien
– elektrische 324, 377
– magnetische 352
Feldquant 584
Feldstärke, elektrische 326
Fermigrenze 525
Fernleitung 388
Fernrohr 20, 42
Fernsehröhre 277
Fernwärme 253
Ferrofluide 592
Ferromagnetismus 360
Festkörper 524
Festplatte 361
Festwiderstand 304
FEYNMAN 128, 588
Fixstern 609
Flächenladungsdichte 328, 347
Flächensatz 167
Flaschenzug 184
Fließgleichgewicht 477, 485
Fluss, magnetischer 374, 390
Flussdichte, magnetische 355, 374
Flüssigkeitsthermometer 207
Fotoapparat 11, 20
Fotodiode 529, 533
Fotoeffekt 502, 532, 544
Fotowiderstand 526, 533
Fotozelle 502
Fourieranalyse 434, 436
Fouriersynthese 436
Franck-Hertz-Experiment 518
FRAUNHOFER 40, 466
Fraunhoferlinien 602
freier Fall 104, 119
Fremdatommarkierung 560
Frequenz 47, 56
FRESNEL 463
FRIEDMANN 615
FRISCH 574
Fukushima 577
Fullerene 592

G

γ 164
γ-Strahlung 536, 579
– Absorption 544
– Reichweite 544
γ-Teilchen 536, 579
Galaxienhaufen 614
Galaxis 614
GALILEI 83, 108, 173, 488
Gammaradiografie 560
Gammaspektrum 542
Gangunterschied 419
Gärtnerkonstruktion 166
Gas
– ideales 212, 213
– reales 212
– thermisches Verhalten 212
Gas-und-Dampfturbinenanlage 253
Gasdruck 216
Gasgleichung, allgemeine 214
Gasturbine 253
Gefahren durch elektrischen Strom 314
Gegenstandspunkt 12
Gegenstandsweite 10
Geothermie 239
Gesamtimpuls 141
Geschwindigkeit 72
– Durchschnitts- 78
– einer gleichförmigen Kreisbewegung 153
– Momentan- 79
– negative 76
Geschwindigkeit-Weg-Gesetz 85
Geschwindigkeitsfilter nach WIEN 368, 370
Gesetz von Boyle und Mariotte 198, 202, 212
Gewebe-Wichtungsfaktor 553
Gewichtskraft 64, 66, 100, 104, 190
Gewitter 345
Giant-Magneto-Resistive 361
Gitter 464, 471
Gitterkonstante 464
Glasfaserkabel 33
gleichförmige Bewegung 72, 100
gleichförmige Kreisbewegung 152
Gleichgewicht 235
Gleichrichtung 279
Gleichstrommotor 289
Gleichverteilung 256
Gleichzeitigkeit 492
Gleitreibungszahl 95, 97
Glimmlampe 271, 278
glühelektrischer Effekt 277, 317
Glühlampe 316
Gluonen 584
Gluonenband 585
GMR-Effekt 361
goldene Regel der Mechanik 182
Goldkrone des HIERON 194
GPS 489
Gravitationsdrehwaage 165
Gravitationsenergie 601
Gravitationskonstante 164, 175
Gravitationskraft 162, 175
Gravitationslinse 505
gravitative Wechselwirkung 587
Grenzfläche 26
GRÜNBERG 361
Grundfarben 37
Grundgleichung der Mechanik 90, 100, 105, 113
GuD-Kraftwerk 253
Gummiband als Kältemaschine 263

H

HAFELE 175, 494
Haftreibung 156
Haftreibungskraft 156
Haftzahl 95, 97
Hahn 574
Halbleiter 526, 533

Halbleiter-Diode 528, 533
Halbleiterdetektor 539, 542
Halbwertsdicke 544
Halbwertszeit 340, 548, 579
Halleffekt 356, 370, 527
Hallkonstante 357, 370
Hallsensor 359
Hallsonde 358
Hallspannung 356
HALLWACHS 502
Halogenlampe 316
Hangabtriebskraft 70, 100
Hauptreihe 607
HAWKING 175
Hebebühne 182, 184
Hebelgesetz 140
HEISENBERG 512, 515
Heißluftballon 215
Heißluftmotor 248, 260
Heizkörperthermostat 237
Heizkosten 234
Heizwärme
– aus Biomasse 239
– aus Erdwärme 239
– aus solarer Strahlung 239
– aus Umweltwärme 239
Heizwert 234, 243
Hektopascal 181
HELMHOLTZ 31, 223, 601
HERTZ 442
Hertz-Dipol 443, 449
HERTZSPRUNG 607
Hertzsprung-Russel-Diagramm 607
Higgs-Teilchen 587
Himmelsblau 40
Hintergrundstrahlung 616
Hochdruck 228
Hochspannungstransformator 387
Hochtemperatur-Supraleiter 523
Höhenenergie 122, 125
Holzpellets 234, 239
hookesches Gesetz 68, 100
Hörbereich 51
Hörgrenze 51
Hörschwelle 53
HUBBLE 22, 614
Hubble-Konstante 614
Huygens-Prinzip 458, 464, 469, 471
Hydraulik 178
hydraulische Bremse 185
hydraulische Maschinen 178, 182
hydrostatischer Druck 187, 194
hydrostatisches Paradoxon 188
Hysteresis 360

I

idealer Heißluftmotor 248
ideales Gas 212, 213
Impuls 137, 148
– Photon 505
Impulsänderung 142, 148
Impulserhaltung 137, 148
Impulshöhenanalysator 539
Induktion, magnetische 375, 390
Induktionsgesetz 376, 390
induzierte Spannung 375
Inertialsystem 115, 171
Inflation, kosmologische 617
Inflationstheorie 617
Influenz 275, 317, 325
Infrarot 475
infrarotes Licht 35
Infrarotstrahlung 481
Inklination 362
Innenohr 61
innere Energie 123, 217, 231
instabiles Nuklid 564
Interferenz 419, 471, 507
– Doppelspalt 458, 471
– mit zwei Sendern 454
Interferenzfeld 455
interne Strahlenexposition 554, 558
Intervall 51
Invarianz der Lichtgeschwindigkeit 491
Ionen 346, 368
ionisierende Strahlung 536
IPCC 484
IR 35
irreversibel 223, 231, 254, 265
isobar 213
Isolator 271, 317, 338
isotherm 213
Isotop 564
Isotopenmarkierung 560

J

Joule 218, 311

K

K *siehe* Kelvin
Kalium-Argon-Methode 550
Kältemaschine 263
Kaltfront 229
Kapazität 338, 347
Katode 277
Kausalität 514
Kausalitätsprinzip 101
Kausalstrategie 618
KEATING 175, 494
Kelvin 207, 213
KELVIN, Lord 207
KEPLER 167, 173
Kepler-Gesetze 167, 175
Keramikkondensator 340
Kernfusion 566, 578, 579
Kernkraft 562, 585
Kernkraftwerk 253, 576
Kernmaterie, Dichte der 563
Kernmodell 567
Kernpotenzial 567
Kernradius 563
Kernreaktion 572, 579
Kernspaltung 566, 574, 579
Kernspin 598
Kernspintomografie 598
Kernumwandlung, künstliche 572
Kettenkarussell 158
Kettenreaktion 575
Kilowattstunde 311
kinetische Energie 122, 125
Kippspannung 312
KIRCHHOFF 466
Klangfarbe 51, 56
Klangspektrum 434
Kleingewimmel 255, 263
Klimawandel 480, 484
Knoten *siehe* Schwingungen
Knotenlinie 454
Knotenregel 292, 308
Kochen 230
Kohärenz 455
Kohle 238
Kohlekraftwerk 252
Kolbendruck 178, 202
Komplementärfarben 36
Komplementaritätsprinzip 509
Kompressionstakt 260
Kompressor 251
Kondensator 251, 334, 338, 347
– Entladung 340
– Power- 346
– Schaltung 339
– Typen 340
Kondensieren 225, 230
Kondensor 21
Kondensstreifen 230
Konsonanz 51
Konstantan 302
Kontaktelektrizität 282
Kontraktionsfaktor 495
KOPERNIKUS 172
Kopierer 344
kosmische Strahlung 555
kosmologische Inflation 617
Kraft
– Auftriebs- 190
– äußere 141
– Beschleunigung 90
– Coulomb 329
– Feder- 68
– Gewichts- 64, 66, 100, 190
– Gleichgewicht 62, 69
– Gleitreibungs- 94
– Gravitations- 162
– Haftreibungs- 156
– Hangabtriebs- 70
– innere 137, 148
– Komponente 68, 114
– konstante 82

– magnetische 350, 352
– Messung 68, 71
– Normal- 70
– Reibungs- 132
– Resultierende 68, 114
– resultierende 62
– Richtung 131
– Rückstell- 395
– Schub- 145
– -stoß 142
– Unabhängigkeit 114
– und Arbeit 131
– und Druck 180, 184, 202
– und Energie 125
– und Impuls 142
– Vektoren 68, 100
– Zentripetal- 153
– Zerlegung 70
Kraft-Wärme-Kopplung 238, 253, 262
Kräftegleichgewicht 63, 69
Kräfteparallelogramm 68
Kraftmesser
– elektronischer 327
Kraftsensor 305
Kraftwandler 183, 202
Kraftwerk
– GuD- 253
– Kern- 253
– Kohle- 252
– Wärme- 252
Kreisbewegung
– gleichförmige 152, 159
kritische Masse 575
Kugelstoß 118
Kühlschrank 251, 261
kundtsche Röhre 420
künstliche Kernumwandlung 572
Kurvenfahrt 157
Kurzsichtigkeit 18
kWh 311

L

La Ola 55, 408
Ladung *siehe* elektrische Ladung
Ladungsbilanz 546
Ladungspumpe 273
Lageenergie 122, 125
Längenkontraktion 495, 499
Längswelle 412, 430, 449
LAPLACE 173
Lärm 53
Laser 599
Laserdrucker 344
Lautstärke 49
LED *siehe* Leuchtdiode
Leidener Flasche 340
Leistung 134, 147
– elektrische 310, 318
– mittlere 134, 147
– Momentan- 134, 147
Leistungsdichte 474, 485
Leitung 270
LENARD 516
lenzsches Gesetz 378, 390
Leptonen 586
Leuchstofflampe 316
Leuchtdiode 316, 469, 529, 533
Leuchtkraft 600
LHC 369
Licht 471
– infrarotes 35
– ultraviolettes 35
Lichtbrechung 26, 30, 42, 469
lichtelektrischer Effekt *siehe* Fotoeffekt
Lichtfleck 11
Lichtgeschwindigkeit 469, 471, 490, 499
Lichtleiter 33
Lichtquant 502, 532
Lichtschranke 74
LIEBIG 246
Linienspektrum 466
Linke-Faust-Regel 285
Linse 11, 42
Linsenbilder 12
Linsengleichung 15
Lochblende 10
Löchermodell 526
Lochkamera 10
Lochrad 75
Lochscheibe 50
Lokalisationsenergie 514, 532
Longitudinalwelle *siehe* Längswelle
Looping 158
Lorentzkraft 355, 356, 365, 370, 377
Lotuseffekt 593
Luftdruck 181, 196, 202
Luftpumpe 198
Luftwiderstand 104, 105, 112, 119, 135
Luftwiderstandskraft 107
Lungenautomat 200
Lupe 19, 20, 42

M

Magnetfeld
– einer Spule 286, 370
– eines Leiters 285, 370
magnetische Feldkonstante 358
magnetische Feldlinien
– Richtung 285
magnetische Flasche 366
magnetische Flussdichte 355, 370, 374
– gerader Leiter 355, 370
– Spule 358, 370
magnetische Induktion 375, 390
– Kochen 380
magnetische Linse 367
magnetische Wirkung des elektrischen Stroms 284
magnetischer Fluss 374, 390
magnetisches Feld 352
– Erde 362
– Orientierung 363
– und Materie 360
Magnetisieren 351
Magnetpole 350
MARICOURT 353
Mars-Express 448
mass-energy 499
Masse 65, 100
– Leuchtkraft-Relation 608
Masseeinheiten 65
Massendefekt 565, 579
Massenspektrometer 368, 370
Massenzahl 536
Materie, dunkle 617
MAXWELL 445, 490
MAYER 223
Mechanik, goldene Regel der 182
Meitner 574
Mesonen 583
Mikroskop 21, 42
– Elektronen- 367
Mikrowellenherd 448
MILLIKAN 290, 342
Millikan-Versuch 342
Minuspol 270
MITSCHERLICH 246
mittlere Geschwindigkeit 216
Moderator 573
mol 214
Molekülbewegung 216
Momentangeschwindigkeit 79
Mondbahn 168
Monochord 52
MOSFET 531
MÜLLER 523
Myonen 494, 498

N

Nanomaterialien 592
Nanotechnologie 588
Naturforschung 618
Naturgesetz 618
natürliche Strahlenexposition 554
Naturvorgänge ohne Wiederkehr 254
Nebelkammer 146, 536
negative Beschleunigung 86
negative Geschwindigkeit 76
Neutralisation von Ladungen 274
Neutrino 586
Neutronen 536, 572
– thermische 573
Neutroneneinfang 572
Neutronenstern 611
NEWTON 90, 109, 162, 173, 618

newtonsches Gravitationsgesetz 163, 175
Nichtlokalität 508
Normalkraft 70, 100
Normvolumen 214
November-Revolution der Elementarteilchenphysik 498
npn-Transistor 530, 533
NTC-Widerstand 304
nuklearmedizinische Diagnostik 560
nuklearmedizinische Therapie 561
Nukleonen 536
Nuklid 536
– instabiles 564
– stabiles 564
Nuklidkarte 564
Nulleffekt 536
Nullleiter 313
Nullniveau 124
Nullpunkt 213
Nullzeit 200
Nutzarbeit 261

O

Oberschwingung 52
Obertöne 51
Objektivlinse 21
OERSTED 285
– Versuch 284
OHM 300
ohmscher Widerstand 384
ohmsches Gesetz 300
Okularlinse 21
optische Abbildungen 13, 14
optische Täuschung 29
Ordnungszahl 536
Organdosis 553, 558
Ortsdosis 558
Ortsfaktor 66, 100, 105
Oszilloskop 49, 312
OTTO 246, 250
Ottomotor 250, 251

P

p-n-Übergang 528, 533
Paarbildung 546
Parallaxe 172, 612
Parallelschaltung 292, 299, 308, 318
Pascal 181
Pauliprinzip 521, 532, 567
Pendelatmung 201
Perihel 167
Periode 47
Periodendauer 47, 48, 56, 396, 405
Permeabilität 360
Permeabilität des freien Raums 358
Permittivität 338
Perpetuum mobile 378
Personendosis 558
Pfad eines Photons 507
Phase 396, 450
Phasendifferenz 454, 455
Phasensprung 423
Phasenwinkel 382
Photon 504, 532
– Ruhemasse 546
Photonendichte 506
Pilzdrucktaste 315
PLANCK 502, 516
Planck-Konstante 503, 514
Planeten 162
Plattenkondensator 323, 327
Pluspol 270
Pneumotachograph 199
POINCARÉ 174
Pol
– Minus- 270
– Plus- 270
Polarisationsladung 331
Polarlicht 366
Positron 536, 540, 547
Positronenemissionstomografie 561, 597
potenzielle Energie 122, 125
Potenzial 335
– elektrisches 294
Potenzialdifferenz 294
Potenzialtopf 520, 567
Potenzialtopfmodell 571
POUND 175
Primärenergie 236
Prisma 34
Proton 323
Protonen 536
Protostern 610
Prozess
– irreversibler 254
– reversibler 254
PTC-Widerstand 304
PTOLEMÄUS 172
Pupille 16

Q

Quanten-Pferch 520
Quantensprung 519
Quantenzahlen 521, 532
Quantenzustand, stationärer 515
Quantisierung
– Atom 518
– der Lichtenergie 504, 532
Querwelle 410, 449

R

Radar-Geschwindigkeitsmessung 448
radioaktive Zerfallsreihe 536, 571
radioaktiver Zerfall 549, 579
Rasterelektronenmikroskop 588
Rasterkraftmikroskop 590
Rastertunnelmikroskop 522, 591
– spinpolarisiertes 589
Rationalismus 619
Raumheizung 234
Raumkrümmung 615
Raummodell 615
reactio 92, 100
Reaktor 575
reales Gas 212
REBKA 175
Rechenmodell 112
Reflektor 25
Reflexion 24, 42
Reflexionsgesetz 25, 42
Reflexionsgitter 468
Regenbogen 41
Regenerator-Prinzip 250
Reibung 94, 132, 147, 222, 231
Reichweite
– α-Strahlung 539
– β-Strahlung 541
– γ-Strahlung 544
Reihenschaltung 299, 306, 318
Relativgeschwindigkeit 488
Relativitätsprinzip 174, 491, 499
Resonanz 52, 56, 399, 428
Resonanzfluoreszenz 519
Resonanzkatastrophe 429
resultierende Kraft 62
reversibel 223, 231, 254, 265
Riesensterne 607
Ringbeschleuniger 369
Röhre 276
Röntgenverordnung 557
Rotverschiebung 616
Rückstellkraft 395, 400
Ruhemasse 497, 546
Russell 607
RUTHERFORD 516, 562, 572
– Streuversuch 562

S

Saiteninstrumente 46, 52, 434
Satz des Archimedes 190, 192, 202
Schall
– Ausbreitung 54, 56
– Entstehung 46
– Laufzeit 75
– Medizin 440
– Schwingungen 46, 56
Schallgeschwindigkeit 432
Schallwelle 55
Schalter 270
Schaltplan 270
Schaltzeichen 270
Schaubild
– beschleunigte Bewegung 84
– gleichförmige Bewegung 74
Scheitelspannung 382, 390
schiefe Ebene 70, 100

schiefer Stoß 146
Schmelzen 224, 231
Schmelzpunkt 206
Schmelzsicherung 293
Schmelzwärme 224, 226, 231
Schnelle 409
SCHRÖDINGER 255
Schubkraft 145
Schutzleiter 312
schwache Wechselwirkung 586
Schwarzer Körper 477, 485
schwarzer Zwerg 611
schwarzes Loch 175, 611
Schweben 192, 202
Schwebung 417
Schweredruck 187, 194, 202
Schwerelosigkeit 171
Schwerkraft *siehe* Gewichtskraft
Schwerpunkt 140, 148
Schwimmblase 193
Schwingkreis 402, 442
Schwingung
- Aufzeichnung 48
- Bauch 52, 424, 449
- Dämpfung 399, 405
- Diagramm 48
- Differenzialgleichung 397, 404
- Eigen- 428
- elektromagnetische 402, 404, 405
- Energie 398, 405
- erzwungene 52, 394
- freie ungedämpfte 394, 405
- harmonische 394
- Knoten 52, 424, 449
- Parameter 47
- Schall 46
- Sinus- 395
- Überlagerung 416
Sehen 23
Sicherung 293
Sieden 225
Siedepunkt 206
Siedetemperatur 225
Sinken 192
Snellius *siehe* Brechungsgesetz von Snellius
solare Strahlung, Heizwärme aus 239
Solarenergie 238
Solarkonstante 474, 485, 600
Solarzelle 529, 533
Sonne 600
- Energiegewinnung 604
- Lebensdauer 605
- Licht 40
- mittlerer Druck 603
- Oberflächentemperatur 602
- Spektrum 40
Spannenergie 126
Spannung *siehe* elektrische Spannung
Spannungsprüfer 313
Spannungsquelle
- Schaltung 299
Spektralanalyse 466
Spektrum 34, 40, 42
- elektromagnetisches 447
Spezielle Relativitätstheorie 488, 499
spezifische Schmelzwärme 224, 226, 231
spezifische Verdampfungswärme *siehe* Verdampfungswärme
spezifische Wärmekapazität 219, 231
spezifischer Widerstand 303, 318
Spiegelbild 24
spinpolarisiertes Rastertunnelmikroskop 589
Spule 284, 286
SQUID 523
stabiles Nuklid 564
Stand-by 316
Standardmodell der Elementarteilchen 587
starke Wechselwirkung 585, 587
Staudamm 189
Stefan-Boltzmann-Gesetz 477, 485
stehende Welle 424
Steigen 192
Sterne 606
- Licht 40
Sternzeichen 170
Stimmbänder 46
Stimmbereich 51
STIRLING 246, 250
Stirlingmotor 250
stochastische Strahlenwirkung 553, 556, 579
Stoffkonstante 67
Stoffmenge 214
Stoß
- elastischer 136, 139, 146, 148
- schiefer 146
- unelastischer 136, 138, 146, 148
Strahlenexposition 552
- externe 554, 558
- interne 554
- natürliche 554, 579
- zivilisatorische 555
Strahlenrisiko 553
Strahlenschutz 557, 579
Strahlenschutzverordnung 557
Strahlentherapie 599
Strahlenwirkung
- deterministische 553, 556, 579
- stochastische 553, 556, 579
Strahlung 474, 485
- ionisierende 536
- kosmische 555
- terrestrische 554
Strahlungsbilanz 482
Strahlungsgürtel 366
Strahlungsleistung 476, 600
Strahlungsthermometer 478
Strahlungswirkungsfaktor 553
STRASSMANN 574
Streuversuch, Rutherfordscher 562
Strom *siehe* elektrischer Strom
Stromkreis *siehe* elektrischer Stromkreis
Stromkreisverzweigung 292
Strommessgerät 291
Stromquelle 296
Stromrechnung 234
Stromrichtung 278, 317
- technische 278
Stromwärme 281
subtraktive Farbmischung 38
Supernova 611, 613
Superposition 622
- Coulombfelder 330
Superpositionsprinzip 507, 532
Supraleitung 523, 532
System, abgeschlossenes 123
Szintigramm 560
Szintillationszähler 543

T

Tauchen 188, 200
technische Stromrichtung 278
Technischer Widerstand 304
Teilchen, freie 277
Teilchenmodell 216
Teilwiderstand 307
Temperatur 206
- Schmelz- 224
- Siede- 225
terrestrische Strahlung 554
Therapie, nuklearmedizinische 561
Thermalisierung 474, 485
thermische Ausdehnung 208
thermische Neutronen 573
Thermodynamik
- zweiter Hauptsatz 257
Thermogramm 235
Thermometer
- Messung 206
- Strahlungs- 478
Thermostat 237
THOMSON 516
Tiefdruck 228
Tierkreis 170
Ton
- Empfindung 46
- Höhe 49, 56
Tongenerator 46
Tonleiter 50
Totalreflexion 32
Totpunkt 288
Trägheit 60, 100
Transformator 386, 390

Transurane 573
Transversalwelle 410
Treibhauseffekt 253, 480, 483, 485
Treibhausgase 481, 485
Tripelspiegel 25
Tropfen, Ausbreitung 255
Tsunami 420
Tubus 21
Tully-Fisher-Beziehung 613
Tunneleffekt 522, 532, 569

U

U-I-Kennlinie
U-Rohr 186
U-Wert 241
Überdruck 181, 197
Überholen 80
Übersichtigkeit 18
Übertragungskette 262
Ultraschall 51, 56, 440
– Untersuchung des Auges 31
Ultraschalltomografie 597
ultraviolettes Licht 35
Umlaufdauer 152
Umweltwärme 239
Unbestimmtheitsrelation 512, 532
Universum
– Alter 616
– Größe 616
Unordnung 258
Unterdruck 197
Uran-Blei-Methode 550
Urkilogramm 65
Urknall 615
UV 35

V

Vakuumpumpe 212
Valenzband 524, 533
VAN ALLEN 366
Vektoren 69, 119
Verbrennungsprodukte 253
Verdampfer 251
Verdampfungswärme 225, 226, 231
Verdichtungstakt 250
Verdunsten 258
Verdunstung 225
Vergrößerung 19, 42
Verkehrsphysik 80, 96
Verschleißkontrolle 560
Vorwiderstand 306

W

W-Bosonen 586
Wahrscheinlichkeit und Entropie 259
Wahrscheinlichkeits-Amplitude 506
Wärme 131, 218, 231
– und Entropie 257
Wärmedämmung 238, 240, 241
Wärmedurchgangskoeffizient 241, 243
Wärmekapazität 219, 231
Wärmekissen 227
Wärmekraftmaschine 246, 265
Wärmekraftwerk 252
Wärmeleitung 241, 243
Wärmepumpe 249, 251, 261, 265
Wärmewirkung des elektrischen Stroms 281
Warmfront 229
Wasser, Anomalie des 210, 211
Wasserdampf 225
WATT 246
Watt 134, 311
Wechselspannung 312, 382, 390
– ohmscher Widerstand 384
Wechselstrom 279
– Leistung 384
Wechselstrommotor 289
Wechselwirkung
– elektromagnetische 584, 587
– gravitative 587
– schwache 586
– starke 585, 587
Wechselwirkungsgesetz 92
Wegunterschied 455
weißer Zwerg 61, 607, 610
Welcher-Weg-Frage 509, 513, 532
Welle 408, 449
– elektromagnetische 444, 450
Phasensprung 423
– Reflexion 422
– stehende 424, 449
– Überlagerung 418, 449
Wellengleichung 415, 450
Weltraum, Entfernungsmessung 612
Weltsicht, deterministische 618
Wetter 228
Wetterkarte 196, 229
Widerstand, elektrischer 301, 318
Widerstandsbeiwert 107, 135
Wien'sches Verschiebungsgesetz 476, 485
Windungszahl 386
Winkelgeschwindigkeit 152, 382, 396
Wirbelfeld, elektrisches 377, 390
Wirbelströme 380
Wirkungsgrad 135, 237, 252, 261, 262, 265
– idealer Heißluftmotor 248
– Wärmekraftmaschine 249
Wurf
– -bahn 117
– Energie 127
– waagerechter 116

Y

YOUNG 463

Z

Zählrate 536
Zählrohr 536
Zählstatistik 537
Zapfen 37
Zeiger 383, 390, 410, 425, 454, 457
Zeit-Beschleunigungs-Gesetz 397
Zeit-Elongations-Gesetz 396, 397
Zeit-Geschwindigkeit-Gerade 74
Zeit-Geschwindigkeit-Gesetz 83, 105, 119, 397
Zeit-Weg-Gerade 74
Zeit-Weg-Gesetz 84, 105, 113, 119
Zeitdilatation 493, 499
Zentrifugalkraft 155
Zentripetalbeschleunigung 154, 159
Zentripetalkraft 153, 159
Zerfall, radioaktiver 549, 579
Zerfallskonstante 548, 579
Zerfallsreihe, radioaktive 536, 571
Zerfallsschema 568
Zerlegung von Kräften 70
Zerstrahlung 547
Ziliarmuskel 17
zivilisatorische Strahlenexposition 555
Zustandsgleichung für ideale Gase 214
Zweifachbrechung 29
Zweiter Hauptsatz 257, 265
zweites Kepler-Gesetz 167, 175
Zwillingsparadoxon 494
Zwischentakt 250
Zyklotron 369

Bildquellenverzeichnis

Umschlag: Kolla; 8.1: vario images, Bonn (Tetra Images); 10.1, 11.1, 11.4: Dietmar Fries, Nohfelden; 16.1a, 16.1b: Stelter; 17.1a, 17.1b: Dietmar Fries, Nohfelden; 19.4, 19.5: Klaus Wieder, Karlsruhe; 20.1a, 20.1b: Dietmar Fries, Nohfelden; 21.1: Klaus Wieder, Karlsruhe; 22.1: akg-images, Berlin; 22.2: Science Museum, Berlin (SSPL); 22.3: NASA, Houston/Texas (John Rummel); 22.4: Picture-Alliance, Frankfurt (Eggenbergen); 22.5: Robert Gendler, Avon, Ct.; 22.6: Astrofoto, Sörth (ESA); 22.6: Astrofoto, Sörth; 23.1: Okapia, Frankfurt (Manfred & Christina Kage); 24.1, 24.2, 25.1: Dietmar Fries, Nohfelden; 27.2, 27.3, 27.4: Dietmar Fries, Nohfelden; 29.2: G. Staiger, Stuttgart; 30.2: Getty Images, München; 31.1: mauritius images, Mittenwald (Phototake); 31.3: Johanna-Etienne-Krankenhaus, Neuss (Prof. Dr. Dr. J. Jerosch); 32.2, 32.3, 32.4: Dietmar Fries, Nohfelden; 33.1: Schott, Mainz; 33.2: Dr. Bernhardt Brill, Hofgeismar; 33.3: Olympus Europa, Hamburg; 33.4: Okapia, Frankfurt (Horst-Jürgen Schunk); 33.5: Dietmar Fries, Nohfelden; 33.6: Gebr Märklin & Cie, Göppingen; 35.1: Deutsches Museum, München (IMAX, Forum der Technik); 38.1, 38.2, 38.3: Dietmar Fries, Nohfelden; 39.1: agenda, Hamburg (Wolfgang Huppertz); 40.2: Dietmar Fries, Nohfelden; 41.1: mauritius images, Mittenwald; 44.1: Dieter Biskamp, Garching;

Ausschnitt aus der Nuklidkarte

Elemente — **B** 10,811 — Elementsymbol, Atommasse in u

Ra 226 1600 a, α: 4,7843, γ: 0,186 — $T_{1/2}$; α-Energie[1]) in MeV; γ-Energie[1]) in MeV

Pb 214 26,8 min, β⁻: 0,7, γ: 0,352 — $T_{1/2}$; Maximalenergien[1]) der β-Spektren in MeV

Na 22 2,603 a, β⁺: 0,5, γ: 1,275 — statt β⁺-Zerfall ist auch Elektroneneinfang möglich (gekennzeichnet durch den Buchstaben ε)

Stabile Nuklide — **Pb 208** 52,4 — Elementsymbol und Nukleonenzahl, Häufigkeit des Vorkommens im natürlichen Element

Häufigkeit der Zerfallsarten — **Ac 226** 29 h, ε, α: 5,34, β⁻: 0,9, γ: 0,23 — Die farbigen Flächen sind ein grobes Maß für die Häufigkeit der jeweiligen Zerfälle

[1])Bei α-, β und γ-Strahlen ist jeweils nur die Energie des am häufigsten vorkommenden Zerfalls angegeben. Weiterhin bedeutet

kein γ: kein γ-Quant beobachtet
α, β⁻, β⁺, γ ohne Zahlenangabe: Nachgewiesene Übergänge unbekannter Energie
sf: Spontane Spaltung (spontaneous fission)

Für radioaktive Nuklide sind die Daten immer für den Zerfall des Grundzustandes angegeben. Isomere Zustände sind nicht aufgeführt.

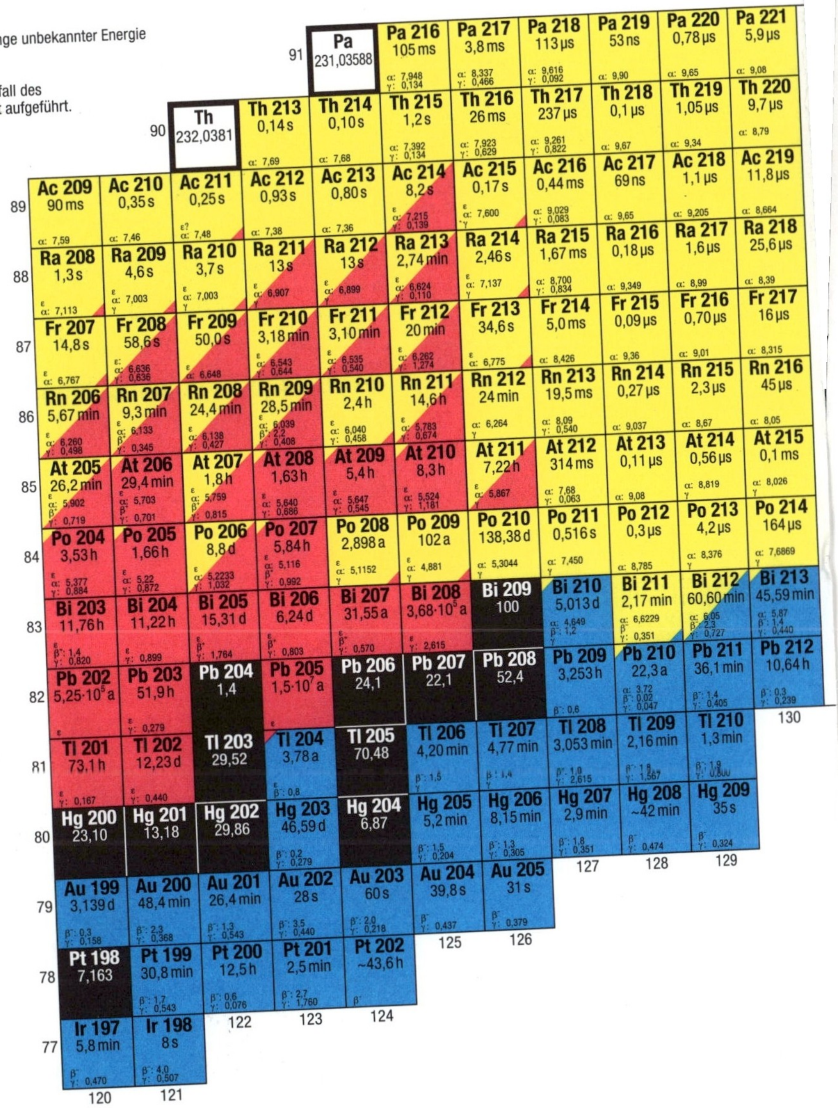

rfall

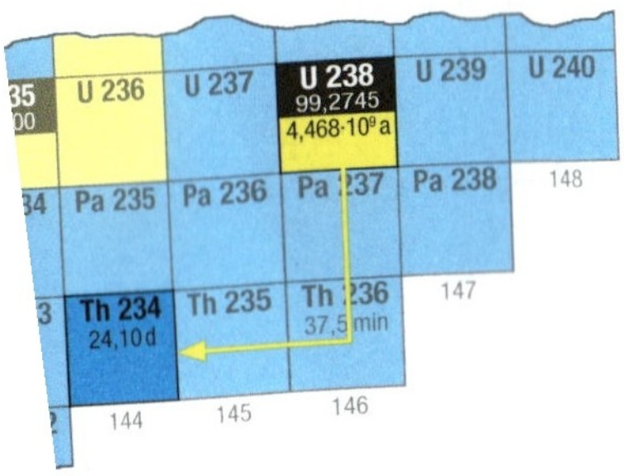

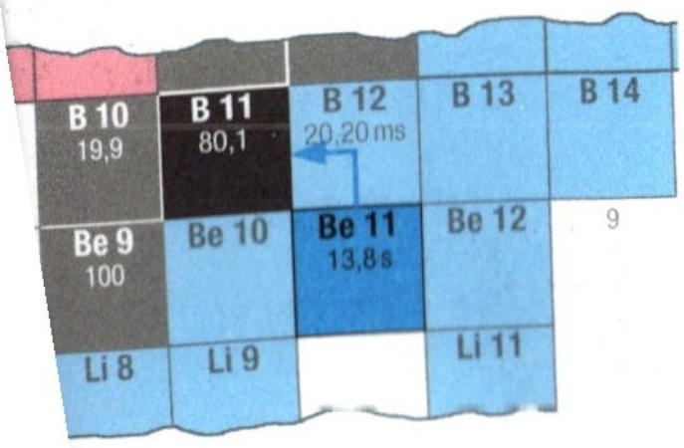

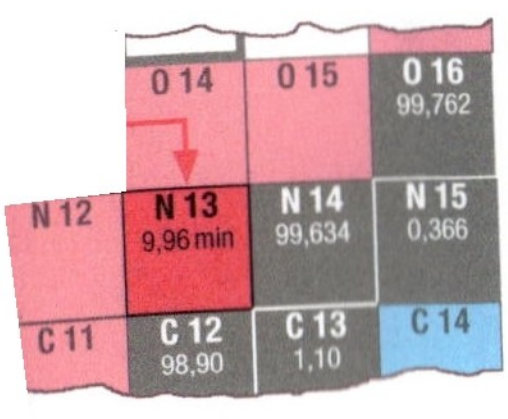

46.2: Tierbildarchiv Angermayer, Holzkirchen (Pfletschinger); 50.2: fotolia.com, New York (Sulamith); 52.1: action press, Hamburg; 53.1: Picture-Alliance, Frankfurt (dpa); 53.2: alamy images, Abingdon/Oxfordshire (Blend Images/JGI); 53.3: wikipedia.org (gemeinfrei/Torsten Henning); 54.1: TopicMedia Service, Putzbrunn (C. Dani, I. Jeske); 54.2: mauritius images, Mittenwald; 54.3: mauritius images, Mittenwald; 57.1: Joachim Dobers, Walsrode/Krelingen; 58.1: fotolia.com, New York (Sergey Solomakhin); 60.1, 61.1: Heinz-Werner Oberholz, Everswinkel; 65.1: Astrofoto, Sörth (NASA); 65.2: Physikalisch-Technische Bundesanstalt, Braunschweig; 82.1, 87.1: Heinz-Werner Oberholz, Everswinkel; 88.1: Volkswagen, Wolfsburg; 89.1: NASA, Houston/Texas; 95.2: Dr. Lothar Reinbacher, Kempten; 98.1, 98.2, 98.3, 98.4: Stiftung Warentest, Berlin; 98.5: ADAC, München; 99.1, 99.2, 99.3, 99.4: Volkswagen, Wolfsburg; 102.1: Panther Media, München (James Barber); 104.1: Phywe Systeme, Göttingen; 107.1: Picture-Alliance, Frankfurt (moodboard); 107.2: mauritius images, Mittenwald; 107.3: mauritius images, Mittenwald (Bordis); 108.1, 109.1, 109.2, 109.3, 110.1: Deutsches Museum, München; 111.1: mauritius images, Mittenwald (Kalt); 111.2: Wilhelm Lambrecht, Göttingen; 111.3: Deutsches Museum, München; 116.1: Dr. Erwin Kretschmann, Dr. Peter Zacharias, Hamburg; 117.1: Phywe Systeme, Göttingen; 120.1: Getty Images, München (Jonathan Kantor); 129.1: Siemens, München; 143.1, 143.2: Canadair Aviation Service, Bonn; 144.1: mauritius images, Mittenwald (Photri); 145.1: NASA, Houston/Texas; 146.1: aus: W. Gentner, H. Maier, Leibnitz-W. Bothe: Atlas typischer Nebelkammerbilder mit Einführung in die Wilsonsche Methode, Berlin, Springer, 1940; 150.1: iStockphoto, Calgary (melhi); 152.1: Dr. Erwin Kretschmann, Dr. Peter Zacharias, Hamburg; 153.1: Heinrich Bauer Lapis, Köln; 156.1: Continental, Hannover; 157.1: DB Station&Service, Berlin; 158.1: Picture-Alliance, Frankfurt; 160.1: Panther Media, München (Valerie Garner); 163.1, 167.1: NASA, Houston/Texas; 168.1, 171.1: Astrofoto, Sörth; 171.2: Universität Bremen, Bremen (ZARM); 172.1: Deutsches Museum, München; 173.2: bpk, Berlin; 174.1: mediacolors, Zürich; 175.1: Picture-Alliance, Frankfurt; 176.1: Corbis, Düsseldorf (moodboard); 178.2a, 178.2b, 178.2c: Gerber Schwingungstechnik, Köln; 182.1: Picture-Alliance, Frankfurt (dpa/dpaweb/Heinz von Heydenaber); 182.2: wikipedia.org (Florian Lindner); 183.1: DocCheck Medical Services, Köln (RED); 184.1, 184.2, 184.3, 184.4, 184.5: Heinz-Werner Oberholz, Everswinkel; 185.1: Caro, Berlin (Kahnert); 185.2: holmatro rescue Equipment B.V., Raamsdonksveer; 185.3: Getty Images, München (Peter Dazeley); 185.4: Corbis, Düsseldorf (Hiroshi Watanabe); 187.1: Heinz-Werner Oberholz, Everswinkel; 188.1: Dirk Blaß, Schmelz-Dorf; 189.1: Uwe Schmid-Fotografie, Duisburg (Uwe Schmid); 189.2: Corbis, Düsseldorf (Frans Lanting/Terra); 189.3: Deutsches Museum, München; 190.1: Corbis, Düsseldorf (Denis Scott/Comet); 191.1, 191.2: Heinz-Werner Oberholz, Everswinkel; 193.1: Lars Menz, Hannover; 193.3: Bildagentur Huber, Garmisch-Partenkirchen (Manunza Bruno); 193.3: Hansa Mare Reederei, Bremen; 194.2, 194.3, 194.4, 194.5, 194.6: Heinz-Werner Oberholz, Everswinkel; 195.1: Intro, Berlin (Stefan Kiefer); 195.2: Heinz-Werner Oberholz, Everswinkel; 195.3: Udo Heuer, Hannover; 196.1: Deutscher Wetterdienst (DWD), Offenbach; 197.1: Klaus Wieder, Karlsruhe; 200.1: O. Gremblewski-Strate, Laatzen; 201.1: Corbis, Düsseldorf (Stephen Frink); 201.2: Agentur Focus, Hamburg (Sovereign/ISM); 203.1: A.T.U Auto-Teile-Unger, Weiden i. d. OPf.; 204.1: fotolia.com, New York (danimages); 208.4: Schott, Mainz; 208.5: Maurer Söhne, München; 211.1: Werner Wildermuth, Dachau; 211.2: Richard Kilian; 216.2: Dr. Bernhardt Brill, Hofgeismar; 222.1: mauritius images, Mittenwald; 222.3: Heinz-Werner Oberholz, Everswinkel; 222.4: Phywe Systeme, Göttingen; 227.1: Manfred Simper, Wennigsen; 230.1: Silit, Riedlingen; 230.2: iStockphoto, Calgary (AntiMartina); 232.1: iStockphoto, Calgary (Mauro Grigollo); 235.1: argus, Hamburg (H. Schwarzbach); 235.2: Dr. Specht, Taunusstein; 237.1: Theodor Heimeier Metallwerk, Erwitte; 238.1: Ingrid Schobel, München; 239.1: Agentur für Erneuerbare Energien e.V., Berlin; 240.1: Caro, Berlin; 242.1: Dieter Rixe, Braunschweig; 244.1: dreamstime.com, Brentwood (Lindenblade); 246.1: bpk, Berlin; 246.2: bildagentur-online, Burgkunstadt; 246.3: Deutsches Museum, München; 248.1: Phywe Systeme, Göttingen; 248.1: Bildagentur Geduldig, Maulbronn; 249.1: F. Graubner, Fernwald; 250.1: Volkswagen, Wolfsburg; 252.1: Frank Eiselt, Dresden; 253.1: Comet Photoshopping, Weisslingen; 254.1: mauritius images, Mittenwald (imagebroker.net); 254.2: Corbis, Düsseldorf (Gareth Brown); 258.1: Thomas Raupach, Hamburg; 258.2: Carl Zeiss Optronics, Oberkochen; 259.1: mauritius images, Mittenwald; 263.1: L. Müssing, Hannover; 267.1: ullstein bild, Berlin; 268.1: Colourbox.com, Odense; 279.1: Dr. Franz Bader, Ludwigsburg; 283.1: Swiss Science Center Technorama, Winterthur; 284.1: LBX Company, Maker of Link-Belt Excavators, Lexington; 285.1: Deutsches Museum, München; 289.1: Graupner, Kirchheim/Teck; 289.2: alimdi.net, Deisenhofen (Klaus Rainer Krieger); 289.3: Deutsche Bahn, Stuttgart; 297.1: Klaus Wieder, Karlsruhe; 300.2: Deutsches Historisches Museum, Berlin; 304.1: fotolia.com, New York (Daniel Etzold); 304.3: Manfred Simper, Wennigsen; 311.1: EnBW Energie Baden-Württemberg, Karlsruhe; 312.1: Klaus Wieder, Karlsruhe; 315.1: vario images, Bonn; 315.3: J. Henzler, Nürtingen; 320.1: dreamstime.com, Brentwood (Alexeyrich); 325.1, 325.2, 330.1, 330.2: Dr. Franz Bader, Ludwigsburg; 331.1: Klaus G. Kohn, Braunschweig; 333.1: LD Didactic, Hürth; 335.1: Dr. Franz Bader, Ludwigsburg; 340.2: Deutsches Museum, München; 340.4: Panasonic Industrial Europe, Hamburg; 345.1: Corbis, Düsseldorf (Mark Laricchia); 348.1: Reeko.com/Reeko Design, Quickborn; 361.1: Seagate Technology, München; 363.1: Wildlife, Hamburg (M.Varesvuo); 363.2: GFZ Deutsches GeoForschungsZentrum, Potsdam; 364.1: NEVA, Geislingen; 366.1: Picture-Alliance, Frankfurt (dpa); 367.1, 367.2: LD Didactic, Hürth; 367.3: Agentur Focus, Hamburg (eye of science/Meckes); 367.4: Okapia, Frankfurt (Biology Media/Science Source); 372.1: Swiss Science Center Technorama, Winterthur; 377.1: ELWE Technik, Cremlingen/Schandelah; 380.1: Picture-Alliance, Frankfurt (dpa); 385.1: Siemens, Erlangen; 385.2: Enercon, Aurich; 392.1: Panther Media, München (Nikita Sobolkov); 405.1: Dr. Erwin-Klaus Haberkant, Heidelberg; 406.1: dreamstime.com, Brentwood (Juri Samsonov); 408.1: Picture-Alliance, Frankfurt (ASA/Actionplus); 408.2, 414.1: Heinz-Werner Oberholz, Everswinkel; 420.1: Picture-Alliance, Frankfurt (dpa/dpaweb); 424.1: Heinz-Werner Oberholz, Everswinkel; 429.1, 429.2: Carleton University, Ottawa; 433.1, 438.1: Heinz-Werner Oberholz, Everswinkel; 441.1: mauritius images, Mittenwald (age); 441.2, 441.3: Siemens, München; 442.1, 442.2, 443.1: Dr. Erwin-Klaus Haberkant, Heidelberg; 447.1: RWE AG, Konzernpresse/www.rweimages.com, Essen; 447.2: Science Museum, Berlin (SSPL); 447.3: Klaus G. Kohn, Braunschweig; 447.4: Phywe Systeme, Göttingen; 447.5: mauritius images, Mittenwald (imagebroker/Franz Morin); 447.6: Dr. Lothar Reinbacher, Kempten; 447.7: mauritius images, Mittenwald (Hackenberg); 447.8: ullstein bild, Berlin (Momentphoto); 448.1: Dr. Erwin-Klaus Haberkant, Heidelberg; 448.1: ESA - EPSEC for ESA - European Space Agency, Paris Cedex 15 (D. Ducros); 450.1: Epicsurf.de, Essen (Oliver Nolden); 451.1: Dr. Erwin-Klaus Haberkant, Heidelberg; 452.1: dreamstime.com, Brentwood (Yuriyzhuravov); 454.1: LD Didactic, Hürth; 456.1: Werner Wegner, Lehrte; 458.1: K.-F. Daemrich; 460.1: LD Didactic, Hürth; 462.1, 462.2: Grehn, Harbeck, Wessels; 468.1: mauritius images, Mittenwald (imagebroker/Björn Schieren); 468.2: Dr. Marco Huber; 472.1: Corbis, Düsseldorf (Louise Murray/Visuals Unlimited); 474.1: mauritius images, Mittenwald (Rossenbach); 478.1: wikipedia.org (U.S. Navy photo by Photographer's Mate 3rd Class Lamel J. Hinton (RELEASED)); 479.1: Flachglas e.V., Troisdorf; 480.1, 480.2: Gesellschaft für ökologische Forschung e.V., München (Sylvia Hamberger); 484.1: Picture-Alliance, Frankfurt (NASA); 486.1: Panther Media, München (Evan Sharboneau); 500.1: Dr. Sebastian Loth - CFEL, Hamburg; 505.1: ullstein bild, Berlin; 505.2: STScI - Space Telescope Science Institute; 505.3: Astrofoto, Sörth; 506.1: Dr. Franz Bader, Ludwigsburg; 511.1: CEOS, Heidelberg; 511.2: Dr. Franz Bader, Ludwigsburg; 511.3: Tipler; 511.4: Finkelnburg; 513.1: Dr. Franz Bader, Ludwigsburg; 520.1: IBM Almaden Research Center, San Jose/Californien (D.M. Eigler/IBM); 520.2: IBM Almaden Research Center, San Jose/Californien (D.M. Eigler/IBM); 522.1: IBM Almaden Research Center, San Jose/Californien (D.M. Eigler/IBM); 523.1: Heinz-Werner Oberholz, Everswinkel; 523.2: Agentur Focus, Hamburg; 524.1: ESCO esco - european salt company, Hannover; 530.1: Infineon Technologies, München; 534.1: Panther Media, München (Thorsten Kempe); 538.2: Dr. Peter Drehmann; 541.1: Genter, Mayer-Leibnitz, Bothe, ‚Atlas typischer Nebelkammerbilder'. Springer-VDI-Verlag, Düsseldorf; 546.1: Gentner, Mayer-Leibnitz, Bothe, Atlas typische Nebelkammerbilder. Springer Verlag, Heidelberg/Berlin/New York; 550.1: Picture Press, Hamburg (Wolfgang Neeb/Stern über Picture Press); 554.1: A1PIX - Your Photo Today, Taufkirchen (BIS); 558.1: Berthold Technologies, Bad Wildbad; 560.1: Siemens Pressebild, Publicis Kommunikationsagentur, München; 561.1: Dr. Manfred Haesner - Fachübergreifende Gemeinschaftspraxis für Radiologie und Nuklearmedizin am Dreifaltigkeits-Hospital, Lippstadt; 561.2: Okapia, Frankfurt (Nigel Cattlin/Holt Studios); 572.1: Gentner, Mayer-Leibnitz, Bothe, Atlas typische Nebelkammerbilder. Springer Verlag, Heidelberg/Berlin/New York; 572.2: Finkelnburg; 580.1: CERN, Genf (Maximilien Brice/© CERN 2012); 588.1: Getty Images, München (Joe Munroe/Hulton Archive); 589.1: Prof. Dr. Michael Hietschold - TU Chemnitz, Chemnitz; 589.2: Universität Hamburg, SFB668, Dr. Stefan Krause und Prof. Dr. Roland Wiesendanger, Hamburg; 590.1: Prof. Anja Boison - Danmarks Tekniske Universitet, Kgs. Lyngby/Dänemark; 590.2, 590.3, 590.4: Bernd Kretschmer; 591.1: IBM Deutschland, Ehningen (IBM Research); 591.2: Universität Hamburg, Prof. Dr. Roland Wiesendanger, Hamburg; 591.3: IBM Research, Rüschlikon; 591.4: IBM Research, Rüschlikon; 591.5: CRANN - The Naughton Institute, School of Physics, Trinity College Dublin, Dublin/Ireland (Martin Hegner); 592.1: Sanofi-Aventis Deutschland, Frankfurt; 592.1: Uni Erlangen, Technische Physik (Ralf Graupner); 592.2: Evonik Degussa, Hanau; 593.1: Prof. Dr. Wilhelm Barthlott, Nees Institut für Biodiversität der Pflanzen, Bonn; 593.2: Lotustech, Freystadt; 593.3: Prof. Dr. Wilhelm Barthlott, Nees Institut für Biodiversität der Pflanzen, Bonn; 594.1: Arco Images, Lünen (NPL); 594.2: Agentur Focus, Hamburg; 594.3: Max-Planck-Institut für Metallforschung - BIOKON-Standort, Stuttgart (Stanislav N. Gorb/Evolutionary Biomaterials Group, Max-Planck-Institut für Metallforschung Stuttgart & Abt. Funktionelle Morphologie und Biomechanik, Zoologisches Institut, Christian-Albrechts-Universität zu Kiel); 595.1: Bridgeman, Berlin; 596.1: Siemens, München; 596.2: Medizinische Hochschule, Hannover; 597.2: F1online, Frankfurt (Widmann); 598.1, 598.2: Siemens, München; 600.1: Astrofoto, Sörth; 602.1, 602.2, 602.3: NASA/ESA; 605.1: NASA, Houston/Texas (JAXA/NASA/PPARC); 606.1: aus: Spektrum der Wissenschaft, Digest: Astrophysik; 610.1: Astrofoto, Sörth (NASA); 611.1: Astrofoto, Sörth (NASA); 614.1, 614.2: NASA, Houston/Texas (NASA, The Hubble Heritage Team, STScI, AURA); 614.3: NASA, Houston/Texas; 615.1: Tipler; 617.1: Astrofoto, Sörth; 617.2: NASA/ESA (NASA, ESA and M.J. Jee (John Hopkins University)); 618.1: akg-images, Berlin; 618.2: bpk, Berlin; 619.1: Picture-Alliance, Frankfurt (imagestate/HIP); 619.2: The M.C. Escher Company B.V., Baarn; 620.1: Peter Schickert, Fröndenberg-Strickherdicke; 621.1: ullstein bild, Berlin (Imagno); 622.1: American Institute of Physics, Melville, New York.
Übrige Fotos: Michael Fabian, Hans Tegen

Es war nicht in allen Fällen möglich, die Inhaber der Bildrechte ausfindig zu machen und um Abdruckgenehmigung zu bitten. Berechtigte Ansprüche werden selbstverständlich im Rahmen der üblichen Konditionen abgegolten.